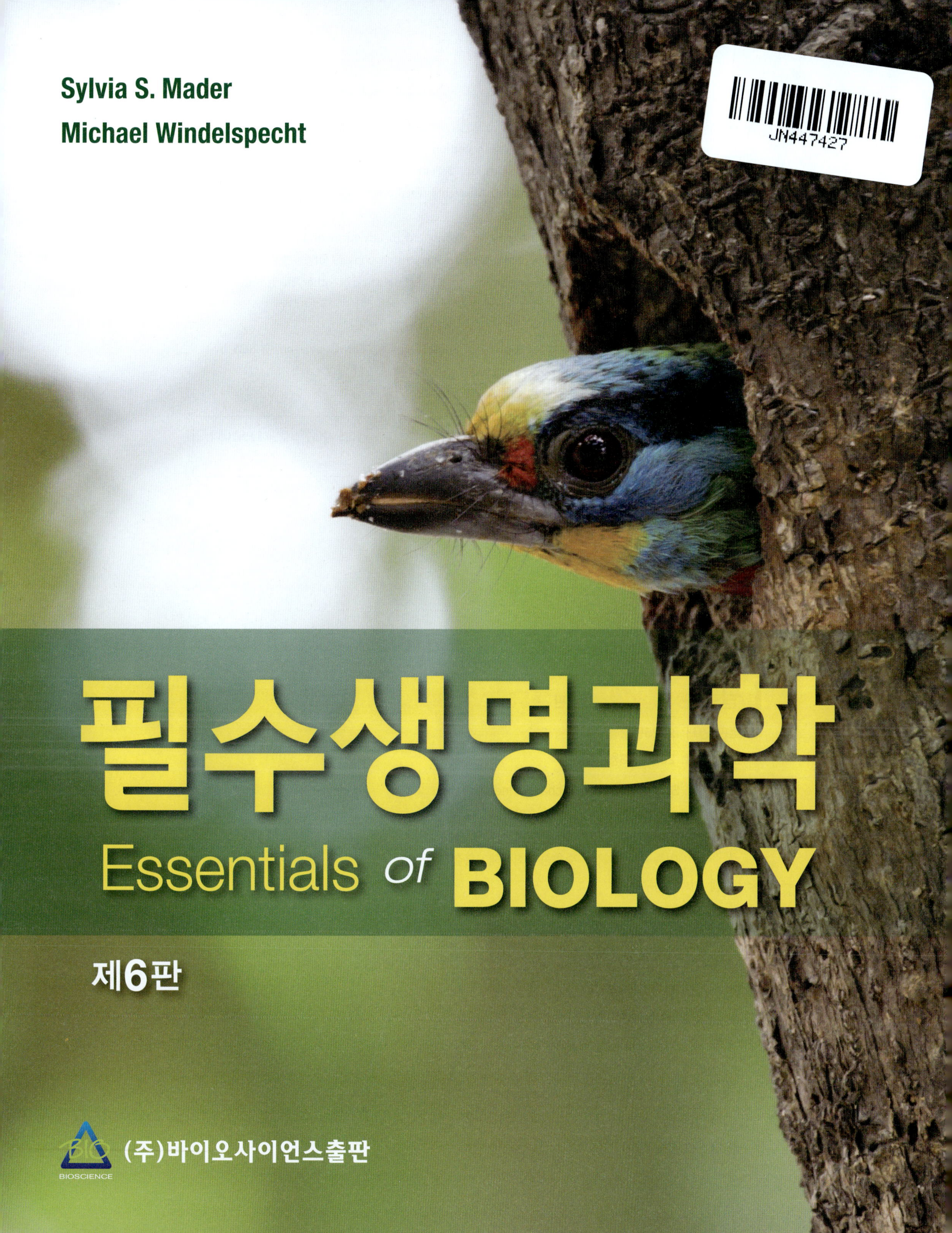
Sylvia S. Mader
Michael Windelspecht
JN447427
필수생명과학
Essentials of BIOLOGY
제6판
BIOSCIENCE
(주)바이오사이언스출판

필수생명과학 제6판

초판 인쇄: 2025년 2월 27일
초판 발행: 2025년 3월 5일

저　　자: Sylvia S. Mader, Michael Windelspecht
역　　자: 김순영 · 김군도 · 김병철 · 김영진 · 김종오
박인규 · 이 용 · 이동근 · 이상현 · 이정상
이종구 · 이화진 · 주호종 · 최선혜 · 홍철암
발 행 인: 문정구
발 행 처: (주)바이오사이언스출판
본　　사: (우)10860 경기도 파주시 탄현면 국화향길 10-56, 1동
서울사무소: (우)06569 서울특별시 서초구 도구로 115, 3층(방배동)
전　　화: (02)581-4057~8
팩　　스: (02)581-4059
이 메 일: inquiry@biosciencepub.com
홈페이지: http://www.biobooks.co.kr
I S B N: 978-89-6824-161-1 (93470)
등록번호: 제22-3079호
값 35,000원

필수생명과학

ESSENTIALS OF Biology

제6판

대표역자 **김순영**

김군도 · 김병철 · 김영진 · 김종오 · 박인규
이 용 · 이동근 · 이상현 · 이정상 · 이종구
이화진 · 주호종 · 최선혜 · 홍철암 공 역

Sylvia S. Mader
Michael Windelspecht

요약 차례

저자 소개

©Jacqueline Baer Photography

Sylvia S. Mader 박사는 McGraw-Hill에서 전국적으로 인정받는 여러 권의 생물학 교재를 저술하였다. 브린모어 대학, 하버드 대학교, 터프츠 대학교, 노바사우스이스턴 대학교에서 생물학과 교육학 학위를 받았다. 수년 동안 로웰에 있는 매사추세츠 대학교, 매사추세츠 베이 커뮤니티 칼리지, 서포크 대학교, Nathan Mayhews 세미나 등에서 강의하였다. 과학을 어려워하는 학생들을 위해 첫 번째 저서인 '*Inquirty into Life*'를 집필하였고, 이 책은 현재 17판까지 출간되었다. 명쾌하고 재미있는 글쓰기 스타일로 높은 평가를 받고 있는 그녀의 책은 생물학 분야의 다른 저술가들의 모델이 되고 있다.

©Ricochet Creative Productions LLC

Michael Windelspecht 박사는 교육자로서 커뮤니티 칼리지, 종합 대학, 군사 기관에서 온라인, 기존 및 하이브리드 환경에서 생물학, 유전학, 인간 유전학 입문 과정을 가르치고 있다. 10여 년 동안 애팔래치안 주립 대학교에서 생물학 입문 코디네이터로 재직하면서 매년 4,500명 이상의 학생이 등록하는 프로그램을 맡아 이끌었다.

미시간 주립 대학교(동물학-유전학 학사)와 사우스 플로리다 대학교(진화유전학 박사)에서 학위를 받았으며 과학교육, 수질, 살충제 내성의 진화 등 다양한 분야의 논문을 발표하였다. 현재 그는 개인 맞춤형 microlearning asset과 차세대 출판 플랫폼 개발을 위하여 디지털 학습 플랫폼의 데이터 분석에 관심을 가지고 있다. 현재 미국과학저술가협회와 여러 과학 교육 협회의 회원으로 활동하고 있다. 그는 온라인 및 하이브리드 과학 교실을 위한 멀티미디어 리소스 개발에 관한 기조 연설자로 활동하였다. 2015년에는 학생 데이터를 텍스트 개정 과정에 통합하는 전략으로 DevLearn HyperDrive 대회에서 수상을 하였다.

저자이자 편집자로서 25권이 넘는 참고용 시험서와 다수의 인쇄물 및 온라인 실습 매뉴얼을 집필하였다. 또한 과학 교실을 위한 새로운 기술을 적극적으로 개발하고 평가하는 Ricochet Creative Productions 등 여러 과학 커뮤니케이션 회사를 설립하였다. Windelspecht 박사에 대한 자세한 내용은 웹사이트(www.michaelwindelspecht.com)에서 확인할 수 있다.

저자 서문

현대 사회는 지난 수십 년 동안 이루어진 과학과 기술의 급속한 발전에 기반을 두고 있다. 오늘날의 학생들은 거의 매일 새로운 발견과 통찰력을 접하고 있으며, 이는 불과 몇 년 전만 해도 예측할 수 없었던 것이다. 교육자로서 우리의 임무는 이러한 발견을 학생들에게 제공하는 것뿐만 아니라 이러한 발견이 우리의 삶과 사회에 얼마나 중요한지를 학생들에게 일깨워 주는 것이다. 동시에 우리는 학생들에게 생물학의 기초가 되는 핵심 원리에 대한 확고한 토대를 제공하고, 이를 통해 앞으로도 계속될 수많은 발견을 따라잡을 수 있는 배경 지식을 제공해야 한다.

필수생명과학 제6판은 과학 비전공자 학생들에게 생명과학에 대한 기본적인 이해를 돕기 위하여 기획되었다. 이 학생들이 과학자는 아니지만, 인류 사회가 직면한 많은 문제를 식별하고, 분석하고 해결책을 제시하는 데 과학이 얼마나 도움이 되는지 이해하는 것은 우리 인류의 건강과 생존에 매우 중요하다.

새 판을 준비하면서 다음과 같은 목표를 설정하였다.

- 생명과학 분야의 최신 발견 또는 관심 주제를 반영하여 본문 내 장의 서두와 읽기 내용을 업데이트하였다.
- 통계, 지도 및 표를 업데이트하여 각 장의 주제에 대한 과학적 이해의 변화를 반영하였다.
- 디지털 학습 환경에 더 잘 맞도록 그림을 평가하고 재설계하였다.
- 관련성 모듈을 개발하여 텍스트를 보완하고 생물학이 학생의 삶과 어떤 관련이 있는지 보여줄 수 있도록 하였다.

역자 소개

대표역자 **김순영** 국립안동대학교 생명과학·건강복지대학 생명과학과

김군도 국립부경대학교 자연과학대학 미생물학과

김병철 강원대학교 자연과학대학 화학·생화학부(생화학전공)

김영진 부산대학교 자연과학대학 분자생물학과

김종오 국립부경대학교 자연과학대학 미생물학과

박인규 국립창원대학교 자연과학대학 생물화학융합학부

이 용 동아대학교 자연과학대학 바이오메디컬학과

이동근 신라대학교 보건복지대학 제약화장품학과

이상현 신라대학교 보건복지대학 제약화장품학과

이정상 전주대학교 식품영양학과(바이오기능성식품학과)

이종구 인천대학교 생명과학기술대학 생명과학부(생명과학전공)

이화진 세명대학교 보건바이오대학 바이오제약산업학부

주호종 전북대학교 농업생명과학대학 농생물학과

최선혜 고려대학교 대학원 뇌공학과

홍철암 영남대학교 자연과학대학 화학과 (가나다순)

역자 서문

필수생명과학 제6판(*Essentials of Biology, 6th edition*)은 이전에 출판된 책과 마찬가지로 생명과학을 처음 배우는 학생이나 일반인들이 생명과학의 원리를 쉽고 명쾌하게 이해할 수 있도록 잘 설명하고 있습니다.

최근 빠르게 발전하고 있는 생명과학은 해가 갈수록 정보와 과학적 사실이 쌓여가고 있으며 이를 이해하기 위해서는 생명과학의 기초 지식이 필요합니다. 이 책은 세포부터 생태학까지 생명과학의 기초적인 내용을 다루고 있습니다. 특히 제6판은 생명과학 분야의 최신 발견이나 관심 주제를 반영하였고, 디지털 학습 환경에 맞도록 그림과 표를 작성하여 생명과학과 일상생활과의 관련성을 설명하고 있습니다.

과학 서적을 번역하는데 가장 어려운 점은 용어를 우리말로 바꾸는 것입니다. 용어는 생물과학협회에서 출판한 '생물학 용어집'을 기본으로 참고하여 가능하면 이해하기 쉬운 용어를 선택하였습니다. 바쁘신 와중에도 기꺼이 시간을 내어 주신 교수님들께 감사드립니다. 제6판은 특히 오역을 줄이고 어색한 영어식 표현을 우리말로 쉽게 표현하기 위해 많은 노력을 기울였습니다. 이 좋은 책이 출판될 수 있도록 애써주신 ㈜바이오사이언스출판 문정구 대표님과 편집부 여러분께 깊은 감사를 드립니다.

이 책이 생명과학에 대한 정보와 지식의 이해를 높여 실생활에서 생명과학의 멋진 세계를 음미할 수 있는 토대가 되기를 기대합니다.

2025년 2월

대표역자 김 순 영

차례

©Thomas Deerinck/Science Source

CHAPTER

1

생명과학: 생명의 과학

Biology: The Science of Life

인공생명

생명에 필요한 최소한의 조건은 무엇일까? 그 질문은 수천 년 동안 철학자와 과학자들의 마음을 사로잡아왔다. 그러나 이 질문에 대한 답이 지난 10년 동안 인공생명이라는 과학 분야의 개발을 통해 나오기 시작했다.

이러한 연구 중 첫 번째는 2010년 벤터(Craig Venter, 유전 연구의 선구자)가 이끄는 연구 그룹이 세균의 DNA에 담겨 있는 유전정보를 제거하고, 합성 형태의 DNA로 대체하는 데 성공했다는 것이다.

2016년에는 같은 연구그룹이 연구를 한 단계 더 발전시켰다. 이번에는 세포가 살아 있는 것으로 간주하는 데 필요한 최소한의 지침이 무엇인지에 대한 질문을 하고, 단지 473개의 유전자로 기능하는 세포를 만들었다(인간은 약 19,000개). 이 과정에서 생명에 대한 최소한의 요구조건이 무엇인지에 대한 범위를 좁혔을 뿐만 아니라, 인공 종의 첫 번째 사례를 만들었다.

인공 생명체의 개발은 인슐린 생산, 독성 폐기물 처리 또는 보다 효과적인 연료 생산과 같은 특정 작업을 수행하는 세포를 만들 수 있는 기회를 제공한다. 그러나 이러한 새로운 시도에 대한 우려가 있고, 일부 과학자들은 위험 요소가 결정될 때까지 자제를 촉구하고 있다.

이 장에서 우리는 지구상의 모든 살아 있는 생명체가 공유하는 일반적인 특성을 조사하여 생명에 대한 개념을 탐구할 것이다.

이 장을 공부하는 동안 다음 질문에 대해 생각해보자.

1. 인간이 지구상 다양한 생명체와 공유하는 특성은 무엇인가?
2. 적응과 진화과정은 생명체와 어떤 관련이 있나?
3. 오늘날 과학과 사회가 직면한 도전에는 어떤 것들이 있을까?

개요

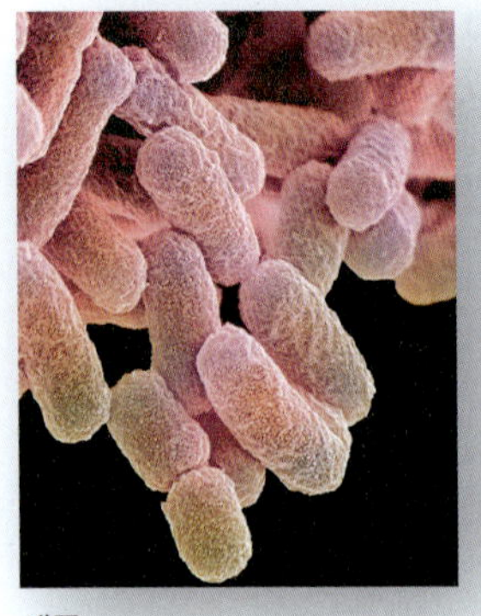
세균

인간

식물

진균

그림 1.1 생명의 다양성.
생명과학은 다양한 형태를 지닌 모든 생명체를 연구한다.

(bacteria): ©Science Photo Library/Getty Images; (human): ©Purestock/Superstock; (plant): ©Zeljko Radojko/Shutterstock; (fungi): ©Jorgen Bausager/Getty Images

1.1 생명의 특성

학습 목표

이 절을 학습한 후에는 다음 과제를 수행할 수 있어야 한다.

1. 모든 생명체에서 공통으로 나타나는 기본 특성에 대해 설명하기.
2. 생물학적 조직화 수준을 구분하여 설명하기.
3. *항상성, 대사, 적응*이라는 용어가 생명체와 어떻게 연관되어 있는지 요약하기.
4. 생태계 내의 화학물질의 순환과 에너지 흐름을 대조하기.

이 장의 서문에서 살펴보았듯이 생명은 다양성을 지닌다(그림 1.1). 생명은 심해의 열수구에서 남극의 가장 추운 지역에 이르기까지 지구의 모든 곳에서 발견된다. **생명과학(biology)**은 생명을 과학적으로 연구하는 학문이다. 생명과학자는 생명의 다양성은 물론 모든 생명체가 공유하는 특성에 대해서도 연구한다. 이러한 특성으로는 조직화 수준, 물질과 에너지 획득 능력, 내부 환경 유지 능력, 자극에 대한 반응 능력, 생식과 발생 능력, 그리고 변화하는 조건에 대한 적응과 진화 능력 등이 있다. 이러한 특성을 연구하여 생명의 복잡한 본질에 대한 통찰력을 얻을 수 있으며, 이러한 통찰력에 의해 생명체와 비생명체를 구별할 수 있게 된다. 다음 절에서는 이러한 특성을 더 자세하게 살펴볼 것이다.

생명체의 복잡한 조직화는 물질의 기본 단위인 **원자(atom)**에서 시작한다. 원자는 결합하여 작은 **분자(molecule)**를 형성하고, 이들이 결합하여 **세포(cell)** 내의 큰 분자를 형성한다. 세포는 가장 작고 가장 기본적인 생명의 단위이다. 세포는 살아 있지만, 무생물 분자로 구성되어 있다(그림 1.2).

지구 생명체는 대부분 세균과 같이 단세포이다. 식물, 진균, 동물은 다세포성이며, 여러 종류의 세포로 구성되어 있으며, 이들 세포가 모여 **조직(tissue)**을 이룬다. 다양한 조직이 모여 심장이나 잎 등의 **기관(organ)**이 된다. 기관은 **기관계(organ system)**를 이루어 함께 작동하는데, 예를 들어 심장과 혈관이 심혈관계를 형성한다. 복합적인 생명체 내에서 다양한 **기관계(organism)**가 함께 작동한다.

생명의 조직화는 개체 수준을 넘어 확장된다. **종(species)**은 서로 교배할 수 있는 유사한 생명체의 집단이다. 특정 지역에서 서식하는 종의 모든 구성원은 같은 **개체군(population)**에 속한다. 그림 1.2의 예와 같이 인간, 얼룩말, 나무와 같은 개체군이 상호작용하는 경우, **군집(community)**이라고 한다. **생태계(ecosystem)** 수준에서는 군집이 물리적 환경(토양, 대기 등)과 상호작용한다. 지구상의 생태계를 통틀어 **생물권(biosphere)**이라고 하며, 생명체를 찾아볼 수 있는 지구 표면의 대기, 육지, 물의 영역이다.

생명은 물질과 에너지를 필요로 한다

단세포에서 복합 생명체에 이르기까지 모든 생명체는 외부 물질과 에너지 공급이 없으면 조직을 유지하거나 필요한 활동을 수행할 수 없다. 먹이에서 영양 분자를 얻어 신체 구성 물질이나 에너지원으로 사용한다. **에너지(energy)**는 일을 할 수 있는 능력이며, 세포와 생명체의 조직화 수준을 유지하는 일에 쓰인다. 세포는 영양 분자를 이용하여 신체의 부위와 생성물을 만들어내는 과정에서 일련의 화학반응을 수행한다. **대사(metabolism)**는 세포에서 일어나는 모든 화학반응을 포함하는 용어이다.

그림 1.2 생물학적 조직화 수준.
모든 생명체는 원자에서 생물권까지 확장되는 생물학적 조직으로 연결되어 있다.

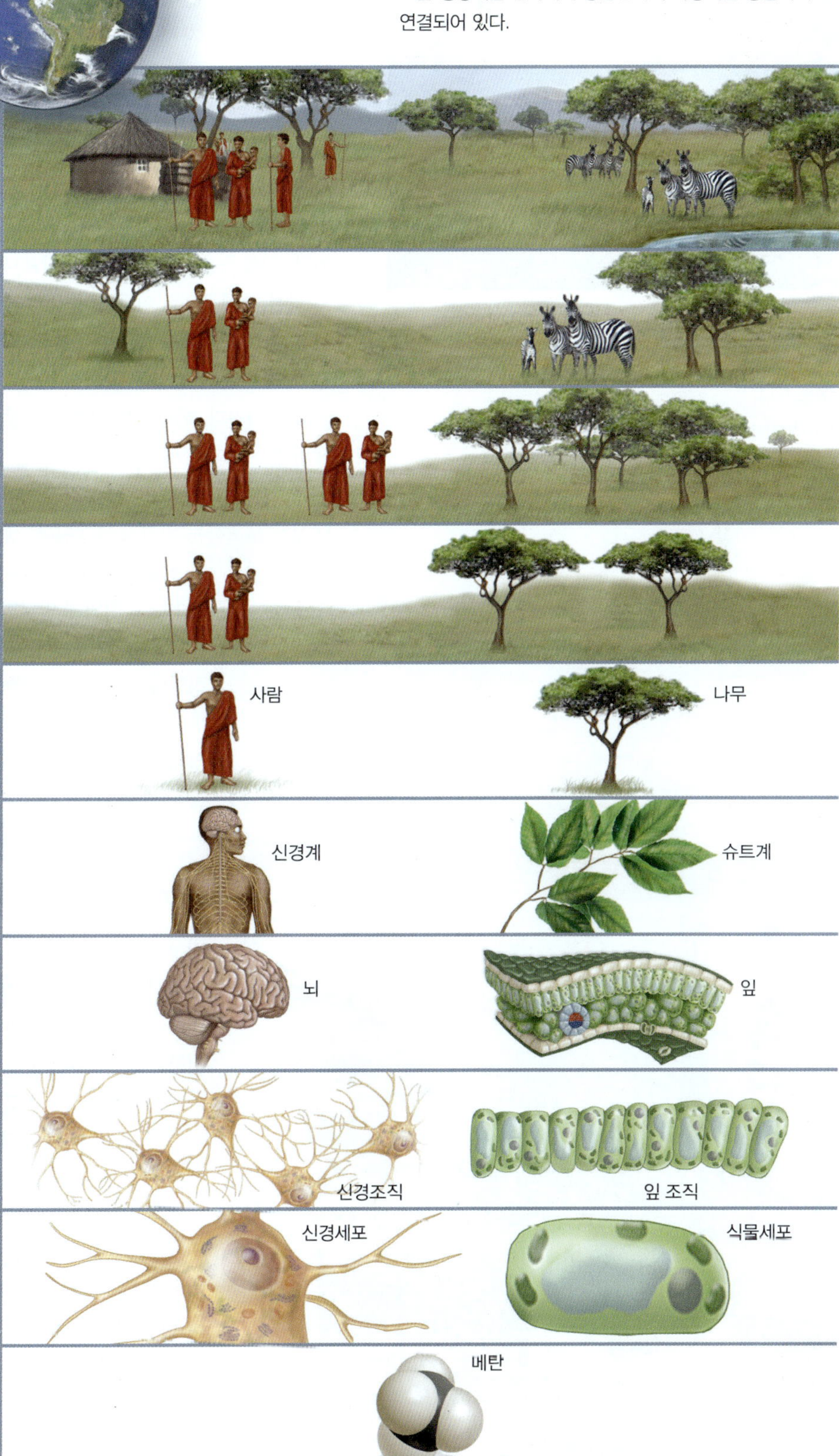

생물권
생명체가 서식하고 있는 지표면, 물, 대기가 있는 지역

생태계
군집 더하기 물리적 환경

군집
특정 지역에서 상호작용하는 개체군들

개체군
특정 지역에 있는 같은 종의 개체들

종
서로 교배가능한 유사한 생명체

생명체
기관계를 가지고 있는 복합적인 개체

기관계
함께 작동하는 기관들의 복합체

기관
함께 특정한 기능을 수행하는 조직들의 복합체

조직
공통적인 구조와 기능을 지닌 세포들의 집단

세포
모든 생명체의 구조와 기능 단위

분자
같거나 다른 원소의 원자가 2개 이상 결합한 것

원자
전자, 양성자, 중성자로 이루어진 원소의 가장 작은 단위

그림 1.3 영양물질과 에너지 획득.
조개를 먹고 있는 이 수달을 비롯한 모든 생명체는 영양물질과 에너지를 필요로 한다.
©Kirsten Wahlquist/Shutterstock

지구상의 거의 모든 생명체의 궁극적인 에너지원은 태양이다. 식물과 일부 생명체는 태양에너지를 포획할 수 있으며, 광합성(photosynthesis)을 수행하여 태양에너지를 영양 분자 내의 화학에너지로 전환시킨다(6.1절 참조). 이러한 이유로 이들을 생산자라고 부른다. 동물과 식물은 생산자가 만든 영양 분자를 대사(그림 1.3), 또는 분해하여 에너지를 얻는다(7.1절 참조).

생명체 사이의 에너지와 화학물질의 흐름에 따라 생태계가 기능하는 방식이 규정된다(그림 1.4). 생태계에서는 풀 등의 생산자가 광합성을 통해 태양에너지와 무기양분을 받아들여 먹이(유기양분)를 생산함으로써 물질순환과 에너지 흐름이 시작된다. 화학물질 순환(청록색 화살표)은 화학물질이 한 개체군에서 같은 먹이사슬 내의 다른 개체군으로 이동하며, 죽은 후 분해되어 무기양분이 다시 생산자에게 되돌아갈 때까지 지속된다. 반면에, 에너지(빨간색 화살표)는 태양으로부터 식물과 먹이사슬 내의 다른 구성원을 통해 이동한다. 에너지는 서서히 소멸되며 열의 형태로서 대기로 돌아간다. 에너지는 순환하지 않기 때문에 태양에너지와 이를 흡수하는 광합성 생명체가 없다면 생태계가 지속될 수 없다.

생태계 내의 에너지 흐름과 영양물질의 순환에 따라 생물권에서 서로 다른 생태계가 분포하는 위치가 결정된다. 생물학적으로 가장 다양한 두 생태계인 열대우림과 산호초는 태양에너지가 매우 풍부하고 지속적으로 영양물질 순환이 일어나는 지역에 발달한다.

에너지와 영양물질의 가용성 또한 생태계 내 군집의 유형을 결정한다. 북아메리카 생태계의 한 예는 토끼, 매 및 다양한 종류의 초본류 등이 서식하는 초원이다. 초원의 에너지 유입과 영양물질의 순환은 열대우림보다 적다. 이는 두 생태계의 군집 구조와 먹이사슬 또한 다름을 의미한다.

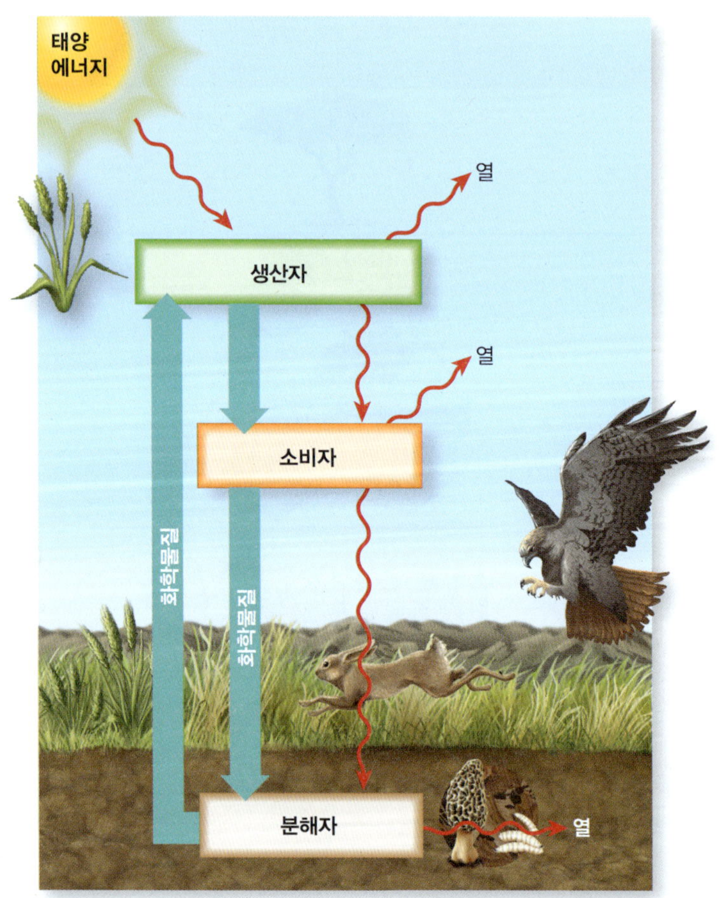

그림 1.4 생태계 내의 물질순환과 에너지 흐름.
생태계 내에서 물질순환(청록색 화살표)과 에너지 흐름(빨간색 화살표)은 식물이 태양에너지와 무기양분을 이용하여 자신의 먹이를 생산함으로써 시작된다. 물질과 에너지는 먹이사슬을 따라 다른 개체군으로 이동한다. 에너지는 결국 열의 형태로 흩어진다. 생명체가 죽은 후 분해되면 물질이 다시 살아 있는 식물로 되돌아간다.

생명체는 내부 환경을 유지한다

대사과정을 지속하려면 생명체는 온도, 습도, 산성도 등의 생명을 유지할 수 있는 필수적인 조건을 안정하게 유지하여야 한다. 이것을 **항상성(homeostasis)**이라고 하며, 내부 환경조건을 일정한 범위 안에서 유지하는 것을 의미한다. 생명체의 많은 대사활동은 항상성 유지 즉 내부 환경조건을 일정한 생리적 범위 안에서 유지하는 데에 관여한다.

동물은 내부 환경을 조절하기 위해 가끔 활동을 변경한다. 도마뱀은 내부 온도를 높이기 위해 따뜻한 바위에서 햇볕을 쬐다가, 온도가 너무 올라가면 시원한 그늘을 찾아 이동한다. 그렇지만 조절 메커니즘을 가지고 있는 생명체는 이처럼 의식적으로 행동할 필요가 없다. 만일 공부에 집중하느라 점심식사를 잊어버리면, 간에 저장된 당이 방출되어 혈당 수준이 정상 범위로 유지된다. 신체의 많은 기관계가 항상성을 유지하는 데 관여하고 있다.

생명체는 반응한다

살아 있는 생명체는 주변 환경과 상호작용을 하여 에너지와 영양분을 찾아낸다. 세균과 같은 단세포 생명체조차도 주변 환경에 대응할 수 있다. 이들은 미세한 섬모나 채찍처럼 생긴 꼬리를 빠르게 움직여 빛이나 화학물질을 향하거나 피해서 이동한다. 다세포 생명체는 더욱 복합적으로 반응할 수 있다. 황제나비는 가을이 다가오는 것을 감지할 수 있어서 여전히 먹이를 얻을 수 있는 남쪽을 향해 날아간다. 독수리는 1.6 km나 떨어져 있는 고기 냄새를 맡고 사냥하기 위해 날아간다.

반응하는 능력은 흔히 움직임으로 이어진다. 식물의 잎은 태양을 향해 방향을 바꾸며, 동물은 안전한 곳으로 도망친다. 적절하게 반응하여야 생존할 수 있으며, 일상 활동을 수행할 수 있다. 이러한 모든 활동을 통틀어 **행동**(*behavior*)이라고 한다.

생명체는 생식하며 발생한다

생명은 오직 생명에게서만 태어난다. 모든 생명체는 **생식(reproduction)**을 통해 자신과 같은 생명체를 만들어낼 수 있다. 세균을 비롯한 단세포 생명체는 단순하게 둘로 나누어진다. 다세포 생명체는 대개 한 개체의 정자가 다른 개체의 난자와 짝을 이룸으로써 생식과정이 시작된다. 정자와 난자가 융합한 뒤 수많은 세포분열을 거쳐 미성숙 개체가 만들어지고, 이후 다양한 성장과 발생 단계를 거쳐 성체가 된다.

배아(embryo)가 고래나 수선화, 또는 사람으로 발달하는 것은 각각 자신의 부모에게서 특정한 **유전자(gene)**를 물려받았기 때문이다(그림 1.5). 모든 생명체의 유전자는 생명의 유전적 청사진인 **DNA(deoxyribonucleic acid)**의 긴 분자에 있다. 유전자의 변이(variations)는 종과 개체 간의 차이를 설명한다. 이러한 차이는 **돌연변이(mutation)** 또는 유전정보의 유전적 변화의 결과이다. 돌연변이는 유전정보를 다양하게 변화시키는 중요한 원인이다. 모든 돌연변이가 나쁜 것은 아니며, 눈과 머리카락의 색깔의 차이는 돌연변이의 예이다.

과학자들은 DNA를 연구함으로써 특정 유형의 암에 대한 감수성과 같은 특정 형질의 기초를 이해할 수 있을 뿐만 아니라 종의 진화 역사도 이해할 수 있다. 생식은 유전정보를 부모로부터 자손에게 전달하는 것을 포함한다. 따라서 DNA에서 발견되는 정보는 우리의 분자 유산에 대한 기록을 나타내며, 여기에는 개인의 혈통에 대한 기록뿐만 아니라 어떤 종이 다른 종과 어떻게 관련되어 있는지도 포함된다.

그림 1.5 생식은 생명체의 특성이다.
단세포이든 다세포이든 생명체는 모두 생식한다. 자손은 부모에게서 DNA에 담겨 있는 유전자를 물려받는다.
(photo): ©Purestock/Superstock; (DNA): ©Molekuul/SPL/AGE Fotostock

DNA는 특정 생명체의 조직화와 대사에 관한 청사진 역할을 한다. 다세포 생명체의 모든 세포는 동일한 유전자들을 가지고 있지만, 특화된 세포의 종류에 따라 일부 특정 유전자군만 작동된다. 세포는 **발생(development)**과정을 통해 특정 유전자를 발현시켜 다른 세포와 구별되는 조직과 기관을 형성한다.

생명체는 적응력을 지니고 있다

적응(adaptation)은 한 종(species)이 자신의 삶의 방식에 적합하도록 변화하는 것을 의미한다. 일부 매는 물고기를 잡을 수 있는 능력이 있으며, 다른 매는 토끼를 잡는 데 최적화되어 있다. 매는 속이 빈 뼈를 가지고 있어 체중이 가볍고 비행근육을 이용하여 날개를 위아래로 움직일 수 있기 때문에 비행할 수 있다. 매는 급강하하면서 튼튼한 발로 착륙 충격을 흡수하고 길고 날카로운 발톱을 뻗어 사냥감을 움켜쥔다. 매는 뛰어난 시력을 가지고 있어서 높은 곳에서도 먹잇감을 정확하게 인식할 뿐만 아니라 거리와 속도도 가늠할 수 있다.

인간 또한 특정 환경에서 살 수 있는 적응력을 가지고 있다. 히말라야의 극한 고도(13,000피트 또는 4,000미터 이상)에 사는 인간은 혈액속 헤모글로빈양을 줄이도록 적응되어 있다(19.6절 참조). 헤모글로빈은 산소 수송에 중요하다. 일반적으로 고도가 증가함에 따라 헤모글로빈양이 증가하지만, 너무 많은 헤모글로빈은 혈액을 진하게 만들어 건강 문제를 일으킬 수 있다. 일부 고지대 개체군에서는 단일 유전자의 돌연변이가 이러한 위험을 감소시킨다.

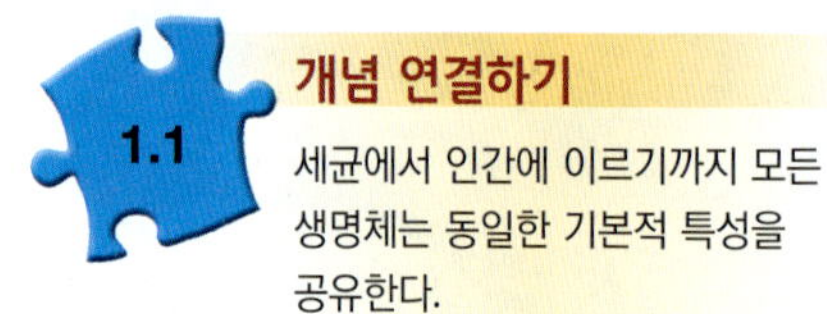

진화 또는 종들이 환경에 적응하는 방식에 대해 다음 절에서 논의한다.

진도 점검하기 1.1

1. 모든 생명체에 공통적인 기본 특성을 열거하시오.
2. 생물학적 조직화 수준을 가장 낮은 것부터 열거하시오.
3. 물질순환과 에너지 흐름을 생명체 수준과 생태계의 조직화 수준에서 설명하시오.

1.2 진화: 생명과학의 핵심 개념

학습 목표

이 절을 학습한 후에는 다음 과제를 수행할 수 있어야 한다.

1. *진화*라는 용어 정의하기.
2. 자연선택의 과정, 그리고 이 과정과 진화과정의 연관성 설명하기.
3. 분류체계의 영역(domain)과 주요 문(kingdom)의 일반적 특성 요약하기.

형태와 기능, 삶의 방식이 다양함에도 불구하고 생명체는 모두 동일한 기본 특성을 공유한다. 이들은 모두 유사한 방식으로 조직화된 세포들로 이루어져 있다. 유전자는 DNA로 구성되며, 에너지를 얻고 조직화 수준을 유지하는 대사과정도 동일하다. 생명체의 통일성으로 미루어 모든 생명체가 단일 공통조상에서 기원하였다고 추정할 수 있다.

진화계통수는 가계도와 유사하다(그림 1.6). 가계도를 보고 어떤 부부로부터 후손들이 어떻게 갈라져 나왔는지를 알 수 있는 것과 마찬가지로, 진화계통수는 지구 생명의 계통을 따라 공통조상을 추적한다. 한 부부가 다양한 자손을 가질 수 있고, 마찬가지로 한 개체군이 여러 집단의 공통조상이 될 수 있다. 각각의 집단은 특정 환경 조건에 맞춰 적응한 것이다. **진화(evolution)**는 개체군이 시간이 흐르는 동안 적응을 축적하여 자신의 환경에 더욱 적합하게 변화하는 과정이다. 진화는 생물학을 통합하는 개념이라고 할 수 있다. 그 이유는 진화는 지구상의 생명체의 다양성과 생명체가 단일 조상으로부터 어떻게 생겨났는지 등 생물학의 수많은 질문에 대해 설명하기 때문이다.

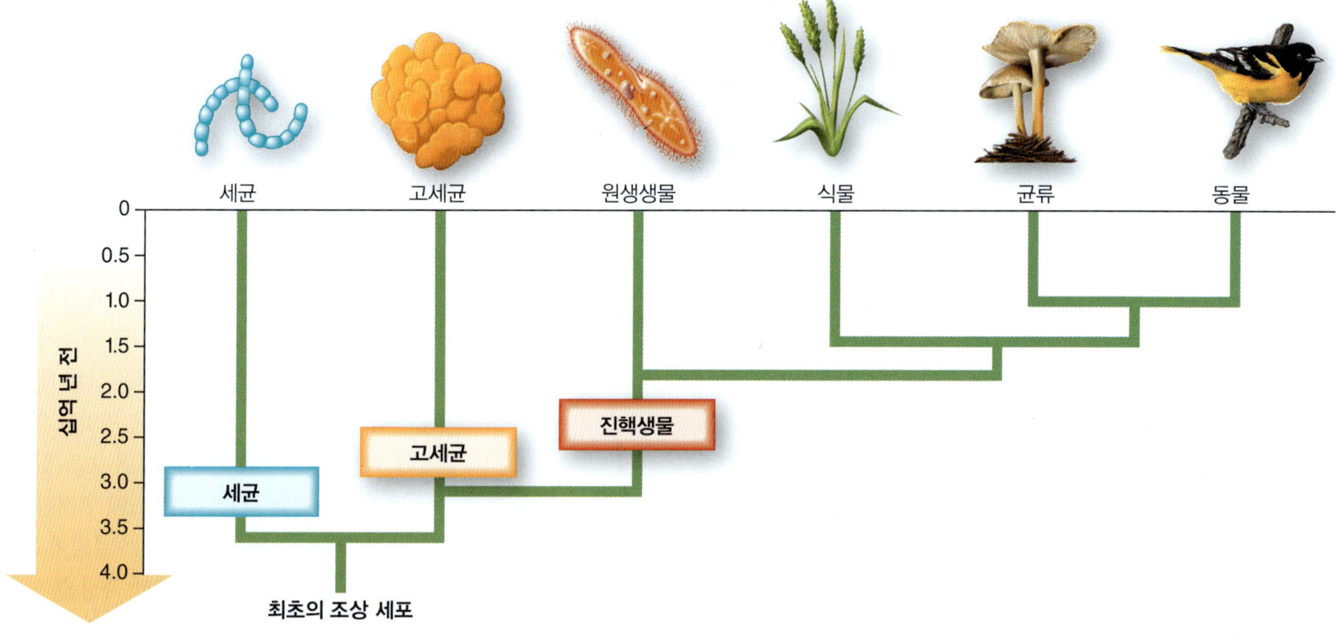

그림 1.6 진화계통수.
같은 가지에 묶인 생명체들은 분지 부위에 있는 동일한 공통조상을 갖는다. 같은 가지에 묶인 생명체들(예: 균류와 동물)은 서로 다른 가지에 있는 생명체들(예: 동물과 식물)에 비해 서로의 관계가 더욱 밀접하다(즉, 더욱 최근의 공통조상을 갖는다). 계통수의 뿌리 부위는 모든 생명체의 공통조상을 의미한다.

자연선택과 진화과정

19세기에 다윈(Charles Darwin)과 월리스(Alfred Russell Wallace)는 독자적으로 자연선택(natural selection)이라는 과정을 통해 진화가 일어난다는 결론에 이르렀다(14.1절 참조). 두 사람 가운데 다윈은 자연선택을 통해 진화과정이 일어난다는 관찰을 제시한 종의 기원(*On the Origin of Species*)이라는 책을 저술하였기 때문에 더 유명하다. 그 이후로 진화론은 생물학의 핵심 개념이 되었는데, 이는 이 이론이 매우 다양한 과학적 관찰을 설명할 뿐만 아니라 다윈 시대 이후 수집된 풍부한 자료가 생물학의 모든 측면에서 이 이론의 중요성을 뒷받침하기 때문이다.

자연선택(natural selection) 과정은 진화적 변화가 일어나는 메커니즘이며, 개체군이 환경에 반응하여 어떻게 변화하는가에 기반하고 있다. 환경은 생물 요인(예: 새로운 포식자) 또는 무생물 요인(예: 온도)의 영향으로 인해 변화될 수 있다. 시간이 지나면서 환경이 달라지면 종 내의 일부 개체는 새로운 환경에 더욱 적합하도록 하는 특정 적응력을 지닐 수 있다. 자신의 환경에 잘 적응한 개체는 더 오래 생존하며 더 많은 자손을 얻을 수 있다. 이러한 차등 생식 성공을 **자연선택**이라고 부르며, 이로 인해 시간이 흐르면서 개체군의 특성이 변화하게 된다. 다시 말해, 세대를 거치면서 더 높은 생식 성공으로 이끄는 적응이 개체군 내에 많아지게 된다. 이처럼 개체군 내에서 형질의 빈도가 변화하는 것을 **진화**라고 한다.

진화과정은 "변화되며 이어지는 혈통"이라는 문구로 요약할 수 있다. 그 이유는 공통조상으로부터 혈통이 이어지는 동안 후손에게 변화가 생겨 환경에 적응하게 되기 때문이다. 그 결과로 한 종이 여러 종의 공통조상이 될 수 있는데, 후손 종들은 각각 특정 환경에 적응하여 달라진 것이다. 특별한 적응으로 인해 종마다 자신의 환경에서 특정한 역할을 수행하게 된다.

하와이꿀먹이새(honeycreeper)는 이러한 과정의 주목할 만한 사례이다(그림 1.7). 50종 이상의 알려진 꿀먹이새(그 중 오늘날 17종만 남아 있음)는 모두 북미에서 시작되어 300만 년에서 500만 년 전에 하와이섬에 도착한 것으로 추정되는 한 종의 핀치(finch)에서 진화했다. 현대의 꿀먹이새들은 먹이의 종류에 따라 부리 형태가 다르다. 꿀먹이새의 어떤 종은 꽃 꿀을 마시는데 사용되는 구부러진 길쭉한 부리를 가지고 있다. 어떤 종의 부리는 튼튼하고 갈고리처럼 생겨서 나무둥치를 파고 그 속에 있는 애벌레를 잡는 데 적합하며, 짧고 직선형이어서 작은 씨앗과 열매를 먹는 데 적합한 부리를 가진 종도 있다. 이처럼 섭식환경과 부리 형태에 현저한 차이가 나타나기는 하지만, 모든 꿀먹이새는 여전히 공통조상에서 유래한 특정 특성을 공유한다. 이들은 모두 신체의 형태와 크기는 물론, 짝짓기나 둥지를 짓는 행동도 비슷하다.

진화는 생물학적 조직화의 모든 수준을 포괄하여 연구한다. 실제로 오늘날 진화 연구는 대개 분자 수준에서 이루어진다. 서로 다른 개체군의 DNA를 비교하여 이들이 서로 어떻게 연관되어 있는지 분석한다. 생명이 시간의 흐름에 따라 어떻게 변화되어 왔는지를 살펴보면 수많은 종류의 생명체가 존재하는 이유와 각각의 종이 고유한 특성을 지닌 이유를 이해하는 데 도움이 된다. 또한 자연선택에 의한 진화를 이해하면 질병의 예방과 치료 등 실제적인 적용도 가능하다.

오늘날, 우리는 자연선택으로 인해 결핵, 임질, 포도상구균 감염을 일으키는 세균을 포함한 여러 세균종에서 항생제 내성이 점점 더 흔해지고 있다는 것을 알고 있다. 페니실린과 같은 항생제는 감수성인 세균을 죽인다. 그러나 항생제 치료를 받는 환자의 체내에 있는 일부 세균은 항생제에 영향을 받지 않을 수 있다. 세균은 여러 가지 방법으로 항생제 약물에서 살아남을 수 있다. 예를 들어, 특정 세균은 페니실린을 분해하여 무해하게 만들기 때문에 페니실린 치료를 견딜 수 있다. 항생제 내성을 가진 세균이 하나라도 살아남는다면 그 후손들은 약물에 내성을 가지는 능력을 물려받게 된다. 항생제의 광범위한 사용에 의해 내성 세균주가 늘어나며, 따라서 많은 종류의 항생제의 효과가 제한되고 있다.

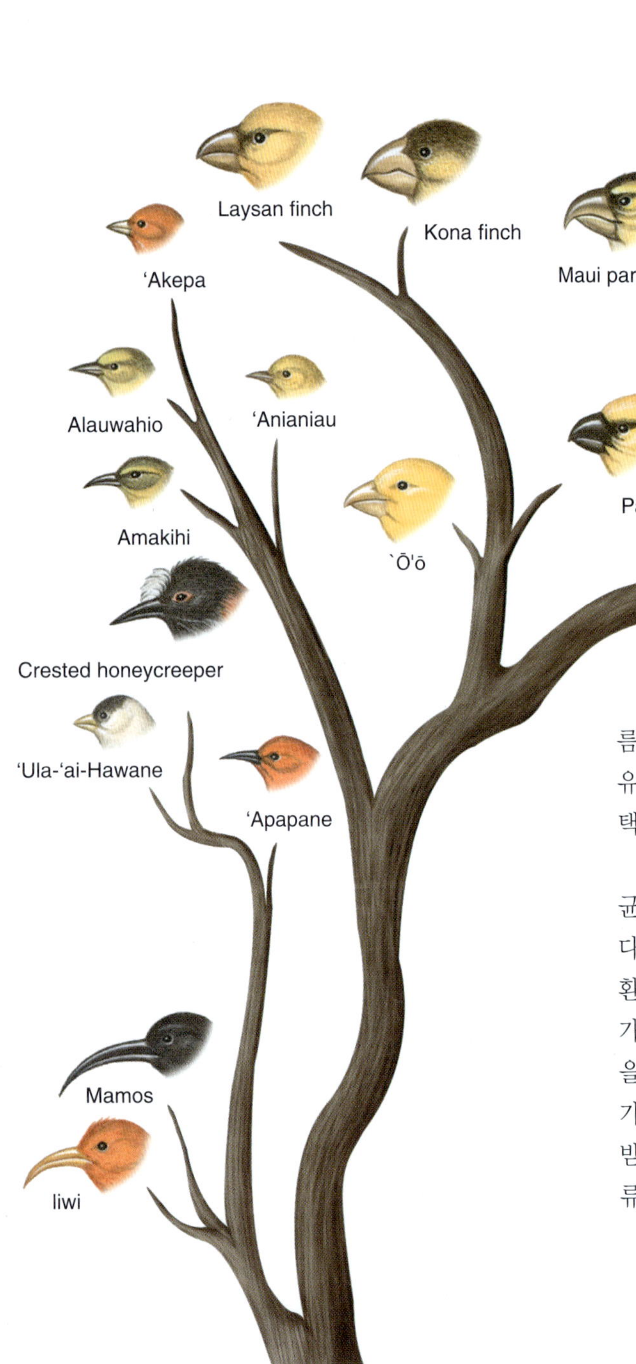

그림 1.7 하와이꿀먹이새의 진화.
하와이꿀먹이새들은 단일 조상종의 후손이지만, 부리의 형태와 크기가 놀랍도록 다양하다.

연관

어떻게 진화가 나에게 개인적으로 영향을 줄 수 있을까?

매년 9월경부터 보건 기관과 약국에서 매년 독감 백신을 맞으라고 경고하기 시작한다. 사람들은 종종 연례 백신 접종의 필요성에 의문을 제기하고, 그 과정에서 감염 위험에 처하게 된다.

우리가 독감이라고 부르는 것은 실제로 인플루엔자 바이러스 감염에 대한 우리 몸의 반응이다. 인플루엔자 바이러스는 비교적 단순하지만(17.1절 참조) 매년 돌연변이를 일으켜 우리 면역체계에 노출되지 않았던 새로운 변종을 생성할 수 있다. 이러한 변화 중 일부가 인류에게 심각한 발병을 일으키는 균주를 생성하는 원인이 되었다.

질병 통제 예방 센터(CDC) 및 기타 기관은 그해 백신 개발을 위해 인플루엔자 바이러스의 진화를 모니터링하고 있다. 그러나 가끔 인플루엔자 시즌(2018년에 일어난 것처럼) 동안 바이러스가 진화하여 그해 백신의 효과를 감소시킬 수 있다.

생물다양성의 구성

수많은 상품을 판매하는 거대한 백화점의 경우, 다양한 상품을 전자, 의류, 가구 등으로 나누어 진열함으로써 고객이 쉽게 찾을 수 있도록 한다. 생명은 매우 다양하기 때문에 생명체를 범주로 구분하는 체계가 있다면 도움이 될 것이다. 생명체를 범주로 나누는 생물학의 학문 영역은 두 가지이다. **분류학(taxonomy)**은 일정한 규칙에 따라 생명체를 식별하고 명명하는 학문 분야이고, **계통학(systematics)**은 생명체 사이의 진화적 상관관계를 추정하여 분류함으로써 지구에 사는 생명체의 복잡한 다양성을 이해하는 학문 분야이다. 계통학자가 종 사이의 진화적 상관관계에 대해 더 많이 밝혀내면 특정 종의 분류가 달라질 수도 있다. 계통학자는 지금도 관찰과 실험을 수행하고 있으므로, 이 책에서 적용한 분류체계도 언젠가는 달라질 수 있을 것이다.

분류의 범주

분류 범주는 포괄도가 높아지는 순서로 종(species), **속(genus)**, **과(family)**, **목(order)**, **강(class)**, **문(phylum)**, **계(kingdom)**, 그리고 **영역(domain)**이다(**표 1.1**). 종 이후에 이어지는 범주는 앞선 범주보다 더 많은 종류의 생명체를 포함한다. 동일한 속에 속한 종들은 많은 특별한 특성을 공유하며 가장 밀접하게 연관되어 있지만, 동일한 영역에 속한 종들은 일반적인 특성만을 공유한다. 예를 들어, *Pisum*속의 종들은 모두 거의 비슷한 (콩과식물의) 외형을 지닌다. 그러나 식물계에 속한 종들은 매우 다양한 형태를 지닐 수 있으며, 이러한 사실은 초본류와 목본류의 차이에서 분명해진다. 같은 개념에 따르면, *Homo*속에는 오직 현대 인류만 속해 있을 뿐이지만, 동물계에는 작은 히드라에서 거대한 고래에 이르는 다양한 종류의 종이 속한다. 서로 다른 영역에 속한 종끼리는 그 연관된 정도가 적다. 이제부터 영역과 계의 일반적인 특성에 대해 살펴본다.

영역

가장 포괄적이고 일반적인 수준의 분류 단계는 영역이다(**표 1.2**). (DNA와 단백질 연구에서 얻은) 생화학적 증거에 따르면 생명체에는 **세균영역(domain Bacteria)**,

표 1.1 생물학적 조직화의 단계

범주	사람	옥수수
영역	진핵생물영역 (Eukarya)	진핵생물영역 (Eukarya)
계	동물계(Animalia)	식물계(Plantae)
문	척삭동물문 (Chordata)	속씨식물문 (Anthophyta)
강	포유강(Mammalia)	외떡잎식물강 (Liliopsida)
목	영장목(Primates)	닭의장풀목 (Commelinales)
과	사람과(Hominidae)	벼과(Poaceae)
속	*Homo*	*Zea*
종*	*H. sapiens*	*Z. mays*

* 한 개체를 특정하려면 반드시 이명법에 따라 *Homo sapiens*처럼 써야 한다.

표 1.2 생명의 영역과 계

영역	계		예
고세균		8,330×	극한환경에서 살 수 있다. 메탄-생성원핵생물인 *Methanosarcina mazei*
세균		6,600×	구조는 단순하지만 대사과정은 다양하다. 사람의 장관에 있는 원핵생물인 *Escherichia coli*.
진핵생물	원생생물	250×	진핵생물의 다양한 집단으로 상당수는 단세포이다. 식물과 동물의 특성을 모두 지닌 *Euglena*
진핵생물	식물		다세포 광합성 생산자. 지구에서 가장 나이가 많은 식물의 하나인 브리슬콘 소나무(*Pinus longaeva*)
진핵생물	동물		섭식활동을 하는 다세포 생명체. 사람(*Homo sapiens*)
진핵생물	균류		다세포 분해자. 버섯의 한 종류인 *Amanita*

(Archaea): ©Eye of Science/Science Source; (Bacteria): ©Science Photo Library/Alamy Stock Photo; (Protists): ©blickwinkel/Fox/Alamy Stock Photo; (Plants): ©iStockphoto/Getty Images; (Animals): ©Radius Images/Getty Images; (Fungi): ©Ro-ma Stock Photography/Getty Images

고세균영역(domain Archaea), **진핵생물영역(domain Eukarya)**의 세 가지 영역만 존재한다. 원핵생물은 세균영역과 고세균영역 모두에 속한다. 원핵생물은 단세포이며, 진핵생물영역의 진핵생물에서 볼 수 있는 막으로 감싸인 핵이 없다.

원핵생물은 구조가 단순하지만 대사는 복합적이다. 고세균은 산소가 없거나, 염도가 매우 높거나, 너무 뜨겁거나, 또는 너무 산도가 높아 다른 생명체가 살지 못하는 수생환경에서 서식한다. 아마도 이러한 환경은 원시 지구의 환경과 유사하며, 고세균은 진화한 최초의 세포를 대표할 것이다. 세균은 물, 토양, 대기는 물론 피부와 구강, 대장 등 거의 모든 곳에서 서식한다. 일부 세균이 질병을 유발하기는 하지만, 대개 환경과 상업 측면에서 많은 이로운 혜택을 주고 있다. 예를 들어 세균을 이용하여 유전 연구를 수행할 수 있으며(예: 표 1.2의 *E. coli*), 수많은 상품을 생산하고, 하수처리장에서 물을 정화할 수도 있다.

계

역사적으로 진핵생물영역의 분류는 생명체를 4개의 계 중 하나로 나누었다(그림 1.6 참조). **원생생물(protists**; 원생생물계, kingdom Protista)은 진핵생물의 매우 다양한 집단이며, 단세포이거나 다세포이다. 일부 원생생물은 광합성을 수행하고, 일부는 분해자이며, 일부는 섭식활동을 한다. 나머지 세 계는 원생생물이 조상이다. **균류(fungi**; 균계, kingdom Fungi)에는 곰팡이와 버섯이 속하며, 이들은 많은 종류의 세균과 함께 죽은 생명체를 분해하는 일을 한다. **식물(plants**; 식물계, kingdom Plantae)은 잘 알려진 다세포성 광합성 생산자이다. **동물(animals**; 동물계, kingdom Animalia)은 다세포성 생명체이며 먹이를 먹고 산다.

그러나 개선된 생명체 DNA 분석기술의 개발에 의하면 모든 원생생물이 동일한 진화 혈통을 공유하는 것은 아님을 시사하며, 이는 진핵생물의 진화가 여러 경로를 따라 발생했음을 의미한다(그림 1.6에 표시된 것처럼 선형적이지 않음). 이러한 진화적 관계를 설명하기 위해 **슈퍼그룹(supergroup)**이라고 불리는 새로운 분류 그룹이 개발되고 있다. 현재 진핵생물계에 5개의 슈퍼그룹이 있다. 그러나 연구가 계속됨에 따라 이러한 그룹의 관계와 구조가 수정되고 있다. 17.4절에서 슈퍼그룹에 대해 자세히 살펴보겠다.

과학적 명명법

생명과학자는 각 생명체에게 두 부분으로 이루어진 과학적 이름을 붙인다. 이것을 **2명(binomial name)**이라고 하며, 이런 방식을 2명법이라고 한다. 예를 들어 완두의 과학적 명칭은 *Pisum sativum*이며, 사람은 *Homo sapiens*이다. 앞의 단어는 속이며, 두 번째 단어는 그 속 내의 종에 대한 특별한 별칭이다. 속명은 *P. sativum*이나 *H. sapiens*처럼 줄여서 쓸 수 있다. 생명과학자는 혼란을 피하기 위해 과학적 명칭을 보편적으로 사용한다. 일반 명칭은 중복될 수 있으며, 흔히 그 명칭을 사용하는 나라의 언어로 이루어진다. 그러나 과학적 명칭은 그리 오래되지 않은 보편적 언어인 라틴어에 기반을 두고 부여된다. 표 1.2에서 2명법의 예를 볼 수 있다.

다음 절에서는 과학자들이 생명을 연구하는 과정을 탐구할 것이다.

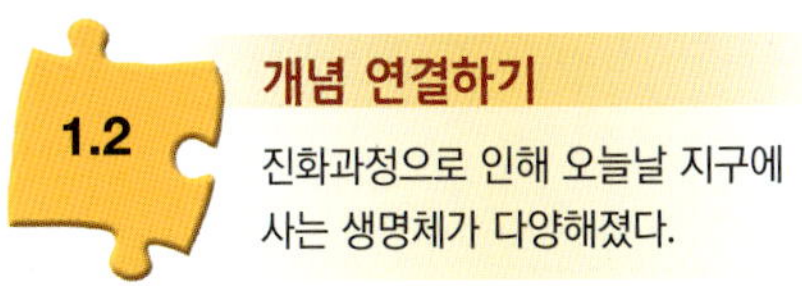

진도 점검하기 1.2

1. 여덟 가지의 분류 범주를 포괄도가 높아지는 순서로 나열하시오.
2. 자연선택 과정을 설명하고, 이 과정과 진화적 변화 사이의 상관관계를 설명하시오.
3. '변화되며 이어지는 혈통'이라는 개념이 진화과정을 이해하는 데 중요한 이유를 설명하시오.

1.3 과학: 지식을 얻는 방법

학습 목표

이 절을 학습한 후에는 다음 과제를 수행할 수 있어야 한다.

1. 과학적 방법의 단계를 인식하기.
2. 통제된 실험이 갖추어야 할 기본 조건을 설명하기.
3. 이론과 가설을 구별하기.

생명과학(biology)은 생명에 관해 과학적으로 연구하는 학문이다. 종교, 미학, 윤리, 그리고 과학은 모두 사람이 자연 세계의 질서를 찾는 방법이다. 과학이 다른 분야와 다른 점은 그 과정이며, 과학의 과정은 흔히 과학적 방법을 사용한다(그림 1.8). 과학적 방법은 과학적 연구의 지침 역할을 한다. 과학자들은 종종 특정 연구 분야에 맞게 그 과정을 수정하거나 조정한다.

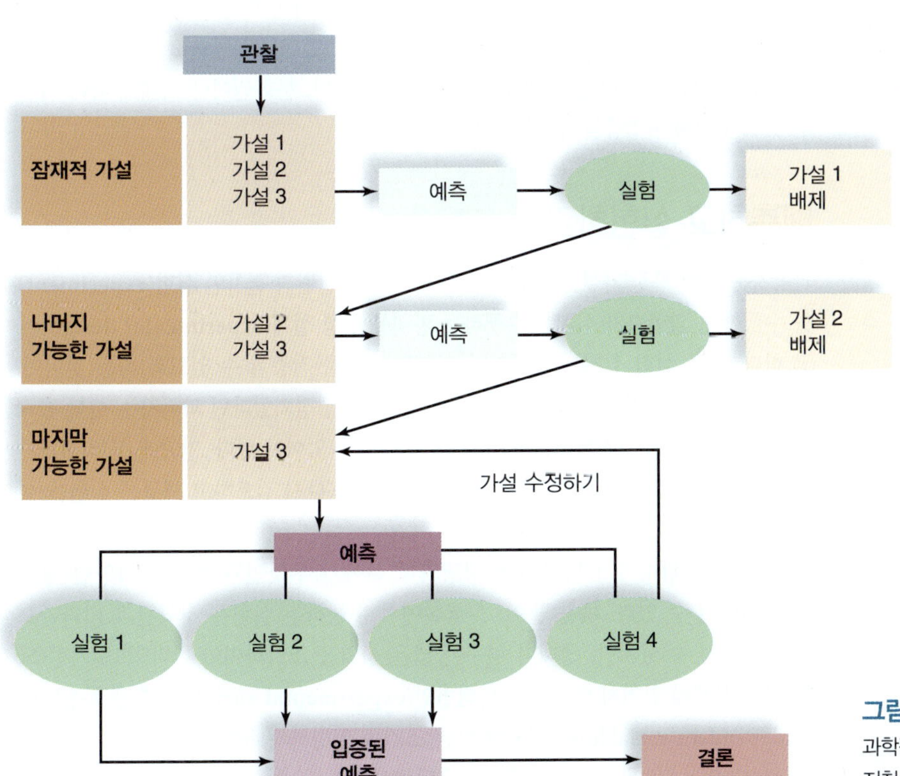

그림 1.8 과학적 방법의 흐름도.
과학적 방법은 과학자들이 자연 세계와 물리적 세계를 조사하기 위한 지침으로 사용하는 일련의 질서 정연한 단계이다.

시작—관찰하기

과학자들은 자연이 질서정연하고 측정이 가능하며, 중력의 법칙과 같은 자연법칙은 시간에 따라 변하지 않으며, 자연현상을 관찰을 통해 더 온전히 이해할 수 있다고 믿는다. 과학자들은 **관찰(observation)**을 위해 감각(시각, 청각, 촉각)에 의존하지만 도구를 사용하여 감각 능력을 확장한다. 예를 들어, 현미경을 사용하면 육안으로는 결코 볼 수 없는 물체를 볼 수 있다. 나아가 다른 과학자의 지식과 경험을 통해 자신의 이해 범위를 확장시킬 수도 있다. 즉, 과거의 연구내용을 도서관이나 인터넷을 통해 살펴보거나 비슷한 주제를 연구하는 다른 과학자들과 편지나 대화를 나누기도 한다.

가설 설정하기

관찰을 통해 어떤 현상에 대한 지식을 얻은 후에는 과학자는 귀납적 추론 방법을 사용한다. **귀납적 추론(inductive reasoning)**은 독립적인 사실을 합쳐 전체에 대해 창조적 사고를 하는 것이다. 과학자는 우연만으로도 아이디어를 얻을 수 있다. 가장 유명한 사례는 1928년에 발견된 항생제 페니실린에 관한 것이다. 플레밍(Alexander Fleming)은 곰팡이 *Penicillium*에 오염된 세균 배양접시를 조사하던 곰팡이 주변에는 세균이 없다는 사실을 관찰하였다. 플레밍은 오랫동안 세균으로 인한 인간 질병의 치료법을 찾는 데 관심이 많았고, 항세균 물질에 대한 지식이 풍부했다. 세균에 대한 *Penicillium*의 놀라운 효과를 본 플레밍은 이 곰팡이가 항세균 물질을 만들어낼 것이라고 추론하였다.

자연 현상에 대한 이러한 가능한 설명을 **가설(hypothesis)**이라고 부른다. 가설은 기존의 지식에 바탕을 두고 있으며, 단순한 추측보다 훨씬 많은 정보를 지닌다. 플레밍의 가설은 추후 연구를 통해 확인되었다. 대부분의 경우 가설은 뒷받침되지 않으며 수정되어 추가 연구를 수행하거나 또는 배제되기도 한다.

과학자의 모든 과거 경험은 그것이 무엇이든 가설 형성에 영향을 준다. 그러나 과학자는 실험이나 추가 관찰을 통해 검증될 수 있는 가설만을 고려한다. 도덕이나 종교적 신념은 우리 삶에 매우 중요하기는 하지만, 문화권이나 시대에 따라 다를 수 있으며 언제나 검증할 수 있는 것은 아니다.

예측하고 실험하기

과학자는 종종 특정 가설을 검증하기 위해 고안된 일련의 절차인 **실험(experiment)**을 수행한다. 과학자가 실험을 수행하는 방식을 **실험 설계(experimental design)**라고 한다. 좋은 실험 설계는 과학자가 원하는 내용을 검증할 수 있도록 하는 것이며, 그 결과가 의미를 가질 수 있어야 한다. 가설이 잘 설정되었다면 과학자는 실험 결과가 어떠할 것이라는 **예측(prediction)**을 제시할 수 있어야 한다. 만약에 실험 결과가 예측과 일치하지 않을 경우, 과학자는 초기 가설을 다시 검토하고 새로운 실험을 설계하여야 한다.

실험은 과학자가 탐구하는 생명과학 분야가 무엇인가에 따라 다양한 형태로 이루어질 수 있다. 예를 들어, 실험실에서 수행하는 실험은 시험관과 비커만으로도 진행될 수 있지만, 생태학 연구는 넓은 지역을 조사하여야 한다. 그렇지만 모든 실험 설계에 있어서 연구자는 **실험변인(experimental variable)** 혹은 독립변인(independent variable)을 제외한 모든 조건을 일정하게 유지하여야 한다. 그 결과는 실험변인을 기반으로 하기 때문에 **응답변인(responding variable)** 혹은 종속변인(dependent variable)이라고 한다.

의미 있는 결과를 얻기 위해 실험에는 실험군과 **대조군(control group)**이 모두 포함되어야 한다. 실험군은 실험변인에 노출시키고, 대조군은 실험변인에 노출시키지 않는다. 대조군의 결과가 실험군의 결과와 동일하게 나타난다면 이 실험 결과는 가설을 지지하지 않는 것으로 간주된다.

과학자들은 흔히 모델(model) 생명체와 **모델 시스템(model system)**을 이용하여 가설을 검증한다. 일반적인 모델 생명체의 일부를 그림 1.9에 제시하였다. 이들이 모델 생명체로 선정된 이유는 연령이나 유전자 구성 등의 실험 내용을 과학자가 통제할 수 있기 때문이다. 세포생물학자는 생쥐를 이용하여 새로운 약물의 효과를 시험하는 모델 시스템을 구축할 수 있다. 모델 생명체와 마찬가지로 모델 시스템을 이용하면 자연 환경에서는 가능해 보이지 않는 상황을 만드는 방식으로 특정 변인과 환경조건을 통제할 수 있다. 예를 들어 생태학자는 컴퓨터 프로그램을 이용하여 인간 활동에 의해 특정 생태계의 기후가 받을 영향을 예측하는 모델을 만들 수 있다. 다양한 모델을 이용하여 유용한 정보를 얻을 수는 있지만, 이것이 언제나 완벽한 답이 되는 것은 아니다. 예를 들어 생쥐에서 효능을 보인 약물이라도 인체에서 검증을 하는 것이 바람직하며, 컴퓨터 모의실험을 통한 생태학 연구도 실제 야외 실험을 통해 검증할 필요가 있다. 생명과학자를 비롯한 모든 과학자는 다양한 변인이 원래 관찰한 내용에 어떠한 영향을 주는 지에 대해 더욱 잘 이해하기 위해 끊임없이 실험을 설계하고 개선하고 있다.

초파리(*Drosophila melanogaster*)

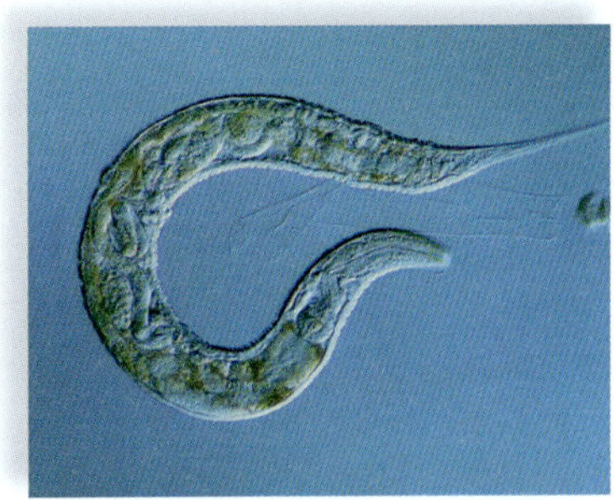
예쁜꼬마선충 ×64
(*Caenorhabditis elegans*)

애기장대(*Arabidopsis thaliana*)

생쥐(*Mus musculis*)

그림 1.9 과학 연구에 이용되는 모델 생명체. 초파리(*Drosophila melanogaster*)는 유전학 연구에 이용되고, 생쥐(*Mus musculis*)는 의학 연구에서 이용된다. 예쁜꼬마선충(*Caenorhabditis elegans*)은 발생학 연구에 이용되며, 애기장대(*Arabidopsis thaliana*)는 식물의 유전학 연구에 이용된다.

(*Drosophila melanogaster*): ©janeff/Getty Images; (*Caenorhabditis elegans*): ©Sinclair Stammers/Science Source; (*Arabidopsis thaliana*): ©Wildlife GmbH/Alamy Stock Photo; (*Mus musculus*): ©Steve Gorton/Getty Images

자료 수집하고 분석하기

실험에서 얻은 결과를 **자료(data)**라고 한다. 수학적 자료는 흔히 그래프나 표의 형식으로 표시한다. 때때로 연구는 통계적 자료에 의존한다. 통계 분석을 이용하면 자료에서 표면적으로 명백하게 드러나지 않은 상관관계를 찾아낼 수 있다. 어떤 연구자가 양파를 먹은 여자는 골다공증에 걸리지 않게 될 것인지에 대해 알고자 한다고 가정하자. 이 과학자는 여자들에게 양파를 먹는 식습관에 대한 설문조사를 한 후, 이 자료를 이들의 뼈 상태와 비교한다. 이 연구에 대해 다른 과학자들은 다음과 같은 비평을 할 것이다. 조사 대상자의 수는 얼마나 많은가? 대상자의 연령대는 어떠한가? 이들의 운동 습관은 어떠한가? 뼈의 상태를 판정한 기준은 무엇인가? 이 자료가 오류일 가능성은 얼마나 되는가? 자료의 분산이 클수록 오류일 가능성이 높아진다. 많은 경우에 있어서, 심지어 자료를 분석한 결과 뚜렷한 상관성이 나타난 경우에도, 과학자들은 뼈의 상태에 직접적인 생화학적이거나 생리학적 효과를 나타내는 양파의 성분이 무엇인지 궁금해 할 것이다. 결국 상관성이 인과관계를 의미할 필요는 없다. 양파를 먹는 여자는 다른 야채도 많이 먹을 것이고, 따라서 양파를 먹지 않은 여자보다 건강한 식단을 유지할 수 있을 것이다. 따라서 과학자는 늘 서로를 압박하여 연구 조사를 수행하도록 하는 회의론자라 할 수 있다.

결론 이끌어내기

과학자들은 어떤 가설이 지지되는지 여부에 대한 **결론(conclusion)**에 이르기 위해 자료를 분석해야만 한다. 과학은 진행되는 것이므로 한 실험의 결론은 또 다른 실험의 가설을 이끌어낼 수 있다(그림 1.8 참조). 다시 말해, 흔히 어떤 가설에 부합하지 않은 결과를 바탕으로 검증할 새로운 가설을 구상하게 된다. 과학자들은 연구결과를 과학저널에 발표하여 다른 과학자들이 자신의 연구 방법과 자료를 사용할 수 있도록 한다. 실험과 관찰은 반복 가능해야 한다. 즉, 보고한 과학자와 그 실험을 반복하는 모든 과학자가 동일한 결과를 얻어야 하며, 그렇지 않다면 그 자료는 신뢰받지 못하게 된다.

과학 이론

과학의 궁극적인 목표는 세계가 어떻게 작동하는 지에 대해 받아들여지는 설명인 **과학 이론(scientific theory)**의 관점에서 자연 세계를 이해하는 것이다. 생명과학의 기본 이론으로는 모든 생명체는 세포로 구성된다는 세포설, 유전정보에 의해 형태와 기능, 행동이 결정된다는 유전자론, 그리고 모든 생명체는 하나의 공통 조상에서 유래한 것이며 각 개체는 특정 방식으로 적응한 생명의 형태라는 진화론 등이 있다.

진화론은 생명과학의 통합개념으로 간주한다. 그 이유는 생명체의 다양한 특성을 아우르기 때문이다. 예를 들어 진화론을 통해 과학자는 생명의 역사, 생명체의 다양성, 그리고 생명체의 해부와 생리, 발생을 이해할 수 있다. 진화론은 생산성이 매우 높은 과학 이론이어서 새로운 가설들을 이끌어내는데 도움이 되었다. 이 이론은 150년이 넘는 동안 수많은 관찰과 실험을 통해 지지되었기 때문에 일부 생명과학자는 진화론을 진화 원리라고 부르기도 한다. **원리(principle)**는 거의 모든 과학자가 일반적으로 받아들이는 이론을 지칭하는 용어이다. 원리 대신에 **법칙(law)**이라는 용어를 선호하는 이들도 있다.

통제된 연구의 사례

대부분의 위궤양과 장궤양은 *Helicobacter pylori*라는 세균이 원인이라는 사실이 알려져 있다. 어떤 연구자가 두 종류의 항생제 중 어느 것의 궤양 치료 효과가 더 좋은지 확인하려 한다고 가정하자. 실험을 수행할 때에는 단지 실험변인만 달라지도록 해야 한다. 이 경우에는 조사하려는 약물이 실험변인이 된다. 대조군에게는 약물을 투여하지 않으며, 실험군에게만 약물을 투여한다. 무작위 조건에서 대조군과 실험군의 결과가 동일하다면, 연구자는 약물이 아무런 효능을 보이지 못했기 때문에 이 연구의 가치가 없다는 사실을 즉시 알게 된다. 그림 1.10은 이 가설에 대해 어떻게 연구해야 할 것인지를 제시한 하나의 예이다.

가설: 새롭게 발견된 항생제 B는 현재 사용 중인 항생제 A보다 궤양 치료에 더 효과적이다.

가설 진술하기:
항생제 B가 항생제 A보다
궤양 치료에 좋은 효과를 보인다.

실험 수행하기:
아래 사항만 제외하고는
세 무리 모두 동일하게 처치한다.

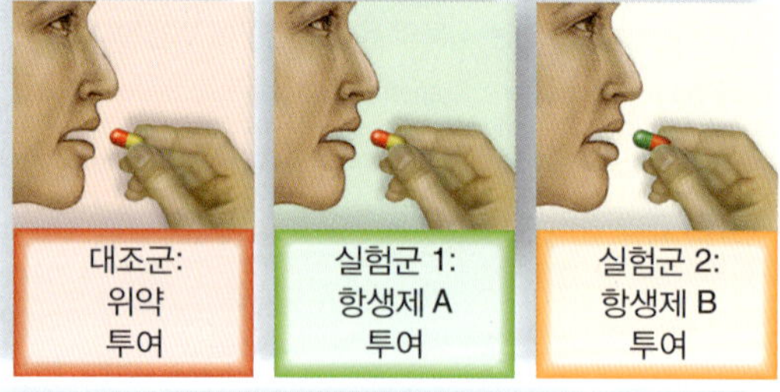

자료 수집하기:
대상자 각각의 궤양 정도를
조사한다.

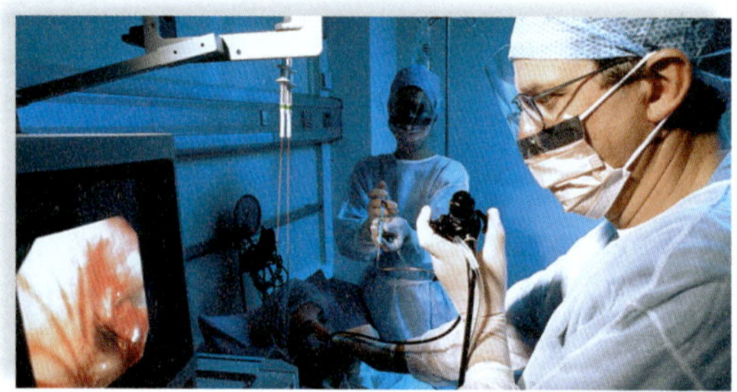

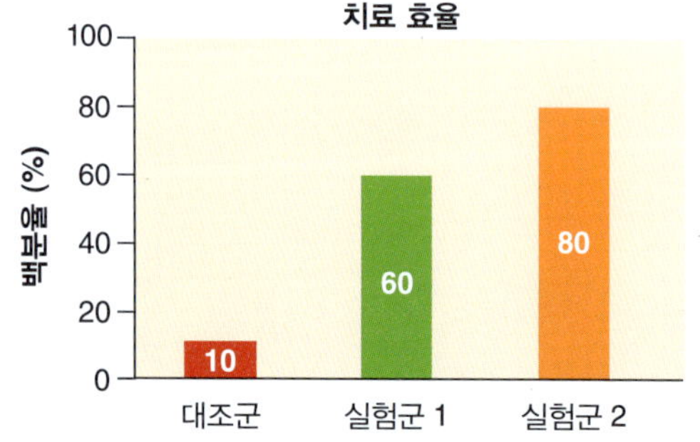

그림 1.10 인체에 대한 약물의 효과를 조사하는 통제된 실험.
이 연구에서는 많은 수의 사람을 세 그룹으로 나누었다. 대조군에는 약물 대신 위약을 투여하였으며, 두 실험군에는 각각 약물 A 또는 B를 투여하였다. 그래프로 표시한 결과에서 B가 A보다 궤양 치료에 좋은 효과를 보였음을 알 수 있다.

모든 실험에서 가능한 변인(차이)의 수를 줄이는 것이 중요하다. 이 실험에서는 개인 간의 성별, 체중, 이전 질병의 차이 등이 변인에 포함될 수 있다. 그러므로 연구자는 자원자를 무작위로 균등하게 나누어야 하며, 자원자 사이의 차이가 균일하게 분포하도록 하는 것이 바람직하다. 자원자 수(표본 크기)가 많을수록 외부 변수의 영향을 줄일 가능성이 커진다. 그렇기 때문에 많은 의학 연구에 수천 명의 개인이 참여하는 경우가 많다.

세 그룹에 대해 각각 아래와 같이 처치한다.

대조군: 궤양이 있는 자원자에게 항생제를 투여하지 않음.
실험군 1: 궤양이 있는 자원자에게 항생제 A를 투여함.
실험군 2: 궤양이 있는 자원자에게 항생제 B를 투여함.

연구자는 자원자 모두 궤양이 있음을 확인한 후, 자원자가 모두 동일한 처치를 받는 것으로 생각하도록 한다. 이렇게 하면 약물을 제외하고는 그 어떤 것도 결과에 영향을 주지 않도록 할 수 있다. 이를 위해 대조군에게는 **위약(placebo)**을 투여한다. 위약은 처치한 약물과 동일해 보이지만, 실제로는 약물이 포함되지 않은 것이다. 위약의 목표는 다른 미확인 요인이 연구에 영향을 미칠 수 있는지 여부를 분석하는 것이다.

결과

동일한 용량의 약물(또는 위약)을 동일한 방법으로 2주 동안 투여한 후, 각 피험자의 위와 장 내벽을 검사하여 궤양이 여전히 존재하는지 확인한다. 그림 1.10의 아래쪽 사진에 묘사된 내시경 검사는 궤양이 있는지 환자를 검사하는 한 가지 방법이다. 수면 내시경 검사는 수면 마취 하에 시행되며, 끝에 작은 카메라가 달린 작고 유연한 튜브인 내시경을 목구멍을 통해 위와 장의 윗부분으로 삽입하는 과정이다. 그러면 의사는 이러한 장기의 내벽을 볼 수 있고 궤양을 확인할 수 있다. 내시경 검사 중에 수행되는 검사를 통해 *Helicobacter pylori*의 존재 여부도 확인할 수 있다.

내시경 검사는 다소 주관적이기 때문에 검사자가 피검사자가 어느 그룹에 속하는지 알지 못하는 것이 가장 좋으며, 그렇지 않으면 검사자의 편견이 검사에 영향을 미칠 수 있다. 환자나 검사자 모두 특정 치료법을 알지 못하는 경우 이중맹검(*double-blind*) 연구라고 한다.

이 연구에서 연구자는 궤양이 치료된 사람의 비율로 약물의 효과를 판단할 수 있다. 따라서 대상자 100명 가운데 20명에서 여전히 궤양이 발견된다면, 이 약물의 효능은 80%가 된다. 두 약물의 효능 차이는 그림 1.10의 그래프에서 쉽게 알아볼 수 있다.

결론: 이 연구 자료를 근거로 하여, 이 연구자는 자신의 가설이 옳다고 결론지었다.

결과의 출판

과학적 연구는 관례적으로 과학 저널에 게재되므로(그림 1.11), 연구의 모든 측면이 과학 커뮤니티에 공개된다. 과학 저널에 정보가 게재되기 전에 일반적으로 전문가들의 검토를 거치는데, 이들은 해당 연구가 신뢰할 수 있고 정확하며 편견 없이 잘 수행되었는지 확인한다. 다른 과학자가 과학 저널에 실린 실험에 대해 읽고 다른 장소

그림 1.11 과학적 출판.
Science 등의 과학 저널은 연구자들이 자신의 결과를 다른 과학자와 공유하는 학술지이다. Discover, *New Scientist*, *Science* 등의 과학잡지는 대개 일반 대중에게 알리기 위한 과학 기사를 싣는다.

에서 실험을 반복하여 동일한(또는 매우 유사한) 결과를 얻을 수 있어야 한다. 일부 논문은 다음과 같은 이유로 게재가 거부된다. 검토자가 실험 설계나 실험 수행 방식에 의심스러운 점이 있다고 판단할 때 논문 게재가 거부된다. 이러한 거부 과정은 연구자가 자신의 가설, 예측, 실험 설계를 비판적으로 검토하여 다음 시도에서 가설을 더 적절하게 다룰 수 있도록 하기 때문에 과학에서 중요한 과정이다. 과학 저널에 논문이 게재되기까지 여러 차례의 수정 과정을 거치는 경우가 많다.

*New Scientist*나 *Discover* 같은 과학잡지(그림 1.11)는 과학적 발견을 일반 대중에게 알린다는 점에서 과학저널과는 다르다. 이러한 잡지에 실린 정보는 대개 과학 저널에 출판된 논문에서 얻는다.

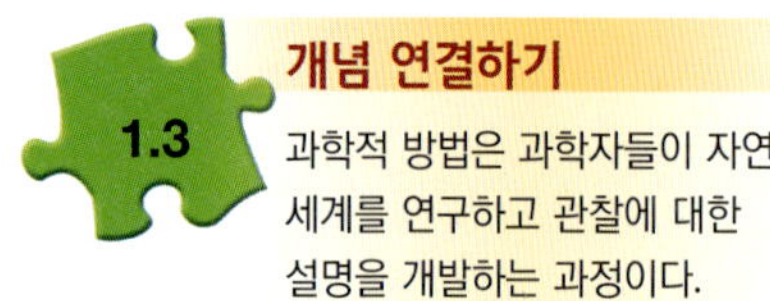

개념 연결하기

과학적 방법은 과학자들이 자연 세계를 연구하고 관찰에 대한 설명을 개발하는 과정이다.

앞서 언급했듯이, 한 실험의 결론은 종종 다른 실험으로 이어진다. 과학자들이 연구 결과를 확장해야 하는 이유는 과학이 변화하고 어제의 연구 결과가 내일 개선될 수 있는 이유를 설명한다.

진도 점검하기 1.3

1. 과학적 방법 각 단계의 목적을 요약하시오.
2. 연구할 때에 통제된 연구가 중요한 이유를 설명하시오.
3. 과학 연구 결과를 출판하는 것이 중요한 이유를 설명하시오.

1.4 과학의 당면과제

학습 목표

이 절을 학습한 후에는 다음 과제를 수행할 수 있어야 한다.

1. 과학과 기술을 구별하기.
2. 현재 과학의 주요 당면과제에 대해 요약하기.

이 장에서 학습한 바와 같이, 과학은 자연 세계에 대한 지식을 얻는 체계적 방법이다. 과학은 기술과는 조금 다른 다르다. **기술(technology)**은 과학적 지식을 사람에게 편리하도록 적용하는 것이다. 과학적 연구는 기술 진보를 이끄는 주요 기반이다. 대부분의 경우, 휴대전화나 신약 등의 새로운 기술은 여러 해에 걸친 과학적 연구에 그 바탕을 두고 있다. 이 절에서는 과학, 기술, 그리고 현대사회가 당면하고 있는 몇 가지 과제에 대해 살펴보도록 한다.

기후 변화

기후 변화(climate change)라는 용어는 인류 활동에 영향을 주는 지구 기후의 정상적 주기가 달라진 것을 의미한다. 기후 변화는 주로 탄소 원소의 화학순환 균형이 맞지 않아 나타난다. 정상적으로는 탄소는 생태계 내에서 순환한다. 그러나 인류 활동에 의해 대기에 추가되는 이산화탄소의 양이 제거되는 양보다 많아지고 있다. 1850년에 대기의 CO_2는 약 280 ppm이었지만, 오늘날에는 400 ppm이 넘고(그림 1.12), 매년 증가하고 있다. 이렇게 증가된 것은 대개 화석연료를 연소하고, 농장과 목장을 짓기 위해 숲을 파괴하였기 때문이다. 현재 대기로 방출되는 이산화탄소의 양은 대기에 남아 있는 양의 약 2배에 이른다. 이 중 대부분이 바다에 녹아 산성도를 높이는 것으로 알려져 있다. 대기에 이산화탄소 등의 기체가 축적되면 기온이 상승하는 **지구온난화(global warming)** 현상이 나타난다. 이들 가스는 태양 광선은 통과시키지만 열을 흡수하여 지구로 다시 방출하는 온실 효과라고 하는 현상을 일으킨다.

기후 변화와 지구온난화가 지구의 많은 생태계에 중대한 변화를 일으키고 있으며 우리 시대의 가장 큰 도전 중 하나라는 데에 전 세계 과학자들이 공감하고 있다. 이 장을 통해 우리는 기후 변화가 생태계에 어떻게 영향을 미치고 생물다양성을 감소시키며 인간 질병에 기여하는지 다시 살펴볼 것이다. 기후 변화에 대해서는 31.2절에서 자세하게 논의한다.

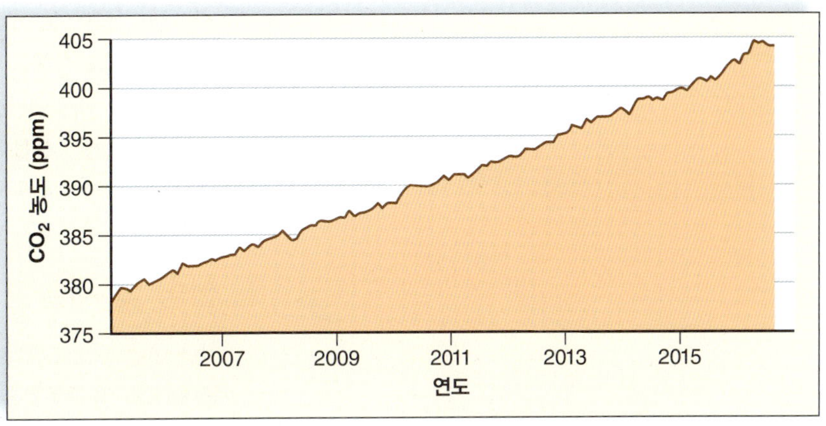

그림 1.12 대기 중 이산화탄소 농도 증가.
현재 지구 평균 이산화탄소 농도는 400 ppm을 넘어섰으며 기후 변화와 지구온난화의 주요 원인이다.

Source: "Global Climate Change: Facts," National Oceanic and Atmospheric Administration, 2018, www.climate.nasa.gov.

생물다양성과 서식지 손실

생물다양성(biodiversity)은 생물종의 총 수와 상대적 풍부함, 유전자의 다양성, 생물 종이 서식하는 다양한 생태계를 의미한다. 지구의 생물다양성은 약 870만 종(세균 제외)으로 추정되며 지금까지 약 230만 종이 확인되고 명명되었다. **멸종(extinction)**은 종 또는 더 큰 분류 범주의 죽음이다. 현재 인간 활동으로 인해 매년 수백 종이 사라지고 있으며, 대부분의 영장류, 조류 및 양서류를 포함한 모든 종의 38%가 세기말 이전에 멸종 위기에 처할 수 있다고 추정된다. 많은 경우 이러한 멸종은 기후 변화와 관련이 있다(그림 1.13). 많은 생물학자들은 현재의 멸종 속도에 대해 경각심을 갖고 있으며, 결국 지구의 역사 동안 발생한 다섯 번의 대량 멸종 비율에 필적할 수 있다는 가설을 세운다. 약 6,500만 년 전 마지막 대량 멸종으로 공룡을 포함한 많은 동식물이 멸종되었다.

생물학적으로 가장 다양한 두 생태계인 열대우림과 산호초에는 많은 생명체가 서식하고 있는데, 이 생태계 또한 인간 활동에 의해 위협받고 있다. 열대우림의 캐노피만으로도 난초, 곤충, 원숭이를 포함한 다양한 생명체를 유지할 수 있다. 적도 근처의 대륙과 섬 연안에서 발견되는 산호초는 산호라고 불리는 바다 동물의 탄산칼슘 골격으로 만들어졌다. 산호초에는 해파리, 해면, 달팽이, 게, 바다가재, 바다거북, 곰치 및 세계에서 가장 화려한 물고기를 포함한 많은 동물들이 서식하고 있다. 열대우림과 마찬가지로 산호초 역시 인구수가 증가함에 따라 심각한 위협을 받고 있다. 일부 산호초는 5천만 년 전에 형성되었는데, 인간 활동으로 인해 불과 수십 년 만에 모든 산호초의 약 25%가 파괴되고 30%가 심각하게 손상되었다. 이 속도라면 거의 4분의 3이 40년 이내에 파괴될 수 있으며, 열대우림에 대해서도 비슷한 통계 수치가 적용될 수 있다.

그림 1.13 기후 변화와 멸종.
브램블 케이 멜로미스(*Melomys rubicola*)는 호주의 그레이트 배리어 리프섬이 원산지이다. 그러나 2009년 이후로 관찰되지 않았으며 기후 변화의 결과로 멸종된 최초의 포유류 종으로 여겨진다.

건강한 생태계의 파괴는 의도하지 않은 많은 영향을 미친다. 예를 들어, 우리는 식품, 의약품 및 다양한 원료를 생태계로부터 얻는다. 미시시피강과 오하이오강의 자연 습지를 배수하고 제방을 건설하면서 홍수 문제가 악화되어 한때 비옥했던 농지가 메마르게 되었다. 남아메리카의 열대우림이 파괴되면서 기적의 약을 생산하였을지도 모를 많은 종들이 사라졌으며, 많은 종류의 목재를 구할 수 없게 되었다. 이제 생태계가 제공하는 서비스 이상으로 생태계에 더 많이 의존한다는 것을 깨닫기 시작했다. 화학 순환이 단일 생태계 내에서 발생하는 것처럼 모든 생태계는 생물권 전체에서 화학물질을 순환시킨다. 생물권의 환경조건은 생태계의 작용에 의해 인간이 지속적으로 존재할 수 있도록 보장한다. 사실, 여러 연구에 따르면 생태계는 생물학적으로 다양하지 않으면 제대로 기능할 수 없다. 본문의 30장, 31장, 32장에서 생물다양성의 개념을 더 자세히 탐구할 것이다.

신종 및 재출현 질병

지난 10년 동안 조류독감(H5N1 및 H7N9), 돼지독감(H1N1), 중증급성호흡기증후군(SARS) 및 중동호흡기증후군(MERS)이 뉴스에 등장했다. 이들은 인간에 비교적 새로운 질병이기 때문에 **신종 질병(emerging disease)**이라고 한다. 신종 질병은 어디에서 오는가? 일부는 질병의 매개체 역할을 하는 동물 또는 곤충 개체군에 대해 새롭게 노출되거나, 노출이 증가함으로써 발생할 수 있다. 인간 행동의 변화와 기술 사용 역시 새로운 질병을 초래할 수 있다. SARS는 중국 광동성에서 진미로 여겨지는 사향 고양이의 식용으로 인해 발생한 것으로 추정된다. 그 사향고양이는 공개 시장에서 판매되는 말굽박쥐에 노출되어 감염되었을 가능성이 있다. 레지오넬라증(Legionnaires' disease)은 1976년에 호텔의 대형 에어컨 시스템의 세균 오염으로 인해 등장했다. 그 세균은 공조 시스템의 수원으로 사용되는 냉각탑안에서 증식했다.

또한 세계화로 인해 이전에는 고립된 지역 사회에 제한되었던 질병이 전 세계로 이동하게 되었다. 첫 번째 SARS 사례는 2002년 11월 중국 남부에서 보고되었는데, 주로 항공여행을 통해 2003년 2월 말까지 9개 국가/지방에까지 확산되었다.

일부 병원체는 돌연변이를 일으켜 숙주가 조류에서 사람으로 바뀌기도 한다. 1997년 이전에는 조류독감이 조류에만 감염되는 것으로 알려져 있었는데, 사람에게 감염되는 돌연변이 변종이 생겨 1997년에 창궐하였다. 이 조류독감의 유행을 막기 위해 150만 마리의 닭을 살처분하여 바이러스의 공급원을 제거하였다. 새로운 변종 조류 인플루엔자(조류독감)는 몇 년마다 계속 나타나고 있다.

재출현하는 질병도 우려가 된다. 신종 질병과 달리 재출현 질병은 한동안 사람에게 질병을 유발하는 것으로 알려져 있었지만, 상대적으로 낮은 빈도로 발병하였기에 건강 위험으로 간주 되지 않았다. 그럼에도 불구하고 재출현하는 질병은 문제를 일으킬 수 있다. 2014~2015년 서아프리카에서 발생한 에볼라가 좋은 예이다. 에볼라 발병은 1976년부터 알려져 왔지만 일반적으로 소수의 사람에게만 발병하였다. 그런데 2014~2015년 발병은 훨씬 더 큰 사건이었다. 정확한 숫자는 알 수 없지만 28,000명 이상이 감염되어 11,000명 이상의 사망자가 발생한 것으로 추정된다. 이 발병으로 인하여 여러 서아프리카 국가의 사회가 혼란에 빠졌다.

신종 및 재출현 질병 모두 전 세계 사람의 건강에 문제를 일으킬 가능성이 있다. 과학자들은이러한 질병의 원인(예 : 바이러스)뿐만 아니라 우리 몸에 미치는 영향과 전염되는 메커니즘도 조사한다. 본문의 17.1절에서 바이러스에 대해 자세히 살펴보겠다.

개념 연결하기

사회가 직면하고 있는 많은 과제가 과학계에서 조사되고 있다.

진도 점검하기 1.4

1. 과학과 기술의 상관관계를 설명하시오.
2. 기후 변화, 생물다양성 손실, 신종 질병이 현재 과학계가 직면한 더 중요한 과제 중 일부인 이유를 요약하시오.

요 약 SUMMARIZE

지구상의 다양한 생명체에 대한 이해는 인류의 안녕을 위해 필수적이다. 과학의 과정은 자연 세계에 대한 지식을 넓히는 데 도움이 된다.

세균에서 사람에 이르기까지 모든 살아 있는 생명체는 생명의 동일한 기본 특성을 공유한다.

진화과정으로 인해 오늘날 지구에 사는 생명체가 다양해졌다.

과학적 방법은 과학자들이 자연 세계를 연구하고 관찰에 대한 설명을 개발하는 과정이다.

사회가 직면하고 있는 많은 과제가 과학계에서 조사되고 있다.

1.1 생명의 특성

모든 생명체가 공유하는 생명의 특성은 다음과 같다.

- 조직화: 생물학적 조직화의 수준은 다음과 같이 확장된다. **원자(atom)** → **분자(molecule)** → **세포(cell)** → **조직(tissue)** → **기관(organ)** → **기관계(organ system)** → **종(species)** → **개체(organism)** → **개체군(population)** → **군집(community)** → **생태계(ecosystem)** → **생물권(biosphere)**. 생태계 내에서 개체군들은 서로, 그리고 주변 환경과 상호작용한다.
- 환경에서 물질과 에너지 획득: 생명체는 **대사(metabolism)**에 필요한 영양물질과 에너지를 외부에서 공급받아야 한다. 화학물질이 생태계 내에서 순환하는 동안, 생태계에서 사용할 에너지를 획득하는 과정이 필요하다.
- 내부 환경 유지: **항상성(homeostasis)**이라고 하는 안정적인 내부 환경은 생명체가 대사 활동을 보다 효과적으로 수행할 수 있도록 한다.
- 자극에 대한 반응: 생명체는 내부와 외부의 상황에 반응한다.
- **생식(reproduce)**과 발생: 생명의 유전정보는 모든 세포에 존재하는 **디옥시리보핵산(DNA)** 분자에 담겨 있다. 생식을 통해 생명체의 **유전자(gene)** 사본이 다음 세대로 전달된다. 이 정보는 시간이 지남에 따라 생명체의 **발생(development)**을 지시한다.
- **적응(adaptation)**을 통해 자신의 환경조건에 적합하게 된다.

1.2 진화: 생명과학의 핵심 개념

시간에 따라 종이 변화한다는 **진화(evolution)** 이론으로 생명의 통일성과 다양성을 설명한다. **자연선택(natural selection)**에 의해 진화가 이루어진다. 공통 조상으로부터의 혈통은 생명체가 일부 특성을 공유하는 이유를 설명하고, 다양한 삶의 방식에 대한 적응은 생명체의 다양성을 설명한다. 진화 계통수를 이용하여 생명체 집단 사이의 연관성을 설명할 수 있다.

생명체는 영역과 계라고 부르는 큰 집단으로 분류할 수 있다. 영역은 세 종류이다.

- **고세균영역(Domain Archaea):** 극한환경에서 서식하는 **원핵생물**
- **세균영역(Domain Bacteria):** 대부분의 원핵생물
- **진핵생물영역(Domain Eukarya):** **진핵생물**(식물, 동물, 균류, 원생생물)

진핵생물영역은 **원생생물(Protista)**, **균류(Fungi)**, **식물(Plantae)**, **동물(Animalia)**의 네 가지 계로 나누어진다.

계통학(systematics)은 진화 유연관계에 따라 생명체를 분류한다. 분류단위는 **종(species)**, **속(genus)**, **과(family)**, **목(order)**, **강(class)**, **문(phylum)**, **계(kingdom)**, 그리고 **영역(domain)**이다. **슈퍼그룹(supergroup)**이라는 새로운 범주가 진핵 생물의 진화 관계를 설명하는 데 사용되고 있다.

분류학은 생명체 명명하는데 관여한다. **이명(binomial name**; 예: *Homo sapiens*)은 속(*Homo*)과 종(*apiens*)으로 구성된다.

1.3 과학: 지식을 얻는 방법

과학적 과정은 **귀납추리(inductive reasoning)**를 이용하며, 과학적 방법이라고 부르는 일련의 체계적 단계를 포함한다.

1. 감각을 이용하는 **관찰(observation)**. 다른 사람의 연구를 포함할 수도 있다.
2. **가설(hypothesis)**. **예측(prediction)**을 유도한다.
3. 실험. 가설이 지지되는지 또는 부정되는지 여부를 검증한다.
4. **결론(conclusion)**. **자료(data)**를 분석하여 실험 결과가 가설을 지지하는지 또는 부정하는지 여부에 대해 판단한다.

서로 다른 많은 연구에 의해 확인된 가설은 **과학 이론(scienctific theory)**으로 된다. 과학 이론은 **법칙(law)** 또는 **원리(principle)**라고도 한다.

실험 설계(experimental design)는 과학적 방법에 있어서 중요하다. In an experiment, a single **experimental variable** is varied to measure the influence on the **responding variable**. 실험에서는 **대조군(control group)**을 활용해야 한다. 대조군에는 실험내용을 확인하기 위해 **위약(placebo)**이 제공될 수도 있다. 과학자는 실험을 설계할 때에 흔히 모델 동물과 **모델 시스템(model system)**을 이용한다.

1.4 과학의 당면과제

과학적 발견은 흔히 **기술(technology)**의 발전으로 이어져 인류에게 유용하게 쓰일 수 있다.

오늘날 과학계는 여러 가지 중요한 문제에 직면해 있다.
여기에는 **신종 질병(emerging disease)**, 생태계에 대한 인류의 영향에 따른 **생물다양성(biodiversity)** 감소와 **멸종(extinction)**, **기후 변화(climate change)**를 유도하는 **지구온난화(global warming)** 등이 있다.

평 가 ASSESS

혼자 풀어보기

가장 적절한 답을 고르시오.

1.1 생명의 특성

1. 생명체가 삶의 방식에 맞출 수 있도록 변형되는 것은?
   a. 항상성 b. 자연선택
   c. 적응 d. 멸종

2. 세포에서 일어나는 모든 화학 반응의 합을 무엇이라고 하는가?
   a. 항상성 b. 대사
   c. 발생 d. 진화

3. 살아 있는 것으로 간주되는 생물학적 조직화의 가장 낮은 수준은?
   a. 세포 b. 분자
   c. 종 d. 조직

4. 이 수준의 조직은 주어진 지역에서 살아있는 생명체의 상호 작용을 나타낸다.
   a. 생태계 b. 개체군
   c. 군집 d. 생물권

1.2 진화: 생명과학의 핵심 개념

5. 종이 진화적 변화를 겪는 메커니즘을 무엇이라고 하는가?
   a. 발생 b. 행동
   c. 자연선택 d. 대사

6. 영역이 아닌 것은?
   a. 고세균 b. 진핵생물
   c. 식물 d. 세균

7. 이명이 표시하는 것은?
   a. 개체가 속한 영역 b. 속과 종명(특정 별명)
   c. 계(kingdom) d. 개체의 나이

1.3 과학: 지식을 얻는 방법

8. 가설을 구성할 때 반드시 있어야 하는 것은?
   a. 실험 b. 관찰
   c. 자료 d. 이론

9. 과학적 실험을 통해 얻은 정보를 무엇이라고 하는가?
   a. 과학 이론 b. 가설
   c. 자료 d. 결론

10. 위약을 사용하는 대상은 무엇인가?
    a. 자료 분석 b. 대조군
    c. 실험군 d. 모델 동물

1.4 과학의 당면과제

11. 인류의 이익을 위해 과학 연구를 적용하는 것을 무엇이라고 하는가?
    a. 생명윤리 b. 진화
    c. 적응 d. 기술

12. 과학의 과제 가운데 인류의 영향과 관련되어 있는 것은?
    a. 생물다양성 감소 b. 기후 변화
    c. 신종 질병 d. 모두 해당됨

관계맺기 ENGAGE

과학적으로 생각하기

1. 다음 진화계통수에서 진핵생물영역은 두 원핵생물성 영역 중 어떤 것에서 갈라져 나왔는가? 식물, 동물, 균류는 진핵생물영역 중 어떤 계에서 갈라져 나왔는가?

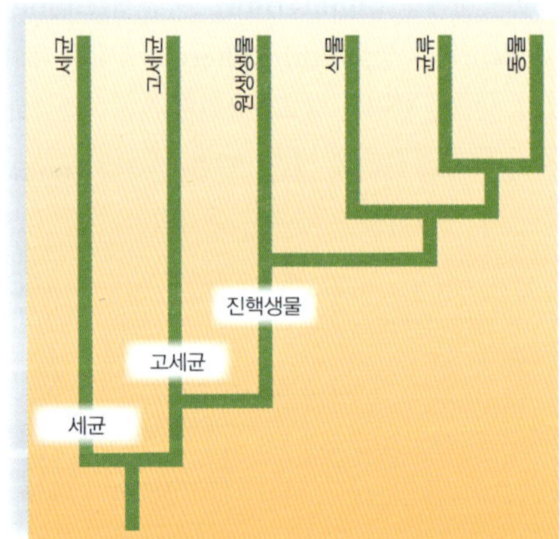

2. 어느 제약 회사에서 사람에게 사용할 가능성이 있는 새로운 항암제를 개발했다. 암 약물이 효과가 있는지 테스트하기 위해 모델 사용을 포함한 일련의 실험을 간략하게 설명하시오.

3. 과학자들은 현재 우리 태양계의 일부 행성과 위성에 생명체가 존재할 가능성을 탐구하고 있다. 당신이 이 연구팀 중 한 팀의 과학자이고 새로운 잠재적 생명체가 행동이나 적응의 특성을 나타내는지 여부를 결정하는 임무를 맡았다고 가정한다면, 어떤 가설을 세우고, 또 어떤 유형의 실험을 설계하겠는가?

©Ingram Publishing/SuperStock

CHAPTER

2 생명의 화학적 기초

The Chemical Basis of Life

해양 산성화

우주에서 우리 행성을 보면 바다 행성임을 알 수 있다. 사실 우리 행성의 표면 71%는 물로 덮여 있으며, 행성에 있는 모든 유기체의 생리적인 기능은 물을 기반으로 하고 있다. 우리가 역사적으로 물을 당연하게 여기는 동안, 기후 변화의 영향은 우리 자신을 포함한 많은 종들의 건강에 중요성을 두며 이 자원에 대한 우리의 인식을 증가시키고 있다.

기후 변화의 주요 원인은 인간에 의해 태워진 화석연료로부터 생성된 이산화탄소 가스가 대기 중으로 방출되는 것이다. 뿐만 아니라 그 이산화탄소는 지구온난화에도 기여하지만, 그것은 탄산을 형성하며 물에 쉽게 녹는다. 세계의 바다에서 탄산의 존재는 수생 환경의 산성도를 높인다.

그렇다면 이것이 왜 중요한가? 산성도의 증가는 바다에서 탄산염이라 불리는 또 다른 화합물의 양을 감소시킨다. 탄산염은 게, 바닷가재 그리고 조개와 같은 유기체의 껍질 형성에 중요한 역할을 한다. 바다가 산성화됨에 따라, 이 유기체들은 껍질과 다른 단단한 구조 형성에 어려움을 겪는다. 해양 생물학자들은 이미 갑각류에서 탄산염의 감소뿐만 아니라 해양생태계에서의 그들의 풍부함 또한 감소한 것을 알았다. 이 유기체들이 먹이사슬에서 중요한 역할을 하기 때문에 탄산염의 손실은 이 생태계에 파급효과를 준다.

이 장에서, 우리는 우리가 알고 있는 것처럼 생명체에 대한 물의 중요성을 탐구할 것이다. 물론, 생명체의 화합물을 구성하는 원자들도 포함한다.

이 장을 공부하는 동안 다음 질문에 대해 생각해보자.

1. 모든 살아 있는 유기체의 공통적인 요소는 무엇인가?
2. 생명체에서 물을 중요하게 여기는 이유는 무엇인가?
3. 산과 염기의 차이점은 무엇인가?

개요

시작하기 전에

이 장을 시작하기 전에 다음의 내용을 다시 살펴보자.

1.1절 모든 살아 있는 생명체의 기본 특성은 무엇인가?

그림 1.2 생물학적 구성 수준에서 분자의 중요성은 무엇인가?

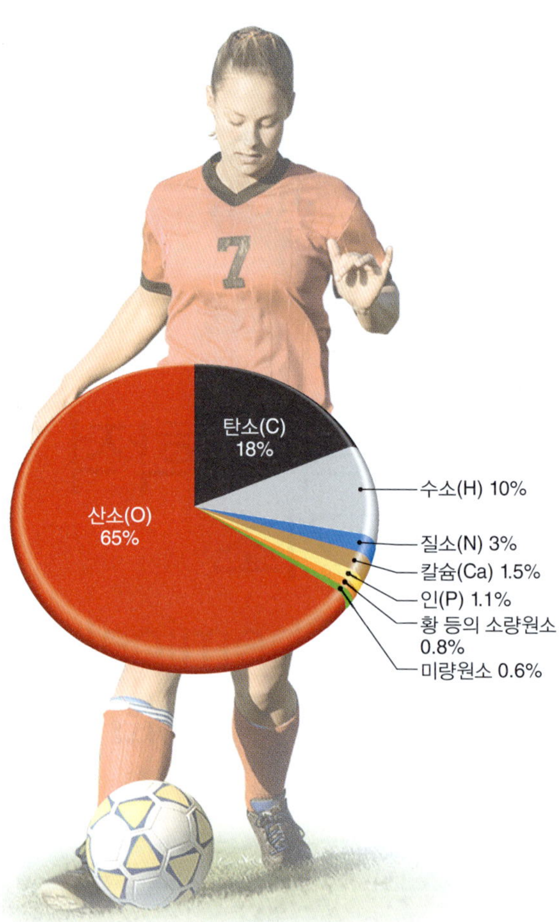

그림 2.1 생명체에 있는 원소.

원자 수준에서 분석하면, 사람을 비롯한 모든 생명체는 대부분 산소, 탄소, 수소, 질소, 칼슘, 그리고 인으로 이루어진다.

(photo): ©Brand X Pictures/PunchStock/Getty Images

연관

원소는 어디에서 온 것일까?

우리는 원소와 친숙하다. 철(Fe), 소듐(Na), 산소(O), 탄소(C)는 모두 우리 생활에서 일상적으로 볼 수 있다. 그런데 이들은 어디에서 기원한 것일까?

정상적인 화학반응으로는 원소를 만들어내지 못한다. 철(iron)과 같은 무거운 원소 대부분은 별 내부에서 일어나는 맹렬한 화학적 반응에 의해서만 생성된다. 이들 별이 생을 마칠 때에 이르면 폭발하여 초신성이 된다. 초신성은 무거운 원소들을 우주에 흩뿌리며, 이로부터 마침내 새로운 행성이 형성된다. 여러분의 혈액 안에 존재하는 철은 별의 폭발에 의해 생성된 것이다. 천문학자인 닐 디그래스 타이슨(Neil deGrasse Tyson)은 "결국 우주가 우리 모두 안에 살고 있다는 것보다 더 고귀한 생각을 소중히 여길 수 있는 것은 무엇인가(After all, what nobler thought can one cherish than that the universe lives within us all)?"라고 말했다.

2.1 원자와 원자결합

학습 목표

이 절을 학습한 후에는 다음 과제를 수행할 수 있어야 한다.

1. 아원자 입자의 종류, 위치, 전하 등을 구별하기.
2. 전자의 배열이 어떻게 원소의 반응성을 결정하는지 설명하기.
3. 동위원소가 생물학 연구에 어떻게 유용한지 설명하기.
4. 이온결합과 공유결합을 비교하기.
5. 화학반응에서 반응물과 생성물을 확인하기.

지금 당신 주변에 있는 모든 것들, 책상과 컴퓨터 등은 물질로 이루어진 것이다. **물질(matter)**은 공간을 차지하며 질량을 가진 모든 것이라고 정의할 수 있다. 물질은 고체, 액체, 기체 또는 플라스마(이온화된 기체)로서 존재할 수 있다. 살아 있는 생명체는 물론, 공기 등의 비생명체 역시 모두 물질로 만들어진 것이다.

모든 물질은 원소로 이루어져 있다. **원소(element)**는 통상적인 화학적 방법으로는 다른 물질로 더 이상 쪼갤 수 없는 물질이다. 자연 상태로는 92종류의 원소가 존재하며(부록 A 참조), 이들은 서로 밀도와 반응성 등의 물리학적, 화학적 특성이 다르다.

모든 원소가 지구에 존재하지만, 각 원소의 비율은 생명체와 비생명체에서 다르게 나타난다. 이들 원소 가운데 탄소, 수소, 질소, 산소의 네 종류가 단순한 단세포성 생명체에서 복잡한 다세포성 식물과 동물에 이르는 생명체 대부분에서 체중의 약 96%를 차지한다(그림 2.1). 그 밖에도 인, 칼슘, 황 등의 원소 역시 많이 발견된다. 그러나 아연과 크롬 등의 미네랄을 포함한 원소는 생명체에서 매우 적은 수준(미량, *trace*)으로 검출된다. 생명체에서 양이 많든 적든, 또는 그 기능이 무엇이든 상관없이, 각 원소를 구성하는 기본적인 요소는 일부 공통적인 성질을 공유한다.

원자의 구조

원자론(*atomic theory*)은 원소가 작은 입자인 **원자(atom)**로 이루어져 있다고 주장하는 이론이다. 각 원소는 오직 한 종류의 원자로만 이루어지기 때문에 원소와 자신의 원자는 같은 이름을 가지며, **원자기호(atomic symbol)**라는 1~2개의 글자로 표시한다. 예를 들어 기호 H는 수소(hydrogen) 원자를, 기호 Na(라틴어의 *natrium*에서 유래)는 소듐(sodium) 원자를 의미한다.

단일 원자는 대개 세 종류의 아원자 입자로 이루어져 있다. **중성자(neutron)**는 전하가 없다. **양성자(proton)**는 양전하를 지니고 **전자(electron)**는 음전하를 지닌다. 양성자와 중성자는 원자의 중심인 핵(*nucleus*)에 위치하며, 전자는 핵 주위를 이동한다.

그림 2.2는 전자가 2개만 있는 헬륨 원자 내의 아원자 입자 배열이다. 그림 2.2*b*의 원은 전자의 에너지 수준에 따른 위치의 근사치를 나타낸다. 그러나 전자는 끊임없이 움직이고 있기 때문에 흔히 전자의 추정 위치를 구름으로 나타낸다(그림 2.2*a*). 전체적으로 원자의 대부분은 빈 공간이다. 원자의 크기를 야구 경기장으로 가

정하면, 핵은 경기장 중앙부에 놓인 껌이고 전자는 최상층의 관중석에서 환호하는 관중 개개인의 점에 해당된다. 일반적으로는 전자가 있을 것으로 기대되는 지역만 표시할 수 있을 뿐이다. 앞의 비유에서 전자는 때때로 경기장 밖으로 벗어날 수도 있다.

각 원자는 일정한 질량을 가진다. 사실상 한 원자의 **질량수(mass number)**는 양성자 수와 중성자 수를 더한 값과 같다. 양성자와 중성자는 각각 1 원자량 단위를 가진다. 전자는 아주 작아서(양성자의 약 1/2,000) 대개 무시한다. 무게(*mass*) 대신 질량(*weight*)이라는 개념을 사용하는 까닭은, 질량은 늘 일정하지만 무게는 중력과 연관되어 있어서 우주 내의 위치에 따라 달라지기 때문이다.

한 원소에 속하는 모든 원자는 같은 수의 양성자를 가지며, 그 수를 그 원자의 **원자번호(atomic number)**라고 한다. 양성자의 수에 따라 원자의 고유한 성질이 결정되며, 어떤 원소에 속하는지 알 수 있다. 같은 원소라도 원자마다 중성자의 수는 다를 수 있다. 이들 원자의 질량수를 평균한 값을 **원자질량(atomic mass)**이라고 한다.

원자번호를 보면 양성자의 수를 알 수 있다. 원자가 전기적으로 중성을 띨 경우, 원자번호 또한 음전하인 전자의 수를 보여준다. 일반적으로 중성자 수를 결정하기 위해서는 상대 원자량을 통해 양성자의 수를 파악한 다음 가장 가까운 정수를 취한다.

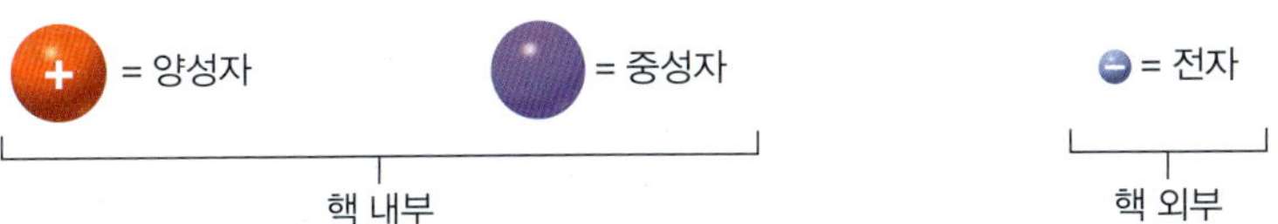

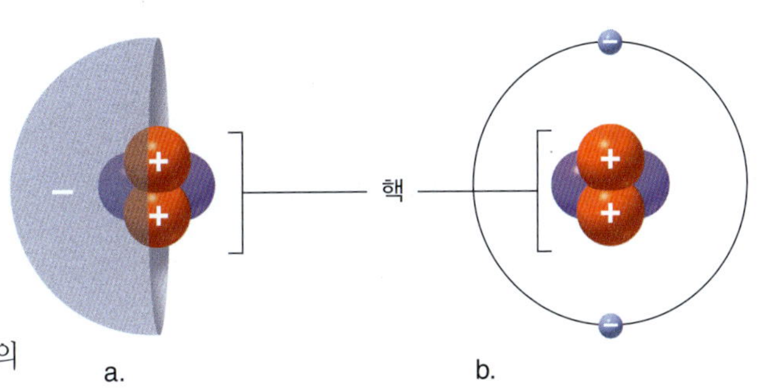

그림 2.2 헬륨(He)의 두 가지 모델.
원자는 아원자 입자로 구성되며, 그 위치를 헬륨의 두 가지 단순화한 모델로 표시하였다. 양성자는 양전하를 지니고, 중성자는 전하를 지니지 않으며, 전자는 음전하를 지닌다. 양성자와 중성자는 핵 내부에 있으며, 전자는 핵 외부에 있다. **a.** 이 모델은 핵 주위의 음전하를 지닌 구름으로써 전자를 표시한 것이다. **b.** 이 모델은 전자의 평균 위치를 원으로 표시한 것이다.

주기율표

많은 원소를 발견한 후, 화학자들은 예측대로 회귀하는 원소의 화학적, 물리학적 특성을 알게 되었나. 주기율표(**그림 2.3**)는 원소(그리고 원자)를 이러한 특성에 맞추어 표시한 것이다.

주기율표에서 원자번호는 원자기호의 위에 적고, 원자질량은 아래에 적는다. 예를 들어, 탄소 원자는 아래와 같이 표시한다.

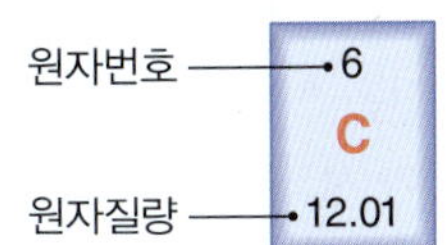

각 원자는 특정 주기(period, 수평 열)와 특정 족(group, 수직 행)에 위치한다. 헬륨(He)과 네온(Ne) 등의 8족 원자를 비활성기체(*noble gas*)라고 부른다. 이들은 다른 원자와 거의 반응하지 않기 때문인데, 그 이유는 뒤에 논의한다. 그림 2.3에서 헬륨(He)과 네온(Ne)이 비활성 기체임을 알 수 있다.

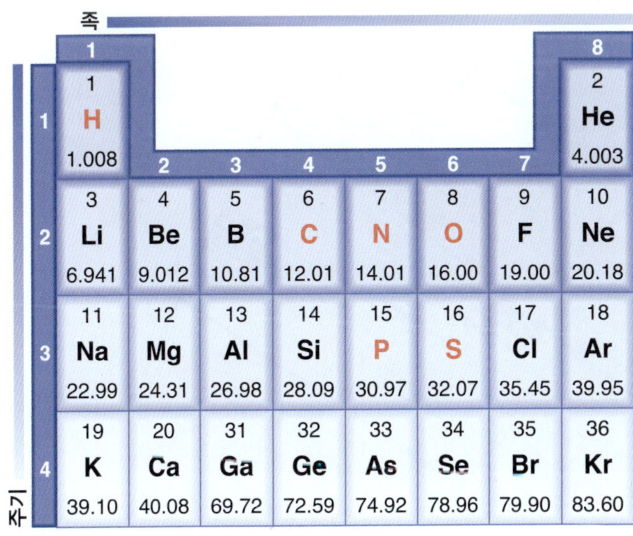

주기 \ 족	1	2	3	4	5	6	7	8
1	1 H 1.008							2 He 4.003
2	3 Li 6.941	4 Be 9.012	5 B 10.81	6 C 12.01	7 N 14.01	8 O 16.00	9 F 19.00	10 Ne 20.18
3	11 Na 22.99	12 Mg 24.31	13 Al 26.98	14 Si 28.09	15 P 30.97	16 S 32.07	17 Cl 35.45	18 Ar 39.95
4	19 K 39.10	20 Ca 40.08	31 Ga 69.72	32 Ge 72.59	33 As 74.92	34 Se 78.96	35 Br 79.90	36 Kr 83.60

그림 2.3 주기율표의 일부.
주기율표에서 원소(그리고 원소를 구성하는 원자)는 원자번호 순서에 따르지만, 주기(수평 열)와 족(수직 행)에 맞추어 배열되어 있다. 특정 족에 속하는 모든 원자는 공통적인 화학적 성질을 가진다. 빨간색으로 강조한 원소들이 생명체(3.1절 참조) 질량의 대부분을 이룬다. 완전한 주기율표는 부록 A를 참조하시오.

동위원소

동위원소(isotope)는 같은 원소에 속하지만 중성자의 수가 다른 원자이다. 즉, 양성자의 수는 같지만 질량수가 다르다. 여분의 중성자를 더 가진 핵은 불안정하며 붕괴하여 방사선을 방사하기도 한다. 이런 경우 방사성(radioactive) 동위원소라고 한다. 그러나 모든 동위원소가 방사성인 것은 아니다. 방

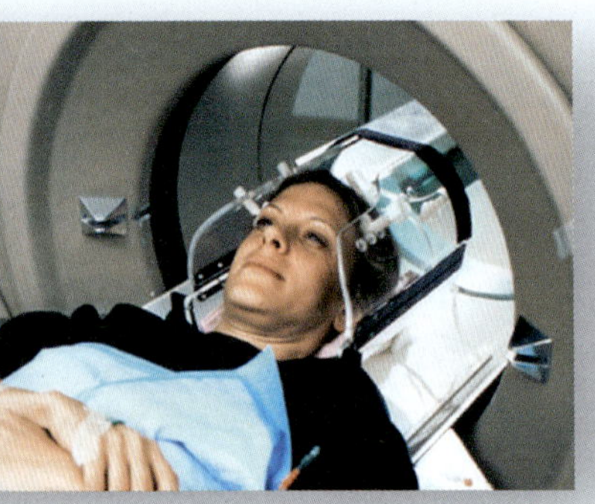

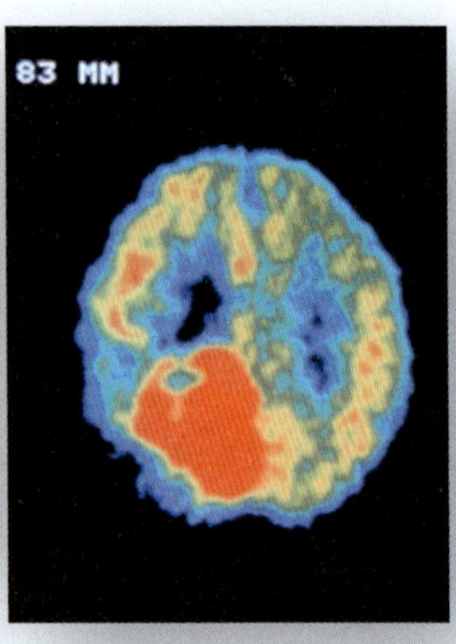

그림 2.4 양전자방출단층촬영법(PET).
양전자방출단층촬영법 사진에서 대사활성이 높은 지역은 빨간색으로, 낮은 지역은 파란색으로 나타난다. 조직의 여러 단편에서 얻은 결과를 컴퓨터로 분석한다.—이 경우는 사람의 뇌 조직이다.

출처: 미국국립보건원(National Institutes of Health)

a.

b.

그림 2.5 고준위 방사선.
a. 후쿠시마 핵발전소. 지진해일의 영향으로 이 발전소에서 일어난 사고로 인해 방사성 동위원소가 환경으로 방출되었다. **b.** 방사선은 우편물 등을 소독하여 탄저균 등의 병원체를 이용한 공격을 방어하는 용도로도 사용할 수 있다.

(a): ©DigitalGlobe/Getty Images; (b): ©William Thomas Cain/Getty Images

사성 동위원소에서 방출되는 방사선은 여러 방법으로 탐지할 수 있다. 가장 흔한 방법은 Geiger 계수기를 사용하는 것이며, 그 밖에도 여러 탐지방법이 의학과 과학에서 활용되고 있다.

방사성 동위원소의 이용

생명과학과 의학 분야에서 화학의 중요성은 방사성 동위원소를 다양하게 이용하는 사례에서 가장 두드러지게 드러난다. 예를 들어, 방사성 동위원소를 추적자(tracer)로 삼아 분자 수준의 변화를 탐지하거나 또는 비정상 세포나 전염성 세포를 파괴할 수 있다. 방사성 동위원소와 안정한 동위원소 모두 같은 수의 전자와 양성자를 가지고 있기 때문에 이들은 본질적으로 화학반응에서 동일하게 행동한다. 따라서 방사성 동위원소를 시료에 소량 넣은 후, 어떤 세포군이나 기관이 특정 원소나 분자를 어떻게 대사하는지 추적할 수 있다. 예를 들어, 어떤 사람에게 방사성 요오드(I-131)를 소량 투여하면, 갑상샘 기능이 정상적인지 여부를 판별할 수 있다. 다른 예로는 양전자방출단층촬영법(positron-emission tomography, PET)이 있다. 이 기술은 추적자를 이용하여 조직의 비교 활성을 측정하는 것이다. 방사능으로 표지되어 양전자(전자와 반대인 아원자 입자)를 방출하는 포도당을 신체에 주입한 후, 양전자에서 방출되는 소량의 방사선을 감지기로 측정하여 컴퓨터로 분석한다. 그 결과로 나타나는 색채영상을 통하여 포도당을 흡수하여 대사적으로 활성상태인 조직이 어떤 것인지 알 수 있다(그림 2.4). PET 기술을 이용하면 종양, 알츠하이머병, 간질, 또는 뇌졸중 등을 진단할 수 있다.

환경에 있는 방사성 물질은 세포에 해로운 화학적 변화를 일으키고, DNA에 손상을 주며, 암을 유발할 수 있다. 핵발전소 사고로 인해 유출된 방사성 물질은 광범위한 지역에서 장기간에 걸쳐 건강에 영향을 줄 수 있다. 예를 들어, 2011년 태평양 지진해일로 인해 후쿠시마 핵발전소에서 세슘(caesium-137)이 유출되었다(그림 2.5*a*). 그러나 방사선의 효과는 유용하게 이용되기도 한다. 방사성 동위원소 제제를 신체에 투여하여 방출되는 아원자 입자가 신체의 다른 부위에는 거의 영향을 주지 않으면서 오직 암세포만을 파괴하도록 할 수 있다.

방사성 동위원소의 방사선은 오랫동안 의료용 또는 치과용 기기 소독에 이용해 오고 있다. 2001년 테러가 시도된 후부터는 정부나 의회 등으로 가는 우편물에 들어 있을지 모르는 탄저균 등의 병원체를 소독하는 목적으로도 이용된다(그림 2.5*b*).

연관

방사선을 쪼여주면 방사성 입자가 식품에 첨가될까?

그렇지 않다. 식품에 방사선을 쪼이는 과정은 어떤 유형의 식품을 방사선의 한 종류인 이온화 방사선에 노출시키는 것이다. 이온화 방사선은 식품을 멸균하는 데 매우 유용하지만, 식품에 축적되지는 않는다. 벽에 빛을 비춰주더라도 빛이 벽에 축적되지 않으며, 불을 끈 후 벽에서 빛이 방출되지도 않는다. 식품에 이온화 방사선을 쪼여주는 과정도 이와 같다. 오히려 식품에 방사선을 쪼여주면 *Salmonella*나 *Escherichia coli* O157:H7 등의 병원성 세균이 감염되는 것을 방지할 수 있다.

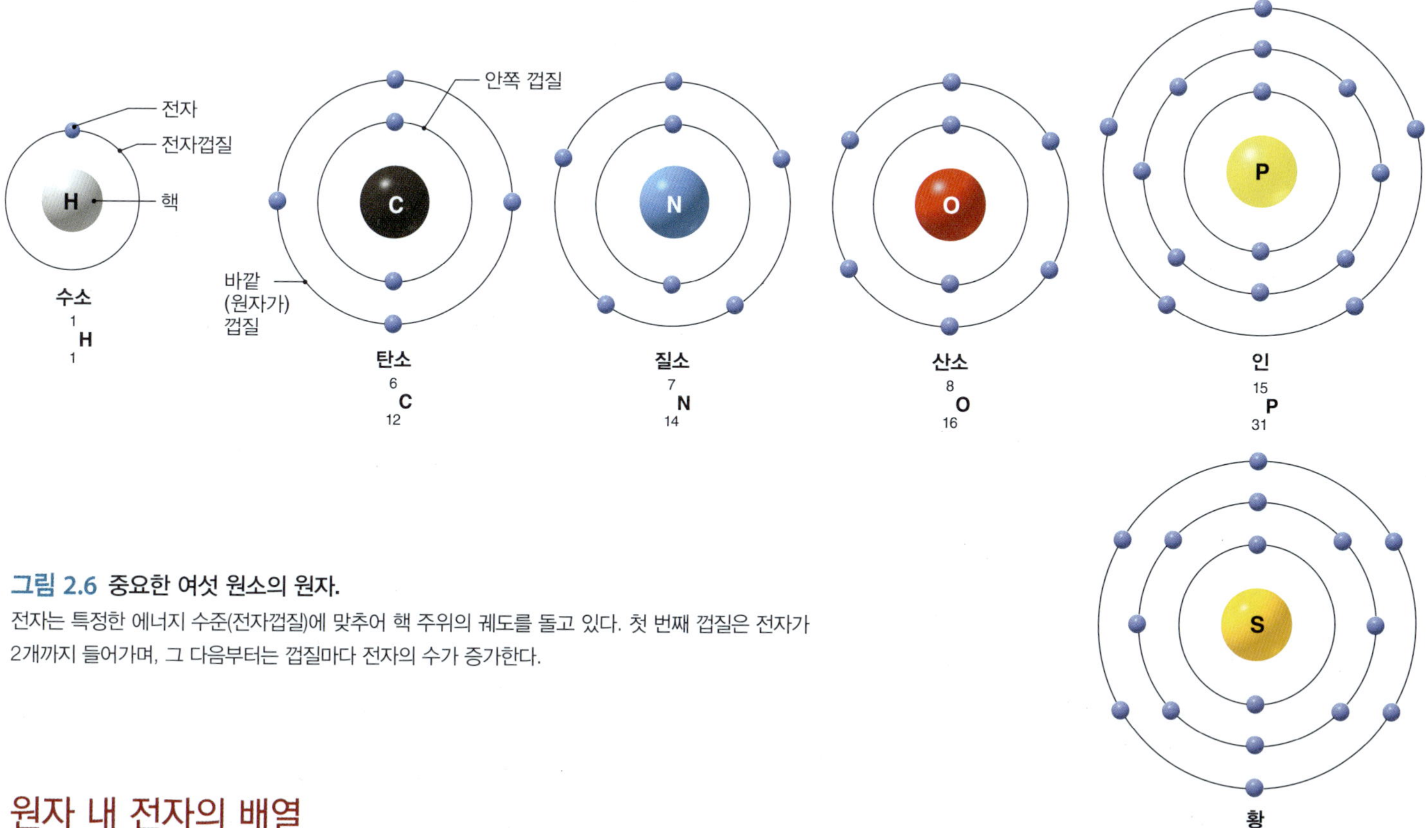

그림 2.6 중요한 여섯 원소의 원자.
전자는 특정한 에너지 수준(전자껍질)에 맞추어 핵 주위의 궤도를 돌고 있다. 첫 번째 껍질은 전자가 2개까지 들어가며, 그 다음부터는 껍질마다 전자의 수가 증가한다.

원자 내 전자의 배열

원자에 있는 전자는 마치 선풍기의 날개와 같다. 선풍기가 작동하면 각각의 날개는 잘 보이지 않으며, 다만 선회하는 불분명한 형체만 볼 수 있을 따름이다. 선풍기가 멈추면 각 날개가 특정 위치에 있으므로 볼 수 있게 된다. 이와 마찬가지로 원자의 전자는 끊임없이 이동한다. 주어진 특정 시각에 전자의 정확한 위치를 결정하는 것은 불가능하지만, 핵 주위의 불연속적인 에너지 수준에 분포하는 전자를 나타내는 원자 모델을 만들면 도움이 된다(그림 2.6). 이러한 에너지 수준을 흔히 **전자 껍질(electron shells)**이라고 한다. 음전하를 지닌 전자가 양전하를 지닌 핵에 끌리므로, 전자를 핵으로부터 더 멀리 밀어내려면 더 많은 에너지가 사용될 것이다. 따라서 바깥쪽 에너지 수준에 있는 전자는 안쪽 에너지 수준에 있는 전자보다 더 많은 에너지를 간직한다.

각각의 에너지 수준에는 정해진 수의 전자가 들어갈 수 있다. 그림 2.6의 모델에서는 에너지 수준(전자껍질이라고도 함)을 핵 주위의 동심원으로 나타내었다. 이들 껍질은 전자의 에너지를 나타낸 것이며, 전자의 물리적 위치를 표시한 것은 아니다. 핵에 가장 가까운 첫 번째 껍질에는 전자가 2개 들어갈 수 있으며, 그 후부터는 추가되는 껍질마다 8개씩 들어갈 수 있다. 전자껍질이 2개 이상인 경우, 일반적으로 낮은 수준의 껍질이 전자로 채워진 다음에야 비로소 다음 수준의 껍질에 전자가 추가될 수 있다.

원자번호 16인 황 원자는 첫 번째 껍질에 2개, 두 번째 껍질에 8개, 그리고 세 번째인 최외각껍질에 6개의 전자를 가진다. 주기율표(그림 2.3 참조)에서 황이 세 번째 주기에 속한 것을 볼 수 있다. 다시 말해 주기는 어떤 원자가 가지고 있는 껍질의 수를 뜻한다. 또한 황이 6족에 속해 있음을 볼 수 있다. 여기서 족은 최외각껍질에 있는 전자의 수를 뜻한다.

원자가 단 하나의 껍질만 가지고 있다면, 최외각껍질은 전자 2개만으로 완성된

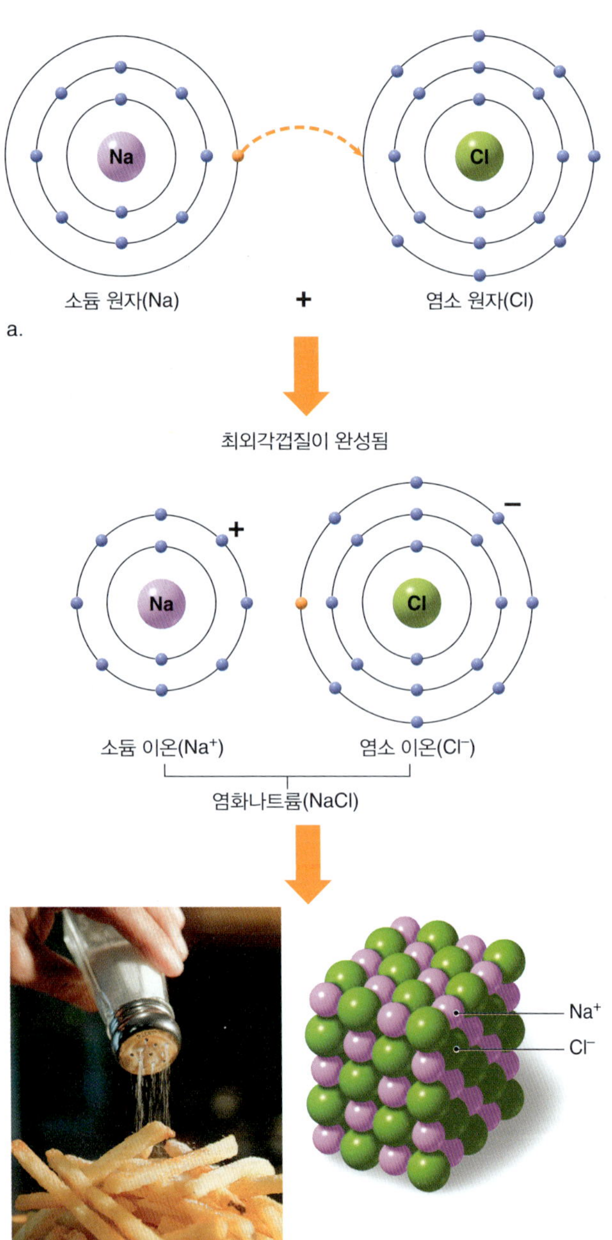

그림 2.7 염화나트륨의 형성.
a. 염화나트륨을 형성하는 과정에서 전자 1개가 소듐 원자에서 염소 원자로 전이된다. 반응이 완결되면 원자마다 최외각껍질에 전자를 8개씩 가지게 되지만, 표시한 것처럼 전하를 지니게 된다. **b.** 염화나트륨 결정(보통 소금이라고 함)에서는 Na^+와 Cl^- 사이의 인력으로 인해 원자들이 3차원 격자 형태를 이룬다.

다. 껍질의 수가 2개 이상이라면, 최외각껍질은 전자 8개를 가졌을 때 가장 안정하다. 이것을 **8전자규칙(octet rule)**이라고 한다. 주기율표의 8족에 속한 원자는 대개 반응을 일으키지 않기 때문에 비활성기체라고 부른다. 최외각껍질의 전자 수가 8개보다 적은 원자는 다른 원자와 반응하며, 반응이 끝난 후 각각 최외각껍질이 완성되는 방식으로 이루어진다. 원자는 최외각껍질에 8개의 전자를 가지기 위해 전자를 내주거나, 받거나, 또는 공유할 수 있다. 다시 말해, 원자의 **원자가껍질(valence shell)**이라고 부르는 최외각껍질에 있는 전자의 수에 따라 그 원자의 화학적 반응성이 결정된다. 원자의 크기 또한 중요하다. 탄소(C)와 실리콘(Si) 원자는 모두 4족이며, 따라서 원자가껍질에 전자가 4개 있다. 즉, 이들 모두 최외각껍질에 8개의 전자를 채우기 위해 최대 4개의 다른 원자와 결합할 수 있다. 그러나 2주기인 탄소는 껍질이 2개이며, 3주기인 실리콘은 3개이다. 크기가 작은 원자인 탄소는 다른 탄소 원자와 결합하여 긴-사슬 분자를 만들 수 있지만, 큰 실리콘 원자는 다른 실리콘 원자와 결합하지 못한다. 이러한 사실로 탄소는 생명체의 분자를 구성하는 데 있어서 중요한 역할을 수행하지만 실리콘은 그렇지 못한 이유를 부분적으로 설명할 수 있다. 전체적으로 보아 원자의 화학적 성질—즉, 반응하는 방식—은 전자의 배열 상태에 따라 크게 좌우된다.

화학결합의 종류

서로 결합한 원자 집단을 **분자(molecule)**라고 한다. 분자가 두 가지 이상의 원소로 이루어진 경우는 **화합물(compound)**이라고 부른다. 화합물과 분자는 공유결합과 이온결합이라는 두 종류의 화학결합으로 형성된다. 형성되는 결합의 종류는 결합한 두 원자가 전자를 공유하는지 또는 한 원자가 다른 원자에게 전자를 넘겨주는지 여부에 따라 결정된다. 예를 들어, 수소기체(H_2)에서는 두 수소 원자(H)가 전자를 공유하여 두 원자 모두의 원자가껍질을 채운다. 그러나 염화나트륨(NaCl)의 경우에는 소듐 원자(Na)가 염소 원자(Cl)에게 전자를 넘겨주어 두 원자 모두 최외각껍질에 8개씩의 전자를 가지게 되는 방식으로 형성된다.

이온결합

이온결합(ionic bond)은 상반되는 전하 사이의 인력에 의해 두 원자가 결합하여 형성된다. 소듐 원자와 염소 원자 사이의 반응은 이온결합이 형성되는 과정의 한 예이다. 소듐(Na)은 세 번째 껍질에 전자가 오직 1개만 있어서 통상적으로 전자를 1개 내놓는다(그림 2.7*a*). 전자를 1개 내놓으면, 전자 8개가 있는 두 번째 껍질이 최외각껍질로 된다. 염소(Cl)는 반대로 최외각껍질에 전자 7개가 있기 때문에 전자 1개를 받으려는 경향을 가진다. 염소는 전자를 1개 더 받으면 최외각껍질이 완성된다. 따라서 소듐 원자와 염소 원자가 반응하면 전자 1개가 소듐에서 염소로 전이된다. 이제 두 원자는 모두 최외각껍질에 전자를 8개씩 가지게 되었다.

이러한 전자의 전이로 말미암아 두 원자는 전하를 지닌 원자인 **이온(ion)**으로 된다. 소듐 이온은 양성자의 수보다 전자의 수가 1개 적으므로, 순전하는 +1이다(Na^+로 표시). 염소 이온은 양성자의 수보다 전자의 수가 1개 많으므로, 순전하는 −1이다(Cl^-로 표시). 음이온은 "-ide"를 이온 이름 끝에 추가하며 염화 이온이라고 명명한다. 주기율표(그림 2.3 참조)의 1족과 2족, 그리고 6족과 7족에 속한 원자는 다른 원자와 반응하면 이온이 된다. 2족과 6족의 원자는 항상

전자 2개를 전이한다. 예를 들어, 칼슘은 Ca^{2+}로, 산소는 O^{2-}로 된다.

이온화합물은 흔히 **염(salt)** 형태로 존재한다. 염은 고체이지만 대개 물속에서는 해리된 이온 형태로 된다. 대표적 예로서 소금인 염화나트륨(NaCl) 결정에서 염의 고체 형태를 볼 수 있다(그림 2.7*b*). 물속에서는 NaCl의 이온결합이 해리되어 Na^+과 Cl^-을 내놓는다. 생명체는 70~90%가 물로 이루어져 있기 때문에 이온화합물은 생명체 내에서 거의 해리된 (이온화) 형태로 존재한다.

공유결합

공유결합(covalent bond)은 두 원자가 전자를 공유하여 최외각껍질을 완성할 때 형성된다. 수소 원자의 최외각껍질은 전자 2개가 있으면 완성된다. 수소는 주변에 강력한 전자수용체가 있으면 전자를 내놓고 수소 이온(H^+)으로 된다. 그렇지 않은 경우에는 다른 원자와 공유하여 최외각껍질을 완성시킨다. 예를 들어, 수소 원자는 다른 수소 원자와 전자를 공유할 수 있다. 이 경우에 두 전자궤도가 겹쳐지고 전자가 공유된다. 즉, 공유된 전자는 두 원자 모두에게 속한 것으로 간주된다.

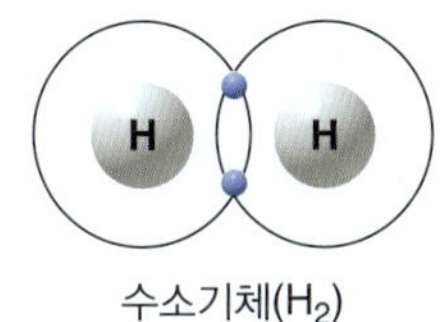

과학자들은 흔히 위와 같은 궤도 모델보다 더 간단한 방식으로 분자를 표시한다. 구조식(*structural formula*)은 H—H처럼 직선을 사용한다. 직선은 공유전자 쌍을 표시한 것이다. 분자식(*molecular formula*)은 결합을 나타내는 선을 생략하고, H_2처럼 단순히 원자의 수만 표시한다.

때로는 원자들이 8전자 규칙을 완성하기 위해 2쌍 이상의 전자를 공유하기도 한다. 이중공유결합은 두 원자가 2쌍의 전자를 공유하는 것이며, 예로는 산소기체 분자가 있다.

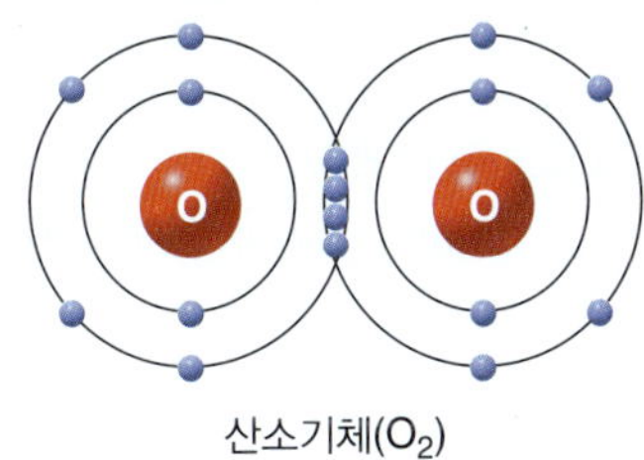

산소기체(O_2)가 이중결합을 가지고 있음을 표시하기 위해 구조식을 O=O로 쓰며, 산소 원자 사이에 2쌍의 전자가 공유되었음을 나타낸다.

원자는 삼중공유결합을 이루기도 하며 질소 기체의 경우 N≡N으로 쓴다. 원자 사이의 단일 공유결합도 상당히 강하지만, 이중결합과 삼중결합은 더욱 강력하다.

원자는 2개 이상의 다른 원자와 결합을 이룰 수도 있다. 예를 들어, 메탄 분자는 탄소가 수소 원자 4개와 결합한 것이다(그림 2.8*a*). 메탄 분자의 결합은 사면체의 각 꼭짓점을 향한다(그림 2.8*b*). 이러한 배열은 공-막대 모델(그림 2.8*c*)에서 가장 잘 드러난다. 공간-채움 모델(그림 2.8*d*)은 분자의 실제 모습과 가장 가깝다. 분자의 형태를 보면 생명체 안에서 그 분자의 역할을 짐작할 수 있다.

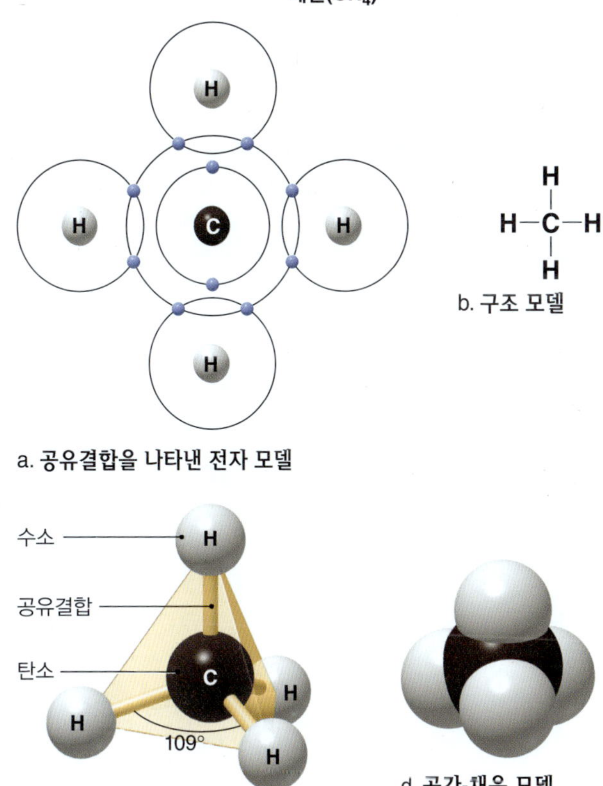

그림 2.8 공유결합 분자의 형태.
메탄(CH_4)이 수소 원자 4개와 결합한 탄소 원자 1개로 구성되어 있음을 나타낸 전자 모델**(a)**과 구조 모델**(b)**. **c.** 메탄의 경우처럼, 탄소가 4개의 다른 원자와 결합할 때 각각의 결합이 사면체의 모서리를 향하는 것을 나타낸 공-막대 모델. **d.** 분자의 3차원 형태를 나타낸 공간-채움 모델.

화학식과 반응

생명체에게 화학반응은 매우 중요하다. 화학반응에서는 흔히 분자를 화학식으로 표현하는데 아래의 포도당 화학식이 바로 그 형태이다.

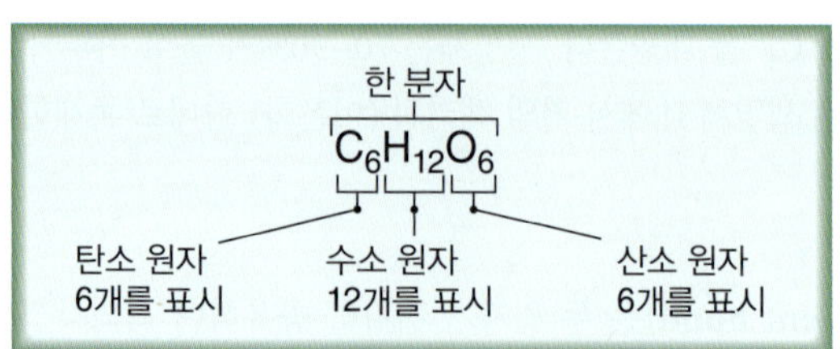

포도당의 화학식에서 이 분자에 있는 각 원소의 종류와 양을 표시하는 방식에 주목하자. 화학식은 이들 원소의 배열을 나타내지는 않는다. 나중에 살펴보겠지만, 동일한 화학식으로 이루어진 분자라 하더라도 몇 가지 다른 구조를 이룰 수 있다.

식물은 광합성 과정을 통해 자신을 비롯한 모든 생명체가 사용할 분자 에너지를 만들어낸다. 광합성의 전체 반응식에서 어떤 결합은 끊어지고 어떤 결합은 형성된다는 사실을 알 수 있다.

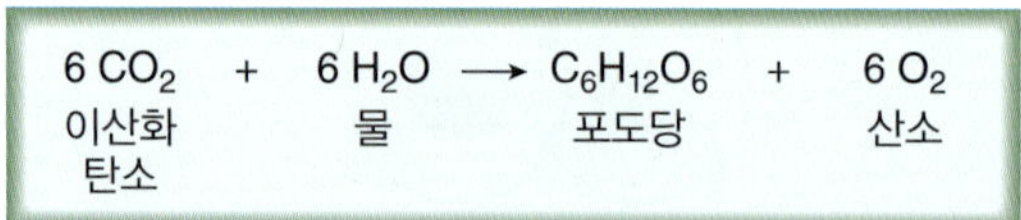

개념 연결하기

아원자 입자에 의해 원소가 결합하여 분자와 화합물을 형성하는 방식이 결정된다.

이 반응식에서 이산화탄소 6분자가 물 6분자와 반응하여 포도당 1분자와 산소 6분자가 생성되는 것을 알 수 있다. **반응물(reactant**; 반응에 참여하는 분자)은 화살표의 왼쪽에, **생산물(product**; 반응을 통해 생성된 분자)은 오른쪽에 적는다. 반응식은 "균형"을 이룬다. 즉, 화살표 좌우에 있는 원자의 수는 종류마다 동일하다.

진도 점검하기 2.1

1. 아원자 입자 각각의 전하를 포함하여 원자의 구조를 설명하시오.
2. 동위원소를 정의하고, 방사성 동위원소의 유용한 사용 사례를 몇 가지 제시하시오.
3. 공유결합과 이온결합을 비교하여 설명하시오.
4. 8전자 규칙을 요약하고, 이 규칙이 어떻게 원소의 반응성에 영향을 주는지 설명하시오.
5. 화학반응에서 반응물과 생성물을 구별하여 설명하시오.

2.2 생명체에 있어서 물의 중요성

학습 목표

이 절을 학습한 후에는 다음 과제를 수행할 수 있어야 한다.

1. 물 분자의 일반적인 구조를 설명하기.
2. 생명활동에 중요한 물의 특성을 제시하기.
3. 물의 특성에 있어 수소결합의 중요성을 이해하기.

생명은 물속에서 시작되었으며, 물은 지구에서 가장 중요한 분자이다. 생명체는 70~90%가 물로 이루어져 있으며, 세포는 막으로 수용액을 에워싼 구획을 가지고 있다. 물의 독특한 성질은 물 분자의 구조에서 비롯되며, 이러한 성질이 생명활동의 기능에 중요한 역할을 한다.

물의 구조

공유결합을 이룬 두 원자 사이에서 공유된 전자는 언제나 동등하게 공유되지는 않는다. 원자마다 공유결합 내의 전자에 대한 친화도를 뜻하는 **전기음성도(electronegativity)**가 다르다. 더 높은 전기음성도를 가지는 원자들은 낮은 전기음성도를 가진 원자보다 더 강하게 끌어당긴다. 이러한 공유 전자의 불균형은 극성을 유발하며, **극성(polar)** 분자가 된다. 그리고 이러한 현상은 분자 전체로는 전하를 지니지 않은 경우에도 공유결합을 이룬 양쪽의 원자가 부분적인 전하를 지니는 것을 의미한다.

예를 들어, 물 분자는 산소와 2개의 수소 원자가 전자를 공유한다. 산소가 수소보다 전기음성도가 높으며, 따라서 두 공유결합 모두 극성이다. 공유전자는 수소의 핵보다 산소의 핵 주위에서 더 많은 시간을 보내며, 이러한 불균등한 전자 공유로 인해 물이 극성 분자로 된다. 이 분자의 공유결합들은 각을 이루어 거의 ∧ 형태로 보인다. ∧의 꼭짓점(산소)은 음전하(−)의 말단을, 두 수소는 양전하(+)의 말단을 이룬다(그림 2.9*a*).

극성으로 인해 물 분자는 서로 이끌린다. 한 분자에 있는 양성 수소 원자가 다른 물 분자에 있는 음성 산소 원자에 이끌린다. 이러한 인력을 **수소결합(hydrogen bond)**이라고 부르며, 물 분자마다 최대 4개의 수소결합을 이룰 수 있다(그림 2.9*b*). 공유결합이 수소결합보다 훨씬 강력하다. 그러나 물에는 수소결합의 수가 매우 많기 때문에 강한 인력이 만들어진다. 물의 독특한 성질은 극성과 수소결합을 형성하는 능력에서 비롯된다.

산소는 약한 음성(−)이다.
a.
O
H H
수소는 약한 양성(+)이다.

그림 2.9 물의 구조.
그림에 보인 어류를 비롯한 모든 생명체에서 물의 성질은 중요한 역할을 수행한다. **a.** 물 분자의 공간-채움 모델은 ∧ 형태를 보여준다. 산소가 수소보다 공유전자를 강하게 끌어당기고, 따라서 물 분자가 극성으로 된다. 산소는 약한 음전하를, 수소는 약한 양전하를 지닌다. **b.** 양전하인 수소는 가까이 있는 분자의 음전하인 산소와 수소결합을 이룬다.
(photo): ©annedehaas/Vetta/Getty Images

물의 성질

우리는 흔히 물에 대해 당연한 것으로 여긴다. 그렇지만 물이 없다면 우리가 아는 형태의 생명체는 살 수 없을 것이다. 생명활동을 뒷받침하는 물의 성질로는 용해성, 응집성과 부착성, 높은 표면장력, 높은 열용량, 높은 기화열, 변화되는 밀도 등이 있다.

물은 용매이다

극성과 수소결합을 이루는 성질로 인해 물은 아주 많은 물질을 녹일 수 있다. 물에 이끌리는 분자를 **친수성(hydrophilic**; *hydro*, water; *phil*, love)이라고 한다. 극성이거나 이온화된 분자는 대개 친수성이다. 이온화되지 않거나 비극성인 분자는 **소수성(hydrophobic**; *hydro*, water; *phob*, fear)이라고 하며, 물에 이끌리지 않는다.

소금(NaCl)을 물속에 넣으면 물 분자의 음성 말단이 소듐 이온(Na^+)에 이끌리고, 양성 말단은 염소 이온(Cl^-)에 이끌린다. 이러한 인력으로 인해 Na^+과 Cl^-이 물속에서 해리된다.

염인 NaCl은 물속에서 해리된다.

물은 수소결합을 형성함으로써 포도당의 긴 사슬 같은 많은 극성 비이온 물질을 녹인다. 물속에 분산된 이온과 분자는 무작위로 돌아다니다가 충돌하면 반응하게 된다. 세포의 내부는 주로 물로 구성되어 있으며, 물은 용매로 작용하여 각 세포 내의 원자와 분자가 쉽게 상호작용하고 화학반응에 참여할 수 있게 한다.

물은 응집과 부착 성질을 가진다

응집(cohesion)은 수소결합으로 인해 물 분자가 서로 들러붙는 성질을 이른다. 응집으로 인해 물은 통상적인 온도와 압력 조건에서 액체 상태로 존재한다. 물이 자유롭게 흘러가도 분자들이 서로 헤어지지 않는다는 점에서 물 분자의 강한 응집력이 분명하게 드러난다. **부착(adhesion)**은 물 분자가 다른 극성 표면에 들러붙는 성질이며, 물의 극성에서 비롯된다. 물 분자의 양극과 음극으로 인해 물이 극성 표면에 부착하게 된다.

응집과 부착으로 인해 액체인 물은 훌륭한 수송계를 이룬다(**그림 2.10**). 세포

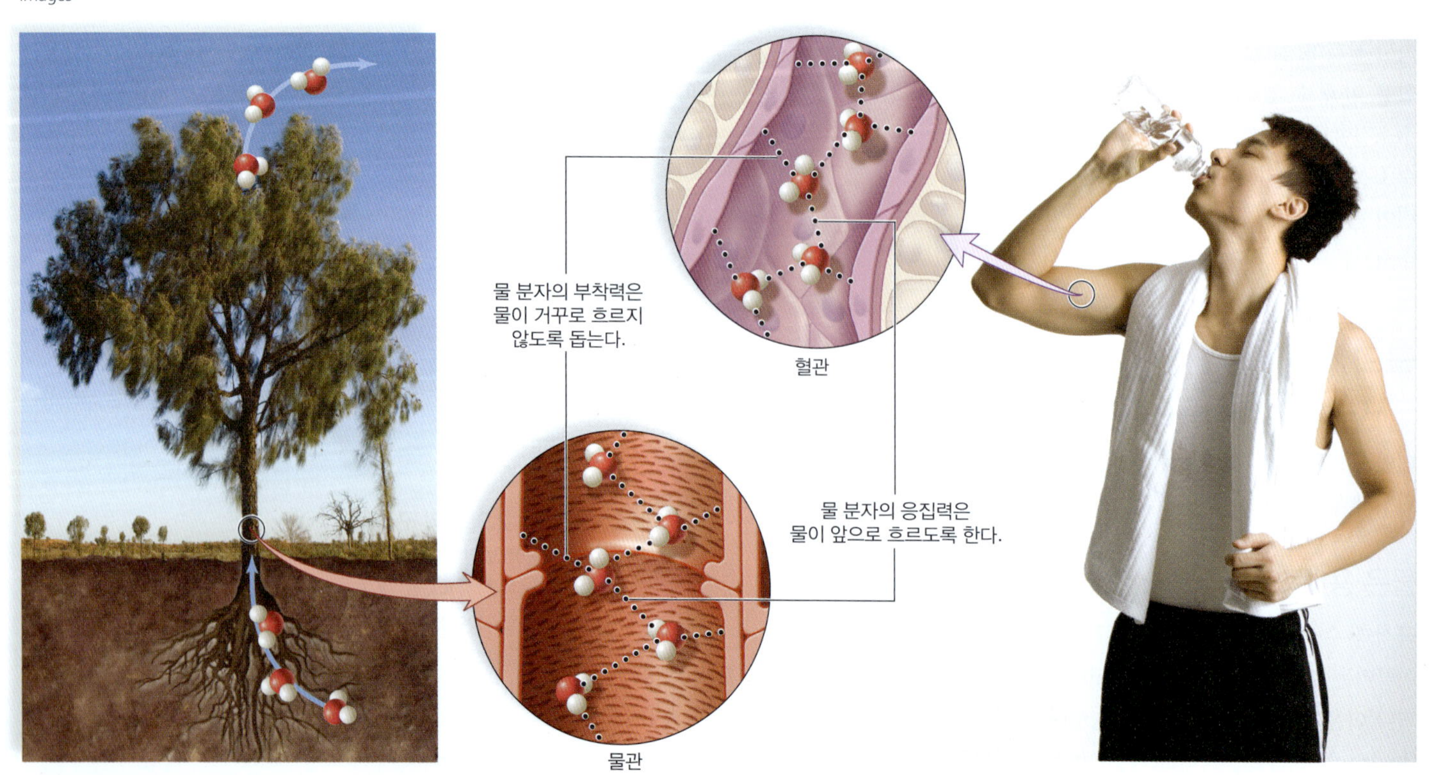

그림 2.10 물 분자의 응집과 부착.
물은 응집과 부착이라는 성질이 있어서 나무와 사람 모두에서 훌륭한 수송매체가 된다.

(tree): ©Paul Davies/Alamy Stock Photo; (man): ©Asiaselects/Getty Images

의 내부와 외부 모두에서 물은 양분과 노폐물의 수송을 돕는다. 많은 다세포생물은 내부 수송관이 있어서 물이 물질 운반을 돕는다. 신체에서 용해되거나 부유하는 물질을 수송하는 혈액의 액체 부분은 90%가 물이다. 물의 응집과 부착으로 인해 혈액을 심장혈관계의 혈관에 채울 수 있으며, 수송이 가능해진다. 이러한 성질은 식물에서도 물의 수송에 기여한다. 식물은 토양에 뿌리를 내리고 물을 흡수하지만, 잎은 높은 곳에 있으며 태양에너지를 받는다. 잎에서 증발하는 물은 즉시 뿌리에서 잎으로 이어진 수송관을 따라 이동한 물로 대체된다. 물 분자는 응집력이 있기 때문에 뿌리로부터 물기둥을 끌어올리는 장력이 만들어진다. 물관 벽에 대한 물의 부착력 역시 물기둥이 끊어지지 않도록 한다.

물은 표면장력이 높다

물 표면에 있는 물 분자는 위에 있는 공기보다 서로에게 더 강하게 이끌리기 때문에 표면의 물 분자끼리 단단하게 응집된다. 따라서 표면장력이 나타난다. 액체 상태에서는 분자 사이의 힘이 클수록 표면장력이 커진다. 물의 높은 표면장력을 만드는 주요 힘은 수소결합이다. 유리컵에 물을 천천히 채우면 컵 꼭대기 위로 작은 돔이 형성된다. 이러한 현상은 물의 표면장력 때문에 나타난다.

연관

일부 곤충은 어떻게 물 위를 걸을 수 있을까?

©Jan Miko/Shutterstock

연못이나 냇가에서 곤충이 수면 위를 걷는 것을 본 적이 있을 것이다. 소금쟁이라고 부르는 이 곤충은 물의 두 가지 성질인 표면장력과 극성에 적응함으로써 이러한 능력이 진화하였다. 다리에 난 털에 작은 공기방울을 가둠으로써 소금쟁이는 물 분자의 표면장력을 깨뜨리지 않은 채 부력을 얻을 수 있다. 소금쟁이는 또한 비극성인 왁스를 분비하며, 이것이 물 분자를 더욱 밀어내어 곤충이 떠 있도록 한다.

물은 열용량이 높다

물 분자를 연결한 수많은 수소결합으로 인해 물은 온도가 크게 변화하지 않은 채 열을 흡수할 수 있다. 물의 높은 열용량은 수생생물뿐만 아니라 모든 생명체에게 중요한 성질이다. 물의 온도가 천천히 오르고 내리기 때문에 육상생물이 정상적인 내부 온도를 잘 유지할 수 있으며 급격한 온도 변화로부터 보호될 수 있다.

물은 또한 기화열도 높다. 물의 수소결합이 끊어져 기체 상태로 되어 기화하려면 엄청난 열이 필요하다. 대사활동에서 발생하는 열이 모두 체온을 올리는 데 사용된다면 아마도 죽게 될 것이다. 그렇지만 상당량의 체열은 땀이 증발할 때에 기화열 형태로 흩어진다(**그림 2.11**).

물의 높은 열용량과 높은 기화열로 인해 이것은 기후 조절에 중요한 역할을 한다. 따라서 해안가의 기온은 온화하다. 바다가 여름에는 태양열을 흡수하여 저장하고 겨울에는 천천히 내놓는다. 그러나 우리가 31.2절에서 기후 변화에 대한 이야기에서 보게 될 것처럼, 전 세계 바다의 열을 흡수하는 능력은 상당한 결과를 가져온다.

그림 2.11 열용량 및 기화열.
실온에서 물은 액체이다. **a.** 물은 많은 양의 열을 흡수하여 100°C에서 기화한다. **b.** 대부분 물인 땀이 증발할 때 체열이 대량으로 흡수된다. 따라서 온도가 높아지면 몸을 식힐 수 있다.

(a): ©McGraw-Hill Education/Jill Braaten, photographer; (b): ©Clerkenwell/Getty Images

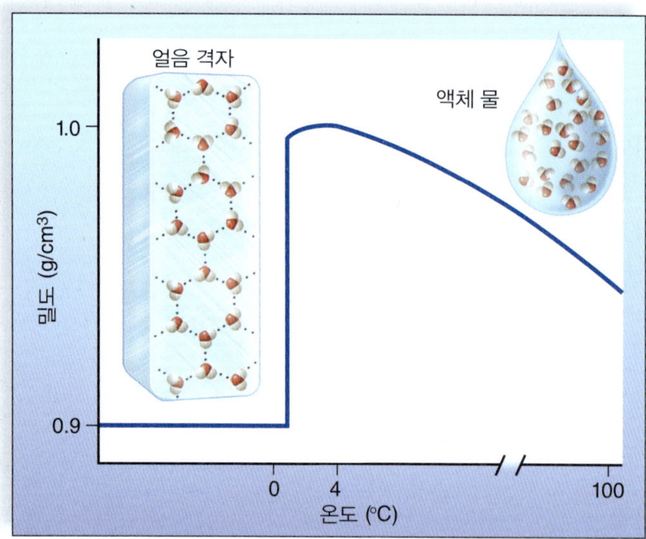

그림 2.12 얼음의 성질.
물 분자가 수소결합을 이루는 기하학적 조건으로 인해 얼음의 밀도가 액체 물의 밀도보다 낮다.

개념 연결하기
수소결합을 형성하는 물의 특성은 생명체에 중요하다.

물보다 얼음의 밀도가 낮다

다른 물질과 달리 물은 얼면서 팽창된다. 따라서 냉동실에 넣어둔 탄산음료 깡통이 얼어서 터지고, 겨울에는 도로가 부풀어 울퉁불퉁하게 된다. 물은 얼면 팽창하기 때문에 액체 물보다 밀도가 낮고, 따라서 얼음이 액체 물 위에 뜬다(그림 2.12).

연관

물보다 얼음의 밀도가 낮은 것이 왜 중요할까?

©Jeff Vanuga/Corbis/Getty Images

만약 얼음이 물보다 밀도가 높으면 가라앉을 것이고, 연못과 호수, 나아가 바다도 얼어서 단단한 고체로 되어 생명체가 살 수 없게 될 것이다. 그렇지만 물은 언제나 위부터 아래쪽으로 얼어간다. 물의 표면에서 언 얼음은 아래에 있는 물이 얼지 않도록 절연체 역할을 한다. 따라서 수생생물이 겨울에도 살 수 있게 된다. 또한 봄에 얼음이 녹을 때에는 주변 환경의 열을 흡수하여 갑작스러운 온도 변화가 일어나지 않도록 하여 생명체를 보호한다.

진도 점검하기 2.2

1. 물의 독특한 성질이 나타나게 되는 이유를 물의 구조에 근거하여 설명하시오.
2. 물이 생명체에게 중요한 분자가 된 이유를 물의 성질에 근거하여 설명하시오.
3. 물의 성질에 수소결합이 어떻게 연관되어 있는지 설명하시오.

2.3 산과 염기

학습 목표

이 절을 학습한 후에는 다음 과제를 수행할 수 있어야 한다.

1. 산과 염기를 구별하기.
2. pH 척도를 설명하기.
3. 완충액을 사용하는 목적에 대해 설명하기.

물이 주요 역할을 하는 동안 물 분자는 수소 이온(H^+)과 수산화 이온(OH^-)을 분리하거나(또는 해리하거나) 방출할 수 있다.

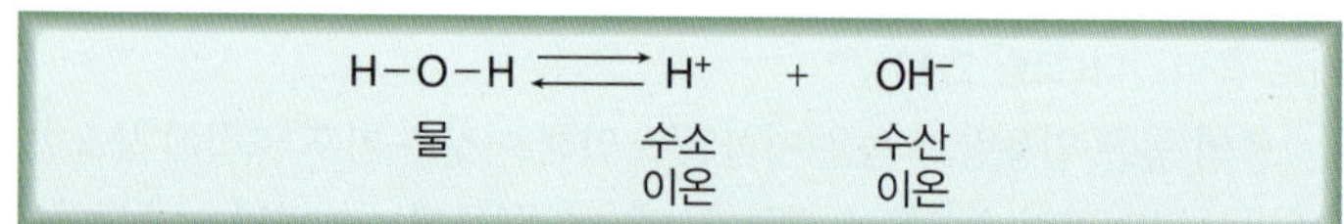

어떤 용액이 산성인지 염기성인지 여부는 그 용액 속에 있는 수소 이온과 수산화 이온의 비율에 따라 결정된다.

산성 용액(높은 H^+ 농도)

레몬주스, 식초, 토마토주스, 커피는 모두 산성 용액이다. 산성 용액은 신맛 또는 톡 쏘는 맛을 내기 때문에 흔히 소화불량과 연관시켜 생각하기도 한다. **산성(acid)** 용액이란 수소 이온(H^+)을 방출하거나 수산화 이온(OH^-)을 차지하는 것을 의미한다. 대표적인 예시로는 염산(HCl)이 있으며 다음과 같이 해리된다.

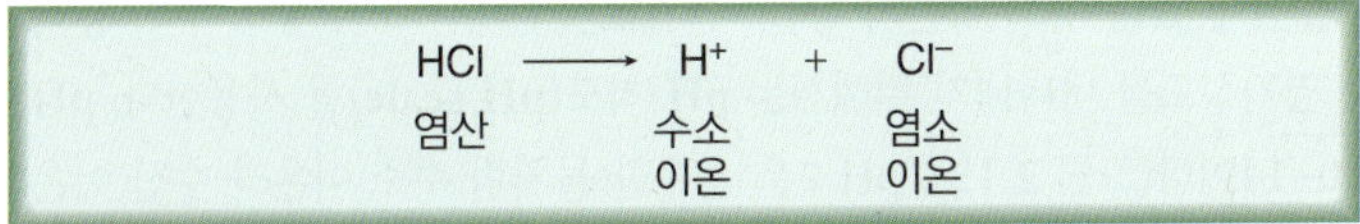

산성 용액에서는 OH^-보다 H^+의 농도가 더 높다. 어떤 물질의 산성도는 그 물질이 물속에서 얼마나 완전하게 용해되는가에 달려 있다. 염산(HCl)은 거의 완전히 해리되어, 따라서 강산으로 분류된다. 물이 담긴 비커에 염산을 넣으면 수소 이온(H^+)의 양이 크게 증가한다.

연관

당신의 위액에 있는 산은 얼마나 강력할까?

위액에 있는 염산(HCl)의 pH 값은 1.0에서 2.0 사이이다. 이로 인해 위 내용물은 물보다 약 100만 배, 식초보다는 약 100배나 산성도가 높다. 이론적으로 위액은 철과 같은 금속도 녹일 수 있다. 그러나 실제에 있어서는 장관으로 이동하기 전에 짧은 기간 동안만 위 내용물이 이러한 극단적인 pH 값에 노출되며, 장관에 도달한 후 빠르게 중화된다.

©Dwight Smith/Shutterstock

염기성 용액(낮은 H^+ 농도)

수산화 마그네슘과 암모니아는 가장 일반적인 염기성(알칼리성) 용액이다. 염기성 용액은 쓴맛을 내며 물속에서 미끄러운 느낌을 준다. **염기성(base)** 용액이란 수소 이온(H^+)의 농도가 낮은 용액으로, 수소 이온을 흡수하거나 수산화 이온(OH^-)을 방출한다. 대표적인 염기성 물질로는 수산화나트륨(NaOH)이 있으며 이것은 다음과 같이 해리된다.

NaOH	⟶	Na^+	+	OH^-
수산화 나트륨		소듐 이온		수산 이온

염기성 용액에서는 H^+보다 OH^-의 농도가 더 높다. 산과 마찬가지로, 염기성도는 그 물질이 물에 얼마나 완전하게 용해되는가에 달려 있다. 수산화나트륨은 거의 완전하게 해리되기 때문에 강염기이다. 물이 담긴 비커에 수산화나트륨을 넣으면 수산화 이온(OH^-)의 양이 증가한다.

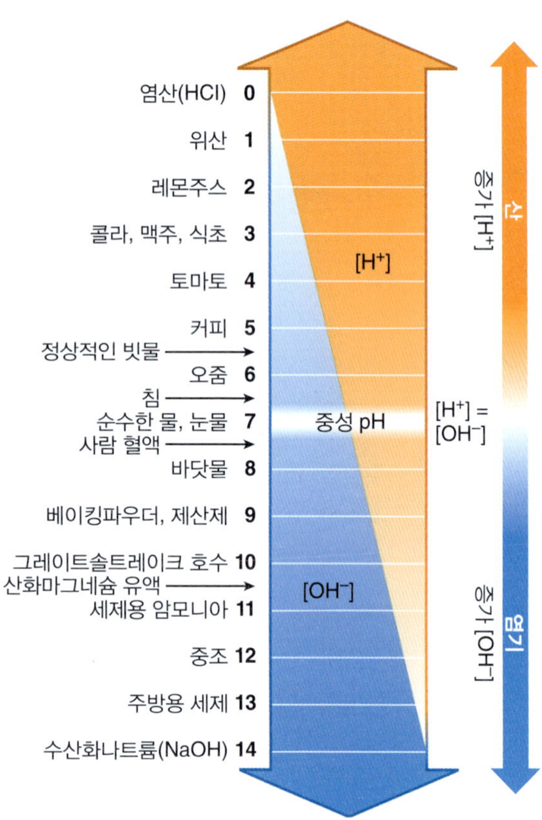

그림 2.13 pH 척도.
수산화 이온에 대한 수소 이온의 비례적인 양을 대각선으로 표시하였다. pH 7보다 높은 용액은 염기성이고, pH 7보다 낮은 용액은 산성이다.

개념 연결하기 2.3
물의 산성도는 수소 이온 농도에 따라 결정된다.

암모니아 등의 강염기는 청소용 세제로 유용하게 쓰인다. 암모니아 용기에는 독극물 표시와 먹지 말라는 강력한 경고가 붙어 있다. 산과 염기 모두 세포에 매우 해로우므로 먹지 말아야 한다.

pH와 pH 척도

pH[1]는 용액에 있는 수소 이온의 양을 나타내는 수학적 표시 방법이다. 용액의 산성도 또는 염기성도를 나타내기 위해서는 **pH 척도(pH scale)**를 사용한다. pH 척도의 범위는 0~14이다(그림 2.13). pH 7은 순수한 물처럼 수소 이온과 수산 이온의 농도가 동일한 중성 상태를 의미한다. pH 7보다 낮으면 산성이며, 수소 이온 농도($[H^+]$로 표기)가 수산화 이온 농도($[OH^-]$로 표기)보다 높다. pH 7보다 높으면 $[OH^-]$가 $[H^+]$보다 높기 때문에 염기성이다. pH 척도 7에서 0쪽으로 내려가면 단위마다 산도 $[H^+]$가 10배씩 증가하며, 7에서 14쪽으로 올라가면 단위마다 염기도 $[OH^-]$가 10배씩 증가한다.

pH 척도는 번거로운 숫자를 제외하고 사용한다. 예를 들어, 용액별로 수소 이온(H^+) 농도는 왼쪽에 pH는 오른쪽에 표시한다.

		$[H^+]$ (moles/L)	pH
0.000001	=	1×10^{-6}	6 (산성)
0.0000001	=	1×10^{-7}	7 (중성)
0.00000001	=	1×10^{-8}	8 (염기성)

생명체에 대한 pH의 영향은 산성비이라고 알려진 현상에서 극적으로 드러난다. 화석연료를 태우면 이산화황과 질소산화물이 만들어지고, 이들이 대기의 물과 결합하면 산이 형성된다. 이들 산이 생명체나 사물에 손상을 입히며, 심하면 죽음에 이르게도 한다.

완충액과 pH

완충액(buffer)은 pH를 정상적인 범위 내로 유지하는 화학물질 또는 화학물질의 혼합액이다. 완충액은 과도한 수소 이온(H^+)이나 수산화 이온(OH^-)을 흡수하여 pH 변화를 완화시킨다. 신체가 항상성을 유지하려면 pH를 좁은 범위 내로 유지하여야 한다. 당뇨병과 출혈성 심장마비 등의 질병이 산성혈증(acidosis)에 의해 발생할 수 있다. 산성혈증은 신체가 지나치게 생산되는 H^+을 완충시키지 못하기 때문에 나타난다. 제대로 처치하지 않으면 건강에 다양한 문제가 발생할 수 있으며 혼수상태나 죽음에 이를 수도 있다.

진도 점검하기 2.3

1. 산성 용액과 염기성 용액을 구별하시오.
2. 어떤 용액의 pH로 알 수 있는 정보는 무엇인지 일반화하여 설명하시오.
3. 완충액이 사람 신체의 pH를 조절할 수 있는 원리를 요약하시오.

[1] $pH = -\log[H^+]$. 즉, pH는 수소 이온 농도 $[H^+]$의 로그 값을 구한 후 음수를 택한 것이다. 로그(log)는 주어진 수를 얻기 위한 10의 지수 값이다.

요 약 SUMMARIZE

모든 생명체는 유사한 원소들로 구성되어 있다. 생명체는 자신의 필요에 맞추어 분자를 분해하거나 만들어내는 화학반응을 수행한다. 일반화학에 관한 지식은 생명과학을 이해하는 기초가 된다.

아원자 입자에 의해 원소가 결합하여 분자와 화합물을 형성하는 방식이 결정된다.

수소결합을 형성하는 물의 특성은 생명체에 중요하다.

물의 산성도는 수소 이온 농도에 따라 결정된다.

2.1 원자와 원자결합

생명체와 비생명체 모두 **원소(element)**로 이루어진 **물질(matter)**로 구성되어 있다. 생명체의 주요 원소는 탄소, 수소, 질소, 산소이다. 원소는 **원자(atom)**로 이루어지며, 원자는 아원자 입자로 구성된다. **양성자(proton)**는 양전하를 지니고, **중성자(neutron)**는 전하가 없으며, **전자(electron)**는 음전하를 지닌다. 전자들은 **전자껍질(electron shell)**이라고 불리는 핵 밖의 에너지 준위에 존재한다.

핵(nucleus) 안에 있는 양성자와 중성자의 수에 따라 그 원자의 **질량수(mass number)**가 결정된다. **원자번호(atomic number)**는 핵 안에 있는 양성자의 수를 의미한다. 전기적으로 중성인 원자에서는 원자번호가 전자의 수도 의미한다. **동위원소(isotope)**는 같은 원소이지만 중성자의 수가 다른 원자들이다. 방사성 동위원소는 생물학 실험과 의학적 진단에서 추석사로 사용되는 등 다양한 용도로 이용된다.

원자가껍질(valence shell; 최외각 에너지 수준)에 있는 전자의 수에 따라 그 원자의 반응성이 결정된다. 첫째 궤도는 전자 2개가 채워지면 완전하다. 원자번호 20인 칼슘까지의 원자에서는 첫째 궤도 이후의 궤도마다 전자 8개를 가져야 완전하다. **8전자규칙(octet rule)**은 원자들이 최외각 궤도를 완전하게 만들고자 서로 반응하는 것을 의미한다.

원자는 흔히 서로 결합하여 **분자(molecule)**를 형성한다. 다른 원소들로 분자를 이룬 경우 **화합물(compound)**이라고 부른다. 분자와 화합물은 이온결합이나 공유결합을 이룰 수 있다. **이온결합(ionic bond)**은 반대 전하를 띤 이온들 사이의 인력에 의해 형성된다. 여기서 **이온(ion)**은 원자가 1개 이상의 전자를 잃거나 얻어 최외각껍질을 완전하게 만든 경우에 형성된다. **공유결합(covalent bond)**은 두 원자가 전자들을 공유하여 형성된 것이다. 단일공유결합(전자 1쌍 공유), 이중공유결합(전자 2쌍 공유), 그리고 삼중공유결합(전자 3쌍 공유)이 있다.

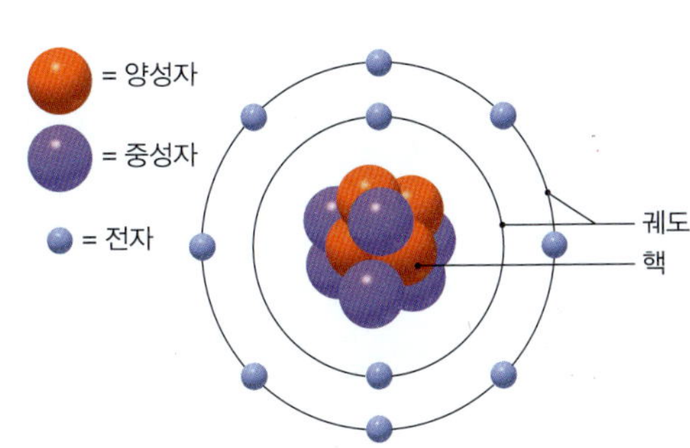

2.2 생명체에 있어서 물의 중요성

물에 있는 2개의 O—H 공유결합은 산소와 수소 사이에서 전자가 균등하게 공유되지 않기 때문에 **극성(polar)**이다. 그 이유는 수소보다 산소의 **전기음성도(electronegativity)**가 높기 때문이다. 양성 전하와 음성 전하를 지닌 물 분자의 양 말단이 서로 이끌려 **수소결합(hydrogen bond)**을 형성한다. 수소결합은 **응집성(cohesive)**과 **부착성(adhesive)** 등의 물의 화학적 특성을 설명한다.

물의 극성으로 인해 친수성(**hydrophilic**) 분자가 이끌려온다. 물에 이끌리지 않는 분자는 **소수성(hydrophobic)** 분자라고 한다. 물의 독특한 성질은 극성과 수소결합에서 비롯되며, **표 2.1**에 요약하였다.

표 2.1 물의 성질

성질	화학적 이유	효과
물은 용매이다.	극성	물이 화학반응을 촉진시킨다.
물은 응집성과 부착성이 있다.	수소결합, 극성	물은 수송매체로 이용된다.
물은 표면장력이 높다.	수소결합	물의 표면장력은 매우 강하다.
물은 높은 열용량과 기화열을 가지고 있다.	수소결합	물은 생명체를 급격한 온도 변화로부터 보호한다.
물의 밀도는 다양하다.	수소결합	얼음은 물보다 밀도가 낮아 물 위에 떠다닌다.

2.3 산과 염기

물이 해리되면 동일한 양의 수소 이온(H^+)과 수산 이온(OH^-)을 내놓는다. 이 상태는 중성 **pH**이다. **산(acid)**은 어떤 용액의 H^+ 농도를 증가시키며, **염기(base)**는 감소시킨다. **pH 척도(pH scale)**는 산성 용액과 염기성 용액의 범위를 나타낸 것이다.

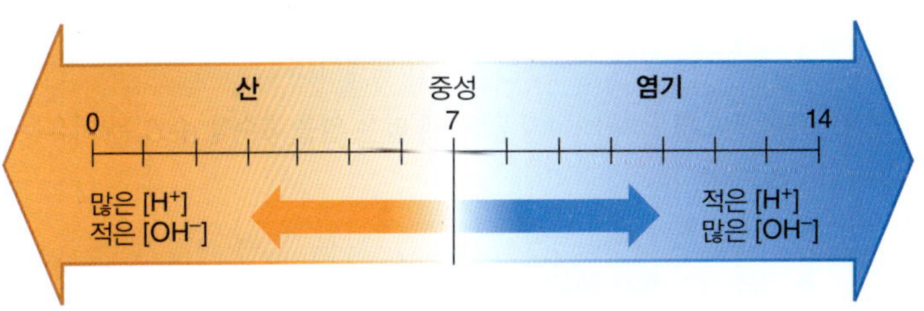

세포는 pH 변화에 민감하다. 생명체는 **완충액(buffer)**이 있어서 pH를 정상범위로 유지할 수 있다.

평 가 ASSESS

혼자 풀어보기

가장 적절한 답을 고르시오.

2.1 원자와 원자결합

1. 원자의 질량수는 주로 무엇의 수에 의존하는가?
   a. 양성자와 중성자 b. 양전자
   c. 중성자와 전자 d. 양성자와 전자

2. 우리 몸에서 가장 풍부한 원소는?
   a. 탄소 b. 수소
   c. 산소 d. 질소

3. 동위원소는 무엇의 수가 다른가?
   a. 전자 b. 중성자
   c. 양성자 d. a와 c 모두 해당

4. 전자가 균등하게 공유되지 않은 공유결합을 무엇이라고 부르는가?
   a. 극성 b. 정상
   c. 비극성 d. 중성

5. 그림 2.3에서 원자가(최외각) 전자의 수가 질소(N)와 동일한 원소는 무엇인가?
   a. 탄소(C) b. 인(P)
   c. 네온(Ne) d. 산소(O)

2.2 생명에 있어서 물의 중요성

6. 물이 자유롭게 흐르지만 각각의 분자로 분리되지 않는 것은 물의 어떤 성질 때문인가?
   a. 응집성 b. 친수성
   c. 소수성 d. 부착성

7. 물에 대한 친화성을 지닌 화합물을 무엇이라고 부르는가?
   a. 응집성 b. 친수성
   c. 소수성 d. 부착성

8. 물이 위에서 아래쪽으로 어는 이유는 무엇인가?
   a. 물의 표면장력이 높기 때문이다.
   b. 얼음의 열용량이 높기 때문이다.
   c. 물보다 얼음의 밀도가 낮기 때문이다.
   d. 얼음이 물보다 응집력이 약하기 때문이다.

9. 물이 온도가 크게 변하지 않은 채 많은 열을 흡수할 수 있는 이유는 무엇인가?
   a. 표면장력이 높기 때문이다.
   b. 열용량이 높기 때문이다.
   c. 수소 이온(H^+) 농도가 높기 때문이다.
   d. 수산 이온(OH^-) 농도가 높기 때문이다.

2.3 산과 염기

10. pH 9는 ______(이)다.
    a. 염기성 b. 중성
    c. 산성 d. 완충액

11. ________은(는) 어떤 용액에서 수소 이온(H^+) 농도가 높아지도록 한다.
    a. 염기 b. 동위원소
    c. 산 d. 화합물

12. pH를 일정하게 유지하기 위해 많은 생명체가 ________(으)로 수소 이온 농도를 조절한다.
    a. 완충액 b. 염기
    c. 산 d. 동위원소

관계맺기 ENGAGE

과학적으로 생각하기

1. 더운 여름날, 당신은 수영장에 뛰어들기로 결심했다. 뛰어들기 전, 당신은 물의 표면이 매끄럽고 연속적이라는 것을 알게 된다. 다이빙을 마친 후에는 물방울이 당신의 피부에 달라붙어 있으며 피부 온도가 더 시원하게 느껴지는 것을 알 수 있다. 이러한 관찰을 물의 특성에 근거하여 설명하시오.

2. 탄소와 마찬가지로 실리콘도 최외각껍질에 전자를 4개 가지고 있으나, 생명체는 탄소를 기반으로 진화하였다. 실리콘이 다른 원소 4개와 공유하지 못하고, 탄소 분자처럼 다양한 형태를 이루지 못하는 원인을 실리콘 구조의 특성을 바탕으로 하여 설명하시오.

3. 제산제는 흔히 처방전 없이 구입할 수 있는 속쓰림에 대한 치료제이며, 속쓰림은 위장에 수소 이온이 과도하게 존재할 때 발생한다. pH에 관한 지식을 바탕으로 제산제에 있는 화학물질들이 어떻게 작용하는지 설명하시오.

4. 산성비는 이산화 황과 아산화 질소 배출로 인해 대기가 오염될 때 생성된다. 이러한 배출물들은 대부분 화석연료이며, 특히 석탄의 연소에 의해 생성된다. 대기 중에서 이러한 화합물들은 황산과 질산으로 전환되어 대기 중 물방울에 흡수되고 결국 산성비가 되어 땅으로 떨어지게 된다. 산성비가 생태계에 미친 부정적인 영향에 대해 설명하시오.

©Ricochet Creative Productions LLC

CHAPTER 3

생명체의 유기분자

The Organic Molecules of Life

개요

3.1 유기분자

3.2 세포의 생물학적 분자

시작하기 전에

이 장을 시작하기 전에 다음의 내용을 다시 살펴보자.

2.1절 공유결합은 무엇인가?

2.2절 소수성 분자와 친수성 분자의 차이는 무엇인가?

그림 2.8 분자를 도식으로 나타내는 방법으로는 무엇이 있는가?

글루텐은 무엇인가?

어떤 여행에서든 식료품 점 방문 시 "글루텐 프리"로 표시된 다양한 식품들을 볼 수 있으며 거의 모든 음식점의 메뉴에는 글루텐 프리 섹션이 있다. 그렇다면 정확하게 글루텐은 무엇인가?

대부분의 사람들이 믿는 것과는 달리, 글루텐은 사실 탄수화물이 아니다. 대신에, 이것은 보통 밀, 호밀, 그리고 보리 등에서 찾을 수 있는 유형의 단백질이다. 대다수의 경우, 글루텐은 소화계에서 다른 단백질과 마찬가지로 가공되어 아미노산으로 분해되고 순환계로 흡수된다.

그러나 100명 중 약 1명 정도의 사람에게는 글루텐이 외부 병원체로 오인되는 경우가 있다. 그 결과로 발생하는 것이 셀리악병(celiac disease)이며, 이는 소장의 장벽이 제대로 작동하지 않는 질환이다. 셀리악병은 자가면역 반응의 한 예로, 글루텐에 대해 몸이 염증 반응을 일으키고 소장벽이 손상되는 병이다. 장의 손상으로 인해 영양실조와 기타 건강 문제가 발생될 수 있다. 셀리악병 환자는 글루텐을 식이에서 배제해야 한다. 흥미롭게도, 셀리악병이 없는 사람들에게 글루텐 프리 식이는 건강상의 이점이 없는 것으로 보인다.

이 장에서는 탄수화물, 지질, 단백질 및 핵산과 같은 주요 유기분자의 구조와 기능에 대해 공부한다.

이 장을 공부하는 동안 다음 질문에 대해 생각해보자.

1. 탄수화물과 단백질의 구조에서 어떤 차이가 있는가?
2. 식체에서 단백질의 역할은 무엇인가?
3. 식체는 어떻게 어떤 단백질을 만들어낼까?

a.

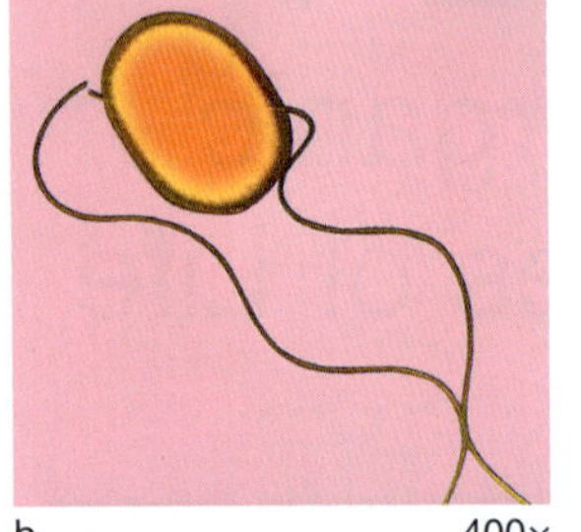

b. 400×

c.

d.

그림 3.1 유기분자들은 다양한 기능을 지닌다.

a. 탄수화물은 식물을 지탱하는 섬유(fiber)를 형성한다. **b.** 단백질은 세균의 세포벽을 형성한다. **c.** 옥수수 식물 내의 기름과 같은 지질은 식물의 에너지 저장에 사용된다. **d.** 핵산은 DNA를 형성하여 유전정보를 저장한다.

(a): ©SuperStock/Alamy Stock Photo; (b): ©Science Photo Library/Alamy Stock Photo; (c): ©Zeljko Radojko/Getty Images; (d): ©Adrian T. Sumner/Science Source

3.1 유기분자

학습 목표

이 절을 학습한 후에는 다음 과제를 수행할 수 있어야 한다.

1. 유기분자와 무기분자를 구별하기.
2. 유기분자의 화학적 성질의 결정에 있어서 기능기의 중요성을 인식하기.

화학은 크게 유기화학과 무기화학으로 구분할 수 있다. 이들의 차이는 단순하다. 유기화학은 유기분자에 대한 학문이다. **유기(organic)**분자는 탄소 원자와 수소 원자를 가지고 있는 분자이며, 세포, 조직, 기관을 이룬다(그림 3.1). 무기분자는 탄소와 수소를 가지고 있지 않으며, 물(H_2O)과 소금(NaCl) 등이 예이다. 이 장에서는 **생물학적 분자(biological molecule)**, 혹은 간단히 생체분자(biomolecule)라고 부르는 세포 내 유기분자의 다양성과 기능에 초점을 맞춘다.

연관

유기분자와 유기농산물 사이에는 어떤 연관성이 있을까?

유기분자는 탄소와 수소를 가진 분자이다. 채소와 과일 모두 이들 원소를 함유한 유기물이다. 농업에서 사용하는 *유기(organic)*라는 용어는 재배할 때에 어떤 생산표준이 있음을 의미한다. 보통은 독성물질이 든 살충제나 제초제를 사용하지 않고 최대한 자연 상태에서 재배한 것을 의미한다. 따라서 *유기(organic)*라는 용어는 두 가지 다른 방식으로 사용될 수 있다.

©Purestock/Superstock

탄소 원자

미세한 세균 세포는 수천 개의 다양한 유기분자를 가지고 있다. 사실, 이들의 구조에는 무한한 변이가 있는 것으로 보인다. 어떻게 해서 탄소가 이처럼 다양하고 복잡한 유기분자를 만들어낼 수 있는 것일까? 탄소는 총 6개의 전자를 가지며, 최외각껍질에 전자 4개가 있다(그림 2.8 참조). 전자 4개를 얻어 최외각 껍질을 완성하기 위해 탄소 원자는 거의 언제나 생명체 무게의 대부분을 차지하는 원소들과—주로 수소, 질소, 산소 등의 원소—전자를 공유한다(2.1절 참조).

탄소는 크기가 작고 전자 4개를 얻어야 하므로 최대 네 종류의 다른 원소와 결합할 수 있다. 탄소 원자가 다른 탄소 원자와 전자를 공유하는 경우가 가장 흔하다. C—C 결합은 안정하며 이로 인해 탄소사슬이 매우 길게 이어질 수 있다. **탄화수소(*hydrocarbon*)**는 오직 수소 원자하고만 결합한 탄소 원자가 사슬을 이룬 것이다. 탄화수소 사슬을 이룬 그 어떤 탄소 원자에서도 곁가지를 칠 수 있으며, 고리구조를 이룰 수도 있다(그림 3.2). 또한 탄소는 탄소를 포함한 다른 원자들과 이중결합을 이룰 수도 있다.

탄소의 융통성이 높다는 것은 탄소가 화학식(원자의 유형)은 같지만 구조는 다른 다양한 분자를 형성할 수 있다는 것을 의미한다. 구조는 다르지만 원자 조성이 동일한 분자를 **이성질체(isomer)**라고 부른다. 이러한 탄소의 화학적 성질로 인해 유기분자의 구조가 엄청나게 다양하게 된다. 또한 구조에 따라 기능이 달라진다는 점에서 이들 분자는 광범위하게 다양한 기능을 보인다.

탄소골격과 기능기

유기분자의 탄소사슬을 그 분자의 골격이라고 한다. 이 용어는 사람도 골격이 몸의 형태를 이루는 것처럼 유기분자에서도 탄소골격이 형태를 이룬다는 점에서 적절하다. 유기분자의 반응성은 골격에 붙어 있는 기능기에 크게 의존한다(그림 3.3). **기능기(functional group)**는 특수한 조합으로 결합된 원자들이다. 이들은 결합하고 있는 탄소골격과 상관없이 언제나 같은 화학적 성질을 가지며, 따라서 언제나 같은 방식으로 반응한다. 그림 3.3에서 각 기능기에 부착된 '*R*'이라는 글자에 주목하자. 이것은 분자의 나머지 부분을 나타내는 것이며, 이는 기능기가 탄화수소 사슬에 부착되는 위치를 나타낸다.

따라서 기능기는 그 유기분자의 화학적 성질을 판단하는 데 도움이 된다. 예를 들어, 지방과 단백질 등의 카르복실기(—COOH)를 지닌 유기분자는 극성(친수성)이며 약한 산성이다. 인산기는 DNA와 같은 핵산의 구조 형성에 기여한다. 단백질과 아미노산은 질소를 포함하는 아미노 기능기(—NH_2)를 가지고 있다.

세포는 대부분 물로 구성되어 있기 때문에, 물과 반응하고 물에 녹는 성질은 세포 내에서 유기분자의 기능에 매우 큰 영향을 준다. 예를 들어, 탄화수소는 주로 **소수성(hydrophobic**; 물에 녹지 않음)이지만 만약 —OH기가 여러 개 추가된다면(예: 포도당), 분자는 소수성이 아닌 **친수성(hydrophilic**; 물에 녹음)이 될 수 있다. 기능기는 또한 분자에 작용할 반응의 유형을 식별한다. 예를 들어, 지방은 알코올기와 카르복실기를 포함하는 분자 간의 상호작용에 의해 형성되며, 단백질은 인접한 아미노산의 아미노기와 카르복실기들이 결합될 때 형성된다.

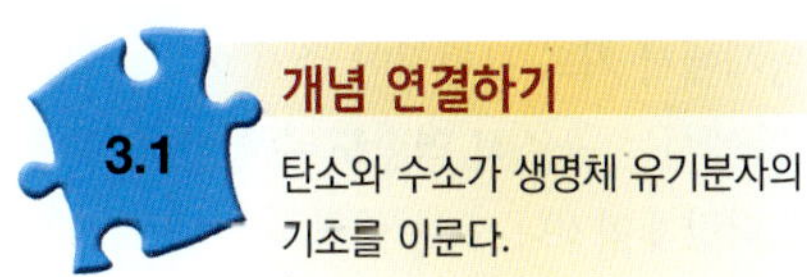

개념 연결하기

탄소와 수소가 생명체 유기분자의 기초를 이룬다.

진도 점검하기 3.1

1. 유기분자일 조건은 무엇이며, 이러한 구별이 왜 중요한지 설명하시오.
2. 탄소 원자가 다양한 분자를 형성할 수 있는 특성을 설명하시오.
3. 기능기가 왜 중요한지 설명하시오.

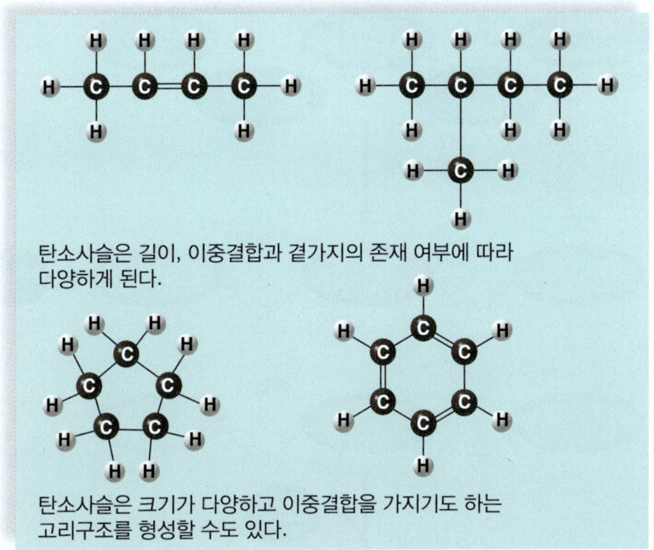

그림 3.2 탄화수소는 융통성이 높다.
탄화수소는 오직 수소와 탄소로만 이루어진다. 그렇더라도 탄화수소는 탄소의 수효, 이중결합의 위치, 곁가지 치기, 고리구조 형성 등에 의해 매우 다양한 형태를 이룰 수 있다.

기능기		
그룹	구조	있는 곳
수산기	R—O—H	알코올, 당
카르복실기	R—C(=O)—O—H	아미노산, 지방산
아미노기	R—N(—H)—H	아미노산, 단백질
설프히드릴기	R—S—H	아미노산, 시스테인, 단백질
인산기	R—O—P(=O)(—O—H)—O—H	ATP, 핵산
R = 분자의 나머지 부분		

그림 3.3 기능기.
동일한 탄소골격을 가지는 분자라도 결합한 기능기에 따라 달라질 수 있다. 이들 기능기에 따라 그 분자의 화학적 반응성이 결정된다. 분자의 나머지 부분인 탄화수소 사슬은 *R*로 표시하였다.

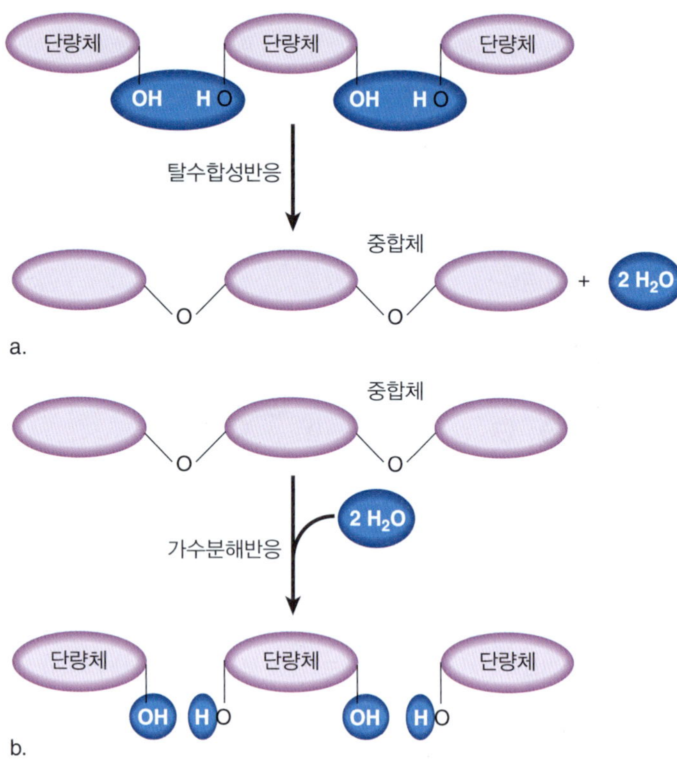

그림 3.4 중합체의 합성과 분해.

a. 세포 내에서 종종 합성반응이 일어난다. 이는 단량체들이 탈수합성반응(물의 제거) 중에 결합할 때 발생한다. **b.** 분해는 중합체 내의 단량체들이 가수분해반응(물의 추가)으로 분리될 때 발생한다.

3.2 세포의 생물학적 분자

학습 목표

이 절을 학습한 후에는 다음 과제를 수행할 수 있어야 한다.

1. 탄수화물의 구조와 기능을 요약하기.
2. 지질의 구조와 기능을 요약하기.
3. 단백질의 구조와 기능을 요약하기.
4. 핵산의 두 종류를 요약하고 각각의 생물학적 기능을 설명하기.

유기분자는 매우 다양하지만, 생물학적 분자(biological molecule)는 탄수화물, 지질, 단백질, 핵산의 네 종류로 구분된다. 이들 분자는 탄수화물, 지질, 단백질이 풍부한 식품을 통해 매우 친숙하다. 이들 식품이 소화되면 소단위 분자로 쪼개져 흡수된 후 세포를 구성하는 거대분자를 만드는 데 이용된다. 유전자를 구성하는 분자인 핵산이 풍부한 식품도 있다.

많은 생물학적 분자들은 **단량체(monomer)**라고 부르는 수많은 유사한 생체단위체로 구성된다. 많은 단량체가 결합하면 **중합체(polymer)**가 된다. 단백질은 수백 개의 아미노산 단량체로 이루어지며, 핵산은 수백 개의 뉴클레오티드 단량체로 이루어진다. 중합체는 어떻게 하여 그렇게 커질 수 있을까? 열차가 차량을 하나씩 연결하여 길어지는 것과 마찬가지로, 중합체도 단량체가 하나씩 연결되어 길어진다.

다수의 단량체가 중합체를 구축하는 데 사용되는 가장 보편적인 화학 반응은 **탈수합성반응(dehydration synthesis reaction)**이다. 이것은 반응이 진행되는 동안 물(H_2O) 분자에 해당하는 —OH(수산화기)과 H(수소 원자)가 제거되기 때문이다(그림 3.4*a*).

생물학적 분자의 분해는 반대 반응을 통해 일어난다. **가수분해(hydrolysis reaction**, *hydro, water; lysis, break*)에서는 물 분자에서 온 —OH기가 한 단량체에 결합하고, 역시 물 분자에서 온 —H가 다른 단량체와 결합한다(그림 3.4*b*). 다시 말해, 물이 단량체 사이의 결합을 끊는 데 사용된다.

그림 3.5 탄수화물.

탄수화물은 동물에서 단기 에너지원으로 사용된다. 단순 탄수화물이 많이 포함된 식사는 2형 당뇨병 및 기타 질병에 취약하게 만들 수 있다. 반면에 적당한 양의 복합 탄수화물(섬유)은 다양한 건강상의 이점을 가지고 있다.

탄수화물

탄수화물(carbohydrate)은 생명체에서 거의 보편적인 즉시 에너지원으로 쓰인다. 그러나 식물과 균류 등에서는 구조적 역할도 수행한다. 탄수화물은 당(saccharide; sugar)의 단량체이거나 또는 중합체 상태로 존재한다. 탄수화물 중합체를 이루는 전형적인 단량체는 포도당이다. 탄수화물(*carbohydrate*)이라는 용어는 단일 당 분자(단당류), 당 분자 2개의 결합체(이당류), 또는 많은 당 분자의 결합체(다당류)를 의미한다. 식품에서 발견할 수 있는 탄수화물원의 일부는 그림 3.5에서 보여준다.

단당류: 에너지 분자

단당류(monosaccharide)는 단 1개의 당 분자이기 때문에 단순당(simple sugar)이라고도 한다. 단순당의 탄소골격은 3~7개의 탄소로 이루어진다. 단당류, 그리고 일반적인 탄수화물은 극성인 —OH기가 많이 있기 때문에(그림 3.3 참조) 물에 잘 녹는다. 세포와 같은 물속 환경에서 탄수화물은 흔히 고리구조를 형성하며, 이것은 포도당의 구조식을 살펴보면 쉽게 알 수 있다(**그림 3.6**).

탄소 원자 6개를 가진 **포도당(glucose)**의 분자식은 $C_6H_{12}O_6$이다. 포도당의 중요한 이성질체인 과당(*fructose*)과 갈락토오스(*galactose*)도 있지만, 일반적으로 $C_6H_{12}O_6$는 포도당으로 간주된다. 그 이유는 포도당이 생명체의 화학에서 특별한 지위를 차지하고 있기 때문이다. 식물과 세균 등의 광합성 생명체가 햇빛에너지를 이용하여 포도당을 만든다(6.1절 참조). 포도당은 거의 모든 종류의 생명체가 즉시 이용할 수 있는 에너지원이다. 다시 말해, 포도당은 세포의 에너지-반응에서 중심 역할을 한다.

탄소 원자 5개로 이루어진 **리보오스(ribose)**와 **디옥시리보오스(deoxyribose)**는 각각 핵산인 RNA와 DNA의 구성성분으로서 중요한 의미를 가진다. RNA와 DNA는 뒤에서 논의할 것이다.

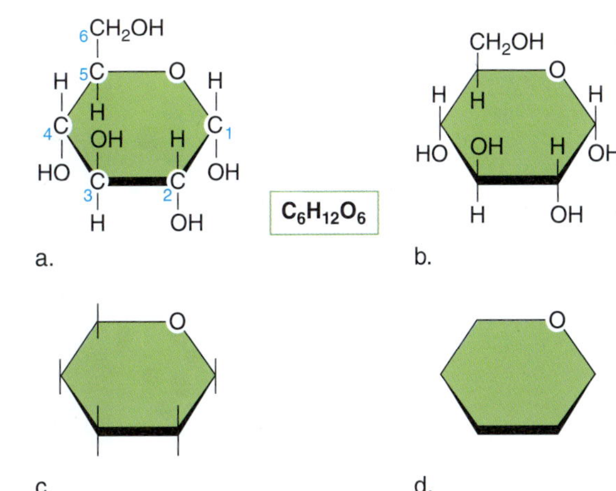

그림 3.6 포도당.

그림의 구조식은 모두 포도당이다. **a.** 탄소골격(탄소 원자에 숫자를 표시), 그리고 결합한 모든 그룹을 표시한 것. **b.** 탄소골격을 생략하고 기능기만 표시한 것. **c.** 탄소골격과 탄소골격에 결합해 있는 기능기를 생략한 것. **d.** 분자의 고리구조만 나타낸 것.

연관

고-과당 옥수수시럽은 무엇일까?

콜라 등의 음료수는 고-과당 옥수수시럽을 함유하고 있다. 1980년대에 옥수수시럽 내의 포도당을 단맛이 더 강한 과당으로 전환시키는 상업적 기술이 개발되었다. 영양학자들은 설탕이나 고-과당 옥수수시럽이 많이 들어 있는 고도로 *가공(processed)*된 식품을 좋아하지 않으며, 이러한 식품은 "헛(empty)" 칼로리를 제공할 뿐이라고 말한다. 즉, 에너지는 공급하지만 필요한 비타민, 미네랄, 식이섬유 등은 제공하지 않는다는 것이다. 이에 비해 최소한으로 가공한 식품은 포도당, 녹말을 비롯한 많은 종류의 영양 분자를 제공한다.

©McGraw-Hill Education

이당류: 다양한 사용처

이당류(disaccharide)는 탈수합성반응에 의해 서로 결합한 단당류 2개로 구성된다. 일반적인 이당류로는 맥아당(*maltose*), 실당(*sucrose*), 젖당(*lactose*) 등이 있다.

맥아당(maltose)은 두 개의 포도당 단량체로 구성된 이당류이다. 맥주 양조는 일반적으로 보리에서 얻은 맥아당에 의존한다. 효모는 맥주 생산 시 맥아당을 분해하고 이후 포도당을 발효(*fermetation*)라고 불리는 과정에서 에너지원으로 사용한다. 이때 에틸알코올이 부산물로서 만들어진다(**그림 3.7**).

설탕은 사탕수수와 사탕무에서 얻는 이당류이며, 단맛을 내므로 특히 흥미로운 물질이다. 설탕이 소화되면 단위체인 포도당과 과당으로 분해된다. 과당은 나중에 통상적인 에너지원으로 사용되는 포도당으로 전환된다. 몸이 더 이상의 에너지를 필요로 하지 않을 때에는 포도당이 지방으로 대사될 수 있다. 포도당이 동물세포의 에너지원으로 선택된 반면에, 지

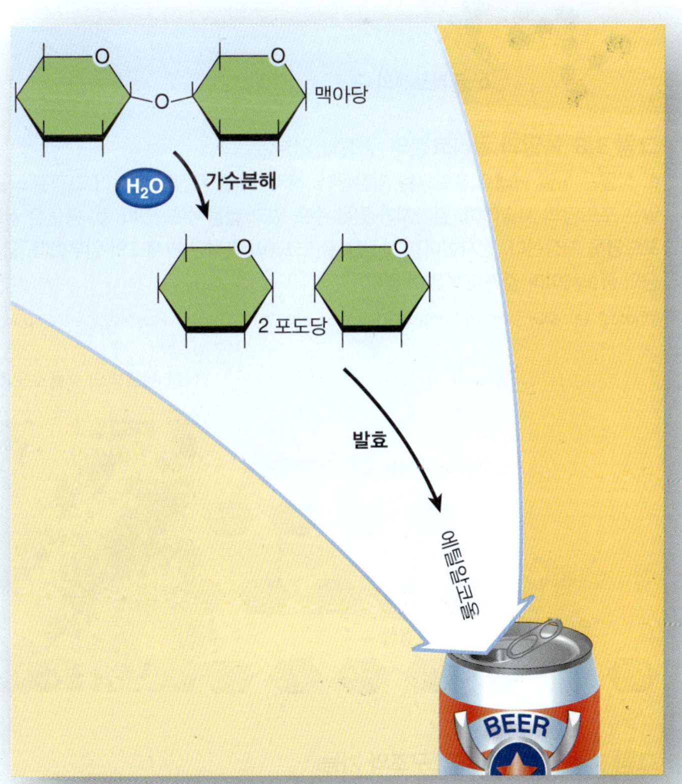

그림 3.7 이당류인 맥아당의 분해.

맥아당은 맥주를 양조할 때 효모의 에너지원으로 사용된다. 효모의 종류에 따라 맥아당이 알코올로 전환되는 양이 달라지기 때문에 효모 균주의 선택이 중요하다.

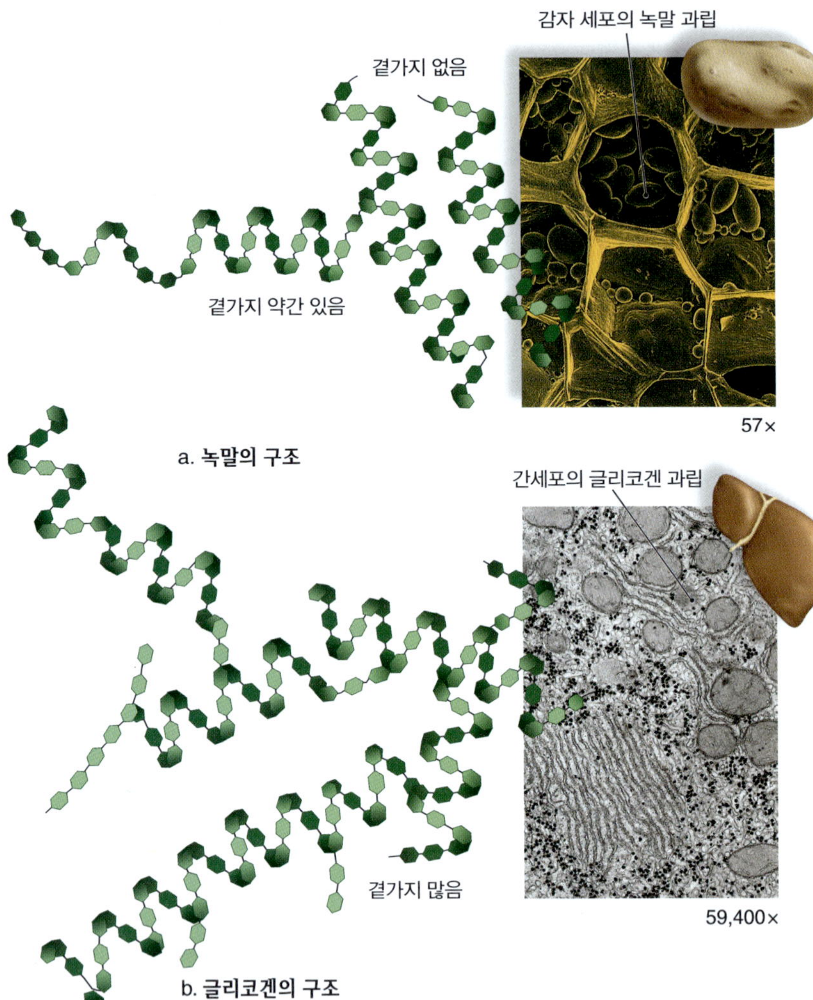

그림 3.8 녹말과 글리코겐의 구조와 기능.
a. 식물은 녹말 형태로 포도당을 저장한다. 전자현미경 사진은 녹말이 축적된 식물세포이다. 녹말은 포도당의 사슬이며, 곁가지가 있을 수도 있고 없을 수도 있다. **b.** 동물은 글리코겐 형태로 포도당을 저장한다. 전자현미경 사진은 글리코겐이 축적된 간세포의 일부이다. 글리코겐은 포도당의 중합체이며 곁가지가 많이 있다.

(photos): (a): ©Dr. Jeremy Burgess/Science Source; (b): ©Don W. Fawcett/Science Source

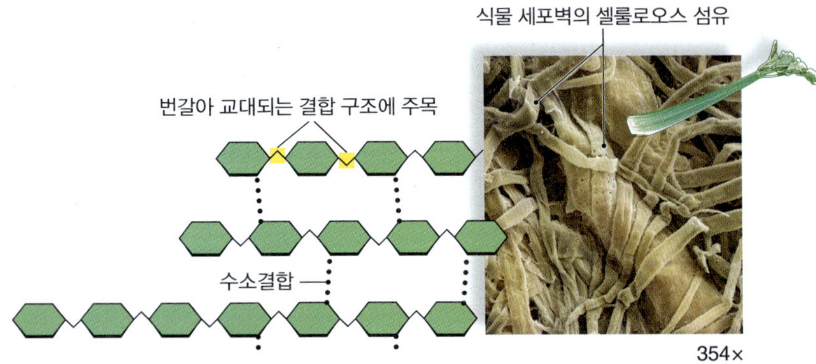

그림 3.9 셀룰로오스의 구조와 기능.
식물 세포벽에서 각 섬유소 섬유는 여러 종류의 미세섬유로 구성되어 있다. 각 미세섬유는 많은 포도당 고리가 수소 결합으로 결합된 중합체를 포함합니다. 현미경 사진은 식물 세포벽 내의 셀룰로오스 섬유를 보여준다.

(photo): ©Cheryl Power/Science Source

방은 에너지를 저장하는 주요 형태이다. 따라서 설탕을 지나치게 섭취하면 체중이 늘게 된다.

젖당은 대개 우유에 있는 이당류이며, 포도당 분자와 갈락토오스 분자가 결합한 것이다. 젖당비내성(*lactose intolerance*)인 사람은 젖당을 분해하지 못한다. 따라서 젖당이 소화되지 않은 채 장관을 통과하게 되며, 장에서 정상적으로 살고 있는 장내 세균이 이것을 에너지원으로 이용한다. 젖당비내성의 증상으로는 하복부 통증, 복부가스 팽창, 설사 등이 나타난다.

다당류: 에너지 저장 분자

다당류(polysaccharide)는 단당류의 중합체이다. 일부 다당류는 단기 에너지 저장 분자로 기능하는데, 당보다 훨씬 크고 물에 잘 녹지 않기 때문이다. 다당류는 원형질막을 쉽게 통과하지 못하며 세포 안에 저장된다.

식물은 포도당을 **녹말(starch)** 형태로 저장한다. 예를 들어, 감자의 세포에 있는 녹말 과립은 겨울 동안 녹말을 저장하고 봄에 생장 에너지가 필요해질 때 내놓는다. 녹말은 곁가지가 없는 것과 약간 있는 것의 두 종류가 있다(**그림 3.8*a***).

동물은 포도당을 **글리코겐(glycogen)** 형태로 저장하며, 이 분자는 곁가지가 많이 나 있다(**그림 3.8*b***). 곁가지를 친 곳은 효소에 의해 쉽게 가수분해될 수 있다. 따라서 곁가지는 다당류가 쉽게 끊어질 수 있도록 한다. 이들 다당류는 나선 형태를 하고 있어서 더욱 밀집될 수 있다.

간세포에 포도당을 저장하고 방출하는 것은 인슐린 등의 호르몬에 의해 조절된다. 이들 호르몬의 종류, 그리고 신체가 포도당 수준을 조절하는 방법에 대해서는 27.2절에서 자세히 살펴본다.

다당류: 구조 분자

일부 다당류는 세포의 구조 성분으로서 기능한다. 대표적 예로 **셀룰로오스(cellulose)**는 탄수화물 중 가장 흔하다. 식물과 해조류의 세포벽은 모두 셀룰로오스를 가지고 있고, 이에, 모든 식물체 조직에서 이를 발견할 수 있다. 목재부터 종이까지, 널리 사용되는 가공품은 셀룰로오스로부터 만들어진다.

셀룰로오스의 포도당 단위체(**그림 3.9**) 결합방식은 녹말이나 글리코겐의 경우와 다르다(그림 3.8 참조). 따라서 셀룰로오스 분자는 나선 구조를 이루지 않으며 곁가지도 없다. 긴 포도당 사슬이 수소결합에 의해 평행하게 이어진 구조를 이루어 강력한 미세섬유, 나아가 섬유를 만든다. 섬유들이 그물처럼 얽혀 식물 세포벽이 더욱 강하게 된다.

다당류의 서로 다른 결합 구조는 동물의 소화액은 셀

룰로오스를 가수분해하지 못하지만, 일부 미생물은 분해할 수 있다는 것을 나타낸다. 소를 비롯한 반추동물은 내부 주머니를 가지고 있으며, 이곳에서 미생물이 셀룰로오스를 포도당으로 분해한다. 사람의 경우 셀룰로오스는 규칙적인 배변을 돕는 식이섬유로서 작용하여 소화계를 건강하게 유지한다.

키틴(chitin)은 포도당의 중합체이지만, 포도당 단위체마다 아미노기(—NH_2)가 결합해 있다. 유기분자에 결합된 기능기에 의해 그 분자의 성질이 결정되기 때문에, 포도당 분자의 결합방식이 매우 비슷하더라도 키틴은 셀룰로오스 등의 다른 포도당 중합체와 화학적으로 다른 성질을 가진다. 키틴은 동물과 균류를 포함한 다양한 생명체에서 볼 수 있으며, 곤충과 게, 가재 등의 외골격을 이룬다. 키틴은 셀룰로오스와 마찬가지로 사람이 소화시킬 수 없지만, 여러모로 유용하다. 씨앗은 키틴으로 덮여 있어서 토양 균류로부터 보호된다. 또한 키틴은 항균과 항바이러스 성질을 가지므로 상처의 드레싱과 봉합재료 등의 의약품으로 이용되며, 그 밖에도 화장품과 식품에 널리 이용된다.

연관

수용성 식이섬유와 불용성 식이섬유의 차이는 무엇일까?

식이섬유는 주로 소화되지 않은 채 소화관을 통과하는 탄수화물로 이루어져 있다. 대부분의 식이섬유는 식물의 구조 탄수화물에서 유래하며, 셀룰로오스, 펙틴, 리그닌 등이 있다. 식이섬유는 에너지를 얻거나 세포성분을 만드는 데 직접 이용되지 않으므로 영양물질은 아니지만, 식품의 매우 중요한 구성성분이다. 식이섬유는 장 내에 있는 물질 양을 부풀려 결장의 기능을 정상으로 유지할 뿐만 아니라 식품에 있는 콜레스테롤 등의 다양한 해로운 물질을 흡착하여 배출되도록 한다. 수용성 식이섬유는 콜레스테롤을 흡착하며 과일과 낟알에 풍부하다. 불용성 식이섬유는 변의 양을 풍부하게 해주며, 겨, 견과류, 씨앗, 통밀 식품에 풍부하다.

©McGraw-Hill Education

지질

지질(lipid)로 분류되는 분자는 매우 다양하지만, 모두 소수성으로 물에 녹지 않는다는 한 가지 특성을 공통으로 가진다. 기름과 물은 섞이지 않는다. 예를 들어, 샐러드 드레싱에는 식물성 기름이 풍부하다. 흔들어 섞은 뒤에도 식물성 기름은 물과 분리된다. 이러한 현상은 지질이 긴 비극성 탄화수소 사슬을 가지며 친수성 기능기가 거의 없기 때문에 나타난다.

지질은 매우 다양하며 구조와 기능도 다양하다. **지방(fat**; 베이컨의 지방, 비계 기름, 버터 등)과 **기름(oil**; 옥수수기름, 올리브기름, 코코넛기름 등)은 잘 알려진 지질이다. 일반적으로 지방은 실온에서 고형이며, 기름은 액상이다. 동물에 있어서 지방은 단열과 장기-에너지 저장에 이용된다. 해양 포유동물은 극 지역 바닷물의 차가움을 단열하고, 우리는 내부 장기를 보호하는 용도로 지질을 사용한다. 식물은 장기-에너지 저장 용도로 지방 대신에 기름을 이용한다. 동물의 기름샘에서 분비되는 지방은 피부와 털, 깃털 등의 방수 역할을 한다. 우리에게 익숙한 지방과 지질로 구성된

그림 3.10 **지질 식품.**
지질은 주로 장기적인 에너지 저장과 관련이 있다. 그러나 일부는 호르몬 및 세포 구성 요소형성에 사용된다. 포화 지방은 심혈관 질환의 위험이 커지는 것과 관련이 있다.

식품들은 그림 3.10에서 보여준다.

지방과 기름: 장기-에너지 저장

지방과 기름은 두 종류의 소단위 분자(글리세롤과 지방산)로 구성된다(그림 3.11). **글리세롤(glycerol)**은 —OH기가 3개 있는 화합물이다. —OH기는 극성이며, 따라서 글리세롤은 물에 녹는다. **지방산(fatty acid)**은 오직 수소하고만 결합한 긴 탄소 사슬이며, 한쪽 끝에는 카르복실기(—COOH)가 붙어 있다. 글리세롤의 —OH기 각각에 지방산의 카르복실기가 결합하여 지방이나 기름이 만들어진다. 지방 1분자가 형성될 때 3분자의 물이 빠져나오므로, 이 반응은 탈수합성반응이다. 지방과 기름은 가수분해반응에 의해 분해된다. 글리세롤 1분자에 긴 지방산 3개가 결합하므로 지방과 기름을 **트리글리세리드(triglyceride)**라고 부른다. 이 구조는 한 분자에 에너지를 많이 저장할 수 있다. 따라서 지방과 기름이 주요 장기-에너지 저장 분자인 것은 이치에 맞는다.

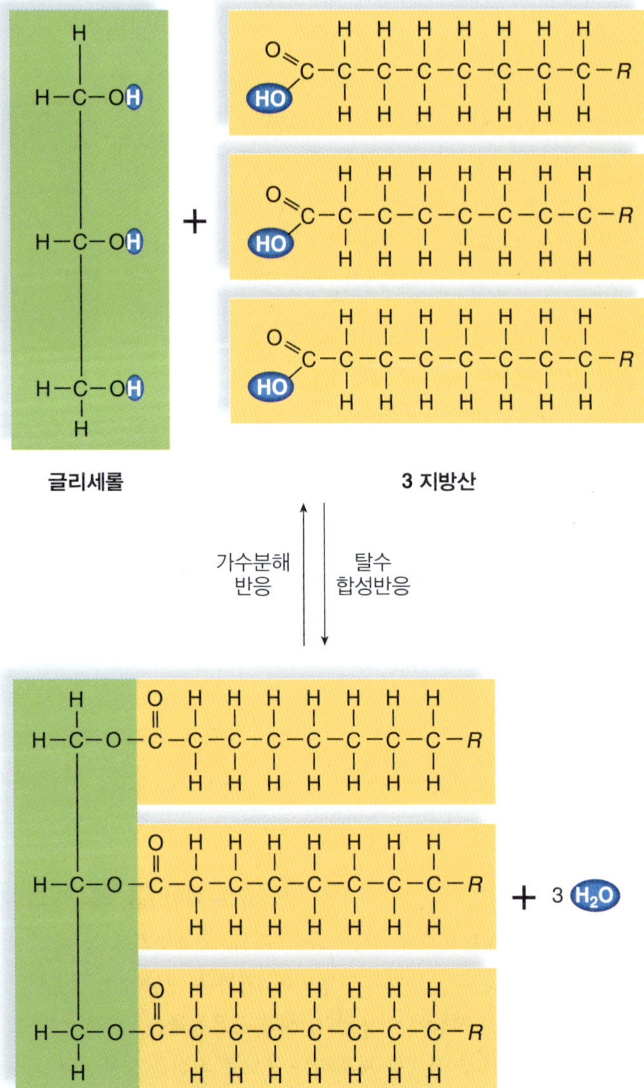

그림 3.11 **지방의 합성과 분해.**
탈수합성 반응 후, 글리세롤은 세 개의 지방산 분자에 결합되고 물이 방출된다. 가수분해 반응 후, 물의 첨가로 인해 이러한 결합들은 깨지게 된다. *R*은 16개 또는 18개의 탄소로 이루어진 탄화수소 사슬 분자의 연속되는 나머지 부분을 나타낸다.

지방산은 지방과 기름의 주요 구성성분이다. 지방산은 대개 분자마다 16 또는 18개의 탄소 원자를 가지며, 이보다 적거나 많은 것도 있다. 지방산은 포화되어 있거나 불포화되어 있다(그림 3.12). **불포화지방산(unsaturated fatty acid)**은 2개 미만의 수소와 결합한 탄소 원자들 사이에서 형성된 이중결합을 가진다(그림 3.12*a*). **포화지방산(saturated fatty acid)**은 탄소 원자 사이에 이중결합이 없다(그림 3.12*b*). 즉, 탄소사슬에 결합할 수 있는 최대한의 수소가 결합하고 있어서 포화된 것이다. 지방산은 포화 여부에 따라 화학적, 물리적 성질이 달라진다.

일반적으로 기름은 불포화지방산을 가지므로 실온에서 액체 상태이다. 그림 3.12*a*에서 이중결합으로 인하여 지방산 사슬이 구부러진 것을 볼 수 있다. 이로 인해서 탄화수소 사슬이 촘촘하게 밀집되지 않고, 따라서 기름의 유동성이 높아진다. 이에 비해 포화지방산이 대부분인 버터는 실온에서 고체 상태이다. 포화지방산은 구부러진 부위가 없으므로 밀집될 수 있다(그림 3.12*b*).

두 개의 탄소 원자가 이중결합을 형성하고 해당 결합의 양쪽에 수소 원자를 가지고 있는 불포화지방을 **트랜스지방(trans fat)**이라고 한다(그림 3.12*c*).

트랜스지방은 마가린, 굽거나 튀긴 음식 등 식품의 가공과정에서 식품을 보다

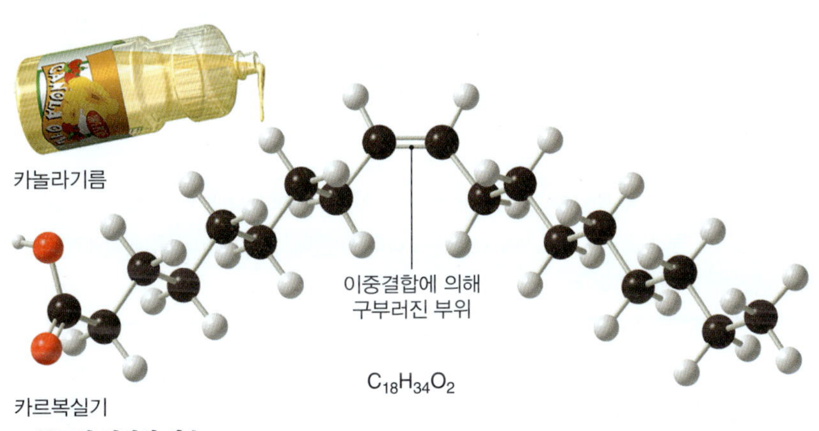

a. 불포화 지방산 사슬

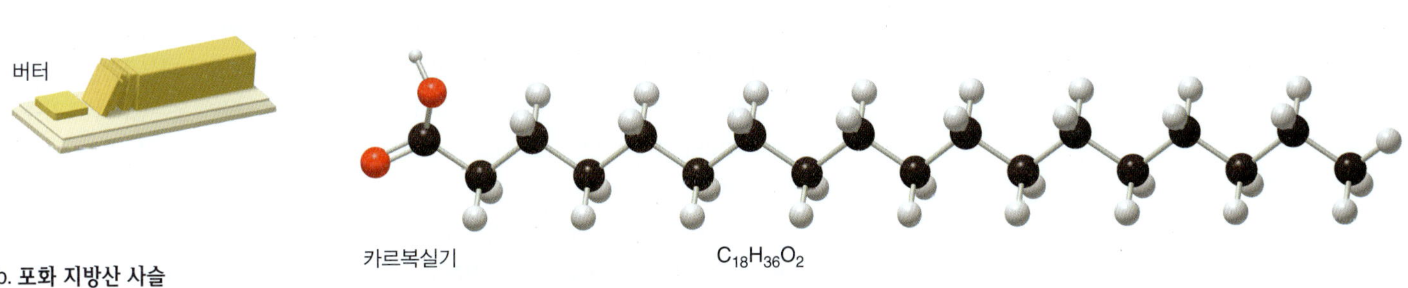

b. 포화 지방산 사슬

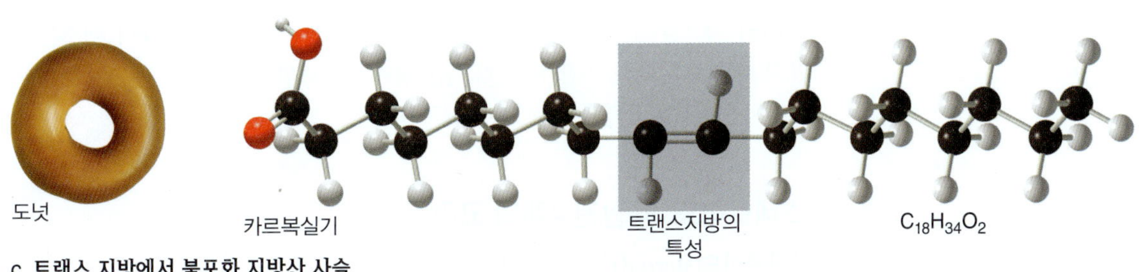

c. 트랜스 지방에서 불포화 지방산 사슬

그림 3.12 지방산.
지방산은 긴 탄화수소 사슬에 카르복실기가 1개 붙어 있다. **a.** 사슬에 있는 이웃한 탄소 원자 사이에 이중결합이 1개 있다면 단일 불포화지방산이다. **b.** 이중결합이 없다면 포화지방산이다. **c.** 가공식품에서 탄소의 이중결합에 결합한 수소들이 트랜스 입체구조를 이루기도 한다. 이 경우 트랜스 지방이라고 한다.

단단하게 만드는 과정에서 종종 생성된다. "부분적 수소화 오일" 표시는 일반적으로 음식 제품에 트랜스 지방이 존재함을 나타낸다.

포화지방과 트랜스지방은 혈액 내에서 엉겨 붙어 플라크를 형성한다. 혈관에 플라크가 쌓이면 죽상동맥경화증이 초래되며, 이로 인해 고혈압과 심장마비가 나타난다. 불포화기름은 단일불포화(*monounsaturated*; 1개의 이중결합)든 다중불포화(*polyunsaturated*; 여러 개의 이중결합)든 혈액 내에서 잘 엉기지 않으므로 죽상동맥경화증을 예방한다고 알려져 있다. 이러한 건강에 좋은 기름은 올리브기름, 카놀라기름, 등푸른생선 등에 풍부하다.

연관

오메가-3 지방산은 무엇인가?

모든 지방이 나쁜 것은 아니다. 실제에 있어서 일부 지방은 우리 건강에 필수적이다. 불포화지방산의 특별한 종류인 오메가-3 지방산(n-3 지방산이라고도 함)은 발달과정에 중요한 필수 영양성분이다. *오메가-3(omega-3)*라는 명칭은 탄소사슬에 있는 이중결합의 위치에서 비롯된 것이다. 세 종류의 중요한 오메가-3 지방산은 linolenic acid(ALA), docosahexaenoic acid(DHA), eicosapentaenoic acid(EPA)이다. 오메가-3 지방산은 뇌에 있는 지방산의 주요 성분이며, 청소년기 발달과정에 중요하다고 알려져 있다. 이들 지방산이 풍부한 식품은 심혈관계 질환을 방지해주며, 그 밖의 효능에 대한 연구가 진행되고 있다. DHA는 알츠하이머병의 발병 위험을 감소시킬 수 있다.

DHA와 EPA는 체내에서 ALA로부터 소량 만들어질 수 있다. 오메가-3 지방산은 연어나 정어리 등의 한류성 물고기에 가장 풍부하다. 식물에서는 아마씨기름에 오메가-3 지방산이 가장 풍부하다.

인지질: 막의 구성성분

인지질(phospholipid)은 인산기를 가지고 있다. 인지질은 글리세롤과 결합하는 세 번째 지방산 위치에 전하를 지닌 인산기가 결합한 것만 제외하고는 본질적으로 트리글리세리드와 같다. 인산기는 대개 그림 3.13*a*에서 *R*로 표시한 다른 극성 기능기와 결합하고 있다. 따라서 분자의 한쪽 말단은 친수성이 되어 물에 녹는다. 이 부위를 극성 머리라고 한다. 지방산의 탄화수소 사슬은 비극성 꼬리라고 하며, 소수성이므로 물에 녹지 않는다.

인지질은 친수성(극성) 머리와 소수성(비극성) 꼬리를 모두 가지고 있기 때문에, 오직 극성 머리 부분만 물과 접하고 비극성 꼬리는 물에서 떨어져 안쪽으로 모여 있는 배열을 이루게 된다. 세포 내외에 있는 물의 두 구획 사이에서 인지질이 이중층을 이루는데, 친수성 머리는 외부를 향하는 반면, 소수성 꼬리는 내부를 향한다(그림 3.13*b*). 세포를 감싸고 있는 인지질 이중층은 상당한 유동성을 나타내며, 이것은 세포의 다른 모든 막도 마찬가지이다. 원형질막은 세포의 구조와 기능에 필수적이며, 따라서 인지질은 생명체에게 매우 중요하다.

스테로이드: 융합된 4개의 고리

스테로이드(steroid)는 융합된 4개의 고리로 이루어진 독특한 탄소골격을 가지고 있다(그림 3.14). 다른 지질과는 달리 스테로이드에는 지방산이 없지만, 물에 녹지 않는다는 점에서 유사하다. 스테로이드도 매우 다양하며, 주로 탄소골격에 결합된 기능기의 종류에 따라 구분한다.

콜레스테롤(**cholesterol**; 그림 3.14*a*)은 동물세포 원형질막의 한 성분이며, 성호르몬인 테스토스테론과 에스트로겐 등 다른 스테로이드의 전구물질이다. 남성호르몬인 테스토스테론은 정소에서, 여성호르몬인 에스트로겐은 난소에서 생성된다(그림 3.14*b*,*c*). 테스토스테론과 에스트로겐은 탄소골격은 동일하고 결합된 기능기만 다를 뿐이지만, 성별을 비롯하여 신체에 큰 영향을 끼친다.

합성 테스토스테론인 단백질동화스테로이드(anabolic steroid)를 이용하면 근육량을 늘릴 수 있다. 그러나 그 결과는 대개 불행하다. 스테로이드로 인해 신체의 정상적인 호르몬 균형이 무너진다. 즉, 남성의 경우 정소가 위축되고 유방이 발달할 수 있다. 여성의 경우는 수염이 나거나 머리털이 빠질 수 있다. 스테로이드 복용이 운동선수에게 부정한 이득을 주고, 나아가 심장, 신장, 간의 손상과 심리적 혼란 등을 초래하여 건강을 해치기 때문에 프로경기단체에서 아나볼릭 스테로이드(anabolic steriod)는 엄격하게 금지하고 있다.

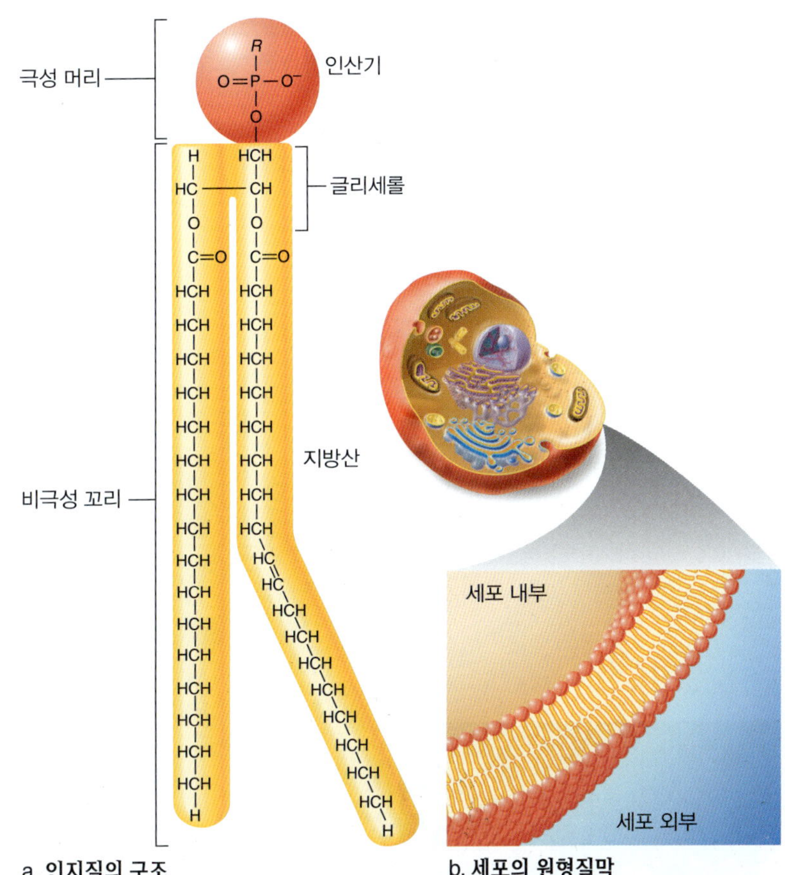

그림 3.13 막에 있는 인지질.
a. 인지질은 지방과 구조가 동일하지만, 세 번째 지방산 위치에 전하를 지닌 인산기가 결합한 것만 다르다. 친수성(극성) 머리 부위는 물에 녹지만, 2개의 소수성(비극성) 꼬리 부위는 녹지 않는다. **b.** 이로 인해 인지질 분자는 원형질막에서 이중층으로 배열된다.

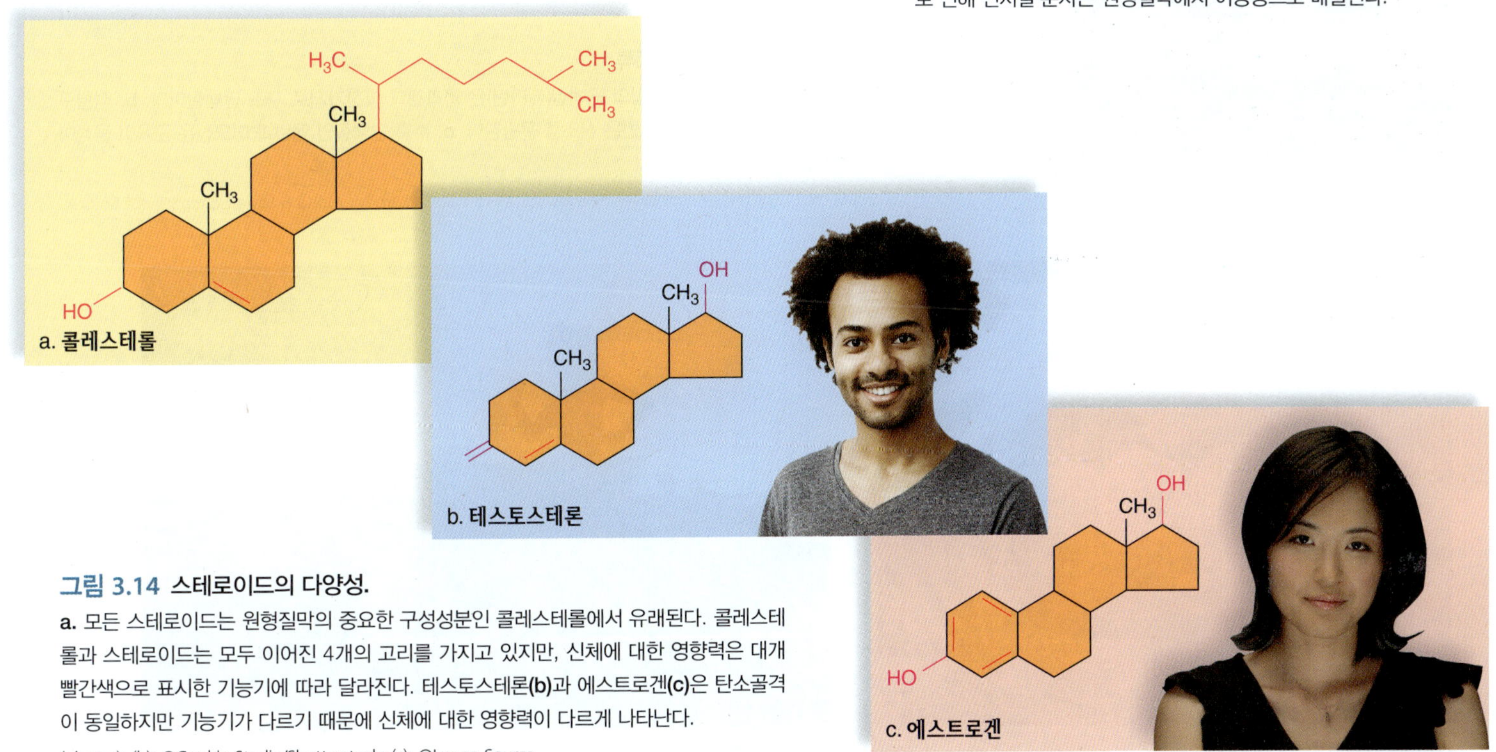

그림 3.14 스테로이드의 다양성.
a. 모든 스테로이드는 원형질막의 중요한 구성성분인 콜레스테롤에서 유래된다. 콜레스테롤과 스테로이드는 모두 이어진 4개의 고리를 가지고 있지만, 신체에 대한 영향력은 대개 빨간색으로 표시한 기능기에 따라 달라진다. 테스토스테론(**b**)과 에스트로겐(**c**)은 탄소골격이 동일하지만 기능기가 다르기 때문에 신체에 대한 영향력이 다르게 나타난다.

(photos): (b): ©Cookie Studio/Shutterstock; (c): ©Image Source

단백질

단백질(protein)은 세포의 구조와 기능에 있어서 매우 중요하다. 단백질의 많은 기능 가운데 일부는 다음과 같다.

- 지지(*support*): 일부 단백질은 구조 단백질이다. 예로는 거미줄의 단백질, 머리카락과 손톱의 케라틴, 피부와 인대, 건을 지지하는 콜라겐 등이 있다(그림 3.15*a*).
- 대사(*metabolism*): 많은 단백질은 **효소(enzyme)**이다. 반응물을 한데 모아 촉매로서 작용하여 화학반응 속도가 빨라지도록 한다. 효소는 특정한 유형의 반응에 특이성을 보이며, 대부분의 대사작용에 관여한다.
- 수송(*transport*): 원형질막에 있는 통로 단백질과 수송 단백질은 물질이 세포를 드나들도록 한다. 혈액에서 분자를 수송하는 단백질도 있다. 적혈구의 헤모글로빈(hemoglobin)은 산소를 수송하는 복합 단백질이다(그림 3.15*b*).
- 방어(*defense*): 항체는 항원을 (세균과 바이러스) 공격하여 감염된 세포들로부터 질병이나 장애가 일어나지 않도록 방어하는 단백질이다.
- 조절(*regulation*): 신체 내 대부분의 호르몬은 조절 단백질이다. 세포의 대사과정에 영향을 주는 세포 사이 전령 역할을 한다. 인슐린은 혈액의 포도당 농도를 조절하며, 사람 성장호르몬은 키에 영향을 준다.
- 운동(*motion*): 수축 단백질인 액틴과 미오신은 세포의 일부를 움직이게 하고 근육이 수축하도록 한다(그림 3.15*c*). 근육 수축으로 인해 동물이 이동해 다닐 수 있으며, 신체에서 물질이 이동할 수 있다. 체온도 조절한다.

세포의 구조와 기능은 세포 내 단백질의 종류에 따라 달라진다. 근육세포에는 액틴과 미오신이 있고, 적혈구에는 헤모글로빈이 있으며, 지지세포는 콜라겐을 만들

a. 구조 단백질

그림 3.15 단백질의 종류.
a. 머리카락과 손톱, 거미집의 단백질(케라틴)은 콜라겐과 마찬가지로 구조 단백질이다. **b.** 적혈구의 주요 단백질인 헤모글로빈은 산소를 운반한다. **c.** 수축 단백질인 액틴과 미오신은 근육이 움직이도록 한다.

(a): (web): ©Chris Cheadle/Getty Images; (b): ©Professors Pietro M. Motta & Silvia Correr/Science Source; (c): ©Andrew Rich/Getty Images

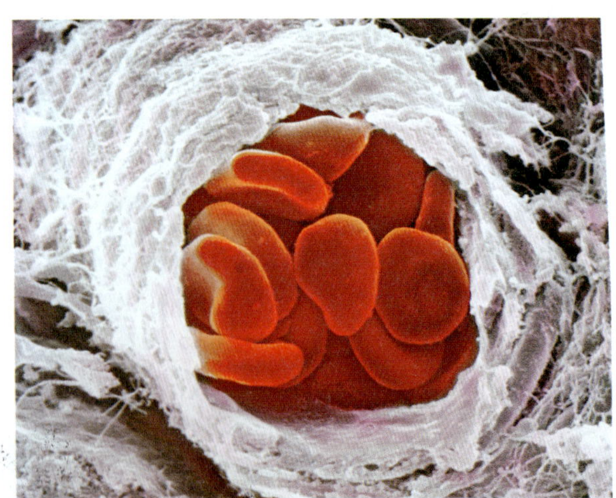

b. 수송 단백질 1,740×

c. 수축 단백질

그림 3.16 단백질 식품.
단백질은 체내의 거의 모든 기능에 참여하지만 매 식사마다 다량의 단백질원이 필요한 것은 아니다. 작은 양의 식사도 필요한 모든 아미노산을 제공할 수 있다. 소고기와 같은 일부 단백질에는 많은 양의 지방이 포함되어 있다. 그러나 생선은 심혈관 질환의 발생을 낮추는 유익한 지방을 포함하고 있다.

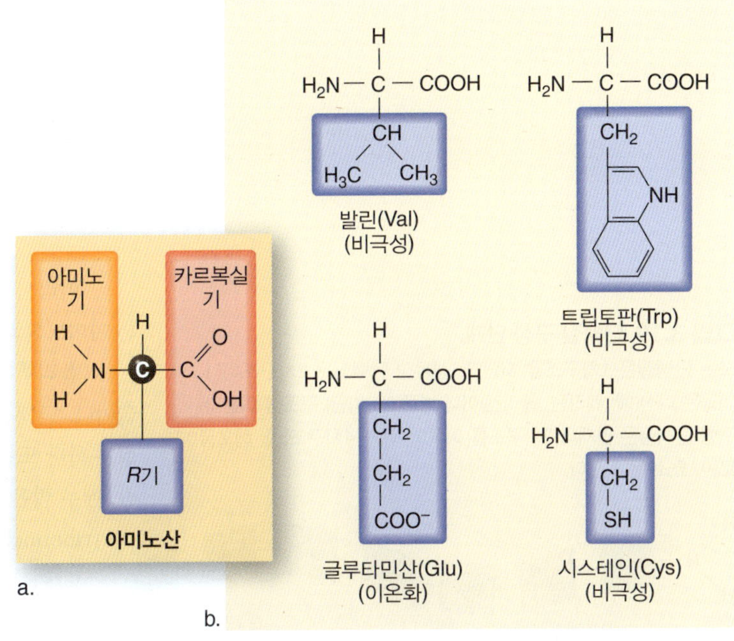

그림 3.17 아미노산.
a. 아미노산의 구조. **b.** 단백질은 20종류의 아미노산이 배열된 것이다. 그 가운데 네 가지의 구조를 보였다. 아미노산은 중앙 탄소와 결합한 *R*기(파란색)에 따라 달라진다. 일부 *R*기는 비극성이며 소수성이고, 일부는 극성이며 친수성이고, 일부는 이온화되고 친수성이다.

어 분비한다. 단백질원이 되는 식품은 그림 3.16에서 보여준다. 단백질을 에너지 분자로 보기도 하지만, 7.5절에서 세포의 에너지원으로는 잘 쓰이지 않는다는 사실을 살펴볼 것이다.

아미노산: 단백질의 소단위

단백질은 중합체이며, 그 단량체는 **아미노산(amino acid)**이라고 한다. 아미노산은 중앙 탄소 원자가 수소 원자 1개, 두 종류의 기능기, 그리고 1개의 곁사슬(*R*로 표시함)과 결합한 독특한 탄소골격을 가진다(그림 3.17*a*). 두 기능기 가운데 하나는 $-NH_2$(아미노기)이고 다른 하나는 $-COOH$(카르복실기)이기 때문에 아미노산이라고 부른다(그림 3.3 참조).

아미노산은 20종류가 있으며, *R*기에 따라 달라진다. *R*기는 수소 원자 1개부터 복잡한 고리구조까지 다양하다. 이에 대한 예시는 그림 3.17*b*에 제시되어있다. 아미노산의 고유한 화학적 성질은 *R*기의 성질에 의존한다. 예를 들어 *R*기의 일부는 극성이며, 일부는 전하를 지니고, 일부는 소수성이다. 아래에서 공부하겠지만, 이러한 아미노산이 긴 사슬로 결합될 때, 이러한 기능기의 상호작용이 단백질의 구조와 기능을 결정한다.

펩티드

펩티드(peptide)는 아미노산 2개가 카르복실기와 아미노기 사이의 탈수합성반응에 의해 연결될 때 생성된다(그림 3.18).

그 결과로 만들어진 두 아미노산 사이의 공유결합을 **펩티드결합(peptide bond)**이라고 한다. 펩티드결합을 이룬 원자들은 전자를 불균등하게 공유하는데, 질

아미노산 + 아미노산

가수분해 반응 / 탈수합성 반응

펩티드 결합

디펩티드 + 물(H_2O)

그림 3.18 펩티드의 합성과 분해.
탈수합성반응에 의해 두 아미노산이 펩티드결합으로 연결되며, 이 때 물이 빠져나온다. 이 결합은 가수분해반응에 의해 끊어진다.

소보다 산소의 전기음성도가 높기 때문이다.

$$-\overset{\displaystyle O}{\overset{\|}{C}}-\underset{\displaystyle H}{\underset{|}{N}}-$$

(펩티드결합)

따라서 펩티드결합은 극성이며, 폴리펩티드에 있는 한 아미노산의 C=O와 다른 아미노산의 N—H 사이에서 수소결합이 형성될 수 있다.

폴리펩티드(polypeptide)는 수많은 아미노산이 펩티드결합을 통해 연결된 사슬이다. 단백질은 복잡한 형태로 접혀진 폴리펩티드 사슬이다(다음 절 참조). 단백질은 하나 또는 그 이상의 폴리펩티드로 이루어질 수 있다. 일부 작은 단백질도 있지만, 매우 많은 아미노산으로 구성된 큰 단백질도 있다. 예를 들어 리보핵산분해효소(ribonuclease)는 RNA를 분해하는 작은 단백질이며, 100개 남짓한 아미노산으로 이루어진다. 그렇지만 티틴(titin) 단백질은 33,000개가 넘는 아미노산으로 이루어진 큰 단백질이다. 티틴은 근육 구조의 내부를 이루며, 이것이 없으면 근육이 정상적으로 기능하지 못한다.

아미노산 서열에 의해 단백질의 최종 3차원적 형태가 결정되며, 이에 따라 기능이 결정된다. 각 폴리펩티드는 자신만의 정상적인 서열을 가진다. 아미노산 서열이 비정상적인 단백질은 흔히 잘못된 형태를 이루기 때문에 기능을 제대로 수행하지 못한다.

단백질의 형태

모든 단백질은 여러 수준의 구조체계를 가진다. 이들 구조 수준은 1차, 2차, 3차, 4차구조라고 부른다(그림 3.19). 단백질의 아미노산 서열을 1차구조(*primary struc-*

그림 3.19 단백질 구성 단계.
모든 단백질은 1차구조를 지닌다. 섬유성 단백질은 2차구조이다. 이들은 나선(예: 케라틴, 콜라겐)이나 병풍(예: 비단) 구조를 이룬다. 구형 단백질은 언제나 3차구조를 이루며, 대개 4차구조(예: 헤모글로빈, 효소)를 이룬다.

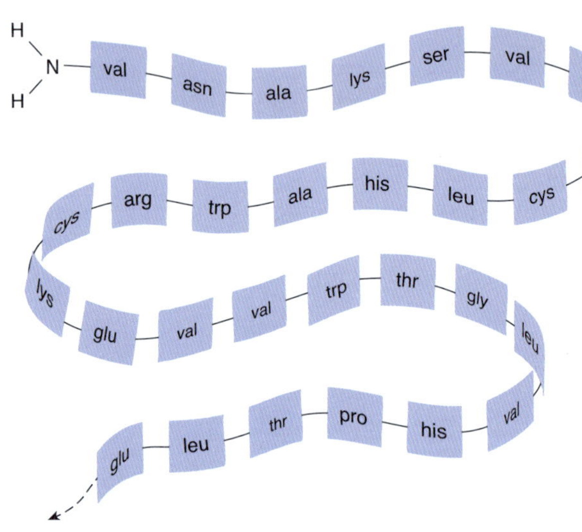

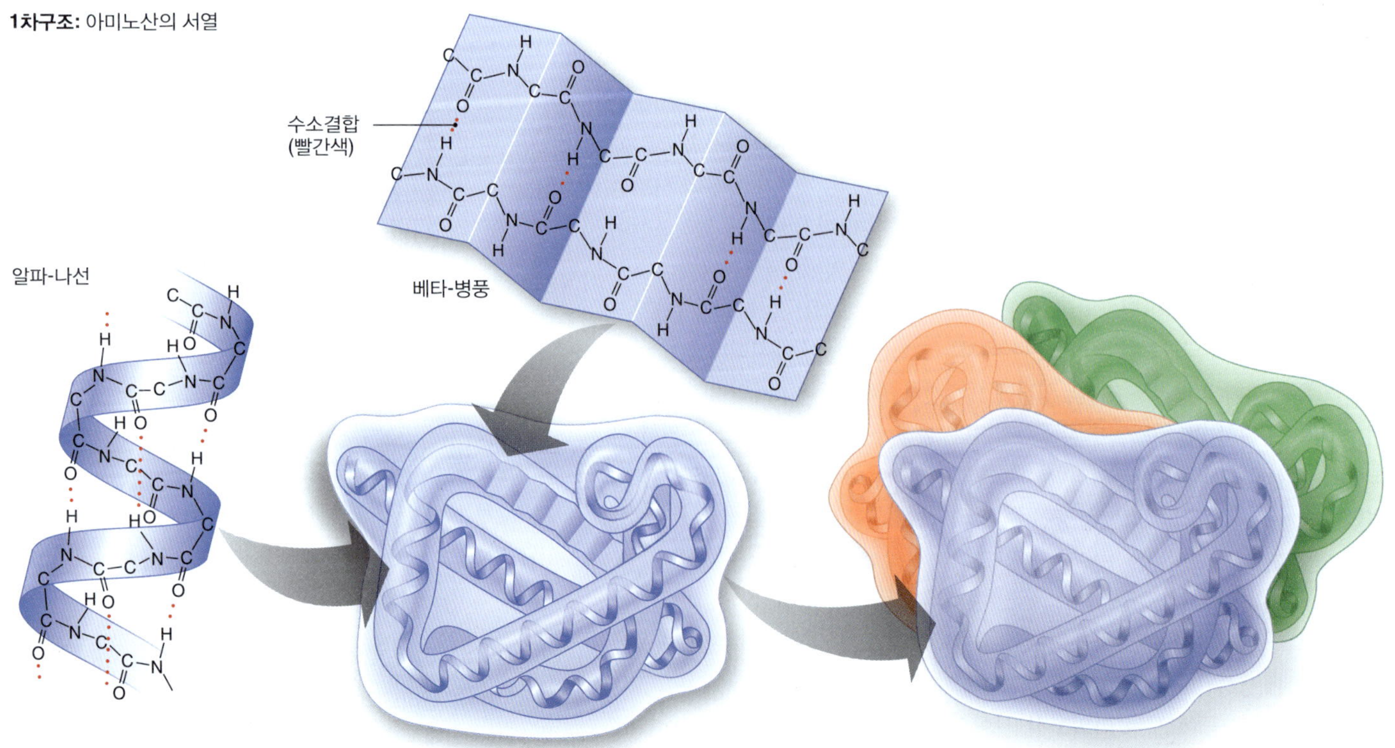

ture)라고 한다. 알파벳 26 글자만으로도 글자의 수와 배열을 달리함으로써 단어를 거의 무한정으로 만들어낼 수 있다. 이와 같은 방식으로 20종류의 아미노산만으로도 그 수와 배열을 다르게 함으로써 다양한 단백질을 만들 수 있다.

단백질의 2차구조(*secondary structure*)는 사슬을 이룬 아미노산의 수효와 종류에 따라 아미노산 사슬의 일부분이 특정 방향을 향하기 때문에 만들어진다. 폴리펩티드의 일부는 알파-나선이라고 부르는 나선 형태를 이루거나 베타-병풍이라고 부르는 아코디언 같은 형태를 이루기도 한다. 인접한 펩티드결합 사이의 수소결합이 2차구조를 유지한다. 하나의 폴리펩티드 사슬에 2차구조가 여러 개 있을 수도 있다.

다음 단계의 형태는 단백질의 3차구조(*tertiary structure*)라고 하며, 전체적으로 3차원 형태를 이룬다. 3차구조는 폴리펩티드 안에서 나선구조와 병풍구조를 이루는 아미노산들의 *R*기 사이 상호작용에 의해 유지된다. 이러한 상호작용으로는 *R*기 사이에서 이온결합과 수소결합, 심지어 공유결합도 가능하다. 또한 소수성 *R*기가 물과 접촉하지 않기 위해 함께 모이면 곁사슬이 더욱 밀집될 수 있다.

단백질의 기능은 3차구조에 의해 결정되며, 이러한 구조는 pH와 온도 등의 환경조건에 의해 영향을 받는다. 산과 염기는 *R*기 사이의 상호작용을 교란하여 단백질 구조에 영향을 준다. 마찬가지로 온도가 높아지면 효소가 형태를 잃게 된다. 예를 들어, 달걀을 프라이하면 3차구조가 변형되어 알부민 단백질이 고형으로 되고 색이 변한다. 즉, 단백질이 **변성(denatured)**되어 그 기능을 잃는다.

연관

파마(perm)와 릴랙서(relaxer)는 어떤 방식으로 머리카락에 작용하는 것일까?

(역주: perm은 머리카락을 말아 곱슬거리게 하고, relaxer는 이것을 풀어내는 약품이다.)

단백질로 이루어진 머리카락은 화학적으로 곱슬거리게 하거나 곧게 펴지도록 할 수 있다. 파마는 아미노산 사이에서 이황화결합을 이루는 기능기 사이의 결합을 끊은 후 다시 형성하도록 하는 물질을 함유하고 있어서 나선형으로 말리게 한다. 릴랙서는 이황화결합 부위를 끊어서 단백질이 펼쳐지게 한다. 이들의 효과는 모두 영구적이지 않다. 그 이유는 머리카락을 만드는 난백질의 원래 형태를 조절하는 유전자 자체는 변형되지 않기 때문이다.

헤모글로빈과 인슐린 등의 일부 단백질은 2개 이상의 폴리뱁니드 사슬로 구성되어 4차구조(*quaternary structure*)를 이룬다. 이들 단백질을 이루는 폴리펩티드 사슬 각각은 자신의 1차, 2차, 3차구조를 가진다. 각 폴리펩티드 사슬이 어떻게 상호작용을 하는가에 따라 4차구조가 결정된다. 4차구조 역시 단백질의 기능에 영향을 준다. 헤모글로빈은 4차구조가 무너지면 더 이상 산소를 운반하지 못한다.

단백질의 전체 형태는 섬유성 또는 구형으로 분류할 수 있다. 섬유성 단백질(fibrous protein)은 막대 모양의 구조이다. 머리카락, 손톱, 뿔, 파충류의 비늘, 깃털에 있는 섬유성 단백질인 케라틴(*keratin*)에는 나선 부위가 많이 존재한다. 피부, 건,

인대, 연골, 뼈의 형태를 이루는 단백질인 **콜라겐**(*collagen*) 역시 나선 부위가 많으며 막대 모양이다. 이처럼 섬유성 단백질은 대개 구조적 역할을 수행한다. 구형 단백질(globular protein)은 둥글거나 불규칙한 3차원의 3차구조 형태를 보인다. 헤모글로빈과 마찬가지로 효소도 구형 단백질이다.

연관

글루텐은 무슨 역할을 하는가?

글루텐은 밀, 보리, 호밀과 같은 여러 곡물에 포함된 단백질로, 종자 내에서 발생 중인 배아에 영양분을 제공하고 녹말 분자 방출의 조절 기능을 갖는다. 제빵과 요리에서 글루텐은 물과 쉽게 상호작용하여 빵과 같은 식품에 부피를 증가시킨다.

©Pixtal/AGE Fotostock/Dinodia

핵산

DNA(***d****eoxyribo****n****ucleic* ***a****cid*)와 **RNA**(***r****ibo****n****ucleic* ***a****cid*)는 세포에서 발견되는 **핵산(nucleic acid)**이다. 초기 연구자들이 핵산이라고 명명한 것은 이들이 핵 안에서 최초로 발견되었기 때문이다. 핵산은 **뉴클레오티드(nucleotide)**라고 부르는 단량체로 이루어진 중합체이다. DNA와 RNA 모두에서 뉴클레오티드는 인산, 5-탄소당, 질소-함유 염기의 세 부분으로 이루어진다(그림 3.20*a*). 인산은 —PO_4 기능기이다. 당은 DNA에서는 디옥시리보오스이고 RNA에서는 리보오스이며, 여기에서 두 분자의 명칭이 유래하였다. 각 뉴클레오티드의 염기는 아데닌(adenine, A), 구아닌(guanine, G), 시토신(cytosine, C), 티민(thymin, T) 중의 하나이다.

DNA는 세포 내에서 유전정보를 담고 있다. 이 유전정보는 뉴클레오티드 서열에 저장되는데 이를 **유전자(gene)**라고 하며, 이들 유전자가 단백질의 아미노산 서열을 지정한다. 인간게놈프로젝트가 완성됨에 따라 이제 32억 개의 뉴클레오티드로 이루어진 약 19,000개의 사람 유전자가 모두 밝혀졌다. 이 정보를 이용하여 진화과정 탐구나 많은 질병 치료법 개발에 필요한 중요한 통찰력을 얻을 수 있다.

그림 3.20*b*에서 보이는 것과 같이, DNA는 두 가닥이 서로 나선형으로 감긴 이중나선이다. 각 가닥의 골격은 당과 인산의 결합으로 이루어지며, 염기가 안쪽으로 튀어나와 있다. 흥미로운 점은 구아닌(G)은 언제나 시토신(C)과, 아데닌(A)은 언제나 티민(T)과 짝을 이룬다는 것이다. 이러한 짝짓기를 **상보적 염기쌍**(*complementary base pairing*)이라고 한다. 상보적 염기쌍은 두 가닥을 결합시키며, 복제과정에서 DNA가 자신의 복제물을 만들 때 매우 중요하다. DNA 구조에 대해서는 11.1절에서 상세히 다룰 것이다.

RNA는 DNA를 전사하고 번역하는 단백질 합성과정을 돕는 분자이다. RNA는 5-탄당의 종류도 다르고, 티민(T) 대신 우라실(uracil, U)을 이용한다는 점에서 DNA와 차이를 보인다. 또한 DNA는 이중가닥이지만, RNA는 단일가닥이다(그림 3.21). RNA와 DNA의 상호작용은 11.2절에서 다룰 것이다.

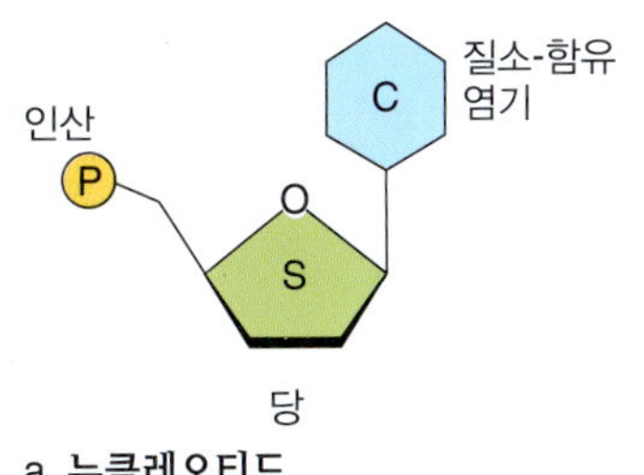

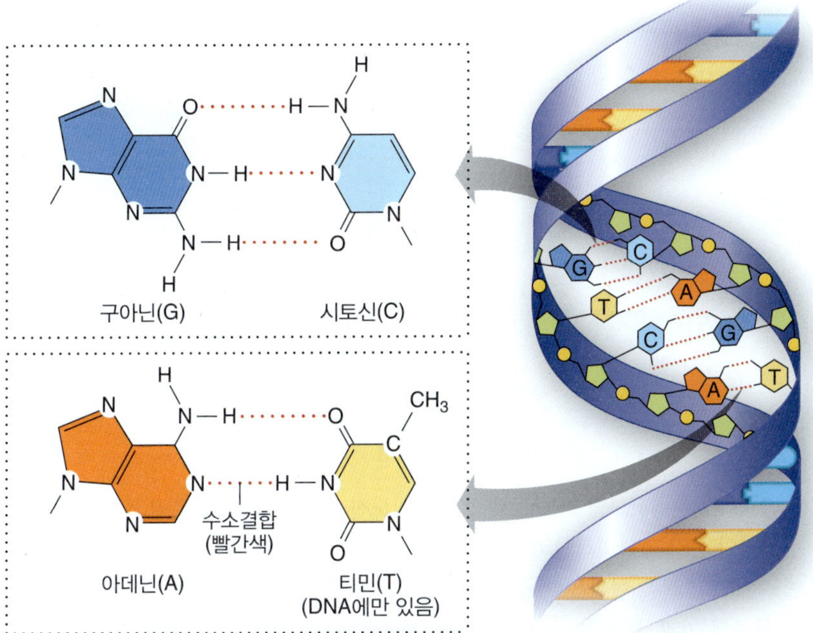

b. DNA의 구조: G와 C, A와 T 사이에서 염기쌍을 이룬다.

그림 3.20 DNA의 구조.
a. 뉴클레오티드의 구조. b. DNA의 구조와 염기.

ATP: 에너지 분자

아데닌 뉴클레오티드에서 파생된 분자는 핵산의 소단위이기도 하지만 대부분의 세포에게 매우 중요한 대사기능을 수행한다. 아데노신(adenosine, 아데닌+리보오스)에 인산기 3개가 추가되면 아데노신3인산(adenosine triphosphate, ATP)이 되고, 세포에서 에너지를 운반하는 역할을 수행한다. ATP에 대해서는 5.2절에서 자세하게 논의한다.

단백질과 핵산의 상관관계

아미노산의 기능기에 따라 단백질의 행동이 결정되고, 폴리펩티드의 아미노산 서열에 따라 단백질의 형태가 결정된다는 사실을 공부하였다. 단백질의 형태에 따라 기능이 결정된다. 세포의 구조와 기능은 그 세포에 있는 단백질의 종류에 따라 결정된다. 생명체도 마찬가지여서, 생명체마다 자신의 단백질 종류에 따라 달라진다. 또한 유전물질인 DNA가 폴리펩티드의 아미노산 서열을 지정한다는 사실을 공부하였다. 생명체마다 유전자가 다르기 때문에 단백질도 다른 것이다.

때로는 한 유전자의 아주 작은 변화에 의해 그 유전자가 지정하는 단백질에 큰 변화가 일어나고, 질병으로 이어지게 된다. 예를 들어, 낫세포 질병에 걸린 사람의 적혈구 세포는 낫 모양인데, 단백질에서 글루타민산(Glu)이 있어야 할 곳에 발린(Val)

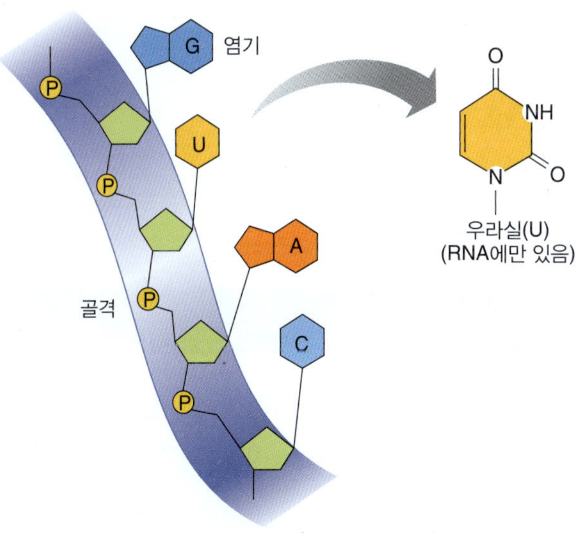

그림 3.21 RNA의 구조.
RNA는 단일가닥 분자로써, DNA의 티민(T) 대신 우라실(U)을 갖는다.

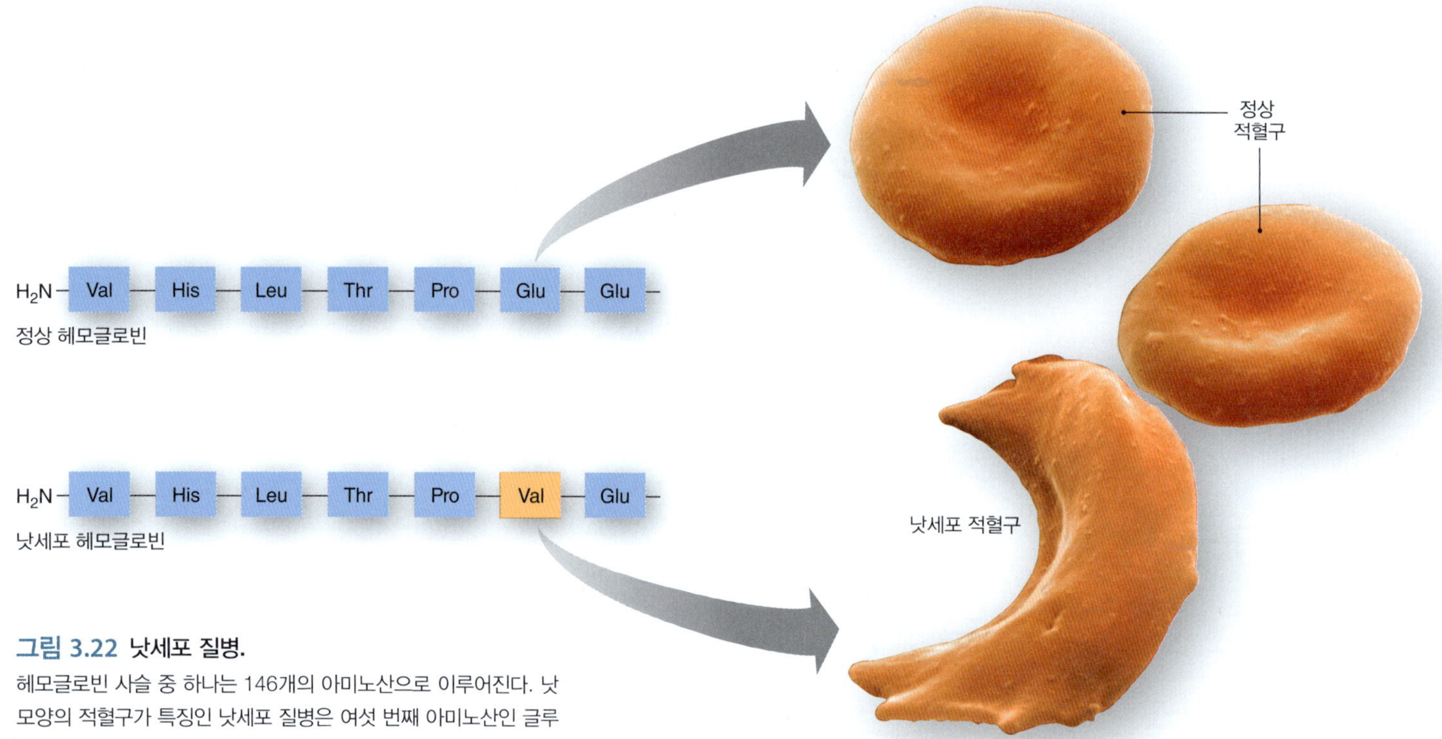

그림 3.22 낫세포 질병.
헤모글로빈 사슬 중 하나는 146개의 아미노산으로 이루어진다. 낫 모양의 적혈구가 특징인 낫세포 질병은 여섯 번째 아미노산인 글루타민산이 발린으로 대체된 결과 나타난다.
(photos): ©Eye of Science/Science Source

개념 연결하기
3.2 탄수화물, 지질, 단백질, 핵산 등의 주요 유기분자는 생명체에게 필수적인 분자이다.

이 있기 때문이다(그림 3.22). 이렇게 아미노산 1개가 대체됨으로써 적혈구 세포가 정상적인 둥글고 탄력적인 형태를 잃고 단단하고 딱딱해진다. 이러한 비정상적인 적혈구 세포가 작은 혈관을 통과할 때에 혈관을 막아 혈액의 흐름이 끊기게 된다. 따라서 통증과 기관 손상, 빈혈이 나타나며, 치료하지 않으면 죽음에 이를 수도 있다. 이 질병의 근본 원인은 무엇일까? 이 질병은 헤모글로빈 폴리펩티드 중 단 1개의 아미노산이 잘못 지정된 유전정보를 물려받아 나타난 것이다.

진도 점검하기 3.2

1. 탄수화물의 종류를 구분하고, 구조 탄수화물과 에너지 탄수화물의 예를 제시하시오.
2. 지방의 종류를 나열하고 각각의 기능을 설명하시오.
3. 체내에서 단백질의 역할을 요약하시오.
4. 단백질의 구조 수준에 대해 설명하시오.
5. 핵산의 구조가 다른 생물학적 분자와 비교하여 어떻게 다른지 설명하시오.

요 약 SUMMARIZE

탄수화물, 지질, 단백질, 그리고 핵산과 같은 주요 유기분자는 생명체의 필수 요소이다.

3.1 탄소와 수소가 생명체 유기분자의 기초를 이룬다.

3.2 탄수화물, 지질, 단백질, 핵산 등의 주요 유기분자는 생명체에게 필수적인 분자이다.

3.1 유기분자

탄소와 수소를 반드시 가지고 있어야 **유기(organic)**분자가 된다. 탄소의 화학적 성질로 인해 유기분자의 다양성이 나타난다. 기능기의 종류에 따라서 유기분자의 화학적 성질이 결정된다. 일부 기능기는 비극성(**소수성, hydrophobic**)이며, 일부는 극성(**친수성, hydrophilic**)이다. 원자 조성은 비슷하지만 구조가 다른 분자를 이성질체(isomer)라고 한다. 세포 내 존재하는 유기분자를 **생물학적 분자(biological molecule)**라고 한다.

이성체(isomer)들은 같은 분자식을 가지고 있지만 분자의 치환기에 대한 배치 차이로 인해 구조가 다른 분자들이다.

3.2 세포의 생물학적 분자

생물학적 분자(biological molecules)는 **탈수합성반응(dehydration synthesis reaction)**에 의해 합성되고 **가수분해반응(hydrolysis reaction)**에 의해 분해된다. 생명체는 탄수화물, 지질, 단백질, 핵산 등 네 종류의 분자로 이루어진다. 다당류, 단백질, 핵산은 특정한 **단량체(monomer)**가 긴 사슬을 이룬 **중합체(polymer)**이다. 지질은 다양하며 특정한 단량체가 없다. 이들 분자의 특성을 **표 3.1**에 요약하였다.

탄수화물

탄수화물(carbohydrate)은 주로 에너지 분자로 이용되며, 일부 구조적 특성을 가진 것도 있다. **포도당(glucose)**은 혈당으로 작용하거나 녹말, 글리코겐, 셀룰로오스의 단량체인 **단당류(monosaccharides)**이다. 이성질체로 과당과 갈락토오스가 있다. **리보오스(ribose)**와 **디옥시리보오스(deoxyribose)**는 핵산에 있는 단당류이다.

수크로오스는 **이당류(disaccharides)**이며, 설탕(포도당+과당)이라고도 한다. 말토오스와 젖당도 이당류이다.

다당류(polysaccharides)는 모두 포도당 중합체이며, 식물에서 에너지를 저장하는 **녹말(starch)**, 동물에서 에너지를 저장하는 **글리코겐(glycogen)**, 그리고 식물의 세포벽 구조를 이루는 **셀룰로오스(cellulose)**가 있다. **키틴(chitin)**은 아미노기를 지닌 다당류이다.

지질

지질(lipid)은 흔히 장기 에너지 저장 분자로 이용되는 소수성 분자이다. **지방(fat)**과 **기름(oil)**은 **글리세롤(glycerol)**과 **지방산(fatty acid)**으로 이루어지며, **트리글리세리드(triglyceride)**라고 부른다. 이중결합이 없는 **포화지방산(satuated fatty acid)**으로 구성된 트리글리세리드는 고체이며, 지방이라고 한다. 이중결합이 있는 **불포화지방산(unsaturated fatty acid)**으로 구성된 트리글리세리드는 액체이며, 기름이라고 한다. **트랜스지방(trans fat)**은 지방산 내의 독특한 화학결합을 갖는 불포화지방이다.

인지질(phospholipid)은 트리글리세리드와 같은 구조를 가지고 있지만, 지방산 하나가 인산기를 포함한 그룹으로 바뀌어 있다. 인지질은 원형질막을 비롯한 세포의 막을 이룬다.

스테로이드(steroid)는 융합된 탄화수소 고리 4개로 이루어진 독특한 구조를 지닌 지질이다. **콜레스테롤(cholesterol)**은 스테로이드의 하나이며, 원형질막의 구성성분이다. 성호르몬인 테스토스테론과 에스트로겐도 스테로이드이다.

단백질

단백질(protein)은 **아미노산(amino acid)** 중합체이다. **펩티드(peptide)**는 2개의 아미노산이 **펩티드결합(peptide bond)**을 통해 연결되어 형성된 것이다. **폴리펩티드(polypeptide)**는 많은 아미노산으로 이루어진다. 단백질의 기능은 화학반응을 촉진하는 **효소(enzyme)** 작용 등 매우 다양하다.

표 3.1 생물학적 분자

유기분자	예	단량체	기능
탄수화물	단당류, 이당류, 다당류	포도당 (CH_2OH, O, H, OH, HO)	즉시 에너지 또는 저장 에너지; 구조 분자
지질	지방, 기름, 인지질, 스테로이드	글리세롤, 지방산	장기 에너지 저장; 막 성분
단백질	구조, 효소, 운반, 호르몬, 수축	아미노산 (아미노기, 카르복실기, R기)	지지, 대사, 수송, 조절, 운동
핵산	DNA, RNA	뉴클레오티드 (인산 P, 염기 C, 당 S)	유전정보 저장; 저장된 유전 정보를 단백질 형태로 처리

단백질의 구조는 몇 단계의 수준으로 나눌 수 있다. 이러한 구조를 잃으면 **변성(denaturation)**되었다고 한다. 구조의 수준은 다음과 같다.

- 1차구조는 아미노산의 서열이다.
- 2차구조는 나선구조 또는 병풍구조이다.
- 3차구조는 2차구조가 구부러지거나 비틀어져서 형성된다.
- 4차구조는 2개 이상의 폴리펩티드가 하나의 단백질을 구성한 것이다.

핵산

세포와 생명체는 가지고 있는 단백질로 인해 서로 달라지는데, 이들 단백질에 대한 정보는 핵산으로 이루어진 유전자에 저장되어 있다. **핵산(nucleic acid)**은 **뉴클레오티드(nucleotide)** 중합체이다.

DNA(deoxyribonucleic acid)는 디옥시리보오스 당을 가지며, 유전자를 이루는 핵산이다. DNA는 이중가닥이며, 이중나선 형태이다. 두 가닥이 상보적 염기쌍으로 연결되어 있다. 아데닌(A)은 티민(T)과, 구아닌(G)은 시토신(C)과 짝을 이룬다. DNA에서 정보는 **유전자(gene)**로 불리는 뉴클레오티드 순서로 포함되어 있다.

RNA(ribonucleic acid)는 단백질 합성과정에서 DNA를 돕는다. 당은 리보오스이며, 티민(T) 대신 우라실(U)을 이용한다. RNA는 단일가닥이며,

따라서 이중나선을 이루지 않는다. 표 3.2는 DNA와 RNA의 구조를 비교한 것이다. 뉴클레오티드의 하나인 ATP는 대부분의 세포에서 에너지 운반자로도 쓰인다.

표 3.2 DNA와 RNA의 구조 비교

	DNA	RNA
당	디옥시리보오스	리보오스
염기	아데닌, 구아닌, 시토신, 티민	아데닌, 구아닌, 시토신, 우라실
가닥	염기쌍을 이룬 이중가닥	단일가닥
나선구조	있음	없음

평가 ASSESS

혼자 풀어보기

가장 적절한 답을 고르시오

3.1 유기분자

1. 다음 중 유기분자인 것은?
   a. CO_2 b. H_2O
   c. $C_6H_{12}O_6$ d. O_2

2. 탄소 사슬에서 달라질 수 있는 것은?
   a. 길이 b. 이중결합의 수효
   c. 가지를 치는 형태 d. 모두 옳음

3. 카르복실기를 가진 유기분자는
   a. 비극성이다. b. 산성이다.
   c. 염기성이다. d. 옳은 답이 없다.

4. 생물학적 분자의 화학반응성을 결정하는 것은?
   a. 이성질체 b. 기능기
   c. 탄소 원자의 수효 d. 탄화수소 사슬의 길이

3.2 세포의 생물학적 분자

5. 단백질에 대한 아미노산의 관계는 핵산에 대한 ________의 관계와 같다.
   a. 뉴클레오티드 b. 지방산
   c. 단당류 d. 트리글리세리드

6. 생체분자는 __________가/이 ___________반응에 의해 연결되어 형성된 중합체이다.
   a. 단량체, 탈수합성 b. 다량체, 탈수합성
   c. 단위체, 환원 d. 단량체, 가수분해

7. 다음 중 단당류인 것은?
   a. 포도당 b. 셀룰로오스
   c. 젖당 d. 수크로오스

[8~15] 보기에서 옳은 것을 고르시오.

보기:
a. 탄수화물 b. 지질
c. 단백질 d. 핵산

8. 식물 세포벽의 주성분인 셀룰로오스
9. 머리카락과 손톱, 뿔, 깃털에 있는 케라틴
10. 콜레스테롤과 성호르몬 등의 스테로이드
11. 뉴클레오티드로 구성됨
12. 탄화수소 사슬로 인해 물에 녹지 않음
13. 때로는 상보적 염기쌍을 이루기도 함
14. 병풍구조와 나선구조를 형성하기도 함
15. 탄소원자 6개로 이루어진 고리에 수산기가 결합해 있는 형태일 수도 있음

16. 트리글리세리드의 구성으로 옳은 것은?
   a. 글리세롤과 지방산 3개 b. 글리세롤과 지방산 2개
   c. 단백질과 지방산 3개 d. 지방산 1개와 당 3개

17. 단백질의 3차원 구조는 ________ 사이의 결합으로 인하여 다양하게 된다.
   a. 아미노기 b. 이온기
   c. *R*기 d. 수소 원자

18. 식물 세포벽에 있는 다당류는?
   a. 포도당 b. 녹말
   c. 말토오스 d. 셀룰로오스

관계맺기 ENGAGE

과학적으로 생각하기

1. 우리는 종종 의사들이 콜레스테롤의 형태를 "좋은 것"과 "나쁜 것"으로 언급하는 것을 듣곤 한다. 그러나 실제로는 콜레스테롤의 형태는 하나뿐이다. 왜 이렇게 언급하는 것일까? 어떤 유기분자도 "좋다" 또는 "나쁘다"으로 설명하는 것이 정확하지 않은 이유는 무엇일까?
2. 효소 구조와 기능 간의 관계를 이해하기 위해 연구자들은 종종 하나의 아미노산을 다른 것으로 대체하는 돌연변이를 연구를 한다. 어떤 효소에서 특정 아미노산이 비극성 *R* 그룹을 가진 것으로 대체되면 기능이 유지되지만 극성 *R* 그룹을 가진 것으로 대체되면 기능이 손실되는 이유는 무엇일까?
3. 과학자들은 서로 다른 두 종이 동일한 단백질을 가질 수 있지만, 종 간 관련성이 멀어질수록 아미노산 서열이 더 많이 변하는 것을 관찰했다. 이 관찰을 설명하는 것은 무엇일까? 이것을 연구하는 것이 왜 중요한지에 대해서도 설명하시오.

©Steve Gschmeissner/Science Source

CHAPTER 4

세포의 내부
Inside the Cell

세포의 다양성과 통일성

의학분야에서 새로운 개척지 중 하나는 질병에 의해 손상된 조직을 재생시키기 위해 인간의 줄기세포를 사용하는 것이다. 최근 연구들은 줄기세포를 사용함으로써 황반변성과 같은 시력 장애, 제2형 당뇨병, 그리고 심지어 알츠하이머병과 같은 질환이 치료될 수 있다는 것을 보여주고 있다.

그런데 줄기세포란 무엇일까? 우리 몸의 대부분의 세포가 분화되어 있고 제한된 수의 분열만 가능한 것과는 달리, 줄기세포는 미분화되어 있고 거의 무한정 분열할 가능성이 있다. 줄기세포는 분열하면서 아주 다양한 종류의 세포로 발전할 수 있다. 이는 줄기세포가 분화를 거치기 전 몸의 거의 모든 다른 종류의 세포가 되기 위한 유전정보와 내부 구조를 모두 가지고 있기 때문에 가능한 일이다. 즉, 줄기세포는 자라면서 무엇이 되어야 하는지 잘 모르는 세포이지만, 일단 눈이나 췌장 같은 조직에 넣어두면 주변 세포의 기능을 담당하기 시작한다. 종종 근처에 기능을 하지 못하는 세포를 보완할 수 있고 질병이나 장애를 고치는 데 도움이 되기도 한다.

세포는 생명체의 기본적인 구성단위이다. 생물의 다양성은 놀랍기도 하지만 모든 생물의 세포는 많은 유사점을 공유한다. 이 장에서는 세포의 진화론적인 두 부류를 중심으로 살펴보고 세포가 어떻게 비슷하거나 다른지 살펴볼 것이다. 이러한 세포구조의 개요는 어떻게 당신과 같은 생명체가 기능하는지 이해하는 데 도움이 될 것이다.

이 장을 공부하는 동안 다음 질문에 대해 생각해보자.

1. 진핵세포와 예를 들어 박테리아 같은 원핵세포의 차이점은 무엇인가?
2. 진핵세포에서 구획화의 목적은 무엇인가?

개요

시작하기 전에

이 장을 시작하기 전에 다음의 내용을 다시 살펴보자.

1.1절 생명의 기본 특징은 무엇인가?

2.2절 물의 어떤 특성이 생명을 유지하게 하는가?

3.2절 살아 있는 유기체에서 탄수화물, 지방, 단백질 및 핵산의 기본 역할은 무엇인가?

4.1 현미경으로 본 세포

학습 목표

이 절을 학습한 후에는 다음 과제를 수행할 수 있어야 한다.

1. 대부분의 세포를 보려면 현미경이 필요한 이유를 설명하기.
2. 세포의 표면적 대 부피 비율과 크기 사이의 관계를 간단히 설명하기.

세포(cell)는 생명의 기본 단위이다. 사실, 모든 생명은 세포로 이뤄져 있다. 그러나 세포는 모양과 기능에서 매우 다양하다. 우리 몸은 몇백 가지 종류의 세포로 구성되어 있고, 각 종류마다 수십억 개씩 존재한다. 예를 들어, 정보를 전달하는 신경세포, 움직임을 가능하게 하는 근육세포, 소화 시스템에서 영양소의 움직임을 조절하는 세포, 그리고 몸의 형태를 제공하는 뼈세포 등이 있다. 우리는 이들 각각의 구조가 특정한 기능을 수행하기 위해 특수화되어 있다는 것을 볼 것이다.

세포는 복잡하지만, 매우 작기 때문에 대부분의 경우 현미경으로 볼 필요가 있다(그림 4.1). 17세기에 발명된 광학 현미경은 세포를 볼 수 있게 해 주지만, 그들의 복잡성을 제대로 보여주지는 못한

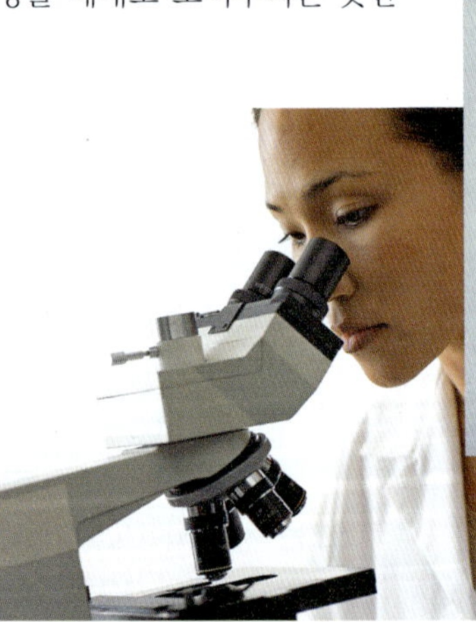

광학 현미경으로 본 유글레나(*Euglena*) 470×

광학 현미경으로 관찰하는 과학자

투과 전자 현미경으로 본 많은 세포소기관들

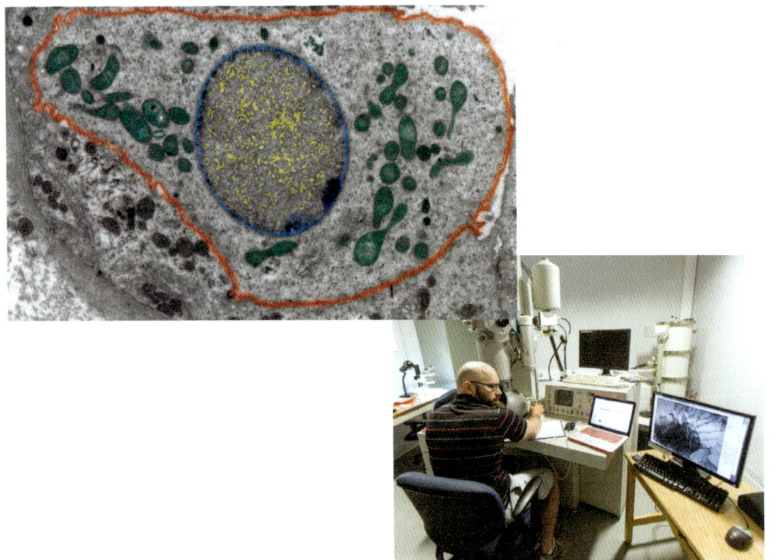

전자 현미경으로 관찰하는 과학자

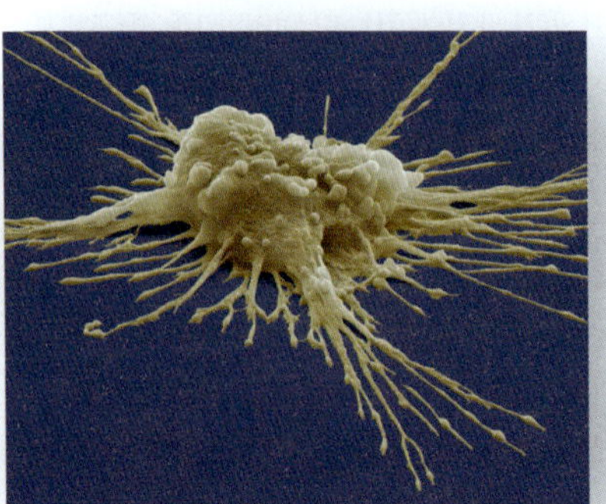

주사 전자 현미경으로 본 줄기세포 4,000×

그림 4.1 현미경을 이용한 세포 관찰하기.
과학자들은 세포를 보기 위해 광학 현미경(light microscope, LM), 투과 전자 현미경(transmission electron microscope, TEM), 주사 전자 현미경(scanning electron microscope, SEM)을 포함한 여러 종류의 현미경을 사용한다. 광학 현미경과 투과 전자 현미경은 세포의 내부를 드러내는 반면, 주사 전자 현미경은 3차원의 표면 특징을 보여준다.

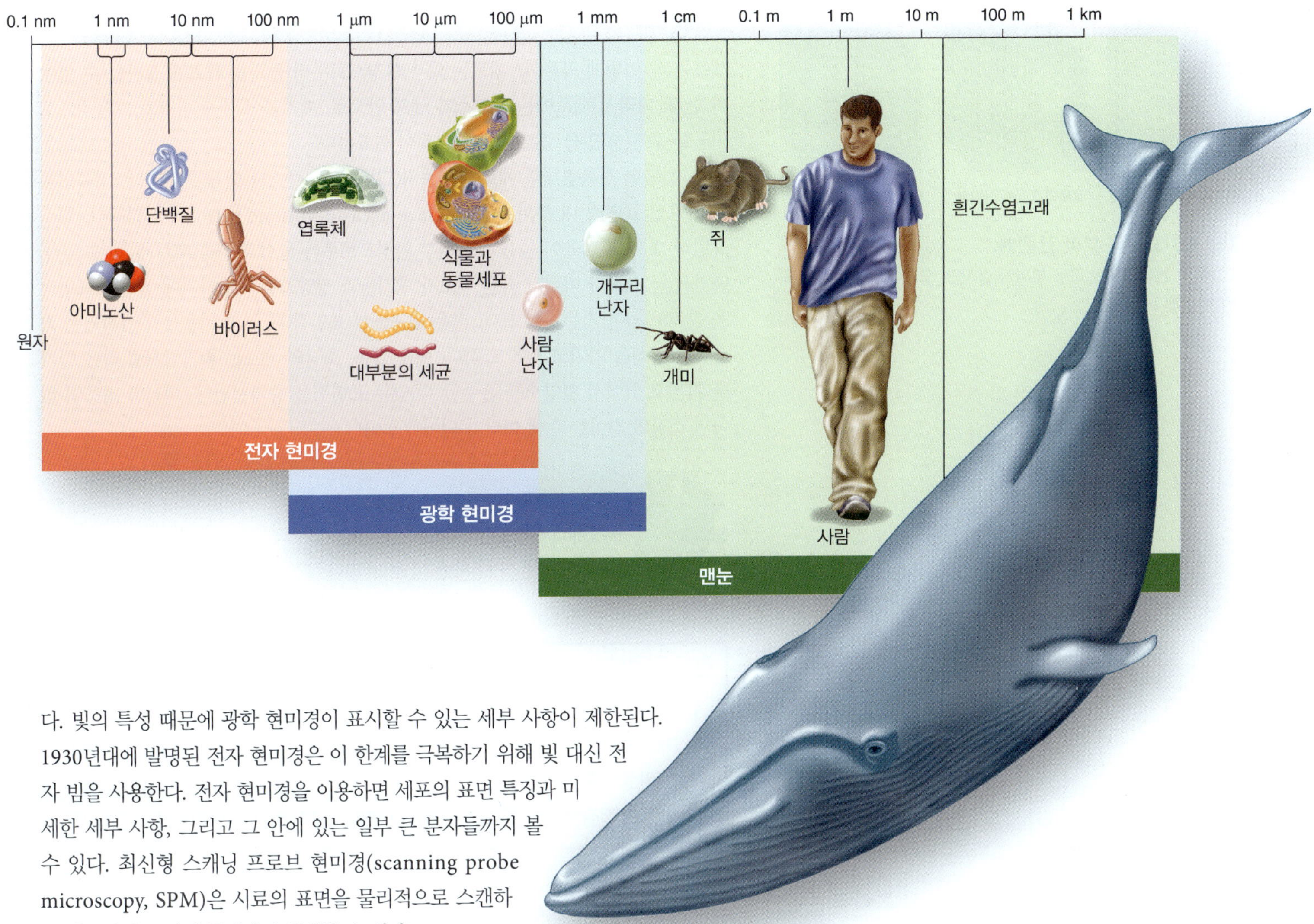

다. 빛의 특성 때문에 광학 현미경이 표시할 수 있는 세부 사항이 제한된다. 1930년대에 발명된 전자 현미경은 이 한계를 극복하기 위해 빛 대신 전자 빔을 사용한다. 전자 현미경을 이용하면 세포의 표면 특징과 미세한 세부 사항, 그리고 그 안에 있는 일부 큰 분자들까지 볼 수 있다. 최신형 스캐닝 프로브 현미경(scanning probe microscopy, SPM)은 시료의 표면을 물리적으로 스캔하고 나노미터 크기의 물체까지 구별할 수 있다!

그림 4.2는 전자 현미경, 광학 현미경, 육안으로 볼 수 있는 물체의 크기를 비교한 것이다.

그림 4.2 일부 생명체들과 그 구성요소의 상대적 크기. 이 도표는 전자 현미경, 광학 현미경 및 육안에 따라 볼 수 있는 생물체, 세포 및 그 구성요소의 상대적 크기를 보여준다. 이 크기들은 미터 단위로 표현되었으며, 각 단위 차는 10배이다. 자세한 미터 단위에 관한 설명은 부록 A를 참조하라.

연관

알려진 가장 큰 세포는 무엇인가요?

타조 알은 가장 큰 단일 세포의 예로 자주 사용되지만, 실제 기록을 가진 것은 지구상 가장 인상적인 동물 두 종류인 대왕오징어(*Architeuthis dux*)와 거대오징어(*Mesonychoteuthis hamiltoni*)의 신경세포이다. 깊은 바다에 사는 이 문어류의 친척들은 길이가 14미터(46피트) 이상까지 자랄 수 있고 무게가 1톤이나 나간다. 이 오징어의 신경세포는 그 몸 길이 전체에 걸쳐 있어서, 현재 확인된 가장 길고 큰 세포로 여겨진다. 과학자들은 신경계가 어떻게 먼 거리에 걸쳐 정보를 전달하는지를 연구하기 위한 모델로 이 신경세포들을 자주 사용한다.

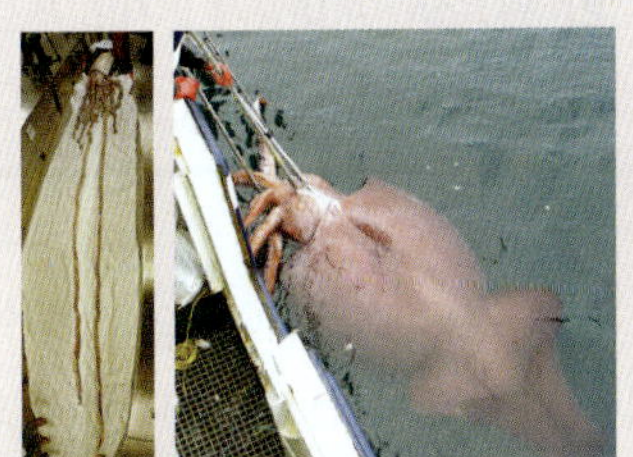

(*Architeuthis dux*): ©The Natural History Museum, London/Science Source; (*Mesonychoteuthis hamiltoni*): ©Ministry of Fisheries via Getty Images

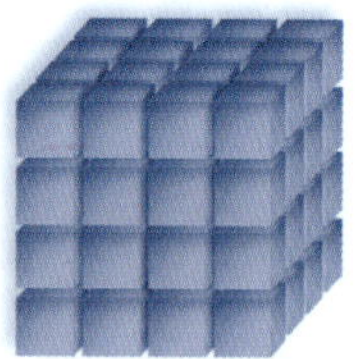

그림 4.3 표면적-부피 간 관계.
세 그룹의 정육면체는 모두 부피가 같지만, 오른쪽 정육면체는 표면적이 4배나 된다.

세포 크기의 한계

세포는 왜 이렇게 작을까? 세포는 외부 환경으로부터 물질을 빠르게 교환할 수 있어야 한다. 따라서 세포에는 영양소가 세포 안으로, 폐기물이 세포 밖으로 효율적으로 이동할 수 있을 만큼 충분히 큰 표면적이 필요하다.

간단한 정육면체를 예로 들어보자(그림 4.3). 큰 정육면체를 더 작은 정육면체로 자르면 **표면적 대 부피 비율(surface-area-to-volume ratio)**이 달라진다. 내부 표면적 대 부피 비율이 높을수록 외부 환경으로부터 물질 교환을 빠르게 할 수 있다. 따라서 큰 세포가 아니라 작은 세포가 폐기물과 영양소를 교환하기에 적절한 표면적을 가지고 있을 가능성이 크다. 많은 세포들이 표면적 대 부피 비율을 증가시키는 적응하는 방식을 가지고 있기도 하다. 예를 들어, 소장의 세포는 손가락처럼 작은 돌기를 가지고 있어서 영양소를 흡수할 수 있는 표면적을 증가시킨다. 이러한 적응이 없다면 소장의 길이는 수백 미터가 되어야 한다!

개념 연결하기
세포의 미세한 크기는 부피에 대한 표면적 비율을 극대화한다.

진도 점검하기 4.1

1. 대개 세포를 보기 위해서는 현미경이 필요한 이유를 설명하시오.
2. 개구리 알, 동물세포, 아미노산, 엽록체, 식물세포 등을 관찰하는 데 필요한 현미경의 종류를 확인하시오.
3. 세포의 적절한 기능을 위해 표면적 대 부피 비율이 커야 하는 이유를 설명하시오.

4.2 원형질막

학습 목표

이 절을 학습한 후에는 다음 과제를 수행할 수 있어야 한다.

1. 세포 원형질막의 주요 구성요소를 인식하기.
2. 원형질막이 어떻게 분자의 세포 내외 통과를 조절하는지 설명하기.
3. 원형질막에 내장된 단백질의 다양한 기능을 설명하기.

모든 세포는 세포 밖과 안의 경계 역할을 하는 **원형질막(plasma membrane)**이 존재한다. 이 막은 분자와 이온이 세포 밖으로 드나드는 것을 조절하는 문지기(gatekeeper)와 같은 역할을 하기 때문에 원형질막의 기능과 온전함은 세포에 있어 매우 중요하다.

원형질막의 구조는 그 기능에 중요한 역할을 한다. 모든 세포에서 원형질막은 그 안에 수많은 단백질이 내장된 인지질 이중층으로 구성된다(그림 4.4). 이 이중층 내에서, 인지질의 극성(친수성) 머리는 두 방향으로 정렬되어 있다. 막의 바깥층에서는 인지질의 머리 부분이 외부 환경을 향하고 있고, 막의 내부층에서는 인지질 분자

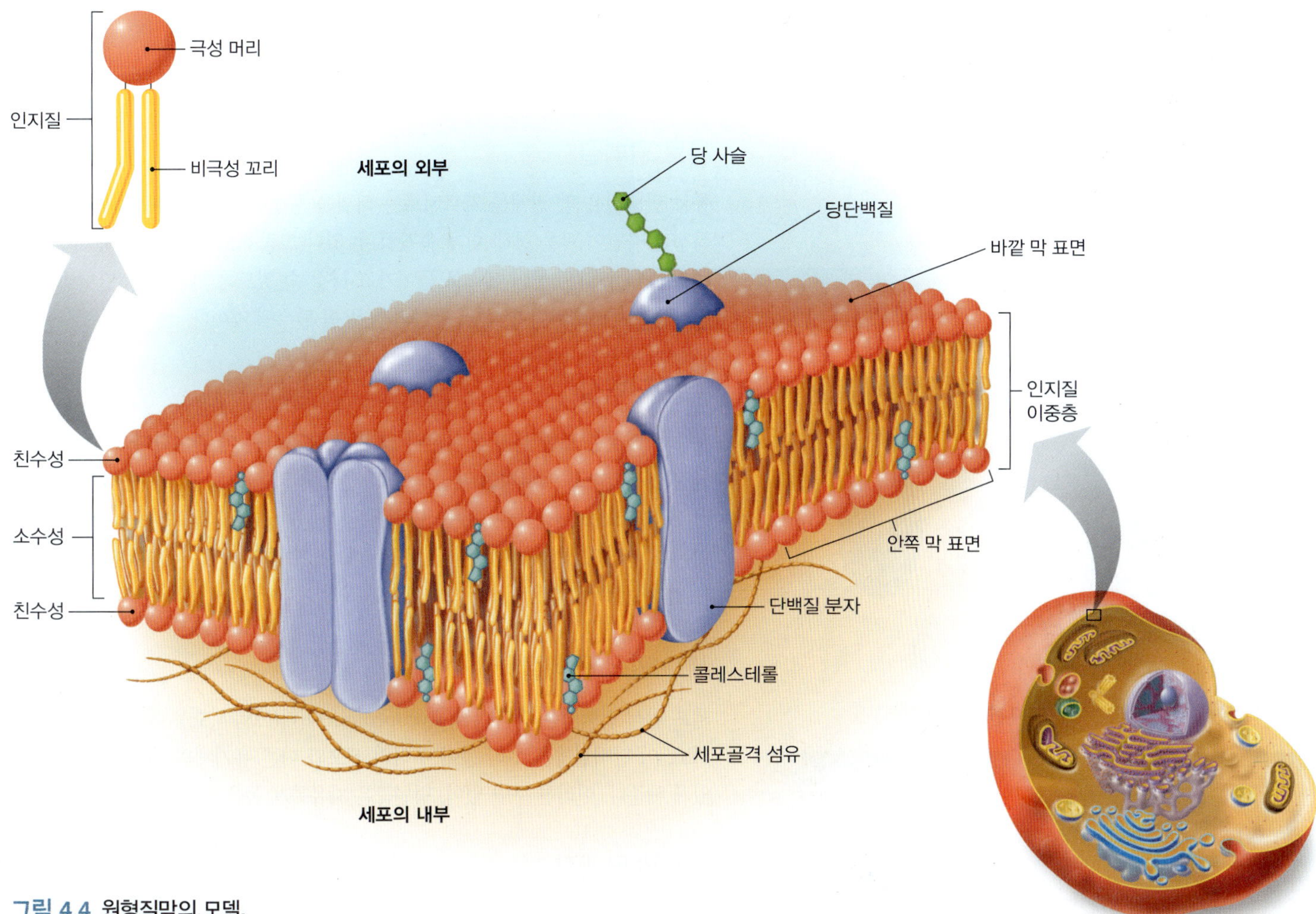

그림 4.4 원형질막의 모델.
원형질막은 인지질 이중층(phospholid bilayer)으로 구성되어 있다. 인지질의 극성 머리(polar head)는 막의 표면에 있고, 비극성 꼬리(nonpolar tail)는 막의 내부를 구성한다. 막에 내장된 단백질은 다양한 기능을 한다(그림 4.5 참조).

의 머리 부분이 세포 내부의 세포질을 향하고 있다. 인지질의 비극성(소수성) 꼬리는 물이 없는 층들 사이의 공간에서, 서로를 향한다. 일부 세포의 원형질막에 존재하는 콜레스테롤 분자는 막을 지지하며 일반적으로 올리브 오일과 유사한 질감을 부여한다.

원형질막의 구조(그림 4.4)는 흔히 유체-모자이크 모델(*fluid-mosaic model*)로 불리는데, 이는 막에 내장된 단백질 분자가 유체 인지질 이중층 내에서 (모자이크) 패턴을 갖기 때문이다. 단백질의 실제 패턴은 세포의 종류에 따라 다르지만, 시간이 지남에 따라 개별 세포의 막 내에서도 달라질 수 있다. 예를 들어, 적혈구의 원형질막은 수십 가지의 다른 종류의 단백질을 포함하고 있으며, 이들은 표면에서 그 위치가 다양하여 모자이크 패턴을 형성할 수 있다.

이들 단백질 중 일부의 외부 표면에는 짧은 당 사슬이 붙어 당단백질(*glycoprotein*)을 형성한다. 당 사슬은 단백질이 특정한 기능을 수행하는 것을 돕는다. 예를 들어, 일부 당단백질은 세포의 특성을 결정하는 데 관여한다. 이들은 종종 체내로 들어오는 질병을 유발하는 물질에 대한 면역 반응에서 중요한 역할을 한다(26.1절 참조).

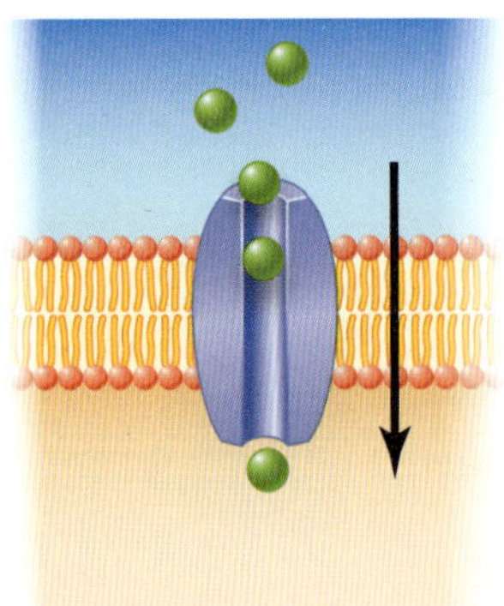

a. 통로 단백질

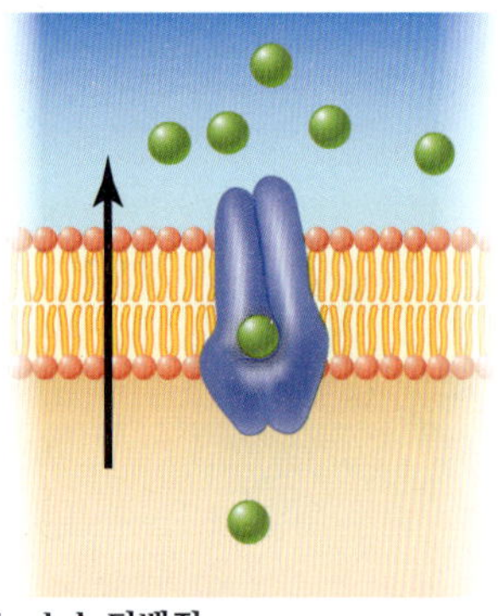

b. 수송 단백질

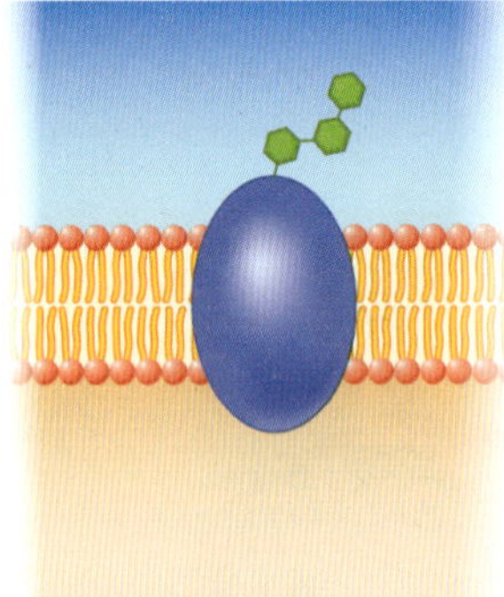

c. 세포 인식 단백질

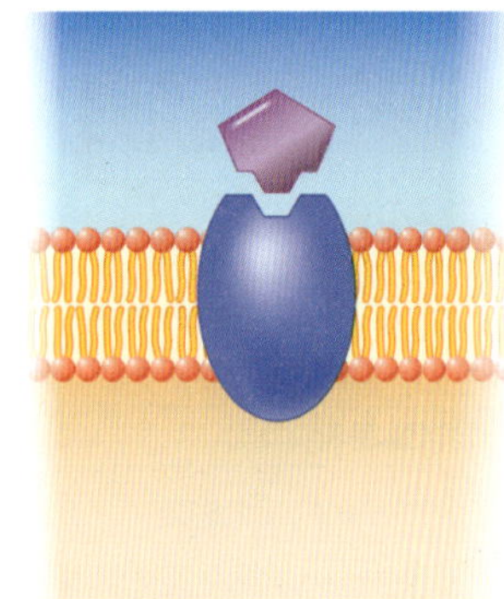

d. 수용체 단백질

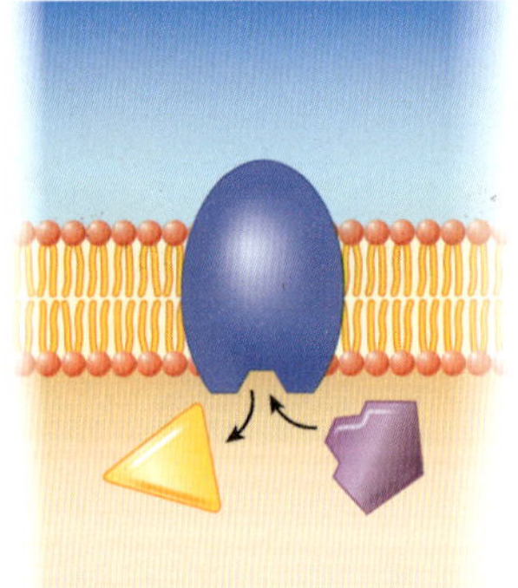

e. 효소 단백질

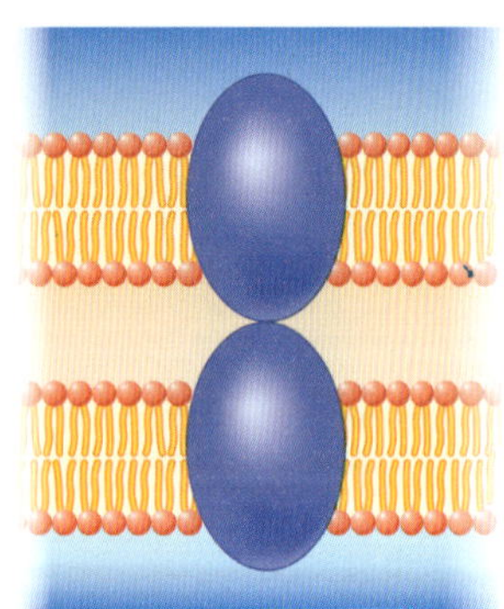

f. 연접 단백질

그림 4.5 막단백질 다양성.
이들 단백질은 각각 세포의 기능을 제공한다.

개념 연결하기

모든 세포는 인지질과 내장된 단백질로 구성된 원형질막을 가지고 있다.

막단백질의 기능

원형질막에 내장된 단백질은 다양한 기능을 가지고 있다.

통로 단백질

통로 단백질은 막 전체를 가로지르는 터널을 형성하여 한 종류 또는 몇 종류의 특정 분자만이 막을 통해 쉽게 움직일 수 있다(그림 4.5*a*). 예를 들어, 아쿠아포린(*aquaporin*)은 물이 세포로 들어가고 나갈 수 있도록 하는 통로 단백질이다. 신장에 아쿠아포린이 없다면, 당신의 몸은 곧 탈수될 것이다.

수송 단백질

수송 단백질은 또한 분자와 이온이 그 막을 통과하는 데 관여한다. 그들은 종종 물질과 결합하고 에너지를 제공받아 그 물질이 막을 가로질러 이동하도록 돕는다(그림 4.5*b*). 예를 들어, 수송 단백질은 소듐(sodium)과 포타슘(potassium) 이온을 신경 세포막을 가로질러 전달한다. 이 수송 단백질이 없다면, 신경 전도는 불가능할 것이다.

세포 인식 단백질

세포 인식 단백질은 당단백질(glycoprotein)이다(그림 4.5*c*). 다른 기능들 중에서도, 이 단백질들은 우리 몸이 우리의 세포와 다른 유기체의 세포를 구별할 수 있게 해준다. 이러한 구별 없이, 병원균은 자유롭게 몸을 침범할 수 있을 것이다.

수용체 단백질

수용체 단백질은 신호 분자(signal molecule)라는 특정 분자가 결합할 수 있는 형태를 가지고 있다(그림 4.5*d*). 신호 분자가 결합하면 수용체 단백질이 그 형태를 바꾸어 세포 반응을 일으킨다. 예를 들면, 호르몬인 인슐린이 간세포에서 수용체 단백질과 결합함으로써 포도당이 저장된다.

효소 단백질

일부 원형질막 단백질은 대사 반응에 직접 참여하는 효소 단백질이다(그림 4.5*e*). 일부 세포의 다양한 막에 부착된 효소가 없다면, 세포는 기능적으로 중요한 분해 및 합성 반응을 결코 수행할 수 없을 것이다.

연접 단백질

단백질은 또한 세포들 사이에 다양한 유형의 연접부를 형성하는 데 관여한다(그림 4.5*f*). 연접부는 세포간 부착 및 소통을 돕는다. 방광에서 부착연접은 방광이 소변으로 부풀어 오를 때, 세포들을 사이 결합을 유지시켜준다.

진도 점검하기 4.2

1. 원형질막의 구조를 구성하는 기본적인 구성요소를 설명하시오.
2. 원형질막이 유체-모자이크 모델로 기술되는 이유를 설명하시오.
3. 막단백질의 종류를 기능별로 구분하시오.

4.3 두 가지 주요 유형의 세포

학습 목표

이 절을 학습한 후에는 다음 과제를 수행할 수 있어야 한다.

1. 모든 세포에 공통적인 특성을 확인하기.
2. 원핵세포와 진핵세포를 구분하기.
3. 원핵세포의 구조를 확인하기.

세포 이론(cell theory)에 따르면 세포는 생명의 기본 단위이며 모든 세포는 기존의 세포에서 유래한다. 생명에 대한 세포의 중요성을 고려하여 과학자들은 모든 세포에 공통적으로 적용되는 몇 가지 주요 특성을 확인할 수 있었다:

- 세포 안팎으로 물질의 이동을 조절하는 인지질로 이루어진 원형질막
- 세포질(*cytoplasm*)이라고 불리는 반액체 내부에서 화학 반응이 일어나는 곳
- 성장과 생식을 포함한 세포 활동에 필요한 정보를 제공하는 유전물질(DNA)

세포는 유전물질의 배열 방식에 따라 크게 두 가지로 나뉜다. **원핵세포(prokaryotic cell**, 그리스어 어원: *pro*, 이전에; *karyon*, 핵)는 막으로 묶여 있는 핵을 가지고 있지 않다. 이들의 DNA는 세포질의 한 영역인 핵양체(*nucleoid*)에 있다. 또 다른 유형의 세포인 **진핵세포(eukaryotic cell)**는 DNA를 담고 있는 핵을 가지고 있다. 4.4절에서는 진핵세포의 구조에 대해 살펴볼 것이다.

원핵세포

약 35억 년 전, 지구상에 처음 등장한 세포는 원핵생물이었다. 오늘날 원핵생물은 고세균 또는 세균 도메인의 일부로 분류된다(표 1.2 참조). 원핵생물의 세포는 일반적으로 진핵생물의 세포보다 크기가 훨씬 작고 구조가 단순하다. 그들의 작은 크기와 단순한 구조 덕분에 매우 빠르고 효과적으로 번식할 수 있으며, 공기 중, 물속, 토양 속, 심지어 여러분 안에도 많은 수가 존재한다. 원핵생물은 매우 성공적인 유기체 그룹이다.

우리가 접촉하는 대부분의 원핵생물은 세균이다. 세균은 결핵(tuberculosis), 인후염(throat infections), 임질(gonorrhea) 등 심각한 질병을 유발하기 때문에 잘 알려져 있다. 우리가 세균을 병원균이라고 생각하는 경우가 많지만, 현실은 세균이 없다면 생물권(biosphere)이 오래 지속되지 않을 것이다. 많은 세균이 죽은 잔해를 분해하여 생태 순환에 기여한다. 또한 세균은 또 다른 방법으로 인간에게 도움을 주고 있는데, 즉 우리가 산업 화학 물실에서 식품 및 의약품에 이르기까지 모든 종류의 제품을 제조하는 데 세균을 사용하는 것이다. 요거트 용기에 담긴 활성 배양균은 우리에게 유익한 세균이다. 당신의 장 안에도 역시 수십억 마리의 세균이 살고 있다! 우리는 스스로 만들 수 없는 비타민의 합성을 포함하여 많은 것을 세균에 의존하고 있다.

세균은 단순한 구조를 가지고 있기 때문에 생명의 기본적인 특성을 연구하는 표본 생물로 자주 활용된다. 예를 들어, 사람의 대장에 서식하는 세균인 대장균(*Escherichia coli*, *E. coli*)을 이용한 실험은 DNA가 어떻게 단백질의 아미노산 서열을 특정하는지에 대한 지식을 크게 발전시켰다. 이러한 정보가 모든 원핵생물과 진핵생물, 심지어 우리 자신에게도 적용된다는 사실은 모든 생물이 공통된 혈통을 가지고 있다는 증거이자 놀라운 생명의 통일성을 보여준다.

> **연관**
>
> **대장균은 장 문제를 일으키지 않는다?**
>
> 우리 몸에 있는 대부분의 대장균은 질병을 일으키지 않을 뿐만 아니라 소량의 비타민 K와 약간의 비타민 B를 제공함으로써 실제로 우리에게 도움을 준다. 이 대장균은 심지어 다른 세균에 의한 감염으로부터 여러분의 장관을 보호한다. 하지만 O157:H7이라고 불리는 대장균의 한 종류는 시가독소(Shiga-toxin)를 분비하여 장에 염증을 일으키고 물을 배출하게하여 설사를 유발한다. 이것은 일반적으로 덜 익힌 고기를 먹을 때 발생한다. 또한 우리에게 흔하고 익숙한 대장균이라도 비뇨기나 생식기에 들어가면 문제를 일으킬 수 있다.

세균의 구조

세균의 **세포질(cytoplasm)**은 원형질막으로 둘러싸여 있다. 대부분의 세균은 세포벽을 가지고 있고, 때로는 캡슐도 가지고 있다(그림 4.6). 앞서 논의한 바와 같이, 원핵

그림 4.6 원핵세포.
이 그림의 구조는 대부분 원핵세포의 특징이다.
(photo): © Sercomi/Science Source

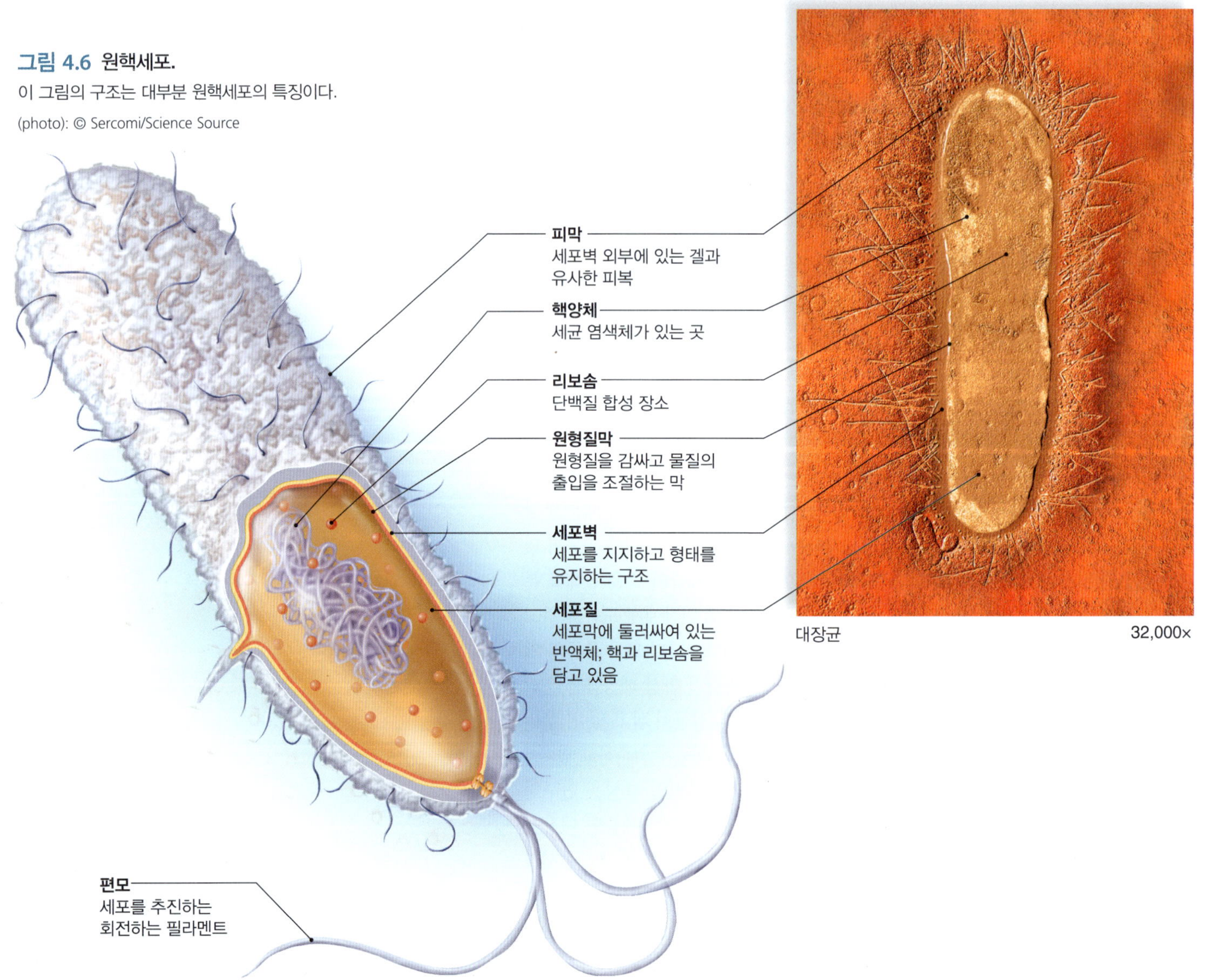

생물과 진핵생물의 원형질막은 비슷한 구조를 가지고 있다(그림 4.2 참조). 세포질이 물을 풍부하게 품고 있더라도, **세포벽(cell wall)**이 있어 세포의 형태를 유지한다. **캡슐(capsule)**은 세포벽의 바깥쪽에 놓여 있는 다당류의 보호막이다. 세포질은 다양한 **효소(enzyme)**들을 포함하고 있다.

세균의 세포질에는 다양한 효소가 들어 있다. 효소는 유기체의 대사에 필요한 여러 종류의 화학 반응을 촉진하는 촉매 역할을 하는 유기 분자이다.

세균의 경우, DNA는 세포 내의 핵심 부위인 **핵영역(nucleoid)**에 위치한 하나의 원형이면서 층으로 감아진 염색체에 위치해 있다. 세균 DNA에 의해 특화되는 많은 단백질은 **리보솜(ribosome)**이라고 불리는 작은 구조에서 합성된다. 세균 세포는 수천 개의 리보솜을 포함하고 있다.

일부 세균은 **편모**(복수, **flagella**; 단수, flagellum)를 가지고 있는데, 편모는 꼬리와 같은 부속물로서 세균이 스스로 전진할 수 있게 한다. 세균의 편모는 채찍처럼 앞뒤로 움직이지 않고, 대신에 회전 운동으로 세포를 움직인다. 편모는 세포의 말단에서만 나타나는 경우도 있고, 표면 위에 무작위로 흩어져 있는 경우도 있다. 17.3절에서 원핵생물 세포의 구조와 다양성, 번식 방법에 대해 자세히 살펴볼 것이다.

진도 점검하기 4.3

1. 모든 셀의 기본 특성을 나열하시오.
2. 원핵세포와 진핵세포의 주요 차이점을 파악하시오.
3. 원핵세포에서 핵양체, 세포벽, 리보솜, 편모의 역할을 설명하시오.

4.4 진핵세포 둘러보기

학습 목표

이 절을 학습한 후에는 다음 과제를 수행할 수 있어야 한다.

1. 진핵세포에서 소기관의 일반적인 기능을 확인하기.
2. 내막 시스템의 구성요소를 설명하고 기능을 나열하기.
3. 엽록체와 미토콘드리아가 세포에서 수행하는 에너지 역할을 확인하기.
4. 세포골격의 특정 구성요소를 세포 내에서의 다양한 역할과 관련시키기.

4.3절에서 언급했듯이, 진핵세포는 원핵세포보다 일반적으로 더 크고 복잡하다. 진핵세포는 또한 고도로 구획되어 있다. 이 구획들은 내부공간을 만들어주는 막에 의해 형성되는데, 이를 통해 생명 기능을 수행하는 데 필요한 일을 분할하게 된다. 일반적으로 **세포소기관(organelle)**이라고 불리는 진핵세포의 구획들은 세포가 더 효율적이고 성공적일 수 있도록 하는 특수한 기능을 함께 수행한다.

진핵세포에 대한 이해를 돕기 위해 동물세포(그림 4.7)와 식물세포(그림 4.8)의 일반적인 예를 들어 설명하겠다.

진핵세포는 서로 연결된 세포소기관으로 생명과정을 수행하고 조절하는 역할을 한다. 예를 들어, 핵은 유전정보를 담고 있는 진핵 염색체 안에 유전물질을 담고 있는 구획이다. 핵은 세포질 안에 있는 리보솜과 내막 시스템의 소기관, 특히 소포체(ER)와 골지기관과 서로 소통한다. 에너지와 관련된 소기관, 즉 식물의 엽록체와 동식물의 세포의 미토콘드리아가 세포 생존에 필요한 에너지를 만드는 일을 주로 담당한다.

특정 분자의 생산은 소기관의 내부 또는 표면에서 이루어진다. 이들 중 다수는 화학 반응을 빠르게 하는 **효소(enzyme)**이다. 이 효소들은 소기관에 특이적인 생성물을 만들지만, 그 작용은 세포 시스템 전체에 도움이 된다. 그런 다음 이 생성물들은 수송 **소포(vesicle)**라고 하는 분자들을 감싸고 세포질로부터 분리된 상태를 유지하게 하는 막낭에 의해 세포 주위로 운반된다. 예를 들어, 소포체는 수송 소포를 수단으로 골지장치와 소통한다.

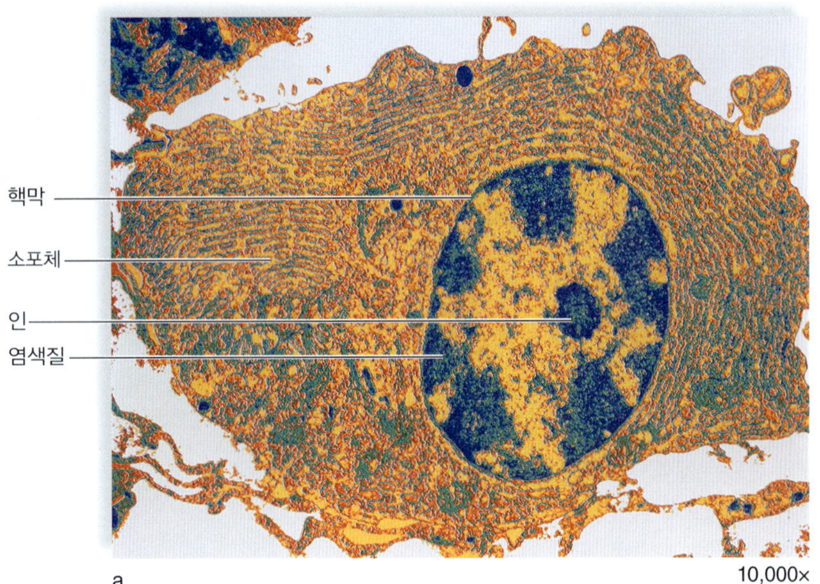

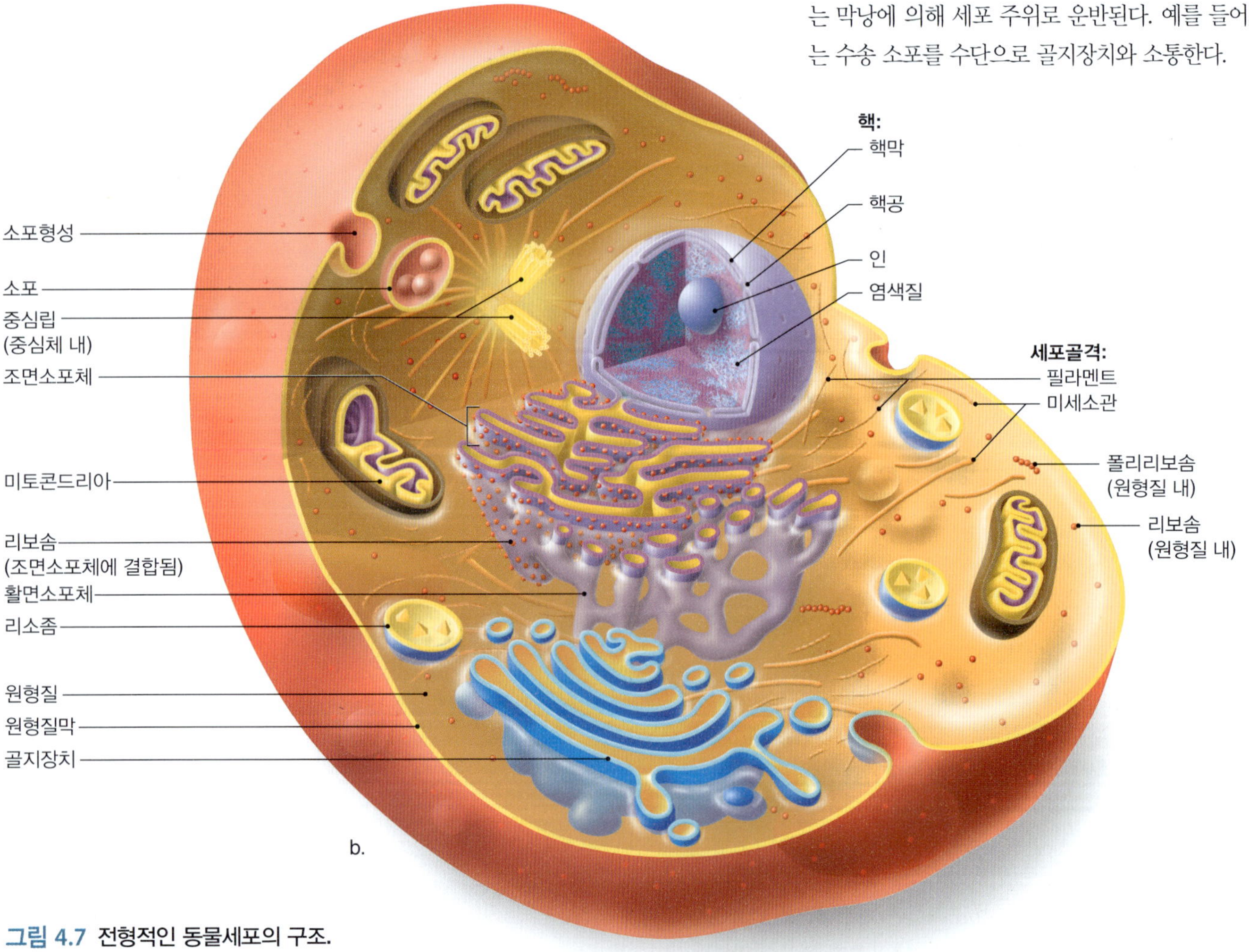

그림 4.7 전형적인 동물세포의 구조.

a. 동물세포의 의색(false-colored) TEM 이미지. **b.** 동일한 세포의 일반화된 도면.

(a): ©Alfred Pasieka/Science Source

소포는 또한 세포 모양을 유지하고 세포 이동을 돕는 세포골격(*cytoskeleton*)이라고 불리는 광범위한 단백질 섬유 네트워크에 의해 이동한다. 이 단백질 섬유들은 소포가 한 소기관에서 다른 소기관으로 이동할 수 있게 한다. 소기관 또한 이 수송 시스템을 사용하여 이곳에서 저곳으로 이동한다. 중요한 화물을 이곳에서 저곳으로 이송하는 세포 내 3차원 도로 시스템 같은 세포골격을 상상해보라.

다음으로, 주요 소기관의 구체적인 기능과 진핵세포의 구조에 대해 알아보자.

핵과 리보솜

핵(nucleus)의 목적은 유전정보를 저장하는 것이다. **리보솜(ribosome)**의 역할은 이러한 정보를 이용하여 세포 구조와 대사 활동에 필요한 효소들과 같은 단백질을 만드는 것이다.

핵

핵은 큰 크기 때문에 진핵세포에서 가장 눈에 띄는 구조다

그림 4.8 **일반적인 식물세포의 구조.**
a. 식물세포의 의색(false-colored) TEM 이미지. **b.** 동일한 세포의 일반화된 도면.
(a): ©Biophoto Associates/Science Source

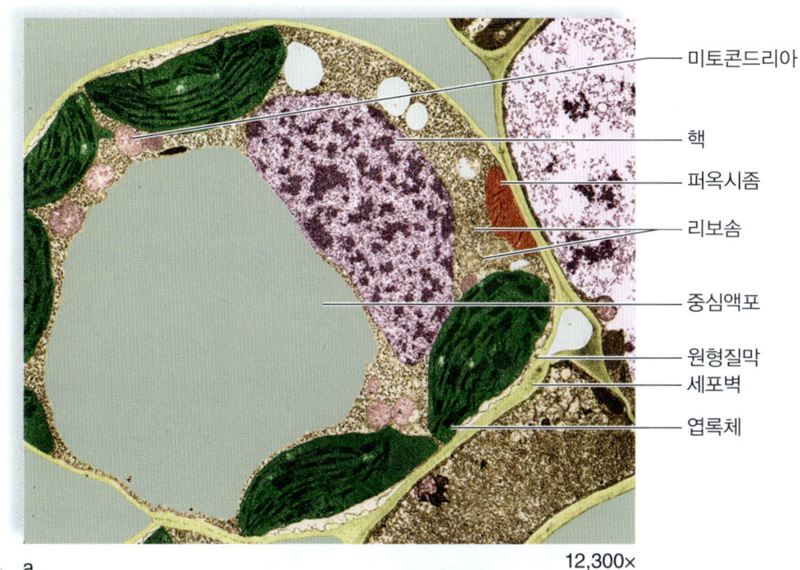

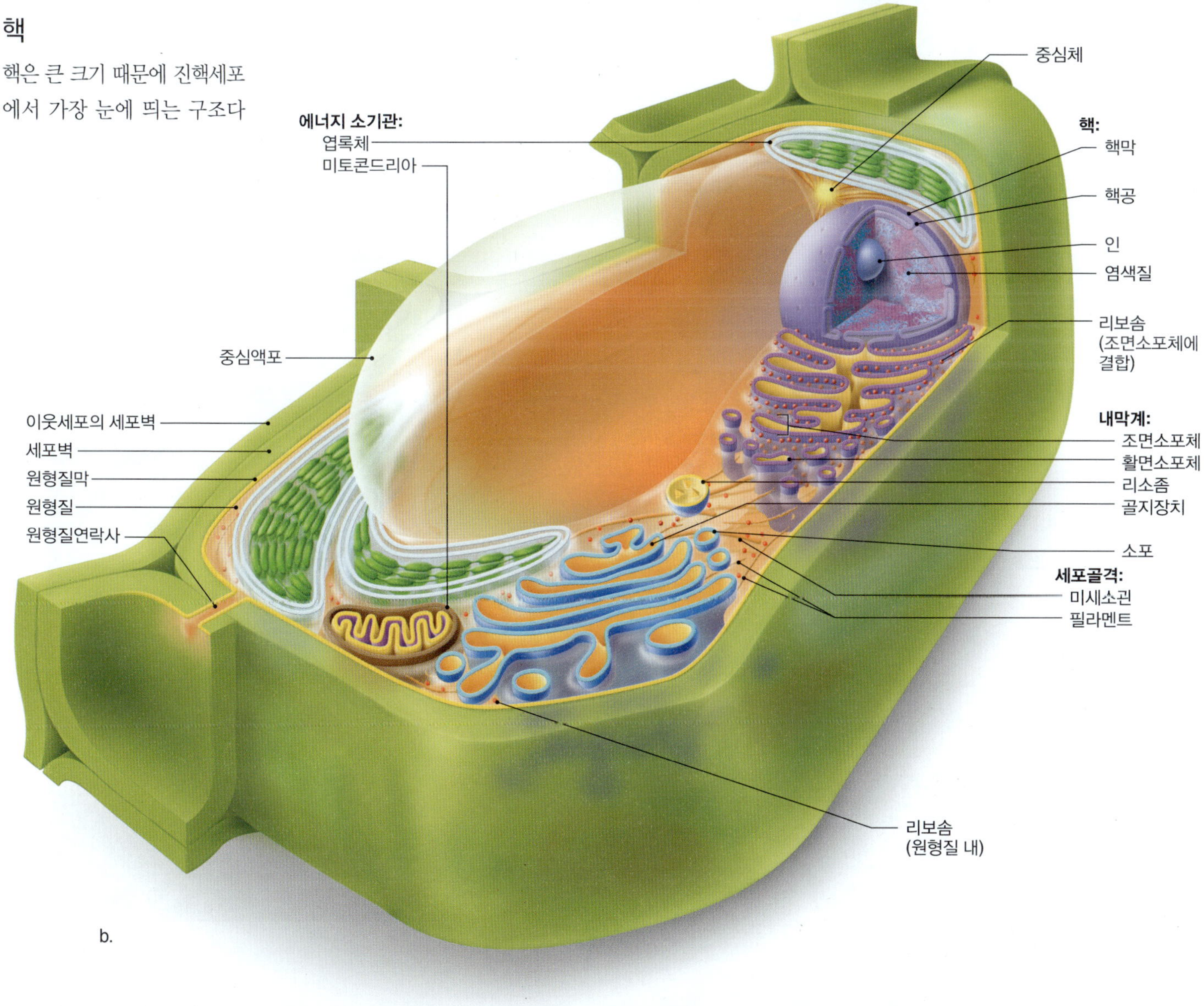

(그림 4.9). 핵은 **염색질(chromatin)**을 함유하고 있다. 염색질은 DNA, 단백질, 미량의 RNA들 간의 네트워크를 담당한다. 염색질은 **뉴클레오플라스마**(*nucleoplasm*)라고 불리는 반액체 기질(semifluid matrix)에서 발견된다. 세포가 분열하기 직전, 염색질은 응결되어 **염색체(chromosome)**라고 불리는 막대 모양의 구조로 감긴다. 유기체 안에 있는 대부분의 세포는 같은 수의 염색체를 가지고 있다. 두 가지 예외로, 보통 염색체 수의 절반만 가지고 있는 동물의 난자와 정자 세포가 그러하다.

염색체 내의 DNA는 **유전자**(*gene*)로 구성되어 있고, 유전자들은 각각 특정한 염기서열을 가지고 있다. 이 뉴클레오티드들은 폴리펩티드(polypeptide)를 암호화할 수도 있고, 때로는 조절 RNA 분자를 암호화할 수도 있다. 지금으로서는 DNA 속의 정보가 처리되어 전령 RNA(mRNA)가 생성된다는 사실을 인지하는 것이 중요하다. 이름 그대로 mRNA는 DNA와 리보솜 사이에서 전령 역할을 하며, 리보솜에서 폴리펩티드 사슬이 생성된다. 어떻게 이러한 정보가 처리되는가에 대해서는 11.2절에서 자세히 살펴보기로 하겠다. 핵의 유전정보에 의하여 만들어지는 단백질은 세포의 구조와 기능을 결정하는 데 중요하기 때문에 핵을 세포의 사령탑으로 생각해 볼 수 있다.

핵 안에는 **핵소체(nucleolus)**라고 불리는 어두운 구조가 있다. 핵소체에서는 rRNA(리보솜 RNA)라고 불리는 RNA의 한 종류가 생산된다. 단백질은 rRNA와 결합하여 리보솜의 소단위를 형성한다. 조립된 리보솜 소단위들은 핵 밖의 세포질로 보내지고 소포체와 결합하여 단백질 합성에서 역할을 감당한다.

핵은 **핵 외피(nuclear envelope)**로 알려진 인지질 이중막에 의해 세포질로부터 분리되어 있다. 핵 외피 곳곳에는 핵과 세포질 간 소통을 가능하게 하는 **핵공**(*nuclear pore*)이

그림 4.9 핵의 구조.
세포의 핵은 DNA와 단백질을 포함하는 염색질을 포함하고 있다. 핵을 둘러싸고 있는 핵 외피는 핵에서 세포질로 물질이 전달될 수 있도록 구멍을 가지고 있다.
(photo): ©Biophoto Associates/Science Source

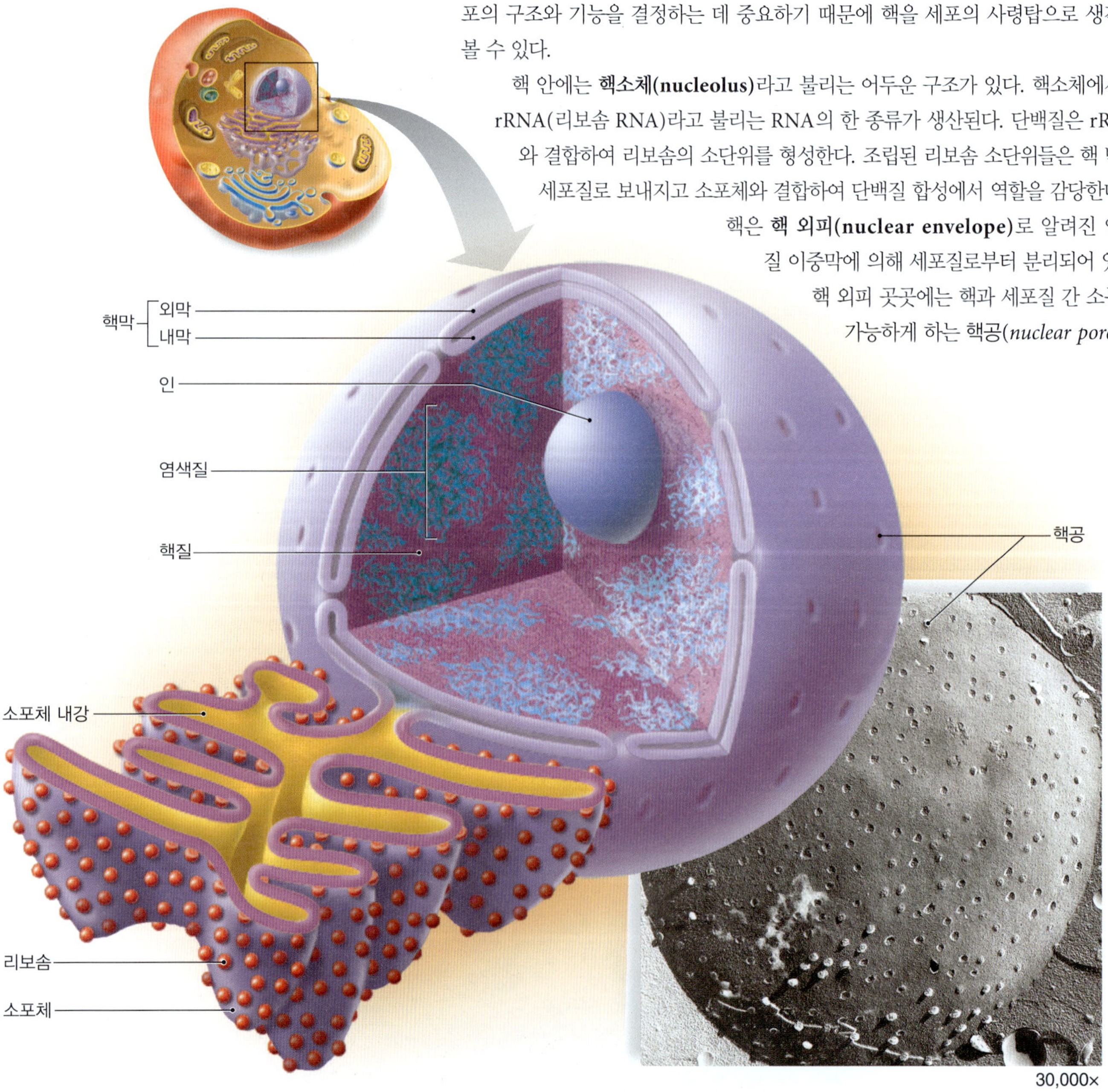

핵막 외막
내막
인
염색질
핵질
핵공
소포체 내강
리보솜
소포체
30,000×

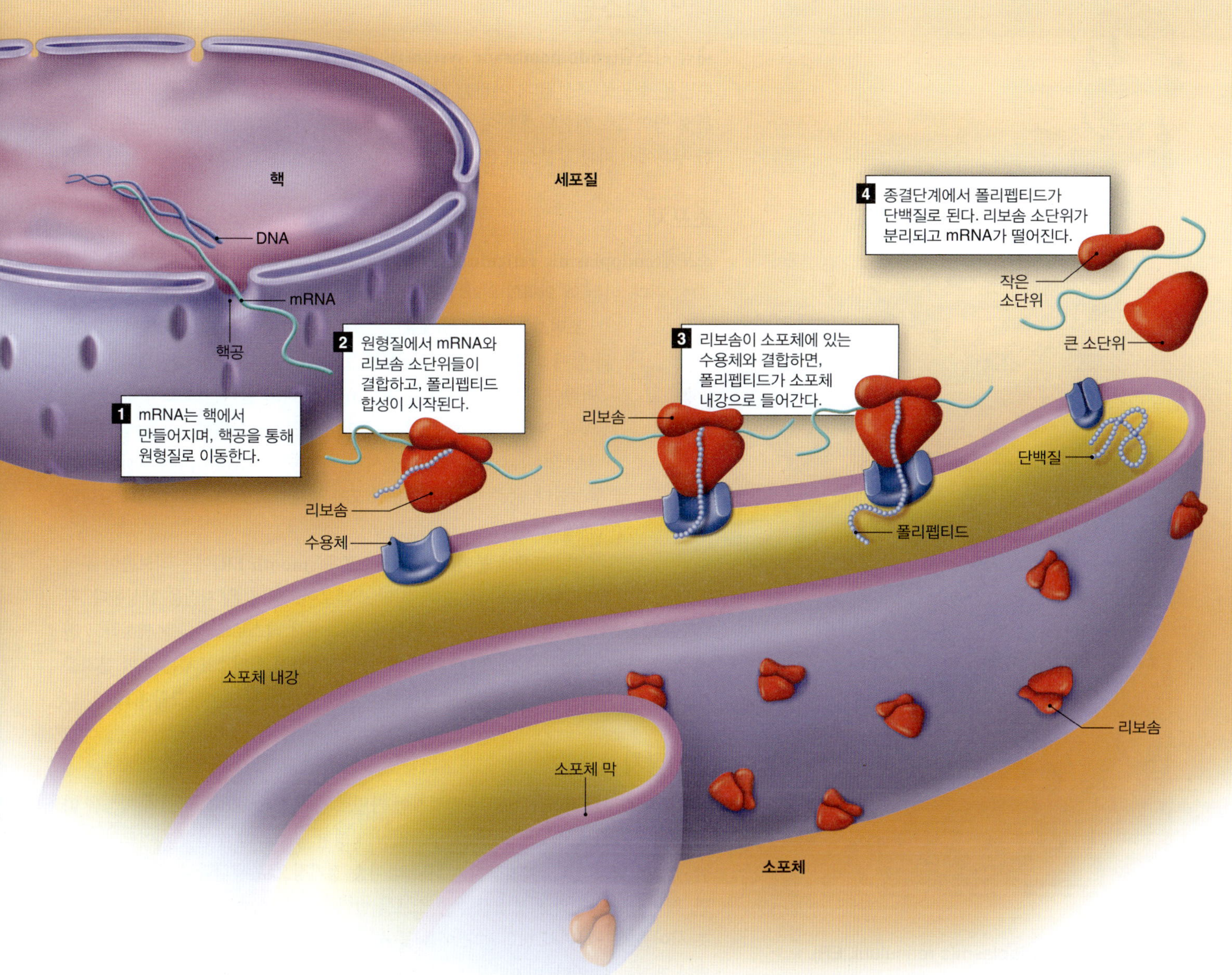

그림 4.10 핵, 리보솜, 소포체(ER). mRNA가 핵을 떠난 후 리보솜에 달라붙어 폴리펩티드 합성이 시작된다. 리보솜이 소포체에서 수용체와 결합하면 폴리펩티드는 수용체 내의 통로를 통해 소포체의 내강으로 들어간다. 소포체 외부에서 리보솜이 부열하면서 mRNA가 방출되고 소포체 내강 안에서 단백질이 모양을 만들어진다.

위치한다(그림 4.9). 핵공은 리보솜 소단위와 RNA분자가 핵을 떠나 세포질로 통과할 수 있을 뿐 아니라, 단백질이 세포질로부터 핵안으로 통과하게 하는 충분한 크기(100 nm)이다.

리보솜

원핵생물에 대한 논의한 바와 같이, 리보솜은 원핵생물과 진핵생물 모두에서 발견된다. 리보솜은 작업대 역할을 하는데, 여기서 핵에서 나온 mRNA 안의 정보가 폴리펩티드 사슬을 합성하는 데 이용된다(11.2절 참조). 리보솜은 하나의 큰 소단위와 하나의 작은 소단위로 구성되어 있다. 각 하위 단위는 단백질의 고유한 혼합물과 rRNA(리보솜 RNA)라 불리는 RNA 형태를 가지고 있다.

진핵세포에서, 일부 리보솜은 세포질 내에서 자유롭게 발생한다. 다른 리보솜은 내막 시스템의 소기관인 소포체(ER)에 부착된다(추후 설명). 리보솜이 소포체에서 수용체에 결합한 후, 합성된 폴리펩티드가 소포체의 내강(내부)으로 들어가 추가로 변형될 수 있으며(그림 4.10), 그후 최종 형태를 취하게 된다.

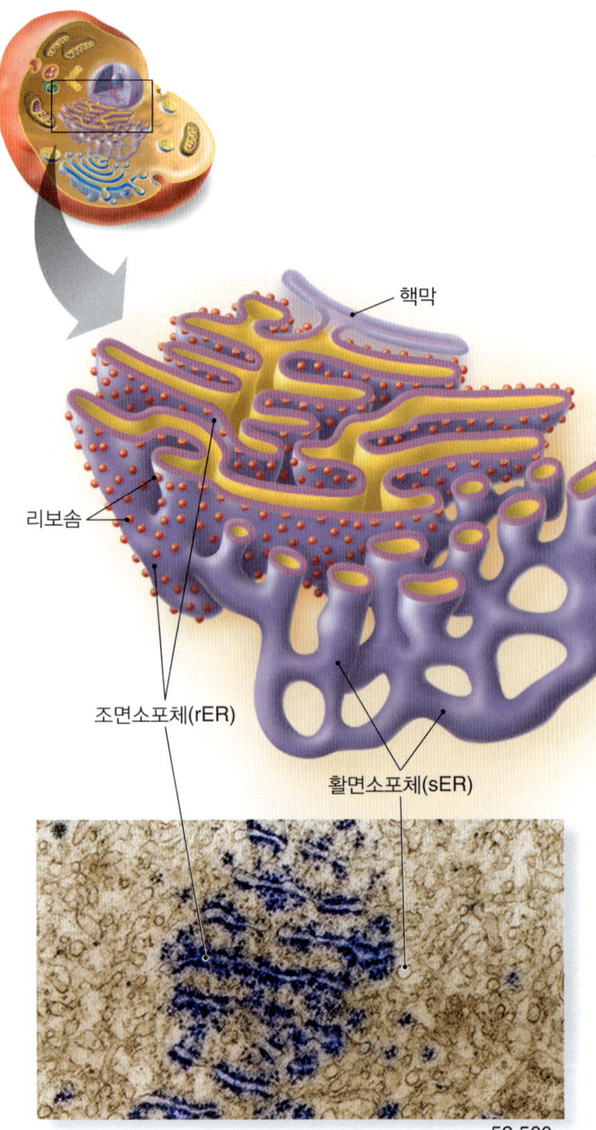

그림 4.11 **소포체(endoplasmic reticulum, ER).**
조면소포체(rough ER)는 표면에 리보솜이 존재하는 평평한 외관을 가지고 있다. 리보솜은 폴리펩티드를 합성하고, 이는 변형을 위해 조면소포체로 들어간다. 활면소포체(smooth ER)는 리보솜이 더 적고 보다 관(튜브)형태로 구조화되어 있다. 지질은 매끄러운 활면 소포체에 의해 합성되며, 이는 다른 기능도 가질 수 있다.

(photo): ©Martin M. Rotker/Science Source

내막 시스템

내막 시스템(endomembrane system)은 핵 외피, 소포체(ER)의 막, 골지장치 및 수많은 소포로 구성된다. 이러한 시스템은 세포를 구획함으로써 특정 효소 반응은 특정 영역으로 제한되게 하여 전체적인 효율을 증가시킨다. 수송 소포는 시스템의 한 부분에서 다른 부분으로 분자들을 운반한다.

소포체

소포체(endoplasmic reticulum, ER)는 막성 통로의 상호연결된 시스템으로 구성된다. 이는 핵 외피의 외막과 물리적으로 연속된다(그림 4.11).

조면소포체(rough ER)는 세포질을 마주하는 막의 측면에 리보솜과 함께 박혀 있어 폴리펩티드를 합성할 수 있다. 또한 폴리펩티드가 단백질이 모양을 만드는 내강(lumen)이라고 불리는 소포체 내 중심의 폐쇄 영역으로 들어간 후 수정이 된다. 조면소포체는 또한 단백질을 세포의 다른 부분으로 이동시키는 수송 소포(transport vesicles)를 형성한다. 종종 이러한 수송 소포는 원형질막 또는 골지장치로 향한다(아래에 설명).

조면소포체에 붙어 있는 **활면소포체(smooth ER)**에는 리보솜이 부착되어 있지 않다. 활면소포체는 인지질 및 스테로이드와 같은 지질을 합성한다. 활면소포체의 기능은 특정 세포에 의존하는데, 고환에서 테스토스테론을 생성하고 간에서 약물의 해독을 돕는다. 어떤 특정 기능과 관계없이 활면소포체는 또한 분자를 세포의 다른 부분, 특히 골지장치로 운반하는 운반 소포를 형성한다(그림 4.12).

골지장치

골지장치(Golgi apparatus)는 발견자인 카밀로 골지(Camillo Golgi)의 이름을 따서 지어진 것으로, 약간 곡선으로 구부러진 평평한 구조물이 쌓인 팬케이크와 비슷한 구성을 하고 있다. 골지장치는 하나의 이송 정거장으로 생각할 수 있다. 먼저 조면, 활면소포체에 의해 보내진 수송 소포를 받아들인다. 소포 내 분자는 골지장치의 층 사이를 이동하면서 변형된다. 예를 들어, 골지의 내강에서, 단백질은 당이 첨가되거나 제거될 수 있다. 마지막으로, 골지장치는 변형된 분자를 분류한 다음, 특정 목적지에 따라 새로운 수송 소포로 포장한다. 밖으로 나가는 수송 소포는 소포체로되돌아오거나 원형질막까지 전진하여 하여 세포의 분비작용 동안 내용물을 방출할 수 있다. 동물세포에서는, 골지를 떠나는 일부 소포체는 리소좀이며, 이는 추후에 더 논의하겠다.

리소좀

리소좀(lysosomes)은 골지장치에서 생산되는 소포체로, 보통 세포 안으로 들어오는 분자를 소화시키지만, 세포 안에서 손상된 소기관을 분해하는 능력도 있다. 때로는 세포 밖에서 분자를 집어삼킨 후 원형질막에 형성된 소포체가 리소좀과 융합한다. 그러면 리소좀 효소는 소포체의 내용물을 소화시킨다. 유전병인 테이삭스병(Tay-Sachs disease)에서는 신경세포에 있는 리소좀에 특정 지질 분자에 대한 효소가 없다. 세포는 저장 지질이 너무 많아져서 기능을 잃고 만다. 모든 사례에서 환자는 보통 어린 시절에 사망한다. 현재 유전자 치료와 같은 의학의 발전을 활용하여 이러한 어린이들에게 부족한 효소를 제공하는 연구가 진행 중이다(13.4절 참조).

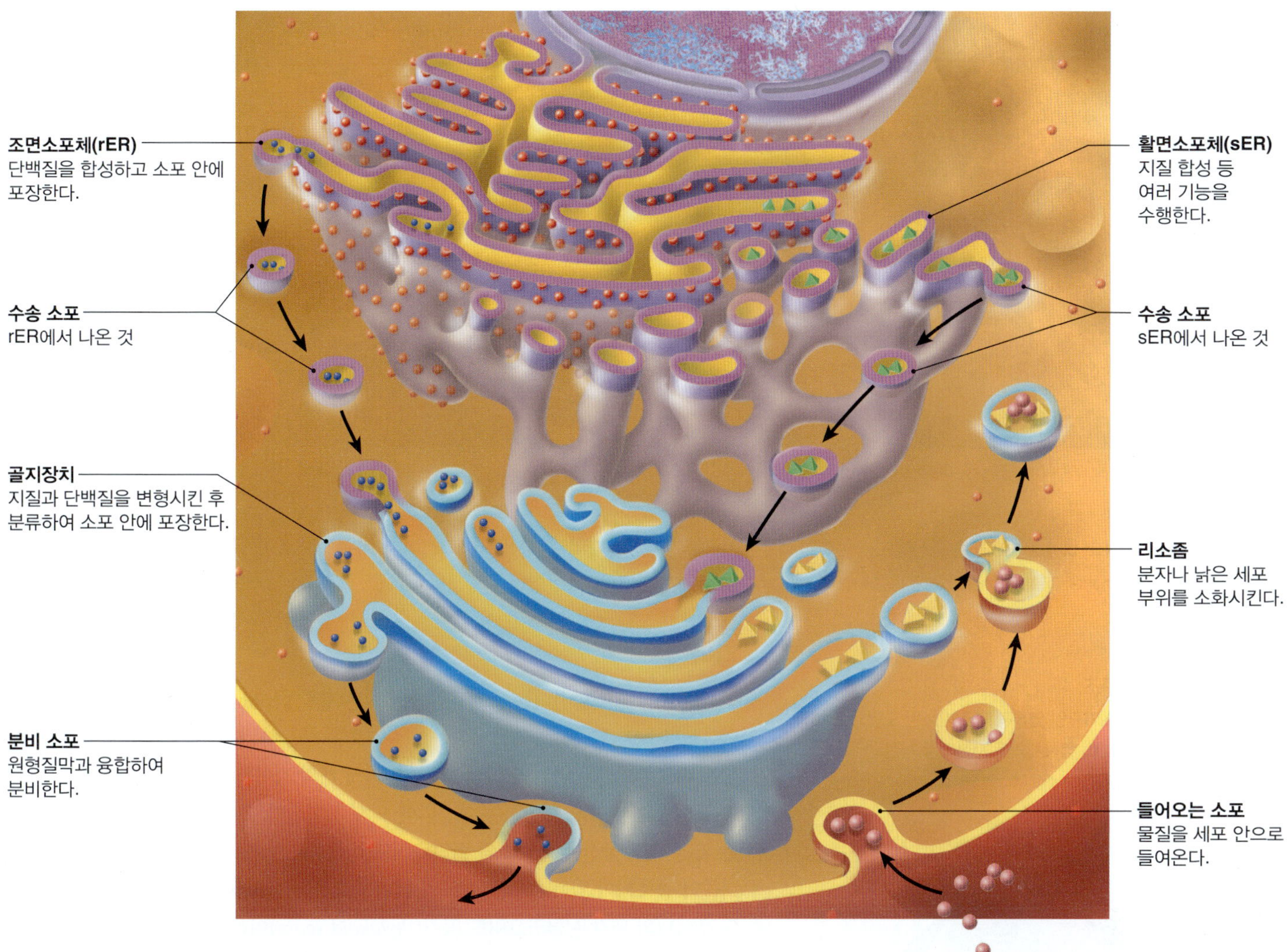

그림 4.12 내막 시스템.
내막 시스템에 있는 소기관이 함께 작용하여 언급한 기능을 수행한다. 식물세포에는 리소좀이 없다.

소포와 액포

액포(vacuole)는 소포와 마찬가지로 막으로 된 주머니이지만 액포는 소포보다 크고 더 특화되어 있다. 예를 들어, 수생 원생생물의 수축성 액포는 세포에서 과도한 물을 제거하는 데 관여한다. 일부 원생생물은 영양소를 분해하기 위한 큰 소화 액포를 가지고 있다(그림 4.13*a*). 식물 액포는 보통 영양소나 이온과 같은 물질을 저장한다. 이러한 액포는 물, 설탕, 소금뿐만 아니라 색소와 독성 분자도 포함한다(그림 4.13*b*). 색소는 꽃의 많은 빨간색, 파란색, 보라색을 띄게 하는 역할을 담당하고 있다. 독성 물질은 초식동물로부터 식물을 보호하는 데 도움이 된다.

에너지 관련 기관

엽록체와 미토콘드리아는 에너지 변환을 전문으로 하는 두 가지 진핵세포 소기관이다. **엽록체(chloroplast)**는 태양에너지를 이용하여 탄수화물을 합성한다. **미토콘드리아**(복수, **mitochondria**; 단수, mitochondrion)는 탄수화물을 분해하여 **ATP (adenosine triphosphate**, 아데노신 삼인산 분자)를 생성한다. 세포에서 ATP는 에너지의 운반자 역할을 하기 때문에 ATP 생성은 매우 중요하다. ATP의 에너지는 세포가 분자를 합성하거나 분자를 운반하거나 근육 수축이나 신경 전도와 같은 특별한

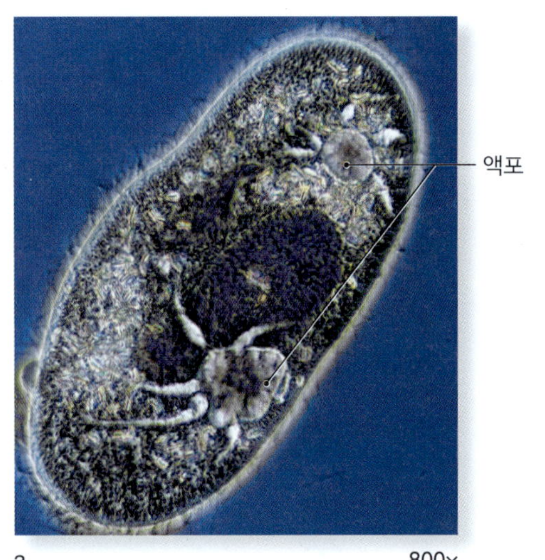

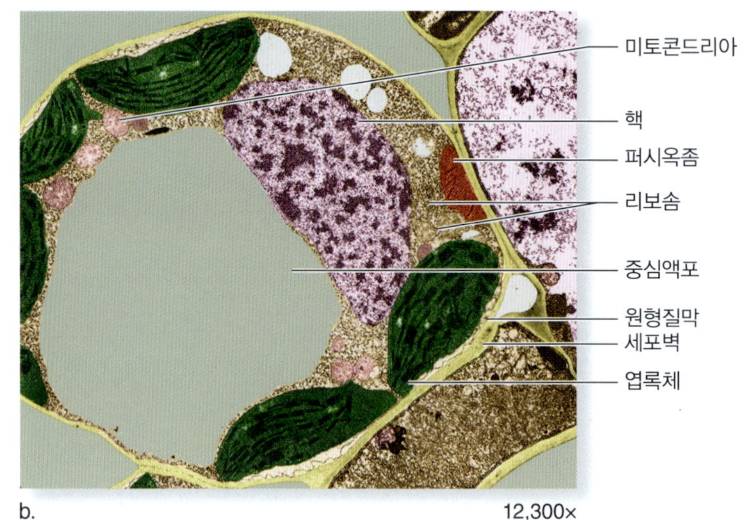

그림 4.13 액포.

a. 원생생물의 수축성 액포. **b.** 식물세포의 큰 중심액포.

(a): © roland 버크/Getty Images; (b): ©Biophoto Associates/Science Source

기능을 수행할 때마다 사용된다. ATP가 지속적으로 공급되지 않으면 어떤 세포도 오랫동안 존재할 수 없었다.

엽록체

식물과 조류에서 발견되는 소기관인 엽록체는 **광합성(photosynthesis)** 과정을 통해 이산화탄소 가스, 물, 태양에너지가 탄수화물을 생산하는 데 사용되는 곳이다. 엽록체는 미토콘드리아 너비의 두 배, 많게는 다섯 배의 길이를 가지며 상당히 크다. 엽록체는 외막과 내막을 포함하는 이중막에 의해 결합된다. 스트로마(*stroma*)라고 불리는 넓은 내부 공간에는 효소와 틸라코이드(*thylakoid*)라고 불리는 원반 모양의 주머니들이 농축되어 있다. 틸라코이드의 더미를 그래넘(*granum*)이라고 한다. 틸라코이드 주머니의 내강은 틸라코이드 공간(*thylakoid space*)이라고 불리는 큰 내부 구획을 형성한다(그림 4.14). 틸라코이드의 막에는 태양에너지를 포착하는 색소가 있고, 스트로마에는 탄수화물을 합성하는 효소가 있다. 엽록체가 생산하는 탄수화물은 식물, 궁극적으로 지구상의 모든 생명체에게 유기적인 영양소 분자의 역할을 한다. 우리는 6장에서 광합성에 대해 자세히 살펴볼 것이다.

엽록체가 독자적인 DNA와 리보솜을 가지고 있다는 사실은 엽록체가 먼 옛날 진핵세포에 들어온 광합성 세균에서 유래한다는 용인된 이론을 뒷받침한다. 이 과정을 내공생(*endosymbiosis*)이라고 한다. 17.4절에서 최초 진핵세포의 진화 과정을 살펴볼 때 이 과정을 자세히 살펴볼 것이다.

그림 4.14 엽록체 구조.

a. 광합성을 수행하는 소기관인 엽록체의 일반화된 도면으로 내부 구조의 일부를 보여준다. **b.** 엽록체의 전자현미경 사진.

(b): ©Omikron/Science Source

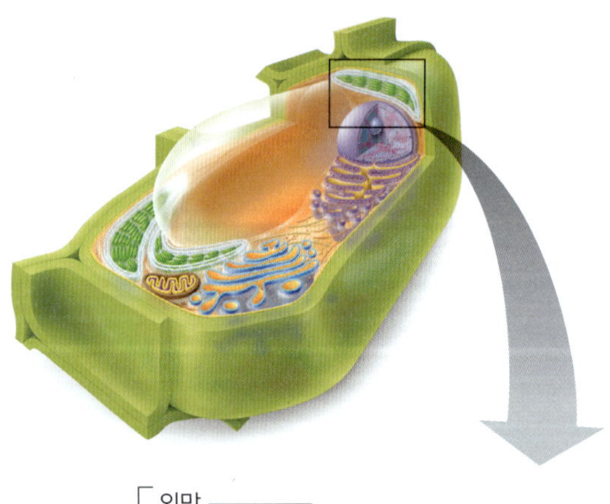

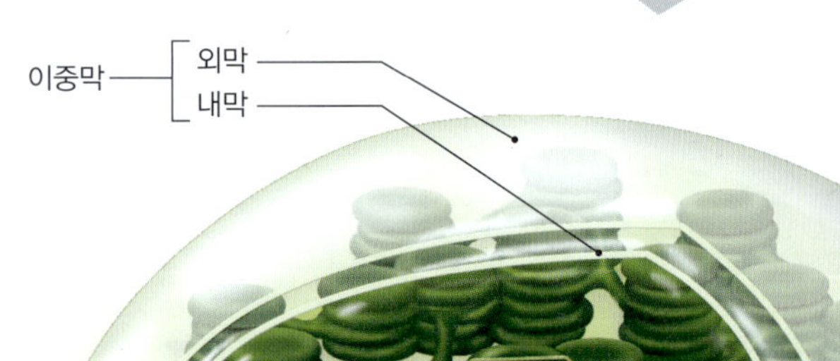

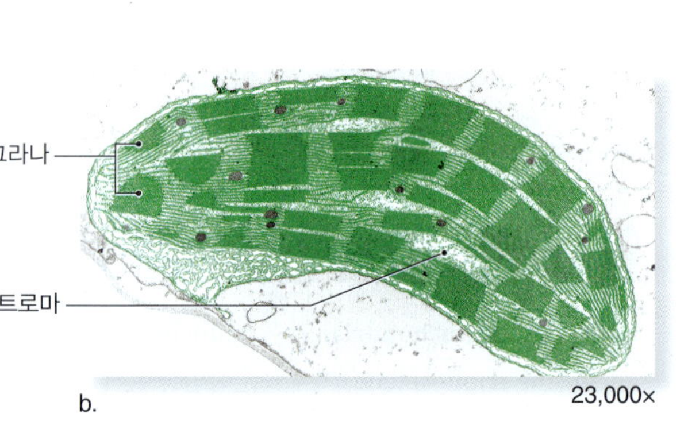

미토콘드리아

미토콘드리아는 엽록체보다 훨씬 작고, 보통 전자 현미경으로만 볼 수 있다. 우리는 미토콘드리아가 그림 4.15와 같은 모양을 하고 있다고 생각하지만, 실제로는 모양이 바뀌어 점점 가늘어지거나 짧아지고 넓어지는 경우가 많다. 미토콘드리아는 길고 (열차의 기관차처럼) 움직이는 사슬을 형성할 수도 있고, 또는 (에너지가 가장 필요한) 한 곳에 고정된 채로 있을 수도 있다. 예를 들어, 미토콘드리아들이 심장 세포의 수축 요소들 사이에 채워져 있거나, 정자의 편모 내부를 감싸고 있는 것이 그러하다.

미토콘드리아는 엽록체와 마찬가지로 이중막으로 묶여 있다. 내막은 크리스타(*cristae*)라고 불리는 접힌 부분으로 매우 복잡하게 얽혀 있는데, 이 접힌 부분은 내부 공간으로 돌출되어 있고, 이를 기질(*matrix*)이라고 한다. 간세포의 경우, 크리스타는 세포 전체 막의 약 3분의 1을 차지할 정도로 내막의 표면적을 크게 증가시킨다.

미토콘드리아는 세포가 사용하는 ATP의 대부분을 생산하기 때문에 종종 세포의 파워하우스(powerhouse)라고 불린다. 기질은 탄수화물과 다른 영양소 분자의 분해를 돕는 효소를 고농축으로 함유한다. 이러한 반응은 크리스타들에서 ATP 합성이 일어날 수 있도록 화학에너지를 공급한다. 세포질에서 탄수화물의 완전한 분해가 일어나는 것을 **세포호흡(cellular respiration)**이라 하는데, 이는 산소가 필요하고 이산화탄소가 배출되기 때문이다. 세포호흡에 대해서는 7장에서 자세히 살펴볼 것이다.

기질에는 미토콘드리아 DNA와 리보솜도 들어 있는데, 이것은 미토콘드리아와 엽록체의 기원이 비슷하고 초기 진핵세포에 거주했던 세균에서 유래했다는 증거이다. 엽록체의 기원과 마찬가지로 미토콘드리아의 기원도 내공생의 한 예이다. 모든 진핵세포는 미토콘드리아를 가지고 있지만 광합성을 하는 유기체(식물과 조류)만이 엽록체를 가지고 있다.

연관

미토콘드리아와 엽록체가 한때 세균이었다는 사실을 우리는 어떻게 알 수 있을까?

이들 소기관에서 발견되는 DNA는 핵에서 발견되는 것과는 다른 구조로 되어 있다. 미토콘드리아와 엽록체 모두 원핵생물에서 발견되는 것과 비슷한 원형의 단일 염색체를 포함하고 있다. 이 염색체에 위치한 유전자들은 원핵생물의 구조와 기능 모두에서 원핵생물의 유전자와 매우 밀접한 관련이 있다. 게다가 미토콘드리아와 엽록체 모두 세균의 이항핵분열(binary fission) 과정과 매우 유사한 방식으로 재생산한다. 이러한 관찰은 미토콘드리아와 엽록체 DNA의 상세한 분석과 더불어 이 두 소기관이 모두 진핵세포의 진화에 중요한 역할을 했던 고대의 공생화 과정(내공생)에서 비롯되었음을 강력하게 시사한다.

그림 4.15 미토콘드리아 구조.
a. 세포호흡에 관여하는 소기관인 미토콘드리아의 내부 구조를 밝히는 일반화된 도면. **b.** 미토콘드리아의 전자 현미경 사진.
(b): © Dr. Keith R. Porter

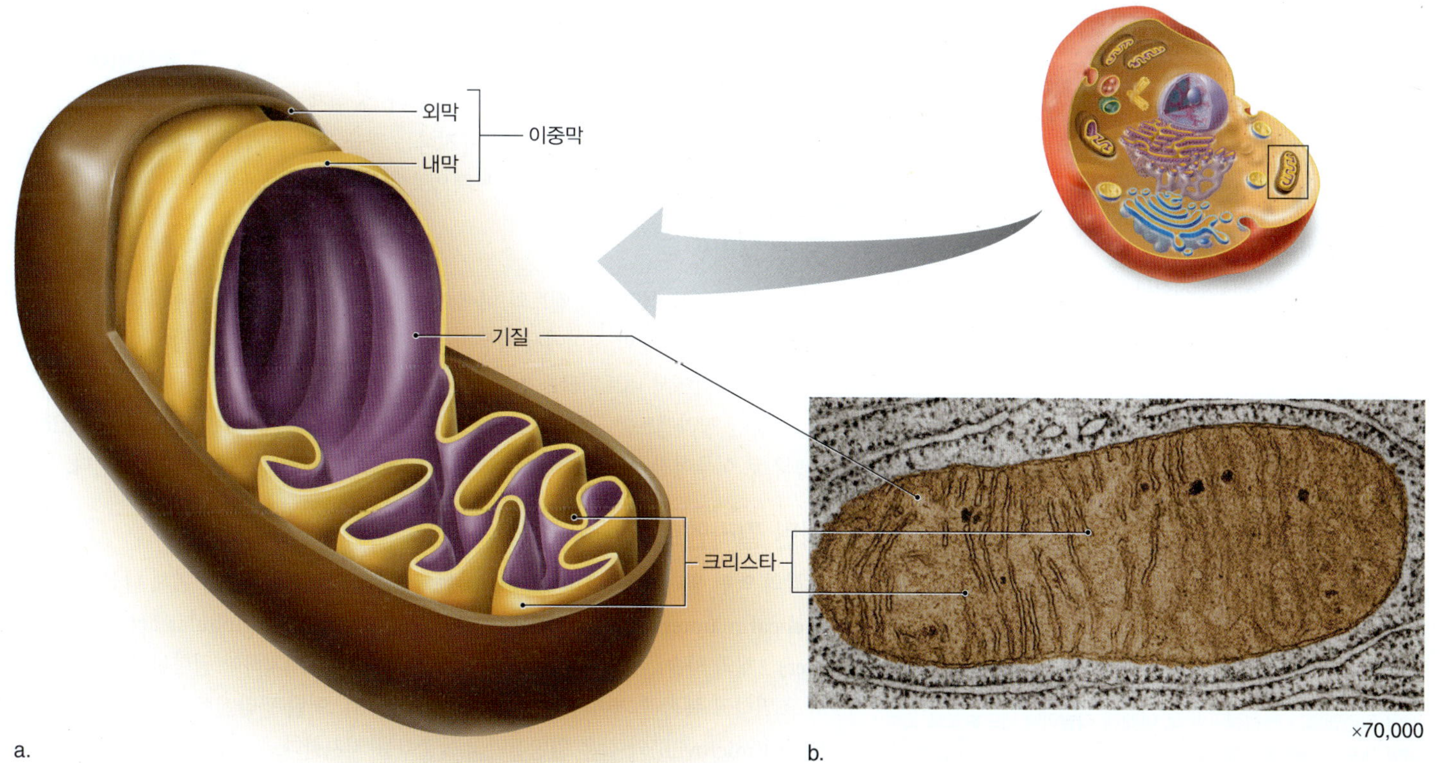

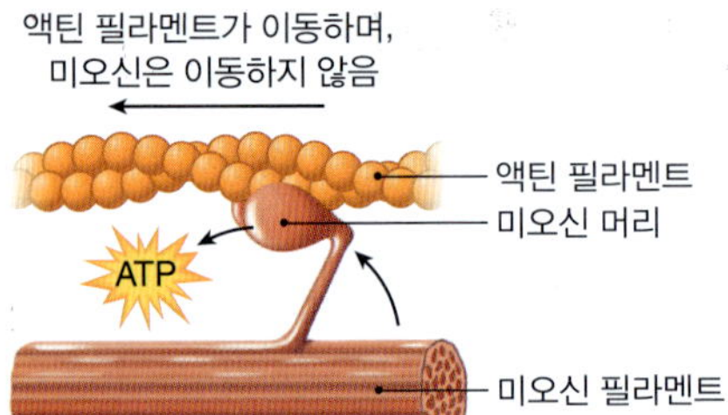

a. 미오신

b. 키네신

그림 4.16 운동 단백질.
a. 미오신은 미오신 필라멘트를 따라 액틴 필라멘트를 당기기 위해 액틴에 탈착과 재부착을 하여 움직임을 일으킨다. **b.** 운동 단백질 키네신은 소기관을 미세소관 궤도를 따라 운반한다. 한쪽 끝은 소기관에 결합하고, 다른 쪽 끝은 미세소관에 부착과 탈착, 재부착을 한다. ATP는 미오신과 키네신 모두에게 에너지를 공급한다.

세포골격과 운동 단백질

세포골격(cytoskeleton)은 진핵세포에서 핵에서 원형질막까지 이어지는 단백질 필라멘트와 세뇨관이 서로 연결된 네트워크이다. 뼈와 근육이 동물의 구조를 만들고 움직임을 만들어내는 만큼 세포골격의 요소들은 운동 단백질(*motor protein*)과 함께 세포의 형태를 유지하고 세포와 소기관이 움직이도록 한다. 하지만 세포골격은 동물의 뼈대와 달리 매우 역동적이어서 요소들을 적절히 조립하고 분해할 수 있다. 세포골격에는 미세소관, 중간 필라멘트, 액틴 필라멘트 등이 있다.

운동 단백질

세포골격과 관련된 운동 단백질은 세포의 움직임을 허용하는 데 중요한 역할을 한다. 주요 운동 단백질은 미오신(myosin), 키네신(kinesin), 다이네인(dynein) 등이다.

미오신은 움직임이 일어날 때 종종 액틴 필라멘트와 상호작용한다. 예를 들어, 미오신은 세포가 아메보이드(amoeboid) 방식으로 움직이거나 큰 입자를 집어삼킬 때 액틴 필라멘트와 상호작용한다. 동물세포 분열 동안, 액틴은 미오신과 함께 원래의 세포를 두 개의 새로운 세포를 꽉 잡아준다. 근육세포가 수축할 때, 미오신은 세포의 중간을 향해 액틴 필라멘트를 당긴다(그림 4.16*a*).

키네신과 다이네인은 자동차가 고속도로를 따라 이동하는 것과 같이 미세소관을 따라 이동한다. 먼저 소기관, 아마도 소포인 것이 운동 단백질과 결합한 다음, 단백질이 미세소관을 따라 더 멀리 붙고, 분리되고, 다시 붙는다. 이러한 방식으로 소기관은 세포 내 한 곳에서 다른 곳으로 이동한다(그림 4.16*b*). 수송소관이 골지장치로부터 물질을 최종 목적지까지 가져갈 때 키네신과 다이네인은 유사하게 작용한다.

미세소관

미세소관(microtubule)은 13개의 긴 사슬의 튜불린 이량체(tubulin dimer; 2개의 연결된 튜불린 분자, 그림 4.17)로 구성된 작고 속이 빈 원통이다. 미세소관은 역동적인데, 튜불린 이량체를 제거함으로써 미세소관의 길이를 쉽게 바꿀 수 있다. 이 과정은 핵 근처에 있는 미세소관 조직 중심인 **중심체(centrosome)**에 의해 조절된다. 중심체로부터 방사되는 미세소관은 세포의 모양을 유지하는 것을 돕고 소기관과 다른 물질들이 움직일 수 있는 트랙으로서 역할을 한다.

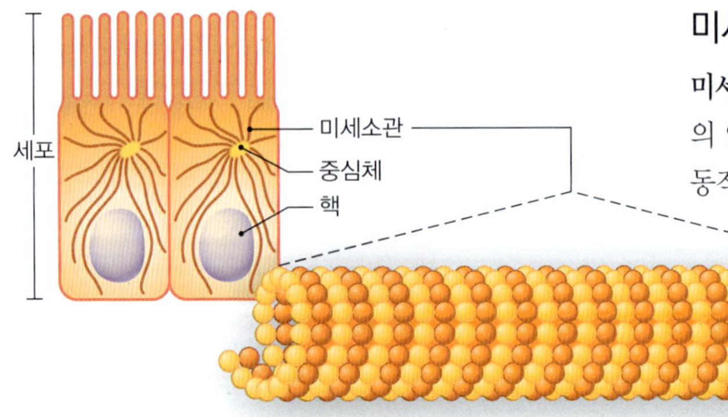

그림 4.17 미세소관.
미세소관은 세포 전체에 위치하며 중심체에서 바깥쪽으로 방사된다.

중간 필라멘트

중간 필라멘트는 액틴 필라멘트와 미세소관 사이의 중간 크기이다. 이들은 전형적으로 핵 외피와 원형질막 사이에서 작동하는 단백질의 밧줄과 같은 집합체이다. 이들은 핵과 원형질막에서 네트워크를 만들어 낸다.

중간 필라멘트를 구성하는 단백질은 세포 종류에 따라 다르다. 케라틴(keratin) 단백질로 이루어진 중간 필라멘트는 피부 세포에서 기계적 강도를 크게 일으킨다.

액틴 필라멘트

각각의 **액틴 필라멘트(actin filament)**는 긴 필라멘트를 형성하기 위해 나선형 방식(helical manner)으로 서로에 대해 꼬인 구형 액틴 단량체(globular actin monomer) 2개의 사슬로 구성된다. 액틴 필라멘트는 세포를 지지하여 원형질막 바로 아래에 조밀하고 복잡한 거미줄을 형성한다(그림 4.18). 액틴 필라멘트는 또한 마이크로빌라이(microvilli)와 같은 원형질막의 돌출부를 지지한다.

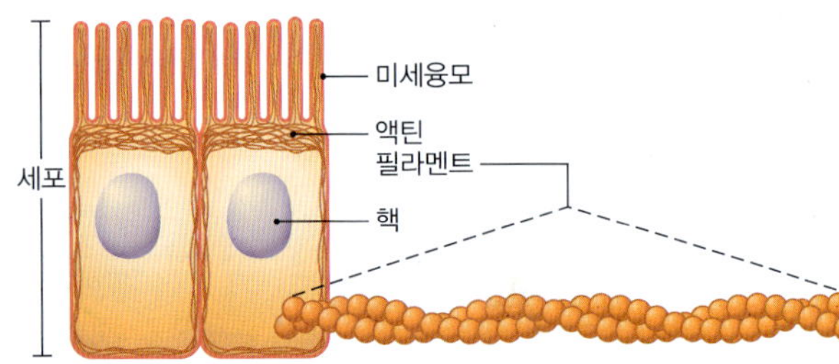

그림 4.18 액틴 필라멘트.
액틴 필라멘트는 원형질막 바로 아래에 다발이나 네트워크로 조직되어 세포 모양을 지지해준다.

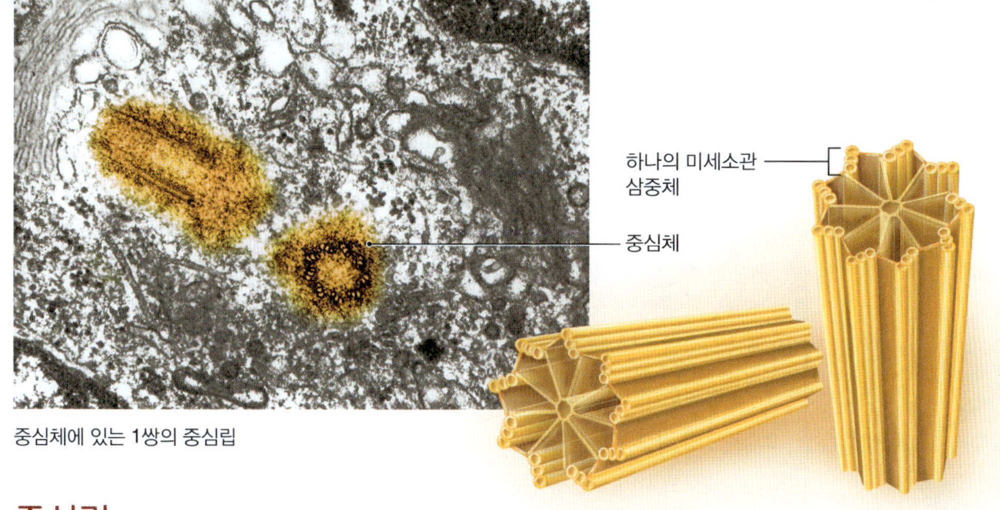

그림 4.19 중심립.
동물세포의 핵 한쪽에 한 쌍의 중심립이 놓여 있다.
(photo): ©Don W. Fawcett/Science Source

중심립

중심체(centrosome)에 위치한 **중심립(centriole)**은 미세소관으로 구성된 짧고 통 모양의 소기관이다(그림 4.19). 중심소체는 기저체와 관련이 있는데, 이것은 섬모와 편모의 기저부에 위치하며 이러한 구조에서 미세소관이 만들어지는 것으로 여겨진다. 중심소체는 또한 세포 분열 동안 미세소관을 조직하는 데 관여한다. 그러나 식물 및 곰팡이와 같은 일부 진핵생물에는 (중심체 있음에도 불구하고) 중심소체가 없는데, 이는 중심체가 세포질 미세소관의 조립에 절대적으로 필요하지 않음을 시사한다.

진도 점검하기 4.4

1. 핵과 리보솜의 구성요소를 나열하고 각각에 대한 기능을 설명하시오.
2. 내막 시스템의 구성요소를 나열하고 각 구성요소의 기능을 나열하시오.
3. 액포의 특수한 기능을 요약하고 만약 액포가 세포 내에 존재하지 않는다면 어떤 문제가 발생하는지 설명하시오.
4. 진핵세포의 두 에너지 관련 소기관의 구조와 기능을 비교하고 대조하시오.
5. 진핵세포의 세포골격 단백질과 운동 단백질의 기능을 설명하시오.

섬모와 편모

섬모(단수, cilium)와 편모(단수, flagellum)는 채찍 모양의 세포 돌출부이다(그림 4.20). **섬모(cilia)**는 노처럼 뻣뻣하게 움직이고, **편모(flagella)**는 구불구불하게 뱀처럼 움직인다. 섬모는 짧고(2~10 μm), 편모는 더 길다(보통 200 μm 이하).

일부 단세포 원생생물은 섬모나 편모를 이용하여 이동한다. 섬모세포는 우리 몸의 호흡기 건강과 생식 능력에 매우 중요하다. 우리의 호흡기를 따라 늘어선 섬모세포는 점액 속에 갇혀 있던 찌꺼기를 다시 목구멍으로 쓸어 올려 폐를 깨끗하게 유지하는 데 도움을 준다. 마찬가지로 섬모세포는 난자를 자궁관을 따라 이동시키며, 그곳에서 편모 정자세포가 수정할 수 있다.

4.4 개념 연결하기
진핵세포는 모두 핵과 내부 소기관을 가지고 있으며, 각각은 특수한 기능을 가지고 있다.

기관지 벽의 섬모

정자의 편모

a.

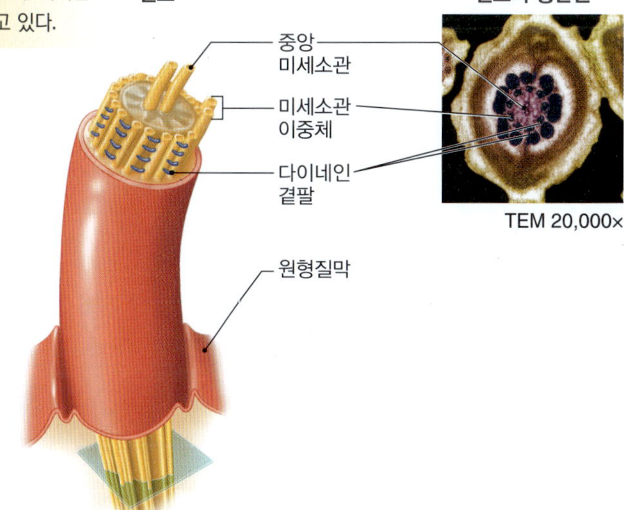

b.

그림 4.20 섬모와 편모.
a. 기관지 벽에 있는 섬모와 정자의 편모는 움직일 수 있는 소기관이다. 폐의 기관지에 있는 섬모는 점액과 찌꺼기를 삼키거나 배출할 수 있는 목구멍으로 다시 쓸어 올린다. 정자의 편모는 그들이 난자까지 헤엄칠 수 있도록 해준다. **b.** 섬모와 편모는 원형질막으로 둘러싸인 미세소관의 독특한 패턴을 가지고 있다.
(a): (cilia): ©Kallista Images/Getty Images; (flagella of sperm): ©David M. Phillips/Science Source; (b): (flagellum cross section): ©Steve Gschmeissner/Science Source

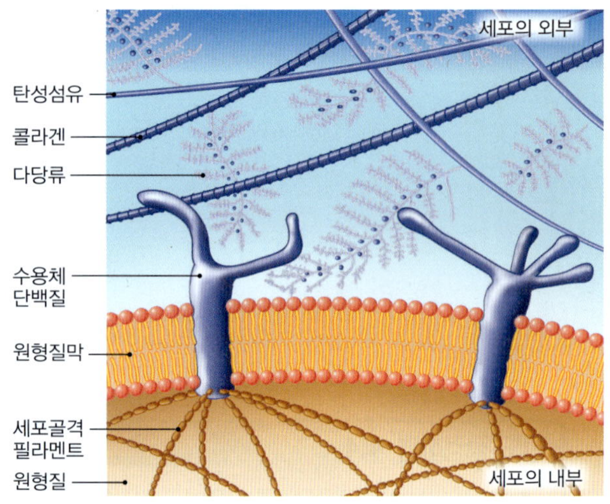

그림 4.21 세포외 기질.
동물세포의 세포외 기질은 다른 세포와의 상호작용을 지원하고 허용한다.

4.5 진핵세포의 외부

학습 목표

이 절을 학습한 후에는 다음 과제를 수행할 수 있어야 한다.

1. 식물세포벽의 구조를 설명하기.
2. 세포외 기질의 목적을 설명하기.
3. 진핵세포 사이에 존재하는 연접부의 종류를 구별하기.

세포는 원형질막과 내부 내용물로만으로 구성되지는 않는다. 대부분의 세포는 또한 세포가 생성한 물질을 원형질막에 수송하여 만든 세포외 구조를 갖는다. 이러한 구조는 지지력을 제공하거나 다른 세포와의 상호작용을 가능하게 한다.

세포벽

세포벽(cell wall)은 세포를 지탱하는 역할을 하며, 식물, 곰팡이, 대부분의 원생생물을 포함한 많은 진핵생물 세포에 존재하지만, 동물세포에는 존재하지 않는다. 이들 사이엔 세포벽을 구성하는 성분이 다르다.

식물에서 1차 **세포벽**(*primary cell wall*)에는 셀룰로오스 피브릴(cellulose fibril: small fiber)과 비셀룰로오스 물질이 들어 있는데, 세포가 성장할 때 이 물질들이 세포벽을 늘어나게 한다. 중간 라멜라(lamella)에 있는 세포벽 바깥쪽에는 여러 부착물질이 풍부하게 존재하며, 이러한 층은 식물세포 두 개를 이어 붙여주는 역할을 한다. 일부 식물세포는 강도를 높이기 위해 1차 세포벽 안쪽에 2차 **세포벽**(*secondary cell wall*) 을 형성하기도 한다. 2차 세포벽에는 셀룰로오스 피브릴이 서로 직각으로 놓여 있는 형태가 더 흔하다. 대개 강도를 더해주는 물질로, 리그닌(lignin)이라는 2차 세포벽의 물질이 있다.

세포외 기질

동물세포는 세포벽을 가지고 있지 않지만, 세포 외부에는 세포외 기질을 가지고 있다. **세포외 기질(extracellular matrix, ECM)**은 섬유질 단백질(fibrous protein)과 다당류(polysaccharides)의 그물망으로, 이들을 생산한 세포와 밀접하게 연관되어 있다(그림 4.21). 콜라겐(collagen)과 엘라스틴(elastin)은 세포외 기질에서 잘 알려진 두 가지 단백질이다. 콜라겐은 스트레칭(stretching)에 저항하고, 엘라스틴은 회복력(resilience)을 제공한다. 다당류는 이들이 형성되는 동안 콜라겐 섬유를 따라 세포의 이동하게 하는 동적인 역할을 한다. 다른 세포외 기질 단백질은 세포의 원형질막에 있는 수용체에 결합하여 세포외 기질과 세포질 내의 세포골격 사이의 통신을 가능하게 한다.

조직의 세포외 기질은 매우 다양하다. 연골(cartilage)에서와 같이 매우 유연할 수도 있고, 뼈처럼 암석과 같은 고체일 수도 있다. 세포외 기질의 강성은 주로 존재하는 단백질 섬유의 수와 종류, 그리고 이들이 배열되는 방식에 의해 영향을 받는다. 이미 언급한 구성요소 외에 미네랄 염, 특히 칼슘염은 세포 외부에 침착되기 때문에 뼈의 세포외 기질은 매우 단단하다.

세포 사이의 연접부

특정 세포 사이에는 부착(adhesion) 연접, 밀착(tight) 연접, 간극(gap) 연접 등 세 가지 유형의 연접이 발견된다. 두 세포 사이의 연접 유형은 세포가 물질을 교환할 수 있어야 하는지와 아주 단단하게 결합해야 하는지에 따라 달라진다.

부착연접(adhesion junction)에서, 각 세포 내의 세포골격(cytoskeleton)에 단단히 부착된 내부 세포질 플라크(internal cytoplasmic plaque)는 세포간 필라멘트(filament)에 의해 결합된다(그림 4.22*a*). 그 결과 견고하지만 유연한 세포 시트(sheet of cell)가 된다. 조직이 늘어나야 하는 심장, 위, 방광과 같은 일부 기관에서는 부착연접이 세포를 고정시킨다.

인접한 세포들은 **밀착연접(tight junction)**에 의해 더욱 밀접하게 붙어 있으며, 원형질막 단백질들은 실제로 서로서로 부착되어 지퍼와 같은 체결을 생성한다(그림 4.22*b*). 밀착연접에 의해 조직의 세포들은 장벽 역할을 하게 되는데, 예를 들어 세뇨관의 세포들은 밀착연접에 의해 결합되어 있기 때문에 소변이 신장 세뇨관 내에 머무른다.

간극연접(gap junction)은 세포가 소통할 수 있도록 해주는 역할을 하며, 두 개의 동일한 원형질막 통로가 결합할 때 형성된다(그림 4.22*c*). 각 세포의 통로에는 연접부를 열고 닫을 수 있도록 해주는 6개의 원형질막 단백질이 늘어서 있다. 간극연접은 세포에 힘을 주기도 하지만, 작은 분자와 이온이 세포들 사이를 통과할 수 있도록 해주기도 한다. 간극연접은 심장 근육과 평활근에서 더욱 중요한데, 이들 조직에서의 세포들이 하나의 단위로 수축하는 데 필요한 이온의 흐름을 허용하는 역할을 하기 때문이다.

식물에서는 살아 있는 세포들은 세포벽을 통과하는 수많은 좁고 막으로 된 통로인 **원형질연락사**(복수, **plasmodesmata**; 단수, plasmodma)에 의해 연결된다(그림 4.23). 이러한 통로 내의 세포질 가닥들(cytoplasmic strands)은 인접한 식물세포들 사이에서 일부 물질들을 직접적으로 교환하는 것을 가능하게 하는데, 식물의 모든 세포들 사이에서 그러하다. 원형질연락사는 물과 다른 작은 분자들만 세포에서 세포로 자유롭게 통과하도록 한다.

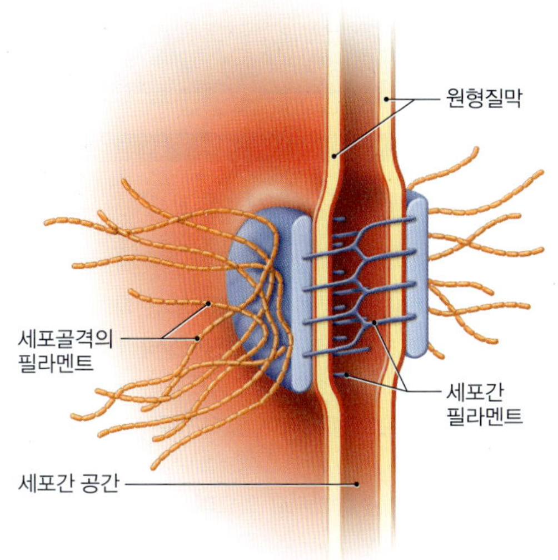

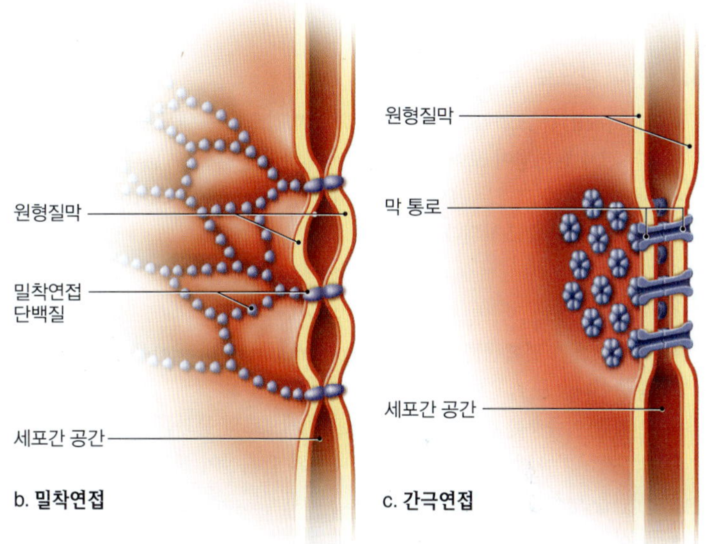

그림 4.22 장벽의 세포들 사이의 연접.
a. 부착연접에서 세포간 필라멘트는 두 세포 사이를 이어준다. **b.** 세포들 사이의 긴밀한 연접은 그들의 인접한 원형질막이 결합되기 때문에 불투과성 장벽을 형성한다. **c.** 간극연접은 인접한 원형질막 통로가 결합되기 때문에 두 세포 사이의 통신을 허용한다.

개념 연결하기 4.5
세포 외부의 구조는 지지력을 제공하고 세포 대 세포 상호작용을 허용한다.

진도 점검하기 4.5

1. 일부 진핵세포가 세포벽을 가지고 있는 이유를 설명하시오.
2. 동물세포의 세포외 기질의 구성을 설명하시오.
3. 부착, 밀착, 간극연접의 구조와 기능을 비교하시오.

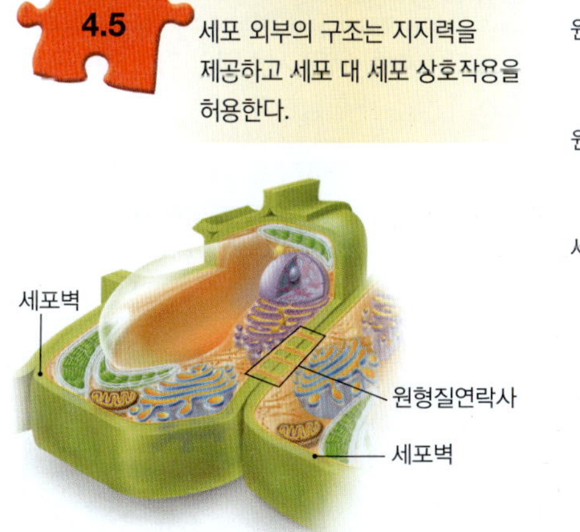

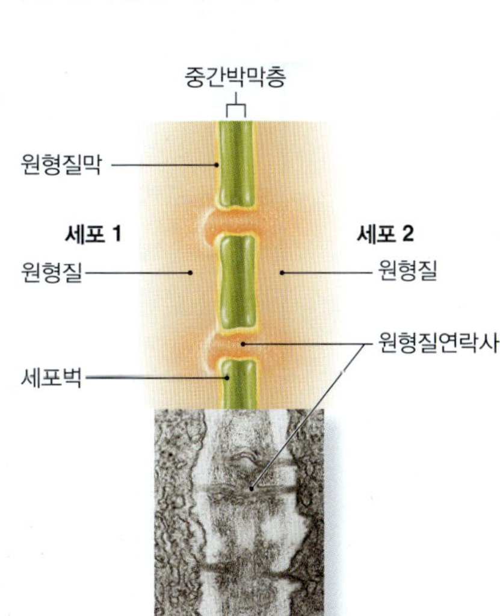

그림 4.23 원형질연락사.
식물세포는 세포질을 포함하는 막으로 된 통로로 연결되어 있다. 이 통로를 통해 물과 다른 작은 분자가 세포에서 세포로 전달될 수 있다.

(photo): ©Biophoto Associates/Science Source

요 약 SUMMARIZE

세포는 모든 생명체의 기본 단위이다. 세포에는 원핵세포와 진핵세포 두 가지 세포가 있다.

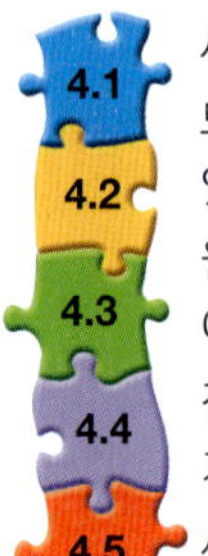

세포의 미세한 크기는 부피에 대한 표면적 비율을 극대화한다.
모든 세포는 인지질과 내장된 단백질로 구성된 원형질막을 가지고 있다.
원핵세포는 DNA가 원형질막으로 둘러싸여 있지 않은 단순 세포이다.
진핵세포는 모두 핵과 내부 소기관을 가지고 있으며, 각각은 특수한 기능을 가지고 있다.
세포 외부의 구조는 지지력을 제공하고 세포 대 세포 상호작용을 허용한다.

4.1 현미경으로 본 세포

- **세포(cell)**는 크기가 미세하다. 광학 현미경으로는 세포를 볼 수 있지만, 전자 현미경이 보여줄 수 있는 세부 사항을 밝힐 수 없다.
- 세포의 전체 크기는 **표면적 대 부피 비율(surface-area-to-volume ratio)**에 의해 조절된다.

4.2 원형질막

- 원핵생물과 진핵생물의 **원형질막(plasma membrane)**은 인지질 이중층이다.
- 인지질 이중층은 분자와 이온의 세포 안팎으로의 통과를 조절한다.
- 막 구조의 유체-모자이크 모델은 내장된 단백질이 모자이크(다양한) 패턴을 형성한다는 것을 보여준다.
- 내장된 단백질의 종류는 통로, 수송, 세포 인식, 수용체, 효소 및 연접 단백질이다.

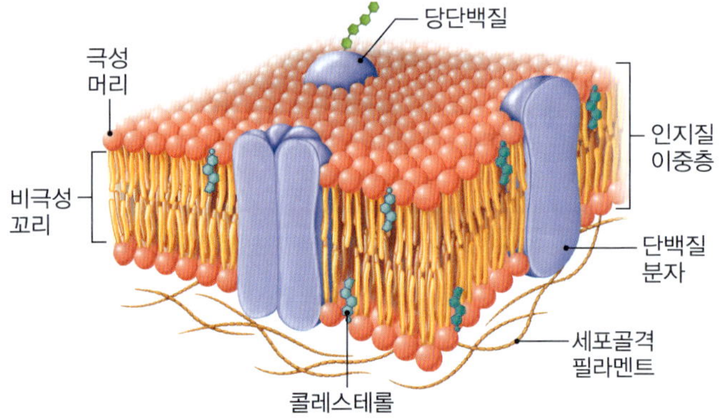

4.3 두 가지 주요 유형의 세포

- **세포 이론(cell theory)**에 따르면 모든 생명체는 세포로 이루어져 있다.
- **원핵세포(prokaryotic cell)**와 **진핵세포(eukaryotic cell)**의 차이점 중 일부는 **표 4.1**에 제시되어 있다.
- 모든 세포는 원형질막, **세포질(cytoplasm)**, 유전물질(DNA)을 가지고 있다.
- 세포의 세포질에는 화학 반응을 빠르게 하는 **효소(enzyme)**가 들어 있다.
- 원핵세포는 핵은 없지만 유전물질이 있는 곳에 **핵형(nucleoid)**의 영역을 가지고 있다. 원핵세포는 **세포벽(cell wall)**과 **캡슐(capsule)**로 둘러싸여 있고, 편모를 이용하여 움직이는 경우가 많다. 세포질에는 단백질 합성을 위한 **리보솜(ribosome)**이 들어 있다.
- **편모(flagella)**는 일부 원핵세포에 이동 메커니즘을 제공한다.

표 4.1 원핵세포와 진핵세포의 차이

특징	원핵세포	진핵세포
크기	1~5 μm	일반적으로 50 μm 이상
DNA 위치	핵양체 영역	핵
소기관	없음	있음
핵양체	하나, 원형	여러 개, 선형

4.4 진핵세포 둘러보기

원핵세포보다 훨씬 큰 진핵세포는 세포의 특정 기능에 특화된 구획인 **소기관(organelle)**을 포함하고 있다. 이 소기관과 다른 구조를 요약하면 **표 4.2**와 같다.

표 4.2 진핵세포 소기관의 요약

소기관	설명
원형질막	세포질을 둘러싸다; 외부 환경과의 상호작용을 조절한다.
핵	핵은 유전물질(DNA)을 포함한다; 리보솜 합성은 핵 리보솜에서 일어난다.
리보솜	폴리펩티드와 단백질이 형성된다.
소포	작은 주머니로, 내막 시스템의 소기관 사이에 물질을 이동시킨다.
조면소포체	리보솜이 부착된 내막 시스템의 거친 ER 구성요소; 단백질을 합성한다.
활면소포체	지질과 일부 탄수화물이 합성되는 내막 시스템 소기관; 일부 화학물질을 해독한다.
골지장치	처리 및 포장 중심
리소좀	세포 안으로 들어오는 분자와 세포 성분을 분해하는 효소를 포함하고 있다
엽록체	광합성 및 탄수화물 형성 부위(동물에서 발견되지 않음)

소기관	설명
미토콘드리아	세포호흡과 ATP 합성을 하는 부위
세포벽	세포를 지지하는 셀룰로오스 층(동물에서는 발견되지 않음)
세포골격	단백질 섬유의 내부 골격; 세포소기관을 이동시키고 세포 모양을 유지한다.
편모와 섬모	세포 표면을 따라 세포를 이동하거나 물질을 이동하는 데 관여한다.

핵과 리보솜

- 핵에는 **유전물질(chromatin)**인 DNA가 들어 있는 염색질이 들어 있다. 분열 과정에서 염색질은 **염색체(chromosome)**로 응축된다.
- 리보솜 RNA가 만들어지는 핵 속 영역이 **핵소체(nucleolus)**이다. 리보솜의 소단위는 단백질이 rRNA와 결합하여 핵공을 통해 **핵 외피(nuclear envelope)**를 빠져나간다.
- 세포질에 있는 리보솜은 mRNA에 의해 DNA로 전달된 정보를 이용하여 폴리펩티드를 합성한다.

내막 시스템

- **소포체(endomplasmic reticulum, ER)**는 내막 시스템의 일부이다. **조면소포체(rough ER)** 표면에 폴리펩티드를 생성하는 리보솜을 가지고 있다. 이 폴리펩티드가 소포체로 들어가 변형되고 단백질이 된 다음 수송 소포로 포장된다.
- **활면소포체(smooth ER)**는 지질을 합성하지만 세포 유형에 따라 다양한 대사 기능도 가지고 있다. 수송 소포를 형성할 수도 있다.
- **골지장치(golgi apparatus)**는 수송 소포를 받아 이송하기 위한 정거장으로 단백질을 수송 소포로 변형, 정렬, 재포장하며 원형질막과 융합하여 이를 분비한다.
- 골지장치에 의해 **리소좀(lysosome)**이 생산된다. 여기에는 세포 내 소화를 수행하는 효소가 포함되어 있다.

소포와 액포

- **액포(vacuole)**는 저장, 수축, 소화 및 기타 기능에 특화된 크고 막으로 된 주머니이다.
- 소포는 작고 막으로 된 주머니이다.

에너지 관련 기관

- **엽록체(chloroplast)**는 태양에너지를 포착하고 탄수화물을 생산하는 **광합성(photosynthesis)**을 지속한다.
- **미토콘드리아(mitochondria)**는 세포가 호흡하는 부위이다. 미토콘드리아는 탄수화물(또는 다른 유기 분자)을 분해하여 **아데노신 삼인산(adenosine triphosphate, ATP)**을 생산한다.

세포골격과 운동 단백질

- **세포골격(cytoskeleton)은** 세포 모양을 유지하고 세포와 소기관이 움직이도록 한다.
- **미세소관(microtubule)**은 중심체에서 방사되어 세포질에 존재한다. 그들은 또한 **중심소체(centrosome)**, 섬모, 편모에서 나타난다.
- 중간 필라멘트는 핵 외피와 원형질막을 지지한다. 그들은 예를 들어 피부 세포에 기계적인 힘을 준다.
- **액틴 필라멘트(actin filament)**는 세포의 원형질막과 돌출부를 지지하는 길고 얇은 나선형 필라멘트이다.
- 운동 단백질은 세포 움직임이 일어나고 세포 내에서 소포와 소기관을 이동시킨다.

중심립

- **중심립(centriole)**은 동물세포에는 존재하지만 식물세포에는 존재하지 않는다. 이들은 미세소관 형성에 관여하는 것으로 보인다.

섬모와 편모

- **섬모(cilia)**와 **편모(flagella)**는 일부 세포가 움직일 수 있도록 하는 털과 같은 돌출부이다.

4.5 진핵세포의 외부

세포벽(cell wall)은 식물, 곰팡이 및 일부 원생생물 세포의 형태를 지지한다. 식물에서 셀룰로오스는 세포벽의 주요 구성요소이다.

동물세포는 세포에서 생산되는 단백질과 다당류를 포함하는 **세포외 기질(extracellular matrix, ECM)**을 가지고 있다. 세포를 지원하고 세포 간의 의사소통을 돕는다.

세포들은 다양한 연접들에 의해 연결된다:

- 만약 **부착연접(adhesion junction)**과 **밀착연접(tight junction)**으로 세포들이 서로 붙어 있도록 도와준다.
- **간극연접(gap junction)**은 세포들 사이에 작은 분자들이 통과할 수 있게 해준다.
- 세포벽을 가로지르는 **원형질연락사(plasmodesmata)**라고 불리는 작은 막으로 된 통로들은 물질들이 한 세포에서 다른 세포로 통과할 수 있게 해주는 세포질 가닥들을 포함하고 있다

평가 ASSESS

혼자 풀어보기

가장 적절한 답을 고르시오

4.1 현미경으로 본 세포

1. 전자 현미경으로만 볼 수 있는 것은?
   a. 바이러스 **b.** 엽록체
   c. 세균 **d.** 인간 난자
2. 세포의 크기가 줄어들면, 그것의 표면적-면적-부피비는?
   a. 증가한다. **b.** 감소한다.
   c. 그대로이다.

4.2 원형질막

3. 원형질막은 무엇을 포함하기 때문에 유체-모자이크 모델이라고 한다.
   a. 세포외 기질
   b. 인지질 이중층 내에 현탁된 단백질의 모자이크
   c. 단백질 이중층 내에 현탁된 다당류 모자이크
   d. 단백질 이중층 내에 현탁된 인지질의 모자이크

4. 다음 중 물질이 세포 안으로 이동하거나 세포 밖으로 이동하는 것을 허용하는 단백질은 무엇인가?
   a. 수용체 단백질 b. 연접 단백질
   c. 효소 단백질 d. 통로 단백질

4.3 두 가지 주요 유형의 세포

5. 다음 중 원핵세포에서 발견되지 않는 것은?
   a. 세포질 b. 리보솜
   c. 원형질막 d. 미토콘드리아
   e. 뉴클레오이드

6. _______는/은 원핵세포에서 세포벽 바깥쪽에 위치한다.
   a. 핵양체 b. 핵
   c. 캡슐 d. 리보솜

4.4 진핵세포 둘러보기

7. 이들 구조 중 어느 것이 단백질 합성 부위인가?
   a. 리보솜 b. 원형질막
   c. 골지 d. 미세소관

8. 다음 그림에 표시된 세포기관에 이름을 붙이시오:

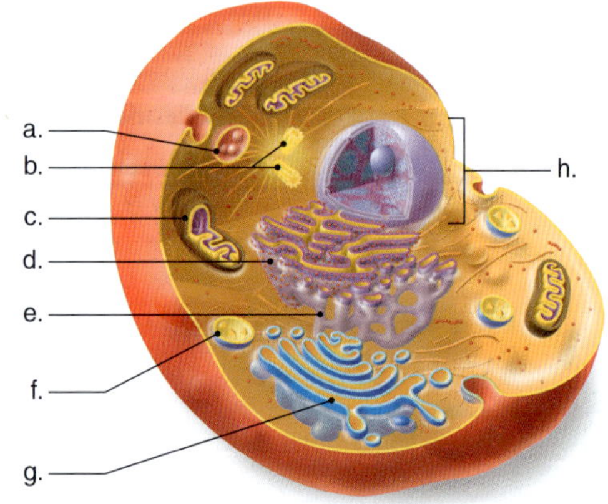

9. 다음 중 식물세포에서는 발견되지만 동물세포에서는 발견되지 않는 것은 무엇인가?
   a. 엽록체 b. 골지장치
   c. 미토콘드리아 d. 리보솜
   e. 원형질막

10. 내막 시스템은 다음을 제외한 다른 모든 것으로 구성된다.
   a. 리소좀 b. 골지장치
   c. 세포벽 d. 소포체

11. 세포에서 필요로 하는 아데노신 삼인산(ATP)의 대부분은 어디서 만들어지는가?
   a. 핵 b. 미토콘드리아
   c. 엽록체 d. 리보솜

12. 다음 중 내막 시스템의 소기관 사이에 물질을 이동시키는 것은?
   a. 소포 b. RNA
   c. 세포외 기질 d. 운동 단백질

13. 중심립은 무엇으로 이루어져 있는가?
   a. 중간 필라멘트 b. 액틴 필라멘트
   c. 미세소관

4.5 진핵세포의 외부

14. 다음 중 세포골격의 일부가 아닌 것은?
   a. 중간 필라멘트 b. 액틴 필라멘트
   c. 미세소관 d. 리보솜

15. 이들은 세포의 이동에 관여하는 작은 채찍 모양의 구조물이다.
   a. 섬모 b. 편모
   c. 중심립 d. 중간 필라멘트

관계맺기 ENGAGE

과학적으로 생각하기

1. 알들은 벌새의 작은 알에서부터 타조의 큰 알까지 다양한 크기가 있다. 세포의 표면적 대 부피 비율에 대해 당신이 아는 바에 따르면, 이 알들 중 어떤 것이 대사율이 더 높을 것이며, 그 이유는 무엇인가?

2. 람블편모충(*Giardia lamblia*)은 식수원을 오염시키고 설사를 일으키는 것으로 흔히 알려진 원생생물이다. 편모충 진핵생물인 반면, 그것의 세포는 미토콘드리아가 없다. 미토콘드리아가 부족한 진핵생물 세포에 미치는 전반적인 영향은 무엇일까? 편모충은 어떻게 이 잠재적인 어려움에 적응했을까?

3. 합성생물학의 새로운 과학의 한 측면은 특정한 기능을 수행하기 위해 세포를 실험실에서 설계하는 것을 포함한다(1장 시작 부분 참조). 당신이 약물 실험에 사용할 단백질을 만들고자 했다고 가정하자. 단백질을 만들고 세포에서 내보내는 세포를 설계하시오.

©Axel Fassio/Getty Images

CHAPTER

5

역동적인 세포
The Dynamic Cell

매운 고추

매운 고추를 먹고 입안이 불타는 듯한 느낌을 받은 적이 있는가? 이러한 느낌은 고추 식물이 생산한 캡사이신(capsaicin)이라는 화학물질이 입에 있는 통증 수용체의 원형질막에 있는 단백질과 결합하였기 때문에 나타난다. 원형질막의 중요한 기능 한 가지는 세포를 드나드는 분자를 통제하는 것이다. 막에는 칼슘 이온이 막을 통과하도록 하는 통로 단백질이 있다. 이들 통로가 열리면 칼슘 이온이 세포 내부로 이동하며, 이에 따라 통증 수용체가 신호를 뇌로 보낸다. 뇌는 이 신호를 받아 통증이나 타는 듯한 불쾌한 느낌으로 해석한다. 온도나 산성 pH, 열, 캡사이신 등의 화학물질을 비롯한 많은 요인에 의해 이러한 통로가 열리게 된다.

캡사이신이 존재하는 한 경로가 활성화되어 있으므로 신호가 뇌로 전달될 것이다. 따라서 통증을 완화시키는 가장 빠른 방법은 캡사이신을 제거하여 통로 단백질을 닫는 것이다. 안타깝게도 캡사이신은 지용성이므로 차가운 물을 마셔도 통증이 거의 완화되지 않는다. 그러나 우유를 마시거나, 또는 빵이나 밥을 먹으면 캡사이신 제거에 도움이 된다. 흔히 첫입이 가장 나쁘다. 그 이유는 캡사이신이 모든 통로의 초기 개방을 동시에 유발하기 때문이다. 수용체는 캡사이신에 대해 무감각하게 될 수 있으며, 따라서 같은 고추를 먹더라도 나중에는 처음처럼 맵게 느끼지 못하게 되는 것이다. 흥미롭게도, 캡사이신은 식물이 균류에 대응하기 위한 오랜 기간의 진화적 전투에서 무기로 삼기 위해 생산한 것이다(18장 참조).

이 장에서는 세포가 어떻게 물질을 드나들게 하는지 뿐만 아니라 에너지의 기본적 특성, 그리고 세포가 생명을 유지하는 데 필요한 복잡한 반응을 수행하기 위해 대사경로와 효소를 어떻게 이용하는지에 대해 탐구할 것이다.

이 장을 공부하는 동안 다음 질문에 대해 생각해보자.

1. 원형질막에 있는 수송 단백질과 통로 단백질이 어떻게 기능을 수행하는가?
2. 칼슘 통로가 수행하는 수송은 어떤 유형에 해당하는가?

개요

시작하기 전에

이 장을 시작하기 전에 다음의 내용을 다시 살펴보자.

1.1절 모든 생명활동에 대사과정이 중요한 이유

3.2절 단백질의 3차원 형태와 연계된 4단계의 구조 수준

4.2절 세포의 원형질막에서 단백질이 역할

5.1 에너지란 무엇인가?

학습 목표

이 절을 학습한 후에는 다음 과제를 수행할 수 있어야 한다.

1. 위치에너지(potential energy)와 운동에너지(kinetic energy)를 구별하기.
2. 열역학 두 법칙을 설명하기.
3. 열역학 법칙과 엔트로피 개념이 살아 있는 생명체와 어떻게 연관되어 있는지 요약하기.

1.1절에서 생명체는 에너지를 얻고 이용하여야만 한다는 사실을 논의한 바 있다. 그러면 에너지란 무엇인가? **에너지(energy)**는 일을 할 수 있는 능력으로 정의한다. 즉, 어떤 일이 일어나게 하는 능력을 의미한다. 에너지원이 없다면, 사람은 물론 그 어느 생명체도 지구에서 살 수 없을 것이다. 우리가 살고 있는 생물권은 태양에서 에너지를 받고, 생명현상을 수행함에 따라 에너지의 형태가 다른 형태로 전환된다.

에너지는 운동과 위치 두 가지 형태로 발생한다. **운동에너지(kinetic energy)**는 공이 언덕 아래로 굴러 떨어지거나 들판을 걸을 때와 같은 움직임의 에너지이다. **위치에너지(potential energy)**는 저장 에너지이며, 현재 사용되지 않지만, 일을 할 수 있는 능력이다. 우리가 먹는 음식에는 위치에너지가 있기 때문에 다양한 유형의 운동에너지로 전환될 수 있다. 음식은 유기 분자의 화학결합에 있는 에너지를 포함하기에 특히 화학에너지(*chemical energy*)라고 불린다. 걸음을 걸을 때 화학에너지는 기계적 에너지(*mechanical energy*)라고 하는 일종의 운동에너지로 전환된다(그림 5.1).

그림 5.1 위치에너지와 운동에너지.
식물은 태양에너지를 사과 안에 저장된 위치에너지로 전환한다. 과수원의 남자는 사과를 먹어 사과의 위치에너지를 걸음을 걷게 하는 운동에너지로 전환한다. 결국 시스템에 유입되는 모든 태양에너지는 열로 소실된다.

에너지의 측정

화학자들은 주울(*joule*)이라는 측정단위를 사용하지만, 일반적으로 식품 에너지는 칼로리라는 용어를 이용하여 측정한다. **칼로리(calorie)**는 물 1 g의 온도를 1°C 높이는 데 필요한 열의 양이다. 1칼로리의 에너지 양이 많지 않아서 식품의 열량은 대개 **킬로칼로리(kilocalorie**, 1,000 칼로리)로 표시하며, 큰칼로리(Calorie)로 표시하기도 한다.

연관

삶을 유지하려면 하루에 얼마나 많은 에너지가 필요할까?

삶을 유지하는 데 필요한 최소 에너지 요구량은 기초대사율(basal metabolic rate, BMR)이라고 한다. 기초대사율은 체온, 심장박동, 기초 신경기능을 유지하는 등의 활동에 필요하다. 기초대사율은 개인의 나이와 성별은 물론 체질량, 유전적 성향, 활동수준에 따라 하루에 최소 1,200에서 최대 2,000 kcal 정도로 다양하게 나타난다. 인터넷에서 개인별로 기초대사율 값을 추정할 수 있는 계산 방법을 쉽게 찾아볼 수 있다.

에너지 법칙

에너지 흐름에 관한 두 가지의 **에너지 법칙(energy law)**은 에너지 전환의 원리를 이해하는 데 도움이 된다. 이들을 총칭하여 열역학 법칙(law of thermodynamics)이라고 한다.

에너지 보존

에너지 보존의 법칙이라고도 하는 **열역학 제1법칙**은 에너지가 생성되거나 파괴될 수 없지만, 한 형태에서 다른 형태로 바뀔 수 있음을 알려준다. 앞서 과수원의 남자의 예와 관련시켜보면(그림 5.1), 그가 걷기를 시작하기 전에 사과를 먹어 에너지를 얻어야 한다는 것을 안다. 세포 수준에서 사과의 에너지는 화학적(위치) 에너지에서 기계적(운동) 에너지의 형태로 전환되었다. 이 경우 근육은 사과의 위치에너지(포도당)를 근육의 화학적 위치에너지(복합 탄수화물 글리코겐)로 전환하였고,이 에너지는 근육 수축에 필요한 운동에너지로 전환되었다.

엔트로피

열역학 제2법칙에 따르면 에너지는 사용 가능한 에너지의 손실 없이는 한 형태에서 다른 형태로 변화할 수 없다. 태양에너지, 음식 및 ATP와 같은 많은 형태의 에너지가 사용가능하다. **열(heat)**은 확산되는 에너지이며 가장 유용하지 않은 형태이다. 모든 에너지 변환은 열의 형태로 사용 가능한 에너지 손실을 초래한다. 앞의 예(그림 5.1)에서 음식에 저장된 많은 위치에너지는 사람이 그것을 운동의 운동에너지로 변환할 때 열로 손실된다. 이 열의 발생으로 우리는 일정한 체온을 유지할 수 있지만 결국 열은 환경으로 손실된다.

모든 에너지 변환은 무질서의 정도를 증가시킨다. **엔트로피(entropy)**라는 용어는 무질서도의 상대적인 양을 의미한다. 질서의 정도를 유지하는 유일한 방법은 시스템에 더 많은 에너지를 추가하는 것이다. 예를 들자면, 정돈된 방은 질서가 있으나 덜 안정하며, 어질러진 방은 무질서하지만 더 안정되어 있다(그림 5.2*a*). 다시 말하면, 방은 정돈된 상태보다는 어질러진 상태로 있을 가능성이 높다. 왜 그럴까? 방을 정돈되고 깔끔하게 유지하기 위해 지속적으로 에너지를 투입하지 않으면 필연적으로 점점 무질서하고 지저분하게 될 것이다.

엔트로피: 열역학 제2법칙

a.

- 잘 정돈됨
- 위치에너지가 많음
- 덜 안정함
- 엔트로피가 적음

- 덜 정돈됨
- 위치에너지가 적음
- 더 안정함
- 엔트로피가 많음

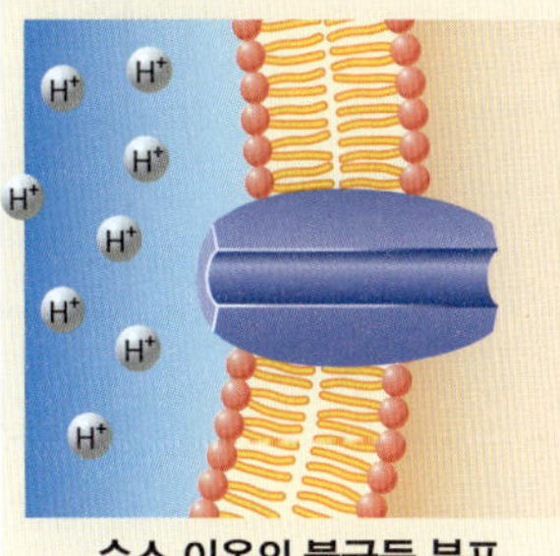

수소 이온의 불균등 분포

수소 이온의 균등한 분포

b.

그림 5.2 세포와 엔트로피.
열역학 제2법칙에 따르면 엔트로피(무질서도)는 항상 증가한다. 따라서 **(a)** 정돈된 방은 어질러지고 무질서해지는 경향이 있고, **(b)** 막의 한 쪽면에 있는 수소 이온(H^+)은 반대쪽으로 이동하여 균등하게 분포되는 경향이 있다. 두 경우 모두에서 위치에너지가 소실되며 엔트로피가 증가된다.
(photos: both): ©Keith Eng

세포에서 일어나는 에너지 전환을 포함한 모든 에너지 전환은 엔트로피를 증가시킨다. **그림 5.2*b***는 세포가 보다 질서정연한 상태에서 보다 무질서한 상태로 진행되면서 일어나는 과정을 보여준다. 정돈된 방이 무질서하게 되는 경향이 있는 것처럼, 막의 한쪽 면에 축적되어 있는 수소 이온(H^+)은 에너지 투입에 의해 방지되지 않는 한 반대편 쪽으로 이동하는 경향이 있다. 왜냐하면 수소 이온이 막의 양쪽에 균등하게 분포할 때에는 그 상태를 유지하는 데 추가 에너지가 필요하지 않으며, 무질서도가 증가하였기 때문이다. 그 결과 세포에서 수소 이온이 보다 안정적으로 배열된다.

무질서에서 정돈 상태로 진행하는 세포 내 반응의 경우는 어떨까? 예를 들어 식물세포는 이산화탄소와 물로써 포도당을 만들어낼 수 있다. 어떻게 이런 일을 할 수 있을까? 어질러진 방을 정돈하는 데 에너지가 필요하듯, 무질서로 향하는 자연적인 경향을 극복하기 위해서는 에너지의 투입이 필요하다. 마찬가지로, 식물은 태양에너지를 이용하여 무질서도가 높은 물과 이산화탄소로부터 고도로 정돈된 분자인 포도당을 만들 수 있다. 그러나 이러한 과정에서조차 약간의 위치에너지가 소실된다. 태양에너지가 식물세포에서 화학에너지로 전환될 때, 태양에너지의 일부는 항상 열로 소실된다. 다시 말해, 세포의 정돈된 구성은 끊임없는 에너지 사용으로 이루어지며, 그 결과 우주의 엔트로피가 증가된다.

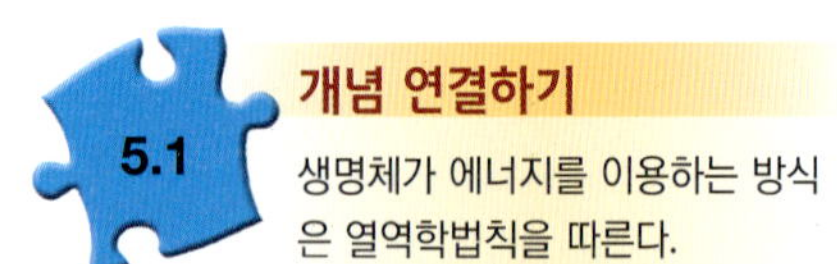

진도 점검하기 5.1

1. 위치에너지와 운동에너지를 비교하고, 위치에너지가 운동에너지로 전환되는 예를 제시하시오.
2. 열역학법칙 두 가지를 설명하시오.
3. 세포가 어떻게 엔트로피(무질서도)를 낮추고, 자신의 정돈된 상태를 유지하는지 설명하시오.

5.2 ATP: 세포의 에너지

학습 목표

이 절을 학습한 후에는 다음 과제를 수행할 수 있어야 한다.

1. 세포에서 아데노신3인산(ATP)의 역할에 대해 요약하기.
2. ATP 순환 단계에 대해 설명하기.
3. 광합성과 세포호흡 사이의 에너지 흐름에 대해 설명하기.

아데노신3인산(adenosine triphosphate, ATP)은 세포의 에너지 화폐이다. 물건을 구입할 때 돈을 지불하듯이, 세포는 단백질 합성, 원형질막을 통한 이온 수송, 소기관과 편모의 운동 등 거의 모든 세포 활동을 수행할 때에 ATP를 이용한다. 세포는 에너지가 필요한 곳이면 어디든 ATP가 제공하는, 쉽게 이용할 수 있는 에너지를 공급한다.

ATP의 구조

ATP는 뉴클레오티드이며(3.2절 참조), DNA와 RNA를 구성하는 단량체로 쓰이는 분자이다. ATP의 명칭인 아데노신3인산은 이 분자가 리보오스, 질소-함유 염기인 아데닌, 그리고 3개의 인산기를 가지고 있음을 의미한다(**그림 5.3**). 3개의 인산기(ⓟ로 표기)는 음전하를 지니고 있어 서로 반발한다. 배터리 끝의 두 음극을 밀어서 붙이는 것과 같이 인산기의 반발력을 극복하고 화학결합으로 연결하려면 에너지가 필요하다. 이것이 인산기 사이의 결합이 고에너지 결합인 이유이다.

그러나 ATP 분자는 연결된 인산기로 인해 불안정하게 된다. ATP는 마지막 인산기를 쉽게 잃는데, 분해산물인 ADP(아데노신2인산)와 분리된 인산기가 ATP보다 안정하기 때문이다. 이 반응은 ATP → ADP + ⓟ로 쓰며, ATP가 분해되면 에너지가 방출된다. ADP 역시 인산기 1개를 잃고 AMP(아데노신1인산)로 될 수 있다.

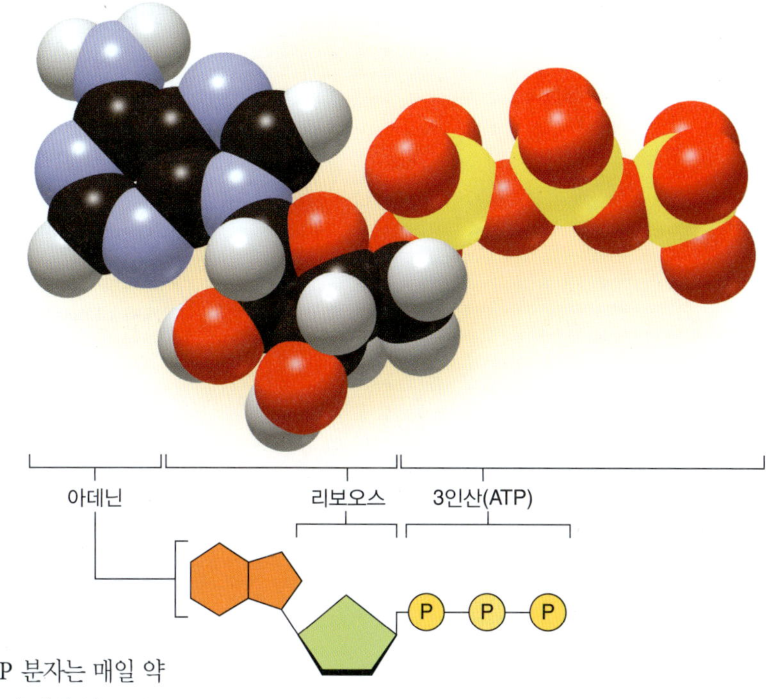

그림 5.3 ATP.
세포의 보편적인 에너지 화폐인 ATP는 아데닌, 리보오스, 3개의 인산기(3인산)로 구성된다.

ATP의 이용과 생산

ATP가 끊임없이 분해되고 재생산되는 것을 ATP 순환(ATP cycle)이라고 한다(그림 5.4). ATP는 에너지가 필요한 반응에서 사용되기 전 짧은 시간 동안만 에너지를 저장한다. 에너지를 소비하고 나면 ADP + ⓟ로부터 ATP가 다시 생성된다. 각 ATP 분자는 매일 약 10,000번이나 분해되고 합성된다. 사람의 몸은 최소 활동을 가정하면 매일 약 45 kg의 ATP를 소비한다. 일반적으로, 어느 시점에 보유하고 있는 ATP 양은 그때 수행되는 대사 과정에서 약 1분 동안 필요로 하는 양을 충족할 정도이다.

ATP는 불안정한 특성으로 인해 효율적인 에너지 운반체이지만, 바로 그 특성 때문에 에너지 저장 분자로는 이용할 수 없다. 그 대신 탄수화물과 지질은 많은 H—C 결합을 가지고 있어서 세포의 에너지 저장 분자로 선호된다. 이들의 에너지는 세포호흡 과정에서 추출되어 주로 미토콘드리아에서 ATP 재생성에 이용된다. 7.1절에서 포도당 1분자가 분해되면 약 38분자의 ATP가 생성될 수 있음을 공부할 것이다. 세포호흡을 통해 포도당 분자의 위치에너지 중 39%만 ATP의 위치에너지로 전환되고, 나머지는 열로 소실된다.

ATP 생산은 다음과 같은 이유에서 세포에 유용하다.

- ATP는 에너지를 빠르게 방출하여 효소반응의 속도를 높여준다.
- ATP가 ADP + ⓟ로 될 때 생물학적 목적에 충분한 만큼의 에너지가 방출된다. 탄수화물이나 지질 분자 전체를 분해하는 것은 필요 이상의 훨씬 많은 에너지를 방출하기 때문에 낭비이다.
- ATP의 구조로 인하여 ATP 분해와 에너지-요구 반응이 쉽게 짝을 이룬다(다음 절 참조).

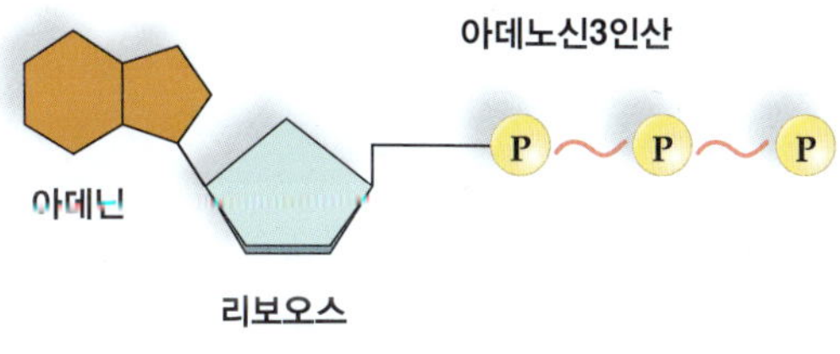

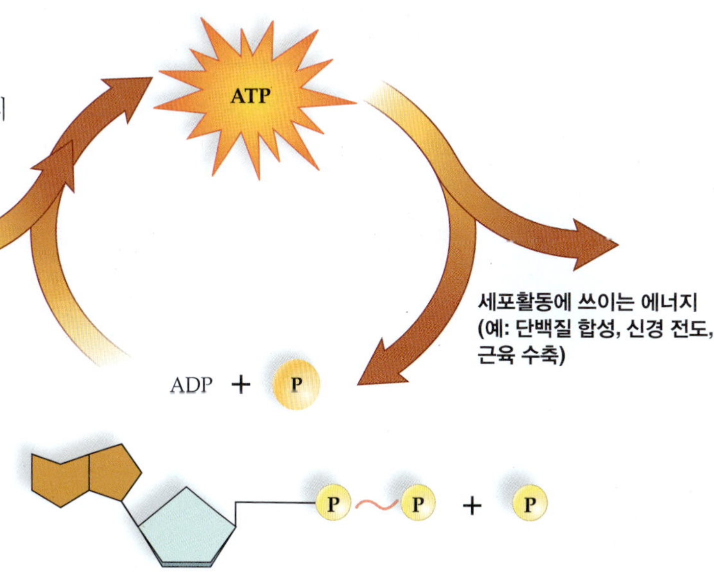

그림 5.4 ATP 순환.
ATP를 에너지원으로 사용하면 가수분해에 의해 인산기가 제거된다. ATP는 주로 세포호흡에 의해 미토콘드리아에서 재생된다.

짝반응

많은 대사반응에는 에너지가 필요하다. 에너지-요구 반응(예: 단백질 합성)이 에너지-방출 반응(예: ATP 분해) 부근에서 일어나면 에너지를 공급받을 수 있다. 이를 짝반응(coupled reaction)이라고 하며, 에너지-방출 반응이 에너지-요구 반응이 일어나는 데 필요한 에너지를 제공한다. 일반적으로 에너지-방출 반응은 ATP 분해 반응이며, 일반적으로 에너지-요구 반응이 소비하는 양(및 열) 보다 많은 에너지를 방출한다. 이로 인해 엔트로피가 증가하지만, 두 반응은 모두 진행될 것이다. 짝반응을 가장 단순하게 도식화하면 다음과 같다.

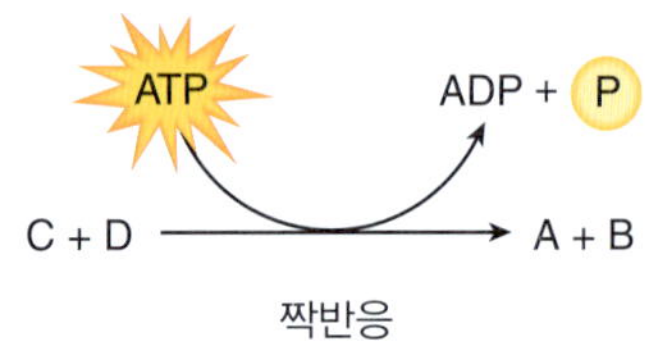

이 반응으로는 짝지움이 일어난다는 사실은 알 수 있지만, 어떻게 이루어지는지는 알 수 없다. 일반적으로 ATP에서 인산기 한 개가 반응물로 전달된다. 이로 인하여 반응물의 형태가 변화되거나(그리고 새로운 반응을 시작하거나), 반응물을 활성화시킨다. 두 경우 모두 반응물은 짝반응의 결과로 세포 내에서 기능을 수행할 수 있다. 예를 들어 리보솜에서 폴리펩티드가 합성될 때 효소가 ATP의 인산기 1개를 각각의 아미노산에 차례로 전달하는데, 인산기를 전달받은 아미노산이 활성화되어 다른 아미노산과 결합을 이루게 된다.

그림 5.5는 ATP 분해가 어떻게 근육 수축에 필요한 에너지를 제공하는지 보여준다. 근육이 수축하는 동안, 미오신 필라멘트가 액틴 필라멘트를 세포의 중앙으로

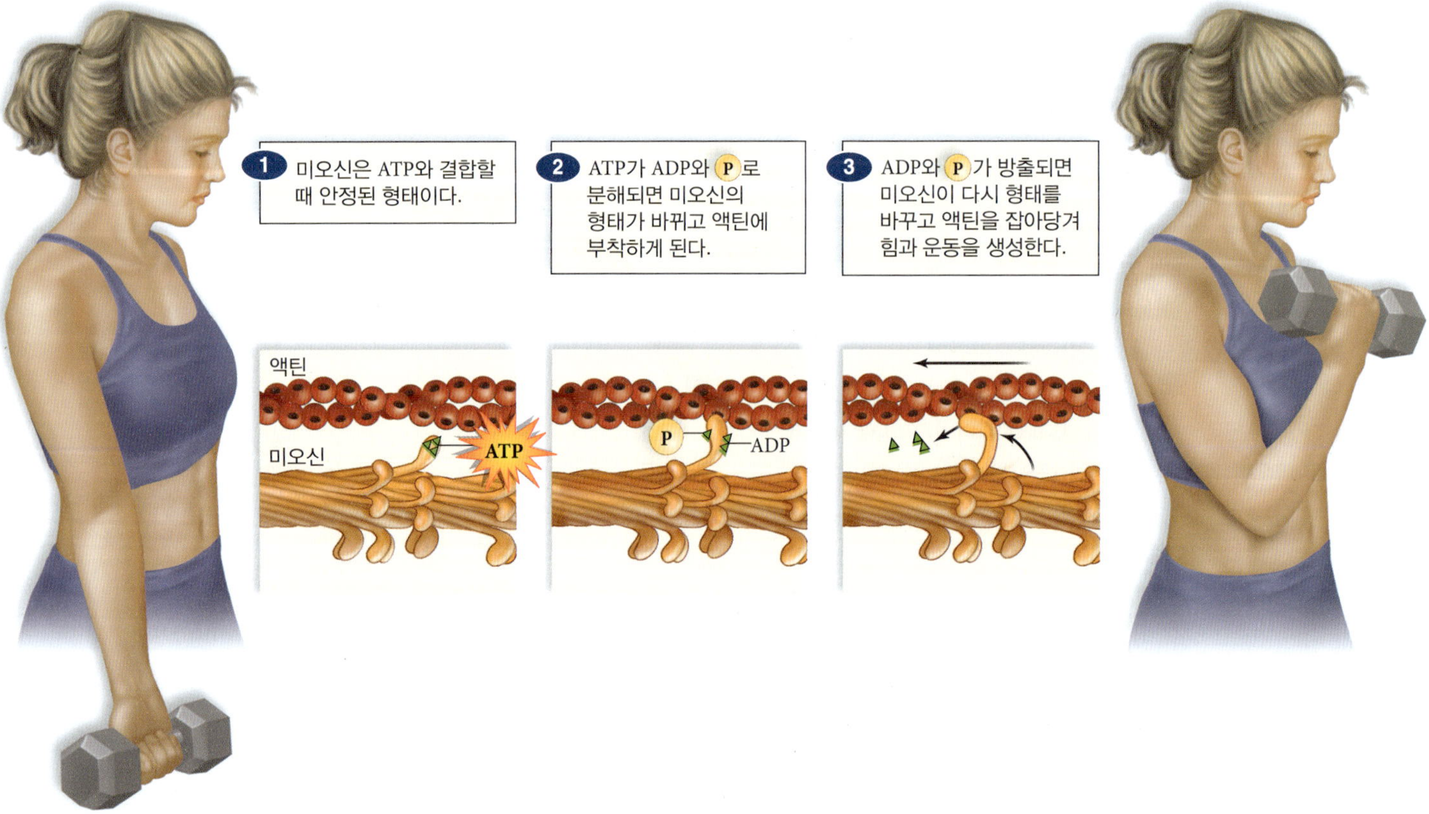

그림 5.5 짝반응.
근육은 ATP 분해반응과 짝을 이루어야만 수축된다. 미오신은 분해되기 전의 ATP와 결합한다. ATP가 분해된 후 ADP + ⓟ가 떨어져 나오면 미오신의 위치가 변하여 액틴 필라멘트를 끌어당기게 된다.
(photo): ©CNRI/Science Source

1 미오신은 ATP와 결합할 때 안정된 형태이다.
2 ATP가 ADP와 P로 분해되면 미오신의 형태가 바뀌고 액틴에 부착하게 된다.
3 ADP와 P가 방출되면 미오신이 다시 형태를 바꾸고 액틴을 잡아당겨 힘과 운동을 생성한다.
액틴
미오신
ATP
P
ADP

잡아당겨서 근육이 짧아진다. 먼저 미오신이 ATP와 결합한 다음 ATP가 ADP + ⓟ로 분해된다. ADP + ⓟ가 분자에서 떨어져 나오면 미오신의 형태가 변형되어 액틴 필라멘트를 끌어당기게 된다.

연관

크레아틴은 무엇이며, 안전한가?

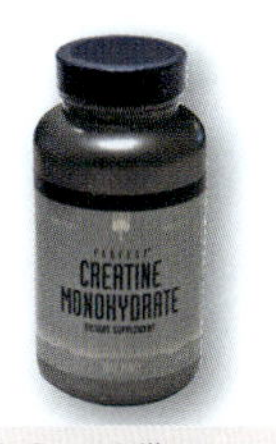

©McGraw-Hill Education/Mark Dierker, photographer

크레아틴은 사람의 근육세포에 크레아틴인산(creatine phosphate, 또는 phosphocreatine) 형태로 존재하며, 근육세포에 있는 ATP 분자를 짧고 빠르게 재충전해준다. 지난 몇 년 동안 크레아틴 보충제는 보디빌딩 선수들에게서 인기를 얻었다. 크레아틴 보충제가 일부 개인에게 운동효과를 높여준다는 약간의 증거가 있지만, 미국식품의약국(FDA)은 소변에 과량으로 있는 크레아틴을 배설하는 신장 등의 기관에 대한 크레아틴의 잠재적인 나쁜 영향에 대해 장기간의 연구를 수행한 바 없다. 더욱이 크레아틴 보충제는 아세트아미노펜이나 심지어 카페인 등 의사처방 없이 구매할 수 있는 일반의약품과 함께 복용하면 위험한 상호작용을 일으킬 수도 있다. 크레아틴 보충제가 안전한지를 판단하려면 추가연구가 필요하다.

에너지의 흐름

생물권 내에서 에너지는 엽록체와 미토콘드리아의 활동으로 인해 태양에서 모든 생명체로 흐른다(심해 통풍구 근처에 서식하는 일부 생명체는 예외). 식물의 엽록체는 광합성을 통해 포획한 태양에너지를 이용하여 물과 이산화탄소를 탄수화물로 전환시키며, 이 탄수화물은 식물은 물론 다른 생명체의 먹이로 사용된다. 미토콘드리아에서는 세포호흡을 통해 탄수화물의 분해가 완결되며, 이때 방출되는 에너지로 ATP 분자를 합성한다.

그림 5.6에서 세포호흡에 산소가 필요하며, 엽록체가 흡수하는 바로 그 분자인 이산화탄소와 물이 생성된다는 점에 주목하자. 실제로 태양에서 생명체로 에너지의 흐름을 가능하게 하는 것은 엽록체와 미토콘드리아 사이의 분자 순환이다. 이러한 에너지 흐름이 분자로부터 생명체를 거쳐 생태계에 이르는 생물학적 조직 수준을 유지한다. 에너지 법칙에 따라 유용한 에너지는 화학적 전환이

에너지 전환
열
태양 에너지
엽록체
O_2
CO_2와 H_2O
화학에너지 (탄수화물)
미토콘드리아
열
ATP
화학적 일
수송
기계적 일

그림 5.6 에너지의 흐름.
엽록체는 태양에너지를 화학에너지로 전환시켜 영양 분자에 저장한다. 미토콘드리아가 이 화학에너지를 ATP 분자로 전환시키며, ATP 분자는 세포가 화학적, 수송 및 기계적 작업을 하는 데 이용된다.

(leaves): ©Comstock/PunchStock; (woman): ©Karl Weatherly/Getty Images

일어날 때마다 소실되며, 결국 식물이 포획한 태양에너지는 열의 형태로 소실된다. 이런 방식으로 생명체는 태양에너지 유입에 의존한다.

모든 생명과 마찬가지로 사람도 이 순환에 관여하고 있다. 우리는 산소를 들이마시고 식물과 식물에 저장된 탄수화물, 또는 식물을 먹은 동물을 먹는다. 산소와 영양 분자는 미토콘드리아로 들어가서 ATP를 생성하고 이산화탄소와 물을 방출한다. 에너지가 풍부한 음식을 먹지 않는다면 우리의 몸을 유지하고 대사활동을 수행하는 데 필요한 ATP 분자를 생성하지 못할 것이다.

개념 연결하기 5.2

세포의 에너지 통화는 ATP이며, 세포가 세포 기능에 동력을 공급하는 데 사용된다.

진도 점검하기 5.2

1. ATP가 생성되는 과정, 그리고 ATP를 에너지 저장 분자로 이용할 수 없는 이유를 설명하시오.
2. 짝반응은 무엇이며, 이 반응에서 ATP의 역할은 무엇인지 설명하시오.
3. 세포호흡과 광합성이 어떻게 연결되어 있는지 설명하시오.

5.3 대사경로와 효소

학습 목표

이 절을 학습한 후에는 다음 과제를 수행할 수 있어야 한다.

1. 대사반응이 어떻게 특정 효소에 의해 촉매되는지 설명하기.
2. 대사경로에서 효소의 역할을 설명하기.
3. 효소작용의 유도적합 모델을 설명하기.
4. 효소작용을 억제하는 과정을 설명하기.
5. 반응에 필요한 활성화 에너지를 효소가 어떻게 낮춰주는지 설명하기.

생명은 통제된 화학반응의 연속이다. 휴대폰이 공장에서 일련의 단계를 거쳐 만들어지듯이 세포 내 화학반응은 특정한 순서로 일어나도록 연결되어 있다. 경로에서 하나의 반응은 다음 반응으로 이어지고, 다음 반응으로 이어지는 식으로 체계적이고 고도로 구조화된 방식으로 진행된다. 이것을 대사 또는 생화학적 경로라고 한다. 대사경로는 특정 **반응물(reactant)**에서 시작하여 **최종산물(product)**로 종결된다. 예를 들어, 세포에서 포도당은 세포호흡(7장 참조)이라는 일련의 반응으로 구성된 세포호흡이라는 대사경로를 통하여 에너지(ATP), CO_2 및 H_2O의 최종산물을 생성하고 분해된다.

아래 내용은 대사경로의 또 다른 예이다. 이 그림에서 *A*~*F*는 반응물이고, *B*~*G*는 생성물이다. 앞선 반응의 생성물이 어떻게 다음 반응의 반응물이 되는지 주목하자. 첫 번째 반응에서 A는 반응물이고 B는 생성물이다. 그리고 B는 다음 반응에서 반응물이 되고 C는 생성물이 된다. 이 과정은 최종산물(G)이 만들어질 때까지 계속된다.

$$A \xrightarrow{e_1} B \xrightarrow{e_2} C \xrightarrow{e_3} D \xrightarrow{e_4} E \xrightarrow{e_5} F \xrightarrow{e_6} G$$

이 그림에서 e_1~e_6는 **효소(enzyme)**를 나타내며, 일반적으로 화학반응 속도를 높여주는 유기촉매 기능을 하는 단백질 분자이다. 효소는 자신이 시작할 수 있는 특정 반응의 속도만 높여줄 수 있다. 세포 내에서 효소는 서로 모르는 자신의 두 친구를 만나게 하여 사귀도록 해주는 사람과 같다. 왜냐하면 효소는 특정 분자들을 함께 모아 서로 반응하도록 해주기 때문이다.

효소와 반응하는 분자를 그 효소의 **기질(substrate)**이라고 한다. 효소는 기질을 생성물로 전환시킨다. 효소반응의 기질과 생성물은 매우 다양하다. 많은 효소가 하나의 기질이 여러 생성물로 분해되는 과정을 촉진하거나 한 효소가 하나의 기질을 하나의 생성물로 전환시키는 경우도 있다. 또한 2개 이상의 기질을 합하여 하나의 생성물로 전환시키는 효소도 있다.

효소의 활성부위

대부분의 경우에 **활성부위(active site)**라고 부르는 효소의 작은 한 부분만 기질과 결합할 수 있다(그림 5.7). 활성부위에서 기질은 마치 자물쇠에 맞는 열쇠처럼 효소에 딱 맞게 결합한다. 따라서 대부분의 효소는 단 하나의 기질하고만 딱 맞을 수 있다. 그러나 기질과 잘 맞추기 위하여 활성부위에 약간의 형태 변화가 일어나게 된다. 이것을 **유도적합 모델(induced fit model)**이라고 부르는데, 가장 적합한 결합을 이루기 위하여 효소에 약간의 변화가 유도되기 때문이다.

활성부위의 형태가 변화되면 다음에 일어나는 반응이 촉진된다. 반응이 종료되고 생성물이 방출되면, 활성부위는 원래의 형태로 돌아가 다른 기질 분자와 결합할 수 있게 된다. 효소는 반응에서 소모되지 않기 때문에 각각의 효소는 세포 내에 아주 적은 양만 있어도 된다.

효소 억제

활성 효소와 기질의 결합이 방해받으면 효소 억제(enzyme inhibition)가 일어난다. 효소 억제제는 종종 일부 생명체에게 독성을 나타낸다. 예를 들어 시안화물은 시토크롬 *c* 산화효소의 억제제인데, 이 효소는 ATP 생산에 관여하기 때문에 세포에서 매우 중요한 역할을 한다. 시안화물이 효소와 결합하면 활성이 억제되므로 독성이 나타난다. 그러나 일부 효소 억제제는 유용한 약품으로 이용된다. 예를 들어 페니실린은 세균에게는 독성을 나타내지만 사람에게는 그렇지 않은데, 세균에만 있는 효소의 활성부위를 방해하기 때문이다. 다른 항생제들도 효소 억제제로서 작용한다.

세포 내 거의 모든 효소는 **되먹임 억제(feedback inhibition)**에 의해 활성이 조절된다. 가장 단순한 경우는 생성물이 풍부할 때에 이 생성물이 효소의 활성부위에 대해 기질과 경쟁하는 것이다. 생성물이 소비되어 줄어들면 억제가 감소하고, 따라서

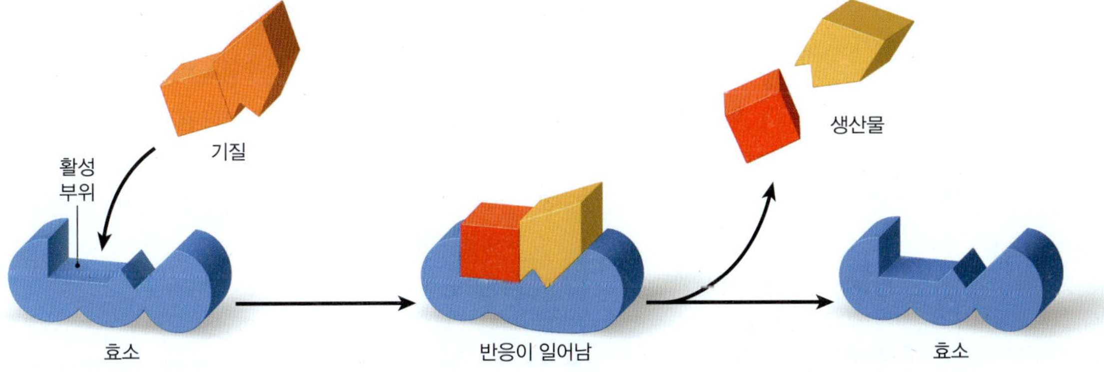

그림 5.7 효소 작용. 효소에는 기질과 효소가 결합하여 기질이 반응하도록 하는 활성부위가 있다. 반응 후 생성물이 방출되고 효소는 다시 사용할 수 있다.

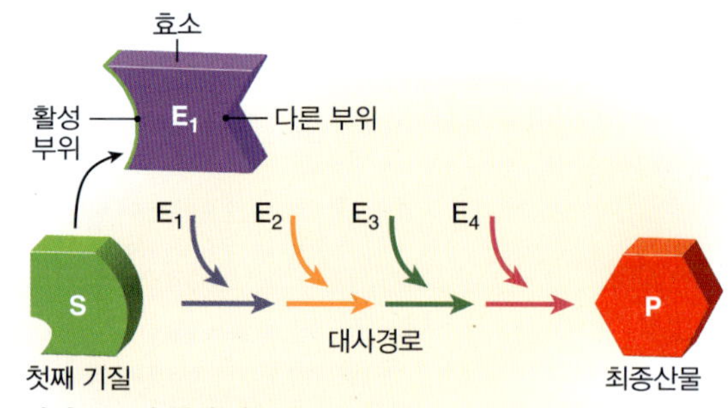

a. **활성 효소와 활성 경로**

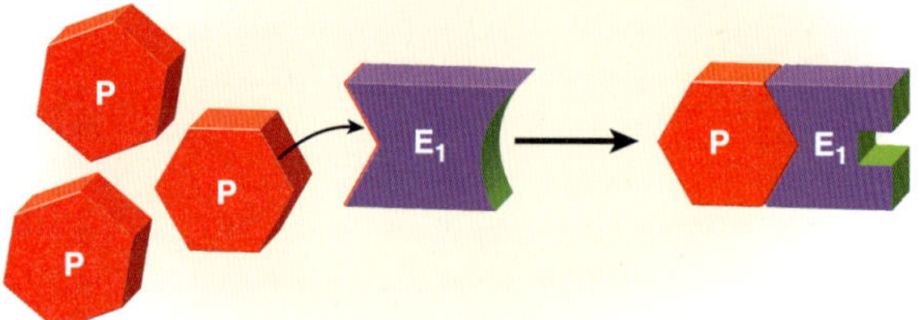

b. **되먹임 억제**

c. **불활성 효소와 불활성 경로**

그림 5.8 되먹임 억제.
a. 이런 유형의 되먹임 억제는 활성 효소 경로의 최종산물(P)이 풍부하여 **(b)** 첫째 효소(E_1)의 활성부위가 아닌 다른 부위에 결합할 때 일어난다. **(c)** 활성부위의 형태가 변형되기 때문에 기질(S)이 더 이상 효소와 결합할 수 없게 된다. 따라서 전체 경로가 활성을 잃게 된다.

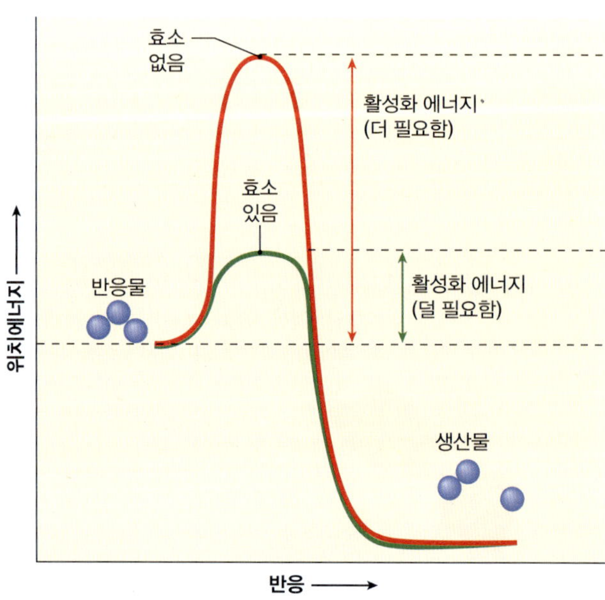

그림 5.9 활성화 에너지(E_a).
효소는 반응물이 반응하도록 하는 데 필요한 에너지의 양을 낮추어 반응속도를 높인다. 그림의 예처럼 생성물의 에너지가 반응물의 에너지보다 적은 경우라 하더라도 효소가 존재하면 속도가 빨라진다.

더 많은 생성물이 생산될 수 있다. 이런 방식으로 생성물의 농도는 언제나 적정한 범위로 조절된다.

대부분의 대사경로는 좀 더 복합적인 유형의 되먹임 억제에 의해 조절된다(그림 5.8). 이 경우, 최종산물이 풍부하면 이 최종산물이 대사경로에서 첫째 효소의 활성부위가 아닌 다른 부위에 결합한다. 이로 인해 활성부위의 형태가 변형되어 효소가 기질과 결합하지 못하게 된다. 첫째 효소가 활성을 잃으면 전체 경로가 멈추게 된다.

활성화 에너지

분자는 어떤 식으로든 활성화되지 않는 한 서로 반응하지 않는 경우가 많다. 실험실에서는 대개 혼합물을 가열하여 분자들의 충돌횟수를 증가시킴으로써 활성화시킨다.

분자가 서로 반응하도록 하는 데 필요한 에너지를 **활성화 에너지(energy of activation, E_a)**라고 한다. 활성화 에너지는 대사의 과속방지턱 역할을 한다. 즉, 반응물에서 생성물로 진행하는 반응이 얼마나 빠르게 일어날 것인지를 제한한다. 효소는 반응에 필요한 활성화 에너지 양을 낮추어준다(그림 5.9). 이런 방식으로 반응의 전체적인 속도를 빠르게 하는 촉매로서 작용하는 것이다. 효소는 생성물이나 반응물의 에너지양을 변화시키지 않으며, 단지 반응속도만 변화시킨다.

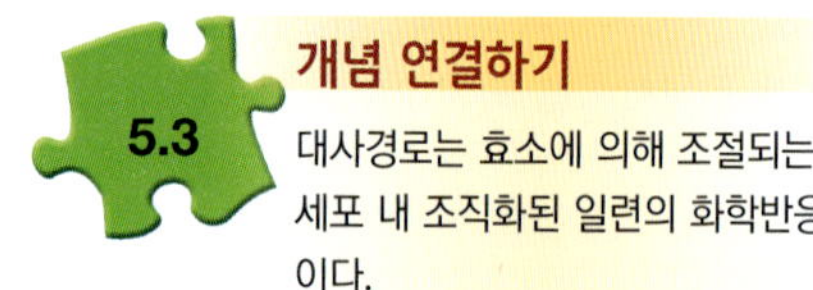

개념 연결하기
대사경로는 효소에 의해 조절되는 세포 내 조직화된 일련의 화학반응이다.

진도 점검하기 5.3

1. 세포에서 대사경로가 지닌 이로운 점을 설명하시오.
2. 유도적합 모델에서 기질이 효소의 활성부위에 결합하는 방식을 설명하시오.
3. 대사경로를 조절하기 위해 되먹임 억제를 사용하는 것이 이로운 점을 요약하시오.

5.4 세포 수송

학습 목표

이 절을 학습한 후에는 다음 과제를 수행할 수 있어야 한다.

1. 물질이 원형질막을 통과하는 다양한 경로를 분류하기.
2. 세포가 이용할 수 있는 수동수송의 종류를 나열하기.
3. 삼투현상, 그리고 서로 다른 긴장성 환경에서 삼투현상이 세포에 미치는 영향을 설명하기.
4. 능동수송이 어떻게 이루어지는지 설명하기.
5. 물질이 세포를 드나들게 하는 다양한 유형의 대량수송에 대해 설명하기.

원형질막은 분자의 세포 출입을 조절한다. 세포는 정상적인 조성을 유지하여야 살아갈 수 있기 때문에 이 기능은 매우 중요하다. 원형질막이 분자의 출입을 조절할 수 있는 것은 차별적인 투과성 때문으로, 어떤 물질은 자유롭게 막을 통과할 수 있고 어떤 물질은 막을 통과하여 수송되며 어떤 물질은 들어오거나 나갈 수 없다.

기본적으로 물질은 수동수송, 능동수송, 그리고 대량수송 가운데 한 가지 방법에 의해 세포로 들어간다. 수동수송은 몇 가지 다른 방식이 있지만, 모든 경우에 물질은 농도가 높은 곳에서 낮은 곳으로 이동하며 에너지를 요구하지 않는다. 능동수송은 농도기울기를 거슬러(농도가 낮은 쪽에서 높은 쪽으로) 물질을 수송하며 수송 단백질과 많은 ATP를 필요로 한다. 대량수송은 에너지를 요구하지만 농도기울기와 무관하게 큰 물질이 이동한다.

수동수송: 에너지 필요 없음

세포의 많은 경로에는 ATP를 사용할 필요가 없다. 총칭하여 이를 수동수송 기작이라고 한다.

확산

수동수송의 한 가지 유형은 확산이다. **확산(diffusion)**에서는 분자가 농도기울기를 따라 평형이 이루어지고 균등하게 분포될 때까지 이동한다. 확산은 막을 통과해야 할 필요가 없다. 확산은 분자 자체의 운동으로 인해 일어나며, 에너지를 소비하지 않기 때문에 수동수송 형태이다. 세포에서는 확산이 원형질막을 통과하여 일어날 수도 있다. 산소와 이산화탄소 등의 작은 비전하 분자는 원형질막을 이루고 있는 인지질 분자 사이를 비집고 들어갈 수 있다.

확산은 모든 유형의 분자에서 관찰할 수 있는 물리적 과정이다. 예를 들어, 염료의 입자를 물에 넣으면(그림 5.10), 염료와 물 분자는 여러 방향으로 이동하지만, 운동의 총합인 순 이동은 농도가 낮은 쪽으로 향한다. 결국 염료가 분산되어 막의 양쪽에 있는 염료 입자의 수가 같아지면 어느 방향으로든 순 이동이 일어나지 않는다.

그림 5.10 단순확산.
단순확산은 자발적이며, 에너지를 요구하지 않는다. **a.** 염료 입자를 물에 넣으면 한 곳에 집중되어 있다. **b.** 염료가 물에 용해되고 높은 농도에서 낮은 농도로 순 이동한다. 물 분자 또한 높은 농도에서 낮은 농도로 순이동한다. **c.** 결국, 물과 염료 분자가 용기 전체에 균등하게 분포된다.

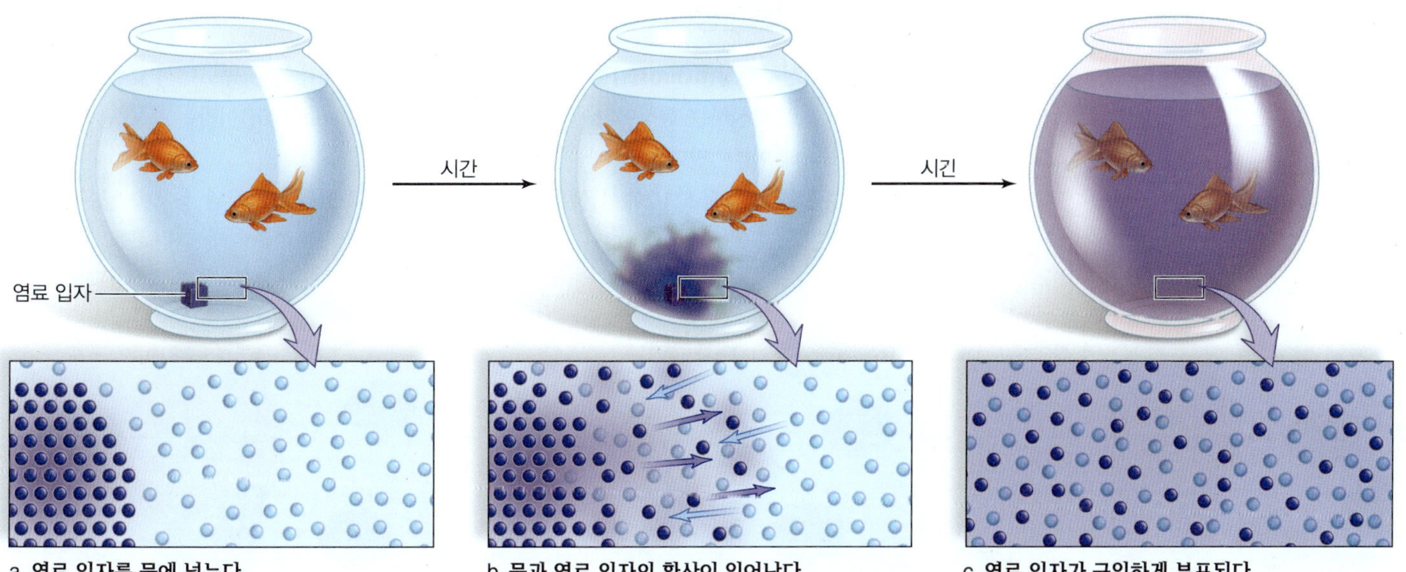

용액(solution)은 용질과 용매를 모두 가지고 있다. 이 경우에, 염료는 **용질(solute)**이고 물은 **용매(solvent)**이다. 용질은 대개 고체나 기체이고, 용매는 대개 액체이다.

촉진확산

촉진확산(facilitated diffusion, 그림 5.11)은 이온이나 분자가 특수한 통로 단백질(channel protein)이나 운반 단백질(carrier protein)의 도움을 받아 막을 통과하여 확산되는 현상이다. 물은 그 크기 때문에 막을 가로질러 확산될 수 있지만, 극성분자이므로 원형질막을 가로질러 물을 이동시키기 위해 아쿠아포린(*aquaporin*)이라는 통로 단백질을 사용한다. 이로 인해 물이 예상보다 훨씬 빠르게 막을 통과할 수 있다. 포도당과 아미노산은 통과할 때에 형태가 변형되는 운반 단백질의 도움을 받아 막을 통과한다. 통로 단백질과 운반 단백질은 통과시키는 분자에 대해 매우 높은 특이성을 나타낸다.

연관

낭포성섬유증의 원인은 무엇인가?

1989년에 과학자들은 7번 염색체에 있는 한 유전자의 손상이 낭포성섬유증(cystic fibrosis, CF)의 원인이라는 사실을 밝혀내었다. *CFTR*(cystic fibrosis conductance transmembrane regulator)이라고 부르는 이 유전자는 점액, 땀, 그리고 침을 생산하는 세포에서 막을 통과하여 염소 이온을 이동시키는 단백질을 암호화한다. 이 유전자가 손상되면 이들 세포에서 분비되는 물질의 수분/염 균형이 어긋나게 되고, 이에 따라 CF 증상이 나타나게 된다. 현재 CF 유전자에서 1,400가지가 넘는 돌연변이가 알려져 있다. 이처럼 변이가 심하기 때문에 CF 환자의 증세도 다양하게 나타난다. 과학자들은 이 질환을 초래하는 원인이 정확하게 밝혀짐에 따라 새로운 치료방법을 개발할 수 있게 되었다. 과거에는 CF 환자가 거의 20세를 넘기지 못하였지만, 이제는 30대, 40대까지 사는 것이 일상이다. 현재 CF에 대한 유전자치료 등의 새로운 치료방법이 꾸준히 개발되고 있다.

삼투현상

삼투현상(osmosis)은 물이 반투과성 막을 통과하여 높은 농도에서 낮은 농도 쪽으로 확산하는 현상이다. 삼투현상은 아쿠아포린(*aquaporin*)이라는 통로 단백질을 통해 이루어진다.

그림 5.12에서 삼투의 한 예를 보여주고 있다. 10% 염 용액을 넣은 튜브의

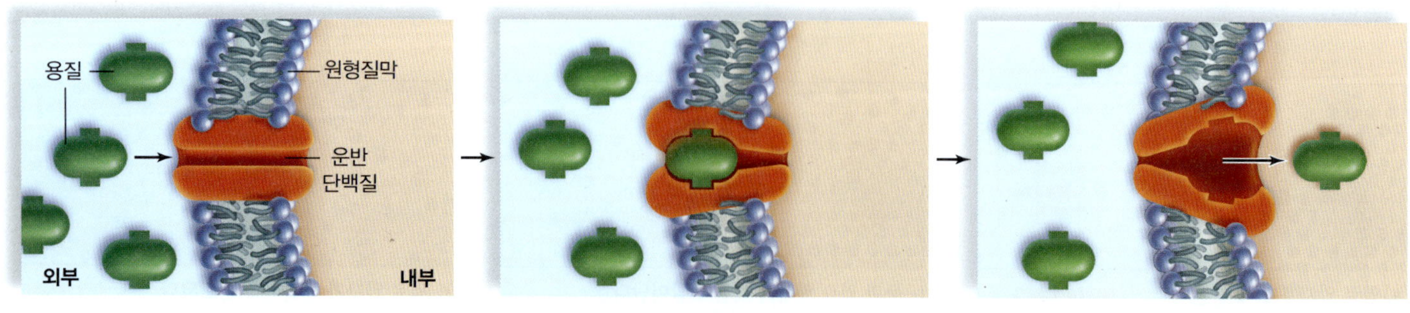

그림 5.11 촉진확산.
촉진확산에서는 원형질막에 있는 운반 단백질이 분자를 높은 농도에서 낮은 농도로 이동시킨다.

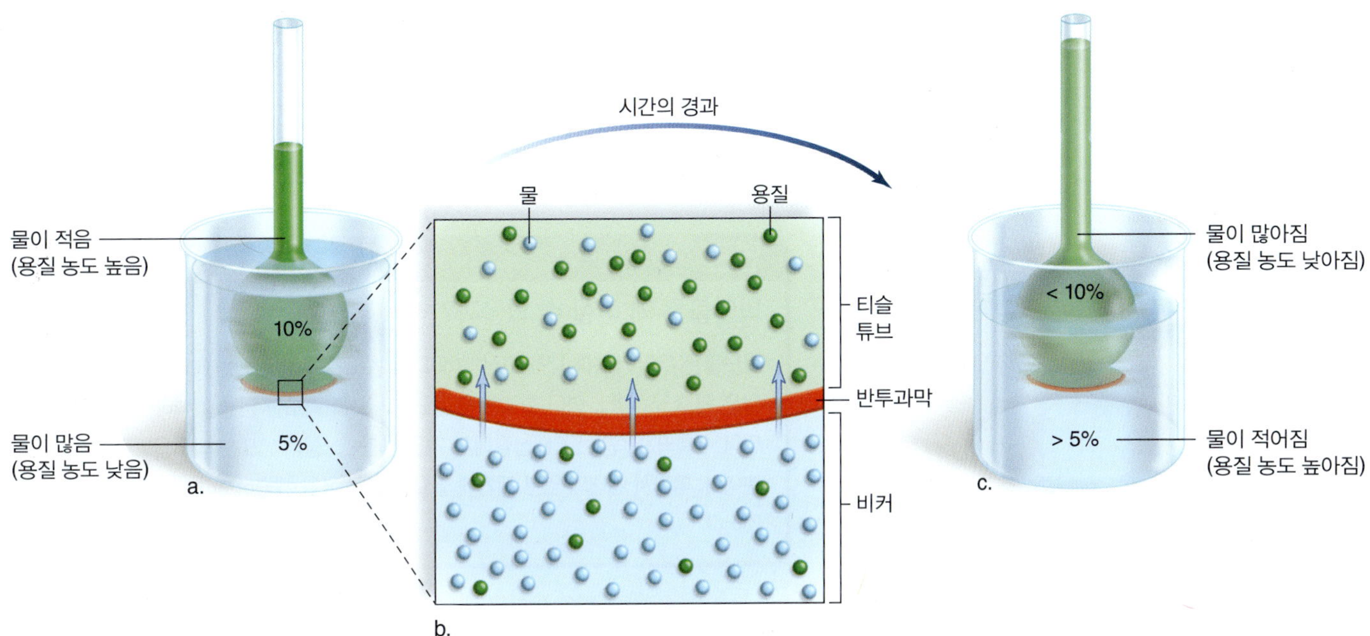

그림 5.12 삼투현상.
a. 티슬튜브의 넓은 주둥이를 반투과성 막으로 막은 후 10% 염 용액을 넣는다. 비커에는 5% 용액을 넣는다. **b.** 용질(녹색 원)은 막을 통과하지 못하지만, 물 분자(파란 원)는 양방향으로 통과한다. 따라서 물 분자의 농도가 낮은 튜브 안으로 물의 순 이동이 일어난다. **c.** 물이 들어옴에 따라 튜브 안의 용액 수위가 높아진다.

한쪽 끝을 막으로 씌운 후 5% 염 용액이 들어 있는 비커에 넣는다(그림 5.12*a*). 물은 막을 통과할 수 있으나 용질(용해된 염)은 통과하지 못한다. 따라서 막을 통과하여 비커에서 튜브 안으로 향하는 물의 순 이동이 나타날 것이다. 이론적으로는 튜브 안의 용액이 막 양쪽의 물 농도가 같아질 때까지 올라갈 것이다(그림 5.12*b*, *c*).

세포에 대한 삼투현상의 영향

세포의 외부 환경에 용질을 첨가하면 반투과성 막이 용질의 이동을 제한한다. 그러나 물은 삼투현상에 의해 막을 통과해 드나든다. 이로 인해 세포의 크기와 형태가 영향을 받을 수 있다. 실험실에서는 세포를 **등장액(isotonic solution**, *iso*, same as)에 보존한다. 등장액에서는 막 양쪽의 물 농도가 동일하기 때문에 세포가 물을 얻지도 잃지도 않는다. 의학적으로 0.9% 소금(NaCl) 용액이 적혈구에 대해 등장액이라고 알려져 있으며, 따라서 정맥주사용 용액은 대개 이 농도이다.

저장액(hypotonic solution, *hypo*, less than)에서는 세포가 물을 얻는다(그림 5.13). 세포 외부가 세포 내부보다 용질 농도는 낮고 물 농도는 높다. 저장액에 동물세포를 넣으면 팽창되고 터지기도 한다. **용해(***lysis***)**는 파괴된 세포를, **용혈(***hemolysis***)**은 파괴된 적혈구를 의미하는 용어이다.

저장액에 식물세포를 넣으면 커다란 중앙액포가 물을 흡수하고, 식물세포가 팽윤(*turgid*)됨에 따라 원형질막이 단단한 세포벽을 밀어낸다. 식물세포는 세포벽으로 인하여 터지지 않는다. 식물세포에서 팽압은 직립 형태를 유지하는 데 있어서 매우 중요한 요소이다.

고장액(hypertonic solution, *hyper*, more than)에서는 세포가 물을 잃는다. 세포 외부가 내부보다 용질 농도는 높고 물 농도는 낮다. 고장액에 동물세포를 넣으면 수축된다. 예를 들어 육류를 소금에 절여 저장하는데, 이때 세균은 소금 때문이 아니라 육류에 물이 없기 때문에 죽는다.

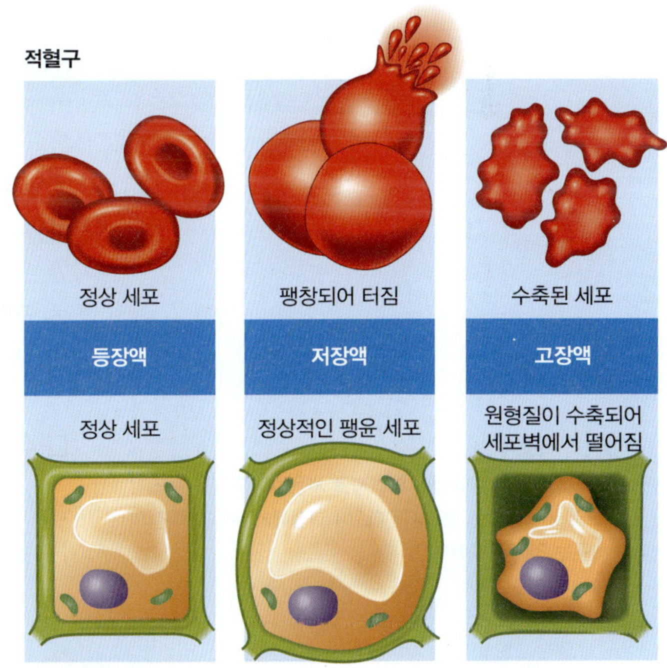

그림 5.13 동물세포와 식물세포의 삼투현상.
등장액에서는 세포가 물을 얻지도 잃지도 않는다. 저장액에서는 세포가 물을 얻는다. 적혈구는 팽창하여 터지며, 식물세포는 팽윤된다. 고장액에서는 세포가 물을 잃는다. 적혈구는 수축되며, 식물세포의 원형질은 수축되어 세포벽에서 떨어진다.

고장액에 식물세포를 넣으면 중앙액포가 물을 잃게 됨에 따라 원형질막이 세포벽에서 떨어진다. 이 현상은 삼투현상으로 인해 원형질이 수축되는 **원형질분리**(*plasmolysis*)의 한 예이다. 자른 꽃을 염 농도가 높은 물에 넣으면 원형질분리로 인해 시든다. 길가에서 볼 수 있는 나무들은 겨울철에 도로에 뿌린 제설용 염으로 인한 고장액에 노출되면 죽을 수 있다.

연관

바닷물은 왜 마실 수 없을까?

바닷물은 우리 세포에 대해 고장액이다. 염 농도가 우리 세포는 0.9%인 데 비해 바닷물은 약 3.5%이다. 염이 혈액에 들어오면 세포가 과도한 염을 희석하느라 물을 잃게 되어 수축되고 죽게 된다. 신장에서 만들어내는 오줌의 염도는 바닷물보다 약간 낮을 뿐이다. 따라서 체내의 염분 제거에 필요한 양의 물을 제공하느라 탈수현상을 겪게 될 것이다.

능동수송: 에너지 필요함

분자와 이온은 **능동수송(active transport)**에 의해 농도기울기를 거슬러 원형질막을 통과하여 세포의 한쪽에 축적된다. 즉, 저농도 영역에서 고농도 영역으로 이동한다. 세포는 능동수송을 이용하여 원형질막의 한쪽 면에 특정 분자나 이온을 축적한다(그림 5.14).

예를 들어, 갑상샘의 세포에 요오드가 축적되고, 소화관 세포에 의해 포도당이 흡수되며, 신장 표면에 있는 세포에 의해 소변의 소듐이 거의 전부 흡수될 수 있다. 이들 예에서 분자가 농도기울기를 거슬러 이동하는데, 이때 수송 단백질과 많은 ATP를 필요로 한다. 따라서 신장 세포처럼 능동수송에 참여하는 세포에는 원형질막 가까운 곳에 필요한 ATP를 합성해내는 미토콘드리아가 많이 있다.

능동수송에 관여하는 단백질을 흔히 **펌프**(*pump*)라고 부른다. 그 이유는 물 펌프가 에너지를 사용하여 중력을 거슬러 물을 이동시키는 것처럼 단백질도 에너지를 사용하여 농도를 거슬러 물질을 이동시키기 때문이다. 모든 동물세포에서 작용하지만, 특히 신경 및 근육세포와 관련된 펌프의 한 유형은 소듐 이온(Na^+)을 세포 외부로, 포타슘 이온(K^+)을 세포 내부로 이동시킨다. 이 두 과정은 연결되어 있으며, 그 운반 단백질을 **소듐-포타슘 펌프(sodium-potassium pump)**라고 한다.

대량수송

폴리펩티드, 다당류, 폴리뉴클레오티드 등의 거대 분자는 수송 단백질로 수송하기에는 너무 커서, 흔히 소포를 형성하여 세포를 출입한다. 예를 들어 소화효소와 호르몬

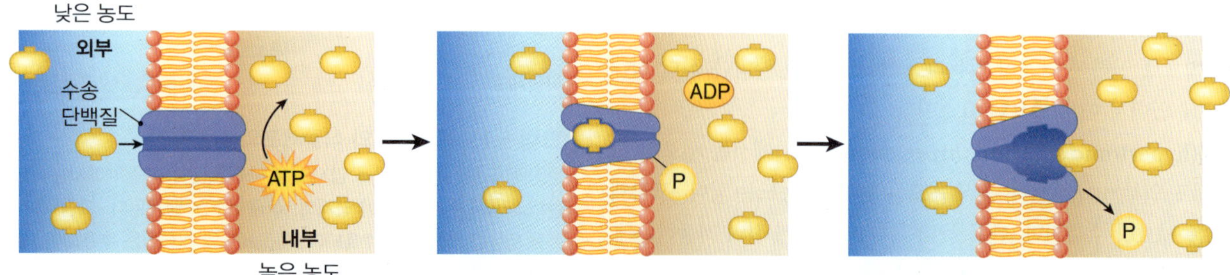

그림 5.14 능동수송.
능동수송에서는 수송 단백질이 에너지를 사용하여 용질을 농도가 높은 쪽으로 원형질막을 통과시킨다. 이 과정에서 수송 단백질의 형태가 바뀌는 것에 주목해보자.

은 **외포작용**(**exocytosis**, 그림 5.15*a*)에 의해 세포 밖으로 수송된다. 이러한 물질을 합성하는 세포에서는 분비소포가 원형질막 부근에 축적되어 있다. 이 소포들은 세포가 자극을 받으면 내용물을 분비한다.

세포가 소포를 형성하여 물질을 받아들이는 과정을 **내포작용**(**endocytosis**, 그림 5.15*b*)이라고 한다. 음식물 입자나 다른 세포처럼 큰 물질을 받아들이는 경우에는 식세포작용(*phagocytosis*)이라고 부른다. 식세포작용은 아메바와 같은 단세포생물에게서 일반적이며, 사람에서도 나타난다. 사람 백혈구의 어떤 종류는 아메바와 유사하다. 즉, 아메바처럼 움직이며 낡은 적혈구나 세균 등을 삼킬 수 있다. 내포작용 소포가 리소좀과 융합하면 소화가 일어난다. 26.3절에서 이러한 과정이 세균성 질병에 대한 면역의 발달에 필수적인 준비 단계임을 공부할 것이다.

음세포작용(*pinocytosis*)에서는 액체나 아주 작은 입자를 둘러싸는 소포를 형성한다. 백혈구, 신장 세관과 장 벽의 표면에 있는 세포, 식물의 뿌리세포는 모두 음세포작용을 이용하여 물질을 흡입한다.

수용체-매개 내포작용(**receptor-mediated endocytosis**)에서는 원형질막의 한 부위에 특정 물질에 대한 수용체가 있다. 이 부위는 막의 세포 내부를 향한 쪽에 단백질 층이 존재하기 때문에 피막소와(*coated pit*)라고 부른다(그림 5.16).

수용체-매개 내포작용은 선택적이며, 일반적인 음세포작용에 비해 훨씬 효율적이다. 이 작용은 혈액의 콜레스테롤을 신체의 세포로 이동시키는 과정에 관여한다. 이 과정에 문제가 생기면 혈중 콜레스테롤 수준이 높아지는 가족성 고콜레스테롤혈증이라는 질병이 나타난다.

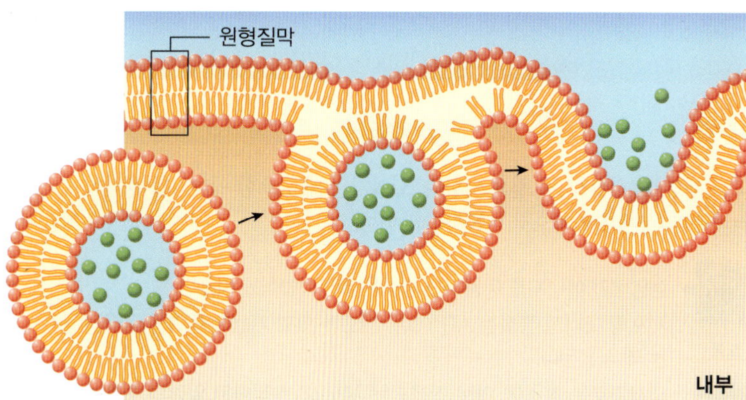

a. **외포작용**

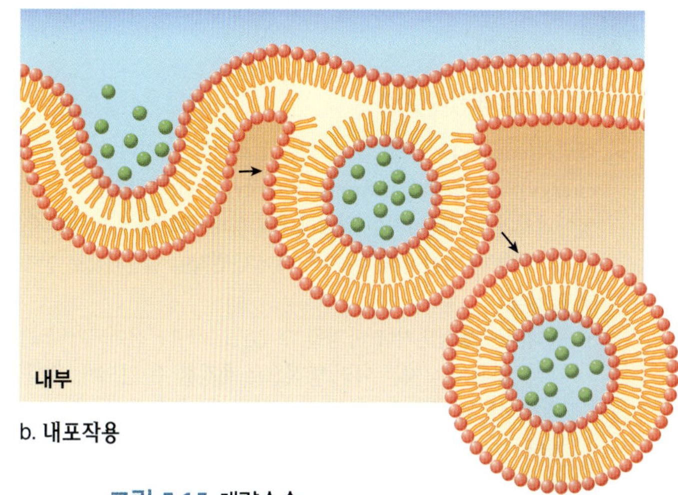

b. **내포작용**

그림 5.15 대량수송.
외포작용(**a**)과 내포작용(**b**)에서는 소포를 형성하여 물질을 각각 세포 밖이나 안으로 수송한다.

개념 연결하기
분자는 능동수송, 수동수송, 대량수송의 방법으로 원형질막을 통과하여 이동한다.

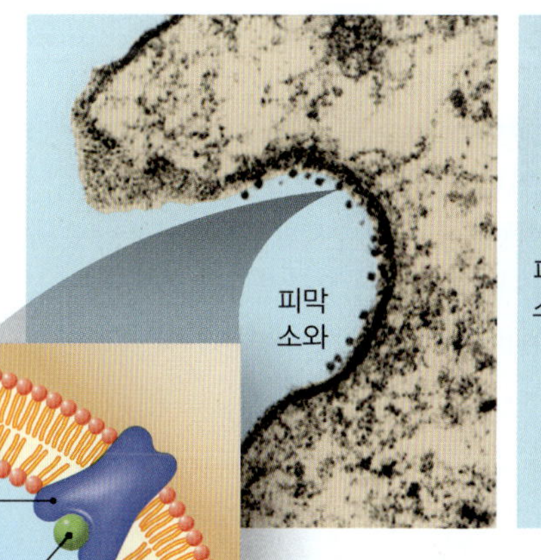

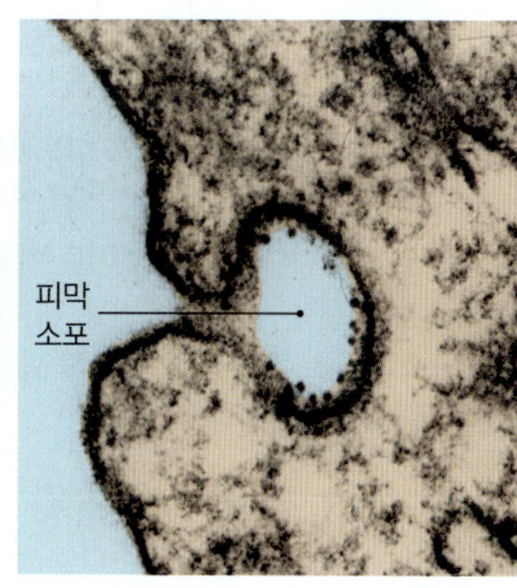

그림 5.16 수용체-매개 내포작용.
수용체-매개 내포작용에서는 분자가 먼저 피막소와 안에 있는 특정 수용체 단백질과 결합한다. 이때 형성되는 소포는 분자와 이 분자의 수용체를 함유한다.

(photos: both): ©Mark Bretscher

진도 점검하기 5.4

1. 확산, 촉진확산, 삼투현상의 유사점과 차이점을 설명하시오.
2. 세포에 대한 삼투현상의 효과를 설명하시오.
3. 세포가 능동수송을 하는 이유를 설명하시오.
4. 대량수송의 종류를 구분하여 설명하시오.

요 약 SUMMARIZE

모든 생명체는 에너지를 필요로 한다. 살아가는 데 필요한 에너지를 생산하려면 물질이 세포 안팎으로 이동하여야 한다.

- 생명체가 에너지를 이용하는 방식은 열역학법칙을 따른다.
- 세포의 에너지 통화는 ATP이며, 세포가 세포 기능에 동력을 공급하는 데 사용된다.
- 대사경로는 효소에 의해 조절되는 세포 내 조직화된 일련의 화학반응이다.
- 분자는 능동수송, 수동수송, 대량수송의 방법으로 원형질막을 통과하여 이동한다.

5.1 에너지란 무엇인가?

- **에너지(energy)**는 일을 할 수 있는 능력이다. **위치에너지(potential energy)**와 **운동에너지(kinetic energy)**는 서로 전환될 수 있다. 태양에너지와 화학에너지는 위치에너지 형태이고, 기계적 에너지는 운동에너지의 한 형태이다. 두 가지 에너지 법칙이 일반적으로 받아들여지고 있다.
  - 에너지는 생성되거나 파괴될 수 없다. 그러나 전이되거나 전환될 수는 있다. 에너지는 여러 방식으로 측정할 수 있으며, 음식물 에너지는 보통 **칼로리(calorie)**나 **킬로칼로리(kilocalorie)**로 표시한다.
  - 에너지가 한 형태에서 다른 형태로 전환될 때, 일부 에너지는 **열(heat)**로 소실된다. 따라서 우주의 **엔트로피(entropy**, 또는 무질서도)가 증가하며, 에너지가 꾸준하게 유입되어야만 생명체의 체제를 유지할 수 있다.

5.2 ATP: 세포의 에너지

에너지는 태양으로부터 엽록체와 미토콘드리아를 거쳐 흐르며 ATP를 생산한다. ATP는 연결된 3개의 인산기를 가지고 있기 때문에 고에너지 분자이며, ADP + ⓟ로 분해되어 에너지를 내놓는다. ATP 분해반응은 단백질 합성, 능동수송, 근육 수축 등의 세포 내 다양한 에너지-요구 반응과 짝을 이룬다. 세포호흡을 통해 ATP 합성에 필요한 에너지를 공급한다. 아래 그림은 ATP 순환을 요약한 것이다.

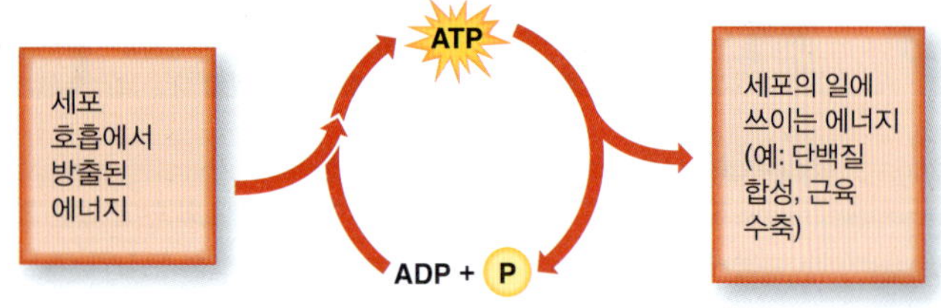

5.3 대사경로와 효소

대사경로는 순서에 따라 단계적으로 진행되는 일련의 반응이다. **반응물(reactant)**은 대사경로에 들어간 다음 변형되어 **생성물(product)**을 생산한다.

각 반응마다 **효소(enzyme)**를 필요로 하며, 효소는 자신의 기질에 특이성을 보인다. 효소는 **유도적합 모델(induced fit model)**에 따라 **기질(substrate)**을 효소의 **활성부위(active site)**에 한데 모은다. 이렇게 하여 **활성화 에너지(energy of activation)**를 낮춤으로써 반응이 빠르게 일어나도록 한다. 대부분의 효소와 대사경로의 활성은 **되먹임 억제(feedback inhibition)**에 의해 조절된다.

5.4 세포 수송

원형질막은 반투과 성질을 가지고 있다. 어떤 물질은 자유롭게 막을 통과하지만, 어떤 것은 세포 내부로 들어가려면 반드시 도움을 받아야 한다.

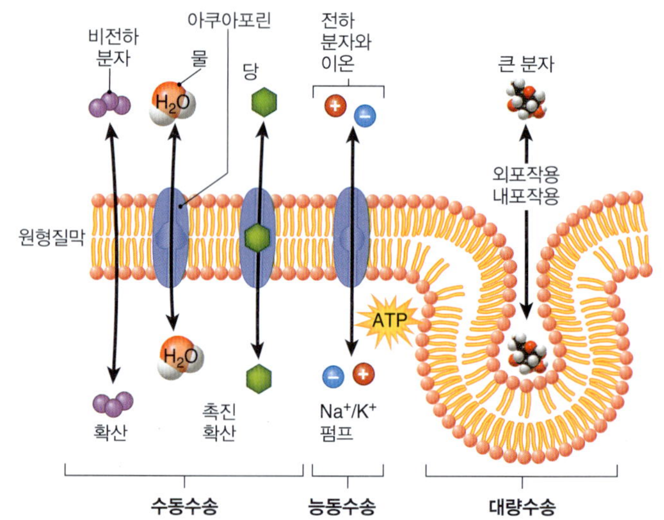

수동수송(*passive transport*)은 대사 에너지를 요구하지 않으며, 고농도에서 저농도 쪽으로 물질을 이동시킨다.

확산(diffusion)에서는 양쪽의 농도가 같아질 때까지 고농도 지역에서 저농도 지역으로 분자가 이동한다. 용해된 기체 등의 일부 분자는 확산에 의해 원형질막을 통과한다. **용액(solution)**은 **용질(solute)**이 **용매(solvent)**에 용해되어 있는 것이다.

촉진확산(facilitated diffusion)에서는 통로 단백질(예: 물의 통로 단백질인 아쿠아포린)을 통하거나 운반 단백질의 도움을 받아서 분자가 원형질막을 통과해 확산한다.

삼투현상(osmosis)은 물이 (아쿠아포린을 통해) 물 농도가 낮은 (용질 농도가 높은) 곳으로 막을 통과하여 확산하는 것이다. 물은 용질의 농도가 낮은 곳(**저장액, hypotonic**)에서 용질의 농도가 높은 곳(**고장액, hypertonic**)으로 이동한다. **등장액(isotonic)**의 용잘 농도는 같다.

능동수송(active transport)은 대사에너지(ATP)를 요구하며, 농도가 낮은 곳에서 높은 곳으로 막을 통과하여 물질을 이동시킨다. 많은 경우에 수송 단백질은 물질이 농도를 거슬러 이동하도록 하는 펌프 역할을 한다. 예를 들어, **소듐-포타슘 펌프(sodium-potassium pump)**는 Na^+를 세포 밖으로 내보내고, K^+는 세포 안으로 이동시킨다.

대량수송에는 소포 형성과 대사에너지가 필요하다. 농도기울기와는 무관하게 독립적으로 일어난다.

- **외포작용(exocytosis)**은 소포를 형성하여 거대 분자를 밖으로 내보내며, 흔히 분비가 이루어진다.
- **내포작용(endocytosis)**은 소포를 형성하여 거대 분자를 세포 내부로 수송한다.
- **수용체-매개 내포작용(receptor-mediated endocytosis)**은 원형질막에 있는 수용체 단백질을 이용한다.

평가 ASSESS

혼자 풀어보기

가장 적절한 답을 고르시오.

5.1 에너지란 무엇인가?

1. 에너지법칙에 대한 설명으로 옳지 않은 것은?
   a. 에너지는 생성되거나 파괴될 수 없다.
   b. 에너지는 한 형태에서 다른 형태로 변화될 수 있다.
   c. 에너지는 한 형태에서 다른 형태로 전환될 때 열로 소실된다.
   d. 모두 옳다.
2. 엔트로피는 무엇의 상대적 양을 나타내는 용어인가?
   a. 비조직화 정도 **b.** 조직화 정도
   c. 효소 활성 **d.** 항상성
3. 물 1 g을 1°C 올리는데 필요한 에너지양은?
   a. 1칼로리 **b.** 1킬로칼로리
   c. ATP **d.** 열

5.2 ATP: 세포의 에너지

4. ATP에 대한 설명 중 옳지 않은 것은?
   a. ATP 1분자가 ADP + ⓟ로 분해될 때 근육을 움직이는 데 충분한 양의 에너지가 방출된다.
   b. ATP의 구조는 ATP 분해가 쉽게 다른 반응과 짝을 이룰 수 있는 구조를 이루고 있다.
   c. ATP는 쉽게 재활용될 수 있다.
   d. ATP는 아데닌, 당, 그리고 2개의 인산기로 이루어진다.
5. ATP를 저장하려면 ______가 _______로 전환되어야 한다.
   a. ATP, ADP **b.** ADP, 칼로리
   c. 칼로리, ATP **d.** ADP, ATP

5.3 대사경로와 효소

6. 효소의 유도적합 모델에 따르면
   a. 기질은 여러 효소와 정확하게 들어맞는다.
   b. 많은 기질이 모든 효소와 들어맞는다.
   c. 효소의 형태가 약간 변형되어 기질과 들어맞게 된다.
   d. 효소는 다른 기질에 의해 유도되기 전에는 기질과 들어맞지 않는다.
7. 효소가 반응을 촉매하는 방식은
   a. 반응물들을 한데 모아 결합할 수 있도록 한다.
   b. 활성화 에너지를 낮추어준다.
   c. a와 b 모두 옳다.
   d. a와 b 모두 옳지 않다.
8. 효소의 활성부위는
   a. 모든 효소에서 동일한 구조이다.
   b. 기질이 적합하게 결합할 수 있는 효소의 한 부위이다.
   c. 단 한 번만 사용할 수 있다.
   d. pH와 온도 등의 환경요인에 의해 영향을 받지 않는다.

5.4 세포 수송

[9~12] 보기에서 적절한 답을 고르시오.

보기:
a. 확산 **b.** 촉진확산
c. 삼투현상 **d.** 능동수송

9. 농도가 높은 곳에서 농도가 낮은 곳으로 가는 분자의 이동
10. 에너지를 필요로 함
11. 막을 통과하는 물의 이동
12. 농도가 높은 곳에서 낮은 곳으로 물질을 이동시키는 데 막 단백질을 이용함
13. 세포의 원형질막을 통과하는 물의 이동을 촉진하는 것은?
   a. 아쿠아포린 **b.** 미오신
   c. ATP **d.** 크레아틴
14. 바닷물은 혈액에 대해 _______이다. 그 이유는 바닷물의 용질 농도가 ______ 때문이다.
   a. 등장액, 높기 **b.** 저장액, 높기
   c. 등장액, 같기 **d.** 고장액, 높기
15. 피막소와와 관련이 있는 것은?
   a. 확산 **b.** 삼투현상
   c. 수용체-매개 내포작용 **d.** 소듐-포타슘 펌프

관계맺기 ENGAGE

과학적으로 생각하기

1. 대사경로를 조절하는 약물을 만들기 위해 효소의 활성부위 구조에 대한 지식을 어떻게 활용할 수 있을까?
2. 낭포성섬유증은 막의 수송 단백질 결함에서 비롯되는 유전질환이다. 단백질의 결함으로 인해 막의 염소 이온 통로가 닫혀서 염소 이온이 세포 밖으로 나가지 못하게 된다. 이로 인해 세포의 바깥 표면에 두꺼운 점막이 발달한다. 이 점막이 췌장에서 소장으로 가는 소화효소의 수송관을 막고, 허파의 기도를 막고, 허파의 감염을 촉진한다. 이 단백질에 결함이 있으면 왜 세포의 바깥이 연한 액체로 덮이는 대신에 진하고 끈적거리는 점막이 형성된다고 생각하는가?
3. 일부 원핵생물, 특히 고세균은 수온이 80°C에 이르는 심해열수구와 같은 극한환경에서 살 수 있다. 이러한 온도에서는 생명체가 거의 살지 못한다. 고세균은 어떠한 적응력을 가지고 있어서 이처럼 극도로 높은 열에서 살아갈 수 있는 것일까?

CHAPTER

6

생명의 에너지

Energy for Life

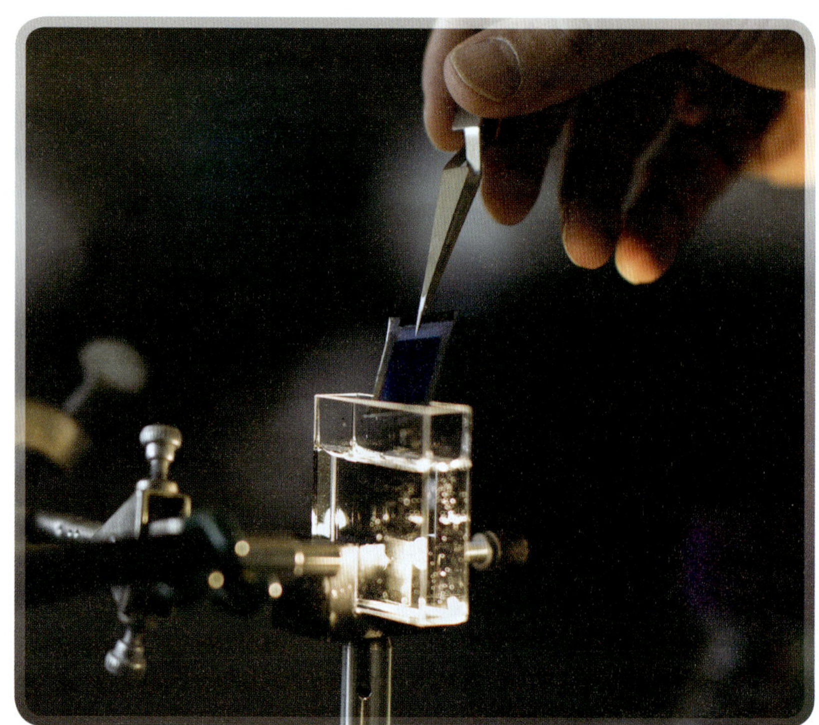

©Deanne Fitzmaurice/National Geographic

개요

시작하기 전에

이 장을 시작하기 전에 다음의 내용을 다시 살펴보자.

1.1절 생태계에서 생산자의 역할은 무엇인가?

4.4절 엽록체의 구조는 어떠한가?

5.2절 ADP는 어떻게 에너지를 얻어 ATP를 형성하는가?

인공 잎

자연에서 식물의 잎은 지구 내 모든 생명의 기초인 탄수화물을 만들어내기 위해서 햇빛으로부터 에너지를 얻고, 대기로부터 이산화탄소를 얻는 신진대사 공장으로서 활동한다.

과학자들은 자연 잎의 신진대사과정을 모방할 수 있는 인공 잎의 개발에 대해 관심을 가져왔다. 많은 종류의 모델이 자연 잎을 토대로 만들어졌지만, 대부분 매우 낮은 효율을 보였다. 일반적으로 자연 잎은 표면에 닿는 태양에너지의 약 1%로만 대사과정이 가능하다. 이것이 효율적이지 않아 보이더라도, 식물의 순수 잎의 수와 충분한 햇빛의 공급은 식물이 필요한 탄수화물을 생산하는 데에 충분한(필요한) 에너지를 제공할 수 있다.

최근 하버드 연구팀에서 바이오 연료를 만들 수 있는 탄화수소를 생산하기 위해 태양에너지와 이산화탄소를 사용하는 인공 잎을 개발하였다. 이 새로운 인공 잎의 기술 발전은 거의 10%의 효율을 낼 것으로 기대되며, 이는 산업적으로 매력적인 점이 되었다.

매년 대기 중의 이산화탄소 농도가 높아짐에 따라 과학자들은 화석연료의 사용을 줄이는 것뿐만 아니라 대기 중에 이미 존재하는 이산화탄소를 포획하는 방법도 찾고 있다. 인공 잎은 이산화탄소 포획 기능을 잘 수행할 것이고, 이 과정으로 지속 가능한 연료의 원천이 제공될 것이다.

이 장에서는 잎이 광합성에 관여하는 방식과 식물이 태양에너지를 포획하여 당을 만드는 방법에 대해서 알아본다.

이 장을 공부하는 동안 다음 질문에 대해 생각해보자.

1. 광합성에서 식물이 가장 큰 효율을 내게 하는 색소는 무엇인가?
2. 잎의 색이 봄과 여름에는 초록색으로, 가을에는 빨간색 또는 노란색으로 나타나는 이유는 무엇인가?

6.1 광합성의 개요

학습 목표

이 절을 학습한 후에는 다음 과제를 수행할 수 있어야 한다.

1. 광합성에서 엽록체의 역할 설명하기.
2. 광합성의 전체 화학반응식을 나타내기.
3. 환원과 산화가 의미하는 바를 설명하기.

광합성(photosynthesis)은 태양에너지를 탄수화물의 화학에너지로 전환한다. 식물과 조류, 남세균 등의 광합성 생명체는 어마어마한 양의 탄수화물을 생산한다(그림 6.1). 광합성 생명체가 생산한 탄수화물을 한꺼번에 석탄으로 전환하여 적재용량 50톤의 화차에 싣는 다고 가정하면, 생물권의 광합성 생산자들은 1초당 100대 이상의 화차를 채울 수 있을 것이다.

광합성 생명체는 땅속 또는 깊은 물속에 사는 박테리아와 같은 몇 가지 형태를 제외한다면 지구상 모든 생명체가 요구하는 유기 화합물을 생산할 수 있다. 대부분의 먹이사슬이 식물로 귀결되는 사실을 생각해보자. 즉, 탄수화물을 합성하는 능력이 있는 생산자는 자신은 물론 만들어진 유기 분자를 섭취해야 하는 소비자까지도 먹여 살린다.

식물에 저장되는 에너지는 식물뿐만 아니라 사람에게도 중요하다. 예를 들어, 석탄은 수백만 년 전 얕은 바다에 살던 식물의 잔여물로 형성된 연료이다. 이것을 화석연료라고 부른다. 나무의 목재 역시 연료로 사용된다. 나아가 식물의 물질을 발효시켜 얻은 알코올을 자동차 연료로 직접 사용하거나 휘발유에 첨가하여 이용할 수도 있다.

그림 6.1 광합성 생명체.
광합성 생명체는 꽃과 이끼류 등의 육상에서 사는 식물, 유글레나와 규조류, 켈프(갈조류) 등의 물속에서 사는 광합성 원생생물, 그리고 어디에서나 사는 세균인 남세균 등이다.

그림 6.2 잎과 광합성.
광합성의 원재료는 이산화탄소와 물이다. 물은 잎맥을 따라서, 이산화탄소는 기공을 통해서 잎으로 들어간다. 엽록체는 두 부분으로 이루어져 있다. 그라나는 엽록소 등의 광합성 색소를 지닌 막으로 된 주머니인 틸라코이드로 구성된다. 이들 색소가 태양에너지를 흡수한다. 스트로마는 액체로 채워진 공간이며, 이산화탄소가 효소에 의해 포도당 등의 탄수화물로 가공되는 장소이다.

(mesophyll cell): ©Dr. David Furness, Keele University/Science Source; (chloroplast): ©Omikron/Science Source

연관

대기의 산소는 어디에서 유래한 것일까?

초기 지구의 대기에는 산소가 없고, 이산화탄소 등의 다른 기체가 풍부하게 존재하였다. 최초의 광합성 생명체는 약 35억 년 전에 나타난 것으로 보이며, 남세균(그림 6.1 참조)으로 추정된다. 이들은 거의 10억 년 동안 광합성 부산물로 산소를 대량 만들어내었으며, 약 15억 년 전부터는 조류와 규조류 등의 단세포 광합성 진핵생물도 이에 동참하였다. 육상식물은 4억~4억 5천만 년 전에 이르러서야 비로소 산소를 만들어내기 시작하였다.

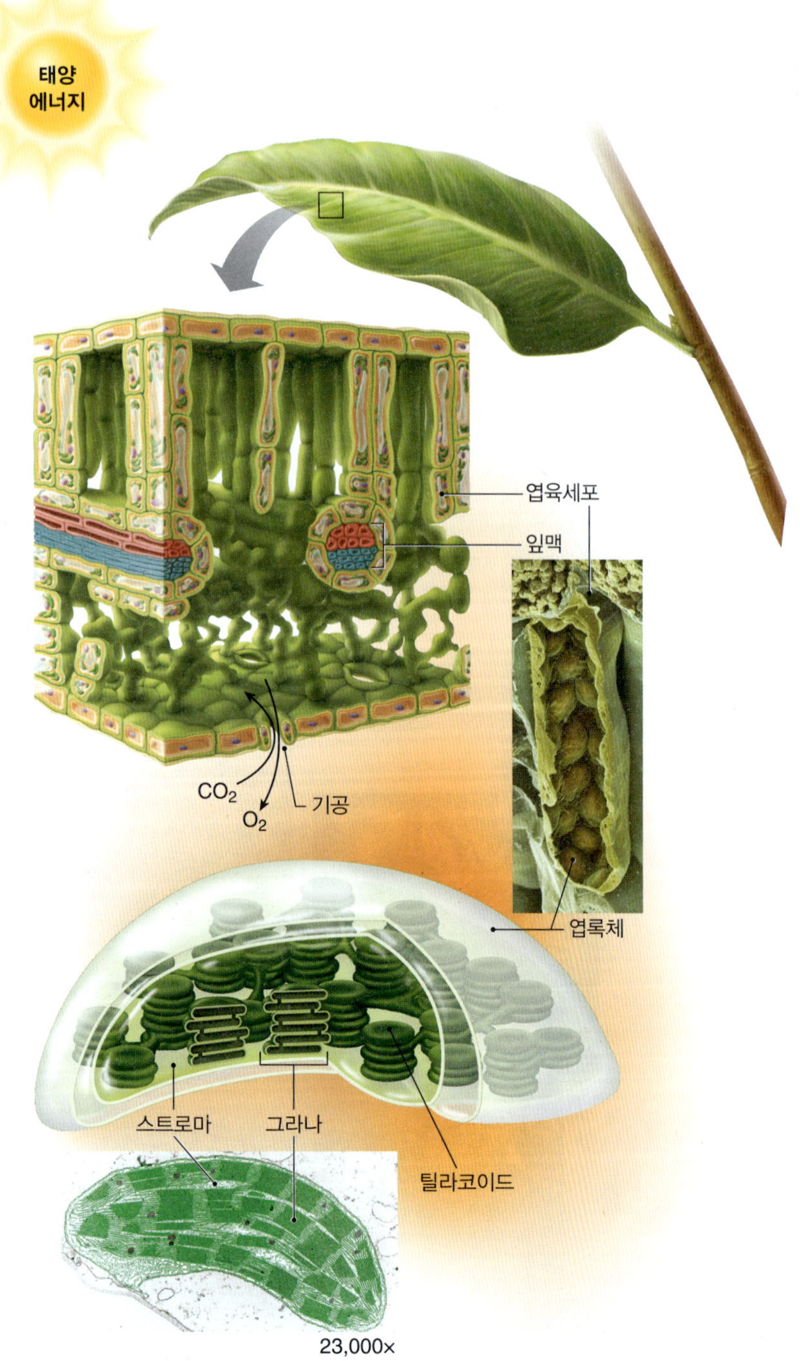

광합성 생산자인 식물

광합성 시작을 위한 원초적 재료는 잎과 뿌리를 통해 들어간다. 대기의 이산화탄소(CO_2)가 기공(*stomata*, 단수 stoma)이라는 작은 구멍을 통해 잎으로 들어간다. 잎 안의 공간은 광합성을 위해 필요해질 때까지 이산화탄소를 일시적으로 저장한다. 식물의 뿌리에서 흡수된 물은 관다발조직을 통해 줄기를 따라 올라가 잎맥을 통해 잎으로 전달된다.

광합성 반응은 **엽육세포(mesophyll cell)**라고 불리는 특별한 세포에서 발생하며, 이 세포는 식물의 잎과 다른 초록색 조직에서 발견된다. 이산화탄소와 물은 엽육세포로 확산해 들어간 후, 광합성을 수행하는 소기관인 **엽록체(chloroplast)**로 들어간다(그림 6.2).

이중막이 감싸고 있는 엽록체의 내부 공간은 **스트로마(stroma)**라고 부르며, 액체가 가득 차 있다. 스트로마 안에서 분리된 막이 **틸라코이드(thylakoid)**라고 부르는 납작한 주머니를 형성한다. 이들이 어떤 곳에서는 겹쳐 쌓여서 **그라나(grana**, 단수 granum)를 형성하는데, 이 명칭은 초기 현미경학자들이 쌓아올린 씨앗더미를 연상하여 명명한 것이다. 틸라코이드 내부 공간은 다른 모든 틸라코이드의 내부 공간과 연결되어 엽록체 안에서 틸라코이드 공간(*thylakoid space*)이라는 내부 구획을 이룬다.

틸라코이드 막에는 **엽록소(chlorophyll)**를 비롯한 색소가 있다. 이들 색소는 광합성을 수행하는 에너지인 태양에너지를 흡수할 수 있다. 또한 틸라코이드 막에는 단백질 복합체가 있어서 태양에너지를 스트로마에 있는 효소가 이용할 수 있는 화학에너지로 전환시킨다. 이 화학에너지는 스트로마에 있는 효소가 이산화탄소를 탄수화물로 환원시키는 데에 사용된다.

인간을 포함한 거의 모든 생명체는 대사과정 후 세포호흡을 통해 이산화탄소를 대기로 방출한다. 이 이산화탄소가 잎으로 들어가고 탄수화물로 전환된다. 포도당(glucose)과 같은 탄수화물은 생명체의 가장 중요한 에너지원이다. 이러한 생산자(예: 식물)와 소비자(예: 동물) 사이의 상관관계가 생명체들이 서로 얽혀 있는 그물관계의 기본을 이룬다.

광합성 과정

광합성 산물인 탄수화물(CH_2O)은 반응물인 이산화탄소(CO_2)와 물(H_2O)에 비해 훨씬 많은 에너지를 지닌다. 왜 그럴까? 햇빛이 광합성이 가능하도록 하는 에너지를 제공하기 때문이다. 광합성 과정은 광자(photon)의 에너지를 전자로 바꾸어 탄수화물 대사과정을 가능하게 한다. 광합성을 하는 동안, H_2O에서 나온 전자가 햇빛에서 에너지를 얻은 후 $NADP^+$라는 효소 도우미에 의해 CO_2로 전이된 후 탄수화물을 형성하기 때문이다. 이들 전자는 수소 이온(H^+)을 동반하며, 광합성과 같은 화학반응 내에서 수소 이온(H^+)을 따라가면 전자의 움직임을 추적할 수 있다(**그림 6.3*a***).

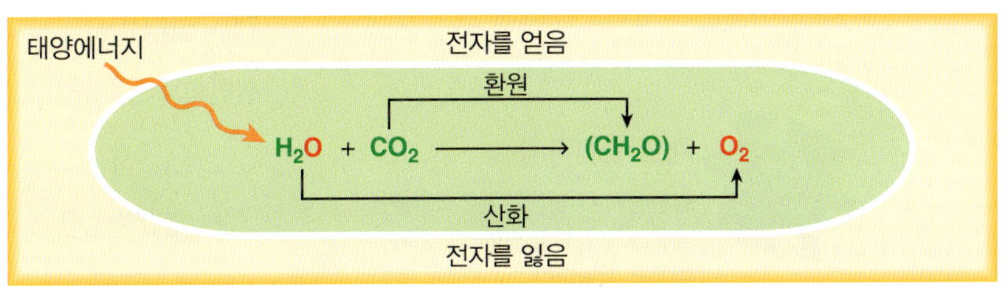

a. **광합성의 개요**

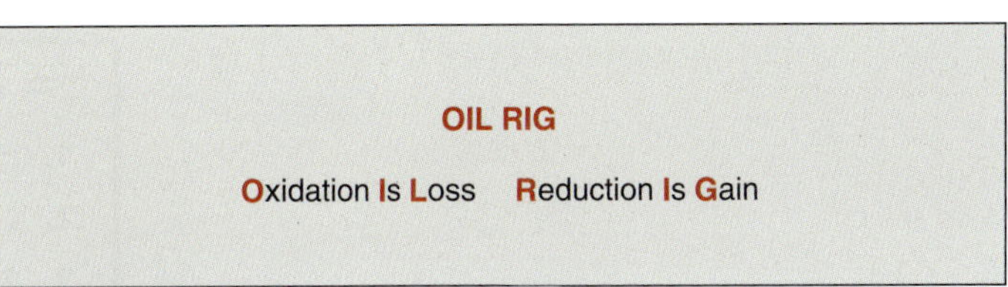

b. **산화환원반응**

그림 6.3 광합성의 반응.
a. 광합성 중 전자 이동의 개요
b. 산화환원반응을 기억하는 방법

어떤 분자가 전자(e^-)와 수소 이온(H^+)을 얻으면 **환원(reduction)**이 일어나며, 이 분자는 환원되었다고 한다. 그림 6.3*a*에서 이산화탄소가 CH_2O로 되면 환원된 것이다. 어떤 분자가 전자(e^-)와 수소 이온(H^+)을 잃으면 **산화(oxidation)**가 일어나며, 이 분자는 산화되었다고 한다. 그림 6.3*a*에서 물은 산화되어 O_2가 형성되었다. 세포에서는 환원반응은 흔히 산화반응과 짝을 이루어 발생한다. 이들 반응을 **산화환원반응(redox reaction)**이라고 한다. **그림 6.3*b***는 산화환원반응을 쉽게 기억할 수 있는 방법을 보여준다.

그림 6.3*a*의 CH_2O에 6을 곱한 결과가 포도당의 화학식인 $C_6H_{12}O_6$인 것을 눈여겨보자. 보통 포도당을 광합성의 최종산물로 간주하지만, 실제로는 CO_2가 환원되면 G3P(glyceraldehyde-3-phosphate, 글리세르알데히드-3-인산)라는 분자가 만들어진다. G3P 분자는 흔히 광합성 반응이 끝난 직후 합쳐져서 포도당을 형성한다.

두 가지의 반응

광합성의 전체 반응식에서 이 경로의 시작 반응물과 최종산물을 알 수 있다. 그러나 그 사이에서 많은 일이 일어난다. **광합성(*photosynthesis*)**이라는 단어는 이 과정이 두 가지의 반응으로 이루어진다는 것을 암시한다. **광(*photo*, light)**은 태양에너지를 포획하는 반응을, **합성(*synthesis*)**은 탄수화물을 생성하는 반응을 의미한다. 이들 두 가지의 반응을 각각 **명반응(light reactions)**과 **캘빈회로반응(Calvin cycle reactions)**이라고 한다(**그림 6.4**).

명반응

명반응 동안 틸라코이드 막에서 다음과 같은 일이 일어난다.

- 틸라코이드 막에 있는 엽록소가 태양에너지를 흡수하여 전자를 활성화한다.
- 물이 산화되어 전자, 수소 이온(H^+), 산소가 방출된다.
- 전자전달사슬의 도움을 받아 ADP + Ⓟ로부터 ATP가 합성된다.
- 효소 도우미인 $NADP^+$(nicotinamide adenine dinucleotide phosphate)가 전자를 받아서 NADPH로 환원된다.

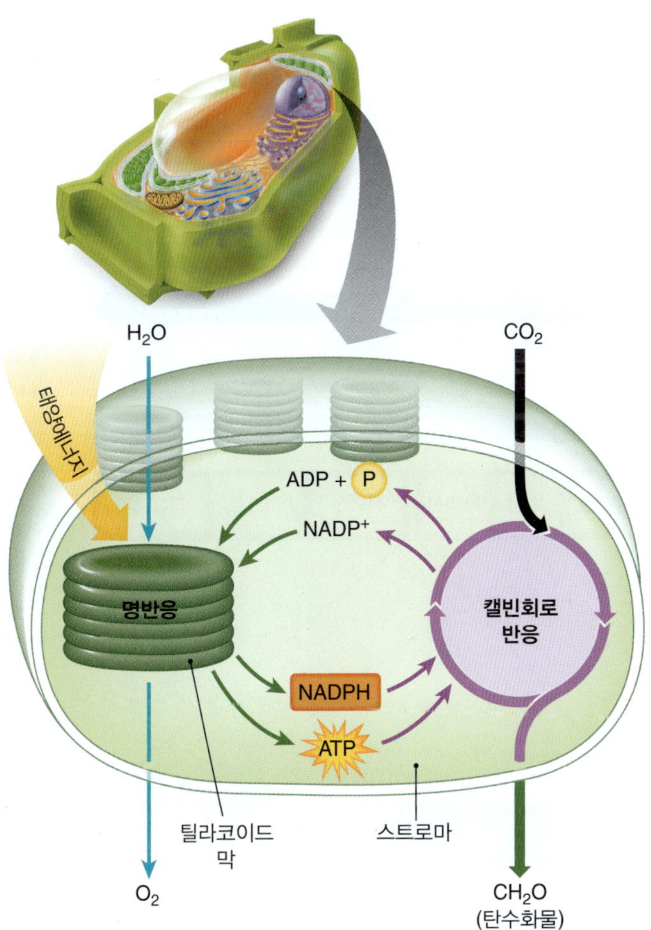

그림 6.4 광합성 과정.
광합성 과정은 명반응과 캘빈회로반응으로 이루어진다. 명반응은 틸라코이드 막에서 수행되며, ATP와 NADPH를 생성한다. 이 분자들은 스트로마에서 수행되는 캘빈회로에서 이산화탄소를 탄수화물로 환원시키는 데 이용된다.

캘빈회로반응

캘빈회로반응 동안 스트로마에서 다음과 같은 일이 일어난다.

- 회로의 분자 중 하나가 CO_2를 받아들인다.
- 명반응에서 온 ATP와 NADPH로 CO_2를 환원시켜 탄수화물(G3P)을 만든다.

다음 두 절에서 이들 두 가지 반응에 대해 각각 상세하게 논의한다.

개념 연결하기

광합성의 두 반응은 유기화합물을 형성하기 위해 햇빛의 에너지를 전자로 전달한다.

진도 점검하기 6.1

1. 엽록체의 스트로마, 그라나, 틸라코이드를 구별하여 설명하시오.
2. 화학식으로 표현한 광합성의 반응을 요약하시오.
3. 환원반응과 산화반응을 구별하여 설명하시오.

6.2 명반응—에너지 수확하기

학습 목표

이 절을 학습한 후에는 다음 과제를 수행할 수 있어야 한다.

1. 광합성 색소의 기능을 설명하기.
2. 명반응의 전자경로를 설명하기.
3. 광합성 명반응에서 ATP와 NADPH가 생산되는 방식을 설명하기.

명반응이 수행되는 동안 틸라코이드 막에 있는 색소가 태양에너지를 흡수한다. (방사에너지라고도 한다.) 태양에너지는 전자기 스펙트럼의 파장과 에너지양의 개념으로 설명할 수 있다. 그림 6.5는 파장이 가장 짧은 감마선부터 가장 긴 라디오파에 이르는 방사에너지 유형이다. 이 스펙트럼에서 가시광선(*visible light*)이 차지하는 부분이 얼마나 좁은지 눈여겨보자.

가시광선은 다양한 파장의 빛으로 이루어져 있으며, 프리즘을 통과시키면 보라(가장 짧은 파장)부터 파랑, 초록, 노랑, 주황, 그리고 빨강(가장 긴 파장)의 빛으로 나뉘어 무지개빛으로 나타난다. 에너지양은 보라색이 가장 많고 빨간색이 가장 적다.

지구의 대기권에 도달한 태양 방사선 가운데 약 절반만이 지표면에 도달하는데, 대부분 가시광선 영역에 속한다. 고에너지 파장은 대기권의 오존층에서 걸러지며, 저에너지 파장은 수증기와 CO_2에 의해 걸러진다. 생명체 내의 유기 분자들, 그리고 보는 일과 광합성 등의 생명현상은 모두 환경에 가장 풍부한 빛(가시광선)을 이용하도록 적응되어 있다.

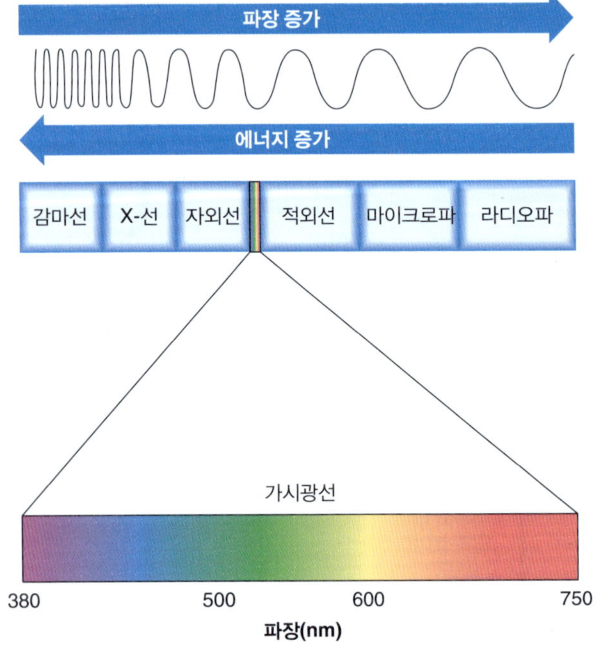

그림 6.5 전자기 스펙트럼.
태양에너지는 아주 짧은 파장인 감마선부터 아주 긴 파장인 라디오파에 이르는 범위의 파장으로 존재한다. 광합성에 이용되는 가시광선 영역을 확장하여 포함된 빛깔을 표시하였다. 파장과 에너지양에 따라 색이 다르다.

광합성 색소

광합성 세포에 있는 색소는 주로 **엽록소(chlorophyll)**와 **카로티노이드(carotenoid)**이다. 이 색소들은 가시광선의 일부를 흡수할 수 있다. 엽록소 *a*와 엽록소 *b*는 모두 보라, 파랑, 빨강 파장을 다른 파장보다 잘 흡수한다(그림 6.6).

연관

온실에서 사용하는 식물재배조명등은 어떻게 작용하는 것일까?

©Natig Aghayev/Shutterstock

상업적인 온실에서 사용하는 식물재배조명등은 가시광선의 모든 파장을 방사하지 않는다. 이 조명등은 파란색과 빨간색을 더 강하게 방사하도록 설계된 것이다. 엽록소 분자가 이 두 가지 색의 파장을 선호하기 때문에 식물의 생장에 적합하다. 이 조명등 아래에서는 옷의 색이 약간 달라 보일 수 있다. 그 이유는 불빛에 파장 영역이 모두 포함되어 있지 않아서 옷의 색소가 모두 반사되지 않기 때문이다.

녹색 빛은 거의 흡수되지 않고 반사되기 때문에 잎이 초록빛으로 보이는 것이다. 카로티노이드 등의 보조색소는 보라-파랑-초록 영역을 흡수하고 노랑-주황 영역은 흡수하지 않기 때문에 노란색이나 주황색으로 보인다. 이들 색소의 색채는 여름에는 엽록소에 가려 드러나지 않지만, 가을에 엽록소가 분해되고 나면 뚜렷하게 드러난다(그림 6.7).

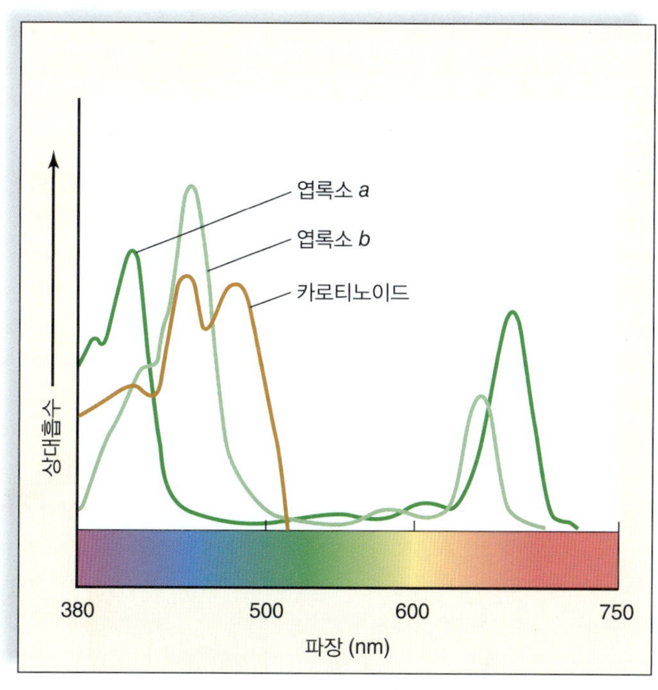

그림 6.6 광합성 색소와 광합성.
엽록소 *a*와 엽록소 *b*, 카로티노이드의 광합성 색소는 가시광선의 파장을 흡수한다. 이것은 이들의 흡수 스펙트럼이다.

명반응의 전자전달경로

태양전지판으로 태양에너지를 포획하여 축전지에 저장하는 것과 마찬가지로, 명반응(그림 6.8)도 태양에너지를 포획하여 수소 이온(H^+) 기울기 형태로 저장한다. 이 수소 이온 기울기는 ATP 분자를 생성하는 일에 사용된다. 명반응에서는 NADPH도 만들어진다.

명반응은 광계 I(PS I)과 광계 II(PS II)라고 부르는 두 가지의 **광계(photosystem)**를 이용한다. 광계의 명칭은 발견된 순서에 따라 붙인 것이며, 광합성 과정

그림 6.7 잎의 색채.
여름에는 잎이 초록색으로 보인다. 엽록소가 가시광선 스펙트럼 중 녹색보다 다른 영역을 잘 흡수하기 때문이다. 가을에는 엽록소가 분해되고 카로티노이드만 남게 되어 카로티노이드가 흡수하지 않는 노랑-주황색을 나타내게 된다.
(White Birch Forest): ©Exactostock/SuperStock; (Silver Birch): ©Digital Vision/ Getty Images

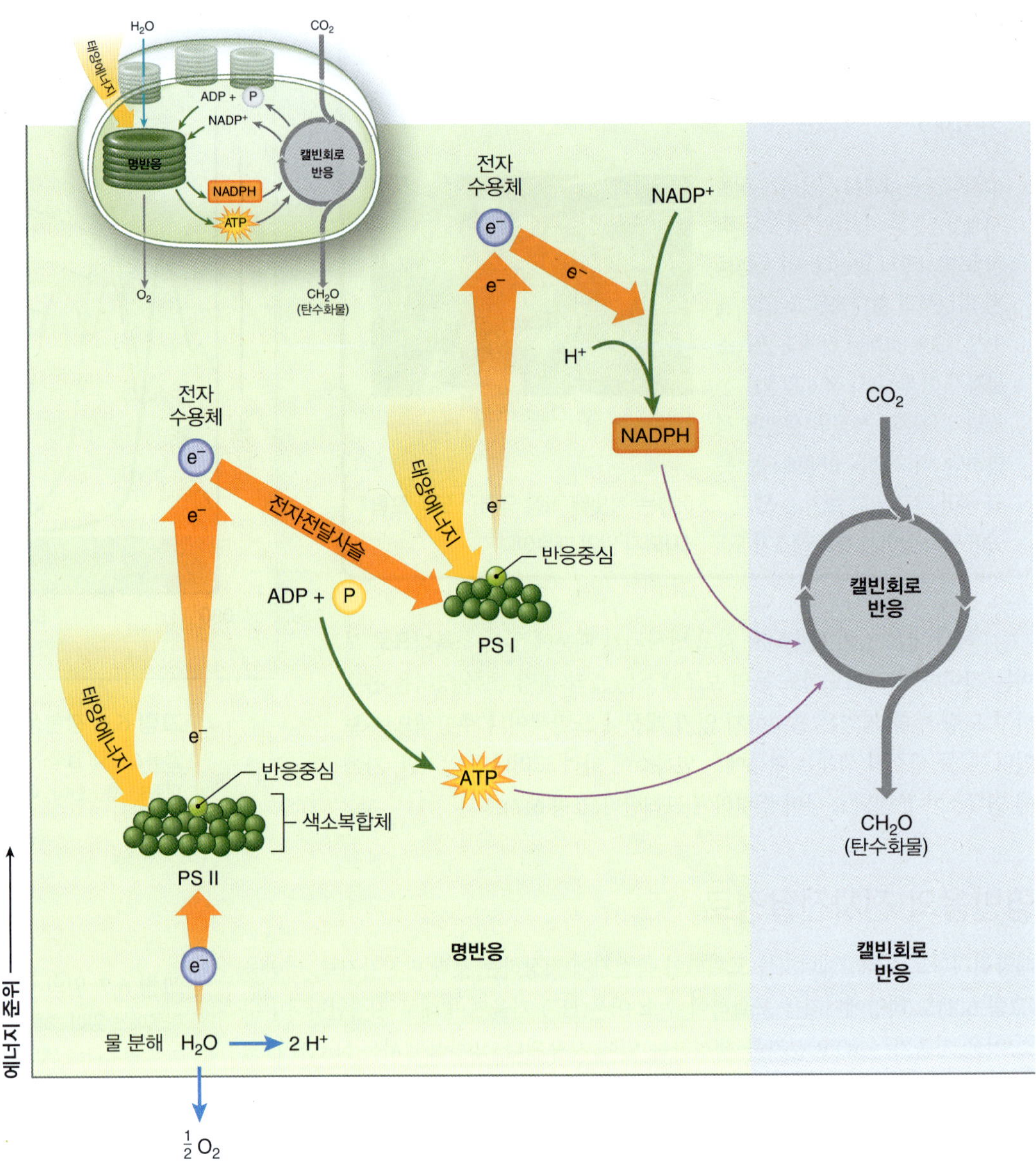

그림 6.8 광합성의 명반응.
광계 II에서 활성화된 전자는 전자전달사슬을 따라 이동하며, ATP 생성으로 이어진다. 광계 I에서 활성화된 전자(광계 II에서 대체됨)는 $NADP^+$로 전달되며, H^+와 함께 결합하여 NADPH로 된다. 광계 II에서 나온 전자는 물이 쪼개져 산소를 방출할 때 나온 전자로 대체된다.

에 참여하는 순서에 따른 것이 아니다. 이 경로에서 수행되는 일을 요약하면 다음과 같다.

- 두 광계 모두 광자를 수용한다. 광계 II와 광계 I은 색소복합체(엽록소와 카로티노이드 포함)와 전자수용체로 이루어져 있다. 색소복합체는 태양에너지를 수집하는 "안테나" 역할을 한다. 에너지는 한 색소에서 다른 색소로 에너지를 전달되어 반응중심이라고 부르는 1쌍의 특정 엽록소 *a* 분자에 축적된다.
- 광계 II에서 물이 분해된다. 태양에너지를 흡수하면 광계 II의 반응중심에 있는 전자(e^-)가 에너지를 얻어 빠져나와 가까이에 있는 전자수용체 분자로 이동한다. 이 전자는 물이 분해되어 나온 전자로 대체되며, 이 때 산소와 2개의 수소 이온(H^+)이 방출된다. 전자수용체는 반응중심에게서 받은 활성화된 전자를 전자전달사슬을 따라 이동시킨다.
- 전자전달사슬에서 에너지 기울기가 형성된다. **전자전달사슬(electron transport chain)**에서 일련의 운반자가 전자를 차례로 넘겨주며, 이때 방출되는 에너지는 수소 이온 기울기의 형태로 저장된다. 이 힘에 의해 나중에 ATP가 생성된다(아래 참조).

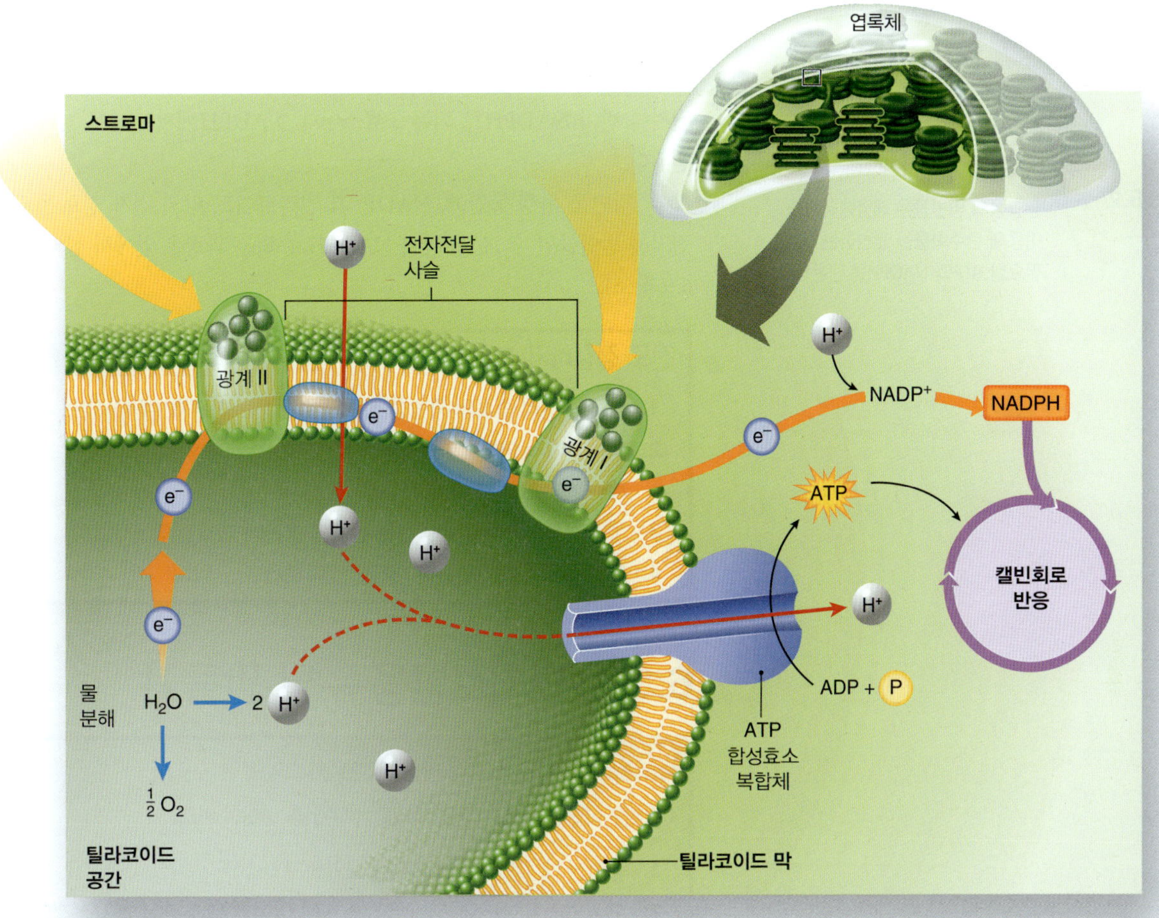

그림 6.9 전자전달사슬.
틸라코이드 막에 있는 전자전달사슬의 분자 복합체들은 스트로마에서 틸라코이드 공간으로 수소 이온을 이동시킨다. 수소 이온이 ATP 합성효소 복합체를 통해 틸라코이드 공간에서 스트로마로 되돌아갈 때에 ADP + ⓟ로부터 ATP가 합성된다. $NADP^+$는 전자 2개를 받고 H^+와 결합하여 NADPH로 된다.

- 광계 I에서 NADPH가 생성된다. 광계 I의 색소복합체가 태양에너지를 흡수하면 활성화된 전자가 반응중심에서 방출되어 다른 종류의 전자수용체에 포획된다. 광계 I에서 잃은 전자는 광계 II로부터 전자전달사슬을 통해 전달된 저에너지 전자가 대체한다. 광계 I의 전자수용체는 전자를 $NADP^+$ 분자로 전달한다. $NADP^+$가 전자와 수소 이온을 받아 NADPH로 환원된다.

전자전달사슬

광계 II, 광계 I, 전자전달사슬은 틸라코이드 막에 있는 분자 복합체이다(그림 6.9). 이들 분자 복합체는 밀집되어 있어서 전자가 효율적으로 전달될 수 있다. 또한 ATP 합성효소 복합체도 존재한다.

ATP 생성

광합성이 수행되는 동안, 틸라코이드 공간은 수소 이온(H^+) 저장소 역할을 한다. 첫째, 물이 쪼개질 때마다 2개의 H^+이 틸라코이드 공간에 남겨진다. 둘째, 전자가 전자전달사슬의 운반자를 따라 차례로 이동할 때 전자가 에너지를 내놓는다. 이 에너지를 이용하여 H^+를 스트로마에서 틸라코이드 공간으로 이동시킨다. 따라서 스트로마보다 틸라코이드 공간에 H^+이 많아져 H^+ 기울기가 형성된다. 이 기울기는 대량의 퍼텐셜에너지를 가진다.

H^+은 농도기울기를 따라 ATP 합성효소 복합체를 통해 틸라코이드 막을 통과하며, 이때 에너지가 방출된다. 이로 인해 **ATP 합성효소(ATP synthase)**의 형태가 변형되고 ADP + ⓟ로부터 ATP가 생성된다. 즉, ATP 생성은 방출 에너지를 포획한다.

NADPH 생성

효소는 흔히 **조효소(coenzyme)**라고 부르는 비단백질 도우미를 가진다. $NADP^+$는 전자를 받아 NADPH로 되는 조효소이다. NADPH에서 전자를 넘겨받은 기질은 환원된다.

명반응 과정 동안에, $NADP^+$가 틸라코이드 막의 전자 경로가 끝나는 곳에서 전자를 받아들인 후 H^+을 받아 NADPH로 되는 과정은 앞에서 살펴본 바 있다(그림 6.9 참조).

개념 연결하기 6.2

광합성의 명반응은 태양에너지를 이용해 탄수화물을 합성하는 데에 필요한 ATP와 NADPH를 만든다.

진도 점검하기 6.2

1. 식물에 여러 종류의 광합성 색소가 존재하는 이유를 설명하시오.
2. 명반응에서 어떻게 태양에너지를 포획하는지 요약하고, 이 반응을 통해 만들어 내는 게 무엇인지 설명하시오.
3. 물에서 NADPH로 이동하는 전자의 경로에 대해 설명하시오.
4. 명반응에서 물이 필요한 이유를 설명하시오.

6.3 캘빈회로반응—당 만들기

학습 목표

이 절을 학습한 후에는 다음 과제를 수행할 수 있어야 한다.

1. 광합성 내 캘빈회로의 목적을 요약하기.
2. ATP와 NADPH가 캘빈회로에 의해 어떻게 탄수화물 대사과정에 활용되는지 설명하기.
3. 캘빈회로의 생성물이 어떻게 다른 탄수화물을 만드는 데 사용되는지에 대해 요약하기.

명반응에서 만들어진 ATP와 NADPH가 캘빈회로반응의 동력원이다. 흔히 캘빈회로를 태양에너지 투입이 필요하지 않은 빛-독립 반응으로 간주하기도 한다. 그러나 실제로는 명반응의 산물에 의존하기 때문에 역시 빛-의존 반응이다. 이 회로의 명칭은 방사성 동위원소인 ^{14}C를 추적자로 삼아 회로를 구성하는 반응을 밝혀낸 Melvin Calvin을 기려 명명한 것이다.

캘빈회로의 개요

캘빈회로반응은 엽록체의 스트로마에서 일어난다(그림 6.2 참조). 이 일련의 반응(그림 6.10)은 대기의 이산화탄소를 이용하며, (1) 이산화탄소 고정, (2) 이산화탄소 환원, 그리고 (3) 첫 번째 기질인 RuBP(리불로스 1,5-이인산) 재생성의 세 단계로 이루어진다. 이들 반응에서 G3P(글리세르알데히드-3-인산)가 생성되며, 이것을 이용하여 포도당을 비롯한 유기 분자를 생산한다. 캘빈회로는 많은 에너지를 필요로 하며, 이 에너지는 명반응에서 만들어진 ATP와 NADPH에 의해 공급된다.

이산화탄소 고정

이산화탄소 고정(CO_2 fixation)은 캘빈회로의 첫 단계이다. 이 반응에서 대기 중의 CO_2가 5-탄소 분자인 RuBP와 결합한다. 이 반응의 효소는 **RuBP 카르복실화효소**

(RuBP carboxylase, rubisco)이며, 이 반응 결과로 6-탄소 분자가 만들어진 후, 곧 2개의 3-탄소 분자로 쪼개진다.

연관

숲이 기후 변화를 상쇄하기에 충분한 양의 이산화탄소를 흡수할 수 있을까?

숲이 이산화탄소를 흡수한다는 것은 실제로는 캘빈회로에 의한 이산화탄소 고정과정을 의미한다. 미국농무부의 추정에 따르면 숲은 매년 7억 5천만 톤 이상의 CO_2를 흡수한다. 안타깝게도 이것은 사람이 방출하는 이산화탄소의 30% 정도에 지나지 않는다. 탄소 순환에는 다른 요인들도 있지만(31.2절 참조), 숲만으로는 방출되는 양과 균형을 이루고 지구 기후 변화를 줄이기에 충분한 탄소를 흡수할 수 없는 것으로 보인다.

이산화탄소 환원

이산화탄소 환원은 명반응에서 생성된 NADPH와 일부 ATP를 이용하는 연속된 반응이다. CO_2 환원에 필요한 전자와 에너지를 NADPH와 ATP가 각각 공급한다. NADPH의 전자를 받고 일련의 반응을 거쳐 이산화탄소가 탄수화물인 G3P로 환원된다.

RuBP 재생성

캘빈회로반응은 순환하며, 이것은 생성물의 일부가 반응의 시작점으로 되돌아온다는 것을 의미한다. 캘빈회로의 마지막 단계에서(**그림 6.10**) 명반응으로부터 생성된 ATP를 사용해 RuBP를 재생성하고, 그로 인해 탄소 고정에 다시 참여할 수 있다.

그림 6.10에서 캘빈회로반응을 3배수로 표시한 것을 눈여겨보자. 그 이유는 3번 회전하여야 포도당을 비롯한 탄수화물을 만드는데 쓰일 G3P를 1분자 내놓을 수 있기 때문이다. 왜 그럴까? 캘빈회로가 3번 회전할 때마다 G3P 5분자를 사용하여 RuBP 3분자를 재생성할 수 있다. RuBP는 다음 회전을 시작하는 데 필요한 분자이다. 이때 명반응에서 생성된 ATP의 일부가 사용된다.

그림 6.10 캘빈회로반응.
캘빈회로는 CO_2 고정, CO_2 환원, RuBP 재생성의 세 부분으로 나눌 수 있다. RuBP 3분자를 재생성하려면 G3P 5분자가 필요하므로, G3P 1분자를 순수 획득하려면 회로가 3번 회전하여야 한다. 포도당 1분자를 만들려면 G3P 2분자가 필요하다. ●은 탄소 원자(C)이다.

캘빈회로의 주요 분자

RuBP	리불로스 1,5-이인산
3PG	3-인산글리세르산
BPG	1,3-이인산글리세르산
G3P	글리세르알데히드-3-인산

G3P의 쓰임새

동물세포에 비하여 조류와 식물은 막대한 생화학적 능력을 가지고 있다. 이들은 G3P 분자로부터 필요한 모든 분자를 만들어낼 수 있다(**그림 6.11**). 식물은 G3P의 탄화수소 골격으로 식물성 기름의 구성성분인 지방산과 글리세롤을 생성할 수 있다. 옥수수기름, 해바라기기름, 올리브기름 등은 요리용으로 사용한다. 또한

그림 6.11 G3P의 쓰임새.
탄수화물이 아닌 기름 등의 유기 분자를 생성(파란 상자)하거나 탄수화물을 생성(녹색 상자)하는 등, 식물세포의 많은 대사경로에서 첫 반응물은 G3P이다. 포도당을 형성하려면 G3P 2분자가 필요하다. 포도당은 흔히 광합성의 최종산물로 간주된다. 그렇지만 수크로오스(수송되는 당), 녹말(포도당 저장 형태), 셀룰로오스(구조 탄수화물) 등의 탄수화물도 만들어질 수 있다.

G3P의 탄화수소 골격에 질소가 추가되면 아미노산이 만들어진다.

G3P 대사과정에서 얻는 유기 분자 중에는 포도당-인산도 있다. 포도당은 식물과 동물이 에너지 수요를 충당할 ATP를 생산하는 데 사용하는 분자이다. 포도당-인산이 과당과 결합하면 (인산기가 제거되고) 수크로오스(설탕)로 되는데, 이 분자는 식물이 탄수화물을 다른 부위로 수송할 때 이용하는 분자이다. 포도당-인산은 또한 녹말과 셀룰로오스를 합성하는 개시 분자이기도 하다. 녹말은 포도당의 저장형태이다. 일부 녹말은 엽록체에 저장되지만, 대부분 뿌리의 녹말체(amyloplast)에 저장된다. 셀룰로오스는 식물 세포벽의 구조를 이루는 성분이며, 사람이 소화시킬 수 없기 때문에 식이섬유로 이용된다.

개념 연결하기

6.3 캘빈회로는 명반응의 산물을 이용해 이산화탄소를 환원하고, 탄수화물을 만드는 데 사용되는 G3P를 생산한다.

진도 점검하기 6.3

1. 광합성에서 캘빈회로의 역할을 간략하게 요약하시오.
2. 캘빈회로반응에서 사용되는 NADPH와 ATP의 공급원에 대해 설명하시오.
3. 식물체에게 G3P가 중요한 이유를 설명하시오.

6.4 여러 유형의 광합성

학습 목표

이 절을 학습한 후에는 다음 과제를 수행할 수 있어야 한다.

1. C_4 광합성을 정의하고, 일부 식물이 이 유형의 광합성을 하여야만 하는 이유를 설명하기.
2. C_4 광합성이 C_3 광합성에 비해 유리한 점과 불리한 점을 설명하기.
3. C_3 식물과 C_4 식물의 잎 구조를 비교하여 설명하기.
4. CAM 광합성을 설명하고, 이 유형의 광합성이 나타날 수 있는 조건을 설명하기.

식물은 물리적으로 자신의 환경에 적응하였다. 춥고 바람이 많이 부는 북부지역에서 서식하는 상록수는 바늘처럼 가늘고 작은 잎을 가진다. 따뜻하고 수분이 많은 남부지역에서 서식하는 상록수는 햇빛을 잘 받을 수 있는 크고 넓적한 잎을 가진다.

C_3 광합성

식물은 대사적으로도 자신의 환경에 적응하였다. 기온과 강수량이 온건한 지역에서 서식하는 식물은 **C_3 광합성(C_3 photosynthesis)**을 수행하며, 따라서 C_3 식물(C_3 plant)이라고 부른다. 대부분의 식물은 C_3 식물이며, 6.3절에서 논의한 반응은 이 유형의 광합성을 하는 것이 특징이다.

C_3 식물(그림 6.12)에서 CO_2 고정(그림 6.10 참조) 이후 최초로 나타나는 분자는 탄소 원자 3개로 이루어진 분자이며, 따라서 C_3라고 부른다. C_3 식물의 잎에서는 열을 지어 배열된 엽육세포(mesophyll cell) 내에 엽록체가 잘 발달되어 있다. CO_2 고정을 포함한 캘빈회로는 엽육세포의 엽록체에서 이루어진다. 대부분의 식물종이 C_3 광합성을 수행한다.

낮
CO_2
엽육세포
RuBP
캘빈 회로
C_3
G3P
C_3 식물인 야생화의 CO_2 고정

그림 6.12 C_3 식물의 이산화탄소 고정.
이들 야생화와 같은 C_3 식물에서는 CO_2를 엽육세포에서 캘빈회로가 직접 받아들이며, 최초의 생성물은 C_3 분자(빨간색)이다.
(photo): ©Kmannn/Shutterstock

날씨가 덥고 건조하면 물 손실로 인하여 식물이 시들어 죽을 수 있으므로 기공을 닫아서 물 손실을 막는다. 그러나 기공이 닫히면 CO_2가 잎 안으로 들어가지 못하고, 광합성 부산물인 O_2가 잎 공간에 갇혀서 엽육세포 안으로 재확산될 수 있다. C_3 식물에서는 이 O_2가 캘빈회로의 첫 효소인 *rubisco*의 활성부위에 대해 CO_2와 경쟁하고, C_3 생산이 감소한다. 이것을 광호흡(*photorespiration*)이라고 부르며, 이것은 덥고 건조한 환경에서 C_3 식물의 광합성 효과 감소의 원인이 된다.

C_4 광합성

일부 식물은 덥고 건조한 조건에서 성공적으로 서식할 수 있도록 적응하였다. 이들은 C_3 광합성 대신 **C_4 광합성(C_4 photosynthesis)**을 수행한다. C_4 식물(C_4 plant)에서 CO_2 고정 이후 최초로 나타나는 분자는 탄소 원자 4개로 이루어진 분자이며, 따라서 C_4라고 부른다. C_4 식물은 rubisco가 O_2와 결합하는 것을 피할 수 있다. C_4 식물이 어떻게 이러한 일을 하는지 살펴보자. C_4 식물의 해부 구조는 C_3 식물과 다르다(그림 6.13). C_4 식물의 잎에서는 엽록체가 엽육세포에도 있지만, 잎맥을 둘러싼 유관속초세포(bundle sheath cell)에도 있다. 나아가 엽육세포가 유관속초세포 주위에 동심원으로 배열되어 유관속초세포를 잎 공간에 있는 O_2로부터 차단한다.

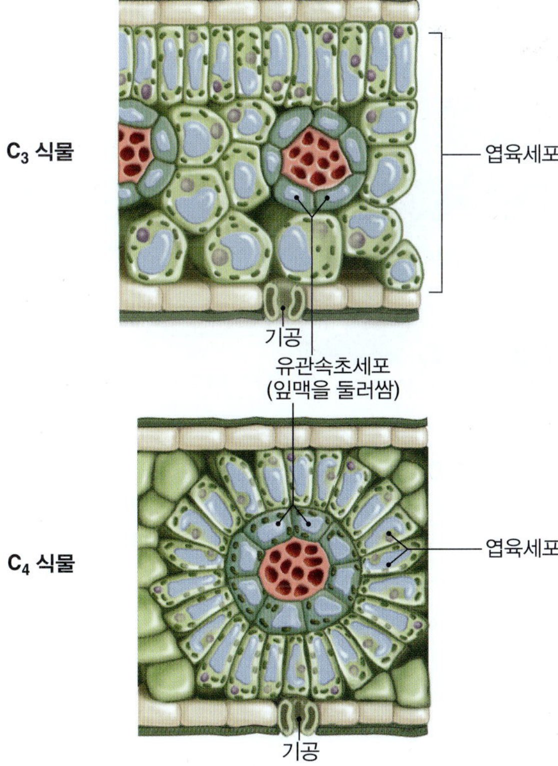

그림 6.13 C_3 식물과 C_4 식물의 해부 구조 비교.
C_3 식물에서는 엽육세포가 열을 지어 배열되어 있으며, 엽록체를 가지고 있다. CO_2 고정을 포함한 캘빈회로가 엽육세포에서 수행된다. C_4 식물에서는 엽육세포가 유관속초세포를 고리처럼 둘러싸고 있으며, 두 유형의 세포 모두 엽록체를 가지고 있다. CO_2 고정은 엽육세포에서, 캘빈회로반응은 유관속초세포에서 수행된다.

C_4 식물에서는 캘빈회로반응이 오직 유관속초세포에서만 일어나며, 엽육세포에서는 수행되지 않는다. 유관속초세포는 엽육세포에 의해 잎 공간과 격리되어 있기 때문에 캘빈회로에 필요한 CO_2를 대기에서 직접 얻을 수 없다. 그 대신에 엽육세포에서 CO_2가 C_3 분자에 의해 고정되어 C_4 분자가 형성된다. 이 C_4 분자는 변형된 후 유관속초세포로 수송된다(그림 6.14). 이제 CO_2가 캘빈회로로 들어간다. 즉, CO_2 고정과 캘빈회로를 수행하는 공간이 나누어져 있다.

분자를 수송할 때에 에너지를 소비하므로 C_4 경로가 불리해 보인다. 그러나 덥고 건조한 기후에서는 사탕수수, 옥수수 등 C_4 식물의 순 광합성률이 밀, 쌀, 귀리 등의 C_3 식물보다 2~3배 높다. 어째서 C_4 식물이 이로운 것일까? 덥고 건조하여 기공을 닫아도 rubisco가 O_2에 노출되지 않아 수확량을 유지할 수 있기 때문이다.

온화한 기후에서는 C_3 식물이 일반적으로 더 유리하다. 그렇지만 덥고 건조한 기후에서는 C_4 식물이 더 유리하고, 따라서 이들이 우점을 이룰 것이다. 선선한 지역의 잔디밭에서 초여름에는 왕포아풀(Kentucky bluegrass)와 겨이삭(creeping bent grass) 등의 C_3 식물이 우점을 이루지만, 한여름에는 바랭이 등의 C_4 식물이 우점을 이룬다.

그림 6.14 C_4 식물의 이산화탄소 고정.
옥수수 등의 C_4 식물은 엽육세포에서 CO_2가 고정되어 C_4 분자(빨간색)가 만들어진다. 이 C_4 분자는 유관속초세포의 캘빈회로에게 CO_2를 넘겨준다.
(photo): Source: USDA/Doug Wilson, photographer

그림 6.15 CAM 식물의 이산화탄소 고정.
파인애플 등의 CAM 식물은 밤에 CO_2를 고정하여 C_4 분자(빨간색)를 만든다. 낮 동안에 이 C_4 분자에서 CO_2가 방출되어 캘빈회로로 들어간다.
(photo): ©Pixtal/AGE Fotostock

CAM 광합성

또 다른 유형의 광합성은 **CAM**이라고 하며, **다육식물유기산대사(Crassulacean Acid Metabolism)**를 의미한다. 이 명칭은 따뜻하고 건조한 지역에서 서식하는 다육(즙이 많은)성 현화식물인 돌나물과(Crassulaceae)에서 비롯된 것이다. CAM은 돌나물과 식물에서 처음 발견되었지만, 선인장 등 사막 환경에서 자라는 대부분의 다육식물에 널리 퍼져 있다.

C_4 식물은 공간을 나누어 사용하지만(즉, CO_2 고정은 엽육세포에서, 캘빈회로반응은 유관속초세포에서 수행), CAM 식물은 시간을 나누어 사용한다. 즉, 밤 동안에 C_3 분자를 이용하여 CO_2를 고정하여 C_4 분자로 만든 후, 엽육세포의 액포에 저장한다. 낮에 명반응을 통해 NADPH와 ATP가 충분하게 공급되면 저장된 C_4 분자에서 CO_2가 빠져나와 캘빈회로로 들어간다(그림 6.15).

이렇게 구획을 나누어 얻는 이점은 주로 물 보존과 관련된다. CAM 식물은 기공을 밤에만 열기 때문에 대기의 CO_2를 밤에만 얻을 수 있다. 낮 동안에는 기공을 닫아 물은 보존할 수 있지만, CO_2가 식물 안으로 들어갈 수 없다.

CAM 식물은 밤에 고정되는 CO_2의 양이 한정되어 있기 때문에 광합성을 최소한으로 수행하지만, 좋지 않은 조건에서도 살아갈 수 있다.

진화의 경향

C_4 식물은 빛의 세기가 강하고 기온이 높으며 강수량이 적은 지역에서 진화하여 적응한 것으로 보인다. 그러나 C_4 식물은 추위에 민감하며, 25°C 이하에서는 C_3 식물이 C_4 식물보다 잘 적응한다.

연관

C_4 식물의 진화에 관해 알려진 사실은?

과학자들은 C_4 식물이 나타나게 된 진화의 시발점을 이해하고자 노력하고 있다. C_4 식물의 첫 증거가 약 2,500만 년 전에 나타났기 때문에 이들이 비교적 어린 그룹이라는 사실이 알려져 있다. 이들이 처음 나타난 정확한 장소는 아직 분명하지 않지만, 대부분 과학자는 덥고 건조한 환경이었을 것이라는 데 동의한다. 진화의 장면에 새로 등장한 신입이기는 하지만, C_4 식물은 큰 성공을 거두고 있다. C_4 식물은 식물종의 단 4%에 지나지 않지만, 총 연간식물생장의 20% 이상을 담당한다. 가장 골칫거리인 잡초 18종 가운데 14종이 C_4 식물이다.

반면, CAM 식물은 극도로 건조한 환경에서 다른 유형의 식물보다 잘 적응한다. 놀랍게도 CAM 식물은 지구상에 널리 분포하며, 선인장, 꿩의비름(돌나물과), 난초, 브로멜리아드(파인애플과) 등 30여 개 과의 현화식물에서 진화하였다. 또한 일부 양치류와 솔방울이 달리는 구과식물 등의 은화식물에서도 찾아볼 수 있다.

개념 연결하기
생산자들은 광합성 경로를 변형시켜 다양한 환경에 적응하였다.

진도 점검하기 6.4

1. C_3 식물과 C_4 식물의 차이를 비교하고 각 유형의 예를 제시하시오.
2. C_4 식물이 엽육세포에서 CO_2를 고정해야 하는 이유를 설명하시오.
3. CAM 식물이 C_4 식물에 비해 유리한 점은 무엇인지 설명하시오.

요 약 SUMMARIZE

광합성은 지구 생명체의 가장 주요한 에너지원인 탄수화물을 만들기 위해 햇빛으로부터 에너지를 포획한다.

광합성의 두 반응은 유기화합물을 형성하기 위해 햇빛의 에너지를 전자로 전달한다.

광합성의 명반응은 태양에너지를 이용해 탄수화물을 합성하는 데에 필요한 ATP와 NADPH를 만든다.

캘빈회로는 명반응의 산물을 이용해 이산화탄소를 환원하고, 탄수화물을 만드는 데 사용되는 G3P를 생산한다.

생산자들은 광합성 경로를 변형시켜 다양한 환경에 적응하였다.

6.1 광합성의 개요

남세균, 조류, 식물은 **광합성(photosynthesis)**을 수행하며, 이 과정에서 태양에너지를 이용하여 물이 산화되고 이산화탄소가 환원된다. **환원(reduction)**반응과 **산화(oxidation)**반응을 합하여 **산화환원반응(redox reaction)**이라고 한다. 광합성의 최종산물은 탄수화물과 산소이다.

$$\text{태양에너지} + CO_2 + H_2O \longrightarrow (CH_2O) + O_2$$

식물의 광합성은 **엽록체(chloroplast)**에서 수행된다. 엽록체는 이중막을 가지며, (1) 액체인 **스트로마(stroma)**, (2) **틸라코이드(thylakoid)**로 이루어진 막 성분인 **그라나(grana)**의 두 구성요소로 이루어진다. **명반응(light reaction)**은 엽록소를 이용하여 틸라코이드 막에서 수행되고, **캘빈회로(Calvin cycle)** 반응은 스트로마에서 수행된다.

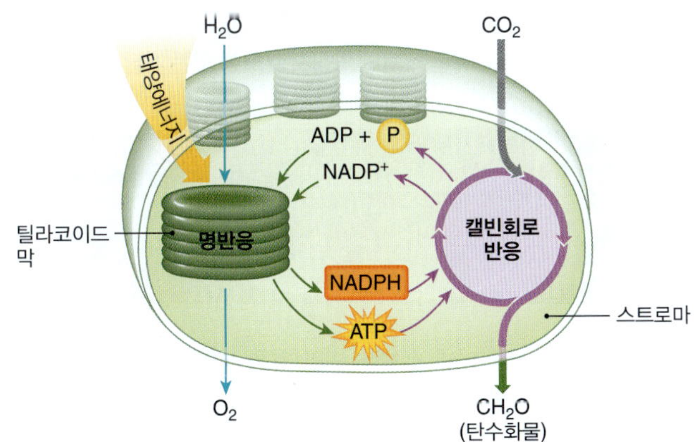

6.2 명반응—에너지 수확하기

- 명반응은 가시광선 영역의 태양에너지를 이용한다. 두 **광계(photosystem**, 광계 I과 광계 II)에 있는 **엽록소(chlorophyll)**와 **카로티노이드(carotenoid)** 등의 색소 복합체가 빛의 다양한 파장을 흡수한다. 그 결과로 광계의 반응중심에서 고에너지 전자가 만들어진다.
- 태양에너지가 광계 II에 흡수되면 활성화된 전자가 전자수용체로 이동한다. 물이 산화되어 반응중심이 잃은 전자를 대체한다. 산소(O_2)는 대기로 빠져나가고, 수소 이온(H^+)은 틸라코이드 공간에 남는다.
- 전자가 **전자전달사슬(electron transport chain)**을 따라 차례로 이동할 때 방출되는 에너지를 이용하여 운반자가 H^+을 틸라코이드 공간으로 펌프한다. 이에 따라 H^+에 의한 전기화학 기울기가 형성된다.
- 태양에너지가 광계 I에 흡수되면 활성화된 전자가 마침내 **조효소(coenzyme)**인 $NADP^+$로 전달되며, 스트로마에서 온 H^+과 합쳐져 NADPH로 된다. 광계 I이 잃은 전자는 광계 II에서 전달된 전자로 대체된다.
- H^+이 농도기울기를 따라 **ATP 합성효소(ATP synthase)** 복합체에 있는 통로를 통과하면, ATP 합성효소에 의해 ADP와 ⓟ로부터 ATP가 합성된다.

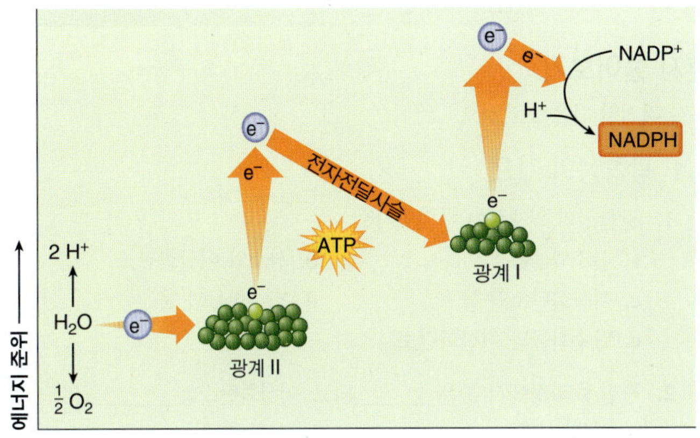

6.3 캘빈회로반응—당 만들기

캘빈회로는 다음과 같은 단계로 이루어진다.

- CO_2 고정: **RuBP 카르복실화효소**(rubisco)가 CO_2를 RuBP에 고정하여 6-탄소 분자를 만든다. 이 분자는 즉시 2개의 C_3 분자로 쪼개진다.
- CO_2 환원: (유기 분자에 통합된) CO_2가 탄수화물(CH_2O)로 환원된다. 이 단계에서는 명반응에서 생성한 NADPH와 일부 ATP를 필요로 한다.
- RuBP 재생성: 캘빈회로가 3회전할 때마다 G3P 1분자를 순수하게 얻는다. 나머지 G3P 5분자는 RuBP 재생성에 쓰인다. 이 단계에서도 ATP를 사용한다. 순수 획득한 G3P는 식물에 필요한 모든 유기 분자로 전환된다. 포도당 1분자를 만들려면 G3P 2분자가 필요하다.

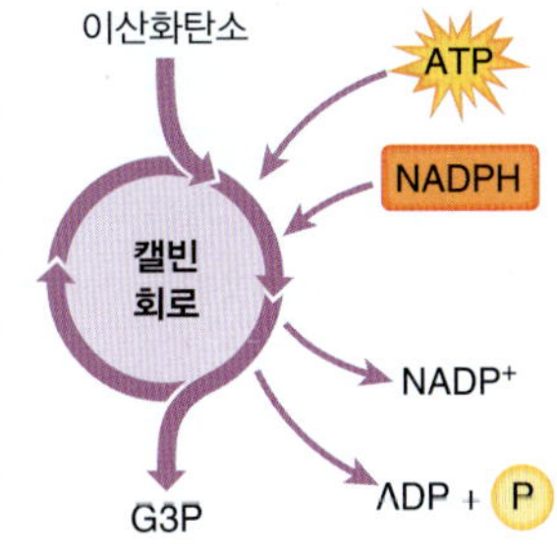

6.4 여러 유형의 광합성

C_4 광합성

C_3 광합성(C_3 photosynthesis)을 이용하는 식물은 덥고 건조한 날씨일 때에는 불리하다. 기공이 닫혀 광합성에서 생성된 O_2가 rubisco의 활성부위에서 CO_2와 경쟁하게 되기 때문이다. C_4 식물은 이러한 결점을 피한다. **C_4 광합성(C_4 photosynthesis)**에서는 CO_2 고정은 엽육세포(mesophyll cell)에서, 캘빈회로반응은 유관속초세포(bundle sheath cell)에서 수행된다. 엽육세포에서 C_3 분자가 CO_2를 고정하여 C_4 분자로 되며, 따라서 이러한 광합성을 C_4 광합성이라고 부른다. 이 C_4 분자는 변형된 후에 유관속초세포로 펌프

되고, 여기에서 CO_2가 빠져나와 캘빈회로로 들어간다. 즉, CO_2 고정과 캘빈회로를 수행하는 공간이 나누어져 있다.

CAM 광합성

CAM 광합성(CAM photosynthesis)을 이용하는 식물은 덥고 건조한 환경에서 서식한다. 밤에 기공이 열려 있을 때 C_3 분자가 CO_2를 고정하여 C_4 분자를 만든다. 낮이 되면 CO_2가 빠져나와 동일한 세포의 캘빈회로로 들어간다. 즉, CO_2 고정과 캘빈회로를 수행하는 시간이 나누어져 있다. CO_2 고정은 밤에, 캘빈회로는 낮에 수행한다.

광합성을 통해 지구 생명체 대부분이 에너지원으로 이용하는 탄수화물이 만들어진다.

평 가 ASSESS

혼자 풀어보기

가장 적절한 답을 고르시오.

6.1 광합성의 개요

1. 광합성의 원재료는 무엇인가?
   a. 산소와 물 b. 산소와 이산화탄소
   c. 이산화탄소와 물 d. 탄수화물과 물
   e. 탄수화물과 이산화탄소

2. 광합성 과정에서 물은 ______되고, 이산화탄소는 ______된다.
   a. 환원, 산화 b. 산화, 환원
   c. 환원, 환원 d. 산화, 산화

6.2 명반응—에너지 수확하기

3. 광계 I의 반응중심에서 수용체 분자로 이동한 전자를 대체하는 전자는 무엇에서 나온 것인가?
   a. 산소 b. 포도당
   c. 이산화탄소 d. 물

4. 광합성 명반응에서 ATP는 수소 이온이 어떻게 이동할 때 생성되는가?
   a. 농도기울기를 따라 틸라코이드 공간에서 스트로마로
   b. 농도기울기를 거슬러 틸라코이드 공간에서 스트로마로
   c. 농도기울기를 따라 스트로마에서 틸라코이드 공간으로
   d. 농도기울기를 거슬러 스트로마에서 틸라코이드 공간으로

5. 산소는 무엇에 의해 생성되는가?
   a. 명반응 b. 캘빈회로
   c. 명반응과 캘빈회로반응 d. 전자전달사슬

6. 틸라코이드에서 ADP와 ⓟ로부터 ATP를 생성하는 효소는?
   a. RuBP 카르복실화효소 b. G3P
   c. ATP 분해효소 d. ATP 합성효소

6.3 캘빈회로반응—당 만들기

7. 캘빈회로반응에서 쓰이는 에너지는 명반응에서 유래한 ________이 공급한다.
   a. 이산화탄소와 물 b. ATP와 NADPH
   c. 이산화탄소와 ATP d. ATP와 물
   e. 전자와 수소 이온

8. 이산화탄소가 고정되려면 CO_2가 무엇과 결합해야 하는가?
   a. ATP b. NADHP
   c. G3P d. RuBP

9. 캘빈회로반응의 생성물 중 탄수화물 생성에 쓰이는 것은?
   a. NADHP b. CO_2
   c. G3P d. RuBP

6.4 여러 유형의 광합성

10. C_4 식물에서 CO_2가 고정되는 방법은?
    a. 유관속초세포에서 물이 쪼개질 때 전자와 수소 이온을 추가함
    b. CO_2를 C_3 분자에 결합시킨 후 유관속초세포로 펌핑함
    c. 오직 유관속초세포에서만 물이 쪼개짐
    d. C_4 분자를 유관속초세포에서 유래한 O_2로 산화시킴

11. C_4 식물의 잎이 C_3 식물의 잎과 다른 이유는?
    a. 기공을 닫을 수 없기 때문이다.
    b. 엽육세포에 잎 공간이 없기 때문이다.
    c. 둘러싼 엽육세포에 의해 유관속초세포가 잎 공간에서 차단되기 때문이다.
    d. C_4 식물은 더 많은 O_2가 확산될 수 있도록 잎이 좁기 때문이다.

관계맺기 ENGAGE

과학적으로 생각하기

1. 1882년에 엔젤맨(T. W. Engelman)은 엽록소가 스펙트럼의 청색과 적색 부분을 흡수한다는 사실을 밝히기 위한 실험을 수행하였다. 그는 현미경 슬라이드 위에 물을 한 방울 떨어뜨리고 녹조의 사상체를 하나 놓았다. 그 후에 프리즘을 통과한 빛을 녹조 세포에 쪼여주었다. 슬라이드에는 호기성 세균도 함께 있었다. 일정 시간이 지난 후 현미경으로 관찰한 결과, 다음 그림처럼 청색과 적색을 받은 녹조 사상체 부위에 세균이 모여 있었다. 세균이 이런 방식으로 모여 있는 까닭은 무엇일까?

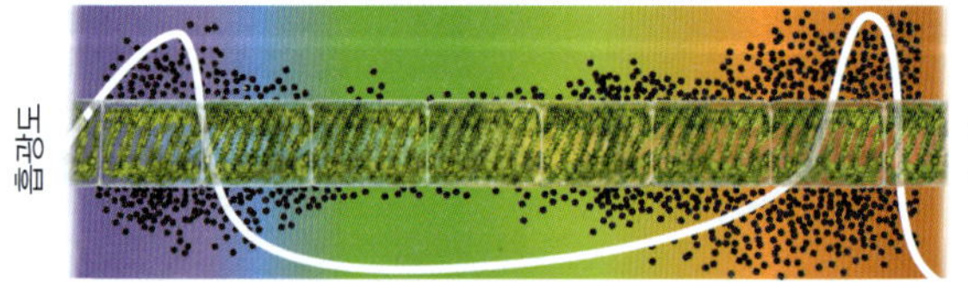

2. 단원 시작에서 나타낸 것처럼, 인공 잎은 생명공학 회사들에 의해서 개발되기 시작했다. 또한 이 단원에서는 인공 잎이 당을 생산하기 위해서 필요한 기본적인 특성을 다루고 있다. 이 인공 잎이 생산할 수 있는 다른 화합물은 무엇일까?
3. 넓고 얇은 잎이 광합성에 유리한 까닭은 무엇일까?
4. 기후 변화가 북미 지역에서 C_3 식물과 C_4 식물의 분포에 어떤 영향을 줄 수 있을까?
5. 광합성 산물로 탄수화물을 만들고, 이를 다시 에탄올로 바꾸어 생물연료로 사용하는 사례가 늘고 있다. 옥수수 등의 식용 작물을 에탄올로 전환하는 것은 세계의 식량사정과 관련하여 문제가 되고 있다. 광합성에 대한 이해를 바탕으로 할 때, 점차 더워지는 지구에서 에탄올 생산용으로는 어떤 유형의 식물이 좋은 선택이 될 수 있을까?

©Deanne Fitzmaurice/National Geographic

CHAPTER

7 세포의 에너지 Energy for Cells

운동선수의 대사적 요구

크로아티아와 프랑스 간의 2018 월드컵 챔피언십 경기와 같은 축구 경기에서 선수들은 평균 4~5 km를 달린다. 그러나 마라톤 선수들이 일정한 속도를 유지하는 것과는 달리, 축구 선수들은 격렬한 활동(질주)을 한 후 짧은 휴식 기간을 경험한다. 이러한 출발-정지 방식의 경기 특성은 선수의 근육이 유산소 대사와 무산소 대사를 끊임없이 전환한다는 것을 의미한다.

유산소 대사 과정에서 근육세포는 산소를 이용하여 포도당을 완전히 분해하고 세포의 에너지 "배터리"인 ATP를 생산한다. 탄수화물이 소비되고 노폐물로서 이산화탄소를 생성하는 이 과정은 세포내 원형질과 미토콘드리아에서 일어난다. 그러나 짧은 구간을 빠르게 전력으로 달리면 혈액에서 산소가 빠르게 소진되어 근육은 무산소 대사를 진행하게 된다. 산소가 없으면, 포도당은 완전하게 분해될 수 없으며 젖산으로 전환되어 격렬한 운동 후에 느끼는 근육의 "화끈거림"을 야기한다. 일반적으로 짧은 휴식 후 산소가 다시 회복되면 신체는 다시 유산소 대사로 되돌아갈 수 있다. 프로선수들은 무산소 대사 상태에 해당하는 시간을 줄이고 유산소 대사 상태를 극대화 하도록 훈련되어 있다.

이 장에서는 이러한 대사경로뿐만 아니라 지방과 단백질과 같은 영양소들이 어떻게 세포활동을 위한 ATP를 생성하는 데 이용될 수 있는지에 대해 탐구할 것이다.

이 장을 공부하는 동안 다음 질문에 대해 생각해보자.

1. 유산소 대사경로와 무산소 대사경로의 차이점은 무엇일까?
2. 이들 경로에서 산소의 역할은 무엇일까?
3. 포도당 대신 지방과 단백질 같은 다른 유기 영양소들은 어떻게 에너지원으로 사용될 수 있을까?

개요

시작하기 전에

이 장을 시작하기 전에 다음의 내용을 다시 살펴보자.

3.2절 생명체에서 탄수화물의 역할은 무엇인가?

4.4절 세포에서 미토콘드리아의 기능은 무엇인가?

5.2절 ATP 순환이 배터리 재충전과 유사한 까닭은 무엇인가?

7.1 세포호흡

학습 목표

이 절을 학습한 후에는 다음 과제를 수행할 수 있어야 한다.

1. 세포에서 세포호흡의 역할을 설명하기.
2. 포도당 분해의 전체 반응을 설명하기.
3. 세포호흡의 네 단계를 구별하고, 세포 내에서 각 단계의 위치를 설명하기.

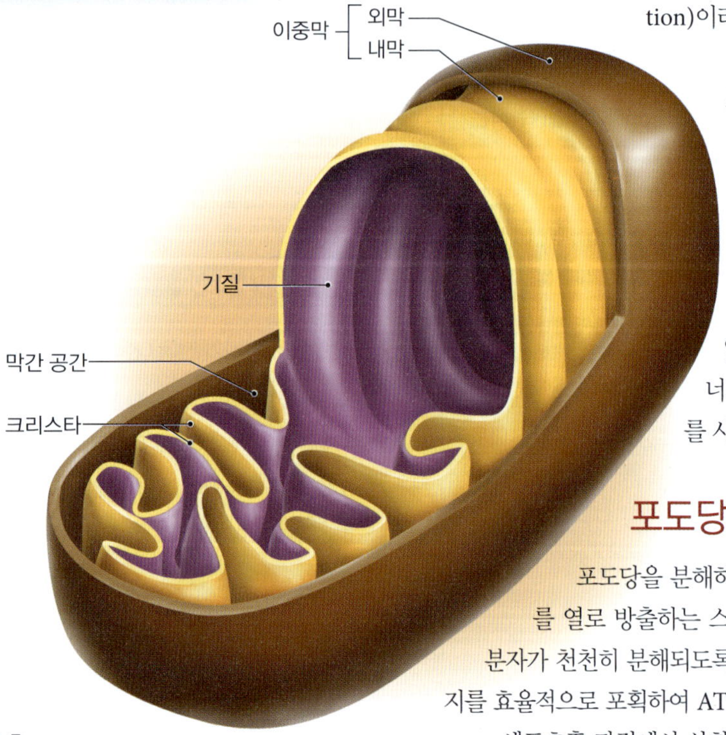

축구든 공부든 심지어 잠을 자든, 무슨 일을 하더라도 세포는 에너지를 이용한다. 이러한 활동들은 세포수준에서 **아데노신 삼인산(adenosine triphosphate, ATP)**에 의해 강화된다. ATP 분자는 유기분자들(주로 탄수화물인 포도당)의 분해에 의한 **세포호흡(cellular respiration)** 과정에서 생성되며, 진핵세포 내 미토콘드리아가 관여한다. 호흡(숨쉬기)이 산소(O_2)를 받아들이고 이산화탄소(CO_2)를 방출하는 것처럼 세포 내에서도 비슷한 과정이 세포호흡 중에 발생한다(그림 7.1). 세포호흡은 우리 몸의 모든 세포내 미토콘드리아에서 주로 일어나며, 실제로 우리가 숨을 쉬는 이유이다.

기질의 산화가 세포호흡의 기본이다. 산화는 어떤 분자에서 전자와 수소 이온이 제거하는 것을 말한다. 제거된 이들 전자와 수소 이온은 다른 분자를 환원시키는 데 사용된다. 산화반응과 환원반응의 조합을 흔히 산화환원반응(redox reaction)이라고 한다.

세포호흡은 산화환원반응의 가장 좋은 예이다. 세포호흡 과정에서 포도당은 산화되어 CO_2를 생성한다. 이 과정에서 산소는 환원되어 물(H_2O)을 생성한다. 이 경우, 산화환원반응은 에너지를 방출하며 이것을 세포가 이용한다(그림 7.2).

이 반응은 익숙해 보일 것이다. 이 화학식에서 화살표를 반대로 하면, 광합성의 전체반응을 얻을 수 있다(6.1절 참조). 세포호흡에서 탄수화물의 산화는 에너지와 이산화탄소를 생산한다. 광합성에서는 태양에너지를 사용하며 이산화탄소를 환원시켜 탄수화물을 생산한다.

그림 7.1 세포호흡.
식품에서 얻는 포도당과 호흡으로 얻는 산소는 세포호흡에서 입력물에 해당한다. 이산화탄소와 물은 산물이 된다. 이 과정은 원형질에서 시작되지만 미토콘드리아에서 완결된다.

(photo): ©Juice Images/Getty Images

포도당 완전 분해 단계

포도당을 분해하면 많은 에너지를 방출한다. 그러나 대부분의 에너지를 열로 방출하는 스토브에서 설탕을 태우는 것과는 달리, 세포는 포도당 분자가 천천히 분해되도록 반응을 조절한다. 이로 인해 포도당 분자의 결합에너지를 효율적으로 포획하여 ATP 분자를 만드는 데 사용할 수 있다.

세포호흡 과정에서 산화를 수행하는 효소는 비단백질 도우미인 **조효소(coenzyme)**의 도움을 받는다. 포도당이 산화되면 조효소인 NAD^+와 FAD가 수소 원자($H^+ + e^-$)를 받아서 각각 NADH와 $FADH_2$로 된다.[1]

[1] NAD = nicotinamide adenine dinucleotide; FAD = flavin adenine dinucleotide

세포호흡은 진핵세포의 세포질과 미토콘드리아 내에서 발생하는 일련의 화학반응으로 발생한다. 그림 7.3에서 세포호흡에는 4단계가 있음을 알 수 있다.

이 네 단계는 다음과 같다:

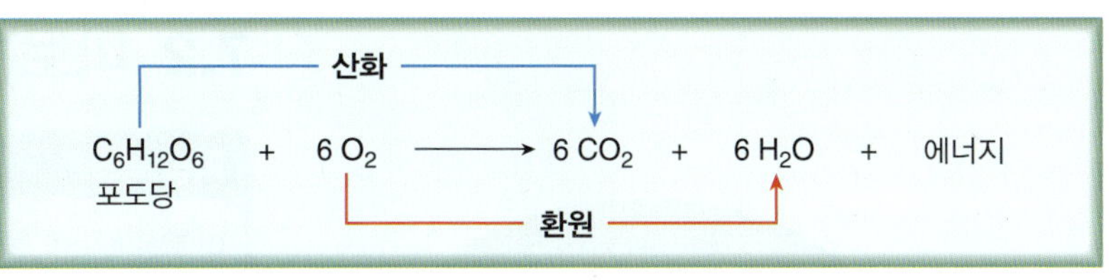

그림 7.2 세포호흡의 화학반응.
세포호흡은 포도당의 산화와 산소의 환원을 포함한다.

- **해당과정(glycolysis)**은 세포의 원형질에서 일어나며, 포도당은 분해되어 2분자의 피루브산을 생성한다. 포도당을 활성화시키기 위해 에너지가 투입되고, 2개의 ATP가 얻어지며, 산화 결과로 NADH가 생성되며, NADH는 나중에 추가적으로 ATP를 생산할 때 이용된다.
- **예비반응(preparatory reaction)**은 미토콘드리아의 기질에서 일어난다. 피루브산은 조효소 A(CoA)에 의해 운반되는 2-탄소 아세틸기로 분해된다. 피루브산의 산화는 NADH뿐만 아니라 CO_2도 생성한다.
- **시트르산 회로(citric acid cycle)** 역시 미토콘드리아의 기질에서 수행된다. 산화가 일어나면 NADH와 $FADH_2$가 생성되며, 더 많은 CO_2가 방출된다. 시트르산 회로에서는 포도당 1분자당 2개의 ATP를 생성할 수 있다.
- **전자전달사슬(electron transport chain)**은 미토콘드리아의 크리스타에 있는 일련의 전자운반자체들이다. NADH와 $FADH_2$는 사슬에 전자를 제공한다. 전자가 고준위 에너지 상태에서 저준위 에너지 상태로 이동할 때에 에너지가 방출되어 포획된다. 이 에너지는 나중에 ATP 생산에 쓰인다. 산소(O_2)가 최종 전자 수용체이다. 전자를 받은 산소는 수소 이온(H^+)과 결합하여 물(H_2O)을 생성한다.

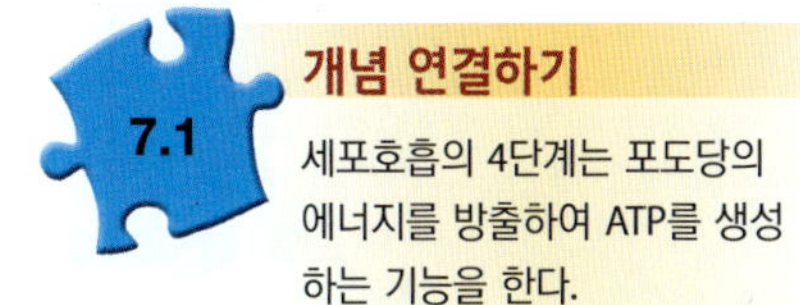

개념 연결하기

세포호흡의 4단계는 포도당의 에너지를 방출하여 ATP를 생성하는 기능을 한다.

진도 점검하기 7.1

1. 세포에서 세포호흡의 역할을 설명하시오.
2. 세포호흡의 전체반응과 광합성 반응의 비슷한 점을 설명하시오.
3. 세포호흡 네 단계의 현상을 요약하시오.

그림 7.3 포도당의 완전 분해 네 단계.
해당과정의 효소반응은 원형질에서 일어난다. 예비반응, 시트르산 회로, 전자전달사슬은 미토콘드리아에서 일어난다.

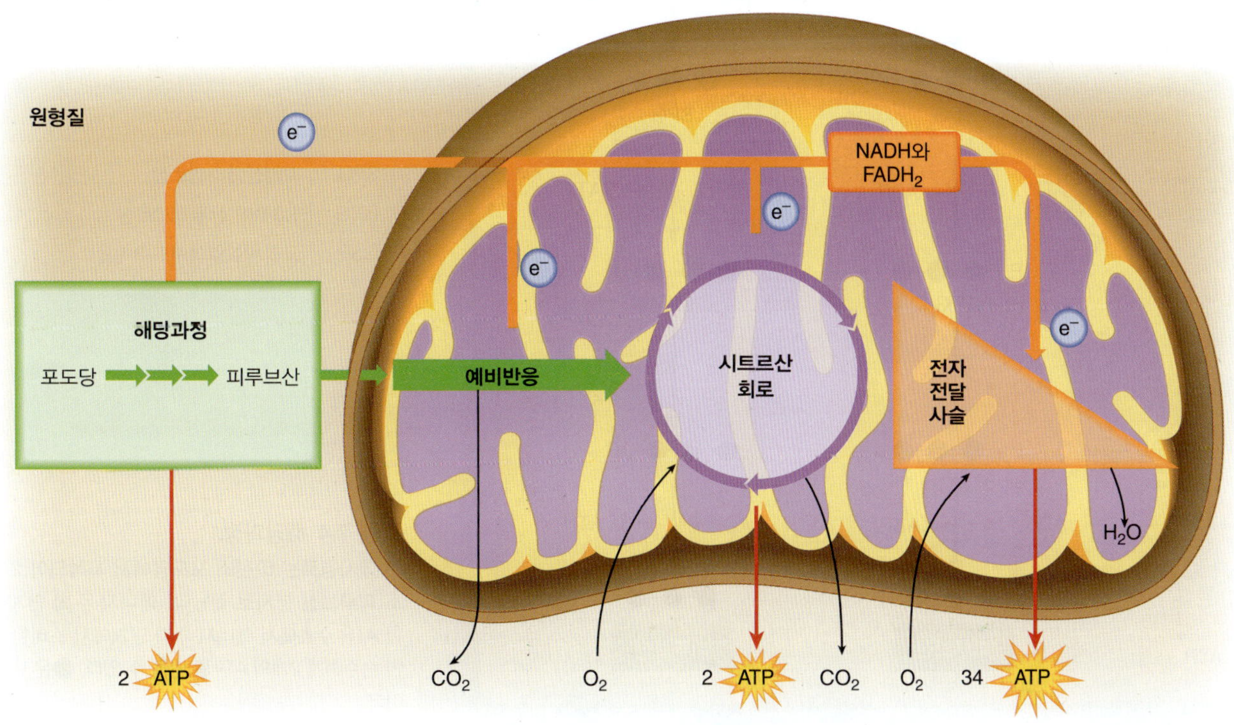

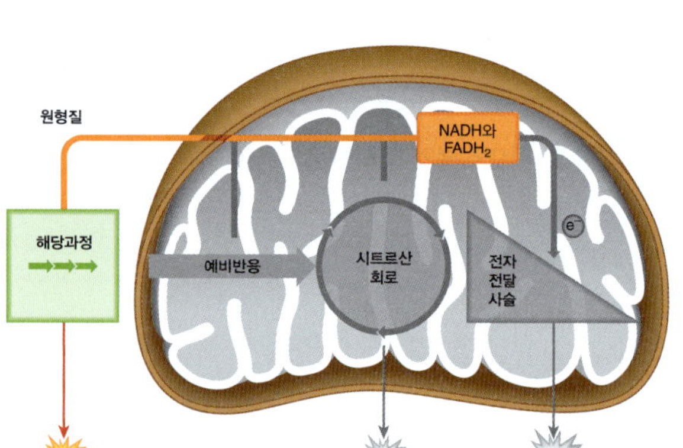

7.2 미토콘드리아 외부: 해당과정

학습 목표

이 절을 학습한 후에는 다음 과제를 수행할 수 있어야 한다.

1. 세포에서 해당과정의 역할을 설명하기.
2. 해당과정의 에너지-투자 단계와 에너지-수확 단계를 구분하여 설명하기.
3. 해당과정의 대사경로에서 포도당이 부분적으로 분해되는 방식을 요약하기.

진핵생물과 원핵생물에서 해당과정은 세포의 원형질에서 일어난다. 해당과정에서 6-탄소 분자인 포도당은 3-탄소 분자인 2분자의 피루브산으로 분해된다. 해당과정은 (1) 반응을 개시하기 위해 약간의 ATP를 이용하는 에너지-투자 단계와 (2) NADH와 ATP가 생성되는 에너지-수확 단계로 나눌 수 있다. 그림 7.4는 일부 중요한 중간대사 분자를 포함한 해당과정의 기본 단계를 간단히 도해한 것이다. 이 그림을 검토하면서 초기의 ATP 투자 단계와 뒤이은 ATP 수확 단계를 눈여겨보자.

에너지-투자 단계

에너지-투자 단계에서 2 ATP는 인산기를 기질에 전달하고 2 ADP + ⓟ로 된다. 이런 일이 일어나는 이유는 무엇일까? 자동차 배터리로 엔진을 시동하는 것과 마찬가지로 인산기가 전달되면 기질이 활성화되고, 따라서 에너지-수확 반응을 수행할 수 있게 된다.

3PG	3-인산글리세르산
BPG	1,3-이인산글리세르산
G3P	글리세르알데히드-3-인산

그림 7.4 해당과정.
이 대사경로는 6-탄소 포도당에서 시작되어 2개의 3-탄소 피루브산 분자로 끝난다. 에너지-수확 단계에서 생산한 ATP 수효에서 에너지-투자 단계에서 소비한 수효를 빼면 순수하게 2개의 ATP를 얻을 수 있다. ●은 탄소 원자(C)이다.

에너지-수확 단계

에너지-수확 단계에서 전자와 수소 이온은 기질에서 제거되고, NAD^+를 환원시켜 2개의 NADH가 생성된다.

반응이 진행되면서 중간대사물의 활성화된 인산기를 이용하여 4개의 ATP를 생성한다. 이 과정을 기질-수준 ATP 합성(substrate-level ATP synthesis)이라고 하며(그림 7.5), 기본적으로 중간대사 분자(예: 1,3-이인산글리세르산)에서 나온 인산기가 ADP로 전달되어 ATP가 형성된다.

해당과정에서는 몇 개의 ATP를 순수하게 얻을 수 있을까? 시작할 때에 2개의 ATP가 소비되고 4개의 ATP가 생성된다는 그림 7.4를 주목하자. 따라서 해당과정에서는 2개의 ATP를 순수하게 얻을 수 있다. 해당과정의 전반적인 입력과 출력이 그림 7.6에 정리되어 있다.

어떻게 이 반응의 진행이 산소의 존재 여부에 따라 결정될 수 있을까? 진핵세포에서 산소가 이용 가능하다면 해당과정의 최종 산물인 피루브산은 미토콘드리아로 들어가 호기성 반응을 통해 더 많은 ATP 생산에 사용된다(7.4절 참조). 만일 산소를 이용할 수 없는 조건이라면, 피루브산은 혐기성 발효 경로로 들어간다(7.3절 참조). 사람의 경우, 산소를 이용할 수 없을 때에는 피루브산은 젖산으로 환원된다(여는글 참조). 혐기성 경로는 원형질에서도 일어나기 때문에 다음으로 이 경로를 살펴보자.

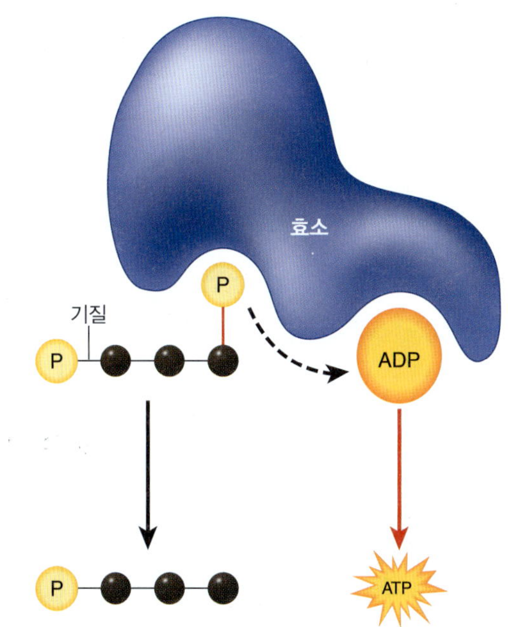

그림 7.5 기질-수준 ATP 합성.
효소의 활성부위에서 ADP는 활성화된 기질로부터 활성 인산기를 얻고 그 결과 ATP가 생성된다. 해당과정에서 순수하게 획득한 2개의 ATP는 기질-수준 ATP 합성으로 얻은 것이다.

개념 연결하기

세포호흡의 첫 번째 단계인 해당과정은 세포의 원형질 내에서 발생하며, 소량의 ATP를 생성한다.

해당과정	
투입	**생산**
포도당	2 피루브산
2 NAD^+	2 NADH
2 ATP	2 ADP
4 ADP + 4 P	4 ATP
	2 ATP 순 획득

그림 7.6 해당과정의 입력과 출력.
해당과정은 포도당 당 2개의 ATP를 순수하게 생산하기 위해 포도당과 ATP 분자의 투입을 필요로 한다.

진도 점검하기 7.2

1. 세포에서 해당과정의 역할을 간단히 설명하시오.
2. 해당과정의 에너지-투자 단계와 에너지-수확 단계를 비교하시오.
3. 해당과정에서 발생하는 포도당 1 분자당 생산되는 ATP의 순 생산량을 요약하시오.

7.3 미토콘드리아 외부: 발효

학습 목표

이 절을 학습한 후에는 다음 과제를 수행할 수 있어야 한다.

1. 생물체에서 발효 경로의 역할 설명하기.
2. 발효를 통해 생산되는 생성물의 예를 제시하기.

포도당을 완전하게 분해하려면 전자전달사슬을 작동하기 위한 산소의 투입이 필요하다. 산소가 없거나 제한되면 세포 내에 피루브산 분자가 축적되고 NAD^+와 FAD 중간산물은 재활용될 수 없게 된다. 이를 교정하기 위해 세포는 해당과정 이후 **발효(fermentation)**와 같은 혐기성 경로로 들어갈 수 있다. 발효에는 젖산과 알코올이라는 두 가지 기본 형태가 있다(그림 7.7).

발효의 전반적인 투입물과 산출물은 그림 7.8에 나열되어 있다.

이제 두 가지 다른 형태의 발효에 대해 자세히 살펴보겠다.

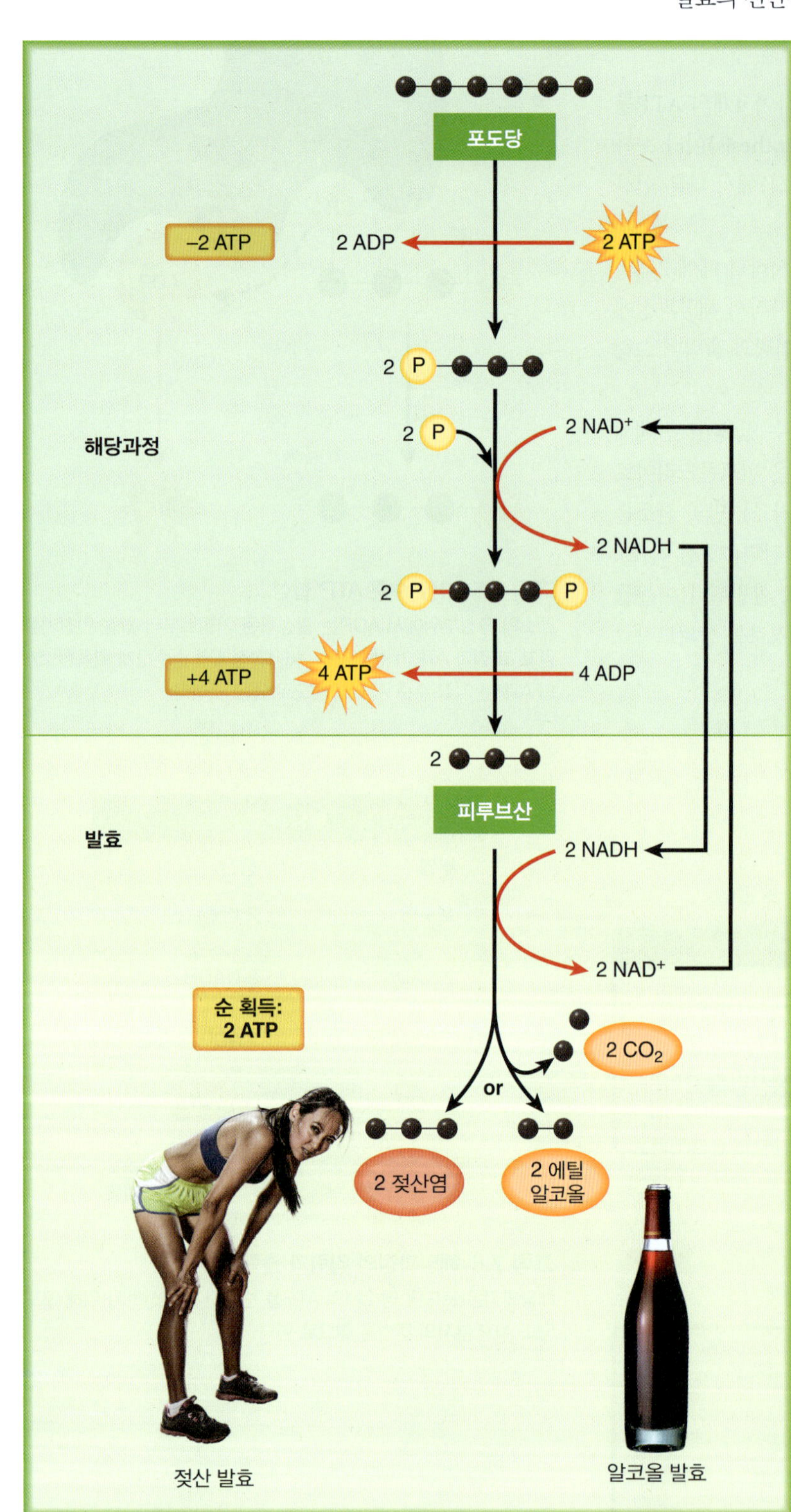

그림 7.7 혐기적 경로.

발효는 해당과정, 그리고 뒤이은 NADH에 의한 피루브산의 감소로 이루어진다. 이 과정에서 재생성된 NAD$^+$는 해당과정으로 돌아가 더 많은 수소 원자를 받아온다.

(runner): ©MichaelSvoboda/Getty Images; (wine): ©C Squared Studios/Getty Images

젖산 발효

동물과 일부 박테리아에서는 해당과정에 의해 형성된 피루브산이 두 개의 수소 원자를 받아들여 젖산으로 환원된다. 세포 내 물 환경에서 이는 젖산을 형성한다. 그림 7.7에서 두 개의 NADH가 수소 원자를 피루브산으로 전달하여 환원시키는 것을 주목하시오. 산소를 이용할 수 없을 때 피루브산이 젖산으로 환원되는 것이 왜 유익할까? 대답은 이 반응이 NAD$^+$를 재생성하여 해당과정의 초기 반응 중에 더 많은 전자를 얻을 수 있다는 것이다. 이러한 NAD$^+$ 재생은 해당과정을 계속 진행시키며, 이 과정에서 ATP는 기질-수준 ATP 합성에 의해 생성된다.

연관

젖산이 운동 후에 나타나는 근육 통증의 원인일까?

근육에 젖산이 축적되면 장시간 운동 후 느낄 수 있는 "화끈함"은 발생하지만 일반적으로 장기적인 근육통을 유발하지는 않는다. 격렬한 운동한 후 하루나 이틀 뒤에 나타나는 통증은 아마도 손상된 근육조직에 대한 면역계의 항염증 성분의 반응에 의한 것으로 보인다.

©Neustockimages /Getty Images

해당과정의 혐기적 과정과 발효에서 생성된 2개의 ATP는 포도당 분자에 저장된 잠재적 에너지의 아주 작은 부분을 나타낸다. 발효가 끝난 후에도 이 잠재적 에너지의 대부분은 여전히 방출되기를 기다리고 있다. 겨우 2개의 ATP에 불과한 낮은 수율에도 불구하고 혐기적 경로는 필수적인 과정이다. 이 과정은 ATP를 아주 빠르고 폭발적으로 제공할 수 있으며 근육세포는 다른 세포에 비해 발효를 수행하는데 더 적합하다. 달릴 때처럼 짧은 기간 동안 근육이 격렬하게 일할 때에는 심지어 산소공급이 일시적으로 제한되더라도 발효를 통해 ATP를 생산한다.

달리기를 멈추면 우리 몸은 **산소결핍**(*oxygen deficit*) 상태에 놓여 한동안 숨을 격렬하게 몰아쉬게 된다. 포도당의 완전분해에 필요한 산소가 충분히 공급되어야 회복이 이루어진다. 근육에 축적된 젖산은 혈액을 통해 간으로 운반되어 피루브산으로 전환된다. 피루브산의 일부는 완전하게 산화되고 나머지는 다시 포도당으로 전환된다.

알코올 발효

다른 생명체(박테리아 및 곰팡이)에서 피루브산은 환원되어 알코올을 생산한다. 젖산 발효의 경우와 마찬가지로 피루브산을 환원하는 데 필요한 전자는 NADH 분자에 의해 공급된다. 이 과정에서 해당과정에 사용하기 위한 NAD^+ 분자가 재생된다(그림 7.7). 그러나 젖산 발효와는 달리 알코올 발효는 소량의 CO_2를 방출한다.

효모(균류의 일종)는 발효를 통하여 에틸알코올과 CO_2를 생산하는 미생물의 좋은 예이다. 효모를 이용하여 포도를 발효시켜 와인을 만들거나 맥아즙을 발효시켜 맥주를 만들 때 에틸알코올은 우리가 원하는 산물이다. 그러나 효모는 자신이 만들어 낸 생산물(알코올)에 의해 죽는다.

진도 점검하기 7.3

1. 유산소 호흡과 무산소 발효과정의 차이점을 설명하시오.
2. 산소가 없을 때 발효가 필요한 이유를 설명하시오.
3. 젖산 발효와 알코올 발효의 차이점을 기술하시오.

발효	
투입물	**생산물**
포도당 2 NADH 2 ATP 4 ADP + 4 P	2 젖산 또는 2 알코올, 이산화탄소 2 NAD+ 2 ADP 4 ATP
	2 ATP **순획득**

그림 7.8 발효의 투입물과 생산물.
산소가 없을 때 발효는 NADH를 재활용하여 NAD^+를 형성한다. 이 그림에 제시된 ATP 분자는 발효 전 해당과정에 의해 생성된 것이다.

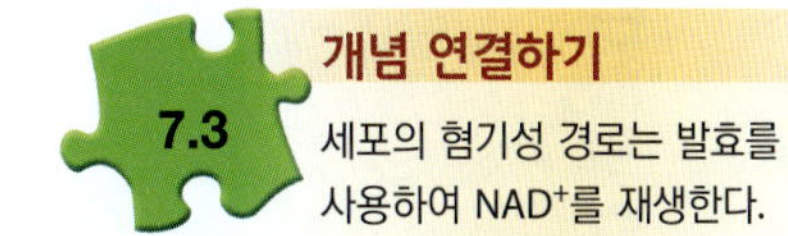

7.4 미토콘드리아 내부

학습 목표

이 절을 학습한 후에는 다음 과제를 수행할 수 있어야 한다.

1. 세포호흡에서 예비반응과 시트르산 회로의 역할 확인하기.
2. 세포호흡 중 전자전달사슬에서 대부분의 ATP가 생성되는 방법 설명하기.
3. 세포호흡에 있어서 산소의 역할 설명하기.

해당과정에 이어 산소가 존재하면, 세포는 세포호흡의 호기성 단계로 들어간다. 이 반응들은 미토콘드리아의 내부에서 일어난다(그림 7.9).

예비반응

예비반응의 목적은 시트르산 회로에 사용하기 위해 해당과정의 산물(피루브산 분자)을 준비하는 것이다. 이 반응은 미토콘드리아의 기질에서 일어난다. 예비반응에서는 (그림 7.10의 녹색상자):

- 피루브산은 산화되고, CO_2 분자가 방출된다. 이것이 날숨으로 나가는 CO_2의 일부이다.
- NAD^+는 전자와 수소 이온을 받아들여 NADH로 된다.
- 생성물인 2-탄소 아세틸기는 조효소 A(CoA)와 결합하여, **아세틸-CoA(acetyl-CoA)**를 형성한다.

해당과정은 하나의 포도당을 두 개의 피루브산 분자로 나누기 때문에(그림 7.4

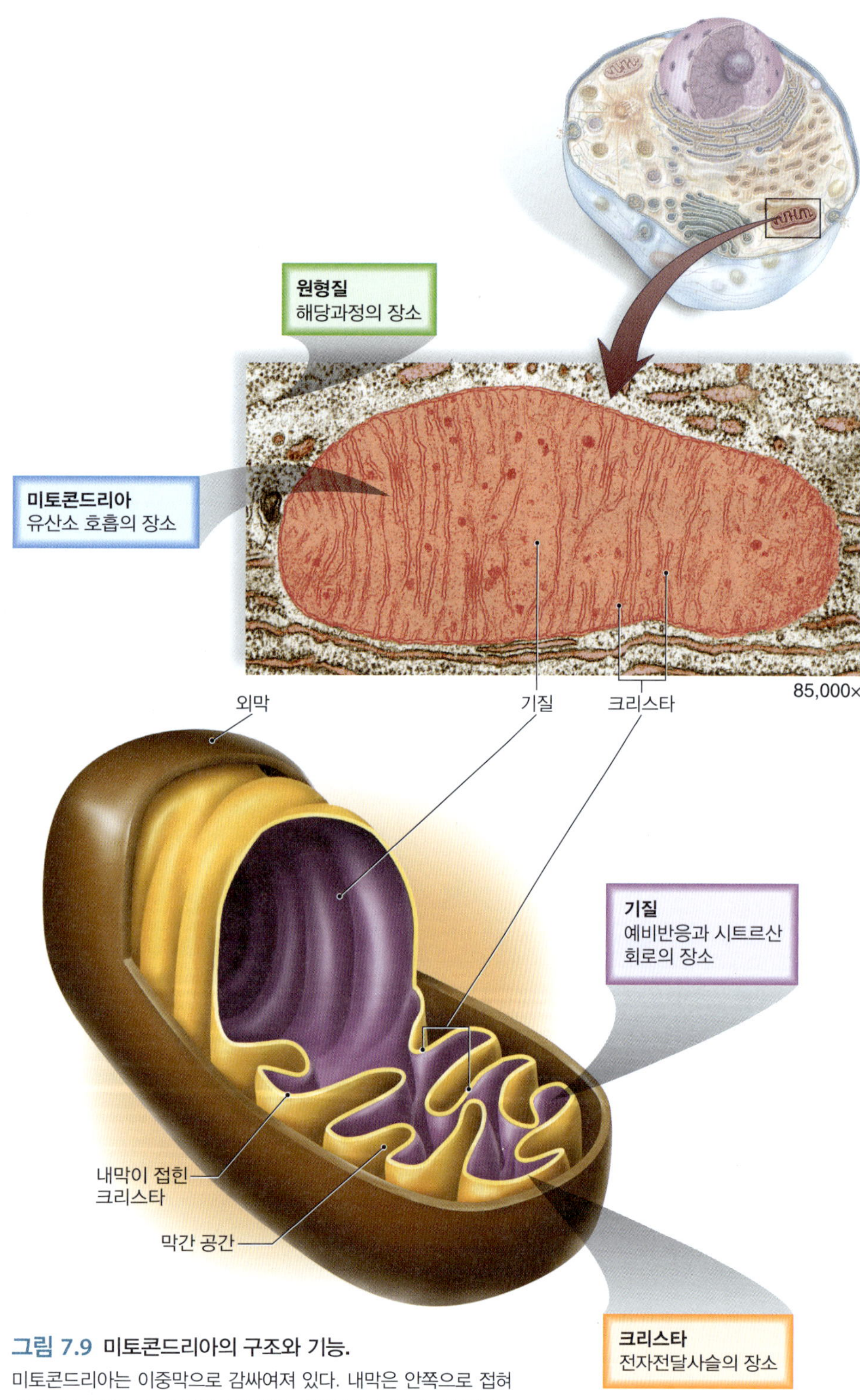

그림 7.9 미토콘드리아의 구조와 기능.
미토콘드리아는 이중막으로 감싸여져 있다. 내막은 안쪽으로 접혀서 선반 모양의 크리스타를 형성한다. 예비반응과 시트르산 회로는 미토콘드리아 기질에서 일어난다. 전자전달사슬은 미토콘드리아의 크리스타에 위치하고 있다.

(mitochondrion): ©Keith R. Porter/Science Source

참조), 예비반응은 포도당 분자당 두 번 일어난다. 따라서 해당과정을 시작한 하나의 포도당에 대해 2분자의 CO_2, 2개의 NADH, 2개의 아세틸-CoA가 생성된다.

시트르산 회로

시트르산 회로는 미토콘드리아 기질에 있는 순환성 대사경로이다(그림 7.10). 원래는 그것을 처음으로 연구한 과학자를 기리기 위하여 크렙스 회로(*Krebs cycle*)라고 불렀다. 시트르산 회로의 시작 단계에서 조효소 A가 운반해 온 2-탄소 아세틸기가 4-탄소 분자와 결합하여 6-탄소의 시트르산 분자를 만든다. 조효소 A는 방출되어 예비반응에 재사용된다.

시트르산 회로에서:

- 아세틸기는 CO_2를 형성하는 과정에서 산화된다.
- NAD^+와 FAD 모두는 전자와 수소 이온을 받아서 각각 NADH와 $FADH_2$로 된다.
- 기질-수준 ATP 합성(그림 7.5 참조)이 일어나 ATP가 생성된다.

시트르산 회로는 원래 포도당 1분자에 대해 두 번 회전하기 때문에 그림 7.10의 입력물과 출력물은 두 배가 된다(그림 7.11).

전자전달사슬

미토콘드리아의 크리스타에 있는 전자전달사슬은 전자를 차례로 전달하는 일련의 전자운반자이다. NADH와 $FADH_2$는 사슬에 전자를 전달한다. NADH와 $FADH_2$에 결합된 수소 원자는 전자(e^-)와 수소 이온(H^+)으로 이루어져 있다고 생각하시오. 전자전달사슬의 전자운반자는 e^-만 받아들이고 H^+은 받아들이지 않는다.

그림 7.12에서 해당과정, 예비반응, 시트르산 회로에서 나온 NADH와 $FADH_2$에 의해 고에너지의 전자가 운반되는 것을 주목하시오. 전자전달사슬은 NADH와 $FADH_2$에서 고에너지의 전자를 제거하는 일련의 산화환원 반응이다. 이들 반응이 발생함에 따라 에너지가 방출되고 ATP 생산을 위해 포획된다.

전자의 최종 수용체는 산소(O_2)이다. 숨쉬기가 세포호흡을 위한 O_2를 제공한다. 전체적으로 세포호흡에서 산소는 전자전달사슬에서 전자의 최종 수용체 역할을 한다. 산소가 이런 역할을 하는 이유는? 그 이유는 사슬에 있는 운반자에 비해 산소

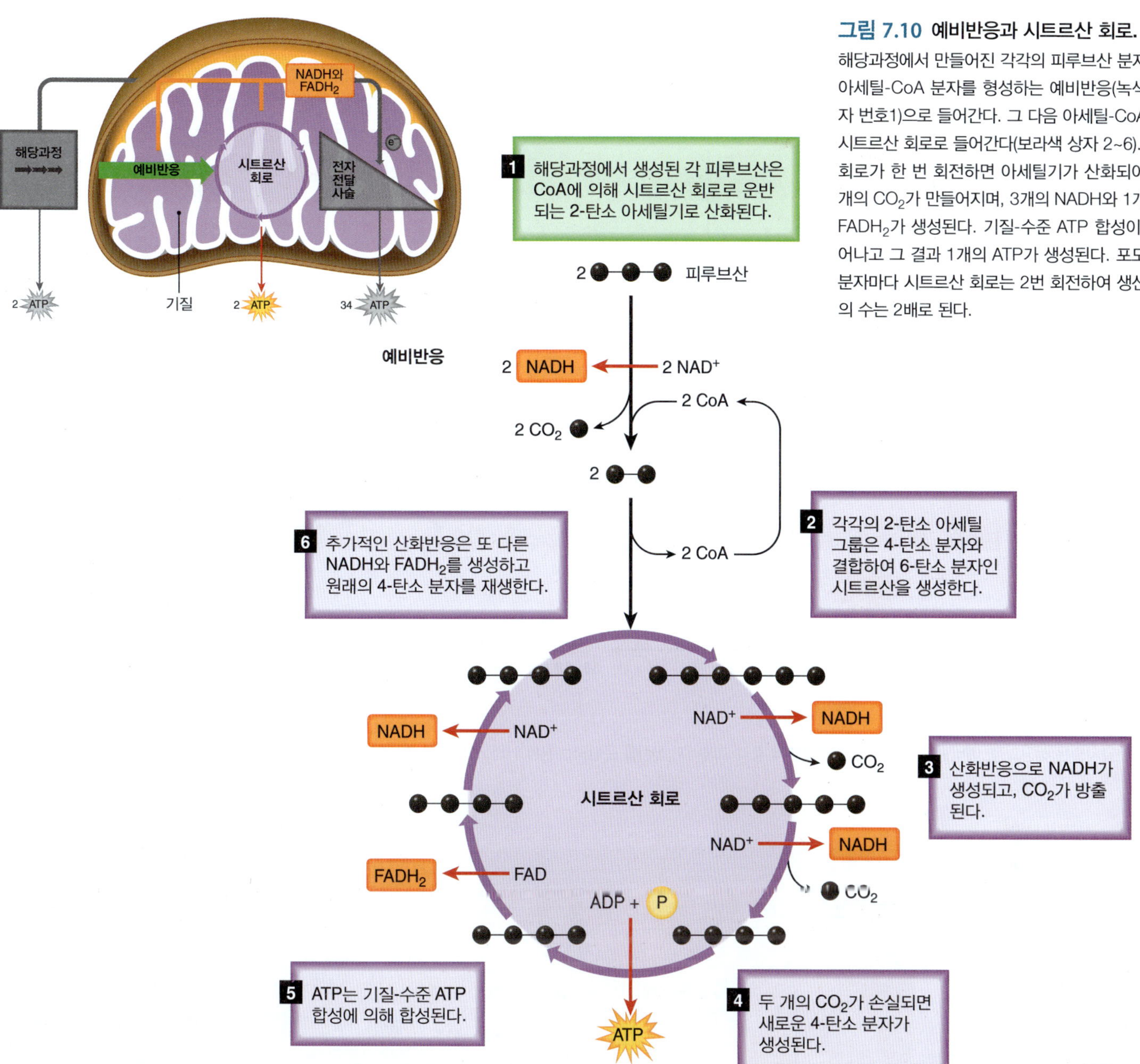

그림 7.10 예비반응과 시트르산 회로. 해당과정에서 만들어진 각각의 피루브산 분자는 아세틸-CoA 분자를 형성하는 예비반응(녹색상자 번호1)으로 들어간다. 그 다음 아세틸-CoA는 시트르산 회로로 들어간다(보라색 상자 2~6). 이 회로가 한 번 회전하면 아세틸기가 산화되어 2개의 CO_2가 만들어지며, 3개의 NADH와 1개의 $FADH_2$가 생성된다. 기질-수준 ATP 합성이 일어나고 그 결과 1개의 ATP가 생성된다. 포도당 분자마다 시트르산 회로는 2번 회전하여 생산물의 수는 2배로 된다.

의 전자에 대한 인력이 더 크기 때문이다. 산소가 전자를 받아들이면, H^+과 결합하여 물분자를 형성하며, 물은 세포호흡의 최종산물 중 하나이다(그림 7.2 참조).

NADH가 전자전달사슬에 전자를 전달하면 NAD^+는 재생되어 다시 사용될 수 있다. 같은 방식으로 FAD도 재생성되어 재사용될 수 있다. 조효소, 그리고 ADP의 재활용은 반응이 일어날 때마다 새로운 NAD^+, FAD 및 ADP를 합성하지 않아도 되므로 세포의 효율성은 높아진다.

시트르산 회로	
투입물	**생산물**
2 아세틸-CoA	4 CO_2
6 NAD^+	6 NADH
2 FAD	2 $FADH_2$
2 ADP + 2 P	2 ATP

그림 7.11 시트르산 회로의 투입물과 생산물. 이 값들은 해당과정에 들어가는 포도당 한 분자당 시트르산 회로로 들어가고 나가는 양을 나타낸다.

ATP 생산

전자전달사슬은 미토콘드리아 내막에 위치한 일련의 전자운반자(대부분 단백질)로 구성된다. ATP 합성은 막을 따라 위치한 ATP 합성효소 복합체에 의해 합성된다(그림 7.13).

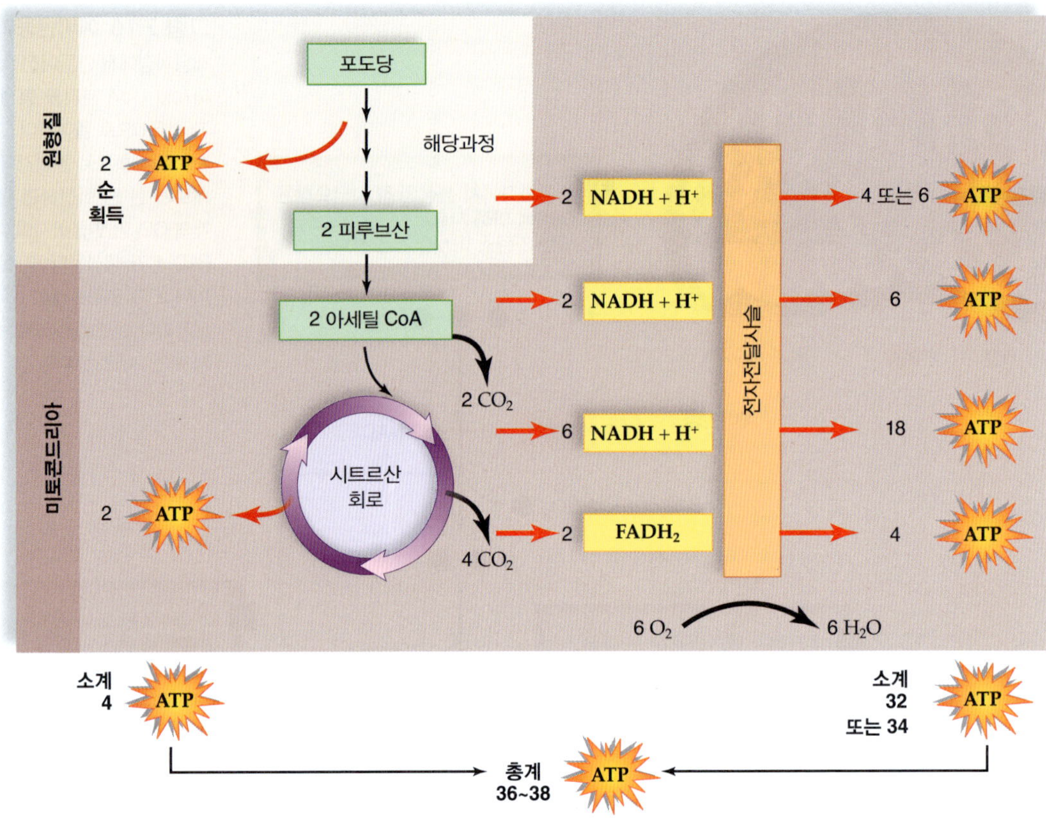

그림 7.12 전자전달사슬.
전자전달사슬은 해당과정, 예비반응, 시트르산 회로로부터 각각 고에너지 전자를 운반하는 NADH와 $FADH_2$를 받는다. ATP 생산의 대부분은 전자전달사슬에서 일어난다.

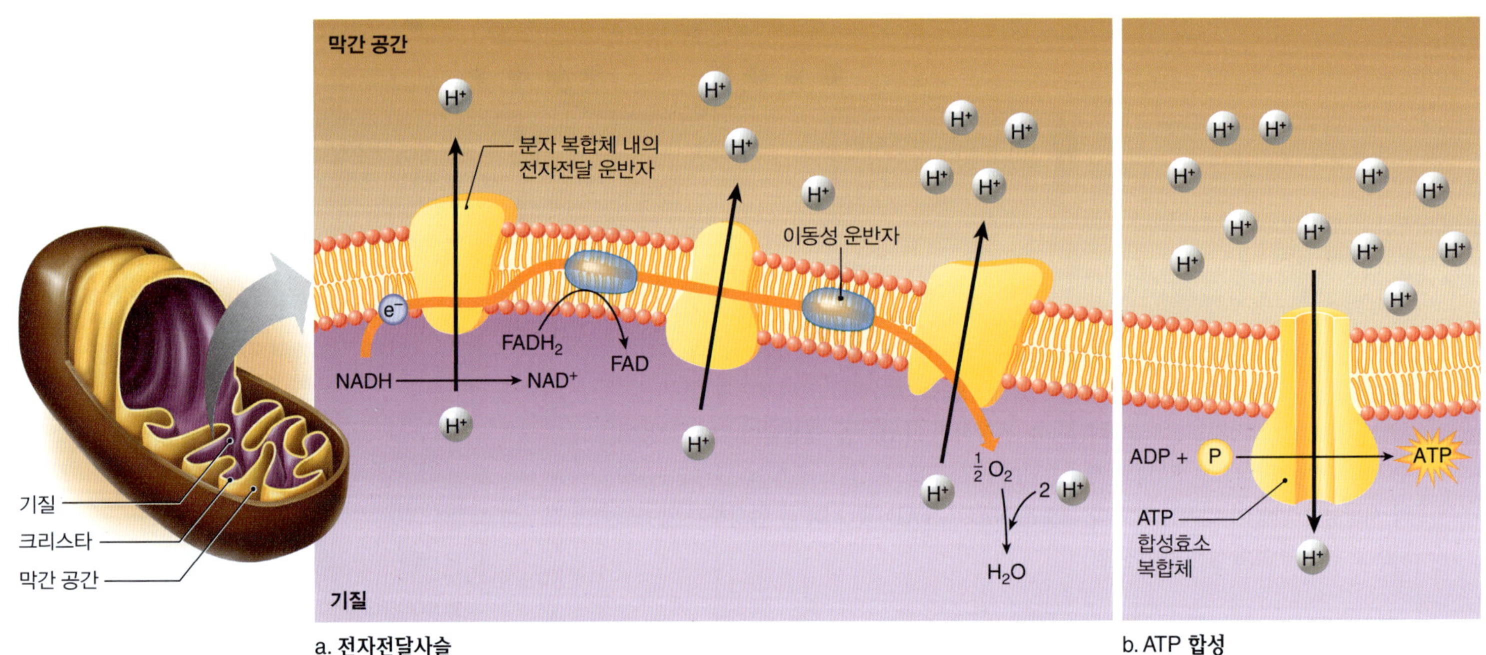

그림 7.13 크리스타의 구성.
전자전달 운반자가 포함된 분자 복합체는 ATP 합성효소 복합체와 마찬가지로 크리스타에 위치하고 있다. **a.** 전자가 운반자를 따라 이동함에 따라 수소 이온(H^+)이 기질에서 막간 공간으로 뿜어져 나온다. **b.** 수소 이온이 농도차이를 따라 ATP 합성효소 복합체를 통해 되돌아올 때, ATP는 ATP 합성효소에 의해 합성된다.

연관

일산화탄소는 왜 그토록 위험한가?

일산화탄소(CO)는 무색무취한 기체이며, 화석연료나 목재 등이 불완전 연소될 때 만들어진다. CO는 산소보다 더 강력하게 적혈구에 있는 헤모글로빈과 결합한다. 이렇게 되면 적혈구는 세포의 미토콘드리아에 산소를 적절하게 운반할 수 없게 되며, ATP 생산은 멈추게 된다. 미국에서만 매년 400명이 넘는 사람이 CO에 중독되어 사망한다. 미국질병통제예방센터(CDC)의 웹사이트(www.cdc.gov/co/default.htm)에 CO 중독을 피하는 방법이 제시되어 있다.

NADH와 $FADH_2$는 동일한 양의 ATP를 생성하지 않는다는 점을 주의하시오(그림 7.12 참조). 이는 NADH가 전자전달사슬의 첫 번째 운반자에게 전자를 전달하는 반면(그림 7.13), $FADH_2$는 사슬의 후반에 전자를 전달하기 때문이다. 이러한 이유로 각 NADH로부터의 전자는 3개의 ATP를 생산하지만 각 $FADH_2$로부터의 전자는 2개의 ATP만을 생산한다.

광합성과 마찬가지로 H^+ 농도차이에는 ATP 합성에 사용될 수 있는 에너지가 많이 저장되어 있다. 미토콘드리아의 크리스타에는 (엽록체의 틸라코이드 막과 같이) H^+을 기질로 되돌려 보내는 ATP 합성효소 복합체가 있다. ATP 합성효소 복합체를 통한 H^+의 흐름은 구조적 변화를 가져오며, 이는 ATP 합성효소가 ADP+ ⓟ에서 ATP를 합성하도록 한다. ATP는 통로 단백질을 통해 기질에서 원형질로 이동한다. 이 ATP는 세포에 남아 세포 활동에 사용된다.

개념 연결하기

산소가 존재하는 경우, 세포는 ATP를 생산하기 위해 미토콘드리아 내의 예비반응, 시트르산 회로 및 전자전달사슬의 호기성 경로를 사용한다.

진도 점검하기 7.4

1. 세포호흡에서 예비반응, 시트르산 회로, 전자전달사슬의 역할을 요약하시오.
2. 산소가 세포호흡에 어떻게 이용되는지 설명하시오.
3. 예비반응, 시트르산 회로, 전자전달사슬의 투입물과 생산물을 나열하시오.

7.5 식품의 대사경로

학습 목표

이 절을 학습한 후에는 다음 과제를 수행할 수 있어야 한다.

1. 포도당 한 분자가 세포호흡에서 생산하는 ATP의 양 계산하기.
2. 단백질과 지방에서 ATP를 생산하는 할 수 있는 대체 대사경로 인식하기.

포도당 대사의 에너지 수율

포도당 1분자당 실제로 생성되는 ATP의 양은 얼마나 될까? **그림 7.14**는 포도당이 CO_2와 H_2O로 완전하게 분해되었을 때 잠정적 ATP 생산량을 계산한 것이다.

원형질에서 수행되는 해당과정에서 포도당 1분자마다 순수한 2개의 ATP를 획득한다. 미토콘드리아의 기질에서 수행되는 시트르산 회로에서는 포도당 1분자마다 2 ATP를 얻는다. 즉, 전자전달사슬을 제외한 기질-수준 ATP 합성을 통해 총 4개의

단계	NADH	$FADH_2$	ATP 획득
해당과정	2	–	2
예비반응	2	–	–
시트르산 회로	6	2	2
전자전달사슬	10 →		30
		2 →	4
총 ATP			38

그림 7.14 포도당 1분자당 ATP 에너지 수율 계산하기. 해당과정과 시트르산 회로에서 기질-수준 ATP 합성에 의해 4개의 ATP가 만들어진다. 전자전달사슬에서 최대 34개의 ATP를 생산하므로 최대 총량은 38개의 ATP이다. 그러나 일부 세포에서는 단지 36개의 ATP, 또는 그 이하도 생산한다.

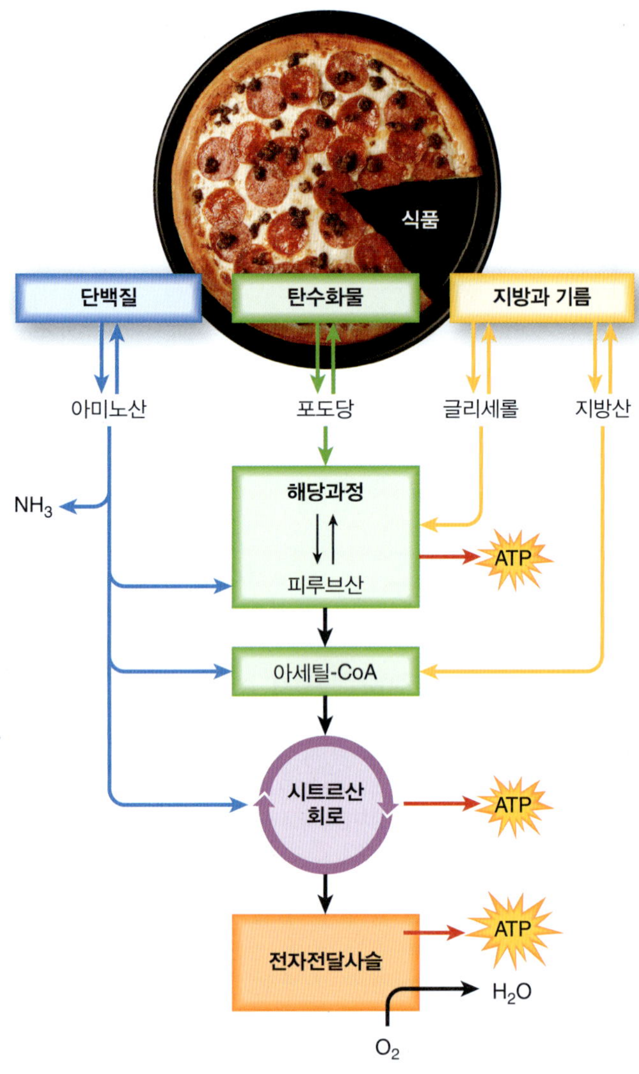

그림 7.15 대체 대사경로.
피자에 있는 탄수화물, 단백질, 지방은 모두 ATP 생성에 사용될 수 있다.
(photo): ©C Squared Studios/Getty Images

ATP가 형성되는 것을 의미한다.

대부분의 ATP는 전자전달사슬과 ATP 합성효소 복합체에서 만들어진다. 포도당 1분자마다 10개의 NADH와 2개의 $FADH_2$가 해당과정과 시트르산 회로에서 전자전달사슬로 전자를 가져온다. 따라서 전자전달사슬에서는 최대 34개의 ATP를 얻을 수 있으며, 기질-수준 ATP 합성과 합하면 최대 38개의 ATP가 된다. 그러나 모든 세포가 최대 수율로 생산하는 것은 아니다. 36~38개의 ATP는 초기 포도당 분자에 있던 사용 가능한 에너지의 약 40%에 지나지 않는다. 나머지 에너지는 열 형태로 손실된다.

대체 대사경로

우리는 탄수화물 이외의 식품에서도 에너지를 얻을 수 있다. 예를 들어, 탄수화물로만 이루어지지 않은 페퍼로니(역주: 주로 돼지고기나 소고기로 만든 이탈리아식 소시지) 피자도 한 끼 식사로 에너지를 얻는 수단이 될 수 있다(그림 7.15). 치즈와 고기에 있는 지방에 대해 생각해보자. 지방을 에너지원으로 이용할 때에는 글리세롤과 3개의 지방산 사슬로 분해한다(그림 3.11 참조). 글리세롤은 탄수화물이기 때문에 해당과정을 거쳐 세포호흡 과정으로 들어간다. 지방산은 아세틸기로 대사된 후 시트르산 회로로 들어갈 수 있다. 18-탄소 지방산은 포도당보다 아세틸기를 3배나 더 많이 만들어낼 수 있다. 이러한 이유로 지방은 저장된 에너지의 효율적 형태이다. 글리세롤과 지방산이 이산화탄소와 물로 완전히 분해되면 포도당 분해에 비해 훨씬 더 많은 ATP가 생성된다.

페퍼로니에 있는 단백질은 어떨까? 아미노산의 탄화수소 골격만 세포호흡 경로에서 이용할 수 있다. 아미노기는 암모니아(NH_3)로 된 후 요소(urea)로 전환되고, 요소는 사람의 주 배설물이다. ATP를 생성하기 위해 분해되기 시작하는 아미노산 탄화수소 골격의 위치는 그 길이에 따라 달라진다. 그림 7.15에서 아미노산의 탄화수소 골격이 피루브산, 아세틸-CoA, 또는 시트르산 회로를 통해 세포호흡 경로로 들어갈 수 있음을 알 수 있다.

연관

크롬은 무엇인가?

크롬(chromium)은 많은 야채에서 자연적으로 발견되는 미량 미네랄이다. 크롬은 처방전 없이 살 수 있는 "지방-연소" 약물의 성분으로 널리 알려져 있다. 크롬은 인슐린의 활성에 영향을 주어 신체가 탄수화물과 지방을 더욱 효율적으로 에너지원으로 사용하도록 한다고 알려져 있다. 그러나 대부분의 사람들은 크롬이 부족하지 않으며, 과학적 연구에서도 크롬 농도 증가와 체중 감소 사이에 뚜렷한 연관성을 보여주지 못했다. 크롬 보충제가 때때로 2형 당뇨병 등의 의학적 소견에 처방되기는 하지만, 중요한 점은 미국식품의약국(FDA)이 식이보충제는 통제하지 않는다는 것이다.

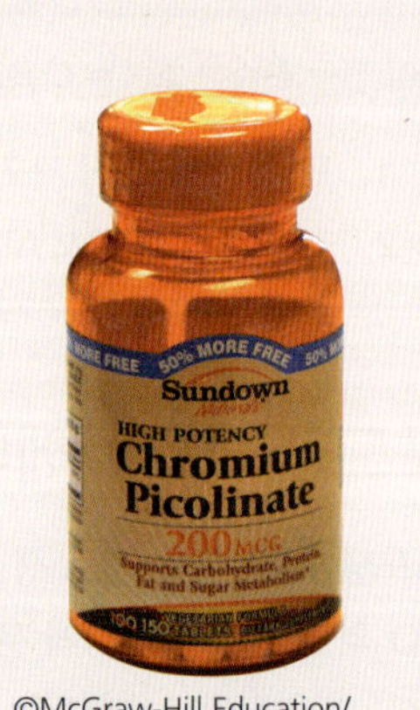

©McGraw-Hill Education/ Mark Dierker, photographer

그림 7.15의 더 작은 분자는 더 큰 분자를 합성하는 데에도 사용될 수 있다. 이 경우 ATP는 생성되는 것이 아니라 소비된다. 예를 들어, 시트르산 회로의 일부 기질은 아미노기와 결합하여 아미노산으로 되며, 단백질 합성에 사용될 수 있다. 이와 유사하게 해당과정의 기질들은 글리세롤로 전환될 수 있고, 아세틸기는 지방산 생성에 사용될 수 있다. 글리세롤과 지방산 3개가 결합하면 지방 분자(트리글리세리드)가 만들어진다. 이러한 사실로 탄수화물이 풍부한 음식을 먹으면 체중이 늘어날 수 있는 이유를 설명할 수 있다.

7.5 개념 연결하기

지방, 단백질과 같은 영양소도 세포호흡 경로에서 사용될 수 있다.

진도 점검하기 7.5

1. 산소가 존재하는 조건에서 세포호흡에 의해 생성되는 ATP의 양에 대해 요약하시오.
2. 포도당 분자보다 지방 분자가 더 많은 ATP를 생성할 수 있는 이유를 설명하시오.
3. 세포가 단백질을 에너지원으로 이용하는 방법을 설명하시오.

요 약 SUMMARIZE

세포호흡은 식품의 유기분자에서 발견되는 에너지를 모든 생명체가 필요한 보편적 에너지인 ATP로 변환한다. 호기성 환경과 혐기성 환경 모두에서 ATP 생산을 위한 경로가 존재한다.

- 세포호흡의 4단계는 포도당의 에너지를 방출하여 ATP를 형성하는 기능을 한다.
- 세포호흡의 첫 번째 단계인 해당과정은 세포의 원형질 내에서 발생하며, 소량의 ATP를 생성한다.
- 세포의 혐기성 경로는 발효를 사용하여 NAD^+를 재생한다.
- 산소가 존재하는 경우, 세포는 ATP를 생성하기 위해 미토콘드리아 내의 예비반응, 시트르산 회로 및 전자전달사슬의 호기성 경로를 사용한다.
- 지방, 단백질과 같은 영양소도 세포호흡 경로에서 사용될 수 있다.

7.1 세포호흡

세포호흡(cellular respiration)은 유기분자, 특히 포도당으로부터 **아데노신 삼인산(adenosine triphosphate, ATP)**을 생산한다. 세포호흡 중 포도당은 CO_2로 산화되어 우리가 내쉬게 된다. 우리가 들이마시는 산소(O_2)는 H_2O로 환원된다. 포도당이 산화되면 에너지가 방출된다. 다음은 이 현상에 대한 전체적인 반응식이다.

$$\underset{\text{포도당}}{C_6H_{12}O_6} + 6\,O_2 \longrightarrow 6\,CO_2 + 6\,H_2O + \text{ATP}$$

NAD^+와 FAD와 같은 조효소가 이 과정을 도와준다. 세포호흡은 일련의 반응(해당과정, 예비반응, 시트르산 회로, 전자전달사슬)으로 구성되며, 산화 에너지를 포획하여 ATP 분자를 생산한다.

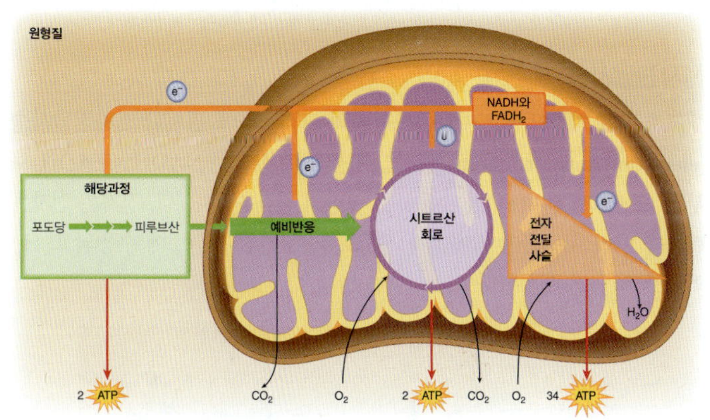

7.2 미토콘드리아 외부: 해당과정

포도당이 2분자의 피루브산으로 분해되는 해당과정은 세포질에서 일어나는 일련의 효소반응이다. 해당과정에서는:

- 포도당은 수소 이온(H^+)과 전자(e^-)가 제거됨에 따라 산화된다.
- NAD^+는 전자를 받아 NADH로 된다.

분해과정은 기질-수준 ATP 합성을 통해 즉시 순수하게 2개의 ATP를 얻을 수 있을 만큼의 충분한 에너지를 방출한다. 해당과정 이후, 산소가 이용 가능하다면, 해당과정에서 만들어진 피루브산은 미토콘드리아로 들어간다. 산소가 없으면 피루브산은 발효 경로로 들어간다.

7.3 미토콘드리아 외부: 발효

발효(fermentation)는 해당과정과 NADH에 의한 피루브산이 젖산염이나 알코올 및 CO_2로 환원되는 과정을 포함한다. 피루브산의 환원은 해당과정 동안 더 많은 수소 원자를 수용할 수 있는 NAD^+를 재생성한다.

- 발효과정에서는 단지 2개의 ATP만 생성되지만, 단기간의 격렬한 근육 활동에 필요한 빠르고 폭발적 에너지를 제공한다.
- 젖산염이 축적되면 산소결핍 상태에 빠지게 되며, 젖산염이 CO_2와 H_2O로 완전하게 대사되려면 많은 양의 산소가 필요하다.

7.4 미토콘드리아 내부

산소가 존재하는 조건에서는 세포호흡의 호기성 반응이 수행된다.

예비반응

기질에서의 예비반응 중 피루브산은 산화되고 CO_2가 방출된다.

- NAD^+가 수소 이온과 전자를 받아 NADH로 된다.
- 최종산물인 아세틸기는 CoA와 결합하여 **아세틸-CoA(acetyl-CoA)**를 형성한다.
- 이 반응은 해당과정에 들어가는 포도당 1분자마다 2번 수행된다.

시트르산 회로

아세틸기는 미토콘드리아의 기질에서 수행되는 일련의 반응인 시트르산 회로로 들어간다. 각 아세틸-CoA에 대한 산화반응은 2개의 CO_2, 3개의 NADH, 1개의 $FADH_2$와 1개의 ATP를 생성한다. 따라서 포도당 당 생산량은 4개의 CO_2, 6개의 NADH, 2개의 $FADH_2$ 및 2개의 ATP가 된다.

전자전달사슬

세포호흡의 최종단계는 미토콘드리아의 크리스타에 위치한 전자전달사슬(electron transport chain)에서 일어난다. 이 사슬은 NADH와 $FADH_2$로부터 고에너지 전자(e^-)를 수용하는 일련의 전자운반자이다. 전자는 전자운반자를 따라 이동하며 저에너지 전자로 되어 마침내 산소에 수용되고, H^+와 합쳐져 물을 생성한다.

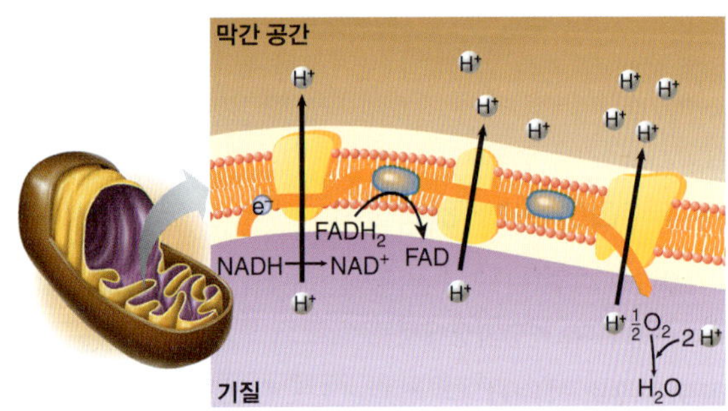

전자운반사슬의 운반자는 미토콘드리아 크리스타에 위치한 분자 복합체에 있다. 이들은 이동하는 전자로부터 에너지를 획득하여 H^+을 미토콘드리아의 막간 공간으로 퍼내는 데 이용한다. H^+이 농도차이에 따라 ATP 합성효소 복합체를 통해 기질로 되돌아올 때 에너지가 방출되며 이는 ADP와 ⓟ로부터 ATP를 합성하는 데 이용된다.

7.5 식품의 대사경로

포도당 대사의 에너지 수율

포도당의 완전한 분해로 생성되는 최대 38개의 ATP 중 4개는 기질-수준 ATP 합성의 결과이고, 나머지는 전자전달사슬과 ATP 합성효소의 결과로 생산된다. 대부분의 세포는 포도당 분자당 36개 ATP보다는 적은 수를 생산한다.

대체 대사경로

탄수화물 외에도 지방의 글리세롤과 지방산, 단백질의 아미노산도 해당과정 및/또는 시트르산 회로로 들어가 세포호흡에 이용될 수 있다. 이러한 대사경로는 또한 지방과 단백질 합성을 위한 기질을 제공하기도 한다.

평 가 ASSESS

혼자 풀어보기

가장 적절한 답을 고르시오.

7.1 세포호흡

1. 세포호흡에서 ________은/는 산화되고, ________은/는 환원된다.
   a. 포도당, 산소 **b.** 포도당, 이산화탄소
   c. 산소, 물 **d.** 물, 산소
   e. 산소, 이산화탄소
2. 세포호흡은 __________을/를 생성한다.
   a. 산소와 포도당 **b.** 포도당과 물
   c. 포도당과 이산화탄소 **d.** 이산화탄소, ATP와 물

7.2 미토콘드리아 외부: 해당과정

3. 해당과정의 에너지-투자 단계를 시작하는데 필요한 것은?
   a. NADH **b.** ATP
   c. $C_6H_{12}O_6$ **d.** H_2O
4. 다음 중 올바르지 않은 것은?
   a. 해당과정은 무산소 조건에서 일어날 수 있다.
   b. 해당과정의 결과로 피루브산이 생성된다.
   c. 해당과정은 세포의 원형질 또는 미토콘드리아에서 일어날 수 있다.
   d. 해당과정에서는 2개의 ATP를 순수하게 만들어낸다.

7.3 미토콘드리아 외부: 발효

5. 발효를 통해 동물은 _______을/를 만들어내며, 효모는 _______을/를 만든다.
   a. 젖산, NADH **b.** 젖산, 에틸알코올과 CO_2
   c. NADH, 에틸알코올과 CO_2 **d.** $FADH_2$, 젖산
   e. 에틸알코올과 CO_2, 젖산

6. 발효를 통해 세포호흡만큼의 ATP를 생성하지 못하는 까닭은?
   a. 발효는 대부분 열로 발산한다.
   b. 발효는 포도당의 잠재적 에너지 중 아주 적은 양만 이용한다.
   c. 발효에서 만드는 부산물을 분해하려면 대량의 ATP가 필요하다.
   d. 발효에서 만든 ATP 분자는 원형질로 새어나가 분해된다.

7.4 미토콘드리아 내부

7. 시트르산 회로의 결과로 방출되는 것은?
   a. 산소 b. 피루브산
   c. 이산화탄소 d. 물

8. 미토콘드리아의 기질에서 일어나는 반응은?
   a. 해당과정과 예비반응
   b. 예비반응과 시트르산 회로
   c. 시트르산 회로와 전자전달사슬
   d. 전자전달사슬과 해당과정

9. 전자전달사슬의 최종 전자수용체는?
   a. NADH b. $FADH_2$
   c. 산소 d. 물

10. 포도당 1분자당 시트르산 회로에서 생산하는 ATP 분자의 수는?
   a. 1 b. 2
   c. 4 d. 16

11. NAD^+와 FAD는 세포호흡에서 ________ 운반자 역할을 한다.
   a. 산소 b. 이산화탄소
   c. 전자 d. 탄소

12. 예비반응은 ____________을/를 ___________(으)로 바꾸어 시트르산 회로에서 이용하도록 한다.
   a. 포도당, ATP b. ATP, 이산화탄소
   c. 피루브산, 아세틸-CoA d. NADH, NAD^+

7.5 식품의 대사경로

13. 다음 중 세포호흡 경로로 들어가지 않는 것은?
   a. 지방 b. 아미노산
   c. 핵산 d. 탄수화물

14. 대부분의 ATP 분자를 합성하는 대사과정은?
   a. 해당과정 b. 시트르산 회로
   c. 전자전달사슬 d. 발효

15. 최적 조건에서 포도당 1분자당 생성될 수 있는 ATP 분자의 수는?
   a. 2 b. 32
   c. 20 d. 38

관계맺기 ENGAGE

과학적으로 생각하기

1. 시트르산 회로의 기질 중 하나인 말론산 화합물은 세포호흡을 차단할 수 있으므로 고농도에서 유독할 수 있다. 시트르산 회로의 기질이 과도하게 존재할 때 어떻게 호흡을 차단할 수 있는가?
2. 인슐린 저항성은 당뇨병을 유발할 수 있다. 인슐린은 일반적으로 세포가 혈액에서 포도당을 흡수하도록 하지만, 인슐린 저항으로 인해 세포는 이 신호에 적절하게 반응하지 못하게 된다. 그러면 췌장은 더 많은 인슐린을 분비하여 이를 보상하려 한다. 연구자들은 일부 고령 환자에서 고지방식, 미토콘드리아 기능 저하, 인슐린 저항성 사이의 연관성을 밝혀냈다. 이 세 가지 조건 사이에는 어떤 연관성이 있을까?
3. 다양한 종류의 맥주와 와인에는 효모 발효를 통해 생산되는 알코올의 함량이 다르다. 발효에 필요한 반응물 중에서 생성되는 알코올의 양을 결정하는 것은 무엇인가?
4. 로테논(rotenone)은 전자전달사슬을 억제하는 광범위 살충제이다. 이것이 사람에게 독성을 나타낼 수 있는 이유는?

2부 유전학

CHAPTER

8

세포의 증식 Cellular Reproduction

©Yuri Arcurs/Getty Images

개요

시작하기 전에

이 장을 시작하기 전에 다음의 내용을 다시 살펴보자.

3.2절 DNA의 구조는 무엇인가?

4.4절 진핵세포에서 미세소관과 핵이 하는 역할은 무엇인가?

4.5절 세포벽이란 무엇이며 어떤 종류의 세포가 세포벽을 지니는가?

코끼리는 왜 암에 걸리지 않을까?

코끼리는 인간과 마찬가지로 장수하는 생물체이다. 그럼에도 불구하고, 최근 연구에 따르면 코끼리 중 약 5%만이 평생 동안 암을 발생시킬 것으로 나타났다. 이에 비해 인간은 최대 25%가 암에 걸릴 수 있다.

암은 세포주기를 통제하지 못함으로써 발생하며, 이는 모든 세포가 세포분열을 시작하기 전에 거치는 일련의 단계이다. *p53*이라는 유전자는 그 제어 기전의 중요한 구성 요소이다. 이 유전자는 종양 억제 유전자라고 불리는 유전자 군에 속한다. 세포주기의 특정 지점에서 종양 억제 유전자에 의해 인코딩된 단백질은 DNA 손상을 점검한다. 세포가 손상되면 분열이 허용되지 않는다.

인간은 *p53* 유전자를 한 쌍만 지니고 있다(각각 부모로부터 하나씩). 다행히도 세포주기를 조절하는 데에는 단일 복사본만 필요하다. 그러나 결함이 있는 유전자가 유전되거나 유전자를 비활성화시키는 돌연변이가 일어나서 한 쌍의 유전자들이 적절한 기능을 잃어버리면, 검문지점으로 작용할 수 없어 세포가 계속 분열하도록 허용된다. 조절되지 않은 세포 성장은 암의 특징이다. 인간에게서는 *p53* 유전자의 돌연변이가 여러 가지 암의 증가 위험과 관련이 있다. 재미있게도, 코끼리는 유전체에 20쌍의 *p53* 유전자를 가지고 있어서 이 유전자의 모든 기능을 잃는 것은 매우 희박하다.

이 장에서는 세포분열이 어떻게 조절되며, *p53*와 같은 유전자가 세포주기를 조절하는 데 어떻게 조절하는지에 관해 탐구하게 될 것이다.

이 장을 공부하는 동안 다음 질문에 대해 생각해보자.

1. 세포주기에서 검문지점의 기능은 무엇인가?
2. *p53* 유전자가 정상인 경우 어느 검문지점에서 작용을 하게 될 것인가?
3. 이들 검문지점이 작동하지 않을 때 암이 발생하는 까닭은 무엇일까?

8.1 세포증식의 기초

학습 목표

이 절을 학습한 후에는 다음 과제를 수행할 수 있어야 한다.

1. 세포가 증식하는 이유를 요약하기.
2. 자매염색분체와 염색체의 관계를 이해하기.
3. 염색질의 응축 과정에 히스톤과 뉴클레오솜이 하는 역할을 설명하기.

다른 다세포 생물체와 마찬가지로 인간은 단일 세포에서 시작한다. 그러나 세포의 번식 과정으로 인해 10개월 동안에 우리는 수조 개의 세포로 이루어진 생물체가 된다(그림 8.1*a*). 그러나 세포의 번식은 우리가 태어났을 때 멈추지 않고 성장하면서 계속된다(그림 8.1*b*). 어른이 되면 세포의 번식은 낡거나 손상된 조직을 대체하는 역할을 한다(그림 8.1*c*). 현재 독자의 몸은 수천 개의 새로운 적혈구, 피부 세포, 그리고 호흡 및 소화관을 덮고 있는 세포들을 생성하고 있다. 상처가 생기면 상처 난 부위는 세포분열로 인해 된다.

특정한 개체에서는 세포의 증식이 곧 번식의 수단이다. 박테리아(17.3절 참조) 혹은 아메바와 같은 일부 원생생물(17.4절 참조)에서는 세포의 간단한 분열로 새로운 두 개의 세포가 생성된다. 이와 같이 하나의 세균이 두 개로 나뉘는 것을 **이분법(binary fission)**이라 하고 무성생식(*asexual reproduction*)의 일종이다, 무성생식을 통해서 생성되는 새로운 세포는 원래의 세포와 동일하다. 정자나 난자가 수정되어야 하는 유성생식(*sexual reproduction*) 과정에서는 자손들이 다양한 변이를 지니게 된다. 이 과정은 9.1절에서 살펴본다.

세포설(4.3절 참조)은 "모든 세포는 기존의 세포로부터 유래된다"는 내용으로, 세포의 증식이 매우 중요하다는 점을 강조한다. 따라서 기존에 존재하는 세포가 없이는 새로운 세포가 생기지 않으며, 또한 기존에 존재하는 생명체가 없다면 새로운 생명체는 발생하지 않는다(그림 8.1*d*). 세포가 증식되는 과정은 새로운 세포는 물론 새로운 생명체가 생성되는 필수 요건이다.

세포의 증식은 성장과 세포분열의 두 단계로 크게 구분할 수 있다. 성장하는 동안 세포는 세포질의 구성성분과 DNA를 복제한다. 그 다음 분열하는 동안 어버이세포(*parent cell*)의 세포질과 DNA는 딸세포(*daughter cell*)에 균등하게 나뉜다. 이들 용어는 성별과 관계없으며, 단지 원래 존재하던 세포와 새로 형성된 세포라는 의미에서 어버이세포와 딸세포로 지칭하는 것이다. 두 과정 모두 세포 증식이 잘못되지 않도록 세밀하게 조절된다. 이 과정이 제대로 조절되지 않으면 심각한 결과를 초래할 수 있다.

염색체

세포분열 준비에 있어 **DNA 복제(DNA replication)**는 매우 중요한 단계이다(11.1

a. 어린이의 성장

b. 조직의 재생

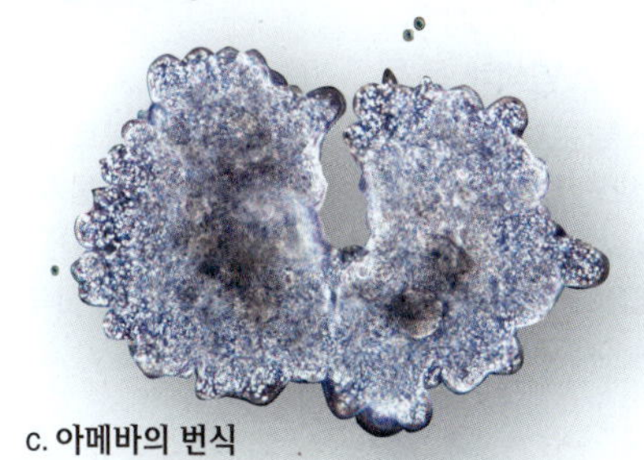

c. 아메바의 번식

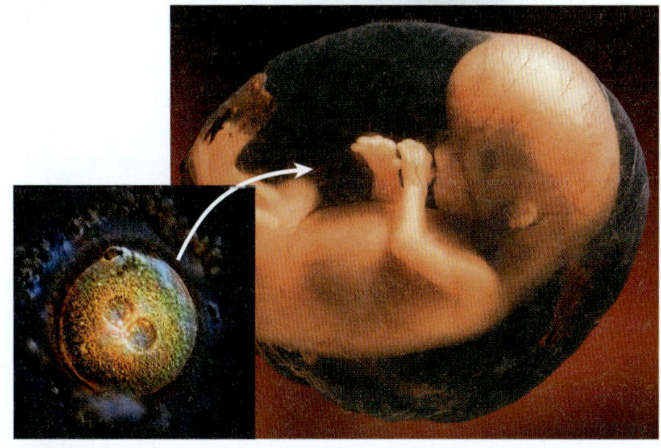

d. 접합자의 발생

그림 8.1 세포의 증식.
(a) 어린이가 자라서 성인이 될 때, **(b)** 성숙한 개체가 손상된 조직을 재생할 때, **(c)** 단세포 개체가 번식할 때, **(d)** 난자와 정자가 융합한 접합자가 다세포 생명체로 발생하여 독립적인 생존을 할 때, 세포가 증식한다.

(a): ©Andersen Ross/Getty Images; (b): ©Ted Kinsman/Science Source; (c): ©Biophoto Associates/Science Source; (d): (zygote): ©Anatomical Travelogue/Science Source; (fetus): ©Brand X Pictures/PunchStock

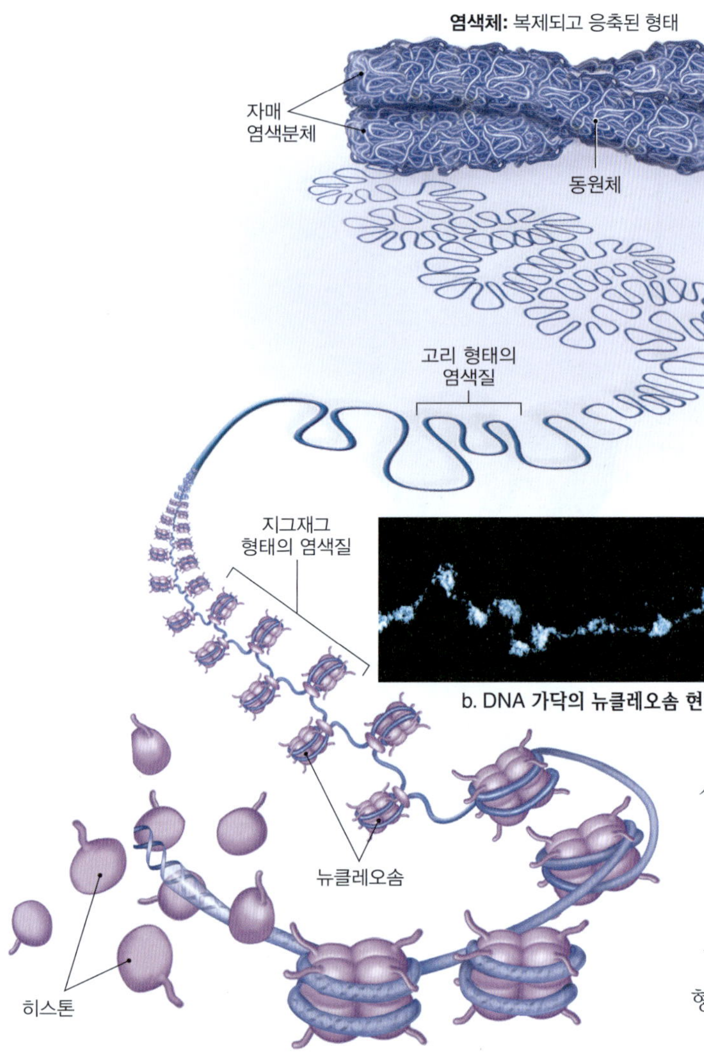

그림 8.2 염색체 응축.

a. 히스톤 분자는 핵 안에 들어갈 수 있을 정도로 염색질을 응축시킨다. 세포가 분열하기 전에 염색질은 한 층 더 응축된 염색체가 되며, 그 결과 유전물질이 각각의 딸세포에 균등하게 나누는 과정이 용이해진다. **b.** DNA 가닥의 뉴클레오솜 현미경 관측 사진.

(nucleosomes): ©Don W. Fawcett/Science Source

개념 연결하기

세포분열 과정은 유전정보의 사본을 새로운 세포에 전달하여 성장과 복구를 위한 것이다.

진도 점검하기 8.1

1. 생명활동을 영위하기 위해서는 계속해서 세포증식이 일어나야 하는 까닭을 설명하시오.
2. 자매염색분체와 염색체를 구별하시오.
3. 세포가 히스톤과 뉴클레오솜을 필요로 하는 까닭을 요약하시오.

절 참조). 이 과정이 완료되면 세포분열 과정을 통해 모든 DNA의 완전한 복사본이 양 딸 세포에게 전달된다. 복제된 DNA에는 각 세포가 생존하고 자신의 내부 기능뿐만 아니라 다세포 생물체의 조직이나 기관의 부분으로써의 역할을 수행하는 데 필요한 모든 지침이 포함되어 있다.

그러나 사람 세포 하나에는 놀랍게도 2 m에 달하는 DNA가 들어 있으며 이처럼 많은 양의 DNA를 전달하는 것은 쉬운 일이 아니다. 그러나 DNA는 단백질과 연합하여 **염색체(chromosome)**의 형태로 응축되어 있어 딸세포에 쉽게 분배될 수 있다. 염색체로 응축되는 과정에는 여러 단백질이 관여하며, 이들 단백질은 또한 DNA 복제와 기능을 담당하는 단백질과도 연관되어 있다는 사실에 대해 살펴보게 될 것이다.

염색질에서 염색체로

진핵세포가 세포분열을 하지 않을 때, DNA와 DNA에 결합한 단백질은 긴 실모양의 **염색질(chromatin)** 구조를 이룬다. 이 구조를 자세히 살펴보면 염색질은 8분자의 단백질 중심을 DNA가 주기적으로 휘감아 염주 모양을 형성한다. 이때 중심이 되는 단백질을 **히스톤(histone)**이라 하며 히스톤과 DNA가 형성하는 염주 모양을 **뉴클레오솜(nucleosome)**이라 한다(그림 8.2). 염색질은 일반적으로 갈지자형 형태를 이루며, 이 구조는 또다시 고리 형태로 접히면서 더욱 단단하게 응축된다. 고리 형태로 접힌 염색질은 핵 안에 쉽게 들어갈 만한 크기가 된다. 세포가 분열되기 직전에 염색질은 다시 여러 번 겹쳐진 고리 형태로 감기면서 최고로 응축된 염색체 형태를 이룬다.

세포가 분열되기 전에 염색질은 커다란 고리 구조로 여러 번 응축되고 고도로 탄탄한 염색체를 형성한다. 염색체는 세포분열 직전에 염색질의 상태보다 1만 배 이상 응축되므로 광학현미경으로도 쉽게 관찰된다.

연관

염색체의 수는 개체의 복잡성과 관련이 있을까?

사람을 비롯한 진핵생물의 염색체 수는 상당히 다양하다. 초파리는 8개, 사람은 46개의 염색체를 지닌다. 따라서 얼핏 보기에 염색체의 수와 생명체의 복잡성 사이에 무슨 연관이 있는 것처럼 생각된다. 그러나 효모(단세포 진핵생물)는 32개의 염색체를, 말은 64개의 염색체를 지닌다. 양치류에 속하는 한 종은 1,252개의 염색체를 가진다. 염색체 수와 개체의 복잡성 사이에 명확한 연관성은 없다.

세포가 분열되기 전에 염색체는 두 배로 복제된다. 복제된 염색체는 2개의 동일한 **자매염색분체(sister chromatid)**를 이룬다. 자매염색분체는 염색체의 잘록한 부분인 **동원체(centromere)** 부위에서 서로 붙어 있다. 각 자매염색분체는 동일한 DNA 이중나선 분자를 포함한다.

모든 생물종은 특유의 염색체 수를 갖는다는 것도 주목해야 한다; 인간 체세포는 23쌍의 염색체를 가지며 총 46개의 염색체 수가 존재한다. 우리는 유성생식을 통해 양쪽 부모로부터 염색체의 복사본을 하나씩 전달받는다.

8.2 세포주기: 간기, 유사분열, 세포질분열

학습 목표

이 절을 학습한 후에는 다음 과제를 수행할 수 있어야 한다.

1. 간기, 유사분열, 세포질분열에서 일어나는 세포의 활동을 요약하기.
2. 세포주기에서 G_0기의 의미를 설명하기.
3. 유사분열 각 시기의 과정을 요약하기.
4. 식물세포와 동물세포의 세포질분열 과정을 비교하기.

앞에서 세포의 증식은 세포 구성성분의 복제와 세포분열의 과정을 포함한다는 사실을 살펴보았다. 세포의 증식이 순서대로 일어나려면 첫 번째 단계가 두 번째 단계 이전에 진행되어야 할 것이며 이러한 과정을 세포주기라 한다. **세포주기(cell cycle)**는 어버이세포가 분열하여 두 개의 딸세포가 형성되기까지의 순차적인 과정을 말한다. 세포주기는 세포가 정상적인 기능을 수행하는 시기인 **간기(interphase)**, 핵이 분열하는 시기인 **유사분열(mitosis)**, 세포질이 나눠는 시기인 **세포질분열(cytokinesis)**로 이루어진다.

간기

그림 8.3에서 세포주기의 대부분을 간기(interphase)가 차지하고 있다는 사실을 알 수 있다. 간기는 세포가 신체의 어느 부분에 존재하는가에 따른 고유의 기능을 수행하는 단계이다. 간기의 길이는 세포의 종류에 따라 크게 다르다. 배아세포는 세포주기 전 과정을 불과 몇 시간 만에 완료한다. 반면 성체줄기세포와 같이 빠르게 분열하는 포유류 세포에서 세포주기는 대략 24시간 정도 걸리며, 여기서 간기에 해당되는 시간은 22시간 정도이다.

DNA 복제는 간기의 중간에 일어나며 이를 기준으로 간기를 G_1, S 및 G_2의 세 단계로 구분한다. G_1기는 DNA가 복제되기 이전의 시기이며 G_2기는 DNA가 복제된 이후의 시기를 말한다. 원래 G는 "간격(gap)"을 의미하는 단어의 첫 글자로 사용되었다. 그러나 이제 우리는 이 시기가 세포에서 대사적으로 가장 활발한 시간임을 알게 되었고, 따라서 이제는 G가 "성장(growth)"을 의미하는 것이라고 생각하는 편이 타당하다. G_1 및 G_2기에는 단백질 합성이 활발하게 일어난다.

G_1기에는 세포소기관(미토콘드리아나 리보솜 등)의 양이 두 배로 늘어나고 DNA 복제에 필요한 물질이 축적된다. 이 시점에서 세포는 세포의 내부와 외부의 신호를 종합해서 세포주기를 계속 진행할 것인지의 여부를 "결정"한다(8.3절 참조). 근육세포와 같은 특정 세포는 대체로 간기의 상태로 남아 있게 되며, 이들 세포에서 세포분열은 영구적으로 중지된다. 이때 세포가 G_0기로 접어들었다고 표현한다. 만일 세포가 손상을 입은 경우 G_0기의 많은 세포에서 세포주기가 다시 시작되고, 분열을 재개하여 손상을 수선할 수 있다. 그러나 신경세포와 같은 일부 세포 종류는 일단 G_0기에 접어들고 나면 다시 분열하지 못한다.

G_1기가 끝나면 세포는 S기로 접어든다. S는 "합성(synthesis)"을 뜻한다. 이때의 합성이란 DNA 복제에 필요한 DNA 합성을 말한다. S기가 시작될 때 각 염색체는 한 분자의 DNA 이중나선으로 이루어진 하나의 **염색분체(chromatid)**로 이루어진다. 그러나 이 시기가 끝날 무렵이 되면 각 염색체는 두 개의 **자매염색분체(*sister chromatid*)**로 구성된다. 각각의 자매염색분체는 한 분자의 DNA 이중나선으로 이루

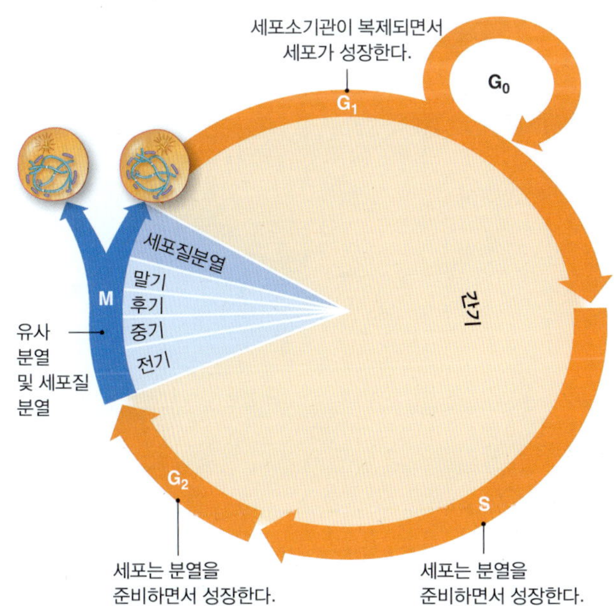

그림 8.3 세포주기.
세포는 G_1, S, G_2, M의 네 단계로 이루어진 세포주기를 반복한다. G_1, S, G_2기는 간기에 포함된다. 일부 세포는 G_1기를 빠져나와 G_0기로 접어들기도 한다.

어져 있다. 하나의 염색체를 이루는 두 개의 염색분체는 동원체 위치에서 부착된 채로 존재한다. DNA가 복제되면서 염색체가 두 배로 늘어나는 것이다.

G_2기는 DNA 복제가 끝난 후부터 유사분열이 시작되기 전까지이다. 이 시기에 세포는 세포분열에 사용될 단백질을 합성한다. 미세소관을 이루는 단백질 등이 이에 속한다. 세포분열 과정에서 미세소관이 하는 역할에 대해서는 뒤에서 살펴본다.

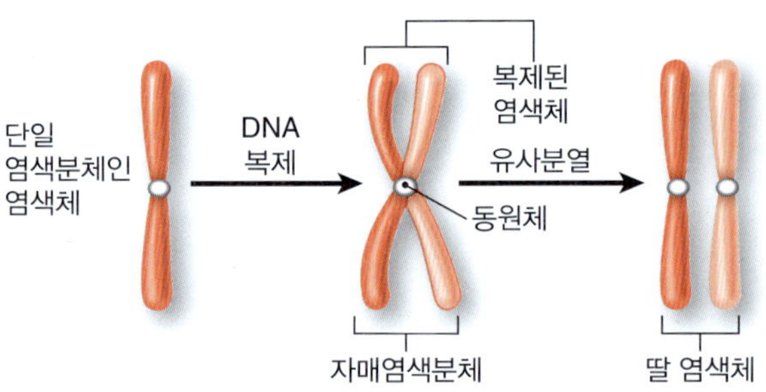

그림 8.4 유사분열의 개요.
DNA가 복제되어 자매염색분체를 형성한다. 이들은 유사분열에 의해 분리되어 딸 염색체로 된다.

M기(분열기)

세포분열은 분열기(mitotic stage, M phase)에 진행된다. 이 시기는 핵분열과 세포질분열로 이루어진다. 세포주기와 연계된 핵분열을 **유사분열**(*mitosis*)이라고 부르며, 따라서 이 단계를 M기라고 부르는 것이다.

유사분열이 일어나는 동안 모세포에서 복제된 핵물질은 각각의 딸세포에 균등하게 배분된다. 유사분열의 결과 두 개의 딸핵은 어버이세포와 같을 뿐만 아니라 서로 완전히 동일하다. 딸핵은 모두 어버이와 같은 수와 같은 종류의 염색체를 지닌다.

S기에서 각각의 염색체 DNA가 복제되어 두 개의 동일한 자매염색분체로 이루어진 복제된 염색체를 만들어내며, 각 자매염색분체는 동원체 위치에서 서로 붙어 있다(그림 8.4).

각각의 염색분체는 원래의 염색체와 똑같은 염기서열을 지니는 한 분자의 DNA 이중나선으로 이루어져 있다. 유사분열 과정 중에 각 염색체의 자매염색분체가 분리되면서 **딸 염색체**(*daughter chromosome*)가 된다. 원래의 염색체는 모두 DNA가 복제되어 자매염색분체가 형성되고 이들이 분리되는 동일한 과정을 거치게 되므로 유사분열 결과 형성되는 딸핵에는 각기 어버이세포와 유전적으로 동일한 정보가 들어 있게 된다. 따라서 어버이세포의 핵에 4개의 염색체가 있었다면 각각의 딸핵에도 4개의 동일한 종류의 염색체가 포함된다. 그림에서 염색체의 수를 확인하고자 할 때에는 동원체의 수를 세는 것도 좋은 방법이다. 염색체마다 하나씩의 동원체를 지니기 때문이다.

대부분의 진핵세포에는 짝수 개의 염색체가 들어 있다. 양친이 새로운 개체에게 염색체를 절반씩 전해주기 때문이다.

염색체 이동하기

복제된 염색체가 단 4개일 때에는 염색분체를 쉽게 분리할 수 있을 것이다. 그렇지만 염색체 수가 46개인 사람이나 78개인 개의 경우를 생각해보자. 이 경우 분리하기 전에 염색체가 단단히 응축되어 있다면 분명히 도움이 되겠지만, 조직적으로 완벽하게 분리하려면 무언가 다른 기작이 있어야 할 것이다. 대부분의 진핵세포는 **방추체(spindle)**라는 세포골격 구조를 이용하여 염색분체를 양쪽으로 끌어당긴다. 방추체에는 조립되었다가 해체될 수 있는 미세소관으로 이루어진 방추사가 들어 있다. 먼저 미세소관이 방추체를 형성하면서 세포의 중심부까지 뻗어나가 염색분체의 동원체 부위에 결합한다. 그 다음에 미세소관이 분해(해체)되면서 짧아지면 염색분체가 양극 부분으로 분리된다.

중심체(centrosome)는 세포에서 미세소관을 형성하는 중심부이다. 동물세포에서 중심체는 가운데가 불룩한 나무통과 같은 구조를 한 **중심립(centriole)** 2개로 이루어져 있으며, 여기서 방사상으로 뻗은 미세소관을 성상체(*aster*)라고 한다. 식물세포에도 중심체가 있으나 중심립이 없기 때문에 뚜렷하게 눈에 띄지는 않는다. 중심체가 복제되는 과정은 세포주기의 S기에서 시작되어 G_2기에 완성된다. M기의 초반부에 중심체는 분리하여 핵의 양쪽 반대편으로 이동하고 거기서 방추극을 형성한다.

핵막이 소실되면서 방추사는 세포의 중심부를 차지하게 된다. 방추사 일부는 두 방추극의 중간 부분인 **방추사 적도면**(*spindle equator*)을 지나면서 서로 겹쳐진다. 나머지 방추사는 복제된 염색체에 부착하여 각 자매염색분체가 딸세포에 적절하게 분배되도록 분리한다. 염색체는 새로 형성된 딸핵의 내부에 위치하지만, 중심체는 딸핵의 바로 바깥부분에 존재하게 된다.

동물과 식물세포의 유사분열 단계

유사분열은 연속적인 과정이긴 하지만 전통적으로 진행 순서에 따라 **전기(prophase)**, **중기(metaphase)**, **후기(anaphase)**, **말기(telophase)**의 네 단계로 구분한다. 중심립의 이동 과정을 제외하면, 동물세포(그림 8.5)의 유사분열 과정은 대체로 식물세포(그림 8.6)에도 적용할 수 있다.

그림 8.5 동물세포에서 유사분열의 단계.
그림은 동물세포의 세포분열 과정을 나타낸 것이다. 아랫줄의 모식도에서 빨간 염색체는 어머니에게서, 파란 염색체는 아버지에게서 물려받은 염색체를 나타낸다.

(all): ©Ed Reschke

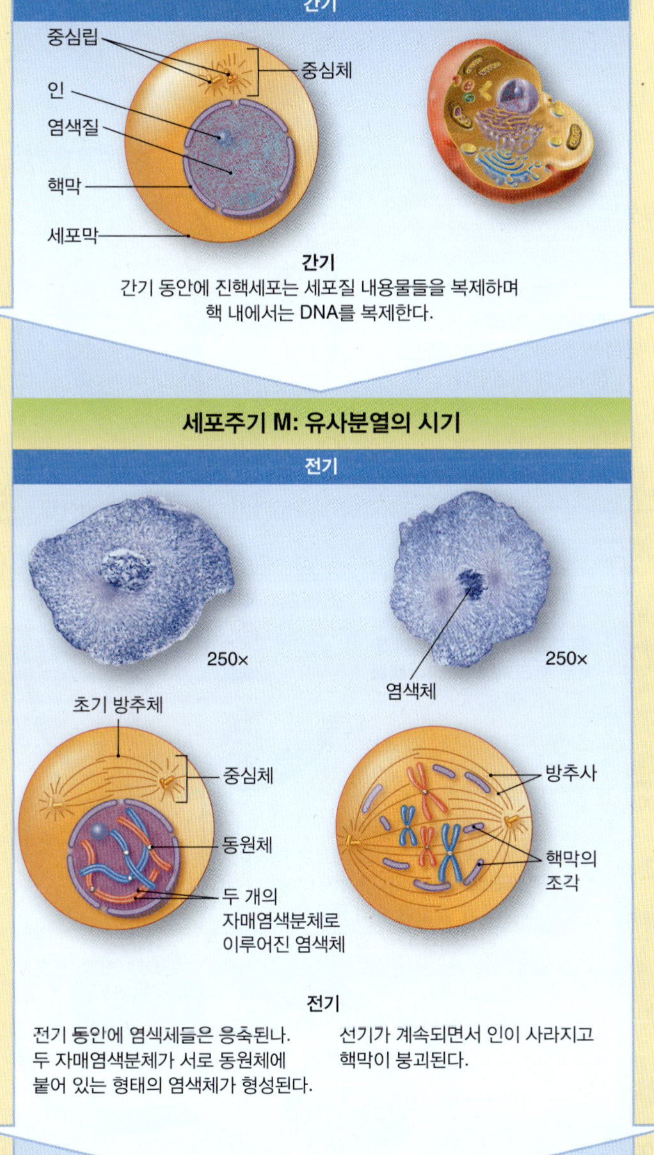

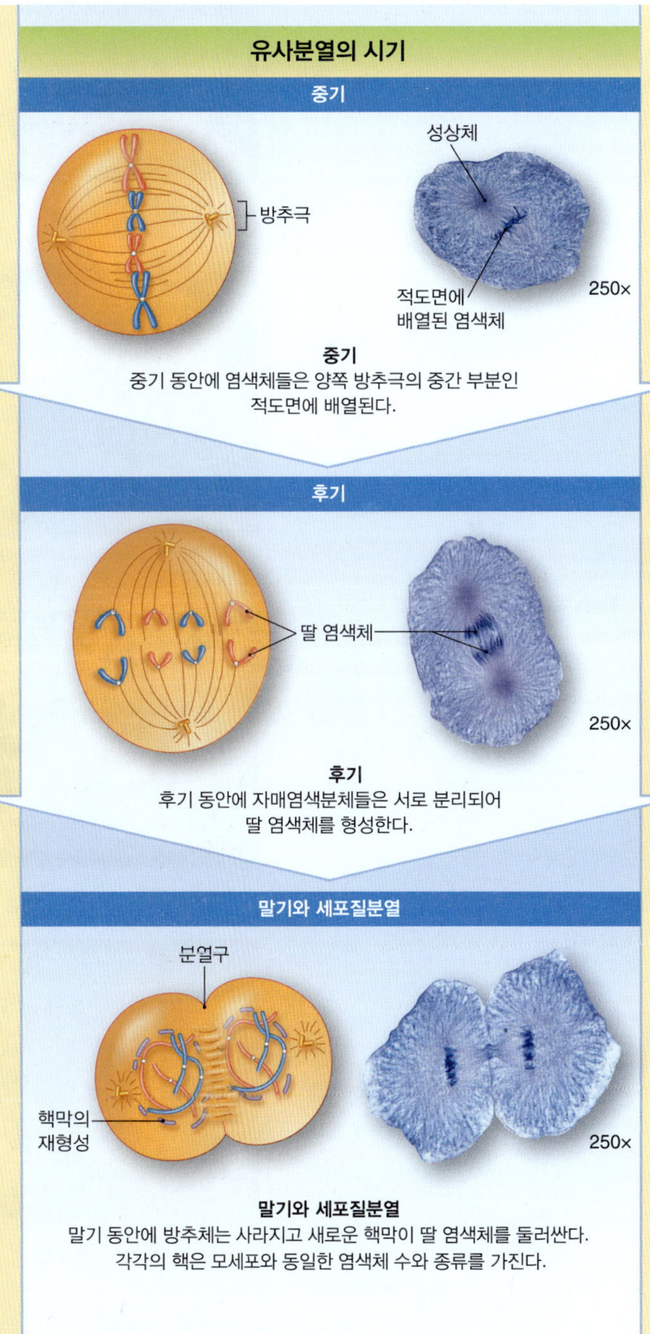

그림 8.6 식물세포와 동물세포의 유사분열 비교.

그림은 식물세포(왼쪽)와 동물세포(오른쪽)의 세포분열 중 발생하는 사건을 비교한 것이다. 빨간 염색체는 한 부모로부터, 파란 염색체는 다른 부모로부터 유전된 것이다.

(prophase, metaphase, anaphase, telophase): ©Kent Wood/Science Source; (prometaphase): ©Ed Reschke

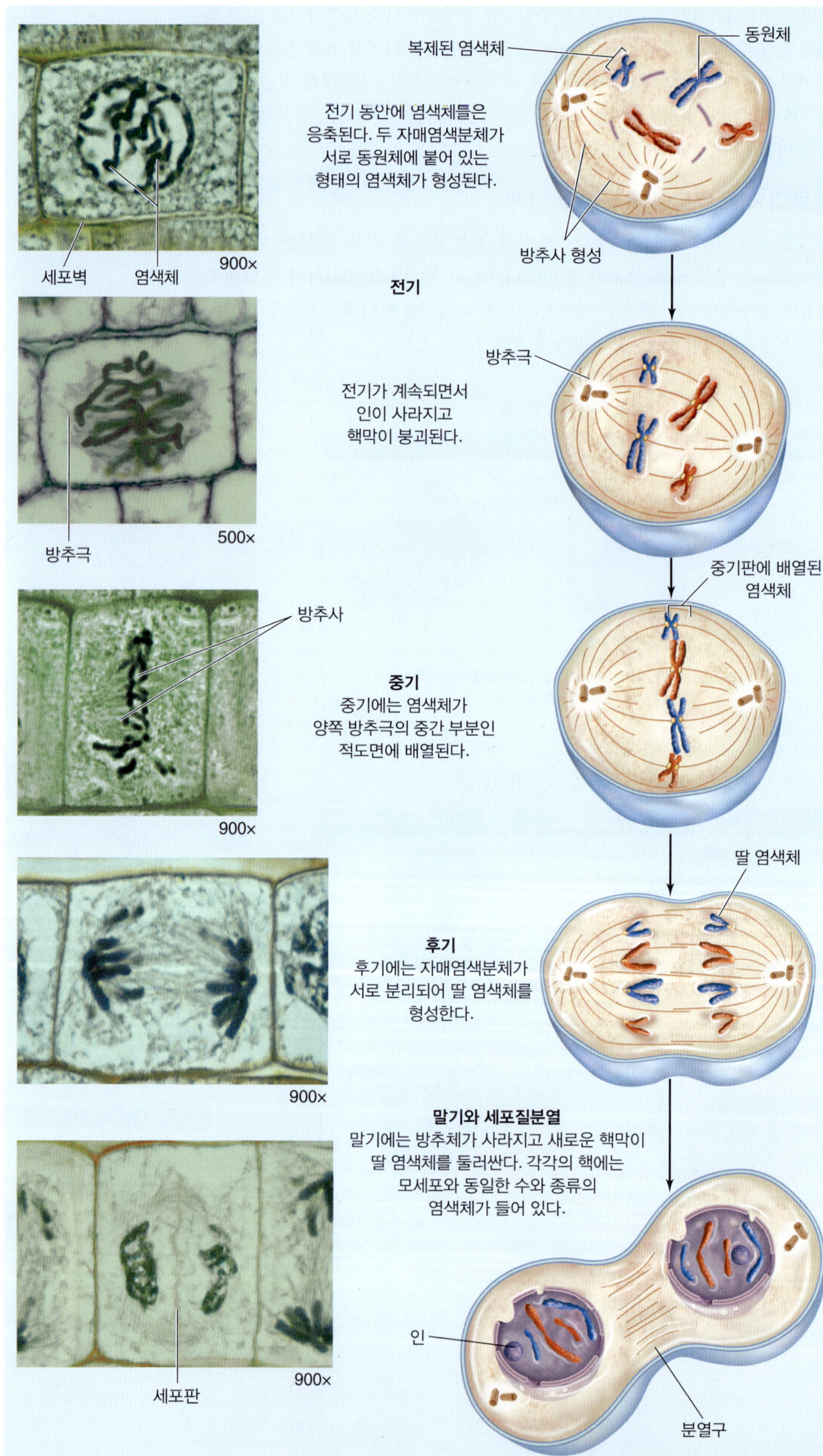

그림 8.5는 동물세포에서 유사분열이 진행되는 단계이다. 유사분열이 시작되기 이전에 DNA 복제가 끝났다는 사실을 기억하자. 각 염색분체는 단일한 DNA 이중나선 분자를 포함하고 있다. 따라서 유사분열이 시작될 무렵 염색체는 복제되어 자매염색분체가 동원체에서 서로 부착되어 있는 형태로 존재한다. 그림 8.5에서 빨간색 염색체는 어머니에게서, 파란색 염색체는 아버지에게서 물려받은 염색체를 의미한다. 그림 8.6은 같은 과정을 식물세포와 동물세포에서 비교 관찰한 것이다.

유사분열이 진행되는 동안 방추사에 의해 복제된 염색체의 자매염색분체가 분리된다. 자매염색체가 분리되고 나면 딸 염색체가 된다. 이러한 과정을 거쳐 딸핵에는 어버이세포의 핵과 동일한 염색체가 포함된다. 그림 8.5에서 딸핵에는 4개의 염색체가 들어 있는데, 염색체의 수는 물론, 빨간 작은 염색체, 파란 작은 염색체, 빨간 긴 염색체, 파란 긴 염색체가 각각 하나씩 들어 있어 포함된 염색체의 종류도 어버이세포와 동일하다. 즉, 각각의 딸세포는 원래의 어버이세포와 유전적으로 동일하다. 유사분열이 끝나면 세포질분열(cytokinesis)이 일어난다. 세포질분열은 말기가 진행되는 동안 시작되어 딸핵이 형성된 이후까지 진행된다. 세포질분열이 끝나면 세포주기가 완료되며, 형성된 두 딸세포는 간기로 접어든다. 간기의 세포는 성장하고 다시 DNA를 복제할 것이다.

동물과 식물 세포의 세포질분열

대부분의 세포에서는 유사분열이 끝난 후 이어서 세포질분열이 일어난다. 유사분열 이후에 세포질분열이 일어나지 않으면 다핵세포가 만들어진다. 예를 들어 진균, 점액균, 배낭(embryo sac)과 같은 식물의 특정한 구조 등은 다핵의 세포를 갖고 있다.

동물세포의 세포질분열

동물세포에서는 후기가 끝날 무렵 두 딸핵 사이의 세포막이 함입되면서 분열구(cleavage furrow)가 형성되기 시작된다. 분열구는 수축환(contractile ring)이라고 부르는 액틴 필라멘트로 이루어진 고리가 두 딸세포 사이를 동그랗게 조이면서 더 깊어진다. 수축환은 풍선의 중간부분을 비틀어 잡아당기는 것처럼 작용한다. 두 세포 사이의 좁은 연결부위가 말기에 이르면서 더 좁아져서 결국 세포질을 둘로 나누게 되고 두 개의 독립적인 딸세포가 형성된다(그림 8.7).

개념 연결하기

세포주기는 세포의 생리이다. 유사분열(mitosis) 중에는 같은 유전정보를 갖는 두 개의 세포가 생성된다.

식물세포의 세포질분열

식물세포에서는 동물세포와 전혀 다른 방식으로 세포질이 분열된다(그림 8.8). 식물세포는 단단한 세포벽이 있어서 분열구가 형성되는 방식으로는 세포질을 분리할 수 없다. 그 대신 식물세포에서는 두 개의 딸세포 사이에 세포막과 세포벽이 축적되는 방식으로 세포질을 분할한다.

두 개의 딸세포 사이에 작고 납작한 원반형 구조가 형성되기 시작하면서 세포질분열이 진행된다. 전자현미경으로 관찰하면 이러한 원반형 구조가 소포로 이루어져 있음을 알 수 있다. 이러한 소포는 골지체에서 생성되는데, 소포가 형성되면 미세소관과 함께 원반형 구조로 이동한다. 계속해서 많은 소포가 만들어진 후 융합되어 세포판을 이룬다. **세포판(cell plate)**은 새로 형성된 세포막이며, 중심부에서 만들어지기 시작하여 바깥쪽으로 확장되어 원래의 세포막과 융합된다. 새로 만들어진 막에서는 새로운 세포벽 구성성분을 방출한다. 이렇게 만들어진 세포벽은 후에 섬유소가 더해져 더욱 견고해진다.

진도 점검하기 8.2

1. 세포주기의 중요성을 요약하시오.
2. 간기의 각 단계인 G_1, S, G_2기에 일어나는 일을 비교하시오.
3. 유사분열의 단계를 제시하고 각 단계별로 염색체가 어떻게 변하는지 설명하시오.
4. 식물과 동물에서 세포질분열이 다른 이유를 설명하시오.

4,000×
분열구
수축환
4,000×

그림 8.7 **동물세포의 세포질분열.**
분열구가 형성되면서 하나의 세포가 두 개의 딸세포로 분리된다. 분열구는 후기가 시작되면서 나타나기 시작하여 액틴 필라멘트로 이루어진 수축환이 점점 작아지면서 세포질을 완전히 둘로 나눈다.
(top): Source: National Institutes of Health/USHHS; (bottom): ©Steve Gschmeissner/SPL/Getty Images

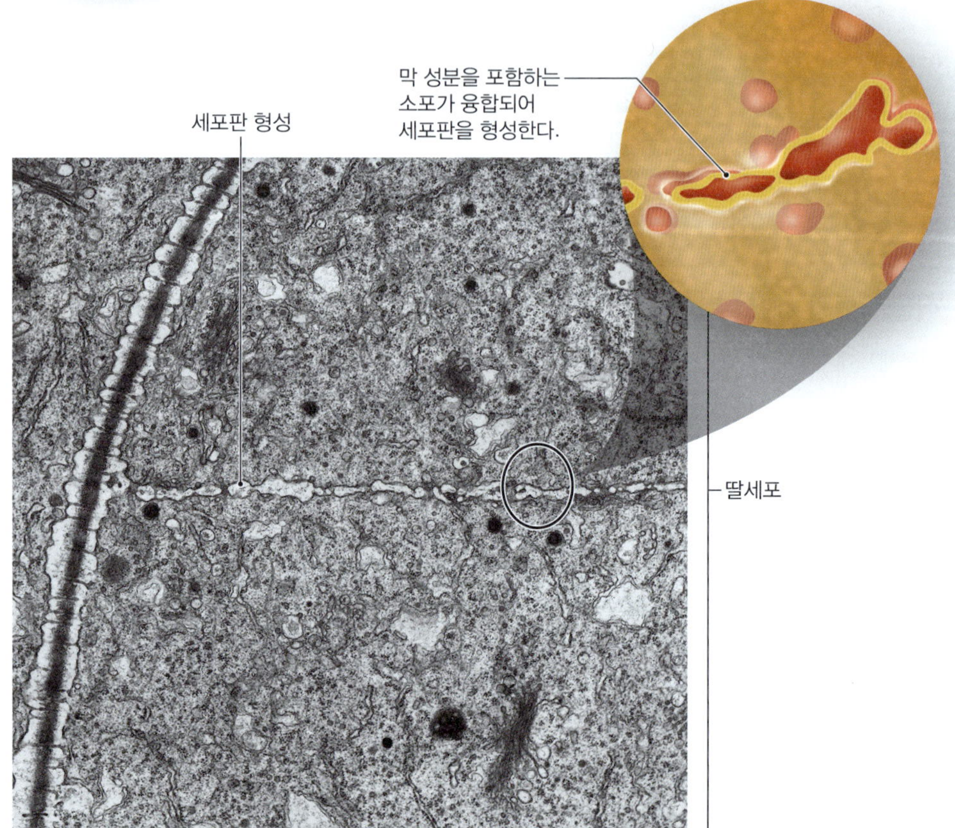

그림 8.8 **식물세포의 세포질분열.**
식물세포에서는 세포질이 분열되는 동안 두 개의 딸핵 사이에서 형성되기 시작한 세포판이 점점 확장되면서 원래의 세포막과 융합한다.
©Biophoto Associates/Science Source

8.3 세포주기의 조절체계

학습 목표

이 절을 학습한 후에는 다음 과제를 수행할 수 있어야 한다.

1. 세포주기에서 검문지점의 기능을 종합하기.
2. 검문지점이 세포의 내부와 외부의 신호에 따라 조절되는 방식을 설명하기.
3. 세포자살의 과정을 설명하기.

세포가 성공적으로 증식하려면 세포주기가 정교하게 조절되어야 한다. 세포주기 조절의 중요성은 자동세탁기가 작동하는 과정을 통해 알아볼 수 있다. 자동세탁기는 먼저 세탁조에 물이 가득 차야만 세탁을 시작하며, 세탁조에서 물이 완전히 빠지기 전까지는 탈수를 시작하지 않는다. 이와 비슷하게 세포주기도 G_1, S, G_2 및 M기가 각각 순서대로 진행되고 또한 앞의 단계가 완전히 종료되어야 그 다음 단계가 시작될 수 있도록 정교하게 조절된다.

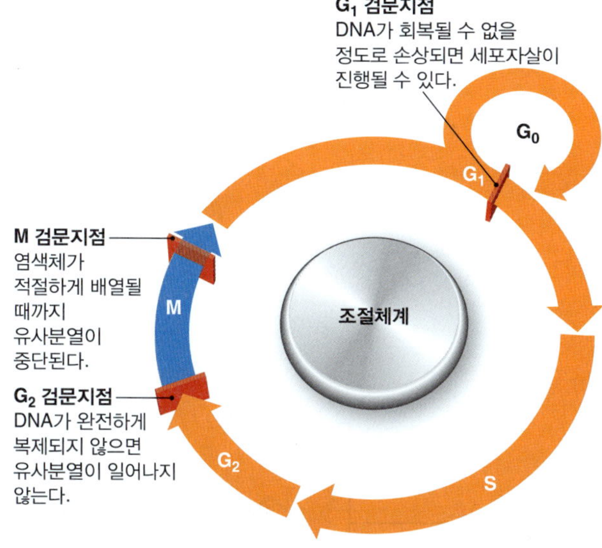

그림 8.9 세포주기 검문지점.
세 개의 주요 검문지점이 그림에 나타나 있다. 내부 및 외부 신호에 의해 세포가 다음 세포주기 검문지점을 통과할 것인지가 결정된다.

세포주기 검문지점

자동세탁기가 세탁조에 물이 가득 차기 전에는 세탁을 시작하지 않는 것처럼, 세포주기에도 검문지점(checkpoint)이 있어서 세포의 상태가 적절하지 않으면 세포주기를 진행하지 않는다. 세포주기의 전 과정에 여러 개의 검문지점이 존재하지만, 여기에서는 G_1, G_2 및 M 검문지점만을 살펴보기로 한다(그림 8.9).

G_1 검문지점(G_1 *checkpoint*)은 이 지점을 통과하지 못하면 세포주기가 시작되지 않는다는 점에서 특히 중요하다. 세포가 이 검문지점을 통과하지 못하면 세포는 G_0기로 진입하는데, 이 시기의 세포는 분열하지 않고 세포 종류에 따라 고유의 기능을 수행한다. 특정 성장인자의 분비와 같은 적절한 성장 신호가 있어야만 세포가 G_1 검문지점을 통과한다. 이와 함께 세포 내 DNA에 문제가 없는지 또한 확인한다. DNA가 손상되면 세포 단백질 p53은 이 지점에서 세포주기를 중단시키고 DNA 수선을 시작한다. 만일 손상된 DNA가 충분히 수선되지 않으면 **세포자살(apoptosis)**의 과정을 따라 세포를 스스로 사멸시킨다.

연관

세포자살과 세포사멸의 차이는 무엇일까?

세포자살을 통해 생명체는 세포의 사멸을 조절할 수 있다. 이는 배발생 과정의 중요한 특징이다. 세포자살과 대립되는 개념인 세포괴사는 프로그램화되지 않은 세포의 사멸이며, 세포가 질병이나 손상을 입어 사멸하는 것을 의미한다. 예를 들어, 심장마비가 오면 심장 세포는 산소와 영양물질을 공급받지 못한다. 그 결과 세포는 부풀어 오르고 사멸하게 되며, 이로 인해 주변 조직에서 염증반응이 일어난다. 이와 같은 증상은 주변세포의 사멸을 초래할 수 있다. 반면 세포자살은 염증반응을 일으키지 않고 주변 세포에 퍼지지도 않는다.

세포주기는 G_2 검문지점(G_2 *checkpoint*)에서 잠시 멈춰 DNA 복제가 정상적으로 완료되었는지를 확인한다. 이로써 염색체가 복제되지 않은 채 분열기로 접어드는 것을 막는다. 또한 X-선 노출 등으로 DNA가 손상되면 이 지점에서 세포주기가 멈추어 손상된 DNA를 수선할 수 있도록 함으로써 딸세포에 DNA 손상이 전해지는 것을 방지한다.

분열기가 진행되는 도중에 또 하나의 세포주기를 검문하는 지점(**M 검문지점**, *M checkpoint*)이 있다. 세포주기는 분열기의 중기와 후기 사이에 잠시 멈추어 딸세포에 정확하게 배분될 수 있는 형태로 염색체가 배열되었는지 확인한다. 모든 염색체가 핵분열을 진행할 수 있는 상태로 준비되어야 세포주기가 다시 진행된다.

내부 및 외부 신호

세포주기의 검문지점은 세포 내부 및 외부에서 오는 여러 가지 신호에 의해 조절된다. 이때 신호는 특정한 과정을 촉진하거나 억제하는 분자에 의해 매개되며, 신호가 세포 외부에서 오면 외부 신호, 세포의 내부에서 발생하면 내부 신호라고 한다. 과학자들은 **사이클린(cyclin)**이라는 단백질이 일련의 내부 신호로 작용한다는 사실을 확인하였다. 사이클린의 양은 세포주기에 따라 주기적으로 증감한다. 세포가 G_1기에서 S기로 진행되거나 G_2기에서 M기로 진행하려면 적정량의 사이클린이 존재해야 한다. 이와 더불어 **인산화효소(kinases)**라고 부르는 효소가 ATP에서 인산기를 떼어내어 다른 분자에 이를 붙여준다. ATP로부터 고에너지 인산기를 전달받은 분자는 세포 활성을 갖거나 잃는다. 인산화효소는 핵막의 제거나 염색체가 전기의 초반부에 응축되는 과정에 작용한다.

외부 신호로는 세포주기의 진행을 촉진하는 성장인자나 호르몬이 있다. 성장인자는 조직의 수선을 촉진하기도 한다. G_0기 상태로 고정된 세포도 성장인자의 자극을 받으면 세포주기가 다시 시작된다. 예를 들어 상피세포성장인자(epidermal growth factor, EGF)가 상처 주변의 피부세포를 자극하면 세포주기가 다시 진행되어 손상된 부분을 재생한다. 호르몬은 멀리 떨어져 있는 조직에도 작용하여 표적세포의 분열을 촉진한다. 예를 들어 여성의 생리주기에서 특정 시점에 에스트로겐은 자궁내벽의 세포를 자극하여 분열시킴으로써 수정란이 착상할 수 있는 환경을 제공한다.

세포가 자라면서 다른 세포에 닿으면 세포주기가 억제된다. 실험실에서 세포를 배양하면 세포는 한 층으로만 자라서 배양기의 표면을 덮을 정도로만 증식한다. 그 후, **접촉억제**(*contact inhibition*)로 인해 과한 세포 증식이 억제된다. 접촉억제는 신체 내 세포의 과다증식을 방지한다. 조직이 손상되면 세포는 분열하여 손상을 수선한다. 조직이 모두 수선되면 접촉억제현상에 의해 세포주기가 중단됨으로써 적절한 수준까지만 증식할 수 있는 것이다.

여러 해 전에 포유류의 세포를 배양하면 대략 70회 정도만 분열하고는 사멸한다는 사실이 밝혀졌다. 세포는 자신이 그 전까지 몇 번을 분열했는지 "기억"해서 일정 횟수만큼만 분열하는 것처럼 보인다. 마치 세포가 나이를 먹으면서 **노화**(*senescence*)가 일어나는 것처럼 보이는 이러한 현상은 세포 내부에 일종의 충전지가 존재하여 이것이 다 닳으면 멈추는 것과 비슷해 보인다. 이제 우리는 세포의 노화가 염색체의 말단에 위치한 TTAGGG 반복서열의 **말단소체(telomere)**가 짧아지면서 나타나는 현상이라는 것을 알고 있다. 말단소체는 염색체의 안전성을 확보해 주기 때문에 흔히 신발 끈 양쪽 끝부분이 닳는 것을 막아주는 보호마개에 비유된다. 세포가 분열할 때마다 말단소체의 길이가 조금씩 짧아지게 된다. 말단소체가 너무 짧아지면 세포는 "늙어" 세포자살을 통해 사멸하게 되는 것이다.

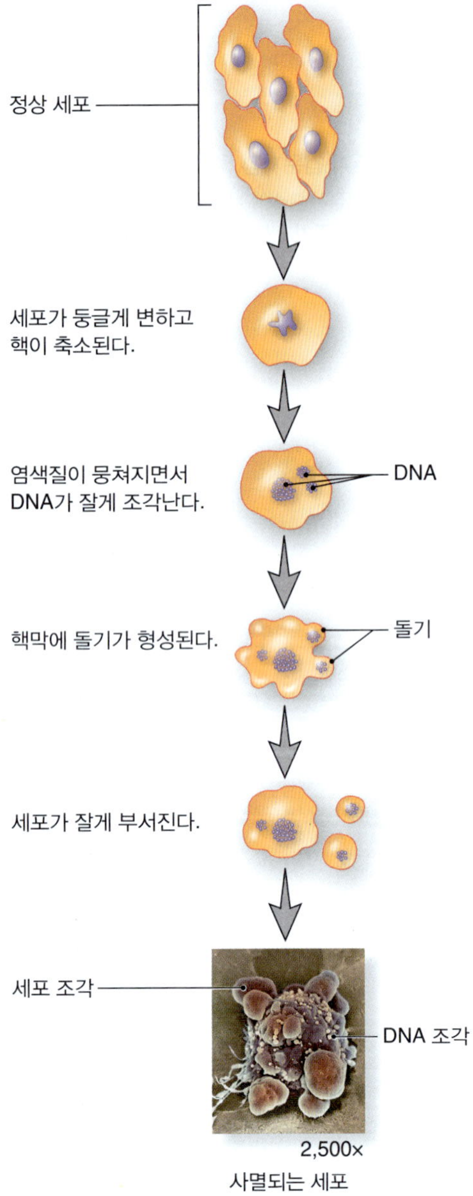

그림 8.10 세포자살.
세포자살이 시작되면 정교하게 조절되는 일련의 반응에 의해 세포가 잘게 부서진다. 세포의 잔해는 백혈구나 인접한 조직 세포가 식세포작용으로 제거한다.
(photo): ©Steve Gschmeissner/Science Source

세포자살

세포자살(apoptosis)은 세포가 미리 예정된 특정한 단계를 거치면서 사멸하는 과정을 일컫는다. 이 과정은 카스파아제(caspase)라 불리는 효소의 존재로 인해 일어난다. 이 효소들은 일반적으로 억제자에 의해 통제되지만, 세포의 텔로미어가 단축되거나 세포의 DNA에 과도한 손상과 같은 내부 또는 외부 신호에 의해 작동이 유발된다.

세포자살 동안에 세포가 자체로 압축되고 이웃 세포와의 접촉을 잃는다(그림 8.10). 그 후, 세포핵이 조각나고 플라즈마 막이 불투명한 부피로 발전하는 "블레브(bleb)"가 형성된다. 마지막으로 세포는 조각으로 쪼개져 이를 흰색 혈액 세포 및/또는 이웃 세포에 의해 흡수된다.

세포분열과 세포자살은 서로 반대되는 과정으로 이 과정에 의해 개체를 이루는 세포의 수가 적정 수준으로 유지된다. 달리 말하면 세포분열은 체세포(body cell)의 수를 증가시키고 세포자살은 이를 감소시킨다. 세포분열과 세포자살은 모두 정상적인 성장과 발생의 한 부분이다. 단일 세포가 세포주기를 거듭하면서 수많은 세포로 이루어진 개체로 자라나지만, 이 과정에서 일부 세포는 개체가 특정한 형태를 이루는 과정에서 사멸해야 한다. 예를 들어, 올챙이가 개구리가 될 때 올챙이의 꼬리는 세포자살에 의해 사라진다. 사람도 손가락이나 발가락이 처음 생길 때 이들 사이에 물갈퀴와 같은 부분이 만들어지는데, 후에 이 부분의 세포가 세포자살에 의해 사멸됨으로써 손가락과 발가락이 분리된다.

세포자살은 이후에도 지속적으로 일어난다. 특히 암세포로 발전할 수 있는 비정상적인 세포가 생성되면 내부 신호에 의해 세포자살이 진행된다. 세포자살을 통한 세포의 사멸은 종양의 발생을 억제한다.

개념 연결하기

세포주기는 여러 개의 검문지점을 통해 조절된다. 세포자살은 세포 예정사의 일종이다.

진도 점검하기 8.3

1. 세포주기에서의 검문지점이 중요한 까닭을 설명하시오.
2. 세포주기를 조절하는데 어떤 신호가 작용하는지 적시하고 세포주기를 조절하는 두 가지의 일반적인 신호를 열거하시오.
3. 세포자살이 조절되지 않으면 개체에 어떤 일이 벌어질 것인지 예측해 보시오.

8.4 세포주기와 암

학습 목표

이 절을 학습한 후에는 다음 과제를 수행할 수 있어야 한다.

1. 원발암유전자와 종양억제유전자를 암과 관련지어 구분하기.
2. 줄기세포와 암세포에서 말단소체의 기능을 설명하기.
3. 염색체 재배열이 특정한 종류의 암을 일으키는 과정을 요약하기.
4. 특정 유전사와 암의 연관성을 확인하기.

암(cancer)이란 세포주기가 조절되지 못해 발생하는 질환이다(그림 8.9 참조). 암의 발생은 여러 다른 유전자에서 돌연변이가 축적되어야 하므로 암은 유전적 질병으로 분류된다. 이러한 돌연변이가 세포에 축적되면 세포주기의 정상적인 작동이 방해되어 세포가 통제 없이 분열하고 궁극적으로 종양(tumor)을 형성하게 된다(8.5절 참조).

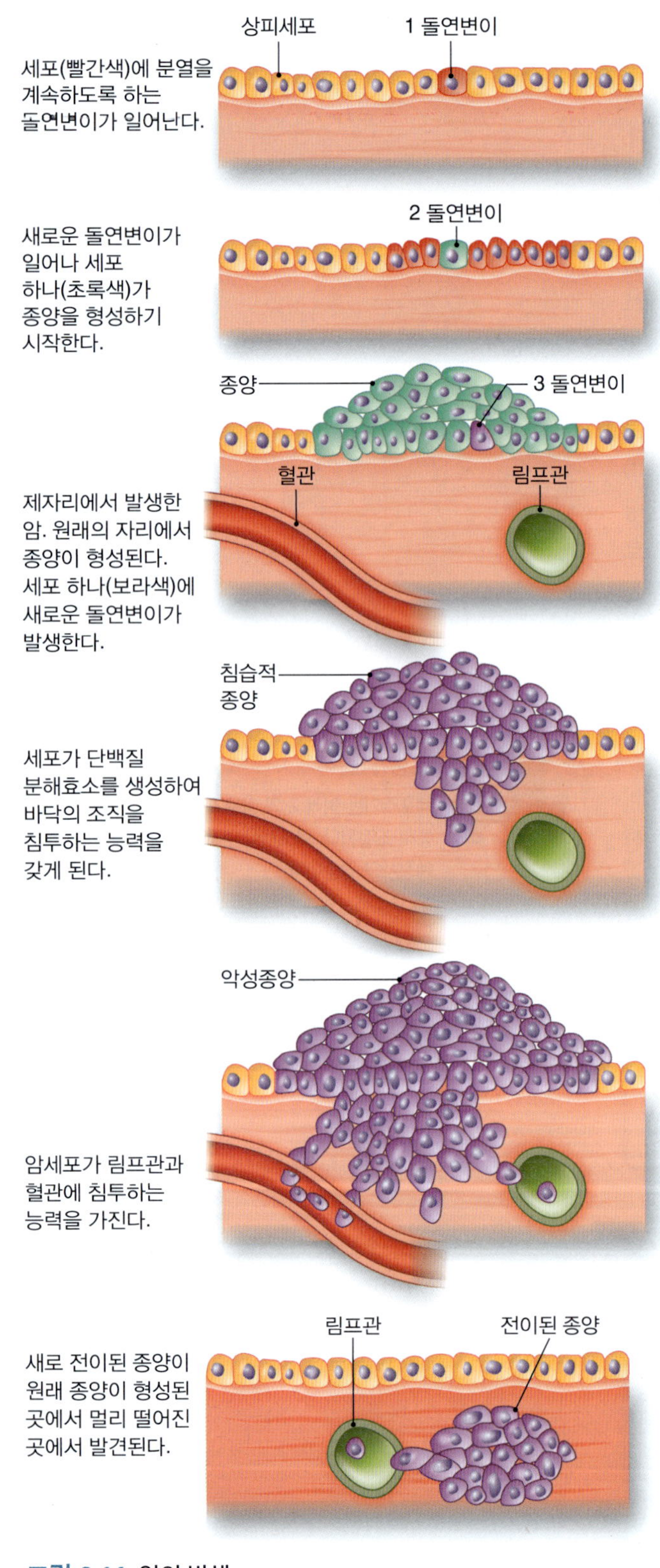

그림 8.11 암의 발생.
암이 발생하려면 돌연변이가 여러 번 일어나야 하며, 각각의 돌연변이는 종양이 형성되는 과정에 부분적으로 기여한다. 정상적인 세포는 접촉억제 현상에 따라 성장이 조절된다. 이웃하는 세포와 맞닿으면 더 이상 증식하지 않는다. 그러나 종양세포는 접촉억제를 나타내지 않아서 계속해서 쌓일 수 있고, 그 결과 종양이 형성된다. 암세포는 분화된 조직의 기능을 수행하지 못하며 비정상적인 염색체를 지니는 경우가 많다. 더 많은 돌연변이가 축적되면서 암세포가 몸 전체로 퍼지면서 다른 부위에서 새로운 종양을 형성한다.

발암(carcinogenesis)은 암의 성장을 묘사하는 데 사용되는 용어이다. 그림 8.11은 발암의 예를 보여준다. 단일세포가 종양 발달로 진행되는 과정을 어떻게 시작하는지를 주목해 보자. 세포에서 돌연변이가 발생하면 제어 없이 분열하기 시작하고 궁극적으로 **종양(tumor)**을 형성한다. 이 과정에서 종양 세포는 이웃하는 혈관이 종양 조직으로 가도록 유도하는 화학물질을 분비하는데 이러한 과정을 **혈관 생성(angiogenesis)**이라고 한다. 또 다른 돌연변이는 기저막을 분해하는 효소를 생성하여 인접한 조직으로 암세포가 침투해 들어갈 수 있도록 한다. 암세포는 또한 혈관이나 림프관을 통해 몸의 다른 부분으로 이동할 수 있어서 종양이 형성된 곳과는 멀리 떨어진 장소에서 새로운 종양이 형성되도록 한다. 이 과정을 **전이(metastasis)**라고 한다.

이미 신경세포나 근육세포 등의 형태로 고도로 분화되어 있는 세포는 거의 분열하지 않기 때문에 여간해서는 암세포로 변하지 않는다. 암발생과정은 주로 세포주기에 접어드는 세포에서 시작된다. 섬유아세포나 허파 안쪽 내막 세포, 간세포, 자궁세포, 콩팥세포 등은 자극을 받으면 분열할 수 있다. 성체줄기세포는 일생 동안 분열을 계속한다. 골수에서 형성되는 조혈세포나 피부와 소화관의 기저세포(basal cell) 또한 계속 분열하는 세포에 속한다. 혈액세포는 수명이 짧고 피부의 바깥층이나 소화관의 내층 상피세포는 계속해서 떨어져 나가기 때문에 이들 세포는 계속해서 분열해야만 한다.

원발암유전자와 종양억제유전자

세포주기(그림 8.9 참조)는 분열기와 간기로 이루어져 있다. 검문지점에서는 특수한 단백질이 세포주기를 조절한다. 암이 발생하면 세포주기가 반복되는데, 이것은 대개 두 종류의 유전자(그림 8.12)에 일어난 돌연변이에 기인한다.

1. **원발암유전자(proto-oncogene)**는 세포주기를 촉진하는 단백질을 암호화하며 세포자살을 억제한다. 원발암유전자는 세포주기를 촉진시킨다는 점에서 가속페달에 비유되기도 한다.
2. **종양억제유전자(tumor suppressor gene)**는 세포주기를 억제하는 단백질을 암호화하고 세포자살을 촉진한다. 이들은 세포주기가 진행되는 것을 막고 비정상적인 세포분열을 억제한다는 점에서 브레이크 페달에 비유된다. 이들 유전자에 돌연변이가 일어나 정상적인 기능을 하지 못하면 종양이 생성되기 때문에 종양억제유전자라고 부른다.

암에 있어서 원발암유전자들의 역할

원발암유전자에 돌연변이가 일어나면 **발암유전자(oncogene)**라고 부르는 암을 유발하는 유전자로 변한다. 원발암유전자는 세포주기를 조절하지만 발암유전자는 세포주기가 계속 일어나게 한다. 따라서 원발암유전자를 발암유전자로 변화시키는 이와 같은 돌연변이는 "기능 획득" 돌연변이라고 할 수 있다.

성장인자(growth factor)는 신호전달 단백질을 인산화시켜 신호전달 경로를 촉진한다(그림 8.12*a*). 세포의 신호전달 경로는 여러 종류의 단백질을 활성화시키며 이들은 대부분 세포주기가 정상적으로 이루어지도록 조절한다(그림 8.12*b*). 어떤 원발암유전자는 성장인자나 성장인자의 신호를 받는 수용체를 암호화한다. 이들 원발암유전자가 발암유전자로 변하면 수용체 단백질이 쉽게 활성화되거나 신호를 받는 세포에서 만들어지는 성장인자에 의해 활성화되는 수도 있다. 예를 들어 *RAS* 원발암유전자가 발암유전자가 되면 성장인자가 존재하지 않는 경우에도 핵분열이 일어나도록 한다. *RAS* 발암유전자는 사람 암세포의 20~30%에서 발견된다.

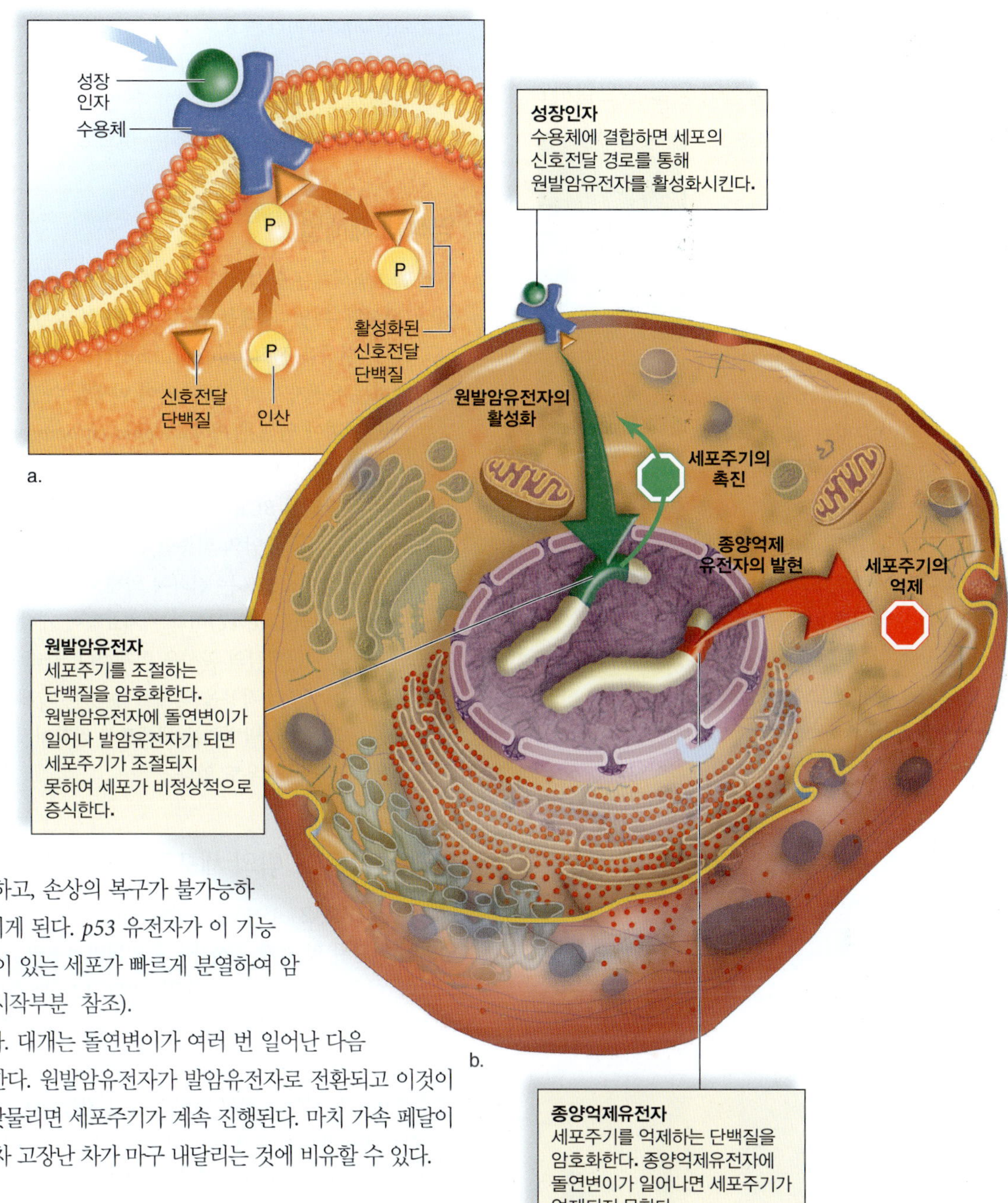

그림 8.12 세포주기에서 원발암유전자와 종양억제유전자의 역할.

a. 성장인자가 수용체에 결합하여 특정 유전자가 발현이 되도록 신호를 전달한다(초록색 화살표). **b.** 신호전달경로가 세포주기를 촉진하는 원발암유전자의 발현을 활성화시킨다. 종양억제유전자는 세포주기를 억제함으로써 세포분열을 제한한다(빨간색 화살표)

종양억제유전자는 비활성화된다

종양억제유전자에 돌연변이가 일어나면 이들은 더 이상 세포주기를 억제하거나 세포자살을 일으키지 못한다. 따라서 이들 돌연변이는 "기능 상실" 돌연변이라고 할 수 있다(그림 8.12).

p53 종양 억제자 유전자는 G_1 검문지점를 통과하기 전에 DNA를 손상 여부를 확인하는 단백질을 생성한다. DNA에 손상이 있으면 세포에게 G_0 단계로 진입하도록 지시하고, 손상의 복구가 불가능하면 세포는 세포자살 과정을 거치게 된다. *p53* 유전자가 이 기능을 수행하지 못하면 DNA 손상이 있는 세포가 빠르게 분열하여 암으로 이어질 가능성이 있다(장 시작부분 참조).

암은 점진적으로 발생한다. 대개는 돌연변이가 여러 번 일어난 다음에야 정상 세포가 암세포로 변한다. 원발암유전자가 발암유전자로 전환되고 이것이 종양억제유전자의 비활성화와 맞물리면 세포주기가 계속 진행된다. 마치 가속 페달이 계속 눌린 상태에서 브레이크조차 고장난 차가 마구 내달리는 것에 비유할 수 있다.

기타 유전적 변화와 암

원발암유전자들과 종양억제유전자들에서 일어나는 돌연변이 외에도 암 발병에 기여하는 다른 유전적 변화들이 있을 수 있다.

말단소체 단축 결핍

염색체 말단에 존재하는 말단소체는 세포분열을 조절하는 데 중요한 기능을 한다. 신발 끈의 양쪽 말단이 마모되는 것을 막아주는 플라스틱 마개처럼 말단소체는 염색체가 복제되는 동안 안정적으로 존재하게 해 준다. 세포가 분열할 때마다 말단소체의 일부가 소실된다. 말단소체가 너무 짧아지면 염색체가 정상적으로 복제되지 않아 세포주기가 중단된다.

배아세포 또는 줄기세포나 생식세포를 비롯한 일부 성체세포에는 말단소체복

연관

담배 연기 속의 어떤 물질이 암을 일으킬까?

©Glow Images

담배 연기 속에는 7,000여 종 이상의 화학물질이 존재하는 것으로 알려졌다. 이들 가운데 70여 종이 암을 일으키는 발암물질로 분류된다. 많은 발암물질이 또한 돌연변이 유발물질이다. 이들은 원발암유전자나 종양억제유전자를 비롯한 여러 유전자에 돌연변이를 일으킨다. 담배 연기에는 비소(중금속), 벤젠(자동차 연료의 첨가제), 카드뮴(건전지에 들어 있는 금속) 등의 발암물질이 들어 있다. 이들 발암물질과 더불어 담배 연기에는 고농도의 일산화탄소와 시안화수소가 포함되어 있는데, 두 종류 모두 우리 몸이 산소를 처리하는 능력을 저하시킨다. 이들 화학물질에 노출되면 남자는 13.2년, 여자는 14.5년씩 수명이 감소하는 것으로 추정된다.

원효소(*telomerase*)라는 효소가 있어서 말단소체를 새로 만들어낼 수 있다. 말단소체복원효소를 만드는 유전자는 암세포에서도 발현된다. 이렇게 되면 말단소체가 짧아지지 않아 세포가 계속해서 분열할 수 있다. 말단소체복원효소는 세포가 왕성하게 증식하기 시작한 다음에야 활성화되는 것으로 보인다.

염색체 재배열

암세포의 염색체는 안정성이 떨어져서 DNA 이중나선의 일부가 소실되거나, 중복되거나, 뒤섞일 수 있다. 예를 들어, 염색체의 일부가 떨어져 다른 염색체에 붙기도 한다. 이러한 현상을 전좌(*translocation*)라고 하며(13.2절 참조), 이로 인해 세포주기를 조절하는 유전자가 파괴되면 암이 발생할 수 있다.

필라델피아 염색체(*Philadelphia chromosome*)는 염색체 9번과 22번 사이에 전좌가 일어나 형성된다(그림 8.13). *BCR*(breakpoint cluster region)과 *ABL* 유전자가 서로 융합되어 *BCR-ABL*이라는 발암유전자가 만들어지며, 이 유전자는 세포분열을 촉진한다. 골수암의 일종인 만성골수성백혈병(chronic myelogenous leukemia, CML)의 거의 95%는 전좌에 의해 나타난다. 최근에 CML을 효과적으로 치료할 수 있는 글리벡(Gleevec)이라는 치료약이 개발되었다. 글리벡은 *BCR-ABL* 유전자가 만들어내는 단백질의 활성을 억제한다. 글리벡의 성공에 힘입어 과학자들은 다른 발암유전자 산물의 작용을 억제할 수 있는 약제를 찾아내려 애쓰고 있다. 암은 체세포의 변이에 의해서 발병하는 체세포성 질환이지만, 특정한 종류의 암에 쉽게 걸리는 경향을 물려받는 경우도 있다.

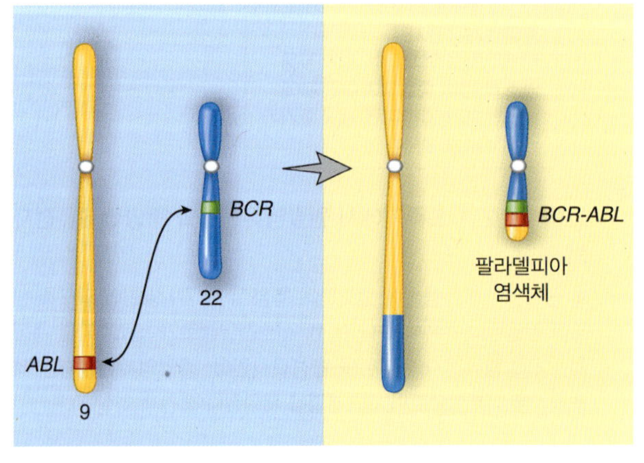

그림 8.13 전좌가 일어나면서 필라델피아 염색체가 형성된다.
9번 염색체의 일부가 22번 염색체의 일부가 맞교환되면서 필라델피아 염색체가 만들어진다. 이 결과 22번 염색체상에 *BCR-ABL* 발암유전자가 생성된다. 필라델피아 염색체가 만성골수성백혈병의 95%를 차지한다.

암과 관련된 그 밖의 세포주기 유전자

BRCA1과 BRCA2 1990년 유방암 병력이 있는 가계에 대한 대규모 연구를 통해 유방암과 연관된 첫 번째 유전자가 확인되면서 *BRCA1*(breast cancer *1*)이라고 명명되었다. 이후 유방암 발병과 연관된 *BRCA2*라는 유전자가 발견되었다. 두 대립유전자 모두 상염색체성 열성으로 유전되는 돌연변이 종양억제유전자이다. 만일 돌연변이 대립유전자 하나를 부모 중의 한 사람에게서 물려받았다면, 또 다른 대립유전자에 돌연변이가 일어날 경우 암이 발생할 가능성이 높아진다. 이미 첫 번째 돌연변이가 모든 신체 세포에 존재하기 때문에 유방이나 난소 등의 세포에서 두 번째 돌연변이가 발생하기만 하면 암에 걸릴 수 있는 상황이 된다.

RB 유전자 *RB* 유전자는 종양억제유전자이다. 이 유전자 변이는 망막에 흰색 덩어리가 생기면서 병이 진행되는 망막모세포종(*retinoblastoma*)이라는 눈의 종양과 연관되어 *RB* 유전자라 명명되었다. 망막모세포종은 한 쪽 눈에서만 발생하는 것이 보통이다. 암이 발생하려면 두 개의 대립유전자에 모두 변이가 일어나야 하기 때문이다. 두 눈 모두에서 암이 발생한 사람들의 유전자를 검사하면, 적어도 하나의 돌연변이 유전자를 부모에게서 물려받은 경우가 많다.

***RET* 유전자** *RET* 유전자의 비정상 대립유전자는 갑상샘암을 잘 일으키며 부모에게서 아이에게로 대물림될 수 있다. *RET*는 원발암유전자이며 상염색체성 우성으로 유전되기 때문에, 하나의 돌연변이 대립유전자만 있어도 암이 일어날 가능성이 높아진다. 그러나 갑상샘암이 발병하려면 다른 돌연변이가 필요하며, 이들은 대개 태어난 이후 체세포에서 발생한다(유전되지 않음).

암과 관련된 유전자 검사

유전자 검사는 이 장에서 언급된 많은 유전자 중 특정 대립유전자의 존재를 감지할 수 있다. 개인 유전체학의 발전은 암 가족력과 관련된 특정 유전자에 대한 검사를 받을 수 있게 한다(13.3절 참조). 이러한 유전자의 특정 대립유전자가 유전된 사람들은 암의 존재를 감지하기 위해 추가 검사를 받거나 때로는 선택적 수술을 받을 수 있다.

개념 연결하기

세포분열 조절의 실패는 암을 발생시킬 수 있다.

연관

전위인자가 암을 일으킬 수 있을까?

전위인자(transposon)는 작은 이동성 DNA 서열로 유전체의 여기저기를 이동할 수 있다. "뛰어다니는 유전자(jumping gene)"라고도 부르는 이들 전위인자는 유전체에서 그 위치를 바꿀 때 돌연변이를 일으킨다(13.1절 참조). 전위인자가 이동하면서 특정한 세포에서 원발암유전자나 종양억제유전자의 활성을 망가뜨릴 확률은 매우 적지만(우리 유전체는 32억 뉴클레오티드로 이루어져 있음), 전위인자로 인해 세포주기가 조절되지 않아 암 발생의 요인으로 작용한 사례가 알려져 있다. 전위인자의 활성은 특정한 유형의 혈우병이나 근육퇴행위축증 등 다른 질병의 발생과도 관련이 있다.

진도 점검하기 8.4

1. 원발암유전자와 종양억제유전자의 활성을 비교하시오.
2. 말단소체나 전좌 등 염색체의 영향이 어떻게 암을 초래할 수 있는지 요약하시오.
3. *RB* 유전자와 *RET* 유전자가 암을 일으키는 과정에서 나타나는 차이점을 설명하시오.

8.5 암의 특징

학습 목표

이 절을 학습한 후에는 다음 과제를 수행할 수 있어야 한다.

1. 암세포의 특징을 기술하기.
2. 암 치료의 유형을 종합하기.
3. 암의 위험을 줄이는 인자를 설명하기.

암의 종류는 발생하는 위치에 따라 구분한다. 암종(*carcinoma*)은 기관을 덮고 있는 상피조직에서 생기는 암이고, 육종(*sarcoma*)은 근육이나 결합조직(특히 뼈나 연골)에서 발생한 암이며, **백혈병**(*leukemia*)은 혈액 암이다. 이 절에서는 암세포의 일반적인 특성과 암의 예방과 치료에 대해 살펴보기로 한다.

암세포의 특징

암발생과정(carcinogenesis)은 시간이 지나면서 여러 유전자에 돌연변이가 축적되어 나타나는 점진적인 과정이다. 암발생과정이 시작된 이후 종양이 관찰되기까지 수십 년이 걸릴 수도 있다. 암세포의 일반적인 특징은 다음과 같다.

암세포는 분화하지 않는다. 암세포는 분화하는 능력을 잃어버려서 신체 기능을 수행하지 못한다. 암세포는 상피세포, 근육세포, 신경세포나 결합조직 세포와 같은 모양을 이루지 못한 채, 뚜렷한 비정상적인 형태를 보인다(**그림 8.14**). 정상 세포는 세포주기를 대략 70회 정도만 반복하고는 사멸한다. 암세포는 계속해서 세포주기를 반복할 수 있으며, 이런 의미에서 암세포는 죽지 않는 불멸의 세포라 할 수 있다.

암세포는 비정상적인 핵을 지닌다. 암세포의 핵은 확대되어 있으며 염색체 수도 비정상인 경우가 많다. 염색체 또한 비정상적이어서, 일부가 중복되어 있거나 결

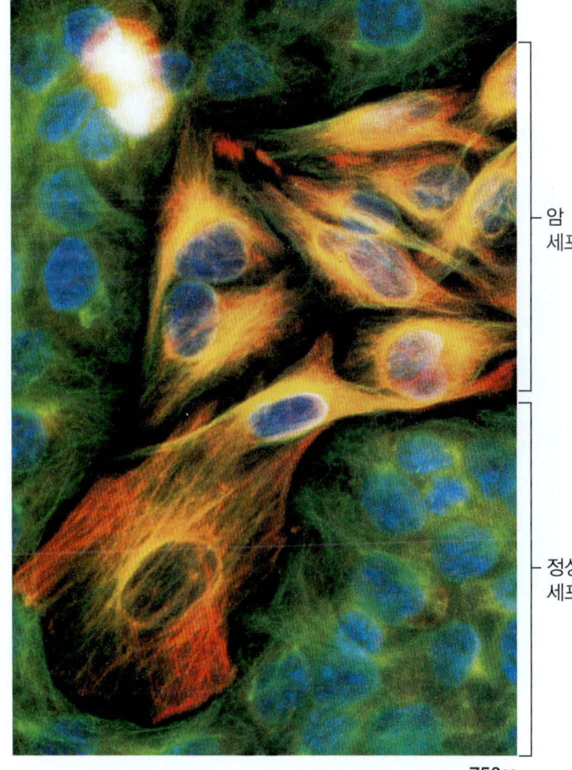

그림 8.14 암세포.
인위적으로 채색한 영상에서, 암세포(노란색과 빨간색)는 정상 세포(파란색과 초록색)에 비해 비정상적인 형태를 보인다.

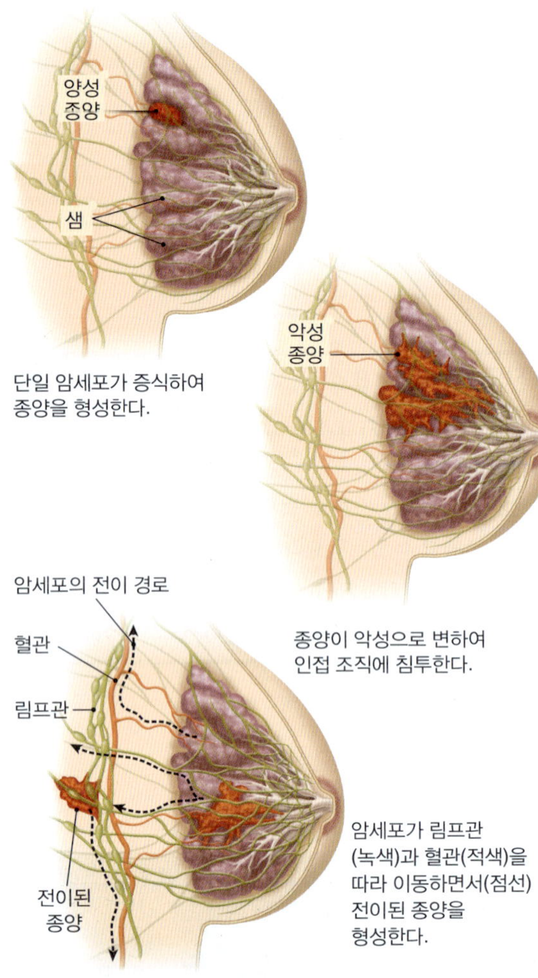

a. **유방암의 발달과 악성종양**

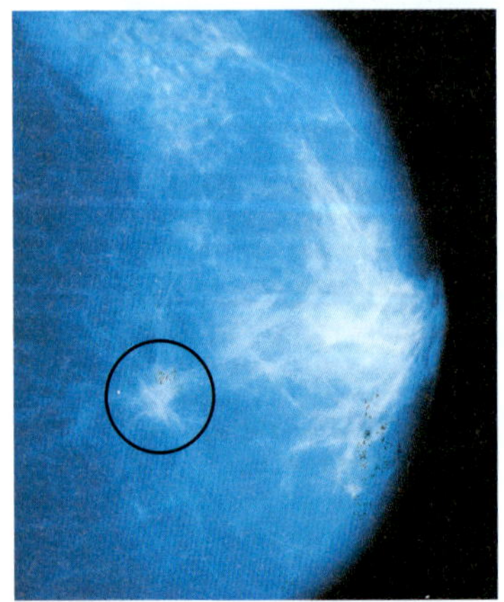

b. **종양을 보여주는 유방조영술 사진**

그림 8.15 유방암의 발달.

a. 유방암은 하나의 비정상 세포가 증식하여 양성종양을 형성하면서 시작된다. 여기에 변이가 추가됨으로써 종양은 침습적인 악성으로 되어 인접 조직에 침투한다. 전이가 일어나면 원래 암이 발생한 조직과 멀리 떨어진 다른 조직에서 새로운 종양이 발생한다. **b.** 유방조영술(mammogram, 유방의 X-선 영상)을 통해 만져지지 않는 작은 종양(동그라미 내부)을 찾아낼 수 있다.

(b): ©Breast Scanning Unit, Kings College Hospital, London/SPL/Science Source

실된 상태로 있기도 하다. 또한 특정 유전자가 여러 개 추가되는 유전자 증폭 현상도 정상세포보다 흔하게 나타난다.

암세포에서는 세포자살이 일어나지 않는다. 정상적이라면 DNA에 손상(그림 8.10 참조)을 입은 세포에서는 세포사살이 일어나시 종양이 형성되지 않도록 한다. 그러나 암세포는 세포자살을 초래하는 신호에 정상적으로 반응하지 않아 세포의 상태에 관계없이 계속 분열한다.

암세포는 종양을 형성한다. 정상적인 세포는 자라면서 기질이나 주변의 세포에 부착되며, 이후 접촉억제 현상에 의해 분열을 멈춘다. 반면 암세포는 이러한 제약이 없이 다른 세포 위에 쌓여서 여러 층으로 자랄 수 있고, 그 결과 종양(tumor)을 형성한다. 암세포는 성장인자를 그다지 필요로 하지 않고 성장 억제 신호에도 더 이상 반응하지 않는다. 암 발생 중에 가장 공격적으로 분열하는 세포가 종양을 주도적으로 형성한다.

암세포는 전이되며 혈관형성을 촉진한다. **양성종양(benign tumor)**은 대개 캡슐로 싸여 있으며 따라서 인접하는 조직을 침범할 수 없다. 이때 또 다른 변이가 일어나면 종양 세포가 캡슐을 빠져나와 인접한 조직을 침범하도록 하는 효소를 만들어내게 될 수 있다. 이 종양은 이제 **악성종양(malignant tumor)**으로 되어 다른 조직을 침범하여 퍼져나갈 수 있다. 악성종양에서 유래된 세포는 혈관이나 림프관을 타고 퍼져나가 원래의 종양에서 먼 곳에 새로운 종양을 형성한다. 이 과정을 전이(*metastasis*)라고 한다(그림 8.15).

왕성하게 자라는 종양은 더 이상 성장에 필요한 영양물질을 충분히 공급받지 못할 때까지 계속 자란다. 암세포에 돌연변이가 추가로 일어나면 이들 세포가 혈관신생(*angiogenesis*)을 촉진하는 인자를 분비하게 된다. 혈관신생이란 새로운 혈관이 형성되는 과정이다. 암 조직이 더 커지기 위해서는 종양조직 내에 혈관이 새로 형성되어 영양물질과 산소의 공급이 원활해야 한다. 따라서 혈관신생을 억제함으로써 암을 치료하는 방법이 개발되었다. 환자의 예후는 (1) 종양이 주변 조직으로 침투했는지의 여부와 (2) 신체의 다른 부위로 전이되었는지의 여부에 따라 다르다.

암 치료

종양을 제거하거나 암세포가 증식하지 못하게 막는 방법을 사용하여 암을 치료할 수 있다. 여러 종류의 고형암은 먼저 수술을 통해 제거하는 것이 일반적인 처치 방법이다. 암을 초기에 발견하면 수술만으로도 모든 암세포를 제거할 수 있다.

암세포는 빠르게 분열하므로 방사능이나 화학요법에 취약하다. 방사능요법의 목적은 종양부위에 고에너지 빔을 조사함으로써 특정한 종양 내에 있는 암세포를 죽이는 것이다. 방사능으로 DNA가 복제되지 못할 만큼 손상을 입으면 세포분열이 억제되어 사멸된다. 화학요법은 몸 전체로 확산되는 암세포를 죽이는 방법이다. 방사능과 마찬가지로 대부분의 항암제는 DNA에 손상을 입히거나 DNA 합성을 억제함으로써 세포를 사멸시킨다. 일부 약제는 유사분열에 필요한 방추체의 기능을 억제한다. 빈블라스틴(vinblastine)이라는 약제는 처음 협죽도과의 식물에서 추출하였는데 방추체가 형성되는 것을 억제한다. 주목의 껍질에서 추출한 택솔(taxol)은 방추체가 정상적으로 작용하는 것을 억제한다. 불행히도 방사능 치료나 화학치료 모두 암세포 이외의 다른 세포의 작용도 억제할 수 있기 때문에 어지럼증이나 탈모 등의 부작용을 보인다.

면역치료(immunotheraphy) 요법은 환자 자신의 면역 시스템 세포(26.3절 참조)를 이용하여 암세포를 파괴하는 것이다. 이러한 치료는 암세포와 몸의 정상 세포

간의 명백한 차이를 식별하는 것을 포함한다. 많은 경우, 이러한 치료는 암세포와 정상 세포의 세포막 막 단백질 구성의 약간한 차이를 식별하는 것을 목표로 한다. 이 분야의 연구는 암세포에 특이적으로 작용하는 단일클론 항체 그리고 면역 시스템이 특정 암세포를 식별하고 파괴하도록 하는 백신의 개발에 중점을 두고 있다.

> **연관**
>
> **암을 치료하기 위한 다른 선택지는 무엇일까?**
>
> 암의 예방과 치료에 대한 연구는 빠르게 발전하고 있다. 매년 연구자들은 몸속의 암세포를 감지하고 제거하는 새로운 기술과 절차를 제시한다. 미국 암 학회(http://www.cancer.org/treatment/index)를 비롯한 여러 기관은 암 치료에 대한 현재의 자원 목록을 제공하고 있다.

암 예방

좋은 생활 습관과 권장 식단을 따르면 특정한 종류의 암에 걸릴 위험을 확실히 줄일 수 있다.

암을 예방하는 생활 습관

암 발생을 억제하려면 아래 설명과 같이 흡연, 일광욕, 지나친 음주를 피한다.

- 흡연은 모든 종류의 암에 의한 사망의 33% 정도를 차지한다. 남자 폐암의 90%, 여자 폐암의 80% 가량이 흡연에 의해 발생한다. 하루에 2갑 이상의 담배를 피우는 사람은 비흡연자보다 15~25배 정도 폐암 사망률이 높다. 씹는담배나 코담배와 같은 비흡연 담배 또한 구강, 후두, 인후, 식도암의 위험을 높인다.
- 피부암은 햇빛과 관련이 깊다. 햇빛에 노출되면 피부암 가운데 가장 위험한 종류인 흑색종(melanoma)의 위험을 높여서 흑색종은 적도 부근에 사는 사람에게서 많이 발생한다. 이와 비슷하게 집안에서 라돈 가스에 과다하게 노출되어도 폐암의 위험이 높아지며, 특히 흡연자의 경우에는 더욱 더 높아진다. 가정의 라돈 가스 농도를 측정하는 것이 가장 좋으며 필요한 경우 가정에서 적절한 조치를 취해야 한다.
- 구강암, 인두암, 식도암, 후두암 및 간암은 술을 많이 마시는 사람에게서 자주 발생하며, 특히 흡연(담배, 시가, 씹는담배 등)을 함께 하는 사람에게서 발생률이 높다.

그림 8.16 건전한 식생활 습관으로 암을 예방할 수 있다.
암을 예방하는 식품으로는 과일과 비타민 A와 C가 풍부한 짙은 녹색의 잎채소, 브로콜리를 비롯한 배추류 채소 등이 있다.

(leafy greens): ©Ingram Publishing/Superstock; (blueberries): ©Purestock/Superstock; (oranges): ©sanmai/Getty Images; (broccoli): ©McGraw-Hill Education/Mark Steinmetz, photographer

암을 예방하는 식단

특정 암 발생 위험은 정상 체중인 사람보다 과체중인 사람에게서 40% 정도 더 높게 나타난다. 따라서 뚱뚱한 사람들은 체중을 줄임으로써 암 발생 위험을 낮출 수 있다. 이와 더불어 암 발생을 줄이기 위해 다음과 같은 식단을 권한다.

- 비타민 A와 C가 풍부한 식품 섭취량을 늘린다(그림 8.16). 비타민 A의 전구체인 베타카로틴은 짙은 녹색 잎채소, 당근, 여러 가지 과일에 풍부하다. 이들 비타민은 DNA에 손상을 입히는 자유라디칼(비공유 전자를 지니는 유기이온)의 형성을 억제하므로 항산화제라고 부른다. 비타민 C는 또한 질산염이나 아질산염이 소화관에서 암을 일으키는 질산아민계로 전환되는 과정을 억제한다.
- 염장식품이나 피클류의 섭취를 제한한다. 이들 음식은 위암 및 식도암 위험을 높일 수 있다. 햄, 소시지와 같은 훈제식품에는 담배연기에 들어 있는 물질과

개념 연결하기

암세포는 분화 능력 결핍 그리고 몸의 다른 부위로 이동할 수 있는 능력과 같은 독특한 특성을 가지고 있다.

유사한 화학 발암물질이 들어 있다. 핫도그 등의 가공육류 등에는 방부제로 아질산염이 들어 있는데, 앞에서 언급한 것처럼 아질산염은 소화관에서 발암성 질산아민계로 전환될 수 있다.

- 양배추, 브로콜리, 애양배추, 콜라비, 콜리플라워 등의 배추류 채소를 많이 섭취한다. 이들 채소를 섭취하면 위소장암 및 호흡기암의 발생 위험을 줄일 수 있다.

진도 점검하기 8.5

1. 암세포의 일반적인 특징을 나열하시오.
2. 암을 치료할 수 있는 방법을 요약하시오.
3. 일상생활에서 암 발생 위험을 줄일 수 있는 방법을 제시하시오.

요 약 SUMMARIZE

우리 몸의 세포들은 성장, 복구, 그리고 유지를 위해 세포분열을 한다. 이 세포주기가 규제되지 않으면 암과 같은 질병이 발생할 수 있다.

- 8.1 세포분열 과정은 유전정보의 사본을 새로운 세포에 전달하여 성장과 복구를 위한 것이다.
- 8.2 세포주기는 세포의 생리이다. 유사분열(mitosis) 중에는 같은 유전정보를 갖는 두 개의 세포가 생성된다.
- 8.3 세포주기는 여러 개의 검문지점을 통해 조절된다. 세포자살은 세포예정사의 일종이다.
- 8.4 세포분열 조절의 실패는 암을 발생시킬 수 있다.
- 8.5 암세포는 분화 능력 결핍 그리고 몸의 다른 부위로 이동할 수 있는 능력과 같은 독특한 특성을 가지고 있다.

8.1 세포증식의 기초

세포증식은 단세포 접합자가 다세포 개체로 성장하는 과정에도 필요하지만 단세포 생물이 **이분법(binary fission)**으로 분열할 때도 필요하다. 개체가 성장하고 조직이 재생되려면 세포가 증식해야 한다. 세포증식은 성장과 세포분열의 두 단계로 진행된다. 성장은 세포가 자라서 그 내용물이 두 배로 증가하는 기간을 말하고 세포분열은 어버이세포의 내용물이 두 개의 딸세포로 나뉘는 과정이다. 세포가 분열하면서 세포질과 세포의 DNA 사본의 절반이 각각의 딸세포로 전달된다.

세포가 분열하기 전에 **DNA 복제(DNA replication)**가 일어난다. 세포가 분열하는 동안 세포질의 절반 및 **염색체(chromosome)** 형태로 응축된 복제된 DNA 사본 1개가 각각의 딸세포로 전해진다.

세포가 분열하지 않을 때 DNA는 **히스톤(histone)** 분자 주위를 둘러싼 **뉴클레오솜(nucleosome)**을 이루며, 이것이 서로 엇갈린 배열로 연결되어 **염색질(chromatin)**을 형성한다. 세포가 분열하기 직전에 복제된 염색질은 커다란 고리 형태로 더욱 응축되어 두 개의 **자매염색분체(sister chromatids)**가 **동원체(centromere)**에서 서로 결합한 복제된 형태의 염색체를 이룬다.

8.2 세포주기: 간기, 유사분열, 세포질분열

세포주기(cell cycle)는 간기와 M기(분열기)로 나뉜다. 분열기에 유사분열과 세포질분열이 일어난다.

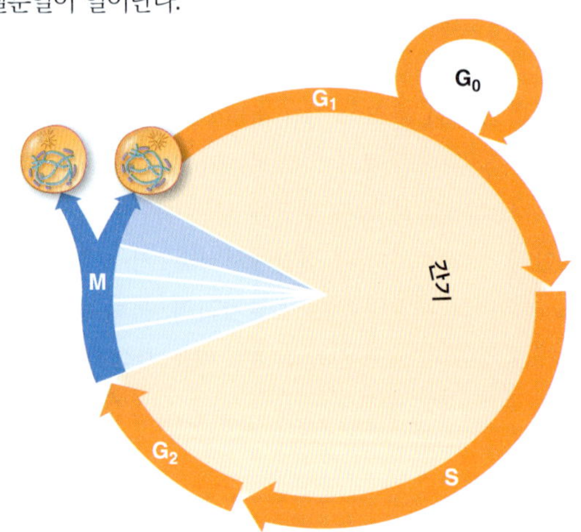

간기(interphase)는 다음의 시기를 포함한다.

- G_1기: 세포소기관의 수가 두 배로 되고, DNA 복제에 필요한 세포물질을 축적한다.
- S기: DNA를 복제한다.
- G_2기: 세포분열에 필요한 단백질들을 합성한다.

세포분열은 유사분열과 세포질분열로 이루어진다.

유사분열(mitosis)은 네 단계로 진행된다.

- **전기(prophase)**에 염색체가 응축된다. 핵의 바깥에서는 나뉘어져 있는 **중심체(centrosome)** 사이에서 **방추체(spindle)**가 형성된다. 동물의 경우 중심체에는 **중심립(centriole)**이 들어 있다. 전기가 진행되면서 핵막과 인이 사라진다. 양극에서 형성된 방추사가 염색체의 동원체 위치에 결합한다.
- **중기(metaphase)**에 염색체는 두 방추극 사이의 적도판에 배열된다.
- **후기(anaphase)**에는 자매염색분체가 분리되어 딸 염색체가 형성된다. 염색체에 부착된 방추사 미세소관이 해체되면서 딸 염색체들은 양극으로 이끌린다.

- **말기(telophase)**에 방추사가 사라지고 새로운 핵막이 딸 염색체 주위를 둘러싼다. 각 핵에는 어버이세포의 핵과 동일한 수와 종류의 염색체가 들어 있다. 세포질분열이 시작된다.

세포질분열(cytokinesis)은 동물과 식물에서 서로 다른 방식으로 진행된다.

- 동물세포에서는 액틴 필라멘트의 작용으로 원형질 함입이 일어나서 분열구를 형성하면서 세포질을 둘로 나눈다.
- 식물세포에서는 세포막과 세포벽 성분으로 이루어진 **세포판(cell plate)**이 딸핵 사이에 형성되면서 세포질을 둘로 나눈다.

8.3 세포주기의 조절체계

검문지점(checkpoint)에서 세포주기의 진행을 촉진하거나 억제하는 화학신호가 서로 상호작용을 하면서 세포주기를 조절한다. 다음 세 곳이 주요 검문지점이다.

- G_1기에 DNA가 수선되지 못할 정도로 손상을 입으면 세포는 G_0기로 진입하거나 세포자살로 진행한다. 세포주기가 G_1 검문지점을 통과하면 세포는 완전한 세포주기를 시작할 수 있다.
- G_2기에 세포는 DNA가 적절하게 복제를 완료하였는지 확인한다.
- 분열기의 M 검문지점에서 세포는 염색체가 딸세포에 정상적으로 배분될 수 있는 형태로 배열되어 있는지 확인한다.

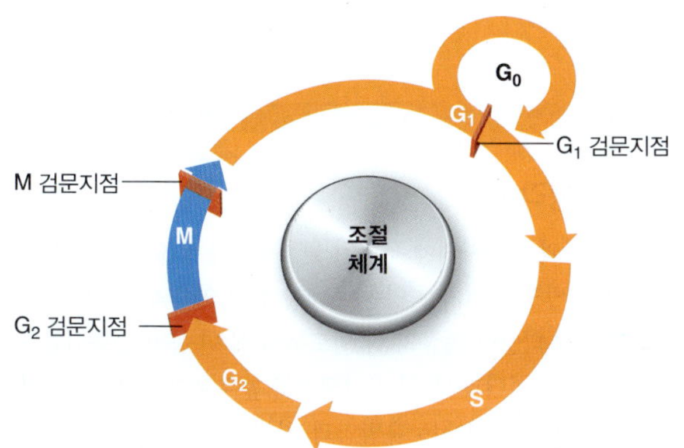

세포주기를 조절하는 내부 신호와 외부 신호는 세포주기 검문지점에서 작용한다. **사이클린(cyclin)**과 **인산화효소(kinase)**는 DNA 복제와 유사분열을 촉진하는 내부 신호로 작용한다. 성장인자와 호르몬은 성장과 관련하여 세포주기를 촉진시키는 외부 신호다. 억제적 외부 신호는 세포가 다른 세포에 닿았을 때 성장이 억제되는 접촉억제(contact inhibition)를 유도한다. 내부적으로는 **말단소체(telomere)**의 길이가 어느 정도 이하로 짧아지면 염색체의 안정성이 떨어져서 세포주기가 중단된다.

DNA 손상이 수선되지 못할 정도에 이르면 효소가 활성화되어 핵과 세포 구성성분을 분해하는 **세포자살(apoptosis)**이 진행된다. 세포자살은 우리 몸을 이루는 체세포(somatic cell)의 수를 일정하게 유지하는 데 기여한다.

8.4 세포주기와 암

암(cancer)은 세포주기가 적절하기 진행되지 못해 발병하는 유전질환이다. 세포주기를 통해 세포가 얼마나 빨리 증식하는가는 몇몇 유전적 기작에 의해 조절된다.

원발암유전자와 종양억제유전자

- **원발암유전자(proto-oncogenes)**는 세포주기가 정상적으로 진행되도록 조절하고 세포자살을 억제한다. 많은 원발암유전자의 작용이 **성장인자(growth factor)**와 관련이 있다. 이들 유전자에 돌연변이가 발생하면 암세포의 증식에 기여하는 활성을 새로 얻게 된다.
- **종양억제유전자(tumor suppressor gene)**는 정상적으로 세포주기의 진행을 억제하고 세포자살을 촉진한다. 종양억제유전자에 돌연변이가 생기면 이러한 활성을 잃게 되어 세포가 비정상적으로 증식한다.

암의 발생은 점진적으로 일어난다. 유전자 발현의 조절이 정상적으로 일어나지 않으면 **암세포(tumor)**가 생성되며 궁극적으로 **혈관신생(angiogenesis)**합성이나 **전이(metastasis)**의 과정을 거치게 된다.

기타 유전적 변화와 암

암 발생에 기여하는 그 밖의 유전적 영향은 다음과 같다.

- 말단소체복원효소(telomerase)가 존재하면 **말단소체**가 더 이상 짧아지지 않아 세포가 계속 분열해도 염색체의 안정성을 유지할 수 있다.
- 전좌(translocation)를 비롯한 염색체 재배열은 세포주기를 조절하는 유전자를 파괴할 수도 있다.
- 특정한 대립유전자를 물려받으면 암 발생 확률이 높아진다. *BRCA1*, *BRCA2*는 유방암, *RB* 유전자는 망막에 발생하는 암, 그리고 *RET* 유전자는 각기 갑상샘암과 연관되는 유전자로 알려져 있다.

유전자 검사를 통해 암을 진단할 수 있다. 정상적인 세포에서는 발현되지 않으나 암세포에서만 활성이 있는 유전자도 있다. 예를 들어, 말단소체복원효소 유전자의 활성이 양성인 세포는 암 세포의 특성을 지닌다.

8.5 암의 특징

암발생과정(carcinogenesis)은 암이 증상이 나타나는 과정을 말한다. 암은 세포주기가 조절되지 않아서 세포가 통제되지 않은 채 계속 분열함으로써 발생한다. 암세포는 분화하지 않고, 계속 분열하며, 비정상적인 핵을 지니고, 세포자살이 일어나지 않으며, **양성(benign)** 또는 **악성 종양(malignant tumors)**을 형성한다. 종양은 혈관신생(angiogenesis)을 촉진하여 더 많은 영양물질을 얻어 더 크게 자랄 수 있다. 종양을 형성한 다음 암세포는 전이(metastasis)되어 신체의 다른 부분에 종양을 일으킬 수 있다. 담배나 일광욕을 피하거나 과일과 야채를 많이 섭취하는 등 생활 습관을 바꾸는 것만으로도 어느 정도 암을 예방할 수 있다.

평가 ASSESS

혼자 풀어보기

가장 적절한 답을 고르시오.

8.1 세포증식의 기초

1. 복제된 염색체가 동일하게 갖는 것은?.
   - **a.** 염색체 팔
   - **b.** 자매염색분체
   - **c.** 뉴클레오솜
   - **d.** 상동염색체
2. 아메바를 비롯한 단세포 생물에서 세포분열은 어떤 방식으로 일어나는가?
   - **a.** 이분법
   - **b.** DNA 복제
   - **c.** 유사분열
   - **d.** 세포자살

8.2 세포주기: 간기, 유사분열, 세포질분열

3. __________ 과정은 핵 분열과정이며 __________ 과정은 세포질 분열이다.
   a. 세포질분열, 유사분열 **b.** 세포자살, 유사분열
   c. 유사분열, 세포자살 **d.** 유사분열, 세포질분열

[4~6] 주어진 질문의 항목을 보기와 적절하게 연결하시오.

보기: **a.** 간기의 G_1기 **b.** 간기의 G_2기 **c.** 간기의 S기

4. 유사분열 다음 시기이다. 5. 이때 DNA가 복제된다.
6. 이 시기에 세포는 세포분열에 필요한 단백질을 합성한다.
7. 다음 모식도에 후기, 세포질분열, G_1기, G_2기, 중기, 전기, S기, 말기 등 세포주기의 각 시기를 표기하시오.

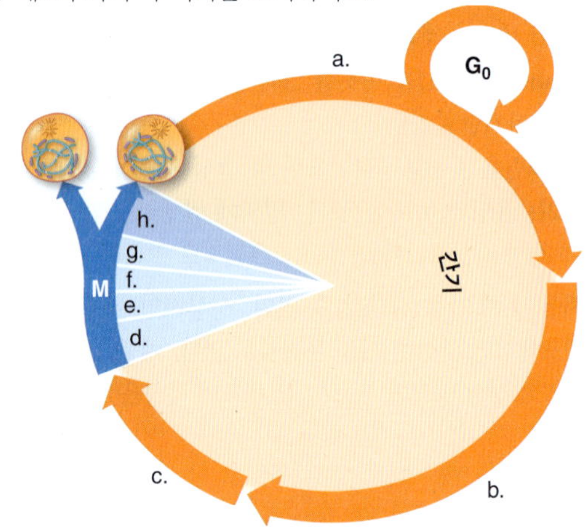

[8~11] 주어진 질문의 항목을 보기와 적절하게 연결하시오.

보기: **a.** 전기 **b.** 중기 **c.** 후기 **d.** 말기

8. 인이 사라지고 핵막이 분해된다.
9. 방추체가 사라지고 핵막이 형성된다.
10. 자매염색분체가 분리된다.
11. 염색체가 적도면에 배열된다.

8.3 세포주기의 조절체계

12. 손상된 DNA가 복제되어 딸세포로 DNA 손상이 전해지지 않도록 점검하는 시기는?
    a. G_1 **b.** G_2 **c.** S **d.** M
13. 인산화효소와 사이클린은?
    a. 미세소관을 형성한다.
    b. 세포분열을 조절하는 내부 신호이다.
    c. 세포분열을 조절하는 외부 신호이다.
    d. 암을 예방하는 데 사용되는 약제이다.

8.4 세포주기와 암

14. 다음 중 옳은 진술은?
    a. 원발암유전자의 산물은 세포주기를 억제한다.
    b. 원발암유전자는 암을 일으키는 발암유전자에 돌연변이가 일어난 형태이다.
    c. 돌연변이 종양억제 유전자가 기능을 상실하면 암이 발생할 수 있다.
    d. 종양억제유전자에 돌연변이가 일어나면 발암유전자가 된다.
    e. 모두 옳음.
15. 다음 중 종양억제유전자가 아닌 것은?
    a. *RET* **b.** *RB*
    c. *BRCA1* **d.** *BRCA2*

8.5 암의 특징

16. 다음 중 암세포의 특징에 해당되지 않는 것은?
    a. 접촉억제 현상을 보인다.
    b. 핵이 크게 부풀어 있다.
    c. 새로운 혈관 형성을 촉진한다.
    d. 혈관이나 림프관을 따라 이동할 수 있다.
17. 암을 예방할 수 있는 생활습관에 해당되지 않는 것은?
    a. 건강한 체중을 유지한다.
    b. 짙은 녹색 잎채소, 당근 및 여러 가지 과일을 더 많이 먹는다.
    c. 담배를 끊는다.
    d. 모두 옳음.

관계맺기 ENGAGE

과학적으로 생각하기

1. 히로시마와 나가사키에 투하된 원자폭탄의 생존자들은 이온화 방사선이 암 발생에 미치는 영향에 대한 장기 연구의 대상이 되었다. 이들 개인의 다양한 종류의 암 빈도는 수십 년 동안 변동되었다. 1950년대에는 백혈병과 폐 및 갑상샘암의 높은 비율이 관찰되었다. 1960년대와 1970년대에는 유방암과 침샘암의 높은 비율이 나타났다. 1980년대에는 대장암 발병률이 특히 높았다.
   a. 여러 종류의 암 빈도가 시간에 따라 변하는 이유는 무엇일까?
   b. 2011년 일본 후쿠시마 원전 사고 생존자들을 대상으로 한 연구를 제안하시오. 이는 a 항목에 대한 답을 테스트하는 데 사용될 수 있을 것이다.
2. 단원 시작 장에서 코끼리의 유전체에 종양억제유전자의 다중 복사본이 포함되어 있다고 언급되었다. 인간도 장수하긴 하지만 이 유전자들은 한 쌍밖에 없다. 코끼리의 유전체가 시간이 지나면서 어떻게 변화했을지에 대한 진화적 시나리오를 제안해보시오.
3. BPA는 역사적으로 플라스틱 제품 제조에 사용된 화합물이다. 그러나 세포들은 종종 BPA 분자를 세포 주기를 가속화하는 호르몬으로 오인한다. 이로 인해 BPA는 특정 종류의 암에 대한 위험 증가와 관련이 있다.
   a. BPA가 세포주기 및 그의 검문지점과 어떻게 상호작용할 수 있을까?
   b. 왜 매우 작은 농도의 BPA가 세포에 큰 영향을 미칠 수 있다고 생각하는가?

©Monkey Business Images/Shutterstock

CHAPTER

9

감수분열과 유성생식의 유전학적 기초

Meiosis and the Genetic Basis of Sexual Reproduction

지구상에 나와 동일한 존재가 또 있을까?

지구상에 자신과 동일한 개체가 또 존재할 가능성은 얼마나 될까? 두 사람이 감수분열이라는 과정으로 유전적으로 자신들과도 다르고, 자녀들끼리도 서로 다른 자손을 낳을 수 있다. 이 과정은 엄청난 다양성을 창출한다. 단 한 쌍의 부부에게서 70조가 넘는 다양한 유전 조합이 가능한 자녀가 태어날 수 있다! 다시 말해, 감수분열을 통해 한 사람의 고유성이 확보될 수 있다. 통계적으로 어떤 한 사람과 유전적으로 동일한 사람이 태어날 가능성은 매우 희박하다. 동물에서 감수분열은 유성생식에서 중요한 역할을 하는 생식세포인 배우자를 생성하는 과정으로 시작한다. 인간의 남성 배우자는 정자이고 여성 배우자는 난자이다. 정자 및 난자를 생성하는 감수분열 과정을 각각 정자형성과정 및 난자형성과정이라 한다.

남성과 여성의 배우자를 형성하는 방식은 차이가 있다. 두 성별의 감수분열은 매우 비슷하지만, 정자형성과정과 난자형성과정은 중요한 차이가 있다. 가장 큰 차이는 정자와 난자가 생성되기 시작하는 시기와 끝나는 시기이다. 남성에게서 정자 형성은 사춘기 이후에 시작되어 평생 계속된다. 여성의 난자 형성은 태어나기 전에 시작되어 50세 전후 폐경이 될 때까지만 계속된다.

또 다른 차이점은 생성될 수 있는 배우자의 수이다. 남성에서는 정자 생성이 무제한이지만, 여성은 보통 한 달에 하나의 난자만 생성한다. 많은 난자가 형성되는 과정을 완료하지 못하고 최종적으로는 그 중 매우 적은 수가 완성된다. 이 장에서는 배우자 형성과정에서 감수분열이 유전적 다양성을 제공하는 데 어떻게 관여하는지 살펴볼 것이다. 여기서는 동물의 감수분열에 초점을 맞추고, 식물의 감수분열에 대해서는 21.3절에서 다룰 것이다.

이 장을 공부하는 동안 다음 질문에 대해 생각해보자.

1. 감수분열이라는 용어는 무엇을 뜻하는가?
2. 감수분열이 새로운 다양성을 도입하는 데 어떻게 기여하는가?
3. 생물종의 성공적인 삶에 유전적 다양성이 필요한 이유는 무엇인가?

개요

시작하기 전에

이 장을 시작하기 전에 다음의 내용을 다시 살펴보자.

4.4절 진핵세포에서 세포골격의 기능은 무엇인가?

8.2절 세포주기 중 DNA 복제가 일어나는 단계는 무엇인가?

8.2절 유사분열의 전기, 중기, 후기, 말기에 일어나는 일은 무엇인가?

9.1 감수분열 개요

학습 목표

이 절을 학습한 후에는 다음 과제를 수행할 수 있어야 한다.

1. 감수분열의 역할에 대해 설명하기.
2. 인간의 생활주기에 대해 설명하기.
3. *이배체, 반수체, 자매염색분체, 상동염색체*에 대해 정의하기.
4. 시냅시스, 교차를 설명하고 감수분열 과정에서 이러한 현상이 나타나는 것에 대해 설명하기.

인간은 대부분의 다른 동물과 마찬가지로 두 명의 부모가 유성생식을 통해 자녀에게 염색체를 전해준다. 그러나 형제자매의 유전적, 신체적 특징이 서로 다르고, 또한 양쪽 부모와도 다른 이유는 무엇일까? 그 답은 유성생식에서 중요한 핵분열의 일종인 **감수분열(meiosis)**에 있다.

감수분열의 중요한 기능은 두 가지이다. (1) 염색체 수를 절반으로 줄이고 (2) 염색체와 유전자를 뒤섞어 유전적으로 서로 다른 정자(남성)와 난자(여성)라고 부르는 배우자를 생성한다. 어떤 정자가 특정 난자와 수정될 것인지 예측할 수 없기 때문에 정자와 난자가 무작위로 수정되는 과정에 의해 다양성의 수준이 한층 더 높아진다. 결과적으로, 각 개체는 고유성을 가지게 되고, 부모와 서로 다른 염색체와 유전자의 조합을 갖게 된다. 그러나 감수분열 과정에서 염색체가 자손에게 배분될 때 어떻게 염색체의 수를 정확하게 유지하면서 염색체와 유전자의 고유하고 독특한 조합을 만들어 낼 수 있는 것일까? 이에 대한 답을 찾기 위해 먼저 염색체에 대해 알아보자.

상동염색체

염색체를 눈으로 확인할 수 있도록 나타낸 염색체의 사진을 **핵형(karyotype)**이라고 부른다. 그림 9.1에서 보는 것처럼 염색체가 쌍으로 있는 것을 볼 수 있다. 이는 부모 각각으로부터 하나의 염색체를 물려받기 때문이다. 인간은 23쌍의 염색체, 총 46개의 염색체를 가지고 있다. 이 46개의 염색체를 **이배체(diploid, 2n)** 수라고 하고, 이 수의 절반(23개)이 **반수체(haploid, n)** 수이다. 반수체(n) 수는 한 개의 세포 내에 있는 서로 다른 염색체 수를 나타내며, 이배체 수가 되는 이유는 부모로부터 각각 23개씩의 염색체를 물려받기 때문이다.

인간의 23쌍 염색체 중 22쌍은 **상염색체(autosome)**라고 부르며 남성과 여성 모두에서 동일하다. 나머지 1쌍은 **성염색체(sex chromosome)**이며, 이는 성별을 결정하는 유전자를 가지고 있다. 성염색체 중 더 큰 염색체가 X 염색체이고, 작은 것이 Y 염색체이다. 여성은 두 개의 X 염색체를 가지고 있고, 남성은 X와 Y 염색체를 한 개씩 가지고

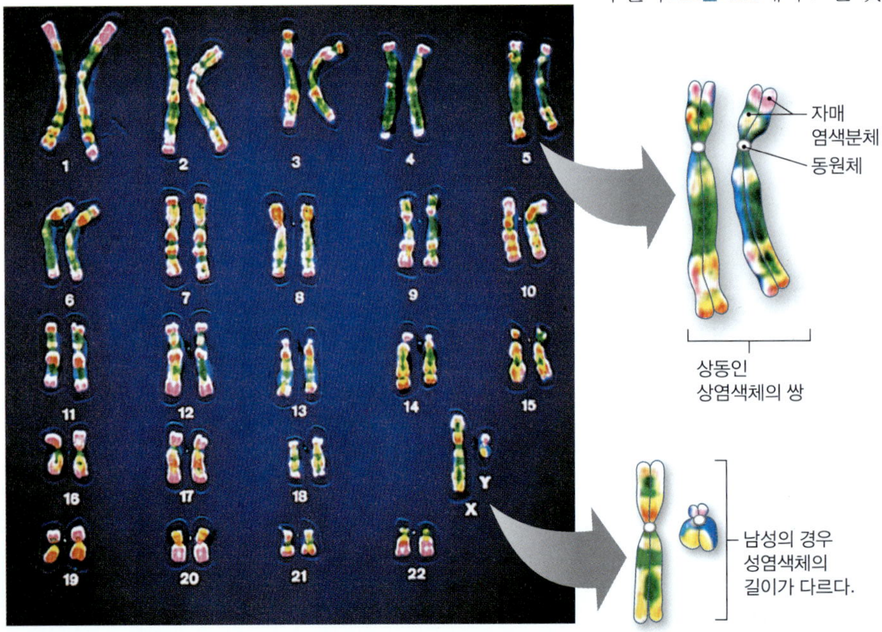

그림 9.1 인간의 핵형.
체세포에서 염색체는 상동염색체 쌍으로 존재한다. 사람의 핵형을 나타낸 이 사진에서 상동염색체 쌍은 번호가 매겨져 있다. 이들 염색체는 복제된 상태이며, 각 염색체는 두 개의 자매염색분체로 이루어져 있다.

있다.

서로 짝을 이루는 염색체를 **상동염색체(homologous chromosome)**라고 한다(그림 9.1). 상동염색체는 크기, 모양 및 동원체의 위치가 서로 동일하다. 또한 염색체를 염색하였을 때 나타나는 줄무늬 패턴 또한 동일하다. 상동염색체 쌍 중에서 하나는 부계에서, 나머지 하나는 모계에서 물려받은 것이다.

상동염색체 쌍은 같은 형질을 나타내는 유전자를 같은 위치에 가지고 있다. 예를 들어, 주근깨의 유무와 같은 특정한 형질을 나타내는 정보를 가지고 있다. 어머니가 주근깨가 있을 수 있고, 아버지는 없을 수 있듯이, 각각의 상동염색체에서 해당 유전자의 서로 다른 형태를 가질 수 있으며 이와 같이 특정한 형질에 대한 유전자의 서로 다른 형태를 **대립유전자(allele)**라고 한다. 대립유전자는 각 상동염색체의 같은 자리에 위치하지만, 대립유전자 내의 정보는 약간 다를 수 있다. 상동염색체 하나에 어머니의 주근깨가 있는 대립유전자가 있고, 다른 상동염색체에는 아버지의 주근깨가 없는 대립유전자가 같은 위치에 존재한다. 대립유전자와 관련된 유전 패턴은 10장에서 자세히 살펴보기로 한다.

연관

새로운 대립유전자는 어떻게 생성되는 것일까?

감수분열을 통해 부모 세포의 유전정보를 뒤섞어 유전적 다양성을 지닌 딸세포가 형성되지만, 새로운 대립유전자를 생성하지는 않는다. 대신에 DNA가 변이를 일으킨 새로운 대립유전자를 생성함으로써 유전적 다양성을 유발한다. 이러한 변이는 DNA 내의 염기서열을 변경하고 이로 인해 DNA에 의한 인코딩된 단백질의 구조가 변경되어 결과적으로 다른 형질은 생성할 수 있다(예: 분리된 귓불 혹은 분리되지 않은 귓불). 다른 요소들은 11장에서 살펴볼 것이다.

인간의 생활주기

유성생식을 하는 생명체에서 **생활주기(life cycle)**란 한 세대에서 다음 세대로 이어지는 과정에서 일어나는 모든 생식과정을 말한다. 인간의 생활주기는 유사분열(mitosis)과 감수분열(meiosis)이라는 두 종류의 핵분열을 포함한다(그림 9.2).

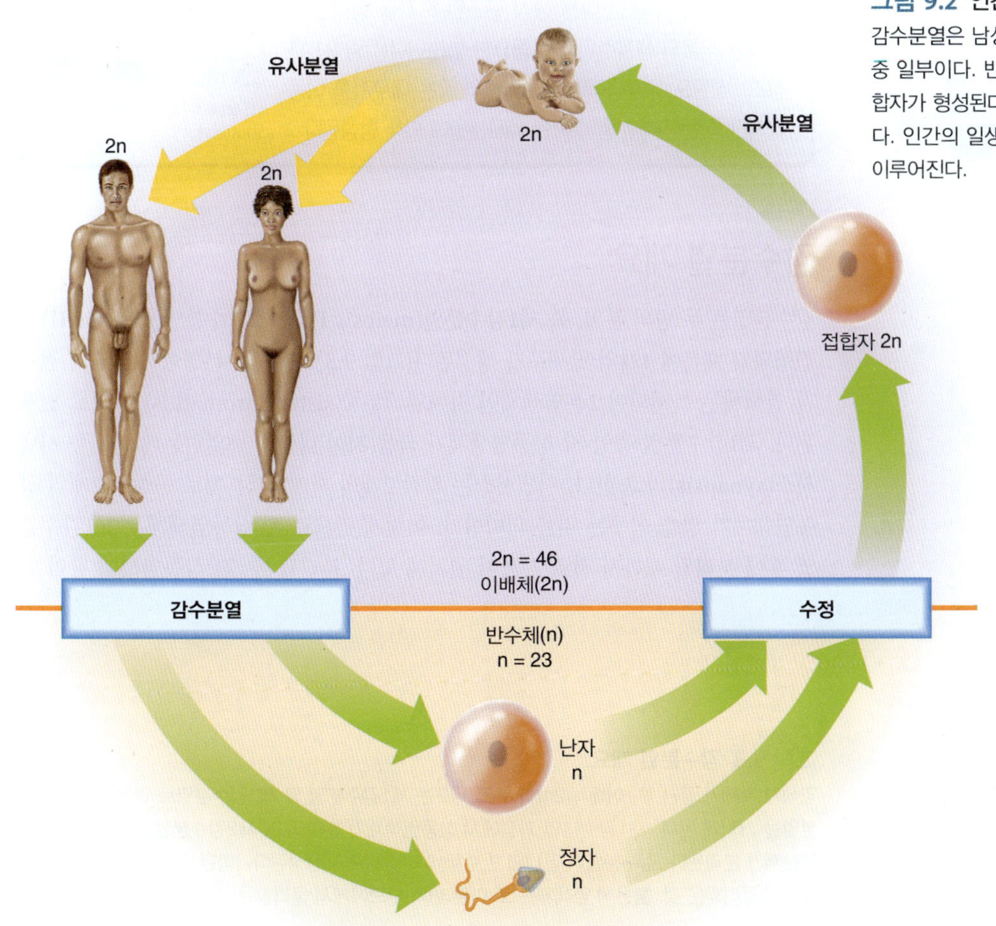

그림 9.2 인간의 생활주기.
감수분열은 남성(정자)과 여성(난자)에서 배우자를 형성하는 과정 중 일부이다. 반수체 정자와 반수체 난자가 수정되어 이배체의 접합자가 형성된다. 접합자는 유사분열을 통해 새로운 개체로 발생한다. 인간의 일생 동안 유사분열이 지속되어 성장과 조직의 재생이 이루어진다.

태아의 발생기간과 출생 후에는 유사분열을 통해 성장과 조직의 재생이 이루어진다. 유사분열의 결과로 각 체세포는 이배체 수의 염색체를 유지한다.

유성생식 과정에서 감수분열은 염색체 수를 이배체 수에서 반수체 수로 줄인다. 따라서 배우자(정자와 난자)는 상동염색체 쌍 중에서 하나의 염색체만을 가지게 된다. 남성의 감수분열은 정소에서 정자를 형성하는 **정자형성과정(spermatogenesis)**의 일부이며, 여성에서는 난소에서 진행되어 난자를 형성하는 **난자형성과정(oogenesis)**의 일부이다. 정자와 난자가 수정되어 형성된 **접합자(zygote)**는 다시 상동염색체의 이배체 수를 갖게 된다. 그 후 접합자는 유사분열과 세포 분화 과정을 거쳐 태아의 시기를 지나 성인으로 자라게 된다.

감수분열은 염색체 수를 일정하게 유지하는데 매우 중요한 역할을 한다. 염색체 수가 절반으로 줄지 않으면 배우자(gametes)는 체세포와 같은 수의 염색체를 가지게 되고, 새로운 세대마다 염색체 수가 두 배로 증가하게 되어 몇 세대 만에 유성생식 생물체의 세포는 염색체로 가득할 것이다. 그러나 감수분열에 의해 배우자의 염색체 수가 절반으로 감소하기 때문에 각 세대마다 염색체 수를 일정하게 유지할 수 있다.

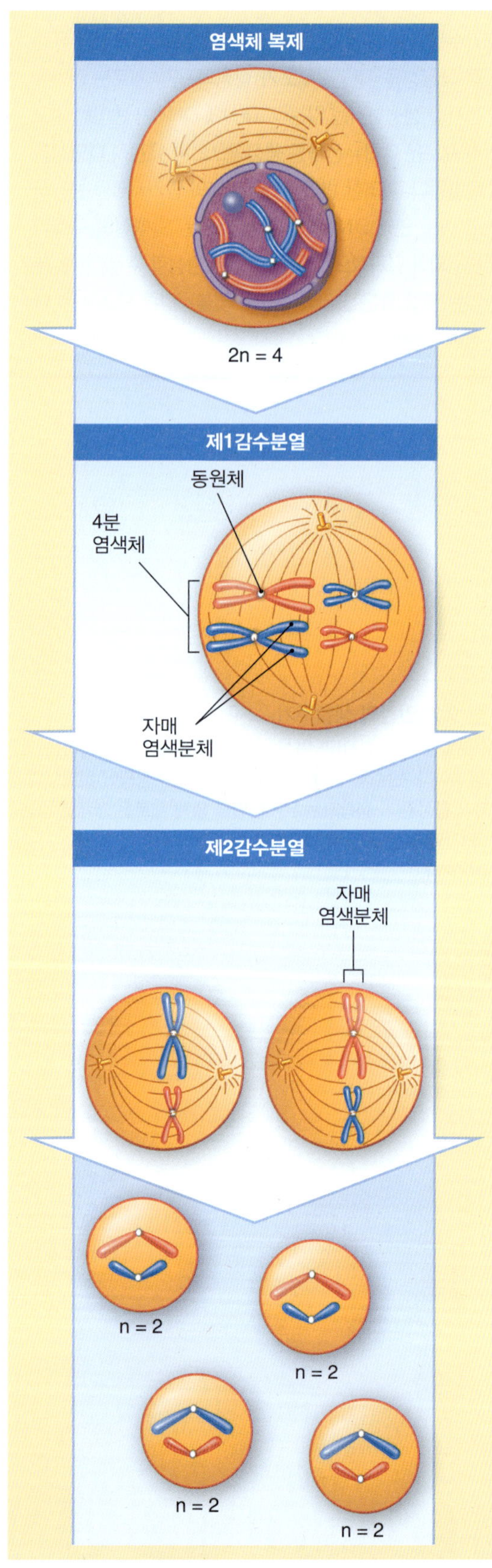

연관

감수분열을 통해 항상 배우자를 형성할까?

동물에서는 감수분열이 배우자를 형성하는 첫 번째 단계이지만, 식물과 같은 생명체의 생활주기는 약간 다르다. 식물에서 감수분열은 여전히 염색체 수를 절반으로 감소시키지만, 배우자 대신 다른 생식 구조인 포자를 형성한다. 포자는 식물의 생활주기에서 중요한 부분이다(그림 21.11 참조). 식물도 유성생식에서 꽃가루와 같은 배우자를 이용하지만, 이는 감수분열이 아닌 유사분열에 의해 형성된다.

©Sombat Muycheen/Shutterstock

감수분열 개요

감수분열은 두 번의 분열, 즉 **제1감수분열(meiosis I)**과 **제2감수분열(meiosis II)**로 진행되기 때문에 4개의 딸세포가 생성된다(그림 9.3). 제1감수분열이 시작되기 전에 각 염색체는 복제되어 2분염색체인 자매염색분체(sister chromatids) 형태로 있게 된다. 제1감수분열 동안 각 상동염색체가 짝을 지어 나란히 배열하는데 이것을 **시냅시스(synapsis)**라고 한다. 시냅시스는 각각 2개의 자매염색분체로 구성된 2개의 상동염색체가 쌍을 이루는 것을 의미한다. 이렇게 쌍으로 된 상동염색체는 제1감수분열 후에 분리될 때까지 서로 가까이 위치해 있다. 분리될 때, 각 상동염색체 쌍의 한

그림 9.3 감수분열 개요.
염색체 복제가 끝난 후, 이배체(2n)의 부모 세포는 제1감수분열 및 제2감수분열로 일컫는 2번의 핵분열을 거치게 된다. 제1감수분열 과정에서 상동염색체가 분리되고, 제2감수분열과정에서 자매염색분체가 분리된다. 감수분열이 끝나면 반수체(n)의 딸세포가 생성된다. (파란색 염색체가 한쪽 부모에게서 물려받은 것, 붉은색 염색체는 또 다른 한쪽 부모에게서 물려받은 것을 나타낸다.)

염색체가 각 딸핵으로 이동한다. 어떤 염색체가 어떤 딸핵으로 이동하는지를 예측할 수 없다. 따라서 배우자 내에서 모든 가능한 염색체 조합이 발생할 수 있다.

제1감수분열과 제2감수분열 사이에 세포는 간기가 없기 때문에 염색체의 복제가 없다. 왜 그럴까? 감수분열의 역할 중 하나는 염색체 수를 줄이는 것이다. 따라서 제1감수분열 후에, 각 딸핵은 염색체의 절반 수를 가지지만, 염색체는 여전히 복제된 상태이다. 염색체는 각각 2개의 자매염색분체로 구성된다. 제2감수분열 동안, 각 염색체의 자매염색분체가 분리되어 딸 염색체가 된다. 그 결과, 4개의 새로운 딸세포가 반수체 수의 염색체를 가지게 된다. 부모 세포가 4개의 염색체를 가진 경우, 감수분열 후 각 딸세포는 2개의 염색체를 가질 것이다.

감수분열의 또 다른 목적은 유전적으로 다른 배우자를 생성하는 것이다. 그림 9.3에서 볼 수 있듯이 딸세포(오른쪽)는 원래 부모 세포와 동일한 염색체 조합을 가지고 있지 않다. 왜 그럴까? 제1감수분열 동안 각 쌍의 상동염색체가 분리되었다. 그림에 나와 있는 것 외에도 다른 염색체 조합이 가능하다. 딸세포가 한 부모만의 염색체를 가질 수도 있다(예: 모두 빨간색 또는 모두 파란색인 경우). 감수분열의 결과로 생성된 딸세포들은 정자 형성(정자로 변화) 또는 난자 형성(난자로 변화)을 완료할 것이다.

교차

감수분열은 염색체 수만 줄이는 것이 아니라 유전정보를 상동염색체 사이에서 뒤섞는다. 상동염색체가 시냅시스 중에 쌍을 이룰 때, **비자매염색분체(nonsister chromatids)** 사이에서 유전물질이 교환되는데 이를 **교차(crossing-over)**라고 한다(그림 9.4*a*). 교차는 상동염색체의 비자매염색분체 사이에서 발생한다. 그림 9.4*b*는 어떻게 파란색 자매염색분체 중 하나가 4분염색체(tetrad)의 빨간색 비자매염색분체와 정보를 교환하는지 나타낸다. 비자매염색분체 간의 교차는 상동염색체에서 서로 다른 형질을 섞는다.

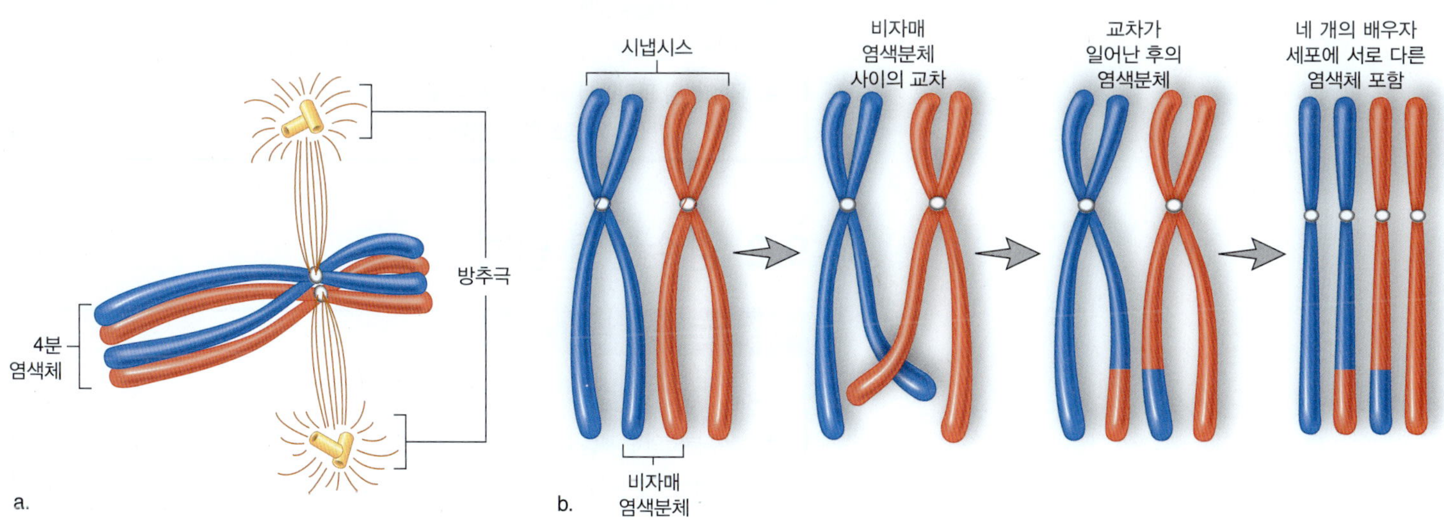

그림 9.4 시냅시스와 교차.
a. 제1감수분열 전기에 각각 2개의 자매염색분체로 이루어진 상동염색체가 서로 쌍을 이루어 4분염색체를 형성하며 나란히 배열하는 형태를 이루는데 이 과정을 시냅시스라고 한다. **b.** 교차 과정에 비자매염색분체 사이에서 유전물질의 교환이 일어난다. 교차 후에는 자매염색분체는 더 이상 동일하지 않으며 서로 다른 대립유전자 조합을 가지게 된다.

상동염색체는 형질의 동일한 유전자를 가지고 있지만(예: 주근깨의 존재 또는 질병에 대한 민감도), 대립유전자는 다를 수 있다. 따라서 비자매염색분체가 유전물질을 교환할 때, 자매염색분체는 다른 대립유전자 조합을 가지게 되고, 그 결과 생겨나는 배우자는 유전적으로 다를 것이다. 따라서 그림 9.4*b*에서 두 배우자가 같은 염색체를 가질지라도, 교차 때문에 이 염색체가 이전과 같은 대립유전자 조합을 가지고 있지 않을 수 있다. 교차는 배우자의 다양성, 즉 자손의 다양성을 증가시킨다.

수정이 일어나면 새로운 염색체 조합이 발생할 수 있으며, 접합자는 염색체의 방대한 수의 조합 중 하나를 가질 수 있다. 인간의 경우, 교차가 없다고 가정한다 해도 $(223)^2$, 즉 70조 3687억 4400만 개의 다른 조합이 접합자에서 가능하다.

감수분열의 중요성

감수분열은 다음과 같은 이유로 중요하다.

- 반수체 딸세포를 만들고 이것이 배우자가 되면서 염색체의 수를 일정하게 유지한다. 반수체 정자와 반수체 난자가 수정되어 생성된 새로운 개체는 이배체 수의 염색체를 갖는다.
- 유전적 변이를 증가시킨다. (1) 교차가 일어나서 상동염색체 각각의 자매염색분체가 서로 다른 대립유전자를 가질 수 있고 (2) 생성된 딸세포는 매우 다양한 염색체 조합을 가질 수 있기 때문이다.

개념 연결하기

감수분열은 염색체 수를 줄이고 유전적 다양성을 증가시킨다.

진도 점검하기 9.1

1. 생명체가 유사분열이 아닌 감수분열을 하는 이유를 설명하시오.
2. 인간의 생활주기에서 유사분열과 감수분열의 기능을 설명하시오.
3. 자매염색분체와 상동염색체 간의 관계를 설명하시오.
4. 감수분열 과정에서 유전적으로 서로 다른 배우자를 생성하는 두 가지 방법을 설명하고, 이것이 왜 중요한지 설명하시오.

9.2 감수분열 단계

학습 목표

이 절을 학습한 후에는 다음 과제를 수행할 수 있어야 한다.

1. 감수분열의 단계를 나열하고, 각 단계 설명하기.
2. 제1감수분열 중기와 제2감수분열 중기에서 염색체가 배열되는 방식에 대해 비교하기.

유사분열의 전기, 중기, 후기, 말기는 제1감수분열과 제2감수분열에서도 나타난다. 그러나 염색체가 배열되는 방식은 제1감수분열과 제2감수분열에서도 서로 다르고 유사분열과도 차이가 있다.

제1감수분열

감수분열은 염색체 수가 줄어들고 부모 세포와 유전적으로 서로 다른 배우자를 형성하는 과정임을 기억하면서 감수분열의 과정을 알아보기로 한다.

제1감수분열을 시작하기 전에 DNA와 염색체 복제가 일어난다. 각 염색체는 동원체가 중심축이 되어 함께 유지되는 2개의 자매염색분체로 구성된다(그림 9.5).

제1감수분열 전기(prophase I)에 핵막과 인이 사라지면서 방추체가 나타난다. 동시에 염색체가 응축되고 시냅시스를 거쳐 상동염색체가 쌍을 이루어 4분염색체를 형성한다. 시냅시스 중에 비자매 염색분체 간의 교차가 일어나 염색체상의 대립유전자가 서로 "뒤섞인다".

제1감수분열 중기(metaphase I)에, 4분염색체는 적도면에 배열되며 이 때 각 상동염색체의 쌍은 각각 반대쪽 양극을 향하게 된다. 상동염색체의 어느 쪽이 어디를 향하느냐는 정해지지 않아 무작위로 배열된다. 따라서 배우자 내에서 모든 가능한 염색체 조합이 일어날 수 있다. 실제로 제1감수분열 중기에는 염색체가 다양한 조합으로 뒤섞일 수 있다.

제1감수분열 후기(anaphase I)에는 상동염색체가 분리된다. 말기 및 세포질분열 과정에 핵막이 재형성되고, 딸세포는 반수체의 염색체를 가지게 된다. 딸세포는 각 상동염색체 쌍 가운데 하나의 염색체만을 가지게 된다. 이때 염색체는 여전히 자매염색분체의 형태인 2분염색체로 있게 된다. 제1감수분열과 제2감수분열 사이를 **분열간기(interkinesis)**라고 하며, 이때 DNA는 복제되지 않는다.

제2감수분열

제2감수분열은 세포가 반수체(n)라는 점을 제외하면 본질적으로 유사분열과 동일하다(그림 9.6).

제2감수분열 전기(prophase II)가 시작되면 핵막과 인이 사라지고 방추체가 나타난다. 자매염색분체로 구성된 염색체가 각각 방추체에 부착된다. 제2감수분열 중기에 2분염색체가 적도면에 배열하면서 각각 양극을 향한다. 제2감수분열 후기에 2분염색체의 자매염색분체가 분리되어 양극으로 이동한다. 양극에는 각각 수와 종류가 동일한 염색체가 존재하게 된다. 제2감수분열 말기에는 방추체가 사라지고 핵막이 다시 형성된다.

세포질분열이 일어나고 원형질막이 생성되면 각각 반수체 수(n) 염색체를 가진 두 개의 완전한 딸세포가 형성된다. 감수분열 과정에서 상동염색체가 서로 다른 형태로 조합되고 교차가 일어나 염색체 상의 대립유전자 조성이 변경되어 각각의 배우자는 서로 다양한 유전적 조합을 가지게 된다. 제1감수분열의 결과로 형성된 각각의 세포가 다시 제2감수분열을 하게 되므로 한 개의 이배체(2n) 부모 세포로부터 네 개의 반수체(n) 딸세포가 생성된다. 각각의 딸세포는 독특하고 고유한 유전자 조합을 가진다.

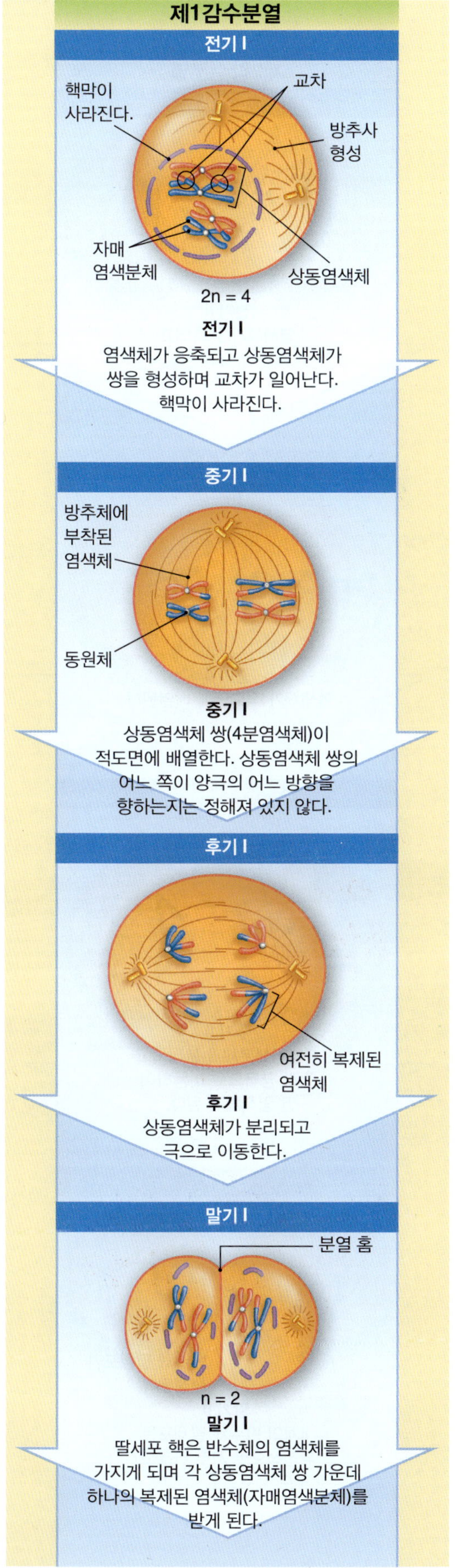

그림 9.5 제1감수분열.
제1감수분열 전기에 교차가 일어나고 중기에 염색체가 독립적으로 배열하는 과정을 통해 유전적 다양성이 증가한다. 제1감수분열이 끝난 후 딸세포는 각 염색체 1개씩을 가지고 있다.

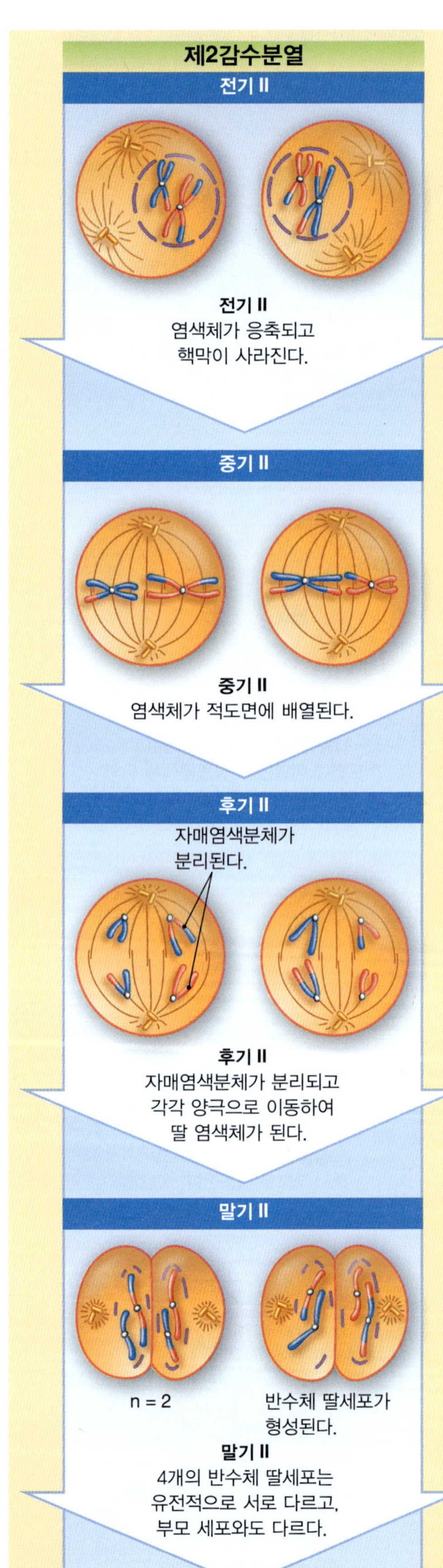

개념 연결하기

감수분열은 두 번의 분열 과정을 거쳐 염색체 수를 절반으로 줄이고 유전적으로 다양한 조성을 지닌 딸세포를 생성한다.

진도 점검하기 9.2

1. 다양한 유전자 조합을 구성하는 측면에서 제1감수분열 전기와 중기 과정을 설명하시오.
2. 제1감수분열 중기와 제2감수분열 중기에 나타나는 염색체의 수와 종류를 비교하시오.
3. 제1감수분열과 제2감수분열의 주요 차이점을 요약하시오.

9.3 감수분열과 유사분열의 비교

학습 목표

이 절을 학습한 후에는 다음 과제를 수행할 수 있어야 한다.

1. 제1감수분열과 제2감수분열을 유사분열과 비교하기.
2. 제1감수분열과 제2감수분열 비교하기.

지금까지 유사분열(8.2절 참조)과 감수분열 두 가지 다른 형태의 세포 분열을 살펴보았다. 비슷한 점도 있지만 다음과 같은 중요한 차이가 있다(그림 9.7).

- 감수분열에서는 핵분열이 연속적으로 2번 진행되지만, 유사분열에서는 핵분열이 한 번 일어난다.
- 감수분열이 일어나면 4개의 딸핵이 형성되고 이어서 세포질분열을 마치면 4개의 딸세포가 형성된다. 유사분열과 세포질분열이 끝나면 2개의 딸세포가 생성된다.
- 감수분열 후에 생성되는 4개의 딸세포는 반수체(n)로 부모 세포에 들어 있는 염색체 수의 절반을 갖게 된다. 유사분열 후에는 부모 세포와 동일한 염색체 수를 갖는 딸세포가 형성된다.
- 감수분열 후에 생성된 딸세포는 유전적 조성이 서로 다르고 부모 세포와도 다르다. 유사분열 후에는 유전적 조성이 서로 동일하고 부모 세포와도 동일한 딸세포가 생성된다.

그림 9.6 제2감수분열.
제2감수분열 과정에서 2분염색체의 자매염색분체가 분리되어 딸 염색체가 된다. 제2감수분열 후에는 4개의 반수체 딸세포가 생성된다. 제1감수분열을 시작할 때의 부모 세포와 딸세포의 염색체 수를 비교하면 각각의 딸세포가 반수체임을 확인할 수 있다.

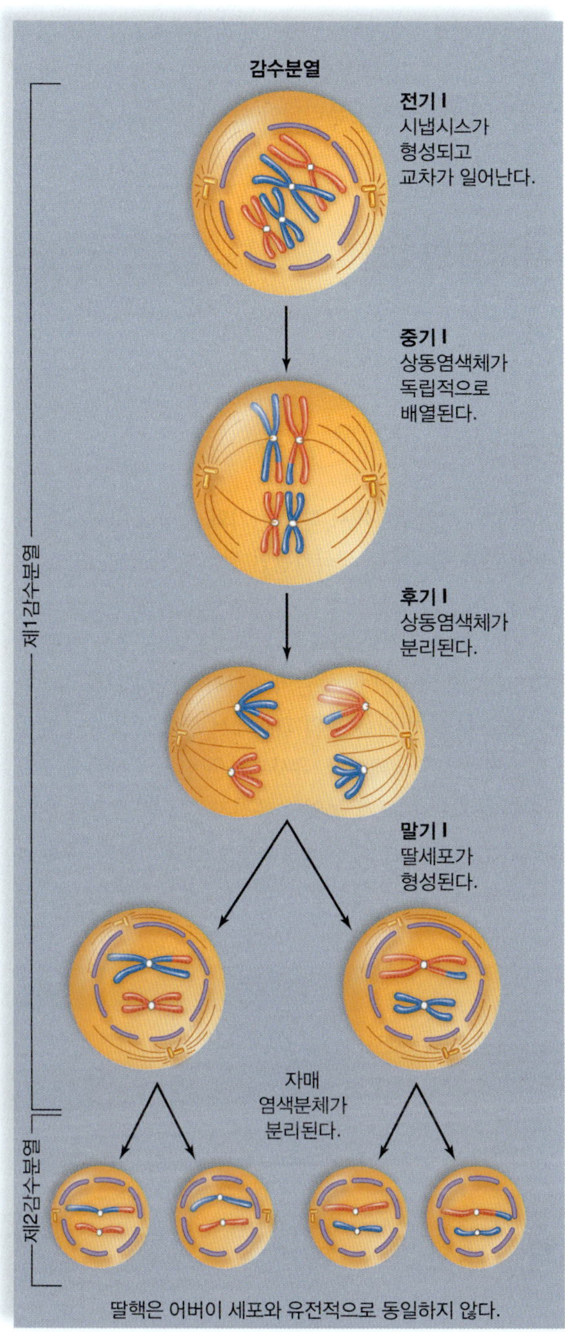

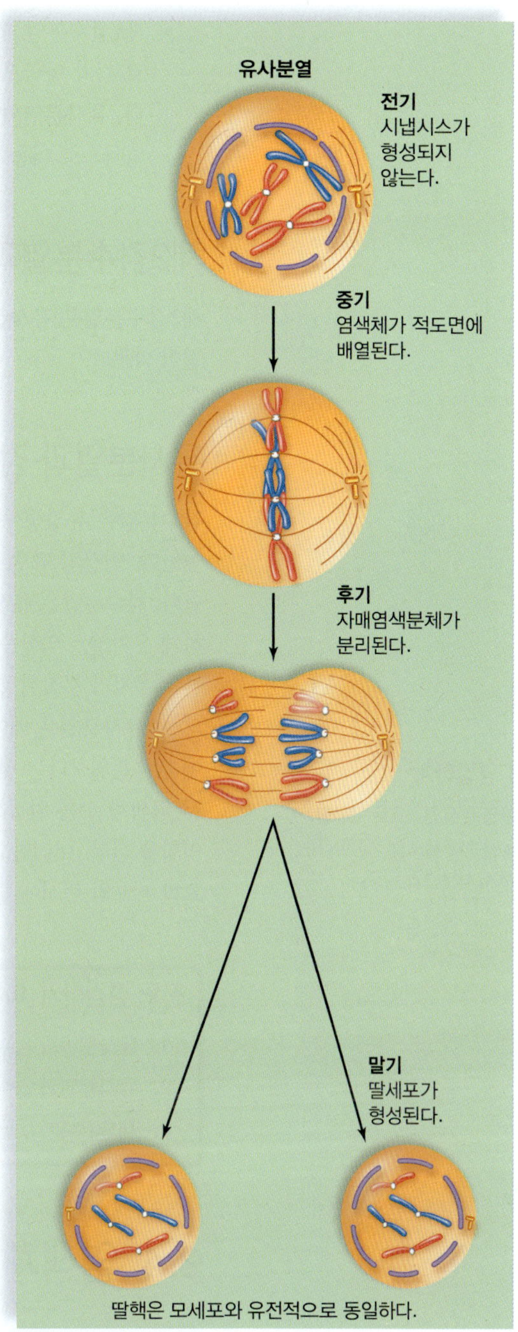

그림 9.7 감수분열과 유사분열 비교.
감수분열이 끝나면 4개의 반수체(n) 세포가 생성되는 반면, 유사분열이 끝나면 2개의 이배체(2n) 세포가 생성된다.

제1감수분열과 유사분열의 비교

제1감수분열과 유사분열은 다음과 같은 점에서 서로 다르다.

- 제1감수분열 전기에 시냅시스가 일어난다. 시냅시스에 의해 4분염색체가 형성되고 교차가 일어난다. 유사분열 과정에서는 이러한 현상이 나타나지 않는다.
- 제1감수분열 중기에 4개의 염색분체로 이루어진 상동염색체 쌍은 적도면에 배열되고 각각 양극을 향한다. 유사분열의 중기에는 2분염색체가 적도면에 배열된다.

- 제1감수분열 후기에 4분염색체인 상동염색체 쌍이 분리되어 2분염색체 상태로 각각 양극으로 이동한다. 이때 2분염색체인 자매염색분체는 분리되지 않는다. 유사분열의 후기에는 자매염색분체가 분리되어 형성된 딸 염색체가 각각 양극으로 이동한다.

제2감수분열과 유사분열의 비교

제2감수분열은 유사분열과 유사하지만, 제2감수분열에서는 세포가 반수체(n)라는 점이 다르다.

유사분열과 감수분열이 일어나는 시기

감수분열은 유성생식을 하는 생물의 생활주기에서 특정 시기와 특정 조직에서만 일어난다. 인간의 감수분열은 배우자를 생성하는 생식기관인 정소와 난소에서만 일어난다. 감수분열은 유전적으로 다양한 배우자를 형성하고 세대마다 염색체 수를 일정하게 유지하는 역할을 한다. 수정이 되면 완전한 염색체 수가 회복된다. 또한 서로 다른 배우자가 무작위로 융합되므로 수정 과정 또한 자손의 유전적 다양성을 제공한다.

유사분열은 배아 발생, 성장 및 상처 회복 등의 과정에서 항상 발생하기 때문에 감수분열보다는 훨씬 더 일반적인 분열형태이다. 유사분열은 신체의 모든 세포에서 염색체 수를 일정하게 유지하여 모든 세포가 동일한 유전자 정보를 갖도록 하는 역할을 한다. 이러한 차이점으로 인해 인간과 같은 생물체는 신체의 기능을 위해 필요한 세포와 번식에 필요한 세포 둘 다 모두를 생성할 수 있다(그림 9.2 참조).

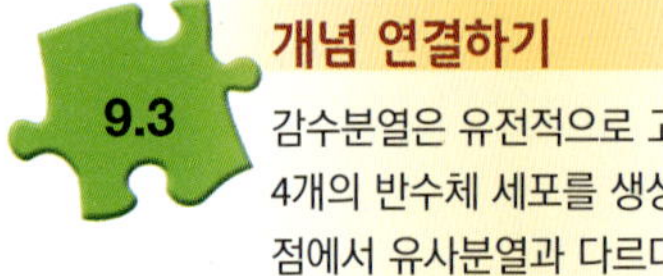

진도 점검하기 9.3

1. 유사분열과 감수분열에 의해 생성되는 세포의 수를 비교하시오.
2. 유사분열과 감수분열에 의해 생성된 딸세포의 염색체 수를 비교하시오.
3. 제1감수분열, 제2감수분열, 유사분열의 각 단계의 주요 특징을 요약하시오.

9.4 염색체 수의 이상

학습 목표

이 절을 학습한 후에는 다음 과제를 수행할 수 있어야 한다.

1. 염색체 비분리현상에 대한 정의 및 *비분리*에 의한 염색체 수의 이상을 초래하는 과정 설명하기.
2. 다운증후군의 원인과 증상을 나열하기.
3. 비정상적인 성염색체 수에 의해 나타나는 증후군을 나열하고, 각각의 원인 설명하기.

인간 세포에서 정상적인 염색체 수는 46개이다(2n = 46). 그러나 가끔 감수분열 과정에서 염색체가 정확하게 분리되지 않는 **비분리현상(nondisjunction)**이 발생하여 비정상적인 염색체 수를 갖는 사람이 태어난다(**그림 9.8**).

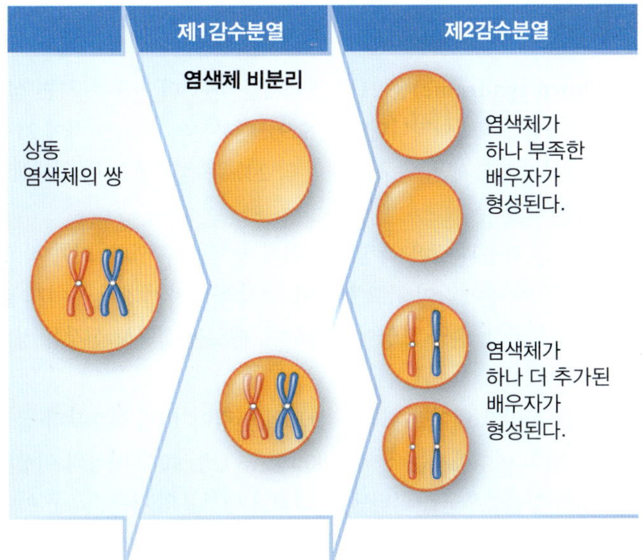

a. **제1감수분열에서의 비분리현상**

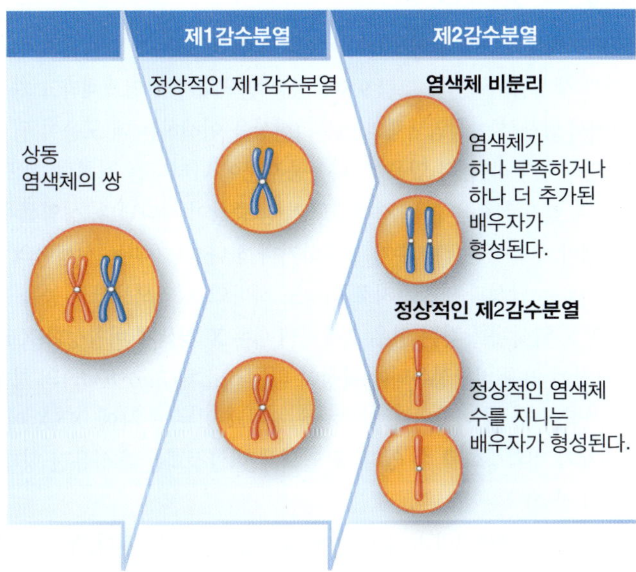

b. **제2감수분열에서의 비분리현상**

그림 9.8 감수분열 과정에서의 염색체 비분리현상.
감수분열 과정에서 염색체가 정상적으로 분리되지 않으면 염색체가 하나 부족하거나 혹은 하나 더 추가된 배우자가 형성된다. 비분리현상은 **(a)** 제1감수분열 과정에서 상동염색체가 분리되지 않는 경우 혹은 **(b)** 제2감수분열 과정에서 자매염색분체가 완전히 분리되지 않는 경우에 나타난다.

만약 제1감수분열 과정에서 비분리가 발생하면, 쌍을 이루는 상동염색체 둘 다 동일한 딸세포로 들어간다. 만약 제2감수분열 과정에서 자매염색분체가 분리되지 않는 비분리가 발생하면 둘 다 동일한 배우자에게 들어가게 된다. 만약 염색체가 23개 대신 24개인 난자가 정상적인 염색체 수를 가진 정자와 수정되면 **삼염색체성**(*trisomy*) 접합자, 즉 한 종류의 염색체를 3개 가지는 개체가 형성된다. 만약 염색체가 22개인 난자와 정상적인 정자와 수정하면 **일염색체성**(*monosomy*), 즉 한 종류의 염색체를 1개만 가지는 개체가 형성된다.

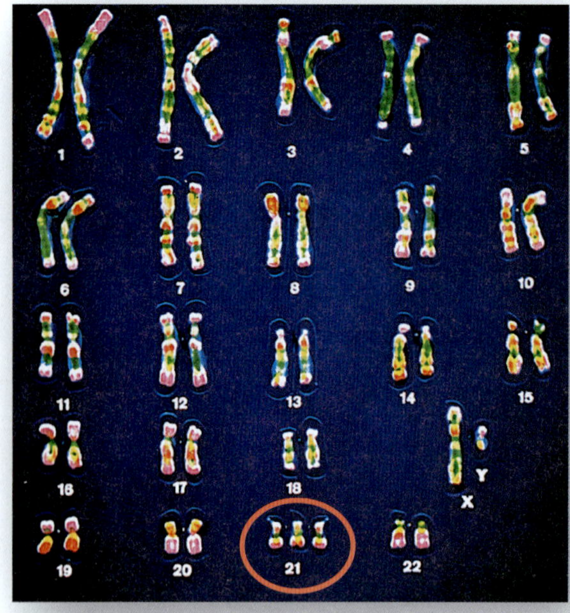

그림 9.9 다운증후군.
다운증후군은 제1감수분열이나 제2감수분열 과정에서 염색체의 비분리현상으로 인해 난자나 정자에 21번 염색체가 하나 더 들어가서 나타난다. 수정되어 생성된 세포는 21번 염색체를 3개 가지게 된다[삼염색체성(trisomy); 붉은색의 원 참조].

다운증후군

다운증후군(Down syndrome)은 21번 염색체를 하나 더 가지는 21번 삼염색체성(*trisomy 21*)인 사람에게서 나타난다(그림 9.9). 대부분의 경우, 난자에 21번 염색체가 2개가 들어가서 발생하지만, 연구 사례의 약 20%는 정자에 21번 염색체가 2개 들어 있는 것으로 밝혀졌다.

다운증후군은 다음과 같은 특징으로 쉽게 알아볼 수 있다. 키가 작고, 독특한 눈꺼풀 주름이 있으며, 손가락이 굵고 짧으며, 엄지와 검지 발가락 사이가 넓고, 혀가 갈라지고, 이마가 둥글고, 손금 모양이 독특하며, 때로는 상당히 심각한 정신지체 등의 특징이 나타난다.

다운증후군 아이가 태어날 확률은 산모의 연령이 40세 이후부터 급격하게 증가한다. 40세 미만의 여성에게는 신생아 800명 중 1명, 40세 이상의 여성의 경우에는 80명 중 1명이 다운증후군을 나타낸다. 그러나 대부분의 다운증후군 아이는 40세 이전의 산모에게서 태어나는데, 이것은 이들의 출산율이 더 높기 때문이다.

성염색체 수의 이상

난자 혹은 정자 형성과정에서 염색체가 비분리되어 X 또는 Y 염색체의 수가 적거나 많은 배우자가 생성될 수 있다. 그림 9.8에 있는 염색체가 X 염색체라고 가정하면 난자형성과정에서 발생하는 성염색체의 비분리현상을 이해하는 데 도움이 될 것이다.

21번 염색체가 하나 더 있을 때 다운증후군이 나타나는 것처럼, X 또는 Y 염색체가 하나 더 있거나 혹은 없는 경우에도 특정 증상이 나타난다. 상염색체 수가 비정상적인 신생아보다 성염색체 수가 부족하거나 하나 더 가지는 신생아의 생존율이 더 높다. 그 이유는 남성과 마찬가지로 여성도 하나의 X 염색체만 기능을 가지기 때문이다. 2개의 X 염색체를 갖는 경우, 2개 중 1개는 **X 염색체 비활성화(X-inactivation)**라는 과정에 의해 비활성화되어 활성이 없는 바소체(*Barr body*)의 형태로 가지고 있다. 한 사람이 두 개 이상의 X 염색체를 가지고 있는 경우(예: XXX 여성), 여러 개의 X 염색체가 비활성화될 수 있다. X 염색체 비활성화는 후성유전 형태 중의 하나이다(11.2절 참조).

인간에서는 Y 염색체의 보유 여부에 따라 성별이 결정된다. Y 염색체의 짧은 팔에 위치한 *SRY*(Y 염색체의 성 결정 영역: *sex-determining region Y*) 유전자는 정소결정인자(testis-determining factor)라는 호르몬을 생성하며, 이 호르몬이 남성의 생식기 발달에 중요한 역할을 한다. X 염색체가 몇 개든지 상관없이, *SRY* 유전자가 있는 Y 염색체를 가진 사람은 남성이 된다. Y 염색체가 있더라도 기능을 하는 *SRY* 유전자가 없는 사람은 스와이어증후군(Swyer syndrome)을 나타내며, 이들을 "XY 여성"이라고 부른다.

터너증후군(Turner syndrome, 45, XO)을 나타내는 사람은 여성이다. 숫자 45는 해당 개인이 가진 총 염색체 수를 나타내고, O는 두 번째 성 염색체의 부재를 나타낸다. 터너증후군 여성은 키가 작고, 흉곽이 넓으며, 짧고 두꺼운 목의 형태를 나타낸다. 난소, 난관 및 자궁은 매우 작고 발달이 미흡하다. 터너증후군 여성은 사춘기나 월경을 겪지 않으며, 유방이 발달하지 않는다(그림 9.9). 그러나 기증받은 난자를 이용하여 체외수정으로 출산한 사례는 있다. 터너증후군 여성의 지능은 정상이며 호르몬 보충요법을 통해 정상적인 생활이 가능하다.

클라인펠터증후군(Klinefelter syndrome)을 보이는 사람(47, XXY)은 남성이다. 클라인펠터 남성은 1개의 Y 염색체와 2개의 X 염색체를 가지고 있다. 하나 더

연관

21번 염색체 외에 다른 염색체에도 삼염색체성이 있는가?

다운증후군 외에도 다른 염색체에도 삼염색체성이 나타난다. 그러나 대부분의 염색체가 21번 염색체보다 훨씬 크기 때문에, 다른 염색체에서 나타나는 삼염색체성의 결과는 다운증후군에서 나타나는 것보다 훨씬 심각해서 심한 선천적 결함을 일으켜 사망에 이르게 된다. 하지만, X염색체와 Y염색체의 삼염색체성은 예외다.

8번 염색체의 삼염색체성은 드물게 나타난다. 이 영향을 받은 태아는 일반적으로 출생 전에 사산되거나 출생 직후에 사망한다. 또한 13번 염색체의 삼염색체성(파타우 증후군, Patau syndrome)과 18번 염색체의 삼염색체성(에드워즈 증후군, Edwards syndrome)도 나타나며, 이 영향을 받은 아기들은 대개 생후 며칠 안에 사망한다.

있는 X 염색체는 바소체를 형성한다. 클라인펠터증후군 남성은 정소와 전립선이 잘 발달되지 않는다. 수염이 없고, 유방이 발달하는 경우도 있다(그림 9.9). 일반적으로 손과 발이 크고 팔다리가 아주 길다. 학습장애를 보이지만 두 개 이상의 X 염색체를 더 갖는 경우가 아니면 정신지체를 나타내지는 않는다. 터너증후군과 클라인펠터증후군은 일찍 발견하는 것이 중요하다. 이들이 정상적인 생활을 할 수 있도록 도울 수 있는 방법이 많이 있기 때문이다.

개념 연결하기

감수분열 중에 오류가 발생하면 염색체 수가 비정상인 아이가 태어날 수 있다.

진도 점검하기 9.4

1. 염색체 수가 비정상적인 접합자가 나타나는 경우를 설명하시오.
2. 일염색체성과 삼염색체성을 비교하시오.
3. 성염색체의 염색체 수 이상과 상염색체의 염색체 수 이상을 비교하시오.

연관

XYY 핵형을 가진 사람들이 더 공격적일까?

(XYY): ©Biophoto Associates/Science Source

Y 염색체가 남성의 성적 특성을 발달시키는 결정적인 요인이지만, 두 개의 Y 염색체를 가진 사람, 즉 제이콥스증후군(XYY)(Jacobs syndrome)을 가진 사람이 더 공격적인 성향을 나타내는 것은 아니다. XYY 남성은 키가 크다고 알려져 있으며 때로 학습 장애를 나타내지만 공격적인 행동이 증가한다는 증거는 거의 없다. 남성 1,000명 중 1명이 XYY 핵형을 가지는 것으로 추정되고 있다.

요 약 SUMMARIZE

유성생식 과정에서 발생하는 감수분열이 유전적 다양성의 기초가 된다.

감수분열은 염색체 수를 줄이고 유전적 다양성을 증가시킨다.

감수분열은 두 번의 분열 과정을 거쳐 염색체 수를 절반으로 줄이고 유전적으로 다양한 조성을 지닌 딸세포를 생성한다.

감수분열은 유전적으로 고유한 4개의 반수체 세포를 생성한다는 점에서 유사분열과 다르다.

감수분열 중에 오류가 발생하면 염색체 수가 비정상인 아이가 태어날 수 있다.

9.1 감수분열 개요

감수분열(Meiosis)은 핵분열의 한 종류로, 염색체 수를 줄이고 염색체 사이의 유전자를 뒤섞는다. 감수분열이 일어나면 염색체와 대립유전자의 고유한 조합을 갖는 반수체 딸세포가 생성된다.

상동염색체

상동염색체(homologous chromosome, homologues)는 같은 크기의 염색체이면서 같은 위치에 동원체를 가지고 있는 염색체 쌍을 말한다. 상동염색체 쌍은 동일한 유전자 배열을 갖지만, 각 유전자의 **대립유전자(allele)**는 서로 다를 수 있다. 인간의 이배체 세포에는 22쌍의 **상염색체(autosome)**와 1쌍의 **성염색체(sex chromosome)**를 포함하여 총 46개의 염색체가 있다. 남성은 XY, 여성은 XX 염색체를 갖는다. 인간 염색체의 **반수체(haploid, n)** 수는 23이고, **이배체(diploid, 2n)** 수는 46이다.

인간의 생활주기

인간의 **생활주기(life cycle)**에는 두 종류의 핵분열이 일어난다.

- 유사분열(mitosis)은 모든 체세포에서 23쌍의 염색체가 유지되도록 한다. 성장과 조직의 재생 과정에 유사분열이 일어난다.
- **감수분열(meiosis)**은 정자형성과정(남성) 또는 난자형성과정(여성)에서 배우자가 형성될 때 일어난다. 감수분열은 각 상동염색체 쌍에서 한 개씩, 총 23개의 염색체를 가지는 반수체 배우자를 생성한다.

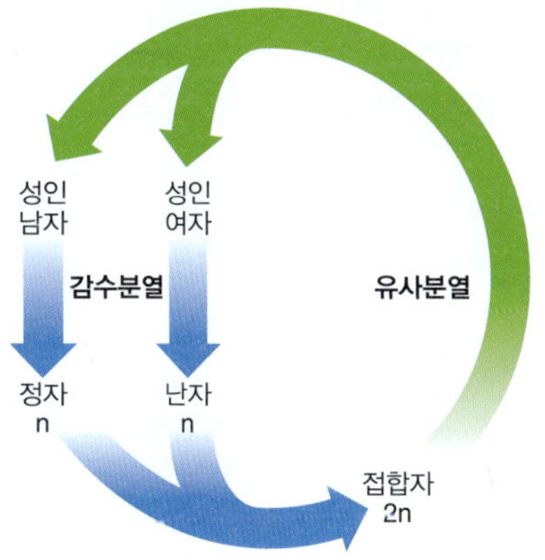

감수분열 개요

감수분열은 두 번의 핵분열로 이루어지며 각각 **제1감수분열(meiosis I)**과 **제2감수분열(meiosis II)**이라 부른다. 감수분열이 끝나면 4개의 반수체(n) 딸세포가 생성된다.

- **제1감수분열:** 상동염색체가 **시냅시스(synapsis)**를 통해 쌍을 이루는

4분염색체를 형성하고 이후 상동염색체가 따로 분리된다. 각 염색체가 양극 어느 쪽으로든 이동할 수 있기 때문에, 배우자의 염색체는 모든 가능성의 숫자로 조합될 수 있다.

- **제2감수분열:** 제2감수분열을 시작하는 시점에는 여전히 자매염색분체의 2분염색체 상태로 존재하고 있다. 이후 자매염색분체가 분리되어 딸 염색체를 형성한다. 딸세포들은 반수체이다. 부모 세포가 4개의 염색체를 가진 경우, 각 딸세포는 2개의 염색체를 가지게 된다. 딸세포에는 모든 가능한 염색체 조합이 포함될 수 있다.
- **교차:** 제1감수분열 중에 발생하는 **비자매염색분체(nonsister chromatids)** 간의 **교차(crossing-over)**로 인해 염색체 상에 존재하는 대립유전자의 배열이 뒤섞일 수 있고, 이로 인해 상동염색체의 각 자매염색분체가 다른 대립유전자 조합을 갖게 된다.
- **감수분열의 중요성:** 감수분열은 세대를 거듭하더라도 염색체 수가 일정하게 유지되도록 하고 유전적으로 다양한 딸세포, 즉 유전적으로 서로 다른 배우자를 형성한다는 점에서 중요한 의미를 갖는다. 두 개의 배우자가 수정되어 나타나는 자손은 고유한 유전적 조성을 갖는다.

9.2 감수분열 단계

제1감수분열

- **전기 I:** 상동염색체가 쌍을 이루어 4분염색체가 형성되고 염색체가 응축되면서 교차가 발생한다. 동시에, 핵막이 사라진다.
- **중기 I:** 4분염색체가 적도면에 배열된다. 상동염색체 쌍이 무작위로 양극을 향하여 배열된다.
- **후기 I:** 4분염색체의 상동염색체가 분리되어 2분염색체의 형태로 각각 양극으로 이동한다.
- **말기 I:** 각 상동염색체 쌍에서 하나씩 복제된 염색체를 물려받아 반수체 딸핵이 형성된다.
- 제1감수분열 말기가 완료되면 딸세포는 **분열간기(interkinesis)**로 들어간다. 분열간기에 DNA는 복제되지 않는다.

제2감수분열

- **전기 II:** 염색체가 응축되고, 핵막이 사라진다.
- **중기 II:** 자매염색분체로 이루어진 2분염색체가 적도면에 배열한다.
- **후기 II:** 자매염색분체가 분리되고 양극으로 이동하여 딸 염색체가 형성된다.
- **말기 II:** 유전적으로 서로 다르고 부모 세포와도 다른 4개의 반수체 딸세포가 형성된다.

표 9.1 감수분열과 유사분열의 비교

제1감수분열	유사분열
전기 I	*전기*
상동염색체가 쌍을 이루어 4분염색체 형태를 이루어 배열한다. 교차가 일어난다	상동염색체가 쌍을 이루지 않는다. 교차가 일어나지 않는다.
중기 I	*중기*
4분염색체가 적도면에 배열한다.	자매염색분체(2분염색체)가 적도면에 배열한다.
후기 I	*후기*
상동염색체의 쌍이 각각 분리되어 양극으로 이동한다.	자매염색분체가 분리되어 형성된 딸 염색체가 양극으로 이동한다.
말기 I	*말기*
부모 세포와 다른 2개의 반수체 딸세포가 생성된다.	부모 세포와 동일한 2개의 이배체 딸세포가 생성된다.
제2감수분열	**유사분열**
전기 II	*전기*
염색체가 쌍을 형성하지 않는다.	염색체가 쌍을 형성하지 않는다.
중기 II	*중기*
반수체 수의 2분염색체가 적도면에 배열한다.	이배체 수의 2분염색체가 적도면에 배열한다.
후기 II	*후기*
자매염색분체가 분리되어 형성된 딸염색체가 양극으로 이동한다.	자매염색체가 분리되어 형성된 딸염색체가 양극으로 이동한다.
말기 II	*말기*
유전적으로 서로 다르고, 부모 세포와도 다른 4개의 반수체 딸세포가 생성된다.	부모 세포와 유전적으로 동일한 2개의 이배체 딸세포가 생성된다.

9.3 감수분열과 유사분열의 비교

표 9.1 감수분열과 유사분열의 유사점과 차이점을 요약하였다.

9.4 염색체 수의 이상

염색체 **비분리현상(nondisjunction)**에 의해 비정상적인 염색체 수를 가진 개체가 태어날 수 있다. 제1감수분열 과정에서 상동염색체가 분리되지 않는 비분리가 일어나면 한쪽 딸세포에 모두 들어가고 다른 딸세포는 하나도 갖지 못하게 된다. 또한 제2감수분열 과정에서 비분리현상이 발생하면 자매염색체가 분리되지 않고 한쪽 딸세포에 2개의 염색체가 모두 들어가는 반면, 다른 딸세포에는 그 염색체를 하나도 받지 못하게 된다.

다운증후군

다운증후군(Down syndrome)은 상염색체성 증후군의 예로, 21번 염색체를 3개 가지는 사람에게서 나타난다.

성염색체 수의 이상

성염색체 수가 정상이 아닌 예로는 **터너증후군(Turner syndrome**, XO)과 **클라인펠터증후군(Klinefelter syndrome**, XXY)이 있다.

- **터너증후군:** XO 핵형을 가지는 여성으로 X 염색체를 하나만 갖는다. 이 경우는 살아가는 데 큰 지장은 없는데, 이는 X 염색체 2개를 갖는 정상 여성 (XX)의 경우 X 염색체 하나는 바소체(Barr body)로 불활

성화 되기 때문이다.

- **클라인펠터증후군:** XXY 핵형을 갖는 사람은 2개 이상의 X 염색체와 하나의 Y 염색체를 가지는 남성이며, 여분의 X 염색체가 바소체를 형성한다.

평가 ASSESS

혼자 풀어보기

가장 적절한 답을 고르시오

9.1 감수분열 개요

1. 유사분열이 일어나면 염색체 수는 ________, 감수분열이 일어나면 딸세포의 염색체 수가 ________.
   a. 유지되고, 증가한다. **b.** 증가하고, 유지된다.
   c. 증가하고, 감소한다. **d.** 유지되고, 감소한다.

2. 인간 세포에는 ________쌍의 성염색체가 있다.
   a. 1 **b.** 2
   c. 22 **d.** 23

9.2 감수분열 단계

(3~10) 보기에서 적당한 것을 고르시오.

보기:

a. 제1감수분열 전기 **b.** 제1감수분열 중기
c. 제1감수분열 후기 **d.** 제1감수분열 말기
e. 제2감수분열 전기 **f.** 제2감수분열 중기
g. 제2감수분열 후기 **h.** 제2감수분열 말기

3. 분열구가 형성되고 반수체 핵이 만들어 진다. 각 염색체는 2개의 염색분체를 갖는다.
4. 상동염색체가 쌍을 이루고 교차가 일어난다.
5. 2분염색체가 적도면에 배열한다.
6. 4개의 반수체 딸세포가 형성된다.
7. 상동염색체가 분리되어 양극으로 이동한다.
8. 자매염색분체가 분리된다.
9. 상동염색체 쌍이 적도면에 배열한다.
10. 반수체 핵에서 염색체가 응축된다.
11. 교차란?
    a. 비상동염색체 사이의 재조합을 말한다.
    b. 자매염색분체 사이의 재조합을 말한다.
    c. 4분염색체를 이루는 염색분체 사이에서만 일어난다.
    d. 인접한 4분염색체 사이에서 일어난다.

9.3 감수분열과 유사분열의 비교

(12~14) 보기에서 적당한 것을 고르시오.

보기:

a. 유사분열 **b.** 감수분열
c. 유사분열과 감수분열 둘 다

12. 서로 다른 유전적 조성을 가진 딸세포를 형성한다.
13. 반수체 딸세포를 형성한다.
14. 전기, 중기, 후기, 말기로 구성된다.

9.4 염색체 수의 이상

15. 염색체 비분리현상으로 나타날 수 있는 것은?
    a. 일염색체성 **b.** 세포질 불균등
    c. 삼염색체성 **d.** a와 c 모두
16. 정상적인 배우자가 다음 어느 배우자와 수정될 때, 터너증후군을 가진 사람이 태어날 수 있는가?
    a. 난자형성과정에서 비분리 현상이 나타난 난자
    b. 정자형성과정에서 비분리 현상이 나타난 정자
    c. a 와 b 모두 정답
    d. a와 b 모두 오답

관계맺기 ENGAGE

과학적으로 생각하기

1. 클라인펠터증후군이 있는 사람들은 대부분 불임이지만 어떤 사람은 아이를 가질 수 있다. 클라인펠터증후군이 있으면서 아이를 가진 사람들의 대부분은 모자이크형(mosaicism)으로 밝혀졌다. 모자이크형이란 일부 세포는 정상(46, XY)이지만, 또 다른 세포는 여분의 염색체(47, XXY)가 있는 형태를 의미한다. 모자이크형은 어떻게 나타날 수 있을까? 또 어떤 효과가 나타날까?
2. 19세기에 의사들은 대가족의 막내자녀에게서 종종 다운증후군이 나타난다는 것을 알았다. 일부 의사는 다운증후군이 “어머니의 생식적 피로(maternal reproductive exhaustion)”에 의해 나타나는 것으로 생각하기도 했다. 산모의 나이와 다운증후군 발생의 상관관계에 대해 설명할 수 있을까?
3. 감수분열을 통해 인구집단의 유전적 다양성이 매우 증가한다. 이는 어떤 면에서 이점이 되는가?

CHAPTER

10

유전양상
Patterns of Inheritance

©Jill Braaten

개요

시작하기 전에

이 장을 시작하기 전에 다음의 내용을 다시 살펴보자.

3.2절 세포 내에서 단백질과 핵산은 어떤 기능을 하는가?

8.2절 자매 염색분체란 무엇인가?

9.2절 감수분열을 통해 새로운 유전적 조합을 얻을 수 있는 방법은?

페닐케톤뇨증 환자를 위한 경고문

다이어트 탄산음료 캔의 뒷면을 보고 "페닐케톤뇨제: 페닐알라닌 함유"라는 경고가 무엇을 의미하는지 궁금한 적이 있는가? 페닐알라닌은 단백질을 함유하는 거의 모든 식품에 들어 있는 아미노산 중 하나이다. 페닐알라닌은 인공 감미료 아스파탐(aspartame)에도 존재한다. 대부분의 사람들에게 페닐알라닌은 중요한 영양물질로 이를 많이 섭취하더라도 체내에 이를 분해하는 효소가 있으므로 아무런 문제가 생기지 않는다. 그러나 페닐케톤뇨증을 앓는 사람들은 이 효소를 만들지 못해서 페닐알라닌이 분해되지 않는다. 페닐알라닌이 우리 몸에 과다 축적되면 여러 가지 다양한 신경계 질환이 발생한다. 미국에서는 10,000명 중의 한 명가량이 페닐케톤뇨증을 앓는 것으로 추정된다.

우리들은 가계도의 산물이다. 부모로부터 물려받은 DNA는 신체가 정상적으로 기능할 수 있도록 하는 단백질에 영향을 준다. 페닐케톤뇨증과 같은 희귀한 유전질환은 형질이 한 세대에서 다음 세대로 어떻게 유전되는지에 대한 우리의 호기심을 자극한다. 이 장에서는 감수분열 과정을 바탕으로 특정 형질이 대물림되는 과정을 어떻게 예측할 수 있는지 그리고 어떻게 감수분열 과정에 생성되는 유전적 변이가 때로는 페닐케톤뇨증과 같은 질환을 초래할 수 있는지 등을 살펴볼 것이다.

또한 멘델이 처음 설명한 유전양상을 배우고 페닐케톤뇨증과 같은 특정 형질이 열성, 즉 대립유전자 두 개가 모두 기능을 하지 못하면 장애를 유발한다는 의미라는 것을 알게 될 것이다. 이 장에서는 특정 유전자와 연관된 사람의 유전질환을 포함하여 관찰할 수 있는 유전양상을 살펴볼 것이다.

이 장을 공부하는 동안 다음 질문에 대해 생각해보자.

1. 부모에게서 물려받은 염색체 조합은 신체의 모습과 기능에 어떤 영향을 주는가?
2. 페닐케톤뇨증에는 어떤 유전양상이 적용되는가?
3. 감수분열은 배우자를 생산하고 형질을 물려받을 확률을 예측하는 데 어떻게 도움이 되는가?

10.1 멘델의 법칙

학습 목표

이 절을 학습한 후에는 다음 과제를 수행할 수 있어야 한다.

1. 멘델의 유전법칙을 설명하기.
2. 유전자형과 표현형을 구별하기.
3. 우성형질과 열성형질을 구별하기.
4. 멘델의 법칙을 적용하여 단성잡종교배와 양성잡종교배를 해석하기.
5. 멘델의 법칙과 감수분열 사이의 관계를 인식하고 설명하기.

유전학은 유전양상(친척들과 비슷한 특징을 공유하는 이유)과 한 세대에서 다음 세대로 이어지는 자손 간의 변이(부모와 다른 형질의 조합을 갖는 이유)를 설명한다. 역사상 거의 모든 문화권에서 관찰된 유전양상을 설명하고자 했다. 이를 이해하는 것은 농업, 축산업, 의학 등 여러 분야의 문제를 해결하는 데 중요하다.

멘델의 실험 과정

유전학에 대한 우리의 현대적 이해는 주로 1860년대에 일련의 독창적인 실험을 통하여 유전의 기본 원리를 개발한 오스트리아 수도사 그레고르 멘델(Gregor Mendel, 그림 10.1)의 연구에 기반을 두고 있다. 멘델의 부모는 농부였으며, 이는 그에게 실험적 생명체인 완두콩을 키우는 데 필요한 실질적인 경험을 제공했다. 멘델은 수학자이기도 했다. 그의 수학적 배경이 번식 실험에 통계적 기초를 사용하도록 자극했다.

과학자로서 멘델은 실험을 신중하게 준비하고 다양한 동물과 식물을 대상으로 예비 연구를 수행했다. 멘델이 연구를 시작했을 때 대부분의 식물 및 동물 육종자들은 남녀 모두가 새로운 개체에 동등하게 기여한다는 것을 인정하고 있었다. 그러나 그들은 세대를 거쳐 가족 구성원들 사이에 존재하는 변이(또는 차이)를 설명할 수 없

a.

b.

그림 10.1 정원에서 일하는 멘델.

a. 멘델은 실험에 사용했던 정원의 완두콩인 *Pisum sativum*을 재배하고 돌봤다. **b.** 멘델은 연구를 위해 이들 7가지 특성을 선택했다. 그는 교배 전에 부모 식물이 제대로 자라는지 확인했다. 모든 자손은 우성 또는 열성 형질을 가지고 있다.

(a): ©Pixtal/AGE Fotostock

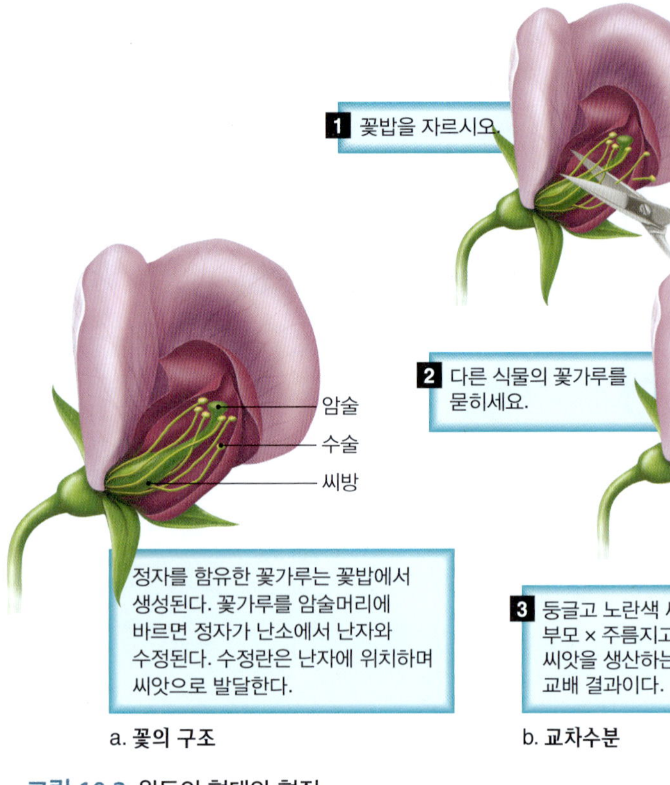

그림 10.2 완두의 형태와 형질.

a. 완두의 꽃밥에서 생산된 꽃가루에는 정자가 들어 있고, 씨방에 있는 밑씨에는 난자가 들어 있다. **b.** 멘델이 완두를 교배할 때 한 종류의 완두에서 꽃가루를 붓에 묻혀 다른 품종의 완두 암술머리에 옮겨 주었다. 수정 후 밑씨는 씨앗(완두콩)으로 발달한다.

었다. 멘델의 유전 모델은 그러한 변이를 설명한다. 또한 멘델의 모델은 다양한 형질 조합이 환경에 의해 테스트되고 성공적인 번식으로 이어진다는 진화론과 양립한다.

멘델의 실험 생명체는 정원의 완두콩(*Pisum sativum*)이었다. 완두콩은 재배가 쉽고 세대기간이 짧아서 좋은 선택이었다. 그리고 완두콩은 일반적으로 자가수분을 하지만(꽃가루는 같은 꽃으로만 이동), 손으로 교차수분을 할 수도 있다(**그림 10.2**).

다양한 종류의 완두콩이 있었고 멘델은 처음에 그중 22종을 재배했다. 실험을 위해 그는 쉽게 식별할 수 있는 차이를 가지는 7가지 변종을 선택했다(그림 10.1*b* 참조). 이러한 변종들은 자가수분을 했을 때, 순종교배(*true-breeding*)되었다. 즉, 자손이 부모 식물과 같고 서로 비슷하였다. 이전의 연구자들과는 달리 멘델은 종자 모양, 종자 색깔, 꽃 색깔과 같이 비교적 간단하고 쉽게 발견할 수 있는 형질의 유전을 연구했으며 자손 사이에 중간 특성이 없다는 것을 관찰했다.

멘델은 개별 형질의 유전을 추적하면서 주의 깊게 기록했다. 그는 확률의 수학적 법칙에 대한 이해를 활용하여 결과를 해석했다. 그의 결과는 입자유전설(*particulate theory of inheritance*)의 발전에 중요한 역할을 했다. 유전은 세대에서 세대로 동일한 유전자들이 뒤섞이는 과정을 포함한다. 수많은 실험이 이 이론을 뒷받침했으며, 이는 현대 유전학의 기초가 되었다.

단일 형질의 유전

멘델은 완두콩 식물이 순종교배(예를 들어, 녹색 콩깍지가 있는 식물은 항상 녹색 콩깍지 자손을 생산하고 노란색 콩깍지 식물은 항상 노란색 콩깍지 자손을 생산한다는 사실)임을 확인한 후 이 두 계통 사이의 교배를 수행하였다. 멘델은 실험에서 원래의 부모를 *P* 세대(*P generation*)라 하고, 1세대 자손을 F_1 세대(F_1 *generation*), 2세대 자손을 F_2 세대(F_2 *generation*)라고 불렀다(*F*는 '자식의'라는 뜻을 지닌 '*filial*'에서 유래).

그림 10.3은 멘델의 F_1 교배를 보여주는 **푸네트 정방형(Punnett square)**이다[20세기 초 유전학자인 레지날드 푸네트(Reginald Punnett)의 이름을 따서]. 푸네트 정방형에는 가능한 모든 유형의 난자와 정자가 수직 및 수평 축에 정렬되어 있으므로 자손이 물려받을 수 있는 배우자의 가능한 모든 조합을 사각형 안에 시각화할 수 있다

그림 10.3에서 보듯이 멘델이 녹색 콩깍지 식물과 노란색 콩깍지 식물을 교배했을 때 모든 F_1 자손은 녹색 콩깍지 부모와 유사했다. 그렇다고 해서 다른 특징인 노란색 콩깍지가 영구적으로 사라졌다는 의미는 아니다. 멘델이 F_1 완두를 다시 자가수분하자, F_2 세대에서는 3/4이 녹색 콩깍지, 1/4가 노란색 콩깍지로 나타났다(3:1의 비율). 따라서 F_1 에서 노란색 형질은 다음 세대로 그대로 전달되었고 그냥 사라진 것이 아니었다. 이것이 세대 간에 이동하면서 우리가 현재 유전자라고 부르는 입자의 개념을 뒷받침했다.

멘델은 F_1 완두에서 녹색 콩깍지가 달렸던 이유는 녹색이 노란색보다 우성이었기 때문이라는 것을 인식했다. 이러한 유형의 교배를 단일 특성에 대해 두 개의 서로 다른 대립유전자(*Gg*)를 갖는 두 개체가 관련되기 때문에 일반적으로 **단성잡종 교**

배(monohybrid cross)라고 한다.

멘델은 수학적 접근 방식으로 자신의 결과를 이전 육종가들이 해왔던 것과는 다르게 해석하게 되었다. 그는 F_2 세대에서 3:1로 표현형의 비율이 나타날 수 있으려면 다음의 조건이 충족되어야만 한다고 추론하였다. (1) F_1 완두에 두 개의 유전인자가 분리될 수 있는 형태로 들어 있는데, 하나는 우성이고 다른 하나는 열성이다. (2) 배우자가 형성될 때 유전인자는 분리되고 각 배우자에는 하나의 인자만이 들어 있다. (3) 수정될 때 가능한 모든 배우자가 무작위로 융합된다. 이와 같은 세 가지 조건이 충족될 경우에만 F_2 세대에서 노란색 콩깍지가 다시 나타난다.

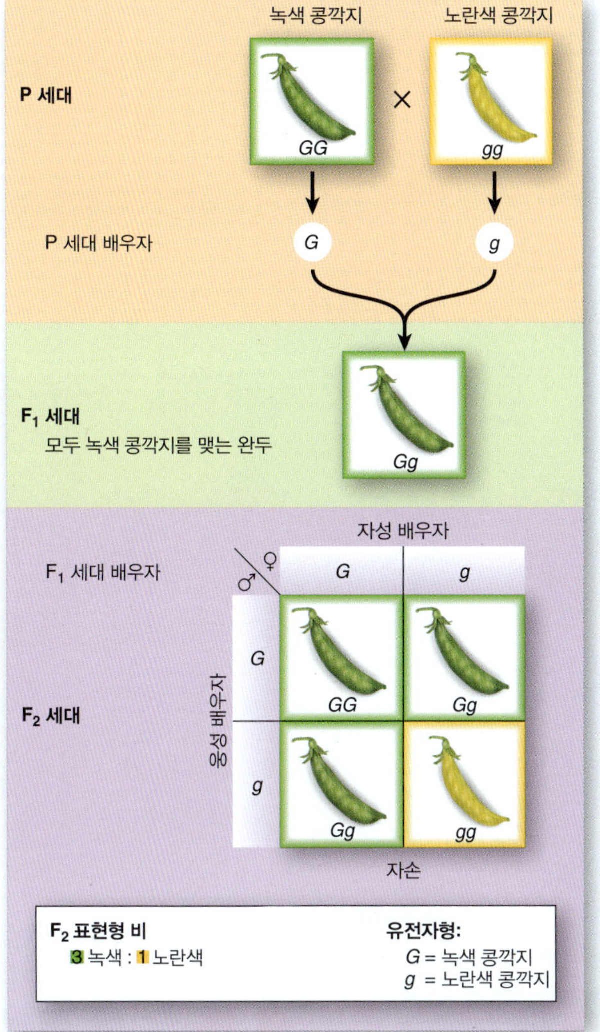

그림 10.3 단성교배.
P 세대의 완두는 한 가지 형질, 즉 콩깍지의 색깔만 서로 다르다. F_1 세대의 완두는 모두 녹색 콩깍지이지만 노란색 콩깍지에 대한 인자가 사라진 것은 아니다. 이는 F_2 세대의 1/4에서 노란색 콩깍지가 나타났기 때문이다. 3:1 비율을 통해 멘델은 개체에는 각각의 형질을 나타내는, 분리 가능한 두 개의 유전인자가 들어 있다고 추론하였다.

연관

왜 그렇게 많은 콩을 썼을까?

©Nigel Cattlin/Science Source

멘델이 완두콩에 집착했던 것은 아니다. 수학자로서 그는 통계적으로 유의미한 결과를 얻기 위해서는 표본 크기가 충분히 커야 한다는 것을 알고 있었다. 완두콩은 이런 분석에 이상적인 재료이다. 왜냐하면 콩 하나하나가 개별 접합자이기 때문이다. 초기 실험에서 멘델은 15,300개 이상의 콩과 1,700개 이상의 콩깍지에 대한 모양과 색을 조사했다. 그렇게 해서 멘델은 관찰한 3:1의 비율이 무작위로 나타난 결과가 아니라는 사실을 확신할 수 있었다.

단일 형질 교배를 수행한 후 멘델은 입자유전설의 기초가 되는 **분리의 법칙(law of segregation)**이라고 불리는 첫 번째 유전법칙에 도달했다. 분리의 법칙에는 다음의 내용이 명시되어 있다:

- 각 개체는 각각의 형질에 대해 두 개의 인자를 가지고 있다.
- 이들 인자는 배우자를 형성할 때 분리된다.
- 각 배우자는 두 개의 인자 가운데 하나만을 무작위로 갖는다.
- 수정이 되면서 각 형질에 대한 두 개의 인자를 갖는 새로운 개체가 형성된다.

단성 검정교배

멘델은 단순한 우성과 열성 형질을 사용한 덕분에 교배에 대한 자신의 해석을 쉽게 검증할 수 있었다. F_1 세대가 열성 인자를 가지고 있는지 확인하기 위하여, 멘델은 F_1 세대의 녹색 콩깍지와 노란색 콩깍지를 가진 식물을 순종교배하였다. 그는 이 교배에서 완두의 절반에서는 녹색 콩깍지가 나머지 반에서는 노란색 콩깍지가 열릴 것으로 예상하였다(그림 10.4*a*). 그리고 실제로 예상과 같은 결과를 얻었다. 따라서 배우자가 형성될 때 인자들은 분리된다는 그의 가설이 검증된 것이다.

이 실험은 **검정교배(testcross)**의 일례이다. 오늘날에는 이보다 더 상세한 유전분석 방법으로 대체되었지만(12.1절 참

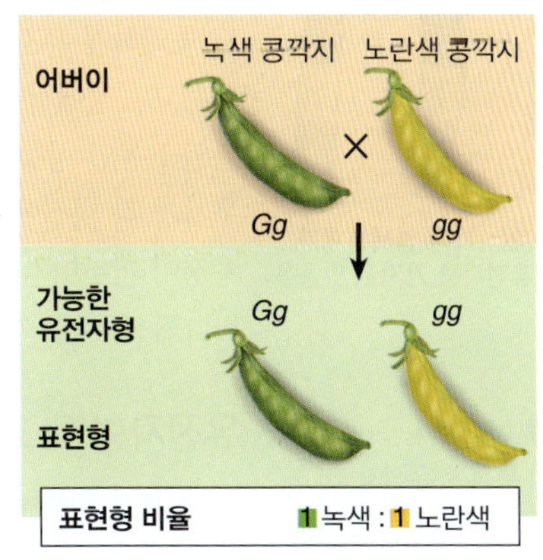

a.

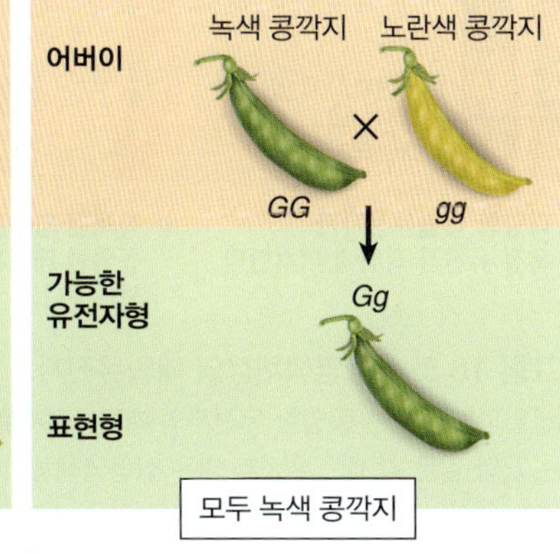

b.

그림 10.4 단성 검정교배.
우성 표현형 개체와 열성 표현형 개체를 교배하면 유전자형을 알 수 있다. **a.** 우성 표현형을 가진 부모가 우성 인자를 하나만 갖고 있는 경우, 자손의 표현형 1:1(우성:열성)이다. **b.** 우성 표현형을 가진 부모가 두 가지 우성 인자를 가지고 있다면, 모든 자손은 우성 표현형을 갖는다.

조), 특정한 형질에서 우성 표현형을 보이는 개체가 두 개의 우성 인자를 지니는지 아니면 우성 인자와 열성 인자를 하나씩 지니는지 확인 방법의 예로 여전히 사용된다. 개체는 하나의 우성 인자만 있어도 우성 표현형을 나타내기 때문에 표현형으로는 이를 확인할 수 없다. 그림 10.4*b*를 보면, 녹색 콩깍지를 가진 부모가 두 개의 우성 인자를 가지고 있는 경우, 모든 자손에서는 녹색 콩깍지가 열린다.

현대 유전학에서 본 멘델의 연구

20세기 초 과학자들은 멘델의 입자 인자와 염색체가 같은 방식으로 전달된다는 사실에 주목하고 염색체가 유전정보의 전달자라는 **유전의 염색체설**(*chromosomal theory of inheritance*)을 제안했다. 오늘날 우리는 생물의 형질은 대립유전자(한 유전자의 다른 형태)에 의해 조절되고 대립유전자는 **유전자 좌위(locus)**라고 부르는 염색체의 특정한 위치에 놓여 있다는 사실을 알고 있다. **우성 대립유전자(dominant allele)**는 **열성 대립유전자(recessive allele)**라는 다른 대립유전자의 발현을 가리는 능력 때문에 그렇게 명명되었다. 많은 경우, 우성 대립유전자는 대문자로 표기하고 열성 대립유전자는 소문자로 표기한다.

연관

왜 어떤 형질은 우성이고 다른 형질은 열성일까?

유전자에는 특정 단백질 생산에 대한 정보가 있다. 멘델이 이용한 완두콩에는 꽃의 색을 결정하는 유전자에 두 가지 변이형, 즉 대립유전자가 존재한다. 우성 대립유전자는 보라색 꽃을 피운다. 그러나 열성 대립유전자는 색소를 침착을 정확히 못하는 단백질 변이에 대한 정보를 갖는다. 즉, 색소를 만드는 기능을 잃어버린 것이다. 그 결과 흰색 꽃이 피게 된다. 하나의 우성 대립유전자와 하나의 열성 대립유전자(이형접합자)가 있는 꽃에서는 우성 보라색이 열성 흰색을 가린다. 이 장의 뒷부분에서 볼 수 있듯이 모든 우성 대립유전자가 열성 대립유전자를 완전히 가릴 수 있는 것은 아니다.

9.1절에서 우리는 각 염색체에 대해 두 개의 복사본을 가지고 있고, 각 부모로부터 받은 유사한 염색체를 상동체라고 부른다는 것을 상기하시오(그림 10.5*a*). 각 상동체의 자매 염색분체는 동일한 유형의 대립유전자를 가지고 있다(그림 10.5*b*). 그러나 상동염색체의 대립유전자가 동일할 필요는 없다.

이들 대립유전자는 생리학적, 세포적 수준에서 형질에 대한 청사진 역할을 한다. 이제 우리는 이러한 지시사항이 환경적 영향(10.3절 참조)과 유전자 발현 조절(11.2절 참조)에 의해 다소 수정될 수는 있지만 기본적인 대립유전자는 세대를 거쳐도 동일하게 유지된다는 것을 알고 있다.

9.1절에서 배웠듯이 감수분열은 염색체 수를 줄이는 세포분열 유형이다. 감수분열 I 동안 상동체는 분리된다. 따라서 감수분열 과정은 멘델의 분리 법칙과 왜 배우자가 각 형질에 대해 하나의 대립유전자만을 갖는지를 설명한다(그림 10.8 참조). 수정이 이루어지면, 그 결과로 나오는 자손은 다시 각 특성에 대하여 각 부모로부터 하나씩 모두 두 개의 대립유전자를 갖게 된다.

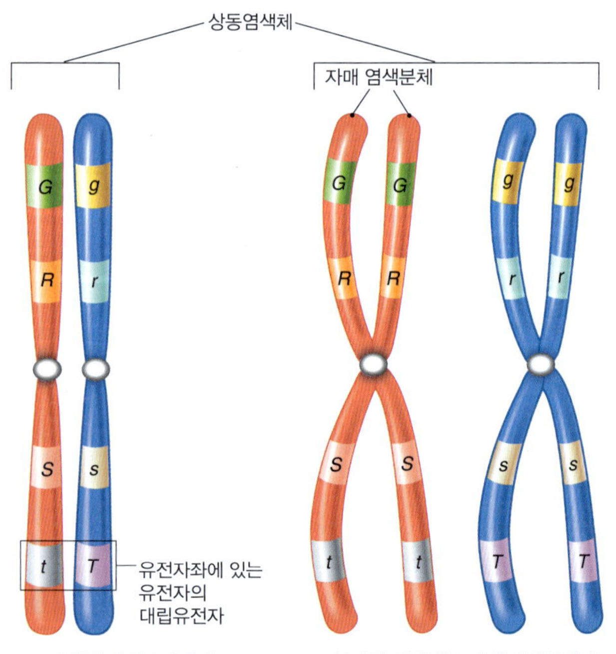

그림 10.5 상동염색체상의 대립유전자.
a. 알파벳 문자는 동일한 유전자의 대립유전자를 나타낸다. *Gg* 또는 *Tt*와 같은 각 대립유전자 쌍은 상동염색체의 특정한 유전자 좌위에 위치한다. **b.** 자매 염색분체는 같은 순서로 같은 대립유전자를 가지고 있다.

유전자형 대 표현형

한 형질에 대한 대립유전자의 다양한 조합은 생명체에 동일한 외형을 부여할 수 있다. 예를 들어, 인간의 열성 대립유전자(*a*)는 백색증을 유발한다. 그러나 *aa*가 아니

표 10.1 유전자형과 표현형

대립유전자 조합	유전자형	표현형
AA	동형접합성 우성	정상적인 색소침착
Aa	이형접합성	정상적인 색소침착
aa	동형접합성 열성	백색증

고 *AA* 또는 *Aa*라면 색소침착은 정상이다. 이러한 이유로 생명체에 존재하는 대립유전자와 그 생명체의 외형을 구별하는 것이 필요하다.

유전자형(genotype)이란 용어는 세포나 생명체에 존재하는 대립유전자 조합을 말한다. 유전자형은 알파벳 글자(이 장에서 다루는 것처럼) 또는 짧은 설명 문구로 표시될 수 있다. 생명체가 한 형질에 대해 두 개의 동일한 대립유전자를 가질 때 이를 **동형접합성(homozygous)**이라고 한다. 정상적인 색소 침착에 대해 동형접합성 우성(*homozygous dominant*)인 사람은 두 개의 우성 대립유전자(*AA*)를 보유한다. 이 개체의 모든 배우자는 정상적인 색소 침착(*A*)에 대한 대립 유전자가 포함된다. 마찬가지로, 동형접합성 열성 부모(*aa*)에 의해 생성된 모든 배우자는 백색증에 대한 대립유전자(*a*)를 포함한다. 두 개의 서로 다른 대립유전자(*Aa*)를 가진 개체를 **이형접합성(heterozygous)**이라고 한다.

표현형(phenotype)은 개체에서 나타나는 신체적 외형을 말한다. 생명체의 표현형은 대체로 유전자형에 의해 결정된다. 동형접합성 우성(*AA*) 개체와 이형접합성(*Aa*) 개체는 둘 다 우성 표현형과 정상적인 색소침착을 보이는 반면, 동형접합성 열성 개체(*aa*)는 백색증의 열성 표현형을 나타낸다(표 10.1).

두 형질의 유전

멘델은 두 번째로 2개의 형질이 서로 다른 식물의 순종교배 실험을 수행하였다(그림 10.6). 예를 들어, 녹색 콩깍지를 갖는 키 큰 완두(*TTGG*)와 노란색 콩깍지를 갖는 키 작은 완두(*ttgg*)를 교배하였다. F_1 자손은 두 가지 형질에서 모두 우성을 나타내었다(키가 크고 녹색 콩깍지).

멘델이 가졌던 질문은 이들 대립유전자가 F_2 세대에서 어떻게 분리될 것인가 하는 것이었다. F_2 세대에서는 두 가지 가능한 결과가 발생할 수 있다:

1. 만약 우성인자들(*T*와 *G*)이 항상 함께 F_1의 배우자에게 전해지고 열성 인자들(*t*와 *g*) 또한 항상 함께 전해진다면, F_2 완두에서는 두 가지 표현형, 즉 키가 크고 녹색 콩깍지와 키가 작고 노란색 콩깍지만 나타날 것이다.
2. 만약 4가지 인자들이 독립적으로 F_1 배우자에 분리된다면 F_2 완두에서는 다음 4종류의 표현형이 나타날 것이다. 키가 크고 녹색 콩깍지, 키가 크고 노란색 콩깍지, 키 작고 녹색 콩깍지, 키 작고 노란색 콩깍지.

단일 형질 또는 단성잡종 교배의 경우(그림 10.3 참조)와 마찬가지로 멘델은 F1 세대가 서로 교배하여 F_2 세대를 생산하도록 하였다.

그림 10.6 멘델의 양성교배.
P 세대의 완두는 두 가지 형질, 즉 줄기의 길이와 콩깍지의 색이 서로 다르다. F_1 세대에서는 우성 표현형만 나타나지만 F_2 세대에서는 가능한 모든 종류의 표현형이 나타난다. 표현형의 비율이 9:3:3:1로 나타난다는 사실에서 멘델은 배우자에 두 종류의 인자가 서로 독립적으로 분리되어 전해진다는 사실을 추론하였다. (화살표는 노란 콩깍지를 나타낸다.)

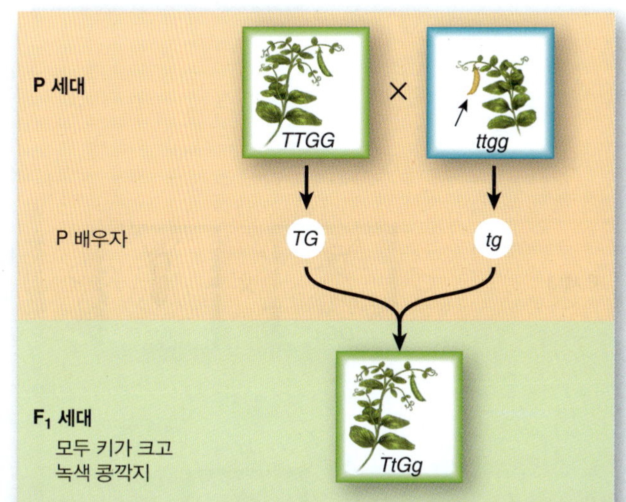

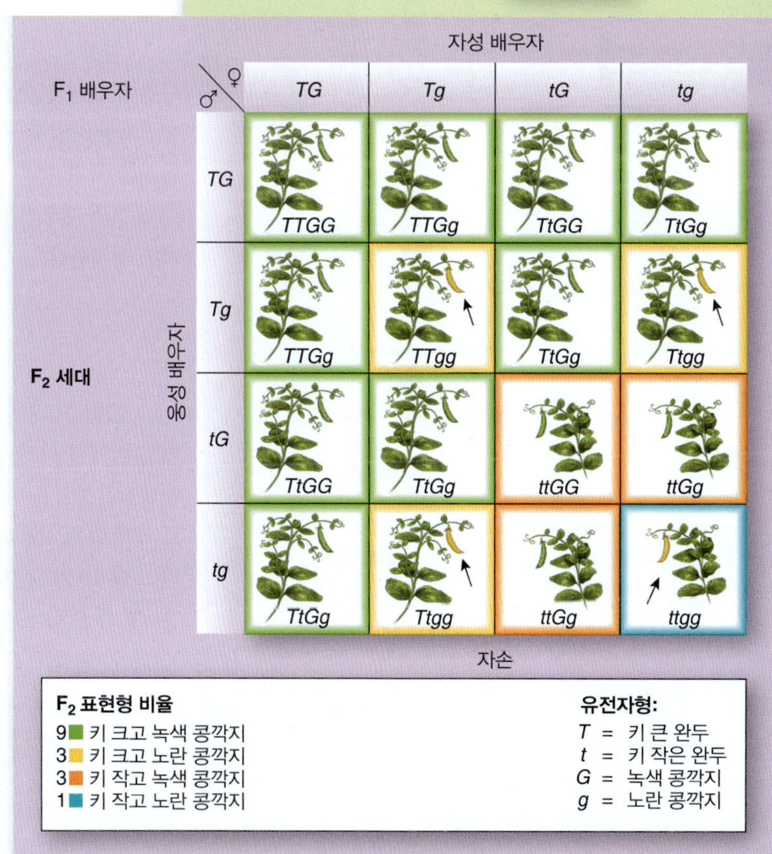

그림 10.6은 멘델이 F_2 세대에서 4종류의 표현형을 관찰하였음을 보여주고 있으며, 이는 두 번째 가설을 뒷받침한다. 따라서 멘델은 두 번째 유전법칙인 **독립의 법칙(law of independent assortment)**을 만들었으며, 다음의 내용을 포함한다:

- 각 인자의 쌍은 서로 독립적으로 분리된다.
- 이들 인자의 모든 조합이 배우자에서 발생할 수 있다.

그림 10.6에 설명된 교배의 유형은 두 가지 형질에 대한 교배이기 때문에 **양성잡종 교배(dihybrid cross)**라고도 하며, 교배에 참여한 각 개체는 각 형질에 대해 두 개의 서로 다른 대립유전자를 갖고 있다. 그림 10.6은 부모 두 사람 모두 두 형질에 대해 이형접합성일 때 양성잡종 교배로 예상되는 표현형의 결과는 항상 *9:3:3:1*임을 보여준다. 그러나 부모가 두 형질 모두에 대해 이형접합성이 아닌 경우는 9:3:3:1 이외의 비율이 가능하다는 점을 유의해야 한다.

양성 검정교배

초파리(*Drosophila melanogaster*)는 실험실에서 쉽게 키울 수 있고 여러 종류의 돌연변이 형질을 쉽게 확인할 수 있기 때문에 유전학 연구에 널리 사용된다. 자연 상태에서 가장 흔하게 발견되는 야생형(*wild-type*)은 긴 날개와 회색 몸체를 가지고 있는 반면, 일부 돌연변이는 짧은(흔적) 날개와 검은색(칠흑) 몸체를 가지고 있다. 이러한 형질에 대한 대립유전자는 *L* = 긴 날개, *l* = 짧은 날개, *G* = 회색 몸, *g* = 검은색 몸으로 표기한다.

양성 검정교배(two-trait testcross)는 어떤 개체가 두 가지 형질에 대해 각각 우성 동형접합성인지 아니면 이형접합자성인지를 판별하고자 할 때 사용한다. 긴 날개와 회색 몸을 지니는 초파리를 눈으로 봐서는 유전자형을 결정할 수 없기 때문에 이때 유전자형은 L__ G__와 같은 형태로 표기한다.

양성 검정교배는 두 가지 형질에 대해 우성 표현형을 나타내는 개체를 두 가지 형질에 대해 모두 열성인 개체와 교배한다. 왜냐하면 열성 표현형을 지니는 개체는 유전자형을 알고 있기 때문이다. 예를 들어, 긴 날개를 가진 회색 몸의 초파리는 짧은 날개를 가진 검은 몸의 초파리와 교배된다. 이형접합성 부모 초파리(*LlGg*)는 네 가지 유형의 배우자를 형성한다. 열성 동형접합성 부모 초파리(*llgg*)는 단 한 종의 배우자만 형성한다:

부모:	*LlGg*	×	*llgg*
배우자:	*LG*, *Lg*, *lG*, *lg*		*lg*

그림 10.7에서 보듯이 표현형의 가능한 모든 조합이 자손 사이에서 발생한다. 이 그림에서 나타난 1:1:1:1의 표현형 비는 L__ G__ 초파리가 두 형질 모두에 대해 이형접합성임을 나타내고 따라서 유전자형은 *LlGg*를 가지고 있음을 보여준다. 푸네트 정방형을 사용하여 특정한 표현형을 지니는 자손이 나타날 비율을 예측할 수 있다(그림 10.7). 긴 날개와 회색 몸을 가진 자손이 태어날 가능성은 얼마나 될까? 확률은 4분의 1, 즉 25%이다. 짧은 날개와 회색 몸을 가진 자손이 태어날 확률은 얼마나 될까? 이 확률도 4분의 1, 즉 25%이다.

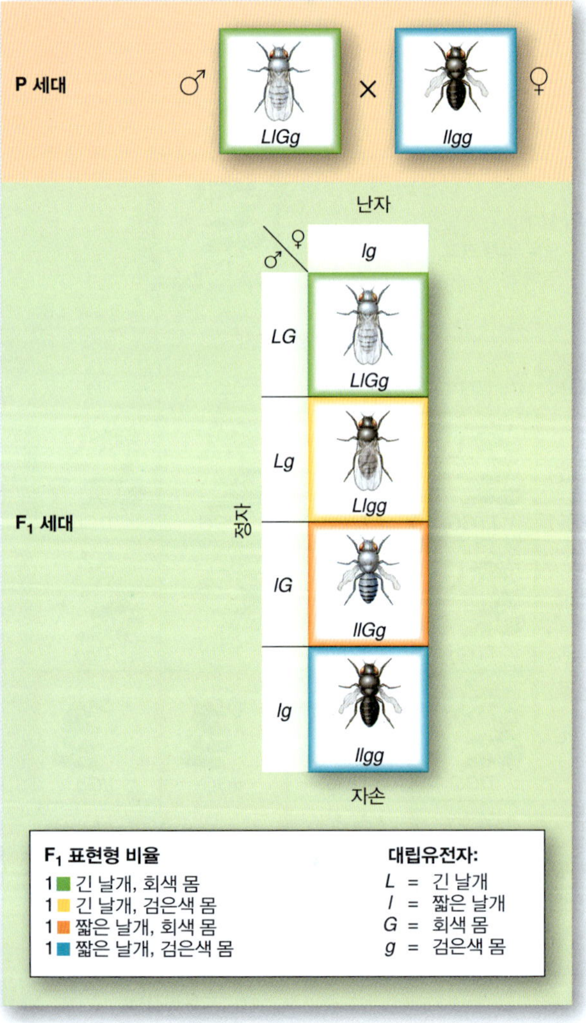

P 세대 ♂ *LlGg* × ♀ *llgg*

F₁ 세대: 난자 *lg*; 정자 *LG*, *Lg*, *lG*, *lg* → *LlGg*, *Llgg*, *llGg*, *llgg* (자손)

F₁ 표현형 비율: 1 긴 날개, 회색 몸 / 1 긴 날개, 검은색 몸 / 1 짧은 날개, 회색 몸 / 1 짧은 날개, 검은색 몸

대립유전자: *L* = 긴 날개, *l* = 짧은 날개, *G* = 회색 몸, *g* = 검은색 몸

그림 10.7 양성 검정교배.
두 형질 모두에 대해 이형접합성인 초파리가 두 형질 모두에 대해 열성인 초파리와 교배되면 예상되는 표현형의 비율은 1:1:1:1로 나타난다.

멘델의 법칙과 확률

멘델 연구의 중요성은 관찰된 유전양상과 확률을 연결했다는 점이다. 푸네트 정방형을 사용하여 유전 교배의 결과를 계산할 때 각 배우자에는 각 형질에 대해 하나의 대립유전자가 포함되어 있고(분리의 법칙), 배우자 전체에는 모든 종류의 대립유전자 조합이 있을 수 있다(독립의 법칙). 또한 웅성 배우자와 자성 배우자는 서로 무작위로 결합하고 그 결과 모든 정자와 모든 난자가 서로 수정될 확률은 동일하다. 이러한 조건에서는 확률의 법칙을 사용하여 표현형의 비를 예상할 수 있다. 곱셈의 법칙(*rule of multiplication*)에 따르면 두 개 이상의 독립적 사건이 함께 일어날 확률은 그 사건이 개별적으로 일어날 확률의 곱과 같다. 예를 들어, 동전을 던져 뒷면이 나올 확률은 ½이다. 한 번에 두 개의 동전을 던졌을 때 두 개의 뒷면이 나올 확률은 ½ × ½ = ¼이다.

곱셈의 법칙을 사용하여 그림 10.7의 결과를 예상해 보자. 각 대립유전자 쌍은 독립적으로 분리되기 때문에 이 교배는 단성교배를 따로 두 번 하는 것과 마찬가지다:

Ll × *ll*: *ll* 자손이 나타날 확률 = ½
Gg × *gg*: *gg* 자손이 나타날 확률 = ½

자손의 유전자형이 *llgg*일 확률은:

½ *ll* × ½ *gg* = ¼ *llgg*

그림 10.7의 자손에서 나타난 다른 유전자형에 대해서도 동일한 결과를 얻을 수 있다.

멘델의 법칙과 감수분열

오늘날 우리는 멘델의 법칙이 감수분열 과정과 관련된다는 사실을 알고 있다. **그림 10.8**에서, 사람의 세포에는 길이로 인식되는 두 쌍의 상동염색체가 있다. 상동염색

그림 10.8 멘델의 법칙과 감수분열.
사람의 세포에는 23쌍의 상동염색체(상동체)가 있으며, 그 가운데 2쌍을 여기에 나타내었다. 상동체 그리고 이들이 운반하는 대립유전자는 배우자 형성 과정에서 독립적으로 분리된다. 따라서 염색체와 대립유전자의 가능한 모든 조합이 배우자에서 발생한다.

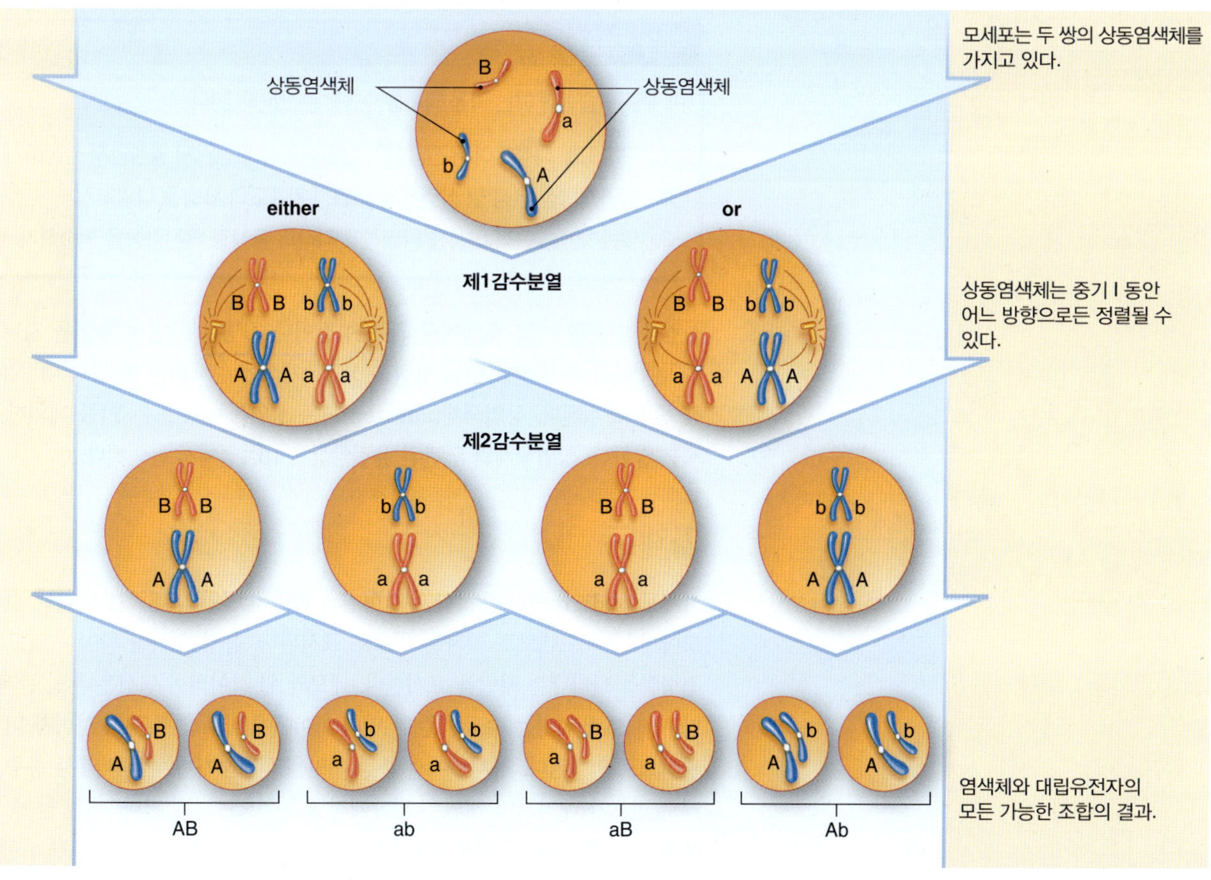

체 한 쌍은 짧고 다른 한 쌍은 길다. 이 다이어그램에서 색상은 염색체가 어느 부모로부터 물려받았는지 나타내는 데 사용된다. 각 쌍의 상동체 중 하나는 "부계" 염색체이고, 다른 하나는 "모계" 염색체이다. 상동염색체가 분리되면, 각각의 배우자는 각 상동염색체 쌍 가운데 하나를 받게 된다. 상동염색체는 독립적으로 분리된다. 각 쌍의 어느 염색체가 어떤 배우자에 들어가는지는 중요하지 않다. 간단히 말하면 그림 10.8의 배우자는 염색체의 색에 관계없이 각각 하나의 긴 염색체와 짧은 염색체를 갖게 된다는 것이다. 따라서 염색체의 가능한 모든 조합이 배우자에 있다.

그림 10.8에서 대립유전자 *A*와 *a*는 한 쌍의 상동염색체에 존재하고 대립유전자 *B*와 *b*는 다른 한 쌍의 상동염색체에 위치한다. 어떤 상동염색체가 어떤 배우자에 들어가는지에 대한 제한이 없기 때문에, 배우자는 *A* 또는 *a*, *B* 또는 *b* 중 하나를 임의의 조합으로 받을 수 있다. 왜냐하면 대립유전자가 독립적으로 염색체에 위치하기 때문이다. 결국, 배우자는 집합적으로 가능한 모든 대립유전자의 조합을 가지게 된다.

연관

귓불이나 보조개 같은 형질은 우성과 열성 대립유전자에 의한 것이 아닌가요?

오랫동안 유전학자들은 귓불의 모양(부착 또는 비부착), 헤어라인 모양(미망인의 정점), 보조개 존재 등의 형질이 단순한 우성 및 열성 유전의 예라고 생각했다. 그러나 우리를 인간으로 만드는 19,000개 정도의 유전자에 대해 더 많이 알아가면서 우리는 이러한 형질이 실제로 여러 유전자의 통제를 받고 있다는 사실을 발견했다. 이러한 상호작용은 표현형의 발현을 복잡하게 하므로 단순한 우성과 열성 대립유전자 조합의 좋은 예는 아니다.

진도 점검하기 10.1

1. 유전양상에 관하여 멘델의 실험이 설명한 내용을 요약하시오.
2. 이형접합체를 교배했을 때 그 사이에서 나타나는 표현형과 유전자형의 비율을 비교하시오.
3. 그림 10.6을 참고하여, *TtGg* 유전자형을 지니는 두 개체를 교배하였을 때 녹색 콩깍지를 지니는 키 작은 완두가 나올 확률을 계산하시오.
4. 멘델의 양성잡종 교배 실험과 감수분열과의 연관성을 설명하시오

개념 연결하기

멘델은 유전양상을 설명하는 데 사용할 수 있는 두 가지 법칙을 확립했다.

10.2 사람에게 적용되는 멘델의 법칙

학습 목표

이 절을 학습한 후에는 다음 과제를 수행할 수 있어야 한다.

1. 가계도를 해석하여 유전양상이 상염색체성 우성인지 열성인지 결정하기.
2. 상염색체성 우성 및 상염색체성 열성 가계도의 특징을 나열하기.
3. 일반적인 유전적 이상을 나열하고 각각의 증상과 유전양상을 기술하기.

사람을 비롯한 여러 개체에서 일부 형질이나 질병은 유전적 요인을 지니며 멘델의 법칙에 따라 유전된다. 이들 형질은 상염색체상에 존재하는 한 쌍의 대립유전자에 의해 종종 조절된다. **상염색체(autosome)**는 성염색체(X 또는 Y)를 제외한 모든 염색체를 말한다. 성염색체와 연관된 유전양상은 10.4절에서 논의된다.

가계도

가계도(pedigree)란 특정한 유전형질과 관련된 집안의 내력을 나타낸 것이다. 가계도에서 남자는 네모로 여자는 원으로 표시된다. 음영 표시된 원이나 네모는 해당 유전형질을 나타내는 사람을 표시한다. 네모와 원 사이의 수평선은 혼인 관계를 나타낸다. 아래로 내려가는 수직선은 한 명의 아이에게 바로 연결된다; 자녀가 더 많으면 수평선으로 연결된다. 가계도에서 특정 개인을 식별하기 위해서 세대는 종종 왼편에 아래로 번호가 매겨지며 개인은 왼쪽에서 오른쪽으로 식별된다. 예를 들어, 그림 10.9에서 맨 위에 있는 남자는 개체 I-2로 식별된다.

가계도 분석은 유전 상담사에게 유용하다. 가계도 분석을 통해 유전양상이 확립되면 상담사는 이들 부부 사이에서 태어나는 아이가 비정상적인 표현형을 나타낼 확률을 판단할 수 있다.

연관

모든 우성 대립유전자는 "정상"일까?

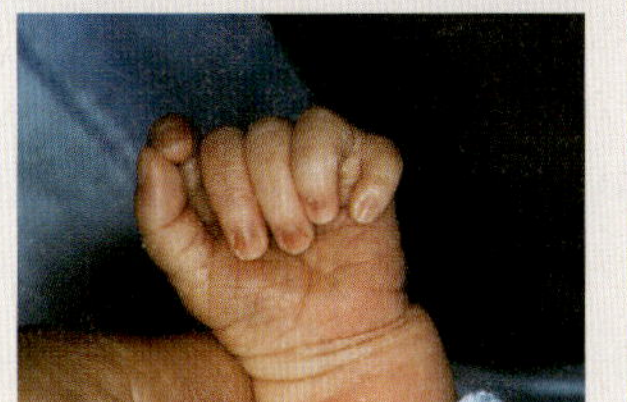
©Science Photo Library/ Science Source

대부분의 예에서 우성 대립유전자는 "정상" 대립유전자를 나타내고 열성 대립유전자는 변형된 버전을 나타낸다. 그러나 항상 그런 것은 아니다. 예를 들어, 다지증의 한 형태(손가락이나 발가락이 추가로 존재하는 경우)는 우성 대립유전자의 유전으로 인해 발생한다. "정상" 대립유전자는 열성이다. 즉, 표현형을 보여주기 위해서는 다지증 대립유전자의 사본 하나만 물려받아야 함을 의미한다. 다지증은 형질의 가변적 발현의 한 예이기도 하다. 즉, 대립유전자가 있으면 어떤 사람에게는 손가락이 하나 더 생길 수 있지만, 다른 사람에게는 발가락이 하나 더 생길 수도 있다.

상염색체성 질환에 대한 가계도

그림 10.9는 상염색체성 열성 질환(*autosomal recessive disorder*)을 보이는 가계도이다. 이 경우에는 부모가 둘 다 정상이어도 질환을 갖는 아이가 태어날 수 있다. 이러한 이형접합 부모는 질환이 없더라도 유전질환이 있는 아이를 낳을 수 있기 때문에 때때로 보인자(*carrier*)라고 불린다. 가계도 분석을 통해 부모 둘 다 상염색체성 열성 대립유전자를 보인자로 갖는 경우로 판명되면 유전상담사는 부모에게 적절한 유전자 검사를 사용하여 이를 확인하도록 제안한다. 만일 부모가 원한다면 산전 유전자 검사를 통해 태아의 유전질환을 확인하는 것도 가능하다.

그림 10.9에는 상담사가 상염색체성 열성 유전양상을 확인할 수 있는 다른 방법이 제시되어 있다. 이 가계도에서 사촌 III-1과 III-2는 세 자녀의 부모이며, 그 중 두 명은 질환을 가지고 있다는 사실을 주목하라. 일반적으로, 밀접하게 관련된 개체 간의 번식은 열성 형질을 나타낼 가능성이 더 높다. 왜냐하면 관련된 개체가 동일한 대립유전자를 보유할 가능성이 더 높기 때문이다.

이 가계도는 또한 표현형이 나타날 확률은 이전의 사건과 관계가 없다. 즉, 이형접합 부모에게서 태어난 각각의 자녀에게 질환이 나타날 확률은 25%라는 것이다. 달리 말하면, 이형접합 부모가 네 명의 아이를 낳으면 각각의 자녀는 모두 25%의 확률로 질환을 나타낼 가능성을 지닌다.

그림 10.10은 상염색체성 우성(*autosomal dominant*) 유전양상을 보여준다. 이 경우, 부모가 이형접합성이어서 질환을 가지고 있더라도 자녀는 정상일 수 있다. 그림 10.10에는 상염색체성 우성 유전양상을 확인할 수 있는 방법들이 제시되어 있다. 이 가계도에서는 두 부모가 모두 정상이면 모든 자녀들도 정상이다. 왜? 부모가 모두 실병을 유전시키는 우성 유전자를 갖고 있지 않기 때문이다.

주요 유전질환

많은 질병이 여러 유전자와 환경의 상호작용에 의해 나타나지만(10.3절 참조), 단일 유전자 돌연변이로 인해 발생하는 인간 질환도 많다. 이 절에서는 상염색체성 질환 몇 가지가 논의된다. 이들 질환 중 일부는 열성이므로 개체는 이 질환을 앓기 전에

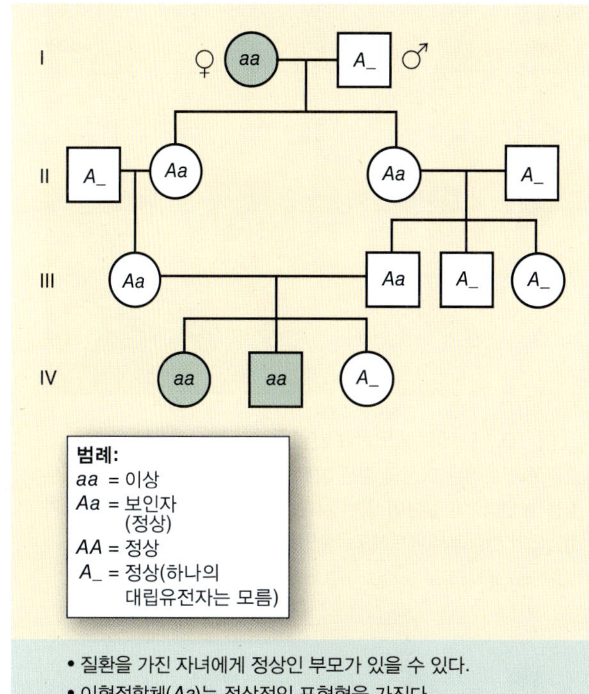

그림 10.9 상염색체성 열성 가계도.
제시된 목록은 상염색체성 열성 질환을 식별할 수 있는 방법이다.

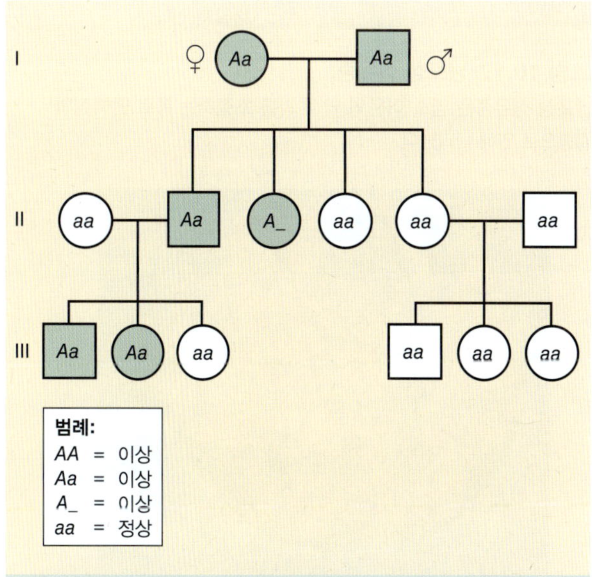

그림 10.10 상염색체성 우성 가계도.
제시된 목록은 상염색체성 우성 질환을 식별할 수 있는 방법이다.

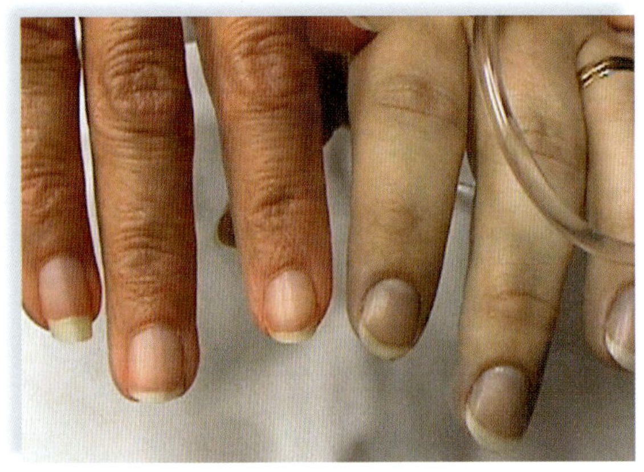

그림 10.11 메트헤모글로빈혈증.
오른쪽에 보이는 여성의 손은 메트헤모글로빈혈증으로 인해 푸른 빛을 보인다. 이 질환이 있는 사람은 다이아포레이스라는 효소가 결핍되어 혈액에서 메트헤모글로빈을 제거할 수 없다.

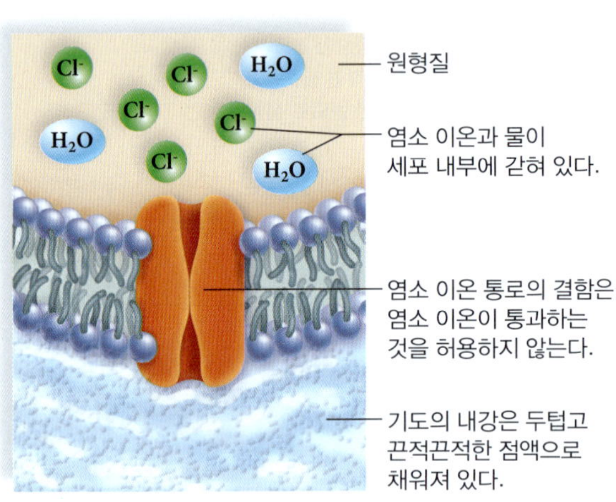

그림 10.12 낭포성 섬유증.
낭포성 섬유증은 염소 이온의 막 투과를 조절하는 통로 단백질의 결함으로 인해 나타난다.

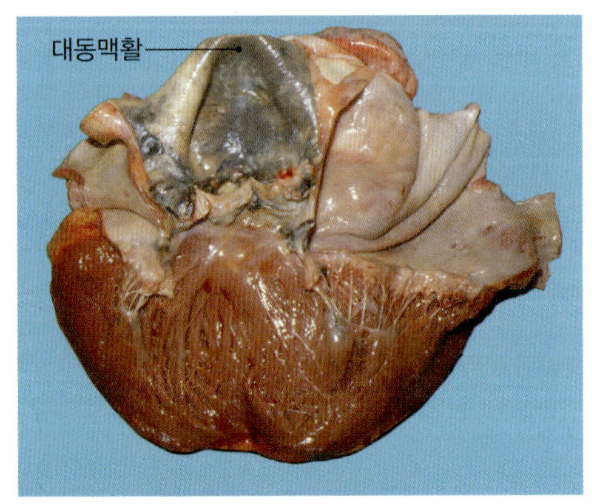

그림 10.13 알캅톤뇨증.
알캅톤뇨증은 호모젠티스산이라는 성분을 대사하지 못해 발병된다. 과도한 호모젠티스산은 소변과 결합조직에 축적되어(어둡게 염색된 부분을 주목) 결합조직 장애를 초래할 수 있다.

두 개의 질환 대립유전자를 모두 물려받아야 한다. 다른 것은 우성으로, 우성 질환은 하나의 대립유전자만 있으면 질병을 일으킬 수 있다.

메트헤모글로빈혈증

메트헤모글로빈혈증(*methemoglobinemia*)은 헤모글로빈의 대체 형태인 메트헤모글로빈이 혈액에 축적되어 발생하는 상대적으로 무해한 상염색체성 열성 질환이다. 메트헤모글로빈은 빨간색이 아닌 파란색이기 때문에 이 질환이 있는 사람의 피부는 파란빛이 도는 보라색으로 보인다(그림 10.11).

오랫동안 의문에 싸여 있었던 메트헤모글로빈혈증의 원인은 어느 한 의사의 집요한 노력에 의해 밝혀졌다. 의사는 미국 켄터키주 트러블섬 크리크의 푸게이트(Fugates) 가족 구성원에 대한 혈액 검사와 가계도 분석을 수행하였다. 직감으로 의사는 푸게이트에 일반적으로 메트헤모글로빈을 다시 헤모글로빈으로 전환시키는 효소인 다이아포레이스(diaphorase)가 있는지 분석하였으며, 그 결과 실제로 효소가 부족하다는 사실을 발견했다. 다음으로, 그는 간단하지만 다소 색다른 방법으로 장애가 있는 환자를 치료했다. 즉, 메틸렌 블루라는 염료를 주입하는 것이었다. 이 색소는 강한 환원제로 전자를 메트헤모글로빈에 전달하여 다시 헤모글로빈으로 전환시킬 수 있었다. 결과는 놀라울 만큼 즉각적으로 나타났다. 환자의 피부가 빠르게 붉은 색조로 변한 것이다.

낭포성 섬유증

낭포성 섬유증(*cystic fibrosis*)은 모든 인종에서 발생하는 상염색체성 열성 질환이지만, 미국의 백인들 사이에서 가장 흔한 치명적인 유전질환이다. 연구에 따르면 이들 환자에게서는 원형질막에 존재하는 염소 이온 통로가 작동하지 못해 염소 이온(Cl^-)이 막을 통과하지 못하는 것으로 나타났다(그림 10.12). 일반적으로 염소 이온이 막을 통과하면 나트륨 이온(Na^+)과 물이 함께 배출된다. 세포 밖으로 배출되는 수분이 부족하면 기관지와 췌장관에 비정상적으로 걸쭉한 점액이 생겨 폐와 췌장의 기능이 방해를 받는다. 환자의 호흡을 편하게 하려면 폐에 있는 끈적한 점액을 주기적으로 느슨하게 해야 하지만 여전히 폐가 자주 감염된다. 막힌 췌관으로 인해 소화효소는 소장까지 도달하는 것이 힘들고, 소화를 개선하기 위해 환자들은 매 식사 전에 사과즙과 소화효소를 섞어 복용한다.

알캅톤뇨증

소변의 색이 검어지는 알캅톤뇨증(*alkaptonuria*)은 상염색체성 열성 유전양상을 보이는 희귀 유전질환이다. 알캅톤뇨증을 앓는 사람들에게는 3번 염색체에 위치하는 호모젠티스산 산화효소(*homogentisate oxygenase, HGD*) 유전자의 기능적 사본이 부족하다. HGD 효소는 일반적으로 호모젠티스산(homogentisic acid)이라는 화합물을 분해한다. 이 효소가 결핍되면 호모젠티스산 혈액에 축적되어 소변으로 배출된다. 이 화합물은 공기에 노출되면 검게 변하기 때문에 소변의 색이 검고 소변에서 독특한 냄새가 난다(그림 10.13). 호모젠티스산은 또한 관절과 결합조직에도 축적되어 조직을 검게 변화시키고 성인에게서 관절염을 일으킨다.

낫꼴적혈구 빈혈증

낫꼴적혈구 빈혈증(겸상 적혈구 빈혈증, *sickle-cell disease*)은 상염색체성 열성 질환으로, 적혈구의 모양이 정상적인 원반 모양이 아니라 불규칙하게 나타난다(그림

10.14). 실제로 많은 수의 적혈구가 낫 모양을 하고 있다. 글로빈 유전자의 단일 염기치환으로 인해 정상 헤모글로빈과는 아미노산 하나가 달라져서 이런 차이를 보이는 것이다. 비정상 헤모글로빈 분자는 서로 뭉쳐 막대 모양의 불용성 덩어리를 형성하고 이로 인해 적혈구 세포가 낫 모양으로 변하게 된다.

낫 모양의 세포는 원반 모양의 정상 적혈구에 비해 좁은 모세혈관을 잘 통과하지 못하여 혈관을 막고 파괴시킨다. 따라서 낫꼴적혈구 빈혈증 환자는 혈액순환이 잘 되지 않고 빈혈 증세를 보이며 감염에 취약하다. 내부출혈은 황달, 간헐적 복부나 관절 통증, 내부 장기 손상과 같은 합병증을 유발한다.

낫꼴적혈구 유전자의 이형접합자는 적혈구의 모양이 정상이지만 낫꼴적혈구 빈혈증 형질을 보인자 형태로 지닌다. 대부분의 전문가들은 보인자들이 대체로 건강하며 특별히 신체 활동을 제한해야 할 필요는 없다고 말한다. 그러나 보인자들은 때때로 탈수증이나 미약한 산소 결핍증 등의 문제를 보이기도 한다.

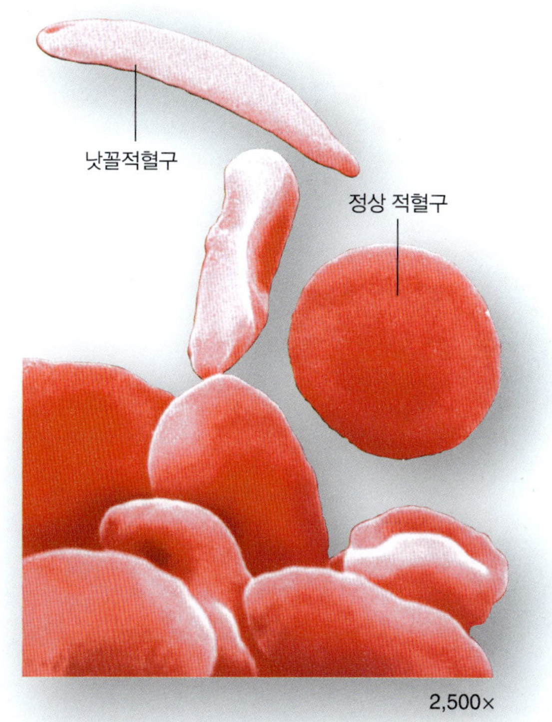

그림 10.14 낫꼴적혈구 빈혈증.
낫꼴적혈구 빈혈증 환자는 비정상적인 헤모글로빈 분자로 인해 낫 모양의 적혈구를 갖게 된다.

골형성부전증

골형성부전증(*osteogenesis imperfecta*)은 상염색체성 우성 유전질환으로 뼈가 약해서 쉽게 부서지는 증상을 보인다. 적어도 9가지 유형의 증상이 알려져 있으며 대부분은 제1형 콜라겐의 합성에 필요한 두 개의 유전자에 돌연변이가 일어나서 발병한다. 제1형 콜라겐은 우리 몸에 가장 많이 들어 있는 단백질이다. 콜라겐은 뼈를 강하고 견고하게 만들고, 신체 조직 대부분에서 기본틀로 작용하는 등 다양한 기능을 한다. 골형성부전증으로 인해 제1형 콜라겐에 결함이 생기면 뼈가 약해져서 부서지기 쉽다. 돌연변이 콜라겐은 정상적인 형태의 제1형 콜라겐과 작용하더라도 구조적인 결함을 나타내기 때문에 골형성부전증은 일반적으로 우성이다. 골형성부전증은 신생아 5,000명 중의 1명 정도로 나타나며 이 빈도는 모든 인종에서 비슷하다. 이 병은 300년 전부터 기록되어 있다. 일부 역사가들은 '뼈없는 이바르(Ivar the Boneless)'라는 별명으로 방패로 가려져 전장에 나갔던 바이킹 족장 이바르 라그나르손(Ivar Ragnarsson)이 골형성부전증을 앓았던 것으로 생각한다. 대부분의 경우 뼈가 부러져 응급실을 자주 찾는 어린 소아에게서 진단이 내려진다. 골형성부전증을 앓는 일부 어린이는 눈의 흰 부분인 공막에 푸른빛을 보이기도 하며, 피부의 탄성 감소, 치아 약화, 때로는 심장 판막 이상을 보이기도 한다. 현재 이 질환은 골밀도를 증가시키는 데 도움이 되는 다양한 약물로 치료할 수 있지만 이러한 약물은 장기간 복용해야 한다.

헌팅톤병

헌팅톤병(*Huntington disease*)은 뇌의 신경세포가 점차적으로 퇴화하는 우성 신경질환이다(그림 10.15). 이 병은 헌팅틴(huntingtin)이라고 부르는 단백질의 유전자 하나에 돌연변이가 생겨 발생한다. 대부분의 환자들은 중년이 될 때까지 정상으로 보이며 이미 자녀를 낳았으면 자녀에게도 유전될 수 있다. 아직 효과적인 치료법은 없으며 증상 발생 후 10~15년 사이에 대체로 사망에 이른다.

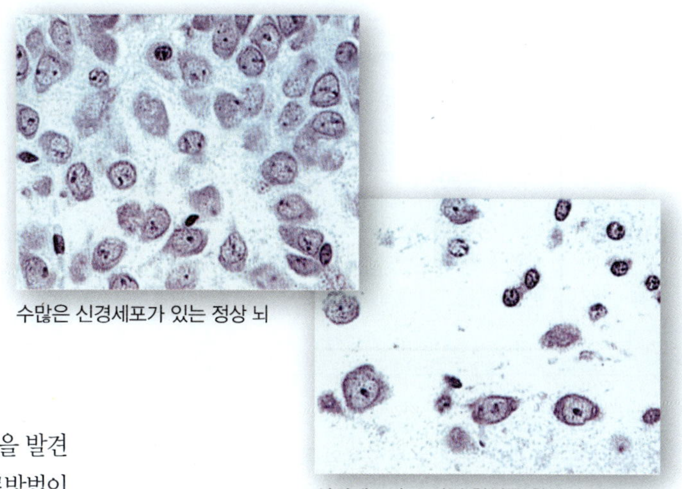

그림 10.15 헌팅톤병.
헌팅톤병은 뇌의 신경세포 손실로 인해 점점 더 심각한 정신운동의 저해와 정신지체가 나타나는 것이 특징이다.

몇 년 전 연구자들은 헌팅톤병 유전자가 4번 염색체상에 위치한다는 것을 발견했다. 해당 유전자의 존재 여부를 알아낼 수 있는 진단법은 개발되었으나 치료방법이 없기 때문에 이 유전자를 진단하려는 사람들은 많지 않다. 그러나 이 병이 특이한 돌연변이에 의해 발생한다는 것은 알고 있다. 유전자에 가외의 코돈이 추가되면서 헌팅틴 단백질이 일련의 추가 글루타민 아미노산을 갖게 된다. 정상적인 헌팅틴 단백질에 10~25개의 글루타민이 있는 반면, 돌연변이 헌팅틴 단백질에는 36개 혹은 그 이상

개념 연결하기

가계도는 상담사가 유전질환의 유전양상을 분석하는 데 도움이 되는 도표이다.

의 글루타민이 포함될 수 있다. 이들 가외의 글루타민으로 인해 헌팅틴 단백질의 모양이 바뀌고 신경세포 안에서 커다란 덩어리가 형성된다. 이 덩어리는 다른 단백질을 끌어당겨 뭉치게 해서 상황을 악화시킨다. 헌팅틴과 뭉쳐지는 단백질 가운데 CBP라고 부르는 단백질은 신경세포의 생존을 돕는다. 연구자들은 이 CBP 수준을 높여 헌팅톤병을 이겨내고자 시도하고 있다.

진도 점검하기 10.2

1. 상염색체성 열성 및 상염색체성 우성 유전양상을 보이는 가계도의 차이점을 요약하시오.
2. 양친 모두 낭포성 섬유증을 보이지 않는 경우에도 그 자녀에게서 질환이 나타날 수 있는 이유를 설명하시오.
3. 낫꼴적혈구 빈혈증과 헌팅턴병의 유전양상을 구별하시오.

10.3 멘델의 법칙을 벗어난 유전양상

학습 목표

이 절을 학습한 후에는 다음 과제를 수행할 수 있어야 한다.

1. 불완전 우성과 공우성이 전통적인 멘델의 예측과 어떻게 다른지 이해하기.
2. 다유전자성 유전과 다인자성 형질의 특징 설명하기.
3. 상위성 상호작용과 다면발현이 표현형에 어떻게 영향을 주는지 설명하기.
4. *연관(linkage)*이라는 용어의 의미를 설명하기.

멘델 이후 우성/열성의 관계에 있어서 변이가 발견되었다. 일부 대립유전자는 우성도 열성도 아니며, 일부 유전자에는 2개 이상의 대립유전자가 존재한다. 게다가 일부 형질은 여러 개의 유전자에 의해 영향을 받고 또한 환경의 영향을 받기도 한다. 이러한 변이를 통해 유전자형의 개념만으로는 생명체의 관찰 가능한 모든 특성을 설명할 수 없다는 사실을 확실히 알 수 있다.

불완전우성

불완전우성(incomplete dominance)은 이형접합자가 각각의 동형접합자가 나타내는 표현형의 중간정도를 나타내는 경우를 말한다. 예를 들어, 곱슬머리인 사람이 직모인 사람과 결혼하면 반곱슬머리를 갖는 아이가 태어난다. 반곱슬머리인 사람들끼리 결혼하여 아이를 가지면 그 아이들은 곱슬머리, 반곱슬머리, 직모의 형태가 각각 1:2:1의 비율로 나타날 것을 예측을 할 수 있다. 유전자 산물을 암호화하는 우성 대립유전자가 열성 대립유전자를 완전히 가릴 수 없는 고 가정하면 불완전우성을 설명할 수 있다.

사람에게 나타나는 불완전우성의 또 다른 예로 가족성 고콜레스테롤혈증을 들 수 있다. 이 병은 원형질막에 존재하는 LDL-콜레스테롤 수용체 단백질 수의 변이로 나타난다. 수용체의 수는 혈액에서 콜레스테롤을 제거하는 신체의 능력과 관련이 있다. 수용체의 수가 적을수록 혈액 내 콜레스테롤 농도는 높아진다(그림 10.16). LDL-콜레스테롤 수용체 대립유전자 두 개 모두 돌연변이를 갖는 사람에게는 LDL-콜레스테롤 수용체가 존재하지 않는다. 돌연변이 대립유전자를 하나만 갖는 사람들은 정상인에 비해 절반의 수용체를 지니며, 두 개의 대립유전자 모두 정상인 경우에

그림 10.16 불완전우성.
불완전우성에서 이형접합자는 두 종류의 동형접합자가 나타내는 표현형의 중간 정도로 표현형을 나타낸다. 가족성 고콜레스테롤혈증은 사람에게서 나타나는 불완전우성의 일례이다. 하나의 돌연변이 대립유전자를 갖는 사람들은 혈중 콜레스테롤 농도가 비정상적으로 높으며, 두 개의 대립유전자가 모두 돌연변이형인 사람들은 이보다 훨씬 더 높은 혈중 콜레스테롤 농도를 보인다.

는 정상적인 수용체 수를 유지한다. 수용체가 전혀 없는 사람들에게서는 과도한 콜레스테롤이 피하조직 등을 비롯한 신체의 여러 곳에 축적된다.

혈중 콜레스테롤 농도가 높으면 심혈관 질환(23.3절 참조)이 발병될 가능성이 높아진다. 따라서 LDL-콜레스테롤 수용체가 없는 사람들은 어린 시절에 심혈관 질환으로 사망하게 된다. 수용체의 수가 절반인 사람들 또한 젊은 시절이나 중년에 사망하는 확률이 높다.

복대립유전자 형질

ABO 혈액형 유전에서는 세 가지 대립유전자가 적혈구에 대한 항원의 존재 여부를 결정하여 혈액형이 결정된다.

I^A = 적혈구 표면에 A 항원 존재
I^B = 적혈구 표면에 B 항원 존재
i = 적혈구 표면에 A 항원 B 항원 모두 없음

한 사람은 세 가지 종류의 대립유전자 중 두 개만 가지고 있으며, I^A와 I^B 대립유전자는 둘 다 i 대립유전자에 대해 우성이다. 따라서 A형의 유전자형은 I^AI^A 또는 I^Ai이고 B형의 유전자형은 I^BI^B 또는 I^Bi 이다. O형은 i 대립유전자가 열성이므로 한 종류의 유전자형(ii)만이 가능하다. 그러나 I^A와 I^B가 함께 존재하면 각각의 표현형이 모두 발현된다. 따라서 I^A와 I^B 대립유전자를 함께 지니는 사람은 AB형이 된다. 그림 10.17은 특정 유전자형을 가진 개체 간의 교배를 통해 부모와 다른 표현형을 가진 개체가 생산될 수 있음을 보여준다.

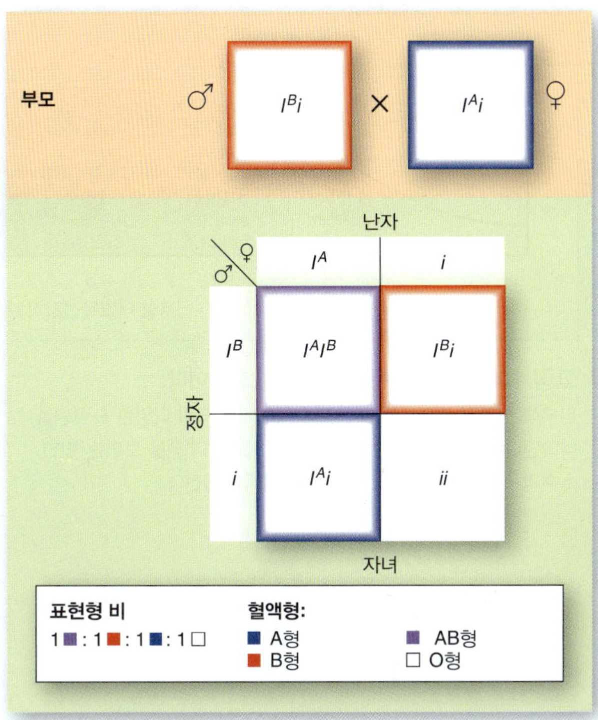

그림 10.17 ABO식 혈액형의 유전.
혈액형이 A형인 사람과 B형인 사람 사이에는 네 가지 혈액형 중 하나를 가진 자녀가 나올 수 있다. 왜냐하면 부모의 유전자형이 I^Bi와 I^Ai이기 때문이다. i 대립유전자는 열성이고 I^A와 I^B는 모두 우성이다.

혈액형에 따라 가능한 유전자형과 표현형은 다음과 같다:

표현형	유전자형
A	I^AI^A, I^Ai
B	I^BI^B, I^Bi
AB	I^AI^B
O	ii

사람의 혈액형 유전은 **공우성(codominance)**의 한 예이다. 이는 하나 이상의 대립유전자가 모두 각각 완전한 형태로 발현된다는 점에서 멘델의 연구 결과와는 다른 유전유형이다. AB형인 사람의 적혈구 세포 표면에는 A항원과 B항원 둘 다 존재한다. 두 개의 서로 다른 대문자는 두 가지 대립유전자 모두 항원을 효율적으로 만들어낸다는 것을 의미한다.

다유전자성 유전

다유전자성(polygenic) 형질은 각각 여러 세트의 대립유전자를 갖는 여러 유전자에 의해 지배된다. 이들 대립유전자 각각은 표현형에 정량적으로 영향을 미친다. 일반적으로 말해서, 각각의 우성 대립유전자는 추가적인 효과를 갖는 유전자 산물을 생성하는 반면, 열성 대립유전자는 약간 또는 전혀 생성하지 않는다. 그 결과 표현형은 지속적으로 변하여 종 모양과 유사한 표현형의 분포가 만들어진다. 더 많은 유전자가 관여할수록 표현형의 변이와 분포는 더욱더 지속될 것이다. 게놈 연구에서 사람의 키를 예로 든다면 표현형에 영향을 미치는 서로 다른 대립유전자는 700개 정도로 많을 수 있다고 한다. 이들 유전자의 조합이 약간의 부가적인 효과와 표현형의 특징적인 종 모양의 분포를 만든다(그림 10.18).

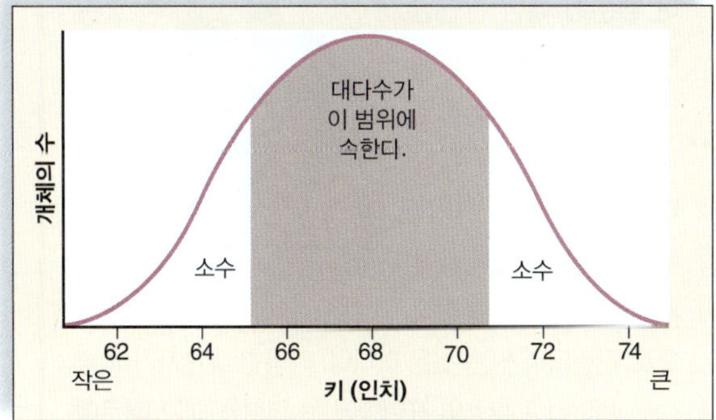

그림 10.18 다유전자성 형질인 사람의 키.
무작위로 선택한 많은 사람들의 키를 기록하면 여러 유전자 쌍이 형질을 제어하기 때문에 결과 값은 종 모양의 곡선을 나타낸다. 영양섭취와 같은 환경적 영향도 표현형에 영향을 준다.

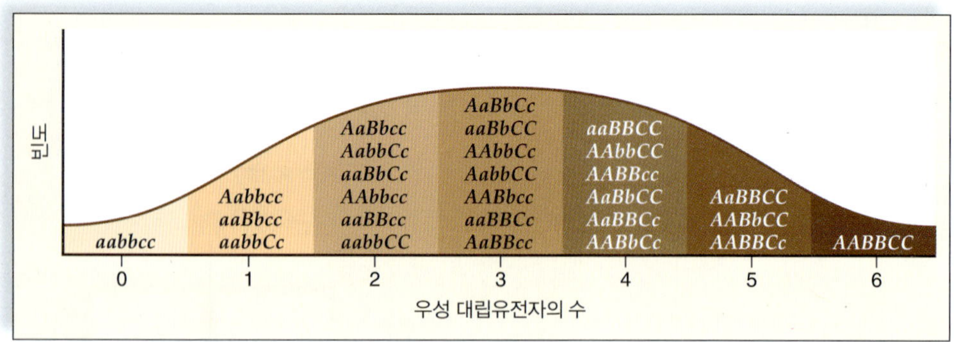

그림 10.19 피부색은 다유전자성 형질이다.
피부색은 여러 쌍의 대립유전자에 의해 조절되며 다양한 표현형을 나타낸다. 대다수의 사람들은 중간 범위의 피부색을 보이는 반면, 소수의 사람들은 극단적인 범위의 피부색을 가진다.

환경의 영향

많은 경우 환경은 다유전자성 형질과 관련된 표현형의 범위에도 영향을 미친다. 이러한 상호작용은 **다인자성 형질(multifactorial traits)**을 생성한다. 예를 들어, 키의 경우(그림 10.18), 영양의 차이는 키 표현형의 변화와 연관되어 있다.

인간의 다인자성 형질을 보여주는 또 다른 훌륭한 예는 피부색이다. 우리의 피부는 골밀도를 높이는 호르몬 역할을 하는 비타민 D의 합성을 돕는 역할을 한다. 태양의 자외선에 반응하여 멜라닌 세포라고 불리는 피부 세포는 멜라닌이라는 보호 색소를 생성한다. 북유럽 등 북부 지역에서는 멜라닌 생성량이 적어 비타민 D 합성이 증가한다. 적도에 가까운 지역에서는 자외선 손상으로부터 피부를 보호하기 위해 더 많은 멜라닌을 생성한다.

환경적 영향 외에도 피부색은 100개 이상의 서로 다른 유전자 집합의 영향을 받는 다유전자성 형질이다. 여기서는 논의를 위해 세 쌍의 대립유전자(*Aa*, *Bb*, *Cc*)만으로 구성된 간단한 모델을 사용하겠다. 이 모델에서 각 우성 대립유전자는 피부 색소에 기여하는 대립유전자를 나타낸다. 피부색이 매우 짙은 사람과 매우 밝은 사람 사이에 태어나는 아이들의 피부색은 중간인 갈색이다. *AaBbCc* 유전자형을 가진 두 사람 사이에서 태어나는 아이의 피부색은 매우 짙은 색부터 매우 밝은색까지 다양하다. 이러한 표현형의 분포는 일반적으로 종 모양의 곡선을 따른다. 즉 극단적인 표현형을 갖는 사람은 거의 없고 대부분의 사람은 중간에 해당되는 표현형을 갖는다는 의미이다. 종 모양의 곡선은 다유전자성 형질을 식별하는 일반적인 특징이다(그림 10.19).

환경(햇빛에 노출)과 이러한 유전자형의 상호작용은 표현형에 추가적인 변이를 만든다. 예를 들어, *AaBbCc*인 사람의 경우 동일한 유전자형을 갖고 있는 사람과 피부색이 다를 수 있으며, 몇 가지 가능한 표현형들은 두 극단 사이에 있게 된다.

온도는 식물과 동물의 표현형에 영향을 미칠 수 있는 환경 요인의 또 다른 예다. 프림로즈(primrose)는 32°C 이상에서 자라면 흰색 꽃을 피운다; 이 온도 이하에서는 꽃이 빨간색이다. 샴고양이와 히말라야토끼의 털은 귀, 코, 발, 꼬리의 색이 다른 부분보다 진하다. 히말라야토끼는 멜라닌 색소를 생성하는 데 관여하는 *ch* 대립유전자가 동형접합성인 것으로 알려져 있다. 실험 결과 이 유전자에 의해 생성하는 효소는 온도가 낮을 때만 활성을 보여 온도가 낮아 체온이 떨어지면 털 색은 검어진다. 이 동물이 더 따뜻한 환경에 놓이게 되면 새로 생성되는 털은 밝은색을 띠게 된다.

구순열 및/또는 구개열, 만곡족, 선천성 고관절 탈구, 고혈압, 당뇨병, 정신분열증, 심지어 알레르기 및 암과 같은 많은 유전질환은 많은 유전자와 환경 영향의 조합으로 발생한다. 표현형에 대한 유전적, 환경적 영향의 상대적 중요성은 다양할 수 있으며, 표현형의 변이 중 어느 정도가 어느 요인에서 기인하는지 알아내는 것은 어려운 경우가 많다. 특히 여러 개의 유전자가 표현형에 부가적인 효과를 미치는 다유전자성 형질에서 중요한 문제가 된다. 각 유전자에 여러 대립유전자가 존재하고 각각의 대립유전자가 환경요인에 조금씩 다른 방식으로 반응한다면, 표현형은 상당히 다양해질 수 있다. 다인자성 형질은 제약회사에서 크게 관심을 갖는 대상이다. 왜냐하면 유전적 요인(환자의 인종적 배경)이나 환경적 요인(식습관)에 따라 약물에 다른 반응을 보일 수 있기 때문이다.

사람에게 있어 다인자성 형질에 대한 연구는 본성 대 양육에 관한 논쟁을 이

연관

피부색이 사람의 인종을 나타내는 좋은 지표인가?

이 질문에 대한 간단한 대답은 '아니오'이다. 개인의 피부색은 그 사람의 유전적 유산을 나타내는 진정한 지표가 아니다. 같은 피부색을 가진 사람들이 반드시 유전적으로 관련되어 있는 것은 아니다. 다양한 유전자가 피부색을 제어하고 환경이 표현형에 큰 역할을 하기 때문에 사람의 피부색이 반드시 조상의 기원을 나타내는 것은 아니다. 과학자들은 인종의 유전적 기초를 적극적으로 조사하고 있으며 개인의 유전적 유산과 특정 약물에 대한 반응 사이에서 몇 가지 흥미로운 관계를 발견했다.

©Wavebreakmedia Ltd/Getty Images

해하는 데 큰 도움이 된다. 연구자들은 다양한 형질 중 몇 퍼센트가 본성(유전성)으로 인한 것인지, 몇 퍼센트가 양육(환경)으로 인한 것인지 알아내고자 한다. 서로 다른 환경에 있는 일란성 쌍둥이가 어떤 형질을 공유한다면 그 형질은 유전될 가능성이 가장 높기 때문에 일부 연구에서는 출생 시 분리된 쌍둥이를 대상으로 한다. 일란성 쌍둥이는 태어나서 분리된 이란성 쌍둥이보다 지적 재능, 성격적인 특성, 일생 동안 행복을 느끼는 수준 더 유사하다. NASA는 우주 환경이 유전학에 어떤 영향을 미치는지 연구하기 위해 국제 우주 정거장에서 우주 비행사 쌍둥이 스콧 켈리(Scott Kelly)와 마크 켈리(Mark Kelly)를 대상으로 실험을 수행했다. 생물학자들은 모든 행동 특성이 부분적으로는 유전에 의해 결정되며, 이러한 특성에 대한 유전자는 복잡한 조합으로 함께 작용하여 환경영향에 의해 변형되는 표현형을 생성한다고 결론지었다.

유전자 상호작용

이미 언급했듯이 유전자가 단독으로 작용하여 표현형을 생성하는 경우는 거의 없다. 많은 경우, 여러 유전자는 여러 효소와 단백질의 상호작용으로 구성된 대사경로의 일부일 수 있다.

유전자 상호작용에 의해 결정되는 형질의 예는 인간의 눈 색깔이다(그림 10.20). 멜라닌을 포함하여 여러 가지 색소가 눈 색깔의 생성에 관여한다. 다양한 요인(눈의 구조를 포함하여)이 눈 색깔(녹색 또는 담갈색 눈과 같은)의 사소한 변화를 제어하지만, *OCA2*라는 유전자는 눈 색깔의 갈색/파란색 기반을 설정하는 멜라닌 생성에 관여한다. *OCA2*가 완전히 결핍된(백색증에서 발생하는 것처럼) 개체는 빨간색 눈을 가진다. *OCA2*의 열성 형태는 동형접합성 열성 개체에서는 파란 눈을 생성하는 반면, 단일 우성 *OCA2* 대립유전자는 갈색 눈(가장 일반적인 눈 색깔)을 생성한다.

그러나 *OCA2* 유전자보다 우월한 또 다른 유전자 *HERC2*가 있다. 개체가 *HERC2*의 열성 대립유전자에 대해 동형접합성인 경우 *OCA2*와 관련된 유전자형에 관계없이 파란 눈을 갖게 된다. 유전학자들은 한 유전자가 다른 유전자보다 우월한 이러한 유형의 상호작용을 **상위성 상호작용(epistatic interaction)**이라고 부른다.

다면발현

다면발현(pleiotropy)은 하나의 유전자가 한 가지 이상의 효과를 나타내는 경우를 말한다. 이는 종종 특정 유전자의 돌연변이에 의해 일련의 증상이 동시에 나타나는

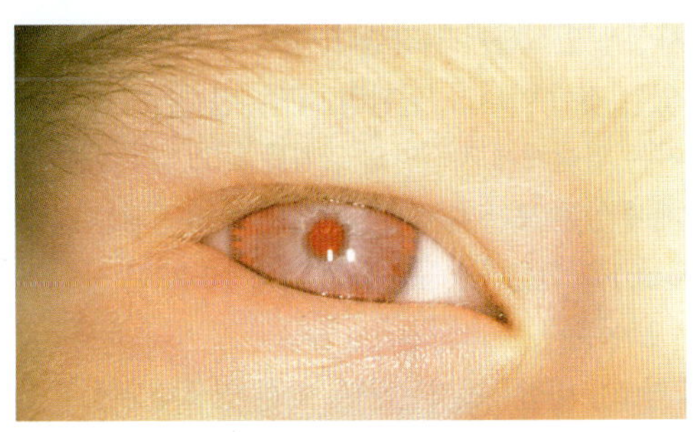
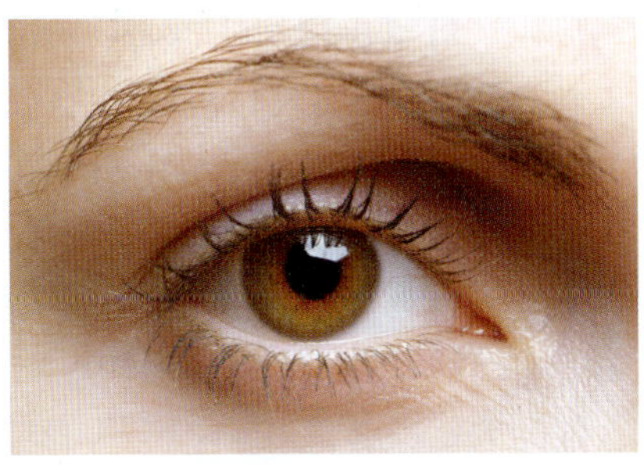
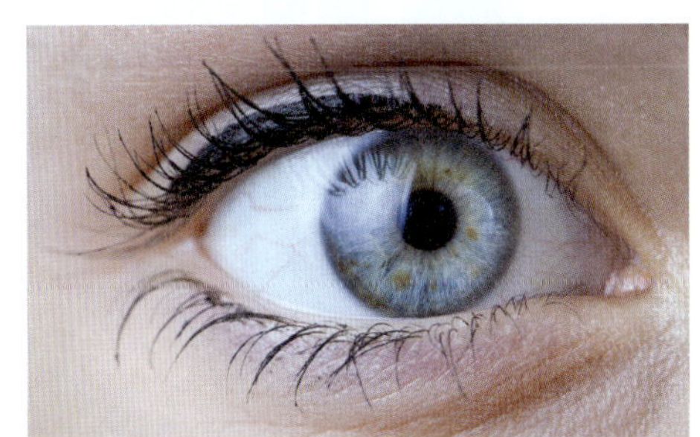

그림 10.20 유전자 상호작용과 눈 색깔.
빨간 눈을 가진 사람(*왼쪽*)은 눈 색소를 생성하는 능력이 부족하다. 우성 *OCA2* 대립유전자가 존재하면 일반적인 갈색 눈을 가진다(*가운데*). 파란 눈(*오른쪽*)은 *OCA2* 대립유전자에 대한 동형접합성 열성이거나 두 번째 유전자인 *HERC2*와의 상호작용으로 인해 발생할 수 있다.
(red eye): ©Mediscan/Alamy Stock Photo; (brown eye): ©Stylephotographs/123RF; (blue eye): ©Lightpoet/123RF

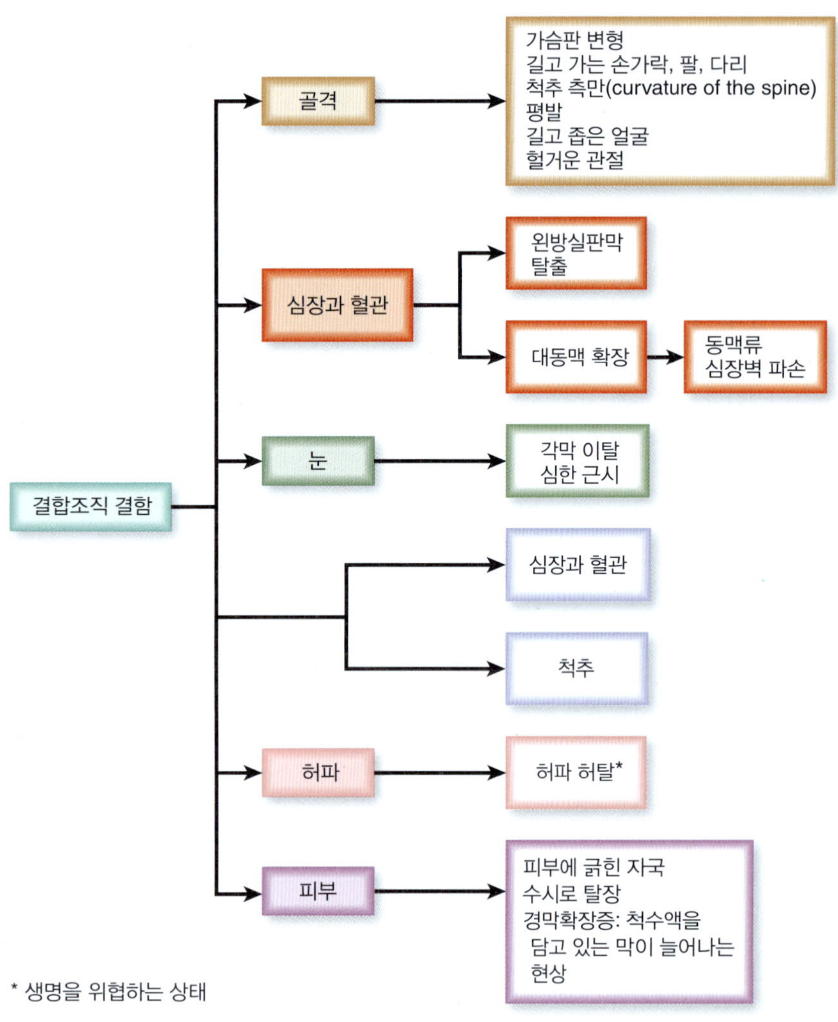

그림 10.21 마르팡 증후군, 단일 유전자의 여러 가지 효과.
마르팡 증후군 환자는 몸 전체의 결합조직에 결함을 나타낸다. 골격, 심장, 혈관, 눈, 폐, 피부에 중요한 변화가 일어난다. 이러한 모든 증상은 결합조직의 구성요소를 암호화하는 유전자 *FBN1*의 돌연변이로 인해 발생한다.

증후군(*syndrome*)으로 이어진다. 예를 들어, 마르팡 증후군(Marfan syndrome)이 있는 사람은 팔, 다리, 손, 발이 비정상적으로 길고 동맥이 약하며 시력이 나쁘다(그림 10.21). 이런 증상은 모두 결합조직이 비정상적으로 형성되면서 나타난다. 마르팡 증후군은 일반적으로 기능성 단백질 피브릴린을 지정하는 15번 염색체상의 돌연변이 유전자(*FBN1*)와 관련이 있다. 이 단백질은 결합조직에서 탄성의 섬유를 형성하는 데 필수적이다. 정상적인 결합조직의 구조적 지지가 없으면 대동맥은 터질 수 있으며, 특히 배구나 농구와 같은 격렬한 스포츠를 하는 경우 더욱 더 그렇다. 플로 하이먼(Flo Hyman)은 미국 최고의 여자 배구 선수였지만, 경기 도중 대동맥 파열로 쓰러져 불과 31세의 나이에 사망했다. 이제는 코치들이 마르팡 증후군에 대해 알게 되었기 때문에 장신 농구 선수들 사이에서 이 증상이 나타나는지 살펴보고 있다.

낫꼴적혈구 빈혈증이나 포르피린증(porphyria)과 같은 많은 종류의 질병이 다면발현의 사례에 속한다. 포르피린증은 헤모글로빈 형성 과정에서 특정한 화학물질이 부족하여 적혈구의 붉은색을 만들지 못한다. 포르피린증은 광민감성, 심한 복부 통증, 붉은색 소변, 팔다리 마비증상 등을 수반한다. 1700년대 후반에서 1800년대 초반, 영국 왕실 가족의 상당수가 이 증상을 지니고 있어 간질성 경련이나 기괴한 행동을 보이거나 혼수상태에 빠지곤 했다. 뱀파이어 전설은 아마도 특정한 형태의 포르피린증을 앓고 있는 사람에서 유래되었을 것이다.

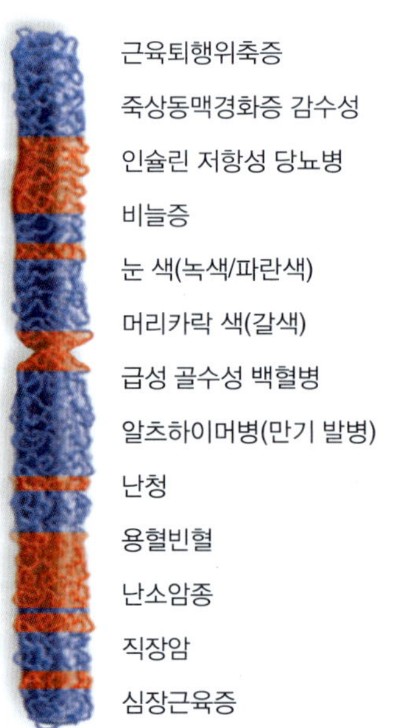

그림 10.22 사람의 19번 염색체상에 위치한 일부 형질(실제 거리와 다름).
이들 형질은 단일 연관군을 이룬다. 인간 유전학에서 유전자는 때때로 신체에서의 기능이 아닌 관련된 질병의 이름을 따서 명명된다.

연관

멘델의 유전 연구 이후 얼마 지나지 않아 연구자들은 하나의 염색체상에 여러 종류의 대립유전자가 존재해야 한다는 사실을 인식하기 시작했다. 하나의 염색체에는 단지 한두 개의 대립유전자만이 들어 있는 것이 아니라, 일련의 대립유전자들이 특정한 순서로 포함되어 있다. 각 대립유전자는 염색체에 자신만의 위치를 갖고 있기 때문에 서열은 고정되어 있다. 하나의 염색체에 있는 모든 대립유전자는 함께 유전되는 경향이 있기 때문에 **연관군(linkage group)**을 이룬다. 예를 들어, 그림 10.22는 사람의 19번 염색체상에 존재하는 연관군을 보여준다.

양성 교배를 할 때(그림 10.6 참조), 대립유전자는 서로 다른 염색체상에 존재하며 따라서 이들 유전자는 서로 연관되어 있지 않다고 가정하였다. 연관된 대립유전자는 독립적으로 분리되지 않으므로 일반적인 멘델의 유전형 및 표현형 비율을 따르지 않는다. 역사적으로 연구자들은 염색체의 유전자 지도를 구축하기 위해 예상되는 멘델의 비율과 관찰된 연관 유전자의 비율 간의 차이를 사용했다. 이 지도는 염색체상에 존재하는 유전자 사이의 상대적인 거리를 나타낸다. 오늘날 염색체의 유전자 지도는 염색체의 직접적인 서열 분석과 기타 생화학적 과정을 통해 만들어진다.

진도 점검하기 10.3

1. 불완전 지배와 지배의 차이점을 설명하시오.
2. AB형과 O형인 두 부모가 O형 아이를 가질 수 없는 이유를 설명하시오.
3. 다유전적 특성과 다인자적 특성을 비교하고 대조하시오.
4. 유전자 연관과 유전자 상호작용이 어떻게 일반적인 멘델의 유전양식을 바꿀 수 있는지 설명하시오.

개념 연결하기 10.3
유전자 상호작용, 환경 영향 및 염색체상의 유전자 연관으로 인해 예상되는 멘델의 유전양상의 변형이 발생할 수 있다.

10.4 성 연관 유전

학습 목표

이 절을 학습한 후에는 다음 과제를 수행할 수 있어야 한다.

1. 성별에 따른 성 연관 형질 유전의 차이 설명하기.
2. 성 연관 유전을 나타내는 유전적 교배를 해결하고 해석하기.
3. 성 연관 유전과 관련된 질환 판별하기.

일반적으로 남성과 여성 모두 23쌍의 염색체를 가지고 있다; 22쌍은 상염색체이고 나머지 1쌍은 **성염색체(sex chromosome)**이다. 성별에 따라 다르기 때문에 성염색체라고 부른다. 사람에서 남성은 성염색체 X와 Y 염색체를 지니고, 여성은 두 개의 X 염색체를 지닌다(그림 10.23).

길이가 훨씬 짧은 Y 염색체에는 200개 미만의 유전자가 포함되어 있으며, 이러한 유전자의 대부분은 남성과 여성의 성별 차이를 나타내는 데 관여한다. Y 염색체에 있는 유전자 중 하나인 *SRY*는 X 염색체에는 존재하지 않는다. *SRY* 유전자가 정상적으로 기능하는 개체는 남성이 되고, 없으면 개체는 여성이 된다. 따라서 여성의 성 발달이 "기본 설정"이다.

대조적으로, X 염색체는 상당히 크고 거의 800~900개의 단백질을 코딩하는 유전자를 포함하고 있으며, 그 중 대부분은 개체의 성별과는 관련이 없다. 전통적으로 **X-연관(X-linked)**이라는 용어는 X 염색체에 있는 유전자를 의미한다. 사람에게 나타나는 X-연관 형질로는 혈우병과 적록색맹이 있다. Y 염색체에는 이러한 유전자가 없기 때문에 흥미로운 유전양상이 나타난다.

성 연관 형질은 아버지에게서 아들로 또는 어머니에게서 딸로 유전된다고 가정하는 것이 논리적이지만, 항상 그런 것은 아니다. X-연관 형질의 경우, 남성은 항상 어머니로부터 X-연관 대립유전자를 받게 된다. X와 Y 염색체는 서로 상동이 아니기 때문에 아버지로 부터의 Y 염색체에는 X 염색체상에 존재하는 대립유전자가 없다. 대체로 성 연관 유전질환은 열성이다. 따라서 여성은 부모 양쪽 모두에게서 두 개의 대립유전자를 동시에 물려받아야 형질이 표현된다.

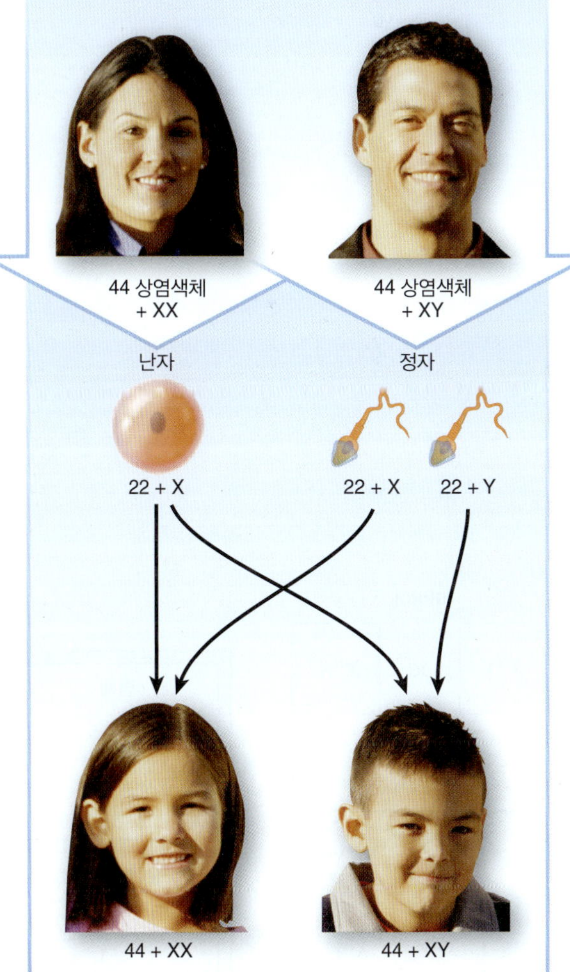

그림 10.23 사람의 성 결정.
정자는 X 또는 Y 염색체를 운반할 수 있기 때문에 정자가 자녀의 성별을 결정한다. Y 염색체를 물려받으면 남성이 된다. Y 염색체상의 유전자 또한 개인의 성별에 영향을 미친다.

성 연관 대립유전자

X-연관 대립유전자는 X 염색체에 어깨글자를 붙인 형태로 표기한다. 예를 들어,

연관

사람의 성 연관 형질에는 어떤 것이 있을까?

아마도 사람에게서 가장 잘 알려진 X-연관 형질의 예는 혈우병 A일 것이다. 이 질병은 혈액응고에 관여하는 유전자 가운데 하나에 생긴 열성 돌연변이로 인해 나타난다. 이 유전자는 X 염색체상에 위치하기 때문에 어머니에게서 변형된 유전자를 물려받은 아들은 혈우병에 걸리게 된다. 여성은 아버지와 어머니 모두에게서 변형된 유전자를 물려받아야 질병이 나타난다. 혈우병 A는 수세기 동안 영국, 스페인, 러시아, 독일의 왕실에서 문제가 되었다.

X-연관 열성 형질인 적록색맹은 다음과 같이 표기한다.

$$X^B = \text{정상} \qquad X^b = \text{색맹}$$

남자와 여자에서 가능한 유전자형 및 표현형은 다음과 같다.

유전자형	표현형
X^BX^B	정상 여성
X^BX^b	정상 표현형의 보인자 여성
X^bX^b	색맹 여성
X^BY	정상 남성
X^bY	색맹 남성

위에서 두 번째 유전자형은 보인자(*carrier*) 여성이 된다. 이 여성은 정상 시각을 갖지만 색맹 유전자를 전해줄 수 있다. 색맹인 여성은 양친 모두에게서 색맹 대립유전자를 물려받아야 하기 때문에 드물게 나타난다. 색맹 대립유전자는 X 염색체상에 존재하므로 어머니에게서 아들로 전해질 수 있다. 남성은 아버지에게서만 Y 염색체를 물려받는다.

정상 남성과 색맹 유전자를 이형접합으로 지니는 여성이 결혼하는 경우를 살펴보자(**그림 10.24**). 이 부부가 색맹인 딸을 낳을 가능성은 얼마나 될까? 색맹인 아들을 낳을 확률은? 이 부부가 낳는 딸은 모두 정상이다. 딸들은 아버지에게서 정상 X^B 대립유전자를 물려받기 때문이다. 그러나 아들은 어머니에게서 X^B와 X^b 가운데 어느 염색체를 물려받는가에 따라 50%의 확률로 색맹이 될 것이다. 아버지로부터의 Y 염색체에는 해당 형질에 대한 대립유전자가 존재하지 않기 때문에 어머니로부터의 X^b유전을 상쇄시킬 수 없고 따라서 아들의 색맹을 예방할 수 없다. 그림 10.24에는 성 연관 형질에 대한 표현형의 결과가 자녀의 성별에 따라 어떻게 다르게 나타나는지 설명되어 있다.

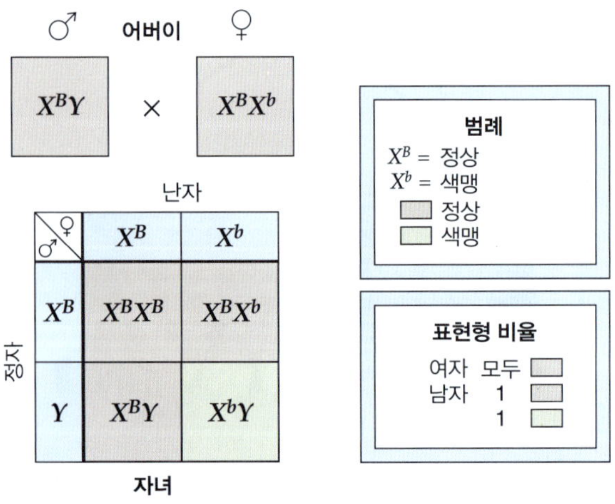

♂ 어버이 ♀

X^BY × X^BX^b

난자

♂\♀	X^B	X^b
X^B	X^BX^B	X^BX^b
Y	X^BY	X^bY

정자

자녀

범례
X^B = 정상
X^b = 색맹
정상
색맹

표현형 비율
여자 모두
남자 1
1

그림 10.24 X-연관 유전.
색맹의 특정 형태는 X 염색체상에 위치한 유전자와 연관되어 있어 성 연관 유전양상을 따른다.

성 연관 질환의 가계도

그림 10.25는 X-연관 열성 질환(*X-linked recessive disorder*)에 대한 가계도를 보여주고 있다. 아들의 유일한 X 염색체는 어머니로부터 오기 때문에 아들은 어머니로부터 X-연관 열성 형질을 물려받는다는 점을 기억하시오. X 염색체의 열성 대립유전자는 항상 남성에게서 발현되기 때문에(Y 염색체에는 대립유전자가 결핍) 여성보다 남성이 더 많이 이 질환을 앓는다. 이 질환이 있는 여성은 어머니와 아버지 모두로부터 대립유전자를 물려받았으며, 그러한 여성의 모든 아들은 이 질환을 갖게 된다.

남성이 X-연관 열성 질환을 앓고 있는 경우라면 배우자가 정상이라도 딸은 모두 보인자가 된다. 따라서 X-연관 열성 질환은 종종 할아버지로부터 손자에게로 전해지는 것처럼 보이기도 한다. 그림 10.25에는 X-연관 열성 질환을 확인할 수 있는 방법이 제시되어 있다.

적은 수이기는 하지만 X-연관 우성(*X-linked dominant*)도 존재한다. 질환이 X-연관 우성인 경우, 질환이 있는 남성의 딸이 해당 질환을 가질 확률은 100%이다. 여성은 X-연관 우성 대립유전자를 아들과 딸 모두에게 물려줄 수 있다. 여성이 이형접합성이고 배우자가 정상인 경우, 각 자녀는 어머니의 X 염색체 중 어느 것이 유전되는지에 따라 X-연관 우성 질환에서 벗어날 확률이 50%이다.

Y 염색체에 있는 유전자와 관련된 유전 질환은 훨씬 더 적다. Y-연관 질환은 남성에게만 존재하고 아버지로부터 모든 아들에게 직접 전달되지만 딸에게는 전달되지 않기 때문에 상담사는 Y-연관 유전양상(*Y-linked pattern of inheritance*)을 비교적 쉽게 확인할 수 있다.

X-연관 열성 질환

색맹

적록색맹(*red-green color blindness*)은 흔하게 나타나는 X-연관 열성 질환이다(그림 10.24 참조). 백인 남성의 약 8%는 더 밝은 녹색을 황갈색으로, 올리브 녹색을 갈색으로, 빨간색을 적갈색으로 본다. 소수는 빨간색과 녹색을 전혀 구별할 수 없다; 노랑, 파랑, 검정, 하얀, 회색만을 인식한다.

듀셴 근위축증

듀셴 근위축증(*Duchenne muscular dystrophy*)은 X-연관 열성 질환으로 근육이 점차적으로 줄어드는 병이다. 현재는 디스트로핀(dystrophin)이라고 부르는 단백질의 결핍을 원인으로 본다. 많은 연구를 통하여 디스트로핀은 근섬유의 근소포체에서 칼슘이 방출되는 과정을 조절한다는 것이 밝혀졌다. 디스트로핀이 결핍되면 칼슘이 세포 내로 누출되어 근섬유를 분해하는 효소의 작용을 촉진한다. 신체가 조직을 복구하려고 시도하면 섬유성 조직이 형성되고(그림 10.26), 이로 인해 혈액 공급이 차단되어 점점 더 많은 세포가 죽게 된다.

뒤뚱거리는 걸음걸이, 까치발 걷기, 빈번하게 넘어지고 잘 일어나지 못하는 등의 증상이 아이가 걷기 시작할 무렵부터 나타난다. 근육 약화 증상이 심해지면 휠체어에 의존해야 한다. 대체로 20세 전후가 되면 사망에 이른다; 따라서 증상이 나타난 남성이 아버지가 되는 경우는 매우 드물다. 열성 대립유전자는 보인자 어머니에게서 딸로 전달되면서 인류에 남아 있다.

치료법으로는 미성숙 근육세포를 근육에 주사할 수도 있으며, 주입된 100,000개의 세포마다 근섬유의 30~40%에서 디스트로핀이 생성된다.

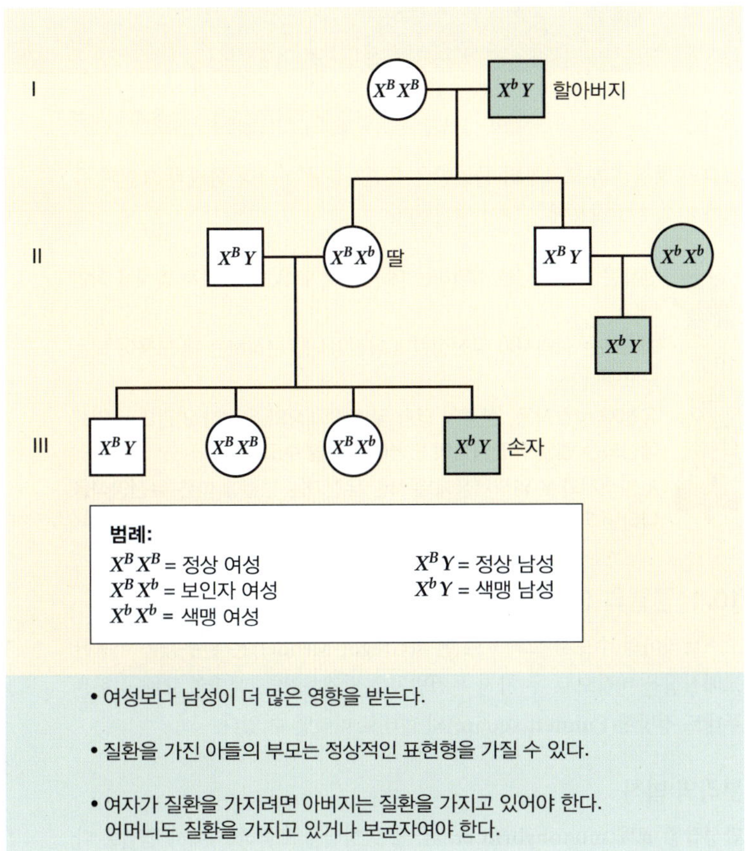

- 여성보다 남성이 더 많은 영향을 받는다.
- 질환을 가진 아들의 부모는 정상적인 표현형을 가질 수 있다.
- 여자가 질환을 가지려면 아버지는 질환을 가지고 있어야 한다. 어머니도 질환을 가지고 있거나 보균자여야 한다.

그림 10.25 X-연관 열성 가계도.
이 도표는 색맹과 같은 X-연관 열성 질환을 확인하는 방법을 제시한다.

그림 10.26 근위축증.
근위축증을 앓는 어린이는 디스트로핀 단백질 결핍으로 인해 근육이 위축되면서 섬유조직이 발달하기 때문에 종아리가 부풀어 오르는 증상을 보인다.

(left, right): ©Dr. Rabi Tawil; (center): ©Muscular Dystrophy Association

10.4

개념 연결하기

X 염색체와 Y 염색체상에 위치한 유전자는 성별에 따른 유전양상을 나타낸다.

진도 점검하기 10.4

1. 남성이 서로 다른 성염색체를 지니는 두 가지 배우자를 형성할 수 있는 이유는?
2. 상염색체성 열성 유전양상과 X-연관 열성 유전양상의 차이를 설명하시오.
3. 성 연관 질환의 예를 두 가지 제시하시오.

요 약 SUMMARIZE

우리의 형질은 부모로부터 물려받은 유전자뿐만 아니라 환경적 요인과 유전자 간의 상호작용에 의해서 결정된다.

멘델은 유전양식을 설명하는 데 사용할 수 있는 두 가지 법칙을 확립했다.

가계도는 상담사가 유전질환의 유전양식을 분석하는 데 도움이 되는 도표이다.

유전자 상호작용, 환경의 영향 및 염색체상의 유전자 연관으로 인해 예상되는 멘델 유전양식의 변형이 발생할 수도 있다.

X 염색체와 Y 염색체상에 위치한 유전자는 성별에 따른 유전양식을 나타낸다.

10.1 멘델의 법칙

오스트리아의 수도사 그레고르 멘델(Gregor Mendel)은 완두콩을 이용한 교배실험을 바탕으로 두 가지 유전법칙을 발견하였다. 멘델의 교배 실험은 **푸네트 정방형(Punnett square)**의 형태로 나타낼 수 있다.

분리의 법칙

단성잡종 교배(monohybrid cross, 단일 형질을 포함하는)에서 멘델은 다음과 같은 **분리의 법칙(law of segregation)**을 확립했다.

- 각 개체는 각각의 형질에 대해 두 개의 인자를 가지고 있다.
- 이들 인자는 배우자가 형성되는 동안 분리된다.
- 각 배우자는 두 개의 인자 가운데 하나만을 무작위로 갖는다.
- 수정이 되면서 각 형질에 대한 인자를 두 개씩 갖는 새로운 개체가 형성된다.

현대 유전학에서 대립유전자는 같은 유전자의 서로 다른 변이형을 말한다. 각각의 대립유전자는 염색체상의 특정 위치에 존재한다. 상동염색체는 동일한 유전자좌에 대립유전자를 가지고 있다. **유전자형(genotype)**은 개인의 대립유전자를 말하며, **표현형(phenotype)**은 이러한 대립유전자와 관련된 신체적 특성을 의미한다. **우성 대립유전자(dominant allele)**는 **열성 대립유전자(recessive allele)**의 발현을 가린다. **동형접합성(homozygous)** 우성 개체는 우성 표현형(예: *FF* = 주근깨)을 나타낸다. 동형접합성 열성 개체는 열성 표현형을 나타낸다(예; *ff* = no 주근깨). **이형접합성(heterozygous)** 개체는 우성 표현형(예: *Ff* = 주근깨)을 갖는다. 동형접합성 표현형을 가진 개체가 동형접합성 우성인지 이형접합성인지를 결정하기 위해 **검정교배(testcross)**가 사용될 수 있다.

독립의 법칙

양성잡종 교배(dihybrid cross, 두 개의 형질을 교배하는) 실험을 바탕으로 멘델은 **독립의 법칙(law of independent)**을 확립하였으며, 이는 다음과 같다;

- 인자들의 각 쌍은 다른 쌍과 독립적으로 분리된다.
- 배우자에서는 인자들의 가능한 모든 조합이 발생할 수 있다.

현대의 유전학에서,

- 각 상동염색체 쌍은 다른 쌍과 독립적으로 분리된다.
- 염색체와 그 대립유전자의 가능한 모든 조합은 배우자에서 발생한다.
- 멘델의 법칙은 감수분열 중에 상동염색체와 그 대립유전자가 분리되는 과정과 일치한다.

일반적인 상염색체의 유전적 교배

푸네트 정방형은 모든 종류의 정자가 모든 종류의 난자와 수정될 수 있다고 가정하고 다음과 같은 결과를 제공한다.

Aa	×	*Aa*	3:1 표현형의 비
Aa	×	*aa*	1:1 표현형의 비
AaBb	×	*AaBb*	9:3:3:1 표현형의 비
AaBb	×	*aaBb*	1:1:1:1 표현형의 비

10.2 사람에게 적용되는 멘델의 법칙

사람에게서 나타나는 많은 형질과 질환은 멘델의 법칙을 따른다. 이들 형질은 종종 **상염색체(autosome)**상에 존재하는 단일 대립유전자 쌍에 의해 조절된다.

가족 가계도

가계도(pedigree)는 가족 내 유전질환의 역사를 시각적으로 표현한 것이다. 가계도를 작성함으로써 유전 상담사는 유전질환이 상염색체성 열성인지 상염색체성 우성인지 판별할 수 있다.

사람의 상염색체성 질환

흔히 나타나는 상염색체성 질환으로 다음과 같은 예를 들 수 있다.

- 메트헤모글로빈혈증(혈액에서 메트헤모글로빈을 제거하지 못함)
- 낭포성 섬유증(염소 이온의 원형질막 통과를 조절하는 통로 단백질의 결함)
- 알캅톤뇨증(호모젠티스산의 대사 결함)
- 낫꼴적혈구 빈혈증(낫 모양의 적혈구 생성)
- 골형성부전증(콜라겐 조직의 결함)
- 헌팅톤병(비정상적인 헌팅턴 단백질)

10.3 멘델의 법칙을 벗어난 유전양상

일부 형질은 대립유전자 사이에 우성과 열성의 관계를 보이지 않는 경우도 있다.

불완전우성

불완전우성(incomplete dominance)에서 이형접합자는 두 개의 동형접합자가 보이는 표현형 사이의 중간 정도 표현형을 나타낸다. 예를 들어, 고콜레스테롤혈증에서 이형접합자는 혈중 콜레스테롤의 농도는 우성 동형접합자와 열성 동형접합자의 중간 수준이다.

복대립유전자 형질

복대립유전자에 의한 유전양상은 사람의 ABO 혈액형에서 살펴볼 수 있다.

모든 사람들은 세 가지 가능한 대립유전자, I^A, I^B, i 가운데 두 가지를 지닌다. 이 가운데 I^A와 I^B는 공동으로 표현되므로 **공우성(codominance)**의 예가 된다.

다유전자성 유전

다유전자성(polygenic) 형질은 하나 이상의 대립유전자에 세트에 의해 조절된다. 여러 우성 대립유전자들이 저마다 표현형 효과를 더해 하나의 표현형이 나타난다.

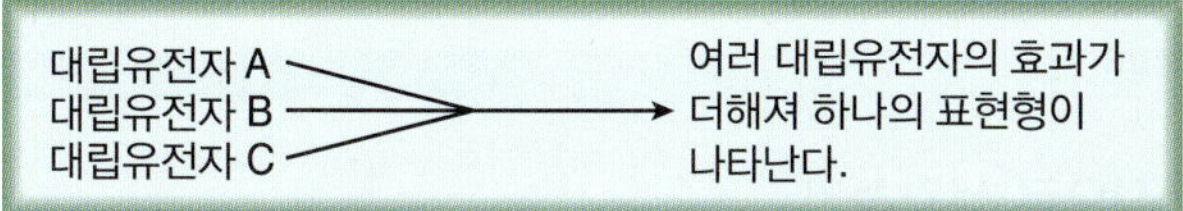

많은 형질, 특히 다유전자성 표현형은 환경의 영향을 받아 변할 수 있다. 이와 같은 형질을 **다인자성 형질(multifactorial traits)**이라 부른다.

유전자 상호작용

유전자 간의 **상위성 상호작용(epistatic interaction)**은 한 유전자가 다른 유전자의 지시를 무시할 정도로 우월한 능력을 가질 때 발생한다. 이러한 상호작용은 종종 생화학적 경로에서 발생한다.

다면발현

다면발현(pleiotropy)에서는 하나의 유전자(두개의 대립유전자로 구성됨)가 신체에 여러 가지 영향을 미친다. 예를 들어, 마르팡 증후군의 모든 증상은 결합조직의 형성에 결함을 초래하는 단일 유전자의 돌연변이에서 비롯된다.

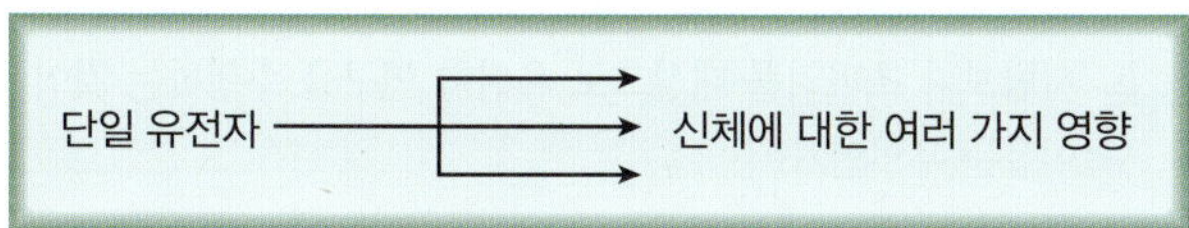

연관

동일한 염색체상에 존재하는 대립유전자는 연관되어 있으며, 일반적으로 **연관군(linkage group)**을 이루어 함께 유전된다.

10.4 성 연관 유전

남성은 서로 다른 성염색체를 지니는 두 종류의 배우자를 생산한다. 한 종류에는 X 염색체가 다른 종류에는 Y 염색체가 들어 있다. 따라서 아버지로부터 어떤 염색체를 물려받는가에 따라 자녀의 성별이 결정된다: XX = 여성, XY = 남성.

X 염색체상에 존재하는 대립유전자를 **X-연관(X-linked)**되었다고 한다. Y-연관 대립유전자는 Y 염색체상에 위치한다. 남성은 XY이므로 남성은 X-연관 열성 대립유전자를 하나만 갖더라도 열성 유전질환이 나타난다.

- $X^BX^B \times X^bY$의 경우: 딸은 모두 정상이나 50%는 보인자가 된다. 그러나 아들의 경우는 50%가 색맹이 된다.
- $X^BX^B \times X^bY$의 경우: 모든 자녀가 정상(딸들은 보인자)이다.

사람의 X-연관 유전질환

색맹(정상적으로 색을 구별하지 못함)

듀셴 근위축증(디스트로핀의 결함으로 인한 근육 약화)

평 가 ASSESS

혼자 풀어보기

가장 적절한 답을 고르시오.

10.1 멘델의 법칙

1. *H*__와 *hh* 개체의 검정교배에서 20명의 자손을 얻었다. 이들 중 10개는 우성 표현형을 10개는 열성 표현형을 갖고 있다. 이를 바탕으로 *H*__ 개체의 유전자형은 다음 중 어느 것인가?
   a. 이형접합성 **b.** 동형접합 우성
   c. 동형접합 열성 **d.** 모두 틀림

2. 분리의 법칙에 해당되는 설명이 아닌 것은?
   a. 각각의 배우자에는 부모에 존재하는 두 개의 인자 가운데 하나만 들어 있다.
   b. 배우자가 형성될 때 인자는 나누어진다.
   c. 수정된 후, 새로 발생되는 개체에는 각 형질에 대해 두 개의 인자가 포함된다.
   d. 각 개체는 각 형질에 대한 하나의 인자를 포함한다.

3. 푸네트 정방형을 활용하여 자손의 비율을 예상할 때 어떤 가정을 하는가?
   a. 각각의 배우자에는 각 유전자에 대해 하나의 대립유전자가 들어 있다.
   b. 배우자는 가능한 모든 대립유전자의 조합을 가지고 있다.
   c. 수컷과 암컷 배우자는 무작위로 합쳐진다.
   d. 모두 정답.

4. 다음 푸네트 정방형의 빈칸을 채우시오.

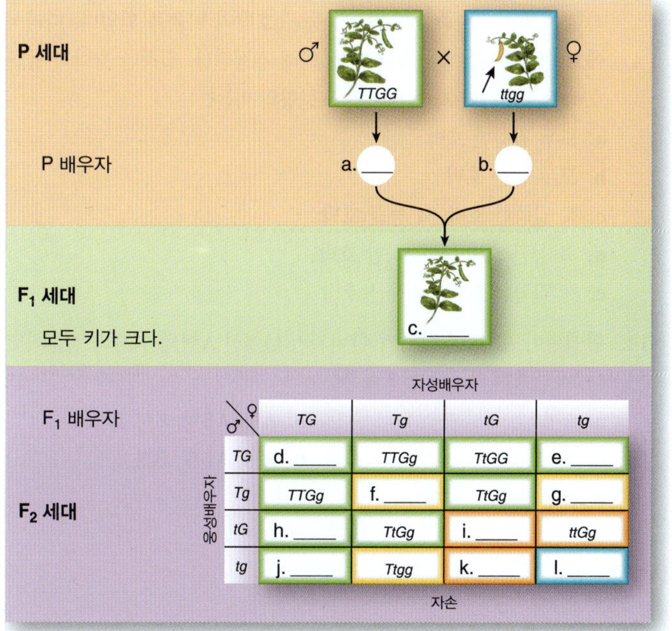

10.2 사람에게 적용되는 멘델의 법칙

5~7 문제에 대해 (a) 상염색체성 우성 형질에 해당되는지, (b) 상염색체성 열성 형질에 해당되는지 확인하시오.

5. 증상을 나타내는 자녀에 있어서 부모 가운데 적어도 한 사람은 반드시 증상을 보인다.

6. 증상을 나타내는 자녀에 있어서 부모는 정상 표현형을 나타낼 수 있다.

7. 부모가 모두 증상을 보이더라도 정상인 자녀를 낳을 수 있다.

8~10 문제에 대해 (a) 상염색체성 우성인지, (b) 상염색체성 열성인지 구분하시오.

8. 메트헤모글로빈혈증

9. 헌팅톤병

10. 골형성부전증

11. 낭포성 섬유증(CF)은 사람에게 나타나는 상염색체성 열성 질환이다. 증상이 없는 두 사람이 결혼하여 CF 증상이 있는 아이를 낳았다면 두 번째 아이가 CF에 걸릴 확률은?

a. 25% **b.** 50%
c. 75% **d.** 100%
e. 모두 틀림

10.3 멘델의 법칙을 벗어난 유전양상

12. 하나의 신체적 특징이 두 쌍 이상의 대립유전자에 의해 영향을 받는 경우를 무엇이라고 하는가?

a. 불완전우성 **b.** 공우성
c. 우성 동형접합 **d.** 복대립유전자
e. 다중유전자 유전

13. 두 개의 단성 잡종 둥근 호박을 교배하였을 때 자손 세대에서 ¼ 납작한 호박: ½ 길쭉한 호박: ¼ 둥근 호박의 비율을 얻었다. 따라서 애호박의 모양은 불완전우성에 의해 결정된다. 길쭉한 호박과 둥근 호박을 교배하면 자손 세대의 표현형의 비는?

a. 모두 길쭉한 호박
b. 모두 둥근 호박
c. ¾ 길쭉한 호박: ¼ 둥근 호박
d. ¾ 둥근 호박: ¼ 길쭉한 호박
e. ½ 길쭉한 호박: ½ 둥근 호박

14. 혈액형이 AB형인 남자가 아버지가 O형인 A형의 여자와 결혼하였다. 자녀에게 가능한 혈액형은?

a. A형 **b.** A형, AB형, B형, O형
c. AB형 **d.** A형, AB형, B형
e. O형

10.4 성 연관 유전

15. X-연관 열성 형질에 대해 이형접합자인 어머니와 이 형질을 가진 남성 사이에 자녀가 있다. 이 부부의 딸 중 몇 퍼센트가 X-연관 유전질환을 보일 것인가?

a. 0% **b.** 25%
c. 50% **d.** 75%
e. 100%

관계맺기 ENGAGE

과학적으로 생각하기

1. 여러 개의 유전자 쌍이 상호작용하여 단일 표현형을 나타내는 경우가 있다. 완두에서 꽃의 색소를 만들기 위해서는 유전자 *C*와 *P*가 필요하다. 유전자 *C*는 어떤 물질을 색이 없는 중간 산물로 전환하는 효소를 암호화한다. 유전자 *P*는 이 무색의 중간 산물을 보라색 색소인 안토시아닌으로 전환하는 효소를 암호화한다. 따라서 완두는 이들 두 유전자 각각에서 적어도 하나의 우성 유전자를 지녀야 보라색 꽃을 피운다(*C_P_*). 두 종류의 유전자를 모두 이형접합으로 갖는 완두(*CcPp*)를 자가수분하면 F_2 세대의 표현형비는?

2. 유전 연구를 위한 모델 생명체 초파리(*Drosophila melanogaster*)가 있는 유전학 실험실에서 일하고 있다고 가정하자. 새로 발견된 초파리의 형질이 우성인지 열성인지 결정하고 싶다.

a. 해당 형질이 우성인지 열성인지를 알 수 있는 교배 실험을 계획하고 그 결과를 예상해 보시오.

b. 사람보다 초파리를 대상으로 유전학 연구를 수행하는 것이 쉬운 이유는 무엇인가?

3. 최신 기법을 사용하면 X 염색체를 지니는 정자와 Y 염색체를 지니는 정자를 따로 분리할 수 있다. 이 방법은 예비부모가 자녀의 성별을 선택할 수 있는 기회를 제공한다. 먼저 정자를 DNA 염색시약으로 염색한다. X 염색체는 Y 염색체보다 조금 더 많은 DNA가 들어 있기 때문에 더 많은 염료와 결합한다. 정자에 레이저를 비추면 X 염색체를 지니는 정자는 Y 염색체를 지니는 정자보다 더 밝게 빛을 낸다.

a. X-연관 유전질환을 가진 부부는 이 기술에서 어떤 도움을 받을 수 있는가?

b. 이와 같은 기술은 어떤 방식으로 오용될 수 있는가?

CHAPTER

11

DNA 생물학

DNA Biology

(child): ©Lopolo/Shutterstock; (orchids): ©Carol Wolfe; (DNA helix): ©Radius Images/Alamy Stock Photo; (mushrooms): ©IT Stock/AGE Fotostock

합성 DNA

디옥시리보핵산 또는 DNA는 지구상의 모든 생명체의 유전물질이다. 위 사진 속 생명체들과 지구상에 존재하는 약 230만 생물종 모두 네 개의 뉴클레오티드(A, G, C, T)의 조합으로 20개의 아미노산을 암호화한다. 이러한 아미노산의 조합에 따라 방대한 변이와 광범위한 생명체의 다양성이 만들어진다.

하지만 최근 생명 공학 기업 Synthorx에서 두 개의 새로운 형태의 뉴클레오티드 X, Y를 개발하여 염기를 추가했다. 대장균(*E. coli*) DNA에 새로운 뉴클레오티드를 합성하여 암호화되는 아미노산의 종류가 20개에서 172개로 증가했다.

이것이 시사하는 바가 무엇일까? 과학자들은 이 혁신적인 기술이 질병으로부터 인류를 보호해 줄 항생제와 같은 신약과 백신 개발에 쓰일 것으로 기대한다. 병원체에 내성을 지니거나 빠르게 성장하거나 영양가가 높은 식량을 생산하는 유전자 변형 생물체를 개발에도 도움이 될 것으로 보인다.

이 장에서 유전물질의 구조와 기능을 살펴보고 DNA가 가지고 있는 정보가 어떻게 단백질의 형태로 발현되어 생명체의 특성을 결정짓는지 알아보자.

이 장을 공부하는 동안 다음 질문에 대해 생각해보자.

1. DNA 분자 안에 정보가 어떻게 존재하고 있는가?
2. DNA와 RNA의 차이는 무엇인가?
3. DNA에서 단백질로 그리고 형질로 어떻게 유전정보가 전달되는가?

개요

시작하기 전에

이 장을 시작하기 전에 다음의 내용을 다시 살펴보자.

3.2절 DNA와 RNA 분자의 일반적인 구조는 무엇인가?

4.3절과 **4.4절** 원핵생물과 진핵생물의 차이는 무엇인가?

8.1절 DNA 복제의 최종 결과는 무엇인가?

11.1 DNA와 RNA의 구조 및 기능

학습 목표

이 절을 학습한 후에는 다음 과제를 수행할 수 있어야 한다.

1. 어떻게 DNA가 유전물질이라는 사실이 밝혀졌는지 이해하기.
2. DNA의 분자 구조를 설명하기.
3. DNA 복제가 일어나는 단계를 열거하기.
4. DNA와 RNA 구조의 유사한 점과 다른 점을 비교하기.
5. 주요 RNA 세 종류와 각각의 기능을 설명하기.

유전학의 창시자인 멘델(Gregor Mendel)은 DNA에 관해서는 전혀 아는 바가 없었다(10.1절 참조). 현재 유전자로 알려진 멘델의 인자(factor)가 염색체상에 존재한다는 결론을 내리기까지 오랜 시간이 걸렸다.

그 후 유전물질이 DNA와 같은 핵산인지 단백질인지에 관한 연구가 진행되었다. DNA가 유전물질이라는 최초 근거는 허쉬(Alfred Hershey)와 체이스(Martha Chase)의 대장균과 같은 박테리아를 감염시켜 증식하는 박테리아 파지 바이러스 실험을 통해 밝혀졌다. 이 바이러스는 중심부에 DNA 핵심과 이를 둘러싼 단백질로 구성된 겉층 캡시드(capsid)로 이루어져 있어서 유전물질이 DNA인지 단백질인지 확인하기에 적합한 구조였다(**그림 11.1*a***).

실험 과정에서 단백질과 DNA를 방사성 동위원소로 표지한 후 박테리아 내부에 침투하는 물질을 추적했다. 단백질이 아닌 DNA가 박테리아 내부에 침투해 새로운 바이러스를 증식한다는 결과가 실험을 통해 밝혀졌다.

곧이어 유전자는 DNA로 이루어져 있고 유전자에 돌연변이가 일어나면 대사작용에 이상이 생긴다는 것이 알려지게 되었다. DNA가 세포 활동의 근본적인 제어장치라는 사실이 확실시되었다.

그림 11.1 유전물질로서의 DNA.
a. 허쉬와 체이스의 초기 실험은 DNA가 유전물질이라는 것을 보여주었다. 대장균을 감염시키는 바이러스를 이용해 단백질로 구성된 캡시드와 캡시드 내부의 DNA 중 박테리아에 침투하는 물질을 밝히려 했다. 방사능 추적을 이용해 단백질이 아닌 DNA가 박테리아에 침투해 바이러스의 증식을 관장하는 것을 확인했다. 그 결과 DNA가 유전물질인 것이 확실해졌다. **b.** 박테리아를 감염시키는 바이러스 전자현미경 사진.

(b): ©Lee D. Simon/Science Source

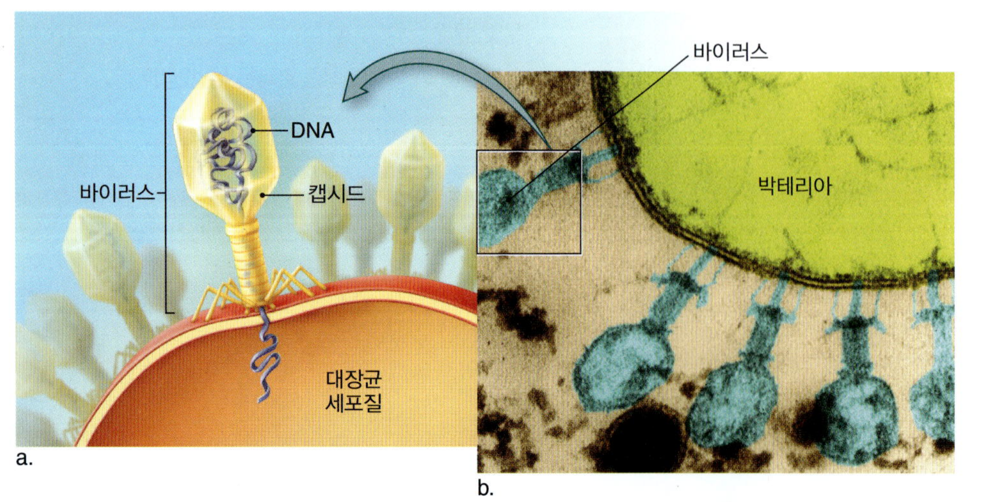

DNA의 구조

DNA가 유전물질임이 확정된 뒤 DNA의 구조를 밝히기 위한 경쟁이 시작됐다. DNA의 분자구조는 알려지지 않았지만, 화학 구성 성분은 알려져 있었다. DNA의 구성요소인 뉴클레오티드에서 비롯해 디옥시리보 핵산(*deoxyribonucleic acid*)으로 명명되었다. 다음의 DNA 특성 또한 이미 판명된 사실이었다.

- 지구상에 존재하는 광범위한 종의 차이를 설명할 수 있는 변이성
- 세포 분열을 통한 자가복제
- 세포 조절에 필요한 정보 저장
- 새로운 종의 진화를 위한 돌연변이

왓슨과 크릭의 연구진은 결국 최초로 DNA 구조를 밝혀냈고 결국 노벨상을 차지했다. DNA의 이중나선 구조가 최종적으로 밝혀지기까지 하나의 실마리가 다음으로 이어지는 일련의 과정이 동반되었고 이는 흡사 미스터리를 풀어나가는 것 같았다. 왓슨과 크릭은 샤가프와 프랭클린의 연구를 포함한 수많은 선행연구의 힘을 빌려 쾌거를 이룰 수 있었다.

샤가프의 법칙

어윈 샤가프(Erwin Chargaff)의 연구에 앞서 DNA가 질소를 포함하고 있는 염기에 따라 네 종류의 뉴클레오티드로 구성된다는 사실이 알려져 있었다(그림 11.2). **아데닌(adenine, A)**과 **구아닌(guanine, G)** 염기는 두 개의 고리를 가진 **퓨린**(*purine*)이며, **티민(thymine, T)**과 **시토신(cytosine, C)** 염기는 한 개의 고리로 이루어진 피리미딘(*pyrimidine*)이다. 1940년대의 새로운 화학 기술 발전에 힘입어 샤가프는 다양한 생물종의 DNA 염기 함유량을 자세하게 분석하고자 했다.

그 당시의 모든 종은 같은 비율의 염기를 지닌다는 통념을 깨고, 샤가프는 각각의 생물종마다 다른 염기 비율을 갖고 있다는 사실을 발견했다. 예를 들어, 인간의 세포는 아데닌 31%, 티민 31%, 구아닌 19%, 시토신 19%의 염기 구성을 지니고 있다. 샤가프가 연구한 모든 생물종은 A와 T의 비율이 같았고, G와 C의 비율이 같았다. 이러한 염기 간의 관련성을 샤가프의 법칙(*Chargaff's rules*)이라고 명명했다.

- DNA가 포함하고 있는 A, T, G, C의 양은 생물종마다 다르다.
- 각각의 생물종이 지니는 A와 T의 양이 같고(A = T), G와 C의 양이 같다 (G = C).

그림 11.2 DNA와 RNA의 뉴클레오티드 구성.
a. 모든 뉴클레오티드는 인산과 5탄당, 시토신(C)과 같은 질소 염기로 구성되어 있다. **b.** 인산 구조. **c.** DNA에 존재하는 당은 디옥시리보오스이고 RNA의 당은 리보오스이다. **d.** DNA의 질소 염기는 아데닌, 구아닌, 시토신, 티민이며, RNA의 염기는 아데닌, 구아닌, 시토신, 우라실이다.

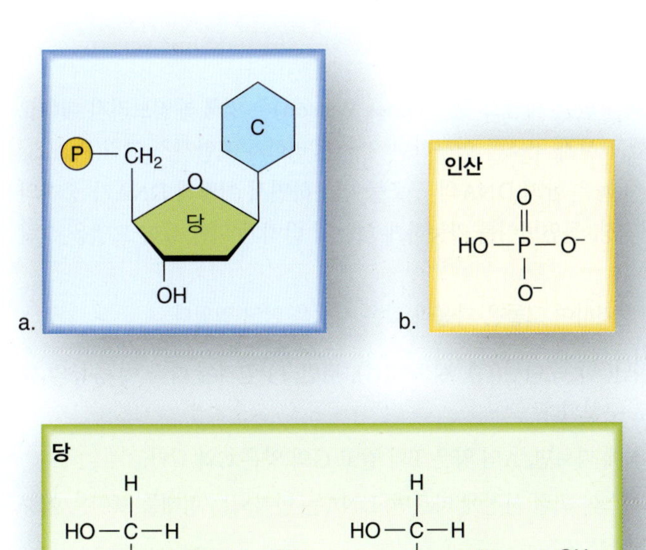

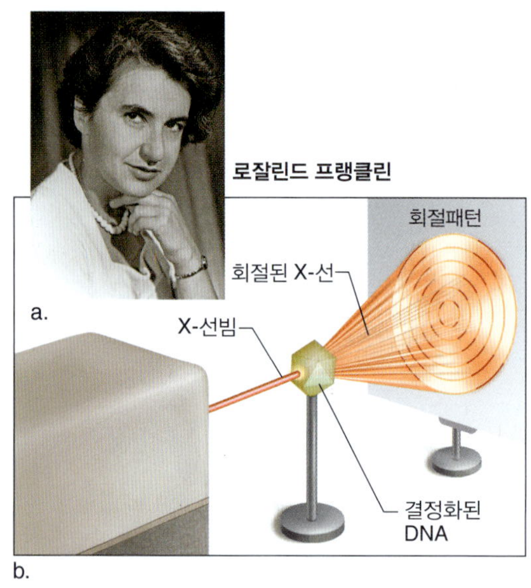

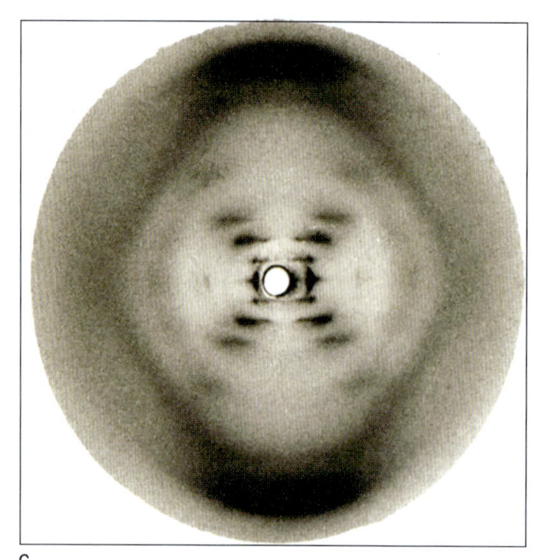

그림 11.3 DNA의 엑스선 회절 패턴.

a. 로잘린드 프랭클린. **b.** 프랭클린이 사용한 엑스선 회절 시스템. **c.** 프랭클린이 제작한 DNA 회절 패턴. 중심부의 엑스자 패턴을 통해 과학자들은 DNA가 나선형임을 알 수 있었고, 상단과 하단의 어두운 부분은 일부가 계속해서 반복됨을 의미했다. 왓슨과 크릭은 이 특징이 염기의 수소 결합으로 생긴 것임을 밝혀냈다.

(a): ©Universal History Archive/Universal Images Group/Getty Images; (c): ©Science Source

샤가프의 연구는 DNA가 아데닌(A)은 오직 티민(T)과 짝을 이루고 구아닌(G)은 시토신(C)과만 쌍을 이룰 수 있는 안정적인 구조로 되어 있다는 사실을 도출했다. 또한 유전물질의 핵심 조건인 DNA의 다양성을 확인했다.

쌍을 이룬 염기들은 임의의 배열을 형성하여 다양한 염기 서열을 만들어 내는 것은 오늘날 잘 알려진 사실이다. 한 염색체가 1억 4천만 염기쌍으로 이루어져 있다고 가정하면 네 종류의 뉴클레오티드 쌍이 가질 수 있는 조합의 수는 $4^{140 \times 160}$ 또는 $4^{140,000,000}$가 된다.

프랭클린의 엑스선 회절 데이터

로잘린드 프랭클린(Rosalind Franklin)은 1950년대 초 런던 King's College에서 엑스선 결정학을 토대로 DNA 구조를 연구한 과학자이다(그림 11.3*a*). 결정체(원자가 일정한 방식으로 배열된 고체 물질)에 엑스선을 쪼이면 엑스선이 회절 된다. 이 회절 패턴 분석을 통해 결정체 내의 원자 배열을 도출할 수 있다(그림 11.3*b*).

프랭클린은 농축된 DNA 점성액에서 섬유질을 분리해 냈고 이 섬유질을 결정화하여 엑스선 회절 패턴을 관찰할 수 있었다. DNA의 엑스선 회절 패턴은 DNA가 이중나선임을 보여주었다. 그림 11.3*c* 중심부의 엑스자 패턴은 나선형을 나타낸다. 사진 상단과 하단의 어두운 부분은 나선의 일부가 여러 차례 반복됨을 의미한다.

왓슨과 크릭의 모델

1951년 갓 박사학위를 받은 제임스 왓슨(James Watson)은 영국 케임브리지 대학교에서 연수를 시작했고 분자 구조를 연구하던 영국 물리학자 프란시스 크릭(Francis Crick)을 만났다. 이들은 함께 DNA의 구조를 연구하면서 어떻게 DNA가 종간의 다양성, 복제, 정보저장, 돌연변이를 가능하게 하는지 밝히기 위한 실험 모델을 수립했다.

기존 연구에 근거하여 그들은 다음과 같은 사실을 알고 있었다.

- DNA는 아데닌(A), 구아닌(G), 시토신(C), 티민(T) 염기에 따라 네 종류의 뉴클레오티드로 구성된다.
- 샤가프의 법칙에 따르면, A의 양은 T와 같고 G의 양은 C와 같다.
- 프랭클린의 엑스선 회절 사진에 따르면, DNA는 반복되는 형태를 보이는 이중나선 구조이다.

이를 토대로 왓슨과 크릭은 철사와 양철을 이용해 DNA 모형을 제작했다(그림 11.4). 이 모형에서 디옥시리보스 당과 인산 분자들이 서로 결합하여 꼬인 사다리 양쪽 측면을 구성하고 있음을 알 수 있다. 질소 염기들은 중심 쪽으로 향하여 반대편 가닥의 염기와 수소 결합하여 사다리 칸을 구성한다. 실제로 엑스선 회절 실험에서 밝혀진 바와 같이 A와 T, G와 C의 **상보적 염기쌍(complementary base pairing)**

그림 11.4 왓슨과 크릭의 DNA 모형.

DNA 모형 앞에 있는 왓슨(왼쪽)과 크릭.

©A. Barrington Brown/Science Source

형성으로 두 가닥 사이에 일정한 폭의 사다리 칸이 만들어진다.

DNA는 이중나선을 형성하여 자신을 휘감고 있는 이중가닥 분자이다(그림 11.5). 두 가닥은 역평행을 이루어 서로 반대 방향으로 주행한다(그림 11.5*a*). 이중나선 각각의 가닥 5′ 말단은 인산(ⓟ)으로 끝나고, 3′ 말단에는 —OH기가 부착되어 있다. 그림 11.5*b*의 디옥시리보스 탄소 원자에 번호가 매겨져 있고, 5′ 탄소에는 인산기(ⓟ), 3′ 탄소에는 분홍 원형으로 표시된 —OH기가 결합한다.

DNA의 이중나선 모형은 염기쌍의 무작위 배열을 가능하게 하며 이는 생물종 간의 유전적 다양성을 위한 필수조건이다. 또한 이 모델의 상보적 염기쌍이 DNA 복제에 일조함을 알 수 있다. 왓슨과 크릭은 1953년 *Nature* 지에 논문을 발표했고, 그들이 가정한 염기쌍 모형이 유전물질의 복제 메커니즘을 밝히는 데 직접적으로 기여함을 강조했다.[1]

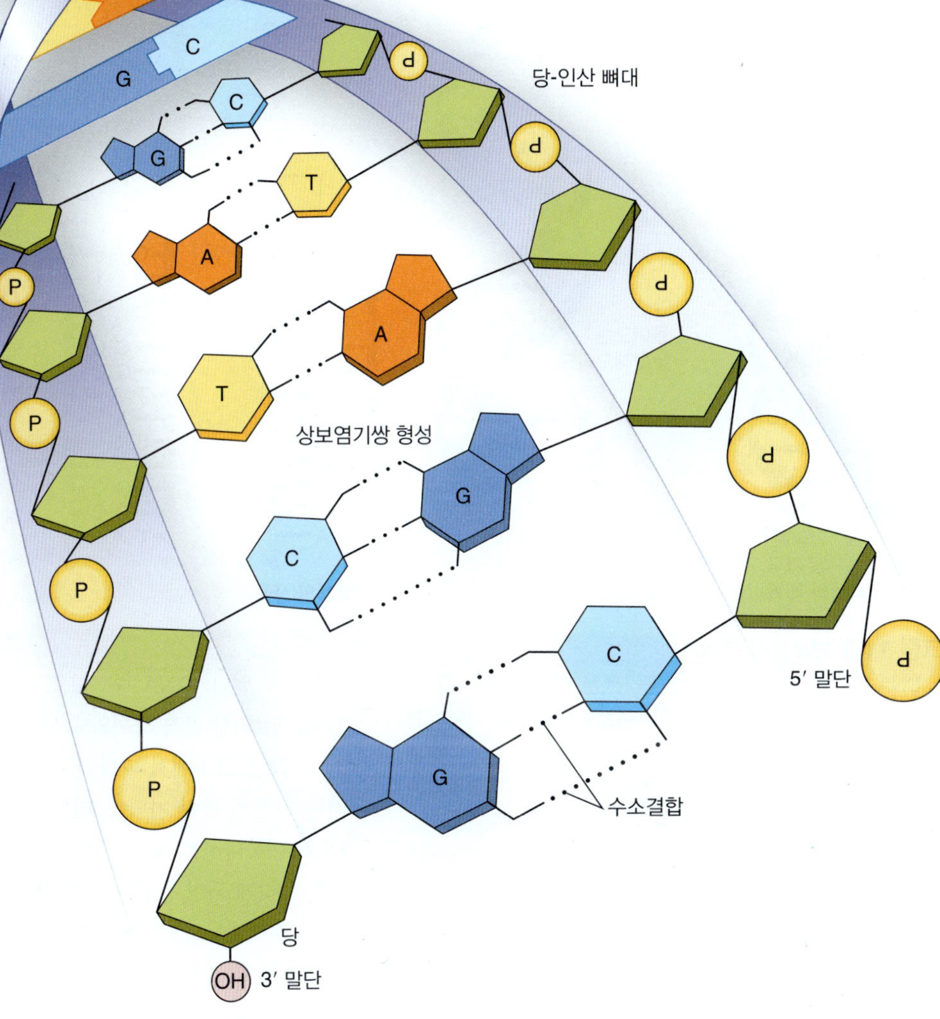

a. DNA 구조

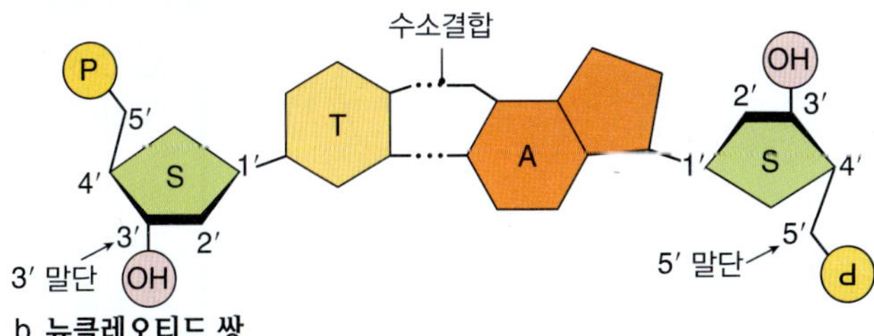

b. 뉴클레오티드 쌍

그림 11.5 DNA 구조.

a. 상보적 염기쌍은 A와 T, G와 C의 수소결합을 관장한다(그림 참조). DNA의 두 가닥은 서로 반대 방향으로 주행하며, 3′ 말단은 다른 가닥의 5′ 말단과 마주본다. 염기쌍은 무작위 배열이 가능하다. **b.** 분자의 방향과 디옥시리보 당의 탄소 원자의 번호를 보여주는 두 뉴클레오티드 간의 상보적 염기쌍.

[1] Watson, J. D., and Crick, F. H., "Molecular structure of nucleic acids; a structure for deoxyribose nucleic acid," *Nature*, vol. 171, April 25, 1953, 737–738.

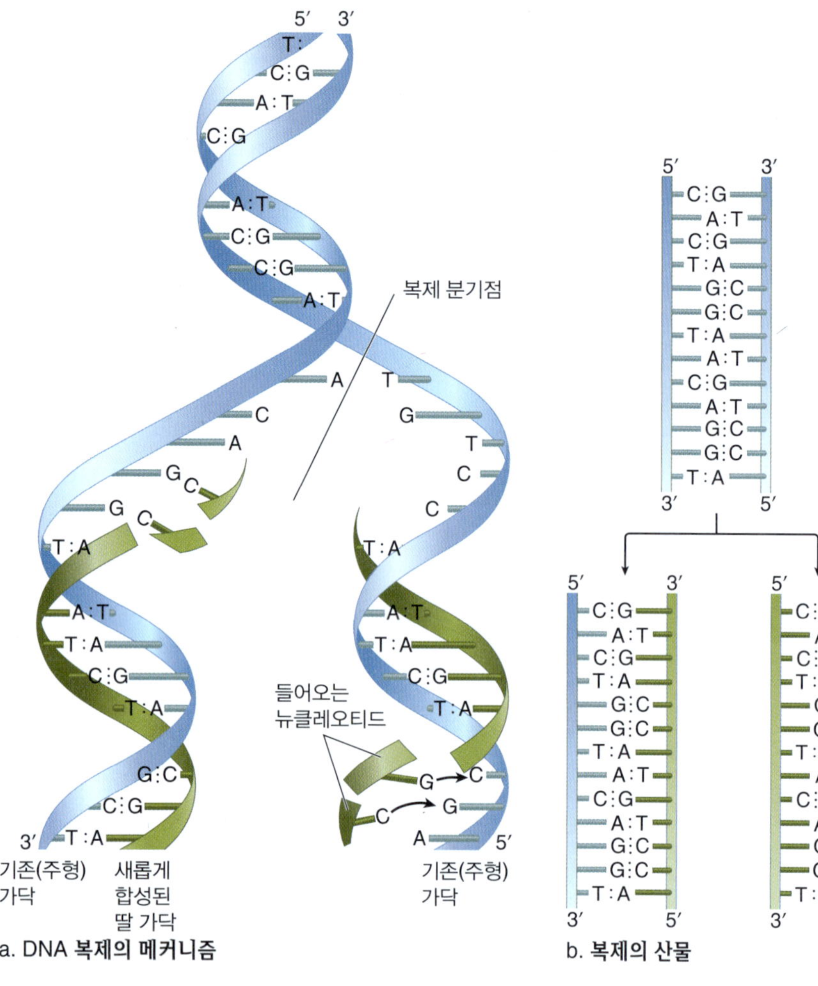

그림 11.6 반보존적 복제.
a. DNA 복제의 메커니즘. DNA 이중나선 분자가 풀린 후, 기존 가닥은 각각 새로운 가닥을 만드는 주형 역할을 한다. 기존 가닥의 염기에 상응하는 뉴클레오티드가 수소 결합하여(A는 T, G는 C와 결합) 온전한 딸 가닥이 합쳐진다. **b.** 복제의 산물. 복제의 결과로 두 개의 나선이 만들어지고, 각각 부모, 딸 가닥으로 구성되어 반보존적인 특징을 갖는다.

DNA 복제

세포는 성장이나 조직의 재생을 위해 스스로 같은 복사본을 만든다. 분열 전 새로운 세포는 유전정보를 다음 세대의 세포에 전달하기 위해 모세포의 DNA와 동일한 복사본이 필요하다. DNA 분자의 동일한 복사본을 만드는 과정을 **DNA 복제(DNA replication)**라고 한다. DNA 복제는 세포주기 중 S기에 일어난다(그림 8.3 참조).

DNA 복제 과정 중 수소결합되어 있던 DNA의 두 가닥이 분리되고, 각각의 기존 가닥은 새로 합성되는 가닥의 **주형(template)** 역할을 한다(그림 11.6). DNA 복제는 기존의 두 가닥 중 한 개가 보존되어 딸 분자에 존재하므로 **반보존적(semiconservative)**이다.

DNA 복제 원리

복제를 시작하려면 DNA 이중나선이 풀리고 단일 가닥으로 분리되어야 한다. **헬리케이즈(helicase)** 효소는 뉴클레오티드 사이의 수소결합을 끊어 나선구조를 푸는 역할을 한다. 떨어진 각각의 주형에 새로운 뉴클레오티드가 붙게 된다. 핵 속에 항시 존재하는 뉴클레오티드는 외가닥 주형에 상호보완하는 염기쌍을 형성하는데, 이때 **DNA 중합효소(DNA polymerase)**에 의해 새로운 가닥이 더해지게 된다. DNA 중합효소는 5′ → 3′ 방향으로 새로운 가닥을 합성하며(그림 11.6), 당-인산 골격 사이의 틈은 **DNA 연결효소(DNA ligase)**로 연결된다.

그림 11.6에서 파란색 골격은 부모 분자(기존 이중가닥)이고, 복제 후 딸 분자는 기존의 파란 가닥(오래된 가닥)과 초록색 골격(새 가닥)으로 이루어진다. 딸 DNA 이중나선은 상보적 염기쌍 형성을 통해 부모 DNA 이중나선과 똑같은 염기쌍 서열을 갖게 되어 동일한 염기 서열 보존이 가능해진다.

진핵생물의 DNA 복제는 염색체상에 존재하는 여러 복제 기점에서 시작된다. 각각의 복제 기점에서 복제 분기점(replication fork)이 형성되어 양방향으로 복제가

연관

인간 세포가 DNA를 복제하는 데 걸리는 시간은?

사람의 DNA 중합효소는 초당 약 50 염기쌍을 복제한다. 한 개의 DNA 중합효소만이 인간의 DNA를 복제한다면 약 3주가 걸릴 것이다. 그러나 다수의 중합효소가 유전체의 곳곳에서 복제를 시작하기 때문에 빠르게 분열하는 세포는 약 8시간 안에 30억 개의 염기쌍을 복제할 수 있다.

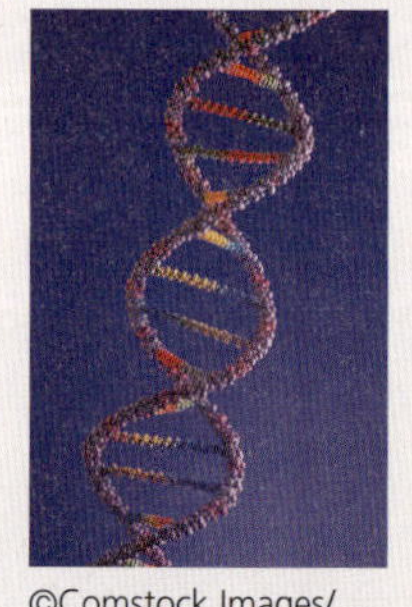

©Comstock Images/ PictureQuest

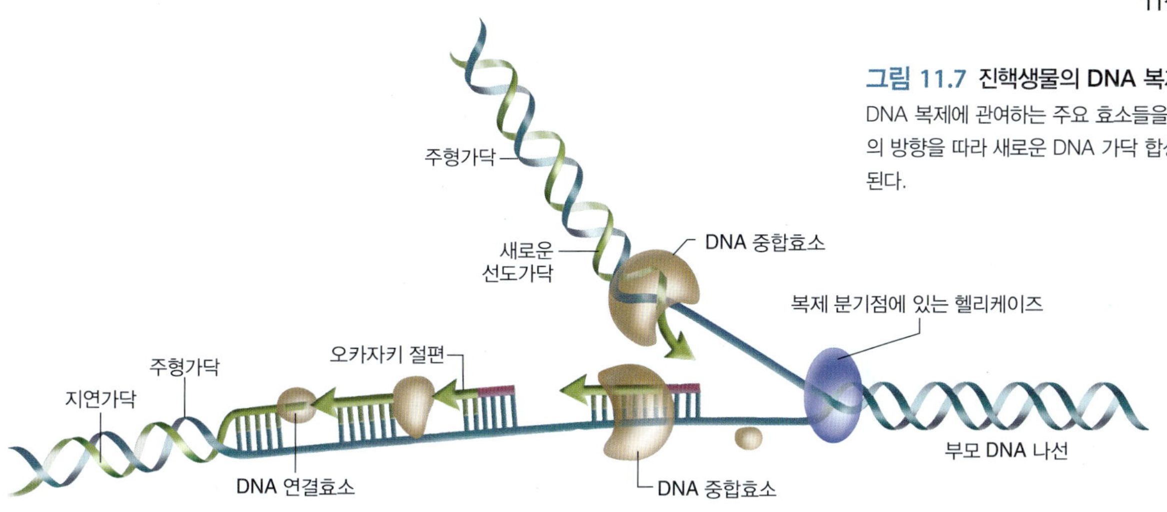

그림 11.7 **진핵생물의 DNA 복제.**
DNA 복제에 관여하는 주요 효소들을 표시하였다. 기존 DNA 가닥의 방향을 따라 새로운 DNA 가닥 합성은 서로 반대 방향으로 진행된다.

진행된다. 각 복제 분기점 주변에 "복제 기포(replication bubble)"가 생기고 복제 기포 내에서 DNA 복제 과정이 전개된다. 각각의 가닥은 서로 반대 방향으로 온전한 이중나선 복사본이 만들어질 때까지 복제 과정을 이어 나간다(그림 11.7). 진핵생물의 DNA 복제는 1분당 약 500~5,000 염기쌍 정도로 비교적 느린 속도로 일어나지만, DNA 분자 상에 수많은 개별 복제 기점이 존재한다. 따라서 진핵세포는 이배체 DNA(인간의 경우 30억 개 이상의 염기쌍) 복제를 불과 몇 시간 만에 완성한다.

RNA의 구조 및 기능

리보핵산(ribonucleic acid, RNA)은 리보스 당을 포함한 뉴클레오티드로 구성되어 있어 이름이 붙여졌다. RNA 분자를 구성하는 네 종류의 뉴클레오티드는 아데닌(A), **우라실(uracil, U)**, 시토신(C), 구아닌(G)이다. RNA의 우라실 염기는 DNA의 티민(T) 염기를 대체하는 특징이 있다(그림 11.8).

DNA와 달리 RNA는 단일 가닥이지만 때로는 거꾸로 접혀서 상보적 염기쌍을 형성하기도 한다. 두 핵산 분자의 유사점과 차이점을 표 11.1에 정리하였다.

일반적으로 RNA는 DNA의 유전정보를 토대로 단백질을 합성하는 과정에서 DNA를 보조한다. 다음에 살펴볼 세 종류의 주요 RNA는 단백질 합성 과정 중 각각 특화된 기능을 수행한다(11.2절 참조). 그 외의 RNA 분자는 유전자 조절에 관여한다(11.3절).

전령 RNA

전령 RNA(messenger RNA, mRNA)는 진핵세포의 핵 내부와 원핵세포의 핵양체(nucleoid)에서 생산된다. 전사(*transcription*) 과정 동안 DNA를 주형으로 mRNA가 만들어진다. mRNA로 전사되는 DNA 유전자는 세포 유형에 따라 매우 정교하게 조절되므로 각각의 세포마다 특화된 기능을 수행한다. mRNA는 핵 내부의 DNA 유전정보를 세포질에 존재하는 리보솜으로 전달하며, 이곳에서 번역 과정을 통해 단백질이 합성된다.

운반 RNA

운반 RNA(transfer RNA, tRNA) 또한 진핵생물 핵 내부에서 만들어진다. 이름에 걸맞게 tRNA는 세포질에 존재하는 아미노산을 리보솜으로 운반한다. 20종류의 아미노산마다 각자의 tRNA 분자를 가지고 있다. 리보솜에서 번역(*translation*) 과정을

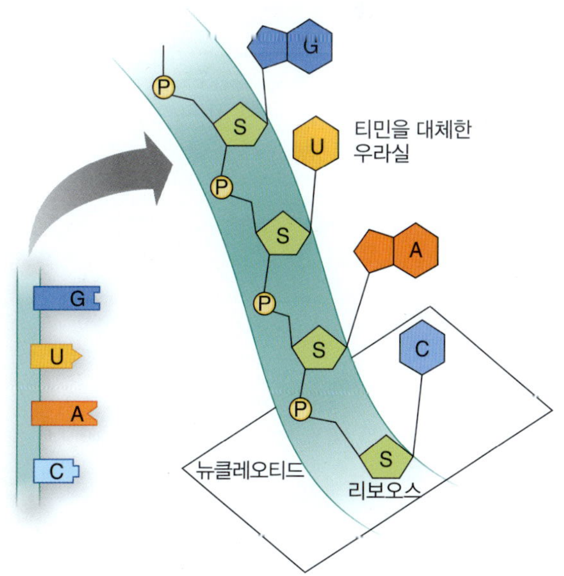

그림 11.8 **RNA 구조.**
DNA와 마찬가지로 RNA도 뉴클레오티드 중합체다. RNA 뉴클레오티드는 리보스 당이 인산 분자와 G, U, A, C 중 한 개의 염기와 결합하여 이루어진다. RNA의 우라실(U) 염기가 티민 염기를 대체함을 주목하자. DNA는 이중가닥이지만 RNA는 일반적으로 단일 가닥이다.

표 11.1 DNA와 RNA의 비교

DNA와 RNA의 유사점	
핵산이다.	
뉴클레오티드로 구성된다.	
당-인산 골격을 갖고 있다.	
네 종류의 염기가 있다.	
DNA와 RNA의 차이점	
DNA	**RNA**
핵에 존재	핵과 세포질에 존재
유전물질	DNA 조력자
당: 디옥시리보오스	당: 리보오스
염기: A, T, C, G	염기: A, U, C, G
이중가닥	단일 가닥
전사되어 다양한 RNA 분자 형성한다.	mRNA를 번역하여 단백질을 합성한다.

개념 연결하기

DNA는 유전물질로 생명 과정을 수행하는 데 필요한 정보를 지닌다. RNA는 정보를 처리하는 과정에서 보조 역할을 한다.

통해 아미노산이 연결되어 폴리펩티드 사슬이 형성된다.

리보솜 RNA

진핵세포에서 **리보솜 RNA(ribosomal RNA, rRNA)**는 핵 내부의 인에서 만들어지고, DNA 일부가 rRNA 합성을 위한 주형으로 작용한다. 리보솜 RNA는 세포질에서 만들어진 단백질과 결합하여 크고 작은 2개의 **리보솜(ribosome)** 소단위를 형성한다. 각각의 소단위는 고유의 단백질과 rRNA 복합체로 구성되어 있다. 소단위는 단백질 합성이 시작될 때 핵에서 나와 세포질에서 모인다.

단백질은 리보솜에서 합성되고, 저출력 전자현미경 사진에서 작은 알갱이처럼 보인다. 리보솜은 세포질에서 자유롭게 떠다니거나 무리를 지어 폴리 리보솜으로 존재하기도 한다. 리보솜은 흔히 소포체(endoplasmic reticulum, ER) 가장자리에 붙어 있다. 소포체에 붙어 있는 리보솜에서 합성된 단백질은 일반적으로 소포체가 이용한다. 자유로이 떠다니는 리보솜이나 폴리 리보솜에 의해 합성된 단백질은 세포질에서 사용되는데, 수송 소포가 골지체로 단백질을 전달하여 변형 과정을 거친 뒤 원형질막으로 운반되어 세포 밖으로 나오게 된다.

진도 점검하기 11.1

1. 상보성과 역 평행 형태를 고려하여 DNA 구조를 정리하시오.
2. DNA 복제에 관여하는 주요 효소의 기능을 생각하며 DNA 복제 과정을 설명하시오.
3. DNA와 RNA 구조의 유사점과 차이점을 비교하시오.
4. mRNA, rRNA, tRNA의 기능을 정리하시오.

11.2 유전자 발현

학습 목표

이 절을 학습한 후에는 다음 과제를 수행할 수 있어야 한다.

1. 유전자 발현 과정을 정리하기.
2. 유전자 발현에서 유전암호가 어떻게 사용되는지 설명하기.
3. 유전자 발현 중 전사 과정과 그 역할을 서술하기.
4. mRNA 가공 중에 일어나는 변형에 대해 정리하기.
5. 유전자 발현 중 번역 과정과 그 역할을 서술하기.

20세기 초 영국, 내과 의사였던 개로드(Archibald Garrod) 경은 다수의 가족 구성원이 동일한 대사 장애를 가진 것을 발견했고, 이를 대사 경로에서 같은 기능을 수행하는 효소의 결핍에 의한 것으로 생각했다. 그는 "선천성 대사 이상"이라는 새로운 병명을 도입하여 이 상관관계를 설명했다. 개로드의 발견은 한동안 주목받지 못했지만, 1940년도에 비들(George Beadle)과 테이텀(Edward Tatum)이 그의 가설을 증명해 낼 방법을 고안해 냈다. 그들은 빵 곰팡이를 이용한 일련의 실험을 통해 각각의 돌연변이 곰팡이가 특정 효소를 만들어 내지 못하는 것을 발견하였다. 이것을 기반으로 한 개의 유전자가 한 개의 효소(또는 단백질) 합성을 지시한다고 제안하였다. 현재까지 단백질뿐 아니라 유전자 발현 조절에 관여하는 일부 RNA 분자 또한 유전자에 의해 특정된다는 것이 밝혀졌기 때문에 전반적인 유전자 조절 과정을 학습하기 위해 DNA로부터 단백질이 합성되는 경로를 살펴보자.

DNA로부터 RNA를 거쳐 단백질까지

유전자가 가지고 있는 유전정보를 통해 단백질이 합성되는 과정을 유전자 발현이라고 한다. 유전자 발현 과정을 이해하려면 전반적인 유전정보 전달경로와 더불어 각각의 공정이 어디서 발생하는지 파악해야 한다. 진핵생물의 DNA는 세포핵에만 존재하지만, RNA는 세포핵뿐 아니라 단백질 합성이 일어나는 세포질에서도 발견된다. 이를 토대로 DNA는 mRNA로 유전정보를 전달하여 mRNA가 단백질 합성에 주도적으로 기여한다는 것을 알 수 있다. **분자 생물학의 중심 원리**(*central dogma of molecular biology*)는 유전정보가 DNA에서 RNA를 거쳐 단백질로 전달되는 유전정보의 흐름을 정리했다(그림 11.9).

유전자 산물—유전자가 지정한 단백질—이 세포 안에서 기능을 수행하면 유전자가 발현된 것이다. 유전자 발현에는 전사와 번역이라고 하는 두 과정이 필요하다. 진핵생물의 전사는 세포핵 내에서 일어나고 번역은 세포질에서 일어난다. **전사**(**transcription**) 과정 중 일부 DNA가 mRNA 형성을 위한 주형으로 쓰인다. **번역**(**translation**) 과정 동안 mRNA에 있는 염기서열(주형 DNA와 상보적임)이 폴리펩티드의 아미노산 서열을 결정한다. 사실상 분자 유전학은 DNA 염기서열 상의 유전정보가 mRNA를 통해 단백질의 아미노산 서열을 결정짓는 것에 대한 학문이다. 단백질 합성 과정 중 tRNA는 mRNA를 보조하여 아미노산을 리보솜으로 운반한다. 아미노산의 서열에 따라 서로 다른 단백질이 만들어지고, 단백질은 세포의 구조와 기능을 결정해 유기체의 표현형을 결정한다.

중심 원리는 단백질 생성을 위해 유전정보가 처리되는 과정을 나타내는 분자 생물학의 기본 원리임을 기억하자. 앞서 살펴보았듯 과학자들은 조절 기능을 주로 담당하는 RNA 분자(micro-RNA와 같은)를 형성하기 위해 발현되는 DNA 단편이 존재한다는 것을 발견했고, 이 경우에는 단백질 합성을 위한 유전정보는 직접적으로 전달하지 않음을 확인했다. 이에 관한 내용은 11.3절에서 다시 다룰 것이다.

유전암호

DNA와 RNA에 존재하는 정보는 화학적 언어이며, DNA와 RNA에 의해 결정되는 단백질에 있는 언어와는 다르다. 세포는 유전암호를 사용하여 하나의 언어를 다른 언어로 번역한다.

그런데 어떻게 RNA의 네 종류의 염기(A, C, G, U)만으로 단백질을 구성하는 20종류의 아미노산을 암호화할 수 있을까? 문자 한 개가 암호의 기본 단위라면(염기 한 개가 아미노산 한 개를 지정) 네 종류의 아미노산만 암호화될 수 있게 된다. 두 개의 문자로 암호화할 때도(염기 두 개의 조합으로 아미노산 한 개를 지정) 여전히 20개의 아미노산을 모두 암호화하기에는 부족하다. 그러나 3 염기 조합을 통해 네 개의 염기는 64종류의 암호 조합을 만들어 낼 수 있고, 이 경우에는 20개의 아미노산 암호화에 필요한 조합의 수를 훨씬 넘어선다.

mRNA 분자의 세 글자(3 염기) 단위를 **코돈**(**codon**)이라고 하며, 각각 한 개의 아미노산을 암호화한다(그림 11.10). 64개의 코돈 중 61개는 특정 아미노산을 지

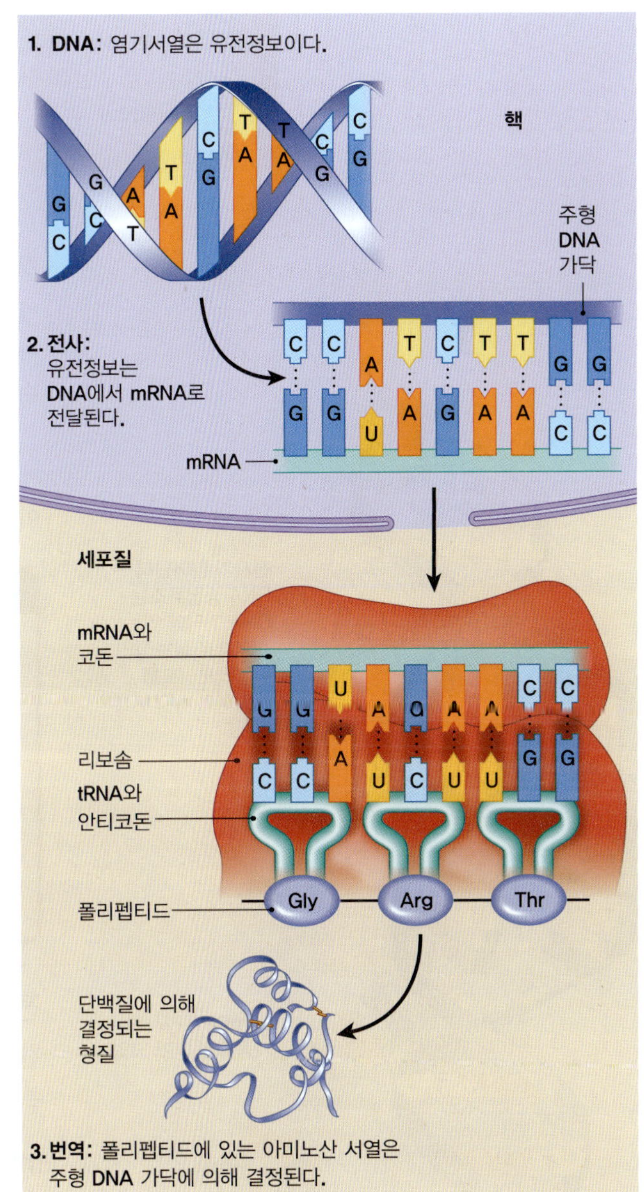

그림 11.9 생물학의 중심 원리.
1. 유전자상의 유전정보는 특정 염기서열로 구성된다. **2.** 핵 안에서 전사 과정을 통해 유전정보를 mRNA 분자로 전달한다. mRNA는 세포질에 있는 리보솜으로 이동한다. **3.** 리보솜에서 유전정보가 단백질을 특정하는 아미노산 서열로 번역된다. 이 단백질의 활성 및 비활성에 따라 형질이 좌우되며 대체로 표현형이 정상인지 정상이 아닌지 결정된다.

그림 11.10 전령 RNA 코돈. 이 표에서 각각의 코돈이 세 글자로 구성되어 있음을 주목하자. 예를 들어, 첫 번째 염기가 C이고 두 번째 염기가 A인 칸을 보면, 세 번째 염기로 U, C, A, G가 올 수 있다. CAU와 CAC는 히스티딘을 지정하는 코돈이고, CAA와 CAG는 글루타민을 지정하는 코돈이다.

첫 번째 염기	두 번째 염기: U	두 번째 염기: C	두 번째 염기: A	두 번째 염기: G	세 번째 염기
U	UUU, UUC – 페닐알라닌(Phe) UUA, UUG – 류신(Leu)	UCU, UCC, UCA, UCG – 세린(Ser)	UAU, UAC – 티로신(Tyr) UAA 종결 UAG 종결	UGU, UGC – 시스테인(Cys) UGA 종결 UGG 트립토판(Trp)	U C A G
C	CUU, CUC, CUA, CUG – 류신(Leu)	CCU, CCC, CCA, CCG – 프롤린(Pro)	CAU, CAC – 히스티딘(His) CAA, CAG – 글루타민(Gln)	CGU, CGC, CGA, CGG – 아르기닌(Arg)	U C A G
A	AUU, AUC, AUA – 이소류신(Ile) AUG 메티오닌(Met) **(개시)**	ACU, ACC, ACA, ACG – 트레오닌(Thr)	AAU, AAC – 아스파라긴(Asn) AAA, AAG – 리신(Lys)	AGU, AGC – 세린(Ser) AGA, AGG – 아르기닌(Arg)	U C A G
G	GUU, GUC, GUA, GUG – 발린(Val)	GCU, GCC, GCA, GCG – 알라닌(Ala)	GAU, GAC – 아스파르트산(Asp) GAA, GAG – 글루탐산(Glu)	GGU, GGC, GGA, GGG – 글리신(Gly)	U C A G

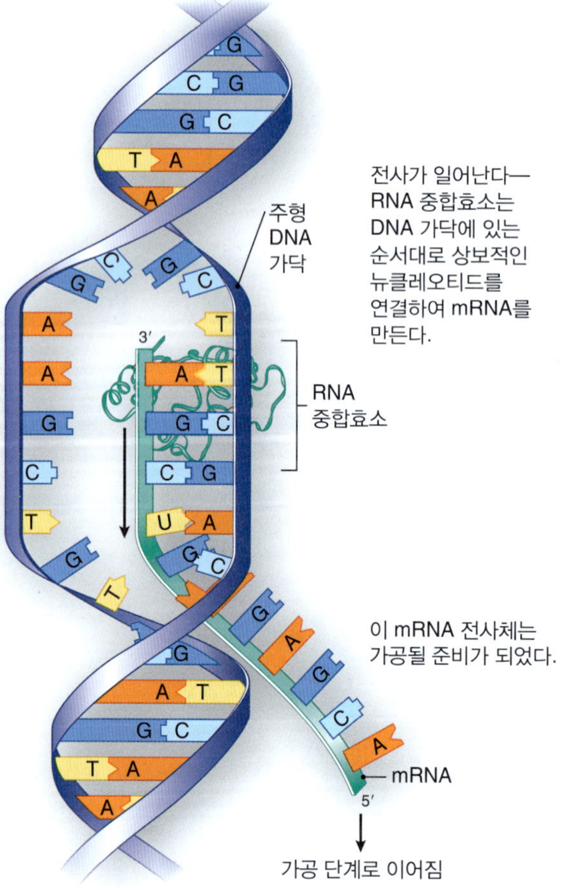

정하며, 나머지 세 개의 코돈은 폴리펩티드의 끝을 알리는 종결 코돈이다. 메티오닌 아미노산을 지정하는 코돈은 번역의 시작을 알리는 개시 코돈으로 이용된다. 대부분 아미노산은 한 개 이상의 코돈을 갖고 있으며, 이는 단백질의 아미노산 서열을 바꿀 수 있는 해로운 돌연변이가 발생할 가능성을 낮춰준다.

유전암호는 지구상 대부분의 생물종에 보편적으로 적용된다. 이는 진화적 측면에서 볼 때 유전암호가 지구상 최초의 생명체 이래 현재까지 이어져 왔고, 모든 생물이 서로 연관되어 있다는 것을 말해준다.

연관

어떤 유기체가 다른 유전암호를 사용할까?

대부분의 유기체는 그림 11.10의 유전암호를 사용하지만, 예외도 존재한다. 흥미롭게도 미토콘드리아 세포는 종결코돈인 UGA가 트립토판 아미노산을 암호화하고 AUA는 이소류신 대신 메티오닌을 암호화한다. 식물의 엽록체도 유사한 차이를 보인다. 아직 이런 예외는 매우 드물어서 유전암호는 보편적(universal)이라고 할 수 있다. 하지만 태양계의 다른 행성에서 생명의 흔적을 적극적으로 연구하는 과학자들 덕분에 이 "보편적"인 개념이 바뀔 수도 있을 것이다.

주형 DNA 가닥

전사가 일어난다—RNA 중합효소는 DNA 가닥에 있는 순서대로 상보적인 뉴클레오티드를 연결하여 mRNA를 만든다.

RNA 중합효소

이 mRNA 전사체는 가공될 준비가 되었다.

mRNA

가공 단계로 이어짐

그림 11.11 전사를 통한 mRNA 형성. 전사 과정 중 DNA 주형으로부터 상보적인 RNA가 만들어진다. RNA 중합효소가 결합하는 부분의 DNA가 풀리면서 이중결합이 분리된다. 주형 DNA의 염기서열에 맞춰 상보적인 염기가 결합하면서 mRNA와 같은 외가닥의 RNA가 형성된다.

전사(Transcription)

전사 과정 동안 DNA 일부와 상보적인 RNA 한 가닥이 만들어진다. 전사에 의해 세 종류 RNA 모두 전사에 의해 형성되지만, mRNA를 만드는 전사를 중심으로 살펴보자.

mRNA 합성

RNA 중합효소(RNA polymerase)가 **프로모터(promoter)**와 단단히 결합하면 전사가 시작된다. 프로모터는 특정 뉴클레오티드 서열로 이루어진 DNA 부위이며 유전자의 시작 위치를 표시한다. RNA 중합효소는 상보적 염기쌍 형성이 일어날 수 있도록 프로모터 바로 앞에 있는 DNA 나선을 푼다. 그다음 RNA 중합효소는 주형 DNA와 상보적인 RNA 뉴클레오티드를 새로이 첨가하여 mRNA 분자를 만든다(그림 11.11).

이렇게 만들어진 **mRNA 전사물(mRNA transcript)**은 주형 DNA 가닥과 상

보적인 염기서열을 갖게 된다. 전사가 완료된 후 mRNA는 핵에서 세포질로 이동하기 전에 가공될 준비를 마친다.

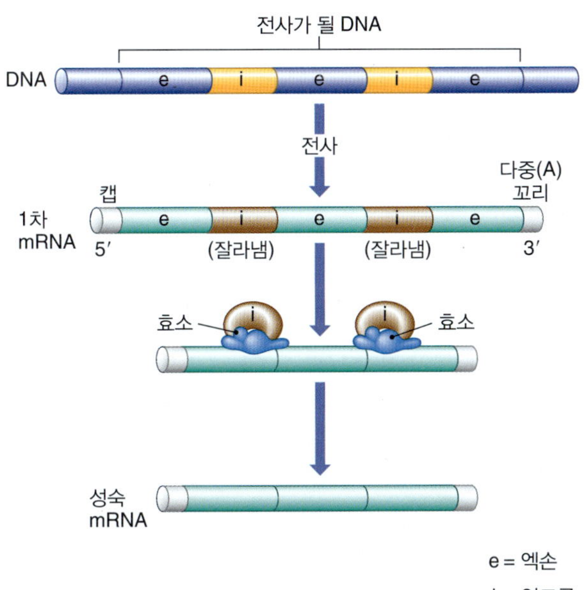

그림 11.12 mRNA 가공.
DNA로부터 엑손과 인트론이 모두 전사되어 1차 mRNA가 만들어진다. 캡과 다중(A) 꼬리가 mRNA 전사물 양 끝에 결합하고, 인트론은 제거되어 엑손만 남게 된다. 이렇게 만들어진 성숙 mRNA 분자는 세포질로 이동하여 번역된다.

mRNA 가공

새로 합성된 1차 *mRNA*(*primary mRNA*)는 가공되어야 제대로 이용될 수 있다. 가공 과정은 진핵세포의 핵 안에서 일어나며, 캡핑(capping), 다중(A) 꼬리(poly-A tail) 결합, 스플라이싱(splicing)의 세 단계로 이루어진다(그림 11.12). 가공이 끝난 mRNA는 성숙 *mRNA*(*mature mRNA*) 분자라고 한다.

1차 mRNA의 첫 번째 뉴클레오티드에는 변형된 구아닌 뉴클레오티드로 구성된 캡(cap)이 더해진다. 3′ 말단에는 일련의 아데노신 뉴클레오티드인 다중(A) 꼬리가 추가된다. 이러한 변형으로 인해 mRNA가 안정적인 형태가 되며, 캡과 꼬리가 있는 mRNA 분자만이 세포에서 활성을 유지한다.

대부분의 인간 유전자에는 단백질로 번역되지 않는 DNA 조각들이 삽입되어 있다. 유전자 사이에 끼어 있는 이 단편들은 인트론(*intron*)이고, 단백질로 발현되는 부위는 엑손(*exon*)이라고 한다. *mRNA* 스플라이싱(*mRNA splicing*)을 통해 인트론은 제거되고 엑손만 남게 되어 엑손으로만 이어진 성숙 mRNA가 완성된다. 그간의 연구를 통해 인트론의 서열이 쓸모없는 "정크(junk)"가 아니라 많은 경우 유전자 발현을 조절하는 기능을 수행한다고 밝혀졌다.

일반적으로 가공을 통해 유전자의 모든 엑손이 연결되지만, 때에 따라서 모든 엑손이 아닌 특정 엑손만을 사용하여 세포가 성숙 RNA 전사물을 만들기도 한다. 그 결과 각각의 세포마다 다른 단백질 산물이 만들어진다. 이러한 선택적 *mRNA* 스플라이싱(*alternative mRNA splicing*)은 하나의 유전자로부터 만들어질 수 있는 단백질의 종류를 증가시킨다.

가공된 mRNA 가닥은 핵에서 세포질로 이동하여 번역된다.

번역: 개요

번역은 유전자 발현의 두 번째 단계이며, 단백질(폴리펩티드)을 합성한다. 번역을 위해 몇몇 효소와 mRNA, 그리고 또 다른 RNA인 운반 RNA(tRNA)와 리보솜 RNA(rRNA)가 필요하다.

운반 RNA는 아미노산을 리보솜으로 운반한다

각각의 tRNA는 단일 가닥으로 이루어진 핵산이며, 스스로 역방향으로 접혀 상보 염기쌍을 형성하여 그림 11.13과 같이 클로버 잎과 같은 모양을 이룬다. 단백질에 구성하는 20종류의 아미노산 각각에 대응하는 tRNA 분자가 적어도 한 개씩은 존재한다. tRNA 분자의 한쪽 끝에는 아미노산이 결합하고, 반대쪽 끝에는 mRNA의 특정 코돈에 상보적인 염기 3개로 구성된 **안티코돈(anticodon)**이 있다.

번역 과정 중 mRNA에 존재하는 코돈의 순서에 따라 리보솜에서 tRNA가 결합하는 순서가 결정된다. tRNA–아미노산 복합체가 리보솜에 도착하면 안티코돈은 mRNA에 존재하는 코돈과 염기쌍을 형성한다. 예를 들어, 코돈이 ACC인 경우, 안티코돈 서열은 무엇이고 tRNA 분자에 결합하여 있는 아미노산은 무엇일까? 이것은 그림 11.10에서 알 수 있다.

코돈(mRNA)	안티코돈(tRNA)	아미노산(단백질)
ACC	UGG	트레오닌

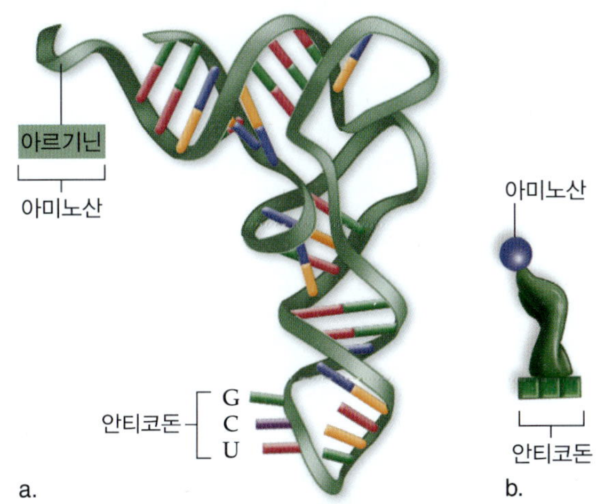

그림 11.13 tRNA의 구조 및 기능.
a. tRNA는 단일 가닥이지만 접혀 있으며, 한쪽 끝은 아미노산, 다른 쪽 끝에는 안티코돈이 결합한다. 안티코돈은 코돈과 상보적이다. **b.** 이 책에서는 앞으로 tRNA를 이렇게 표시할 것이다.

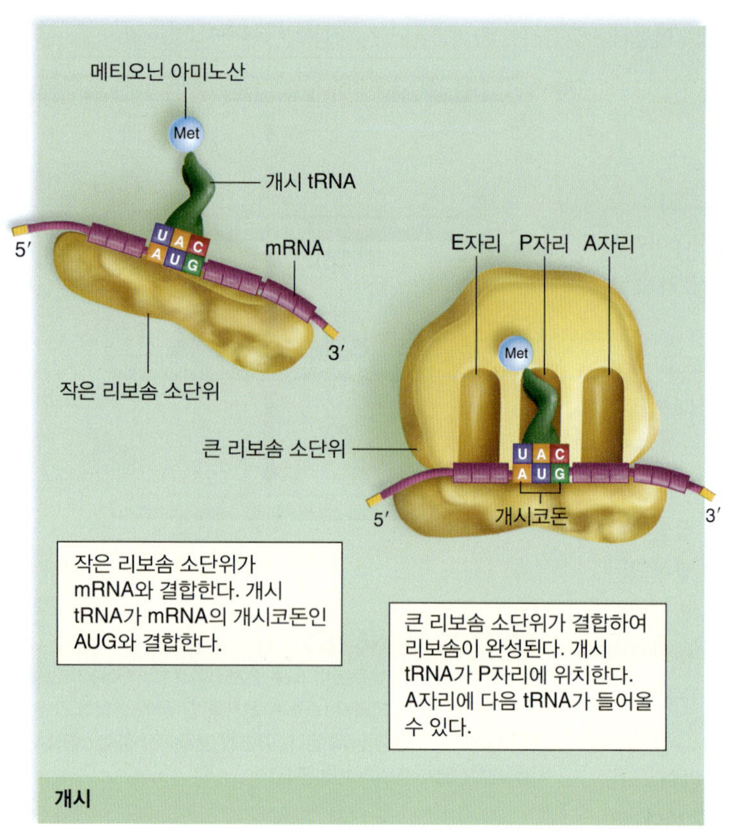

그림 11.14 개시.
개시 동안, 번역에 필요한 요소들이 그림과 같이 결합한다.

번역이 끝나면, 단백질은 DNA가 지시한 순서에 따른 아미노산 서열을 갖는다. 이것이 바로 유전정보이다. DNA는 유전정보를 저장하고 세포분열을 통해 각각의 세포로 이 정보를 전달하며, 개체의 다음 세대로 전달한다. DNA에 있는 염기서열은 세포에 존재하는 단백질을 만들고, 이 단백질들은 각 세포의 기능을 결정한다.

리보솜에서 단백질 합성이 일어난다

리보솜은 번역이 이루어지는 작은 구조체이다. 리보솜은 많은 단백질과 여러 개의 리보솜 RNA(rRNA)로 구성되어 있다. 진핵세포에서는 rRNA가 핵 내의 인에서 만들어지며, 세포질에서 합성된 단백질들과 결합하여 2개의 리보솜 소단위(큰 소단위 1개와 작은 소단위 1개)를 형성한다. 이들 소단위는 세포질로 이동하여 단백질 합성이 시작될 때 합쳐져 리보솜이 된다.

리보솜에는 mRNA 결합 부위, 그리고 동시에 두 개의 tRNA 분자가 결합하는 부위가 있다(그림 11.13). 이들 결합 부위는 tRNA 안티코돈과 mRNA 코돈 사이의 상보 염기쌍 형성을 촉진한다. P자리는 펩티드(peptide)와 결합한 tRNA 결합 부위이며 A자리는 아미노산(amino acid)과 결합한 tRNA가 새로 들어와 결합하는 부위이다. E자리는 리보솜에서 떠나는(exiting) tRNA 분자의 결합 부위이다.

번역은 세 단계로 이루어진다

폴리펩티드는 개시, 신장, 종결의 세 단계를 거쳐 합성된다. 단계마다 효소가 필요하며, 처음 두 단계는 에너지가 필요하다.

개시

개시는 번역에 필요한 모든 구성 요소가 집결하는 단계이다(그림 11.14):

- 작은 리보솜 소단위가 mRNA의 개시코돈(AUG) 근처에 결합한다.
- 메티오닌이 결합한 개시 tRNA의 안티코돈이 이 코돈과 쌍을 형성한다.
- 큰 리보솜 소단위가 작은 소단위와 결합한다.

신장

신장 주기에서 아미노산 한 개씩 폴리펩티드 사슬이 길어진다(그림 11.15):

- P자리에 있는 tRNA에는 새로 형성되는 펩티드 사슬이 붙어 있다.
- 이 tRNA의 펩티드는 A자리에 있는 tRNA–아미노산 복합체로 전달된다. P자리에 있는 tRNA가 E자리로 이동한다.
- 자리 이동(*translocation*)을 통해 A자리의 tRNA-펩티드 복합체는 P자리로 이동하고, E자리의 빈(펩티드와 결합하지 않은) tRNA는 리보솜을 떠나며, A자리의 코돈에 해당하는 다음 tRNA–아미노산 복합체가 결합을 준비한다.

새로운 tRNA의 상보 염기쌍 형성, 자라나는 펩티드 사슬의 전달, 그리고 자리 이동으로 이루어진 신장 주기는 빠른 속도로 반복된다. 리보솜을 떠난 tRNA는 재활용되며, 세포질에서 아미노산과 새로 결합하여 리보솜으로 돌아갈 수 있다.

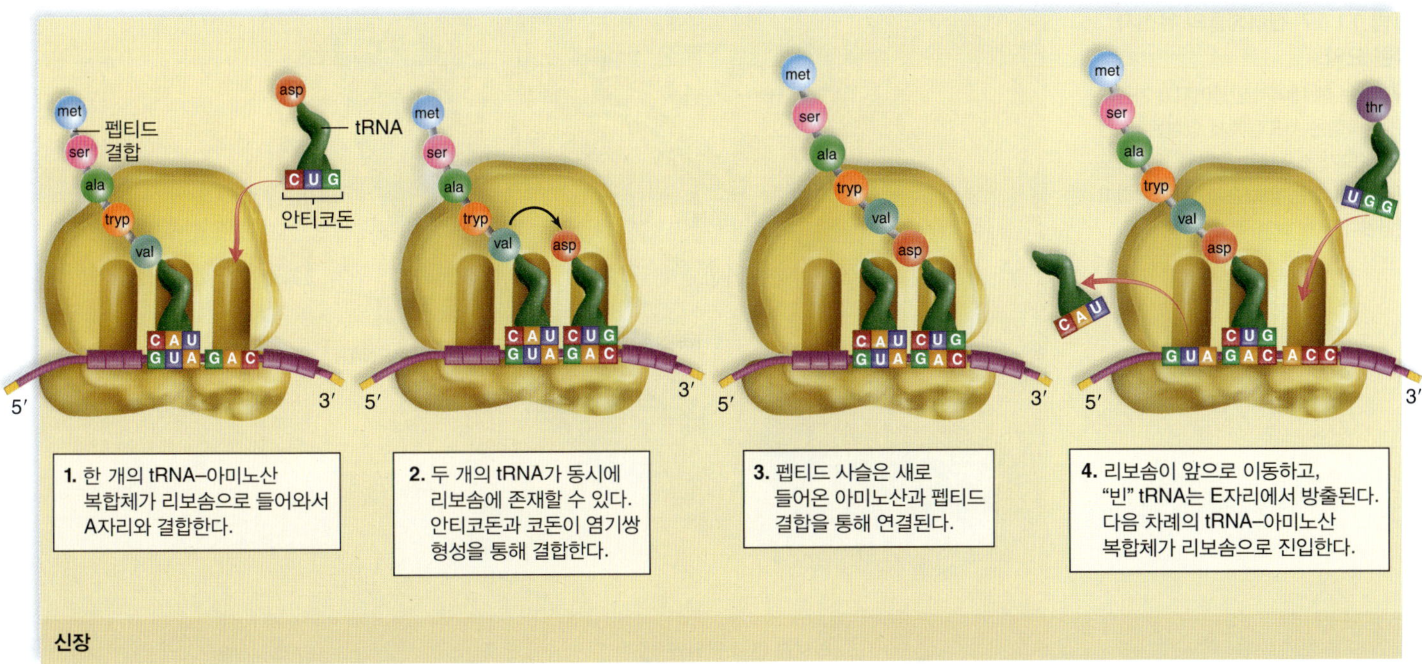

그림 11.15 신장.
P자리에 이미 폴리펩티드가 있음을 주목하자. 신장 기간 동안, 한 개의 아미노산씩 자라나는 펩티드 사슬에 추가되면서 폴리펩티드가 합성된다.

종결

종결코돈(그림 11.10 참조)이 리보솜의 A자리에 들어오면 단백질 합성이 종결되며, 폴리펩티드와 단백질 합성을 위해 합체되었던 구성 요소들이 분리된다(**그림 11.16**).

- **방출인자(release factor)**라고 부르는 단백질 집합체가 종결코돈과 결합하고 마지막 tRNA에 결합하여 있는 폴리펩티드를 잘라낸다.
- mRNA, 리보솜, tRNA 분자들은 다음 번역 과정에서 다시 사용될 수 있다.

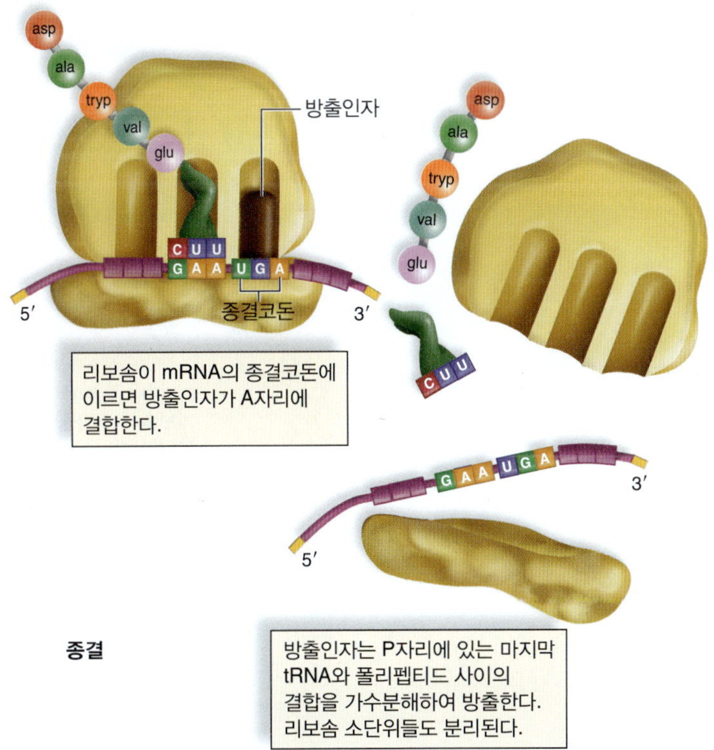

그림 11.16 종결.
합성이 완료된 폴리펩티드 사슬은 방출되고, 번역에 사용된 구성 요소들이 분리된다.

유전자 발현 복습

유전자는 단백질을 암호화하는 DNA 단편들로 구성되어 있다. 유전자의 단백질 산물이 만들어지면 유전자가 발현된다. **그림 11.17**은 진핵세포의 핵에서 진행되는 전사와 mRNA 가공, 그리고 세포질에서 단백질이 합성되는 번역 과정을 요약한 것이다. 세포가 한꺼번에 다량의 동일한 단백질을 생산할 수 있음을 기억하자. 하나의 리보솜이 mRNA의 개시 부위를 번역하면서 이동하면 다른 리보솜이 그 mRNA와 결합하여 **폴리 리보솜(polyribosome)**이라고 하는 복합체를 형성한다(그림 11.17의 #7 참조).

리보솜은 세포질에 자유롭게 떠 있거나 조면소포체에 붙어 있다. 조면소포체에 붙어 있는 경우, 폴리펩티드가 소포체 내부로 들어가고 가공을 통해 당이 추가된다. 이 단백질은 수송 소포에 의해 골지체와 같은 세포의 다른 곳으로 운반된다. 골지체로 운반된 단백질은 더욱 가공되어 소낭에 포장된 후 세포 밖으로 수송되거나 원형질막 안에 삽입된다. 단백질은 세포 내에서 효소부터 구조에 이르는 수많은 기능을 수행하며, 세포 밖에서도 기능을 수행한다. 이것이 모두 합쳐져 세포, 조직, 기관, 개체의 구조와 기능으로 나타난다.

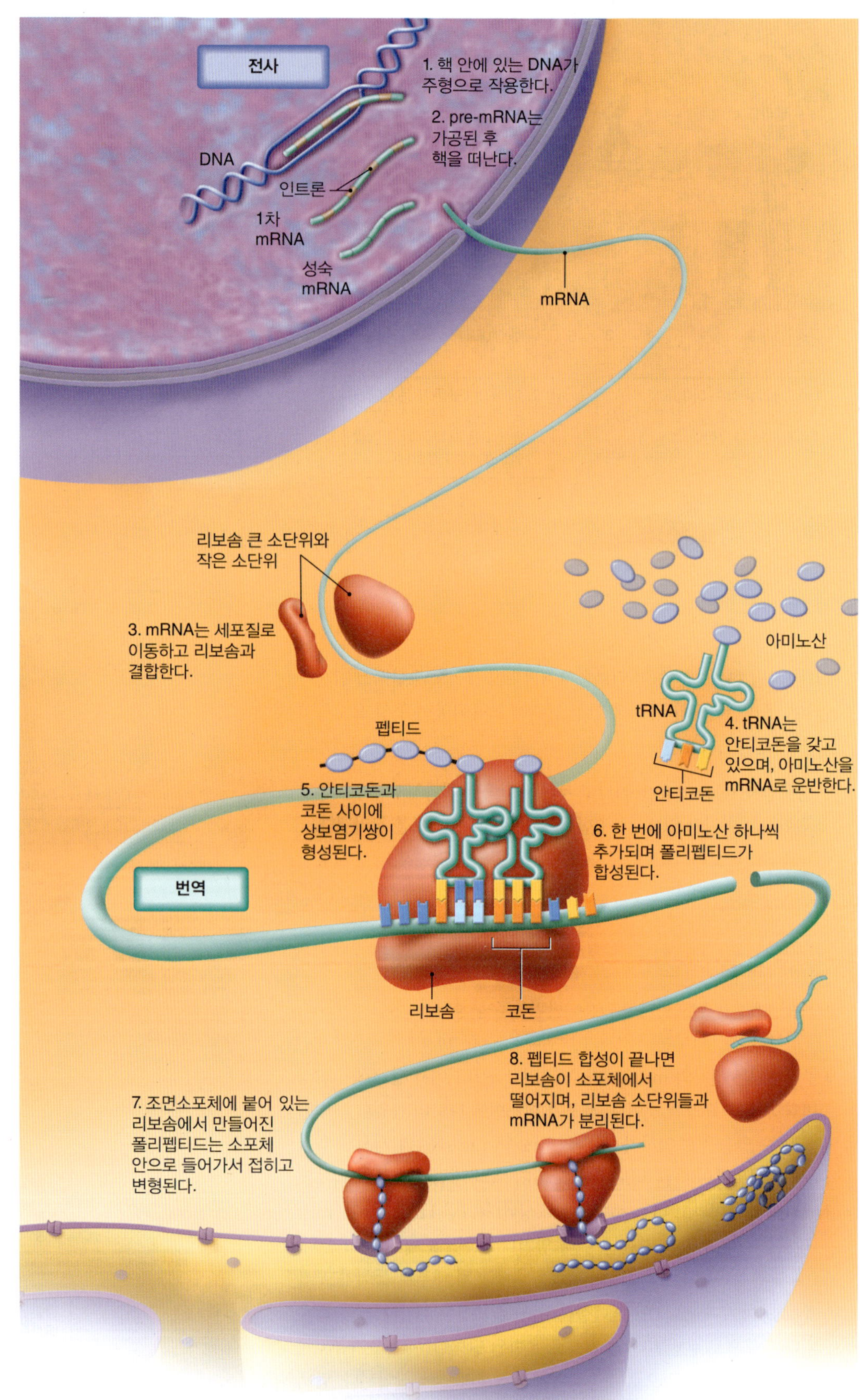

그림 11.17 진핵생물의 유전자 발현 요약.

mRNA는 핵 내에서 만들어지고 가공되며, 단백질은 세포질에서 합성된다. 폴리펩티드가 소포체로 들어와 조면소포체에 붙어 있는 리보솜과 만나 접히고 변형된다.

진도 점검하기 11.2

1. DNA가 지닌 정보가 기능 단백질로 발현되는 일련의 과정을 서술하시오.
2. 유전자 암호의 목적과 생물학의 중심 원리(central dogma)의 상관관계를 설명하시오.
3. 전사 과정에서 mRNA가 변형되는 이유를 요약하시오.
4. 번역 과정에서 리보솜과 tRNA의 역할을 서술하시오.

개념 연결하기

유전자 발현은 RNA 분자를 이용해 DNA로부터 정보를 가공하여 단백질과 같은 유전자 산물을 생산한다.

11.3 유전자 조절

학습 목표

이 절을 학습한 후에는 다음 과제를 수행할 수 있어야 한다.

1. 원핵생물의 *lac* 오페론의 작동 방식을 설명하기.
2. 진핵생물에서 유전자 발현을 조절하는 여러 단계를 열거하기.
3. 진정염색질과 이질염색질을 구별하기.
4. 진핵생물의 유전자 조절에서 전사인자의 기능에 관해 설명하기.

유전자 발현의 조절 단계

우리 몸은 구조와 기능이 다른 수많은 종류의 세포로 구성되어 있다. 각 세포는 고유의 단백질 조합이 있으므로 다른 세포와 구별된다. 즉, 신경, 근육, 샘세포, 혈액세포처럼 특화된 기능을 수행하는 세포는 특정 유전자만을 발현한다.

발현되는 유전자 중 일부는 포도당 대사와 같이 다수의 세포에 공통으로 필요한 기능을 수행하며, 이들을 항존 유전자(housekeeping gene)라고 한다. 그러나 특정 유전자의 발현은 세포의 특성화를 일으킨다. 즉, 세포 내에서 유전자 발현이 조절되고, 이러한 조절로 인해 세포가 특성화된다(그림 11.18).

원핵생물의 단순한 유전자 발현 조절 방식부터 살펴보자.

원핵생물의 유전자 발현

대장균(*Escherichia coli*)은 인간의 대장에서 서식하며, 우리가 섭취하는 음식에 따라 재빨리 필요한 효소를 생산한다. 우리가 우유를 마시면 대장균은 즉시 젖당 대사에 필요한 세 종류의 효소를 만들기 시작한다. 세 효소 모두 하나의 프로모터(promoter)에 의해 조절된다. 프로모터는 RNA 중합효소가 결합하는 짧은 DNA 서열이다. 프랑스 미생물학자인 자코브(François Jacob)와 모노(Jacques Monod)는 이 유전자 무리와 이들의 전사를 조절하는 DNA 서열을 통칭하여 **오페론(operon)**이라고 명명했다. 이들은 유전자의 발현이 어떻게 조절되는지를 처음으로 밝혔으며, 특히 젖당 대사에서 *lac* 오페론이 어떻게 조절되는지를 밝힌 공로를 인정받아 1961년에 노벨상을 받았다(그림 11.19).

자코브와 모노는 오페론 외부에 있는 **조절유전자(regulatory gene)**에 의해 암호화되는 **억제인자(repressor)** 단백질이 *lac* 오페론에서 프로모터 옆에 있는 작동유전자(*operator*)와 결합하고 있다고 제안하였다. 억제인자가 작동유전자와 결합하면 RNA 중합효소가 프로모터와 결합할 수 없으므로 젖당 대사 유전자의 전사가 일어나지 못한다. 일반적으로는 젖당이 존재하지 않기 때문에 *lac* 오페론은

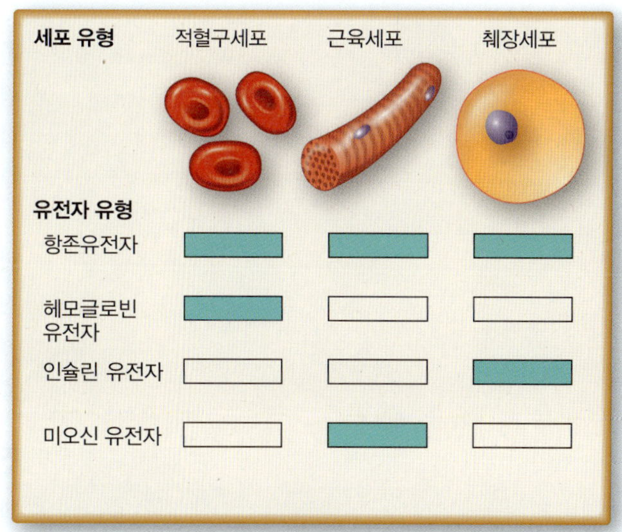

그림 11.18 유전자 발현에 의한 세포 특성화.
한 개체의 모든 세포는 각각 완전한 유전자 세트를 갖고 있다. 항존유전자는 모든 세포에서 발현되지만, 그 외 유전자의 발현은 세포의 기능에 따라 조절된다.

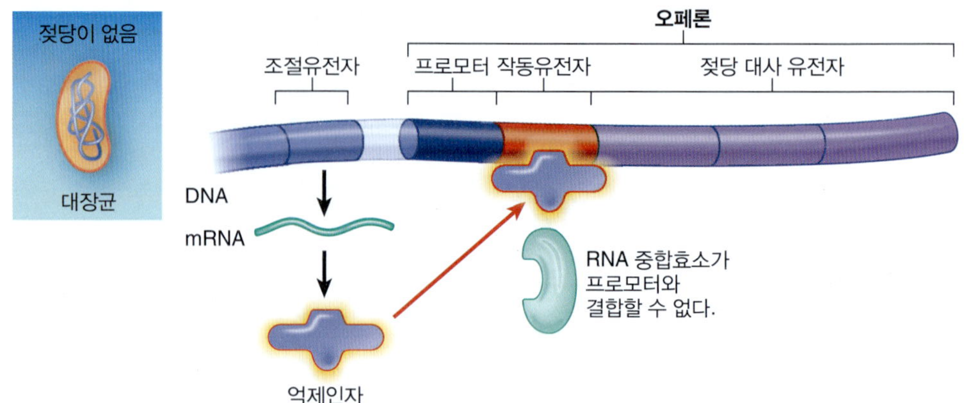

a. **젖당이 없을 때—오페론이 작동하지 않음.**
젖당 대사에 필요한 효소들이 생산되지 않는다.

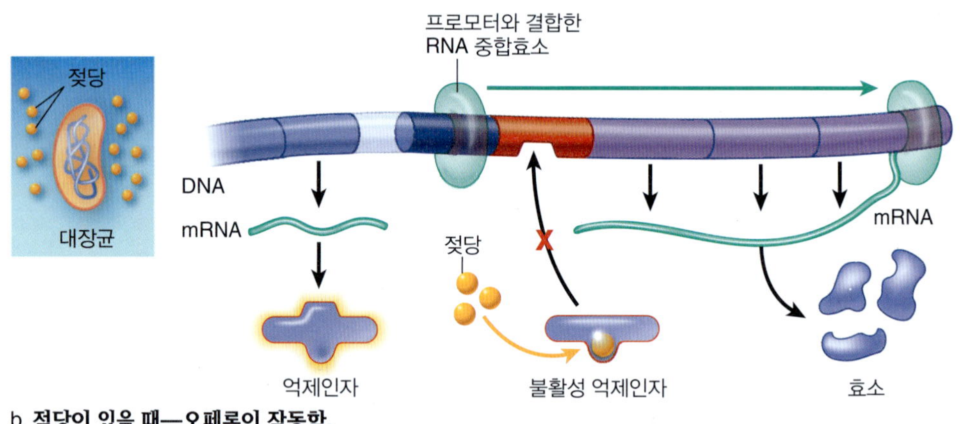

b. **젖당이 있을 때—오페론이 작동함.**
젖당 대사에 필요한 효소들이 만들어진다.

그림 11.19 *lac* **오페론.**
a. 조절유전자는 억제인자를 암호화한다. 억제인자는 작동유전자(operator)와 결합하여 RNA 중합효소가 프로모터와 결합하지 못하도록 한다. 따라서 젖당 대사에 관여하는 유전자들이 전사되지 않는다. **b.** 젖당이 존재하면 젖당이 억제인자와 결합하여 그 형태를 변형시킨다. 비활성화된 억제인자는 작동유전자와 결합하지 못하고, RNA 중합효소가 프로모터와 결합하여 젖당 대사 유전자들이 발현된다.

보통 이런 방식으로 억제되어 있다(**그림 11.19*a***).

젖당이 존재할 때 오페론이 어떻게 작동될까? 젖당이 억제인자와 결합하여 억제인자의 형태를 변형시킨다. 변형된 억제인자는 작동유전자와 결합할 수 없으므로 RNA 중합효소와 프로모터가 결합할 수 있다(**그림 11.9*b***). 따라서 젖당 대사에 필요한 유전자들이 전사된다. 선호되는 당인 포도당이 없고 젖당만 존재한다면, CAP(그림 11.19에는 표시하지 않았음)라고 하는 단백질이 RNA 중합효소와 프로모터의 결합을 도와준다. 이로써 젖당 대사에 관여하는 효소가 필요할 때 전사가 확실하게 이루어지도록 한다.

아미노산 합성을 조절하는 박테리아 오페론들은 대개 항시 작동 상태로 존재한다. 예를 들어, *trp* 오페론의 경우, 조절유전자에 의해 암호화된 억제인자는 작동유전자와 결합하지 못한다. 따라서 트립토판 아미노산 생산에 필요한 유전자들이 발현된다. 트립토판이 존재하면 억제인자와 결합하여 그 형태를 변형시킨다. 변형된 억제인자가 작동유전자와 결합하여 오페론의 작동이 멈춘다.

진핵생물의 유전자 발현

한 개의 박테리아 프로모터가 전사 단위를 구성하고 있는 여러 유전자를 조절하는 반면, 진핵생물은 각각의 유전자마다 RNA 중합효소가 결합하는 프로모터를 갖고 있다. 박테리아는 대부분 전사 조절에 의존하여 유전자 발현을 조절하지만, 진핵생물은 여러 가지 방법을 이용한다. 즉, 유전자 발현 여부, 발현되는 속도, 발현되는 기간 등을 조절한다.

유전자 발현 조절 기작 중 일부는 핵에서 일어나고 또 일부는 세포질에서 일어난다(그림 11.20). 핵에서는 염색질 응축, DNA 전사, mRNA 가공을 통해 특정 세포 유형에서 어떤 유전자를 발현할 것인지를 결정한다.

세포질에서는 리보솜에서 mRNA가 폴리펩티드로 바로 번역되거나 지연될 수 있다. mRNA는 세포질에 오랫동안 존재하거나 바로 분해되기도 하며, 이것은 단백질도 마찬가지다. 이러한 유전자 발현 조절 기작들에 의해 유전자 산물의 양과 활성상태 지속 기간이 조절된다.

염색질 응축

진핵생물은 유전자 발현 조절의 한 방법으로 염색질 응축을 사용한다. 염색질이 단단하게 응축되어 있을수록 내부의 유전자가 발현되기 어렵다. **이질염색질(heterochromatin)**이라고 하는 짙게 염색되는 부위는 단단하게 응축된 불활성 염색질이다. 극단적인 예는 포유류 암컷에서 발견되는 바소체(*Barr body*)이다. 암컷은 핵막 안쪽 가장자리에 진하게 염색되는 작은 압축된 염색질 덩어리를 지니고 있다. 이 구조는 활동하지 않는 불활성 X 염색체다.

바소체가 유전자 산물을 생산하지 않는 불활성 X 염색체인 것을 어떻게 알 수 있었을까? 어떤 여성의 세포 중 절반은 한 X 염색체가 활성형이고, 나머지 절반은 다른 X 염색체가 활성형이라고 가정해 보자. 이형접합인 여성의 몸은 유전적으로 다른 세포들의 "조각들"이 모자이크를 이루고 있는 것은 아닐까? 이런 현상이 실제로 일어난다. 예를 들어, X-연관 열성 안구백색증에 대한 이형접합자인 여성은 눈 뒤쪽에 색소가 있는 세포와 없는 세포들이 짜깁기되어 있다. 또한 땀샘 유전자에 대해 이형접합인 여성은 땀샘이 없는 피부세포 조각이 짜깁기되어 있다. 삼색 얼룩 고양이(calico cat) 암컷 또한 세포 내 X 염색체 불활성화에 따른 차이를 극명하게 보여주는 사례이다(그림 11.21).

> **연관**
>
> ### X 염색체 불활성화는 왜 일어나는가?
>
> X 염색체에는 1,600개 이상의 유전자가 있는데, 대부분은 성과 전혀 관련되어 있지 않다. 따라서 포유류와 인간의 경우, 여성의 두 개의 X 염색체는 남성보다 두 배 많은 유전자 산물(단백질)을 만들게 된다. 단백질이 너무 많으면 여러 대사 경로에 부정적인 영향을 주므로, 생산되는 단백질의 양을 조절하기 위해 여성은 한 개의 X 염색체만을 남기고 모두 불활성화한다. 대부분 여성은 한 개의 바소체를 지니고 있지만, XXX 여성의 세포에는 바소체가 두 개이며, 클라인펠터증후군(XXY) 남성의 세포에는 남성임에도 불구하고 한 개의 바소체가 있다.

이질염색질이 풀리면 활성형 유전자를 포함한 좀 더 느슨한 형태의 염색질인 **진정염색질(euchromatin)**이 된다. 진핵생물의 뉴클레오솜(*nucleosome*)은 히스톤 분자 그룹 하나를 감싸고 있는 DNA이다(8.1절 참조). DNA가 전사될 때, 염색질 리모델링 복합체는 뉴클레오솜에서 히스톤을 옆으로 밀어내어 전사가 시작될 수 있도록 한다(그림 11.22). 다시 말해, 진정염색질이라 해도 전사가 시작되려면 그 전에 변형이 더 일어나야 한다. 히스톤의 존재는 DNA로의 접근을 제한하기 때문에 히스톤의 방해가 없을 때 진정염색질이 유전적으로 활성화된다. 이런 상태가 된 후에 비로소 진핵세포에서 유전자가 발현될 수 있다.

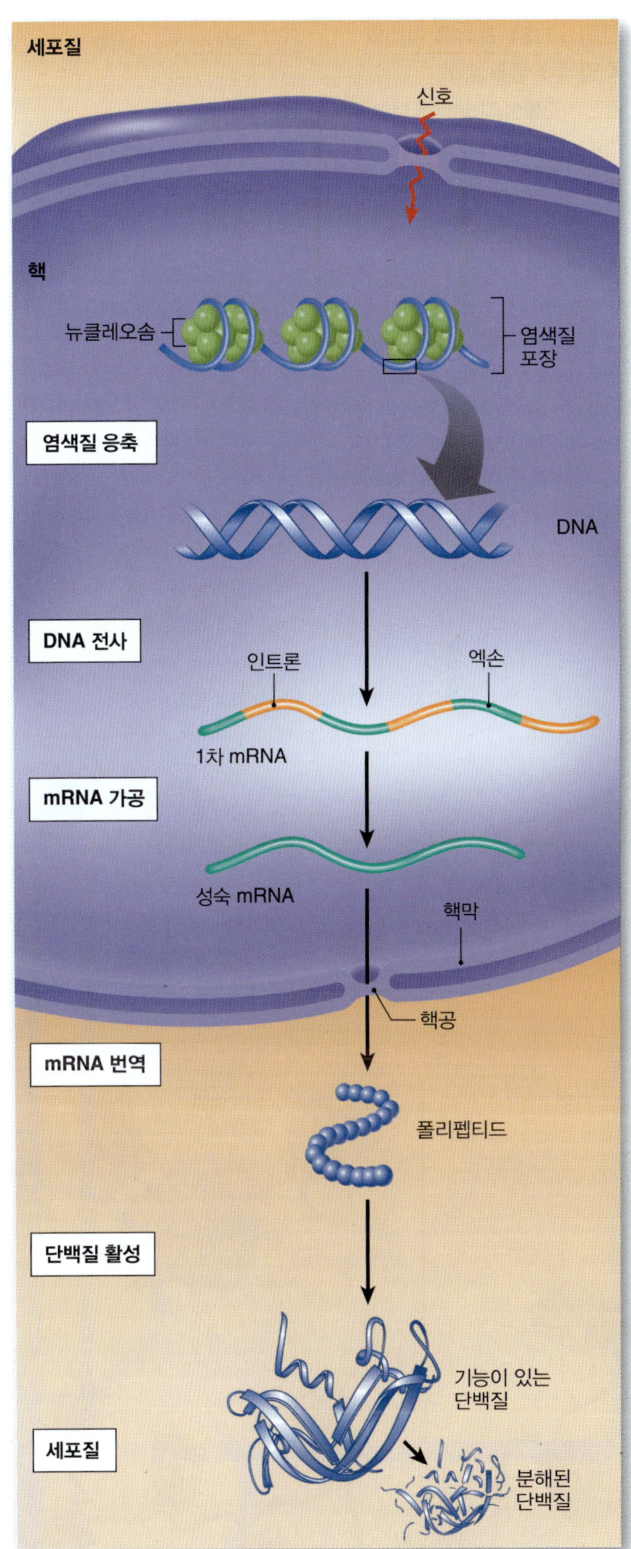

그림 11.20 진핵세포의 유전자 발현 조절. 진핵세포는 여러 단계로 유전자 발현을 조절한다. 또한 성장인자와 같은 외부 신호(빨간색 화살표)가 유전자 발현을 조절하기도 한다.

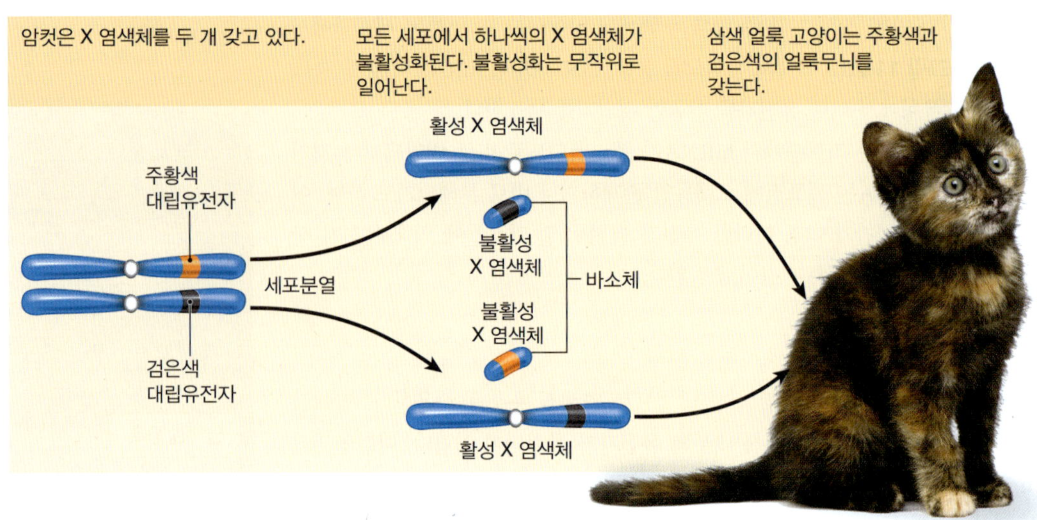

그림 11.21 포유류 암컷의 X 염색체 불활성화.
검정과 주황색 털 색깔에 대한 대립유전자는 고양이의 X 염색체상에 존재한다. 암컷 고양이의 X 염색체 불활성화는 무작위로 일어난다. 따라서 이형접합자의 경우 50%의 세포는 검은색 털에 대한 대립유전자를 갖고 있으며 나머지 50%는 주황색 털에 대한 대립유전자를 갖고 있다. 그 결과 삼색 얼룩 고양이(calico cat 또는 tortoiseshell cat)는 검은색과 주황색으로 구성된 얼룩무늬 패턴의 털 색깔을 갖는다. 캘리코 고양이는 또 다른 유전자의 활성으로 흰색 털도 갖게 된다.
©Eric Isselee/Shutterstock

후성유전학

과학자들은 특히 세포 수준에서 발생하는 유전자 조절 중에 나타나는 변화의 일부가 다음 세대로 유전될 수도 있다는 것을 인식하기 시작하였다. 예를 들어, X-불활성화(그림 11.21 참조)의 불활성 패턴이 세포분열을 통해 유전된다. XX 세포에서 첫째 세포의 불활성 염색체는 모든 딸세포에서 동일하다. 이것으로 그림 11.21에 있는 고양이 털 색을 설명할 수 있다. 즉, 모든 검은 부분은 주황색 대립유전자가 불활성화되었기 때문에 검은색 대립유전자만 발현되는 세포로부터 유전된 것이다. 이것은 **후성유전(epigenetic inheritance)**의 한 예이다. 이는 염색체상의 뉴클레오티드 서열이 변화하여 나타난 결과가 아니라, 유전자 발현의 변화가 유전된 것이다. 후성유전으로 다른 생리학적 과정도 설명할 수 있다. 예를 들어, 유전체 각인(genomic imprinting)은 개개인의 성별이 그와 반대되는 성별에서 물려받은 염색체상의 유전자 발현을 억제하여 대립유전자가 발현되게 하는 현상이다.

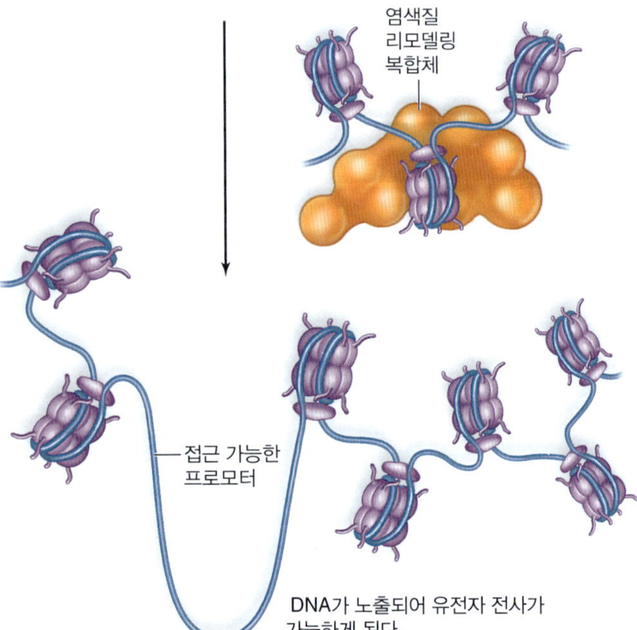

그림 11.22 히스톤 이동.
진핵생물에서 염색질 리모델링 복합체가 뉴클레오솜의 히스톤을 옆으로 밀어내면 전사를 시작할 수 있다.

DNA 전사

진핵생물의 전사는 원칙적으로는 세균과 동일하나 더 많은 조절 단백질이 관여한다. 조절 단백질이 많으면 조절을 더 잘할 수 있으나 오작동의 가능성 또한 높아진다.

진핵생물에서 **전사인자(transcription factors)**는 RNA 중합효소와 프로모터의 결합을 도와주는 DNA 결합 단백질이다. 경우마다 여러 전사인자가 필요하며, 하나라도 없으면 전사는 일어날 수 없다. 모든 전사인자가 복합체를 형성하여 DNA 이중가닥이 벌어지도록 도와주고 RNA 중합효소의 위치를 잡아주어 전사가 시작될 수 있도록 한다. 같은 전사인자들이 다른 조합을 이루어 다른 프로모터에서 계속 사용된다. 따라서 한 전사인자가 기능을 제대로 하지 못하면 그 결과는 세포에 매우 치명적일 것이라고 쉽게 예상할 수 있다. 유전병인 헌팅턴병은 전사인자 하나의 결함에서 비롯된 심한 정신운동성 질환이다.

진핵생물의 전사활성화인자(*transcription activator*)는 전사를 획기적으로 촉진하는 DNA 결합 단백질이다. 이들은 **인핸서(enhancer)**라고 하는 DNA 부위와 결합하며, 프로모터에서 상당히 멀리 떨어져 있을 수 있다. DNA의 헤어핀 고리 구조로 인해 인핸서와 결합한 전사활성화인자가 전사인자복합

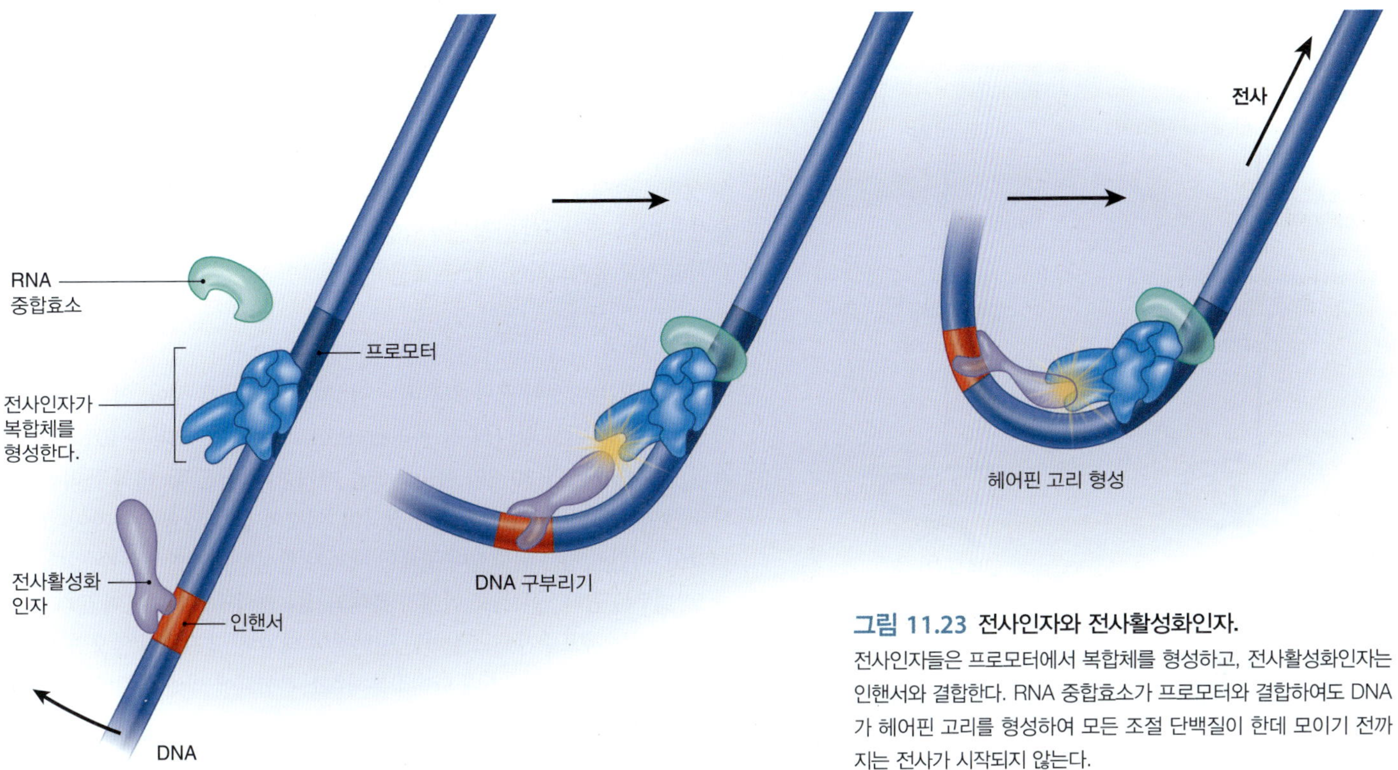

그림 11.23 전사인자와 전사활성화인자.
전사인자들은 프로모터에서 복합체를 형성하고, 전사활성화인자는 인핸서와 결합한다. RNA 중합효소가 프로모터와 결합하여도 DNA가 헤어핀 고리를 형성하여 모든 조절 단백질이 한데 모이기 전까지는 전사가 시작되지 않는다.

체에 가까이 다가와 닿을 수 있다(그림 11.23).

전사활성화인자 하나가 유전자 발현에 막대한 영향을 미칠 수 있다. 예를 들어, MyoD라는 DNA 결합 단백질은 그 자체로서 여러 척추동물에서 섬유아세포가 근육세포로 되도록 하는 여러 유전자를 활성화할 수 있다. Ey라고 하는 또 다른 DNA 결합 단백질은 초파리에서 한 종류의 세포 유형이 아니라 여러 종류로 구성된 완전한 눈의 형성에 관여한다(그림 11.24).

mRNA 가공

전사를 마친 후, 성숙 mRNA가 핵을 떠나 세포질로 이동하기 전에 인트론 제거와 엑손 스플라이싱이 일어난다. **선택적 mRNA 가공(alternative mRNA processing)**을 통해 어떤 엑손들로 성숙 mRNA를 형성하는가에 따라 동일한 1차 mRNA에서 서로 다른 단백질을 생산할 수 있다(그림 11.25).

초파리 유전자 *DScam*은 선백석 mRNA 가공의 극단적인 예이다. 성숙 mRNA에 포함되는 엑손의 조합에 따라 무려 38,000개의 서로 다른 단백질이 만들어질 수 있다. 이들 단백질로 인해 각각의 신경세포가 뇌에서 다른 신경세포와 소통할 때 저마다 독특한 특성이 나타난다.

mRNA 번역

세포질에는 mRNA 번역 여부를 조절하는 단백질이 있다. 예를 들어, 특정 단백질 인산화효소에 의해 IF-2라고 하는 개시인자가 인산화되면 단백질 합성을 시작하지 못한다. 환경조건에 따라 번역이 지연될 수도 있다. 철을 함유하는 헴(heme)이 존재하지 않으면 적혈구 세포는 헤모글로빈을 합성하지 않는다.

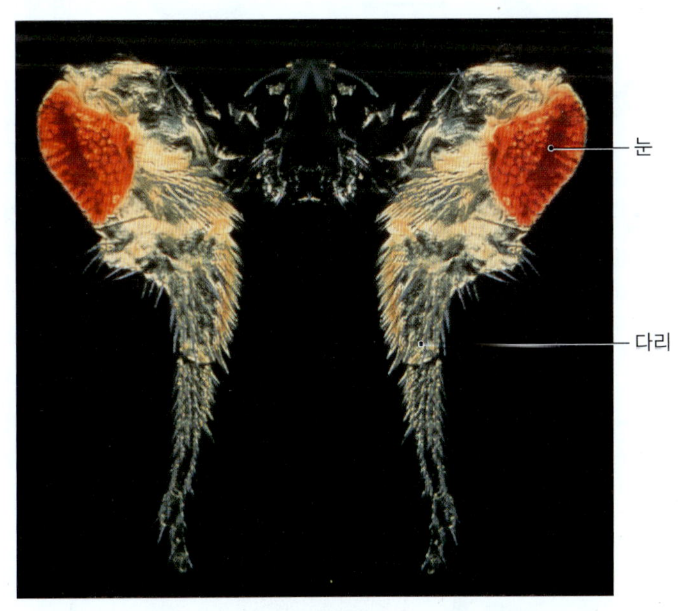

그림 11.24 *Ey* 유전자.
초파리에서 장차 다리가 될 전구세포에서 *Ey* 유전자를 발현시키면 다리에서 눈의 발생이 시작된다.

©Prof. Walter Gehring

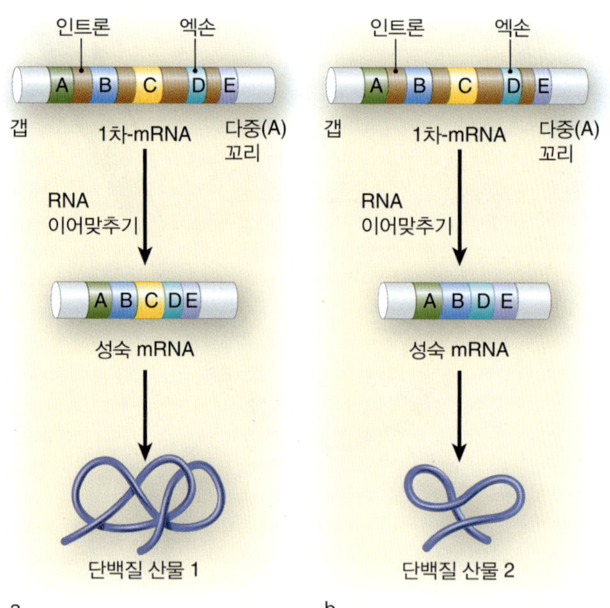

그림 11.25 mRNA 전사물의 가공.
두 세포에서 1차 mRNA가 다르게 가공되므로 서로 다른 단백질(a와 b)이 만들어진다.

mRNA가 분해되지 않고 더 오래 세포질에 존재할수록, 더 많은 유전자 산물이 만들어진다. 포유류 적혈구 세포는 성숙 과정을 거치면서 핵이 없어지지만, 그 후로도 여러 달 동안 헤모글로빈을 합성한다. 따라서 이 기간에 헤모글로빈 mRNA가 지속해서 존재해야만 한다. 얼마나 오래 이 특정 전사물이 활성 상태로 존재할 것인가는 다중(A) 꼬리의 길이에 따라 달라진다. 호르몬 역시 특정 mRNA 전사물의 안정성에 영향을 줄 수 있다. 난황소(vitellin) mRNA는 15시간 정도 유지되지만, 에스트로젠이 존재하면 3주 동안이나 존속된다.

단백질 활성

어떤 단백질은 합성이 끝난 직후에는 활성이 없다. 예를 들어, 인슐린은 접혀서 3차 구조를 이룬 하나의 긴 폴리펩티드로 합성된다. 그다음 효소가 이 분자의 중간쯤에서 약 30개의 아미노산을 제거한다. 남은 두 개의 폴리펩티드 사슬은 이황화(S—S) 결합으로 연결되며, 이것이 활성 인슐린 분자이다(그림 11.26). 이런 방법은 단백질이 필요할 때까지 활성화를 지연시킬 수 있다.

대부분 단백질은 세포 안에서 분해되거나 파괴되므로 수명이 짧다. 사이클린(cyclin)이라는 세포주기를 조절하는 단백질이 더 이상 필요하지 않으면 **프로테아솜**(*proteasome*)이라고 하는 거대 단백질분해효소 복합체에 의해 분해된다. 프로테아솜은 다른 단백질도 분해한다.

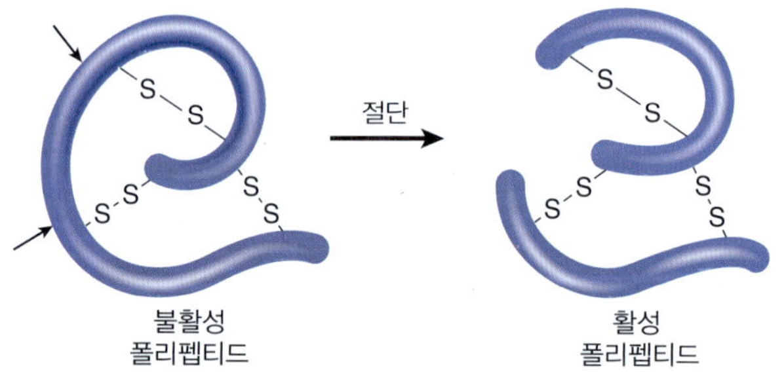

그림 11.26 단백질 활성.
인슐린 단백질은 초기에 만들어진 폴리펩티드 일부가 효소에 의해 제거되기 전까지는 활성이 없다. 잘리고 남은 폴리펩티드 사슬 두 개는 두 곳에서 형성되는 이황화(S—S) 결합을 통해 서로 연결된다.

진핵생물의 세포 간 신호

다세포생물에서 세포는 끊임없이 화학신호를 내보내 다른 세포에 영향을 준다. 이들 신호를 통해 동물의 발생 과정 중에는 장차 세포가 수행하게 될 역할이 특성화되며, 나중에는 성장과 매 순간의 기능이 조화를 이룰 수 있다. 식물세포 역시 서로 신호를 주고받으며 태양광과 같은 환경 자극에 대한 반응을 조절한다.

일반적으로 화학신호가 표적세포의 원형질막에 있는 수용체 단백질과 결합하면 **세포 신호전달(cell signaling)**이 이루어진다. 이 신호는 수용체 단백질이 **신호전달경로(signal transduction pathway)**를 이루는 일련의 반응을 시작하도록 한다. 이 경로의 최종 산물(신호가 아님)은 세포 대사에 직접적인 영향을 준다. 예를 들어, 조절 단백질이 특정 유전자를 발현하도록 하여야만 성장이 가능해진다.

신호를 주는 세포에서 분비된 화학신호는 신호를 받는 세포의 원형질막에 있는 특정 수용체와 결합한다(그림 11.27). 이 결합으로 신호전달경로를 이루는 일련의 반응이 활성화된다. 가장 마지막 반응으로 전사활성화인자가 활성화되어 특정 유전자의 전사를 증폭시킨다. 전사는 mRNA 번역으로 이어져 단백질 산물을 만들고, 이 경우에는 세포주기를 자극하여 세포가 성장한다.

신호전달경로에서 기능하는 단백질인 Ras는 여러 유전자의 전사를 유도하며, 이 중 일부는 세포주기를 촉진한다. Ras는 보통 불활성 상태로 존재하지만, 성장인자(growth factor) 신호를 받으면 활성화된다. Ras가 늘 활성상태라면 세포분열이 끊임없이 일어나므로 암이 유발된다.

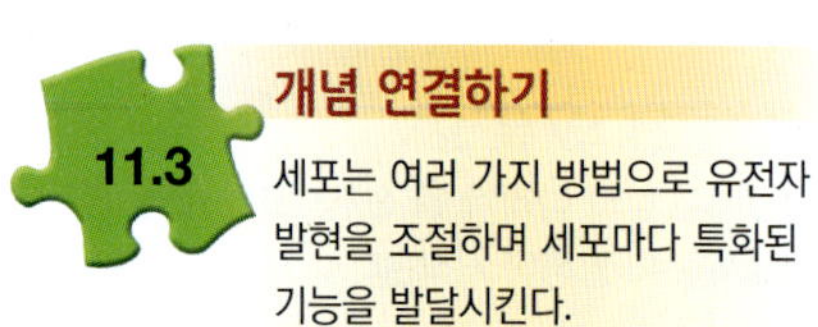

개념 연결하기
세포는 여러 가지 방법으로 유전자 발현을 조절하며 세포마다 특화된 기능을 발달시킨다.

진도 점검하기 11.3

1. 원핵생물과 진핵생물의 유전자 발현을 비교하시오.
2. 진핵생물이 유전자 발현을 조절하는 단계를 자세히 설명하시오.
3. 전사인자가 어떻게 유전자 발현을 세밀하게 조절하는지 설명하시오.

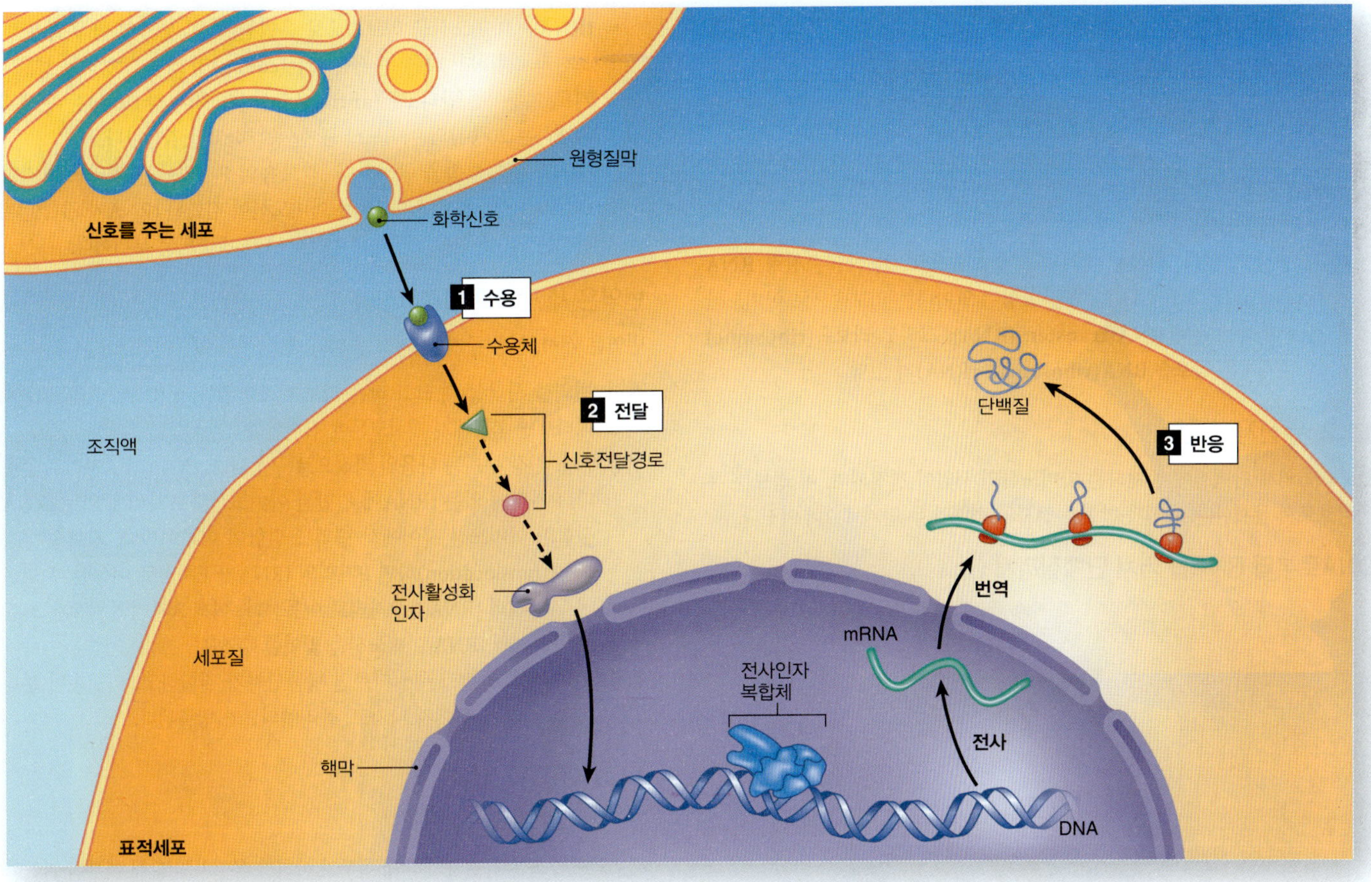

그림 11.27 **세포 신호전달.**
1. 수용: 특정 수용체 단백질이 화학 신호를 받는다. **2.** 전달: 신호전달경로의 마지막 단계에서 전사활성화인자가 자극받는다. 이 인자는 특정 유전자 전사를 증폭한다. **3.** 반응: mRNA 전사물을 번역하여 단백질을 만든다. 신호에 반응한 결과는 단백질 산물이다.

요 약 SUMMARIZE

세포의 DNA는 생명의 특성을 결정짓는 유전정보를 포함하고 있다. 유전자 발현 과정은 RNA를 수반하며 다양한 방식으로 세포 내에서 조절된다.

DNA는 유전물질로 생명 과정을 수행하는 데 필요한 정보를 지닌다. RNA는 정보를 처리하는 과정에서 보조 역할을 한다.

유전자 발현은 RNA 분자를 이용해 DNA로부터 정보를 가공하여 단백질과 같은 유전자 산물을 생산한다.

세포는 여러 가지 방법으로 유전자 발현을 조절하며 세포마다 특화된 기능을 발달시킨다.

11.1 DNA와 RNA의 구조 및 기능

DNA 구조

DNA는 유전물질이며 다음의 구조를 갖는다.

- DNA는 서로 다른 네 종류의 염기를 갖는 뉴클레오티드로 구성된 중합체이다. 이 염기는 **아데닌(adenine, A)**, **구아닌(guanine, G)**, **시토신(cytosine, C)**, 그리고 **티민(thymine, T)**이다. 항상 A는 T, G는 C와 쌍을 형성하며, 이것을 **상보 염기쌍 형성(complementary base pairing)**이라고 한다.
- DNA는 이중나선이다. 디옥시리보스 당-인산 분자는 나선 모양으로 꼬여 있는 사다리의 양쪽 가장자리가 되며 서로 반대 방향으로 주행한다. 쌍을 형성한 염기는 사다리의 칸을 구성한다. 염기쌍은 각 생물종에서 어떤 순서로는 존재할 수 있다.

DNA 복제

DNA는 세포주기의 S기에 복제된다. **DNA 복제 과정(DNA replication)** 중 기존의 가닥이 각각 **수형(template)**으로 작용하여 새로운 가닥을 만든다. 따라서 이 과정을 **반보존적(semiconservative)**이라고 한다.

DNA 복제는 다음과 같은 여러 효소가 필요하다.

- 헬리케이즈(helicase)—이중나선을 풀어낸다.
- DNA 중합효소—새로운 DNA 가닥을 합성한다.
- DNA 연결효소—DNA 가닥의 당-인산 뼈대에서 끊긴 부위를 연결한다.

RNA의 구조 및 기능

리보핵산(ribonucleic acid, RNA)은 다음과 같은 특징을 갖는다.

- 진핵세포의 핵과 세포질 안에 존재한다.
- 리보스 당과 아데닌(A), **우라실(uracil, U)**, 시토신(C), 구아닌(G) 염기를 포함한다.
- 단일 가닥이다.
- 세 종류가 있다. DNA 메시지를 리보솜으로 전달하는 **전령 RNA(messenger, mRNA)**, 단백질 합성이 일어나는 리보솜으로 아미노산을 운반하는 **운반 RNA(transfer, tRNA)**, 그리고 **리보솜(ribosome)**에 존재하는 **리보솜 RNA(ribosomal, rRNA)**가 있다.

11.2 유전자 발현

DNA에 의해 단백질에 존재하는 아미노산의 서열이 결정되며, 이 정보는 유전암호로서 존재한다. 유전자 발현은 전사와 번역의 두 단계로 이루어진다.

DNA로부터 RNA를 거쳐 단백질까지

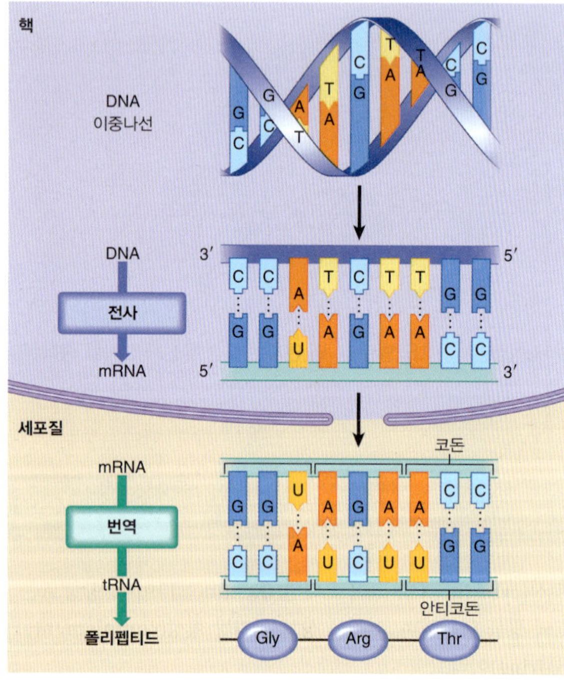

전사: DNA에서 mRNA로

- RNA 중합효소가 유전자의 시작 부위에 있는 조절 지역인 프로모터와 결합한다.
- RNA 중합효소는 티민을 우라실로 대체하면서 유전자 서열과 상보적인 mRNA 사본을 만든다. 이것을 **mRNA 전사물(mRNA transcript)**이라고 한다.

mRNA 가공

- 진핵생물에서는 전사 후 mRNA가 가공된다. 가공은 (1) 한쪽 말단에 캡 부착, (2) 다른 쪽 말단에 다중(A) 꼬리 달기, (3) 인트론을 제거하고 엑손만 남기기를 통해 이루어진다. 성숙 mRNA는 이제 단백질 합성에 이용될 수 있다.

번역: mRNA에서 단백질로

- mRNA는 코돈을 포함하고 있다. 종결을 의미하는 코돈을 제외하면, 3개의 염기로 이루어진 모든 코돈이 특정 아미노산을 암호화한다.
- tRNA는 아미노산을 리보솜으로 운반한다. 이 분자의 한쪽 끝은 아미노산과 결합하고 다른 쪽 끝은 **코돈(codon)**과 쌍을 형성하는 3개의 염기로 이루어진 **안티코돈(anticodon)**이다. 각각의 tRNA는 단백질에 존재하는 20종류의 아미노산 중 한 종류하고만 결합한다.
- rRNA는 리보솜을 구성한다. 리보솜의 P자리에는 펩티드가 결합된 tRNA가 결합하고 A자리에는 아미노산이 결합된 tRNA가 결합한다. E자리는 아미노산을 전달하고 난 tRNA가 방출되는 부위이다.

번역은 세 단계로 이루어진다

번역은 개시, 신장 주기, 그리고 종결의 세 단계로 이루어진다.

개시: 번역을 시작할 때 크고 작은 리보솜 소단위들, mRNA, 그리고 tRNA-메티오닌 복합체가 개시코돈에 집결한다.

신장 주기: 신장 주기는 다음의 과정으로 구성된다. tRNA가 A자리로 들어온다. P자리에 있는 tRNA에 결합된 아미노산과 A자리에 있는 tRNA에 결합한 아미노산 사이에서 펩티드 결합이 이루어진다. 리보솜이 자리이동(translocation)하면 P자리의 tRNA가 E자리로 이동한 후 방출되며, A자리의 tRNA가 P자리로 이동한다. 이제 A자리의 새로운 코돈은 다음 차례의 tRNA-아미노산을 맞이할 수 있다.

종결: mRNA의 종결코돈에 이르면 방출인자가 결합하고, 리보솜이 분리되며, mRNA는 떨어져 나가고, 폴리펩티드가 방출된다.

11.3 유전자 조절

유전자 발현의 조절 단계

세포의 특수화는 유전자의 존재 여부가 아니라 유전자의 활성 여부에 기인한다.

원핵생물은 전사 단계에서 유전자 발현을 조절한다.

- *lac* 오페론의 경우, **조절유전자(regulatory gene)**가 생산한 단백질인 **억제인자(repressor)**가 대개 작동 유전자와 결합하고 있다. 따라서 RNA 중합효소가 프로모터(promoter)와 결합할 수 없어서 **오페론(operon)**이 꺼진 상태가 된다. 젖당이 존재하면 억제인자가 젖당과 결합한다. 이제 RNA 중합효소가 프로모터와 결합하여 젖당 대사에 관여하는 유전자들을 전사한다.
- *trp* 오페론에서는 억제인자가 불활성 상태이므로 유전자가 전사된다. 트립토판이 존재하면 억제인자가 활성화되고, RNA 중합효소가 프로모터와 결합하지 못한다.

진핵생물은 여러 단계에서 유전자 발현을 조절한다.

- 염색질 응축—**이질염색질(heterochromatin)**이 **진정염색질(euchromatin)**로 전환되어 유전자가 발현할 수 있다.
- X 염색체 불활성화의 경우처럼 **후성유전(epigenetic inheritance)**은 유전자 발현 조절이 유전되는 형태이다.
- DNA 전사—프로모터에 존재하는 **전사인자(transcription factors)**와 **인핸서(enhancer)**와 결합한 전사활성화인자가 만나 전사를 촉진한다.
- mRNA 가공—**선택적 mRNA 가공(alternative mRNA processing)**을 통해 성숙 mRNA에 포함되는 엑손의 종류가 달라지며, 이에 따라 서로 다른 단백질이 만들어진다.
- RNA 번역—다양한 인자가 mRNA의 수명과 번역 횟수에 영향을 준다.
- 단백질 활성—단백질의 활성화에는 추가 단계가 필요할 수도 있다. 단백질이 분해되는 시기 역시 조절될 수 있다.

진핵세포는 **세포 신호전달(cell signaling)**을 통해 이웃 세포와 끊임없이 소통한다.

- 원형질막에 있는 수용체 단백질이 신호를 받는다.
- 효소반응인 **신호전달경로(signal transduction pathway)**를 통해 세포의 행동이 바뀐다. 예를 들어, 이 경로를 통해 자극받으면 전사활성화인자가 특정 유전자의 전사를 자극한다.

평가 ASSESS

혼자 풀어보기

가장 적절한 답을 고르시오.

11.1 DNA와 RNA의 구조 및 기능

1. 다음의 DNA 분자 그림에서 각 부분에 알맞은 용어를 쓰시오.

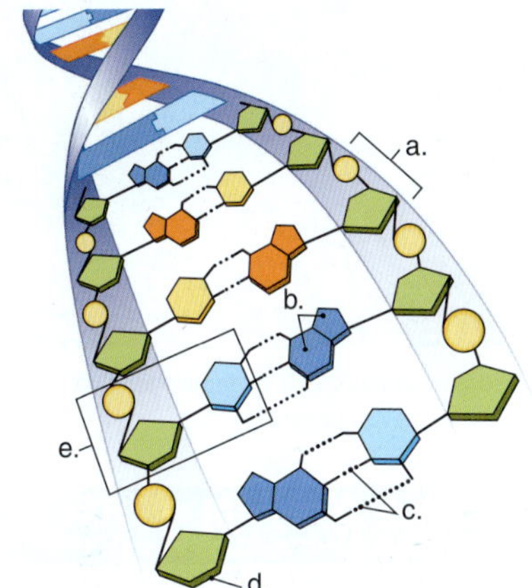

2. 샤가프의 법칙에 의하면, DNA 내에서 A, T, G, C의 양은
   - **a.** 종마다 다르며, A의 양은 T와 같고 G의 양은 C와 같다.
   - **b.** 종마다 다르며, A의 양은 G와 같고 T의 양은 C와 같다.
   - **c.** 모든 종에서 같으며, A의 양은 T와 같고 G의 양은 C와 같다.
   - **d.** 모든 종에서 같으며, A의 양은 G와 같고 T의 양은 C와 같다.
3. X-선 회절 분석의 결과인 최초의 DNA 사진을 얻은 사람은?
   - **a.** 허쉬와 체이스 **b.** 왓슨과 크릭
   - **c.** 샤가프 **d.** 프랭클린
4. DNA 복제를 반보존적이라고 하는 이유는?
   - **a.** 새로 만들어진 DNA 분자가 각각 새로운 가닥과 예전 가닥을 한 개씩 갖고 있기 때문에
   - **b.** 새로 만들어진 DNA 분자 중 하나가 두 개의 예전 가닥을 갖고 있기 때문에
   - **c.** 새로 만들어진 DNA가 두 개의 새 가닥을 갖고 있기 때문에
   - **d.** 새로 만들어진 DNA 분자 중 하나가 새로운 가닥과 예전 가닥을 한 개씩 갖고 있기 때문에
5. 다음 중 진핵생물 DNA 복제의 특징이 아닌 것은?
   - **a.** 복제 기포가 양방향으로 전개된다.
   - **b.** 예전 가닥을 주형으로 사용하여 새 가닥을 만든다.
   - **c.** 상보 염기쌍 형성으로 인해 새로운 가닥에 추가될 뉴클레오티드가 결정된다.
   - **d.** 염색체마다 1개의 복제 개시점을 갖고 있다.

11.2 유전자 발현

[6~10] 보기에 제시된 단어를 사용하여 답하시오. 답은 여러 번 나올 수 있다.

보기:
- **a.** 전령 RNA **b.** 운반 RNA
- **c.** 리보솜 RNA

6. 안티코돈이 있다.
7. 아미노산을 리보솜으로 운반한다.
8. DNA에서 유래한 유전정보를 리보솜으로 운반한다.
9. 단백질과 함께 리보솜을 구성한다.
10. 인에서 만들어진다.
11. 유전암호에 대한 설명으로 올바르지 않은 것은?
    - **a.** 유전암호는 거의 보편적이다.
    - **b.** 유전암호는 뉴클레오티드 두 개로 구성된다.
    - **c.** 동일한 아미노산을 여러 개의 코돈이 암호화할 수 있다.
    - **d.** 어떤 특별한 코돈은 "종결(stop)"을 의미한다.
12. 전사는 ______________를 생산하며, 번역은 ________________를 생산한다.
    - **a.** DNA, RNA **b.** RNA, 폴리펩티드
    - **c.** 폴리펩티드, RNA **d.** RNA, DNA

11.3 유전자 조절

13. 진핵생물에서 볼 수 있는 유전자 발현 조절 기작이 아닌 것은?
    - **a.** 선택적 mRNA 가공 **b.** 리보솜 합성 속도
    - **c.** mRNA의 수명 **d.** 염색질 응축
14. 하나의 mRNA에서 여러 개의 단백질을 만들어 내는 방법은?
    - **a.** 염색질 응축 **b.** 전사 조절
    - **c.** 후성유전학 **d.** 선택적 mRNA 가공
15. 한 세대에서 다음 세대로 유전되는 유전자 조절의 한 가지 형태는?
    - **a.** 염색질 응축 **b.** 후성 유전
    - **c.** 선택적 mRNA 가공 **d.** 멘델 유전

관계맺기 ENGAGE

과학적으로 생각하기

1. 1930년대에 세균을 이용한 실험에서 무독성(감염성이 없는) 균주를 열처리한 독성 균주와 접촉하면 무독성 균주가 독성 균주로 바뀔 수 있다는 것을 알았다. 이 현상을 어떻게 설명할 수 있을까?
2. 후성유전학이 새로운 의약품 개발에 어떻게 이용될 수 있을까?
3. 태양계에서 생명체를 찾으려는 시도가 진행되고 있다. 생명체 또는 생명체의 초기 형태가 발견된다면, 과학자들은 이들의 유전정보를 잘 이해하는 것을 1차 목표로 삼게 될 것이다.
   - **a.** 효과적인 유전정보 체계를 이루는 분자가 갖추어야 할 기본적인 요구조건은 무엇일까?
   - **b.** 이들 새 생명체의 유전정보가 우리의 것과 매우 유사하다고 가정하자. 이것이 우리의 DNA에 대해 의미하는 것은 무엇일까? 매우 다른 경우라면, 무엇을 의미하는 것일까?

CHAPTER

12

생명공학과 유전체학

Biotechnology and Genomics

(corn ear and field): ©smereka/Shutterstock; (ATCG gene letters): ©Daisuke Morita/Getty Images

개요

시작하기 전에

이 장을 시작하기 전에 다음의 내용을 다시 살펴보자.

3.2절 세포에서 단백질과 핵산의 기능은 무엇인가?

11.1절 DNA 분자의 기본구조는 무엇인가?

11.1절 세포의 DNA는 어떻게 복제되는가?

크리스퍼와 유전자 편집

생명공학은 1950년대 초에 처음 시작된 이래 꾸준한 발전을 거듭해 왔다. 역사적으로는 유전공학 분야에 중점을 두어 변형시킨 유전자를 박테리아와 식물에 도입하여 기후변화를 견디고 식품으로서 영양적 가치를 높이거나 질병 치료용 신약을 생산해 낼 수 있는 유전자변형생물(GMO)을 개발하는 데 중점을 두어왔다.

지난 몇 년 동안에는 크리스퍼(clustered regularly interspaced short palindromic repeats, CRISPR)라는 세균이 가지고 있는 특이 DNA 염기서열을 이용한 유전자 편집기술이 생명공학 분야에 획기적인 혁명을 일으켰다. 크리스퍼는 세균이 바이러스를 무력화시키기 위해 사용하는 효소들과 함께 작용하여 DNA상의 특정 염기서열이나 유전자를 편집할 수 있는 "분자 수술용 칼(molecular scalpel)"로 불린다. 초기에는 실험동물인 쥐를 대상으로 유전자 편집기술이 연구되어왔으나 오늘날에는 인간 배아에도 적용되고 있다. 특히 인간에게 이식할 수 있는 심장이나 다른 기관들을 더 많이 생산할 수 있도록 돼지를 대상으로 유전자 편집연구가 활발히 진행되고 있다. 거의 매달 이 기술에 대한 새로운 응용연구들이 과학 저널을 통해 발표되고 있다.

한편, 이러한 기술적 발전은 인간의 질병정복의 꿈을 이룰 수 있는 해결책이 될 수 있으나 한편으로는 다양한 생명윤리적 문제도 야기시킬 수 있다. 예를 들면, 인간 유전체를 개선하는 연구를 어느 정도 선까지 윤리적으로 허용을 해주어야 할까? 그리고 "디자이너 아기"를 만들어 내는 것을 우리 사회는 허용해 주어야 하는가? 본 장에서는 이러한 생명공학 기술들 중 일부를 알아보면서 동시에 우리가 이것들에 대한 사용 여부를 결정할 때보다 현명한 의사결정을 할 수 있도록 도움을 줄 수 있는 연구 분야들을 함께 알아볼 것이다.

이 장을 공부하는 동안 다음 질문에 대해 생각해보자.

1. 세균 유전자를 식물에 도입하기 위해 어떤 방법을 이용하는가?
2. 크리스퍼(CRISPR)는 유전체 편집에서 어떤 역할을 하는가?
3. 유전자변형생물과 형질전환 생명체 사이의 차이는 무엇인가?

12.1 생명공학

학습 목표

이 절을 학습한 후에는 다음 과제를 수행할 수 있어야 한다.

1. 재조합 DNA 분자를 만드는 데 관여하는 단계에 대해 기술하기.
2. 중합효소연쇄반응(polymerase chain reaction, PCR)의 목적에 대해 설명하기.
3. DNA 지문법이 신원 확인에 어떻게 이용될 수 있는지 설명하기.
4. 유전자 편집의 원리에 대하여 기술하기.

생명공학(biotechnology)이란 생명 시스템을 이용하여 사람이 원하는 물질을 얻거나 생산하는 기술 분야를 말한다. 오늘날에는 **생명공학(genetic engineering)** 제품을 만들거나 생물의 형질 개선을 위하여 세균, 식물 그리고 동물의 유전자를 조작하는 것이 가능하게 되었고 이러한 기술적 발전은 세포내 DNA와 RNA의 작용 기작에 대한 수십 년간의 연구를 바탕으로 새로운 과학기술들이 개발되어왔기 때문에 가능하였던 것이다. 오늘날 과학자들은 생명공학기술을 사용하여 유전자 클로닝뿐만 아니라 유전자 편집까지지도 할 수 있게 되었다.

유전자변형생물(genetically modified organisms, GMO)은 다양한 방법으로 유전체를 변형시킨 생물을 일컫는데 보통 재조합 DNA 기술을 통해 GMO를 개발해 왔다. 특히 외래 유전자를 유전체에 도입시킬 경우는 **형질전환 생명체(transgenic organism)**라 부른다. 유전자변형생물과 형진전환 생명체에 대해서는 12.2절에서 좀 더 상세히 알아보도록 하고 우선은 생명공학에서 활용하는 DNA 조작기술들에 대하여 알아볼 필요가 있다.

재조합 DNA 기술

재조합 DNA(recombinant DNA, rDNA)는 둘 이상의 서로 다른 출처에서 유래한 DNA부분들을 갖고 있다(그림 12.1). rDNA를 만들기 위해서는 외래 DNA를 운반할 수 있는 **벡터(vector)**가 필요하다. 가장 일반적으로 사용되는 벡터는 세균에서 발견된 작은 환형 DNA인 플라스미드(*plasmid*)이다.

외래 유전자를 플라스미드 DNA에 삽입하기 위해서는 두 종류의 효소가 필요하다. 우선은 **제한효소(restriction enzyme)**가 DNA의 특정부위를 절단한다(그림 12.2). 예를 들면, 제한효소 *Eco*RI는 DNA의 GAATTC 염기서열을 절단한다.

플라스미드를 *Eco*RI로 절단하면 절단부위에 틈새가 만들어지고 동일한 제한효소로 잘려진 외래 DNA 조각은 그 말단이 플라스미드 DNA 절단부위의 말단과

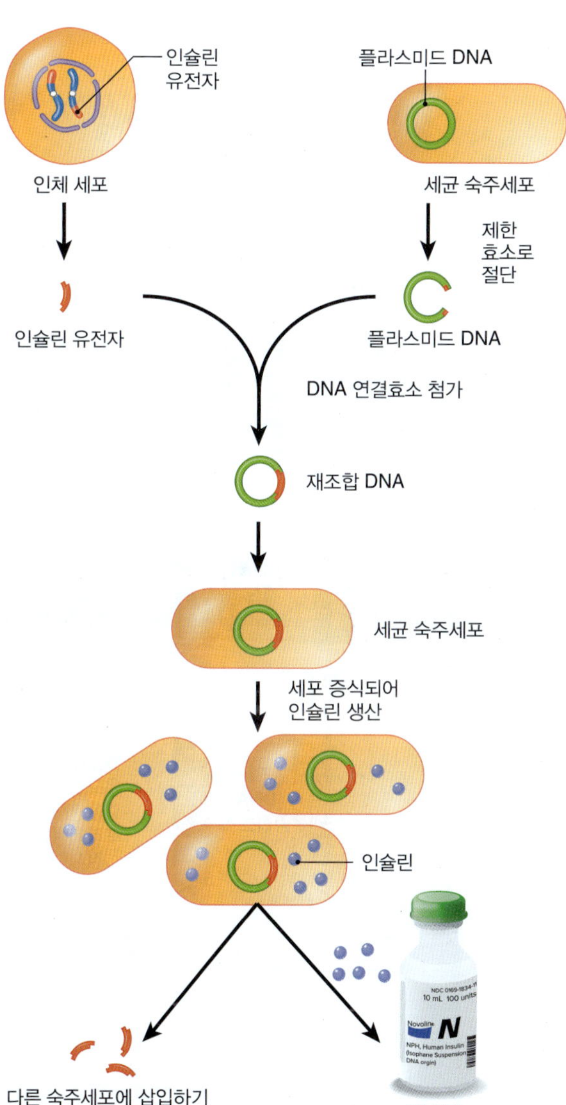

그림 12.1 재조합 DNA 기술.
인슐린 생산은 재조합 DNA 기술이 인류에게 어떻게 도움을 주는가에 대한 대표적 예이다. 인간 DNA와 플라스미드 DNA를 함께 연결시킨 후 숙주인 세균에 도입한다. 세균이 분열을 하는 동안 플라스미드가 복제된다. 이 복제과정은 유전자의 다수 복사체 또는 클론이 만들어지게 해준다. 유전자는 부수적인 실험절차를 거쳐 분리해서 사용할 수도 있고 숙주 세균에 그대로 유지시키면서 인간 인슐린 단백질을 생산하도록 할 수도 있다.

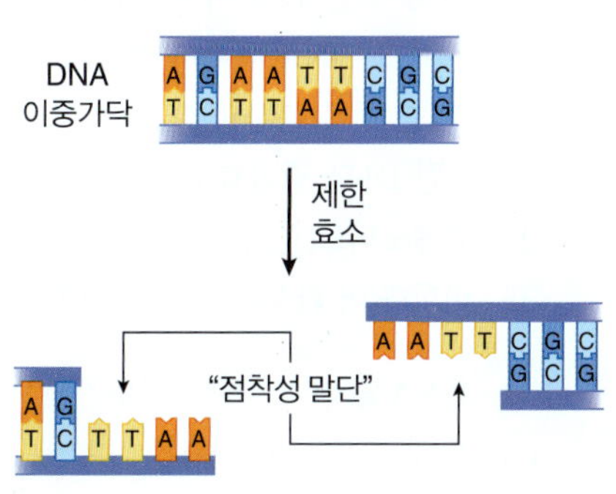

그림 12.2 제한효소.
제한효소는 DNA 가닥의 특정 염기서열 부위를 인식하여 절단함으로써 긴 DNA 가닥을 여러 개의 짧은 DNA 조각들로 만들 수 있다.

상보적 염기서열을 갖고 있기 때문에 플라스미드 틈새 안에 삽입될 수 있다. 좀 더 자세히 말하자면 이 두 DNA 분자의 양쪽 말단에 단일가닥 형태로 돌출되어 만들어진 "점착성 말단(sticky end)"은 외래 DNA 조각과 상보적 염기쌍을 이루기 때문에 쉽게 결합할 수 있다. 이것은 퍼즐조각을 서로 맞추는 방법과 매우 유사하다.

그 다음으로 필요한 효소가 **DNA 연결효소(DNA ligase)**인데 이것은 원래 DNA 복제과정 중 DNA 이중나선에 생긴 틈새를 메꾸어주는 역할을 하는데 외래 DNA 조각을 절단된 플라스미드 DNA 부분과 연결하여 재조합 플라스미드를 만들 때도 역시 사용된다.

분자생물학자들은 삽입된 유전자를 가지고 있는 플라스미드를 흡수할 능력이 있는 세균세포들에 재조합 DNA를 처리한다. 그러면 세균은 플라스미드를 복제하고 이 과정 중 유전자도 복제되면서 클로닝이 될 수 있다. 유전자 클론은 다방면으로 이용될 수 있다. 유전자변형 세균들이 클론된 유전자를 발현하도록 하여 단백질을 수확할 수 있다. 또는 세균으로부터 유전자 클론을 분리해 낸 후 옥수수 같은 다른 종의 생물에 도입하여 형질전환 생명체를 만들 수 있다.

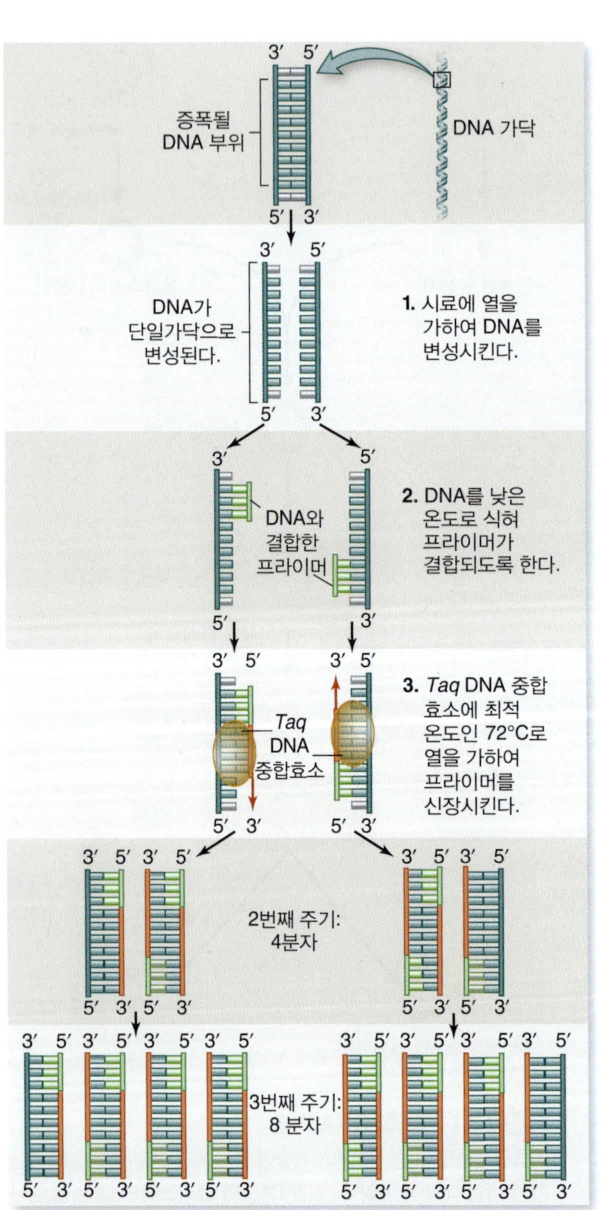

그림 12.3 중합효소연쇄반응.

중합효소연쇄반응(polymerase chain reaction, PCR)은 특정 DNA 절편에 대한 다수의 복사본을 만들어낸다. 연구자들은 DNA 복사본들을 재조합 DNA 연구에 사용할 수 있다.

DNA 염기서열 결정법

DNA 염기서열 결정법은 DNA 가닥의 염기서열 순서를 알아내는 기술이다. 과학자들은 이 기술을 통해 질병과 관련 있는 유전자들을 찾아내어 의약품이나 치료법 개발을 할 수 있고 법의생물학이나 인간의 진화역사도 연구를 할 수가 있다.

DNA 기술이 처음으로 개발되었던 당시인 1970년대 초반에는 DNA 염기서열 결정은 모든 과정이 수작업으로 이루어졌다. 우선은 방사능 추적원소를 복제되고 있는 DNA의 4가지 염기 각각에 결합시킨 후 일정 시간 동안 DNA 복제를 계속 진행시켰다. 그 이후 반응물들을 겔(gel)에 로딩(loading)하여 전기영동을 실시한 후 겔을 필름에 노출시키면 다양한 밴드패턴이 나타나는데 이것을 해석하면 DNA 염기서열들을 알 수 있었다. 한편, 현대의 DNA 염기서열 결정법은 훨씬 간편하고 빨라졌다. 다양한 색깔의 염료들을 DNA 염기들에 결합시킨 후 자동화된 염기서열분석기에 장착되어 있는 레이저 빔을 주사하여 염료가 붙은 염기들을 감지하고 컴퓨터가 감지 시그널을 분석하여 스크린 상에 염기서열분석 결과를 보여준다. 염기서열결정을 위해서는 분석하고자 하는 유전자의 다수 복사본이 필요한데 과학자들은 유전자 복사본을 얻기 위해 중합효소연쇄반응을 활용한다.

중합효소연쇄반응

중합효소연쇄반응(polymerase chain reaction, PCR)은 시험관 안에서 몇 시간 내에 수십억 개 이상의 DNA 복사본을 만들 수 있게 해주는 기술이다. PCR은 목표 DNA 염기서열(대개 수백 개의 염기)에 매우 특이적으로 작용하여 DNA를 증폭(복사)한다. 성공적으로 PCR이 진행되기 위해서는 DNA 복제에 필요한 DNA 중합효소와 복제되어 새롭게 합성되는 DNA 가닥을 만들기 위한 뉴클레오티드(염기)가 필요하다. 전체 반응은 세 단계(아래)가 연쇄순환반복(35~40회)되어 완성된다(그림 12.3).

1. DNA를 열처리하여 단일가닥으로 만드는 95°C의 변성(denaturation) 단계

2. 뉴클레오티드(염기) 프라이머가 단일가닥 DNA와 결합하는 50~60°C의 결합(annealing) 단계
3. DNA 중합효소가 단일 DNA 가닥에 상보적인 염기를 첨가하여 DNA 이중가닥을 만드는 72°C의 신장(extension) 단계

그림 12.3에서는 PCR을 통해 새롭게 합성된 DNA 가닥과 합성되기 이전의 DNA 가닥을 다른 색으로 구별하였다. 복제 주기(cycle)마다 DNA 양이 두 배로 늘어나는 점에 주목하자. 따라서 DNA 1분자로 시작한다고 가정하면 1주기 후에는 2분자, 2주기 후에는 4분자, 3주기 후에는 8분자의 DNA 복사본이 만들어진다. 이 기술은 1985년에 캐리 멀리스(Kary Banks Mullis)가 처음으로 개발한 이후 꾸준히 사용되고 있다. 뜨거운 온천에 서식하는 세균(*Thermus aquaticus*)으로부터 내열성 DNA 중합효소를 발견하면서 PCR 기술의 개발은 시작되었다. 이 효소는 이중가닥 DNA를 변성시키는 높은 온도에서도 파괴되지 않기 때문에 PCR의 고온 단계에서도 활성을 유지하여 목표 DNA를 기하급수적으로 복제해 낼 수 있다.

PCR에 의해 증폭된 DNA는 여러 가지 용도로 사용될 수 있다. 예를 들면, PCR로 증폭된 미토콘드리아 DNA 염기서열을 분석하여 인류 진화역사를 밝히는 연구가 가능했고 극소량의 DNA만 있어도 PCR 증폭이 가능하기 때문에 범죄현장에서 발견될 수 있는 한 방울의 정액, 피부 박편, 또는 체모의 모근으로부터 채취되는 극미량의 DNA 분석이 필요한 법의학에도 이용되고 있다.

DNA 분석

PCR 기술의 개발에 이어 DNA 분석기술도 해를 거듭하면서 발전해 왔다. 우선, 인간의 유전체 전체가 제한효소들로 처리된다. 개인별로 제한효소 인식부위들이 조금씩 다르기 때문에 사람들마다 고유의 서로 다른 크기의 DNA 절편들의 모임이 얻어진다. 전기영동 과정에서 전류에 의해 DNA는 다공성 겔(*gel*)을 통하여 이동하게 되는데 이때 DNA 절편들은 크기에 따라 차등적으로 이동하면서 분리가 된다. 작은 크기의 DNA 절편은 상대적으로 큰 크기의 DNA 절편보다 훨씬 빠르게 이동하게 되어 겔 상에서 뚜렷하게 구별될 수 있는 차등적인 밴드(띠) 형태를 만들어내는데 이것을 DNA 프로파일(profile) 또는 **DNA 지문(DNA fingerprint)**이라 부른다.

지금은 **짧은연속반복순서 자료수집(STR profiling)**이라는 기술이 일반적으로 많이 사용되고 있다. 짧은연속반복순서(STR)란 GATAGATAGATA 형태로 유전체에서 여러 번 반복해서 발견되는 짧은 DNA 염기서열을 말한다. 이 기술에서는 제한효소는 사용되지 않으며 형광 표지된 목표 DNA 염기서열은 PCR 증폭된다. PCR 산물은 자동화 DNA 염기서열분석기에 의해 분석되는데 우선은 분석기에 장착된 레이저 빔을 주사하여 PCR 산물로부터 방출되는 형광표지신호를 골라내는 방식으로 증폭된 DNA 절편들을 선별한다. 최종적으로 선별된 DNA 절편들의 길이를 기록 저장한 후 컴퓨터로 분석을 할 수가 있다. 개인별로 염색체상의 한 유전자에 존재하는 STR마다 각각 STR에서 발견되는 GATAGATAGATA 염기서열의 반복(repeats)되는 수가 차등이 있기 때문에 PCR로 증폭된 DNA 절편들의 길이는 각기 다르게 된다. 동형접합(homozyote)의 개인들은 단일 DNA 절편을 가질 것이고 이형접합자들은 길이가 서로 다른 두 개의 DNA 절편을 가질 것이다(그림 12.4). 분석되는 STR 수가 많으면 많을수록 개인들 사이의 분석 결과는 더 확실하고 뚜렷하게 구별될 것이다.

DNA 지문감식은 여러 분야에 활용되고 있다. 의학 분야에서는 암을 유발시킬

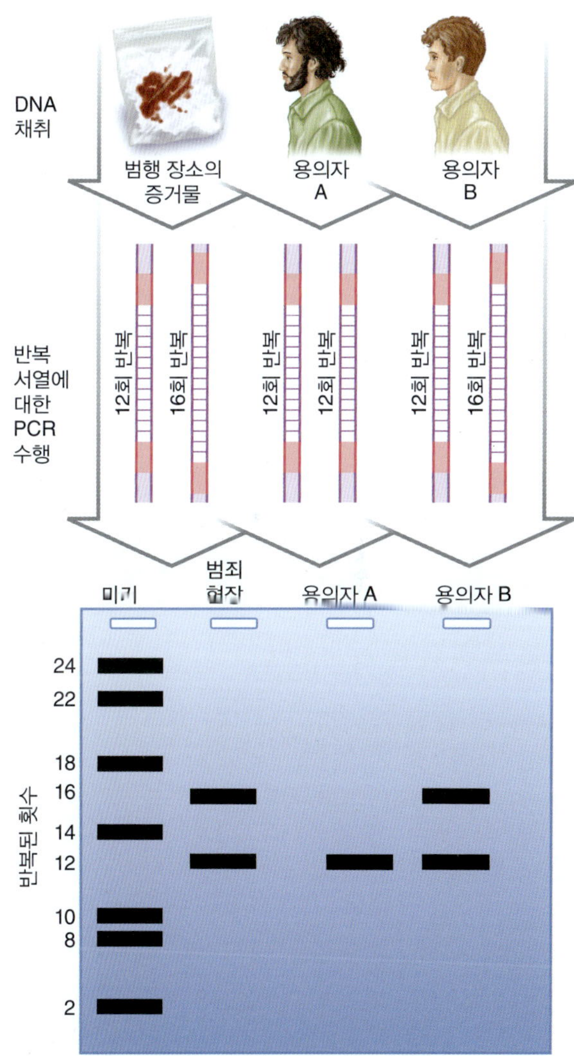

그림 12.4 DNA 지문감식.
DNA 지문감식을 위해서는 PCR로 DNA의 특정부위들을 증폭한 후 그 부위들의 길이변이를 분석한다. 개인마다 분석된 DNA 크기(길이)가 다를 수 있기 때문에 이러한 변이들이 범죄수사에서는 사망자, 용의자 및 범인을 찾아내는 데 사용될 수 있다. 예를 들면, 위의 그림에서 DNA 지문감식은 용의자 B가 범죄현장에서 채취한 DNA와 동일한 밴드패턴을 보여주고 있기 때문에 범인일 가능성이 높다.

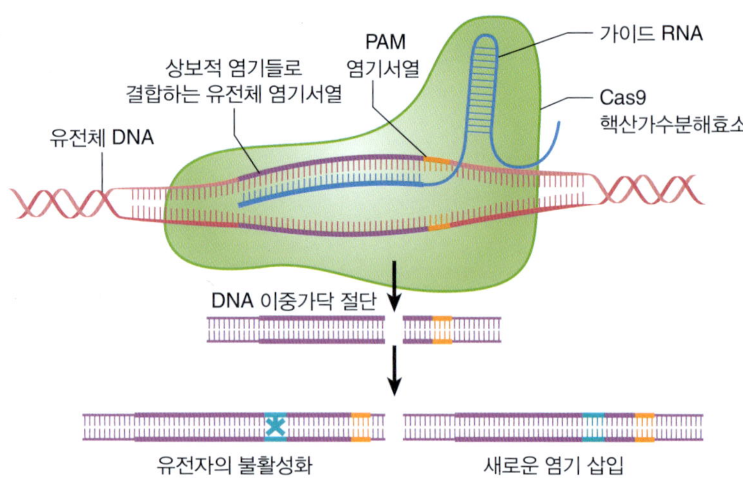

그림 12.5 크리스퍼와 유전자 편집.
유전자 편집에는 핵산가수분해효소(nuclease)가 중요한 역할을 한다. 크리스퍼(CRISPR)로부터 만들어진 가이드 RNA(guide RNA, gRNA)가 이것과 염기 상보성을 지닌 특정 DNA 염기서열과 결합하면 Cas9이란 핵산가수분해효소가 이 DNA 염기서열을 목표 DNA 염기서열로 인식하여 DNA 이중가닥을 자른다. 이러한 방법을 통해 어떤 특정 유전자를 불활성화시켜서 그 기능을 역으로 알아낼 수 있고, 또는 잘려진 DNA 부분 사이에 새로운 DNA 염기들을 삽입할 수도 있다.

수 있는 돌연변이 유전자를 찾아내거나 바이러스 감염 여부를 알아내는 데 쓰인다. 법의학에서는 PCR을 사용하여 DNA를 증폭시킬 수 있기 때문에 정자 한 마리만 있어도 성범죄 용의자를 찾아낼 수 있다. 그 외에 친자확인이나 자연재해현장에서 수습한 신원미상 시체의 신체 일부들을 채취하여 사망자의 최종 신분확인을 하는 데도 활용되고 있다.

유전자 편집

최근 개발된 DNA 기술 중 하나가 **유전자 편집(genome editing)**이다. 유전체 DNA의 특정 염기서열이 제거, 또는 교체를 위해 편집될 수 있다. 현재 가장 많이 사용되고 있는 것이 크리스퍼(*c*lus-tered *r*egularly *i*nterspaced *s*hort *p*alindromic *r*epeats, CRISPR) 편집기술이다.

크리스퍼는 바이러스에 대해 면역방어 역할을 하는 특정 DNA 염기서열로서 원핵생물(세균)에서 처음 발견되었다. 바이러스는 숙주인 세균에 자신의 DNA를 주입하여 숙주세포를 감염시킨 뒤 숙주세포 내에 수많은 바이러스 복사체(자손)를 만들어 낸다(17.1절 참조). 세균의 CRISPR 시스템은 Cas9이라는 핵산가수분해효소의 하나인 엔도뉴클레이즈(endonuclease)를 사용하여 침입한 바이러스 DNA의 특정 염기서열을 인식하여 DNA 이중가닥을 모두 절단한다. 이러한 과정을 통해 바이러스는 비활성화된다.

Cas9은 목표 DNA 염기서열과 상보적으로 결합할 수 있는 가이드 RNA(guide RNA, gRNA) 가닥의 도움을 받아 목표 DNA 염기들을 인식하여 절단한다(그림 12.5). 목표 DNA 염기서열의 한쪽 말단에는 PAM(protospacer adjacent motif) 염기서열이 붙어 있어야만 Cas9이 자신이 분해시킬 DNA로 인식할 수 있다.

크리스퍼-Cas9 시스템은 거의 모든 생물체에서 DNA의 특정 염기서열을 편집할 수 있기 때문에 과학자들에게는 유용한 연구도구로 사용될 수 있다. Cas9에 의해 특정 유전자를 비활성화시켜 세포에서 유전자의 기능을 연구하는데 사용하거나, 또는 특정 DNA 부위를 절단하여 그 사이에 새로운 염기를 삽입하는 등 유전체를 원하는 대로 자르고 붙일 수 있는 일종의 분자가위와 같은 도구로 사용할 수 있다.

크리스퍼 및 기타 유전자 편집기술은 계속 발전 중에 있으며 과학자들은 보다 효율적인 유전자 편집방법 개발에 초점을 두고 있다. 궁극적으로는 이러한 진보된 DNA 기술은 인간을 비롯하여 다른 다양한 생물 종들에도 폭 넓게 활용될 수 있어야 할 것이다.

개념 연결하기

과학자들은 생명공학기술을 이용하여 생명체의 유전자를 복사 및 편집하고 분석한다.

진도 점검하기 12.1

1. 재조합 DNA 기술에서 플라스미드의 역할에 대해 설명하시오.
2. 중합효소연쇄반응이 생명공학에서 어떻게 이용되는지에 대해 요약하시오.
3. DNA 지문감식의 잠재적 사용 용도에 대해 설명하시오.
4. 유전자 편집이 재조합 DNA 기술보다 더 효율적인 이유를 설명하시오.

12.2 생명공학 제품

학습 목표

이 절을 학습한 후에는 다음 과제를 수행할 수 있어야 한다.

1. *유전자변형*(*genetically modified*)과 *형질전환*(*transgenic*)이란 용어에 대해 정의하기.
2. 형질전환 세균, 형질전환 식물, 형질전환 동물의 사용에 대해 요약하기.

오늘날 우리는 세균이나 식물 및 동물을 유전적으로 조작하여 생명공학 제품을 생산할 수 있다. 다시 기억할 것은 다양한 방법으로 유전체를 변형시킨 생물을 **유전자변형생물**(*genetically modified organisms, GMO*)이라 부르며 보통 재조합 DNA 기술을 통해 만들어진다. 그리고 유전체에 외래 유전자가 도입되어 만들어진 생물을 **형질전환 생명체**(*transgenic organism*)라 부른다.

유전자변형 세균

재조합 DNA 기술을 이용하여 만든 형질전환 세균은 거대한 생물반응기에서 배양된다(그림 12.6*a*). 이들로부터 생산되는 유전자 산물은 배양 배지로부터 추출해낼 수 있다. 현재 형질전환 세균으로부터 생산되는 상품으로는 인슐린, 혈액응고인자 VIII, 인간 성장호르몬, 조직 플라스미노겐 활성인자(혈전용해제), B형 간염바이러스 백신 등이 있다. 이 밖에도 형질전환 세균은 다양하게 사용될 수 있다. 예를 들어, 식물에 서식하며 얼음결정을 만드는 세균들이 있는데 이들은 식물에게 직접적인 서리 피해를 줄 수 있다. 이러한 세균을 유전자변형시켜 얼음결정을 만들지 못하도록 하면 식물에 기생하여 살아도 식물은 세균에 의한 서리 피해는 받지 않을 것이다. 이러한 기술이 딸기와 오렌지에 적용된 실례가 있다.

특정 물질을 분해하는 능력을 지닌 세균들을 선별하여 이들의 유전자를 변형시킴으로써 물질분해 능력을 더욱 강화시킬 수 있다. 예를 들어, 기름을 분해하는 세균의 유전자를 변형함으로써 기름유출로 오염된 해변의 정화작업 효율을 높일 수 있다(그림 12.6*b*). 나아가 유전자변형된 세균에 "자살" 유전자를 추가 도입하면 정화작업이 완료 후 세균들은 자가 분해되어 없어지게 된다.

한편, 어떤 특정 유기화합물 합성에 관여하는 세균의 효소 유전자를 변형하여 여러 산업분야에서 필요로 하는 유기물질을 대량으로 얻을 수가 있다. 예를 들어, 뉴트라스위트(NutraSweet)라는 감미료로 잘 알려져 있는 아스파르탐은 그 합성과정에 페닐알라닌이 절대적으로 필요하다. 생화학자들은 어떤 세균이 페닐알라닌을 만들어 낼 수 있다는 것을 발견하였다. 그래서 그 세균으로 부터 페닐알라닌 합성 유전자를 분리해 내어 유전자변형을 통해 기능을 개선시킨 후 다양한 세균들에 도입시켰다. 그 결과 여러 종류의 세균들로부터 페닐알라닌을 대량으로 얻어낼 수 있었다.

a. 

b. 

그림 12.6 유전자변형 세균의 예.
a. 형질전환 세균을 이용하여 의약품을 생산할 수 있다. **b.** 세균은 유전자변형을 통해 오염된 환경을 정화할 수 있는 능력이 더욱 향상될 수 있다.

(a): ©Maximilian Stock Ltd./Science Source; (b): ©Jerry Mason/Science Source

유전자변형 식물

제초제나 해충에 내성을 지니도록 유전자를 변형시킨 옥수수, 감자, 콩, 목화가 개발되어 있다. 일부 옥수수와 목화의 품종은 유전자변형을 통해 해충과 제초제 내성을 모두 함께 가지고 있다(그림 12.7*a*). 2018년도에 이미 미국에서는 생산된 콩의 94%

a.

b.

그림 12.7 유전자변형 식물의 활용.
유전자변형 기술을 통해 **(a)** 잡초제거를 하는 제초제에 내성을 지니는 옥수수와 **(b)** 갈변(browning)이 일어나지 않는 사과를 만들어 낼 수 있다.
(a): ©Zeljko Radojko/Getty Images; (b): ©Okanagan Specialty Fruits Inc.

와 옥수수의 90%가 유전자변형 작물들이였다. 제초제 내성 작물을 경작하면 제초제를 뿌리더라도 잡초들만 선택적으로 제거가 되고 작물의 생산성이 증대될 것이다.

식물 유전공학에서 주요한 연구 중에 하나가 식품으로 판매되기 위해 작물이 갖추어야 할 품질을 개선하는 것이다. 예를 들어, 한 과일가공 회사(Okanagan Specialty Fruits Co.)는 사과에서 갈변(browning)을 만드는 유전자를 제거하여 저장수명이 연장된 유전자변형 사과 "북극사과(Arctic Apple)"라는 품종을 생산해 냈다(그림 12.7*b*). 유전자변형 감자인 Innate는 수확 및 유통과정 중 감자 표면에 만들어질 수 있는 멍들고 부딪힌 상처(bruising)가 생기지 않는다. 이 품종은 RNA 간섭(RNA interference)기법을 사용하여 이러한 상흔을 야기시키는 유전자 발현을 차단시켜 개발되었다.

그 외에 건강에 좋은 단일 불포화 지방산 중 하나인 올레산을 생산할 수 있는 유전자변형 콩이 개발되어 인류의 건강 먹거리로 활용될 수 있다. 유전자변형을 통해 식물의 생산성을 높일 수도 있다. 대기 중으로 물이 증발되는 것을 최소화시키고 이산화탄소는 더 많이 흡수할 수 있도록 작물의 잎 형태나 구조를 유전공학적으로 변형시킨다. 결과적으로 작물은 가뭄이 잦거나 평균기온이 높은 기후에서도 성공적으로 성장할 수 있을 것이다. 또한 유전자변형 기술을 통해 식물에서 인간 호르몬, 항응고인자, 항체, 백신 등을 생산해 낼 수 있게 만들 수 있다.

유전자변형 동물

동물의 난자에 유전자를 삽입하는 기술이 개발되었다. 예를 들어, 여러 동물의 난자에 소의 성장호르몬 유전자(bovine growth hormone, BGH)를 도입하여 정상보다 몸체가 큰 물고기, 돼지, 토끼 그리고 양이 만들어졌다. 인간에게 이식할 장기를 얻기 위해 형질전환 돼지를 만들어서 돼지로부터 얻은 장기를 이종장기이식(*xenotransplantation*)을 통해 사람에게 이식할 수 있다.

식물과 마찬가지로 동물도 유전자변형을 통해 식품으로서의 품질을 높일 수 있다. 연어에 성장호르몬 생산 유전자를 도입시켜 정상 연어보다도 성장이 빠르고 크기도 큰 품종을 만들 수 있다(그림 12.8*a*). 이 경우 유전자변형된 연어는 부수적인 유전자 조작을 통해 불임성의 삼배체 암컷으로 만들 수도 있다. 이집트 집모기(*Aedes aegypti*)는 지카(Zika)와 뎅기열(dengue fever) 같은 인간 질병의 매개체 역할을 한다(그림 12.8*b*). 때문에 모기 개체군을 줄이는 것이 질병의 발병이나 확산을 막는 하나의 방법이다. 이를 위하여 모기에 "킬 스위치(kill switch)"유전자를 도입하여 부화하기 전에 모기의 새끼(유충)를 죽일 수 있는 독소 단백질을 생산할 수 있도록 하였다.

여러 회사가 형질전환 가축을 이용하여 의약품을 생산하는 유전자 약농(gene pharming)을 추진하고 있다. 치료와 진단용 단백질 합성 유전자를 동물의 DNA에 삽입하고 그 동물의 젖(우유)에서 단백질을 얻는다. 이 기술을 통해 의약품과 백신도 생산이 가능하다.

사람의 질병을 연구하기 위한 형질전환 생쥐가 또한 개발되었다. 낭포성섬유증(cystic fibrosis)을 일으키는 유전자를 클로닝한 후 생쥐의 배아줄기세포에 삽입한다. 이러한 방법을 통해 낭포성섬유증 동형접합체 생쥐 배아를 얻어 발생을 진행시키면 인간의 낭포성섬유증과 유사한 표현형을 보이는 돌연변이 생쥐를 얻을 수 있다. 이 생쥐를 이용하여 낭포성섬유증 치료를 위한 새로운 약물에 대한 임상시험을 할 수 있다. 이와 유사한 목적으로 암 연구와 신약 테스트를 위해 암유발 유전자를 가지고 있는 온코마우스(OncoMouse)라는 유전자변형 생쥐가 개발되기도 하였다.

a.

12.2 **개념 연결하기**

DNA 기술을 통해 유전자변형생물과 형질전환 생명체를 만들어 낼 수 있고 이것들은 다양한 분야에 활용된다.

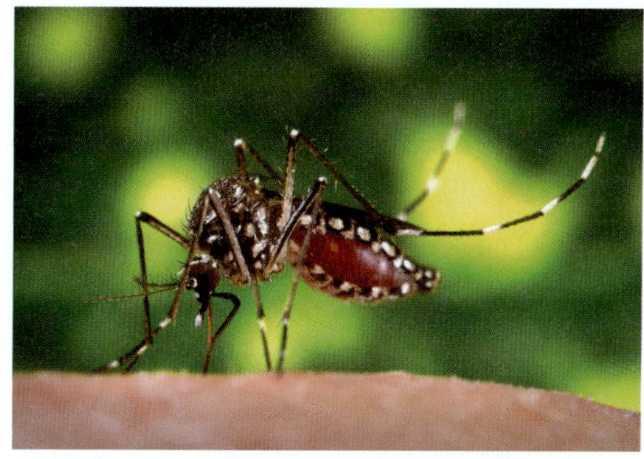

b.

그림 12.8 유전자변형 동물의 활용.

a. 연어는 유전자변형을 통해 성장 속도가 빨라질 수 있다. **b.** 이집트 숲 모기(*Aedes aegypti*) 같은 해충들은 유전자변형 기술을 통해 개체수를 줄일 수 있다.

(a): ©AquaBounty Technologies; (b): Source: Frank Hadley Collins, Dir, Center for Global Health and Infectious Diseases/Centers for Disease Control

진도 점검하기 12.2

1. 형질전환 생명체(transgenic organims)와 유전자변형생물(GMO)의 차이를 설명하시오.
2. 유전자변형 세균의 활용 사례를 나열하시오.
3. 유전자변형 식물과 동물이 인구의 식량문제를 해결하는데 어떻게 기여할 수 있을지를 기술하시오.

12.3 줄기세포와 복제

학습 목표

이 절을 학습한 후에는 다음 과제를 수행할 수 있어야 한다.

1. 생식복제와 치료용 복제의 차이를 구별하기.
2. 배아줄기세포와 성체줄기세포의 차이를 구별하기.

인체를 구성하는 모든 세포들은 세포주기와 DNA 복제를 통해 한 인간개체가 가지고 있는 모든 유전자들의 복사본을 보유하고 있다. 이것은 세포들 하나하나가 완전한 한 명의 인간을 만들 수 있는 잠재능력을 갖고 있다는 것을 의미한다. 줄기세포와 같은 일부 세포들은 기능과 유형이 다른 세포들로 탈바꿈할 수 있는 능력을 갖고 있지만 그 외 대부분의 세포들은 분화(differentaition) 및 특수화(specialization)를 거쳐 특정한 기능과 유형을 갖는 세포가 된다. 이와 같은 세포의 특수화는 발생과정 중 단계별로 특정한 유전자들이 차등적으로 발현되기 때문이다. 세포의 특성화에 의한 세포의 운명결정을 이해하기 위해서는 생식복제와 치료용 복제 과정을 살펴볼 필요가 있다.

생식복제와 치료용 복제

생식복제(reproductive cloning)의 목적은 원래의 개체와 완전히 동일한 개체를 얻

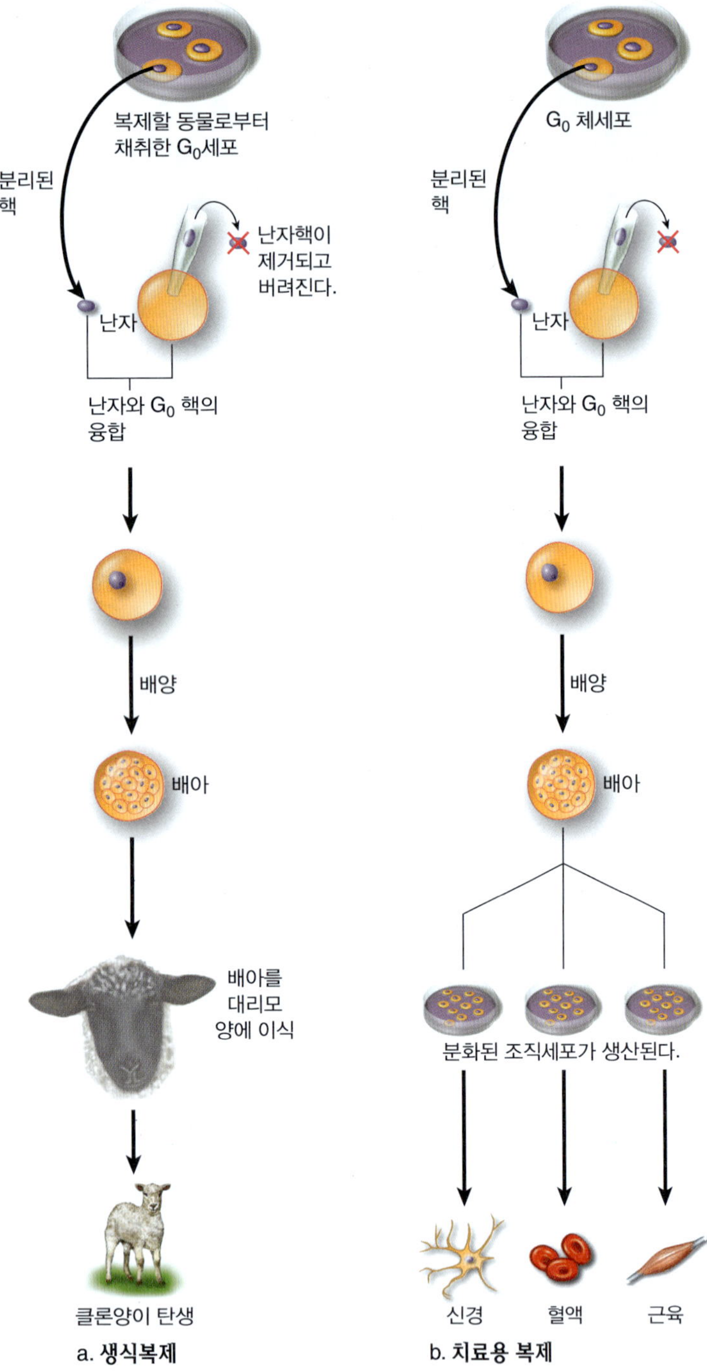

그림 12.9 두 종류의 복제방법.
a. 생식복제의 목적은 2배체(2n) 핵을 기증한 개체와 유전적으로 동일한 개체를 얻는 것이다. 핵이 제거된 난자에 2n 핵을 넣는다. 이렇게 조작된 난자는 몇 번의 세포분열을 거쳐서 배아가 된 후 대리모의 자궁에 이식되고 정상적인 인간의 발생과정을 거치게 된다. **b.** 치료용 복제의 목적은 특수화된 세포 및 조직을 얻는 것이다. 핵이 제거된 난자에 2n 핵을 넣는다. 난자가 몇 번의 세포분열을 거친 후 만들어지는 배아로부터 세포(이것을 배아줄기세포라고 함)를 분리하여 특수화된 세포 및 조직으로 분화될 수 있게 처리한다.

는 것이다(**그림 12.9*a***). 식물체의 복제는 동물복제보다는 상대적으로 간단하고 쉽기 때문에 오랜 세월 동안 농업에 실질적으로 활용이 많이 되어 왔다. 그러나 동물의 경우는 1950년대 이후 양서류와 같은 몇몇 동물 종에 국한되어 복제연구가 진행되어 오고 있었고 포유류의 경우는 핵을 제거한 난자(enucleated egg)에 성체세포의 핵을 이식시켜주는 연구가 진행되었으나 궁극적으로는 이식된 성체세포의 핵이 기능발휘를 하도록 활성화시키는 것이 어려웠기 때문에 포유류의 복제는 불가능한 것으로 여겨졌었다.

그러던 중 1997년 3월 스코틀랜드의 과학자들은 돌리(Dolly)라는 복제양을 만들어냈다고 발표하였다. 그렇다면 그들의 동물 복제방법은 이전의 복제기술들과 무엇이 달랐을까? 그들 역시 기존처럼 핵이 제거된 난자에 성체의 체세포 핵을 이식시켜 주었다. 다만 한 가지 다른 점은 핵을 이식받을 세포에 세포증식을 위해 필요한 양분공급을 미리 차단시켰다. 영양이 고갈된 환경에서 세포는 분열을 멈추고 휴지기(세포주기의 G_0기) 상태에 계속 머물게 된다. 적절한 화학처리를 통해 G_0기 세포의 핵이 세포분열 및 발생개시 명령을 내리는 분자신호를 인위적으로 조절할 수 있는 것이다. 양의 복제가 성공한 이래로 현재는 유용한 유전형질을 지닌 가축과 멸종위기의 희귀동물들까지도 일상적으로 복제할 수 있게 되었다.

현재 미국에서는 인간을 대상으로 하는 복제실험에는 재정적 지원을 하고 있지 않다. 그리고 복제기술이 발전하였다지만 아직도 많은 문제가 있다. 예를 들면, 복제양 돌리의 경우는 247번의 복제시도 끝에 성공을 이룬 것처럼 복제성공 확률이 그리 높지 못하다. 뿐만 아니라 복제동물의 기대수명이 복제가 아닌 정상적인 생식과정으로 태어난 동물과 비교했을 때 커다란 차이가 있을 수 있다. 실제로 복제양 돌리는 복제를 하지 않은 정상 양들에 비해 수명이 절반에 그쳤다. 복제동물 중 일부는 비정상적인 노화증상과 다양한 질환을 겪을 가능성이 크다. 복제양 돌리는 폐암과 수족관절염을 앓았고 결국은 2003년에 독극물 주사로 안락사 되었다.

치료용 복제(therapeutic cloning)에서는 복제된 개체를 얻는 것이 아니라 다양한 종류의 성숙한 세포를 얻는 것이 주가 된다(**그림 12.9*b***) 치료용 복제의 목적은 (1) 세포의 특성화가 어떻게 일어나는지 이해하고 (2) 당뇨병, 척수손상, 파킨슨병 등의 질환치료에 사용할 수 있는 세포와 조직을 얻는 것이다.

연관

복제동물로부터 얻은 식품은 영양가가 높을까?

2008년에 미국 식품의약국(FDA)은 다양한 연구를 통해 소, 염소, 돼지 등의 복제동물에서 얻은 고기와 우유는 복제되지 않은 동물에서 얻은 제품과 비교했을 때 동등한 영양적 가치를 가지고 있다고 보고하였다. 흔히 복제 생명체와 여러 다양한 생물로부터 유래한 외래 유전자를 지닌 "형질전환" 생명체를 혼동한다. 형질전환 생명체로 만들어진 식품의 경우는 아직도 식품안정성에 대한 평가가 완전하지 않기 때문에 이에 대한 연구가 여전히 진행되고 있지만 복제동물의 고기와 우유는 비복제동물의 것과 영양가가 동일하다.

치료용 복제방법은 여러 가지가 있다. 가장 흔히 사용하는 방법은 **배아줄기세포(embryonic stem cell)**를 분리한 후 특수처리를 하여 적혈구나 근육세포, 신경세포 등 특정 유형의 세포로 분화시키는 것이다. 배아줄기세포는 한 개체를 구성하고 있는 모든 유형의 세포들로 분화될 수 있고 이러한 능력을 **전체형성능(totipotent)**이라고 한다. 다시 말하면 전체형성능 줄기세포로부터는 모든 조직과 기관을 만들 수 있게 될 것이다. 특히 배아(줄기세포)로부터 완벽한 인간 성체를 만들어 낼 수도 있기 때문에 이런 종류의 치료용 복제는 생명 윤리적인 문제가 대두될 수 있다.

연관

줄기세포는 인간의 질병치료에 어떻게 이용되어 왔는가?

백혈병은 골수에 있는 줄기세포가 정상 혈액세포를 만들어내지 않고 대신 무한 증식하는 종양 형태의 비정상적인 세포들을 만들어냄으로서 발생하는 혈액 암으로서 1960년대 이후부터 줄기세포 치료법이 백혈병 치료에 적용되어 왔다. 백혈병 환자의 비정상적인 줄기세포를 방사선이나 화학요법으로 파괴한 후 기증자에게서 얻은 건강한 줄기세포를 환자의 골수에 이식한다. 제2형 당뇨병, 자가면역질환, 심장질환, 알츠하이머와 파키슨병 그리고 몇 종류의 시각장애(실명) 등을 줄기세포로 치료할 수 있다.

치료용 복제의 또 다른 방법은 성인의 여러 장기에서 발견되는 **성체줄기세포(adult stem cell)**를 사용하는 것이다. 성체줄기세포는 이미 특성화가 진행되었기 때문에 개체를 이루는 모든 유형의 세포들을 만들어낼 수는 없어서 전체형성능이라기보다는 **다분화능(multipotent)**의 특징을 가지고 있다. 예를 들어, 피부에는 새로운 피부세포만을 만들어내는 줄기세포가 있는 반면, 골수에는 새로운 혈액세포를 생성하는 줄기세포가 있다. 원칙적으로 피부의 성체줄기세포가 혈액세포를 만들어 낼 수는 없다. 따라서 성체줄기세포가 특성화 과정을 거쳐 만들어 낼 수 있는 세포의 유형과 종류는 극히 제한적이다. 이러한 한계를 극복하기 위해 과학자들은 피부의 성체줄기세포에 네 종류의 유전자를 도입하여 배아줄기세포와 매우 유사한 줄기세포를 만들어 냈다. 과학자들은 논란이 많은 배아줄기세포 대신에 성체줄기세포를 질병치료에 이용하고자 성체줄기세포의 유전자 발현을 조절하는 방법을 연구하고 있다.

개념 연결하기

복제기술과 줄기세포 연구를 조합하여 과학자들은 특별한 형질을 가진 복제 생물체를 만들어 낼 수 있다.

진도 점검하기 12.3

1. 생식복제와 치료용 복제의 목적상 차이점을 설명하시오.
2. 배아줄기세포와 성체줄기세포의 기원에 대해서 요약하시오.
3. 세포의 전체형성능과 다분화능의 의미와 차이점을 설명하시오.

12.4 유전체학과 단백질체학

학습 목표

이 절을 학습한 후에는 다음 과제를 수행할 수 있어야 한다.

1. 유전체학의 정의를 내리시오.
2. 유전체 비교연구 결과를 과학자들은 어떻게 활용하는지를 기술하시오.
3. 단백질체학과 생물정보학의 다양한 활용도를 설명하기.

지난 세기 동안 과학자들은 DNA 구조와 복제양상을 밝혀냈으며 DNA로부터 단백질이 어떻게 만들어지는지를 규명해냈다. 작금 21세기에는 유전자들과 **유전자간 부위(intergenic DNA)**로 이루어져 있는 **유전체(genome)**를 연구하는 **유전체학(genomics)**에 주요 초점이 맞추어져 있다. 현재 밝혀진 바에 의하면 인간 유전체에는 최소한 32억 개의 염기쌍과 약 19,000개의 유전자들이 존재한다. 그리고 인간 유전체보다도 크기가 더 큰 유전체를 갖는 생물들도 많다는 것이 알려져 있다. 인간 유전체에서 단백질을 암호화하는 유전자들은 전체 유전체의 3~5% 정도만을 차지하고 있으며 유전자 영역 외의 다른 부위도 중요한 기능을 하고 있다는 것이 알려졌다. "정크 DNA(junk DNA)"라고 불리는 유전자간 부위는 유전자 조절에 관여하는 짧은 RNA 가닥을 만들어내는데 중요한 역할을 한다. 뿐만 아니라, 인류 진화를 연구하는데 매우 중요한 단서를 제공해 주고 있다.

인간 유전체 염기서열 결정

인간 유전체 연구 사업은 2003년에 종료되었다. 인간 유전체를 이루는 32억 개의 염기쌍 서열을 밝혀낸 이 연구는 13년이 걸렸으며 세계 각국의 대학과 민간연구소가 참여하였다. 이것은 DNA 염기서열 결정기술이 그 동안 빠르게 개발되어왔기에 가능하였다. 13년이란 기간 동안 DNA 염기서열분석기는 지속적으로 개선되어왔고 현대식 자동화 염기서열분석기는 24시간 안에 최대 1억 2천 개의 염기서열을 결정하고 분석할 수 있다.

염기서열 변이

과학자들은 인간 유전체 내에는 같은 위치에 있지만 개인별로 DNA 염기서열이 조금씩 다른 DNA 부위들이 많이 존재한다는 것을 발견하였다. 이러한 변이는 어떤 특정 유전자나(그림 12.10*a*, *b*), 또는 유전자간 부위에서(그림 12.10*c*) 발견될 수 있는 단일염기의 차이일 수도 있다. 놀라운 발견 중 하나는 어떤 개인은 어떤 특정 유전자의 복사본을 추가로 가지고 있다는 것이다(그림 12.10*d*)! 이러한 개인별 차이는 대부분 커다란 영향을 주지는 않으나 일부는 특정 질환이나 질병에 대한 개인별 발병 가능성의 높고 낮음에 영향을 줄 수 있다.

유전체 비교

과학자들은 진화의 기원에 대한 단서를 얻기 위해 인간과 다른 생물 종들의 유전체를 비교한다. 놀라운 발견 하나는 모든 척추동물의 유전체가 유사하다는 것이다. 인간 유전자가 침팬지 유전자와 90% 이상 유사하다는 점은 놀랍지 않았으나 생쥐와도 85%나 같다는 사실은 예상 밖이었다. 뿐만 아니라 세균을 비롯한 매우 단순한 생명

그림 12.10 DNA 염기서열 변이.
a. 세 개의 유전자(A, B, C 유전자)와 두 개의 유전자간 부위로 구성되어 있는 DNA 부위가 개인에 따라 다를 수 있다. **b.** 돌연변이에 의해 유전자의 염기서열 변이가 초래될 수 있다. 이로 인해 이 유전자가 암호화하는 단백질의 아미노산 서열이 달라질 수 있다. **c.** 유전자간 부위에 돌연변이가 일어나면 관여된 유전자들이 만드는 단백질의 아미노산 서열에는 변화가 없다. **d.** 염기서열의 변이와 함께 유전자 복사본의 개수도 달라질 수 있다. 본 그림에서 유전자 B의 복사본이 두 개인 것을 주목하자.

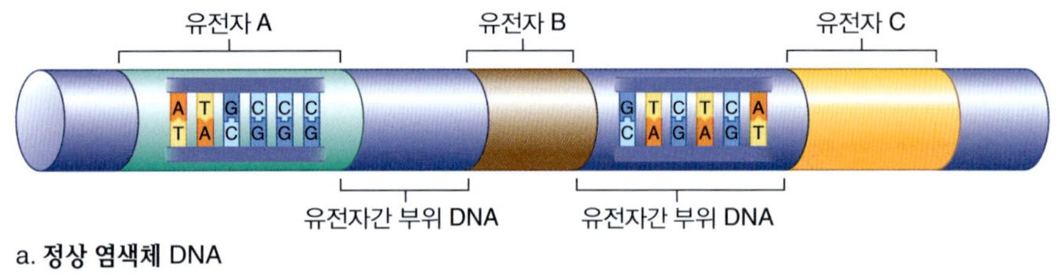

a. 정상 염색체 DNA

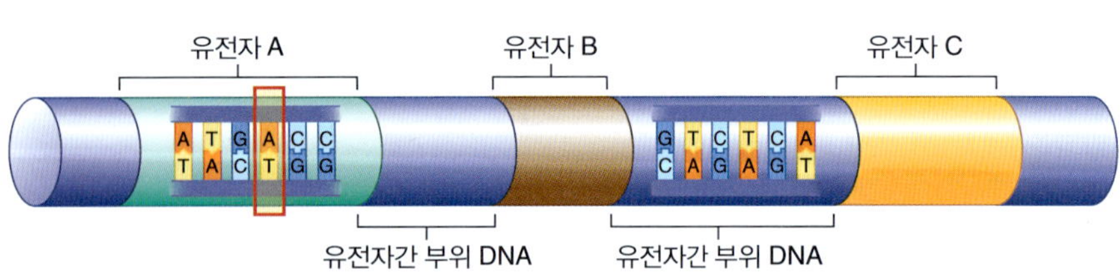

b. 돌연변이에 의한 유전자 염기서열의 변이

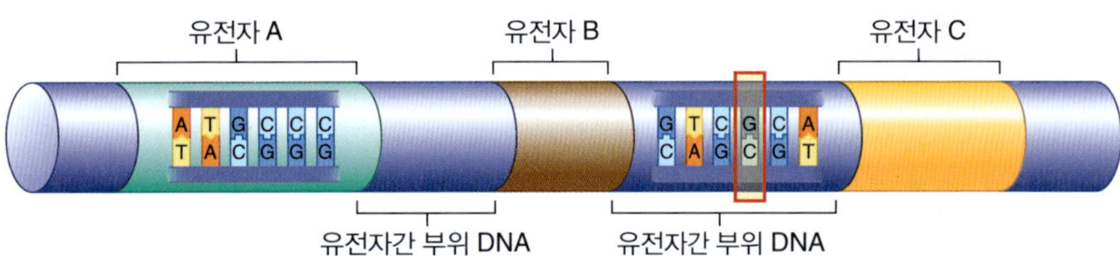

c. 돌연변이에 의한 유전자간 부위 염기서열의 변이

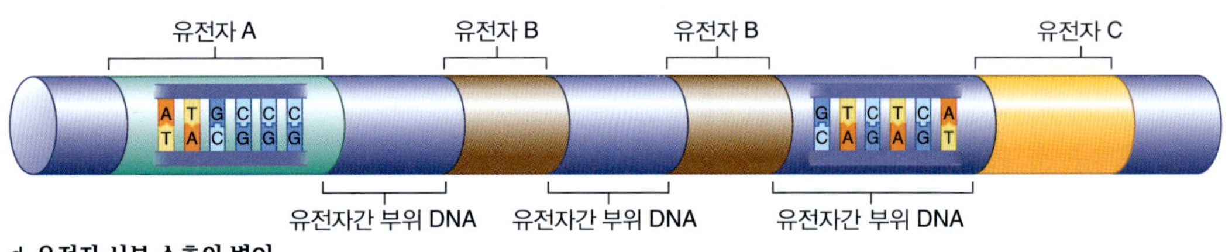

d. 유전자 사본 수효의 변이

체들과도 상당수의 유전자를 공유하고 있다! 더 많은 생물 종의 유전체 분석이 완료됨에 따라 유전체 비교를 통해 생물 종들 사이에서 이전에는 상상조차 하지 못했던 진화관계가 밝혀질 것이다. 이러한 연구들은 인류 진화 연구에도 기본적인 아이디어를 제공할 수 있다. 현생인류의 유전체를 네안데르탈인이나 데니소바인 등과 같은 그리 오래되지 않은 인류 조상들(19.6절 참조)의 유전체와 비교함으로써 인류가 진화해온 과정을 더욱 잘 이해할 수 있다.

예를 들어, 인간과 침팬지에서 염색체 22번을 상호 비교하는 연구들이 진행되었다. 염기서열이 다른 유전자들 중에서 언어 발달에 필요한 유전자 한 개, 청력 및 후각 발달에 관한 유전자들 각각 몇 개씩이 매우 흥미로운 사실들을 제시했다. 언어 능력 발달에 필요한 유전자는 인류 진화에서 중요한 역할을 했을 것으로 생각된다. 최근의 유전체 연구에 따르면 100~600만 년 전 사이에 발생한 유전자간 부위 DNA 염기서열의 변이로 인해 뇌에서 인간이 말하는 것을 처리하는 방식이 근본적으로 바뀐 것으로 추정된다. 청력 유전자에서 생긴 변이로 말미암아 인간들은 서로간의 상호 소통을 위해 언어를 사용하는 것이 더 편해졌을 수 있다. 후각 유전자에서의 변이는 다소간의 논란이 되기는 하지만 아마도 식습관이나 성 선택(sexual selection)에 영향을 주었을 것으로 생각된다. 그 외 연구된 유전자의 상당수가 비정상일 경우 인간에게서 질환을 유발한다는 점 또한 놀라운 발견이었다. 아마도 유전체들의 비교연구가 인간의 질환과 연관된 유전자들을 찾아내는 한 가지 방법이 될 수 있다.

단백질체학과 생물정보학

인간 유전체의 DNA 염기서열분석을 통해 인간은 대략 19,000개의 유전자를 가지고 있고 이것들은 선택적 mRNA 스플라이싱(alternative mRNA splicing)으로 인해 200,000개 이상의 다양한 단백질로 번역(해독)될 수 있다고 한다. 한 생물체의 유전체로부터 만들어질 수 있는 모든 단백질들을 총체적으로 **단백질체(proteome)**라고 부른다. **단백질체학(proteomics)**은 세포내 단백질의 구조와 기능을 탐구하고 이들이 어떻게 상호작용을 하여 하나의 특정형질을 만들어내는지에 대해 연구한다. 의약품은 대개 어떤 특정 단백질이나 효소의 작용에 영향을 주는 또 다른 단백질 성분이거나 미소 분자들인 경우가 많다. 따라서 단백질체학은 질병이나 질환치료를 위한 신약개발에 매우 중요하다.

단백질의 구조는 기능과 연관되어 있으므로 컴퓨터를 이용한 단백질의 3차원 영상 모델링은 단백질체학에서 매우 중요한 분야이다. 이 모델을 이용하여 어떤 분자가 효과적인 약물이 될 수 있을 것인지 여부를 예측할 수 있다. 예를 들어, 어떤 화합물이 효소의 활성화 부위와는 결합하지만 최종적으로 생성물로 전환되지는 않는다면 이 물질은 효소를 억제하는 효과적인 약물이 될 수 있다.

생물정보학(bioinformatics)은 유전체와 단백질체를 연구하기 위해 컴퓨터 기술을 응용한 것이다. 유전체학과 단백질체학은 가공되지 않은 1차 데이터를 생산하며 이것들에서 의미를 지닌 경향이나 패턴을 발견하려면 컴퓨터 분석이 필요하다. 생물정보학을 통해 개인의 유전체 구성과 이에 따른 유전질환 사이의 인과관계를 밝혀낼 수 있을 것이다.

인간 유전체의 절반 이상은 유전자가 없거나 기능이 알려지지 않은 DNA 염기서열로 이루어져 있다. 생물정보학은 이러한 유전체 부위에서 발견되는 염기서열의 변화가 어떤 표현형의 변화를 야기시킬 수 있는지 그리고 그와 연관될 수 있는 분자적 기능은 무엇인지 등을 밝힐 수 있다. 뿐만 아니라 오래전에는 단백질을 만들어

개념 연결하기

유전체학, 단백질체학 및 생물정보학을 통해 생물의 진화 관계를 이해할 수 있다.

내는 유전자이 기능을 하였지만 현재는 그 단백질이 더 이상 필요하지 않아 더 이상 유전자 역할을 하지 않게 되어 진화의 유물이 된 DNA 염기서열을 찾아낼 수도 있을 것이다. 그리고 이러한 보다 심층적인 연구를 위해서는 새로운 컴퓨터 분석도구(프로그램)가 요구된다.

진도 점검하기 12.4

1. 유전체학 연구의 목적을 설명하시오.
2. 서로 다른 생명체의 유전체를 비교하는 것이 왜 중요한지 이유를 설명하시오.
3. 단백질체학이 의학연구에 중요한 이유를 요약하시오.

요 약 SUMMARIZE

과학자들은 DNA 구조와 기능을 연구함으로써 생명공학을 연구하거나 생명공학기술을 사용하여 생물 종의 유전적 구성을 변화시키거나 개선시킬 수 있다.

과학자들은 생명공학기술을 이용하여 생명체의 유전자를 복사 및 편집하고 분석한다.

DNA 기술을 통해 유전자변형생물과 형질전환 생명체를 만들어 낼 수 있고 이것들은 다양한 분야에 활용된다.

복제기술과 줄기세포 연구를 조합하여 과학자들은 특별한 형질을 가진 복제 생물체를 만들어 낼 수 있다.

유전체학, 단백질체학 및 생물정보학을 통해 생물의 진화 관계를 이해할 수 있다.

12.1 생명공학

생명공학(biotechnology)은 생명체를 통해 다양한 제품을 만들어 내거나 인간이 이루고자 하는 여러 가지 목적들을 실현시킬 수 있는 생명과학의 응용분야이다. 생명공학에는 유전공학이나 **유전자변형생물(genetically modified organism, GMO)**을 만들어내는 기술 등이 포함된다. 특히 한 생물 종의 유전자를 다른 생물 종에 도입한 경우 **형질전환 생명체(transgenic organism)**를 만들 수 있다.

재조합 DNA 기술

제한효소(restriction enzymes)와 **DNA 연결효소(DNA ligase)**를 사용하여 유전자 DNA를 플라스미드 **벡터(vector)**에 삽입하여 **재조합 DNA(recombinant DNA, rDNA)**를 만든 후 이것을 숙주인 세균에 도입시킨다. 세균이 도입된 유전자 DNA를 발현시킨다.

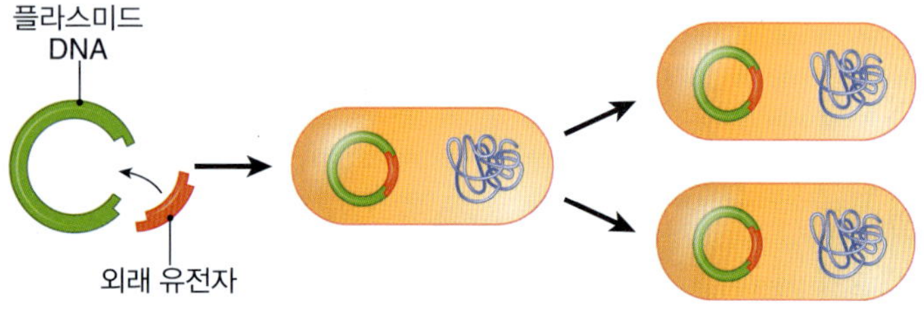

중합효소연쇄반응

중합효소연쇄반응(polymerase chain reaction, PCR)은 시험관 안에서 수행하며 흔히 재조합 DNA 기술과 함께 사용된다. 열을 가해 DNA 이중 가닥을 분리한다. 표적 DNA 염기서열 양 말단에 프라이머(primer)가 결합된 후 내열성 DNA 중합효소를 이용하여 표적 DNA를 복제한다. 이 과정을 반복하여 수백만 개의 DNA 복사본을 만들 수 있다.

DNA 분석

DNA 지문감식(fingerprinting)은 **짧은연속반복순서 자료수집(STR profiling)**을 통해서 이루어질 수 있고 PCR 기술이 인간 유전체내의 반복(repeat) 염기서열의 복사본 수에서의 변이를 분석하기 위해 사용된다. 이 기술은 범죄수사 뿐만 아니라 자연재해사고로 인한 미확인 사망자들의 신원을 알아내는데 사용된다.

유전자 편집

유전자 편집(genome editing)은 특정 유전자를 비활성화시켜 세포에서 유전자의 기능을 연구하는데 사용하거나 특정 DNA 부위를 절단하여 그 사이에 새로운 염기들을 삽입할 수도 있다. 크리스퍼(CRISPR)가 가장 널리 활용되고 있는 유전자 편집기술이다.

12.2 생명공학 제품

재조합 DNA 기술을 사용하여 유전적으로 변형된 생명체를 유전자변형생물(GMO)이라 부른다. 특히 외래 유전자를 생물체에 도입하여 형질전환 생명체를 만들 수 있다. 그리고 이것들을 통하여 다양한 생명공학산물들을 생산해 낼 수 있다. 대표적인 실례로 식물에서 동물 백신이나 단백질의 대량생산이 가능하다.

12.3 줄기세포와 복제

줄기세포 연구를 통해 한 개체를 이루고 있는 다양한 유형의 세포와 조직들이 만들어지는데 있어 유전자의 기능과 발현 양상이 얼마나 차등적이고 다양한지가 밝혀졌다. **배아줄기세포(embryonic stem cell)**는 **전체형성능(totipotent)**을 지니고 있어서 개체가 갖고 있는 모든 유형의 세포를 모두 만들 수 있다. 이에 반해 **성체줄기세포(adult stem cell)**는 **다분화능(mul-**

tipotent)을 지닌다. 이들은 조직의 특성화가 일부 진행된 상태이기 때문에 이들로 부터 만들어질 수 있는 세포의 유형은 매우 제한적이다.

생식복제와 치료용 복제

유전자 발현에 대한 이해를 바탕으로 유전적으로 동일한 개체를 복제하는 일이 가능해졌다. **생식복제(reproductive cloning)**의 최종목표는 원래의 개체와 100% 동일한 개체를 얻는 것이다. 생식복제에서는 초기배아를 대리모에 이식하여 개체가 태어나도록 한다. **치료용 복제(therapeutic cloning)**는 배아세포를 분리한 후 특정물질로 처리하여 조직으로 분화시킨 후 이것을 질병 치료에 사용한다. 다른 방법으로는 성체줄기세포를 특수 처리하여 분화된 조직을 얻을 수도 있다.

12.4 유전체학과 단백질체학

유전체학(genomics)에서는 어떤 생물 종의 **유전체(genome)**를 분석하거나 생물 종 사이에 유전체를 비교연구하기도 한다. 한편, 한 생물 종의 유전체가 만들어 낼 수 있는 단백질들을 총칭하여 **단백질체(proteome)**라고 부르며 이것을 연구하는 분야가 **단백질체학(proteomics)**이다. 유전체와 단백질체에 대한 연구는 컴퓨터 기술을 응용하는 **생물정보학(bioinformatics)**의 도움을 받는다.

평 가 ASSESS

혼자 풀어보기

가장 적절한 답을 고르시오.

12.1 생명공학

1. 재조합 DNA 연구에 사용하기 위해 DNA 단편을 대량복사(복제)하는 기술은 무엇인가?
   a. 제한효소 **b.** DNA 염기서열 결정법
   c. 유전자 편집 **d.** 중합효소연쇄반응

2. DNA의 특정서열 부위를 절단할 수 있는 효소는?
   a. DNA 연결효소 **b.** 헬리케이즈(helicase)
   c. DNA 중합효소 **d.** 제한효소

3. 크리스퍼(CRISPR) 기술은 아래 어떤 것에서 이용되는가?
   a. DNA 염기서열 결정법 **b.** DNA 지문감식
   c. 유전자 편집 **d.** 중합효소연쇄반응

12.2 생명공학 제품

4. 어떤 과학자가 가뭄 내성 식물 종에서 얻은 유전자를 다른 식물 종에 삽입하였다. 이것은 무엇에 관한 사례인가?
   a. 벡터 **b.** 중합효소연쇄반응
   c. 생물정보학 **d.** 형질전환

5. 다른 생물 종으로부터 기원한 외래 유전자를 도입하지 않고 생물체가 가지고 있는 유전자의 기능을 불활성화 시키거나 개선시키기 위해 유전공학기술을 사용한다면 아래 어떤 것을 만들어 낼 수 있을까?
   a. 형질전환 생명체 **b.** 유전자변형생물(GMO)
   c. 벡터 **d.** 클론

12.3 줄기세포와 복제

6. 생식복제는 치료용 복제와 그 목적이 다르다. 생식복제의 목적은 다음 중 어느 것인가?
   a. 의료용 특정 유형의 세포 생산
   b. 원래의 개체와 유전적으로 동일한 개체 생산
   c. 원래의 개체와 유전적으로 다른 개체 생산
   d. 의료 이식용 조직이나 장기 생산

7. 성체줄기세포를 이용하여 치료용 복제를 할 때 가장 큰 난제는?
   a. 적절한 세포유형을 찾는 것
   b. 충분한 조직을 얻는 것
   c. 유전자 발현을 조절하는 것
   d. 배양에서 세포를 살아있도록 유지하는 것

8. 성체줄기세포는________이고, 배아줄기세포는______이다.
   a. 전체형성능, 전체형성능 **b.** 전체형성능, 다분화능
   c. 다분화능, 전체형성능 **d.** 다분화능, 다분화능

12.4 유전체학과 단백질체학

9. 유전체를 분석하기 위해 컴퓨터 기술을 응용하는 것은?
   a. 생명공학 **b.** 생물유전체학
   c. 생물정보학 **d.** 생체공학

10. 생명체가 가지고 있는 유전들에 의해 만들어질 수 있는 모든 단백질들을 총칭하여 무엇이라고 하는가?
    a. 유전체 **b.** 유전자간 부위
    c. 단백질체 **d.** 염색체

관계맺기 ENGAGE

과학적으로 생각하기

1. 인간을 감염시킬 수 있는 바이러스를 이용하여 유전질환을 치료할 수 있다. 정상 인간 유전자를 바이러스에 도입시켜 형질전환 바이러스를 만든 후 이것을 인간에 감염시킨다. 바이러스는 인체세포로 침투하여 정상 인간 유전자를 전달하고 질환을 야기 시키는 비정상 유전자를 대체한다. 그렇다면 이러한 바이러스 유전자 치료의 장단점은 무엇일까?

2. 다른 생명체에서 분리한 산물과 비교해 인간으로 부터 얻은 재조합 DNA 산물을 이용하는 것이 가지고 있는 장점은 무엇일까? (예: 소나 돼지에서 분리한 인슐린과 인간의 재조합 인슐린 비교)

3. 인간과 효모균 사이에 유전체 비교분석에서 어떤 유전자들이 서로 유사성을 가지고 있을 것이라 예상하는가?

CHAPTER

13

돌연변이와 유전검사

Mutations and Genetic Testing

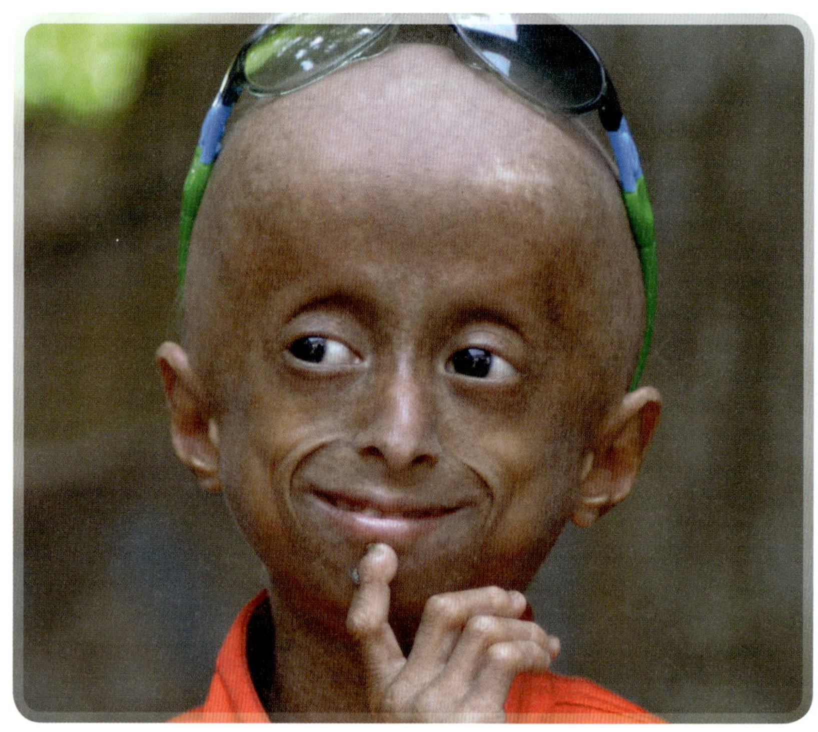

©Rare Shot/Barcroft Images/Getty Images

개요

시작하기 전에

이 장을 시작하기 전에 다음의 내용을 다시 살펴보자.

9.4절 염색체 비분리가 어떻게 염색체 수의 변화를 초래하는가?

10.1절 유전양상을 분석하는 데 확률이 어떻게 사용되는가?

12.1절 DNA 연구에 제한효소와 중합효소연쇄반응이 어떻게 이용되는가?

조로증: 가속화된 노화

돌연변이는 눈이나 털 색깔 같은 단순한 형질에 있어서의 변화의 원인이 되기도 하지만 더 나아가서는 한 사람의 건강이나 생명에 까지도 영향을 줄 수 있는 유전적 변화이다. 그 하나의 실례가 조로증이라는 가속화된 노화현상이다. 조로증을 앓는 아이는 태어날 때는 정상이지만 시간이 지나면서 점진적으로 정상적 성장은 멈추고 곧 조로증의 전형적인 얼굴 특징(작은 머리, 돌출된 눈, 작은 코)을 보이기 시작한다. 지적 및 운동 능력의 발달은 정상적으로 진행된다 하지만 신체는 급속한 노화과정을 겪어간다. 탈모가 진행되고 노인에서 발견되는 피부노화가 진행되며 동맥경화가 발생하고 심장마비나 뇌졸중으로 인해 젊은 나이에 사망하게 된다.

조로증은 8백만의 신생아들 중 1명 정도로 환자가 발생하는 희귀병이다. 그 원인으로 알려져 있는 것이 *LMNA*(핵라민A단백질) 유전자 돌연변이다. LMNA는 세포의 핵 구조를 유지하는 데 필요한 라민(lamin) 단백질과 관계가 있다. 허치슨-길포드 조로증(Hutchinson-Gilford progeria)은 *LMNA* 유전자의 우성돌연변이로 인해 유발되는데 세포핵의 구조가 불안정하게 되어 세포들이 일찍 파괴되고 그 결과 조직과 기관들이 이른 시기에 빠르게 기능이 저하되고 죽어가게 된다.

이 장에서는 돌연변이의 원인을 조사해 보고 돌연변이를 검사하는 방법에 대해서도 살펴볼 것이다.

이 장을 공부하는 동안 다음 질문에 대해 생각해보자.

1. 염색체 수가 변하게 되는 원인은 무엇인가?
2. 다운증후군 증상을 설명할 수 있는 유전적 원인은 무엇인가?
3. 태어나기 전에 어떻게 염색체 수를 검사할 수 있는가?

13.1 유전자 돌연변이

학습 목표

이 절을 학습한 후에는 다음 과제를 수행할 수 있어야 한다.

1. 돌연변이가 어떻게 유전자 변이를 초래하는지에 대해 설명하기.
2. 전이인자(transposon)가 어떻게 돌연변이를 유발할 수 있는지에 대해 설명하기.
3. 점 돌연변이와 틀이동 돌연변이를 구별하기.

유전자(gene)는 세포가 생산하는 단백질을 암호화하는 DNA 염기서열이다(11.2절 참조). 어떤 한 형질을 지배하는 유전자는 개인이나 개체별로 그 유전자의 DNA 유전 정보(염기서열)가 조금씩 다를 수가 있는데 이러한 변이(들)를 **대립유전자(allele)**라고 부른다. 우리는 앞 장(10.1절)에서 어떤 한 형질의 대립유전자에 관한 몇 가지 실례들(예를 들면, 꽃 색깔, 또는 날개형태와 관련된 대립유전자들)에 대해 이미 알아보았다. 그러나 많은 대립유전자들(예: 약물 민감도에서 개인별 차등성)이 명확하게 구별 짓기가 어려운 것들이 대부분이다.

그렇다면 대립유전자는 어떻게 만들어지는가? 대립유전자는 유전자의 염기서열의 변화로 발생하는 **돌연변이(mutation)**의 결과이다. 낭포성섬유증(cystic fibrosis; 10.2절 참조)같은 질환은 건강에 해를 미치는 돌연변이의 결과이다. 이와 반면 돌연변이로 인해 생존에 유리한 기능을 발휘할 수 있는 새로운 유전자 산물이 만들어지면서 생명체의 생존율이 높아지고 새로운 생물 종들의 출현 및 종의 다양성을 증가시키는 결과를 가져올 수도 있다. 실제로 돌연변이는 생물진화에서 매우 중요한 역할을 한다(15.1절 참조).

유전자 돌연변이의 원인

유전자 돌연변이는 DNA 복제오류, 전이인자, 또는 주변 환경에서 비롯되는 돌연변이 유발물질 등의 여러 가지 요인들에 의해 발생할 수 있다. 대부분의 진핵세포에서 세포분열 시 발생할 수 있는 DNA 복제오류는 1억분의 1 정도이므로 이로 인한 돌연변이 발생은 극히 드물게 일어날 것으로 예상된다. 이는 세포의 핵 속에서 DNA 복제(11.1절 참조)가 진행되는 동안 DNA 중합효소가 새로 합성된 DNA 가닥을 주형 DNA 가닥과 대조하여 만약 잘못 짝지어진 염기쌍을 발견하면 이를 수선하는 교정(proofreading)작업을 수행하기 때문이다.

돌연변이 유발원(mutagens)은 돌연변이를 발생시키는 환경요인들이다. 방사능, X-선, 자외선 등의 에너지 방사선, 그리고 살충제나 담배연기에 섞여있는 화학물 등은 DNA를 물리적으로 절단하거나 화학적으로 변화시킬 수가 있다. 돌연변이 유발원에 의해 생식세포에서 돌연변이가 발생하면 후대 자손에게도 영향을 줄 수가 있다. 체세포에서의 돌연변이는 주로 암과 같은 악성종양을 유발시킨다. 그러나 이러한 경우들에서도 세포내 DNA 수선효소가 비정상인 DNA 부분들을 감지하고 수선하므로 실질적으로 전체적인 돌연변이 발생 확률은 그리 높지 않다고 할 것이다.

전이인자(transposon)는 동일 염색체 내부에서 또는 한 염색체에서 다른 염색체로 이동할 수 있는 능력을 갖고 있는 특이한 DNA 서열이다(그림 13.1). 이들의 이동으로 인해 유전자가 제 기능을 상실하는 경우들이 있다. "뛰어다니는 유전자(jumping genes)"라고도 부르는 전이인자는 세균, 식물, 초파리, 인간 등을 포함하여 거의 모든 생물체들에서 발견된다.

그림 13.1 전이인자에 의해 유전자 돌연변이가 유발될 수 있다.

a. 옥수수의 보라색 색소 암호화 유전자는 보라색 색소 단백질을 만들어 낸다. b. 전이인자가 보라색 색소 암호화 유전자 속에 끼어들어 돌연변이를 유발시키면 이 유전자는 기능을 상실하여 보라색 색소를 암호화하지 못하게 되고 결국 옥수수 알갱이 색깔은 흰색이 된다. c. 전이인자의 활동으로 인해 인디안 옥수수에서는 알갱이 색깔과 패턴이 다양성을 띤다.

(c): ©Mondae Leigh Baker

돌연변이의 종류와 효과

돌연변이가 미치는 효과는 매우 다양하다. 그리고 돌연변이의 심각성 정도는 유전자에서 단백질의 아미노산들을 암호화한 코돈(codon)들에서 얼마나 많은 코돈들에서 돌연변이가 발생하여 변화가 생겼느냐에 따라 달라질 것이다. 유전자에 돌연변이가 일어나면 비정상적인 단백질이 합성될 수 있고 이로 인해 여러 가지 유전질환이나 암이 유발될 수 있다. 그러나 돌연변이들 중에는 단백질의 기능에 어떤 영향도 주지 않을 수 있고 쉽게 관찰되는 뚜렷한 효과를 만들지도 않는 것들이 있는데 이러한 유형의 돌연변이를 침묵돌연변이(silent mutation)라고 한다(그림 13.2).

점 돌연변이(point mutation)는 한 개의 DNA 염기가 바뀌는 돌연변이로서 그 결과는 변이가 일어난 염기에 따라 다르다. 유전자의 DNA 염기서열에서 단일염기 변화로 인해 유전자가 암호화하는 아미노산의 종류가 달라질 수 있다. 예를 들어, 혈액에서 산소운반을 담당하는 헤모글로빈 단백질을 합성하는 유전자에서 점 돌연변이가 일어났고 그 결과 글루탐산이 발린으로 대체되었다(그림 13.2). 이로 인해 헤모글로빈 단백질은 고유구조에 변화가 생기면서 낫 모양의 비정상적인 형태의 적혈구를 만들게 되는데 이로 인해 겸상 적혈구 빈혈증(sickle-cell anemia)이 나타나게 된다.

유전자의 DNA 서열에서 염기가 빠져나가거나 새로운 염기가 끼어들어오게 되면 **틀이동 돌연변이(frameshift mutation)**가 일어난다. 이 경우는 점 돌연변이보다 훨씬 심각한 결과를 초래할 수 있다. DNA 염기서열에서 전체 유전암호들(코돈; 한 개 코돈은 3개 염기로 구성)의 구성과 배열이 염기첨가나 결실에 의해 완전히 바뀌어 버리기 때문에 결과적으로 정상과는 전혀 다른 아미노산들이 암호화될 수 있다. 예를 들어, THE CAT ATE THE RAT(고양이가 쥐를 먹었다)라는 문장에서 *C*가 제거되면 "읽는 틀(reading frame)"이 바뀌어 THE ATA TET HER AT로 되고 그 의미를 알 수 없게 된다. 마찬가지로 유전자에서 틀이동 돌연변이가 일어나면 유전암호들의 본래의 의미들을 잃게 됨으로써 정상적 기능을 발휘할 단백질은 만들어지지 않게 된다(그림 13.2). 전이인자의 이동으로 인해 틀이동 돌연변이가 초래될 수도 있다.

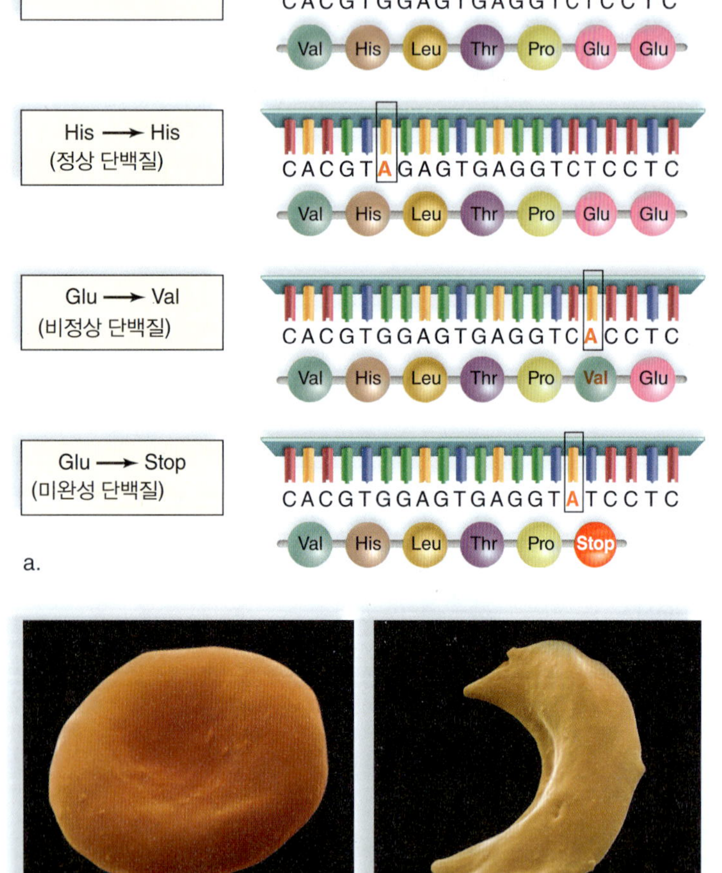

b. **정상 적혈구** 7,400× c. 낫모양 적혈구 7,400×

그림 13.2 점 돌연변이의 여러 효과.
a. (위에서 아래로) 맨 위: 정상 헤모글로빈의 염기서열. 그 아래: 침묵 돌연변이이고 아무 효과가 없다. 그 아래: 점 돌연변이로 인해 DNA는 글루탐산 대신 발린을 암호화한다. 이로 인해 정상 적혈구(**b**)가 겸상(**c**)형태로 변한다. 그 아래: 틀이동 돌연변이(*C*가 빠진 것을 주목하자)로 인해 유전암호가 종결코드로 바뀌면서 단백질 합성은 비정상적으로 종결되고 불완전한 단백질이 만들어진다.

(b and c): ©Eye of Science/Science Source

개념 연결하기

돌연변이 유발원, DNA 복제오류, 전이인자 등에 의해 돌연변이가 유발될 수 있다.

진도 점검하기 13.1

1. 돌연변이가 유전자와 어떻게 관련되어 있는지 설명하시오.
2. 전이인자가 어떻게 돌연변이를 유발하는지 요약하시오.
3. 점 돌연변이는 뚜렷한 효과를 보이지 않을 수 있지만 틀이동 돌연변이에서는 그런 사례가 드물다. 그 이유를 설명하시오.

13.2 염색체 돌연변이

학습 목표

이 절을 학습한 후에는 다음 과제를 수행할 수 있어야 한다.

1. 염색체 결실과 중복에 대해 설명하기.
2. 전좌와 역위의 결과를 설명하기.
3. 인간 염색체 돌연변이의 예를 열거하기.

지금까지는 유전자 수준에서 일어나는 돌연변이에 대해 알아보았다. 세포 안에서는 염색체의 수나 구조를 변화시키는 염색체 돌연변이 또한 일어날 수 있다.

인간에서는 다운증후군(Down syndrome), 터너증후군(Turnder syndrome) 그리고 클라인펠터증후군(Klinefelter syndrome) 같이 몇 가지 예에서 염색체 수의 변이가 관찰된다. 이러한 변이는 일반적으로 감수분열 동안 염색체 비분리 현상에 의해 나타난다(9.4절 참조). 염색체 구조 변이가 염색체 수의 변이보다는 훨씬 더 일반적으로 발생한다. 염색체 구조의 변화는 염색체 일부가 깨져나간 후 이들이 제대로 재결합되지 못하고 구조적 기형을 만들기 때문에 생겨날 수 있다. 방사선, 특정 유기화합물 같은 환경요인 및 심지어는 바이러스에 의해 염색체가 물리적으로 깨질 수 있다. 염색체 구조적 변이는 결실, 중복, 전좌, 역위 같은 유형들이 있는데 감수분열 중에 일어날 수 있다. 구조적으로 비정상적인 염색체를 물려받은 자손에서 여러 가지 증후군이 나타날 수 있다.

결실과 중복

염색체 팔에 일부가 절단되어 말단부위가 소실되거나 염색체 내에서 두 곳이 동시에 절단되어 내부의 일부분을 잃어버리면 **결실(deletion)**이 일어난다. 양친 부모 중 한 쪽으로부터는 정상 염색체를 물려받고 다른 쪽으로 부터 결실된 염색체를 물려받는 경우 특정 형질에 대한 대립유전자가 정상적으로 쌍을 이루지 못하므로 증후군이 나타날 수 있다.

7번 염색체 말단의 단편이 결실되면 윌리엄스증후군(Williams syndrome)이 나타난다(그림 13.3). 이 증후군을 갖는 어린아이는 코가 들려 있으며 입과 귀가 크고 턱이 작다. 이들은 학업능력은 저조하지만 언어와 음악적 능력은 뛰어나다. 엘라스틴 단백질 합성 유전자가 소실되었기 때문에 심혈관계에 문제가 발생하며 피부가 일찍 노화한다. 또한 이들은 매우 유순한 성격을 가지고 있으나 스스로 정상적인 생활을 영위할 수 있는 판단력 결여되어 있기 때문데 보호 및 통제가 필요할 수 있다. 이는 아마도 뇌에서 행동조절에 관여하는 단백질이 제대로 만들어지지 않기 때문일 것으로 생각된다.

5번 염색체 말단부위가 결실되면 고양이울음증후군(cri du chat, 또는

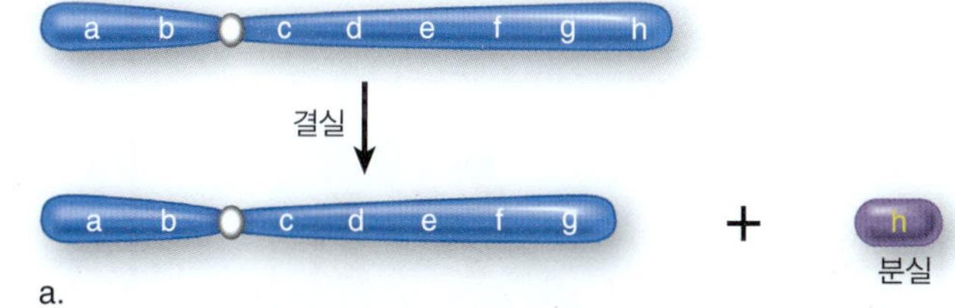

그림 13.3 결실.
a. 7번 염색체 말단부위가 결실되면 윌리엄스증후군(Williams syndrome)이 된다. **b.** 윌리엄스증후군을 가지고 있는 어린 환자들은 서로 간에 유전적 연관성이 없는 타인들임에도 불구하고 외모와 건강에서 공통된 증세와 문제점을 나타내며 윌리엄스증후군 특유의 행동장애를 보인다.

(b): ©The Williams Syndrome Association

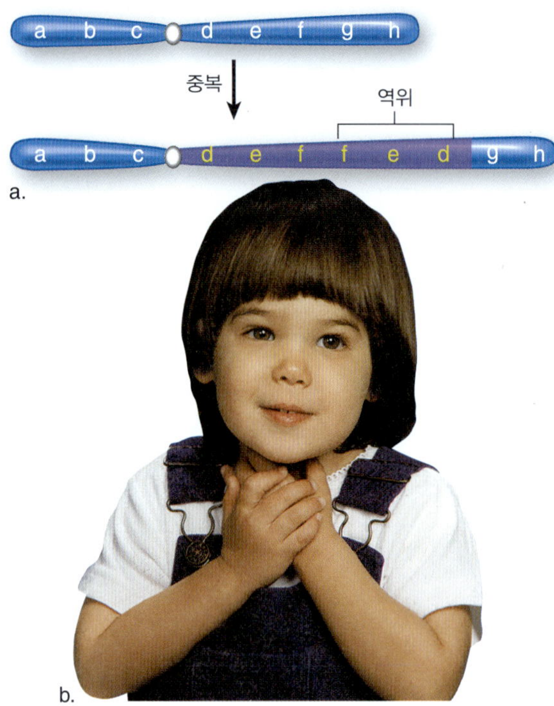

그림 13.4 중복.
a. 15번 염색체의 일부에서 역위 및 중복이 일어나 역위중복15증후군(inv dup 15 syndrome)이 발생할 수 있다. **b.** 이 증후군을 앓는 어린이는 근력이 약하고 자폐 증세를 보인다.
(b): ©Kathy Wise

cat's cry syndrome)이 나타난다. 이 증후군의 어린 환자는 머리가 작고 정신박약과 비정상적인 얼굴의 특성을 보인다. 성문(glottis)과 후두(larynx)가 비정상적으로 발달하기 때문에 어린아이의 울음소리가 고양이 울음소리와 유사하게 된다.

염색체의 일부가 반복되어 있는 **중복(duplication)**에서는 특정형질에 대해서 2개 이상의 대립유전자가 존재하게 된다. 역위(*inversion*)는 염색체 일부가 정상과는 반대방향으로 뒤바뀌면서 결합된 것을 의미한다. 15번 염색체에서 역위중복의 구조적 변이는 **역위중복15증후군**(*inv dup 15 syndrome*)의 원인이 된다. 어린 환자들은 근력이 약하고 정신지체와 발작 증세를 보인다. 또한 척추가 굽어 있으며 언어능력이 저하되고 눈을 잘 마주치지 않는 등의 자폐 증세를 보인다(**그림 13.4**).

전좌

두 개의 비상동염색체 사이에서 염색체 일부가 서로 교환되는 것을 **전좌(translocation)**라고 한다(**그림 13.5*a***). 전좌가 일어났어도 관여된 두 염색체를 그대로 가지고 있는 사람에서는 전좌에 의해 염색체상의 한 개 대립유전자가 두 개 절편으로 나뉘거나 두 개의 대립유전자가 융합되어 합쳐지지 않는 한 궁극적으로는 두 염색체에 포함되어 잇는 전체 유전물질의 양에는 변화가 없기 때문에 정상이다. 그러나 전좌된 염색체를 한 개만 보유하고 있는 사람은 특정 대립유전자의 사본 한 개와 다른 대립유전자들의 사본 세 개를 갖게 된다. 이와 같이 염색체가 가지고 있는 유전물질 양에 불균형이 일어나며 다양한 문제들이 발생할 수 있다. 자연유산이 빈번하거나 가족들 중에 다양한 증후군 환자들이 많다면 유전 상담사는 상담자가 전좌된 염색체를 보유하고 있을 가능성을 고려해봐야 한다. 염색체의 전좌는 현미경을 통해 염색체의 형태를 관찰함으로써 확인할 수 있다.

다운증후군 발병의 5%는 환자의 이전 세대에서 일어난 14번과 21번 염색체 사이의 전좌에 기인한다. 이 두 염색체가 모두 다음 세대에 전달되는 경우에는 문제는 없다. 그러나 정상 21번 염색체 두 개 복사본과 21번 염색체 일부를 가지고 있는 비정상적인 14번 염색체를 자손이 물려받을 수가 있다. 이런 경우 다운증후군 발병은 부모의 나이 때문이라기보다는 부계나 모계 가족 중 하나로부터 자손에게 유전된 것일 가능성이 높다.

어떤 형태의 암은 염색체 전좌에서 기인하는 경우들이 있다. 하나의 실례가 만성 골수성 백혈병(chronic myeloid leukemia, CML)인데 환자들의 백혈구가 비정상적으로 빠르게 분열증식하면서 적혈구 생산에 영향을 미치고 전체 면역계의 기능

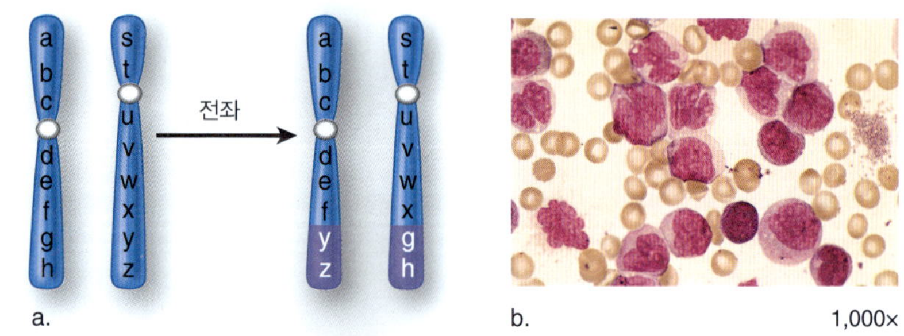

그림 13.5 전좌.
a. 전좌는 비상동염색체들 사이에 유전물질의 이동현상이다. **b.** 22번과 9번 염색체의 일부가 서로 교환되면서 일어나는 전좌는 만성골수백혈병(chronic myeloid leukemia, CML)을 일으키는 유전적 원인이다. 현미경 사진에서 분홍색으로 염색된 세포들이 빠르게 분열하고 있는 백혈구들이다.
(b): ©Jean Secchi/Dominique Lecaque/Roussel-Uclaf/CNRI/Science Source

연관

다운증후군을 유발하는 유전자는 무엇인가?

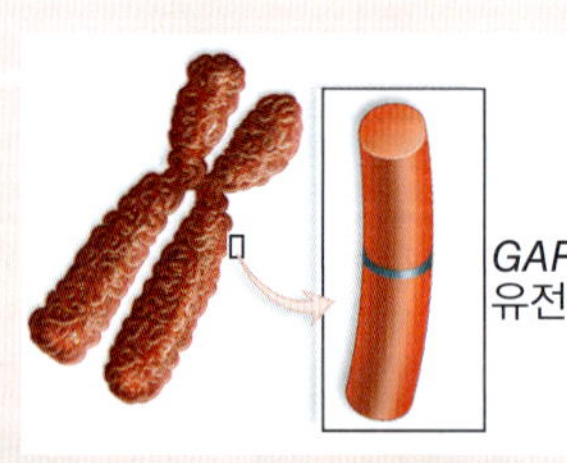

전좌에 의해 다운증후군을 물려받은 사람들은 21번 염색체의 일부만을 갖고 있기 때문에 이 염색체에 있는 유전자들 중 어떤 것들이 다운증후군 증상에 관여되어 있는지를 확인할 수 있다. 확인된 유전자들 중 하나가 퓨린 염기합성에 관여하는 *GART* 유전자이다. 필요 이상으로 존재하는 *GART* 유전자 복사본은 다운증후군에서 나타나는 정신지체 증상을 만들어내는 주요 원인일 것으로 추정된다. 확인된 또 다른 유전자는 *COL6A1*로서 인체 결합조직을 구성하는데 중요한 콜라겐 단백질을 만드는 데 관여한다. 이 유전자의 복사본이 너무 많으면 다운증후군에서 흔히 나타나는 심장결함이 유발된다.

을 약화시킨다. 1970년대에 들어서 개발된 새로운 염색기법을 사용하여 과학자들은 환자의 22번 염색체가 비정상적으로 짧은 말단을 가지고 있다는 것(필라델피아 염색체, Philadelphia chromosome)을 발견하였고 이와 같은 22번 염색체의 기형적 형태는 9번과 22번 염색체 말단 사이의 전좌로 기인하였고(그림 13.5*b*), 이로 인해 백혈병이 발병한다는 것을 알아냈다.

알라질증후군(Alagille syndrome)은 2번과 20번 염색체 사이에서 전좌가 일어나 생긴다. 이 때 일어나는 전좌는 20번 염색체에 결실을 만들기도 한다. 증상은 경증에서 중증까지 다양하게 나타나기 때문에 환자 스스로 자신이 이 증후군에 걸려 있다는 것을 인지하지 못하는 경우도 있다. 그러나 증후군 환자는 전형적으로 비정상적인 눈과 내부 장기를 가지고 있다. 또한 전좌로 인해 특정유형의 암이 유발될 수 있다. 버킷림프종(Burkitt's lymphoma)은 8번 염색체와 2, 14번 염색체나 22번 염색체 중 하나 사이에 전좌로 인해 세포주기 조절 유전자가 기능을 상실하면서 발생하는 악성종양(암)이다.

역위

염색체의 일부분이 180도 회전하면 **역위(inversion)**가 일어난다(그림 13.6). 염색체에서 유전자가 소실되는 것은 아니기 때문에 아무 문제가 없을 것으로 생각할 수 있으나 역위가 일어난 염색체 부위에 존재하는 대립유전자(들)의 DNA 염기서열의 배열이 완전히 달라질 수 있기 때문에 유전자 발현이 비정상적으로 일어날 수가 있다.

특히 유성생식에서 생식세포를 만드는 감수분열 과정 중 비정상적인 염색체가 출현할 가능성이 높아진다. 역위된 염색체와 이것의 정상 상동염색체 사이에 교차(crossing-over)가 일어나면 중복과 결실을 모두 지닌 재조합 염색체가 만들어진다. 그 이유는 역위가 일어난 염색체가 환형을 이루어야만 두 상동염색체가 제대로 정렬할 수 있기 때문이다(그림 13.6).

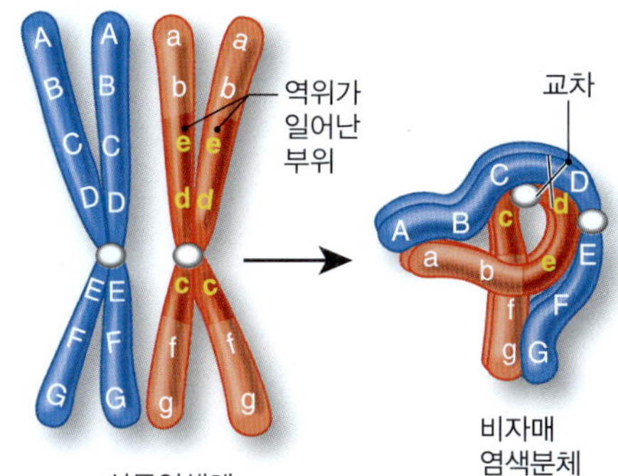

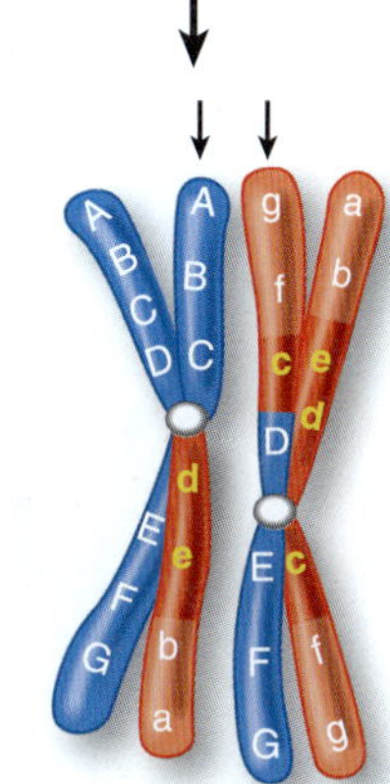

그림 13.6 역위.
(*왼쪽*)한 상동염색체의 자매염색분체 일부가 역위되어 있다. 붉은 염색체에서는 *cde* 대신 *edc*로 존재한다. (*가운데*)비자매염색분체는 역위된 서열이 고리를 형성해야만 정렬될 수 있다. 교차가 일어난 후 중복과 결실이 일어날 수 있다. (오른쪽)왼쪽 화살표가 가리키는 비자매염색분체에는 *AB*와 *ab* 대립유전자는 있지만 *fg*나 *FG* 대립유전자는 없다. 오른쪽 화살표가 가리키는 비자매염색분체에는 *gf*와 *GF* 대립유전자는 있지만 *AB*나 *ab* 대립유전자가 없다.

개념 연결하기

염색체 구조의 다양한 변화로 인해 돌연변이가 유발될 수 있다.

진도 점검하기 13.2

1. 염색체 결실이 중복보다 더 심각한 결과를 만들어 낼 수 있는 이유를 설명하시오.
2. 전좌와 역위 사이를 구별 지어 설명하시오.
3. 고양이울음증후군과 알라질증후군을 유발하는 염색체 돌연변이 유형을 설명하시오.

13.3 유전질환 검사

학습 목표

이 절을 학습한 후에는 다음 과제를 수행할 수 있어야 한다.

1. 유전상담에서 핵형의 역할에 대해 설명하기.
2. 유전적 표지와 DNA 미세배열을 유전질환 진단에 어떻게 이용할 수 있는지를 요약하기.
3. 특정 유전질환 검사를 위한 DNA 검사, 태아검사, 배아검사 방법이 어떻게 다른지를 구별하기.

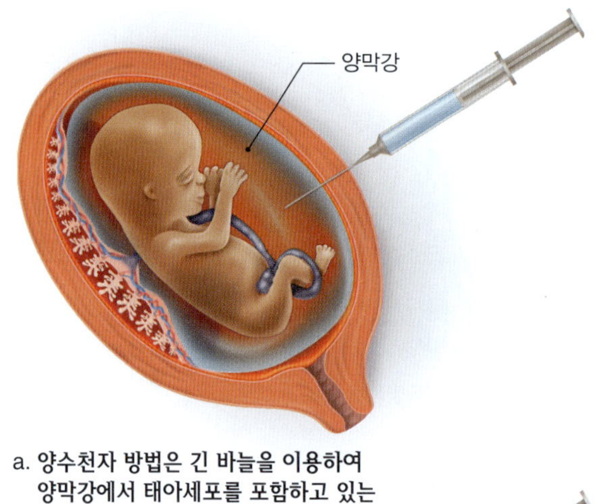

a. 양수천자 방법은 긴 바늘을 이용하여 양막강에서 태아세포를 포함하고 있는 양수를 얻는다.

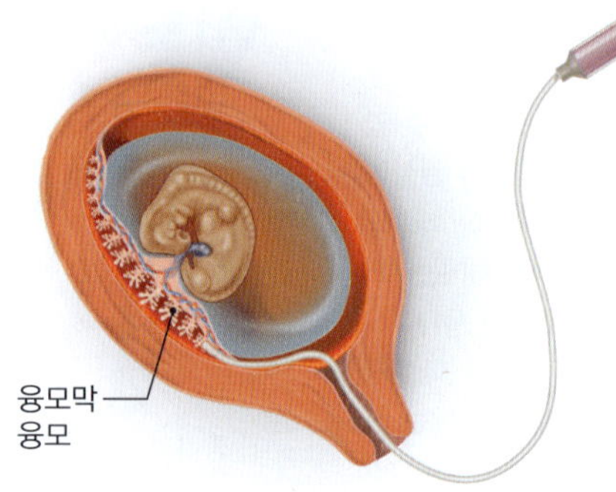

b. 융모막 융모 시료채취 방법은 흡입튜브 사용하여 장차 태반으로 발달할 융모막에서 세포를 얻는다.

그림 13.7 염색체 돌연변이 검사.
태아 염색체의 수나 구조에 변이가 있는지 검사하기 위해 양수천자(a)나 융모막 융모 검사(b) 방법으로 태아세포를 추출한다.

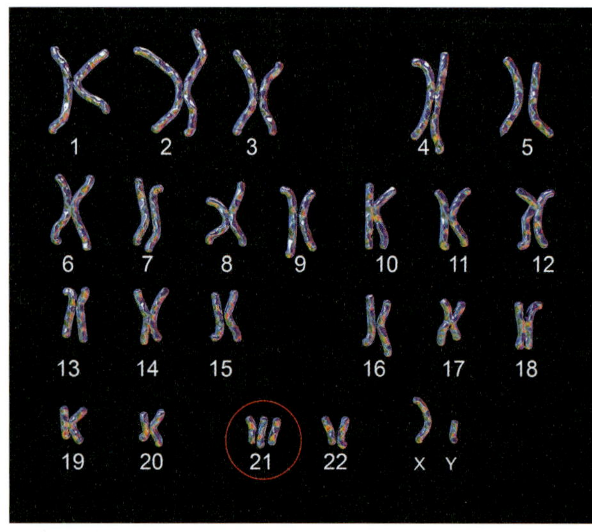

그림 13.8 핵형분석.
핵형을 분석하여 염색체 돌연변이를 찾아낼 수 있다. 이 그림의 경우 태어날 아기는 다운증후군(21번 삼염색체증)을 가지고 있다.

오늘날 많은 사람들은 비정상적인 염색체나 돌연변이 유전자로 인해 다양한 질환이 유발될 수 있고 그것이 자손에게도 유전될 수 있다는 것을 잘 알고 있다. 따라서 많은 예비부모들이 **유전상담(genetic counseling)**을 원하며 이를 통해 가족 내에서 유전질환의 발병 위험성을 평가하고 대책을 세우는데 도움을 받고자 한다. 예를 들어, 어떤 부부가 이미 여러 번의 유산을 경험했거나 그들의 친척 중 다수가 특정 질환을 앓고 있거나 유전적 결함이 있는 자녀들을 가지고 있다면 이 부부에게는 유전상담이 절대적으로 필요할 것이다. 상담사는 이들에게 특정 유전자가 문제가 있을 시 생겨날 수 있는 질환 및 자녀에게 유전 가능성 등을 상세히 설명해 줌으로써 예비부모들에게 도움을 줄 수 있다.

다양한 질환이 염색체의 수나 구조가 비정상이기 때문에 나타난다. 어떤 한 임산부가 태어날 아기에게서 염색체 이상이 나타날 가능성을 걱정한다면 상담사는 태아 염색체 검사를 추천할 수 있다.

분석할 염색체 채취

양수천자(amniocentesis)는 임산부의 자궁에서 양수를 얻는 방법이다. 긴 바늘을 배와 자궁벽을 관통하여 자궁 안에 주입한 후 태아세포를 포함하고 있는 양수를 미량 추출한다(그림 13.7*a*). 확보된 양수로 다양한 검사들이 이루어질 수 있으며 핵형분석을 위해서는 일단 태아세포를 분리해 낸 후 일정기간 동안 세포배양을 한다. 태아세포를 채취하고 4주 정도까지는 세포상태가 핵형분석에 영향을 미치지는 않기 때문에 이 기간 동안 배양을 통해 분석에 필요한 세포의 양을 충분히 확보하는 것이다.

양수천자를 수행할 것인지 여부는 혈액검사와 산모나이를 고려하여 결정한다. 뿐만 아니라 양수천자로 인해 자연유산이 발생할 위험성(약 0.6%)이 있기 때문에 (특히 임신 15주까지는 극히 위험) 의사는 의학적으로 산모의 안전이 보장될 수 있을 경우에 이 방법을 사용해야 한다.

융모막 융모 검사(chorionic villi sampling, CVS)는 태반이 만들어지는 부위에 있는 융모막 세포를 채취하여 검사하는 방법이다. 이 방법은 임신 5주차 정도의 이른 시기에도 수행할 수 있다. 질을 통해 자궁으로 가늘고 긴 흡입튜브를 삽입한다(그림 13.7*b*). 자궁 내부를 촬영할 수 있는 초음파 장치를 이용해 흡입튜브를 자궁내벽과 융모막 융모 사이에 놓은 후 융모막 세포 시료를 빨아들인다. 채취된 세포는 배양할 필요가 없으며 바로 핵형분석에 사용할 수 있다. 양수는 채취하지 않았으므로 양수검사는 불가능하지만 양수검사에 비해 시간이 오래 걸리지 않고 신속히 핵형을 분석할 수 있다는 장점이 있다. 다만 이 방법 역시 자연유산을 초래할 가능성(0.8%)이 있기 때문에 주의를 기울여야 한다.

핵형분석

핵형(karyotype)은 염색체 쌍들을 크기와 모양 그리고 염색체 띠 유형에 따라 배열하여 시각적으로 구별할 수 있도록 만든 것이다(그림 13.8). 핵이 없는 적혈구를 제외하고 몸에 있는 모든 세포들을 재료로 하여 염색체 핵형을 분석할 수 있다. 혈액에서 분리한 백혈구세포를 이용하는 것이 가장 쉽다. 태아에서는 양수천자나 융모막 융모 시료 채취를 통해 태아세포를 얻은 후 핵형분석을 통해 유전성 증후군을 탐지할 수 있다. 다운증후군 환자의 핵형에는 21번 염색체가 세 개 있다(13.2절 참조).

연관

핵형에서 여러 색깔의 밴드들은 무엇을 보여주는 것인가?

핵형사진에서 염색체가 가지고 있는 밴드의 색(그림 13.8)은 염색체 자체가 가지고 있는 자연적인 색이 아니다. 형광면역조직화학제자리부합법(*fluorescent immunohistochemistry insitu hybridization, FISH*)을 이용하여 짧은 DNA 단편을 형광표지(fluorescent marker)로 표지(labeling)한다. 표지된 DNA 단편은 염색체상에서 이것과 상보적인 염기서열을 갖는 부위와 결합한다. 다양한 형광표지를 도입할 수 있고 각 표지자마다 다양한 빛의 파장에 반응하여 다른 색깔의 빛을 방출한다. 이 방법을 통해 상담사들은 염색체를 쉽게 식별할 수 있다. 또한 특정 유전자를 감지해 낼 수 있는 DNA를 형광표지자로 표지하여 처리하면 염색체상에서 관심있는 유전자의 위치를 찾아낼 수 있다.

채취한 세포를 배양액 안에서 자극을 주어 분열을 유도시킨 후 화학물질을 처리하여 염색체가 단단히 응축된 시기인 체세포분열 중기에 멈추게 한다. 세포를 죽인 후 현미경 슬라이드 위에 펼쳐놓고 건조시킨다. 전통적인 핵형분석법은 슬라이드를 염색한 다음 사진을 찍는 방법이다. 염색된 염색체는 진하거나 연하게 염색된 다양한 두께의 밴드(띠) 패턴을 가지고 있는데 염색체의 크기 및 형태 그리고 밴드패턴을 비교하여 염색체 쌍을 쉽게 배열할 수 있다. 오늘날에는 형광염료를 사용하며 컴퓨터가 형광 염색된 이미지를 분석하여 염색체 쌍을 배열한다.

유전 상담사는 염색체 검사를 통해 태어날 아이에게서 유전질환이 발병할 가능성을 예측할 수 있다. 염색체 검사는 난자나 배아를 대상으로 모두 이루어질 수 있기 때문에 예비부모들은 검사시점을 자유롭게 선택할 수 있다.

유전질환의 종류에 따라 검사법이 다를 수 있다. 어떤 경우에는 특정 단백질을 검사하거나 돌연변이 유전자를 검사해야할 경우들이 있을 수 있다.

단백질 검사

어떤 유전자 돌연변이는 효소활성의 결핍을 초래하여 질환을 유발시킨다. 예를 들어, 메트헤모글로빈혈증(methemoglobinemia)의 경우 혈중 디아포레이즈(diaphorase) 효소의 양을 검사하여 검사대상자가 메트헤모글로빈혈증에 대하여 동형접합 정상이나 보인자, 또는 환자인지 여부를 판단할 수 있다. 부모가 보인자라면 한 명의 자식이 메트헤모글로빈혈증에 걸릴 확률은 25%이다. 이 정보를 통해 예비부모는 난자나 배아검사를 수행할 것인지 여부를 선택할 수 있다.

DNA 검사

어떤 특별한 돌연변이를 찾아내기 위해 DNA를 분석하는 방법에는 유전적 표지, DNA 미세배열 그리고 직접적 염기서열결정법을 사용하여 DNA를 검사하는 것이 있다.

유전적 표지

유전적 표지 검사는 비정상적인 대립유전자로 인해 생기는 DNA 염기서열에서의 차이를 이용한다. 예를 들어, 겸상 적혈구 빈혈증이나 헌팅턴 무도병에 대해 생각해보자. 이 두 가지 질환을 각각 앓고 있는 환자들의 DNA에서는 정상과 비교하였을 때

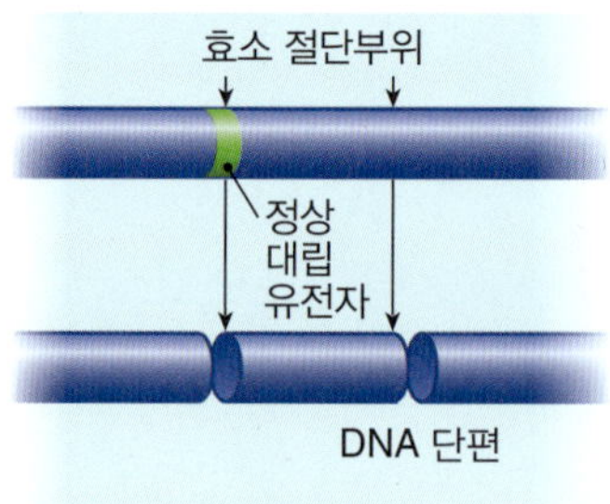

a. **정상 절단 패턴**

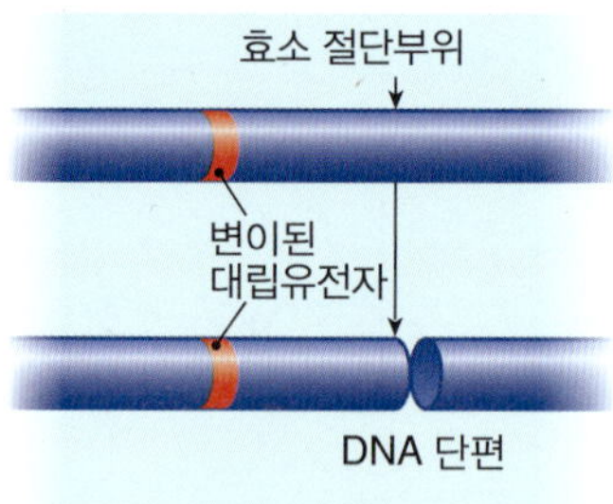

b. **유전적 결합 절단 패턴**

그림 13.9 유전적 표지를 이용한 유전자 돌연변이 검사.
a. 정상인의 DNA에는 특정 제한효소의 절단부위들이 있다. **b.** 어떤 개인의 DNA에서는 없을 수가 있는데 이것은 이 사람의 유전자의 절단부위 염기서열에서 변화(돌연변이)가 일어났음을 보여주는 것이다. 이형접합자인 경우 보유하고 있는 DNA의 절반은 이 절단부위가 있고 나머지 절반은 없다. (돌연변이로 인해 절단부위가 새로 만들어지는 경우도 있다.)

비정상으로 발견되는 염기서열이 존재하는데 이것이 **유전적 표지(genetic marker)** 가 된다. 유전적 표지는 DNA 염기서열결정(sequencing)을 통해 찾아낼 수 있다. 다른 방법으로는 DNA의 특정 염기서열을 절단하는 제한효소를 사용할 수 있다(12.1절 참조). 제한효소에 의해 만들어진 DNA 단편의 길이는 정상과 돌연변이(이형접합자 또는 동형접합자)에서 서로 다를 것이다(그림 13.9).

DNA 미세배열

쉽고 저렴하게 DNA를 검사할 수 있는 새로운 기술이 개발되었다. 수많은 DNA 시료들(여기서는 수천 종류의 질환 관련 돌연변이 유전자들)을 하나의 작은 실리콘 칩 위에 만들어 놓은 DNA 미세배열(DNA microarray)에 집적시킬 수 있다(그림 13.10). 유전자 칩(gene chip)이라고도 불리는 이 기술에서는 검사하고자 하는 개인의 DNA를 형광염료로 표지한 후 미세배열 칩에 첨가한다. 이 DNA가 칩에 있는 돌연변이 유전자와 결합한다면 칩의 미세배열에서 돌연변이 유전자가 위치한 지점에서 형광이 나타나게 된다. 이것은 이 사람이 현재 특정 질환을 갖고 있거나 장차 발병할 위험이 있다는 것을 의미한다. 한 개인이 가지고 있는 모든 유전자형(돌연변이 포함) 전체를 통틀어 유전적 프로필(genetic profile)이라고 한다.

유전자 상담사의 도움을 받으면 각자 자신의 유전적 프로필을 알 수 있다. 유전적 프로필을 통해 자신이 가지고 있거나 미래에 앓게 될 유전질환의 종류 그리고 그러한 질환의 원인이 되는 유전자의 종류 및 개수까지도 알 수 있기 때문에 어떤 질환의 위험도가 높을 것인지 낮을 것인지에 대해서도 예측할 수 있다. 이러한 정보를 바탕으로 질환 모니터링(감시) 프로그램을 고안하거나 개인의 생활방식을 바꾸게 하여 유전질환의 발병 위험도를 낮출 수 있다. 예를 들어, 어떤 사람이 대장암을 유발시키는 유전자 돌연변이를 갖고 있다고 가정해 보자. 이 사람은 매년 대장내시경 검사를 하는 것이 바람직할 것이다. 그러면 종양을 조기에 발견하여 대장암이 발생하기 전에 제거할 수 있을 것이다.

그림 13.10 DNA 미세배열을 이용한 돌연변이 유전자 검사.
실리콘 칩 위에 만든 DNA 미세배열에는 수많은 질환 관련 돌연변이 유전자들이 담겨져 있다. 어떤 개인의 유전체를 이루는 총DNA를 형광표지한 다음 미세배열 칩에 첨가한다. 칩에서 형광이 나타나는 지점은 개인이 현재 갖고 있거나 나중에 발병할 위험이 있는 질환이 무엇인지를 알려준다.

(photo): ©Deco/Alamy Stock Photo

DNA 염기서열결정

DNA 염기서열결정 기술의 획기적인 발전(12.1절 참조)으로 인해 이러한 기술들을 매우 저렴하게 이용할 수 있게 됨에 따라 오늘날에는 한 개인의 유전체 염기서열 분석이 그리 어려운 일이 아니게 되었다. 이로 인해 개개인이 가지고 있는 질환과 연관된 유전자 돌연변이를 탐지해 내는 것도 쉬워졌다. 분석된 개인별 유전정보들을 각 개인이 가지고 있는 질환을 치료하는데 활용함으로써 개인별로 적합한 맞춤형의 치료법을 개발할 수도 있게 되었는데 이것을 맞춤의학(personalized medicine)이라 부른다.

개인 유전체 연구를 위해서는 여러 가지 연구방법이 있다. 개인의 전체 유전체 염기서열을 총체적으로 분석하는 것보다는 특정 질환과 연관된 유전자들만을 선별하여 유전체에서 이들의 위치를 파악하는 것이 더 효율적일 수 있다. 이러한 연구방법을 **전장유전체연관성연구**(*genome-wide association study, GWAS*)라고 하며 맞춤의학 분야에서 많이 활용되고 있다.

약물유전체학(pharmacogenomics)은 개인 유전체에서 얻은 정보를 기반으로 개인에게 가장 적합한 치료약물의 개발 및 효과 등을 연구하는 분야이다. 약물에 대한 반응성이 개인별로 차이가 날 수 있는데 이는 약물에 반응하는 유전자들이 개인별로 조금씩 다를 수 있기 때문이다. 개인 유전체 정보는 개인별 유전자의 약물 반응성에 대하여 개별 환자에게 가장 적합한 맞춤형 약물을 선별하는 데 매우 유용하게 활용될 수 있을 것이다.

> **연관**
>
> **자가(OTC) 유전자 검사는 정확한가?**
>
> 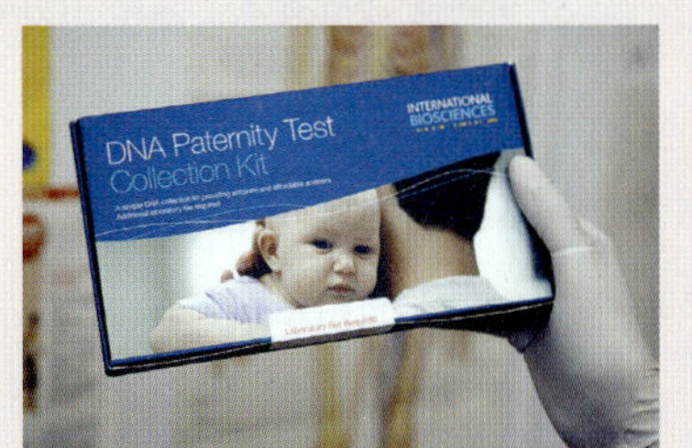
>
> ©Mark Thomas/Science Source
>
> DNA 기술의 발달로 인해 DNA 미세배열 칩을 저렴하게 손쉽게 세팅할 수 있게 되면서 현재 많은 회사들이 OTC(over-the-counter, 자가식) 유전자 검사용 키트를 생산판매하고 있다. 미국식품의약국(FDA)은 OTC 유전자 검사를 법적으로 규제하고 있지는 않다. 그러나 OTC 검사결과에 대한 신뢰성은 논란이 많은 것이 사실이다. 또한 일부 사람들은 유전자 검사결과가 보험을 들거나 직장을 구할 때 평가하는 개인 신상자료로 활용될 경우 공평한 평가를 받지 못할 수 있다는 우려를 가지고 있다. 일반적으로 유전자 검사는 허가받은 의료기관에서 수행하는 것이 바람직하며 검사 전에 환자의 권리가 충분히 논의되고 인지되어 있어야 한다.

태아검사

여성이 임신한 상태라면 초음파를 이용해 태아의 기형 여부를 알 수 있으며 태아 DNA를 추출하여 유전질환 검사를 할 수 있다.

초음파 영상

의사는 초음파 사진을 통해 태아의 외형을 평가한다. 초음파 탐침을 이용해 임산부의 복부를 스캔하고 변환기를 통해 고주파의 음파를 비디오 스크린 영상으로 전환한다. 이 영상을 통해 자궁 안에 있는 태아를 검사할 수 있다. 초음파를 이용해 태아의 나이와 크기 그리고 다둥이 여부 등을 알 수 있다. 또한 다운증후군(Down syndrome, 21번 삼염색체증), 에드워드증후군(Edwards syndrome, 18번 삼염색체증), 파투아 증후군(Patau syndrome, 13번 상삼염색체증) 같은 염색체이상 증후군들은 발생과정 중 태아의 기형을 초래하기 때문에 임신 20주 정도면 초음파로 검사할 수 있다. 따라서 이 시기에는 규칙적으로 초음파 검사를 하는 것이 태아를 건강하게 돌보는 데 필수적이다.

이분척추증(spina bifida, 척추갈림증) 등의 다양한 결함도 초음파를 이용해 진단할 수 있다. 임신 첫 달 동안 척추가 제대로 닫히지 않으면 이분척추증이 된다. 이 경우 의사는 출생 24시간 이내에 신생아의 척추를 닫아주는 수술을 해야 한다.

태아세포 검사

태아세포를 검사하여 다양한 유선질환 여부를 확인할 수 있다. 만일 태아가 불치병을 갖고 있는 경우 부모는 유산을 고려할 수도 있을 것이다.

앞서 설명한 것처럼 양수천자나 융모막 융모 검사로 태아세포를 얻는다(그림 13.7). 또한 모체의 혈액에서도 태아세포를 얻을 수 있다. 임신 9주에 이르면 세포분류기를 이용하여 모체혈액에서 적은 수의 태아세포를 얻을 수 있다. 성숙한 적혈구는 핵이 없지만 미성숙 적혈구는 핵을 갖고 있으며 수명이 짧다. 따라서 모체의 혈액에서 핵을 가지고 있는 적혈구를 감지했다면 이것은 임신 중인 태아에서 유래한 것임

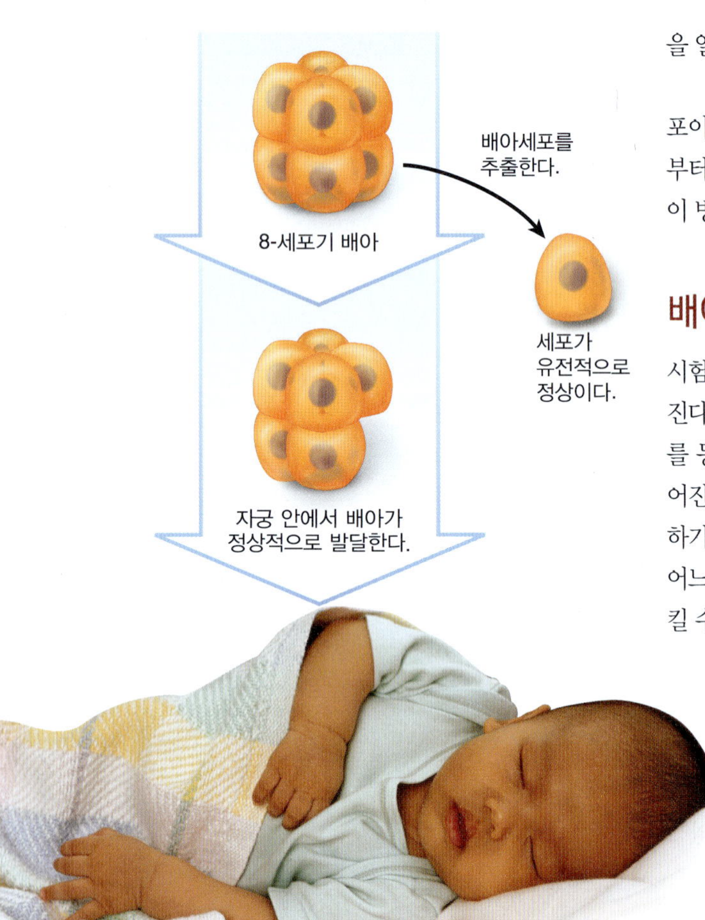

그림 13.11 배아검사.
8-세포기(8개 세포로 구성된 접합자) 배아에서 얻은 세포 한 개를 이용해 유전자를 진단한다. 이 세포가 유전질환이 없는 것으로 판명되면 나머지 일곱 개 세포로 이루어진 배아는 자궁에 그대로 이식되고 이후 배아는 정상 아기로 발달할 것이다.
©Elyse Lewin/Exactostock-1555/Superstock

을 알 수 있다.

모체의 혈액 내에서 혈구세포 70,000개 중 대략 1개 정도만이 태아세포이기 때문에 태아의 DNA 검사를 위해서는 확보된 극소수의 태아세포로부터 얻은 DNA를 중합효소연쇄반응(PCR)을 이용해 증폭할 필요가 있다. 이 방법은 태아에게는 해를 미치지 않는 안전한 방법이다.

배아와 난자검사

시험관 수정(in vitro fertilization, IVF)은 실험실의 시험관 안에서 이루어진다(29.2절 참조). 의사는 여성과 남성 배우자 각각에게서 얻은 난자와 정자를 동일한 시험관 안에 넣어 수정시킨다. 오늘날에는 시험관 수정으로 만들어진 배아에 대하여 다양한 유전검사를 쉽게 할 수 있고 시험관 수정을 실행하기 전에 난자를 검사하여 유전질환 여부를 먼저 확인하는 것도 가능하다. 어느 경우든 정상 배아만 선별하여 자궁에 이식하여 정상적인 발생을 진행시킬 수 있다.

배아검사

예비부모가 특정 유전질환의 보인자라면 이들은 태어날 자신들의 아기가 그러한 유전질환을 물려받기를 원하지 않는다. 그러한 측면에서 배아검사가 매우 중요할 수 있다.

시험관 수정 후 접합자(수정란)가 내부세포분열을 시작하여 6개 또는 8개 세포들로 이루어진 배아가 되었을 때 이것에서 한 개의 세포를 분리해 내어 검사를 진행한다(그림 13.11). 유전질환에 대해 음성반응을 보인 배아만을 자궁으로 이식하여 발생을 지속하도록 만들 수 있다.

지금까지 세계적으로 수천 명의 어린이가 배아검사를 통해 가족력이 있는 유전질환 유전자 없이 태어났다. 미래에는 유전질환에 대해 양성반응을 보인 배아도 유전자 치료법을 이용해 치료할 수 있을 것이며 이들 역시 정상적으로 살아갈 수 있을 것이다.

난자검사

감수분열을 통해 남성은 네 개의 정자세포를 생산하지만 여성은 한 개의 난자와 최소 두 개의 기능이 없는 극체(polar body)를 만들어낸다. 극체는 세포질이 거의 없고 나중에 분해되어 없어지지만 반수체 염색체를 갖고 있으므로 유전자 검사에 유용하게 사용할 수 있다. 한 여성이 열성 유전질환의 이형접합자라면 극체들 중 반은 돌연변이 대립유전자를 가지고 있고 난자는 정상 대립유전자를 갖는다. 따라서 돌연변이 대립유전자 검사에서 극체가 양성을 보이면 난자는 정상 대립유전자일 가능성이 높다(그림 13.12). 정상인 난자만 시험관 수정에 사용한다. 만일 정자가 돌연변이를 갖고 있다 하더라도 수정란은 최소한 이형접합자가 될 것이므로 표현형은 정상일 것이다.

미래에 유전자 치료가 일상화된다면 시험관 수정을 시행하기 전에 부모가 미리 자신들이 원하는 유전자를 난자에 도입하여 음악적 재능이나 운동능력 등이 뛰어난 맞춤형 아이(디자이너 베이비, designer baby)를 얻을 수도 있을 것이다. 이와 같이 우량형질을 갖는 인간을 만들어내는 분야를 우생학(*eugenics*)이라고 하는데 이런 방식의 인간 유전자 조작은 많은 윤리적 문제를 내포하고 있다.

개념 연결하기
태아가 돌연변이를 가지고 있는가를 검사하기 위해 다양한 방법으로 염색체를 추출해 낼 수 있다.

진도 점검하기 13.3

1. 핵형을 분석하여 어떻게 태아의 잠재적 문제(유전질환)를 예측할 수 있는지 요약하시오.
2. 유전질환에 대한 단백질 검사와 DNA 검사의 차이를 설명하시오.
3. 초음파, 양수천자 그리고 융모막 융모 검사의 차이점과 각각의 한계를 설명하시오.
4. 유전질환 검사에 염기서열 변이를 어떻게 이용할 수 있는지 추론하시오.

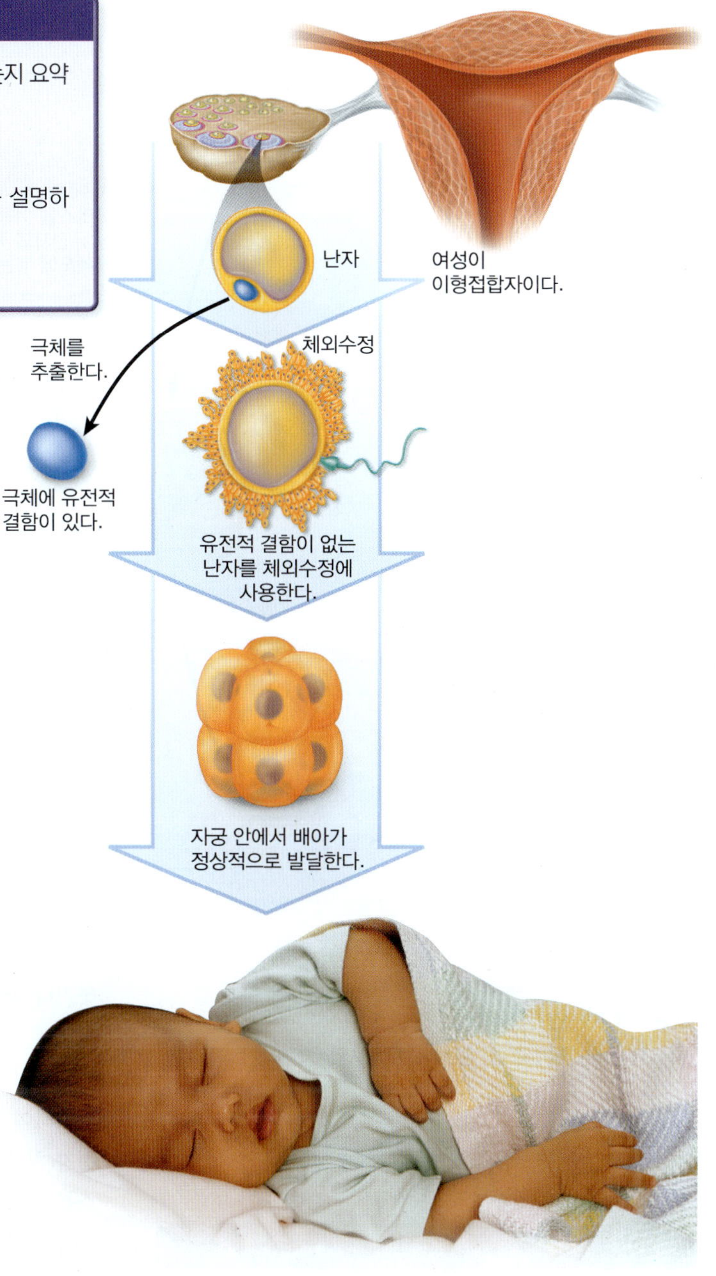

그림 13.12 난자검사.
난자에서 분리해 낸 극체를 이용하여 유전자를 진단한다. 유전적 결함이 없는 난자는 시험관 수정에 사용하고 이를 통해 만들어진 배아를 자궁에 이식하여 발생하도록 한다.
©Elyse Lewin/Exactostock-1555/Superstock

13.4 유전자 치료

학습 목표

이 절을 학습한 후에는 다음 과제를 수행할 수 있어야 한다.

1. 체외 유전자 치료와 체내 유전자 치료의 차이 및 각 치료방법을 간략하게 설명하기.
2. 유전자 치료를 위해 정상 유전자를 세포에 전달하는 방법에 대해 설명하기.

질환을 치료하기 위해 인간 세포에 유전물질을 전달하는 것을 **유전자 치료(gene therapy)**라고 한다. 이 기술은 환자에게 정상 유전자를 전달하여 결함 유전자를 교정하거나 유전자를 이용하여 심혈관질환이나 암 등의 질환을 치료하는 방법들을 모두 포함한다. 유전자 치료는 **체내(in vivo)**에서 수행하거나 **체외(ex vivo)**에서 수행할 수 있다. 정상 유전자를 세포 안으로 전달하기 위해서는 유전적 변형을 통해 병원성이 없어진 무해한 바이러스를 사용하거나(그림 13.13) 미세한 지질주머니인 리포솜을 만들어 여기에 정상 유전자를 포장하여 전달하는 방법을 사용한다. 또는 유전자를 신체의 특정부위에 직접 주입하기도 한다. 이 절에서는 체외 유전자 치료(신체에서 분리한 세포에 정상 유전자를 삽입한 다음 신체에 다시 도입)와 체내 유전자 치료(유전자를 신체에 직접 전달)의 예를 살펴볼 것이다.

체외 유전자 치료

중증복합면역부전증(severe combined immunodeficiency, SCID)을 앓고 있는 어린이는 아데노신탈아미노효소(adenosine deaminase, ADA)가 결여되어 있어 항체 생산세포가 제대로 성숙하지 못한다. 이 질환의 유전자 치료를 위해 혈액에서 골수 줄기세포를 추출한 후 이것을 정상 ADA 유전자를 탑재시킨 바이러스로 감염시켜서 환자에게 다시 넣어준다. 환자의 체내에서 골수 줄기세포는 분열하여 정상 ADA 유전자를 지닌 세포를 대량으로 만들어낸다. 유전자 치료를 받은 환자는 혈중 ADA 활성이 높아지며 면역기능은 현저하게 향상된다.

체외 유전자 치료는 가족력이 있는 유전질환인 고콜레스테롤혈증(hypercholesterolemia) 치료에도 사용된다. 이 질환은 높은 혈장 콜레스테롤 수치 때문에 젊은 나이에도 치명적인 심장병에 걸릴 수 있다. 외과수술로 제거한 간의 일부를 정상

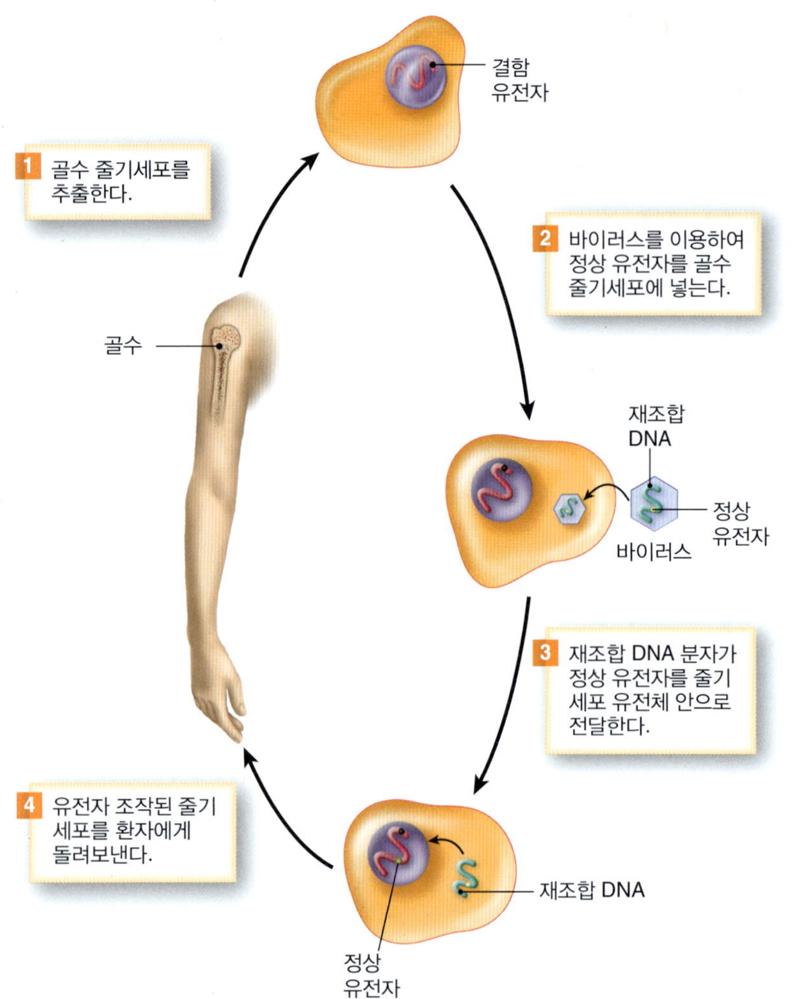

그림 13.13 인간의 체외 유전자 치료.
신체에서 골수 줄기세포를 얻는다. 이 세포의 유전체에 바이러스를 이용하여 정상 유전자를 삽입한 다음 세포를 신체에 재도입시킨다.

적인 콜레스테롤 수용체 단백질을 합성하는 유전자가 탑재된 레트로바이러스에 감염시킨 후 환자의 체내에 도입시킨다. 이 방법을 통해 실제로 혈장 콜레스테롤 수치가 낮아진 사례가 보고되어 있다.

몇 가지 암 치료에도 체외 유전자 치료가 시도되고 있다. 한 가지 방법은 암 환자로부터 얻은 면역계 세포를 유전자 조작을 하여 세포표면에 종양항원 단백질이 발현되게 만든다. 유전적으로 변형된 면역계 세포를 환자에게 도입시키면 이들은 면역계를 자극하여 종양세포를 죽이도록 유도한다.

체내 유전자 치료

대부분의 낭포성섬유증(cystic fibrosis) 환자는 염소 이온이 막을 통과하는 데 필요한 막관통 운반체 조절 단백질을 합성하는 유전자가 결여되어 있다. 낭포성섬유증을 치료하기 위해 과학자들은 치료에 필요한 유전자를 코 속에 직접 분무하기도 하고 아데노바이러스나 리포솜을 이용하여 하부호흡기관으로 유전자를 전달시키는 방법을 사용해 보기도 하였다. 현재는 유전자 전달효율을 개선하기 위한 연구가 진행되고 있는데 과학자들은 바로 앞에서 언급한 세 가지 방법을 적절히 조합하는 것이 성공확률을 높일 수 있을 것이라고 예측한다.

관상순환장애 치료에도 체내 유전자 치료가 이용된다. 신생혈관형성에 관여하는 혈관내피성장인자(vascular endothelial growth factor, VEGF)를 만드는 유전자를 직접 주입하거나 바이러스에 탑재한 상태로 심장에 주입하여 관상혈관이 자라도록 자극한다. 이렇게 치료받은 환자는 가슴통증이 완화되었고 심장활동이 훨씬 강화되었다.

류마티스관절염은 환자의 면역시스템이 자신의 관절조직을 항원이나 이질체로 인식하여 파괴해 버리는 자가면역질환으로서 최근에 이를 치료하기 위해서 체내 유전자 치료법이 적용되고 있다. 환자의 관절에 항염증 유전자를 탑재한 아데노바이러스를 주입한다. 주입된 유전자가 관절부위의 염증을 감소시키고 환자의 통증과 고통을 완화시킨다. 임상시험은 희망적이며 실험동물을 통해서도 체내 유전자 치료를 통해 관절염을 치료할 수 있는 가능성이 확인되었다.

연관

RNA 간섭이란 무엇인가?

RNA 간섭(RNA interference, RNAi)이란 작은 RNA 절편을 이용하여 특정 유전자의 발현을 "침묵(억제)"시키는 실험기법이다. 이들 RNA 염기서열은 관심(표적) 유전자로 부터 합성되는 mRNA와 상보성을 갖도록 인위적으로 설계하여 만들 수 있다. 상보적 RNA 서열은 세포 안에서 표적 RNA와 결합하여 이중가닥의 RNA 분자를 만든다. 이들 이중가닥 RNA 분자는 일련의 효소에 의해 분해된다. RNAi는 선충에서 처음 발견되었으며 진핵생물에서 특정 바이러스에 대항하기 위한 방어 수단으로 진화된 것으로 보인다. 현재 암이나 간염 등에 대한 RNAi 치료법을 개발하는 연구가 진행되고 있다.

개념 연결하기
유전자 치료가 특정 유전질환들을 치료하는 데 적용되고 있다.

진도 점검하기 13.4

1. 체외 유전자 치료와 체내 유전자 치료 사이의 차이점을 설명하시오.
2. 체내 유전자 치료 방법에서 유전자를 세포로 전달하는 방법을 열거하시오.
3. 체외 유전자 치료법과 체내 유전자 치료법이 적용되는 병(질환)들을 열거해 보시오.

요 약 SUMMARIZE

다양한 기법들이 유전자 돌연변이 및 염색체 구조적 변화를 찾아내고 유전질환의 검사와 치료를 위해 사용된다.

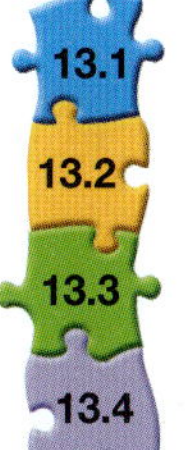

13.1 돌연변이 유발원, 복제오류, 전이인자 등에 의해 돌연변이가 유발될 수 있다.

13.2 염색체 구조의 다양한 변화로 인해 돌연변이가 유발될 수 있다.

13.3 태아가 돌연변이를 가지고 있는가를 검사하기 위해 다양한 방법으로 염색체를 추출해 낼 수 있다.

13.4 유전자 치료가 특정 유전질환들을 치료하는 데 적용되고 있다.

13.1 유전자 돌연변이

돌연변이는 DNA 염기서열이 변화된 것이다. 침묵 돌연변이는 효과(영향)를 나타내지 않지만 대부분의 돌연변이들은 유전자 조절이나 단백질의 아미노산 서열에 변화를 초래한다. 돌연변이를 유발하는 요인은 다음과 같다.

- **전이인자(transposon):** 유전체 내에서 옮겨 다니면서 유전자 기능을 파괴시킬 수 있는 작은 DNA 염기서열
- **돌연변이 유발원(mutagen):** 화학물질이나 방사선 같이 돌연변이를 유발하는 환경요인

유전자 수준에서 일어나는 두 가지 유형의 돌연변이

- **점 돌연변이(point mutation):** DNA 염기서열에서 한 개의 염기가 변화된 것. 아무 효과(영향)도 보이지 않는 침묵인 경우도 있으며 단백질의 구조를 변화시킬 수도 있다.
- **틀이동 돌연변이(frameshift mutation):** 염기가 삽입되거나 제거되어 DNA상에서 유전자 정보를 읽는 틀이 바뀐다.

13.2 염색체 돌연변이

염색체 돌연변이는 염색체의 수나 구조가 변한 것이다. 감수분열 동안 염색체 비분리가 일어나서 염색체 수가 비정상적으로 된다. 염색체 구조 변화에는 **결실(deletion)**, **중복(duplication)**, **전좌(translocation)**, 그리고 **역위(inversion)**가 있다.

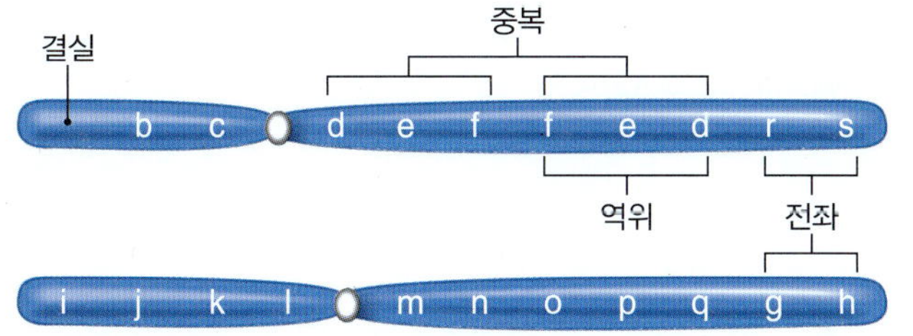

윌리엄스증후군은 7번 염색체에 결실이 있으며 고양이울음증후군은 5번 염색체에 결실이 생겨 나타난다. 역위중복15증후군은 15번 염색체에서 일어난 역위중복 때문에 나타난다. 이전 세대에서 염색체 14번과 21번 사이의 전좌가 일어난 경우는 다운증후군이 될 수 있다.

역위가 일어난 염색체에서는 결실과 중복이 함께 나타날 수 있다. 역위된 부위를 갖는 상동염색체가 고리를 형성해야만 염색체 접합(synapsis)과정에서 정상 상동염색체와 정렬될 수 있다. 교차가 일어난 후 하나의 비자매 염색분체에서는 결실이 일어나고 다른 하나에서는 중복이 일어난다.

13.3 유전질환 검사

분석할 염색체 채취

태아 염색체는 **양수천자(amniocentesis)**, **융모막 융모 검사(chorionic villus sampling)**, 또는 산모의 혈액으로부터 태아세포만을 분리하는 방법을 사용하여 채취할 수 있다.

핵형분석

상담사는 개인의 **핵형(karyotype)**을 분석하여 염색체 돌연변이를 찾아낼 수 있다. 핵형은 염색체를 쌍으로 정렬해 놓은 것으로서 상염색체는 1번부터 22번까지 번호를 부여하고 성염색체는 번호가 없다. **유전상담(genetic counseling)**에서는 다양한 기술을 이용하여 유전질환을 찾아내어 질환의 위험성 및 발병가능성 등을 상담자에게 설명해 준다.

단백질 검사

혈액이나 조직시료를 이용하여 효소의 활성을 검사할 수 있다. 효소의 활성이 나타나지 않는다면 유전질환을 의심할 수 있다.

DNA 검사

DNA 염기서열결정법을 이용하여 **유전적 표지(genetic marker)**를 찾아낼 수 있다. 제한효소는 DNA를 절단하여 만들어진 DNA 단편들의 패턴(길이, 크기)을 정상 DNA의 것과 비교분석하는 데 사용한다. DNA 미세배열(microarray) 칩을 사용하여 유전자 돌연변이나 특정 질환을 탐지해 낼 수 있다. 개인별 유전체에 대한 연구로부터 얻어지는 유전정보는 어떤 특이 질환에 대한 개인별 맞춤형 예방 및 치료에 활용될 수 있고 신약개발을 위한 약물유전체학의 근간을 이룬다.

태아검사

초음파를 이용하여 염색체 이상이나 돌연변이 유전자에 의해 유발되는 유전성 질환을 검사할 수 있다. 태아세포는 양수천자나 융모막 융모 검사를 이용하거나 모체 혈액에서 태아세포를 분리하여 얻을 수 있다.

배아와 난자검사

시험관 수정 후 배아를 검사할 수 있다. 8-세포기 배아로부터 세포 하나를 추출한다. 이 세포가 유전적으로 건강한 것이 확인되면 세포를 분리해 낸 배아를 자궁에 이식하여 정상적인 발생과정을 유도하여 아이가 태어나도록 한다. 시험관 수정 전에 먼저 난자의 극체를 검사할 수도 있다. 여성이 이형접합자라면 유전결함이 있는 극체를 가지고 있어도 난자에는 결함이 없다. 따라서 이 난자를 시험관 수정시켜 배아를 얻고 이것을 자궁에 이식한다.

13.4 유전자 치료

유전자 치료(gene therapy)는 환자에게 정상 유전자를 전달하여 유전결함을 치료하는 것이다.

- **체외 치료:** 환자로부터 추출된 세포를 정상 유전자를 사용하여 치료한 후 환자에게 다시 도입시킨다.
- **체내 치료:** 정상 유전자를 주사, 비강 분무, 리포솜, 또는 아데노바이러스를 이용하여 환자에게 직접 전달한다.

평 가 ASSESS

혼자 풀어보기

가장 적절한 답을 고르시오.

13.1 유전자 돌연변이

[1~4]번: 아래 보기에서 해당하는 것을 고르시오.

보기:

a. 전이인자
b. 점 돌연변이
c. 틀이동 돌연변이

1. 유전자 내의 정보가 총체적으로 올바르게 읽혀지지 않는다.
2. 침묵(효과없음)일 수 있다.
3. 유전체 내에서 이동하는 DNA 염기서열
4. DNA 염기서열에서 한 개의 염기의 변이

13.2 염색체 돌연변이

5. 염색체의 구조적 변화에 의해 유발되는 질환이 아닌 것은?
   a. 고양이울음증후군 **b.** 역위중복15증후군
   c. 클라인펠터증후군 **d.** 알라질증후군
6. 염색체가 가지고 있는 유전물질의 양이 동일하게 유지되는 경우는 무엇인가?
   a. 역위 **b.** 중복
   c. 결실 **d.** 모두 옳음.

13.3 유전질환 검사

7. 핵형분석을 통해 검사할 수 있는 것은?
   a. 점 돌연변이 **b.** 특정 유전적 표지
   c. 염색체 수의 변이 **d.** 전이인자의 위치
8. 약물유전체학은 아래 어떤 분야의 발달과 함께 등장하였는가?
   a. 유전자 치료 **b.** DNA 염기서열결정
   c. 양수천자 **d.** 핵형분석

13.4 유전자 치료

9. 체외 유전자 치료에 관해 옳은 것은?
   a. 신체의 세포에 유전자를 전달한다.
   b. 세포로 유전자 전달방법은 오직 리포솜만 사용한다.
   c. 치료하기 전에 신체에서 세포를 추출한다.
   d. 모두 옳음.
10. 신체 세포로 유전자를 직접 전달하기 위해 사용할 수 있는 벡터(운반자)는 어느 것인가?
   a. 전이인자 **b.** 바이러스
   c. 양수천자 **d.** 돌연변이 유발원

관계맺기 ENGAGE

과학적으로 생각하기

1. 유전 상담사인 당신은 상담 의뢰인 가족 내에서 유전되고 있는 어떤 특정 질환과 관련하여 이것의 원인이 되는 유전자를 찾기 위해 DNA 염기서열결정을 전문가에게 요청했다. 그리고 현재 문제가 되고 있는 질환과 관련된 유전자 외에도 또 다른 유전자가 향후 다른 형태의 유전적 질환을 야기시킬 수 있다는 사실을 발견하였다. 그렇다면 당신은 어떤 방법으로 이러한 사실을 해당 의뢰인에게 알리겠는가? 만약 의뢰인이 알기를 원치 않는다면 이러한 상황에서 당신은 유전 상담사로서 어떤 윤리적 문제에 부딪치겠는가?
2. 유전자 치료에서 정상 유전자 전달수단으로 아데노바이러스를 사용하는 것은 한 때 문제가 있는 것으로 여겨졌다. 최근에 "버블보이병(bubble boy disease)"이라는 X 염색체-연관 중증복합면역부전증을 앓고 있는 열 명의 유아에게 아데노바이러스를 사용하여 유전자 치료를 시도하였다. 환자들에게서 도입된 유전자 발현이 확인되었고 이들의 면역체계가 복원되었기 때문에 이 시도는 성공한 것으로 보였으나 유감스럽게도 두 명에게서 백혈병이 발병되었다. 유전자 치료를 받은 환자에서 백혈병이 유발된 것을 당신은 어떻게 설명할 수 있을까?
3. 유전 상담사들은 어떤 질환들은 인간에게 해를 미치는 것들임에도 불구하고 개체군 내에서 꾸준히 질환에 걸린 사람들의 개체수가 유지되어 가고 있다는 사실을 알아냈다. 그렇다면 이러한 질환들은 왜 인간의 진화과정에서 사라지지 않는 것일까? 유전자 풀(gene pool)에 이들 질환 유전자가 유지되고 있는 것이 인간에게 어떤 유리함을 제공한다고 생각하는가?

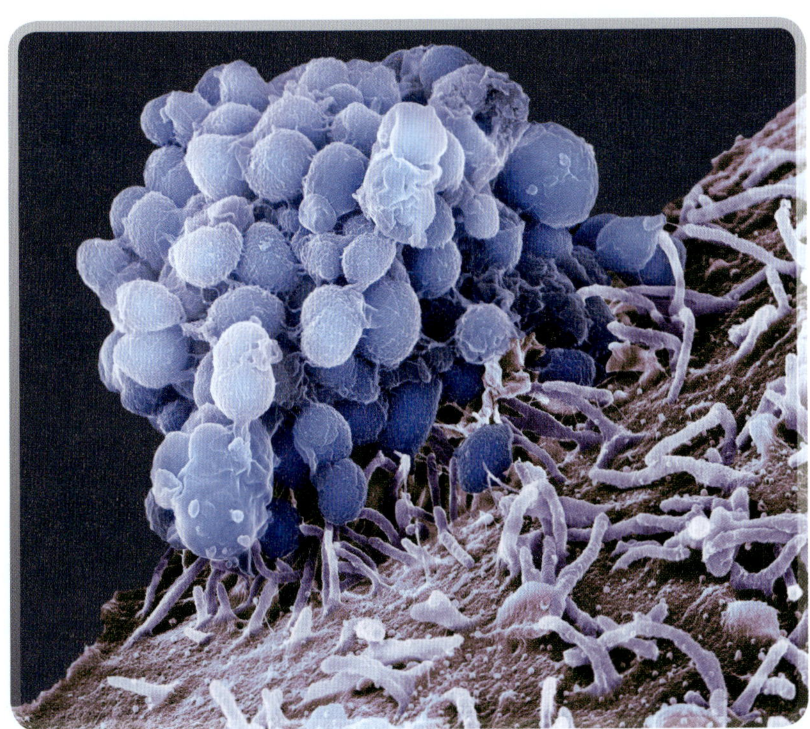

©Science Photo Library/Science Source

CHAPTER

14 다윈과 진화 Darwin and Evolution

항생제 내성의 진화

병원과 의료시설에서 문제가 되는 메티실린 내성 황색포도상구균(MRSA)과 같은 항생제 내성 세균에 대해 들어봤을 것이다. 불행하게도 항생제 내성 세균의 예는 점점 더 흔해지고 있다. 그 중 하나는 성병(STD)인 임질을 일으키는 세균의 일종인 임균(*Neisseria gonorrhoease*)이다. 매년 800,000건 이상의 임질 사례가 보고되고 있다. 과거에는 항생제가 임질 감염을 치료에 효과적이었다. 그러나 지난 10년 동안 세균은 한 종류의 항생제를 제외하고 모든 항생제에 대한 내성을 진화시켰으며, 남은 한 종류에서도 내성이 진행되고 있다는 우려가 있다.

항생제의 사용과 남용은 내성을 갖는 세균의 진화를 초래하였다. 우리는 일반적으로 진화를 오랜 시간에 걸쳐 일어나는 것으로 생각하는 경향이 있지만, 인간의 활동은 진화 과정을 매우 빠르게 가속화시킬 수 있다. 실제로 항생제 메티실린에 대한 저항성의 진화는 단 1년 만에 발생하였다. 항생제 내성 균주는 일반적으로 치료하기 어렵고, 감염된 환자의 치료에는 수천 달러가 들 수 있다.

일부 과학자들은 항생제에 대한 저항성을 진화시킨 세균인 "슈퍼버그"가 H1N1 독감과 에볼라와 같은 바이러스성 질병보다 훨씬 더 인류의 건강을 위협할 것이라 생각한다. 좋은 소식은 진화생물학에 대한 이해가 슈퍼버그를 다루는 인류의 행동을 변화시키는 데 도움을 주고 있다는 것이다. 예를 들어, 어떤 환자가 세균에 감염된 것이 확실하지 않다면 의사는 더 이상 항생제를 처방하지 않는다. 항생제 내성은 왜 사람들의 일상생활에서 진화가 중요한지를 보여주는 예이다. 이 장에서는 진화가 일어나고 있다는 증거와 진화과정이 어떻게 진행되는지에 대해서 알아보기로 한다.

이 장을 공부하는 동안 다음 질문에 대해 생각해보자.

1. 자연 선택은 항생제 내성의 진화에 어떤 역할을 하는가?
2. 임질 세균은 어떤 유형의 적응을 나타내는가?

개요

시작하기 전에

이 장을 시작하기 전에 다음의 내용을 다시 살펴보자.

1.2절 왜 진화가 생물학의 핵심 개념인가?
9.1절 대립유전자란 무엇인가?
9.2절 생식분열은 어떻게 다양성을 증가시키는가?

14.1 다윈의 진화론

학습 목표

이 절을 학습한 후에는 다음 과제를 수행할 수 있어야 한다.

1. 19세기 과학자들이 진화적 변화 연구에 어떻게 기여했는지 요약하기.
2. 화석과 생물지리학에 대한 다윈의 연구가 자연선택 이론의 발전에 미친 영향 설명하기.
3. 자연선택 이론의 단계를 서술하기.
4. 자연선택과 인공선택을 비교 설명하기.

찰스 다윈(Charles Darwin)은 1831년, 22세의 나이로 영국 해군함 비글호에 박물학자의 자격으로 승선하여 세계일주 여행을 떠났다(그림 14.1). 다윈은 이미 박물학자로서 자격을 갖추고 있었다. 그는 열정적으로 자연을 관찰하고 탐구하였으며, 오랜 기간 동안 곤충을 수집해왔다. 그는 예민한 천성 때문에 의학 공부를 그만두고 대신에 캠브리지 신학대학에 다녔다. 그럼에도 불구하고 그는 과학에 깊은 관심을 가지고 여러 생물학과 지질학 강의를 들었다. 다윈은 1831년 여름 캠브리지 대학에서 지질학 현장조사를 하면서 보냈고, 그러던 중 비글호의 선장으로부터 배의 박물학자로 추천을 받게 되었다. 항해는 2년으로 계획되었으나 5년이나 걸렸다. 그 과정에서 다윈은 매우 다양한 생물들을 수집하고 관찰할 수 있었는데 그 중

그림 14.1 **HMS 비글호의 항해.**
이 지도는 HMS 비글호의 여행 경로를 보여준다. 다윈은 남미대륙의 동쪽 해안을 따라 여행하면서 아프리카의 타조를 닮은 리아(rhea)라는 새를 발견하였다. 갈라파고스 제도에 사는 바다이구아나는 지구상 다른 어디에서도 발견되지 않는 갈라파고스의 고유종으로 큰 발톱을 사용하여 바위에 매달리고, 뭉툭한 주둥이로 해조류를 뜯어먹으며 산다.

(Darwin & ship): ©DEA Picture Library/Getty Images; (iguana): ©FAN Travelstock/ Alamy Stock Photo; (rhea): ©Nicole Duplaix/ National Geographic/Getty Images

다수는 영국 본토에서 보았던 것과는 매우 달랐다.

초기에 다윈은 창조의 시점부터 종이 변하지 않고 그대로 유지됐다는 오랜 생각을 지지하였다. 비글호의 5년간의 항해 동안, 다윈의 관찰은 종이 시간이 지나면서 변하지 않는다는 자신의 믿음을 깨뜨렸다. 그는 지질학적 형성과 종 변이에 대한 관찰을 통해 종의 발생과 변화에 대한 새로운 메커니즘을 제안하게 되었다. 이 과정을 **진화(evolution)**라고 하며, 종의 발생, 변화, 멸종이 초자연적인 힘이 아니라 자연적인 힘에 의해 일어난다고 설명하였다.

다윈 이전

다윈 시대 이전의 대부분의 사람들은 완전히 다른 세계관을 가지고 있었다. 지구는 불과 수천 년 전에 신에 의해 창조되었으며 창조된 모든 생명체는 변하지 않고 고정되어 있다고 믿었다. 그러나 생물의 구조를 연구하고 분류하는 것은 모든 종들이 환경에 적합하도록 창조되었음을 보여주고자 했던 많은 연구자들의 흥미를 끌었다. 탐험가와 수집가들은 세계를 돌아다니면서 현존하는 생물종과 화석을 수집하고 분류하였다. **화석(fossils)**이란 주로 지층 속에서 발견되는 옛날에 살았던 생물의 흔적이나 잔해이다. **지층**(*strata*)이란 퇴적물질이나 암석이 단계적으로 쌓인 구조를 말한다(그림 14.2). 과학자들은 지층이 형성된 시기를 통해 생물종이 살았던 시대를 추정하고 지층의 특성으로 그 당시 그 지역의 환경을 알아낸다. 예를 들어, 약 9천만 년 전 뱀이 엉덩이뼈와 뒷다리를 가지고 있음을 보여주는 화석은 오늘날 뱀의 조상이 육지 환경에서 진화하였음을 나타낸다.

노출된 지층

그림 14.2 암석에 있는 지층.
침식작용에 의해 화석을 포함한 암석이나 침전물 층인 지층이 노출된다. 오래된 화석일수록 아래 지층에 있다.
Source: USGS

조지 퀴비에(Georges Cuvier)는 19세기 초 유명한 동물학자였으며 **고생물학** 또는 화석 연구의 창시자로 간주된다. 퀴비에는 큰 어려움에 봉착하였다. 그는 종은 시간이 지나도 변화하지 않는다는 종의 불변성을 믿었는데, 지층은 명확하게 시간의 흐름에 따라 연속적인 다른 생물상을 보여주었다. 이를 설명하기 위해서 그는 새로운 지층이 나타날 때마다 대규모의 멸종을 일으키는 천변지이설(catastrophism)이라는 가설을 제안하였다. 각각의 격변 이후, 그 지역에는 주변 지역에서부터 이주해온 생물들이 번식하였으며 이것으로 새로운 지층에서 새로운 화석의 출현을 설명하였다. 모든 이러한 재앙의 결과로 시간이 흐름에 따라 변화가 생겼다. 천변지이설 주창자들인 퀴비에의 추종자들 중 일부는 세계적 재앙이 일어난 이후에 새로운 생물상이 신에 의해서 창조되었다고 주장하기도 하였다.

퀴비에와는 달리 또 다른 생물학자인 장바티스트 라마르크(Jean Baptistcdc Lamarck)는 진화가 일어나며, 환경에 대한 적응이 생물 다양성의 원인이라는 가설을 제시하였다. 따라서, 지층에서 생명상의 연속성에 대해 연구를 한 이후, 라마르크는 복잡한 구조의 생명체는 보다 단순한 생명체로부터 이어져 내려온 것이라고 생각하였다. 그는 생명체의 환경에 대한 적응과정을 설명하기 위하여, **획득형질의 유전**(*inheritance of acquired characteristics*)이라는 가설을 주장하였다. 이 가설에 따르면, 어떤 구조를 사용하는가 또는 사용하지 않는가에 따라 유전 가능한 형질이 변한다. 하나의 대표적인 예가 기린의 목이다. 라마르크의 가설에 따르면, 기린은 나무의 높은 곳에 다다르기 위하여 목을 계속 길게 빼었기 때문에 기린의 긴 목이 시간이 흐르면서 발달하였고 다음 세대로 유전되었다는 것이다(그림 14.9 참조). 그러나 획득형질의 유전은 시간의 흐름에 따라 종 내에서 변화를 일으키는 주된 기작이 아니다. 만일 이것이 사실이라면 우리가 일생을 통해 습득하는 지식이 다음 세대로 전해져야 할 것이다. 그럼에도 불구하고, 최근 몇 년 동안 과학자들에 의해 획득형질이 다음 세대로 전해질 수 있는 일부 조건들을 발견했다. 예를 들어, **후생 유전**(*epigenetic inheritance*)의 경우에는 돌연변이나 핵산의 변화 없이 발생한 유전자 발현의 변화가 한 세대에서 다음 세대로 전해질 수 있다(11.3절 참조). 이 경우는 비교적 드물게 일어나며 특정 유전자의 유전에만 관여한다.

다윈의 생각은 라마르크와 비슷했다. 예를 들어, 다윈은 모든 살아 있는 생명체는 하나의 공통조상으로부터 유래했기 때문에 몇몇 특성을 공유한다고 생각했다. 이러한 생각에 대한 가장 잘못된 해석은 인간이 원숭이의 후손이라는 것이다. 우리와 우리의 사촌이 조상을 거슬러 올라가면 동일한 할아버지를 갖는 것처럼 인간과 원숭이가 공통조상을 가진다고 생각하는 것은 잘못이다. 라마르크와 달리 다윈은 관찰을 통해 생물종은 의지가 아닌 자연선택(natural selection)에 의해서 환경에 맞추어졌다고 결론을 내렸다. 그는 자연선택의 과정을 통해 다른 종이 나타난 것이라고 여겼다(그림 14.9 참조).

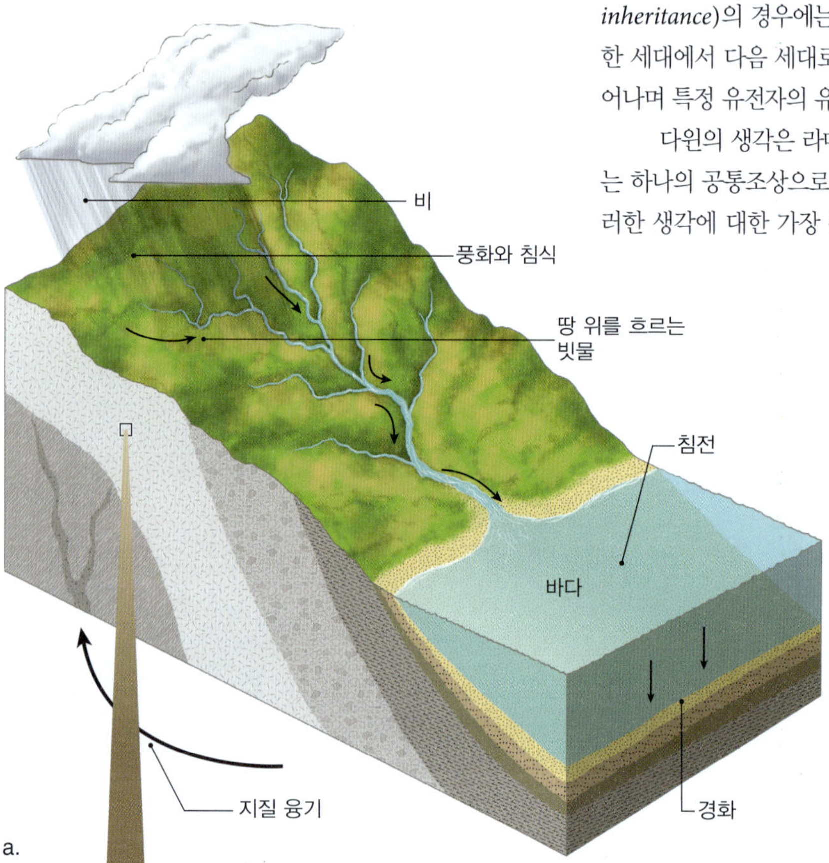

그림 14.3 지층의 형성.

a. 그림은 물이 침전물을 바다로 운반하는 과정을 보여준다. 침전물은 다져져서 지층을 형성한다. 화석이 지층에 파묻히고, 지각의 융기에 의해 육지로 상승한다. **b.** 삼엽충이라고 불리는 멸종된 해양 절지동물의 화석.

(b): ©Doug Sangster/Getty Images

다윈의 결론

다윈은 모든 생물이 공통조상으로부터 유래하였으며, 다양한 환경에 적응하면서 다른 종으로 진화하였다고 결론내렸으며 화석과 지질학, 그리고 생물지리학적 연구가 그의 결론을 뒷받침하였다. **생물지리학(biogeography)**이란 지구상의 생물분포를 연구하는 학문이다.

지질학과 화석에 대한 다윈의 연구

다윈은 비글호를 타고 항해하는 동안 찰스 라이엘(Charles Lyell)이 저술한 **지질학 원론**(*Principles of Geology*)이라는 책을 읽었다. 이 책은 이전의 믿음과는 달리 지구는 천천히 그러나 끊임없이 침식과 융기를 반복한다는 증거를 제시하였다. 기후에 의해 침식되고, 이로 인해 토사와 암석 파편이 강과 바다로 씻겨나가 침전된다. 이러한 침전물이 쌓여서 지층을 이룬다(그림 14.3*a*). 때로는 화석이 들어 있는 지층이 오랜 시간에 걸쳐 해저로부터 지상으로 융기한다. 오랜 시간에 걸친 느린 자연 과정이 지질학적인 변화를 설명할 수 있다. 라이엘은 지구의 지형이 동일한 속도로 천천히 변한다는 **동일과정설**(*uniformitarianism*)이라는 가설을 제시하였다. 비록 동일과정설은 거절되어 왔지만, 현대 지질학자들은 느리지만 지속적인 지질학적 변화에 대한 가설을 확실히 입증한다. 다윈 역시 지구의 거대한 지질학적 변화는 매우 느린 속도로 진행되며 따라서 지구가 상당히 오래전에 만들어졌다고 확신했다.

다윈은 여행을 하는 과정에서 거대한 지형의 변화를 직접 목격하였다. 지금의 아르헨티나를 탐험하면서 해안을 따라서 긴 거리에 걸쳐 해변이 위로 상승한 것을 보았다. 그는 칠레에서 지진 때문에 지각이 수 미터 올라가 바다조개의 껍질이 해수면 위쪽 육지에 남아 있는 것을 목격하였다. 다윈은 웅장한 안데스산맥의 높은 벼랑에서 조개껍질을 발견한 후, 지구는 느린 지질학적인 변화를 겪는다는 것을 더욱 확신했다. 다윈은 지질학적인 관찰을 하는 동안에도 현대 생물종과는 다소 다른 화석 표본을 수집했다(그림 14.4). 다윈은 지구가 오래되었음에 틀림이 없다는 가정을 받아들인 후, 변화를 가진 후손이 나타나기 위해서는 충분한 시간이 필요하다고 생각하기 시작했다. 현존하는 생물이 화석기록을 통해서만 확인할 수 있는 멸종된 조상으로부터 유래될 수 있다. 종은 고정된 것이 아니라 시간의 흐름에 따라 변화하는 것처럼 보였다.

생물지리학에 대한 다윈의 연구

다윈은 남미대륙의 동물과 영국에서 관찰했던 동물을 비교하였다. 예를 들어, 남미 초원에서는 토끼 대신 Patagonian hare를 발견했다. Patagonian hare는 긴 다리와 긴 귀 그리고 기니피그의 얼굴 모양을 한 설치류이다(그림 14.5*a*).

Patagonian hare는 토끼 또는 작은 사슴과 비슷하지만 실제로는 설치류에 더 가깝다. 정확한 이름은 Patagonian mara(*Dolichotis patagonum*)이다. 다윈은 이 두 동물 사이의 유사성이 공통조상 때문이 아니라 동일한 유형의 환경에 적응했기 때문에 나타난 것인지 궁금해 했다. 과학자들은 이 과정을 **수렴진화**(*convergent evolution*)라고 부르며, 이것은 먼 관계의 종들이 유사한 서식지에 살며 유사한 행동을 하기 때문에 동일한 몸의 형태로 수렴할 수 있음을 설명한다(16.3절 참조).

남미대륙의 동쪽 해안을 따라 남쪽으로 항해하던 중 다윈은 비슷한 종들이 어떻게 서로를 대체하는지 보았다. 예를 들어, 북쪽에서 발견된 큰 리아(타조처럼 생긴 새)는 남쪽에서는 작은 리아로 대체되었다. 따라서 다윈은 유사한 친척 종들이 위도의 변화로 인한 환경 차이에 따라 변할 수 있다고 추론하였다. 갈라파고스 제도에서 이에 대한 확실한 증거를 확보하였다. 갈라파고스 제도는 남미대륙의 서부 해안에서 965 km 떨어져 있으며 작은 화산섬들로 이루어져 있다. 이 섬들은 남미 본토와 너무 멀리 떨어져서 육지 동물이나 식물이 서식할 수 없을 것 같지만, 실제 생명체들이 존재하고 있었다. 이곳에서 관찰된 동, 식물은 다윈이 남미본토에서 관찰한 종과는 약간의 차이가 있었고, 더 중요한 점은 섬들이 가지는 각각의 독특한 환경에 따라서 생명체의 모습이 각기 달랐다는 것이다. 이 섬들에 서식하는 종들은 어디에서 왔으며, 섬에 서로 다른 종들이 서식하게 된 원인은 무엇일까?

a. 글립토돈트 (*Glyptodon*)
b. 땅나무늘보 (*Mylodon*)

그림 14.4 다윈이 발견한 화석.
다윈은 남미를 탐험하는 동안 멸종된 포유동물의 화석을 발견하였다. **a.** 커다란 아르마딜로와 유사한 글립토돈트(*Glyptodont*)는 화석상에서만 발견된다. 다윈은 이 멸종동물이 현존하는 아마딜로와 관련이 있을 것이라고 생각했다. 글립토돈트의 체중은 무려 2,000 kg으로 추산된다. **b.** 다윈은 멸종된 땅나무늘보(Mylodon)의 화석도 발견하였다.

a. Patagonian hare

b. 유럽 토끼

그림 14.5 Patagonian hare와 유럽 토끼.
a. 남미에서 살고 있는 Patagonian hare의 얼굴은 기니피그와 비슷하지만 토끼처럼 긴 다리를 가지고 있다.
b. Patagonian hare의 특징은 유럽 토끼와 유사하지만 남미에서는 찾기 힘들다.

(a): ©Evdoha_spb/Shutterstock; (b): ©Wouter Marck/iStock/Getty Images

a. 땅피리새

b. 딱따구리 피리새

c. 선인장 피리새

그림 14.6 갈라파고스의 핀치.
현존하는 13종의 핀치는 각기 특별한 생활방식에 적응된 부리를 가지고 있다. **a.** 땅핀치의 큰 부리는 씨를 깨먹을 수 있다. **b.** 딱따구리 핀치의 부리는 구멍이나 틈새에 있는 벌레를 잡아먹기에 적합하다. **c.** 길고 약간 굽은 부리와 갈라진 혀는 선인장 꽃의 꿀을 섭취하기에 적합하다.

(a): ©Miguel Castro/Science Source; (b): ©David Hosking/Alamy Stock Photo; (c): ©Michael Stubblefield/Alamy Stock Photo

핀치 갈라파고스 제도의 핀치는 남미대륙의 핀치와 비슷해 보였으나, 사실상 많은 차이점이 있었다(그림 14.6). 오늘날에 땅에서 서식하는 핀치의 부리는 섭식하는 식물의 열매 크기에 따라 크기가 다르다. 나무에 사는 핀치는 먹이 곤충의 크기에 따라 부리의 크기와 모양이 다르다. 선인장을 섭식하는 핀치는 선인장 꽃 안에 있는 꿀에 접근할 수 있도록 뾰족한 부리를 가지고 있다. 가장 특이한 유형은 딱따구리처럼 생긴 핀치이다. 딱따구리는 나무의 껍질을 뚫을 수 있는 날카로운 부리와 나무 안에 있는 곤충을 찾기 위한 긴 혀를 가지고 있다. 그러나 갈라파고스의 딱따구리 모양의 핀치는 뾰족한 부리는 가지고 있지만 긴 혀는 없다. 대신에 이 핀치는 나뭇가지나 선인장 가시를 부리로 물고 나무 틈의 곤충을 잡아낸다. 곤충이 나오면 이 도구들을 버리고 부리로 벌레를 잡는다.

시간이 흐른 뒤, 다윈은 그가 관찰했던 모든 다양한 종의 핀치들이 한 종류의 본토 핀치의 후손이라고 추정하였다. 다시 말하면 본토 핀치가 갈라파고스 제도의 핀치들의 공통조상일 수 있다고 생각하였다. 다윈 시대에는 새로운 종의 형성인 **종분화(speciation)**의 개념이 잘 이해되지 못했다. 다윈은 고립된 새 군집이 독립적으로 진화하였으며 고립된 군집 내에서 일어난 변화들이 축적되어 현재의 종들이 생겨났을 것으로 추측했다.

거북이 갈라파고스 제도에는 나름대로 독특한 유형의 거북이가 서식하고 있었다. 다윈은 이 같은 현상이 각 섬의 식물과 관련이 있을 것이라고 생각했다. 먹이가 충분하지 않은 건조한 섬에는 주로 긴 목 거북이가 살았는데, 긴 목은 크게 자라는 선인장에 다다르기 이로웠다. 먹을 것이 풍부한 비교적 다습한 섬에서는 짧은 목 거북이가 발견되었다. 남미 본토와 동일한 공통조상에서부터 다른 형태가 생겨나고, 각각이 주어진 환경에 적응한 것인가? **적응(adaptation)**은 한 생명체가 어떤 환경에 적합하도록 만드는 특징이다. 군집 내에서 적응이 이루어지기까지는 종종 여러 세대가 걸린다.

자연선택과 적응

다윈은 적응이 오랜 시간에 걸쳐 진행된다는 것을 깨닫고 적응이 일어나는 기작에 대해 생각하기 시작했다. 마침내 그는 진화적 변화의 메커니즘으로 **자연선택(natural selection)**을 제안하였다. 다윈에 따르면 자연선택은 다음의 과정을 필요로 한다.

1. 한 개체군의 구성원들은 유전 가능한 변이를 가지고 있다(그림 14.7).
2. 개체군은 환경이 수용할 수 있는 것보다 더 많은 자손을 생산한다.
3. 이로운 형질을 지닌 개체는 그 형질을 가지고 있지 않은 개체보다 더 오래 생존하여 더 많은 생식활동을 한다.
4. 시간이 지남에 따라 이로운 형질을 가진 개체의 비율이 증가하고, 그 개체군은

연관

다윈의 시대 이후 다윈의 핀치들은 어떻게 되었을까?

갈라파고스 제도의 핀치는 계속해서 진화과정에 대한 많은 정보를 제공해 주었다. 1973년부터 피터(Peter)와 로즈메리 그랜트(Rosemary Grant)가 이끄는 연구팀은 갈라파고스의 다프네 섬에서 사는 땅핀치에 관한 연구를 30년간 하였다. 그랜트는 19,000여 마리의 새를 자세히 조사하고 관찰하여 환경 변화에 따른 생물종의 진화적 변화를 자세히 기록하였다. 상세한 연구 내용은 조너던 와이너(Jonathan Weiner)가 지은 '핀치의 부리: 우리 시대의 진화 이야기(*The Beak of the Finches: A Story of Evolution in Our Time*)'라는 책에 실려 있다. 이 책은 퓰리처상을 수상하였다.

주어진 환경에 적응한다.

자연선택은 단지 돌연변이와 같은 유전적 변화에 의해 만들어진 변이만을 이용하기 때문에 앞으로의 방향성이나 예측이 불가능하다. 생명체가 살고 있는 환경이 끊임없이 변하기 때문에 자연선택은 진행 중이다. 기존의 종이 변화하는 환경에 더 이상 적응하지 못할 경우 그 종이 완전히 사라지는 멸종이 일어날 수 있다.

그림 14.7 나무달팽이(*Liguus fasciatus*) 껍질의 변이. 다윈에게 달팽이 껍질의 착색과 같은 변이는 중요했으며 이러한 변이는 자연선택을 통해 환경에 적응하기 위해서 필수적이었다.

생명체의 형질은 다양하다

다윈은 군집을 이루는 개체마다 구조적, 물리적, 행동적 특징이 다르다는 것을 강조했다. 다윈 이전에는, 생명체의 변이는 불완전함에서 비롯되기 때문에 그리 중요하지 않은 것으로 여겼다. 그러나 이와 반대로, 다윈은 변이가 자연선택 과정에서 필수적이라고 믿었다. 다윈은 변이는 무작위로 일어나며, 특별한 목적 없이 우연히 일어난다고 생각했다.

우리는 이제 유전자가 환경과 함께 생명체의 표현형을 결정 짓는다는 것을 알고 있다. 각 개체가 물려받은 유전자는 감수분열 과정에서의 염색체 분리와 수정에 기반을 둔다. 새로운 대립유전자는 개체의 DNA 상에서 일어난 유전 가능한 돌연변이 때문이다. 이러한 돌연변이는 생명체에 이롭기보다는 해로운 경우가 더 많다. 그러나 때로는 돌연변이가 개체에게 이로움을 주기도 한다. 위장을 통한 변화가 그 예다(그림 14.8). 이러한 유형의 변이는 환경에 잘 적응하도록 하여 세대를 거쳐 전해진다.

생명체는 생존을 위해 투쟁한다

다윈과 같은 시대를 살았던 사회경제학자 토머스 맬서스(Thomas Malthus)는 인간의 생식능력에 대해서 강조했다. 그는 인구가 식량 공급보다 더 빠르게 증가하는 경향을 보이기 때문에 죽음과 기근은 불가피하다고 주장했다. 다윈은 이러한 개념을 모든 생물에 적용했고, 자원의 양은 집단의 모든 구성원이 생존하기에 충분하지 않다는 것을 깨달았다. 다윈은 하나의 예로 코끼리의 생식능력을 계산해 보았고, 1쌍의 코끼리가 불과 750년 후에는 무려 1,900만 마리로 번식할 것이라는 결론을 내렸다! 명백히 이 많은 코끼리들을 먹여 살리기에는 자원의 양은 턱없이 부족하다. 각 세대는 부모 세대와 동일한 생식능력을 지니기 때문에 항상 생존을 위한 경쟁이 있기 마련이고, 단지 집단의 일부 구성원만이 살아남아 생식을 하게 된다.

그림 14.8 변이가 적응을 초래할 수 있다. 브라질 우림에 사는 alligator bug는 포식자에 저항하는 적응을 가지고 있다. 이 곤충은 자신의 몸 색깔과 모습을 주변 환경과 비슷하게 하여 숨는다. 그러나 만일 포식자에게 발견되면, 작은 악어를 닮은 가짜 머리로 포식자를 위협한다. 만일 포식자가 놀래지 않으면 갑자기 뒷날개에 있는 가짜 눈꼴무늬를 드러낸다.

생명체의 적응도는 다르다

적응도(fitness)는 집단의 다른 구성원들에 대한 한 개체의 상대적인 생식적 성공을 의미한다. 적응도는 집단의 다른 구성원과의 사이에서 태어난 생식 가능한 생존한 자손의 수를 비교함으로써 결정된다. 가장 적합한 개체는 불공평하게 많은 자원을 취득하고 이 자원을 이용하여 더 많은 생존 가능한 자손을 생산한다. 개체마다 해부학적, 생리학적 차이가 있으며 지역적 환경 문제가 다르기 때문에 군집마다 적응도를 결정하는 요소가 다르다. 예를 들어, 용암류에서 서식하는 서부 방울뱀 중에는 검은색이 가장 적응도가 높다. 사막지대에서 사는 방울뱀은 전형적으로 갈색 반점을 가진 밝은색이 가장 적합하다. 환경과 유사한 색깔을 이용하여 더욱 쉽게 숨어서 먹잇감을 사냥할 수 있고, 또 그들을 잡아먹는 포식자를 피해서 더욱 쉽게 숨을 수 있다. 따라서 더 오래 생존하여 더 많은 자손을 생산한다.

다윈은 사람이 **인위선택(artificial selection)**을 할 때, 특정 형질을 가진 동물을 선택하여 교배시키고 번식시킨다는 점에 주목했다. 예를 들어, 선사시대의 인간은 늑대 중에서 그들이 원하는 변이를 찾아냈고, 교배를 위해 특정 개체를 선택하였다. 따라서 원하는 변이는 다음 세대에 발생 빈도가 증가하여 나타났다. 동일한 과정이 여러 차례 반복되어 늑대 조상으로부터 오늘날의 많은 다양한 개들이 유래되었다. 유사한 방식으로 다양한 채소가 하나의 공통조상으로부터 유래되었을 수 있다. 배추, 방울양배추 그리고 콜라비는 하나의 공통조상인 *Brassica oleracea*에서 비롯되었다.

연관

동물에서 인위선택의 사례가 있는가?

©Brand X Pictures/Getty Images

근대 농업에 통용되는 대부분의 동물은 수천 년에 걸쳐 사람이 인위선택을 한 결과이다. 그러나 동물 중에서 가장 좋은 인위선택의 예는 아마도 현대 개일 것이다. 송곳니 DNA 분석을 통해 개(*Canis familiaris*)가 회색늑대(*Canis lapus*)의 후손임이 밝혀졌다. 가축화와 바람직한 형질에 대한 지속적인 선택은 130,000년 전부터 지속되어 왔다. 개의 인위선택은 지금도 계속되어 현재 150가지 이상의 품종이 있다.

라마르크의 학설

기린의 목은 원래 짧았다.

기린이 열매에 닿기 위해서 목을 위로 뻗었다.

그러다 보니 목이 길어졌다.

a. **라마르크**

다윈의 학설

기린의 목 길이는 다양하였다.

생존경쟁을 통해서 목이 긴 기린만 살아남아서 번식했다.

자연선택에 의해 현존하는 기린의 목은 길다.

b. **다윈**

그림 14.9 진화의 과정.
그림은 (a) 획득형질 유전에 대한 라마르크의 가설 (b) 자연선택이 진화적 변화의 메커니즘이라는 다윈의 가설.

자연에서는, 환경과의 상호작용에 의해 집단의 어떤 개체가 다른 개체보다 더 많이 생식 활동을 할 수 있는지가 결정된다. 인위선택과는 달리 자연선택의 결과는 미리 예측할 수 없다. 자연선택은 집단 내의 특정 구성원이 변이를 갖게 되고 다른 구성원보다 오래 살아남아 생식활동을 하기 때문에 일어난다. 예를 들어, 발굽이 있는 동물의 달리기 속도를 증가시킨 변이는 포식동물로부터 쉽게 도망갈 수 있고 더 오래 생존할 수 있도록 한다. 사막 식물의 경우에는 수분 손실을 감소시킨 변이가 이롭다. 후각을 증가시키는 것은 들개가 먹이를 찾는 데 도움이 된다. 그러므로 이러한 형질을 가진 개체는 더 높은 적응도를 가질 것이다. **그림 14.9**는 라마르크와 다윈의 견해를 비교한 것이다.

생명체는 적응한다

적응이 진화하기 위해서는 여러 세대가 걸릴 수 있다. 특정 환경에 살지만 관계가 없는 생명체가 유사한 형질을 보일 때 우리는 적응을 떠올린다. 예를 들어, 바다소(manatee), 펭귄, 그리고 거북이는 모두 물속에서 헤엄치는 데 도움이 되는 지느러미 발을 갖고 있다. 이는 수렴진화의 한 예이다. 적응은 또한 왜 생명체가 자신의 섭식자로부터 도망갈 수 있고(그림 14.8 참조) 자신만의 생활방식을 가지는지를 설명해준다(**그림 14.10**). 자연선택에 의해 맞추어진 형질은 대물림되면서 다음 세대에서는 더욱더 많이 나타난다. 자연선택 외에도 다른 진화 과정이 있지만(15.2절 참조) 오직 자연선택만이 환경에 대한 적응을 유발한다.

다윈과 월리스

1836년에 HMS 비글호가 영국으로 돌아온 후, 다윈은 '종의 기원에 관하여(*On the Origin of Species*)'라는 책을 출간하기 위해 20년을 기다렸다. 그동안 그는 과학적 방법을 통해 오늘날의 다양한 생명체는 하나의 공통조상으로부터 유래하였으며, 자연선택은 종 변화와 새로운 종의 출현을 야기하는 과정이라는 그의 이론을 뒷받침하였다. 다윈은 앨프리드 러셀 월리스(Alfred Russel Wallace, 1823~1913)가 세운 유사한 가설을 읽은 후에 자극을 받아 그의 저서를 출간하게 되었다.

영국의 박물학자 월리스도 다윈처럼 국내외의 많은 생물표본을 수집했다. 그는 수년에 걸쳐 아마존과 말레이 군도를 탐험하였다. 말레이군도의 각 섬들을 면밀히 조사한 후, 아시아에서 발견되는 생물이 있는 서쪽 구역과 호주에서 발견되는 생물이 있는 동쪽 구역으로 나누었다. 군도를 이루는 섬을 두 그룹으로 나누는 경계선을 월리스 경계선(Wallace's Line)이라고 부른다(그림 14.11). 월리스 경계선에는 좁고 깊은 해협이 있다. 지난 5,000만 년 동안 이 해협은 해수면이 낮아져서 섬들을 잇는 지협이 생겼을 때에도 없어지지 않고 계속되었다. 따라서 해협은 두 개의 섬 그룹 사이에서 생명체의 분산을 위한 장벽으로서 역할을 계속 해 온 것으로 생각된다.

탐험을 하면서 월리스는 "새로운 종의 출현을 조절하는 법칙에 관하여" 라는 에세이를 썼다. 이 에세이에서 그는 "모든 종은 이미 존재하던 매우 가까운 유사 종과 공간적으로 그리고 시기적으로 일치한다"고 주장하였다. 1년 뒤, 인구 증가에 대한 맬서스의 조약을 읽은 후, 월리스는 "적자생존"이라는 생각을 품었다. 그는 즉시 진화적 변화를 일으키는 요인으로 자연선택을 제안하는 에세이를 완성하였고, 다윈에게 보내 자문을 구하였다. 다윈은 깜짝 놀랐다. 이것이 바로 그가 구상을 했지만 감히 발표하지 못했던 가설이었다. 다윈은 그의 친구이자 동료인 라이엘에게 "월리스의 생각이 내 생각과 너무나 흡사해서 월리스가 사용한 용어를 내 책의 머리말로 내놓았다"라고 말하였다.

다윈은 월리스에게 즉시 논문을 발표하라고 이야기하였다. 정작 자기 자신은 아직 발표할 내용이 없다고 생각한 것이다. 그러나 다윈이 자연선택 과정의 근거가 될 수 있는

그림 14.10 흡혈박쥐의 적응.
중남미의 열대우림에 서식하는 흡혈박쥐는 야행성 날짐승이다. 박쥐의 큰 귀와 음파탐지 능력은 어둠 속에서 적응된 먹이를 찾는 수단이다. 박쥐는 두 개의 날카로운 앞니로 먹이동물을 물고 드라큘린이라는 혈액 응고 방지제가 들어 있는 침을 집어넣는다. 그리고 흐르는 피를 빨아먹는다. 박쥐의 앞다리는 날개로 변형되었으며, 뒷다리는 나뭇가지 등의 물체를 쥐는 데 사용된다.
©Chewin/Getty Images

그림 14.11 월리스 경계선(Wallace line)과 생물지리학.
월리스는 심해 해협이 남태평양의 말레이 군도를 두 지역으로 나는 방법을 설명하였다. 월리스 경계선 양쪽의 동물 개체군들은 서로 다른 환경에 영향을 받아 독립적으로 진화하였다.

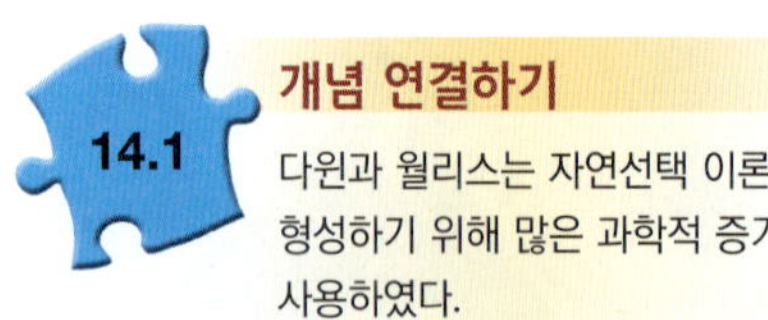

많은 자료를 갖고 있다는 것을 알고 있던 라이엘을 포함한 다수의 동료들은 저명한 린네학회(Linnean Society)에 다윈과 월리스의 공동발표를 제안했다. 1858년 7월 1일, 다윈은 '종의 기원(*On the Origin of Species*)'이라는 초록을 제출하였고 이것은 1859년에 출간되었다. 월리스가 작성한 부분의 제목은 "근원적 유형과 완전히 동떨어진 다양화 경향"이었다. 이 전문적인 설명은 모든 생물종은 공통된 기원을 가지며 자연선택에 의해 갈라진다는 것을 알려주었다.

진도 점검하기 14.1

1. 진화적 변화에 대한 퀴비에와 라마르크의 관점을 요약하시오.
2. 자연선택의 과정과 획득형질의 유전의 차이를 설명하시오.
3. 어떻게 자연선택이 적응을 이끌 수 있는지 설명하시오.

14.2 진화적 변화의 증거

학습 목표

이 절을 학습한 후에는 다음 과제를 수행할 수 있어야 한다.

1. 화석기록, 생물지리학 증거, 비교해부학, 생화학이 어떻게 공통조상 가설을 뒷받침하는지 설명하기.

자연선택과 변형혈통(descent with modification) 이론을 포함하는 진화론에 따르면 모든 생명체는 하나의 공통된 조상을 갖는다. 그러나 자연선택 과정에 의해 주어진 환경에 적응해왔다. 가설은 독립적인 다른 연구원들이 수집한 다양한 증거에 의해서 검증될 때에만 과학적 이론이 된다. 다윈이 자연선택에 의해 종은 시간이 지남에 따라서 변화한다고 제안한 지 150년 이상이 지났다. 그 이후에 수많은 과학적 연구가 (1) 종은 시간이 지남에 따라 변화하고, (2) 공통조상을 통해 관련되어 있으며, (3) 자연선택 과정을 통해 환경에 적응한다는 그의 생각을 뒷받침해 왔다.

진화론은 생물학의 다양한 분야에서 매우 다양한 관찰들을 설명할 수 있기 때문에 생물학에서 통합적인 원리로 여겨진다. 미생물에서부터 생태계에 대한 연구에 이르기까지 진화론은 생물학자들이 복잡한 생명의 본질을 이해하는 데 도움을 준다. 이번에는 진화적 변화가 일어나고 있다는 증거를 살펴볼 것이다. 생화학적인 결과를 제외하고, 다윈은 그의 생각을 체계화할 때 이 증거의 많은 부분을 이해하고 있었다.

화석상의 증거

암석층에 갇힌 화석은 생명의 역사를 말해주는 **화석기록(fossil record)**이다. 화석기록에서 가장 눈에 띄는 특징은 단순함에서부터 복잡함으로의 생명상의 연속성이다. 때로는 이러한 패턴이 정반대로 나타나는데, 이는 진화가 단일방향성이 아님을 보여준다. 특히 화석이 각 집단 간의 **과도기적 연결(*transitional link*)** 역할을 하는 것은 흥미롭다. 다윈 시대에서도 과학자들은 시조새(*Archaeopteryx*) 화석에 대해 알고 있었다. 이 화석은 파충류처럼 긴 치아와 마디로 이루어진 꼬리를 가지고 있지만 깃털과 날개도 가지고 있다(그림 14.12).

a.

b.

그림 14.12 시조새(*Archaeopteryx*).
a. 화석기록에 의하면 조상새는 깃털로 덮여 있고 파충류와 비슷한 꼬리가 있었던 것으로 알려졌다. **b.** 화가에 의해 재현된 모습이다. (그림의 붉은 표시는 파충류의 특징을, 초록 표시는 날짐승의 특징을 나타낸다.)

2004년, 어떤 고생물학자 팀이 어류와 네발 동물 사이의 중간 형태인 “fishapod”라는 별명을 가진 *Tiktaalik roseae*의 화석화된 유적을 발견하였다. *Tiktaalik* 화석은 3억 7,500만 년 전의 것으로 추정되며 이 시기에 어류에서 네발 동물로의 전환이 일어났음을 나타낸다. 중간 화석을 통해 예상할 수 있는 것처럼 *Tiktaalik*은 어류의 모양과 네발 동물의 모양이 섞여 있어서 어류를 닮은 조상으로부터 네발 동물로 진화하는 과정을 보여준다(그림 14.13). 예를 들어, *Tiktaalik*은 어류를 닮은 아가미와 지느러미를 갖고 있다. 그러나 앞쪽 가슴지느러미는 예외적으로 네발 동물의 손목뼈(혹은 다리)의 기원을 가지고 있다. 어류와 달리 *Tiktaalik*은 납작한 머리와 유연한 목을 지녔으며 악어처럼 머리 위쪽에 눈이 있고 허파를 가지고 있었음을 암시하는 맞물려진 갈비뼈를 갖고 있다. 이러한 중간 모습은 *Tiktaalik*이 얕은 강 바닥을 따라 이동하고 수면 위를 볼 수 있었음을 나타낸다. 이러한 특징은 서식지인 강에서 유용했을 것이다.

2006년에 9,000만 년 전의 뱀 화석이 발견되었는데 이 화석에는 뱀에서는 볼 수 없는 특징인 엉덩이뼈와 뒷다리가 있었다. 비단뱀과 같은 몇몇 뱀은 뒷다리의 흔적은 가지고 있지만 이 화석에 있는 엉덩이뼈는 가지고 있지 않다. 모든 도마뱀은 엉덩이뼈와 다리를 가지고 있기 때문에 이 화석은 도마뱀과 뱀 사이의 과도기적 연결고리로 간주된다.

화석기록을 통해서 육상에 살고 있는 발굽이 갈라진 조상으로부터 고래가 진화했음을 이해할 수 있다(그림 14.14). 화석상에 나타난 *Ambulocetus* 고래는 육지에서는 걷고 물속에서는 수영을 할 수 있는 양서류처럼 보인다. 한편 *Rodhocetus*는 현대의 고래처럼 꼬리의 상하운동을 이용하여 유영하였으며 퇴화된 뒷발은 유영하는 데 큰 도움이 되지 않은 것으로 보인다.

그림 14.13 네발 동물의 진화.

Tiktaalik roseae는 어류의 모습과 네발 동물의 모습을 모두 지니고 있다. Tiktaalik 화석은 이전 집단이 가지고 있던 모습이 변화하여 새로운 집단으로 진화한 것임을 입증한다. 어류에서 네발 동물로의 전이처럼 하나에서 다른 하나로의 진화적 전이는 점진적이다. 적응되어 완전한 기능을 수행하는 중간단계의 형태가 존재한다.

(middle): ©Corbin17/Alamy Stock Photo

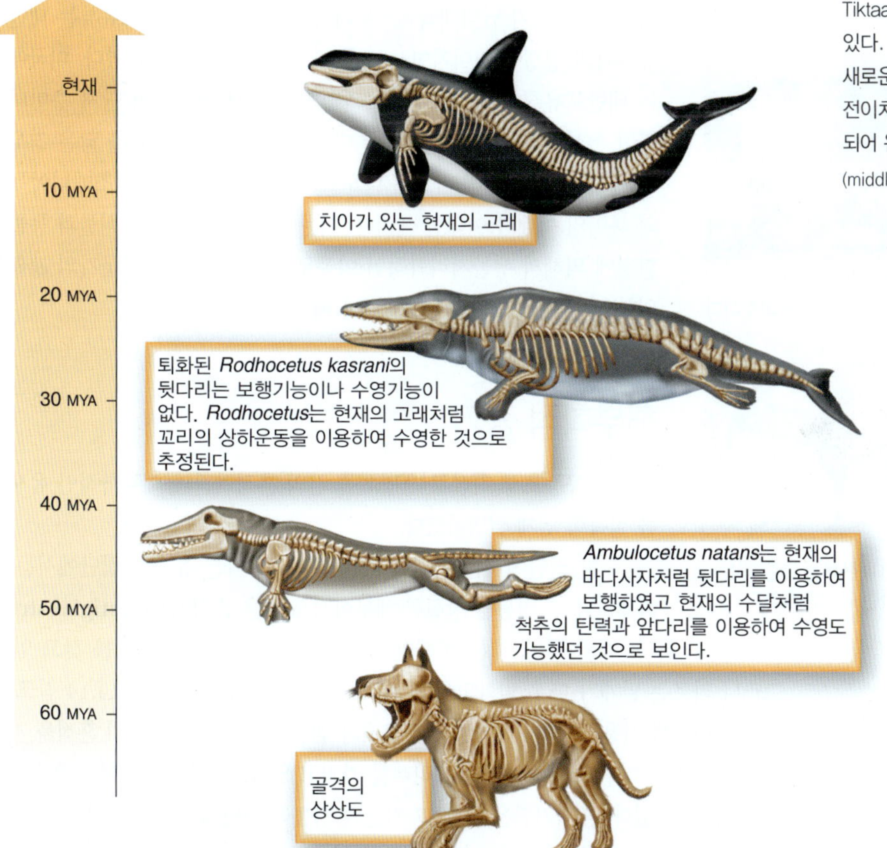

그림 14.14 고래의 진화.

*Ambulocetus*와 *Rodhocetus* 화석의 발견은 멸종된 육상동물에서부터 오늘날 바다에 살고 있는 포유동물로의 진화과정을 연결시킨다. (mya = 백만 년 전)

생물지리학적 증거

생물지리학(biogeography)이란 지구상 생명체의 분포를 연구하는 학문이다. 이러한 생물분포상은 서로 진화적으로 연관되어 있으며, 한 장소에서 진화하여 각기 도달 가능한 장소로 이동했다는 가설과 일치한다. 따라서 지리적으로 분리된 대륙이나 섬, 그리고 바다 등에서는 서로 다른 동, 식물들이 관찰될 수 있다. 앞서 언급한 바와 같이 다윈은 서식이 가능한 환경임에도 불구하고 남미대륙에는 토끼가 없다는 사실에 주목하였다. 이 점에 대해 다윈은 토끼가 다른 곳에서 진화했으며 남미대륙으로 이동할 수 있는 수단이 없었기 때문에 남미에는 토끼가 존재하지 않는다고 결론을 내렸다.

또 하나의 예로, 선인장과 유포르비아(*Euphorbia*)는 덥고 건조한 사막에 적응한 식물인데, 이들은 모두 다즙성이고 가시가 있는 현화 식물이다. 왜 선인장은 미국 사막에서만, 그리고 *Euphorbia*는 아프리카 사막에서만 서식하며, 언제부터 이들은 각기 다른 대륙에서 살게 되었을까? 각 대륙의 환경이 유사하기 때문에 비슷하게 적응하며 진화한 것으로 보인다.

비슷한 해역에 위치한 다수의 섬들은 같은 기후와 토양조건에도 불구하고 각기 특유한 동식물의 서식지이다. 왜 갈라파고스 제도에서 볼 수 있는 핀치와 하와이 섬에 있는 핀치의 일종인 꿀먹이새를 남미대륙에서는 찾아볼 수 없을까? 하나의 조상 핀치가 다른 섬으로 이주하였다는 설명이 타당하다. 이후에 지리적 고립으로 인하여 하나의 조상 핀치가 각각 다른 종으로 분화한 것으로 해석된다.

또한 오래전에는 남미대륙, 남극대륙 그리고 호주대륙이 붙어 있었는데(그림 16.14), 이 기간 동안에 캥거루 같은 유대포유류(marsupial)와 태반포유류가 생겼다. 그러나 현재에는 유대포유류는 오직 호주에서만 그리고 태반포유류는 남미에서만 서식한다. 왜 대다수의 유대포유류는 호주에만 있을까(그림 14.15)? 유대포유류가 생겨난 후, 호주가 남미대륙에서부터 떨어져 나왔고 유대포유류는 태반포유류와의 경쟁이 없어지면서 매우 다양한 형태로 진화하였다. 미국에서는 태반포유류가 유대포유동물과의 경쟁에서 성공하여 단지 주머니쥐만이 서식한다. 태반포유류와 유대포유류는 서로의 모습을 닮은 경우가 꽤 많다. 유대류인 웜바트와 마모트, 그리고 유대류인 태즈매니아늑대와 북미의 늑대가 이러한 예이다. 이는 특정 대륙에 있는 식물과 동물이 환경에 의해서 생물지리학적인 이유로 진화한 것이지 누군가의 계획에 의한 것이 아니라는 가설을 뒷받침해 준다.

슈가글라이더(*Petaurus breviceps*)는 나무에 서식하며 태반날다람쥐와 유사하다.

호주웜뱃(*Vombatus*)은 야행성이며 굴 속에 산다. 태반 우드 척과 비슷하다.

태즈메이니아 늑대(현재는 멸종됨)는 미국 늑대와 유사한 육식동물이다.

그림 14.15 호주의 유대포유류. 유대포유류(marsupial)가 약 6천만 년 전에 호주에 정착한 공통조상에서 진화했음에도 불구하고 호주에서 발견되는 유대포유류와 나머지 세계의 태반포유류는 종종 비슷한 특성을 나타낸다.

(sugar glider): ©A.N.T. Photo Library/Science Source; (wombat): ©Marco Tomasini/Shutterstock; (Tasmanian tiger): ©World History Archive/Alamy Stock Photo

해부학적 증거

다윈은 공통조상 가설로 생명체들 간의 흔적기관과 해부학적인 유사성을 설득력 있게 설명하였다.

한 집단에서는 완전히 발달하였지만 다른 유사한 집단에서는 퇴화되거나 그 기능을 상실한 해부학적 모습을 **흔적기관(vestigial structure)**이라 한다. 예를 들어, 새는 비행할 때 사용하는 잘 발달된 날개를 갖고 있다. 그러나 타조는 날개가 매우 퇴화되어 날 수 없다. 유사하게 고래(그림 14.14 참조)와 뱀은 뒷다리를 사용하지 않지만, 멸종된 고래와 뱀은 엉덩이뼈와 다리의 흔적을 가지고 있다. 인간 역시 꼬리는 없지만 꼬리뼈를 가지고 있다. 공통조상 가설로 흔적기관을 설명할 수 있다. 흔적기관은 원래 그 기관의 기능을 지닌 조상으로부터 이를 물려받았기 때문에 생긴다. 이는 생명체가 진화한 역사적 자취이다.

연관

사람이 가지고 있는 또 다른 흔적기관으로는 무엇이 있을까?

사람의 신체에는 진화상으로 과거에서 유래한 많은 흔적기관이 있다. 모낭을 둘러싸고 있는 작은 근육인 입모근이 그 예이다. 스트레스를 받으면 이 근육은 털을 곧추세우는데, 작은 동물의 경우에는 포식자로부터 벗어나려는 방어기작으로 작용하지만, 사람의 경우에는 어떤 기능도 하지 못한다. 대부분의 사람이 평생 가지고 있는 사랑니도 흔적기관이다.

©fotographixx/Getty Images

척추동물은 비행(새나 박쥐), 수영하는 동안의 방향 제어(고래나 물개), 달리기(말), 기어오르기(나무에 사는 도마뱀), 그리고 나뭇가지에 매달리기(원숭이) 위해서 앞다리를 사용한다. 하지만 각기 다른 기능에도 불구하고, 척추동물의 앞다리는 서로 유사한 방식으로 형성된 골격 구조를 지니고 있다(**그림 14.16**). 이러한 형태를 가진 동물들은 하나의 공통조상으로부터 유래되었으며, 각각의 진화적 과정을 지속하면서 변형되었다는 해석이 가장 유력한 설득력을 가진다. 하나의 공통조상에서 유래하여 해부학적으로 유사한 구조를 **상동기관(homologous structure)**이라고 부른다. 반면에 같은 기능을 가지고 있지만 공통조상에서 유래하지 않아 구조적으로 다른 기관을 **상사기관(analogous structure)**이라고 한다. 새의 날개와 곤충의 날개는 상사기관이다.

척추동물의 상동성은 배아발생에도 적용된다(**그림 14.17**). 모든 척추동물들은 발생과정 중에 항문 후 꼬리를 가지고 있으며, 연골 막대에 의해 지지된 인두낭이 나타난다. 이러한 인두낭은 어류와 양서류 애벌레에서는 아가미로 발달한다. 인간의 경우에는 첫 번째 쌍의 인두낭은 중이강과 이관(귓속의 구조물들)으로 발달하고, 두 번째 쌍은 편도선으로, 세 번째와 네 번째 쌍들은 갑상선과 부갑상선으로 발달한다. 왜 지상의 척추동물에서는 원래의 기능을 상실한 인두낭과 같은 기관이 발생하였다가 변형되는 것일까? 하나의 공통조상에게서 이미 존재했던 구조가 변형됨에 의해 이러한 구조가 생겼다는 것이 가장 그럴듯한 설명이다.

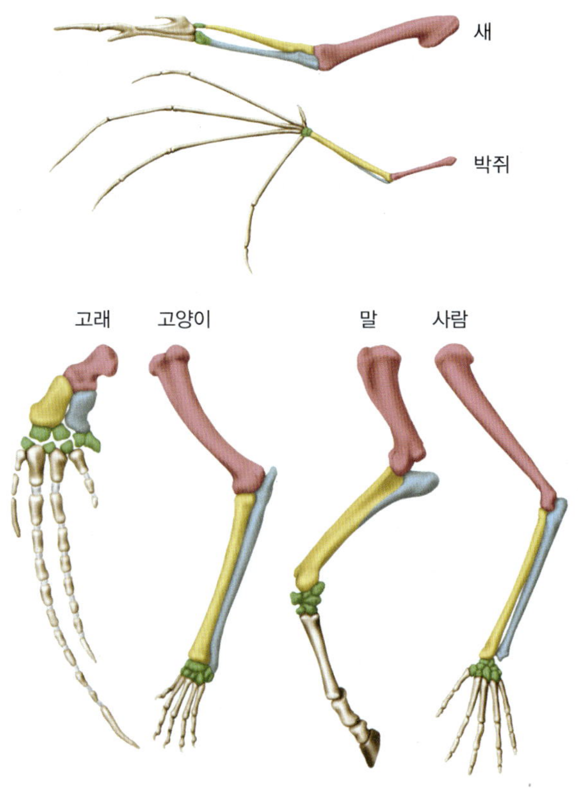

그림 14.16 구조적 유사성의 중요성.
비록 척추동물마다 앞다리의 미세구조는 다르지만 이들의 기본구조와 위치(색으로 나타냄)는 유사하다. 해부학적 구조의 유사성은 동일한 공통조상에 대한 증거이다.

닭의 배아

돼지의 배아

눈

인두낭

항문후 꼬리

그림 14.17 발생적 유사성의 중요성.
동일한 발생 단계에 있는 닭의 배아와 돼지의 배아에서는 여러 가지의 유사성을 찾아볼 수 있다. 이러한 유사성은 닭과 돼지가 하나의 공통조상에서 유래하였음을 보여준다.

(both): ©Carolina Biological Supply/Medical Images

그림 14.18 분자생물학적 차이의 중요성.
이 모식도에서 분기점은 사람의 cytochrome *c*와 다른 동물의 cytochrome *c* 사이에서 차이를 보이는 아미노산 서열을 의미한다. 이 분자생물학적 결과는 화석기록과 비교해부학 연구를 통해 얻은 것과 일치한다.

분자생물학적 증거

모든 생명체는 DNA(deoxyribonucleic acid)와 ATP (adenosine triphosphate), 그리고 동일하거나 매우 유사한 효소와 같은 동일한 기본적인 생물학적 분자를 사용한다. 게다가 생명체는 동일한 3 염기조 유전암호와 동일한 20개의 아미노산을 이용하여 단백질을 만든다. 지금은 많은 생명체의 유전체를 이루는 DNA 염기서열이 알려졌다. 그리고 인간이 매우 단순한 생명체와 많은 유전자를 공유한다는 것이 명백해졌다.

흥미롭게도 진화 발생 생물학자들이 *Hox* 유전자라고 부르는 발생 단계에 작용하는 많은 유전자가 애벌레에서부터 사람에 이르기까지 공통으로 존재한다는 것을 밝혔다. 생명체의 거대한 다양성은 동일한 유전자의 단지 작은 차이에 기인하는 것처럼 보인다. 결과적으로 유전자의 작은 차이로 인해서 동물 몸체의 기본 형식은 매우 다양해졌다. 예를 들어, 절지동물과 척추동물이 가지고 있는 유사한 유전자 중 하나가 등배구조를 결정한다. 비록 유전자의 염기배열은 유사하지만 반대 결과를 가져온다. 초파리나 가재 같은 절지동물의 신경삭은 배쪽에 위치하지만, 닭이나 사람 같은 척추동물의 신경삭은 등쪽에 위치한다.

유전자의 DNA 염기서열 또는 단백질의 아미노산 서열에서의 유사 정도를 조사해 보면 공통조상을 추측할 수 있다. Cytochrome *c*는 그림 14.18에서 볼 수 있듯이 전자전달 사슬에 있는 분자로 모든 생명체가 가지고 있다. 이 cytochrome *c*의 아미노산 서열의 차이를 보면 사람과 원숭이 사이에는 단지 한 개의 차이가 있을 뿐이며, 사람과 오리 사이에는 불과 11개, 효모균(*Candida* 속)과는 51개의 차이를 보인다. 이 결과는 생명체 간의 해부학적 유사성을 입증하는 다른 결과들과 일치하며 이들의 유연관계와 관련성을 갖는다.

개념 연결하기 14.2

화석기록, 비교해부학, 분자생물학적 증거는 공통조상 가설을 입증한다.

진도 점검하기 14.2

1. 갈라파고스 제도의 핀치에 대한 생물지리학적인 정보가 어떻게 진화론을 지지할 수 있는지 설명하시오.
2. 어떻게 흔적기관이 진화론을 지지할 수 있는지 설명하시오.
3. 상동기관과 상사기관을 비교하시오.

요 약 SUMMARIZE

다윈의 연구는 현대 진화론적 사고를 형성하는 데 도움이 되었다. 인류를 포함한 지구상의 모든 종은 진화 과정을 통해 공통조상을 가지고 있다. 과학적 증거들이 진화론을 강력하게 뒷받침한다.

다윈과 월리스는 자연선택 이론을 형성하기 위해 많은 과학적 증거를 사용하였다.

화석기록, 비교해부학, 분자생물학적 증거는 공통조상 가설을 입증한다.

14.1 다윈의 진화론

다윈은 시간이 지남에 따라 어떻게 종이 변하는지를 설명하는 자연선택 이론을 발전시킨 것으로 인정받는다.

다윈 이전

다윈 이전의 사람들은 지구는 오래되지 않았고, 생물종은 변하지 않으며 변이는 불완전하다고 믿었고, 관찰을 통해 이를 입증하였다.

- 화석학자 퀴비에는 종은 변하지 않는다고 믿었다. 그는 화석기록에서 나타났다가 사라진 종을 관찰하였는데 천재지변에 의해서 일어난 것이라고 믿었다.
- 동물학자 라마르크는 환경에 따라서 적응과 진화가 일어난다는 가설을 세웠다. 그는 후천적으로 획득된 형질이 유전된다고 믿었다. 예를 들어, 기린이 나무의 열매를 먹기 위해서 목을 길게 늘였고, 이러한 변화가 다음 세대로 유전된다고 믿었다.

다윈의 결론

지질학과 **화석(fossil)**의 증거에 근거한 다윈의 결론은 다음과 같다.

- 지구의 역사는 매우 길며, 그 오랜 시간 동안 생명체는 진화한다.
- 생명체는 화석기록을 통해서만 알 수 있는 이미 멸종된 생명체로부터 유래한다.

생물지리학(biogeography) 증거에 근거한 다윈의 결론은 다음과 같다.

- 생명체는 자신의 서식지에서 진화한다. 예를 들면, 남미에서는 Patagonian hare가, 영국에서는 토끼가 진화하였다.
- 생명체는 환경에 적응한다. 이는 왜 갈라파고스 제도에 다양한 핀치와 거북이가 존재하는지 설명해준다.

자연선택과 적응

다윈에 의하면, **자연선택(natural selection)**과 **적응(adaptation)**의 결과로 생명체는 이전에 살았던 세대보다 그 지역 환경에 더 적합하게 된다. 이러한 적응은 그 종의 생식적 성공을 향상시켜 **적응도(fitness)**를 높인다.

시간이 흐름에 따라 이러한 적응의 결과로 **종분화(speciation)**가 일어난다. 다윈은 **인위선택(artificial selection)**을 예로 들어 자연선택 과정을 설명하였다.

다윈과 월리스

박물학자 월리스도 다윈처럼 남반구에 있는 다른 대륙을 여행하였다. 그도 역시 공통조상의 증거를 수집하였고, 맬서스의 이론에 기초하여 적응(자연선택)이라는 다윈과 동일한 결론에 도달하였다. 다윈의 저서 "종의 기원(*On the Origin of Species*)"은 이러한 이론을 집대성하였다.

14.2 진화적 변화의 증거

과학이론은 많은 증거에 의해서 검증되고, 진화론은 다음과 같은 여러 과학적 증거에 의하여 뒷받침된다.

- **화석기록(fossil record)**은 일반적으로 생명체의 역사를 반영하며 특정 집단의 후손을 추적하는 것을 가능하게 한다. 과도기적인 화석은 시간의 흐름에 따른 생명체의 변화를 기록하는 데 중요한 역할을 한다.
- 생물지리학은 지구에서 생명체의 분포를 보여주며, 생명체가 현재 서식하는 장소에서 진화했음을 보여준다.
- 해부학과 발생학은 생명체가 공통조상에서 유래했음을 보여준다.
  - **흔적기관(vestigial structure)**은 기능을 하지 않고 남아 있는 구조이다.
  - **상동기관(homologous structure)**은 유사한 구조를 가지며 공통조상에서 유래했음을 나타낸다.
  - **상사기관(analogous structure)**은 유사하지만 다른 진화적 기원을 갖는 구조이다.
- 분자적 증거는 생화학적 분자(DNA, 단백질)의 차이점을 비교하여 유연관계를 나타낸다.

평 가 ASSESS

혼자 풀어보기

가장 적절한 답을 고르시오.

14.1 다윈의 진화론

1. 획득형질이 유전될 수 있다고 생각한 사람은 누구인가?
   a. 다윈 **b.** 라마르크
   c. 월리스 **d.** 세지위크
   e. 퀴비에

2. 다음 중 자연선택에 대한 예로 올바르지 않은 것은?
   a. 살충제에 노출된 곤충 집단이 화학물질에 대한 저항성을 갖게 된다.
   b. 수분 매개자를 유혹하기 위해 향기를 만드는 식물은 더 많은 자손을 생산한다.
   c. 더 잘 달리는 토끼는 포식자를 잘 피할 수 있다.
   d. 한 그루의 나무에서도 그늘에서 자라는 잎은 양지쪽에 있는 잎보다 더 크다.

3. 자연선택은 다음 중 어떤 결과를 가져오는 과정인가?
   a. 유전적 변이
   b. 환경에 대한 적응
   c. 표현형의 변화
   d. 개체군 안에 있는 구성원 사이의 경쟁

4. 지구의 역사가 오래되었다는 라이엘의 결론이 다윈에게 도움이 된 이유는 무엇인가?
   a. 오래된 지구는 그렇지 않은 지구보다 더 많은 화석을 가지고 있다.
   b. 진화가 천천히 진행되기에 충분한 시간이 있었다.
   c. 하나의 종이 다른 대륙으로 퍼져나가기 위해 충분한 시간이 있었다.
   d. 다윈은 인공선택이 천천히 일어난다고 말했다.
   e. 위의 진술 모두 옳다.

5. 한 형질에 대한 새로운 대립인자는 ________에 의해 생긴다.
   a. 돌연변이 b. 종의 요구도
   c. 유성생식 d. 유사분열

14.2 진화적 변화의 증거

6. 개체 간의 DNA 염기서열의 차이는
   a. 유연관계가 얼마나 깊은가를 나타낸다.
   b. 진화가 일어남을 나타낸다.
   c. 왜 표현형이 다른지를 설명한다.
   d. 당연한 것이다.
   e. 위의 진술 모두 옳다.

7. 화석기록이 공통조상에 대한 직접적인 증거를 제시하는 이유는 무엇인가?
   a. 시간이 흐름에 따라 화석의 형태가 변함을 보여주기 때문이다.
   b. 때로는 공통조상을 발견할 수 있기 때문이다.
   c. 특정 그룹의 조상을 추적할 수 있기 때문이다.
   d. 살아 있는 생명체의 생물학적 역사를 추적할 수 있기 때문이다.
   e. 위의 진술 모두 옳다.

8. 상동기관이 존재하는 이유는 무엇인가?
   a. 공통조상이 존재했음이 분명하기 때문이다.
   b. 상사기관 또한 존재하기 때문이다.
   c. 골격은 유사하게 사용되어야 하기 때문이다.
   d. 위의 진술 모두 옳다.

[9~12] 진술에 해당하는 진화의 증거를 보기에서 고르시오. 보기의 항목은 여러 번 사용될 수 있다.

보기:
   a. 생물지리학적 증거 b. 해부학적 증거
   c. 생화학적 증거

9. 유전암호는 모든 생명체에서 동일하다.

10. 인간의 무릎 뼈와 척추는 네발 동물을 지탱했던 구조에서 유래한 것이다.

11. 남미 대륙에서는 비록 환경은 적합하지만 토끼가 살지 않는다.

12. 인간 헤모글로빈의 아미노산 서열은 쥐보다는 붉은털원숭이와 더 유사하다.

13. 전이적 연결고리를 제공하는 화석을 통해 과학자들이 할 수 있는 것은?
   a. 어떻게 선사 동물이 서로 상호작용을 하였는지 알 수 있다.
   b. 새로운 동물 그룹이 출현한 순서를 추정할 수 있다.
   c. 기후 변화와 진화적 추세와의 상관관계를 알 수 있다.
   d. 왜 진화적 변화가 일어나는지 알 수 있다.

14. 척추동물에서 돌고래의 지느러미와 참치의 지느러미는
   a. 상동기관이다. b. 동일한 구조이다.
   c. 상사기관이다. d. 상호적인 구조이다.

관계맺기 ENGAGE

과학적으로 생각하기

1. 사람의 맹장은 대장이 부풀어 오른 흔적으로 다른 포유류에 있는 막창자(caecum)와 상동이다. 막창자는 일반적으로 사람의 맹장보다 크며, 식물의 주성분인 섬유소의 소화를 도와주는 세균이 서식한다. 어떻게 맹장을 통해 사람이 다른 동물들과 공통조상을 가진다는 것을 알 수 있는가? 그리고 인류의 식습관 역사에 대해 무엇을 말해주는가?

2. 유전학자는 생명체 간의 DNA 염기서열을 비교하고 그 결과를 통해 유전자의 진화속도를 결정한다. 유전자마다 진화속도가 다르다. 한 개체군이 환경에 적응할 때 어떤 유전자는 다른 유전자에 비해 더 빠른 속도로 진화하는 이유를 설명하시오.

3. 다윈과 윌리스는 섬에 살고 있는 생명체들을 관찰하고 자연선택이 생물학적 진화의 수단이라고 결론을 내렸다. 하와이와 그 인근 섬에는 적어도 50여 종의 꿀먹이새가 서식하지만 이들은 육지 어느 곳에서도 서식하지 않는다. 모든 장소와 모든 종에서 자연선택은 일어난다. 섬의 어떤 특징 때문에 자연선택의 결과가 이리도 명백한 것일까?

CHAPTER

15

작은 규모의 진화 Evolution on a Small Scale

높은 고도에서의 생활

일반적으로 사람이 공기 중 산소 농도가 낮은 더 높은 고도로 이동하면 신체는 산소를 운반하는 혈액 성분인 헤모글로빈을 더 많이 생성하여 반응한다. 사소한 고도 변화의 경우 헤모글로빈의 증가는 큰 문제가 되지 않는다. 그러나 극도로 높은 고도로 이동하는 사람들(히말라야처럼 13,000 ft, 이상 또는 4,000 m에 가까운 고도에 거주하는 경우)에게는 만성 고산병을 비롯한 여러 가지 건강문제가 발생할 수 있다. 헤모글로빈의 양이 크게 증가하면 혈액이 진해지고 점성이 높아진다. 이로 인해 고혈압과 혈전 형성을 증가시킬 수 있으며 둘 다 부정적인 생리적 영향을 미친다.

높은 헤모글로빈 수치는 높은 곳에 있는 사람들에게 해로울 수 있기 때문에, 이러한 고도에서 헤모글로빈을 더 적게 생산하는 개체가 자연선택에 의해 유리하게 선택되는 것은 합리적이다. 이것은 티베트인들에게 발견된 사실로 연구자들은 높은 고도에서 헤모글로빈 생성을 감소시키는 유전자(*EPSA1*)의 대립유전자를 확인하였다. 높은 고도와 낮은 고도에 사는 티베트인 사이의 대립유전자를 비교해 본 결과 자연선택이 높은 고도에서 나타나는 대립유전자의 유행에 중요한 역할을 했음을 강력하게 시사한다.

흥미롭게도 티베트인의 *EPSA1* 유전자는 데니소바인이라고 불리는 고대 인류에서 발견된 유사한 유전자와 동일하다. 현재 과학자들은 *EPSA1* 유전자가 약 40,000년 전에 초기 티베트인과 데니소바인 사이의 이종 교배를 통해 티베트 집단에 유입된 것으로 믿고 있다.

이 장에서는 자연선택과 소진화가 시간이 지남에 따라 개체군의 유전자 풀에 어떻게 영향을 미치는지 살펴보자.

이 장을 공부하는 동안 다음 질문에 대해 생각해보자.

1. 유전자, 개체군, 진화 사이의 연관성은 무엇인가?
2. 어떻게 한 개체군이 진화하고 있음을 밝힐 수 있는가?

개요

시작하기 전에

이 장을 시작하기 전에 다음의 내용을 다시 살펴보자.

1.2절 진화가 생물학의 중요한 개념으로 다루어지는 이유는 무엇인가?

9.3절 성생식과 감수분열로 인해 집단 내에서 다양성이 증가되는 이유는 무엇인가?

14.1절 자연선택은 어떻게 하여 진화적 변화 기작으로 작용하는가?

15.1 자연선택

학습 목표

이 절을 학습한 후에는 다음 과제를 수행할 수 있어야 한다.

1. 세 가지 유형의 자연선택 — 방향성 선택, 안정화 선택, 분단성 선택 — 을 설명하기.
2. 어떻게 이형접합체가 한 집단 내에서 변이를 유지할 수 있는지 설명하고, 이형접합체의 이로운 점을 요약하기.

자연선택(natural selection)이라는 과정을 통해 개체군은 생물적 환경과 비생물적 환경에 적응한다. 생물적 환경에서 생명체는 경쟁, 섭식 그리고 기생을 통해 자원을 얻는다. 비생물적 환경은 기온과 강수량과 같은 날씨를 포함한다.

자연선택이 종이 진화하고 변화하는 환경에 적응하는 메커니즘이라고 처음 제안한 사람은 찰스 다윈(Charles Darwin)이었다(14.1절 참조). 다윈 시대 이후 수많은 과학적 연구와 관찰은 진화적 변화에서 자연선택의 역할을 뒷받침해 왔다. 표 15.1은 적합성 개념에 대한 변이와 유전의 중요성을 요약한 것이다.

자연선택의 결과 가장 적응도가 높은 개체가 개체군 내에 만연하고, 이와 같은 방식으로 개체군은 시간이 지남에 따라 변화한다. 가장 적합한 개체는 다른 개체보다 더 오래 생식활동을 한다. 가장 적합한 개체는 환경에 가장 잘 적응한 개체인 것이다.

표 15.1 자연선택

자연선택에 의한 진화는 다음을 필요로 한다.
• *변이*. 집단 구성원들이 서로 다르다.
• *유전*. 이러한 차이의 대부분이 다음 세대로 전해지는 유전적 변이이다.
• *적응도 증가*. 환경에 잘 적응한 개체는 생식활동을 더 활발하게 하고, 이렇게 태어난 자손들이 다음 세대에서 더 높은 구성비를 이룰 것이다.

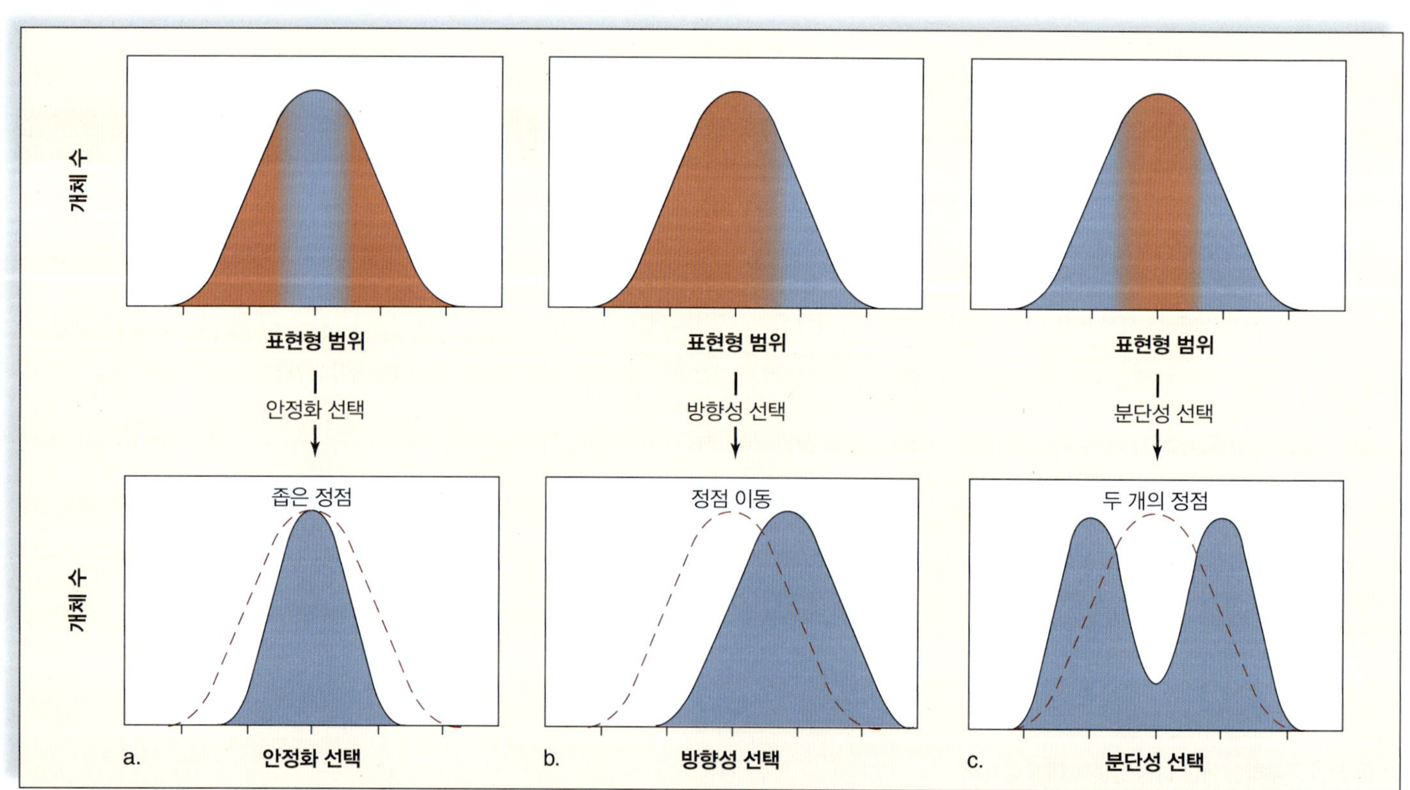

그림 15.1 자연선택의 유형.
자연선택은 시간이 지남에 따라 표현형의 평균값을 이동시킨다. **a.** 안정화 선택 중에 중간 표현형의 빈도가 증가한다. **b.** 방향성 선택 중에 극단적인 표현형이 선호되어 평균 표현형 값이 변경된다. **c.** 분단성 선택 동안 두 개의 극단적인 표현형이 선호되어 각 표현형에 대해 하나씩 두 개의 새로운 평균 표현형 값을 생성한다.

선택의 유형

많은 특성에 대해 다양한 표현형을 생성할 수 있는 여러 대립유전자가 있다. 모집단에서 이러한 표현형의 빈도 분포는 종종 그림 15.1에 표시된 종 모양의 곡선과 유사하다. 자연선택은 해로운 표현형의 유행을 줄이고 환경에 더 잘 적응하는 표현형을 선호하도록 작용한다. 자연선택에는 세 가지 기본 유형(안정화 선택, 방향성 선택 및 분단성 선택)이 있다.

안정화 선택

안정화 선택(stabilizing selection)은 환경이 중간 형질의 표현형을 선호할 때 일어난다(그림 15.1*a* 참조). 안정화 선택에 의해 극단적 형질은 도태되고, 평균에 가까운 개체가 선호된다. 평균적인 개체가 환경에 가장 잘 적응하기 때문에 이러한 선택이 가장 흔한 유형의 선택이다.

예를 들어, 스위스찌르레기(*Sturnus vulgaris*) 암컷은 한 번에 네 개에서 다섯 개의 알을 낳는데, 이 경우에 새끼들의 생존율이 가장 높다(그림 15.2). 난황의 생산과 같은 생리적 특징과 암컷의 교배기간 같은 행동적 특징을 결정하는 유전자가 한 번에 생산하는 알의 수효를 결정하는 데 관여한다.

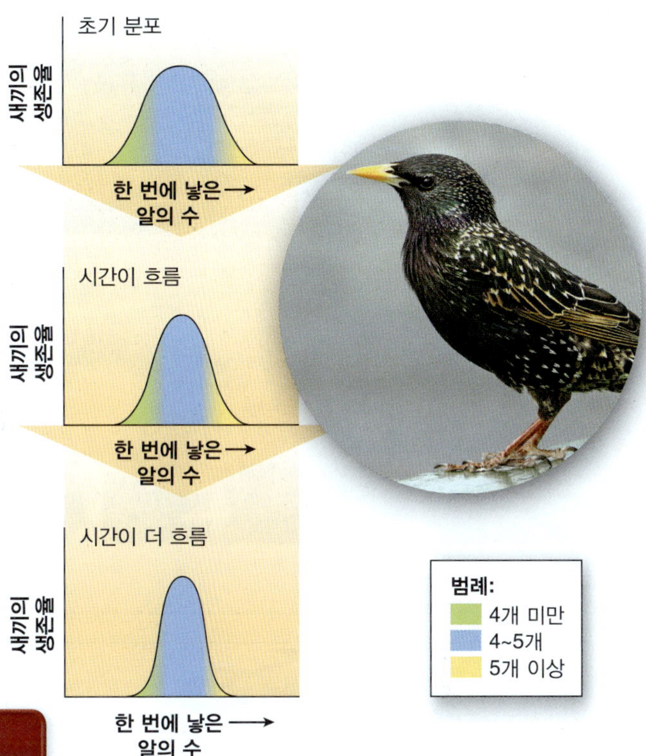

그림 15.2 안정화 선택.
안정화 선택은 자연선택이 양 극단보다 중간 표현형을 선호할 때 일어난다. 그 예로 네 개나 다섯 개의 알을 낳는 스위스찌르레기의 경우 더 적거나 많은 알을 낳는 경우보다 새끼들이 가장 높은 생존율을 보인다.
(*Sturnus vulgaris*): ©Susan Walker/Getty Images

연관

사람의 경우 안정화 선택의 사례는 무엇이 있을까?

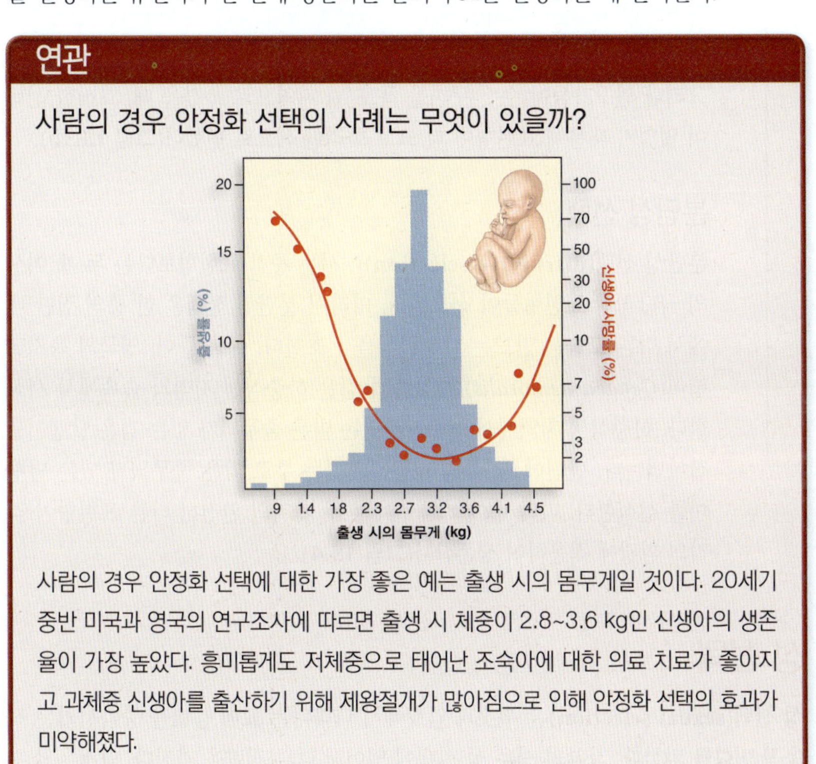

사람의 경우 안정화 선택에 대한 가장 좋은 예는 출생 시의 몸무게일 것이다. 20세기 중반 미국과 영국의 연구조사에 따르면 출생 시 체중이 2.8~3.6 kg인 신생아의 생존율이 가장 높았다. 흥미롭게도 저체중으로 태어난 조숙아에 대한 의료 치료가 좋아지고 과체중 신생아를 출산하기 위해 제왕절개가 많아짐으로 인해 안정화 선택의 효과가 미약해졌다.

방향성 선택

방향성 선택(directional selection)은 어느 한 쪽 끝의 극단적인 표현형이 선호될 때 일어나며, 이 경우 분포 곡선은 그 방향으로 움직인다(그림 15.1*b* 참조). 이러한 이동은 한 개체군이 변화하는 환경에 적응할 때 일어난다.

항생제와 살충제에 대한 저항성이 방향성 선택의 가장 좋은 예이다. 항생제와 살충제의 광범위한 사용으로 세균과 곤충이 이 화학물질에 대한 저항성을 갖게 된다. 항생제가 투입되면 대부분의 세균은 죽지만, 일부 유전적으로 항생제 내성을 지닌 세균은 살아남는다. 이렇게 살아남은 세균은 다음 세대에 항생제 내성 유전자를 대물림

a. 실험장소

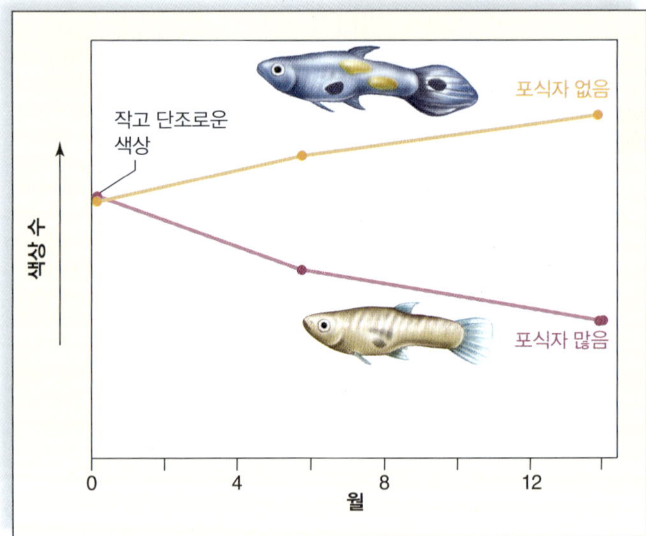

b. 포식으로 인해 구피의 색상이 다채롭지 않음

그림 15.3 방향성 선택.

a. 연구에 사용된 실험 장소. **b.** 선택(포식)이 있는 경우 표현형은 더 작고 단조로운 수컷 구피가 주류를 이루었다. 그러나 선택력이 제거되었을 때 수컷 구피의 표현형은 더 크고 다채로운 개체가 주류를 이루었다.

(a): ©Helen Rodd

한다. 이렇게 하여 항생제 내성을 지닌 세균 개체가 증가하게 된다. 폐결핵을 일으키는 세균 중 약물에 저항성을 갖는 균주가 전 세계적으로 인류의 건강에 큰 위협이 되고 있다.

방향성 선택의 또 다른 예는 간과 적혈구 세포를 감염시켜 병을 일으키는 말라리아에 대한 인간의 투쟁이다. *Anapheles*속의 모기는 사람에서 사람으로 *Plasmodium*이라는 원생동물을 옮겨 질병을 일으킨다. 1960년대 초, 세계 보건 관계자들은 말라리아가 조만간 박멸될 것으로 예상했다. 클로로퀴닌이라는 신약이 *Plasmodium*에 매우 효과적이었으며, 살충제 DDT는 모기떼를 감소시켰다. 그러나 1960년대 중반에 들어서 *Plasmodium*은 클로로퀴닌에 대해 내성을 보이기 시작했다. 설상가상으로 DDT에 내성을 지닌 모기떼까지 출몰했다. 일부 클로로퀴닌 내성을 지닌 기생동물과 DDT 내성을 지닌 모기가 살아남아 재번식을 하였고, 분포곡선은 저항성을 갖는 기생충의 방향으로 이동하였다.

방향성 선택의 또 다른 예는 구피로 수행된 실험에서 확인되었다. 실험 환경에는 두 개의 영역으로 구분되었는데, 하나는 폭포 아래에 파이크(구피의 포식자)가 있는 환경이었고 다른 하나는 폭포 위의 파이크가 없는 환경이었다(그림 15.3*a*). 시간이 지남에 따라 낮은 지역에서 자연선택은 파이크를 피하기 위해 작고 단조로운 색의 수컷 구피가 주류를 이루었다. 그러나 연구자들이 수컷 구피를 폭포 위 지역으로 옮겼을 때, 그러한 선택이 없었기 때문에 표현형이 더 크고 화려한 색으로 변했다(그림 15.3*b*).

분단성 선택

분단성 선택(disruptive selection)에서는 중간 표현형보다는 두 개 이상의 극단적인 표현형들이 선호된다. 따라서 분단성 선택은 한 종의 집단 내에서 다른 모습을 만드는 다형질성을 선호한다. 예를 들어, 영국의 육지달팽이(*Cepaea nemoralis*)는 들판과 같은 하층식생 지역과 숲속에서 서식한다. 하층식생 지역에서 개똥지빠귀는 밝은 줄무늬가 없는 검은 달팽이를 잡아먹는다. 반면에 숲 속의 개똥지빠귀는 주로 밝은 줄무늬가 있는 달팽이를 섭식한다. 따라서 이 개체군에는 두 가지의 완전히 다른 표현형이 각각의 환경에 적응하여 생존한다(그림 15.4).

성 선택

성 선택(sexual selection)은 수컷과 암컷에서 나타나는 교배 능력을 증가시키는 적응적 변화를 말한다. 각각의 성은 성 선택에 있어서 다른 전략을 가진다. 암컷은 소수의 알을 낳기 때문에 수컷을 선택할 때 신중하게 고려한다. 그러나 수컷은 끊임없이 많은 양의 정자를 생산할 수 있기 때문에 많은 자손을 만들 수 있다. 따라서 수컷은 종종 가능한 많은 암컷을 수정시키기 위해서 경쟁한다. 그러므로 수컷의 성 선택은 하나의 암컷을 두고 다른 수컷들과 경쟁하기 위한 능력을 증대시킨다. 반면에 암컷의 성 선택은 생존 가능한 자손을 생산할 수 있는 최적의 **적응도(fitness)**를 지닌 하나의 수컷을 선택하도록 한다. 수컷은 종종 색깔이나 화려한 짝짓기 의식에 의해 자신의 적응도를 드러낸다(그림 15.5). 최적의 적응도를 가진 수컷을 선택함으로써 암컷은 자신의 형질이 다음 세대로 전해질 확률을 증가시킨다. 이 때문에 성 선택은 자연선택의 한 가지 형태로 생각된다.

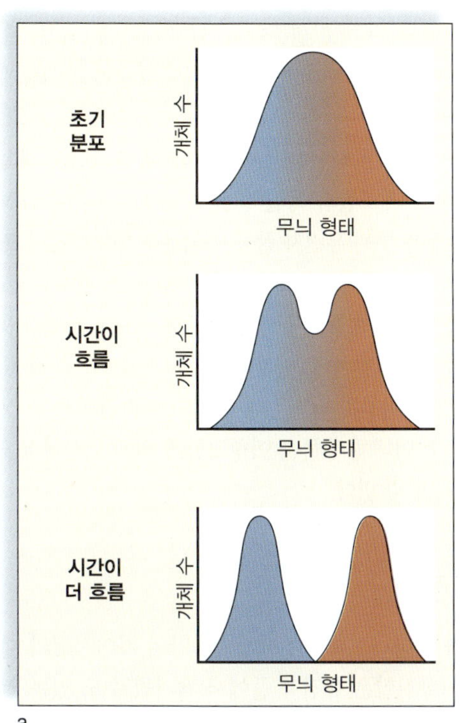

a.

b.

그림 15.4 분단성 선택.

a. 분단성 선택에서는 줄무늬가 있거나 없는 양쪽의 극단적인 표현형이 선호된다. **b.** 영국의 육지달팽이에는 두 가지의 다른 표현형이 있으며, 이들 각각은 다른 서식지에 적응하였다.

b: (left) ©Graeme Teague; (right) ©IT Stock Free/Alamy Stock Photo

적응은 완전한 것이 아니다

자연선택을 통해 항상 생명체가 환경에 완벽하게 적응하는 것은 아니다. 왜 아닌가? 첫째, 진화는 우연에서 출발한 것이 아니라는 것을 인식하는 것이 중요하다. 단지 주변에 이용 가능한 재료만을 가지고 케이크를 만들 수밖에 없는 상황처럼 진화는 이용 가능한 변이에 제한을 받는다. 각각의 종은 자신의 진화 역사에 기반을 두고 있다. 이는 자연선택에 영향을 미치는 변이의 양을 제한한다. 예를 들어, 무게가 가벼운 티타늄 뼈가 새에게는 이롭지만 진화적 역사의 결과로 인해 새의 뼈는 칼슘과 다른 미네랄로 이루어져 있다. 둘째, 하나의 생물종에서 적응이 진화하는 것처럼 환경 또한 변한다. 특정 시기, 특정 환경에서 적응은 생명체에게 유익하다. 그런데 환경이 변화하면 특정 적응이 주는 유익함이 감소한다. 불가피한 절충으로 인해 대부분의 경우 불완전하다는 사실을 알아야 한다. 인간의 성공은 능수능란한 손 때문이다. 그러나 척추동물의 척추는 원래 직립을 위해 진화한 것이 아니기 때문에 손상받기 쉽다. 진화한 모습은 대가를 지불할 만한 이득이 있다. 예를 들어, 손이 자유롭게 되어 생긴 이점은 직립 자세로 인한 척추 손상의 위험이라는 대가를 치를만한 가치가 있다.

그림 15.5 성 선택.

일부 종에서 나타나는 수컷의 정교한 색채는 높은 적응도를 보여 주는 성 선택의 한 형태이다.

©Vrabelpeter1/Getty Images

변이의 유지

집단에는 항상 유전자형의 변이(variation)가 존재한다. 한정된 변이를 가진 집단은

범례:
말라리아
낫세포 적혈구빈혈증
두 증상 모두

그림 15.6 낫세포 적혈구빈혈증.
붉은색 지역은 아프리카, 중동, 남유럽, 남아시아 지역에서 1920년대에 말라리아가 만연했던 곳이다. 파란색 지역은 낫세포 적혈구빈혈증이 많이 보고되는 지역이다. 이들 두 분포(보라색)가 겹치는 것은 인과 관련을 의미한다.

변화하는 새로운 환경에 적응하지 못하고 멸종할 수 있기 때문에 변이를 유지하는 것은 이롭다. 자연선택에 의해 변이가 없어짐에도 불구하고 어떻게 집단의 변이가 유지되는 것일까?

첫째, 변이를 증진시키는 힘이 작용하기 때문이다. 돌연변이는 계속 새로운 대립인자를 만들어내며, 재조합과 독립 유전에 의해 감수분열 과정 동안 대립인자가 섞이고, 수정을 통해 유전자 풀에서 새로운 대립인자의 조합이 일어난다. 둘째, 유전자 확산이 두 종 사이에서 일어나기도 한다(15.2절 참조). 소규모이고 동형접합 유전형들로 구성된 집단에 새로운 대립유전자를 제공하여 집단 내의 변이를 유발한다. 마지막으로 자연선택은 특정 표현형을 선호하지만 다른 유형도 여전히 남겨둔다. 심지어 분리선택은 한 집단 내에서 다형성을 야기한다. 이배체 생물은 이형접합에 의해 열성형질을 유지하기 때문에 변이를 유지할 수 있다.

이형접합체의 유리한 점

오직 표현된(표현형 차이가 나타나도록 한) 대립인자만이 자연선택의 대상이다. 이배체 생물에서 이형접합은 유전자 풀에서 제거될 수도 있는 열성 대립인자를 보호한다. 이형접합체는 집단 내에 남아서 그 열성 표현형을 유지시킨다. 이 열성 표현형이 변화하는 환경에 더 잘 적응할 가능성도 있다. 자연선택이 여러 가지 표현형을 동시에 선호하는 경우도 있는데, 이것을 평형 다형성(*ballanced polymorphism*)이라고 한다. 낫세포 적혈구빈혈증은 평형 다형성의 한 예이다.

표 15.2 이형접합체가 지닌 장점의 예

유전형	표현형	결과
Hb^AHb^A	정상	말라리아 감염으로 죽는다.
Hb^AHb^S	낫세포 적혈구빈혈증 보인자	두 경우로부터 모두 안전하므로 생존한다.
Hb^SHb^S	낫세포 적혈구빈혈증	낫세포 적혈구빈혈증으로 죽는다.

낫세포 적혈구빈혈증 낫세포 적혈구빈혈증을 가진 사람은 Hb^SHb^S(Hb = 헤모글로빈, 적혈구에서 산소를 운반하는 단백질, S = 낫세포) 유전자형을 지니며 출혈이나 장기파손 등으로 어린 나이에 사망한다. 이형접합 유전자형(Hb^AHb^S; A = 정상)을 가진 사람은 저산소의 환경에서만 적혈구가 낫 모양으로 변하기 때문에 조금 형편이 낫다. 일반적으로 정상 유전자형(Hb^AHb^A)을 가진 사람이 가장 적합하다.

아프리카에서 낫세포 적혈구빈혈증의 분포를 연구하던 유전학자들은 아프리카 대륙 내에 말라리아가 만연한 지역에서는 그렇지 않은 지역보다 열성 대립유전자(Hb^S)의 빈도(20~40%)가 높다는 사실을 발견했다(그림 15.6).

말라리아와 낫세포 적혈구빈혈증 사이에는 어떠한 관계가 있는 것인가? 말라리아는 정상 동형접합 유전자형(Hb^AHb^A)의 적혈구세포에서 살면서 적혈구를 파괴하는 기생 동물에 의해 생기는 질병이다. 그런데 이 기생 동물은 이형접합 유전자형(Hb^AHb^S)을 지닌 개체의 적혈구 안에서는 살지 못한다. 감염되면 적혈구가 낫 모양으로 변하고, 이 적혈구는 칼륨 성분이 부족하기 때문에 말라리아 병원체는 죽는다. 따라서 말라리아가 만연한 환경에서는 이형접합 개체가 더 유리하다. 3가지 가능한 유전자형의 효과를 표 15.2에 요약하였다.

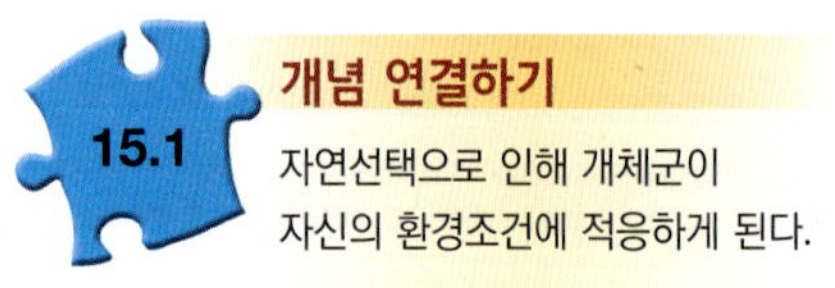

진도 점검하기 15.1

1. 방향성 선택, 안정화 선택, 분단성 선택을 비교하시오.
2. 성 선택이 어떻게 자연선택의 한 형태를 나타내는지 설명하시오.
3. 한 집단 내에서 유전적 변이를 유지하도록 하는 힘을 나열하시오.

15.2 소진화

학습 목표

이 절을 학습한 후에는 다음 과제를 수행할 수 있어야 한다.

1. *소진화*에 대해 설명하기.
2. 하디-바인베르크 원리가 소진화 과정을 설명하기 위해 어떻게 사용되었는지 이해하기.
3. 어떻게 돌연변이, 유전자 흐름, 무작위적 교배, 유전적 부동 그리고 자연선택이 집단 내에서의 대립인자 빈도를 변화시키는지 설명하기.

다양한 환경에 따라 많은 특성이 일시적으로 변할 수 있다. 예를 들어, 북극 여우의 털 색깔은 겨울에 갈색에서 흰색으로 변하고, 강아지의 털은 추운 날씨에 두꺼워지며, 햇빛에 노출되면 피부가 갈색으로 변하는 현상은 한 계절 동안만 지속된다.

그러나 이러한 변화는 진화적인 변화가 아니다. 개인의 일생 동안 일어나는 특성의 변화는 그 개인이 진화하고 있는 것을 나타내지 않는다. 왜냐하면 이러한 변화는 유전되지 않기 때문이다. 진화는 특성이 다음 세대에 전달될 수 있는 능력이 있어야 일어난다. 진화는 여러 세대에 걸쳐 개인 내에서가 아니라 집단 내에서 유전되는 특성에 변화를 일으킨다.

다윈은 개인이 아닌 개체군이 진화한다는 사실을 관찰했지만 시간이 지남에 따라 특성이 어떻게 변하는지는 설명할 수 없었다. 하지만 이제 우리는 유전자가 환경과 상호작용하여 특성을 결정한다는 것을 알고 있다. 유전자와 특성이 연결되어 있기 때문에 진화는 사실 유전적 변화에 관련된 것이다. 더 구체적으로 말하면 진화는 시간이 지남에 따라 집단의 대립유전자 빈도의 변화이다. 이러한 유형의 진화를 소진화라고 한다.

연관

왜 개체는 진화하지 않을까?

진화란 시간의 흐름에 따른 개체군의 유전적 변화를 의미한다. 사람의 경우 개개인이 새로운 언어나 기타연주를 배우는 것처럼 새로운 기술과 능력을 개발시킴에도 불구하고 유전물질은 변하지 않는다. 이러한 새로운 능력은 다음 세대로 전달되지 않으며 개체군의 유전적 조성도 변화시키지 않는다.

유전적 개념에서의 진화

1930년대가 되어서야 생물학자들은 유전학적 원리를 개체군에 적용시키고 언제 진화가 일어나고 얼마나 많은 집단이 변화했는지를 알 수 있는 방법을 발전시킬 수 있었다.

집단유전학(population genetics)에서, 개체군 내의 모든 구성원이 가지고 있는 모든 대립유전자의 총 집합체를 그 개체군의 **유전자 풀(gene pool)**이라고 한다. 한 개체군의 유전자 풀은 주로 유전자형과 대립유전자의 빈도로 묘사된다. 유전자 빈도는 한 개체군 내에서의 특정 유전자—예를 들어, 동형접합인 우성 개체—가 나타날 확률이다. 대립유전자 빈도는 얼마나 많은 특정 대립유전자가 한 개체군의 유전자 풀을 대변하는지를 나타낸다. 흰색과 검은색의 후추나방을 예로 들어보자(그림 15.7).

후추나방의 색이 한 세트의 대립유전자에 의해 조절된다고 가정하고 다음과 같이 표시해보자.

D = 검은색 d = 밝은색

게다가 오염 물질에 의해 나무가 어두운 색으로 변하기(그림 15.7*a*) 이전의 영국에서는 단지 4%(0.04)의 나방만이 우성 동형접합체(*DD*)였으며, 32%(0.32)는 이형접합체(*Dd*), 64%(0.64)는 열성 동형접합체(*dd*)였다. 이러한 유전자형 빈도로부터

a.

b.

그림 15.7 산업흑화 현상과 소진화.

후추나방(*Biston betularia*) 색깔은 유전자 풀에 두 개의 대립유전자를 가진다. **a.** 영국에서 공해가 심해지기 이전에는 밝은색 표현형이 개체군 내에 더 많은 빈도로 존재했다. 밝은색의 나무 줄기 위에서 밝은색 나방은 포식 동물의 눈에 잘 띄지 않았기 때문이다. **b.** 나무 줄기가 공해에 의하여 검게 변하자 검은색 표현형의 빈도가 더 증가하였다. 자연선택에 의한 유전자 풀의 빈도가 변함에 따라서 소진화가 일어났다.

(both): ©Michael Tweedie/Science Source

개체군 내의 유전자 빈도를 계산할 수 있다.

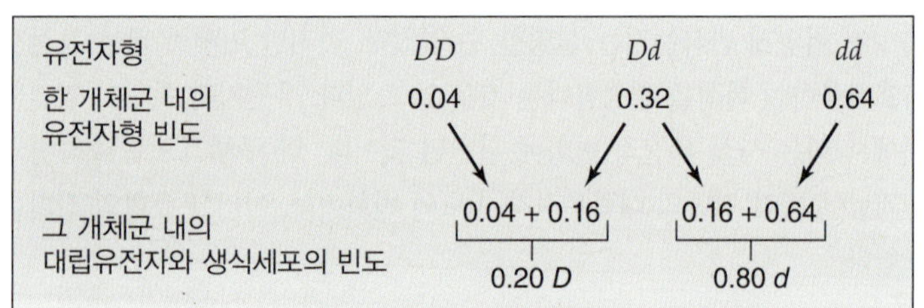

이 개체군에서 유전자 풀에 있는 *D* 대립유전자(검은색)의 빈도는 20%(0.20)이고 *d* 대립유전자(밝은색)의 빈도는 80%(0.8)이다. 그러므로 이 개체군에서 만들어지는 생식세포(정자와 난자) 중에서 *D* 대립유전자를 가질 확률은 20%이고 *d* 대립유전자를 가질 확률은 80%(0.8)이다. 집단 내의 정자와 난자들 사이에 무작위 수정이 일어난다고 가정(모든 생식세포의 수정성공 확률이 동일하다는 가정)하면, 다음 세대의 유전자형 빈도는 푸네트 정방형(Punnett square)을 사용하여 계산할 수 있다(**그림 15.8**). 예를 들어, 우성 동형접합체(*DD*) 나방을 만들기 위해서는 부모 모두가 *D* 대립유전자를 제공해야 한다. 이 대립유전자는 유전자 풀에서 단지 20%만 존재하므로 수컷이 *D* 대립유전자를 제공할 확률이 20%(0.20)이고 암컷이 *D* 대립유전자를 제공할 확률이 20%(0.20)이다. 이러한 경우가 일어날 확률은 0.20 × 0.20, 즉 0.04(4%)이다. 그러므로 만일 나방이 무작위로 짝짓기를 한다면 다음 세대의 4%만이 우성 동형접합체(*DD*)가 될 것이다.

개체들의 교배를 나타내는 푸네트 정방형(한 가지 형질이나 두 가지 형질의 경우; 10.1절 참조)과 그림 15.8 사이에는 중요한 차이점이 있다. 그림 15.8에서는 다음 세대의 유전자형 빈도를 결정하기 위해 **개체군 내의 생식세포 빈도**를 사용한다. 다시 말해서 우성 동형접합체 나방(*DD*)은 여전히 개체군의 0.04, 이형접합체 나방(*Dd*)은 0.32, 그리고 열성 동형접합체 나방(*dd*)은 0.64이다. 이 놀라운 결과에서 **유성생식**

한 가지만으로는 유전자형과 대립유전자 빈도의 변화가 일어나지 않는다는 중요한 사실을 알 수 있다. 또한 우성 대립유전자라고 해도 다음 세대에서 그 빈도가 증가하는 것이 아니다. 우성이라는 성질이 특정 대립유전자가 보편적인 대립유전자로 되도록 하지는 않는다.

유전자 풀의 대립유전자 빈도는 세대를 거치면서 그림 15.8과 같이 평형에 도달하는 것처럼 보인다. 이러한 사실은 영국의 수학자 하디(G. H. Hardy)와 독일의 물리학자 바인베르크(W. Weinberg)에 의한 개별적인 연구를 통해 1908년에 밝혀졌다. 하디와 바인베르크는 개체군 내에서의 유전자형과 대립유전자 빈도를 계산하기 위해 이항방정식을 이용하였다. 이 공식에서,

p = 우성 대립유전자의 빈도(나방의 경우 D 대립유전자)
q = 열성 대립유전자의 빈도(나방의 경우 d 대립유전자)

하디-바인베르크 원리(*Hardy-Weinberg principle*)에서 유전자형 빈도는 평형을 이루며, 다음과 같이 표시할 수 있다.

$$p^2 + 2pq + q^2 = 1$$

후추나방의 예에서 이 방정식을 살펴보자(그림 15.8). 검은색 대립유전자(D)는 우성 대립유전자로 개체군의 20%(0.20)이다. 그러므로 $p = 0.20$, 그리고 부모 모두가 이 대립유전자를 제공할 확률은 $p \times p(p^2)$, 즉 0.04(4%)이다. 열성 동형접합 개체가 되기 위해서는 부모로부터 모두 열성 대립유전자를 물려받아야 한다. 열성 대립유전자(d)는 유전자 풀에서 0.80의 빈도를 가지므로(q로 표현됨) 그 확률은 $0.8 \times 0.8(q^2)$, 즉 0.64(64%)이다. 그림 15.8의 푸네트 정방형에 의하면 한 개체가 이형 접합체가 되는 방법은 두 가지이며, $2pq$로 표현할 수 있다. 그러므로 이형 접합체가 될 확률은 $2 \times 0.2 \times 0.8$, 즉 0.32(32%)이다.

그림 15.8 개체군 내에서 유전자형 빈도와 표현형 빈도의 관계.

개체군 내에서 생식세포의 빈도를 이용하여 다음 세대의 유전자형 빈도를 계산하기 위해 푸네트 정방형을 적용할 수 있다. 유성생식만으로는 유전자형과 표현형을 변화시키지 않는다는 것을 알 수 있다.

하디와 바인베르크 원리의 수학적 관계는 다음의 다섯 가지 조건을 충족할 경우 유성생식을 하는 개체군의 다음 세대에서도 여전히 적용할 수 있다.

- 집단 내에 돌연변이(*mutation*)가 일어나지 않는다: 대립유전자에 변화가 일어나지 않거나 한 방향으로의 변화가 다른 방향으로의 변화에 의해 상쇄된다.
- 집단 사이에 유전자 흐름이 없다: 개체군 내로 또는 밖으로의 대립유전자의 이동이 없다.
- 교배가 무작위로 일어난다: 유전자형이나 표현형에 따라서가 아니라 우연에 의해 교배한다.
- 유전적 부동이 일어나지 않는다: 개체군의 규모가 매우 크고, 우연에 의한 대립유전자 빈도의 변화는 미미하다.
- 선택: 자연선택이 일어나지 않거나 또는 특정 대립유전자나 대립유전자의 조합을 다른 것보다 선호하지 않는다.

이 조건들은 거의 충족되지 않기 때문에 한 개체군의 유전자 풀의 대립유전자 빈도와 유전자형은 세대를 거쳐 변화한다. 그러므로 소진화가 일어나고 변화의 정도도 측정가능하다. 하디-바인베르크 원리는 어떤 요인이 진화를 일으키는지 알려주기 때문에 중요하다. 소진화는 개체군의 유전자 풀에서 유전자형 빈도가 하디-바인베르크 평형으로부터 벗어난 정도를 이해함으로써 알 수 있다.

유전자형 빈도는 자연선택에 영향을 받기 때문에 표현형 빈도의 변화를 초래한다. 공해로 인해 검은색 표현형의 빈도가 증가하는 **산업흑화현상**(*industrial melanism*)이 하나의 예이다. 단지 나방 개체군의 36%만이 검은색을 나타내었다(우성 동형접합체와 이형접합체). 이유가 무엇일까? 산업혁명이 일어나기 전에는 어두운 색깔의 나방이 밝은 나무에서 휴식을 취하면 새의 눈에 띄어서 잡아먹혔다. 그러나 산업혁명이 일어나면서 나무의 외피가 검게 변하면서 밝은 체색의 나방이 섭식동물의 눈에 쉽게 띄어 잡아먹혔다(그림 15.7*b*). 나방을 잡아먹는 새가 선택요인으로 작용하여 소진화가 일어났다. 1950년대 중반에는 전체 집단의 80% 이상이 흑색나방이었다. 이 예는 자연선택이 짧은 시간 내에 일어날 수 있고, 소진화가 일어나는 것처럼 유전자 풀 빈도가 변한다는 것을 알려준다.

소진화를 일으키는 요인들

대립유전자의 평형을 위한 요인에서 벗어나는 조건은 진화적 변화를 일으킨다. 그러므로 다음의 다섯 가지 조건이 하디-바인베르크 평형상태를 깨뜨리는 요인이다. 유전자 돌연변이, 유전자 흐름, 무작위적인 교배, 유전적 부동, 그리고 자연선택(15.1절 참조).

유전자 돌연변이

영원한 유전자의 변화를 의미하는 **돌연변이(mutation)**는 진화적 변화를 위한 기본 재료이다. 돌연변이가 없다면 자연선택이 작용할 수 있는 개체군의 구성원들에게 새로운 변이가 없다. 그러나 돌연변이 확률은 매우 낮아서 십만 번 세포분열을 할 때 하나의 돌연변이가 일어난다. 게다가 많은 돌연변이는 중립적인데(그림 15.9), 이는 자연선택에 의해 호의적으로도 또는 비호의적으로도 선택되지 않음을 의미한다. 원핵생물은 무성생식을 하기 때문에 돌연변이가 변이를 만드는 데 중요하다. 표현형에 차이를 일으키는 돌연변이는 환경에 의해 검증된다. 그러나 유성생식을 하는 개체의 경우 돌연변이가 만일 열성이라면 표현형에 영향을 미치지 않는다.

변화하는 환경에서는, 표현형에 차이를 가져와 심지어 해로운 것처럼 보이는 돌연변이가 적응적 변이의 근원이 될 수 있다. 예를 들어, 물벼룩 *Daphnia*은 일반적으로 20°C 물에서 서식한다. 그러나 돌연변이에 의하여 25°C에서 30°C 사이의 물에서 서식하는 물벼룩도 있다. 이러한 돌연변이의 적응적 가치는 환경조건에 의해서 결정된다.

그림 15.9 주근깨.
우성 대립인자 때문에 주근깨가 생긴다. 그런데 주근깨가 모든 사람에게서 나타나지 않는 이유는 무엇일까? 하디-바인베르크 원리에 의하면 유성생식을 하는 생명체는 스스로 대립인자 빈도를 변화시키지 않기 때문에 우성 유전자라고 해서 반드시 다음 세대에서 그 빈도가 증가하는 것은 아니다.

유전자 흐름

유전자 흐름(gene flow)이란 개체군 간의 생식가능 개체들의 이동에 따른 대립유전자의 이동을 말하며, 유전자 이동(*gene migration*)이라고도 한다. 유전자 흐름은 다른 집단에서 돌연변이에 의해 만들어진 새로운 대립유전자를 도입함으로써 한 집단 내의 변이를 초래한다. 개체의 이동에 따른 지속적인 유전자 흐름은 집단 유전자 풀을 유사하게 만들고 개체군 사이의 대립유전자 빈도의 상이성을 감소시키기도 한다. 따라서 개체군 사이의 유전자 흐름은 종 분화를 지연시키기도 한다. 이러한 유전자 흐름 때문에 그림 15.10의 뱀 개체군은 동일한 종 내에서의 다른 집단인 아종이다. 다소 독특한 특징들에도 불구하고, 개체군 사이의 유전적 유사성이 크기 때문에 *Pantherophis obsaleta* 아종은 쉽사리 상호교배가 가능하다.

작위적 교배

한 개체가 유전자형이나 표현형에 상관없이 우연히 만난 개체와 교배하면 무작위교배가 이루어진다. 그렇지만 근친교배는 **작위적 교배(nonrandom mating)**의 한 예이다. 근친교배에 의해서 대립유전자 빈도가 변하지는 않지만, 동형접합 개체는 동형접합 생식세포만을 생산하기 때문에 점차적으로 동형접합 유전자형의 빈도를 증가시킨다.

동류교배(assortative mating)란 어느 한 개체가 자신과 비슷한 특징의 표현형을 가진 상대와 교배함을 말한다. 인간의 경우 문화적 차이 때문에 자신이 속한 그룹 내에서 배우자를 선택하고자 한다. 동류교배에 의해 집단은 두 개의 표현형 집단으로 나뉘고, 그 두 소집단 사이의 유전자 교류는 감소한다. 어느 특정한 형질을 결정하는 유전자 자리에 대하여 동형접합 유전자 빈도를 증가시키고 이형접합 유전자 빈도를 감소시킨다.

성 선택(sexual selection)은 배우자를 획득할 기회를 증가시키는 특징을 선호하며 이로 인해 작위적 교배를 촉진시킨다. 대부분의 종에서 수컷은 암컷을 두고 경쟁을 하며, 암컷을 매혹시키는 표현형을 가진 수컷은 교배 기회가 많으며, 높은 적응도를 갖는다(15.1절 참조).

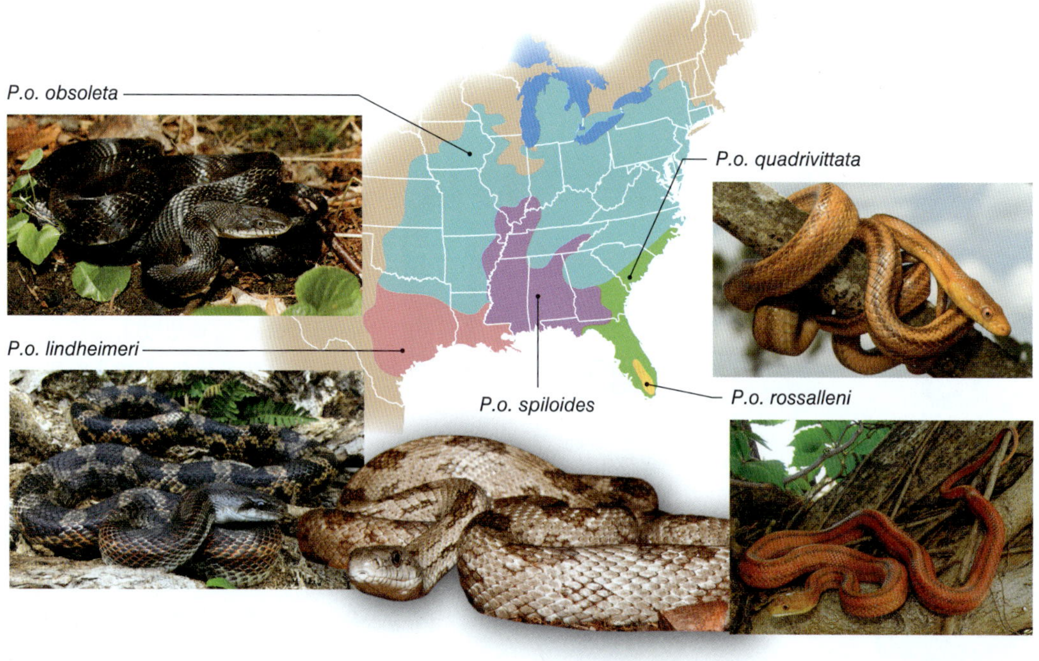

그림 15.10 유전자 흐름.
이 쥐뱀들은 서로 다른 집단이다. 집단 사이의 유연관계가 깊기 때문에 상호 교배가 가능하여 각 집단 사이의 유전자 흐름이 일어난다. 이러한 유전자 흐름은 집단의 유전자 풀을 유사하게 하며, 이 집단들은 *Pantherophis obsoleta*의 아종으로 분류된다. 아종의 학명은 삼명법을 따른다.

(*P. o. obsoleta*): ©Robert Hamilton/Alamy Stock Photo; (*P. o. quadrivittata*): ©Robert Hamilton/Alamy Stock Photo; (*P. o. rossalleni*): ©Graeme Teague; (*P. o. spiloides*): ©Jason Ondreicka/Alamy Stock Photo; (*P. o. lindheimeri*): ©Joe Farah/Shutterstock

유전적 부동

유전적 부동(genetic drift)이란 우연한 기회에 유전자 풀 안의 대립유전자의 빈도가 변하는 것을 말한다. 이러한 유형의 진화는 대립유전자 빈도가 시간의 흐름에 따라 우연히 변할 수 있기 때문에 유전적 부동이라 한다. 개체군의 구성원이 죽거나, 더 오래 살아남거나 또는 서로 생식활동을 하기 때문에 규모가 증가하기도 하고 감소하기도 한다. 비록 유전적 부동은 대규모 집단과 소규모 집단 모두에서 일어날 수 있지만 유전적 부동의 파급효과는 대규모 집단에서는 미미하나 소규모 집단에서는 크게 나타난다. 하나의 큰 가방에 1,000개의 초록색 공과 1,000개의 파란색 공이 들어 있는데, 여기에서 10%(200개)의 공을 임의로 꺼낸다고 가정하자. 이렇게 개체 수가 많은 집단에서는 100개의 초록색 공과 100개의 파란색 공, 혹은 적어도 이와 비슷한 비율로 공을 꺼낼 것으로 예상할 수 있다. 하지만 또 하나의 다른 가방 안에 10개의 초록색 공과 10개의 파란색 공이 들어 있는데, 여기에서도 10%(2개)의 공을 꺼낸다고 가정해 보자. 2개 모두 초록색 공이거나 또는 2개 모두 파란색 공 또는 각각 하나씩 일 수도 있다.

개체군이 작으면 하나의 유전자형이 다음 세대에서도 나타날 확률이 낮다. 어느 소규모 개구리 집단에서 어느 형질을 지닌 개체가 다음 세대로 그 형질을 전승시키는 데 실패했다고 가정하자. 이 경우 다음 세대 집단에서는 대립유전자의 빈도가 달라진다(그림 15.11). 유전적 부동에 의해 하나 또는 그 이상의 대립유전자가 유실

그림 15.11 유전적 부동.
유전적 부동은 무작위 사건이 집단 내 대립유전자의 빈도를 변화시킬 때 발생한다. 다음 세대의 유전자 풀의 대립유전자 빈도는 이전 세대의 대립유전자 빈도와 현저히 다를 수 있다.

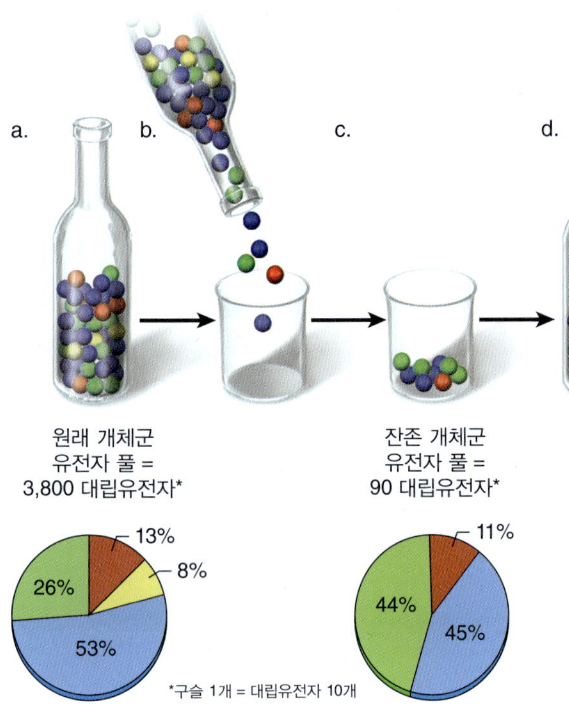

그림 15.12 병목효과와 창시자 효과.
a. 위의 예에서는 한 집단의 유전자 풀이 4개의 다른 대립유전자를 가지며 각각은 색구슬로 표현되어 있다. 개체군 내에서 각각의 대립유전자는 다른 빈도로 존재한다. **b.** 병목효과가 일어나면 집단 내 개체 수가 급격하게 감소한다. **c.** 유전자 풀이 초기 개체군과 달라진다. 노란색 구슬이 사라졌음을 주목해라. **d.** 개체군은 원래의 크기로 되돌아왔지만 각 대립유전자의 빈도는 변했다. 창시자 효과는 병목효과와 유사하다. 창시자 효과에서는 원래의 개체군이 여전히 존재한다는 사실만 병목효과와 다르다.

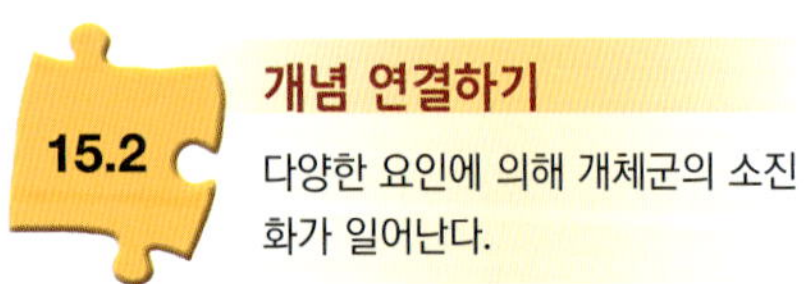

진도 점검하기 15.2

1. *유전자 풀*이란 용어를 정의하고 한 개체군 안에서 대립인자 빈도와 어떤 관계가 있는지 설명하시오.
2. 하디-바인베르크 평형을 설명하고, 또 소진화가 일어날 때 이 평형에 어떤 일이 일어나는지 설명하시오.
3. 개체군에서 소진화를 방해하는 다섯 가지 요소들을 나열하시오.
4. 진화의 관점에서 돌연변이의 중요성을 서술하시오.
5. 어떻게 유전자 흐름과 작위적 교배에 의해 소진화가 일어나는지 설명하시오.
6. 유전적 부동의 결과를 설명하고, 그것이 왜 소소의 집단에서 일어날 가능성이 더 높은지 설명하시오.

되면 이 유전자가 위치했던 유전자 좌위에는 다른 대립유전자가 자리를 잡게 된다.

107개의 초파리 집단을 배양병 속에서 사육하며 갈색 눈 형질에 대해 연구하는 실험을 수행하였다. 각각의 병에 암수 각각 8마리의 이형접합 초파리를 배양하였다. 열성 동형접합이나 우성 동형접합의 초파리는 포함되지 않았다. 이들의 새끼 중에서 다시 암수 각각 8마리씩 골라서 배양하였다. 이렇게 하기를 19세대에 걸쳐서 반복했다. 19번째 세대에 이르러서는 집단의 25%가 열성 동형접합이고 또 다른 25%가 갈색 눈 색깔을 나타내는 유전자를 우성 동형접합으로 갖고 있었다.

유전적 부동은 우연에 따른 과정이므로 모든 개체군에서 동일한 결과를 가져오지 않는다. 캘리포니아에는 다른 개체군으로 이루어진 많은 삼나무 숲이 있다. 같은 숲 안에 있는 수목 표현형은 서로 유사하지만 다른 숲의 수목 표현형과는 확연한 차이가 있다. 어떤 숲의 수목은 일괄적으로 길게 쭉 뻗었지만 다른 숲의 수목은 피라미드형이다. 어떤 숲의 목피는 거칠지만 다른 숲의 목피는 매끈하다. 나뭇잎의 색깔도 회색, 밝은 녹색, 혹은 청색이고, 솔방울의 크기도 제각각이다. 이 숲들은 모두 비슷한 환경에 처해 있기 때문에 환경과 표현형 사이의 상관관계가 없어 보인다. 이렇게 삼나무 집단마다의 다양한 표현형은 유전적 부동 때문이라는 가설을 세워볼 수 있다.

병목효과 지진이나 화재 같은 자연재해나 남획 그리고 서식처 파괴로 인해 생물종이 거의 멸종되기도 한다. 이러한 경우 대부분의 개체들이 갑자기 좁아진 병목을 통과하기 위해서 기다리다가 몰살해버리고 극히 소수의 개체들만 살아남게 된다(그림 15.12). 이러한 **병목효과(bottleneck effect)**는 대다수의 유전자형이 다음 세대로 형질이 대물림 되는 것을 차단한다.

치타에게서 발견되는 극단적인 유전적 유사성은 이러한 병목효과에 기인한 것으로 판단된다. 47개의 효소를 분석한 바에 의하면 다른 유형의 고양이에서는 몇몇 다른 형태의 효소가 존재하지만 모든 치타 개체들은 완전히 동일한 형태의 효소를 가지고 있었다. 이는 유전적 부동에 의해 어떤 대립유전자가 유실되었음을 의미한다. 치타 집단의 유전적 병목효과의 원인은 정확히 규명되지 않았다. 치타는 19세기에 가축을 보호하고자 하는 사람들에 의해서 또는 약 4,000년 전 이집트인들에 의해 행해진 남획이나 수만 년 전 대량 학살 때문에 몰살된 것으로 추측된다. 오늘날의 치타들은 병목효과 후 심한 근친교배로 인해 심각한 불임증상을 보이고 있다.

창시자 효과 개체군으로부터 한 집단이 분리 독립하였을 경우 매우 드문 대립유전자나 그 대립유전자의 조합이 높은 빈도로 나타나는 유전자 부동의 경우를 **창시자 효과(founder effect)**라고 한다. 새로운 집단을 창시한 개체는 원래 있던 개체군이 가진 유전적 다양성 중에서 단지 일부만 가지고 있다. 초기 창시자가 가진 대립유전자는 우연에 의해서만 전달된 것이다. 미국 펜실베이니아 랑카스터에 집단 거주하는 아만족(Amish)은 독일에서 이주한 소수의 창시자다. 현재의 아만인 14명당 1명이 왜소증(단지 팔과 다리의 길이만 짧다)과 다지증(손가락 개수가 많다)을 유발하는 대립유전자를 가지고 있다. 일반적인 집단에서는 1,000명 중 1명만이 이 대립유전자를 지니고 있다.

요 약 SUMMARIZE

개체군은 시간이 지남에 따라 자연선택에 의해 변한다. 소진화에 의해 항생제에 저항성을 갖는 세균과 같이 개체군 내에서의 새로운 변이가 나타난다.

15.1 자연선택으로 인해 개체군이 자신의 환경조건에 적응하게 된다.

15.2 다양한 요인에 의해 개체군의 소진화가 일어난다.

15.1 자연선택

자연선택(natural selection)은 어떤 종이 환경에 적응한 결과이다. 가장 적합한 개체는 다른 개체보다 더 많은 생식활동을 한다. 이 개체는 환경에 더 적합한 형질을 지니며 개체군 내에서 이 적응 형질의 빈도는 세대를 거치면서 증가한다.

선택의 유형

진화적으로 중요한 형질의 대부분은 다형질성이고, 개체군 내에서 그 표현형의 분포는 종모양을 나타낸다. 다음과 같은 세 가지 유형으로 구분된다.

- **안정화 선택(stabilizing selection):** 대부분의 신생아가 중간 정도의 체중을 갖고 태어나는 것처럼 중간 표현형이 선호된다. 체중미달 신생아나 체중초과 신생아는 정상 체중을 가진 신생아보다 적합하지 않다.
- **방향성 선택(directional selection):** 공해지역에서 검은 체색의 후추나방의 빈도가 늘어난 것처럼 분포곡선이 한 방향으로만 이동한다.
- **분단성 선택(disruptive selection):** 넓은 지역에서 지역에 따른 다른 선택으로 영국 달팽이의 표현형이 분리된 것처럼 분포 곡선이 극단적인 두 가지로 나뉜다.

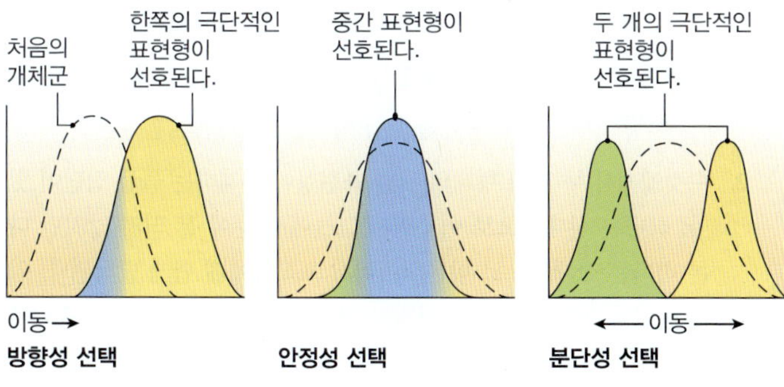

성 선택

성 선택(sexual selection)은 수컷과 암컷 사이에 차이가 있다. 성 선택은 가장 **적응도(fitness)**가 높아 생존 가능한 자손을 생산할 수 있는 능력이 가장 큰 배우자를 선택하는 것이다.

적응은 완전한 것이 아니다

진화란 어떤 변이가 존재하는지에 따라 다르기 때문에 적응은 완전한 것이 아니다. 단지 특정 유형의 변이만 이용할 수 있기 때문에 동일한 결과를 가져오는 경향이 있다. 그 결과는 종종 이익과 희생으로 상쇄된다. 성 선택은 적응과는 무관한 생식적 유리함과 관련되어 있다.

변이의 유지

지속적인 자연선택에도 불구하고 변이는 다음과 같은 이유로 유지된다.

- 돌연변이와 유전자 재조합은 계속해서 일어나며 개체군 간의 유전자 흐름으로 인해 새로운 대립유전자가 유입된다. 자연선택이 덜 선호되는 표현형을 제거하지 못할 수 있다.
- 유성생식을 하는 이배수성 생명체에서, 이형접합체는 빈도가 낮은 열성 대립유전자를 보관하는 역할을 한다. 낫세포 적혈구빈혈증의 경우, 이형접합체는 말라리아가 만연한 지역에서 보다 적합하다. 그러므로 두 가지 동형접합체가 개체군에서 유지된다.

15.2 소진화

소진화(microevolution)는 시간이 흐름에 따라 개체군 내에서 작은 변화가 일어나는 과정이다. 소진화에 대한 연구는 종종 **집단유전학(population genetics)**으로 언급된다.

유전적 개념에서의 진화

소진화는 여러 요소를 포함한다.

- 개체군이 가지고 있는 다양한 유전자의 총집합을 **유전자 풀(gene pool)**이라고 한다.
- 유전자 풀의 대립유전자 빈도가 세대를 거듭해도 집단 내 유전자 빈도의 변화가 일어나지 않는 상태가 하디-바인베르크 평형이다. 특정 조건이 충족될 때에만 평형에 이른다.
- 조건은 다음과 같다. (1) 돌연변이가 일어나지 않는다. (2) 유전자 흐름이 없다. (3) 무작위로 교배가 일어난다. (4) 유전적 부동이 일어나지 않는다. (5) 자연선택이 일어나지 않는다. 하지만 이러한 5가지 조건을 모두 충족시킬 수 있는 경우는 매우 드물기 때문에 유전자 풀의 빈도는 변할 수밖에 없다.
- 유전자 풀의 구성이 바뀌면 소진화가 진행되었음을 뜻한다. 하디-바인베르크 평형에서 벗어났다는 것은 진화가 일어났으며 변화의 정도를 측정할 수 있음을 알려준다.

소진화를 일으키는 요인들

소진화는 다음의 다섯 가지 요인에 의해서 유발된다.

- **돌연변이(mutation)**는 변이의 근본적인 요인이다. 환경에 변화가 있을 때에만 일부 유전자의 변이는 진화적 중요성을 지닌다. 각 유전자 자리에 여러 대립유전자가 존재하며 단일염기다형성(SNPs)이 존재할 때 유전적 다양성은 증가한다.
- **유전자 흐름(gene flow)**은 번식 개체가 다른 개체군으로 이동할 때 발생하는 대립유전자의 이동이다.
- **작위적 교배(nonrandom mating)**는 가까운 친족 간의 교배(근친교배)나 동류교배를 통해서 이루어진다. 성 선택(sexual selection)은 배우자의 선택을 증가시키는 특징이 선호되는 현상을 말한다.

- **유전적 부동(genetic drift)**은 대립유전자의 빈도가 우연히 변할 때 일어난다. 유전적 부동은 유전자 풀에서 대립유전자 빈도를 변화시키는 **병목효과(bottleneck effect)**나 **창시자 효과(founder effect)**에 의해 나타난다.
- 자연선택(15.1절 참조)

평가 ASSESS

혼자 풀어보기

가장 적절한 답을 고르시오.

15.1 자연선택

[1~5] 질문에 대한 가장 적합한 선택의 유형을 고르시오. 보기의 항목은 여러 번 사용될 수 있다.

보기:

a. 성 선택 **b.** 안정화 선택
c. 방향성 선택 **d.** 분단성 선택

1. 가장 일반적인 표현형을 감소시키는 선택
2. 배우자의 적응도에 바탕을 둔 선택
3. 극단의 표현형에 대한 선호
4. 중간 표현형에 대한 선호
5. 항생제나 살충제에 대한 저항성과 같은 경우

15.2 소진화

6. 어떤 집단이 50 *AA*, 30 *Aa*, 25 *aa* 개체들로 이루어져 있다. *a* 대립인자의 빈도는?
 a. 0.74 **b.** 0.62
 c. 0.38 **d.** 0.19
 e. 0.06

7. 다음 중 하디-바인베르크 원리의 이항방정식은 무엇인가?
 a. $2p^2 + 2pq + 2q^2 = 1$ **b.** $p^2 + pq + q^2 = 1$
 c. $2p^2 + pq + 2q^2 = 1$ **d.** $p^2 + 2pq + q^2 = 1$

8. 가장 잘 적응한 개체의 자손은 다음 세대에서 대다수를 차지할 것으로 생각된다. 가장 타당한 설명은?
 a. 돌연변이와 작위적 교배
 b. 유전자 흐름과 유전적 부동
 c. 돌연변이와 자연선택
 d. 돌연변이와 유전적 부동

9. 200년 전, 27개의 가족으로 이루어진 던커파(Dunker)라는 생식 가능한 고립된 종파가 독일에서 미국으로 이주하였다. 이 집단의 혈액형 대립유전자 빈도는 일반적인 미국 집단과는 확연히 다르다. 이는 다음 중 어떤 경우에 해당하는가?
 a. 부정적인 동류교배 **b.** 자연선택
 c. 창시자 효과 **d.** 병목 현상
 e. 유전자 흐름

10. 개체군이 작을 때 일어날 확률이 가장 큰 것은?
 a. 유전자 흐름 **b.** 유전적 부동
 c. 자연선택 **d.** 돌연변이
 e. 성 선택

11. 낫세포 적혈구빈혈증을 나타내는 대립유전자가 말라리아가 만연한 지역에서 유지되는 이유는 무엇인가?
 a. 기생동물에 저항성을 나타내는 대립유전자 때문
 b. 유전자 흐름이 해당 지역에서 많이 일어나기 때문
 c. 분단성 선택 때문
 d. 유전적 부동이 무작위로 대립유전자를 선택하기 때문

관계맺기 ENGAGE

과학적으로 생각하기

1. 한 농부가 새로운 살충제를 사용한다. 제조사의 지시대로 살충제를 사용하였더니 농작물의 약 15%가 곤충에 해를 입었다. 다른 지역의 농부는 세 차례 가능한 많은 살충제를 처리하였고, 농작물의 약 3%만 곤충에 해를 입었다. 각 농부는 5년 동안 이와 동일하게 하였다. 5년 뒤, 첫 번째 농부는 여전히 농작물의 15%가 곤충에 해를 입은 반면, 두 번째 농부는 약 40%가 해를 입었다.
 a. 이 경우 자연선택이 어떻게 작용하는지 설명하시오.
 b. 이 개체군에서 일어나고 있는 선택에 대해 설명하시오.
 c. 어떤 개체군이 여전히 평형상태에 있는가? 이를 어떻게 알 수 있을까?

2. 수컷에게서 두 가지 형태의 깃털 표현형이 존재하는 들꿩 집단이 있다. 하나는 상대적으로 어두워서 그늘에서 눈에 잘 띄지 않지만 다른 하나는 상대적으로 밝은색이어서 포식자에게 쉽게 발각된다. 암컷은 모두 어두운 깃털을 가지고 있다. 암컷과 두 가지 다른 깃털을 가진 수컷 사이의 교배를 관찰하여 다음과 같은 결과를 얻었다.
 어두운 깃털을 가진 수컷과 교배: 13
 밝은 깃털을 가진 수컷과 교배: 32
 a. 암컷이 밝은 깃털을 가진 수컷을 선호하는 이유를 설명할 수 있는 가설을 제시하시오.
 b. 밝은 깃털을 선택한 것에 대한 이로운 점을 설명하시오.
 c. 제시한 가설을 입증할 수 있는 실험을 계획하시오.

(Cast of Archaeopteryx): ©Alan Morgan; (bald eagle): ©Adam Jones/Getty Images

CHAPTER 16

큰 규모의 진화
Evolution on a Large Scale

깃털 달리 파충류의 진화

1860년 시조새(*Archeopteryx*)라는 이름의 깃털 달린 파충류가 발견되면서 진화적 변화 과정에 대한 견해가 완전히 바뀌었다. 시조새는 과도기 종을 대표했는데 그것은 파충류와 새의 특성을 모두 가지고 있었습니다. 이것이 다윈의 종의 기원(*On the Origin of Species*)이 출판된 직후에 발견되어 종이 시간이 지남에 따라 변하며 이러한 변화가 새로운 종의 출현을 야기한다는 생각을 입증하게 되었다.

그러나 이 이야기의 흥미로운 부분은 시조새가 아니라 파충류와 새의 진화에서 깃털의 역할이다. 추가적인 화석기록에 따르면 이 파충류의 깃털은 아마도 비행을 위한 것이 아니었을 것으로 추측된다. 그렇다면 이 깃털의 용도는 무엇이었을까? 상충되는 가설들이 존재하지만 일부는 깃털이 체온을 유지하기 위한 단열재 역할을 한다고 주장하는 반면, 다른 일부는 깃털이 이성의 관심을 끌도록 설계되었다고 제안한다.

시간이 지남에 따라 깃털의 적응은 비행을 가능하게 하는 또 다른 이점을 갖게 되었다. 비행을 위한 깃털의 용도변경은 효율적인 비행을 위한 다른 생리학적 적응으로 이어졌다. 조류의 진화는 적응과 종분화의 놀라운 이야기를 나타낸다. 오늘날에는 10,000종 이상의 알려진 조류가 있으며, 이 모든 조류들은 깃털 달린 파충류 조상으로부터 파생되었다.

이 장에서는 소진화에서 한 걸음 더 나아가서 시간이 지남에 따라 어떻게 집단에 새로운 종으로 분화할 만큼 충분히 큰 차이가 축적되는지 알아보고자 한다. 종의 기원은 지구상 모든 생명체의 다양성의 기원을 이해하는 데 아주 중요하다.

이 장을 공부하는 동안 다음 질문에 대해 생각해보자.

1. 과학자들은 하나의 생명체가 새로운 종인지 아닌지를 어떻게 결정하는가?
2. 어떤 과정이 새로운 종의 진화를 유도하는가? 이것은 집단의 진화를 유도하는 과정과 다른가?
3. 시간이 지남에 따른 종의 발생 및 멸종에 대해 화석기록이 알려줄 수 있는 것은 무엇인가?

개요

시작하기 전에

이 장을 시작하기 전에 다음의 내용을 다시 살펴보자.

14.2절 화석기록과 비교해부학 연구가 진화적 변화를 이해하는 데 어떤 역할을 하는가?

15.1절 자연선택이 진화적 변화의 기작으로서 어떻게 작동하는가?

15.2절 소진화란 무엇인가?로 작용하는가?

16.1 종분화와 대진화

학습 목표

이 절을 학습한 후에는 다음 과제를 수행할 수 있어야 한다.

1. 생물학적인 종의 정의를 이해하며 이 정의의 한계를 기술하기.
2. 접합전 격리 기작 및 접합후 격리 기작을 구분하고 각각의 예를 제시하기.
3. 이소 종분화와 동소 종분화를 구분하고, 각 방법이 어떻게 새로운 종 발생을 초래하는지 설명하기.
4. 적응방산에 의해 어떻게 새로운 종이 발생할 수 있는지 설명하기.

15.2절에서는 상대적으로 짧은 시간 동안 한 집단에서 발생하는 대립유전자 빈도의 작은 변화인 **소진화(microevolution)** 과정을 다루었다. 이 장에서는 매우 긴 시간 동안 한 집단에서의 변화인 **대진화(macroevolution)**라고 부르는 과정에 집중하고자 한다. 지구에서 생명의 역사는 대진화의 일부이다. 개체군이 변화함에 따라 종분화라고 하는 새로운 종의 형성이 발생할 수 있다. 우리가 보게 되겠지만, **종분화(speciation)**는 유전자 풀의 변화와 두 집단의 유전적인 분기에 기인하며, 이 모든 것은 소진화의 원리에 기초하고 있다.

시간이 지남에 따라 개체군들은 그들의 환경에 적응하면서 진화한다. 이러한 변화는 유전자 풀의 소진화의 결과이다. 시간이 지남에 따라 이러한 변화가 축적되어 개체군의 유전자 풀을 변화시키고 다른 개체군과 유전적으로 달라지게 하며 그 과정에서 개체군의 종분화를 초래하게 된다. 지구상에서 생명의 역사는 화석기록(그림 16.1*a*) 및 우리의 유전정보(그림 16.1*b*)에 기록된 것처럼 소진화, 대진화 및 종분화 과정에 대한 기록이다.

a.

나비의 일종(*Astraptes fulgerator*, TRIGO)

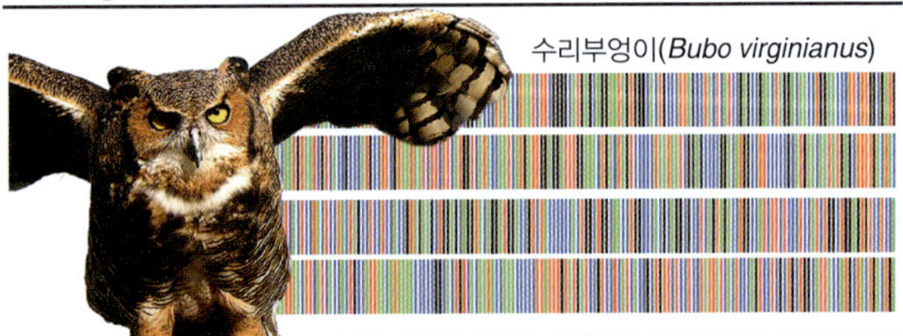

b.

그림 16.1 생명의 역사.
생명의 역사는 **(a)** 화석과 **(b)** 모든 생명체의 DNA에 기록되어 있다.

(a): ©Michael Melford/Getty Images; (b): ©Biodiversity Institute of Ontario, Canada

종의 정의

종의 기원을 고려하기 전에 우선 종에 대해 정의를 내릴 필요가 있다. 그림 1.2에서 우리는 종이 생물학적 조직 수준에서 개체와 집단 사이에 위치하고 있음을 살펴보았다. 생물학에 있어서 외형이 항상 두 종을 구분하는 좋은 방법은 아니다. 다른 종에 속하는 구성원들이 상당히 유사하게 보이기도 하고, 반면에 같은 종의 구성원들이 다양한 외형을 갖기도 한다. 우리의 목적을 위해, 우리는 **종(species)**이 서로 교배할 수 있고 생식력 있는 후손을 생산할 수 있는 생물 집단이라고 정의할 것이다.

많은 정의가 제안되었지만 **생물학적 종 개념(biological species concept)**은 종을 정의하기 위해서 외형에 의존하지 않은 검증 가능한 방법을 제시한다. 한 종의 구성원들은 서로 교배할 수 있고, 공통의 유전자 풀을 가지며 각 종은 생식적으로 모든 다른 종들과 격리되어 있다. 예를 들면, 그림 16.2의 딱새들은 자연 상태에서는 서로 교배하지 않으므로 다른 종의 구성원들이다.

생물학적 종의 개념에 따르면, 유전자 흐름은 같은 종의 집단 사이에서는 일어나지만 서로 다른 종의 집단 사이에서는 일어나지 않는다. 아메리카 꽃단풍(red maple)과 사탕단풍(sugar maple)은 미국 동부 지역의 매우 광범위한 범위에 걸쳐 발견되며, 각 종은 많은 집단으로 구성되어 있다. 그러나 각 종의 집단에 속하는 구성원들

아카디아 딱새, *Empidonax virescens*

버드나무 딱새, *Empidonax trailli*

작은솔 딱새, *Empidonax minimus*

그림 16.2 3종의 딱새(flycatcher).
이 세 종의 딱새는 겉모습은 거의 동일하지만, 서로 생식적으로 고립되어 있기 때문에 우리는 이들이 별개의 종이라는 것을 알고 있다. 짝짓기 시기에 종마다 독특한 노래와 서식지를 가지고 있다.
(Acadian): ©James Mundy/Alamy Stock Photo; (Willow): ©All Canada Photos/Alamy Stock Photo; (Least): ©Rick & Nora Bowers/Alamy Stock Photo

은 자연 상태에서는 거의 교배하지 않는다. 따라서 이 두 종류의 식물은 별개의 종이다. 반대로 인류는 신체적 외형이 확실히 다른 많은 집단을 포함한다(**그림 16.3**). 그러나 모든 인류는 서로 생식 가능한 자손을 생산할 수 있으므로 하나의 종에 속한다.

생물학적 종의 개념은 유용하지만 그래도 한계를 가지고 있다. 예를 들어, 이는 유성생식을 하는 생명체에만 적용되며 세균 같은 무성생식을 하는 생명체에는 적용되지 않는다. 또 유성생식을 하는 생명체 역시 우리가 생각하는 것처럼 항상 생식적으로 격리되어 있는 것은 아니다. 예를 들면, 북미찌르레기(oriole)는 북미 대륙의 서부 지역에서도 서식하며 동부 지역에서도 서식한다. 그러나 미토콘드리아 DNA 분석 결과 유전적으로 매우 거리가 먼 이 두 종은 북미 대륙의 중간에서 만나면 교배하기도 한다.

연관

유성생식을 하지 않는 생명체는 어떻게 별개의 종으로 판별할 수 있는가?

©Anest/Shutterstock

많은 생명체가 유성생식을 하지 않거나 매우 드물게 유성생식을 한다. 예를 들면, 어떤 이끼 종은 200~300년 만에 한 번씩 유성생식을 한다! 무성생식을 하는 두 생명체 집단이 별개의 종인지 아닌지를 결정하기 위해서 과학자들은 DNA 분석, 형태 연구 및 자세한 생태 관찰을 통해 두 집단이 자연적으로 생식하는지를 판단한다. 종종 과학자들은 연구를 통해 새로운 정보를 얻으면 기존의 종 분류를 다시 검토해야 한다.

생물학적 정의 외에도 종에 대한 다른 정의가 있다. 이 중 일부는 종 사이의 진화적인 유연관계를 근거로 한다. 이 장의 후반부에서 보겠지만(16.3절), 종은 속(genus)의 하위 분류 범주이다. 속은 여러 종을 가질 수 있다. 예를 들어, 우리의 속인 *Homo*는 과거에 *Homo neanderthalensis*와 *Homo erectus*를 포함하여 여러 종이 있었다.

a.

b.

그림 16.3 사람 개체군.
a. 동아프리카의 마사이와 **b.** 파나마의 산블라스제도에서 사는 쿠나 인디언은 모두 *Homo sapiens*의 구성원이다. 왜냐하면 이들 사이에서 생식력을 갖춘 자손이 태어날 수 있기 때문이다.
(a): ©Sylvia Mader; (b): ©Adam Crowley/Getty Images

같은 속의 종들은 최근의 공통조상을 공유한다. **공통조상(common ancestor)**은 두 개 이상의 서로 다른 그룹에 대한 하나의 조상이다. 예를 들면, 당신 아버지의 어머니(할머니)는 당신과 당신 형제자매들 그리고 부계 사촌들의 공통조상이다.

같은 속 안에 있는 종들 그리고 유연관계가 가까운 속들에 속한 종들의 유연관계를 연구함으로써, 과학자들은 시간이 지남에 따라 종이 어떻게 진화했는지를 더 잘 이해할 수 있게 되었다.

생식적 장벽

앞에서 언급했듯이, 두 종이 분리되기 위해서는 이들은 생식적으로 격리되어야 한다. 이는 두 종 사이에서 유전자 흐름이 발생하지 않음을 의미한다. 생식적 장벽은 성공적인 생식을 방해하는 격리 기작이다(그림 16.4). 진화에서 생식은 생식력이 있는 자손을 생산할 때만이 성공적이라고 간주된다.

접합전 격리 기작(prezygotic isolating mechanism)은 접합자 형성 이전에 발생하는 격리 기작이다. 대부분 이로 인해 생식적 시도가 방해되며, 교배가 시도되더라도 수정이 성공적으로 일어나지 않는다. 서식지 격리, 시간적 격리, 행동적 격리, 기계적 격리 및 배우자 격리는 특정 유전자형이 한 집단의 유전자 풀에 공헌하는 것을 막는다.

- 서식지 격리(*habitat isolation*): 두 종이 서로 다른 서식지를 점유하면, 심지어 같은 지리적 범위 안에 있더라도 이들은 잘 만나지 않으며 생식을 시도하지도 않는다. 이것이 그림 16.2의 딱새들이 서로 교미하지 않고 아메리카 꽃단풍과 설탕단풍이 서로 꽃가루를 교환하지 않는 이유 중 하나이다. 열대 우림에서 많은 동물 종들은 특정 높이의 캐노피에 제한되어 있기 때문에 유사한 종들로부터 격리되어 있다.
- 시간적 격리(*temporal isolation*): 두 종이 같이 지역에 서식할 수 있지만, 1년 중 서로 다른 시기에 생식활동을 하기 때문에 이들은 서로 교미를 시도하지 않는다. *Rana* 속에 속하는 5종의 개구리는 모두 뉴욕의 이타카 근처에서 발견된다. 짝짓기 활동이 절정에 이르는 기간이 다르고 번식 장소도 다르기 때문에 종은 서로 분리되어 있다. 예를 들면, 나무개구리는 삼림 연못이나 얕은 물에서, 표범개구리는 저지대 늪지대에서, 피커렐개구리는 개울과 고지대 연못에서 번식한다. 서로 다른 분산 시간을 갖는 것은 종종 다른 종의 배우자 수정을 방지하는데 도움이 된다.
- 행동적 격리(*behavioral isolation*): 많은 동물 종들은 수컷과 암컷이 서로를 인식할 수 있는 구애 양식을 가지고 있다(그림 16.5). 암컷 개똥벌레는 수컷의 섬광 패턴을 통해 같은 종의 수컷을 인식한다. 유사하게 암컷 귀뚜라미 역시 수컷의 울음소리를 통해 같은 종의 수컷을 인식한다. 많은 수컷은 페로몬이라 부르는 화학적 신호를 알아챔으로써 같은 종의 암컷을 인식한다. 예를 들어, 암컷 매미나방은 복부에 있는 분비샘을 통해 신호를 분비한다. 이 신호는 바람을 타고 수컷의 안테나에 있는 수용체에 감지된다.

그림 16.4 생식적 장벽.
접합전 격리 기작은 교배 자체를 못하게 막거나 교배는 하더라도 성공적으로 수정이 되지 못하게 한다(두 종의 꾀꼬리가 이 예에 해당한다). 접합전 격리 기작이 성공하더라도 접합체가 만들어지지 못한다. 접합후 격리 기작은 잡종 후손의 생식을 불가능하게 한다(즉, 잡종 꾀꼬리가 태어나더라도 성공적으로 새끼를 낳을 수 없다).

- 기계적 격리(*mechanical isolation*): 동물의 생식기 또는 식물의 꽃 구조가 서로 맞지 않으면, 생식은 일어날 수 없다. 꽃가루가 특정 꽃가루 매개자에 접근하지 못하면 식물에서의 교차 수정은 일어나지 않는다. 많은 곤충의 암수는 서로 짝을 이루지 못하는 생식기를 가지고 있어서 교미가 불가능하게 하는 특징을 가지고 있다. 예를 들어, 수컷 잠자리는 같은 종의 암컷에만 적합한 교미기관을 가지고 있다.
- 배우자 격리(*gamete isolation*): 서로 다른 종의 배우자는 만나더라도 융합되지 못하므로 접합자가 되지 못한다. 동물의 경우, 한 종의 정자는 다른 종의 생식관에서 생존할 수 없거나 난자는 오직 같은 종의 정자에 대한 수용체만을 가진다. 또한 꽃의 종류에 따라 특정 꽃가루만이 발아하여 성공적으로 난자에 도달할 수 있다.

그림 16.5 접합전 격리 기작.
갈라파고스 제도에 사는 푸른발부비는 구애행동으로 동종의 암수를 식별한다. 수컷은 자신의 발을 들어 올려서 밝은 청색을 보이는 구애행동을 한다.
©Henri Leduc/Moment Open/Getty Images

접합후 격리 기작(postzygotic isolating mechanism)은 접합자의 형성 이후에 발생하는 격리 기작이다. 대부분의 경우, 이로 인해 비록 생식 시도가 성공하더라도 잡종 자손(서로 다른 두 종의 생식을 통한 산물)은 발생하지 못하거나 새끼를 낳을 수 없게 된다.

- 접합자 사멸(*zygote mortality*): 잡종 접합자가 살지 못하는 경우도 있다. 서로 다른 두 개의 염색체 세트를 가진 접합자가 적절한 체세포분열을 진행하는 데 실패하기도 한다. 또는 발달 중인 배아가 모계 및 부계 유전자의 서로 상반되는 지시를 받게 되면 더 이상 생존할 수 없다.
- 잡종 불임(*hybrid sterility*): 잡종 접합자는 불임 성체로 발달하기도 한다. 잘 알려진 것처럼 말과 당나귀 사이의 교배는 노새를 만드는데, 노새는 보통 불임이 되어 생식이 불가능하다(그림 16.6). 잡종의 불임은 일반적으로 감수분열에 문제가 생겨 살아 있는 배우자를 형성하지 못한다. 양배추와 무의 교배는 배우자를 형성할 수 없는 자손을 생산하는데, 대부분의 경우 양배추와 무 염색체가 감수분열 과정에서 일직선으로 정렬하지 못하기 때문이다.
- 잡종 제2세대의 적합성(F_2 *fitness*). 잡종은 생식을 할 수 있을지라도 그 자손은 생식을 할 수 없다. 몇몇 경우에 노새는 생식이 가능하지만 그 자손은 생식이 불가능하다.

그림 16.6 접합후 격리 기작.
노새는 말과 당나귀의 잡종이다. 부모로부터 물려받은 염색체의 수가 일치하지 않기 때문에 불임이다.
(horse): ©GlobalP/iStock/Getty Images; (donkey): ©Coprid/Shutterstock; (mule): ©Manfred Grebler/Alamy Stock Photo

종분화 모델

DNA의 비교를 통해 남미의 이구아나가 갈라파고스 제도(남미 서쪽에 위치)에서 서식하는 바다이구아나와 히스파니올라섬(하이티와 도미니카 공화국을 포함하는 카리브해의 섬)에서 서식하는 코뿔소이구아나의 공통조상일 것이라고 추정할 수 있다. 그렇다면 어떻게 이런 일이 생겼을까? 초록이구아나는 유능한 수영가로 우연히 몇몇 개체가 이 섬들에 이주할 수 있었을 것이다. 그곳에서 서로 다르고 남미의 모계 집단과도 다른 집단을 형성했을 것이다. 각 집단에서 새로운 돌연변이, 유전적 부동 및 자연선택이 발생함에 따라 각자의 진화과정을 지속적으로 진행하였다(15.1절 참조). 결국 생식적 격리가 일어나서 현재 3가지 종의 이구아나가 존재한다. 이와 같은 집단의 지리적 격리에 기초한 종분화 모델을 **이소 종분화(allopatric speciation**; *allo*, 다른; *patria*, 고향)라고 부른다.

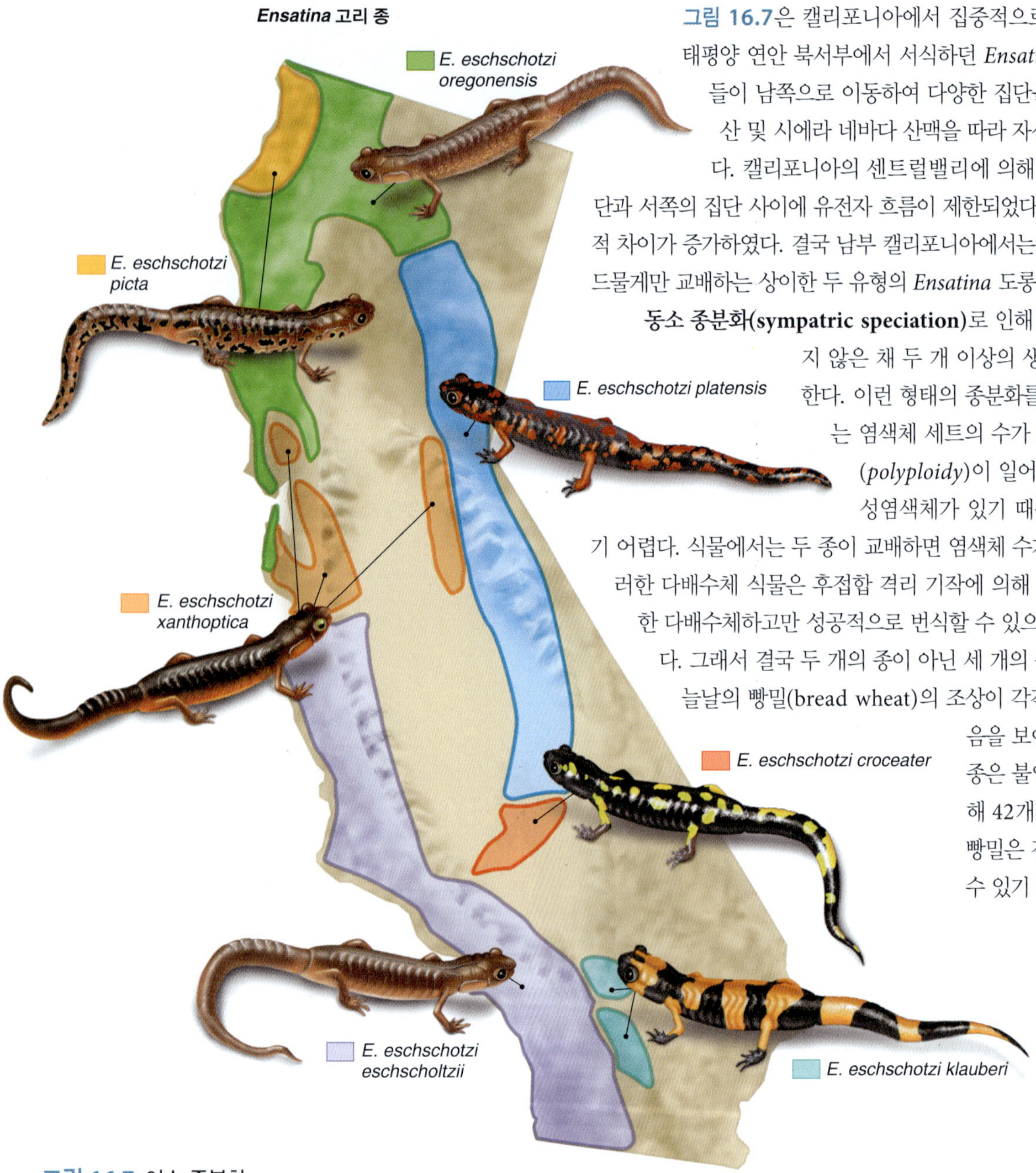

그림 16.7은 캘리포니아에서 집중적으로 연구된 이소 종분화의 예이다. 태평양 연안 북서부에서 서식하던 *Ensatina* 도롱뇽의 조상집단의 구성원들이 남쪽으로 이동하여 다양한 집단을 형성하였다. 각 집단은 연안의 산 및 시에라 네바다 산맥을 따라 자신들만의 선택적 압력에 노출되었다. 캘리포니아의 센트럴밸리에 의해 형성된 장벽으로 인해 동쪽의 집단과 서쪽의 집단 사이에 유전자 흐름이 제한되었다. 북쪽에서 남쪽으로 갈수록 유전적 차이가 증가하였다. 결국 남부 캘리포니아에서는 색깔이 상당히 다르며 서로 극히 드물게만 교배하는 상이한 두 유형의 *Ensatina* 도롱뇽 집단으로 나누어졌다.

동소 종분화(sympatric speciation)로 인해 한 집단이 지리적 격리가 일어나지 않은 채 두 개 이상의 생식적으로 격리된 그룹으로 발전한다. 이런 형태의 종분화를 쉽게 보여주는 좋은 예 중 하나는 염색체 세트의 수가 3n 이상으로 증가하는 다배수성(*polyploidy*)이 일어나는 식물이다. 동물의 경우에는 성염색체가 있기 때문에 다배수성 종분화가 일어나기 어렵다. 식물에서는 두 종이 교배하면 염색체 수가 배가(doubling)될 수 있다. 이러한 다배수체 식물은 후접합 격리 기작에 의해 생식적으로 격리된다. 다른 유사한 다배수체하고만 성공적으로 번식할 수 있으며 부모와 역교배하면 불임이 된다. 그래서 결국 두 개의 종이 아닌 세 개의 종이 만들어진다. 그림 16.8은 오늘날의 빵밀(bread wheat)의 조상이 각각 28개와 14개의 염색체를 가졌음을 보여준다. 21개의 염색체를 가진 잡종은 불임이다. 그러나 염색체 배가에 의해 42개의 염색체를 가지게 된 다배수체 빵밀은 감수분열에서 염색체들이 정렬할 수 있기 때문에 생식이 가능하다.

Ensatina 고리 종
E. eschschotzi oregonensis
E. eschschotzi picta
E. eschschotzi platensis
E. eschschotzi xanthoptica
E. eschschotzi croceater
E. eschschotzi eschscholtzii
E. eschschotzi klauberi

그림 16.7 이소 종분화.
캘리포니아의 센트럴밸리는 동일한 북부 조상집단으로부터 유래한 집단들을 나누고 있는데, 이것이 이소 종분화의 예이다. 동부집단과 서부집단 사이의 접촉이 제한되었고 이로 인해 유전적 변화가 생겼다. 캘리포니아 남쪽에 서식하는 두 집단은 서로 생식활동을 할 수 없으며 아종으로 정해졌다.

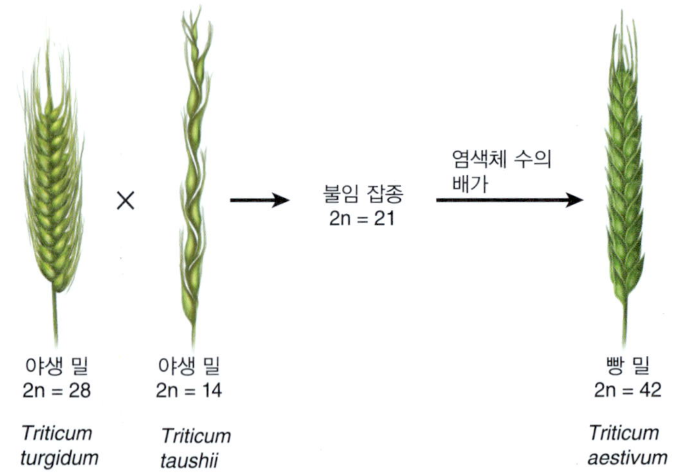

그림 16.8 동소 종분화.
동소 종분화의 예에서, 오래전 두 집단의 야생 밀이 교배를 하였다. 그 잡종 자손은 불임이다. 그러나 염색체가 2배가 되면 생식이 가능해진다. 이러한 밀이 오늘날의 밀이다.

적응방사

적응방사를 통한 종분화의 뚜렷한 예는 갈라파고스 제도에서 서식하는 피리새에서 볼 수 있다. 이들은 다윈이 그 중요성을 처음으로 인식한 진화가 작동하는 예이기 때문에 흔히 다윈의 피리새라고 부르기도 한다. **적응방사(adaptive radiation)** 과정에서 하나의 조상 종으로부터 많은 새로운 종이 진화한다. 갈라파고스 제도에서 서식하는 많은 종의 피리새들은 본토에서 유래한 한 종류의 조상 피리새의 후손일 것으로 추정된다(그림 16.9). 서로 다른 섬에 사는 집단들은 집단마다 창시자 효과를 포함하는 유전적 부동, 유전자 돌연변이 및 자연선택 과정을 겪게 되었다. 자연선택으로 인해 각 집단은 개별 섬의 특정 서식지에 적응하게 되었다. 시간이 흐른 뒤, 다양한 집단들은 유전적으로 달라져서 우연히 같은 섬에 있게 되어도 교배하지 않으며, 결국 다른 종이 되었다. 피리새는 구애과정에서 같은 종 구성원을 인식하기 위해서 부리 모양을 이용한다는 증거가 있다. 다른 모양의 부리를 가진 구혼자를 거절하는 것은 행동적 전접합 격리 기작이다.

또 다른 예에서, 이구아나 DNA의 비교는 남아메리카 이구아나가 갈라파고스 제도(남미 서부)의 해양 이구아나와 히스파니올라(아이티와 도미니카 공화국를 포함하는 카리브해 섬)의 코뿔소 이구아나 모두의 공통조상일 수 있음을 시사한다. 그렇다면 이것이 어떻게 일어날 수 있는 것인가? 그린 이구아나는 수영을 잘하기 때문에 소수가 이 섬으로 이주하여 남미의 부모 개체군과 서로 분리된 개체군을 형성했을 가능성이 있다. 각 개체군은 새로운 돌연변이, 유전적 부동, 자연선택이 발생함에 따라 고유한 진화 경로를 계속 진행하였다(15.1절 참조). 결국 생식적 고립이 발달했고 세 종의 이구아나가 있게 되었다.

이와 유사하게 하와이 섬에서 서식하는 다양한 꿀먹이새는 약 500만 년 전 아시아나 북미에서 이주한 공통의 골드피리새를 닮은 조상의 후손이다. 오늘날 꿀먹이새의 부리는 씨, 과일, 꽃, 곤충 등 다양한 먹이를 먹는 데 적합한 다양한 크기와 모양을 가지고 있다(그림 1.7 참조).

연관

동물에서도 다배수성인 종의 사례가 있는가?

©Carol Wolfe

일반적으로 다배수성(polyploidy)은 식물에 비해 동물에서는 드물다. 그러나 다배수성 곤충과 물고기의 예가 있으며, 양서류 특히 도롱뇽의 경우에 빈번하게 나타난다. 1999년에 아르헨티나에서 다배수성인 쥐의 종(*Typanoctomys barrerae*)이 보고되었지만, 나중에 유전자 분석에 의해 반박되었다. 대부분의 유전학자들은 포유류의 경우, 성염색체의 역할이 뚜렷하고 상염색체와 성염색체 수의 균형으로 인해 다배수성이 가능하지 않다고 믿고 있다.

그림 16.9 다윈의 핀치.
다윈이 갈라파고스 제도에서 발견한 핀치는 다른 형태의 먹이를 모으고 먹는 과정에 따라서 적응하였다. 나무에 사는 핀치의 부리는 곤충이나 때로는 식물을 먹기에 알맞게 적응되었다. 땅에 사는 핀치의 부리는 선인장이나 다양한 크기의 씨앗을 먹기 좋도록 진화되었다.

개념 연결하기

16.1 종분화는 두 종이 유전적으로 갈라져 더 이상 생식 능력이 있는 자손을 생산할 수 없을 때 발생한다.

진도 점검하기 16.1

1. 어떻게 하나의 종을 규정하기 위해 생물학적 종 개념이 사용되는지 설명하시오.
2. 생물학적 종 개념의 한계를 서술하시오.
3. 생식적 장벽을 접합전 장벽과 접합후 장벽으로 나누어 구별하고 각각의 예를 제시하시오.
4. 이소 종분화와 동소 종분화를 비교, 대조하시오. 그리고 각각의 예를 제시하시오.
5. 적응방사가 다양성과 어떻게 연관되어 있는지 설명하시오.

16.2 화석기록

학습 목표

이 절을 학습한 후에는 다음 과제를 수행할 수 있어야 한다.

1. 지질학적 연대가 지구 생명의 역사를 어떻게 반영하는지 이해하기.
2. 점진적 진화 모델과 단속평형 진화 모델을 구분하기.
3. 지구 생명의 역사에서 대멸종의 원인 요약하기.

화석기록을 연구하면 지구에서 일어난 종의 발생과 멸종의 역사를 밝혀낼 수 있다(그림 16.10). **화석(fossil)**은 과거 생명체의 흔적과 잔재이거나 또는 그 존재에 대한 모든 직접적 증거이다. **고생물학(paleontology)**은 화석기록을 발굴하고 연구하여 종의 역사에 대해 결정하는 과학이다.

그림 16.10 화석.
a. 24억 5,000만 년 전, 암석에 묻혀서 형성된 고사리 잎의 화석. **b.** 송진 속에 보존된 각다귀(4,000만 년 전으로 추정). **c.** 곤충을 잡아먹고 살았던 포유동물과 같은 대부분의 화석은 단단한 신체 부분의 잔해이다. 연약한 부분은 부식되었지만 단단한 부분은 부식되지 않았다(4,700만 년 전으로 추정).

(a): ©Carolina Biological Supply/Medical Images; (b): ©Alfred Pasieka/SPL/ Science Source; (c): ©Gary Retherford/Science Source

연관

버제스 셰일은 무엇인가?

©Alan Morgan

버제스 셰일(Burgess Shale)은 버제스 산길 근처의 캐나다 록키산맥에 있는 암반층의 이름이다. 약 5억 2,500만년 전에 이 지역은 해안가를 따라 있었다. 지진으로 인한 산사태 때문에 얕은 연안수에서 살던 해양생물 대부분이 거의 한꺼번에 묻힌 것으로 보인다. 대부분의 다른 화석층과는 달리 버제스 셰일에는 캠브리아 대폭발 시기에 나타난 생명체뿐만 아니라 벌레나 해삼과 같은 부드러운 껍질을 지닌 생명체의 잔재가 포함되어 있다. 캠브리아 대폭발은 약 5억 4,500만 년 전에 해양생물의 다양화가 급격하게 이루어진 시기이다. 6만 종이 넘는 독특한 화석이 버제스 셰일에서 발견되었으며(삽입그림의 삼엽충 화석도 포함), 이로 인해 이 화석층은 해양 생명체의 초기 진화 연구를 위한 매우 가치가 높은 자산 중 하나가 되었다.

지질학적 연대

시간이 지남에 따라 생명체의 형태가 진화하기 때문에 지표의 지층(퇴적암 층, 그림 14.2 참조)은 서로 다른 화석을 포함한다. 지층, 그리고 지층에 포함된 화석을 연구함으로써 지질학자는 지질학적 연대를 구성할 수 있게 되었다(표 16.1). 지구에서 생명의 역사는 대(era), 기(period) 및 세(epoch)로 나뉜다. 이 연대에는 각 시간대에

표 16.1 지질학적 연대: 주요 지질학적 연대 분류와 주요 진화 사건 요약

대	기	세	백만 년	식물과 동물
신생대	4기	현세	현재	인류 문명 시대. 인간 활동은 전 세계적으로 생태계의 다양성에 영향을 미침.
		진행 중인 중대한 멸종 사건		
		최신세	0.01	현대 인류 출현; 현대 식물 번성과 다양화.
		선신세	5.3~1.8	최초의 유인원 출현; 현대 속씨식물 번성.
		중신세	23.0~5.3	유인원-유사 포유동물, 초식 포유동물과 곤충 번성; 초지 확장과 숲 축소.
	3기	점신세	33.9~23.0	원숭이-유사 영장류 출현; 현대 속씨식물 출현;
		시신세	55.8~33.9	모든 목 수준의 현대 포유류 출현; 아열대 우림 번성.
		효신세	65.5~55.8	영장류. 초식동물, 육식동물, 곤충섭식동물 분화; 속씨식물 다양화.
중생대		대멸종: 공룡, 대부분의 파충류, 전체 종의 50% 멸종		
	백악기		145~65.5	태반포유류 출현, 현대 곤충류 출현; 속씨식물 확장, 침엽수 존속.
	쥐라기		199~145	공룡 번성; 새와 속씨식물 출현.
		대멸종: 산호와 이끼를 포함한 전체 종의 48% 멸종		
	삼첩기		251~199	최초의 포유동물과 공룡 출현; 침엽수림과 소철나무 숲 번성; 산호와 연체동물 번성.
		대멸종("Great Dying"): 육상종과 해양종 전체의 83% 멸종		
고생대	이첩기		299~251	파충류 다양화; 양서류 감소; 겉씨식물의 다양화.
	석탄기		359~299	양서류 다양화; 파충류 출현; 그리고 곤충류 다양화. 거대한 석탄 형성 숲의 시대.
		대멸종: 해안 해양동물종의 50% 이상과 산호 멸종		
	데본기		416~359	유악어류의 다양화; 곤충과 양서류 출현; 무종자 관속식물 다양화. 종자식물 출현.
	실루리아기		443~416	최초 유악어류와 무종자 관속식물 출현.
		대멸종: 해양종의 57% 이상 멸종		
	오르도비스기		488~443	무척추동물의 번성 및 다양화; 무악어류(최초의 척추동물) 출현; 무관속 육상식물 출현.
	캄브리아기		542~488	골격을 갖춘 해양 무척추동물의 우점과 육상 진출; 해조류 번성.
선캄브리아 시대			630	태고의 연체 무척추동물 화석.
			1,000	원생생물의 진화와 다양화.
			2,100	태고의 진핵생물 화석.
			2,500	지구 대기에 산소 축적.
			3,500	태고의 생명체 화석(원핵생물).
			4,570	지구 생성.

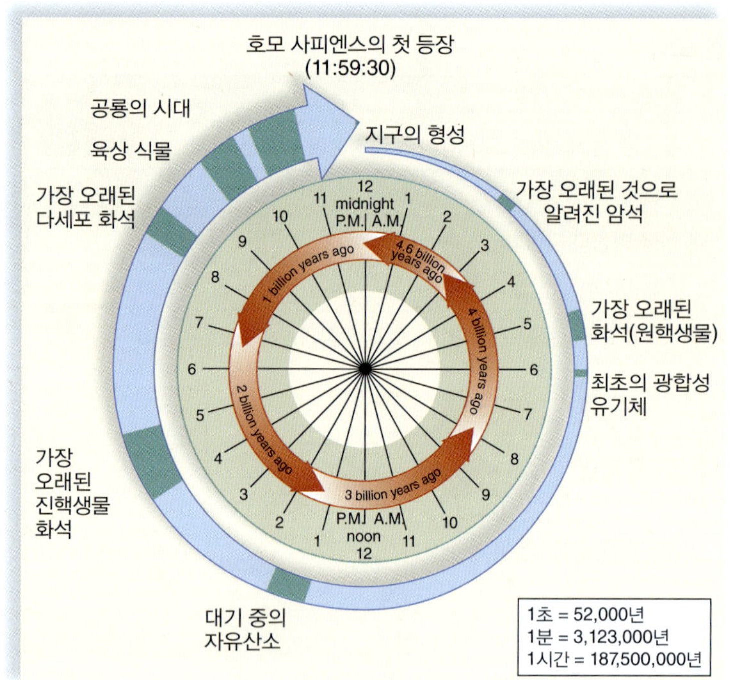

그림 16.11 24시간으로 나타낸 생명의 역사.
이 도표에서 푸른 링은 자정에서 출발하여 24시간 동안 이루어진 것으로 가정한 생명의 역사를 나타낸다. 빨간 링은 약 46억 년으로까지 거슬러 올라간 실제 시간을 나타낸다.

서 공통적으로 발견되는 화석 형태에 대한 기술이 포함되어 있다. 지질학적 연대에서 신생대(Cenozoic era) 기간만이 세로 나누어진다는 것에 주목해야 한다. 이것은 초기에 진화한 생명체보다 영장류 및 현화식물의 진화에 더 많은 관심을 보이고 있음을 의미한다. 현대 문명에 지질학적인 하나의 세가 할당되었지만, 인류는 생명의 역사에서 겨우 0.04% 정도만을 차지할 뿐이다.

지질학적 연대를 하루에 빗대어 보면 그 광대함을 쉽게 볼 수 있다. 그림 16.11은 자정부터 24시간 동안 이루어진 것으로 가정한 지구의 역사이다(실제 연도는 그림의 안쪽 원에 표시). 자정에 지구가 형성되었다면 원핵생물은 오전 5시 정도에 출현하였고, 진핵생물은 오후 4시쯤에, 다세포 형태의 생명체는 저녁 8시 정도에 출현하였다. 육지로 진출한 것은 밤 10시쯤이었고, 인류는 하루가 끝나기 30초 전에 비로소 출현하였다. 이러한 시간표는 화석기록 연구를 통해 완성된 것이다. 퇴적암 화석 외에, 타르, 얼음, 습지 및 호박(amber)에서도 현재와 더 가까운 시기의 화석이 발견된다. 조개껍질, 뼈, 잎, 심지어 발자국까지도 화석기록에서 흔히 발견된다.

인류가 지구에 존재하고 있는 짧은 기간에 반해, 원핵생물은 선캄브리아기(Precambrian time)에 진핵세포 및 다세포 생명체가 출현하기 전 약 20억 년 동안이나 존재하였다. 일부 원핵생물은 최초의 광합성을 하는 생명체이며 대기에 산소를 추가하였다. 산소가 생김으로써 선캄브리아기 동안에 진핵세포 및 다세포 생명체가 폭발적으로 진화하였다. 캄브리아기 폭발(Cambrian explosion)이라고도 부르는 이 기간 동안 모든 주요 동물군이 진화하였다. 선캄브리아기의 화석기록은 빈약하지만 캄브리아기에 대한 화석기록은 풍부하다. 이처럼 화석 수가 증가한 것은 무척추동물의 외골격이 진화했기 때문이다. 아마도 산소의 흡수를 방해하는 이러한 골격은 산소가 풍부해지기 전까지는 진화할 수 없었을 것이다. 외골격은 아마도 포식에 대한 방어수단이었을 것이다.

육지에서 생명의 기원은 또 다른 흥미로운 주제이다. 고생대(Paleozoic era) 기간에 식물이 동물보다 먼저 육지에 출현하였다. 비관다발식물이 관다발식물보다 앞서며, 솔방울을 가진 식물(겉씨식물)이 꽃을 피우는 식물(속씨식물)보다 앞선다. 척추동물 중에서 물고기는 수생이지만 양서류는 육지로 진출하였다. 공룡과 새를 포함하는 파충류는 포유류와 함께 양막동물 조상을 공유한다. 생명의 역사 기간 동안 한 번의 거대한 포유류 멸종을 비롯한 다섯 번의 대멸종이 있었음에도 불구하고 종의 수는 현재까지 계속해서 증가하고 있다.

종분화의 속도

다윈은 진화적인 변화는 점진적으로 일어난다는 이론을 제시하였다. 즉, 그는 진화의 속도를 설명하기 위해서 **점진진화 모델**(*gradualistic model*)을 지지하였다. 종분화는 집단이 격리된 후 각 그룹이 천천히 자신의 진화과정을 진행함에 따라 발생하는 것 같다. 점진진화 모델은 그림 16.12*a*의 **진화계통수(evolutionary tree)** 형태로 종의 진화 역사를 보여준다. 이 그림에서 하나의 조상 종이 깃털 색이 점진적으로 변하면서 2개의 다른 종으로 나뉘는 것에 주목하자. 종 사이에는 상당히 많은 과도기 연결고리가 있기 때문에, 점진진화 모델로는 종분화가 일어난 시기를 정확하게 알기 어렵다(14.2절 참조). 간혹 과도기 연결고리를 발견함으로써 특정 종의 진화를 추적할 수 있는 경우도 있다.

그러나 화석기록에 따르면 종은 일반적으로 매우 갑자기 출현하고, 멸종되기 전까지 거의 표현형이 변화하지 않는다. 따라서 고생물학자들은 진화의 속도를 설명하기 위해서 **단속평형 모델**(*punctuated equilibrium model*)을 제시하였다. 이 모델은 평형(무변화)의 시기가 종분화에 의해 단속되는 것을 보여준다. **그림 16.12*b***는 고생물학자들이 시간에 따른 진화의 역사를 나타낼 때 선호하는 유형의 그림이다. 이 모델에 의하면 과도기 연결고리는 쉽게 화석으로 만들어지지 않아서 잘 발견되지 않는다. 종분화는 아마도 한 지역에서 고립된 하나의 아집단(subpopulation)에서만 일어나는 것 같다. 이 새로운 아집단이 커져서 기존의 종을 대체해야만 비로소 화석기록에 나타나게 된다.

지질학적 연대는 수백만 년이라는 시간 단위로 측정되기 때문에 화석기록에서 신종이 "갑자기" 출현하였다는 것은 실제로는 그 기간이 수천 년이 될 수도 있다. 따라서 이 두 모델 사이의 차이는 미묘하다고 할 수 있다.

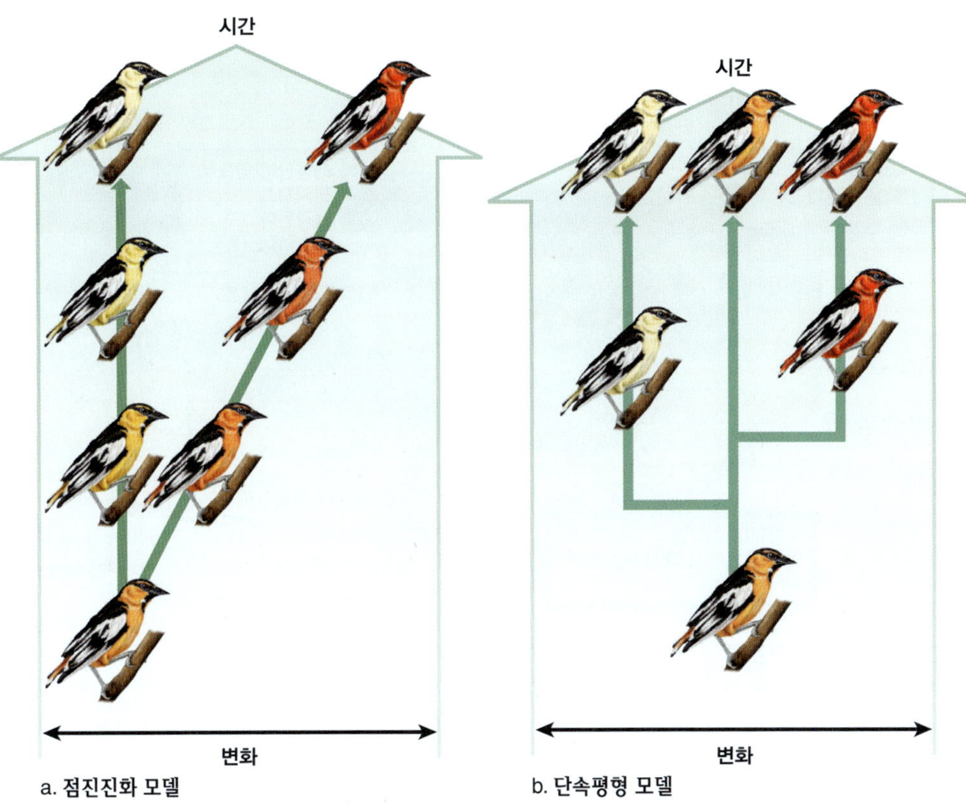

그림 16.12 진화의 속도.
a. 점진진화 모델에 의하면 새로운 종은 조상 종으로부터 아주 천천히 진화한다. **b.** 단속평형 모델에 의하면 새로운 종은 갑자기 출현한 후 멸종할 때까지 변하지 않는다.

대멸종의 원인

연구자들이 지적하였듯이 대부분의 종들은 오직 제한된 기간(수백만 년이라는 시간 단위에서) 동안만 존재한 후, 죽어 없어진다(멸종된다). **대멸종(mass extinction)**은 비교적 짧은 기간 내에 많은 종, 또는 분류학상 상위 분류군이 사라지는 것이다. 표 16.1의 지질학적 연대에서 오르도비스기(Ordovician period), 데본기(Devonian period), 페름기(Permian period), 트라이아스기(Triassic period) 및 백악기(Cretaceous period)의 끝 무렵에 다섯 번의 대멸종이 발생했음을 알 수 있다. 또 홍적세(Pleistocene epoch) 말에도 한 차례의 중요한 포유류 멸종이 있었다. 많은 요인이 대멸종에 기여하지만 과학자들은 이제 대륙 이동, 기후 변화 및 운석 충돌이 모두 역할을 했음을 인식한다.

대륙 이동(*continental drift*)으로 인해 여러 차례 멸종이 일어났다. 몇몇 대륙의 해안선은 서로 거울상이다. 예를 들어, 아프리카 서부 해안선은 남미 동부 해안선과 잘 들어맞는다. 또 한때 대륙이 서로 맞닿아 있던 많은 지역에서 동일한 지질학적 구조가 발견된다. 예를 들어, 하나의 산맥이 남미, 남극, 그리고 호주를 관통했다. 그러나 대륙들이 이동해서 멀어졌기 때문에 산맥이 더 이상 이어져 있지 않다. 판구조론(*plate tectonics*)으로 대륙이 이동하는 이유를 설명할 수 있다. 판구조론은 지각이 마치 널빤지 조각처럼 나누어져서 뜨거운 맨틀 층 위를 떠다닌다고 하는 지질학의 한 이론이다(**그림 16.13**). 대륙과 해양분지는 이 단단한 판의 일부이며, 컨베이어 벨트처럼 움직인다.

서식지의 파괴는 중대한 멸종 원인이며, 대륙 이동에 의해 광범위한 서식지

연관

"여섯 번째 대멸종 사건"은 무엇인가?

©Designpics/PunchStock

많은 생태학자들은 지구의 여섯 번째 대멸종 사건이 현재 일어나고 있다는 주장을 지지한다. 그러나 앞선 다섯 번의 대멸종과는 달리 여섯 번째 대멸종은 지리학적인 또는 천문학적인 사건 때문에 일어난 것이 아니라 인간의 활동 때문이다. 화석 연료 연소에 의한 세계 기후 변화, 오염, 토지 이용, 멸종 종 등이 대멸종을 야기시키는 요인일 것이라 생각한다. 종의 감소 속도를 정확하게 밝힐 수는 없지만, 국제기관의 보고에 따르면 현재 종의 감소 속도는 화석기록에 기록된 인류 출현 이전보다 100~1,000배 더 빠르다고 한다.

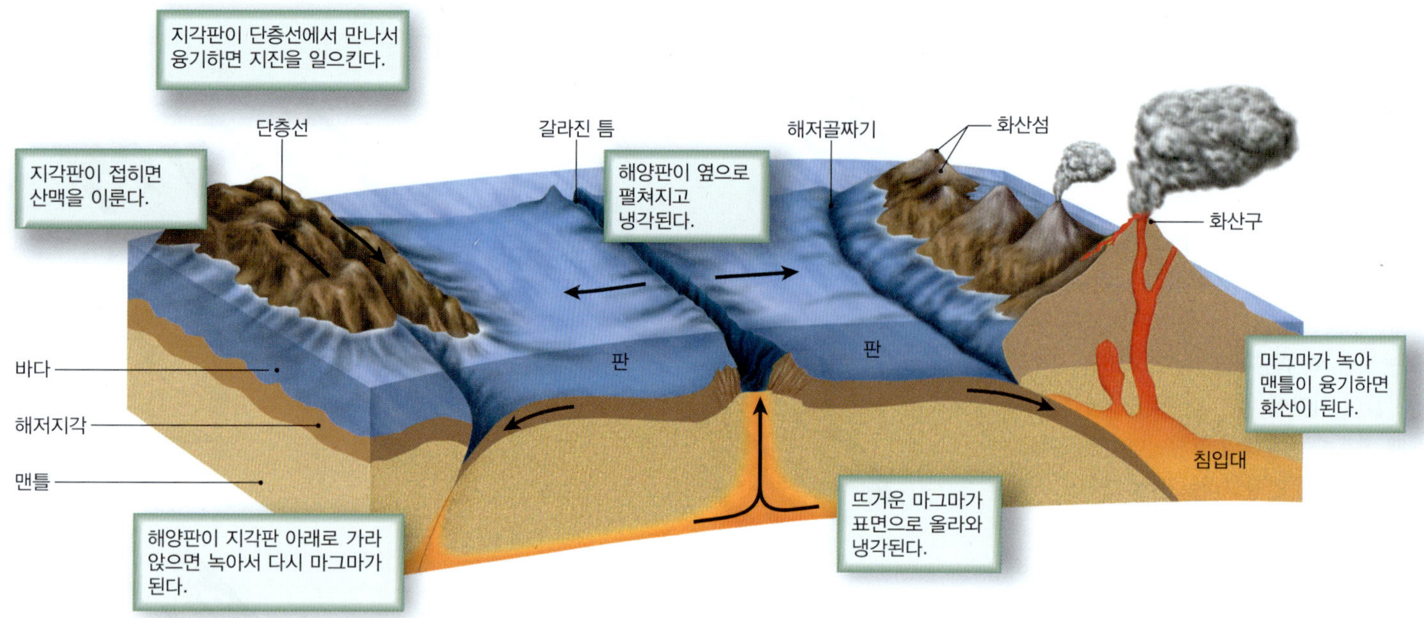

그림 16.13 판 구조론.
지구의 표면은 유동적인 마그마 위를 떠다니는 몇 개의 지질 구조판으로 나누어져 있다. 해양 바닥의 갈라진 틈에서 마그마가 솟아오르고 냉각할 때 두 개의 지각 판은 점차적으로 분리되고 지각의 크기가 늘어난다. 침입대에서 하나의 판이 다른 지각을 밑에서 위로 밀어내면 산과 화산이 형성된다. 또 두 개의 판이 단층선에서 만나서 마찰이 일어나면 지각들 간의 장력이 고조되어서 때로는 지진이 발생하기도 한다.

변화가 일어날 수 있다. 페름기 대멸종이 일어난 시기인 2억5천만 년 전에는 지구의 모든 대륙이 하나로 모여서 판게아(Pangaea)라는 하나의 초대륙(supercontinent)을 이루었다(그림 16.14*a*). 이로 인해 바람의 양상과 해류가 달라졌으며, 특히 얕은 바다 서식지가 상당량 사라져 극적인 환경 변화가 초래되었다. 바다가 합쳐지고 많은 종이 살던 해안선의 양이 급격하게 감소됨에 따라 해양 생명체들은 큰 어려움을 겪게 되었다. 일부 대륙이 극지방에서 분리되어 해안선이 늘어나고 난류가 되돌아오기 전까지는 종 다양성이 회복되지 못했다(그림 16.14*b*). 해안가에 비해 더 건조하고 변덕스러운 기후가 나타나는 내륙의 면적이 증가함에 따라 육상 생명체 또한 영향을 받게 되었다. 극지에서 거대한 빙하가 발달하여 바다의 물이 줄어 염도가 높아지고, 한때 열대였던 지역의 기온도 낮아졌다.

유성 충돌. 대멸종을 초래한 또 다른 사건은 운석이 지구에 충돌한 것이다. 큰 운석이 지구를 강타한 충격은 전 세계에서 원자폭탄이 폭발한 결과와 유사했을 것이다. 버섯 모양의 먼지구름이 대기를 덮어 햇빛을 차단하고 식물을 얼어 죽게 하였다. 이런 사건으로 인해 공룡이 종말을 맞은 백악기 멸종이 일어난 것으로 추정된다. 백악기의 진흙은 비정상적으로 이리듐을 많이 함유하고 있다. 이리듐은 지각에서는 드물지만 운석에서는 흔한 원소이다. 이리듐과 인접한 지층에서는 그을음 층이 발견되었고, 유카탄 반도의 카리브해-멕시코만 지역에서는 운석에 의해 형성된 것으로 보이는 거대한 분화구가 발견되었다.

기후 변화. 점차 과학자들은 대멸종 사건이 지구 기후의 변화와 관련이 있

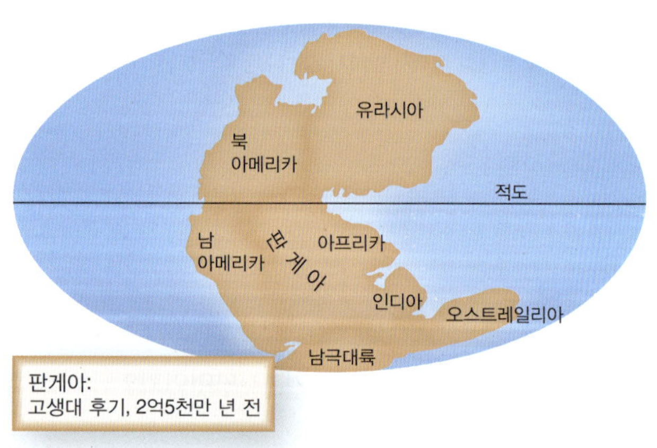

a.

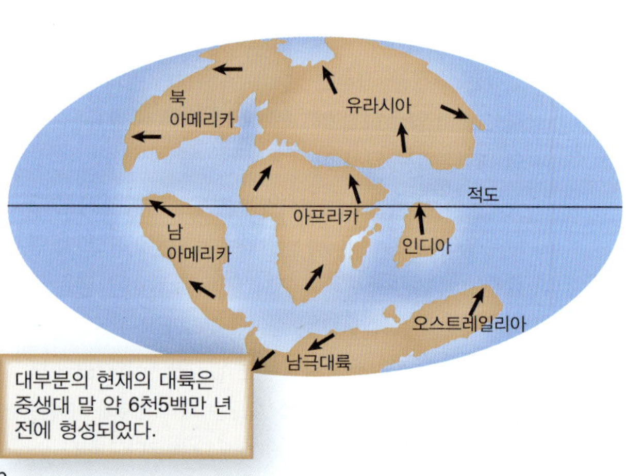

b.

그림 16.14 대륙의 이동.
a. 약 2억5천만 년 전, 모든 대륙은 판게아(Pangea)라는 하나의 초대륙으로 합쳐져 있었다.
b. 약 6천5백만 년 전, 대륙들이 분리되기 시작했다. 대륙의 분리는 아직도 계속되고 있다. 북미와 유럽대륙은 매년 2 cm씩 벌어지고 있다.

다는 증거를 찾고 있다. 이러한 변화 중 일부는 대륙 이동의 장기적인 영향으로 인한 것일 수 있으며 일부는 유성 충돌로 인한 급격한 변화인 것처럼 보이지만 지구 온난화 현상, 특히 바다의 온도를 변화시킨 것(온난화 및 냉각 모두)이 종의 대량 멸종과 연결되어 있다는 증거도 있다. 이러한 기후 변화의 원인은 아직 잘 알려져 있지 않다. 31.2절에서 생태계에 대한 기후 변화의 영향을 다시 탐구할 것이다.

16.2 개념 연결하기

화석 기록은 지구 생명체의 역사 동안 대진화와 대량 멸종 사건의 역사를 제공한다.

진도 점검하기 16.2

1. 화석기록이 대진화에 대한 가장 좋은 근거인 이유를 설명하시오.
2. 진화의 단속평형 모델을 설명하시오.
3. 지구 역사상 대멸종 사건의 원인을 설명하시오.

16.3 계통분류학

학습 목표

이 절을 학습한 후에는 다음 과제를 수행할 수 있어야 한다.

1. 린네식 분류의 계층적 수준을 가장 포괄적인 것부터 순서대로 나열하기.
2. 계통수에서 얻을 수 있는 정보가 무엇인지 설명하고 계통수 작성에 사용되는 정보 유형을 제시하기.
3. 상사구조와 상동구조를 구별하기.
4. *분기학*은 무엇이며, 분류군 사이의 진화적 유연관계 연구에 어떻게 이용될 수 있는지를 설명하기.
5. 생명체의 세 가지 영역을 제시하고, 각 영역에 속한 생명체의 일반적인 특징을 기술하기.

계통분류학(systematics)을 포함한 모든 분야의 생명과학은 지구상에서 생명의 진화적 역사를 이해하는 것에 역점을 둔다. 계통분류학은 매우 분석적인 학문으로서 한 생명체 그룹의 진화적 역사인 **계통(phylogeny)**을 결정하기 위해서 화석기록, 비교해부학 및 발생학에서 얻은 결과를 조합하며, 특히 오늘날에는 분자 수준의 자료에 많이 의존한다. 생명체는 진화적 유연관계에 대한 현재의 이해를 바탕으로 분류된다. 따라서 분류는 계통분류학의 한 부분이다.

린네식 분류

분류학(taxonomy)은 생명체를 동정하고 명명하며 분류하는 생명과학의 한 분야이다. **분류군(taxon; 복수, taxa)**은 분류체계에서 특정 수준에 위치하는 한 개체 또는 한 그룹이다. 이명법(binomial system)은 생명체에게 두 부분으로 이루어진 이름을 부여한다. 예를 들어, 그림 16.15의 여성은 *Homo sapiens*로 명명되었다. 이 이름은 그녀가 *Homo*속에 속하며 종소명이 *sapiens*임을 의미한다. 유의할 점은 학명은 이탤릭체로 표시하며, 속명만 대문자로 시작한다는 것이다. 전체 학명을 이미 제시한 바 있고 종소명과 함께 사용하는 경우라면, 속명을 한 글자로 축약할 수 있다. 즉, 이 여성을 *H. sapiens*로 표기할 수도 있다.

생명체에 학명이 필요한 이유는 무엇인가? 그리고 과학자들이 보통명이 아니라 라틴어를 사용하여 생명체를 기술하는 이유는 무엇인가? 몇 가지 이유가 있다. 첫째, 나라마다 언어가 다르기 때문에 보통명은 나라마다 달라진다. 둘째, 같은 언어를 사용하는 사람들조차도 때로는 같은 생명체를 다른 보통명으로 기술한다. 예를 들면,

그림 16.15 생물 분류.

©ESB Professional/Shutterstcok

bowfin, grindle, choupique 및 cypress trout는 모두 *Amia calva*라는 물고기를 지칭하는 보통명이다. 더욱이 서로 다른 나라에서 같은 보통명이 서로 다른 생명체를 지칭하는 경우도 있다. 예를 들면, 영국의 robin(울새)은 미국의 robin(개똥지빠귀)과 전혀 다르다. 그러나 라틴어는 얼마 전까지 보편적으로 사용되었으며, 대부분 의사나 성직자인 학자들에게 잘 알려져 있는 언어이다. 따라서 전 세계 과학자들이 과학적 이명체계를 사용한다면 모든 사람이 동일한 생명체를 지칭할 수 있다.

오늘날 분류학자들은 1700년대에 스웨덴 생물학자인 린네(Carl Linnaeus)가 창안한 여러 분류의 범주를 사용하여 다양한 유사 수준을 나타낸다. 이 범주는 **종(species)**, **속(genus)**, **과(family)**, **목(order)**, **강(class)**, **문(phylum)**, **계(kingdom)**, **영역(domain)**으로 구성된다. 하나의 속에는 여러 종이 포함되고, 하나의 과에는 여러 속이 포함되며, 이런 식으로 이어진다. 이러한 계층 구조에서 상위 범주일수록 더 포괄적이다(**그림 16.15**). 따라서 같은 영역에 속한 종들은 일반적인 형질만 공유한다. 그러나 같은 속에 속한 종들은 매우 특별한 형질까지도 공유한다.

1.2절에서 언급한 바와 같이, 과학자들은 최근 DNA 분석을 기반으로 진핵생물 간의 관계를 설명하기 위해 새로운 분류군인 **상위군(supergroup)**을 추가하였다. 17.4절에서 이 분류에 대해 자세히 알아볼 예정이다. 분류학자들은 종종 상목(superorder), 목(order), 아목(suborder), 하목(infraorder) 같은 추가적인 범주로 각각의 분류 범주를 세분화한다. 이 세부 범주를 통해 각각의 큰 범주 안에서 구별이 가능하다.

계통수

그림 16.16은 생명체를 분류하여 **계통수(phylogenetic tree)**를 작성하는 방법을 보여준다. 계통수는 공통조상에서 이어지는 여러 혈통(lineage)을 나타낸다. 계통수의 아래 쪽에 있는 공통조상은 그 계통수 내의 모든 그룹이 공유하는 형질을 가지고 있다. 예를 들어, 우제류(Artiodactyla)는 모두 발가락 수가 짝수인 발굽을 가지는 특성을 보인다. 한편, 사슴과(Cervidae)는 뿔이 있지만 소과(Bovidae)는 뿔이 없다. 사슴과에서도 붉은사슴의 뿔은 가지가 많지만 순록의 뿔은 손바닥 모양이다. 계통수 내에서 혈통을 따라 공통조상이 달라지면 그 특정 동물군의 형질은 더욱 특유의 형질이 된다. 이처럼 특화 과정이 진행되기 때문에 분류 범주를 바탕으로 계통수를 작성할 수 있다.

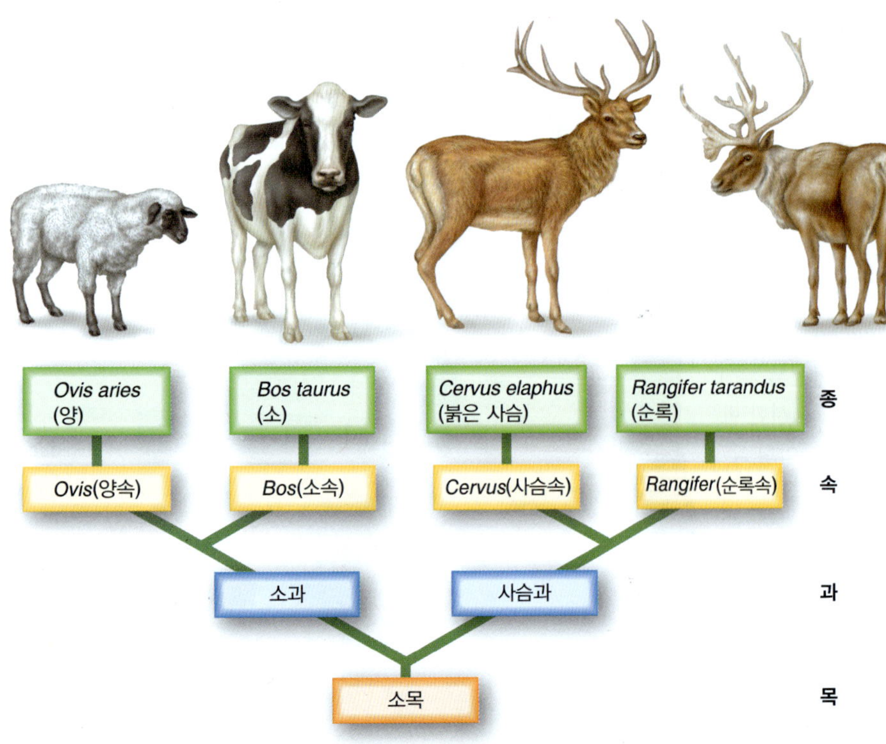

그림 16.16 분류와 계통.
한 생명체 집단의 계통수는 계통발생적 역사를 반영하기 위해 그려진다. 동일한 속(genus)에 속한 종(species)들은 유연관계가 깊다. 같은 과에 속하는 다른 속(genus)에 속한 종들과는 유연관계가 멀다. 이러한 방식으로 목(order), 강(class), 문(phylum), 그리고 계(kingdom)가 분류된다.

계통의 추적

그림 16.16은 형태학 자료를 이용한 것이지만, 오늘날에는 다양한 자료를 이용하여 종 사이의 진화적 유연관계를 찾아낸다. 계통분류학자들은 화석기록, 형태학 자료와 분자생물학 자료를 조합하여 계통수 내에서 공통조상의 올바른 순서를 결정한다.

형태학 자료는 하나의 공통조상에서 유래한 생명체 사이의 유사성인 상동성을 포함한다. 발생학 증거와 화석자료를 포함하는 비교해부학 자료는 상동성에 대한 정보를 제공한다.

상동구조(homologous structure)는 공통 후손 사이에서 서로 연관성이 있다. 척추동물의 앞다리는 이들의 공통조상과 동일한 방식으로 조직된 뼈를 가지고 있으므로 상동구조이다(그림 14.16). 비록 말의 발굽은 발가락이 하나만 있고 박쥐의 날개는 긴 손가락이 네 개가 있지만 이들은 상동구조에 해당한다.

수렴진화로 인해 때로는 상동성 여부를 판단하는 데 어려움을 겪게 된다. **수렴진화(convergent evolution)**는 거리가 먼 유연관계의 후손들이 같거나 유사한 형질을 획득하는 것이다. 수렴으로 인해 비슷해지는 것을 **상사성(analogy)**이라고 한다. 곤충의 날개와 박쥐의 날개는 상사구조이다. **상사구조(analogous structure)**는 최근의 공통조상이 다른 그룹에 속하지만 같은 기능을 수행한다(14.2절 참조). 상사구조는 유사한 환경에 대한 적응으로 인해 나타난다. 선인장과 대극(spurges)은 모두 고온 건조한 환경에 유사하게 적응하였으며, 다육성이고 가시가 있으며 꽃피는 식물이다. 그러나 꽃의 세부구조로 판단하면 이들의 유연관계가 가깝지 않다는 사실을 알 수 있다.

돌연변이로 인해 DNA 염기쌍 서열이 변하면 종분화가 일어날 수 있다. 그러므로 계통분류학자들은 종 사이의 유연관계가 가까울수록 DNA 염기쌍 서열의 변화가 적을 것이라고 가정한다. 분자생물학 결과는 명확하며 수치화할 수 있기 때문에 때로는 설명하기 어려운 해부학적 변이나 수렴으로 인해 불분명해진 유연관계를 파악할 수 있도록 한다. 컴퓨터 소프트웨어가 빠르게 발달하여 뉴클레오티드 염기서열을 빠르고 정확하게 분석할 수 있게 되었다. 또한 인터넷을 통해 비교 연구를 하는 사람은 누구나 이러한 분석 결과를 이용할 수 있다. 나아가 유전체 등의 광대한 자료를 정확하게 이용할 수 있기 때문에 분자계통분류학이 생명체의 유연관계를 연구하는 표준 방법이 되었다.

모든 세포에는 단백질을 합성하는 리보솜이 있다. 리보솜 RNA(rRNA)가 크게 변하면 세포가 기능을 수행하기 어렵기 때문에 rRNA의 유전자는 진화하는 동안 매우 천천히 변하였다. 따라서 rRNA 염기서열을 분석하면 생명체 사이의 유사성을 판단할 수 있는 믿을만한 척도를 얻을 수 있다. 연구자들은 rRNA 염기서열 분석을 통해 모든 생명체를 세 개의 영역으로 나눌 수 있었다.

그림 16.17은 DNA 염기서열의 차이를 분석한 연구에 의해 작성된 계통수이다. 침팬지와 사람 사이의 유연관계가 가깝다는 사실을 알 수 있다. 분자생물학 자료에 따라 작성한 이 유연관계는 침팬지와 사람뿐 아니

그림 16.17 분자생물학적 자료에 대한 해석. 영장동물들의 유연관계는 유전체 연구에 기반을 두고 있다. 계통수의 각 가지의 길이는 동물들 간의 차이를 보이는 DNA 염기서열의 상대적인 수를 나타낸다. 이 자료들은 한 번의 분지가 일어난 화석 기록에 대한 정보와 함께 계통수에서 또 다른 분지가 언제 일어날 것인지를 알려준다.

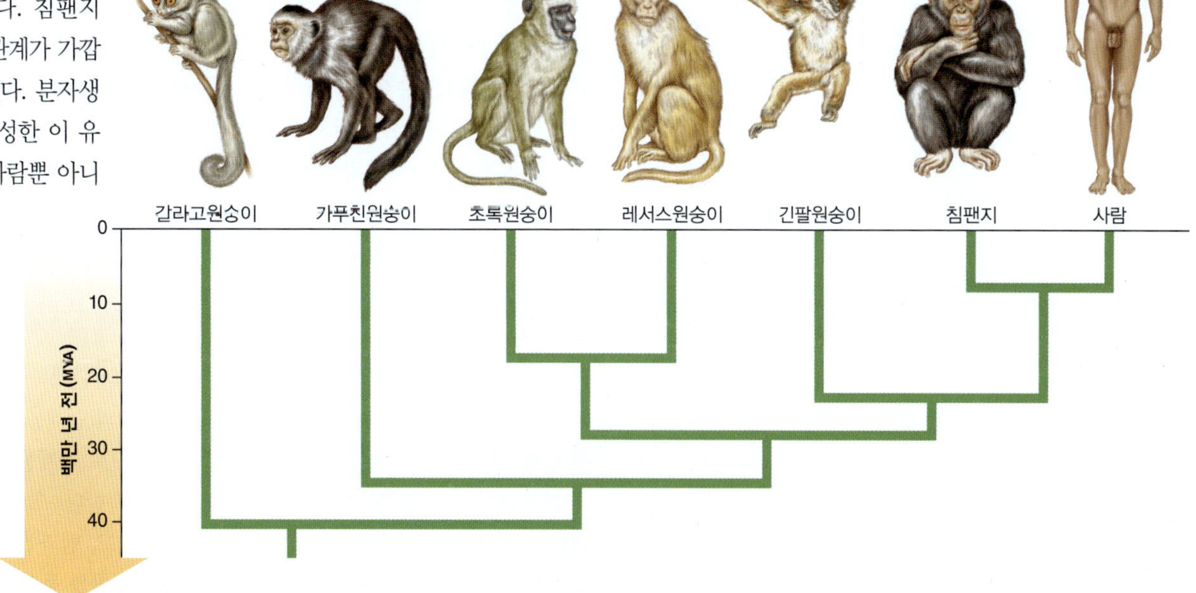

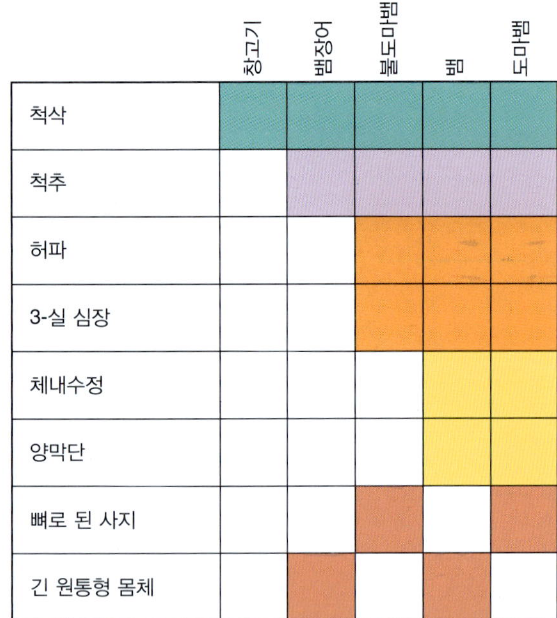

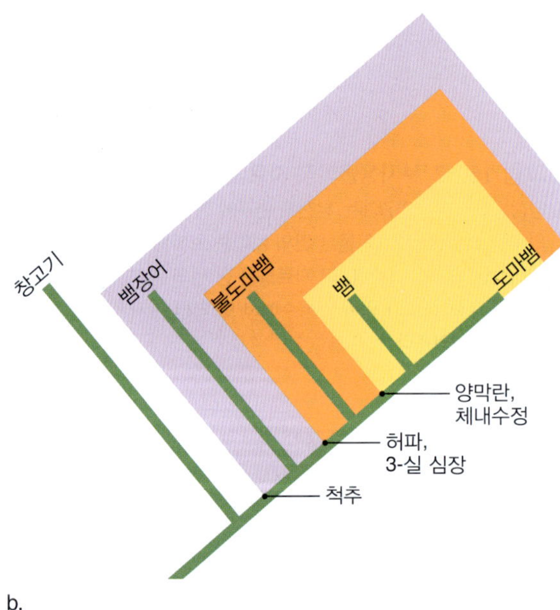

그림 16.18 분기도 작성.
a. 우선 모든 분류군들의 특성을 정리한 표를 작성한다. 표는 조상형질(파랑)과 파생형질(보라, 오렌지색, 노랑)을 보여준다. 공유파생형질을 지닌 생물들은 같은 분류군으로 배된다. **b.** 분기도에서 공유파생형질은 진화한 순서에 따라 나열되고 단계통군을 결정하는 데 사용된다. 하나의 단계통군은 하나의 공통조상과 동일한 파생형질(상동성)을 지닌 모든 종들을 포함한다. 사지골격과 긴원통형 몸체(밝은 빨강)는 여러 분류군 사이에서 분산되어 나타나기 때문에 분기도를 작성하는 데 사용되지 않는다.

라 고릴라도 포함하는 Homininae(사람아과)라는 새로운 아과(subfamily)를 추가함으로써 최근에 인정받게 되었다. 분자생물학 자료에 따르면 고릴라와 침팬지는 오랑우탄에 비해 사람과 더 가깝다. 아과 분류군 아래에는 흔히 사용되지는 않지만 족(tribe)이라는 분류 범주가 있다. 사람과 침팬지는 같은 사람족(Hominini)에 속한다.

분기학과 분기도

분기학(cladistics)은 유연관계를 결정하기 위해서 공통조상으로부터 물려받은 형질을 이용하여 특정 동물군의 진화 역사를 추적하는 방법이다. 이들 형질을 이용하여 **분기도(cladogram)**라는 계통수를 작성한다. 분기도는 이용 가능한 자료에 근거하여 특정 동물군의 진화 역사를 보여준다.

분기도를 작성하는 첫 번째 단계는 비교할 종들의 형질을 요약한 표를 작성하는 것이다. 적어도 하나, 가능하다면 여러 종을 **외부군**(*outgroup*)으로 고려해야 한다. 외부군은 **내부군**(*ingroup*)이라 부르는 연구하고 있는 분류군의 일부가 아니다. 그림 16.18*a*에서 창고기는 내부군 종들과는 달리 척추동물이 아니기 때문에 외부군이다. 외부군과 내부군 모두에게서 발견되는 척삭(notochord)과 같은 형질들은 모두 **공유조상형질**(*ancestral trait*)이며, 외부군과 내부군 모두가 공통조상을 가진 것으로 여겨진다. 조상형질은 공유파생형질이 아니므로 분기도 작성에 사용되지 않는다. 조상형질은 단순히 분기도 작성에 어떤 형질을 사용할 것인지를 결정하는 데 도움을 줄 뿐이다.

분기학자들은 최소의 가정이 가장 확실하다는 단순성 원리(*principle of parsimony*)라는 규칙을 따른다. 추정하는 진화적 변화의 수를 최소화하거나 설명되지 않은 파생형질의 경우는 최대한 배제하고 분기도를 작성한다. 그러므로 그림 16.18에 있는 형질 가운데 여러 종에서 분산되어 나타나는 형질(이 경우, 뼈로 된 사지와 긴 원통형의 몸체)은 분기도를 작성하는 데 사용하지 않는다. 그 이유는 이러한 형질은 연구 분류군 사이에서 적어도 두 차례는 진화했을 것이라고 가정할 수 있기 때문이다. 그 밖의 차이는 **공유파생형질**(*shared derived traits*)로 간주한다. 공유파생형질은 연구 분류군의 특정 종들만 공유하는 상동성이다. 공유파생형질에 대한 자료를 종합하면 내부군의 구성원들이 서로 어떤 유연관계를 이루고 있는지 알 수 있다.

분기도

분기도는 여러 **단계통군(clade)**을 포함한다. 각각의 단계통군은 공통조상과 그 모든 후손 종을 포함한다. 그림 16.18*b*의 분기도는 3개의 단계통군으로 이루어져 있는데, 첫 번째 단계통군이 다른 두 개를 포함하는 식이므로 단계통군의 크기가 다르다. 연구 분류군의 모든 종은 척추를 갖는 단계통군에 속한다. 오직 영원(newt), 뱀, 도마뱀만이 폐와 3-실 심장의 특성을 갖는 단계통군이고, 뱀과 도마뱀만이 양막란 및 체내수정의 특성을 갖는 단계통군이다(양막란에는 배아를 둘러싸고 보호하는 주머니인 양막이 있다. 물고기와 양서류의 알에는 양막이 없다). 단순성 원리에 따르면 이것은 척추동물의 진화 역사에서 이러한 형질이 나타난 순서를 의미한다. 이 밖의 배열은 모두 단순성 원리에 덜 부합되는 진화 순서를 보이는 복잡한 계통수가 될 것이다.

그 당시에 이용할 수 있는 형태학, 화석 및 분자생물학 자료를 최대한 사용하여 분기도를 작성한다. 따라서 모든 분기도는 하나의 가설로 간주되어야 한다. 작성한 계통수가 진정한 생명체의 진화 역사와 모순이 없는지 검증할 수 있고, 추가되는 자료에 근거하여 수정될 수 있다.

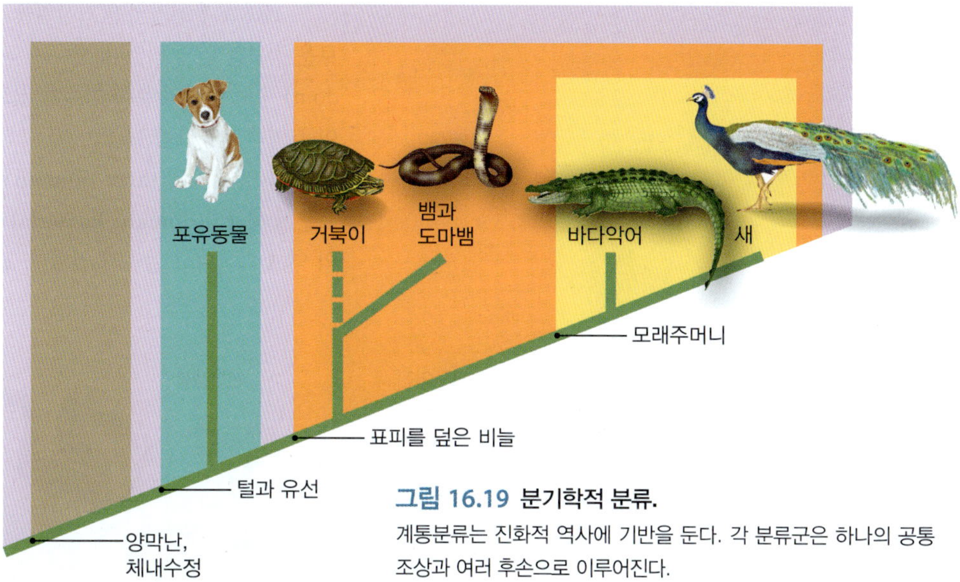

그림 16.19 분기학적 분류.
계통분류는 진화적 역사에 기반을 둔다. 각 분류군은 하나의 공통 조상과 여러 후손으로 이루어진다.

린네식 분류와 분기학

그림 16.19는 린네식 분류를 분기학의 원리에 따라 맞추려고 할 때 발생하는 문제점의 한 예이다. 분기학에 기초한 그림 16.19에서는 새와 악어는 단계통군이며, 최근의 공통조상을 공유하고 있다. 이 조상은 모래주머니를 가지고 있다. 악어와 새의 두개골을 분석하면 이들이 공유하고 있는 다른 파생형질이 나타난다. 새는 비늘로 된 피부를 가지며, 이 특성 또한 다른 파충류들과 공유한다. 그러나 린네식 분류에서는 일반적으로 새를 악어 및 파충류와 다른 고유 분류군으로 나눈다. 이 밖에도 많은 경우에서, 린네식 분류는 계통학적 유연관계에 대한 새로운 이해와 일치하지 않는다. 따라서 일부 분기학자는 국제계통학명명규약(International Code of Phylogenetic Nomenclature, PhyloCode)이라는 다른 분류체계를 제안하였다. 이 규약은 단계통군의 이름을 정하는 네 번째 규칙을 정한 것이다. 다른 생물학자들은 분기학 원리와 일치하도록 린네식 분류를 수정하기를 희망하고 있다.

두 가지 주요 문제는 해결되지 않을지도 모른다. (1) 단계통군도 린네식 분류 범주처럼 계층적이다. 그러나 린네식 분류 범주에 비해 더 많은 단계통군이 존재할 수 있기 때문에 단계통군(clade)과 분류군(taxon)을 일치시키기 어렵다. (2) 분류군이 린네식 체계에서는 반드시 동등하지 않다. 예를 들면, 식물계(kingdom Plantae)의 과 분류군(family taxon)이 동물계(kingdom Animalia)의 과 분류군과 동등하지 않을 수도 있다. 이런 문제 때문에 일부 분기학자들은 린네식 체계를 완전히 버릴 것을 추천하기도 한다.

3-영역 체계

분류체계는 시간에 따라 변한다. 역사적으로 대부분의 생물학자는 식물(plants), 동물(animals), 균류(fungi), 원생생물(protists) 및 모네라(monerans)계로 이루어진 **5-계 체계(five-kingdom system)**의 분류방식을 사용했다. 생명체들을 세포 유형(원핵 또는 진핵), 구성 수준(단세포 또는 다세포) 및 영양 유형에 따라 계에 배치하였다. 5-계 체계에서, 모네라는 세포 구조에 의해 구분되었다. 이들은 원핵세포(막으로 둘러싸인 핵이 없는)이며, 나머지 다른 계에 속한 생명체들은 진핵세포(막으로 싸인 핵을 가진)이다. 모네라계(kingdom Monera)는 화석기록에 의하면 가장 먼저 진화한 모든 원핵생물을 포함한다.

rRNA 유전자의 염기서열을 분석한 결과에 의해 5-계 분류체계와 상충하는 새로운 정보를 얻게 되었다. 연구가 진행됨에 따라 **영역**(*domain*)이라고 하는 계(kingdom) 수준 이상의 분류 범주가 있고 모든 생명체가 세 영역중에 하나에 속한다는 것이 분명해졌다(**그림 16.20**).

3-영역 체계(three-domain system)에서 원핵생물은 서로 근본적으로 다르기 때문에 **세균역(domain Bacteria)**과 **고세균역(domain Archaea)**이라고 하는 별도의 역에 속한다고 알려져 있었다. **진핵생물역(domain Eukarya)**은 원생생물계, 동

그림 16.20 3-영역 체계.
원핵생물은 세균(Bacteria)역과 고세균(Archaea)역으로 이루어진다. 그리고 진핵생물은 진핵생물(Eukarya)역이다. 진핵생물역은 원생생물, 균, 동물 그리고 식물의 4개의 계를 합친 것이다.

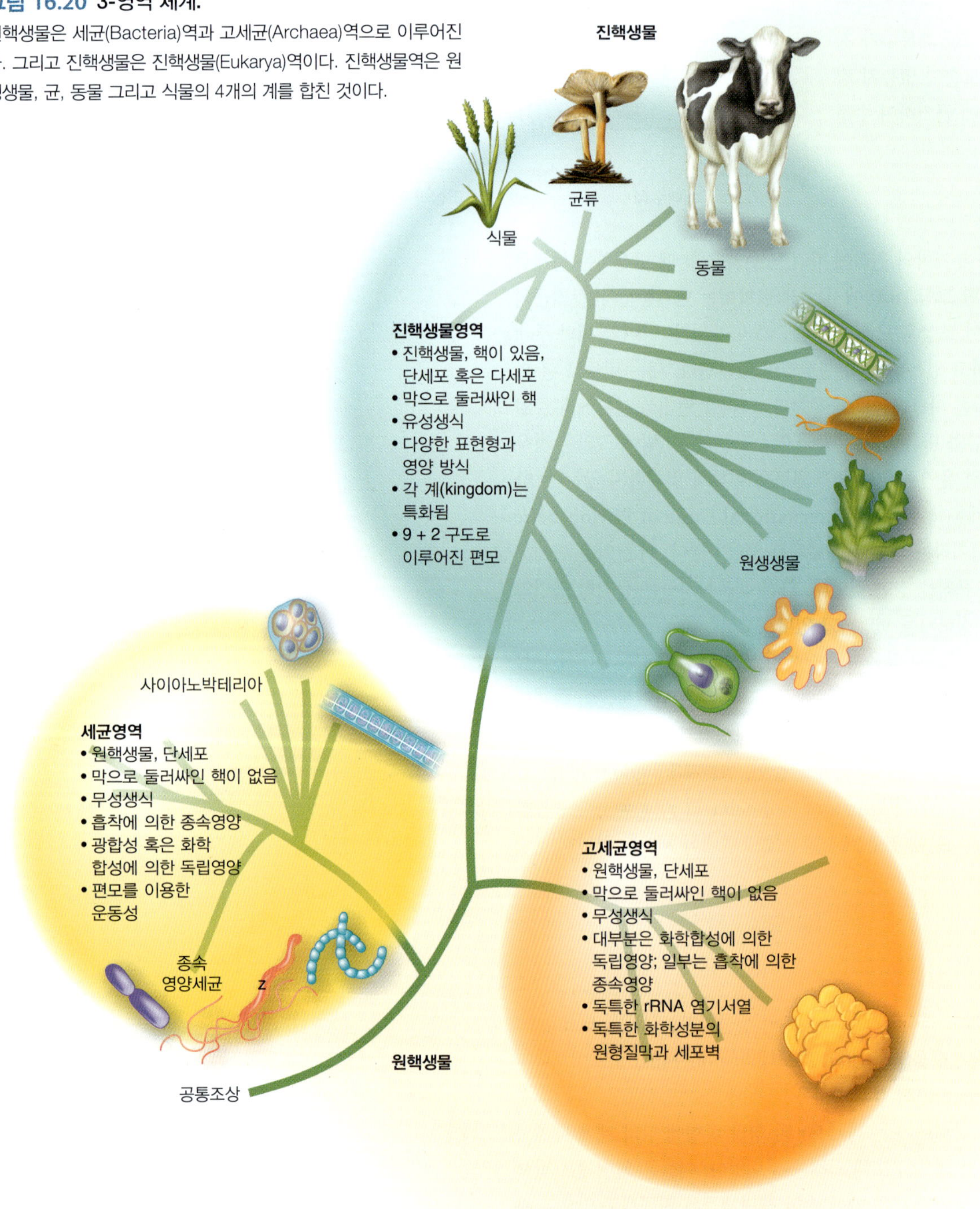

물계, 균계, 그리고 식물계를 포함한다. 앞에서 언급한 바와 같이, 이들은 현재 이러한 계들은 상위그룹으로 재편성되고 있다.

계통학자들은 세균역이 가장 먼저 발생하였고 그 다음 고세균역, 그리고 진핵생물역이 발생하였다고 결정하였다(그림 16.20). 고세균역과 진핵생물역은 세균역보다 서로 더 밀접하게 연관되어 있다. 우리는 이후 장에서 이러한 각 역(domain)과 관련 계(kingdom)들에 대해 살펴볼 것이다.

개념 연결하기

계통학은 종의 진화 역사를 연구하는 과학인 반면, 분류학은 종의 이름을 지정하고 분류하는 것과 관련이 있다.

진도 점검하기 16.3

1. 가장 작은 분류 범주에서 큰 분류 범주까지 나열하시오.
2. 상동구조와 상사구조를 비교하시오.
3. 계통학과 분류학의 차이점을 설명하시오.
4. 3-영역 체계의 구조에 대해 요약하라.

요 약 SUMMARIZE

진화가 대규모로 일어나면 신종의 출현으로 이어진다. 화석기록을 통해 지구의 역사에서 종이 어떻게 진화했는지 알 수 있다.

종분화는 두 종이 유전적으로 갈라져 더 이상 생식 능력이 있는 자손을 생산할 수 없을 때 발생한다.

화석 기록은 지구 생명체의 역사 동안 대진화와 대량 멸종 사건의 역사를 제공한다.

계통학은 종의 진화 역사를 연구하는 과학인 반면, 분류학은 종의 이름을 지정하고 분류하는 것과 관련이 있다.

16.1 종분화와 대진화

대진화(macroevolution)는 지구상에 있는 생명의 역사를 다루기 때문에 대규모의 진화를 의미한다. **대진화(macroevolution)**는 새로운 종의 기원을 의미하는 **종분화(speciation)**에서 시작된다. 종분화와 종의 멸종이 없었다면 지구의 생명체는 역사를 이룰 수 없었을 것이다.

종의 정의

생물학적 종의 개념(biological species concept)은 다음과 같다.

- 다른 그룹의 구성원 사이에서 생존가능한 생식력이 있는 자손을 생산할 수 있다면 하나의 종으로 인정한다.
- 서로 다른 종이 비슷하게 생긴 경우도 있고, 또 같은 종의 구성원이라도 다른 외형을 가질 수 있으므로 이 개념은 유용하다.
- 이 개념은 한계를 갖는다. 일부 종 사이에서는 잡종이 생길 수 있으며, 오직 유성생식을 하는 생명체에만 적용된다.

생식적 장벽

접합전 및 접합후 장벽에 의해 종들이 서로 생식활동을 할 수 없을 때 종분화가 이루어진다.

- **접합전 격리 기작(prezygotic isolating mechanism)**은 서식지 격리, 시간적 격리 및 행동적 격리 등이다.
- **접합후 격리 기작(postzygotic isolating mechanism)**은 생식에 성공했다 하더라도 잡종 자손이 발생하거나 새끼를 낳지 못하도록 억제한다.

종분화 모델

종분화의 두 가지 모델은 이소 종분화와 동소 종분화이다.

- **이소 종분화(allopatric speciation)**는 지리적 장벽에 의해 개체군들의 집단이 분리된다고 주장한다. 격리되어 있는 동안에 접합전 및 접합후 격리 기작이 작동하고, 이로 인해 이들 두 집단이 시간이 흘러 다시 만나더라도 생식에 성공할 수 없게 된다.
- **동소 종분화(sympatric speciation)**에서는 종분화에 지리적 장벽이 필요하지 않다.
- 종분화에 이어 **적응방사(adaptive radiation)**가 이루어져 새로운 종이 독특한 환경의 변화에 적응한다.

16.2 화석기록

지질학적 연대에서 보는 것처럼 화석기록은 생명의 역사를 광범위하게 추적하도록 한다. **고생물학자(paleontologists)**들은 방사능 연대법을 이용하여 **화석(fossil)**의 절대연대를 알아낼 수 있다.

종분화의 속도

- 점진진화 모델: 같은 조상 종에서 두 그룹의 생명체가 나뉜 후 점진적으로 서로 다른 두 개의 종으로 된다.
- 단속평형 모델: 평형기간(무변화)이 비교적 단시간 내에 이루어진 종분화에 의해 중단된다.

대멸종의 원인

화석기록에 따르면 지구상의 생명의 역사 동안에는 한 차례의 중요한 포유류 멸종을 포함하여 적어도 다섯 차례의 대멸종이 일어났다. 대멸종의 주요 원인은 대륙 이동, 기후 변화, 운석 충돌로 인한 서식지 파괴 등이다.

16.3 계통분류학

- **계통분류학(systemics)**은 과거와 현재의 모든 생명체 사이의 진화적 유연관계인 **계통(phylogeny)**을 연구한다. 계통분류학은 화석기록, 상동성, 분자생물학 자료에 의존하여 생명체 사이의 유연관계를 결정한다.
- **분류학(taxonomy)**은 생명체의 동정, 명명 및 분류를 포함한다. 린네식 분류체계에서 모든 생명체는 **분류군(taxon)**에 속하며, **속(genus)**과 특별한 종소명(epithet)을 나타내는 학명으로 명명된다. **종(species)**명은 속과 특별한 종소명의 조합으로 이루어진다. 종은 분자생물학 및 구조적인 유사성뿐 아니라 진화적 유연관계에 따라 **과(family)**, **목(order)**, **강(class)**, **문(phylum)**, **계(kingdom)** 및 **영역(domain)**에 배속된다. 최근에는 진핵생물 간의 진화 관계를 설명하기 위해 상위군의 분류 수준이 추가되었다.
- **계통수(phylogenic tree)**는 한 생명체 그룹의 진화 역사를 보여준다. 계통수는 **상동구조(homologous structure)**와 **상사구조(analogous structure)**를 구별하는 데 도움이 된다. 상동구조는 공통조상과 관련된 것이며, 상사구조는 **수렴진화(convergent evolution)**로 인해 나타난다. 분기학자들은 공유파생형질을 이용하여 분기도를 작성한다. **분기도(cladogram)**에서 **단계통군(clade)**은 공통조상 및 공통조상에서 파생된 모든 종을 포함한다. 단계통군의 종은 모두 공유파생형질을 가진다.
- 린네식 분류는 생명체 분류에 있어서 분기학의 원리와 일치하지 않을 때가 있기 때문에 심각한 비판을 받고 있다.

분류 체계

- **5-계 체계(five-kingdom system)**는 역사적으로 세포 유형, 조직화 수준 및 영양 유형 등의 기준에 기초한다.
- **3-영역 체계(three-domain system)**는 분자생물학 자료를 이용하여 세균, 고세균, 진핵생물의 세 영역으로 진화적 영역을 구분한다.
- **세균영역(domain Bacteria)**과 **고세균영역(domain Archaea)**에는 원핵생물이 포함된다.
- **진핵생물영역(domain Eukarya)**에는 원생생물, 동물, 균류 및 식물이 포함되어 있다.

평가 ASSESS

혼자 풀어보기

가장 적절한 답을 고르시오

16.1 종분화와 대진화

1. 생물학적 종은
   a. 다른 종과 항상 다른 외형을 지닌다.
   b. 다른 종과 항상 다른 수의 염색체를 가지고 있다.
   c. 다른 종과 생식적으로 격리되어 있다.
   d. 다른 종과 결코 동일한 생태적 지위(niche)를 공유하지 않는다.

[2~9] 해당하는 격리 기작 유형을 보기에서 골라 표시하시오.

보기:

a. 서식지 격리	b. 시간적 격리
c. 행동적 격리	d. 기계적 격리
e. 배우자 격리	f. 접합자 사멸
g. 잡종 불임	h. F_2의 낮은 적응도

2. 한 종의 암컷은 다른 종의 수컷이 하는 구애 행위를 인식하지 못한다.
3. 한 종은 다른 종과 다른 시기에 생식한다.
4. 두 종이 교배하여 얻은 접합체(zygote)는 언제나 죽는다.
5. 다른 지역에 서식하는 두 종은 서식지가 다르기 때문에 교배하지 않는다.
6. 두 종 사이의 잡종이 만드는 배우자(gamete)는 생존력이 없다.
7. 한 종의 정자가 다른 종의 난자와 수정할 수 없다.
8. 두 종의 생식 구조는 호환되지 않는다.
9. 두 잡종 개체 사이의 자손은 생명력이 빈약하다.
10. 이소 종분화에 필요한 것은 무엇인가?
    a. 생식적 격리
    b. 지리적 격리
    c. 수컷과 암컷 사이의 자연적인 차이
    d. 우선 교배
    e. 높은 돌연변이율

16.2 화석기록

11. 화석기록의 단점 중 하나는 무엇인가?
    a. 단단한 몸체 부위가 화석화되기 쉽다.
    b. 화석의 연대를 추정할 수 있다.
    c. 불완전함이다.
    d. 위의 진술 모두 옳다.
12. 다음 중 대멸종에 관여하는 것은?
    a. 기후 변화 b. 대륙 이동
    c. 운석 충돌 d. 위 모두

16.3 계통분류학

13. 다음 중 생명체의 학명은?
    a. *Rosa rugosa*
    b. *Rosa*
    c. *rugosa*
    d. *rugosa rugosa*
    e. a와 d가 옳음.

14. 다음 중 분류학과 관련하여 가장 올바른 진술은?
    a. 종은 *Homo sapiens sapiens*처럼 항상 3-부분의 이름을 갖는다.
    b. 종은 다른 종과 항상 생식적으로 격리되어 있다.
    c. 종은 공통조상 형질을 공유하지만, 자신만의 고유한 파생형질도 가지고 있다.
    d. 종은 항상 비슷하게 생긴 것처럼 보인다.
    e. c와 d가 옳음.

15. 다음 분기도에 대해 답하시오.

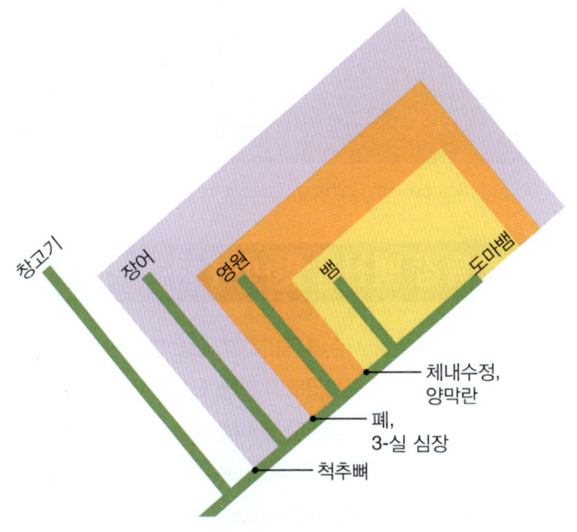

    a. 이 분기도에 포함된 단계통군의 수는 몇 개인가? 단계통군은 어떻게 결정한 것인가?
    b. 연구대상 분류군에서 모든 동물이 공유하고 있는 특성은 무엇인가? 오직 뱀과 도마뱀만이 공유하는 특성은 무엇인가?
    c. 가장 최근의 공통조상을 공유하는 동물들은 무엇인가? 어떻게 알 수 있는가?

관계맺기 ENGAGE

과학적으로 생각하기

1. 관다발 식물에 대해 제안된 계통수를 그룹의 이름(표 상단에 있음)과 공유 특성(왼쪽에 있음)으로 채우시오.

	양치식물	침엽수	은행나무	외떡잎식물	쌍떡잎식물
관다발조직	x	x	x	x	x
종자 생산		x	x	x	x
겉씨		x	x		
침엽		x			
활엽			x		
속씨				x	x
하나의 떡잎				x	
두 개의 떡잎					x

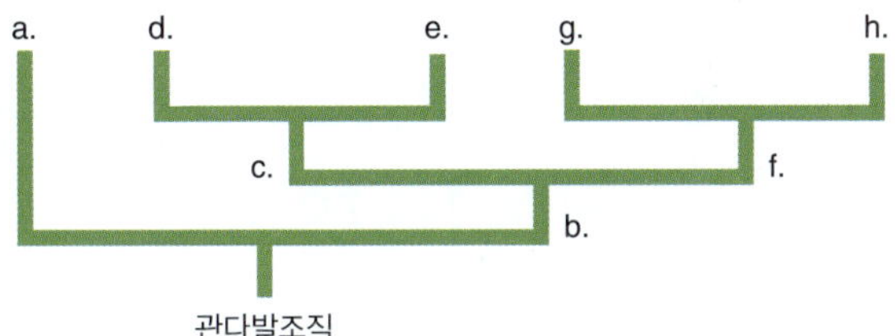

2. 하와이제도는 본토로부터 수천 킬로미터 떨어진 곳에 위치한다. 이 섬들은 해저에서 융기하였으며, 해류나 바람을 타고 유입된 식물과 동물이 서식하였다. 섬마다 고유한 환경을 지니고 있으며, 서식하는 생물들은 저마다 다르게 진화하였다. 결과적으로 이 제도에 서식하는 대부분의 식물과 동물 종은 세상 어디에도 존재하지 않는다.

   이에 비해 플로리다 키스제도에는 고유종 또는 토착종이 존재하지 않는다. 이 섬에 서식하는 모든 종은 본토에도 존재한다. 이들 두 제도에서 나타난 서로 다른 종분화 양상에 대해 설명하시오.

3. 진화적 유연관계를 재구성하면 장점이 있다. 예를 들면, 새로 출현한 바이러스는 유연관계가 없는 종보다는 유연관계가 있는 종에게 확산되기 쉽다. 예를 들면 HIV 바이러스는 침팬지로부터 사람에게 확산되었는데, 침팬지는 우리와 DNA 염기서열의 90% 이상을 공유하고 있다. 침팬지는 이 바이러스로 인해 병에 걸리지 않는다. 그러므로 침팬지 면역체계를 연구하면 사람의 AIDS를 치료하는 방법을 개발하는 데 도움이 될 것이다. 그러나 사람과 가깝지 않은 유연관계에 있는 생명체 사이의 진화적 유연관계에 대한 연구는 어떨까?
    a. 대중은 모든 유형의 연구를 지원할 용의가 있을까, 아니면 HIV 연구와 같이 즉각적인 의료혜택과 관련된 연구만을 지원하려 할까?
    b. 당신은 즉각적인 의료 혜택이 없더라도 우리의 진화적 과거를 이해하는 데 도움을 줄 수 있는 계통분류학 연구를 지원할 용의가 있는가?

CHAPTER 17

바이러스, 세균, 그리고 원생생물
Viruses, Bacteria, and Protists

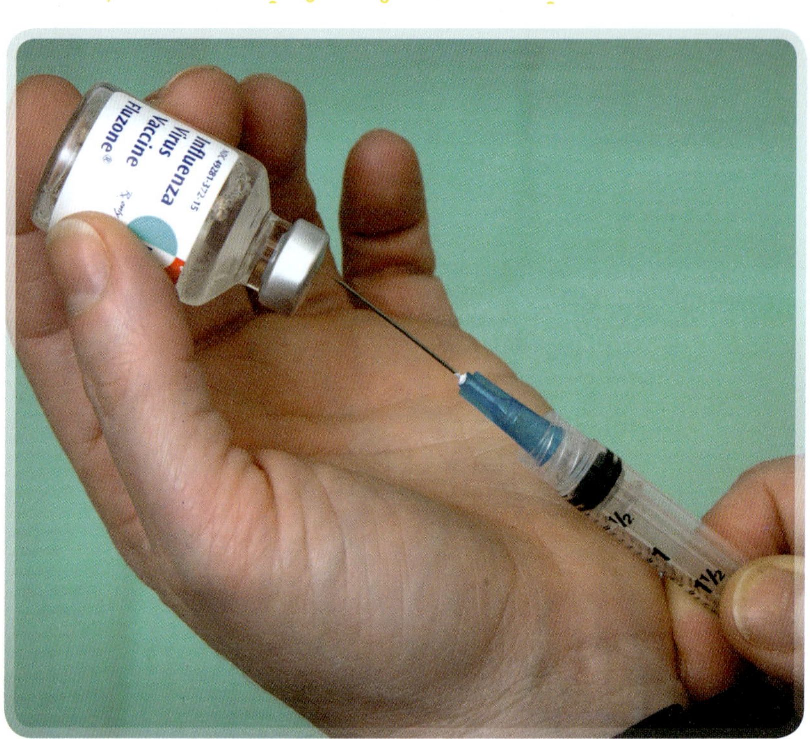

Source: Jim Gathany/Centers for Disease Control and Prevention

개요

시작하기 전에

이 장을 시작하기 전에 다음의 내용을 다시 살펴보자.

그림 4.2 바이러스는 세균, 동물세포 또는 식물세포보다 얼마나 작을까?

4.3절 원핵세포와 진핵세포 구조의 차이점은 무엇인가?

그림 16.20 원핵생물을 포함하는 생명체의 두 역은 무엇인가?

당신이 매년 독감 백신을 맞아야 하는 이유

매년 초가을부터 미국에서는 다가오는 독감 시즌에 대비하기 위해 약 1억 6,800만 개의 독감 백신이 접종된다. 하지만 독감 백신이 널리 보급되어 있음에도 불구하고(상점과 공항에서 투여할 수 있음) 많은 사람이 예방접종을 기피한다. 안타깝게도 인구의 약 20%가 독감에 걸릴 것으로 예상되며, 2017년에는 80,000명이 독감으로 사망했다.

매년 미국 질병통제예방센터(CDC)와 다른 기관들은 다가오는 독감 시즌에 유행할 가능성이 가장 높은 변종들을 동정한다. 인플루엔자 바이러스는 감염되는 세포와 생명체 유형에 특이성을 가지고 있는 반면에 매우 빠르게 진화하는 능력도 갖추고 있다. 만약 두 개의 약간 다른 유형의 인플루엔자 바이러스가 같은 세포를 감염시킨다면, 그들은 재조합하여 우리의 면역 체계가 익숙하지 않을 수 있는 새로운 형태의 바이러스를 형성할 수 있다. 이러한 이유로 독감으로부터 여러분 자신을 보호하기 위해 매년 새로운 인플루엔자 백신을 맞는 것이 필요하다.

많은 바이러스와 마찬가지로 인플루엔자 바이러스와 인플루엔자 바이러스를 예방하기 위한 백신에 대해 다음과 같은 많은 것이 잘못 알려져 있다. 인플루엔자 백신을 맞으면 독감에 걸릴 수 있다. 건강한 성인이라면 독감 백신이 필요하지 않다. 항생제는 독감에 효과적인 치료법이다. 사실 인플루엔자는 더 많은 자신의 복사본을 만들 수 있도록 세포의 대사 기구를 점유하기 위해 신체의 특정 세포들을 침입해야 한다는 점에서 다른 바이러스와 많은 면에서 유사하다.

이 장에서 우리는 박테리아와 원생생물과 같은 미생물 세계의 다른 구성원을 포함하여 살아 있는 유기체와 바이러스의 상호작용에 대해 살펴보고자 한다.

이 장을 공부하는 동안 다음 질문에 대해 생각해보자.

1. 모든 생물체가 공유하는 특징을 고려할 때, 바이러스들은 생명체로 간주할 수 있을까?
2. 어떤 것들은 질병을 일으키기도 하지만, 미생물들이 생명체에 필수적인 이유는 무엇인가?

17.1 바이러스

학습 목표

이 절을 학습한 후에는 다음 과제를 수행할 수 있어야 한다.

1. 바이러스의 구조를 서술하기.
2. 바이러스의 숙주 특이성의 근거를 설명하기.
3. 바이러스의 증식과정을 서술하기.

1.1절에서는 생명체의 일반적인 특성에 관해 설명했고, 4.1절에서는 세포가 생명체의 기본 단위라는 개념을 소개했다. 바이러스들은 종종 진정한 "생명체"의 개념에 논란을 초래하는데, 이는 주로 바이러스들은 살아 있는 세포 내에서만 번식할 수 있는 **세포내 절대 기생체들**(절대적이란 "특정 형태로 제한됨"을 의미하고 **세포내**라는 것은 "세포 내부"를 의미함)이기 때문이다. 바이러스들은 또한 영양분을 얻거나 에너지를 사용하는 능력이 없다. 또한 바이러스들은 믿을 수 없을 만큼 매우 작다. 거대 바이러스들을 제외하고 대부분의 바이러스는 길이가 약 0.2마이크로미터(μm)이거나 세균 크기의 10분의 1 정도에 불과하다.

연관

바이러스는 얼마나 커질 수 있는가?

일반적으로 바이러스는 세균 크기의 약 1/10이다. 그러나 최근의 몇몇 발견들은 모든 바이러스가 작아야 한다는 견해에 이의를 제기하고 있다.

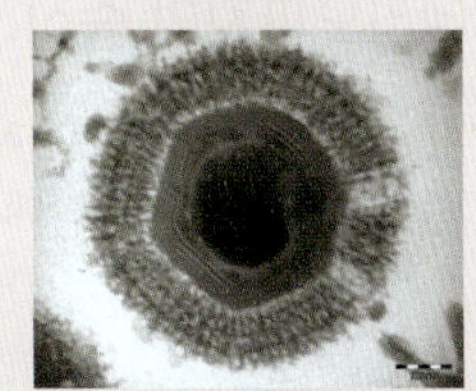

©Dr. Raoult/Science Source

2013년 시베리아의 연구원들은 영구 동토층에서 길이가 1.5 μm 정도이거나 대략 작은 세균 크기 정도의 거대 바이러스(*Pithovirus sibericum*이라 부름)를 발견했다. 하지만 이 바이러스만이 유일한 것은 아니다. 크기가 비슷한 다른 거대 바이러스(예: *Mimivirus*와 *Pithovirus*)가 발견됨에 따라 과학자들은 이들을 자체 분류 범주에 넣기 시작해왔다. 이러한 바이러스 중 일부는 자기 단백질을 생산할 수 있는 능력을 갖추고 있어서 바이러스들이 한때 세균이었을 것이라는 가설에 힘을 실어주고 있다. 이러한 독특한 바이러스들에 관한 연구는 바이러스가 어떻게 진화했는지에 대해 우리가 이해하고 있었던 것을 바꾸고 있다.

하지만 바이러스는 생명체와 몇 가지 공통된 특징을 가지고 있다. 예를 들어, 바이러스들은 숙주 세포에서 새로운 바이러스들을 만드는 데 사용되는 수백 개의 유전자로 구성된 유전체를 가지고 있다. 바이러스의 진화적 기원은 아직 명확하지 않지만, 일부 바이러스들은 자체 단백질을 제조할 수 있는 능력을 갖추고 있어서 바이러스들이 한때 세균이었을 것이라는 가설에 힘을 실어주고 있다.

모든 생명체에서 바이러스 감염의 증거를 찾을 수 있으며, 바이러스는 지구상의 생명체 진화에 중요한 역할을 해왔고 지금도 중요한 역할을 계속하고 있다는 증거가 있다.

바이러스의 구조

바이러스는 단백질 소단위체로 구성된 외부 **캡시드(capsid)**와 DNA 또는 RNA 핵산이 들어 있는 내부 핵심의 두 개의 주요 부분으로 구성되어 있다(그림 17.1).

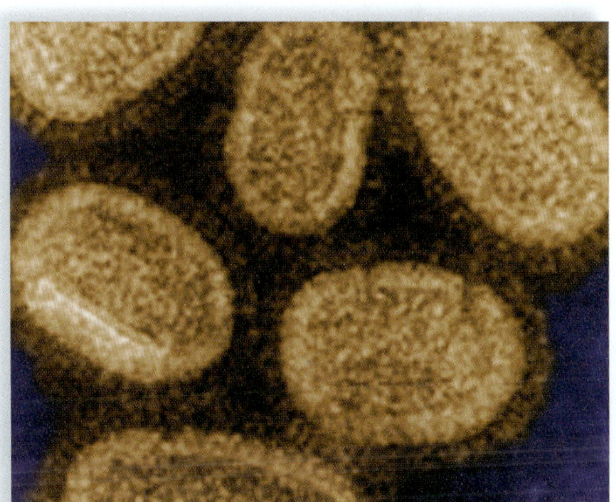

인플루엔자 바이러스: 돌기가 있는 피막으로 둘러싸인 나선 모양의 캡시드를 가진 RNA 바이러스

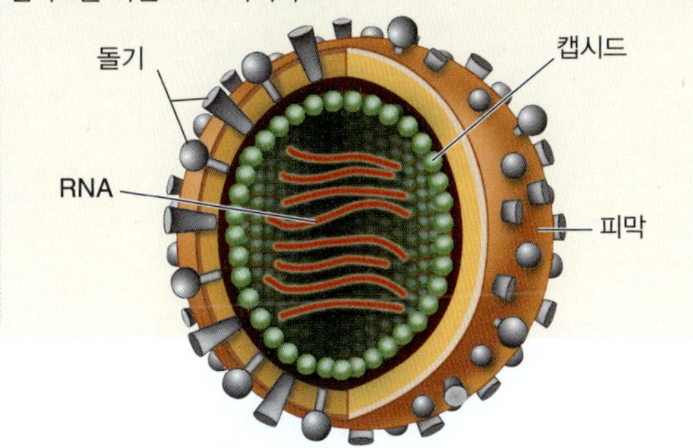

그림 17.1 인플루엔자 바이러스의 구조.
전형적인 바이러스인 인플루엔자 바이러스는 핵산 중심부(RNA)와 캡시드라고 부르는 단백질 외피를 가지고 있다. 스파이크라고 불리는 돌기들은 인플루엔자 바이러스가 세포에 들어가는 것을 돕고, 돌기에 따라 인플루엔자 바이러스의 명명(H1N1, H3N5 등)이 결정된다.

(photo): Source: Cynthia Goldsmith/Centers for Disease Control and Prevention

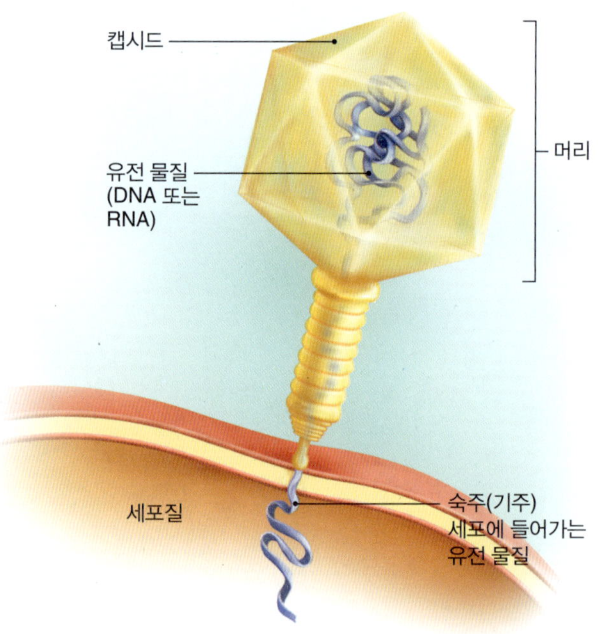

그림 17.2 박테리오파지의 예.
바이러스의 유전 물질이 세균에 어떻게 들어가는지 보여주는 박테리오파지의 구조.

그림 17.1에서 보여주는 인플루엔자 바이러스 또한 바이러스가 숙주 세포에 부착하는 데 관여하는 돌기(당단백질)를 가지고 있다. 인플루엔자 바이러스의 경우, 두 가지 유형의 돌기를 가지고 있는데, 돌기들의 구조의 차이에 따라 각 유형의 인플루엔자 바이러스를 H5N1 또는 H7N9와 같이 명명한다. 일부 동물바이러스의 경우, 캡시드는 당단백질 돌기를 가진 외부 막성 피막에 의해 둘러싸여 있다. 실질적으로 이 피막은 바이러스가 생산하는 단백질을 포함하는 숙주의 원형질막 조각이다. 바이러스의 내부에는 새로운 바이러스들을 생산하는 데 도움이 되는 다양한 효소를 포함할 수 있다. 바이러스 유전체는 DNA 또는 RNA로, 최대 수백 개의 유전자를 가지고 있는 반면에 인간 세포는 약 19,000개의 유전자를 가지고 있다.

바이러스의 증식

바이러스들은 돌기 또는 캡시드 일부가 숙주 세포 외부 표면의 특정 분자(수용체)에 자물쇠-열쇠 방식으로 부착되기 때문에 특정 숙주 세포에 특이적으로 작용한다. 바이러스는 부착할 수 없는 숙주 세포를 감염시킬 수 없다. 예를 들어, 담배 모자이크 바이러스의 캡시드는 인간 세포 표면의 수용체에 부착할 수 없으므로 담배 모자이크 바이러스는 사람을 감염시킬 수 없다. 바이러스가 일단 숙주 세포에 들어가면 바이러스 유전체가 숙주 세포의 대사 기구를 점유한다. 그런 다음 바이러스는 증식하기 위하여 숙주의 효소, 리보솜 및 ATP를 포함한 이 대사 기구를 이용한다.

박테리오파지의 증식

박테리오파지(bacteriophage)는 간단하게 파지(*phage*)라고도 부르며, 세균에서 증식하는 바이러스이다. 박테리오파지는 다양한 방식으로 명명된다. 예를 들어, 그림 17.2의 바이러스는 파지 람다(λ)라고 부른다. 파지는 바이러스 증식 연구를 위한 모델 시스템으로 자주 사용된다.

파지 λ가 증식할 때, 용균성 회로 또는 용원성 회로를 거치게 된다. **용균성 회로(lytic cycle**, 그림 17.3*a*)는 부착, 침입, 생합성, 성숙 및 방출의 5단계로 나눌 수 있다.

1. 부착(*attachment*) 단계에서 캡시드는 세균 세포벽에 있는 수용체와 결합한다.
2. 침입(*penetration*) 단계에서 바이러스 효소가 세포벽 일부를 분해하고 바이러스 DNA가 세균 세포에 주입된다.
3. 바이러스가 바이러스 복제에 필요하지 않은 숙주 유전자를 비활성화한 후 바이러스의 구성요소를 생합성(*biosynthesis*)하기 시작한다. 그런 다음 숙주 세포의 대사 기구는 바이러스 DNA 복제와 다수의 캡시드 단백질 소단위체 생산을 수행한다.
4. 성숙(*maturation*) 단계에서 바이러스 DNA와 캡시드가 조립되어 수백 개의 바이러스 입자를 생산한다.
5. 바이러스 유전자에 의해 암호화된 효소인 라이소자임이 세포벽을 파괴하고, 파지 입자 방출(*release*)이 일어난다. 그 결과 세균 세포는 죽게 된다.

용원성 회로(lysogenic cycle, 그림 17.3*b*)에서 감염된 세균은 즉시 파지를 생성하는 대신에 세포에 들어간 후 활발하게 증식하지 않는 잠복(*latent*) 상태가 된다. 부착과 침입이 이루어진 후 통합(*integration*)이 일어난다. 즉, 바이러스 DNA는 숙주 DNA를 파괴하지 않은 채 세균 DNA에 통합된다. 잠복 기간 동안 바이러스 DNA를 프로파지(*prophage*)라고 부른다. 프로파지는 숙주 DNA와 함께 복제되며,

용원성 세포라고 하는 모든 후손 세포는 프로파지의 사본을 한 개씩 가진다. 자외선과 같은 특정 환경 요인은 프로파지가 생합성, 성숙, 방출로 이어지는 용균성 단계로 들어가는 것을 유도할 수 있다.

식물바이러스

농작물과 정원용 식물도 바이러스에 감염된다. 식물바이러스는 손상된 조직을 통해서 침입한 다음 식물 세포벽 사이에 뻗어 있는 원형질연락사(*plasmodesmata*)를 통해 식물 전체로 이동한다. 가장 잘 연구된 식물바이러스는 담배 모자이크 바이러스로, 캡시드에 단지 한 종류의 단백질 소단위체만 가지고 있는 긴 막대 형태의 바이러스이다(그림 17.4). 모든 바이러스가 치명적이지는 않지만, 시간이 지남에 따라 식물을 쇠약하게 만드는 경우가 많다.

바이러스는 종종 곤충에 의해 한 식물에서 다른 식물로 전파되거나, 정원 가꾸기를 하는 동안 부주의로 인해 바이러스가 포함된 수액을 통해 한 식물에서 다른 식물로 전파가 일어난다. 바이러스 입자는 또한 종자와 화분에 의해서 전염되기도 한다. 안타깝게도 바이러스병에 대한 화학적 방제법은 없다. 최근까지 바이러스병을 방제할 수 있는 유일한 방법은 증세가 나타난 식물을 제거하거나 곤충 매개체가 있다면 이를 방제하는 것이다. 요즘은 식물 유전자 변형이 가능하므로(12.2절 참조), 식물 간에 병 저항성 유전자를 전달하는 것이 가능하다. 가장 성공적인 예의 하나는 하와이에서 파파야윤문반점바이러스(papaya ring spot virus, PRSV)에 저항성이 있는 파파야 식물들을 만들어낸 것이다. 한 형질전환 계통은 현재 PRSV에 대해 완전한 저항성을 보인다.

세균 세포벽
캡시드
핵산
세균 염색체
1 흡착: 캡시드가 수용체와 결합한다.
2 침입: 바이러스 DNA가 숙주로 들어간다.
3 생합성: 바이러스 구성성분이 합성된다.
4 성숙: 바이러스 구성성분이 조립된다.
5 방출: 새로운 바이러스가 숙주 세포에서 빠져나간다.
a. 용균성 회로
b. 용원성 회로
통합
바이러스 DNA의 클로닝
프로파지

그림 17.3 박테리오파지의 용균성 회로와 용원성 회로. **a.** 용균성 회로에서는 바이러스 입자는 세포가 용균될 때 빠져나간다. **b.** 용원성 회로에서는 바이러스 DNA가 숙주 DNA로 통합된다. 용원성 회로는 추후에 용균성 회로의 마지막 세 단계로 이어질 수 있다.

동물바이러스

인간을 포함한 동물에 질병을 일으키는 바이러스는 박테리오파지와 유사한 방식으로 증식하지만, 차이점이 있다. 특히, 모두 그런 것은 아니지만 몇몇 동물바이러스는 캡시드 외부에 막성 피막을 가지고 있다. 원형질막에 있는 수용체에 부착한 후 피막이 있는 바이러스는 원형질막과 융합하거나 내포작용(endocytosis)에 의해 숙주 세포 안으로 들어간다.

그림 17.5는 동물바이러스의 일반적인 생활사를 보여준다. 피막 바이

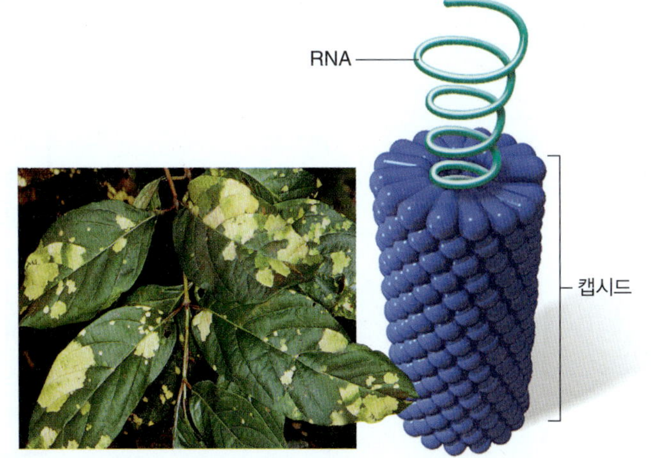

그림 17.4 감염된 담뱃잎.
얼룩이 있고 뒤틀린 잎은 담배 모자이크 바이러스 감염의 전형적인 증상이다.
©Steven P. Lynch

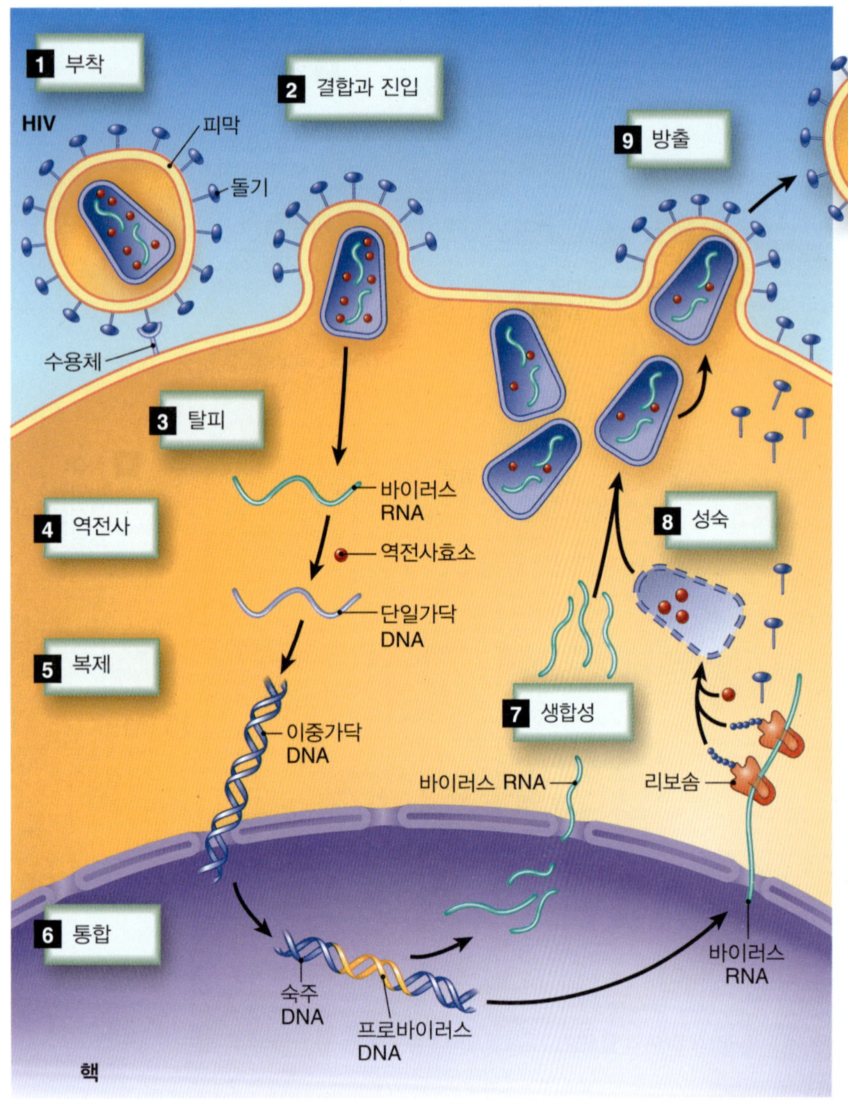

그림 17.5 HIV의 증식.

AIDS를 유발하는 바이러스인 HIV는 그림에서 네모 상자로 표시한 여러 단계를 거친다. HIV는 RNA 유전체를 가진 레트로바이러스이기 때문에 역전사효소를 이용하여 유전체의 단일가닥 DNA 사본을 만든다. 상보적인 가닥이 합성된 후, 이중가닥 바이러스 DNA는 숙주 DNA에 통합된다.

러스는 침입 후 탈피가 일어난다. 즉, 숙주 세포 내에 있는 효소에 의해 캡시드가 제거된다. DNA든 RNA든 바이러스 유전체의 피막이 제거되면 생합성, 성숙, 방출이 일어날 수 있다. 피막이 없는 동물바이러스는 박테리오파지와 동일한 방법으로 숙주 세포에서 방출되는 반면, 피막이 있는 바이러스는 세포로부터 출아한다. 출아하는 동안 바이러스는 숙주 원형질막으로부터 주로 지질과 단백질로 구성된 피막을 얻는다. 바이러스가 숙주 세포로 들어갈 수 있게 해주는 피막의 일부분인 돌기들은 바이러스 유전자에 암호화되어 있다.

사람에서 입술 포진, 생식기 포진, 수두를 일으키는 헤르페스 바이러스는 오랜 시간 잠복해 있는 동물바이러스의 예들이다. 헤르페스 바이러스는 척수신경절에 머물다가 스트레스나 과도한 광선 등의 자극을 받으면 용균성 회로로 들어간다. AIDS의 원인인 인간 면역결핍 바이러스(human immunodeficiency virus, HIV)는 림프구에서 잠복하면서 서서히 새로운 바이러스를 방출한다.

레트로바이러스

레트로바이러스(retrovirus)는 RNA를 유전 물질로 사용하는 바이러스이다. 그림 17.5는 레트로바이러스 HIV의 증식을 나타낸다. 레트로바이러스는 RNA를 DNA로 전사하는 역전사효소라고 부르는 효소를 가지고 있다. 이 효소는 바이러스 RNA를 주형으로 사용해 하나의 DNA 가닥을 합성하고 첫 번째 가닥과 상보적인 DNA 가닥을 합성한다. 이렇게 만들어진 이중가닥 DNA는 숙주 효소를 이용해 숙주 유전체에 통합된다. 이 바이러스 DNA(프로바이러스, *provirus*)는 숙주 유전체 내에 위치한 상태로 있으면서 숙주 DNA가 복제될 때 함께 복제된다(그림 17.5 참조). 이 DNA가 전

연관

노로바이러스란?

"위 독감" 또는 "식중독"이라고 부르는 노로바이러스(norovirus)는 위장염 또는 위와 장에 염증을 일으키는 바이러스의 한 종류이다. 음식, 물체의 표면 또는 노로바이러스에 감염된 사람과 접촉하면 감염될 수 있는 전염성이 매우 높은 바이러스이다. 대부분 사람은 며칠 안에 노로바이러스 감염으로부터 회복되지만, 이 바이러스는 여러 형태의 심각한 질병 내지는 심지어 사망까지 유발할 수 있다. 대부분의 손 소독제는 이 바이러스를 파괴하지 못하므로 노로바이러스로부터 보호하는 가장 효과적인 방법은 손을 철저히 씻는 것이다.

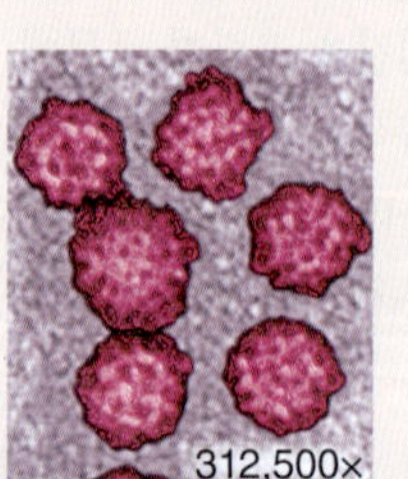

©James Cavallini/ Science Source

사될 때 앞서 살펴본 생합성, 성숙, 방출 단계를 걸쳐 새로운 바이러스가 생산된다. 피막을 지닌 동물바이러스이므로, HIV는 세포로부터 출아한다. HIV와 AIDS 질병에 대한 더 많은 정보는 26.5절에서 제공한다.

신종 바이러스들

HIV는 최근에야 많은 사람을 감염시킨 **신종 바이러스(emerging virus)**로, 질병의 원인이 되는 바이러스이다. 다른 신종 바이러스로는 웨스트나일 바이러스(West Nile virus, WNV), SARS 바이러스, 한타바이러스, 조류독감(H5N1) 바이러스 등이 있다(그림 17.6).

감염성 질병은 몇 가지 서로 다른 경로를 통해 나타난다. 어떤 경우에는 바이러스가 단순히 한 곳에서 다른 곳으로 이동된다. 웨스트나일 바이러스는 그 숙주 범위가 바뀌었기 때문에 신종 바이러스이다. 이 바이러스는 미국으로 유입되어 조류와 모기 개체군에서 유행하고 있다. 중증 급성 호흡기증후군(사스, SARS)은 아시아로부터 캐나다 토론토로 전파된 것이 확실하다. 하루를 방콕에서 시작하고 로스앤젤레스에서 마칠 수 있는 이 세상은 질병이 전례가 없이 빠른 속도로 퍼질 수 있는 세상이다.

다른 요인들에 의해서도 감염성 바이러스가 출현할 수 있다. 바이러스는 돌연변이율이 높은 것으로 잘 알려져 있다. 이러한 돌연변이가 돌기나 캡시드의 구조에 영향을 줌으로써 예전에는 특정 동물 종에만 감염하였던 바이러스가 지금은 사람까

그림 17.6 신종 질병들.

발생 국가에 따라 여기에 언급된 신종 질병은 새로운 질병이거나 유병률이 증가한 것으로 나타났다. 이러한 질병을 일으키는 병원체는 새로운 독성 인자를 획득했을 수도 있고, 환경적 요인으로 인해 더 많은 숙주로 확산하였을 수 있다.

연관

에볼라란?

에볼라 바이러스는 면역계의 대식세포와 순환계 및 간의 내피 세포를 포함하여 신체의 여러 다른 세포 유형을 표적으로 하는 질병인 출혈열을 일으키는 바이러스 계열에 속한다. 에볼라는 종종 광범위한 출혈을 일으키는 질병으로 묘사되지만 실제로 대부분의 사망은 체액 손실, 장기 부전(예: 간) 또는 전반적인 면역 체계 붕괴로 인해 발생한다. 바이러스는 감염된 사람의 체액과의 직접적인 접촉을 통해 전염된다. 이 바이러스는 감염된 사람의 체액과 직접 접촉하여 체액과의 직접적인 접촉을 통해 전염된다.

2014년에 서부 아프리카에서 에볼라가 발생했다. CDC에 따르면 에볼라 확진자는 28,000명 이상, 사망자는 11,000명 이상으로 사망자가 확인되어 가장 큰 규모의 에볼라 발병 사례가 되었다. 2018년에는 콩고민주공화국에서도 소규모로 에볼라가 발생했다.

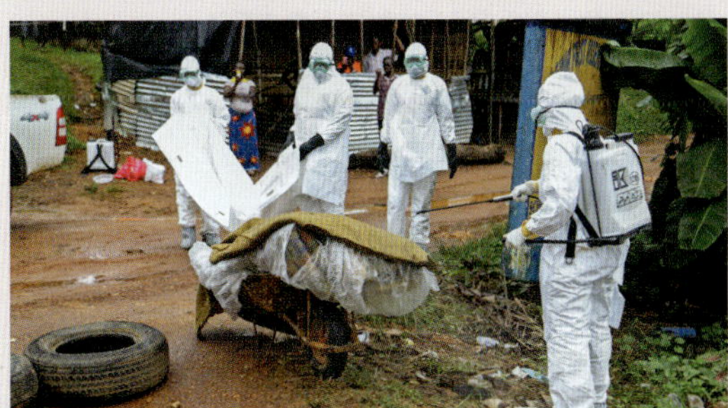

지 감염할 수 있는 능력을 획득하였다. 예를 들어, AIDS와 에볼라 열병은 한때 원숭이와 침팬지만 감염시킨 바이러스에 의해서 발생하였다.

중동호흡기증후군 또는 메르스(MERS)라고 부르는 바이러스는 의료계의 우려를 불러일으킨 신종 바이러스의 다른 예이다. 메르스는 사스와 마찬가지로 코로나바이러스(MERS-CoV)이다. 이러한 종류의 바이러스는 호흡곤란, 기침, 발열 등 호흡기 문제를 일으키는 것으로 알려져 있다. 메르스가 독특한 이유는 이전에 인간에게서 발견된 적이 없는 새로운 종류의 코로나바이러스라는 사실이다.

조류독감(H5N1)은 세계 보건 전문가들의 지속적인 관심이다. 야생 오리들은 그들로부터 닭들에게 퍼질 수 있는 조류 인플루엔자 바이러스에 내성이 있어서, 또 다른 종류의 인플루엔자인 조류 인플루엔자가 사람들에게 퍼질 가능성을 높인다. 따라서 인플루엔자 같은 질병이 사람에게도 전파될 가능성이 커진다. 바이러스가 새롭게 출현할 수 있는 또 다른 방식은 전파방식의 변화이다. 예를 들면, 접촉감염 방식에서 공기감염 방식으로 바뀌는 것이다. 보건 당국은 H5N1과 같은 바이러스에서 이러한 현상이 발생할 수 있으며, 이에 따라 조류 독감에 노출될 수 있는 사람의 수가 크게 증가할 수 있다고 우려하고 있다.

인간 바이러스 질병의 치료

항생제는 살아 있는 세균 세포의 기능을 방해하도록 설계되었기 때문에 바이러스에는 효과가 없다. 역사적으로 바이러스 감염은 면역 시스템이 적응 면역 반응을 이용하는 바이러스를 표적으로 하는 경우에만 치료할 수 있었다(26.3절 참조). 예방접종(26.4절 참조)은 특정 바이러스에 의한 감염을 예방하는 데에도 효과적이다.

바이러스가 세포의 대사 메커니즘을 사용하여 증식한다는 사실을 이해함으로써 바이러스 생활사의 특정 단계를 표적으로 하는 항바이러스제를 개발할 수 있게 되었다. 리바비린과 아시클로비어 등 대부분의 항바이러스 화합물은 그 구조가 뉴클레오티드와 유사하므로 바이러스 유전체의 합성을 방해할 수 있다. 아시클로비어 계열 화합물은 일반적으로 헤르페스의 창궐을 억제하는 데 사용된다. HIV는 레트로바이러스에 특이하게 작용하는 항바이러스 화합물로 치료할 수 있다. 잘 알려진 약물인 AZT와 다른 치료제들은 역전사효소를 억제하고, HIV 단백질 분해효소 억제자는 바이러스 단백질의 성숙에 필요한 효소들을 차단한다.

개념 연결하기 17.1
바이러스는 고유의 증식 주기를 이용하여 특정 숙주 세포를 감염시킨다.

진도 점검하기 17.1

1. 바이러스의 구조를 서술하시오.
2. 바이러스가 세포에 감염하는 두 가지 경로를 서술하시오.
3. 바이러스가 특정 유형의 세포에만 감염하는 숙주 특이적인 이유를 설명하시오.

17.2 바이로이드와 프라이온

학습 목표

이 절을 학습한 후에는 다음 과제를 수행할 수 있어야 한다.

1. 바이로이드와 프라이온의 차이를 구별하기.
2. 프라이온과 관련된 인간 질병을 서술하기.

약 12가지 가량의 농작물 병은 바이러스가 아니라 캡시드에 의해 덮여 있지 않은 노출된 RNA 가닥인 **바이로이드(viroid)**에 의해 발병한다. 바이러스와 마찬가지로 바이로이드는 세포가 더 많은 바이로이드를 생성토록 한다. 바이로이드는 식물을 건강하지 못하게 할 뿐만 아니라 식물의 구조적 특성을 변형시켜 경제적인 가치를 떨어뜨리기 때문에 농업 분야에서 우려하는 관심사이다. 정상적인 단백질의 모양이 변화하여 폴리펩티드 사슬의 구조가 달라진 것으로 보인다. 그 결과 치명적인 프라이온 감염과 신경변성 장애가 나타난다.

인간의 일부 질병은 감염성 단백질의 한 형태인 **프라이온(prion)**에 기인한다. 프라이온은 파푸아뉴기니의 고산지대에 사는 포어(Fore)라고 불리는 원시 부족의 구성원이 죽은 사람의 뇌를 먹는 식인 풍습에 참여한 후 **쿠루**(*kuru*, "두려움으로 떨다"라는 의미)라는 질병으로 사망하는 것은 관찰하면서 발견되었다(그림 17.7). 쿠루의 병원은 바이러스보다 작은 기형 단백질이었다. 프라이온 질병은 정상적인 단백질의 모양이 변하여 폴리펩티드 사슬의 배열이 달라질 때에 발생한다. 그 결과 체내에서 다른 기능을 하는 단백질이 생성된다. 쿠루의 경우, 종종 사망에 이르는 신경 퇴행성 장애를 초래한다.

프라이온은 정상 단백질과 상호작용하여 정상 단백질들의 모양을 변형시키고, 때로는 스스로 감염원으로 작용하는 것으로 알려져 있다. 그 과정은 양의 스크래피라는 질병에서 가장 잘 연구되었다. 또 다른 프라이온 질병으로는 널리 알려진 광우병을 포함하는데 크로이츠펠트-야코프(Creutzfeldt-Jakob, CJD)병, 광우병과 같은 인간 질병, 그리고 여러 동물에서 발생하는 다양한 만성 소모성 증후군 등이 있다.

a.

b.

그림 17.7 바이로이드병.
a. 바이로이드는 식물을 감염한다. 예를 들어, 감자갈쭉바이로이드병(*p*otato *s*pindle *t*uber *v*iroid *d*isease, PSTVd)에 걸린 감자는 길쭉하고 섬유질이 많아진다. **b.** 파푸아뉴기니의 식인 종족.

(a, diseased potato): Source: Barry Fitzgerald/USDA; (a, normal potato): ©McGraw-Hill Education/Mark Dierker, photographer; (b): ©Bettmann/Getty Images

연관

프라이온이 알츠하이머병을 유발하는가?

알츠하이머병의 증상 중 하나는 베타 아밀로이드라고 부르는 단백질의 축적이다. 이러한 축적으로 인해 뇌에서 플라크라고 부르는 엉킨 구조가 형성된다. 정상적인 뇌세포에서 단백질은 베타 아밀로이드의 플라크가 형성되는 것을 방지한다. 그러나 어떤 사람에서는 *PrP* 유전자의 돌연변이로 인해 이 단백질이 기능을 상실하여 프라이온이 된다. 이 돌연변이를 지닌 사람은 베타 아밀로이드가 축적되어 알츠하이머병과 관련된 신경세포의 사멸을 일으킨다.

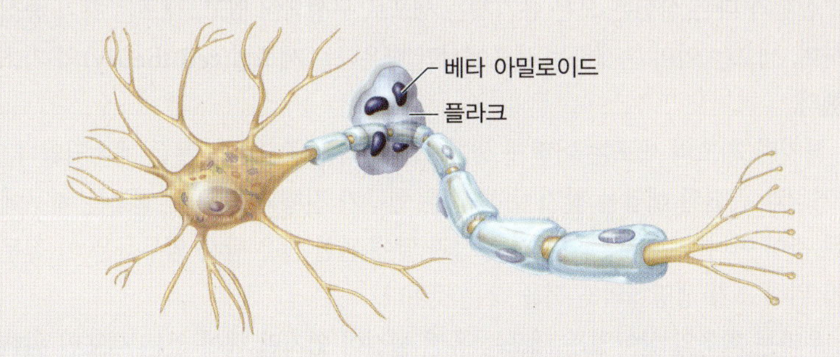

진도 점검하기 17.2

1. 바이로이드와 바이러스의 차이를 비교하시오.
2. 프라이온과 바이로이드의 차이점을 서술하시오.
3. 인간에서 발생하는 프라이온 질병의 예를 서술하시오.

개념 연결하기

바이로이드와 프라이온은 바이러스와 많은 유사성을 가진 전염성 입자이다.

17.3 원핵생물

학습 목표

이 절을 학습한 후에는 다음 과제를 수행할 수 있어야 한다.

1. 화학적 진화와 생물학적 진화가 최초의 세포 형성에 어떻게 기여를 했는지 논의하기.
2. 원핵세포의 구조와 증식과정을 설명하기.
3. 세균이 인간과 사회에 어떤 도움을 주는지 설명하기.
4. 세균과 고세균을 구분하기.

핵이 없는 단세포 생물인 **원핵생물(prokaryote)**에 관한 연구는 지구 최초의 생명체는 어떤 모습이었는지, 태양계 다른 곳에서도 생명체의 흔적을 찾을 수 있는지와 같은 질문에 대한 답을 제공할 뿐만 아니라 지구에서 가장 성공적인 생명체의 특징을 이해하는 데도 도움을 준다. 실제로 원핵생물은 그 수와 바이오매스 측면에서 지구의 주된 생명체 중 하나이다.

원핵생물은 진핵생물의 세포에서 볼 수 있는 내부 소기관 구조가 없는 것으로 정의하지만, 일부 원핵생물에는 유사한 기능을 하는 내부 막들을 포함하고 있다. 원핵세포는 구조적으로 단순하지만, 물질 대사적인 측면에서 복잡할 수 있다. 어떤 원핵생물의 경우는 이러한 복잡성 덕분에 지구상에서 가장 열악한 곳에서도 살 수 있다.

원핵생물의 두 가지 다른 분류인 세균과 고세균에 대해 알아보고자 한다. 또한 최초의 세포 기원에 대하여 논의하고 일반적인 세균의 구조에 대하여 살펴보고자 한다.

최초 세포의 기원

19세기 전까지 많은 사람은 생명체(세균을 의미)가 자연적으로 발생할 수 있다고 생각했다. 하지만 1850년 루이 파스퇴르는 이미 멸균된 액체배지가 세균이 풍부한 공기에 직접 노출되지 않는 한 세균의 증식으로 인해 혼탁해질 수 없다는 것을 보여주었다. 이 실험과 다른 실험은 모든 유기체는 세포로 구성되어 있고, 세포는 자기 증식이 가능하며, 세포는 이미 존재하는 세포에서만 나온다는 **세포설(cell theory)**의 기초를 형성했다.

하지만 최초의 세포는 어떻게 생겨났을까?라는 중요한 의문은 계속되었다. 생명의 기원과 관련된 해답을 찾기 위해 많은 연구가 진행되었다. 이 연구는 지구에만 국한된 것이 아니다. 우리 태양계의 행성과 달에 관한 많은 탐사 임무들은 이 질문에 답하기 위해 초기 생명체의 흔적을 찾는 것이다.

우리는 최초의 살아있는 세포는 유전 물질이 있지만 핵이 없는 세포인 원핵생물이라는 것을 알고 있다. 화석 상태의 원핵생물이 35억 년 된 바위에서 발견되었는데, 과학자들은 이 고대 화석에서 발견되기 전에 수백만 년 동안 원핵생물이 존재하였으리라 보고 있다. 최초의 세포는 단백질과 핵산 같은 생물학적 거대분자로부터 시작되었다(3.1절 참조). 오늘날 생물학적 거대분자를 만들기 위한 아미노산, 뉴클레오타이드 및 기타 단위체들은 통상적으로 살아 있는 **생물적 합성**(*biotic synthesis*) 과정을 통하여 세포에서 생산된다. 세포 생명체 이전에는 거대분자들이 **비생물적 합성**(*abiotic synthesis*) 과정을 통하여 살아 있는 세포 외부에서 형성되었을 것으로 보고 있다.

초기 지구의 상황은 오늘날과 매우 달랐다. 초기에는 온도가 매우 높았다. 대기 중에 자유 산소(O_2)는 거의 없었지만 수증기(H_2O), 이산화탄소(CO_2), 질소(N_2) 등이 풍부하였으며, 그 밖에도 수소(H_2), 메탄(CH_4), 암모니아(NH_3), 황화수소(H_2S), 일산화탄소(CO) 등이 미량 포함되어 있었다. 초기 지구가 식으면서 수증기는 액체 상태의 물로 응결되었고, 비가 내리기 시작하여 바다가 생성되었다. 이러한 특별한 조건에서 번개, 태양광, 운석 충돌, 화산활동 그리고 방사성 붕괴를 포함한 다양한 원천으로부터 발생하는 투입에너지에 의해 화학적 진화 또는 유기 단량체의 비생물적 합성이 이루어질 수 있다(그림 17.8).

1950년대 밀러(Stanley Miller)는 이러한 조건을 재현하기 위한 유명한 실험을 수행하였다. 그의 실험 결과는 원시 지구에 존재했던 조건에서 아미노산 합성이 가능하다는 것을 보여주었다. 과학자들은 아직도 이러한 최초의 반응이 대기, 심해 또는 태양계 어느 곳에서 일어날 수 있는지에 대해 논란을 벌이고 있다. 하지만 최초의 거대분자가 비생물적 합성으로 만들어졌다는 점에는 대체로 동의하고 있다.

단일 외막으로 형성된 세포와 유사한 구조인 **원시세포(protocell)**는 거대분자가 자기조립에서 비롯된 것일 수 있으며, 결국에는 세포를 가진 생명체를 탄생시켰다. 실제로 연구자들은 실험실 조건에서 생물학적 거대분자들이 모여 만들어진 세포 유사 구조들을 연구해왔다. 어떤 구조는 세포와 유사하게 외부 층이 있는 물로 채워진 구형이다. 만일 효소들이 구형의 내부에 들어 있다면, 효소들은 세포 대사 반응과 같은 화학반응을 촉매할 수 있다.

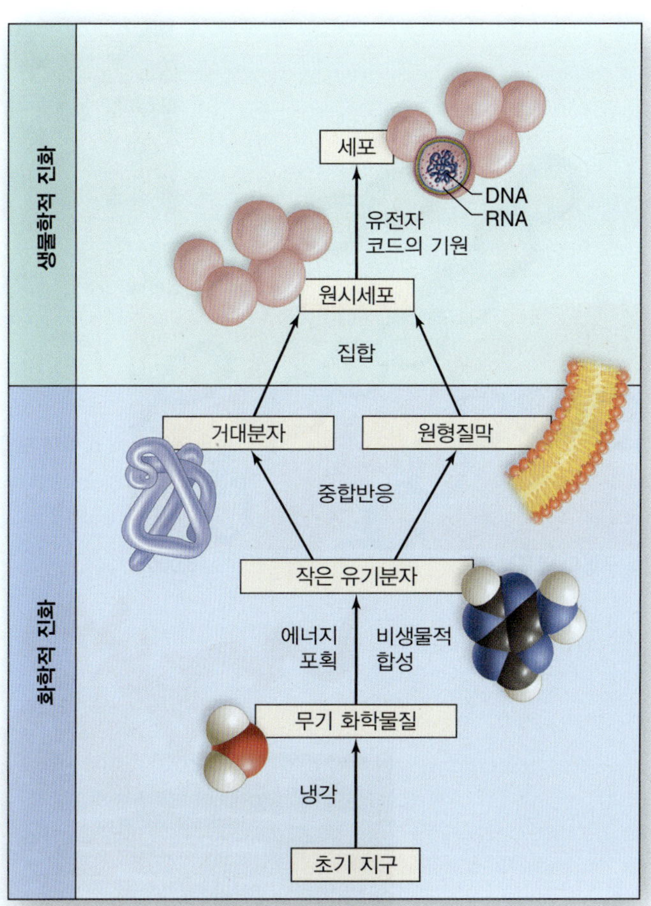

그림 17.8 최초 세포의 기원.
거대분자가 더욱 복잡해지면서 원형질막으로 둘러싸인 자기복제 시스템(DNA → RNA → 단백질)이 되었다. 원시세포는 생물학적 진화를 거쳐 진정한 세포가 되었다.

생명체의 생물학적 진화에서 이루어낸 중요한 발전 한 가지는 오늘날의 세포에서 DNA에 의해 수행되는 물질대사와 구조에 관한 정보를 한 세대에서 다음 세대로 전달할 수 있는 분자이다. 일부 연구자들은 최초의 유전 분자가 RNA이었을 것으로 생각하고 있다. 시간이 지남에 따라 더욱 안정적인 DNA가 유전정보의 장기 저장소로서 RNA를 대체하였고, 오늘날 모든 살아 있는 세포에서 볼 수 있는 자기복제 시스템이 되었다고 추론하고 있다.

세균

세균(bacteria)은 지구상에서 가장 다양하고 널리 퍼져 있는 생명체이다. 거의 모든 평방미터당의 토양, 물, 공기에 수십억 개의 세균이 존재한다. 또한 피부와 장에도 존재한다. 수만 가지의 다양한 세균이 확인되었지만, 이는 지구상에 존재하는 전체 세균 종의 극히 일부에 불과할 가능성이 크다. 예를 들어, 토양에 존재하는 세균의 1% 미만이 실험실에서 배양할 수 있다. 그러나 최근 분자유전학적 기술이 세균 다양성의 범위를 밝히는 데 이용되고 있다.

세균의 일반 생물학

세균의 구조 세균은 다양한 형태를 가진다. 그러나 대부분의 세균은 구형(구균, cocci), 막대형(간균, bacilli), 또는 나선형[견고한 경우에는 나선균(spirilla; 단수형, spirillum)라 하고, 유연한 경우에는 스피로헤타(spirochete)라 함]로 나뉜다(그림 17.9).

세균의 모양에는 여러 가지 변형이 있다. 예를 들어, 약간 구부러진 막대형은 비

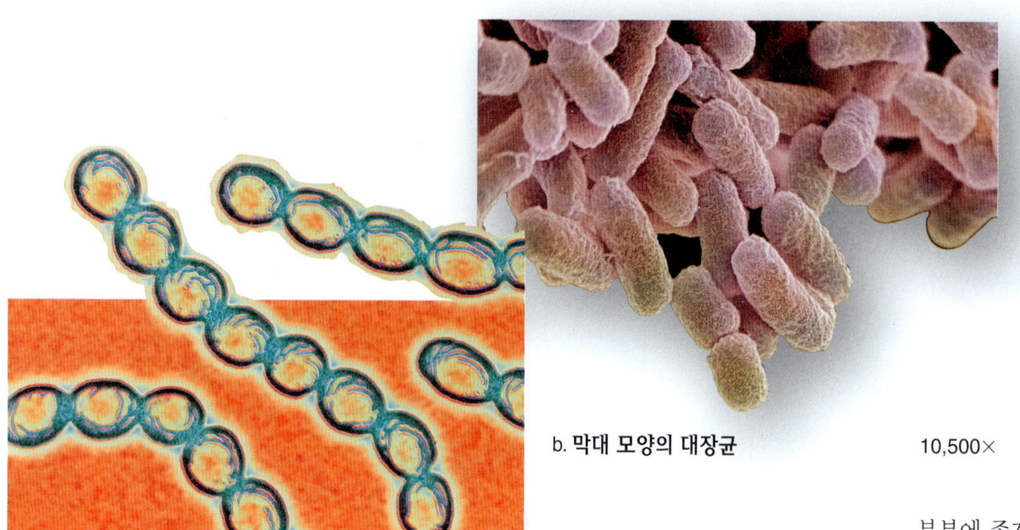

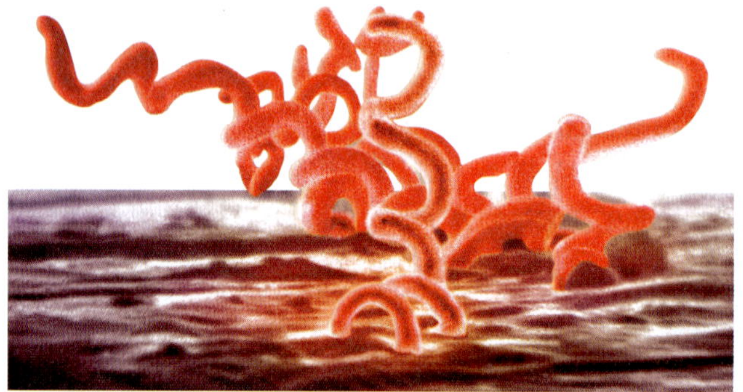

그림 17.9 **세균의 형태.**

a. 구균이 사슬형태를 이루는 Streptococci는 인후염을 포함한 수많은 질병을 유발한다. **b.** 인간의 장에 살고 있는 *Escherichia coli*는 막대 모양의 간균이다. **c.** 매독을 일으키는 *Treponema pallidum*은 스피로헤타균이다.

(a): ©Alfred Pasieka/SPL/Science Source; (b): ©Science Photo Library/Getty Images; (c): ©Science Source

브리오라고 한다. 많은 세균은 단세포로 자라지만, 일부는 쌍을 형성하기도 한다. 인후염을 일으키는 연쇄상구균과 같은 다른 세균들은 사슬을 형성하기도 한다. 세 번째 생장 유형은 식중독을 일으키는 포도상구균에서 볼 수 있는 포도송이와 비슷한 모양을 형성한다.

그림 17.10*a*는 세균의 구조를 보여준다. 원핵생물인 세균은 핵을 가지고 있지 않다. 하나의 원형 이중가닥 DNA가 염색체를 형성하며, **핵양체(nucleoid)**라고 부르는 세포의 일정 부분에 존재한다. 어떤 경우 **플라스미드(plasmid)**라고 부르는 염색체 이외의 DNA 분자가 세균에서 발견되기도 한다.

세균은 리보솜을 가지고 있지만, 미토콘드리아와 엽록체 등의 막으로 된 세포소기관은 존재하지 않는다. 그러나 어떤 세균은 세포 기능을 위한 효소들을 포함하는 내막을 가진 것도 있다. 이 내막은 진핵세포의 세포소기관들이 하는 것과 동일한 방법으로 세포내 공간을 차지하지는 않는다. 광합성 세균에서의 한 예는 명반응에 필요한 색소를 포함하고 있는 틸라코이드막이다. 운동성 세균은 일반적으로 이동을 위해 **편모(flagella)**를 사용한다. 세균의 편모는 진핵생물의 편모와 같은 구조로 되어 있지 않다(그림 17.10*b*). 세균 편모는 나선 모양으로 꼬인 세 가닥의 편모 단백질로 구성된 필라멘트로 되어 있다. 이 필라멘트는 기저체에 의해 원형질막에 고정된 갈고리에 삽입되어 있다. 완전히 360° 역회전이 가능한 회전으로 세균이 앞뒤로 이동하게 된다. 완전히 가역적인 편모의 360° 회전으로 세균이 앞뒤로 이동하게 된다.

세균은 셀룰로오스가 아닌 아미노산에 의해 연결된 다당류 복합체인 **펩티도글리칸(peptidoglycan)**으로 이루어진 단단한 바깥 세포벽을 가지고 있다. 이 세포벽은 삼투변화에 의한 파열 또는 붕괴로부터 세균을 보호한다. 기생세균은 세포벽을 둘러싸고 있는 다당체 협막(capsule)을 이용해 숙주의 방어 기작으로부터 보호된다.

세균의 증식 세균(그리고 고세균)은 **이분법(binary fission)**으로 무성생식한다. 원형의 단일 염색체가 복제된 후 세포가 커지면서 두 개의 복사체가 분리된다. 새로 형성된 원형질막과 세포벽이 각각 하나의 염색체를 가진 새로운 두 개의 세포로 분리된다(그림 17.11). 방추사의 형성이 필요한 감수분열은 원핵생물에서 일어나지 않는다. 이분법은 하나의 세포를 두 개로, 두 개의 세포를 네 개로, 네 개의 세포를 여덟 개로 증식시키는 방식으로 수십억 개의 세포가 생성될 때까지 계속된다.

진핵세포에서는 유전자 재조합은 유성생식의 결과로 발생한다. 원핵생물에서 유성생식은 일어나지 않지만, 세 가지 유전자 재조합 유형이 세균에서 관찰된다. **접합(conjugation)**은 공여세포로부터 수용세포로 DNA를 직접 전달할 때 일어난다. 접합하는 동안 일시적으로 접합 선모(*conjugation pilus*)에 의해 공여세포와 수용

그림 17.10 편모.
a. 원핵세포의 일반적인 구조. b. 세균의 편모의 구조. 빨간색 점선화살표는 갈고리와 필라멘트가 360° 회전하는 것을 표시한다.

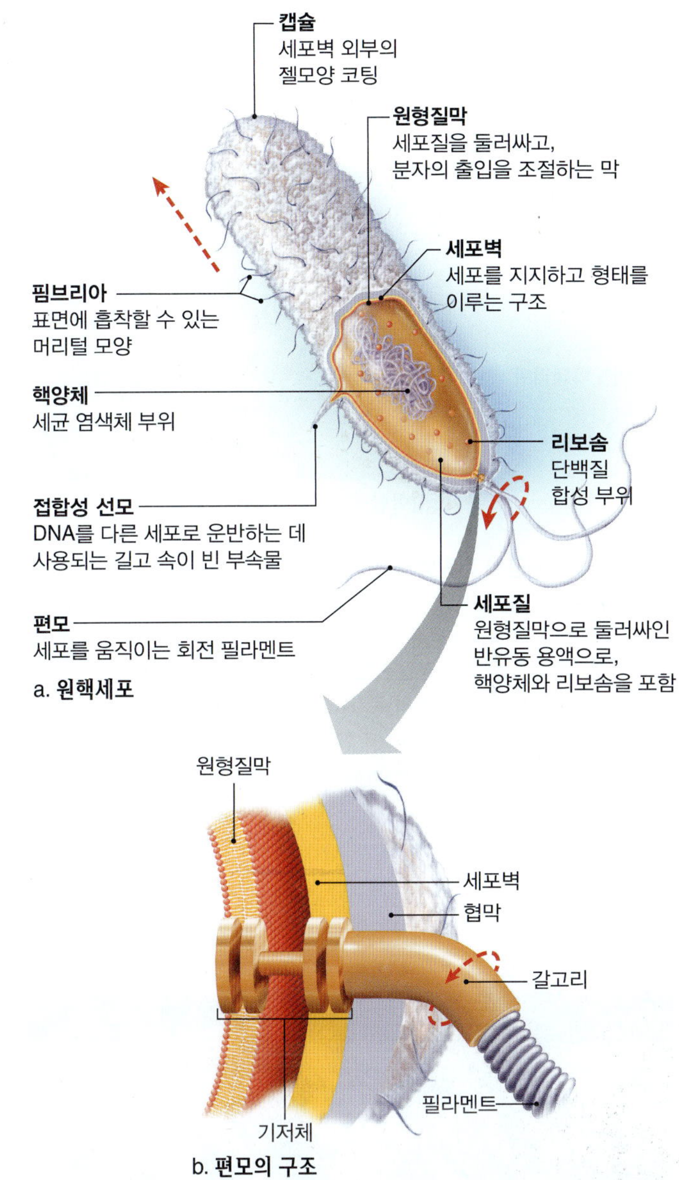

세포가 일시적으로 연결된다. 연결되어 있는 동안 공여세포는 수용세포로 DNA를 보낸다.

형질전환(transformation)은 살아 있는 세균이 분비하였거나 또는 죽은 세균에서 방출되어 자유롭게 떠다니는 DNA 조각을 세균이 (주변으로부터) 획득할 때 일어난다. **형질도입(transduction)** 과정에서 박테리오파지는 세균 DNA 일부를 한 개의 세포에서 다른 세포로 운반한다. 항생제에 내성을 나타내는 유전자를 가진 플라스미드는 이 방법들 어느 것에 의해서 감염성 세균 사이에서 운반될 수 있다.

불리한 환경조건에 직면하면 일부 세균은 **내생포자(endospore)**를 형성한다. 세포질의 일부와 하나의 염색체가 탈수되면서 세 겹의 단단한 보호용 포자 피막에 의해 둘러싸인다. 세균의 나머지 부분은 퇴화되고 내생포자가 방출됩니다. 포자는 사막의 열, 탈수, 끓는 온도, 극지방의 얼음, 극자외선 조사와 같은 극심한 환경에서도 생존한다. 또한 포자는 아주 장기간 동안 생존한다. 1,300년 된 탄저균 포자가 발아하였을 때 이들은 여전히 (가축이나 양에서 발견되는) 심각한 감염을 일으킨다. 인간은 캔 음식 내에 들어 있는 내포자의 발아에 의해 유발되는 보툴리눔 식중독이라고 부르는, 치명적이고 흔치 않는 식중독을 두려워한다. 포자 형성은 증식 수단이 아니지만 세균의 생존과 새로운 장소로 분산되게 해준다.

세균의 영양 원핵세포는 진핵세포보다 대사적으로 더욱 다양하다. 예를 들어, 식물은 오직 산소 발생 광합성을 수행할 수 있는 **광독립영양생물(photoautotroph**; 주로 독립영양생물 또는 광합성자라고 함)이다. 광독립영양생물들은 물의 분해뿐만 아니라 이산화탄소를 환원시키는 데 필요한 전자를 활성화를 위하여 빛에너지를 이용한다. 광합성 세균의 한 예는 **시아노박테리아(cyanobacteria**; 남조류)이다. 시아노박테리아는 산소를 발생하는 가장 오래된 대표적인 생물이다(그림 17.12*a*). 일부 시아노박테리아 화석은 35억 년 전의 것으로 추정된다. 시아노박테리아의 진화는 막대한 양의 산소를 대기로 방출하여 원시 지구의 대기를 급격하게 변화시켰다. 많은 시아노박테리아는 대기 중의 질소를 고정하여 유기질소의 형태로 환원시킬 수 있다. 따라서 이들은 생존하는데 오직 무기질, 공기, 빛 그리고 수분만을 필요로 한다.

다른 종류의 세균성 독립영양생물들은 물이 아닌 다른 원천에서 전자를 얻기 때문에 산소를 방출하지 않는다. 예를 들어, 습시에서 생활하는 일부 세균은 황화수소(H_2S)를 분해하여 황(S)을 방출한다.

화학독립영양생물(chemoautotroph; 화학합성자라고도 함)은 태양에너지를 전혀 쓰지 않는다. 이들은 암모니아나 수소가스와 같은 무기 분자로부터 유래된 에너지를 가진 전자를 이용하여 이산화탄소를 환원한다. 철과 같은 특정 광물들로부터도 전자를 얻을 수도 있다. 어떤 화학독립영양생물은 해수면 아래 2.5 km에 있는 심해 분출구에서 분출되는 황 화합물들을

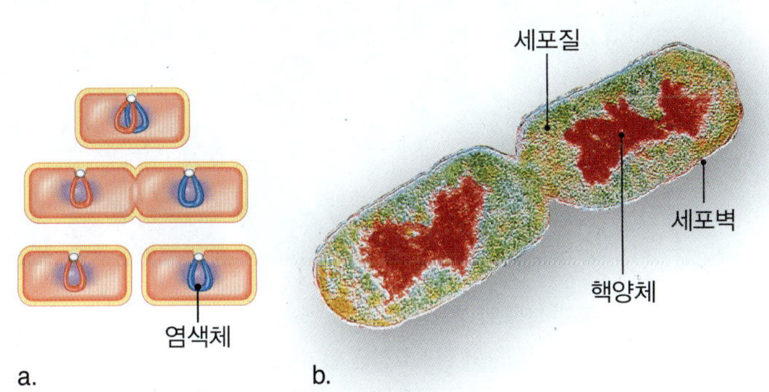

그림 17.11 이분법.
a. 이분법은 동일한 유전정보를 갖는 두 개의 세포를 생산한다.
b. 이분법이 진행되는 원핵세포.
(b): ©CNRI/SPL/Science Source

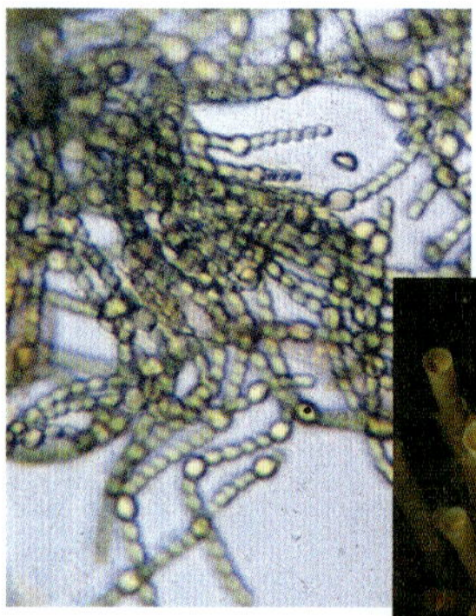

a. 시아노박테리아

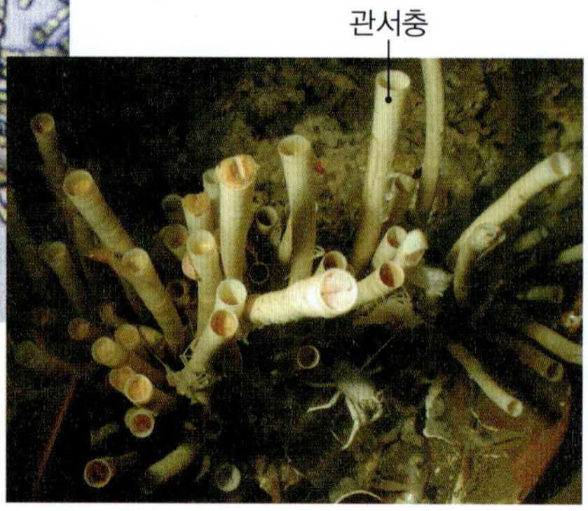

관서충

b. 화학합성독립영양세균의 숙주

그림 17.12 세균성 독립영양생물.

a. 시아노박테리아(남조류)는 식물과 똑같은 방법으로 광합성을 하는 광독립영양생물이다. 이들은 물을 분해하여 산소를 방출한다. **b.** 어떤 화학합성독립영양세균들은 관서충(tube worms) 안에서 살아가는데, 이곳에서 태양광 없이 유기화합물을 생산한다. 이러한 방식으로 이들은 심해저 열수구에 있는 생태계를 유지에 돕는다.

(a): ©McGraw-Hill Education/Richard Gross, photographer; (b): Source: Lophelia II 2010 Expedition/NOAA Ocean Explorer

산화시킨다. 이들이 생산하는 유기화합물들은 짙은 어둠에 잠겨 있는 심해구에서 발견되는 생물군집의 생장을 도와준다(그림 17.12*b*).

대부분의 세균은 **화학종속영양생물(chemoheterotroph**; 단순히 종속영양생물이라고 함)이다. 동물과 같이, 이들은 유기영양분을 흡수하여 에너지원으로 사용하고 고분자화합물들을 합성하기 위한 소단위체로 사용한다. 최초의 세포는 주변 환경의 풍부한 유기분자를 섭취하는 화학종속영양생물이었을 것이다. 그 후 영양분 공급이 부족해지고, 스스로 먹이를 만드는 능력이 유리하게 되면서 독립영양생물이 나중에 출현했을 것이다. 동물과 달리 화학종속영양세균은 주변 환경으로 효소를 분비하여 거의 모든 거대 유기분자를 흡수가 가능한 작은 분자로 분해하는 **부생영양생물(saprotroph)**이다. 적어도 한 종의 세균에 의해서 분해될 수 없는 천연 유기물질은 없을 것이다. 세균은 물질의 재활용하고 광합성생물들에게 이용될 수 있는 무기분자를 만드는 데 매우 중요한 역할을 수행한다.

종속영양세균은 자유롭게 생활하거나 **공생(symbiotic)**을 한다. 즉, 이들은 (1) 상리공생(서로 간에 이익을 줌), (2) 편리공생(한 쪽은 이익을 얻지만 다른 쪽은 해가 없음), 또는 (3) 기생(한 쪽에는 이익이지만 다른 쪽에는 해가 됨) 관계를 형성한다. 사람의 장에 살고 있는 상리공생 세균은 혈액성분을 생산하는 데 도움이 되는 비타민 K와 B_{12}를 방출한다. 소나 염소의 위장에서, 상리공생 원핵생물은 셀룰로오스를 분해하여 이 동물이 풀을 먹고 살아갈 수 있도록 해준다. 편리공생은 한 개체군이 다른 개체군에 도움이 되는 방향으로 환경을 변화시킬 때 발생한다. 장내 우점종 세균인 대장균(*Escherichia coli*)이 장내에 있는 산소를 모두 소모하므로 우리의 장에 있는 세균은 혐기성이다.

뿌리

뿌리혹

그림 17.13 콩과식물의 뿌리혹.

일부 자유생활을 하는 세균이 질소고정을 할 수 있지만, 뿌리혹박테리아(*Rhizobium*)속의 세균은 콩과식물의 뿌리에 침입하여 뿌리혹을 형성한다. 여기에서 세균은 대기 중의 질소를 식물들이 이용할 수 있는 유기질소로 전환한다. 그림에 나타난 것은 대두식물의 뿌리에 있는 뿌리혹이다.

©Nigel Cattlin/Alamy Stock Photo

세균의 중요성

흔히 세균을 병원균 또는 질병의 원인으로 생각하지만, 실제로 세균은 생태계에서 인간 사회에 이르기까지 모든 분야에서 매우 중요한 역할을 한다.

환경에서의 세균　생태계에서 개체군을 유지하려면, 살아 있는 생명체에 이용될 수 있는 화학원소는 궁극적으로 재순환되어야 한다. 살아 있는 생명체가 이용할 수 있는 원소들은 고정되어 있고 한정되어 있다. 나머지는 지각에 깊이 매장되어 있거나 사용할 수 없는 형태로 존재한다. 생산자, 소비자 그리고 분해자를 포함해 모든 살아 있는 생명체는 생명을 유지하기 위하여 원소의 순환과정에 관여하고 있다(그림 1.4 참조). 세균은 분해자(*decomposer*)로서 죽은 유기 잔재물을 분해하여 생산자에게 무기영양분을 공급한다. 분해자의 역할이 없다면 생명체는 곧 사라지게 된다.

유기 잔재물의 분해과정에서 세균은 탄소와 질소 순환 등의 생물지구화학적 순환에 필요한 반응을 수행한다. 세균이 어떻게 질소 순환에 관여하는지 살펴보자(31.2절 참조). 식물은 대기 중의 질소(N_2)를 고정할 수 없지만, 단백질을 생산하기 위하여 암모니아 또는 질산염의 공급원이 필요하다. 토양에 있는 세균은 대기 중의 질소를 고정하거나, 식물이 사용할 수 있는 형태로 질소화합물을 변화시킨다. 또한 상리공생세균은 대두, 클로버 그리고 알팔파의 뿌리혹에서 살아가면서, 대기 중의 질소를 식물이 이용할 수 있는 암모니아로 환원한다(그림 17.13). 세균의 활동이 없다면 식물은 단백질 생산을 위해 질소를 이용할 수 없고, 식물이나 다른 동물을 먹고 사는 동물 역시 질소를 이용할 수 없다.

생물재복구(bioremediation)란 오염물질(*pollutant*)이라고 부르는 유해 화학물질을 포함하고 있는 환경을 생물학적으로 정화하는 것이다. 오염을 처리하기 위하여, 하수를 포함한 거의 모든 물질을 분해하는 세균의 막대한 능력이 이용되고 있다(그림 17.14*a*). 사람들은 수천 톤의 난분해성 살충제와 제초제 및 생분해되지 않는 세제 그리고 플라스틱을 환경에 투기해왔다. 이러한 형태의 오염물질을 분해하기 위하여 세균 균주들이 특별히 개발되고 있다. 일부 균주는 토양 시료에서 강력한 제초제인 에이전트 오렌지를 제거하는 데 사용되었으며, 두 가지 유형의 세균을 이중 배양한 결과 이전에 냉각수와 산업용 윤활유로 사용되던 화학물질인 PCB를 분해하는 것으로 나타났다. 2010년 멕시코만에서 발생한 딥워터호라이즌호 유출과 같은 기름 유출 사고는 수생 생태계에 큰 피해를 입힌다. 오일 내의 탄소-탄소 결합을 끊을 수 있는 유전자 변형 세균을 이용하면 그 피해를 줄일 수 있다. 그러나 이러한 세균의 효과는 기상 조건과 질소 및 인산염과 같은 특정 영양소의 이용성에 따라 달라진다.

식품과학과 생명공학에서의 세균 아주 다양한 음식이 세균의 작용에 의해 만들어진다(그림 17.15). 혐기 조건에서 세균은 발효를 수행하여 여러 종류의 산을 생산한다. 이 가운데 하나인 젖산은 오이를 절이고, 우유를 치즈로 응고시키며, 이들 음식물에 독특한 향을 주는 물질이다. 또 다른 세균발효는 스위스치즈에서 프로피온산과 같은 향을 내는 화합물을 생산한다. 또한 세균발효는 비타민과 항생제 같은 물질을 생산하는 데도 유용하다. 사실상 오늘날 알려져 있는 대부분의 항생제는 토양세균에서 발견되었다.

알려진 바와 같이, 유전체와 세균배양에 의해 생산된 물질을 변화시키는데 생명공학이 이용될 수 있다. 인슐린, 인체 성장호르몬, 항생제 그리고 수많은 인간질병에 대한 백신 등의 의학적으로 중요한 물질을 생산하기 위하여 세균은 유전적으로 조작될 수 있다. 또한 모든 반응을 수행할 수 있는 세균의 본연의 능력은 생명공학 기술을 통해 향상된다.

인간에서의 세균성 질병 질병을 유발하는 미생물을 **병원균(pathogen)**이라고 한다. 병원균은 (1) 독소를 생산하고, (2) 표면에 부착할 수 있으며, (3) 때로 기관 또는 세포에 침입할 수 있다.

독소는 작은 유기분자나 작은 단백질 조각 또는 세균이 죽을 때 방출되는 세균 세포벽의 일부이다. 독소는 독성이 있으며 독소를 생산하는 세균은 항상 심각한 질병을 유발한다. 거의 모든 경우에 있어서 미생물의 생장 자체가 질병을 유발하지는 않지만, 세균들이 방출하는 독소는 질병을 유발한다. 어떤 사람이 녹슨 못을 밟았을 때 손상된 조직 깊숙이 세균이 주입될 수 있다. 손상된 부분에는 정상적인 혈액순환이 일어나지 않아 혐기 상태가 된다. 파상풍을 일으키는 *Clostridium tetani*가 이 조건에서 증식한다. 이 세균은 상처 부위를 벗어나지 않으며, 이들이 생산한 파상풍 독소가 몸 전체로 이동한다. 이 독소는 근육 이완을 저해한다. 모든 근육이 수축되기 때문에 몸이 일그러지게 된다. 결국 질식하게 된다.

부착 요인은 어떤 병원균을 특정 세포에 결합하게 해주며, 신체의 어느 기관이나 세포가 병원균의 숙주가 될 것인지를 결정한다. 설사를 유발하는 많은 세균처럼 세균성 이질균(*Shigella dysenteriae*)은 장의 벽에 붙을 수 있으며, 생명에 위협이 되는 쉬가 독소(Shiga toxin)를 생산한다. 또한 조직과 혈류를 타고 병원균이 이동하게 해주는 침입 메커니즘은 국부적으로 존재하는 경우보다 의학적으로 더욱 중요한 질

a.

b.

그림 17.14 생물재복구.
a. 여러 해 동안 쓰레기를 분해하기 위하여 하수쓰레기 처리 공장에서 세균들을 이용해왔다. **b.** 유출로 인한 기름과 같은 오염 물질을 분해하는 세균의 능력은 점점 더 연구되고 있으며, 능력은 향상되고 있다.

(a): ©Thinkstock Images/Getty Images; (b): ©Accent Alaska/Alamy Stock Photo

그림 17.15 음식 제조과정에서의 세균.
세균은 식품생산을 돕는 데 이용된다. 세균발효는 여러 형태의 치즈에 독특한 맛을 부여하는 산을 생산한다.

©McGraw-Hill Education/John Thoeming, photographer

병을 일으킨다. 일반적으로 사람은 살모넬라균(*Salmonella*)에 의해 유발되는 식중독으로부터 회복된다. 그러나 어떤 살모넬라 종은 독소를 인체 세포에 주입할 수 있는 침 모양의 장치 등의 발병인자를 가지고 있다. 이 요소는 결장의 내벽으로 세균들이 침투한 후 여러 곳으로 이동하게 해준다. 이때 생명에 위협적인 질병인 장티푸스 열이 발생한다.

어떤 세균은 설사 등의 급성 질병을 일으키지만, 우리 몸에 있는 어떤 세균은 만성적인 건강 문제를 유발하기도 한다. 과학자들은 **천연 미생물총**(*natural flora*) 또는 **미생물총**(*microbiota*)이라고 부르는 장에 있는 세균 개체군의 조성이 비만과 심혈관질환 같은 의학적 질환과 관계가 있다는 것을 인식하기 시작하였다. 이 세균은 우리의 세포를 직접 공격하는 것이 아니고, 음식에 포함된 화합물의 대사를 변화시켜 그 부산물에 의해 건강 문제가 발생하게 된다.

항생제는 종종 세균과 관련이 있는 질병을 치료하는 데 사용된다. 그러나 세균도 그 자체가 세포이기 때문에 항생제는 우리 몸 안에서 원핵성 세균 세포와 체내의 진핵세포 사이의 차이점을 표적으로 하여야 한다. 일반적으로 항생제는 세균 세포벽(진핵세포에는 없는)이나 세균 단백질 및 DNA 합성과 관련이 있는 원핵성 특이 효소들을 표적으로 한다. 비록 수많은 항생화합물이 세균에 대해서 활성이 있고 널리 쓰이기도 하지만, 의학과 농업에서의 항생제 남용은 항생제에 대한 세균의 내성을 점점 높이게 된다.

고세균

이미 16.3절에서 생명체 계통수가 고세균역, 세균역, 진핵생물역의 세 개의 역으로 어떻게 구성되는지 설명을 하였다. 많은 **고세균(archaea)**과 일부 세균은 극한 환경(온천, 열수구, 염전)에서 발견되기 때문에, 이들은 생명체가 나타난 후 비교적 이른 시기에 하나의 공통조상으로부터 분화 되었을 것으로 추정하고 있다. 이후 진핵생물은 고세균의 계통에서 분리되어 나온 것으로 추정된다. 고세균과 진핵생물은 (세균에서는 발견되지 않는) 동일한 리보솜 단백질의 일부를 공유하며, 동일한 방식으로 전사를 시작하고, 유사한 형태의 tRNA를 갖는다.

고세균의 구조

고세균의 원형질막은 고온에서도 기능을 할 수 있게 해주는 특이한 지질을 포함하고 있다. 또한 고세균은 극한 조건에서도 생존이 용이하게 하는 다양한 유형의 세포벽을 진화시켜왔다. 고세균의 세포벽은 세균 세포벽에 포함되어 있는 펩티도글리칸을 가지고 있지 않다. 일부 고세균의 세포벽은 주로 다당류로 구성되어 있으며, 또 다른 종류는 순수한 단백질로만 되어 있다. 일부는 세포벽을 갖지 않는 것도 있다.

고세균의 형태

고세균은 종종 독특한 서식지의 관점에서 논의되곤 한다. **메탄생성세균(methanogen**, 메탄 생성자)은 늪, 습지, 동물의 장과 같은 혐기성 환경에서 발견된다. 동물의 장에서 발견되는 메탄생성세균들은 기생이 아닌 상리공생이나 편리공생으로 존재하기 때문에 이들은 감염성 질병을 유발하지 않는 것으로 알려져 있다. 메탄생성세균은 이산화탄소와 수소가스(H_2)로부터 메탄(CH_4)을 생산하면서 ATP를 생성하는 화학독립영양생물이다(**그림 17.16**). 바이오가스(*biogas*)라고도 부르는 메탄은 대기 중으로 방출되어 온실효과와 지구온난화를 일으킨다. 대기에서 발견되는 메탄의 65%가

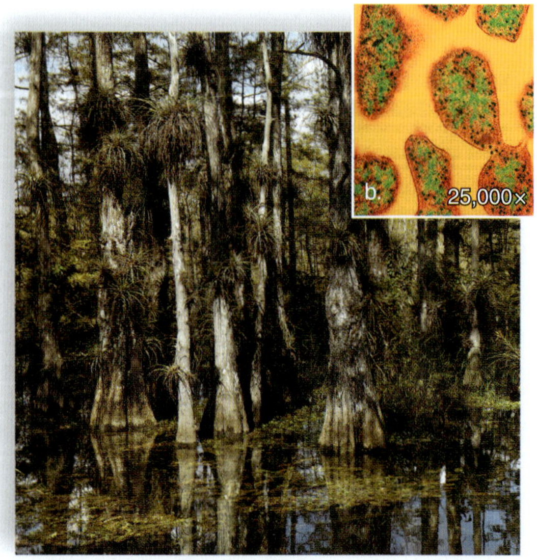

a.

b. 25,000×

그림 17.16 메탄생성세균의 서식지와 구조.

a. 메탄생성세균이 생존하는 늪지.

b. 메탄생성세균인 *Methanosarcina mazei*의 현미경 사진.

메탄생성세균에 의해 생산된다.

호염성 세균(halophile)은 생장하는데 고농도의 염분을 필요로 하고(대체로 12~15%; 해양의 염분도는 약 3.5%임) 이들은 미국 유타주의 그레이트솔트 호, 사해, 염전, 고염분 토양 등 매우 고농도의 염분 환경에서 분리되었다(그림 17.17). 이들 고세균은 고염분의 환경에서 생존하기 위해 수많은 기작을 발전시켜왔다. 그들은 염소를 세포 밖으로 방출하기 위한 빛에너지를 흡수하기 위해 우리 눈에 있는 로돕신과 관련이 있는 색소를 이용하며, ATP를 합성하기 위해 로돕신과 유사한 색소를 이용한다.

세 번째 주요 고세균 형태는 **고온 호산성 세균(thermoacidophile)**이다(그림 17.18). 이러한 고세균은 온천, 간헐천, 심해 열수구, 그리고 화산 근처 등의 매우 뜨겁고, 산성인 환경에서 분리된다. 이들은 황을 황화물로 환원하고, 80°C 이상에서 가장 잘 생존하는데, 일부는 105°C에서 생장하기도 한다(물은 100°C에서 끓음). 황화물의 대사는 산성의 황산염을 생성하며, 이러한 세균들은 pH 1~2에서 가장 잘 생장한다.

a.

그림 17.17 호염성 세균의 서식지와 구조.
a. 호염성 세균이 생존하는 유타주의 그레이트솔트 호. **b.** 호염성 세균인 *Halobacterium salinarium*의 현미경 사진.

(a): ©Marco Regalia Sell/Alamy Stock Photo; (b): ©Eye of Science/Science Source

a.

그림 17.18 고온 호산성 세균의 서식지와 구조.
a. 고온 호산성 세균이 살이기는 미국 옐로스톤 국립공원에 있는 온천과 간헐천. **b.** 고온 호산성 세균인 *Sulfolobus acidocaldarius*의 현미경 사진.

(a): ©Alfredo Mancia/Getty Images; (b): ©Eye of Science/Science Source Check

진도 점검하기 17.3

1. 화학 및 생물학적 진화의 단계를 요약하시오.
2. 세균 세포가 가질 수 있는 세 가지의 일반적인 모양을 나열하시오.
3. 세균 세포에 변이를 주는 세 가지 수단을 요약하시오.
4. 고세균은 세균과 어떻게 다른가?

개념 연결하기

원핵생물은 핵이 없는 단세포 생물이다. 원핵생물은 세균과 고세균의 두 그룹으로 나누어 진다.

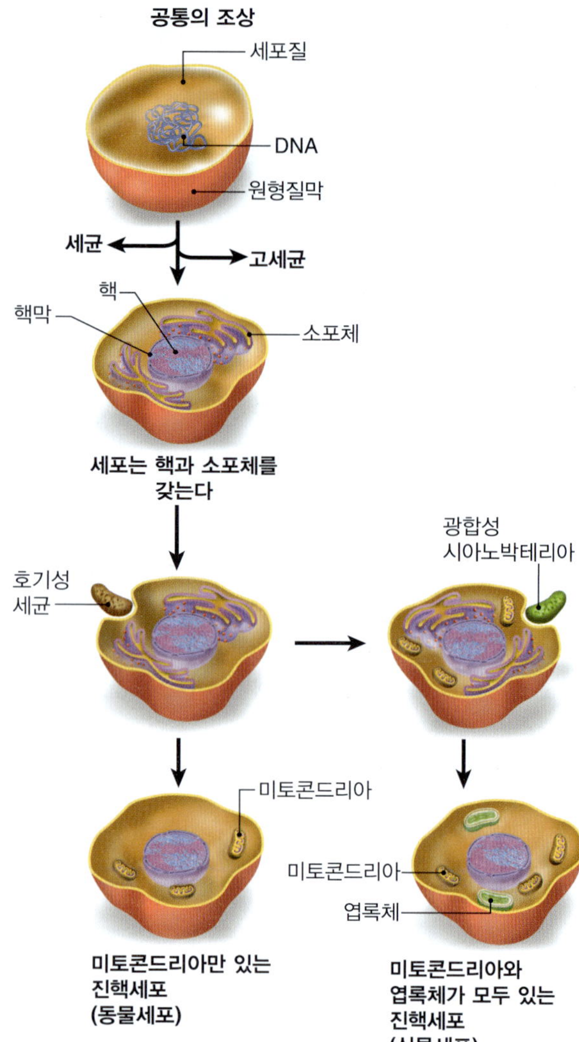

그림 17.19 **진핵세포의 진화.**
원형질막의 함입이 핵과 그 밖의 세포소기관의 형성을 설명해 준다. 세포내 공생설에 따르면, 미토콘드리아와 엽록체는 크기가 훨씬 큰 진핵세포에 의해 포획된 원핵생물에서 유래된 것이다.

표 17.1 진핵성 거대그룹

거대그룹	생물의 형태
원시색소생물 (Archaeplastids)	식물, 녹조류, 홍조류
SAR 거대그룹	부등편모조류(규조류), 피하낭류, 근족사상류
섭식구굴착류 (Excavates)	유글레나류 그 밖의 편모충류
아메바류 (Amoebozoans)	아메바, 변형체성 및 세포성 점균류
후편모생물 (Opisthokonts)	동물, 진균류, 일부 편모충류

17.4 원생생물

학습 목표

이 절을 학습한 후에는 다음 과제를 수행할 수 있어야 한다.

1. 진핵세포의 기원에서 세포내 공생의 역할을 설명하기.
2. 모든 원생생물의 일반적인 특징을 요약하기.
3. 원생생물의 주요 거대그룹을 구별하고 각각의 예를 제시하기.

진핵생물역(domain Eukarya)은 원생동물계, 균계, 식물계, 동물계의 네 개의 계로 나누어진다. 일부는 세포의 군집으로 존재하거나 다세포로 존재하기도 하나, 대부분의 **원생동물(protist)**은 단세포 진핵 미생물이다. 그러나 원생생물을 가장 잘 정의하는 것은 식물, 동물 또는 곰팡이가 아닌 모든 진핵 생물이라고 할 수 있을 정도로 원생생물은 매우 다양하다.

원생생물의 진화

원생생물은 진화한 최초의 진핵세포와 관련이 있을 가능성이 높기 때문에 과거를 엿볼 수 있다. 최초의 진핵세포는 약 17억 년 전에 원핵세포에서 발생한 것으로 추정된다. 현재 진핵세포의 세포 소기관은 세균과 원시 진핵생물 사이의 밀접한 공생 관계에서 생겨났다는 충분한 증거가 있다(그림 17.19). **세포내 공생설(endosymbiotic theory)**은 미토콘드리아와 엽록체에 이중막이 존재한다는 사실에 의해 근거한다. 또한 이러한 세포 소기관은 불완전하지만 자체 유전체를 가지고 있는 것과 리보솜 유전자는 세포소기관이 세균 기원임을 암시한다. 미토콘드리아는 특정 세균과 밀접한 관련이 있는 것으로 보이며 엽록체는 시아노박테리아와 가장 밀접한 관련이 있다.

원생생물의 다양성을 설명하기 위해, 일단 진핵세포가 발생한 후 다양한 계통이 시작될 수 있는 기회를 제공했다고 생각해 볼 수 있다. 일부 단세포 원생생물은 다른 진핵생물에서는 볼 수 없는 세포 소기관을 가지고 있다. 예를 들어, 먹이는 식포에서 소화되며, 수축포가 그들의 내용물을 방출할 때 과량의 수분이 함께 방출된다.

원생동물은 또한 분화된 조직을 가진 다세포 생물의 진화에 대한 통찰력을 제공할 수 있다. 일부 원생동물은 난자와 정자를 생산하도록 특화된 특정 세포가 있는 단세포 군집의 형태를 취하고, 다른 원생동물은 다양한 목적에 특화된 조직을 가진 다세포 형태로 존재한다. 아마 다세포생물로 진화하는 과정에서 첫 번째 조직 체제가 두 번째 체제보다 먼저 나타난 것으로 보인다.

원생생물의 분류

원생생물 간의 관계를 정의하기 위해 다양한 분류 체계가 고안되어 왔다. 원생동물은 다른 진핵생물군에서는 볼 수 없는 여러 가지 특성을 조합하여 가지고 있기 때문에 분류에 어려움이 많다. 전통적으로 원생동물은 에너지와 영양소의 원천에 따라 분류하였다. 조류는 (다양한 색소에 의해) 광합성을 하고, 원생동물은 섭취를 하는 종속영양이며, 점균류와 물곰팡이는 흡수를 하는 종속 영양을 한다. 그러나 최근의 데이터, 특히 유전자 염기서열 분석 정보로 인해 논란이 일어나고 있다. 이러한 연구의 결과로 진핵생물을 분류하기 위한 **거대그룹(supergroup)**이 형성되었다. 거대그룹의 수는 수정 중이지만, 현재 합의에 따라 5개의 거대그룹(표 17.1)으로 결정되었으며,

각 거대그룹은 별도의 진화 계통을 나타내고 있다.

DNA 기술의 발전, 특히 생명체의 유전체 염기서열 분석 능력의 급속한 발전(12.1절 참조)은 거대그룹 간의 관계에 대한 새로운 정보를 지속적으로 제공하고 있다. 이러한 관계에 대한 단순화된 다이어그램은 그림 17.20에 나타냈다. 거대그룹 수준의 분류는 원생생물의 다양성을 이해하기 위한 근거로 사용될 것이다.

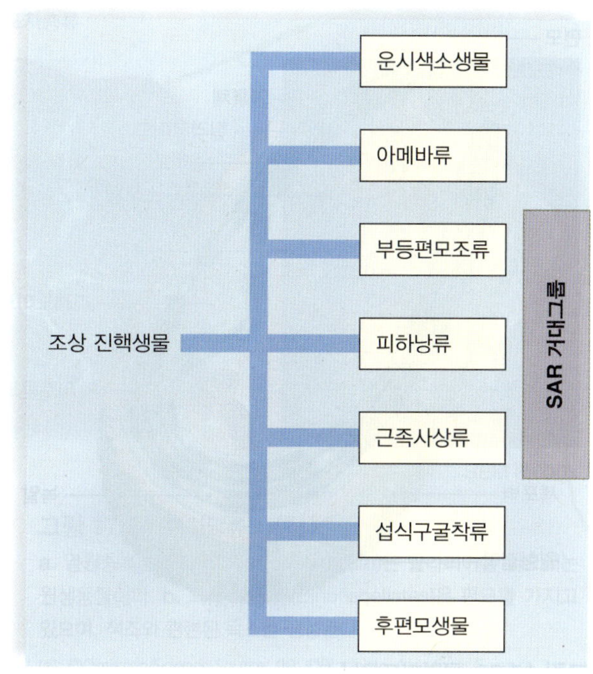

그림 17.20 진핵성 거대그룹.
주요 진핵성 거대그룹의 일반적 표시. 각 그룹의 생물 유형은 표 17.1을 참조하시오.

원시색소생물

원시색소생물에는 남세균의 내부공생으로부터 유래한 엽록체(플라스티드라고도 함)를 가진 육상 식물과 녹조류 및 홍조류 같은 광합성 생물체들이 포함된다(그림 17.19 참조).

전통적으로 **조류(algae)**라는 용어는 수중 광합성생물을 의미한다. 한때 식물학자들은 엽록소 *a*를 포함하고 있고 광합성을 수행하기 때문에 조류를 식물로 분류하였다. 수중 환경에서 조류는 물속에 떠다니는 광합성생물인 식물성플랑크톤 일부이다. 이들은 다른 생물의 먹이원이 되고 환경에 산소를 공급하는 생산자 역할을 한다. 육상생태계에서 조류는 토양, 바위 표면 그리고 나무에서 발견된다. 조류의 한 유형은 산호라고 불리는 동물의 공생체(19.2절 참조)로, 산호는 전 세계 산호초를 형성하는 데 있어 조류에 먹이를 의존한다. 다른 조류는 지의류에서 진균과 함께 공생함으로써, 지의류는 극한 육상 환경에서 살아갈 수 있다.

조류를 분류하는 전통적인 방법은 엽록체의 색소에 따라 녹조류, 홍조류, 갈조류로 분류한다. 그러나 모든 조류가 같은 거대그룹에 속하는 것은 아니며, 현재 갈조류는 실제로 부등편모조류(다음 세부 항목에서 설명)라는 것을 알고 있다. 녹조류는 식물과 가장 밀접하게 관련이 있으며, 이들은 일반적으로 세 가지 종으로 대표된다. 즉, 클라미도모나스(*Chlamydomonas*)와 커다랗고 속이 빈 구형 안에 수십에서 수백 개의 세포를 가지고 있는 군체형 좁쌀공말(*Volvox*, 볼복스), 그리고 엽록체가 녹색의 나선형 리본을 형성하고 있는 사상형 조류인 해캄(*Spirogyra*)이 있다(그림 17.21).

녹조류 클라미도모나스는 조류 구조의 대표적인 모델이다(그림 17.22). 조류 세포에서 가장 눈에 띄는 세포소기관은 엽록체이다. 조류 엽록체는 식물의 엽록체와 많은 특징을 공유하며 두 그룹은 공통된 기원을 가지는 것으로 보인다. 예를 들어, 둘 다의 광합성 색소는 틸라코이드막에 존재하고 있다. 따라서 조류가 식물과 같은 방식으로 광합성을 수행하는 것도 놀라운 일이 아니다. 소체(pyrenoids)는 전분 저장과 물질대사에 활발히 관여하는 조류에서 발견되는 구조이다. 액포는 미토콘드리아와

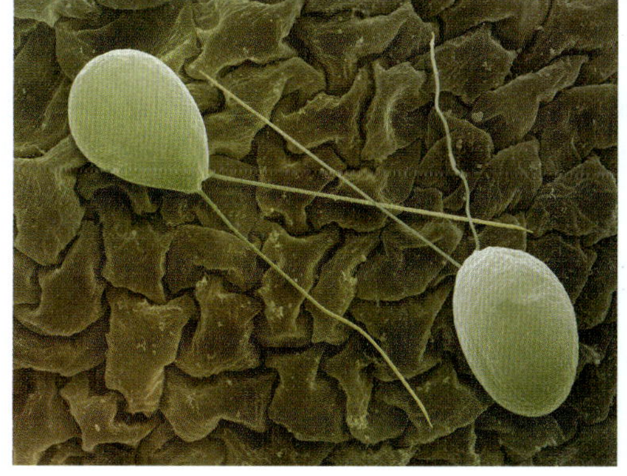

a. **클라미도모나스**(*Chlamydomonas*) SEM 1,770×

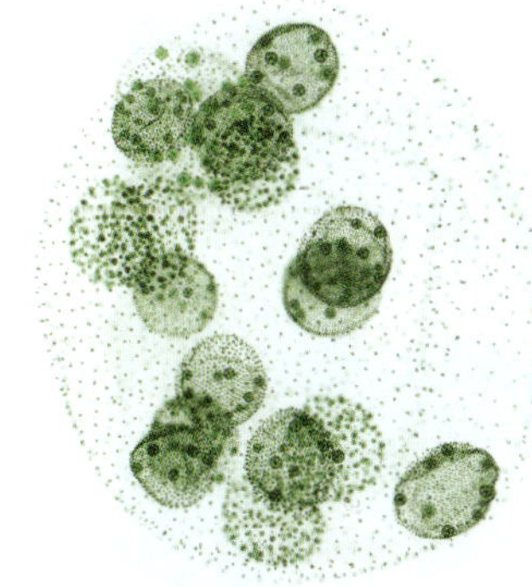

b. **좁쌀공말**(*Volvox*)

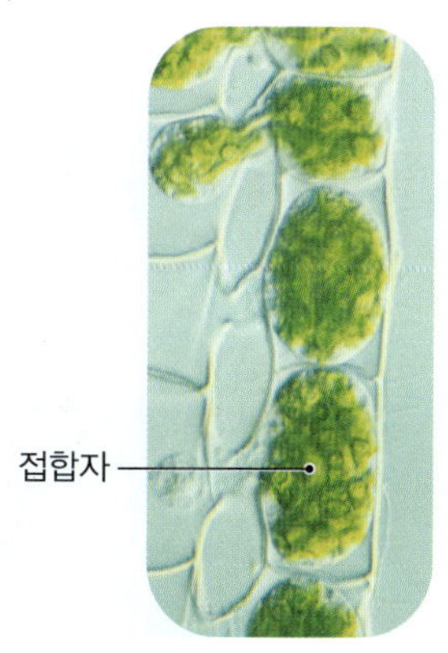

c. **해캄**(*Spirogyra*)

그림 17.21 녹조류의 예시.
a. 클라미도모나스(*Chlamydomonas*), 단세포 녹조류, **b.** 좁쌀공말(*Volvox*, 볼복스) 군체형 조류, **c.** 사상형 해캄(*Spirogyra*).

(a): ©Andrew Syred/Science Source; (b): ©John Hardy, University of Washington, Stevens Point Department of Biology; (c): ©M.I. Walker/Science Source

진 화학종속영양생물이라는 공통된 특징을 가지고 있다. 이 거대그룹에는 단세포 및 다세포 원생동물이 모두 포함된다. 후편모생물 중에는 해면동물(sponge)과 연관이 있는 동물 유사한 원생동물인 깃편모충류(choanoflagellate)가 있다. 단세포 및 군집 형태를 포함하는 이 원생동물은 해면체 내부를 감싸고 있는 깃세포와 매우 흡사한 유사한 세포를 가진 여과 섭식자이다(19.2절 참조). 각각의 깃편모충류는 가느다란 미세융모 깃으로 둘러싸인 단일 후방 편모를 가지고 있다(그림 17.30). 편모를 박동시키면 깃 해 흐르는 물의 흐름이 만들어지고, 식세포 작용에 의해 음식물 입자를 흡입한다.

그림 17.30 후편모생물.
후편모생물류는 동물과 연관성이 매우 밀접한 편모 원생생물이다.

개념 연결하기

원생생물은 세포내 공생이라는 과정을 통해 진화했다. 원생생물과 기타 진핵생물은 거대그룹으로 분류된다.

진도 점검하기 17.4

1. 세포내 공생설을 뒷받침하는 미토콘드리아와 엽록체의 특징을 서술하시오.
2. 원생생물의 일반적인 특징을 구별하시오.
3. 각 진핵생물 거대그룹에 대해 일반적인 특징을 제시하고 대표적인 생물체를 제시하시오

요 약 SUMMARIZE

바이러스, 세균, 원생생물을 일반적으로 미생물이라고 한다. 많은 미생물의 분류는 과학계에서 개정 중에 있다.

17.1 바이러스는 고유의 증식 주기를 이용하여 특정 숙주 세포를 감염시킨다.

17.2 바이로이드와 프라이온은 바이러스와 많은 유사성을 가진 전염성 입자이다.

17.3 원핵생물은 핵이 없는 단세포 생물이다. 원핵생물은 세균과 고세균의 두 그룹으로 나누어진다.

17.4 원생동물은 세포내 공생이라는 과정을 통해 진화했다. 원생생물과 기타 진핵생물은 거대그룹으로 분류된다.

17.1 바이러스

바이러스는 살아 있는 세포 내에서만 증식할 수 있는 절대 세포 내 기생체이다.

바이러스의 구조

- 바이러스는 단백질 소단위로 구성된 외부 **캡시드(capsid)**, 그리고 DNA 또는 RNA 핵산으로 된 내부 핵심 등 최소한 두 부분으로 되어 있다.
- 동물바이러스는 외부피막이 없거나 또는 외부 막성 피막을 가지고 있다.

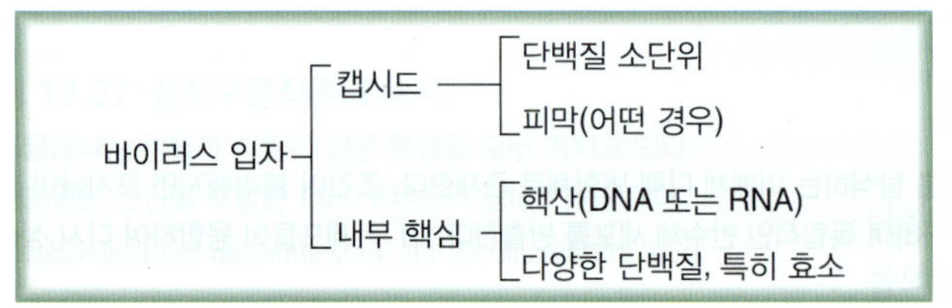

바이러스 증(생)식

박테리오파지(bacteriophage)는 용균성(lytic) 또는 용원성 회로(lysogenic life cycle)를 가질 수 있다. **용균성 회로(lytic cycle)**는 5단계로 구성되어 있다.

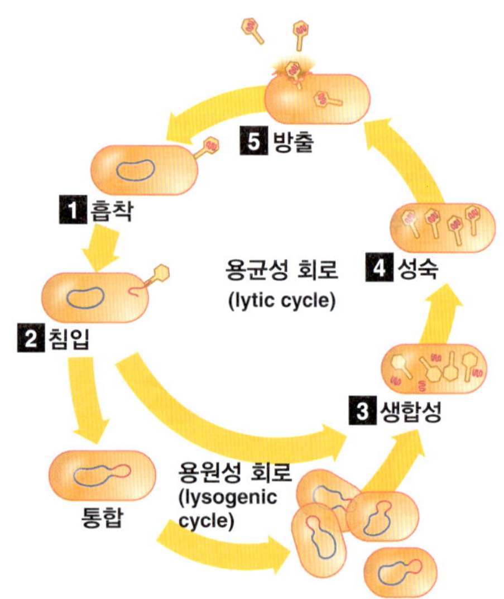

용원성 회로(lysogenic cycle)에서 바이러스 DNA는 일정하지 않은 기간 동안 세균 DNA에 통합되어 있다가 어느 시점이 되면 용균성 회로의 마지막 세 단계를 거치게 된다.

식물바이러스

농작물과 정원용 식물도 바이러스에 감염된다. 모든 바이러스가 치명적이지는 않지만, 시간이 지남에 따라 바이러스는 기주식물을 쇠약하게 만든다.

동물바이러스

동물바이러스의 증식회로는 박테리오파지와 동일한 단계를 갖지만, 바이러스가 피막을 가질 경우 다음과 같이 달라진다.

- 융합 또는 내포작용(endocytosis)을 통해 바이러스가 세포 내로 들어간다.
- 캡시드로부터 유전체가 빠져나오기 위해 탈피가 요구된다.
- 출아(budding)을 통해 세포로부터 바이러스입자를 방출한다.

AIDS 바이러스인 HIV는 RNA **레트로바이러스(retrovirus)**이다. 이러한 바이러스들은 RNA를 유전 물질로 사용하며 역전사를 수행하는 효소인 역전사효소를 가지고 있다. 이 전사는 단일가닥 DNA를 생성하고, 이 전사된 DNA는 복제되어 숙주 DNA에 통합되는 이중 나선을 형성한다.

인간 바이러스 질병의 치료

신종 바이러스들(emerging viruses)은 인간에게 비교적 새로운 바이러스이다. 항바이러스제들은 구조적으로 뉴클레오티드들과 유사하고 바이러스 유전체 합성을 방해한다.

17.2 바이로이드와 프라이온

바이로이드(viroid)는 캡시드에 의해 둘러싸여 있지 않은 노출 RNA 가닥으로 질병을 일으킬 수 있다. **프라이온(prion)**은 변형된 3차 구조를 가진 단백질 분자로 다른 단백질의 구조를 변형시킨다. 프라이온은 인간에게는 CJD를, 소에게는 광우병을 유발한다.

17.3 원핵생물

세균과 고세균은 원핵생물이다. **원핵생물(prokaryote)**은 핵뿐만 아니라 신핵생물의 세포에서 발견되는 대부분의 다른 세포질 소기관들을 가지고 있지 않다.

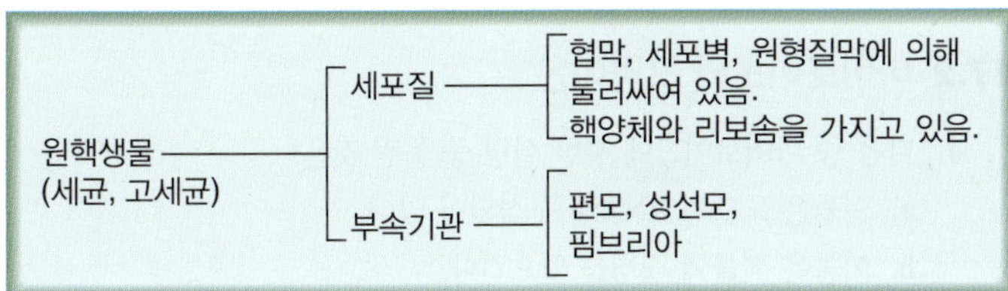

최초 세포의 기원

세포 이론(cell theory)은 모든 생명이 세포에서 유래하는 것을 말한다. 첫 번째 세포들은 원핵생물이었다. 첫 번째 세포들이 나타나기 전에 생물학적 거대 분자는 원시 지구의 독특한 조건에서 자발적으로 형성되었다. 과학자들은 생물학적 거대분자들의 집합제들이 실험실 조건에서 무생물, 세포와 유사한 구조 또는 **원시세포들(protocell)**을 형성하기 위하여 조립될 수 있다는 것을 보여주었다.

세균의 일반 생물학

세균의 구조

- 구조적 다양성은 간균(bacilli), 구형(cocci), 그리고 나선형(spirilla 또는 spirochete)을 포함한다.
- 하나의 닫힌 원형 이중가닥 DNA(염색체)는 **핵양체(nucleoid)** 내에 있다. **플라스미드들(plasmids)**은 세포질에 있는 작은 DNA 조각들이다.
- 각각의 **편모(flagellum)**는 회전을 통해 유기체의 회전한다.
- 세포벽은 **펩티도글리칸(peptidoglycan)**을 포함하고 있다.

세균의 증식과 생존

- 증식은 **이분법(binary fission)**에 의한 무성생식을 통해 일어난다.
- 유전자재조합은 **접합(conjugation)**, **형질전환(transformation)**, 그리고 **형질도입(transduction)**에 의해 일어난다.
- **내생포자(endospore)** 형성은 세균이 부적절한 환경에서 생존하게 해준다.

세균의 영양

- 세균은 독립영양적일 수 있다. **시아노박테리아(cyanobacteria)**는 식물처럼 광합성을 수행하는 **광(합성)독립영양생물(photoautotroph)**이다. **화학독립영양생물(chemoautotroph)**은 자신의 양분을 생산하기 위한 에너지를 얻기 위하여 수소, 황화수소, 암모니아와 같은 무기화합물을 산화한다. 동물과 마찬가지로 대부분의 세균은 화학종속영양생물(**chemoheterotroph**, heterotroph)이지만 **부생영양체(saprotroph**, 분해자)이기도 한다. 콩과 식물의 뿌리혹 사는 상리공생적 질소고정 세균처럼 많은 종속영양 원핵생물은 **공생적(symbiotic)**이다.

환경과 의학에서 세균의 중요성

환경에서의 세균

- 분해자로서 세균은 생태계에서 무기양분들의 순환을 유지시킨다.
- 세균이 수행하는 반응을 통해 질소순환이 계속된다.
- 세균은 **생물재복구(bioremediation)**에서 중요한 역할을 수행한다.

식품과학과 생명공학에서의 세균

- 세균발효는 식품을 생산하는 데 있어서 중요하다.
- 유전공학은 세균이 의학적으로 중요한 물질들을 생산할 수 있도록 해준다.

인간에서의 세균성 질병

- 질병을 유발하는 세균성 **병원균(pathogen)**은 (1) 독소를 생산하고, (2) 표면에 흡착할 수 있으며, (3) 때때로 기관이나 세포에 침입할 수 있다.
- 무분별한 항생제 사용은 일부 항생제에 대해 내성을 지닌 세균의 출현을 이끌었다.

고세균

고세균(archaea, 고세균 영역)은 원핵생물의 두 번째 형태이다. 고세균의 몇가지 특징은 다음과 같다.

- 고세균은 세균보다 진핵생물에 더 밀접히 연관되어 있는 것 같다.
- 고세균은 세균의 세포벽을 형성하는 펩티도글리칸을 세포벽에 포함

하고 있지 않으며, 세균보다 진핵생물과 더 많은 생화학적 특징을 공유한다.

- 일부는 혐기 상태의 습지(**메탄생성세균, methanogen**), 염분호수(**호염성세균, halophile**), 그리고 유황온천(**고온호산성세균, thermoacidophile**)과 같은 극한환경에서 생존할 수 있는 것으로 알려져 있다.

17.4 원생생물

원생생물의 일반 생물학

- **원생생물(protists)**은 **진핵생물역(domain Eukarya)**에 속하는 진핵생물이다. **세포내 공생설(endosymbiotic theory)**은 진핵세포에 있는 미토콘드리아와 엽록체의 존재를 설명해준다. 일부 원생생물은 분화된 조직을 가지고 있는 다세포성이다.
- 원생생물은 대규모 수중환경에서 생산자(조류) 또는 다른 생물의 먹이원(조류와 원생동물)으로 작용하기 때문에 생태학적으로 매우 중요하다.
- 원생생물은 다른 진핵생물과 함께 역 바로 아래에 있는 분류 수준인 **거대그룹**(계; **supergroup**)으로 분류된다.

원시색소생물(Archaeplastids)

- **조류(algae)**는 식물과 마찬가지로 광합성에 사용하는 엽록소를 가지고 있다.
- 이들은 식물처럼 전분 같은 양분을 저장하며, 세포벽을 가지고 있다.
- 클라미도모나스(*Chlamydomonas*), 좁쌀공말(*Volvox*, 볼복스), 해캄(*Spirogyra*)이 있다.

SAR 거대그룹

SAR 거대그룹은 다음을 포함하는 다양한 원생생물 그룹이다.

- 부등편모조류(Stramenopiles) — 광합성을 하는 조류와 규조류로 원시색소생물과는 다른 진화 계통을 가지고 있다. 예로서 갈조류와 규조류가 있다.
- 피하낭류(Alveolata) — 일련의 내부 구멍이 있는 원생생물로서 예로서 정단복합체류(apicomplexans), 섬모충류(ciliates), (쌍)편모류(dinoflagellates)이 있다.
- 근족사상류(Rhizaria) — 딱딱한 외부 껍질(테스트)을 만드는 아메바와 유사한 유기체로 예를 들면, 유공충류(foraminifera)와 방산충류(radiolarians)가 있다.

섭식구굴착류(Excavates)

이 거대그룹의 구성원은 미토콘드리아가 없으며 독특한 편모 및/또는 깊은 구강 홈을 가지고 있다. 유글레나(*Euglena*)와 편모충(*Giardia*)을 예로 들 수 있다.

아메바류(Amoebozoa)

아메바류는 위족(pseudopods)을 사용하여 이동하는 아메바 유사 종속영양 원생동물이다. 아메바(amoebas)와 점균류(slime molds)를 예로 들 수 있다.

후편모생물(Opisthokonta)

이 그룹의 생물체들은 모두 편모 세포를 가진 화학종속영양생물이라는 공통된 특징을 가지고 있다.
동물, 곰팡이, 편모충류(choanoflagellates)를 예로 들 수 있다.

평가 ASSESS

혼자 풀어보기

가장 적절한 답을 고르시오

17.1 바이러스

1. 다음 중 바이러스가 가지고 있는 것은?
   a. 세포벽
   b. 원형질막
   c. 핵산
   d. 세포질
2. 박테리오파지 용균성 회로의 다섯 단계는 다음 중 어느 순서로 진행되는가?
   a. 침입, 부착, 방출, 성숙, 생합성
   b. 부착, 침입, 방출, 생합성, 성숙
   c. 생합성, 부착, 침입, 성숙, 방출
   d. 부착, 침입, 생합성, 성숙, 방출
   e. 침입, 생합성, 부착, 성숙, 방출
3. 레트로 바이러스에 독특한 효소는,
   a. 역전사효소
   b. DNA 중합효소
   c. DNA helicase.
   d. RNA 중합효소

17.2 바이로이드와 프라이온

4. 다음 중 바이로이드에 관한 설명 중 틀린 것은?
   a. 이들은 노출된 RNA로 구성되어 있다.
   b. 이들은 식물에 질병을 일으킨다.
   c. 한번 증식하면 이들은 죽는다.
   d. 이들은 감염 세포가 더 많은 바이로이드를 생산을 야기한다.
5. 다음 중 프라이온 단백질이 질병을 일으키는 상황에 해당하는 것은?
   a. 크기가 커질 때
   b. 작은 절편으로 쪼개질 때
   c. 정상 단백질의 모양을 변하게 할 때
   d. DNA와 상호작용할 때

17.3 원핵생물

6. 다음 중 세균이 포함하지 않는 것에 해당하는 것은?
   a. 리보솜 **b.** DNA
   c. 미토콘드리아 **d.** 세포질
   e. 원형질막

문제 7~12의 경우, 각 특성에 의해 설명되는 생명체를 고르시오. 어떤 종류의 생물체가 서술되었는지 결정하시오. 보기에 있는 답은 한 번 이상 사용될 수 있다.

보기:

a. 세균 **b.** 고세균
c. 세균과 고세균 모두 해당됨 **d.** 세균과 고세균 모두 아님

7. 세포벽에 펩티도글리칸을 가진다.

8. 메탄생성세균이다.

9. 때로 기생성이다.

10. 핵을 가지고 있다.

11. 원형질막에 지질을 가지고 있다.

12. 이분법으로 번식한다.

17.4 원생생물

13. 세포내 공생 이론은 다음 중 어느 것을 설명하는가?
- **a.** 첫 번째 원핵세포의 기원
- **b.** 진핵생물의 미토콘드리아와 엽록체의 기원
- **c.** 동물, 식물, 진균 간의 진화적 관계
- **d.** 원생생물의 번식방법

14. 섬모충류(ciliates)와 (쌍)편모류(dinoflagellates)는 다음 중 어느 것에 속하는가?
- **a.** SAR 거대그룹(SAR supergroup)
- **b.** 섭식구굴착류(Excavates)
- **c.** 후편모생물(Opisthokonta)
- **d.** 아메바류(Amoebozoa)
- **e.** 해당 없음

15. 다음 원생생물 중 동물의 조상에 해당하는 것은?
- **a.** 유글레나
- **b.** 편모충(*Giardia*)
- **c.** 깃편모충류(choanoflagellates)
- **d.** 아메바
- **e.** 해당 없음

관계맺기 ENGAGE

과학적으로 생각하기

1. 아래 계통수를 기초로 할 때, 원생생물은 세균과 고세균 중 어느 것과 더 밀접한 관련이 있을까? 이 연관관계를 뒷받침하는 증거는 무엇일까? 바이러스는 왜 계통수에 나타나 있지 않을까?

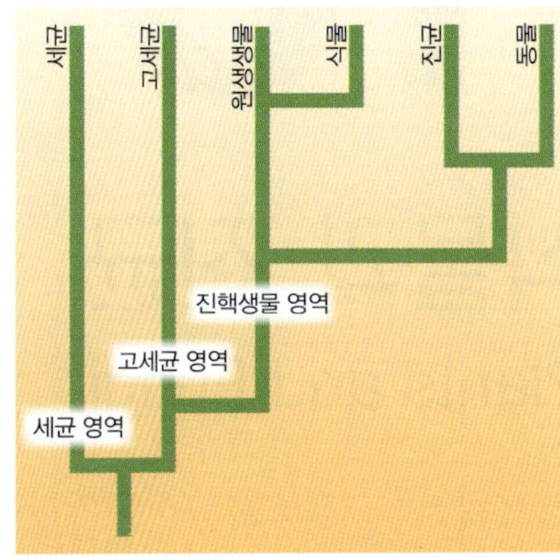

2. 예전 소련과 동유럽에서는, 세균 감염을 치료하기 위한 항생제의 대체 방법으로 박테리오파지 치료법이 오랫동안 사용되어 왔다. 세균 감염을 치료하기 위해 어떠한 방법으로 환자의 몸에 박테리오파지를 주입하는가? 박테리오파지 치료법의 잠재적인 이점과 단점은 어떠한 것들이 있는가?

3. 미국식품의약국(FDA)은 의사들이 바이러스 감염을 치료하기 위해 연간 5천만 건의 불필요한 항생제 처방하고 있다고 추산하고 있다. 물론 이 항생제들은 바이러스에 대해 효과가 없다. 게다가 이러한 약물에 대한 세균들의 잦은 노출로 인하여 항생제 내성을 갖는 많은 균주들이 발생하는 결과를 초래해왔다. 의사들은 아마도 환자들의 요구 때문에 항생제 처방을 하는 것으로 보인다. 또한 질병의 원인을 알 수 없는 경우, 항생제가 도움이 될 수 있는 상황에서 항생제 처방을 보류하는 것보다 효과가 없는 것으로 판명된 항생제를 처방하는 것이 더 안전할 수 있다. 따라서 FDA는 제조사들로 하여금 항생제 오용에 대한 주의를 항생제에 표시하는 정책을 발동하였다.
- **a.** 이러한 표시 정보가 항생제의 부적절한 사용을 크게 줄일 수 있을 정도로 소비자를 충분히 교육할 수 있다고 여러분은 생각하는가?
- **b.** 의사들은 항생제 내성의 위험에 대해 이미 알고 있지만, 그럼에도 불구하고 처방을 한다. 그 이유는 대개 의사들이 항생제가 도움이 될 수 있었음에도 불구하고 항생제 처방을 보류한 것에 대해서는 법적 책임을 지시만 부적절하게 처방한 것에 대해서는 책임을 지지 않기 때문일 것이다. 의사들은 항생제 처방에 대해 더 많은 책임을 져야 하는가? 만일 그렇다면 어떻게 해야 하는가?

CHAPTER

18

식물과 진균

Plants and Fungi

©Nakano Masahiro/amanaimages/Getty Images

개요

시작하기 전에

이 장을 시작하기 전에 다음의 내용을 다시 살펴보자.

6.2절 광합성 과정에서 산소를 생산하는 과정은 무엇인가?

9.3절 염색체 수와 관련하여 유사분열과 감수분열의 차이는 무엇인가?

16.3절 식물과 진균이 속한 생물 영역은 무엇인가?

진화 전쟁: 고추 대 진균

식물이 전쟁 중이라고 생각해 본 적이 있는가? 사실 식물은 식물을 먹는 동물(초식동물), 세균, 진균 등과 같이 다양한 생명체와 끊임없이 전쟁을 하고 있다. 이에 대응하여 식물은 자신을 보호하기 위하여 수많은 적응 전략을 발달시켰다. 고추는 캡사이신(capsaicin)이라고 하는 통증 유발 물질을 생산한다. 캡사이신은 포유류의 통증 수용체를 자극하여 "입안이 얼얼한" 느낌을 뇌에 전달한다. 캡사이신은 일부 동물이 고추를 먹지 않도록 하기는 하지만, 이 물질의 실제 대상은 식물의 오래된 적들인 진균이다. 진균은 분해자로서 사체를 분해하여 영양분을 토양으로 되돌리는 중요한 생태학적 역할을 한다. 그러나 어떤 진균은 생명체들이 죽을 때까지 기다리지 않고 대신에 고추와 같이 살아 있는 생명체들을 먹이로 삼는다.

진균이 고추에 침입하려고 공격하면 화학전쟁이 시작된다. 이들은 캡사이신을 생산하여 진균을 물리친다. 환경에 따라 생산되는 캡사이시노이드의 양이 달라진다. 진균은 습한 환경을 선호한다. 따라서 건조한 환경에서는 진균의 공격이 적으므로 덜 매운 고추를 재배할 수 있고, 습한 환경에서는 진균이 번창하고 식물이 최대한으로 항진균 방어를 하기 때문에 더 매운 고추를 재배할 수 있다.

이 장에서는 식물과 진균의 진화와 다양성을 살펴보고, 이들에게서 나타나는 진화적 적응을 조사할 것이다.

이 장을 학습하는 동안 다음 질문에 대해 생각해보자.

1. 수중에서 살던 식물이 육상식물로 진화하면서 외형이 어떻게 달라졌는가?
2. 진균이 분해자로서 성공하게 된 신체의 특징은 무엇인가?

18.1 육상식물의 개요

학습 목표

이 절을 학습한 후에는 다음 과제를 수행할 수 있어야 한다.

1. 녹조류와 육상식물의 유사성과 차이점 설명하기.
2. 육상식물의 진화에서의 중요한 사건 제시하기.
3. 식물의 세대교번 생활주기 설명하기.

식물(plantae, kingdom Plantae)은 다세포성이며 광합성을 하는 진핵생물이다. 식물은 육상환경에 잘 적응하고 있지만, 식물의 진화적 역사는 물에서 시작되었다. 식물은 약 5억 년 전에 담수 녹조류에서 진화되었다는 증거가 있다. 녹조류는 식물과 동일한 진핵생물 대그룹에 속하며(원시색소생물체, 17.4절 참조), 따라서 식물과 몇몇 특징들을 공유한다. 예를 들면, 녹조류는: (1) 엽록소 *a*, *b* 및 다양한 보조 색소를 함유하고, (2) 여분의 탄수화물을 녹말로 저장하며, (3) 세포벽에 셀룰로오스를 가지고 있다.

DNA와 RNA 염기서열을 비교한 결과, 육상식물은 **차축조류(charophyte)**라고 하는 담수 녹조류 군과 가장 밀접한 관계를 가진다. 해캄(*Spirogyra*)(그림 17.21 참조)도 차축조류이지만, 분자생물학자들은 육상식물의 조상이 **그림 18.1**에 제시한 차축조류와 더 밀접한 관계를 가진다고 주장한다. 비록 현대의 차축조류와 육상식물의 공통조상은 더 이상 존재하지 않지만, 존재한다면 차축조속(*Chara*) 및 콜레오카이테속(*Coleochaete*)의 구성원들과 비슷한 특징을 가지고 있을 것이다.

이들 사상 녹조류에 대하여 살펴보자. 차축조속(*Chara*)의 녹조류들은 일반적으로 쇠뜨기말(stonewort)이라고 부르며, 탄산칼슘 퇴적물로 둘러싸여 있다(**그림 18.1*a***). 신체는 가는 필라멘트로 진흙에 고정되어 있는 한 줄의 매우 긴 세포로 이루어져 있다. 윤생 배열의 가지가 있는 절(node)은 주축의 세포 사이에 위치하고 있다. 암수 생식구조는 절에서 생장한다. 콜레오카이테속의 녹조류들은 팬케이크와 같이 납작하지만 신체는 길고 가지가 있는 섬유상 세포로 구성되어 있다(**그림 18.1*b***). 식물의 진화에 있어서 가장 중요한 점은 차축조류의 생식이 환경으로부터 그들의 접합자를 보호하는 것과 관련이 있다는 것이다. 육상식물은 접합자를 보호할 뿐만 아니라 배도 보호하며 영양분을 제공한다. 이것이 육상식물을 녹조류와 구분하는 중요한 특징이다.

식물 진화의 개요

진화의 역사를 거치면서 식물은 육상생활에 잘 적응하게 되었다. 육지 환경은 풍부한 채광과 같은 이점을 제공하지만, 또한 지속적인 건조 위협과 같은 문제가 있다. 가장 중요한 것은 번식의 모든 단계(배우자, 접합자 및 배아)가 공기의 건조 효과로부터 보호되어야 한다는 것이다. 세포의 내부 환경을 습하게 유지하기 위해, 육상 식물은 신체를 직립 자세로 유지한 상태에서 물을 획득하여 신체의 모든 부분으로 운반해야 한다. 우리는 식물이 어떻게 내부 관다발계를 진화시켜 이러한 문제에 적응했는지 살펴볼 것이다. **그림 18.2**는 식물의 진화 역사를 추적한다. 각 그룹을 육지에 존재하기 위한 주요 적응을 나타내는 진화적 사건과 연관시키는 것이 가능하다.

이끼류(mosses)는 녹조류와 나머지 식물계 사이의 가장 가까운 식물 연결 고리를 나타낸다(그림 18.2). 이끼류는 일반적으로 관다발조직이 없는 포복성 식물이

a.

b.

그림 18.1 **식물의 가까운 조류 친척.**
육상식물의 가장 가까운 살아 있는 친척은 차축조류(charophyte)라고 알려진 사상 녹조류이다. **a.** 일반적으로 쇠뜨기말(stonewort)이라고 부르는 차축조속(*Chara*)의 구성원들은 탄산칼슘이 풍부한 환경을 좋아하며, 탄산칼슘은 조류의 표면에 축적된다. **b.** 콜레오카이테속(*Coleochaete*)의 신체는 젖은 돌이나 다른 수생식물 위에서 발견되는 납작한 원반 모양이다. 크기는 핀의 머리 정도이며 단일 세포층의 두께이다.

(a): ©Natural Visions/Alamy Stock Photo; (b): ©Gerd Guenther/Science Photo Library/Science Source

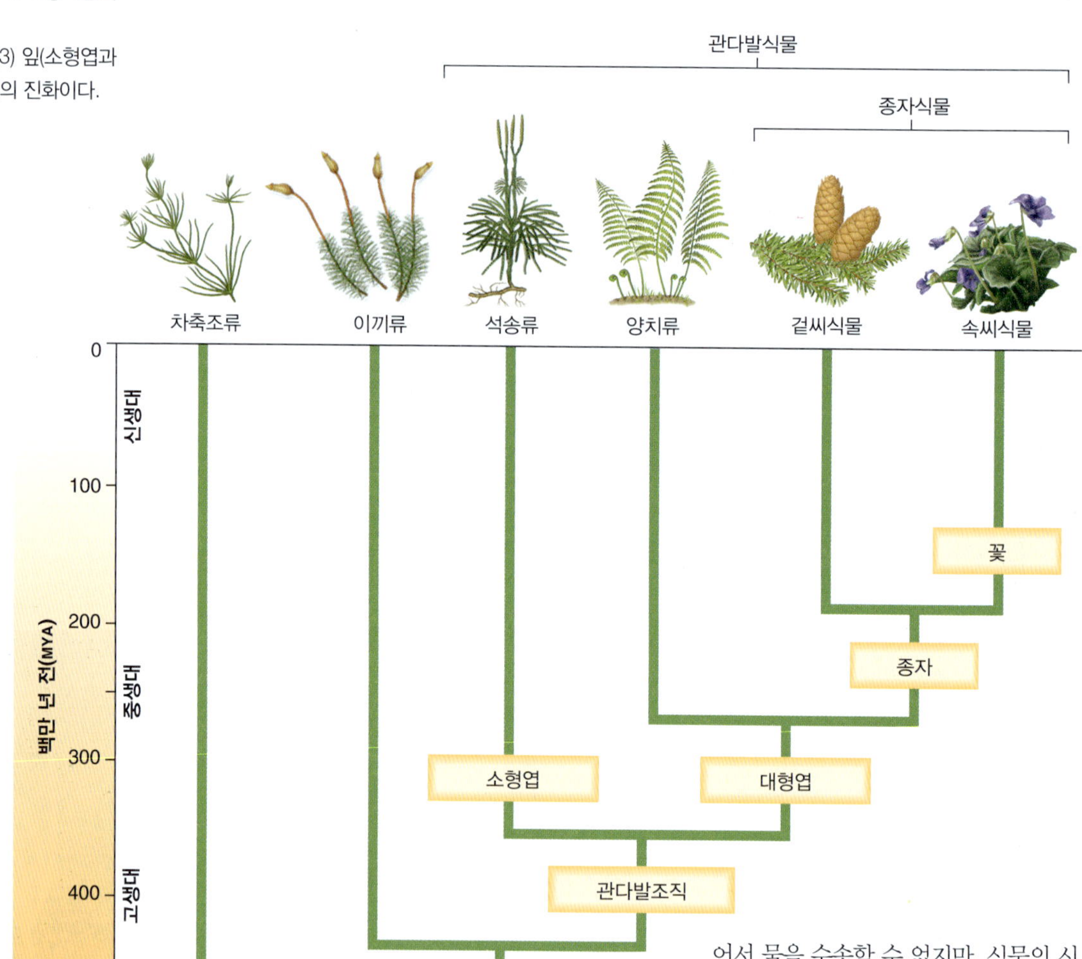

그림 18.2 육상식물의 진화.
육상식물은 녹조류 조상에서 진화하였다. 육상식물의 진화와 관련된 중요한 5가지 사건은: (1) 배의 보호; (2) 관다발조직의 진화; (3) 잎(소형엽과 대형엽)의 진화; (4) 종자의 진화; (5) 꽃의 진화이다.

어서 물을 수송할 수 없지만, 식물의 신체가 건조해지지 않도록 보호하고 특수한 구조 내에서 배를 보호한다.

약 4억 2,000만 년 전에 진화한 석송(lycophytes)은 물과 영양분을 뿌리에서 잎으로 수송하는 관다발계를 가진 최초의 식물들 중의 하나이다. 관다발조직이 있는 식물은 진정한 뿌리, 줄기, 잎을 가지고 있다. 석송의 잎은 **소형엽(microphylls)**이라고 부르며, 매우 좁다.

양치류(ferns)는 **대형엽(megaphylls)**이라고 부르는 큰 잎을 가진 잘 알려진 식물이다. 가지와 대형엽이 진화하여 식물이 많은 햇빛을 받아들일 수 있게 되었고, 광합성을 통한 당의 생산이 증가하였다. 영양분을 적절하게 생산하지 못한다면 식물은 키가 클 수가 없다. 다음의 진화적 사건은 **종자(seed)**의 진화이다. 종자는 보호막 안에 배와 유기 영양분을 함유하고 있다(그림 18.10 참조). 종자는 발아에 적합한 조건이 되기 전까지 배가 건조해지지 않도록 보호하는 데에 적합한 매우 견고한 구조로 되어 있다. 겉씨식물(gymnosperms)은 약 3억 6,000만 년 전에 나타난 첫 번째 종자식물이다. 마지막 흥미로운 진화적 사건은 속씨식물(angiosperms)에서 발견되는 생식기관인 **꽃(flower)**의 진화이다. 꽃은 곤충과 같은 수분매개자를 유인하고, 종자를 감싼 열매가 된다. 현화식물은 1억 2,000만 년 전과 1억 4,000만 년 전 사이에 진화하였다. 이 장에서 우리는 식물 생물학의 여러 측면에 대한 논의를 위해 속씨식물을 모델 유기체로 사용할 것이다.

세대교번

육상식물의 생활주기는 동물의 생활주기와 매우 다르다. 2배체의 생활주기를 나타내는 인간과 다른 동물들(그림 9.2 참조)과 달리, 모든 식물들은 **세대교번(alternation of generation)**을 특징으로 하는 생활주기를 가지고 있다(그림 18.3). 두 개체는 (1) 2배체(2n) 세대를 나타내는 포자체(sporophyte); 및 (2) 반수체(n) 세대를 나타내는 배우체(gametophyte)이다.

포자체(sporophyte, 2n)는 감수분열에 의해 포자를 생성하는 구조이다. 포자는 다른 생식 세포와 융합할 필요 없이 새로운 유기체로 발달하는 반수체 생식 세포이다. 식물의 생활주기에서 포자는 유사분열을 거친 후에 배우체로 된다. **배우체(gametophyte**, n)는 배우자 생산에 있어서의 역할 때문에 붙여진 이름이다. 식물에서 난자와 정자는 유사분열에 의해 생산된다. 정자와 난자가 융합하여 2배체인 접합자(zygote)를 형성하고, 이것이 유사분열을 거쳐서 포자체가 된다.

식물의 생활주기에는 두 가지 중요한 측면이 있다. 첫째, 식물에서는 감수분열을 통해 반수체 포자가 만들어진다. 이것은 포자체가 2배체 세대이며 포자는 반수체 세대라는 사실과 일치한다. 둘째, 유사분열은 배우체의 생성 동안에 배우자의 생산에 관여한다.

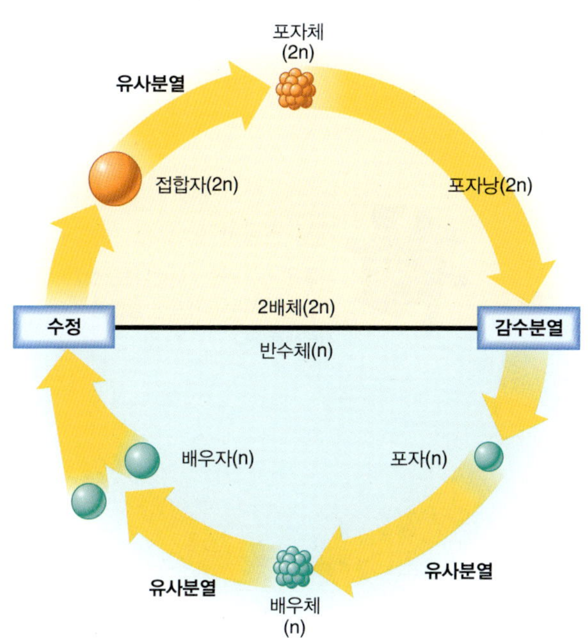

그림 18.3 식물의 생활주기상의 세대교번.
식물은 포자체(2n) 시기와 배우체(n) 시기를 교대로 나타낸다. 우세한 시기는 광합성 능력을 가진다.

우세한 세대

식물의 생활주기에서 두 세대교번 중의 하나가 우세한 세대로 나타난다. 우세한 세대는 광합성의 대부분을 수행한다. 그러나 식물의 주요 그룹은 어느 세대가 우세한지에 따라 다르게 분류된다. 이끼(비관다발식물)에서는 배우체가 우세하지만 다른 세 그룹의 식물에서는 포자체가 우세하다. 이것은 식물의 역사에서 포자체만이 관다발조직을 진화시켰기 때문에 중요하다. 그러므로 포자체 우세로의 전환은 육지에서의 삶에 대한 적응이다.

그림 18.4에서 포자체가 우세해짐에 따라 배우체는 더 작아지고 포자체에 의존한다는 것을 알 수 있다.

이끼류(bryophtes)의 경우, 배우체가 포자체보다 훨씬 크다. 석송류와 양치류에서는 배우체가 작고, 독립적인 구조를 보인다. 이에 비해 솔방울을 맺는 식물(겉씨식물, gymnosperm)과 현화식물(속씨식물, angiosperm)의 암배우체는 매우 작으

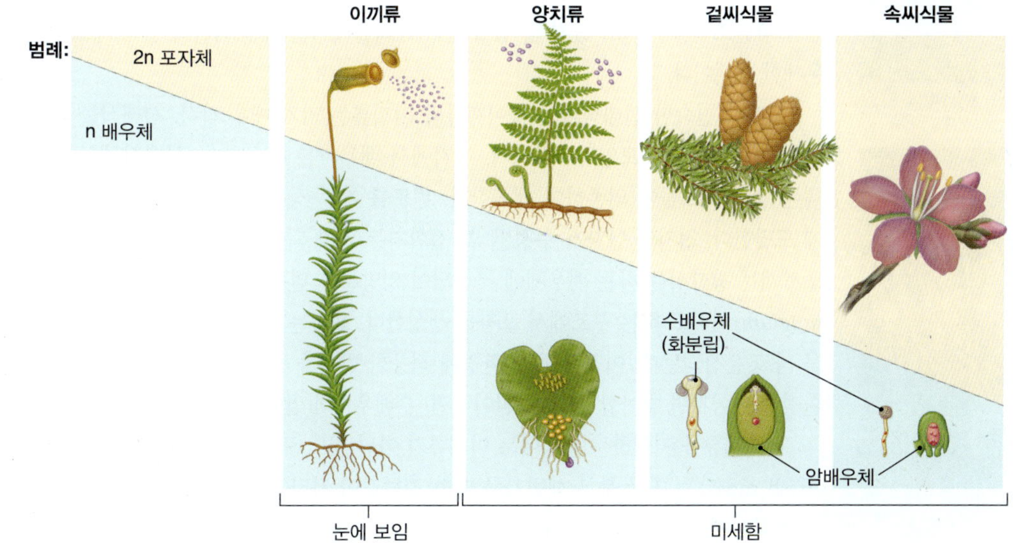

그림 18.4 배우체 크기의 감소.
오늘날의 대표적인 식물에서 진화할수록 배우체의 크기가 감소하는 것에 주목하자. 이러한 경향은 식물이 육상생활에 적응하는 과정에서 나타났다.

며 포자체 식물의 신체 안에 들어 있다. 이로써 암배우체가 건조해지지 않도록 보호한다. 종자식물의 수배우체는 화분립 안에 들어 있다. 화분립은 강한 보호벽을 가지고 있으며 바람, 곤충, 새 등에 의해 운반되어 난자에 도달한다. 종자식물의 생활주기에서, 포자, 배우자, 접합자 모두 육상 환경에서 건조해지지 않도록 보호된다.

개념 연결하기

식물은 세대교번이 나타나는 생활주기를 가지는 다세포성 광합성 진핵생물이다.

진도 점검하기 18.1

1. 차축조류와 육상식물의 유사점을 제시하시오.
2. 식물을 육상에서 성공적으로 서식하게 한 주요 진화적 사건들을 나열하시오.
3. 식물의 생활사에 있어서의 세대교번을 요약하시오.

18.2 육상식물의 다양성

학습 목표

이 절을 학습한 후에는 다음 과제를 수행할 수 있어야 한다.

1. 여러 육상식물 그룹의 예를 들고 특징 설명하기.
2. 각 그룹의 육상식물의 생활주기와 생식 전략에 대해 설명하기.
3. 식물의 경제적, 생태학적 중요성 요약하기.

식물은 관다발식물과 비관다발식물로 나눌 수 있다. **비관다발식물(nonvascular plant)**에서는 확산과 삼투를 통해 물과 영양분이 식물 신체로 직접 들어간다. 비관다발식물은 젖은 상태로 있어야 하며, 키가 매우 작다. **관다발식물(vascular plant)**은 신체 전반에 걸쳐 물과 영양분의 이동을 촉진하는 내부수송계를 가지고 있다. 이것은 식물을 더 건조한 조건에서 살게 하는 것뿐만 아니라 광합성을 극대화하기 위해 키를 키울 수 있도록 한다.

뿔이끼

우산이끼 배우체

이끼

그림 18.5 이끼류.
선태식물은 배우체가 우세한 세대이다. 이들은 키가 작고 일반적으로 습한 환경에서 생육할 필요가 있다. 서식처는 다양하지만, 나무 등걸, 젖은 바위, 또는 연석의 갈라진 틈에서 쉽게 찾아볼 수 있다.

(hornwort): ©Steven P. Lynch; (liverwort): ©Ariadna126/iStock/Getty Images; (moss): ©Steven P. Lynch

비관다발식물

우산이끼류(liverworts), 뿔이끼류(hornworts), 이끼류(mosses)는 비관다발식물에 포함된다(그림 18.5). 이들을 통틀어 **선태식물(bryophyte)**이라고 한다. 선태식물은 일반적으로 진정한 뿌리, 줄기 및 잎을 가지고 있지 않으며, 이들 모두 당연히 잘 발달된 관다발조직을 가지고 있지 않다. 또한 선태식물에서는 다른 식물과 달리 배우체가 우세한 세대이다.

가장 친숙한 선태식물인 뿔이끼류와 이끼류는 키가 매우 작다. 선태식물의 배우체는 녹색의 "잎 모양" 부위이며, 여기에서 배우자를 생성한다. 선태식물의 배우체는 전적으로 물에 의존하여 생식한다. 편모를 가진 정자는 수막에서 헤엄쳐 난자에 도달한다. 정자와 난자가 수정된 후, 접합자는 배가 되어 포자체로 발달하게 된다. 포자체는 광합성을 하는 배우체에 부착되어 영양분을 얻는다. 포자체는 **포자낭**(*sporangium*)이라고 하는 구조에서 포자를 생성한다. 포자는 공기 중으로 방출되어 바람을 타고 분산되는데, 이것은 육상 환경에 적응한 방식들 중의 하나이다. 포자는 습한 환경에 떨어지면 발아할 것이다. 발아하면, 수배우체와 암배우체로 발달한다.

이끼류를 지칭하는 통칭에는 이끼류가 아닌 것도 포함되어 있다. 아일랜드이끼(Irish moss)는 미국 북부 해변가를 따라 깃털같이 자라는 식용 홍조류이다. 지의류인 순록이끼(reindeer moss)는 북부 지역에서 순록의 주요 먹이이다. 이 장의 뒷부분에서 설명할 석송(club moss)은 관다발식물이며, 미 대륙 남동부와 중앙아메리카에서 서식하는 나무에 매달려 있는 회색 송이인 스페인이끼(Spanish moss)는 파인애플과의 현화식물이다.

선태식물의 적응과 이용

관다발조직이 없고 정자가 헤엄쳐야 하기 때문에 선태식물은 대개 키가 작다. 그래도 이끼류는 남극에서 열대지방을 거쳐 북극의 일부 지역까지 발견될 수 있다. 대부분의 이끼류는 온대지역의 습하고 그늘진 지역을 선호하지만, 사막에서도 생존하고 습지와 강에서도 서식한다. 이들은 숲속에서 종종 땅이나 통나무를 덮고 있는 담요 형태를 형성한다. 건조한 환경에서는 시들고 갈색을 띠어 죽은 것처럼 보이기도 한다. 그러나 비가 오면 바로 초록색을 띠고 대사활동을 재개한다. 이끼류는 현화식물에 비해 돌벽, 담, 햇볕에 노출된 바위의 그늘진 틈에서 더 잘 자란다. 선태식물이 바위에 서식하면, 바위는 선태식물 자신과 다른 생명체의 생육에 이용될 수 있는 토양으로 분해된다.

땅이 젖고 산성인 습지와 같은 지역에서는 죽은 이끼, 특히 물이끼속(*Sphagnum*)의 이끼들은 썩지 않는다. 이렇게 쌓인 이끼를 초탄(peat moss 또는 bog moss)이라고 하며 연료로 사용할 수 있다. 초탄은 또한 다른 면에서 상업적으로 중요하다. 죽은 세포가 수분을 흡수할 수 있기 때문에 정원에서 토양의 수분 함유력을 증진시키는 용도로 사용된다. 또한 물이끼는 살균력이 있어서 제1차 세계대전 중에 붕대 대용으로도 사용하였다.

관다발식물

앞으로 살펴볼 나머지 식물은 모두 관다발식물(vascular plant)이다. **관다발조직(vascular tissue)**은 물과 미네랄을 뿌리에서 위쪽으로 수송하는 **물관부(xylem)**와 자당과 같은 유기용질을 식물체 내에서 수송하는 **체관부(phloem)**로 구성되어 있다. 물관부에서 통도세포의 벽은 리그닌(lignin)으로 강화되어 있어 줄기를 더 강하게 만들고 방수성을 높이며, 또한 기생체나 포식자로부터 보호한다. 식물이 큰 키로 자랄 수 있는 것은 오직 튼튼한 세포벽이 있기 때문이다.

관다발식물은 진정한 뿌리, 줄기, 잎을 가지고 있다. 뿌리는 토양에서 물을 흡수하고 줄기는 물을 잎까지 수송한다. 잎은 기공을 제외하고는 큐티클로 싸여 있다. 기공은 기체교환이 일어나는 작은 구멍이며, 수분 손실을 조절하도록 개폐가 된다.

비종자 관다발식물

어떤 관다발식물(예를 들면, 석송류와 양치류)은 비종자식물이며, 다른 두 그룹(겉씨식물과 속씨식물)은 종자식물이다. 비종자 관다발식물에서 우세한 포자체는 바람에 날리는 포자를 생산하고, 독립적인 배우체는 편모가 있는 정자를 생산하는데, 이 정자는 난자까지 헤엄쳐 가기 위하여 외부의 수분이 필요하다(그림 18.8 참조).

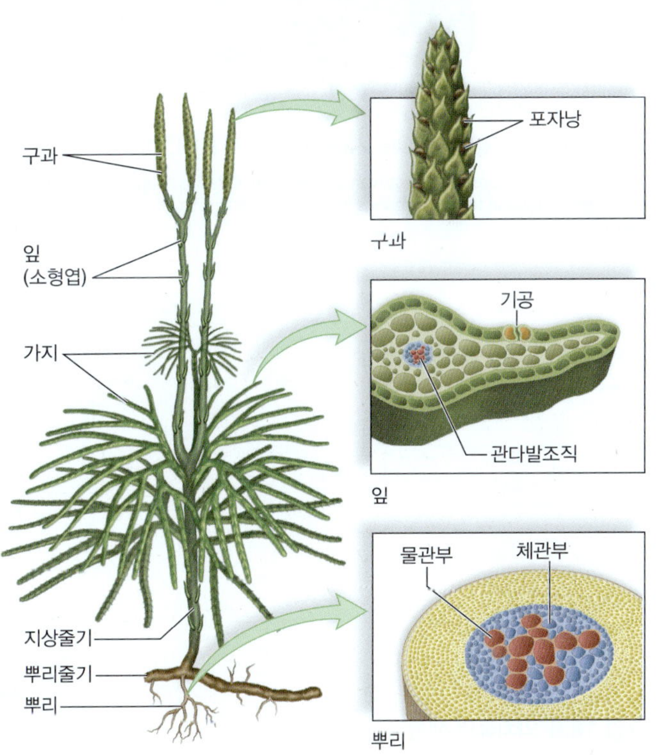

그림 18.6 석송류의 한 유형인 석송속(*Lycopodium*). 석송속(*Lycopodium*)과 같은 석송류는 관다발조직이 있으며, 따라서 진정한 뿌리, 줄기, 잎을 가지고 있다. 오른쪽 위, 석송속(*Lycopodium*)의 포자체에서 원뿔형의 구과가 발달하며, 이곳에 포자낭이 있다. 왼쪽 아래, 석송속(*Lycopodium*)에서는 뿌리줄기가 발달한다. 뿌리줄기는 땅속의 줄기이다. 이 뿌리줄기를 따라 뿌리가 만들어진다.

석송류

클럽 이끼(*club moss*)로도 불리는 **석송류(lycophytes)**는 관다발조직을 가진 최초의 육상식물들 중의 하나이다. 진정한 이끼류(선태식물)와 달리, 석송류는 뿌리, 줄기, 잎에 관다발조직이 잘 발달되어 있다(그림 18.6). 일반적으로 뿌리줄기(rhizome)라

그림 18.7 다양한 양치류.

모든 양치류는 번식을 위해 씨앗을 사용하지 않는 관다발식물이다.

(leatherleaf fern): ©Gregory Preest/Alamy; (tree fern): ©Radius Images/Alamy; (hart's tongue fern): ©Organics image library/Alamy Stock Photo

고 하는 다육질의 땅속 수평줄기에서 지상줄기가 자라난다. 조밀한 비늘 모양의 잎이 줄기와 가지를 덮고 있어서 이끼처럼 보인다. 소형엽(microphylls)이라고 불리는 작은 잎에는 물관부와 체관부로 구성된 단일 잎맥이 있다. 포자낭은 구과(strobilus)라고 불리는 잎의 정단 집합체에 달려 있으며, 곤봉처럼 보인다. 포자는 석송자 또는 식물성 유황으로 판매되는데, 약재로 사용되거나 또는 불이 잘 붙기 때문에 불꽃놀이에 사용된다. 그림 18.6에서 설명한 석송속(*Lycopodium*)은 온대의 습한 삼림에 흔하게 존재하며 땅소나무(ground pine)라고 부른다. 이들은 또한 열대와 아열대에도 풍부하다.

양치류

양치류(ferns)는 널리 퍼져 있는 매혹적인 식물이다. 석송류와 달리, 양치류는 가지가 있고 잎맥이 있는 대형엽(*megaphylls*)을 가지고 있다. 대형엽은 면적이 넓어 광합성에 필요한 햇빛을 모으기 좋으며, 잎맥이 있어 물과 미네랄을 잎 조직에 전달한다. 대형엽을 가진 양치류와 다른 육상식물은 소형엽을 가진 식물보다 더 많은 영양분을 생산하여 더 효과적으로 생장 및 생식을 할 수 있다. 양치류의 대형엽을 엽상체(*fronds*)라고 부른다. 루모라고사리(leatherleaf fern)의 엽상체는 넓은 모양이고 소엽(leaflet)으로 갈라져 있다. 나무고사리(tree fern)의 엽상체는 1.4 m나 되며, 우뚝 서 있다. 골고사리(hart's tongue fern)의 엽상체는 가죽 끈과 비슷하다(그림 18.7). 포자낭은 엽상체의 아랫면에 포자낭군(*sori*, 단수 sorus)이라고 불리는 무리로 존재한다.

전형적인 온대 양치류의 생활주기는 그림 18.8에 나와 있다. 우세한 포자체는 바람에 날리는 포자를 생성한다. 포자가 발아하면, 포자체에서 분리된 작은 녹색 배

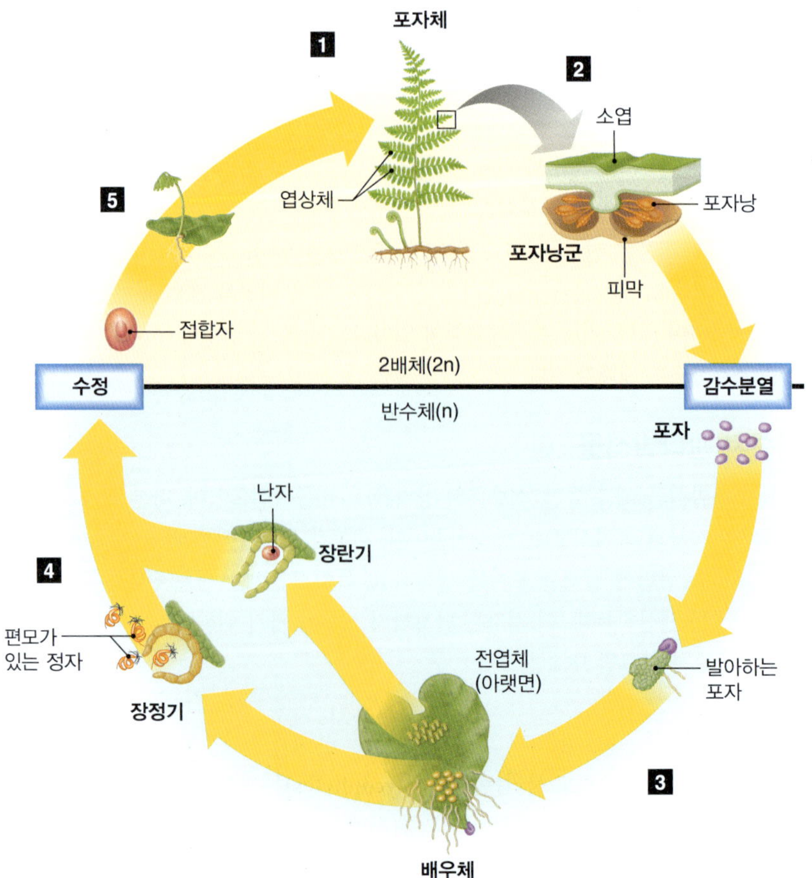

그림 18.8 양치류의 생활주기.

1. 양치류에서는 포자체가 우세하다. **2.** 이 양치류의 포자낭군은 소엽의 아랫면에 있다. 각 포자낭군은 포막으로 보호되며 감수분열을 통해 포자를 형성하고 방출하는 포자낭이 있다. **3.** 포자가 발아하여 전엽체(배우체)로 되는데, 아랫면에 장정기(정자 생산)와 장란기(난자 생산) 구조가 있다. **4.** 편모를 가진 정자가 난자까지 헤엄쳐야 하기 때문에 수분이 있어야 수정이 일어난다. **5.** 접합자가 장란기 안에서 발달하여 결국 어린 포자체가 된다. 어린 포자체가 발달하면서 엽상체가 나타난다.

우체로 발달한다. 배우체는 관다발조직이 없기 때문에 물에 의존적이다. 또한 장정기(antheridia, 수컷 배우체) 내에서 생산된 편모가 달린 정자는 장란기(archegonia, 암컷 배우체) 내의 난자로 헤엄치기 위해 수분의 외부 공급원을 필요로 한다. 수정 시, 접합자는 포자체로 발달한다. 거의 모든 양치류에서 포자체의 잎은 먼저 바이올린 머리라고 불리는 웅크린 형태로 나타나며, 생장하면서 펼쳐진다.

양치류의 적응과 이용 대부분의 양치류는 관다발조직이 없는 수분 의존성 배우체가 포자체와 분리되어 있기 때문에 습한 환경에서 찾아볼 수 있다. 또한 편모가 있는 정자는 외부에 수분이 있어야 난자에게 헤엄쳐 갈 수 있다. 고사리(bracken fern)와 같은 몇몇 양치류는 일단 자리를 잡으면 뿌리줄기가 토양에서 수평으로 자라면서 새로운 식물을 생산하기 때문에 건조한 지역으로 퍼져 나갈 수 있다.

연관

쇠뜨기 식이 보조제는 무엇인가?

쇠뜨기는 고사리와 관계가 깊은 속새류속(*Equisetum*)에 속한다. 폐결핵과 궤양 등의 질병을 치료하기 위해 쇠뜨기 보조제를 사용한 기록은 고대 로마시대로 거슬러 올라간다. 어떤 사람은 쇠뜨기 보조제가 골다공증을 예방한다고 주장하지만(쇠뜨기가 실리콘염을 함유하고 있기 때문에), 이 보조제 사용의 장기적 효과에 대한 연구는 거의 없다. 이유는 알려지지 않았지만 쇠뜨기는 체내에서 일부 비타민 B군을 감소시키며, 다른 약재나 보조제와 상호작용하기도 한다. 새로운 식이 보조제를 섭취하기 전에 항상 의사와 상담해야 한다.

©McGraw-Hill Education

양치류는 경제적 가치가 없어 보였지만 이제는 가정과 정원에서 장식용으로 많이 사용된다. 열대 나무고사리의 목재는 썩지 않고 개미에 저항성을 가지고 있기 때문에 건축 재료로 사용된다. 청나래고사리(ostrich fern) 등은 식용으로 사용하며, 북미 레스토랑에서는 특별한 요리로 돌돌 말린 어린 잎(처음 나온 잎)을 사용한다. 또한 의학적인 가치도 있다. 많은 아메리카 원주민은 출산 중에 지혈을 하는 수렴제로 사용한다. 또한 공작고사리(maidenhair fern)는 감기약으로 사용된다.

식물과 석탄

지금까지 설명한 양치류와 비종자 관다발식물은 석탄기에는 나무만큼 크고 풍부하였다. 당시에는 현재의 북유럽에서 우크라이나, 미국 아팔란치아 산맥에 이르는 지역이 거대한 습지 삼림을 이루고 있었다(**그림 18.9**). 이들 식물은 대부분 죽었지만 완전하게 분해되지 않았다. 대신에 오늘날 채굴하는 석탄이 형성되었다. 그러므로 비종자 관다발식물을 종종 석탄기(*Coal Age*) 식물이라고 한다. (석유도 비슷한 기원을 가지지만, 주로 해양 퇴적암에서 형성되며 동물 사체를 포함한다.)

그림 18.9 석탄기.
석탄기의 습지삼림에서 자라는 식물로는 나무와 비슷한 석송류(*왼쪽*)와 속새류(*오른쪽*), 그리고 고사리와 비슷한 무성한 잎(아래 *왼쪽*) 등이 있다. 나무가 쓰러진 후, 물에 잠겨 완전히 분해되지 않았다. 침전물이 바위가 되고, 이 압력에 의해 유기물질이 석탄으로 된다. 이 화석 연료는 현대 공업화 사회의 동력이다.
©DeAgostini/Getty Images

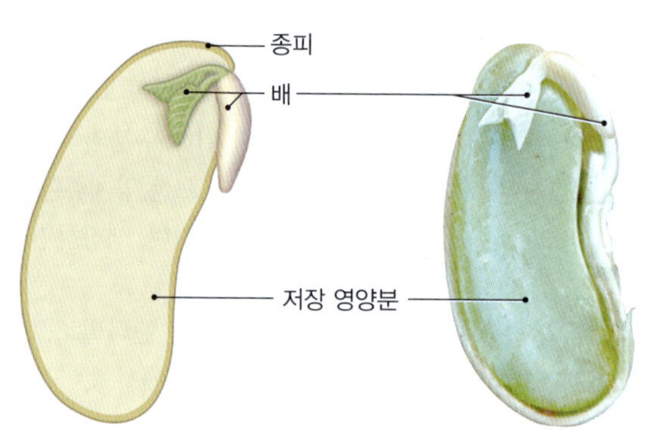

그림 18.10 종자의 구조. 콩 종자의 단면도에서 종피, 배, 저장 영양분을 볼 수 있다.
©David Moyer

종자식물

종자식물은 현재 생물권에서 가장 번성한 육상식물이다. 대부분의 나무는 종자식물이다. 그림 18.10은 종자식물의 주요 부위를 나타낸다. 종피와 저장 영양분은 포자체 배를 보호하고 생장에 적합한 환경 조건이 갖추어질 때까지 휴면기 동안에 거친 환경에서 살아남을 수 있도록 한다. 종자는 몇백 년 동안이나 휴면상태를 유지할 수 있다. 종자가 발아하면, 저장 영양분은 생장하는 묘목의 영양소 공급원이다. 종자식물은 이러한 진화적 적응으로 인해 성공을 거두게 되었다. 실제로 지구의 식물 종은 대부분 종자식물이다.

종자식물은 두 가지 유형의 포자를 가지고 있으며, 각각 미세한 암배우체와 수배우체를 생산한다(그림 18.11). 수배우체는 **화분립(pollen grain)**이며 정자를 생산한다. 암배우체는 **배주(ovule)**이며 난자를 가지고 있다. 화분립이 암배우체의 생식구조에 내려앉으면 **수분(pollination)**이 이루어진다. 화분립에서 화분관이 자라나고, 이 관을 따라 정자가 난자를 향하여 이동한다. 이것은 육상환경에 대한 중요한 적응이다. 왜냐하면 물이 없어도 정자가 난자를 향해 이동할 수 있기 때문이다. 정자가 난자에 도달하면 **수정(fertilization)**이 일어나 2배체 접합자가 형성된다. 접합자는 궁극적으로 배로 되고 배주는 종자로 된다. 종자가 발아하면 배가 새로운 포자체 세대로 된다. 겉씨식물의 종자는 솔방울의 홈 사이에 "노출되어" 있다. 속씨식물의 종자는 열매의 내부에 "감싸여" 있다.

겉씨식물

겉씨식물(gymnosperm)이라는 용어는 "노출된 종자"라는 의미이다. 겉씨식물에서는 배주와 종자가 솔방울 비늘(변이된 잎)의 표면에 노출되어 있다. 소철류와 같은 고대 겉씨식물은 석탄기 시대의 습지에서 살았다(그림 18.12). 송백류는 우세한 식물그룹이 된 겉씨식물이다.

그림 18.11 종자의 생산.
a. 배우체의 발생은 소포자(수) 및 거대포자(암) 모세포들에서 시작된다. **b.** 감수분열 동안에 반수체의 거대포자와 소포자가 생성된다. 수분과정에서 화분립이 배주의 근처로 운반된다. **c.** 화분립이 발아하고 무편모 정자가 화분관을 따라 암배우체에서 생성된 난자로 이동한다. **d.** 수정이 일어난 후, 접합자는 배가 되고 배주 안에 있는 조직은 저장 영양분이 되며, 배주의 벽은 종피가 된다.

송백류

소나무, 가문비나무, 전나무, 삼나무, 솔송나무, 미국삼나무, 편백나무 등은 **송백류(conifers)**이다(그림 18.13). 송백류(*conifer*)라는 이름은 **솔방울(cones)**이 있는 나무를 의미하지만, 다른 종류의 겉씨식물도 역시 솔방울을 가지고 있다. 해안 미국삼나무는 캘리포니아주의 북서부 지역과 오리건주의 남서부 지역이 원산지인 송백류인데, 거의 100 m나 되는 가장 키가 큰 살아 있는 관다발식물이다. 또 다른 송백류인 캘리포니아 화이트 마운틴의 브리슬콘 소나무는 가장 오래된 살아 있는 나무이다. 살아 있는 표본 하나는 4,500년 이상 살고 있고, 어떤 브리슬콘 소나무는 4,900년을 살았다는 증거가 있다.

소나무의 적응과 이용 소나무는 건조한 환경에 잘 적응한다. 예를 들어, 온대지역에서는 상록침엽수가 숲을 이루고 있다. 질기고 바늘 모양을 한 잎에는 두꺼운 큐티클이 있고 기공이 속에 숨어 있기 때문에 수분을 함유할 수 있다. 이러한 유형의 잎은 표토가 얼어붙어 뿌리에서 물을 충분히 흡수하기 어려운 지역에서도 생존할 수 있도록 한다.

송진은 곤충이나 진균의 공격으로부터 잎과 소나무의 다른 부분을 보호한다. 특정 소나무가 분비하는 송진은 상업용으로 쓰인다. 이 송진의 액체성분은 테레빈이라고 부르며 페인트 희석제로 사용하고, 고체성분은 현악기에 사용한다. 소나무의 목

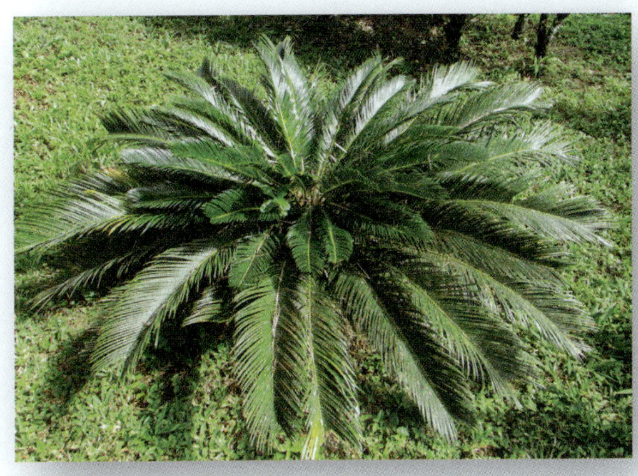

그림 18.12 소철류.
소철류는 느리게 자라기 때문에 오늘날 멸종 위협을 받고 있는 오래된 겉씨식물이다. 열대성 기후에서 자라는 전형적인 경관식물이다.
©McGraw-Hill Education/David Cox, photographer

그림 18.13 송백류.
a. 가장 일반적인 송백류는 소나무이다. 화분솔방울(수컷)은 종자솔방울(암컷)보다 작고 화분을 대량 생산한다. 화분솔방울은 100만 개 이상의 화분립을 생산한다. 다른 송백류로는 아름다운 크리스마스 나무인 전나무(**b**)와 과육이 있는 종자솔방울을 가진 노간주나무(**c**) 등이 있다.
(a): (forest): ©Steven P. Lynch; (pollen cones): ©Maria Mosolova/Photolibrary/Getty Images; (seed cones): ©Steven P. Lynch; (b):©Borut Trdina/Getty Images; (c): (tree): ©Holcy/iStock/Getty Images; (juniper berries): ©Evelyn Jo Johnson

a.

b.

c.

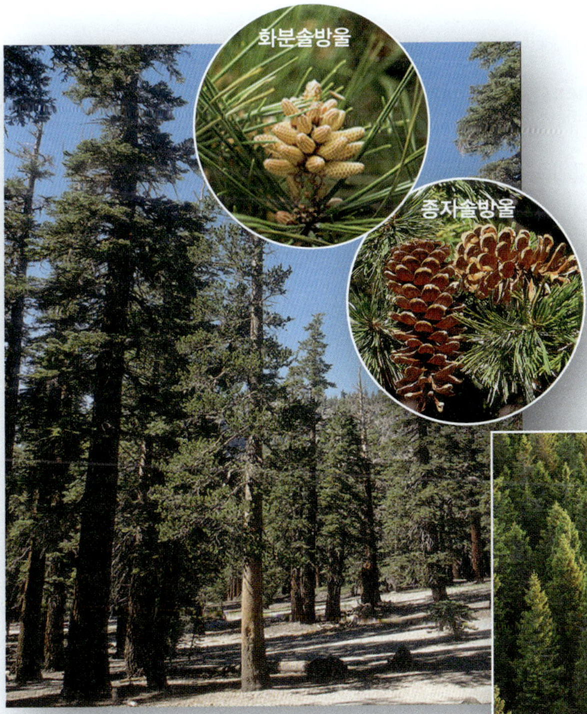

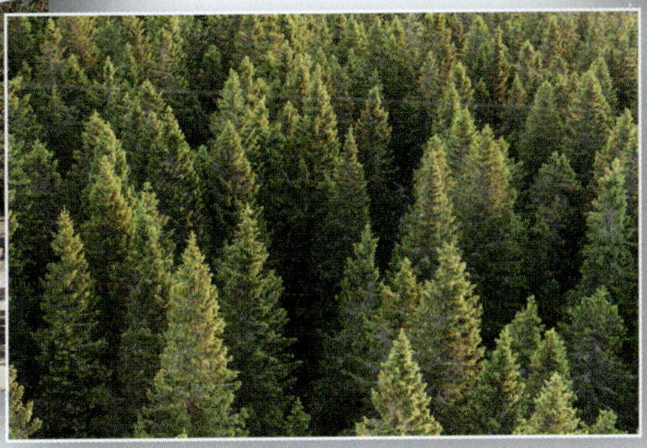

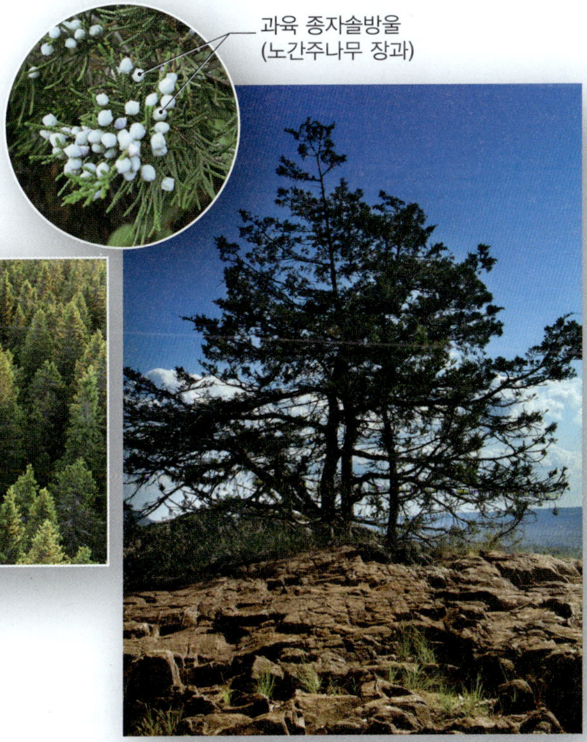

그림 18.14 암브렐라 트리코포다(*Amborella trichopoda*).
분자생물학 자료를 분석한 결과, 이 식물이 최초의 현화식물과 가장 유연관계가 가까운 것으로 추정된다.

재는 건설자재로 널리 사용된다. 목재를 주로 구성하는 물관부 조직에는 현화식물에서 볼 수 있는 단단한 일부 세포 유형이 없다. 그래서 "경재"가 아니라 "연재"로 간주된다.

속씨식물

속씨식물(angiosperms; "감싸여 있는 종자"를 의미함)은 매우 큰 성공한 육상식물 집단으로 약 27만 종이 알려져 있는데, 다른 식물 그룹 모두를 합한 수보다 6배나 더 많다. 속씨식물은 현화식물(꽃이 드러나 보이는 식물)이라고도 부르며, 담수에서 사막, 추운 북극에서 더운 열대에 이르는 모든 서식지에서 살아간다. 크기는 아주 작은 개구리밥에서 35 m가 넘는 유칼리나무까지 다양하다. 대부분의 정원수는 꽃을 피우며, 따라서 속씨식물이다. 추운 기후에서 낙엽이 지는 나무는 현화식물이다. 아열대와 열대 기후에서는 현화식물은 겉씨식물과 함께 1년 내내 잎이 지지 않는다.

최초의 속씨식물 화석기록은 1억 3,500만 년도 되지 않지만, 속씨식물은 그 전에 발생하였을 것이다. 간접적인 증거에 따르면 속씨식물의 조상은 1억 6,000만 년 전에 기원한 것으로 추정된다. 속씨식물의 기원을 밝히기 위하여 식물학자들은 DNA 비교를 통해 최초의 속씨식물과 가장 가까운 현존하는 속씨식물을 찾으려 노력하였다. 그 결과 암보렐라 트리코포다(*Amborella trichopoda*)가 오늘날의 속씨식물들 중에서 가장 오랜 혈통을 가진 것으로 보인다(**그림 18.14**). 작은 미황색 꽃을 피우는 이 작은 관목은 오직 남태평양의 뉴칼레도니아 섬에서만 서식하고 있다.

꽃

대부분의 꽃은 서로 외형이 다르더라도 공통적인 특정 부분이 있다. **꽃받침(sepals)**, **꽃잎(petals)**, **수술(stamens)**, **심피(carpels)**라고 불리는 꽃 부분이 윤생(원형)을 이루고 있다(**그림 18.15**). 꽃받침은 집합적으로 **악부(calyx)**라고도 하며, 꽃눈이 피기 전에 이를 보호한다. 꽃받침은 떨어지거나 꽃잎처럼 채색되기도 한다. 그러나 꽃받침은 대개 초록색이며 제자리에 남아 있다. 꽃잎은 집합적으로 **화관(corolla**, 꽃부리)이라고 불리며, 크기, 모양, 색채 등이 매우 다양하다. 꽃잎은 특정 수분매개자를 유인한다. 각각의 수술은 **수술대(filament)**라고 불리는 자루와 **꽃밥(anther)**으로 구성되어 있다. 꽃밥에서는 화분낭에서 화분이 생성된다. 대부분의 꽃에서 수술은 바람이나 수분매개자에 의해 멀리 옮겨질 수 있는 위치에 있다. 한 개 이상의 심피가 꽃의 중앙에 있다. 심피는 씨방, 암술대, 암술머리의 세 부위로 구성된다. 부풀어 있는 밑 부분은 **씨방(ovary)**이며, 1개에서 수백 개에 이르는 배주(ovule)를 함유하고 있다. **암술대(style)**는 **암술머리(stigma)**가 높이 올라가도록 하며, 암술머리는 끈끈하거나 화분립을 받아들일 수 있도록 적응되어 있다. 씨방에 있는 샘에서는 영양분인 과즙을 생산하며, 수분매개자가 여러 꽃을 오가며 이것을 수집하여 영양분으로 삼는다.

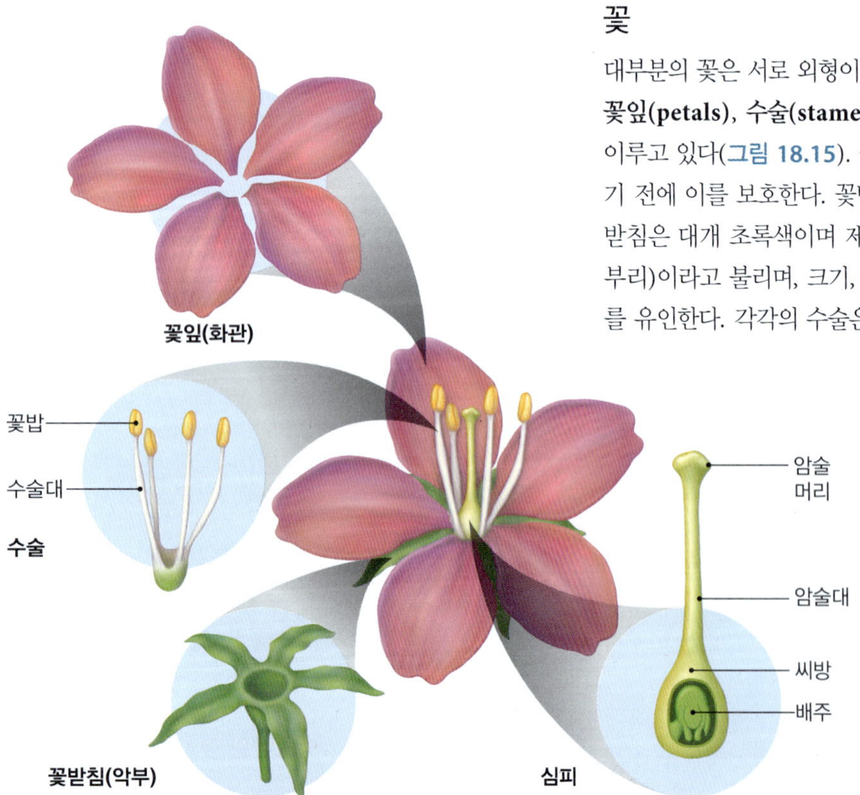

그림 18.15 일반적인 꽃.
꽃은 꽃받침, 꽃잎, 수술, 심피의 네 부분으로 구성되어 있다. 수술은 꽃밥과 수술대로 구성되어 있다. 심피는 암술머리, 암술대, 씨방으로 구성되어 있다. 씨방에는 배주가 있다.

현화식물의 생활주기

속씨식물의 꽃은 열매로 감싸인 종자를 생산한다. 심피의 씨방 안에 여러 개의 배주가 있으며, 각 배주는 배낭이라고 하는 난자를 생산하는 암배우체를 가지고 있다. 수분이 일어나는 동안에 화분립이 다양한 수단에 의해 수술의 꽃밥에서 심피의 암술머리로 전달되고, 이곳에서 발아된다. **화분관(pollen tube)**은 정자 2개를 배주의 작은 구멍으로 전달한다. **중복수정(double fertilization)**이 일어나는 동안에, 1개의 정자는 난자의 핵과 합쳐져서 2배체(2n)인 접합자를 형성하고, 나머지 정자는 2개의 극핵과 합쳐져서 3배체(3n)인 **배젖(endosperm)**을 형성한다(그림 18.16). 속씨식물에서 배젖은 저장 영양분이다.

궁극적으로 배주는 포자체 배를 함유하고 있는 종자가 된다. 배젖은 일부 종자에서는 **자엽(cotyledons)**이라고 부르는 종자의 잎에 흡수되며, 어떤 종자에서는 종자가 발아될 때에 소화된다. 땅콩의 경우에 2개의 반쪽이 자엽이며, 자세히 보면 자엽 사이에 배가 있다. **열매(fruit)**는 씨방에서 유래한 것이며, 꽃의 부속기관이다. 사과와 같은 열매는 과육으로 종자를 감싸고 있으며, 콩 꼬투리나 땅콩 껍질 등의 열매는 건조한 덮개로 종자를 감싸고 있다.

그림 18.16 현화식물의 생활주기.
현화식물은 중복수정을 하여 2배체인 접합자와 3배체인 배젖을 생산한다.

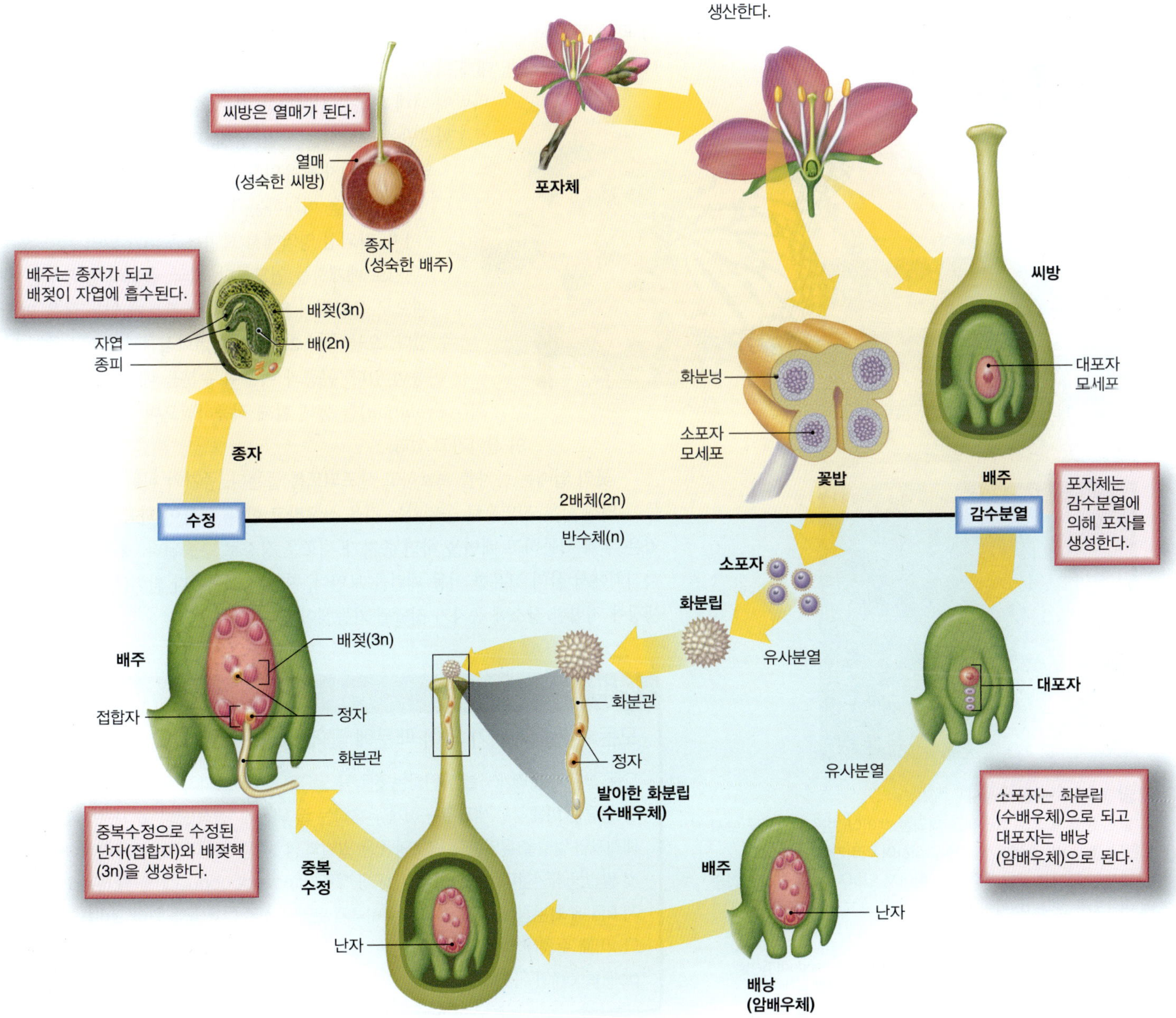

> **연관**
>
> **식충식물은 먹이로 삼으려고 곤충을 포획하는 것일까?**
>
> 끈끈이주걱과 같은 식충식물을 포함한 모든 식물은 광합성을 통하여 에너지를 획득하는 독립영양생물이다. 그러나 미네랄이 부족한 토양에서 사는 식물은 곤충이나 작은 양서류를 포획할 수 있도록 진화되었다. 이들 식물의 목적은 먹이에서 에너지를 얻는 것이 아니라, 토양에 부족한 미네랄이나 영양분(흔히 질소)을 얻는 것이다. 현재 600종이 넘는 식충식물이 알려져 있다.

속씨식물의 적응과 이용

속씨식물이 유성생식을 성공적으로 완수하기 위해 화분과 종자를 퍼뜨리는 다양한 수단들이 만들어졌다. 적응의 결과로 화분과 종자의 다양한 산포 수단이 만들어졌다. 바람을 매개로 하는 풍매화는 대개 화려하지 않지만, 곤충이나 새를 매개로 수분이 되는 꽃은 색상이 화려하다(**그림 18.17*a~c***). 밤에 피는 꽃은 야행성 포유동물이나 곤충을 유인하며, 대개 향을 풍기고 희거나 밝은색 계열이다(**그림 18.17*d***). 일부 바람에 의해 화분을 산포하는 경우도 있지만, 대부분은 특정한 화분만을 전달하는 꿀벌, 말벌, 파리, 나비, 나방, 박쥐 등의 수분매개자를 유인하도록 적응되었다. 예를 들면, 꿀벌이 수분을 매개하는 꽃은 대개 파란색 또는 노란색이며, 자외선 영역에서 보이는 무늬가 있어 꿀이 있는 위치로 매개자를 인도한다. 결국, 꿀벌의 입 부위는 긴 관으로 융합되어 있어 꽃의 밑 부분에 있는 꿀을 먹을 수 있다. 오늘날 약 27만 종의 현화식물과 100만 종이 넘는 곤충이 있다. 곤충과 이들이 수분을 매개하는 꽃은 공진화(*coevolution*)를 통해 함께 적응하였으며, 서로에게 의존하여 살아가고 있다.

꽃의 열매는 종자를 보호하고 산포되도록 돕는다. 종자가 바람, 중력, 물, 동물 등에 의해 다른 지역으로 옮겨가는 것을 산포라고 한다. 동물이 과육이 있는 열매를 먹은 후에 이동하고 배변을 하면 종자가 새로운 장소로 수송된다. 동물마다 특정한 서식처에서 살며 고유한 이동 패턴을 보인다. 따라서 식물마다 발아(생장의 개시)와 생장에 적합한 장소에 종자가 전달될 가능성이 높다.

a.

b.

c.

d.

그림 18.17 수분매개자.
a. 벌-수분매개 꽃은 빨간색을 제외한 색이다(벌은 빨간색을 보지 못한다). **b.** 나비-수분매개 꽃은 넓적하여 나비가 앉을 수 있다. **c.** 벌새-수분매개 꽃은 뒤쪽으로 휘어져 있어서 새의 부리가 과즙에 이르도록 한다. **d.** 박쥐-수분매개 꽃은 크고 단단하며 거칠게 다루어도 견딜 수 있다.

> **연관**
>
> **모든 수분매개자가 먹이 때문에 꽃에 끌리는 것일까?**
>
> 모든 꽃은 수분매개자를 유인하는 전략을 필요로 한다. 오피리스(*Orphyrys*) 난초의 한 종류는 아름다운 색과 달콤하게 유혹하는 꿀 대신에 "성적 모방"을 사용하여 수분매개자인 말벌을 유인한다. 난초의 꽃은 말벌의 암컷처럼 보이며 페로몬을 분비하여 수컷 말벌을 유인한다. 수컷이 이 "암컷"과 "가교미(pseudocopulation)"를 하는 과정에서 머리에 화분립이 붙게 된다. 뜻을 이루지 못한 수컷은 다른 꽃을 찾아 교미를 시도한다. 이때 수컷이 다음 꽃에 화분립을 옮기게 되어 난초가 의도한 타가수분(cross-pollination)이 이루어지게 된다.

식물의 경제적 혜택

식물에서 얻는 중요한 경제적 혜택들 중의 하나는 열매를 식량으로 이용하는 것이다. 식물학자는 일반인에 비해 "열매(*fruit*)"라는 용어를 광범위하게 사용한다. 사과를 열매로 인식하는 것은 아무 문제가 없을 것이다. 그러나 코코넛 역시 열매이며, 곡물(옥수수, 밀, 벼)과 콩이나 완두 등이 들어 있는 꼬투리도 열매이다(그림 18.18). 면화는 옷을 만드는 데에 사용하는 방직 섬유가 되는 종자 털이 있는 종자를 포함하는 열매인 목화 다래에서 얻는다.

다른 경제적인 혜택으로는 뿌리, 줄기, 잎에서 얻은 식품과 상업적인 생산품 등이 있다. 카사바와 고구마는 먹는 뿌리이며, 감자는 지하줄기인 괴경이다. 대부분의 가구나 종이는 나무의 목질로 만든다. 또한 식물이 생산하는 많은 화학물질들은 우리가 사용할 수 있는 모든 의약품 및 기타 다양한 유형의 제품들의 50%를 차지한다. 암 치료제인 택솔은 주목의 수피에서 생산된 것이다. 오늘날, 심지어 특정 관심 물질들을 생산하기 위해 식물을 생명공학기술로 조작하고 있다(12.2절 참조).

육상식물의 경제적 혜택은 간접적으로는 수분매개자에 의존하고 있다(그림 18.17 참조). 수분이 일어난 식물만 열매를 맺고 그들을 번식시킬 수 있다. 최근 몇 년 동안, 꿀벌과 다른 수분매개자들의 개체수가 전 세계적으로 감소하고 있는데, 이는 주로 기생 진드기 때문이기도 하지만 부분적으로는 살충제의 광범위한 사용 때문이다. 그 결과, 일부 식물은 수분매개자가 사라져서 멸종위기에 처해 있다. 우리는 현화식물에 크게 의존하고 있기 때문에 수분매개자를 보호하여야만 한다.

배주가 종자로 된다.

a.

b.

그림 18.18 완두 꽃과 완두 꼬투리의 발달.
식물은 꽃을 피우고 열매를 맺는다. a. 완두 꽃. b. 완두 꼬투리(열매)는 씨방에서 발달한다.

(b): ©blickwinkel/Kottmann/Alamy Stock Photo

식물의 생태학적 혜택

현화식물의 생태학적 혜택은 매우 중요하여 우리는 이들 없이는 존재할 수 없다. 식물은 스스로를 위해 식량을 생산하고, 생물권의 다른 모든 생명체들을 위해 직간접적으로 식량을 생산한다. 또한 세포호흡을 수행하는 모든 생명체들은 식물이 광합성과정에서 생산한 산소를 사용한다.

숲은 물 순환과 탄소 순환에 있어 중요하다. 특히, 토양에서 식물을 지지하는 뿌리는 물을 흡수하여 대기로 다시 보낸다. 나무를 비롯한 식물의 이러한 기능이 없다면, 빗물이 흘러넘쳐서 홍수가 날 것이다. 식물은 이산화탄소를 흡수하여 대기에 있는 이산화탄소의 양을 감소시킨다. 대기의 CO_2는 다른 기체들과 함께 지구 표면의 열을 간직하기 때문에 지구온난화를 초래한다. 열대우림을 태우면 대기에 CO_2가 추가되고, CO_2를 흡수할 나무가 제거되기 때문에 지구온난화에 있어 이중으로 위협이 된다. 일부 식물은 독성물질을 정화하는 데에 이용한다. 예를 들면, 포플러, 겨자나무, 뽕나무는 토양에서 납, 우라늄을 비롯한 여러 공해물질을 흡수한다.

개념 연결하기

식물은 수송조직의 유무에 따라 비관다발식물(이끼) 또는 관다발식물(석송류, 겉씨식물, 속씨식물)로 분류된다.

진도 점검하기 18.2

1. 비관다발식물과 관다발식물의 구조적 차이를 확인하시오.
2. 이끼류와 양치류의 차이점을 우세한 세대와 생리학적 측면에서 설명하시오.
3. 현화식물의 생활주기의 주요 단계를 요약하시오.
4. 속씨식물의 생활주기에 있어서 수분매개자의 중요성을 설명하시오.

18.3 진균

학습 목표

이 절을 학습한 후에는 다음 과제를 수행할 수 있어야 한다.

1. 진균의 일반적인 특성 서술하기.
2. 진균을 동물 및 식물과 비교하고 대조하기.
3. 진균의 생활주기 설명하기.
4. 진균의 경제적, 생태적 중요성 서술하기.
5. 진균성 질병의 예 제시하기.

진균계(kingdom Fungi)의 구성원들이 동물과 식물 중에 어느 것과 더 밀접한 관련이 있는지를 묻는 질문에 대부분의 사람들은 식물을 선택할 것이다. 그러나 **진균(fungi)**은 엽록체를 가지고 있지 않고, 광합성을 할 수 없기 때문에, 이 답은 옳지 않다. 또한 진균은 동물과 같은 **화학종속영양생물(chemoheterotrophs)**이지만 동물도 아니다. 동물은 먹이를 섭취하지만, 진균은 먹이 속으로 침투하여 주변 환경으로 소화효소를 분비한 후에 소화된 물질을 흡수한다. 또한 동물은 움직일 수 있지만, 진균은 운동성이 없고, 생활주기의 어느 단계에서도 편모가 나타나지 않는다. 진균의 생활주기는 동물 및 식물의 생활주기와 다르다. 진균은 무성생식과 유성생식 모두에서 바람에 날리는 포자를 생산한다.

표 18.1은 진균을 식물 및 동물과 비교한 것이다. 진균의 여러 독특한 특징들로 인해 비록 진균이 다세포 진핵생물이지만(단세포 효모 및 호상균류 제외), 그 어떤 다른 생명체 그룹들과도 밀접한 관련이 없다는 것을 알 수 있다. DNA 염기서열 자료를 통해 진균이 동물과 동일한 진핵생물 대그룹(Opisthokonts, 17.4절 참조)에 속하며 식물보다 동물과 더 밀접한 관련이 있다는 것을 알 수 있다. 동물과 마찬가지로 진균도 편모를 가진 원생생물의 후손으로 여겨진다.

연관

진균과 식물은 왜 자주 함께 학습하는가?

식물과 진균이 매우 다른 진화적 역사를 가지고 있다는 인식이 있기 전에, 진균학이라고 불리는 진균에 대한 연구는 식물을 연구하는 과학자들(식물학자들)에 의해 수행되었다. 초기 분류체계는 운동성이 없고 세포벽이 있으며 다른 유사한 특성을 공유했기 때문에 식물과 진균을 모두 같은 그룹에 배치했다. 또한 이 장의 첫머리에서 언급했듯이 식물과 진균의 진화는 매우 밀접하게 얽혀 있다. 증거에 따르면 식물과 진균은 거의 동시에 육지 환경으로 이동했으며 육지에서의 식물의 성공은 진균과의 관계 덕분이다.

진균의 일반적인 특징

진균의 주요 진화적 연관관계는 그림 18.19와 같다. 일반적인 진균의 구조에 대해 접합균류(zygospore fungi), 자낭균류(sac fungi), 담자균류(club fungi)에 초점을 맞춰 설명할 것이다.

전형적인 진균은 모든 부분이 얇은 필라멘트 형태의 세포인 **균사(hyphae**; 단

표 18.1 진균은 육상식물 및 동물과 어떻게 다른가?

특징	진균	육상식물	동물
영양	흡수에 의한 화학종속영양	광합성	섭취에 의한 화학종속영양
운동성	대부분 비운동성	비운동성	운동성
신체	균사체	특수화된 조직/기관	특수화된 조직/기관
성체의 염색체 수	반수체	반수체/2배체	2배체
세포벽	키틴으로 구성	셀룰로오스로 구성	없음
생식	대부분 포자/접합 균사	포자/배우자	배우자

수, hypha)로 이루어져 있다. 이 균사는 치밀하게 뭉쳐져서 버섯과 같은 복잡한 구조를 형성한다. 그러나 진균의 주요 신체는 버섯이나 말불버섯 또는 그물버섯이 아니다. 이들은 단지 일시적인 생식구조이다. 진균의 주요 신체는 **균사체(mycelium)**라고 부르는 균사 덩어리이다(그림 18.20). 균사체는 토양, 나무 또는 부패하기 쉬운 음식에 침투할 수 있다. 미시간주에서 발견된 토양 속의 균사체는 무려 154,000 km^2에 이르며, 지구에서 가장 큰 생명체로서 "거대한 진균(The Humongous Fungus)"이라는 이름을 얻었다.

진균 세포에는 세포벽이 있지만 식물의 세포벽과는 달리 셀룰로오스를 포함하고 있지 않다. 진균 세포의 세포벽은 다른 다당류로 구성되어 있는데, 이 다당류는 포도당 단량체에 아미노그룹이 포함되어 있으며(아미노 당), 키틴이라는 중합체를 형성한다. 이 중합체는 곤충 및 가재와 게 등의 절지동물 외골격의 주성분이기도 하다. 많은 유형의 진균은 격벽(*septum*, 단수 septum)에 의해 균사의 세포가 나뉘어져 있다. 격벽에는 구멍이 있어서 균사 세포 사이로 세포질이 통과할 수 있다. 균사로 인해 균사체의 표면적이 넓어져서 영양분을 쉽게 흡수할 수 있다. 균사는 말단부위가 자라나서 먹이원을 향해 뻗어나가며, 균사체의 균사가 영양분을 흡수하여 생장 중인 말단 쪽으로 영양분을 보내준다.

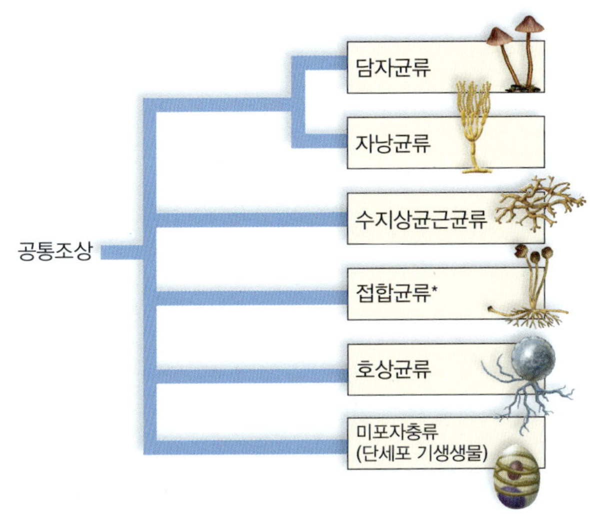

* 분자생물학적 자료들은 접합균류가 여러 진화적 기원을 가지고 있을 수 있다는 것을 보여준다.

그림 18.19 진균의 진화적 연관관계.
주요 진균 그룹의 진화적 연관관계는 주로 DNA 비교를 기반으로 한다. 수지상균근균류는 식물과 균근 관계를 이루는 종들로 구성되어 있다.

진균의 다양성

진균은 전통적으로 유성생식의 방식에 따라 분류된다. 진균의 주요그룹에는 미포자충류, 호상균류, 접합균류, 자낭균류, 담자균류 및 수지상균근균류[arbuscular mycorrhiza (AM) fungi]가 포함되어 있다.

그림 18.20 진균의 신체.
a. 이 진균 균사의 흰색 덩어리를 균사체라고 부른다. **b.** 하나의 균사체는 많은 가닥으로 이루어지며, 각 가닥을 균사라고 부른다.

미포자충류(Microsporidians)

단세포 미포자충류는 동물세포의 기생생물로 곤충에서 가장 흔히 볼 수 있지만 어류, 토끼 및 인간과 같은 척추동물에서도 발견된다. 생물학자들은 한때 이 진균이 원생생물의 오래된 계통이라고 믿었다. 그러나 이 유기체의 유전체 염기서열의 결정으로 원생생물보다는 진균과 더 밀접한 관련이 있는 것으로 밝혀졌다.

호상균류(Chytrids)

가장 원시적인 진균인 호상균류는 진균들 중에서 유일하게 운동성이 있다(그림 18.21). 호상균류의 포자와 배우자는 모두 편모가 있는데, 이 특징은 다른 진균의 경우에는 진화의 어느 단계에서 소실되었다. 호상균류의 일부는 단세포이지만, 격벽이 없는 균사를 형성하는 종류도 있다. 또 다른 특이함으로 호상균류를 구별할 수 있다: 이들의 몇몇은 녹색식물이나 일부 조류의 생활주기와 매우 유사한 세대교번을 행하는데, 이것은 진균에서는 매우 드문 것이다. 일부는 식물이나 동물에 기생하여 살기도 하지만, 대부분의 호상균류들은 물과 토양에서 서식한다.

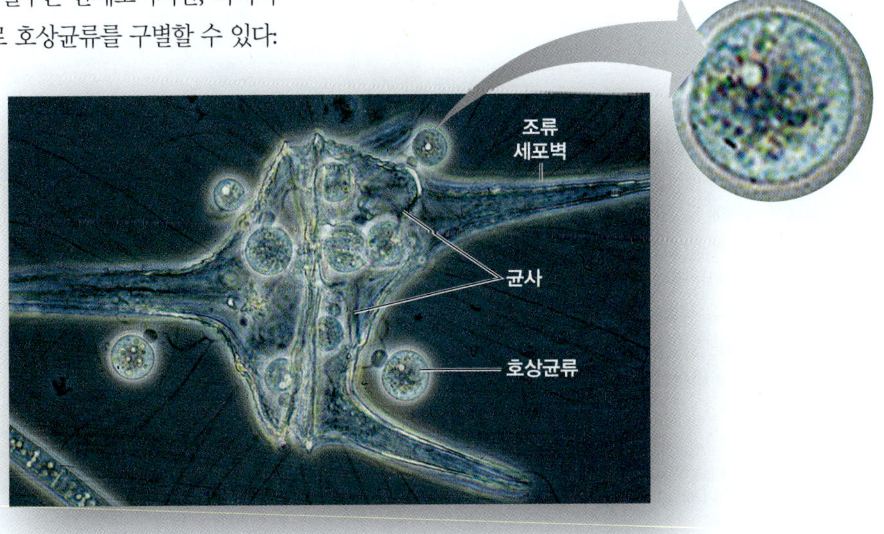

그림 18.21 호상균류.
호상균류인 키트리오마이세스 히알리누스(*Chytriomyces hyalinus*)가 조류 원생생물을 공격하고 있다.

접합균류(Zygospore Fungi)

다세포 생물은 특수화된 세포로 특징지어진다. 접합균류의 일종인 검은빵곰팡이는 진균의 균사가 다양한 목적으로 특수화될 수 있다는 것을 보여준다(**그림 18.22**). 이 곰팡이에서는, 수평균사는 빵의 표면에 존재한다; 다른 균사는 빵의 내부로 자라면서 균사체를 지지하고 소화를 수행한다; 일부는 포자낭(sporangium)을 가진 줄기를 형성한다.

그림 18.22의 중앙과 하단에서 두 가지 서로 다른 교배형의 균사체를 볼 수 있다. 무성생식 동안에 각 균사체는 포자를 만드는 포자낭을 생성한다. 포자는 환경 손상에 대해 저항성이 있으며, 종종 많은 수가 만들어진다. 진균의 포자는 바람에 날려 퍼지는데, 이 특징은 육상에 살고 있는 비운동성 생물체들의 아주 중요한 장점이기도 하다. 포자는 수분이 있는 환경을 접하게 되면 발생 단계를 거치지 않고 새로운 균사체로 발아한다.

진균에서의 유성생식은 다른 교배형(항상 +와 −로 표시함) 균사의 접합으로 일어난다. 검은빵곰팡이에서 +와 − 균사의 말단이 서로 결합하여 핵이 융합되고, 두

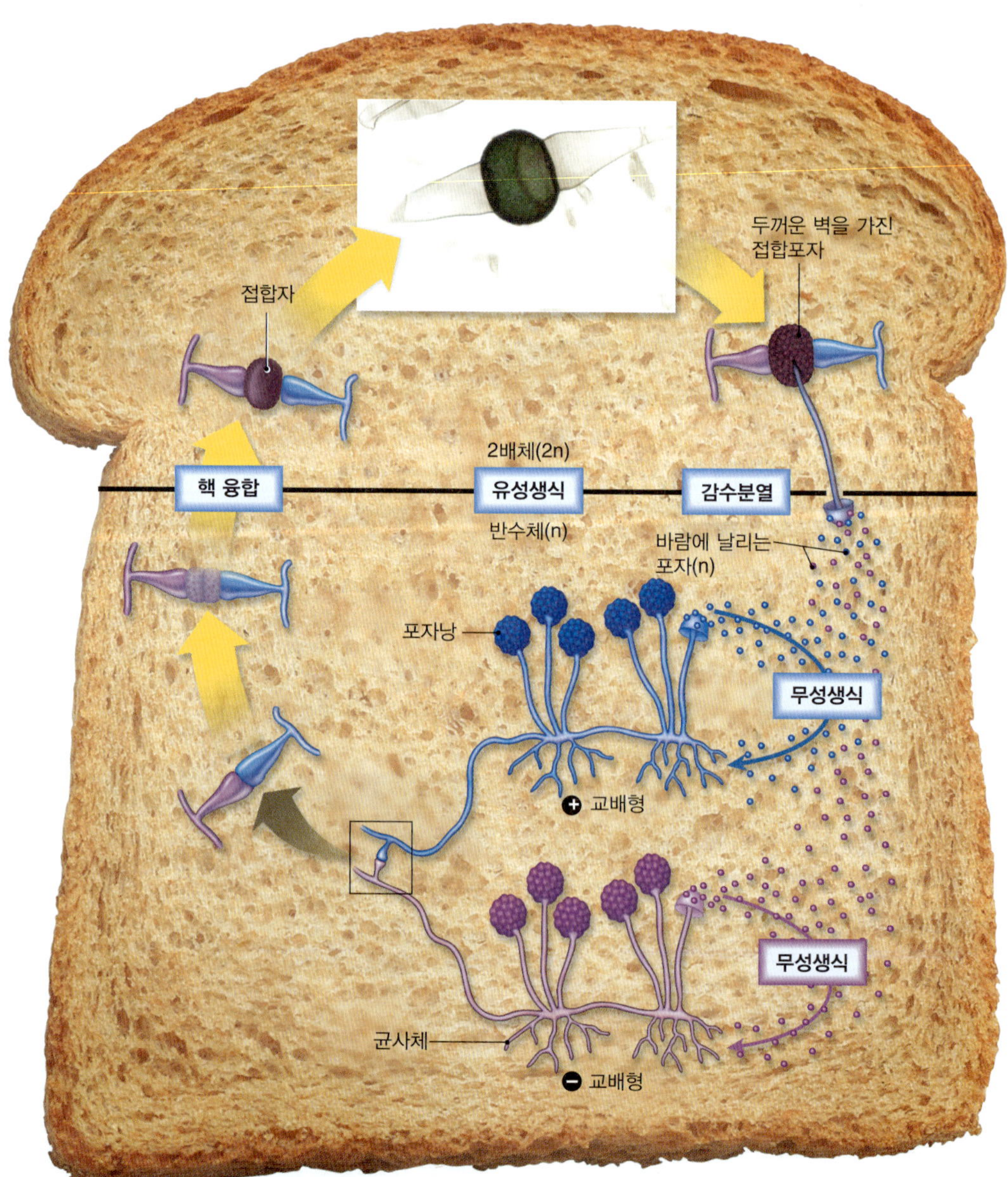

그림 18.22 **검은빵곰팡이의 생활주기.** 무성생식 동안에 포자낭은 무성포자를 생산한다. 유성생식 동안에 두 균사의 말단이 결합하며, 이때 두 개의 핵도 결합하여 접합자를 형성하는데, 이 접합자는 두꺼운 저항성 벽(접합포자)으로 발달한다. 적절한 자연환경이 되었을 때에 접합 포자는 발아하며, 포자낭 안에서 감수분열이 일어나 바람에 날리는 포자를 생산한다.

(bread): ©Jules Frazier/Getty Images; (black bread mold): ©John Hardy, University of Washington, Stevens Point Department of Biology

꺼운 벽을 가진 접합포자가 만들어진다. 접합포자는 발아하기 전에 일정한 기간 동안에 휴면상태를 거치면서 포자낭을 생산한다. 포자낭 안에서 감수분열이 일어난 후에 두 교배형의 포자가 생산된다. 공기의 흐름에 따라 퍼지는 포자는 새로운 균사체를 형성한다. 진균에서 접합자만이 2배체이고, 생활주기의 다른 단계에서는 반수체로 존재하며, 이것이 동물과 다른 점이다.

담자균류(Club Fungi)

버섯(*mushroom*)이라는 일반적인 용어는 자실체(*fruiting body*)라고 부르는 진균 신체의 한 부분을 표현하는 데에 사용된다. 대부분의 버섯은 담자균류에 속하며, 그물버섯(아래 참조) 등의 두세 종류만이 자낭균류에 속한다. 자실체의 기능은 포자를 생산하는 것이다(그림 18.23*a*). 버섯에서 +와 − 균사의 말단이 결합할 때, 반수체 핵은 즉시 결합하지 않는다. 대신에 소위 이핵(두 개의 핵) 균사가 줄기와 고깔로 구성된 버섯을 형성한다. 담자(*basidia*, 단수 basidium)라고 부르는 곤봉모양의 구조체가 고깔밑에 있는 주름으로부터 뻗어 나와 있다(그림 18.23*b*). 담자 안에서 핵의 결합과 감수분열이 일어난 후에 바람에 날리는 포자가 생산된다. 버섯의 각 고깔은 수만 개의 포자를 생산한다.

a. 유성생식

b. 담자균류의 자실체

그림 18.23 담자균류는 유성생식을 통해 버섯을 생산한다.

a. 담자균류에서 +와 − 균사 말단의 결합으로 버섯(자실체)을 형성하는 균사를 만들어낸다. 버섯의 주름에 붙어 있는 곤봉모양의 구조(담자)에서 핵이 결합하고, 감수분열이 일어나 포자가 생산된다. **b.** 담자균류의 일종인 흰양송이버섯.

(b): ©Mantonature/Getty Images

자낭균류(Sac Fungi)

알려진 모든 균류의 약 75%는 자낭균류로, 자낭과라고 불리는 특징적인 컵모양의 유성생식 구조에서 이름을 따왔다. 많은 자낭균류는 분생자(*conidia*, 단수 conidium)라고 불리는 무성포자의 사슬을 생산하여 번식한다. 주발버섯, 곰보버섯, 송로버섯에는 자낭과가 눈에 띈다(그림 18.24). 헤이즐넛과 떡갈나무의 지하 공생체인 송로버섯(truffle)은 미식가의 즐거움으로 높은 평가를 받고 있다. 돼지와 개는 숲에서 송로버섯의 냄새를 맡도록 훈련을 받지만 송로버섯은 묘목의 뿌리에서도 재배된다.

곰보버섯(그림 18.24*a*)은 독특하고 섬세한 맛 때문에 종종 요리사와 다른 애호가들에 의해 수집된다. 그러나 수집가들은 독성이 있을 수 있는 "가짜 곰보버섯"을 피하는 방법을 배워야 한다. 흥미롭게도 진짜 곰보버섯도 날것으로 먹어서는 안 된다. 부생생물로서 이 유기체는 나무나 잎을 소화할 수 있는 소화효소를 분비한다. 요리에 의해 비활성화되기 전에 섭취하면 이러한 효소가 소화문제를 일으킬 수 있다.

효모(그림 18.24*c*)는 아마도 더 잘 알려진 자낭균류들 중의 하나일 것이다. 효모(*yeast*)라는 용어는 일반적으로 단세포 진균류에 적용되며, 이러한 유기체들 중의 다수는 자낭균류이다. 양조효모인 사카로마이세스 세레비시아(*Saccharomyces cerevisiae*)는 발아효모를 대표한다. 효모에서 불평등한 분열이 발생하면 작은 세포가 떨어져 나가서 원래의 크기로 자란다. 무성생식은 식량의 공급이 부족할 때에 일어나며 포

그림 18.24 자낭균류의 종류.

a. 곰보버섯은 자낭균이다. **b.** 많은 자낭균류의 자낭과는 컵과 유사하다. **c.** 효모는 제빵 및 양조에 사용되는 자낭균이다.

(a): ©Robert Marien/Getty Images; (b): ©Carol Wolfe; (c): ©Science Photo Library/Getty Images

a. 곰보버섯

b. 주발버섯

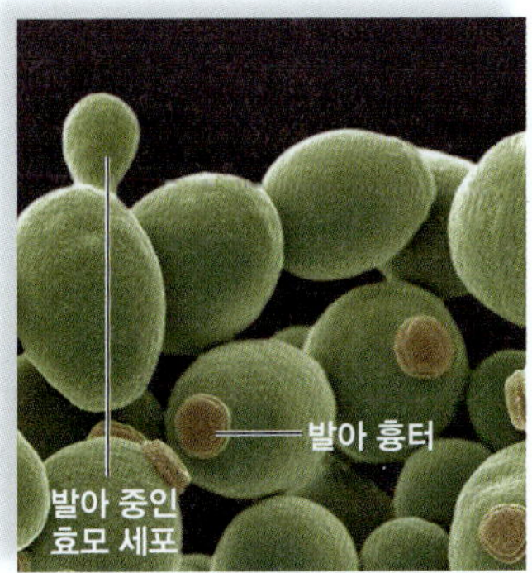

c. 효모

자를 생성한다.

일부 효모는 발효할 때에 에탄올과 이산화탄소를 생성한다. 야생에서 효모는 과일에서 자라며 역사적으로 포도에 이미 존재하는 효모는 포도주를 생산하는 데에 사용되었다. 오늘날 와인을 만들기 위해 어느 정도 멸균된 포도주스에 선별된 효모를 첨가한다. 또한 곡물에 효모를 첨가하여 맥주와 술을 만든다. 에탄올과 이산화탄소는 모두 맥주와 스파클링 와인에 남아 있는 반면, 와인에서는 이산화탄소가 방출된다. 빵을 만들 때에 효모가 생성하는 이산화탄소로 인해 반죽이 부풀어 오르고 에탄올은 빠르게 증발한다. 기공들은 빵이 구워질 때에도 보존된다.

그림 18.25 육식성 진균.
느타리버섯과 같은 선반모양의 진균은 셀룰로오스와 리그닌을 소화할 수 있기 때문에 나무 위에서 자란다. 만일 이 진균이 선충류를 만나면, 이 진균은 선충류를 움직이지 못하게 한 후에 잡아먹는다. 선충류는 이 진균의 질소원으로 작용한다.
©Simon McGill/Moment/Getty Images

진균의 생태학적 혜택

대부분의 진균은 토양에 있는 식물, 동물 그리고 미생물의 잔재물을 분해하는 **부생영양생물(saprotrophs)**이다. 진균의 효소는 식물의 목질부분에 있는 셀룰로오스와 리그닌도 분해할 수 있다. 이것이 진균이 죽은 나무 위에서 생장할 수 있는 이유이다. 이 분해 능력은 또한 종이 펄프에 있는 과도한 리그닌을 제거하는 데에 진균을 이용할 수 있다는 것을 의미한다. 보통 리그닌은 펄프로부터 추출하기가 어려운데, 일단 제거되면 리그닌은 오염물질이 된다.

또 다른 분해자인 세균과 함께 진균은 토양에 무기영양원을 돌려줌으로써 환경에서 필수불가결한 역할을 수행한다. 많은 사람들이 음식찌꺼기나 마당쓰레기를 퇴비화하는 데에 있어 세균과 진균의 활동을 이용한다. 정원사가 퇴비더미를 만들고 분해가 잘 이루어질 수 있는 좋은 조건을 제공하면, 훌륭한 비료가 될 수 있는 검고 푸석푸석한 물질이 만들어진다. 그리고 분해가 일어나는 동안에는 악취를 풍길 수 있지만, 완성된 퇴비는 비옥하고 습한 토양처럼 보이고 그러한 냄새가 난다.

어떤 진균은 죽은 유기 잔재물을 먹는 것과 유사하게 이들이 만나는 동물을 먹이로 이용하기도 한다. 예를 들어, 느타리버섯은 자신의 먹이인 선충류를 마취시키는 물질을 분해한다(그림 18.25). 선충류가 움직이지 못하게 되면 진균의 균사가 신체로 침입하여 소화시킨 후에 영양분을 흡수한다. 또 다른 진균은 선충류와 다른 작은 동물들을 잡아먹기 전에 이들에게 덫을 놓거나 또는 어떤 물질을 분사한다. 이 동물들은 진균의 질소원으로 이용된다.

그림 18.26 지의류.
a. 지의류의 형태.
b. 지의류의 예.
(b): (crustose): ©James Cade/123RF; (fruticose): ©Steven P. Lynch; (foliose): ©Yogesh More/Alamy Stock Photo

각상 지의류

관목상 지의류

엽상 지의류

b.

생식단위체
진균 균사
조류세포
진균 균사

a.

상리공생관계

상리공생관계는 두 개의 서로 다른 종이 함께 살며, 서로 돕는 것이다. **지의류(lichens)**는 특정 진균과 시아노박테리아 또는 녹조류 사이에서의 상리공생관계이다(그림 18.26). 지의류에서 진균은 광합성을 하는 파트너에게 수분과 무기질을 공급해준다. 진균은 바위와 나무로부터 이러한 무기질을 얻어내기 위하여 유기산을 이용한다. 한편, 광합성 파트너는 자당 등의 유기물질을 진균에 공급한다. 전체적으로 지의류는 유기물질을 생산하고 새로운 토양을 만들어 식물들이 토양에 뿌리를 내릴 수 있도록 도와주기 때문에 생태학적으로 중요하다.

지의류에는 세 가지 형태가 있다. 즉, 바위나 나무껍질에서 발견되는 단단한 각상 지의류와 관목상 지의류 및 엽상 지의류가 있다. 종류와 관계없이 지의류의 신체는 세 개의 층을 가지고 있다. 진균의 균사는 얇고 표면이 울퉁불퉁한 상층부와 느슨하게 포개져 있는 하층부를 형성한다. 이 층들은 중간층에 있는 광합성 세포들을 보호한다. 광합성 세포를 관통해 있거나 또는 둘러싸고 있는 특수한 진균의 균사는 균사체의 나머지 부분으로 영양분을 운반해준다. 진균은 광합성자에게 무기물질과 수분을 제공할 뿐만 아니라 포식과 건조로부터 보호해주기도 한다. 지의류는 균사와 조류세포를 포함하고 있는 분절을 방출하여 무성생식을 한다. 초기에 진균과 조류 사이의 관계는 기생-숙주의 상호관계였던 것 같다. 이러한 가정을 어떻게 테스트해야 할 것인가에 대해서는 아직 논란이 있지만, 진화과정 동안에 이러한 상호관계는 확실히 서로에게 도움이 되었다.

균근균류(mycorrhizal fungi)는 대부분의 식물뿌리와 상리공생관계를 형성하며, 특히 무기영양분이 결핍되어 있는 건조하거나 척박한 땅에서 식물들이 잘 생장하도록 도와준다(그림 18.27). 진균의 균사는 식물이 물과 영양분을 흡수하는 토양의 표면적을 크게 넓혀 준다. 노천 채굴이나 화학적 오염으로 손상된 토지를 복원할 때에 균근균류를 키우는 것이 도움이 되는 것으로 밝혀졌다.

균근균류는 뿌리의 바깥쪽에 살거나 뿌리세포 사이로 들어가기도 하고, 뿌리세포 안으로 침입하기도 한다. 수지상균근균류[*arbuscular mycorrhizal (AM) fungi*]는 텁수룩한 균사 덩어리로 뿌리세포를 침입하며, 관다발 식물의 80%와 연관되어 있다. 결과적으로 진균과 식물세포는 서로 영양분을 교환한다. 진균은 식물에게 물과 무기질을 공급하고 식물은 진균에게 유기탄소를 제공한다. 초기 식물화석은 균류와 식물뿌리 사이의 관계가 오래된 것임을 나타내며, 따라서 식물이 건조한 땅에서의 생활에 적응하는 데에 진균이 도움이 되었을 수 있다. 일반 사람들에게 균근균류는 친숙하지 않지만, 떡갈나무와 너도밤나무 숲에서 살아가는 균근균류의 자실체인 송로버섯을 좋아하는 사람들이 있다. 미식가에게 송로버섯은 진미로 여겨진다.

그림 18.27 균근을 보여주는 식물뿌리.
균근균류는 수분과 영양분의 흡수를 위해 표면적을 넓혀준다.

진균의 경제적 혜택

진균은 약품과 다양한 형태의 식품을 생산하게 해준다. 푸른곰팡이(*Penicillium*)는 실린(cillin)계 항생제의 주요 계통으로 이어지는 획기적인 항생제인 페니실린의 최초 공급원이었다. 실린계 항생제는 수백만 명의 생명을 구해왔다.

미국에서는 평균적으로 매년 1인당 약 1.2 kg 이상의 버섯을 섭취한다. 오늘날 전문시장에서 수십 가지의 버섯을 쉽게 볼 수 있다. 버섯은 수프, 샐러드, 오믈렛 그리고 볶음요리 등에 맛과 식감을 더해줄 뿐만 아니라, 높은 영양가와 많은 비타민을 함유하고 있는 저칼로리의 훌륭한 고기 대용품이다. 전 세계적으로 수천 가지의 버섯이 있지만, 양송이버섯(*Agaricus bisporus*)이 미국시장을 점유하고 있다. 그러나 최근에는 갈색 변종의 판매가 인기를 끌고 있으며, 버섯산업에서 가장 빨리 성장하는 것들 중의 하나이다. 큰송이버섯(*Portabella*)은 양송이버섯의 향기가 더 좋은 갈색변종으로 버섯산업에서 사용 중인 상품명이다. 이 버섯은 갈색인데, 그 이유는 갈색 포자를 가진 성숙된 주름이 노출되도록 벌어져 있기 때문이다. 크리미니 갈색버섯(*crimini* mushroom)은 같은 갈색이지만 수확되기 전까지 벌어지지 않는다. 표고버섯과 느타리버섯 등의 비아가리쿠스 변종들도 지난 수십 년 동안에 천천히 인기를 얻어왔다. 표고버섯은 콜레스테롤 수치를 낮추고, 항암과 항바이러스 활성을 가지고 있어 인기가 있다.

연관

모든 진균은 식용이 가능할까?

©Dariusz Majgier/Shutterstock

아니다. 단지 몇 종만을 먹을 수 있다. 매년 많은 사람들이 독버섯을 먹었다가 중독되거나, 일부는 사망한다. 가장 일반적인 독버섯은 광대버섯 또는 팔로이드버섯(*Amanita phalloides*)이다. 이 버섯에 들어 있는 독소는 간과 신장에 해를 주며, 이 버섯을 먹은 사람 대부분이 몇 주 안에 사망한다. 세포 수준에서, 광대버섯의 독소는 전사과정을 억제하여 세포를 죽게 만드는 폴리펩티드이다. 광대버섯의 색깔과 모양은 많은 식용버섯과 유사하여 불의의 중독을 일으킨다.

질병을 유발하는 생물체로서의 진균

진균은 식물과 사람을 포함한 동물들에게 질병을 유발한다.

진균과 식물 질병

기공이나 상처부위를 통해 식물에 감염되는 진균 병원체는 농부들에게 큰 근심거리이다. 매년 심각한 정도의 곡식 감소가 진균성 질병에 의한 것이다(그림 18.28). 예를 들어, 식료품점에서 흔히 볼 수 있는 바나나는 파나마병을 일으키는 진균에 의해 위협을 받고 있다. 매년 전 세계 쌀 수확량의 3분의 1이 벼 도열병로 인해 폐기된다. 옥수수 깜부기균은 미국 중서부 지방에서 아주 골칫거리이다. 다양한 녹병균이 곡식을 공격하며, 잎마름병은 열매 나무의 질병이다. 진균의 일종인 녹병균은 과수에서 곡물에 이르기까지 다양한 식물을 감염시킨다. 진균 병원체에 대한 저항성을 제공하기 위해 많은 종류의 유전자 변형 식물이 개발되었다(12.2절 참조).

녹병균은 스스로의 생활주기를 완전히 마무리하기 위해 두 개의 서로 다른 식물 숙주 종을 필요로 하기 때문에, 녹병균의 생활주기는 특히 복잡하다. 밀의 검은 줄기 녹병균은 대체 숙주로 매자나무를 사용한다. 밀이 자라는 지역에서 매자나무를 제거함으로써 이 녹병균을 제어할 수 있다. 진균 병원체를 제어하기 위해 살진균제를 정기적으로 곡식에 살포한다. 밀 녹병균은 저항성이 있는 새로운 밀을 생산하여 제어할 수 있다.

a.

b.

c.

그림 18.28 식물의 진균성 질병.
a. 파나마병은 바나나 식물을 감염시킨다. **b.** 옥수수 깜부기균은 옥수수 낟알을 공격한다. **c.** 삼-사과녹병균은 삼나무를 공격한 이후(사진)에 사과나무를 공격한다.

(a): ©David Hancock/Alamy Stock Photo; (b): ©Steven P. Lynch; (c): ©Monty Lovette/Alamy Stock Photo

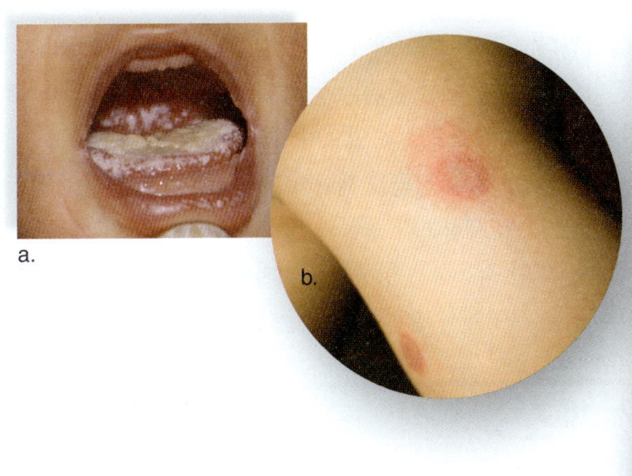
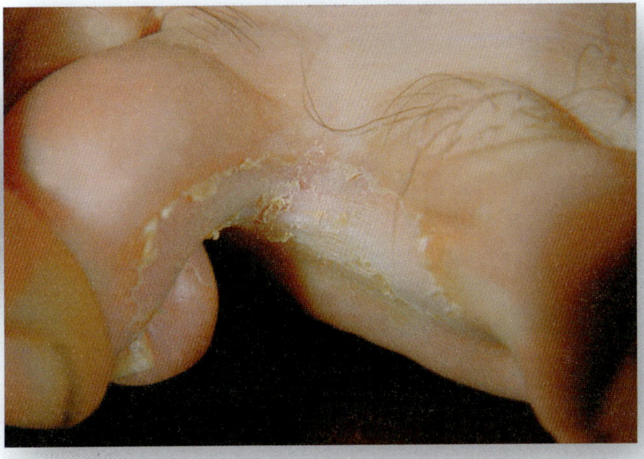

그림 18.29 인간의 진균성 질병.
a. 아구창 또는 구강 캔디다증은 혀에 하얀 반점이 형성되는 특징이 있다. **b.** 백선과 **(c)** 무좀은 티에나종(*Tinea*)에 의해 유발된다.

(a): ©Dr. M. A. Ansary/Science Source; (b): ©alejandrophotography/iStock/Getty Images; (c): Source: Centers for Disease Control

진균과 동물 질병

이미 잘 알려져 있는 바와 같이, 어떤 버섯은 독성이 있다. 곡식에서 자라는 맥각균은 사람들이 오염된 빵을 먹었을 때에 맥각중독증을 일으킨다. 맥각중독증은 히스테리, 환각 그리고 때로는 사망에 이르게 하는 특징이 있다.

진균증은 진균에 의해 발생하는 질병이다. 진균증은 세 가지 단계로 침입을 한다. 피부 진균증은 오직 표피에만 영향을 미치며, 피하 진균증은 피부층 아랫부분까지 영향을 미치고, 전신 진균증은 혈액을 통해 이동하면서 몸 전체에 영향을 준다. 많은 진균증이 주변 환경으로부터 전염된다. 백선은 토양에서, 장미 원예사병은 가시에서, 시카고질병은 낡은 건물에서 유래한다. AIDS 환자에서 볼 수 있는 기회성 진균 감염증은 항상 우리 몸에 존재하는 진균에 의해 발생하는데, 만일 면역기능이 약해지게 되면 질병이 발생한다.

칸디다 알비칸스(*Candida albicans*)는 가장 다양한 진균성 감염증을 일으킨다. 항생제 치료가 세균 군집을 죽이게 되면 칸디다가 승식하여 질병이 발생한다. 일반적으로 질 칸디다 감염을 여성 "효모감염"이라고 부른다. 아구창은 신생아와 AIDS 환자에게 공통적으로 나타나는 구강 캔디다 감염이다(그림 18.29*a*). 면역기능이 손상된 사람에서 칸디다는 몸 전체로 이동하여 심장, 뇌, 그리고 다른 기관에 손상을 입힐 수 있는 전신 감염을 일으킨다.

백선은 대부분 티네아속(*Tinea*)의 진균에 의해 발생하는 질병들 중의 하나이다. 백선은 피부로 침투하지 않는 표피감염이다. 진균의 콜로니는 피부 바깥쪽에서 자라면서 염증의 테를 형성한다. 손상부위의 중심부터 상처가 치유되며, 이 치유된 피부 주위에 빨간 테가 형성되어 손상부위가 특징적인 모양을 나타낸다(그림 18.29*b*). 무좀은 발가락 사이에 있는 피부에 가려움증을 일으키고, 껍질이 벗겨지게 하는 티네아(*Tinea*) 감염증의 한 형태이다(그림 18.29*c*).

와호균(*Batrachochytrium dendrobatidis*)은 전 세계에 걸쳐 개구리에 항아리곰팡이병(chytridiomycosis)이라고 부르는 피부 감염을 일으키는 기생성 호상균류이다. 이 질병은 남아프리카에서 유래된 것으로 생각된다. 1930년대에 아프리카 발톱 개구리가 포획되어 반려동물과 의약 그리고 연구용 등으로 사용되면서 이 질병이 퍼져 나가기 시작했다. 항아리곰팡이병은 최근 들어 호주 및 중남미에서 개구리 개체군을 치사시켜왔다.

북미 동부와 캐나다에서 발견되는 박쥐는 최근 들어 지오마이세스 데스트럭탄스(*Geomyces destructans*), 즉 흰코증후군을 일으키는 사상균류에 의해 공격을 받고 있다(그림 18.30). 겨울에 동면을 하는 동굴 박쥐는 천천히 대사를 하고, 축적된

그림 18.30 흰코증후군.
동면 중인 갈색박쥐의 주둥이 부분에 진균이 생장하고 있는 것이 보인다.

출처: Al Hicks/New York Department of Environmental Conservation/USGS

지방에 의존해 살아간다. 균류는 이들의 코와 날개에서 생장하면서 박쥐를 괴롭히고 결국 잠에서 깨운다. 괴롭힘을 당한 박쥐는 동굴 밖으로 날아가 결국 굶어죽게 된다. 최근까지 670만 마리가 이 질병으로 죽었으며, 미국 어류 및 야생동물국(Fish and Wildlife Service)의 노력으로 이 진균을 제어하면서 북미 박쥐를 구하게 되었다.

개념 연결하기

진균은 식물보다 동물에 더 가까운 진핵 부생영양생물이다.

진균은 진핵생물이며, 세균보다 동물과 밀접한 관련이 있기 때문에, 동물에게 해를 끼치지 않고 진균에만 작용하는 항생제를 디자인하는 것은 매우 어렵다. 따라서 과학자들은 동물과 진균 사이에서 발견할 수 있는 생화학적 차이점을 이용하고 있다.

진도 점검하기 18.3

1. 진균의 일반적인 신체 구조를 설명하시오.
2. 진균의 주요 그룹을 나열하고 각 그룹의 특성을 나열하시오.
3. 지의류를 구성하는 생명체들을 식별하고 상호 관계에서 각 파트너가 상대방에게 무엇을 제공하는지 설명하시오.
4. 인간 혹은 다른 동물에 영향을 미치는 진균성 질병의 두 가지 예를 나열하고 설명하시오.

요 약 SUMMARIZE

식물과 진균의 진화 역사는 독립되어 있지만, 이들은 여러 세대에 걸친 공진화를 통해 이제 서로 이익이 되거나 해로운 관계가 되었다. 식물과 진균 모두 지구의 생명체에게 중요하다.

식물은 세대교번이 나타나는 생활주기를 가지는 다세포성 광합성 진핵생물이다.

식물은 수송조직의 유무에 따라 무관다발식물(이끼) 또는 관다발식물(석송류, 겉씨식물, 속씨식물)로 분류된다.

진균은 식물보다 동물에 더 가까운 진핵 부생영양생물이다.

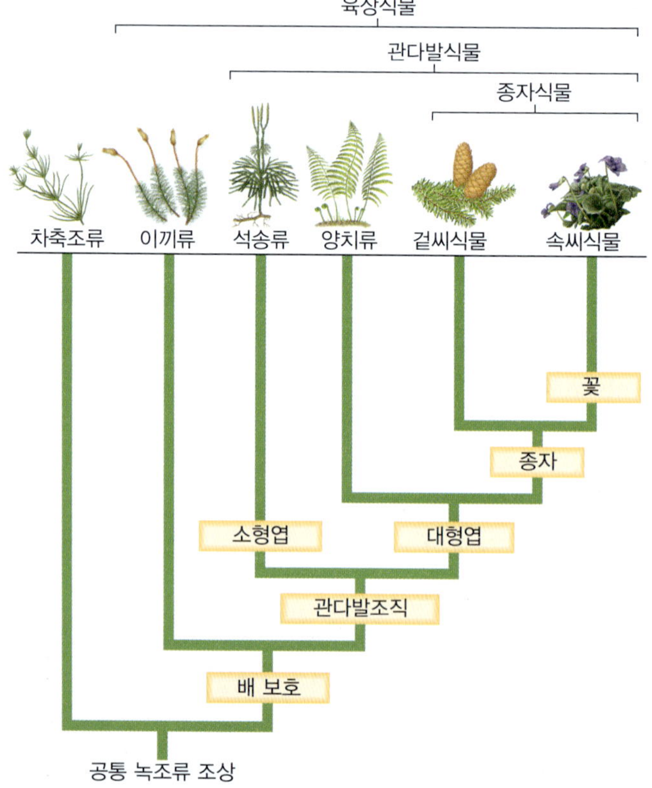

18.1 육상식물의 개요

식물(kingdom Plantae)은 다세포인 담수 녹조류로부터 약 5억 년 전에 진화하였다. 조류가 수중생활에 적응한 반면, 식물은 육상생물에 적응하였다.

- **차축조류(charophytes)**로 알려진 담수 녹조류가 육상식물과 현존하는 가장 가까운 연관종으로 생각된다. 차축조류는 육상생활에 도움이 되는 몇 가지 특징을 가지고 있다.
- 식물이 진화하는 동안에, 육상에서 생활하기 위한 적응과 관련된 다섯 가지의 중요한 사건은 (1) 배의 보호, (2) 관다발조직, (3) 잎, (4) 종자, 그리고 (5) 꽃의 진화이다.

식물은 독특한 생활주기를 가지고 있다

육상식물은 **세대교번(alteration of generations)** 생활주기를 가지고 있다. 식물의 각 유형은 **포자체(sporophyte**, 2n), **배우체(gametophyte**, n)의 두 형태로 존재한다.

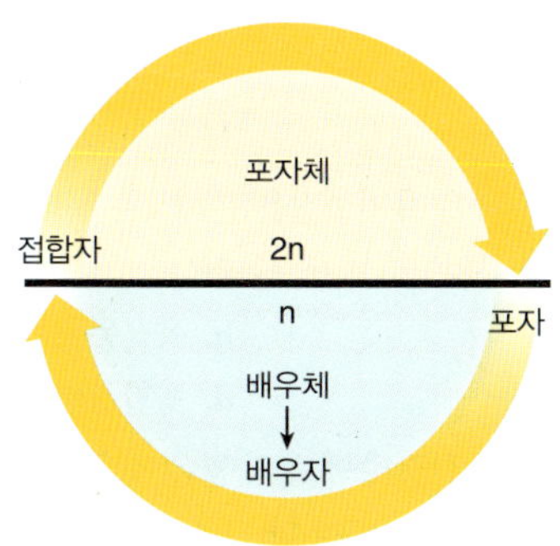

18.2 육상식물의 다양성

일부 식물은 비관다발식물이다

이끼류와 같은 **선태식물(bryophytes)**은 **관다발조직(vascular tissue)**이 없는 키가 작은 식물이다. 이 식물은 습지에서 살아야만 하며, 그래야 정자가 편모를 이용하여 난자에게 헤엄쳐 갈 수 있다. 배우체(gametophyte)가 우세한 세대이다. 포자는 바람에 날려 이동한다.

대부분의 식물은 관다발식물이다

관다발식물에서는 포자체(sporophyte)가 우세한 세대이다. 관다발식물은 두 가지 통도조직을 가지고 있다. **물관부(xylem)**는 물과 미네랄을 수송하고 **체관부(phloem)**는 유기용매들을 수송하도록 특수화되었다. 따라서 관다발식물은 진정한 뿌리, 줄기, 잎을 가지고 있으며, 물, 미네랄, 영양분을 더 효과적으로 수송할 수 있기 때문에 더 크게 자랄 수 있다.

- **석송류(lycophytes)**는 소형엽(microphylls)이라고 불리는 좁은 잎을 가지고 있다.
- **양치류(ferns)**는 종자가 없으며, 대형엽(megaphylls)이라고 불리는 잎맥이 발달한 큰 잎을 가지고 있다. 대형엽은 광합성을 강화하기 위해 햇빛을 받는 표면적을 증가시킨다. 양치류는 바람에 날리는 포자를 생산하고, 여전히 정자가 난자에게로 헤엄쳐 가는 데에 필요한 물이 있어야 한다.

대부분의 관다발식물에는 종자가 있다

종자(seed)를 만드는 식물은 건조한 환경으로부터 보호되는 생식구조를 가지고 있다. 종자식물은 수배우체와 암배우체를 가진다. 배우체는 크기가 작아졌다. 암배우체는 배주(ovule) 안에 있으며, 수배우체는 성숙한 **화분립(pollen grain)**이다. 수정된 배주는 종자가 되며, 종자는 포자체 배, 저장 영양분, 종피로 이루어진다.

- 소나무를 포함한 **겉씨식물(gymnosperms)**은 열매로 둘러싸여 있지 않은 노출된 종자를 가진 원추형 식물이다.
- **속씨식물(angiosperms)**은 현화식물이다. 속씨식물의 생식기관은 꽃(flower)에 존재한다. 화분은 꽃밥 내부에 있는 화분낭에서 만들어진다. 화분은 바람에 의해 운반되거나, 새, 곤충, 박쥐 등에 의해 다른 꽃으로 옮겨진다. **씨방(ovary)**에서 수정된 배주는 종자가 되고, 씨방은 **열매(fruit)**가 된다. 이처럼 속씨식물은 감싸인 종자를 가지고 있다.

18.3 진균

진균(균류, Fungi)계는 미포자충류, 호상균류, 접합균류, 담자균류, 자낭균류 및 수지상균근균류를 포함한다.

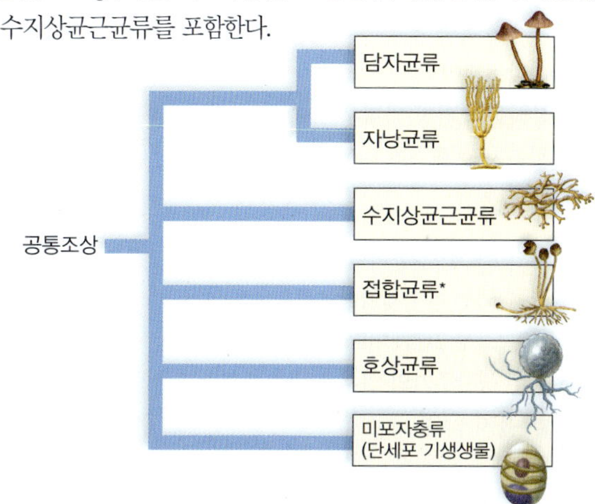

* 분자생물학적 자료들은 접합균류가 여러 진화적 기원을 가지고 있을 수 있다는 것을 보여준다.

진균의 일반적인 특징

진균의 신체는 **균사(hyphae)**라고 부르는 얇은 필라멘트 세포로 이루어져 있으며, 이 균사는 **균사체(mycelium)**라고 불리는 균사 덩어리를 형성한다. 세포벽은 키틴을 포함한다. 진균은 무성생식과 유성생식을 통해 바람에 날리는 포자를 생산한다. 일부 진균은 포자의 분산을 위해 자실체(버섯)를 가지고 있다.

환경에서의 진균

- 진균은 세포외 소화를 하는 **부생영양생물(saprotrophs)**이다. 진균은 분해자로서 생물권의 생태적 순환의 핵심이다.
- **지의류(lichens)**는 진균과 시아노박테리아 또는 녹조류가 상리공생관계를 이룬 집합체이며, 척박한 토양 또는 바위에 존재하는 일차 생물군집이다.
- **균근균류(mycorrhizal fungi)**는 식물의 뿌리 위 또는 내부에 살면서 식물이 무기질과 수분을 흡수하는 것을 도와준다.
- 진균은 음식과 의약품을 생산하는 데에 이용됨으로써 경제적 이익을 창출할 수 있을 뿐만 아니라 그 자체가 음식으로 이용되기도 한다.
- 진균은 질병을 유발할 수 있다. 식물의 진균 병원체에는 벼와 밀 등의 경제적으로 매우 중요한 곡식에 피해를 주는 마름병균, 깜부기균 그리고 녹병균이 포함된다. 진균에 의해 유발되는 동물 질병에는 아구창, 백선, 항아리곰팡이병(chytridiomycosis) 그리고 흰코증후군 등이 포함된다.

평가 ASSESS

혼자 풀어보기

가장 적절한 답을 고르시오

18.1 육상식물의 개요

1. 다음 중에 육상생활에 대한 식물의 적응이 아닌 것은?
   a. 광합성을 수행함
   b. 씨방조직 내에서 배를 보호함
   c. 꽃의 발달
   d. 관다발조직의 존재

e. 종자 생산

2. 차축조류(charophyte)는
   a. 담수 녹조류이다.
   b. 관다발조직이 없다.
   c. 육상식물의 가장 가까운 살아 있는 연관 종이다.
   d. 접합자가 보호구조 내에 감싸여 있다.
   e. 모두 옳음.

3. 세대교번 생활주기가 나타내는 것은?
   a. 식물은 모두 반수체이다.
   b. 식물은 모두 2배체이다.
   c. 식물은 생활주기의 일부를 반수체 또는 2배체로 보낸다.
   d. 모두 옳지 않음.

18.2 육상식물의 다양성

[4~8] 설명에 적합한 식물을 보기에서 고르시오. 보기의 항목은 한 번만 사용하시오.

a. 선태류　　b. 석송류
c. 양치류　　d. 겉씨식물
e. 속씨식물

4. 배우체가 우세한 세대이며 키가 작은 식물

5. 소형엽 형태의 진정한 잎 소유

6. 열매에 감싸인 종자 소유

7. 노출된 종자를 가진 솔방울 소유

8. 바람에 날리는 포자, 헤엄치는 정자, 대형엽 소유

9. 다음 그림에서 꽃의 각 부분을 적으시오.

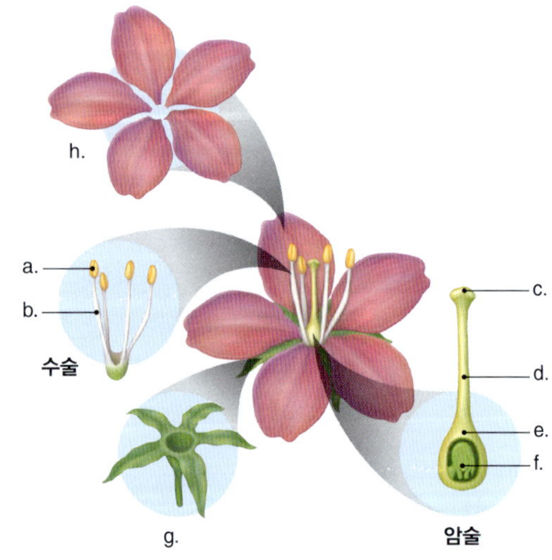

10. 꽃은
   a. 포자를 포획한다.　　b. 수분매개자를 유인한다.
   c. 종자를 보호한다.　　d. 광합성을 증가시킨다.

11. 다음 중에 열매로 분화되는 것은?
   a. 화관　　b. 씨방
   c. 배주　　d. 악부

12. 종자가 보호하는 것은?
   a. 배　　b. 배주
   c. 씨방　　d. 화분립

18.3 진균

13. 진균은 대부분 죽은 유기물질을 분해하는 생태적 역할을 수행한다. 이러한 진균을 무엇이라고 부르는가?
   a. 병원균　　b. 육식동물
   c. 부생영양생물　　d. 광합성생물

14. 진균에 관한 아래 설명 중에 옳지 않은 것은?
   a. 대부분의 진균은 다세포이다.
   b. 진균의 세포벽은 셀룰로오스로 구성되어 있다.
   c. 진균은 비운동성이다.
   d. 진균은 섭취하기 전에 먹이를 소화한다.

15. 균사체는?
   a. 진균의 필라멘트 덩어리이다.
   b. 편모성 포자와 접합자를 가진 진균의 일종이다.
   c. 전형적인 진균의 주요 신체이다.
   d. 진균과 녹조류 또는 시아노박테리아 사이의 상리공생관계이다.
   e. a와 c가 맞다.

관계맺기 ENGAGE

과학적으로 생각하기

1. 노지에 옮겨 심은 소나무 묘목은 흔히 생장이 매우 느리다. 그러나 원래 서식하던 지역의 토양도 함께 옮겨 심으면 빠르게 생장한다. 묘목과 원래 토양을 함께 옮겨 심는 것이 왜 중요한가?

2. 아래와 같은 진화계통수는 식물계와 진균계의 종들이 원생생물 조상을 갖고 있다는 것을 암시한다. 이 세 그룹의 생물들은 모두 어떤 영역에 속하는가? 식물의 원생생물 조상과 진균의 원생생물 조상을 구분하는 특징은 무엇인가?

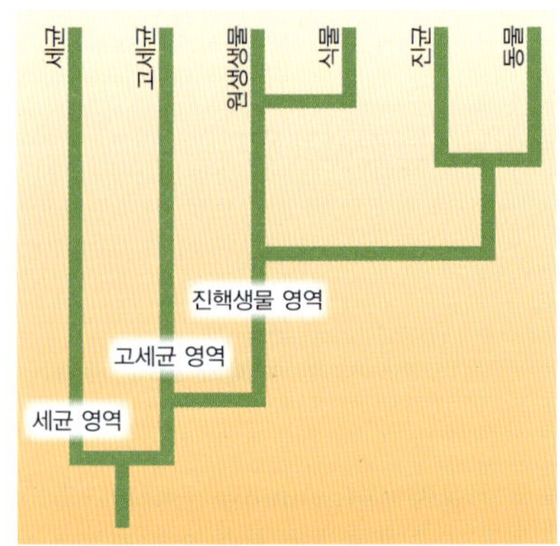

3. 인간의 많은 진균 감염은 기회 감염으로 간주되며, 이는 일반적으로 자유생활(보통 토양에서)을 하는 진균이 인체의 표면 또는 내부에서 때때로 생존할 수 있고, 심지어 번성할 수 있음을 의미한다. 진균의 "관점"에서 인간의 피부에서 생존하려고 할 때에 어떤 독특한 문제에 직면하게 될까? 인간의 폐 내부는 어떠한가?

(Neandertal): ©Clément Philippe/ArTerra Picture Library/age fotostock, (modern man): ©4x6/iStock/Getty Images

CHAPTER

19

동물
Animals

세상에서 가장 작은 척추동물

인간의 진화는 지속적으로 발전하는 지식체계를 가진 복잡한 주제이다. 화석상의 증거는 전통적으로 호미닌 종 사이의 연관성에 관한 대부분의 정보를 제공해왔다. 분자분석 기술의 발전으로, DNA 증거는 네안데르탈인과 현생인류인 호모사피엔스 사이의 연관성에 대한 중요한 정보를 제공할 수 있게 되었다. 미토콘드리아 DNA 증거에 따르면 네안데르탈인과 현생인류는 대략 55만에서 69만 년 전에 공통조상을 공유한다. 이 기간 동안 네안데르탈인은 중동과 유럽지역에 제한적으로 서식하였고, 현생인류는 아프리카 지역에 서식했다. 약 10만 년 전, 증거에 따르면 호모 사피엔스가 네안데르탈인이 서식하는 지역으로 이동했다. 네안데르탈인의 핵 DNA 서열분석은 네안데르탈 개체군들이 현생인류 개체군보다 훨씬 작았다는 것을 보여준다.

DNA 연구는 약 10만 년 전부터 현생인류와 네안데르탈인들이 유전자 교환(교배)이 있었다는 것을 밝혀냈다. 네안데르탈인들은 유라시아 후손인 현생인류에서 발견되는 유전자의 약 1~4% 정도를 기여한다. 연구는 현생인류가 고대 네안데르탈인의 유전자의 진화된 버전을 가지고 있는 78개의 다른 유전체 위치를 밝혔다. 이러한 유전자들의 변화는 그들이 생산하는 단백질들의 구조에 변화를 가져왔다. 예를 들어, SPAG17 단백질은 정자의 이동을 돕고, PCD16은 상처가 회복되는 것을 돕고, TTF1은 전사과정에 관여하며, RPTN은 털, 피부, 그리고 땀샘에서 발견되는 단백질이다. 이 유전자들은 현생인류의 진화과정에서 선택되어 살아남았다.

이 장에서 우리는 우리의 진화적인 과거를 포함해서 동물계의 진화에 대해 탐구할 것이다.

이 장을 공부하는 동안 다음 질문에 대해 생각해보자.

1. 모든 동물의 공통적인 특징은 무엇인가?
2. 척추동물과 무척추동물의 주요 차이점은 무엇인가?

개요

시작하기 전에

이 장을 시작하기 전에 다음의 내용을 다시 살펴보자.

14.2절 상동구조와 상사구조의 차이점은 무엇인가?

표 16.1 최초의 동물은 지구 언대기의 어느 시기에 출현하였는가? 최초의 육상 척추동물은 언제 출현하였는가?

16.3절 동물은 생물의 어느 영역(domain)에 속하는가?

19.1 동물의 진화

학습 목표

이 절을 학습한 후에는 다음 과제를 수행할 수 있어야 한다.

1. 동물이 다른 생물군과 어떻게 다른지 설명하기.
2. 동물의 진화과정 중 일어난 주요 사건을 제시하기.
3. 선구동물과 후구동물을 구별하는 특징을 열거하기.

현대의 3역 분류체계는 **동물(animal)**을 진핵생물 그리고 동물계로 분류한다. 진핵생물 내에서도 동물은, 특히 동정편모충류 같은 몇몇 원생생물과 진균의 함께 supergroup 후편모생물에 속한다. 동물은 매우 다양한데 반해, 동물은 식물과 진균같은 다른 다핵 세포의 진핵생물와는 몇 가지 중요한 차이점을 갖는다(17.4절 참조). 광합성을 통해 양분을 얻는 식물과는 달리 동물은 화학종속영양생물이며 영양분을 반드시 외부 공급원에서 얻어야 한다. 먹이를 체외에서 소화시켜 분해된 물질을 흡수하는 진균과 달리 동물은 먹이를 섭취하여 체내에서 소화시킨다.

일반적으로 동물은 다음과 같은 특징을 공유한다(그림 19.1):

- 조직 및 기관을 형성하는 특수화된 세포로 구성된 다세포 생물체이다.
- 이동을 가능하게 하는 신경 및 근육 조직을 가진다.

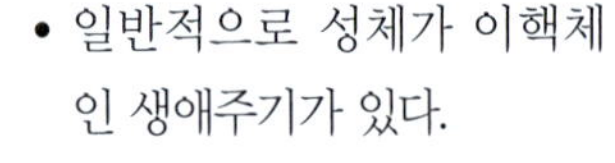

- 일반적으로 성체가 이핵체인 생애주기가 있다.
- 일반적으로 성적 생식을 하며 개발 단계를 거치는 배아를 생성한다.
- 섭취 후 소화를 통해 식량을 획득하는 종속영양생물이다.

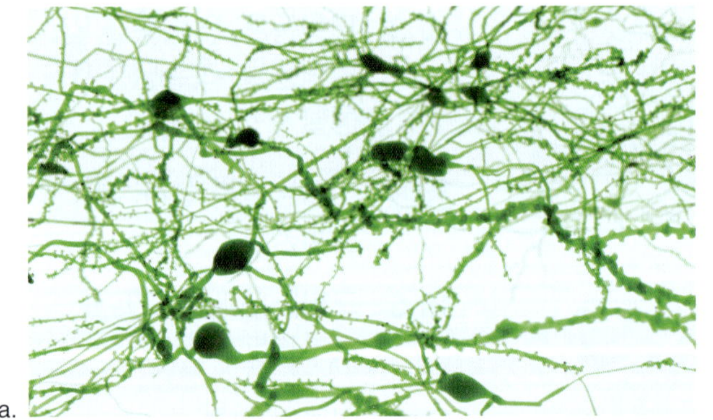
a.

b.

c.

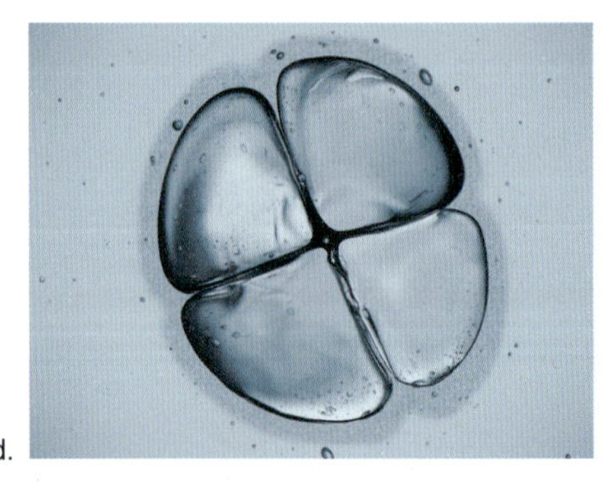
d.

그림 19.1 동물의 일반적인 특징들.
a. 동물은 다세포 생물체로, 특수화된 세포가 조직과 기관을 형성한다. **b.** 동물은 종속영양생물로, 외부 공급원에서 영양을 얻는 의미이다. **c.** 동물은 일반적으로 잘 발달된 신경 및 근육 시스템으로 인해 이동이 가능하다. **d.** 대부분의 동물은 생애의 시작이 이배체(2n)로서 성적으로 생식하며, 다세포 생물체로 발달하면서 특수화된 조직을 가지게 된다.

(a): ©selvanegra/Getty Images; (b): ©Mike Raabe/Getty Images; (c): ©iStockphoto/Getty Images; (d): ©ugurhan/E+/Getty Images

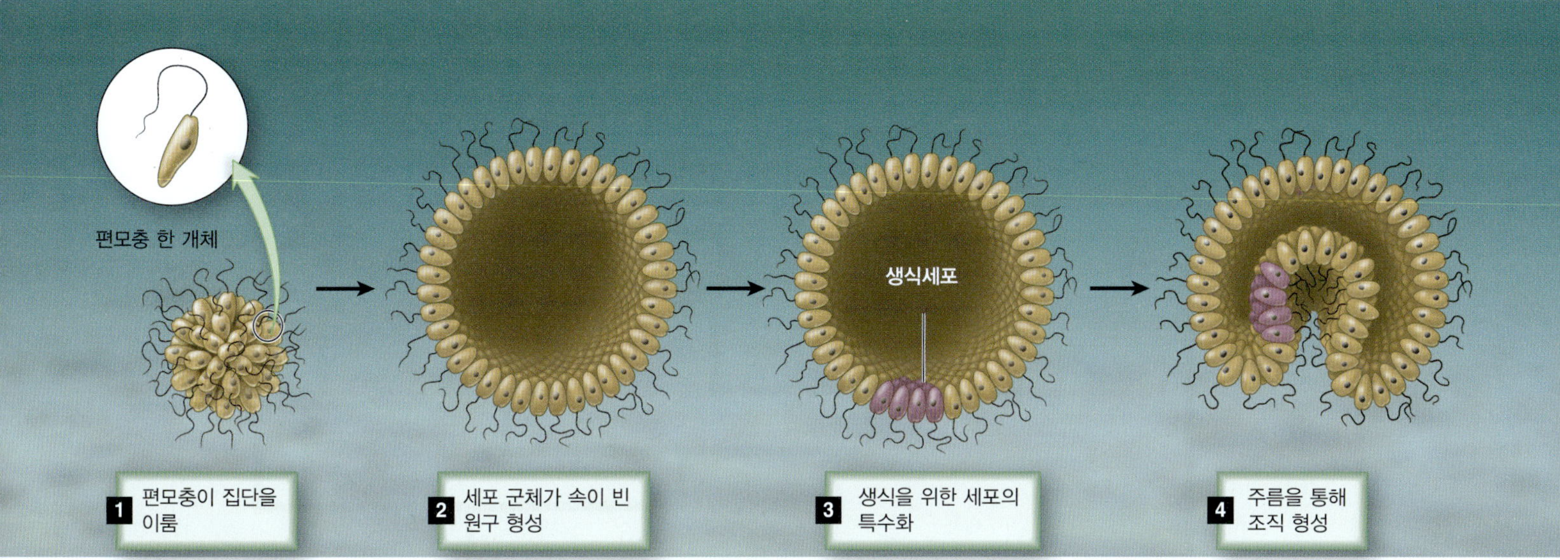

그림 19.2 편모충 군체 가설.
이 가설은 원생생물의 군체에서 어떻게 최초 동물의 특수화된 구조의 특성이 형성될 수 있었는지를 설명한다.

동물의 조상

18.1절에서 식물과 차축조류(charophyte)가 아마도 녹조류 조상을 공유할 것이라는 증거에 대해 논의하였다. 대부분의 과학자는 동물 역시 원생생물, 특히 원생동물로부터 진화하였다는 데 동의한다. **편모충 군체 가설**(*colonial flagellate hypothesis*)은 동물이 속이 빈 원구형의 편모충 세포 군집을 닮은 조상에게서 유래되었다고 설명한다. 그림 19.2는 이 진화과정이 어떻게 몇 개의 편모를 가진 세포들의 응집에서 시작되었는지를 보여준다. 그 시작점으로부터, 더 많은 세포들이 속이 빈 원구를 형성하였을 것이다. 군체 내의 각 세포는 생식과 같은 특별한 기능을 수행하기 위하여 특수화되었을 것이다. 일부 세포들이 속이 빈 원구 안으로 겹쳐 들어감으로써 두 종류의 조직층이 생겨났을 것이다. 오늘날의 동물 발생과정에서도 이러한 방식으로 조직층이 만들어진다.

원생생물(17.4절 참조) 중에서 깃편모충(choanoflagellates; 깃을 가진 편모충)은 그림 19.2의 군집성 편모충류와 매우 가깝게 닮아 있다. 직경은 3~10 μm이고, 30~40개의 미세융모로 이루어진 깃으로 둘러싸인 편모를 갖는다(그림 19.3)는 단세포성 유기체이다. DNA 분석은 깃편모충이 현존하는 원생동물과 가장 가깝다는 사실을 말해준다.

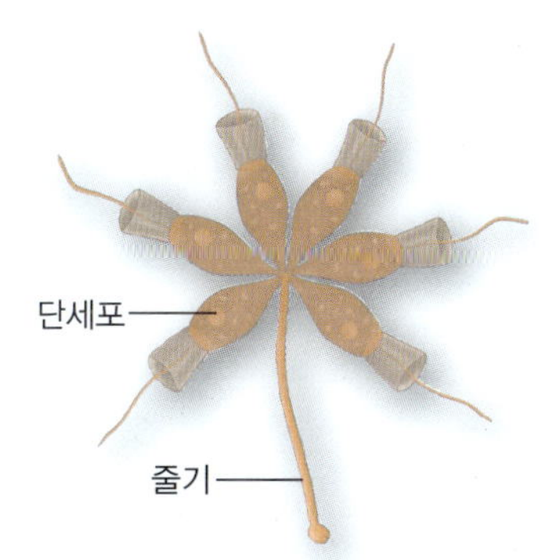

그림 19.3 깃편모충류.
깃편모충(choanoflagellate)은 동물과 가장 가까운 현존하는 원생동물이다. 일부 깃편모충은 세포군이 줄기를 이용해서 바닥표면에 부착되어 그림과 같이 군체를 이루고 서식한다.

동물의 진화계보

동물계는 현재 35개의 문(phylum) 또는 집단으로 분류한다. 동물의 대부분은 **무척추동물(invertebrates)**이다. 무척추동물은 뼈나 연골로 된 내골격 또는 외골격이 없다. 무척추동물이 먼저 출현하였고, **척추동물(vertebrates**; 내골격을 갖는 동물)보다 숫자가 훨씬 많다. 초기 동물은 단순한 무척추동물이었기 때문에, 동물의 초기 진화에 관한 화석자료가 빈약하다. 그러나 계통분류학자들은 주로 분자생물학, 발생학 및 해부학 자료를 근거로 동물의 진화 역사(그림 19.4)에 대한 비교적 완벽한 기록을 만들어낼 수 있었다.

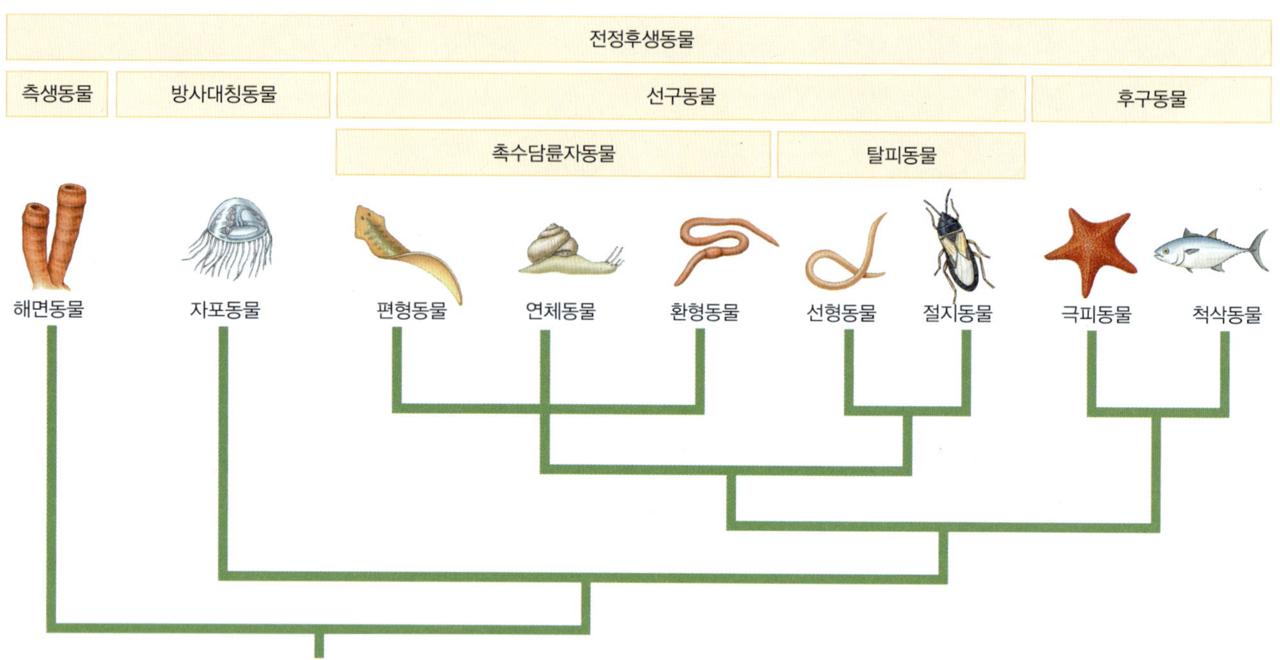

그림 19.4 동물 진화 계보.
이 표에서 나타난 관계성은 각 집단의 발생생물학 연구와 DNA, RNA 및 단백질의 유사성에 대한 분자생물학 연구에 근거한다.

분자생물학적 비교가 진화적인 관계를 설정하거나 재정립하는데 주된 역할을 하였는데, 그 이유는 더 가까운 생명체일수록 더 많은 DNA 염기서열을 공유하기 때문이다. 유전체학과 단백질체학(12.4절 참조)의 발전으로 인해 동물군을 구분하는 능력이 매우 향상되었다.

진화의 경향

동물마다 생물학적 조직에서 차이가 있다. 해면동물은 모든 동물처럼 다세포성(*multicellular*)이지만 진정한 조직이 없다. 따라서 해면동물은 세포 수준의 구성을 보인다. 이러한 특성 때문에 해면동물은 측생동물(parazoan)으로 분류된다. 측생동물이란 "동물 옆에"이란 의미로 진화계보에서 "진정한 동물"이라는 의미를 지닌 진정후생동물(eumetazoans)의 옆자리라는 위치를 나타내는 용어이다. 히드라(*Hydra*)와 같은 자포동물은 진정후생동물이다. 이들은 진정한 조직을 갖는데, 이 조직은 배(embryo) 시기에 2개의 배엽에서 형성된 것이다. 다른 모든 진정후생동물의 배는 3배엽(외배엽, 중배엽, 내배엽)을 갖는다. **배엽(germ layer)**이란 용어는 물의 체내에서 모든 조직과 기관을 형성하는 초기배아층을 가리키는 것이다.

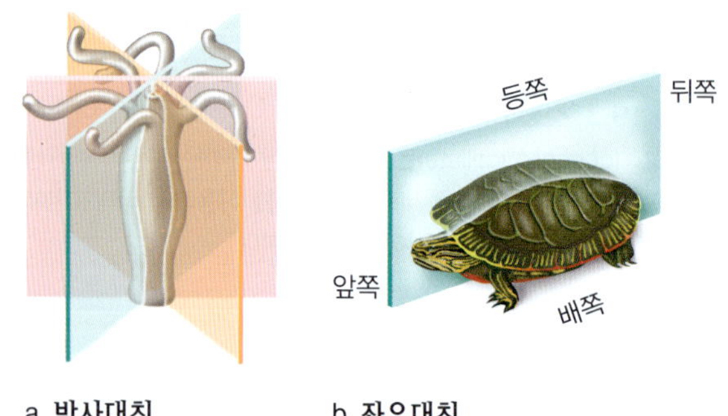

a. **방사대칭** b. **좌우대칭**

그림 19.5 방사대칭 대 좌우대칭.
a. 방사대칭은 동물을 장축을 따라 어떻게 자르든지 2개의 절단면은 거울에 비친 모습과 같다. 방사대칭동물은 한 곳에 머무르는 경향이 있으며 모든 방향으로 뻗어 나와 먹이를 얻는다. **b.** 좌우대칭은 동물의 정중앙에서 잘랐을 때에만 단면이 거울에 비친 모습을 보인다. 좌우대칭동물은 먹이를 쫓아 활발하게 움직이는 경향이 있다.

동물에 따라 대칭성에서도 차이가 존재한다. 대다수의 해면동물은 특별한 대칭성이 없어서 비대칭적이다. 자포동물에서 볼 수 있는 **방사대칭(radial symmetry)**은 동물이 원형으로 조직되어 바퀴와 유사하게 나타난다. 동물의 어떤 방향으로 잘려도 2개의 서로 마주보는 모습을 보인다(그림 19.5*a*). 편형동물에서 볼 수 있는 **좌우대칭(bilateral symmetry)**은 동물이 명확하게 오른쪽과 왼쪽 반으로 나눠지는 것을 의미하며, 이 동물의 정중앙을 종방향으로 절단할 경우에만 거울에 비친 모양이 나타날 것이다(그림 19.5*b*). 동물이 진화하는 동안 좌우대칭으로 되려는 경향은 **두화(cephalization)**를 수반하였는데, 두화란 동물의 앞쪽 끝에 뇌와 특수감각기관이 위치하는 것을 말한다. 그래서 좌우대칭은 신경계와 감각기관의 복합성이 증가되는 진

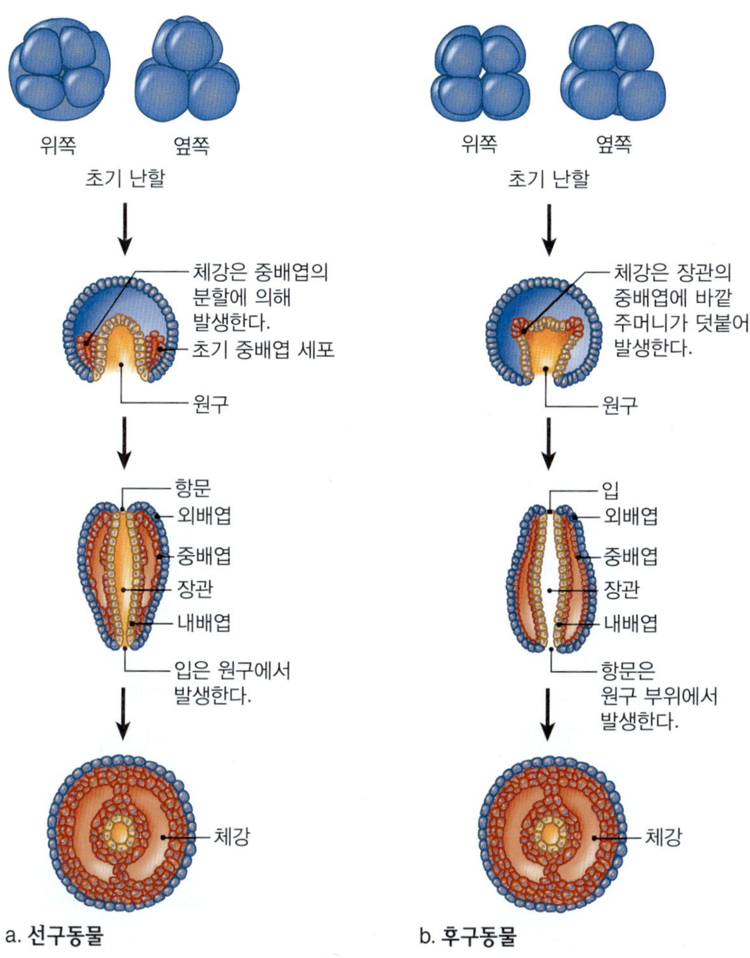

그림 19.6 선구동물과 후구동물의 발생.

a. 선구동물은 배가 처음 형성될 때 나선형 세포분열이 나타나며 원구(blastopore)가 나중에 입으로 된다. 나아가 체강이 있다면, 이것은 중배엽의 분할에 의하여 형성된 것이다. **b.** 후구동물은 배가 처음 형성될 때 방사상 세포분열이 나타나며 원구가 항문으로 된다. 또한 원시 장에 바깥주머니가 덧붙어서 체강이 형성된다.

화 경향에 있어서 중요한 선봉이었다. 좌우대칭 모양은 더욱 활발한 생활상을 통해 새로운 방법으로 주변 자원을 탐색할 수 있도록 함으로써 동물 진화에 한 획을 그었다.

또한 동물들은 초기 배 시기에서의 발생 양상에 의해 구분되기도 한다. 그림 19.6에서 볼 수 있듯이, 배를 형성하는 세포분열이 **선구동물(protostome**; 편형동물, 선형동물, 연체동물, 환형동물 및 절지동물)과 **후구동물**(**deuterostome**; 극피동물과 척삭동물)에서 다르다. 선구동물과 후구동물 모두 최초에 생기는 배의 구멍을 원구(blastopore)라고 한다. 이 원구는 선구동물에서는 입이 되고 후구동물에서는 항문이 된다. 이들의 이름은 이 차이에서 비롯된다. 입은 선구동물(protostome; *proto*, before)에서는 첫 번째 구멍이고, 후구동물(deuterostome; *deutero*, second)에서는 두 번째 구멍이다.

분자생물학 및 발생학 자료는 선구동물은 후구동물보다는 자신들끼리 더욱 밀접한 관계를 맺고 있다는 것을 보여준다. 선구동물은 촉수담륜자동물군(lophotrochozoa)과 탈피동물군(ecdysozoa)을 포함한 몇 개의 아군(subgroup)으로 나뉜다(그림 19.4 참조). 두 아군의 차이는 그들이 생장하는 방식에서 비롯된다. 촉수담륜자동물(편형동물, 연체동물, 환형동물)은 기존의 몸체가 커지는 방식으로 성장하는 반면, 탈피동물(선형동물과 절지동물)은 탈피를 통해서 성장한다. 선구동물은 또한 **체강(coelom**; body cavity)의 유무에 따라 차이가 있다. 일부 선구동물은 편형동물처럼 체강이 없는 **무체강동물(acoelomates)**이다(그림 19.7*a*). 무체강동물은 중배엽으로 채워져 있다. 이에 비해 체강은 여러 가지 내부

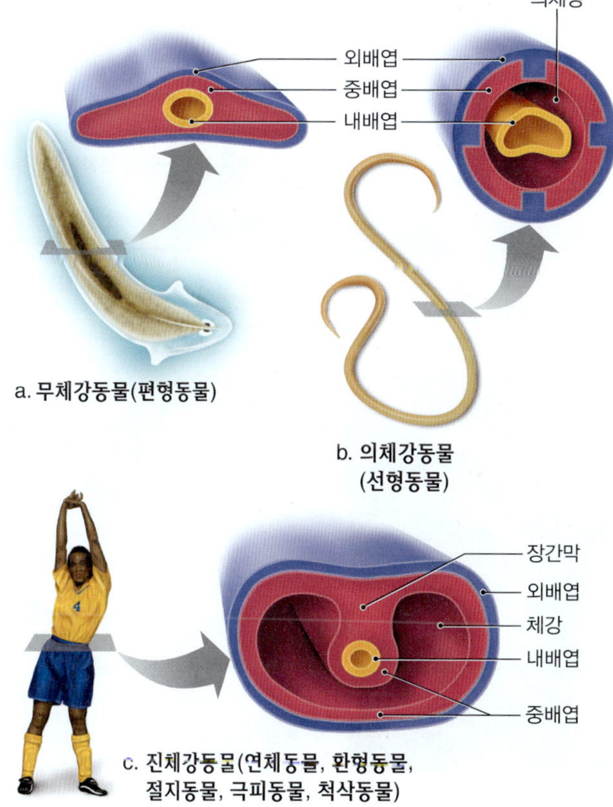

그림 19.7 체강의 종류.

a. 편형동물은 체강이 없는 무체강동물이며, 중배엽이 외배엽과 내배엽 사이의 공간을 채운다. **b.** 선형동물은 체강을 갖는 의체강동물이며, 중배엽이 외배엽과 연결되어 있지만 내배엽과는 연결되어 있지 않다. **c.** 기타 동물들은 진체강동물이며, 중배엽이 체강 전체를 덮고 있다.

기관에게 필요한 공간을 제공한다.

선형동물은 **의체강동물(pseudocoelomates)**이며, 체강이 중배엽에 의해 불완전하게 둘러싸여 있다. 즉, 중배엽층이 체벽 아래에 위치하지만 장기들을 덮고 있지는 않다(그림 19.7*b*). 나머지 선구동물과 후구동물은 **진체강동물(coelomates)**이며, 체강이 중배엽으로 완전하게 둘러싸여 있다(그림 19.7*c*). 선구동물에서는 중배엽의 분할에 의해 체강이 발달하는 반면, 후구동물에서는 체강이 원시장관에 바깥주머니가 덧붙는 방식으로 발달한다(그림 19.6 참조). 체강을 갖는 동물에서는 중배엽의 띠들로 이루어진 장간막(mesentery)이 내부 기관을 지지한다. 지렁이, 바닷가재 및 사람 등의 체강동물에서는 중배엽이 외배엽은 물론 내배엽과도 상호작용을 할 수 있다. 따라서 몸의 외벽이 기관과 독립적으로 움직일 수 있기 때문에 몸의 운동이 자유로우며, 기관들은 더욱 복합적으로 성장할 수 있는 공간을 갖는다. 골격이 없는 동물에서는 체강이 정수(hydrostatic, 액체로 채워진) 골격으로 작용할 수 있다.

동물은 체절화된 동물과 체절화(*segmented*)되지 않은 동물이 있다. **체절화(segmentation)**는 신체 부위가 장축을 따라 반복되는 것을 말한다. 지렁이 등의 환형동물, 바닷가재 등의 절지동물, 사람 등의 척삭동물은 체절화되어 있다. 우리 몸의 체절화를 알아보려면 척추뼈가 쭉 이어져 있는 등뼈를 따라 손을 움직여 보자. 다양한 체절이 특수한 목적에 맞게 분화될 수 있기 때문에 체절화로 인해 신체 부위의 특수화가 이루어진다. 등뼈의 경우, 두개골 바로 아래에 있는 두 개의 작은 척추는 머리를 위아래 및 좌우로 움직일 수 있도록 특수화되어 있다. 아래쪽 등뼈의 척추는 보다 크고 강해서 상체의 무게를 지지해준다.

개념 연결하기 19.1

모든 동물은 비슷한 특징을 가지고 있으며, 그 조상은 단세포 원생생물로 거슬러 올라간다.

진도 점검하기 19.1

1. 동물 진화의 주요 사건을 요약하시오.
2. 동물이 식물이나 진균과 다른 점을 설명하시오.
3. 선구동물과 후구동물 사이의 차이점을 요약하시오.

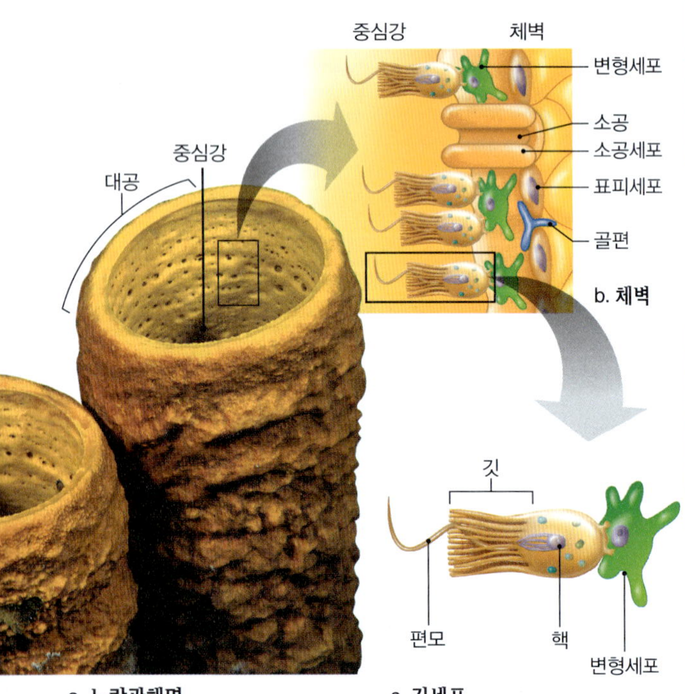

그림 19.8 해면동물의 해부.
소공을 통해 해면동물로 들어온 물은 대공으로 배출되기 전까지 깃세포를 지나며 순환한다. 깃세포는 깃의 미세융모 안에 있는 편모인 부속지에 포획된 작은 입자를 소화시킨다. 변형세포(amoeboid cell)가 세포 사이에서 영양분을 운반한다.

19.2 해면동물과 자포동물: 초기 동물

학습 목표

이 절을 학습한 후에는 다음 과제를 수행할 수 있어야 한다.

1. 해면동물과 자포동물에서 일어나는 진화 경향을 서술하기.
2. 측생동물과 진정후생동물을 구분하고 각각의 예를 제시하기.

이 절에서는 무척추동물의 처음 두 분류군인 해면동물과 자포동물에 대해 설명한다. 이 두 분류군은 모두 단순한 동물로 분류되지만, 이들의 조직화 수준은 서로 매우 다르다.

해면동물: 다세포성

해면동물(sponges; phylum Porifera)은 많은 구멍이 관통하는 주머니 모양의 체형을 가진다(그림 19.8*a*). 해면동물은 수서동물로, 크기, 모양 및 색깔이 아주 다양한 대부분 해양성동물이다. 해면동물은 다세포성이지만 기관을 이루는 조직이 없다. 따라서 세포 수준의 조직화(*celluar level of organization*)를 이룬다. 분자생물학 자료에 따라 해면동물을 측생동물(Parazoans)로 분류하며, 측생동물은 동물 진화계보의 맨 아래에 위치한다(그림 19.4 참조).

해면동물의 체벽(그림 19.8*b*)은 깃세포(*collar cell, choanocyte*)라고 부르는 편모를 가진 세포가 내부에 배열되어 있다(그림 19.8*c*). 편모의 움직임이 물의 흐름을 일으키고, 물은 구멍(소공)에서 중심강으로 들어가 몸의 위쪽 구멍인 대공으로 나간다. 길이가 단지 10 cm 정도인 단순한 해면류일지라도 하루에 100리터 이상의 물을 여과한다. 이 정도양의 물이 해면동물이 생존에 필요하다. 해면동물은 압착도구를 이용하여 물에서 먹이를 여과하는 고착성 여과섭식자이다. 이 경우에 체벽의 소공과 미세융모가 깃세포의 깃을 이룬다. 미세융모 사이를 지나는 미세한 먹이 입자는 깃세포가 삼킨 후 식포 내에 포획된 먹이를 소화시킨다.

해면동물은 무성생식과 유성생식이 모두 가능하다. 무성생식은 단편화 또는 출아법(budding)에 의해 이루어진다. 출아하는 동안 자그마한 돌기가 나타나고 완전한 개체가 형성될 때까지 점점 커진다. 출아법에 의해 해면동물의 군체가 생성되며, 이 군체는 매우 커질 수 있다. 유성생식을 하는 동안에 난자와 정자가 중심강으로 배출되고, 접합자는 편모를 가진 유생으로 발달한다. 이 유생은 새로운 장소로 헤엄쳐 갈 수 있다. 해면동물의 세포들을 일부러 분리하면, 이들은 완전하고 제 기능을 하는 개체로 재조합된다. 많은 특수화 정도가 낮은 생명체와 마찬가지로 해면동물 역시 재생 능력을 가지거나 또는 작은 한 부분에서 전체로 성장할 수 있다.

일부 해면동물은 1~6개의 축을 가진 작은 바늘처럼 생긴 골편(*spicule*)으로 구성된 내골격을 갖는다. 대부분의 해면동물은 콜라겐의 변형된 형태인 해면질(spongin) 섬유를 가진다. 목욕용 수세미는 살아 있는 조직이 모두 제거된 마른 해면질 골격이다. 그러나 오늘날 판매되는 "스펀지"는 대개 화학 합성물이다.

a. **히드라**

b. **말미잘**

c. **고깔해파리**

d. **돌산호**

그림 19.9 자포동물.

히드라**(a)**와 말미잘**(b)**은 독립적인 폴립이며, 찌르는 세포가 가득한 촉수를 이용하여 먹이를 잡는다. **c.** 고깔해파리(*Physalia physalis*)는 폴립형과 해파리형의 개체들이 모여 하나의 군체를 이룬 것이다. 폴립 중의 하나는 기체로 채워진 부양체이며 나머지 폴립은 먹이 섭취에 알맞게 특수화되어 있다. **d.** 산호의 탄산칼슘 골격이 산호초를 형성한다.

(a): ©NHPA/M. I. Walker/Photoshot; (b): ©Tim Painter/EyeEm/Getty Images; (c): ©NHPA/Charles Hood/Photoshot; (d): ©Corey Hochachka/Design Pics

자포동물: 진정 조직

자포동물(cnidarians; phylum Cnidaria)은 화석기록이 풍부한 무척추동물의 조상 그룹이다. 자포동물은 방사대칭이며, 자세포(cnidocyte)라고 부르는 특수화된 찌르는 세포를 가진 촉수가 둥글게 배열되어 먹이를 포획한다(그림 19.9). 각각의 자세포는 **자포(nematocyst)**라는 캡슐을 가지며, 이 캡슐 안에 길고 나선형으로 꼬인 속이 빈 실 같은 섬유가 있다. 자세포의 방아쇠를 건드리면 자포가 발사된다. 어떤 자포는 단순하게 먹이나 포식자를 가두기만 하지만, 어떤 자포는 침이 있어서 먹이를 잡아 마비성 독소를 주입한 후 위수강으로 보낸다. 자포동물은 담수종도 약간 있지만 대부분 바다에서 서식한다.

발생하는 동안 자포동물은 2개의 배아층(외배엽과 내배엽)을 갖는다. 성체가 된 자포동물은 조직 수준의 조직화(*tissue level of organization*)를 갖는다. 따라서 자포동물은 최초의 진정후생동물(eumetazoans)로 분류된다. 자포동물에는 폴립형(polyp)과 해파리형(medusa)의 두 가지 기본 체형이 있다. 폴립형의 입은 바닥에서 위쪽을 향하고 있지만, 해파리형의 입은 아래쪽을 향한다. 해파리형은 젤리와 같은 물질로 채워져 있어서 흔히 "해파리(jellyfish)"라고 부른다. 폴립형은 관 모양이며 일반적으로 바위에 붙어 있다(그림 19.9).

자포동물은 다른 해양 동물처럼 의약품 원료, 특히 염증에 대응하는 약제로 이

연관

산호초가 사라지는 원인은 무엇인가?

산호초는 생물다양성의 중심지역(많은 종이 발견되는 지역)이라는 것이 널리 인정되고 있다. 그러나 과학자들은 지난 몇십 년 사이에 전 세계 산호초의 27% 이상이 사라졌고, 추가로 33%가 위험하다고 추산한다. 이 감소의 원인은 무엇일까? 파괴적인 어업, 해안가 토지 관리의 부실로 인한 오염과 침전물, 해안가 맹그로브 숲의 제거가 주요 요인이다. 또한 지구 기후변화(31.2절 참조)와 연관되어 해양 수온이 상승하고 이에 따라 산호초가 사멸되어 "산호초 백화" 현상이 나타난다.

개념 연결하기

해면동물은 가장 간단한 형태의 동물이다. 자포동물은 진조직(true tissue)을 가진 최조의 동물이다.

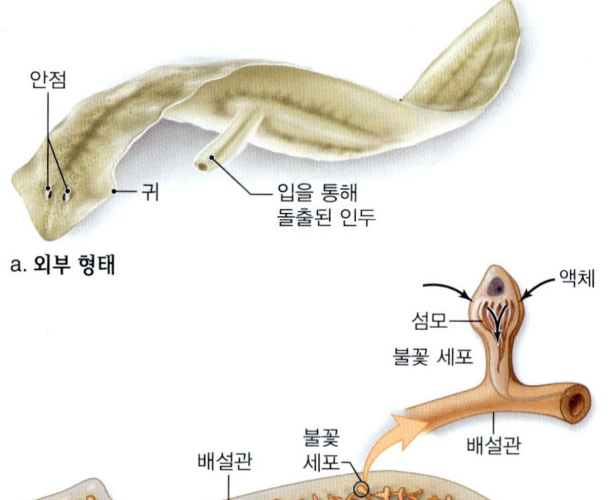

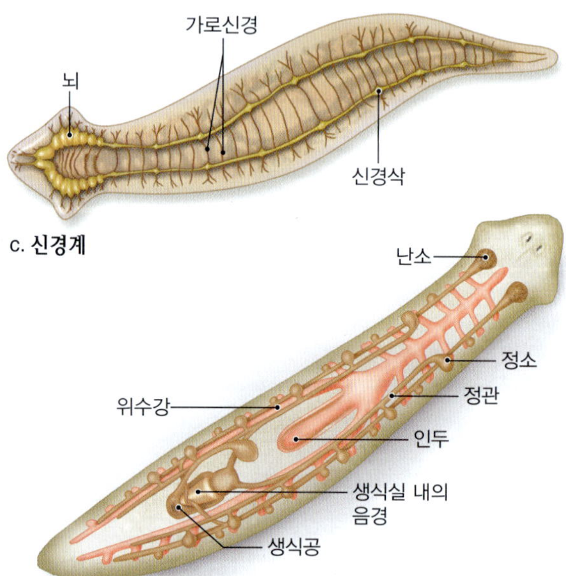

그림 19.10 플라나리아의 형태.

a. 편형동물은 좌우대칭이며 안점이 있는 머리 부위가 있다. **b.** 배설계의 불꽃세포 부위를 자세하게 묘사하였다. **c.** 신경계는 사다리처럼 보인다. **d.** 생식계(갈색)는 암컷과 수컷 기관이 모두 있으며, 소화계(분홍색)는 개구부가 하나이다. **(a)**처럼 인두를 돌출시켜 먹이를 흡입한 후 위수강으로 보낸다.

용된다. 산호초는 자포동물로 구성되어 있는데, 이들은 산호초의 기반으로 작용하는 칼슘외골격을 가진다. 산호는 와편모충류(dinoflagellates)라고 불리는 광합성하는 원생동물과 공생관계를 형성한다.

진도 점검하기 19.2

1. 해면동물과 자포동물에서 볼 수 있는 주요 진화 경향을 열거하시오.
2. 해면동물과 자포동물의 체형과 발생을 비교하고 대비하시오.
3. 동물계에서 해면동물과 자포동물의 위치와 중요성을 서술하시오.

19.3 편형동물, 연체동물 및 환형동물: 촉수담륜자동물

학습 목표

이 절을 학습한 후에는 다음 과제를 수행할 수 있어야 한다.

1. 촉수담륜자동물의 뚜렷한 특징을 열거하기.
2. 체형에 근거하여 편형동물, 연체동물 및 환형동물을 구분하기.

편형동물, 연체동물, 환형동물은 모두 촉수담륜자동물(lophotrochozoans)이라고 부르는 선구동물 무리에 속한다. Lophotrochozoan이란 용어 중 *lopho*는 촉수관(lophophore)이라는 촉수 모양의 먹이섭식 구조에서 유래된 것이다. 또 *trocho*는 담륜자(trochophore)라고 부르는 유생기를 의미하는데, 담륜자는 독특한 섬모 띠를 갖는 것이 특징이다. 이 그룹의 모든 종에서 촉수관과 담륜자 유생기가 모두 나타나지는 않지만, 분자생물학 분석은 이들이 모두 진화상 공통조상을 갖는다는 가설을 지지한다. 또한 촉수담륜자동물은 탈피를 하지 않고 몸이 점진적으로 성장한다는 점에서 절지동물이나 선형동물 등의 다른 선구동물과는 구별된다.

편형동물: 좌우대칭

편형동물(flatworms; phylum Platyhelminthes)은 좌우대칭(*bilateral symmetry*)이다. 앞으로 공부할 다른 모든 동물 문(phylum)과 같이, 편형동물도 세 개의 세포층을 갖는다. 외배엽과 내배엽, 그리고 추가적으로 중배엽은 몸 크기가 커지고 더 복잡함을 가질 수 있도록 한다. 편형동물은 체강이 없는 무체강동물이다.

자유 유영 편형동물인 **플라나리아(planarian)**는 사다리 모양의 신경계를 포함한 몇 가지 기관계를 갖는다(그림 19.10). 1개의 작은 앞뇌와 2개의 옆신경은 가로신경(transverse nerve)이라고 하는 교차연결에 의해 연결된다. 플라나리아에서는 두화(cephalization)가 나타난다. 즉, 뇌 이외에도 "머리" 끝에 빛을 감지하는 기관(안점, eye spot)이 있고, 귀 쪽에 화학감지 기관이 있다. 세 가지의 근육층(바깥쪽 돌림근층, 안쪽 세로근육층 및 빗근층)이 있어서 다양한 운동을 할 수 있다. 플라나리아는 섬모를 가진 아래쪽 표피를 이용하여 점액막 위에서 미끄러지듯 움직인다.

플라나리아는 먹이를 감싼 후 점액으로 얽어서 꼼짝하지 못하게 하여 먹이를 포획한다. 그리고 근육성인 인두를 돌출시킨 후 흡입 동작에 의해 먹이를 찢어서 삼킨다. 인두는 세 갈래의 위수강과 연결되고, 위수강에서 소화가 일어난다. 소화관은 개구부가 단 1개만 있어 불완전하다.

플라나리아는 **자웅동체(hermaphrodite)**이다. 즉, 암수 생식기관을 모두 갖는다. 이 동물은 타가수정(cross fertilization)을 한다. 즉, 한 개체의 음경을 다른 개체의 생식공에 삽입한 후 서로 정자를 전달한다. 수정란은 2~3주 후에 아주 작은 벌레로 부화한다.

기생성 편형동물은 촌충류와 흡충류의 두 개의 강(class)에 속한다. 촌충 성충은 사람을 비롯한 다양한 척추동물의 내부기생충(endoparasite)이다(그림 19.11*a*). 크기는 수 mm에서 거의 20 m에 이르기까지 다양하다. 촌충은 두절(scolex)이라고 하는 잘 발달된 체전반부를 가지고 있다. 두절에는 숙주의 장벽에 부착하기 위한 갈고리와 흡반이 있다. 두절 아래에는 암수 생식기관을 완전하게 갖춘 편절이라고 하는 생식단위가 연이어져 있다. 수정 후에는 편절 속의 생식기관이 퇴화되고 편절이 성숙란으로 가득 채워진다. 충란, 또는 성숙 편절이 숙주의 분변을 통해 외부로 배출된다.

흡충류는 모두 다양한 척추동물의 내부기생충이다. 흡충류의 앞쪽 끝에는 1개의 구흡반이 있으며, 숙주 부착용 흡반이 최소 1개 이상 있다. 흡충류는 일반적으로 이들이 서식하는 기관에 따라 명명한다. 예를 들어 주혈흡충, 간흡충, 폐흡충이 있다. 성충은 작고(길이 약 2.5 cm), 인간 숙주 내에서 수년간 살 수 있다(그림 19.11*b*). 주혈흡충(*Schistosoma* spp.)은 중동, 아시아, 아프리카에 만연되어 있다. 매년 수억 명이 주혈흡충증으로 치료를 필요로 한다.

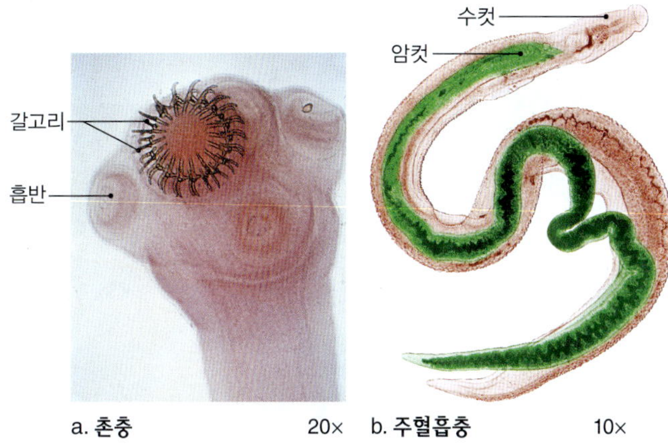

그림 19.11 기생성 편형동물.
a. 촌충은 앞쪽 끝 부분에 갈고리와 흡반이 있어서 장의 벽에 부착할 수 있다. **b.** 주혈흡충은 자웅이체이며, 주혈흡충증을 일으킨다.
(a): ©C. James Webb/Phototake; (b): ©NIBSC/SPL/Science Source

연체동물

연체동물(molluscs; phylum Mollusca)은 완전한 소화계를 갖춘 진체강동물이다. 매우 거대하고 다양한 무리이지만, 모든 연체동물은 최소한 뚜렷하게 세 부분으로 구성된 몸을 가지고 있다. (1) 내장낭(*visceral mass*)은 내부 기관이 있는 부드러운 부분이다. (2) 발(*foot*)은 이동에 사용하는 강한 근육성 부분이다. (3) 외투(*mantle*)는 내장낭을 덮는 막성 또는 간혹 근육성 덮개이지만, 완전히 감싸지는 않는다. 또한 외투강(*mantle cavity*)은 두 겹의 외투 사이의 공간이다. 외투는 패각(*shell*)이라고 부르는 외골격을 분비하기도 한다. 또 다른 특징으로 강판이나 혀와 유사한 치설(*radula*)이 흔히 나타난다. 치설은 많은 치아가 열을 지어 형성된 기관이며, 먹이를 얻는 데 이용된다(그림 19.12).

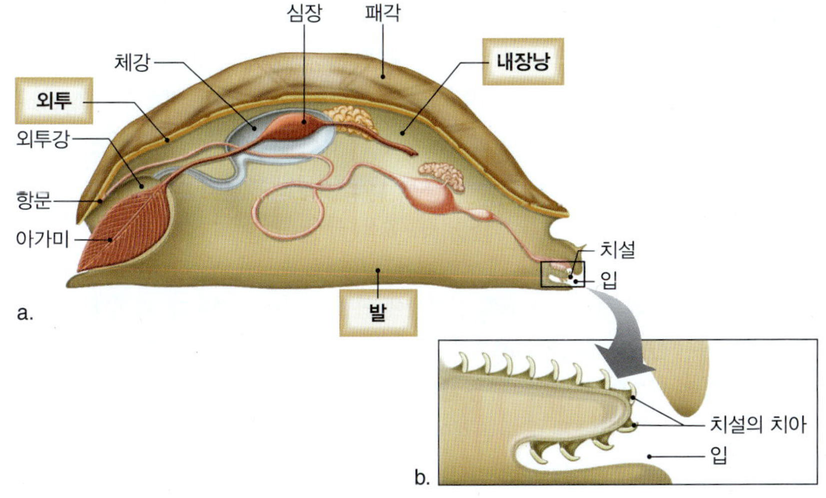

그림 19.12 연체동물의 신체구조.
a. 연체동물의 몸은 근육성 발, 내장낭 및 외투의 세 부분으로 구성된다. **b.** 구강 내에는 뒤쪽으로 기울어진 미세한 치아가 열을 지어 형성된 치설이라는 혀와 유사한 기관이 있다.

그림 19.13 연체동물의 다양성.
위: 달팽이(왼쪽)와 군소(오른쪽)는 복족류이다. 중앙: 문어(왼쪽)와 앵무조개(오른쪽)는 두족류이다. 아래: 가리비(왼쪽)와 홍합(오른쪽)은 이매패류이다.

(Land snail): ©Ingram Publishing/Superstock; (Nudibranch): ©Photodisc/Getty Images; (Octopus): ©Martin Strmiska/Alamy Atock Photo; (Nautilus): ©bluehand/Shutterstock; (Scallop): ©Stephen Frink/Getty Images; (Mussels): ©Michael Lustbader/Science Source

복족류(gastropods; '위장에 발이 달린')는 군소류, 소라류, 달팽이류를 포함한다. 배쪽에 납작한 발이 있으며, 발에 분포한 근육을 수축하여 이동한다(그림 19.13). 많은 복족류는 치설을 이용하여 표면에서 먹이를 긁어내는 초식성이다. 육식성인 종들은 먹이를 얻기 위해 치설을 이용하여 조개껍질(bivalve shell) 등의 표면을 뚫는다. 육상 달팽이류는 외투에 혈관이 풍부하게 분포하여 폐의 역할을 한다.

두족류(cephalopods; '머리에 발이 달린')는 문어, 오징어 및 앵무조개를 포함한다. 발이 머리 주위에서 촉수로 진화되었다(그림 19.13). 촉수로 먹이를 붙잡고 강력한 부리와 치설을 이용하여 먹이를 찢는다. 두족류는 잘 발달된 신경계와 복잡한 감각기관을 갖는다. 뇌는 신경절이 융합되어 있고, 뇌로부터 나온 신경이 신체 여러 부위로 연결되어 있다. 특별히 커다란 한 쌍의 신경이 외투의 급속한 수축을 조절하여 물의 제트 추진력을 통해 재빨리 이동할 수 있게 해준다. 두족류는 신속하게 이동하며 먹물샘에서 갈색 또는 검은색 색소를 분비하여 적을 피해 달아날 수 있다. 오징어와 문어의 눈은 잘 발달되어 각막, 수정체, 망막 및 홍채가 있으며, 척추동물의 눈과 비슷하다. 문어는 패각이 없으며 오징어는 피부 아래에 숨겨진 패각 잔유물만 남아 있다. 과학적 실험을 통해 특히 문어가 고도의 지능을 가진다는 것이 밝혀졌다.

조개, 굴, 가리비, 홍합은 패각이 두 장이므로 **이매패류(bivalves)**라고 한다(그림 19.13). 근육성 발이 패각에서 배쪽으로 돌출되어 있다. 일부 담수 같은 조개류의 경우, 탄산칼슘으로 된 패각에 진주의 모체가 되는 내층이 있다. 조개류는 여과섭식자이다. 먹이 입자와 물이 두 장의 패각 사이에 있는 뒤쪽 개구부인 입수공을 따라 외투강으로 들어간다. 점액 분비를 통해 먹이 입자가 아가미에 부착되면 섬모의 작용으로 이 먹이를 입으로 쓸어 담는다.

연체동물은 식량과 진주의 공급원으로서 경제적인 중요성을 갖는다. 조개의 외투와 패각 사이에 외부 이물질이 들어오면 주위에 패각의 동심원 층이 쌓여 진주가 만들어진다.

환형동물: 체절화된 동물

환형동물(annelids; phylum Annelida)은 체절화(*segmented*)되어 있으며, 이것은 지렁이의 몸을 둘러싼 고리처럼 외부에서 볼 수 있다. 액체로 채워진 잘 발달된 체강이 격벽(sepa)이라고 부르는 칸막이에 의해 분리되며, 체강은 이동을 돕는 정수 골격(hydrostatic skeleton)으로 이용된다. 환형동물의 경우, 완전한 소화 기관계를 갖는 체형을 가지고 있으며 이는 각 부위를 전문화하도록 만든다(그림 19.14). 예를 들어, 소화계에는 인두, 식도, 모이주머니, 모래주머니, 창자, 부속샘이 포함된다. 환형동물은 폐쇄순환계를 갖는데, 혈관은 신체에 광범위하게 이어지고 모든 체절에 분지되어 있다. 신경계는 각 체절의 신경절과 배쪽 신경삭에 연결된 뇌로 구성된다. 배설계는 대부분의 체절에서 신관(*nephridium*)으로 구성된다. 신관은 노폐물을 모아 체벽에 있는 개구부를 통해 외부로 배설하는 작은 관이다.

대부분의 환형동물은 바다 환경에 서식하는 다모류(체절마다 많은 강모가 있음)이다. 강모는 부착과 이동을 돕는다. 참갯지렁이는 포식자이다. 인두의 한 부분에서 돌출된 1쌍의 강한 키틴질성 털을 이용하여 갑각류를 비롯한 작은 동물을 잡아먹는다(**그림 19.15*a***). 참갯지렁이는 눈을 비롯한 감각기관이 있는 머리가 잘 발달되어 포식활동에 활용한다. 다른 다모류로는 깔때기처럼 생긴 부채 모양의 촉수를 가진 고착성인 관갯지렁이가 있다. 섬모의 운동으로 물살을 일으켜 이에 휩쓸린 먹이 입자가 입을 향하여 이동시키는 역할을 한다(**그림 19.15*b***).

빈모류(체절마다 소수의 강모가 있음)에는 지렁이가 포함된다(그림 19.14 참조). 지렁이는 머리가 잘 발달되지 않았으며, 체벽에 습기를 유지하여 기체교환을 할 수 있도록 적절한 수분을 머금은 토양에 서식한다. 지렁이류는 분해자이다. 이들은 낙엽을 비롯하여 흙과 함께 입으로 흡입할 수 있다면, 살아 있는 것이든 죽은 것이든, 그 어떤 유기물이라도 섭취한다.

거머리류는 강모가 없지만 다른 환형동물과 동일한 체형을 갖는다. 대부분은 담수에서 발견되지만 일부는 해양, 심지어는 육상에서도 관찰된다. 의료용으로 이용되는 거머리는 길이가 20 cm나 되지만, 대개는 이보다 훨씬 짧다. 거머리는 2개의 흡반을 가진다. 입 주위에 작은 흡반(전흡반)이 있으며, 몸 뒤쪽에도 큰 흡반(후흡반)이 있다. 일부 거머리는 자유생활을 하지만, 대부분은 액체 섭취자로서 주둥이나 턱을 이용하여 동물의 체표를 뚫고 강력한 인두를 이용하여 체액을 빨아들인다. 거머리는 혈액이 계속 흐르도록 만들 수 있으며, 타액(침)에 있는 강력한 항응고제인 히루딘을 이용하여 혈액응고를 방지한다. 이 분비물은 의료 분야에서 거머리의 잠재적인 유용성을 더해준다(**그림 19.15*c***).

입
인두
뇌
식도
체강
배쪽 신경삭
배쪽 혈관
심장
저정낭
생식대
모래주머니 (사낭)
신관
등쪽 혈관
모이주머니 (소낭)
항문
a.

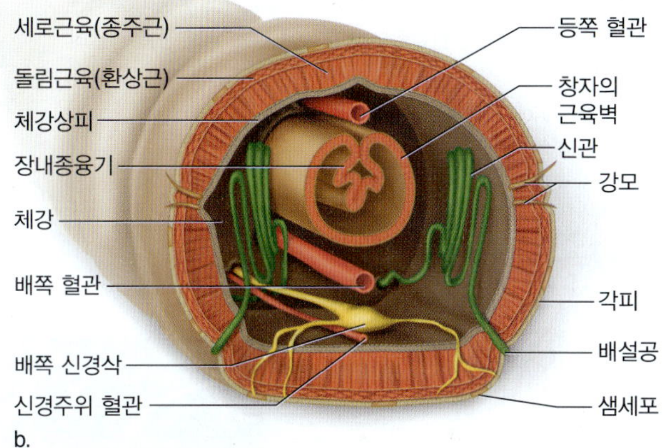

그림 19.14 지렁이의 해부구조.
a. 지렁이 앞 부위의 내부 구조. **b.** 지렁이의 횡단면.

a. 참갯지렁이

b. 꽃갯지렁이

c. 의료용 거머리

그림 19.15 환형동물.
다모류는 참갯지렁이**(a)**처럼 포식성이거나, 크리스마스트리갯지렁이라고도 부르는 꽃갯지렁이**(b)**처럼 관 속에서 서식한다. **c.** 의료용 거머리 역시 환형동물이며, 수술 후 조직에서 혈액을 제거하는 용도로 종종 이용된다.

(a): ©Sompraaong0042/Shutterstock; (b): ©hansgertbroeder/Getty Images; (c): ©Sergei Primakov/Shutterstock

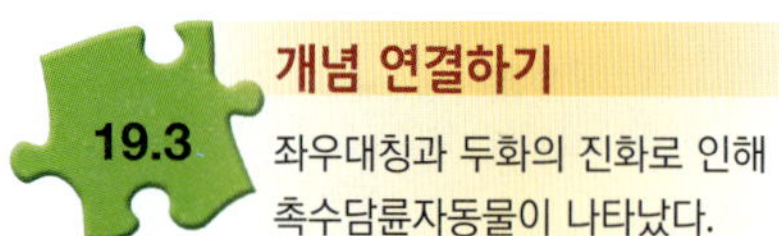

진도 점검하기 19.3

1. 편형동물, 연체동물, 환형동물을 촉수담륜자동물로 분류하는 이유를 설명하시오.
2. 전형적인 편형동물과 환형동물의 체형을 비교하시오.
3. 복족류, 두족류, 이매패류의 차이점을 요약하시오.

19.4 선형동물과 절지동물: 탈피동물

학습 목표

이 절을 학습한 후에는 다음 과제를 수행할 수 있어야 한다.

1. 탈피동물로 분류되는 특징을 열거하기.
2. 체형에 의거하여 선형동물과 절지동물을 구분하기.
3. 절지동물의 번성을 설명하기.

앞 절의 촉수담륜자동물과 마찬가지로 탈피동물(*ecdysozoans*)도 무척추 선구동물이다. 탈피동물이란 명칭은 이 동물들이 개체 성장을 위하여 반드시 벗어버려야 하는 외골격인 각피(cuticle)를 분비한다는 사실에서 유래된 것이다. 이러한 과정을 탈피(molting, 또는 *ecdysis*)라고 한다. 탈피동물은 선형동물과 크게 번성한 절지동물로 구성된다.

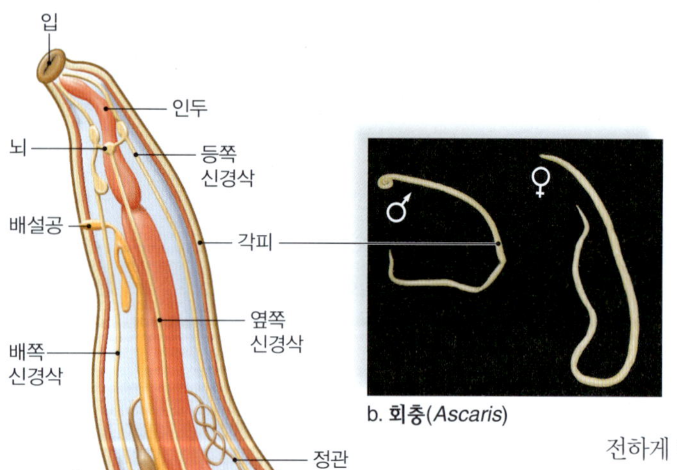

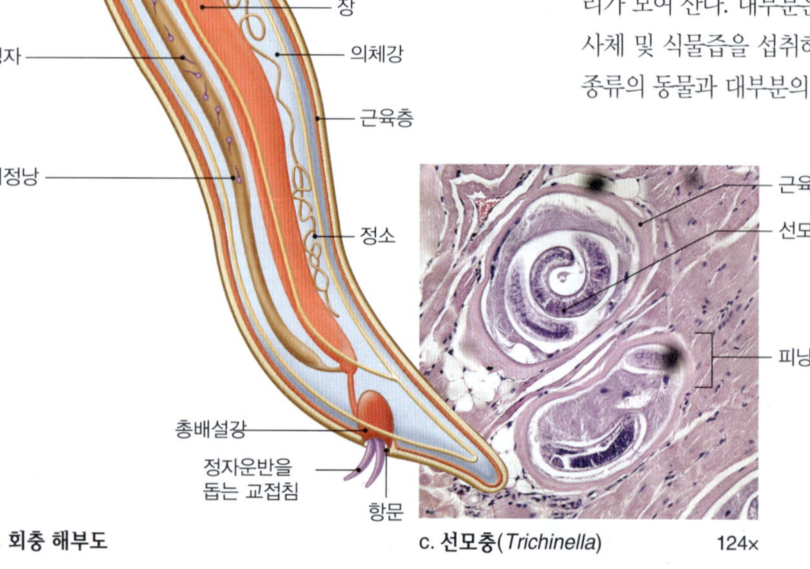

그림 19.16 선형동물의 해부구조.
a. 선형동물인 회충(*Ascaris*). **b.** 회충과 같은 선형동물은 의체강과 완전한 소화관(입과 항문이 있음)을 가지고 있다. 자웅이체이며, 그림은 수컷이다. **c.** 선형동물인 선모충(*Trichinella*)의 유충이 골격근 섬유를 뚫고 들어가 근섬유로부터 형성된 피초 내에 둥글게 말려 있다.

(b): ©Ricochet Creative Productions, LLC; (c): ©D. Kucharski K. Kucharska/Shutterstock

선형동물: 의체강동물

선형동물(**roundworms**; phylum Nematoda)은 비체절성 동물이며, 부드러운 체외벽을 갖는다. 이들은 중배엽에 의해 불완전하게 감싸인 의체강을 갖고 있다(그림 19.7 참조). 액체로 채워진 의체강은 근육 수축을 돕고 유연성을 증가시킨다. 입과 항문이 모두 존재하므로 소화기관계는 완전하게 발달되어 있다(그림 19.16). 선형동물은 일반적으로 무색이고 길이는 5 cm 이하이다. 바다, 담수 및 토양 등 거의 모든 환경에서 서식하며, 좁은 지역에 수천 마리가 모여 산다. 대부분은 자유생활을 하며 조류(algae), 진균류(fungi), 미세한 동물, 사체 및 식물즙을 섭취하여 농작물에 막대한 피해를 준다. 기생성 선형동물은 모든 종류의 동물과 대부분의 식물에서 혐기성으로 살아간다. 일부 기생성 선형동물은 사람을 감염시킨다.

인체기생충인 회충(*Ascaris lumbricoides*)의 암컷은 번식력이 뛰어나 매일 20만 개 이상의 알을 낳는다. 알은 숙주의 분변과 함께 배출되고 적절한 조건에서는 2주일 내에 유충으로 발달한다. 알은 익히지 않은 채소, 손가락에 묻은 흙 또는 분변물질을 통해 인체로 들어간 후 소장에서 부화한다. 유충은 순환계로 들어가 심장과 폐로 운반된다. 폐에서 기관(trachea)으로 이동한 유충은 삼켜져서 결국 장에 도달한다. 여기에서 성숙한 유충은 장 내용물을 섭취하기 시작한다.

선모충증(*trichinosis*)은 미국에서 드물게 관찰되는 상당히 심각한 인체감염증이다. 선모충 암컷은 숙주의 소장 벽을 파고들어 살아 있는 유충을 낳는다. 유충은 혈류를 따라 골격근으로 이동하여(그림 19.16c) 피낭을 형성한다. 성체가 소장을 침범하면 소화계 장애, 피로 및 발열이 생긴다. 유충이 피낭을 형성한 후에는 관절통, 근육통 및 피부 가려움증 등의 증상이 나타난다. 감염된 육류를 먹은 사람이 이 질병에 걸린다.

상피병(*elephantiasis*)은 사상충(filarial worm)이라는 선형동물에 의해 발병한다. 사상충은 모기를 2차 숙주로 이용한다. 성체가 림프관에 서식하기 때문에 림프액의 복귀가 지연되어 감염된 사람의 팔다리가 엄청나게 부어오르며, 심하면 코끼리의 팔다리와 비슷해진다. 모기가 감염환자를 물 때,유충이 새로운 숙주로 운반될 수 있다.

그 밖의 선형동물 감염이 흔하게 나타난다. 아이들은 자주 요충에 감염되며 구충(십이지장충, hookworm)은 전 세계에 분포한다. 구충은 장벽에 부착하여 혈액을 섭취하기 때문에 구충에 감염되면 숙주가 아주 허약해진다. 철저한 위생, 적절한 오물 처리, 육류 조리와 애완동물의 정기적인 구충을 시행하면 대개 기생성 선형동물 감염을 예방할 수 있다.

절지동물: 관절을 가진 부속지

절지동물(**arthropods**; phylum Arthropoda)은 매우 다양하다. 지금까지 100만 종 이상이 발견되고 기재되었지만, 일부 전문가는 대부분 곤충인 현재 보다 더많은 절지동물이 발견될 것을 기대한다. 절지동물은 다음 여섯 가지 특징으로 인해 번성할 수 있었다.

1. 관절을 가진 부속지. 기본적으로 근육으로 움직이며 속이 비어 있는 관으로 된 관절을 가진 부속지(jointed appendage)가 이동, 먹이 탐색, 생식 등의 서로 다른 수단에 이용되도록 적응되었다(그림 19.17). 이러한 변형은 절지동물이 다양하게 진화하게 된 주원인이다.
2. 외골격. 단단하며 관절로 이루어진 외골격은 기본적으로 **키틴**(**chitin**)으로 이루어져 있다. 키틴은 강하고 유연한 질소-함유 다당류이다. 외골격은 보호, 건조 방지, 근육 부착 및 이동 등 많은 기능을 갖고 있다. 외골격은 단단하고 팽창성이 없기 때문에 절지동물은 더 크게 성장하기 위해서는 반드시 탈피를 해야 한다.
3. 체절화. 많은 종에서는 신체가 체절(segment)이라는 반복되는 단위로 이루어진다. 체절마다 관절지가 1쌍씩 있다. 나머지 다른 종에서는 체절이 유합되어 머리, 가슴, 배를 이룬다.
4. 잘 발달된 신경계. 절지동물은 뇌와 배쪽 신경삭을 갖는다. 머리에는 겹눈과 홑눈 등 다양한 종류의 감각기관이 있다. 또한 많은 절지동물이 잘 발달된 촉각, 후각, 미각, 균형 및 청각 능력을 갖고 있다. 절지동불은 다양한 복합행동과 의사소통을 할 수 있다.
5. 호흡기관의 다양성. 바다에 서식하는 종은 아가미를 이용하며, 육지 서식하는 종은 서폐(book lung, 거미류), 또는 기관(trachea)이라는 공기 관을 갖는다. 기관은 산소를 세포로 직접 운반하는 빠른 길로 작용한다. 순환계는 개방되어 있으며, 등쪽 심장이 신체에 널리 분포하는 다양한 동굴(sinus)로 혈액을 분출한다.

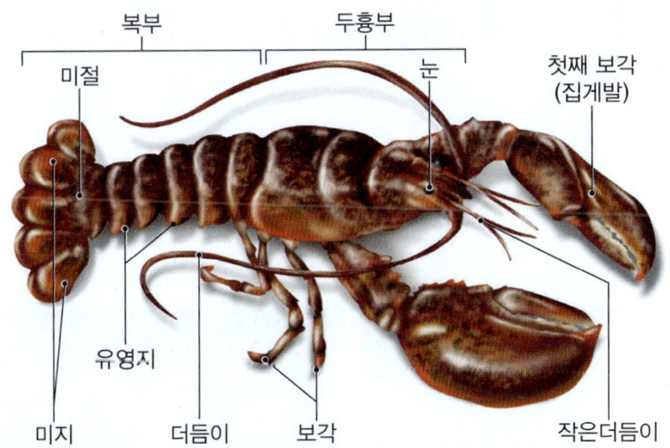

그림 19.17 절지동물의 체형.
바닷가재 등의 절지동물은 두흉부의 머리 부위에 다양한 부속지와 가슴 부위에 다섯 쌍의 보각(걷는 다리)을 갖고 있다. 생식과 유영에 사용하는 유영지라고 부르는 부속지는 복부에 붙어 있다. 미지와 미절이 부채 모양의 꼬리를 이룬다.

그림 19.18 **왕나비의 변태.**

a. 애벌레(유충)는 섭취하고 성장한다. **b.** 유충이 몇 차례 탈피를 한 후 고치를 짓고 번데기가 된다. **c.** 고치 안에서 유충의 기관 구조가 변화되어 성충으로 된다. **d, e.** 나비 성충은 고치에서 빠져나와 생식을 하며, 생활사가 다시 시작된다.

(a): ©Joe Pogliano/Getty Images; (b): ©PBNJ Productions/Getty Images; (c): ©McGraw-Hill Education/Ken Cavanagh, Photographer; (d): ©StevenRussellSmithPhotos/Shutterstock; (e): ©Stocksearch/Alamy Stock Photo

6. 변태. 많은 절지동물은 유충에서 성충으로 될 때에 형태와 생리적인 변화를 겪게 된다. 변태를 통해 유충이 다른 생활방식을 가지게 된다(**그림 19.18**). 예를 들어, 게의 유생은 플랑크톤 무리와 살면서 플랑크톤을 섭취하는 반면, 게의 성체는 바닥에서 서식하며 살아 있는 먹이를 잡거나 죽은 유기물을 청소한다. 나비와 같은 곤충의 경우, 송충이는 나뭇잎을 먹지만 성충은 즙을 섭취한다.

단단하고 두꺼운 외골격에서 명칭이 유래된 **갑각류(crustacean)**는 따개비, 새우, 바닷가재 및 게를 포함하는 대부분 바다에서 사는 절지동물 무리이다(**그림 19.19**). 가재 등의 일부 담수갑각류와 쥐며느리 등의 육상종도 있다. 갑각류의 해부구조는 매우 다양하지만 머리에는 대개 1쌍의 겹눈과 5쌍의 부속지가 있다. 처음 2쌍의 부속지는 각각 더듬이와 작은더듬이라고 부르며, 입 앞쪽에 위치하여 감각기능을 갖는다. 나머지 3쌍은 먹이 섭취에 이용되는 구기(입 부위)이다. 바닷가재의 경우 흉부에 5쌍의 보각(걷는 다리)이 있다. 첫 번째 보각은 집게발이다. 아가미(*gill*)는 보각 위쪽에 위치한다. 머리와 가슴은 두흉부로 유합되어 있으며, 위쪽과 양옆은 체절화되지 않은 갑각으로 덮여 있다. 대부분

그림 19.19 **갑각류의 다양성.**

a. 요각류는 긴 촉수를 이용하여 떠다니며, 깃털 같은 작은 턱으로 여과섭식을 한다. 새우(**b**)와 게(**c**)는 십각류이며, 다섯 쌍의 보각을 갖는다. 새우는 게보다는 가재와 더 닮았다. 게는 복부가 축소되어 있다. 바다 새우는 요각류를 섭식한다. **d.** 거북목따개비는 긴 자루를 이용하여 물체에 부착한다. 따개비는 복부가 없으며 머리도 축소되어 있다. 가슴 부위의 다리를 뻗쳐 여과섭식을 한다. 따개비는 흔히 배, 부표, 전선 등의 인공물체에 붙어서 산다.

(a): ©Eric Grave/Science Source; (b): ©Ales Veluscek/Getty Images; (c): ©Sandy Franz/Getty Images; (d): ©L. Newman & A. Flowers/Science Source

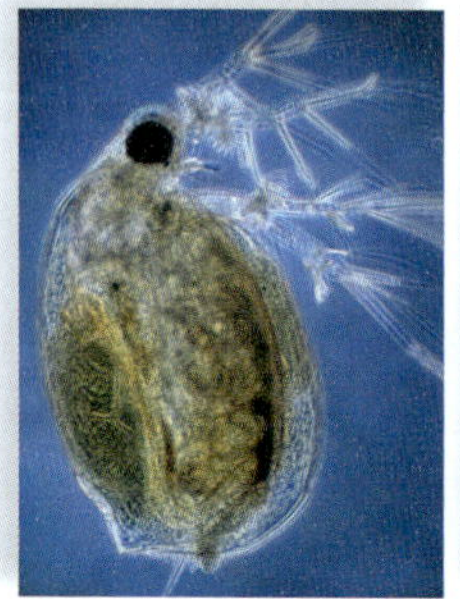

근육으로 된 복부 체절에는 작은 페달 모양의 유영지가 있다. 가장 끝의 두 마디에는 미지와 미절이 있으며, 이들이 부채 모양의 꼬리를 이루어 바닷가재를 뒤쪽으로 움직이게 한다(그림 19.17 참조).

갑각류는 먹이사슬에서 핵심적인 역할을 한다. 크릴새우로 알려진 미세 갑각류는 수염고래, 바닷새, 물개 등의 주요 먹이원이다. 일본 등 일부 국가는 식용으로 크릴새우를 포획한다. 요각류와 기타 소형 갑각류는 해양과 수생태계에서 1차 소비자이다. 많은 종의 바닷가재, 게 및 새우 등이 수산업에 있어서 중요하며, 일부 따개비류는 부두, 방파제 및 선박에 손상을 입히기도 한다.

절지동물 중에서 **거미류(arachnids)**는 거미, 전갈, 진드기(tick), 응애(mite) 및 장님거미 등을 포함한다(**그림 19.20**). 거미는 잘록한 허리가 있어서 두흉부와 복부가 분리된다(**그림 19.20*a***). 대부분의 거미는 먹잇감에 독소를 수입하여, 체외에서 소화시킨 후 위장으로 흡입한다. 거미는 그물 짓기부터 먹이 포획에 이르기까지 모든 목적에 명주실을 이용한다. 거미의 내부기관을 보면 이들이 육상 생활방식에 적응한 것을 알 수 있다. 말피기씨관은 직장샘과 연결되어 이온과 물을 재흡수한 후 비교적 건조한 질소노폐물(요산)을 배설한다. 내부 체벽이 함입되어 서폐(book lung)라는 구조가 형성된다. 서폐는 거미류의 호흡표면이다.

전갈은 가장 오래된 육상 절지동물에 속하고(**그림 19.20*b***), 수생환경에서 벗

그림 19.20 **절지동물의 다양성.**

a. 검정과부거미는 독성이 있으며 거미집을 짓는다. **b.** 전갈은 앞쪽에 커다란 집게발이 있으며, 긴 복부 끝에는 독을 지닌 찌름장치가 있다. **c.** 투구게는 북아메리카 동해안에 흔하게 분포한다. **d.** 노래기류는 대부분의 체절마다 2쌍의 다리가 있다. **e.** 지네류는 거의 모든 체절마다 1쌍의 부속지가 있다.

(a): ©Mark Kostich/Getty Images; (b): ©Nico Smit/Getty Images; (c): Source: U.S. Fish & Wildlife Service; (d): ©National Geographic Image Collection/Alamy Stock Photo; (e): ©frank60/Shutterstock

어난 첫 번째 절지동물의 직계 자손일 수 있다. 오늘날 전갈은 열대, 아열대 및 온대 지역에서 전 세계적으로 서식한다. 이들은 야행성이며, 낮에는 대개 통나무나 바위 아래에서 숨어 지낸다. 진드기와 응애는 기생충이다. 진드기는 척추동물의 혈액을 빨아먹으며, 때로는 록키산홍반열이나 라임병과 같은 질병을 전파하기도 한다. 털진드기 유충은 척추동물의 피부에서 피를 빨아먹는다.

투구게가 거미류와 같은 무리에 묶인 이유는 첫 번째 부속지 쌍이 섭식과 방어에 이용되는 집게발 구조로 되어 있기 때문이다. 투구게는 섭식과 감각기관으로 이용하는 다리수염과 4쌍의 보각을 갖고 있다(그림 19.20*c*). 투구게는 의학에서 지대한 관심을 끈다. 투구게의 혈액 세포 추출물은 백신에 세균독소가 없음을 확인하는 목적으로 이용된다. 투구게에서 추출한 여러 화합물은 항생제, 항바이러스제 및 항암제 개발을 위해 조사되고 있다.

노래기류(그림 19.20*d*)는 대부분의 체절에 2쌍의 다리가 있고 채식성인 반면, 지네류(그림 19.20*e*)는 체절마다 1쌍의 부속지가 있고 육식성이다. 이들의 머리 부속지는 절지동물 중에서(그뿐 아니라 모든 동물 중에서) 가장 큰 집단인 곤충의 머리 부속지와 유사하다.

곤충(insects)은 그 숫자가 매우 많고(100만 종을 훨씬 넘음) 매우 다양해서 이 한 집단에 대한 연구가 곤충학이라고 부르는 생명과학의 주요 전공을 이룬다(그림 19.21). 일부 곤충은 뚜렷한 행동적응을 보인다. 대표적인 예로는 벌, 개미, 흰개미를 비롯한 사회성 곤충의 사회 체계가 있다.

그림 19.21 곤충류의 다양성.
현재 100만 종 이상이 동정되었지만 과학자들은 더 많은 종이지구상에 존재할 것이라고 추정한다.

(cottony cushion scale): ©Nancy Nehring/Getty Images; (snout beetle): ©Ricardo de Paula Ferreira/Shutterstock; (Housefly): ©INSADCO Photography/Alamy Stock Photo; (Green lacewing): ©InsectWorld/Shutterstock; (Walking stick): ©KeithSzafranski/Getty Images; (Honeybee): ©Daniel Prudek/Shutterstock; (Flea): ©Daniel Cooper/Getty Images; (Aedes mosquito): Source: USDA; (Dragonfly): ©stephanmorris/iStockphoto/Getty Images; (Grasshopper): ©David Moyer; (Luna moth): ©Charles Brutlag/Shutterstock

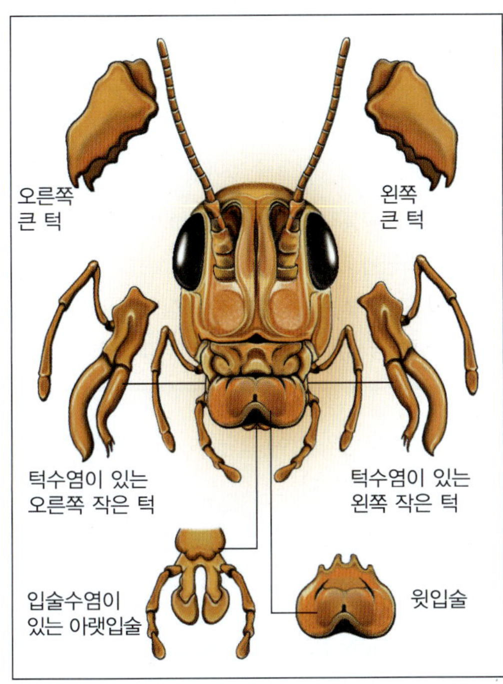

그림 19.22 메뚜기의 구기.

메뚜기의 구기(입 부위)는 씹기에 적합하도록 특수화되어 있다. 곤충의 구기는 종마다 자신의 먹이에 적응되어 있다.

곤충은 비록 일부가 수생 서식지로 이차적으로 침범해 가기는 하지만, 활발한 육상생활에 적응되어 있다. 몸은 두부, 흉부 및 복부의 세 부분으로 나뉜다. 두부에는 보통 1쌍의 더듬이, 1쌍의 겹눈 및 몇 개의 홑눈이 있다. 구기는 종에 따른 특별한 생활방식에 적응되어 있다. 메뚜기의 구기는 씹는 형(그림 19.22)이고, 나비는 꽃에서 즙을 빨아들이는 긴 관을 갖고 있다. 복부에는 대부분의 내부기관이 있다.

흉부에는 3쌍의 다리가 있으며, 날개는 1~2쌍이거나 없다. 날개는 적으로부터 도피하기, 먹잇감 찾기, 짝짓기 및 자손 퍼뜨리기 등의 수단이 되어 곤충의 생존 능력을 증가시킨다. 곤충의 외골격은 대다수의 다른 절지동물에 비해 가볍고 키틴 함유량이 적다. 수컷은 정자를 암컷에게 전달하는 음경을 갖고 있다. 메뚜기의 경우처럼 암컷은 수정란을 낳기 위한 산란관을 가질 수도 있다. 나비와 같은 일부 곤충은 형태가 완전히 변하는 완전변태를 한다(그림 19.18 참조).

개념 연결하기

탈피동물에는 편형동물과 지구에서 가장 번성한 동물인 절지동물이 포함된다.

연관

왜 모기는 질병매개체로 알려져 있을까?

이집트 모기(*Aedes egypti*) 같은 많은 수의 모기들은 인간의 질병 매개체이다. 매개체는 개체 사이에서 질병을 전파한다. 모기가 직접적으로 질병의 원인은 아니지만 병원균(원생동물, 바이러스, 박테리아)을 개체 사이에서 이동시킨다. 지카바이러스, 치쿤구니야열, 댕기열, 말라리아 모두는 모기를 매개체로 한다.

진도 점검하기 19.4

1. 앞서 살펴본 동물에서는 볼 수 없었던 회충의 두 가지 형태학적 특징을 서술하시오.
2. 절지동물의 여섯 가지 주요 특징을 나열하시오.
3. 곤충이 지구에서 가장 수효가 많고 다양한 무리인 이유에 대해 논의하시오.

19.5 극피동물과 척삭동물: 후구동물

학습 목표

이 절을 학습한 후에는 다음 과제를 수행할 수 있어야 한다.

1. 극피동물과 척삭동물의 공통적인 특징을 인식하기.
2. 극피동물의 분명한 특징을 기술하기.
3. 무척추 척삭동물과 척추 척삭동물의 분명한 특징을 기술하기.
4. 척추동물 무리인 어류, 양서류, 파충류 및 포유류의 분명한 특징을 기술하기.

동물의 진화계통도에서 제시한 바와 같이(그림 19.4 참조) 후구동물(그림 19.6 참조)에는 극피동물과 척삭동물이 포함된다.

극피동물

극피동물(echinoderms; phylum Echinodermata)은 바다 불가사리와 성게를 대표적으로 하는 무척추동물문이다(그림 19.23). 극피동물에게 사람 등의 척추동물과 연관된 특징이 없다는 점은 놀라운 일일 수 있지만, 모든 무척추동물 중에서 극피동물이 척삭동물과 가장 가까운 유연관계를 갖는다(그림 19.4 참조). 이는 척추동물과 같이 극피동물은 후구동물이다.

하지만 여러 개의 뚜렷한 차이가 있다. 예를 들어 극피동물은 주로 좌우대칭

a. 바다나리(왼쪽), b. 갯고사리(오른쪽)

c. 해삼

d. 거미불가사리

e. 성게(왼쪽), f. 연잎성게(오른쪽)

그림 19.23 극피동물의 다양성.
a. 바다나리는 운동성이 없지만**(b)** 갯고사리는 이동이 가능하다. 이들은 보통 산호나 해면에 붙어 고착생활을 하면서 플랑크톤을 섭취한다. **c.** 해삼의 몸은 입 주위에 있는 섭식용 촉수를 제외하고는 오이를 닮은 긴 가죽처럼 생겼다. **d.** 거미불가사리의 길고 유연한 팔은 중심판에서 방사상으로 뻗어 있다. **e.** 성게와 **(f)** 연잎성게는 가시가 있어서 이동, 방어 및 굴착에 이용한다.

(a): ©Borut Furlan/WaterFrame/Getty Images; (b): ©Reinhard Dirscherl/WaterFrame/Getty Images; (c): ©Andrey Nekrasov/Alamy Stock Photo; (d): ©Diane Nelson; (e): ©Fuse/Getty Images; (f): ©Andrew J. Martinez/Science Source

이 아니라 방사대칭이다(그림 19.23). 이들의 유생은 자유유영을 하는 여과 섭식자이며 좌우대칭이지만, 변태를 통해 방사대칭인 성체가 된다. 또한 극피동물 성체는 머리, 뇌 또는 체절이 없다. 입 주위에 원형으로 배열된 신경으로 이루어진 신경계는 방사상으로 바깥쪽으로 뻗어 있다.

극피동물은 수관계(water vascular system)에 의존하여 이동한다(그림 19.24). 불가사리의 경우, 물이 체판(또는 천공판)을 통해 수관계로 들어간 후, 여러 관족(tube feet) 안으로 분출되어 관족이 확장된다. 관족이 물체 표면에 접촉하면 중앙부가 수축되고, 흡입력이 생겨 관족이 표면에 부착하게 된다. 불가사리는 많은 관족의 확장과 수축을 반복함으로써 천천히 이동한다.

극피동물은 복잡한 호흡계, 배설계 및 순환계가 없으며, 체강 안의 액체와 수관계가 이러한 기능을 수행한다. 예를 들어 기체교환은 피부 아가미와 관족을 통하여 이루어지며, 질소노폐물은 체강액과 체벽을 통해 확산된다.

대부분의 극피동물은 바닷물이나 바닥의 유기물을 다양하게 섭취하지만, 불가사리는 갑각류, 연체동물을 비롯한 무척추동물을 포식한다. 인간의 관점에서 보면 불가사리는 굴과 조개를 잡아먹기 때문에 막대한 경제적 손실을 초래한다. 그러나 불가사리는 여러모로 중요하다. 많은 생태계에서 극피동물은 어류와 해달의 먹이이며, 과학자들은 발생학 연구에 극피동물을 즐겨 사용한다.

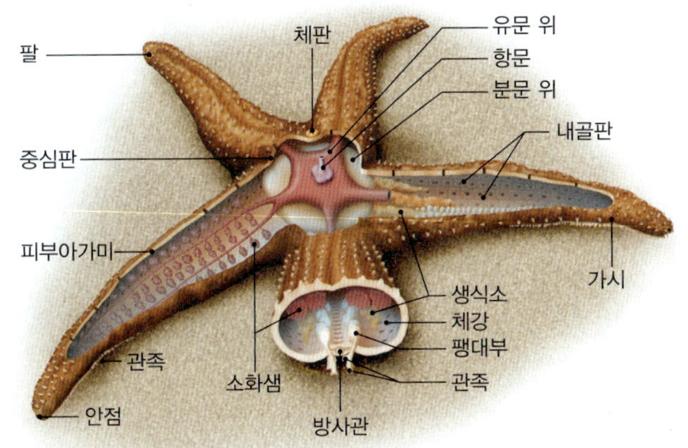

그림 19.24 불가사리의 해부구조.
불가사리를 포함한 대부분의 극피동물은 성체기에는 방사대칭이다.

척삭동물

척삭동물(chordates; phylum Chordata)은 일생의 특정 시기에 그림 19.25에 묘사된 네 가지 특징을 보인다.

1. **척삭(notochord)**이라고 부르는 **등쪽 지지대**(*dorsal supporting rod*). 척삭은 신경삭 바로 아래에서 몸 뒤쪽으로 분포한다. 척추동물은 연골 또는 뼈로 이루어진 내골격을 갖는데, 발생과정 중 척삭을 내세한 척주(vertebral column)도 이에 포함된다.
2. **등쪽 관상 신경삭**(*dorsal tubular nerve cord*). **관상**(*tubular*)이란 신경삭이 액체로 채워진 관을 갖는다는 것을 의미한다. 척추동물에서는 척추뼈(vertebrae)가 신경삭을 보호한다. 따라서 척추뼈가 척추(spine)를 형성하기 때문에 척수(spinal cord)라고 부른다.
3. **인두낭**(*pharyngeal pouch*). 이 구조는 대부분의 척추동물에서 오로지 배 발생기에만 볼 수 있다. 무척추 척삭동물, 어류 및 일부 양서류 유생의 경우 인두낭은 기능적인 아가미로 발달한다. 입과 인두로 들어온 물은 아가미열을 통해 나가며, 아가미궁이 아가미열을 지지해준다. 폐로 호흡하는 육상 척추동물에서는 인두낭이 다양한 목적에 맞게 변형되어 있다. 사람의 경우, 첫 번째 인두낭 쌍이 귀를 이루는 관으로 발달한다. 두 번째 인두낭 쌍은 편도로 발달하며, 3~4번째 인두낭 쌍은 가슴샘과 부갑상샘으로 발달한다.
4. **꼬리**(*tail*). 꼬리가 항문 뒤로 뻗어 있기 때문에 **항문뒤쪽 꼬리**(*postanal tail*)라고 한다.

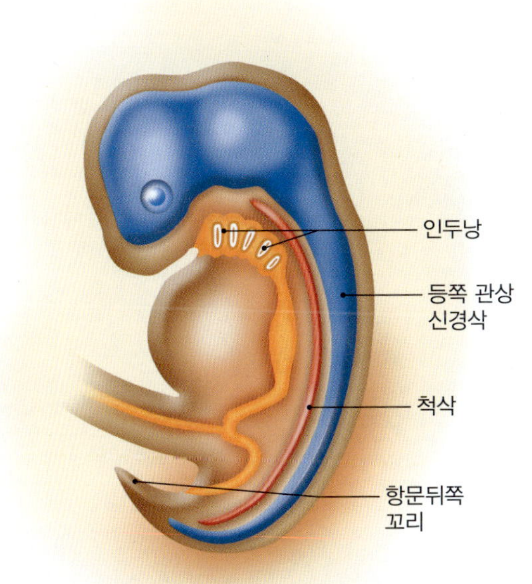

그림 19.25 척삭동물의 네 가지 특징.
피낭류에서 포유류에 이르는 모든 척삭동물은 일생의 어떤 시점에 이러한 특징을 공유한다.

무척추 척삭동물

소수의 무척추 척삭동물에서는 척삭이 척주로 대체되지 않는다. **피낭류(tunicates)**는 바다 바닥에 서식하며, 성체가 두터운 웅크린 주머니처럼 보이는 피낭(tunic)을

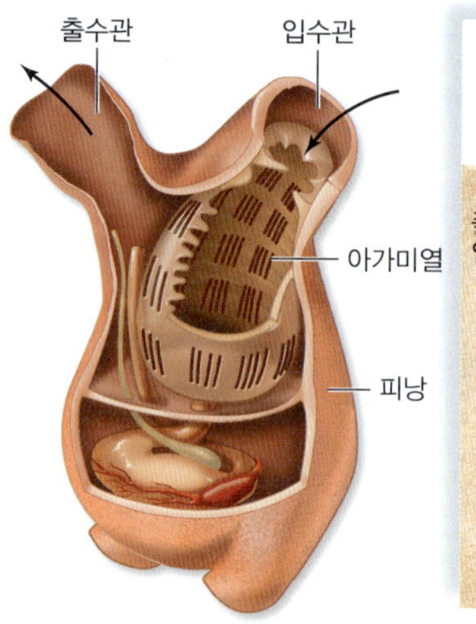

a.

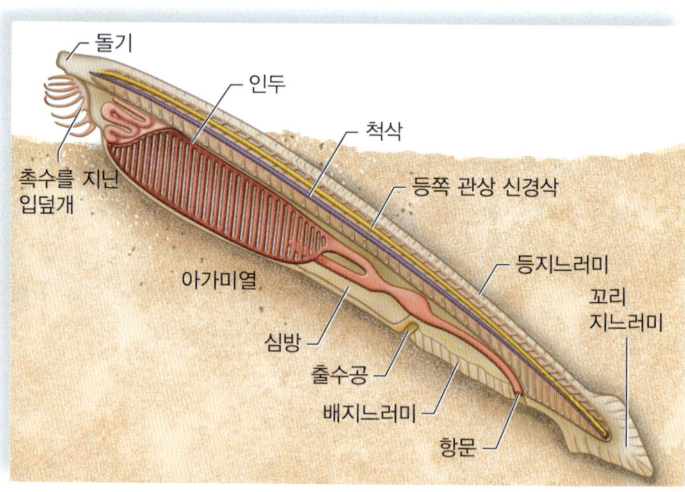

b.

그림 19.26 무척추 척삭동물.
a. 피낭류(바다물총)는 수많은 아가미열을 갖는다. 성체기에는 척삭동물의 특징 중 아가미열만이 유일하게 남는다. **b.** 창고기는 성체가 되어도 척삭동물의 네 가지 특징이 모두 남아 있다.

(a): ©Jung Hsuan/Shutterstock;
(b): ©BIOSPHOTO/Alamy Stock Photo

가지는 것 때문에 그 명칭이 유래되었다. 이들은 위협을 받으면 깔때기 중 하나로 물을 분출하기 때문에 바닷물총이라고 부르기도 한다(그림 19.26*a*). 피낭류 유생은 좌우대칭이며 척삭동물의 네 가지 특징을 가지고 있다. 변태를 통해 고착성 성체가 되면 수많은 섬모를 이용하여 물을 인두로 이동시키고 무수한 아가미열로 배출한다. 성체기에도 남아 있는 척삭동물 특징으로는 아가미열이 유일하다.

창고기류(lacelets)는 길이가 수 cm밖에 되지 않는 해산 척삭동물이다. 이들은 양날을 가진 작은 수술용 칼과 같은 작은 창 모양이다(그림 19.26*b*). 창고기류는 대부분의 해안을 따라 얕은 물에서 관찰되며, 대개 입과 아가미 도구만 외부로 드러낸 채 모래나 펄에 묻혀 있다. 이들은 입으로 흘러 들어가 아가미열을 통해 나오는 물을 여과하여 미세한 입자들을 섭취한다. 창고기류는 성체기에도 척삭동물의 네 가지 특징을 유지한다. 나아가 체절도 존재한다. 근육이 체절성으로 배열되어 있고 등쪽 관상 신경삭이 주기적으로 분지를 이루는 사실이 그 증거이다.

척삭동물들의 진화적인 경향

그림 19.27은 척삭동물의 진화계통수이며, 이 장의 나머지 부분에서 다루는 동물군을 미리 살펴볼 수 있다. 이 그림은 또한 각 동물군을 앞선 동물군으로부터 구분하는 주요 진화 경향 중 최소 한 가지를 제시하고 있다. 피낭류와 창고기류는 무척추 척삭동물이다. 이들은 척추뼈를 가지고 있지 않다. 척추동물에는 어류, 양서류, 파충류(조류 포함) 및 포유류가 포함된다.

척추동물은 배아 시기에 척삭동물의 네 가지 특징을 가진다(그림 19.25 참조). 배 발생기 동안 척삭은 일반적으로 척추뼈로 구성된 척주로 대체된다. 척삭의 흔적은

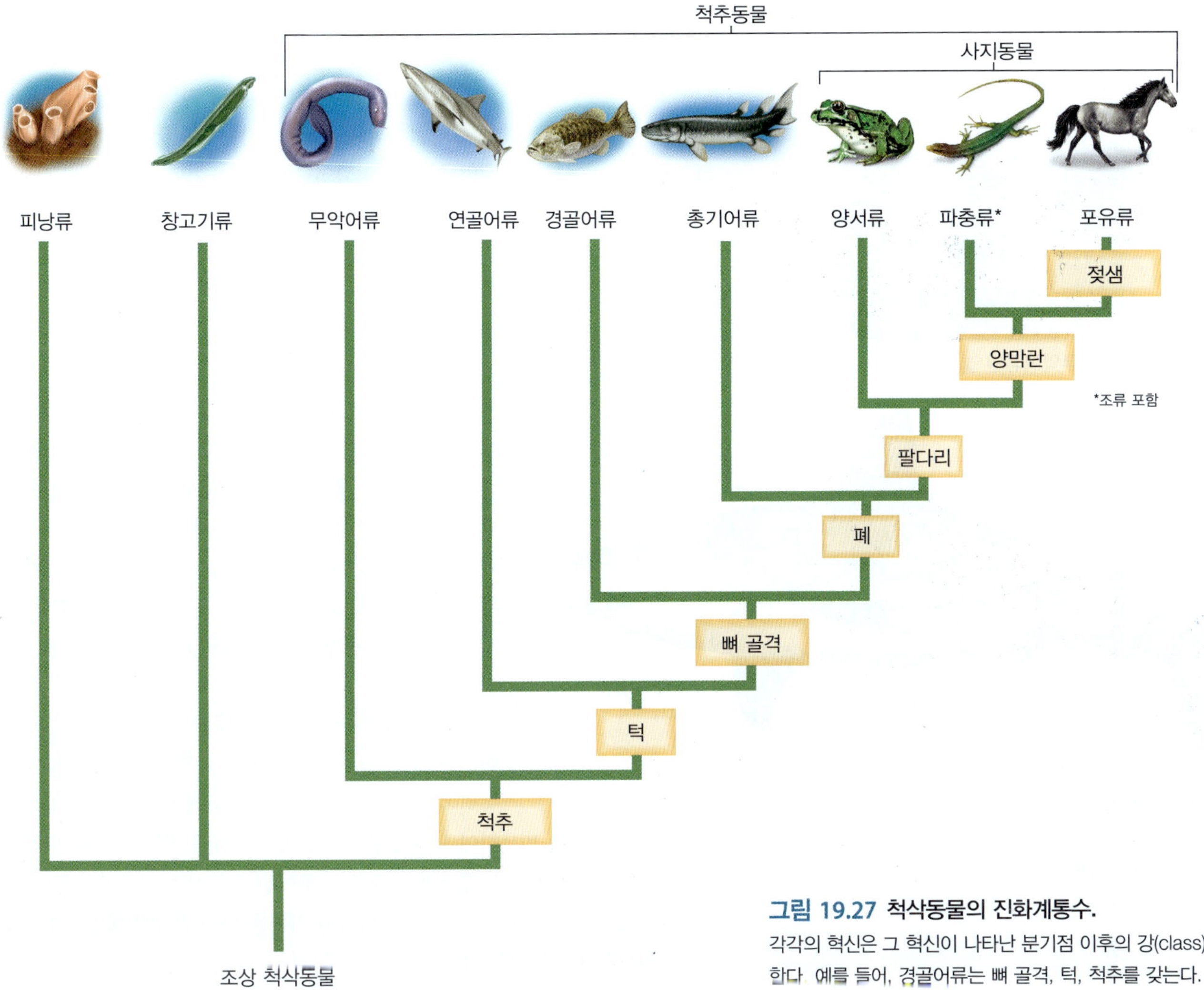

척추동물
사지동물
피낭류 창고기류 무악어류 연골어류 경골어류 총기어류 양서류 파충류* 포유류
젖샘
양막란
*조류 포함
팔다리
폐
뼈 골격
턱
척추
조상 척삭동물

그림 19.27 척삭동물의 진화계통수. 각각의 혁신은 그 혁신이 나타난 분기점 이후의 강(class)들이 공유한다. 예를 들어, 경골어류는 뼈 골격, 턱, 척추를 갖는다.

추간판에서 볼 수 있다. 추간판은 척추뼈 사이에 있는 압축성의 연골판이다. 척주는 유연하지만 강한 내골격의 일부이며, 척추동물이 체절화되어 있다는 증거이다.

비늘에 연골성 내골격과 일부 뼈가 있는 어류는 턱을 가진 첫 번째 동물이다. 초기 경골어류는 폐를 가졌다. 양서류는 최초로 관절지를 가지고 육지로 올라온 집단이다. 양서류의 전형적인 생활사에는 물속에서 사는 유생기가 포함된다. 그러나 양서류는 서식처가 다양하며, 대다수는 육상에서 번식한다. 파충류, 조류 및 포유류의 생식수단은 육상에 더욱 적합하다. 배 발생기 동안 양막과 기타 배외막이 존재한다. 이 막들은 배아가 스스로 먹이를 섭취할 수 있는 어린 새끼로 발육하는 동안 배아를 지원하는 데 필요한 모든 기능을 수행한다.

어류: 최초의 턱과 폐

최초의 척추동물은 무악어류이다. 이들은 물속에서 흔들흔들 움직이며 대양 바닥의 먹이를 흡입하였다. 오늘날 어류에는 무악어류, 연골어류 및 경골어류 등 3개의 강이 존재한다. 마지막 2개의 강에 속하는 어류는 치아를 가진 머리뼈인 턱을 갖고 있다. 턱은 아가미를 지지하는 구조물인 아가미궁의 첫 번째 쌍이 진화된 것으로 여겨진다(그림 19.28). 턱이 있기에 포식생활을 할 수 있다.

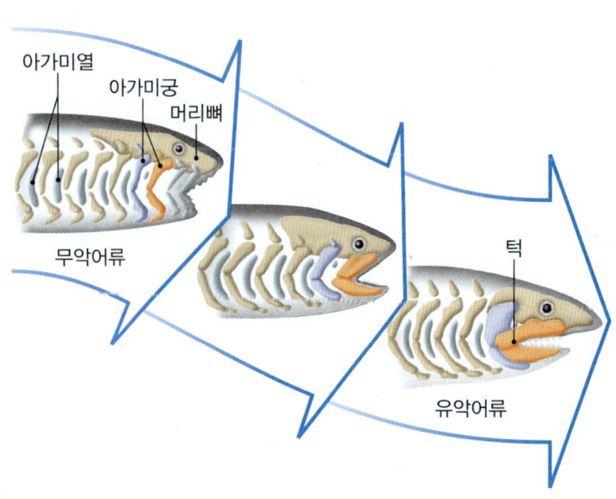

그림 19.28 턱의 진화. 턱은 조상 무악어류의 앞쪽 아가미궁에서 진화되었다.

그림 19.29 어류의 다양성.
a. 칠성장어는 무악어류이다. 치아가 있는 구판(oral disk)을 눈여겨보자. **b.** 상어는 연골어류이다.

(a): ©Frank Hecker/Alamy Stock Photo; (b): ©Ingram Publishing/Alamy Stock Photo

현재 살고 있는 **무악어류(jawless fishes)**를 대표하는 종은 원통형이며 길이가 1 m에 이른다. 이들은 부드럽고 비늘이 없는 피부를 가지며 턱이나 지느러미 쌍이 없다. 현존하는 무악어류의 두 가지 무리는 **먹장어류**(*hagfishes*)와 **칠성장어류**(*lampreys*)이다(그림 19.29*a*). 먹장어는 청소자로서 주로 죽은 물고기를 먹는 반면, 일부 칠성장어는 기생성이다. 기생성 칠성장어는 둥근 입이 빨판 구실을 한다. 다른 물고기에 부착한 후 자신의 순환계로 활용한다. 다른 모든 어류와는 달리 물이 입을 통해 들어와 아가미를 통해 배출되지 않는다. 그 대신 아가미구멍을 통해 물이 드나든다.

연골어류(cartilaginous fishes)로는 상어류(그림 19.29*b*), 가오리류 및 홍어류가 있으며, 경골 대신에 연골 골격을 갖는다. 작은 곱상어는 해부 실험용으로 종종 이용된다. 귀상어는 열대 및 온대 바다에 서식하는 아주 위험한 상어이다. 가장 거대한 상어인 고래상어는 작은 물고기와 해산 무척추동물을 포식하며 사람을 공격하지 않는다. 홍어와 가오리는 편평한 형태이며, 모래에 묻혀 지내면서 홍합과 조개를 포식한다.

상어와 가오리는 잘 발달된 세 가지의 감각을 활용하여 먹잇감을 찾는다. (1) 이들은 물속에서 전류를 감지하는 능력이 있다 — 동물의 근육 운동에 의해 생성된 것까지도 감지한다. (2) 이들을 비롯하여 모든 종류의 어류가 측선계를 갖는다. 신체의 양 측면을 따라 위치한 관 속에 있는 일련의 세포로 이루어진 측선계는 인근의 어류나 다른 동물이 헤엄칠 때 생기는 압력을 감지한다. (3) 이들은 냄새 감각이 예민하다 — 뇌에서 이 감각과 연관된 부위는 나머지 부위의 두 배나 된다. 상어는 115리터의 물에 있는 한 방울의 피도 감지해낼 수 있다.

경골어류(bony fishes)는 모든 척추동물 중 숫자가 가장 많고 다양하다. 농어, 송어, 연어 및 대구 등 식용 경골어류의 대부분은 **조기어류(ray-finned fishes)**이다(그림 19.30*a*). 균형을 잡고 추진하는 이들의 지느러미는 얇으며 뼈로 이루어진 침에 의해 지지된다. 조기어류의 생활방식은 다양하다. 청어 등의 일부 어류는 여과섭식자이고 송어 등은 기회성 섭식자이며, 그 밖에 피라냐와 바라쿠다 등의 포식성 육식동물도 있다.

조기어류는 물에 뜨는 작용을 하는 부레를 가진다(그림 19.30*b*). 이들은 부레에 기체를 집어넣거나 부레에서 기체를 흡수함으로써 비중을 바꾸면서 물속에서 위아래로 이동할 수 있다. 조기어류의 유선형 몸체, 지느러미 및 근육 운동은 모두 물속에서 이동하기에 적합하다. 이들의 피부는 경골성 비늘로 덮여 신체를 보호하지만 수분 손실을 막지는 못한다. 조기어류가 호흡할 때 입을 지나 아가미틈새로 물이 이동하여 아가미가 항상 축축하게 유지된다. 물이 아가미 위를 지날 때에 산소는 혈액으로 흡수되고 이산화탄소는 배출된다. 조기어류는 단일순환 순환계를 갖는다. 심장은 단순한 펌프이다. 혈액은 나누어지지 않은 심방과 심실을 포함한 방을 지나 아가미로 간다. 산소가 풍부한 혈액이 아가미에서 신체 부위로 갔다가 심장으로 돌아와 재순환한다.

경골어류의 또 다른 종류는 **총기어류(lobe-finned fishes)**이다. 고대 총기어류가 양서류로 진화하였다(그림 19.31*a*). 이들은 육상에서 이동에 적응할 수 있었던

a. 사자고기

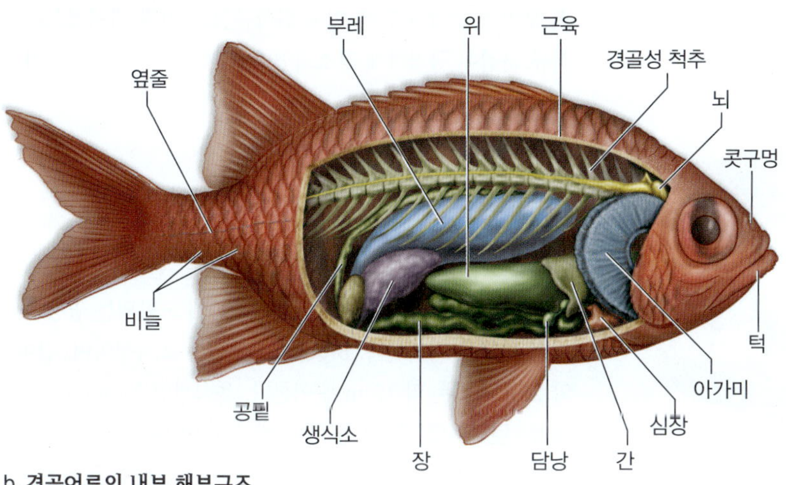

b. 경골어류의 내부 해부구조

그림 19.30 **경골어류.**
a. 조기 경골어류의 한 예인 사자고기. **b.** 조기어류의 내부 해부구조
(a): ©powerofforever/Getty Images

육질성 부속지뿐만 아니라 대부분 호흡에 이용하는 **폐(lung)**도 가지고 있었다.

양서류: 관절을 갖는 척추성 팔다리

육상 환경에서 사는 방법을 갖춘 최초의 척삭동물은 양서류이다. **양서류(amphibians)**라는 이름은 육상과 물속에서 모두 살 수 있음을 의미하며, 오늘날 개구리, 두꺼비, 영원, 도롱뇽 등이 있다. 양서류는 다양한 색을 가지고 있다. 일부 밝은 색채를 가진 종은 포식자를 병들게 하거나 죽이는 피부 독소를 지닌다. 일반적으로 이들의 색 패턴은 눈에 잘 띄지 않게 하여 보호적이다.

관절을 갖는 팔다리(*jointed limbs*; 그림 19.31*a*) 이외에도 양서류는 경골어류에서 볼 수 없는 다른 특징을 갖는다. 눈의 수분을 유지하기 위한 눈꺼풀, 소리를 내는 후두, 그리고 음파를 모을 수 있도록 적응된 귀 등이다. 이들의 뇌는 어류의 것보

다 크다. 양서류 성체의 폐는 대개 작다. 공기는 콧구멍을 통해 입으로 들어온 후, 입 바닥을 들어 올리면 상대적으로 작은 폐로 들어간다. 부드럽고 습하며 샘 모양의 피부를 통한 기체교환으로 호흡을 보충한다. 양서류의 심장은 단 3개의 방으로 이루어져 있어서, 4개의 방이 있는 포유류와 비교된다. 혼합된 혈액이 신체 모든 부위로 나가며, 일부는 피부로 가서 추가로 산소를 공급받는다.

양서류는 대부분 양서성 생활—물속의 유생기와 육상의 성체기—을 한다. 변태는 양서류의 뚜렷한 특징이지만, 일부에서는 나타나지 않는다. 일부 도롱뇽과 심지어 일부 개구리도 직접 발생한다. 성체는 생식을 위해 물로 돌아가지 않으며 올챙이 시기도 없다. 양서류에서는 매우 다양한 번식 전략을 관찰할 수 있다. 위-부화(gastric-brooding) 개구리의 경우 암컷이 20개 정도의 수정란을 삼킨 후, 이 알들이 위 속에서 발생한다. 이후 종에 따라 올챙이 또는 새끼 개구리 상태로 토해낸다. 양서류는 생활사의 엄청난 다양성으로 인해 육상 환경에서 성공적으로 군집을 이룰 수 있었다. 그러나 수질 오염과 농약과 같은 인공 화학물질로 인해 세계적으로 양서류 군집이 급격하게 감소되었다. 현재 많은 양서류 종이 멸종위기에 처해 있다.

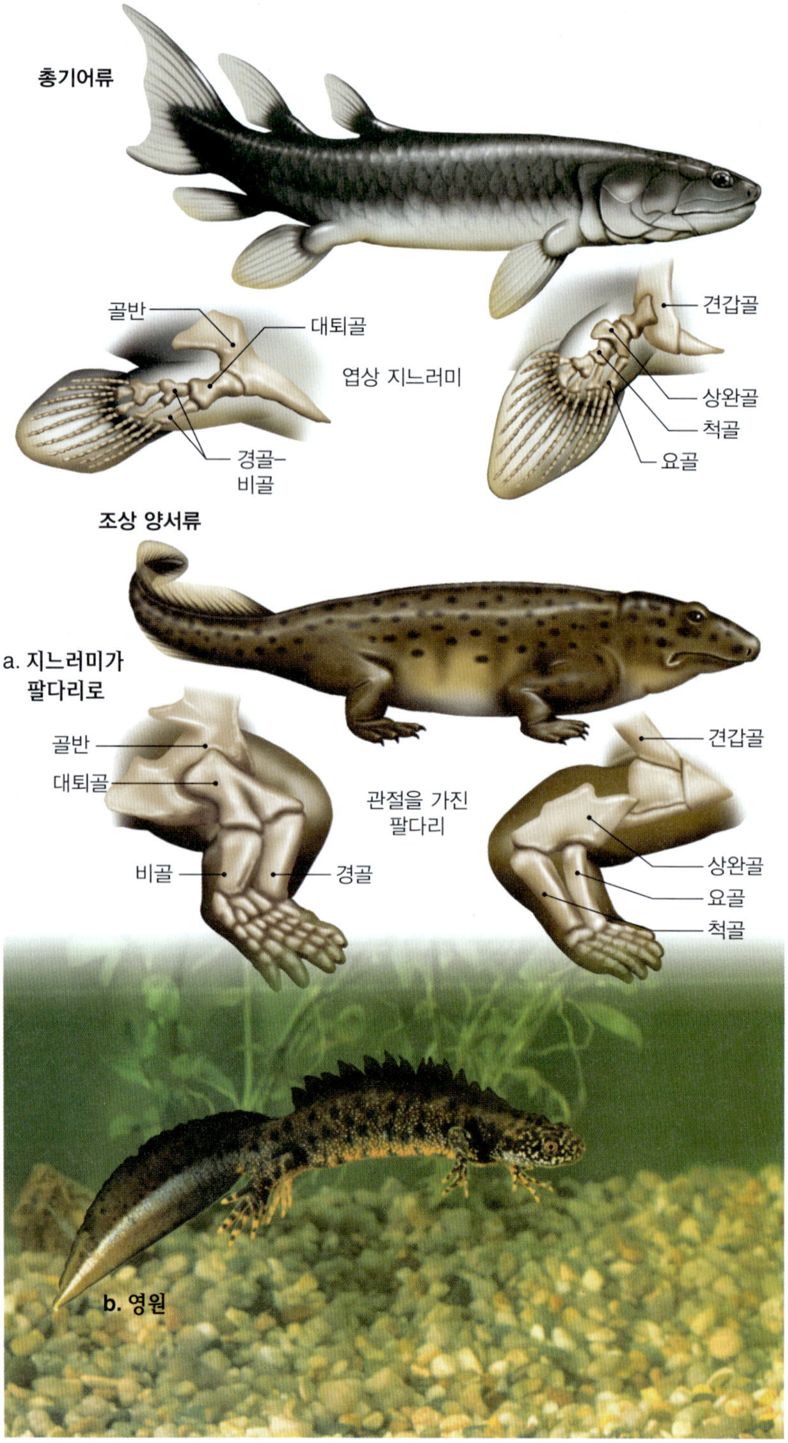

그림 19.31 양서류의 진화.
a. 양서류와 비교한 총기어류. 앞다리 뼈와 뒷다리 뼈의 위치가 바뀌어 몸을 들어 올리고 지지한다. **b.** 영원류(이 그림)와 개구리류는 현존 양서류이다.

(b): ©imageBroker/Alamy Stock Photo

파충류: 양막란

파충류(reptiles)는 다양하며 2억 4,500만 년 전에서 6,600만 년 전 사이에 가장 번성하였다. 파충류에 포함되는 공룡은 거대한 체구로 기억된다. *Brachiosaurus*는 초식성이며, 길이는 약 23 m, 키는 약 17 m에 이른다. 육식성인 *Tyrannosaurus rex*는 뒷다리로 일어섰을 때의 키가 5 m였다. 일부 파충류가 두발로 일어선 것이 조류에서 날개가 진화하게 된 사전적응이다.

현존하는 파충류는 거북, 악어, 뱀, 도마뱀 및 새(나중에 논의)를 포함한다. 전형적인 파충류의 몸은 단단한 각질성 비늘로 덮여 탈수와 포식자로부터 보호해준다. 파충류는 보호성 흉곽으로 둘러싸인 잘 발달된 폐를 갖는다. 대부분의 파충류 심장은 3개의 방으로 이루어져 있으며, 3번째 방은 종격에 의해 불완전하게 나누어져 있다. 이 때문에 산소가 풍부한 혈액과 산소가 적은 혈액이 여기에서 부분적으로 혼합된다.

파충류의 가장 뛰어난 적응은 육상생활에 적합한 생식 수단을 가진다는 점이다. 수컷의 음경은 암컷에게 정자를 직접 전달한다. 체내에서 수정이 이루어지고 암컷은 단단하고 질기며, 유연한 껍질을 가진 알을 낳는다. 양막란(*amniotic egg*, 그림 19.32)으로 인해 육상에서 발생이 가능하며, 발생 기간 중 수중환경으로 돌아갈 필요가 없어졌다. 양막란은 발생 중인 배아에 대기의 산소, 영양분 및 수분을 제공하며, 배아가 건조해지거나 손상되지 않도록 보호한다. 이러한 일은 융모막 등의 배외막이 있어서 가능하다.

어류, 양서류 및 파충류(조류 제외)는 외온성이다. **외온성(ectothermic)**은 체온이 외부 환경의 온도에 따라 변하는 것을 의미한다. 외부 온도가 차가우면 내부 체온도 떨어지고, 외부 온도가 높으면 내부 체온도 상승한다. 대부분의 파충류는 체온을 올려야 할 때에는 몸을 태양에 노출시키고, 체온을 낮춰야 할 때에는 그늘에 숨어서 체온을 조절한다.

깃털을 가진 파충류: 조류

조류(birds)는 악어와 공통조상을 가지며, 척추뼈로 된 꼬리, 발톱을 가진 발, 비늘 등의 특성으로 미루어 이들이 실제 파충류라는 것을 알 수 있다. 아마 닭다리에 있는 비늘을 본 적이 있을 것이다. 또한 새의 깃털(*feather*)은 실제로 파충류의 비늘이 변형된 것이다. 그러나 조류는 파충류의 혁질성 알보다는 단단한 껍질을 가진 양막란을 낳는다. 조류의 정확한 역사에 대해서는 아직도 논쟁 중이다. 그러나 최근에 중국 등의 지역에서 깃털이 있는 파충류가 발견되었다. 이 사실은 조류가 두발로 걷는 공룡과 아주 밀접하며, 조류를 파충류로 분류해야 한다는 것을 의미한다.

조류의 거의 모든 해부학적 특성은 비행 능력과 연관되어 있다(그림 19.33). 앞다리는 날개로 변형되었다. 매우 가벼운 뼈는 속이 비고 기강(air cavity)이 형성되어 있다. 각질성 부리는 치아가 있는 턱이 대체된 것이고, 가느다란 목으로 머리를 둥글고 아담한 몸통과 연결한다. 나뭇잎 모양의 폐는 앞쪽과 뒤쪽의 기낭(air sac)을 형성하므로 호흡의 효율성이 높다. 이들 기낭으로 인해 공기가 폐로 한 방향으로 이동하고, 기체가 지속적으로 호흡조직에서 교환될 수 있다. 기낭의 또 다른 장점은 체중을 가볍게 하여 비행에 도움을 준다는 것이다.

조류의 심장은 4개의 방으로 나누어져 있어서 산소가 풍부한 혈액과 산소가 적은 혈액이 완전히 격리된다. 조류는 **내온성(endothermic)**이며, 내부에서 열을 생산한다. 내온동물은 대사 열을 이용하여 내부 온도를 일정하게 유지할 수 있으며, 이것은 효율적인 신경계, 호흡계 및 순환계와 관련되어 있다. 또한 깃털로 단열도 가능하다. 조류는 방광이 없고, 요산을 반건조 상태로 배설한다.

조류는 예리한 시력과 잘 발달된 뇌를 갖는다. 이들의 근육 반사는 뛰어나다. 이러한 적응은 비행에 적합한 것이다. 뇌의 확장된 부위는 본능 행동과 연관된 부위로 보인다. 흔히 짝짓기 전에 의례적인 구애행동을 한다. 새로 부화한 새끼 새들은 둥지를 떠나 스스로 먹이를 구할 수 있기까지는 부모가 양육해야 한다. 주목할 만한 조류의 행동은 많은 종들이 아주 먼 거리를 계절적으로 이주하는 것이다. 새들은 날이 맑으나 흐리거나, 낮이거나 밤이거나, 태양과 별 및 심지어는 지구 자기장도 이용하여 길을 찾는다.

그림 19.32 양막란.
a. 새끼 미국악어가 알 껍질을 깨고 부화되고 있다. 이 껍질은 조류의 알과 같이 부서지지 않고 질기면서 유연하다. **b.** 알의 내부에서 배아가 배외막으로 감싸여 있다. 융모막은 기체 교환을 돕고, 난황낭은 양분을 공급하며, 요막은 노폐물을 저장하고, 양막 안에는 건조 방지와 보호 기능을 하는 액체가 들어 있다.

(a): ©Heinrich van den Berg/Gallo Images/Getty Images

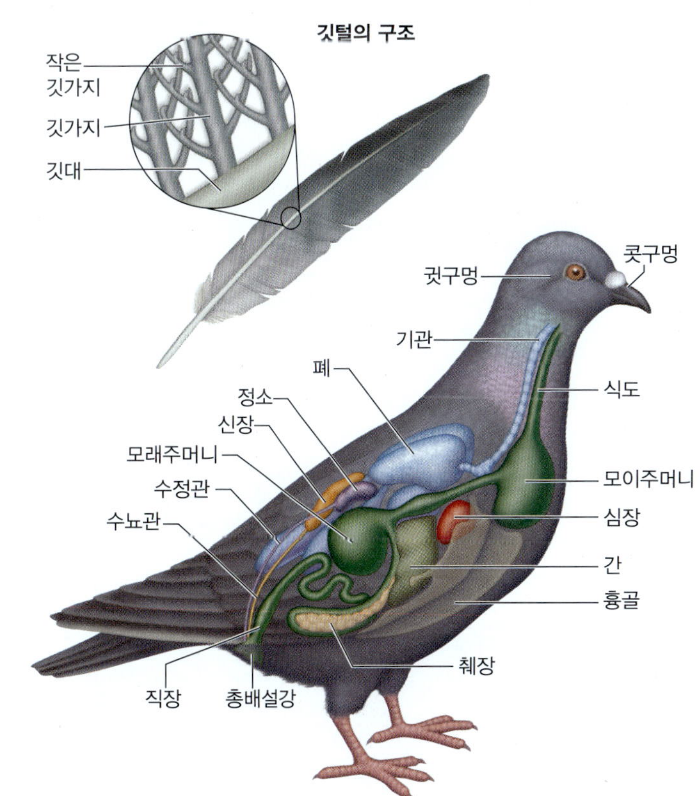

그림 19.33 비행에 잘 적응된 조류.
깃털과 뼈의 속이 비어 있는 것은 조류의 중요한 적응이다. 이 그림은 전형적인 새의 해부구조이다.

(photo): ©Tony Camacho/SPL/Science Source

a. **홍관조**, *Cardinalis cardinalis*

b. **홍학**, *Phoenicopterus ruber*

c. **흰머리수리**, *Haliaetus leucocephalus*

그림 19.34 조류의 부리.

a. 홍관조(*Cardinalis cardinalis*)의 부리는 견고한 씨앗을 부술 수 있다. **b.** 홍학의 부리는 아래쪽 부리 주변에 있는 강모를 이용하여 물에서 먹이를 걸러낸다. **c.** 흰머리수리의 부리는 먹이를 찢을 수 있다.

(a): ©Graeme Teague; (b): ©Kateryna Potrokhova/Getty Images; (c): ©Dale DeGabriele/Getty Images

전통적으로 조류의 분류는 특히 부리와 발의 형태를 기준으로 하며(그림 19.34), 서식처와 행동도 일부 고려하였다. 조류의 다양한 목(order)으로는 톱니 모양의 부리와 날카로운 발톱을 가진 맹금류, 길고 가느다란 탐색용 부리와 긴 기둥 같은 다리를 가진 물떼새류, 날카로운 끌처럼 생긴 부리와 움켜잡을 수 있는 발을 가진 딱따구리류, 물갈퀴가 있는 발과 넓은 부리를 가진 물새류, 지느러미로 변형된 날개를 가진 펭귄류, 걸터앉는 발을 가진 명금류 등이 있다. 현재는 유전학을 이용하여 조류 사이의 유연관계를 결정한다.

포유류: 털과 젖샘

포유류(mammals; class Mammalia)는 양막류이며, 따라서 파충류와 공통조상을 갖는다. 그러나 포유류의 진화 계통은 조류로 이어진 파충류 계통과는 다르다. 최초의 포유류는 트라이아스기(2억 5,100만 년~1억 9,960만 년 전)에 진화되었다. 이들은 생쥐 정도의 작은 크기였다. 공룡의 번성 등 여러 가지 요인으로 인해 포유류는 트라이아스기와 쥐라기(1억 9,960만 년~1억 4,550만 년 전)에는 거의 변화하지 않았다. 초기 포유류 무리의 일부는 아직도 단공류와 유대류로 이어진다. 그러나 이들은 모두 대부분의 환경에서 볼 수 있는 태반포유류만큼 풍부하지 않다.

포유류의 주요 특징 두 가지는 털과 젖을 생산하는 젖샘이다. 거의 모든 포유류는 내온동물이어서 내부 열을 생산한다. 포유류의 적응은 대부분 체온 조절과 관련되어 있다. 예를 들어 털은 열 손실을 막아주어 추운 날씨에도 활동성을 유지하도록 한다.

젖샘은 암컷이 먹이를 구할 때에도 새끼 곁을 떠나지 않고 돌볼 수 있게 해준다. 또한 양육을 통해 능력이 없는 어린 새끼를 확실하게 돌볼 수 있도록 어미와 새끼 사이의 유대가 형성된다. 대부분의 포유류 새끼는 암컷 생식계의 일부분인 자궁 내에서 일정기간 발달한 후 태어난다. 체내 발생으로 인해 암컷은 새끼가 성숙하는 동안에도 새끼를 보호하면서 활발하게 이동할 수 있다.

단공류(monotremes)는 포유류이지만, 조류처럼 **총배설강**(*cloaca*)을 갖는다. 총배설강은 분변, 배설 노폐물 및 생식세포가 배출되기 전에 공동으로 머무는 장소로

그림 19.35 단공류와 유대류.
a. 가시개미핥기는 호주에서 사는 단공류이다. **b.** 주머니쥐는 미국에 서식하는 유일한 유대류이다. 버지니아주머니쥐는 다양한 서식지에서 관찰된다. **c.** 코알라는 나무에서 서식하는 호주산 유대류이다.

(a): ©H Lansdown/Alamy Stock Photo; (b): ©John Macgregor/Photolibrary/Getty Images; (c): ©John White Photos/Getty Images

이용되는 소화관의 끝부분이다. 이들은 또한 껍질이 단단한 양막란을 낳는다. 호주에서 서식하는 가시개미핥기와 오리너구리가 대표적이다. 오리너구리 암컷은 땅 구덩이에 알을 낳은 후 품는다. 부화된 새끼는 어미의 복부에 있는 젖샘에서 스며나오는 젖을 핥아 먹는다. 가시개미핥기(그림 19.35*a*)는 복부 쪽에 부푼 젖샘과 종주근에 의해 형성된 주머니가 있다. 이 주머니 속에서 부화된 새끼는 약 53일간 이곳에 머문다. 그 후에는 구덩이에 머무르고, 어미가 주기적으로 방문해서 수유를 한다.

유대류(marsupials)의 새끼는 암컷의 체내에서 발생을 하지만 아주 미숙한 상태로 태어난다. 갓 태어난 새끼는 어미의 복부에 있는 주머니로 기어 올라간다. 주머니 속에서 젖꼭지에 매달려 계속 발달한다. 흔히 젖꼭지 수효보다 많은 새끼가 태어난다.

버지니아주머니쥐(그림 19.35*b*)는 멕시코 북부의 유일한 유대류이다. 그러나 호주에서는 유대류가 경쟁 없이 수백만 년 동안 적응방산을 해왔다. 따라서 오늘날 유대포유류는 주로 호주에서 발견되며, 중앙아메리카와 남아메리카에서도 일부 관찰된다. 초식성 유대류 중에서 코알라(그림 19.35*c*)는 나무에 올라 나뭇잎을 먹으며, 캥거루는 풀을 뜯는다. 현재 멸종된 것으로 알려진 태즈마니아늑대(또는 호랑이)는 콜리견(collie dog)과 비슷한 크기의 육식성 유대류이다.

현존하는 포유류의 거의 대다수는 **태반포유류(placental mammals)**이다(그림 19.36). 이들은 암컷 자궁 안에서 체내 발생을 할 수 있도록 양막란(그림 19.32 참조)의 배외막이 변형되었다. 태반의 태아쪽 부위에는 융모막이, 산모쪽 부위에는 자궁벽의 일부분이 기여한다. 태반에서 태아와 산모의 혈액 사이에 영양분, 산소 및 노폐물이 교환된다.

그림 19.36 태반포유류.

태반포유류는 다양한 방식의 생활에 적응되어 있다. **a.** 사슴은 숲에서 사는 초식동물이다. **b.** 사자는 아프리카 평원에서 사는 육식동물이다. **c.** 원숭이는 대개 열대 숲에서 서식한다. **d.** 고래는 바다에서 사는 태반포유류이다.

(a): ©Paul E. Tessier/Getty Images; (b): ©Gallo Images-Gerald Hinde/The Image Bank/Getty Images; (c): ©David F. Cox, Howler Publications Ltd.; (d): ©Tory Kallman/Getty Images

d.

a.

b.

c.

포유류는 육상 생활에 적응되어 있고 다리가 있어서 더욱 신속하게 이동할 수 있다. 포유류의 특성은 활동적인 생활에 맞추어져 있음이 명백하다. 뇌가 잘 발달하였고, 폐는 흉곽의 작용뿐만 아니라 횡격막(흉강과 복강을 구분하는 가로로 놓인 근육)의 수축으로도 팽창하며, 심장은 4개의 방으로 이루어져 있다. 체내 온도는 일정하며, 털은 신체의 단열에 기여한다.

포유류의 뇌는 대뇌반구의 확장에 의해 팽대되어 있다. 대뇌반구는 뇌의 나머지 부위를 조절한다. 뇌는 출생할 때까지도 완전히 발달되어 있지 않으며, 어린 새끼들은 부모에 의존하는 시기 동안에 스스로를 돌보기 위한 학습을 한다.

포유류는 먹이 취득방법과 이동 방식에 따라 구별할 수 있다. 예를 들어, 박쥐는 손가락으로 붙어 있는 막으로 된 날개를 가지며, 말은 발굽이 있는 긴 다리를 가지고, 고래는 노 모양의 앞다리를 갖는다. 포유류 치아의 특정한 모양과 크기는 이들이 초식성인지, 육식성인지, 또는 잡식성(고기와 식물 모두 섭취)인지 여부와 관련되어 있다. 예를 들어, 생쥐는 계속 자라는 앞니를 가지고 있고, 말은 맷돌 같은 긴 어금니를 가지며, 개는 긴 송곳니를 가지고 있다.

개념 연결하기

모든 척삭동물은 등쪽 척삭을 포함한 여러 특징을 공유한다.

진도 점검하기 19.5

1. 극피동물의 고유한 특성을 열거하시오.
2. 포유류의 진화적 계통을 상세하게 설명하시오.
3. 척삭동물의 진화계통수에서 강(class)들이 공유하는 큰 변화를 요약하시오.
4. 양막란의 중요성을 설명하시오.
5. 포유류의 다양성이 나타나게 된 이유에 대해 논의하시오.

19.6 인류의 진화

학습 목표

이 절을 학습한 후에는 다음 과제를 수행할 수 있어야 한다.

1. 영장류의 진화계통수가 어떻게 구성되어 있는지 설명하기.
2. 호미닌들의 진화 경향을 기술하기.
3. 현대 인류의 진화에 대한 교체모델 가설을 요약하기.

그림 19.37의 진화계통수에서 모든 영장류가 하나의 공통조상을 공유하며 세월이 가면서 **인류 계통(lineage)**에서 다른 종류의 영장류가 갈라져 나온 것을 볼 수 있다. **원원류(prosimians)**에는 여우원숭이, 안경원숭이, 로리스원숭이가 속한다. **진원류(anthropoids)**에는 원숭이류(monkeys), 유인원류(apes) 및 인류(humans)가 속한다. **호미니드(hominid, 사람류)**에는 유인원류(아프리카 및 아시아), 침팬지류, 인류, 멸종된 인류 근연종이 포함된다. **호미닌(hominin)**은 인류인 *Homo sapiens*, 그리고 인류와 아주 유사한 조상종을 의미하는 용어이다.

그림 19.37 영장류의 계통수.
영장류는 나무뒤쥐와 유사한 하나의 조상에서 유래되었다. 이 조상의 후손들은 새로운 생활방식에 적응하고, 짧아진 주둥이와 발톱을 대체한 손톱 등의 형질을 발전시켰다. 진화의 주요 줄기에서 각각의 영장류가 분기된 시점은 화석기록을 통해 밝혀졌다. 각각의 분기점에는 공통조상이 있다. 예를 들어, 호미니드(인류와 아프리카 유인원류)의 공통조상은 700만 년 전에, 진원류의 공통조상은 약 4,500만 년 전에 존재하였다.

영장류는 나무 위 생활에 적응되어 있다. 영장류의 팔다리는 움직일 수 있으며, 손가락과 발가락은 각각 다섯 개씩이다. 많은 영장류의 엄지발가락과 엄지손가락은 모두 마주보고 있다. 즉, 엄지발가락과 엄지손가락이 각각 다른 발가락이나 손가락에 닿을 수 있다(인간은 마주보는 엄지발가락은 없다. 그렇지만 엄지손가락은 마주보고 있어서 강력하고 정교하게 붙잡을 수 있다). 영장류는 마주보는 엄지손가락을 이용하여 과일 등의 먹이를 쉽게 잡아 입으로 옮길 수 있다. 또한 발톱이 손톱으로 대체되었기 때문에 이동할 때에 자유롭게 나뭇가지를 잡고 놓을 수 있다.

영장류에서는 크고 복합적인 뇌를 향하는 진화경향이 나타난다. 원원류의 뇌가 가장 작고 현대 인간의 뇌가 가장 크다. 인간의 경우 대뇌피질이 많은 연합영역을 가지며 매우 확장되어 전체적으로 주름져 있다. 영장류의 진화과정에서 뇌의 후각 영역은 작아졌으며, 시각 영역은 커지고 정교해졌다. 또한 손과 엄지손가락에서 받은 정보를 조작하고 수행하는 일에 뇌의 점점 더 많은 부분이 관여하게 되었다. 그 결과 인간에서는, 손과 눈의 협력이 잘 이루어진다.

인류 계통의 후손에서 분기된 최초의 영장류는 원원류이며, 마지막으로 분기된 집단은 아프리카유인원류라는 점을 주목하여 보자. 또한 진화계통수를 보면 인류와 가장 가까운 무리는 아프리카유인원류이다. 인류 진화와 관련하여 가장 큰 오해는 다윈을 비롯한 학자들이 인류가 유인원류로부터 진화하였다고 주장한 것이다. 그러나 실제에 있어서 인류와 유인원류는 유인원류와 유사한 공통조상을 가진다. 현재의 유인원류는 인류의 친척이며, 우리와 같은 시대에 살고 있다. 따라서 우리가 친척인 유인원류로부터 진화될 수는 없다. 현재 제시된 가설에 따르면 아프리카유인원류와 인류의 마지막 공통조상은 약 700만 년 전에 살았다.

호미닌에 대한 연구는 최근 많은 진보가 있었고, 아프리카에서 발견된 최근 자료는 호미닌이 얼마나 일찍 진화되어 나왔는지에 대한 우리의 시각에 큰 도전을 가져왔다. 고생물학자들은 호미닌의 화석인지 결정할 때 특정 해부학적 특징을 사용한다. 이러한 특징들은 **두발보행**(두발로 걸음, **bipedalism**), 얼굴의 모양과 두뇌의 크기들을 포함한다. 오늘날의 인간들은 더 편평한 얼굴과 유인원보다 더 돌출된 턱을 가지고 있다. 왜냐하면 인간의 턱뼈는 유인원보다 더 짧기 때문이다. 또한 우리의 이는 일반적으로 더 작고, 덜 특성화되어 있다. 예를 들어, 우리는 유인원의 날카로운 송곳니를 가지고 있지 않다. 침팬지는 약 400 m^3(cc)정도의 두뇌를 가지고 있고, 현대 인간은 약 1,360 cc의 두뇌 크기를 가진다.

인류-유사 호미닌류의 진화

그림 19.38의 화석은 모두 인류-유사 호미닌이다. 이 그림에서 여러 종류의 호미닌이 살았던 시기, 그리고 얼굴 모양과 뇌용적을 비교해 볼 수 있다.

그렇지만 어떤 화석이 두발보행이라고 부르는 특성인 일어서서 두 발로 걷기에 적합한 해부 구조를 가지고 있기만 하면 인류-유사 호미닌으로 분류한다. 그림 19.38의 막대는 화석기록상 한 종이 출현하여 멸종될 때까지 존속한 기간을 나타낸다.

초기 인류-유사 호미닌류

그림 19.38에서 초기 호미닌류는 주황색으로 표시하였다. 과학자들은 유인원류 계통과 인류 계통이 갈라진 것으로 보이는 시기의 화석을 몇 가지 발견하였다. 그 중의 하나인 *Sahelanthropus tchadensis*는 두개골 화석만 발견되었으며 700만 년 전 것으로 보인다. 두개골이 비록 유인원류와 많이 닮았지만 두개골 뒤쪽에서 척추와 연결

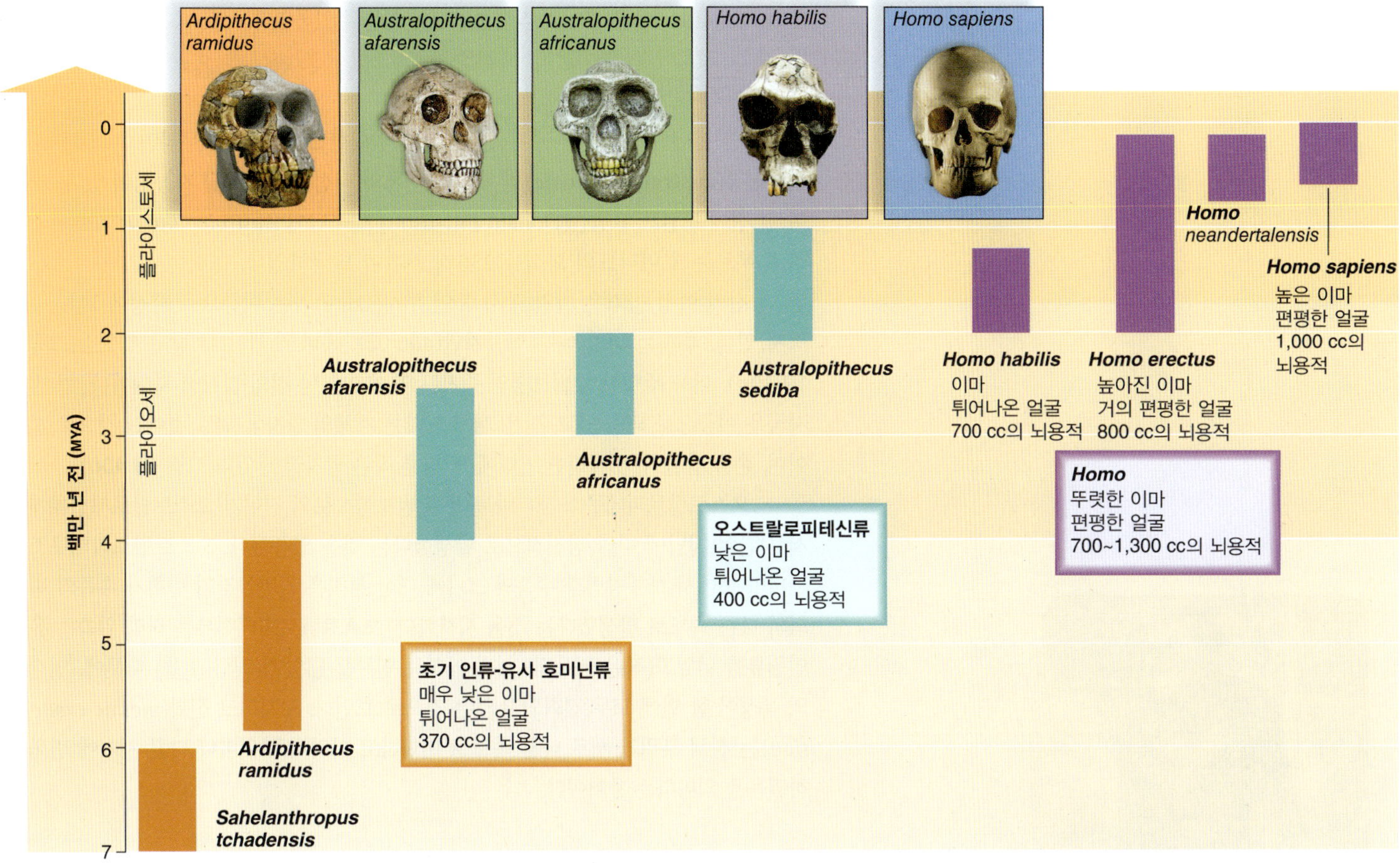

Ardipithecus ramidus
Australopithecus afarensis
Australopithecus africanus
Homo habilis
Homo sapiens

백만 년 전 (MYA)
0
1
2
3
4
5
6
7
플라이스토세
플라이오세

Sahelanthropus tchadensis
Ardipithecus ramidus

초기 인류-유사 호미닌류
매우 낮은 이마
튀어나온 얼굴
370 cc의 뇌용적

Australopithecus afarensis
Australopithecus africanus
Australopithecus sediba

오스트랄로피테신류
낮은 이마
튀어나온 얼굴
400 cc의 뇌용적

Homo habilis
이마
튀어나온 얼굴
700 cc의 뇌용적

Homo erectus
높아진 이마
거의 편평한 얼굴
800 cc의 뇌용적

Homo neandertalensis

Homo sapiens
높은 이마
편평한 얼굴
1,000 cc의 뇌용적

Homo
뚜렷한 이마
편평한 얼굴
700~1,300 cc의 뇌용적

그림 19.38 인류의 진화.

현대 인류가 진화하기 전에 몇 무리의 멸종된 인류-유사 호미닌이 있었다. 이들은 초기 호미닌류(주황색), 오스트랄로피테신류(파란색) 및 *Homo*(자주색)로 분리되었다. 오직 현대 인류만이 *Homo sapiens*로 구성된다. 이 그림은 일부 종만 표시한 것이다.

(Ardipithecus ramidus): ©Bones Clones, Inc./Science Source; (Australopithecus afarensis): ©Scott Camazine/Alamy Stock Photo; (Australopithecus africanus): ©Wlad74/Getty Images; (Homo habilis): ©markchentx/iStock/Getty Images; (Homo sapiens): ©Kenneth Garrett/Getty Images

되는 구멍의 위치로 보아 두발보행을 했을 것으로 추정된다. 또한 유인원류에 비해 송곳니가 작고 치아의 상아질 층이 두껍다.

초기 호미닌의 한 종류인 *Ardipithecus ramidus*는 450만 년 전의 아르디피테신류(ardipithecines)의 대표종이며, 이 종의 화석을 통칭적으로 'Ardi'라고 부른다. 이 화석을 복원한 결과(그림 19.39) 이 종이 두발보행을 했으며 어떤 개체는 키가 122 cm나 되었을 것으로 보인다. 치아 크기는 초기 유인원류와 후기 호미닌류의 중간 정도이다. 최근에 400만 년 전의 화석에서 *A. ramidus*와 오스트랄로피테신류

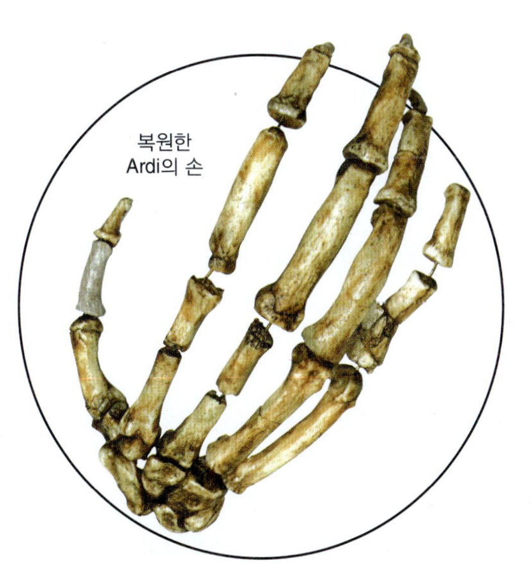

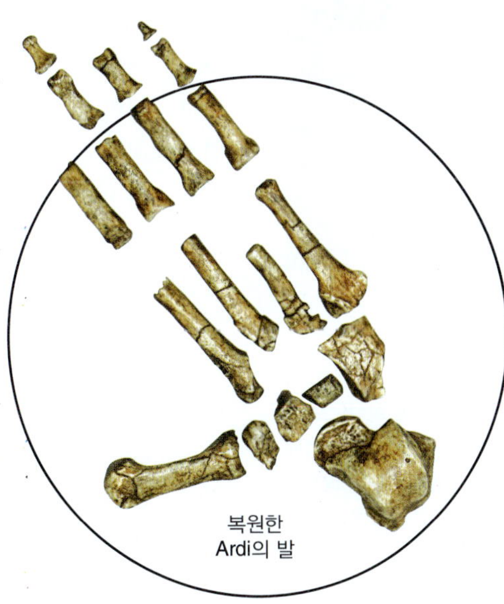

그림 19.39 아르디피테신류.

Ardipithicus ramidus("Ardi")의 남아 있는 화석을 복원하면 이 종이 나무와 땅에서 모두 생활할 수 있도록 적응되었다는 것을 알 수 있다.

(both): ©Bone Clones, www.boneclones.com.

(australopithecines) 사이의 직접적인 연관성을 확인하였다.

오스트랄로피테신류

약 400만 년 전에 아프리카에서 진화하고 다양화한 호미닌의 한 무리인 **오스트랄로피테신류(australopithecine)**의 하나가 인류의 직접적인 조상일 가능성이 있다. 20여 년 전에 도널드 요한슨(Donald Johanson) 연구팀이 *Australopithecus afarensis*라고 부르는 호미니드의 화석을 250개 가까이 발굴하였다. 이제는 유명해진 318만 년 전의 여성 골격은 발견 당시 붙인 루시(Lucy)라는 이름으로 세상에 널리 알려져 있다. 루시는 뇌가 매우 작았지만(400 cc), 똑바로 서서 두 발로 걸었다(그림 19.40*a*). 더욱 뚜렷한 두발보행의 증거는 약 370만 년 전의 발자국 자취이다. 큰 발자국은 이중으로 되어 있고, 작은 개체가 다른 개체의 발자국 위로 걸어간 것으로 보이며, 손을 잡을 수 있을만한 거리에 또 다른 작은 발자국이 있다(그림 19.40*b*).

오스트랄로피테쿠스 세디바 종은 두발보행으로의 전이가 오스트랄로페신류에서 시간이 지남에 따라 점진적으로 발생했다는 것을 입증했다. 오스트랄로피테구스 세디바 종에서 보행방법과 수족의 크기에 대한 분석은 골반골격의 변화가 수족의 변화와 다른 속도로 발생했다는 것을 시사한다. 오스트랄로피테신류는 허리 위쪽은 유인원류를 닮았고(작은 뇌용적) 허리 아래는 인류를 닮았기(직립 보행) 때문에, 인간의 특성이 한 번에 모두 진화되지 않은 것으로 보인다. **모자이크 진화**(*mosaic evolution*)는 신체 부위가 서로 다른 속도로 변화하고 따라서 부위마다 다른 시기에 변화하였음을 의미하는 용어이다.

a.

b.

그림 19.40 ***Australopithecus afarensis*.**
a. 세인트루이스 동물원에 전시되어 있는 복원된 루시(Lucy). **b.** 이 발자국은 약 370만 년 전에 폭발한 화산의 화산재에 화석으로 남은 것이다. 이중 흔적을 남긴 큰 발자국 옆에서 작은 사람이 3번째 발자국을 남기며 걸었다(어린이의 손을 잡은 여성이 남성의 발자국 위로 걸었을 것이다). 이 화석에서 *A. afarensis*가 두 발로 걸었을 것이라고 추정할 수 있다.

(a): ©McGraw-Hill Education; (b): ©John Reader/Science Source

Homo habilis

240~140만 년 전의 ***Homo habilis***가 현대 인류의 조상일지도 모른다. 이들 화석의 뇌는 775 cc 정도이며, 이것은 *A. afarensis*보다 약 45%나 더 큰 것이다. 어금니는 그 어떤 오스트랄로피테신류의 것보다 작다. 따라서 이들 초기 *Homo*는 잡식성이어서 식물성 물질 외에 고기도 먹었을 것으로 여겨진다. *H. habilis* 주거지에서 발견된 뼈에 있는 베인 흔적으로 미루어 이들이 뼈에서 살을 발라내기 위해 도구를 사용하였음을 알 수 있다. "손재주가 좋은 사람"이라는 뜻의 *H. habilis*가 만든 석기 도구는 조잡한 편이다. 이들은 짐승의 가죽을 벗기고 힘줄을 잘라내고 뼈에서 살을 쉽게 발라내기 위해 깨진 바위의 날카로운 조각을 사용하였을 것이다.

*H. habilis*의 두개골에서 말하기와 관련된 뇌 영역이 확장되었음을 알 수 있다. 말하는 능력으로 인해 협동적인 사냥이 가능하였을 것이라고 추정할 수 있다. 이 무리의 구성원 중 일부는 식물 채집자였을 것이며, 만일 그렇다면 사냥꾼과 채집자가 함께 모여서 음식을 나누어 먹었을 가능성이 높다. 이러한 방식으로 사회와 문화가 시작될 수 있었을 것이다. **문화(culture)**는 인간의 행동과 생산(기술과 예술)을 아우르며, 말하고 지식을 전달하는 능력을 필요로 한다. 더 나아가 *H. habilis*는 문화의 장점을 누릴 수 있었고, 이로 인해 오스트랄로피테신류의 멸종이 촉진되었을 것이라고도 추정할 수 있다.

Homo erectus

Homo erectus와 관련된 화석은 아프리카, 아시아 및 유럽에서 발견되며, 190만 년 전에서 190만 년 전에서 15만 년 전의 것으로 추정된다. *H. erectus*라고 부르는 화석은 모두 비슷하게 생겼지만, 이 무리를 몇 가지 다른 종으로 구분할 만한 충분한 차이가 나타난다. *H. habilis*에 비해 *H. erectus*는 뇌(약 1,000 cc)가 크고 얼굴이 납작

하다. 거의 완전한 10세 소년의 골격으로 미루어 볼 때 *H. erectus*는 이제까지 살펴본 호미닌류보다 훨씬 키가 크다. 남자는 키가 1.8 m였고, 여자는 1.55 m였다. 이들 호미닌은 현대 인류처럼 일어서서 아마도 성큼성큼 걸었을 것이다. 튼튼하고 강한 근육을 가진 골격은 여전히 오스트랄로피테신의 일부 특성을 유지하고 있다. 그러나 산도(birth canal)의 크기로 미루어 영아가 미숙한 상태로 태어나 긴 양육기간이 필요했을 것으로 추정된다.

*H. erectus*는 아프리카에서 최초로 출현하여 아시아와 유럽으로 이주한 것으로 믿어진다(그림 19.41). 전에는 이주가 약 100만 년 전에 이루어졌다고 생각하였다. 그렇지만 최근에 자바와 조지아 공화국에서 발견된 *H. erectus* 화석은 각각 190만 년 전과 160만 년 전 것으로 확인되었다. 따라서 아프리카에서 일어난 *H. erectus*의 진화 시기는 지금껏 알려진 것보다 더 과거로 올라간다. 어떠한 경우든 이들의 대규모 집단 이동은 인류 역사상 최초이며 이 종의 지능과 신체적 능력을 입증하는 것이다.

*H. erectus*는 불을 사용한 최초의 호미닌이었고, 초기 *Homo* 종들에 비해 발전된 도구를 만들었다. 호미닌은 잘라내고 긁는데 사용한 것으로 보이는 돌조각은 물론이고, 눈물방울 모양의 무거운 도끼와 칼을 사용하였다. 일부 연구자들은 *H. erectus*가 동일한 장소에 사냥감을 반복하여 가져오는 체계적인 사냥꾼이라고 믿는다. 연구자들은 한 장소에서 4만 개 이상의 뼈와 2,647개의 석기를 발견하였다. 이러한 장소는 "거주지 기반"이 되어, 사회적인 상호 활동이 이루어지고 아이들이 학습할 시간이 늘어날 수 있었을 것이다. 아마도 언어가 발달하고 우리의 것과 매우 닮은 문화가 발전하였을 것이다.

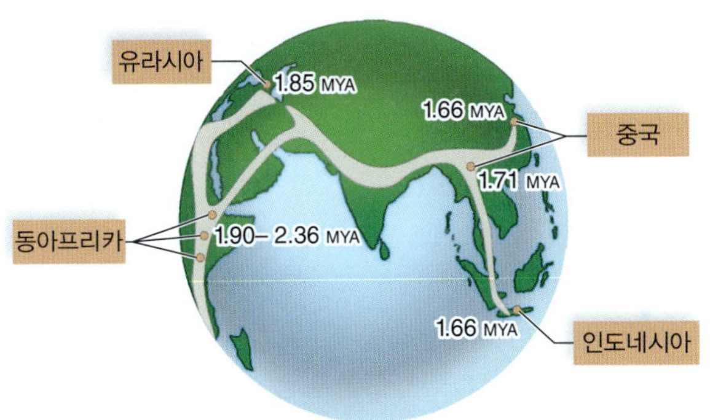

그림 19.41 ***Homo erctus*의 이동.**
각 시기는 아프리카로부터 초기 *Homo erectus*의 이동을 나타낸다. Source: Anton, Susan C., Potts, Richard, and Aiello, Leslie, "Evolution of Early Homo: An Integrated Biological Perspective," *Science*, vol. 345, no. 6192, July 4, 2014.

연관

"호빗"이란 무엇인가?

2004년에 우리 인류 혈통의 새로운 하나인 *Homo floresiensis*가 인도네시아의 플로레스섬에서 발견되었다. 이들은 키가 1 m 이내로 아주 작기 때문에 "호빗(hobbit)"이라고 부르기도 한다. *H. floresiensis*는 뇌가 아주 작지만 석기 도구를 사용한 것으로 보인다. 대부분의 과학자는 *H. floresiensis*가 *H. sapiens*보다는 *H. erectus*와 더 가깝다고 믿는다. 흥미롭게도 일부 연대 측정 결과는 *H. floresiensis*가 불과 15,000년 전에 플로레스 지역을 차지하였을 것으로 나타난다. 만일 그렇다면 그리 멀지 않은 과거에 *H. sapiens*와 상호작용을 했을 것으로 보인다.

현대 인류의 진화

구인류(archaic) 또는 초기 인류-유사 호미닌류에서 비롯된 현대인류의 진화에 대해 가장 널리 받아들여지는 가설은 **대체모델(replacement model)**, 또는 "아프리카 기원(out-of-Africa) 설"이다(그림 19.42). 이 가설은 현대인류가 오로지 아프리카에서만 구인류로부터 진화하였고, 그 이후 아시아와 유럽으로 이주하여 약 10만 년 전에 구인류 종을 대체하였다는 것이다. 그러나 이 가설조차 새롭게 얻은 네안데르탈인과 데니소바인의 유전체 정보에 의해 도전받고 있다.

네안데르탈인

네안데르탈인(Neandertals; *H. neandertalensis*)은 20만 년 전의 네안데르탈인 골격이 처음 발견된 독일 네안데르 계곡의 명칭을 따서 붙여진 이름이다. 네안데르탈인은 눈 위 뼈가 엄청 융기되었으며 코, 턱 및 치아가 앞으로 튀어 나왔다. 이들의 이마는 낮고 비스듬하며, 아래턱에는 턱 끝 부위가 없다. 새로 발견된 화석에서 이들의 치골이 우리 것보다 길었음을 알 수 있다.

대체모델에 따르면 네안데르탈인은 마침내 현대인류로 대체되었다. 그러나 이러한 전통적인 관점은 2010년에 완료된 네안데르탈인 유전체 연구에 의해 흔들리고 있다. 이 연구 결과는 네안데르탈인이 *Homo sapiens*와 서로 교배를 했을 뿐만 아니라 비아프리카 *Homo sapiens* 유전체의 1~4%는 네안데르탈

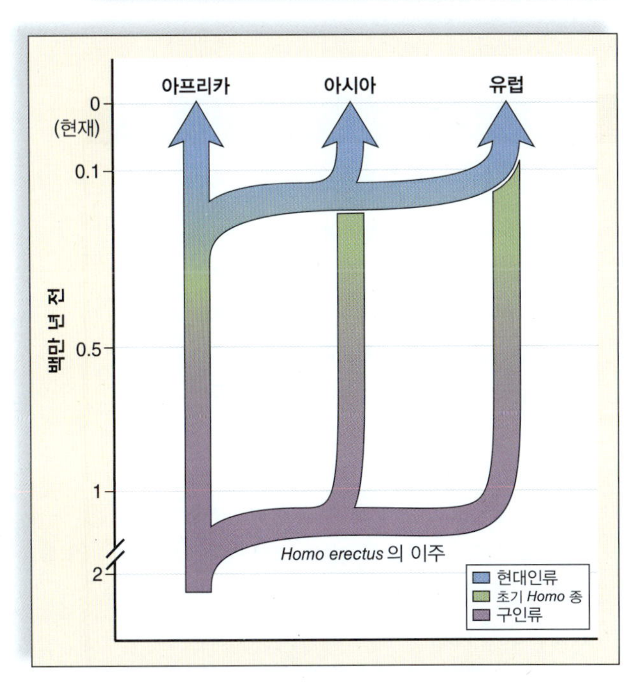

그림 19.42 대체모델.
대체모델에 따르면 현대 인류는 아프리카에서 진화되어서 아시아와 유럽의 초기 *Homo* 종들을 대체했다고 설명한다.

인 유전체의 잔유물이라는 것이다. 일부 과학자는 네안데르탈인이 독립된 종이 아니라 단순히 *H. sapiens*의 한 인종이며, 나중에 더 큰 집단에 흡수되었다고 주장한다. 현재 이러한 유사성을 설명하기 위한 여러 가지 가설에 대해 연구가 수행되고 있다.

생리학적으로 보면 네안데르탈인의 뇌(1,400 cc)는 평균적으로 *H. sapiens*의 뇌(대부분의 현대인류는 1,360 cc)보다 약간 크다. 네안데르탈인은 강한 근육질(특히 어깨와 목)이었다. 팔다리의 뼈는 현대인류에 비해 짧고 굵었다. 현대인류보다 큰 뇌는 과도한 근육계를 조절하는 데 필요했을 것이라는 가설이 가능하다. 네안데르탈인은 마지막 빙하기 동안 유럽과 아시아에 살았다. 건장한 신체가 열을 보존하는 데 도움이 되었을 것이다.

네안데르탈인의 문화가 진보하였을 것이라는 증거가 있다. 대부분은 동굴 속에서 생활했지만, 개활지에서 살던 사람은 아마도 집을 지었을 것이다. 이들은 창날을 포함한 다양한 석기도구를 제작하여 사냥에 사용하였다. 긁는 도구와 칼은 조리 과정에 도움이 되었을 것이다. 이들은 틀림없이 곰, 매머드, 코뿔소, 순록 등 같은 시대에 살았던 동물을 훌륭하게 사냥하였을 것이다. 이들은 불을 사용하고 조절할 수 있었다. 불은 고기를 조리하고 온기를 유지하는 데 도움이 되었을 것이다. 이들은 시신을 꽃과 도구와 함께 매장하였으며, 종교를 가지고 있었을 것이다. 이들은 죽은 뒤의 삶을 믿었을지도 모른다. 만일 그렇다면 이들은 상징적으로 생각할 수 있는 능력을 갖추고 있었다는 것이다.

데니소바인

2008년에 시베리아 남부의 데니소바 동굴에서 손가락 뼛조각이 하나 발견되었다. 처음에 과학자들은 아마도 *Homo erectus*와 연관된 초기 *Homo* 중 한 종의 유물일 것이라고 생각했었다. 그러나 미토콘드리아 DNA 연구를 통해 이 화석이 네안데르탈인과 거의 같은 시기인 약 100만 년 전에 살았던 종의 것이라는 사실이 밝혀졌다. 이러한 연구 결과로 **데니소바인(Denisovans)**과 네안데르탈인은 공통조상을 공유하지만 아마도 지리적 위치 때문에 서로 교배하지는 않았을 것이라고 추정할 수 있다. 그러나 흥미로운 것은 오세아니아 지역(뉴기니와 인근 섬들)의 *Homo sapiens*가 데니소바인과 약 5%의 유전체를 공유한다는 사실이다. 데니소바인의 유전체가 다른 무리의 *Homo sapiens*에서 발견되었다는 증거는 아직 없다. 이 사실을 네안데르탈인 자료와 함께 분석하면 현대 *Homo sapiens*가 단순하게 구인류를 대체한 것이 아니라 아마도 교배를 통해 동화시켰을 것이라고 추정할 수 있다. 과학자들은 데니소바인의 의미를 이제 막 풀어나가기 시작했다.

크로마뇽인

크로마뇽인(Cro-Magnons)은 *H. sapiens*로 지정된 가장 오래된 화석이다. 크로마뇽인은 프랑스의 화석 발견지점에서 붙여진 이름이며, 완전히 현대 인간의 모습을 가지고 있었다. 이들은 목재 손잡이에 돌 조각을 끼워 만든 복합도구 등의 진보된 도구를 만들었다. 이들은 아마 최초로 칼과 비슷한 날을 만들었고, 창을 던져서 먼 거리의 동물을 잡았을 것이다. 이들은 매우 뛰어난 사냥꾼이었기 때문에 일부 학자는 이들로 인해 플라이스토세 후기 동안 자이언트땅나무늘보, 매머드, 검치호(칼 모양의 송곳니를 지닌 호랑이) 및 자이언트황소와 같은 많은 대형 동물이 멸종되었을 것이라고 믿는다.

크로마뇽인은 협동해서 사냥을 했고 아마도 최초로 언어를 가진 집단이었을 것이다. 이들은 작은 집단을 이루어 살면서 여자가 아이들과 집에 남아 먹잇감을 수집하고 조리하는 동안 남자는 낮에 사냥을 했을 것으로 믿어진다. 아마도 여자는 유

연관

Homo sapiens는 네안데르탈인과 얼마나 가까운가?

유전학자들은 2010년에 처음으로 네안데르탈인의 유전체 염기서열 분석을 완료하였다. 이 연구 결과, 네안데르탈인과 *Homo sapiens*에 대한 몇 가지 매우 흥미로운 사실이 밝혀졌다. 첫째, 이들 두 종이 예상보다 유전적으로 훨씬 유사하였다. 초기 분석 결과에 따르면 네안데르탈인과 *Homo sapiens*가 분리된 이후에 *Homo sapiens*에서 100개 남짓한 유전자에서만 진화의 증거가 나타났고, 따라서 네안데르탈인은 우리의 가장 가까운 사촌 중 하나이다. 둘째, 일부 연구에 따르면 네안데르탈인과 *H. sapiens*가 서로 교배하였을 것이라는 증거가 있다. 이러한 사실은 아직도 연구 중이지만, 거의 14,000년 동안 이 두 종이 중동과 유럽에서 살았던 지역이 겹친다는 것이 알려져 있다. 네안데르탈인과 *H. sapiens* 사이의 유사성을 밝히기 위한 연구가 계속되고 있지만, 이러한 유전적 유사성 때문에 많은 학자는 이들이 종간교배가 가능했을 것이라고 믿고 있다.

연관

호모날레디가 왜 중요한가?

2013년에 연구자 그룹은 남아프리카 요한네스버그 외곽의 동굴에서 인간과 유사한 화석을 발견했다. 이 화석에서 두개골과 치아의 구조는 그들이 이전에 알려지지 않은 호미닌 종의 유해일 것으로 추정한다. 이 화석은 오스트랄로피테신류와 호모 속의 특징을 모두 가지고 있다. 호모 속의 종들과 더 가깝기 때문에, 이 종은 호모날레디라는 이름이 붙었다. 이 화석들의 연대는 아직 밝혀지지 않았지만, 호모 날레디는 우리 속의 선조 종일 것으로 여겨지며, 이 종의 특징들에 대한 연구는 우리 종의 초기 진화에서 중요한 사건들에 대한 통찰력을 얻을 수 있을 것이다.

지 관리 임무도 수행했을 것이다. 크로마뇽인의 문화는 예술을 포함한다. 이들은 순록 뼈와 뿔로 작은 조각상을 만들었다. 이들은 또한 동물의 아름다운 그림을 그렸는데, 이들 중 일부는 스페인과 프랑스의 동굴 벽에 남아 있다.

개념 연결하기

인간은 영장류 조상에서 진화하였다. 인류의 번성은 두발보행과 뇌 용적 증가의 결과이다.

진도 점검하기 19.6

1. 호미닌과 유인원을 구별하시오.
2. 인간의 진화에 있어서 두발보행과 뇌 크기의 중요성을 설명하시오.
3. 현대 인간의 진화를 설명하는 대체모델의 내용을 요약하시오.

요 약 SUMMARIZE

동물의 진화는 해면동물로부터 인간까지 모든 동물의 진화적인 역사에서 추적될수 있는 경향을 따른다.

- 19.1 모든 동물은 비슷한 특징을 가지고 있으며 그 조상은 단세포 원생생물로 거슬러 올라간다.
- 19.2 해면동물은 가장 간단한 형태의 동물이다. 자포동물은 진조직(true tissue)을 가진 최조의 동물이다.
- 19.3 좌우대칭과 두화의 진화로 인해 촉수담륜자동물이 나타났다.
- 19.4 탈피동물에는 편형동물과 지구에서 가장 번성한 동물인 절지동물이 포함된다.
- 19.5 극피동물과 척삭동물은 둘 다 후구동물이다. 척삭동물은 등쪽 척삭을 포함한 여러 특징을 공유한다.
- 19.6 인간은 영장류 조상에서 진화하였다. 그들의 성공은 두발보행과 두뇌크기의 증가와 관련이 깊다.

19.1 동물의 진화

동물은 운동성이 있고 먹이를 섭취하는 다세포성 종속영양생물이다.

동물의 조상

깃편모충은 최후의 단세포성 동물 조상과 가장 닮은 원생생물이다. 편모를 가진 세포 군집은 함입을 통해 조직을 형성하는 다세포성 동물로 이어졌다.

동물의 진화계보

동물의 진화계보는 주로 분자생물학 및 발생학 자료에 근거한다.

동물의 대다수는 **무척추동물(invertebrates**; 등뼈가 없음)이다. 인간 등의 일부 동물은 **척추동물(vertebrates**; 등뼈가 있음)이다.

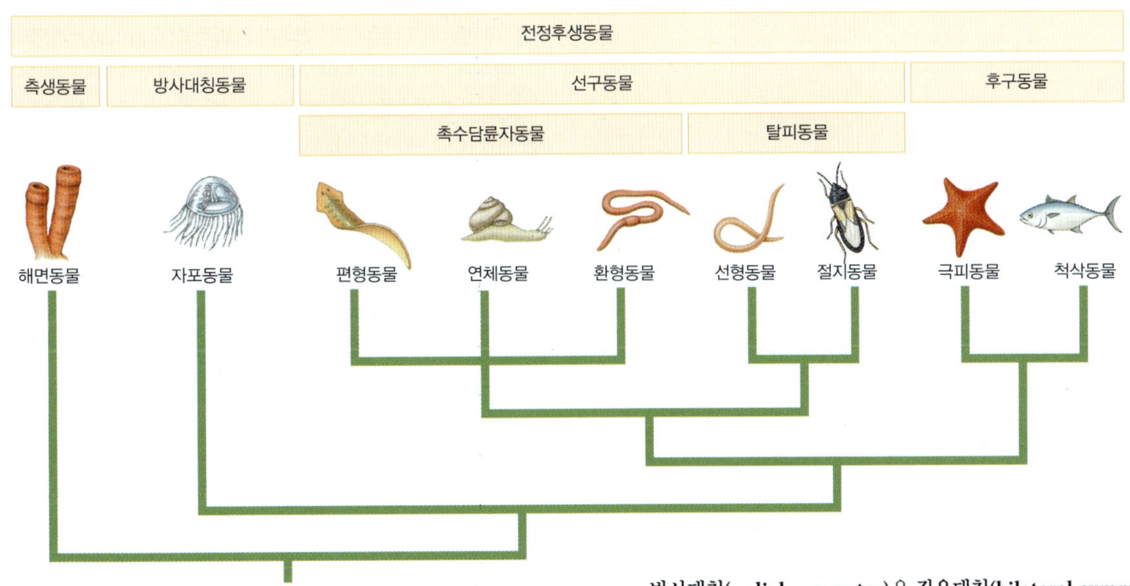

진화의 경향

동물의 진화에는 몇 가지 중요한 경향이 있다.

- 진정후생동물의 경우 다세포성이 **배아층(germ layers**; 외배엽, 중배엽, 내배엽)의 형성으로 이어졌다.
- **방사대칭(radial symmetry)**은 **좌우대칭(bilateral symmetry)** 이전에 생겨났다. 좌우대칭은 두화(머리 형성)로 이어졌다.
- 좌우대칭 동물은 **선구동물(protostome)** 발생이나 **후구동물(deuterostome)** 발생을 겪는다. 선구동물의 경우 배아의 첫 구멍(원구)이 입으로 된다. 후구동물에서는 배아의 두 번째 구멍이 입으로 된다.

- 동물은 체강의 구조에 따라 추가적으로 **체강동물(coelomates)**, **의체강동물(pseudocoelomates)** 또는 **무체강동물(acoelomates)**로 구별할 수 있다.
- 일부 체강동물에서는 **체절화(segmentation**; 몸의 일부가 반복됨)가 나타난다.

19.2 해면동물과 자포동물: 초기 동물

해면동물(sponges)은 다세포성(조직은 없음)이며 다양한 대칭을 이룬다. **자포동물(cnidarians)**은 두 개의 조직층을 가지며, 방사대칭이고, 주머니 모양의 소화강을 지니며, 쏘는 세포와 **자포(nematocyst)**를 갖는다.

19.3 편형동물, 연체동물 및 환형동물: 촉수담륜자동물

촉수담륜자동물의 특징은 섭식 구조와 유생 발생이다. 이들은 탈피에 의하지 않고 점진적으로 덩치를 키운다.

편형동물

편형동물(flatworms; 플라나리아)은 외배엽, 내배엽 및 중배엽을 갖지만 체강은 없다. 이들은 좌우대칭이며 주머니 모양의 소화강을 갖는다. 대부분이 **자웅동체(hermaphrodite)**이다.

연체동물

연체동물(molluscs)의 몸은 특징적으로 내장낭, 외투 및 발을 갖는다.

- **복족류(gastropods):** 이 분류군을 대표하는 달팽이는 편평한 발, 하나의 조각으로 된 패각, 그리고 기체교환을 하는 외투강을 갖는다.
- **두족류(cephalopods):** 문어와 오징어는 뚜렷한 두화를 보이며, 제트 추진력으로 빠르게 이동하고 폐쇄혈관계를 갖는다.
- **이매패류(bivalves):** 조개와 같은 이매패류는 도끼 모양의 발과 두 개로 이루어진 패각을 가지며, 여과섭식자이다.

환형동물: 체절화된 동물

환형동물(annelids)은 체절화된 벌레이다. 체절화는 몸 안팎 모두에서 관찰된다.

- 다모류는 많은 강모를 가진다. 갯지렁이는 머리 부위가 뚜렷한 포식성 해산동물이다.
- 지렁이류는 토양 내의 먹이를 섭취하며 청소를 하는 빈모류이며 뚜렷한 머리 부위가 없다.
- 거머리류는 피를 빠는 환형동물이다.

19.4 선형동물과 절지동물: 탈피동물

탈피동물은 외골격 또는 각피를 탈피하여 덩치가 커지는 무척추 선구동물이다.

선형동물

선형동물(roundworms)은 의체강과 완전한 소화관을 갖는다.

절지동물: 관절을 가진 부속지

절지동물(arthropods)은 가장 다양하고 수효가 많은 동물이다. 이들의 번성은 주로 유연한 외골격(**키틴**으로 구성)과 특수화된 신체 부위에 기인한다.

- **갑각류(crustaceans)**는 겹눈, 안테나 및 구기가 있는 머리를 갖고 있다. 다섯 쌍의 걷는 발이 있다.
- **거미류(arachnids)**는 거미, 전갈, 진드기, 응애, 장님거미 및 투구게를 포함한다. 거미류는 육상에 서식하며, 명주실을 뽑아내어 먹이 포획 등 여러 목적에 사용한다.
- **곤충류(insects)**는 흉부에 세 쌍의 다리가 있다. 곤충은 비행을 위한 날개와 같이 육상생활에 대한 적응 도구를 갖는다.

19.5 극피동물과 척삭동물: 후구동물

극피동물

극피동물(echinoderms)은 유생기와는 달리 성체가 되면 방사대칭으로 되며, 내골격 가시를 가지고 있다. 불가사리와 같은 전형적인 극피동물은 작은 피부 아가미, 분지를 지닌 중앙 신경환 및 이동을 위한 수관계를 갖는다.

척삭동물

척삭동물(chordates)은 생활사 중 어떤 시기에 등쪽 관모양 신경삭인 **척삭(notochord)**, 인두주머니 및 꼬리를 갖는다.

- 무척추 척삭동물: **피낭류(tunicates)** 성체는 아가미열을 제외한 척삭동물의 특징을 가지고 있지 않지만 **창고기(lancelets)** 성체는 네 가지 척삭동물의 특징을 가지며 체절화가 뚜렷하다.
- 척추 척삭동물: 척추 척삭동물에는 어류, 양서류, 파충류(조류 포함) 및 포유류가 있다.

어류

- 최초의 척추동물인 **무악어류(jawless fishes**; 먹장어와 칠성장어)는 턱과 비늘이 없다.
- **연골어류(cartilaginous fishes)**는 상어와 가오리로 대표되며, 턱과 연골성 골격을 갖는다.
- **경골어류(bony fishes)**는 턱과 경골성 스파이크가 지지하는 비늘이 있다. **조기어류(ray-finned fishes)**와 **총기어류(lobe-finned fishes)**가 있으며, 일부 총기어류는 폐(lung)를 갖는다.

양서류

개구리, 두꺼비, 영원, 도롱뇽과 같은 **양서류(amphibians)**는 고대 총기어류에서 진화되었고 두 쌍의 관절이 있는 척추성 다리를 가지고 있다. 개구리는 대개 물로 돌아가 산란을 하고 변태를 통해 육상생활을 하는 성체로 된다.

파충류

뱀, 도마뱀, 거북, 악어 및 새와 같은 **파충류(reptiles)**는 껍질이 있는 알을 낳는다. 알에는 양막 등의 배외막이 있어서 육상에서 부화할 수 있다. **조류(birds)**는 깃털을 가진 파충류이다. 깃털은 일정한 체온을 유지하는 데 도움이 된다. 이들은 비행에 적응되어 있다. 뼈는 비고 기강이 있으며, 폐는 단방향 환기가 가능한 기낭이 있고, 잘 발달된 감각기관을 갖는다. 조류를 제외한 모든 파충류는 **외온성(ectothermic)**이다. 조류는 **내온성(endothermic)**이다.

포유류

포유류(mammals)는 털과 젖샘이 있는 양막류이다. 털로 체온을 일정하게 유지하고 젖으로 새끼를 양육한다.

- **단공류(monotremes)**는 알을 낳는다.
- **유대류(marsupials)**는 주머니를 갖는다. 여기서 갓 태어난 새끼가 성숙한다.
- **태반류(plancental mammals)**는 다양하고 수효가 많다. 태아가 자궁 안에서 성숙한 후 출산한다.

19.6 인류의 진화

수상 영장류는 나무에서 살아갈 수 있도록 적응된 포유류이다. 영장류가 진화하는 동안 여러 분류군이 특정한 **순서(계통, lineage)**로 분지되었다. 몇 가지 주요 분류군은 다음과 같다.

- 원원류 — 여우원숭이와 안경원숭이

- 진원류—원숭이류, 유인원류 및 인류
- 호미니드류—유인원류, 침팬지류 및 인류
- 호미닌류—인류, 인류와 유사한 직계 조상; **두발보행(bipedalism)**을 함

인류-유사 호미닌류의 진화

인류는 아프리카에서 진화되었다. 이곳에서 700만 년 전의 초기 호미닌류 몇 종류의 유물을 관찰할 수 있다. 호미닌류는 다음과 같은 혁신에 의해 진화하였다.

- **두발보행:** 가장 유명한 **오스트랄로피테신류(australopithecines)**는 "루시"(318만 년 전)이다. 뇌는 작지만 두 발로 걸었다. 오스트랄로피테신류는 신체 부위의 모자이크 진화(mosaic evolution)를 보인다.
- **도구 사용:** 약 200만 년 전에 살았던 *Homo habilis*는 도구를 제작한 것이 확실하고 최초로 **문화(culture)**를 가졌을 것이다.
- **뇌용적 증가:** 뇌용적은 1,000 cc이며, 성큼성큼 걸었던 *Home erectus*는 최초로 아프리카 밖으로 이주하였다.

현대 인류의 진화

대체모델(replacement model)은 현대 인류가 아프리카에서 기원하였으며, 유럽과 아시아로 이주한 뒤에 그곳에 있던 **네안데르탈인(Neandertals)**과 아마도 **데니소바인(Denisovans)**을 포함한 다른 *Homo* 종을 대체하였다고 설명한다. **크로마뇽인(Cro-Magnons)**은 *Homo sapiens*로 간주되는 최초의 호미니드이다. 미토콘드리아 DNA 분석 결과는 대체모델을 지지한다.

평 가 ASSESS

혼자 풀어보기

19.1 동물의 진화

1. 다음 원생생물 중 동물의 조상이라고 가정되는 것은?
   a. 녹조류 **b.** 깃편모충 **c.** 아메바성 원생생물 **d.** 점균류
2. 다음 중 체강동물의 특징이 아닌 것은?
   a. 방사대칭 **b.** 3개의 배엽
   c. 완전한 소화관 **d.** 기관 수준의 조직화
3. 방사대칭의 진화가 가능하도록 한 것은?
   a. 다세포성 **b.** 배엽 **c.** 척삭 **d.** 두화

19.2 해면동물과 자포동물: 초기 동물

4. 해면동물은 어디에 속하는가?
   a. 진정후생동물 **b.** 측생동물 **c.** 원생생물 **d.** 척추동물
5. 자포동물이 조직 수준의 구성을 보이는 것은 무엇을 가지고 있기 때문인가?
   a. 외배엽과 내배엽 **b.** 외배엽
   c. 외배엽과 중배엽 **d.** 내배엽과 중배엽
   e. 중배엽

19.3 편형동물, 연체동물 및 환형동물: 촉수담륜자동물

6. 환형동물의 특징은?
   a. 체절화된 몸 **b.** 무체강 **c.** 주머니형 체형 **d.** 방사대칭
7. 환형동물, 연체동물, 환형동물의 공통적인 특징은?
   a. 모두 좌우대칭이다. **b.** 모두 무체강동물이다.
   c. 모두 측생동물이다. **d.** 모두 척추동물이다.
8. 복족류와 두족류는 어디에 속하는가?
   a. 연체동물 **b.** 환형동물 **c.** 편형동물 **d.** 절지동물

19.4 선형동물과 절지동물: 탈피동물

9. 다음 중 곤충의 특징이 아닌 것은?
   a. 겹눈 **b.** 8개의 다리
   c. 안테나 **d.** 외골격
   e. 관절이 있는 다리
10. 상피병과 선모충증을 일으키는 동물은?
    a. 진드기 **b.** 거미
    c. 곤충 **d.** 선형동물

19.5 극피동물과 척삭동물: 후구동물

11. 다음 중 포유류의 특징이 아닌 것은?
    a. 털 **b.** 젖을 생산하는 샘
    c. 외온성 **d.** 4개의 방으로 나누어진 심장
    e. 폐의 확장을 돕는 횡격막
12. 경골어류와 달리 양서류가 가지고 있는 것은?
    a. 귀 **b.** 턱
    c. 순환계 **d.** 심장
13. 포유류를 구분하는 근거는 무엇인가?
    a. 몸 크기와 털의 형태 **b.** 생식 방법
    c. 팔다리 수효와 새끼 보살피기 **d.** 젖샘의 수효와 새끼의 수효

19.6 인류의 진화

14. 호미닌류에서 진화한 최초의 인류-유사 특징은?
    a. 큰 뇌 **b.** 큰 턱
    c. 날씬한 몸 **d.** 두발보행
15. 다음 중 호미니드가 아닌 진원류는?
    a. 인류 **b.** 긴팔원숭이
    c. 오랑우탄 **d.** 침팬지
    e. 고릴라
16. 다음 중 현대 인류의 진화에 있어서 대체모델이 지지하는 것은?
    a. 두발보행의 진화
    b. 뇌 크기의 진화
    c. 지구 전체에 퍼져 있는 현대 인류의 분포
    d. 문화의 발달

관계맺기 ENGAGE

과학적으로 생각하기

1. 호모플로레시엔시스, 호모 날레디, 그리고 데리소바인의 발견들은 인간의 진화에 대한 우리의 이해에 어떤 정보를 제공하는가? 그림 19.38을 다시 참고해서, 인간 진화 과정을 이해하기 위해 연구자들이 새로운 화석 유해를 찾기 위해 노력해야 하는 시기를 제시하시오.
2. 이 장에서 다룬 방사대칭(자포동물, 대부분의 극피동물 성체)인 동물을 생각해보자. 이들은 좌우대칭 동물과 생활습성이 어떻게 다른가? 이들의 체형은 이들의 생활습성을 어떻게 보완하는가?
3. 더 급속한 DNA 서열 분석 기술의 발전은 동물계의 조직에 대한 우리의 시각을 변화시키고 있다. 유전적 증거가 생물의 물리적 형태 또는 특성보다 분류학에서 더 강력한 도구인 이유가 무엇인가?

CHAPTER

20 식물의 해부학적 구조 및 생육

Plant Anatomy and Growth

©Graeme Teague

개요

시작하기 전에

이 장을 시작하기 전에 다음의 내용을 다시 살펴보자.

5.4절 확산과 삼투는 세포 간 물과 용질의 이동에 어떻게 작용하는가?

6.1절 광합성에 필요한 원료와 광합성의 산물은 무엇인가?

18.1절 지상 환경에서 주된 식물의 적응은 무엇인가?

열악한 환경에 적응한 벌레잡이 식물

낭상엽 식물(pitcher plant)은 식물 생장에 필수 영양소인 질소와 인이 결핍된 환경에서도 생장하는 특성이 있다. 그 비결은 낭상엽 식물이 곤충과 같은 동물을 먹이로 하여 필수 영양소를 얻는 데 있다. 즉, 다른 몇몇 종류의 식물과 더불어 낭상엽 식물은 육식을 한다.

낭상엽 식물의 이름은 물병 모양을 닮은 잎을 따서 지어졌다. 낭상엽 식물은 향, 밝은색, 곤충이 먹을 수 있는 꿀을 가지고 날벌레를 유인한다. 곤충이 잎 가장자리에 앉으면 미끄러운 물질과 아래쪽을 향해 있는 털을 이용해 구덩이로 미끄러뜨려 잎에서 분비된 즙으로 먹잇감을 소화한 후 조직으로 영양분을 흡수한다. 곤충을 유인하는 데 최적화되어 있지만, 쥐와 같이 큰 동물들도 낭상엽 식물의 먹이가 되곤 한다. 이렇게 독특한 낭상엽 식물의 적응은 다른 식물들이 살아남기 힘든 척박한 환경에서도 살아남을 수 있는 무기가 된다.

몇몇 동물들은 낭상엽 식물이 분비하는 액체를 이용해 생존 전략을 짜기도 한다. 모기나 파리의 유충은 낭상엽 식물 내부에서 안전하게 성장기를 보내기로 유명하다.

낭상엽 식물을 포함한 벌레잡이 식물은 지구에서 가장 큰 나무인 미국삼나무와 같이 식물계에서 흔치 않은 존재이다. 이 장에서 종자식물의 기관과 구조, 필요로 하는 영양분, 조직 간의 영양분 이동에 대해 알아보자.

이 장을 공부하는 동안 다음 질문에 대해 생각해보자.

1. 각각의 식물 기관은 어떤 역할을 하는가?
2. 식물은 어떤 영양분을 요구하고, 어떻게 공급하는가?
3. 영양분은 식물체 내에서 어떻게 분배되는가?

20.1 식물 세포와 조직

학습 목표

이 절을 학습한 후에는 다음 과제를 수행할 수 있어야 한다.

1. 세 가지 종류의 특화된 식물 조직과 그들의 기능을 서술하기.
2. 식물의 표피 조직의 역할을 서술하기.
3. 세 가지 종류의 기본 조직을 열거하고 구조과 기능의 유사한 점과 다른 점을 비교하기.
4. 식물의 관다발 조직이 어떤 구조로 물과 영양분을 수송하는지 설명하기.

식물은 동물과 비슷한 생물학적 조직 단계를 갖고 있다(그림 1.2 참조). 동물과 같이 **세포**(*cell*)는 생명의 기본 단위이고, **조직**(*tissue*)은 특정 기능을 수행하는 특화된 세포들로 구성되어 있다. 기관(*organ*)은 다수의 조직으로 이루어져 있다.

식물 배아가 처음 발달할 때, 초기 세포를 분열 조직 세포라고 한다(그림 20.1). 분열 조직 세포는 **분열 조직(meristem tissue)**을 구성하여 식물이 계속 자랄 수 있게 한다. 오천 년이란 세월 동안 아직도 계속 자라고 있는 나무도 있다. 분열 조직은 생장 초기 식물의 양 끝에 위치하여 **정단 분열 조직(apical meristem)**이라 불린다. 정단 분열 조직은 세종류의 특화된 식물 조직으로 발달한다.

- **표피 조직(epidermal tissue)**은 식물의 바깥쪽을 보호하는 막을 형성한다.
- **기본 조직(ground tissue)**은 식물 내부를 채워 특정 기관의 기능 수행을 돕는다.
- **관다발 조직(vascular tissue)**은 식물 내부에서 물과 양분을 이동하고, 식물체를 지탱한다.

식물은 위, 아래뿐 아니라 옆으로 자랄 수도 있다. 관다발 형성층(*vascular cambium*)은 또 다른 형태의 분열 조직으로 이차 생장(*secondary growth*)을 위한 새로운 관다발 조직을 형성한다. 이차 생장은 식물의 둘레를 증가시킨다.

표피 조직

식물체는 인간의 피부와 비슷하게 장벽 역할을 하는 단단히 다져진 막인 **표피(epidermis)**로 쌓여 있다. 표피 세포의 벽은 대기에 노출되어 있어, 수분 손실을 최소화하기 위해 왁스 형태의 **큐티클(cuticle)**로 덮여 있다. 큐티클은 박테리아나 병을 유발할 수 있는 생물체로부터 식물을 보호하기도 한다. 표피 세포는 다른 세포로 변형될 수 있다. **뿌리털(root hair)**은 길고 가는 표피 세포의 돌기로 표면적을 넓혀 물과 무기염류의 흡수를 돕는다(그림 20.2*a*). 잎의 표피는 보통 **기공(stomata**, 단수 stoma)을 지닌다. 기공은 두 개의 공변세포로 둘러싸인 작은 구멍이다(그림 20.2*b*). 기공이 열려 있을 때, 가스 교환과 수분의 손실이 발생한다. 트리콤(*trichome*)은 표피 세포의 또 다른 형태로, 식물의 잎과 줄기를 솜털로 꺼끌꺼끌하게 만들어 곤충의 접근을 제한한다(그림 20.2*c*).

나무의 몸통은 표피를 코르크가 대신하여 수피의 일부가 된다(그림 20.2*d*). 새로운 코르크 세포는 코르크 형성층(*cork cambium*)이라는 분열 조직에 의해 생성된다. 새로운 코르크 세포는 발달하면서 부피가 약간 커지고, 세포벽은 왁스 형태의 지

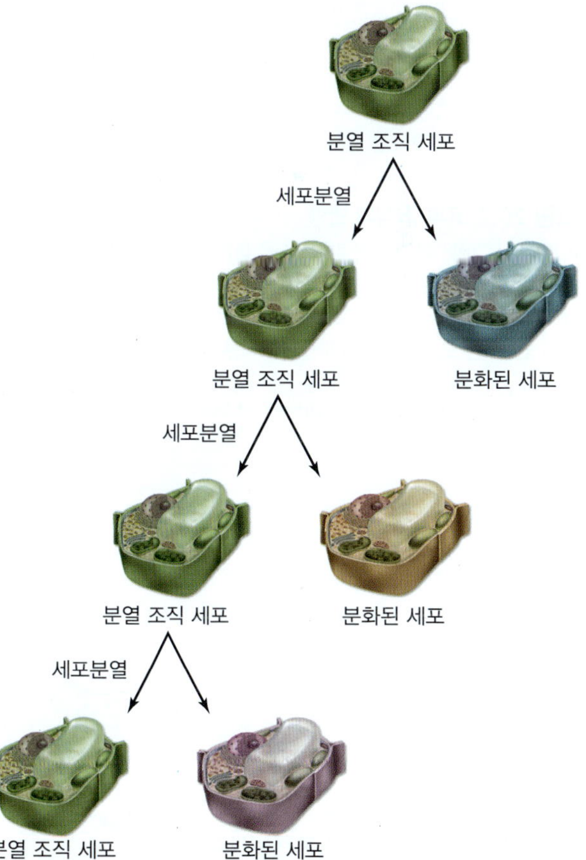

그림 20.1 분열 조직 세포의 분열. 분열 조직 세포는 식물의 새롭게 성장하는 부분에 위치하고, 분열과 분화를 통해 표피, 기본, 관다발 조직과 같은 특화된 식물 조직을 구성한다.

그림 20.2 표피 조직의 변형.

a. 뿌리 표피에는 물과 무기염류 흡수를 돕는 뿌리털이 있다. **b.** 잎 표피에는 가스 교환을 위한 기공이 있다. **c.** 트리콤은 잎이나 줄기에 부착된 솜털로 초식동물로부터 식물을 보호한다. **d.** 수피의 일부인 코르크는 오래되고 목질의 줄의 표피를 대체한다.

(a): ©Nigel Cattlin/Alamy Stock Photo; (b): ©John Hardy, University of Washington, Stevens Point Department of Biology; (c): ©Anthony Pleva/Alamy Stock Photo; (d): ©Biophoto Associates/Science Source

질인 코르크질로 둘러싸여 방수와 화학적 불활성을 띠게 된다. 이러한 살아 있지 않은 세포는 균류, 박테리아, 동물들로부터 식물을 보호한다.

기본 조직

기본 조직은 잎, 줄기, 뿌리의 내부 공간을 형성하고 세 가지 세포 형태를 가지고 있다. **유세포**(*parenchyma cell*, **그림 20.3*a***)는 가장 덜 특화된 세포 형태로 모든 식물의 기관에 존재한다. 유세포는 엽록체를 가지고 있어 광합성을 하거나 광합성 산물을 저장하는 투명한 세포 기관을 가지고 있기도 하다. **후각 세포**(*collenchyma cell*, **그림 20.3*b***)는 유세포와 유사하지만, 모서리의 모양이 불규칙하고 세포벽이 더 두꺼운 차이가 있다. 후각 세포는 주로 표피 바로 밑에 다발을 형성하며, 식물체의 미성숙한 부분을 지지하는 역할을 하기도 한다. 셀러리에서 볼 수 있는 가닥들은 대부분 후각 세포로 이루어져 있다.

후막 세포(*sclerenchyma cell*, **그림 20.3*c***)는 **리그닌**(*lignin*)을 포함한 두꺼운 이차 세포벽을 가지고 있어 식물 세포벽을 단단하게 만든다. 식물 세포벽을 철근 콘크리트에 빗대어 보면, 섬유소는 철골에 해당하고 리그닌은 시멘트와 유사하다고 볼 수 있다. 대부분의 후막 세포는 살아 있지 않으며 주된 기능은 식물의 성숙한 부분을 지지하는 것이다. 견과류의 딱딱한 껍데기는 후막 세포로 이루어져 있다. 일련의 후막 조직으로 이루어진 식물의 긴 섬유 조직은 다양한 쓰임새를 지닌다. 면이나 아마 섬유는 옷으로 짜이고, 대마 섬유는 튼튼한 밧줄의 재료가 된다.

연관

종이는 어떻게 만들어질까?

©Mark Agnor/ Shutterstock

대부분의 종이는 나무의 셀룰로스 섬유로 만든다. 3.2절에서 셀룰로스가 식물 세포벽의 구성성분임을 살펴보았다. 나무를 수확하여 껍질을 벗기고 작게 조각내면 표면적이 증가한다. 이때, 세포에서 셀룰로스를 추출하기 전에 리그닌과 수지가 제거되어야 한다. 셀룰로스 섬유에서 리그닌과 수지를 분리하기 위해 기계를 이용하거나, 증기와 유황 화합물을 사용할 수 있다. 이후에 염소가스나 이산화염소 표백으로 리그닌과 수지를 제거하고 섬유를 희게 한다. 마지막으로, 섬유를 말리고 기계로 두루마리 형태로 만들어 상용화한다.

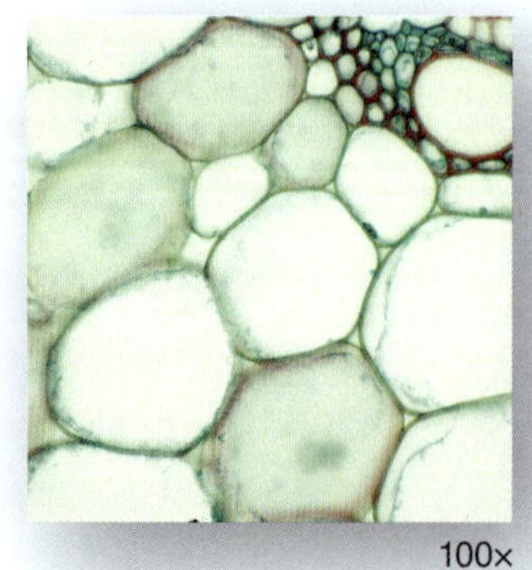

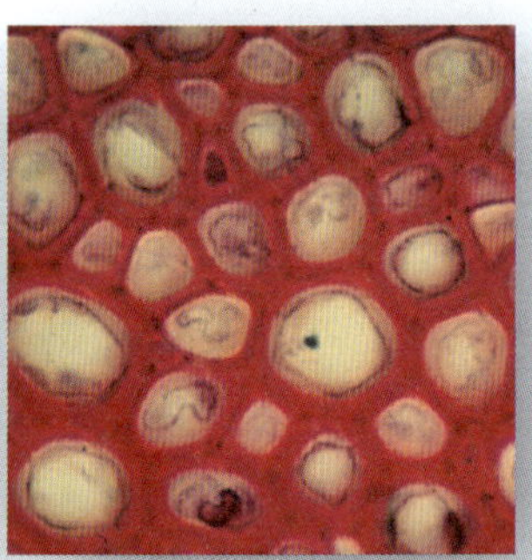

그림 20.3 기본 조직 세포.

a. 유세포는 가장 덜 특화된 식물 세포이다. **b.** 후각 세포는 유세포보다 많은 불규칙한 모서리와 두꺼운 세포벽을 가지고 있다. **c.** 후막 세포는 매우 두꺼운 세포벽을 가지고 있으며 식물체의 성숙한 부분을 지지하는 주요 기능을 하는 살아 있지 않은 세포이다.

관다발 조직

관다발 조직은 뿌리서부터 줄기, 잎까지 뻗어 있고 그 반대 방향 역시 해당한다. 뿌리의 관다발 조직은 중심주에 위치하며 줄기의 관다발 조직은 다양한 관다발에서 찾을 수 있다. 잎의 관다발은 잎맥에 있다. 보통 두 종류의 관다발 조직은 함께 있지만, 둘의 기능이 다르다. **물관부(xylem)**는 뿌리에서 잎으로 물과 무기염류를 수송한다. **체관부(phloem)**는 자당의 형태인 당, 그 외의 호르몬과 같은 유기화합물을 잎에서 뿌리로 이동시킨다.

물관부는 **물관 요소(vessel element)**와 **헛물관(tracheid)**이라는 두 종류의 통도 세포로 이루어져 있다(그림 20.4*a*). 둘 다 살아 있지 않은 빈 통도 세포이지만, 물관 요소는 헛물관보다 더 크고, 말단 벽에 구멍이 나 있다. 또한 물과 무기염류 수송을 위해 관이 계속해서 이어진다. 헛물관의 말단 벽과 옆벽에는 구멍이 있어 헛물관 간의 수분 이동이 가능하다.

체관부의 통도 세포는 말단 벽에 구멍이 모여 있는 **체관 요소(sieve-tube member)**로 이루어져 있다. 체관부의 집단으로 모여 있는 이 구멍들을 **체판**(*sieve plate*)이라고 한다. 체관 요소는 끊임없이 이어지는 체관을 형성한다(그림 20.4*b*). 체관 요소는 핵이 없이 세포질로만 구성되며, 각각의 체관 요소가 가지고 있는 **반세포(companion cell)**가 핵을 지닌다. 반세포는 체관부의 수송 기능에 중요한 역할을 하는 것으로 알려져 있다.

개념 연결하기

식물은 특화된 표피, 기본, 관다발 조직을 형성하는 분열 조직 세포를 가지고 있다.

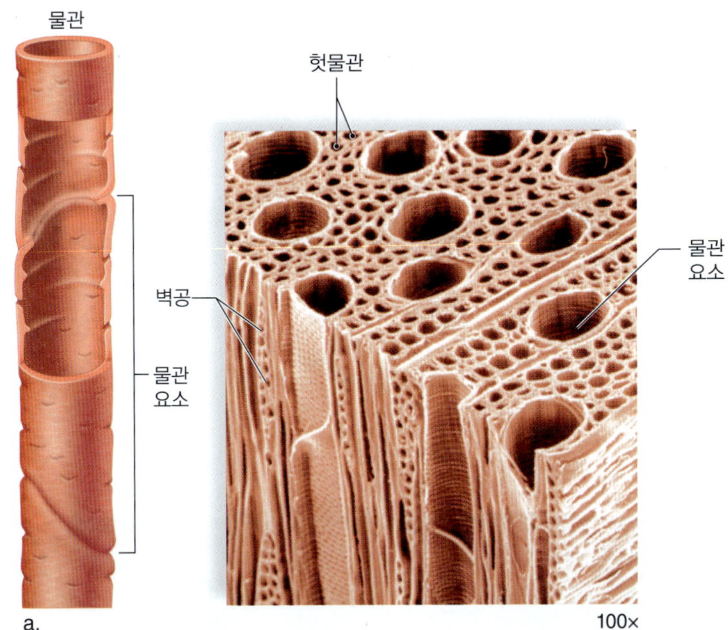

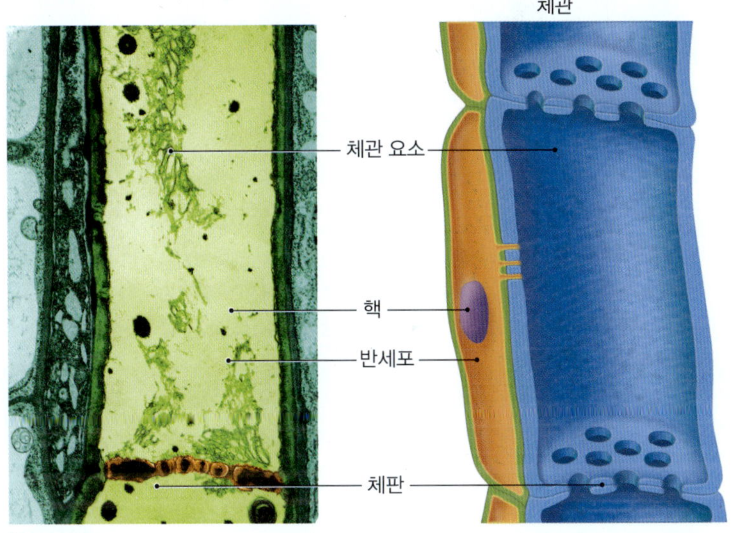

그림 20.4 관다발 조직.

a. 관다발 조직의 물관부 현미경 사진. 물관 요소로 구성된 물관(왼쪽)과 헛물관(오른쪽). **b.** 관다발 조직의 체관부. 체관(오른쪽). 각각의 체관 요소는 반세포를 가지고 있다.

(a): ©N.C. Brown Center for Ultrastructure Studies, SUNY, College of Environmental Science & Forestry, Syracuse, NY; (b): ©Biophoto Associates/ Science Source

진도 점검하기 20.1

1. 세 가지 유형의 식물 조직을 열거하고 각각의 기능을 서술하시오.
2. 물관부와 체관부의 기능을 비교하시오.
3. 표피 조직에서 일어날 수 있는 변형에 관해 기술하시오.

20.2 식물 기관

학습 목표

이 절을 학습한 후에는 다음 과제를 수행할 수 있어야 한다.

1. 일차 생장을 정의하고, 어디서 발생하는지 서술하기.
2. 근계와 지상계에 관해 설명하기.
3. 외떡잎식물과 쌍떡잎식물의 종자, 뿌리, 줄기, 잎, 꽃의 유사한 점과 다른 점을 비교하기.

18.1절에서 최초 식물은 진정한 잎, 줄기, 뿌리가 없는 단순한 형태였음을 학습했다. 식물은 관다발 조직을 갖추어 물에서 육지로 이동하였고, 건조한 환경에서 살아갈 수

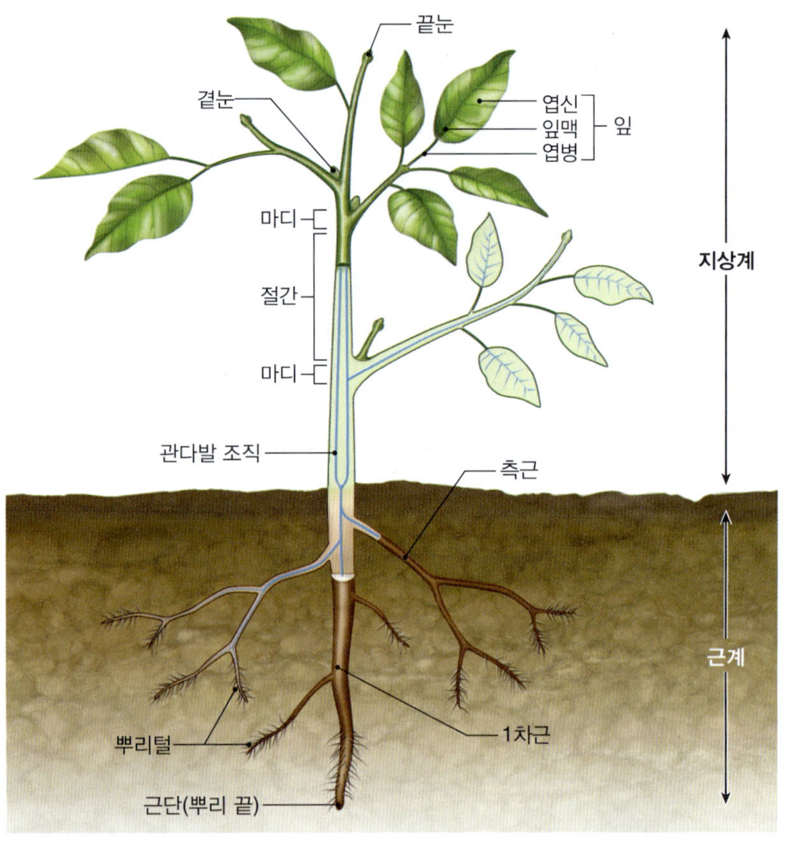

그림 20.5 **식물체의 구조.**
식물은 지하에서 자라는 근계와 줄기와 잎(꽃과 열매도 해당되지만 그림에는 표시하지 않음)으로 구성된 지상계로 이루어진다. 끝눈과 근단에서 일어나는 세포분열은 식물의 길이 생장을 주관하고, 이를 일차 생장이라고 한다.

있도록 기관을 형성했다. 모든 관다발 식물은 영양 기관을 가지고 있지만, 이 장에서는 종자식물이나 속씨식물에서 공통적으로 발견되는 기관에 대해 알아보도록 하자.

선인장, 데이지, 사과나무와 같은 종자식물은 지상계와 근계로 이루어져 있다(그림 20.5). **지상계(shoot system)**는 줄기, 잎, 꽃, 열매로 구성된다. 줄기는 잎을 지지하고, 뿌리와 잎으로부터 물질을 이동하며 새로운 조직을 생산한다.

곁가지는 잎과 줄기가 교차하는 곁눈(*lateral bud*)에서 파생되며, 마디(*node*)는 잎이나 가지가 나오는 눈이 줄기에서 붙어 있는 곳이다. 절간(*internode*)은 마디 사이의 구간이다. 줄기 끝부분의 끝눈(*terminal bud*)에는 정단 분열 조직이 있어 일차 생장(*primary growth*) 동안 새로운 잎과 조직들을 생산한다(그림 20.6). 관다발 조직은 뿌리에서 줄기를 거쳐 잎으로 물과 무기염류를 수송하고, 그 반대 방향으로는 광합성 산물을 이동시킨다.

근계(root system)는 뿌리로 구성되어 있고, 근단 또한 정단 분열 조직을 가지고 있어 아래로 향하는 일차 생장을 한다. 끝눈과 근단에서의 일차 생장은 인간으로 치면 머리와 발끝 모두에서 키가 자라는 것을 의미한다. 결국, 잎, 줄기, 뿌리의 세 가지 영양 기관은 식물이 생장을 주관한다. 꽃과 열매는 생식 기관으로 21.3절에서 다룰 것이다.

외떡잎식물과 쌍떡잎식물

종자식물의 종류에 따라 식물 기관의 배열이 다양하게 형성된다. 그림 20.7은 종자식물의 두 가지 대표 범주를 보여준다. 종자 내에 존재하는 태반엽인 **떡잎(cotyledon)**은 두 범주를 나누는 하나의 기준으로 사용된다. 떡잎은 첫 본엽이 나오면 시든다. 배아가 한 개의 떡잎을 가지면 **외떡잎식물(monocots)**이며, 두 개의 떡잎을 가지면 **쌍떡잎식물(eudicots)**이다. 쌍떡잎식물의 떡잎은 묘목에 영양분을 제공하지만, 외떡잎식물의 떡잎은 영양분을 저장하여 다른 영양분 저장소로 수송하는 역할을 한다.

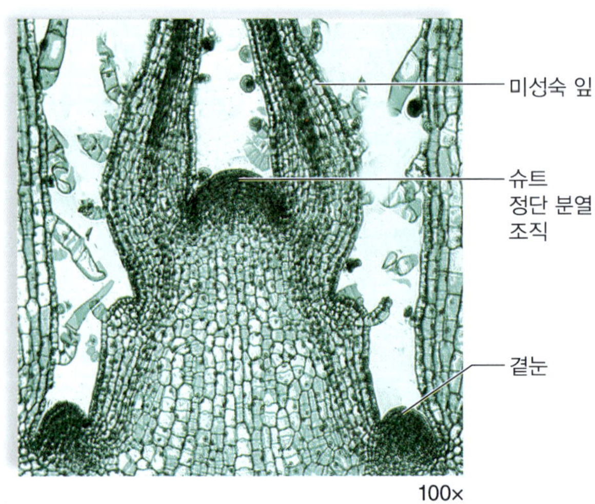

그림 20.6 **끝눈.**
끝눈에는 정단 분열 조직이 있어 일차 생장 동안 새로운 잎과 조직들을 생산한다. 곁가지는 곁눈에서 파생된다.
©Steven P. Lynch

연관

"마성의" 식물은 실제로 존재할까?

해리포터나 헝거게임에서 나온 별나고 독성이 있는 식물이 주목받았다. 이러한 식물이 실제로 존재할까? 그렇다. 맨드레이크 뿌리는 사람의 몸처럼 생겼고, 큰멧돼지풀의 잎은 피부에 심각한 물집이 생기게 한다. 유럽아룸은 혀를 부풀게 하며, 가지과 식물인 벨라도나의 검은 열매(사진 참조)는 치명적이다.

©Horst Lieber/Shutterstock

그림 20.7 종자식물은 외떡잎식물과 쌍떡잎식물로 나뉜다. 보통 다섯 개의 특징으로 외떡잎식물과 쌍떡잎식물을 구분한다. 그 특징으로는 떡잎의 개수, 뿌리, 줄기, 잎의 관다발 조직 배열과 꽃 구성요소의 개수 차이가 있다.

언뜻 보기에는 외떡잎식물과 쌍떡잎식물의 구분이 대수롭지 않아 보이지만, 구조적으로 많은 차이가 있다. 일례로, 외떡잎식물과 쌍떡잎식물을 현미경으로 보면 관다발 조직의 위치와 배열이 다르다. 20.1절에서 관다발 식물은 물과 무기염류를 담당하는 물관부(*xylem*)와 유기 영양소를 담당하는 체관부(*phloem*)라는 두 개의 수송 조직으로 이루어져 있음을 알아보았다. 어떻게 보면, 식물의 물관부는 동물의 정맥, 체관부는 동맥이라 할 수 있다. 외떡잎식물 뿌리의 관다발 조직은 중심부를 주변으로 원을 이루지만, 쌍떡잎식물은 중심에 있다. 쌍떡잎식물의 물관부는 가운데에 별 모양을 이루고, 체관부는 별 끝의 사이에 있다. 줄기에서 관다발 조직은 **관다발(vascular bundle)**로 존재하며, 외떡잎식물 줄기의 관다발은 산재해 있고 쌍떡잎식물에서는 원형을 이룬다.

육안상으로 관다발 조직은 잎맥(*leaf vein*)을 구성하고, 외떡잎식물의 잎맥은 평행하며 쌍떡잎식물에서는 그물 모양을 그린다. 이 둘은 꽃의 구성에서도 개수의 차이를 보이며, 21.3절에서 다룰 것이다.

쌍떡잎식물은 민들레와 떡갈나무와 같이 잘 알려진 다수의 종자식물을 포함하고 있다. 외떡잎식물은 초본 식물, 백합, 난초, 야자나무 등을 포함하며, 쌀, 밀, 옥수수와 같은 인류의 주식 또한 여기에 속한다.

개념 연결하기

식물 조직은 지상계와 근계를 구성하는 영양 기관을 형성하기 위해 결합을 이룬다.

진도 점검하기 20.2

1. 식물의 지상계와 근계의 기능적 차이점을 서술하시오.
2. 떡잎이 무엇인지 정의하고 기능을 설명하시오.
3. 외떡잎식물과 쌍떡잎식물의 차이점을 열거하시오.

20.3 잎, 줄기, 뿌리의 구조

학습 목표

이 절을 학습한 후에는 다음 과제를 수행할 수 있어야 한다.

1. 쌍떡잎식물 잎의 구조 서술하기.
2. 목질/비목질 줄기 비교하기.
3. 목질 쌍떡잎식물 줄기의 이차 생장에 관해 설명하고, 춘재와 하재 비교하기.
4. 쌍떡잎식물 근단의 세 가지 구간 열거하기.

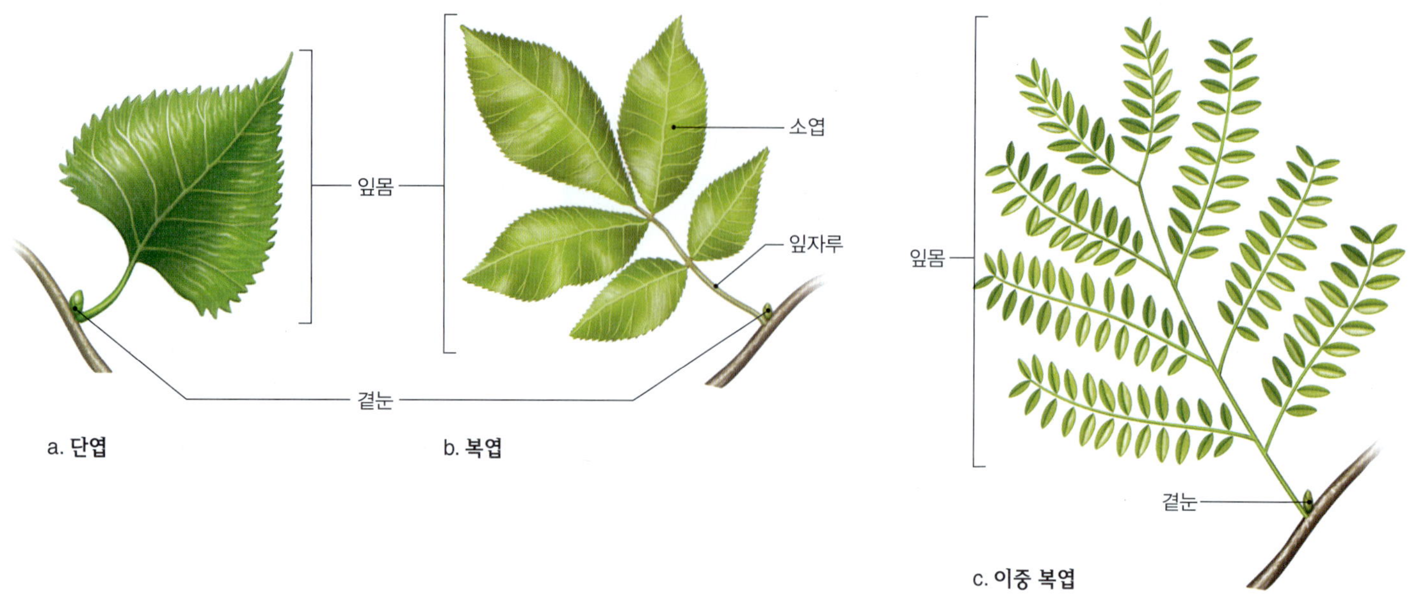

그림 20.8 단엽과 복엽의 비교.
a. 미루나무는 단엽 식물이다. **b.** 히코리는 복엽 식물이다. **c.** 주엽 나무는 이중 복엽 식물이다. 한 개의 곁눈이 잎이 줄기에 부착된 부위에 발생한다.

잎

잎(leaves)은 광합성을 하는 주요 기관으로 태양에너지, 이산화탄소, 물을 요구한다. 넓고 얇은 본엽은 표면적을 최대화하여 햇빛과 이산화탄소를 흡수한다. 잎은 근계로부터 잎까지 이어지는 관다발 조직을 통해 수분을 공급받는다. 낙엽식물(*deciduous plants*)은 보통 1년 중 건기나 겨울의 시작에 잎을 떨어뜨린다. 반면, 상록수(*evergreens*)는 잎을 1년 내내 가지고 있다.

그림 20.8은 잎의 일반적인 구조를 나타낸다. 본엽의 널따란 부분은 잎몸(*blade*)이고, 잎몸을 줄기와 이어주는 대를 잎자루(*petiole*)라고 한다. 잎의 잎몸은 보통 분리되지 않은 단엽(*simple*)의 형태이고 미루나무가 그에 속한다(그림 20.8*a*). 히코리나 주엽 나무와 같은 식물은 잎몸이 갈라져서 복엽(*compound*) 구조를 가진다(그림 20.8*b*, *c*). 곁눈의 배치를 통해 단엽이 모여 있는 건지, 하나의 복엽인지 판단할 수 있다.

그림 20.9*a*는 전형적인 쌍떡잎식물 잎의 단면이다. 가장 바깥쪽 구조인 왁스 형태의 큐티클은 수분의 손실을 방지한다. 표피층은 위, 아래로 자리를 잡고 있으며 하면 표피는 가스 교환을 하는 기공을 가지고 있다(그림 20.9*b*). 잎의 내부는 광합성을 수행하는 조직인 **엽육(mesophyll)**으로 구성된다. 엽육까지 이어진 관다발 조직은 잎으로 물과 무기염류를 수송하고 광합성 산물인 탄수화물은 잎에서 다른 곳으로 보낸다. 탄수화물은 대부분 자당의 형태로 수송된다.

엽육은 책상조직과 해면조직으로 나뉘는데(그림 20.9*c*), 책상조직(*palisade mesophyll*)은 세포들이 빽빽하게 들어차 있어서 햇살을 흡수할 수 있는 표면적이 넓다. 해면조직은 공기층으로 둘러싸인 불규칙한 모양의 세포로 되어있다. 해면조직(*spongy mesophyll*)의 느슨한 세포 조성은 가스 교환이나 수분 손실에 대한 표면적을 증가시킨다. 물관부 조직을 통해 잎으로 이동한 수분은 해면조직에서 증발하고 기공으로 나간다.

잎은 광합성 외에 다양한 기능을 한다(그림 20.10). 잎의 변형된 형태로, 덩굴

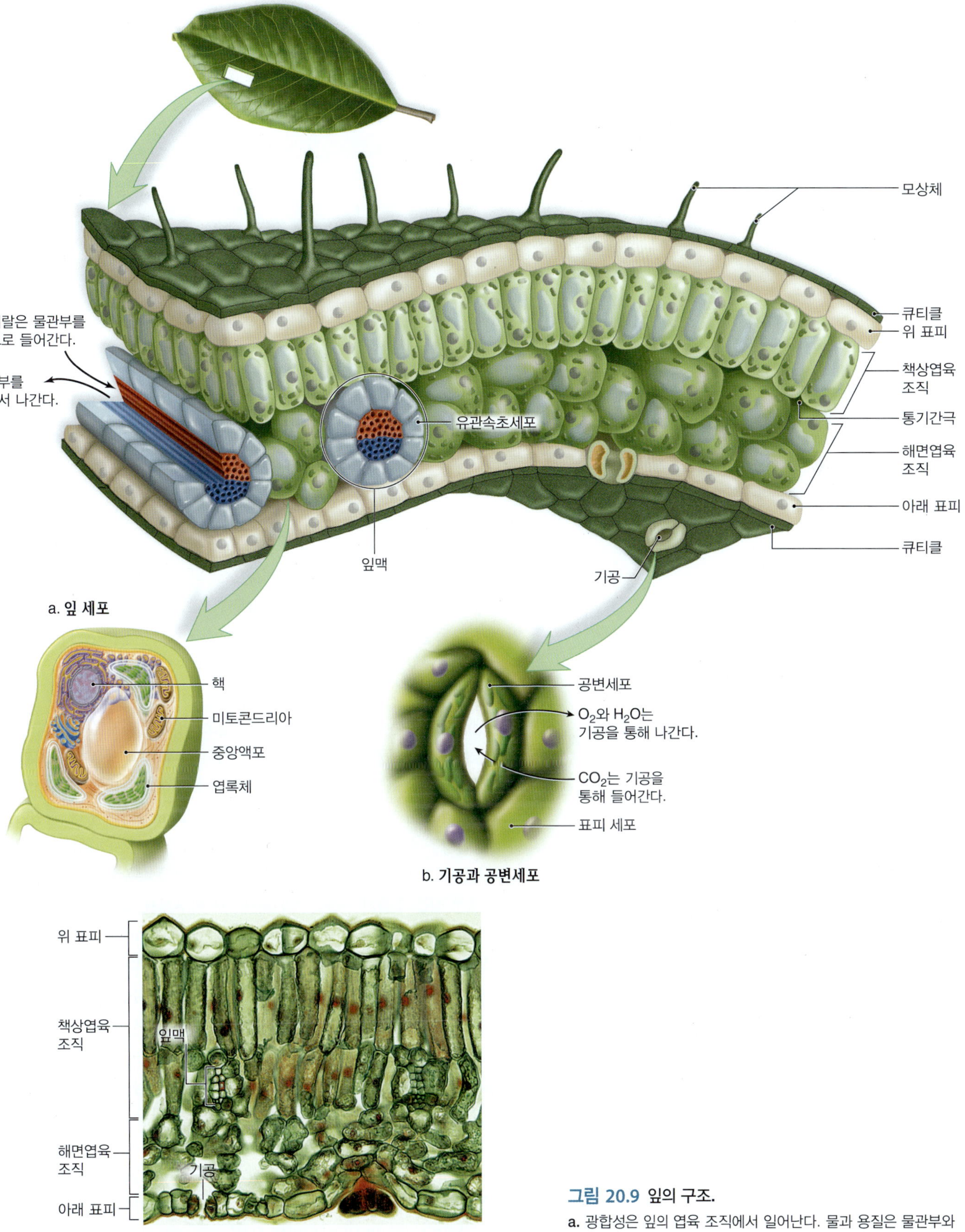

모상체
큐티클
위 표피
책상엽육 조직
통기간극
해면엽육 조직
아래 표피
큐티클
물과 미네랄은 물관부를 통해 잎으로 들어간다.
당은 체관부를 통해 잎에서 나간다.
유관속초세포
잎맥
기공

a. **잎 세포**

핵
미토콘드리아
중앙액포
엽록체

공변세포
O_2와 H_2O는 기공을 통해 나간다.
CO_2는 기공을 통해 들어간다.
표피 세포

b. **기공과 공변세포**

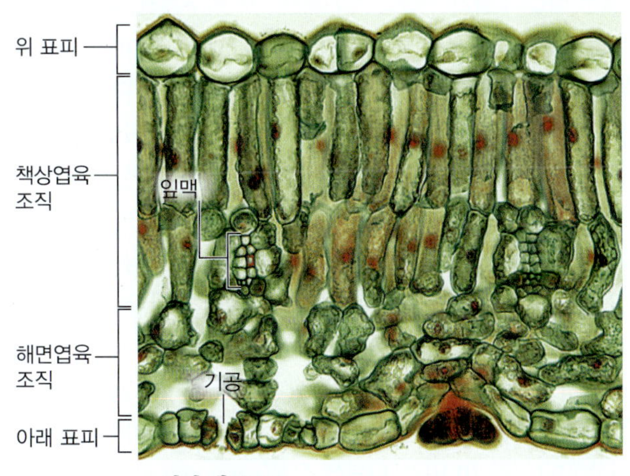

c. **잎의 내부구조**

그림 20.9 잎의 구조.

a. 광합성은 잎의 엽육 조직에서 일어난다. 물과 용질은 물관부와 체관부로 구성된 잎맥을 통해 이동한다. **b.** 표피의 기공이 열리면 가스 교환이 일어난다. **c.** 잎의 내부 구조 현미경 사진.

a. 오이

b. 파리지옥

c. 선인장

d. 감자

그림 20.10 잎과 줄기의 다양성.

a. 잎이 변형된 오이의 덩굴은 식물의 지탱을 위해 부착력을 가진다. **b.** 끈끈이주걱의 잎은 벌레를 가두는 덫의 역할을 한다. **c.** 선인장의 가시는 다육질의 줄기를 초식동물로부터 보호해 주는 잎의 형태이다. 선인장의 다육질 줄기는 양분을 생산하고 수분을 저장한다. **d.** 감자는 지하경, 또는 덩이줄기로 양분을 저장한다.

(a): ©Victoria Shuba/Shutterstock; (b): ©Steven P. Lynch; (c): ©McGraw-Hill Education; (d): ©McGraw-Hill Education/Carlyn Iverson, photographer

과 같이 식물이 다른 개체에 부착할 수 있게 하거나(그림 20.10*a*) 곤충을 잡는 덫의 역할을 한다(그림 20.10*b*). 선인장의 잎은 가시 형태로 수분 손실을 줄이고 동물로부터 식물을 보호한다(그림 20.10*c*).

줄기

한 손에는 데이지 꽃다발을 들고, 다른 손으로 나무에 기대는 상황을 가정해 보면 우리는 동시에 두 가지의 다른 **줄기(stem)**를 만지고 있다. 데이지는 비목질 줄기, 나무의 몸통은 목질 줄기를 가진다.

비목질 줄기

일차 생장만 거치는 줄기는 비목질이고, 백일초, 박하, 데이지 같은 비목질 줄기를 갖는 식물을 초본 식물(*herbaceous plant*)이라고 한다. 잎과 동일하게 초본 식물의 가장 바깥쪽 조직은 표피로, 수분 손실을 막는 왁스 형태의 큐티클로 덮여 있다. 쌍떡잎식물 줄기의 표피 아래에는 좁은 유세포 띠인 **피질(cortex)**이 있다. 피질이 초록색을 띠어 광합성을 수행하는 때도 있다. 쌍떡잎식물 줄기 중심부의 기본 조직을 **속(pith)**이라고 한다. 외떡잎식물의 줄기는 조직적인 피질이나 속을 가지고 있지 않다.

초본 식물의 줄기는 물관부와 체관부로 이루어진 독특한 관다발을 갖고 있다. 각각의 다발에서 물관부는 보통 줄기의 안쪽, 체관부는 바깥쪽을 구성한다. 초본 쌍떡잎식물 줄기의 관다발은 피질과 속을 나누는 뚜렷한 원형을 형성한다. 초본 외떡잎식물 줄기의 관다발은 줄기 내에서 흩어져 있고, "원숭이 얼굴" 같은 형태를 보이는 특징이 있다. 그림 20.11에서 초본 쌍떡잎식물과 외떡잎식물의 줄기를 비교해 보자.

빨대 위에 무거운 물건을 올리면 무게를 이기지 못하고 휘고 찌그러질 것이다. 반면, 식물 줄기의 내부는 물관 요소, 헛물관, 리그닌을 함유한 후막 세포의 지탱으로 성장하는 동안 버틸 수 있다. 초본 식물인 맘모스 해바라기의 줄기는 2.3 kg에 달하는 화관을 떠받친다.

수송과 지탱 외에도 줄기는 다양한 기능을 한다. 선인장의 줄기는 주요한 광합성 기관이며 수분을 저장한다(그림 20.10*c* 참조). 감자의 덩이줄기는 지하경으로 양분을 저장한다(그림 20.10*d*). 다년생 식물(*perennial plants*)은 새로운 지상계를 생산할 수 있는 마디를 지닌 덩이줄기나 뿌리줄기와 같은 다양한 형태의 지하경을 통해 매년 다시 자라난다.

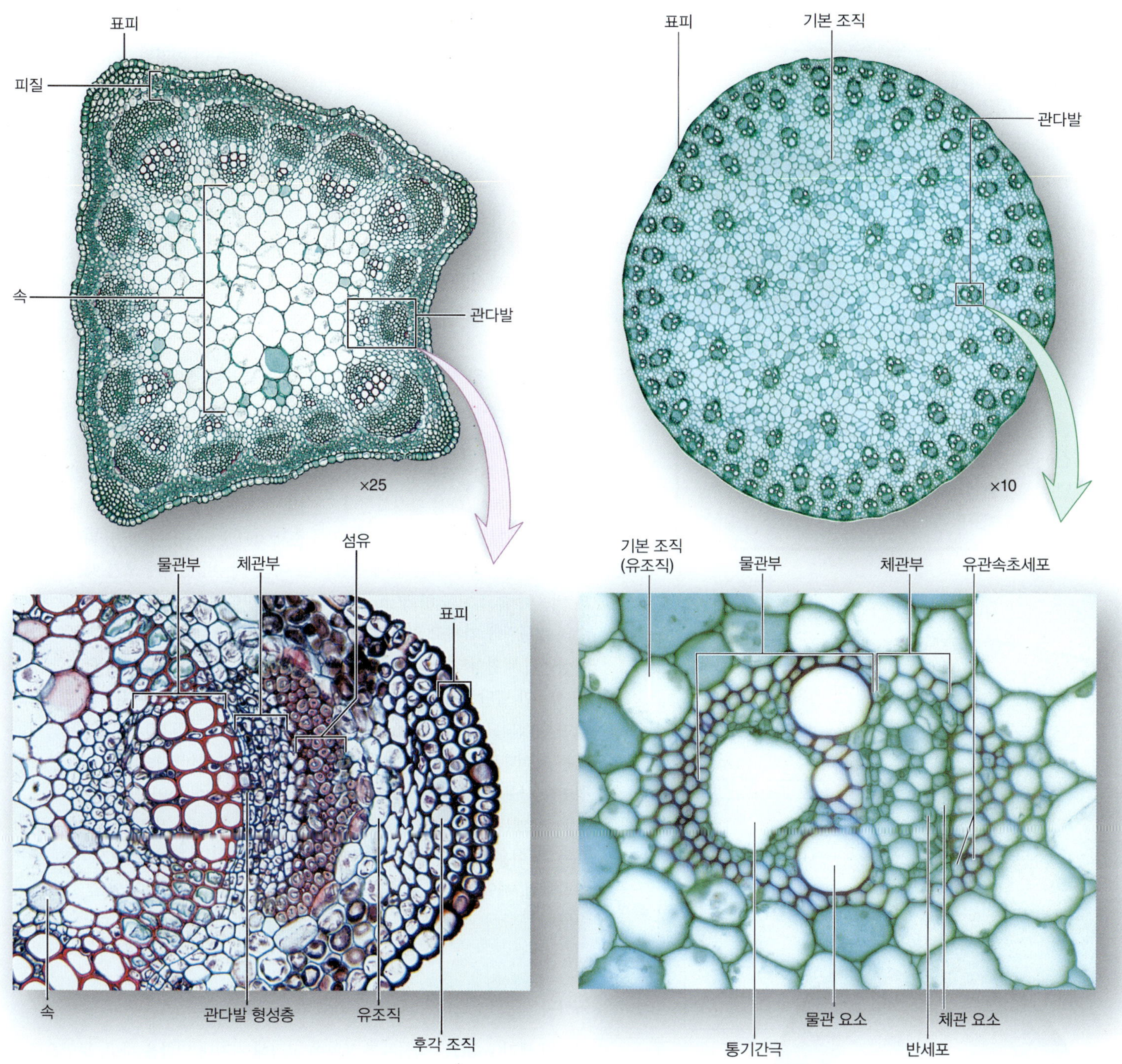

a. **쌍떡잎식물 줄기: 고리 형태로 배열된 관다발**

b. **외떡잎식물 줄기: 흩어져 있는 관다발**

그림 20.11 초본 식물(비목질) 줄기.

a. 쌍떡잎식물 줄기의 관다발은 뚜렷한 기본 조직인 속을 원형으로 둘러싸고 있다. **b.** 외떡잎식물 줄기의 관다발은 기본 조직에 산재해 있다.

목질 줄기

나무나 관목과 같이 목질 줄기를 가진 식물은 일차 생장과 이차 생장을 거친다. 이차 생장(*secondary growth*)은 줄기, 가지, 뿌리둘레를 증가시키며, 20.1절에서 다뤘던 분열 조직의 하나인 관다발 형성층의 위치와 활성의 차이로부터 발생한다. 초본 쌍떡잎식물의 **관다발 형성층**(*vascular cambium*)은 보통 관다발 각각의 물관부와 체관부 사이에 있다. 목질 식물의 관다발 형성층은 매년 새로운 물관부와 체관부를 생산하는 원형의 분열 조직을 형성한다. 오래된 목질 줄기의 관다발 형성층은 수피와 목재 사이에 존재한다(그림 20.12).

연관

코르크 병마개를 만드는 데 어떤 나무를 사용할까?

©Peter Eastland/Alamy Stock Photo

와인병에서 볼 수 있는 코르크 병마개는 거의 전적으로 스페인과 포르투갈에서 코르크참나무(*Quercus suber*)를 이용해 생산된다. 나무가 20년 정도 자랐을 때 코르크를 수확하고, 9년마다 나무를 해치지 않는 선에서 2.5 cm에서 5 cm에 이르는 바깥 표면의 코르크를 채취할 수 있다. 나무마다 16킬로그램의 코르크를 생산하며, 150년간 코르크 생산이 가능하다. 생산기간 동안 나무가 손상되지 않기 때문에 코르크는 친환경적인 목제로 여겨진다.

코르크
코르크 형성층
피질
체관부
수피
관다발 형성층
하재
춘재
나이테
2차 물관부
목재
속

그림 20.12 목질 줄기의 구조.
목질 줄기의 관다발 형성층은 매년 새로운 이차 물관부와 체관부를 생산한다. 이차 물관부는 나무의 나이테를 형성한다. 사진의 목질 줄기 나이테를 세어 보면 3년생임을 알 수 있다.

수피 나무의 **수피(bark)**는 코르크, 코르크 형성층, 피질, 체관부로 이루어진다. 수피를 제거하면 체관부의 부재로 인해 유기 영양소의 수송이 어려워지기 때문에 치명적이다. 매년 관다발 형성층이 새로운 체관부 조직을 생산하지만, 물관부가 형성되는 방식과는 다르다.

코르크 형성층(*cork cambium*)은 표피 바로 아래에 존재하며 활발하게 세포분열이 일어나는 부위와 구별된다. 코르크 형성층이 처음 분열을 시작하면, 표피를 파괴하여 **코르크 세포**(*cork cell*)로 대체하는 조직을 만든다. 코르크 세포는 왁스층인 코르크질을 함유하는데, 방수를 돕지만 코르크 세포를 죽이기도 한다. 목질 줄기의 가스 교환은 피목에서만 활발하게 일어나는데, 코르크질이 없는 코르크 세포가 엉성하게 조성되어 있기 때문이다.

목재 식물이 성장을 시작할 때, 물관부는 정단 분열 조직에서 만들어진다. 식물이 성숙한 후에, 관다발 형성층에서 **이차 물관부**(*secondary xylem*)가 생성된다. **목재(wood)**는 이차 물관부이며 매년 축적되어 나무의 둘레를 증가시킨다. 성장기 나무의 관다발 형성층은 겨울 동안 비활성화되었다가 온도가 높아지고 더 많은 수분을 얻을 수 있는 봄에 다시 활성화된다. 관다발 형성층은 봄이 오면 얇고 넓은 물관을 가진 이차 물관부 조직을 생산한다. 이를 **춘재**(*spring wood*)라 하며, 넓은 물관은 충분한 수분을 성장하고 있는 잎에 전달한다. 여름에는 비가 적게 오기 때문에 물관의 비율이 줄고 이를 **하재**(*summer wood*)라 한다. 하재는 두꺼운 벽으로 된 다수의 헛물관을 가지고 있고, 더 크게 자라기 때문에 내구력이 필요하다. 관다발 형성층이 비활성되기 직전인 성장기 막바지에는 두꺼운 이차 벽을 함유한 무거운 섬유만 발달하기도 한다. 춘재를 거쳐 하재를 지나면 나무 몸통의 한 해 성장이 완성되고 **나이테(annual ring)**가 만들어진다(그림 20.12). 연륜 연대학자는 나이테로 나무의 나이를 측정하는 과학자다. 나이테는 과거의 수분 가용성이나 산불을 추측하고 지구 기후 변화를 예측하는 데 쓰이기도 한다.

목재는 다용도로 유용하게 쓰이는 재료 중 하나로, 건축물이나 가구를 만드는 데 이용된다. 또한 많은 양의 목재가 난방이나 요리하는 데 쓰이고, 종이, 화학물질, 제약의 원료가 되기도 한다. 나무의 송진은 테레빈유와 로진으로 가공된다.

뿌리

식물의 **뿌리(root)**는 식물체를 토양에 고정해 지지대 역할을 하고, 토양으로부터 물과 무기염류를 흡수한다. 어림잡아 근계의 크기와 규모는 적어도 지상계와 맞먹는 수준이다. 즉, 사과나무의 근계는 옥수수의 근계보다 훨씬 크다. 또한, 근계의 범위는 환경에 따라 다르다. 옥수수의 뿌리는 2.5미터까지 뻗을 수 있는데, 사막에서 서식하는 메스키트 나무의 뿌리는 20미터까지 자랄 수 있다.

뿌리는 점액질의 표층을 가진 원통형이기 때문에 자라면서 토양을 뚫고 들어갈 수 있고, 물이 어떤 방향으로든 흡수될 수 있다. 근단 부근의 특정 부분에는 뿌리털이 많아 뿌리의 흡수력을 크게 높인다. 수많은 **뿌리털**(*root hairs*)은 물과 무기염류의 흡수를 엄청나게 증가시킨다. 하나의 호밀 식물체가 140억 개의 뿌리털 세포를 가지고 있다고 밝혀졌다. 뿌리털 세포는 계속해서 교체되기 때문에 호밀은 하루 동안 약 1억 개의 새로운 뿌리털 세포를 형성한다. 식물을 토양에서 뽑아서 옮겨 심으면 잘 자라지 못하는 이유는 작은 곁뿌리와 뿌리털이 손상되기 때

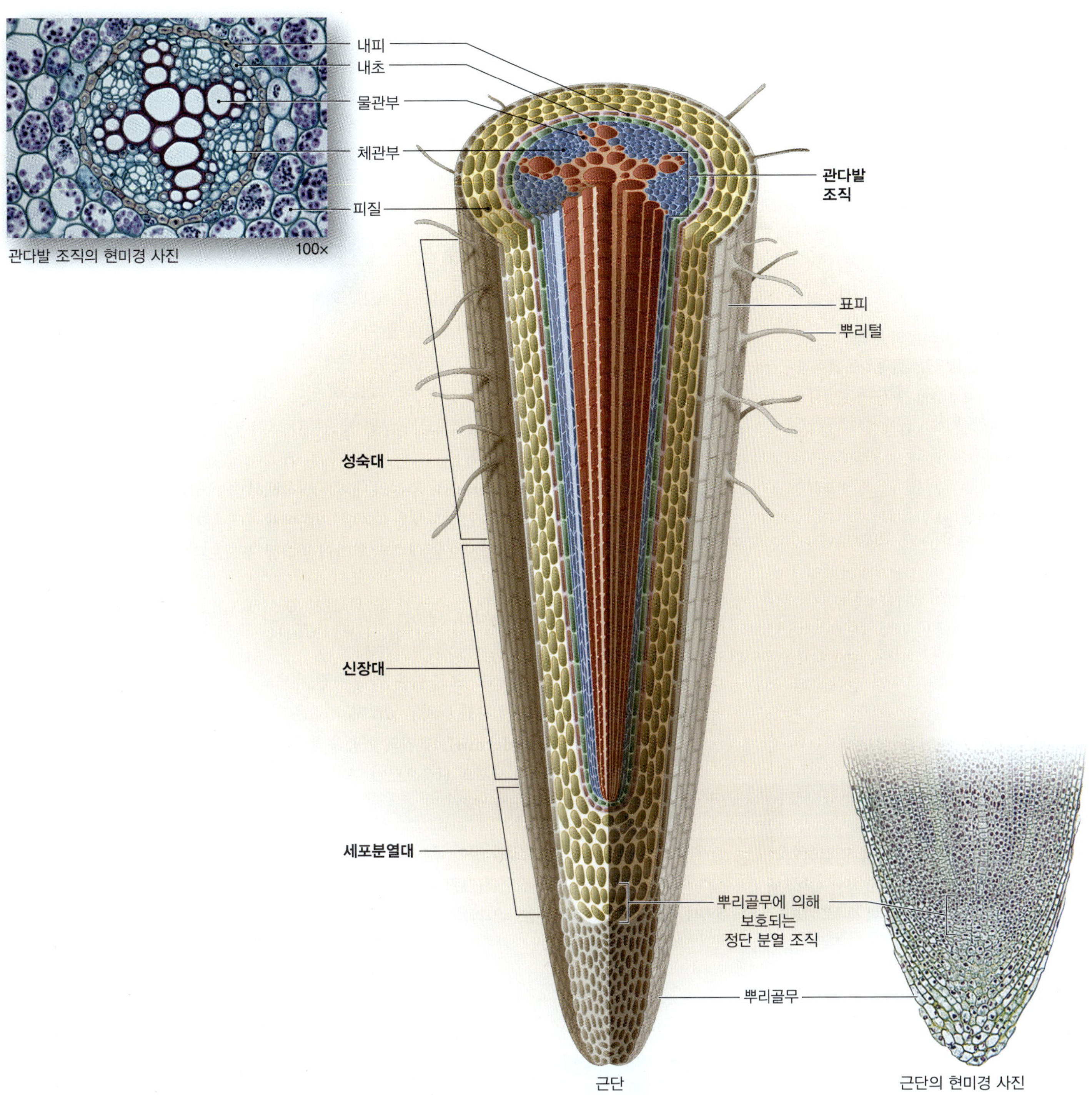

그림 20.13 쌍떡잎식물의 근단.
근단은 세 구간으로 나눠지며 그림과 같은 종단면에서 구분하여 볼 수 있다. 쌍떡잎식물의 물관부는 보통 별 모양을 하며 체관부는 별 끝이 사이에 있다. 물과 무기염류는 물관부로 들어가기 위해 내배엽 세포의 세포질을 거쳐야 하는데, 이 내배엽 세포는 물관부로 들어가는 무기염류의 통로를 조절한다.

(left): ©Ed Reschke/Getty Images; (right): ©Ray F. Evert/University of Wisconsin, Madison

문이다. 성공적인 이식을 위해서는 식물과 함께 주변 토양을 같이 이동하여 곁뿌리와 뿌리털의 손상을 최소화해야 한다.

뿌리의 생장대

외떡잎식물과 쌍떡잎식물 뿌리 모두 같은 생장대를 가지고 있다. 그림 20.13의 쌍떡잎식물 근단 종단면은 1차 생장 시 일어나는 세포의 다양한 분화 단계를 구획화하였다. 뿌리의 정단 분열 조직은 근관으로 싸여 있으며, 세포 분열이 활발하게 일어난다.

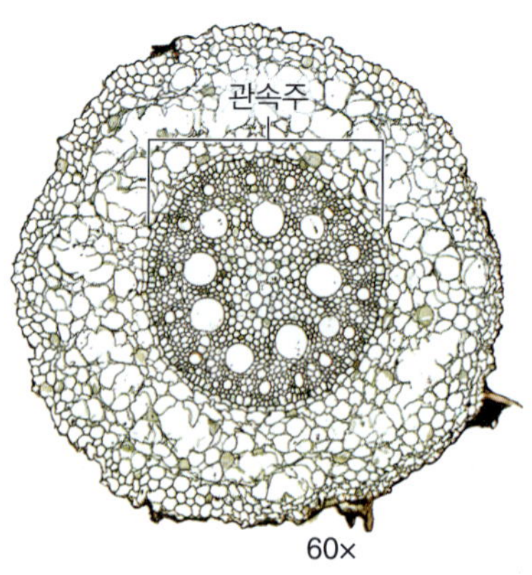

그림 20.14 외떡잎식물의 뿌리.
외떡잎식물 뿌리는 쌍떡잎식물과 같은 조직과 구간을 갖지만, 물관부와 체관부가 중앙의 속을 원형으로 둘러싼다.
©McGraw-Hill Education/Al Telser, photographer

근관(*root cap*)은 끈적한 물질로 덮여 있어서 거친 토양을 뚫고 내려가는 것을 도우며, 정단 분열 조직을 대신해 손상된다. 분열하는 정단 분열 조직 세포는 세포 분열 구간에 존재하며, 새로운 세포가 생산되면서 오래된 세포는 신장 구간으로 밀려들어가 특화와 신장을 거친다. 성숙 구간에는 완전히 특화된 세포들이 있고, 많은 표피 세포가 뿌리털을 지닌다.

뿌리의 조직

뿌리는 다음과 같은 다섯 가지의 조직으로 이루어진다.

- **관다발 조직(vascular tissue).** 외떡잎식물과 쌍떡잎식물 뿌리는 물관부와 체관부로 이루어진 관속주를 가지고 있지만, 배열에 차이를 보인다. 쌍떡잎식물 뿌리(그림 20.13)의 물관부는 중심으로부터 퍼져 있어 별 모양을 하고 있다. 체관부는 별 끝의 사이에 분리되어 있다. 외떡잎식물 뿌리(그림 20.14)의 관속주는 속을 중심으로 물관부와 체관부가 교차하여 형성된다. 여기서 속은 저장소 역할을 한다.
- **내피(endodermis).** 뿌리의 내피는 밀착해서 붙어 있는 직사각형 세포의 단층이다. 이 층은 불침투성을 띠지만, 양쪽에서 물과 무기염류가 통과할 수 있도록 만든다. 이 방식으로 내피는 뿌리의 관다발 조직으로 무기염류가 들어오는 것을 조절한다.
- **내초(pericycle).** 내초는 뿌리 내피 안쪽의 첫 번째 세포층이다. 이 세포는 계속 분열하고, 측근을 형성한다.
- **피질(cortex).** 크고 얇은 벽을 가진 유세포는 뿌리의 피질을 구성한다. 이 세포는 녹말입자를 가지고 있으며, 피질은 양분을 저장하기도 한다.
- **표피(epidermis).** 뿌리의 외층을 형성하는 표피는 커다랗고 얇은 벽을 가진 직사각형 세포의 단층으로만 구성된다. 성숙 구간에서 많은 표피 세포가 뿌리털을 가지고 있다.

개념 연결하기
뿌리, 줄기, 잎은 식물 기관이며, 식물이 제대로 기능하기 위해 유기적으로 작용한다.

줄기와 잎과 같이 뿌리도 다양한 형태를 가진다. 당근은 한 개의 주근이 광합성 산물을 저장한다(그림 20.15*a*). 초본 식물은 토양에 부착하는 수염뿌리를 가지고(그림 20.15*b*), 옥수수의 지주근은 줄기에서 자라서 부가적으로 식물을 지지한다(그림 20.15*c*).

a. 주근

b. 수염뿌리계

c. 지주뿌리

그림 20.15 뿌리의 다양성.
a. 주근은 한 개의 원뿌리를 갖고 있다. b. 수염뿌리는 다수의 가느다란 뿌리를 가지며 원뿌리는 없다. c. 지주근은 지탱의 역할을 한다.
(a): ©carther/123RF; (b): ©McGraw-Hill Education/Evelyn Jo Johnson, photographer; (c): ©NokHoOkNoi/iStock/360/ Getty Images

진도 점검하기 20.3

1. 광합성을 수행하는 데 있어 잎의 구조가 제공하는 이점이 무엇인지 설명하시오.
2. 목재와 수피를 구성하는 성분을 나열하시오.
3. 쌍떡잎식물 조직의 기능을 열거하시오.

20.4 식물 양분

학습 목표

이 절을 학습한 후에는 다음 과제를 수행할 수 있어야 한다:

1. 식물에 필요한 다량 영양소와 미량 영양소를 나열하고 차이를 설명하기.
2. 토양에서 무기염류를 얻기 위한 뿌리의 적응에 관해 기술하기.

식물은 무기 양분만을 이용해 식물체를 구성하는 모든 유기 화합물을 합성하는 특성을 갖는다. 물론, 식물은 이산화탄소와 물에서 탄소, 수소, 산소를 얻지만, 그 외의 필요한 원소나 무기염류는 환경에서 얻는다. 필수 영양소는 식물이 살아가는 데 꼭 필요한 원소를 말하며, 식물 조직에 존재하는 상대 농도에 따라 다량 영양소(*macronutrient*)와 미량 영양소(*micronutrient*)로 나뉜다(**표 20.1**).

철(Fe)은 식물에 따라 다량 영양소가 되기도 하고 미량 영양소가 되기도 한다. 모든 영양 원소가 식물 세포에 필수적이지만, 특히 다량 영양소의 결핍은 치명적이다. 질소의 경우 단백질 합성의 필수요소로, 이 장을 시작하면서 다뤘던 벌레잡이 식물은 질소가 부족한 토양 환경에 대응해 곤충을 잡아 질소를 보충하는 방향으로 진화했다. 재래 영농은 토양의 질소를 고갈시키기 때문에 많은 농민이 건강한 토양을 유지해 주는 윤작을 도입했다. **그림 20.16**은 다량 영양소인 질소의 결핍이 식물 생장에 미치는 영향을 보여준다.

미량 영양소는 주로 다양한 대사 경로에 필요한 효소가 제대로 된 모양을 갖게 도와주는 보조인자(*cofactors*)의 역할을 한다. 흥미로운 점은 인간이 식물이 토양으로부터 무기염류를 흡수하는 능력을 이용한다는 것이다. 한 예로, 인류는 식물로부터 철을 얻어 세포에 산소를 공급하는 데 사용한다. 식물을 섭취하면 구리, 아연과 같은 무기염류가 효소의 보조인자로 작용한다.

표 20.1 식물 양분

미량 영양소	다량 영양소
철(Fe)	탄소(C)
붕소(B)	수소(H)
망간(Mn)	산소(O)
구리(Cu)	인(P)
아연(Zn)	칼륨(K)
염소(Cl)	질소(N)
몰리브덴(Mo)	황(S)
	칼슘(Ca)
	마그네슘(Mg)
	철(Fe)

a.

b.

그림 20.16 질소 결핍.
a. 기본 배양액의 질소 결핍 시 나타나는 식물의 저조한 생장. **b.** 윤작 농지의 주 작물과 뿌리혹을 가진 콩과 식물. 콩과 식물은 토양에 질소를 공급하여, 다음 해에 주 작물이 그 농지에서 잘 자랄 수 있게 도와준다.

(a): ©Photos Lamontagne/Photolibrary/Getty Images; (b): ©David R. Frazier Photolibrary/ Alamy Stock Photo

연관

비료 포대에 적힌 숫자는 무엇을 의미할까?

비료 한 봉지를 사면, 포대 바깥쪽에 18-24-6과 같은 숫자 세 개가 적혀 있다. 이 숫자는 NPK 비율로 비료의 질소(N), 인(P), 칼륨(K) 함량을 나타낸다. 이 세 가지 다량 영양소는 식물의 건강 상태와 생장에 중요하다. 질소는 식물의 영양 생장을 돕고, 인은 건강한 근계를 위해 필요하다. 칼륨은 전반적인 식물의 건강 상태와 광합성에 필요한 엽록소 분자 형성에 필수적이다. 각 영양소의 적정량은 식물의 종류에 따라 다르므로 숫자가 크다고 좋은 비료를 뜻하지는 않는다.

무기염류 흡수를 위한 뿌리의 적응

무기염류는 뿌리를 통해 식물체로 들어오고, 이를 위해 뿌리를 보조하는 두 가지 상리 공생 관계가 존재한다. 대기는 약 78%의 질소(N_2)를 포함하지만, 식물이 이용할 수 없는 형태이다. 대부분 식물은 토양 박테리아에 의존해 대기 질소(N_2)를 고정하여 식물이 흡수해서 사용할 수 있는 형태인 질산염(NO_3^-)이나 암모늄(NH_4^+)의 형태로 바꾼다. 대두나 완두콩과 같은 콩과 식물은 박테리아가 대량 서식하는 뿌리를 통해 대기 질소를 흡수하여 유기 화합물 합성에 적합한 형태로 변환한다(그림 20.17*a*). 박테리아는 **뿌리혹**(**root nodule**, 그림 17.13 참조)에 존재하는데, 식물은 박테리아에 탄수화물을 공급하고, 박테리아는 식물체에 질소 화합물을 제공한다.

또 다른 상리 공생 관계는 **균근균**(**mycorrhizal fungi**)과 대부분의 식물 뿌리와 관련이 있다(그림 20.17*b*). 균류의 균사는 표면적을 넓혀 수분 흡수와 유기물 분해를 쉽게 하고, 식물이 사용할 수 있는 무기양분을 방출한다. 뿌리는 그에 대한 보답으로 균류에 당과 아미노산을 제공한다. 식물은 균근균에 크게 의존하는데, 난초 종자의 경우 너무 작아 양분이 부족하므로 균근균이 세포에 들어오기 전까지 발아하지 않는다.

개념 연결하기

식물의 뿌리는 다량 영양소와 미량 영양소의 흡수를 개선하기 위해 적응해 왔다.

진도 점검하기 20.4

1. 다량 영양소와 미량 영양소의 차이를 설명하시오.
2. 식물 성장에 필요한 다량 영양소를 열거하시오.
3. 식물에 있어 뿌리혹과 균근균이 중요한 이유를 논하시오.

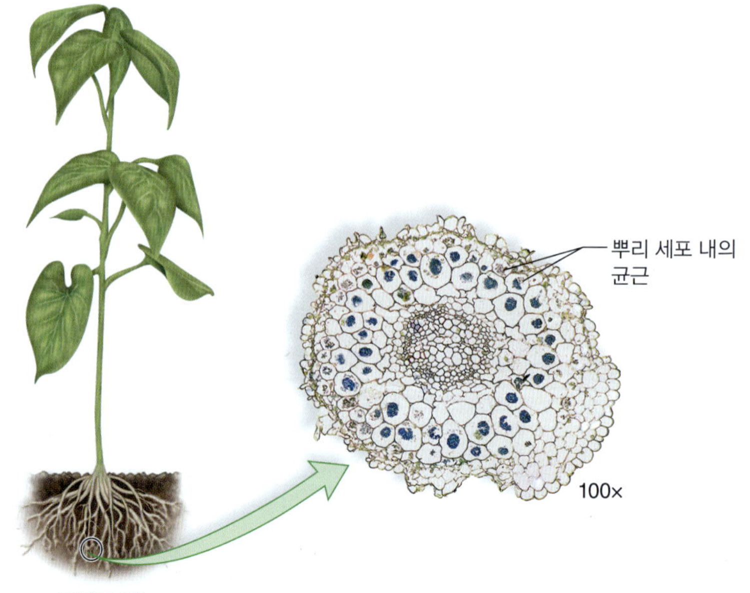

그림 20.17 무기염류 흡수를 위한 뿌리의 적응.

균근균을 가지고 있는 식물(오른쪽)은 균근이 없는 식물(왼쪽)보다 훨씬 잘 자란다.

20.5 영양분의 이동

학습 목표

이 절을 학습한 후에는 다음 과제를 수행할 수 있어야 한다.

1. 응집력-장력 모델로 식물 내 수분 이동에 관해 기술하기.
2. 증산(*transpiration*)을 정의하고, 증산 작용을 조절하는 데 기공의 역할을 설명하기.
3. 압력-유동 모델로 식물 내 영양분 이동에 관해 기술하기.

물관부의 수분 수송

식물 중에서도 키가 큰 나무가 중력을 이겨내고 뿌리에서 잎까지 수분을 수송하는 원리는 오랫동안 연구의 대상이었다. **응집력-장력 모델(cohesion-tension model)**은 물관부 세포에서 물과 무기염류가 위로 이동하는 원리를 설명한다. 이 작용은 토양에서부터 시작하며, 5.4절에서 다룬 세포막 전반에 걸쳐 일어나는 수분의 수동 수송인 삼투와 관련이 있다. 식물에서 수분은 물 분자 농도가 높은 토양에서 낮은 쪽인 뿌리털로 이동한다(그림 20.18). 뿌리를 통해 들어오는 수분이 만드는 근압은 물을 위쪽으로 수송하는 데 유용하지만, 잎까지 끌어올리기에는 역부족이다.

증산(transpiration)은 잎의 기공에서 일어나는 증발로 인해 수분을 대기로 내보내는 현상이다. 증산을 통해 식물체는 중력을 이겨내고 물을 위쪽으로 수송할 수 있다. 그림 20.18의 나무 꼭대기를 보면, 물 분자가 해면조직을 빠져나와 기공을 통해 대기로 나간다. 이때 한 개가 아니라 일련의 물 분자가 방출된다. 빨대로 물을 마실 때, 빨대에 압력이 가해지면서 물 분자가 위로 끌어올려진다. 물 분자는 극성을 띠며 수소 결합으로 붙어 있는데 이렇게 물 분자끼리 뭉치게 하는 힘을 응집력이라고 한다. 부착력(*adhesion*)은 물이 빨대 안쪽에 붙어 있으려는 힘이다(그림 2.10 참조). 식물 잎에서 물이 증발할 때 일련의 물 분자를 당기는 장력이 발생한다. 증산은 증발로 인해 끊임없이 물기둥이 꼭대기에서 밀고 당겨지게 만든다. 물 분자의 응집력과 물관 내에서의 부착력은 이 과정을 돕는다. 증산이 일어나면, 물기둥은 잎, 줄기, 뿌리로부터 차례대로 위쪽으로 당겨진다.

오랫동안 증산으로 손실되는 전체 식물 수분의 양은 엄청나다. 뿌리에서 흡수된 수분 중 90% 이상이 잎에서 손실된다. 옥수수 한 개체는 증산으로 인해 성장기 동안 135~200리터의 수분을 잃게 된다.

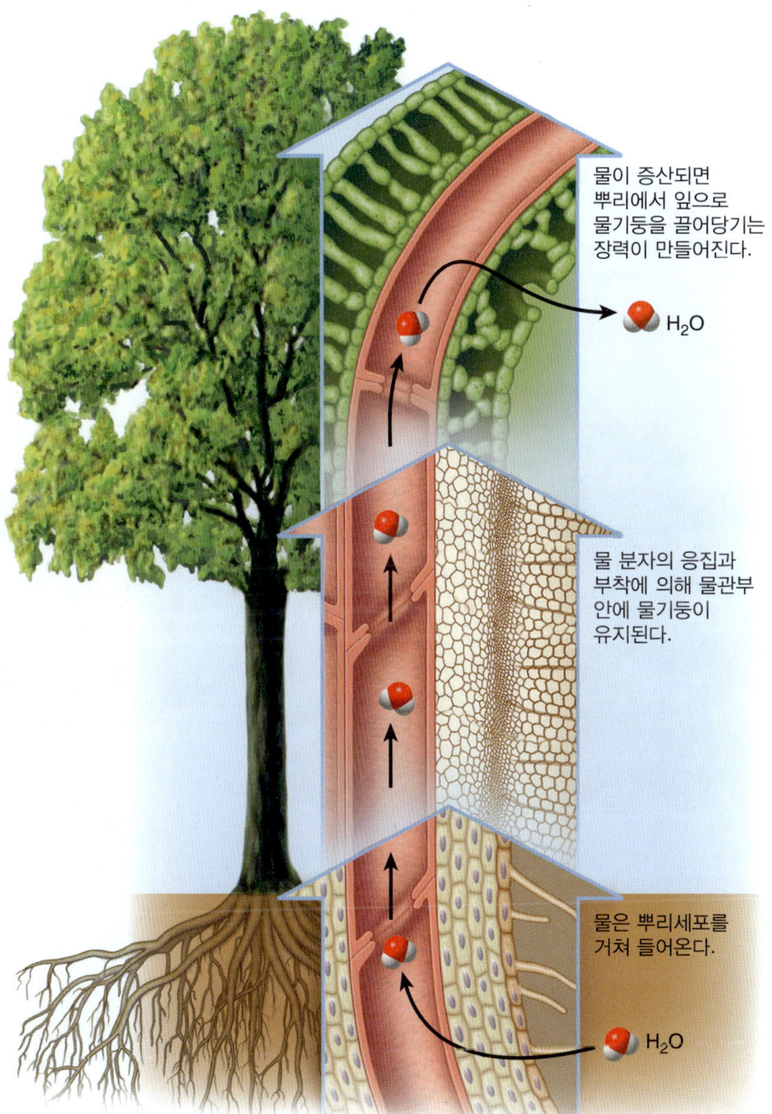

그림 20.18 물관부 수송의 응집력-장력 모델.
키가 큰 나무의 꼭대기에 물은 어떻게 도달할까? 물관은 뿌리에서부터 잎까지 물이 채워져 있는 수송관이다. 해면조직에서 물이 증발하여 잎의 공간에 도달하면, 관 속의 물기둥은 물 분자 간의 응집력과 관 측면에 붙으려는 부착력을 이용해 위쪽으로 당겨진다.

기공의 개폐

수분으로 꽉 차 있는 식물 세포는 불거져 나오게 된다(그림 5.13 참조). 팽압(*turgor pressure*)은 이러한 팽창을 일으키는 물의 힘으로, 기공은 공변세포 내의 팽압 차이

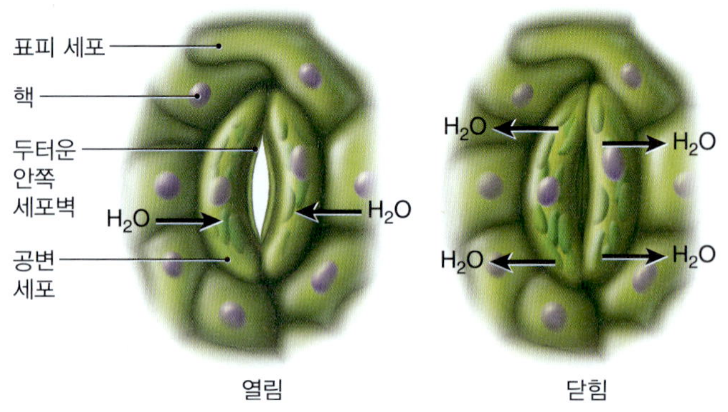

그림 20.19 기공의 개폐.
기공은 물이 공변세포에 들어와 팽압이 증가하면 열린다. 반대로 물이 공변세포에서 나가고 팽압이 줄면 닫힌다.

에 의해 열리고 닫힌다(그림 20.19). 물이 공변세포로 들어가면 팽압이 커지고, "바나나" 모양이 된 공변세포는 수분을 내보내고 기공을 드러낸다. 공변세포에서 수분이 나가면 팽압이 줄어들고 기공은 다시 닫힌다.

증산이 일어날 때 기공은 항상 열려 있어야 하지만, 식물체가 수분 부족으로 시들어 갈 땐 기공을 닫는다. 이때, 식물은 대기로부터 이산화탄소를 흡수하지 못하기 때문에 광합성을 멈춘다.

체관부의 당수송

식물은 반드시 당을 만들고 저장하여 뿌리, 꽃, 열매와 같은 생장 기관에 공급해야 한다. 당을 만들고 저장하는 곳은 소스(*source*)고, 당을 사용하는 곳은 **싱크**(*sink*)라 한다. **압력-유동 모델(pressure-flow model)**은 당이 소스에서 싱크로 이동하는 원리를 다룬다(그림 20.20).

광합성을 수행하는 잎은 당을 만들어 소스의 역할을 한다. 당은 잎의 엽육조직 세포에서 체관부의 체관으로 능동 수송을 통해 이동한다. 물관부처럼 체관부도 식물 전체에 쭉 뻗어 있는 수송관이다. 당의 농도가 높은 체관에는 삼투로 수분이 채워진다. 호스의 분사구를 여는 것처럼, 물이 유입되면 정압이 높아진다. 소스에 있는 자당액은 뿌리처럼 낮은 압력을 가진 싱크로 보내진다.

당이 뿌리에 도착하면, 체관에서 뿌리 세포로 능동 수송이 일어난다. 당은 세포 호흡이나 다른 대사 쓰인다. 뿌리 세포의 당 농도가 높아지면 삼투로 수분이 채워지고, 후에 물관부 조직으로 이동하게 된다.

일반적으로 잎이 소스의 역할을 하지만, 당근, 비트, 감자와 같이 변형된 뿌리와 줄기 또한 겨울이나 휴면기에 당을 제공하는 소스가 되기도 한다.

체관부의 자당 압력이 높아지면 진딧물과 특정 개미 종 사이에 독특한 상리 공생 관계가 생긴다. 진딧물의 입 부위는 바늘처럼 생겨서 줄기를 뚫어 체관에 닿을 수 있다(그림 20.21). 고압의 자당액은 빠르게 진딧물의 소화관을 통과한 후 꿀로 배출된다. 개

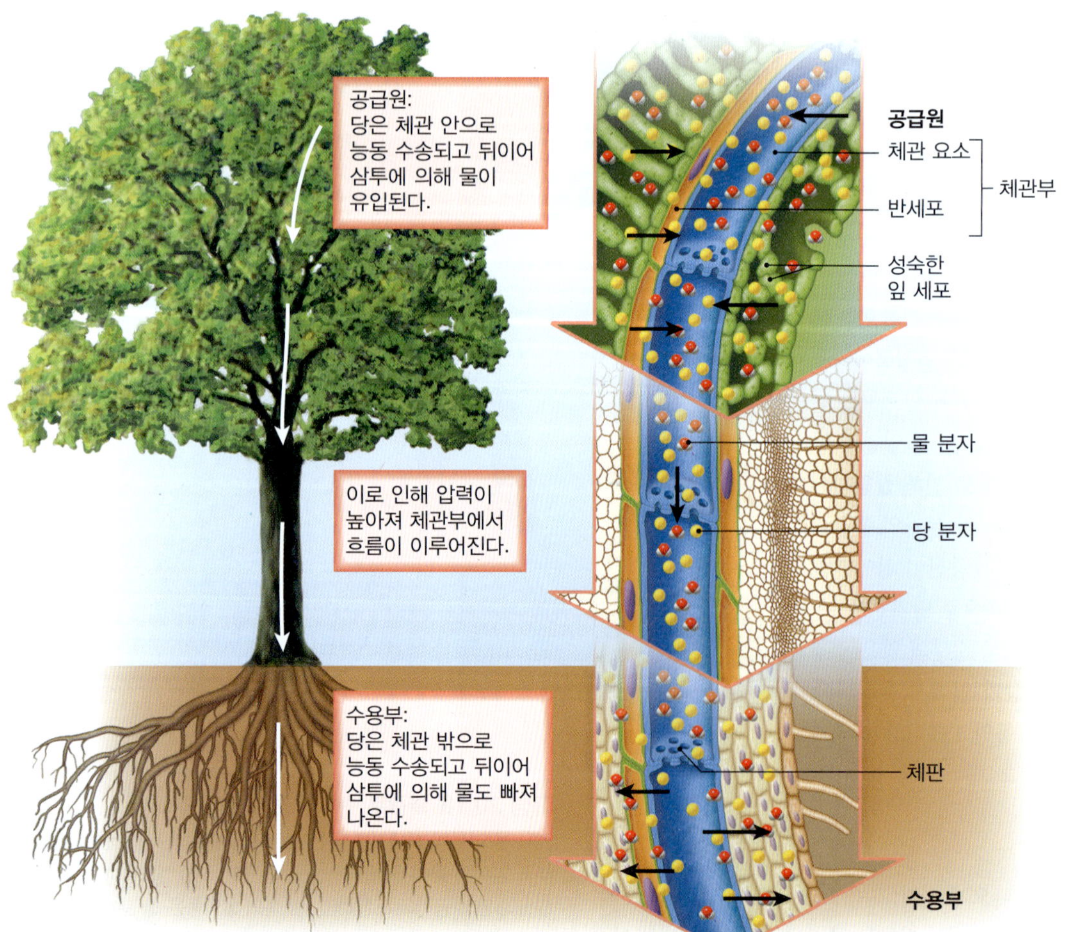

그림 20.20 체관부 수송의 압력-유동 모델.
당과 물은 소스에 있는 체관 요소로 들어가서 체관부의 내용물을 이동시키는 정압을 만들어 낸다. 체관 요소는 소스에서 싱크로 쭉 이어지는 수송관을 형성하여 당과 수분이 빠져나가도록 한다.

a. 식물 줄기에서 먹이를 먹는 진딧물

b. 일부 개미는 진딧물을 보호하며 대신 감로를 얻는다.

그림 20.21 체관부에서 자당을 얻는 진딧물. 진딧물은 바늘처럼 생긴 입 부위인 구침을 이용해 체관부에서 자당을 빼내는 작은 곤충이다. **a.** 과잉 자당은 진딧물의 몸통을 통과하여 작은 방울로 배출된다. **b.** 진딧물 농장을 보호하면서 꿀을 섭취하는 개미.

(a): ©M. H. Zimmermann/Harvard Forest, Harvard University; (b): ©blickwinkel/ Alamy Stock Photo

미는 더듬이로 진딧물을 쳐서 꿀 생산을 유도한 뒤 진딧물이 배설한 꿀방울을 먹는다. 이러한 "진딧물 농장"은 개미 군집에 필요한 당을 제공하고, 진딧물은 그 대가로 포식자로부터 보호받는다.

진도 점검하기 20.5

1. 수분 수송에 있어서 증산의 역할을 설명하시오.
2. 물관부의 수분 수송과 관련하여 물의 응집력과 부착력이 어떻게 작용하는지 기술하시오.
3. 압력-유동 모델을 기반으로 체관부에서 당의 이동을 서술하시오.

개념 연결하기
20.5 물관부와 체관부는 식물체 전반에 걸쳐 수분과 양분을 수송한다.

요 약 SUMMARIZE

식물은 인간만큼이나 복잡한 조직 체계를 가지고 있다. 식물은 다양한 형태의 적응을 통해 각종 환경에서 살아남았다.

20.1 식물은 특화된 표피, 기본, 관다발 조직을 형성하는 분열 조직 세포를 가지고 있다.
20.2 식물 조직은 지상계와 근계를 구성하는 영양 기관을 형성하기 위해 결합을 이룬다.
20.3 뿌리, 줄기, 잎은 식물 기관이며, 식물이 제대로 기능하기 위해 유기적으로 작용한다.
20.4 식물의 뿌리는 다량 영양소와 미량 영양소의 흡수를 개선하기 위해 적응해 왔다.
20.5 물관부와 체관부는 식물체 전반에 걸쳐 수분과 양분을 수송한다.

20.1 식물 세포와 조직

식물 배아로 발달하는 초기 세포인 분열 조직 세포는 **분열 조직(meristem tissue)**을 구성한다. **정단 분열 조직(apical meristem)**은 생장 초기 식물의 양 끝에 위치하고 세종류의 특화된 식물 조직으로 발달한다.

- **표피 조직(epidermal tissue)**은 표피 세포로만 이루어져 있고, **기공(stomata)**, **뿌리털(root hair)**, 트리콤으로 변형될 수 있다.
- **기본 조직(ground tissue)**은 식물의 내부 공간을 형성하고 세 가지 세포 형태를 가지고 있다. 유세포는 세포벽이 얇고, 엽록체를 가지고 있어 광합성을 한다. 후각 세포는 세포벽이 더 두꺼워서 지지하는 역할을 한다. 후막 세포는 비어 있고 살아 있지 않으며, 두꺼운 이차 세포벽으로 다른 세포를 지지한다.
- **관다발 조직(vascular tissue)**은 수분과 양분을 수송하며 **물관부(xylem)**와 **체관부(phloem)**로 구성된다. 물관부는 물과 무기염류를 수송하고 **물관 요소(vessel element)**와 **헛물관(tracheid)**으로 이루어진 관을 가지고 있다. 체관부는 당과 그 외의 유기 화합물을 수송하고 **체관 요소(sieve-tube member)**로 이루어진 체관으로 구성된다. 각각의 체관 요소는 **반세포(companion cell)**를 지닌다.

20.2 식물 기관

종자식물은 **지상계(shoot system)**와 **근계(root system)**로 이루어져 있다. 잎, 줄기, 뿌리는 식물의 세 가지 영양 기관이다.

외떡잎식물과 쌍떡잎식물

종자식물은 종자 **떡잎(cotyledon)**의 개수, 뿌리, 줄기, 잎의 관다발 조직 배열과 꽃 구성요소의 개수에 따라 **외떡잎식물(monocots)**과 **쌍떡잎식물(eudicots)**로 나뉜다.

20.3 잎, 줄기, 뿌리의 구조

잎

잎(leaves)에서 광합성이 일어나지만, 다양한 기능을 수행하기 위해 변형이 되기도 한다. 잎의 표면은 왁스 형태의 큐티클로 덮여 있고, 하면 표피에는 기공이 있다. 기공은 잎에서 수분과 산소가 나가고 이산화탄소가 들어오게 한다. 책상조직과 해면조직으로 구성된 **엽육(mesophyll)**은 본엽을 형성하고, 광합성을 한다.

줄기

줄기(stem)는 잎을 지지하고, 뿌리와 줄기 간의 물질 이동의 통로가 되며 새로운 조직을 생성한다. 줄기는 목질/비목질로 나뉜다.

- 비목질 (초본) 쌍떡잎식물의 줄기는 표피, **피질(cortex)** 조직, 원형 관다발, 중심부의 **속(pith)**으로 이루어져 있다. 외떡잎식물의 줄기는 관다발이 산재해 있고 뚜렷한 피질이나 속이 없다.
- 목질 줄기는 관다발 형성층으로 인해 이차 생장을 거쳐 새로운 물관부와 체관부를 매년 생성한다. 목질 식물의 표피는 코르크가 대신하고, 줄기에 **수피(bark)**를 갖는다(코르크, 코르크 형성층, 피질, 체관부로 구성됨). **목재(wood)**의 물관부에 **나이테(annual ring)**가 있다.

뿌리

뿌리(root)는 식물체를 토양에 고정해 지지대 역할을 하고, 물과 무기염류를 흡수하며 광합성 산물을 저장한다.

- 외떡잎식물과 쌍떡잎식물의 근단은 세 가지 영역으로 나뉜다. 정단 분열 조직 세포가 위치하고 근관이 보호하는 세포 분열 구간, 신장 구간, 뿌리털이 있는 성숙 구간으로 구성된다.
- 외떡잎식물과 쌍떡잎식물 뿌리의 성숙 구간은 다음과 같은 다섯 가지의 조직으로 이루어진다. 쌍떡잎식물 관다발 조직의 물관부는 별 모양을 이루고, 체관부는 별 끝의 사이사이에 있다. 외떡잎식물 뿌리는 중앙의 속을 중심으로 물관부와 체관부가 교차하여 원형 관다발 조직을 형성한다. **내피(endodermis)**는 뿌리의 관다발 조직으로 무기염류가 들어오는 것을 조절한다. **내초(pericycle)**의 세포는 계속 분열하고, 측근을 형성한다. **피질(cortex)**은 양분을 저장하는 유세포로 이루어져 있다. **표피(epidermis)**는 뿌리의 외층을 형성하며 뿌리털을 가지고 있기도 하다.

20.4 식물 양분

식물은 무기 양분만을 이용해 식물체를 구성하는 모든 유기 화합물을 합성한다. 특정 영양소는 필수적이며, 다량 영양소와 미량 영양소로 나뉜다. **뿌리혹(root nodule)**은 무기염류 흡수를 위해 뿌리가 적응하면 중 하나로 박테리아가 식물이 사용할 수 있는 형태로 질소를 고정한다. 대부분 뿌리는 **균근균(mycorrhizal fungi)**을 가지고 있고, 표면적을 넓혀 수분과 무기염류의 흡수를 돕는다.

20.5 영양분의 이동

- **응집력-장력 모델(cohesion-tension model)**은 **증산(transpiration**; 기공을 통해 해면조직에서 물이 증발하는 현상)을 통해 생긴 장력으로 물관부에서 물이 위쪽으로 보내지는 것을 설명한다. 물 분자가 가지고 있는 응집력과 부착력, 물관부에 형성되는 물기둥의 조합만이 이 작용을 가능하게 한다.
- **압력-유동 모델(pressure-flow model)**은 당이 능동 수송을 통해 소스에 있는 체관부로 이동하고, 삼투로 수분이 채워지는 현상을 설명한다. 높아진 압력은 수분과 당이 체관부를 따라 싱크로 보내지는 흐름을 일으킨다.

평가 ASSESS

혼자 풀어보기

가장 적절한 답을 고르시오.

20.1 식물 세포와 조직

1. 세포 분열이 활발하게 일어나고 일차 생장이 발생하는 식물 부위는?
   a. 절간
   b. 정단 분열 조직
   c. 뿌리혹
   d. 코르크 형성층
   e. 관다발 형성층
2. 견과류의 껍데기같이 식물의 딱딱한 부위는 주로 죽은 세포로 이루어져 있는데, 어떤 세포일까?
   a. 관다발 조직
   b. 후각 세포
   c. 후막 세포
   d. 유세포
   e. 표피 조직

3. 다음 중 표피 세포에서 발달한 세포 유형이 아닌 것은?
   a. 뿌리털 **b.** 트리콤
   c. 공변세포(기공) **d.** 물관 요소

20.2 식물 기관

4. 다음 그림에 나타난 식물 부위의 이름을 표기하시오.

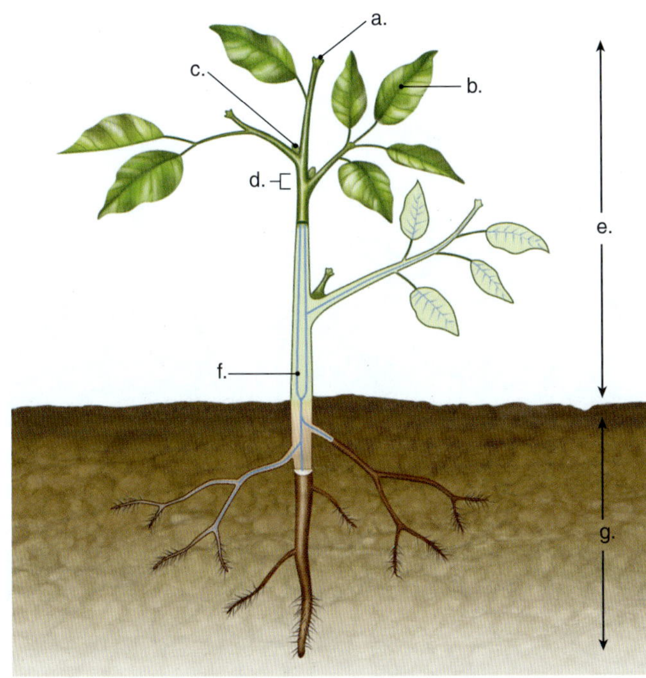

5. 외떡잎식물 줄기가 쌍떡잎식물 줄기와 다른 점으로 올바른 것은?
   a. 물관부와 체관부가 속을 중심으로 원형을 이룬다.
   b. 물관부와 체관부가 묶여서 줄기에 산재해 있다.
   c. 조직적인 피질과 속이 존재한다.
   d. 물관부는 중앙에 별 모양을 이루고, 체관부는 별 끝의 사이사이에 있다.
   e. 표피가 왁스로 된 큐티클로 덮여 있지 않다.

20.3 잎, 줄기, 뿌리의 구조

6. 잎의 주기능은 무엇인가?
   a. 물 수송 **b.** 식물체 지탱
   c. 당 수송 **d.** 햇빛 흡수

7. 이차 생장 동안 활성화되어 나무에 새로운 물관부와 체관부를 생산하는 조직은 무엇인가?
   a. 정단 분열 조직 **b.** 관다발 형성층
   c. 내초 **d.** 코르크 형성층

8. 근관과 정단 분열 조직을 가지고 있는 뿌리 구간은 어디인가?
   a. 성숙 구간 **b.** 신장 구간
   c. 세포 분열 구간 **d.** 모두 해당

20.4 식물 양분

9. 질소는 식물에 대량으로 필요하므로 ____________의 하나이다.
   a. 유기 분자 **b.** 미량 영양소
   c. 다량 영양소 **d.** 결핍

10. 뿌리혹이 중요한 이유는 무엇인가?
    a. 균근균의 생장을 돕기 때문이다.
    b. 분지근의 광범위한 생장 면적을 나타내기 때문이다.
    c. 질소 고정 박테리아를 가지고 있기 때문이다.
    d. 식물의 근계에 산소를 공급하기 때문이다.

20.5 영양분의 이동

11. 증산이 일어나면, 수분은 어떻게 되는가?
    a. 뿌리 표면에서 바로 증발한다.
    b. 잎맥에서 줄기를 거쳐 뿌리로 이동한다.
    c. 기공을 통해 잎으로 나오고, 잎맥에서 잎 쪽으로 물을 이동시킨다.
    d. 잎맥의 물관부로 나오고 삼투로 체관부에 들어간다.

12. 압력-유동 모델에서 당은 체관부로 능동 수송되고,
    a. 물관부로 이동해서 증산으로 잎에 간다.
    b. 물이 뿌리로 갈 수 있도록 압력을 생성한다.
    c. 기공을 통해 잎 밖으로 이동한다.
    d. 삼투로 수분이 채워지고, 물과 당을 체관부로 이동할 수 있는 압력을 생성한다.

관계맺기 ENGAGE

과학적으로 생각하기

1. 콩과 식물의 뿌리는 뿌리혹을 형성하는 질소 고정 박테리아를 중심으로 자라는 것이 밝혀졌다. 뿌리가 이러한 박테리아를 인식하는 작용에 대해 논해보자(그림 20.17 참조).

2. 웰위치아(*Welwitschia*) 속 식물은 아프리카 사막에 서식한다. 연간 강수량이 평균 2.5 cm밖에 안되지만, 밤마다 안개가 낀다. 이 식물들이 밤에 기공을 열도록 적응해 온 이유는 무엇일까? 안개는 식물의 생존과 어떤 연관이 있을까?

CHAPTER

21

식물의 반응과 생식

Plant Responses and Reproduction

©David H. Wells/The Image Bank/Getty Images

개요

21.1 식물 호르몬

21.2 식물 반응

21.3 종자식물의 유성생식

21.4 무성생식과 식물의 유전공학

시작하기 전에

이 장을 시작하기 전에 다음의 내용을 다시 살펴보자.

그림 11.27 신호전달경로는 무엇인가?

그림 18.16 종자식물의 무성 세대와 유성 세대의 차이는 무엇인가?

20.2절 정단 분열 조직과 끝눈은 무엇인가?

바나나—과일계의 노새

마트에서 흔히 보이는 바나나는 생존할 수 있는 종자가 없는 종자 불임성이기 때문에 심어서 키우는 것이 불가능하다. 19세기 중반에 두 야생 바나나 품종의 교배로 달고 불임인 오늘날의 바나나가 만들어진 것이다. 그렇다면 종자 없이 어떻게 바나나를 재배할까? 여기에 무성생식, 조직 배양, 유전공학이라는 세 가지 기술적 대안이 있다.

바나나의 줄기나 뿌리에서 잘라 땅에 바로 심는 무성생식은 동일한 식물체를 만들어 내지만, 본 식물이 가지고 있던 질병 또한 그대로 이어받게 된다.

질병이 없는 새로운 바나나를 만들기 위해, 많은 농장이 조직 배양을 도입했다. 조직 배양은 정단 분열 조직을 긁어내어 영양과 생장 호르몬을 보급한 페트리 접시에서 키우는 것이다. 새로운 식물체가 형성되면 밭에 심게 된다. 하지만 이러한 무병 식물체는 균류와 곤충의 공격을 받기 쉬우므로 바나나 농장 전체가 피해를 보기도 한다. 1950년대에 카리브해와 중앙아메리카 전반에 걸친 바나나 농장은 균류의 피해로 초토화되었다.

질병 저항성을 지닌 바나나를 재배하기 위해 유전자 조작 식물이 탄생했다. 벼의 항진균 유전자를 주입하여 만들어진 변형 바나나는 감염에 강한 저항력을 갖는다.

이 장에서 식물의 유성생식과 무성생식에 대해 알아보자.

이 장을 공부하는 동안 다음 질문에 대해 생각해보자.

1. 무성생식과 관련하여 유전공학은 어떻게 적용되는가?
2. 식물의 유성생식과 무성생식의 장단점은 무엇인가?

21.1 식물 호르몬

학습 목표

이 절을 학습한 후에는 다음 과제를 수행할 수 있어야 한다.

1. 대표적인 다섯 가지 식물 호르몬 그룹 나열하기.
2. 정단 우세 현상에서 옥신의 역할 기술하기.
3. 농업에서 지베렐린의 활용 이해하기.
4. 노화와 사이토키닌의 연관성 설명하기.
5. 휴면과 기공 폐쇄에 있어 아브시스산의 역할 설명하기.
6. 에틸렌이 식물과 과일에 미치는 영향 서술하기.

위험 요소나 먹이와 같은 환경 자극이 존재할 때, 동물은 자극을 피하거나 가까이하는 반응을 한다. 식물은 빛이나 물과 같은 환경 자극에 반응하여 자극의 주변이나 멀리서 생장(*growing*)한다. 이러한 생장 반응은 대부분 세포 수준에서 일어나며 호르몬이 관여한다. 인간의 호르몬처럼 식물 **호르몬(hormone)** 또한 식물이 생성하는 작은 생체 분자의 형태로서 세포와 조직 사이의 화학 신호 역할을 한다. 대부분 호르몬은 단백질 수용체에 결합하는 신호이다(그림 21.1). 일반적으로, 이 과정은 호르몬과 수용체의 결합을 수반하며 세포가 자극에 대해 반응하도록 유도한다.

대표적인 식물 호르몬으로는 옥신, 지베렐린, 사이토키닌, 아브시스산, 에틸렌이 있다(표 21.1).

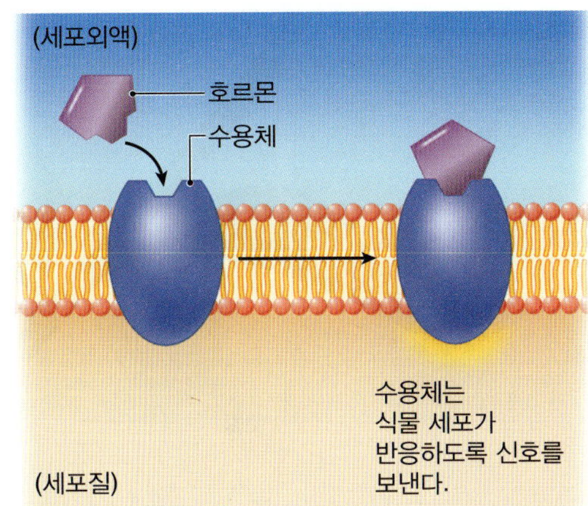

그림 21.1 식물 호르몬.
호르몬은 햇빛, 수분 손실, 온도와 같은 환경 자극으로 생성되는 화학 신호다. 호르몬은 단백질 수용체와 결합하여 식물의 특정 세포나 조직에서 반응을 유도한다.

옥신

유기 물질로 알려진 **옥신(auxin)**은 100년 전에 밝혀진 첫 식물 호르몬이다. 모든 식물은 단단한 세포벽으로 구성되어 있는데, 옥신은 세포벽을 이완하여 식물의 생장을 돕는다.

옥신은 **굴광성(phototropism)**에 관여하여 식물의 줄기가 광원의 방향으로 향하도록 한다(그림 21.2*a*). 식물의 한쪽 면이 빛에 노출되면, 옥신은 반대쪽으로 이동하여 세포가 길어지게 하고 줄기가 빛 쪽으로 구부러진다.

그늘진 곳의 세포 신장은 다음과 같은 순서로 발생한다(그림 21.2*b*):

1. 옥신이 단백질 수용체와 결합한다.
2. 수소 이온(H^+)이 세포 밖으로 능동 수송을 통해 나온다(ATP 소모).
3. H^+ 이온 농도의 증가는 산성을 조성한다.
4. 산은 다른 효소들이 세포벽을 이완하도록 유도한다.
5. 세포의 생장과 신장이 일어난다.

옥신은 **정단 우세 현상(apical dominance)**에도 관여한다(그림 21.3). 정원을 무성하게 가꾸기 위해 전문가들은 끝눈을 제거한다. 옥신은 보통 끝눈의 정단 분열 조직에서 생성되며 식물의 아래쪽으로 이동한다. 옥신은 곁눈의 생장을 억제하기 때문에 끝눈을 제거하여 옥신 생성을 막으면 곁눈이 자라 식물이 풍성해진다. 부러진 말단 줄기에 옥신을 처리하면, 정단 우세 현상이 회복된다.

합성 옥신은 다양하게 활용되는데, 토마토와 같은 식물에 살포하면 수분 없이도 열매를 맺어 씨가 없는 품종을 생산한다. 또한 제초제로 쓰여서 민들레 같은 광엽

표 21.1 대표 식물 호르몬의 기능

호르몬	기능
옥신	정단 우세 현상 유지. 굴광성과 굴중성에 관여. 조직 배양 시 뿌리 생장 촉진. 낙엽과 낙과 방지
지베렐린	줄기 마디의 신장 촉진. 종자와 눈의 휴면을 깨고 종자 발아 유도.
사이토키닌	세포 분열 촉진. 노화 방지. 옥신과 함께 뿌리, 새싹, 잎, 꽃의 분화 유도.
아브시스산	종자와 눈의 휴면 개시 및 유지. 겨울눈 형성 촉진. 기공 폐쇄 유도.
에틸렌	낙엽, 낙화, 낙과 유도. 과일 성숙 촉진.

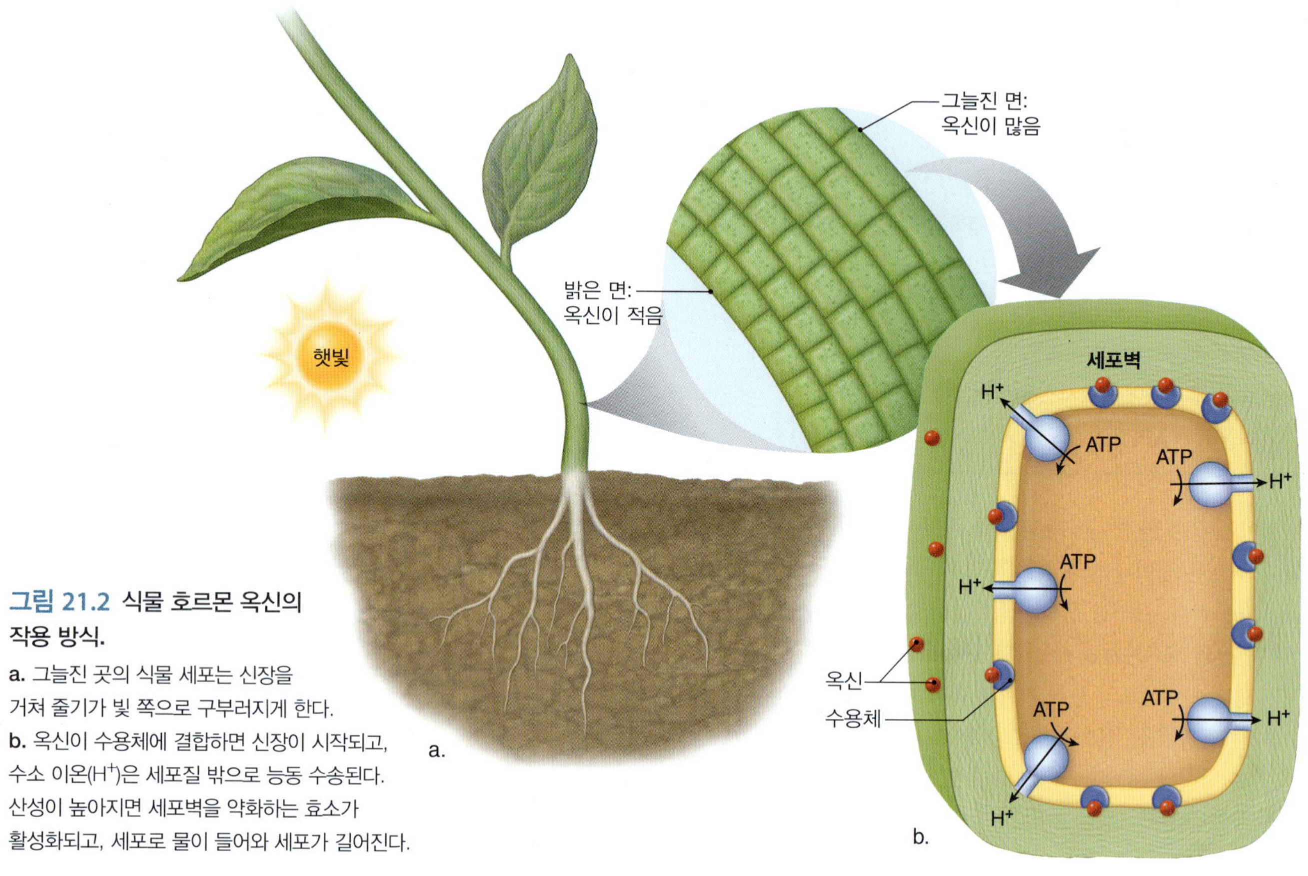

그림 21.2 식물 호르몬 옥신의 작용 방식.

a. 그늘진 곳의 식물 세포는 신장을 거쳐 줄기가 빛 쪽으로 구부러지게 한다. **b.** 옥신이 수용체에 결합하면 신장이 시작되고, 수소 이온(H^+)은 세포질 밖으로 능동 수송된다. 산성이 높아지면 세포벽을 약화하는 효소가 활성화되고, 세포로 물이 들어와 세포가 길어진다.

그림 21.3 정단 우세 현상.

a. 끝눈을 지닌 식물체는 곁눈의 생장을 방해한다. **b.** 끝눈을 제거하면 곁가지가 발생하고, 식물이 무성하게 자란다.

잡초를 제거하는데 초본 식물에는 효과가 없다. 베트남전쟁 중 베트남 정글을 파괴하기 위해 강력한 합성 옥신인 고엽제가 초 고농축으로 쓰였다. 고엽제는 발암 물질로 밝혀졌고, 지역 주민과 군인에게 큰 손해를 끼쳤다.

지베렐린

지베렐린(gibberellin)은 "바카네(bakanae)"라고 불리는 벼의 진균성 질병을 연구하던 중에 1926년 일본 과학자가 발견했다. 이 병은 벼 키다리병으로 알려져 있으며, 줄기가 빠르게 신장하여 식물체가 약해져서 도장하게 만든다. 식물을 감염시키는 이 균류는 지베렐린이라는 화학물질을 과도하게 생산하는데, 이 호르몬은 병원균의 이름인 *Gibberella fujikuroi*를 따서 명명되었다. 1956년이 되어서야 균 대신 종자식물에서 지베렐린 산의 형태로 지베렐린을 추출할 수 있게 됐다. 130개가 넘는 종류의 지베렐린이 발견됐고, 가장 대표적인 지베렐린 산은 GA_3이다(첨자 3으로 다른 지베렐린과 구별된다).

어린잎, 뿌리, 배아, 종자, 열매는 천연 지베렐린을 함유하고 있다. 지베렐린은 세포 신장을 꾀하는 생장 촉진 호르몬이다. 지베렐린을 식물 표면에 처리하면 줄기 마디의 신장을 확연하게 볼 수 있다(**그림 21.4*a***). 지베렐린은 왜성 식물을 자라게 하고, 양배추가 2미터까지 크게 하며 덤불형 콩을 기둥형으로 자라게 할 수 있다.

상업용 지베렐린은 다양하게 사용되며 사과, 체리, 사탕수수 등의 작물 품종의 생장을 촉진한다. 대표적인 예로 미국에서 식용 포도를 키울 때 지베렐린을 사용한다. 상업용 포도는 유전적으로 씨가 없고 작은 열매와 송이를 생산하는 품종이지만, GA_3를 처리하면 씨에서 발생하는 천연 지베렐린을 대체할 수 있다. 지베렐린의 처리로 포도송이의 줄기가 길어지고 포도알이 커진다(그림 21.4*b*). 양조업에서 맥주의 생산은 보리쌀(종자)의 녹말 분해에 크게 좌우된다. 보리쌀은 본래 휴면하여 종자가 자라지 않게 하는데, 지베렐린이 휴면을 깨고 엿당 형태의 발효성 당을 만들게 하여 효모의 발효로 에탄올을 생성한다.

a.

b.

그림 21.4 지베렐린의 효과.
a. 지베렐린을 처리한 오른쪽 식물과 처리하지 않은 왼쪽 식물. 지베렐린은 보통 줄기 신장을 촉진하기 위해 상업적으로 가치가 높은 식물에 사용된다. **b.** 지베렐린이 처리되지 않은 포도(*왼쪽*)와 처리한 포도(*오른쪽*). 처리된 포도는 줄기가 더 길고 포도알이 크다.
(a): ©Science Source; (b): ©Amnon Lichter, The Volcani Center

사이토키닌

사이토키닌(cytokinin)은 1940년대에 식물 조직과 기관을 배양 기구에서 키우려는 시도의 결과로 발견되었다. 배지에 코코넛 액체 배젖과 효모 추출물을 첨가했을 때 세포 분열이 일어나는 것을 알게 되었다. 그 당시에는 유효 성분을 분리할 만한 기술이 없었기 때문에 일괄적으로 "세포질 분열"을 뜻하는 사이토키네시스(*cytokinesis*)에서 따서 사이토키닌이라고 이름 붙였다. 1967년이 되어서야 옥수수(*Zea*)로부터 천연 사이토키닌을 추출하게 되었고, 제아틴이라 명명했다.

사이토키닌은 세포 분열을 촉진하여 식물의 생장에 관여하며 식물의 분열 조직, 어린잎, 근단, 종자, 열매에서 발견된다. 식물의 생장은 곧 사이토키닌의 활성을 의미한다.

사이토키닌은 식물 기관의 **노화(senescence)** 또한 방지한다. 잎과 같은 식물 기관 내 사이토키닌의 양이 줄면, 생장이 느려지거나 멈춘다. 큰 분자가 분해되고 식물의 다른 부위로 이동하면 잎은 본연의 색을 잃는다. 노화는 식물 생장에 필수적인 현상이다.

옥신과 사이토키닌의 비율과 배지의 산성에 따라 식물의 분화가 결정된다는 사실이 밝혀졌다. 식물 조직은 캘러스라고 불리는 미분화 덩어리를 형성하기도 하고(그림 21.23*a* 참조), 뿌리, 새싹, 잎, 꽃의 분화 유도하기도 한다. 특정 비율의 옥신과 사이토키닌은 세포벽에서 식물 세포의 분화에 관여하는 화학물질이 나오게 하여 효소 대사를 활성화한다.

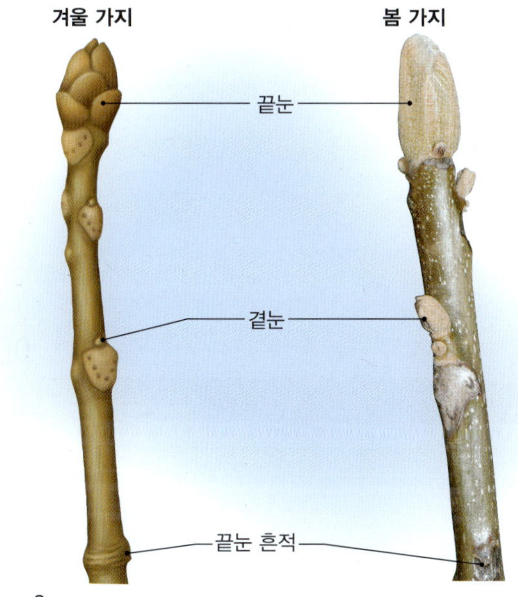

a.

아브시스산

환경 조건이 좋지 않을 때, 식물은 자신을 보호해야 한다. **아브시스산(abscisic acid)**은 스트레스 호르몬이라 불리기도 하는데, 종자와 눈의 휴면을 개시하고 유지하며 기공을 닫기 때문이다. 휴면은 식물이 생장을 멈추고 불리한 환경 조건에 대비할 때 시작되며, 생장에 유리한 환경 조건에서도 일어날 수 있다. 예를 들면, 가을에 아브시스산이 잎에서 엽아로 이동하여 두껍고 단단한 비늘조각으로 덮인 겨울눈을 형성한다(그림 21.5*a*). 아브시스산이 감소하고 지베렐린이 증가하면 종자와 눈의 휴면이 타파되어 종자는 발아하고 눈은 잎으로 생장하게 된다.

아브시스산은 식물이 수분 스트레스를 겪을 때 기공의 폐쇄를 유도한다(그림 21.5*b*). 아브시스산은 공변세포에서 칼륨 이온(K^+)이 나오면서 수분도 이동시켜 기공을 닫게 만든다.

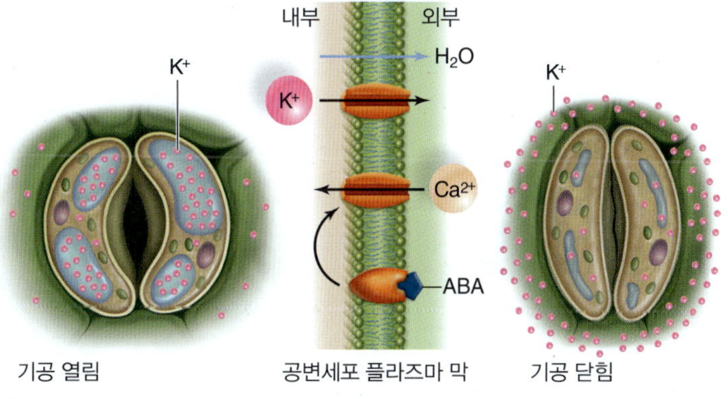

b.

그림 21.5 아브시스산의 효과.
a. 아브시스산은 겨울눈의 형성을 촉진하고(*왼쪽*), 아브시스산의 감소는 눈의 휴면을 타파한다(*오른쪽*). **b.** 아브시스산은 칼륨 이온(K^+)을 공변세포 밖으로 이동시켜 기공이 닫히도록 유도한다.
(a): ©John Seiler/Virginia Tech Forestry Department

그림 21.6 에틸렌의 기능.
a. 일반적으로 호랑가시나무 가지를 일주일 정도 유리병에 넣어 놓아도 탈리가 일어나지 않는다. **b.** 에틸렌을 생성하는 익은 사과를 병 안에 놓으면, 호랑가시나무 잎의 탈리가 일어난다. **c.** 토마토를 수확한 후에 에틸렌으로 숙성한다.

(a–b): ©Kingsley Stern

에틸렌

한때는 식물에서 잎, 열매, 꽃이 떨어지는 **탈리 현상(abscission)**에 아브시스산이 관여한다고 생각되었다. 아브시스산을 표면에 처리하면 탈리가 일어나기는 하지만, 더 이상 자연적으로 탈리를 유도한다고 보이지 않는다. 현재는 **에틸렌(ethylene)**이 낙과와 과일 숙성에 관여하는 식물 호르몬으로 알려져 있다.

에틸렌은 공기 중에 떠다니는 가스의 형태로 낙엽, 낙과, 낙화를 일으키는 셀룰라아제와 같은 특정 효소를 활성화한다(그림 21.6*a*, *b*). 셀룰라아제는 식물 세포벽의 셀룰로스를 가수분해하여 식물을 약화한다.

20세기 초반엔 등유 난로를 켠 방에서 감귤류를 숙성하여 판매했다. 후에 등유의 불완전 연소 산물인 에틸렌이 후숙에 관여했음을 밝혀냈다. 에틸렌은 가스의 형태로 원거리에서도 작용하며, 상업적으로 과일을 후숙하는 데 쓰이기도 한다(그림 21.6*c*). 익고 있는 사과 한 통은 다른 용기에 있는 바나나 한 송이의 숙성을 유도할 수도 있다. 상처나 감염으로 식물이 상했을 때, 상처 부위에서 에틸렌이 방출된다. 이에 썩은 사과 한 개가 한 통의 사과를 상하게 할 수 있다.

개념 연결하기
식물은 호르몬을 이용하여 생장을 조절한다.

진도 점검하기 21.1

1. 대표적인 다섯 가지 식물 호르몬 그룹을 나열하시오.
2. 다섯 가지 호르몬의 주기능을 서술하시오.
3. 식물 생장에 영향을 미치는 호르몬이 식물의 다양한 부위에서 발견되는 이유를 논하시오.

21.2 식물 반응

학습 목표

이 절을 학습한 후에는 다음 과제를 수행할 수 있어야 한다.

1. 식물의 굴성(*tropism*)을 정의하고, 대표적인 굴성 세 가지 나열하기.
2. 굴지성과 반굴지성이 묘목에 미치는 영향과 원리 설명하기.
3. 종자식물의 광주기 감지와 관련한 파이토크롬의 역할 묘사하기.

그림 21.7 굴성의 사례.
a. 식물의 줄기가 빛 쪽으로 굽는 것은 굴광성을 보여준다. 줄기의 그늘진 쪽으로 옥신이 축적되어 반응한다. **b.** 서양 담쟁이덩굴은 굴촉성을 가지고 나무 몸통을 타고 자란다.

(a): ©Cathlyn Melloan/Stone/Getty Images Images; (b): ©Alison Thompson/Alamy Stock Photo

식물의 반응은 빛, 일장, 중력, 접촉과 같은 환경 자극으로 크게 좌우된다. 환경 신호에 반응하는 능력은 식물이 다양한 환경에서 생존할 수 있게 한다.

빛에 의해 기공이 열리는 식물 반응은 환경 신호에 빠르게 대응하는 반면, 때에 맞게 개화하는 식물 반응은 천천히 일어난다. 수많은 식물 반응이 있지만, 대부분은 생장하는 동안 일어나며 식물의 조직 변화에는 특정 호르몬이 관여한다.

굴성

지향성 자극에 가까이하거나 멀리하는 식물의 생장 반응을 **굴성(tropism)**이라고 한다. 차등 생장은 기관의 한쪽이 다른 쪽보다 빠르게 신장하게 하고, 식물이 자극에 반응해서 굴곡지게 한다. 자극 쪽으로 자라는 것을 굴지성이라고 하고, 자극과 멀어지는 것을 반굴지성이라고 한다. 다음의 굴성은 반응을 유도하는 자극의 이름을 따서 명명되었다.

- **굴광성(phototropism)**: 광자극에 반응하는 생장
- **굴중성(gravitropism)**: 중력에 반응하는 생장
- **굴촉성(thigmotropism)**: 접촉에 반응하는 생장

굴광성(phototropism)은 광원을 향하여 식물이 생장하는 것이다. 빛이 식물의 한쪽으로만 들어오면, 옥신이 식물의 그늘진 쪽으로 이동하여 세포 신장에 관여하기 때문에 줄기와 잎이 햇빛 쪽으로 굽게 된다(그림 21.7*a*). **굴촉성(thigmotropism)**은 다른 식물이나 동물, 암석, 바람과의 접촉에 반응하는 것으로, 서양 담쟁이덩굴과 같은 덩굴 식물은 생장을 위해 암석이나 나무의 몸통과 같은 지지대에 접촉한다(그림 21.7*b*). 굴촉성에 대한 적응은 햇빛을 향해 잎이 생장할 수 있게 하고, 줄기의 지지조직을 형성하는데 드는 에너지를 줄여준다.

굴중성(gravitropism)은 지구 중력에 대한 식물의 생장 반응이다. 종자가 발아하면, 새싹은 중력에 반하여 위쪽으로 자라는 **반굴중성(*against gravity*)**을 가진다. 어린줄기 하부의 옥신 농도가 증가하면 위쪽보다 아래쪽 세포가 더 많이 자라서 위로 생장할 수 있게 된다. 초기 뿌리는 정굴중성을 가지기 때문에 중력의 방향인 토양 아래쪽으로 자란다(그림 21.8*a*). 뿌리에는 녹말체(*amyloplast*)라고

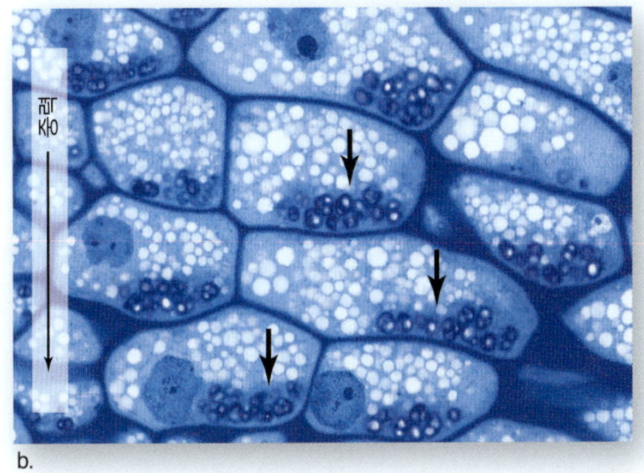

그림 21.8 굴중성.
a. 옥수수 종자가 암실에서 옆으로 향한 상태로 발아했다. 새싹은 반굴중성으로 위로 자라며, 뿌리는 정굴중성으로 아래로 향한다. **b.** 녹말체는 세포의 아래쪽에 자리 잡고 뿌리가 중력을 감지하게 한다.

(a): ©Martin Shields/Alamy Stock Photo; (b): ©Randy Moore

그림 21.9 개화를 조절하는 광주기.
a. 도꼬마리 식물은 낮의 길이가 8.5시간보다 짧고 밤이 긴 가을에 개화한다. 토끼풀 식물은 낮의 길이가 8.5시간보다 길고 밤이 짧은 봄에 꽃을 피운다. **b.** 육묘시설은 광주기를 조절하여 다양한 식물을 일 년 내내 가꾼다.
(b): ©John D. Ivanko/Alamy Stock Photo

불리는 전분 저장 소기관이 있어서 아래 방향을 인식할 수 있다. 테니스공에 구슬을 붙이면, 공을 어떻게 던지더라도 구슬이 달린 부분이 아래로 향할 것이다. 같은 원리로 녹말체도 내배엽의 뿌리 세포 아래에 위치하여 하향 생장을 유도한다(그림 21.8*b*).

광주기성

속씨식물의 개화는 계절 변화에 대한 뚜렷한 반응이다. 일부 식물은 24시간을 기준으로 낮과 밤의 비율을 나타내는 **광주기(photoperiod)**의 길이에 따라 개화한다.

계절에 따라 알러지 반응으로 고생하는 사람들이 있다. 봄엔 낮의 길이가 길고 밤이 짧으므로 장일(단야) 식물이 꽃을 피우고 꽃가루를 날려 봄철 알러지를 가진 사람들이 영향을 받는다. 가을에는 낮이 짧고 밤이 길어져 단일(장야) 식물이 꽃을 피워 꽃가루가 떠다니기 때문에 가을철 알러지를 가진 사람들이 반응을 일으킨다.

봄과 가을에 꽃이 피는 식물은 임계 일장(*critical length*)에 반응하는데, 종마다 개화를 개시하게 하는 한계점이 되는 낮의 길이가 있다. 실험을 통해 실제로는 낮이 아니라 연속적인 밤의 길이가 식물의 개화를 조절한다고 밝혀졌다(그림 21.9*a*). 육묘시설은 이러한 데이터를 기반으로 일 년 내내 꽃을 생산한다(그림 21.9*b*).

파이토크롬

밤의 길이에 따라 개화가 결정된다면, 식물은 이 주기를 감지할 수 있어야 한다. **파이토크롬(phytochrome)**이라고 불리는 잎 색소가 이러한 역할을 하는 식물이 있다. 파이토크롬은 햇빛의 파장을 감지하고(그림 6.5 참조), 적색광과 원적색광 파장의 차이를 구분할 수 있다.

그림 21.10은 적색광과 원적색광에 의해 파이토크롬의 형태가 결정되는 것을 보여준다.

- P_r(phytocrhome red)은 주간에 적색광을 흡수하여 P_{fr}로 전환한다.
- P_{fr}(phytochrome far-red)은 야간에 원적색광을 흡수하여 P_r로 전환한다.

낮 동안 햇빛은 원적색광보다 더 많은 적색광을 지니고 P_r이 P_{fr}로 전환된다. 반대로 해가 지면, 원적색광이 더 많아지면서 P_{fr}이 P_r로 전환된다. 밤에는 P_{fr}이 P_r로 대체되는 느린 대사 과정도 일어난다.

재식 간격도 파이토크롬의 특별한 기능을 고려해서 정해진다. 종자 봉투에 적혀 있는 설명을 읽어보면, 지면에 파종할 때 간격에 대한 세부 사항이 있을 것이다. 자연에서 적색광과 원적색광은 식물에 간격을 알려주기도 한다. 잎이 만들어 내는 그늘은 상대적으로 원적색광의 양을 증가시킨다. 식물은 인접해 있는 식물에서 반사되는 원적색광의 양을 측정할 수 있다. 식물이 서로 가까울수록 상대적으로 적색광보다 더 많은 원적색광을 감지하고, 햇빛을 사수하기 위한 경쟁 전략으로 키가 커진다.

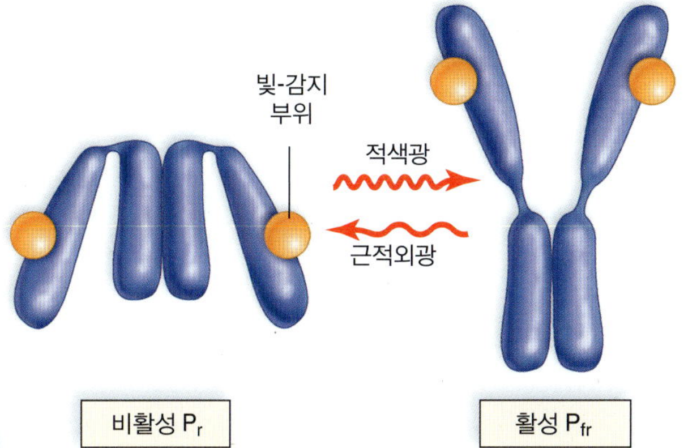

그림 21.10 생장을 조절하는 파이토크롬.
파이토크롬의 비활성으로 식물은 야간임을 감지한다. 반대로 파이토크롬이 활성화되면, 주간으로 인식한다.

진도 점검하기 21.2

1. 대표적인 세 가지 굴성의 유사성과 차이점을 논하시오.
2. 장일 식물과 단일 식물의 차이를 설명하시오.
3. 적색광 파장이 파이토크롬에 미치는 영향을 서술하시오.

개념 연결하기
굴성과 파이토크롬은 식물이 환경 자극에 반응하는 것과 관련이 있다.

21.3 종자식물의 유성생식

학습 목표

이 절을 학습한 후에는 다음 과제를 수행할 수 있어야 한다.

1. 종자식물의 세대교번 생활사 설명하기.
2. 꽃의 구성요소를 나열하고, 기능 정의하기.
3. 자웅동주와 자웅이주 식물 비교하기.
4. 중복수정의 중요성 서술하기.
5. 식물이 다양한 종자 분산 방법을 사용하는 이유 이해하기.
6. 쌍떡잎식물과 외떡잎식물의 종자 발아 비교 대조하기.

18.1절에서 **세대교번(alternation of generation)**으로 불리는 식물 생활사 중에 번갈아 일어나는 두 가지 다세포 단계에 대해 알아보았다. 이 주기 동안, 이배체(2n)의 포자체는 반수체(n)인 배우체와 번갈아 가며 나타난다.

- **포자체(sporophyte**, 2n)는 감수분열을 통해 반수체의 포자를 생성한다. 포자는 배우체로 발달한다.
- **배우체(gametophytes**, n)는 배우자를 생성한다. 수정 후에 주기는 2n 형태의 포자체로 돌아간다.

식물 생활사에 대한 개요

종자식물(속씨식물)은 세대교번 생활사를 가지고 있지만, 변이를 수반한다. 그림 21.11은 식물 생활사의 개요를 보여준다.

종자식물에서는 포자체 세대가 우세하며, 꽃을 생산한다. 꽃은 속씨식물의 생식 기관이다. 포자체의 꽃은 두 가지 형태의 포자인 소포자와 대포자를 생성한다.

소포자(*microspore*)는 꽃가루인 웅성배우체로 발달한다. 대포자는 배낭의 형

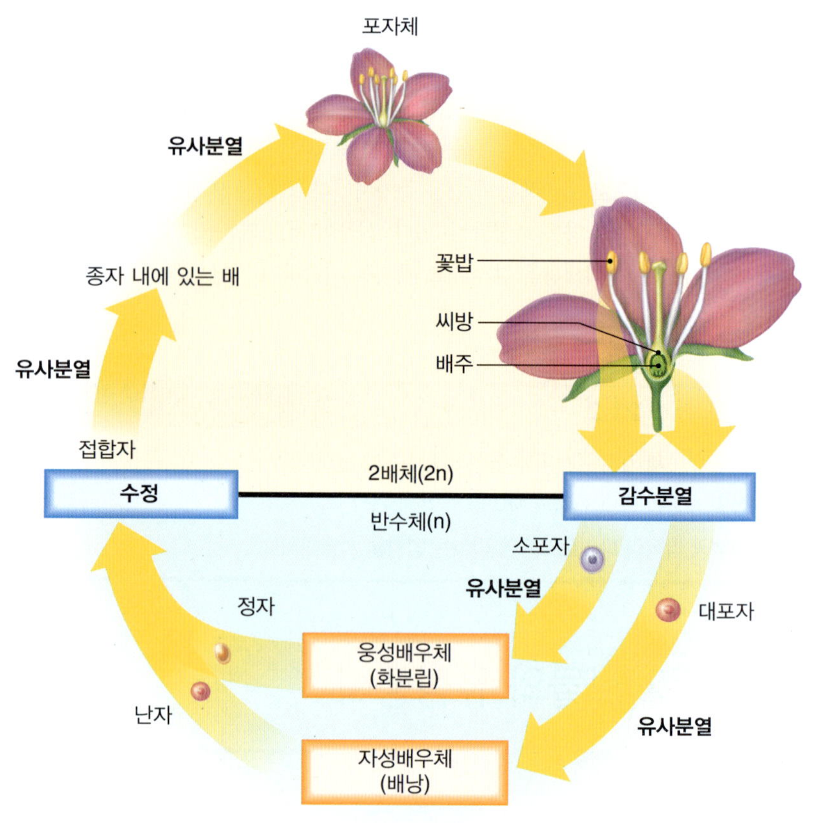

그림 21.11 종자식물의 세대교번 생활사.
종자식물의 포자에는 웅성배우체와 자성배우체가 있다. 종자식물은 육지 생활에 잘 적응하여, 포자와 배우체, 접합체는 건조한 환경에 잘 견디며 대부분의 시간을 포자체의 형태로 존재한다.

태인 자성배우체로 발달하는데, 꽃 깊숙이 위치한 미세한 부위이다. 성숙기의 꽃가루는 두 개의 무편모 정자를 가지고 있고, 배낭은 한 개의 난자를 가지고 있다. 꽃가루가 난자 근처로 이동하는 수분은 생식 과정의 중요한 단계이다.

꽃가루는 꽃가루관을 형성하여 정자가 배낭으로 이동하는 통로를 만든다. 난자와 정자가 수정하면, 접합체는 꽃 안에서 배아를 형성한다. 배아가 있는 장소는 종자로 발달하여 양분을 저장하고 종피로 둘러싸이게 된다. 종자는 보통 열매 안에 갇혀 있어서 분산하는 데 유리하다. 종자가 발아하면, 새로운 포자체가 발달하게 된다.

종자식물의 생활사는 육지 생활에 잘 적응해 왔다(18.1절 참조). 외부에 물이 없이도 꽃가루는 배낭으로 수송되거나 정자가 난자에 도달할 수 있다. 생활사의 모든 단계는 건조한 환경으로부터 보호된다.

꽃

꽃(flower)은 속씨식물의 특별한 생식 기관이다(**그림 21.12**). 꽃은 포자를 생성하며 배우체를 보호한다. 식물 사이에서 꽃가루를 나르는 수분 매개자를 유인하기도 하고, 종자를 감싸는 열매를 만들기도 한다. 꽃의 진화 덕분에 270,000여 종이 넘는 속씨식물이 번영하게 되었다.

20.2절에서 외떡잎식물과 쌍떡잎식물의 차이를 알아보았다(그림 20.7 참조). 외떡잎식물 꽃의 구성요소는 3이나 3의 배수로 이루어지고, 쌍떡잎식물은 4에서 5; 또는 4-5의 배수로 이루어진다(**그림 21.13**).

대부분 꽃은 변형된 잎의 형태로 네 종류의 나선형 배열인 윤생을 하고 있다. 이들은 꽃자루 끝의 꽃턱에 부착되어 있다.

그림 21.12 꽃의 해부학적 구조.
완전 꽃은 꽃받침, 꽃잎, 수술과 최소한 하나의 심피를 모두 갖추고 있다.

그림 21.13 외떡잎식물과 쌍떡잎식물의 꽃.
a. 원추리와 같은 외떡잎식물은 꽃의 구성요소가 3의 배수이며, 특히 꽃잎에 잘 나타난다. **b.** 제라늄은 4~5배수의 꽃 구성요소를 지니는 쌍떡잎식물로 5개의 꽃잎을 가지고 있다.
(a): ©Johanna Jiminez/EyeEm/Getty Images; (b): ©Steven P. Lynch

- **꽃받침**(*sepals*)은 식물 구성요소 중에 가장 잎과 비슷한 부분이다. 보통은 초록색이지만 꽃잎처럼 생기기도 하며(그림 21.12, 21.13*a* 참조), 꽃이 발생할 때 싹을 보호하는 역할을 한다.
- 개화한 꽃에는 **꽃잎**(*petals*)이 배열되어 있고, 보통 아름다운 색으로 꽃을 돋보이게 만든다. 꽃잎의 크기, 모양, 색상은 특정 수분 매개자를 유인한다. 풍매식물의 경우에는 꽃잎이 없기도 하다.
- 꽃의 **수술**(*stamens*)은 "남성" 부위이다. 각각의 수술은 주머니같이 생긴 **꽃밥**(*anther*)과 가느다란 줄기인 **수술대**(*filament*)로 구성된다. 꽃가루는 꽃밥에서 생성하는 소포자로부터 발생한다.
- 꽃의 정중앙에 있는 **심피**(*carpel*)는 꽃병 모양의 "여성" 부위이다. 심피는 보통 세 부분으로 구성되는데, 부풀어 오른 끈끈한 혹인 **암술머리**(*stigma*), 가느다란 줄기인 **암술대**(*style*), **밑씨**(*ovules*)를 감싸는 거대한 하부인 **씨방**(*ovary*)이 있다. 밑씨는 종자가 되고, 씨방은 열매가 된다.

꽃은 단일 심피를 갖기도 하고 여러 개를 갖기도 한다. 때에 따라 복수의 심피가 단일 구조로 합쳐져서 씨방에 여러 개의 공간이 생기고, 각각의 방은 밑씨를 가지게 된다. 보통 한 개의 심피는 다수의 밑씨를 포함하는데, 이는 식물이 생산할 수 있는 종자의 개수를 늘린다.

모든 식물이 꽃받침, 꽃잎, 수술, 심피가 있지는 않기 때문에 다 갖춘 식물은 **완전**(*complete*), 그렇지 않으면 **불완전**(*incomplete*)하다고 불린다. 수술과 심피를 동시에 가지면 양성 꽃이고, 수술만 가지면 수꽃이며 심피만 가지면 암꽃이다. 수꽃과 암꽃이 한 식물체에 존재하면 **자웅동주**(*monoecious*)라고 한다(그림 21.14). 반면에 수꽃과 암꽃이 개별 식물로 분화되면 **자웅이주**(*dioecious*)이다. 호랑가시나무는 자웅이주이며, 빨간 열매를 얻기 위해서 암꽃과 수꽃을 가진 각각의 식물을 구해야만 한다.

그림 21.14 자웅동주 식물.
다 자란 자트로파(*Jatropha*) 식물은 암꽃(왼쪽)과 수꽃(오른쪽)을 한 식물에 갖는 자웅동주이다.
©Steven P. Lynch

포자에서부터 수정까지의 과정

더 자세하게 종자식물의 생활사를 살펴보자. 앞서 보았듯, 종자식물의 포자체는 두 가지 형태의 포자인 소포자와 대포자를 생성한다. 소포자는 성숙한 꽃가루인 웅성배우체로 발달하고, 대포자는 **배낭(embryo sac)**의 형태인 자성배우체로 발달한다. 이 과정이 어디서 일어나고, 종자식물의 생활사에 어떤 영향을 미치는지 알아보자.

소포자는 수술의 꽃밥에서 꽃가루로 형성된다(그림 21.15). 처음에 **꽃가루(pollen grain)**는 두 개의 세포를 가지며, 둘 중에 더 큰 세포는 꽃가루관으로 발달하고 작은 세포는 동시에 또는 후에 두 개의 정자로 분열한다. 이 과정은 수술이 꽃의 "남성" 부위로 불리는 이유를 나타낸다.

그림 21.15는 대포자의 형성 또한 보여준다. 심피의 씨방 안에 있는 밑씨에서 감수분열을 통해 네 개의 대포자가 생성된다. 세포 한 개가 배낭이라는 자성배우체로 발달하는데, 배낭은 한 개의 난자 세포를 포함한 7개의 세포를 가지고 있다. 꽃가루가 심피의 암술머리에 닿아 꽃가루관을 형성하면 난자의 수정이 이루어진다. 발아되어 꽃가루관을 형성한 꽃가루는 성숙한 형태의 웅성배우체이다(그림 21.15 *가운데* 참조). 꽃가루관은 두 개의 정자를 가지고 있고, 정자가 밑씨에 닿으면 **중복수정(double fertilization)**이 일어난다. 하나의 정자는 난자와 결합해 이배체(2n) 접합체를 형성한다. 또 다른 정자는 배낭의 중앙에 있는 두 개의 핵과 결합하여 삼배체(3n) 배젖 세포를 형성한다.

그림 21.15 종자식물의 생활사.
다음 그림은 소포자가 종자를 포함한 발아된 꽃가루로 발달하는 과정과 대포자가 난자를 포함한 자성배우체로 발달하는 과정을 보여준다. 중복수정의 발생은 꽃가루관을 통해 한 개의 정자가 난자와 수정하여 한 개의 접합체를 형성하고, 또 다른 정자는 두 개의 자성배우체와 결합하여 배젖을 형성하는 것이다. 이후에, 밑씨는 종자로 발달한다.

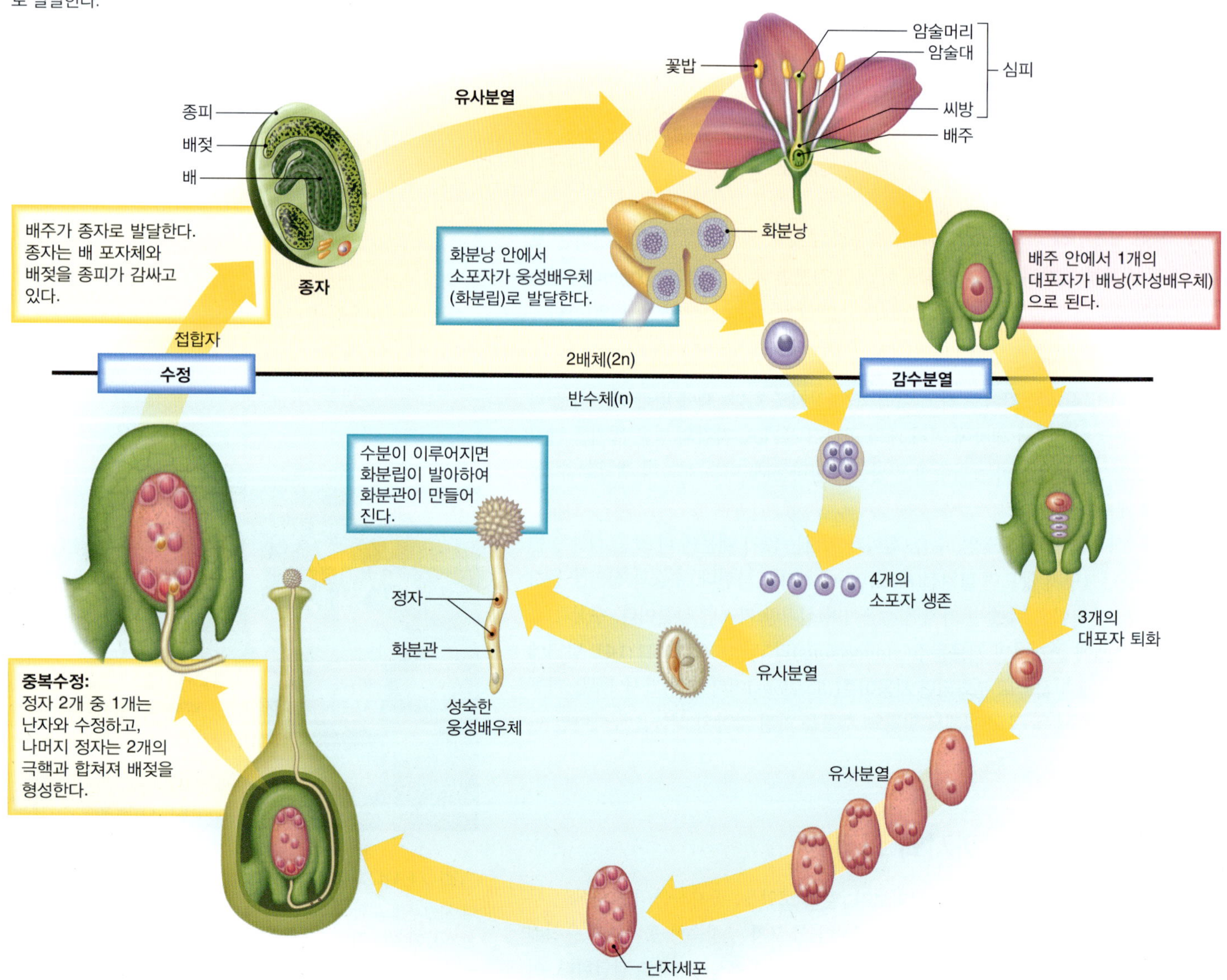

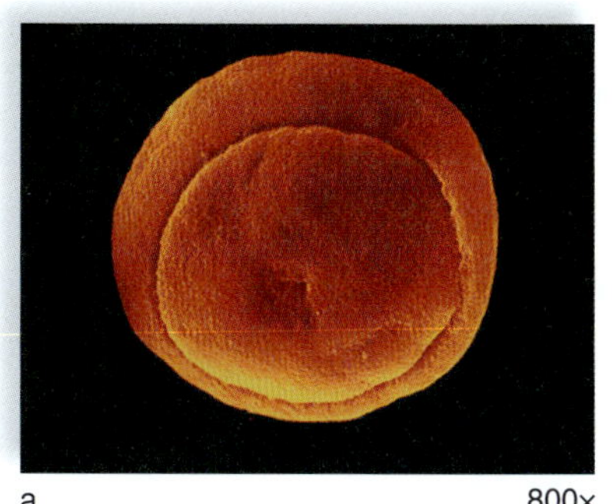
a. 800×

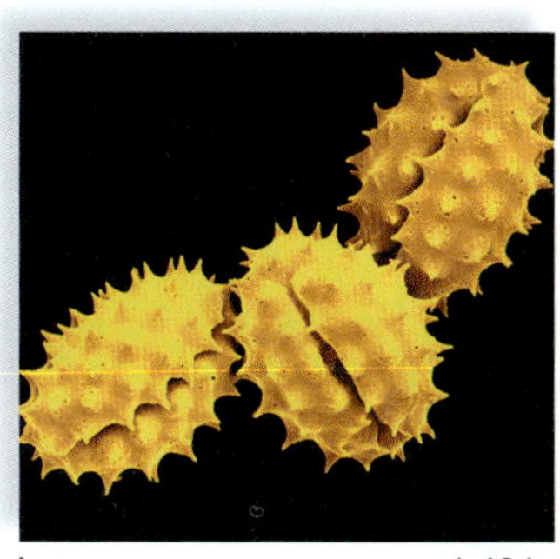
b. 1,484×

c. 2,000×

그림 21.16 꽃가루.
a. 꽃마다 제각기 다른 꽃가루를 가지고 있으므로 고생물학자들은 화석화된 꽃가루를 이용하여 특정 지역 식물의 출현 연대를 추정할 수 있다. 꽃가루는 화학적, 기계적 손상에 저항력을 지닌 단단한 벽을 가지고 있으므로 화석화가 가능하다. **b.** 양미역취의 꽃가루. **c.** 갯버들의 꽃가루.

(a): ©Dee Breger/Science Source; (b): ©Medical-on-line/Alamy Stock Photo; (c): ©Steve Gschmeissner/Science Photo Library/Getty Images

꽃가루는 식물마다 다르며(그림 21.16), 종자식물의 **수분(pollination)**은 단순히 꽃밥의 꽃가루가 심피의 암술머리로 이동하는 것이다. 식물은 보통 **타가수분**(*cross-pollination*)에 유리하도록 적응해 왔는데, 같은 종인 다른 식물체에서 발생한 꽃가루가 암술머리에 떨어지는 것을 뜻한다. 예를 들면, 꽃밥이 꽃가루를 방출하고 나서야 심피가 완전히 성숙하는 경우가 있다. 타가수분 시 동물 수분 매개자가 필요할 때도 있는데, 벌과 같은 수분 매개자는 한 종류 식물의 꽃을 돌아다니면서 타가수분이 효율적으로 이루어지도록 한다. 꿀 분비물은 곤충을 유인하는 한 가지 방법으로, 시간이 지나면서 특정 수분 매개자가 오직 한 종류의 꽃의 꿀에 접근하도록 적응하게 된다. 꿀을 획득하는 과정에서 꽃가루가 자연스럽게 같은 종류의 식물 내에서 이동하게 된다. 특정 수분 매개자를 유인하기 위해 고기가 썩는 듯한 냄새를 풍기는 꽃을 갖도록 진화한 식물도 있다. 캐리언 플라워(carrion flower)는 악취가 나는 꽃으로 알려져 있으며, 고약한 냄새는 파리를 유혹하여 또 다른 악취 식물로 꽃가루가 이동하도록 한다.

쌍떡잎식물 종자의 발달

종자의 세 가지 구성요소인 종피, 배아, 배젖에 대해 알아보자. 종피(*seed coat*)는 밑씨의 벽이었던 보호막이다. 중복수정은 각각 한 개의 배젖핵과 접합체를 생성한다. 세포 분열은 다세포의 배아(*embryo*)와 종자의 양분을 저장하는 다세포 **배젖(endosperm)**을 만들어 낸다.

그림 21.17은 종자 발달의 단계를 보여준다. 정단 분열 조직을 가지고 있는 싹과 근단이 발달할 때까지 조직이 특화된다.

떡잎(cotyledons)이나 초기 잎이 발달 중인 배젖을 흡수하여 크고 두껍게 성장한다(그림 21.17*f*). 떡잎에 저장된 양분은 배아가 생장을 다시 시작할 때 영양을 공급하는 역할을 한다. 떡잎은 첫 본엽이 자라서 기능을 하기 시작하면 시들게 된다. 흔히 볼 수 있는 강낭콩은 배젖이 없이 큰 떡잎을 가지고 있는 쌍떡잎식물 종자의 대표적인 식물이다(그림 21.20 참조).

외떡잎식물과 쌍떡잎식물

쌍떡잎식물의 배아는 두 개의 떡잎을 가지고 있고, 외떡잎식물은 한 개의 떡잎만 가진다. 외떡잎식물의 떡잎은 양분을 저장하고, 배젖으로부터 양분을 흡수하여 배아에 전달해 주는 역할을 한다. 즉, 외떡잎식물 종자의 배젖은 계속 남아 있다. 반면에 쌍떡잎식물의 떡잎은 배아가 사용하는 모든 양분을 저장하고 있으므로 배젖이 사라지고

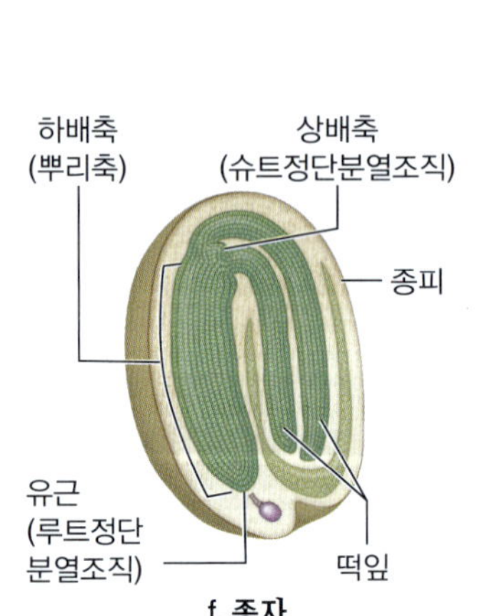

그림 21.17 쌍떡잎식물 종자의 발달.
종자의 발달은 (a) 접합체가 (b)에서 (e)에 이르는 여러 단계를 거쳐 (f)의 종자 형태로 끝이 난다.

두 개의 떡잎이 공간을 다 차지하게 된다.

외떡잎식물인 옥수수는 한 개의 떡잎과 배젖을 가지고 있다(그림 21.21 참조).

열매의 모양과 종자의 분산

종자식물의 종자는 **열매(fruit)**에 싸여 있다(그림 21.18). 종자는 밑씨에서 발달하고, 열매는 씨방이나 꽃의 다른 구성기관에서 발달하기도 한다. 엄밀히 말하면 오이, 토마토, 완두콩과 같은 농산물은 씨를 가지고 있으므로 채소가 아니라 과일이다. 채소(*vegetable*)는 씨를 제외한 식물의 먹을 수 있는 부분으로 셀러리(줄기), 상추(잎), 당근(뿌리)이 이에 해당한다.

열매의 종류는 다양하다. 건과(*dry fruits*)는 보통 탁색을 띠고, 얇고 건조한 씨방벽을 가지고 있기 때문에 동물이 먹을 수 있는 부분은 주로 종자에 갇혀 있다. 밀, 옥수수, 벼와 같은 곡물의 열매는 씨처럼 생겼다. 호두(그림 21.18*a*) 같은 견과류는 딱딱한 껍데기가 한 개의 종자를 덮고 있다. 완두콩(그림 21.18*b*)을 포함한 콩과 식물은 여러 개

그림 12.18 열매의 유형.
a, b. 호두와 완두콩은 건과이며, 복숭아와 사과는 다육과이다**(c, d)**. 식물학적으로 씨방과 더불어 꽃의 다른 구성요소에서 비롯한 산물을 열매라고 한다.

(walnut half): ©anna1311/iStock/Getty Images; (whole walnut): ©Siede Preis/Getty Images; (peas and pods): ©Martin Barraud/Getty Images Images; (peach half): ©Peter Fakler/Alamy Stock Photo; (whole peach): ©I. Rozenbaum/F. Cirou/Photo Alto/Getty Images; (both apples): ©Roman Samokhin/Shutterstock

의 씨를 가지고 있는 열매가 벌어지면서 종자를 방출한다.

건과와 다르게 다육과(*fleshy fruit*)는 과즙을 가지고 있으며, 밝은색을 띠어 동물을 유인하기도 한다. 복숭아(그림 21.18*c*)나 체리와 같은 핵과는 "스톤 프룻(stone fruit)"의 일부로, 씨방 껍질의 바깥 부분이 다육질인 데 반해 돌 같은 내부 막을 가지고 있다. 딱딱한 층 안에는 종자가 있다. 토마토를 포함한 장과는 많은 씨를 가지고 있다. 인과류의 일종인 사과(그림 21.18*d*)는 건조한 씨방이 종자를 덮고 있고, 과육은 꽃의 꽃턱에서 발달한다. 특이하게도 딸기의 과육은 꽃턱에서 발달하고, 씨처럼 보이는 것은 건과이다.

연관

코코넛이 수많은 가공식품에 사용되는 이유는 무엇일까?

코코넛은 대형 견과류로 우유 같은 흰색의 내용물은 배젖이다. 다재다능한 코코넛을 이용해서 식품, 기름, 껍질을 조각내어 섬유를 만든다. 건강 식품점은 전해질을 포함한 코코넛 워터를 이온 음료로 판매하고, 코코넛 오일은 유제품 없이도 우유와 같은 점성을 내기 때문에 요리사들에게 인기가 좋다. 필리핀과 파푸아뉴기니에서 코코넛 혼합 오일은 배, 트럭, 차의 연료로 쓰인다.

©Foodcollection/Getty Images

종자의 분산

식물은 처한 환경에서 번영하기 위해 모식물에서 멀리 떨어진 곳까지 종자를 퍼뜨려야 한다. 다양한 형태의 종자 분산법이 있는데, 조류나 포유동물이 종자를 포함한 열매를 먹고 소화를 거쳐 멀리 떨어진 곳에 배설하기도 한다(그림 21.19*a*). 다람쥐 같은 동물들은 종자와 열매를 모아 한 곳에 묻어놓기도 한다. 분산을 위해 특이한 진화를 해온 식물도 있다. 클로버, 도꼬마리, 우엉 열매는 갈고리와 가시털을 가지고 있어서 동물 털이나 사람 옷에 붙어 멀리 이동할 수 있다(그림 21.19*b*). 털이나 깃털, 날개는 종자가 바람에 의해 분산될 수 있도록 적응한 형태이다. 민들레 씨앗의 솜털은 낙하산 역할을 하여 분산을 돕는다(그림 21.19*c*). 두 개의 종자를 포함한 단풍나무의 날개 달린 열매는 나무로부터 10킬로미터까지 이동할 수 있다(그림 21.19*d*). 미모사의 경우에는 성숙기에 도달하면 꼬투리가 부풀어 오른다. 돌아다니던 동물이 꼬투리를 건들게 되면 부푼 꼬투리가 터지면서 성숙한 종자가 멀리 튀어 나가도록 한다.

a. 호랑가시나무 b. 우엉 c. 민들레 d. 단풍나무

그림 21.19 종자 분산법.
대부분 식물은 종자를 멀리 퍼뜨리기 위해 적응해 왔다. **a.** 흉내지빠귀는 호랑가시나무 열매를 멀리 이동시킨다. **b.** 우엉 열매의 가시털은 동물에 붙는다. **c.** 민들레와 **(d)** 단풍나무 열매는 바람에 의해 멀리 이동하도록 적응했다.

(a): ©Bill Draker/Getty Images; (b): ©RuudMorijn/iStock/Getty Images; (c): ©Andy Roberts/Getty Images; (d): ©Robert Llewellyn/Corbis

종자의 발아

성공적인 분산 후에는 종자가 **발아하고(germinate)**, 생장하면서 묘목이 나타난다. 일반적으로 생장을 지속할 수 있는 충분한 물, 온기, 산소가 확보되어야만 발아한다. 따라서 사막에서는 충분한 수분이 없으면 발아하지 않는다. 이러한 필요 조건은 종자가 적절한 생장 시기가 오기 전까지는 발아하지 않도록 한다. 일정 기간의 휴면 후에야 발아하는 종자도 있다. 종자의 휴면은 생장이 일어나지 않는 시기로, 생장에 적합한 환경임에도 휴면하기도 한다. 온대지방에서는 보통 종자의 휴면이 끝나기 위해서

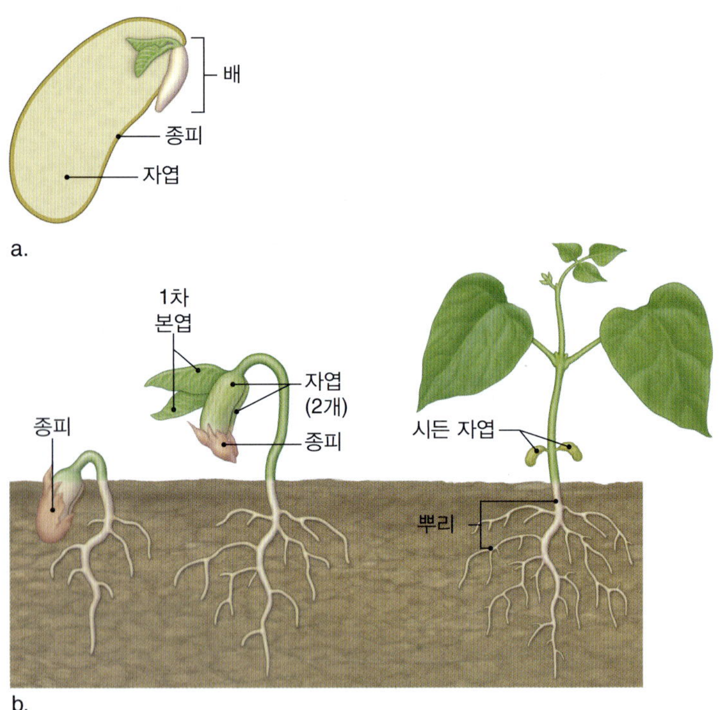

그림 21.20 대표 쌍떡잎식물 강낭콩.
a. 종자 구조. **b.** 묘목의 발아와 발달. 두 개의 떡잎과 잎의 그물맥 확인하기.

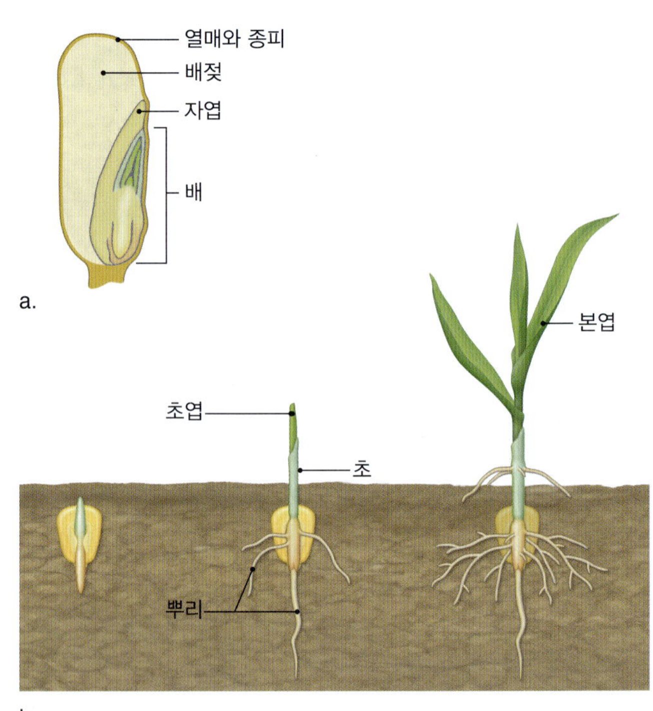

그림 21.21 외떡잎식물 옥수수.
a. 옥수수 낟알의 구조. **b.** 묘목의 발아와 발달. 한 개의 떡잎과 잎의 나란히맥 확인하기.

일정 기간의 저온 환경이 필요하다. 사과, 배, 오렌지, 토마토와 같은 다육과는 저해제를 가지고 있어서 종자를 분리하거나 세척한 후에 발아가 시작된다. 박테리아의 활동이나 불이 종피에 작용하여 물이 스며들 수 있도록 돕기도 한다. 수분의 흡수는 종피가 파열시켜서 발아가 일어나도록 한다.

외떡잎식물과 쌍떡잎식물의 발아

두 개의 콩 떡잎이 벌어지면, 어린잎을 가진 초기 식물을 볼 수 있다. 쌍떡잎식물의 묘목이 토양 밖으로 나오면, 싹은 갈고리 모양을 형성하여 자라나는 어린잎을 보호한다. 떡잎은 식물의 본엽이 광합성을 시작하면 시든다(그림 21.20).

옥수수 낟알은 외떡잎식물의 열매로 외부 보호막은 열매와 종피가 결합한 형태이다(그림 21.21). 내부에는 한 개의 떡잎이 있고, 초기 잎과 뿌리는 엽초로 싸여 있다. 묘목이 자라기 시작하면서 엽초는 사라지고 초기 잎은 옥수수 식물의 첫 본엽이 된다.

개념 연결하기
속씨식물의 생식은 세대교번을 거치며 생식 기관인 꽃에서 일어난다.

진도 점검하기 21.3

1. 꽃의 해부학적 구조를 기술하시오.
2. 종자식물의 생활사를 요약하시오.
3. 종자와 종자 분산의 중요성을 논하시오.

21.4 무성생식과 식물의 유전공학

학습 목표

이 절을 학습한 후에는 다음 과제를 수행할 수 있어야 한다.

1. 종자식물의 자연 무성생식법 종류를 나열하고, 형태 기술하기.
2. 조직 배양을 통한 식물의 번식을 서술하고, 이점 설명하기.
3. 유전자 조작 식물의 이점과 문제점 나열하기.
4. 제약 산업에서 식물 유전공학이 어떻게 이용되는지 설명하기.

무성생식은 한 개체로부터 유전적으로 같은 자식들인 **클론(clone)**을 만들어 내는 것이다. 클론은 모식물과 완전히 똑같은 외형과 특성이 있으므로 식물 사업에서 사용하기 좋다.

정원에서의 식물 번식

정원에 튤립, 아이리스 또는 글라디올라스 화단을 만들기 위해서는 종자가 아닌 구근, 근경, 구경의 무성생식을 이용해야 한다(그림 21.22). 감자는 괴경이라고 불리는 줄기의 변형된 형태로서, 각각의 "눈"은 새로운 식물로 발달하는 싹을 가지고 있다. 일반적으로 이러한 형태의 무성생식 기관은 육질이고, 지하의 양분 저장 조직은 봄에 자라는 싹을 가진다. 딸기의 기는줄기인 포복경은 복제 식물을 만드는 수평으로 자라는 줄기이다.

조직 배양을 통한 식물 번식

일반적으로 대부분의 무성생식 기법은 병원균까지 딸려 오는 심각한 단점을 가지고 있다. 바이러스, 박테리아, 곰팡이 같은 식물 병원체가 감염된 모식물로부터 만들어진 클론은 같은 감염병을 수반한다. 하지만 조직 배양을 이용하면 살균한 시험관에서 무균의 모체로부터 클론을 만들 수 있으므로 무병의 식물체를 만들 수 있다. 따라서, **조직 배양(tissue culture)**을 통해 무균 환경인 실험실에서 간단하게 식물을 증식할 수 있다.

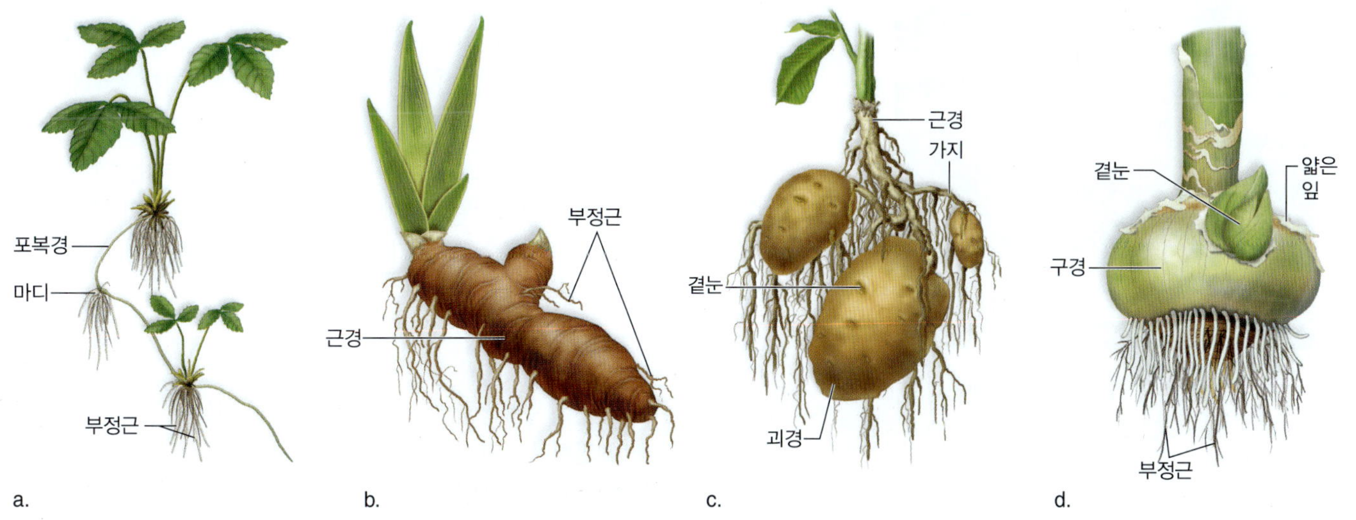

그림 21.22 무성 번식의 형태.
모식물의 일부를 떼어낸 부분이 새로운 식물로 자랄 수 있다.
a. 딸기는 지상에서 수평으로 자라는 줄기로 포복경이라고 불린다. **b.** 아이리스의 근경, **(c)** 감자의 괴경, **(d)** 글라디올라스의 구경은 변형된 줄기로 복제 분지를 형성한다.

a. b.

그림 21.23 조직 배양.
a. 분열 조직은 무균 배지에서 자라며, 분화되지 않은 세포 덩어리(*왼쪽*)인 캘러스를 형성한다. 캘러스로부터 배아(*오른쪽*)는 잎이나 뿌리와 같은 기관으로 발달한다. **b.** 배아(*왼쪽*)는 묘목(*오른쪽*)으로 생장하며, 묘목은 무균 용기에 담겨 농장으로 보내진 후에 토양으로 이식하여 성체로 자란다.
©Khwanchais/Getty Images

동물 세포 한 개를 채취해서 시험관에서 키운다면, 완전한 동물을 만들 수 없다. 하지만 식물 세포 한 개로 새로운 온전한 식물체를 기를 수 있다. 이렇게 식물 세포 한 개로부터 완전한 식물체가 재생되는 것을 **전형성능**(*totipotency*)이라고 하며, 식물 조직 배양이 성공적인 이유이다.

조직 배양 기법은 다양하지만, 일반적으로 모식물의 분열 조직 세포에서 시작된다. 분열 조직 세포는 무균의 젤리 같은 기질이 들어있는 플라스크, 튜브나 페트리 접시에서 자란다. 배지라고 불리는 이 기질은 생장 호르몬, 비타민, 다량 영양소와 미량 영양소를 포함하고 있으며, 분열하는 식물 세포에 필요한 모든 양분과 수분을 제공한다. 초기에는 분화되지 않은 세포 덩어리인 캘러스(*callus*)를 형성한다(**그림 21.23*a***). 양분과 호르몬을 더 추가하면 완전한 묘목이 만들어질 때까지 기관 형성을 개시한다(**그림 21.23*b*, *c***). 묘목은 무균 용기에 담겨 농장으로 보내지고, 화분이나 밭에 이식된다(**그림 21.23*d***).

조직 배양은 시중에서 판매되는 다양한 과일과 채소를 번식하는 핵심 기술이다. 이 장을 시작하면서 바나나가 종자를 생산할 수 없는 불임 과일임을 알아보았다. 상업적으로 전 세계에 유통되는 바나나를 생산할 방법은 조직 배양뿐이다. 아스파라거스는 자웅이주 식물로, 웅성 식물의 줄기만 상업적으로 쓰인다. 자성 식물의 줄기는 꽃 생산에 유리하며 식용으로는 적합하지 않다. 이에 조직 배양을 통해 효율적으로 무병의 웅성 아스파라거스를 생산하게 되었다.

대부분의 식물원과 대학 기관은 조직 배양을 이용해 식물을 보존한다. 애틀랜타 식물원의 조직 배양 연구실에서는 조직 배양으로 난초와 백합의 고유종을 번식시킨다. 증식한 식물은 지역 육묘시설과 공유하여 채집가에 의해 줄어들고 있는 야생종을 보호한다. 희귀종을 조직 배양하여 토착 서식지에 이식하면 자생하는 식물의 개체수를 늘릴 수도 있다(**그림 21.24**).

그림 21.24 식물 보존에 기여하는 조직 배양.
희귀종인 켄터키 개불알난은 실험실에서 조직배양을 통해 자란 후에 서식지에 이식된다.
©Grace Clementine/Getty Images

필요한 생산물이 식물체가 아니라 식물이 만들어 내는 물질이라면, **세포 현탁 배양**(*cell suspension culture*) 기술을 이용할 수 있다. 빠르게 생장하는 캘러스를 작게 조각내어 액체 영양 배지에서 흔들면, 세포나 작은 세포 무리가 분리되어 현탁액을 형성하는 방법이 있다. 얻고자 하는 화학물질은 세포가 자라고 있는 용액에서 추출하면 된다. 기나나무의 세포를 세포 현탁 배양하여 얻은 퀴닌은 말라리아 치료를 위한 약의 원료가 되며, 디기탈리스에서 추출한 디기톡신은 심장병을 치료하는 데 쓰인다.

식물의 유전공학

1만여 년 전부터 인간은 수렵, 채집 생활을 벗어나 농경 생활에 정착하기 시작했다. 식물을 선발하고 교잡하여 식량과 옷감을 얻기에 최적인 농작물을 만들었다. 간단한 멘델의 유전법칙에 따르면, **교잡**(*hybridization*)은 서로 다른 식물의 변종을 교배하여 원하는 형질을 가진 식물을 생산하는 것이며, 소공동체를 유지하는 데 적합한 방법이다.

최근에는 수많은 인구에게 충분한 식량과 섬유를 공급하기 위해서 유전공학을 통해 식물을 변형하는 방법을 사용하고 있다. 대규모 DNA 염기서열 분석의 개발과 최신 분자 유전학의 발전으로 유전자의 작동 원리를 제대로 파악하여 원하는 형질을 식물 DNA에 매우 정교하게 추가하여 합성할 수 있게 되었다. 다양한 기법을 통해 변형된 DNA를 지닌 식물체를 유전자가 조작되었다고 하며(*genetically modified, GM*), 통상적으로 그 유기체를 **유전자변형생물(genetically modified organism, GMO)**이라고 한다. 유전자 변형이 다른 종의 유전자를 삽입하여 발생했다면, 그 식물체를 형질 전환 식물이라고 부른다(12.2절 참조).

앞서 12.1절에서 GMO 생산에 필요한 몇 가지 생명공학 기법의 절차를 살펴보았다. 그림 21.25는 식물이 유전적으로 변형되는 방법의 예시를 나타낸다. 모식물이 가지고 있지 않은 원하는 형질을 지닌 다른 유기체에서 그 유전자를 분리하여 모식물을 형질 전환한다. 일반적인 **형질 전환**(*transformation*) 기술은 아그로박테리움(*Agrobacterium tumefaciens*)을 이용하여 자연적 유전 변이를 꾀한다. 이 박테리아는 식물 세포를 감염시킨 뒤에 자기 플라스미드에 있는 DNA를 식물 염색체에 삽입한다. 입자총을 이용해 DNA를 식물 세포에 쏘아 형질 전환을 유도하는 기법도 존재한다. 형질 전환된 식물은 새로운 특성을 위해 분리되고, 묘목을 만들어 낸다. 목적에 따라 GM 식물은 조직 배양을 통해 복제될 수도 있고, 종자 생산을 위해 유성생식에 이용될 수도 있다.

GM 식물은 주로 농업적, 식품 품질, 의료적 특성을 개선하기 위해 변형된다(표 21.2). 잘 알려진 GM 식물로 Bt 옥수수가 있다. 과거에 옥수수는 조명나방이라는 나비 유충의 피해를 보았기 때문에 살충제를 뿌렸지만, 비용이 많이 들고 환경에 부정

표 21.2 GM 식물

농업적 특성 개선
제초제 저항성: 밀, 벼, 사탕무, 유채
내염성: 곡류, 벼, 사탕수수, 유채
내건성: 곡류, 벼, 사탕수수
내한성: 곡류, 벼, 사탕수수
생산량 증가: 곡류, 벼, 옥수수, 목화
내병성: 밀, 옥수수, 감자, 목화
식품 품질 개선
지방산/유 함량: 옥수수, 콩
단백질/녹말 함량: 곡류, 감자, 콩, 벼, 옥수수
아미노산 함량: 옥수수, 콩
비타민 A 함량: 벼
의료적 특성
백신 제조: 옥수수, 콩, 토마토
항체 생산: 담배

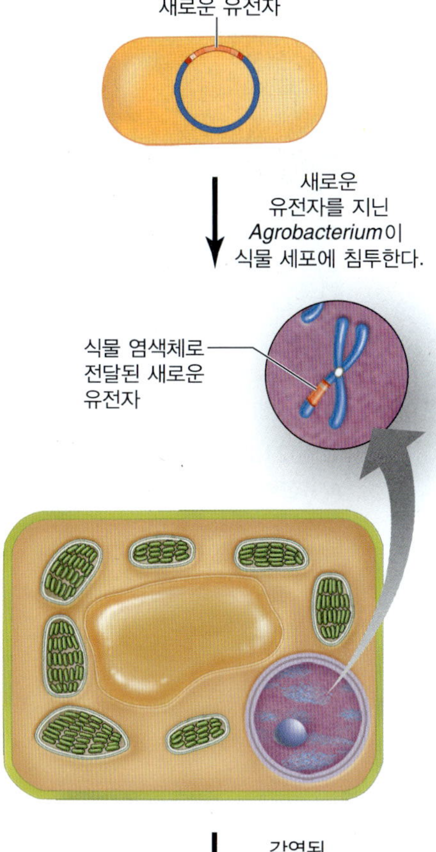

그림 21.25 식물의 형질 전환.
아그로박테리움에 원하는 유전자를 넣고 식물 세포에 감염시켜서 식물의 형질 전환을 유도한다

a.

b.

그림 21.26 **유전자가 변형된 Bt 식물.**
a. 유전적으로 변형된 Bt 옥수수밭은 조명나방 유충(삽화)에 저항성이 있다. **b.** 유전적으로 변형된 Bt 토마토와 유충(삽화)의 모습.
(a): (cornfield): Source: USDA; (corn ear worm): ©Tomasz Klejdysz/Shutterstock; (b): (tomatoes): ©Author's Image/Glow Images; (tomato fruitworm): ©Rose Hayes/ Shutterstock

적인 영향을 주었다. 토양 박테리아인 바실러스 튜링겐시스(*Bacillus thuringiensis*)에서 분리된 Bt 유전자는 조명나방을 죽이는 단백질을 생성한다. 옥수수 염색체에 Bt 유전자를 삽입하여 유충에 저항성을 가진 옥수수를 만들었다. 현재 미국에서 재배되는 옥수수의 65%가 Bt 옥수수이며, Bt 유전자를 지닌 다른 GM 작물로는 Bt 감자와 Bt 목화가 있다(**그림 21.26**).

황금쌀의 개발은 최신 GM 작물의 성과 중 하나로, 수선화와 프로비타민 A인 베타카로틴을 생산하는 박테리아 유전자를 이용하여 유전자 변형을 유도했다. 세계보건 기구(WHO)는 전 세계적으로 1억 4천만에서 2억 5천만 명의 미취학 아동이 비타민 A의 결핍을 겪고 있다고 추정했다. 이 결핍은 특히 쌀을 주식으로 하는 개발도상국에서 심각하다. 식단으로 얻은 프로비타민 A는 체내의 효소에 의해 비타민 A로 전환되어 결핍을 해결할 수 있다.

GM 식물과 관련된 환경 문제는 야생종과의 교잡 가능성과 제초제 저항성을 지닌 "슈퍼잡초"의 등장, GM 꽃가루가 수분 매개자에 미치는 영향에 중점을 두고 있다. 가장 큰 사회적 관심사는 인간과 가축이 GM 식물을 섭취와 GM 작물을 원료로 만들어진 식품에 상표를 표기하는 법과 관련되어 있다(**그림 21.27**). 현재 미국에서 개발 과정에 있는 새로운 GM 작물은 허가받기 위해 엄격한 분석과 검사를 거쳐야 한다. 지난 25년간의 GM 작물 연구를 검토한 결과를 바탕으로 미국과학진흥회(AAAS)는 유전공학을 통해 만들어진 개량된 작물이 인간에게 안전하다는 성명서를 2012년에 발표했다.

그림 21.27 **GM 식품 표기에 관한 논쟁.**
사회 운동가들은 유전자 변형 농산물로 만들어진 식품에 대한 표기를 규정하는 법안 통과를 요구한다.
©Nigel Cattlin/Alamy Stock Photo

연관

유전자 변형 작물은 유기농인가?

미국농무부(USDA)에 따르면, 유기농은 농약, 방사선 조사, 호르몬, 항생제, 생명공학의 이용 없이 생산된 작물이다. 따라서 유전자 변형 작물은 인위적인 방법으로 변형되었기 때문에 유기농으로 판매될 수 없다.

©Brand X Pictures/ Getty Images

제약품

유전공학은 식물에서 유래한 제약 개발 연구에 새바람을 일으켰다. 식물은 항원, 항체, 호르몬, 치료 단백질을 생산할 수 있다. 식물을 이용하여 제약품을 만드는 이점에는 비용 절감, 단백질 생산량 증가, 동물이나 인간 병원균의 오염 위험 감소가 있다. 담배 식물로 만든 항체는 충치를 예방하기 위해 개발되었다. 수의과용으로는 이미 승인된 특정 림프암 치료에 사용하는 식물 유래 항체가 인류를 대상으로도 개발되고 있다. 항체 생성뿐 아니라, 식물은 항응고제와 같은 합성하기 힘든 단백질이나 생장 호르몬, 혈액 대체제, 콜라젠 대체제, 항미생물제 등을 만드는 데 유용하게 쓰인다.

개념 연결하기

21.4 무성생식은 식물체와 동일한 클론을 생성하기 위해 이용한다.

진도 점검하기 21.4

1. 무성생식을 하는 식물의 형태를 나열하시오.
2. 조직 배양을 적용한 세 가지 사례를 제시하시오.
3. 유전자 조작 식물의 장단점을 요약하시오.

요 약 SUMMARIZE

식물 호르몬, 식물의 자극에 대한 반응, 식물의 유성생식과 무성생식의 형태를 바탕으로, 식량 공급량이 증가했고 식물에서 유래한 물질을 충분히 생산할 수 있게 되었다.

21.1 식물은 호르몬을 이용하여 생장을 조절한다.

21.2 굴성과 파이토크롬은 식물이 환경 자극에 반응하는 것과 관련이 있다.

21.3 속씨식물의 생식은 세대교번을 거치며 생식 기관인 꽃에서 일어난다.

21.4 무성생식은 식물체와 동일한 클론을 생성하기 위해 이용한다.

21.1 식물 호르몬

식물 **호르몬(hormones)**은 식물 세포와 조직 내에서 반응을 유도하는 화학 신호이다. 대표적인 다섯 가지 식물 호르몬은 다음과 같다.

- **옥신(auxin):** 생육 양상에 영향을 주며 **정단 우세 현상(apical dominance)**과 **굴광성(phototropism)**에 관여
- **지베렐린(gibberellin):** 줄기의 신장을 촉진하며 종자의 휴면 타파
- **사이토키닌(cytokinin):** 세포 분열을 촉진하고 잎의 노화를 방지하며, 식물 조직의 분화 유도
- **아브시스산(abscisic acid):** 종자와 눈의 휴면을 개시하고 유지하며 기공의 폐쇄에 관여
- **에틸렌(ethylene):** 잎, 열매, 꽃의 **탈리 현상(abscission)**을 유도하고, 과일의 성숙 촉진

21.2 식물 반응

환경 신호는 식물의 생장에 중요한 역할을 한다.

굴성

굴성(tropism)은 단일 방향성 자극에 가까이하거나 멀리하는 식물의 생장 반응이다.

> 굴광성: 광자극에 반응
> 굴중성: 중력에 반응
> 굴촉성: 접촉에 반응

옥신은 새싹이 **반굴중성(negative gravitropism)**을 갖게 하고, 녹말체는 뿌리가 정굴중성을 갖게 한다. 다른 형태의 굴성으로는 식물이 광원을 향하여 생장하는 **굴광성(phototropism)**, 다른 물체와의 접촉에 반응하여 생장하는 **굴촉성(thigmotropism)**이 있다.

광주기성

개화는 계절 변화, 즉 **광주기(photoperiod)**의 길이에 대한 반응이다.

- 단일 식물은 밤이 임계 일장보다 길 때 개화한다.
- 장일 식물은 밤이 임계 일장보다 짧을 때 개화한다.

파이토크롬(phytochrome)은 식물 색소로 햇빛의 적색광과 원적색광에 반응한다. 식물 세포의 파이토크롬은 개화를 유도하고 심는 거리에 영향을 미친다.

21.3 종자식물의 유성생식

종자식물의 생활사는 육지 생활에 적응해 왔다.

- 종자식물의 생활사는 **세대교번(alternation of generation)**을 수행하며, **포자체(sporophyte)**와 **배우체(gametophytes)**로 나뉜다.

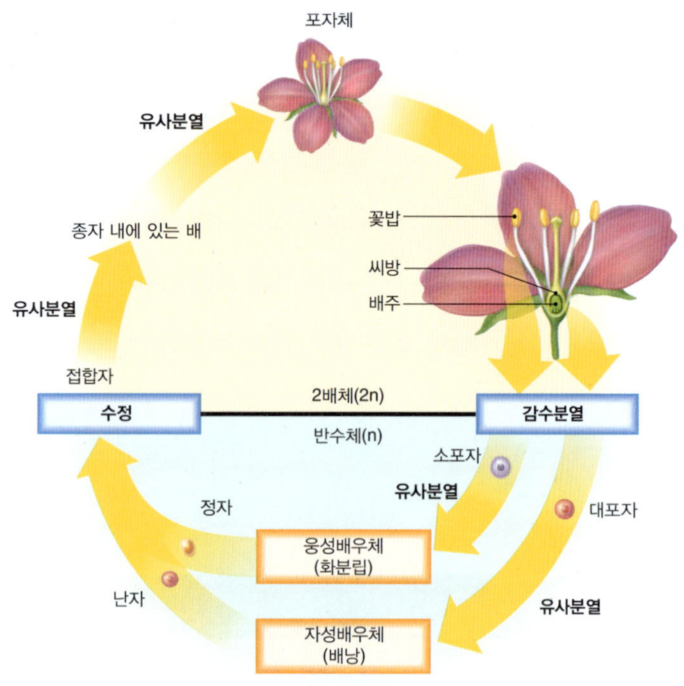

- **꽃(flowers)**은 속씨식물의 생식 기관이다. 대부분 꽃은 싹을 보호하는 꽃받침, 수분 매개자를 유인하는 꽃잎을 가진다. 수술은 꽃의 남성 부위이며, 심피는 꽃의 여성 부위이다.
- **꽃가루(pollen grain)**는 웅성배우체이며, 수분 매개자는 웅성배우체와 자성배우체가 결합하는 것을 도와준다.
- 배낭은 꽃의 밑씨 안쪽에 자리 잡은 자성배우체이다.
- **중복수정(double fertilization)**의 결과로 접합체와 **배젖(endosperm)**이 형성된다.

쌍떡잎식물 종자의 발달

접합체는 일련의 발달 과정을 거쳐 배아가 된다. 쌍떡잎식물의 배아는 배젖을 흡수하는 두 개의 떡잎을 가지고 있다. 외떡잎식물은 한 개의 떡잎과 배젖을 가지고 있다. 종자는 배아와 저장된 양분에 더해 종피도 가지고 있다.

열매의 모양과 종자의 분산

열매(fruit)는 성숙하고 무르익은 씨방이며 꽃의 다른 구성 기관을 포함하기도 한다. 견과류와 콩과 식물은 건조한 과일이고, 사과나 복숭아는 다육과이다. 일반적으로 열매는 종자의 분산을 도우며, 분산된 종자는 **발아한다(germinates)**.

21.4 무성생식과 식물의 유전공학

정원에서의 식물 번식

많은 종자식물은 무성생식을 한다.

- 구근, 구경, 근경, 괴경은 육질의 변형된 줄기 형태이며, 새로운 식물로 자랄 수 있다.
- 포복경은 지상 줄기로 새로운 식물을 형성한다.

조직 배양을 통한 식물 번식

조직 배양(tissue culture)을 이용하여 대량의 열매와 채소를 가진 복제 식물을 생산하는 것이 상업적으로 주목받고 있다. 조직 배양을 통해 만들어진 식물 세포는 의료나 상업적으로 중요한 화학물질을 생산할 수도 있다.

식물의 유전공학

유전자변형생물(genetically modified organisms, GMOs)은 유전공학을 통해 만들어진다. 유전자 조작 식물은 농업적, 식품 품질 특성을 개선해 왔으며, Bt 옥수수와 황금쌀이 대표적인 사례이다. 또한, 유전자 조작 식물은 인간에게 약효가 있는 화학물질을 생산하기도 한다.

평가 ASSESS

혼자 풀어보기

가장 적절한 답을 고르시오.

21.1 식물 호르몬

[1~8] 각각의 현상과 관련된 식물 호르몬을 보기에서 고르시오. 답은 여러 번 나올 수 있다.

보기:

a. 옥신 **b.** 지베렐린
c. 사이토키닌 **d.** 아브시스산
e. 에틸렌

1. 종자와 눈의 휴면 개시 및 유지
2. 뿌리의 발달 촉진
3. 공기 중으로 식물 간 이동 가능
4. 줄기의 굴광성 유도
5. 정단 우세 현상에 관여
6. 낙엽, 낙화, 낙과 유도
7. 종자와 눈의 휴면 타파
8. 노화 방지

21.2 식물 반응

9. 굴성은 다음과 같이 정의된다.
   a. 지향성 자극에 대한 생장 반응
   b. 수분 부족에 대한 식물의 반응
   c. 주변 식물과의 공간 경쟁에 대한 호르몬 반응
   d. 식물 호르몬이 관여하는 낙엽 유도

10. 뿌리 세포의 정굴중성에 관여하는 것은?
   a. 뿌리 세포의 옥신
   b. 뿌리 세포의 녹말체
   c. 햇빛 노출
   d. 주변 기질

11. 파이토크롬에 대한 설명으로 맞는 것은?
   a. 빛의 적색광과 원적색광의 파장에 반응한다.
   b. 식물의 광주기에 영향을 준다.
   c. 식물이 주변 식물과의 근접성을 감지하게 한다.
   d. 모두 해당한다.

21.3 종자식물의 유성생식

12. 암술머리와 심피의 관계는 꽃밥과 무엇과의 관계와 같은가?
   a. 꽃받침
   b. 수술
   c. 씨방
   d. 암술대

13. 대포자와 소포자의 유사점은 무엇인가?
   a. 이배체의 염색체를 가지고 있다.
   b. 배낭이 된다.
   c. 배우자를 생성하는 배우체가 된다.
   d. 종자 생산에 필수적이다.
   e. c와 d 모두 해당한다.

14. 중복수정으로 형성되는 두 가지 결과물은 무엇인가?
   a. 두 개의 접합체
   b. 접합체, 꽃가루
   c. 접합체, 대포자
   d. 접합체, 배젖

21.4 무성생식과 식물의 유전공학

15. 식물의 자연 무성생식법에 해당하는 것은 무엇인가?
   a. 분열 조직 배양
   b. 포복경이나 근경을 이용한 증식
   c. 아그로박테리움의 감염
   d. 세포 현탁 배양

16. 식물 조직 배양을 가능하게 하는 요인은 무엇인가?
   a. 굴광성
   b. 굴중성
   c. 괴경의 무성생식
   d. 전형성능

17. 식물 생명공학은 어떻게 쓰일 수 있는가?
   a. 작물 생산의 증가
   b. 질병 저항성 식물 도입
   c. 새롭거나 향상된 인간 질병에 대한 치료제 개발
   d. 영양가 높은 작물 생산
   e. 모두 해당

관계맺기 ENGAGE

과학적으로 생각하기

1. 매년 11월 말이 되면 전국적으로 대량의 포인세티아 식물이 공급된다. 이 식물은 보통 하나씩 플라스틱 용기에 포장된다. 유통하는 동안 너무 오래 용기에 있게 되면, 잎이 말려들어 가고 떨어질 것이다. 이러한 반응을 일으키는 데 어떤 식물 호르몬이 관여할까? 플라스틱 용기는 이 반응에 어떤 영향을 줄까?

2. 고산 미나리아재비(*Ranunculus adoneus*)는 고산 지역에서 자생하며 태양을 따라 자라는 꽃을 가지고 있다. 아침에 꽃이 햇볕을 흡수하기 위해 동쪽을 바라보기 때문에 수분 매개자를 유인하기 쉽고 수정된 밑씨의 생장을 촉진한다. 꽃은 하루 종일 태양을 쫓아가며 방향을 바꾼다. 꽃과 줄기 중 어떤 기관이 태양을 추적하는 기능을 가지고 있을까? 만약 줄기가 담당한다고 가정한다면, 줄기의 어떤 부분이 태양을 따라가는지 어떻게 알 수 있을까?

3. 독각금은 기생잡초로 매년 40%에 달하는 아프리카의 곡물 농사를 망친다. 숙주인 곡류와 밀접한 관계를 형성하기 때문에 제초제를 이용하여 선택적으로 제거하는 것 또한 쉽지 않다. 한가지 방제법은 제초제 저항성을 지니는 유전자 조작 곡류를 만들어 작물의 피해 없이 제초제로 잡초만 제거하는 것이다. 잡초 문제를 해결하기 위해 제초제 저항성 수수가 개발되었다. 하지만 제초제 저항 유전자는 꽃가루를 따라 수수의 친척이면서 미국에서 문제가 되는 존슨 그래스로 이동할 가능성이 있다. 더 이상 제초제로 존슨 그래스를 방제할 수 없게 되면, 농업은 또 다른 골칫거리를 직면하게 될 것이다. 따라서 제초제 저항성 수수의 개발에 제동이 걸렸다. 아프리카 농장에서 잡초를 방제하기 위해 제초제 저항성 수수를 키우는 게 맞다고 생각하는가? 아니면 전 세계적으로 제초제 저항성 수수의 생산을 금지하여 제초제 저항 유전자가 존슨 그래스에 도입되는 것을 막아야 할까?

CHAPTER

22

생명체의 구성과 항상성

Being Organized and Steady

©Jstone/Shutterstock

개요

시작하기 전에

이 장을 시작하기 전에 다음의 내용을 다시 살펴보자.

1.1절 조직과 기관은 어느 생물학적 구성 단계에 해당하는가?

4.2절 원형질막에서 단백질의 기능은 무엇인가?

4.5절 어떤 형태의 연접이 세포를 연결시켜 조직을 형성하는가?

공연의 생물학

페리(Katy Perry)의 공연은 그녀와 함께 무대에 있는 사람들의 관점에서만이 아니라 복잡한 작품이다. 그녀는 노래를 하거나 또는 춤을 추면서, 어떻게 신체가 매우 복잡한 연기를 수행하는지를 보여준다. 그녀의 신경계는 호흡률을 모니터하고, 노래의 가사와 박자를 기억해내는 등 다양한 임무를 조직화해야 한다. 이것은 그녀의 눈과 귀를 통해 유입되는 자극에 의해 영향을 받는다. 동시에 그녀의 뇌는 균형을 유지하도록 해 줄 뿐만 아니라 무대 위에서 어떻게 움직일지에 대해 근육에 명령을 내려 무대 위의 다른 댄서들과 상호작용할 수 있도록 한다.

물론 생물학 관점에서 볼 때 스포츠, 집 짓기, 수술, 자동차 운전과 같은 거의 모든 유형의 신체 활동을 하는 인간에 대해서도 동일한 관찰을 할 수 있다. 심지어 조용히 앉아 있거나 책을 읽는 동안에도 당신의 신체는 엄청난 활동을 수행하고 있다. 근육과 뼈는 몸을 똑바로 세우게 해준다. 호흡계와 순환계는 산소를 조직으로 운반하고 노폐물을 제거한다. 소화계는 이러한 활동을 하기 위해 필요한 양분을 제공하고, 면역계는 해로운 미생물로부터 보호해준다. 이러한 활동들은 신경계와 내분비계에 의해 조화를 이룬다. 심지어는 자고 있는 동안에도 신체의 모든 기관계가 일을 한다.

이 장에서는 인체의 기본 조직을 탐구하고 변화하는 외부 환경에 직면하여 안정적인 내부 환경을 유지하는 방법을 살펴볼 것이다.

이 장을 공부하는 동안 다음 질문에 대해 생각해보자.

1. 신체의 주요 기관계는 어떤 조직으로 이루어져 있는가?
2. 각 기관에서 발견되는 조직의 종류는 기관의 기능과 어떤 연관성을 가지는가?
3. 신체의 내부 조건을 유지하는 데 있어서 피드백 작용은 어떤 역할을 하는가?

22.1 신체의 구성

학습 목표

이 절을 학습한 후에는 다음 과제를 수행할 수 있어야 한다.

1. 신체의 구성 단계를 복잡성이 증가하는 순서로 나열하기.
2. 상피조직이 무엇인지 서술하고 그 기능 설명하기.
3. 결합조직의 주된 특징 서술하기.
4. 세 가지 유형의 근육조직을 비교하고 차이점 설명하기.
5. 신경 조직의 기능 설명하기.

4.4절에서 식물세포와 동물세포의 일반적인 구조와 기능에 대해 공부하였다. 이번 장에서는 동물세포의 구조를 바탕으로, 서로 다른 유형의 수백만 개의 개별 세포들이 어떻게 모여 하나의 개체를 이루는지 알아볼 것이다.

생물학적 조직 수준에서(그림 1.2 참조) 동일한 구조 및 기능을 수행하는 **세포(cell)**들이 **조직(tissue)**을 이룬다. **기관(organ)**에는 다양한 유형의 조직이 포함되어 있으며, 이들은 각 기관의 전반적인 활동을 돕는 기능을 수행한다. 즉, 기관의 구조와 기능은 포함된 조직에 따라 달라진다. 그래서 기관이 아니라 조직을 신체의 구조와 기능의 단위라고 말한다. 하나의 **기관계(organ system)**는 다수의 기관들을 포함하며, **기관(organism)**들은 서로 협력하여 생명체의 특정 생리적 기능을 수행한다.

한 가지 예를 들어보자(그림 22.1). 사람의 몸에서 비뇨기계의 목적은 혈액으로부터 노폐물을 제거하고, 이 노폐물부터 오줌을 만들어 체외로 배출하는 것이다. 비뇨기계는 여러 기관—신장, 수뇨관, 방광, 요도—으로 이루어져 있으며, 각각의 기관들은 이 과정에서 특별한 기능을 수행한다.

신장은 여러 다양한 조직으로 구성된다. 특히 상피소식은 노폐물을 거르는 일을 하는 세포로 이루어져 있다. 이 세포들은 혈액을 여과시켜 노폐물을 제거하고 오줌을 만들어 수뇨관으로 보낸다. 수뇨관을 이루는 조직은 관과 유사한 구조를 이루며 오줌을 신장으로부터 방광으로 보낸다. 방광도 역시 다양한 형태의 조직으로 구성되며, 오줌이 가득 차면 확장 또는 팽창한다. 마지막으로 요도는 수뇨관처럼 원통형 구조를 이루는

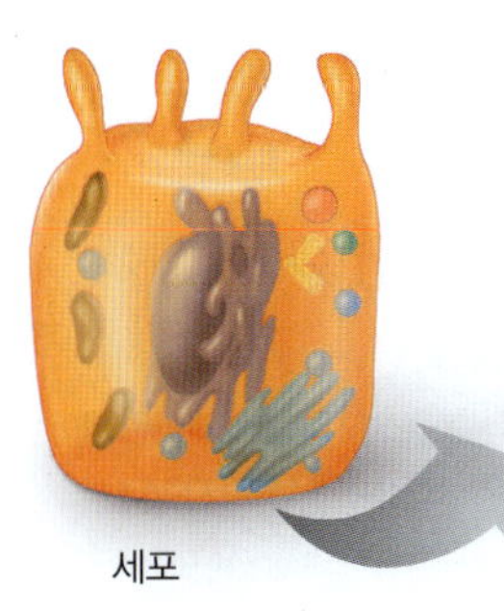

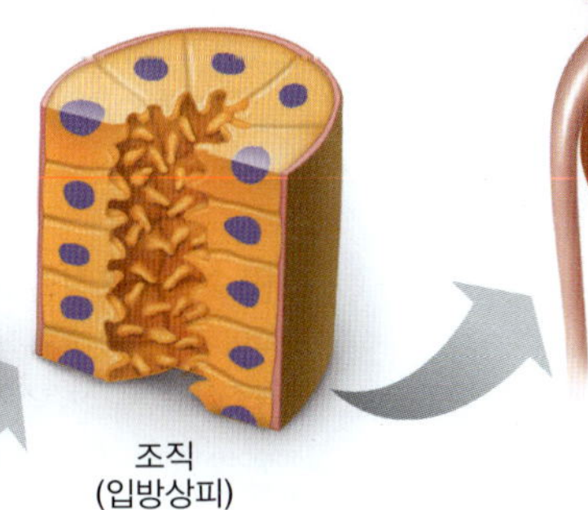

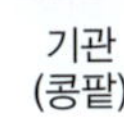
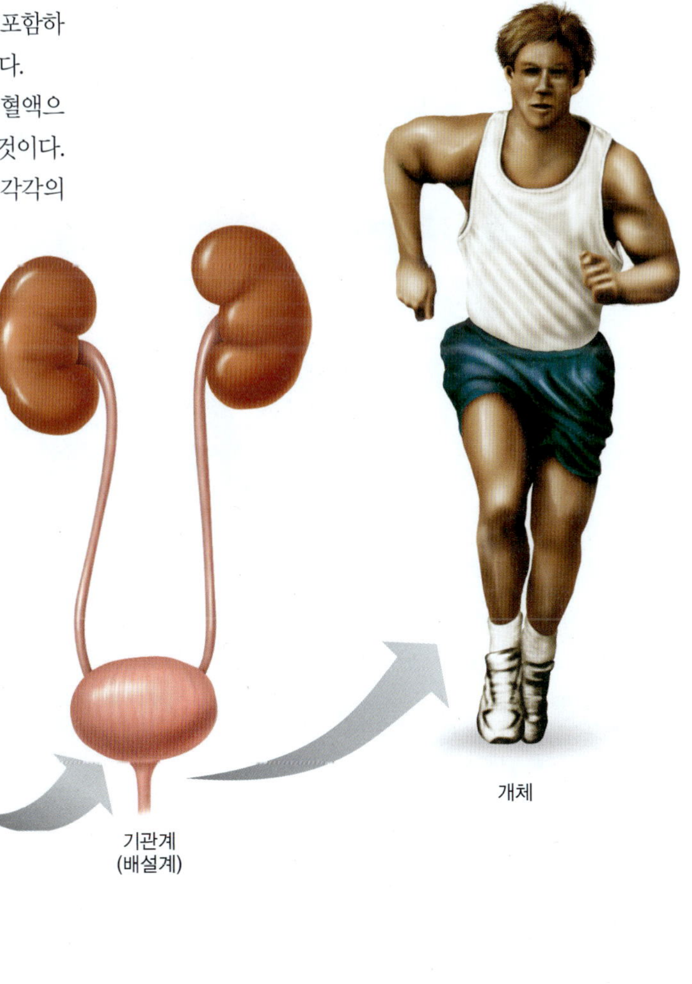

그림 22.1 생명체의 구성 단계.
조직은 동일한 구조를 가지고 동일한 기능을 수행하는 특화된 세포로 구성된다. 기관은 특정한 기능을 수행할 수 있는 조직들로 구성된다. 기관계는 여러 기관을 포함하며, 생명체의 생존을 유지하는 데 필요한 기능을 한다.

조직으로 이루어져 있으며, 오줌이 방광으로부터 체외로 배출되도록 한다. 대사 노폐물을 생산, 저장, 제거하는 비뇨기계의 전반적인 기능은 조직을 구성하는 세포, 장기를 구성하는 조직, 장기 시스템을 구성하는 기관에 따라 달라진다.

세포, 조직, 기관의 구조도 직접적으로 기능을 돕는다. 생물학에서 흔히 말하는 "구조는 기능과 같다"라는 말은 기관의 구조가 기관의 기능을 좌우한다는 의미이다(기관을 이루는 조직이나 세포의 경우도 마찬가지이다). 예를 들어 소장은 소화관으로부터 영양분을 흡수하는 기능을 한다. 소장 세포의 표면적이 넓을수록 더 많은 영양분을 흡수할 수 있다. 일부 소장 세포는 미세융모(원형질세포막이 확장된 손가락 모양의 돌기)로 덮여 있어 세포의 표면적을 증가시킴으로써, 세포 자체의 크기를 늘리지 않고서도 흡수가 잘 일어나도록 한다. 골격근 세포들은 수축을 위해 휘어지거나 꼬이는 배열 대신 수축 섬유가 근 수축 시 서로 엇갈려 지나가도록 배열되어 있다. 이러한 구조로 인해 근섬유의 마모나 찢어짐 없이 근육조직이 수축할 수 있다.

다양한 유형의 동물세포로부터, 조직을 크게 네 종류로 구분할 수 있다.

- 상피조직(상피, *epithelial tissue*)은 신체 표면이나 체강을 덮는다.
- 결합조직(*connective tissue*)은 신체 부분을 결합하고 지지한다.
- 근육조직(*muscular tissue*)은 신체와 신체의 부분을 움직인다.
- 신경조직(*nervous tissue*)은 자극을 받고 신경충격을 전달한다.

신경조직을 제외하고, 각각의 조직은 더욱 세분화된다(그림 22.2). 이 장에서는 이러한 각 조직 유형의 구조와 기능, 그리고 이러한 조직이 사용되는 기관과 기관계에 대해 살펴본다.

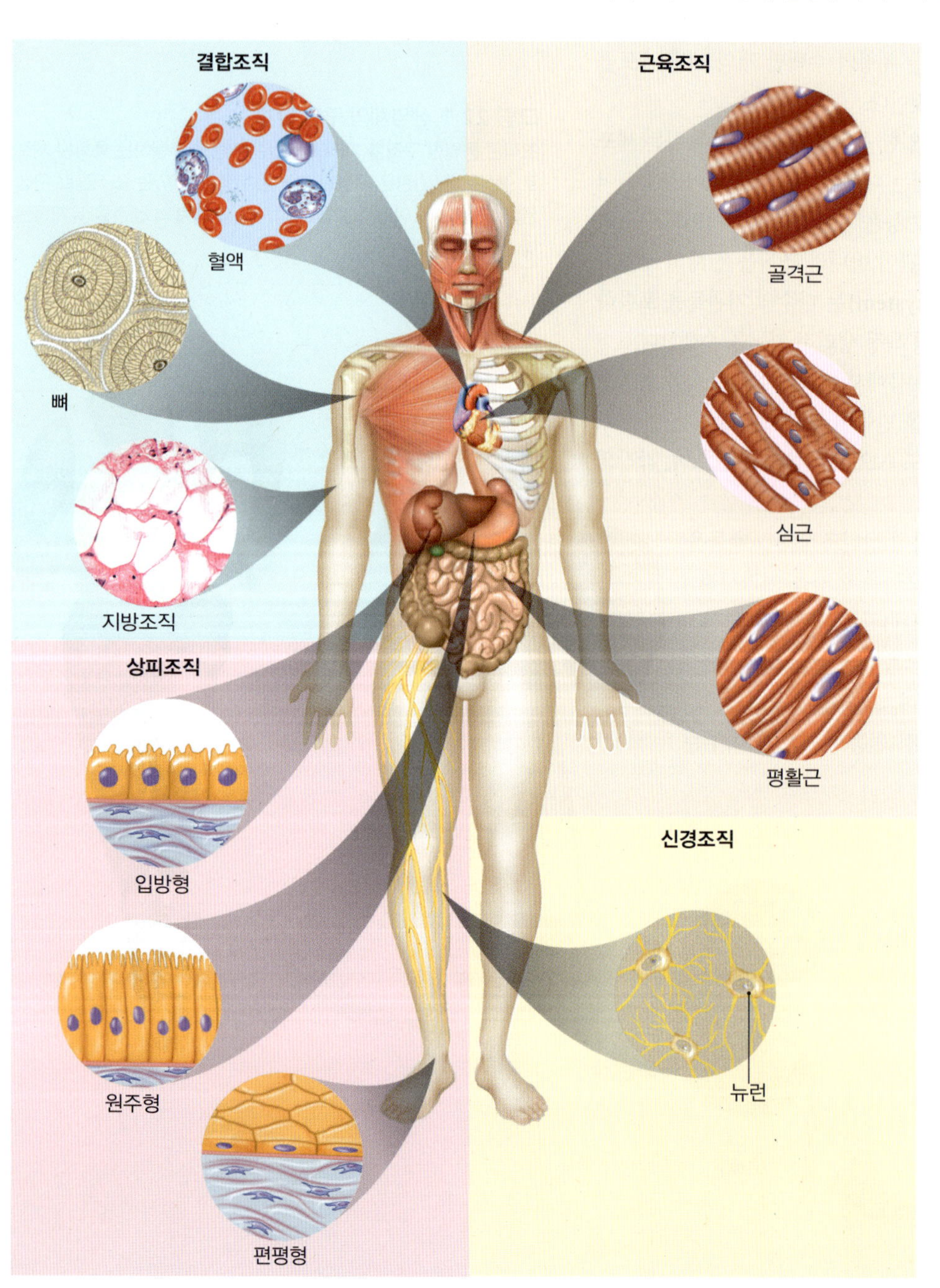

그림 22.2 조직의 종류.
조직의 종류는 상피조직(분홍색), 결합조직(파란색), 근육조직(갈색), 신경조직(노란색)의 네 가지이다.
(adipose tissue): ©McGraw-Hill Education/Al Telser, photographer

상피조직은 보호 역할을 한다

상피(*epithelium*)라고도 부르는 **상피조직(epithelial tissue)**은 많은 기관의 바깥과 안쪽을 이루며 신체의 표면을 덮고 있다(그림 22.3). 그러므로 소화관, 폐 또는 생식관으로 물질이 들어오거나 신체 밖으로 나가기 위해서는 상피조직을 가로질러야 한다. 상피세포는 서로 밀착하여 있으나 일반적으로 한 층으로 되어 있다. 물질이 상피세포를 통과해야 그 아래 조직에 도달할 수 있기 때문에 상피세포는 보호 기능을 할 수 있다.

상피세포는 조직을 이루는 세포의 형태와 층수에 따라 나뉜다. 예를 들어, 한 층의 세포로만 이루어진 것은 단순조직이라 하고, 여러 층의 세포로 이루어 진 것은 다층조직(stratifed)이라고 한다.

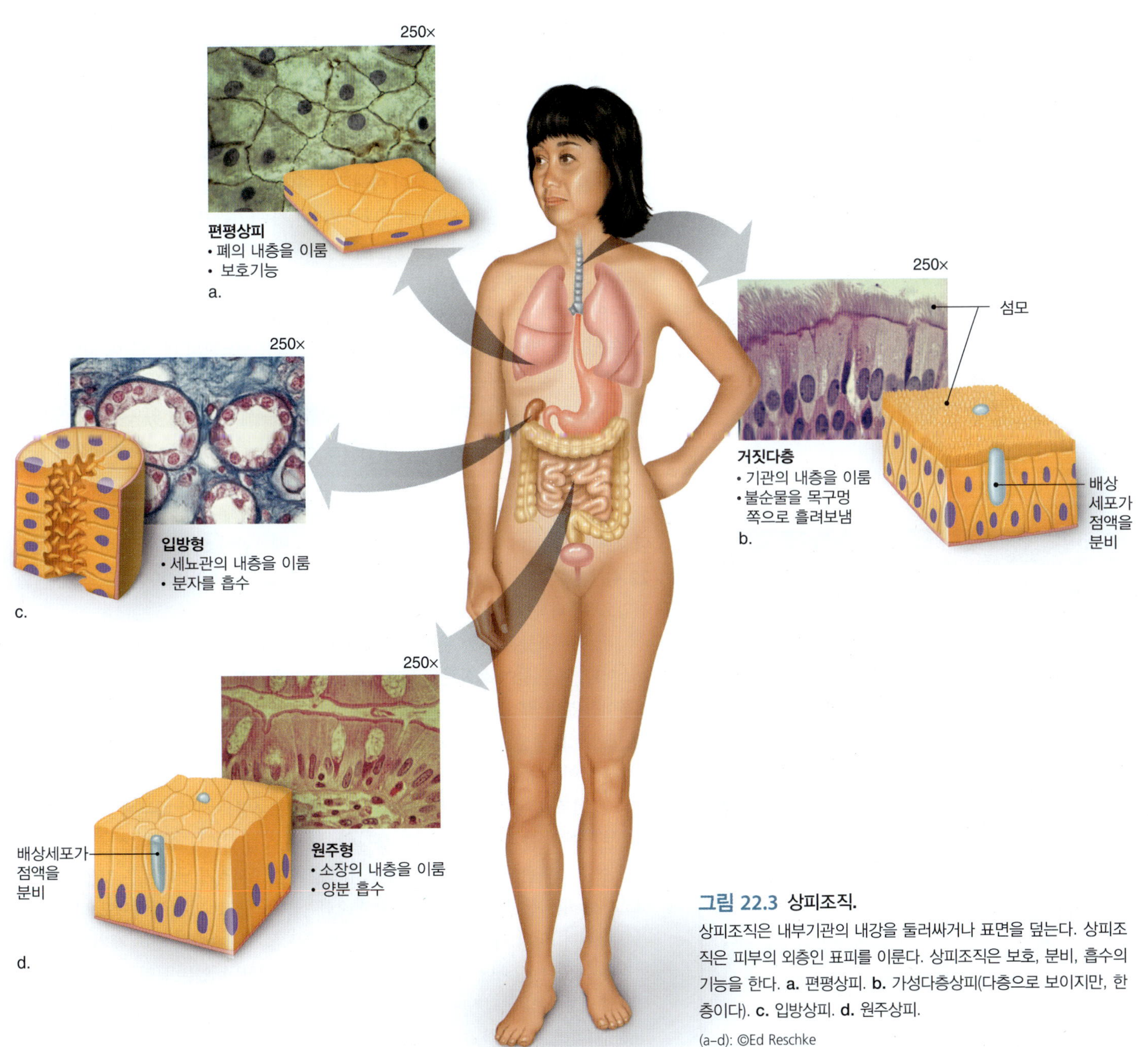

그림 22.3 상피조직.
상피조직은 내부기관의 내강을 둘러싸거나 표면을 덮는다. 상피조직은 피부의 외층인 표피를 이룬다. 상피조직은 보호, 분비, 흡수의 기능을 한다. **a.** 편평상피. **b.** 가성다층상피(다층으로 보이지만, 한 층이다). **c.** 입방상피. **d.** 원주상피.

(a–d): ©Ed Reschke

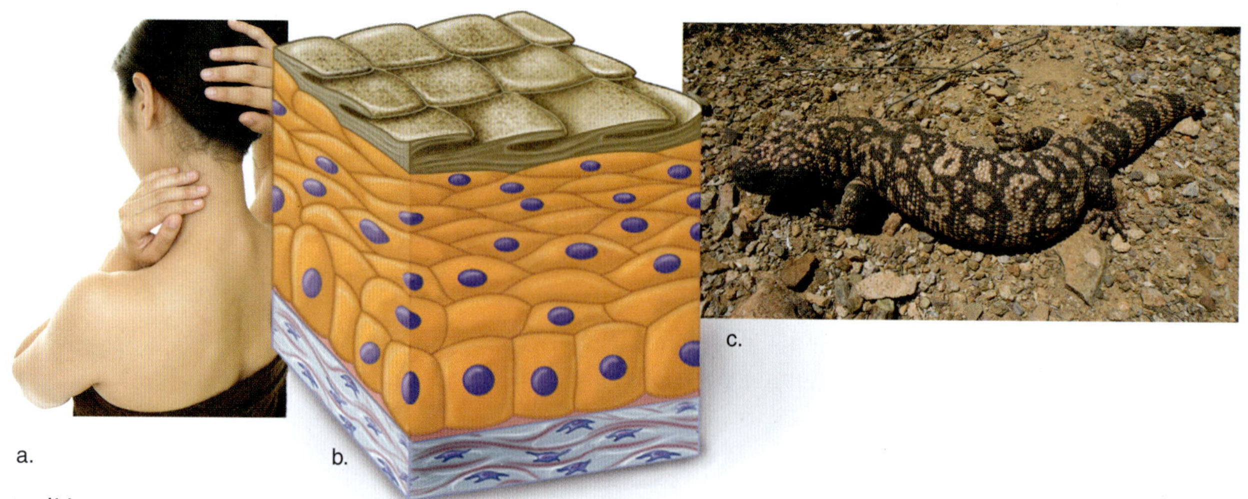

그림 22.4 피부.

a. 표피라고 부르는 피부의 외층은 다층 상피조직이다. **b.** 여러 층의 치밀하게 결합된 세포들은 케라틴 단백질에 의해 강화되어 수분 방출을 억제하고 병원균 침입으로부터 피부를 보호한다. 새로운 상피세포는 안쪽 층에서 생기며, 바깥층에서 떨어져 나간다. **c.** 독이 있는 큰 도마뱀과 같은 파충류의 표피는 케라틴이 굳어서 돌출된 비늘로 되어 있다.

(a): ©liza5450/Getty Images; (c): ©McGraw-Hill Education/David Moyer, photographer

상피조직의 몇 가지 예가 그림 22.3에 나와 있다. 혈관과 폐에서 기체를 교환하는 부분을 덮고 있는 편평상피(*squamous epithelium*)는 얇은 납작한 세포들로 구성된다(그림 22.3*a*). 가성다층상피(*pseudostratified epithelium*)는 다층처럼 보이지만 실제로는 한 층으로 구성되어 있다(그림 22.3*b*). 가성다층상피는 대개 원주세포에서 볼 수 있으며, 세포의 핵이 아래쪽이 아니라 세포 안의 다양한 곳에 위치하기 때문에 다층인 것처럼 보인다. 가성다층상피는 기관(기관지)을 감싸고 있으며, 일부 세포에서 분비되는 점액이 이물질을 가두고 다른 세포의 섬모가 위로 움직여 점액을 목구멍 뒤쪽으로 운반하여 삼키거나 배출할 수 있다. 흡연은 점액 생성과 분비에 변화를 일으키고 섬모 활동을 억제하여 기관지염이라고 부르는 만성염증 상태를 유발할 수 있다. 입방상피(*cuboidal epithelium*)는 신장 세뇨관의 내강을 이루며 너비와 높이가 거의 같은 정육면체 모양의 세포로 되어 있다(그림 22.3*c*). 원주상피(*columnal epithelium*)는 직사각형 기둥 또는 원주를 닮은 세포로 되어 있으며 핵은 일반적으로 각 세포의 바닥 근처에 위치한다(그림 22.3*d*). 원주상피는 소화관 내강의 일부를 감싸고 있다.

우리 몸의 피부는 주로 상피조직이다. 표피에 해당하는 피부의 바깥부분은 다층편평상피이며 힘과 방수력을 제공해주는 케라틴에 의해 강화되어 있다(그림 22.4). 피부의 다층편평상피는 상처, 체액 손실 그리고 병원체(바이러스와 세균)의 침입으로부터 신체를 보호한다.

상피세포들은 또한 분비물을 생산하고 분비하는 **분비샘(gland)**의 주요 구성요소이다. 예를 들어 소화관을 둘러싸고 있는 점액을 분비하는 배상세포는 단세포로 이루어진 분비샘으로 산성의 위산으로부터 소화관을 보호하는 점액을 생산한다(그림 22.3*d* 참조). 췌장의 상피세포는 혈당을 유지시키는 역할을 하는 호르몬을 분비하는 분비샘을 이룬다.

상피조직 세포는 빈번하고 빠른 속도로 세포분열을 하기 때문에 마모가 잘 일어나는 곳에서 볼 수 있다. 이러한 특징은 거친 음식물 입자나 소화효소에 의해 손상되기 쉬운 소화관에서 특히 유용하다. 감자칩처럼 모서리가 날카로운 것을 삼킬 때 식도가 긁히는 상처가 빈번히 생기지만 소화관을 둘러싸고 있는 상피세포 덕분에 빨리 치유된다. 상피 기원의 세포로 이루어진 간은 상처나 수술로 인해 제거된 부분을 재생할 수 있다. 그러나 상피조직은 계속적으로 분열할 수 있는 능력 때문에 다른 유형의 조직보다 암이 되기 쉽다. 소화관, 폐와 유방에 있는 상피조직의 암을 암종(carcinoma)이라고 부른다.

연관

상피조직은 얼마나 빠르게 새로운 조직으로 교체되는가?

일반적으로 상처가 없는 피부에 있는 오래된 세포들을 모두 새로운 세포로 대체하는 경우에는, 다섯 층으로 이루어진 피부의 가장 위쪽까지 새로운 세포로 대체하기 위해 약 한 달이 걸린다. 만일 상처가 있거나 피부가 손상을 받으면 상피성장인자와 같은 다양한 호르몬이 상처를 치유하는 과정을 가속화하여 단지 1~2주밖에 걸리지 않는다.

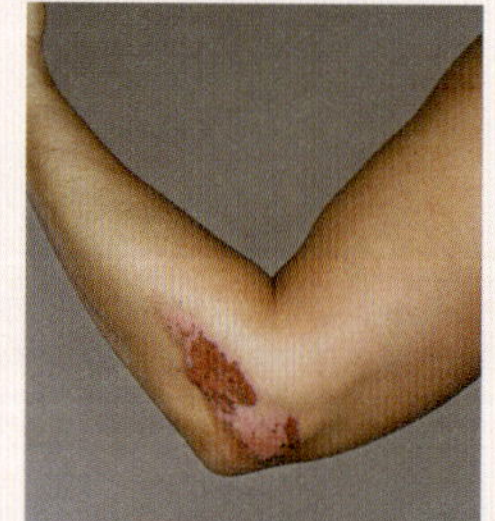

©Eric Bean/The Image Bank/Getty Images

결합조직은 연결하고 지지하는 역할을 한다

많은 종류의 **결합조직(connective tissue,** 그림 22.5)은 기관을 연결하고 지지하며 보호하는 역할을 한다. 결합조직 세포는 고체 상태부터 반액체, 액체에 이르는 다양한 비세포성 물질인 **기질(matrix)**에 따라 구분된다. 기질은 보통 섬유, 특히 콜라겐성 섬유를 갖는다. 주로 구조적 지지 역할을 하는 콜라겐은 결합조직하면 떠오르는 신체의 가장 흔한 단백질이다.

성긴 섬유성 결합조직과 이와 관련된 결합조직

성긴 섬유성 결합조직(*loose fibrous connective tissue*)을 먼저 살펴보고, 다른 종류와 비교해 보기로 한다. 성긴 섬유성 결합조직은 상피 아래에 위치하며 성긴 섬유성 결합조직을 기관을 이루는 다른 조직들과 연결시킨다. 그리고 근육, 혈관, 신경 등 수많은 내부기관을 감싸는 보호막을 형성한다. 이 조직의 세포는 콜라겐 섬유와 탄성 섬유를 포함한 섬유가 포함된 기질을 생성하여 장력을 받으면 늘어나고 풀리면 원래 모양으로 돌아가기 때문에 섬유아세포(*fibroblast*)라고 부른다. 폐벽과 동맥벽에 있는 성긴 섬유성 결합조직은 이 기관들이 팽창하였다가 손상없이 원래의 형태로 되돌아갈 수 있는 탄력성을 제공한다.

지방조직(그림 22.5*b*)은 성긴 결합조직의 한 종류로, 섬유아세포는 부풀어 올라 지방을 저장하고 제한된 기질을 가진다. 지방조직은 피부 아래나 심장과 신장 등의 기관 주위에 있으며, 완충역할을 하여 기관을 보호하고 장기적인 에너지 저장 역할을 담당한다.

치밀 섬유성 결합조직(*dense fibrous connective tissue*)은 성긴 섬유성 결합조직에 비해 조밀하게 배열된 콜라겐 섬유를 더 많이 함유한다(그림 22.5*a*). 이런 종류의 조직은 성긴 결합조직보다 더 많은 특화된

그림 22.5 결합조직의 종류.
사람의 무릎에서는 대부분의 결합조직 종류를 볼 수 있다.
(유리질, 지방, 뼈): ©Ed Reschke; (dense fibrous): ©McGraw-Hill Education

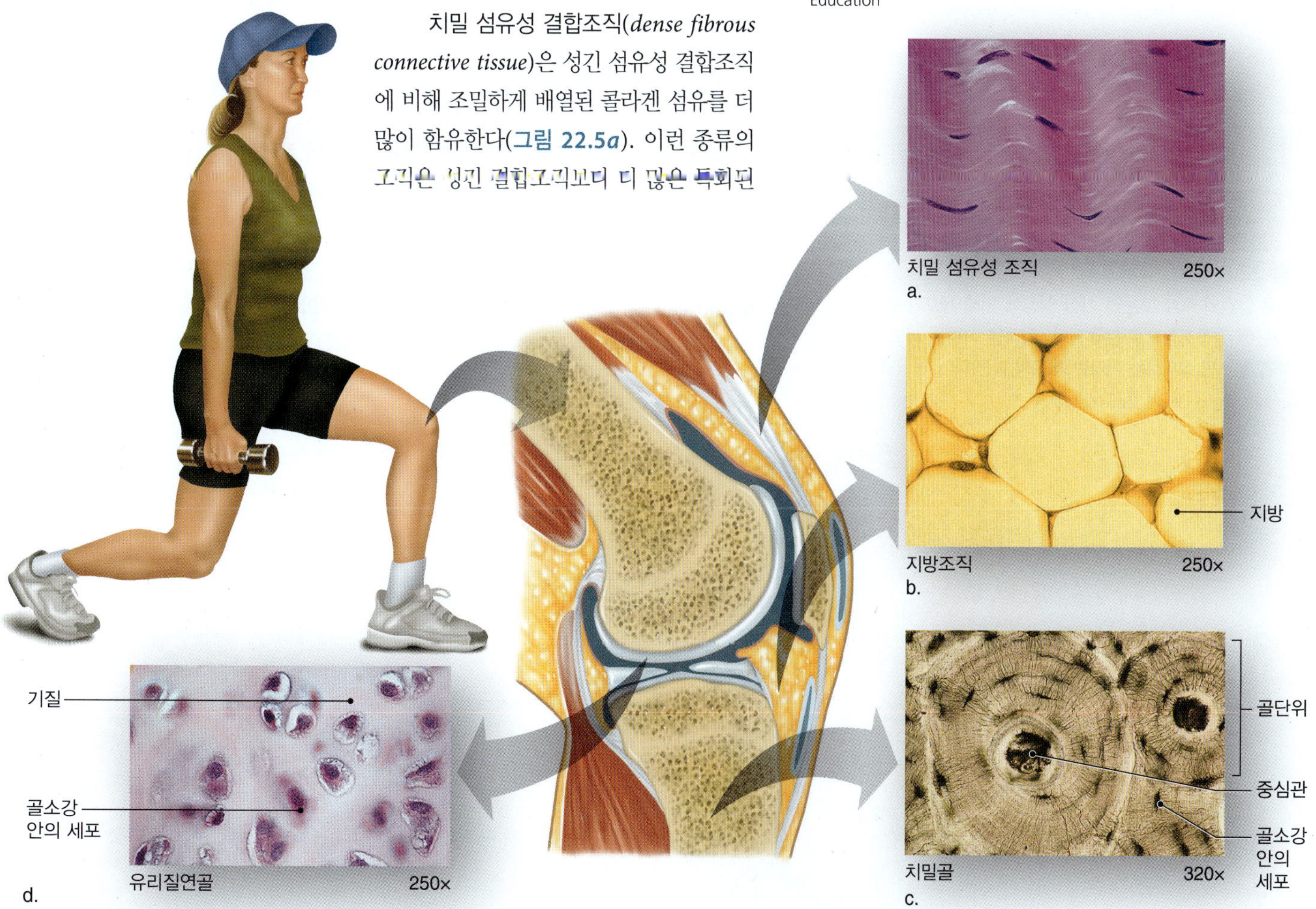

기능을 가지고 있다. 예를 들어 조밀한 섬유성 결합조직은 근육과 뼈를 연결하는 **힘줄(tendon)**, 그리고 관절에서 뼈와 뼈를 연결하는 **인대(ligament)**에서 발견된다.

뼈(bone)는 가장 튼튼한 결합조직이다(그림 22.5*c*). 뼈는 콜라겐 섬유 주변에 축적된 매우 단단한 무기염(대표적으로 칼슘염)의 기질로 이루어져 있다. 무기염은 뼈를 튼튼하게 해주고 콜라겐 섬유는 콘크리트를 강화시키는 강철봉처럼 탄력과 강도를 제공한다. 뼈에서 발견되는 무기염은 몸 전체에 칼슘과 인산 이온을 저장하는 역할도 한다. 인간에게 가장 흔한 유형의 뼈인 **치밀골**(*compact bone*)은 오스테온(osteon)이라고 부르는 원통형 구조 단위로 구성되어 있다. 각 오스테온의 중앙관은 단단한 기질로 둘러싸여 있다. 뼈세포들은 기질로 구성된 동심원층 사이의 골소강(lacunae)에 들어 있다. 중앙관 내부의 혈관이 뼈가 재생하는 데 필요한 영양분을 운반한다.

연골(cartilage)에 있는 세포들은 반고체성이지만 유연한 기질에 의해서 분리된 골소강이라고 부르는 작은 공간 안에 놓여 있다. 가장 흔한 유형의 연골인 **유리질연골**(*hyaline cartilage*)은 매우 섬세한 콜라겐 섬유로 이루어져 있다(그림 22.5*d*). 기질은 염색하지 않았을 때에는 백색의 반투명한 모습이다. 유리질연골은 코와 장골 및 갈비뼈 끝에서 볼 수 있고, 호흡기 통로 벽에 고리를 형성하고 있다. 태아의 골격 역시 이런 종류의 연골로 만들어져 산도를 통과하기 쉽다. 대부분의 태아의 연골은 나중에 뼈로 대체된다. 상어와 같은 연골어류는 일생 동안 연골성 골격을 갖는다.

혈액

혈액(blood)은 혈장이라고 부르는 액체 기질 속에 있는 여러 종류의 세포로 구성된다. 혈액은 다른 결합조직과 달리 기질이 결합조직세포에 의해서 생성되지 않는다(그림 22.6). 혈액은 액체이지만 정의상 결합조직이며, 기질 내의 세포로 구성되어 있다. 혈액은 신체의 전반적인 항상성에 관여한다. 혈액은 영양분과 산소를 세포에 운반해 주고 세포의 노폐물을 제거한다. 열 분산을 도우며 체액, 이온, pH 균형을 유지하는 역할을 한다. 다양한 혈액 성분은 질병으로부터 몸을 보호해 주며, 혈액 응고는 체액의 손실을 막아준다.

혈액은 세 종류의 세포—적혈구, 백혈구, 혈소판—를 포함한다. **적혈구(red blood cell)**는 핵이 없는 작은 오목한 원반 모양의 세포이다. 적색 색소 헤모글로빈 때문에 세포뿐만 아니라 혈액이 적색으로 보인다. 헤모글로빈이 산소와 결합함으로

그림 22.6 혈액, 액체조직.
혈액은 혈액의 액체 부분인 기질-혈장에 의해 세포가 분리되어 있기 때문에 결합조직으로 분류된다. 혈액을 이루는 세포는 적혈구, 백혈구, 혈소판(실제로는 커다란 세포의 파편)이다.

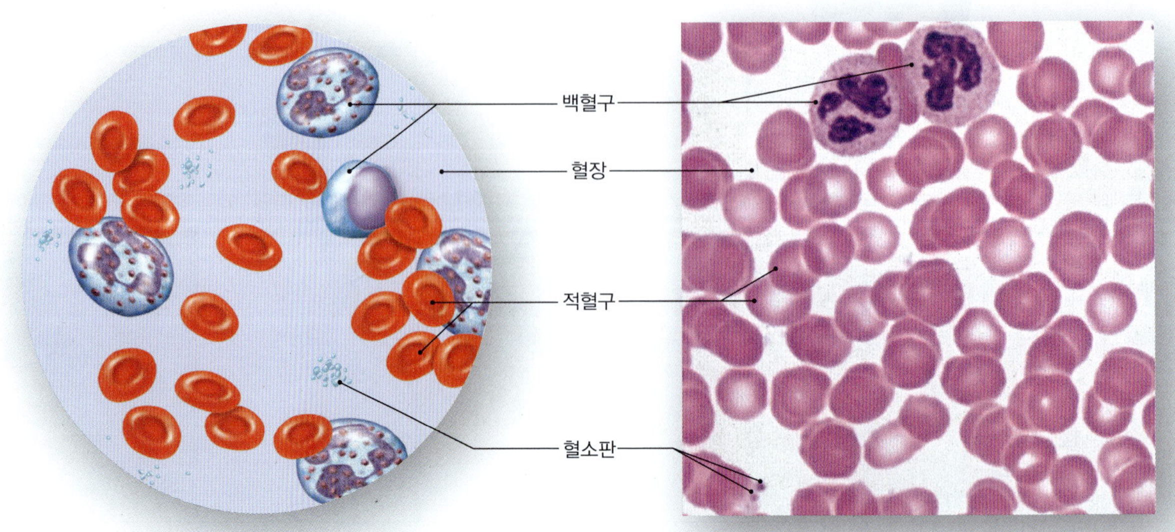

써 적혈구는 신체를 이루는 세포에 산소를 운반한다.

백혈구(white blood cell)는 적혈구보다 크고, 핵이 있으며, 염색하지 않으면 투명하게 보인다. 백혈구는 주로 두 가지 방식으로 병원균에 대항한다. (1) 일부 백혈구는 식균 작용을 하며 병원체를 삼켜버린다. (2) 일부 백혈구는 이물질과 결합하여 무력화시키는 항체나 분자들을 생산한다.

혈소판(platelet)은 혈액의 또 다른 성분이지만, 완전한 세포가 아니라 골수에만 존재하는 거대세포의 조각이다. 혈소판은 혈관에 상처가 생기면 플러그(plug)를 형성하여 혈관을 봉인하고, 손상된 조직에서는 혈액 응고 과정을 도와주는 분자를 방출한다.

근육조직은 신체를 움직이게 한다

근육조직은 신경조직과 함께 동물이 움직일 수 있게 한다. **근육조직(muscular tissue)**은 액틴과 미오신 섬유라고 부르는 수축 단백질로 이루어지며, 이들의 상호작용에 의해 근육이 움직인다. 척추동물의 근육에는 골격근, 심근, 평활근의 세 종류가 있다.

골격근(skeletal muscle)은 수의근이며, 힘줄에 의해서 골격 뼈에 연결되어 있다. 이 근육이 수축하면 뼈가 움직인다. 골격근의 수축은 수의적 통제 하에 있으며 다른 두 근육 유형보다 더 빨리 수축한다. 근섬유라고 부르는 골격근 세포는 원추형이며 매우 길게 뻗어 때로는 근육 길이만큼 길 때도 있다(그림 22.7*a*). 이 근섬유는 발생 중에 여러 세포가 융합하여 다수의 핵을 갖는 하나의 섬유를 만든다. 핵은 원형질막 바로 안쪽의 세포 가장자리에 위치한다. 근섬유는 세포를 가로지르는 밝은 밴드와 어두운 밴드가 번갈아 가며 줄무늬 모양을 하고 있다. 이 밴드는 세포 내부의 액틴 필라멘트와 미오신 필라멘트의 배열 때문에 만들어진다.

심근(cardiac muscle)은 오직 심장벽에서만 볼 수 있다. 심근이 수축하면 혈액이 공급되고 심장 박동이 생긴다. 골격근처럼 심근은 가로무늬가 있지만 심장의 수축은 자율박동이며 불수의적이다(그림 22.7*b*). 심근 세포는 중앙에 한 개의 핵을 갖는다는 점에서 골격근 세포와 다르다. 심근 세포들은 갈라지고 외관상으로는 서로 결합되어 있다. 심장은 하나의 커다란 세포다발을 이룬 것처럼 보인다. 실제로 심근 세포들은 개별적으로 분리되어 있지만, 세포사이원반(intercalated disk)을 통해 서로 연결되어 있다. 세포사이원반은 세포와 세포 사이의 접힌 원형질막이 수축 자극을 인접 세포에 전달하는 부위이다.

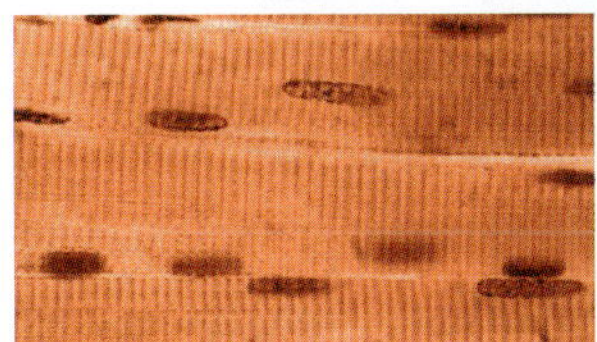

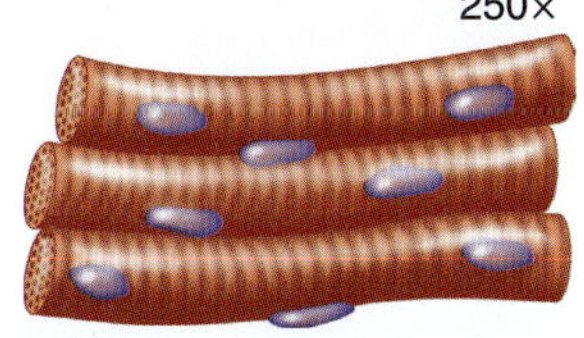

a. **골격근**
- 가로무늬, 관상이며 여러 개의 핵을 가진 근섬유로 구성됨
- 주로 골격에 붙어 있음
- 수의근

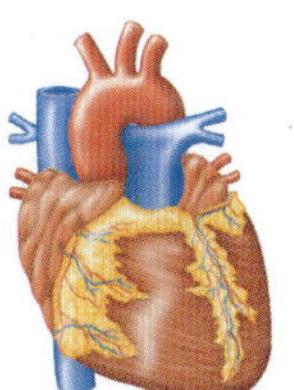
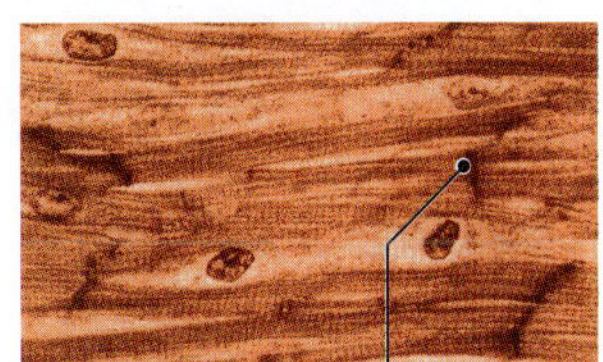

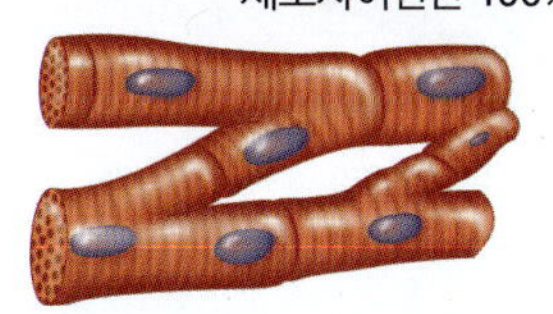

b. **심근**
- 가로무늬가 있고, 가지를 뻗으며, 한 개의 핵을 가진 근섬유로 구성됨
- 심장 벽을 이룸
- 불수의근

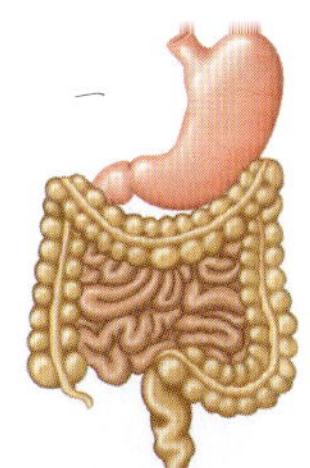
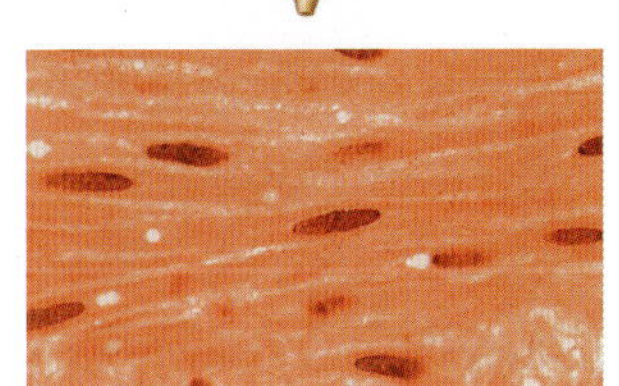

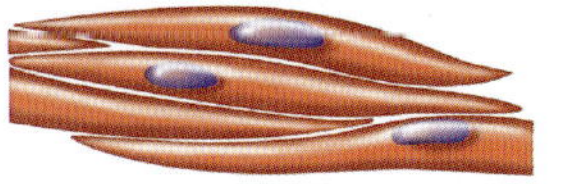

c. **평활근**
- 방추형, 가로무늬가 없고 단일 핵의 근섬유로 구성됨
- 내부 장기의 벽을 이룸
- 불수의근

그림 22.7 근육조직의 종류. 근육조직의 종류는 세 가지이다. **(a)** 골격근, **(b)** 심근, **(c)** 평활근.

(a–c): ©Ed Reschke

평활근(smooth muscle)이라는 이름은 세포에 가로무늬가 없기 때문에 붙여졌다. 방추 모양의 세포들이 층을 이루는데, 한 세포의 두꺼운 중간 부위가 인접한 세포의 가는 끝 부위에 닿아 있다. 따라서 핵이 불규칙한 배열을 한다(그림 22.7c). 심근처럼 평활근은 불수의근이다. 평활근은 내장(장, 위 및 기타 내장 기관)과 혈관의 벽에서 발견되기 때문에 **내장 근육**(*visceral muscle*)이라고도 한다. 평활근은 골격근보다 수축하는 속도는 느리지만 더 오랜 시간 동안 수축 상태를 유지할 수 있다. 장의 평활근이 수축하면 음식물이 내강을 통해 이동한다. 혈관의 평활근이 수축하면 혈관이 수축되어 혈압 상승을 돕는다.

연관

뉴런은 얼마나 크며 얼마나 빨리 신호를 주고받는가?

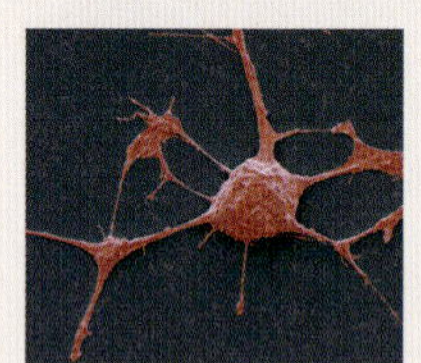

©Science Photo Library/ Alamy Stock Photo

일반적인 성인의 뇌는 1.36 kg 정도의 무게가 나가고, 100조 개 이상의 뉴런을 가진다. 몇몇 뉴런—특히 뉴런의 축삭—은 길이가 1 mm보다 짧다. 그러나 척수에서 발의 근육으로 뻗어 있는 축삭의 경우는 1 m 이상이다. 뉴런에서 신호가 전달되는 속도도 다양하다. 1초당 0.5 m 정도로 느리기도 하고 1초당 120 m 정도로 빠르기도 하다—431 km/h.

신경조직은 정보를 전달한다

신경조직(nervous tissue)은 신체의 모든 부분을 조직화하고 외부와 내부 환경에 대해 반응하도록 한다. 신경계는 (1) 감각 수용, (2) 자료 통합 그리고 (3) 운동 반응에 따라 기능을 수행한다. 신경은 피부에 있는 통증수용체와 같은 감각수용체로부터 정보를 통합하는 척수와 뇌로 자극을 전도한다. 그러나 감각이라는 현상은 뇌에서만 일어난다. 신경은 척수와 뇌로부터 신경자극을 근육과 분비샘으로 전도한다. 이에 반응하여 근육이 수축하고 분비가 일어난다. 이처럼 내부, 외부 자극에 대한 통합된 반응이 일어난다.

신경세포를 **뉴런(neuron)**이라고 부른다. 모든 뉴런은 수상돌기, 세포체, 축삭의 세 부분으로 구성된다(그림 22.8). 수상돌기(*dendrite*)는 세포체로 신호를 전도하는 신경세포체의 돌기 부분이다. 세포체(*cell body*)에는 뉴런의 핵과 고농도의 세

그림 22.8 신경조직.
뉴런은 슈반세포와 같은 신경아교세포에 의해 둘러싸여 있다. 슈반세포는 축삭을 둘러싸서 미엘린 수초를 형성한다.
(Nervous tissue): ©Ed Reschke

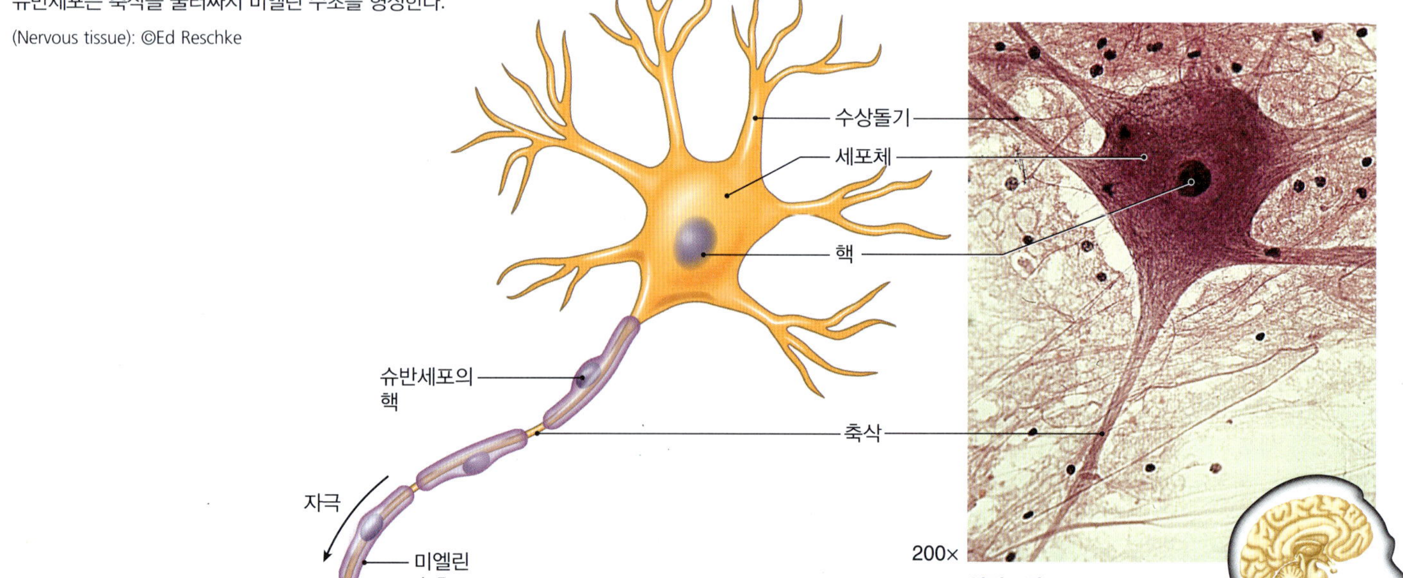

포질이 있다. 축삭(*axon*)은 신경세포체에서 세포로 신경 자극을 전도하는 돌기이다. 뇌와 척수는 많은 신경세포로 구성되며 **신경(nerve)**은 축삭 다발만으로 이루어진다. 이러한 신경세포의 수상돌기와 세포체는 척추 신경의 경우 척수에, 뇌신경의 경우 뇌에 위치한다.

신경조직은 신경 이외에도 신경을 지지하고 양분을 제공하는 **신경아교세포(neuroglia)**를 포함한다. 신경아교세포는 뉴런보다 9:1 정도로 많으며, 뇌 용량의 반 이상을 차지한다. 신경아교세포의 일차 기능은 뉴런의 지지 기능이지만, 최근 들어 얼마나 많이 신경아교세포가 직접적으로 뇌 기능에 기여하는지를 알아보는 연구가 진행 중이다. 슈반세포는 신경 내에서 긴 신경섬유를 둘러싸는 일종의 신경아교세포로, 미엘린 수초라고 하는 축삭에 보호 코팅을 형성한다. 미엘린 수초의 존재는 축삭을 절연시켜 신경자극이 훨씬 더 빨리 이동할 수 있게 한다.

개념 연결하기

22.1 동물 신체의 세포는 상피조직, 결합조직, 근육조직 및 신경조직으로 구성되어 있다.

진도 점검하기 22.1

1. 기관과 조직의 차이를 설명하시오.
2. 인체 상피조직의 기능을 설명하시오.
3. 결합조직이 신체에서 필요한 이유를 설명하시오.
4. 세 가지 유형의 근육조직을 설명하고 각각의 기능을 설명하시오.
5. 신경조직이 정보전달에 어떻게 관여하는지 설명하시오.

22.2 기관과 기관계

학습 목표

이 절을 학습한 후에는 다음 과제를 수행할 수 있어야 한다.

1. 각 기관계를 수송, 신체 유지, 조절, 감각 수용과 운동 반응 또는 생식에 따라 구분하기.
2. 각 기관계의 일반적인 기능 나열하기.

기관은 많은 조직으로 이루어지며, 기관의 구조와 기능은 그것을 구성하는 조직과 관련이 있다. 하나의 기관은 많은 유형의 조직으로 구성되기 때문에 하나의 조직만으로는 할 수 없는 기능을 수행할 수 있다. 예를 들어 방광의 기능은 오줌을 저장하고 편리할 때 방출하는 것이다. 그러나 이 기능은 방광을 구성하는 개개의 조직에 의존한다. 방광을 둘러싸고 있는 상피는 확장함으로써 오줌의 저장을 도와주고, 오줌이 신체의 다른 부분으로 누출되는 것을 방지한다. 방광의 근육은 오줌을 전방의 요도 쪽으로 내보내서 신체 밖으로 제거하는 역할을 한다. 이와 마찬가지로 기관계의 기능은 기관계를 이루는 기관에 따라 다르다. 신장은 오줌을 생성하고, 방광은 오줌을 저장하며, 여러 종류의 배설관이 신장에서 방광(수뇨관)까지 이동시키고 요도를 통해 신체 밖으로 배출한다.

신체의 기관계를 여기에서는 (1) 체액의 운반, (2) 신체의 유지, (3) 조절계, (4) 감각 수용과 운동 반응, (5) 생식으로 나누어 보기로 한다. 이들 모든 기관계는 내부 환경을 어느 정도 일정하게 유지하는 항상성에 기여하는 기능을 한다(그림 22.3 참조).

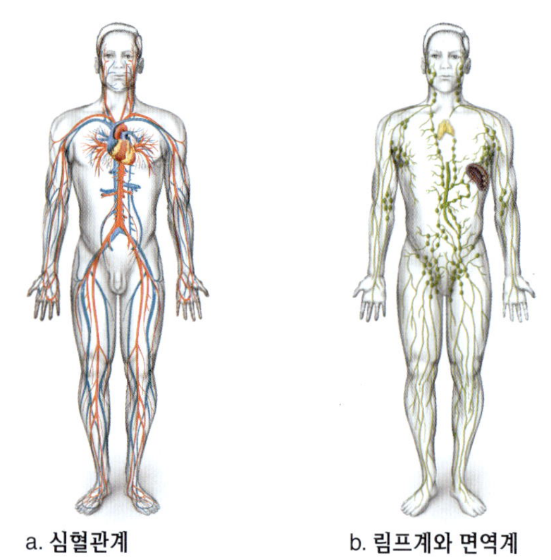

그림 22.9 신체의 수송계.
심혈관계와 림프계는 수송기능에 관여한다. 림프계는 질병으로부터 신체를 방어하는 역할도 한다.

수송과 보호

심혈관계(cardiovascular system, 그림 22.9*a*)는 혈액, 심장, 그리고 혈액을 온몸으로 운반하는 혈관으로 구성된다. 신체의 세포는 간질액(*interstitial fluid*)이라고 하는 액체로 둘러싸여 있다. 혈액은 세포를 위한 영양분과 산소를 간질액으로 운반하고, 세포에 의해 배출된 노폐물을 간질액으로부터 제거한다. **림프계(lymphatic system,** 그림 22.9*b*)는 림프관, 림프, 림프절, 그 밖의 림프기관으로 구성된다. 림프관은 소화계로부터 지방을 흡수하고, 과도한 간질액을 수집하여 심혈관계의 혈액으로 되돌려 보낸다.

심혈관계와 림프계는 질병에 대항하여 방어하는 역할도 한다. 흉선, 비장과 함께 혈액과 림프에 있는 특정 세포들은 특히 질병으로부터 신체를 보호해주는 **면역계 (immune system)**의 일부분이다.

신체의 유지

호흡계, 배설계, 소화계는 혈액으로 물질을 공급하거나 혈액으로부터 물질을 제거한다. 혈액 성분이 일정하게 유지되면 간질액의 성분도 일정하다.

호흡계(respiratory system, 그림 22.10*a*)는 폐와 기관, 그리고 폐로 공기가 들어오고 나가게 하는 기타 구조로 구성된다. 호흡계는 온몸으로 산소를 운반하며, 신체에서 이산화탄소를 받아 폐를 통해 내보낸다. 그리고 호흡계는 혈액과 가스를 교환한다.

배설계(urinary system, 그림 22.10*b*)는 신장과 방광, 그리고 오줌을 운반하는 구조를 포함한다. 혈액으로부터 노폐물을 제거하고 체액의 양과 혈액의 화학적 성분의 조절을 돕는다.

소화계(digestive system, 그림 22.10*c*)는 소화관을 따라 각종 기관과 치아, 침샘, 간, 췌장 등의 부속기관으로 구성된다. 소화계는 음식물을 섭취하고 소화하여 영양 분자를 혈액으로 보낸다.

조절

신경계(nervous system, 그림 22.11*a*)는 뇌, 척수 및 관련 신경으로 구성된다. 신

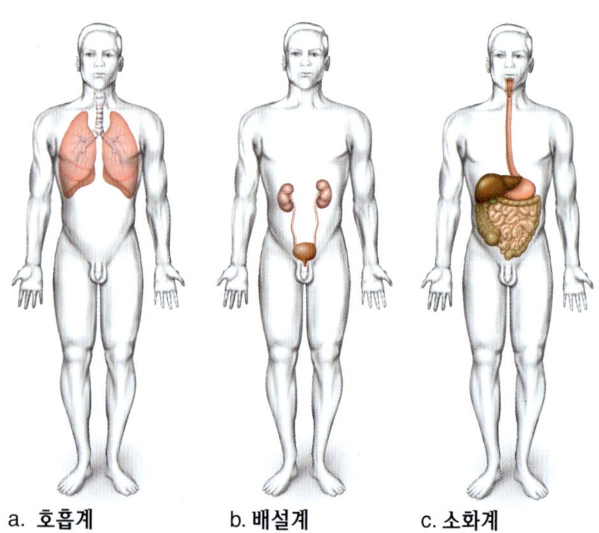

그림 22.10 신체의 유지계.
호흡계, 배설계, 소화계는 내부 환경을 일정하게 유지시켜 준다.

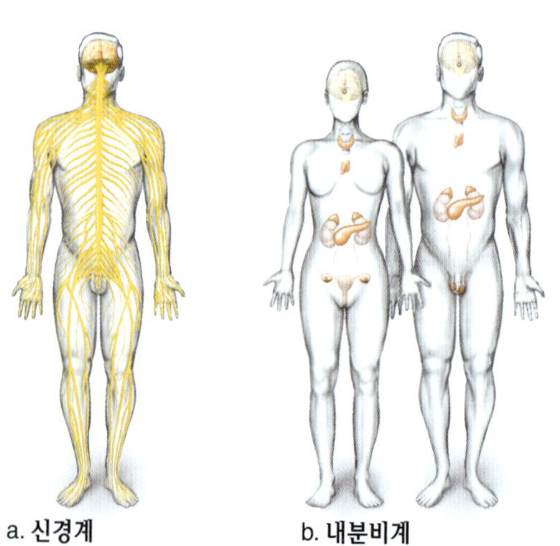

그림 22.11 신체의 조절계.
신경계와 내분비계는 그 밖의 다른 계를 조정한다.

경은 수용체로부터 신경 자극을 뇌와 척수로 전달한다. 또한 뇌와 척수로부터의 신경 자극을 근육과 분비샘으로 전달하여 내부와 외부 자극에 반응할 수 있도록 한다. 감각수용체와 감각기관은 때때로 신경계의 일부분으로 간주되기도 한다.

내분비계(endocrine system, 그림 22.11*b*)는 호르몬을 분비하는 갑상샘과 부신과 같은 호르몬샘, 신체 부위 사이에서 전달자 역할을 하는 화학물질로 구성된다. 신경계와 내분비계는 함께 협력하여 다른 기관계의 기능을 조절한다. 신경계는 매우 빠른 반응을 보이는 반면, 내분비계에 의해 방출된 호르몬에 대한 반응은 지속적인 경향이 있다. 또한 내분비계는 남녀 생식기관이 적절한 기능을 유지하는 것을 돕는다.

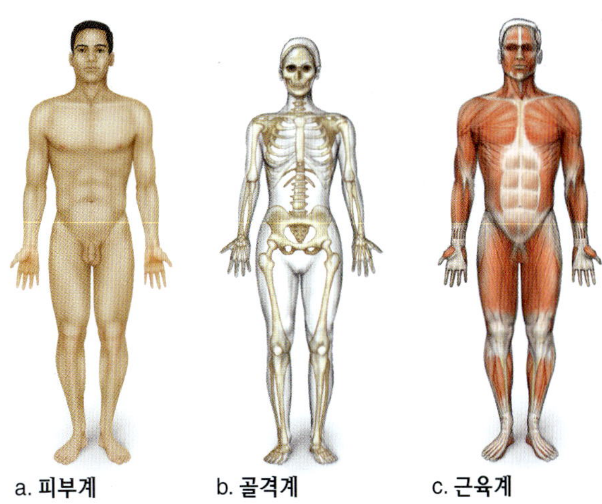

그림 22.12 감각 입력과 운동 반응.
피부(피부계)에 있는 감각 수용체와 감각기관은 자극에 대한 반응이 일어나도록 조절계, 골격계와 근육계로 정보를 전달한다.

감각 수용과 운동 반응

피부계(integumentary system, 그림 22.12*a*)는 피부와 부속 구조로 구성된다. 피부, 그리고 눈, 코와 같은 기관의 감각수용체는 외부 자극에 반응하고 신경섬유를 경유하여 뇌와 척수로 정보를 전달한다. 이 정보들에 의해서 뇌가 자극에 대해 반응을 일으킨다.

골격계(skeletal system, 그림 22.12*b*)와 **근육계(muscular system**, 그림 22.12*c*)는 신체의 각 기관이 운동 반응의 결과로써 움직일 수 있게 한다. 골격은 골격근의 부착 장소가 된다. 근육계의 근수축에 의해 신체 각 부분이 움직인다.

피부계와 함께 골격계, 근육계는 신체를 보호하고 지지한다. 골격계는 골격의 뼈로 구성되며 신체의 각 부분을 보호한다. 예를 들어 두개골은 뇌를 보호하며, 흉곽은 심장과 폐를 보호한다. 피부는 외부와 신체의 조직 사이의 장벽 역할을 한다.

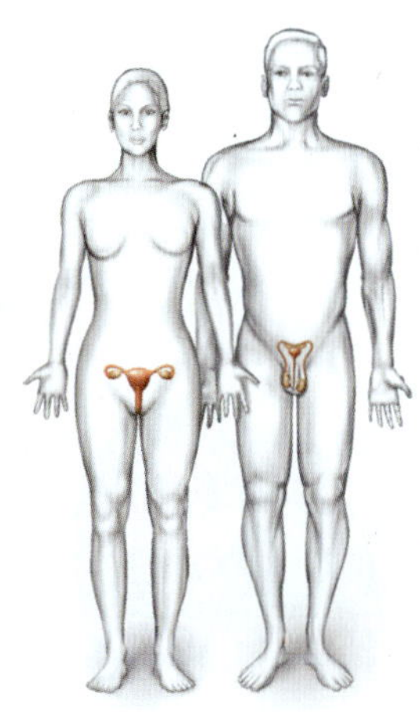

그림 22.13 생식계.
남자와 여자의 생식기관은 다르다. 생식계는 종의 영속성을 가능하게 해준다.

생식

생식계(reproductive system, 그림 22.13)는 남녀의 기관이 다르다. 남성 생식계는 정소와 분비샘 그리고 정액을 음경으로 운반하는 정관과 같은 다양한 관으로 구성된다. 정소는 정자라고 부르는 생식세포를 생산한다. 여성 생식계는 난소, 난관, 자궁, 질 그리고 외부생식기로 구성된다. 난소는 난자라고 부르는 생식세포를 생산한다. 정자가 난자와 수정하면 자손이 생기게 된다.

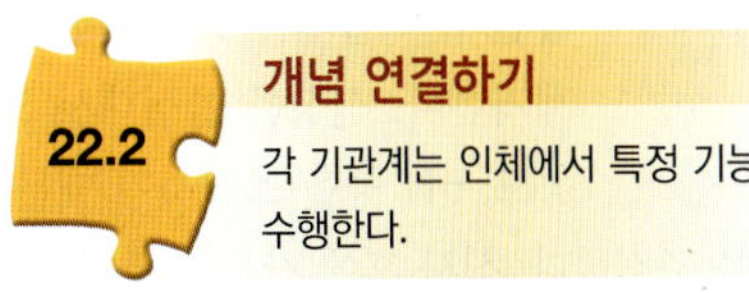

개념 연결하기
각 기관계는 인체에서 특정 기능을 수행한다.

진도 점검하기 22.2

1. 기관과 기관계를 구분하시오.
2. 신경계와 내분비계의 공통된 기능을 서술하시오.
3. 각 기관계의 기능을 요약하시오.

22.3 항상성

학습 목표

이 절을 학습한 후에는 다음 과제를 수행할 수 있어야 한다.

1. 항상성의 중요성에 대해 설명하기.
2. 음성 되먹임 기작을 이용하여 체온조절에 대해 설명하기.

우리 몸이 스스로 조절하는 방식을 이해하려면, 고려해야 할 두 가지 종류의 환경이 있음을 인식하는 것이 중요한데, 신체 외부의 모든 것을 포함하는 외부 환경과 세포, 조직, 조직액, 기관을 포함하는 내부 환경이 있다. 우리 몸의 세포는 대부분 간질액(*interstitial fluid*)이라는 액체 환경 속에 있다. 간질액은 양분과 기체를 혈액과 교환하며 항상 새롭게 유지된다. 그러므로 혈액과 간질액은 신체의 내부 환경을 이룬다. 간질액의 양과 성분은 혈액 성분이 정상 수준에 머물러 있는 한 비교적 일정하게 유지된다. "비교적 일정하다"는 것은 간질액과 혈액의 조성이 허용 가능한 범위 내에 머물러 있다는 의미이다. 이러한 범위 내에서 내부 환경을 비교적 일정하게 유지하는 것을 **항상성(homeostasis)**이라고 한다.

항상성 덕분에 외부 환경이 급변하더라도 내부 환경은 좁은 범위 내에서만 변한다. 예를 들어 외부 환경의 온도가 낮거나 높더라도 체온은 37°C 정도에서 유지된다. 산성 음식을 먹을지라도 혈액의 pH는 약 7.4로 유지되며, 사탕을 먹더라도 혈당은 약 0.1%를 유지한다.

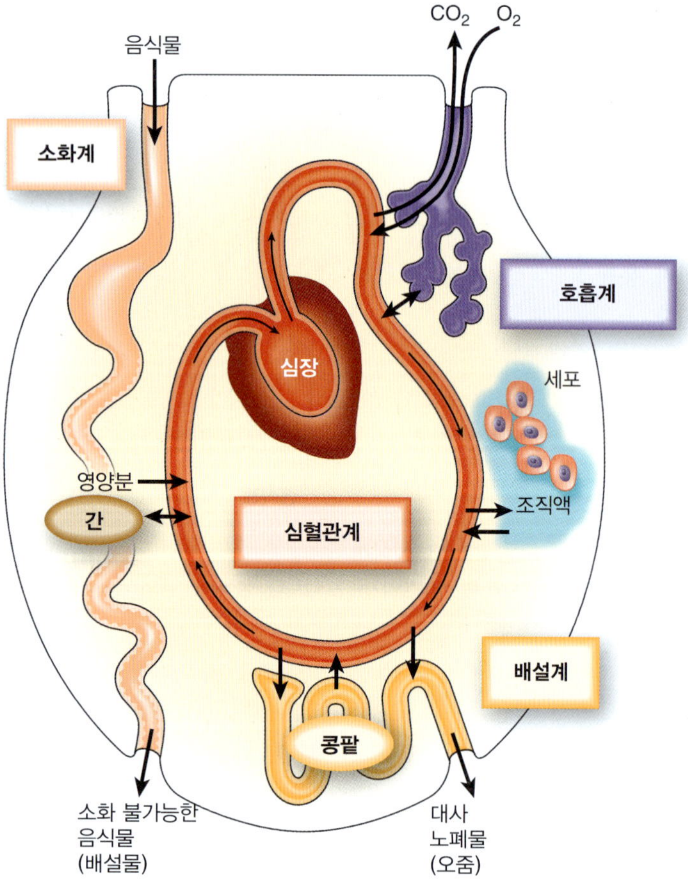

그림 22.14 주요 기관계와 항상성.
신체를 이루는 기관계는 내부 환경과 상호작용하고, 또 외부 환경과도 상호작용한다. 이러한 상호작용에 의해 간질액의 구성성분이 변할 수 있다. 예를 들어, 호흡계는 외부 환경과, 그리고 혈액과 기체를 교환한다. 소화계는 음식물을 섭취하고 영양분을 혈액으로 보내며, 배설계는 혈액에서 생긴 대사 노폐물을 제거하고 방출한다. 호흡계에서 혈액은 영양분과 산소를 이산화탄소와 교환하고 다른 노폐물을 간질액과 교환하여 간질액의 구성이 정상 범위 내로 유지되게 한다.

기관계와 항상성

신체의 모든 기관계는 항상성을 유지하는 데 기여한다(그림 22.14). 심혈관계는 물질교환이 일어나는 모세혈관으로 혈액을 보내고 받는다. 적혈구는 산소 운반과 이산화탄소 배출에 관여한다. 백혈구는 감염에 대항하며, 혈소판은 혈액 응고 과정에 참여한다. 림프모세관은 과잉의 간질액을 모아서 림프관을 경유하여 심혈관계로 돌려보낸다. 림프절은 림프를 정화하고 병원균이 없도록 유지하는 데 도움이 된다.

소화계는 음식물을 섭취하여 소화시킴으로써 영양분을 공급하고, 이 영양분은 혈액 속으로 들어가서 신체의 세포들에 의해 계속 이용된다. 호흡계는 혈액에 산소를 공급하고 혈액으로부터 이산화탄소를 제거한다. 신장은 물질대사 노폐물을 제거할 뿐 아니라 혈액량, 염분 농도, pH 등을 조절하기 때문에 항상성에 있어서 매우 중요하다. 간은 혈당을 조절한다. 식사 후에 간은 여분의 당을 글리코겐 형태로 저장함으로써 혈액으로부터 제거한다. 이후에 글리코겐은 포도당으로 분해되고, 세포들에 의해 소모된 포도당을 대체한다. 간은 단백질 대사의 질소 함유 최종 산물인 요소를 만든다.

신경계와 내분비계는 함께 작용하여 신체의 다른 계를 조절한다. 신경계에서 감각 수용체는 신경자극을 뇌의 조절중추로 보내며, 뇌에서는 자극을 근육과 분비샘과 같은 효과기로 보내어 활성화시킨다. 근육은 즉각적인 변화를 나타낸다. 내분비샘은 서서히 지속되는 변화를 일으키는 호르몬을 분비하여 내부 환경을 비교적 일정하게 유지시켜 준다.

음성 되먹임

음성 되먹임(negative feedback)은 신체의 내부 환경을 비교적 안정적으로 유지시키는 주요 항상성 기작이다. 음성 되먹임 기작은 적어도 두 가지 구성요소(감응기와 조절중추)로 이루어진다(그림 22.15). 감응기는 내부 환경의 변화(자극)를 감지하고, 조절중추는 상태를 다시 정상으로 복귀시키는 일을 한다. 그러면 감응기는 더 이상 작동하지 않는다. 다시 말해서 음성 되먹임 기작에 의해서 반응결과는 원래의 자극을 감소시킨다.

간단한 예를 들어보자. 췌장은 혈당 수치가 너무 높음을 감지하면 세포가 포도당을 흡수하도록 하는 호르몬인 인슐린을 분비한다. 그러면 혈당 수치가 정상으로 돌아오고 췌장은 더 이상 인슐린을 분비하도록 하는 자극을 받지 않는다.

내부 환경이 그 한계 범위를 초과하여 되먹임 조절이 보상될 수 없을 때 질병이 발생한다. 예를 들어, 당뇨병과 같이 췌장이 인슐린을 생산하지 못하면 혈당 수치가 위험할 정도로 높아져 심각한 질병에 걸릴 수 있다. 그러므로 항상성 기작에 관한 연구는 의학적으로 중요하다.

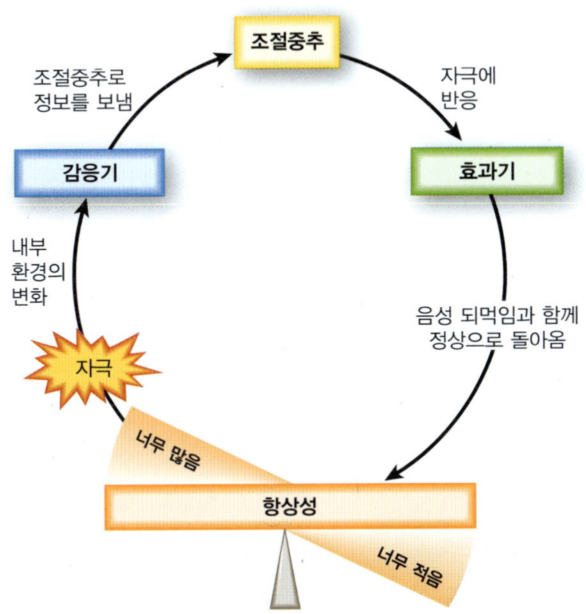

그림 22.15 음성 되먹임 기작.
음성 되먹임 기작의 기본요소가 작용하는 방식의 모식도.

기계적인 예

조금 더 복잡한 음성 되먹임의 작동 원리를 설명할 때 흔히 가정용 난방장치를 예로 든다(그림 22.16). 자동온도조절장치를 20°C에 맞추었다고 하자. 이 온도가 설정점(*set point*)이 된다. 온도조절장치에는 실내온도가 이 설정점보다 높거나 낮은지 감지하는 감응기 역할을 하는 온도계가 설치되어 있다. 또한 조절 장치가 있어서 실내가 더우면 난방이 꺼지고 추우면 켜진다. 난방이 꺼지면 실내는 약간 시원해지고, 켜지면 실내는 다시 약간 따뜻해진다. 다시 말해서 음성 되먹임 기작에 의해서 설정점 위아래로 변동한다.

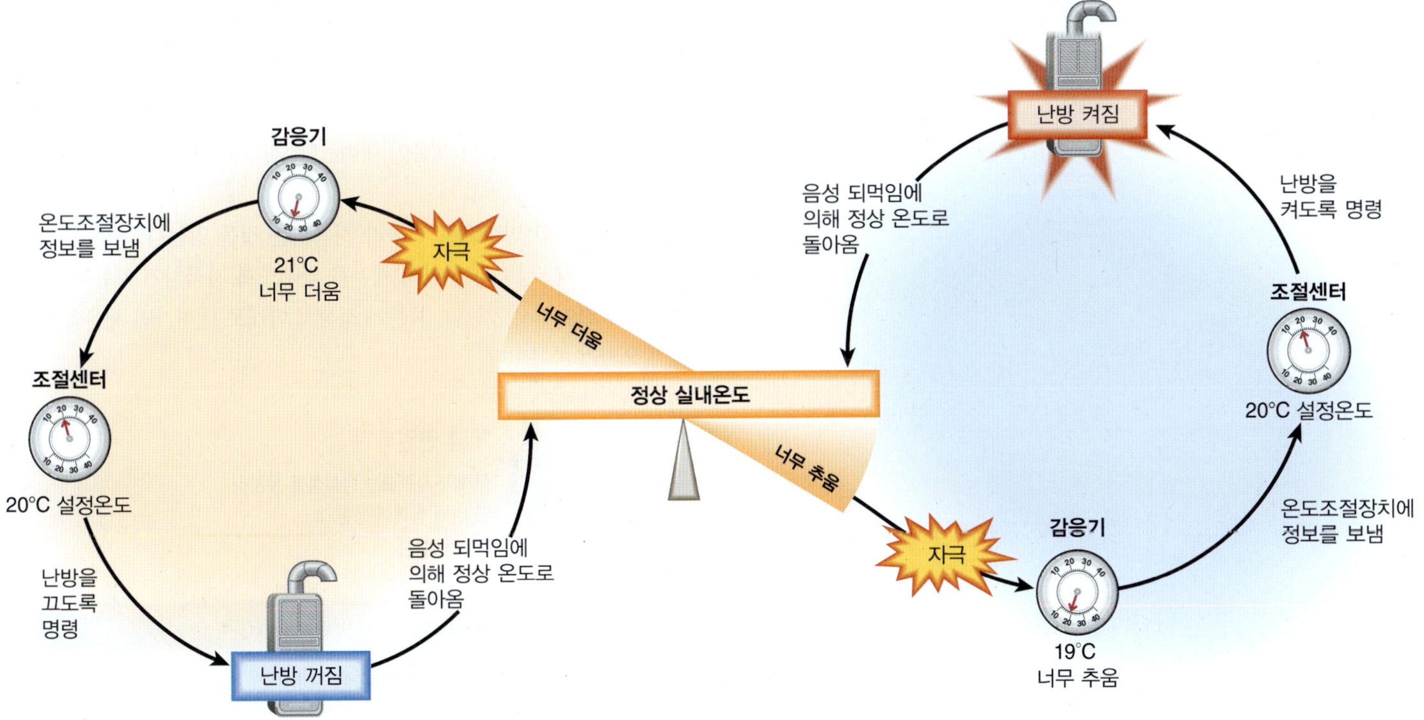

그림 22.16 실내온도 조절.
방이 너무 더울 때 방의 온도가 정상으로 돌아오는 방식의 모식도. 반대로 방이 너무 추우면, 난방기가 켜지고 온도가 다시 정상으로 돌아온다.

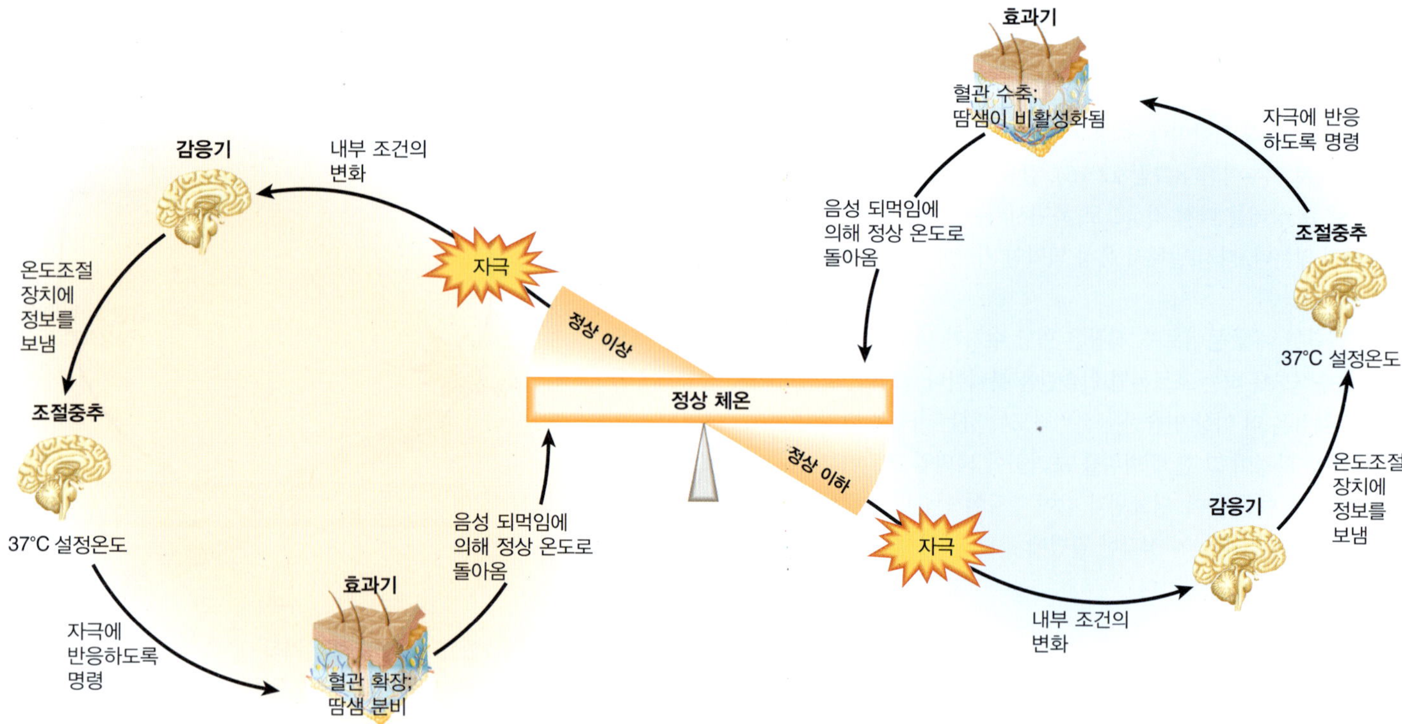

그림 22.17 체온 조절.
음성 되먹임 기작에 의해 정상체온이 유지되는 방식의 모식도.

사람의 예: 체온 조절

체온에 대한 온도조절장치는 시상하부라고 부르는 뇌 부분에 있다. 체온이 정상 아래로 내려가면 조절중추는 신경자극을 통해 피부의 혈관을 수축시킨다(그림 22.17). 이로 인해 열이 보존된다. 만일 체온이 더 낮게 떨어지면 조절중추는 골격근에 신경자극을 보내 근육이 떨리게 만든다. 근육이 떨리면 열이 발생되어 점차 체온이 37°C로 올라간다. 체온이 정상 수준으로 올라가면 조절중추는 작동을 정지한다.

체온이 정상보다 높으면 조절중추가 피부 혈관을 팽창하도록 지시한다. 그러면 더 많은 혈액이 몸의 표면 근처에서 흐르게 되어 열이 주변으로 분산된다. 또 신경계가 땀샘을 자극하고 땀이 기화되면서 체온이 내려간다. 점차 체온은 섭씨 37°C로 떨어진다.

음성 되먹임 기작은 한 방향으로 변화가 지속되는 것을 막는다. 체온은 계속 오르지 않는다. 체온이 약간 상승하면 다시 체온을 낮추도록 자극하기 때문이다. 마찬가지로 체온은 계속 떨어지지 않는다. 체온이 정상치 아래로 내려가면 체온을 올리기 위한 변화를 일으키기 때문이다.

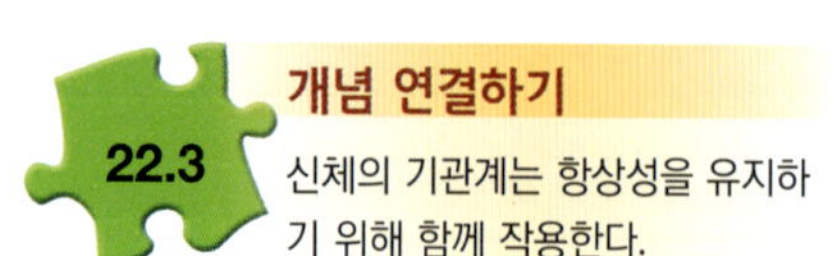

진도 점검하기 22.3

1. 살아 있는 생명체에 항상성이 필요한 이유를 설명하시오.
2. 음성 되먹임 기작의 구성요소를 설명하시오.
3. 체온을 유지하는 음성 되먹임 기작을 설명하시오.

요 약 SUMMARIZE

조직은 기관계를 형성하는 기관에서 함께 작용하며, 모든 기관은 신체의 전반적인 웰빙을 위하여 항상성을 유지해야 된다.

22.1 동물 신체의 세포는 상피조직, 결합조직, 근육조직 및 신경조직으로 구성되어 있다.

22.2 각 기관계는 인체에서 특정 기능을 수행한다.

22.3 신체의 기관계는 항상성을 유지하기 위해 함께 작용한다.

22.1 신체의 구성

동물의 구성 단계

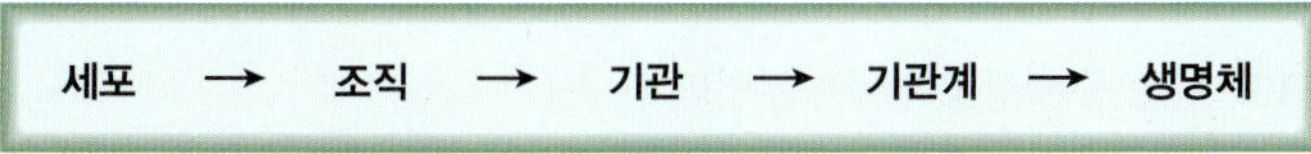

네 가지 유형의 동물조직

상피조직은 보호 역할을 한다

상피조직(epithelial tissue)은 신체의 표면을 덮고 체강을 둘러싼다.

- 상피조직의 형태는 편평형, 입방형, 원주형이다.
- 상피세포는 관이나 혈액으로 물질을 분비하는 **분비샘(gland)**을 형성한다.

결합조직은 연결하고 지지하는 역할을 한다

결합조직(connective tissue)의 세포는 콜라겐 섬유와 같은 섬유를 함유하는 기질에 따라 구분된다. 네 종류가 있다:

- 성긴 섬유성 결합조직, 지방조직을 포함함
- 치밀 섬유성 결합조직(힘줄과 인대)
- **연골(cartilage)**과 **뼈(bone)**: 연골의 기질은 뼈보다 더욱 신축성 있음
- **혈액(blood)**: 기질은 혈장이라고 부르는 액체. 세포 분획에는 **적혈구(red blood cell)**, **백혈구(white blood cell)**, **혈소판(platelet)**이 있다.

근육조직은 신체를 움직이게 한다

근육조직(muscular tissue)은 골격근, 심근, 평활근의 세 종류이다.

- **골격근(skeletal muscle**; 뼈에 부착)과 **심근(cardiac muscle**; 심장벽 형성)은 가로무늬근이다.
- 심근(심장의 벽)과 **평활근(smooth muscle**; 내부 장기의 벽)은 불수의근이다.

신경조직은 정보를 전달한다

- 신경조직은 뉴런과 여러 종류의 신경아교세포로 구성된다.
- 각 뉴런은 수상돌기, 세포체, 축삭을 갖는다. 축삭은 자극을 전달하는 신경을 구성한다.

22.2 기관과 기관계

기관은 기관계를 구성한다. 표 22.1은 기관계에 대해 요약한 것이다.

표 22.1 기관계

수송과 보호	*감각*
심혈관계(cardiovascular system) (심장과 혈관) **림프계와 면역계(lymphatic and immune system)** (흉선, 비장, 림프관 및 림프절)	**피부계(integumentary system)** (피부)
유지	*운동*
소화계(digestive system) (예: 위와 장) **호흡계(respiratory system)** (호흡관과 폐) **배설계(urinary system)** (방광과 콩팥)	**골격계(skeletal system)** (뼈와 연골) **근육계(muscular system)** (근육)
조절	*생식*
신경계(nervous system) (뇌, 척수, 신경) **내분비계(endocrine system)** (분비샘—예: 갑상샘과 부신)	**생식계(reproductive system)** (정관과 남성의 정소, 난관과 여성의 난소)

22.3 항상성

항상성(homeostasis)은 신체의 내부 환경을 상대적으로 안정되게 유지하는 것이다. 내부 환경은 혈액과 간질액으로 구성된다. 혈액과 함께 영양분과 노폐물을 교환하기 때문에 간질액은 부피와 구성이 거의 일정하게 유지된다.

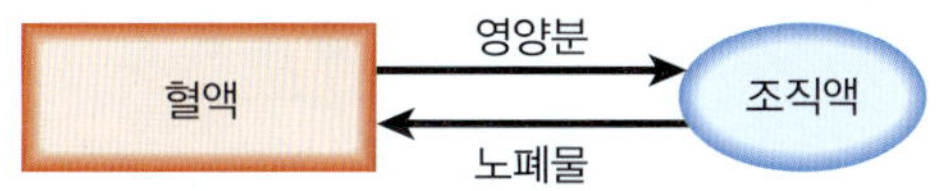

기관계와 항상성

모든 기관계는 조직액과 혈액이 비교적 일정한 상태를 유지하도록 한다.

- 심혈관계는 세포에 영양분을 운반하고 세포로부터 노폐물을 운반한다.
- 림프계는 과잉의 간질액을 흡수하고 면역기능을 한다.
- 소화계는 음식물을 섭취하고 영양분을 혈액에 공급한다.
- 호흡계는 외부 환경과 혈액 사이에서 기체 교환을 수행한다.
- 배설계(신장)는 대사 노폐물을 제거하고 혈액의 pH와 염분 농도를 조절한다.
- 신경계와 내분비계는 다른 기관계를 조절한다.

음성 되먹임

음성 되먹임(negative feedback) 기작은 내부 환경을 비교적 안정되게 유지한다. 감응기가 어떤 설정점보다 높거나 낮은 변화를 감지하면 조절중추는 다시 정상으로 복귀시키고 반응을 멈춘다.

평가 ASSESS

혼자 풀어보기

가장 적절한 답을 고르시오.

22.1 신체의 구성

1. 다음 그림에서 생물학적 구성단계를 표시하시오.

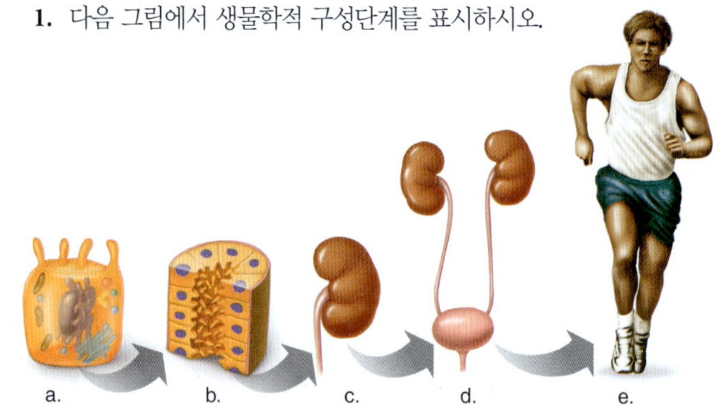

[2~6] 보기에서 알맞은 답을 고르시오. 답은 두 번 이상 사용될 수 있다.

보기:

a. 상피조직 b. 결합조직
c. 근육조직 d. 신경조직

2. 기질에 의해 분리된 세포들을 가진다.
3. 보호하는 역할을 한다.
4. 신체 표면을 덮고, 장기의 내벽을 형성한다.
5. 동물이 환경에 반응할 수 있도록 한다.
6. 액틴과 미오신 필라멘트를 가진다.
7. 다음 그림에서 신경의 각 부분을 표시하시오.

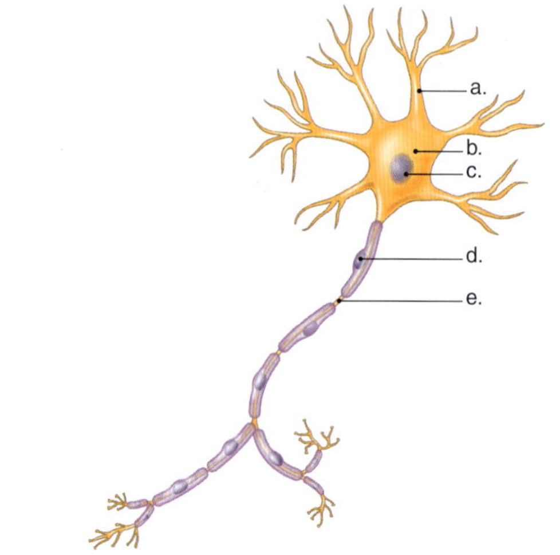

8. 혈액은 ________을 가지고 있으므로 ________조직이다.
   a. 밀착연접, 결합 b. 기질, 근육
   c. 밀착연접, 상피 d. 기질, 결합

22.2 기관과 기관계

9. 골격계의 기능은 무엇인가?
   a. 혈구 생산 b. 미네랄 저장
   c. 운동 d. 모두 옳음
10. 호르몬을 생산하는 것은 어느 기관계인가?
   a. 신경계 b. 배설계
   c. 골격계 d. 내분비계
11. 신체에서 정보를 처리하는 역할을 수행하는 기관계는 무엇인가?
   a. 내분비계 b. 골격계
   c. 신경계 d. 림프계

22.3 항상성

12. 간질액의 주요 기능은 무엇인가?
   a. 세포에 영양분과 산소를 제공하고 노폐물을 제거한다.
   b. 세포를 따뜻하게 유지한다.
   c. 세포들이 서로 접촉하지 않도록 막는다.
   d. 세포들이 서로 미끄러지게 하여 유연성을 제공한다.
13. 다음 중 항상성의 예는 무엇인가?
   a. 근육조직은 수축을 위해 특화되어 있다.
   b. 정상체온은 항상 약 37°C이다.
   c. 백혈구보다 적혈구가 더 많다.
   d. 눈에 있는 수용체는 빛을 감지한다.
14. 다음의 기관계 중 항상성에 기여하는 것은?
   a. 소화계, 배설계 b. 호흡계, 신경계
   c. 신경계, 내분비계 d. 면역계, 심혈관계
   e. 모두 옳음
15. 항상성은 신체의 내부 환경을 좁은 범위 내로 유지시킨다.
   a. 옳음 b. 틀림

관계맺기 ENGAGE

과학적으로 생각하기

1. 근육퇴행위축 환자들은 때때로 심장병을 일으킨다. 그러나 이런 환자들의 심장병은 치료 선택이 효과적인 시점을 지난 다음에야 감지되곤 한다. 새로운 연구에 따르면 근육퇴행위축과 심장병 사이의 관련성이 뚜렷하기 때문에 근육퇴행위축 환자는 심장병에 대한 검진을 조기에 해야만 치료를 시작할 수 있다. 근육퇴행위축과 심장병 사이에 어떤 관계가 있다고 생각하는가?
2. 신체 내부 환경의 항상성이 생존에 중요하다면 왜 우리는 내부 환경과 불균형을 이루는 외부 환경과 상호작용을 하는가? 내부 환경과 외부 환경 사이의 상호작용 없이도 생존이 가능할까? 만일 상호작용이 일어나지 않는다면 어떤 일이 발생할 것인지 예를 들어보시오.
3. 모든 동물이 기관계나 기관을 가지고 있는 것은 아니다. 신체에서 특정 기능을 수행하기 위해서 특정 조직, 기관, 기관계를 가지는 것의 이로운 점은 무엇인가? 다시 말해서 더 복잡한 생명체로의 진화를 이끈 선택적 압력은 무엇이었을까?
4. 죽음이 신체의 항상성 유지 실패로 설명될 수 있는 이유를 설명하시오.

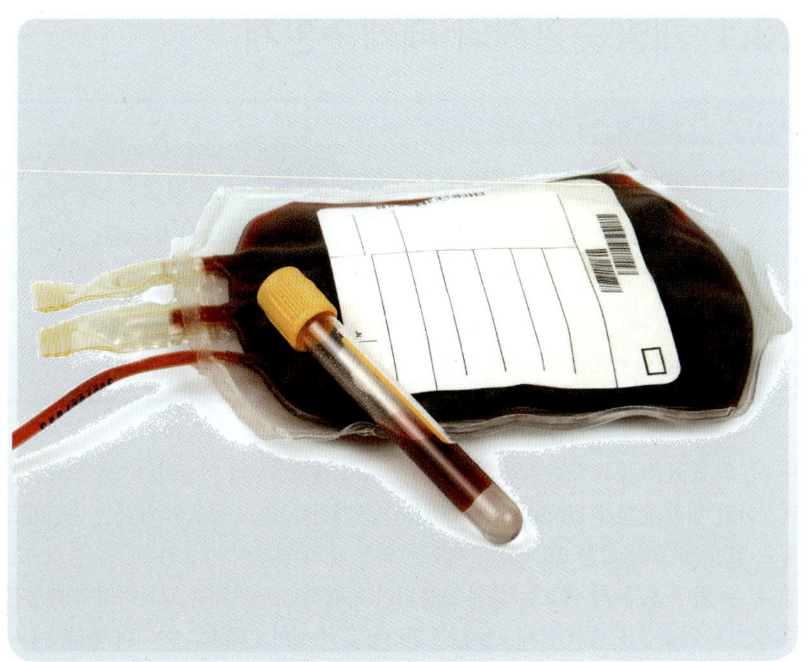

©Nyvlt-art/Shutterstock

CHAPTER

23

수송계

The Transport Systems

합성 혈액

2초에 한 번씩 미국의 누군가는 수혈이 필요하다. 그 필요성은 부상 혹은 수술 과정 심지어는 주기적으로 수혈을 필요로 하는 질병에 의해 야기된다. 이러한 요구에 부응하기 위해 매일 36,000단위 이상의 혈액이 필요하며, 매년 1,500만 단위의 혈액이 필요하다.

역사적으로, 수혈의 필요성은 헌혈사들에 의해 충족되어 왔다. 하지만 불행히도 공급이 항상 수요를 충족시키지 못했다. 특히 혈액을 보관할 수 있는 기간이 약 42일에 불과해 비축이 어렵다는 점을 고려하면 더욱 힘들다. 게다가 일부 사람들은 종교적 신념이나 질병으로 인해 헌혈자로부터 혈액을 받을 수 없다.

수혈 공급량을 늘리기 위해서, 과학자들은 합성, 혹은 인공 혈액을 개발해왔다. 산소 치료제라고 불리는 산소를 운반하는 혈액 대체제를 사용하는 목적은 환자의 조직에 충분한 산소를 공급하는 것이다. 어떤 경우에는 혈액 대체제가 완전히 합성되었으며 적혈구에서 발견되는 산소 운반 헤모글로빈을 모방하는 화학물질이 포함되어 있다. 다른 경우, 과학자들은 대체 적혈구를 개발하기 위해 생명공학을 적용시킨다. 현재 몇몇 생명공학 회사들이 합성 혈액을 이용한 임상 시험을 진행하고 있지만, 대부분의 의료 전문가들은 사회의 요구를 충족시킬 수 있는 합성 혈액 공급을 생산하려면 아직 몇 년이 더 걸릴 것이라고 말한다.

이 장을 공부하는 동안 다음 질문에 대해 생각해보자.

1. 인간의 몸에서 혈액의 역할은 무엇인가?
2. 적혈구 외에 합성 혈액에 존재해야 하는 다른 요소는 무엇인가?
3. 혈액에서 헤모글로빈의 역할은 무엇인가?

개요

시작하기 전에

이 장을 시작하기 전에 다음의 내용을 다시 살펴보자.

22.1절 왜 혈액은 결합조직에 해당하는가?

22.2절 심혈관계의 일반적인 기능은 무엇인가?

22.3절 심혈관계는 항상성을 유지하는 데 어떤 역할을 하는가?

23.1 개방순환계와 폐쇄순환계

학습 목표

이 절을 학습한 후에는 다음 과제를 수행할 수 있어야 한다.

1. 순환계가 없는 생명체는 어떻게 외부환경과 물질을 교환하는지 서술하기.
2. 개방순환계와 폐쇄순환계를 비교하고 각각의 예시 제시하기.
3. 어류, 양서류, 조류 그리고 포유류의 순환계 비교하기.
4. 폐순환계와 체순환계의 차이점 요약하기.

대부분의 동물은 세포로 산소와 양분을 운반하고 세포로부터 이산화탄소와 노폐물을 제거하기 위한 **순환계(circulatory system)**를 가진다. 일부 동물의 체제는 순환계가 필요 없다. 히드라(그림 23.1*a*)의 세포는 외부 층의 일부이거나 위수강을 둘러싸고 있다. 두 경우 모두 각 세포는 물에 노출되어 독립적으로 기체를 교환하고 노폐물을 제거한다. 위수강을 둘러싼 세포들은 소화작용을 수행하도록 특수화되어 있다. 이 세포들은 확산을 통해 영양 분자를 다른 세포로 전달한다.

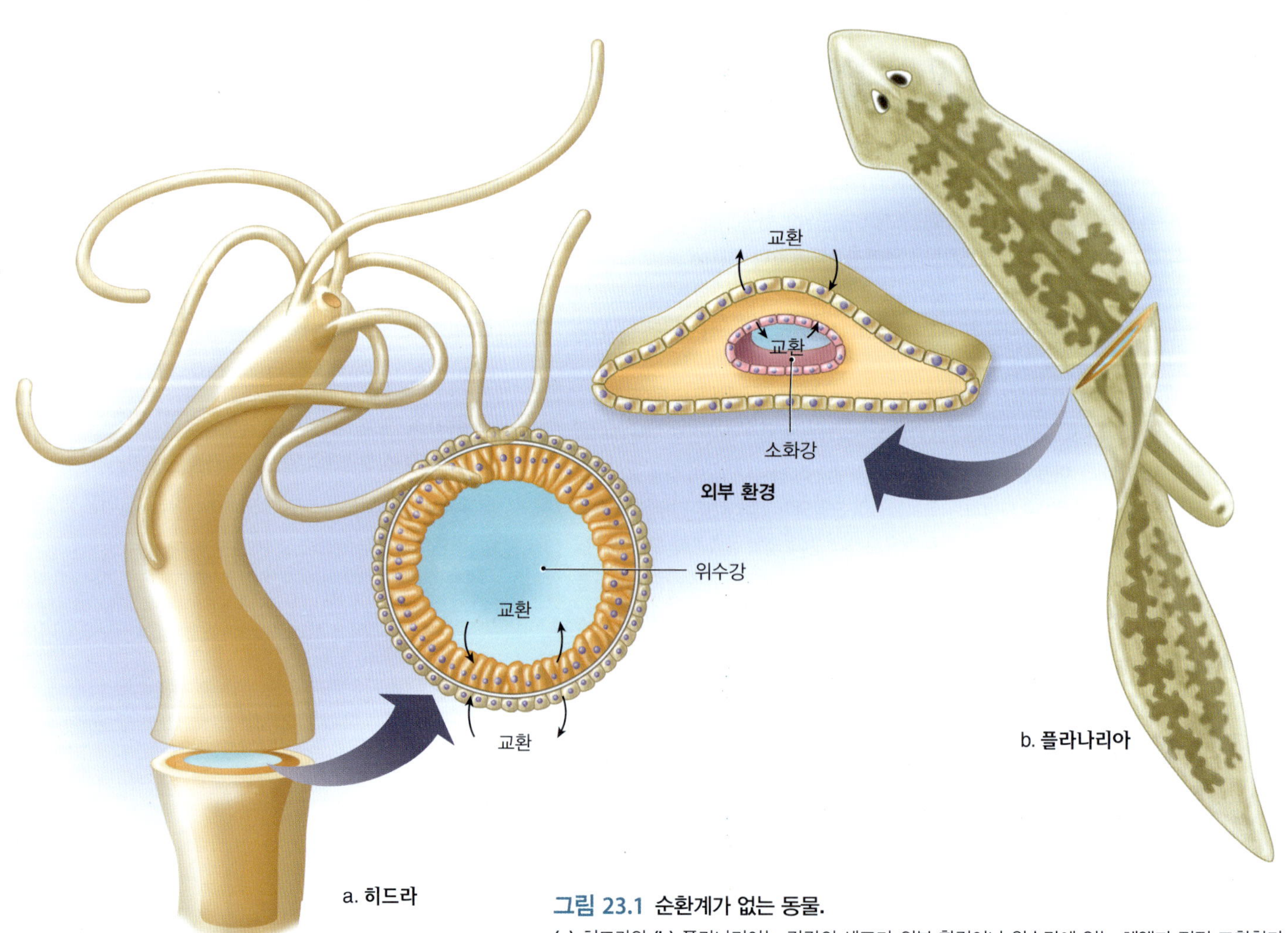

그림 23.1 순환계가 없는 동물.
(a) 히드라와 **(b)** 플라나리아는 각각의 세포가 외부 환경이나 위수강에 있는 체액과 직접 교환한다. 그러므로 순환계가 필요 없다.

플라나리아의 경우(그림 23.1*b*) 위수강이 작고 평평한 몸 전체에 가지를 치고 있다. 어떤 세포도 이 소화관 가지에서 멀리 떨어져 있지 않기 때문에 영양분의 세포 간 확산이 가능하다. 마찬가지로 확산은 세포의 호흡과 배설에서도 일어난다.

선충류나 극피동물과 같은 일부 동물들은 체강 내부에서 일어나는 유체 이동에 힘입어 기체, 양분, 노폐물을 순환시킨다.

개방순환계

순환계는 심장과 그에 연결된 혈관으로 이루어져 있다. **심장(heart)**은 혈관 내에서 혈액이 흐를 수 있게 한다. 이러한 순환계는 개방순환계와 폐쇄순환계로 분류된다.

메뚜기는 **개방순환계(open circulatory system**, 그림 23.2*a*)를 가지고 있는 무척추동물의 한 예이며, 이러한 개방순환계에서의 혈액은 혈관에 항상 갇혀 있지 않다. 관 모양의 심장(그림 23.2*b*)은 혈림프를 펌프질하며 이는 신체 내의 채널들과 빈 부분이 연결된 네트워크를 통해 발생한다. **혈액낭(hemocoel)**이나 **부비강(sinuses)**에는 동물의 기관이 포함되어 있다.

최종적으로 혈림프액(혈액과 조직액의 혼합)은 심장으로 되돌아온다. 심장이 수축하면 심문이라고 부르는 구멍이 닫히고, 심장이 이완되면 혈림프액이 심문을 통해 다시 심장으로 빨려들어간다. 메뚜기의 혈림프액은 헤모글로빈과 같은 산소와 결합하여 산소를 운반하는 호흡 색소가 없기 때문에 무색이다. 산소는 세포로 운반되고 이산화탄소는 몸 전체에서 발견되는 기관이라고 부르는 공기관을 통해 세포에서부터 제거된다. 기관은 호흡 기체를 능률적으로 운반하고 전달하는 기능을 수행하면서 동시에 수분 손실을 억제한다.

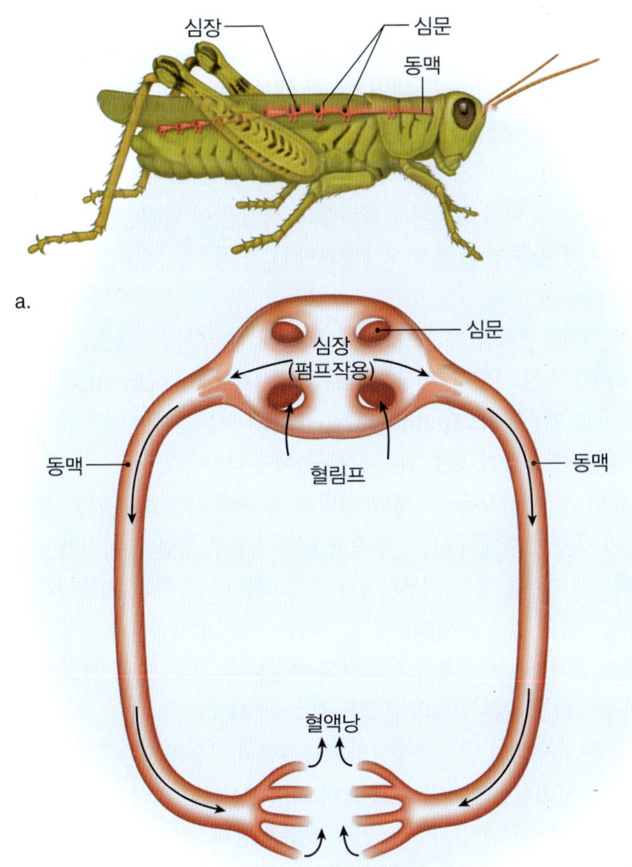

그림 23.2 개방순환계.
메뚜기는 개방순환계를 가진다. 혈림프는 내부 기관들을 자유롭게 흘러 다닌다. 펌프 역할을 하는 심장이 혈림프를 계속 이동시키지만, 개방순환계는 날개 근육까지 빠르게 산소를 공급하지 못한다. 그래서 이 근육들은 기관(호흡관)에서 산소를 직접 받는다.

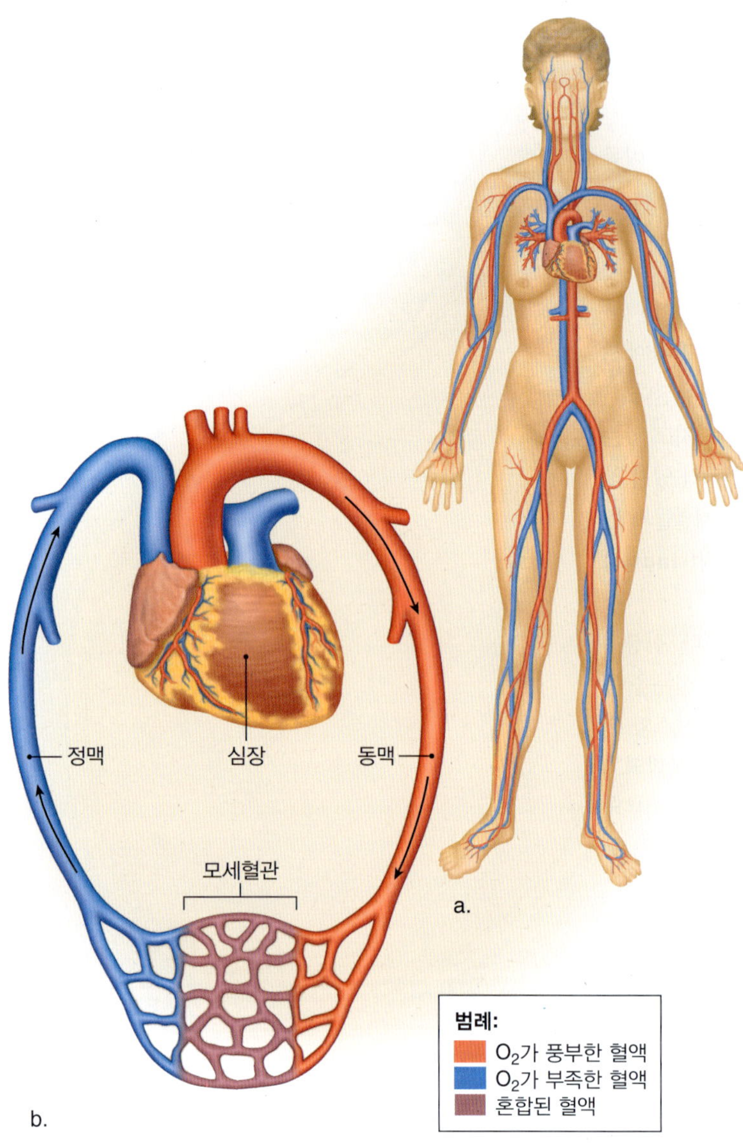

그림 23.3 폐쇄순환계.
척추동물과 일부 무척추동물은 폐쇄순환계를 가진다. 심장이 동맥으로 혈액을 펌프질해 보내고, 심장을 떠난 혈액은 모세혈관으로 가고 이곳에서 교환이 이루어진다. 정맥이 심장으로 혈액을 다시 돌려보낸다.

폐쇄순환계

모든 척추동물과 일부 무척추동물은 **폐쇄순환계(closed circulatory system)**를 가지고 있다(그림 23.3*a*). 폐쇄순환계는 강인한 근육의 심장과 혈관으로 구성되어 있어서 **심혈관계(cardiovascular system)**로 더 잘 알려져 있다. 폐쇄순환계에서는 혈액이 항상 혈관 안에 존재한다. 사람의 심장은 심방(*atria*, 단수 atrium)이라고 부르는 혈액을 받는 두 개의 방과 심실(*ventricles*)이라고 부르는 혈액을 내보내는 두 개의 방을 가지고 있다. 혈관은 세 종류가 있다(그림 23.3*b*). 동맥은 심장에서 피를 내보내고, 모세혈관은 조직액과 물질을 교환하며, 정맥은 혈액을 심장으로 복귀시킨다. 혈액은 항상 이들 혈관 안에 들어 있고, 상처가 생긴 경우가 아니라면 절대로 몸 안에서 자유롭게 돌아다니지 못한다.

모세혈관을 통해 혈액이 이동하는 동안에 혈압으로 인해 혈액에서 일정량의 물이 조직액으로 배출된다. 이 조직액의 일부는 직접 모세혈관으로 되돌아오기도 하고, 또는 림프관을 통해 심혈관계로 되돌아가기도 한다. 이처럼 림프관을 통해 심혈관계로 돌아오는 액체를 림프(*lymph*)라고 부른다. 림프계의 기능은 23.2절에서 다룬다.

척추동물의 순환경로 비교

몇몇 형태의 폐쇄순환계가 척추동물들 사이에서 발견된다. 어류의 경우 혈액은 몸 전체를 단일순환경로(single-loop)를 따라 순환한다. 심장에는 한 개의 심방과 한 개의 심실이 있다(그림 23.4*a*). 심실의 펌프작용으로 압력을 받은 혈액은 아가미로 이동하고 여기에서 기체교환이 이루어진다. 아가미를 통과한 혈액은 압력이 감소되고 흘러간다. 하지만 이 단일순환은 아가미 모세혈관이 O_2가 부족한 피를 받고 전신 모세혈관이 O_2가 풍부한 혈액을 받는다는 점에서 장점을 가진다.

육지에 서식하면서 진화적으로 적응한 결과, 다른 척추동물들은 이중순환경로(double-loop)를 가지고 있다. 심장은 **체순환회로(systemic circuit)**를 통해 혈액을 조직으로 보내고, **폐순환회로(pulmonary circuit)**를 통해서는 폐로 보낸다. 이러한 이중 펌프작용은 폐로 공기 호흡하는 육상동물에서 나타난다.

양서류의 경우 심장은 두 개의 심방과 하나의 심실을 가지고 있어서(그림 23.4*b*), O_2가 풍부한 혈액과 O_2가 부족한 혈액이 일부 섞인다. 하지만 양서류의 피부는 얇기 때문에 피부를 통해 외부환경과 기체교환이 가능하다. 거북이와 같은 일부 파충류들은 양서류와 같은 순환회로를 가지지만, 이외의 좌심실과 우심실 사이에 격막(*septum*)이 존재하는 파충류들은 해당되지 않는다. 그로 인해, 산소가 풍부한 혈액과 산소가 풍부하지 않은 혈액의 혼합을 감소시킨다.

악어 혹은 새와 같이 일부 파충류와 포유류들의 심장은 오른쪽과 왼쪽으로 나뉜다(그림 23.4*c*). 우심실은 혈액을 폐로 보내고, 우심실보다 조금 큰 좌심실은 혈액을 몸 구석구석에 전달한다. 이런 구조로 인해 폐순환과 체순환 모두에게 적절한 혈압을 제공할 수 있으며 산소가 풍부한 혈액과 그렇지 않은 혈액의 혼합을 막을 수 있다.

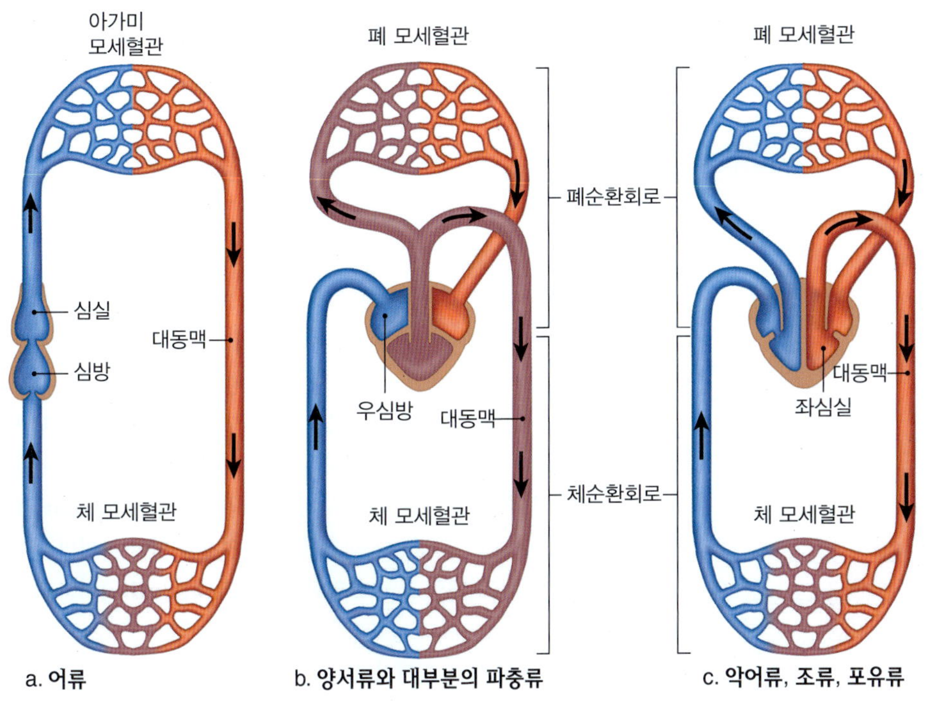

그림 23.4 척추동물의 순환회로 비교.
a. 어류에서는 혈액이 단일순환경로로 움직인다. 어류의 심장은 한 개의 심방과 한 개의 심실을 가지고 있고 심실은 기체교환이 일어나는 아가미 모세혈관으로 혈액을 펌프질하여 보낸다. 심장의 펌프질로 생성된 혈압은 혈액이 아가미의 모세혈관을 통과한 후 감소한다. **b.** 양서류와 대부분의 파충류는 이중순환경로를 갖추고 있으며, 심장은 폐와 몸, 두 곳으로 모두 혈액을 보낸다. 심실이 하나이기 때문에, O_2가 풍부한 혈액과 O_2가 부족한 혈액이 혼합되기도 한다. **c.** 악어류(파충류)와 조류, 포유류에서 폐순환과 체순환은 완전히 분리되어 있다. 심장의 오른쪽은 혈액을 폐로 전달하고, 왼쪽은 몸 전체로 전달한다.

범례:
- O_2가 풍부한 혈액
- O_2가 부족한 혈액
- 혼합혈액

진도 점검하기 23.1

1. 일부 동물들이 순환계를 필요로 하지 않는 이유를 설명하시오.
2. 개방순환계와 폐쇄순환계를 비교, 대조하시오.
3. 폐순환계와 체순환계의 목적을 설명하시오.
4. 어류의 순환계와 다른 척추동물의 순환계의 차이점을 요약하시오.

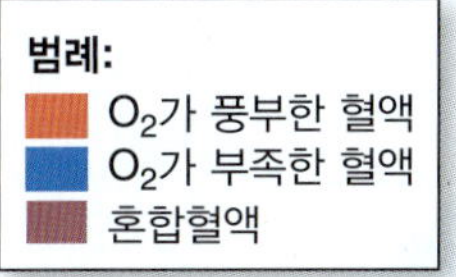

개념 연결하기

일부 동물은 순환계가 없지만, 대다수는 외부환경과 물질을 교환하는 개방순환계와 폐쇄순환계를 가지고 있다.

23.2 인체에서의 수송

학습 목표

이 절을 학습한 후에는 다음 과제를 수행할 수 있어야 한다.

1. 사람 심장의 해부학적 구조 설명하기.
2. 심장, 폐순환회로, 체순환회로를 따라 혈액이 이동하는 흐름을 기술하기.
3. 심장주기, 그리고 이와 관련된 전기적 활성 서술하기.
4. 혈관의 종류 설명하기.
5. 체내의 순환과정에서 림프계의 역할 설명하기.
6. 모세혈관의 안으로, 그리고 모세혈관에서 밖으로 물질을 이동시키는 힘에 대해 설명하기.

사람의 심혈관계는 다른 척추동물과 마찬가지로 심장이 혈액을 혈관으로 보내면 혈액이 모세혈관으로 운반되고, 그곳에서 기체교환 및 영양분 교환이 이루어진다. 폐에서는 이산화탄소와 산소가 교환되고, 조직에서는 영양분과 산소가 이산화탄소와 다른 노폐물과 교환된다. 폐와 조직 내부에서 일어나는 이러한 교환은 매우 중요하기 때문에 심장이 박동을 멈추면 사망하게 된다.

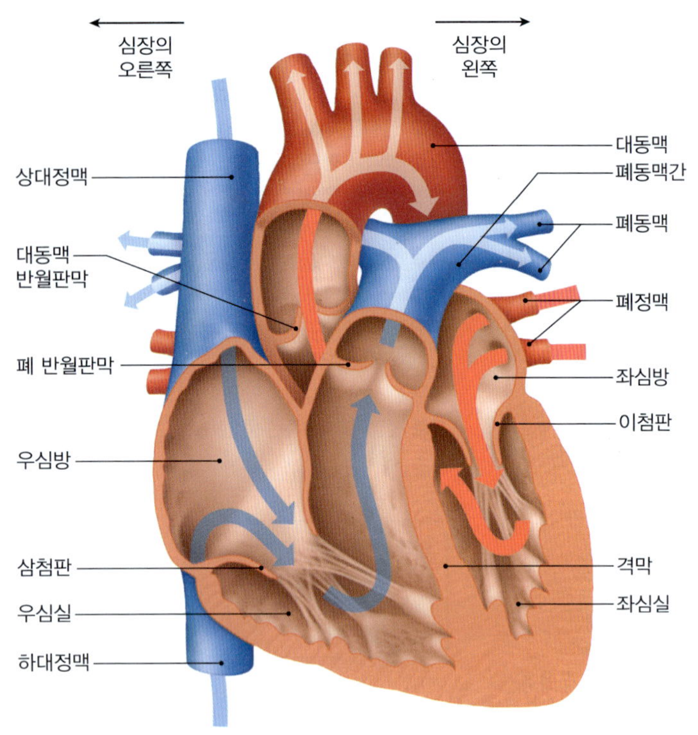

그림 23.5 심장의 해부학적 구조와 심장을 지나는 혈액의 경로.

심장의 오른쪽은 O_2가 부족한 혈액을 받아서 폐로 펌프질해 보내기 때문에 파란색으로 표시하였다. 왼쪽은 O_2가 풍부한 혈액을 받아서 조직으로 보내기 때문에 붉은색으로 표시한다. "오른쪽"과 "왼쪽"이라는 표현은 그림에서 보이는 위치가 아니라, 실제 신체에 있는 위치를 의미한다.

사람의 심장

사람의 심장은 이중 펌프이다. 심장의 우측은 O_2가 부족한 혈액을 폐로 보내고, 좌측은 O_2가 풍부한 혈액을 조직으로 보낸다(그림 23.5). 심장을 이중 펌프라고 하는 것은 격막(septum)에 의해 우측과 좌측이 분리되어 있기 때문이다. 이 격막은 완벽해서 O_2가 부족한 혈액이 O_2가 풍부한 혈액과 섞이지 않도록 차단하는 역할도 한다.

심장의 좌우에는 각각 두 개의 방이 있다. 위쪽의 벽이 얇은 방을 **심방(atrium)**이라고 하며, 혈액을 받는 역할을 한다. 아래의 벽이 두꺼운 **심실(ventricle)**에서 혈액을 심장에서 내보낸다.

심방과 심실 사이에, 그리고 심실과 그와 연결된 혈관 사이에 판막이 있다. 이 판막이 혈액이 통과한 후에 닫히기 때문에 혈액은 항상 정해진 방향으로만 흐른다. 심방과 심실 사이의 판막을 **방실판막(atrioventricular valve)**이라고 부르고, 심실과 심실에 연결된 혈관 사이의 판막은 막의 끝이 반달 모양처럼 보여 **반월판막(semilunar valve)**이라고 부른다.

다음은 심장을 통해 혈액이 흐르는 경로이다. 조직의 O_2가 부족한 혈액은 **대정맥(venae cavae)**을 통해 심장의 우심방으로 들어온다. 혈액이 방실판막(또는 삼첨판)을 통과하면, 우심실은 혈액을 폐 반월판막(*pulmonary semiluminar valve*)을 지나 폐동맥간 혹은 폐로 혈액을 운반하는 **폐동맥(pulmonary artery)**으로 보낸다. **폐정맥(pulmonary vein)**은 O_2가 풍부한 혈액을 좌심방으로 보낸다. 이 혈액은 왼쪽 방실판막(또는 이첨판)을 통과한다. 그리고 좌심실은 혈액을 대동맥 반월판막(*aortic semilunar valve*)을 지나 **대동맥(aorta)**으로 보내고, 대동맥은 다시 혈액을 조직으로 전달한다.

정맥에는 O_2가 부족한 혈액이 있고 동맥에는 O_2가 풍부한 혈액이 있다고 생각하지만 이는 옳지 않다. 폐동맥과 폐정맥의 경우에는 정반대이다. 그러므로 그림 23.5와 같이 폐동맥은 파란색이고 폐정맥은 적색이다. **동맥(artery)**은 심장에서 혈액이 나가는 혈관이고, **정맥(vein)**은 심장으로 혈액이 들어오는 혈관이라는 것이 정확한 정의이다.

연관

심장잡음이란 무엇인가?

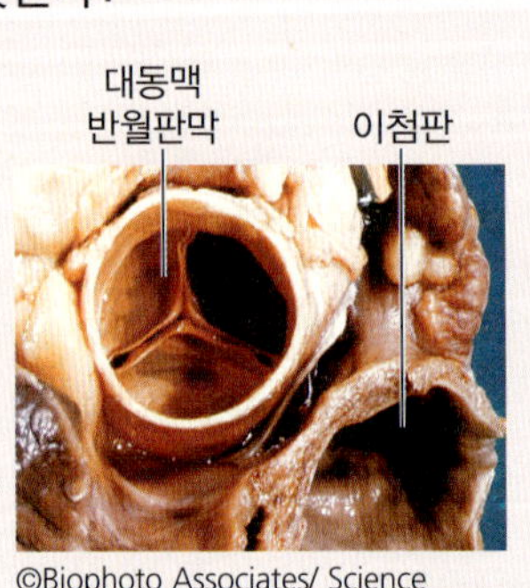

©Biophoto Associates/ Science Source

기계의 밸브처럼 때로는 심장 판막이 새는 경우가 있다. 판막이 불완전하여 꽉 닫히지 않으면 혈액이 역류한다. *심장잡음(heart murmur)*은 종종 방실판막이 닫힌 후에도 동맥으로 혈액이 흘러들어가기 때문에 생긴다. 고혈압, 심장병, 류마티스성 고열과 같은 다양한 원인이 있다. 류마티스성 고열은 세균성 감염이며, 목에서 시작하여 온몸으로 퍼진다. 세균이 판막을 비롯한 다양한 기관을 공격한다. 손상이 심한 경우에는 인공판막이나 돼지의 심장에서 추출한 판막으로 이식수술을 받아야 한다.

심장주기

우리가 심장박동 또는 **심장주기(cardiac cycle)**라고 부르는 심장의 펌프작용은 다음과 같은 일련의 과정으로 구성된다. 먼저 심방이 수축하고, 다음에 심실들이 수축하고, 이어 심방과 심실은 이완을 한다. 그림 23.6은 심장박동의 과정이며, 수축을 뜻하는 **수축기(systole)**와 이완을 뜻하는 **이완기(diastole)**라는 용어를 사용한다. 심장박동이 일어날 때, 들리는 두근두근 하는 소리(미국에서는 럽-덥 럽-덥이라고 한다)는 심장판막이 닫힐 때 나는 소리이다. 방실판막이 닫힐 때 길고 낮은 두근거림(럽)이 발생하고, 반월판막이 닫힐 때에는 짧고 날카로운 두근거리는 소리(덥)가 들린다. **맥박(pulse)**이란 대동맥이 확장하고 뒤따라 심실이 수축할 때 동맥혈관의 벽을 따라 퍼지는 파동 효과이다. 한 번의 심실 수축에 한 번의 맥박이 있기 때문에 맥박수는 심장박동수를 결정할 때 사용할 수 있다. 정상적인 성인의 심장박동수는 분당 60~100회 사이로 차이가 있지만, 보통 분당 70회 정도 박동한다.

심장의 박동은 **동방결절[sinoatrial(SA) node]**이라고 부르는 내재적인 박동원을 가지고 있기 때문에 규칙적이다. 심방 벽의 두 군데에 위치한 심장의 결절

조직은 독특한 형태의 심근조직이다. 약 0.85초마다 동방결절은 자동으로 흥분자극을 내보내 심방을 수축하게 만든다(그림 23.7*a*). **방실결절[atrioventricular(AV) node]**이 이 자극을 받으면 자극은 푸르키녜 섬유(*Purkinje fiber*)로 넘어가고, 이로 인해 심실이 수축한다. 동방결절이 제대로 작동하지 못하더라도 심실은 방실결절에서 발생된 자극 때문에 계속 박동한다. 그러나 박동속도는 느려진다(분당 40~60번 박동). 이런 상태를 시정하기 위해서 인공박동원을 이식하여 자동으로 0.85초마다 심장에 전기 자극을 보낸다. 자동 조절 박동원의 센서는 사람의 활동 정도에 따라 다양한 전기 신호를 만들고, 박동원은 이 신호에 따라 반응의 정도를 변화시킨다.

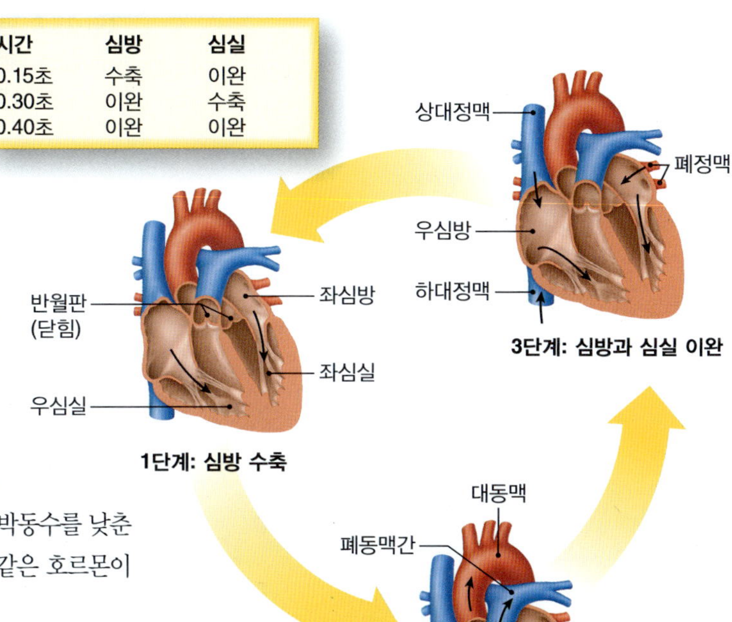

그림 23.6 심장주기.

심장주기(혹은 심장박동)는 여러 과정의 반복이다. *1단계:* 심방이 수축하고 심실로 혈액을 보낸다. *2단계:* 심실이 수축하고 혈액이 연결된 동맥으로 이동한다. *3단계:* 심방과 심실이 모두 이완되고 심장에 혈액이 들어와 가득 찬다.

심장의 박동은 내재적인 현상이지만 신경계 및 다양한 호르몬에 의해 조절된다. 요가나 명상 등의 활동은 미주신경을 활성화시켜 심장박동수를 낮춘다. 운동이나 불안은 부신에 의해 노르에피네프린이나 에피네프린과 같은 호르몬이 분비시키고 박동수를 증가시킨다.

심전도(electrocardiogram, ECG)는 심장주기 동안 심장 벽에서 발생한 전기적 변화를 기록한 것이다. 체액에는 전류를 전도하는 이온이 포함되어 있다. 따라서 심근에서 일어난 전기적 변화를 피부 표면에서 감지할 수 있다. 심전도 검사를 받을 때 피부에 설치한 전극은 전선을 통해 기계에 연결되고, 이 기계가 전기적 변화를 감지한다(그림 23.7*b*). 심전도를 통해 다양한 종류의 비정상적 활동이 감지될 수 있다. 그 중 하나가 바로 부정맥의 일종인 심실세동인데, 이것은 심실의 수축이 제대로 조절되지 못하기 때문에 일어난다(그림 23.7*c*). 심실세동은 심장병을 가진 사람들의 대부분에 발견되지만, 부상이나 약물의 과다복용으로도 발생할 수 있기 때문에 매우 흥미롭다. 겉으로는 건강해 보이는 사람들이 갑작스럽게 심장사하는 가장 흔한 원인이 바로 이것이다. 세동 상태를 없애려면 세동제거기(심장 박동을 정상화시키기 위해 전기 충격을 가하는 데 쓰는 의료 장비)를 사용하여 단시간에 강력한 전류를 흘려보내야 한다. 그러면 동방결절(SA)이 조정된 박동을 다시 설정할 수 있게 된다. 현재는 공항이나 대학 캠퍼스와 같은 공공장소에 세동제거기 설치를 늘려 쉽게 사용할 수 있도록 하고 있다.

혈관

동맥은 혈액을 심장 밖으로 운반한다. 심장이 수축하면 혈액이 압력을 받아 동맥으로 흘러간다. 즉, **혈압(blood pressure)**에 의해 동맥에서 혈액이 흐른다. 동맥은 평활근과 탄력성 섬유로 구성된 잘 발달한 중간층을 가지고 있어서 정맥보다 훨씬 두꺼운 벽을 가지고 있다. 탄력섬유층 덕분에 동맥은 팽창하여 심장이 박동할 때마

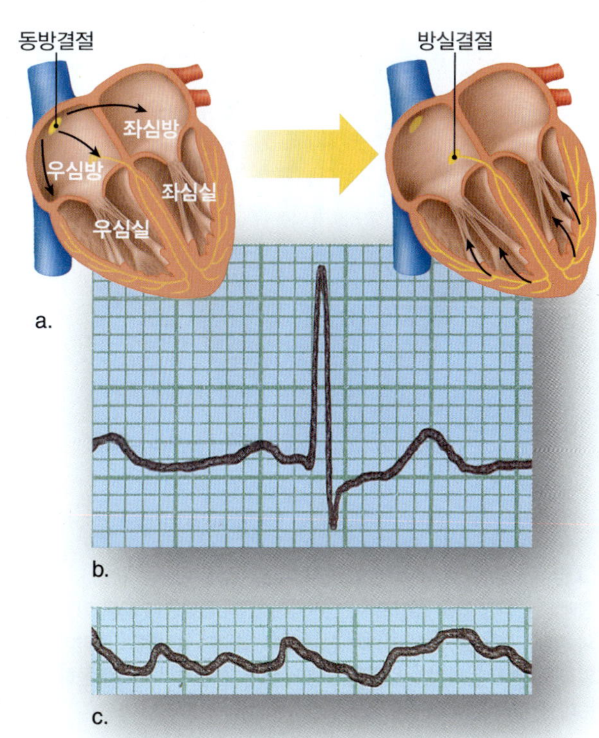

그림 23.7 심장박동 조절.

a. 심장이 규칙적으로 박동하는 이유는 동방결절(심장박동원이라고 부름)에서 심방(RA,LA)이 수축하도록 하는 자극을 자동으로 보내기 때문이다. 방실결절이 이 자극을 받고, 뒤이어 심실이 수축된다. **b.** 심전도는 심장이 박동할 때마다 일어나는 전기적 변화를 기록한 것이다. 큰 스파이크 파형은 심실의 활성화와 관련되어 있다. **c.** 심실세동(ventricular fibrillation)의 경우 불규칙한 심전도(ECG)가 나타난다.

(b–c): ©Ed Reschke

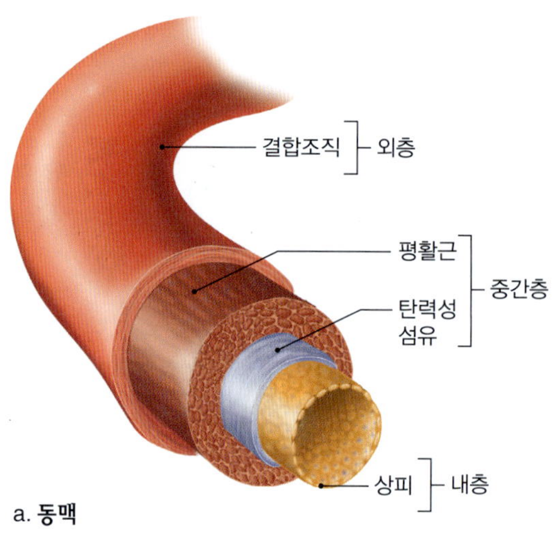

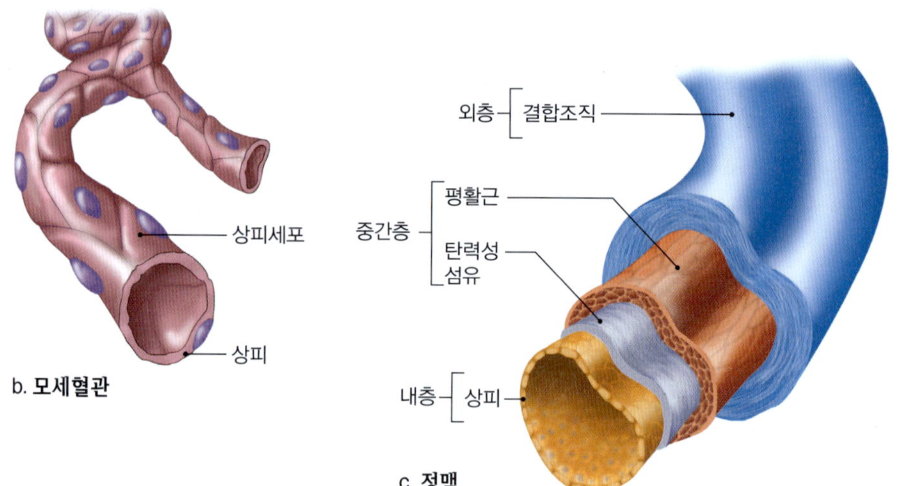

그림 23.8 혈관.
a. 동맥은 탄력성 섬유와 평활근으로 이루어진 두꺼운 중간층이 있는 잘 발달된 벽을 가지고 있다. **b.** 모세혈관의 벽은 세포 한 개의 두께인 상피로 구성된다. **c.** 정맥은 중간층이 동맥만큼 두껍지 않기 때문에 벽이 약하다.

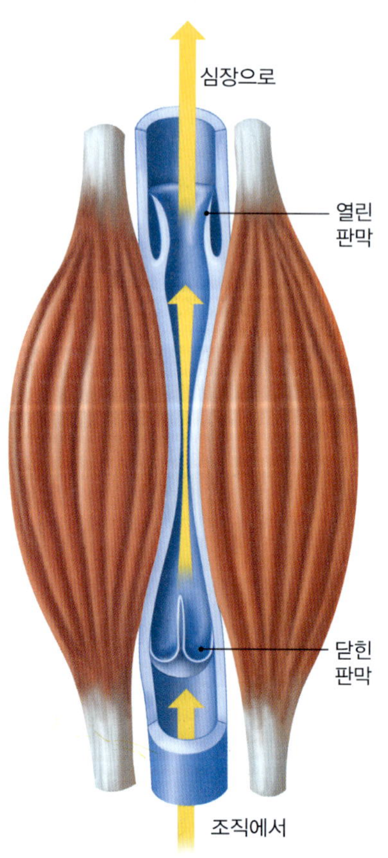

그림 23.9 정맥 내에서 혈액의 이동.
정맥에는 심장 쪽을 향하고 있는 판막이 있다. 골격근에 의해 정맥의 벽에 가해지는 압력에 의해 정맥 안의 혈압이 높아지고 판막이 열리게 된다. 근육이 이완되면 중력에 의해 혈액이 아래로 이동하는데, 판막이 닫혀 혈액의 역류가 방지된다.

다 갑작스럽게 증가한 혈액이 유입될 수 있도록 한다. 평활근은 혈관 벽을 튼튼하게 하고 지나친 팽창을 억제한다(그림 23.8*a*).

동맥은 갈라져서 육안으로 겨우 볼 수 있는 작은 동맥인 **소동맥(arteriole)**을 형성한다. 직경은 신체의 필요에 따라 신경계에 의해 조절된다. 소동맥이 팽창하면 더 많은 혈액이 흐르고, 수축하면 적게 흐른다. 소동맥이 수축하면 혈압이 상승할 수도 있다.

소동맥은 갈라져서 **모세혈관(capillary)**을 이룬다. 모세혈관은 매우 좁고 미세한 관이며, 이 혈관의 벽은 내피라고도 부르는 상피로만 구성되어 있다(그림 23.8*b*). 모세혈관은 보통 너무 좁아 적혈구세포들이 일렬로 통과하면서 혈관의 얇은 벽을 통해 영양분과 노폐물 분자를 교환한다. 상호 연결된 수많은 모세혈관인 모세혈관계(capillary bed)는 널리 분포되어 있어서 모든 세포는 모세혈관으로부터 1 mm 거리 이내에 있다. 모세혈관은 너무 많아서 혈압이 낮고 혈액의 흐름 속도는 느리다. 혈액이 모세혈관을 따라 느리게 이동하기 때문에 혈액과 조직액 사이에서 물질교환이 효과적으로 일어난다. 모세혈관계 입구에는 모세혈관 전 괄약근이라는 근육 띠가 있어서 모세혈관으로 유입되는 혈액의 양을 조절한다. 근육이 움직이면, 괄약근이 이완하고 근육의 모세혈관계가 열린다. 또 음식을 먹고 나면 소화관의 모세혈관계가 열린다. 이외에는 혈액은 동맥에서 정맥으로 이동한다(그림 23.10*b* 참조).

소정맥(venule)은 모세혈관계로부터 혈액을 모아 합친 후 정맥으로 보낸다. 정맥은 심장으로 혈액을 되돌린다. 혈액이 정맥에 도달할 즈음에는 혈압이 크게 떨어진다. 정맥의 벽은 동맥보다 훨씬 얇고 직경이 크다(그림 23.8*c*). 정맥의 얇은 벽은 골격근 수축작용으로 인해 혈관을 압박하여 혈액이 판막을 통과하게 된다(그림 23.9). 정맥 안의 판막은 심장을 향하여 열리고, 판막을 닫아 혈액의 역류를 막는다. 숨을 들이쉬면 가슴이 팽창하여 흉부 압력이 떨어지고 복부 압력은 증가한다. 혈액은 압력이 낮은 방향으로 흘러가기 때문에 이러한 작용은 정맥혈이 심장으로 되돌아가는 데 도움을 준다.

연관

하지정맥류란 무엇인가?

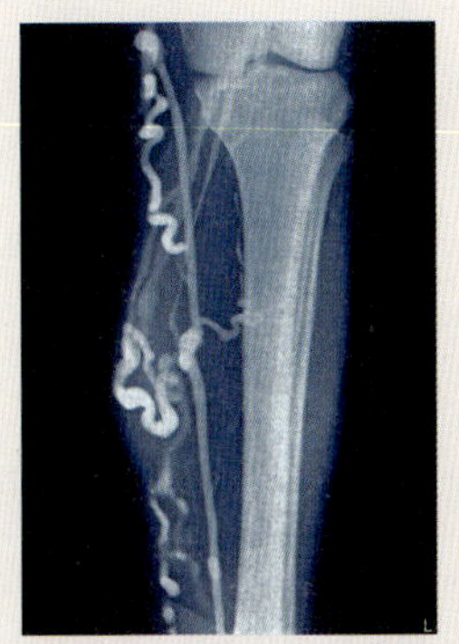
©BSIP/Science Source

정맥은 얇은 벽으로 이루어진 관으로 정맥 판막에 의해 여러 갈래로 나누어져 있다. 다리 정맥에 혈액이 지나치게 가득 차면 과도하게 늘어나게 된다. 예를 들어, 오랫동안 한 장소에 서 있으면 다리의 정맥은 적절하게 혈액을 흘려보내지 못하여 혈액이 다리 정맥에 모이게 된다. 정맥이 팽창함에 따라 정맥의 판막도 확장되어 기능을 상실한다. 이러한 기작에 의해 정맥이 불룩 튀어나와 피부 표면에서도 보인다. 치질은 직장(rectum)에 있는 하지정맥류이다. 비만, 늘 앉아서 지내는 생활, 여성, 유전적 소인 그리고 노화 등이 정맥류성 정맥의 위험요인이다.

폐순환회로와 체순환회로

사람의 심혈관계에는 폐순환과 체순환의 두 가지 중요한 순환경로가 있다. 폐순환회로(*pulmonary circuit*)를 통해 혈액은 폐를 순환하고, 폐에서 O_2가 부족한 혈액은 O_2가 풍부한 혈액이 된다. 체순환회로(*systemic circuit*)를 통해 혈액은 다른 조직으로 이동한다. 체순환의 기능은 신체 세포들의 대사 요구를 충족시키는 일이다. 그림 23.10은 두 회로에서 혈액의 경로이다.

폐순환회로 몸 전체의 O_2가 부족한 피는 우심방으로 모였다가 우심실로 넘어간다. 폐순환의 시작은 우심실이 폐동맥 간과 폐동맥을 통해서 폐로 혈액을 보내는 것이다. 혈액이 폐모세혈관을 통과하면서 이산화탄소를 배출하고 산소를 얻는다. O_2가 풍부한 혈액은 폐정맥을 통해 심장으로 들어간다. 폐정맥은 좌심방으로 들어간다.

체순환회로 O_2가 풍부한 혈액이 폐에서 좌심방으로 들어가고 좌심실로 넘어간다. 체순환은 좌심실이 혈액을 대동맥으로 보낼 때 시작한다. 대동맥에서부터 갈라져 나온 동맥은 혈액을 몸의 모든 부위와 기관으로 운반하고, 거기에서 혈액은 모세혈관을 통해 정맥으

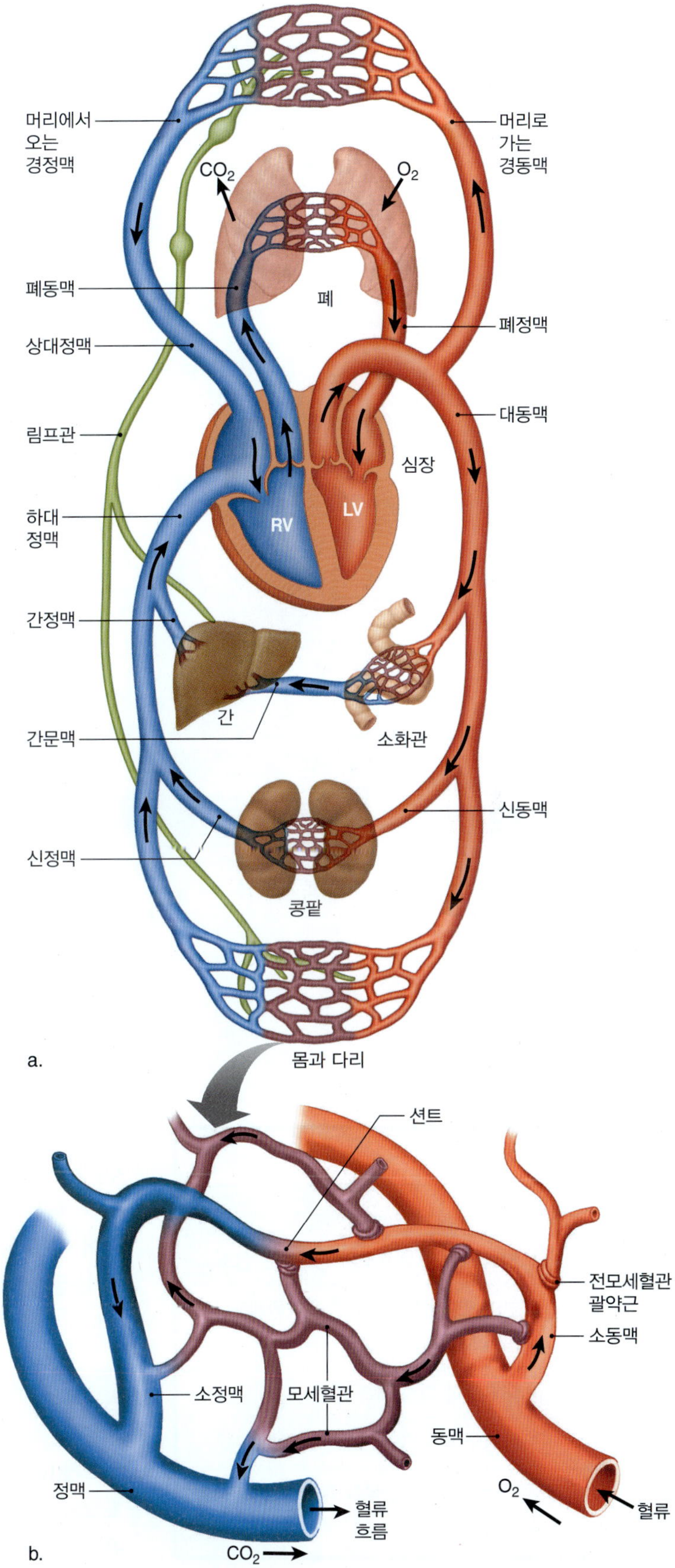

그림 23.10 혈액의 경로.
a. 심혈관계의 개관. 폐순환회로를 통해 심장의 오른쪽에서 왼쪽으로 이동하는 혈액은 반드시 폐혈관을 거친다. 체순환회로를 통해 소화관에서 우심방으로 이동하는 혈액은 반드시 간문맥, 간정맥, 그리고 하대정맥을 거친다. **b.** 동맥에서 정맥으로 가는 혈액은 반드시 모세혈관계를 거치며, 이때 혈액과 조직액 사이에서 교환이 이루어진다. 모세혈관 전 괄약근에 의해 모세혈관계가 닫히면, 혈액이 션트(shunt; 동맥과 정맥이 직접 연결된 단락)라고 부르는 혈관을 통해 이동한다.

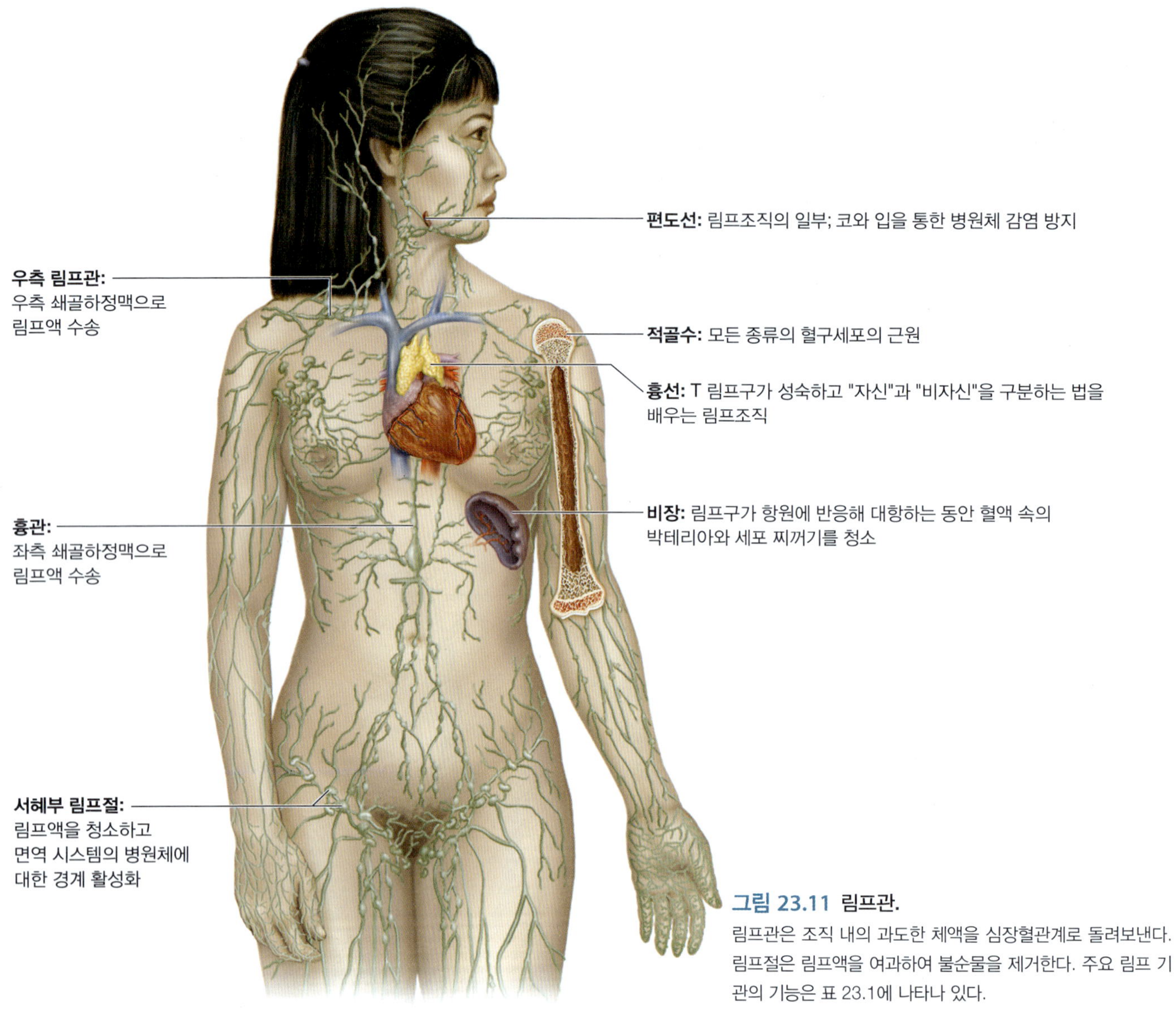

그림 23.11 림프관.
림프관은 조직 내의 과도한 체액을 심장혈관계로 돌려보낸다. 림프절은 림프액을 여과하여 불순물을 제거한다. 주요 림프 기관의 기능은 표 23.1에 나타나 있다.

표 23.1 림프계 기관

기관	기능
흉선	면역 체계의 림프구가 성숙하는 장소
편도	코와 입을 통해 들어오는 병원체로부터 몸을 보호하는 림프 조직
적골수	대부분의 혈액 세포 생산
비장	혈액의 세포 찌꺼기, 박테리아 제거
맹장	감염으로부터 소장과 대장 보호(25.1절 참조)

로 모인다. 정맥은 대정맥으로 모이며, 대정맥은 O_2가 부족한 혈액을 우심방으로 돌려보낸다. 체순환에서 동맥은 O_2가 풍부한 혈액이 있어서 밝은 적색을 띠고, 정맥은 O_2가 부족한 혈액이 있어서 탁한 적색으로 보이며 피부를 통해 보면 파랗게 보인다.

문맥계(portal system)는 모세혈관에서 시작하여 모세혈관에서 끝난다. 예를 들어, 간문맥은 장에서 간으로 혈액을 이동시킨다. 항상성 기관인 간은 장에서 흡수한 물질을 변형시키고 혈액의 정상적인 조성을 감시한다. 간정맥(그림 25.12 참조)은 간에서 하대정맥으로 혈액을 운반한다.

림프계

림프계(lympatic system)는 림프관과 다양한 림프기관으로 구성되며(그림 23.11과 표 23.1) 또한 면역계의 일부 기능을 한다. 림프계는 많은 기능을 담당한다. 림프관은 소화관에서 지방단백질 형태로 지방을 취하여 순환계로 흡수한다. 림프계가 면역 체계와 협동하여 질병으로부터 신체를 방어하는 것은 26.1절에서 살펴볼 것이다. 이번 장에서는 과도한 조직액을 받아들여 어깨에 있는 심혈관 정맥인 쇄골하정맥으로 돌려보내는 림프관에 대해 다룬다.

림프관은 매우 광범위하다. 신체의 거의 모든 곳에 림프 모세혈관이 잘 발달되어 있다. 대형 림프관의 구조는 판막이 있다는 점에서 심혈관 정맥의 구조와 유사하다. 또 림프관 내부에서 림프액은 골격근 수축에 따라 이동한다. 근육이 수축하면 림프액은 닫히는 판막 사이로 나오고 닫힌 판막 덕분에 림프액의 역류는 일어나지 않는다.

림프관은 심혈관계와 밀접하게 작용한다(그림 23.12). 림프계는 림프 모세혈관에서 시작하는 단일방향 체계이다. 림프 모세혈관은 혈액 모세혈관에서 확산되어 다시 흡수되지 않은 액체를 흡수한다. 림프관으로 들어간 조직액을 **림프액(lymph)**이라고 부른다. 림프 모세혈관들이 모여 더 커다란 림프관을 형성하고 흉관이나 우측 림프관 중 하나로 진입하기 전에 합해진다. 흉관은 우측 림프관보다 훨씬 크고, 하지, 복부, 왼팔, 머리와 목의 좌측을 담당한다. 우측 림프관은 오른팔과 머리와 목의 우측을 담당한다. 림프관은 쇄골하정맥으로 들어간다.

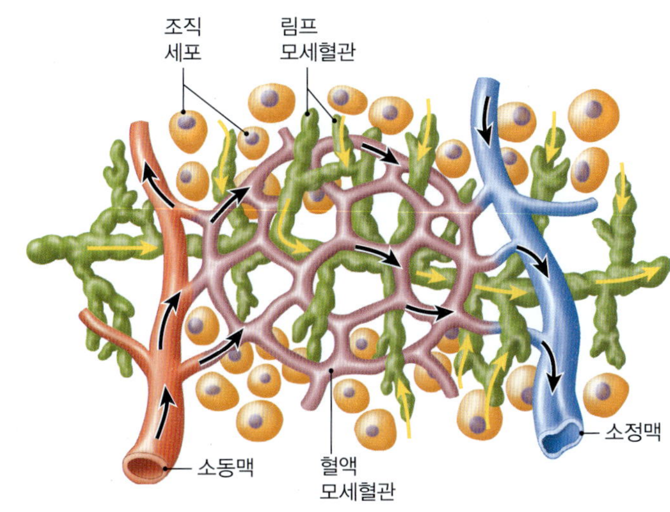

그림 23.12 림프 모세혈관계.
림프 모세혈관계는 혈액모세혈관계 가까이에 위치한다. 검은 화살표는 혈액의 흐름을 보여준다. 노란 화살표는 림프모세관이 과도한 조직액을 흡수하여 때 림프액이 형성되는 것을 보여준다.

조직 내 모세혈관의 교환

그림 23.1에서 살펴본 것처럼 어떤 동물은 심혈관계가 없기 때문에 모든 세포가 개별적으로 물질교환을 수행한다. 심혈관계를 가지고 있는 동물은 교환 물질을 포함한 조직액이 모세혈관 내의 혈액과 교환을 담당한다. 그림 23.13처럼 아미노산, 산소 그리고 당은 모세혈관을 빠져나와 조직액으로 들어가 세포에 의해 사용된다. 반대로 이산화탄소와 노폐물은 조직액을 빠져나와 모세혈관으로 들어가고 신체 밖으로 배출된다. 심혈관계의 주된 목적은 혈액을 교환이 일어나는 모세혈관으로 보내는 것이다. 모세혈관에서 교환이 이루어지지 않는다면 항상성이 유지되지 못하고 신체의 모든 세포는 죽는다.

그림 23.13은 모세혈관에서 일어나는 교환 기작이다. 혈압과 삼투압은 모세혈관을 따라 작용하는 두 가지 반대되는 힘이다. 혈압은 심장 박동에 의해 나타나고 삼투압은 혈액의 염분과 단백질 성분 때문에 생긴다. 혈압은 모세혈관의 동맥과 가까운 쪽 끝에 작용하여 물을 모세혈관 밖으로 밀어낸다. 혈액이 모세혈관의 정맥과 가까운 쪽 끝에 도달하면 혈압이 떨어지고 이번에는 삼투압에 의해 물이 안으로 들어온다. 모세혈관의 동맥 쪽 끝과 정맥 쪽 끝의 중간부분에서는 혈압과 삼투압이 거의 동일하다. 그래서 수동 확산에 의해 양분은 밖으로 나가고 노폐물은 안으로 들어온다. 이러한 현상이 나타나는 이유는 조직액에는 양분이 적고 노폐물이 많기 때문이다. 즉, 세포는 양분을 사용하고 노폐물을 만든다.

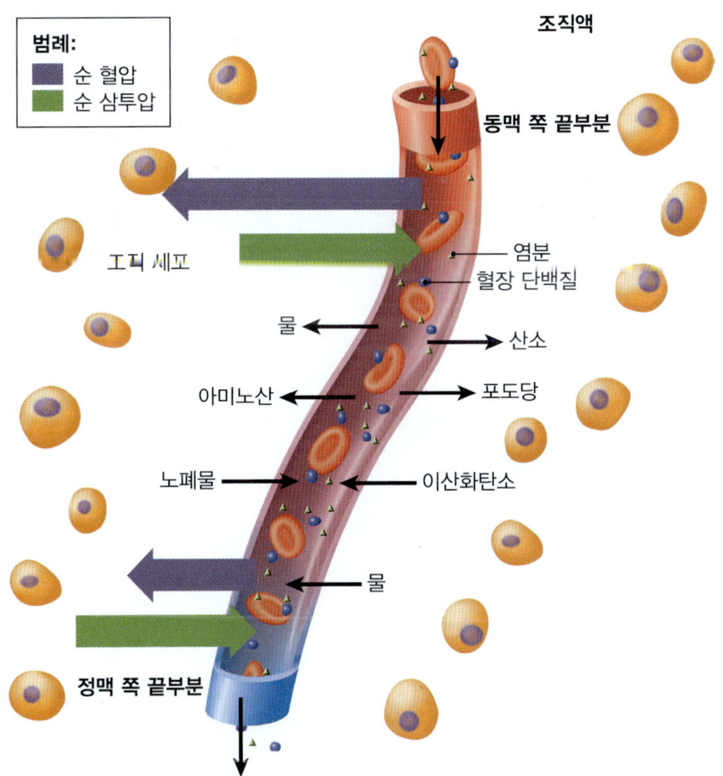

그림 23.13 모세혈관의 교환.
모세혈관의 동맥 쪽 끝부위(*위*)에서는 혈압이 삼투압보다 높다. 따라서 혈류에서 물이 빠져나간다. 중앙부위에서는 산소와 이산화탄소를 포함한 분자들이 농도 차이를 따라 이동한다. 모세혈관의 정맥 쪽 끝부위(*아래*)에서는 삼투압이 혈압보다 높다. 따라서 물이 혈관 안으로 들어온다. 적혈구와 혈장단백질들은 너무 커서 모세혈관을 빠져나올 수 없다.

모세혈관에서 물의 교환이 동일하지 않아서 그 결과 과도한 조직액이 발생한다. 과도한 조직액은 림프 모세혈관에 의해 수집되어 림프액이 된다(그림 23.12 참조). 림프액은 단백질 성분이 적다는 것을 제외하면 혈장 성분과 거의 동일하다. 주 림프관이 어깨 부근에 있는 쇄골하정맥으로 이어져 림프액이 심혈관계로 되돌아간다(그림 23.11 참조).

개념 연결하기

사람의 순환계는 심장, 동맥, 정맥, 모세혈관으로 구성되어 있다. 림프계는 세포 주변의 과도한 조직액을 제거하는 것을 도운다.

양분과 노폐물 이외에도 혈액은 온몸으로 열을 분산시킨다. 덥다고 느낄 때 피부에 있는 많은 모세혈관이 열리고 얼굴이 붉어진다. 이 과정에서 과다한 열이 제거된다. 춥다고 느낄 때 피부의 모세혈관이 닫히고 열이 보존된다.

진도 점검하기 23.2

1. 심장이 박동할 때 일어나는 일들을 설명하시오.
2. 각 혈관의 기능을 설명하고 어떻게 모세혈관이 기체교환에 사용되는지 자세히 서술하시오.
3. 심장의 우심방에서 시작한 인간 순환계의 혈액 흐름을 묘사하시오.
4. 림프계가 신체의 운반계로서 하는 역할을 설명하시오.
5. 체액과 영양소가 모세혈관을 통해 어떻게 교환되는지 요약하시오.

23.3 혈액: 수송 수단

학습 목표

이 절을 학습한 후에는 다음 과제를 수행할 수 있어야 한다.

1. 혈액의 기능 나열하기.
2. 혈장과 세포성 요소 비교하기.
3. 혈구의 종류와 기능을 자세히 설명하기.
4. 혈액이 응고되는 과정을 간단히 설명하기.
5. 공통적인 심혈관질환의 원인 요약하기.

혈액(blood)은 신체에서 많은 중요한 역할을 하는 유체 결합 조직 형태이다. 여기에 다음이 포함된다:

- 모세혈관으로 물질을 운반하고 모세혈관에서 조직액과의 교환이 이루어진다.
- 질병을 일으키는 바이러스나 박테리아 등의 병원체의 침입으로부터 신체를 방어한다.
- 체온과 pH 조절로 항상성 유지에 도움을 준다.

사람의 혈액은 크게 두 가지로 이루어져 있다: **혈장**이라고 불리는 액체와 다양한 세포와 혈소판으로 이루어진 **세포성 구성요소**들로 구성된다. 일반적으로 이것들은 함께 섞이지만 원심분리기를 이용해 분리할 수 있다(그림 23.14).

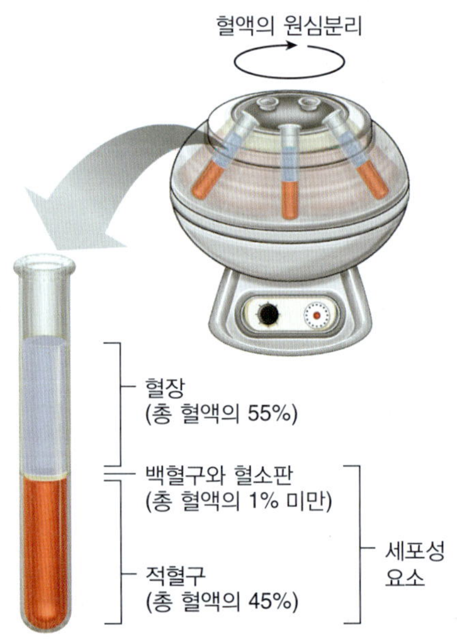

그림 23.14 혈액의 구성성분.
혈액을 원심분리하여 침전시키면 혈액이 혈장과 세포성 요소로 이루어져 있음을 분명하게 알 수 있다.

혈장

혈장(plasma)은 주로 물(90~92%)과 단백질(7~8%)로 구성되어 있으나 영양분, 노폐물, 염분 등의 수많은 종류의 분자도 소량 함유하고 있다. 염분과 단백질은 혈액의 완충역할에 관여하여 혈액을 약염기에 해당하는 pH 7.4 수준으로 유지한다. 또 혈액의 삼투압을 유지하여 수분이 저절로 모세혈관 혈액으로 들어가게 만든다. 여러 혈장 단백질들이 혈액의 응고에 관여하며 또 다른 혈장 단백질들은 혈액으로 거대한 유기

분자들을 운반하기도 한다. 가장 풍부한 혈장 단백질인 알부민은 헤모글로빈의 분해 산물과 빌리루빈을 운반한다. 지방단백질은 콜레스테롤을 운반한다.

세포성 요소

세포성 요소(formed element)는 적혈구, 백혈구, 혈소판이다. 이 중에서 **적혈구(red blood cell)**는 산소를 운반한다. 적혈구는 작고 양쪽이 오목한 디스크 모양이며, 완전히 성숙한 적혈구는 핵이 없으며 호흡 색소인 헤모글로빈을 가지고 있다. 혈액 한 방울 속에는 약 600만 개의 적혈구가 존재하고, 하나의 적혈구에는 약 2억 5,000만 개의 헤모글로빈 분자가 있다. **헤모글로빈(hemoglobin)**에는 철이 들어 있고, 이 철은 산소와 느슨하게 결합하여 산소를 운반한다. 적혈구가 부족하거나 헤모글로빈이 충분하지 않으면 빈혈(*anemia*)이 되어 피곤하고 지친 기분이 들게 된다. 고도가 올라가 산소량이 줄어들면 적혈구 생성이 촉진된다. 고도가 높은 곳에서 생활하고 활동하는 사람은 더 많은 수의 적혈구가 발달된다.

적혈구는 두개골, 갈비뼈, 척추, 장골의 끝 등 다수의 뼈 내부에서 계속 만들어진다. 적혈구 생성소(*erythropoietin, EPO*)는 적혈구 생성을 자극한다. 콩팥은 간에서 만들어진 전구물질과 반응하여 적혈구 생성 호르몬을 내보낸다. 약으로 구입할 수 있는 적혈구 생성소는 빈혈환자에게는 유익하지만, 일부 운동선수들이 기록 향상을 위해 남용하기도 한다.

연관

혈액도핑이란 무엇인가?

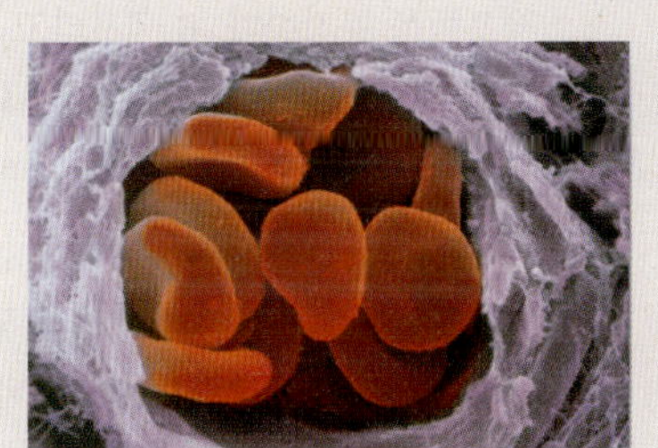

©Prof P.M. Motta, and S. Correr/SPL/Science Source

혈액도핑이란 산소를 보다 효과적으로 운반하고 피로를 감소시킴으로써 운동선수에게 경쟁우위를 줄 수 있도록 하기 위해서 적혈구(RBC)의 공급을 증가시키는 방법이다. 혈액도핑을 수행하기 위해서 운동선수들은 시합 몇 달 전에 적혈구 생성소(EPO) 주사를 맞는다. 이는 혈액 내의 RBC 수를 증가시킬 것이다. 몇 달이 지난 후, 일정량의 혈액을 취해 원심분리를 통해 RBC를 농축시킨다. 이 농축된 RBC를 시합 직전에 재주입한다. 혈액도핑은 위험하며 불법적인 행위이다. 혈액도핑을 할 경우 혈액에 세포가 너무 많아 심장이 펌프질을 하지 못해 사망을 일으킬 수 있다.

적혈구는 골수에서 혈액 속으로 들어가기 전에 자체 핵을 잃고 헤모글로빈 합성을 시작한다. 적혈구는 약 120일 동안 생존 후 주로 간과 비장에서 파괴되고, 거대한 대식세포에 의해 먹힌다. 적혈구가 파괴될 때 헤모글로빈이 방출된다. 이때 철은 회수되어 적색 골수로 되돌아가 재활용된다. 헴 등의 다른 분자들은 화학적으로 분해되고 담즙에 있는 담즙색소 형태로 간에서 배설된다. 이러한 담즙색소에 의해 배설물의 색이 달라진다.

백혈구(white blood cell)는 감염에 저항하는 것을 도와준다. 백혈구는 적혈

세포성 요소	기능
적혈구 (erythrocytes) 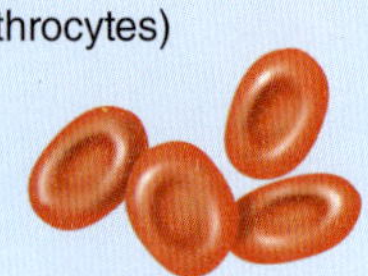 혈액 $1 mm^3$ 당 400만~600만 개	O_2를 운반하고 CO_2 운반을 도움
백혈구* (leukocytes) 혈액 1 mm^3 당 5,000~11,000개	감염에 맞서 싸움
과립형 백혈구 호중구 40~70%	병원체와 세포 찌꺼기에 대한 식세포작용을 함
호산성백혈구  1~4%	과립의 내용물을 이용하여 벌레 같은 큰 병원체를 소화시키고 염증반응을 완화함
호염기성백혈구  0~1%	손상된 조직으로 혈액이 이동하도록 하여 염증반응을 함
비과립형 백혈구 림프구 20~45%	특이적 면역을 담당함; B 세포는 항체를 생성하며, T 세포는 암세포나 바이러스에 감염된 세포를 파괴함
단핵구 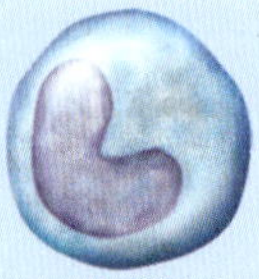 4~8%	대식세포가 되어 병원체와 세포 찌꺼기에 대한 식세포작용을 함
혈소판 (thrombocytes)  혈액 1 mm^3당 150,000~300,000개	혈액응고에 관여함

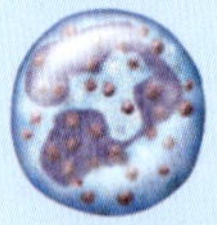

*염색 후 외관 모습

그림 23.15 세포성 요소.
적혈구는 산소의 수송에 관여한다. 백혈구는 매우 다양하며, 모두 감염에 맞서는 방어작용에 관련이 있다. 혈소판은 혈액응고에 중요한 역할을 한다.

구와 달리 더 크고 핵이 있지만, 헤모글로빈이 부족하고 염색을 하지 않으면 투명하게 보인다. 그림 23.15는 다양한 형태의 백혈구이다. 일반적으로 백혈구는 염색되는 과립이 없는 경우 연한 청색으로 보인다. 혈액 한 방울 속에는 5,000~11,000개의 백혈구가 존재한다. 성장인자는 백혈구의 생산을 증대시키는 역할을 하며, AIDS 환자처럼 면역력이 떨어진 사람들에게 도움이 된다.

적혈구는 혈액 속에만 한정되어 있는데 반하여, 백혈구는 모세혈관 벽의 세포 사이를 비집고 들어갈 수 있다. 따라서 조직액과 림프, 림프관 등에서 발견된다. 감염이 되면 백혈구의 숫자가 크게 증가한다. 대다수의 백혈구는 병원체와 싸우는 동안 파괴되기 때문에 백혈구 수명은 불과 며칠에 불과하다. 병원체와 싸우지 않는 백혈구는 몇 달 또는 몇 년씩 살아남기도 한다.

상처를 입어 미생물이 몸 안에 들어오면 상처 부위가 붓고, 붉은색을 띠고, 열이 나며, 통증이 생기는 **염증반응**(*inflammatory response*)이 나타난다(26.2절 참조). 손상된 조직은 모세혈관을 팽창시키는 키닌과 모세혈관의 투과성을 증대시키는 히스타민을 방출한다. 아메바 모양을 한 **호중구(neutrophil)**라고 부르는 백혈구는 모세혈관 벽을 비집고 나와 조직액 안으로 들어가서 외부 물질을 식균작용을 통해 먹어 치운다. **단핵구(monocyte)**라고 부르는 백혈구는 생성된 뒤 **대식세포(macrophage)**로 변형되는데, 이 세포는 거대한 식균 세포로서 백혈구 성장인자를 방출하고, 따라서 백혈구 숫자가 폭발적으로 증가한다. 두껍고 노란 액체인 고름에는 감염에 대항하여 싸우다 죽은 다량의 백혈구가 들어 있다.

또 다른 종류의 백혈구인 **림프구(lymphocyte)** 역시 병원균과의 전쟁에서 중요한 역할을 한다. T 세포라고 부르는 림프구는 바이러스에 감염된 세포들을 공격한다. B 세포라고 부르는 림프구는 **항체(antibody)**를 만든다. 항체는 자기 몸에 속하지 않은 외부 물질인 **항원(antigen)**에 대항하여 신체를 보호한다. 항원은 대체로 단백질이지만 때로는 다당류인 경우도 있다. 항원은 기생충의 외피 또는 기생충의 독소 안에 존재한다. 항체가 항원과 결합하면 그 복합체가 대식세포의 먹이가 된다. 다량의 B 세포가 모두 특정 감염에 대항하기 위해 필요한 항체를 만들어내면 면역작용이 활발하게 일어난다. 면역 반응에서 림프구의 역할은 26.3절에서 자세히 다룬다.

혈소판과 혈액응고

혈소판(platelet, 또는 thrombocyte)은 적색 골수 안에 있는 거대핵세포(megakaryocite)라고 부르는 거대한 세포의 파편조각이다. 혈소판은 매일 2천억 개씩 만들어지며. 혈액 한 방울마다 150,000~300,000개가 들어 있다.

혈소판은 혈액응고에 관여한다. 혈액에는 혈액응고 형성에 참여하는 적어도 12개의 응고인자가 존재한다. **혈우병**(*hemophilia*)은 간에서 응고인자 중 하나를 만들지 못하는 유전적인 혈액응고 장애이다. 혈우병 환자는 약간의 충격으로도 관절에 출혈을 일으킬 수 있으며 이후 관절의 퇴행으로 이어진다. 근육에 출혈이 발생하면 신경파괴와 근육 위축이 발생할 수 있다. 혈우병으로 인한 가장 빈번한 사망 원인은 뇌출혈이다.

혈액응고에 관여하는 두 가지 단백질인 **프로트롬빈**(*prothrombin*)과 **피브리노겐**(*fibrinogen*)은 간에서 만들어져 혈액 안에 저장된다. 녹색식물에서 발견되고 장내 세균에 의해 만들어지는 비타민 K는 프로트롬빈 생성에 필수적이다. 식생활에 비타

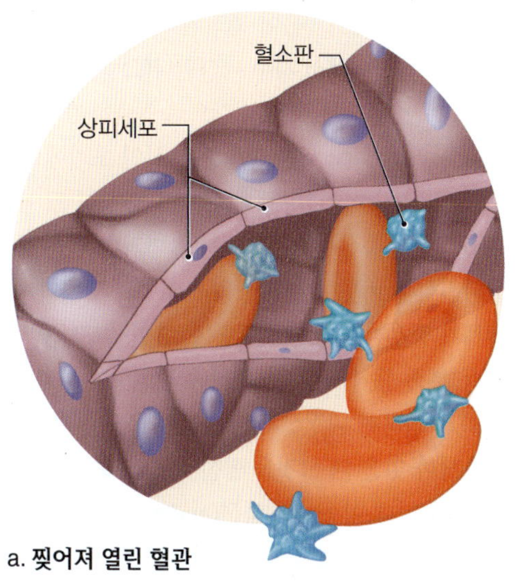

a. **찢어져 열린 혈관**

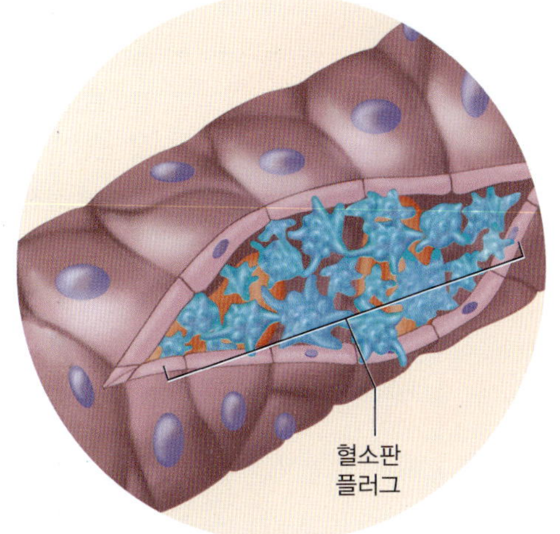

b. **혈소판 플러그 형성**

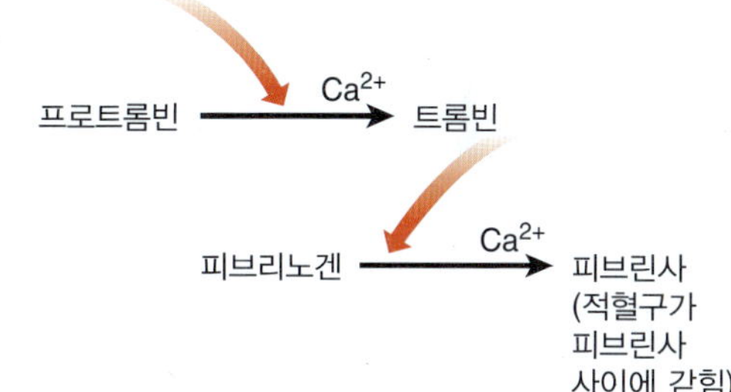

c. **응고 과정**

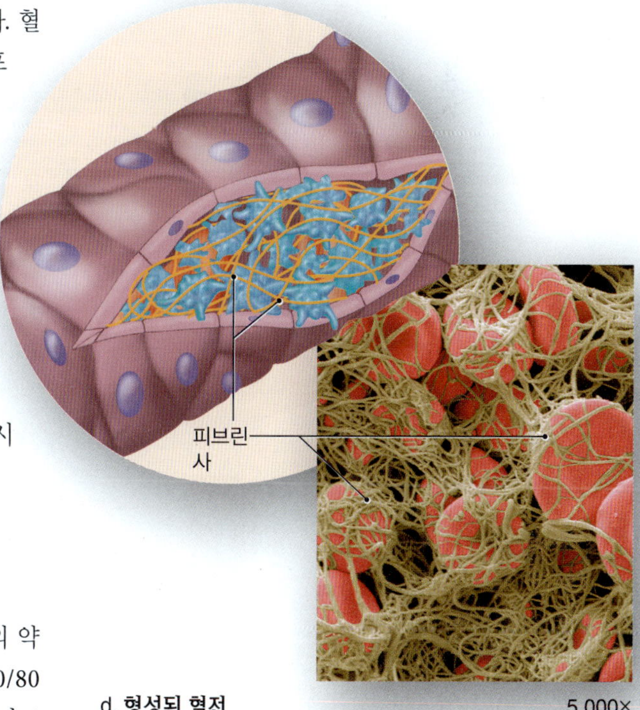

d. **형성된 혈전**

그림 23.16 혈액응고.
a. 모세혈관이 손상되면, 혈액이 새어 나간다. **b.** 혈소판이 응집되어 혈소판 플러그를 형성하여 새는 곳을 임시로 봉합한다. **c.** 혈소판과 손상된 조직 세포에서 활성제를 분비하여 혈액응고로 이어지는 일련의 반응이 활성화되며, **(d)** 혈액이 응고된다.

(d): ©Science Photo Library/Getty Images

민 K가 부족한 경우 출혈성 질환으로 발전할 수 있다.

혈액응고는 일련의 과정을 거쳐 일어난다(그림 23.16). 혈관이 손상되면 혈소판이 상처 부위에 모여 일시적으로 누출을 막아주는 플러그(plug)를 형성한다. 혈소판과 손상된 조직들은 프로트롬빈을 **트롬빈**(*thrombin*)으로 전환시키는 프로트롬빈 활성제라고 부르는 혈액응고인자를 방출한다. 이 반응에 칼슘 이온(Ca^{2+})이 필요하다. 트롬빈은 각 피브리노겐 분자에서 나온 두 개의 짧은 아미노산 연결을 돕는 효소 역할을 한다. 이렇게 활성화된 파편들은 양끝이 연결되어 긴 **피브린사**(*fibrin thread*)를 형성한다. 피브린사는 혈관의 파괴된 부위에서 혈소판 플러그들을 에워싸 혈전(clot) 구조를 형성한다. 적혈구도 피브린사 안에 포획되어 혈전은 빨갛게 보인다. 응고 반응이 일어난 뒤 혈소판이 감소하면서 혈전은 더 작아진다. 혈청이라고 부르는 액이 혈전에서 흘러나온다. 피브린 응고물은 단지 일시적으로 존재한다. 혈관이 수선되면 즉시 플라스민이라는 효소가 피브린 그물망 구조를 붕괴시키고 혈장의 유동성을 복원시킨다.

심혈관계 질환

심혈관계 질환은 서양 국가에서 급사의 주요 원인이다. 미국에서는 총인구의 약 31%가 **고혈압(hypertension)**을 앓고 있는 것으로 추정된다. 정상혈압은 120/80 mmHg이다. 최고 수치는 심실 수축에 의해 발생하므로 **수축기**(*systolic*) 혈압이라고 부르고, 최저 수치는 심실 이완에 의해 발생하므로 **확장기**(*diastolic*) 혈압이라고 부른다. 혈압 수치가 160/100을 상회하면 고혈압으로 간주한다. 고혈압은 뇌졸중이나 심장마비가 일어날 때까지 감지가 어려워 '침묵의 질병'이라고 부르기도 한다.

고혈압의 원인은 유전과 생활습관이다. 예를 들어, 고혈압은 동맥 내층 아래에

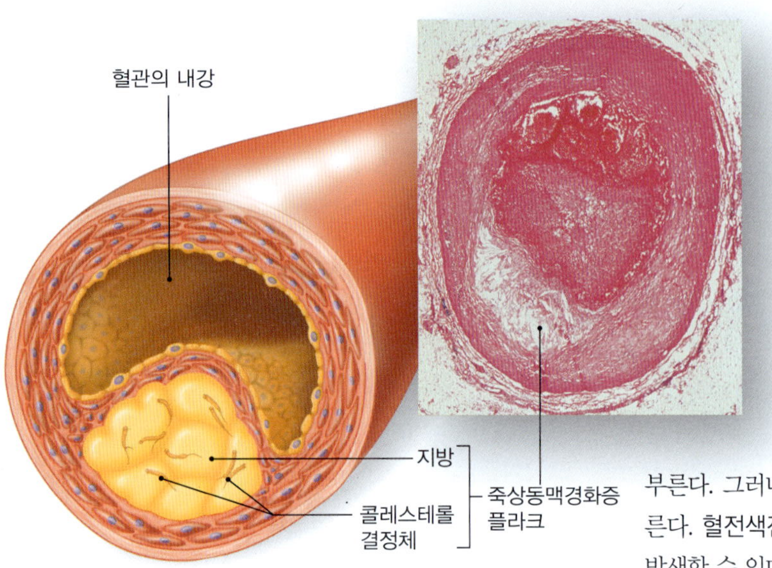

그림 23.17 죽상동맥경화증.
플라크는 동맥벽 내부에 콜레스테롤과 지방이 불규칙하게 축적되어 혈액의 흐름을 방해하고, 죽상동맥경화증을 유발한다. 특히 관상동맥이 막히면 위험하다.
©Biophoto Associates/Science Source

부드러운 지방질 덩어리, 특히 콜레스테롤이 축적된 **죽상동맥경화증(atherosclerosis)**이 있는 사람들에게서 자주 나타난다(그림 23.17). 플라크(plaque)라고 부르는 이 침전물은 관 내강으로 돌출하여 혈액의 흐름을 방해하는 경향이 있다. 죽상동맥경화증은 성인 초기에 시작되어 점진적으로 중년까지 발달하지만, 증세는 50세 이상이 될 때까지 나타나지 않을 수도 있다. 죽상동맥경화증의 발병과 발달을 예방하기 위해 미국심장위원회를 비롯한 기관들은 포화지방과 콜레스테롤이 적고 과일과 야채가 풍부한 식단을 권장한다. 흡연, 알코올, 약물 남용, 중독, 비만, 운동 부족 등이 죽상동맥경화증의 원인이 된다.

플라크는 덩어리를 형성하여 비정상적인 동맥 벽을 만든다. 이 덩어리가 정지된 상태로 남아 있을 때 그것을 **혈전**(*thrombus*)이라고 부른다. 그러나 이 덩어리가 떨어져 혈액과 함께 이동하면 **색전**(*embolus*)이라고 부른다. **혈전색전증**(*thromboembolism*)을 치료하지 않으면 심각한 건강상의 문제가 발생할 수 있다. **뇌졸중(stroke)**이라고 부르는 심혈관 질병은 때때로 작은 뇌 소동맥이 터지거나 색전으로 막혔을 때에 발생한다. 산소 부족으로 인해 뇌 일부가 죽어 반신불수나 사망으로 이어질 수 있다. 손이나 안면의 마비, 말하기가 곤란한 증세, 한쪽 눈 시력의 일시적 마비 등에 의해 뇌졸중을 사전에 감지할 수 있는 경우도 있다. 관상동맥이 혈전색전증으로 완전히 막히면 심장마비가 일어날 수 있다.

관상동맥은 O_2가 풍부한 혈액을 대동맥에서 심장 벽에 있는 모세혈관으로 보내고, 심장정맥은 O_2가 부족한 혈액을 모세혈관에서 우심실로 되돌려 보낸다. 관상동맥이 심혈관계 질병으로 인하여 좁아진 경우 흔히 좌측 팔에 방산통이 동반되는 가슴통증인 협심증을 가장 먼저 겪게 될 것이다. 관상동맥이 완전히 막히면 심장 근육의 일부가 산소 결핍으로 죽는다. 이것이 **심장마비(heart attack)**이다. 막힌 혈관을 뚫거나 혈류를 원활하게 하기 위해 두 가지 외과적 수술이 빈번하게 시행된다(그림 23.18).

심장동맥우회수술은 다른 신체 부분의 혈관 일부를 대동맥에서 관상동맥으로 봉합하여 막힌 부위를 우회하도록 하는 방법이다(그림 23.18*a*). 이렇게 하면 혈액이 다시 정상적으로 대동맥에서 심장의 벽으로 흐르게 된다. 풍선혈관성형술은 플라스틱 관을 동맥을 통해 막힌 곳에 삽입하고, 관 끝에 달린 풍선을 팽창시켜 막힌 곳을 뚫는다. 혈관을 계속 열린 상태로 유지하기 위해 흔히 스텐트를 사용한다(그림 23.18*b*).

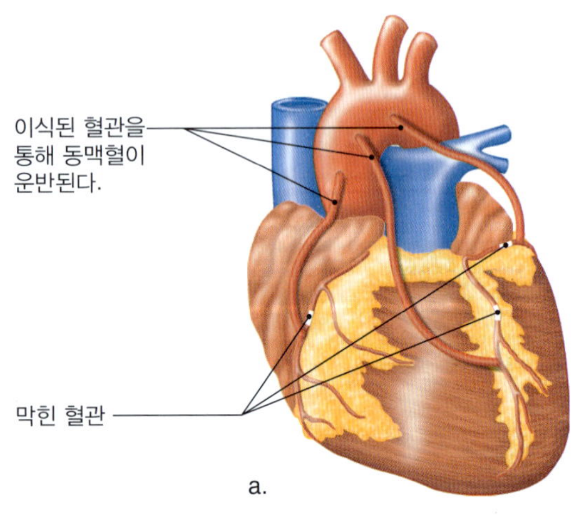

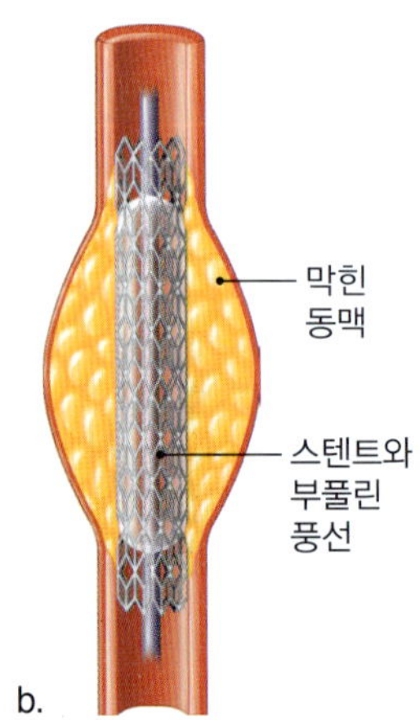

그림 23.18 막힌 관상동맥의 치료.
관상동맥 우회법이나, 스텐트 삽입법 등의 많은 심장수술이 로봇을 이용한 수술기법을 이용하여 이루어진다. **a.** 관상동맥 우회법은 혈관(보통 다리의 정맥)을 심장에 연결해 혈액이 막힌 부분을 우회하여 이동할 수 있도록 한다. **b.** 스텐트 삽입법은 카테터를 이용하여 확장될 수 있는 원통 모양의 금속 그물을 관상동맥 안에 넣는다. 이어서 풍선을 부풀리면 스텐트가 확장되어 막힌 동맥이 열리게 된다.

개념 연결하기

23.3 혈액은 혈장과 세포성 요소로 구성되며 항상성을 유지하는 데 필수적이다.

진도 점검하기 23.3

1. 혈액의 주요 구성성분들의 기능을 서술하시오.
2. 여러 종류의 백혈구를 비교, 대조하시오.
3. 혈전 형성에 관여하는 과정을 설명하시오.
4. 심혈관계 질환과 가능한 치료 방법에 대해 자세히 설명하시오.

요 약 SUMMARIZE

심혈관계는 신체의 세포로 산소와 양분을 운송하는 데에 필수적이며, 적절한 기능을 유지하기 위하여 신경계와 호르몬에 의해 조절되고 있다.

일부 동물은 순환계가 없지만, 대다수는 외부환경과 물질을 교환하는 개방순환계와 폐쇄순환계를 가지고 있다.

사람의 순환계는 심장, 동맥, 정맥, 모세혈관으로 구성되어 있다. 림프계는 세포 주변에서 과도한 조직액을 제거하는 것을 도운다.

혈액은 혈장과 세포성 요소로 구성되며 항상성을 유지하는 데 필수적이다.

23.1 개방순환계와 폐쇄순환계

순환계(circulatory system)는 동물의 세포에 산소와 영양분을 공급하고 이산화탄소와 다른 노폐물을 제거하는 역할을 한다.

- 어떤 무척추동물들은 수송계가 없이 몸을 구성하는 각 세포가 분자를 외부 환경과 교환한다.
- 어떤 무척추동물들은 **심장(heart)**을 사용하는 수송계로 혈액을 운반한다.
- **개방순환계(open circulatory system)**에서 혈림프(hemolymph)라는 체액이 혈관 안에 있는 것이 아니라 **부비강(sinuses)** 또는 **혈액낭(hemocoel)**에 집합적으로 위치한다.
- **폐쇄순환계(closed circulatory system)**인 **심혈관계(cardiovascular system)**에서는 혈액이 혈관 안에 머무른다.

척추동물의 순환경로 비교

- 어류는 한 개씩의 심방과 심실을 갖춘 심장으로 혈액을 아가미로만 보내는 단일순환경로를 가진다.
- 다른 척추동물의 심혈관계는 혈액을 폐로 이동시키는 **폐순환(pulmonary circuit)**과 혈액을 조직으로 이동시키는 **체순환(systemic circuit)**으로 구성된다. 양서류는 두 개의 심방과 하나의 심실을 가진다. 악어와 조류, 사람을 포함한 포유동물은 두 개씩의 심방과 심실을 갖춘 심장을 가지고 있으며, 여기에서 O_2가 풍부한 혈액과 O_2가 부족한 혈액은 항상 분리되어 있다.

23.2 인체에서의 수송

심혈관계는 심장과 혈관으로 구성된다.

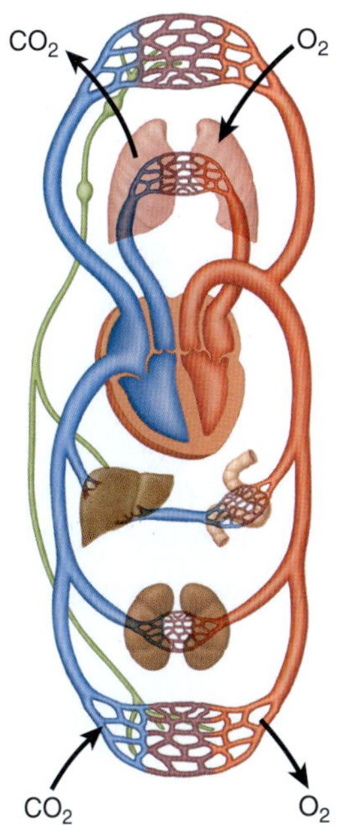

사람의 심장

심장은 **격막(septum)**에 의해 좌와 우로 구분되며, 각각 혈액을 받는 **심방(atrium)**과 혈액을 내보내는 **심실(ventricle)**을 갖추고 있다. **방실판막(atrioventricular valve)**과 **반달판막(semilunar valve)**은 혈액이 정해진 방향으로만 이동하도록 한다. **동맥(artery)**은 심장 밖으로 혈액을 내보내고 **정맥(vein)**은 심장 쪽으로 혈액을 이동시킨다.

- **심장의 우측:** 우심방은 조직으로부터 **대정맥(vena cavae)**을 통해 O_2가 부족한 혈액을 받는다. 심실은 이 혈액을 **폐동맥(pulmonary artery)**을 통해 폐로 보낸다.
- **심장의 좌측:** 좌심방은 **폐정맥(pulmonary vein)**을 통해 폐로부터 O_2가 풍부한 혈액을 받는다. 심실은 이 혈액을 **대동맥(aorta)**을 통해 조직으로 보낸다.
- **심장박동:** 심장박동은 **심장주기(cardiac cycle)**라고도 하며, 일련의 **수축기(systole)**와 **이완기(diastole)**로 이루어진다. 먼저 심방이 수축하고 그 후 심실이 수축한다. 두근거리는 심장소리(럽-덥)는 판막이 닫힐 때 나는 소리이다. **맥박(pulse)**은 혈관으로 혈액이 이동하면서 생긴다.
- **동방결절:** **동방결절(sinoatrial node, SA node**, 박동원)은 두 개의 심방을 수축시킨다. 동방결절은 방실결절을 자극하기도 한다.
- **방실결절:** **방실결절(atrioventricular node, AV node)**은 두 개의 심실을 수축시킨다.
- **심전도(electrocardiogram, ECG)**를 이용하여 동방결절과 방실결절의 활동을 측정한다.

혈관

두꺼운 벽을 갖춘 동맥은 심장에서 **소동맥(arteriole)**으로 혈액을 보내고, 소동맥은 혈액을 다시 상피세포로만 구성된 벽을 가진 **모세혈관(capillary)**으로 보낸다. **소정맥(venule)**은 모세혈관에서 혈액을 받고 합쳐져 동맥보다 얇은 벽을 가진 **정맥(vein)**이 된다.

- 동맥에서 혈액의 흐름은 심장박동으로 생긴 혈압으로 인해 이루어진다.
- 정맥에서 혈액의 흐름은 주로 골격근의 수축에 의해 이루어진다. 정맥에는 역류를 방지하기 위한 판막이 있다.

혈액의 두 가지 순환 방식

- 폐순환에서는 혈액이 폐로 가고 폐에서 나온다.
- 체순환에서는 혈액이 신체 조직을 따라 이동한다. **문맥계(portal system)**는 모세혈관에서 시작하여 모세혈관에서 끝난다.

림프계

림프계(lymphatic system)는 림프관과 림프기관들로 구성된 단일방향 순환이다. 림프관은 소화관에서 지방을 받고 모세혈관에서 과다한 조직액(림프)을 받아, 어깨 아래에 있는 심혈관 정맥인 쇄골하정맥으로 운반한다.

조직 내 모세혈관의 물질교환

조직에 있는 모세혈관에서의 교환을 통해 내부 환경이 일정하게 유지된다. 혈액이 모세혈관에 도달하면,

- 물이 혈압에 의해 동맥 쪽 끝에서 밖으로 이동한다.
- 물이 삼투압에 의해 정맥 쪽 끝에서 안으로 이동한다.
- 동맥과 정맥 사이에 있는 모세혈관에서 양분은 밖으로 확산되어 나가고 노폐물은 모세혈관으로 확산된다.
- 주변의 림프 모세혈관은 과다한 조직액을 유입하고 심혈관 정맥으로 조직액을 되돌린다.

23.3 혈액: 수송 수단

혈액(blood)은 혈장과 세포성 요소의 두 가지 주요 요소를 가진다.

혈장

혈장(plasma)은 대부분 물(90~92%)과 단백질(7~8%)이지만 영양분, 노폐물, 염분 등도 함유한다.

- 단백질과 염분은 혈액의 완충역할을 하고 혈액의 삼투압을 유지한다.
- 단백질은 또한 혈액응고에 참여하거나 큰 분자수송과 같은 특수한 기능을 가지고 있다.

세포성 요소

- **세포성 요소(formed elements)**는 적혈구, 백혈구, 혈소판으로 구성된다.
- 적혈구에는 **헤모글로빈(hemoglobin)**이 들어 있고 산소를 운반하는 역할을 수행한다.
- 백혈구는 병원균에 대항하여 방어한다.
- **호중구(neutrophil)**, **단핵구(monocyte)** 그리고 **대식세포(macrophage)**는 식균세포이다.
- 림프구는 질병에 대한 특정 면역력 향상에 관여한다. B 세포는 **항체(antibody)**를 생산하여 **항원(antigen)**에 대응한다. T 세포는 감염된 세포를 공격한다.
- **혈소판(platelet)**과 혈장 단백질(프로트롬빈과 피브리노겐)은 혈액응고에 관여한다.

심혈관계 질환

고혈압(hypertension)과 **죽상동맥경화증(athersclerosis)**에 의해 **심장마비(heart attack)**와 **뇌졸중(stroke)**이 일어날 수 있다. 심장을 튼튼하게 하는 식사를 하고, 정기적으로 운동을 하고, 적당한 체중을 유지하고, 금연을 하고, 술과 약물 남용을 피하면 이를 예방할 수 있다.

평 가 ASSESS

혼자 풀어보기

가장 적절한 답을 고르시오.

23.1 개방순환계와 폐쇄순환계

1. 개방순환계를 가진 곤충에서 산소는 무엇에 의해 세포로 전달되는가?
   a. 혈액 b. 혈림프
   c. 호흡관 d. 모세혈관
2. 혈액을 조직으로 공급하고 조직에서 배출하는 순환회로는 무엇인가?
   a. 체순환회로 b. 폐순환회로
   c. 관상순환회로 d. 심방순환회로
3. 다음 중 폐순환계를 지니고 있지 않은 것은?
   a. 양서류 b. 파충류
   c. 포유류 d. 어류

23.2 인체에서의 수송

4. 다음 심장혈관계 그림에서 각 구성요소의 명칭을 쓰시오.

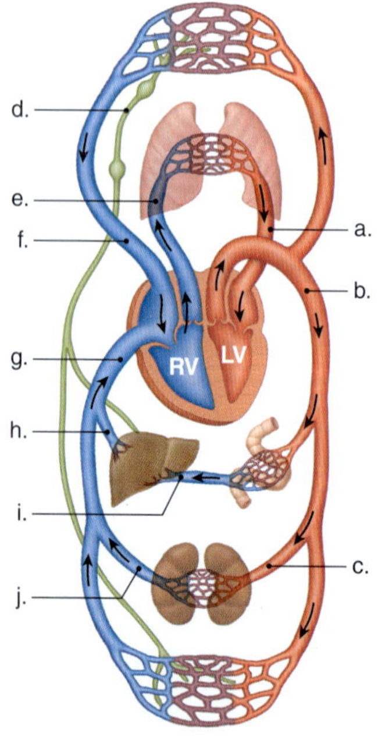

5. 다음 중 옳은 것은?
   a. 동맥은 심장 밖으로 혈액을 내보내고, 정맥은 심장으로 혈액을 운반한다.
   b. 동맥은 심장으로 혈액을 운반하고, 정맥은 심장 밖으로 혈액을 내보낸다.
   c. 모든 동맥은 O_2가 풍부한 혈액을 운반하고, 정맥은 O_2가 부족한 혈액을 운반한다.
   d. 동맥은 O_2가 부족한 혈액을 운반하고, 정맥은 O_2가 풍부한 혈액을 운반한다.

6. 다음의 심장 그림에서 각 부위의 명칭을 쓰시오.

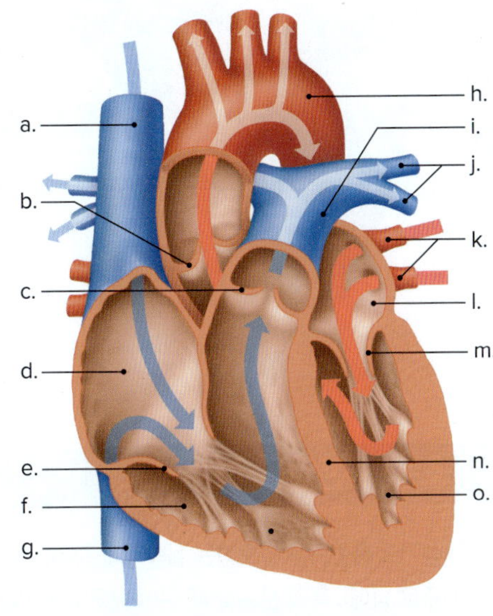

7. 다음 중 심장수기의 사건을 올바른 순서로 배열한 것은?
   a. 심방의 수축, 휴지기, 심실의 수축
   b. 심실의 수축, 휴지기, 심방의 수축
   c. 심방의 수축, 심실의 수축, 휴지기
   d. 심실의 수축, 심방의 수축, 휴지기

8. 심전도가 측정하는 것은?
   a. 뇌와 심장의 화학적 신호
   b. 뇌와 심장에서 일어나는 전기적 활동
   c. 심장의 화학적 신호
   d. 심장벽의 전기적 변화

9. 모세혈관에서 물이 정맥 말단으로 들어가는 이유는?
   a. 혈압보다 높은 삼투압 때문이다.
   b. 삼투압 기울기 때문이다.
   c. 정맥 쪽의 혈압이 더 높기 때문이다.
   d. 동맥 쪽의 혈압이 더 높기 때문이다.
   e. 정맥 쪽의 적혈구 농도가 더 높기 때문이다.

10. 림프는 무엇으로부터 형성되는가?
   a. 손상된 조직
   b. 적혈구
   c. 과다한 조직액
   d. 백혈구

23.3 혈액: 수송 수단

11. 다음 중 잘못 짝지은 것은?
   a. 백혈구—감염에 대항
   b. 적혈구—혈액응고
   c. 혈장—물, 영양분, 단백질, 노폐물
   d. 적혈구—헤모글로빈
   e. 혈소판—혈액응고

12. 혈장은
   a. 대부분 단백질로 이루어져 있다.
   b. pH 12 정도이다.
   c. 혈액의 액체성분이다.
   d. 10% 정도는 물이다.

13. 림프구가 감소되면 무엇과 관련된 문제가 나타나게 될 것인가?
   a. 응고
   b. 면역
   c. 산소 운반
   d. 모두 옳음

14. 혈관에 플라크가 축적되는 특성을 보이는 상태는 무엇인가?
   a. 고혈압
   b. 죽상동맥경화증
   c. 뇌졸중
   d. 심장마비

15. 다음 중 혈액응고와 관련이 없는 것은 무엇인가?
   a. 칼슘 이온
   b. 림프구
   c. 혈소판
   d. 프로트롬빈과 피브리노겐

관계맺기 ENGAGE

과학적으로 생각하기

1. 낭신의 심장이 1분에 70번씩 뛰고, 1분마다 심장이 5.25리터의 혈액을 온몸으로 내보낸다고 가정해보자. 현재의 나이를 기준으로 지금까지 심장은 몇 회 박동했는가? 그리고 심장은 얼마나 많은 혈액을 펌프작용을 통해 내보냈는가?
2. 네 개의 방을 가진 심장의 진화가 조류나 포유류가 온혈동물(내온동물)로 생활하는 데 결정적인 역할을 하는 이유를 설명하시오.
3. 높은 고도에서 훈련한 운동선수가 얻는 이점을 생리학적으로 설명하시오.
4. 심장혈관계는 구조가 기능과 밀접한 관련을 갖는다는 개념을 설명하기에 훌륭한 예이다. 각 혈관은 특별한 역할을 가진다. 그리고 혈관의 물리적 특징은 기능을 수행하는 데 중요하다. 우심실과 좌심실의 근육벽은 혈액을 내보내는 위치에 따라 두께가 다르다. 기관의 구조가 손상되거나 동맥에 죽상동맥경화가 일어나는 것처럼 변형이 일어나면, 기관은 역할을 다하지 못하게 된다. 혈압과 같은 항상성도 영향을 받는다. 식이요법과 생활습관을 바꾸면 심장혈관계 손상을 막을 수 있다.
   a. 고혈압은 장기간으로 볼 때, 심장에 어떤 영향을 주는가? 다른 기관계에는 어떤 영향을 주는가?
   b. 고혈압과 동맥경화가 동시에 일어나면 특히 위험한 이유는 무엇인가?

CHAPTER

24

유지관리계

The Maintenance Systems

©Paul Windsor/Taxi/Getty Images Images

개요

시작하기 전에

이 장을 시작하기 전에 다음의 내용을 다시 살펴보자.

5.4절 막을 통한 기체 확산에 영향을 주는 것은 무엇인가?

22.1절 조직의 4가지 유형은 무엇이며, 각각의 일반적인 기능은 무엇인가?

22.3절 음성피드백은 항상성 유지에 어떻게 도움이 되는가?

호흡이 곤란할 때

천식은 기도가 수축하고 염증이 생겨 호흡곤란을 일으키는 질병이다. 증세는 쌕쌕거리거나 숨이 짧고, 기침을 자주 하며(주로 밤에). 특히 운동할 때 몸이 매우 지치거나 힘이 없다고 느낀다. 미국에서 3,400만 명이 넘는 아이와 성인이 천식을 앓고 있으며, 점점 증가하고 있다. 전문가들은 이에 대한 다양한 설명을 내놓고 있다. 한 가지 가설은 우리가 어릴 때 흔한 세균이나 바이러스 및 기생충에 충분하게 노출되지 않는다는 점에서 "지나치게 청결"한 것이 아닌가 하는 것이다. 그 결과 면역계는 우리가 흡입한 해롭지 않은 물질에도 반응할 수 있다. 유해한 형태의 대기 오염물이 많이 있지만, 디젤 엔진에서 고농도로 만들어지는 아주 작은 "초미세" 먼지(직경 0.1 μm 미만)에 대한 우려가 높아지고 있다. 이 먼지들은 상기도의 정상적인 방어벽을 통과하여 폐 깊숙이 들어가 치명적인 영향을 준다.

의과학은 천식을 이해하는 데 몇 가지 비약적 성과를 이루었다. 환경요인에 더해 천식 감수성을 높이는 많은 유전자가 밝혀졌다. 예를 들어, 5번 염색체에 있는 한 벌의 유전자는 천식과 연관되어 있으며 체내 염증반응과도 연계되어 있다. 염증은 기도를 수축시키고 폐로 가는 액체의 흐름을 증가시킨다. 또한 17번 염색체에 있는 유전자가 변이되면 특히 호흡기 바이러스에 노출된 사람의 천식 감수성이 높아진다. 아직은 천식을 치료할 수 없지만, 이들 유전자의 규명이 천식 환자들에게 희망을 갖게 한다.

이 장을 공부하는 동안 다음 질문에 대해 생각해보자.

1. 기도가 좁아지고 부풀어 오르면 호흡량에 어떤 영향을 주는가?
2. 천식은 신체의 다른 기관계에 간접적으로 어떤 영향을 주는가?

24.1 호흡계

학습 목표

이 절을 학습한 후에는 다음 과제를 수행할 수 있어야 한다.

1. 동물 호흡의 3가지 주요 단계를 나열하기.
2. 상기도와 하기도의 구성요소를 나열하기.
3. 흡기와 호기를 비교하기.
4. 사람, 곤충, 어류의 호흡과정의 차이를 비교하기.
5. 산소와 이산화탄소가 혈액을 통해 전달되는 방법에 대해 설명하기.

우리 몸의 세포는 간질액(interstitial fluid)에 잠겨 있다. 세포는 간질액과 교환을 통해 산소와 영양분을 얻고 이산화탄소와 기타 노폐물을 제거한다. 또한 간질액은 혈액과도 동일한 교환을 한다(23.2절 참조). 호흡계, 비뇨계 및 소화계가 외부환경과 교환하기 때문에 혈액은 언제나 신선한 상태를 유지할 수 있다. 오직 이 방식에 의해서만 혈액이 노폐물을 제거하고 세포에 필요한 산소와 영양분을 공급받을 수 있다.

이 절에서는 기체교환에서 **호흡계(respiratory system)**의 역할에 집중할 것이다. **그림 24.1**은 혈액이 호흡계인 폐에서 이산화탄소를 버리고 산소를 받는 것을 나타낸다. 이산화탄소는 호기 때 체외로 배출되고, 흡기 때 얻은 산소가 신체의 세포로 운반된다. 이런 방식으로 환기라고도 하는 **호흡(respiration)**이 항상성에 기여한다. 육상 척추동물(사람 포함)의 호흡에는 다음 과정이 필요하다.

1. 숨쉬기: 흡기(폐로 공기가 들어옴)와 호기(폐에서 공기가 배출됨)
2. 폐 내부에서 공기와 혈액 사이의 외부 기체교환
3. 혈액과 조직액 사이의 내부 기체교환 및 체세포와 조직액 사이의 기체교환

동물의 특정 기체교환 표면이나 기체가 세포로 전달되는 방식과 상관없이 결국 산소는 미토콘드리아로 들어가고 이곳에서 호기성 세포호흡이 일어난다. 산소가 체세포로 운반되지 못하면 ATP가 생성되지 않아 생명체는 죽게 된다. 세포에서 배출된 노폐물인 이산화탄소는 세포호흡의 부산물이다(7.1절 참조).

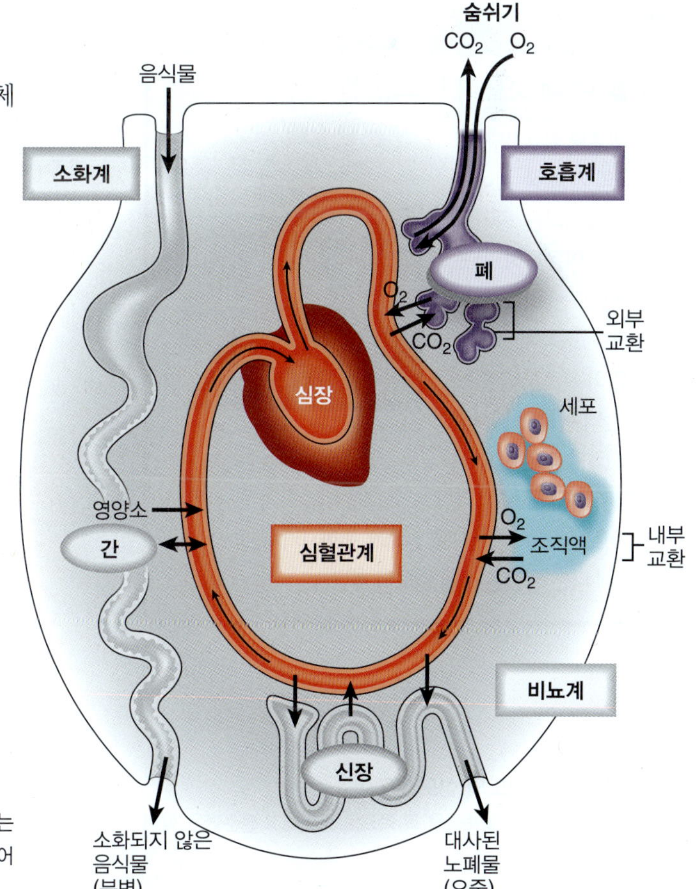

그림 24.1 호흡계와 항상성.
호흡계의 기능은 기체교환이다. CO_2가 풍부한 혈액이 폐모세혈관으로 들어간 뒤 CO_2는 폐로 확산되고 기도를 통해 체외로 배출된다. O_2가 풍부한 공기가 기도를 통해 폐로 들어간 뒤 O_2가 폐모세혈관의 혈액으로 확산된다.

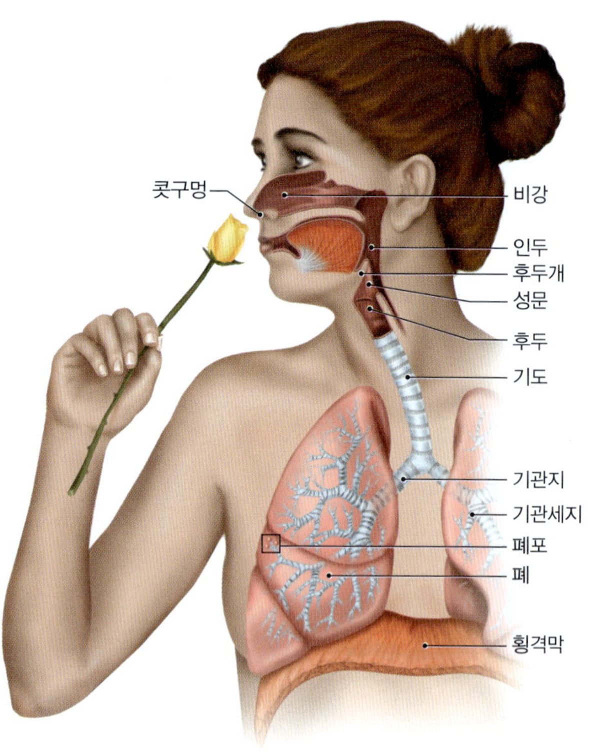

그림 24.2 사람의 호흡계.
공기는 비강에서 인두, 후두, 기관, 기관지 및 기관세지를 통과하여 폐에 도달한다.

사람의 기도

사람의 호흡계(그림 24.2)는 신체의 주요 기체교환 기관인 **폐**(허파, **lung**)로 끊임없이 들어오고 나가는 공기를 전달하는 모든 구조를 포함한다.

공기는 기도를 통과하면서 여과되어 불순물이 제거되고 따뜻해지며, 습기를 머금게 된다. 폐에 도달한 공기의 온도는 체온과 비슷해지고 습기가 포화된다. 코에서는 코털과 섬모가 걸러내는 작용을 한다. 기도에서는 섬모가 위쪽으로 물결치듯 움직이면서(그림 24.3) 점액 및 목으로 넘어온 먼지 등의 공기 속 입자들을 목으로 보내어 삼키거나 뱉어낼 수 있도록 한다. 흡연은 섬모의 활동을 저하시키고 결국은 파괴하며, 따라서 폐에 파편과 매연이 차게 된다. 이것이 다양한 폐질환으로 가는 첫 번째 단계이다.

공기가 기도 밖으로 나갈 때는 냉각되며 습기를 잃는다. 공기가 냉각되면서 공기 중의 습기가 기도 내벽에 쌓이며, 이러한 응축현상으로 인해 콧물이 흐를 수도 있다. 하지만 공기는 여전히 많은 습기를 머금고 있기 때문에 추운 날 숨을 내쉬면 콧김이 만들어진다.

상기도

상기도는 비강, 인두 및 후두로 구성된다(그림 24.2 참조). 코는 호흡계에서 유일하게 외부에 노출된 부분이다. 코에 있는 **비강(nasal cavity)**은 뼈와 연골로 구성된 격벽으로 나누어진 좁은 관이다. 눈에서 분비된 눈물이 누관을 통해 비강으로 들어간다. 이런 이유로 울면 콧물을 흘리게 된다. 비강은 **부비동(sinus)**과 연결되어 있다. 공기가 차 있는 공간인 부비동은 두개골의 무게를 줄이고 소리를 울리게 하는 방이다. 부비동과 연결된 관에 염증이 생기면 조직액이 축적되어 두통이 나타날 수 있다. 비강은 구개(입천장)에 의해 구강과 분리되어 있다. 구개는 두 부분으로 이루어져 있다. 앞쪽은 단단한 뼈가 지탱하는 경구개이고 뒤쪽은 연조직과 근육으로 구성된 연구개이다.

인두(pharynx)는 깔때기 모양의 통로이며, 음성상자(voice box)라고도 하는 **후두(larynx)**에 비강과 입을 연결하는 부위이다. 편도는 입과 인두의 접합부위에서 고리 형태의 보호용 림프조직을 형성한다. 편도에 염증이 생겨 비대해지면 **편도선염**(*tonsillitis*)이 발생한다. 편도선염이 자주 발생하고 편도선 비대로 인해 호흡이 곤란해지면 **편도선절제술**(*tonsillectomy*)을 통해 편도선을 제거할 수 있다. 인두에서 공

연관

추울 때 왜 콧물이 나오는가?

©Poncho//Getty Images

코 내부를 덮고 있는 점액층의 기능 중 하나는 폐로 들어가는 공기를 점액을 이용하여 따뜻하게 만드는 것이다. 코의 내부 조직에는 혈관이 많이 분포되어 있으며, 점액과 함께 혈액순환이 코 속의 찬 공기를 덥혀서 폐에 도달할 때에는 체온과 비슷하게 만들어준다. 이로 인해 체내 온도를 심하게 변화시키지 않아서 항상성에 나쁜 영향을 주지 않도록 한다.

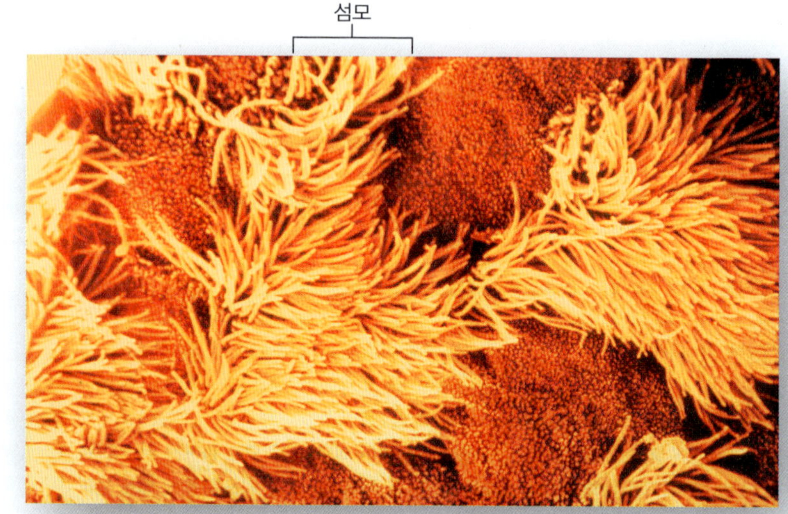

그림 24.3 호흡기도의 섬모세포.
섬모는 폐에서 나오는 불순물을 목 쪽으로 끌어내고 불순물은 삼켜질 수도 있다.
©Photo Insolite Realite/SPL/Science Source

기 통로와 음식물 통로가 교차하며, 공기 통로인 후두가 음식물 통로인 식도의 앞쪽에 있다. 이러한 배열은 음식물이 어쩌다 기도로 들어갈 경우 숨이 막힐 위험이 있어서 비효율적으로 보이지만, 코가 막힐 경우 입으로 숨을 쉴 수 있는 장점이 있다. 게다가 기체교환이 훨씬 많이 필요한 격렬한 운동을 할 때는 공기를 더 많이 받아들일 수 있다. 음식물을 삼킬 때는 탄력연골 덮개인 후두개(epiglottis)가 후두 입구인 성문(glottis)을 덮어서 음식물로 인한 질식을 막아준다.

인두를 지난 공기는 **성문(glottis)**을 지난다. 후두는 연골 복합체로 형성되어 항상 열려 있으며, 연골 중 하나가 후두융기(Adam's apple)를 형성한다. 점막으로 싸여 있는 성문 끝에는 **성대(vocal cord)**가 있다. 이 유연한 밴드 모양의 결합조직이 후두에서 성문을 통해 공기가 빠져나갈 때 진동하여 소리를 만든다. **후두염**(*laryngitis*)은 후두의 감염증이며, 목이 쉬어 소리를 제대로 내지 못하게 된다.

하기도

하기도는 기관, 기관지 및 기관세지로 구성된 호흡가지(respiratory tree)이다(그림 24.2 참조). **기관(trachea)**은 후두와 기관지를 연결하는 관이다. 목 뒤쪽에서는 기관이 완전히 붙지 않은 일련의 C자형의 연골성 고리들로 연결되어 있다. 이러한 배열로 인해 기관 바로 뒤쪽에 있는 식도를 따라 음식물이 지나갈 때 연골성 고리가 식도의 외부 조직에 손상을 주지 않는다. 기도는 두 개의 **기관지(bronchi)**로 갈라져 좌우측 폐로 들어간다. 기관지의 감염을 기관지염(*bronchitis*)이라고 한다. 기관지염이 심해지면 마른기침이 점액과 가래를 동반하는 심한 기침으로 바뀌게 된다. 흡연자의 심한 기침은 기관지염을 앓고 있거나 기도가 자극을 받았음을 나타낸다. 담배를 끊으면 이러한 증세가 사라지고 기도는 다시 건강해진다. 만성 기관지염은 흡연으로 인해 폐기종(*emphysema*)이나 폐암으로 가는 두 번째 단계이다. 폐암은 흔히 기관지에서 시작되어 폐로 퍼질 수 있다.

기관지는 계속 갈라져 많은 수의 **기관세지(bronchiole)**가 된다. 두 개의 기관지는 기관과 구조적으로 비슷하지만, 거듭하여 갈라지면서 벽이 점점 더 얇아지고 연골성 고리는 사라지며 평활근의 양이 증가한다. 천식(*asthma*) 환자는 기관세지의 평활근이 수축하여 쌕쌕거리는 특징을 보인다(24장 여는 글 참조). 각각의 기관세지는 수많은 작은 공기주머니인 **폐포(alveoli**, 단수 **alveolus)**에 이어져 있으며, 이것이 폐를 구성한다(그림 24.6 참조).

숨쉬기

사람의 **횡격막(diaphragm)**은 위쪽의 흉강(*thoracic cavity*)과 아래쪽의 복강(*abdominal cavity*)을 나누는 근육성 막으로 구성된 칸막이다. 숨을 쉴 때 근육이 수축하여 횡격막이 내려가고 늑골이 올라가며, 이에 따라 흉강과 폐의 부피가 증가한다(그림 24.4). 이로 인해 흉강과 폐에 음압이 발생하여 공기가 폐로 들어오게 되며, 이 과정을 **흡기(inspiration)**라고 한다. 폐가 이미 열려 있

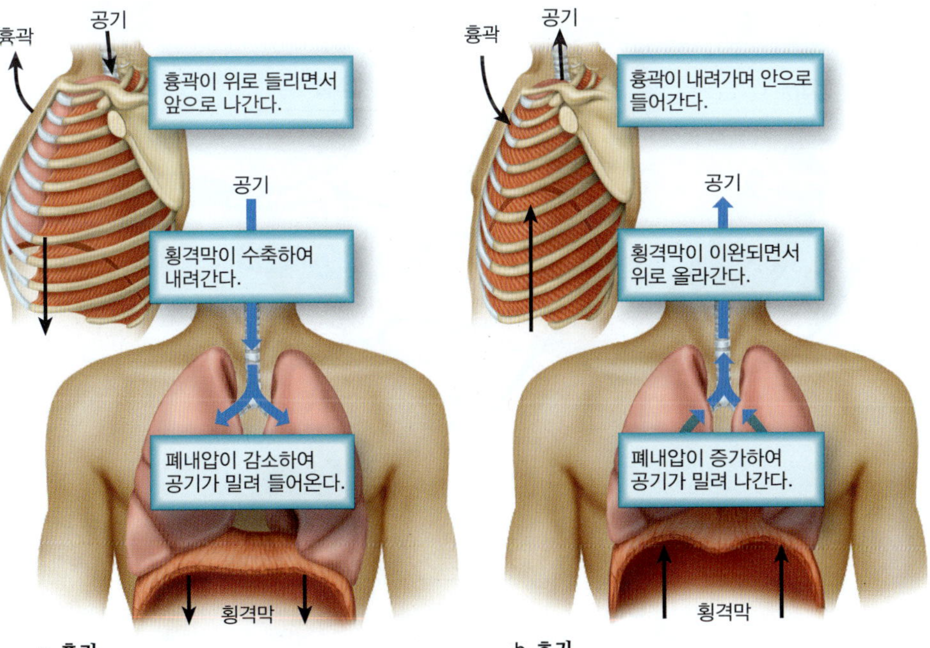

그림 24.4 흡기와 호기.
a. 흡기 중에는 흉강과 폐가 팽창하여 공기가 빨려 들어온다. **b.** 호기 중에는 흉강과 폐가 원래의 위치와 압력으로 되돌아가 공기가 밖으로 밀려나간다.

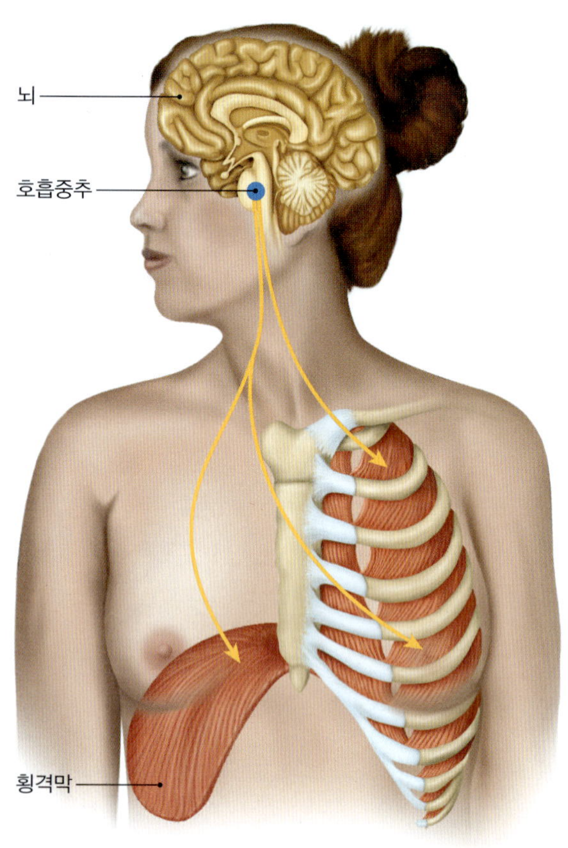

그림 24.5 신경에 의한 호흡률의 조절.
뇌가 늑간근(흉곽 근육)과 횡격막의 수축을 통제하여 호흡률을 조절한다. 호흡률이 높아지면 혈액에서 CO_2가 제거됨에 따라 H^+ 농도가 낮아지고, 혈액의 pH가 정상으로 돌아온다.

기 때문에 공기가 들어오는 것이며, 공기가 폐를 열리게 하는 것이 아니라는 사실이 매우 중요하다. 늑골과 횡격막의 근육이 이완하면 폐가 원래대로 돌아가 폐의 압력이 증가하여 공기가 빠져나가며, 이 과정을 **호기(expiration)**라고 한다.

숨쉬기의 조절

사람의 경우, 혈중 수소 이온(H^+)과 이산화탄소(CO_2)의 농도 증가는 호흡률을 증가시키는 중요한 자극이다. 대동맥, 동맥 및 총경동맥 벽에는 **대동맥소체(aortic body)**와 **경동맥소체(carotid body)**라는 화학수용기가 있어서 혈액의 화학성분을 감지한다. 이들 수용기는 H^+과 CO_2 농도 변화에는 매우 민감하지만 낮은 산소 농도에는 민감하지 않다. 호흡의 필요성은 혈액 속 산소 부족이 아니라 CO_2의 증가에 의해 나타나는 것이다. H^+과 CO_2 농도가 증가하면 이 정보가 화학수용기에서 뇌의 호흡중추(*breathing center*)로 전달되어 호흡률이 높아진다(그림 24.5). 호흡중추는 또한 산소의 양을 비롯하여 혈액 내 화학성분에 직접 반응하기도 한다.

폐와 외부의 기체교환

사람과 포유류의 폐는 양서류나 파충류에 비해 훨씬 정교하게 분지되어 있다. 개구리나 도롱뇽은 축축한 피부를 가지고 있어서 폐 이외에 체표면도 기체교환에 이용한다. 사람 폐의 총 표면적은 폐포가 있어서 피부 표면적의 최소 50배에 이를 것으로 추정된다.

폐포와 모세혈관 사이의 기체교환 과정은 전적으로 확산에 의존한다(5.4절 참조). 기체는 폐동맥과 폐정맥을 통해 폐포로 전달된다(그림 24.6*a*). 폐동맥에 풍부한 CO_2는 폐모세혈관에서 폐포로, 폐에 풍부한 산소는 폐포에서 폐모세혈관으로 확산된다(그림 24.6*b*). 확산이 일어나려면 기체교환 면적이 클 뿐만 아니라, 축축하며 얇

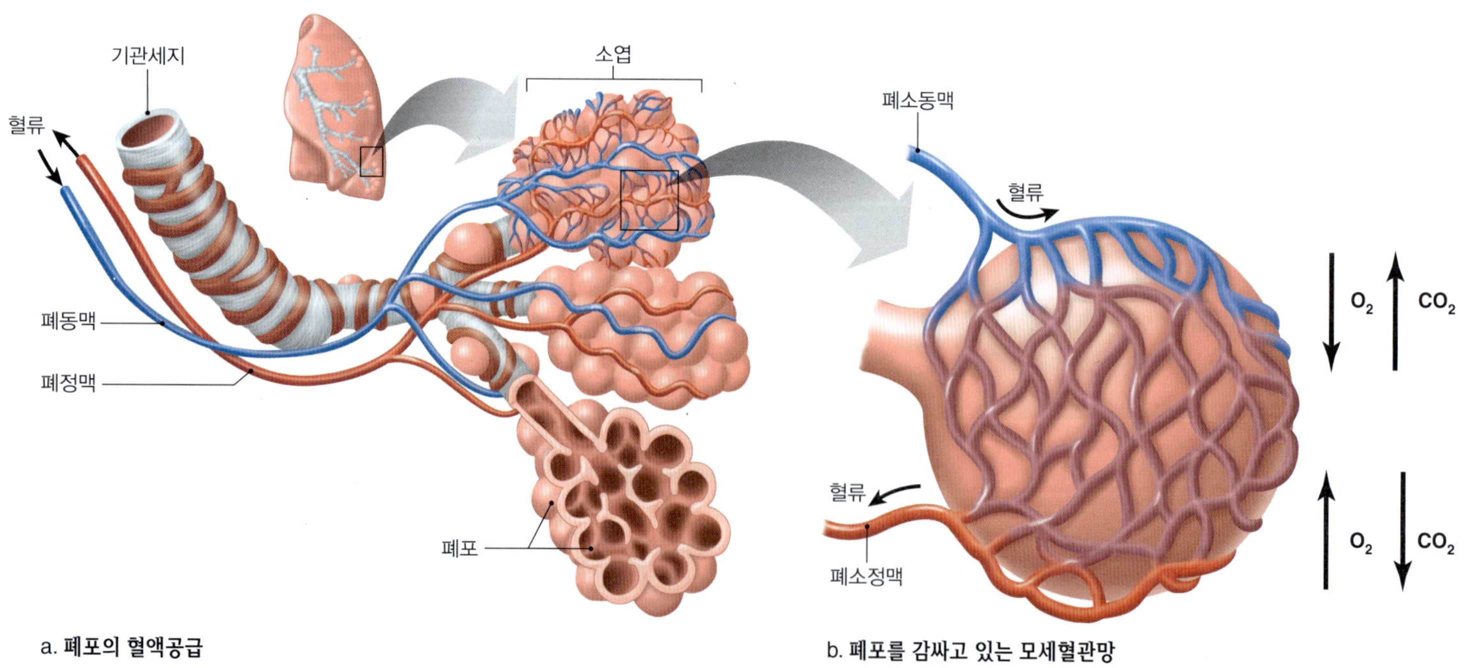

그림 24.6 폐의 기체교환.
기관세지는 폐포에 연결되며, 각 폐포의 대부분은 모세혈관망이 감싸고 있다. 폐동맥과 폐소동맥은 산소가 부족한 피(파란색)를 운반하고, 폐소정맥과 폐정맥은 산소가 풍부한 피(붉은색)를 운반한다.

아야 한다. 폐포의 상피세포는 물의 표면장력을 낮춰주는 계면활성제 역할을 하는 지질단백질의 막으로 덮여 있어서 호기 때 폐포가 들러붙지 않도록 한다. 일부 신생아, 특히 미성숙아의 경우 이 막이 없을 수 있지만, 계면활성제 대체 치료법으로 치료할 수 있다.

폐모세혈관 내의 혈액량은 매우 적으며, 적혈구는 좁은 벽에 의해 압력을 받는다. 폐포 상피와 모세혈관 상피는 아주 근접해 있으며, 이 두 상피를 합쳐 **호흡막**(*respiratory membrane*)이라고 한다. 적혈구 속 헤모글로빈이 혈액으로 확산되는 산소와 신속하게 결합한다.

폐기종(*emphysema*)은 많은 폐포의 벽이 파괴된 심각한 상황이며, 이로 인해 기체교환을 하는 표면적이 현저하게 줄어든다. 폐기종을 앓는 사람은 세포호흡에 필요한 산소를 충분히 전달할 수 없으므로, 에너지 수준이 매우 저하된다. 폐기종 초기에는 산소 보충제를 이용하여 산소 공급을 증가시킬 수 있지만, 대개는 되돌리기 어려우며 치명적이다.

그림 24.7 곤충의 기도(tracheae).
곤충의 몸 전체에 공기관(air tube)이 퍼져 있어 산소를 세포로 공급한다. 공기는 기문(spiracle)을 통해 기도(trachea)로 들어간다. 이곳에서 공기는 더 작은 관을 거쳐 기체교환이 일어나는 세포로 이동한다. **a.** 기도의 구성. **b.** 기도 벽이 띠 모양의 키틴질로 견고하게 만들어진 것을 보여주는 현미경 사진.
(photo): ©Ed Reschke

다른 동물의 호흡

사람은 기도(trachea)가 한 개지만 곤충은 여러 개이며, 키틴질 고리로 지탱되는 작은 공기 관이 몸 전체에 갈라져 있다(그림 24.7). 기관계(tracheal system)는 곤충의 체벽에 뚫려 있는 기문(spiracle)에서 시작되고 매우 가늘고 체액이 가득 찬 세관(tubule)에서 끝난다. 세관은 세포막이 구불구불해서 미토콘드리아가 세포막에 가까이 놓일 수 있다. 환기는 공기의 유입을 도와주는 기낭의 도움을 받는다. 모든 세포가 기체교환 장소에서 가까운 곳에 있으므로 혈류로 산소를 운반하지 않으며 산소를 운반하는 색소도 필요하지 않다.

대부분의 육상 척추동물에서 공기가 같은 경로로 들어오고 나가기 때문에 산소 농도가 낮은 일부 공기가 폐 속에 항상 남아 있게 된다. 이와는 달리 조류(새)는 단방향 환기 기작을 이용한다(그림 24.8). 흡입된 공기는 기관을 통해 폐를 지나쳐 복기낭(abdominal air sac)으로 들어가며, 그 후 폐를 거쳐 흉기낭(thoracic air sac)으로 들어간다. 조류의 경우 신선한 공기는 폐에서 사용된 공기와 절대 섞이지 않으며, 따라서 기체교환 효율이 매우 높다.

육상 척추동물의 폐와는 달리, 어류와 다른 수생동물은 아가미를 호흡기관으로 사용한다(그림 24.9). 어류의 경우 물이 입으로 들어가 아가미를 거쳐 인두로 빠져나간다. 아가미 모세혈관 내 혈액은 아가미를 거치는 물의 흐름과 반대방향으로 흐르며, 따라서 혈액은 언제나 산소가 풍부한 물에 노출된다. 물에 용해된 산소의 80~90%가 아가미 혈액으로 흡수된다.

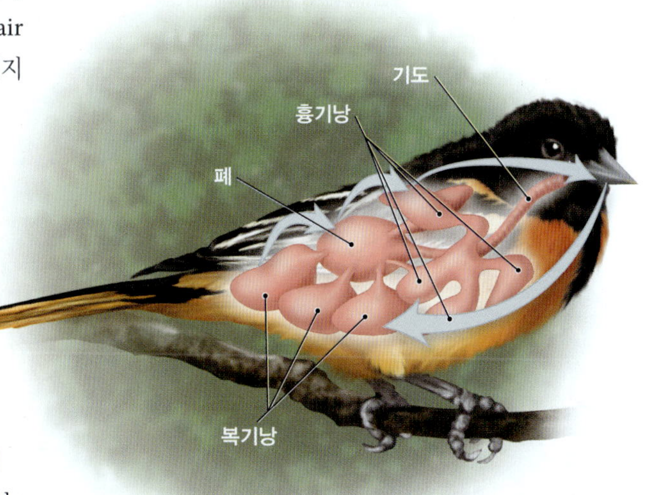

그림 24.8 조류의 호흡.
조류에서는 공기의 흐름 경로가 사람의 것과 다르다. 숨을 들이쉴 때 공기 대부분은 복기낭으로 들어간 뒤 폐로 들어간다. 숨을 내쉴 때는 공기가 폐를 거쳐 흉기낭으로 이동한 후 배출된다. 이러한 공기의 단방향 흐름으로 인해 숨을 쉴 때마다 훨씬 많은 신선한 공기가 폐 속에 있게 되며, 따라서 더 많은 산소를 받아들일 수 있다.

기체의 수송과 내부교환

23.3절에서 산소는 적혈구 속의 헤모글로빈 분자에 의해 신체의 조직으로 운반되는 것을 배웠다. 만일 헤모글로빈이 없다면, 산소 분자가 폐에서 발끝까지 이동하는 데 몇 년이 걸릴 것이다. 헤모글로빈 분자는 α사슬 2개와 β사슬 2개로 모두 4개의 폴리펩티드 사슬로 이루어져 있다. 각 사슬은 철(iron)이 포함된 **헴(heme)**기를 둘러싸고 있다. 실제로 산소와 결합하여 조직으로 산소를 운반하는 것은 철이다(그림 24.10).

적혈구마다 약 2억 5,000만 개의 헤모글로빈이 있기 때문에 적혈구 하나가 최소한 10억 개의 산소 분자를 나를 수 있다. 기체의 내부교환이 일어날 때 헤모글로

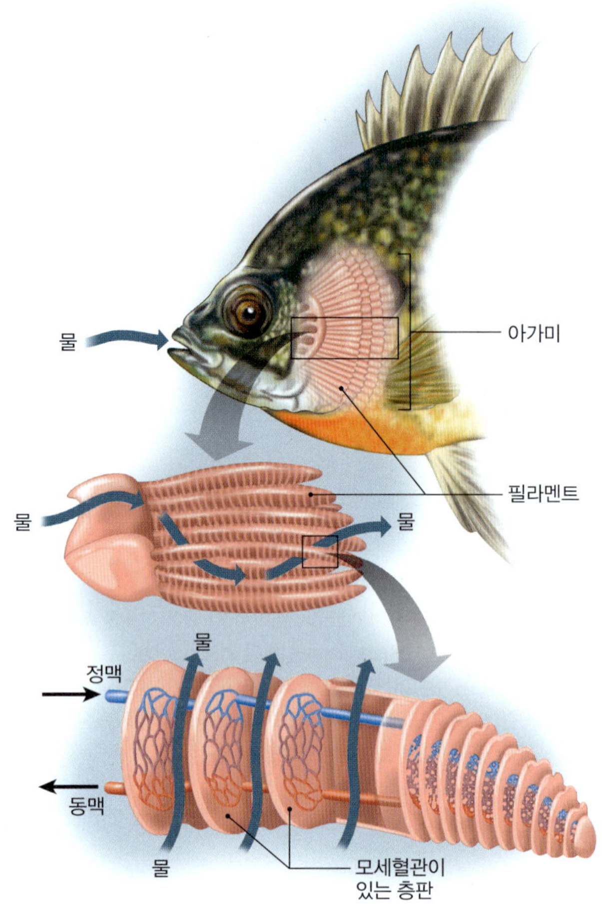

그림 24.9 **경골어류의 아가미.**
아가미의 구조. 층판 내부의 모세혈관과 층판 사이를 흐르는 물 사이에서 기체가 교환된다.

빈이 조직에서 산소를 내놓는 주된 이유는 간질액이 항상 혈액보다 산소 농도가 낮기 때문이다. 세포가 산소를 사용하여 세포호흡을 수행하기 때문에 이러한 차이가 나타나는 것이다. 헤모글로빈에서 산소가 해리되는 또 다른 이유는 조직의 온도가 높고 pH가 낮기 때문이며, 이런 환경조건 역시 세포호흡에 의해 생겨난다. 세포호흡 과정에서 열과 CO_2가 부산물로서 방출된다.

이산화탄소는 내부교환 중에 혈액으로 들어가는데 이는 간질액의 CO_2 농도가 항상 높기 때문이다. 대부분의 CO_2는 중탄산 이온(bicarbonate ion, HCO_3^-)의 형태로 전달된다. 먼저 CO_2가 물과 결합하여 탄산을 형성한 뒤에 수소 이온과 중탄산 이온으로 해리된다.

CO_2	+	H_2O	⟶	H_2CO_3	⟶	H^+	+	HCO_3^-
이산화탄소		물		탄산		수소 이온		중탄산 이온

H^+은 pH를 낮추는 원인이지만, 대부분의 H^+이 헤모글로빈의 글로빈 부위에 흡수되기 때문에 pH는 약간만 낮아진다. HCO_3^-는 혈장에 의해 운반된다.

폐에서 HCO_3^-는 어떻게 될까? 혈액이 폐모세혈관으로 들어가면 CO_2가 혈액에서 폐포로 확산되어 빠져나간다. 헤모글로빈이 운반해온 H^+을 방출하므로 다음과 같은 반응이 일어난다.

$$H^+ + HCO_3^- \longrightarrow H_2CO_3 \longrightarrow H_2O + CO_2$$

이제, 대부분의 CO_2가 혈액에서 빠져나와 폐포로 확산된다. 혈액의 H^+ 양이 증가하면 뇌의 호흡중추가 호흡속도를 높이고, 혈액에서 CO_2가 더욱 빠져나가 혈액의 pH가 조정된다.

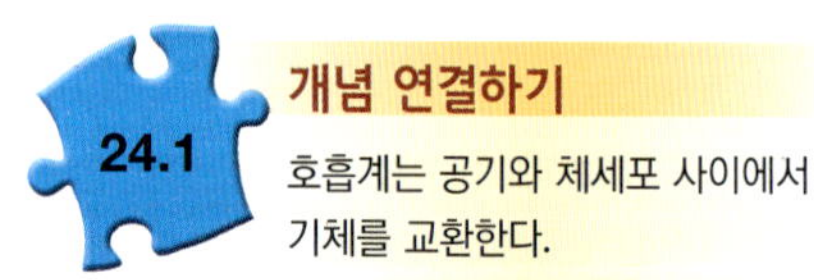

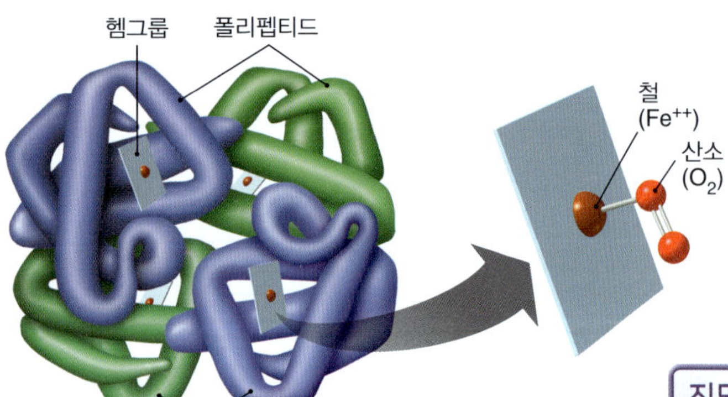

그림 24.10 **헤모글로빈.**
헤모글로빈은 두 종류의 폴리펩티드가 두 개씩 모여 구성되며, 폴리펩티드마다 헴기(heme group)가 하나씩 있다. 산소는 헴기 중앙의 철 원자와 결합한다.

진도 점검하기 24.1

1. 육상 척추동물 호흡의 세 가지 단계를 요약하시오.
2. 상기도와 하기도를 거치는 공기의 경로를 설명하시오.
3. 폐에서 혈액으로 산소가 확산되는 원인과 이산화탄소가 혈액으로 들어갔을 때 일어나는 일을 설명하시오.

24.2 비뇨계

학습 목표

이 절을 학습한 후에는 다음 과제를 수행할 수 있어야 한다.

1. 항상성 유지에 비뇨계가 어떻게 관여하는지 설명하기.
2. 신장과 네프론의 해부학적 구조를 설명하기.
3. 오줌형성에 관련된 3가지 과정을 설명하기.
4. 곤충과 포유류의 배설작용의 차이점을 비교하기.
5. 신장질환의 원인과 치료를 설명하기.

사람을 포함한 척추동물에서 **비뇨계(urinary system)**는 항상성에 중요한 역할을 한다. 신장이 이 기능을 주로 담당하며(그림 24.11), 신장의 기능은 다음의 3가지로 요약할 수 있다.

- 요소와 요산 등의 질소노폐물 배출
- 혈액의 물-염 균형 유지
- 혈액의 산-염기 균형 유지

사람의 **신장(kidney)**은 강낭콩 모양의 적갈색 기관이며 크기는 주먹만 하다. 횡격막 바로 밑 척추의 양쪽에 위치하며, 흉곽 하부에 의해 부분적으로 보호된다. 신장에서 생성된 **오줌(urine)**은 비뇨계의 여러 기관을 거쳐 몸 밖으로 배출된다. 신장에는 **수뇨관(ureter)**이 연결되어 있어서 오줌을 **방광(urinary bladder)**으로 보내 저장하고, **요도(urethra)**를 통해 배출한다(그림 24.12). 요도는 남자의 경우 음경을 지나며, 여자의 경우 질과 요도의 입구가 다르다. 여자는 비뇨계와 생식계가 연결되어 있지 않다. 그러나 남자는 비뇨계와 생식계가 연결되어 있기 때문에 사정할 때에 정자가 요도를 통해 이동한다.

양서류, 조류, 파충류 및 일부 어류에서 방광은 소화관, 요관, 생식관이 통합된 배출구인 총배설강으로 이어져 있다.

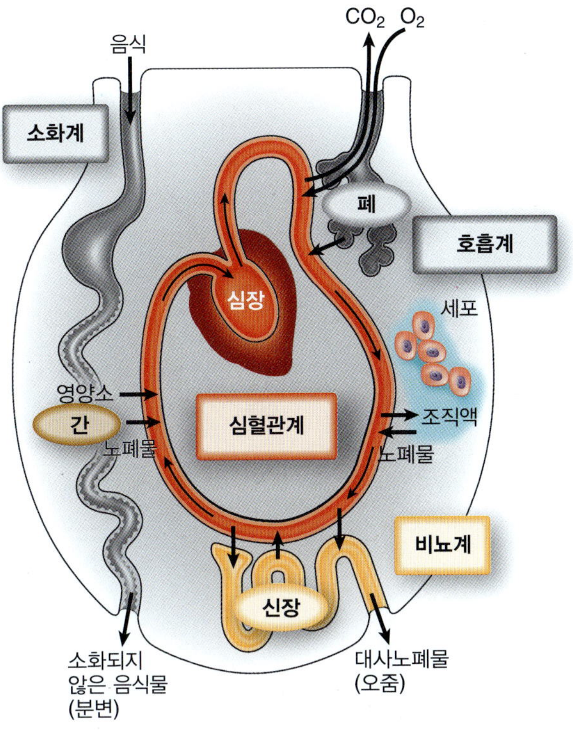

그림 24.11 비뇨계와 항상성.
신장에서 배설작용의 세 가지 기능은 요소(간에서 생성)와 기타 질소노폐물 배출, 물-염 균형 유지 및 pH 유지이다.

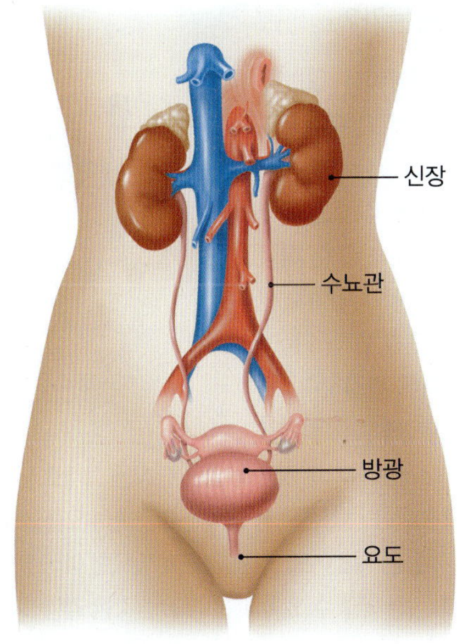

그림 24.12 사람의 비뇨계.
사람의 비뇨계는 오줌을 생성하고, 저장하며, 배출한다.

그림 24.13 신장의 구조.
a. 사람의 신장은 신피질(renal cortex)과 신수질(renal medulla)로 구성되며, **(b)** 약 100만 개의 네프론이 들어 있다. 네프론은 신장의 기능 단위이다.

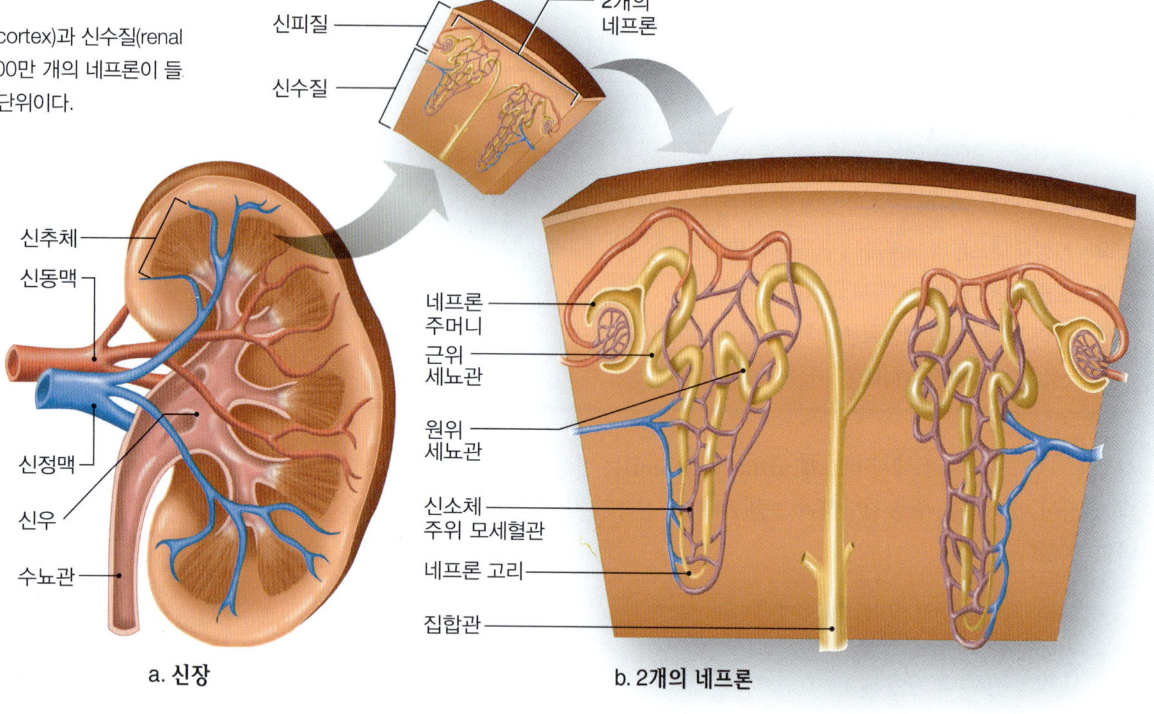

사람의 신장

신장을 종단면으로 자르면 3가지 중요한 부위를 구별할 수 있다(그림 24.13*a*). 신장의 바깥쪽 부위인 신피질(*renal cortex*)은 다소 과립 형태로 보인다. 신피질 안쪽의 신수질(*renal medulla*)은 원뿔 모양의 신추체(renal pyramid)로 구성된다. 신장의 가장 안쪽 부분은 신우(*renal pelvis*)라고 하는 속이 빈 공간이다. 신우에 모인 오줌은 수뇨관을 통해 방광으로 운반된다. 현미경으로 관찰하면, 신장은 **네프론**(신단위, **nephron**)이라고 하는 100만 개 정도의 작은 세관으로 구성되어 있다(그림 24.13*b*). 네프론에서 오줌이 생성된다.

네프론

네프론은 여러 부위로 구성된다(그림 24.14). 네프론의 막혀 있는 말단부위는 스스로 말려서 **사구체주머니(glomerular capsule)**를 형성한다. 이 부위에서 혈액이 여과된다. 주머니의 안쪽 층은 특수화된 세포로 구성되어 분자가 쉽게 통과할 수 있다. 사구체주머니에서 뻗어 나온 관은 **기부감긴세뇨관**(근위세뇨관, **proximal convoluted tubule**)이며, 미토콘드리아가 많고 미세융모가 조밀한 세포들로 이루어져 있다. 이 관은 하행지와 상행지로 이루어진 헨레고리(Henle's loop; **네프론고리, nephrone loop**)를 거쳐 **말부감긴세뇨관(원위세뇨관, distal convoluted tubule)**과 연결된다. 몇 개의 말부감긴세뇨관이 하나의 **집합관(collecting duct)**으로 들어가며, 집합관이 오줌을 신우로 보낸다. 헨레고리와 집합관으로 인해 신수질의 신추체에 줄무늬가 나타난다(그림 24.13*a*).

각 네프론은 혈관이 각각 연결되어 있으며, 혈액을 공급하는 모세혈관과 네프론의 여러 부위 사이에서 다양한 교환이 일어나 오줌이 만들어진다.

연관

신장이식을 할 때 기능부전 신장을 제거하는가?

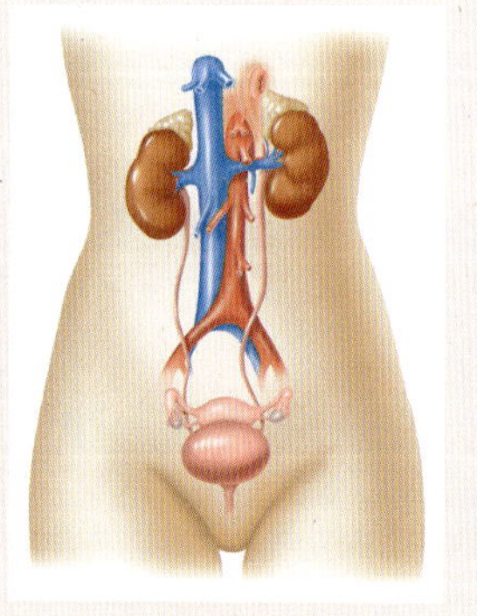

보통은 제거하지 않는다. 신장이식을 할 때에 공여자의 신장은 대개 하복부에 놓이며, 이곳은 원래 있던 2개의 신장 중 하나의 아래쪽이다. 공여자 신장의 혈관은 환자의 동맥과 정맥에 연결하며, 요도는 환자의 방광에 연결한다. 대개는 환자의 기능을 잃은 신장을 그대로 남겨둔다. 그 이유는 네프론에서 혈액을 여과하여 오줌을 생성하는 기능은 잃었어도, 신체 기능에 필요한 여러 물질을 여전히 만들어낼 수 있기 때문이다. 심각한 감염이나 암 또는 다낭포성신장질환(polycystic kidney disease, PKD)인 경우에는 기능을 잃은 신장을 제거한다.

오줌의 생성

오줌은 여과, 재흡수, 분비의 세 단계를 거쳐 생성된다(그림 24.14).

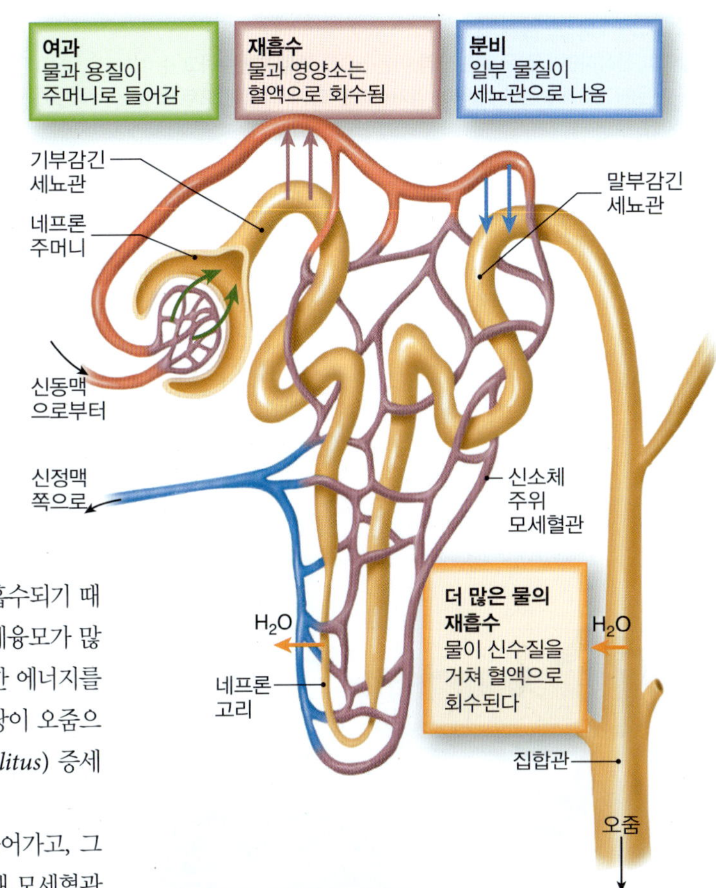

그림 24.14 오줌의 생성.
오줌은 여과, 재흡수 및 분비의 세 단계를 거쳐 생성된다. 네프론 전체, 특히 헨레고리와 집합관에서 혈액으로 수분이 재흡수되어 고장액의 오줌이 만들어진다.

여과 여과란 작은 물질은 막을 통과하고 큰 물질은 남아 있게 되는 과정이다. 혈압에 의해 모세혈관에서 사구체주머니 내부로 작은 분자가 이동함으로써 혈액이 **여과(filtration)**되어 오줌이 생성된다. 이때 물과 영양소, 염, 요소 등의 작은 분자들은 사구체주머니 내부로 이동한다. 혈장 단백질과 혈구세포는 너무 커서 여과되지 않고 혈액에 남아 있게 된다.

만일 여과액의 성분이 네프론의 다른 부위에서 변화되지 않는다면 영양실조나 탈수로 인해 사망에 이를 것이다. 다음 단계인 재흡수에서 이러한 일을 방지한다.

물질의 재흡수 **재흡수(reabsorption)**는 기부감긴세뇨관에서 혈액으로 물질이 이동하는 것이다. 포도당과 아미노산 등의 영양소도 혈액으로 회수된다. 포도당 같은 일부 분자가 수동적으로도 그리고 능동적으로도 재흡수되기 때문에 재흡수 과정은 선택적인 과정이다. 기부감긴세뇨관의 세포들은 미세융모가 많이 있어서 표면적이 넓고, 미토콘드리아가 많이 있어서 능동수송에 필요한 에너지를 공급한다. 그러나 여과액에 포도당 운반체보다 포도당이 더 많으면 포도당이 오줌으로 나오게 된다. 오줌 속에 포도당이 섞여 나오는 것은 당뇨(*diabetes mellitus*) 증세이며, 때로는 호르몬인 인슐린의 결핍으로 생긴다.

나트륨 이온(Na^+) 또한 능동적으로 신소체 주위 모세혈관으로 들어가고, 그 후 염소 이온(Cl^-)이 수동적으로 모세혈관으로 따라 들어간다. 이로 인해 모세혈관 내부의 삼투압이 커지고 물이 삼투에 의해 세뇨관에서 혈액으로 이동한다. 기부감긴세뇨관의 상피세포 막에는 아쿠아포린(aquaporin)이라는 단백질 통로가 있어서 물을 빠르게 재흡수하도록 한다. 전체적으로 염과 수분의 약 60~70%가 기부감긴세뇨관에서 재흡수된다.

사람의 물질대사 결과로 생성되는 요소를 비롯한 질소노폐물의 일부는 수동적으로 흡수되지만, 대부분은 여과액에 남아 있게 된다.

분비 **분비(secretion)**는 여과와는 다른 방식에 의해 물질이 네프론으로 이동하는 것이다. 분비는 특히 말부감긴세뇨관과 연관되어 있다. 요산, 수소 이온, 암모니아 및 페니실린 등의 물질은 분비작용에 의해 제거된다. 분비과정은 네프론에서 여과되지 않은 잠재적으로 해로운 물질을 제거하도록 돕는다.

물-염의 균형과 pH 조절 모든 동물은 내부환경의 물-염의 항상성과 pH 항상성을 유지하는 몇 가지 수단을 가지고 있다. 사람에서는 긴 헨레고리가 고장액인 오줌을 분비하도록 한다(그림 24.14). 헨레고리의 상행지에서 염과 요소를 신수질로 펌프하고, 물이 삼투압에 의해 헨레고리의 하행지와 집합관에서 빠져나간다. 신장의 물-염 재흡수 조절에 몇 가지 호르몬이 관여한다(27.2절 참조). 커피는 이들 호르몬 중 하나를 방해하므로 **이뇨제(*diuretic*)**에 해당된다. 이뇨제는 더 많은 양의 오줌을 만들어 내는 물질이다.

사람의 신장은 또한 혈액의 pH 조절도 돕는다. 혈액의 중탄산 이온(HCO_3^-) 완충계와 호흡률의 조절은 모두 몸에서 CO_2 배출을 돕고 혈액의 pH를 유지하도록 한다. 이러한 기작들이 도움이 되지만, 오직 신장만이 광범위한 산성과 염기성 물질을 배출할 수 있다. 신장은 완충/호흡률 기작에 비해 느리게 작용하지만, pH에 대한

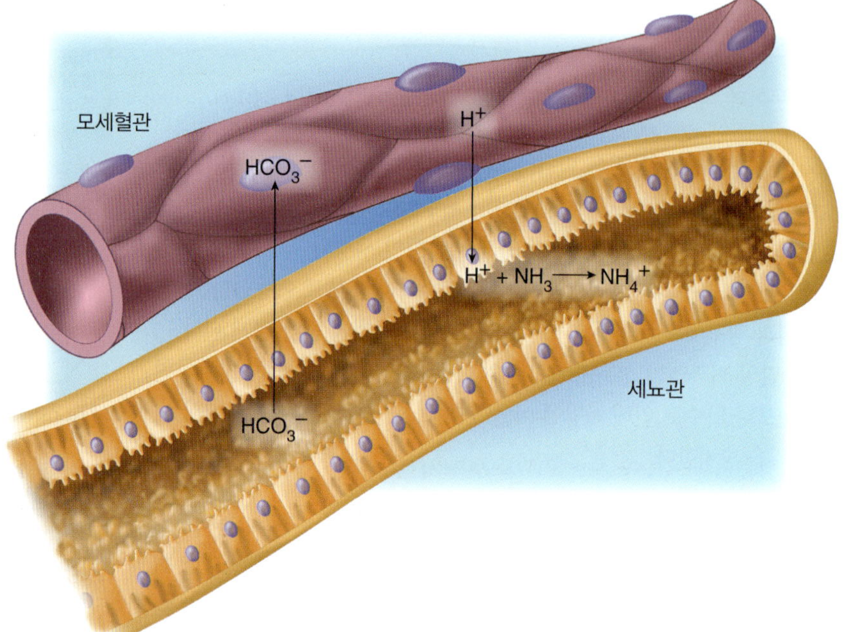

그림 24.15 산-염기 균형.
혈액이 산성이면 신장은 중탄산염 이온(HCO_3^-)을 재흡수하고 수소 이온(H^+)을 배설한다. 혈액이 염기성이면 이 두 과정이 모두 억제된다.

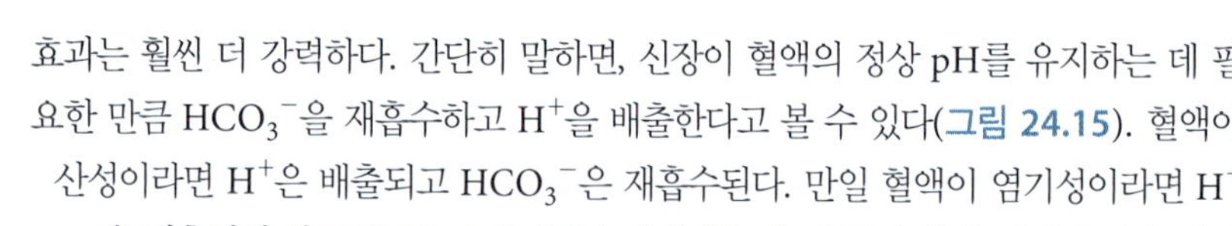

효과는 훨씬 더 강력하다. 간단히 말하면, 신장이 혈액의 정상 pH를 유지하는 데 필요한 만큼 HCO_3^-을 재흡수하고 H^+을 배출한다고 볼 수 있다(그림 24.15). 혈액이 산성이라면 H^+은 배출되고 HCO_3^-은 재흡수된다. 만일 혈액이 염기성이라면 H^+은 배출되지 않고 HCO_3^-이 재흡수되지 않는다. 오줌이 대개 산성인 것은 체내에서 H^+이 과도하게 만들어지고 배출되기 때문이다. 암모니아(NH_3)는 오줌에서 이들 H^+을 완충시키는 수단이다($NH_3 + H^+ \rightarrow NH_4^+$). 기저귀 통이나 고양이 변기 상자 등에도 존재하는 암모니아는 세뇨관 세포에서 아미노산이 분해되어 만들어진다. 인산염은 오줌에서 H^+을 완충시키는 또 다른 수단이다.

다른 동물의 물-염 균형 조절 곤충은 **말피기관(Malpighian tubules)**이라고 하는 길고 가는 관으로 구성된 독특한 배설계를 가지며 이것은 장에 연결되어 있다(그림 24.16). 요산은 주요한 질소노폐물로서, 주변의 혈림프(hemolymph)에서 말피기관으로 단순 확산되어 들어오며, 물은 칼륨 이온(K^+)이 능동수송되면서 형성되는 염 농도기울기를 따라 들어오게 된다. 물과 다른 유용한 물질들은 직장에서 재흡수되지만, 요산은 항문을 통해 몸 밖으로 배출된다. 물속에 사는 곤충이나 수분이 많이 포함된 먹이를 먹는 곤충은 수분을 거의 재흡수하지 않는다. 하지만 건조한 환경에 사는 곤충은 대부분의 수분을 흡수하여, 건

그림 24.16 말피기관.

곤충의 말피기관은 장에 연결되어 있으며, 개방혈관계인 혈림프에 둘러싸여 있다. 말피기관 안으로 노폐물이 확산되고 K^+이 분비되면, 삼투에 의해 물이 말피기관으로 들어온다. 직장 벽에서 많은 양의 물과 K^+이 재흡수된다.

조하고 반고체 상태인 요산 덩어리를 배출한다. 대부분의 동물은 혈액 속의 물과 염의 농도를 조절할 수 있다. 예를 들어, 민물고기는 소화관과 아가미에서 염을 흡수하여 많은 양의 희석된 오줌을 만들어낸다. 바닷물고기는 염분이 많은 물을 먹지만 아가미에서 이온을 펌프질해 내보내고 적은 양의 농축된 오줌을 만들어낸다.

신장 기능의 이상

여러 종류의 질병, 특히 당뇨와 고혈압 및 유전 요인에 의해 진행성 신장질환과 신부전이 나타날 수 있다. 요로감염, 전립샘 비대, pH 불균형 또는 단순한 칼륨 과다섭취로도 신장결석이 생길 수 있다. 신장결석은 신우에서 만들어지며 대개 모르는 사이에 오줌으로 빠져나간다. 만일 결석의 크기가 수 cm 정도로 커져 신우나 요도를 막으면 역압이 생겨 네프론이 파괴된다. 네프론 손상의 초기 증상 중 하나는 오줌에서 알부민, 백혈구, 심지어 적혈구까지 나타나는 것이다. 만일 손상이 심하여 네프론의 2/3 이상이 제대로 작용을 못한다면, 요소와 다른 노폐물들이 혈액에 축적된다. 혈액 속의 질소노폐물이 항상성에 영향을 주기는 하지만, 더 우려되는 부분은 물과 염이 체내에 지나치게 존재하게 되는 것이다. 이 경우 신체조직에 조직액이 축적되는 **부종(edema)**이 나타날 수 있다. 체액의 이온 조성이 균형을 잃으면 의식을 잃거나 심지어 심부전이 올 수도 있다.

혈액투석과 신장 이식

신부전 환자는 인공신장기 또는 복막투석(*continuous ambulatory peritoneal dialysis*, CAPD)을 이용하여 혈액투석(*hemodialysis*)을 할 수 있다. **투석(dialysis)**이란 작은 분자만 통과할 수 있는 구멍이 있는 반투과성 막을 통해 용해된 분자가 확산되는 것이다. 인공신장기는 환자의 혈액이 반투과성 막의 튜브를 통과하며 투석액(dialysate)과 접촉하도록 한다(그림 24.17). 혈액 속의 농도가 높은 물질은 투석액으로 확산되며, 투석액 내의 농도가 높은 물질은 혈액으로 확산된다. 투석액은 계속 교체되어 알맞은 농도 차이를 유지해준다. 이런 방식으로 인공 신장을 이용하여 노폐물이나 독성물질, 약물을 포함한 물질을 혈액에서 제거하며, 혈액에 어떤 물질을 넣어줄 수도 있다. 예를 들어, 혈액이 산성이라면 HCO_3^-을 넣어준다. 혈액투석을 하는 3~6시간 동안 50~250 g의 요소를 제거할 수 있으며, 이것은 같은 시간 동안 신장에서 배출되는 양보다 훨씬 많다. 그러므로 환자는 일주일에 두 번 정도만 이 처치를 받으면 된다.

복막투석에서는 복강의 상피인 복막이 투석막 역할을 한다. 복강에 영구적으로 이식한 플라스틱 관에 일시적으로 연결한 주머니로부터 깨끗한 투석액을 복강으로 직접 투여한다. 투석액은 중력에 의해 복강으로 흘러 들어간다. 복강 벽의 혈관에 있던 노폐물과 염 분자들은 투석액 쪽으로 이동한다. 4~8

그림 24.17 인공신장기.
투석용 튜브에 환자의 혈액을 펌프하면서 이 튜브를 투석액에 노출시킨다. 미리 맞추어 놓은 농도기울기로 인해 노폐물이 혈액에서 용액으로 빠져나간다. 이러한 방식으로 혈액을 깨끗하게 하고, 물-염 균형과 산-염기 균형도 맞출 수 있다.

시간 후에 이 용액을 중력에 의해 복강에서 주머니로 회수하여 버린다. 인공신장기에 비해 복막투석은 투석을 하는 동안에도 정상적으로 활동할 수 있다는 장점이 있다.

신부전 환자는 신장이식수술을 통해 공여자의 정상 신장을 이식받을 수도 있다. 사람은 신장이 한쪽만 기능을 해도 충분하다. 그러나 모든 장기이식에서는 거부반응이 나타날 수 있다. 따라서 가장 가까운 가족의 신장을 이식하여야 성공확률이 높다. 이 경우 현재 1년간 생존율은 98%이며, 5년간 생존율은 91%이다. 미래에는 돼지의 신장이나 실험실에서 만든 신장을 신장 이식에 사용할 수도 있을 것이다.

개념 연결하기

비뇨계는 질소노폐물을 배출하고 신체의 물-염 균형과 산-염기 균형을 유지한다.

진도 점검하기 24.2

1. 비뇨계의 세 가지 기능을 설명하시오.
2. 네프론의 부위 각각의 기능을 설명하시오.
3. 오줌 형성의 3단계를 요약하시오.
4. 항상성에 대한 물-염의 평형과 pH의 중요성을 요약하시오..

요 약 SUMMARIZE

유지관리계는 인체의 최적 기능에 중요한 역할을 한다. 유지관리계는 영양분을 공급하고 신체에서 노폐물을 제거한다.

24.1 호흡계는 공기와 체세포 사이에서 기체를 교환한다.

24.2 비뇨계는 질소노폐물을 배출하고 신체의 물-염 균형과 산-염기 균형을 유지한다.

24.1 호흡계

호흡(respiration)은 (1) 숨쉬기, (2) 기체의 외부교환, (3) 기체의 내부교환 등 세 단계를 포함한다.

호흡계

사람 **호흡계(respiratory system)** 의 주요 구성 요소는 두 가지로 나눌 수 있다.

- 상기도는 **비강(nasal cavity)**과 **부비동(sinuse)**을 포함한 코, **인두(pharynx)**, 성대를 포함한 **후두(larynx)**로 구성된다. **성문(glottis)**과 후두개(epiglottis)는 호흡계와 소화계의 경계를 이룬다.
- 하기도는 **기관(trachea)**, **기관지(bronchi)**, **기관세지(bronchiole)**, 폐로 구성된다. **폐(lung)**에는 모세혈관망에 둘러싸인 공기 주머니인 **폐포(alveoli)**가 많이 있다. 폐의 아랫부분은 흉강과 복강을 나누는 근육성 막인 횡격막과 접하고 있다.

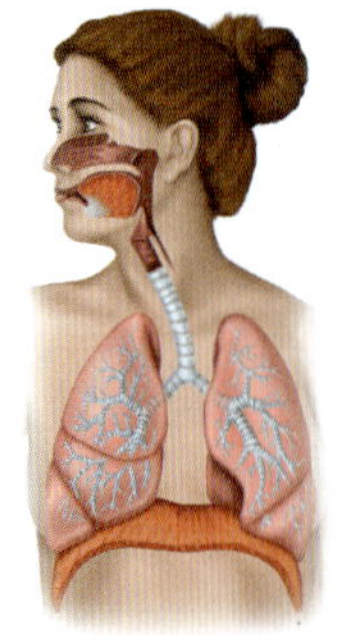

숨쉬기

- **흡기: 흡기(inspiration)** 중에 **횡격막(diaphragm)**은 내려가고 흉곽은 위로 올라가며 앞으로 튀어 나온다. 폐가 팽창하여 공기가 폐로 밀려들어온다.
- **호기: 호기(expiration)** 중에 횡격막이 이완하여 위로 올라간다. 흉곽은 아래로 내려가며 안으로 들어간다. 폐 속의 압력이 증가하여 공기가 폐에서 밀려나간다.
- **호흡 조절:** CO_2와 수소 이온(H^+) 농도가 호흡률을 조절하는 자극으로 작용한다. **대동맥소체(aortic body)**와 **경동맥소체(carotid body)**는 호흡률을 조절하는 화학수용기로 뇌에 있는 호흡중추로 정보를 보낸다.

폐와 외부의 기체교환

- 폐포는 폐모세혈관으로 둘러싸여 있다.
- 각 기체의 농도기울기로 인해 CO_2는 혈액에서 폐포로, O_2는 폐포에서 혈액으로 확산된다.

기체의 수송과 내부교환

세포호흡에 필요한 산소는 다음 이동경로를 따른다.

- 헤모글로빈의 철 부위(헴, **heme**)에 의한 수송
- 확산에 의해 혈액에서 조직으로 들어감
- 세포호흡으로 조직이 따뜻해지고 산성이 됨에 따라 모세혈관의 헤모글로빈에서 일어나는 산소의 해리

세포호흡 결과로 생긴 이산화탄소는 다음 이동 경로를 따른다.

- 확산에 의해 혈액으로 들어감
- 적혈구로 들어가거나 물과 결합하여 탄산을 형성함
- 탄산이 분해되어 수소 이온(H^+)과 중탄산 이온(HCO_3^-)을 생성

CO_2	+	H_2O	→	H_2CO_3	→	H^+	+	HCO_3^-
이산화탄소		물		탄산		수소 이온		중탄산 이온

중탄산 이온은 혈장에 의해 이동된다. H^+은 헤모글로빈의 글로빈과 결합한다.

- 폐에서는 H^+이 중탄산 이온과 결합하여 탄산을 형성하며, 나중에 물과 CO_2로 분해된다.

$$H^+ + HCO_3^- \longrightarrow H_2CO_3 \longrightarrow H_2O + CO_2$$

24.2 비뇨계

비뇨계(urinary system)의 기능은 다음과 같다.

- 요소와 요산 등의 질소노폐물을 배출한다.
- 혈액의 정상적인 물-염의 균형을 유지한다
- 혈액의 산-염기 균형을 유지한다.

비뇨계는 다음과 같은 부위로 구성된다.

- **신장(kidney): 오줌(urine)**을 생성한다.
- **수뇨관(ureter):** 오줌을 방광으로 보낸다.
- **방광(urinary bladder):** 오줌을 저장한다
- **요도(urethra):** 오줌을 외부로 내보낸다.

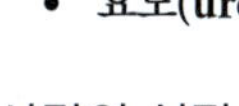

사람의 신장

신장은 신피질, 신수질, 신우의 세 부분으로 나눈다. 현미경 수준에서는 신피질과 신수질은 **네프론(nephron)**을 포함하고 있다. 네프론은 **사구체 주머니(glomerular capsule)**, **기부감긴세뇨관(proximal convoluted tubule)**, **네프론 고리(nephron loop)**, **말부감긴세뇨관(distal convoluted tubule)** 및 **집합관(collecting duct)**으로 이루어진다.

- 오줌은 세 단계를 거쳐 생성된다.
- **여과(filtration):** 물, 영양소, 노폐물이 혈액에서 사구체 주머니 안으로 이동한다.
- **재흡수(reabsorption):** 염, 물, 영양소는 기부감긴세뇨관에서 재흡수된다.
- **분비(secretion):** 어떤 물질(수소 이온 등)은 혈액에서 말부감긴세뇨관 안으로 수송된다.

물-염 균형과 pH의 조절 신장은 물-염의 농도와 혈액의 pH를 조절함으로써 항상성에 중요한 역할을 한다. 물의 재흡수 과정과 고장액의 오줌 생성 과정에서는 용질의 농도기울기가 형성되고, 이에 따라 네프론고리(헨레고리)의 하행지와 집합관로부터 물을 혈관으로 끌어들인다. 신장은 필요에 따라 HCO_3^-를 흡수하거나 H^+를 배출하여 혈액의 pH를 7.4 정도로 유지한다. 암모니아는 오줌 속의 H^+를 완충시킨다. 곤충의 말피기관, 그리고 민물어류와 바다어류의 특수기관은 동물이 물과 염의 균형을 조절하는 또 다른 예이다.

신장 기능의 이상 당뇨, 신장결석, 신장감염 등의 다양한 임상조건에 의해 신부전이 유발될 수 있다. 신부전은 체내 조직액이 축적되는 **부종(edema)**을 일으킬 수 있다. 신부전은 신장 기계를 이용한 **투석(dialysis)**이나 신장 이식을 통해 치료할 수 있다.

평가 ASSESS

혼자 풀어보기

가장 적절한 답을 고르시오.

24.1 호흡계

1. 다음 그림에서 사람 호흡계를 구성하는 부위의 명칭을 쓰시오.

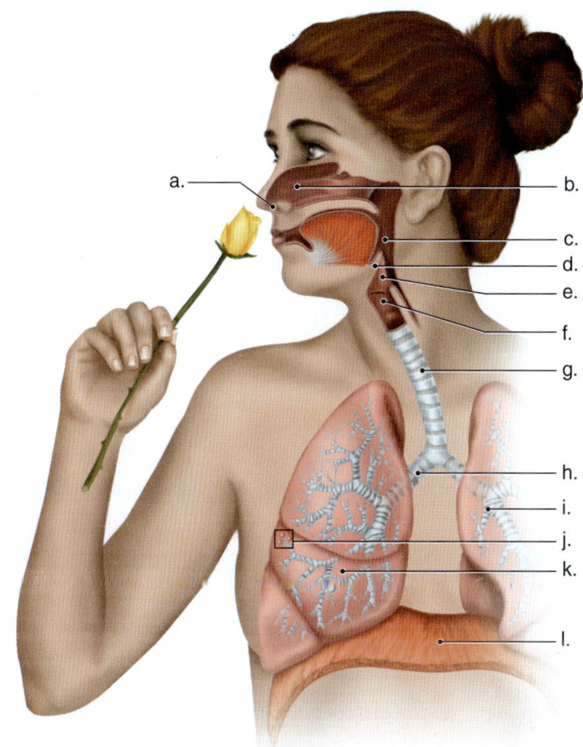

2. 기체교환은 기관세지의 작은 주머니인 __________에서 일어난다.

a. 폐포 **b.** 기도
c. 편도 **d.** 네프론

3. 후두는

a. 사람 호흡계에서 기체를 교환하는 부위이다.
b. 기도와 기관지 사이에 있다.
c. 음식을 삼킬 때 호흡관으로 들어가지 못하도록 하는 납작한 연골이다.
d. 목소리 상자(voice box)이다.

4. 이산화탄소가 심혈관계에서 주로 이동하는 방식은 무엇인가?

a. 중탄산 이온의 형태로
b. 헤모글로빈의 헴 분자에 결합한 형태로
c. 이산화탄소 기체 형태로
d. 요산으로

24.2 비뇨계

5. 다음 그림에서 사람 비뇨계를 구성하는 부위의 명칭을 쓰시오.

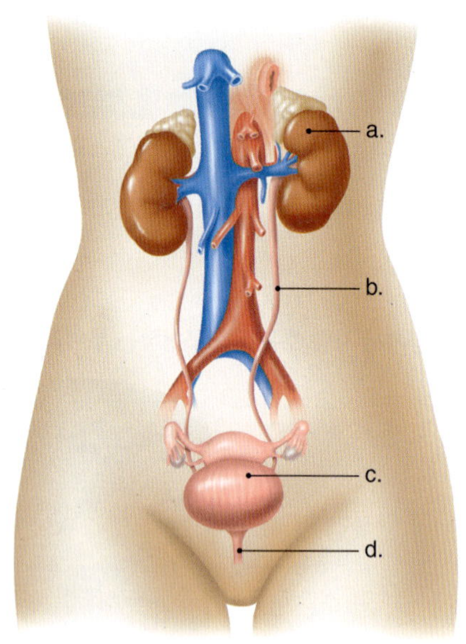

[6~9] 신장의 구성요소에 대한 설명에 해당하는 것을 보기에서 고르시오.

보기:

a. 사구체 주머니 **b.** 기부감긴세뇨관
c. 네프론고리(헨레고리) **d.** 말부감긴세뇨관

6. 이곳에서 염을 신수질로 펌프하고, 물이 삼투에 의해 뒤따라 이동한다.
7. 요산은 이곳에서 분비되어 제거된다.
8. 이곳에 있는 미세융모가 포도당 같은 분자들을 재흡수한다.
9. 여과가 일어난다.
10. 비뇨계는 우리 몸의 무엇을 조절하는데 관여하는가?
    a. 수분 농도 **b.** 염 농도
    c. 혈액의 pH **d.** 모두 옳음

관계맺기 ENGAGE

과학적으로 생각하기

1. 일산화탄소(CO)는 산소보다 헤모글로빈에 230~270배나 강하게 결합하며, 이것은 조직으로 운반되는 산소의 양이 적어진다는 것을 의미한다. 대부분의 헤모글로빈이 산소 대신 CO에 결합한 경우, 죽음에 이르게 하는 요인은 무엇인가?
2. 신장이 손상되면 흔히 고혈압이 나타난다. 어떤 사람은 고혈압에 이어 신장 손상이 나타나지만, 어떤 사람은 신장 손상이 원인이 되어 고혈압이 나타난다. 저염식을 이용하여 어떻게 고혈압과 신장 손상 중 어느 것이 먼저인지를 판단할 수 있을까?
3. 메뚜기는 대부분의 다른 곤충과 마찬가지로 육상생활에 적응되어 있다. 메뚜기의 호흡계와 비뇨계에서 찾아볼 수 있는 적응은 무엇인가?

©Ricochet Creative Productions LLC

CHAPTER

25

소화와 인간의 영양
Digestion and Human Nutrition

글루텐과 셀리악병

식료품점에서 장보기를 할 때, "글루텐이 없는"이라고 표시된 다양한 음식들과 거의 모든 식당에는 글루텐이 없는 메뉴가 있다. 그렇다면, 글루텐이 정확히 뭘까?

대부분의 사람이 믿는 것과 달리 글루텐은 탄수화물이 아니다. 그 대신, 이것은 밀, 호밀, 보리에서 흔히 발견되는 단백질의 한 종류이다. 대부분 사람에게, 글루텐은 다른 단백질과 마찬가지로 소화계에 의해 처리되는데, 이것은 글루텐이 아미노산으로 분해되고 순환계에 흡수되는 걸 의미한다.

하지만 약 100명 중 1명꼴로, 체내에서 글루텐을 외부 병원체로 오인하는 경우가 있다. 이로 인해 소장의 내피에 문제가 있는 셀리악병이 발생한다. 셀리악병은 자가면역 반응의 한 예로, 글루텐에 대한 체내의 반응으로 인해 장벽의 염증과 손상이 발생한다. 장벽의 손상으로 인해 영양실조와 기타 건강문제가 발생한다. 셀리악병 환자들은 식단에서 글루텐을 제외해야 한다. 흥미로운 점은, 셀리악병이 없는 사람들에게는 글루텐 프리 식단이 건강상의 이점이 없어 보인다.

이 장에서는 소화계의 기능과 영양소와 영양에 대한 기본 원리에 대해 배우게 될 것이다.

이 장을 공부하는 동안 다음 질문에 대해 생각해보자.

1. 탄수화물과 단백질은 소화계에서 어떻게 처리되는가?
2. 소화 과정에서 소장의 역할은 무엇인가?

개요

시작하기 전에

이 장을 시작하기 전에 다음의 내용을 다시 살펴보자.

2.2절 모든 생명체에게 중요한 영양소로 만드는 물의 특성은 무엇인가?

3.2절 세포에서 탄수화물, 지질, 단백질의 역할은 무엇인가?

7.1절 호기성 호흡은 포도당과 같은 유기 분자에서 발견되는 에너지를 어떻게 방출하는가?

25.1 소화계

학습 목표

이 절을 학습한 후에는 다음 과제를 수행할 수 있어야 한다.

1. 완전한 소화계와 불완전한 소화계를 구분하기.
2. 인간 소화계의 기관을 파악하고 각각의 기능을 설명하기.
3. 소화계의 부속기관을 나열하고 그 기능을 설명하기.
4. 소화관을 통한 특정 영양소(예: 탄수화물)의 소화와 흡수를 설명하기.

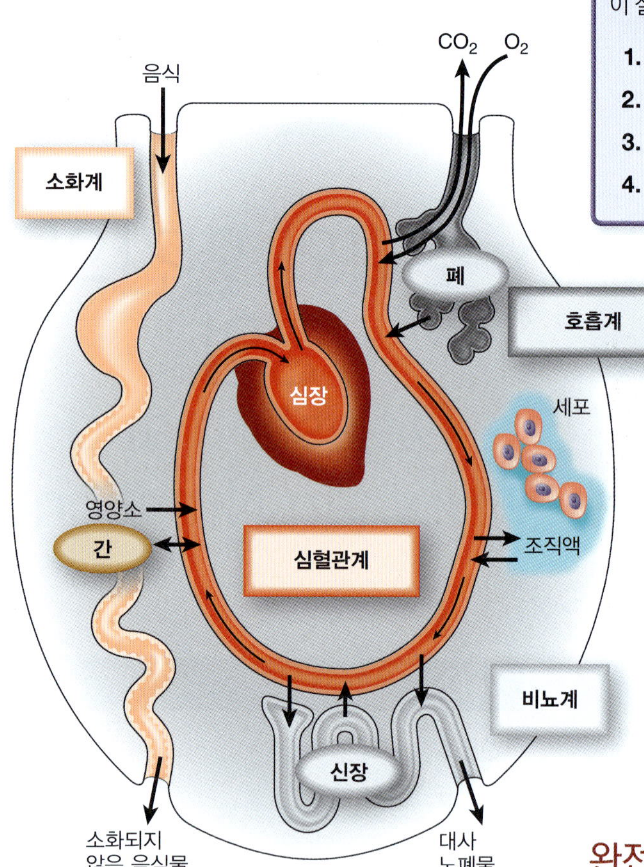

그림 25.1 소화계와 항상성.
소화계는 음식을 섭취하여 혈액 속으로 들어가는 영양 분자로 소화한다. 혈액은 영양분을 조직으로 운반하며, 여기서 간질액 교환이 발생한다.

생명의 기본적인 특성 중 하나(1.1절 참조)는 자극에 반응하는 것과 같이 생활 활동을 수행하기 위한 에너지에 대한 영양소를 획득하는 능력이다. 동물에서 **소화계(digestive system)**는 다음과 같은 과정에 관여하는 기관으로 구성된다:

- 음식 섭취
- 음식을 운반할 수 있는 더 작은 분자로 분해하는 것
- 영양 분자 흡수
- 소화되지 않는 물질 제거

소화계는 체내의 다른 기관계와 상호작용하여 체내 세포가 계속 기능하는 데 필요한 영양소를 제공하여 체내 평형을 유지한다(그림 25.1).

완전한 소화계와 불완전한 소화계

해면동물과 해파리와 같은 자포동물(19.2절 참조)은 모두 불완전한 소화계를 가진 동물들의 예시로, 이는 하나의 입구와 출구의 역할을 모두 한다는 것을 의미한다. 지렁이와 같은 대부분의 다른 동물들(19.3절 참조)은 완전한 소화관을 가지고 있다. 완전한 소화관은 관-내부-관 구성을 가지고 있다(그림 25.2). 내부 튜브(소화관, 때로는 사료관이라고도 함)에는 입구(입)와 출구(항문)가 모두 있다. 내부 튜브는 **체강(coelom, 코엘롬)**이라고 불리는 공간에 의해 외부 튜브(체외)와 분리되어 있음을 주목하라. 소화를 돕는 전문 기관은 체강 내에 위치한다.

지렁이와 인간의 소화관이 매우 다르다고 생각할 수 있지만, 실제로 중요한 유사점이 여러 가지 있다. 이는 지렁이와 인간을 포함한 모든 동물에서 음식의 소화는 세포 밖으로의 배출 과정이기 때문이다. 소화관 벽의 분비샘이나 근처에 있는 부속선에서 생성된 소화효소들이 소화관으로 방출된다. 음식은 이 부속선 내부에는 존재하지 않고, 오직 소화관 안에서만 발견된다.

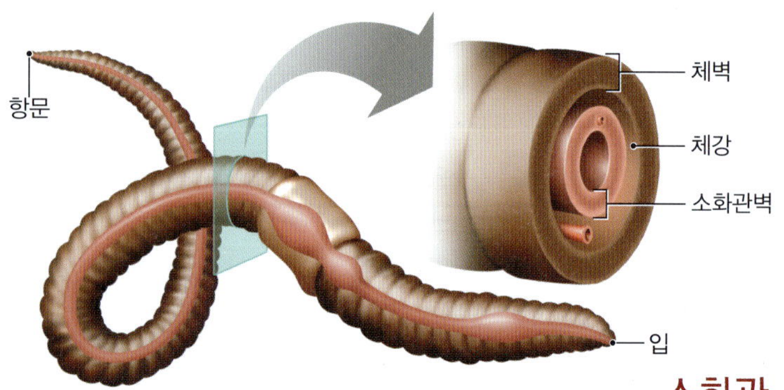

그림 25.2 완전한 소화계 구조.
완전한 소화계는 소화관을 따라 장기를 전문화할 수 있는 관-내부-관 구조로 구성된다.

소화관

인간과 대부분의 다른 척추동물들의 소화관은 입, 식도, 위, 소장, 대장으로 구성되어 있다(그림 25.3).

입

인간의 소화계는 **입(mouth)** 또는 구강이라고 불리는 곳에서 시작되며, 여기서 씹는 과정을 통해 기계적 소화 과정이 시작된다. 많은 척추동물은 음식을 부수고 소화를 위해 표면적을 증가시키는 치아를 가지고 있다. 예외적으로 새들은 이빨이 없고, 먹이를 부수기 위해 모래주머니 내부에서 작은 자갈들을 휘젓는 것에 의존하는 경우도 있다.

포유류의 이빨(치아)은 그들의 식습관을 반영한다(그림 25.4). **육식동물(carnivores)**은 다른 동물을 먹고, 고기는 세포에 섬유질 벽이 없기 때문에 쉽게 소화된다. **초식동물(herbivores)**은 식물 물질을 먹으며, 섬유질 벽을 분해하기 위해 많은 씹는 과정과 기타 처리 과정이 추가적으로 필요하다. 인간은 **잡식성(omnivores)**이고, 고기와 식물을 둘 다 먹는다. 인간의 앞니 4개(위와 아래)는 물어뜯기 위한 날카로운 끌 모양이다. 앞니 양쪽에는 음식을 찢는 데 사용되는 뾰족한 송곳니가 있다. 앞니와 어금니는 음식을 갈아서 으깬다. 인간은 마치 입안의 앞쪽은 육식동물이고 뒤쪽은 초식동물인 것처럼 보인다.

음식은 탄수화물, 단백질, 핵산, 지질 분자로 구성된 세포를 포함하고 있다. 소화효소는 이러한 큰 분자들을 더 작은 분자들로 분해한다. 입안에서는 세 쌍의 **침샘(salivary gland)**이 입으로 관을 통해 침을 보내 화학적 소화 과정을 시작한다. 이러한 소화효소 중 하나는 탄수화물인 녹말을 이당류인 엿당으로 분해하는 **침샘 아밀라아제(salivary amylase)**이다.

입안에서 음식은 근육질의 혀(기계적 소화)에 의해 조작되며, 씹힌 음식이 침과 혼합되고(화학적 소화) 그 후에 **식괴(bolus, 볼루스)**라 불리는 덩어리로 형성하여 삼켜진다.

삼키기

인간의 소화와 호흡의 통로는 인두로 함께 오다가 그 후에 나뉜다(그림 25.5*a*). 음식을 삼키면 입천장의 뒤쪽 부분인 연구개가 위로 올라가 비강을 막는다(그림 25.5*b*). **후두개(epiglottis)**라고 불리는 조직의 한 조각이 성문을 덮고 있는데, 이것은 후두로 들어가는 입구이다. 일반적으로, 공기 통로가 막혀 있기 때문에 물

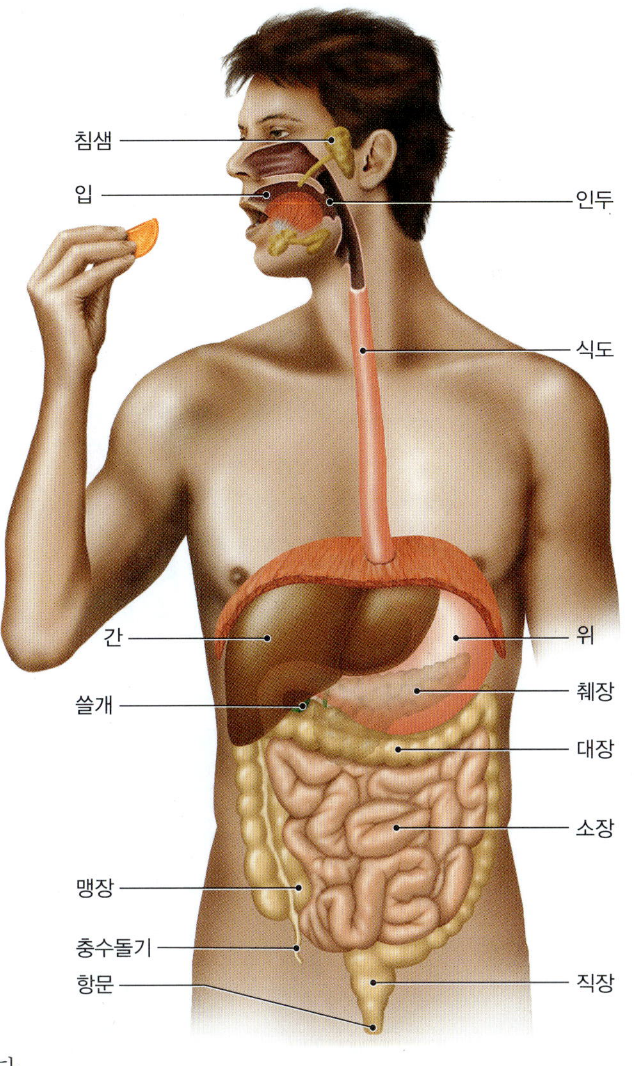

그림 25.3 인간의 소화계.
인간은 음식을 처리하는 소화기관과 소화를 돕는 효소와 화학물질을 제공하는 부속기관으로 구성된 완전한 소화계를 가지고 있다.

그림 25.4 포유류의 치아 구조.
a. 육식동물은 먹이를 죽이기 위해 큰 송곳니를 가지며, 뼈를 긁어내기 위한 짧은 앞니, 그리고 살을 찢기 위한 뾰족한 어금니를 가지고 있다. **b.** 초식동물은 식물을 뜯어 먹기 위한 날카로운 앞니와 갈기 위한 평평한 어금니와 작은 어금니를 가지고 있다. **c.** 잡식동물은 육식동물과 같은 앞니와 초식동물과 같은 어금니를 가지고 있다.

범례:
앞니 / 작은 어금니
송곳니 / 어금니

a. 육식동물

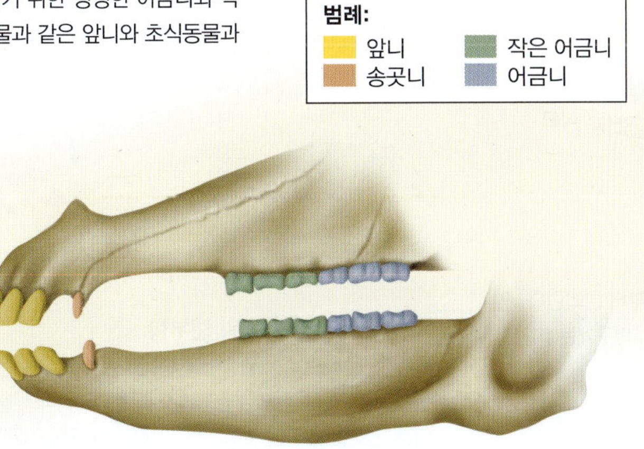

b. 초식동물

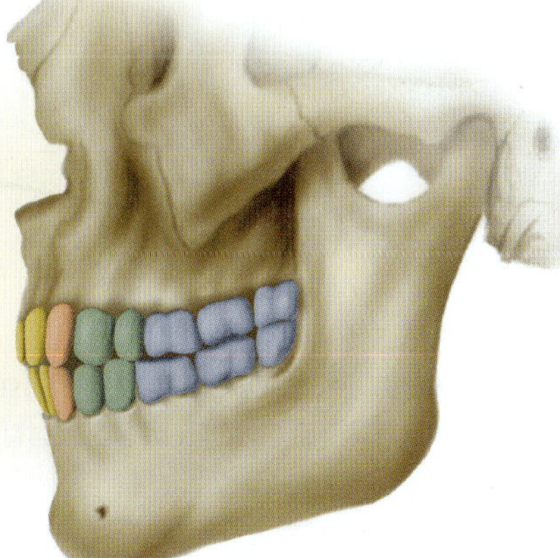

c. 잡식동물

렁이는 인두를 통과하여 식도로 이동해야 한다. 불행하게도, 우리 모두는 음식이 "잘못된 방향으로 가는" 불쾌한 경험을 한 적이 있다. 잘못된 방향은 코 비강으로 들어가거나 기관지로 들어갈 수 있다. 만약 후자라면, 기침하게 되면 음식이 기관 밖으로 나와 다시 인두로 들어갈 것이다.

식도(esophagus)는 음식이 위로 이동할 수 있도록 하는 근육질의 관이다. 소화관에서 음식은 식도와 같은 관 기관에서 **연동운동(peristalsis)**이라고 불리는 부드러운 근육의 일련의 주기적인 수축에 의해 이동된다.

위

인간의 **위(stomach)**는 간 아래 복강의 왼쪽에 있는 두꺼운 벽의 J-모양 기관이다(그림 25.6*a*). 위는 위쪽에 식도와 아래쪽에 소장의 십이지장과 연결된 연속되어 있다. 분문 괄약근은 식도를 위와 분리한다. 괄약근은 관을 둘러싸고 수축과 이완을 통해 닫거나 열어주는 근육이다. 위의 길이는 음식의 양과 상관없이 약 25 cm(10인치) 정도지만, 지름은 들어 있는 음식의 양에 따라 달라진다. 위는 식도로부터 음식을 받고, 음식을 저장하고, 단백질의 소화를 시작하며, 음식을 소장으로 이동시킨다.

a. **인두의 해부학 구조**

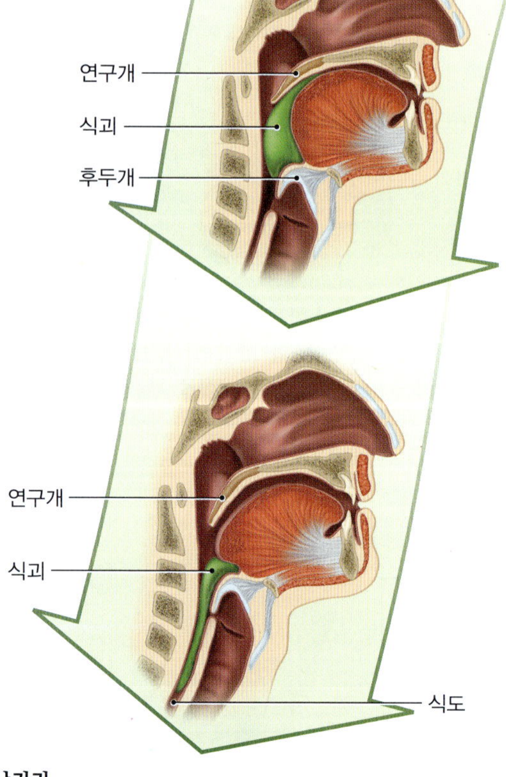

b. **삼키기**

그림 25.5 인두와 삼키기.

a. 구개(경구개와 연구개 모두)는 입을 비강으로부터 분리한다. 인두는 식도와 후두로 이어진다. **b.** 음식을 삼킬 때, 연구개는 비강을 닫고 후두개는 후두를 막아 닫는다.

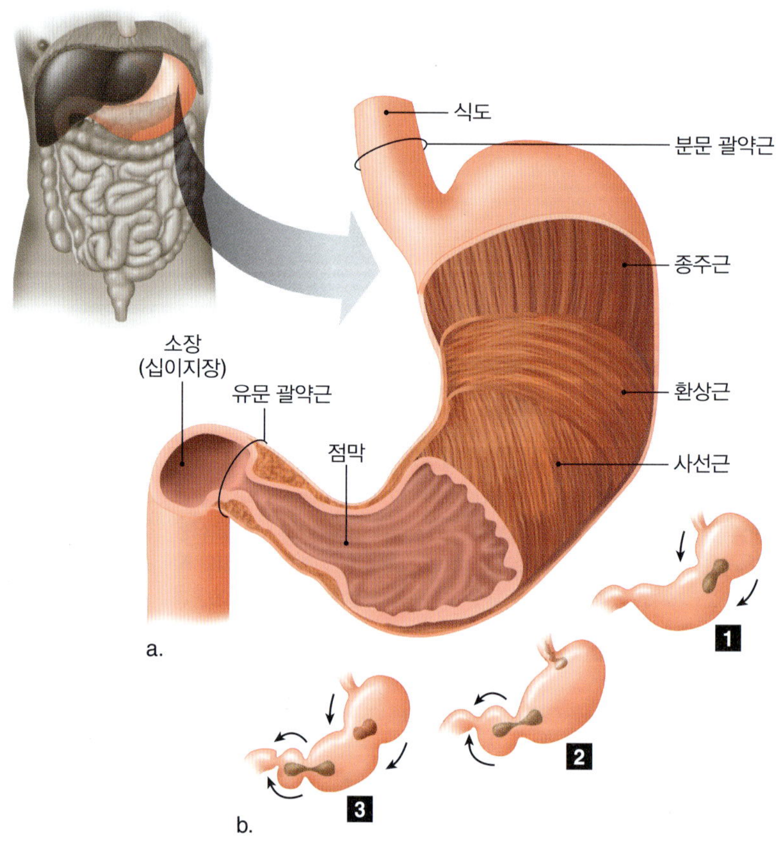

그림 25.6 인간의 위 해부학.

a. 위는 음식으로 채워질수록 팽창하는 두꺼운 벽을 가진다. 벽에는 세 층의 근육이 있으며, 이들의 존재는 위가 음식을 위액과 섞도록 한다. 위벽의 점막은 점액을 분비하고 위샘을 포함하고 있는데, 이는 단백질 소화에 활동적인 위액을 분비한다. **b.** 일련의 리듬 수축인 연동운동은 소화관의 길이를 따라 발생한다.

위벽에는 깊은 주름이 있으며(그림 25.6*a*), 위가 약 1 L 정도의 용량으로 채워지면 이 주름은 사라진다. 그러므로 인간은 주기적으로 비교적 많은 식사를 할 수 있고, 나머지 시간은 다른 활동을 위해 자유로울 수 있다.

하지만 위는 단순한 저장 기관 이상이다. 위벽은 세 개의 근육층을 포함하고 있다: 하나는 세로형이고, 다른 하나는 원형, 세 번째는 비스듬히 배열되어 있다. 근육질 벽은 음식이 위로 들어갈 때마다 분비되는 소화액과 섞기 위해 격렬하게 수축함으로써 음식을 기계적으로 소화시킨다. 점막이라고 하는 위의 상피 내벽에는 수백만 개의 위샘이 있다. 이 위샘들은 매우 많은 염산을 함유한 위액을 생성하며, 위의 pH는 보통 약 2 정도이다. 이러한 강한 산성은 보통 음식에 있을 수 있는 미생물을 죽이기에 충분하다. 이 낮은 pH는 또한 펩티드를 생산하기 위해 단백질에 작용하는 가수분해효소인 **펩신(pepsin)**의 활성을 촉진한다. 때때로 위의 강한 산성은 위액이 식도로 역류하여 속 쓰림(*heartburn*)이나 위 역류 질환(*gastric reflux disease, GERD*)을 유발할 수 있다.

소화관의 나머지 부분과 마찬가지로, 두꺼운 점액층은 효소 작용으로부터 위벽을 보호한다. 궤양(*ulcer*)은 조직의 점진적인 파괴로 인해 벽에 생긴 상처이다. 대부분 궤양은 상피층에 부착될 수 있는 위산 저항성 박테리아인 헬리코박터 파일로리(*Helicobacter pylori*)에 의한 감염 때문이다. 박테리아가 어디에 붙든, 내피는 점액 생성을 멈추고 그 부위는 소화 작용에 노출되어 궤양이 생길 수 있다.

알코올과 다른 액체들은 위에서 흡수되지만, 다른 영양소들은 그렇지 않다. 연동운동은 다른 소화기관에서와 마찬가지로 위에서 음식을 밀어낸다(**그림 25.6*b*** 참조). 위의 바닥에는 유문 괄약근이라고 불리는 좁은 입구가 있다. 음식이 위를 떠날 때, 그것은 유미즙이라고 불리는 걸쭉하고 짙은 액체이다. 유문 괄약근이 이완될 때마다, 소량의 유미즙이 열린 통로를 통해 소장으로 분출된다.

연관

배가 고플 때 왜 당신의 위는 "으르렁" 거리나?

*보르보리그미(borborygmi)*는 당신의 위장에서 "으르렁" 소리를 뜻하는 의학 용어이다. 그것은 소화를 위해 소화액과 가스를 섞으려는 시도로 위벽이 서로 압축될 때 생성된다. 만약 당신의 위가 비어 있다면, 결과적으로 이 액들이 속이 빈 위벽에서 튕겨 나오는 소리이다. 뇌의 "공복 중심"은 소화 과정을 시작하기 위해 당신의 위로 메시지를 보낼 것이고, 때때로 보르보리그미를 시작하고 무언가 먹을 필요를 알린다.

반추동물 소, 양, 염소, 사슴, 버팔로 등을 포함하는 포유동물의 한 종류인 반추동물은 위의 일부인 반추위를 따서 이름이 지어졌다(**그림 25.7**). 반추동물은 공생하는 박테리아와 다른 포유류에게는 부족한 능력인 셀룰로오스를 소화할 수 있는 효소를 생산하는 원생동물을 포함하고 있다. 초식동물들이 풀을 먹고 난 후, 그것은 반추위로 들어가서 미생물에 의해 분해되며, 풀을 먹은 후에 생성된 효소들에 의해 분해되어 작은 공 모양의 새김질감이 된다. 이 새김질감은 다시 입으로 되돌아오고, 그곳에서 동물이 "되새김질한다." 이 새김질감은 위의 다른 방들을 통과하기 전 까지는 두 번째로 다루어지기 위해 반추위로 돌아올 수 있다. 반추위는 섬유질이 풍부한 식단에 적응한 것인데, 이것은 풀을 먹는 다양한 종류의 동물들 사이에 경쟁에 의해 촉진되었을 수 있다. 반추동물의 마지막 위는 인간의 위와 비슷하며, 단백질이 펩티드로 소화되는 곳이다.

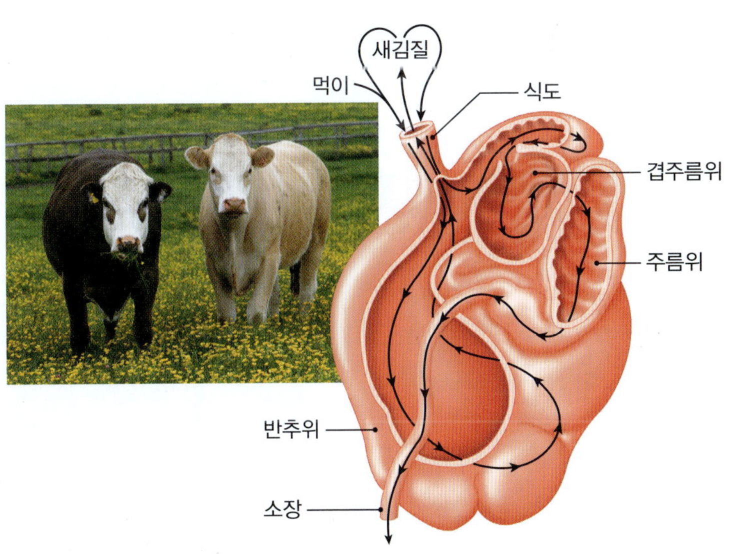

그림 25.7 반추동물의 위.
반추동물은 강한 섬유질 벽으로 이루어진 세포로 구성된 풀을 먹는다. 반추동물의 위의 첫 번째 방인 반추위는 공생하는 세균과 원생동물을 포함하고 있는데, 이들은 섬유질을 소화하는 효소를 분비한다. 반추위를 처음으로 통과한 후 "새김질"은 입으로 돌아와 유유히 씹힌다. 그 후, 그것은 진정한 위를 통과하기 전에 두 번째 소화를 위해 반추위로 다시 돌아올 수 있다.
©Pixtal/AGE Fotostock

소장

인간의 소화관에서 음식을 처리하는 것은 생각보다 복잡하다. 음식은 입에서 씹히고 녹말을 엿당으로 소화하는 타액 아밀라아제 효소에 의해 처리된다. 게다가, 펩신이 이 분자들을 펩티드로 소화하면서 위에서 단백질의 소화가 시작된다. 이때 소화관의 내용물을 **유미즙(chyme)**이라고 한다. 유미즙은 위에서 **소장(small intestine)**으로 전달되는데, 이것은 두 가지 기능을 가지고 있다: (1) 탄수화물, 단백질, 핵산 및 지방의

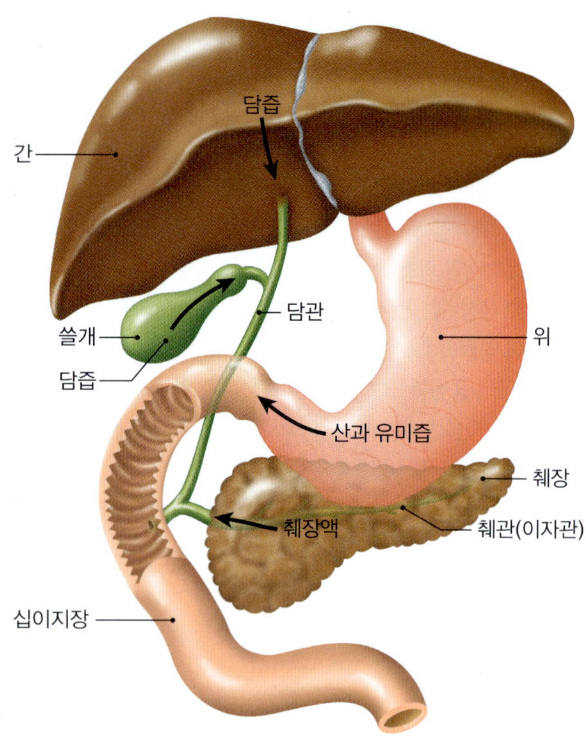

그림 25.8 췌장(이자), 간, 그리고 담낭.
간에서 만들어져 담낭에 저장된 담즙과 효소가 들어있는 췌장액은 관을 통해 십이지장으로 들어간다.

중합체를 포함하여 유미즙에 있는 모든 분자의 소화와 (2) 영양소 분자의 체내 흡수.

소장의 첫 번째 부분은 십이지장이라고 불린다. 위 뒤에 위치한 두 개의 중요한 부속샘인 **췌장(이자, pancreas)**과 **간(liver)**은 분비물을 관을 통해 십이지장으로 보낸다(그림 25.8).

간은 **담즙(bile)**을 생산하는데, **담낭(gallbladder)**에 저장된다. 담즙은 헤모글로빈 분해의 산물인 색소를 함유하고 있기 때문에 녹색으로 보인다. 멍든 조직이 어떻게 색깔을 변하는지 관찰한 사람이라면 누구나 이 녹색을 잘 알 수 있다. 멍든 부분의 헤모글로빈은 담즙에서 발견되는 것과 같은 종류의 색소로 분해된다. 담즙은 또한 담즙염을 함유하고 있는데, 이것은 **유화(emulsification)**라고 불리는 과정에 의해 지방을 지방 방울로 분해한다. 지방 방울은 물과 섞이고 효소에 의한 소화가 일어날 수 있는 표면적이 더 많아진다.

췌장은 탄산수소나트륨($NaHCO_3$)과 소화효소를 함유한 췌장액을 생산한다. 탄산수소나트륨은 유미즙을 중화시키고 소장의 pH를 약알칼리성으로 만든다. 더 높은 pH는 펩신에 의한 장내벽의 분해를 방지하며, 췌장 효소의 작용에 최적의 pH가 된다. **췌장 아밀라아제(pancreatic amylase)**는 녹말을 엿당으로 소화시키고, **트립신(trypsin)**은 단백질을 펩티드로 소화하며, **리파아제(lipase)**는 지방 방울 글리세롤과 지방산으로 소화시키고, **뉴클레아제(nuclease)**는 핵산을 뉴클레오티드로 소화시킨다.

소장에는 여전히 더 많은 소화효소가 존재한다. 소장의 벽에는 **융모(villi, 빌리)**라고 불리는 손가락 모양의 돌기가 있다(그림 25.9). 융모의 상피세포는 장 효소를 생산하고, 그들에게 붙어 남아 있다. 이 효소들은 펩티드와 당의 소화를 완성한다. 단백

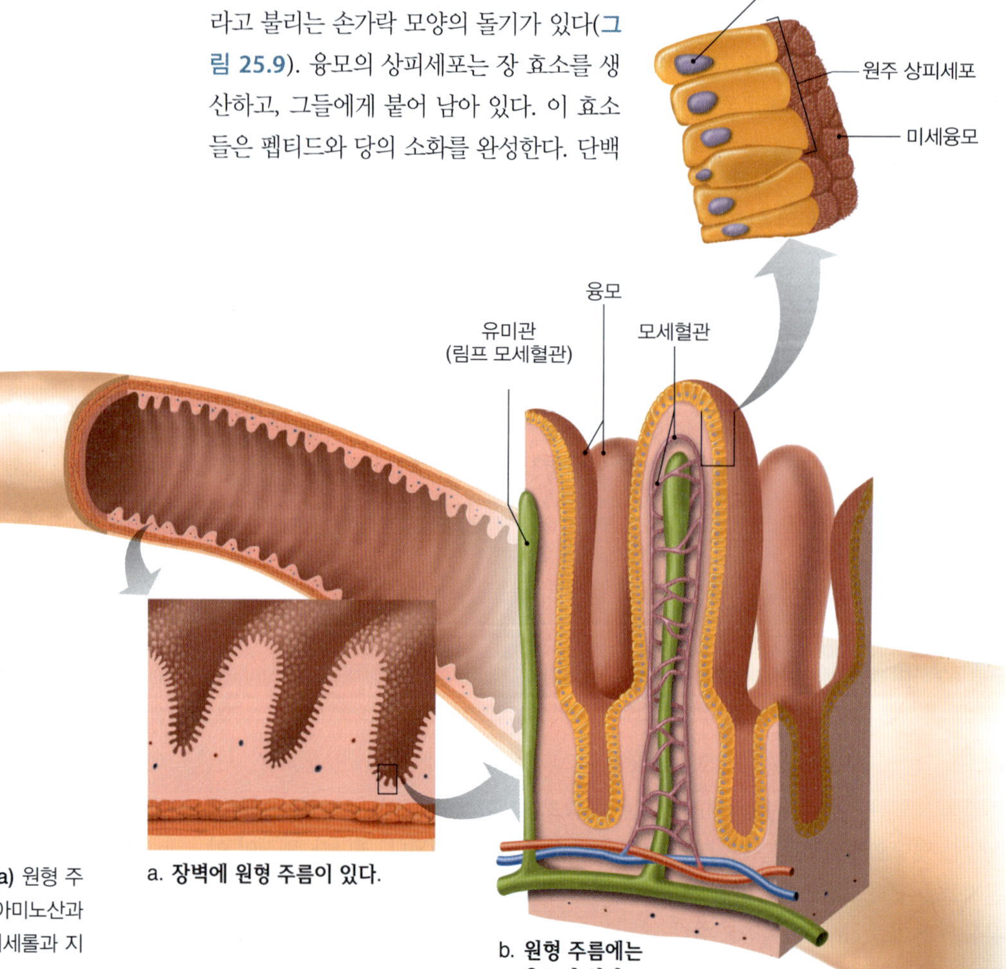

그림 25.9 소장과 영양소 흡수.
소장의 표면적은 세 가지 변형으로 증가한다: (a) 원형 주름, (b) 융모, 그리고 미세융모. 융모의 혈관은 아미노산과 당을 흡수한다. 림프 모세혈관인 유미관은 글리세롤과 지방산을 흡수한다.

질 소화의 첫 단계에서 생기는 펩티드는 펩티다아제에 의해 아미노산으로 소화된다. 녹말 소화의 첫 단계에서 발생하는 엿당은 말타아제에 의해 포도당으로 소화된다. 특정 효소에 의해 작용하는 다른 이당류들도 간단한 당류로 소화된다.

마지막으로, 이 작은 영양 분자들은 혈류로부터 몸 전체의 세포로 흡수된다. 우리의 세포는 이 분자들을 에너지의 원천으로, 그리고 그들 자신의 거대 분자를 만들기 위한 구역을 만드는 것으로 사용한다.

융모에 의한 흡수 소장의 벽은 대략 테니스 코트의 넓은 표면적을 가지고 있기 때문에 영양소 분자를 흡수하는 데 적합하다! 첫째, 소장의 점막층은 원형 주름을 가지고 있어 거의 주름 모양의 겉모습을 가진다(**그림 25.9*a***). 둘째, 이러한 원형 주름의 표면에는 융모가 있다(**그림 25.9*b***). 마지막으로, 융모 표면의 세포는 **미세융모(microvilli)**라고 불리는 작은 돌기를 가지고 있다(**그림 25.10**). 만약 인간의 소장이 단순히 매끄러운 관이었다면, 흡수를 위한 비슷한 표면적을 갖기 위해 500~600 m의 길이가 되어야 할 것이다.

소장의 융모는 작은 영양 분자를 몸으로 흡수한다. 각각의 융모에는 광범위한 혈관 망과 **유미관(lacteal)**이라고 불리는 림프 모세혈관을 포함하고 있다. 23.2절에서 배운 대로 림프계는 심혈관계의 보조 역할을 한다. 그 혈관은 림프라고 불리는 액체를 심혈관 정맥으로 운반한다. 당과 아미노산은 융모의 모세혈관으로 들어가 간문맥계를 통해 간으로 운반된다. 대조적으로, 글리세롤과 지방산(지방에서 소화된)은 융모의 상피세포로 들어가고, 그 안에서 합쳐져 지질단백질 방울로 포장되어 유미관으로 들어간다. 거의 모든 영양소 분자가 흡수될 때까지 흡수가 계속된다. 흡수는 세포 에너지를 소비해야 하는 능동수송뿐만 아니라 확산에 의해 발생한다. 림프관은 림프를 심혈관의 정맥으로 운반한다. 결국, 혈류는 소화기관에 의해 흡수된 영양소를 몸의 모든 세포로 운반한다.

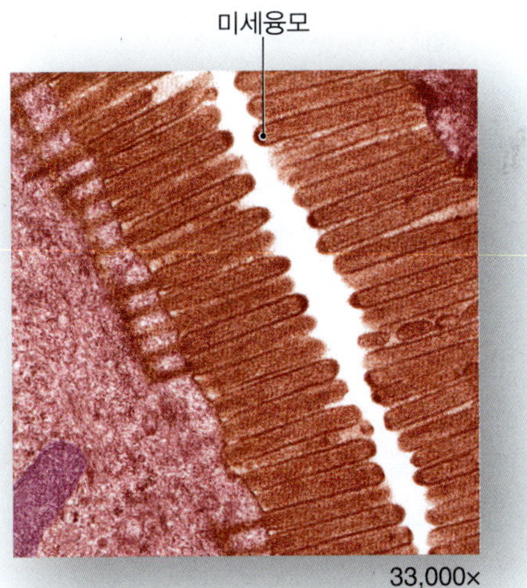

그림 25.10 미세융모.
소장의 미세융모는 영양소가 몸에 흡수될 수 있는 표면적을 증가시킨다.
©Science Photo Library/Getty Images

대장

장(*bowel*)이라는 단어는 엄밀히 말하면 위와 항문 사이의 소화관 부분을 의미하지만, 때때로 대장만을 의미하는 것으로 사용된다. **대장[large intestine**; 결장(*colon*)이라고도 함]은 물, 염분 및 일부 비타민을 흡수한다. 또한 소화되지 않는 물질을 항문에서 배설될 때까지 저장한다. 대장은 길이보다는 지름에서 그 이름을 얻었으며, 소장보다는 짧다. 대장은 소장의 입구 아래에 맹장이라는 맹장 주머니가 있고, **맹장(appendix)**이라고 불리는 림프 조직을 포함하는 작은 돌기가 있다. 인간에게, 맹장은 유익한 박테리아의 저장고 역할을 함으로써 감염과 싸우는 역할을 한다. 맹장염(*appendicitis*)이라고 불리는 상태에서는 맹장이 감염되어 유체로 가득 차서 터질 수도 있다. 감염된 맹장이 제거되기 전에 파열되면 복막염(*peritonitis*)이라고 불리는 복부 내막의 심각한 일반 감염을 초래할 수 있다.

대장은 특히 대장균(일반적으로 *E. coli*이라고 불리는)의 거대한 박테리아 개체군을 가지고 있다. 그 박테리아는 소화하기 힘든 물질을 분해하고, 비타민 K를 포함한 일부 비타민을 생산한다. 비타민 K는 혈액 응고에 필요하다. 소화성 폐기물(대변, 분변)은 결국 항문관의 입구인 **항문(anus)**을 통해 체외로 배출된다. 대변은 약 75%의 물과 25%의 고체 물질이다. 이 고체 물질의 거의 3분의 1이 장내 세균으로 이루어져 있다. 나머지는 소화가 잘 안 되는 식물 물질(섬유질로 불림), 지방, 노폐물(담즙 색소와 같은), 무기 물질, 점액 및 장내벽 사멸 세포이다. 섬유질을 포함한 식단은 대변에 부피를 더하고, 배출의 규칙성을 개선하며, 변비(*constipation*)를 예방한다.

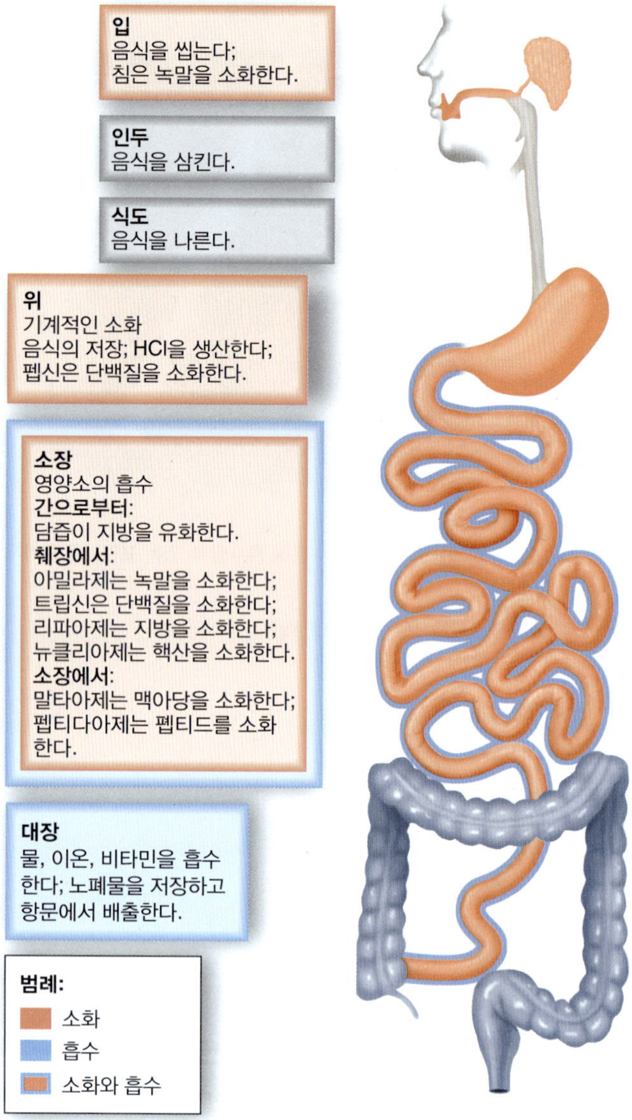

입
음식을 씹는다;
침은 녹말을 소화한다.

인두
음식을 삼킨다.

식도
음식을 나른다.

위
기계적인 소화
음식의 저장; HCl을 생산한다;
펩신은 단백질을 소화한다.

소장
영양소의 흡수
간으로부터:
담즙이 지방을 유화한다.
췌장에서:
아밀라제는 녹말을 소화한다;
트립신은 단백질을 소화한다;
리파아제는 지방을 소화한다;
뉴클리아제는 핵산을 소화한다.
소장에서:
말타아제는 맥아당을 소화한다;
펩티다아제는 펩티드를 소화한다.

대장
물, 이온, 비타민을 흡수한다; 노폐물을 저장하고 항문에서 배출한다.

범례:
소화
흡수
소화와 흡수

그림 25.11 소화기관과 그들의 기능.
영양소 분자에 대한 식품의 소화 및 체내 흡수에 대한 고찰.

매일 약 1.5 L의 물이 먹고 마시는 결과로 소화관으로 들어온다. 또한 날마다 8.5 L가 추가로 소화관으로 들어오는데, 소화샘에서 분비되는 다양한 물질들을 운반한다. 이 물의 약 95%는 소장에서 흡수되고, 나머지 부분의 대부분은 대장에서 흡수된다. 이 물이 다시 흡수되지 않으면 설사(*diarrhea*)가 발생할 수 있고, 특히 어린이의 경우 심각한 탈수와 이온 손실을 초래할 수 있다.

대장의 세포들은 음식에 있는 화학물질에 더 오래 노출되기 때문에 이 부위는 점막에서 발생하는 작은 종양인 용종의 발생에 더 취약하다. 양성이나 악성인 용종은 수술로 제거할 수 있다.

그림 25.11은 소화 과정과 소화기관의 역할을 검토한다.

부속기관

췌장과 간은 침샘과 담낭과 함께 소화의 주요 부속기관이다. 그것들은 음식과 직접적으로 접촉하는 것이 아니라 소화기관의 기능을 보조하기 위해 화학물질과 효소를 제공하기 때문에 부속기관이라고 불린다.

췌장

췌장(그림 25.8 참조)은 내분비샘과 외분비샘으로 작용한다. **내분비샘(endocrine gland)**은 관이 없고, 그들의 생성물을 혈액으로 분비한다. 췌장은 **인슐린(insulin)**과 **글루카곤(glucagon)** 호르몬을 생성하고 혈류로 분비할 때 내분비샘 역할을 한다. 이러한 호르몬은 혈당수치 조절에 관여한다(27.2절 참조). **외분비샘(exocrine gland)**은 그들의 생성물을 관으로 분비한다. 췌장은 췌액(아래 소화효소에 대한 내용 참조)을 생성하고 총담관을 통해 소장의 십이지장으로 분비할 때 외분비샘이다.

간

간(그림 25.8 참조)은 신체에서 많은 기능들을 담당하고 있다. 소화와 관련하여는 다음의 내용들을 포함한다:

- 독성물질을 제거하고 대사하여 혈액을 해독
- 알부민 및 피브리노겐과 같은 혈장 단백질 생성
- 오래된 적혈구를 파괴하고 헤모글로빈을 담즙(빌리루빈, 담록소)의 분해 생성물로 전환
- 담즙을 생성하여 소장에 들어가기 전에 담낭에 저장하고 지방을 유화
- 포도당을 당원으로 저장하고 식간에 당원을 포도당으로 분해하여 혈중 포도당 농도를 일정하게 유지
- 아미노산과 암모니아로부터 요소 생성

대장과 소장뿐만 아니라 다른 혈관들이 합쳐져 간으로 이어지는 간문맥을 형성한다(그림 25.12). 간은 간문맥에서 과도한 포도당을 제거하고 당원으로 저장함으로써 혈중 포도당 농도를 약 0.1%로 유지하는 데 도움을 준다. 식간에 글리코겐(3.2절 참조)은 포도당으로 분해되고, 포도당은 간정맥으로 들어간다. 글리코겐과 포도당 공급이 부족하면 간은 아미노산을 포도당 분자로 전환시킨다.

아미노산은 아미노기에 질소를 포함하고 있는 반면, 포도당은 탄소, 산소, 그리고 수소만을 포함하고 있다. 따라서 아미노산이 포도당 분자로 전환되기 전에 아미노

산에서 아미노기를 제거하는 탈아민화가 이루어져야 한다. 복잡한 대사 경로를 통해, 간은 아미노기를 인간의 가장 흔한 질소성(질소 함유) 노폐물인 요소로 전환시킨다. 간에서 요소가 형성된 후, 그것은 혈류에서 신장으로 운반되고, 그곳에서 배설된다.

간질환 황달(*jaundice*)이 생기면 혈액 속 담즙색소가 비정상적으로 많아 피부가 노랗게 변한다. 용혈성 황달에서는 적혈구가 비정상적으로 많이 분해된다. 폐쇄성 황달의 경우 담관이 폐쇄되거나 간세포가 손상된다. 폐쇄성 황달은 콜레스테롤 결정이 담즙에서 침전되어 담석을 형성할 때 종종 발생한다.

황달은 간염(*hepatitis*)이라고 불리는 간의 바이러스 감염으로 인해 발생할 수 있다. A형 간염은 오염된 음식을 먹음으로써 가장 자주 발생한다. B형 간염과 C형 간염은 일반적으로 수혈, 신장 투석, 소독되지 않은 바늘로 주사함으로써 퍼진다. 이 세 가지 유형의 간염은 성적 접촉에 의해서도 전파될 수 있다.

간경변증(*cirrhosis*)은 장기가 먼저 지방이 된 다음 간 조직이 비활성 섬유성 흉터 조직으로 대체되는 만성 간질환이다. 많은 알코올 중독자들은 간경변증에 걸리게 되는데, 적어도 부분적으로 간이 분해시킬 수밖에 없는 과도한 양의 알코올이 섭취되었기 때문일 것이다.

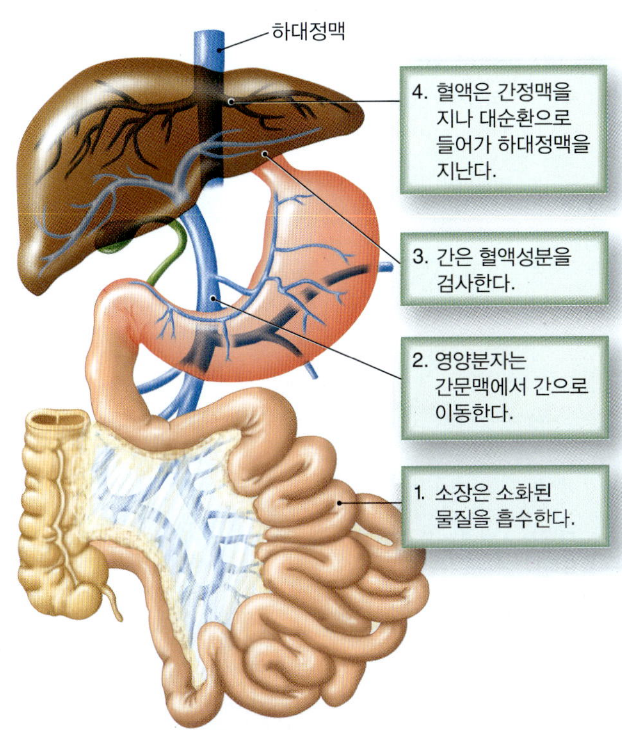

그림 25.12 간문맥계.
간문맥은 소화계에서 소화 생성물을 간으로 가져가 간정맥으로 들어가기 전에 처리된다.

소화효소

음식이 요리되는 냄새를 맡을 때 침이 고이는가? 음식에 대한 생각만 해도 때때로 신경계가 소화액 분비를 지시할 수 있다. 이러한 액의 분비는 몇 가지 펩티드 호르몬의 영향을 받는다(작은 아미노산 서열로 구성된 구조). 단백질이 풍부한 식사를 하면 위벽은 혈류로 들어가 위가 더 많은 위액을 생산하도록 하는 펩티드 호르몬을 생성한다. 소장 내에 단백질과 지방이 존재할 때, 장벽에서 생성되는 또 다른 펩티드 호르몬이 담즙과 췌액의 분비를 자극한다. 이러한 방식으로, 소화기관들은 그들 자신의 필요를 조절한다.

소화액에 존재하는 다양한 소화효소는 음식의 주요 성분인 탄수화물, 단백질, 핵산, 지방을 분해하는 데 도움을 준다. 이 중 대부분은 소장에서 발생하지만(그림 25.13), 일부 영양소의 경우 입에서 시작되는 것을 볼 수 있다.

소장에서 효소는 소장을 둘러싸고 있는 세포에서 직접 나오거나 췌장에 의해 공급될 수 있다. 췌액은 탄산수소나트륨($NaHCO_3$)을 함유하고 있기 때문에 기본적으로 염기성 pH를 가지고 있다.

탄수화물 소화

녹말은 탄수화물이며, 입에서 소화가 시작된다. 침샘에서 나오는 침은 중성 pH를 가지고 있으며 녹말에 작용하는 최초의 효소인 침샘 아밀라아제를 포함하고 있다.

$$\text{녹말} + \text{물} \xrightarrow{\text{침샘 아밀라아제}} \text{엿당}$$

이당류인 엿당은 장에서 흡수될 수 없다. 소장에서의 추가적인 소화 작용은 엿당을 흡수될 수 있는 포도당으로 전환한다. 말타아제 효소는 소장에서 생성되며 엿당을 포도당으로 분해하는 역할을 하고, 이는 소장으로 흡수된다(그림 25.13*a*).

복합
탄수화물
췌장 아밀라아제
말타아제
포도당
장융모의
상피세포
pH = 염기성
모세혈관

a. 복합 탄수화물(녹말)은 두 단계 소화가 필요하다.
포도당만 장의 융모에 흡수된다.

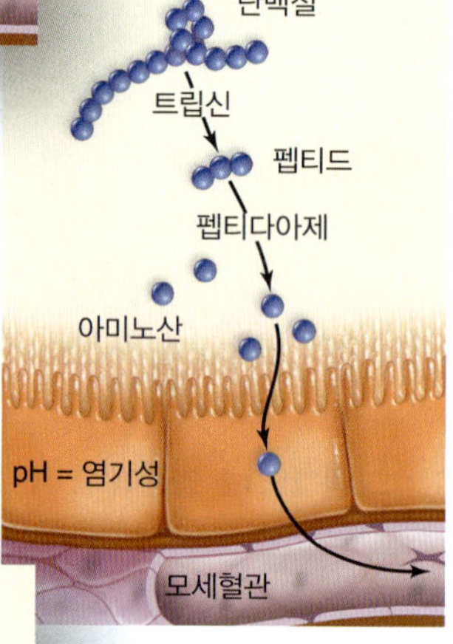

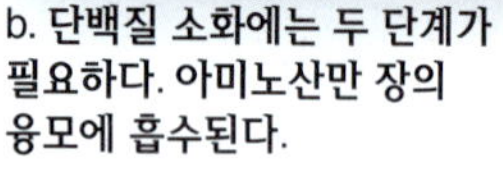
b. 단백질 소화에는 두 단계가 필요하다. 아미노산만 장의 융모에 흡수된다.

담즙염
지방구
유화된
지방입자
리파아제
모노글리세리드와
자유지방산

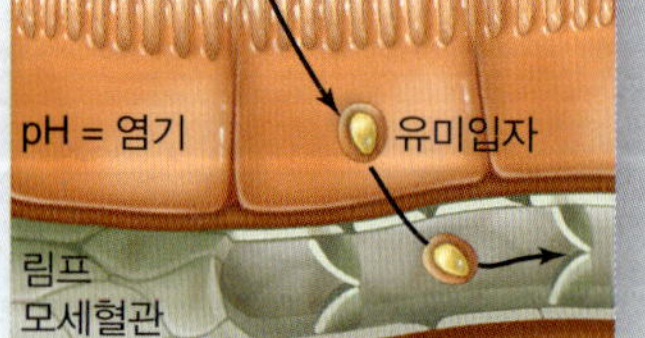

c. 지방은 소화되기 전에 유화작용이 필요하다.
그런 뒤 모노글리세리드 (지방산 1 분자에 글리세롤이 연결됨)와 자유지방산이 장의 융모에 흡수된다.

그림 25.13 소장에서 영양소의 소화와 흡수.
이 그림은 (a) 복합 탄수화물 소화, (b) 단백질 소화 및 (c) 지방 소화의 요약을 제공한다.

개념 연결하기

소화계는 음식을 분해하여 몸에 흡수되어, 몸의 세포에 영양분을 공급할 수 있다.

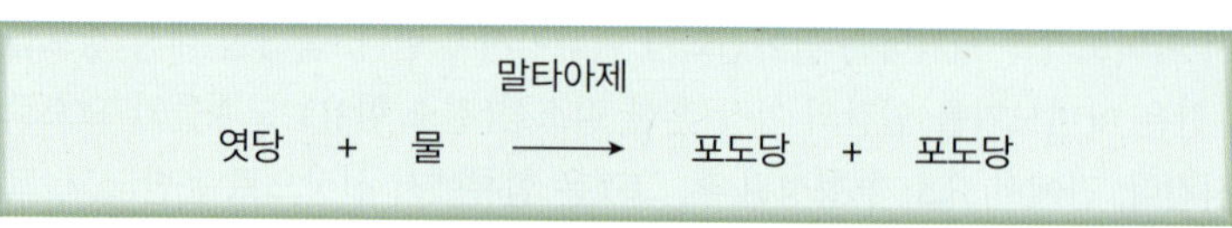

녹말 소화가 입에서 시작되는 동안, 분해의 대부분은 췌장 아밀라아제의 작용을 통해 소장에서 일어난다.

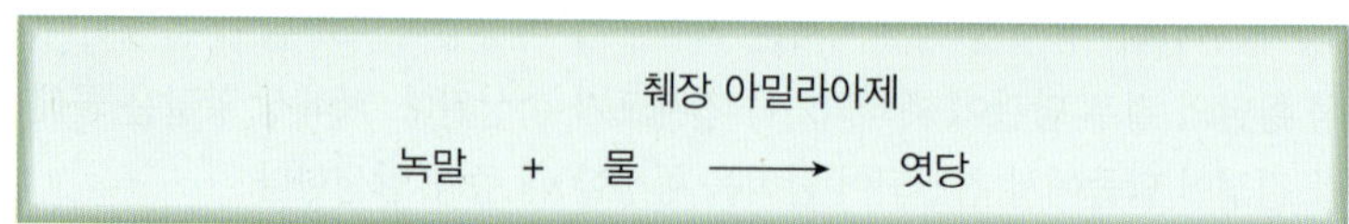

다른 이당류들은 고유의 효소를 가지고 있고 소장에서 소화된다. 이 효소들 중 어느 하나라도 없으면 병을 일으킬 수 있다.

단백질 소화

단백질 소화는 위에서 시작된다. 위샘에서 분비되는 위액은 염산(HCl)을 함유하고 있기 때문에 pH가 2 정도로 매우 낮다. 위액에 존재하는 펩신은 펩티드를 생산하기 위해 단백질 분자에 작용한다.

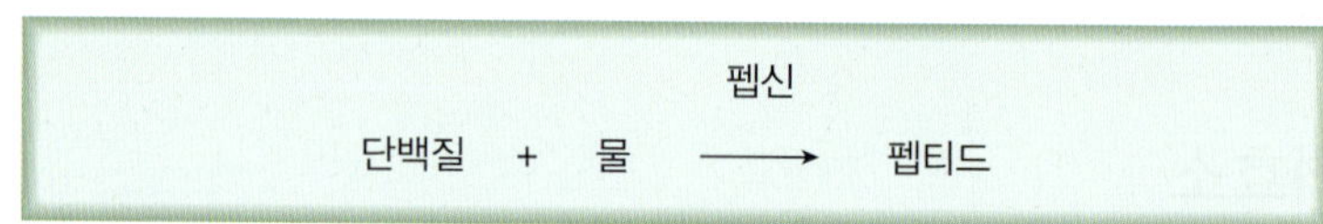

펩티드는 보통 너무 커서 장내벽에 흡수되지 않지만, 나중에 소장에서 아미노산으로 분해된다.

또 다른 췌장 효소인 트립신은 단백질을 소화시킨다(그림 25.13*b*).

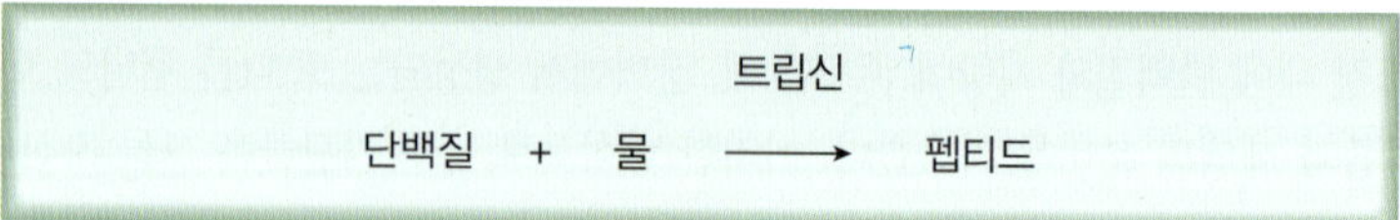

단백질 소화의 첫 단계에서 생성된 펩티드는 펩티다아제에 의해 아미노산으로 소화된다.

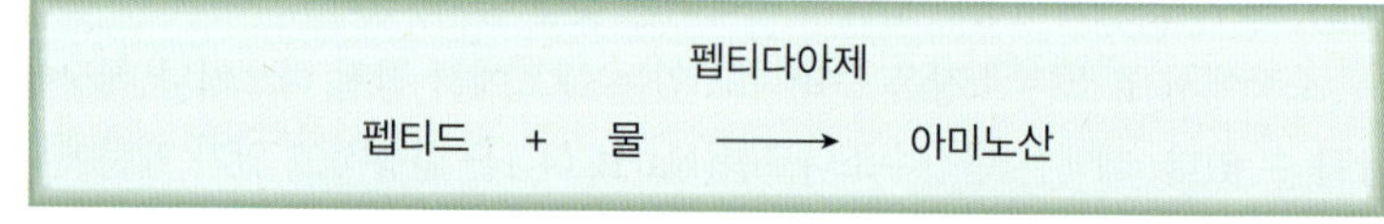

지질 소화

세 번째 췌장 효소인 리파아제는 담즙염에 의해 유화된 지방 방울 속의 지방 분자를 소화한다.

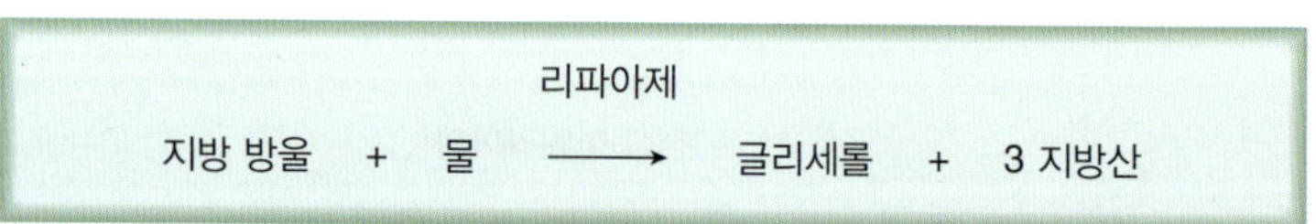

구체적으로, 리파아제 소화의 최종 생성물은 모노글리세리드(글리세롤과 하나의 지방산으로 구성된 구조)와 지방산이다. 이러한 생성물들은 융모의 세포로 들어가 그곳에서 합쳐져 킬로미크론이라고 불리는 지질단백질 방울로 포장된다. 킬로미크론은 유미관으로 들어간다(그림 25.13*c*).

진도 점검하기 25.1

1. 소화계의 기능을 나열하시오.
2. 소장과 대장의 구조와 기능을 대조하시오.
3. 십이지장, 간, 췌장 사이의 관계를 설명하시오.
4. 각 부속기관의 소화 역할을 설명하시오.
5. 침샘 아밀라아제, 펩신, 트립신, 펩티다아제 및 리파아제의 각 소화효소의 활성을 나열하시오.

25.2 영양

학습 목표

이 절을 학습한 후에는 다음 과제를 수행할 수 있어야 한다.

1. 다량영양소, 미세영양소, 필수영양소의 차이를 구분하기.
2. *정크푸드*보다 *텅빈열량식품*이 더 적절한 용어인 이유를 설명하기.

면역계의 방어 작용, 근육과 뼈에서 나오는 힘, 매끄러운 혈액의 순환 등 모든 신체 기능은 적절한 영양에 의존한다. **영양소(nutrient)**는 신체 내에서 생리적인 기능을 수행하는 식품의 구성성분이다. 영양소는 우리에게 에너지를 공급하고 세포 구조를 위한 물질을 제공하여 성장과 발달을 촉진하며, 세포 대사를 조절한다. 그들은 또한 항상성에도 관여한다. 예를 들어, 영양소는 체액의 균형과 혈액의 pH를 적절히 유지하도록 한다. 영양이 부족해도 인체는 어느 정도까지 버틸 수 있지만 결국 여러 형태의 영양 결핍증(*deficiency disorder*)이 드러나기 시작한다. 예를 들어, 조직을 뭉치게 하는 단백질인 콜라겐을 합성하고 유지하기 위해서는 비타민 C가 필요하다. 몸에 비타민 C가 부족하면 콜라겐이 약해지고 모세혈관이 쉽게 파열된다. 특히 이를 닦을 때 잇몸에서 피가 나거나, 살짝만 눌러도 피부에 멍든 자국이 생길 수 있다. 즉, 비타민 C 결핍의 초기 징후는 잇몸 출혈과 쉽게 멍이 드는 피부라고 할 수 있다(그림 25.14).

영양에 대해 배우면, 우리는 식단을 개선하여 더 장수하고, 활동적이며 생산적인 삶을 즐길 가능성이 커진다. 반대로, 매년 미국에서 사망하는 사람의 10명 중 7명은 잘못된 식습관과 운동부족이 원인이라 할 수 있다. 이러한 생활양식으로 인한 사망은 곧 예방이 가능한 사망의 주원인인 흡연을 앞지를 수도 있다. 나쁜 식단과 좋은 식단의 차이를 공부하면 균형 잡힌 영양소를 공급하는 식품을 선택할 기회를 우리 모두가 누릴 수 있다.

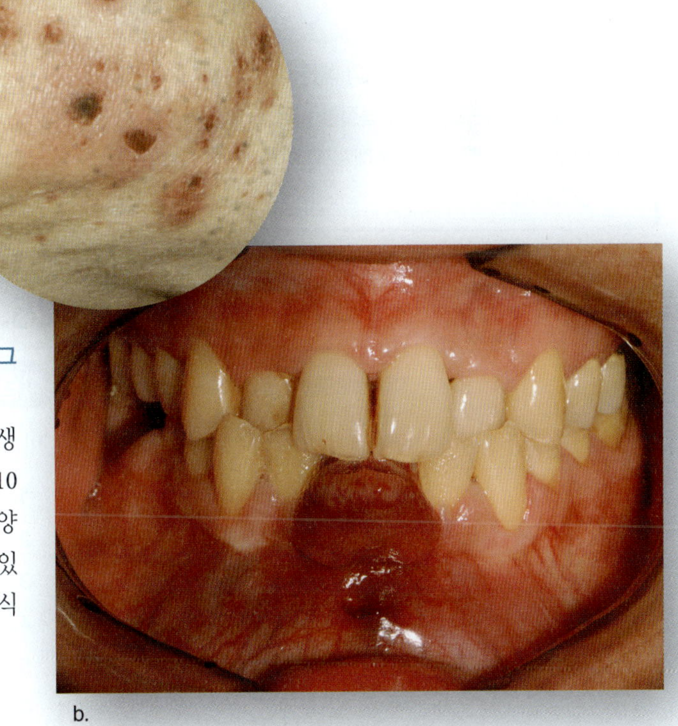

그림 25.14 비타민 C 결핍.
a. 작은 점 출혈(피부에 붉은 점으로 보이는 작은 상처)은 비타민 C 결핍의 초기 증세이다. **b.** 잇몸 출혈도 비타민 C 결핍의 또 다른 초기 증세이다.

(a): ©Biophoto Associates/Science Source; (b): ©watanyou/iStock/Getty Images

영양소 소개

식이(diet)는 어떤 사람이 천성적으로 선택하는 음식으로 이루어져 있다. 문화적, 인종적 배경, 경제적 상황, 환경적 조건, 그리고 심리적 상태를 포함한 여러 요소들이 우리가 먹는 것에 영향을 미친다. **균형 잡힌 식사(*balanced diet*)**는 몸이 건강하게 기능을 발휘하는 데 필요한 모든 영양소를 적절한 비율로 공급해 준다.

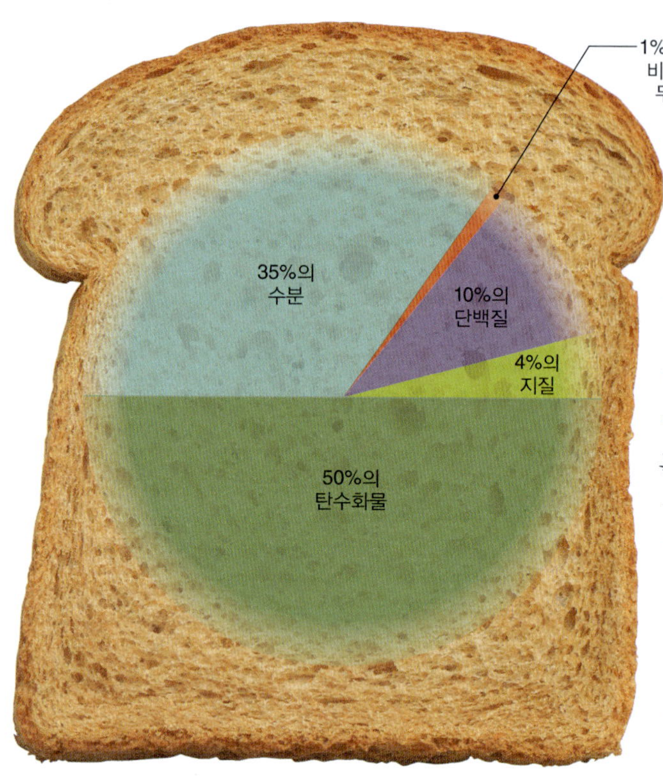

그림 25.15 빵 한 조각의 영양 성분.
대부분의 음식은 영양소의 혼합물이다.
©Jules Frazier/Getty Images

영양소는 탄수화물, 지질, 단백질, 미네랄, 비타민, 물의 6가지이다. **필수영양소(essential nutrient)**는 체내에서 생성되지 않거나, 필요한 만큼 충분하게 만들어지지 않기 때문에 반드시 음식을 통해 얻어야 한다. 예를 들어, 아미노산은 단백질 합성에 필요하고 이들 중 일부는 몸에서 생성되지 않는다. 그러므로 음식을 통해 필수아미노산을 공급받아야 한다. 비타민 C를 포함한 대부분의 비타민과 모든 미네랄도 필수영양소에 해당된다.

우리 몸에 매일 필요로 하는 양을 기준으로 영양소를 분류하기도 한다. 탄수화물, 지질, 단백질을 **다량영양소(macronutrient)**라고 하는데, 몸이 이들 영양소를 상당히 많이 필요로 하기 때문이다. 비타민과 미네랄은 소량으로도 충분하기 때문에 **미량영양소(micronutrient)**라고 한다. 우리가 필요로 하는 만큼 에너지를 공급해 주는 것은 미량영양소가 아니라 다량영양소이다. 비타민이나 미네랄 보충제를 먹으면 마치 에너지가 늘어날 것처럼 광고하는 경우도 있지만, 인체는 비타민이나 미네랄 대사를 통해 에너지를 만들어내지 못한다. 물도 에너지를 만들어 내지 못한다. 따라서 채소나 과일처럼 수분함량이 높은 식품은 보통 수분함량이 적고 다량영양소가 많은 식품보다 에너지 섭취량이 적다.

거의 모든 음식은 영양소의 혼합물이다. 예를 들어, 한 조각의 빵은 약 50%의 탄수화물, 35%의 물, 10%의 단백질, 그리고 4%의 지질이 포함되어 있다. 비타민과 미네랄은 빵의 영양 성분 중 1% 미만을 차지하고 있다(**그림 25.15**). 인체가 필요로 하는 모든 필수영양소를 단 한 가지로 충족시킬 수 있는 천연식품은 없다.

소위 "나쁜" 식품, 또는 "정크" 음식도 많은 사람들이 믿는 것과는 달리 영양학적 가치를 지니고 있다. 어떤 식품에 물, 당분 또는 지방이 들어 있다면 영양학적 가치를 지닌 것이다. 그러나 설탕으로 단맛을 낸 음료나 과자, 페스트리 등은 비타민과 미네랄 함량에 비해 지방이나 당의 함량이 많다. 따라서 이러한 식품은 정크푸드보다 텅빈열량식품(*empty-calorie food*)이라고 하는 것이 더 적절하다. 이런 식품이 너무 많이 포함된 식단은 당연히 비타민과 미네랄이 부족하다.

진도 점검하기 25.2

1. 다량영양소와 미량영양소의 예를 나열하시오.
2. *정크푸드*라는 표현이 부적절한 이유를 설명하시오.
3. 필수영양소를 음식을 통해서 얻어야 하는 이유를 설명하시오.

개념 연결하기
신체의 기능을 제대로 발휘하려면 적절한 영양소가 필요하다.

25.3 영양소의 종류

학습 목표

이 절을 학습한 후에는 다음 과제를 수행할 수 있어야 한다.

1. 탄수화물 식품원을 나열하기.
2. 식이요법에서 섬유질의 중요성을 설명하기.
3. 지질의 유형과 그 식품원을 나열하기.
4. 단백질 식품원을 나열하기.
5. 다량 미네랄과 미량 미네랄의 체내 역할을 요약하기.
6. *비타민*이라는 용어를 정의하고 필수비타민을 나열하기.
7. 물의 섭취가 왜 중요한지 설명하기.

인간의 식단은 적절한 비율의 에너지 영양소(다량영양소)와 충분한 양의 미네랄과 비타민(미량영양소)을 포함해야 한다. 일반적으로, 각각의 영양소는 체내에서 여러 가지 기능을 하고 다양한 식품에서 공급될 수 있다(**표 25.1**).

표 25.1 영양소 종류 요약

영양소 종류	주 식품원	주요 생리적 역할	다량영양소/미량영양소
탄수화물	과일의 당과 녹말, 채소, 시리얼과 곡물류	에너지를 위한 포도당 대사: 섬유질은 대변의 부피를 증가시켜 변비 예방	다량영양소
지질	기름, 마가린, 샐러드 드레싱, 육류, 가금류, 견과류, 튀김, 전유로 만든 유제품	중성지방은 에너지를 위해 대사되고 단열작용과 장기보호를 위해 저장됨. 콜레스테롤은 일부 호르몬, 담즙, 비타민 D를 만드는 데 사용됨.	다량영양소
단백질	육류, 생선, 가금류, 계란, 견과류, 건조 콩과 콩류, 대두, 시리얼, 우유, 치즈, 요구르트	단백질은 조직생성, 치유 및 유지에 필요함: 효소와 특정 호르몬 합성: 항체 생성	다량영양소
미네랄	채소 및 기타 식품에 광범위하게 포함	에너지 대사 조절, 수분 균형 유지와 일부 구조, 효소, 호르몬 생성	미량영양소
비타민	식품에 광범위하게 포함: 식물성 식품은 항산화제의 좋은 공급원	신진대사와 생리적 발달 조절	미량영양소
수분	식품에 광범위하게 포함, 음료	많은 화학반응에 관여: 체액의 유지, 온도 조절, 관절의 윤활작용, 세포와 체내의 물질수송에 필요	(해당없음)

탄수화물

탄수화물(carbohydrate)은 음식에 당, 녹말, 섬유질로 존재한다. 과일, 채소, 우유, 꿀은 당의 천연 공급원이다. 포도당과 과당은 단당류이고, 젖당(유당)과 자당(설탕)은 이당류이다. 모든 당은 몸에 흡수된 후 혈액 속의 운반을 위해 포도당으로 전환된다. 포도당은 세포가 직접 사용할 수 있는 에너지원이다.

식물은 녹말로 포도당을 저장하고, 동물은 당원으로 포도당을 저장한다. 녹말이 많은 음식은 콩, 완두콩, 곡류, 감자가 있다. 녹말은 소화관에서 포도당으로 소화되며, 남는 포도당은 당원으로 저장된다. 다른 동물들도 마찬가지로 포도당을 간이나 근육조직(육류) 속에 당원으로 저장하지만, 이 동물을 식품으로 먹으면 당원도 사라진다. 당을 함유하고 있는 꿀과 우유를 제외하고는 동물성 식품에는 탄수화물이 포함되어 있지 않다.

섬유질

섬유질(fiber)은 식물에서 유래한 다양한 소화되지 않는 탄수화물을 포함한다. 섬유질이 풍부한 음식은 콩, 완두콩, 견과류, 과일, 채소가 있다. 통곡물 또한 섬유질의 좋은 공급원이며, 따라서 정제된 곡식보다 영양가가 더 높다. 곡물을 정제하는 동안 섬유질뿐만 아니라 비타민과 미네랄이 제거되어 결국 녹말만 주로 남는다. 예를 들어, 통밀가루로 만든 빵 한 조각에는 3 g의 섬유질이 들어 있다: 정제된 밀가루로 만든 빵 한 조각에는 섬유질이 1 g 미만이다.

엄밀히 말하면 섬유질은 혈류로 들어가는 작은 분자로 소화되지 않기 때문에 인간을 위한 영양소가 아니다. 그러나 불용성 섬유질은 대변의 양을 늘려 대장의 움직임을 자극하여 변비를 예방한다. 가용성 섬유질은 소장에서 담즙산 및 콜레스테롤과 결합하여 흡수를 막는다. 이러한 방법으로 고섬유질 식단은 심장병을 예방할 수 있다. 일반적으로 미국인은 매일 약 15 g의 섬유질을 섭취한다: 권장되는 하루 섭취량은 여성의 경우 25 g, 남성의 경우 38 g이다. 섬유질 섭취량을 늘리려면 통곡물을 섭취하고, 신선한 과일과 생채소를 간식으로 섭취하며 견과류와 콩을 식단에 포함시켜야 한다.

표 25.2 식품의 당분 섭취를 줄이는 방법

당 섭취를 줄이기 위해
• 사탕, 탄산음료, 아이스크림, 페이스트리 같은 단 것을 적게 먹는다.
• 신선한 과일을 먹고, 통조림 과일은 시럽이 적은 것을 먹는다.
• 설탕(백설탕, 황설탕, 흑설탕) 사용량을 줄이고 꿀과 시럽을 적게 사용한다.
• 단 아침 시리얼은 피한다.
• 젤리, 잼, 보존제를 적게 먹는다.
• 대용주스가 아닌 생과일주스를 마신다.
• 요리할 때 설탕 대신 계피 같은 향신료를 사용하여 맛을 낸다.
• 차나 커피에 설탕을 넣지 않는다.
• 혈당지수가 낮은 식품을 고른다.

연관

혈당지수란 무엇인가?

혈당지수는 식품이 혈당수치에 어떤 영향을 미치는지 나타내는 지표이다. 수치는 포도당을 기준치(100)로 사용한다. 일반적으로 복합 탄수화물이 많이 포함된 음식은 단순 탄수화물이 포함된 음식보다 혈당지수가 낮다. 예를 들어, 렌틸콩과 강낭콩의 혈당지수는 29인 반면, 대부분의 과자류는 80이다. 원래 당뇨병 환자들을 위한 식단을 짜기 위해 고안된 혈당지수는 그들의 식단에 복합 탄수화물의 양을 증가시키는 데 관심이 있는 사람에게는 누구에게나 유용하다.

탄수화물이 해로울 수 있을까?

만약 당신이나 아는 사람이 Keto 또는 Paleo 다이어트를 따라서 살을 뺐다면, 여러분은 "탄수화물"이 건강에 좋지 않고 피해야 한다고 생각할 수 있다. 하지만 영양학자들에 의하면 필요한 에너지의 대부분을 탄수화물에서 얻어야 한다고 말한다. 미국인들이 바람직한 형태의 탄수화물을 섭취하지 않는다는 증거가 있다. 일부 국가에서는 전통적인 식단이 60~70%의 고섬유 탄수화물이며, 이러한 사람들은 미국인들을 괴롭히는 질병의 발병률이 낮다.

비만(obesity)은 25.5절에서 논의된 바와 같이 제2형 당뇨병 및 심혈관 질환과 관련이 있다. 일부 영양학자들은 옥수수 녹말로 가공된 정제 탄수화물과 과당 감미료가 풍부한 음식을 많이 섭취하는 것이 미국에서 비만이 만연한 원인일 수 있다고 가정한다. 이것들은 비타민과 미네랄은 없고 당만 공급하는 텅빈열량식품이다. **표 25.2**는 당신의 식단에서 식이 당을 줄이는 방법을 알려준다. 다른 영양학자들은 어떤 식품으로든 너무 많은 에너지원을 섭취하면 결국 체지방이 늘어나고 비만이 될 위험성이 커지며, 이와 관련된 질병이 증가할 것이라고 지적한다. 도넛, 케이크, 파이, 과자 등 많은 음식들이 정제된 탄수화물과 지방 함량이 높기 때문에, 어떤 식이 성분이 현재 미국인들 사이의 비만 확산의 원인인지 알아내기가 어렵다.

많은 사람들이 어린이들이 설탕을 먹은 후 지나치게 활동적이게 된다고 잘못 믿고 있다. 설탕은 소장에서 포도당과 과당으로 분해되고, 이 당들은 혈류로 흡수되기 때문에 이 믿음에 대한 과학적 근거는 없다. 흡수로 인한 스파이크는 오래 지속되지 못한다. 과다한 포도당과 과당은 간으로 들어가고 과당은 포도당으로 전환된다. 아시다시피, 간은 포도당을 당원으로 저장하고 당원은 적절한 포도당 수준을 유지하기 위해 분해된다.

지질

탄수화물과 마찬가지로 **중성지방(triglyceride**; 지방과 기름의 주요 성분)은 세포에 에너지를 공급하지만 **지방(fat)**은 체내에 장기적으로 저장된다. 피하지방(*subcutaneous fat*)이라고 불리는 피부 밑의 지방 침전물은 추운 온도로부터 몸을 보호한다. 체내에 깊이 축적된 지방은 장기가 상해를 입지 않도록 보호한다.

일반적으로 영양학자들은 포화지방보다 불포화지방 섭취를 권장한다(그림 3.12 참조). 두 가지 불포화지방산(알파리놀렌산과 리놀레산)은 **필수지방산**(*essential dietary fatty acid*)이다. 필수지방산이 결핍되면 성장이 지연되거나 피부에 문제가 생길 수 있다. 이들은 지방이 많은 생선이나 카놀라유, 콩기름 같은 식물성 기름에서 얻을 수 있다.

버터, 고기, 전유, 치즈와 같은 동물성 식품에는 포화지방이 들어 있다. 식물성 기름은 불포화지방을 포함하고 있다. 포화지방과 불포화지방의 차이는 그림 3.12에 나와 있다. 각 유형의 기름은 특정한 비율의 단일 불포화지방산과 다중 불포화지방산을 가지고 있다.

지질인 **콜레스테롤(cholesterol)**은 매일 필요한 양만큼 신체에 의해 합성될 수 있다. 세포는 콜레스테롤을 담즙, 스테로이드 호르몬, 비타민 D를 포함한 다양한 화합물을 만들기 위해 사용한다. 콜레스테롤은 혈장막의 중요한 성분이기도 하다. 식물성 식품에는 콜레스테롤이 없다: 치즈, 계란 노른자, 간 및 특정 갑각류(새우와 바닷가재) 같은 동물성 식품만 콜레스테롤이 풍부하다.

지질이 해로울 수 있을까?

혈중 콜레스테롤 수치의 상승은 미국인의 사망률 1위인 심혈관질환의 위험 증가와 관련이 있다. 콜레스테롤과 포화지방이 많은 식단은 심혈관질환의 위험을 증가시킨다(25.5절 참조). 통계수치에 따르면 트랜스지방이 포화지방보다 훨씬 해롭다는 것을 알 수 있다. 트랜스지방은 불포화 기름에 수소를 첨가하여 가공식품용으로 고체 지방을 만드는 과정에서 생성된다. 트랜스지방산은 혈류로부터 콜레스테롤을 제거하는 혈장막 수용체의 기능을 감소시킬 수 있다. 트랜스지방산은 과자나 크래커 같은 포장식품, 감자튀김 등의 튀김식품, 전자레인지용 팝콘과 같은 포장식품, 식물성 쇼트닝과 마가린에 함유되어 있다. 표 25.3은 식단에서 해로운 지질을 줄이는 방법을 알려준다.

단백질

식이 **단백질(protein)**은 아미노산으로 소화되는데, 이 아미노산은 세포가 수백 개의 세포 단백질을 합성하는 데 사용된다. 20종류의 아미노산 중에서 9개는 반드시 식품을 통해 섭취해야 하는 필수아미노산(*essential amino acid*)이다. 식품에 필수아미노산이 부족하면 어린이가 성장하지 못할 것이다. 계란, 유제품, 육류, 가금류, 기타 동물성 식품 대부분은 9가지 필수 아미노산을 모두 포함하고 있고, "완전한", 또는 "고품질의" 단백질원이다.

식물성 식품은 단위 무게당 단백질이 동물성 식품보다 적으며, 일반적으로 필수아미노산이 하나 이상 빠져 있다. 그러므로 대부분의 식물성 식품은 "불완전한", 또는 "저품질" 단백질원이다. 그러나 채식주의자들은 동물성 단백질원을 섭취할 필요가 없다. 채식주의자도 곡류, 콩류, 견과류를 다양하게 조합하면 단백질 수요를 충족할 수 있다. 또한 두부, 두유 등 콩 가공식품도 완벽한 단백질원이다. 약간의 계획으로 균형 잡힌 채식주의자 식단이 가능하다.

단백질이 해로울 수 있을까?

영양학자들에 의하면 단백질이 칼로리의 대부분을 차지해서는 안된다고 한다. 평균적으로 미국인은 스스로 필요한 단백질의 두 배 정도를 섭취하며, 어떤 사람은 에너지원으로 탄수화물 대신 단백질 섭취를 권장하는 식이요법을 한다. 또한 보디빌더나 역도선수 그리고 다른 운동선수들은 이러한 보충제들이 근육량을 증가시킬 것이라 생각하기 때문에 아미노산 또는 단백질 보충제를 식사에 추가해 섭취하기도 한다. 그러나 과잉 아미노산이 항상 근육조직으로 전환되는 것은 아니다. 단백질을 에너지원

연관

"0% 트랜스지방"이라는 식품표시는 정말로 그 제품에 트랜스지방이 없다는 것을 의미할까?

영양성분

1회 분량: 1컵(228g)
총 2회분량

1회 분량당 함량	
260 칼로리 중 지방 칼로리 120	
	% 1일 권장량 비율*
전체 지방 13g	20%
포화지방 5g	25%
트랜스지방 0g	0%
콜레스테롤 30mg	10%
소듐 660mg	28%
탄수화물 31g	10%
식이섬유 0g	0%
당류 5g	
단백질 5g	

2006년 미국식품의약국(FDA)에서 트랜스지방 정보를 식품표시에 추가할 것을 요구하자, 많은 식품회사가 자신들의 제품은 "트랜스지방이 없다"고 선전하는 라벨을 만들었다. 이 영양성분표에는 지방 항목에 트랜스지방 0 g으로 표시되어 있다. 하지만 성분 목록을 더 자세히 확인하면 이 식품에 소량의 트랜스지방이 포함되어 있는 것이 드러난다. "부분적으로 수소화된 기름"이란 목록이 있다면, 트랜스지방이 일부 포함되어 있다는 것이다. 트랜스지방은 1인분에 0.5 g 이상 들어 있을 때만 지방성분에 표시하도록 되어 있다. 미국심장협회는 트랜스지방을 하루 전체 칼로리의 1% 이내로 제한할 것을 권고한다. 불행하게도 "숨겨진" 트랜스지방을 통해 1일 권장량을 넘길 수도 있다.

표 25.3 식사 중 특정 지질 줄이기

포화지방 섭취를 줄이기 위해

- 단백질 공급원으로 가금류, 생선 또는 말린 콩과 강낭콩을 선택한다.
- 가금류는 요리 전에 껍질을 벗기고 붉은 살 사이 지방을 제거, 선반에 올려놓아 지방이 빠져나가도록 한다.
- 튀기는 것보다 불에 굽거나 끓이고 열로 익힌다.
- 버터, 크림, 트랜스지방, 쇼트닝, 열대성 기름(코코넛오일, 팜유) 등의 섭취를 제한한다.
- 야채를 양념하기 위해 버터, 마가린, 소스 대신 허브나 향신료를 사용한다. 샐러드 드레싱 대신 레몬주스를 사용한다.
- 전지유 대신 탈지유를 마시고, 요리할 때나 빵을 구울 때도 탈지유를 사용한다.

콜레스테롤 섭취를 줄이기 위해

- 치즈, 계란 노른자, 간 그리고 특정 갑각류(새우와 바닷가재) 대신 흰살 생선과 가금류를 먹는다.
- 요리할 때나 먹을 때나 계란 노른자 대신 흰자를 사용한다.
- 음식에 용해성 섬유소를 포함시킨다. 귀리, 오트밀, 콩, 옥수수 및 사과, 감귤류, 크랜베리 같은 과일은 용해성 섬유소가 많다.

으로 사용될 때 간은(탈아미노반응이라고 불리는 과정) 질소 일부를 제거하고 요소로 전환시켜 소변으로 배출한다. 요소 배출에는 물이 필요하므로 운동을 하거나 땀을 흘릴 경우 탈수증상이 나타날 수 있다. 고단백 식단은 소변에서 칼슘 손실을 증가시키고 신장 결석의 형성을 촉진할 수 있다. 게다가, 고단백 식품은 많은 양의 지방을 포함하고 있다.

미네랄

신체는 생화학적 반응의 조절, 유체 균형의 유지, 그리고 특정한 구조와 화합물의 통합 등 수많은 생리적인 기능을 위해 **미네랄(mineral)**이라고 불리는 약 20개의 요소를 필요로 한다. **다량 미네랄(major mineral)**은 **미량 미네랄(trace mineral)**에 비해 더 많이 필요하다. 각각의 다량 미네랄은 하루에 100 mg 이상 식사에 포함되어야 하고, 미량 미네랄은 하루에 100 mg 미만이 필요하다. 표 25.4는 다량 미네랄과 미량 미네랄의 예이다. 미네랄의 기능과 식품공급원, 너무 적거나 너무 많이 섭취했을 때 건강에 미치는 영향을 요약하였다.

표 25.4 미네랄

미네랄	기능	식품공급원	증상	
			부족증세	과잉증세
주요 미네랄				
칼슘(Ca^{2+})	뼈와 이를 튼튼히 함, 신경전도, 근육수축	유제품, 녹황색엽채	어린이 발육장애, 성인 골밀도 저하	신장 결석: 철과 아연 흡수장애
인산(PO_4^{3-})	뼈와 연조직의 성장; 인지질, ATP 및 핵산의 구성성분	육류, 유제품, 해바라기씨, 식품첨가물	허약체질, 정신집중 저하, 뼈와 관절의 통증	혈액과 뼈의 칼슘농도 저하
칼륨(K^+)	신경전도, 근육수축	많은 과일과 채소, 쌀겨	마비, 부정맥, 심한 경우 사망	구토, 심장마비, 사망
나트륨(Na^+)	신경전도, pH와 수분균형	식염	무기력, 근육경련, 식욕부진	고혈압, 칼슘 소실
염소(Cl^-)	수분균형	식염	거의 없음	구토, 탈수
마그네슘(Mg^{2+})	신경과 근육수축에 필요한 다양한 효소의 일부, 단백질 합성	전곡류, 녹황색엽채	근육경련, 부정맥, 경련, 집중력 저하, 성격변화	설사
황(S^{2-})	일부 아미노산 및 비타민의 구성성분	육류, 콩류, 전곡류	거의 없음	거의 없음
미량 미네랄				
아연(Zn^{2+})	단백질 합성, 상처치유, 태아의 발달과 생장, 면역기능	육류, 콩류, 전곡류	상처치유 지연, 야맹증, 설사, 정신혼미	빈혈, 설사, 구토, 신기능 장애, 비정상 콜레스테롤 농도
철(Fe^{2+})	헤모글로빈 합성	전곡류, 육류, 자두주스	빈혈, 육체 및 정신 지체	철 중독 질환, 장기기능부전, 심한 경우 사망
구리(Cu^{2+})	철 대사; 여러 항산화 효소의 구성성분	육류, 견과류, 콩류	빈혈, 어린이 발육장애	배설되지 않으면 내부 장기 손상
요오드(I^-)	갑상샘호르몬 합성	요오드화 식염, 해산물	갑상샘호르몬 결핍	갑상샘 기능 저하, 불안
셀레늄(SeO_4^{2-})	항산화효소의 일부	해산물, 육류, 달걀	혈관 허탈, 암으로 발전 가능	모발과 손발톱이 부서짐, 피부 변색

일부 사람들(특히 여성)은 식단에서 충분한 철분, 칼슘, 마그네슘, 아연을 섭취하지 못한다. 성인 여성은 매달 생리를 하는 경우 성인 남성보다 더 많은 철분을 필요로 한다(여성 18 mg, 남성 10 mg). 식품에 철이 부족하면 적혈구 수가 줄어들며, 이로 인해 빈혈증세가 나타난다. 또한 많은 사람들은 의사의 지시에 따라 칼슘 보충제를 복용하는데, 골다공증(*osteoporosis*)은 퇴행성 골질환으로 미국에서 약 4분의 1, 여성 노인의 2분의 1에 영향을 미친다(**그림 25.16**).

사람들이 너무 많이 소비하는 한 가지 미네랄은 나트륨이다. 나트륨의 1일 권장량은 2,300 mg(고혈압인 경우 1,500 mg)인데, 미국인들은 보통 4,000~4,700 mg을 섭취한다. 미국 심장협회는 나트륨 섭취를 하루에 1,500 mg 이하로 줄일 것을 권장한다. **표 25.5**는 식단에서 나트륨 양을 줄이기 위한 권장 사항을 제공한다.

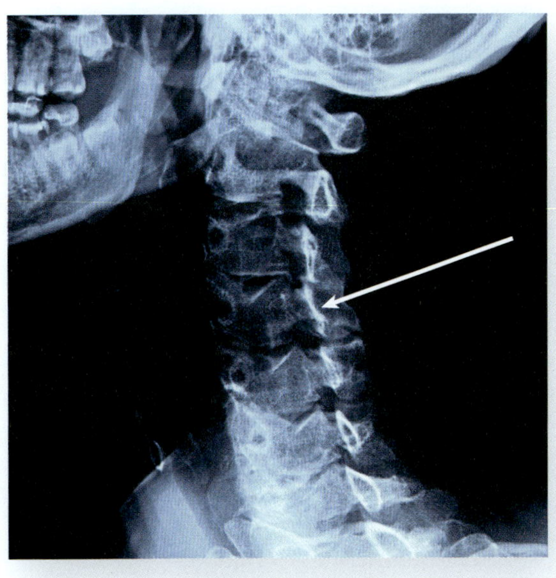

그림 25.16 골다공증 환자의 X-선 사진.
이 X-선의 골절은 뼈의 두께와 강도를 감소시키는 골다공증에 의한 것이다.
©Lilli Day/Getty Images

표 25.5 나트륨 섭취 줄이기

나트륨 섭취를 줄이기 위해
• 음식에 맛을 내기 위해 소금 대신 향신료를 사용한다.
• 식사 중 음식에 소금을 거의 넣지 말고, 조리할 때에도 조금만 넣는다.
• 무염 크래커, 프레첼, 감자칩, 견과류, 팝콘을 먹는다.
• 핫도그, 햄, 베이컨, 인스턴트 가공육, 훈제연어, 정어리 및 멸치 등을 피한다.
• 가공치즈, 통조림 수프나 탈수된 수프를 피한다.
• 피클이나 올리브 같은 염장식품을 피한다.
• 영양성분표를 읽고 고염분 제품을 피한다.

연관

식단에 들어 있는 대부분의 나트륨은 어디에서 오는가?

일반적인 믿음과는 달리, 여러분의 식단에 있는 나트륨의 대부분은 음식을 먹을 때 얹은 소금에서 오는 것이 아니다. 대신, 대부분의 나트륨은 가공식품과 조미료에서 나온다. 나트륨은 음식이나 조미료를 보존하고 맛을 더 좋게 만들기 위해 사용된다. 하지만 때때로 나트륨의 양은 경이롭다. 간장 1티스푼에는 거의 1,000 mg의 나트륨이 들어 있고, 토마토소스 반 컵에는 일반적으로 400 mg 이상의 나트륨이 들어 있다. nutritiondata.com과 같은 웹사이트는 당신의 1일 나트륨 섭취량을 추적하는 것을 도울 수 있다.

©Fuse/Getty Images

비타민

비타민(vitamin)은 다양한 대사 활동을 조절하는 유기 화합물(아미노산을 포함한 탄수화물, 지방 및 단백질 제외)이다. 비타민은 수용성(표 25.6) 또는 지용성(표 25.7)으로 분류된다. 일반적으로 수용성 비타민은 소변에서 쉽게 제거되고 대부분은 매일 보충되어야 한다. 지용성 비타민은 지방 조직에 저장되며 체내에서 더 오래 지속된다.

비록 많은 사람들이 비타민이 건강을 극적으로 증진시키고, 노화를 방지하고, 관절염과 암과 같은 질병을 치료할 수 있다고 생각하지만, 비타민이 "특효약"이라는 과학적인 증거는 없다. 하지만 비타민 C, E, 그리고 A는 활성산소로부터 몸을 방어해주는 것으로 알려져 있고, 그래서 이들을 **항산화제(antioxidant)**라고 한다. 특히 과일과 채소에 풍부하기 때문에 매일 4컵 반 정도의 과일과 채소를 먹어야 할 것이다. 이 목적을 달성하기 위해서는 녹색채소샐러드, 날것 또는 조리된 채소, 전통적인 사과와 오렌지를 포함한 과일주스 및 기타 신선식품을 소비해야 한다.

비타민 결핍은 인간에게 질병이나 심지어 사망을 초래할 수 있다. 비록 미국에서 많은 식품들이 비타민이 풍부하거나 강화되어 있긴 하지만 일부 개인, 특히 노인,

표 25.6 수용성 비타민

비타민	기능	식품공급원	증세요인	
			부족증세	과잉증세
비타민 C	항산화제; 콜라겐 형성에 필요; 혈관, 뼈, 치아 건강 유지	감귤류, 녹색엽채, 토마토, 감자, 양배추	괴혈병, 상처치유 지연, 감염에 취약	통풍, 신장결석, 설사, 구리 함량 감소
티아민 (비타민 B_1)	세포호흡에 필요한 조효소의 일부; 신경계 작용 증진	전곡류 시리얼, 콩류, 해바라기씨, 견과류	각기병, 근육약화, 심장 비대	일부 비타민의 흡수 방해
리보플라빈 (비타민 B_2)	FAD 같은 조효소의 구성성분; 단백질과 지방의 산화를 포함한 세포호흡을 도움	견과류, 유제품, 전곡류 시리얼, 가금류, 녹황색엽채	피부병, 눈이 침침함, 성장장애	알려지지 않음
나이아신 (니코틴산)	조효소 NAD와 NADP의 일부분; 단백질과 지방의 산화를 포함한 세포호흡에 필요	땅콩, 가금류, 전곡류 시리얼, 녹황색엽채, 콩	펠라그라, 설사, 정신지체	혈당과 요산 증가, 혈관확장
폴리산 (엽산)	헤모글로빈 생성과 DNA 형성에 필요한 조효소	짙은 녹색엽채, 견과류, 콩류, 전곡류 시리얼	거대적아구성 빈혈, 척추 이분증	비타민 B_{12} 결핍증처럼 보임
비타민 B_6	호르몬과 헤모글로빈 합성에 필요한 조효소; CNS 조절	전곡류 시리얼, 바나나, 콩류, 가금류, 견과류, 녹황색엽채	드물게 경련, 구토, 지루증, 근육약화 등	불면증, 신경 장애
판토텐산	탄수화물과 지질 산화에 필요한 조효소 A의 일부; 호르몬과 일부 신경전달물질 생성을 도움	견과류, 콩류, 짙은 녹색채소, 가금류, 과일, 우유	드물게 식욕상실, 우울증, 감각저하 등	알려지지 않음
비타민 B_{12}	코발트-함유 복합 화합물; 핵산과 수초 합성에 필요한 조효소의 일부	유제류, 어류, 가금류, 달걀, 강화된 시리얼	악성빈혈	알려지지 않음
바이오틴	아미노산과 지방산 대사에 필요한 조효소	식품 일반, 특히 달걀	피부발진, 메스꺼움, 피로	알려지지 않음

표 25.7 지용성 비타민

비타민	기능	식품공급원	증세요인	
			부족증세	과잉증세
비타민 A	정상시력, 면역기능 및 세포성장에 필요한 항산화제	귤, 짙은 녹색 과일 및 채소, 우유, 시리얼	야맹증, 면역기능 약화	메스꺼움, 두통, 뼈 골절, 털 빠짐
비타민 D	뼈와 치아의 발생과 유지에 필요한 스테로이드 종류	비타민 D가 강화된 우유, 생선 간유	구루병, 뼈의 칼슘용출 및 약화	연조직의 석회화, 설사, 신장 손상
비타민 E	비타민 A와 다중 불포화지방산의 산화를 막는 항산화제	녹황색엽채, 과일, 식물성 기름, 견과류, 전곡류 빵 및 시리얼	알려지지 않음	설사, 메스꺼움, 두통, 피로감, 근육약화
비타민 K	혈액응고 활성물질 합성에 필요	녹황색엽채, 양배추, 콜리플라워	멍이 잘 들고 출혈이 쉽게 일어남	항응고제 기능을 억제할 수 있음

어린이, 알코올 중독자, 저소득층 사람은 일반적으로 품질이 낮은 식품을 선택하기 때문에 여전히 비타민 부족의 위험에 처해 있다. 예를 들면, 피부세포에는 정상적으로 자외선에 노출되면 비타민 D로 전환되는 콜레스테롤 분자의 전구체가 있다. 하지만 비타민 D가 부족하면 구루병이라는 상태가 되어, 뼈의 미네랄화가 손상되어 다리가 휘게 된다. 오늘날 대부분의 우유는 비타민 D가 강화되어 있어 구루병의 발병을 막는 데 도움이 된다. 또 다른 사례인 비타민 C 부족은 그림 25.14에서 그 효과를 볼 수 있다. 알코올을 많이 섭취하면, 비타민 섭취가 적당한 경우에도 비타민 결핍이 나타날 수 있다. 그 이유는 알코올이 엽산, 비타민 B_{12} 및 비타민 A 같은 특정 비타민의 흡수를 방해하고, 비타민 C를 비롯한 일부 비타민의 배출을 증가시키기 때문이다.

물

물은 성인 몸의 약 60%를 구성한다. 물은 많은 화학 반응에 참여한다; 게다가 수분이 많은 체액은 관절의 윤활작용을 하며, 영양소를 전달하고 체온유지에 도움이 된다. 음료, 수프, 과일 및 채소는 물의 공급원이며, 대부분의 고형 식품도 수분을 일부 포함하고 있다. 우리가 섭취해야 하는 수분의 총량(음료 및 음식에서 섭취하는 물)은 신체활동 정도, 식이 및 환경조건에 따라 달라진다. 평균적으로 남자는 하루 약 3.5 L, 여자는 2.5 L의 물을 섭취해야 한다. 갈증은 건강한 사람이 수분 필요성을 만족하고 탈수상태에 놓이지 않도록 하는 좋은 신호이다. 물을 너무 많이 마셔도 문제가 될 수 있다. 물 중독(저나트륨혈증, *hyponatremia*)은 과다한 수분섭취로 인해 혈액의 전해질(보통 나트륨과 칼륨) 균형이 깨진 경우이다. 이 경우 부정맥을 일으킬 수 있으며, 시망에 이를 수도 있다.

개념 연결하기

균형 잡힌 식사는 정확한 비율의 다량영양소와 필요한 모든 미량 영양소를 포함한다.

진도 점검하기 25.3

1. 영양소의 종류와 예를 드시오.
2. 탄수화물, 지질, 단백질 각각의 과식으로 인한 잠재적인 건강상의 결과를 설명하시오.
3. 비타민, 미네랄 및 수분 부족과 연관된 잠재적인 건강 문제를 요약하시오.

25.4 영양의 이해 가이드라인

학습 목표

이 절을 학습한 후에는 다음 과제를 수행할 수 있어야 한다.

1. 나의 식단에 대한 목표를 설명하기.
2. 식품 포장의 영양표시를 평가하기.
3. 식이 보충제의 가치에 대해 논의하기.
4. 건강한 식단의 구성 요소를 요약하기.

영양가 있는 음식과 간식을 계획하는 데에는 영양 권장량에 대한 다양한 정보를 기초로 매일의 식단을 선택하는 것도 포함된다. 하루의 음식 섭취도 영양소의 적절한 균형이 이루어져야 하며, 각각의 영양소가 너무 많거나 너무 적어도 좋지 않다. 식품 지침을 활용하면 식단을 계획하는 데 도움이 된다. 나아가 식품포장지에 표시된 영양성분표를 읽으면 건강한 영양공급원을 선택하는 데 도움이 된다.

표 25.8 2015~2020 식이 지침

일반 지침
하루에 10% 미만의 당분을 섭취하라.
하루에 10% 미만의 포화지방을 섭취하라.
하루에 2,300 mg 이하의 나트륨을 섭취하라.
적당량의 알코올 섭취: 여성의 경우 하루 최대 1잔, 남성의 경우 하루 최대 2잔(그리고 법적 음주 연령의 성인만 해당).

Source: "Dietary Guidelines for Americans 2015–2020," Office of Disease Prevention and Health Promotion, December 2015, 15. www.health.gov.

식이 지침 업데이트

식이 지침은 일반적으로 미국 정부가 영양학의 변화를 반영하여 5년마다 개정한다. 최신 지침은 농무부와 보건복지부에 의해 2015년에 발표되었다. 이 지침의 전반적인 목적은 다음과 같다:

- 건강 증진
- 만성 장기 질병 예방
- 사람들이 건강한 체중에 도달하고 유지할 수 있도록 지원

새로운 지침은 영양소의 양적 수준을 처방하는 것보다는 건강한 식습관 형성에 더 초점을 맞추고 있다. 건강한 식습관은 다음과 같은 음식을 포함한다:

- 잎채소, 콩, 적황 채소, 녹말을 포함한 다양한 채소들
- 과일들
- 곡물, 적어도 절반은 통곡물이어야 함
- 무지방 또는 저지방 유제품(콩 포함)
- 해산물, 육류, 가금류, 달걀, 콩류, 견과류 및 콩 제품의 형태를 가진 단백질
- 기름

이러한 건강한 식사 패턴을 확립하기 위해, 건강 문제를 제기하는 것으로 인식되는 특정 영양소를 제한하기 위한 구체적인 권장 사항이 제시되었다. 이것은 표 25.8에 요약되어 있다.

그림 25.17 MYPlate 식이 지침.
미국 농무부(USDA)는 더 나은 건강을 위한 지침으로 음식 접시의 시각적 표현을 개발했다. 각각의 음식 그룹에 대한 접시의 크기 차이는 당신의 식사의 어떤 부분으로 구성되어야 하는지를 암시한다. 다섯 가지 다른 색상은 건강을 위해 매일 정확한 비율의 음식이 필요하다는 것을 보여준다.

Source: USDA, ChooseMyPlate.gov

식이 지침의 시각화

미국 농무부는 MYPlate(그림 25.17)라고 불리는 가이드라인을 개발했다. 과거의 음식안내 피라미드를 사람들이 쉽게 이해할 수 있도록 시각적 표현 방식으로 바꾸었다. 당신이 칼로리를 식품들에 어떻게 분배하여 얻어야 할 것인지 판단하는 데 이용될 수 있다. MyPlate는 매일 소비해야 할 각 식품군의 비율을 강조한다.

그림 25.18 **영양성분표.**
a. 현재 영양정보 패널은 1인분의 음식에 포함된 특정 영양소 및 기타 물질의 양에 대한 정보를 제공한다. **b.** 2015~2020년 가이드라인 변경에 기초하여 제안된 영양정보 패널의 변경 사항.
(b): Source: www.fda.gov.

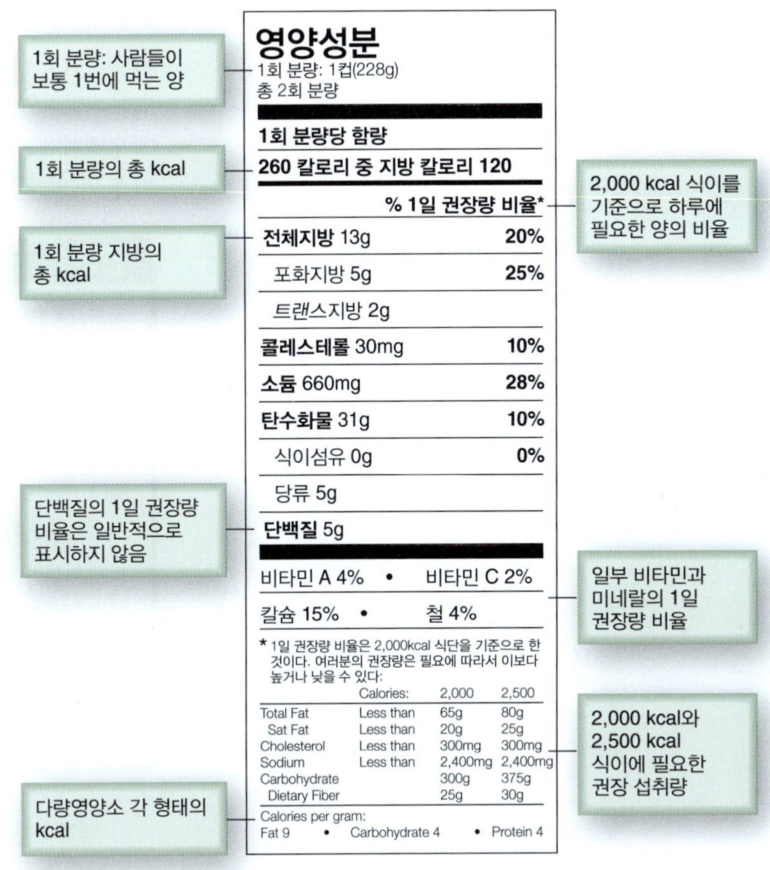

a. 현재 활용되는 푸드라벨

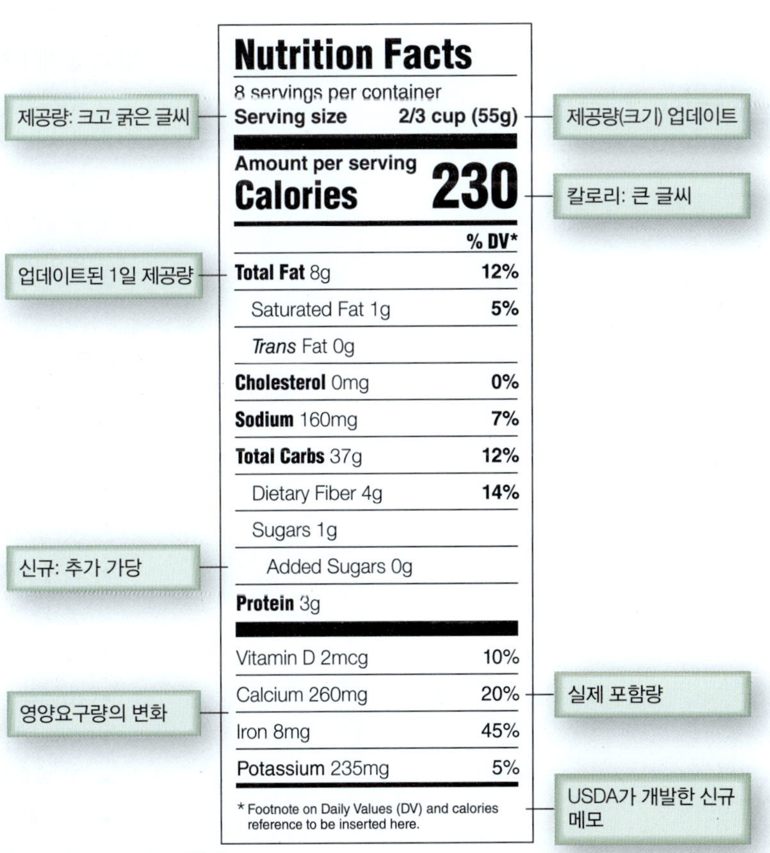

b. 푸드라벨의 새로운 제안

게다가, ChooseMyPlate.gov 웹사이트에서 USDA는 매일 먹어야 하는 각 그룹의 최소 음식량에 관한 권장사항을 제공한다. 이 사이트는 또한 자신의 식단을 추적하고 개인의 체중 및 활동 목표를 설정할 수 있는 SuperTracker라는 대화형 구성 요소를 포함하고 있다. 이러한 결정을 지지하기 위해, USDA는 1일 식사 계획의 예시와 건강한 식단 예산과 방법에 대한 정보도 제공한다.

영양성분표 이해하기

그림 25.18*a*에 표시된 영양성분표는 제품에 대한 특정 식단 정보와 그 제품에 포함된 영양소에 대한 일반적인 정보를 제공한다. 영양 지침의 변경 사항에 따라 FDA는 영양정보 패널의 내용에 대한 변경을 명령했다(그림 25.18*b*). 이러한 변경 사항은 2020~2021년까지 요구될 것이다.

서빙 크기 및 칼로리 서빙 크기는 제품의 일반적인 서빙 크기를 기준으로 한다. 1 kcal[1]와 동일한 유형의 제품에 대한 다른 데이터를 비교하는 경우 각 제품의 서빙 크기가 같은지 확인해야 한다. 총 칼로리 수는 제공되는 크기에 기초한다. 분명히 만약 당신이 서빙되는 크기의 두 배를 먹는다면, 당신은 두 배의 칼로리를 섭취하게 된다. 새로운 식품 라벨(그림 25.18*b*)은 대부분의 사람들에게 실제 1인분 크기를 더 잘 보여주고 1인분당 총 칼로리의 강조를 높이기 위해 고안되었다.

% 1일 적정 섭취량 % 1일 적정 섭취량(2,000칼로리 식단에서 필요한 총량의 백분율)은 이 제품에 대한 특정 정보와 패널 하단에 주어진 정보를 비교하여 계산된다. 예를 들어, 그림 25.18*a*의 제품은 지방 함량이 13 g이며, 총 1일 권장량은 65 g 미만이므로 13/65 = 20%이다. % 1일 적정 섭취량은 일별로 2,000 kcal 이상 또는 그 미만을 필요로 하는 사람에게는 적용되지 않는다.

이러한 값을 결정하는 것은 제조업체가 제품의 단백질 품질에 대한 값비싼 테스트를 필요로 하기 때문에 일반적으로 단백질에 대한 일일 % 값이 주어지지 않는다. 또한 그것들은 탄수화물에 대한 1일 적정 섭취량이지, 설탕에 대한 1일 권장치는 없기 때문이다.

식이보충제 식이보충제(**dietary supplements**)는 건강을 증진시키기 위해 사용되는 영양소와 식물 제품(허브 차와 같은)이다.

[1] 영양학자들은 칼로리를 쓰고, 과학자들은 *kcal*를 선호한다.

미국 정부는 식이보충제가 승인되기 전에 새로운 처방약이 완료해야 하는 안전성 효과 실험을 거치도록 요구하지 않는다. 그러므로 많은 허브 제품들은 이점을 알아내기 위해 과학적으로 실험되지 않았다. 비록 사람들이 종종 허브 제품이 "천연"이기 때문에 안전하다고 생각하지만, 로벨리아, 콤프리, 카바카바를 포함한 많은 식물들이 독이 될 수 있다.

연관

녹차를 마시면 건강에 좋은점이 무엇일까?

모든 차는 중국과 인도가 원산지인 차나무라고 불리는 식물에서 유래한다. 녹차는 이 식물의 잎을 쪄서 만들어진다. 일반적으로 녹차는 찻잎을 발효시켜 만든 홍차보다 카페인이 적다. 녹차의 건강상 이점에 대한 연구는 전반적으로 몸에 매우 긍정적인 영향을 미친다는 것을 보여준다. 녹차의 산화방지제(플라보노이드라고 불리는)는 특정 형태의 암의 성장을 억제하고 혈관에 플라크가 쌓이는 것을 방지하며 혈중 콜레스테롤 수치를 향상시키는 데 도움을 줄 수 있다. 그러나 대부분의 영양학자들은 여전히 녹차 보충제를 복용하지 않도록 경고한다. 대신, 일상 식단에서 탄산음료를 차 한 잔으로 대체하라.

©D. Hurst/Alamy Stock Photo

영양소를 포함하는 식이보충제는 또한 해를 끼칠 수 있다. 대부분의 지용성 비타민은 몸에 저장되어 있고 독성 수준, 특히 비타민 A와 D까지 축적될 수 있다. 비록 수용성 비타민의 과다한 양이 배설될 수 있지만, 유독한 양의 비타민 B_6, 티아민, 그리고 비타민 C를 포함하는 경우가 보고되었다. 미네랄은 과잉섭취할 경우 해로울 수 있고, 심지어 치명적일 수 있다.

건강한 사람들은 권장량의 비타민과 미네랄을 함유한 보충제를 매일 복용할 수 있다. 어떤 사람들은 특정한 영양소를 흡수하거나 대사하는 능력을 방해하는 대사성 질환이나 신체적 조건을 갖고 있다. 이러한 사람들은 그들의 식단에 특정한 영양소 보충제를 추가할 필요가 있을지도 모른다. 그러나 사람들은 의사에게 확인하지 않고 많은 양의 식이보충제를 복용해서는 안 된다.

최종 결과

대부분의 영양학자들은 건강한 식단에 동의한다:

- 포화지방, 트랜스지방 및 콜레스테롤 함량이 낮은 적당한 양의 지방을 함유한 것(표 25.3 참조).
- 복합 탄수화물 및 섬유질 공급원으로서 통곡물, 채소 및 콩류(예: 콩 및 완두콩)가 풍부한 것.
- 녹말과 설탕 등의 정제된 탄수화물 함량이 낮은 것(표 25.2 참조).
- 소금과 나트륨 함량이 낮은 것(표 25.5 참조).
- 주로 가금류, 어류 및 식물성 식품을 통해 적절한 양의 단백질을 함유한 것.
- 꼭 필요한 양의 알코올을 함유한 것.
- 충분한 양의 미네랄과 비타민을 함유하고 있지만 의심스러운 식품 첨가물과 보충제를 피한다.

진도 점검하기 25.4

1. 미국 정부의 2015~2020년 식이요법 가이드라인이 이전 가이드라인과 다른 점을 설명하시오.
2. MYPlate에서 제공하는 정보를 요약하시오.
3. 현재 및 제안된 식품 라벨에서 제공되는 영양 정보를 요약하시오.

개념 연결하기

영양 지침을 통해 개인은 건강한 식사를 계획하고 질병을 피할 수 있다.

25.5 영양과 건강

학습 목표

이 절을 학습한 후에는 다음 과제를 수행할 수 있어야 한다.

1. 체질량지수를 측정하여 건강한 체중에 해당하는지 판단하기.
2. 에너지 섭취와 소비 사이의 균형에 대해 논의하기.
3. 비만과 관련된 질병에 대해 설명하기.
4. 섭식장애의 예를 들고 설명하기.

미국인의 많은 심각한 질환이 과다한 체지방을 초래하는 식단과 관련이 있다. 미국에서는 과체중이거나 비만인 사람의 수가 상당한 비율을 보인다. 미국 성인의 거의 2/3가 지나친 체지방을 지니고 있다.

지나친 체지방은 제2형 당뇨병, 심혈관질환 및 특정 암의 위험을 증가시킨다. 미국에서는 이런 질환들이 장애나 사망을 초래하는 주요 원인이다. 따라서 자신의 키에 합당한 체중을 유지하는 것이 중요하다.

체질량지수

의료인은 **체질량지수(body mass index, BMI)**를 이용하여 과체중이나 비만 여부를 결정한다. 대체로 키는 유전적으로 결정되지만, 체중은 다른 인자, 특히 식단과 생활방식의 영향을 받는다. BMI는 체중과 키 사이의 관계식이다. BMI를 계산하는 방법은 다음과 같다.

$$\text{체질량지수} = \frac{\text{체중(lb)}}{\text{키}^2(\text{in.}^2)} \times 703$$

$$\text{체질량지수} = \frac{\text{체중(kg)}}{\text{키}^2(\text{m}^2)}$$

예를 들어, 키 63인치이고 체중 133파운드인 여성의 BMI는 23.56이다.

$$\frac{133 \times 703.1}{63^2} = \frac{93512.3}{3969} = 23.56 \text{ (BMI)}$$

저체중 BMI	<	18.5
건강한 BMI	=	18.5~24.9
과체중 BMI	=	25.0~29.9
비만 BMI	=	30.0~39.9
병적인 비만 BMI	=	40.0 이상

에너지 섭취와 소비

유전적이나 장내 세균의 종류와 같은 생리적인 요인이 과체중이 되도록 하는 인자로 알려져 있지만, 에너지(칼로리)를 소모하는 것보다 음식으로 더 많이 섭취하지 않으면 살이 찔 수 없다.

에너지 섭취 식품의 에너지 값은 킬로칼로리(kcal)로 표시한다. 킬로칼로리는 물 1 L의 온도를 1°C 올리는 데 필요한 양이다.

음식에 포함된 탄수화물, 지방, 단백질 및 알코올의 양을 안다면 음식의 칼로리 값을 추정할 수 있다. 탄소화물이나 단백질은 1 g당 4 kcal, 지방은 1 g당 9 kcal를 공급한다. 알코올은 비록 영양소가 아니지만 식품으로 간주되며, 1 g당 7 kcal이다. 따라서 어떤 식품에 탄수화물 30 g, 지방 9 g, 단백질 5 g이 포함되어 있다면, 이 식품은 221 kcal를 공급한다.

탄수화물	30 g	×	4 kcal	=	120 kcal
지방	9 g	×	9 kcal	=	81 kcal
단백질	5 g	×	4 kcal	=	20 kcal
총량					221 kcal

에너지 소비 신체는 주로 (1) 대사기능, (2) 신체활동, (3) 소화, 흡수 및 음식의 양분 분해 과정에서 에너지를 소모한다. 과학자들은 활동 중의 산소 섭취량과 이산화탄소 배출량을 측정하여 특정 신체활동에 대한 에너지 소모량을 평가하기도 한다(그림 25.19).

연관

10,000보 프로그램이란 무엇인가?

연구에 따르면 매일 10,000 걸음 이상 걷는 것이 체중 유지와 건강에 필요하다고 한다. 이것은 권장되고 있는 하루 30분 운동과 거의 비슷하다. 운동을 시작하기 전에 만보계가 필요하다. 당신은 아마도 하루에 1만보 걷기의 목표에 도달하기 위해 걷는 거리를 늘려갈 필요가 있음을 알게 될 것이다. 걸음 수를 늘릴 수 있는 쉬운 방법이 여러 가지 있다. 사무실이나 가게에서 약간 떨어진 곳에 주차를 하고 걷는다. 엘리베이터 대신 계단을 이용하고, 식사 후에 산책을 한다. 체중 감량이 목표라면, 매일 12,000~15,000보를 걸어야 체중을 줄일 수 있다.

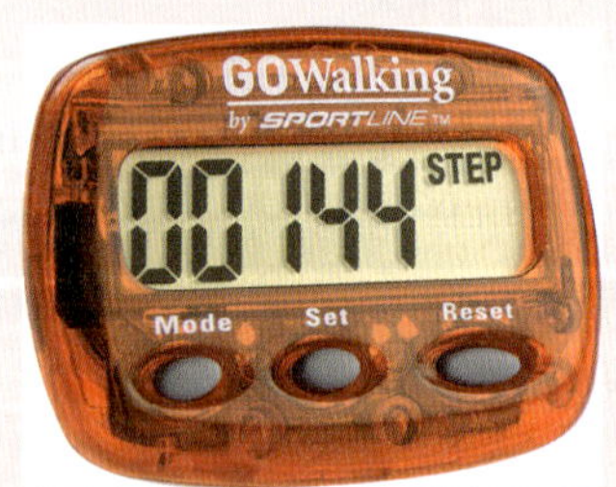

©McGraw-Hill Education/Christopher Kerrigan, photographer

실용적인 목적을 위해 1일 에너지 수요를 추정하는 방법은 다음과 같다:

1. 대사기능을 위해 하루에 필요한 kcal: 남자는 체중(kg)에 1.0을 곱하고, 여자는 체중(kg)에 0.9를 곱한다. 이 수에 24를 곱한다.
   예: 체중 130파운드(약 59 kg)의 여성인 메건이 하루에 사용하는 칼로리는 다음 단계를 거쳐 계산할 수 있다.

   0.9 kcal × 59 kg × 24시간 = 약 1,274 kcal/일

2. 신체활동을 위해 하루에 필요한 kcal: 다음 요소 중 해당하는 것 하나를 선택

그림 25.19 신체활동에 필요한 에너지 측정.
a. 앉아서 하는 일은 **(b)** 육체적인 일보다 훨씬 적은 에너지를 요구한다. **c.** 과학자들은 산소흡입량과 이산화탄소 배출량을 측정하여 특정 신체활동에 필요한 kcal를 판정한다.

(a): ©Getty Images/BrandX; (b): ©McGraw-Hill Education/Aaron Roeth, Photographer; (c): ©Echo/Juice Images/Getty Images

하여 곱한다.

앉아 있는 상태(신체활동이 거의 없음) = 0.20~0.40
가벼운 운동(매일 걷는 정도) = 0.55~0.65
중간 정도(매일 활발하게 하는 운동) = 0.70~0.75
심한 정도(육체노동/지구력 훈련) = 0.80~1.20

이 수치를 1단계에서 얻은 kcal 값에 곱한다.

예: 메건이 매일 가벼운 운동을 한다면, 신체활동에 이용된 칼로리는 0.55 × 1,274kcal = 701 kcal이다.

3. 소화, 흡수 및 영양소 처리에 필요한 kcal: 이 수치에 0.1을 곱하여 얻은 값을 1단계와 2단계에서 얻은 kcal에 더하여 하루에 필요한 총에너지를 계산한다.

   예: 메건의 경우 1,274와 701을 더한 다음 1,975 kcal에 0.1을 곱하여 얻은 값(197.5)을 1,975 kcal에 더하면 하루에 필요한 총에너지는 2,172 kcal이다.

   따라서 메건은 하루에 약 2,170 kcal를 섭취하고 가벼운 신체활동을 계속한다면 몸무게를 130파운드(약 59 kg)로 유지할 것이다.

건강한 체중 유지

적절한 수준의 체중을 유지하려면 1일 섭취량 kcal(먹는 것)는 소비하는 kcal(대사 + 신체활동 + 식품 가공 처리)를 넘지 않아야 한다. 많은 미국인들은 비율이 같지 않아서 필요량보다 더 많은 칼로리를 섭취한다. 여분의 에너지는 지방으로 전환되어 지방조직(*adipose tissue*)에 저장되며, 이로 인해 체중이 늘어난다. 과체중인 사람이 체중을 줄이려면 칼로리 섭취를 낮추고, 신체활동을 하여 칼로리 소모를 증가시킬 필요가 있다. 그렇게 해야만 신체는 저장된 지방을 대사하여 체중이 줄게 된다. 그림 25.20은 칼로리 섭취와 소모의 상관관계에 따른 체중의 변화를 나타낸 것이다.

다이어트 유행하는 체중감량식은 고단백질, 저탄수화물, 고섬유질, 심지어 양배추 수프 다이어트까지 변천하고 있다. 유행 다이어트를 하면 과체중인 사람은 흔히 처음 2~3주 동안에 빠르게 체중이 감소한다. 그 이유는 평상시보다 칼로리를 적게 섭취하므로 필요한 에너지를 얻기 위해 체지방을 대사하기 때문이다. 하지만 대부분의 경

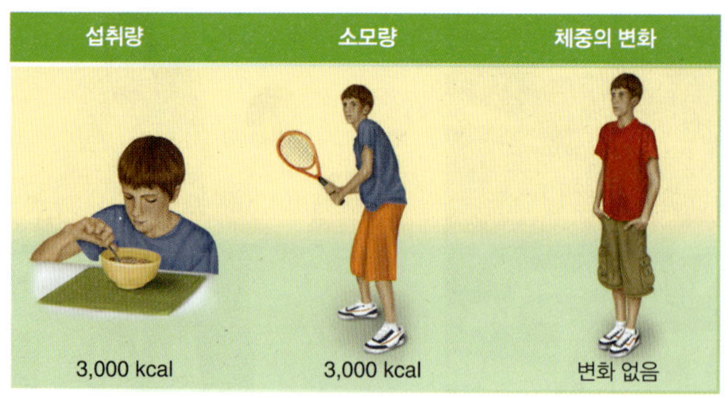

에너지 균형(평형)

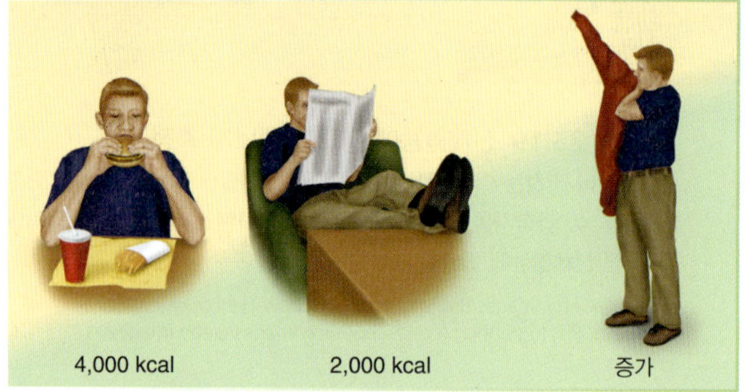

긍정적인 에너지 균형

부정적인 에너지 균형

그림 25.20 체중은 어떻게 변하는가?
이 그림들은 음식 섭취, 에너지 사용, 체중 변화의 관계를 보여준다.

우 다이어트를 하는 사람은 좋아하는 지질과 당이 많이 포함된 음식을 피하고 똑같은 음식을 먹는 것에 싫증을 느끼게 된다. 체중조절을 하던 사람 대부분은 다이어트를 끝낸 후 빠졌던 체중이 다시 늘어나면, 흔히 좌절감을 느끼고 감량된 체중 유지에 실패한 자신에 대해 화가 나게 된다.

체중감량을 빠르게 그리고 쉽게 할 수 있는 방법은 없다. 일반적인 유행 다이어트는 영양학적으로 불균형 상태이며, 오랜 기간 끝까지 지속하기 어렵다. 체중을 줄이거나 유지하려면 신체활동을 늘리거나 식사량을 줄이는 등 생활방식을 지속적으로 변화시켜야 한다. 행동을 바꾸면 과체중인 사람이 1주일에 250~900 g 정도의 적당한 비율로 안전하게 체중을 줄일 수 있다. 일단 체중이 조절되었다면 요령 있는 식사를 통해 꾸준하게 유지하여야 한다.

연관

Paleo 다이어트란 무엇인가?

Paleo 다이어트의 바탕을 이루는 사실은 인류가 음식을 섭취하는 방식에 신체가 아직 진화적으로 적응되지 않았기 때문에 당뇨나 심혈관질환 같은 현대의 영양 문제가 나타난다는 것이다. 구석기 다이어트 지지자들은 견과류, 육류, 조개류, 채소류, 장과류 등 구석기 시대에 흔했던 식단이 이들 질환을 줄여줄 것이라고 주장한다. 반면, 구석기 다이어트 회의론자들은 이러한 식단으로 특정 질환의 위험을 줄일 수는 있지만, 건강한 식단에 중요한 저지방 유제품, 곡류 및 콩류 등 중요한 음식이 부족하다고 주장한다. 어떤 경우든, 식단에는 영양소가 적은 음식은 배제하고 건강에 도움이 되는 음식으로 채워야 한다. 새로운 형태의 다이어트를 시작하기 전에 의사와 상담하는 것이 좋다.

비만과 관련된 질병들

제2형 당뇨병과 심혈관질환은 비만인 사람들에게 자주 나타난다.

제2형 당뇨병

27.2절에서 논의한 바와 같이, 당뇨는 제1형 당뇨병과 제2형 당뇨병의 두 가지 형태가 있다. 제1형 당뇨병의 경우 췌장에서 인슐린이 생성되지 않아 환자는 매일 인슐린 주사를 맞아야 한다.

제1형 당뇨병과는 달리, 제2형 당뇨병 환자인 어린이나 더 흔히 나타나는 성인의 경우 비만, 인슐린의 생산 장애 및 인슐린 저항성을 보인다. 정상적으로, 인슐린이 있으면 체세포가 포도당을 받아들여 대사를 하게 된다. 하지만 인슐린 저항성인 사람의 체세포는 인슐린이 있어도 포도당을 받아들이지 못한다. 따라서 혈중 포도당 수치가 높아지고, 소변에서 포도당이 검출된다.

제2형 당뇨병은 산업화 국가에서 급격히 증가하고 있다. 제2형 당뇨병은 비만인 사람에서 흔하게 나타나므로 식이요인에 의해 제2형 당뇨병으로 발전한다고 일반적으로 받아들이고 있다. 나아가 제2형 당뇨병 환자의 경우 건강한 식단, 신체 활동량 증가, 체중 감량에 의해 인슐린이 적절하게 작용하는 능력이 향상되는 것으로 알려졌다. 어떻게 식단이 제2형 당뇨병으로 발전하도록 할 수 있는가? 사탕이나 아이스크림 같은 식품의 단순당은, 흰 빵이나 감자의 녹말이 소화된 당과 마찬가지로, 혈류로 즉시 흡수된다. 혈당수치가 급격히 오르면 췌장은 인슐린을 다량 만들어내어 정상 수치로 조절한다. 만성적으로 높은 인슐린 수준을 유지하면 인슐린 저항성, 지방 축적량 증가, 혈중 지방산 수치 증가로 이어진다. 이 상태로 여러 해가 지나면 체세포가 인슐린 저항성이 되어 제2형 당뇨병이 나타날 수 있다. 더욱이 고지방산 수치로 인해 심혈관질환의 위험이 증가될 수 있다.

제2형 당뇨병을 조절하는 노력은 매우 중요한 일이다. 제1형이든 2형이든 모든 당뇨가 눈을 멀게 하거나, 신장질환과 심혈관질환의 위험을 지니고 있기 때문이다.

심혈관질환

고혈압, 심장마비 및 뇌졸중 등의 심혈관질환은 미국에서 사망의 주원인이다. 심혈관질환은 포화지방과 콜레스테롤이 엉킨 플라크에 의해 동맥이 막히기 때문에 일어난다. 콜레스테롤은 두 종류의 지질단백질인 저밀도 지질단백질(LDL)과 고밀도 지질단백질(HDL)에 의해 혈액으로 운반된다. LDL은 콜레스테롤을 간에서 세포로 운반하기 때문에 "나쁨"으로 생각되는 반면, HDL은 콜레스테롤을 세포에서 간으로 운반하고, 이는 콜레스테롤을 흡수하여 담즙 염으로 전환하기 때문에 "좋음"으로 생각된다.

트랜스지방을 포함하여 포화지방은 LDL 콜레스테롤 수준을 높이는 경향이 있는 반면, 불포화지방은 LDL 콜레스테롤 수준을 낮춘다. 소고기, 유제품, 코코넛기름은 포화지방이 풍부하다. 수소를 부분적으로 첨가한 기름을 포함하는 음식(식물성 쇼트닝과 고체 마가린)은 트랜스지방 공급원이다. 올리브유와 카놀라유, 견과류, 한랭어류의 불포화지방산은 LDL 콜레스테롤 수준을 낮추는 경향이 있다. 게다가 한랭어류(청어, 정어리, 참치, 연어)는 다불포화지방산과 특히 심혈관질환의 위험을 줄일 수 있는 오메가-3 불포화 지방산(*omega-3 unsaturated fatty acid*)이 있다. 이러한 지방산을 너무 많이 섭취하면 정상적인 혈액 응고를 방해할 수 있기 때문에 의사의 승인 없이 오메가-3 지방산을 얻기 위해 어유 보충제를 먹는 것은 권장되지 않는다. 전반적으로 식이성 포화지방과 트랜스지방은 식이성 콜레스테롤보다 LDL 콜레스테롤 수준을 더 높여준다.

의사는 혈중 지질 수준이 정상인지 여부를 판단할 수 있다. 만일 어떤 사람의 콜레스테롤과 중성지방 수치가 높아졌다면, 식사의 지방 함량을 조절하고 과도한 체지방을 줄이고 규칙적인 운동을 통해 이 수치를 낮출 수 있다. 생활습관을 바꾸어도 혈중 지질 수준이 심혈관질환의 위험을 줄일 수 있을 정도로 떨어지지 않는다면, 의사는 약을 처방할 수 있다.

섭식장애

섭식장애가 있는 사람들은 자신의 체형에 불만을 갖고 있다. 사회적, 문화적, 감정적, 그리고 생물학적 요인 모두에 의해 섭식장애가 나타난다. 이러한 심각한 상태로 인해 영양실조, 발달장애 및 사망에 이를 수도 있다. 섭식장애는 초기에 인지하고 치료하는 것이 매우 중요하다. 치료는 대개 심리적인 상담과 항우울증 약물치료 등으로 이루어진다.

거식증(anorexia nervosa)은 살이 찐다는 비이성적인 두려움이 특징인 심각한 심리적 질환이며, 건강한 체중을 유지하는 데 필요한 음식 섭취를 거부한다(**그림 25.21*a***). 스스로 굶는 식이제한은 종종 폭식을 동반할 수 있으며, 폭식 이후 체중 증가를 피하기 위해 소화관을 비우거나 격렬한 신체활동 등의 행동이 뒤따른다. 폭식은 대개 대량의 고열량 식품을 먹는 형태로 이루어지고, 스스로 구토를 유도하거나

a.

b.

그림 25.21 **섭식장애.**
a. 거식증 환자는 자신의 체형을 불만족스러워 하고, 말랐음에도 불구하고 자신은 뚱뚱하고 쪘다고 생각한다. **b.** 과식증 환자는 과식한 후 먹은 음식을 구토 등을 통해 배출해낸다.

(a): ©Ted Foxx/Alamy Stock Photo; (b): ©Katarzyna/iStock/Getty Images

개념 연결하기 25.5
과도한 섭취는 비만과 관련된 질병으로 이어질 수 있다.

하제를 남용하여 소화관을 비운다. 거식증으로 고통받는 사람의 90%는 젊은 여성이다. 10대 소녀에서는 200명 중 1명 비율로 나타나는 것으로 알려져 있다.

과식증(bulimia nervosa)인 사람도 폭식을 하며, 폭식 뒤 체중증가를 피하기 위해 소화관을 비운다(그림 25.21*b*). 반복되는 폭식-비움 행동이 하루에도 몇 번씩 나타날 수 있다. 과식증이 있는 사람은 때로는 체중이 정상이거나 폭식과 소화관 비움 행동을 감추기 때문에 식별하기 어려울 수 있다. 여성이 남성보다 과식증으로 쉽게 발전한다. 젊은 여성의 4%가 이러한 현상으로 고통받고 있다.

이 밖에도 비정상적인 섭식행동으로는 폭식증이나 근육추형이 있다. 많은 비만인이 **폭식증(binge-eating disorder)**을 겪는데, 이 경우 과식 후에 소화관 비우기는 하지 않는다. 스트레스, 불안, 분노 및 절망 등이 음식을 폭식하는 자극이 될 수 있다. **근육추형(muscle dysmorphia)**으로 고통받는 사람은 자신의 몸이 잘 발달되지 않았다고 생각한다. 이러한 상태에서는 보디빌딩을 하거나 다이어트에 몰두하며 몸을 만드는 일이 수반된다. 매일 체육관에서 근육강화 기구를 이용해 운동을 하며 많은 시간을 보낼 수도 있다. 거식증이나 폭식증과는 달리 근육추형은 여성보다 남성에게서 더 많이 나타난다.

진도 점검하기 25.5

1. 키 5피트 6인치(1.67 m), 체중 162파운드(73.4 kg)인 사람의 BMI를 계산하시오.
2. 비만과 관련된 2가지 질병을 설명하시오.
3. 개인적인 하루의 에너지 섭취와 소비를 이해하는 것이 왜 중요한지 설명하시오.

요 약 SUMMARIZE

소화계는 생명활동을 수행하기 위해 세포에 필요한 영양소를 처리하는 책임이 있다. 영양의 원리를 이해하는 것은 우리가 건강하지 않은 식단의 결과를 피할 수 있게 하고 더 활동적이고 생산적인 삶을 살 수 있도록 도울 수 있다.

25.1 소화계는 음식을 분해하여 몸에 흡수되어 몸의 세포에 영양분을 공급할 수 있다.

25.2 신체의 기능을 제대로 발휘하려면 적절한 영양소가 필요하다.

25.3 균형 잡힌 식사는 정확한 비율의 다량영양소와 필요한 모든 미량영양소를 포함한다.

25.4 영양 지침을 통해 개인은 건강한 식사를 계획하고 질병을 피할 수 있다.

25.5 과도한 칼로리 섭취는 비만과 관련된 질병으로 이어질 수 있다.

25.1 소화계

호흡계(digestive system) 및 비뇨계와 함께 소화계는 외부 환경과 혈액 사이에 교류를 일으켜 혈액에 영양분과 산소를 공급하고 노폐물 분자를 정화한다. 그리고 혈액은 간질성 액체와 교류를 한다. 이러한 방식으로, 세포는 영양소와 산소를 얻고 노폐물을 제거한다. 소화계의 기능은 (1) 음식을 섭취하고, (2) 음식을 운반하기 위해 더 작은 분자로 분해하며, (3) 이러한 영양소 분자를 흡수하고, (4) 소화가 잘 되지 않는 잔여물을 제거하는 것이다.

소화관은 몇 가지 전문적인 부분으로 구성되어 있다.

- **입(mouth)**에는 기계적인 소화를 위한 치아가 있다. **초식동물(herbivores)**, **육식동물(carnivores)**, **잡식동물(omnivores)**의 치아는 그들의 식단에 적응되어 있다.
- **침샘(salivary gland)**은 타액을 생산하는데, 타액은 전분을 소화하기 위한 **침샘 아밀라아제(salivary amylase)**를 포함하고, 혀는 삼키기 위한 **볼루스(bolus)**를 형성한다.
- 인두: 공기와 음식 통로는 인두에서 교차한다. 삼키는 동안 기도는 부드러운 입천장과 상복부에 의해 막혀있다. **연동운동(peristalsis)**이 시작된다.
- **식도(esophagus):** 식도는 인두와 위를 연결한다.
- **위(stomach):** 위는 기계적 소화를 통해 음식에 산성 위액을 섞고 **유미즙(chyme)**을 생성한다. 위액에는 단백질을 소화하는 효소인 **펩신(pepsin)**이 포함되어 있다.
- **소장(small intestine):** 소장은 **담낭(bile)**으로부터 **담즙(gallbladder)**을 공급받는다. 간에서 생성된 담즙은 지방의 **유화(emulsification)**에 사용된다. 소장은 또한 **췌장(pancreas)**으로부터 췌액을 공급받는데, 췌장은 **트립신(trypsin**; 단백질을 소화), **리파아제(lipase**; 지방을 소화), **뉴클레아제(nuclease**; 핵산을 소화), **췌장 아밀라아제(pancreatic amylase**; 전분을 소화)를 포함한다. 소장은 소화를 끝내는 효소를 생산하고 음식을 작은 분자로 분해하여 **미세융모(microvilli)**를 통해 융모로 흡수된다. 아미노산과 포도당은 혈액 모세혈관으로 들어간다. 글리세롤과 지방산은 **유당(lacteals)**으로 불리는 림프관 모세혈관으로 들어가기 전에 지질 단백질로 결합되고 포장된다.
- **대장(large intestine):** 대장은 소화로 인한 노폐물을 **항문(anus)**을 통해 제거될 때까지 저장한다. **맹장(appendix)**은 감염으로부터 보호할 수 있다. 대장은 물, 소금, 그리고 일부 비타민을 흡수한다.

부속기관

두 개의 주요 부속 기관은 췌장과 간이다.

- **췌장(pancreas):** 췌장은 췌액을 생산하는 **외분비샘(exocrine gland)**이자 **인슐린(insulin)**과 **글루카곤(glucagon)** 호르몬을 생산하는 **내분비샘(endocrine gland)**이다.
- 간: 간은 담즙을 생산하는데, 담낭에 저장된다.
- 담낭과 침샘도 부속기관이다.

25.2 영양

영양소는 체내에서 다양한 생리적인 기능을 수행한다. 건강한 식단은 더 오래 활동적으로 살 수 있도록 한다.

영양소

균형을 이룬 **식단(diet)**은 건강에 필요한 **영양소(nutrient)**를 적절한 비율로 공급해 준다. **필수영양소(essential nutrient)**는 식품을 통해 공급되어야 하며, 아니면 결핍증이 초래된다. **다량영양소(macronutrient**; 탄수화물 지질, 단백질)는 에너지를 공급한다. **미량영양소(micronutrient**; 비타민과 미네랄)와 물은 에너지를 공급하지 않는다.

25.3 영양소의 종류

6가지 종류의 영양소는 탄수화물, 지질, 단백질, 미네랄, 비타민 그리고 물이다.

탄수화물(다량영양소)

- 당과 녹말 형태의 **탄수화물(carbohydrates)**은 세포에 에너지를 공급한다. 포도당은 몸이 에너지를 위해 직접 사용하는 단당류이다.
- 탄수화물의 공급원은 과일, 야채, 시리얼, 기타 곡물류이다.
- **섬유질(fiber)**은 식물에서 추출한 소화되지 않는 탄수화물이다. 식사 중 섬유질은 변비를 예방하고 심혈관질환, 당뇨병, 대장암을 예방할 수 있다. 섬유질, 비타민 및 미네랄이 제거된 정제당을 다량 함유한 식품은 **비만(obesity)**을 초래할 수 있다.

지질(다량영양소)

- **중성지방(triglyceride**; 지방과 기름에서)은 에너지를 공급하고, **지방(fat)**으로 저장되어 내장기관을 단열하고 보호한다. 알파 리놀렌산과 리놀렌산은 필수지방산이다.
- **콜레스테롤(cholesterol)**은 혈장에 들어 있고 담즙, 스테로이드 호르몬 및 비타민 D를 만드는 데 사용된다. 콜레스테롤의 유일한 식품원은 동물성 식품이다. 혈중 콜레스테롤 수준이 높아지면 심혈관질환을 일으킬 수 있다.
- 지질 공급원은 기방, 지방, 전유 유제품, 육류, 생선, 가금류, 견과류 등이다.
- 포화지방, 트랜스지방 및 콜레스테롤을 많이 섭취하면 건강에 해롭다.

단백질(다량영양소)

- 신체는 수백 개의 **단백질(protein)**을 합성하기 위해 20개의 다른 아미노산을 사용한다. 9가지 아미노산은 필수아미노산이다. 대부분의 동물성 식품은 이러한 필수아미노산을 모두 포함하고 있기 때문에 완전한 단백질 공급원이다.
- 단백질원은 육류, 생선, 가금류, 계란, 견과류, 콩, 치즈 등이다.
- 건강한 채식 식단은 다양한 식물성 단백질로 구성된다.
- 단백질의 과다섭취는 많은 양의 요소 배출로 인해 신장에 부담을 주고 신장결석이 생길 수 있어 해로울 수 있다.

미네랄(미량영양소)

- **미네랄(mineral)**은 대사를 조절하고 신체의 구조와 성분 구성에 관여한다.
- 약 20종의 미네랄은 대부분의 식품에서 얻을 수 있으며, 이는 몸에 필요하다. 미네랄은 **다량 미네랄(major mineral**; 하루 100 mg 이상) 또는 **미량 미네랄(trace mineral**; 하루 100 mg 미만)로 분류된다.
- 칼슘의 결핍은 골다공증을 초래할 수 있고, 나트륨의 과잉은 건강 문제로 이어질 수 있다.

비타민(미량영양소)

- 대부분의 음식에서 얻어지는 **비타민(vitamin)**은 신진대사와 생리적 발달을 조절한다. 비타민 C, E, 그리고 A는 또한 **항산화제(antioxidant)**의 역할을 한다.
- 비타민이 부족하면 특정한 질병을 초래할 수 있다.

물

- 물은 화학반응에 참여하고, 관절을 부드럽게 해주며, 영양소를 운반하고, 체온조절을 돕는다.
- 물을 너무 적게 마시면 탈수증이 나타나고 너무 많이 마시면 저나트륨혈증이 생긴다.

25.4 영양의 이해 가이드라인

영양가 있는 식사와 간식을 계획하는 방법은 몸을 건강하게 하고 정보가 있는 식품을 선택하는 것도 포함된다. 이 영양지침은 영양에 대한 새로운 연구와 지식을 반영하기 위해 주기적으로 업데이트 된다.

ChooseMyPlate.gov

미국 농무부의 ChooseMyPlate.gov 프로그램은 식품 속 에너지 영양소의 종류별 비율에 대한 지침을 제공한다. 이 프로그램은 체중 증가를 피하려면 운동이 필요하다고 강조한다.

영양성분표 이해하기

포장식품의 영양성분표 정보는 식품의 영양성분, 특히 1회 제공량과 총칼로리 및 1일 권장량 비율을 비교할 때 유용하다.

식이보충제

식이보충제(dietary supplement)는 건강 증진을 위해 먹는 영양소나 식물성 제품이다. 권장량의 영양소를 종합비타민과 미네랄 보충제로 매일 먹을 수는 있지만, 식물성 보충제나 영양보충제를 남용하면 해로울 수도 있다.

25.5 영양과 건강

과도한 체지방은 제2형 당뇨병, 심혈관질환, 그리고 특정한 암의 위험을 증가시킨다.

체질량지수

의학자들은 **체질량지수(body mass index, BMI)**를 이용하여 정상체중, 과체중, 비만 여부를 판단한다.

에너지 섭취와 소비

- 에너지 섭취: 매일 얻는 열량(kcal)은 먹은 음식물에 있는 탄수화물, 지방, 단백질의 무게(g)에 따라 달라진다.
- 에너지 소비: 매일 쓰는 열량(kcal)은 대사기능, 신체활동, 소화, 흡수 및 영양소 가공 과정에 필요한 양에 따라 달라진다.

건강한 체중을 유지하는 법

- 건강한 체중을 유지하려면 섭취한 칼로리가 소비한 칼로리를 넘지 않아야 한다. 체중을 줄이려면 칼로리 섭취량을 줄이고 신체활동을 늘린다.
- 일시적으로 유행하는 식이요법은 영양학적으로 균형을 이루지 못하며 오랫동안 지속하기 어렵다.

비만과 관련된 질환

- 제2형 당뇨병: 건강한 식단, 활발한 신체활동, 체중 감량으로 제2형 당뇨병에서 인슐린의 기능을 개선할 수 있다.
- 심혈관질환: 포화지방과 트랜스지방은 혈중 LDL 콜레스테롤 수치를 높인다. 심혈관질환의 위험을 줄이려면 콜레스테롤 섭취를 제한하고 불포화, 다중불포화, 오메가-3 지방산이 포함된 식사로 콜레스테롤 수치를 줄여야 한다.

섭식장애

섭식장애를 겪는 사람은 자신의 체형에 불만족을 느낀다. **거식증(anorexia nervosa)**과 **과식증(bulimia nervosa)**은 영양실조와 사망까지 초래할 수 있는 심각한 정신질환이다. 그 밖의 질환으로 **폭식증(binge-eating disorder)**과 **근육추형(muscle dysmorphia)**이 있다.

평가 ASSESS

혼자 풀어보기

가장 적절한 답을 고르시오.

25.1 소화계

1. 다음 그림에서 인체 소화계 구성 요소에 라벨을 붙인다.

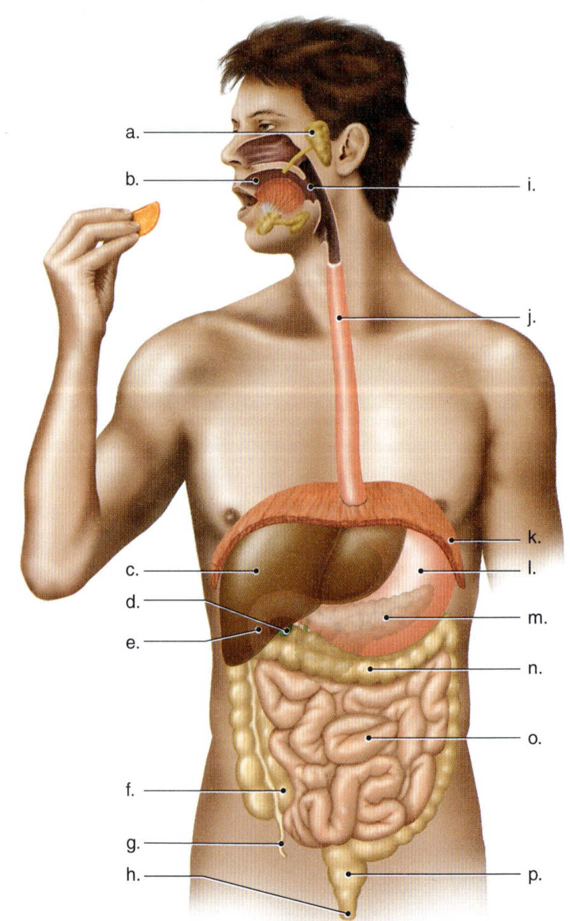

2. 펩신
   a. 소장에서 단백질을 분해 **b.** 위에서 단백질을 분해
   c. 침에서 발견됨 **d.** 위의 지방을 분해

3. 다음 중 간의 기능이 아닌 것은?
   a. 혈액에서 독성 물질 제거
   b. 소화액 분비
   c. 알부민 생산
   d. 포도당 저장
   e. 담즙 생성

4. 기계적 소화는 ________에서 발생한다.
   a. 입과 배
   b. 크고 작은 창자
   c. 간과 소장
   d. 식도와 소장

5. 흡수를 위한 영양소의 분해는 주로 ________에서 발생한다.
   a. 대장
   b. 입
   c. 위
   d. 소장

25.2 영양

6. 비타민은
   a. 크기가 작기 때문에 미량영양소로 간주한다.
   b. 적은 양만 필요하므로 미량영양소로 간주한다.
   c. 크기가 크기 때문에 다량영양소로 간주한다.
   d. 많은 양이 필요하므로 다량영양소로 간주한다.

7. 생리적인 기능을 제공하는 음식의 구성요소인 것은?
   a. 고분자
   b. 칼로리
   c. 영양소
   d. 화학물질

8. 식품을 통해 섭취해야 하는 아미노산을 필수아미노산이라고 한다. 필수아미노산이 아닌 아미노산은
   a. 체내에서 생성된다.
   b. 가끔씩만 필요하다.
   c. 필요할 때까지 체내에 저장된다.
   d. 식품보충제로 섭취할 수 있다.

25.3 영양소의 종류

문제 9~13 해당하는 영양소를 보기에서 고르시오. 보기는 중복되거나 아예 사용되지 않을 수 있다.

보기:

a. 탄수화물
b. 지질
c. 단백질
d. 미네랄
e. 비타민
f. 물

9. 세포에서 직접 에너지원으로 선호된다.
10. 체중의 대부분을 차지한다.
11. 항산화제를 포함한다.
12. 콜레스테롤은 이것의 한 종류이다.
13. 칼슘, 인산 및 칼륨을 포함한다.
14. 비타민은
    a. 식단에 필요한 무기화합물이다.
    b. 신체 조직을 구성하는 기본 단위로 체내에 다량 존재한다.
    c. 대사작용을 조절하는 유기화합물이며, 체내에 낮은 농도로 존재한다.
    d. 모두 인체에서 합성이 가능하다.

25.4 영양의 이해 가이드라인

15. 당분의 1일 권장량 비율은 영양성분표에 표시되어 있지 않다. 그 이유는?
    a. 당분은 영양소가 아니다.
    b. 당분의 칼로리 수치를 결정하기가 너무 어렵다.
    c. 탄수화물의 권장량 비율은 나타나 있지만 당분의 경우는 없다.
    d. 제품마다 당분의 품질이 다르다.

16. 영양성분표에 표시된 1일 권장량 비율에 대해 올바른 설명은?
    a. 개인의 식단에 대한 정확한 수치를 제공한다.
    b. 하루 식사량 2,000칼로리를 기준으로 한다.
    c. 영양성분표에 모든 영양소를 제공한다.
    d. 1회 제공량을 참작한다.

25.5 영양과 건강

17. 체질량지수(BMI)란?
    a. 과체중 여부를 판단하는 체중과 키의 관계식
    b. 키가 정상인지 여부를 결정하는 나이와 키의 관계식
    c. 과체중이면 비교적 수치가 낮음
    d. 저체중이면 비교적 수치가 높음

18. 신체가 혈당 수치를 조절하지 못하는 것을 무엇이라고 하는가?
    a. 고혈압
    b. 암
    c. 심혈관질환
    d. 당뇨

관계맺기 ENGAGE

과학적으로 생각하기

1. 비만대사 수술(bariatric surgery)은 위의 크기를 축소시켜 음식이 소장 부위로 우회하도록 하는 의료 수술이다. 이 수술은 비만인 사람이 여러 방식으로도 체중감량에 실패하여 체중으로 인해 건강이 위태로울 때 시행한다. 이 수술에는 많은 위험이 따르지만, 체중을 현저히 줄이고 궁극적으로 건강 전반을 향상시킬 수 있도록 도와준다. 소화계와 영양에 대한 이해를 바탕으로, 이 수술의 결과로 나타날 수 있는 일부 영양결핍의 목록을 제시하시오.

2. 어떤 사람들은 미국에서 만연하는 비만에 대해 식음료 제조사들이 현혹시키는 광고를 하였기 때문에 최소한 일부라도 책임을 져야 한다고 믿는다. 예를 들어, 식음료 회사는 광고를 통해 제공량만 보여주어 과도한 소비를 조장하고, 건강에 좋지 않은 일부 대체제품도 균형을 이룬 식사와 동등한 것처럼 믿도록 한다. 이러한 광고는 또한 아이들이 당분이 범벅된 시리얼과 과낭 음료수를 갈망하도록 만든다. 당신은 제품의 실제 영양성분을 알리도록 광고를 바꿔야 한다는 주장에 대해 어떻게 생각하는가? 이러한 계획의 실행을 방해하는 장애는 무엇일까?

CHAPTER

26

질병에 대항하는 방어 체계

Defenses Against Disease

Source: Centers for Disease Control

개요

시작하기 전에

이 장을 시작하기 전에 다음의 내용을 다시 살펴보자.

17.1절 바이러스의 일반적인 구조는 무엇인가?

22.2절 면역계는 몸에서 어떤 역할을 하는가?

23.2절 림프계와 순환에 관련하여 림프계의 역할은 무엇인가?

지카 바이러스에 대한 백신의 탐색

지카 바이러스는 1952년에 처음 아프리카에서 보고되었지만, 이 바이러스는 서구에서는 2015년 브라질에서 발생한 사례를 통해 처음 등장했다. 사람들 사이에서 바이러스가 가장 흔히 전파되는 방법은 감염된 에데스 모기를 통한 것이다. 그러나 감염된 남성으로부터 여성에게 성적으로 전파될 수도 있다. 비교적 짧은 기간 내에, 이 바이러스는 남미와 중앙아메리카 전역으로 퍼져나가며, 이미 미국으로 돌아온 감염자들에게도 사례가 보고되고 있다.

대부분의 사람들에게 있어서, 지카 바이러스 감염은 발열, 발진, 관절통과 같은 경증 증상을 일으킨다. 일부 개인들은 어떠한 증상도 경험하지 않아서 자신이 감염되었다는 사실을 알지 못할 수도 있다. 그러나 소수의 사례에서, 지카 바이러스에 감염된 임신 여성들은 미세두형이라는 출생결함을 가진 아이를 출산해왔다. 미세두형은 영아의 두개 및 뇌가 정상보다 훨씬 작은 출생결함으로써 발작, 지적 장애, 시력 문제 등 많은 발달적 문제를 일으킬 수 있다. 미세두형에 대한 치료법이 없기 때문에, 연구자들은 이 바이러스에 대항할 백신을 개발하기 위해 노력하고 있다.

백신을 개발하기 위해서는 연구자들은 우리의 면역계가 감염되었다고 반응하고 실제 바이러스에 대한 항체를 형성할 수 있도록 바이러스의 일부를 식별해야 한다. 이후, 만약 개인이 해당 바이러스에 노출되면, 이러한 항체들은 체내에서 면역을 제공하기 위해 사용된다. 이 장에서는 지카 바이러스와 같은 바이러스뿐만 아니라 다양한 병원체로부터 우리를 보호하는 면역계에 대해 알아보겠다.

이 장을 공부하는 동안 다음 질문에 대해 생각해보자.

1. 새로운 병원체에 처음 노출될 때 우리 몸은 어떻게 반응하는가?
2. 백신은 어떻게 면역을 제공하는가?
3. 항체와 항생제의 차이점은 무엇인가?

26.1 면역계의 개요

학습 목표

이 절을 학습한 후에는 다음 과제를 수행할 수 있어야 한다.

1. 몸속에서 면역계의 기능을 설명하기.
2. 면역계의 장기와 조직을 나열하고, 각각에 대한 기능을 설명하기.

면역계(immune system)는 감염과 암과 싸우기 때문에 우리를 건강하게 유지하는 데 중요한 역할을 한다. 면역계는 빨간 골수, 흉선, 림프절, 그리고 비장의 림프 기관을 포함한다(그림 26.1). 림프 조직이라고도 불리는 림프 조직은 편도선과 맹장에서도 발견될 수 있다

림프 장기

각각의 림프 장기는 면역에서 특정한 기능을 가지며, 각각은 백혈구의 한 유형인 림프구로 풍부하다.

적색 골수

어린이의 대부분의 뼈에는 적색 골수가 있으며, 성인에게는 두개골, 흉골(유방뼈), 갈비뼈, 쇄골, 골반뼈, 척추, 상완골과 대퇴골의 몸통에 가장 가까운 부분에 여전히 존재한다. **적색 골수(red bone marrow)**는 모든 유형의 혈구를 생산하지만, 이 장에서는 면역계와 직접적으로 관련된 세포들에 관심을 두기 때문에, 혈액 세포 중 면역계와 직접적으로 관련된 세포들에 대해서만 다룬다(표 26.1 참조).

림프구는 **B 림프구(B lymphocytes, B 세포)** 또는 **T 림프구(T lymphocytes, T 세포)** 중 하나로 분화된다. 이러한 세포들의 역할에 대해서는 26.3절에서 자세히 살펴보겠다. 골수는 B 세포의 원천뿐만 아니라 B 세포가

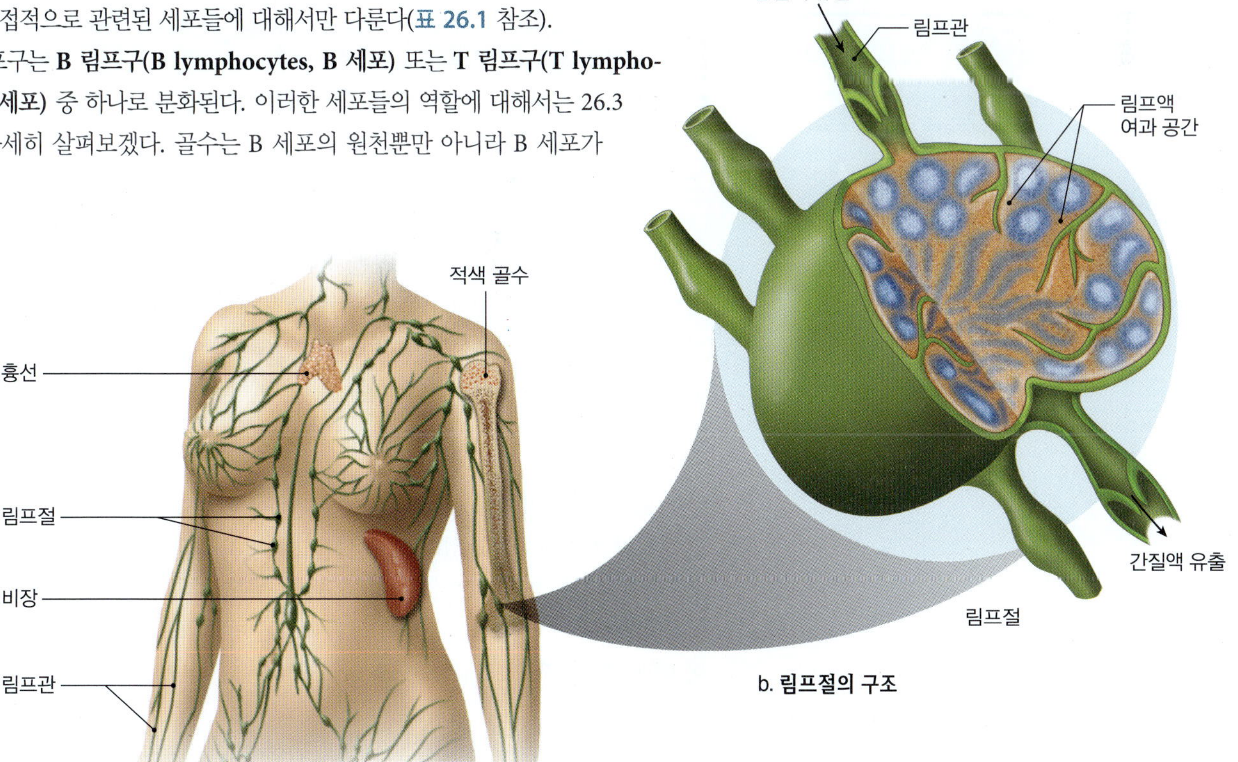

그림 26.1 림프 장기.
a. 면역에 필수적인 적색 골수, 흉선, 림프절 및 비장은 면역 체계에 중요한 림프 장기이다. 림프구를 포함한 면역계의 세포는 이러한 장기 및 림프관의 림프액에 발견된다. **b.** 림프절의 구조는 간질액의 여과를 허용한다.

표 26.1 면역계의 세포들

세포	기능(들)
대식세포	병원체를 포식하고 염증 반응 및 특이 면역을 수행한다.
비만세포	부상된 조직으로의 혈액 흐름을 촉진하는 히스타민을 분비한다. 염증 반응을 유발한다.
호중구	병원체를 포식하고 염증 반응을 일으킨다.
자연살해세포	세포 간 접촉을 통해 바이러스 감염된 세포와 종양 세포를 제거한다.
B 림프구	플라즈마 세포와 기억 B 세포를 생성하여 특이 면역 과정에 참여한다.
플라즈마 세포	특이 항체를 생산한다.
기억 세포	장기적으로 생존하며 나중에 새로운 B 세포와 T 세포를 생성할 수 있다.
T 림프구	면역 반응을 조절하며 세포독성 T 세포와 보조 T 세포를 생성한다.
세포독성 T 세포	바이러스 감염된 세포와 암 세포를 제거한다.
보조 T 세포	적응면역 반응을 조정한다.

성숙하는 곳이기도 하다. T 세포는 흉선에서 성숙한다. B 림프구는 항체를 생성하며, T 림프구는 항원을 운반하는 세포를 즉시 제거한다.

흉선

흉선(thymus)은 크기가 다양하지만 어린이일수록 크고, 나이가 들면서 줄어든다. 흉선은 T 림프구의 성숙에 역할을 한다. 미성숙한 T 림프구들은 골수에서 혈류를 통해 흉선으로 이동하여 기능을 갖춘 T 림프구로 발달하거나 "성숙"한다. 흉선에서 나오는 T 림프구는 전체의 약 5%에 불과한다. 이러한 T 림프구들은 중요한 검사를 통과했다: 우리 몸의 세포 또는 "자가"와 반응할 능력을 보이는 경우, 자가절식에 의해 파괴된다(그림 8.10 참조). 그들이 외부 세포를 공격할 잠재력이 있다면, 흉선을 떠나 림프관과 장기로 들어간다.

림프절

림프절(lymph node)은 림프관을 따라 작고 난연성의 구조물이다(그림 26.1*b* 참조). 림프절은 림프를 여과하고 병원체와 항원으로부터 자유롭게 유지한다. 림프는 림프절을 통과하여 여과된다. 림프절 내의 많은 동맥은 **대식세포(macrophage)**—큰 포식 세포로 덮여 있으며, 100개 이상의 병원체를 포획하고 소멸할 수 있는 대식세포로 구성된다(그림 26.4*a* 참조). 림프절은 많은 림프구를 포함하고 있으므로 감염 및 암과의 싸움에서도 중요한 역할을 한다.

> **연관**
>
> **왜 암 검사에서 종종 림프절 조직 검사를 하는가?**
>
> 조직 검사는 의사가 추가적인 조사를 위해 조직의 샘플을 가져오기 위해 작은 바늘을 사용하는 것을 말한다. 암 환자의 경우, 의사는 종종 원래 종양 주변의 림프절을 검사한다. 이를 통해 암이 다른 조직으로 확산되었는지, 즉 전이되었는지 확인할 수 있다. 림프계는 조직에서 돌아오는 체액을 여과하기 때문에 전이된 암 세포는 종종 종양에 가장 가까운 림프절에서 처음으로 감지될 수 있다.

일부 림프절은 몸의 표면에 가까이 위치해 있으며 위치에 따라 이름이 지정된다. 예를 들어, 엉덩이 림프절은 골반에 있고, 겨드랑이 림프절은 겨드랑이에 있다. 의사들은 종종 목의 부종이나 통증을 동반한 림프절의 존재를 확인하여 몸이 감염과 싸우고 있는 증거로 사용한다. 이 방법은 비침습적인 예비 진단 방법으로서 의사들이 진단을 돕는 데 사용한다.

비장

주먹 크기 정도인 **비장(spleen)**은 상복부 왼쪽에 위치해 있다. 비장은 혈액을 여과하는 독특한 기능을 가지고 있다. 이 부드럽고 스펀지 같은 장기에는 빨간 펄프와 백색 펄프라고 불리는 조직이 포함되어 있다. 빨간 펄프의 다양한 동맥을 통과하는 혈액은 동맥이 골수구에 의해 라인이 되어 있기 때문에 병원체와 파편, 닳아 해진 적혈구 등이 여과된다. 백색 펄프에는 감염과 암과 싸우는 데 활발히 참여하는 림프구가 포함되어 있다.

비장의 외부 캡슐은 비교적 얇으며, 감염이나 강한 충격으로 인해 비장이 터질 수 있다. 비장의 기능은 다른 장기들에 의해 대체될 수는 있지만, 비장이 없는 사람들은 종종 약간 더 감염에 취약할 수 있다. 그 결과로, 그들은 특정 예방접종을 받아야 하며, 영구히 항생제 치료를 받아야 할 수도 있다.

림프 조직의 다른 위치

인두에 위치한 **편도(tonsils)**와 대장 일부에 부착된 **충수(appendix)**는 면역 체계에 속하는 림프 조직 구조물이다.

면역 체계의 세포들

면역 체계는 림프 장기와 림프 조직의 네트워크뿐만 아니라 다양한 종류의 세포들로 구성되어 있다(표 26.1).

이러한 세포들은 면역 체계가 우리의 신체 세포와 신체 내 병원체를 구별하는 능력에 관여한다. 병원체는 항원의 존재로 식별된다. **항원(antigen)**은 병원체에서 유래한 주로 단백질이나 탄수화물인 분자로, 면역 체계를 자극한다. 자기와 비자기를 구별할 수 있는 능력으로 인해 면역 체계의 세포들은 우리에게 면역력을 제공한다. **면역력(immunity)**은 외부 물질, 병원체 및 암 세포를 식별하여 체내로부터 쫓아내는 신체의 능력이다. 면역력에는 다양한 수준이 있으며, 비특이 면역력은 병원체를 무차별적으로 쫓아내는 반면, 특이(적응) 면역력은 특정 항원의 존재를 요구한다.

개념 연결하기

면역 체계는 림프 장기, 조직 및 세포로 구성된다.

진도 점검하기 26.1

1. 면역 체계의 역할을 설명하시오.
2. 림프 장기를 나열하고 각각의 일반적인 기능을 제공하시오.
3. 항원과 면역력 사이의 관계를 설명하시오.

26.2 비특이적 방어와 선천면역

학습 목표

이 절을 학습한 후에는 다음 과제를 수행할 수 있어야 한다.

1. 병원체가 몸 안으로 들어가는 것을 방지하는 진입 장벽을 설명하기.
2. 염증 반응을 요약하기.
3. 비특이적 면역에서 보체 시스템과 자연살해세포의 역할을 설명하기.

우리 몸은 다양한 종류의 비특이 방어로 이루어진 **선천면역(innate immunity)**을 가지고 있다. 이는 대부분의 감염에 대한 우리의 첫 번째 방어선이다. 비특이적 방어는 진입 장벽, 염증 반응, 보체 시스템 및 자연살해세포로 구성된다.

진입 장벽

우리 몸은 병원체의 몸 안으로의 진입을 방지하거나 성장을 늦추는 몇 가지의 물리적 및 화학적 장벽을 갖고 있다.

피부와 호흡기, 소화기, 생식기, 방광 점막은 병원체의 진입을 기계적으로 방해하는 장벽 역할을 한다. 피부에는 기름샘 분비물이 피부상의 특정 세균을 약화시키거나 죽일 수 있는 화학물질이 포함되어 있다(그림 26.2). 상부 호흡기 궤도에는 섬

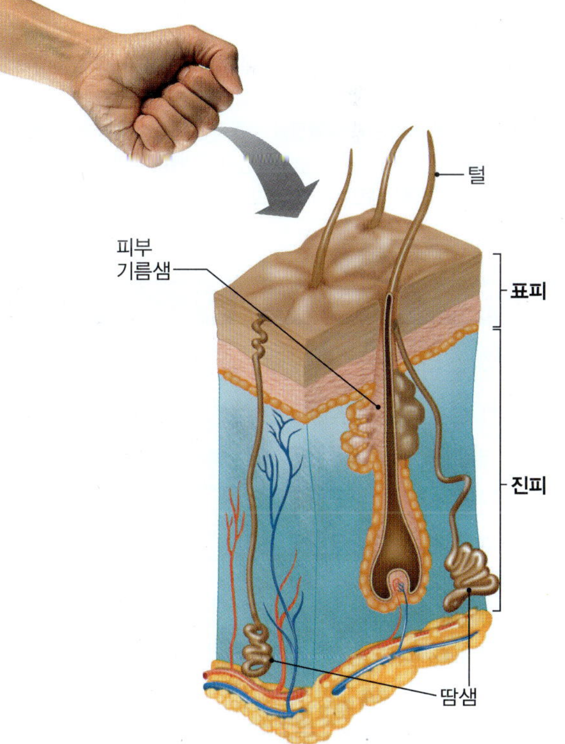

그림 26.2 피부의 구조.
표피의 세포들은 피부의 바깥쪽으로 진행하면서 경직되고 죽는다. 이러한 외부의 죽은 세포들은 병원체의 침입에 대한 보호 장벽을 형성한다. 이상 피층에서 분비되는 땀과 기름은 세균의 성장을 억제하는 산성을 가지고 있다.

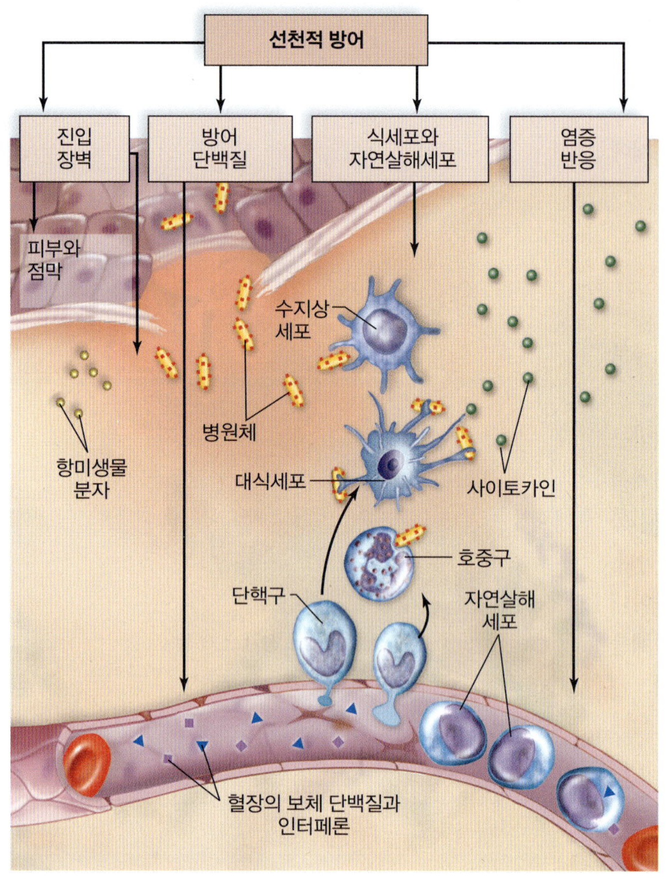

그림 26.3 염증 반응.
피부를 베게 되면 염증 반응이 즉시 일어난다. 혈류가 증가함에 따라 그 지역이 붉어지고 따뜻해진다. 백혈구 중의 하나인 마스트 세포가 히스타민과 같은 화학물질을 방출하면서 모세혈관이 더 투과성이 높아지고, 지역적인 부종이 발생하며, 통증 수용체가 자극된다. 호중구와 거대식세포는 세균을 포식한다.

모세포로 덮인 세포가 있다. 점액과 포획된 입자를 목으로 올려 삼키거나(뱉어내거나) 제거한다. 위는 산성 pH를 가지고 있어 많은 종류의 세균 성장을 억제하거나 죽일 수 있다. 일반적으로 대장과 같은 다른 지역, 예를 들어 질에서 일반적으로 존재하는 다양한 세균은 병원체가 생활할 수 없도록 방지한다.

염증 반응

염증 반응(inflammatory response)은 병원체의 침입에 대한 방어에서 중요한 역할을 한다(그림 26.3). 염증은 주로 호중구와 대식세포를 사용하여 병원체가 몸을 공격하는 것을 방지한다. 몸은 또한 면역 체계가 병원체를 식별하고 정지시키는 데 도움을 주는 여러 가지 보호 단백질을 사용한다. 염증은 일반적으로 붉음, 열, 부종 및 통증이라는 네 가지 특징적인 증상으로 알려져 있다.

연관

열은 항상 나쁜 것인가?

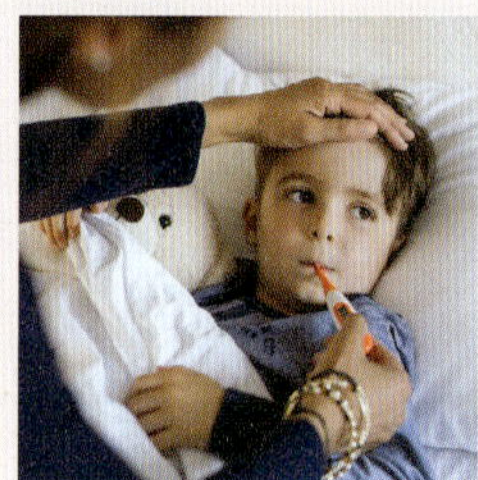
©Rido/Shutterstock

열이 나면 대부분의 사람들은 일반 의약품을 이용하여 열을 조절하려고 한다. 그러나 많은 경우, 일반 의약품을 사용하는 것은 오히려 해로울 수 있다. 의료 전문가들은 이제 낮은 열을 면역 체계의 유익한 측면으로 평가한다. 몸이 열을 발생시킬 때, 체온이 상승하여 대사율이 증가하고 세균 및 바이러스의 번식이 둔화된다. 낮은 열은 또한 감염 확산을 방지하는 인터페론이라는 화학물질의 방출을 촉진한다. 물론, 고열이나 며칠 일 동안 지속되는 열은 즉시 의사에게 알려야 한다.

연관

항히스타민제는 어떻게 작용하나?

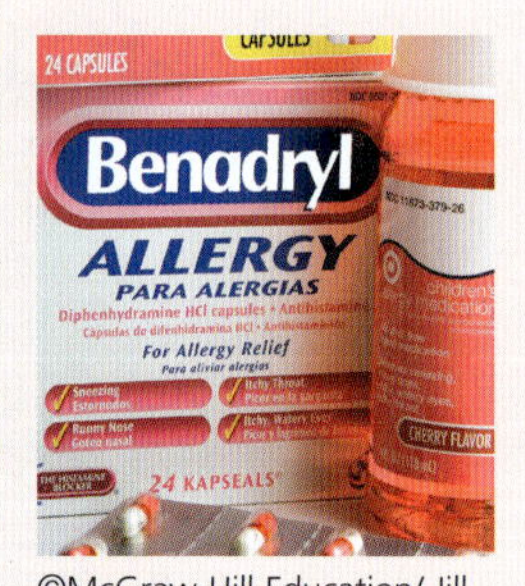

©McGraw-Hill Education/ Jill Braaten, photographer

비만세포로부터 히스타민이 방출되면 다른 신체 세포의 수용체에 결합한다. 이는 인근의 모세혈관에 신호를 보내서 더 "누수"되도록 만들어 모세혈관에서 액체가 빠져나와 조직으로 들어가게 한다. 이 과잉 액체는 콧물과 눈물이 나는 익숙한 증상의 원인이다. 항히스타민제는 세포의 수용체를 차단하여 히스타민이 더 이상 결합하지 못하도록 한다. 알레르기 완화를 위해서는 항히스타민제를 알레르기원에 노출되기 전에 복용하는 것이 가장 효과적이다.

염증 반응의 네 가지 조짐은 손상된 부위의 혈관 변화로 인해 발생하며, 이 모두가 몸을 보호하는 역할을 한다. 손상된 조직 세포와 **비만세포(mast cell)**에서 방출된 **히스타민(histamine)**과 같은 화학 매개체는 혈관을 확장시켜 투과성을 높여 준다. 확장된 혈관으로 인한 과도한 혈류는 피부를 붉게 만들고 따뜻하게 한다. 염증이 생긴 부위의 온도 상승은 일부 병원균의 성장을 억제하는 경향이 있다. 증가한 혈류는 백혈구를 해당 부위로 가져온다. 혈관의 투과성이 증가하면 혈액 응고 요소를 포함한 액체와 단백질이 조직으로 누출된다. 손상된 부위에서 응고가 형성되어 혈액 손실을 막는다. 부위의 과다한 액체는 신경 끝단에 압력을 가해 부어오름과 관련된 익숙한 통증을 유발한다. 이러한 사건들이 함께하면 백혈구를 해당 부위로 소환한다. 백혈구가 도착하자마자 혈류에서 주변 조직으로 이동한다. **호중구(neutrophil**, 뉴트로필)는 먼저 도착하여 부딪히는 잔해, 죽은 세포 및 박테리아를 적극적으로 포식한다. 해당 부위로 유인된 많은 호중구는 일반적으로 감염을 국소화하고 퍼지지 않도록 한다. 대량으로 호중구가 죽으면 노란-흰색 물질인 고름(pus)이 된다.

손상이 심하지 않은 경우, 염증 반응은 잠시 동안이며, 치유과정은 빠르게 손상된 부위를 정상 상태로 돌려놓는다. 인근 세포들은 화학 요인을 분비하여 손상된 부위를 채우기 위한 혈관 및 새로운 세포의 성장과 복구를 보장한다. 반면에 호중구가 압도되면, 사이토카인인 화학 매개체를 분비하여 추가 지원을 요청한다. 사이토카인은 단핵구를 포함한 더 많은 백혈구를 부르는 데 기여한다. 단핵구는 **대식세포(macrophage)**, 호중구보다 훨씬 더 강력한 포식세포가 되는 수명이 긴 세포이다. 대식세포는 특정 방어 기전을 수행하는 림프구의 도움을 받을 수 있다.

염증은 자극 또는 부상에 대한 몸의 자연적인 반응이며 중요한 역할을 한다. 치유 과정이 시작되면 염증은 빠르게 진정된다. 하지만 경우에 따라 만성적인 염증이 지속되며, 자극 또는 감염을 극복하지 못하면 몇 주, 몇 달 또는 심지어 몇 년 동안 지속될 수 있다. 염증성 화학물질은 침입자를 죽이는 것 외에도 몸에 부가적인 손상을 줄 수 있다. 염증이 지속될 경우 아스피린, 이부프로펜 또는 코르티손과 같은 항염증 약물을 사용하여 다양한 화학 매개체의 영향을 최소화할 수 있다.

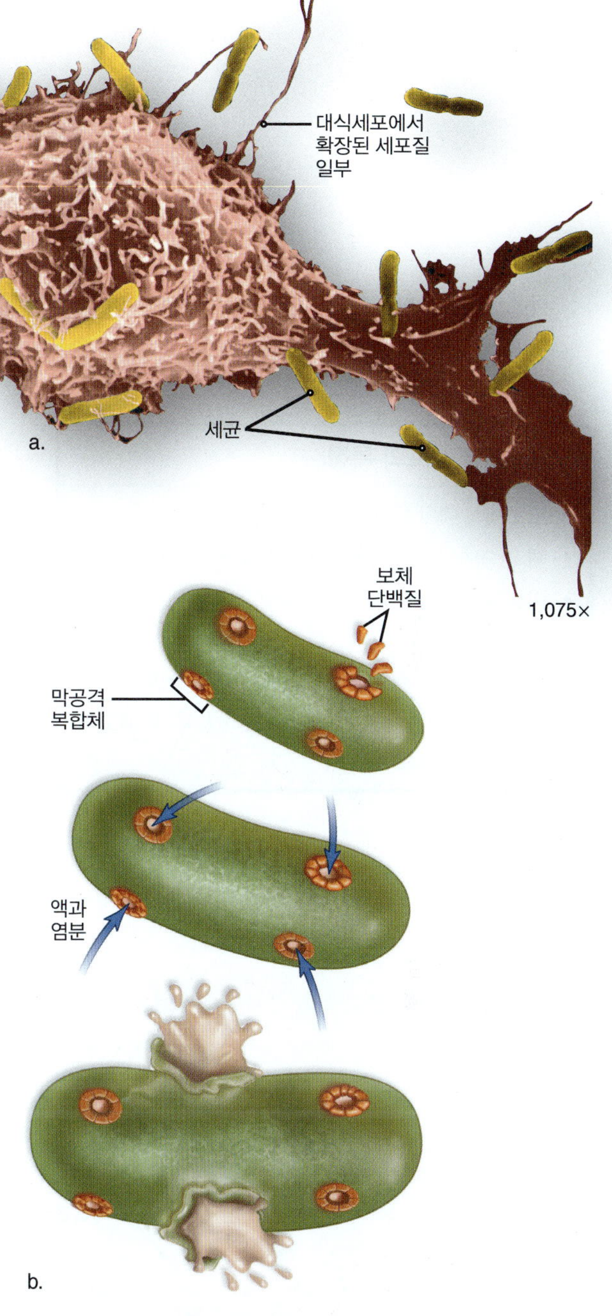

그림 26.4 병원체를 제거하는 방법.
a. 체내의 청소부인 대식세포는, 병원체를 삼켜서 라이소좀 내부에서 조각내어 처리한다. **b.** 보충 단백질이 모여 병원체 표면에 막공격 복합체를 형성한다. 액체와 염분이 투입되고, 병원체가 파열된다.

(a): ©Dennis Kunkel Microscopy, Inc./Science Source

보체 시스템

보체 시스템(complement system)은 간단히 보충이라고도 불리며, 문자 *C*와 숫자로 지정된 여러 혈장 단백질로 구성되어 있다. 보충 단백질은 특정한 면역 반응을 "보충"하여 그 이름을 얻었다. 예를 들어, 특정 보충 단백질은 말초 혈액세포에 결합하여 히스타민 분비를 유발하므로 염증 반응을 촉진시키고 증폭시킨다. 다른 단백질들은 그 현장에서 식균세포를 공격하기도 한다. 일부 보체 단백질들은 이미 항체로 덮여진 병원균의 표면에 결합하여 병원체가 호중구나 대식세포에 의해 식균될 수 있게 만든다(그림 26.4*a*). 일부 보충 단백질은 박테리아의 막에 구멍을 내어 박테리아의 막을 공격한다(그림 26.4*b*). 그 결과 유체와 염분이 병원체로 들어가서 병원체가 터지게 된다.

자연살해세포

자연살해(natural killer, NK)세포는 크고 입자가 있는 림프구로, 세포 간 접촉을 통해 바이러스 감염 세포와 종양(암) 세포를 처치한다(표 26.1 참조).

NK 세포가 세포를 공격하고 처치하는 데에는 어떤 요인이 작용할까? 일반적으로 몸의 세포에는 자체 단백질이 표면에 결합하여 NK 세포의 수용체에 결합한다. 가끔 바이러스 감염 세포와 암 세포는 변형되어 자체 단백질을 생성할 수 있는 능력을 상실한다. NK 세포가 결합할 자체 단백질을 찾을 수 없을 때, 그들은 T 림프구와 동일한 방법으로 세포를 처치한다(그림 26.8 참조).

NK 세포는 특이적이지 않고, 특정 항원에 노출되었을 때 수가 증가하지 않으며, 이전 접촉에서 항원을 "기억"하는 방법이 없다.

진도 점검하기 26.2

1. 병원체로부터 몸을 보호하는 물리적 차단 방법을 나열하시오.
2. 염증 반응의 과정을 요약하시오.
3. 왜 보체 시스템과 자연살해세포가 비특이적인지 설명하시오.

개념 연결하기

물리적 차단, 염증 반응, 보충 단백질 및 NK 세포와 같은 비특이적 방어 기전은 병원체에 대한 우리의 첫 번째 방어선을 형성한다.

26.3 특이적 방어와 적응면역

학습 목표

이 절을 학습한 후에는 다음 과제를 수행할 수 있어야 한다.

1. 적응면역에서 림프구의 역할을 요약하기.
2. 항체 반응과 세포 반응을 구별하기.
3. 면역계의 어떤 요소들이 이식 거부에 기여하는지 설명하기.

비특이적 방어 체계가 감염을 막지 못했을 때, 집합적으로 **적응면역(adaptive immunity)**이라고 불리는 특이 방어 기전 이 작동한다. 특이 방어는 병원체나 암 세포의 구성 요소일 수 있는 항원에 반응한다. 항원은 병원체가 몸 안에 존재할 수 있다는 것을 알리는 "표지판"으로 작용한다. 면역 체계가 이 표지판을 감지하면 특이 면역 반응이 활성화되며, 세균, 바이러스 또는 병원체에 감염된 우리 몸속의 세포와 같이 해당 항원을 지니고 있는 세포를 적극적으로 찾아내기 시작한다. 몸이 특정 항원을 파괴하는 방법을 배우면, 그 병원체에 대한 면역력이 생긴다. 우리 면역 체계는 우리 자신의 세포 표면 단백질에 반응하지 않기 때문에(항원처럼), 스스로와 다른 것을 구별할 수 있다.

림프구는 수용체 단백질을 가진 플라즈마 막을 가지고 있어 특정한 항원과 결합할 수 있다. 우리는 우리의 삶 동안 수백만 종류의 항원과 마주치기 때문에, 그것들로부터 보호받기 위해서는 다양한 림프구가 필요하다. 놀랍게도, 림프구의 다양화는 성숙과정에서 그 정도까지 진행되어, 가능한 모든 항원에 대한 림프구 유형이 존재한다.

면역력은 일정한 기간 동안 유지된다. 예를 들어, 홍역을 한 번 걸리면, 일반적으로 두 번째로 걸리지 않는다. 면역력은 주로 B 림프구와 T 림프구의 작용 결과이다. B 림프구는 골수에서 성숙하고, T 림프구는 흉선에서 성숙한다. B 림프구는 플라스마 세포를 유발시켜 항체를 생성한다. 이러한 항체는 혈액, 림프, 그리고 다른 체액으로 분비되다. 반면, T 림프구는 항체를 생산하지 않는다. 일부 T 림프구는 면역반응을 규제하고, 다른 T 림프구는 항원을 가진 세포를 직접 공격한다(표 26.1 참조).

표 26.2 B 세포의 특징

- 병원체에 대한 항체 반응을 제공한다.
- 뼈 골수에서 생성되어 성숙해진다.
- 림프절과 비장에 거주하며, 혈액과 림프액을 순환한다.
- 항원을 직접 인식한 후 세포 분열이 일어난다.
- 세포 분열은 항체 분비성 플라즈마 세포 및 메모리 B 세포를 생성한다.

B 세포와 항체 반응

B 세포의 일반적인 특징은 **표 26.2**에 제시되어 있다. 각 B 세포는 자신의 수용체 결합 부위에 맞는 특정 항원에만 결합할 수 있다는 점을 알아두는 것이 중요하다. 이 수용체는 **B 세포 수용체(B-cell receptor, BCR)**라고 불린다. 일부 B 세포는 그들의 수용체 유형에 맞는 항원이 신체에 의해 결합되지 않기 때문에 아무런 역할을 하지 않을 수 있다. 그러나 항원이 BCR에 결합하면 해당 B 세포는 활성화되어 많은 플라스마 세포와 기억 B 세포를 생성하게 되다(**그림 26.5**). 이 메커니즘은 **클론 선택 모델(clonal selection)**이라고 불리며, 항원이 어떤 B 세포를 활성화시킬지 선택하고, 이 세포는 그 자신의 많은 클론을 생성하기 위해 분열한다. B 세포는 사이토카인에 의해 자극을 받아 분열하고 **플라스마 세포(plasma cell)**를 생성한다.

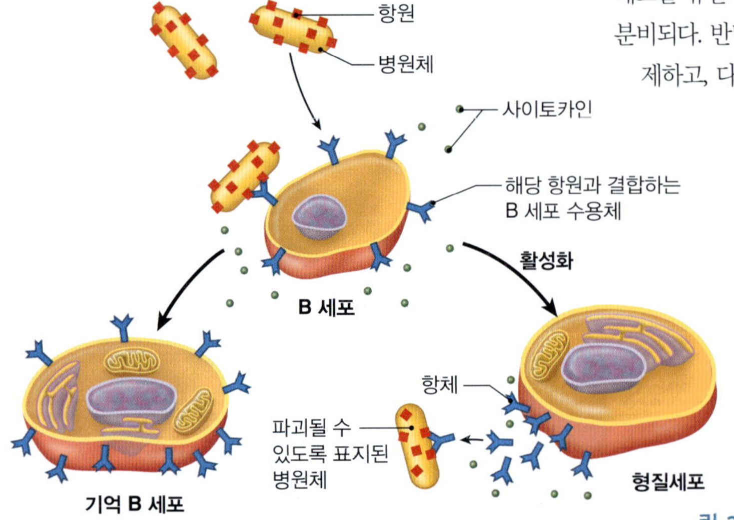

그림 26.5 B 세포와 항체 반응.
항원이 BCR에 결합하면 B 세포는 플라즈마 세포와 기억 B 세포를 생성하기 위해 분열한다. 플라즈마 세포는 항체를 생성하지만 결국 세포 사멸을 겪는다. 기억 B 세포는 체내에 남아 있어 향후 동일한 항체를 생성할 준비가 된다.

사이토카인은 염증 반응에 관여하는 세포들과 같은 비특이적인 방어 기전에 의해 분비될 수 있는 화학 신호이다. 플라스마 세포는 항원에 특이적인 항체를 대량 생산하고 분비하기 위해 다량의 거친 소포체를 가지고 있기 때문에 일반적인 B 세포보다 크다. 플라스마 세포가 생산하고 혈액과 림프에 분비된 항체는 활성화된 B 세포의 BCR과 동일하다.

기억 B 세포(memory B cell)는 장기적 면역을 형성하는 수단이다. 동일한 항원이 다시 체계에 들어오면 기억 B 세포는 신속하게 분열하여 올바른 항체를 생산할 수 있는 더 많은 플라스마 세포를 생성한다.

감염 위험이 사라진 후, 새로운 플라스마 세포의 형성은 중단되며, 현재 존재하는 세포들은 아폽토시스를 겪는다. 아폽토시스는 세포의 죽음과 파괴를 초래하는 세포 이벤트의 연쇄를 포함한 프로그램된 세포 사멸 과정이다(그림 8.10 참조).

항체의 기능

항체(antibody)는 특정 항원과 결합할 수 있는 면역글로불린 단백질이다(그림 26.6). 항원-항체 반응은 여러 형태로 나타날 수 있지만, 종종 항원과 항체가 결합한 복합체를 생성한다. 이러한 항원-항체 복합체는 때로는 면역 복합체라고도 불리며, 항원을 파괴하기 위해 표시한다(그림 26.5 참조). 항원-항체 복합체는 호중구나 대식세포에 의해 포획될 수도 있으며, 또는 보체 시스템을 활성화시켜 병원체가 흡입성 구형작용에 민감해지도록 할 수 있다(26.2절 참조).

ABO 혈액형 항체의 역할을 이해하는 가장 좋은 방법 중 하나는 인간의 혈액형을 살펴보는 것이다. 혈액형(A, B, AB, O)을 통해 특정 항체의 개념에 익숙하다. 이러한 문자는 적혈구에 있는 항원을 나타낸다. 만약 O형이라면, 적혈구에 항원 A나 B 중 어느 하나도 없다. 어떤 혈액형은 혈장에 항체를 가지고 있다(표 26.3). 예를 들어, O형은 혈장에 항-A와 항-B 항체를 모두 가지고 있다. O형을 가진 사람에게 A형 혈액을 수혈하면 수혈받는 사람의 혈장에 있는 항체가 A형 적혈구에 반응하여 응집이 일어난다. **응집(agglutination)**은 적혈구의 응집으로 인해 혈액순환이 멈추고 적혈구가 파괴된다. 반면, A나 B 항원이 없는 O형은 모든 혈액형에 수혈이 가능하다.

ABO 시스템을 기반으로 누가 누구에게 혈액을 기부할 수 있는지 결정할 수 있다. 그러나 A와 B 외의 다른 적혈구 항원도 혈액형 분류에 사용된다. 따라서 안전하게 혈액을 수혈할 수 있는지를 확인하기 위해 기부자의 혈액을 수혈받는 사람의 혈액과 함께 슬라이드 위에 올려서 두 가지 혈액형이 일치하는지(응집이 일어나지 않음)를 확인하는 것이 가장 좋다.

T 세포와 세포 반응

T 세포가 흉선에서 나와서는 B 세포와 마찬가지로 독특한 **T 세포 수용체(T-cell receptors, TCR)**를 가지고 있다. 그러나 T 세포는 B 세포와 달리 도움 없이 항원을 인식할 수 없다. 항원은 거대하고 복잡한 세포인 **항원제시세포(antigen-presenting cell, APC)**(대식세포 같은)가 제시해야 한다. 대식세포는 병원체를 섭취하고 파괴함으로써 APC가 된다. 그런 다음 APC는 T 세포가 모이는 림프절이나 비장으로 이동한다. 대식세포가 T 세포에서 항원을 제시하면 T 세포가 감염된 세포를 파괴하고 다른 세포를 활성화시켜 감염을 제어한다. 바이러스를 포식한 대식세포는 그 바이

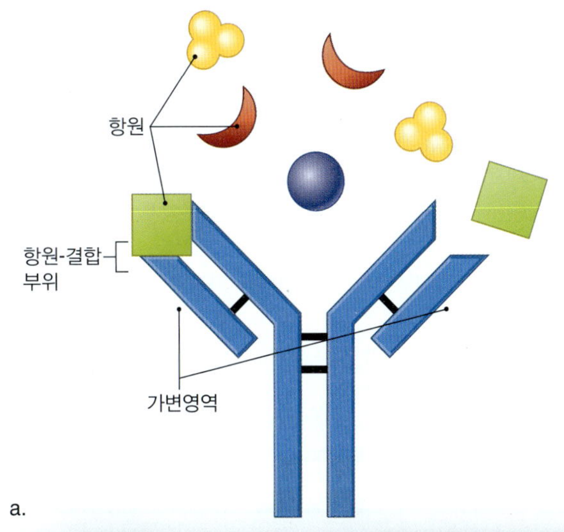

그림 26.6 항체의 구조.
a. 평생 동안 한 사람은 형태가 다양한 백만 가지 이상의 항원과 마주친다. 항체는 항원 결합 부위로 끝나는 두 가지 가변 영역을 가지고 있다. 이 가변 영역은 다양해서 각 항체의 결합 부위는 하나의 특정한 항원에만 맞는 모양을 가지고 있다. **b.** 항체 분자의 컴퓨터 모델. 항원은 두 개의 측지 가지와 결합한다.

(b): ©molekuul_be/Shutterstock

표 26.3 혈액형

혈액형	적혈구 세포 표면 항원	혈장 내의 항체	수혈 가능한 공여자
A	A	항B	A, O
B	B	항A	B, O
AB	A, B	항A, 항B 둘 다 없음	A, B, AB, O
O	—	항A, 항B	O

표 26.4 T 세포의 특성

- T 세포는 바이러스 감염된 세포와 암 세포에 대한 세포 반응을 제공한다.
- T 세포는 골수에서 생성되고 흉선에서 성숙한다.
- 항원은 T 세포에게 MHC[1] 단백질의 홈에서 제시되어야 한다.
- 세포독성 T 세포는 타인의 항원을 가진 세포를 파괴한다.
- 보조 T 세포는 면역 반응을 조절하는 사이토카인을 분비한다.

[1] MHC = 주조직적합성복합체(major histocompatability complex)

러스가 리소좀에서 소화된다. 바이러스로부터의 항원은 **주조직적합성복합체(major histocompatability complex, MHC)**라고 불리는 단백질과 결합한다. MHC 단백질은 자기 세포를 식별하는 데 주요한 역할을 한다. 항원이 MHC 단백질에 결합한 후에는 복합체가 세포 표면에 나타난다. 그런 다음, 결합된 MHC + 항원 복합체가 T 세포에게 제시된다. 세포막 내의 자가 단백질의 중요성은 첫 번째로, 그들이 조직의 특이성에 기여하며, 한 사람에서 다른 사람으로의 조직 이식을 어렵게 만드는 것이 밝혀지면서 인식되었다.

T 세포의 일반적인 특성은 표 26.4에서 제공된다. T 세포의 두 가지 주요 유형은 **보조 T 세포(helper T cells, T_H 세포)**와 **세포독성 T 세포(cytotoxic T cells, T_C 세포)**이다. 이러한 각 유형은 항원 단편을 MHC 분자와 결합할 수 있는 TCR을 가지고 있다. 그러나 이러한 두 가지 유형의 세포에서 항원 인식의 주요 차이점은 T_H 세포가 표면에 MHC 클래스 II 분자를 가진 APC에 의해 제시된 항원만 인식하는 반면 T_C 세포는 표면에 MHC 클래스 I 분자를 가진 APC에 의해 제시된 항원만 인식한다는 것이다. 그림 26.7에서 항원은 빨간색 삼각형로 표시되며, 항원에 결합하는 보조 T 세포에는 이 특정 MHC II + 항원과 결합할 수 있는 특정 TCR이 있다. 이제 보조 T 세포가 활성화되어 더 많은 보조 T 세포를 생성한다.

질병이 사라지면 면역 반응이 약해지고, 활성화된 T 세포는 세포 사멸에 취약해진다. 세포 사멸은 조직 내에 있는 세포 수를 규제하여 균형을 유지하는 데 기여한다. 그러나 사멸이 제대로 일어나지 않으면 T 세포 암(예: 림프종 및 백혈병 등)이 발생할 수 있다. 또한 흉선에서는 신체의 자체 세포를 파괴할 잠재력이 있는 모든 T 세포가 세포 사멸을 겪는다.

세포독성 T 세포와 보조 T 세포의 기능

세포독성 T 세포는 세포 간 전투에 특화되어 있다. 그들은 단백질(protein) 또는 그란자임(granzyme)이라고 불리는 효소를 포함하는 액포(vacuoles)를 가지고 있다. 세포독성 T 세포가 바이러스에 감염된 세포나 암 세포에 결합하고, 인식한 항원을 제시한 후, 그것은 표적세포의 플라즈마 막을 관통하는 구멍을 형성하는 퍼포린 분자를 방출한다. 그런 다음, 세포독성 T 세포는 구멍으로 그란자임의 공급을 전달한다. 이러한 것들은 세포가 아폽토시스를 겪게 만든다. 세포독성 T 세포가 퍼포린과 그란

그림 26.7 T 세포의 활성화.
T 세포가 활성화되기 위해서는 종종 대식세포인 APC(항원제시세포)에 의해 항원과 함께 MHC 단백질이 제시되어야 한다. 각각의 T 세포는 특정한 수용체를 가지고 있으며, 그 수용체가 MHC II + 항원 복합체에 맞는 경우, 보조 T 세포는 분열하고 이와 같은 유형의 TCR을 가진 더 많은 보조 T 세포를 생산하기 위해 활성화된다. 그런 다음 보조 T 세포는 사이토카인을 생산하고 방출한다.

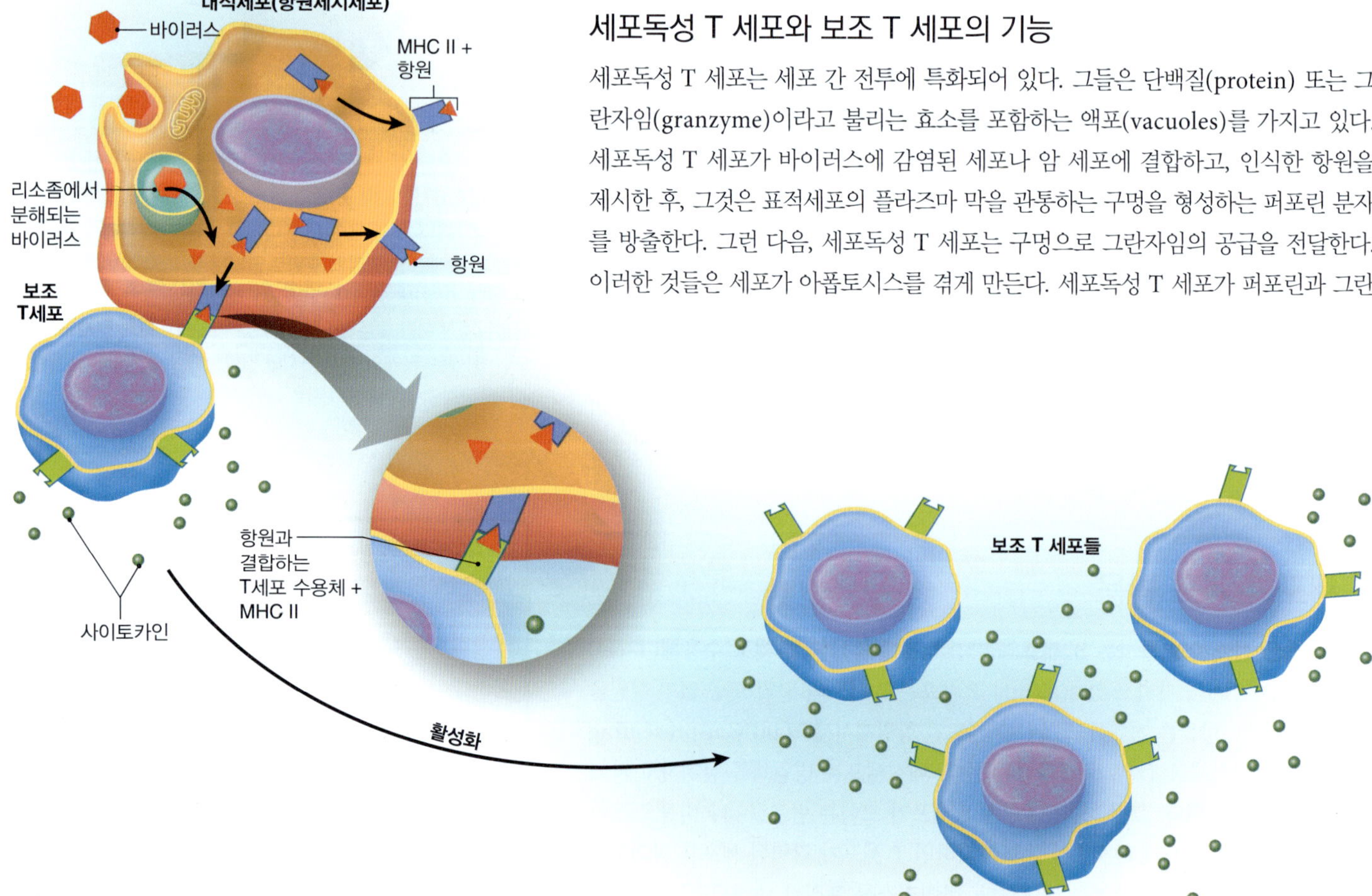

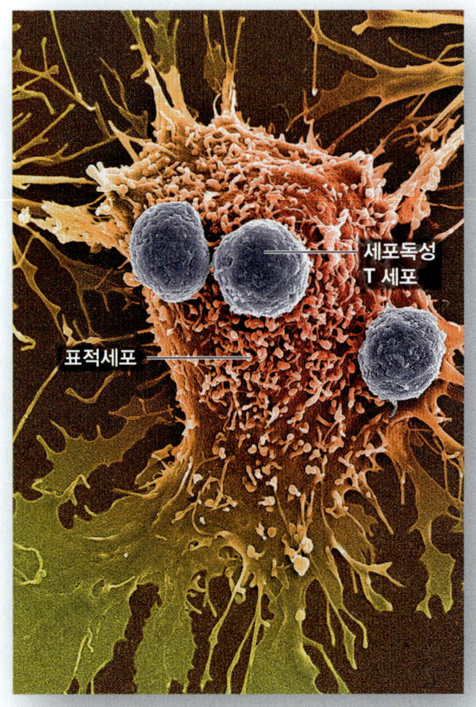

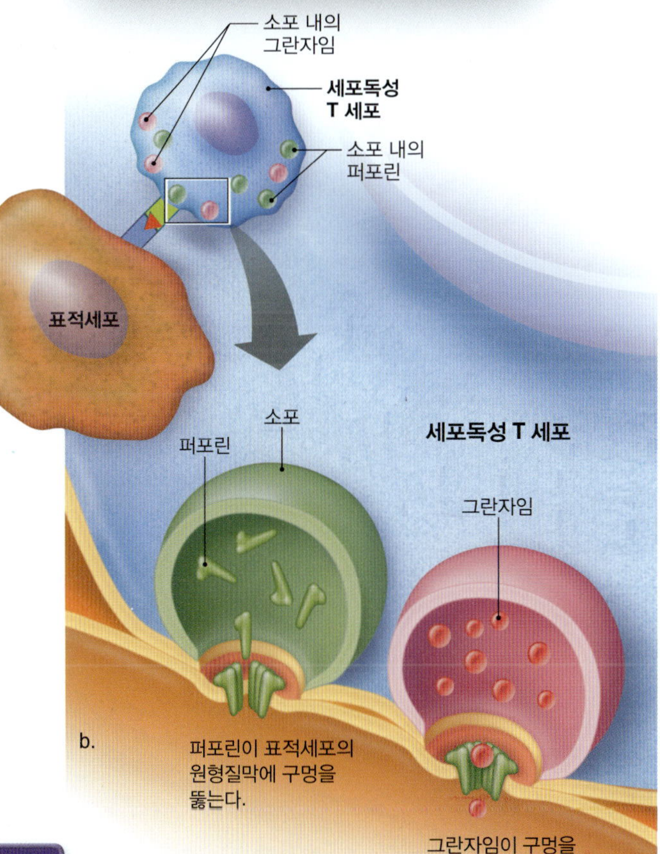

그림 26.8 세포독성 T 세포와 세포 반응.
a. 바이러스에 감염된 세포나 암 세포인 대상 세포를 공격하는 세포독성 T 세포의 주사전자현미경 사진. **b.** 어떤 세포든 세포독성 T 세포가 인식한 MHC I + 항원 복합체를 제시하는 경우, 세포독성 T 세포는 공격한다. 먼저, 소포(vessels)가 퍼포린을 방출하여 대상 세포에 구멍을 형성한다. 그런 다음, 소포가 그란자임을 방출하여 세포에 아폽토시스를 발생시킨다.

(a): ©Steve Gschmeissner/Science Source

자임을 방출한 후, 다음 대상 세포로 이동한다. 세포독성 T 세포는 바이러스에 감염된 세포와 암 세포에 대한 세포 반응을 담당한다(그림 26.8).

보조 T 세포는 사이토카인(cytokine)을 분비하여 B 세포와 세포독성 T 세포를 자극하는 것을 전문으로 한다. B 세포와 유사하게 복제된 T 세포에는 오랫동안 살 수 있는 기억 T 세포가 포함되어 있으며, 이전에 처리한 항원에 대한 면역 반응을 시작할 수 있다. 에이즈를 일으키는 바이러스인 HIV는 보조 T 세포 및 기타 면역 체계 세포를 감염시켜 면역 반응을 비활성화하고 HIV에 감염된 사람들이 기회성 감염에 취약해지도록 만든다. 감염된 대식세포는 HIV 바이러스의 저장소로 작용한다. 에이즈는 26.5절에서 다룬다.

조직 거부

피부, 심장, 신장과 같은 일부 장기들은 몸이 이들을 거부하려는 시도를 하지 않는다면 한 사람에서 다른 사람으로 쉽게 이식될 수 있을 것이다. 거부는 세포독성 T 세포와 항체가 몸 안의 외래 조직을 파괴하기 때문에 발생한다. 거부가 발생할 때면 면역 체계가 자기 자신(self)과 타자(nonself)를 올바르게 구별하고 있는 것이다.

장기 거부는 신중하게 이식할 장기를 선택하고 면역 억제 약물을 투여함으로써 통제될 수 있다. 이식된 장기가 수혈자의 MHC 단백질과 같은 유형을 가지고 있는 것이 가장 좋으며, 그렇지 않을 경우 이식된 장기는 수혈자의 T 세포에 항원적이다. 여러 면역 억제 약물은 T 세포의 사이토카인에 대한 반응을 억제함으로써 작용한다. 사이토카인이 없으면 모든 유형의 면역 반응이 약해진다.

개념 연결하기
특이적 방어와 적응면역은 병원체에 대한 몸의 두 번째 방어선을 구성한다.

진도 점검하기 26.3

1. 적응면역에서 항체의 역할을 설명하시오.
2. B 세포와 T 세포를 비교 및 대조하시오.
3. 항체 반응과 세포 반응을 구별하고, 각각에 관여하는 세포 유형을 식별하시오.
4. 조직 거부에서 MHC 표지자의 역할을 설명하시오.

26.4 예방접종

학습 목표

이 절을 학습한 후에는 다음 과제를 수행할 수 있어야 한다.

1. 예방접종이 질병에 대한 면역력을 제공하는 역할을 요약하기.
2. 능동면역과 수동면역을 구별하기.

감염이 발생한 후 면역 체계는 적응하여 다음에 같은 병원체로부터 보호될 수 있도록 한다. 면역력을 획득할 수 있는 좋은 예시는 어린이 병에 해당하는 홍역과 볼거리이다. 유감스럽게도 모든 병원체에 대해 이것이 작동하는 것은 아니다. 몇몇 성병은 지속적인 면역을 자극하지 않는다. 예를 들어, 사람은 임질에 여러 차례 걸릴 수 있다.

병원체에 노출되기 전 면역 체계를 미리 준비하는 한 가지 방법은 백신을 사용하는 것이다. **백신(vaccine)**은 보통 면역 체계가 반응하지만 질병을 일으키지 않는 물질이다. 전통적으로 백신은 병원체 자체 또는 그 제품이며, 병원체가 병을 일으키지 않도록 처리된 것이다. 오늘날에는 세균을 유전적으로 조작하여 병원체에서 단백질을 대량 생산하도록 할 수 있으며, 이 단백질은 백신으로 사용할 수 있다. 이 방법은 바이러스 유발성 질환인 B형 간염에 대한 백신을 개발하고, 기생충 유발성 질환인 말라리아에 대한 백신을 준비하는 데 사용되고 있다.

예방접종은 활성면역을 가속화한다. 백신이 투여된 이후, **활성면역(active immunity)**은 혈액내 존재하는 항체의 양에 의해 가능하게 되는데, 이것을 항체역가라고 한다. 처음 며칠간은 항체가 존재하지 않지만, 그러고 나서는 항체의 농도가 서서히 증가하고, 수치가 감소하며, 항체들이 항원에 결합하거나 무력화하면서 서서히 감소한다(그림 26.9). 백신에 두 번째 노출된 이후로는 2차 반응이 유발된다. 첫 번째 반응 때의 수준보다 훨씬 많은 양이 급속히 높아지고 나서 서서히 감소한다. 그래서 이 두 번째 백신에 대한 노출을 항체의 최고 수준까지 급격하게 증가시키기 때문에 "부스터(booster)"라고 부른다. 항체의 최고 수준의 농도는 개개인들이 질병을 일으키는 항원에 노출되었을 때 생기는 병의 징후들을 예방하는 데 도움을 준다.

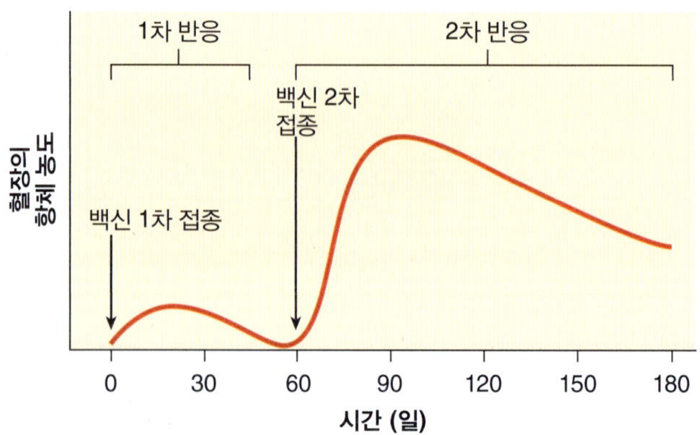

그림 26.9 면역화에 의한 능동면역.

면역화는 종종 한 번 이상의 주사를 필요로 한다. 첫 번째 백신 주사 후에는 최소한의 주요 반응이 발생하지만, 두 번째 주사 이후에는 일반적으로 혈장에 존재하는 항체의 양이 급격히 증가하는 2차 반응이 나타난다.

능동면역은 기억 B 세포와 가능한 기억 T 세포의 존재에 의존한다. 이들은 더 낮은 항원 용량에 반응할 수 있는 능력을 가지고 있다. 능동면역은 일반적으로 오랫동안 지속되지만, 일정 기간 후에는 부스터 접종이 필요할 수 있다.

연관

MMR 백신이 자폐증을 유발하는가?

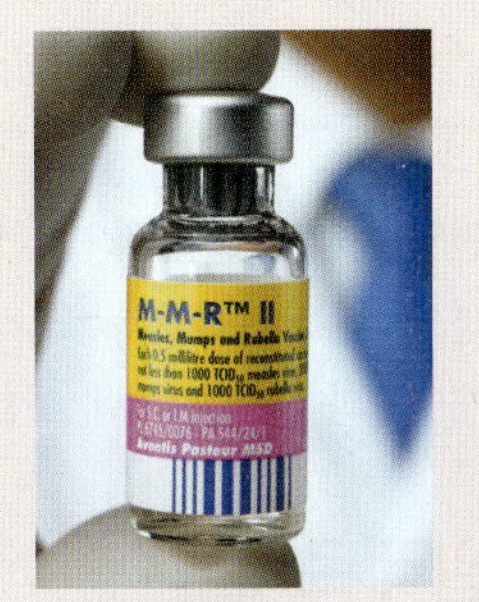

©Saturn Stills/Science Source

수많은 대규모 연구에서, 홍역, 볼거리, 풍진(MMR) 백신; 백신에 사용된 살균제인 티메로살; 그리고 아동의 자폐증 발생 위험과의 연관성을 찾을 수 없었다. 자폐증의 원인은 아직 밝혀지지 않았지만, 백신이나 티메로살이 자폐증을 유발한다는 증거는 없다. 문제는 첫 번째 MMR 백신 접종이 일반적으로 12~15개월의 아동에게 이루어지며, 이때 자폐증이 처음 증상을 나타내는 시기와 일치한다는 점이다. 대부분의 자폐증 연구자들은 자폐증의 원인이 이 시기 이전에 이미 존재하며, MMR 백신과의 시기적 연관은 우연적인 것으로 여긴다. 미국 의학 연구소와 미국 자폐증 연구 연합 등이 후원한 여러 대규모 연구들은 MMR 백신과 자폐증 발생 위험과의 연관성을 찾지 못했다. 대부분의 소아과 의사들은 홍역과 풍진의 위험성이 자폐증의 무책임한 위험에 비해 훨씬 크다고 생각한다.

비록 몸은 일반적으로 자체적으로 항체를 생성하지만, 질병과 싸우기 위해 사람에게 준비된 항체(면역글로불린)를 제공하는 것도 가능하다. 이러한 항체는 해당 개인의 플라즈마 세포에 의해 생성되지 않으므로 이를 **수동면역(passive immunity)**이라고 하며 일시적이다. 예를 들어, 신생아는 어떤 질병에 대해 수동면역을 가지고 있다. 이는 항체가 태아의 혈액으로부터 태반을 통과했기 때문이다. 그러나 이러한 항체는 곧 사라져서 몇 달 내에 영아는 감염에 더 취약해진다. 모유 수유는 모유에 항체가 함유되어 있기 때문에 영아가 받는 자연스러운 수동면역을 연장시킨다.

비록 수동면역은 지속적이지 않지만, 때로는 감염병에 노출된 환자의 질병 예방을 위해 사용된다. 일반적으로 환자는 질병을 회복한 개인로부터 추출된 항체를 함유하는 혈액 부분인 감마 글로불린의 주사를 받는다. 과거에는 말들이 면역을 받고 디프테리아, 보툴리즘, 파상풍과 같은 질병에 대한 필요한 항체를 제공하기 위해 말로부터 감마 글로불린을 취하였다. 불행히도, 이러한 항체를 받은 환자들은 약 50%의 확률로 질병에 걸렸다. 이는 개인의 면역 체계가 외부로 인식한 단백질이 혈청에 함유되어 있기 때문에 발생한 상태로 혈청병이라고 불렸다.

개념 연결하기

백신은 다양한 병원체에 대한 면역력을 강화하는 물질이다.

진도 점검하기 26.4

1. *백신*이라는 용어를 정의하시오.
2. 백신의 면역을 위해 때로는 두 번의 접종이 필요한 이유를 설명하시오.
3. 능동면역과 수동면역을 구별하고 각각이 어떻게 발생하는지 설명하시오.

26.5 면역계의 이상

학습 목표

이 절을 학습한 후에는 다음 과제를 수행할 수 있어야 한다.

1. 즉시 반응과 지연 반응 알레르기 반응을 구별하기.
2. 일반적인 자가면역질환을 나열하고 각각의 원인을 제공하기.
3. HIV 감염의 효과를 개요로 설명하고 가능한 치료법을 요약하기.

면역 체계는 보통 자기(self)와 비자기(nonself)를 구별할 수 있기 때문에 우리를 질병으로부터 보호한다. 그러나 때로는 알레르기를 발전시키거나 자가면역질환을 가진 개인들과 같이 신체에 해를 입히는 방식으로 반응할 수도 있다.

알레르기

알레르기(allergy)는 일반적으로 면역 반응을 일으키지 않는 꽃가루, 음식, 동물 털과 같은 환경 내 물질에 대한 과민증이다. 이러한 항원인 **알레르겐(allergen)**에 대한 반응은 일반적으로 몇 가지 불쾌한 증상을 포함한다(그림 26.10). 알레르기 반응은 T 세포와 대식세포에 의해 분비되는 사이토카인에 의해 규제된다.

즉시 알레르기 반응(*immediate allergic response*)은 조직 내의 말초혈관 기형세포에 부착된 수용체에 의해 유발된다. 알레르겐이 말초혈관 기형세포의 수용체에 부착되면 히스타민 및 다른 물질이 방출되어 증상을 유발한다.

즉시 알레르기 반응은 항원과 접촉 후 몇 초 내에 발생할 수 있다. 증상은 다양할 수 있지만, 극적인 예로는 아나필락시스 쇼크라는 혈압의 급격한 감소와 생명을 위협하는 심각한 반응이 있다.

알레르기 주사, 해당 알레르겐의 주사는 때로는 알레르기 반응의 발생을 예방할 수 있다. 주사를 통해 알레르겐이 체내에 주입되면, 혈장세포에 의해 분비되는 대량의 항체가 체내에 축적되어 환경으로부터 받은 알레르겐과 결합한다. 그러면 이 알레르겐들은 혈관막에 위치한 수용체에 도달하기 전에 반응을 일으킬 기형세포에 도달하는 것을 방지한다.

지연된 알레르기 반응(*delayed allergic response*)은 아마도 체내 알레르겐 접촉부위에서 기억 T 세포에 의해 시작된다. 지연된 알레르기 반응의 전형적인 예로는 결핵(TB) 검사를 들 수 있다. 검사 결과 양성일 때, 항원이 주입된 조직이 붉어지고 경직된다. 이는 해당 개인이 결핵의 원인인 결핵균에 이전에 노출된 적이 있다는 것을 나타낸다. 덩굴옻나무, 보석, 화장품 등에 알레르기 반응이 발생하는 접촉피부염 또한 지연된 알레르기 반응의 예이다.

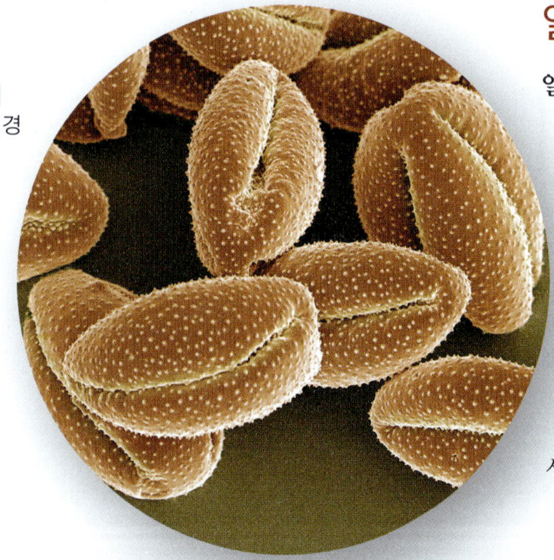

오염원의 전자현미경 사진

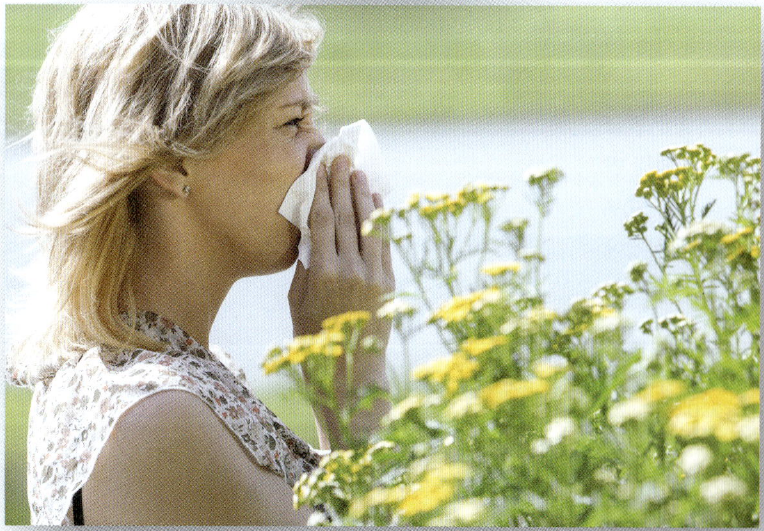

그림 26.10 알레르기.

꽃가루 알레르기가 있는 사람은 눈물, 부비동 두통, 과다한 점액 생성, 호흡 곤란, 재채기와 같은 증상이 나타난다.

(pollen): ©Steve Gschmeissner/Science Photo Library/Getty Images; (girl): ©coendef/123RF.com

자가면역질환

세포독성 T 세포나 항체가 항원을 가진 것처럼 실수로 자신의 세포를 공격할 때, 이로 인해 발생하는 상황을 자가면역질환으로 알려져 있다. **자가면역질환(autoimmune disease)**의 원인은 정확히 알려져 있지 않는다. 하지만 때로는 개인이 감염을 극복한 후에 발생하기도 한다.

자가면역질환인 **근무력증**(*myasthenia gravis*)에서는 신경근접점이 제대로 작동하지 않아 근력 약화가 발생한다. **다발성 경화증**(*multiple sclerosis, MS*)에서는 신경섬유의 미엘린 수초가 붕괴되어 다양한 신경근육 장애가 발생한다. **전신성 홍반루푸스**(*systemic lupus erythematosus*) 환자는 신장 손상으로 인한 사망 전 다양한 증상을 나타낸다. **류마티스 관절염**(*rheumatoid arthritis*)에서는 관절이 영향을 받는다(그림 26.11). 연구자들은 류마티스열과 1형 당뇨병이 자가면역질환임을 제안한다. 아직 자가면역질환을 치료할 수 있는 방법은 없지만 약물로 조절할 수 있다.

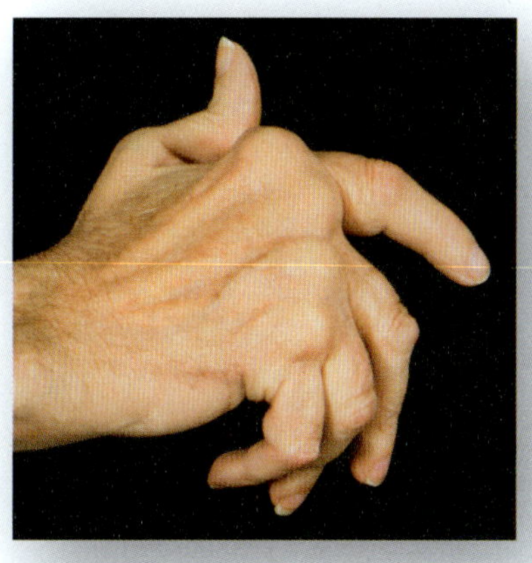

그림 26.11 류마티스 관절염.
류마티스 관절염은 골격 관절에서 반복되는 염증으로 인해 발생한다. 보완 단백질, T 세포 및 B 세포가 모두 관절의 악화에 참여하며, 결국 관절은 불가동해진다.
©Southern Illinois University/Science Source

에이즈

후천성면역결핍증(acquired immunodeficiency syndrome, AIDS; 에이즈) 환자가 왜 이렇게 아픈지 이해하면 건강한 면역 체계의 작동에 대한 새로운 수준의 이해를 얻을 수 있다. 에이즈를 일으키는 **인간면역결핍바이러스(human immunodeficiency virus, HIV)**는 면역 체계의 다른 모든 세포의 활동을 촉진하는 보조 T 세포에 살고 있으며 파괴한다. 처음에는 HIV에 감염된 개인의 몸이 충분한 수의 T 세포를 유지할 수 있지만, 시간이 지남에 따라 보조 T 세포는 생산되는 속도보다 빠르게 파괴되고 바이러스가 우위를 점한다. 보조 T 세포가 없으면 황폐화된 면역 체계는 신체가 매일 접하는 바이러스, 곰팡이 및 박테리아의 공격을 더 이상 막아낼 수 없다. 약물 치료 없이는 T 세포의 수가 결국 수백 개로 감소하면서 면역 체계는 무력해지게 된다(그림 26.12). HIV 바이러스의 생명주기에 대한 자세한 정보는 17.1절에서 제공된다.

에이즈 증상은 체중 감량, 만성 열, 기침, 설사, 부은 림프절 및 호흡 곤란으로 시작하여 드문 질병의 증상으로 진행된다. 고양이에게서 발견되는 호흡기 질환인 **주폐포자충 폐렴**(*pneumocystis pneumonia*)과 매우 드문 유형이 암인 **카포시육종**(*Kaposi sarcoma*)은 진행된 에이즈 환자에서 자주 관찰된다. 죽음은 빠르고 확실하게 다가온다.

2017년 기준으로 전 세계에 약 3,690만 명의 HIV 감염자가 살고 있다. 180만 명의 신규 HIV 감염 사례 가운데 거의 10%가 15세 미만인 아동들이다. HIV/에이즈로 인한 사망자 수는 매년 감소하고 있지만, 2017년에는 이 병으로 인한 사망자 수가 여전히 94만 명에 이르며, 이로 인한 총사망자 수는 3,540만 명 이상이다.

HIV는 감염된 사람과의 성 접촉으로 전파된다. 질 또는 항문 간의 성교 및 구강/생식기 접촉을 포함한다. 또한 정맥 주사 약물 사용자 사이에서의 주사기 공유는 고위험 행동이다. HIV 감염된 여성으로부터 태어난 아기는 출생 전이나 출생 중에 감염될 수 있으며, 출생 후 수유를 통해서도 감염될 수 있다. 미국에서는 여전히 남성 간의 성 접촉이 신규 HIV 감염 사례의 가장 큰 비율을 차지하지만, 이성 간의 성 접촉과 정맥 주사 약물 사용은 신규 감염 사례의 증가 비율에서 가장 큰 비율을 차지한다.

HIV 감염의 심각한 합병증을 줄이고 수명을 연장하는 치료의 발전이 이루어졌다. 감염 후 약물 치료가 가능한 빠른 시일 내에 시작될수록, HIV가 면역 체계를 파괴하지 않을 가능성이 커진다. 또한 약물 치료는 무기한으로 계속되어야 한다. 하지만 치료에 사용되는 새로운 약물에 대항성을 가진 새로운 바이러스 변종들이 등장한 것은 안타까운 일이다. 산모가 출산 전에 약물을 투여하고 아이가 제왕절개로 출산되면 출생 시 어머니로부터의 전염 가능성을 줄일 수 있다.

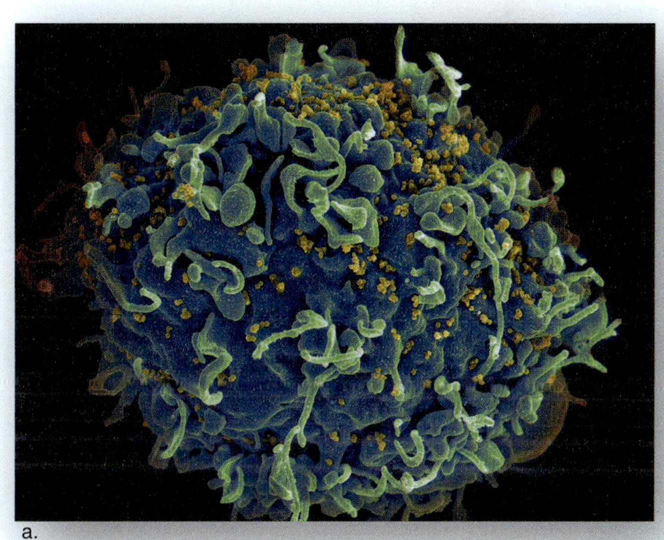
a.

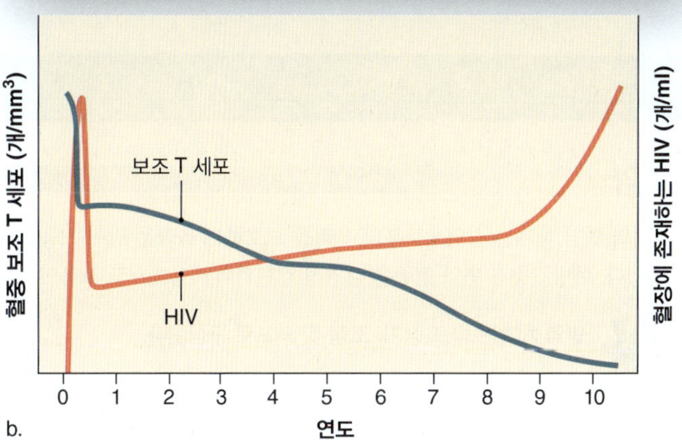

그림 26.12 HIV 감염.
a. HIV 바이러스는 체내 T 세포와 과립세포를 공격한다. **b.** 처음에는 체내에서 충분한 수의 보조 T 세포가 생성되어 HIV 감염을 통제한다. 그러나 보조 T 세포 수가 감소하면 HIV 감염이 지배한다.
(a): ©National Institute of Health/Stocktrek Images/Getty Images

에이즈 백신 개발에는 많은 어려움이 있지만, 현재 에이즈 백신 시험이 진행 중이다. 이 과정은 여러 해 걸릴 수 있다. 동물에서 백신이 시험된 후에는 시장에 출시되거나 대중에게 투여되기 전에 세 가지 단계의 임상시험을 거쳐야 한다.

임상시험의 1단계와 2단계에서서는, 백신은 HIV 감염되지 않은 소수의 참여자들을 대상으로 1~2년간 테스트된다. 가장 효과적인 백신은 3단계로 진입한다. 3단계에서는 수천 명의 HIV 감염되지 않은 사람들을 대상으로 3~4년 동안 백신이 테스트된다. RV144라는 예방용 백신의 3단계 시험은 2009년 태국에서 마무리되었다. 이 백신이 HIV 감염률을 낮추는 데 도움이 될 수 있는 증거가 일부 있지만, 연구진은 여전히 데이터를 분석하고 추적 연구를 진행 중이다.

RV144의 성공은 예방용 백신이 가까운 미래에 개발될 수 있다는 연구진들의 기대감을 높였다. 현재 진행 중인 모든 백신 개발 노력의 데이터를 조정하고 분석하기 위해 HIV 백신 임상시험 네트워크(HVTN)라는 프로그램이 만들어졌다. 하지만 가장 설득력 있는 낙관론은 인체의 면역 체계가 감염을 억제할 수 있는 능력이다. 면역 체계는 HIV 바이러스의 양을 줄여주어 미국에서 HIV에 감염된 사람들의 60%가 에이즈 발병을 평균 10년 정도 미룰 수 있도록 도와준다. 일부 연구에 따르면, 일부 사람들은 반복적인 바이러스 노출에도 불구하고 HIV에 감염되지 않은 상태를 유지하며, 일부 HIV 감염자는 건강한 면역 체계를 15년 이상 유지할 수 있다. 인체가 감염과 싸우는 능력을 보여주는 이러한 사례들이 과학자들에게 인체가 HIV 감염을 극복할 수 있는 방법이 있다는 희망을 심어준다.

HIV 감염은 예방 가능하다. 이 감염을 예방하기 위한 제안은 (1) 성교를 삼가거나 HIV가 없는 사람과 장기간 일부일처제 성관계를 유지하는 것이다. (2) 정맥 주사 약물 사용자와의 관계는 위험한 행동임을 인식해야 한다. (3) 항문 섹스는 항문의 내막이 얇고 감염된 T 세포가 쉽게 체내로 들어갈 수 있으므로 피해야 한다. (4) 파트너가 지난 5년간 HIV에 감염되지 않았음을 알지 못하는 경우, 성관계 중에 항상 라텍스 콘돔을 사용해야 한다. (5) 구강 섹스는 전파 수단이 될 수 있으므로 피하는 것이 좋다. (6) 행동을 통제할 수 없게 하는 알코올이나 다른 약물 사용에 대해 신중해야 한다.

개념 연결하기

26.5 알레르기와 자가면역질환은 면역 체계의 부정확한 반응으로 인해 발생한다.

진도 점검하기 26.5

1. 알레르기와 알레르겐 사이의 관계를 설명하시오.
2. 즉시 알레르기 반응과 지연된 알레르기 반응을 대조하시오.
3. 왜 에이즈 환자는 병원체와 싸울 수 없는지 설명하시오.

요 약 SUMMARIZE

인체의 면역 체계는 감염으로부터 우리를 보호하는 놀라운 방어 기능을 갖추고 있다. 예방접종과 면역 접종은 감염성 질환과의 싸움에서도 도움이 된다.

26.1 면역 체계는 림프 장기, 조직 및 세포로 구성된다.

26.2 물리적 차단, 염증 반응, 보충 단백질 및 NK 세포와 같은 비특이적 방어 기전은 병원체에 대한 우리의 첫 번째 방어선을 형성한다.

26.3 특이적 방어와 적응면역은 병원체에 대한 몸의 두 번째 방어선을 구성한다.

26.4 백신은 다양한 병원체에 대한 면역력을 강화하는 물질이다.

26.5 알레르기와 자가면역질환은 면역 체계의 부정확한 반응으로 인해 발생한다.

26.1 면역계의 개요

면역계(immune system)는 림프 장기와 조직뿐만 아니라 다양한 세포로 구성되어 있다. 림프 장기에는 다음과 같은 것들이 포함된다:

- 모든 혈액 세포가 생성되고 **B 림프구(B lymphocytes, B 세포)**가 성숙하는 곳인 **적색 골수(red bone marrow)**
- **T 림프구(T lymphocytes, T 세포)**가 성숙하는 곳인 **흉선(thymus)**
- **대식세포(macrophage)**에 의해 림프가 정화되는 **림프절(lymph node)**
- 병원체와 부스러기로부터 혈액이 정화되는 **비장(spleen)**
- 림프 조직으로 이루어진 **편도(tonsil)**와 **맹장(appendix)**과 같은 다른 장기들

림프계의 세포들은 신체 내 **항원(antigen)**에 반응하는 역할을 담당한다. 면

역계가 항원에 반응함에 따라, 우리는 그 병원체에 대한 **면역(immunity)**을 개발한다.

26.2 비특이적 방어와 선천면역

면역은 비특이적 방어와 특이적 방어로 나뉜다. 비특이적 방어 또는 **선천면역(innate immunity)**은 다음과 같다:

- 출입 차단 장벽(예: 피부)
- **염증 반응(inflammatory response)**, **비만세포(mast cell)**가 **히스타민(histamine)**을 방출하여 모세혈관 투과성을 증가시키고 붉어짐, 열감, 부어오름 및 통증이 발생하며, **호중구(neutrophil)**와 **대식세포(macrophage)**는 조직액에 들어가 병원체를 삼키기 위해 역할을 한다.
- **보체 시스템(complement system)**은 다양한 기능을 가지고 있다. 그 중 하나는 병원체 표면에 구멍을 형성하여 직접 공격하는 것이다. 그런 다음, 액체와 염류가 들어가 병원체가 터진다.
- **자연살해(natural killer, NK)세포**는 자가 단백질과 비자가 단백질을 구분하고 바이러스에 감염된 세포가 자가 파괴되도록 한다.

26.3 특이적 방어와 적응면역

특이적 방어(adaptive immunity) 또는 적응면역은 B 림프구와 T 림프구, 즉 B 세포와 T 세포를 필요로 한다.

B 세포와 항체 반응

각 유형의 B 세포의 **B 세포 수용체(B-cell receptor, BCR)**는 특정 항원에 특이적이다. 항원이 BCR에 결합하면, 해당 B 세포는 **클론 선택 모델(clonal selection model)**에 따라 플라즈마 세포와 기억 B 세포를 생성하도록 분열한다.

- **플라즈마 세포(plasma cell)**는 **항체(antibody)**를 분비하며 결국 자가 파괴된다. 플라즈마 세포는 항원에 대한 항체 반응을 담당한다.

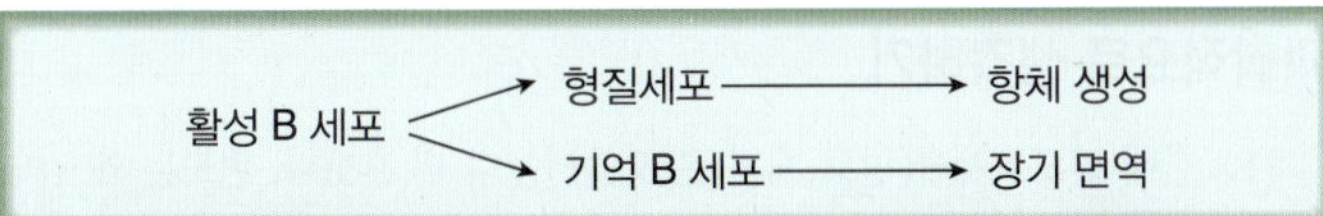

- **기억 B 세포(memory B cells)**는 체내에 남아 있으며, 나중에 동일한 항원이 체내에 들어오면 항체를 생산한다.

T 세포와 세포 반응

T 세포는 감염에 대한 세포 반응을 담당한다. 각 **T 세포 수용체(T-cell receptor, TCR)**는 특정 항원에 특이적이다. T 세포가 항원을 인식하려면, 항원은 일반적으로 대식세포와 같은 **항원제시세포(antigen-presenting cell)**에 의해 T 세포에 제시되어야 한다. 이때 특정 단백질인 **주조직적합성복합체(major histocompatability complex, MHC)**와 함께 제시된다.

세포독성 T 세포(MHC I + 항원 복합체에 의해 활성화) → 바이러스 감염 세포 제거
보조 T 세포(MHC II + 항원 복합체에 의해 활성화) → 면역 반응 조절

- **세포독성 T 세포(cytotoxic T cell)**들은 바이러스 감염된 또는 암 세포와 접촉 시 죽음을 가져온다. 왜냐하면 이러한 세포들은 T 세포들이 인식하도록 학습한 MHC I 항원을 가지고 있기 때문이다. 우선, 퍼포린이 분비되고 이 분자들은 세포의 플라즈마 막에 구멍을 형성한다. 그런 다음, 그란자임이 세포 내로 전달되어 세포가 아폽토시스를 겪도록 한다.
- **보조 T 세포(helper T cell)**들은 사이토카인을 생성하고 다른 면역 세포들을 자극한다.

26.4 예방접종

면역은 감염이나 예방접종 후에 발생한다.

- **백신(vaccine)**은 특정 병원체에 대한 **능동면역(active immunity)**을 유발한다. 두 차례의 주사가 필요할 수 있으며, 두 번째 주사를 부스터라고 부른다. 미래의 어느 시점에 부스터 주사를 맞는 것은 항체의 수를 증가시킨다.

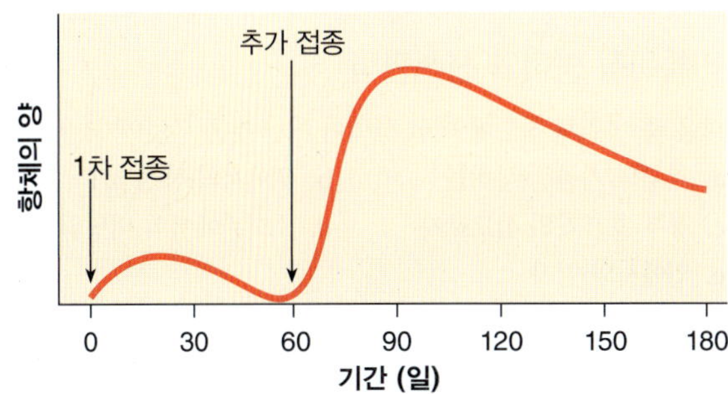

- **수동면역(passive immunity**; 준비된 항체를 받음)은 예방접종을 받은 개인이 항체를 만들지 않고 투여받기 때문에 지속 기간이 짧다.

26.5 면역계의 이상

알레르기

다양한 물질에 대한 과민 반응 또는 **알레르기(allergy)**는 즉각적이거나 지연될 수 있다. 아나필락시스 쇼크는 위험한 즉각적인 알레르기 반응이다.

자가면역질환

자가면역질환(예: 류마티스 관절염, 다발성 경화증 또는 제1형 당뇨병)에서 면역 체계는 실수로 자신의 세포를 공격한다.

에이즈

인간면역결핍바이러스(human immunodeficiency virus, HIV)는 보조 T 세포에 살고 파괴한다. 약물 치료 없이 T 세포의 수가 감소하면 개인은 **후천성면역결핍증(acquired immunodeficiency syndrome, AIDS)**을 발생시키며, 건강한 개인에서는 드물게 발생하는 감염으로부터 최종적으로 사망한다. 성적 접촉 및 주사기 공유로 인간 간에 AIDS가 전파된다. 병합 약물 치료는 HIV에 감염된 일부 사람들의 수명을 연장시켰다. 그러나 지금까지 백신 연구는 제한된 성공만을 거뒀다. 그러나 AIDS는 특정 행동을 피한다면 예방 가능한 질환이다.

평가 ASSESS

혼자 풀어보기

가장 적절한 답을 고르시오.

26.1 면역계의 개요

질문 1~5에 대해, 설명과 일치하는 림프 장기를 해답에서 찾으시오. 일부 답은 한 번 이상 사용될 수 있거나 전혀 사용되지 않을 수 있다.

보기:

a. 적색 골수 b. 흉선
c. 림프절 d. 비장
e. 맹장

1. 줄기세포를 생산한다.
2. 등쪽 외강을 제외한 모든 체강에 위치한다.
3. 림프구를 생산한다.
4. T 세포의 성숙 지역이다.
5. 대장에 부착된 림프 조직의 구조이다.

26.2 비특이적 방어와 선천면역

6. 다음 중 병원체 침입에 대한 장벽이 아닌 것은 무엇인가?
 a. 피부의 기름샘 분비물 b. 위에서의 산성 pH
 c. 상부 호흡기의 섬모포자 d. 소화관에서의 비병원성 세균
 e. 입에서의 입자
7. 염증 반응 중
 a. T 세포가 손상 부위로 이동한다.
 b. 모세혈관이 수축된다. c. 히스타민이 생성된다.
 d. 모세혈관이 뚫림이 감소한다. e. 이 중 하나 이상이 발생한다.
8. 보완체
 a. 일반적인 방어 기전이다. b. 염증 반응에 관여한다.
 c. 혈장에 존재하는 일련의 단백질이다.
 d. 세균을 파괴하는 역할을 한다. e. 이 모두가 옳다.

26.3 특이적 방어와 적응면역

9. 다음 중 T 림프구에 해당하는 특징은 무엇인가?
 a. 골수에서 성숙함 b. 흉선에서 성숙함
 c. a와 b 모두 옳은 내용이다.
 d. 이 중 어느 것도 옳지 않다.
10. 항체는 항원과 결합한다.
 a. 항체의 특정 영역에서
 b. 항체의 여러 영역에서
 c. 단지 대식세포가 있는 경우에만
 d. a와 c 모두 옳은 내용이다.
11. 항원제시세포(APC)는
 a. T 세포에 항원을 제시한다.
 b. 항체를 분비한다.
 c. 각 사람의 모든 세포를 그 사람의 것으로 표시한다.
 d. 사이토카인을 분비한다.
12. 다음 중 어떤 세포들이 감염에 대한 특이적 방어에 참여하나?
 a. 비만세포 b. 대식세포
 c. 호중구 d. 자연살해세포
 e. B 림프구

26.4 예방접종

13. 백신은 다음과 관련이 있다.
 a. 능동면역 b. 지속적인 면역
 c. 수동면역 d. a와 b가 모두 옳은 내용이다.
14. 수동면역은
 a. 영구적이다.
 b. 면역글로불린 주사로 인해 발생할 수 있다.
 c. 기억 B 세포가 필요하다.
 d. 백신으로 유도될 수 있다.

26.5 면역계의 이상

15. 다음 중 어떤 바이러스로 인해 에이즈가 발생하나?
 a. SIV b. HSV
 c. HPV d. AIDS
 e. HIV
16. 이것은 세포독성 T 세포가 신체의 자체 세포를 공격할 때 발생하는 상태이다.
 a. 알레르기 반응 b. 자가면역질환
 c. 수동면역 d. 능동면역
17. 알레르겐은
 a. 대부분의 사람들에게 면역 반응을 유발한다.
 b. 해당 알레르기에 알레르기 반응을 보이는 사람들에게 항원이다.
 c. 비만세포의 히스타민 생성을 감소시킨다.
 d. 일반적으로 환경에서 드물게 나타나는 분자이다.
18. 다음 중 어떤 것이 자가면역질환이 아닌가?
 a. 다발성 경화증 b. 근무력증
 c. 접촉피부염 d. 전신성 홍반루푸스
 e. 류마티스 관절염

관계맺기 ENGAGE

과학적으로 생각하기

1. 한때 편도절제술(편도 제거)은 오늘날보다 더 흔했다. 편도는 왜 감염에 매우 민감한 것처럼 보이나? 감염의 첫 번째 징후가 나타나면 왜 제거해서는 안 될까?
2. 한 사람으로부터 다른 사람으로의 장기 이식은 면역억제제의 발견 이전에는 불가능했다. 이제 시클로스포린과 같은 약물의 사용으로 장기를 거부 없이 이식할 수 있다. 이식 환자는 평생 면역억제제를 복용해야 한다. 면역억제제의 장기간 사용과 관련된 잠재적 위험은 무엇인가?
3. 적절한 의료 치료 없이는 에이즈는 치명적이다. 그러나 치료를 받으면 간단한 만성질환으로 치료될 수 있다. 제약 회사들은 보통 미국인과 보험 회사들이 그것들을 감당할 수 있기 때문에 에이즈 약에 높은 가격을 부과한다. 그러나 이러한 약물은 아프리카를 비롯한 다른 나라의 많은 사람들에게는 접근할 수 없다.
 a. 수익 손실이 발생하더라도 제약 회사들은 저가의 에이즈 약물을 제공하는 도덕적 의무가 있는가?
 b. 정부가 시민들에게 알맞은 가격의 약물을 제공하기 위해 특허법을 무시하는 것이 옳은 일인가?

©Anderson Ross/Blend Images/Getty Images

CHAPTER

27

조절계
The Control Systems

다발성경화증

다발성경화증(multiple sclerosis, MS)은 신체의 주요 조절계인 신경계에 영향을 주는 질병이다. MS에 걸리면 제일 먼저 팔과 다리가 약해지거나 얼얼한 느낌이 있으며, 피곤을 자주 느끼고 조정능력이 없어지고, 시력이 약해지는 등의 증상을 보인다. 병이 진행함에 따라 언어구사와 시력에 문제가 심해지며, 몸의 떨림으로 인해 통합조정된 움직임을 하기 어렵고 손발에 감각이 없어진다. MS는 수초에 생기는 염증질환이다. 수초는 절연물질이 전선을 둘러싸고 있듯이 신경세포의 일부를 둘러싼다. 수초가 상하면 신경은 더 이상 자극을 정상적으로 전달할 수 없다. 이유는 알 수 없지만 MS는 뇌의 다른 부분으로 확산되기 전에 시신경을 제일 먼저 공격한다. 대부분의 과학자들은 면역체계가 수초를 잘못 공격함으로 인해 MS가 발병하는 것으로 생각한다.

미국에서는 약 100만 명에 달하는 사람들이 MS를 앓고 있으며, 젊은이에게 가장 흔한 신경계 질환이다. 첫 번째 증상은 통상 20세와 40세 사이에 나타난다. 전염성이 없고 생명에 치명적이지도, 유전되지도 않지만 유전적 요소가 MS 감염성과 연관이 있다는 보고가 있다. 신경계를 공격하는 다른 많은 질병과 마찬가지로 한 번 걸리면 완치되지 않으므로 병에 걸린 사람은 남은 삶을 위하여 자신의 건강을 잘 관리하여야 한다. 그러나 다행히도 이 질병에 걸린 사람 중 약 45%는 상태가 그리 심각하지 않으며, 병의 증상도 약으로 잘 조절된다.

이 장을 공부하는 동안 다음 질문에 대해 생각해보자.

1. 수초의 기능은 무엇인가?
2. 수초가 손상되면 영향을 받는 신경 과정의 종류는 무엇인가?
3. MS는 왜 다양한 증상을 보이는가?

개요

시작하기 전에

이 장을 시작하기 전에 다음의 내용을 다시 살펴보자.

5.4절 능동수송은 분자와 이온을 어떻게 농도에 역행해서 이동시키는가?

19.1절 동물 진화의 주요 흐름은 무엇인가?

22.3절 항상성을 유지시키는 데 있어 음성되먹임의 역할은 무엇인가?

27.1 신경계

학습 목표

이 절을 학습한 후에는 다음 과제를 수행할 수 있어야 한다.

1. 뉴런의 구조와 기능에 대해 기술하기.
2. 신경신호의 발생과 전파 방법에 대해 설명하기.
3. 화학시냅스의 구조와 기능에 대해 기술하기.
4. 남용되는 약물의 예를 들고 이들 약물이 신경에 어떻게 영향을 주는지 설명하기.
5. 중추신경계와 말초신경계의 구조와 기능에 대해 기술하기.
6. 체성신경계와 자율신경계, 그리고 자율신경계의 교감신경계 및 부교감신경계의 비교 및 대조하기.

신경계와 내분비계는 서로 협조관계를 유지하면서 몸에 있는 다른 기관들의 작용을 조절한다. 두 조절계 모두 항상성을 위협하는 변화에 반응할 때 화학신호를 이용하지만 이들의 신호 전달 방법은 서로 다르다. **신경계(nervous system)**는 신경섬유를 통해 골격근과 평활근 같은 표적기관으로 신호를 직접 내보낸다(그림 27.1*a*). 근육은 방출된 화학신호에 대해 적절한 반응을 일으킨다.

내분비계(endocrine system)는 심혈관계의 혈관을 통해 간과 같은 표적기관으로 정보를 내보내며, 정보전달 매개체로 호르몬을 이용한다(그림 27.1*b*). 호르몬 분자들이 혈류를 따라 표적기관으로 이동해서 표적세포의 물질대사를 바꾸기까지 시간이 걸리므로 내분비계의 작용은 느리다. 그러나 이 반응은 지속적이며, 세포의 물질대사는 최소한 일정 기간 동일한 상태로 유지된다.

이 장에서는 사람 신경계의 구조와 기능을 탐구하고 다른 동물의 신경계와 비교할 것이다. 내분비계의 기능은 27.2절에서 살펴볼 것이다.

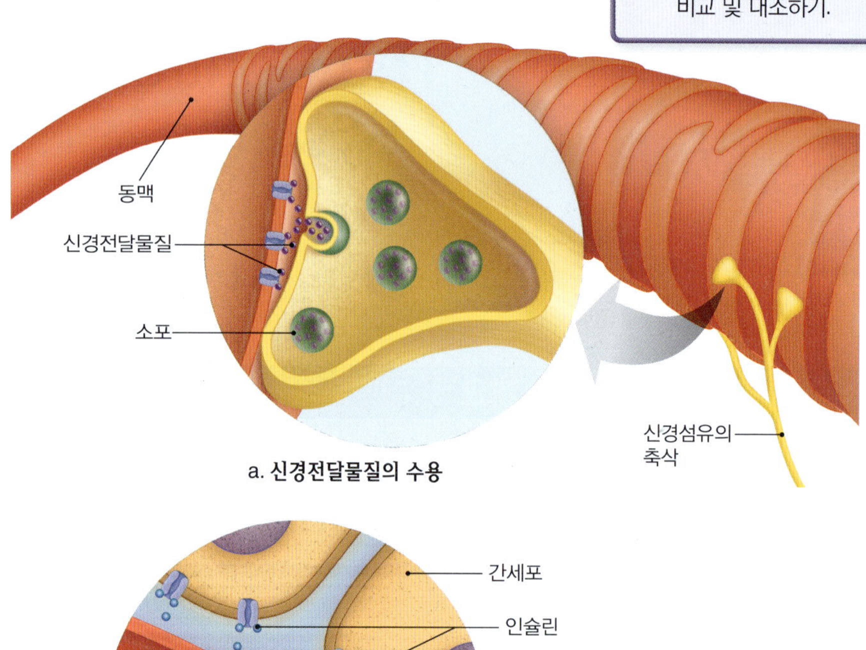

a. **신경전달물질의 수용**

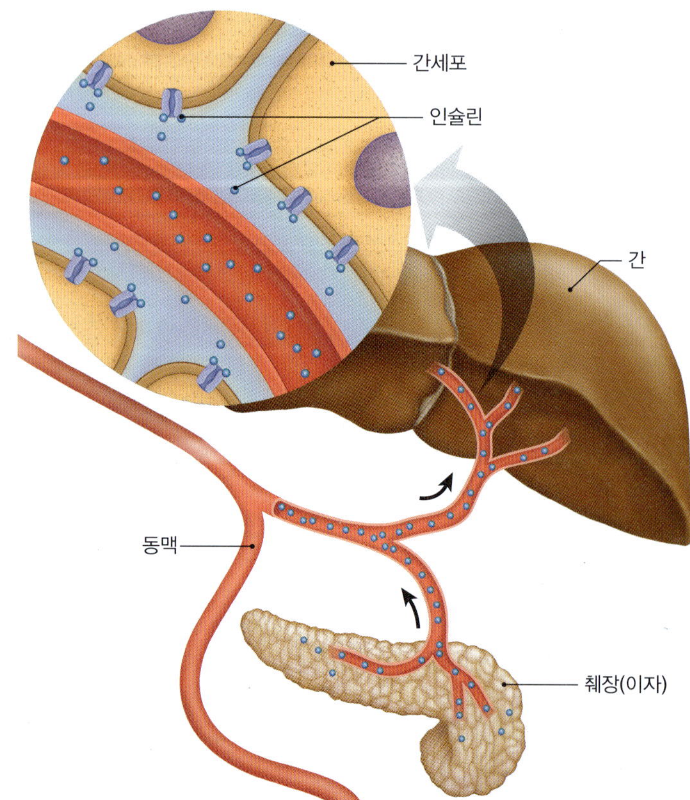

b. **호르몬 인슐린의 수용**

그림 27.1 신경계와 내분비계의 작동 방법.
a. 축삭을 통해 전달된 신경신호가 화학신호인 신경전달물질 방출을 야기하며, 신경전달물질은 소동맥의 벽을 수축시킨다. **b.** 화학신호인 호르몬 인슐린이 이자에서 심혈관계를 따라 간으로 이동하며, 간세포로 하여금 포도당을 글리코겐으로 전환하도록 한다.

신경계의 예

생물 대부분이 환경의 여러 요인에 반응하는 다양한 메커니즘을 가지고 있지만 신경계는 동물에만 있다. 대부분의 동물(측생동물 제외—19.1절 참조)은 신경계를 이용해 환경의 자극을 감지하고 자극에 대해 통합반응을 수행한다. 예를 들어, 동물은 먹이를 따라서 혹은 포식자를 피해서 이동을 할 때 신경계를 이용하여 필요한 특정 화학신호를 감지한다. 동물의 신경계에는 여러 종류가 있지만 신경계는 모두 감각정보를 받아들인 후 이를 처리하여 통합반응을 일으킨다.

초기 신경계는 좌우대칭동물인 플라나리아가 좋은 예이다(19.3절 참조). 플라나리아는 두 개의 측신경삭(신경다발)을 가지고 있으며, 이들 신경삭은 가로신경에 의해 서로 연결되어 있다. 이러한 배열의 신경계를 사다리형(*ladderlike*) 신경계라고 한다. "뇌"가 안점과 외이의 감각세포로부터 감각정보를 받아, 좌우의 측신경삭을 통해 대뇌신경절로부터 몸의 뒷부분으로 자극을 전달하며 좌우 측신경삭을 연결하는 가로신경이 양쪽을 조화롭게 움직이도록 한다. 플라나리아의 신경계(그림 27.2*a*)는 지렁이와 같은 무척추동물(그림 27.2*b*) 및 사람을 비롯한 척추동물에서 볼 수 있는 중추신경계와 말초신경계의 전형이다(그림 27.2*c*).

사람의 신경계

사람의 신경계는 근육계를 조절하고 내분비계와 협력하여 항상성을 유지시킨다. **중추신경계(central nervous system, CNS)**는 몸의 중앙을 따라 위치하며, 뇌와 척수가 이에 속한다. **말초신경계(peripheral nervous system, PNS)**는 중추신경계 바깥쪽에 위치하는 신경들로 구성된다. 뇌는 신체의 양쪽에 하나씩 한 쌍의 뇌신경을 제공한다. 척수는 한 쌍의 척수 신경을 제공한다. 중추신경계와 말초신경계의 경계는 분명하지 않다. 두 신경계는 연결되어 있으며 서로 협력하여 기능을 수행한다.

비록 기반 원리는 유사하지만 사람 신경계는 플라나리아 신경계보다 훨씬 더 복잡하다. 동물 진화 과정에서 신경계 발달에 중요한 여러 사건들이 일어났다.

- 중추신경계는 정보를 내보내기 전에 들어온 정보를 먼저 요약할 수 있도록 발달하였다.
- 신경세포(뉴런)는 중추신경계로 정보를 전달하는 뉴런, 중추신경계에 있는 뉴런과 뉴런 간에 정보를 전달하는 뉴런 또는 중추신경계로부터 정보를 내보내는 뉴런으로 제각기 특수화되었다.
- 뇌는 몸의 여러 기관으로부터 정보를 받고 이들 기관의 활동을 지시하는 중추로 진화하였다.
- 중추신경계는 말초신경에 의해 몸의 모든 부분에 연결된다. 따라서 중추신경계는 외부와 내부 자극에 반응할 수 있게 되었다.
- 사람의 눈이나 귀처럼 복잡한 감각기관은 외부 환경의 변화를 감지할 수 있도록 만들어졌다.

이 장에서는 주로 중추신경계의 진화를 살펴볼 것이다. 감각 기관의 구조와 기능은 28.1절에서 살펴볼 것이다.

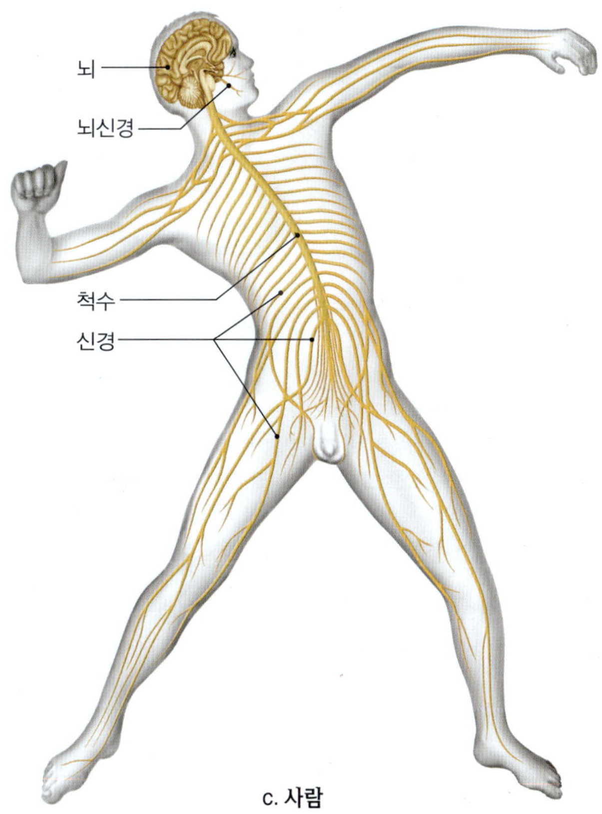

그림 27.2 신경계의 비교.
플라나리아나(**a**)와 지렁이(**b**) 같은 무척추동물뿐만 아니라 사람(**c**)을 포함하는 척추동물은 중추신경계(예: 뇌)와 말초신경계(신경)를 지닌다.

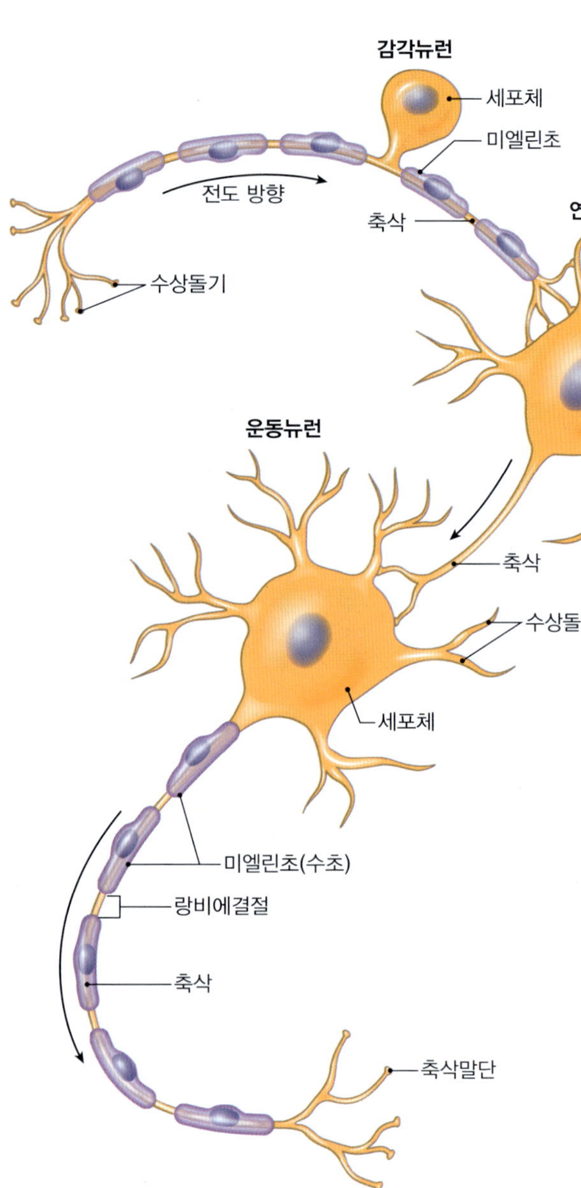

그림 27.3 뉴런의 종류.
그림은 감각뉴런과 연합뉴런, 운동뉴런의 몸에서의 배치를 보여준다. 오로지 축삭만 신경신호를 전달하며, 감각뉴런에서는 세포체로부터 축삭이 양쪽으로 뻗어 나와 있으며, 이 축삭의 한 쪽 끝에 있는 수상돌기가 자극을 받아들이고, 축삭의 다른 끝은 중추신경계로 자극을 전달한다. 운동뉴런과 연합뉴런의 경우는 축삭이 세포체로부터 한쪽 방향으로 뻗어 나와 있다. 감각뉴런과 운동뉴런의 축삭은 미엘린초로 덮여 있다. 또한 길이가 긴 축삭은 모두 미엘린초로 싸여 있다.

뉴런

신경세포인 **뉴런(neuron)**은 신경계의 주요한 세포로서 본연의 기능에 매우 적합한 구조를 갖고 있다(그림 27.3). **세포체(cell body)**에는 세포로서의 기능을 위한 핵과 세포소기관이 있으며, 감각기나 다른 뉴런으로부터 신호를 받기 위해 짧은 **수상돌기(dendrite)**들이 사방으로 뻗어 있다. 이들 신호는 축삭을 통해 전달되는 신경신호를 일으킨다. 신경섬유인 **축삭(axon)**은 일반적으로 수상돌기보다 길고, 신경 자극을 목표 지점으로 전도하는 역할을 갖는다. 축삭은 신경 자극을 먼 거리로 전달할 수 있다. 예를 들어, 발가락에서 척수까지 이어지는 축삭이 있다. 축삭은 세포막으로 이루어진 흰색의 **미엘린초(myelin sheath)**로 둘러싸여 있으며, **랑비에결절(nodes of Ranvier)**로 불리는 부위는 수초가 없다. 뉴런의 축삭(axon)은 보통 **신경(nerve)**으로 구성되며, 미엘린초(myelin sheath)로 인해 대체적으로 흰색으로 보인다.

신경계에는 세 종류의 뉴런이 있으며 체내에서 이들의 구조와 기능은 각기 다르다(그림 27.3).

- 신경계는 감각뉴런을 통해 감각정보를 받아들인다. **감각뉴런(sensory neuron)**은 감각수용기로부터 신경신호를 받아 중추신경계로 전달한다. 감각수용기는 감각뉴런의 축삭 끝부분으로 수용기에 따라 통증수용기만큼 간단한 구조도 있고 눈이나 귀처럼 매우 복잡한 구조도 있다. 감각수용기가 중추신경계로부터 멀리 떨어져 있는 경우에는 감각뉴런의 축삭이 상당히 길다.
- 신경계는 정보를 받아 통합하는 기능이 있다. 즉, 중추신경계는 몸 전체로부터 받은 모든 정보를 통합한다. **연합뉴런(interneuron)**은 중추신경계에 전반적으로 존재하고 있으며 여러 부분들에서 신경 자극을 받아들인다. 일부 연합뉴런은 감각뉴런과 운동뉴런 사이에 있으며, 다른 일부는 척수 사이에 또는 뇌와 척수 사이에 있다. 연합뉴런은 또한 뇌에서 사고력과 기억력, 언어 능력을 처리하는 복잡한 경로를 형성한다.
- 신경계는 운동자극을 발생시킨다. **운동뉴런(motor neuron)**은 중추신경계로부터 근육이나 샘으로 신경신호를 전달하며, 근섬유가 수축하게 하거나 샘으로 하여금 물질을 분비하게 한다.

신경신호

세포내 다른 처리 과정과 마찬가지로 신경신호 또한 농도기울기에 의해 발생한다. 뉴런의 농도기울기는 소듐 이온(Na^+)을 축삭 밖으로 내보내고 포타슘 이온(K^+)은 안쪽으로 이동시키는 소듐-포타슘 펌프에 의해 유지된다.

축삭막 안팎은 이온의 농도차 이외에도 전하차가 생긴다. 축삭의 안쪽은 바깥쪽에 비해 음전하를 띤다. 이러한 전하의 차이는 주로 막 안팎의 Na^+와 K^+의 분포가 다르기 때문에 생긴다. 축삭막 안팎의 전하 차이는 **신경신호(nerve impulse)** 발생에 매우 중요한 역할을 하며, 이를 **활동전위(action potential)**라고 한다.

신경신호는 빠르고 지속기간이 짧으며 스스로 전도된다. 그림 27.4는 활성전위가 어떻게 작용하는지 보여준다. 신경신호의 작동에는 축삭막에 있는 두 가지 종류의 개폐성 통로단백질이 관여한다. 항상 열려 있어 이온이 끊임없이 막을 통과해 이동하는 통로단백질과는 달리, 개폐성 통로단백질은 다른 뉴런으로부터 오는 신호를 비롯한 자극에 반응하여 열리고 닫히고 한다. 두 가지 개폐성 통로단백질 중 하나는 소듐 이온이 막을 통과하게 하고 다른 단백질은 포타슘 이온이 막을 통과해 이동하게 한다. 축삭이 신경신호를 전도함에 따라 Na^+ 통로가 특정 위치에서 열리며 소듐 이온이 축삭 밖에서 안쪽으로 이동하여 축삭 내부가 양전하를 띠게 된다. Na^+ 통로가 닫히고 K^+ 통로가 열리면 포타슘 이온이 축삭 안에서 밖으로 이동하므로 내부는 다시 음전하를 띠게 된다.

그림 27.4에 보는 바와 같은 무수축삭에서는 한 지점의 활동전위가 축삭막의 인접부위를 자극하여 활동전위를 일으킨다. 유수축삭에서는 랑비에결절의 활동전위가 다음 결절에 활동전위를 일으킨다(그림 27.5). 이러한 유형의 전도 방식을 **도약전도**(*saltatory conduction*)라고 하며 미무수축삭에서보다 전도 속도가 훨씬 빠르다. 최대한 빨리 긴 보도를 달리고 있다고 상상해보자. 몇 번 도약을 하여 동일한 복도의 끝에 도달할 수 있다면 달리는 것보다 도약을 하는 것이 동일한 거리를 더 빨리 갈 수 있다. 이와 마찬가지로 도약전도는 신경신호가 빠른 속도로 전도되게 한다. 얇은 무수축삭의 경우 신경신호는 1.0 m/초의 속도로 이동한다. 그러나 두꺼운 유수축삭은 도약전도를 하므로 전도속도가 100 m/초 이상에 달한다. 두 가지 축삭 모두에서 활동전위는 스스로 전도하며, 각각의 활동전위가 축삭을 따라 또 다른 활동전위를 발생시킨다.

신경신호(활동전위)의 전도는 축삭이 자극을 전도하거나 또는 전도하지 않는 양자택일 방식을 따르며 이를 실무율(all-or-none)이라고 한다. 자극의 강도는 주어진 시간 내에 얼마나 많은 신경신호가 발생하는가에 따라 결정된다. 한 건의 자극으로 적은 수의 이온들만 교환되기 때문에 축삭은 신경신호를 연속적으로 전도한다. 자극이 축삭의 한 부분을 지나가자마자 그 부분은 자극이 더 이상 전도되지 않는 짧은 불응기가 된다. 불응기에는 소듐 통로가 열리지 않으며 신경신호가 한 방향으로만 진행할 뿐 거꾸로는 진행하지 않는다.

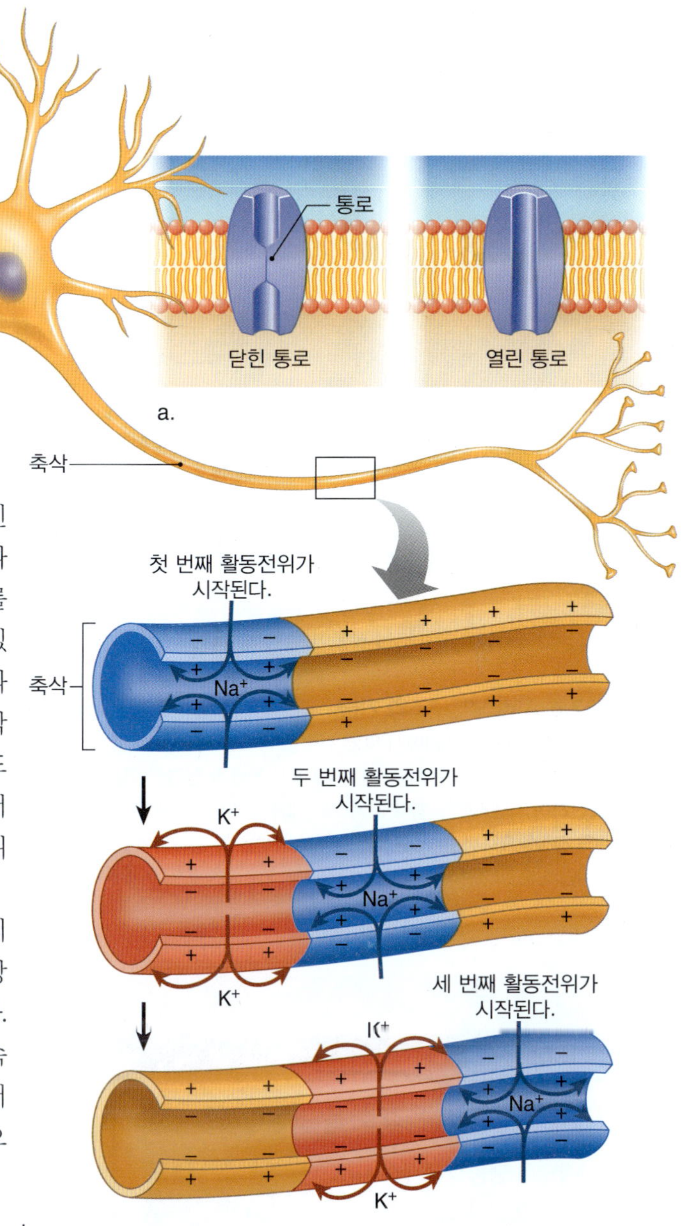

그림 27.4 무수축삭의 활동전위 전도.
a. 소듐 이온과 포타슘 이온은 각각의 개폐성 통로단백질을 가지며, 이를 통해 이온이 축삭막을 통과해 이동한다. **b.** 활동전위가 발생할 때 소듐 이온이 축삭 안으로 들어감에 따라 축삭의 안팎의 전위차가 역으로 된다(파란색). 이후에 포타슘 이온이 밖으로 나가면 전위차는 원래대로 복구된다(빨간색). 미엘린초로 싸여 있지 않은 무수축삭의 경우, 활동전위는 한 구역에서 다른 구역으로 이동한다.

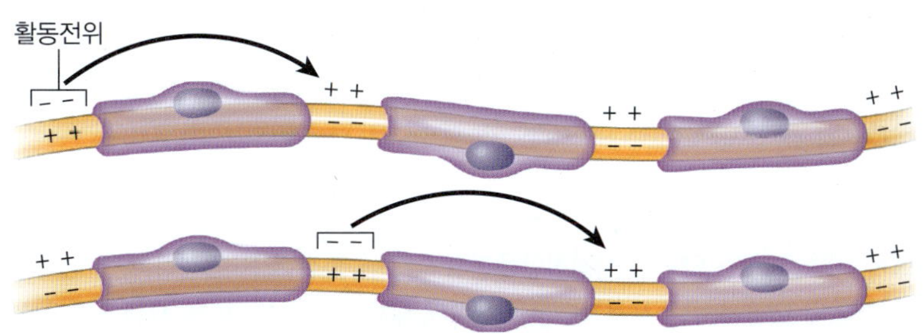

그림 27.5 유수축삭의 신경신호 전도.
유수축삭의 경우, 미엘린초에 있는 틈새인 랑비에결절에서만 활동전위가 발생한다. 이로 인해 무수축삭보다 전도가 훨씬 빠르다. 사람에 있는 길이가 긴 축삭은 모두 유수축삭이다.

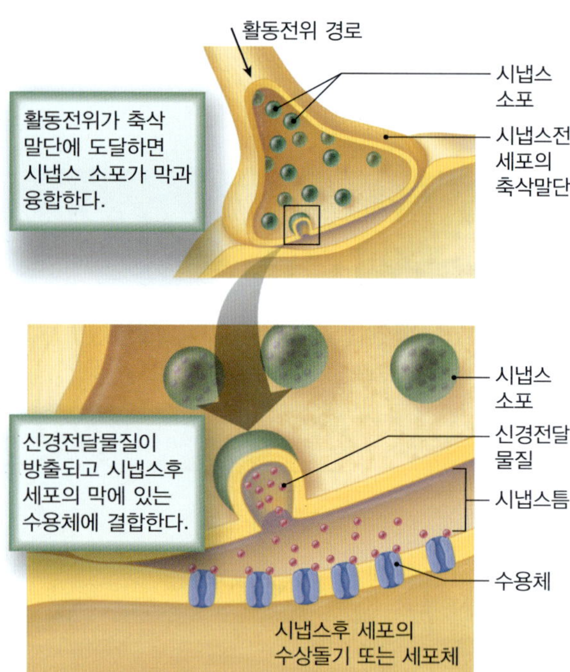

그림 27.6 시냅스의 구조와 기능.
하나의 뉴런(시냅스전 세포)에서 다른 뉴런(시냅스후 세포)으로 이어지는 신경신호의 전달은 시냅스전 세포에서 방출된 신경전달물질이 확산하여 시냅스틈을 지나 시냅스후 세포의 원형질막에 있는 수용체와 결함함으로써 이루어진다. 하나의 축삭은 한 종류의 신경전달물질만 방출한다(보라색 공으로 표시).

시냅스

각 축삭에는 축삭말단이 많이 있다. 중추신경계에서는 한 뉴런의 축삭말단이 다른 뉴런의 수상돌기(세포체)에 매우 근접해 있는데, 이처럼 근접해 있는 부위를 시냅스(synapse)라고 한다. 이때 시냅스를 사이에 둔 두 뉴런 중 앞의 세포를 **시냅스전 세포**(*presynaptic cell*), 나중 세포를 **시냅스후 세포**(*postsynaptic cell*)라 한다. 말초신경계에서 **시냅스(synapse)**후 세포가 근육세포일 경우, 이 연결부위를 신경근육연접이라고 한다. 시냅스에는 작은 틈새인 **시냅스틈(synaptic cleft)**이 있다. 시냅스 틈이 매우 좁기 때문에 신경자극들은 시냅스 틈을 직접적으로 통과할 수 없다. 그 대신 시냅스소포에 저장되어 있는 화학신호인 **신경전달물질(neurotransmitter)**이 시냅스 틈을 가로질러 자극을 전달한다. 축삭을 따라 이동하는 신경신호가 축삭말단에 도달하면 시냅스소포가 시냅스틈으로 신경전달물질을 방출한다. 신경전달물질은 확산에 의해 틈새를 지나 시냅스후 세포에 있는 수용체 단백질에 결합한다(그림 27.6).

시냅스후 세포가 자극에 대해 흥분을 할지 억제를 할지는 신경전달물질이나 수용체의 종류에 따라 다르다. 지금까지 수십 가지 다른 신경전달물질들이 알려졌는데 보다 광범위하게 이용되는 신경전달물질로 아세틸콜린(acetylcholine, ACh)과 노르에피네프린(norepinephrine, NE), 세로토닌(serotonin), 그리고 감마-아미노부티르산(gamma-aminobutyric acid, GABA)이 있다.

신경전달물질이 시냅스틈으로 방출되어 반응이 시작되면 이 신경전달물질은 시냅스틈에서 제거된다. 일부 시냅스에서는 시냅스후 세포가 신경전달물질을 신속하게 비활성화시키는 효소를 생산하며, 그 예로는 아세틸콜린을 분해하는 효소인 아세틸콜린에스터라제(acetylcholinesterase, AChE)가 있다. 또한 시냅스전 세포가 신경전달물질을 재흡수하여 신경전달물질을 제거하는 시냅스도 있다. 예를 들면 노르에피네프린은 시냅스전 세포의 축삭말단에서 재흡수된다. 시냅스로부터 신경전달물질이 신속하게 제거되면 시냅스후 세포가 지속적으로 흥분되거나 억제되는 것을 피할 수 있다.

뉴런에는 하나의 세포체와 다수의 수상돌기가 있고 세포체와 수상돌기 모두 다른 뉴런들과 시냅스를 형성할 수 있으므로, 뉴런 하나당 통상 1,000~10,000개의 시냅스가 있게 된다. 따라서 뉴런은 신호를 받아들이는 쪽에 있게 된다. 흥분성 신경전달물질은 뉴런에서 활동전위가 일어날 수 있도록 전위의 변화를 만들어내며, 억제성 신경전달물질은 뉴런에서 활동전위를 진정시킬 수 있도록 전위 변화를 일으킨다. 뉴런들은 흥분신호와 억제신호를 합하는 작업인 **통합(integration)**을 한다. 만약 흥분신호를 더 많이 받으면(서로 다른 시냅스로부터 혹은 하나의 시냅스로부터 빠른 속도로) 축삭이 신경신호를 전도한다. 반면에 억제와 흥분신호를 동시에 받으면 이 두 신호의 통합에 의해 축삭이 자극을 전도하지 않게 될 수도 있다.

연관

약물은 어떻게 우울과 화를 조절할까?

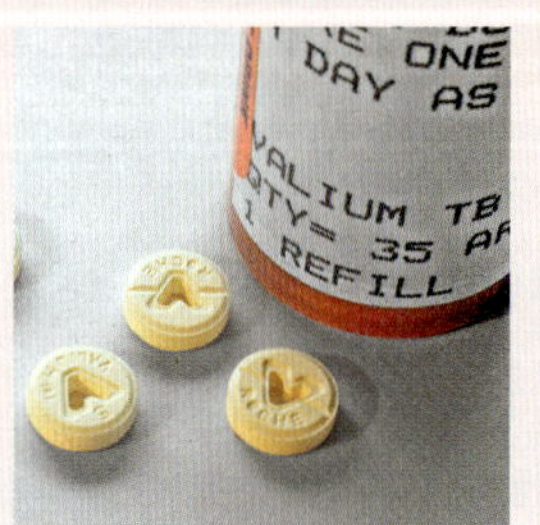

©Van D. Bucher/Science Source

통상적으로 행동을 조절하는 약들은 시냅스에 있는 신경전달물질의 양을 조절한다. 예를 들어 자낙스(Xanax)와 발륨(Valium)은 감마-아미노부티르산의 양을 조절하여 공황발작과 분노를 조절한다. 노르에피네프린과 세로토닌 수치의 감소는 우울과 연관이 있다. 따라서 프로작(Prozac)과 팍실(Paxil), 심발타(Cymbalta)와 같은 약물은 노르에피네프린 또는 세로토닌의 재흡수를 막아 시냅스에 축적되게 함으로써 우울증을 완화시킨다. 이러한 신경전달물질들의 양이 증가하는것은 시냅스후 세포가 화학신호를 더 지속적으로 받는 것을 의미하며 항우울제의 효과를 설명한다.

약물 남용

신경계에 영향을 주는 대부분의 약물은 신경전달물질의 작용을 방해하거나 촉진시킴으로써 영향을 준다. 약물은 신경전달물질의 방출을 촉진 또는 억제하고, 신경전달물질의 작용을 모방하거나 신경전달물질의 수용체를 차단하고, 또는 시냅스틈에서 신경전달물질의 제거를 방해하는 등 다양한 방식으로 작용한다. **흥분제**(*stimulant*)는 중추신경계의 활동을 증가시키는 약물이고, **진정제**(*depressant*)는 활동을 감소시키는 약물이다. 뇌에 있는 신경전달물질인 도파민은 감정 조절과 연관이 있다. 약물의 존과 정신질환을 치료하기 위해 개발된 신약들 대다수가 도파민의 방출과 수용, 분해에 영향을 준다.

약물 남용은 해로운 약물을 과용할 때 뚜렷이 나타난다. 약물을 남용하는 사람은 의도한 양보다 더 많은 양을 복용하는 경향이 있어서 정신적, 신체적으로 약물에 의존하기 쉽다. 신체적 의존을 "중독"이라고 하며, 중독이 되면 동일한 효과를 얻기 위해 더 많은 양의 약물을 필요로 하게 되고 약물 사용을 중지하면 금단효과가 나타난다.

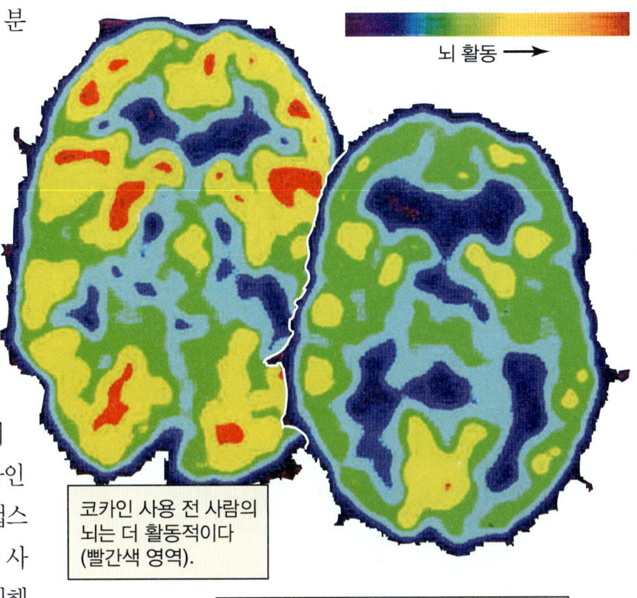

그림 27.7 코카인이 뇌에 미치는 영향.
뇌의 양전자단층촬영(PET)은 뇌의 전반적인 활성이 만성적으로 코카인을 사용한 사람엑서 감소하는 것을 보여준다. 빨간색과 노란색은 뇌의 활동이 높은 영역을 나타낸다.

코카인

코카인(cocaine)은 관목인 코카나무(*Erythroxylon coca*) 잎에서 추출한 알칼로이드이며, 분말형태 혹은 더 강력한 추출물인 크랙(crack)으로 판매되고 있다. 코카인은 도파민이 시냅스에서 흡수되는 것을 방해하기 때문에 코카인을 흡입하면 시냅스에 도파민이 오랫동안 남게 되어 시냅스후 세포가 지속적으로 자극된다. 그 결과 사용자는 "환각성 흥분"을 경험하게 되며, 에피네프린과 유사한 도파민의 효과로 인해 환각성 흥분 이후 몇 분 동안 각성상태가 이어진다.

코카인에 대한 탐닉은 며칠간 지속될 수 있으며 그 이후 무기력 상태를 겪게 된다. 탐닉기간 동안 사용자는 과잉행동을 보이며, 식욕이나 수면욕은 없지만 성욕은 증가한다. 무기력 기간에는 피로감을 느끼고 우울하며 예민하다. 또한 기억력과 집중력이 저하되고 성욕도 없어진다.

코카인은 심각한 신체적 의존성을 야기한다. 코카인을 지속적으로 사용하면 시냅스후 뉴런이 도파민에 둔감하게 된다. 이로 인해 사용자는 금단현상을 겪게 되며 더 강력한 코카인을 갈망하게 된다. 이러한 상태는 사용자가 심각한 약물 의존성을 보인다는 것을 뜻한다.

코카인의 과다사용은 발작과 심장마비, 호흡정지를 초래할 수 있으며, 장기간의 남용은 뇌손상을 일으킬 수 있다(그림 27.7). 중독자에게서 태어난 아기에서도 금단증상이 나타나며 신경학적, 발생학적 문제가 있을 수 있다.

메스암페타민

메스암페타민(methamphetamine, 필로폰)은 암페타민에 메틸기를 첨가하여 만든 합성약물이다. 미국에서는 천만 명에 달하는 사람이 적어도 평생에 한 번은 메스암페타민을 사용한 것으로 조사되었으며, 이 중 청소년이 약 25%를 차지한다. 메틸기 첨가는 매우 간단하여 소규모 자가실험실에서 암페타민을 가지고 만들기도 한다. 메스암페타민은 분말(speed)과 결정("crystal meth," "glass," 또는 "ice") 형태가 있다. 결정 상태의 메스암페타민을 담배처럼 피우면 메스암페타민 분말을 흡입하는 것만큼이나 효과가 즉각적이고 빠르다. 이 약물을 흡입하였을 경우 효과가 4~8시간 정도 지속된다. 메스암페타민의 구조는 도파민 구조와 유사하며 자극 효과는 코카인과 비슷하다. 피로감을 없애고 각성효과가 있으며 일시적으로 기분을 좋게 한다. 초기 환각성 흥분 후에는 심한 동요상태가 뒤따르며, 난폭한 행동을 보이기도 한다. 만성적으로 이 약물을 사용하는 사람은 암페타민 정신병(amphetamine psychosis)을 갖게 되어 과대망상, 환청과 환시 및 자아도취, 성급함, 난폭하고 별난 행동 등을 보인다. 약물에 대한 내성과 의존성, 중독성이 있으며 고열과 경련이 생기고 사망에 이를 수도 있다.

연관

의료용 마리화나의 용도

©Margaret M Stewart/Shutterstock

연구진은 마리화나의 활성 성분인 THC가 지닌 잠재적 의료용 이용가치에 대해 계속 연구하고 있다. 초기 연구에 따르면 THC는 진통제 혹은 통증을 경감시키는 작용을 한다. 따라서 AIDS 말기 환자나 척수손상 환자처럼 통증이 극심한 환자에게 처방을 하곤 한다. 그러나 잠재적 가치를 지닌 것은 마리화나의 활성성분인 THC뿐이며, 마리화나의 연기에는 담배연기보다 발암물질이 50~70% 이상 더 많이 들어 있다. 마리화나를 피우는 것은 담배를 피우는 것보다 건강에 더 나쁘며, 마리화나를 사용한 후 심장마비가 발생할 가능성은 거의 5배 정도 증가한다.

마리화나

인도대마(*Cannabis sativa*)의 꽃 상단부와 잎, 줄기는 9-tetrahydrocannabinol (THC)이 풍부한 수지로 덮여있다. 대마초(*cannabis*)와 마리화나(*marijuana*)라는 명칭은 식물과 THC에서 유래하였다. 마리화나는 주로 "조인트(joint)"라고 부르는 담배 형태로 사용한다.

마리화나는 만족감을 느끼게 하는 신경전달물질인 아난다마이드의 수용체에 결합한다는 것이 최근에 밝혀졌다. 마리화나를 이따금씩 사용하는 사람은 시각과 판단의 변화와 더불어 약간의 도취감을 느끼며, 그 결과 시공간이 왜곡되고 언어구사능력 저하를 비롯한 운동의 협응부조화가 발생한다. 마리화나를 과다 사용하는 사람은 환각, 불안감, 우울증, 피해망상증 같은 정신병 징후를 보일 수 있다. 마리화나를 규칙적으로 사용하였던 사람은 약물에 대한 갈망이 강렬하여 사용을 중지하기가 매우 어렵다.

중추신경계

파충류(악어), 조류(거위), 포유류(말과 사람)와 같은 척추동물의 뇌 구조를 비교하면 그림 27.8과 같다. 뇌를 전뇌, 중뇌, 후뇌로 나누면 사람의 경우 전뇌가 가장 눈에 띈다. 포유류의 전뇌는 감각정보를 최종적으로 저장하는 변화된 기능도 갖고 있다. 이로 인해 전뇌에서 전체 신경계의 정보를 대부분 통합한 후 샘과 근육으로 운동 명령을 보내게 된다. 사람의 경우 **척수(spinal cord)**가 뇌와 말초신경계의 일부인 척수신경 사이에서 정보를 전달한다. 척수신경은 척수에서 나와 머리와 얼굴을 제외한 몸 전체의 피부, 샘, 근육으로 정보를 보내고 받는다. 척수에 있는 길이가 긴 연합뉴런의 유수섬유는 신경섬유 다발형태인 신경관(tract)을 형성하여 정보를 전달한다. 신경관은 척수와 뇌를 연결하며 서로 교차하기 때문에 왼쪽 뇌는 몸의 오른쪽을 조절하고 오른쪽 뇌는 몸의 왼쪽을 조절한다. 또한 척수는 태어날 때부터 몸의 보호와 생존을 위해 본능적으로 가지고 있는 반사작용과 관련이 있다. 반사는 출생시점에도 있으며 의식적 사고를 필요로 하지 않는다.

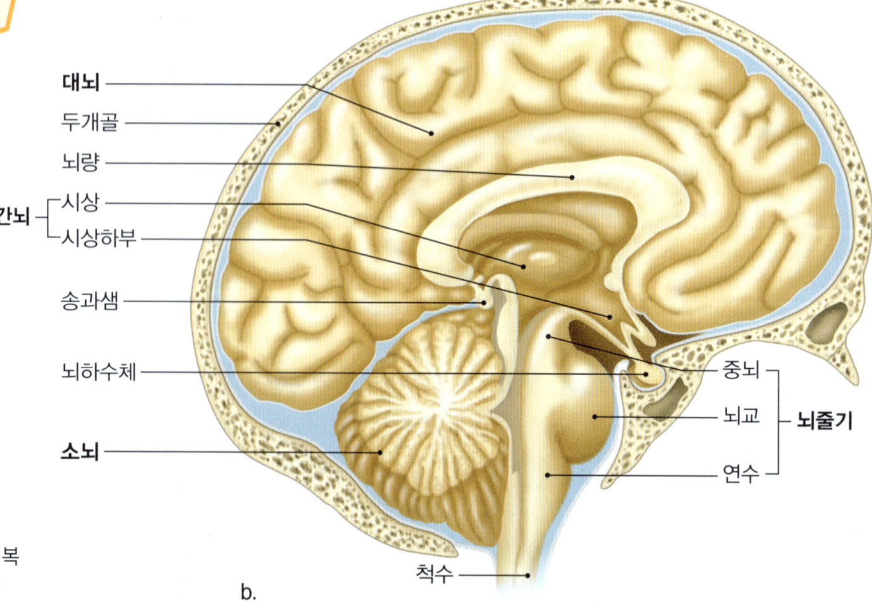

그림 27.8 척추동물의 뇌.
a. 척추동물의 뇌를 비교해보면 고등한 동물일수록 전뇌가 크고 복잡하다. **b.** 사람의 뇌.

뇌

뇌(brain)를 구성하는 대뇌, 간뇌, 소뇌, 뇌줄기에 대해 자세히 알아보자(그림 27.8*b*).

대뇌 대뇌(cerebrum)는 뇌의 다른 부분과 정보를 주고받고 통합하는 기능이 있다. 대뇌는 두 개의 반구로 나뉘고 각각의 반구는 많은 엽으로 이루어져 있다. 대뇌의 대부분은 백질(white matter)이며, 백질에서는 연합뉴런의 긴 축삭이 신경신호를 대뇌로 보내기도 하고 대뇌로부터 받기도 한다. 대뇌를 싸고 있는 회백질(gray matter)로 이루어진 **대뇌피질(cerebral cortex)**은 매우 복잡한 뇌 회로로 되어 있다. 대뇌피질은 10억 개 이상의 세포체로 구성되어 있으며, 감각을 해석하고 자발적인 움직임을 시작하며 고등 사고과정을 조절하는 부위이다.

대뇌의 각 영역은 특별한 기능을 가지고 있다(그림 27.9). 예를 들어, 두정엽에 위치한 **1차감각영역(primary sensory area)**은 피부와 골격근, 관절로부터 정보를 받으며 두정엽 내에 몸의 각 부분에 해당하는 영역이 정해져 있다. 반면에 **1차운동영역(primary motor area)**은 두정엽 중에서 전두엽과 두정엽을 나누는 작은 틈과 인접한 부위에 위치한다. 1차운동영역은 골격근으로 자발적 명령을 보내며, 1차운동영역 부위마다 몸 어느 부위의 근육을 조절하는지 정해져 있다.

대뇌피질의 엽에는 시각, 청각, 후각 등을 수용하는 감각수용체로부터 정보를 받는 특수화된 부위가 있으며, 통합과정이 일어나는 **연합영역**(*association area*)도 있다. 전두엽에 있는 연합영역인 **전전두엽(prefrontal area)**은 다른 연합영역으로부터 정보를 받아들인 뒤 이 정보를 추론하여 어떤 행동을 할지 계획한다. 이 영역에서의 통합과정으로 인해 사람은 사람 고유의 능력인 비판적 사고와 조직적인 행동을 할 수 있다.

간뇌 간뇌(diencephalon)는 대뇌 바로 밑에 위치하며 시상하부와 시상을 포함한다(그림 27.8*b* 참조). **시상하부(hypothalamus)**는 배고픔, 수면, 목마름, 체온, 수분균형 등을 조절하여 항상성을 유지시키는 통합 중추이다. 시상하부는 뇌하수체를 조절함으로써 신경계와 내분비계를 연결해주는 역할을 한다. **시상(thalamus)**은 후각을 제외한 모든 감각자극을 받아들이는 중추이며, 눈과 귀, 피부로부터 오는 정보는 척수로부터 뇌신경과 신경관을 통해 시상에 도달한다. 시상하부는 이들 정보를 통합하여 대뇌의 적절한 영역으로 보내며, 대뇌를 자극시켜 운동 기능뿐만 아니라 기억이나 감정과 같은 고등 정신기능을 수행하게 한다.

간뇌에는 또한 호르몬 멜라토닌(melatonin)을 분비하는 송과샘이 있다. 멜라토닌은 밤에 잘 때 분비되기 때문에 멜라토닌에 대한 관심이 증가하고 있는 추세이며, 계절성 정서장애, 시차문제, 불면증 등의 치료에 효과가 있다.

소뇌 **소뇌(cerebellum)**는 두 부분으로 되어 있으며, 이들 부분은 좁은 중앙 분리대로 연결되어 있다. 각 부위는 주로 백질로 이루어져 있으며 세로 단면은 나뭇가지와 같은 모양을 하고 있고(그림 27.8*b* 참조) 백질의 겉은 복잡하게 접힌 얇은 회백질 층이 덮고 있다.

소뇌는 눈, 귀, 관절, 골격근으로부터 몸 각 부분의 현재 위치에 관한 감각정보를 받으며, 대뇌피질로부터는 이들 각 부분이 있어야 할 위치를 지정해주는 운동정

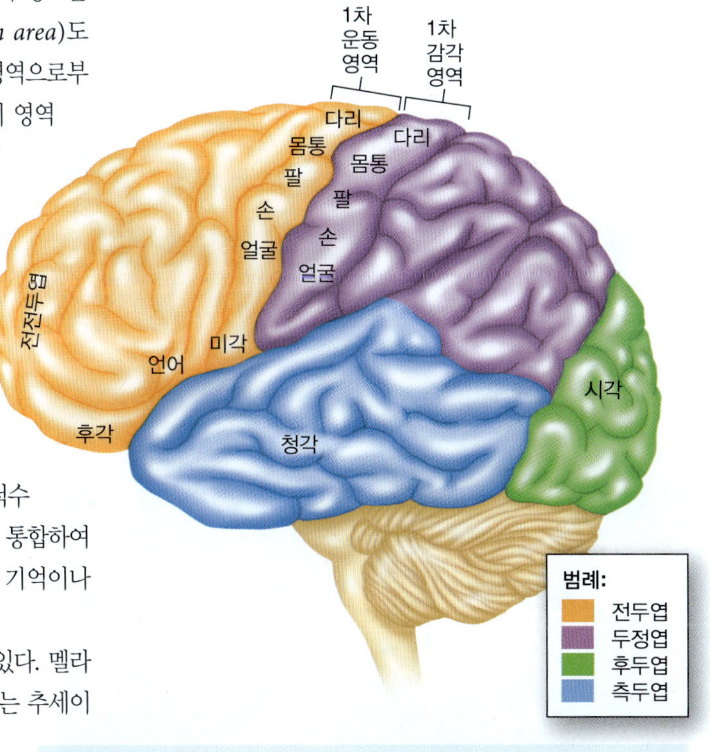

엽의 기능
- 전두엽—추론, 계획수립, 언어, 운동, 감정, 문제해결
- 두정엽—피부와 골격근으로부터 받아들인 감각자극의 통합, 언어 이해력
- 후두엽—시각, 시각자극의 인지
- 측두엽—청각, 청각자극의 인지

그림 27.9 대뇌피질의 기능별 영역.
대뇌피질은 정해진 영역마다 특정 감각수용체로부터 감각자극을 받아들이며, 받아들인 다양한 정보를 통합하여 몸의 특정 부위로 운동명령을 보낸다.

보를 받는다. 소뇌는 이러한 정보를 통합하여 뇌줄기를 통해 골격근으로 운동자극을 보낸다. 이러한 방식으로 소뇌는 자세와 균형을 유지하며 아울러 모든 근육들이 협조하여 원활하면서도 조정된 자발적 움직임을 만들어 내게 한다. 소뇌는 또한 피아노를 연주하거나 야구공을 치는 것과 같은 새로운 움직임 기술을 배울 수 있도록 돕는다.

뇌줄기 중뇌와 뇌교, 연수가 있는 **뇌줄기(brain stem)**는 뇌의 나머지 부분과 척수를 연결한다(그림 27.8*b* 참조). 또한 뇌줄기에는 척수에서 뇌 중심으로, 그리고 뇌 중심에서 척수로 오르내리는 신경관이 있다. **중뇌(midbrain)**에는 시각과 청각 반사중추가 있어 놀람반사와 같은 반응을 조절한다. 놀람반사는 갑자기 큰 소음이 날 때 소리의 근원지를 알기 위해 자동적으로 머리를 돌릴 때와 같은 상황에서 발생한다. **연수(medulla oblongata)**는 심장박동과 호흡, 혈관수축(혈압), 구토와 기침, 재채기, 딸꾹질, 삼키기 등을 조절하는 반사중추이다. 또한 연수는 신체 내부 여러 기관의 조절을 도우며 호흡 조절에 필수적이다. **뇌교(pons)**는 연수를 중뇌와 연결하며 호흡조절에 관여한다.

그림 27.10 변연계.
변연계에는 간뇌와 대뇌의 일부가 포함된다. 변연계는 추론과 같은 고등 정신기능을 공포, 쾌락 등의 본능적인 감정과 융합한다. 먹기는 대부분의 사람들에게 즐거움을 주는 행동이다.

변연계

변연계(limbic system)는 간뇌와 대뇌의 일부분을 포함하는 복잡한 망상조직으로서, 고등 정신기능과 원초적 감정을 하나로 융합한다(그림 27.10). 이로 인해 성행위나 먹기와 같은 행동으로부터 쾌감을 얻으며, 정신적으로 스트레스를 받으면 혈압이 상승하게 된다.

변연계에는 해마(hippocampus)와 편도체(amygdala)가 있으며, 이 두 구조는 학습과 기억에 꼭 필요하다. 바다에 사는 말처럼 생긴 해마는 전전두엽이 감각연합영역에 저장된 과거의 경험을 잘 인식할 수 있도록 뇌의 후두엽 깊숙이 위치하고 있다. 편도체는 이러한 경험들로 하여금 감정적인 의미를 갖도록 한다. 전두엽과 변연계는 서로 연결되어 있기 때문에 이성이 감정적인 행동을 막아준다.

학습과 기억 **기억(memory)**은 생각을 마음에 담거나, 또는 바로 어제 학습한 단어부터 어릴 때 겪은 감정적 경험에 이르는 과거에 일어난 사건을 회상하는 능력이다. 학습은 과거의 기억을 유지하고 다시 활용할 때 이루어진다.

전두엽의 전전두엽 영역은 전화번호를 일시적으로 기억하는 것과 같은 단기기억을 필요로 할 때 활성화된다. 일부 전화번호는 장기기억이 된다. 예를 들어 암기하고 있는 전화번호를, 전화번호와 연관된 사람과 장소에 대해 생각하지 않고서도 기억해낼 수 있는지 생각해보자. 대부분의 경우 그렇지 못하다. 그 이유는 장기기억은 의미적 기억(*semantic memory*; 숫자, 단어 등)과 일화적 기억(*episodic memory*; 사람, 사건 및 연관성)이 합해져 이루어지기 때문이다. 기술 기억(*skill memory*)은 일화적 기억과 독립적으로 존재하는 기억 형태로서 자전거 타기나 아이스하키와 같은 운동 활동을 수행하게 하는 기억이다. **알츠하이머병(Alzheimer disease)** 환자는 점진적으로 기억을 상실하는데, 최근에 일어난 사건에 대한 기억이 없다가 심해지면 일상적 활동에 필요한 기억도 못하게 되며 결국엔 누워서 생활을 하게 된다. 알츠하이머 환자는 뇌, 특히 해마와 편도체의 뉴런에 비정상적인 조직이 생긴다. 근래 알츠하이머병 치료방법을 알아내기 위해 많은 연구가 진행 중이다.

우리가 오래된 어떤 것을 기억할 때에는 뇌의 어느 부분이 작동할까? 장기기억은 대뇌피질의 감각연합 영역 곳곳에 작은 조각으로 흩어져 저장되며, 해마는 우리가 삼촌이나 여름방학과 같은 기억을 할 때 대뇌피질에 저장된 정보들을 전두엽의 전전두엽 영역이 사용할 수 있도록 모두 모아준다. 왜 일부 기억들은 우리에게 감정을 느끼게 할까? 편도체는 시상과 피질 감각영역으로부터 받은 감각정보로부터 위험이 있는지를 알게 하고 두려움을 느끼게 한다.

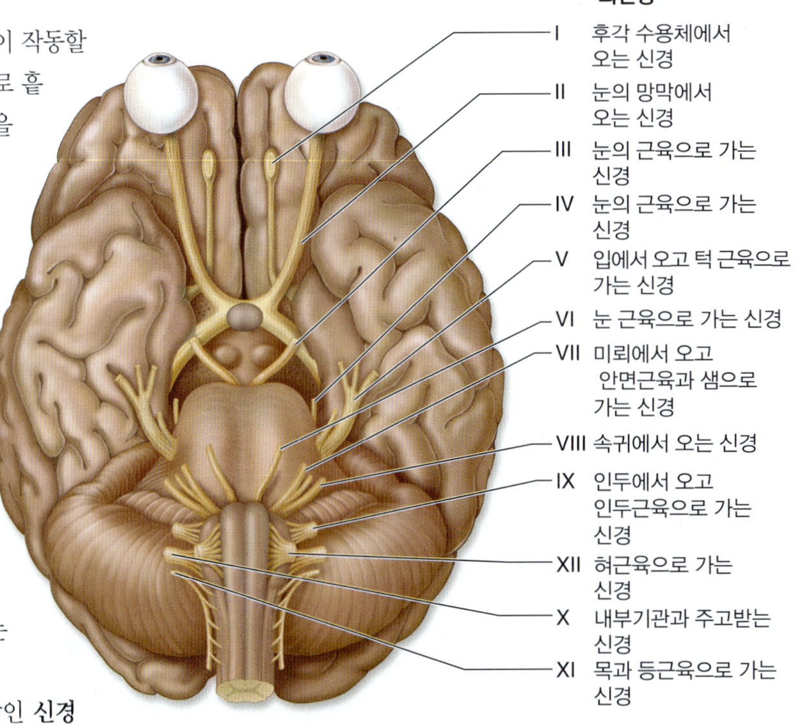

그림 27.11 뇌신경.
뇌신경은 주로 머리 부위와 감각신호를 주고받는다. 뇌신경 중에서 미주신경(10번)과 척수부속신경(11번)은 예외이다. 척수신경(그림에 표시하지 않음)은 몸의 나머지 다른 부분과 감각신호를 주고받는다.

말초신경계

말초신경계(peripheral nervous system, PNS)는 감각정보를 중추신경계로 보내고 운동명령을 몸의 조직으로 보내는 역할을 한다. 이들 정보 중 일부는 감각기관에 있는 감각뉴런으로부터 오며(28.1절), 그 외 다른 정보는 몸의 조직에 있는 감각뉴런으로부터 온다.

말초신경계는 중추신경계 바깥쪽에 위치하며 축삭다발인 **신경(nerve)**으로 이루어져 있다(해당 그림 참조). 뉴런의 세포체는 중추신경계(뇌와 척수) 또는 **신경절(ganglion)**에 있다. 신경절은 말초신경계에 있는 세포체들의 집합이다.

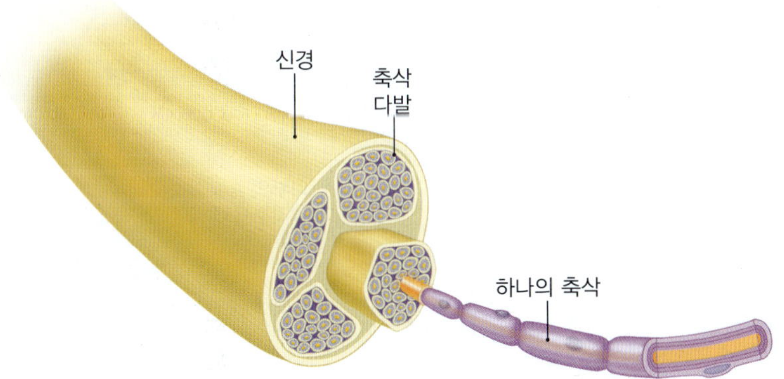

사람은 뇌와 연결된 12쌍의 **뇌신경(cranial nerve)**을 가지고 있다(그림 27.11). 뇌신경은 주로 머리, 목, 얼굴과 연관되어 있으나, 뇌신경 중에서 미주신경은 인두와 후두뿐 아니라 대부분의 내부기관과도 연관되어 있다.

사람은 또한 31쌍의 **척수신경(spinal nerve)**을 가지고 있으며, 각각의 척수신경은 다수의 감각축삭과 운동축삭을 갖고 있다. 감각수용체로부터 척수신경으로 자극을 전달하는 감각뉴런의 축삭은 척수신경의 배근에 있으며, 감각뉴런의 세포체는 배근신경절(*dorsal root ganglion*)에 위치한다. 척수신경의 복근에는 척수로부터 골격근 등으로 자극을 전달하는 운동뉴런의 축삭이 있다. 척수신경마다 신경이 위치한 몸의 정해진 부분을 조절한다.

체성신경계

말초신경계의 **체성신경계(somatic system)**는 외부감각수용체로부터 정보를 받아

중추신경계로 보내고 중추신경계로부터 받은 운동명령을 골격근으로 보내는 신경이다. 골격근의 의식적 조절은 항상 뇌에서 시작된다. 그러나 자극에 대한 무의식적인 반응인 **반사(reflex)**는 뇌 또는 척수만으로 일어난다. 우리는 반사 작용을 통해 생각을 하지 않아도 날아오는 물체가 있으면 눈을 감고, 날카로운 핀을 보면 손을 멀리하게 된다.

그림 27.12는 척수의 반사경로 모식도이다. 날카로운 핀이 손에 닿으면 피부에 있는 감각수용체가 신경신호를 일으키며, 이 신호는 감각축삭을 따라 척수로 이동한다. 척수로 들어간 감각뉴런은 연합뉴런으로 정보를 전달하며, 이들 중 일부 연합뉴런은 운동뉴런과 시냅스를 형성한다. 운동뉴런의 짧은 수상돌기와 세포체는 척수에 위치하지만 축삭은 척수 바깥에 있다. 신경신호가 운동뉴런의 축삭을 통해 효과기로 전달되면 효과기는 신호에 반응을 하며, 그림에서처럼 근육이 수축하여 핀으로부터 손을 떼어내게 된다. 그 밖에 다양한 반응도 일어날 수 있다. 예를 들어, 핀을 보고 움츠리거나 아파서 소리를 지르기도 한다. 이러한 일련의 반응은 관련된 연합뉴런 일부가 뇌로 신경신호를 보내기 때문이다. 또한 감각기관은 뇌로 정보를 보내 우리의 행동을 인지하게 한다. 뇌는 자극을 인지하고 이에 대해 다른 반응들을 지시한다.

자율신경계

말초신경계의 **자율신경계(autonomic system)**는 교감신경계와 부교감신경계로 나뉘며, 샘과 심근, 민무늬근을 자율적이고 무의식적으로 조절한다(그림 27.13). 혈압과 호흡수 조절과 같은 반사운동은 항상성 유지에 특히 중요하다. 반사운동은 내장기

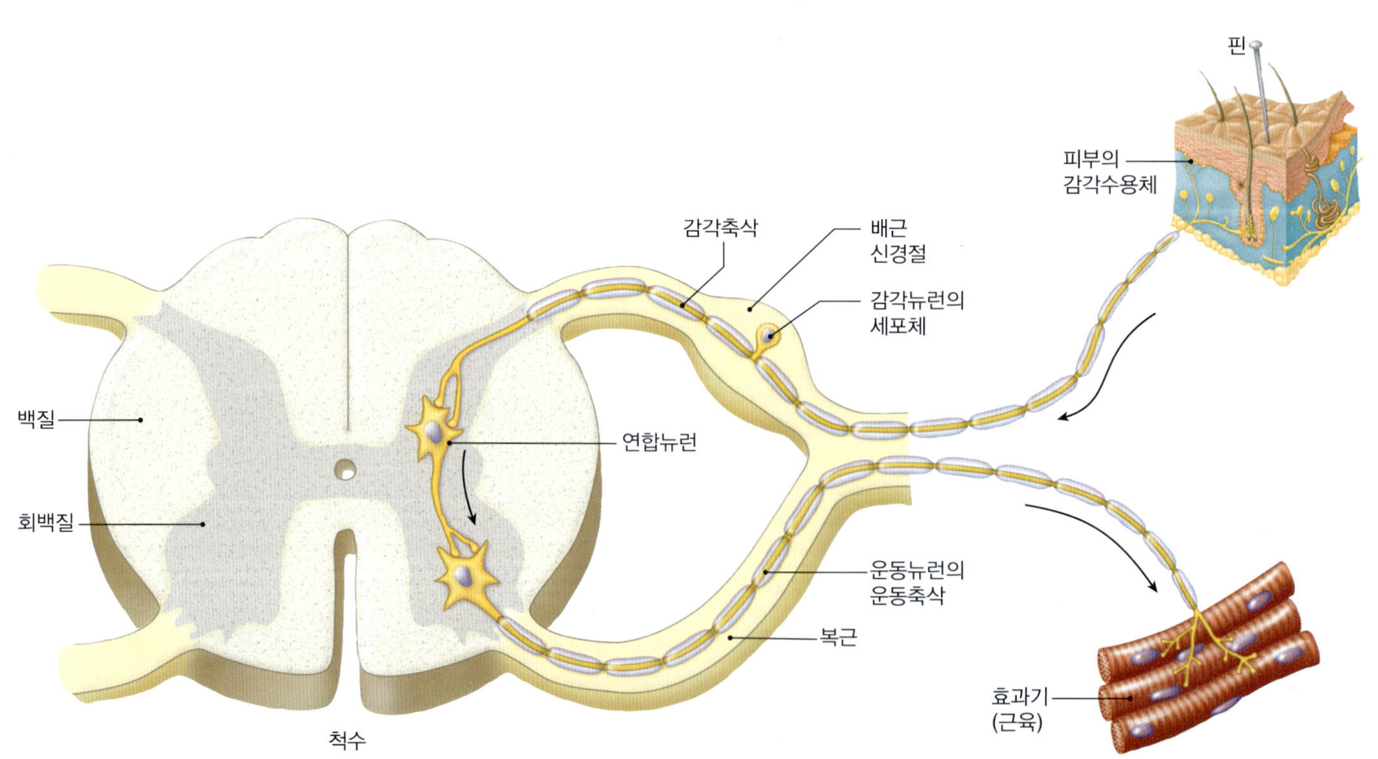

그림 27.12 척수반사경로를 보여주는 반사궁.
핀으로 찌르는 자극을 주면 피부의 감각수용체가 신경신호를 발생하며, 이 신호는 감각축삭을 통해 척수로 전달된다. 척수의 연합뉴런은 감각뉴런으로부터 받은 정보를 통합하여 운동뉴런으로 보낸다. 운동뉴런의 축삭은 척수로부터 받은 신경신호를 골격근으로 보내며 그 결과 골격근이 수축하여 손이 핀으로부터 멀리 떨어지게 된다.

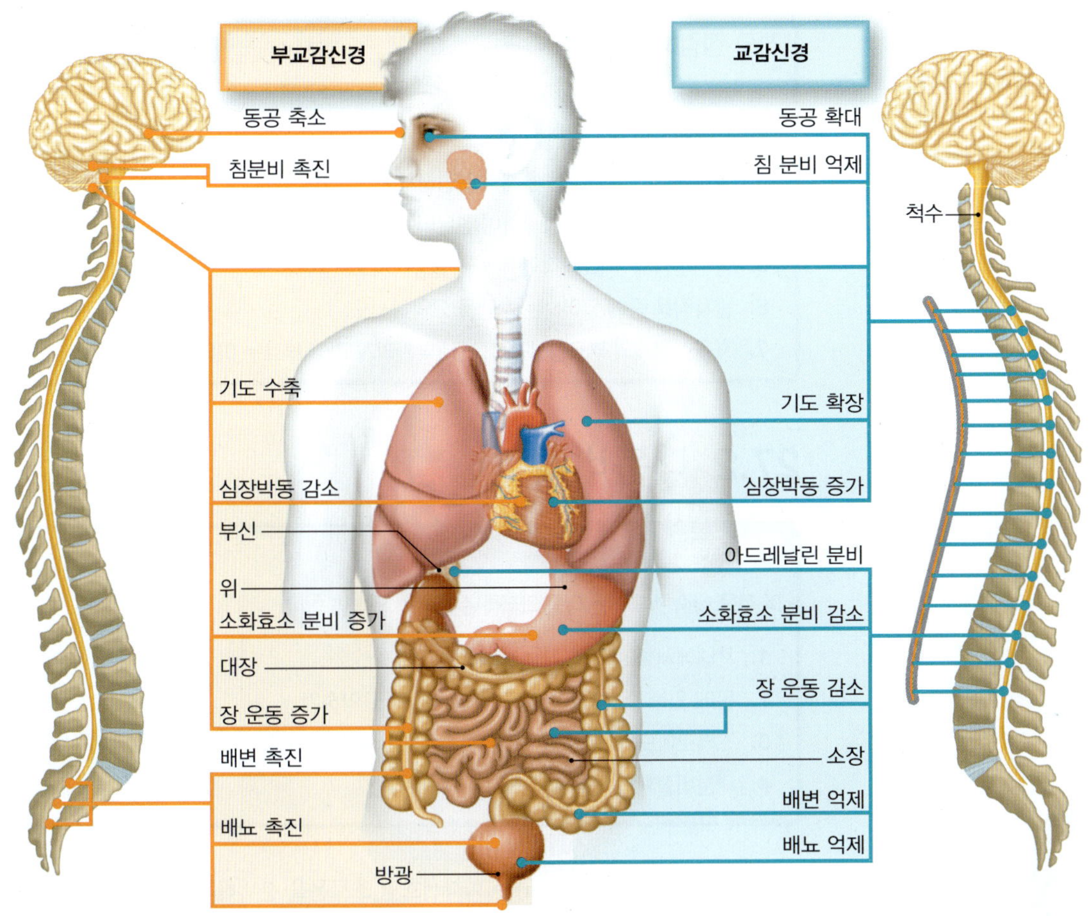

그림 27.13 자율신경계.
교감신경계와 부교감신경계의 운동축삭은 동일한 기관으로 가지만 서로 반대의 효과를 보이는 길항 작용을 한다. 부교감신경계는 편안함을 느끼게 하며, 교감신경계는 스트레스를 받거나 위협을 느끼는 상황일 때 활성화된다.

관과 접하고 있는 감각뉴런이 중추신경계로 정보를 보낼 때 시작하고, 자율신경계 내의 운동뉴런이 정보를 받으면 마무리된다.

부교감신경계(parasympathetic division)는 미주신경을 포함한 소수의 뇌신경과 척수의 끝부분에서 나온 축삭들을 포함한다. 내부관리계(housekeeper division)라고 부르기도 하는 부교감신경계는 편안한 상태와 연관된 내부반응을 촉진시킨다. 예를 들어, 부교감신경은 동공을 수축시키고 음식의 소화를 촉진하며 심장박동을 느리게 한다. 부교감신경이 사용하는 신경전달물질은 아세틸콜린이다.

교감신경계(sympathetic division)는 척수의 일부로부터 나온다. 교감신경계는 위급한 상황에 있을 때 특히 중요하며 "격투 또는 도주" 반응과 연관이 있다. 적에 대항하거나 위험에서 벗어나고자 하는 경우 근육은 포도당과 산소 공급을 필요로 한다. 예를 들어 공격을 당하고 있는 경우, 교감신경은 심장박동을 촉진시키고 기도를 팽창시키는 반면, 당장 필요하지 않은 소화관 기능은 억제한다. 교감신경계는 신경전달물질로 노르에피네프린을 사용한다. 노르에피네프린은 부신수질에서 분비되는 에피네프린(아드레날린)과 구조가 비슷하다.

개념 연결하기

신경계는 신경 자극과 신경전달물질을 사용하여 신체 시스템의 기능을 조절한다.

진도 점검하기 27.1

1. 세 가지 주요 뉴런의 종류와 기능을 열거하시오.
2. 뉴런의 구조에 대해 설명하시오.
3. 활동전위가 발생하는 단계를 설명하시오.
4. 신호가 시냅스틈을 통과하여 전달되는 방식에 대해 설명하시오.
5. 중추신경계 구조 각각의 기능을 설명하시오.
6. 반사작용 중에 일어나는 사건을 요약하시오.
7. 자율신경계의 부교감신경계를 "내부관리계"라고 부르는 이유를 설명하시오.

27.2 내분비계

학습 목표

이 절을 학습한 후에는 다음 과제를 수행할 수 있어야 한다.

1. 체내에서 호르몬의 기능 설명하기.
2. 몸에 있는 주요 내분비샘 각각의 역할을 요약하기.
3. 스테로이드와 펩티드 호르몬의 작용 기작을 비교하기.
4. 내분비질환의 예를 제시하기.

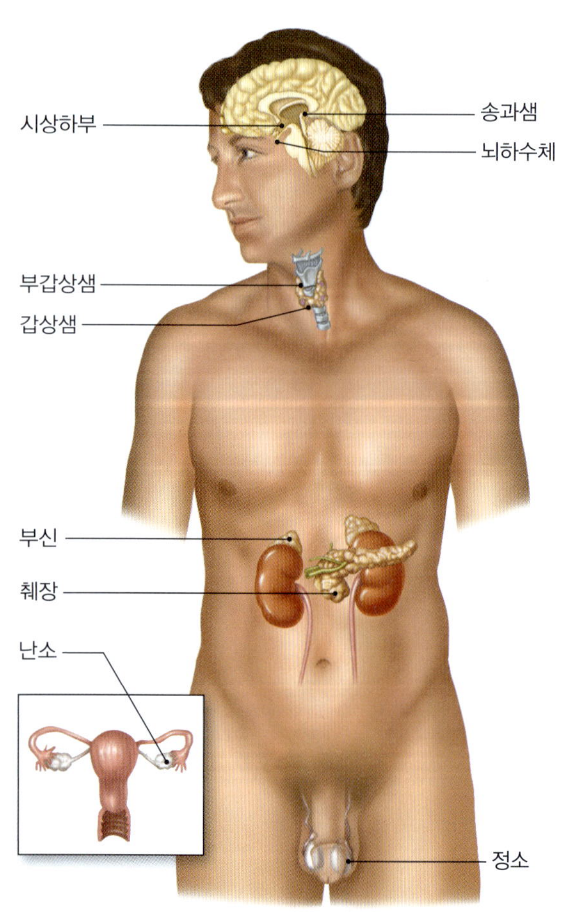

그림 27.14 내분비계.
몸에 있는 주요 내분비샘의 위치. 송과샘과 생식기(난소와 정소)에 있는 내분비샘의 기능에 대해서는 27.1절과 29.2절에서 각각 설명한다.

내분비계(endocrine system)는 화학신호인 호르몬을 분비하는 샘과 조직으로 구성되어 있다(그림 27.14). **호르몬(hormone)**은 신체의 한 분비샘에서 분비되는 화학전령체로서 몸에 있는 다른 기관, 조직, 샘의 활동을 조절한다. **내분비샘(endocrine gland)**은 내분비관이 없으며 호르몬을 직접 혈류로 분비하여 온몸으로 보낸다. 외분비샘은 내분비샘과 달리 외분비관이 있어, 관으로 생성물을 분비한 뒤 체강으로 보낸다. 예를 들면, 침샘은 침샘관을 통해 구강으로 침을 내보내는 외분비샘의 하나이다(25.1절 참조).

내분비계와 신경계는 몸 내부 환경의 안정성인 항상성 유지에 긴밀하게 관여한다. 호르몬은 혈액의 구성 물질과 혈압, 몸의 성장 등에 직접적으로 영향을 준다. 또한 어떤 호르몬은 생식기관의 성숙과 기능에 관여하는데, 이에 대해서는 29.2절에서 논의한다.

호르몬의 작용

호르몬에 반응하는 세포는 호르몬과 결합하는 단백질 수용체를 가지고 있다. 호르몬은 이들 세포의 물질대사에 변화를 일으키며, 변화되는 유형은 호르몬의 화학구조에 따라 다르다. **스테로이드 호르몬(steroid hormone)**은 지질이므로 원형질막을 통과할 수 있다. 호르몬-수용체 복합체가 세포의 DNA에 결합하여 유전자가 발현되며, 그 결과 효소 등의 단백질이 생성된다. 효소는 표적세포의 기능에 변화를 일으킬 수 있다(그림 27.15*a*).

스테로이드 호르몬은 몸에 있는 어떠한 세포의 원형질막도 통과할 수 있으므로 개체 수준에서 일어나야 할 변화를 조절하는 데 사용된다. 예를 들어, 스테로이드 호르몬인 테스토스테론은 주로 남성의 성징 발달에 관여하는 성호르몬이다.

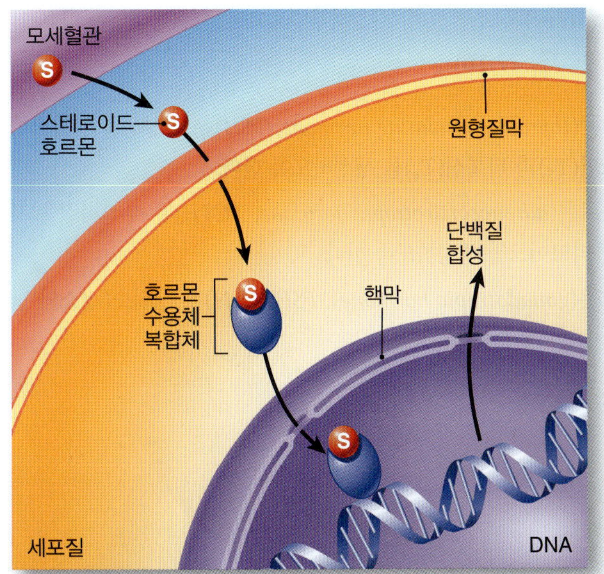

a. **스테로이드 호르몬의 작용**

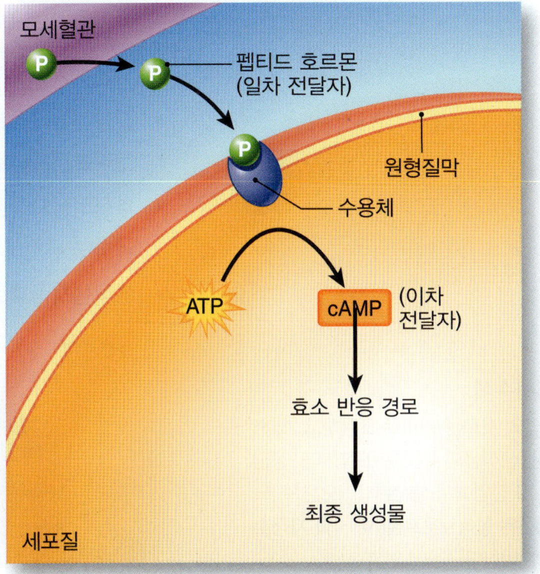

b. **펩티드 호르몬의 작용**

그림 27.15 호르몬 작용 방법.
a. 스테로이드 호르몬(S)은 세포로 들어갈 수 있는 화학신호이다. 이 신호가 세포로 들어오면 단백질 합성을 위한 세포내 작용을 활성화시켜 필요한 물질을 합성한다. **b.** 펩티드 호르몬(P)은 원형질막에서 받아들이는 "일차 전달자"이다. 일차 전달자의 수용과 신호전달경로의 활성화가 "이차 전달자"로 이어지며, 이로 인해 세포의 물질대사에 변화가 생긴다.

펩티드 호르몬(peptide hormone)은 펩티드와 단백질, 당단백질, 변형된 아미노산을 성분으로 하는 호르몬이다. 펩티드 호르몬은 원형질막을 통과할 수 없으므로 원형질막에 있는 수용체 단백질에 결합한다(그림 27.15*b*). 펩티드 호르몬을 "일차 전달자"라고 하는데, 그 이유는 신호전달경로가 세포의 물질대사를 변화시키는 "이차 전달자"로 이어지기 때문이다. 이차 전달자는 효소경로를 작동시키며, 효소경로는 경로 상에 있는 각 효소가 차례로 그다음 효소를 활성화시키기 때문에 효소연쇄반응이라고도 한다. 효소는 반복해서 일을 하므로 하나의 효소연쇄반응에 있는 각 단계는 더 많은 반응을 일으킨다. 즉, 하나의 펩티드 호르몬 분자의 결합으로 인해 천 배 이상의 반응이 일어나게 된다. 펩티드 호르몬은 수용체와 상호작용하기 때문에 특정 세포 유형만 표적으로 할 수 있다. 예를 들어, 펩티드 호르몬인 인슐린의 경우 인슐린 수용체가 지방세포에 비해 근육세포의 표면에 더 많으므로 지방세포보다는 근육세포에서 효과를 보인다.

시상하부와 뇌하수체

뇌의 한 부분인 시상하부(그림 27.8*b* 참조)는 심장박동이나 체온과 같은 몸의 내부환경을 조절한다. 내부환경이 비정상이면 시상하부는 자율신경계를 조절하는 뇌중추가 위치한 연수에 신호를 보내 정상이 되도록 한다. 또한 시상하부는 호르몬을 분비하는 특별한 뉴런을 포함하는 내분비계의 하나로서, 줄기모양의 구조에 의해 뇌와 연결되어 있는 작은 샘인 **뇌하수체(pituitary gland)**의 호르몬 분비를 조절한다. 뇌하수체는 뇌하수체 전엽과 후엽으로 나뉘며, 이 둘은 뚜렷이 구분된다.

뇌하수체 전엽

시상하부는 시상하부방출호르몬(*hypothalamic-releasing hormone*)을 통해 **뇌하수**

체 전엽(anterior pituitary)을 조절하며, 시상하부방출호르몬의 대다수는 다른 분비샘의 작용을 자극한다(그림 27.16).

- 갑상샘자극호르몬(*thyroid-stimulating hormone, TSH*)은 갑상샘을 자극하여 트리요오드티로닌(T_3)과 티록신(T_4)을 생성하도록 한다.
- 부신피질자극호르몬(*adrenocorticotropic hormone, ACTH*)은 부신피질을 자극하여 당질코르티코이드를 생성하도록 한다.
- 생식샘자극호르몬(*gonadotropic hormones; FSH*와 *LH*)은 생식소(정소와 난

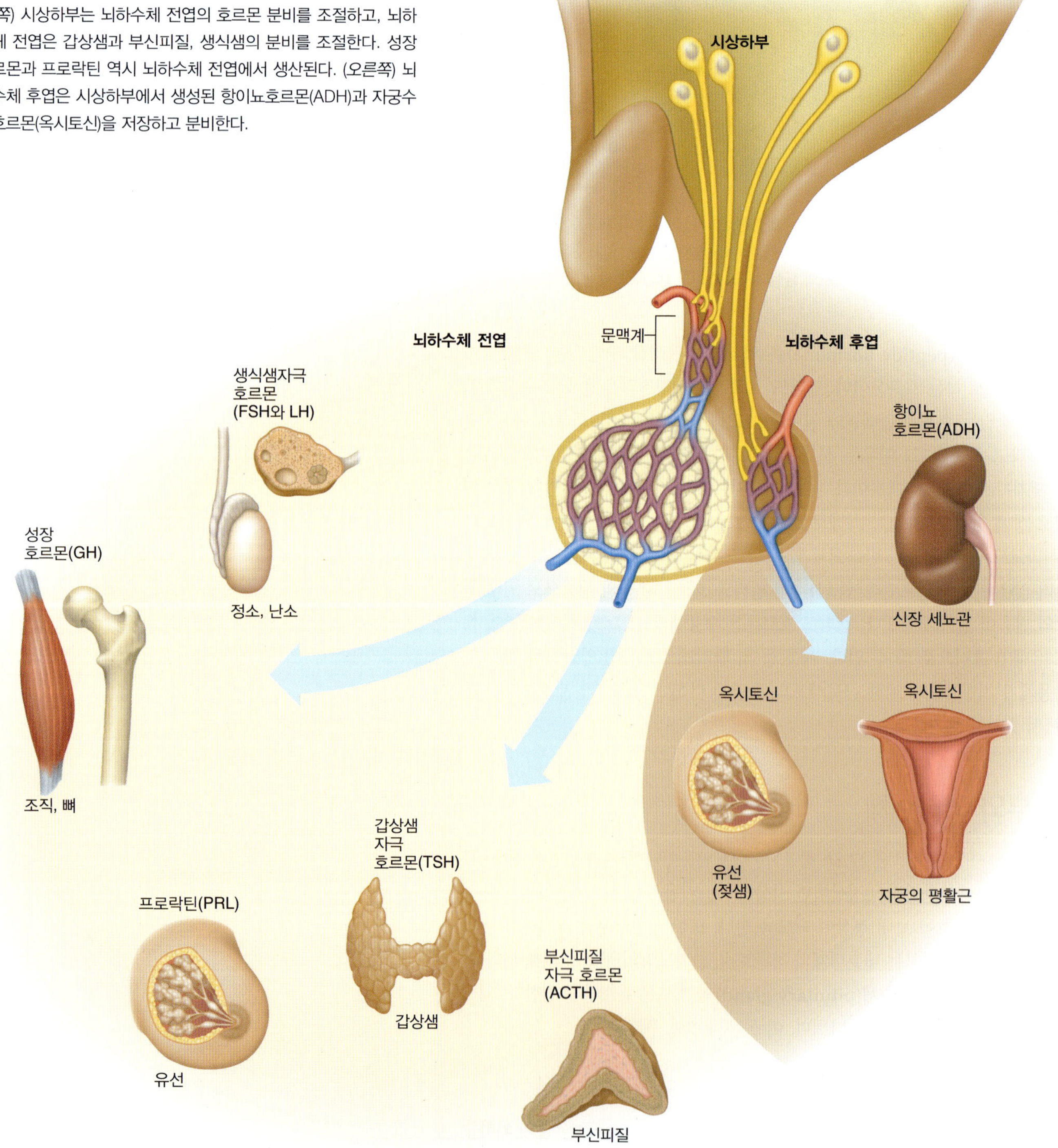

그림 27.16 시상하부와 뇌하수체.
(*왼쪽*) 시상하부는 뇌하수체 전엽의 호르몬 분비를 조절하고, 뇌하수체 전엽은 갑상샘과 부신피질, 생식샘의 분비를 조절한다. 성장호르몬과 프로락틴 역시 뇌하수체 전엽에서 생산된다. (*오른쪽*) 뇌하수체 후엽은 시상하부에서 생성된 항이뇨호르몬(ADH)과 자궁수축호르몬(옥시토신)을 저장하고 분비한다.

소)를 자극하여 배우자와 성호르몬을 생성하게 한다. 생식샘자극호르몬으로는 여포자극호르몬(FSH)과 황체형성호르몬(LH)이 있다.

시상하부 방출 호르몬은 3단 조절방식을 통해 균형이 유지되며, 음성되먹임 기작을 사용한다(그림 27.17). 예를 들어, 시상하부에서 분비된 갑상샘방출호르몬(thyroid-releasing hormone, TRH)은 뇌하수체 전엽을 자극해 갑상샘자극호르몬(TSH)을 생성하게 하고, TSH는 갑상샘을 자극하여 갑상샘호르몬인 T_3와 T_4를 생성하게 한다. T_3와 T_4는 음성되먹임 기작을 통해 TRH와 TSH의 방출을 억제한다.

뇌하수체 전엽에서 생산되는 또 다른 두 가지 호르몬, 즉 프로락틴(*prolactin, PRL*)과 성장호르몬(*growth hormone, GH*)은 다른 내분비샘에 영향을 주지 않는다. 프로락틴은 임신 중과 출산 후에 다량 생성되며, 젖샘의 발달과 젖의 생성을 촉진하고 탄수화물과 지방의 대사에도 관여한다. 성장호르몬은 아미노산이 세포로 들어가고 단백질이 합성되는 속도를 증진시킴으로써 골격과 근육의 성장을 촉진한다. 성장호르몬이 충분히 생성되지 않으면 뇌하수체 난장이증이 되고, 과도하게 생성되면 뇌하수체 거인증이 생긴다.

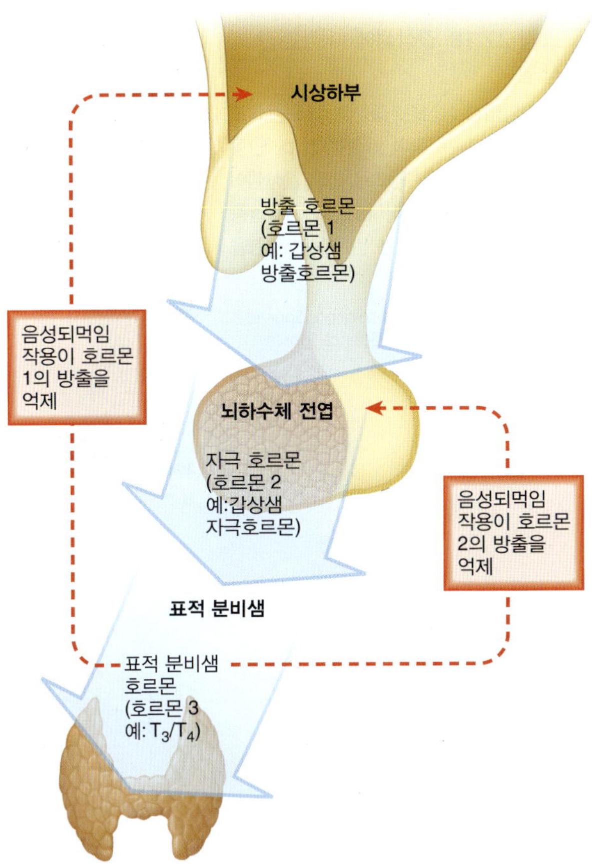

그림 27.17 음성되먹임 억제.
부신피질과 생식샘뿐만 아니라, 갑상샘에서 분비되는 호르몬은 되먹임을 통해 뇌하수체 전엽과 시상하부 방출호르몬을 억제하여 혈액 내 호르몬 수치를 일정하게 유지한다.

뇌하수체 후엽

시상하부는 항이뇨호르몬(*antidiuretic hormone, ADH*)과 자궁수축호르몬인 옥시토신(*oxytocin*)을 생성한다(그림 27.16 참조). 시상하부 분비 뉴런의 축삭은 **뇌하수체 후엽(posterior pituitary)**까지 연장되며, 시상하부에서 분비된 이들 호르몬은 축삭을 따라 이동하여 축삭 말단에 저장된다. 시상하부에서 혈액의 농도가 너무 높다고 판단하면 뇌하수체 후엽에서 ADH를 방출한다. 신장에 도달한 ADH는 물이 재흡수되도록 한다. 혈액이 희석되어 농도가 낮아지면 ADH는 더 이상 방출되지 않는다. 이 과정은 호르몬의 효과(혈액농도 희석)에 따라 호르몬 방출이 억제되므로 음성되먹임에 의한 조절 방식의 예가 된다. 음성되먹임을 통해 항상성을 유지할 수 있다(22.3절 참조).

옥시토신은 분만시 자궁 수축과 아기에게 수유할 때 젖내림이 잘 일어나게 한다.

갑상샘과 부갑상샘

목에 위치한 크기가 큰 **갑상샘(thyroid gland)**은 요오드 원자가 3개 있는 트리요오드티로닌(*triiodothyronine, T_3*)과 요오드 원자가 4개 있는 티록신(*thyroxine, T_4*)과 같은 호르몬을 생성한다. 아래에서 보듯이, 칼시토닌은 칼슘의 항상성과 관련이 있다. 트리요오드티로닌과 티록신은 갑상샘에서 요오드를 사용하여 생성된다. 갑상샘 내의 요오드 농도는 혈액 속 요오드 농도보다 25배 정도 더 높다. 요오드 섭취가 부족하면 갑상샘은 갑상샘 호르몬을 생성할 수 없다. 갑상샘이 뇌하수체 전엽으로부터 지속적인 자극을 받으면 비대해져 지방병성 갑상샘종(*endemic goiter*)이 된다(그림 27.18*a*). 그러나 조리시에 요오드가 첨가된 소금을 사용하면 단순갑상샘종은 쉽게 예방할 수 있다.

갑상샘 호르몬은 대사율을 증가시킨다. 이 호르몬은 특정한 단일 표적 기관만을 대상으로 작용하는 것이 아니라 몸을 구성하는 모든 세포의 물질대사율을 촉진시킨다. 이로 인해 더 많은 포도당이 분해되고, 더 많은 에너지가 사용된다.

갑상샘 호르몬이 과잉분비되는 갑상샘항진증(Graves disease)의 경우, 갑상샘이 과도하게 활성화되고 눈이 튀어나오는 안구돌출증(*exophthalmos*)이 발생한다(그

연관

임산부의 출산 예정일이 지났을 때 무엇으로 분만을 유도하는가?

임산부에게 아기가 나오는 출산경로를 준비시키기 위한 약을 투여한 뒤, 합성 옥시토신인 피토신(pitocin)을 이용해 분만을 유도한다. 수축이 강할수록 분만 속도가 빨라지기 때문에 분만 중에 수축을 증가시키기 위해 피토신을 사용하기도 한다. 예를 들어, 임산부의 자궁이 잘 수축하지 못하거나 출산 중에 산모와 아기의 건강이 위험할 경우에 사용한다. 피토신은 분만 후 자궁 수축은 지속시키되 출산으로 인한 출혈은 최소화하기 위해 통상적으로 사용되지만 자궁의 과도한 수축을 초래할 수 있으므로 사용을 주의 깊게 지켜보아야 한다. 지나치게 수축되면 자궁이 찢어질 수 있으며, 태아로 가는 혈액공급이 줄어들어 태아가 위험해질 수 있다. 피토신 사용시 출산시간은 줄지만 산모의 통증은 더 심할 수 있으므로, 가능하면 더 부드럽고 자연스러운 방법으로 분만 유도와 수축 강화를 유도하는 것이 바람직하다.

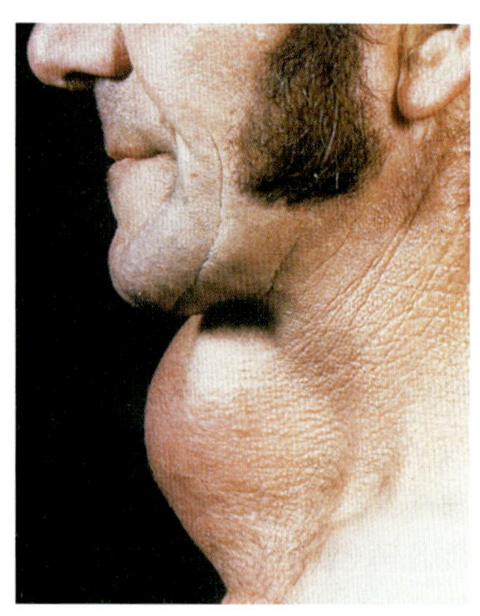

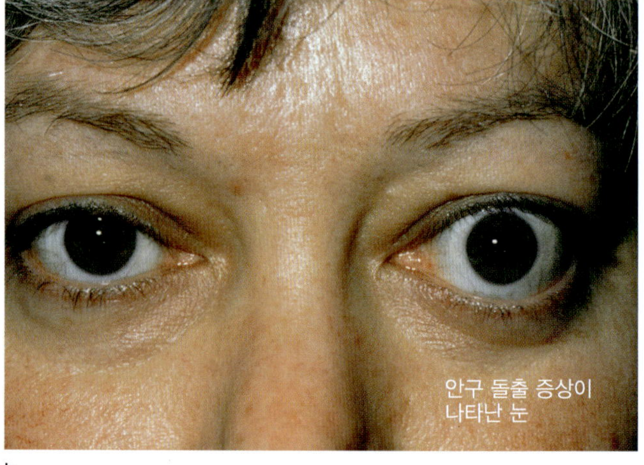

a. b.

그림 27.18 갑상샘에 따른 건강 상태.

a. 지방병성 상샘종. 갑상샘 비대는 요오드 섭취가 너무 적어 발생한다. **b.** 안구돌출증. 갑상샘항진증으로 인해 갑상샘이 비대해지면 눈이 튀어나오는 안구돌출증이 발생한다. 이 환자는 왼쪽 눈만 영향을 받은 경우이다.

(a): ©Biophoto Associates/Science Source, (b): ©Dr. P. Marazzi/SPL/Science Source

림 27.18*b*). 눈이 튀어나오는 이유는 안와조직과 눈을 움직이는 근육이 부풀기 때문이다. 갑상샘항진증 환자는 대개 지나치게 활동적이고 신경과민이며 화를 잘 내고 불면증으로 고생한다. 방사선 요오드로 갑상샘 일부를 파괴하거나 제거하면 상태를 호전시킬 수 있다.

칼슘 조절

갑상샘은 또한 혈액내 칼슘 농도를 조절하는 호르몬인 **칼시토닌(calcitonin)**을 생성한다. 칼슘(Ca^{2+})은 신경전달과 근육수축에 중요한 역할을 하며 혈액응고에도 필요하다. 칼시토닌은 뼈를 파괴하는 세포인 파골세포의 활성과 수를 일시적으로 감소시켜 더 많은 칼슘이 뼈에 축적되게 한다. 혈액내 칼슘 농도가 정상으로 되면 음성되먹임에 의해 갑상샘의 칼시토닌 방출이 억제된다. 그러나 칼슘 농도가 낮으면 부갑상샘을 자극하여 **부갑상샘호르몬(parathyroid hormone, PTH)** 방출을 촉진한다. 부갑상샘은 갑상샘의 뒷면에 파묻혀 있다. 이처럼 **부갑상샘(parathyroid gland)**은 크기와 있는 위치로 인해 갑상샘을 제거하는 수술 때 실수로 함께 제거되기도 했다.

부갑상샘호르몬은 뼈에서 파골세포의 활성과 칼슘의 방출을 촉진한다. 또한 신장에서는 칼슘이 재흡수되도록 하며 비타민 D를 활성화시킨다. 활성화된 비타민 D는 작은창자에서 칼슘이 재흡수되도록 한다. 이로 인해 혈액내 칼슘농도가 정상범위 내에 도달하면 부갑상샘은 더 이상 부갑상샘호르몬을 분비하지 않는다.

부갑상샘호르몬 생산이 불충분하면 혈액내 칼슘농도가 심각한 수준으로 낮아져 **근육경련**(*tetany*)을 일으키게 된다. 근육경련 시에는 지속적인 근육수축으로 인해 몸이 떨리는 현상이 나타난다. 그 이유는 신경이 과도하게 흥분되고 그 결과 신경자극이 휴지기 없이 자발적으로 일어나기 때문이다.

부신

두 개의 **부신(adrenal gland)**은 신장의 제일 윗부분에 위치한다. 각각의 부신은 안쪽 부분인 **부신수질(adrenal medulla)**과 바깥쪽의 **부신피질(adrenal cortex)**로 이루어져 있으며, 뇌하수체 전엽과 후엽처럼 부신수질과 피질도 서로 기능적으로 연결되어 있지 않다.

시상하부는 부신수질과 피질의 활성을 모두 조절한다. 시상하부에서 발생한 신경자극은 뇌줄기, 척수, 교감신경섬유를 거쳐 부신수질로 전달되어 부신수질 호르몬이 분비되도록 한다. 시상하부는 ACTH-방출호르몬을 통해 뇌하수체 전엽의 부신피질자극호르몬(ACTH) 분비를 조절하며, ACTH는 부신피질을 자극한다. 시상하부는 감정적, 신체적 외상과 과도한 운동을 포함한 모든 종류의 스트레스에 반응하여 부신수질과 피질을 모두 자극함으로써 스트레스에 대처하게 한다.

부신수질

부신수질에서 분비되는 **에피네프린**(*epinephrine*; 아드레날린)과 **노르에피네프린**(*norepinephrine*; 노르아드레날린)은 우리가 위급한 상황에 대처할 때 필요한 몸의 변화를 빠르게 일으킨다. 이때 이들 두 호르몬은 교감신경계의 작용을 보완해준다. 에피네프린과 노르에피네프린의 효과는 단기간이지만, 부신피질에서 분비되는 호르몬은 스트레스에 장기간 반응한다.

부신피질

부신피질에서 생성되는 호르몬의 두 가지 주요 유형은 **알도스테론**(*aldosterone*)과 같은 미네랄코르티코이드(mineralocorticoid), 그리고 **코르티솔**(*cortisol*)과 같은 당질코르티코이드(glucocorticoid)이다. 알도스테론은 신장에 작용하여 염분과 수분의 균형을 조절함으로써 혈액량과 혈압을 상승시킨다. 코르티솔은 탄수화물, 단백질, 지방의 물질대사를 조절하여 혈액속 포도당 농도를 증가시키며, 항염증제로도 작용한다. 부신피질은 또한 여성과 남성에서 소량이긴 하지만 여성호르몬과 남성호르몬을 모두 분비한다.

부신피질호르몬 분비가 너무 적어 호르몬 수치가 낮으면 **애디슨병(Addison disease)**이 발생한다(그림 27.19). 부신피질을 자극하기 위해 부신피질자극호르몬(ACTH)이 많이 분비되면 ACTH가 축적된다. 과도한 양의 ACTH는 멜라닌 생성을 촉진하므로 피부가 갈색화될 수 있다. 코르티솔이 없으면 스트레스를 받는 상황이 되어도 포도당을 충분히 확보하지 못하게 된다. 따라서 사소한 감염조차도 생명을 앗아갈 수 있다. 알도스테론이 결핍되면 신장에서 염분과 물이 재흡수되지 못하므로 저혈압과 심각한 탈수증을 초래하게 된다. 애디슨병을 치료하지 않고 방치하면 치명적이 될 수 있다.

부신피질호르몬이 과잉 분비되어 농도가 높아지면 **쿠싱증후군(Cushing syndrome)**이 발생한다. 여성에서 부신 남성호르몬의 과다생산은 근육량 증가, 체모의 증가, 목소리 낮아짐, 그리고 수염 생장과 같은 결과를 초래할 수 있다. 알도스테론이 과도하게 분비되어 신장에서 염분과 물이 지나치게 재흡수되면 혈액의 알칼리화와 고혈압이 유발되며 얼굴이 달덩이처럼 붓게 된다. 부신 남성호르몬이 과도하게 분비되면 여성이 남성화될 수 있다.

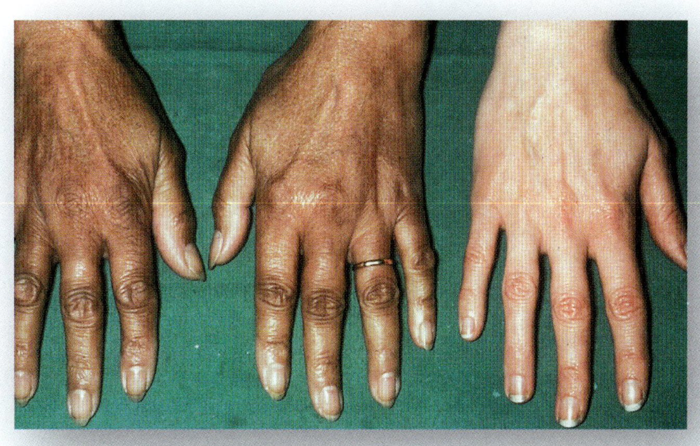

그림 27.19 애디슨병.
애디슨병의 특징은 피부의 갈색화이며, 특히 피부색이 옅은 환자에게서 두드러진다. 애디슨병 환자와 정상인의 손을 비교하면 색이 뚜렷하게 다르다.
©BSIP/Science Source

췌장(이자)

췌장(pancreas, 이자)은 외분비성 조직과 내분비성 조직으로 구성되어 있다. 외분비성 조직은 소화액을 만들어 분비하며, 분비된 소화액은 관을 따라 작은창자로 이동한다. 내분비성 조직은 **췌장도(pancreatic islets**, 랑게르한스섬)라고 하며, **인슐린**(*insulin*)과 **글루카곤**(*glucagon*)을 생산하여 혈액으로 직접 분비한다(그림 27.20).

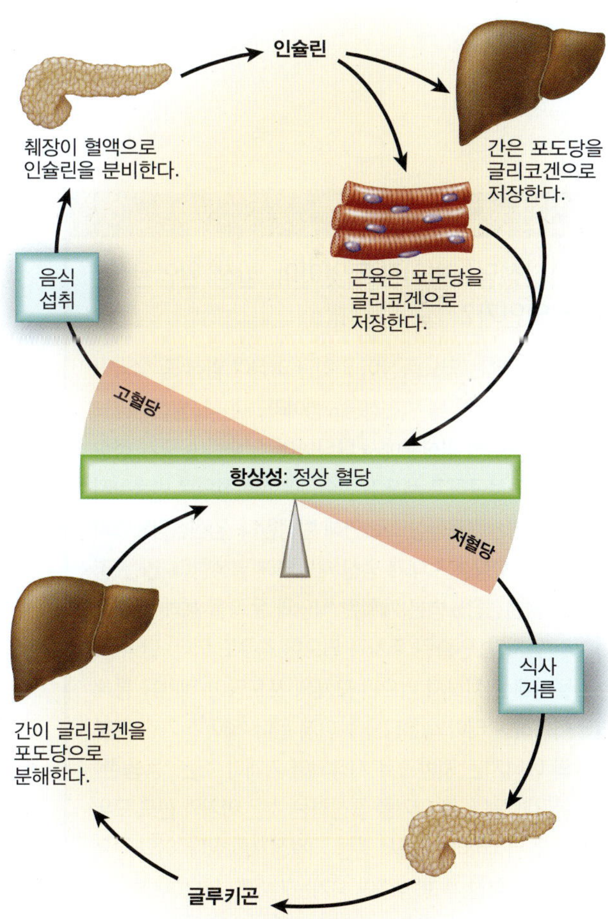

그림 27.20 혈당농도 조절.
인슐린은 혈당농도가 낮아지면 더 이상 분비되지 않는 음성되먹임 작용에 의해 조절된다. 인슐린의 길항작용을 하는 글루카곤은 혈당농도를 높인다. 이처럼 인슐린과 글루카곤은 서로 협력하여 혈당농도를 일정하게 유지시켜준다.

인슐린은 주로 식사 후 혈당농도가 높을 때 분비되며, 특히 간세포와 근육세포, 지방조직 세포들로 하여금 포도당을 흡수하도록 한다. 간과 근육세포에서는 포도당이 글리코겐으로 저장된다. 근육세포에서는 포도당이 ATP 생성에 필요한 에너지를 공급하여 단백질 대사와 근육수축을 일으키며, 지방세포에서는 포도당이 분해되어 생성된 글리세롤과 아세틸기를 지방을 만드는데 사용한다. 이렇게 함으로써 인슐린은 혈당농도를 낮춘다.

글루카곤은 대개 혈당농도가 낮은 시간대인 식사와 식사 사이에 분비된다. 글루카곤의 주 표적조직은 간과 지방조직이다. 글루카곤은 간을 자극하여 글리코겐을 포도당으로 분해해 포도당 생성을 촉진한다. 또한 포도당보다 지방과 단백질을 에너지원으로 사용하도록 함으로써 혈액으로 포도당의 분비를 증가시켜 혈당농도를 높여준다.

당뇨병

당뇨병(diabetes mellitus)은 몸의 세포가 포도당을 흡수하지 않거나 포도당 물질대사를 하지 않는 흔한 호르몬성 질환이다. 그 결과 세포는 혈액 내에 포도당이 많이 있음에도 불구하고 포도당을 이용하지 못하게 된다. 혈당농도가 높아지면 물이 포도당과 함께 소변으로 배출되기 때문에 당뇨병 환자는 심한 갈증을 느끼게 된다.

당뇨병에는 1형 당뇨(*type 1 diabetes*; 인슐린 의존성 당뇨병)와 2형 당뇨(인슐린 비의존성 당뇨병)가 있다. 1형 당뇨는 췌장에서 인슐린을 생성하지 못해 발생하며, 발병 원인은 바이러스와 같은 환경요인에 의해 세포독성 T세포가 인슐린을 만드는 췌장도를 파괴하기 때문이다. 따라서 1형 당뇨에서는 단백질과 지방을 분해하여 에너지원으로 사용하는데, 지방의 대사는 산독증(산성혈액)을 유발하여 혼수상태나 사망을 초래할 수 있다. 따라서 1형 당뇨 환자는 매일 인슐린 주사를 맞아야 한다. 인슐린 주사를 통해 당뇨병 증상을 완화시킬 수는 있지만 불편함이 따른다. 그 이유는 인슐린을 너무 많이 주입하거나 규칙적으로 식사를 하지 못하면 혈액내 포도당 농도가 낮아지는 저혈당증이 나타날 수 있기 때문이다. 저혈당증으로 인해 발한, 창백한 피부, 얕은 호흡, 불안감 등의 증상이 나타난다. 뇌는 지속적인 포도당 공급을 필요로 하므로 포도당이 부족하면 인사불성이 될 수도 있다. 저혈당증 치료는 매우 간단하여 증세가 나타나면 즉시 각설탕이나 과일 주스를 섭취하면 된다.

미국에서는 현재 약 3,000만 명이 당뇨병을 앓고 있으며, 이중 대다수는 2형 당뇨(*type 2 diabetes*)이다. 2형 당뇨는 나이를 불문하고 비만이면서 비활동적인 사람에게서 발생한다(25.5절 참조). 이 유형은 췌장이 인슐린을 생산하지만 간과 근육세포가 인슐린에 반응하지 않는다. 이 세포들은 인슐린 저항성을 갖는다. 2형 당뇨를 치료하지 않으면 1형 당뇨만큼 심각한 결과를 초래할 수 있다. 두 가지 유형의 당뇨 환자 모두 실명, 신장 질환, 순환계 장애가 발생하기 쉽다. 저지방과 저당 식품을 섭취하고 규칙적으로 운동하면 당뇨병을 예방하거나 적어도 2형 당뇨는 조절할 수 있다.

표 27.1은 내분비계의 주요 기관과 샘, 그리고 이들이 분비하는 호르몬과 몸에 작용하는 효과를 요약한 것이다.

연관

임신성당뇨병이란 무엇이며, 발생 원인은 무엇인가?

임신 전에는 당뇨증상이 없었던 여성이 임신 중 혈당이 높아지는 경우를 임신성당뇨병이라고 한다. 임신성당뇨병은 소수의 임산부에서 나타나며, 인슐린 농도가 정상임에도 불구하고 세포가 인슐린에 정상적으로 반응하지 않는 인슐린저항성으로 인해 발생한다. 임신성당뇨병과 인슐린저항성은 대개 임신 후반부에 발생한다. 많은 경우 임신성당뇨병은 계획된 식단과 운동을 통해 조절할 수 있지만, 인슐린 주사가 필요한 경우도 있다. 만약 적절하게 처치하지 않으면 모체의 포도당이 태반을 통해 이동하여 태아의 혈당을 높이게 된다. 태아가 가진 여분의 에너지는 지방으로 저장되어 거대아 또는 "뚱뚱한" 아기가 된다. 큰 아기를 출산하는 것은 아기와 산모 모두에게 위험하며, 따라서 종종 제왕절개를 한다. 이와 같은 아기는 출산 후 합병증이 생기는 경우가 많으며, 성장해 비만이 되거나 2형 당뇨병을 앓게 된다. 통상적으로 임신성당뇨병은 출산 후에는 사라진다. 그러나 일단 임신성당뇨병을 한번 앓게 되면 다음 임신 때 다시 앓게 될 확률이 높으며, 이 여성은 나이 들어 2형 당뇨에 걸리기 쉬운 경향이 있다.

개념 연결하기

내분비계는 호르몬을 이용하여 신체의 기능을 조절한다.

표 27.1 내분비계 호르몬과 작용 효과

호르몬	몸에 대한 효과
시상하부와 뇌하수체 후엽	
방출호르몬과 억제호르몬	뇌하수체 전엽 조절
항이뇨호르몬(ADH)	뇌하수체 후엽에서 방출되며, 신장이 물을 흡수하도록 함
옥시토신(oxytocin)	뇌하수체 후엽에서 방출되며, 자궁이 수축하도록 함
뇌하수체 전엽	
생식샘자극호르몬	생식샘 자극
갑상샘자극호르몬(TSH)	갑상샘 자극
부신피질자극호르몬(ACTH)	부신피질 자극
프로락틴	젖을 생산하도록 함
성장호르몬(GH)	세포분열, 단백질 합성, 뼈 성장
갑상샘	
티록신(T_4)과 트리요오드티로닌(T_3)	대사율을 높임
칼시토닌	혈액의 칼슘 농도를 낮춤
부갑상샘	
부갑상샘호르몬(PTH)	혈액의 칼슘 농도를 높임
부신수질	
에피네프린과 노르에피네프린	위기 상황에 대한 반응
부신피질	
미네랄코르티코이드(알도스테론)	신장이 Na^+을 재흡수하게 함
당질코르티코이드(코르티솔)	혈당 농도를 높임
췌장	
인슐린	세포가 포도당을 흡수하고, 간에서 글리코겐이 합성되게 함
글루카곤	간에서 글리코겐이 분해되게 함

진도 점검하기 27.2

1. 스테로이드 호르몬과 펩티드 호르몬이 세포에서 어떻게 물질대사 변화를 유도하는지 설명하시오.
2. 시상하부와 뇌하수체가 어떻게 내분비계를 조절하는지 설명하시오.
3. 음성되먹임 기작이 내분비계 작용에 어떻게 관여하는지 요약하시오.
4. 각 내분비샘의 역할을 간략히 설명하시오.
5. 호르몬이 항상성 유지를 돕는 작용에 관해 설명하시오.

요 약 SUMMARIZE

신경계는 체내의 다른 기관계의 기능을 조절한다. 신경계에 의해 조절되는 내분비계는 몸의 내부 환경을 조절한다.

신경계는 신경 자극과 신경전달물질을 사용하여 신체 시스템의 기능을 조절한다.

내분비계는 호르몬을 이용하여 신체의 기능을 조절한다.

27.1 신경계

신경계(nervous system)와 **내분비계(endocrine system)**는 같이 협력하여 신체 다른 부위의 활동을 조절한다. 신경계는 **중추신경계(central nervous system, CNS)**와 **말초신경계(peripheral nervous system, PNS)**로 구성되어 있다.

신경

- **뉴런(neuron)**은 **세포체(cell body)**와 **축삭(axon)**, **수상돌기(dendrites)**로 이루어져 있으며, 축삭만이 신경자극을 전달한다. 축삭은 **미엘린초(myelin sheath)**로 덮여 있을 수 있으며, **랑비에결절**

(nodes of Ranvier)이라고 부르는 수초가 없는 부위도 있다. **신경**은 여러 뉴런의 축삭이 모인 것이다.

- 뉴런(neuron)의 유형으로는 신경자극을 받아 중추신경계로 보내는 **감각뉴런(sensory neuron)**, 중추신경계 뉴런 간에 신경자극을 전달하는 **연합뉴런(interneuron)**, 중추신경계로부터 신경자극을 내보내는 **운동뉴런(motor neuron)**이 있다.

신경신호

- **신경신호(nerve impulse)** 또는 **활동전위(action potential)**는 뉴런을 따라 정보를 이동시킨다. 소듐-포타슘 펌프는 Na^+을 축삭 밖으로 이동시키고 K^+은 안으로 이동시킨다. 축삭의 안쪽은 음전하를 띠고 바깥쪽은 양전하를 띤다.
- 신경전달 중에 Na^+이 축삭 안으로 이동하여 전하가 역전되며, 뒤이어 K^+이 축삭 밖으로 이동하면 이전 상태로 회복된다.
- 유수축삭에서는 신경자극이 결절에서 결절로 건너뛰기 때문에 신경자극의 전도속도가 무수축삭보다 훨씬 빠르다.

시냅스

- **시냅스(synapse)**는 축삭말단과 다음 뉴런 사이(중추신경계), 또는 축삭말단과 근육세포 사이(말초신경계)의 매우 근접한 간격을 이루는 부위이다.
- 신경신호는 **신경전달물질(neurotransmitter**; 흥분성 또는 억제성)이 시냅스틈으로 방출되게 한다. 흥분성과 억제성 신호의 정보**통합(integration)**이 신경세포가 신경 자극을 전달할지를 결정한다.
- 신경전달물질은 **시냅스틈(synaptic cleft)**에서 신속하게 제거된다.
- 많은 약물이 신경전달물질의 작용에 영향을 준다.

중추신경계

중추신경계는 뇌와 척수로 구성된다. 뇌와 척수는 연합뉴런으로 이루어진 신경관으로 연결되어 있다.

뇌

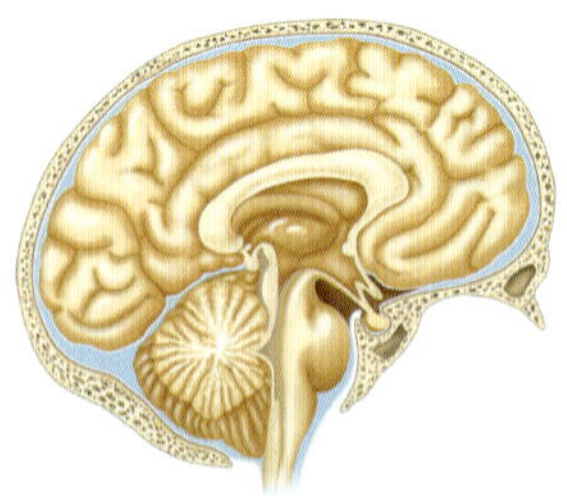

- 대뇌는 감각, 추리, 학습과 기억, 언어 등의 기능에 관여한다. **대뇌피질(cerebral cortex)**의 두정엽에는 몸의 각 부위에서 오는 감각정보를 받는 **1차감각영역(primary sensory area)**이 있고, 전두엽에는 골격근으로 운동명령을 보내는 **1차운동영역(primary motor area)**이 있다. **전전두엽(prefrontal area)**과 같은 연합영역은 통합기능을 한다.
- 간뇌의 **시상하부(hypothalamus)**는 항상성 조절에 도움을 주며, **시상(thalamus)**은 감각자극을 받아 대뇌로 보내도록 분화된 부위이다.
- **대뇌(cerebellum)**는 주로 골격근육 수축을 통합 조정한다.
- **뇌줄기(brain stem)**에 있는 **연수(medulla oblongata)**는 호흡과 심장박동 같은 생명유지에 중요한 중추이며, 내부기관을 조절한다. 중뇌에는 시각과 청각영역이 있으며, **뇌교(pons)**는 호흡을 조절한다.

변연계

변연계(limbic system)는 고등 기능을 전체로 통합한다. 해마와 편도체는 학습과 **기억(memory)**에 관여하며 **알츠하이머병(Alzheimer disease)**과 관련되어 있는 듯하다.

말초신경계

말초신경계는 감각뉴런을 중추신경계와 연결하며, 신경절로 구성된 신경을 갖고 있다. 신경에는 뇌신경, 척수신경이 있으며 말초신경계는 체성신경계와 자율신경계로 나뉜다.

- **체성신경계(somatic system): 반사궁(reflex**; 자동반응)은 감각수용기, 감각뉴런, 척수의 연합뉴런, 그리고 운동뉴런으로 이루어져 있다.
- **자율신경계(automomic system): 교감신경계(sympathetic division)**는 스트레스를 받을 때 활성화되고, **부교감신경(parasympathetic division)**은 편안한 상태일 때 활성화된다. 모두 동일한 내부기관을 조절한다.

27.2 내분비계

내분비계(endocrine system)에서의 **내분비샘(endocrine gland)**은 혈액으로 **호르몬(hormone)**을 분비하여 호르몬이 표적기관이나 조직으로 가게 한다. 호르몬은 **스테로이드 호르몬(steroid hormone)** 또는 **펩티드 호르몬(peptide hormone)**으로 분류된다.

주요 기관과 분비샘

주요 분비샘에서 분비되는 호르몬의 기능은 표 27.1에 정리하였다.

- 시상하부와 뇌하수체: 몸의 내부 환경을 조절한다. 시상하부는 내분비샘과 신경계를 연결한다. 뇌하수체는 **뇌하수체 전엽(anterior pituitary)**과 **뇌하수체 후엽(posterior pituitary)**으로 되어 있으며, 음성되먹임 메커니즘을 통해 다른 내분비샘을 조절하는 호르몬을 방출한다.
- 갑상샘과 부갑상샘: **갑상샘(thyroid gland)**은 물질대사를 조절한다. 갑상샘 기능항진 또는 갑상샘 기능저하는 지방병성 갑상샘종 또는 안구돌출갑상샘종을 초래할 수 있다. 갑상샘과 **부갑상샘(parathyroid glands)**은 칼슘 항상성과 관련이 있으며, 부갑상샘 호르몬 생산이 불충분하면 근육경련(tetany)을 일으키게 된다.
- 부신: 부신은 **부신피질(adrenal cortex)**과 **부신수질(adrenal medulla)**로 이루어져 있다. 부신피질의 호르몬 분비에 이상이 있을 경우 **애디슨병(Addison disease)**과 **쿠싱증후군(Cushing syndrome)**이 발생할 수 있다.
- 췌장: 췌장은 외분비샘과 내분비샘을 모두 가지고 있다. **췌장도(pancreatic islets)**의 내분비 세포에서 분비하는 인슐린과 글루카곤은 모두 포도당 항상성에 관여한다. **당뇨병(diabetes mellitus)**은 포도당 항상성을 유지하지 못하여 생기는 질병이다

평가 ASSESS

혼자 풀어보기

가장 적절한 답을 고르시오.

27.1 신경계

1. 자율신경계의 교감신경은
   a. 심장박동과 소화활동을 증가시킨다.
   b. 심장박동과 소화활동을 감소시킨다.
   c. 동공을 수축시킨다. **d.** 해당 사항 없음.

2. 활동전위가 시작되면 소듐 통로가 열려 Na^+이 막을 통과할 수 있게 된다. 이 때 축삭의 막전위 변화는
   a. 바깥쪽은 음전하, 안쪽은 양전하
   b. 바깥쪽은 양전하, 안쪽은 음전하
   c. 바깥쪽은 중성, 안쪽은 음전하
   d. 바깥쪽과 안쪽의 전하 차이가 없다.
3. 시냅스를 통한 신경신호의 전도는 다음 중 어느 것에 의해 이루어지는가?
   a. Na^+과 K^+의 이동
   b. 수상돌기에 의한 신경전달물질의 방출
   c. 축삭에 의한 신경전달물질의 방출
   d. 세포체에 의한 신경전달물질의 방출
   e. 모두 해당함.
4. 자율신경계는 무엇으로 이루어져 있는가?
   a. 중추신경계와 말초신경계　b. 체성신경계와 골격계
   c. 원심성신경계와 구심성신경계　d. 교감신경계와 부교감신경계
5. 고도 뇌 기능과 정서적 반응을 결합하는 역할을 담당하는 뇌의 영역은
   a. 양측뇌　b. 뇌줄기　c. 변연계　d. 전두엽 피질　e. 신경중점체
6. 다음 중 심장박동과 호흡, 혈압을 조절하는 뇌 부위는?
   a. 대뇌　b. 간뇌　c. 소뇌　d. 뇌줄기

27.2 내분비계

7. 내분비계가 신경계와 다른 사항은?
   a. 소통 수단으로서 화학신호를 사용한다.
   b. 평형유지를 돕는다.
   c. 표적기관으로 정보를 보낸다.
   d. 세포의 물질대사를 변화시킨다.
8. 다음 중 부신수질과 부신피질에 해당하는 사항은?
   a. 모두 내분비샘이다.
   b. 모두 같은 기관에 있다.
   c. 모두 스트레스에 대한 반응에 관여한다.
   d. 위의 보기 모두 해당한다.
9. 부갑상샘호르몬(PTH)은 혈중 칼슘 농도를 ___________, 칼시토닌은 _________.
   a. 증가시키고, 변화시키지 않는다. b. 증가시키고, 감소시킨다.
   c. 감소시키고, 감소시킨다.　d. 감소시키고, 증가시킨다.
   e. 변화시키지 않고, 증가시킨다.
10. 바이러스가 1형 당뇨를 유발하는 방식은 무엇인가?
    a. 췌장세포에서 유전자 발현을 방해한다.
    b. T 세포가 췌장도를 파괴한다.
    c. 인슐린을 분해한다.
    d. 췌장도에서 인슐린이 분비되지 못하게 한다.
11. 다음 중 신경계와 내분비계를 연결하는 역할을 하는 것은?
    a. 부갑상샘　b. 시상하부
    c. 소뇌　d. 췌장
12. 쿠싱증후군과 애디슨병은 다음 중 어느 부위와 연관이 있는가?
    a. 갑상샘　b. 부신
    c. 췌장　d. 뇌하수체 전엽

관계맺기 ENGAGE

과학적으로 생각하기

1. 최근 연구 결과에 의하면 파킨슨병은 말초신경계의 교감신경이 손상되었기 때문인 것으로 나타났다. 발살바 호흡법(Valsalva maneuver)이라고 부르는 교감신경 기능 검사는 환자로 하여금 숨을 들이마신 뒤 내쉬지 않고 참도록 한다. 신경계가 정상적으로 기능한다면 혈관을 수축시켜 심장에서 나가는 혈액이 감소하는 것을 보완해줄 것이다. 그렇다면 파킨슨병 환자는 발살바 호흡법에 어떻게 반응할 것이라고 생각되는가? 이것을 파킨슨병 환자의 보편적인 상태인 기립성 저혈압(갑자기 일어설 때 어지럽거나 졸도하게 되는 현상)과 어떻게 연관지을 수 있는가?
2. 연구진들은 2형 당뇨가 지난 몇십 년 동안에 급격하게 증가한 원인을 찾기 위해 노력하고 있다. 좌식 생활방식과 나쁜 식습관이 당뇨 발병을 증가시키는 큰 요인임에 틀림없다. 그러나 일부 연구진에 의해 어린 시절의 예방접종과 1형 당뇨 사이에 연관이 있다는 것이 밝혀졌다. 최근에 대규모 예방접종을 시행한 나라의 역학조사 자료를 보면 1형 당뇨가 증가하고 있는 것으로 나타났다. 예방접종과 당뇨병 사이에 어떤 연관이 있는 것일까?
3. 인도네시아의 보르네오섬과 수마트라섬에 사는 오랑우탄에 대한 연구 결과를 보면 먹이가 부족한 보르네오 지역에 서식하는 오랑우탄 종의 뇌가 먹이가 풍부한 수마트라에 사는 오랑우탄 종의 뇌에 비해 크기가 작다는 것을 알게 되었다. 이러한 결과로 미루어 오랑우탄의 진화에 있어 뇌의 크기와 섭식 사이에 어떠한 관계가 있는지 알 수 있는가?
4. 미국 식품의약국(FDA)은 "작은 키"를 치료하기 위해 사람성장호르몬(hGH)을 사용하는 것을 승인하였다. 이러한 결정은 작은 키가 합법적으로 치료받아야 할 의학적 상태라는 것을 의미한다. 그러나 엄밀히 말해 이와 같은 성장호르몬 처치는 질병을 치료하기 위한 것이 아니라, 단지 키가 작다는 사실 외에는 건강한 사람의 외모를 변화시키는 행위이다. FDA의 결정을 지지하는 사람들은 키가 작은 사람에게 hGH을 투여하는 것은 키가 큰 사람들에 맞춰 만들어진 세상에서 그들도 정상적으로 삶을 영위할 수 있게 해줄 것이라고 주장한다. 반면에 반대하는 사람들은 이러한 조치는 추후 더 똑똑하게 하거나 더 빠르게 만들어주는 등의 처치가 더 많아지게 되는 위험한 상황으로 이끌 수 있다고 주장한다. 당신은 "작은 키 치료"에 hGH를 사용하는 것에 대해 어떻게 생각하는가?
5. 노후에 사람성장호르몬(hGH)을 투여하면 노화억제 효능이 있다는 광고가 많이 나오고 있다. hGH 수치는 나이가 들어감에 따라 자연적으로 감소하며, 나이가 많은 성인에게 hGH를 투여하면 근육량이 늘고 체지방은 감소한다는 증거가 있다. 그러나 hGH를 투여하는 방법은 주사가 유일하다. 수많은 웹사이트에서 과대 광고하는 알약 형태의 hGH는 효과가 없다. hGH 주사는 의사의 처방으로만 가능하며 비용도 비싸서 1개월에 약 1,000달러나 소요된다. 더욱이 hGH 요법은 혈당 상승, 부종, 관절 통증 등의 부작용이 있을 수 있다. 그럼에도 불구하고 노화현상을 지연시키거나 피하고 싶은 사람들뿐만 아니라 수행능력을 향상시키고자 하는 운동선수들이 이 호르몬에 많은 관심을 가지고 있다. 우리는 노화로 인한 육체적 쇠퇴를 받아들여야 하는가, 아니면 hGH를 이용해서라도 젊은 모습을 유지하기 위해 노력해야 하는가?

CHAPTER

28

감각 입력과 운동 출력
Sensory Input and Motor Output

©Maja Hitij/Getty Images

개요

시작하기 전에

이 장을 시작하기 전에 다음의 내용을 다시 살펴보자.

그림 5.4 ATP 회로는 어떠한 단계로 이루어져 있는가?

그림 6.5 색채는 빛의 파장과 어떻게 연관되어 있는가?

27.1절 뇌의 어떤 영역이 감각입력을 통합하고 운동출력 생성하는 것에 관여하는가?

마라톤 세계기록 보유자

2018년 베를린 마라톤에서 케냐의 엘리우드 킵초게(Eliud Kipchoge)는 26.2마일 코스에서 1마일당 평균 속도 4분 38.4초로 2시간 1분 39초의 세계 신기록을 세웠다. 하지만 이것은 그의 개인 최고 기록이 아니다. 1년 전에 킵초게는 비슷한(비준되지 않은) 마라톤을 2시간 25초 만에 달렸습니다. 이러한 장거리 지구력 경주에서 킵초게의 뇌는 눈, 귀 및 내부 센서(감각입력)의 감각 입력을 조정하여 골격 및 근육 시스템(운동 출력)의 활동을 최대화한다. 킵초게와 마찬가지로, 우리는 모두 수업에 갈 때, 운동할 때, 심지어 컴퓨터 작업을 할 때도 이러한 기능을 매일 수행한다.

이러한 감각, 골격계, 근육계는 모두 항상성에 기여한다. 우리의 감각은 외부 환경에 대한 정보를 제공한다. 골격은 우리 신체의 형태를 갖추고 내부 장기를 보호하는 것 외에도 무기 칼슘의 저장소이며 혈액세포를 만드는 역할을 한다. 골격은 또한 중력의 당기는 힘에 대해 몸을 지탱하면서 내부 장기를 보호합니다. 골격근은 신체의 움직임에 기여하는 동시에 열을 발산하여 몸을 따뜻하게 한다. 이 장에서는 감각이 어떻게 뇌에 정보를 제공하는 것뿐만 아니라 골격계와 근육계가 어떻게 움직임과 지지에 어떻게 관여하는지 살펴볼 것이다.

이 장을 공부하는 동안 다음 질문에 대해 생각해보자.

1. 감각은 뇌에 어떻게 정보를 제공하는가?
2. 신경계는 어떻게 근육계를 특이적으로 조절하는가?
3. 근육계와 골격계는 어떻게 하여 움직이도록 하는가?

28.1 감각

학습 목표

이 절을 학습한 후에는 다음 과제를 수행할 수 있어야 한다.

1. 인간의 미각과 후각에 대해 설명하기.
2. 인간의 귀의 구조와 그 기능을 설명하기.
3. 회전 평형과 중력 평형을 구분하기.
4. 인간의 눈의 구조를 설명하고 시가에서의 기능을 요약하기.
5. 피부수용체와 자기수용체의 목적을 설명하기.

모든 생명체는 자극에 반응한다. 자극은 외부 환경이나 내부 환경에 대해 우리에게 알려주는 환경 신호이다. 21.2절에서 식물이 빛 등의 외부 자극에 대해 흔히 생장 패턴을 변화시켜 반응한다는 사실을 알았다. 이와는 대조적으로 동물의 반응은 흔히 운동으로 나타난다. 고등동물은 감각수용체에 의존하여 중추신경계(뇌와 척수)에 정보를 제공하고, 이 중추신경계는 운동 반응을 나타내기 전에 감각 입력을 통합한다(그림 28.1). 28.2절에서는 근육과 골격계가 어떻게 운동 반응에 관여하는지 살펴볼 것이다.

감각기관은 일반적으로 한 종류의 자극을 받아들이도록 특화되어 있다. 일반적으로 눈은 빛에, 귀는 음파에, 압력수용체는 압력에, 화학수용체는 화학 분자에 반응한다. 감각수용체는 자극을 대뇌 피질의 특정 부분에 도달하는 신경 자극으로 변환한다. 눈에서 오는 자극은 시각영역에 도달하고 귀에서 오는 자극은 청각영역에 도달한다. 감각수용체는 신경신호를 발생시키기 전에 신호의 **통합(integration)** 또는 종합하는 과정을 수행한다. 통합의 한 가지 유형은 자극에 대한 반응이 감소하는 **감각적응(sensory adaptation)**이다. 우리는 모두 방에 처음 들어갔을 때 냄새를 맡고, 그러한 이후 나중에는 냄새를 인식하지 못하게 되는 경험이 있다. 감각적응이 발생하면 감각수용체가 뇌에 더 적은 자극을 보낸다. 이러한 자극이 없으면 자극에 대한 감각이 감소한다. 그러나 감각수용체가 아닌 뇌는 궁극적으로 감각과 지각을 담당하며, 뇌의 각 부분은 자극을 한 가지 방식으로만 해석한다. 예를 들어, 눈의 광수용체가 우연히 빛이 아닌 압력에 의해 자극받았을 때 뇌는 "별"이나 다른 시각적 패턴을 보게 한다.

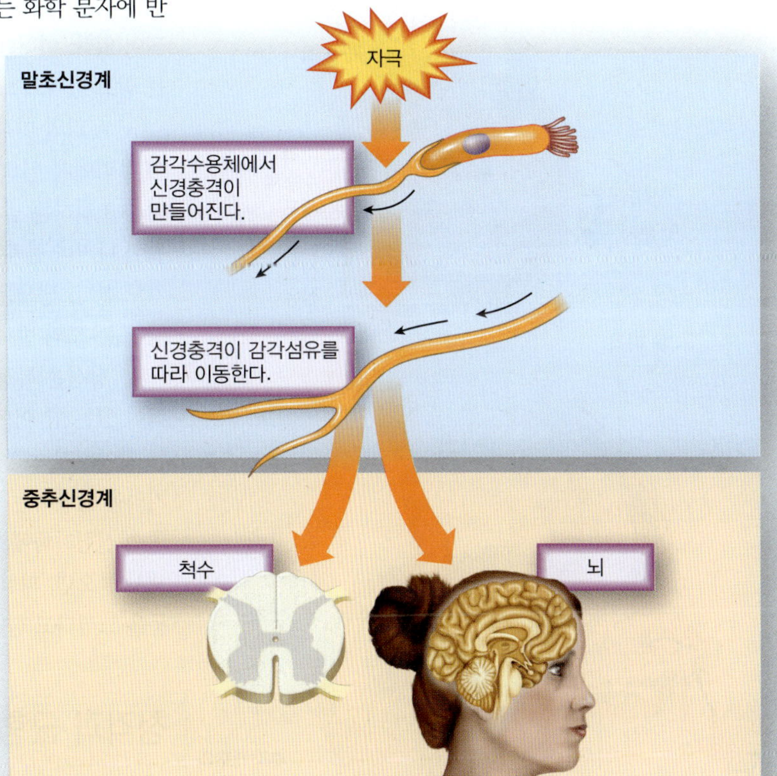

그림 28.1 감각 입력.
감각수용체는 자극을 감지한 후 말초신경계(PNS) 내에서 신경 자극을 시작한다. 이러한 자극은 중추신경계(CNS)에 외부 및 내부 환경에 대한 정보를 제공한다. 중추신경계는 들어오는 모든 정보를 통합한 다음 자극에 대한 운동 반응을 시작한다.

화학적 감각

동물에서 감각수용체의 기본적인 기능은 동물이 안전을 유지하고, 먹이를 찾고, 짝짓기 상대를 찾는 것을 돕는 데 관여한다. **화학수용체(chemoreceptor)**는 환경에서 화학물질을 감지할 수 있는 능력을 부여하였는데 가장 원시적인 감각일 것으로 추정된다.

모든 동물은 어떤 형태의 화학수용체를 가지고 있다. 예를 들어, 플라나리아(편형동물)의 몸 전체에 존재한다. 수컷 나방은 더듬이에 성 유인 물질에 대한 수용체가 있다. 수컷 누에나방의 더듬이에 있는 수용체는 암컷이 방출하는 화학물질에 수컷이 반응하기 위해서는 40,000개의 수용체 단백질 중 40개만 활성화하면 될 정도로 민감하다. 집파리와 같은 다른 곤충들은 주로 발에 화학수용체를 가지고 있어 파리는 입 대신 발로 맛을 느낀다. 포유류에서 미각 수용체는 입에 있고 후각수용체는 코에 있다.

맛과 냄새

사람의 경우 혀에 분포되어 있는 **미뢰**(*taste bud*)에 미각수용체 세포가 있으며 코에는 후각수용체 세포가 있다(그림 28.2*a*). 화학물질에 대한 수용체 단백질은 미각수용체 세포의 미세융모와 후각수용체 세포의 섬모에 위치한다(그림 28.2*b*). 분자들이 이러한 수용체 단백질과 결합하면 감각신경섬유에서 신경자극이 발생하여 뇌로 전달된다. 이 충격이 적절한 피질 영역에 도달하면 각각 맛과 냄새로 판단하게 된다.

맛은 쓴맛, 신맛, 짠맛, 단맛, 우마미(일본어로 "감칠맛")의 최소한 다섯 가지 기본 형태가 있다. 일반 조미료인 글루탐산모노나트륨(mono-sodium glutamate, MSG) 같은 특정 아미노산이 풍부한 식품뿐만 아니라 특유의 향을 지닌 치즈, 소고기 육수, 일부 해산물은 감칠맛을 낸다. 각 주요 맛 대한 미뢰는 혀 전체에 분포하지만 특정 부위에 집중되어 있기도 하다. 특정 음식은 이러한 유형의 미뢰 중 하나 이상을 자극할 수 있다. 이러한 방식으로 미뢰의 반응은 단맛, 신맛, 짠맛, 감칠맛, 쓴맛의 다양한 맛으로 나타날 수 있다. 뇌는 들어오는 감각자극의 전반적인 패턴을 조사하고 맛 정보의 "가중 평균치"를 인식된 맛으로 받아들이는 곳으로 추정된다. 마찬가지로 냄새에는 수용체 단백질의 특징적인 조합을 활성화하는 많은 냄새 분자가 포함되어 있다. 이러한 복잡한 정보가 대뇌피질로 전달되면 우리는 장미(또는 양파) 냄새를 맡고 있다고 느낀다.

우리의 미각과 후각은 생리적 필요를 충족시키기 위해 진화해 왔다. 과일과 같이 우리에게 필요한 영양소가 풍부한 식품은 우리가 선호하는 맛을 지니고 있다. 음식을 조리하는 냄새는 소화액을 분비하도록 하는 반사작용을 일으킨다. 그러나 구역질이 나거나 불쾌감을 일으키는 물질은 구토반사를 일으키거나, 심지어 구토를 유발기도 한다. 냄새는 생존에 훨씬 더욱 중요하다. 연기 등의 위험과 연관된 냄새는 투쟁-또는-도피 반사를 유발할 있다. 불쾌한 냄새는 재채기나 질식을 유발할 수 있다.

당신은 특정 향기로 인해 특정 사람이나 장소가 생생하게 기억나는 경험을 한 적이 있는가? 어떤 사람의 향기가 다른 사람을 떠올리게 할 수 있으며, 회양목 냄새는 할아버지 농장을 떠올리게 할 수 있다. 후구(olfactory bulb)는 변연계 및 감정과 기억을 담당하는 중추와 직접 연결되어 있다(27.1절 참조). 한 연구자의 연구에 따르면 피실험자들에게 그림을 보는 동안 오렌지 냄새를 맡게 하고 나중에 그 그림에 대해서 물으면, 피실험자들은 그림을 기억할 뿐만 아니라 그 그림에 대해 아주 깊은 감동을 느꼈다고 한다.

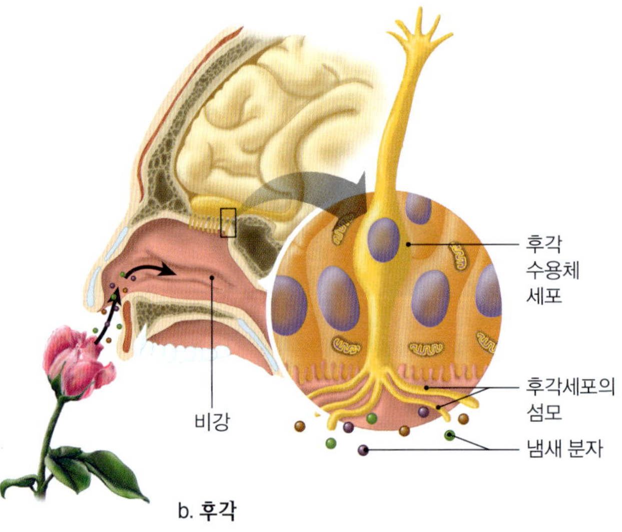

그림 28.2 미각과 후각.
a. 미각은 혀에 있는 미각수용체 세포의 미세융모에 있는 수용체 단백질에 기인한다. **b.** 후각은 후각수용체 세포의 섬모에 있는 수용체 단백질에 기인한다.

청각과 균형

사람의 귀는 청각과 균형(평형)의 두 가지 감각기능을 가진다. 이들 두 기능에 필요한 감각수용체는 부동섬모(stereocilia)라고 하는 긴 미세융모가 있는 **털세포**(*hair cell*)로 구성되어 있다. 이 미세융모는 미각세포의 것과는 달리 기계적인 자극에 매우 민감하다. 그러므로 이를 **기계수용체(mechanoreceptor)**라는 수용체의 한 분류에 속한다.

균형과 청각에 대한 감각수용체의 유사성과 이들이 같은 기관에 존재한다는 것은 이들 두 감각수용체 사이의 진화적 연관성을 암시한다. 실제로, 포유류 귀의 감각기관은 어류의 감각기관 중 한 유형에서 진화했을 수 있다.

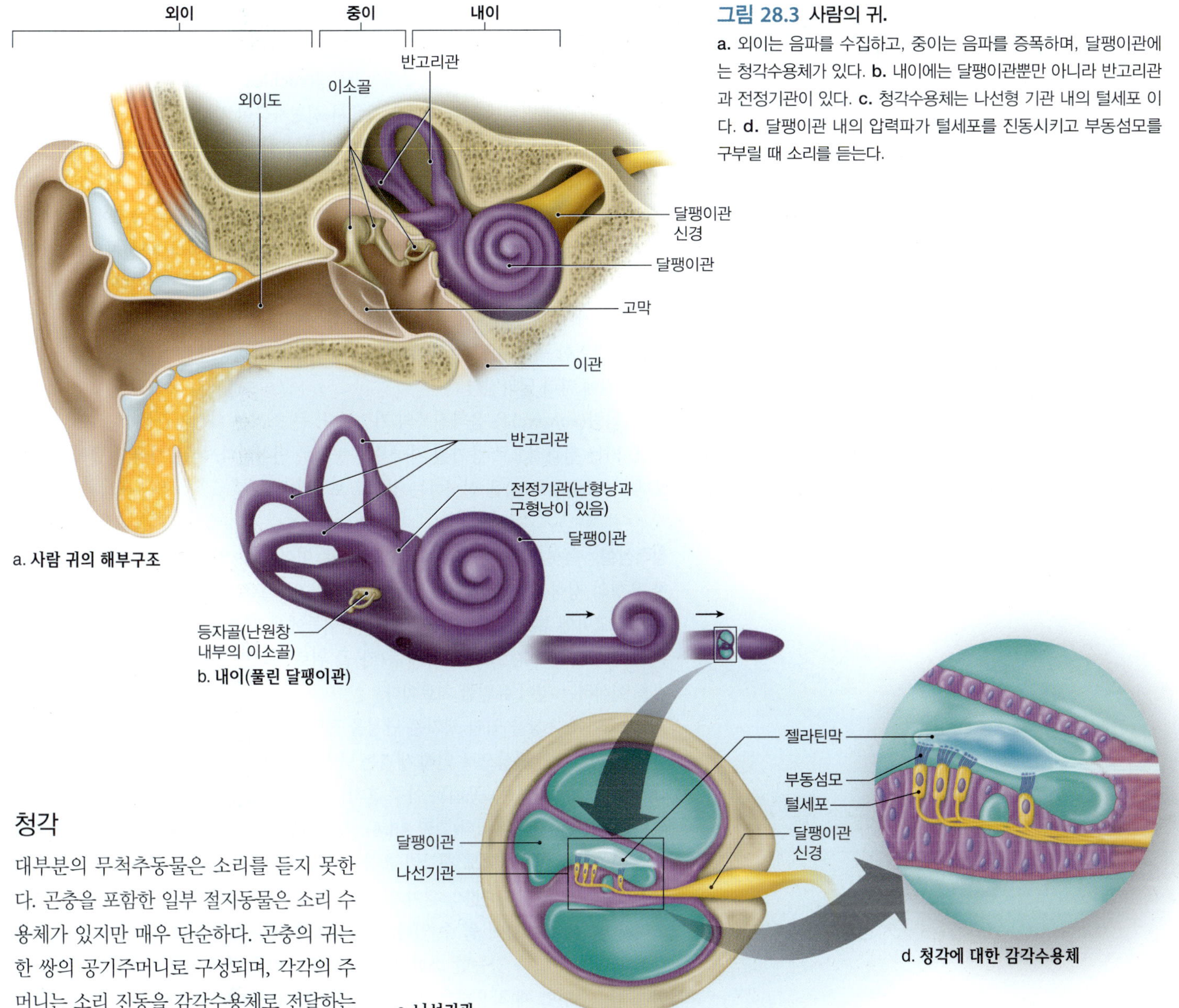

a. 사람 귀의 해부구조

b. 내이(풀린 달팽이관)

c. 나선기관

d. 청각에 대한 감각수용체

그림 28.3 사람의 귀.
a. 외이는 음파를 수집하고, 중이는 음파를 증폭하며, 달팽이관에는 청각수용체가 있다. **b.** 내이에는 달팽이관뿐만 아니라 반고리관과 전정기관이 있다. **c.** 청각수용체는 나선형 기관 내의 털세포 이다. **d.** 달팽이관 내의 압력파가 털세포를 진동시키고 부동섬모를 구부릴 때 소리를 듣는다.

청각

대부분의 무척추동물은 소리를 듣지 못한다. 곤충을 포함한 일부 절지동물은 소리 수용체가 있지만 매우 단순하다. 곤충의 귀는 한 쌍의 공기주머니로 구성되며, 각각의 주머니는 소리 진동을 감각수용체로 전달하는 고막(tympanic membrane)이라고 부르는 막으로 둘러싸여 있다. 사람의 귀에도 고막이 있지만, 외이와 중이 사이에 존재한다(**그림 28.3*a***). 외이는 고막이 아주 경미하게 앞뒤로 움직이는(진동) 원인이 되는 음파를 수집한다. 중이에 있는 세 개의 작은 뼈들로 이루어진 이소골(ossicles)은 소리가 한쪽에서 다른 쪽으로 이동할 때 소리를 약 20배 증폭시킨다. 이소골의 마지막 뼈인 등(자)골(stapes)이 난원창의 막에 부딪혀 진동을 일으킨다. 이런 방식으로 압력이 내이에서 청력을 담당하는 부위인 달팽이관(cochlea) 속에 있는 림프액으로 전달된다(**그림 28.3*b***). 달팽이관(*cochlea*)이라는 용어는 "달팽이 껍질"을 의미한다. 특히 청력을 담당한 감각수용체는 달팽이관의 통로에 위치한다. 청력을 담당한 감각수용체는 털세포이며, 이 털세포의 부동섬모(stereocilia)는 젤라틴성 막에 박혀 있다. 그것들을 총칭해서 나선기관(*spiral organ*) 또는 코르티 기관(*organ of Corti*)이라고 한다(**그림 28.3*c, d***).

음파를 모아서 증폭시키는 외이와 중이는 공기로 채워져 있다. 귀인두관(이관, auditory tube)은 중이 속의 압력을 완화시킨다. 그렇지만 내이는 액체로 차 있어서 액체의 압력파가 나선기관을 자극한다. 등(자)골이 난원창의 막을 때리면 압력파에 의해 털세포가 위 아래로 움직이고, 젤라틴막에 묻혀 있는 털세포의 부동섬모가 구부러진다. 나선기관의 털세포는 달팽이관신경(cochlea nerve)과 시냅스를 형성하고, 부동섬모가 구부러지면 달팽이관 신경에서 신경자극이 시작되어 뇌간(brain stem)으로 전달된다. 이러한 자극이 대뇌피질의 청각영역에 도달하면 소리로 인식된다.

나선기관의 각 부분은 소리의 높낮이(*pitch*)에 해당하는 서로 다른 파동 주파수에 민감하다. 나선기관의 정단끝부분은 튜바 소리와 같은 낮은 음조에 반응하고, 기저부 부근은 종이나 휘파람 소리와 같은 높은 음조에 반응한다. 나선기관의 길이를 따라 위치한 각 영역의 신경섬유는 뇌의 약간 다른 영역으로 이어진다. 나선기관을 길게 따라가며 각 부위에서 나오는 신경섬유는 뇌의 조금씩 다른 영역으로 이어진다. 우리가 경험한 음조 감각은 나선기관의 어느 영역이 진동하고 뇌의 어느 영역이 자극되는지에 따라 달라진다.

음량(*volume*)은 음파진폭의 기능이다. 큰 소리는 나선기관을 더 크게 진동시킨다. 뇌는 결과적으로 증가된 자극을 음량으로 인식한다. 뇌는 자극된 털세포의 분포에 따라 음색(*tone*)을 인식하는 것으로 보인다.

청력상실 특히 어릴 때 중이는 청력 장애로 이어질 수 있는 감염에 취약하다. 이러한 유형의 청력 손실을 예방하기 위한 노력의 일환으로 중이에서 액체가 배출될 수 있도록 고막에 튜브를 삽입하는 것은 어린이들에게 꽤 일반적이다. 이소골의 이동성은 나이가 들면서 감소하며, 뼈가 등(자)골 위로 자라면 움직일 수 있는 인공 등(자)골을 이식하는 것이 유일한 치료이다.

중이에 손상을 입어 생기는 난청을 전도성 난청(*conduction deafness*)이라고 하며, 나선기관의 손상으로 인해 생기는 난청을 신경성 난청(*nerve deafness*)이라 한다. 현대사회에서 소음 공해는 아주 흔하며, 도시의 교통소음에 의해서도 털세포의 부동섬모가 손상될 수 있다(**그림 28.4**). 시끄러운 록 콘서트에 자주 가거나, 큰 음량으로 이어폰을 이용하여도 청각이 손상될 수 있다. 이런 위험의 첫 징후는 일시적인 난청, 귀에 뭔가 "가득 찬" 느낌이 있거나, 소리가 잘 들리지 않거나, 이명(귀에서 종소리가 남, tinnitus)이 될 수 있다. 소음에 노출되는 것을 피할 수 없는 경우, 소음 감소 귀마개와 압축 가능한 스펀지 같은 재료로 만든 귀마개를 사용할 수 있다. 이 귀마개는 수영할 때 착용하는 것과 동일하지 않으며 서로 바꿔서 착용해서는 안 된다. 마지막으로, 일부 약이 청력에 손상을 줄 수 있다는 것을 알아야 한다. 시스플라틴 같은 항암제나 스트렙토마이신 같은 항생제를 복용하는 사람은 특히 큰 소음으로부터 귀를 보호하기 위해 특히 주의를 기울여야 한다.

균형

사람은 회전과 중력의 두 가지 균형(평형) 감각을 가지고 있다. 우리는 머리의 회전(각도) 움직임뿐만 아니라 중력에 대

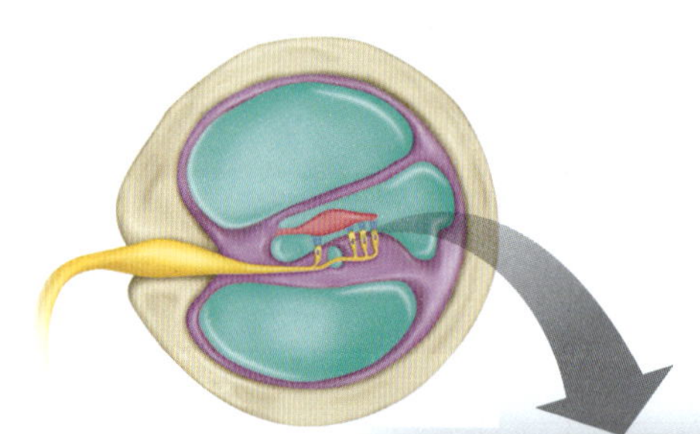

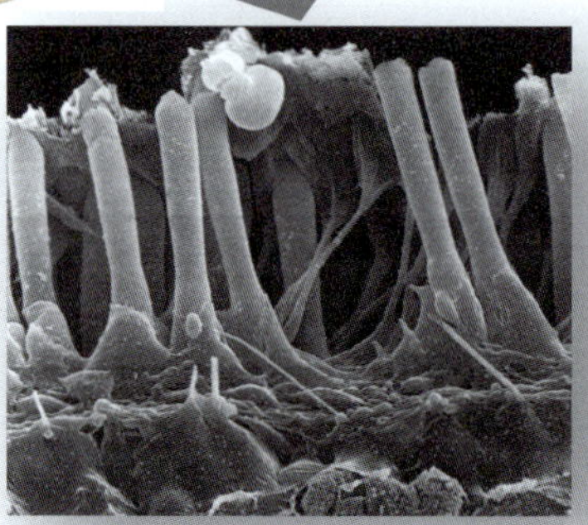

a.

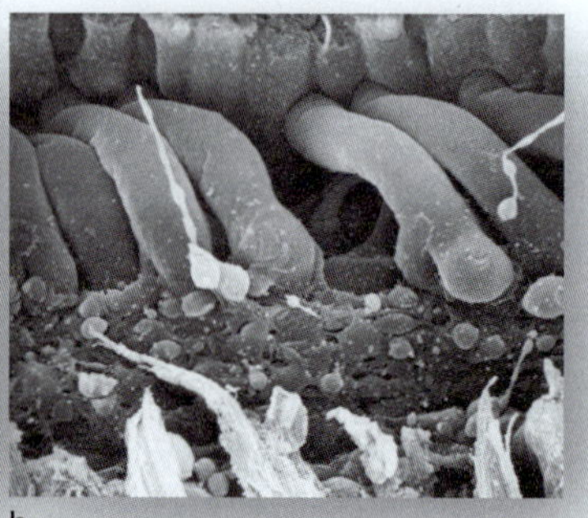

b.

그림 28.4 청력에 대한 소음의 효과.
a. 나선기관에 있는 정상 털세포의 주사현미경 사진. **b.**과도한 노이즈에 의해 손상된 털세포의 주사현미경 사진. 손상된 세포는 교체할 수 없으므로 청력이 영구적으로 손상된다.

(a, b): ©Dr. Goran Bredberg/Science Source

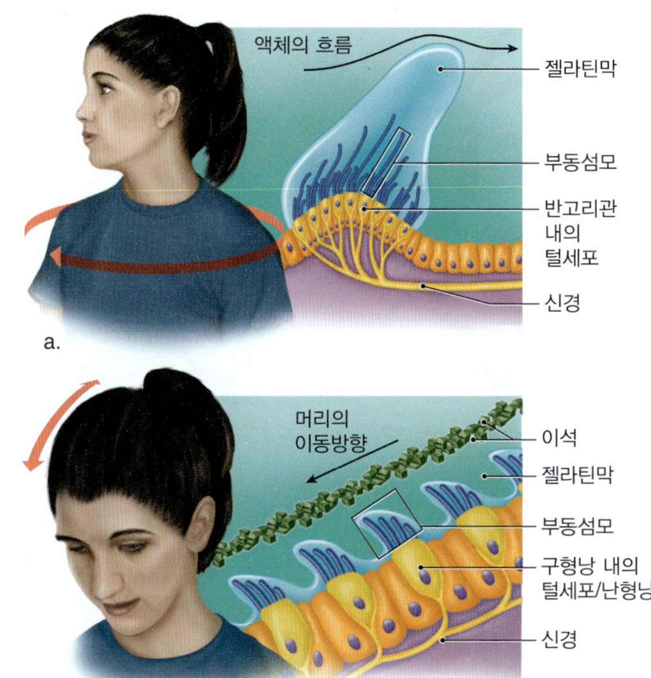

그림 28.5 사람의 평형감각.
a. 회전평형에 대한 감각수용체. 머리를 회전하면 젤라틴막이 변위되어 부동섬모가 구부러진다. b. 중력평형에 대한 감각수용체. 머리를 숙이면 이석이 움직이고, 이에 따라 젤라틴막이 아래로 처지면서 부동섬모가 구부러진다.

한 머리의 직선 움직임도 감지할 수 있다.

회전평형(rotational equilibrium)에는 반고리관이 관여한다(그림 28.3*b* 참조). 각 고리관의 각 근관의 기저부에 털세포는 젤라틴막 안에 박힌 부동섬모를 가지고 있다(그림 28.5*a*). 세 개의 반고리관이 있기 때문에, 각각 다른 공간방향으로 향하는 머리의 움직임에 반응한다. 반고리관 내부의 액체가 흘러서 젤라틴막이 변위되면 털세포의 부동섬모가 구부러지고, 중추신경계로 전달되는 자극의 패턴이 변한다. 일반적으로 시각으로 보완되는 이러한 신호들은 머리가 어떻게 움직이는지 뇌에 알려준다. 현기증(*vertigo*)이란 어지럼증과 회전감각이다. 빠르게 돌다가 갑자기 멈추면 현기증이 일어날 수 있다. 반고리관에 있는 부동섬모가 받는 갑작스러운 자극 때문에 사람은 방이 계속 도는 것처럼 느끼게 된다.

중력평형(gravitational equilibrium)은 중력에 대한 머리 위치와 관련이 있다. 이 감각은 내이에 있는 두 종류의 막으로 싸인 주머니인 난형낭(*utricle*)과 구형낭(*saccule*)에 의해 좌우된다(그림 28.3*b* 참조). 이들 두 주머니 역시 젤라틴막 내부의 부동섬모를 가진 털세포가 있다(그림 28.5*b*). 이 젤라틴막 속에 이석(otoliths)이라고 하는 탄산칼슘($CaCO_3$) 알갱이가 있다. 머리를 앞뒤 또는 위아래로 움직이면 이석의 위치가 바뀌고 막이 움직여 털세포의 부동섬모가 구부러진다. 이러한 움직임으로 인해 중추신경계로 가는 신경자극의 빈도가 달라진다. 일반적으로 시각으로 보완되는 이러한 신호는 머리가 움직이는 방향을 뇌에 알려준다.

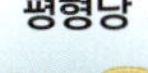

다른 동물의 유사한 수용체

평형낭(*statocysts*)이라고 부르는 중력평형기관은 자포동물(cnidarians), 연체동물(molluscs), 갑각류(crustaceans)를 포함하여 여러 종류의 무척추동물에서 발견된다. 이 기관은 머리의 위치에 대한 정보만 제공하며, 운동감각에는 관여하지 않는다(그림 28.6*a*). 머리가 움직임을 멈추면 평형석(이석, statolith)이라고 하는 작은 입자가 가장 가까이에 있는 털세포의 섬모를 자극하고, 이 섬모는 머리의 위치를 알려주는 자극을 생성한다.

어류의 측선계(*lateral line system*)는 사람의 내이와 비슷한 감각기관을 사용한다(그림 28.6*b*). 경골어류의 경우, 측선계는 외부로 통하는 통로가 있는 관 내에 위치한 감각기관으로 구성된다. 짐작하는 바와

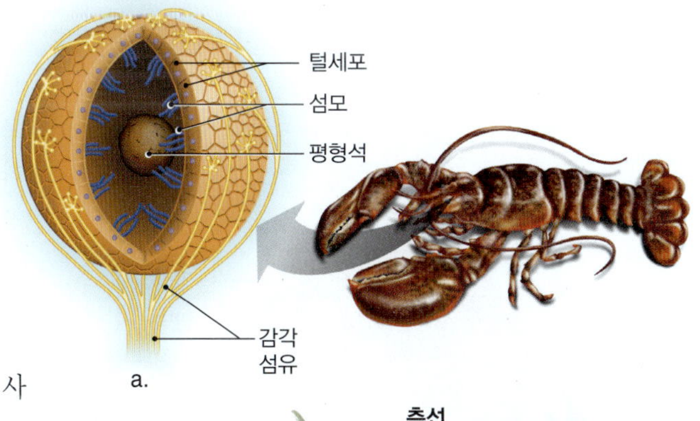

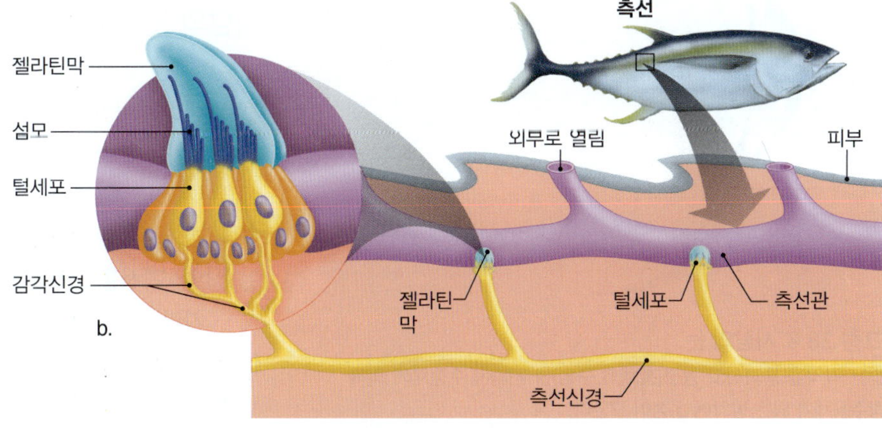

그림 28.6 다른 동물의 감각수용체.
a. 무척추동물은 자신들의 위치를 판단하기 위하여 평형낭을 이용한다. 평형석(이석)이 움직임을 멈추면 가장 가까이 있는 털세포의 섬모가 자극을 받아 머리의 위치를 알려준다. b. 물고기의 측선은 청각이나 균형을 위한 것이 아니라 다른 물고기의 위치를 알아내기 위한 것이다.

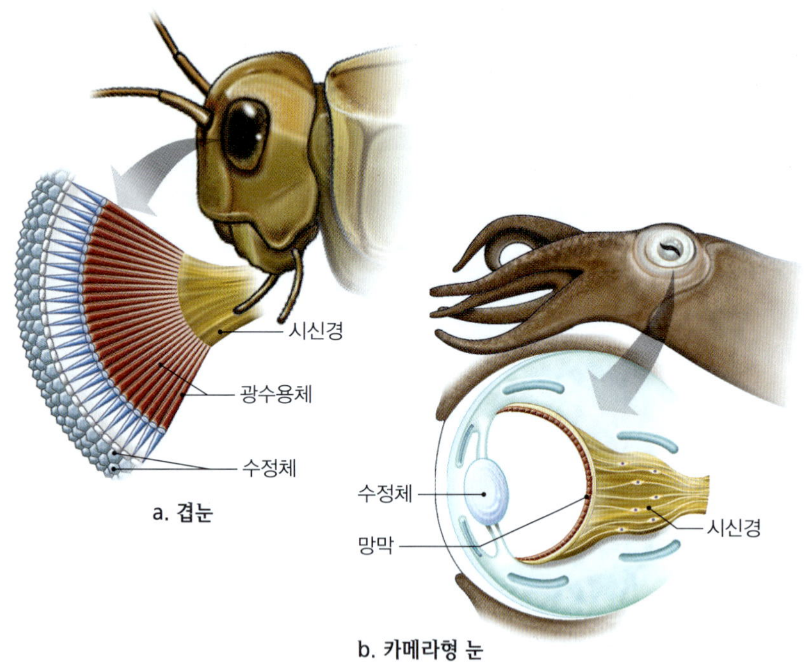

그림 28.7 눈.
a. 겹눈은 여러 개의 시각단위로 이루어진다. 각 시각단위마다 광수용체 세포에 빛을 집중시키는 수정체가 있다. **b.** 카메라형 눈은 광수용체가 많이 있는 망막에 빛의 초점을 맞추는 수정체가 있다.

같이, 이 감각기관도 젤라틴성 막에 박혀 있는 섬모를 지닌 털세포의 집합체이다. 물의 흐름이나 주변 물체에서 나오는 압력파에 의해 막과 털세포의 섬모가 구부러진다. 그 후, 털세포는 뇌로 가는 신경자극을 시작한다. 어류는 이러한 신호를 청각이나 평형감각을 위해서 이용하는 것이 아니다 포식자나 먹이, 짝짓기 대상 등 다른 물고기의 위치를 찾아내는 데 사용한다.

시각

빛에 민감한 감각수용체를 **광수용체(photoreceptor)**라고 한다. 플라나리아는 안점을 통해 빛의 방향만을 감지할 수 있다. 다른 광수용체는 실제 영상을 형성한다. 이미지를 형성하는 눈은 물체가 얼마나 멀리 떨어져 있는지를 포함한 물체에 대한 정보를 제공한다. 이처럼 상세한 정보는 동물에게 매우 중요하다.

무척추동물 중에서 절지동물은 다수의 독립적인 시각 단위로 구성된 겹눈(*compound eyes*)을 가지고 있으며 각 시각 단위에는 광수용체에 광선을 집중시키는 수정체가 있다(그림 28.7*a*). 겹눈의 크기가 작아서 시각단위의 수가 28,000개 정도로 제한되기 때문에 자극을 받은 모든 시각단위에서 만들어낸 영상은 엉성하다.

사람을 포함한 척추동물과 오징어, 문어 등 일부 연체동물은 카메라형 눈(*camera-type eye*)을 가진다(그림 28.7*b*). 하나의 수정체가 망막내부에 촘촘히 밀집되어 있는 수백만 개에 달하는 광수용체에 빛을 집중시킨다. 연체동물과 척추동물은 별로 유연관계가 없기 때문에 카메라형 눈은 각각 독립적으로 진화되었다.

곤충은 색채시각을 가지고 있으나, 사람에 비해 약간 좁은 범위의 전자기스펙트럼을 사용한다. 그러나 곤충은 자외선 중 가장 긴 파장 영역을 볼 수 있으며, 이로 인해 특히 자외선 영역에서 보이는 독특한 패턴을 지닌 꽃의 생식기관을 세밀하게 볼 수 있다. 일부 어류와 대부분의 파충류도 색채를 보는 것으로 보이지만, 포유류 중에서도 오직 사람과 다른 영장류만 광범위한 색채시각을 가지고 있다. 이것은 낮 동안 활동하는 습성에 대한 적응으로 보이며, 이러한 특성이 소수의 포유류에서만 나타나는 이유이다. 이러한 특성은 주간 생활 방식(낮 동안 활동함)에 적응한 것으로 보이며, 이는 소수의 포유류에서만 유지되는 것으로 보인다.

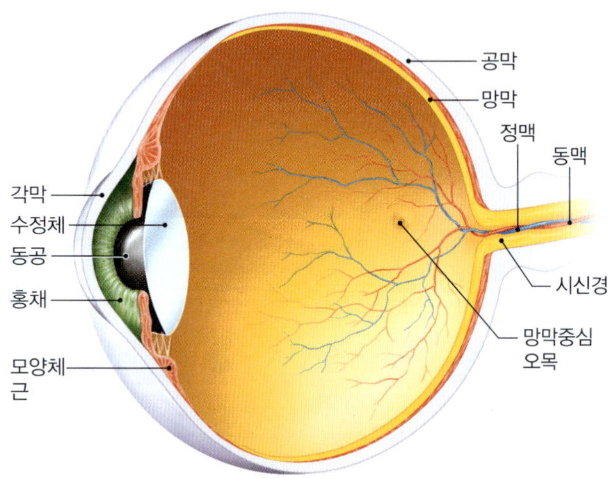

그림 28.8 사람의 눈.
빛은 각막을 통과하고 동공(홍채의 구멍)을 지나서 수정체에 의해 광수용체가 있는 망막에 초점이 모인다.

사람의 눈

앞을 똑바로 바라볼 때 우리의 두 눈은 각각 동일한 사물을 약간씩 다른 각도로 본다. 이러한 약간의 변위로 인해 양안시(*binocular vision*)가 가능하여 3차원 영상을 인지하고 상의 깊이를 감지할 수 있다. 귀와 마찬가지로 눈도 많은 부위로 이루어져 있으며, 그 중 많은 부분이 감각수용체에 대한 자극을 준비하는 데 관여한다. 귀의 경우 음파 에너지는 감각수용체에 도달하기 전에 증폭된다. 눈의 경우는 들어온 광선을 망막(*retina*) 내에 있는 광수용체에 초점을 맞춘다.

사람의 눈 구조는 그림 28.8에 보여주고 있다. 각막(*cornea*)과 특히 수정체(*lens*)가 광선을 광수용체에 초점을 맞추는 데 관여한다. 눈에서 색채가 있는 부위인 홍채(*iris*)는 동공(*pupil*)을 통해서 눈으로 들어오는 빛의 양을 조절한다. 망막은 대뇌피질의 시각영역으로 보내지는 신경자극을 생성하고, 이 정보로부터 뇌는 물체의 이미지를 만들어낸다.

수정체의 모양은 섬모체근(모양체근, ciliary muscle)에 의해 조절된다. 수정체는 멀리 있는 사물을 볼 때에는 비교적 납작하지만, 가까운 사물을 볼 때에는 볼록해진다. 정상적인 노화로 인해 수정체는 가까운 물체를 수용하는 능력이 떨어지게 되어 중년이 되면 독서용 안경이 필요하다. 노화와 태양의 자외선에 노출되면 수정체가 백내장(cataract)에 걸리게 된다. 즉, 수정체가 불투명해지고 광선을 투과할 수 없게 된다. 현재로서는 수술만이 백내장을 치료하는 유일한 방법이다.

연관

라식수술이란 무엇인가?

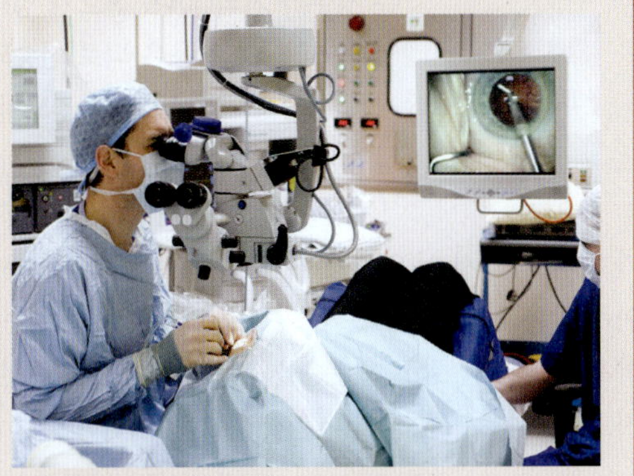

©BM Photography/iStock/Getty Images

라식(*laser in-situ keratomileusis*, LASIK)은 레이저를 이용하여 빠르고 통증 없이 영구적으로 각막의 모양을 바꾸어주는 것이다. 라식 과정 중에 눈 앞부분의 일부 덮개(결막, conjunctiva)를 자른다. 외과의사는 덮개를 뒤로 접혀 각막을 노출하고 각막에서 미세한 양의 조직을 절삭한다. 레이저를 조사할 때마다 소량의 각막이 제거되어 각막의 굴절이 편평해지거나 증가시킬 수 있다. 이 과정이 끝나면 각막절편을 덮어주어 스스로 회복되도록 한다. 시력 개선은 수술 다음날부터 시작되나 일반적으로 2~3개월이 소용된다. 대부분의 환자는 20/20에 가까운 시력을 가질 것이나, 시력 개선 가능성은 수술 전 환자의 시력이 얼마나 좋았는지에 어느 정도 달려 있다.

눈의 광수용체

사람 눈의 광수용체는 **간상체**(*rods*, 막대세포)와 **원추체**(*cons*, 원뿔세포)라고 한다(그림 28.9). 두 유형의 광수용체 모두 동물계 전체의 모든 유형의 눈에서 발견되는 것과 유사한 시각 색소를 포함한다. 간상체의 시각 색소는 로돕신이라는 진한 보라색 색소이다. 로돕신(*rodopsin*)은 단백질 옵신(*opsin*)과 비타민 A의 파생물인 레티날(*retinal*)이라는 빛을 흡수하는 분자로 구성된 복잡한 분자이다. 간상체가 빛을 흡수하면 로돕신은 옵신과 레티날로 분리되어 일련의 반응을 일으키고 결국 신경 자극을 생성한다. 간상체는 빛에 매우 민감하므로 야간 시력에 적합하다. 당근에는 비타민 A가 풍부하기 때문에 당근을 먹으면 야간 시력이 좋아질 수 있다. 간상세포들은 망막 전체에 풍부하게 존재한다. 따라서 그들은 또한 우리에게 주변 시야와 움직임에 대한 인식을 제공한다.

반면, 원추체들은 **망막중심오목**(*fovea*)라고 하는 망막 일부분에 주로 분포한다. 원추체는 밝은 빛에 의해 활성화되며, 사물의 자세한 세부모양과 색채를 감지하도록 한다. 색체시각은 B(청색), G(녹색), R(적색) 색소를 가지는 세 가지 종류의 원추체에 의해 좌우된다. 이들 색소는 각 색소는 레티날과 옵신으로 구성되지만, 색소

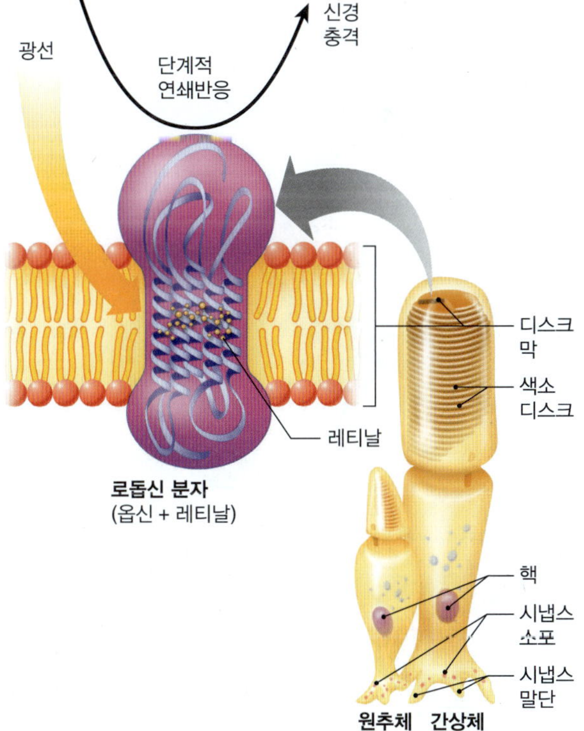

그림 28.9 눈의 광수용체.
간상체 안 각각의 디스크 막은 옵신 단백질과 레티날 색소를 포함한 복합 분자인 로돕신을 함유한다. 로돕신이 빛에너지를 흡수하면 분리되어 옵신이 떨어져 나오고, 단계적 연쇄반응이 시작되어 신경자극이 만들어진다.

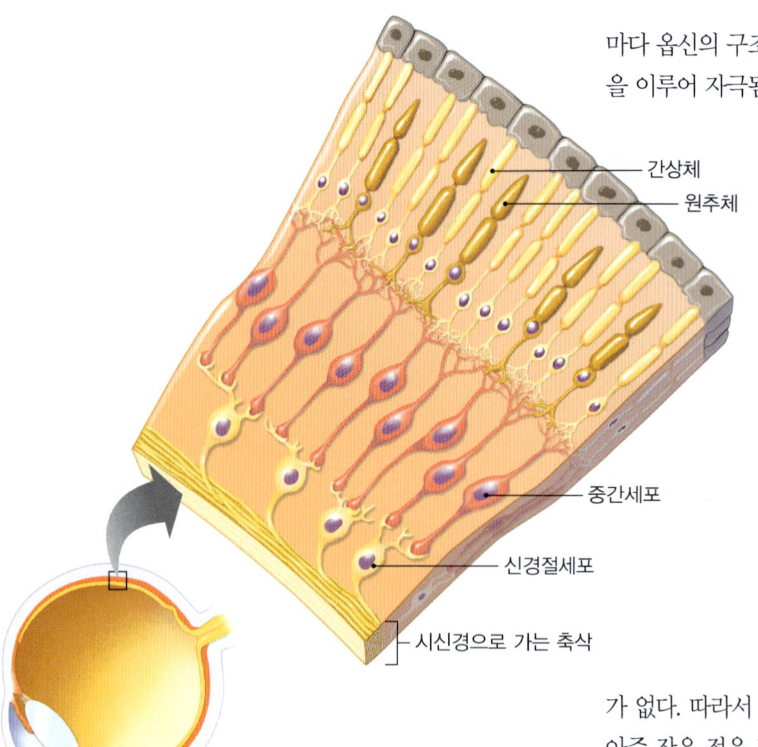

그림 28.10 망막.
망막은 간상체와 원추체 층, 중간세포 층, 신경절세포 층의 세 층으로 이루어진다. 신호의 통합은 각 층 사이의 시냅스에서 일어나며, 신경 자극이 뇌로 전달되기 전에 많은 처리가 이루어진다.

마다 옵신의 구조가 조금씩 달라서 흡수하는 파장이 다르다. 원추체들이 다양한 조합을 이루어 자극됨에 따라 다양한 중간색이 나타나는 것으로 보인다.

망막 망막은 세 개의 세포층으로 구성되어 있으며, 빛이 광수용체에 도달하기 위해 빛은 처음 두 층을 통과해야 한다(그림 28.10). 중간층의 중간세포들은 광수용체에서 온 시각정보를 처리하여 시신경을 형성하는 축삭(axon)을 가지고 있는 신경절세포(ganglion cell)로 전달한다. 원추체와 간상체의 상대적 민감도는 이 두 종류의 광수용체가 신경절세포에 얼마나 직접 연결되어 있느냐에 따라 영향을 받는다. 수백 개의 간상체로부터 도달한 정보가 단일 신경절세포에 집중되는 반면, 원추체에는 집중되는 경우가 거의 없다. 신호가 망막의 층들을 통과하면서 통합이 일어난다. 통합작용은 뇌로 전송되는 정보의 전반적인 대비와 품질을 향상시키고, 뇌는 이 정보를 사용하여 물체의 이미지를 형성한다.

시신경이 망막에서 빠져나가는 부위에는 간상체와 원추체가 없다. 따라서 이 영역에서는 시각이 형성되지 않는다. 종이 한 장의 중앙 오른쪽에 아주 작은 점을 찍음으로써 이것을 스스로 증명할 수 있다. 정면을 똑바로 보는 상태에서 왼쪽 눈을 감고 오른손을 이용하여 종이를 천천히 오른쪽 눈 가까이 움직여 보자. 한 지점에서 점이 사라질 것인데, 이 지점이 바로 **사각지대**(*blind spot*)이다.

어둠 속에서 보기

일부 야행성 동물은 시력에 의존하지만 다른 동물은 음파 탐지기(음파)를 사용하여 어둠 속에서 길을 찾는다. 어두운 방에서 날아다니는 박쥐는 잠수함처럼 반향 위치를 파악하기 때문에 경로에 있는 장애물을 쉽게 피한다. 먹이를 찾을 때는 초음파(인간의 가청범위 이상의 소리)를 발산하여 먹이에 부딪쳐 돌아오도록 한다. 박쥐는 메아리가 되돌아오는 시간으로 먹이가 떨어져 있는 거리를 알아낼 수 있다.

지연 시간이 길다는 것은 먹이가 멀리 있다는 것을 의미한다. 박쥐에서 영감을 얻은 초음파 지팡이는 시각장애인들이 주변을 감지하는 데 완벽하게 도움을 주고 있다. 이 지팡이 역시 초음파를 방시하고 주변 물체에서 돌아오는 메아리를 포착한다. 지팡이 손잡이의 버튼은 부드럽게 진동하여 사용자에게 낮은 천장을 피하거나 길을 막고 있는 물체를 피하라고 경고한다. 빠르고 강한 신호는 장애물이 매우 가까이 있다는 의미이다.

피부수용체와 자기수용체

피부수용체(cutaneous receptor)와 자기수용체(proprioceptor)는 피부, 근육, 관절에서 대뇌피질의 1차 감각영역에 감각입력을 제공한다. 대뇌피질에는 신체의 각 부분에 해당하는 영역들이 존재한다(그림 28.11).

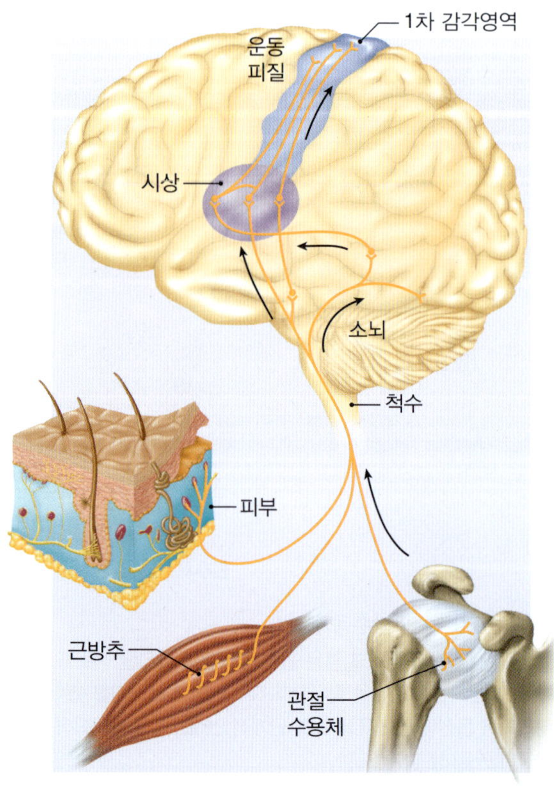

그림 28.11 뇌의 1차 감각영역에 대한 감각입력.
피부, 근육 및 관절에 있는 감각수용체는 신경자극을 중추신경계로 보낸다. 이러한 자극이 대뇌피질의 1차 감각영역에 도달할 때 감각과 인식이 이루어진다. 운동성 반응은 대뇌가 관여하지 않아도 척수와 소뇌에 의해서 시작될 수 있다.

피부수용체

우리 몸의 가장 바깥쪽을 덮고 있는 피부에는 **피부수용체(cutaneous receptor)**라고 하는 수많은 감각수용체가 있어 환경 변화에 반응하고 위험을 인지하며 다른 사람과 소통하는 데 도움을 준다. 피부의 감각수용체는 촉각, 압력, 통증, 온도를 감지한다.

피부는 표피(epidermis)와 진피(dermis)의 두 층으로 구성되어 있다(그림 28.12). 표피는 표면으로 올라오면서 각질화(keratinized)되는 세포로 채워져 있다. 이들 세포 사이에 차가움이나 따뜻함에 반응하는 자유신경말단(free nerve ending)이 있다. 냉각수용체는 온각수용체보다 훨씬 많지만 둘 사이의 구조적인 차이는 알려져 있지 않다. 또한 표피에는 온도, 압력 및 손상된 조직에서 분비된 화학물질에 매우 민감한 통증수용체(**nociceptors**라 부름)가 있다. 때로는 내부의 수용체가 자극을 받으면 피부에서 통증을 느낄 때가 있다. 이것을 연관통(증)(*referred pain*)이라고 한다. 예를 들어, 심장에서 온 통증은 왼쪽 어깨와 팔에서 느낄 수도 있다. 이 효과는 내장 기관의 통증수용체에서 나오는 신경자극이 피부 자극을 받아들이는 척수와 뉴런의 시냅스로 이동할 때 발생하는 것으로 보인다.

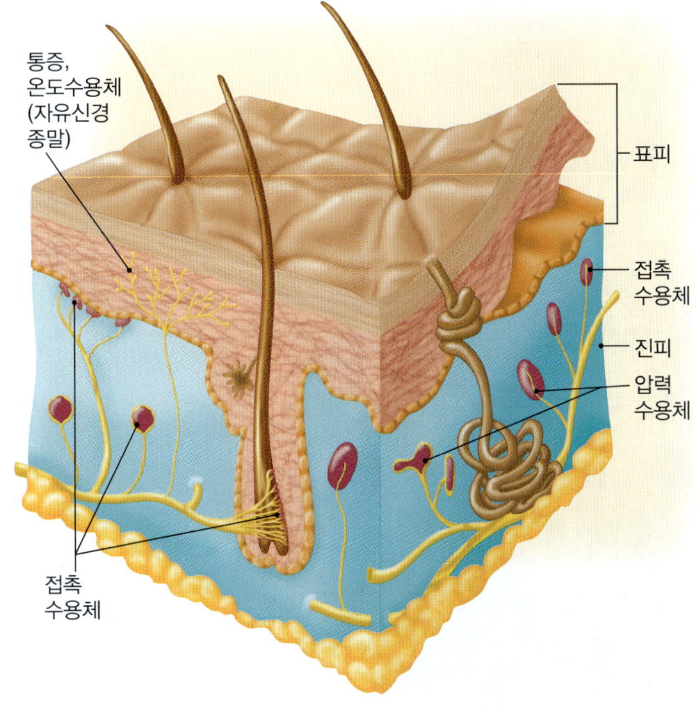

그림 28.12 피부수용체.
피부에는 많은 수용체가 있다. 표피에 있는 자유신경말단(노란색)은 통증, 온도를 감지한다. 다양한 접촉과 압력수용체(빨간색)는 진피층에 있다.

피부의 진피에는 압력과 접촉에 대한 감각수용체가 있다(그림 28.12). 파치니소체(pacinian corpuscles)는 진피 안쪽에 있는 양파 모양의 압력수용체이다. 다른 여러 피부수용체가 접촉을 감지한다. 모근신경총(root hair plexus)이라고 하는 자유신경말단은 모낭의 기저부 주위를 감고 있으며, 모발을 만지면 신경자극을 생성한다. 촉각수용체는 성적 자극에 필수적인 신체 부위인 손끝, 손바닥, 입술, 혀, 유두, 음경, 음핵에 집중되어 있다.

연관

아스피린은 어떻게 작용하는가?

아스피린은 아세틸살리실산(ASA)이라는 화학물질로 만들어진다. 조직이 손상되면 조직은 프로스타글란딘(prostaglandin)이라고 부르는 한 유형의 지방산을 다량으로 만들어낸다. 프로스타글란딘은 통증수용체에 조직 손상이 발생했다는 신호로 작용하여 뇌가 이를 통증으로 인식하도록 한다. 프로스타글란딘은 COX라는 효소에 의해 세포에서 만들어진다. 아세틸살리신산은 이 효소의 작용을 감소시켜 프로스타글란딘의 생성량과 통증 인지를 감소시킨다.

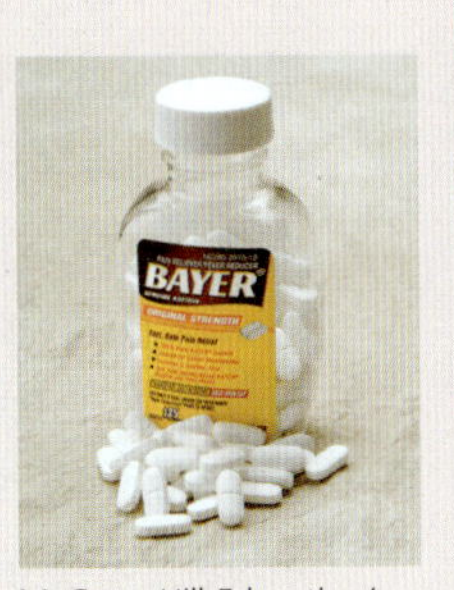

McGraw-Hill Education/ Eric Misko/Elite Images

개념 연결하기 28.1
말초신경계(PNS)의 감각수용체는 우리 환경에서 다양한 자극을 감지하고 처리를 위해 이 정보를 중추신경계(CNS)로 전달한다.

자기수용체

자기수용체(proprioceptor)는 중력의 힘이 골격과 근육에 항상 작용을 하더라도 몸이 균형과 자세를 유지할 수 있도록 도와준다. 근(육)방추(*muscle spindle*)는 결합조직덮개 내에 있는 몇 개의 근육세포를 감싸고 있는 감각신경말단으로 구성된다. **골지힘줄**기관(**golgi tendon** organ)을 비롯한 그 밖의 감각수용체는 관절에 위치한다. 자기수용체에서 나오는 신경자극의 속도는 수용체가 분포한 기관의 신축 정도에 비례한다. 운동성 반응은 자기수용체에 인접한 근섬유의 수축을 일으킨다.

진도 점검하기 28.1

1. 화학수용체, 기계수용체, 광수용체, 피부수용체, 통증수용체, 자기수용체에 의해 감지되는 자극을 요약하시오.
2. 피부의 감각기가 어떻게 신체에 감각정보를 제공하지 설명하시오.
3. 눈과 귀가 제공하는 감각정보의 유형에 대해 요약하시오.

a.

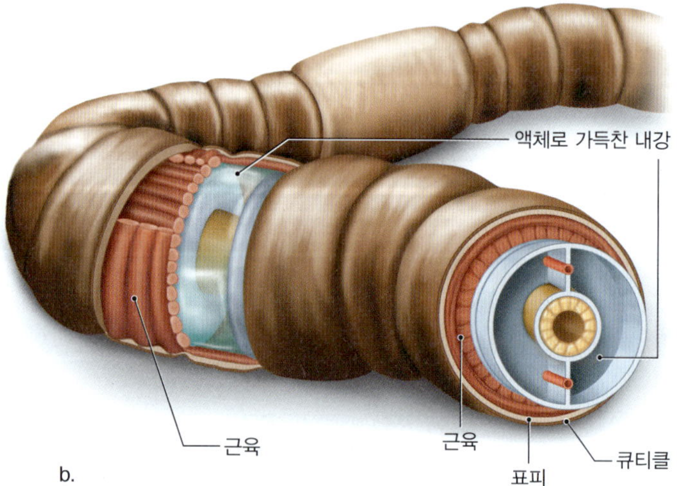

b.

그림 28.13 골격의 유형.
a. 절지동물은 외골격을 가지며, 성장하면서 탈피하여야 한다.
b. 벌레들은 근육이 수축하면 액체로 가득 찬 내강을 밀어내는 수성골격을 가진다.

28.2 운동계

학습 목표

이 절을 학습한 후에는 다음 과제를 수행할 수 있어야 한다.

1. 골격계와 근육계의 기능을 요약하기.
2. 내골격, 외골격 및 수성골격의 차이를 구분하고 비교하고 각각의 예를 제시하기.
3. 긴뼈의 구조를 설명하기.
4. 근섬유의 구조와 기능을 설명하고, 근수축 과정을 요약하기.
5. 사람 관절의 유형을 나열하고 예를 제시하기.

동물의 **근육계(muscular system)**와 **골격계(skeletal system)**는 일부 자극에 대한 신경계의 운동성 반응에 관여한다. 이들의 기능은 많은 부분에서 겹치므로, 때로는 근골격계(*musculoskeletal system*)라고 부르기도 한다. 사람의 경우, 근골격계는 다음과 같은 기능을 수행한다.

- 골격근과 뼈 모두 몸을 지탱하고 신체의 각 부분이 움직일 수 있도록 한다.
- 골격근과 뼈 모두 내부기관을 보호한다. 골격근은 심장과 폐, 뇌, 척수를 보호하는 뼈를 감싸고 있다.
- 근육과 뼈는 다른 기관계통의 기능을 도와준다. 흉곽운동 없이는 호흡이 일어나지 않는다. 소화를 돕기 위해 턱에는 치아를 위한 구멍(치조)이 있다. 골격근이 턱을 움직이게 하여 음식을 씹을 수 있도록 하고 평활근은 음식물이 소화관을 따라 이동하도록 한다(25.1절 참조). 적골수는 산소를 나르는 적혈구를 공급하고, 심장벽에 있는 심장근의 펌프작용은 조직액과 물질교환이 일어나는 조직으로 혈액을 보낸다.

이러한 공유 기능 외에도 근육과 뼈에는 다음과 같은 개별적 기능이 있다.

- 골격근 수축은 정맥과 림프관내에서 혈액의 이동을 도와준다(23.2절 참조). 림프가 심혈관계로 되돌아가지 않고 혈액이 심장으로 되돌아오지 않으면 순환이 지속될 수 없다.
- 골격근은 일정한 체온을 유지하도록 도와준다(22.3절 참조). 골격근의 수축은 ATP를 분해하여게 만들고, 이때 신체 전체에 열을 방출한다.
- 뼈는 지방과 칼슘을 저장한다. 지방은 황골수에 저장되며(그림 28.15 참조), 뼈의 세포 외기질에는 칼슘이 포함되어 있다. 칼슘이온은 근육수축과 신경전도에 중요한 역할을 한다.

골격의 유형

골격은 동물에게 지지대를 제공하고 움직일 수 있는 근육을 부착될 수 있도록 한다. 동물에는 세 가지 유형의 골격이 있다.

절지동물의 **외골격(exoskeleton)**은 질소를 함유한 강하면서 유연한 다당류인 키틴으로 구성된 외부 골격이다(3.2절 참조). 외골격은 마모와 찢겨짐을 막아줄 뿐만 아니라 적으로부터 보호해주는 것 외에도, 동물이 건조해지는 것도 막아준다. 절지동물 외골격은 근육 수축을 지원하지만 동물이 성장할 때 같이 자라지 않으며, 절지동물은 너무 작아진 외골격을 스스로 제거하기 위해 탈피한다(그림 28.13*a*). 이러한 과정은 절지동물들을 포식자들에게 공격받기가 쉽게 만든다.

벌레와 같이 딱딱한 골격이 없는 일부 무척추동물은 **수성골격**(**hydrostatic skeleton**, 유체골격) 역할을 하는 액체로 채워진 내강(internal cavity)을 가지고 있다(그림 28.13*b*). 수성골격은 근육의 수축을 도와주고 저항력을 제공하여 동물이 움직일 수 있게 한다. 비유하자면 정원용 고무호스가 물이 가득 차면 단단해지며, 물이 가득 찬 풍선은 한 쪽 끝을 눌렀을 때 모양이 변한다는 것을 생각해 보자. 마찬가지로 수성 골격을 가진 동물은 모양을 바꾸고 다양한 움직임을 수행할 수 있다.

척추동물에서 **내골격**(**endoskeleton**)이라고 하는 내부 골격은 연골(일부 상어처럼) 또는 뼈(인간처럼)로 구성될 수 있다. 내골격은 성장이 가능한 살아 있는 물질이다. 외골격과 마찬가지로 내골격은 중요한 내부 장기를 보호한다. 그러나 외골격과 달리 내골격은 동물이 성장함에 따라 성장하기 때문에 내부 장기가 사용할 수 있는 공간을 제한하지 않는다. 내골격을 둘러싸고 있는 연조직은 내골격을 보호하며, 연조직의 손상은 골격 자체보다 쉽게 회복되는 경향을 보인다.

사람의 골격

사람 골격의 206개 뼈는 몸통골격(axial skeleton)과 사지골격(appendicular skeleton)으로 배열되어 있다.

몸통골격 **몸통골격**(**axial skeleton**)에 해당하는 뼈들은 신체의 중앙 부위에 있다(그림 28.14의 푸른색 음영 부분). 두개골(*skull*)은 뇌를 보호하는 두개골(*cranium*)과 안면골로 구성되어 있다. 안면골 중 가장 두드러지는 것은 아래턱과 위턱, 광대뼈 그리고 코뼈이다. 척주(*vertebral column*) 또는 척추(*spine*)는 두개골부터 천골[*sacrum*, 꼬리뼈(tailbone)]까지 뻗어 있다. 척주는 척추원판(*intervertebral disk*)이라고 하는 섬유연골 완충대로 분리되어 있는 일련의 척추뼈(vertebra)로 구성된다. 원판(disk)은 우연히 빠져나오거나 파괴될 수도 있다. 손상을 입은 원판은 척수 또는 척수신경에 압력을 가해 통증을 유발하며, 이 경우 원판의 제거가 필요할 수도 있다.

갈비뼈(*rib*, 늑골)와 복장뼈(*sternum*, 흉골)로 구성된 흉곽(*rib cage*)은 동시에 보호기능과 유연성을 가지는 골격의 2중 기능을 보여준다. 흉곽은 심장과 폐를 보호하지만 우리가 숨을 쉴 때 움직인다.

사지골격 **사지골격**(**appendicular skeleton**)은 두 개의 이음뼈로 구성되어 팔과 다리에 연결된다(그림 28.14의 비음영 부분). 흉곽대(*pectoral girdle*, 어깨)와 상지(팔)는 유연성에 특화되어 있고 골반대(*pelvic girdle*, 엉덩이)와 다리는 특히 힘이 강하다. 골반대는 또한 내부 장기를 보호한다.

쇄골(*clavicle*, 빗장뼈)과 견갑골(*scapula*, 어깨뼈)은 흉곽대를 구성한다. 미식축구 선수들이 착용하는 어깨 보호대는 쇄골 골절을 유발할 수 있는 직접적인 충격을 완화하도록 설계되었다. 팔의 상완골(*humerus*, 위팔뼈)은 견갑골과 연결되어 있다. 관절은 회전근개(*rotator cuff*)를 형성하는 힘줄과 인대에 의해 안정하게 한다. 팔의 격렬한 회전운동은 회전근개 손상을 유발할 수 있다. 요골(*radius*, 노뼈)과 척골(*ulna*, 자뼈)은 팔뚝의 비틀기 운동을 수월하게 해준다. 유연성이 있는 손은 손목뼈, 손바닥뼈, 손가락뼈로 구성된다.

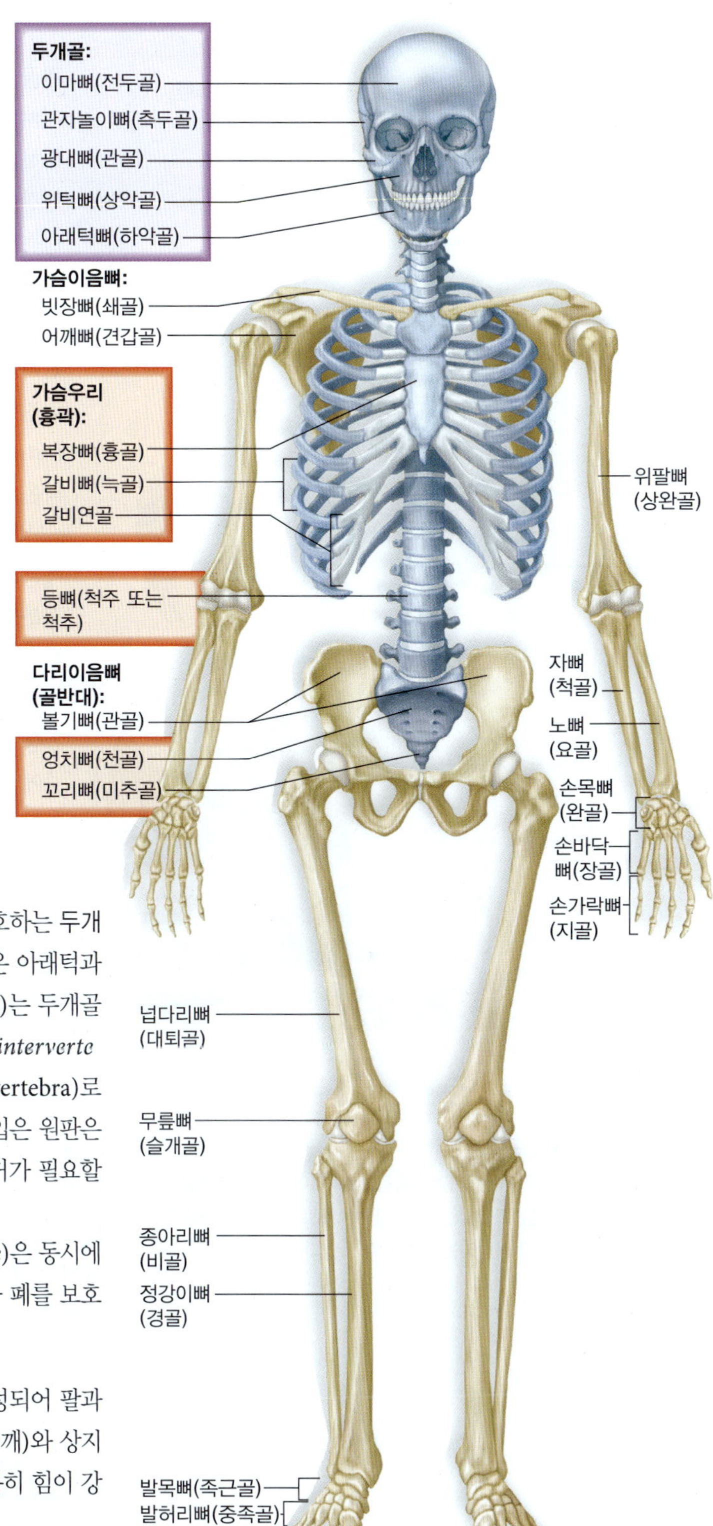

그림 28.14 인체의 골격.
몸통골격의 뼈(파란색 음영)는 신체 중앙부위에 있다. 사지골격의 뼈(음영 처리되지 않음)는 이음뼈와 부속기에서 발견된다. 이 다이어그램에 모든 뼈가 표시되어 있는 것은 아니다.

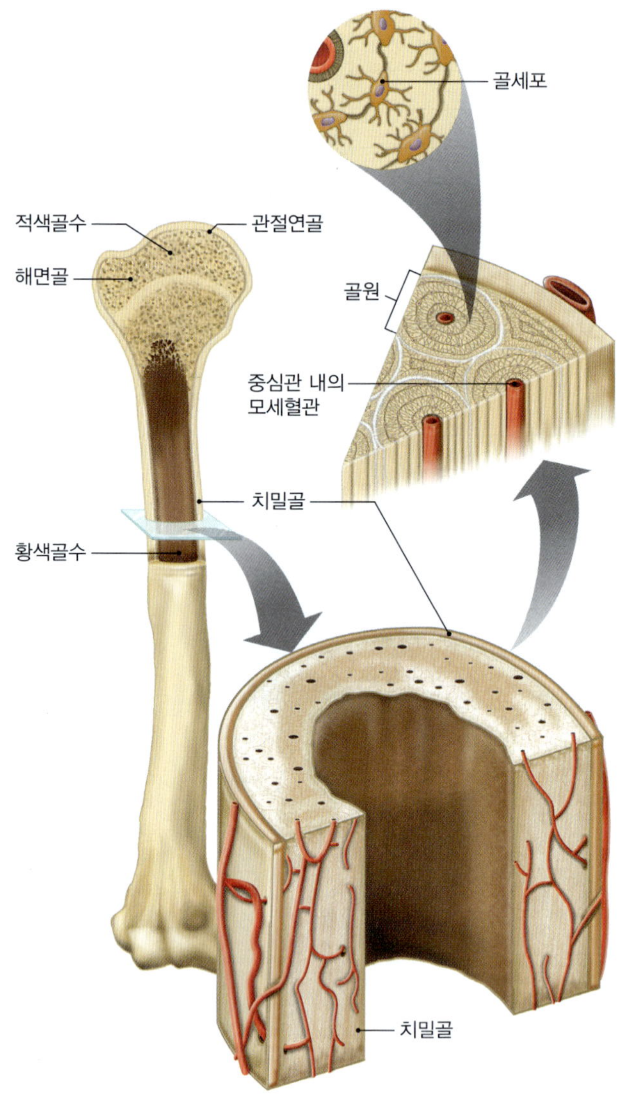

그림 28.15 뼈의 구조.
뼈의 황색골수로 채워지는 중앙에 공동(cavity)이 있다. 해면골과 치밀골은 모두 칼슘을 포함하는 기질 내 뼈세포로 구성된 살아 있는 조직이다. 해면골의 공간에는 적색골수가 있다.

골반대는 골반이라고 부르는 오목한 그릇 모양을 형성하는 두 개의 거대한 관골(*coxal bone*, 볼기뼈)이 있으며, 가장 길고 강한 뼈인 대퇴골(*femurs*, 넙다리뼈)과 연결되어 있다. 대퇴골의 강도는 이들 거대한 뼈가 상반신의 무게를 지탱하도록 해준다. 슬개골(*patella*, 무릎뼈)은 무릎을 보호한다. 다리는 경골(*tibia*, 정강이뼈)과 비골(*fibula*, 종아리뼈 또는 정강이뼈)로 구성된다. 발에는 발목뼈, 발등뼈, 다섯 개 발가락의 뼈가 있다.

뼈의 구조

긴뼈(long bone)를 절개하면 그림 28.15에서 보여주는 바와 같이 치밀골로 둘러싸인 빈 공동(cavity, 강소)이 드러난다. **치밀골(compact bone)**에는 골원(*osteons*, 하버스계)이 많이 있으며, 이곳에는 중심관 주위에 동심원으로 배열된 작은 공간 속에 **골세포(osteocyte)**라고 부르는 뼈세포가 있다. 세포들은 주로 칼슘 및 인산염과 같은 광물 침전물을 포함하는 세포외기질에 의해 분리된다. 뼈에는 두 가지 다른 세포 유형이 지속적으로 작용한다. 조골세포(*osteoblast*)는 뼈 성분을 축적하며, 파골세포(*osteoclast*)는 골기질을 분해하는 효소를 분비하고 칼슘을 혈류로 방출한다. **골다공증(osteoporosis**; 뼈가 약해져 골절되기 쉬운 상태)이 있는 사람의 경우, 파골세포가 조골세포보다 일을 더 많이 한다. 특히 젊고 활동량이 많을 때 식이칼슘을 많이 섭취하면 뼈의 밀도가 높아져 나중에 골다공증에 걸릴 확률이 줄어든다.

긴뼈의 양 말단에는 해면골이 있다. **해면골(spongy bone)**에는 불규칙한 공간으로 분리된 막대 모양과 판 모양의 많은 뼈들이 있다. 공간은 종종 적혈구를 생성하는 특수 조직인 적색골수로 채워져 있다. 긴뼈의 공동은 황색골수로 채워져 지방을 저장한다. 해면골 바깥에는 관절을 건강하게 유지하는 데 중요한 역할을 하는 치밀골의 얇은막과 유리연골(hyaline cartilage)이 있다.

골격근의 구조와 생리

22.1절에서 살펴본 바와 같이 평활근, 심장근, 골격근의 세 가지 유형의 근육은 신체에서 다른 구조와 기능을 가진다(그림 22.7 참조). 평활근은 각각 단일 핵을 가진 긴 방추형 세포가 여러 층으로 구성되어 있다. 심장세포는 줄무늬가 있고 대개 한 개의 핵이 있다. 심장 근육 조직은 서로 연결되어 분지를 가진 세포사슬들로 격자망을 형성하고 있다. 근육 섬유라고 하는 골격근 세포도 줄무늬 형이다. 근육 섬유는 꽤 길쭉한 형태로 골격 근육의 길이를 따라 배열되어 있다. 골격 근육 섬유는 여러 세포가 융합되는 발달과정에서 하나의 긴 다핵세포 형태로 발생한다.

연관

인체에는 얼마나 많은 근육이 있을까?

전문가 대부분은 인체에 600개 이상의 근육이 있다는 데 동의한다. 일부 전문가는 여러 개의 근육을 하나의 이름으로 묶는 반면, 다른 전문가는 근육을 따로따로 구분하므로 근육의 정확한 숫자는 명확하지 않다. 가장 작은 근육은 중이에 있는 1.27 mm 길이의 근육인 등골근(stapedius)이다. 가장 긴 근육은 엉덩이에서 무릎까지 이어진 넙다리빗근(sartorius, 봉공근)이며, 질량이 가장 큰 근육은 엉덩이의 대부분을 구성하는 큰볼기근(gluteus maximus, 대둔근)이다.

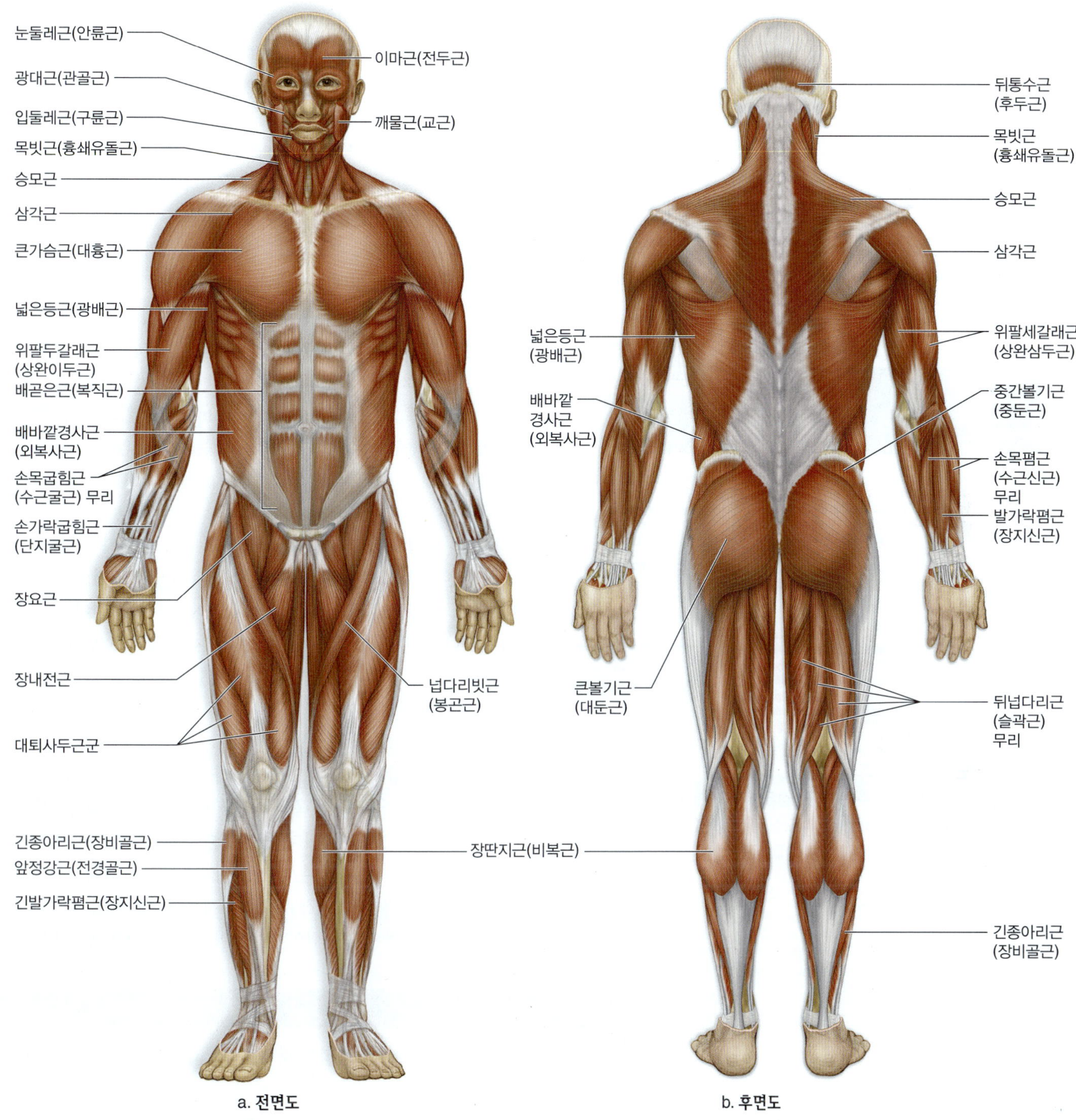

그림 28.16 사람의 주요 골격근.
신체 표면 가까이에 있는 주요 근육의 (a) 전면도와 (b) 후면도.

골격근은 신체에 있는 근육의 주요 유형이며, 신경계의 수의적 통제를 받는 근육이기 때문에 앞으로는 골격근에 대해 집중적으로 살펴볼 것이다. 그림 28.16에 주요 골격근의 일부를 나타내었다.

골격근 수축

골격근 섬유가 수축하면 길이가 짧아진다. 운동 축삭(motor axon)부터 시작하여 이 과정을 자세하게 살펴보자(그림 28.17). 신경 자극이 운동 축삭을 따라 이동하여 축삭 말단에 도착하면 시냅스 소포는 신경전달물질인 아세틸콜린(ACh)을 시냅스 간극으로 방출한다. 아세틸콜린은 시냅스 간극을 가로질러 빠르게 확산되어 근섬유막(sarcolemma)이라고 부르는 근섬유의 원형질막에 있는 수용체와 결합한다. 근섬유

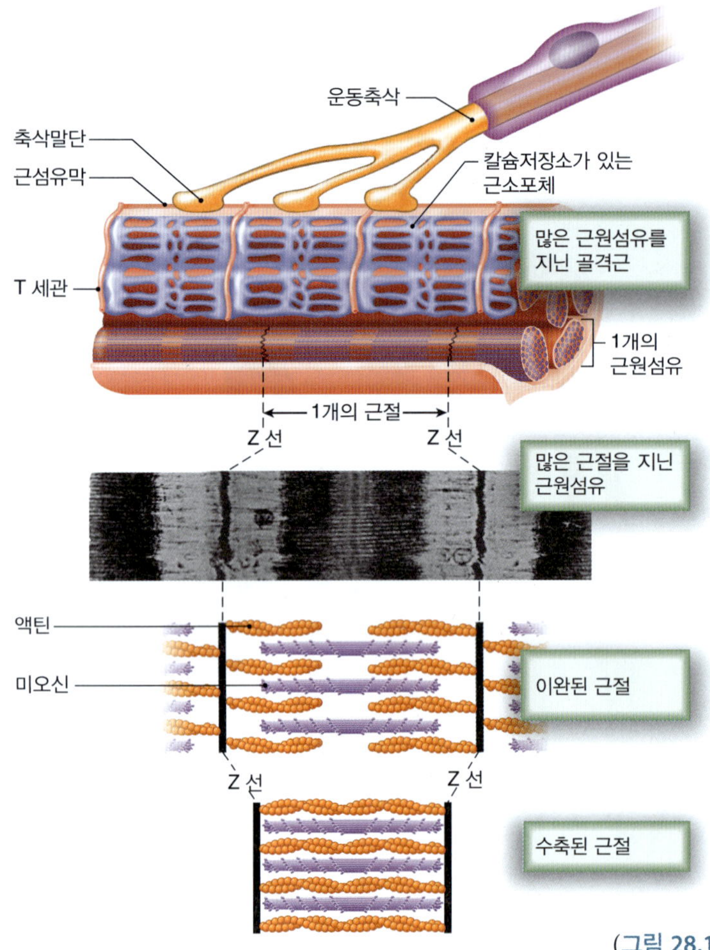

그림 28.17 골격근 섬유의 구조와 기능.
근섬유에는 근절로 나누어진 많은 수축성 근원섬유가 있다. 운동뉴런에 의해 자극을 받으면 액틴 필라멘트가 미오신 필라멘트를 지나 미끄러지기 때문에 근섬유가 수축하고 근절이 짧아진다.
©Hugh Huxley

막은 전기자극 발생시키며, 이 자극은 T세관을 따라 근섬유에서 **근소포체**(*sarcoplasmic reticulum*)라고 부르는 소포체로 이동한다. 칼슘 저장 부위에서 칼슘이 방출되면 근섬유가 수축한다.

근섬유의 수축 부위는 평행한 실모양의 많은 **근원섬유**(*myofibril*, 골격근 섬유)로 이루어져 있다(그림 28.17). **근절(sarcomere**, 근육섬유 마디)이라 부르는 수축 단위 안에 단백질 필라멘트가 놓여 있으므로 전자현미경 사진에서 근원섬유가 줄무늬로 보인다. 근절은 Z 선이라고 하는 두 개의 어두운 선 사이에서 확장한다. 근절은 **미오신(myosin)** 단백질로 만들어진 굵은 필라멘트와 **액틴(actin)** 단백질로 만들어진 가는 필라멘트로 구성된다. 근섬유가 수축하면 가는 액틴 필라멘트가 굵은 미오신 필라멘트 사이로 미끄러져 서로 근접하기 때문에 근원섬유 안의 근절이 짧아진다. 미오신 필라멘트와 관련된 액틴 필라멘트의 운동을 근수축의 **활주 필라멘트 모델(sliding filament model)**이라고 한다. 활주 과정이 일어나는 동안 필라멘트 자체의 길이는 변하지 않으나, 근절은 짧아진다.

필라멘트의 활강 이유 두꺼운 필라멘트는 미오신 분자 다발로, 칼슘(Ca^{2+})이 존재할 때 액틴 필라멘트에 부착할 수 있는 구형 머리가 각각 있다. 먼저, 미오신이 ATP와 결합하여 ATP를 가수분해한다. 에너지를 얻어 활성화된 미오신의 머리는 액틴 필라멘트에 붙는다. ADP와 인 Ⓟ의 방출은 미오신의 위치를 이동시키고 액틴 필라멘트를 근절 중심으로 끌어당긴다. 이 작용은 마치 팔뚝을 구부릴 때 손의 움직임과 유사하다(그림 28.18).

다른 ATP가 존재하는 상태에서, 미오신 머리가 액틴에서 떨어진다. 이제 미오신 머리는 액틴 필라멘트를 따라 더 먼 쪽에 붙게 된다. 이 주기는 계속해서 반복되며, 액틴 필라멘트는 주기가 반복될 때마다 근절의 중심에 점점 더 가깝게 이동한다. 수축은 신경 자극이 중단되고 칼슘 이온이 저장 위치로 되돌아갈 때까지 계속된다. 근소포체 막에는 칼슘 이온을 칼슘 저장 부위로 다시 펌핑하는 활성 수송 단백질이 포함되어 있으며 근육이 이완된다. 사람이나 동물이 죽으면, ATP 생성이 멈춘다.

연관

의료검시관은 사망시점을 측정하는데 사후경직을 어떻게 활용하는가?

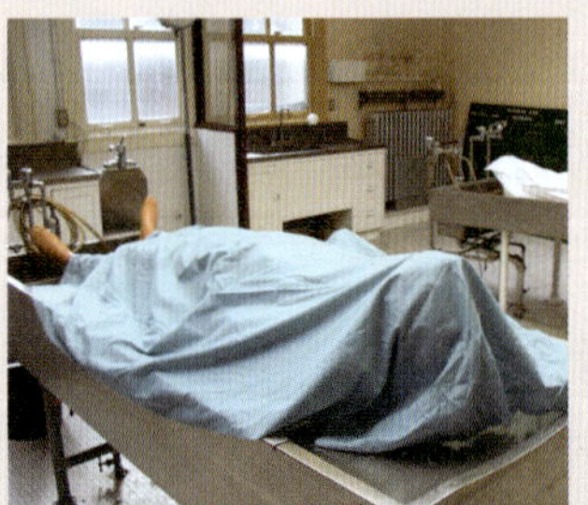
©Michael Matthews/Alamy Stock Photo

체온과 사후경직의 유무로 사망 시간을 추정할 수 있다. 예를 들어, 사망한 지 3시간 이하인 사람의 시신은 여전히 체온(체온에 가까운 98.6°F 또는 37°C)이 따뜻하며, 사후경직이 나타나지 않는다. 약 3시간이 지나면 시신은 정상 체온보다 훨씬 차가워지고 사후경직 발생이 시작된다. 최소한 8시간이 지난 사체는 완전한 사후경직이 나타나고 체온은 주변온도와 같아질 것이다. 법의 병리학자들은 체온이 주위환경과 같고 사후경직 흔적이 더 이상 나타나지 않으면 사람이 죽은 후 24시간이 지난 것으로 판단한다.

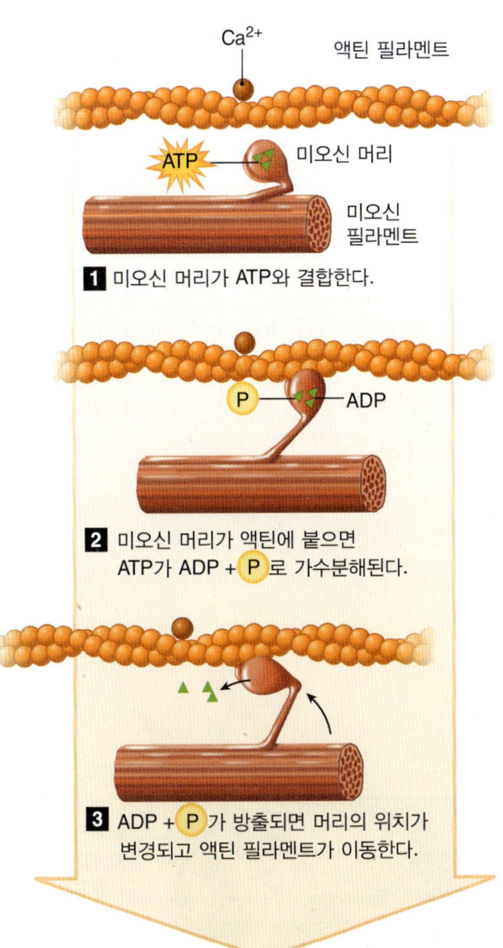

그림 28.18 근육이 수축하면 짧아지는 원리.
칼슘(Ca^{2+})의 존재는 미오신 머리가 근절의 중심에 액틴 필라멘트를 부착하고 끌어당기게 하는 일련의 과정을 시작한다. 다른 ATP 분자가 결합하면 미오신 머리는 휴지상태로 되돌아간다. 그런 다음 미오신 머리가 액틴 필라멘트를 따라 더 멀리 다시 부착된다는 점을 제외하고는 일련의 과정이 다시 발생한다.

ATP가 없으면, 미오신 머리는 액틴에서 떨어질 수 없고 칼슘을 근소포체로 다시 되돌려 놓을 수도 없다. 그 결과 근육이 수축된 상태를 유지하는데, 이 현상을 사후경직(*rigor mortis*)이라고 한다.

골격근 관절 부위에서 뼈를 움직인다

관절은 두개골과 같이 움직이지 않는 관절, 척추뼈 사이처럼 약간 움직일 수 있는 관절, 무릎과 고관절처럼 자유롭게 움직일 수 있는 관절(synovial joint, 활막관절)로 분류할 수 있다. 결합조직의 강한 부분에 해당하는 **활막관절(synovial joint)**에서 **인대(ligament)**는 뼈를 서로 결합하여 힘과 지지력을 제공하고 윤활 활액이 들어 있는 캡슐을 형성한다. 근육은 또 다른 형태의 조밀한 결합조직인 **힘줄(tendon)**에 의해 뼈와 연결된다. 걷기부터 팔을 움직이는 것까지 모든 움직임은 활막관절을 사용하여 근육이 상호 작용하는 결과이다. 근육은 수축할 때만 짧아질 수 있기 때문에 길항 작용을 하는 쌍으로 작용해야 한다. 만일 길항작용을 하는 한 쌍의 근육 중 하나가 관절을 구부려 팔다리를 들어올리면 다른 근육이 관절을 늘려서 팔다리가 똑바로 펴지도록 한다. 그림 28.19는 팔꿈지 관절에서 팔뚝의 움직임과 관련한 원리를 보여준다.

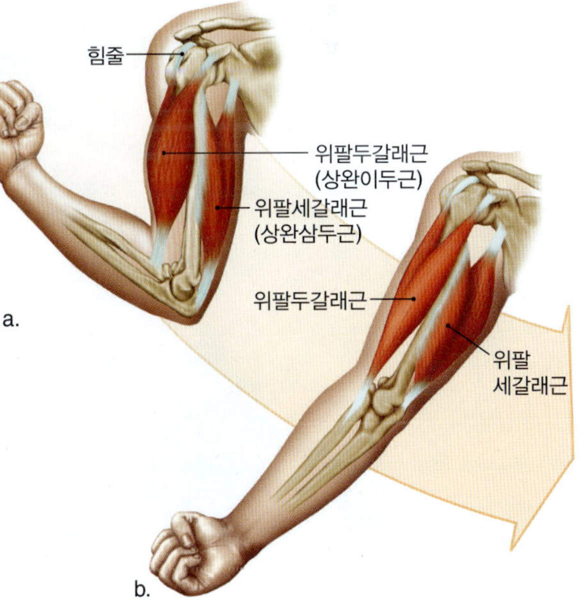

그림 28.19 근육의 작용.
근육이 수축하면 근육이 짧아진다. 따라서 근육은 끌어당길 수만 있고 밀 수는 없다. 이러한 제한은 근육이 길항적인 쌍으로 작용해야 한다는 것을 의미한다. 즉 쌍을 이룬 두 근육은 각각 반대 방향으로 뼈를 당긴다. 예를 들어, **(a)** 위팔두갈래근(biceps)이 수축하면 위팔이 구부러지고(상승), **(b)** 위팔세갈래근(triceps)이 수축하면 위팔이 펴져진다(하강).

그림 28.20*b*는 자유롭게 움직일 수 있는 활막관절의 해부 구조이다. 활막관절에는 활액으로 채워진 관절강(joint cavity)외에도 반달연골(menisci)과 활액낭(bursae)이라는 첨가적인 구조가 있음을 주목하자. 반달연골(단수, meniscus)은 뼈 사이에 있는 C자 형태의 유리질(hyaline) 연골이다. 반달연골들은 추가적인 안정성을 부여하고 충격 흡수 장치 역할을 한다. 윤활낭(단수, bursa)이라고 하는 액체로 채워진 주머니는 노출된 뼈와 겹쳐진 근육 사이 또는 피부와 힘줄 사이의 마찰을 완화시켜준다.

엉덩이와 어깨에 있는 **구와관절(ball-and-socket joint,** 절구관절)은 모든 방향으로 움직이는 활막관절이다(그림 28.20*c*). 경첩이 달린 문처럼 오로지 한 방향으로만 움직일 수 있으므로 팔꿈치와 무릎관절은 **경첩관절(hinge joint)**이라고 하는 활막관절이다(그림 28.20*d*).

그림 28.20 활막관절.
a. 사람 골격의 활막관절은 하중을 받고 있어도 신체가 유연하고 정밀하게 움직일 수 있게 해준다. **b.** 일반화된 활막관절의 모식도. 반달연골이나 인대가 찢어지면 활액낭에 염증이 생기고 관절연골이 마모되면 문제가 발생한다. **c.** 어깨는 3면에서 운동이 가능한 구와관절이다. **d.** 팔꿈치는 단일 평면에서 움직임을 허용하는 경첩관절이다.

(a): ©fizkes/iStock/Getty Images

관절 질환 염좌(*sprain*)는 인대와 힘줄이 관절에서 너무 늘어날 때 발생한다. 예를 들어, 발목을 너무 과도하게 돌리면 발목 염좌가 발생할 수 있다. 관절을 너무 많이 사용하면 활액낭에 염증이 생기는 **활액낭염**(*bursitis*)이 생길 수 있다. 테니스엘보우도 일종의 활액낭염이다. 가장 흔한 무릎 상해는 반달연골 파열이다. 반달연골의 파편조각이 관절운동을 방해할 수 있기 때문에 의사들은 이 조각을 제거되어야 한다고 본다. 오늘날 관절경 수술은 연골 조각을 제거하거나 인대 또는 연골을 복구하는 데 사용된다. 작은 렌즈와 광원이 있는 작은 기구를 수술 기구와 마찬가지로 관절에 삽입한다. 그런 다음 관절을 팽창시키고 구조를 시각화할 수 있도록 액체를 첨가한다. 일반적으로 수술은 모니터에 보이므로 수술팀 전원이 수술을 볼 수 있다. 관절경 수술은 무릎을 길게 절개하는 외과 수술에 비해 정신적 외상이 훨씬 덜하다. 관절경 수술의 장점은 절개부위가 작고 치유가 빠르며 회복이 빠르고 흉터가 적다는 것이다. 관절경 수술 환자는 외래환자에게도 흔히 시행하며, 수술 당일에 집으로 돌아올 수 있다.

류마티스 관절염(*Rheumatoid arthritis*)(26.5절 참조)은 과도한 사용으로 관절이 노후화되어 나타난 **골관절염**(*osteoarthritis*)만큼 흔하지 않다. 지속적인 압박과 마모는 관절연골을 지속적으로 손상시키고, 결국은 연골이 부드러워지고 갈라지며 일부 부위에서는 완전히 닳아 없어진다. 이 병이 진행됨에 따라 노출된 뼈가 두꺼워지고, 뼈의 끝부분이 확대되어 관절 움직임을 제한하는 뼈돌기(spurs)를 형성한다. 체중을 감량은 관절염을 완화할 수 있다. 체중을 약 1.5 kg 줄이면 엉덩이나 무릎 관절에 가해지는 하중을 5~8 kg 줄일 수 있다. 적절한 운동 프로그램은 관절을 안정시키는 근육을 키우는 데 도움이 된다. 자전거 타기나 수영과 같이 충격이 적은 활동이 가장 좋다.

오늘날에는 손상된 관절을 인공삽입물(인공대체물, 인공관절)로 대체하는 것이 종종 가능하다. 일부 사람들은 글루코사민-콘드로이틴 보충제가 관절 교체의 대안으로 유익하다는 것을 발견했다. 아미노당의 일종인 글루코사민은 연골의 형성과 회복을 촉진하는 것으로 본다. 탄수화물의 일종인 콘드로이틴은 연골 성분으로 수분 보유력과 탄력을 촉진하고 연골을 분해하는 효소를 억제하는 것으로 알려져 있다. 두 화합물 모두 신체에서 자연적으로 생성된다.

운동 체계적인 운동 프로그램은 많은 이점이 있다. 운동은 근육을 강화하고 지구력과 유연성을 증가시킨다. 또한 심폐지구력을 증진시키고 혈중 콜레스테롤 수치를 낮출 수 있다. 운동을 하는 사람은 다양한 유형의 암에 걸릴 가능성도 낮아진다. 운동은 조골세포의 활성을 증가시켜 골다공증을 예방에 도움이 된다. 운동은 활동 증가뿐만 아니라 근육량이 증가함에 따라 신체에 지방이 덜 축적되기 때문에 체중 증가를 예방하는 데 도움이 된다. 운동은 심지어 우울증을 완화하고 기분을 좋게 만든다.

개념 연결하기

신체의 근골격계에서 근육계는 신체 부위의 움직임이 가능하도록 하고 골격계는 지지를 제공한다.

진도 점검하기 28.2

1. 근육계와 골격계의 역할을 요약하시오.
2. 몸통골격과 사지골격의 구성요소와 상대적 위치를 설명하시오.
3. 긴뼈의 구조가 어떻게 그 기능에 적합한지 설명하시오.
4. 근육이 수축할 때 어떻게 짧아지는지 설명하시오.

요 약 SUMMARIZE

우리의 감각 구조는 환경에서 다양한 자극을 감지한다. 우리 신경계의 운동 출력은 우리가 자극에 적절하게 반응할 수 있게 해준다.

28.1 말초신경계(PNS)의 감각수용체는 우리 환경에서 다양한 자극을 감지하고 처리를 위해 이 정보를 중추신경계(CNS)로 전달한다.

28.2 신체의 근골격계에서 근육계는 신체 부위의 움직임이 가능하도록 하고 골격계는 지지를 제공한다.

28.1 감각

살아 있는 모든 생명체는 자극에 대해 반응한다. 동물의 경우 자극을 받으면 감각뉴런에서 신경자극을 생성된다. 흔히 이러한 신호는 뇌로 전송되기 전에 **통합(integration)**과 **감각적응(sensory adaptation)**을 거친다. 뇌는 운동반응을 시작하기 전에 다음에서 보여주는 것처럼 정보를 처리한다.

자극 ⟶ 신경충격 ⟶ 중추신경계 ⟶ 운동반응

화학적 감각

화학적 수용(chemoreception)은 동물에서 보편적으로 발견되고, 따라서 화학적 수용은 가장 원시적인 감각이라 할 수 있다. 사람의 미뢰와 후각수용체는 **화학수용체(chemoreceptor)**이다.

- 미뢰에는 음식물의 화학물질과 결합하는 수용체 단백질이 있는 미세융모가 있다.
- 후각수용체 세포에는 냄새 분자와 결합하는 수용체 단백질이 있는 섬모가 있다.

청각과 균형

청각에 대한 감각수용체는 압력파에 반응하는 부동섬모(stereocilia)를 가진 **기계수용체(mechanoreceptor**, 털세포)이다.

- 털세포(hair cell)는 외이를 통해 받은 자극에 반응하고, 중이에 있는 이소골(ossicles)에 의해 증폭된다.
- 털세포는 나선기관에서 발견되고, 달팽이관의 통로로 위치한다. 나선기관은 뇌로 이동하는 신경자극을 생성한다.

균형(평형)에 대한 감각수용체도 부동섬모를 가진 털세포이다.

- 반고리관 기저부에 있는 털세포는 **회전평형(rotational equilibrium)**을 담당한다.
- 난형낭(utricle)과 구형낭(saccule) 털세포는 **중력평형(gravitational equilibrium)**을 담당한다.

시각

동물의 시각은 빛을 탐지하는 **광수용체(photoreceptor)**를 사용한다. 사람의 광수용체는 다음과 같은 사항을 수행한다.

- 각막과 수정체를 통해 초점이 맞추어진 빛에 반응한다.
- 간상체(rods, 막대세포)와 원추체(cons, 원뿔세포)의 두 가지 유형으로 구성된다. 간상체에 있는 로돕신은 옵신과 레티날로 분리된다.
- 망막(retina)에 있는 이웃 세포층과 정보를 교환한다. 신경자극이 뇌로 전달되기 전에 망막의 세 층에서 통합이 일어난다.

피부수용체와 자기수용체

이 수용체들은 뇌의 1차 감각영역과 소통한다. 이들은 뜨거움, 차가움, 접촉, 압력을 감지하며(**피부수용체, cutaneous receptor**), 신축(**자기수용체와 골지힘줄, proprioceptor and golgi tendon**)을 감지하는 수용체들로 구성된다. **통각수용체(nociceptor)**는 통증을 감지에 관여한다.

28.2 운동계

골격계(skeletal system)와 **근육계(muscular system)**는 중추신경계의 지시에 따른 움직임에 관여한다. 근육과 뼈는 함께 다음과 같은 역할을 한다.

- 몸을 지탱하고 신체 각 부위를 움직이게 한다.
- 내장기관을 보호한다.
- 다른 기관계의 기능을 도와준다.

또한

- 골격근의 수축은 심혈관계의 정맥과 림프관에서 혈액 이동을 도와준다.
- 골격근은 몸을 따뜻하게 하는 열을 제공한다.
- 뼈는 칼슘과 인산염의 저장소일 뿐 아니라 혈구세포를 만드는 장소이다.
- 동물의 골격에는 몇 가지 유형이 있다.
  - 내골격은 내부 골격으로 사람의 골격을 예로 들 수 있다.
  - 외골격은 외부 골격으로 곤충 골격을 예로 들 수 있다.
  - 수성골격은 내부가 액체로 채워진 골격으로, 지렁이를 예로 들 수 있다.

사람의 골격

사람의 골격은 다음 두 부분으로 구분된다.

- **몸통골격(axial skeleton)**은 두개골, 척주, 흉골 및 갈비뼈로 구성된다.
- **사지골격(appendicular skeleton)**은 견갑대와 골반대 및 이에 부착된 부속기로 구성된다.

뼈에는 다음이 포함된다.

- **치밀골(compact bone**, 칼슘 저장소)과 **해면골(spongy bone**, 적색골수가 있는 장소)
- 공동(cavity, 지방 저장소)
- **골세포(osteocyte)**라 부르는 세포

골다공증(osteoporosis)은 뼈에 칼슘이 부족해서 나타나는 뼈 질환이다.

근육

근육의 유형은 평활근, 심장근, 골격근의 세 가지 유형이 있다.

- 평활근은 얇은 판 모양의 층을 형성하는 방추형 세포들로 구성된다.
- 심장근은 격자망을 형성하는 줄무늬 세포로 구성된다.
- 골격근은 줄무늬가 있는 원통형 세포(섬유)로 근육의 길이를 따라 배열되어 있다.

골격근 세포에서는

- 근원섬유(myofiril), **미오신(myosin)** 필라멘트, **액틴(actin)** 필라멘

트가 **근절(sarcomere)** 안에 배열되어 있다.

- 미오신 필라멘트는 액틴 필라멘트를 끌어당기고, 근절이 짧아진다. 이것을 활주 필라멘트 모델이라고 한다.
- 필라멘트의 이동에는 ATP가 필요하다.

골격근은

- 관절에서 뼈가 움직이도록 한다.
- 길항작용을 하는 쌍을 이루어 작용한다.

활막관절(synovial joint)에서 인대는 뼈를 함께 고정하고 **힘줄(tendon)**은 근육을 뼈에 연결한다.

- **구와관절(ball-and-socket joint)**은 모든 방향으로 움직인다.
- **경첩관절(hinge joint)**은 한 방향으로만 움직인다.

평가 ASSESS

혼자 풀어보기

가장 적절한 답을 고르시오

28.1 감각

1. 사람의 눈은 어떻게 초점을 맞추는가?
   a. 수정체의 두께 변화 b. 수정체의 형태 변화
   c. 동공의 폐쇄 d. 수정체의 회전
2. 눈으로 들어오는 빛의 양을 조절하는 눈의 부위에 해당하는 것은?
   a. 각막 b. 동공
   c. 수정체 d. 망막중심오목
   e. 망막

3~7번 문제의 경우, 다음 설명과 일치하는 감각수용체의 유형을 보기에서 고르시오. 일부 답변은 두 번 이상 사용될 수 있다.

보기: a. 자기수용체 b. 화학수용체
c. 기계수용체 d. 통증수용체
e. 광수용체

3. 통증을 감지함
4. 빛의 파장에 반응함
5. 소리를 감지하는 데 관여함
6. 맛과 냄새를 감지하는 데 관여함
7. 신체의 자세를 유지하도록 함
8. 다음 그림에서 귀의 각 부위에 해당하는 명칭을 쓰시오.

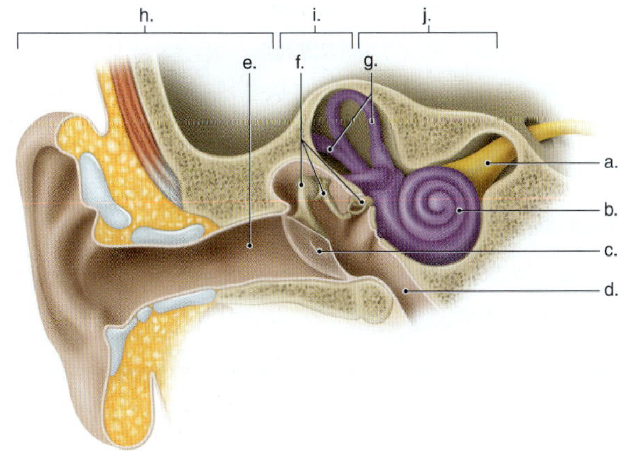

9. 다음 그림에서 눈의 각 부위에 해당하는 명칭을 쓰시오.

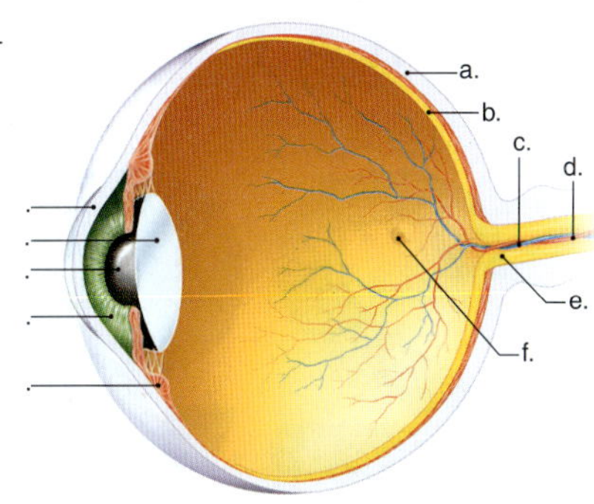

28.2 운동계

10. 근절의 굵은 필라멘트는 주로 무엇으로 구성되어 있는가?
    a. 칼슘 b. 액틴
    c. 미오신 d. 로돕신
    e. b와 c가 정답
11. 자유롭게 움직일 수 있고 체액으로 채워진 관절은 _____ 관절이다.
    a. 활막 b. 자기수용(proprioceptive)
    c. 골지 d. 이석 e. 수성
12. 골격근 섬유에서 수축하는 부위는?
    a. 근원섬유 b. 가는 섬유
    c. 굵은 섬유 d. 근소포체
13. 뼈 조직을 축적하는 세포 유형은?
    a. 골세포 b. 파골세포
    c. 조골세포 d. 모두 옳지 않음
14. 골격근 수축의 기본단위를 무엇이라고 부르는가?
    a. 파골세포 b. 미오신 필라멘트
    c. 근절 d. 인대
15. 사람에서 발견되는 골격의 유형은?
    a. 내골격 b. 외골격 c. 수성골격

관계맺기 ENGAGE

과학적으로 생각하기

1. 실명의 두 가지 주요 원인은 노화에 따른 황반변성과 당뇨성 망막병증이다. 두 경우 모두 망막에 비정상적으로 많은 수의 혈관(혈관 신생)이 발달하는 것이 특징이다. 혈관신생으로 인해 시각이 손상되는 이유는 무엇이라고 생각하는가? 암 연구과정에서 이 같은 안질환의 치료를 위한 새로운 전략이 등장했다. 실명과 암을 유발하는 원인 사이에 상관성이 있다고 보는가?
2. 인간 유전체를 연구하는 학자들은 쓴맛을 내는 물질에 대한 수용체를 암호화하는 80개 정도의 유전자군을 발견했다. 이들 유전자는 혀의 미각수용체 세포에서 만들어지는 단백질을 암호화한다. 일반적으로 여러 유형의 미각수용체가 혀의 세포마다 발현된다. 그러나 후각 시스템에서 각 세포는 1,000개의 후각수용체 유전자 중 하나만 발현된다. 서로 다른 세포에서 서로 다른 유전자가 발현된다. 이런 차이가 서로 다른 화학물질에 대해 맛을 보는 능력과 냄새를 맡는 능력에 어떠한 영향을 주었다고 생각하는가? 두 시스템이 서로 다른 유전자 발현 양상으로 진화하게 된 이유는 무엇일까?

CHAPTER

29

생식과 배아의 발생

Reproduction and Embryonic Development

©MedicalRF.com

개요

29.1 동물의 생식
29.2 인간의 생식
29.3 인간의 배아 발생

시작하기 전에

이 장을 시작하기 전에 다음의 내용을 다시 살펴보자.

그림 9.2 인간의 생활사에서 체세포분열과 감수분열의 역할은 무엇인가?

9.1절 정자형성과정과 난자형성과정의 차이점은 무엇인가?

27.2절 뇌하수체에서 생성되는 호르몬 중 인간의 생식과 관련된 것은 무엇인가?

세 부모—한 아기(Three Parents—One Baby)

시험관 수정(IVF)은 지금까지 정상적으로 자손을 생산할 수 없었던 부부들에게 자식을 가질 수 있는 기회를 제공한 획기적인 기술이었다. 이 기술의 핵심은 산모에게서 채취한 난자를 시험관 내에서 남성 배우자의 정자와 수정시켜 접합자(수정란) 및 배아를 만들어 이것을 산모나 대리모의 자궁에 이식하여 아이를 임신시키는 것이다. 어머니의 난자가 미토콘드리아에 결함을 가지고 있을 경우 다른 여성의 난자를 사용할 수 있는 새로운 기술이 제안되었다.

미토콘드리아는 세포 대사활동에 필요한 에너지를 제공하는 ATP를 생성하는 세포 소기관으로서 자체적으로 가지고 있는 유전체에는 서른일곱 개의 유전자가 있다. 그 중 열네 개는 ATP 생산과 관련된 특정 단백질들을 만들어 낸다. 이 유전자들에 결함이 생기면 미토콘드리아 근병증(mitochondrial myopathy)과 같은 심각한 근육장애가 생길 수 있다. 배아가 되는 접합자(수정란)의 미토콘드리아는 모친(여성)의 난자에서 기원한 것이므로 인간의 미토콘드리아 유전자는 모계유전을 따른다. 따라서 미토콘드리아 유전자와 관련된 질환은 부모 양친 중 모친으로부터 기원한다. 오늘날에는 미토콘드리아 유전질환을 예방하기 위한 혁신적인 치료법이 개발되고 있다.

새로운 시험관 수정 기술은 '세 부모 아기'를 만들어낼 수 있다. 어머니 난자에서 기원한 핵과 아버지 정자 사이 수정이 제3자(여성)가 제공한 난자에서 진행된다. 제공되는 난자의 핵은 제거되나 미토콘드리아는 그대로 남아 있다. 그 결과 태어나는 아기는 어머니와 아버지의 핵 유전자들은 모두 보유하고 있지만 미토콘드리아에 존재하는 37개 유전자는 모두 수정을 위해 사용된 난자를 제공한 사람의 것이다.

이 장에서 우리는 인간의 생식계와 관련한 생식기관의 구조와 기능 그리고 이와 관련 있는 질병과 다양한 생식보조기술을 정리해 보고 후반부에는 인간의 발생과정을 알아볼 것이다.

이 장을 공부하는 동안 다음 질문에 대해 생각해보자.

1. 남성과 여성 중 어느 쪽이 미토콘드리아 유전자를 자손에게 전달하는가?
2. 시험관 수정은 다른 보조생식기술과 어떻게 다른가?

29.1 동물의 생식

학습 목표

이 절을 학습한 후에는 다음 과제를 수행할 수 있어야 한다.

1. 동물의 무성생식과 유성생식의 차이점을 구별하기.
2. 동물의 육상생식과 수중생식에 필요한 적응과정에 대해 설명하기.

무성생식과 유성생식

대부분의 동물은 유성생식을 하지만 일부는 무성생식을 할 수 있다. **무성생식(asexual reproduction)**에서는 암수 중 하나와 유전적으로 동일한 자손을 생산하는 방식이다. 반면에 **유성생식(sexual reproduction)**에서는 암수가 모두 생식에 관여한다. 유성생식에서는 암수의 유전물질이 섞여서 자손에게 전달되기 때문에 일반적으로 생산된 자손은 유전적으로 양친 부모(암수)와 똑같을 수가 없다.

무성생식의 유형

무성생식의 예로 자포동물(cnidarian)의 하나인 히드라(hydra)가 있다(19.2절 참조). 히드라의 새로운 개체는 모체의 돌출부인 싹(bud)에서 형성되는데 이것을 출아법이라 부른다(그림 29.1). 대부분의 편형동물은 몸체가 둘로 나누어진 후 각각의 부분이 재생되어 하나의 새로운 개체가 된다. 이러한 방식은 해면동물, 극피동물 그리고 산호류에서 볼 수 있다. 불가사리는 여러 조각으로 나뉘어도 죽지 않으며 잘린 조각이 입에 해당하는 구판(oral disk)을 가지고 있으면 재생과정을 거쳐 하나의 불가사리 성체로 성장한다.

단위생식(parthenogenesis)은 수정되지 않은 난자가 단독으로 발생하여 완전한 하나의 개체를 형성한다. 꿀벌 집단에서 여왕벌이 낳은 알(난자) 중 수벌의 정자와 수정된 난자는 이배체 암컷(일벌)이 되고 수정되지 않은 알은 반수체 수컷(수벌)이 된다. 이러한 단위생식은 상어를 포함한 일부 어류와 양서류, 파충류에서도 볼 수 있다.

그림 29.1 무성생식.
성체 히드라의 몸체에서 나온 싹(bud)이 새로운 히드라를 만들어낸다. 이것은 무성생식의 한 예이다.
©NHPA/M. I. Walker/Photoshot

유성생식

유성생식의 경우 동물들은 일반적으로 **생식소(gonad)**라는 기관에서 배우자를 생산한다. 수컷과 암컷의 생식소를 각각 **정소(testis)**와 **난소(ovary)**라고 부르고 이곳에서 정자와 난자라는 배우자(gametes)를 각각 생산해낸다. 난자와 정자가 합쳐져 **접합자(zygote**; 수정된 난자, 수정란)를 만든다. **암수한몸(hermaphrodite)**인 지렁이(한 개체가 수컷과 암컷의 생식기관을 모두 보유)는 두 개체 간에 교차수정(서로에게 암수의 역할을 함)이 일어난다.

어떤 동물들에서는 생식소가 환경조건에 따라 그 역할이 바뀔 수가 있다. 예를 들면, 놀래기과의 어떤 물고기는 한 마리의 수컷이 여러 마리의 암컷과 하나의 무리를 이루며 살아간다. 만약에 수컷이 죽으면 무리의 암컷들 중 가장 큰 암

그림 29.2 수중생식.
수중에서 생식을 진행하는 동물의 경우 그들의 알이나 배아는 말라서 죽을 위험이 없다. 개구리의 경우 암수 모두 물속에서 각각의 배우자(생식세포)를 배출하고 수정과정도 수중에서 진행된다. 알에는 난황이 있어서 배아가 필요한 영양분을 공급해준다.
©Mode Images/Alamy Stock Photo

그림 29.3 육상생식.
육상에서 생식을 진행하는 동물은 자신의 배우자(생식세포)와 배아가 대기 중에 노출되어 건조될 위험성이 있기 때문에 이를 피하기 위한 전략을 개발하였다. 수컷이 음경을 이용하여 암컷에게 정자를 전달하고 암컷의 체내에서 수정이 이루어진다. 배아는 완전한 개체로 형태를 갖출 때까지 암컷의 체내에서 돌보아진다.
©Villiers Steyn/Shutterstock

컷이 수컷이 된다. 슬리퍼 달팽이는 다수의 개체들이 층층이 싸인 형태로 살아가는데 이때 달팽이 더미에서 제일 위쪽에 있는 개체가 수컷이고 그 밑으로 있는 개체들은 모두 암컷들이다.

많은 수중동물은 물속에서 정자와 난자가 결합하는 체외수정을 한다(그림 29.2). 수정 이후 먹이를 취할 수 있는 미성숙 형태인 유충의 시기(larval stage)를 갖는다. 유충은 어느 정도 시간이 지나면서 성체로 변하게 된다.

체내수정은 **교미(copulation)**라는 방법을 통해 정자와 난자가 결합하는 것이다. 일부 수중동물도 교미기관을 가지고 있는데 한 예로서 바다가재와 왕새우는 부속지가 생식을 위해 변형되었는데 이것을 유영각(swimmerets)이라 부른다. 육상동물의 경우는 수컷은 음경을 이용해 암컷의 질 안에 정자를 배출한다(그림 29.3). 그러나 모든 육상동물이 교미기관을 갖고 있는 것은 아니다. 예를 들면, 조류(새)는 음경이나 질이 없고 대신 총배설강(cloaca; 소화관, 배설관, 생식관에서 나오는 물질들이 한데 모이는 공간)이라는 특이한 기관이 있다. 수컷이 자신의 총배설강 입구를 암컷 총배설강 입구에 접촉한 후 정자를 전달한다.

체내수정이 이루어진 후에 동물은 수정란을 낳거나 새끼를 낳는다. 알을 낳는 동물을 난생(*oviparous*)이라고 하는데 알이 몸에서 배출된 후 부화된다. 파충류와 조류가 대표적인 난생동물로서 이들은 영양물질이 풍부한 난황을 포함한 알을 낳는다. 두꺼운 껍질로 감싸인 알 속에서 새끼의 형태형성이 진행된다. 배아는 배외막(*extraembryonic membranes*)에 싸여서 있기 때문에 탈수의 위험이 없이 안전하게 보호를 받는다. 껍질이 있는 알은 수중생식에서 벗어나 육상 환경에서도 생식과정을 유지하며 종을 번식시킬 수 있게 된 진화적응의 실례라고 볼 수 있다(19.5절 참조). 조류는 특히 자신의 알을 품어서 보호하고 새끼가 부화되어 나오면 스스로 날아다니며 먹이를 구할 수 있을 때까지 돌본다. 조류의 생식행동은 호르몬과 신경계 조절작용을 통해 이루어진다.

조류와는 다른 방식의 생식행동을 보여주는 동물들도 있다. 이들은 알을 낳고 돌보는 대신에 체내에서 알을 부화시키고 완전한 형태를 갖출 때까지 새끼를 품고 있다가 밖으로 방출하는데 이것을 난태생(*ovoviviparous*)이라고 한다. 연체동물인 굴은 외투강 안에 알을 보관하며 척추동물인 해마는 품고 있는 알로부터 부화된 새끼가 밖으로 방출되기 전까지 머무는 공간인 육아낭을 가지고 있다. 살무사를 비롯한 몇 종류의 뱀도 알이 부화될 때까지 체내에 품은 후 어린 새끼를 방출한다.

연관

태생포유류의 임신기간은 어느 정도인가?

임신기간은 수태부터 출산까지 자궁 내에서의 배아(및 태아)의 발생기간을 의미한다. 생물 종에 따라 임신기간은 매우 다른데 일부 포유동물의 평균 임신기간은 다음과 같다. 햄스터 16일, 생쥐 21일, 다람쥐 44일, 돼지 114일, 곰 220일, 인간 270일, 기린 425일, 범고래 500일, 인도코끼리 624일.

©Frida Marquez/Blend Images LLC

대부분의 포유류는 어린새끼를 낳는 태생(*viviparous*)이다. 이들은 새끼가 태어난 후 성장에 필요한 영양분을 어미가 공급해준다. 흥미롭게도 오리너구리와 바늘두더쥐 같은 일부 포유류는 알을 낳는다. 알이 부화되면서 새끼가 태어나게 되면 그 이후부터 어미는 새끼를 돌본다. 이에 비해 유대류의 새끼는 거의 성숙되지 않은 상태로 태어나서 육아낭에서 어미의 젖을 빨며 나머지 발생과정을 마치게 된다. 인간과 같은 태반포유류의 새끼는 자궁에 있는 동안에는 태반(placenta)을 통해서(29.3절 참조) 모체와 물질교환을 하거나 양분을 공급받는다. 태어난 이후에는 새끼는 어미의 유선(mammary gland)을 통해 나오는 젖을 빤다.

개념 연결하기 29.1

동물은 유성생식과 무성생식으로 자손을 번식시킬 수 있고 수중과 육상 모두에서 생식을 할 수 있도록 적응해 왔다.

진도 점검하기 29.1

1. 유성생식과 무성생식의 차이점을 요약하시오.
2. 수중생식과 육상생식의 장단점을 기술하시오.
3. 난생, 난태생, 태생의 차이점을 설명하시오.

29.2 인간의 생식

학습 목표

이 절을 학습한 후에는 다음 과제를 수행할 수 있어야 한다.

1. 남성과 여성의 생식계의 구조 및 기능을 설명하기.
2. 남성과 여성의 생식계를 조절하는 호르몬의 역할에 대해 설명하기.
3. 다양한 피임법의 원리를 설명하고 그 효과를 평가해 보기.
4. 남성과 여성의 불임원인을 살펴보기.
5. 보조생식기술에 대해 설명하기.
6. 성병을 일으키는 원인을 살펴보기.

인간(남성과 여성)의 **생식계(reproductive system)**는 생식소 및 그 외 부속기관들로 구성되어져 있다: (1) 생식소(정소, 난소)는 배우자(정자, 난자)와 성호르몬을 생산한다. (2) 부속기관에는 정자나 난자의 이동에 관여하고 여성의 경우에는 배아 , 또는 태아를 수용하는 기관들까지 포함된다.

남성 생식계

남성의 생식계는 정소(testis, 복수형: testes), 부정소(epididymis, 복수형: epididymides), 정관(vas deferens, 복수형: vasa deferentia) 그리고 요도(urethra)와 같은 기관들로 이루어져 있다(그림 29.4*a*).

남성의 요도는 소변 및 정자를 배출하는 통로 역할을 함으로써 비뇨 및 생식기능을 모두 갖고 있다. 정자를 생산하는 한 쌍의 **정소(testis)**는 음낭(*scrotum*) 안에 감싸여져 있다. 정소는 원래 복강 내에서 형성되지만 배아 발생이 진행됨에 따라 음낭 안쪽으로 내려오면서 자리를 잡는다. 만약 태어난 아기의 정소가 복강 아래 음낭 쪽으로 내려가지 않는 경우 호르몬을 사용한 약물치료나 정소를 음낭으로 옮겨주는 수

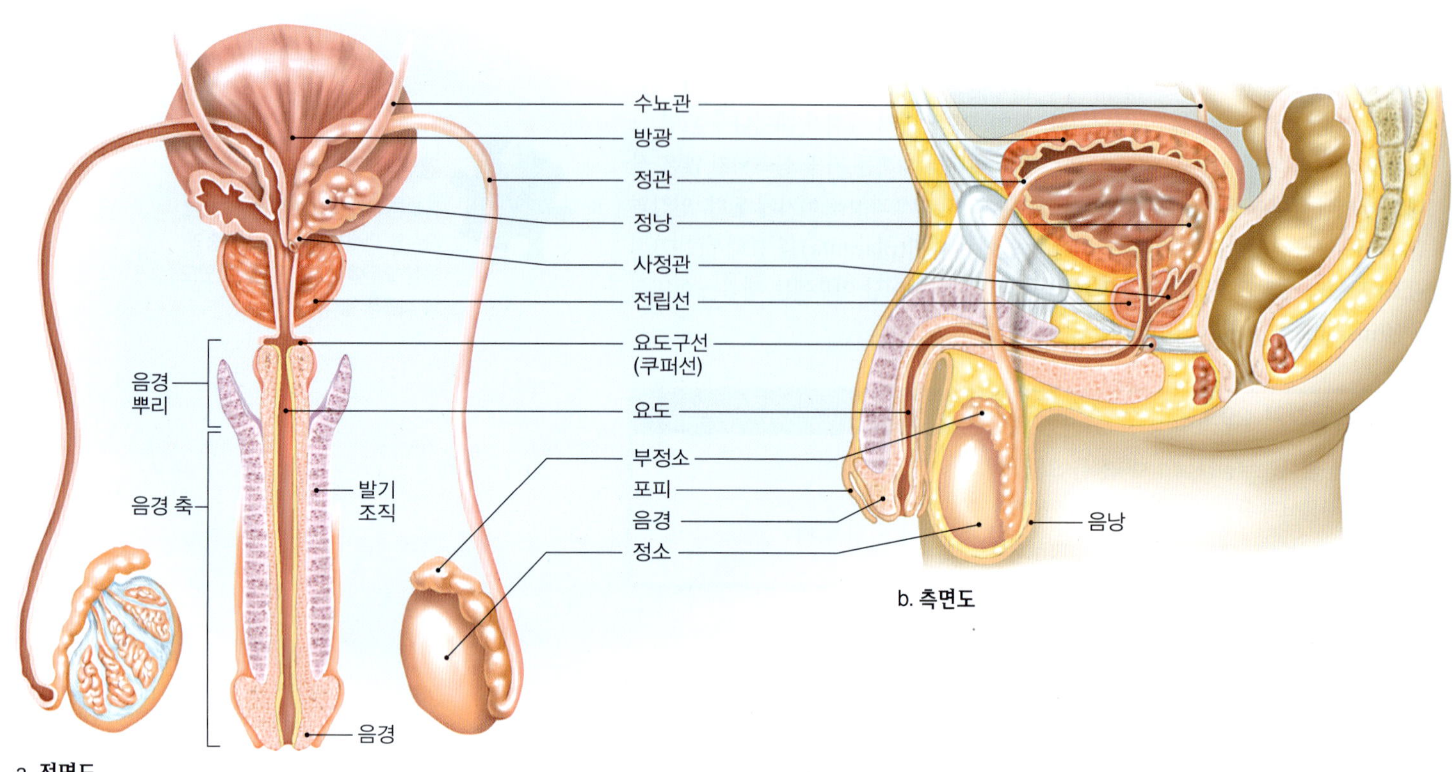

그림 29.4 남성 생식계.

a. 정면도. **b.** 측면도. 정소는 정자를 생산한다. 정낭, 전립선, 요도구선은 정액을 만들기 위한 액체를 분비한다. 포경수술은 음경의 포피를 제거하는 것이다.

술이 요구된다. 이러한 조치가 없다면 남성은 자식을 생산할 수 없는 **불임(sterility)** 상태가 된다. 뿐만 아니라 정자생산은 체온에서는 억제되고 체온보다 약간 낮은 온도에서는 활성화되기 때문에 정소가 체외에 있는 음낭으로 내려와서 자리를 잡는 것은 남성의 정상적 생식기능을 발휘하기 위해 매우 중요하다 볼 수 있다.

정소에서 생산된 정자는 정소 측면에 위치한 부정소(*epididymis*)에 모여 일시적으로 저장되어 있으면서 성숙하게 된다. 차후 성숙한 정자는 근육수축에 의해 정관(*vas deferens*)으로 이동하여 머물게 된다. 남성이 성적 자극을 받게 되면 정자는 사정관을 거쳐 음경 안에 있는 요도로 이동한다. 정관을 절단하여 묶어버림으로써 정자 이동 및 배출을 막아버리는 정관절제술(vasectomy)은 남성 쪽에서 할 수 있는 대표적인 피임방법이다(표 29.1 참조).

음경(penis)은 음낭의 앞에 달려 있는 원통모양의 기관이다. 음경에는 무수한 모세혈관이 있는 해면질의 발기조직이 있다(그림 29.4*b*). 성적 자극을 받으면 신경의 반사작용에 의해 음경의 동맥에서 혈액의 흐름이 증가된다. 이렇게 증가된 혈류가 발기조직의 모세혈관을 채우면서 혈관내의 압력이 증가한다. 그 결과 평소에는 늘어져 있는 음경은 단단해지고 커지게 된다. 이러한 변화를 발기(erection)라고 부른다. 음경이 발기되지 않는 상태를 발기부전(*erectile dysfunction, ED*)이라고 하며 비아그라, 레비트라, 시알리스 같은 약물은 음경에 혈류량을 증가시켜 성적으로 흥분되었을 때의 발기상태를 유지하도록 해주는 작용을 한다.

정액(semen)은 정낭, 전립선 그리고 요도구선에서 분비한 액체들과 정자가 섞인 흰색의 진한 액체이다. 정낭(*seminal vesicles*)은 방광의 기저부에 위치하며 각각의 정낭이 정관과 연결되어 사정관을 형성하고 이것이 요도로 연결된다. 정자가 정관에서 사정관으로 이동할 때 정낭에서는 정자가 사용할 영양분이 포함된 진한 점성 액체가 분비된다. 방광 바로 하단부에 있는 **전립선**(*prostate gland*)은 유백색의 알칼리성 액체를 분비한다. 이 액체는 정자의 운동을 활발하게 해주고 소변으로 인한 요도의 산성도를 중화시키는 역할을 하는 것으로 보인다. 노인이 되면 전립선이 비대해질 수 있으며 이렇게 되면 요도를 압박해 소변보기가 불편해질 수 있다. 전립선암은 남성에게서 흔하게 나타난다. 전립선 하단부 요도의 양옆에 하나씩 위치하여 한 쌍을 이루는 분비샘을 **요도구선**(*bulbourethral glands*), 또는 쿠퍼선(Cowper's gland)이라고 부르며 윤활 역할을 하는 점성액체를 분비한다.

남성이 성적 자극의 절정에 도달하면 사정(ejaculation)을 한다. 사정의 첫 단계인 누정(emission)에서는 척수가 보낸 신경자극에 의해 부정소와 정관이 수축하면서 정자는 사정관으로 이동한다. 이때 정낭, 전립선, 요도구선에서 분비물이 단계적으로 방출된다. 사정의 두 번째 단계인 배출(expulsion)에서는 음경의 기부와 요도구 벽의 근육이 주기적으로 수축 및 이완을 반복하면서 요도구가 열리고 정액이 분출된다. 발기는 일정시간 동안만 지속되며 사정이 끝나면서 음경은 원래대로의 늘어진 상태로 돌아가고 자극을 주어도 또 다시 발기가 되지 않는 불응기가 온다. 남성은 사정을 통해 성적 오르가즘(orgasm)을 느낄 수 있으며 이것은 성적 자극의 절정에서 일어나는 생리적, 심리적 만족감이다.

정소

정소(testis)는 소엽(lobule)이라고 부르는 구획들로 이루어져 있고 소엽마다 단단하게 꼬인 형태의 **세정관**(*seminiferous tubules*)이 1~3개씩 들어 있다(그림 29.5a, b). 세정관의 횡단면을 현미경으로 관찰하면 정자형성과정 중에 있는 세포가 가득 차 있는 것을 볼 수 있다. 정자형성과정 동안 감수분열에 의해 세정관에 있는 세포들의 염색체 수는 이배체(2n)에서 반수체(n)로 감소한다. 또한 세정관 내부에 있는 **세르톨리 세포**(*Sertoli cells*)는 정자의 생성에 관여하는 세포들에 영양분을 공급하고 정자의 생성을 조절한다. 정자(그림 29.5c)는 머리, 중간부분(중편) 그리고 꼬리의 세 부위로 구분할 수 있다. 머리에는 핵이 들어가 있고 끝부분은 막으로 싸인 첨체가 있는데 이것에는 정자가 난자의 바깥 막을 관통하고 들어갈 때 막을 분해하는 소화효소가 들어 있다. 꼬리는 정자가 난자를 향해 이동할 수 있는 운동성을 부여하는 일종의 편모이며 꼬리 중간부분에는 에너지를 생산하는 미토콘드리아가 다수 들어가 있다.

일반적으로 남성이 배출하는 정액에는 1 ml당 약 4,000만 개의 정자가 있어서 수정이 성공적으로 일어날 수 있는 확률을 높여준다. 그러나 배출된 정자가 모두 수정에 참여하는 것은 아니고 100개 남짓한 정자만 난자 근처에 도달하고 최종 단 하나의 정자만이 난자 안으로 들어가 수정을 완성한다.

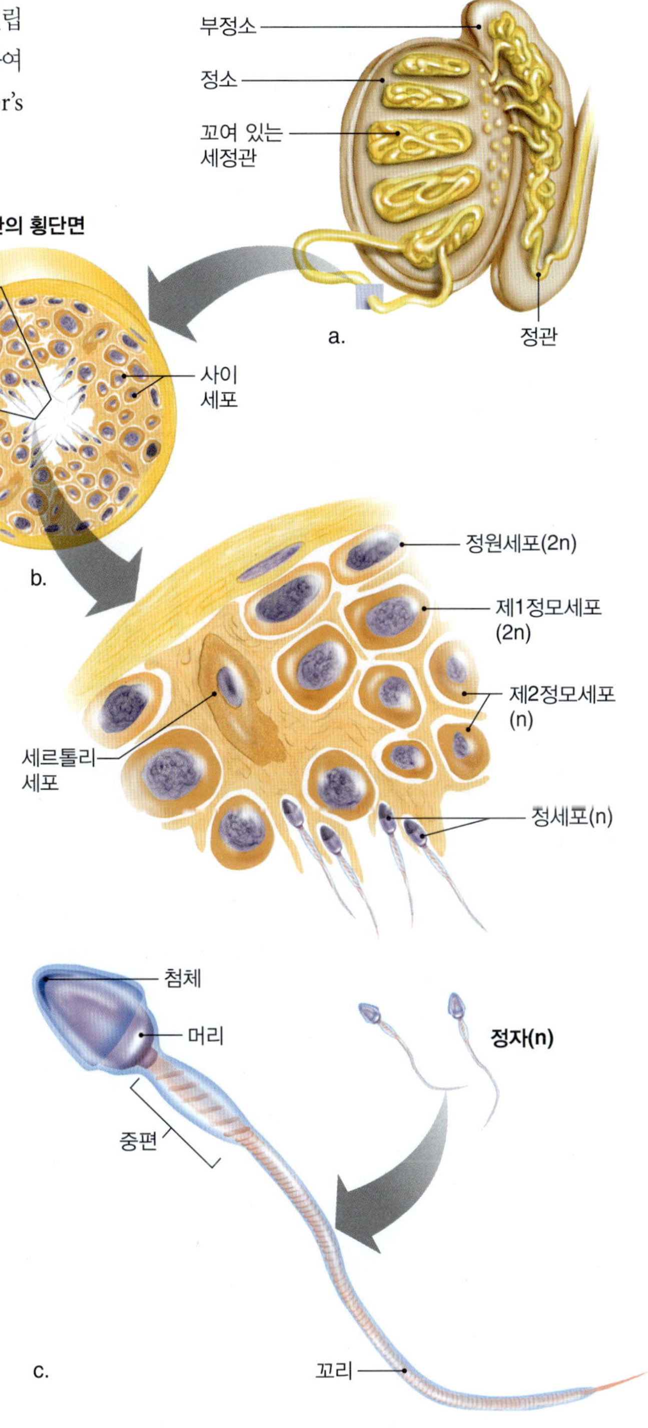

그림 29.5 세정관.
a. 정소에는 정자를 생산하는 세정관이 있다. **b.** 세정관의 횡단면. 정자형성과정 동안 정자를 만드는 세포들의 염색체 수가 반으로 줄어든다. **c.** 정자는 머리, 중간부분, 꼬리로 구성된다. 핵을 지니고 있는 머리 끝부분에는 첨체가 붙어 있다.

남성의 호르몬 조절

시상하부에서 '생식선자극호르몬-방출호르몬(gonadotropin-releasing hormone, GnRH)'이 분비되어 뇌하수체 전엽을 자극하면 '생식선자극호르몬(gonadotropin)'이 생산된다(27.2절 참조). 따라서 시상하부가 정소의 생식기능을 궁극적으로 조절

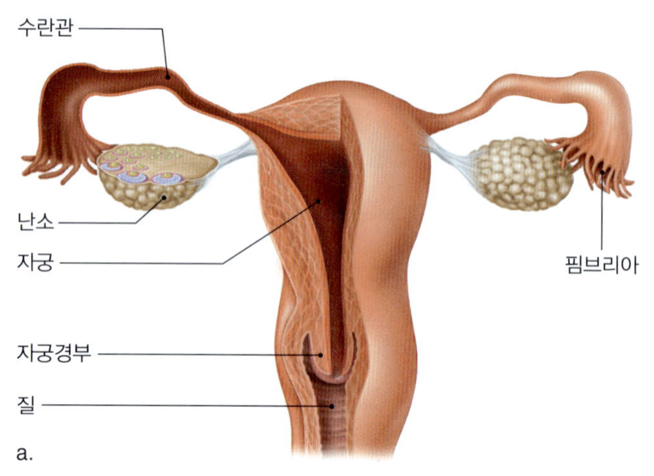

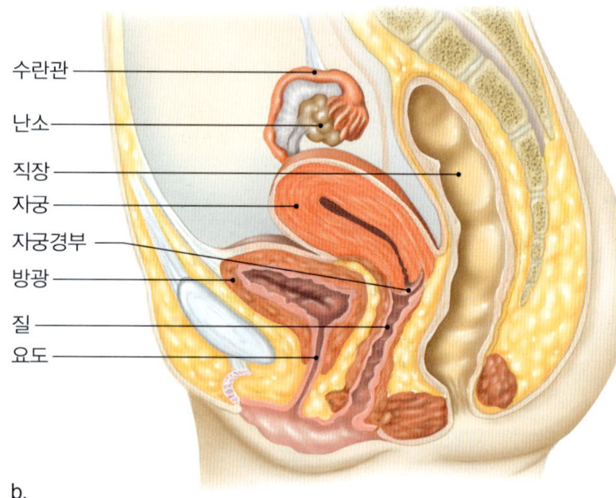

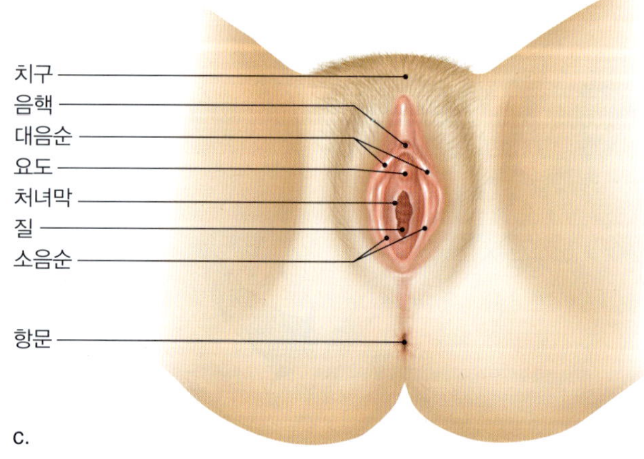

그림 29.6 여성 생식계.

a. 여성 생식계의 정면도. 난소는 매달 하나의 난모세포(난자)를 생산한다. 난관에서 수정이 이루어지며 자궁에서 접합자(수정란)의 발생이 진행된다. 질은 출산할 때 아기가 나오는 통로이면서 성교를 위한 기관이다. **b.** 여성 생식계와 부속기관의 측면도. **c.** 여성 외부 생식기인 음문. 여성은 처녀막에 의해 질 입구가 부분적으로 막혀 있는 상태로 태어난다. 처녀막은 성교나 강렬한 신체활동(운동)에 의해 파열될 수 있다.

하는 부위이다. 남성과 여성 모두 생식선자극호르몬인 여포자극호르몬(follicle-stimulating hormone, FSH)과 황체형성호르몬(luteinizing hormone, LH)을 생성한다. 남성의 경우 FSH는 세정관에서 정자형성을 촉진하고 LH는 세정관 사이에 산재되어 있는 '사이질세포(interstitial cells)'가 테스토스테론을 생성하는 것을 조절한다.

남성의 성호르몬인 **테스토스테론(testosterone)**은 남성 생식기관의 발달 및 기능에 필수적일 뿐만 아니라 정자의 성숙과정에도 꼭 필요하다. 또한 테스토스테론은 성적 성숙기에 도달하는 **사춘기(puberty)**에 남성의 제2차 성징을 발현시키고 유지하는데도 중요한 역할을 한다. 그 결과, 일반적으로 남성은 여성보다 키가 크고 어깨가 넓으며 몸통에 비해 상대적으로 다리가 길다. 또한 남성은 여성에 비해 성대가 길고 후두가 크기 때문에 목소리가 굵다. 남성의 커다란 후두 때문에 남성의 목에서 아담스 애플(후두의 울대뼈)이 뚜렷이 관찰된다.

테스토스테론은 남성의 얼굴, 가슴, 등과 같은 부위에 털이 두드러지게 발달하도록 해준다. 또한 이마가 넓어지는 남성형 대머리를 유발시키기도 하고 남성의 근육을 강하게 발달시켜주기도 한다.

여성 생식계

여성의 생식계는 난소, 난관, 자궁 그리고 질로 이루어져 있다(그림 29.6*a*). 난관(*uterine tubes*; 수란관)은 그 말단이 나팔 끝처럼 넓게 열려 있어서 나팔관(fallopian tubes)이라고도 부르며 난소에서 시작해서 자궁까지 뻗쳐 있다. 난관은 난소에 직접적으로 연결되어 있지는 않고 난소와 접한 난관 끝 부분에는 작은 손가락 모양의 돌기구조인 핌브리아(*fimbriae*, 단수: fimbria)가 다수 있고 이것들의 말단이 난소표면 위로 확장되어 난소 전체를 덮고 있다. 난소에서 배출된 미성숙 난모세포(oocyte)는 핌브리아의 움직임과 난관내벽에 있는 섬모들의 물결운동으로 인해 강제적으로 난관 안으로 휩쓸려 들어간다. 난관의 자궁 쪽 방향으로 전반부 1/3 지점에서 수정이 이루어지며 배아는 난관 내벽의 섬모운동과 근육수축에 의해 난관을 타고 천천히 자궁 쪽으로 이동하게 된다. **자궁(uterus)**은 근육으로 이루어진 두꺼운 벽을 가지고 있는 기관으로서 그 모양과 크기가 거꾸로 놓은 서양 배(과일)와 매우 비슷하다. 자궁 아래쪽 끝 부분은 폭이 좁으며 **자궁경부(cervix)**라고 한다. 배아는 자궁내막(*endometrium*)에 착상된 후 나머지 발생과정을 완료한다. 자궁경부에 있는 작은 구멍은 질과 연속적으로 연결되어 있다. **질(vagina)**은 여성 몸체의 종단축에서 45도 정도 뒤로 기울어져 위치한다(그림 29.6*b*). 질의 점액성 내벽은 주름지고 접혀 있어서 쉽게 늘어나기도 줄어들기도 한다. 이러한 신축성은 태아를 출산할 때와 남성의 음경이 질 내로 삽입되어 들어오는 성교행위를 할 때 도움을 주게 된다.

여성의 외부 생식기관을 음문(*vulva*)이라고 한다(그림 29.6*c*). 요도와 질 입구의 양옆에 치구(*mons pubis*), 소음순(*labia minora*), 대음순(*labia majora*)이 있다. 소음순의 위쪽 연결지점에는 남성의 음경과 상동기관인 음핵(*clitoris*)이 있다. 음핵은 흥분되면 발기가 되는 조직으로서 완두콩 모양의 귀두가 덮여 있다. 음핵에는 많은 감각수용체가 있어서 성적으로 매우 민감한 부분이다. 대부분의 여성은 태어날 때부터 처녀막(hymen)이라는 얇은 막이 질 입구를 부분적으로 막고 있는데 그 외에 다른 특별한 기능은 없다. 처녀막은 성교나 피임기구 삽입, 또는 격렬한 운동에 의해 파열될 수 있다.

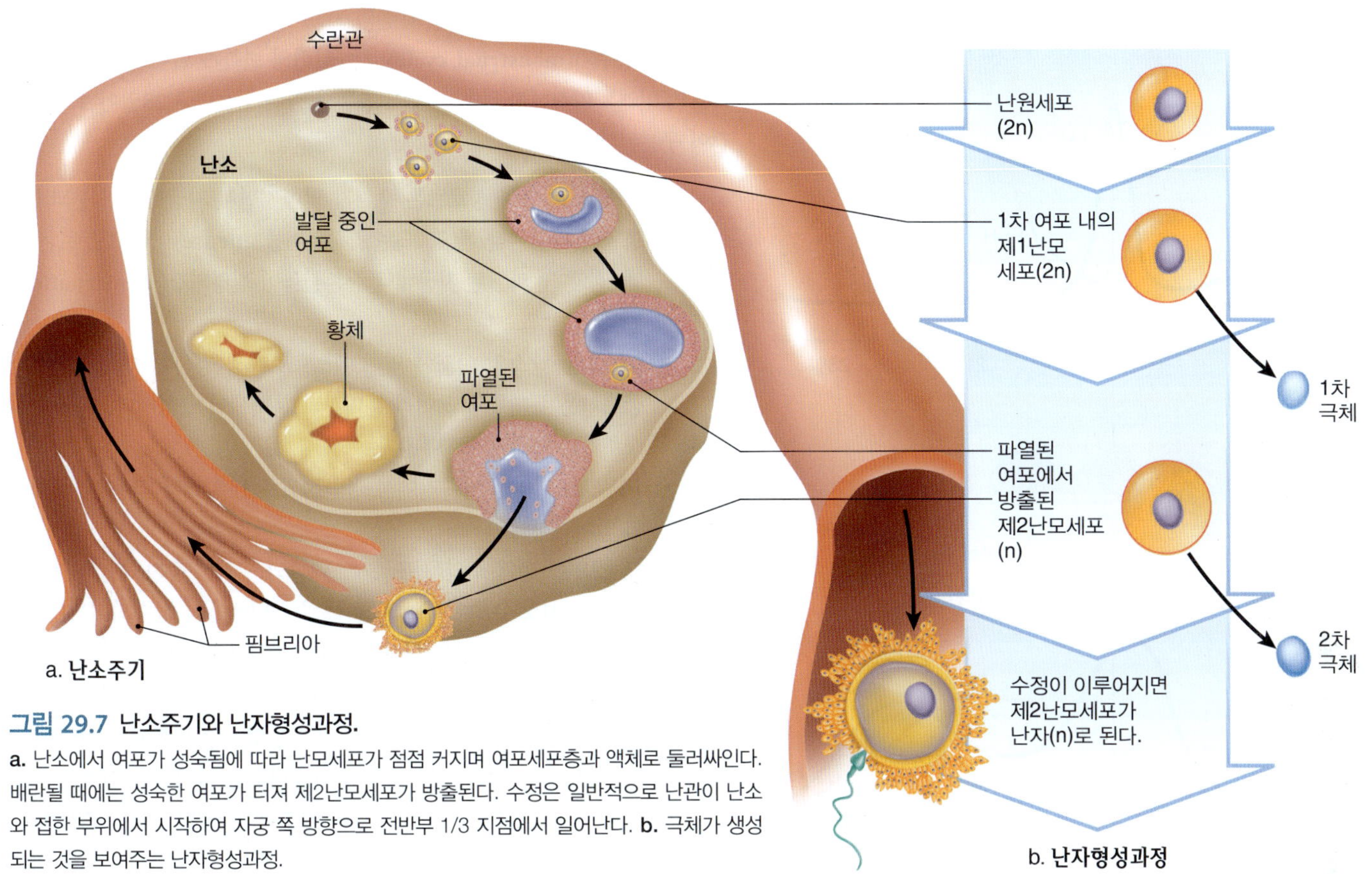

그림 29.7 난소주기와 난자형성과정.
a. 난소에서 여포가 성숙됨에 따라 난모세포가 점점 커지며 여포세포층과 액체로 둘러싸인다. 배란될 때에는 성숙한 여포가 터져 제2난모세포가 방출된다. 수정은 일반적으로 난관이 난소와 접한 부위에서 시작하여 자궁 쪽 방향으로 전반부 1/3 지점에서 일어난다. **b.** 극체가 생성되는 것을 보여주는 난자형성과정.

난소

난소 내에서 미분화 난원세포(oogonium)는 상피에 둘러싸인 제1난모세포(primary oocyte)로 발달하는데(그림 29.7) 이것을 1차 **여포(follicle)**라고 부른다. 난소는 다수의 1차 여포들을 가지고 있으며 이들 각각은 한 개의 제1난모세포를 갖는다. 여성은 태어날 때 200만 개 정도의 1차 여포를 가지고 있으나 사춘기가 되면 30~40만 개로 감소한다. 이 중에서 400개 정도의 1차 여포들(제1난모세포들)만이 성숙하여 제2난모세포(secondary oocyte)를 생산해 낸다. 성숙한 여포가 난소표면에서 부풀어져 터지면 여포 내에 있던 제2난모세포가 방출되는데 이러한 현상을 **배란(ovulation)**이라고 한다. 제2난모세포를 방출한 여포는 **황체**(*corpus luteum*)로 발달하여 난소에 머무른다. 수정과 임신이 이루어지지 않으면 황체는 약 10일 뒤에 퇴화하기 시작한다.

난소주기는 뇌하수체 전엽에서 분비되는 생식선자극호르몬인 FSH와 LH에 의해 조절된다(그림 29.8). 난소주기의 전반부인 여포기(*follicular phase*) 동안(그림 29.8의 분홍색) FSH는 에스트로겐을 분비하는 여포의 발달을 촉진한다. 혈중 에스트로겐 수치가 증가하면 되먹임 기작에 의해 FSH 분비가 조절되고 배란이 일어난다. 배란이 일어나는 것은 여포기의 종료를 의미한다고 볼 수 있다. 난소주기의 후반부인 **황체기**(*luteal phase*) 동안(그림 29.8의 노란색)에는 LH가 프로게스테론을 분비하는 황체의 발달을 촉진시킨다. 혈중 프로게스테론 수치가 증가하면 되먹임 기작에 의해 LH 분비가 조절되며 만약에 수정이 이루어지지 않으면 황체는 퇴화하기 시작한다. 황체기가 종료되면서 월경이 진행된다.

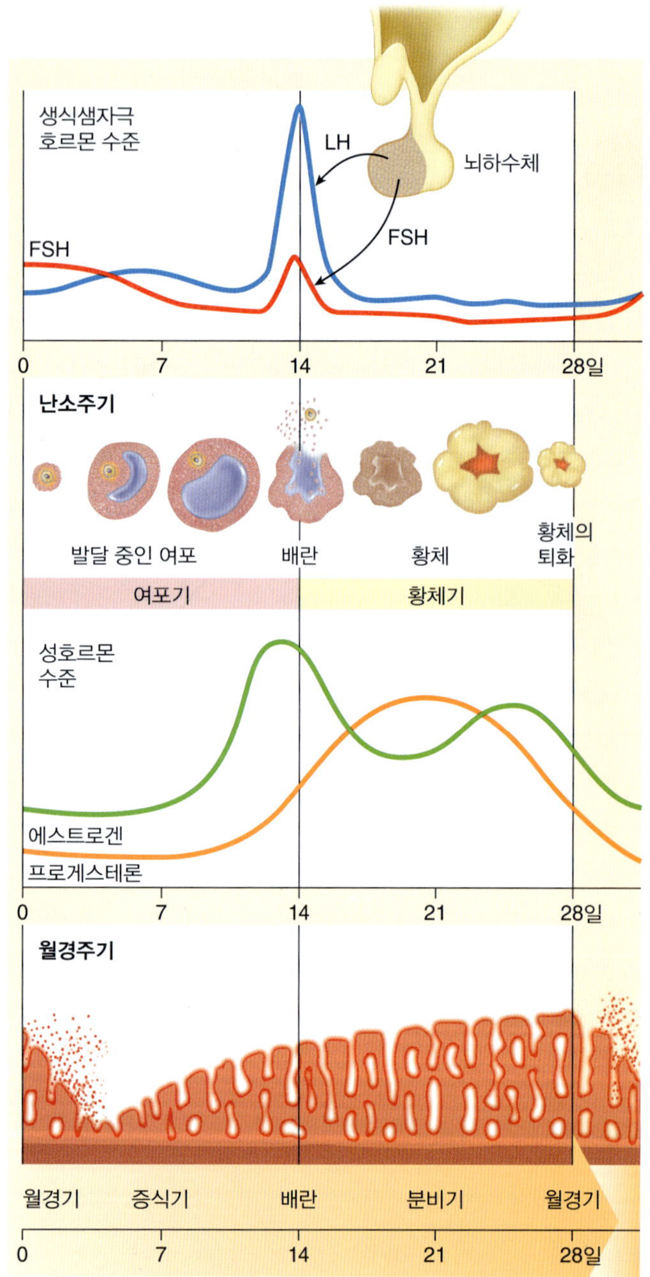

그림 29.8 난소주기와 월경주기.
난소주기의 여포기 동안(분홍색)에 뇌하수체에서 분비된 FSH는 난소에서 여포의 성숙을 촉진시킨다. 난소의 여포에 의해 생산이 증가된 에스트로겐은 월경주기의 증식기 동안에 자궁내막을 두껍게 만든다(*맨 아래*). 배란 후와 난소주기의 황체기(노란색) 동안에 LH는 황체의 발달을 촉진시킨다. 황체에서 생성되는 프로게스테론 양이 많아지면 자궁내막은 점액을 분비한다. 프로게스테론 수치가 낮아지게 되면서 월경이 시작된다.

여성의 성호르몬인 에스트로겐과 프로게스테론이 자궁내막에 영향을 주면서 **월경주기(menstrual cycle)**라는 일련의 변화가 일어나게 된다(그림 29.8의 아래). 임신하지 않은 여성의 경우 월경주기는 평균 28일이며 다음과 같이 구분된다.

- 1~5일: 여성의 성호르몬 수치가 낮아지면서 자궁내막이 붕괴되고 혈관이 파열된다. **월경**(또는 월경분비물, **mense**)이라고 부르는 혈액, 점액 및 파열된 자궁내막 잔존물들이 **월경기간(menstruation)** 동안 질 밖으로 배출된다.
- 6~13일: 난소의 여포에 의해 에스트로겐의 생산이 증가되면서 자궁내막은 두꺼워지고 여러 분비관과 분비샘이 생성된다. 이것을 월경주기의 증식기라고 부른다.
- 14일: 28일의 월경주기에서 일반적으로 14일째가 되는 날에 배란이 일어난다.
- 15~28일: 황체에 의해 프로게스테론의 생산이 증가되면서 자궁내막이 두 배로 두꺼워지며 자궁 내의 분비샘들이 성숙되어 진한 점액을 분비한다. 이것을 월경주기의 분비기라고 부른다. 이제 자궁내막은 배아를 받아들일 준비가 되었다. 그러나 수정이 일어나지 않아 자궁내막에 자리를 잡을 배아가 없다면 황체는 퇴화되고 여성 체내의 성호르몬 수치는 낮아지면서 자궁내막은 파열되고 월경이 일어난다. 월경을 시작하는 날이 다음 월경주기의 제1일이 되면서 또다시 뇌하수체 전엽에서 FSH 생산은 증가되기 시작하고 새로운 여포가 성숙되기 시작한다.

여성의 호르몬 조절

에스트로겐(estrogen)과 **프로게스테론(progesterone)**은 여성의 성호르몬이다. 특히 에스트로겐은 여성 생식기관의 정상적인 발달과 기능에 필수적이다. 에스트로겐은 또한 체모와 지방의 분포를 포함한 여성의 2차 성징 발달에 아주 중요하다. 일반적으로 여성은 피하지방이 많이 축적되기 때문에 남성보다 체형이 둥글다. 또한 여성의 골반대(다리이음뼈)는 남성보다 넓은 엉덩이를 가지도록 배열되어 있다. 유방의 발달에는 에스트로겐과 프로게스테론이 모두 필요하다.

연관

여성도 남성 성호르몬인 테스토스테론을 만드는가?

여성의 부신과 난소는 소량의 테스토스테론을 만들어 낸다. 체내 낮은 테스토스테론 수치가 여성의 리비도(libido, 성충동)에도 영향을 미칠 수 있다.

남성도 부신으로부터 여성 성호르몬인 에스트로겐을 소량 만들어 낸다. 남성 생식선 및 그 주변조직들에서 특이효소에 의해 남성 성호르몬인 안드로겐이 에스트로겐으로 전환되기도 한다. 남성에서 에스트로겐은 골다공증을 예방하는 역할을 할 수 있다.

난소주기와 월경주기가 멈추는 **폐경기(menopause)**가 일반적으로 45~55세 사이에 나타난다. 여성이 1년 정도 월경을 하지 않을 경우에 폐경기가 시작된 것으로 간주한다.

연관

호르몬 대체요법이란 무엇인가?

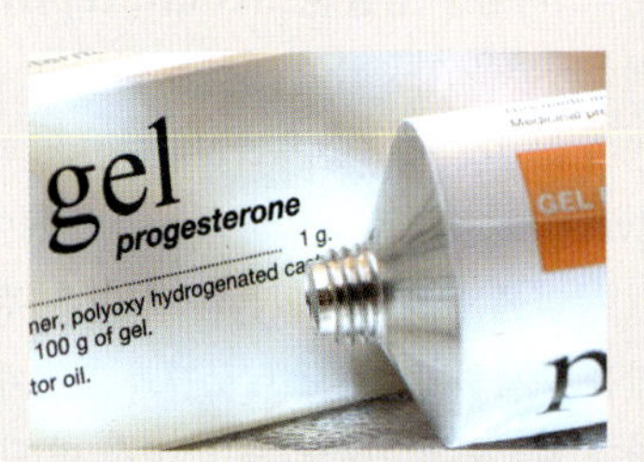

©BSIP/Getty Images

호르몬 대체요법(hormone replacement therapy, HRT)은 보통 폐경기 이후에 시행한다. 폐경기 동안에는 여성의 체내에서 만들어지는 호르몬 양의 변화가 심하기 때문에 얼굴이 화끈거리고 감정이 수시로 변하거나 불면증에 시달릴 수 있고 복부에 지방이 쌓이거나 머리카락이 얇아지는 등의 문제가 발생한다. 이러한 증상은 HRT로 완화시킬 수 있다. HRT를 통해 폐경기 이후 뼈가 약해지는 것을 방지하고 직장암이나 심장병의 발병 가능성을 줄일 수 있다. 그러나 HRT로 인해 일부 사람들에게는 심장발작이나 혈전생성의 부작용이 일어날 수도 있다. 그러므로 HRT를 받고 있는 여성은 6개월마다 주기적으로 의사의 진단을 받으면서 몸의 상태를 모니터링을 할 필요가 있다.

생식의 조절

다양한 피임방법과 이들의 효율성이 표 29.1에 정리되어 있다. 그림 29.9에서는 몇 가지 대표적인 피임기구들을 볼 수가 있다. 성교를 하지 않는 **금욕(abstinence)**이 가장 확실한 피임법이며 동시에 성병을 피할 수 있는 장점도 가지고 있다. 경구피임법(oral contraception)은 **피임약(birth control pill)**을 일 단위로 복용하여 피임효과를 보는 방법이다. 피임약은 에스트로겐과 프로게스테론을 주성분으로 하는데 이 두 호르몬은 여성의 뇌하수체에서 FSH와 LH 생산을 차단하여 난소에서 여포가 발달하지 못하게 함으로써 배란이 일어나지 않게 한다. 결과적으로 여성이 임신을 할 수 없

표 29.1 일반적인 피임법

명칭	사용 방법	효율*	명칭	사용 방법	효율*
금욕	성교를 자제함	100%	피임막	성교 전 질에 라텍스 캡을 삽입하여 자궁경부를 막는다.	젤리와 같이 사용할 경우 90%
불임수술 정관절제술 난관결찰술	 정관을 잘라내고 묶음 난관을 잘라내고 묶음	 거의 100% 거의 100%	경부 캡	자궁경부를 막는다.	거의 85%
에스트로겐/프로게스테론 혼합제제(경구약, 주사제, 또는 질 안에 넣는 링 및 패치로 사용)	경구약: 일일 복용; 주사와 링: 한 달간 지속; 패치: 매주 교체	약 100%	남성용 콘돔	발기된 음경에 라텍스 덮개를 씌운다.	약 85%
			여성용 콘돔	폴리우레탄 막을 질 안에 삽입한다.	약 85%
프로게스테론 (튜브 임플란트와 주사제로만 사용)	임플란트: 3년 지속; 주사제: 3주 지속	약 95%	질외사정	사정하기 전에 음경을 질로부터 빼낸다.	약 75%
			젤리, 크림, 거품	성교 전에 피임용 살정제 제품을 삽입한다.	약 75%
자궁내 피임기구(IUD)	프로게스테론을 포함한 기구이며 10년간 지속	90% 이상	자연적 가족계획	배란시기를 판단하여 성교를 피한다.	약 70%
질 스펀지	살정제가 들어 있는 스펀지를 질 내에 삽입	약 90%	질세척	성교 후 질이 세척된다	70% 미만

*성적으로 활발한 여성이 이 방법으로 피임을 했을 때, 1년간 임신되지 않을 확률.

그림 29.9 피임 도구.
널리 쓰이는 피임도구의 예.

(pill, female condom, jelly/diaphragm, Depo-Provera): ©McGraw-Hill Education/Bob Coyle, photographer; (intrauterine device): ©Image Point Fr/Shutterstock

게 된다. 두통, 일시적 시력저하, 가슴이나 복부 통증, 다리 부종 등의 부작용이 있기 때문에 피임약을 자주 복용하는 여성은 정기적으로 의사의 진찰을 받을 필요가 있다.

피임용 임플란트(contraceptive implant)는 난소주기를 방해하는 합성 프로게스테론을 이용하여 배란을 막는다. 최근에 개발된 것은 단일 캡슐 형태로 제조되었는데 그 효과가 3년 정도 지속된다. 패치(patch)도 판매되는데 "오소 에브라(Ortho Evra)"로 불리는 피임패치는 일주일에 한 번씩 3주 동안을 피부에 붙여주고 월경기간 동안에는 붙이지 않는다. **피임용 주사(contraceptive injection)**는 프로게스테론만을 주사하거나 에스트로겐과 프로게스테론을 혼합하여 주사하는 방법이다. 약물효과가 지속되는 기간은 몇 주에서 몇 달까지로 다양하다.

콘돔(condom)처럼 정자가 난자에 접근하는 것을 물리적으로 차단하는 피임방법은 성병을 예방하는 효과도 있기 때문에 이에 대한 관심이 높아지고 있다. **여성용 콘돔**(*female condom*)은 질 안쪽에 삽입하는 폴리우레탄 재질의 긴 튜브 주머니로서 질 내부를 감싸서 정자가 자궁경부를 통해 자궁으로 이동하는 것을 차단시킨다. **남성용 콘돔**(*male condom*)은 발기한 음경에 씌워주는 신축성 있는 라텍스 재질의 덮개이다. 사정된 정액은 콘돔 안에 갇혀서 질 내로 들어가지 못한다. 이때 살정제도 함께 사용하면 콘돔만 사용하는 것보다 훨씬 효과적이다. **피임막(diaphragm)**은 의사의 도움을 받아 질 안에 삽입해 자궁경부를 덮는 기구로서 성교하기 두 시간 전에 질 안에 삽입할 수 있다. 피임막은 살정제가 들어 있는 젤이나 크림과 함께 사용해야 하며 성관계 후에 적어도 여섯 시간 동안은 질 내에 그대로 두어야 한다. 자궁경부캡(cervical cap)이 피임막의 한 종류이다.

자궁내 피임기구(intrauterine device, IUD)는 의사의 도움을 받아 자궁 안에 삽입하여 고정시키는 작은 플라스틱 도구이다. IUD는 자궁과 난관의 환경을 변화시켜 수정이 이루어지지 않도록 하며 만일 수정이 되었다 해도 착상이 일어나지 못하도록 하는 효과를 지닌다.

피임용 백신(contraceptive vaccine)이 현재 개발 중에 있다. 예를 들어, 배아의 착상을 유지시켜주는 호르몬인 '인간 융모성 생식선 자극호르몬(human chorionic gonadotropin, hCG)'을 불활성화시키는 백신이 제한적인 임상실험에서 효과를 보였다. hCG는 임신하지 않은 여성의 체내에서는 생산되지 않고 임신 중에만 만들어지기 때문에 자가면역반응의 위험성은 없다. 한편, 연구자들은 정자 자체를 인식하여 파괴시키거나 무력화시키는 항정자백신(antisperm vaccine)도 개발할 수 있을 것으로 기대하고 있다.

응급피임(emergency contraception)은 피임하지 않은 상태에서 성관계가 이루어졌을 때 임신을 방지할 수 있는 피임법으로 주로 약물을 복용한다. 여성이 피임 없이 성관계를 한 이후 2~3일 정도까지도 응급피임약을 사용할 수 있기 때문에 "다음날 아침 약(morning-after pill)"이란 응급피임약의 별칭은 잘못 붙여진 것이다.

최초로 미국 식품의약국(FDA) 승인을 받은 응급피임약인 '프리벤(Preven)' 약물키트는 총 4개의 합성 프로게스테론 알약으로 구성되어 있다. 성관계 후 72시간 이내에 먼저 2개를 복용하고 12시간 후에 나머지 2개를 복용한다. 이 약은 정상적인 월경주기를 방해하고 자궁내막에 배아가 착상되지 못하도록 한다. 프리벤은 임신을 예방하는데 약 85%의 높은 효과를 보이지만 여성이 이미 임신이 된 상태라면 아무 효과도 기대할 수 없다. 그래서 키트에는 임신테스트 기구가 함께 포함되어 있어서 지시사항에는 프로게스테론 알약을 복용하기 전에 일단은 임신 여부를 먼저 테스트해 볼 것을 명시하고 있다.

플랜B원스텝(Plan B One-Step)은 2006년에 FDA 승인을 받았고 피임 없이 성관계 이후 72시간 내에 복용하면 89%까지 임신을 예방할 수 있다. 이 약물은 17세 이상의 여성들에게 일반의약품(처방전 불필요)으로 판매되고 있다. 울리프리스탈 아세테이트(ulipristal acetate)는 '엘라(ella)'로 알려져 있는 응급피임약으로 2010년 8월에 FDA 승인을 받았다. 피임 없이 성관계 후 5일 내에 복용하면 되고 임신예방효과는 플랜B원스탭보다 더 뛰어나다. 다만 전문의약품이기 때문에 구입을 위해서는 의사의 처방전이 요구된다.

미페프리스톤(mifepristone)은 'RU-486'으로도 알려져 있으며 대표적인 임신중절(낙태)약이다. 이 약물은 자궁내벽세포에 존재하는 프로게스테론 수용체를 차단하여 자궁내막의 프로게스테론 반응을 방해함으로써 착상된 배아가 소실되도록 한다. 이 약물은 배아가 착상된 자궁내벽층이 떨어져 나가도록 하여 배아가 더 이상 생존과 발달을 할 수 없도록 만든다. 특히 프로스타글란딘과 함께 복용하면 임신 49일째 시점까지 95%의 낙태유발효과를 낼 수 있으며 현재 미주지역 병원에서 초기 낙태를 진행할 때만 사용하고 있고 응급피임약으로는 사용하고 있지 않다.

불임

생식의 조절에는 임신을 예방하는 것과 함께 불임을 치료하는 것도 함께 포함된다. **불임(infertility)**은 어떤 부부가 피임을 하지 않고 성관계를 유지하지만 1년이 지나도록 여성이 임신이 되지 않는 상태를 말한다. 미국의 경우 여섯 부부 중 한 부부가 불임을 겪고 있으며 그 원인이 남성과 여성 각각에 문제가 있는 경우가 40%씩, 그리고 모두에게 문제가 있는 경우가 20% 정도가 되는 것으로 추정되고 있다.

남성불임의 가장 일반적인 원인은 정자 수가 적거나 비정상적인 정자의 비율이 높기 때문이며 이런 현상은 외부 환경적 요인에서 기인할 수 있다. 상습적으로 흡연과 음주를 하거나 장시간 앉아서 생활하는 남성은 불임이 될 가능성이 높다. 하루 대부분을 컴퓨터나 TV 앞에 앉아 있거나 운전석에 앉은 채 생활하면 정소의 온도가 높아져 정자를 적절하게 생산할 수 없게 된다.

여성의 경우 체중의 급격한 증가가 불임의 중요한 원인이 된다. 체중이 정상일 경우에는 지방세포에서 렙틴(leptin)이라는 호르몬을 생산한다. 렙틴은 시상하부를 자극하여 생식선 자극호르몬 방출호르몬(GnRH)을 분비하도록 하여 난소에서 정상적으로 여포가 형성되도록 한다. 그러나 과체중일 경우에는 렙틴이 잘 분비되지 않고 그 결과 난소에서 여포생산이 영향을 받게 되는데 보통 이런 경우 난소 내의 여포들은 크기가 작고 기능을 제대로 수행하지 못하며 배란이 정상적으로 되지 않는다. 한편, 가임기 여성의 10% 정도가 체내에서 인슐린을 정상적으로 이용하지 못하는 내분비계 이상증세를 가지고 있다. 이러한 경우 난소의 기능에도 영향을 미쳐서 난소 내부가 여포들로 채워져 있지 않고 대신 액체로 채워진 다수의 작은 주머니(cyst)들만이 존재하는 상태가 되는데 이를 낭성난소증후군(*polycystic ovary syndrome, PCOS*)이라고 부른다. 이 경우 궁극적으로 배란이 역시 일어나지 않는다. 뿐만 아니라 인슐린 기능이 제대로 발휘되지 않기 때문에 PCOS를 가지고 있는 여성은 대개 제2형 당뇨병을 함께 앓는 경우가 많다. 그 밖에도 골반내염증질환(*pelvic inflammatory disease*: 뒷부분 참조)에 의한 난관 막힘과 자궁 외 다른 부위(특히 난관)에서 자궁조직이 자라는 자궁내막증(*endometriosis*) 등이 여성 불임의 또 다른 원인들이 될 수 있다.

한편, 발달된 의학기술은 불임문제를 일부 해결할 수 있도록 해주었다. 예를 들어, 난소를 자극시키는 배란촉진제나 생식선자극호르몬을 여성에게 투여하여 배란을 유도하는 방법 등이 있다. 이러한 호르몬 요법으로 종종 다수의 난자가 배란되는 경우가 생기기도 하여 다둥이가 탄생하는 경우가 있다.

통상적인 방식으로 수정이 이루어지지 않는다면 양자를 입양할 수도 있다. 그 외에 다음 절에서 소개하는 보조생식기술을 활용할 수도 있다.

보조생식기술

보조생식기술(assisted reproductive technologies, ART)은 임신의 기회를 높여주는 기술이다. 일반적으로 정소나 난소 각각으로 부터 정자와 난자를 추출한 후 병원에서 인공으로 수정시킨다.

기증자에 의한 인공수정(artifical insemination by donor, AID) 이 기술은 의사가 추출한 정자를 여성의 질 안으로 주입하여 수정이 일어나게 하는 것이다. 인공수정을 위해서는 충분한 수의 정자가 필요하므로 일정기간 동안 정자를 모을 필요가 있다. 특히 남성의 정자 수가 자연적으로 적은 경우에 이 기술이 유용하다. 정자 기증자는 여성의 배우자일 수도 있고 경우에 따라서는 전혀 모르는 남성이 될 수도 있다.

시험관 수정(in vitro fertilization, IVF)과 세포질내 정자주입(intra-cytoplasmic sperm injection, ICSI) 이 기술은 여성의 몸 밖에서 인공적으로 정자와 난자를 수정시키는 것이다. 우선은 초음파 장치를 이용하여 난소 내에서 미성숙 난자를 지닌 여포를 찾아낸다. 이후 배란촉진제 투여 없이 바늘로 미성숙 난자를 추출해낸다. IVF에서는 추출한 미성숙 난자를 시험관 안에서 성숙시킨 후 여기에 농축된 다수의 정자를 첨가한다. ICSI는 하나의 난자 속에 한 개의 정자를 직접 주입하는 것인데 이 기술은 보통 남성에게 심각한 불임문제가 있는 경우에 시행된다. 시술이 완료되면 시험관 내에서 수정이 진행되어 배아가 형성되기까지는 대략 2~4일 정도의 시간이 필요하다. 이후 배아는 월경주기의 분비기 상태에 있는 여성의 자궁으로 옮겨져서 착상을 시킨다. 착상이 성공적으로 이뤄진다면 배아는 인간의 발생과정을 거치며 자궁 속에서 자라게 된다. 한편, 인공수정을 통해 만들어진 배아에 대해서 미리 유전질환 검사를 실시하여 건강한 배아만을 선별하여 자궁으로 옮겨주는 것이 바람직할 수 있다.

만약에 한 번에 여러 개의 배아가 착상된다면 다둥이가 태어날 수 있다. 여분의 배아는 냉동시킨 후 재사용할 수도 있고 다른 부부에게 기부하거나 연구용으로 사용가능하다.

배우자 난관내 이식(gamete intrafallopian transfer, GIFT) 시험관 수정의 낮은 성공률(15~20%)을 해결하기 위해 고안된 것이 GIFT이다. 이 방법은 추출한 정자와 난자를 섞은 후 즉시 여성의 난관에 넣어 수정을 유도하는 것으로서 이외의 나머지 과정은 IVF와 유사하다. 이 방법은 난자를 추출하였다가 다시 난관에 넣는 과정이 한 번에 진행되기 때문에 여성의 입장에서는 매우 간편하고 빠른 시술방법이라는 장점이 있다. 상황에 따라서는 난자를 실험실에서 수정시켜 수정란까지 얻은 후 이것을 난관에 넣는 경우도 있다.

성병

금욕은 성병의 확산을 막는 최선의 방법이다. 성생활에 적극적인 사람들에게는 콘돔을 사용하는 것이 성병을 어느 정도까지는 예방할 수는 있다. 바이러스에 의해 생기는 성병 중 AIDS나 생식기 포진은 부분적으로는 치료가 가능하나 완치는 불가능하다. 세균에 의해 걸리는 성병(예: 클라미디아, 임질, 매독 등)은 항생물질로 쉽게 치료할 수 있다.

바이러스성 성병

후천성면역결핍증후군(acquired immunodeficiency syndrome, AIDS)은 **인체면역결핍바이러스(human immunodeficiency virus, HIV)**에 의해 생기는 성병이다. 인간의 면역관련 세포 중에 '보조T림프구'는 항체를 생산하는 B 림프구의 활성을 촉진한다(26.3절 참조). HIV는 보조T림프구를 공격하여 무력화시킨다(그림 29.10).

HIV에 감염되면 보조T림프구의 수가 감소하기 시작하고 결과적으로 감염자는 병약한 상태로 다른 종류의 다양한 감염에 쉽게 노출된다. AIDS는 범주 A, B, C라는 3단계의 감염과정을 거쳐 병증이 진행된다.

범주 A 단계는 정상인이 바이러스에 감염된 이후 특별한 병증을 나타내나지 않고 어떠한 치료도 받지 않은 상태로 약 1년 정도의 시간이 지속되는 단계이다. 이 경우 감염자는 무증상 보인자로서 자신은 증세를 보이지 않지만 이미 혈액 내에는 다수의 HIV 바이러스가 증식하여 존재하고 있기 때문에 다른 사람을 감염시킬 수 있다. 혈액검사 결과가 AIDS 양성으로 나오지만 감염자 체내에서 보조T림프구가 혈액 1 mm^3당 500개 이상으로 생산되고 유지될 수 있다면 감염자는 병증 발현 없이 건강하게 살아갈 수 있다. 여러 약물들을 적절하게 조합하여 치료하면 감염자를 A 단계에 무기한 머무르도록 할 수도 있다.

그러나 감염자 상태는 범주 B 단계로 진행될 수 있는데 이 단계는 대략 6~8년 정도 지속된다. 감염자는 림프절이 붓고 체중감소와 식은 땀, 피로, 발열 그리고 설사 등을 겪을 수 있다. 아구창(혀와 입가에 흰 염증이 생기는 병)과 포진 등의 질병이 추가로 발병한다.

범주 C 단계에서는 환자에게서 전형적인 AIDS 병증들이 모두 발현된다. 신경계의 이상증세가 나타나고 특이한 폐렴이나 피부암 같은 '기회성 질병(opportunistic disease)'이 나타난다. 기회성 질병은 몸의 면역체계가 아주 약해지면서 발생하는 병을 말한다. 이 경우 환자는 집중치료를 받지 않으면 감염되고 약 7~9년 후에는 사망하게 된다.

인체유두종바이러스(human papillomavirus, HPV)는 100가지 이상의 유형(type)이 있으며 대부분은 사마귀를 만들어 낸다. 이중 약 30가지 유형은 남성의 음경과 포피, 여성의 외음부나 질, 자궁경부 등에 생식기 사마귀를 형성한다. 특히 출산과정 중 태아가 질과 자궁경부를 거쳐 나올 때 자궁경부가 HPV에 감염되어 있다면 태아도 역시 감염될 수 있다.

10가지 HPV 유형은 자궁경부암을 일으킬 수 있다(미국에서는 매년 50여 만 명이 자궁경부암으로 사망). 이들은 숙주(인간)의 세포분열 주기에서 '브레이크(제동작용)' 역할을 수행하는 p53 단백질의 활성을 억제하는 단백질을 생산한다(8.3절 참조). 세포가 p53 활성을 잃게 되면 세포분열이 통제되지 않기 때문에 암세포의 특성을 보이게 된다. 자궁경부암은 Pap 검사를 통해서 조기진단이 가능하다. 이 검사법은 자궁경부에서 세포 몇 개를 떼어내 현미경으로 검사하는 것이다. 만약에 세포들이 암세포처럼 보이면 자궁적출수술을 고려해 볼 필요가 있다. 남성의 경우에는 HPV로 인해 음경이나 항문 등에 암이 발생할 수 있다. 몇몇 연구결과들은 미국 남성들에서 HPV 감염에 의한 구강암이나 후두암의 발병이 흡연에 의한 발병률에 필적한다고 한다. 이것은 아마도 미국인구의 흡연경향은 과거에 비해 감소했는데 구강성교를 행하는 사람들은 점진적으로 증가하였기 때문인 것으로 보인다.

아직까지는 HPV 감염을 근본적으로 치료할 방법은 없으나 바이러스에 의해 형성된 사마귀는 외과적 수술, 동결처리, 산성액 처리, 레이저 제거술 등을 통해 효과

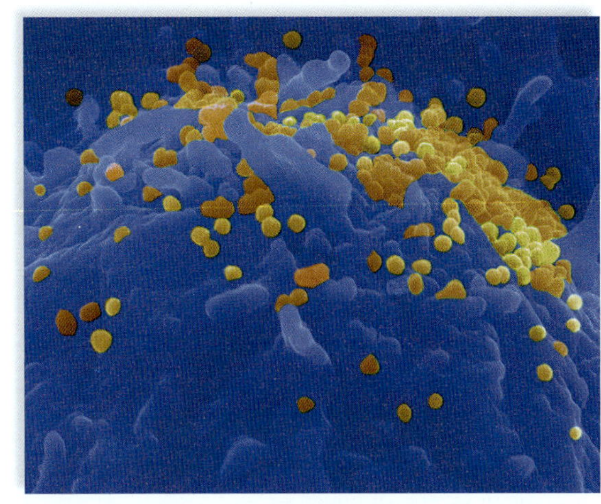

그림 29.10 HIV 바이러스에 감염된 세포.
HIV 바이러스(노란색)는 병원체에 대한 면역방어에서 중요한 역할을 하는 보조T림프구(파란색)와 대식세포들을 공격하여 감염시킨다.

연관

성병 예방을 위해서 지켜야 할 일

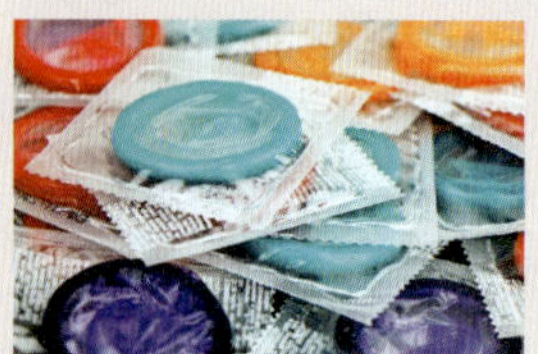
©CatLane/iSock/Getty Images

- 금욕하거나 성병에 감염되지 않은 한 명의 상대와만 1 대 1의 성관계를 맺을 것.
- 섹스 상대를 여러 명 두지 않도록 하고 섹스 상대가 여러 명인 사람과는 관계하지 말 것.
- 정맥주사로 약을 투여하는 사람은 피할 것. 이들은 AIDS나 B형 간염 위험이 높다.
- 항문성교를 피하라. HIV는 직장 내벽을 통해서 쉽게 감염될 수 있다.
- 지난 5년 내에 성병 경험이 있는 사람과 관계할 때에는 항상 콘돔을 사용할 것.
- 구강성교를 피할 것. AIDS를 비롯한 여러 성병에 쉽게 감염될 수 있다.
- 약물을 주사하는 습관을 버릴 것. 꼭 필요하다면 항상 멸균된 깨끗한 바늘을 사용할 것.

적으로 제거될 수 있다. 그러나 때로는 사마귀가 제거된 후라도 바이러스가 다른 사람에게 전염될 수 있다. 따라서 일단 생식기 사마귀 진단을 받았다면 금욕하거나 콘돔을 사용하여 타인에게로 바이러스가 전염되는 것을 막는 것이 좋다.

2006년 6월에 미국 식품의약국(FDA)은 가르다실(Gardasil)이라는 HPV 백신을 승인하였다. 이 백신은 미국에서 발견되는 가장 일반적인 네 가지 유형의 HPV(이 중 두 가지에는 자궁경부암의 70%를 일으키는 바이러스가 포함)에 대해 효과를 보인다. 가르다실은 이미 감염된 사람에게는 효과가 없기 때문에 아직 성적으로 성숙하지 않은 어린 시기에 미리 접종하여 면역력을 키우는 것이 바람직하다. FDA는 2009년에는 남성용 가르다실도 승인하였다. 미국 보건복지부는 11~12세의 소년과 소녀에게 3도스(dose, 1회 투약용량)의 백신을 접종하도록 권장하고 있다. 또한 13세가 되기 전까지 3도스의 일부나 모두를 접종받은 이력이 없다면 13~21세의 남성과 13~26세의 여성들(임신부는 제외)도 백신 예방접종을 받을 수 있다. 그 이상의 나이를 먹은 사람들은 의사와 상담을 통해 백신접종 가능 여부를 판단해야 한다.

생식기 포진(genital herpes)은 생식기에 통증을 수반한 물집이 생기는 병이다. 물집이 터지면 고통스러운 궤양이 생기며 치료에는 적어도 5일에서 몇 주가 걸리기도 한다. 물집은 발열, 배뇨통증을 동반하고 사타구니의 림프절이 붓는다. 여성의 경우는 상당량의 분비물이 질로부터 나온다. 궤양이 치료된다 해도 이 질환은 잠복기에 들어가기 때문에 비록 발병 빈도가 낮고 증세가 약하기는 하지만 언제라도 물집은 재발할 수 있다. 발열, 스트레스, 태양광선, 월경 등에 의해 재발된다고 알려져 있다.

간염(hepatitis)은 간이 감염되는 질병으로서 간 기능 저하, 간암을 유발시켜 사망에 이르게까지 할 수 있다. 몇 가지 유형(type)의 간염이 있고 일부는 성관계를 통해서 감염될 수 있다. A형(A type) 간염은 대개 오염된 물을 통해 감염되지만 구강이나 항문성교를 통해서도 감염될 수 있다. B형(B type) 간염은 AIDS와 동일한 방식으로 전파되지만 감염력은 더 높다. 다행히 B형 간염은 백신을 접종하면 예방할 수 있다. C형(C type) 간염은 감염자의 혈액을 통해 전염된다.

세균성 성병

클라미디아(chlamydia)는 성기부위에 세균감염이 일어나 생기는 성병이다. 특히 여성에게선 증상이 없거나 매우 약하다. 남성은 감염 후 8~21일 사이에 배뇨 시 약한 작열감(뜨겁고 타는 느낌)을 느끼며 점액성 소변을 보게 된다. 여성은 요로감염의 증세와 아울러 질에서 고름이 나올 수 있다. 클라미디아는 자궁경부에 궤양을 일으키기도 하는데 이로 인해 AIDS에 감염될 확률이 높아진다. 진단을 했어도 클라미디아 감염을 제대로 감지하지 못하여 방치하거나 적절하게 치료하지 않으면 자궁경부에서 난관에 이르기까지 감염이 확산되어 환자의 상태가 **골반염증성질환(pelvic inflammatory disease, PID)**으로 진행될 수 있다. 이 질환은 아주 고통스러우며 난관이 막혀서 여성에게는 불임을 유발할 수 있다.

임질(gonorrhea)은 배뇨 시 통증을 유발하고 요도에서 녹황색 고름이 만들어지는데 이러한 증상은 남성에서 더 쉽게 나타나기 때문에 여성보다 남성에게서 진단이 더 쉽다. 잠복기를 거쳐 여성에서는 PID를 유발하고 난관에 영향을 준다. 남성에서는 정관에 염증을 일으킨다. 손상된 정관과 난관부위가 국부적으로 재생되어가는 과정 중 세포분열이 일어나면서 만들어질 수 있는 흉터조직은 정관 및 난관을 막을 수 있으며 이런 경우 결과적으로 불임에 이를 수도 있다.

매독(syphilis)은 3단계에 걸쳐 발생되며 각 단계 사이에는 잠복기가 존재한다. 마지막 3기에 접어들면 심장혈관계나 신경계가 파괴될 수 있다. 감염자는 정신

능력이 저하되고 장님이나 절름발이가 될 수 있으며 정신적 장애가 수반되어 광기를 드러내기도 한다. 고무종(gumma; 매독 3기에 나타나는 심각한 궤양성 병변으로 고무처럼 말랑말랑함)이 피부나 체내 내부기관에 형성될 수 있다. 매독균은 임신부의 태반을 통하여 태아를 감염시킬 수 있기 때문에 기형아 출산이나 유산의 원인이 되기도 한다. 매독은 혈액 검사로 쉽게 진단할 수 있다.

그 밖의 원인들에 의한 성병

원생동물인 편모충(*Trichomonas vaginalis*)이나 효모 칸디다균(*Candida albicans*)은 여성의 질을 감염시켜 질염(*vaginitis*)을 유발시킬 수 있다. 특히 칸디다균은 여성의 질 내부가 깨끗하지 못하면 쉽게 발견될 수 있는 병원체로서 특정 조건에서 질 내에서 빠르게 증식한다. 예를 들어, 피임약을 먹는 여성은 이 균에 쉽게 감염된다. 또한 항생제 남용은 질 내부에서 세균들의 균형을 무너뜨려 칸디다균이 대량으로 증식할 수 있게 해준다. 질편모충증(trichomoniasis)은 건강한 여성이 이미 감염된 남성(무증상)과 성관계를 가지게 되면 걸릴 수 있는 성병이다.

개념 연결하기

남성과 여성의 생식기관은 각각 배우자(gamete) 세포인 정자와 난자를 생산한다. 성병을 예방하고 피임을 할 수 있는 다양한 방법들이 있다.

진도 점검하기 29.2

1. 정자의 생성 및 사정에 관련된 생식기관의 구조를 설명하시오.
2. 남성 생식계에서 테스토스테론의 기능을 요약하시오.
3. 난소에서 배란과정을 설명하시오.
4. 월경주기를 이루는 과정들을 상세히 설명하시오.
5. 불임치료에 사용되는 기술을 요약하시오.
6. 성병의 발병 원인(바이러스성, 세균성, 그 밖의 원인)에 따라 성병을 분류하시오.

29.3 인간의 배아 발생

학습 목표

이 절을 학습한 후에는 다음 과제를 수행할 수 있어야 한다.

1. 수정, 배아와 태아 발생 및 출산과정을 설명하기.
2. 배아 발생의 단계를 구분하고 낭배와 신경배 형성과정의 중요성을 설명하기.
3. 태반의 구조와 기능에 대해 설명하기.

배아 발생(embryonic development)은 수정되는 순간부터 완전한 성체가 만들어질 때까지 일어나는 모든 과정을 포함한다. 인간을 비롯한 포유동물은 다른 동물들과 발생과정이 유사하지만 몇 가지 현저한 차이점을 가지고 있다. 특히 발생 중인 포유동물의 배아(인간과 같은 태반동물의 태아도 포함), 파충류, 그리고 조류의 배아는 배외막에 감싸여져 있어서 배아가 보호되고 영양분을 공급받을 수 있다. 배외막이 무엇이고 포유류에서 어떤 역할을 하는지에 대해서 그림 29.11에 요약하였다.

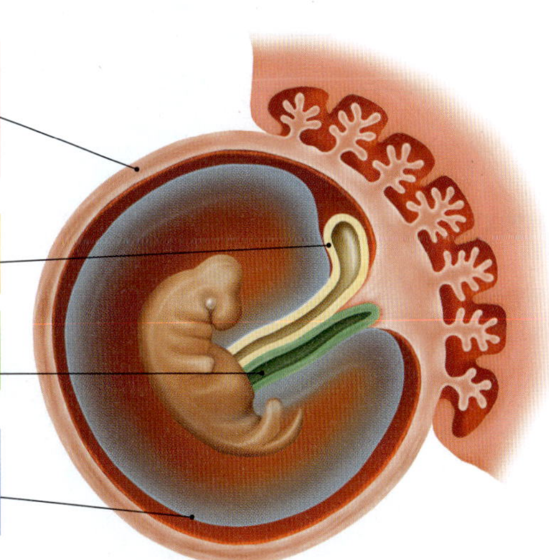

그림 29.11 배외막. 육상생식을 하는 다른 동물들과 마찬가지로 인간의 배아도 배외막을 통해 보호를 받고 영양분 공급을 받는다.

수정

수정(fertilization)은 정자와 성숙한 제2난모세포의 상호작용으로 일어나는 현상으로 접합자(수정란)가 만들어진다(그림 29.12). 제2난모세포의 원형질막은 **투명대**(*zona pellucida*)라는 세포외물질에 의해 둘러싸여지며 투명대 주변은 여포세포층이 부착되어 있다.

수정이 진행되는 동안 정자는 여포세포들을 사이를 지나 이동하면서 머리 끝 첨체 안에 있던 분해효소를 세포외배출 작용에 의해 방출시킨다. 방출된 효소에 의해 정자가 접촉한 투명대 부위가 분해되면서 정자가 들어갈 통로가 만들어진다. 곧 한 개의 정자는 제2난모세포의 원형질막에 결합하여 융합이 되고 이내 정자의 머리(핵)가 세포 안으로 들어간다. 제2난모세포는 제2감수분열을 완료해야만 성숙한 난자가 될 수 있다. 최종적으로 난자의 반수체 핵(n)과 정자의 반수체 핵(n)이 융합된다. 단 한 개의 정자가 한 개의 난자를 수정시키는 것이 원칙이다. 수정이 이루어지면 투명대에 변화가 일어나 다른 정자가 추가로 침투하여 수정을 시도하는 것을 차단해 버린다.

초기 배아 발생

발생의 첫 두 달은 배아 발달기이다. 수정 후 접합자는 발생을 시작하면서 난관을 통해 자궁으로 내려온 후 (수정 이후 약 6일 정도가 소요) 자궁내막에 착상을 하게 된다(그림 29.13). 발생의 첫 단계가 진행되는 동안 배아는 다세포 상태로 변하게 된

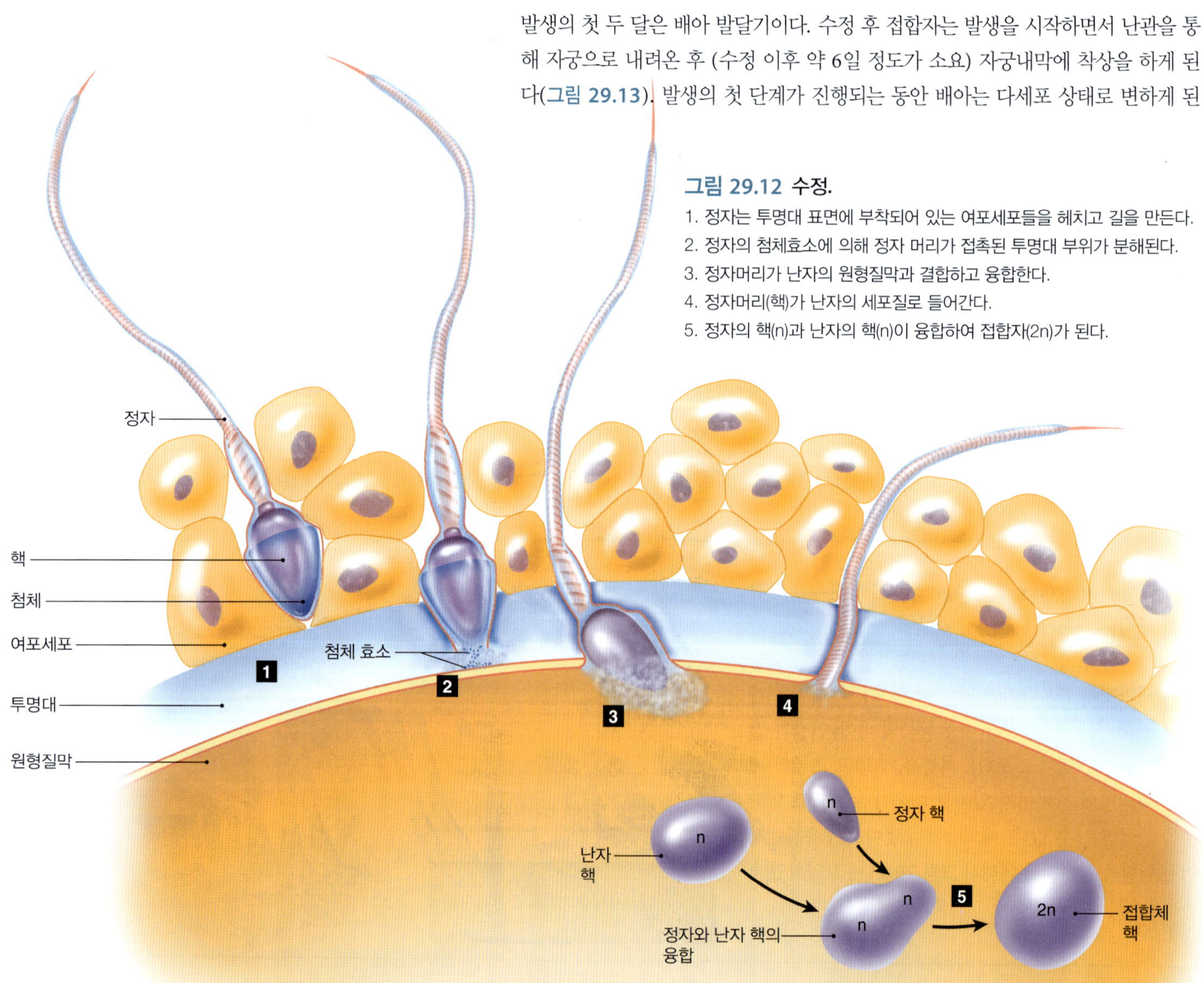

그림 29.12 수정.
1. 정자는 투명대 표면에 부착되어 있는 여포세포들을 헤치고 길을 만든다.
2. 정자의 첨체효소에 의해 정자 머리가 접촉된 투명대 부위가 분해된다.
3. 정자머리가 난자의 원형질막과 결합하고 융합한다.
4. 정자머리(핵)가 난자의 세포질로 들어간다.
5. 정자의 핵(n)과 난자의 핵(n)이 융합하여 접합자(2n)가 된다.

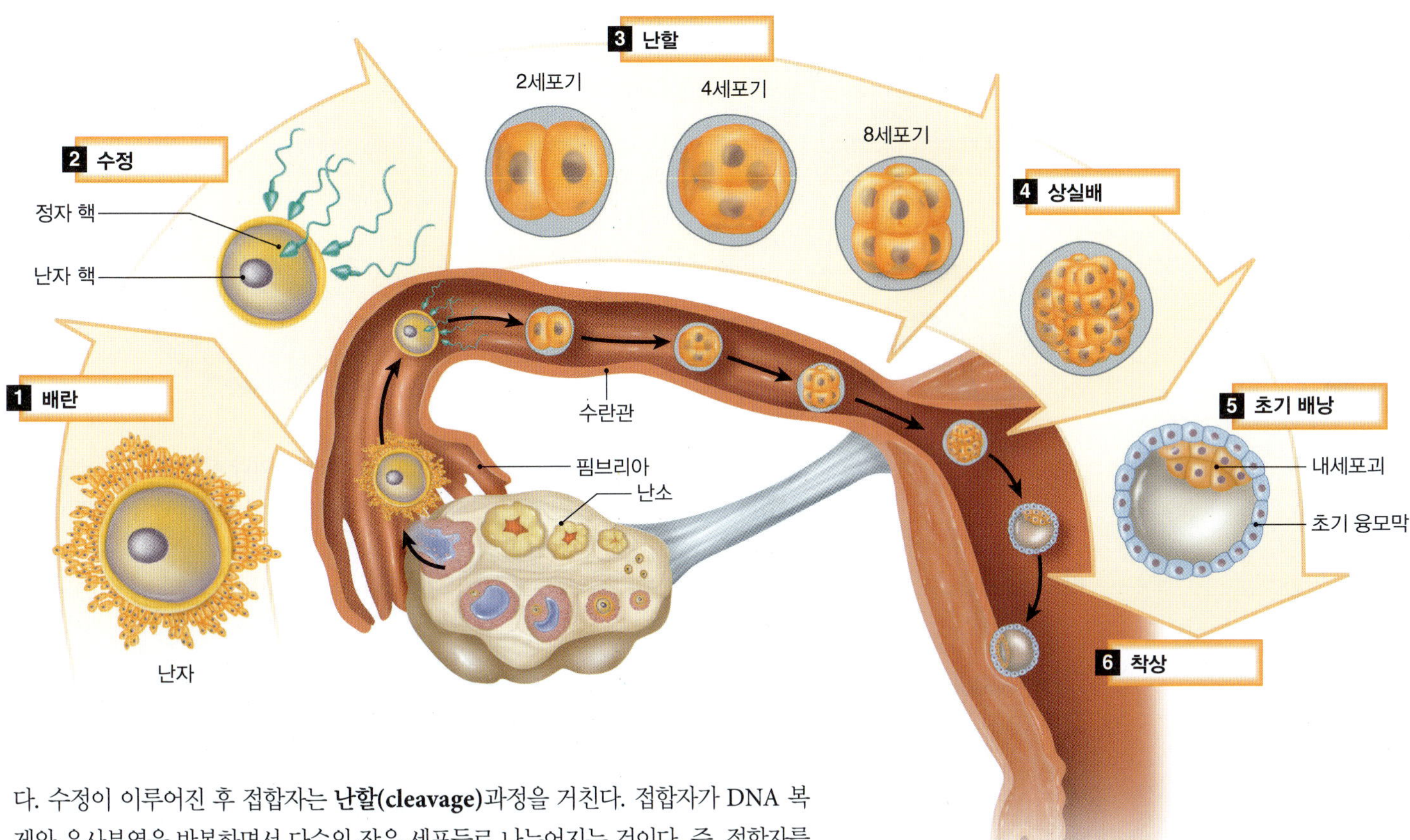

그림 29.13 착상 전 인간의 발생. 발생과정이 시계방향으로 진행된다. 배란(1)을 통해 제2난모세포가 난소에서 난관으로 방출된다. 하나의 정자 머리(핵)가 난자로 들어가면서 수정(2)이 일어난다. 수정은 난관이 난소와 접한 부위에서 시작하여 자궁 쪽 방향으로 전반부 1/3 지점에서 일어난다. 접합자는 난관을 통해 자궁 쪽으로 이동하면서 난할(3)을 통해 상실배(4)가 된다. 이후 형성되는 낭배(5)가 자궁내막에 착상(6)한다.

다. 수정이 이루어진 후 접합자는 **난할(cleavage)**과정을 거친다. 접합자가 DNA 복제와 유사분열을 반복하면서 다수의 작은 세포들로 나누어지는 것이다. 즉, 접합자를 구성하는 세포의 수만 증가하는 것이고 접합자의 원래 크기는 변하지 않는다. 난할을 거쳐 만들어진 접합자를 이루는 세포들은 단단히 뭉쳐서 **상실배(morula)**라고 하는 하나의 세포덩어리를 형성한다.

상실배를 구성하는 세포들은 분열을 계속하면서 중심부위로 액체를 분비하고 속이 빈 구체 형태의 세포덩어리인 **포배(blastocyst)**를 만든다. 포배는 액체로 차 있는 포배강(blastocoel)이라고 하는 공간을 둘러싸면서 형성되는데 포배 내부의 세포덩어리가 배아로 발달된다. 포배의 바깥 세포층은 융모막으로 변하는데 이것은 나중에 태반의 발달에 기여한다. 배아가 자궁내막에 착상하면서 태반이 형성되기 시작하고 이로부터 인간 융모성 생식선 자극호르몬(hCG)이 분비된다. 이 호르몬은 여성의 임신 여부를 판별하는 기준이 되는 호르몬으로서 황체의 퇴화를 차단하고 계속 유지시켜주는 기능이 있다. 임신을 하지 않은 여성의 난소에서는 일정시간이 지나면서 황체는 퇴화한다. 임신여성의 자궁내막은 hCG에 의해 유지되다가 태반이 형성되면서부터는 이로부터 분비되는 에스트로겐과 프로게스테론이 그 기능을 수행한다. 배란과 월경은 임신기간 동안에는 일어나지 않는다.

후기 배아의 발생

낭배형성

낭배형성(gastrulation)이 진행되는 동안 내부 세포 덩어리가 배아원판으로 변한다. 낭배형성은 형태형성의 한 예이다. 이 과정 동안 세포들이 이동하여 배엽층이라는 조직층을 만든다.

낭배형성이 끝날 때쯤이 되면 배아원반은 세 개의 배엽층으로 이루어진 배아가 된다. 제일 바깥쪽, 중간, 그리고 제일 안쪽 **배엽층(germ layers)**을 각각 **외배엽**

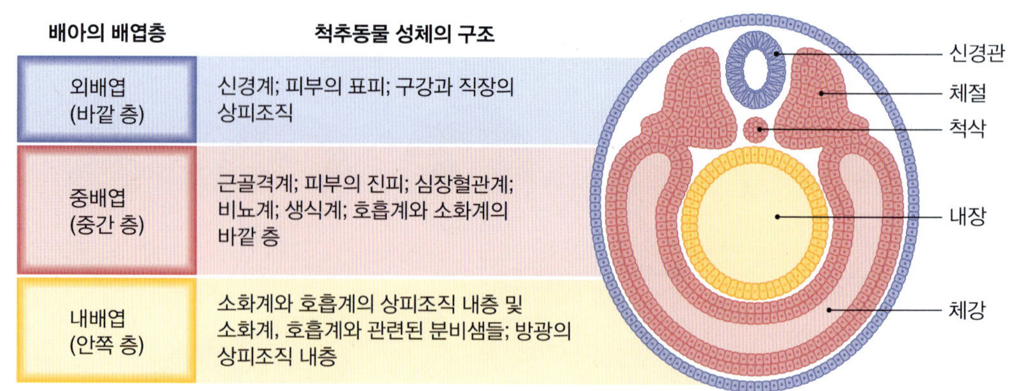

그림 29.14 배엽층. 각 배엽층으로부터 척추동물 성체를 이루는 다양한 조직이나 기관들이 기원한다.

(ectoderm), **중배엽(mesoderm)**, **내배엽(endoderm)**이라 부르며 척추동물(인간 포함)의 몸체를 이루는 다양한 기관들은 이들 세 개의 배엽층에서 만들어진다(그림 29.14).

신경배 형성

첫 번째로 형성되는 기관은 중추신경계이다. 새롭게 형성된 중배엽 세포들은 몸체의 중심에 있는 세로축을 따라서 등 부분에서 지지대 역할을 하는 **척삭(notochord)**을 형성한다. 중추신경계는 척삭 바로 위에 위치한 중앙부위의 외배엽에서 발달한다. **신경배(neurulation)**가 형성되는 동안 신경판(*neural plate*)이 배아의 등쪽 표면을 따라 나타난다. 이어 신경주름(neural fold)이 신경구(neural groove)의 양옆에 발달하여 서로 융합되면서 신경관(*neural tube*)으로 된다. 신경관의 전방부위는 뇌로 발달하고 후방부위는 척수가 된다. 이러한 신경관의 발생은 하나의 조직이나 기관이 다른 조직이나 기관의 발생에 영향을 주는 **분화유도(induction)**의 한 예로서 분화를 유도하는 조직에서 분비한 어떤 화학물질이 조직형성에 관여하는 유전자들을 활성화시켜 새로운 조직의 형성을 유도한다.

척삭 형성에 기여하지 않은 중앙부위의 중배엽 세포들은 이제 두 개의 조직덩어리를 만들고 이들로 부터 체절들(*somites*)이 형성된다. 체절은 척삭을 따라 양쪽에 연이어 배열되며 척추 및 중추골격과 연계된 근육들로 발달된다. 체절의 측면에서 중배엽 세포들이 분할되어 체강의 중배엽성 내부 세포층을 형성한다. 나아가 신경관이 외배엽에서 떨어져 나온 경계면에 신경능선(neural crest)이라는 세포 띠가 발달한다. 이들 세포는 다양한 장소로 이동하여 피부와 근육 및 부신수질과 말초신경계의 신경절(ganglia)을 형성한다.

발생 3주째가 지나면서 수십 개의 체절이 뚜렷해지고 혈관과 소화관이 발달하기 시작한다. 이때 배아의 길이는 약 2 mm이다.

연속적으로 진행되는 기관 형성

5주째의 인간 배아는 지아(limb bud)라고 부르는 작은 돌기를 갖는다(그림 29.15). 나중에 지아로부터 팔과 다리가 발달하고 손과 발이 형성된다. 5주째에는 배아의 머리가 커지고 감각기관이 더욱 뚜렷해져서 이제 눈, 귀, 코의 모습도 알아볼 수 있게 된다.

체병(body stalk, 부착경)이라고 하는 중배엽 부위에서 기원한 탯줄은 배아의 꼬리부분과 양막을 연결한다. 부착경 안에 있는 4번째 배외막인 요막(allantois)으로부터 만들어진 혈관이 탯줄의 혈관이 된다. 부착경이 앞쪽으로 수축되면서 배아의 머

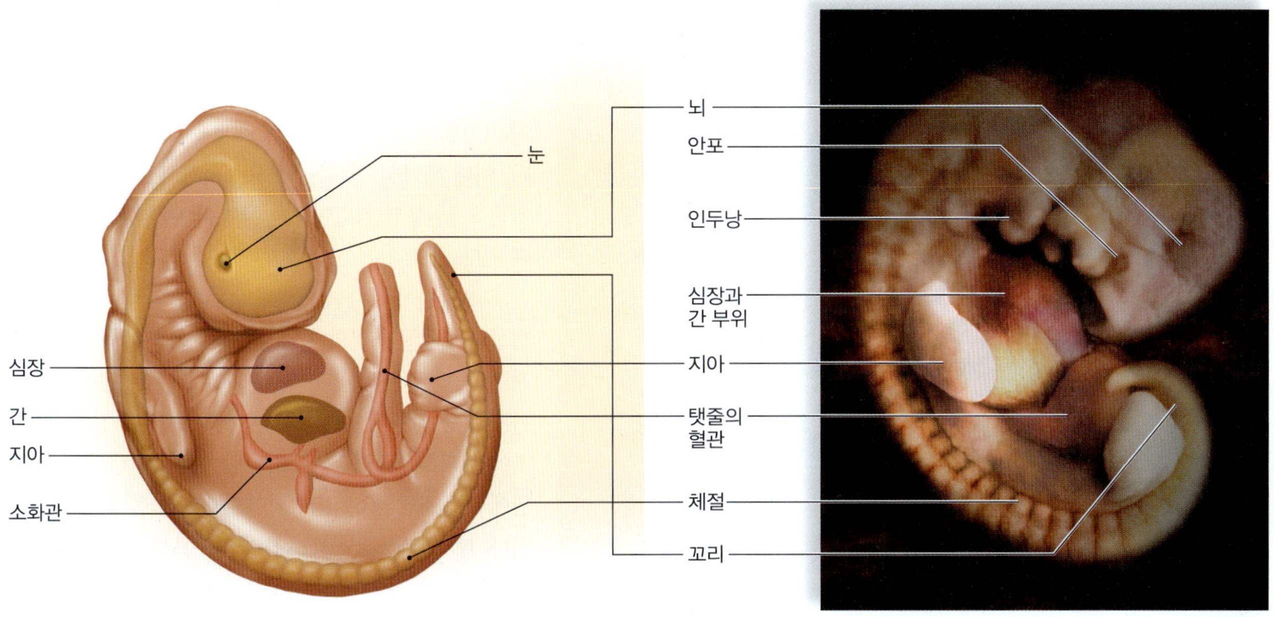

그림 29.15 인간 배아.
발생 5주째의 인간 배아의 모습.
©Anatomical Travelogue/Science Source

리와 꼬리는 들려 올라간다. 이 과정이 완료되면서 **탯줄(umbilical cord)**이 만들어지고 배아와 태반 사이를 연결한다.

배아의 외형에서 주목할 만한 변화는 발생을 시작하고 6~8주 기간 사이에 일어난다. 이 기간 동안의 배아는 뚜렷한 인간의 형태를 갖추고 있다. 뇌의 발달과 함께 목 부위도 발달하여 머리를 뚜렷하게 구분할 수 있게 된다. 신경계도 충분히 발달되어 자극에 대한 단순한 반사행동도 할 수 있다. 이 단계가 끝날 때쯤이면 배아의 모든 기관계는 제자리를 잡게 되고 크기는 약 38 mm이며 체중은 아스피린 알약 정도이다.

태반

태반(placenta)은 태아 쪽 면에서는 가장 바깥쪽 배외막인 융모막에서, 그리고 모체 쪽 면은 자궁조직으로부터 형성된 생식기관이다. 융모막에는 융모(*chorionic villi*)라는 나뭇가지처럼 뻗쳐있는 돌기들이 있다(그림 29.16). 융모막 융모는 모체의 혈액에 의해 둘러싸여 있지만 융모벽이 물질교환의 선택적 장벽으로 작용하고 있고 혈액은 통과시키지 않기 때문에 모체와 태아의 혈액은 절대 섞이지 않는다. 태반을 통해 이산화탄소와 노폐물들은 태아에서 모체로 운반되고 영양분과 산소는 모체에서 태아로 운반된다. 탯줄은 태반과 태아를 이어준다. 탯줄혈관은 태아 몸체 내의 혈관들이 연장되어 만들어진 것으로서 태아의 혈액을 단순히 태반으로 보내거나 태반으로부터 받아들이는 역할을 한다.

유해 화학물질이 태반을 통해 배아로 수송될 수 있다. 이것은 형태형성과정에 있는 배아에게 해로운 영향을 미칠 수 있다. 분화가 진행되고 있는 조직이나 기관들이 유해물질에 노출되면 정상적인 형태형성에 문제가 생길 수가 있다. 예를 들어, 여성이 임신 27~40일 사이에 진정제인 탈리도마이드(thalidomide)를 복용하면 신생아의 사지가 기형이 될 가능성이 있다. 그러나 40일 이후에는 이 약을 복용하여도 사지가 정상적으로 발달한다.

연관

여자의 성을 '초기 설정된 미분화된 성(*default sex*, 디폴드 성)'이라고 생각할 수 있는 이유는 무엇인가?

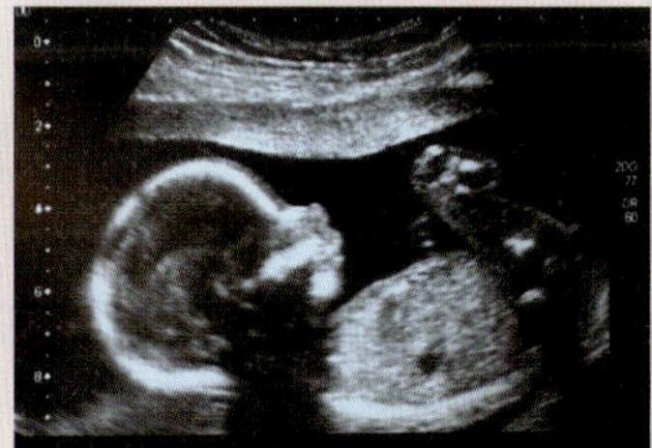
©YsaL/iStock/Getty Images

*디폴드 성*이라는 용어는 태아가 Y 염색체를 가지고 있느냐 없느냐와 관련이 있다. 남성의 성염색체는 XY이고 여성은 XX로서 Y 염색체는 남성에게만 있다. 그리고 Y 염색체에는 "성 결정부위 Y(*sex determining region Y, SRY*)"라고 불리는 유전자가 존재한다. 이 *SRY* 유전자가 있어야 태아가 남성으로 발달한다. *Y* 유전자가 만드는 특이 단백질은 정소의 '세르톨리세포(Sertoli cells)'를 자극하여 '뮐러리안 억제물질(Müllerian inhibiting substance, MIS)'을 분비하도록 한다. 이 억제물질은 정소의 '레이디히세포'(Leydig cells)로 하여금 남성의 성호르몬인 테스토스테론을 분비하도록 하여 남성 생식기관(정관, 부정소, 음경 등)의 발달을 촉진시킨다. *SRY* 유전자와 여러 호르몬들이 이와 같은 단계적 연쇄작용을 함으로써 태아가 남성으로 발달하는 것이다. 흥미롭게도 여성에게는 *SRY* 유전자가 없기 때문에 아직 미분화한 초기 기관이 특별한 형태의 변화가 없이 그대로 생식기관(자궁, 난관, 난소 등)으로 분화된다.

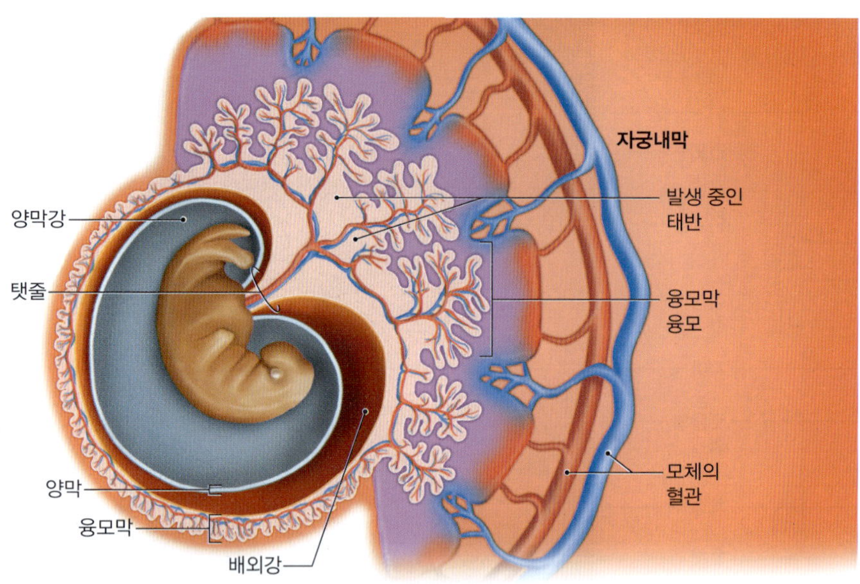

그림 29.16 태반.
탯줄의 혈관은 태반으로 이어져 있다. 태반에서는 태아의 혈액과 모체의 혈액 사이에서 물질교환이 일어난다.

태아 발달과 출산

태아 발달기(3~9개월)에는 태아의 크기가 급격하게 커지고(그림 29.17) 체중이 약 28 g에서 3 kg까지 증가한다. 이때 태아의 길이는 약 50 cm까지 성장한다. 생식기는 3개월부터 식별이 가능하여 태아의 성별을 구별할 수 있다.

3개월이 지나면 머리카락, 눈썹, 그리고 속눈썹이 형성되어 얼굴과 머리가 완성되며 손톱과 발톱이 만들어져 손과 발이 완성된다. 그 후 5~7개월 사이에는 솜털이 사지와 몸 전체에 돋아나지만 나중에는 없어진다. 이 시기에는 피부조직이 너무 빨리 만들어져서 태아 몸체 표면에 주름처럼 접혀 있게 되어 태아가 늙은 노인처럼 보인다. 태지(vernix caseosa)라고 부르는 연회색의 치즈 같은 왁스 물질이 이렇게 주름진 피부를 양수로부터 보호해준다.

태아는 처음에는 사지를 구부린 채 머리를 끄덕이기만 하나 나중에는 사지를 활발하게 움직인다. 산모는 약 4개월부터 이러한 움직임을 감지할 수 있다. 또한 태아의 다른 신체기관들도 역할을 시작한다. 예를 들어, 10주째부터는 청진기를 통해서 태아의 심장박동 소리를 들을 수 있다. 22주째에 조기 출산되는 태아는 폐가 성숙되지 않아 산소를 충분하게 체내로 받아들일 수는 없지만 한두 달 사이에 몸무게가 증가하고 기관의 성숙이 진행됨에 따라 생존할 가능성은 현저하게 높아진다.

출산단계

최근의 연구결과에 의하면 태아의 뇌가 충분히 성숙되면 시상하부가 뇌하수체를 자극하여 부신피질에서 안드로겐을 혈액 내로 분비하도록 한다. 태반은 안드로겐을 에스트로겐의 전구물질로 이용한다. 에스트로겐은 국소 호르몬으로 작용하는 옥시토신과 프로스타글라딘의 생성을 촉진한다. 이 세 가지 호르몬(에스트로겐, 옥시토신, 프로스타글라딘)이 자궁을 수축시켜 태아를 몸 밖으로 밀어내도록 한다.

출산과정(분만)은 세 단계를 거친다(그림 29.18). 첫 단계에서는 자궁경부가 아기의 머리와 몸통이 지나갈 수 있을 정도로 확장되며 이때 양막이 파열된다. 두 번째 단계에서는 아기가 모체 밖으로 나오게 되고 탯줄이 잘려진다. 마지막 단계에서는 태반이 모체로부터 배출된다.

개념 연결하기
배엽층의 형성에서 시작하여 기관의 형성까지의 인간 배아발생 과정은 일련의 연속된 단계들을 거친다.

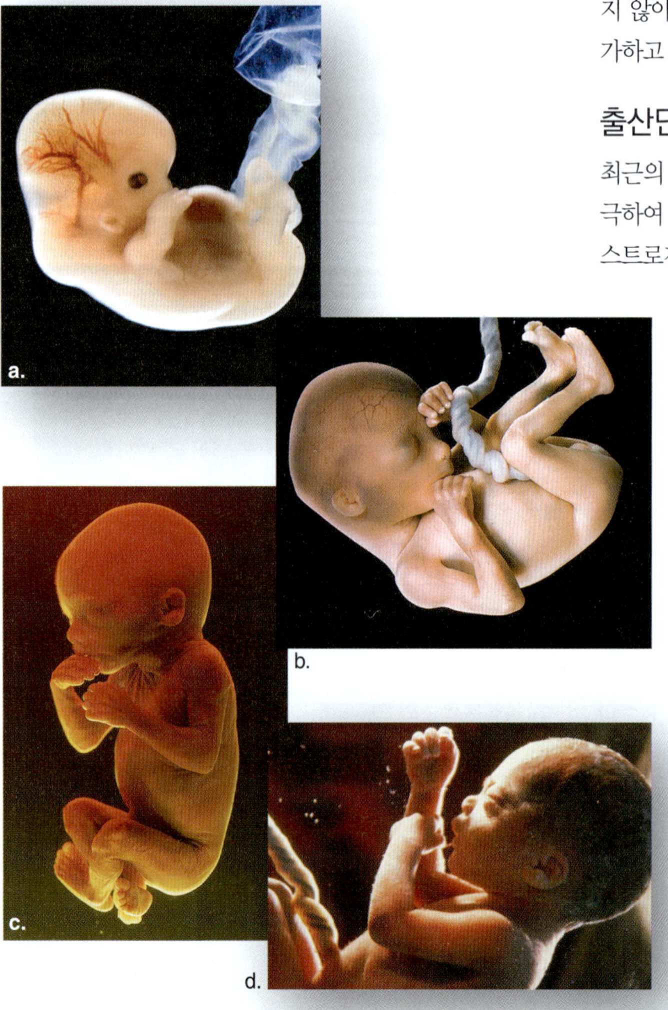

그림 29.17 인간 태아의 발달.
(a) 6주, **(b)** 12~16주, **(c)** 20~28주, **(d)** 28주째 태아.

(a): ©Neil Harding/Stone/Getty Images Images; (b): ©John Watney/Science Source; (c): ©James Stevenson/SPL/Science Source; (d): ©Petit Format/Science Source

연관

지카(Zika) 바이러스는 어떻게 인간의 선천적 기형과 연관 있을까?

지카 바이러스에 의한 기형이 1952년 아프리카에서 최초로 보고되었지만 서양에서는 2015년 브라질에서 보고되기 전까지는 일반적으로 알려져 있지 않았다.

일반적으로는 지카 바이러스에 감염된 숲 모기가 인간의 피를 흡혈할 때 지카 바이러스를 인간에게 옮기는 것으로 알려져 있다. 지카 바이러스에 감염된 남성과의 성관계를 통해 여성으로 전파되기도 한다. 지카 바이러스 감염자는 열, 발진, 관절통 등의 증상을 보이며 일부 감염자들에게는 증상이 나타나지 않는다.

지카 바이러스에 감염된 임산부가 소두증(microcephaly)을 가진 아이를 출산한 실례가 있다. 소두증은 태어난 아이의 머리와 뇌가 비정상적으로 작은 선천적 기형을 말하며 근본적으로 치료법은 없다. 소두증 환자는 빈번한 발작을 일으키고 지적장애 및 시력문제 등을 보인다.

지카 바이러스가 어떻게 소두증을 유발시키는지에 대해서는 아직까지 명확하게 밝혀진 바는 없다. 현재 진행 중인 연구는 주로 뇌 발달과 관련된 일련의 신경 줄기세포들에 초점을 맞추고 있는데 좀 더 자세한 내용을 알고 싶으면 www.cdc.gov/zika/를 방문하기 바란다.

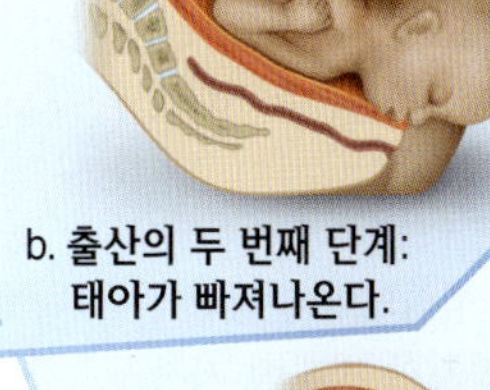

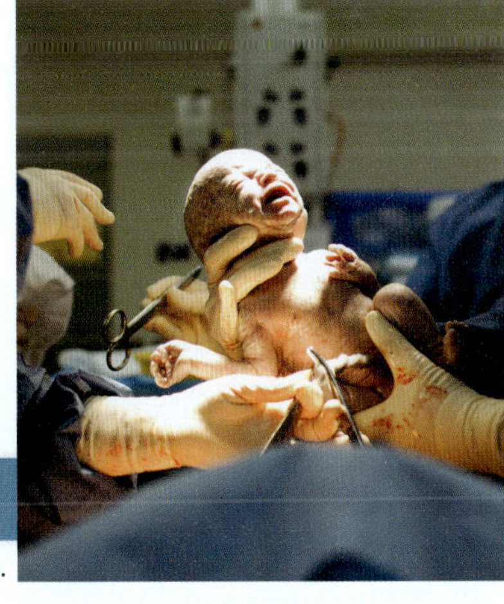
d.

그림 29.18 출산(분만)의 3단계.
a. 자궁경부의 확장. b. 태아의 출산. c. 태반 배출. d. 태어난 신생아(40주째).

진도 점검하기 29.3

1. 배외막에 대하여 실례를 들어 설명하시오.
2. 세 가지의 배엽층을 나열하시오.
3. 낭배와 신경배 형성(과정)에서 차이점을 설명하시오.
4. 배아와 태아 발생을 서로 비교하시오.
5. 발생과정 중 태반의 역할을 설명하시오.

요 약 SUMMARIZE

동물들 중에는 무성생식과 유성생식을 모두 할 수 있는 종들이 있다. 인간은 유성생식을 하며 자손을 만들기 위해 배아 단계를 거친다.

29.1 동물은 유성생식과 무성생식으로 자손을 번식시킬 수 있고 수중과 육상 모두에서 생식을 할 수 있도록 적응해 왔다.

29.2 남성과 여성의 생식기관은 각각 배우자(gamete) 세포인 정자와 난자를 생산한다. 성병을 예방하고 피임을 할 수 있는 다양한 방법들이 있다.

29.3 배엽층의 형성에서 시작하여 기관의 형성까지의 인간 배아발생과정은 일련의 연속된 단계들을 거친다.

29.1 동물의 생식

무성생식(asexual reproduction)은 단독 개체(암컷이나 수컷)로부터 자신과 유전적으로 똑같은 자손을 생산한다. 특히 **단위생식(parthenogenesis)**은 수정되지 않은 난자로부터 새로운 개체가 만들어지는 것이다. **유성생식(sexual reproduction)**은 암수가 모두 관여하고 이들의 유전자들이 조합된 유전물질을 가진 자손을 생산한다.

유성생식

- 동물은 생식세포를 만들어내는 **생식소(gonads)**로 **정소(testis)**와 **난소**

(ovary)를 갖고 있다. 대부분의 동물은 암수가 나뉘어 있다. 일부 동물 종은 한 개체가 암수의 생식기관을 모두 가지고 있는데 이것을 **암수한몸(hermaphrodite)**이라 부른다. **교미(copulation)**는 자손을 생산하기 위한 암수의 성적 결합이다.

- 수중에서 생식을 하는 동물은 물속에서 배우자 세포(정자, 난자)를 방출하고 수중에서 수정과 발생이 이루어진다. 육지에서 생식을 하는 동물은 배우자 세포와 배아가 건조되지 않도록 보호한다.
- 난생 동물은 알을 사용하여 번식한다. 난태생 동물은 알에서 시작하는데 부모의 몸 안에서 알이 부화하여 자손이 태어난다. 태생 동물의 경우는 모체 내에서 자손이 만들어져서 모체 밖으로 방출된다.

29.2 인간의 생식

인간의 **생식계(reproductive system)**는 남성과 여성의 생식소를 포함하며 생식을 위한 배우자 세포 생산을 담당한다.

남성 생식계

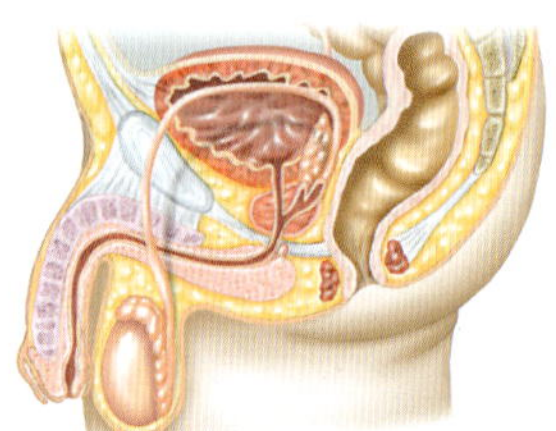

- 정자는 정소에서 생산되어 부정소에서 성숙되고 부정소와 정관에 저장된다.
- 정자는 정낭, 전립선, 요도구선에서 생산된 정액과 함께 음경에 있는 요도를 통해 체외로 배출된다.
- **불임(sterility)**은 자손을 생산할 능력이 없는 상태이다.
- 정자형성은 정소의 세정관에서 이루어진다. 세정관의 사이세포에서 테스토스테론을 만들어 내기도 한다.
- **테스토스테론(testosterone)**은 남성의 **사춘기(puberty)** 때에 성에 관련한 기관을 성숙하게 하고 제2차 성징이 나타나도록 한다.

여성 생식계

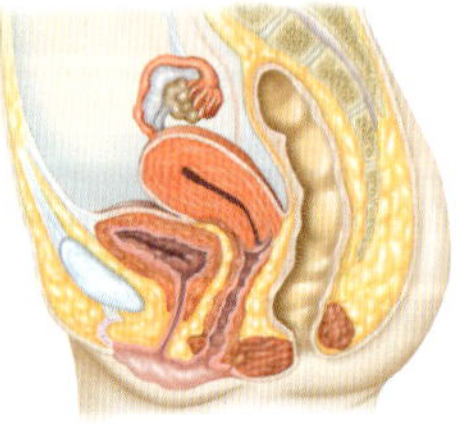

- 난모세포는 난소에서 만들어지고 난관을 따라 자궁으로 이동한다. **자궁(uterus)**은 **자궁경부(cervix)**에서 질과 연결되어 있다. 여성의 생식기 외부에는 음핵, 대음순, 소음순, 질구가 있다.
- 배란은 여포로부터 제2난모세포가 방출되는 것이다. 여포는 배란한 후 황체가 된다. 여포와 황체는 에스트로겐과 프로게스테론을 분비한다.

난소주기와 **월경주기(menstrual cycle)**는 **여포기(follicular phase)**와 **황체기(luteal phase)**로 이루어져 있으며 28일간 지속된다. 이 기간 동안에는 다음과 같은 일들이 일어난다.

- 1~13일: **월경(menstruation)**이 5일 동안 진행된다. 뇌하수체 전엽에서 FSH가 생성되고 여포에서는 에스트로겐이 생성된다. 에스트로겐은 자궁내막을 두꺼워지도록 한다.
- 14일: 배란이 이루어진다.
- 15~28일: 뇌하수체 전엽에서 분비되는 LH가 황체에서 프로게스테론을 생성하도록 한다. 프로게스테론으로 인해 자궁내막으로부터 점액성 물질이 분비된다.

에스트로겐(estrogen)과 **프로게스테론(progesterone)**은 여성의 사춘기 때 성에 관련한 기관을 성숙하게 하고 제2차 성징이 나타나도록 한다. **폐경(menopause)**이 되면 난소주기와 월경주기가 종료된다.

생식의 조절

피임을 원할 때에는 다양한 피임방법 및 도구를 사용할 수 있다. 가장 확실한 방법은 **금욕(abstinence)**이다. 그 밖에 **경구용 피임약(birth control pills)**, **피임용 삽입기구(contraceptive implants)**, **피임용 주사(contraceptive injections)**, **콘돔(condoms)**, **자궁내 기구**(intrauterine devices, IUDs), **피임용 백신(contraceptive vaccines)**, **응급피임약(emergency contraception)** 등도 이용된다.

불임

불임은 피임하지 않은 상태로 성관계를 하여도 아이를 낳을 수 없는 상태가 1년이 지속되는 경우이다. 불임은 생식 보조기술을 사용하여 치료할 수 있다.

성병

성병으로는 다음과 같은 것이 있다.

- **후천성면역결핍증후군(acquired immunodeficiency syndrome, AIDS)**은 **인체면역결핍바이러스(human immunodeficiency virus, HIV)**에 의해 전염되며 면역체계를 파괴한다.
- **생식기 포진(genital herpes)**은 쉽게 재발된다.
- **인체유두종바이러스(human papillomavirus, HPV)**는 생식기 사마귀(genital warts)와 자궁경부암을 유발할 수 있다.
- **간염(Hepatitis)**: 특히 A형과 B형 간염
- **클라미디아(chlamydia)**와 **임질(gonorrhea)**은 **골반염증성질환(pelvic inflammatory disease, PID)**을 일으킨다.
- **매독(syphilis)**은 치료하지 않으면 심장혈관계와 신경계에 심각한 문제가 생길 수 있다.
- **질편모충증(Trichomoniasis)**은 기생성 원생동물이 원인이다.

29.3 인간의 배아 발생

배아 발생(embryonic development)은 **수정(fertilization)**부터 시작하여 성체가 완성될 때까지의 모든 과정이다.

수정

정자의 첨체에서 분비되는 효소가 난자의 투명대를 분해하여 정자가 통과할 길을 만든다. 난자 안으로 들어간 정자의 핵이 난자의 핵과 융합된다.

초기 배아 발생(1~2개월)

- 난관에서 수정란은 연속적인 세포분열을 통해 **난할(cleavage)**을 하게 되고 이어 **상실배(morula)**와 **포배(blastocyst)**가 형성된다. 포배가 자궁내막에 착상한다.
- **낭배형성과정(gastrulation)**을 통해 포배강으로 세포가 함입되어 **낭배(gastrula)**가 형성된다. 이 낭배가 **배엽층(germ layers)**을 형성한다. 배엽층은 **외배엽(ectoderm)**, **중배엽(mesoderm)**, **내배엽(endoderm)**이 있다.
- 기관형성은 배엽층과 연관되어 있다. 기관의 발생은 **척삭(notochord)**과 **신경관 형성(neurulation)**으로 시작된다. **분화유도(induction)**는 배아 발생이 진행되는 모든 단계에서 지속적으로 기관의 형성에 관여한다.
- **태반(placenta)**은 해부학적으로 태아와 모체가 서로 공유하는 구조를 가지고 있다. 태반을 통해 기체와 영양물질의 교환이 모체와 태아 사이에 일어난다. **탯줄(umbilical cord)** 내의 혈관은 태아의 심장혈관계가 확장된 것이며 태반과 혈액을 주고받는다.

태아 발달과 출산(3~9개월)

- 태아의 발달기 동안 기관계는 더욱 정교하고 복잡해지며 태아의 무게가 증가한다.
- 분만은 자궁경부의 팽창, 아기의 출산, 태반의 배출의 세 단계로 이루어진다.

평 가 ASSESS

혼자 풀어보기

가장 적절한 답을 고르시오.

29.1 동물의 생식

1. 단위생식은
   a. 배엽층이 형성되는 과정이다.
   b. 척삭의 형성에 관여한다.
   c. 정자의 형성이다.
   d. 수정되지 않은 난자 또는 정자의 발생이다.
2. 유성생식에 대한 설명으로 옳지 않은 것은?
   a. 양친(암수)이 모두 관여한다.
   b. 자손은 부모와 똑같은 유전적 구성을 갖는다.
   c. 생식소에서 난자와 정자를 만든다.
   d. 교미를 통해 암수의 난자와 정자가 합해진다.

29.2 인간의 생식

3. 다음 그림에서 남성 생식계의 각 부위에 해당하는 명칭을 쓰시오.

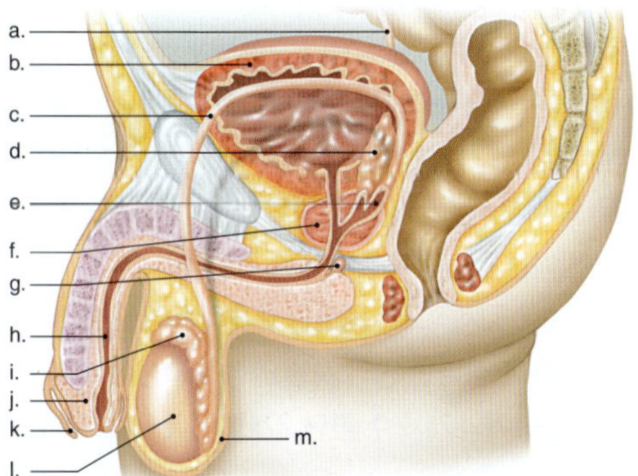

4. 다음 그림에서 여성 생식계의 각 부위에 해당하는 명칭을 쓰시오.

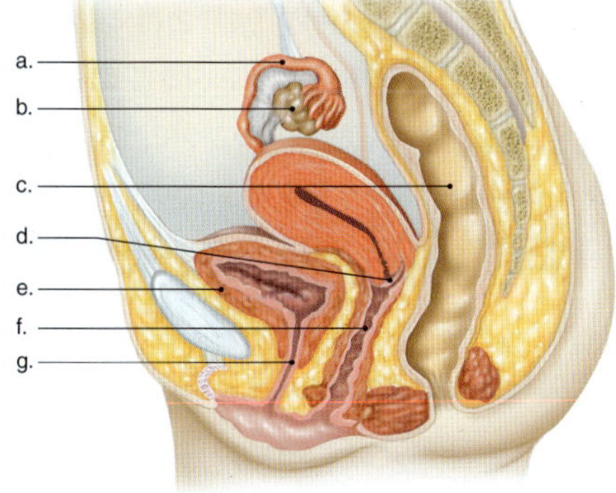

5. 정자형성과정을 통해 만들어진 세포들의 특징은?
   a. 이배체이고 서로 유전적으로 동일하다.
   b. 이배체이고 서로 유전적으로 다르다.
   c. 반수체이고 서로 유전적으로 동일하다.
   d. 반수체이고 서로 유전적으로 다르다.
6. 다음 중 간염을 일으키는 것은?
   a. 세균 **b.** 곰팡이
   c. 원생동물 **d.** 바이러스
7. 정자를 여성의 질에 인위적으로 넣어주는 보조생식기술은?
   a. 시험관 수정(IVF)
   b. 기증자에 의한 인공수정(AID)
   c. 배우자 난관내 이식(GIFT)
   d. 세포질 내 정자주입(ICSI)
8. HPV 바이러스에 의해 생기는 성병은?
   a. 생식기 사마귀 **b.** AIDS
   c. 포진 **d.** 간염

29.3 인간의 배아 발생

9. 어떤 조직이나 기관이 다른 조직이나 기관의 발생에 영향을 미치는 과정은?
   a. 분화유도 **b.** 수정
   c. 신경배 형성 **d.** 난할
   e. 낭배 형성

[10~13] 배아 발생과정 중 일어나는 현상에 해당되는 용어를 아래 보기에서 고르시오.

보기: **a.** 난할 **b.** 낭배 형성
c. 신경배 형성 **d.** 기관 형성

10. 척삭이 형성된다.
11. 접합자가 크기는 변하지 않은 채 분열한다.
12. 외배엽과 내배엽이 형성된다.
13. 반사반응(예: 자극에 대한 반응)이 발달한다.

관계맺기 ENGAGE

비판적으로 생각하기

1. 격렬하게 운동하는 여성 운동선수들은 종종 월경을 하지 않는다. 그 중요한 이유는 체내 지방이 일정 수준 이하로 감소하기 때문인 것으로 보인다. 여성의 체지방과 생식주기의 상관성을 진화적 관점에서 설명하시오.
2. 여성은 일반적으로 45~55살에 폐경기를 겪는다. 대부분의 다른 동물은 수컷과 암컷 모두 일생 동안 생식능력을 유지한다. 인간의 경우 여성이 삶의 중간에 생식능력을 잃게 되는 이유는 무엇이라고 생각하는가?
3. 태아의 유전적 이상을 확인하는 산전 진단법의 하나로서 융모막 융모에서 세포를 채취해 검사하는 방법이 있다. 이것이 가능한 이유는 무엇일까?
4. 집에서도 간편하게 여성의 소변에서 hCG 호르몬의 존재 여부를 살펴서 임신 여부를 확인하는 방법이 있다. 이 호르몬은 어디서 만들어진 것인가? 임신한 여성의 소변에서 hCG가 발견되는 이유는 무엇일까?
5. 수십 년 전에 비해 현재 남성들의 평균 정자 수가 적다. 그 이유는 아직 밝혀져 있지 않다. 이를 밝히기 위한 연구를 위해 과학적으로 검증 가능한 가설을 제시하려면 어떤 자료가 있어야 도움이 될 수 있을까?

CHAPTER 30 생태학과 개체군 Ecology and Populations

©S.Leggio/Shutterstock

개요

시작하기 전에

이 장을 시작하기 전에 다음의 내용을 다시 살펴보자.

1.1절 개체군, 생태계와 생물권은 어떤 상관관계가 있는가?

16.2절 과거에 대멸종의 원인은 무엇이었는가?

라이온피시(Lionfish)의 카리브해 침입

라이온피시(*Pterois volitans*)는 인도-태평양 지역이 원산지이다. 그들은 1985년에 처음으로 대서양에서 발견되었고 2000년대 초에 대서양에 개체 수가 기하급수적으로 늘어났다. 대서양에는 자연 포식자가 없기 때문에 뉴욕에서 버뮤다까지 범위를 확장할 수 있었고 개체군은 남아메리카로 퍼져 나갔다. 기후변화로 인해 해수 온도가 상승함에 따라 라이온피시의 범위는 대서양에서 더 북쪽으로 확장될 가능성이 높다.

라이온피시는 바리 및 돔 같은 경제적으로 중요한 어류와 동일한 생태적 지위를 차지한다. 이로 인해 이들 종들 사이에 상당한 양의 자원 경쟁이 발생한다. 라이온피시는 또한 산호초를 따라 있는 먹이 물고기의 개체 수를 단 2개월 만에 90%까지 줄일 수 있는 것으로 나타났다.

라이온피시 개체 수의 기하급수적인 증가와 함께 자생 먹이 종의 감소는 대서양과 카리브해 생태계의 산호초에 상당한 스트레스를 가하고 있다. 라이온피시가 먹이종을 과도하게 소비하면 조류가 산호를 과도하게 자라게 하여 결국 산호를 죽게 만든다. 인구 증가와 규제에 대한 우리의 지식은 다음 세대를 위해 대서양과 카리브해 산호초 생태계의 건강과 활력을 보존하기 위해 라이온피시 개체 수를 통제하려는 전략으로 이어졌다.

이 장에서 우리는 생태학의 범위뿐만 아니라 개체군 구조와 성장의 역동성도 탐구할 것이다.

이 장을 공부하는 동안 다음 질문에 대해 생각해보자.

1. 왜 외래종의 생물적 잠재력이 토착종보다 더 높은가?
2. 개체군 성장 모델이 다른 종에 적용되는 것과 동일한 방식으로 인간에게도 적용되는가?

30.1 생태학의 범위

학습 목표

이 절을 학습한 후에는 다음 과제를 수행할 수 있어야 한다.

1. 생물체에서 생물권에 이르기까지 생물구성 단계를 열거하고 기술하기.
2. 생태학을 정의하고 환경과학과의 상관관계를 설명하기.

생태학(ecology)은 생물 간의 상호작용뿐만 아니라 생물과 물리적 환경과의 상호작용을 과학적으로 연구하는 학문이다. 생태학 연구는 현재와 미래의 모든 종의 생존에 핵심적인 정보를 제공할 뿐만 아니라 어떤 종류의 자동차를 운전할 것인지로 부터 산림 지역 보존을 지원하는 방법에 이르기까지 정보에 입각한 결정을 내리는 데 도움이 됩니다. 현재의 생태학적인 결정은 우리의 삶뿐만 아니라 후대 자손들의 삶에도 영향을 줄 것이다.

생태학은 생물구성의 여러 단계에서 수행된다(그림 30.1). 일부 생태학자들은 **개체(organisms)** 차원에서 연구하며 이 경우 특정 환경에 대한 개체의 적응에 중점을 둔다. 흰동가리(clownfish)의 어떠한 특징이 이들로 하여금 산호초에서 살아가게 하는지 연구하는 것을 예로 들 수 있다.

생물학자들은 여러 가지 다른 방식으로 **종(species)**을 정의하고 있지만, 생태학에 대한 논의의 목적을 위해는 생식적으로 적합하고 상호 교배가 가능하고 생존 가능한 자손을 생산할 수 있는 생명체에 초점을 맞출 것이다.

개체군(population)은 동일 시간대에 특정 위치를 점유하는 동일한 종의 개체 그룹이다. 개체군 연구에서 생태학자들은 시간에 따른 개체군 크기의 변화를 조사한다. 예를 들어, 개체군 생태학자들은 현재 주어진 장소에 사는 흰동가리의 수와 20년 전 동일 장소에 살던 흰동가리 수를 비교한다.

군집(community)은 특정 지역에 있는 다양한 개체군들의 모임이다. 산호초에는 어류, 갑각류, 산호, 조류 등 수많은 개체군들이 있다. 군집 차원에서 연구하는 생태학자들은 군집들 간의 상호작용이 군집들이 살아가는 데 어떠한 영향을 미치는지를 조사한다. 예를 들어, 군집 생태학자들은 산호초에 조류 개체군이 감소하면 그곳에 사는 갑각류와 어류 개체군에 어떠한 영향이 있는지와 같은 연구를 한다.

생태계(ecosystem)는 살아 있는 개체들로 구성된 군집과 이들이 살고 있는 물리적 환경으로 이루어져 있다. 물리적 환경이 군집에 미치는 영향의 한 예로 물에 떠 있는 입자들이 산호초에 살고 있는 조류에 도달하는 햇빛의 양을 감소시키는 것을 들 수 있다. 조류는 태양에너지가 없으면 다른 개체군들이 필요로 하는 유기 영양분을 생산할 수 없다.

마지막으로 **생물권(biosphere)**은 지표면과 공기, 물, 땅 그리고 이곳들에 사는 모든 생명체를 총칭한다. 생태학자들은 산호초 내의 많은 구성 단계에 대한 정보를 얻음으로써 산호초가 생물다양성과 생물권의 역동성에 어떻게 기여하는지 이해할 수 있게 된다.

그림 30.1 생태학적 구성 단계.
생태학은 개체, 종, 개체군, 군집 그리고 생물학적 수준의 생태계를 포함한다.

a.

b.

그림 30.2 산불 영향에 관한 연구.
옐로스톤 국립공원의 침엽수림(로지폴 소나무숲)에서처럼 산불은 숲에서 자연적으로 발생한다. **a.** 불이난 지 얼마 되지 않은 숲. **b.** 산불 발생 후 여러 해가 지난 동일한 숲의 모습.

(a): ©Yiming Chen/Moment/Getty Images; (b): ©Terryfic3D/iStock/Getty Images

생태학: 생물학의 한 분야

생태학은 관찰과 실험의 학문이다. 전반적으로 생태학의 중심 목표는 생태계 내 상호작용에 기반을 둔 개체군의 분포와 개체들의 수를 설명하고 예측하는 모델을 개발하는 것이다. 이를 위해 생태학자들은 가설들을 검증한다. 예를 들어, 생태학자들은 로지폴 소나무 숲을 유지하는 데 있어 불이 하는 역할에 대한 가설을 세우고 검증한다(그림 30.2). 이러한 가설을 검증하기 위해 생태학자들은 자연적 화재와 통제된 화재 전과 후의 군집 특성을 비교한다. 이 정보들은 생태계 내 각 개체의 역할을 더 잘 이해하는 데 적용할 수 있기에 기후변화 및 인간과 생태계의 상호작용을 보다 더 잘 이해할 수 있는 모델을 준비할 수 있는 것이다.

생태학과 환경과학

환경과학(*environmental science*)은 인간의 실질적 관심에 생태학 원리를 적용하는 분야이다. 생태학적 원리는 생물권의 기능이 우리의 생존에 중요한 이유와 70억 명이 넘는 인구와 자원의 과잉 소비가 생물권에 위협이 되는 이유를 이해하는 데 도움이 된다.

보존생물학(*conservation biology*)은 현 세대와 미래 세대의 이익을 위해 야생동물을 포함한 천연 자원을 보존한다는 목표로 생물 다양성의 모든 측면을 연구하는 생태학 분야이다. 보존생물학은 인간이 생활을 영위하기 위해 의존하는 생물권이 기능을 갖추려면 야생종들이 꼭 필요하다는 것을 보여준다.

개념 연결하기

생태학은 생명체가 서로 그리고 환경과 어떻게 상호 작용하는지 연구하는 학문이다.

진도 점검하기 30.1

1. 생물구성 단계를 개체에서 시작하여 열거하시오.
2. 생태계와 군집을 구별하여 설명하시오.
3. 생태학을 정의하시오.

30.2 사람 개체군

학습 목표

이 절을 학습한 후에는 다음 과제를 수행할 수 있어야 한다.

1. 출생률과 사망률, 연간 인구 증가율의 상관관계를 이해하기.
2. 인구 증가와 관련해 선진국과 후진국의 차이를 설명하기.
3. 선진국과 후진국이 환경에 미치는 영향 비교하기.

인류가 지구의 대부분을 차지하고 있다. 그러나 대규모와 소규모 모두에서 인구는 뭉쳐진 분포를 가지고 있다; 전 세계 인구의 60%가 아시아에 살고 있으며, 대부분은 중국과 인도에 살고 있다. 몽골의 인구 밀도는 평방 킬로미터당 2.01명에 불과한 반면, 방글라데시는 평방 킬로미터당 1,278명이 넘는다. 또한 모든 대륙에서 인구 밀도는 해안을 따라 가장 높다.

현재의 인구 증가

20세기 대부분 전 세계의 인구 성장은 상대적으로 느렸지만 생식 연령에 도달하는 사람들이 많아짐에 따라 증가율이 상승하기 시작하였다. 산업혁명(1800년 이전에 시작)은 식품과 기계의 생산량 증가와 사망률 감소를 초래하였다. 이때의 인구 성장곡선은 가파르게 증가하기 시작하여 현재 인구는 급속한 성장을 하고 있다(**그림 30.3**).

그림 30.3 **인구 증가.**
세계 인구 규모는 미래 성장률에 따라 2050년에는 약 98억 명에 이를 것으로 예상된다. 성장 곡선을 자세히 살펴보면 14세기 흑사병, 19세기 산업혁명, 20세기 과학과 의학의 발전으로 성장의 변화가 나타났다.

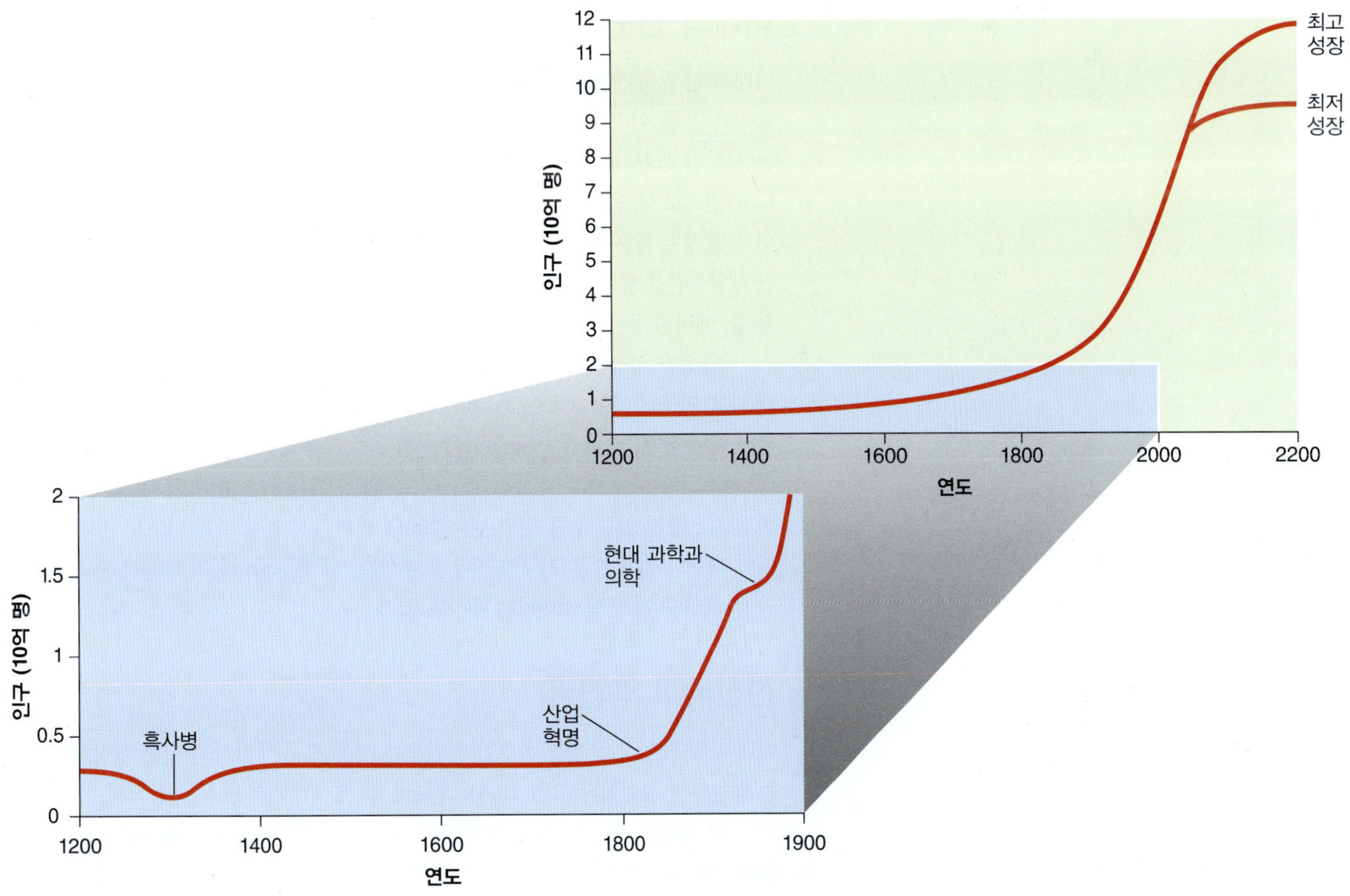

자연계에 있는 다른 개체군들과 마찬가지로 인구의 증가율은 해마다 출생하는 사람 수와 사망하는 사람 수의 차이에 의해 결정된다. 예를 들어, 현재 전 세계 출생률은 연간 1,000명당 18.5명인 반면, 전 세계 사망률은 연간 1,000명당 약 7.8명이다. 이 숫자로부터 현재 연간 인구 증가율은 다음과 같이 계산할 수 있다.

$$(18.5 - 7.8)/1{,}000 = (10.7)/1{,}000 = 0.0107 \times 100 = 1.07\%$$

연관

국가별 출생률과 사망률 차이

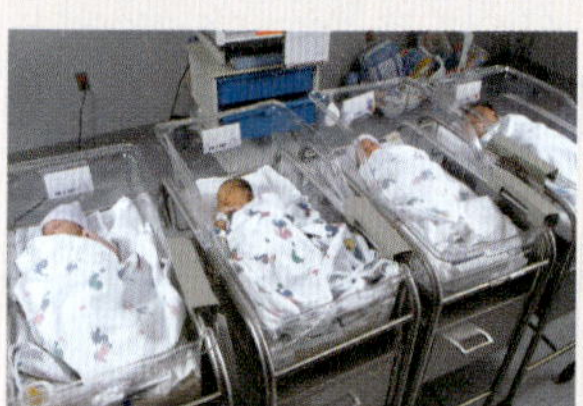
©Diane Macdonald/Stockbyte/ Getty Images

2017년 예상 출산율이 가장 높은 국가는 니제르(여성 1인당 6.5명), 앙골라(여성 1인당 6.2명), 말리(여성 1명당 6.0명) 순이었고, 반면 싱가포르는 가장 낮은 출산율(여성 1인당 0.83명)의 국가였다. 사망률은 남수단이 가장 높았고(1,000명당 19.3명), 카타르가 가장 낮았다(1,000명당 1.6명). 전체 연간 성장률과 관련하여 가장 빠르게 성장하는 국가는 시리아(7.37%)와 앙골라(3.49%)일 것으로 예상된다. 레바논 라트비아(−3.13%) 및 남수단(−1.16%)을 포함한 몇몇 국가에서는 감소를 경험할 것으로 예상된다. 이에 비해 미국의 예상 출산율은 여성 1인당 1.87명, 사망률은 1,000명당 8.20명, 연간 성장률은 0.80%이다.

미래의 인구 증가

미래의 인구 증가는 큰 우려가 되고 있다. 인구 증가가 자원 공급 속도를 초과할 가능성이 있다. 이러한 끔찍한 결과가 발생할 가능성은 인구가 2배로 늘어나는데 걸리는 시간인 배가시간(*doubling time*)을 추정하면 알 수 있다. 인구의 배가시간은 대략 61년으로 예측된다. 이렇듯 짧은 기간에 인구가 대폭 늘어나면 이들 인구를 다 먹여 살릴 충분한 자원이 확보될 수 있을까? 이미 지구상에는 깨끗한 물과 식량, 적절한 생활공간을 얻기 어려운 지역이 있으며, 지금과 같은 생활수준이 유지되려면 식량과 물, 에너지 등을 비롯한 모든 자원들이 2배로 증가되어야 할 것이다.

급속한 성장은 식량이나 공간 같은 자원이 부족해지면 쇠퇴하기 시작한다. 그런 다음 인구 증가는 0으로 감소하고 인구는 환경의 수용한계에 적합한 규모로 안정된다. **수용한계(carrying capacity)**란 환경이 지속적으로 수용할 수 있는 개체 수이다. 지구의 인구에 대한 수용한계가 어느 정도인지는 아직 밝혀진 바 없지만 지구는 현재 지구상의 인구 수를 훨씬 넘는 200억 명까지 수용할 수 있다고도 한다. 그러나 이미 지구의 인구 수는 지구가 수용할 수 있는 한계를 넘어섰기 때문에 인간은 조만간 큰 재앙을 겪게 될 것이라는 주장도 있다.

선진국과 후진국

미래의 인구 성장 문제를 복잡하게 만드는 것은 모든 국가가 동일한 성장률을 갖지는 않는다는 사실이다(그림 30.4). 오늘날 전 세계 국가들은 두 그룹으로 나눌 수 있다(그림 30.5). 북미와 유럽 국가들을 포함하는 **선진국(more-developed countries, MDCs)**은 인구 증가율이 완만하고 사람들은 상당히 좋은 생활수준을 누리고

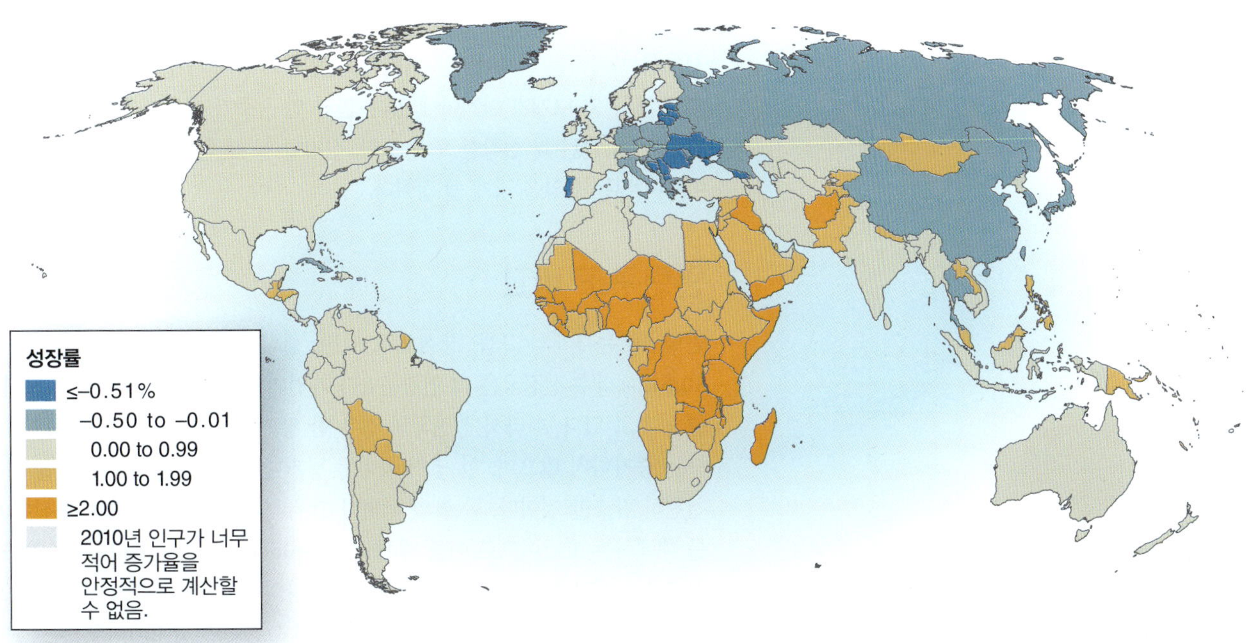

그림 30.4 2010~2050년 예상 인구 증가율.
가장 높은 인구 증가율은 아프리카와 중동에서 발견되는 반면, 유럽 전역의 증가율은 훨씬 낮다.
Source: "The Future of World Religions: Population Growth Projections, 2010–2050," Pew Research Center, March 26, 2015.

있다. 라틴 아메리카와 아시아, 아프리카와 같은 **후진국(less developed countries, LDCs)**은 인구 증가율이 매우 높고 대다수의 사람들이 가난한 삶을 살고 있다.

선진국

선진국도 항상 그렇게 낮은 성장률을 보인 것은 아니다. 현대 의학의 발달과 사회경제 상황의 개선, 그리고 사망률의 감소로 선진국의 인구는 1850년부터 1950년 사이에 두 배로 늘어났다. 사망률의 감소는 그 직후 출생률의 감소로 이어졌기 때문에 선진국의 인구는 1950년 이후 완만하게 증가했다. 이러한 일련의 사건(즉, 사망률 감소에 이어 출생률 감소)을 **인구학적 전환(*demographic transition*)**이라고 한다.

선진국의 전반적인 인구 증가율은 현재 약 0.1%이지만 일부 국가의 인구는 전혀 증가하지 않거나 실제로 감소하고 있다. 다른 선진국과 달리 미국의 인구 증가는 안정되지 않고 계속해서 증가하고 있다. 미국의 현재 증가율은 0.8%이다. 이렇게 높은 비율은 매년 많은 사람들이 미국으로 이민을 오고 있고, 상당수의 여성들이 여전히 가임 연령에 속해 있기 때문이다. 따라서 미국은 앞으로도 당분간은 인구 증가율이 감소하지 않을 것으로 보인다.

후진국

제2차 세계대전 이후 현대 의학이 도입되면서 후진국의 사망률은 급격히 감소하기 시작했지만 출생률은 여전히 높았다. 후진국의 총 증가율은 1960년도부터 1965년도 사이에 2.5%로 정점에 달했다가 그 이후 1.5%까지 하락하였다. 그러나 불행히도 후진국 대부분에서 증가율은 감소하지 않았다. 이들 국가 중 35개국은 아프리카의 사하라사막 남쪽에 위치하며, 이곳 여성들은 1인당 5명 이상의 아이를 출산한다.

2050년까지 후진국의 인구는 최소 80억 명으로 상승할 것으로 예상된다. 아프

a.

b.

그림 30.5 선진국과 후진국.
(a) 선진국 사람들. 생활수준이 높으며 세계 인구 증가율에 거의 영향을 주지 않는다. **(b)** 후진국 사람들. 생활수준이 낮으며 세계 인구 증가율에 큰 영향을 준다.
(a): ©Ariel Skelley/Blend Images LLC; (b): ©Henk Badenhorst/Getty Images

리카는 AIDS로 인한 높은 사망률로 인해 이 정도로 증가하지는 않을 것으로 생각된다. 대부분의 인구 증가는 아시아에서 일어날 것으로 예상된다. 전 세계 경작면적의 31%를 차지하는 아시아에는 이미 세계 인구의 60%가 살고 있다. 세계에서 가장 오염된 도시 중 12개가 아시아에 있다. 만약 인구 증가 예측이 현실화되면 아시아는 50년 이내에 훨씬 더 심각한 도시 오염, 심각한 물 부족, 그리고 상당한 수의 야생생물이 사라지는 상황을 겪게 될 것이다.

연령구조 비교

연령구조는 3개의 그룹: 생식연령 이전, 생식연령, 생식연령 이후로 나뉜다(그림 30.6). 대다수 선진국은 각 연령군마다 개인의 수가 거의 동일한 안정화된 연령구조를 가지고 있다. 따라서 선진국의 경우 한 쌍의 남녀가 두 명의 아이를 낳는다면 인구는 증가하지 않으며, 한 명의 아이를 낳거나 아예 아이를 낳지 않을 경우 인구는 천천히 감소할 것이다. 한 쌍의 남녀가 단 두 명의 아이만 낳으면 자식이 이들 남녀를 대체하는 효과이므로 이를 **대체생식(replacement reproduction)**이라고 한다. 실제로는 사망률로 인해 대체생식률은 한 쌍의 남녀당 두 명의 아이보다 약간 더 높다. 반면에 후진국 연령구조는 생식연령이전 그룹이 가장 많은 피라미드 모습을 보인다. 따라서 후진국 인구는 대체생식이 이루어진다 해도 계속해서 증가할 것이다.

처음에는 대체생식으로 인해 후진국 인구 증가율이 0이 되어 인구 규모가 증가하지 않는 것처럼 보일 수 있다. 그러나 생식연령기에 진입하는 젊은 여성의 수가 생식연령기를 이탈하는 나이든 여성수보다 많으면 대체생식이 일어나도 후진국 인구는 계속 증가할 것이다. 연령구조에 대해서는 30.3절에서 자세히 살펴보자.

인구 증가와 환경에 대한 영향

인구 증가는 각국의 사회구조, 지구의 자원, 생물권에 막대한 압박을 가하고 있다. 후진국의 인구는 여전히 상당한 비율로 증가하고 있기 때문에 이들의 인구 증가가 환경 파괴의 주요 원인일 수도 있다. 그러나 반드시 그런 것은 아니다. 왜냐하면 선진국

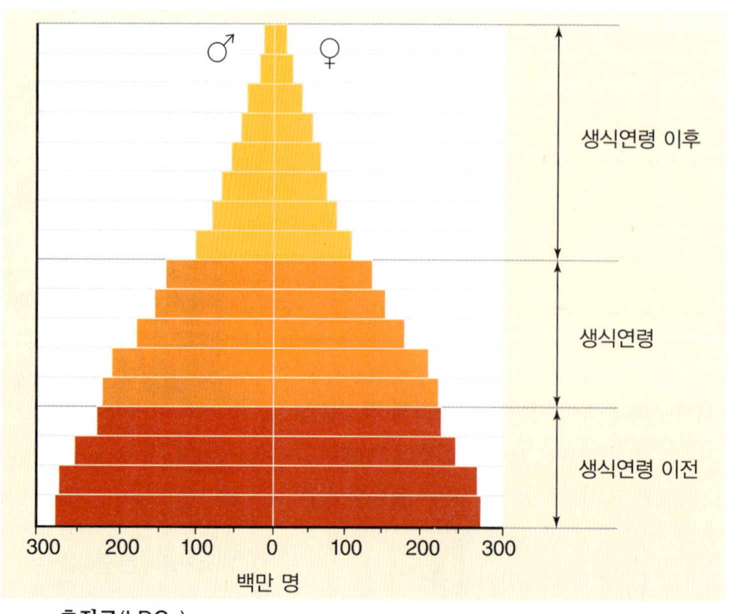

a. **후진국**(LDCs)

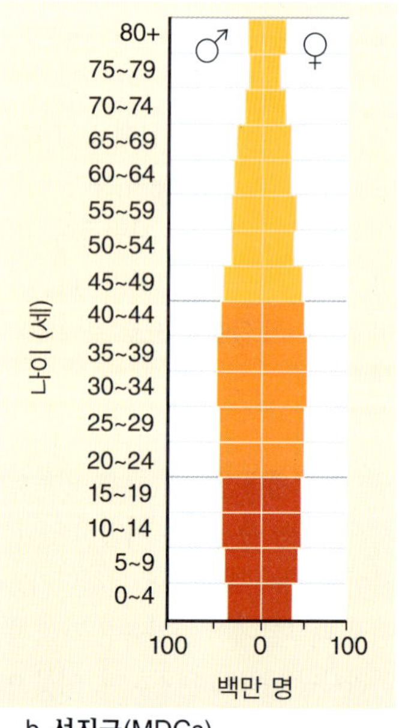

b. **선진국**(MDCs)

그림 30.6 연령구조.
(a) 후진국 인구는 연령분산으로 인해 빠르게 증가할 것이다.
(b) 선진국은 안정화를 보인다.

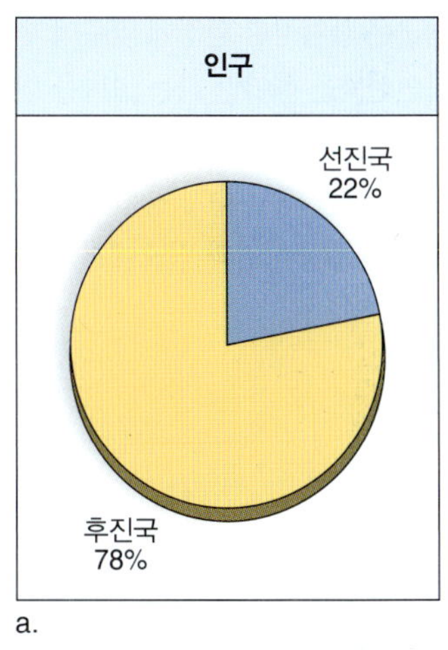

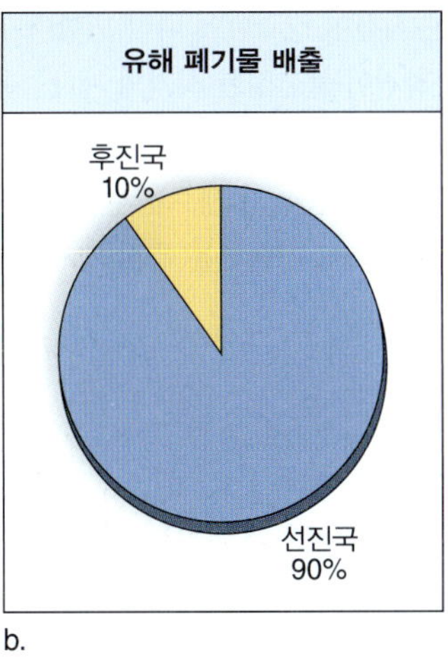

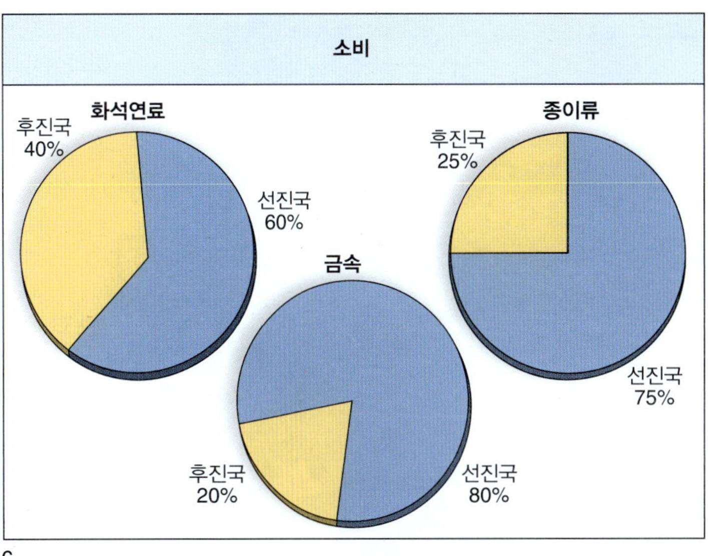

그림 30.7 선진국과 후진국의 환경영향.
a. 선진국의 총인구 수는 후진국의 총인구 수보다 훨씬 적다. 선진국은 세계인구의 22%, 그리고 후진국은 78%를 차지한다. **b.** 선진국은 전 세계 유해 폐기물의 대부분인 90%를 배출하며 후진국은 10%를 배출한다. **c.** 유해 폐기물의 생산은 화석연료, 금속, 종이와 같은 자원의 소비와 밀접한 연관이 있다. 화석연료는 선진국이 60%, 후진국이 40%를 소비하며 금속은 선진국이 80%, 후진국이 20%, 그리고 종이는 선진국이 75%, 후진국이 25%를 소비한다.

은 후진국보다 훨씬 더 많은 지구 자원을 소비하기 때문이다. 이러한 과도한 소비는 환경 파괴로 이어져 큰 우려를 낳고 있다.

환경영향

인구가 환경에 미치는 환경영향은 인구 수뿐만 아니라 1인당 자원소비량과 오염발생량으로 측정한다. 따라서 환경에 미치는 영향의 두 가지 요인에는: 인구 수와 자원소비량이 있다. 인구 과잉은 후진국에서 더 뚜렷하게 나타나는 반면, 선진국에서는 1인당 소비가 훨씬 높기 때문에 자원소비량은 선진국에서 더 뚜렷하게 나타난다. 예를 들어, 미국 4인 가족 1인당 평균 에너지 소비량은 인도의 20명에 해당한다. 따라서 제한된 수의 사람들만이 선진국에서 누리는 생활수준에 근접한 생활을 유지할 수 있다는 것을 알아야 한다.

선진국과 후진국의 환경영향을 비교하여 그림 30.7에 나타내었다. 선진국 인구는 전 세계 인구의 1/4에 불과하다. 그러나 후진국에 비해 선진국은 화석연료, 금속, 종이와 같은 자원의 소비율이 높아 유해폐기물 생산량은 90%를 차지한다.

개념 연결하기
인구는 여전히 증가하고 있으며, 그 증가의 대부분은 후진국에서 발생한다.

진도 점검하기 30.2

1. 출생률이 18.6%이고 사망률이 0.8%일 경우 연간 인구 증가율을 계산하시오.
2. 선진국과 후진국의 특징을 나라를 예를 들어 비교하시오.
3. *대체생식(replacement reproduction)*이 의미하는 바를 설명하시오.
4. 선진국과 후진국이 환경에 주는 영향을 비교하시오.

30.3 개체군의 특성

학습 목표

이 절을 학습한 후에는 다음 과제를 수행할 수 있어야 한다.

1. 개체군 분포 유형을 구별하기.
2. 연령구조 그림과 생존곡선이 어떻게 미래성장을 예측하는 데 사용되는지 기술하기.
3. 생물번성능력이 기하급수적 성장과 로지스틱 성장에 어떻게 기여하는지 설명하기.
4. 밀도-의존성 요인과 밀도-비의존성 요인을 비교하기.

그림 30.8 개체군에서의 분포 양상.

a. 사막에 사는 성숙한 관목. **b.** 집결 분포를 보이는 사막의 어리고 작은 관목. **c.** 무작위로 분포하고 있는 중간 크기의 관목. **d.** 균일한 분포를 보이는 크기가 큰 관목.

(a): ©JeffGoulden/iStock/Getty Images

개체군의 특성은 시간이 경과함에 따라 변한다. 개체군은 불안정한 환경에 맞추어 변화하여야 한다. 환경이 불안정한 시기의 개체들은 자연선택을 해야만 하는 압박을 받는다. 환경에 잘 적응한 개체들은 적응을 잘 하지 못하는 개체들보다 더 많은 자손들을 남긴다. 따라서 개체군들이 새로운 환경에 적응하게 되면 개체 수가 증가하게 된다. 생태학자가 관찰하고 기술하는 특정 개체군의 특성은 특정 시간과 장소에서 관찰되는 일시적인 것이다.

분포와 밀도

자원(resource)이란 개체가 살아가는 데 필요한 환경요소를 말한다. 빛, 물, 공간, 배우자, 먹이 등이 개체군에 대한 중요한 자원 중에 해당한다. 자원의 공급여부는 주어진 영역에 있는 개체들의 공간 분포에 영향을 준다. 그 결과, 개체군에서 개체의 분포 양상은 집결 분포(clumped), 무작위 분포(random), 균일 분포(uniform distribution) 유형으로 구분된다. 예를 들어, 사막에 서식하는 관목(그림 30.8)은 토양의 수분 및 함량과 같은 요인에 따라 다양한 분포 양상을 보인다.

한 지역에 국한된 사막이나 숲 혹은 연못에 사는 개체들이 아니라 종 서식범위에 있는 개체들의 분포에 대해 생각해보자. **서식범위(range)**는 지구에서 종이 발견되는 장소이다. 서식범위 내에 있는 모든 종구성원들은 개체군을 이루며, 개체군 구성원들은 필요한 자원을 확보할 수 있는 지역에 위치하므로 서식범위로 모두 집결하게 된다.

개체군 밀도(population density)는 단위면적(또는 단위체적)당 개체들의 수이다. 자원이 풍부한 지역이 자원이 부족한 지역보다 높은 개체군 밀도를 보인다. 그러나 자원 이외의 다른 요인들 또한 개체군 밀도를 결정한다. 일반적으로 개체군 밀도는 개체의 체구가 크면 클수록 감소한다. 나무 묘목은 다 자란 나무보다 개체군 밀도가 훨씬 더 높다는 점을 고려하시오. 따라서 개체군 밀도를 설명할 때는 한 가지 이상의 요소를 고려해야 한다.

개체군의 성장

사람 개체군(30.2절)에서 언급하였듯이 개체군 증가율은 개체군 내에서 매년 새로 태어난 개체 수와 사망한 개체 수에 따라 결정된다. 출생 수가 사망 수보다 많으면 개체군은 성장한다. 다른 예를 들어 개체 수가 1,000인 개체군에서 연간 출생 수가 30이고 사망 수가 10이라면, 이 개체군의 연간증가율은 2%이다. 한편 사망 수가 출생 수를 초과하면 증가율이 마이너스이므로 개체군 크기가 감소한다.

개체군 통계와 개체군 성장

개체군의 성장률은 자원의 공급 여부와 개체군의 특성에 관한 **개체군 통계(demographics)**에 의해 영향을 받는다. 모든 개체군에 해당하는 흥미로운 개체군 통계 특성은 개체군의 **연령구조(age structure)**이다. 개체군 연령구조는 전형적으로 막대그림으로 나타내며(그림 30.6) 이 그림에서는 나이에 따라 생식연령 이전(*prereproductive*), 생식연령(*reproductive*), 생식연령 이후(*postreproductive*)로 나누었다.

이 그림은 개체군 성장에 관해 무엇을 말하고 있는가? 생식연령 이전과 생식연령의 개체 수가 생식연령 이후 개체 수를 초과하면 출생률이 사망률보다 높다(그림 30.9*a*). 이와 반대로 생식연령 이후 개체 수가 생식연령대 이전이나 생식연령대 개

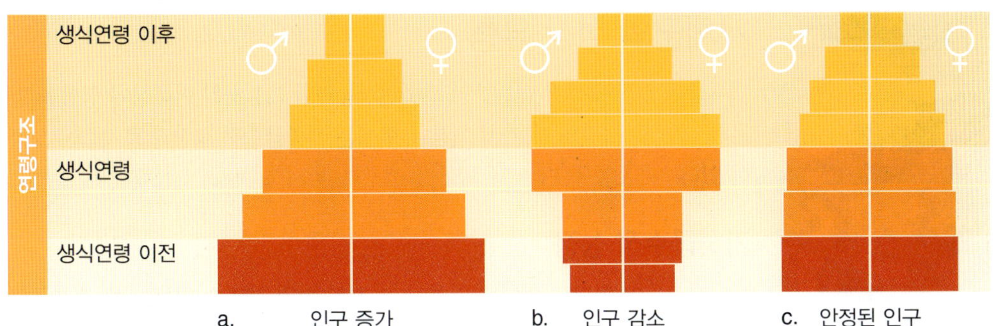

그림 30.9 연령구조.
개체군의 전형적인 연령구조에는 **(a)** 증가형, **(b)** 감소형, **(c)** 안정형이 있다. 각 연령대마다 개체 수가 서로 달라 뚜렷한 연령구조 형태가 만들어진다. 각 구조 형태에서 *왼쪽 절반*은 수컷, 그리고 *오른쪽 절반*은 암컷을 나타낸다.

체 수를 초과하면 사망률이 출생률보다 높으므로 개체군을 구성하는 개체의 수는 감소한다(그림 30.9*b*). 생식연령 이전과 생식연령, 생식연령 이후 개체들의 수가 동일하고 출생률이 사망률과 같으면 개체군의 개체 수는 변화하지 않고 유지된다(그림 30.9*c*).

생태학자들은 또한 개체군의 **생존(survivorship)** 양상, 즉 사망연령이 개체군의 크기에 어떻게 영향을 미치는지에 대해서도 연구를 한다. 예를 들어, 개체군 구성원이 어린 나이에 사망할 경우 생식연령대 개체 수는 감소하게 된다. 첫 번째 단계는 특정 시점에 생존해 있는 각 연령 또는 연령 범위의 개체 수를 나열하는 생명표를 만드는 것이다. 생명표를 얻는 가장 최선의 방법은 같은 시기에 출생한 대다수의 개체들을 확인하여 그들이 출생한 시점부터 사망할 때까지 기록하는 것이다.

산양의 생명표가 그림 30.10*a*에 나와 있다. 이 표는 매년 한 개의 나이테가 생성된다는 점을 고려하여, 산양의 사망 나이를 추정하기 위해 수많은 두개골을 모아 뿔에 있는 나이테를 세어 작성한 것이다. 연령별 출생개체 1,000마리당 생존한 개체의 수를 조사하면 **생존곡선**(*survivorship curve*)을 그릴 수 있다(그림 30.10*b*). 생존곡선의 유형은 종마다 다르지만 그 중 3가지 유형이 보편적이다. 유형 I은 산양과 인간처럼 나이가 들어서까지 생존하고 질병으로 인해 사망이 증가하는 경우에 해당하는 형태이다. 유형 II 생존곡선은 생애 전반에 걸쳐 동일한 사망률을 보이며, 유형 III 생존곡선은 유년기 사망률이 높아 소수의 개체만 생애 끝까지 생존하는 경우이다.

생물번성능력 시간에 따른 개체군의 증가율은 그 개체군의 **생물번성능력(biotic potential)**, 즉 이상적 조건하에서의 최대 개체군 성장률을 따른다(그림 30.11). 개체군의 생물번성능력은 다음과 같은 개체군 통계학적 특성에 의해 결정된다.

- 자원 이용성
- 번식 건당 생산되는 자손의 수
- 생식 연령까지 생존 가능성
- 개체당 번식 빈도
- 생식 시작 연령

나이(년)	태어난 해의 생존 수	기간 동안의 사망 수
0~1	1,000	199
1~2	801	12
2~3	789	13
3~4	776	12
4~5	764	30
5~6	734	46
6~7	688	48
7~8	640	69
8~9	571	132
9~10	439	187
10~11	252	156
11~12	96	90
12~13	6	3
13~14	3	3
14~15	0	

1,000~199
801~12
등등

a.

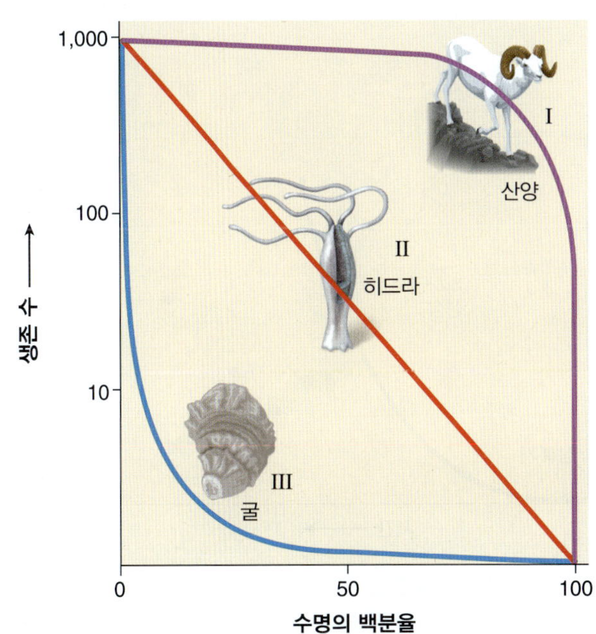

그림 30.10 생명표와 생존곡선.
a. 산양의 생명표. **b.** 3가지 유형의 생존곡선. 산양을 비롯한 유형 I에서는 대부분의 개체들이 나이가 들어 늙어 죽을 때까지 산다. 유형 II에 속하는 히드라와 같은 개체들은 생애 전반에 걸쳐 사망률이 일정하다. 유형 III에 속하는 굴은 대부분이 유년기에 많이 죽기 때문에 아주 일부만 살아남아 성체가 된다.

a.

b.

그림 30.11 생물번성능력.
이상적 조건일 때 특정 개체군의 최대 성장률을 뜻하는 생물번성능력은 생식 사건당 출산하는 자손 수에 의해 큰 영향을 받는다. 한 번에 많은 새끼를 낳고 빠르게 성숙하여 더 많은 자손을 생산하는 쥐(**a**)는 생식도 자주 하지 않고 생식 건당 하나 내지 두 마리만 출산하는 코뿔소(**b**)보다 생물번성능력이 훨씬 크다.
(a): ©Tom McHugh/Science Source/Getty Images; (b): ©Corbis

개체군의 성장 유형

개체군의 성장 유형은 (1) 종의 생물번성능력과 (2) 자원 이용성에 영향을 받는다. 개체군 성장의 두 가지 기본 유형에는 기하급수적 성장과 로지스틱 성장이 있다.

기하급수적 성장

생태학자들이 어떤 지역에 침입하여 그 지역을 점유할 수 있는 곤충 개체군의 성장을 연구하고 있다고 가정해 보자. 이런 환경에서는 **기하급수적 성장(지수 성장, exponential growth)**이 예측된다. 기하급수적 성장은 J자 모양의 곡선을 만든다(**그림 30.12**). 이러한 성장곡선은 은행의 복리이자 방식과 유사할 수 있다. 만약 곤충 개체 수가 2,000마리이고 월 증가율이 20%이라면 한 달 후에는 2,400마리가 되고, 두 달 후엔 2,880마리, 그리고 석세 달 후엔 3,456마리로 늘어날 것이다.

J자 모양의 곡선은 두 기간으로 이루어져 있다.

잠복기(*lag phase*): 개체군의 구성 개체 수가 적어 성장이 더딘 기간.
기하급수적 성장기(*exponential growth phase*): 성장이 가속화되는 기간.

일반적으로 자원이 충분이 공급되는 한 기하급수적 성장은 계속된다. 자원을 필요로 하는 개체군의 구성 개체 수가 최대치에 이르면 자원을 얻기 위한 경쟁이 늘어나게 된다.

로지스틱 성장

일반적으로 기하급수적 성장은 환경 저항으로 인해 오랫동안 지속될 수 없다. 환경저항은 모든 환경적 조건, 즉 제한된 식량 공급, 폐기물 축적, 경쟁 증가, 포식 등 개체군의 생물번식능력을 달성하지 못하게 하는 조건들을 포괄한다. 개체군이 증가할수록 환경 저항의 양은 증가하게 된다. 자원이 감소함에 따라 개체군의 성장은 둔화되고 **로지스틱 성장(logistic growth)**이라는 개체군 성장양상이 나타난다. 로지스틱 성장은 S자 모양의 성장곡선을 보인다(**그림 30.13**).

로지스틱 성장의 특징은 다음과 같다:

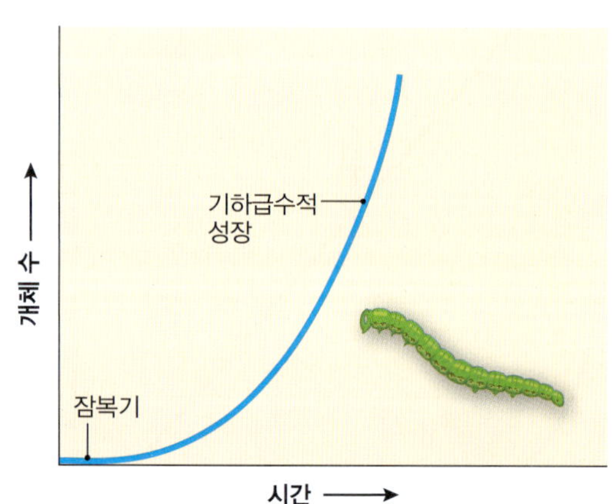

그림 30.12 기하급수적 성장.
기하급수적 성장은 성장률이 증가하는 J자 모양의 성장곡선을 그린다.

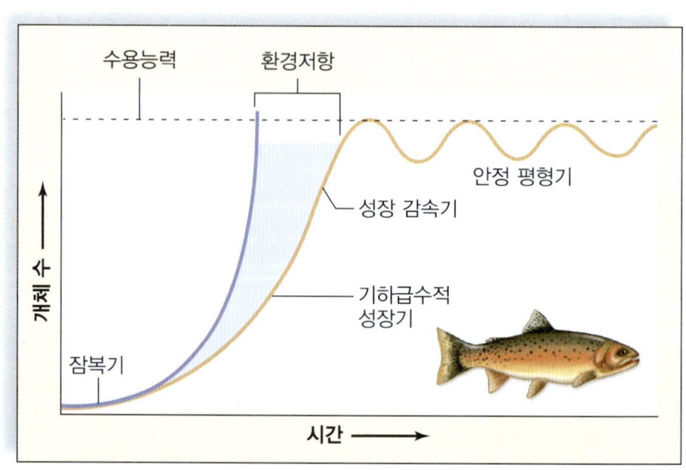

그림 30.13 로지스틱 성장.
로지스틱 성장에서는 개체군의 개체 수가 수용한계에 근접하게 되면 개체들 간에 자원 확보를 위한 경쟁이 증가하기 때문에 S자 모양의 성장곡선을 그린다.

잠복기(*lag phase*): 개체군 구성 개체 수가 적어 성장이 더딘 기간.

기하급수적 성장기(*exponential growth phase*): 생물번성능력으로 인해 성장이 가속화되는 시기(그림 30.11 참조).

성장 감속기(*deceleration phase*): 환경 저항으로 인해 개체군 성장률이 감소하는 기간.

안정 평형기(*stable equilibrium phase*): 출생률과 사망률이 거의 동일하여 개체 수가 증가하지 않거나 아주 조금 증가하는 기간.

안정 평형기는 환경의 수용한계에 도달한 상태이다. 환경수용한계는 일정하지 않고 현재의 환경 자원에 의해 변화한다. 예를 들어, 섬의 수용한계는 수년 동안 일정하게 유지되지만 가뭄 기간으로 인해 감소할 수 있다.

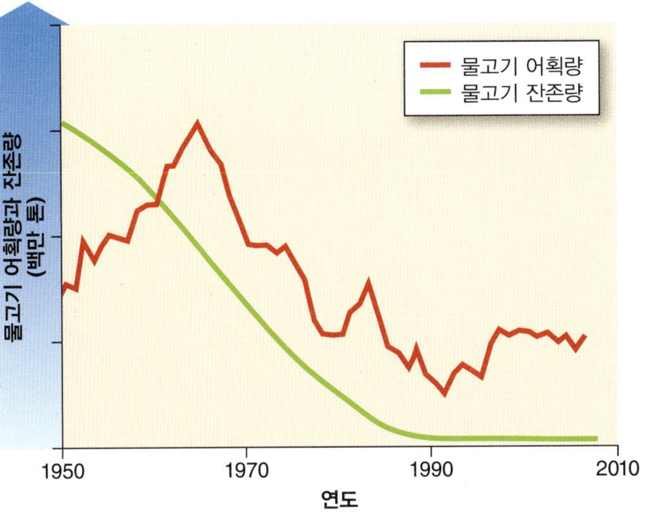

그림 30.14 지속가능한 개체군 밀도.
1950년도와 1960년도 사이에 물고기 어획량이 증가하여 물고기 자원이 감소되었다. 그럼에도 불구하고 계속되는 남획으로 인해 개체군 성장이 정체기에 머무르고 있다. 따라서 물고기 개체군이 기하급수적 성장 단계로 진입하도록 하려면 어획량을 줄여야 한다. 그러면 어류 개체 수 증가와 잡힌 어류 사이의 균형이 더 많은 양으로 정기적으로 유지될 수 있다.

성장이론의 적용 로지스틱 성장에 관한 지식을 실제 적용해보자. 기하급수적 성장은 개체군 크기가 수용한계보다 훨씬 적을 때에만 일어난다. 따라서 만약 사람이 어류를 지속적인 식량공급원으로 사용하고자 한다면, 해당 어류의 원활한 공급을 위해서 이 어류의 번성능력이 최대이고 출생률이 가장 높은 기하급수적 성장기에 있을 때의 개체군 크기를 유지시키는 것이 좋다. 어류를 남획하면 어류 개체군의 성장이 잠복기로 접어들게 되며, 다시 기하급수적 성장기로 회복하는 데 수년이 걸릴 수도 있다(그림 30.14). 그러나 해충의 경우, 해충을 박멸하고자 한다면 개체군의 크기보다는 환경수용한계를 감소시키는 것이 해충의 성장을 제한하는 가장 좋은 방법이다. 단순히 개체군 크기만을 줄이면 해충이 다시 기하급수적 성장을 재개하므로 해충은 박멸되지 않는다. 따라서 농부들은 해충 박멸을 위해 경작지에 한 종류의 농작물보다는 서로 다른 작물들을 한 줄씩 번갈아 재배함으로써 해충의 수용한계를 줄인다.

개체군의 성장 조절 요인

생태학자들은 이미 오래전에 환경은 생물적 요소와 비생물적 요소를 모두 가지고 있으며, 이들 요소가 개체군 크기를 조절하는 데 있어 중요한 역할을 한다는 것을 알았다.

밀도-비의존성 요인

날씨나 자연재해와 같은 비생물적 요인은 전형적인 **밀도-비의존성 요인(density-independent factor)**으로서 개체군 크기를 급격하게 감소시킬 수 있다. 그러나 밀도-비의존성 요인은 이들 요인에 의한 효과가 개체군을 구성하는 개체 수에 의해 영향을 받지 않기 때문에 그 자체만으로는 개체군 크기를 조절하지 못한다. 다시 말해 개체군 크기가 증가해도 효과의 강도는 증가하지 않는다. 예를 들어, 개체군이 홍수의 피해를 입은 경우, 사망하는 개체 수는 개체군 밀도와 무관하다. 즉 밀도가 높은 개체군에서에서의 개체 사망률이 밀도가 낮은 개체군에서의 개체 사망률보다 반드시 높지 않다. 개체 수가 5마리이고 그 중 3마리가 물에 빠져 죽은 쥐 개체군의 경우 사망률은 60%이며(그림 30.15*a*), 개체군 수가 20마리이고 이 중 12마리가 물에 빠져 죽

a. 저밀도 쥐 개체군

b. 고밀도 쥐 개체군

그림 30.15 밀도-비의존성 효과.
날씨나 자연재해와 같은 밀도-비의존성 요인에 의한 개체군 성장은 개체군 밀도의 영향을 받지 않는다. 홍수가 밀려드는 길목에 살고 있는 들쥐 개체군은 **a.** 저밀도인 경우 홍수에 의해 5마리 중 3마리가 죽어 60%의 사망률을 보였고, **b.** 고밀도일 때는 같은 정도의 홍수에 의해 20마리 중 12마리가 죽어 저밀도 개체군에서와 동일하게 60%의 사망률을 보였다.

은 개체군 경우도 사망률은 똑같이 60%이다(그림 30.15*b*).

밀도-의존성 요인

생물적 요인은 **밀도-의존성 요인(density-dependent factor)**으로 생각하며 그 이유는 개체군의 비율은 개체군의 밀도가 증가할수록 커지기 때문이다. 개체들 간의 경쟁, 섭식, 그리고 기생은 모두 밀도가 증가함에 따라 강도가 증가하는 생물적 요인에 속한다. 개체군들 간의 이러한 상호작용들은 군집의 조성과 다양성에 영향을 미치기 때문에 이들에 대해서는 31.1절에서 다루기로 한다.

경쟁 **경쟁(competition)**은 개체들이 한정되어 있는 햇빛, 먹이, 삶의 공간과 같은 자원을 서로 확보하고자 함으로써 발생한다. 경쟁은 서로 다른 종 사이에서 일어날 수도 있고, 같은 종의 구성원 간에도 일어날 수 있다. 경쟁은 생존, 번식 또는 개체의 생활주기에서 다른 측면을 보장하는 데 필요한 자원에 대한 접근을 제한한다.

예를 들어, 딱따구리 개체군의 개체들이 둥지를 짓기 위한 장소를 확보하기 위해 경쟁을 한다고 가정해보자. 딱따구리 쌍들은 새끼들을 기르기 위해 나무 구멍이 필요하다. 나무 구멍의 수가 교배하는 딱따구리 쌍의 수와 같거나 더 많으면 모든 새들이 둥지에 알을 낳고 새끼들을 기를 수 있다(그림 30.16*a*). 그러나 만약 나무 구멍의 수가 교배하는 쌍보다 적으면 각 쌍은 둥지를 틀 곳을 얻기 위해 경쟁해야 한다(그림 30.16*b*). 따라서 구멍을 확보하지 못한 쌍들은 개체 수 증가에 기여하지 못하게 된다.

미국 알래스카주 세인트 폴 섬에 사는 순록은 먹이 경쟁의 잘 알려진 예이다. 순록 개체 수가 과도하게 증가하자 자원의 소비가 급증하였고 이로 인해 결국 순록들은 먹을 것이 부족해져 개체 수가 급감하였다.

서로 다른 연령군 간의 적절한 자원분배는 먹이 경쟁을 줄이는 방법이 된다. 나비는 생활 주기 동안 애벌레 단계에는 성충 단계와 다른 먹이를 필요로 한다. 애벌레는 나뭇잎을 먹고, 성충은 꽃에서 생성된 꿀을 먹는다. 이처럼 성충 나비는 유충과의 먹이 경쟁을 줄이게 된다.

포식 **포식(predation)**은 한 개체(포식자, predator)가 다른 개체(피식자, prey)를

a. 저밀도 새 개체군

b. 고밀도 새 개체군

그림 30.16 밀도-의존성 효과—경쟁.
경쟁의 영향은 개체군 밀도에 정비례한다. **a.** 밀도가 낮을 때는 개체군을 구성하는 모든 개체가 자원을 얻을 수 있다. **b.** 밀도가 높으면 개체군 구성 개체들 간에 필요한 자원을 확보하기 위해 경쟁해야 한다.

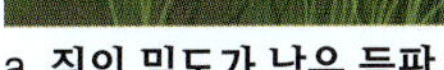

a. 쥐의 밀도가 낮은 들판

b. 쥐의 밀도가 높은 들판

그림 30.17 밀도-의존성 효과—포식.
개체군에 대한 포식의 영향은 개체군 밀도에 정비례한다. **a.** 개체군의 밀도가 낮은 경우 포식자가 피식자를 찾아내기 어렵다. 따라서 포식에 의한 피식자의 사망률은 0/2, 즉 0%이다. **b.** 개체군 밀도가 높은 경우는 포식자가 피식자를 찾아낼 가능성이 커지며, 그 결과 포식률이 높아진다(사망률은 50/100, 또는 50%로).

섭취하는 현상을 말한다. 넓은 의미의 포식은 사자와 같은 동물이 얼룩말을 잡아먹는 행동뿐만 아니라 고래가 바닷물로부터 크릴새우를 걸러 먹는 것, 그리고 사슴이 나무나 관목을 뜯어먹는 행위도 포함한다.

포식 효과는 일반적으로 피식자의 개체군 밀도와 정비례한다. 그 이유는 피식자 개체 수가 많으면 포식자가 피식자를 찾기가 수월하기 때문이다. 예를 들어, 들판에 서식하고 있는 들쥐에 대해 생각해보자(그림 30.17). 쥐들은 매의 공격을 피하기 위해 숨을 구멍이 필요하다. 만약 쥐가 102마리 있고 구멍은 100개밖에 없다면 2마리는 들판에 남게 된다. 매가 들판에서 쥐 2마리만 찾는 것은 어려울 수도 있다. 2마리 모두 잡아먹히지 않는다면 포식률은 0/2 = 0%가 된다. 그러나 쥐가 200마리 있고 구멍은 똑같이 100개 있다면, 매가 구멍을 차지하지 못해 들판에 노출된 100마리의 쥐를 찾기는 쉽다. 이들 쥐 중 절반인 50마리가 매에 의해 포식된다면 포식률은 50/100 = 50%가 된다. 따라서 먹을 수 있는 피식자의 밀도가 높아지면 이를 잡아먹는 개체군의 비율도 높아진다.

포식자와 피식자 개체군의 증감 주기 일부 포식자와 피식자 개체군의 개체 수는 일정하게 유지되기보다는 증가와 감소를 반복한다. 이러한 개체군 증감 주기는 눈신토끼와 작은 고양이 일종인 캐나다 스라소니 개체군 사이에서 볼 수 있다(그림 30.18). 눈신토끼는 북아메리카의 침엽수림에서 관목과 작은 나무의 잔가지를 먹고 사는 사는 초식동물이다. 이들에 관해 연구한 학자들은 스라소니가 토끼를 잡아먹어 토끼 개체 수가 감소하게 되며, 이로 인해 결국 먹을 것이 없어진 스라소니 개체 수가 감소하게 된다고 생각했다. 따라서 토끼 개체 수가 다시 회복되면 스라소니 개체 수도 회복하게 되며, 이러한 패턴의 주기를 급증-급감 주기(boom-bust cycle)라고 한다. 그러나 일부 생물학자는 눈신토끼 개체 수의 감소는 저성장과 번식률 감소를 동반하며, 결국 이러한 이유로 인해 먹이부족 현상이 나타난다는 것을 알게 되었다. 실제 현장에서 수행한 설험에서, 포식자인 스라소니가 토끼 개체군에 접근하지 못하는 경우에도 토끼 개체군의 크기는 여전히 토끼 개체군이 먹을 수 있는 먹이 여부에 따라 변동하는 것이 관찰되었다. 결과에서 토끼-먹이 주기와 포식자-토끼 주기를 합하여 그림 30.18의 주기 패턴이 만들어졌으리라 제안했다.

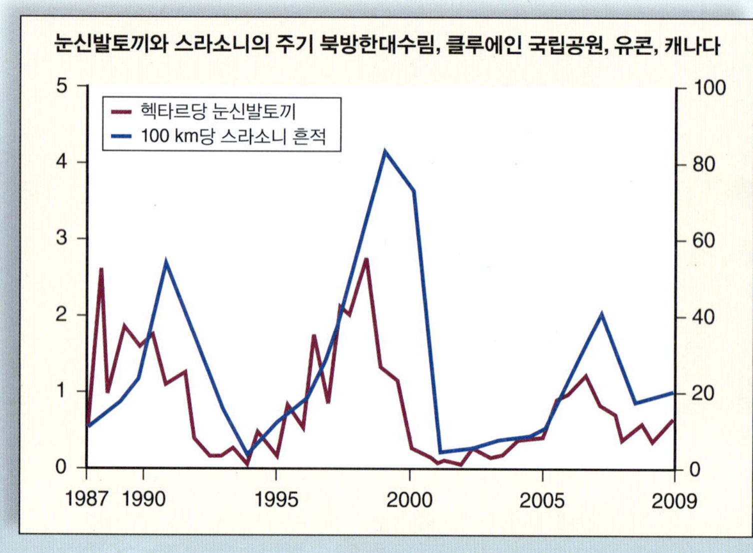

그림 30.18 **스라소니와 눈신발토끼의 포식자-피식자 주기.** 연구에서 피식자인 눈신발토끼 개체군은 포식자인 스라소니 개체군보다 1년 혹은 그 이전에 이미 정점에 도달한다. 1987년부터 2009년까지 실시된 연구는 스라소니와 눈신토끼 개체군의 순환을 보여주고 있다.

Source: Krebs, Charles J., Powell, Tod, Jung, Tom, O'Donoghue, Mark, Kukka, Piia, Staniforth, Jennifer,et al. "The Kluane Monitoring Project." The University of British Columbia, 2010. https://www.zoology.ubc.ca/~krebs/kluane.html.

진도 점검하기 30.3

1. 연령구조 그림이 어떻게 미래 개체군 증가를 예측하는데 사용될 수 있는지 설명하시오.
2. 생존곡선 유형 I을 갖는 종과 유형 III의 생존곡선을 갖는 종의 생식 전략이 어떻게 다른지 설명하시오.
3. 기하급수적 성장곡선과 로지스틱 성장곡선을 비교하시오.
4. 개체군 성장을 조절하는 밀도-비의존성 요인의 예를 제시하시오.
5. 경쟁과 포식이 개체군 성장을 조절하는 데 있어 어떻게 밀도-의존적 요인으로 작용하는지 설명하시오.

30.4 생활사 유형과 멸종

학습 목표

이 절을 학습한 후에는 다음 과제를 수행할 수 있어야 한다.

1. 기회종과 평형종을 구분하기.
2. 종의 멸종을 초래하는 요인에 대해 설명하기.

생활사(life history)는 지금까지 논의한 여러 특성들로 구성된다. 하루살이 유충부터 사람에 이르는 많은 유형의 개체군에 대해 연구한 결과 생태학자들은 기본적이면서 대조적인 두 가지 유형의 생활사(기회적 생활사와 평형적 생활사)를 발견했다.

기회종(opportunistic species)은 대체적으로 기하급수적 성장을 한다. 이들 개체는 체구가 작고 일찍 성숙하며 수명이 짧다. 또한 자손을 많이 생산하지만 부모가 새끼들을 잘 돌보지 않는다(그림 30.19*a*). 개체군 크기는 주로 밀도-비의존성 요인들에 의해 조절되며, 이때 개체군의 크기는 개체군을 위협하는 사건으로부터 살아남을 정도로 충분히 크다. 이들 개체군은 분산력(dispersal capacity)이 크며, 다양한 종류의 곤충과 잡초가 기회종의 좋은 예이다.

평형종(equilibrium species)은 로지스틱 성장을 하며, 개체군 크기가 수용한계에 근접하거나 혹은 정점에서 유지된다(그림 30.19*b*). 자원이 부족하여 개체들이 서로 경쟁하므로, 환경에 가장 적합한 표현형을 지닌 개체가 가장 많은 자손을 남기게 된다. 이들은 자신의 성장과 생존, 그리고 적은 수의 자손들이 성장하고 생존하는 데 에너지를 할애한다. 따라서 평형종에 해당하는 개체의 체구는 꽤 크고 천천히 성숙하며 수명이 길다. 평형종의 성장은 주로 밀도-의존성 요인에 의해 조절되며, 다양한 종류의 조류와 포유류가 평형종의 좋은 예이다.

연관

인간은 멸종 속도에 어떠한 영향을 주고 있는가?

©Goddard Photography/iStock/ Getty Images

많은 보존생물학자들은 우리가 6,500만 년 전 백악기 말 이후 최대 규모의 대량 멸종 시기 중 하나에 와 있다고 믿고 있다(표 16.1 참조). 이번 "6차 대멸종"의 주요 원인은 인간 활동(인구 증가 및 자원 사용)과 지구의 기후변화이다. 멸종이 생명체의 정상적인 현상이지만, 현재의 멸종률은 정상적인 수준인 연간 1~5종보다 100~1,000배 정도이다. 일부 추정에 따르면 대부분의 영장류(예: 사진에 표시된 여우원숭이), 조류, 양서류를 포함하여 지구상 모든 종의 최대 38%가 금세기가 끝나기 전에 멸종 위험에 처할 수 있다고 한다.

a.

b.

그림 30.19 생활사 유형.
a. 민들레는 기회종인 반면 곰**(b)**은 평형종이다.

(a): ©Elena Elisseeva/Alamy Stock Photo; (b): ©Barrett Hedges/National Geographic/Getty Images

멸종

멸종(extinction)은 종 또는 그 상위의 생물분류군이 완전히 사라지는 현상을 말한다. 그림 30.19에 있는 민들레와 곰 중 어느 종의 멸종 가능성이 더 높을까? 민들레는 성숙이 빠를 뿐만 아니라 한 번에 많은 종자를 생산하고 종자가 바람에 멀리 퍼져 나가므로 곰보다 훨씬 쉽게 멸종 위기를 이겨낼 수 있다.

평형종에 대한 연구에 따르면 지리적 서식범위의 크기, 서식지의 허용한계, 개체군의 크기와 같은 3가지 요인이 평형종이 멸종 위험에 놓여 있는지 여부를 결정하는 데 도움이 될 수 있다고 한다. 그림 30.20은 이러한 3가지 요소에 입각하여 14종의 평형종을 서로 비교하였다. 산고릴라는 지리적 서식범위가 한정되어 있고 살 수 있는

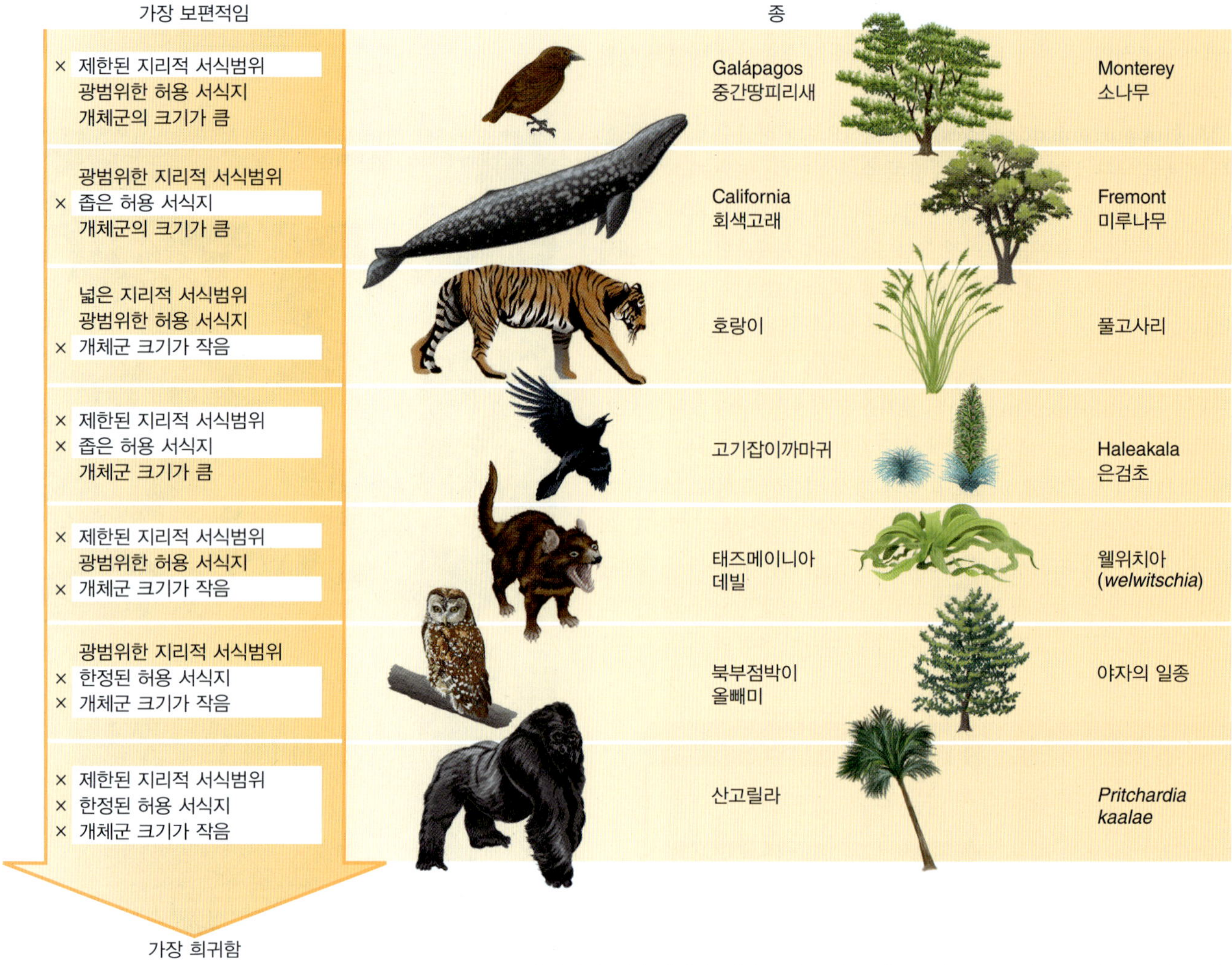

가장 보편적임

	종	
× 제한된 지리적 서식범위 광범위한 허용 서식지 개체군의 크기가 큼	Galápagos 중간땅피리새	Monterey 소나무
광범위한 지리적 서식범위 × 좁은 허용 서식지 개체군의 크기가 큼	California 회색고래	Fremont 미루나무
넓은 지리적 서식범위 광범위한 허용 서식지 × 개체군 크기가 작음	호랑이	풀고사리
× 제한된 지리적 서식범위 × 좁은 허용 서식지 개체군 크기가 큼	고기잡이까마귀	Haleakala 은검초
× 제한된 지리적 서식범위 광범위한 허용 서식지 × 개체군 크기가 작음	태즈메이니아 데빌	웰위치아 (*welwitschia*)
광범위한 지리적 서식범위 × 한정된 허용 서식지 × 개체군 크기가 작음	북부점박이 올빼미	야자의 일종
× 제한된 지리적 서식범위 × 한정된 허용 서식지 × 개체군 크기가 작음	산고릴라	*Pritchardia kaalae*

가장 희귀함

그림 30.20 멸종 위기 가능성.
멸종 위기 가능성은 지리적 서식범위와 서식지, 그리고 개체군 크기와 밀접하다. X의 수가 많을수록 멸종될 가능성이 높음을 의미한다.

개념 연결하기
생활사 패턴에 대한 지식은 다양한 종의 멸종 위협을 예측하는 데 도움을 준다.

서식지가 제한적이며 개체군의 크기도 작다. 이러한 특성의 조합으로 인해 산고릴라는 멸종 위험 가능성이 크다. 종의 멸종 가능성은 해당 종을 고릴라와 비교하였을 때 한 가지, 두 가지, 세 가지가 유사한지에 따라 높아진다. 이러한 개체군 연구는 보존학자들뿐만 아니라 생물권의 생물다양성을 보존하려고 노력하는 사람들에게 유익하다.

진도 점검하기 30.4

1. 기회종과 평형종을 비교하시오.
2. 멸종(*extinction*)을 정의하시오.
3. 평형적 개체군이 멸종 위기에 있는지 판단할 수 있는 5가지 요인을 쓰시오.

요 약 SUMMARIZE

생태학은 생명체 사이뿐만 아니라 생명체와 환경 사이의 상호작용을 연구한다. 생태학자들은 개체, 종, 개체군, 군집, 생태계, 생물권 등 다양한 수준에서 생물학적 구조를 연구한다. 생태학에서 얻은 지식은 지구상의 모든 종을 이해하는 데 도움을 준다.

- 생태학은 생명체가 서로 그리고 환경과 어떻게 상호 작용하는지 연구하는 학문이다.
- 인구는 여전히 증가하고 있으며, 그 증가의 대부분은 후진국에서 발생한다.
- 개체군의 증가는 군집과 생태계 구조에 영향을 미친다.
- 생활사 패턴에 대한 지식은 다양한 종의 멸종 위협을 예측하는 데 도움을 준다.

30.1 생태학의 범위

생태학(ecology)은 생명체 간의 상호작용과 생명체와 물리적 환경 간의 상호작용을 연구하는 실험과학이다. 생태학자들은 다음과 같은 생물 구성 단계에 관해 연구한다.

- 개체, 종, 개체군, 군집, 생태계, 생물권

환경과학자와 보존생물학자들은 자신들의 업무에 생태학의 원리를 활용한다.

30.2 사람 개체군

사람 개체군은 집결 분포 양상(대규모와 소규모 모두에서)을 보이며 빠르게 성장하고 있다.

미래의 인구 증가

현재의 증가율로 볼 때, 인구가 두 배로 늘어나는 데 걸리는 시간은 61년으로 추정된다. 이러한 증가율은 자원에 대한 수요를 극도로 증가시킬 것이며, 자원 부족으로 인해 성장은 감소할 것이다. 결국 인구는 수용한계에서 안정될 가능성이 높다.

- **선진국(more-developed countries, MDC)**은 증가율은 낮지만 1인당 자원 수요는 더 높다.
- **후진국(less-developed countries, LDC)**은 증가율이 높고 일반적으로 1인당 자원 수요가 낮다.

연령구조 비교

사람의 연령구조는 세 가지 연령그룹: 생식연령 이전, 생식연령, 생식연령 이후로 나뉜다. 선진국은 각 그룹의 수가 거의 균등하게 분포하여 안정화되어 있다. 후진국은 생식연령 이전 연령대에 인구가 집중되어 계속하여 증가할 것이다. 이상적으로는 인구는 **대체생식(replacement reproduction)**을 통하여 한 쌍의 남녀가 단 두 명의 아이를 출산하는 것이다.

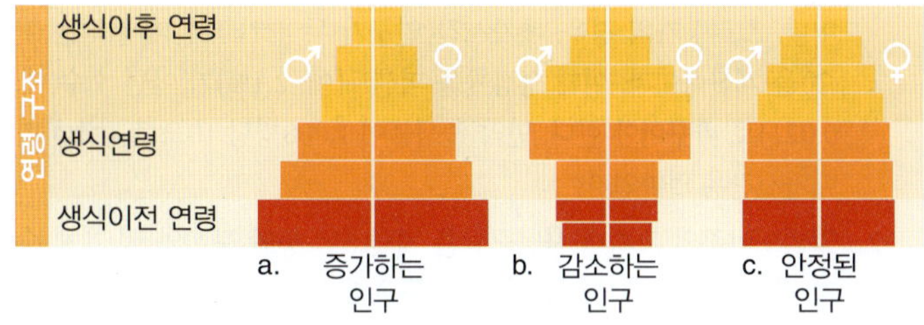

인구 증가와 환경에 대한 영향

두 가지 유형의 환경영향이 발생할 수 있다: 후진국은 인구 증가로 인해 생물권에 스트레스를 주며, 선진국은 자원 소비와 폐기물 배출로 생물권에 스트레스를 준다.

30.3 개체군의 특성

개체군 밀도와 함께 **집결 분포(clumped distribution)**와 **무작위 분포(random distribution)**, **균일 분포(uniform distribution)**와 같은 환경에서 개체군 분포양상은 자원의 공급에 따라 달라진다. 이러한 요인들은 종(species)이 사용하게 될 **서식범위(range)**를 결정한다. 단위면적당 개체의 수는 자원이 풍부한 지역이 자원이 한정된 지역보다 더 많다. 개체군 성장은 연간 출생률과 사망률에 근거하여 계산한다. 개체군 성장은 다음 요인에 의해 결정된다.

- 자원 공급 여부
- **개체군 통계(demographics)**[연령구조(age structure), 생존율(survivorship), 생물번성능력(biotic potential)—가능한 가장 높은 증가율]

개체군의 성장 유형

개체군의 성장 유형에는 기하급수적 성장과 로지스틱 성장이 있다.

- **기하급수적 성장(exponential growth)**은 J자 모양의 곡선을 그린다. 성장속도가 느린 잠복기와 성장이 가속화되는 기하급수적 성장기로 이루어진다.
- **로지스틱 성장(logistic growth)**은 S자 모양의 곡선을 그린다. 성장이 느린 잠복기와 성장이 가속화되는 기하급수적 성장기, 성장이 느려지는 성장 감속기와 성장이 거의 없는 안정 평형기로 이루어진다.

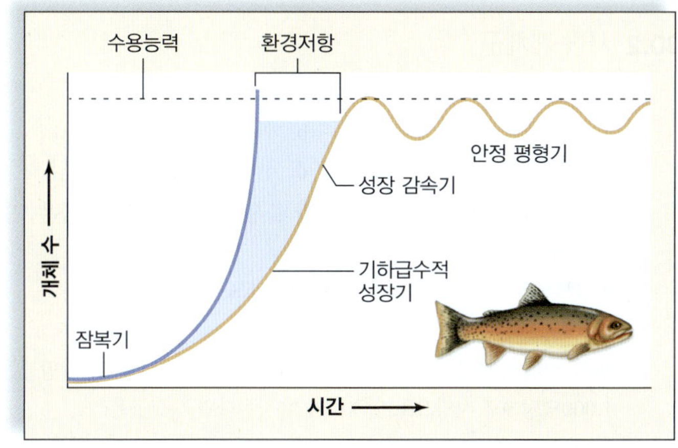

개체군의 성장 조절 요인

개체군의 성장은 밀도-의존성 요인과 밀도-비의존성 요인에 의해 조절된다.

- **밀도-비의존성 요인(density-dependent factors)**은 날씨나 자연재해와 같은 비생물적 요인들로서, 이들에 의한 효과는 개체군의 밀도와 무관하다.
- **밀도-의존성 요인(density-independent factors)**은 경쟁이나 포식과 같은 생물적 요인들로서, 이들의 효과는 개체군의 밀도에 영향을 준다.

30.4 생활사 유형과 멸종

기본적인 두 가지 생활사 유형은 기회종과 평형종으로 구분된다.

- **기회종(opportunistic species)**은 수명이 짧고, 빨리 성숙하고, 많은 자손을 낳고, 분산 능력이 강하고, 자손에게 거의 또는 전혀 돌보지 않고, 기하급수적 개체군 성장을 보이는 개체를 특징으로 한다.
- **평형종(equilibrium species)**은 수명이 길고, 천천히 성숙하며, 소수의 자손을 생산하고, 자손에게 많은 보살핌을 제공하며, 로지스틱 개체군 성장을 보이는 개체를 특징으로 한다.

멸종

멸종(extinction)은 종 혹은 그 이상의 분류군이 완전히 사라지는 현상이다. 기회주의적 종은 평형적 종보다 멸종 위험이 적다. 특히 세 가지 요소가 멸종 위기에 처한 평형적 종에 영향을 준다: 지리적 서식범위, 서식지 허용한계, 개체군의 크기.

평가 ASSESS

혼자 풀어보기

가장 적절한 답을 고르시오.

30.1 생태학의 범위

1. 생물과 무생물적 요소를 모두 포함하는 생태학 연구 수준은?
   a. 개체 b. 개체군
   c. 군집 d. 생태계
   e. 모두 해당
2. 생물구성 단계 중에서 자연선택에 의해 진화하는 단계는?
   a. 개체 b. 개체군
   c. 군집 d. 생태계
   e. 생물권

30.2 사람 개체군

3. 사망률 감소에 이은 출생률 감소가 일어나는 국가는
   a. 선진국 b. 후진국
   c. 선진국과 후진국 d. 선진국, 후진국 모두 아님
4. 개체 수가 500인 개체군에서 연간 출생률이 10이고 사망률은 5인 경우의 성장률은?
   a. 5% b. −5%
   c. 1% d. −1%
5. 만약 사람의 출생률이 연간 1,000명에 15명씩 감소하고 사망률은 1,000명당 9명 사망으로 일정하게 유지된다면 성장률은?
   a. 9% b. 6%
   c. 10% d. 0.6% e. 15%

30.3 개체군의 특성

6. 개체군의 최대 성장률을 무엇이라고 하는가?
   a. 수용한계 b. 생물번성능력
   c. 성장곡선 d. 대체율
7. 어떤 개체군이 호수의 물가를 따라서만 살고 있다면 이 개체군은 어떠한 유형의 공간분포를 보이는가?
   a. 변동성 분포 b. 집결 분포
   c. 무작위 분포 d. 균일 분포
8. 다음 연령구조 그림에서 인구가 안정적인지, 증가하거나 감소할 것인지를 적으시오.

a. ____________ b. ____________ c. ____________

9. S자 모양의 성장곡선이 의미하는 것은?
   a. 로지스틱 성장 b. 대수적 성장
   c. 기하급수적 성장 d. 부가적 성장

[10~13] 상황에 해당하는 상호작용을 보기에서 골라 답하시오.

보기: a. 밀도-의존적 요인 b. 경쟁
c. 포식 d. 포식자-피식자 순환

10. 심한 가뭄으로 인해 가젤 무리의 먹이 공급원이 파괴되었다.
11. 야생 고양이 개체군의 크기는 쥐 개체군에 따라서 개체군 크기가 증가하면 증가하고, 쥐 개체군 크기가 감소 추세로 들어서면 이에 맞추어 감소한다.
12. 몸이 날쌘 코요테는 토끼를 잡아먹고 살며 번식을 잘한다. 그러나 날렵하지 못한 코요테는 질 좋은 먹이를 얻지 못하므로 몸이 부실해 잘 번식하지 못한다.
13. 사슴은 어린 참나무가 듬성듬성하게 자라고 있는 숲보다는 묘목들이 밀집되어 자라고 있는 숲에서 먹이를 잘 먹고 산다.

30.4 생활사 유형과 멸종

14. 평형 생활사 유형의 개체에서 볼 수 있는 특징은?
    a. 수명이 길다. b. 체구가 작다.
    c. 자손 수가 많다. d. 빠르게 성숙한다.
    e. 자손을 잘 돌보지 않는다.
15. 다음 중 기회적 생활사 유형에 맞는 특징이 아닌 것은?
    a. 자손 수가 많다. b. 자손을 거의 또는 전혀 돌보지 않는다.
    c. 수명이 길다. d. 개체의 체구가 작다.
    e. 빠르게 성숙한다.

관계맺기 ENGAGE

과학적으로 생각하기

1. 사망률이 1,000명당 6명이고, 출생률은 1,000명당 17명인 스리랑카의 인구성장률을 계산하여라. 인구가 두 배로 되는 배가시간을 계산하는 공식은 $t = 0.69/r$이다. 공식에서 t는 배가시간이고 r은 성장률이다. 스리랑카의 경우, 배가시간(인구가 두 배가 되는데 걸리는 햇수)을 계산하여라. 이때 성장률을 퍼센트(예: 2.1%)가 아닌 소수(예: 0.021)로 바꾸어야 한다. 만약 출생률이 1,000명당 10으로 감소하면 배가시간은 얼마인가?
2. 일리노이주의 고지대 사냥꾼들은 지난 5년 동안 토끼와 꿩 개체 수가 감소했다는 사실을 알았다. 그들은 토끼와 꿩의 주요 포식자 중 하나인 붉은꼬리매를 사냥할 수 있도록 천연자원부와 주 의회에 로비했다. 매를 쏘는 것이 토끼와 꿩의 개체 수 감소 문제를 궁극적으로 해결하지 못하는 이유를 설명하시오.
3. 개체군이 그림 15.2에 있는 것과 같은 안정화 선택(stabilizing selection) 과정을 겪고 있음을 보여주기 위해서는 어떠한 유형의 자료를 수집하여야 하는가?
4. 특정 위험 요인에 더 취약한 종은 다른 종보다 멸종될 가능성이 더 높다. 예를 들어, 자이언트 판다처럼 독특한 혈통을 가진 종은 심각한 멸종 위기에 처할 가능성이 높다.
   a. 종 보호를 위해 사용해야 할 제한된 자원은 멸종 위험이 가장 큰 종에 집중해서 사용되어야 하는가?
   b. 멸종 위험이 큰 종은 진화에 잘 적응하지 못한 종일 수도 있기에 과도하게 보호할 필요가 없다는 생각을 지지하는가?

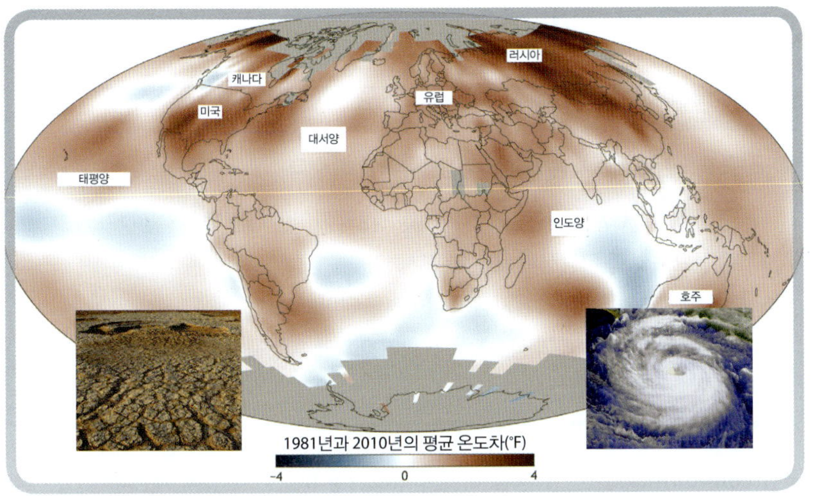

(map): Source: NOAA; (dry lake): ©Vladislav T. Jirousek/Shutterstock; (hurricane): ©Purestock/SuperStock

CHAPTER

31

군집과 생태계
Communities and Ecosystems

기후 변화의 결과

거의 매달 기후학자들의 발표는 지구가 온난화되고 있다는 관측을 뒷받침하는 데이터를 나타내고 있다. 2016년은 기록상 가장 더운 해였지만, 기록상 가장 더운 해 중 4년(2017년과 2018년 포함)이 지난 5년 동안에 발생했다. 수십 년간의 연구와 분석 끝에 과학계는 지구 온난화와 그로 인한 기후 변화가 자연적인 순환의 결과가 아니라 온실 가스 배출 때문이라고 결론을 내렸다.

우리 대부분은 글로벌 변화가 우리에게 직접적으로 어떤 영향을 미치는지 확인하기가 어렵다. 하지만 많은 경우 증거는 이미 우리 주변에 존재하고 있다. 가뭄은 더 심해지고, 산의 적설량이 감소하며, 강수량 예측이 더 어려워지고 있다. 이 모든 것은 기후가 변화하고 있다는 징후이다.

좀 더 개인적인 차원에서 보면, 기후 변화는 일반적으로 우리 지역에 발생하지 않는 질병에 대한 노출을 증가시킬 가능성이 있다. 예를 들어 말라리아, 뎅기열, 심지어 지카 바이러스의 확산은 각 질병의 매개체 역할을 하는 모기의 범위가 넓어졌기 때문이다. 가까운 미래에 폭염 경보로 야외 활동이 제한될 것이고 물과 공기의 질이 저하될 것이다. 이 모든 사건은 지구가 전 세계적으로 기능하는 방식의 불균형과 관련이 있다.

이 장에서는 생태계가 어떻게 기능하는지, 그리고 이러한 자연 순환의 변화와 인간의 영향이 생태계의 기본 구조에 어떤 영향을 미치는지 살펴보고자 한다.

이 장을 공부하는 동안 다음 질문에 대해 생각해보자.

1. 기후는 군집과 생태계에 어떻게 영향을 주는가?
2. 온실가스와 탄소 순환 사이에 어떤 관계가 있는가?

개요

시작하기 전에

이 장을 시작하기 전에 다음의 내용을 다시 살펴보자.

1.1절 생태계에서 생산자, 소비자, 분해자의 역할은 무엇인가?

6.1절 광합성 생물은 어떻게 CO_2를 물과 당으로 전환시키는가?

30.2절 인구의 증가가 환경에 미치는 영향은 무엇인가?

31.1 군집 생태학

학습 목표

이 절을 학습한 후에는 다음 과제를 수행할 수 있어야 한다.

1. *군집(community)*과 *공진화(coevolution)*의 차이를 예를 들어 설명하기.
2. 종 풍요도와 종 다양성의 차이를 구분하기.
3. 1차 천이와 2차 천이의 유사점과 차이점을 알아보기.
4. 종의 지위가 군집 내의 상호작용 유형에 어떻게 영향을 주는지 예를 들고 설명하기.

군집(community)은 단일 환경 내에서 상호작용하는 여러 종의 개체군 그룹이다. 예를 들어, 쓰러진 통나무 안팎에 서식하고 있는 식물, 곰팡이, 벌레, 곤충 등 다양한 종들이 상호작용하며 군집을 형성한다. 곰팡이는 통나무를 분해하여 통나무 안팎에 사는 지렁이와 곤충에게 먹이를 제공한다. 곤충들은 서로를 잡아먹기도 한다. 숲을 날아다니는 새가 통나무 안팎에 서식하고 있는 곤충과 벌레를 먹이로 삼는다면, 곤충과 벌레는 또한 더 큰 숲 군집의 일부가 되는 것이다.

군집은 규모가 다양하며, 한 군집의 끝과 다른 군집의 시작을 결정하기 어려울 때가 있다. 한 군집에서 종 사이의 관계와 상호작용은 **공진화(coevolution)**의 산물로 형성되며, 공진화로 인한 한 종의 진화적 변화는 다른 종의 진화적 변화를 일으킨다. 그림 31.1은 현화식물과 수분 매개자가 어떻게 공진화했는지를 보여준다. 호주 난초인 *Chiloglottis trapeziformis*는 말벌의 몸과 비슷하고 냄새는 암컷 말벌의 페로몬과 비슷하다. 따라서 수컷 말벌은 꽃에 유인되고, 꽃과 짝짓기를 시도할 때 꽃가루

그림 31.1 공진화.
꽃과 수분 매개자들은 서로에게 적합하도록 진화해 왔다. **a.** 벌새에 의해 수분되는 꽃은 일반적으로 벌새들이 볼 수 있는 빨간색이고, 꽃잎들은 수술이 새들의 머리에 꽃가루를 묻힐 수 있도록 반듯이 굽혀져 있다. **b.** 꽃이 주는 보상이 항상 먹이는 아니다. 이 난초는 말벌 종의 암컷과 비슷한 모습과 냄새를 가지고 있다. 수컷 벌은 꽃마다 교배를 시도하며 그 과정에서 꽃가루를 운반한다. **c.** 박쥐는 야행성이며 박쥐들이 수분하는 꽃은 달빛 아래에서 볼 수 있도록 흰색 또는 밝은색이다. 이 꽃들은 박쥐 냄새가 나고 박쥐가 꿀이나 꽃가루를 길고 뻣뻣한 혀로 핥아먹기 위해 머리를 삽입해도 잘 견딜 만큼 꽃이 크고 튼튼하다.

(a): ©Ondrej Prosicky/Shutterstock; (b): ©Perennou Nuridsany/Science Source; (c): ©Nicolas Reusens/Getty Images

a. b. c.

로 뒤덮이게 되고 꽃가루를 다음 난초꽃으로 옮긴다(그림 31.1*b*). 바람이나 다른 곤충이 난초꽃을 수분시키지 않기 때문에 난초의 수분은 말벌에 의존한다.

각 군집 내의 종들은 환경 조건에 적합한 적응력을 가진다. **생태계(ecosystem)**는 상호작용하고 온도와 강수량과 같은 물리적 환경과 상호작용하는 이러한 종들로 구성된다. 물리적 환경이 변화하면 군집을 구성하는 종과 이들 종 간의 관계도 변화하게 된다. 멸종은 환경 변화가 너무 빨라 적절한 적응이 진화할 수 없을 때 발생한다. 31.2절에서 생태계의 구조에 대해 더 자세히 살펴보고자 한다.

적응을 위한 기술을 사용할지라도 급격한 환경 변화는 인간에게 해롭다. 때때로 한 지역의 경제는 수중 혹은 육상 생태계를 구성하는 종에 따라 달라진다. 따라서 해당 지역의 생물다양성에 부정적인 영향을 미치는 인간 활동은 해당 지역의 경제에도 부정적인 영향을 미칠 수 있다. 군집 및 생태계 생태학에 대한 지식은 인간 활동이 우리 자신의 웰빙에 어떻게 해로운지 더 잘 이해하는 데 도움이 될 것이다.

군집의 구성과 다양성

생태학자들은 군집을 분석하는 다양한 방법을 사용한다. 이러한 분석은 주로 군집에 존재하는 종, 종의 분포 및 상호작용을 파악하는 데 중점을 둔다. 이 장에서는 종의 구성과 다양성을 기준으로 군집을 비교하는 데 중점을 두고자 한다.

종의 구성과 풍요도

침엽수림과 열대우림의 종 구성을 비교하면(그림 31.2) 몇 가지 매우 뚜렷한 차이점을 나타낸다. 좁은 잎을 가진 상록수 종은 침엽수림에서 두드러지지만, 넓은 잎을 가진 상록수 종은 열대우림에 많다. 이 두 군집에서 식물과 동물 종의 종류와 수에도 차이가 있다. 생태학자들은 종종 군집에서 발견되는 다양한 종의 목록인 **종 풍요도(species richness)**라는 용어를 사용한다. 생태학자들은 이 두 군집의 종 구성이 다를 뿐만 아니라 열대우림이 종의 풍부도가 더 크다는 결론을 내렸다. 즉 열대우림에 더 많은 수의 종이 분포하고 있음을 의미한다.

다양성

군집의 **다양성(diversity)**에는 종의 풍요도와 종의 분포 모두를 포함한다. 군집의 다양성은 종의 풍부함을 넘어 주어진 지역에 있는 각각 종의 개체 수인 분포와 상대적 풍부함을 포함한다. 예를 들어, 웨스트 버지니아의 낙엽수림에는 76그루의 포플러나무가 있지만 미국 느릅나무는 1그루만 있을 수 있다. 이 숲을 단순히 걷고 있다면 단독으로 있는 미국 느릅나무를 놓칠 수 있다. 대신 숲에 36그루의 포플러나무와 41그루의 미국 느릅나무가 있는

a.

b.

그림 31.2 군집의 종 구성.
(a) 침엽수림과 **(b)** 열대우림에서 우세한 식물과 동물 종류를 보여주는 바와 같이 군집들은 종 구성이 다르다.

a.

b.

그림 31.3 극상군집.

특정 지역에서 천이는 항상 동일한 극상군집으로 이어지는가? 예를 들어, **(a)** 온대활엽수림은 강우량이 풍부한 지역에서만 형성되고, **(b)** 사막은 강우량이 적은 지역에서만 형성된다. 그럼에도 불구하고 생물들의 집합은 우연히 어떤 생물들이 그 지역으로 이동하는지에 따라 달라지기 때문에 항상 똑같은 식물과 동물의 조합이 발생하는 것은 아니다.

(a): ©Pete Ryan/Getty Images; (b): ©Anton Foltin/Shutterstock

경우, 두 숲이 같은 종의 풍부함을 가지더라도 숲이 더 다양해 보이고 실제로 더 높은 다양성 가치를 가진다. 종 풍요도가 크고 군집 내 종의 분포가 균일할수록 다양성이 더 커진다.

생태천이

군집의 종 구성과 다양성은 시간이 흐르면서 변한다. 눈에 띌만한 변화가 생기는 데는 수십 년이 걸린다. 빙하, 화산 폭발, 번개로 인한 산불, 허리케인, 토네이도 및 홍수와 같은 자연의 힘은 군집의 변화를 가져올 수 있는 교란으로 간주된다. 군집은 또한 벌목, 도로 건설, 퇴적 및 농업과 같은 인간 활동으로 인해 변화한다. 다소 질서 있는 군집의 변화 과정을 **생태천이(ecological succession)**라 한다.

생태학자들은 천이가 발생하는 원인을 설명하고 교란에 따른 천이 패턴을 예측하기 위한 여러 가지 모델들을 개발했다. 극상 패턴 모델(climax-pattern model)에 의하면 특정 지역의 기후는 항상 박테리아, 곰팡이, 식물 및 동물 종(그림 31.3)의 동일한 집단인 **극상군집(climax community)**을 형성한다. 예를 들어, 북반구에는 침엽수림 군집, 온대지방에는 낙엽수림, 열대기후 지역에는 열대우림 군집이 발달한다. 과학자들은 교란이 군집 구성과 다양성에 영향을 미치며, 기후에 상관없이 특정 기후에서 극상군집의 구성이 항상 동일하지 않다는 사실을 알고 있다.

두 가지 유형의 천이

생태학자들은 1차 천이와 2차 천이의 2가지 유형의 생태천이로 구분해왔다(그림 31.4). **1차 천이(primary succession)**는 토양층이 형성되지 않은 장소에서 시작된다. 예를 들어, 굳어진 용암류와 빙하가 후퇴한 후 남아 있는 긁힌 암반이 1차 천이의 대상이다. **2차 천이(secondary succession)**는 더 이상 농사를 짓지 않는 농경지처럼 이미 토양층이 있는 지역에서 시작한다.

1차와 2차 천이와 더불어 시간이 경과함에 따라 종의 점진적 변화가 나타난

그림 31.4 1차 천이와 2차 천이.

1차 천이는 암석밖에 없는 지역에서 시작하며, 2차 천이는 자연적 혹은 인위적 교란 후에 남아 있는 토양으로부터 시작된다.

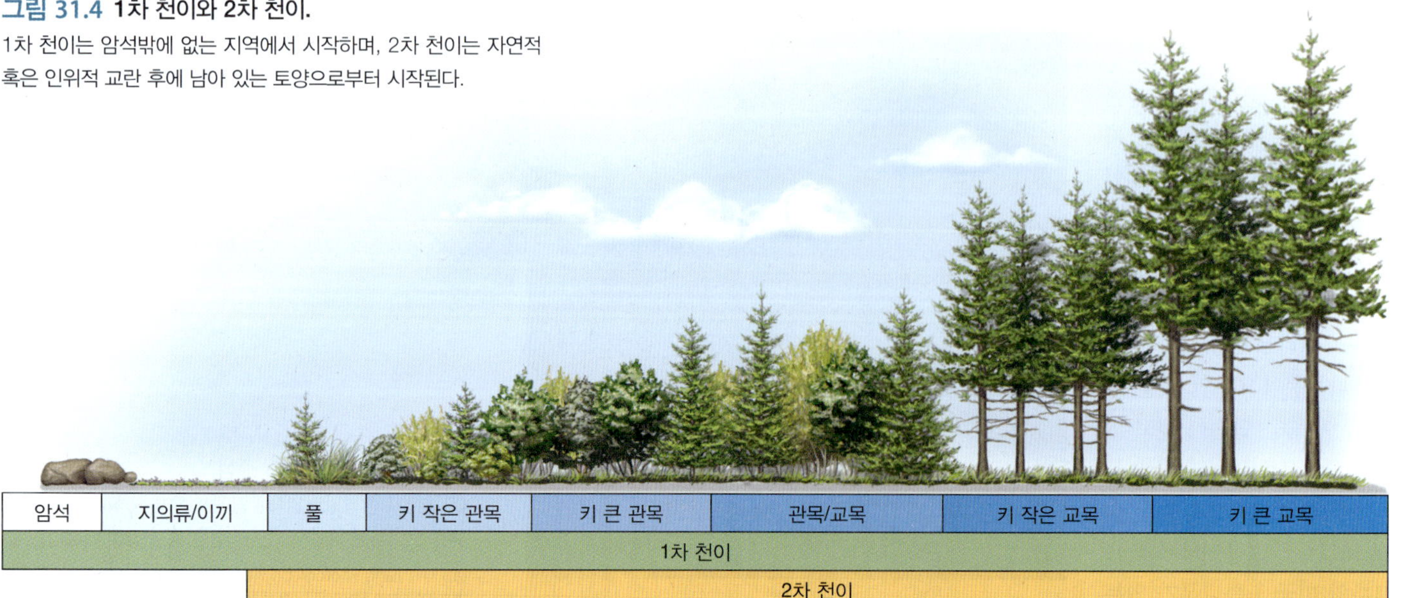

a. **빙하/지의류 단계**

b. **관목 단계**

c. **키 작은 교목 단계**

d. **키 큰 교목 단계**

그림 31.5 생태천이.
천이는 시간이 경과에 따른 지역 식생의 변화를 수반한다.

(a): (glacier): ©Kevin Smith/Design Pics; (a): (lichen): ©Background Abstracts/ Getty Images; (b): (shrub stage): ©Don Paulson/Alamy Stock Photo; (b): (*Dryas* plant): ©Martin Fowler/Shutterstock; (c): ©Bruce Heinemann/Getty Images; (d): ©Don Paulson/Alamy Stock Photo

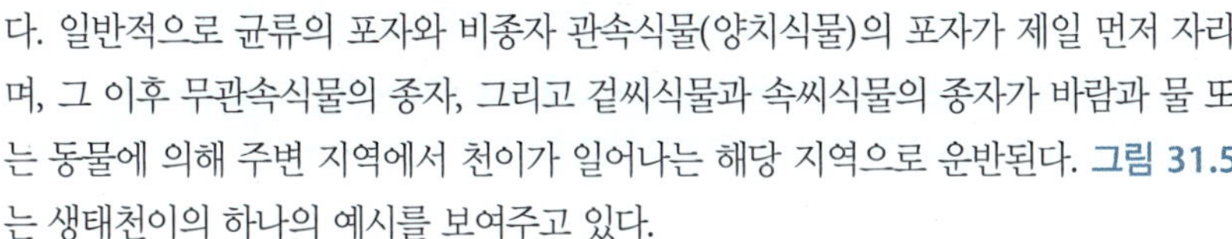

다. 일반적으로 균류의 포자와 비종자 관속식물(양치식물)의 포자가 제일 먼저 자라며, 그 이후 무관속식물의 종자, 그리고 겉씨식물과 속씨식물의 종자가 바람과 물 또는 동물에 의해 주변 지역에서 천이가 일어나는 해당 지역으로 운반된다. 그림 31.5는 생태천이의 하나의 예시를 보여주고 있다.

1차 천이 또는 2차 천이가 일어나고 있는 지역에 가장 먼저 나타나는 종을 기회종(opportunistic species) 또는 개척종(pioneer species)이라 한다. 이들은 키가 작고 수명이 짧으며 성숙이 빠른 경향을 가지고 있으며, 생식 1회당 생산하는 자손의 수가 많다. 제일 먼저 도착하는 개척종은 지의류나 이끼와 같은 광합성 생물이다. 지의류는 균류와 조류의 두 가지 생물로 구성되어 있으며, 하나로 함께 어울려 살아간다. 지의류의 균류는 바위나 용암을 같이 사는 조류뿐만 아니라 개척 식물들이 사용 가능한 무기영양분으로 분해하는 데 중요한 역할을 한다. 식물의 균근 곰팡이(18.3절 참조)는 무기양분을 식물에게 직접 전달하므로 식물들이 척박한 토양에서 성공적으로 자랄 수 있다. 특정 지역에 자리 잡는 개척식물종은 종종 개척 초식동물(예: 곤충)을 동반하고, 뒤이어 육식동물(예: 작은 포유류)이 나타난다. 군집의 변화가 계속됨에 따라 해당 지역에는 평형종(equilibrium species)이 정착하기 시작한다. 사슴, 늑대, 곰과 같은 평형종은 크기가 크고, 수명이 길며, 성숙이 느리고, 한 번 번식할 때마다 생산하는 개체의 수는 적다.

군집에서의 상호작용

종들의 상호작용, 특히 자원에 대한 경쟁은 군집을 종 간 관계가 역동적인 시스템을 가지도록 만든다. 표 31.1의 플러스 및 마이너스 부호는 관계가 상호작용하는 두

표 31.1 종의 상호작용

상호작용	상호작용 결과
경쟁(− −)	양쪽 종 모두의 풍요도 감소
포식(+ −)	포식 생물의 풍요도 증가, 피식 생물의 풍요도 감소
기생(+ −)	기생생물의 풍요도 증가, 숙주의 풍요도 감소
편리공생 (+ 0)	한 쪽 종의 풍요도 증가, 다른 쪽 종의 풍요도에는 변화 없음
상리공생 (+ +)	양쪽 종 모두의 풍요도 증가

그림 31.6 잠자리의 생태적 지위.
잠자리는 자신들이 먹을 곤충이 서식하고 깨끗한 연못물과 포식자로부터 숨을 수 있는 수풀을 필요로 한다.
©Sylvie Fee Matter/Getty Images

종의 풍요도에 어떤 영향을 주는지 나타낸다. 자원으로 인한 두 종 간의 **경쟁(competition)**은 두 종의 풍요도에 부정적인 영향을 준다. **포식(predation)**에서 포식자인 한 동물이 피식자인 다른 동물을 잡아먹는다(그림 30.18 참조). **기생(parasitism)**에서 한 종은 숙주라고 하는 다른 종으로부터 영양분을 얻지만 일반적으로 숙주를 죽이지는 않는다. **편리공생(commensalism)**은 한 생물이 상대생물로부터 이익을 얻지만 상대생물은 이익도 손해도 없는 관계를 말한다. 편리공생은 한 종이 다른 종에게 서식지나 이동 수단을 제공할 때 종종 나타난다. **상리공생(mutualism)**은 두 종이 서로에게 이익이 되는 방식으로 상호작용한다.

생태적 지위

각 종은 공간적 및 기능적 의미에서 군집에서 특정 위치를 차지한다. 공간적으로, 종은 군집의 특정 지역 또는 땅속, 나무 또는 얕은 물과 같은 **서식지(habitat)**에 산다. 기능적으로, 각각의 종은 광합성 생물, 포식자, 피식자(먹잇감), 기생충 또는 분해자와 같은 역할을 한다. 한 종의 **생태적 지위(ecological niche)**는 그 종이 군집, 서식지, 다른 종과의 상호작용에서 수행하는 역할을 통합한다. 그 생태적 지위에는 개체들이 에너지와 양분을 얻거나 생존에 요구되는 생물과 무생물 자원을 포함한다. 예를 들어, 잠자리의 서식지는 잠자리가 갯지렁이와 모기와 같은 다른 곤충을 먹는 연못이나 호수이다(그림 31.6). 연못 주변 지역에는 잠자리가 먹이를 사냥할 수 있도록 적절한 은폐식물이 있어야 한다. 연못이나 호수는 수생인 잠자리 유충이 포식성 어류와 조류로부터 피난처를 찾아 성인 잠자리로 성장할 수 있는 깨끗한 물과 초목을 포함해야 한다.

한 군집에서 한 종의 전체 생태적 지위를 기술하고 측정하는 것은 종종 어렵기 때문에 생태학자들은 종종 그림 31.7에 나타난 새들처럼 종의 지위(species' niche)의 특정 측면에 중점을 둔다.

그림 31.7 섭금류(wading birds)의 먹이에 따른 생태적 지위.
홍학(flamingo)은 깊은 물에서 여과식 먹이 활동으로 먹이를 섭취하고, 수면성 오리류(dabbling ducks)는 얕은 물에 머리를 박고 먹이를 찾아 섭취하고, 되부리장다리물떼새(avocet)는 체질활동(sifting)을 통해 먹이를 섭취한다. 검은머리물떼새와 물떼새는 얕은 물이나 육지에서 먹이섭취를 위해 짧은 다리를 갖는 등 환경에 적응하였다.

경쟁

빛, 공간 또는 영양분과 같은 자원에 대한 경쟁은 각 종의 생태지위에 기여하고 군집 구조를 형성에 도움이 된다. 종들은 자원과 햇빛, 공간, 영양분 확보를 위해 경쟁하기 때문에 이에 따라 종들의 생태적 지위가 정해지고 군집 구조가 형성된다. 실험실에서 이루어진 실험은 생태학자들이 **경쟁배제원칙(competitive exclusion principle)**을 공식화하는 데 도움을 주었는데, 서로 다른 두 개의 종이 동시에 동일한 생태적 지위를 점유할 수 없다는 것을 말한다. 1930년대 가우스(G. F. Gause)는 하나의 시험관에 한정된 양의 박테리아 먹이를 넣고 이를 먹고사는 두 가지 종의 짚신벌레(*Paramecium*)를 배양하였다. 짚신벌레를 서로 다른 시험관에서 배양하면 두 종이 다 생존하였지만, 두 종을 같은 시험관에서 배양하면 *Paramecium aurelia* 종만 살아남았다(그림 31.8). *P. aurelia*가 *P. caudatum*보다 더 많은 먹이를 획득하여 성장률이 높았다. *P. aurelia*의 개체 수가 증가하고 점점 더 많은 먹이를 확보함에 따라 결국 *P. caudatum* 개체의 수는 점점 감소하였고 개체군은 사멸하였다.

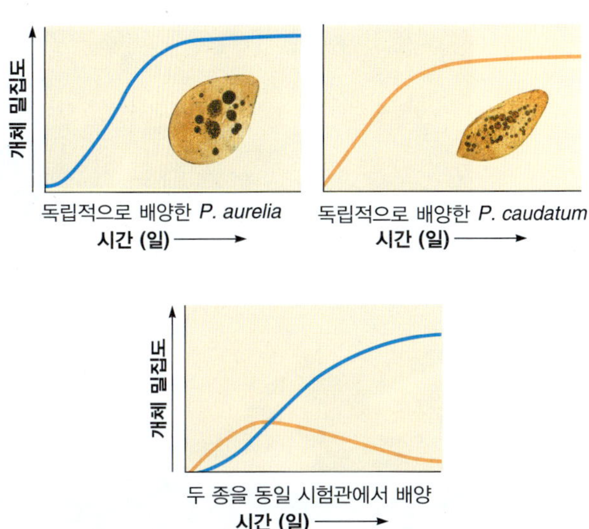

그림 31.8 짚신벌레(*Paramecium*) 실험을 통해 입증한 경쟁배제원칙.

경쟁배제원칙이란 서로 다른 두 개의 종이 동시에 동일한 생태적 지위를 차지하지 않는 현상이다. 짚신벌레 두 개의 종, *Paramecium caudatum*과 *Paramecium aurelia*를 따로 배양하면 두 개체군 모두 로지스틱(S-곡선) 성장을 보인다. 두 종을 동일 시험관에서 같이 배양하면 *P. aurelia*가 *P. caudatum*를 배제시킨다.

Source: Data from Gause, G. F., The Struggle for Existence. Baltimore, MD: Williams & Wilkins Company, 1934.

생태적 지위의 분화(specialization) 자원에 대한 경쟁이 항상 종의 국지적 멸종을 일으키지는 않는다. 군집 내 여러 종들은 자원분배나 자원공유를 통해 같이 공존한다. 다른 종의 짚신벌레를 이용한 다른 실험에서 가우스는 한 종은 튜브 바닥에 있는 박테리아를 섭취하고 다른 종은 튜브 중간에 있는 용액에 떠 있는 박테리아를 먹으면, 두 종의 짚신벌레가 모두 생존 가능하다는 것을 알아냈다. 이는 두 종이 **자원분배(resource partitioning)**를 통해 경쟁을 감소시켜 생태적 지위의 화를 유도하였기 때문이다. 하나의 생태적 지위가 습식행동의 차이로 인해 둘로 나누어진 것이다.

갈라파고스 제도에 서식하는 세 종의 땅핀치새(ground finches)들이 같은 섬에 서식하는 경우 부리 크기가 다르고 각기 다른 크기의 씨앗을 먹는다(그림 31.9). 핀치가 서로 다른 섬에 사는 경우 그들의 부리는 중간 크기와 같은 경향이 있고, 각각 더 넓은 범위의 씨앗을 먹을 수 있다. 이와 같은 **형질대치(character displacement)**는 종종 경쟁과 자원 분할이 발생했다는 증거로 간주된다.

여러 종이 같이 공존하게 하는 생태적 지위 분화는 매우 미묘하여 감지하기 힘들 수 있다. 북아메리카 숲에 사는 휘파람새(warblers) 종들은 모두 몸의 크기가 거의 같고, 가문비나무에 사는 애벌레를 먹고 산다. 로버트 맥아더(Robert MacArthur)는 각각의 휘파람새 종이 가장 많이 먹이를 얻는 장소를 알아내기 위해 새들이 가문비나무의 서로 다른 위치에 머무르는 시간을 기록하였다. 맥아더는 새들이 생존에 필요한 먹이를 확보하기 위해 종마다 각각 같은 나무의 서로 다른 부위를 이용함으로써 더욱 분화된 생태적 지위를 갖는다는 것을 알아냈다. 또 다른 예로서, 제비, 칼새, 흰털발제비의 3가지 서로 다른 종의 새가 모두 날아다니는 곤충과 낙하하는 거미를 먹고 산다. 심지어는 이 새들은 종종 섞여 무리 지어 날아다닌다. 하지만 새의 종류에 따라 둥지를 트는 장소가 다르고 이동하는 시기도 조금씩 다르다.

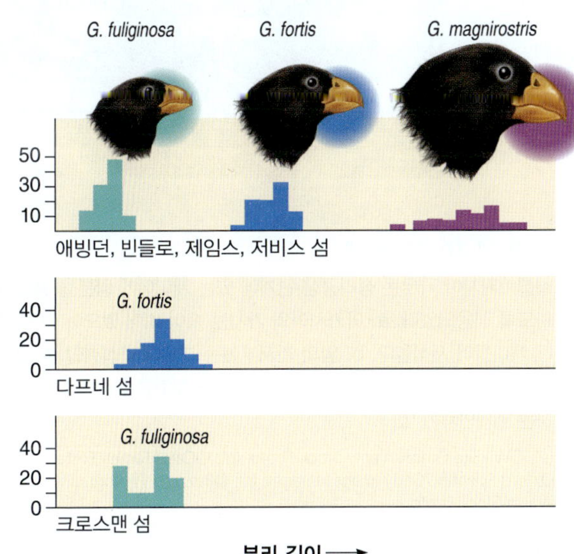

그림 31.9 갈라파고스 제도에 서식하는 핀치새들의 형질대치(character displacement).

*Geospiza fuliginosa*와 *G. fortis*,, *G. magnirostris*가 같은 섬에 서식하는 경우, *G. fuliginosa*는 작은 씨앗, *G. fortis*는 중간 크기 씨앗, *G. magnirostris*는 큰 씨앗을 먹기에 적절한 크기의 부리를 가졌다. 그러나 *G. fortis*와 *G. fuliginosa*가 서로 다른 섬에 살 경우, 다양한 크기의 씨앗을 모두 먹을 수 있도록 두 새는 중간 크기의 부리를 가졌다. 형질대치는 자원분배가 일어나고 있음을 보여주고 있다.

상리공생

양쪽 구성원 모두에게 이익이 되는 공생 관계인 상리공생(mutualism)은 군집 구조를 형성하는 데 있어 경쟁만큼이나 중요한 요소이다. 앞서 언급한 바와 같이 식물과 수분 매개자 간의 관계는 상리공생의 좋은 예이다. 이러한 관계는 아마도 초식동물이 꽃가루를 먹이로 삼았을 때부터 시작한 것으로 보인다. 식물의 꿀 제공은 꽃가루를 절약하는 동시에 동물이 수분의 매개자가 될 수 있도록 했을 것이다. 시간이 지남

그림 31.10 상리공생.

쇠뿔아카시아 나무는 상리공생 관계에 있는 개미에게 양분을 공급하도록 적응되었다. **a.** 아카시아의 가시는 속이 비어 있으며 이 속에 개미들이 서식한다. **b.** 잎의 기저부에는 개미들이 섭취할 수 있는 꿀샘이 있다. **c.** 잎의 선단부에는 개미가 개미유충 먹이를 수확하는 벨티안체가 있다.

(a): ©Wildlife GmbH/Alamy Stock Photo; (b): ©Carol Farneti-Foster/Oxford Scientific/Getty Images Images; (c): ©Bazzano Photography/Alamy Stock Photo

에 따라 수분 매개자의 입 부분은 특정 식물 종의 꿀을 모으는 데 적응하게 되었다. 이 종은 꽃가루를 분산시키기 위해 수분 매개자에게 의존하게 되었다. 앞서 언급했듯이 지의류는 균류가 바위에서 미네랄을 추출하여 균류의 파트너인 조류에게 제공하기 때문에 바위에서 자랄 수 있다. 결과적으로 파트너인 조류는 광합성을 수행하고, 관계를 맺고 있는 조류와 균류 두 구성원에게 유기물질을 제공한다.

열대 아메리카에서 개미는 특정 식물과 상리공생 관계를 형성하고 있다. 쇠뿔아카시아 나무(bullhorn acacia tree)는 *Pseudomyrmex ferruginea*라는 개미의 한 종류에게 서식처를 제공하도록 적응되었다(그림 31.10). 다른 아카시아와 달리 이 종은 개미 유충이 성장하고 발달할 수 있도록 내부가 비어 있는 부어오른 가시를 가지고 있다. 아카시아는 개미에게 살아갈 장소 외에도 먹이도 제공한다. 개미는 잎의 기저부에서 분비되는 꿀을 먹고 잎의 선단 끝에 있는 벨티안체(Beltian body)라 하는 작은 혹에 함유된 지방과 단백질을 섭취한다. 개미는 나무를 섭취하려고 하는 초식 동물로부터 나무를 끊임없이 보호한다. 실험용 나무에 있는 개미를 독살하면 나무가 죽을 정도로 개미는 나무의 생존에 매우 중요하다.

상리공생의 결과로 군집에 중요한 종간 의존성의 복잡한 관계망이 형성된다. 예를 들어, 미국 서부에 서식하는 백송(whitebark pine)의 가지와 솔방울은 위로 향해 있어 솔방울이 벌어질 때 씨앗이 땅으로 떨어지지 않는다. 산갈가마귀(Clark's nutcracker)라고 하는 새가 백송의 씨앗을 먹고 땅에 저장한다(그림 31.11). 회색곰(grizzly bears)은 땅에 묻힌 씨앗을 찾아 먹는다. 결국 산갈가마귀와 회색곰은 매우 중요한 백송의 종자 분산자 역할을 한다. 백송 종자는 종피(seed coat)가 불에 타야만 발아한다. 자연적인 산불 발생이 감소하면 백송 개체 수가 감소하며, 이에 따라 산갈가마귀와 회색곰의 수도 감소한다. 특정 지역내에서 번개로 인해 산불을 방치하거나 계획적으로 산불을 발생시키면 백송 개체군이 증가하며, 이에 따른 산갈가마귀와 회색곰 개체 수도 증가한다.

연관

사람은 다른 생명체들과 상리공생적 관계를 형성하는가?

인간과 다른 종 사이의 상리공생의 가장 좋은 예 중 하나는 대장에 서식하는 박테리아인 대장균(*Escherichia coli*)과 관련이 있다. 대장균의 일부 균주 장에 문제를 일으키는 것으로 악명이 높지만, 대부분의 장내 대장균은 유익한 균이다. 따뜻한 환경과 충분한 음식을 제공하면 장내 대장균은 비타민 K를 생성하고 식이 섬유를 포도당으로 분해하는 데 도움을 준다.

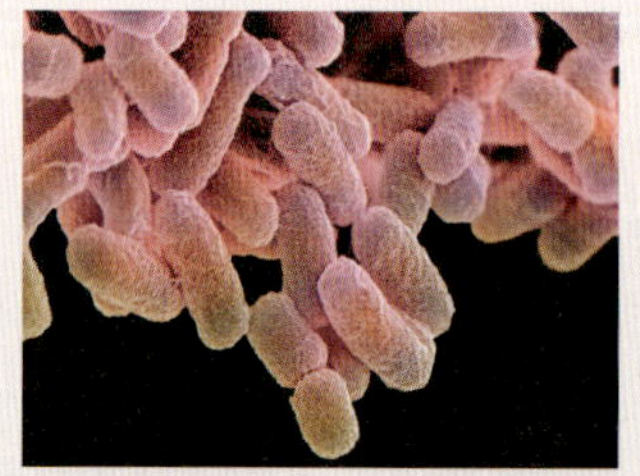

©Science Photo Library/Getty Images

군집의 안정성

천이 현상에서 알 수 있듯이, 군집의 안정성은 취약하다. 그러나 일부 군집에는 군집을 안정화하고 특성을 유지하는 데 도움이 되며 상호관계망을 함께 유지하는 데 중요한 역할을 하는 하나의 종을 가지고 있다. 군집의 대부분이 의존하는 이러한 종을 **핵심종(keystone species)**이라 한다. 핵심(쐐기돌, *keystone*)이라는 용어는 아치의 모양을 유지할 수 있도록 다른 돌을 제자리에 고정하는 아치의 중심 돌이라는 명칭에서 유래했다.

그림 31.11 종의 상호의존.
a. 산갈가마귀는 백송 종자를 섭취한다. 산갈가마귀는 땅속에 씨앗을 저장하는데, **b.** 회색곰이 이 씨앗을 찾아 먹는다. 산갈가마귀와 회색곰은 백송 종자를 분산시킨다.

(a): ©Peter Chadwick/Alamy Stock Photo; (b): ©ArCaLu/Shutterstock

핵심종이라 해서 군집 내에서 차지하는 개체 수가 가장 많을 필요는 없다. 그러나 핵심종의 손실은 다른 종의 멸종과 다양성 손실로 이어질 수 있다. 예를 들어, 박쥐는 열대우림에서 핵심종으로 지정되어 있다. 박쥐는 수분 매개자이며, 특정 열대 나무의 종자를 퍼뜨리는 역할을 한다. 박쥐가 죽거나 박쥐의 둥지가 파괴되면 많은 종의 나무가 번식하지 못한다. 회색곰은 미국 북서부와 캐나다의 핵심종으로, 한 배설물 더미를 통하여 7,000개에 달하는 베리 종자를 분산시킨다. 또한 회색곰은 사슴과 같은 많은 초식 포유류의 새끼를 죽여 개체군의 수를 조절한다.

바다수달은 다시마 숲(kelp forest) 생태계의 핵심종이다. 커다란 갈색 해조류가 만들어내는 다시마 숲은 다양한 생물에게 서식지를 제공한다. 다시마 숲은 해안 바로 앞바다에서 생성되며 파도로부터 해안선 생태계를 보호한다. 다른 종중에서도 바다수달은 성게를 잡아먹어 성게의 개체 수를 조절한다. 그렇지 않으면 성게가 다시마를 먹어 다시마 숲과 관련 종들이 심각하게 감소한다. 어부들은 바다수달이 상업적 가치가 높은 연체동물인 전복도 잡아먹기 때문에 바다수달을 좋아하지 않는다. 바다수달이 없으면 다시마 숲이 더 이상 존재하지 않기 때문에 전복과 다른 많은 종들이 사라질 것이라는 사실을 많은 사람들이 인식하지 못한다.

토착종과 외래종

토착종(native species)은 특정 군집으로 진화하여 한 지역에만 존재하는 고유한 생물종을 말한다. 예를 들어, 버몬트와 미국 동부의 다른 많은 주에서는 단풍나무를 자연적으로 볼 수 있다. **외래종(exotic species**, 침입종, 외래종 또는 비토착종이라고도 함)이 군집 내에 유입되면 정상적인 상호작용이 크게 방해되어 군집의 종의 관계망에 변화가 생긴다. 외래종 개체군은 토착종보다 경쟁력이 강하거나 또는 천적이나 질병에 의해 통제받지 않으므로 개체군의 크기가 기하급수적으로 증가한다. 섬의 고유

a.

b.

그림 31.12 외래종.
인간에 의한 아시아 잉어**(a)**와 호리비단벌레**(b)**와 같은 외래종의 도입으로 인해 미국 중서부 전역의 군집 생태계를 교란시켰다.
(a): ©Jason Lindsey/Alamy Stock Photo; (b-1): ©Bill Brooks/Alamy Stock Photo; (b-2): ©Herman Wong HM/Shutterstock

한 토착종의 독특한 집단은 종종 외래종과 잘 경쟁할 수 없다. 카나리아 제도에서 하와이 제도로 도입된 은매화(myrtle tree)는 대기 중 질소를 고정할 수 있는 박테리아와 상호작용하는 좋은 예이다. 이 질소고정 박테리아는 나무가 사용할 수 있는 질소 형태를 나무에 제공한다. 이러한 특성 덕분에 하와이에서는 나무가 질소가 부족한 화산 토양에 뿌리를 내릴 수 있는 이점이 있다. 은매화가 정착하여 번식하게 되면 화산 토양에서 화와이 토종 식물의 정상적인 천이를 방해한다.

외래종은 대륙 지역에 있는 군집 생태계도 교란시킨다. 미시시피강 수계에 아시아 잉어(Asian carp)가 연히 도입된 후 중서부 대부분 지역에 퍼졌다. 아시아 잉어들은 많은 토착 어종의 개체 수를 현저히 감소시켰다(**그림 31.12*a***). 2002년에는 호리비단벌레(emerald ash borer)가 우연한 계기로 아시아로부터 미국으로 도입되었다(**그림 31.12*b***). 이후 36개주 전역으로 확산되는 과정에서 물푸레나무(ash tree) 대부분을 전멸시켰다.

갈라파고스 제도에서는 우연히 배를 타고 도입된 운반된 곰쥐(black rats)는 코끼리거북이(giant tortoise)의 개체 수를 감소시켰다. 염소와 야생돼지는 고지대 숲에서 팜파스 같은 초원지대에 이르는 섬의 식생을 바꾸었고 선인장을 군락을 멸종시켰다. 미국으로 들어온 집시나방, 얼룩말홍합, 밤나무 마름병균, 불개미, 아프리카 꿀벌은 토착종을 죽인 것으로 잘 알려진 외래종으로 유명하다. 불개미와 아프리카 꿀벌의 최소한 2종은 사람을 공격하여 심각한 결과를 초래하였다.

개념 연결하기
생물체 군집은 종종 복잡하고 역동적인 상호작용을 한다.

진도 점검하기 31.1

1. 공진화를 예를 들어 설명하시오.
2. 종 풍요도와 종 다양성을 비교 설명하시오.
3. 1차 천이와 2차 천이를 비교 설명하시오.
4. 생물의 생태적 지위를 결정하는 군집 내 종들 간의 5가지 상호관계 유형을 열거하시오.

31.2 생태계 생태학

학습 목표

이 절을 학습한 후에는 다음 과제를 수행할 수 있어야 한다.

1. 생태계에서의 독립영양생물과 종속영양생물의 역할을 설명하기.
2. 에너지와 화학물질이 생태계와 어떻게 상호작용하는지 비교하기.
3. 서로 다른 영양단계와 생태피라미드의 형성에 대해 설명하기.
4. 생물지화학 순환을 요약하고, 인간 활동이 각각의 순환에 어떤 영향을 미치는지 서술하기.
5. 지구 기후 변화의 결과와 탄소 주기와의 관계를 이해하기.

군집 생태학은 종과 종의 상호관계만 고려하기 때문에 생태계는 군집보다 더 넓은 범주이다. 생태계 생태학에서는 물리적 환경과의 관계도 고려된다. 예를 들어, 생태학적 지위의 중요한 측면 중의 하나는 생물이 어떻게 먹이를 획득하는가이다. 독립영양생물은 당연히 물리적 환경과 상호작용하며, 종속영양생물 또한 마찬가지로 상호작용한다.

그림 31.13 생산자.
녹색식물과 조류는 광독립영양생물이다.
(tree): ©Yuri Kravchenko/Shutterstock; (diatoms): ©Ed Reschke

독립영양생물

독립영양생물(autotrophs)은 무기영양분(예: CO_2와 무기질)만 흡수하고 자신과 군집내 다른 생명체가 사용할 유기양분을 만드는 것은 외부의 에너지에 의존한다. 이러한 독립영양생물들은 양분을 생산하므로 **생산자(producer)**라고도 부른다. 광독립영양생물(*photoautotroph*)은 광합성생물로 생물권이 필요로 하는 대부분의 유기양분을 생산한다(그림 31.13). 모든 종류의 조류(algae)는 엽록소를 가지고 있으며 담수와 해수 서식지에서 광합성을 한다. 조류는 물에서 떠다니면서 광합성을 하는 생물인 식물성 플랑크톤을 구성한다. 녹색식물은 육지에서 광합성을 담당하는 주된 광합성생물이다. 광합성하는 모든 생명체는 O_2를 대기로 방출한다.

박테리아 중 일부는 화학독립영양생물(*chemoautotroph*)이다. 암모니아, 아질산염, 황화물과 같은 무기물질을 산화시켜 얻은 에너지를 이용해 유기물질을 합성한다. 화학독립영양생물은 심해 해령을 따라 있는 일부 동굴과 열수구 서식하는 군집을 유지하는 것으로 알려졌다.

종속영양생물

종속영양생물(heterotroph)은 이미 형성된 유기양분을 소비하며 대기로 CO_2를 방출한다. 종속영양생물은 양분을 소비하므로 **소비자(consumer)**라고도 부른다. 조류나 식물을 직접 뜯어 먹는 동물을 **초식동물(herbivore)**이라 한다(그림 31.14*a*). 수생 서식지에서 동물성 플랑크톤은 초식동물로 역할을 하며, 육상 서

a. 초식동물

b. 육식동물

그림 31.14 소비자.
a. 애벌레와 기린은 초식동물이다. **b.** 애벌레를 잡아먹는 사마귀와 사냥감을 사냥하는 사자는 육식동물이다.
(a): (caterpillar): ©Steve Weisberg/Shutterstock; (giraffes): ©Michael Krabs/Imagebroker RF/Getty Images; (b): (mantis): ©Kristina Postnikova/Shutterstock; (lion): ©Sue Green/Shutterstock

그림 31.15 분해자.
버섯과 박테리아는 분해자이다.
(mushrooms): ©BadZTuA/Getty Images; (bacteria): ©Science Photo Library/ Alamy Stock Photo

연관

해저에 있는 화학합성생물은 어떻게 영양분을 합성하는가?

Source: NOAA PMEL Vents Program

해저에 있는 화학독립영양생물은 햇빛 대신에 화학에너지를 이용해 영양분을 만든다. 해저에 있는 화산에서는 열수구라 불리는 틈을 통해 황화수소 기체를 방출한다. (황화수소는 썩은 달걀에서 나는 불쾌한 냄새를 가진 가스이다.) 일부 화학독립영양생물은 황화수소를 분해하여 탄소 원자를 연결하여 포도당을 형성하는 데 필요한 에너지를 얻는다. 화학독립합성생물에 포함된 포도당은 거대관벌레(giant tube worms), 아귀, 대왕조개와 같은 특이한 생물을 유지시킨다.

식지에서는 많은 종의 곤충들이 초식동물로 역할을 수행한다. **육식동물(carnivores)**은 다른 동물을 먹는 동물로서, 예를 들면 사마귀는 애벌레를 잡아먹으며 사자는 사냥감을 사냥한다(그림 31.14*b*). 1차 소비자(예: 애벌레), 2차 소비자(예: 사마귀), 3차 소비자(예: 사자)가 있다는 것을 예를 들어 보여주고 있다. 때로는 3차 소비자를 최상위 포식자라고 부르기도 한다. **잡식동물(omnivores)**은 식물과 동물을 모두 섭식하는 동물이다. 모두 알고 있듯이 사람은 잡식성에 속한다.

분해자(decomposer)는 죽은 유기물을 분해하는 곰팡이 및 버섯과 같은 종속영양박테리아 및 균류가 여기에 속한다(그림 31.15). 분해자는 무기영양소(CO_2 및 미네랄)를 방출하고 식물이 다시 한 번 이 무기영양소를 흡수하기 때문에 생태계에서 매우 가치 있는 일을 수행하는 것이다. 그렇지 않으면, 식물은 암석에서 천천히 방출되는 무기질에 의존해야 할 것이다. **퇴적물(detritus)**은 죽은 생물의 잔해, 그리고 부패를 돕는 박테리아와 균류로 이루어져 있다. 꽃갯지렁이류(Fanworms)는 바다에 떠 있는 퇴적물을 먹는 반면, 조개는 해저에 있는 퇴적물을 섭취한다. 지렁이와 일부 딱정벌레, 흰개미, 구더기는 토양 퇴적물을 먹는 동물이다.

그림 31.16 물질 순환과 에너지 흐름.
생태계 내에서 물질은 순환하지만 에너지는 흐른다. 에너지가 생태계 한 요소로부터 다른 요소로 되풀이하여 이동함에 따라 태양에너지로부터 나온 화학에너지가 열로써 발산된다.

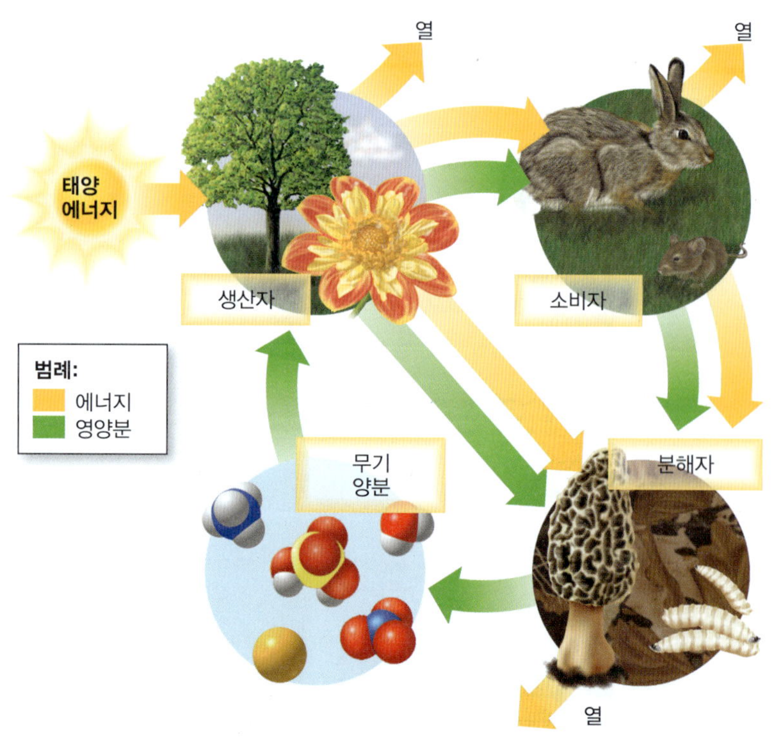

에너지 흐름과 화학물질의 순환

생태계를 구성하는 생물은 에너지와 화학물질을 처리한다. 생태계를 통한 에너지 흐름은 생산자가 태양에너지를 흡수하면서 시작한다. 그 후 화학물질 순환은 생산자가 물리적 환경으로부터 무기양분을 흡수하면서 시작한다(그림 31.16). 생산자는 광합성을 통해 태양에너지와 무기양분을 탄수화물과 같은 유기양분으로 전환한다. 생산자는 자신을 위해 직접 유기 영양분을 합성하고 생태계 내의 종속영양생물을 위해 간접적으로 합성한다. 초식동물이 식물을 섭취하거나 육식동물이 초식동물을 섭취할 때처럼 유기 영양분이 생태계의 한 구성요소에서 다른 구성요소로 이동하면서 일부가 에너지원으로 사용되기 때문에 에너지는 생태계를 통해 이동한다. 최종적으로 에너지는 열의 형태로 주변 환경으로 소실되어진다. 따라서 대부분의 생태계는 태양 에너지의 지속적인 공급 없이는 존재할 수 없다.

생산자에 의해 만들어진 유기양분의 일부분만 소비자에게 전달된다. 식물은 일부 유기분자들을 자기 자신의 세포호흡을 위한 연료로 사용한다. 이와 마찬가지로 초식동물처럼 낮은 단계의 소비자에 의해 소비된 양분의 일부분만을 더 높은 단계의 소비자 또는 육식동물이 이용할 수 있다. **그림 31.17**에서 보듯이 초식동물이 섭취한 양분 중 일부는 대변으로 배설된다. 대사 노폐물은 소변으로 배출된다. 동화된 에너지 중 많은 부분이 ATP와 열을 생성하는 세포호흡 과정에 사용된다. 따라서 체중 증가나 자손 증식으로 전환된 남아 있는 에너지만을 육식동물이 사용할 수 있다.

종속영양생물을 통한 대변과 소변의 제거, 그리고 어떤 생물체가 죽었다고 해서 유기양분이 생태계로 손실되어 없어진다는 것을 의미하는 것은 아니다. 대신에 분해자는 유기양분을 이용할 수 있다. 분해자는 유기양분을 다시 무기 화학물질로 변환하여 토양이나 대기로 방출한다. 화학물질이 생산자가 대기나 토양에서 무기 화학물질을 흡수하면 생태계에서 화학물질 순환이 완료된다.

에너지 흐름

지금까지 논의된 원리를 온대 낙엽수림에 적용하여 생태학자들은 생태계 구성요소들 간의 에너지 흐름 관계를 **먹이그물(food web)**로 나타낼 수 있다. **그림 31.18**에서 녹색 화살표는 **초식먹이그물(grazing food web)**의 일부인데, 이는 에너지 흐름이 묘사된 참나무와 같은 식물에서 시작되기 때문이다. **퇴적먹이그물(detrital food**

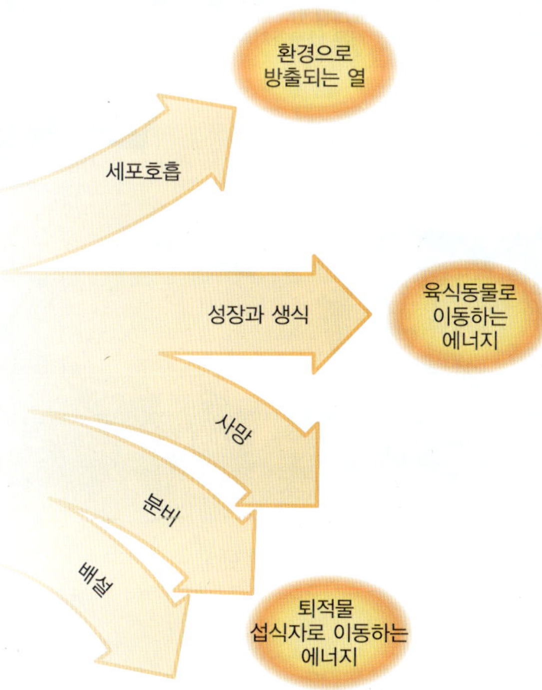

그림 31.17 에너지 균형.

초식생물에 의하여 섭취된 양분과 에너지 중 10% 정도만 육식동물로 전달된다. 에너지 중 많은 부분이 퇴적물섭식자로 이동하고 또한 세포호흡에도 사용된다.

©fabio lotti/Alamy Stock Photo

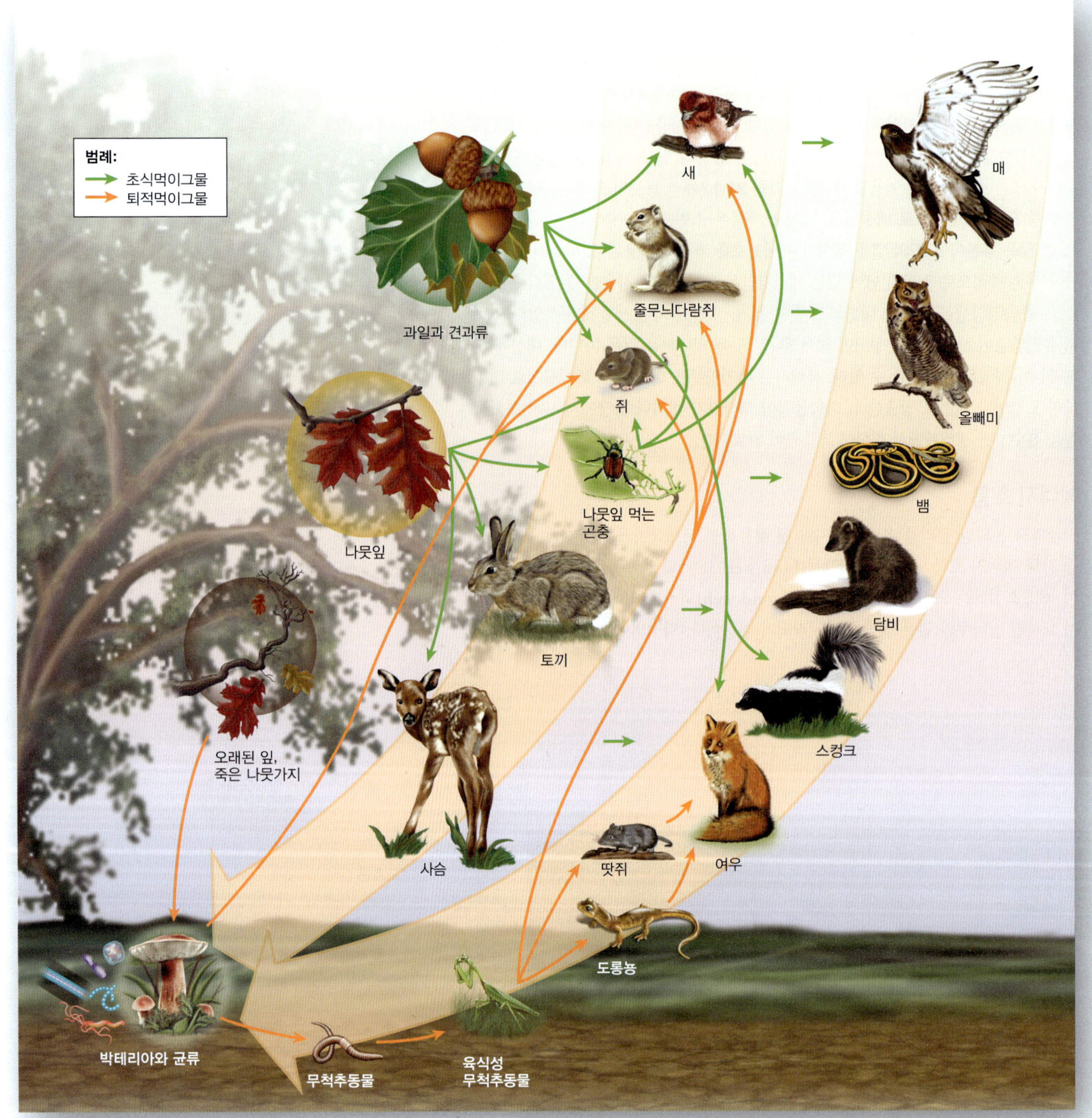

그림 31.18 먹이그물.
초식먹이그물과 퇴적먹이그물은 서로 연결되어 있다.

web; 주황색 화살표)은 박테리아와 곰팡이에서 시작된다. 초식먹이그물에서 애벌레와 다른 초식곤충은 나뭇잎을 먹는 반면, 쥐와 토끼, 사슴을 비롯한 초식동물은 땅이나 그 근처의 잎을 먹고 산다. 다양한 새, 얼룩다람쥐, 생쥐는 나무의 열매와 견과류를 먹지만, 사실 이들은 애벌레와 다른 곤충도 먹기 때문에 잡식성 동물이다. 초식동물과 잡식동물은 모두 많은 육식동물의 먹이가 된다. 퇴적먹이그물에서 작은 분해자(박테리아와 균류)를 포함하는 퇴적물은 좀 더 큰 생물의 먹이가 된다. 땃쥐(shrew)

와 도롱뇽 같은 생물중 일부가 지상 동물의 먹이가 되므로, 퇴적먹이그물과 초식먹이그물은 결합된다.

우리는 나무의 지상부가 유기물과 에너지를 가장 많이 저장하는 곳이라고 생각하는 경향이 있지만, 꼭 그렇지만은 않다. 온대 낙엽수림에서는 나무의 지하 뿌리와 함께 숲 바닥에 쌓여 토양에 섞여 있는 유기물이 살아 있는 나무의 잎, 가지, 줄기를 모두 합친 것보다 두 배 이상의 에너지를 함유하고 있다. 따라서 숲의 더 많은 에너지와 유기물질은 초식먹이그물보다는 퇴적먹이그물 경로를 통해 저장되거나 이동한다.

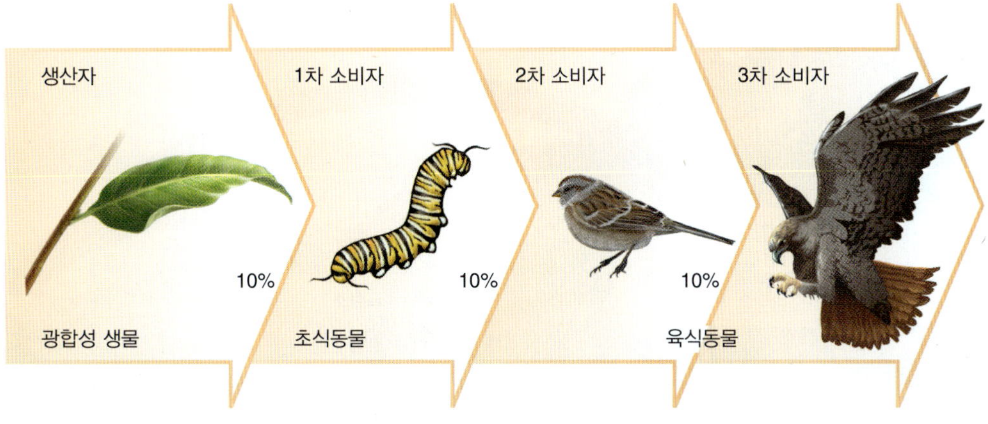

그림 31.19 먹이사슬.
먹이사슬은 생태계 내에서의 에너지의 단일 이동경로를 보여주는 그림으로 표현한다. 대부분의 먹이사슬은 3개 내지 4개의 연결고리를 가진다.

영양단계와 생태피라미드 그림 31.19의 구성 종들의 배열을 보면 생물들이 먹이 관계 혹은 누가 누구를 먹는가에 따라 서로 직선으로 연결되어 있음을 나타내고 있다. 생태계에서 에너지 흐름의 단일 경로를 보여주는 다이어그램을 **먹이사슬(food chain)**이라고 한다(그림 31.19). **영양단계(trophic level)**는 먹이사슬 또는 먹이사슬 내의 영양의 단계이다. 초식먹이그물(그림 31.18 참조)에서 왼쪽에서 오른쪽으로 가면서, 나무는 생산자(첫 번째 영양단계), 첫 번째 계열의 동물은 초식동물(두 번째 영양단계), 다음 계열의 많은 동물은 육식동물(세 번째 혹은 네 번째 영양단계)에 해당한다.

영양단계에서 에너지가 손실되므로 먹이사슬은 짧다. 일반적으로 한 영양단계의 에너지 중 약 10%만 다음 영양단계에 사용할 수 있다. 따라서 초식동물이 식물을 1,000 kg 섭식할 경우 대략 100 kg만 초식동물의 조직으로 전환되고, 10 kg은 1단계 육식동물로, 1 kg은 2단계 육식동물로 전환된다. 이러한 10% 법칙은 왜 먹이그물에서 적은 수의 육식동물이 먹이그물에서 부양되는지 설명해준다. 연속적인 영양단계들 간에 에너지 전달은 때때로 **생태피라미드(ecological pyramid)**라고 한다(그림 31.20).

한 그루의 나무가 많은 초식동물을 부양할 수 있기 때문에 생물체의 수를 기반으로 한 피라미드는 문제에 직면할 수 있다. 생물 개체 수에 무게를 곱한 **생체량(biomass)**을 기반으로 해서 하는 피라미드는 크기를 요소로 고려하지 않는다. 그럼에도 불구하고 이 경우에도 명백한 불일치가 생길 수 있다. 조류가 유일한 생산자인 호수나 바다와 같은 수중생태계의 경우, 특정시점에 초식동물이 생산자보다 더 큰 생체량을 가질 수 있다. 그 이유는 조류가 빠르게 번식하기는 하지만 소비되는 속도 또한 빠르기 때문이다.

그림 31.20 생태피라미드.
생태피라미드는 한 영양단계서 다음 영양단계로 영양분과 에너지가 이동하는 것을 나타낸다.

화학물질의 순환

생태계의 화학물질이 순환하는 경로는 생물요소(생산자, 소비자, 분해자)와 무생물요소(암석, 무기양분, 대기)를 포함하며, 이러한 물질의 순환을 **생물지화학 순환(biogeochemical cycle)**이라고도 한다. 생물지화학 순환은 퇴적성 혹은 기체성이다. 인의 순환과 같은 **퇴적성 순환**(*sedimentary cycle*)에서 원소(화학물질)는 식물의 뿌리에 의해 퇴적물로부터 흡수되어 먹이사슬을 통해

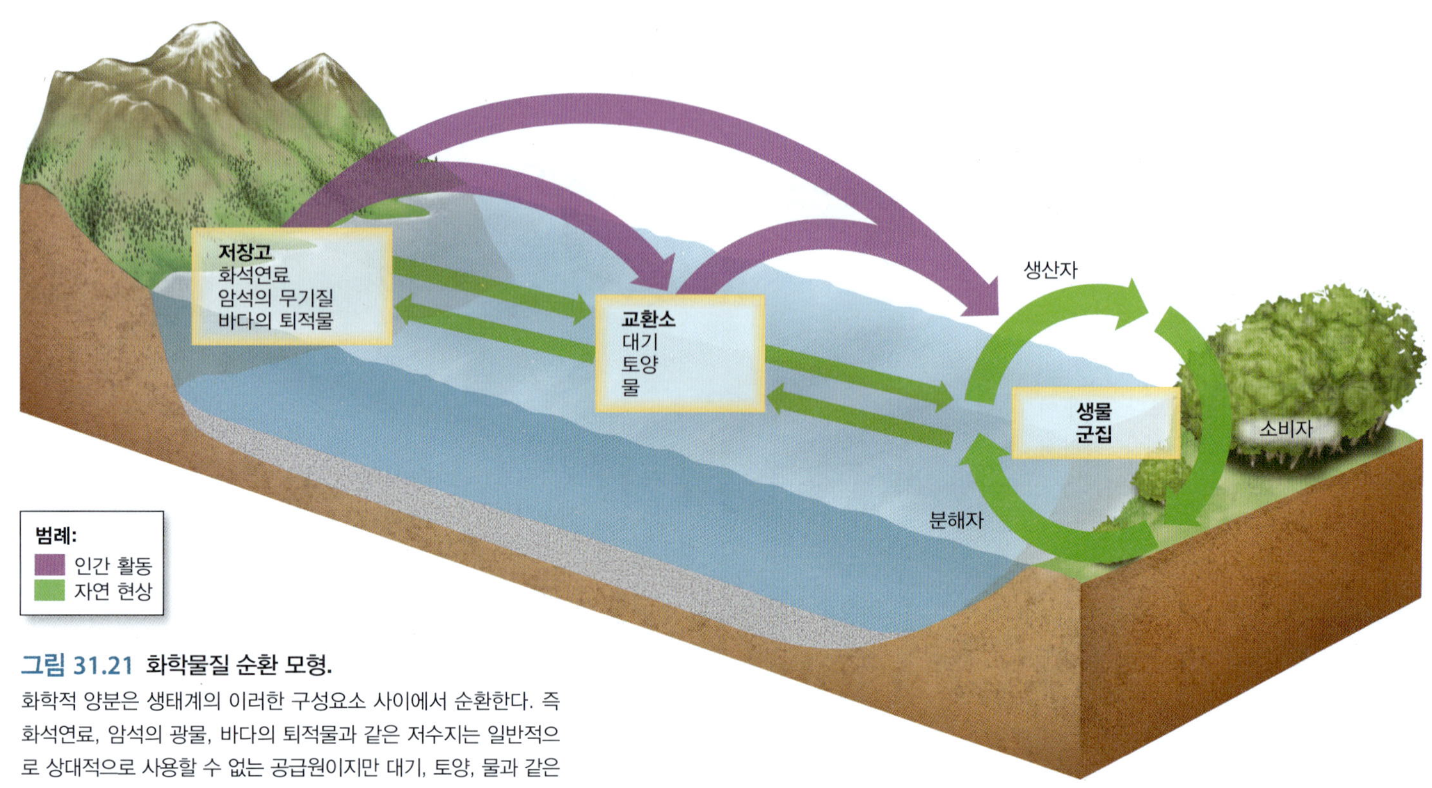

그림 31.21 화학물질 순환 모형.
화학적 양분은 생태계의 이러한 구성요소 사이에서 순환한다. 즉 화석연료, 암석의 광물, 바다의 퇴적물과 같은 저수지는 일반적으로 상대적으로 사용할 수 없는 공급원이지만 대기, 토양, 물과 같은 교환소는 생물군집이 이용 가능한 화학물질 공급원이다. 인간 활동(보라색 화살표)으로 인해 저장고에서 화학물질이 이동되어 생물군집이 이용할 수 있을 때 오염이 발생한다.

이동하며, 일반적으로 같은 지역에 있는 분해자에 의해 최종적으로 토양으로 되돌아간다. 질소와 탄소 같은 기체의 **기체성 순환**(*gaseous cycle*)에서는 해당 기체들이 대기로 되돌아가거나 대기로부터 기체 상태로 배출된다.

원소의 화학물질 순환은 생물군집뿐만 아니라 **저장고(reservoir)**와 교환소를 포함할 수 있다(그림 31.21). 저장고는 통상적으로 생물이 사용할 수 없는 공급원이다. 예를 들어, 해저 퇴적물의 탄산칼슘 조개껍질에는 많은 탄소가 포함되어 있다. **교환소**(*exchange pool*)는 생물체가 원소를 얻을 수 있는 공급원이다. 예를 들어, 광합성 생물은 그들이 필요한 탄소를 대기 중의 이산화탄소로부터 얻을 수 있다. **생물군집**(*biotic community*)은 서로를 먹고 사는 생태계의 독립영양생물과 종속영양생물로 구성되어 있다. 채굴이나 화석연료의 연소와 같은 인간 활동으로 인해 저장고에서 제거되는 화학 원소의 양과 생태계 내에서 순환되는 양은 많아지고 있다. 결과적으로 생태계의 물리적 환경은 과도한 물질을 포함되어 있고, 이로 인해 종의 구성과 생물권 군집의 다양성이 변화될 수 있다.

인의 순환

육상에서는 균류에 의한 암석의 매우 느린 풍화작용은 토양에 인산염(PO_4^{2-}과 HPO_4^{2-})이 추가되고, 이중 일부를 육상식물이 흡수한다(그림 31.22). 풍화로 인해 사용가능한 형태로 된 인산염은 수중생태계로도 흘러들어 가는데, 조류는 퇴적물로 침전되기 전에 물로부터 인산염을 흡수한다. 퇴적물 속의 인산염은 지질학적 격변으로 인해 퇴적암이 다시 한 번 풍화 작용에 노출될 때만 다시 이용될 수 있다.

생산자들은 인지질, ATP, 그리고 DNA와 RNA의 부분이 되는 뉴클레오티드를 포함하여, 다양한 분자에 인산염을 사용한다. 동물은 생산자를 섭취하고, 인산염 일부를 치아, 뼈, 및 껍질에 통합한다. 그러나 식물과 동물의 죽은 물질과 동물성 폐기물이 분해되면 풍화보다 더 빨리 인산염을 생산자가 사용할 수 있다. 이용 가능한

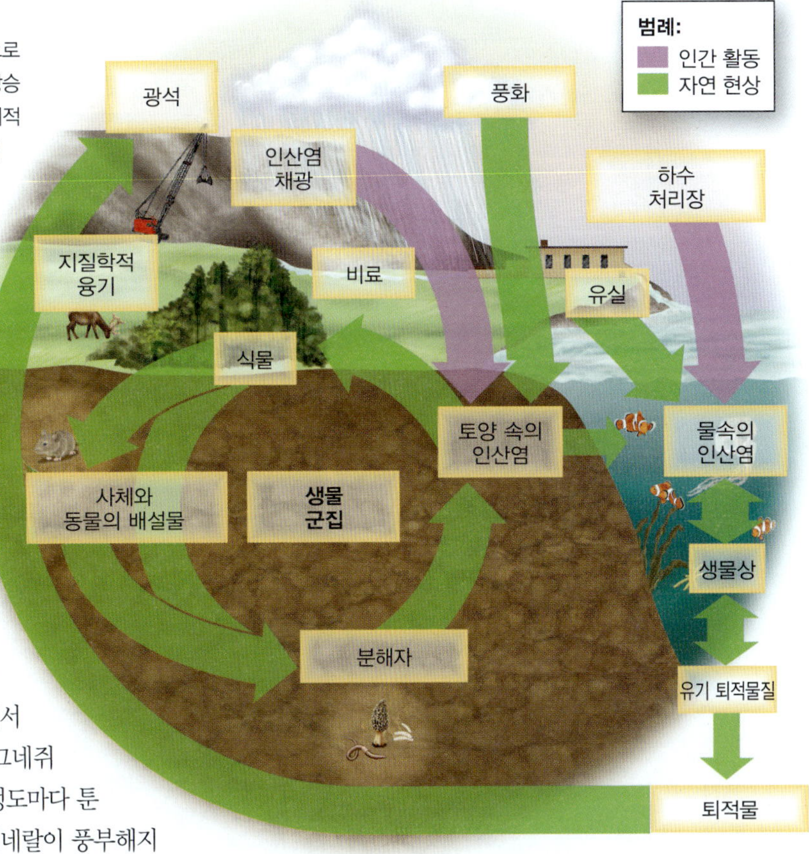

그림 31.22 인 순환.
인 순환은 퇴적물 생지화학 순환이다. 전 세계적으로 인산염은 큰 수역으로 흘러 들어가 퇴적암의 일부가 된다. 수천 년 또는 수백만 년 후, 해저는 상승할 수 있다. 즉 인산염은 풍화 작용에 노출되어 이용 가능하게 된다. 국지적으로 인산염은 육지의 식물과 물속의 조류가 이를 흡수할 때 군집 내에서 순환한다. 동물은 식물이나 조류를 먹을 때 인산염을 획득한다. 분해자는 인산염을 식물이나 조류로 되돌려 주고, 순환이 다시 시작된다.

인산염의 대부분은 먹이그물을 통해 이용되므로 일반적으로 인산염은 생태계에 제한적인 무기양분이다. 다시 말해, 인산염의 제한적인 공급은 식물 생장이 제한을 받고 결과적으로 1차 생산성이 제한된다.

개체군 증가에 대한 인산염과 칼슘의 중요성은 툰드라에서 나그네쥐(lemming)의 4년 주기성을 관찰함으로써 증명되었다(그림 31.23). 나그네쥐들이 아무 생각 없이 절벽에서 바다로 돌진한다는 이야기를 들어봤을지 모르지만, 사실 나그네쥐 개체군은 자원, 특히 인산염의 가용성에 따라 조절된다. 4년 정도마다 툰드라 지방의 풀과 사초(그림 31.30 참조)는 인산염과 같은 미네랄이 풍부해지며, 그 결과 나그네쥐 개체군이 폭발적으로 증가하기 시작한다. 일단 나그네쥐가 수백만 마리에 도달하면 툰드라 지방의 풀과 사초가 감소하며, 이로 인해 나그네쥐 개체군이 급감하게 된다. 그러나 추운 툰드라 지방에서 동물이 분해되고 무기질(인산염)이 다시 생산자로 흡수되기까지 약 4년이 소요된다. 이후 순환이 다시 시작한다.

인간 활동 **이동률(transfer rate)**은 특정 기간 내에 환경의 한 구성요소에서 다른 구성요소로 이동하는 양분의 양을 의미한다. 인간의 활동은 이동률을 변화시켜 군집의 역동성에 영향을 준다. 예를 들어, 우리는 인광석을 채굴하여 비료나 동물사료 첨가제, 비누를 만드는 데 사용한다. 인광석은 약하기는 하나 방사성으로 인광석 채굴은 광부를 포함한 모든 생물들의 건강에 위협이 된다. 가축 축사에서 나오는 동물폐기물, 잔디 및 농경지에서 비료, 도시에서 배출되는 미처리 및 처리된 하수는 모두 인근 해역에 과도한 인산염을 유입을 유발한다. 그 결과 **부영양화(eutrophication)**, 즉 수역이 과도하게 농축되고, 녹조라고 불리는 급속한 조류 개체 수 증가가 일어난다. 조류가 죽어 분해될 때 산소를 소모하여 물고기가 폐사된다. 1970년대 중반, 부영양화로 인해 미국의 이리호(Lake Erie)는 죽어가고 있었다. 하수 및 가정용 세제에 포함된 인산염을 규제함으로써 상황을 역전시켜 강을 되살렸다.

질소 순환

질소는 대기에 질소가스(N_2) 형태로 존재하며, 대기의 약 78%를 차지한다. 식물은 질소기체를 이용할 수 없기 때문에 질소가스를 식물이 사용가능한 형태로 만들어주는 다양한 박테리아에 의존한다. 질소 또한 인과 마찬가지로 생산자가 필요로 하는 제한적인 무기양분이다.

식물은 토양으로부터 암모늄 이온(NH_4^+)과 질산염(NO_3^-)을 흡수하여 아미

그림 31.23 나그네쥐.
나그네쥐 개체군의 크기는 북극 생태계의 무기양분 순환에 영향을 준다.
©Westend61/Getty Images

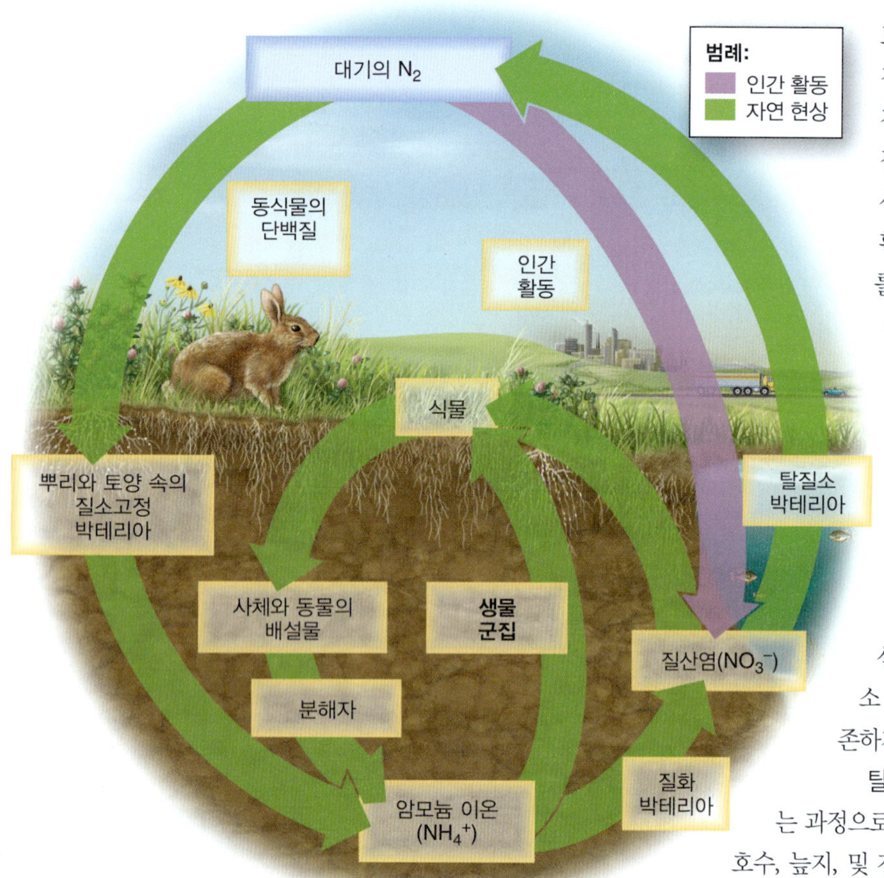

그림 31.24 질소 순환.
질소 순환은 여러 토양 박테리아의 작용에 의해 유지되는 질소기체의 생물지화학 순환이다.

노산과 핵산을 만드는 데 사용한다. 질소기체는 질소고정에 의해 NH_4^+로 전환되고, 질화작용에 의해 NO_3^-로 전환된다(그림 31.24). 질소고정(*nitrogen fixation*)은 질소기체를 암모늄 이온으로 전환시키는 과정이다. 수생 생태계의 일부 시아노박테리아와 토양의 일부 독립생활 질소고정박테리아는 이런 방식(질소고정)으로 질소를 고정할 수 있다. 다른 질소고정박테리아들은 완두와 콩, 알파파 등의 뿌리혹에 서식하고 있다. 뿌리혹박테리아는 기주식물이 이용 가능한 질소 함유 유기화합물을 만든다.

질화작용(*nitrification*)은 질산염을 생산하는 것이다. 토양의 암모늄은 특정 질산화 토양 박테리아에 의해 2단계 과정을 통해 질산염으로 전환된다. 먼저 아질산 생성 박테리아가 암모늄 이온을 아질산염(NO_2^-)으로 전환하고, 질산염 생성 박테리아가 아질산염을 질산염으로 전환한다. 그림 31.24의 보듯이, 질소 순환에서 생물군집 하위순환은 질소가스의 존재에 의존하지 않는다.

탈질작용(*denitrification*)은 질산염을 질소가스로 전환하는 과정으로 생성된 질소기체는 대기로 방출된다. 탈질박테리아는 호수, 늪지, 및 강어귀의 혐기상태 진흙에서 서식하는 화학독립영양생물로 그들은 자신의 신진대사활동의 일부로 탈질작용을 수행한다. 질소 순환에서 탈질작용은 인간이 질소비료를 만들기 시작할 때까지 질소고정과 균형을 이루고 있었다.

인간 활동 인간이 N_2로부터 비료를 생산하면 질소 순환에서 전환율을 변화시킨다. 사실, 인간은 고정비율을 거의 두 배로 높인다. 비료의 질산염은 인산염과 마찬가지로 농경지 토양에서 농경지 토양에서 수로로 유출되어 부영양화를 일으킬 수 있다. 또한 인간에 의한 삼림 벌채는 지하수로 질소가 손실되어 숲이 재성장하는 것을 어렵게 한다. 오늘날 농업지역의 지하수는 과도한 양의 질산염을 포함하고 있다. 고농도의 질산염은 혈액 내의 산소수치를 낮게 한다. 따라서 질산염이 많이 들어 있는 물을 마시는 생후 6개월 이하의 유아는 심각한 질병을 앓게 되며 치료받지 못하면 사망에 이를 수 있다.

비료 사용을 줄이기 위해 높은 질소고정을 가질 수 있도록 토양박테리아를 유전자 조작할 수 있다. 또한 농부들은 토양의 질소 함량을 증가시키는 다양한 식물을 재배할 수 있다(그림 31.25). 콩과식물과 겨울밀을 번갈아 경작하

그림 31.25 뿌리혹.
완두와 같은 콩과식물의 뿌리혹에 사는 박테리아는 공기 중의 질소를 식물이 단백질을 만드는 데 이용 가능한 형태로 전환한다.

면 몇 년 후엔 비료를 주면서 재배한 것보다 수확량이 더 많다는 연구 결과가 있다.

탄소 순환

탄소 순환에서 육상과 수중생태계의 생물들은 이산화탄소를 대기와 교환한다(그림 31.26). 육상의 식물들은 대기에서 이산화탄소를 흡수한다. 그런 후에 광합성을 통해 탄소를 독립영양생물과 종속영양생물의 에너지 공급원으로 이용되는 유기양분으로 고정한다. 이들 탄소 중 일부는 호기성 생물이 호흡을 할 때 세포호흡의 노폐물인 이산화탄소 형태로 대기로 되돌아간다.

수중생태계에서 이산화탄소는 대기와 간접적인 교환이 일어난다. 대기의 이산화탄소는 조류가 자신들과 종속영양생물이 사용할 먹이를 생산하는 데 필요로 하는 탄소의 공급원인 중탄산염(HCO_3^-)을 생산하기 위해 물과 결합한다. 비슷하게 수중생물이 호흡을 할 때 방출되는 이산화탄소는 중탄산염이 된다. 수중의 중탄산염의 양은 대기 중의 이산화탄소 양과 평형을 이루고 있다.

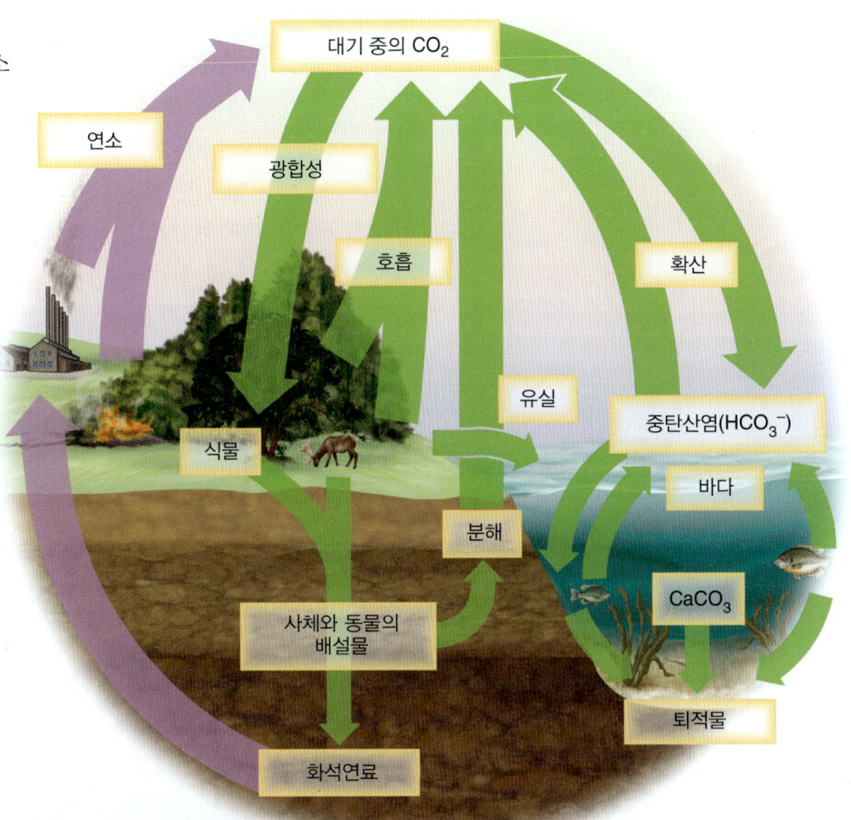

그림 31.26 탄소 순환.
탄소 순환은 기체성 생물지화학 순환이다. 생산자는 대기로부터 이산화탄소를 흡수하여 모든 생물의 먹이가 되는 유기분자를 만든다. 생물체가 죽고 분해되지 않으면 화석연료가 된다. 화석연료를 태우면 이산화탄소가 배출되어 환경오염을 유발한다.

연관

비디를 산성화시키는 요인은 무엇인가?

대기로의 과도한 CO_2의 방출은 바닷물의 기본적인 화학에 변화를 유발한다. 바다는 대기 CO_2의 약 25%를 흡수한다. 따라서 대기의 CO_2 농도가 높아지면 바다의 CO_2 농도 또한 높아져 바닷물의 산성화를 초래한다. 바닷물이 산성화되면 해양 생물은 껍질을 만들고 유지하는 데 필요한 무기질을 갖지 못하게 된다. 바다의 pH 수준은 좀 더 산성 환경을 조성하는 쪽으로 변화되는데 조개나 산호와 같은 생물에게는 극심한 스트레스가 되어 이들 종을 멸종시킬 가능성도 있다. 바닷물의 산성화는 전체 해양생물의 먹이사슬에 미치게 될 잠재적인 영향으로 인해 바다의 산성화는 전 세계적인 주요 관심사가 되고 있다.

살아 있는 생물과 죽은 생물 모두 유기탄소를 함유하며, 탄소 순환을 위한 저장고 중의 하나로 작용한다. 세계의 생물학적 구성요소들, 특히 나무들은 수십억 톤의 유기탄소를 함유하고 있으며, 토양에 있는 동식물의 잔해에도 추가적인 톤의 탄소가 존재하는 것으로 추정된다. 만약 동식물의 사체가 분해되지 않고 남아 있으면 엄청나게 느린 물리적 과정에 의해 석탄이나 기름, 천연가스와 같은 **화석연료(fossil fuel)**로 바뀐다. 대부분의 화석연료는 석탄기인 2억 8600만~3억 6000만 년 사이에 형성되었는데, 이 시기에 매우 많은 양의 유기물이 분해되기 전에 묻혔다. 탄소의 또 다른 저장고는 석회암과 조개껍질에 축적된 탄산칼슘($CaCO_3$)이다. 많은 해양생물의 생물체가 죽은 한참 후에도 오랫동안 바닥 침전물로 남아 있는 탄산칼슘 성분의 껍질을 가지고 있다. 이러한 침전물은 시간이 흘러감에 따라 지질학적 힘에 의해 석회암으로 변한다.

인간 활동 광합성과 세포호흡을 통한 이산화탄소의 이동률은 거의 비슷하다. 그러나 대기로부터 제거되는 이산화탄소보다 더 많은 이산화탄소가 축적되고 있다. 1850년 대기의 이산화탄소 농도는 약 280 ppm이었으나 현재는 410 ppm이 넘는다. 이는 주로 화석연료의 연소와 농지 및 목초를 만들기 위한 삼림 파괴 때문이다. 오늘날 대기 중으로 방출되는 이산화탄소의 양은 대기 중에 남아 있는 양의 약 2배에 달한다. 해양이 이산화탄소를 흡수하지 않는다면 대기의 이산화탄소 농도는 더 높아질 것인데, 지금까지 해양은 배출량보다 더 많은 이산화탄소를 흡수하고 있다. 이산화탄소 배출을 해결하기 위한 여러 국제 협약에도 불구하고 대기의 이산화탄소 농도는 2100년경까지 계속 상승할 것으로 보고 있다.

연관

이산화탄소 이외의 온실가스는 어떤 것들이 있는가?

이산화탄소 이외에도 다음과 같은 기체가 온실효과를 초래한다.

- *메탄*(CH_4). 메탄 1분자는 이산화탄소 한 분자의 21배에 달하는 온실효과를 주는 강력한 온실가스이다. 메탄은 유기물질이 부패하면서 발생하는 천연 부산물이지만 매립지나 석탄, 천연가스, 석유 생산에서도 배출된다.
- *아산화질소*(N_2O). 연소 과정에서 아산화질소가 배출되고, 이 연료 및 많은 산업 활동에서 발생하는 가스 폐기물이다.
- *수소화불화탄소*(HFC). 수소화불화탄소는 원래 대기 상층권의 오존층 파괴물질 수치를 줄이기 위해 만든 물질이다. 불행하게도 매우 적은 양으로 존재하지만 강력한 온실가스이다.

대기의 이산화탄소(기타 가스)의 양이 증가는 **기후 변화(climate change)**를 야기한다. 이들 기체는 태양광은 그대로 통과하게 하지만 열을 흡수하여 지구로 다시 방사시키는 현상을 **온실효과(greenhouse effect)**라 한다.

우리는 이미 기후 변화의 결과를 보기 시작했다. 지구의 온도가 계속 상승하면 더 많은 물이 증발하여 더 많은 구름이 형성된다. 이는 지구 온난화를 더욱 증가시킬 수 있는 긍정적인 피드백 효과를 수반한다. 산업 혁명 이후 지구 기후는 이미 약 0.6°C(1.1°F)정도 따뜻해졌다. 컴퓨터 과학의 발전으로 과학자들은 지구 기후에 영향을 미치는 대부분의 변수를 탐색할 수 있게 되었다. 기후 과학자들은 온실가스 배출이 현재 속도로 계속된다면 지구 온도가 2100년까지 1.5~4.5°C(2.0~8.1°F) 상승할 수 있다는 데 동의한다(그림 31.27).

그림 31.28은 지난 2세기 동안 지구 평균 기온이 어떻게 꾸준히 증가했는지 보여준다.

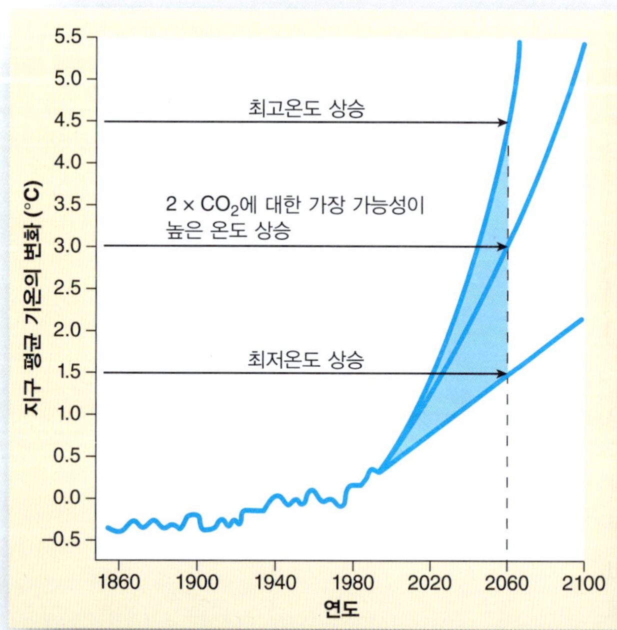

그림 31.27 지구 온난화.
대기 중 온실가스 증가로 인해 지구 평균 기온은 상승할 것으로 예상된다.

기후 변화가 계속되면 전 세계 생태계에 영향을 미친다. 바다가 따뜻해지면서 극지방의 기온은 다른 지역보다 더 크게 상승할 것으로 예측된다. 그 결과 빙하가 녹고 온난화에 따라 물이 팽창하기 때문에 해수면이 상승할 것이다. 물의 증발이 증가하여 해안을 따라 강우량이 증가하고 내륙은 더 건조해질 가능성이 높다. 가뭄이 발생하면 농업 생산량이 감소하고 나무가 고사할 수 있다. 또한 기상 패턴의 변화로 인해 미국 중서부 지역이 흙먼지 지대가 될 수도 있다. 북극 지역으로의 산림 확장은 온대 지역의 산림 손실을 상쇄하지 못할 수 있다. 방글라데시와 중국의 삼각주 같은 해안 농경지는 물로 침수될 것이다. 뉴올리언스, 뉴욕, 보스턴, 마이애미, 갤버스턴과 같은 해안 도시들이 바다 속으로 사라지는 것을 막기 위해 수십억 달러를 지출해야 할 것이다.

서두에서 살펴보았듯이 변화하는 기후는 우리 개인의 삶에도 영향을 미칠 것이다. 지난 수십 년 동안 모기 종인 *Anopheles*와 *Aedes*는 미국으로 범위를 넓혔다. 이들은 열대 모기 종이지만 지구 기온의 상승으로 모기에 대한 겨울의 혹독함이 감소했다. 이 모기는 말라리아, 뎅기열, 지카 바이러스와 같은 질병을 매개체이다. 기후가 따뜻해지면 이러한 질병이 더 많이 발생할 것이다.

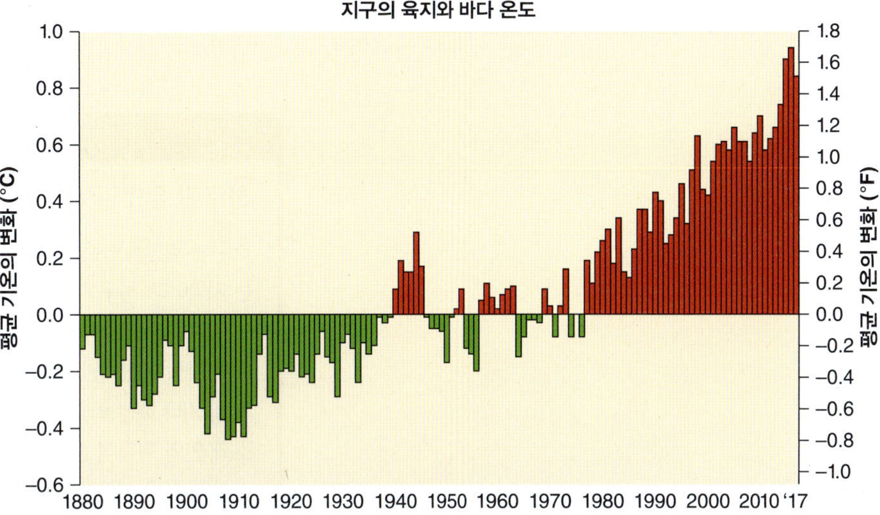

그림 31.28 미국의 기후 변화.

1980년대 이후, 그 지구의 평균 온도는 증가하고 있다. 이로 인해 더 심한 가뭄과 불규칙한 강수 기간이 발생하여 많은 군집들의 구성이 바뀌고 있다.

오늘날, 이산화탄소 배출을 줄이기 위한 노력이 진행되고 있다. 대체 에너지원(32.4절 참조)과 자동차 및 가전제품의 에너지 효율 증가에 대해 점점 더 많이 듣고 있다. 전 세계적으로 최근 파리 기후 변화 회의와 같은 국제회의에서 지구 온도가 산업화 이전 수준에 비해 2°C 이상 상승하는 것을 방지하기 위해 이산화탄소 배출을 줄이기 위해 노력하고 있다.

진도 점검하기 31.2

1. 독립영양생물과 종속영양생물이 어떻게 에너지 획득하는지 비교하시오.
2. 생태계에서의 에너지 흐름과 화학물질 순환의 차이를 설명하시오.
3. 생태피라미드와 먹이사슬을 비교하시오.
4. 인간의 활동이 생물지화학 순환에 어떠한 영향을 주는지 설명하시오.

개념 연결하기

생태계는 에너지와 양분의 순환으로 정의된다. 양분 순환의 세계적인 교란은 생태계 기능에 문제를 일으키고 있다.

31.3 주요 생태계의 생태학

학습 목표

이 절을 학습한 후에는 다음 과제를 수행할 수 있어야 한다.

1. 생물권을 구성하는 생태계의 두 가지 주요 유형을 열거하기.
2. 육상생태계의 주요 유형을 열거하기.
3. 1차 생산력을 설명하고 이 개념을 다양한 유형의 수생 및 육상 생태계와 연관시키기.

생물권(biosphere)은 지구상의 모든 생태계를 총괄하는 생물학적 구성의 최상위 단계이다. **수중생태계(aquatic ecosystem)**는 담수로 구성된 담수생태계와 해수로 구성된 해양생태계(그림 31.29)로 구분된다. 해양생태계인 바다는 지구 표면의 70%를 차지한다. 담수생태계에는 호수나 연못과 같은 고인 물 생태계와 강이나 개울과 같은 흐르는 물 생태계의 2가지 유형이 있다. 생물다양성이 풍부한 해양생태계는 해안가를 따라 위치한다. 산호초는 해안에서 떨어진 곳에 발달하며, 강과 바다가 만나는 곳에는 하구가 위치한다. 가장 풍부한 해양생태계는 해안 근처에 있다. 산호초는 연안에 위치하고 강어귀는 강이 바다와 만나는 곳에서 발달한다.

연관

하구란 무엇일까?

하구는 일반적으로 강에서 흘러나온 민물과 바다와 만나는 지역이다. 하구 지역의 물은 소금과 담수가 혼합되어 있으므로 종종 "기수(brackish)"라고 부른다. 하구는 세계에서 가장 생산적인 생태계 중 하나로 간주한다. 새우, 조개 및 기타 해산물과 같은 식량원을 제공할 뿐만 아니라 질소와 인의 화학적 순환에도 중요한 역할을 한다. 하구는 손상이 쉬운 생태계로 오염, 기름유출 및 인간 활동으로 인해 하구의 생산성이 쉽게 감소될 수 있다.

©Roger de la Harpe/Gallo Images/Getty Images Images

그림 31.29 주요 수중생태계.

수중생태계는 해양처럼 소금물과 연관된 생태계**(a)**와 강처럼 담수를 갖는 생태계**(b)**로 나누어진다. 바닷물 또는 해양생태계에는 **(c)** 산호초와 **(d)** 하구가 포함된다.

(a): ©Spondylolithesis/Getty Images; (b): ©Royce Bair/Getty Images (c): ©Olga Khoroshunova/Shutterstovck; (d): ©Rudy Umans/Shutterstock

a.

b.

c.

d.

과학자들은 생물군계(*biomes*)라고도 하는 **육상생태계(terrestrial ecosystems)**를 몇 가지 주요 유형으로 구분한다(**그림 31.30**). 온도와 강우량은 지역 기후에 적응 한 군집을 포함하는 생물군계를 결정한다. 최북단의 생물군계는 툰드라이다. 영구 동토층은 일년 내내 지속되어 큰 식물이 자라는 것을 방해한다. 타이가는 매우 추운 북부 침엽수림이며, 북극과 접해 있는 툰드라 지역 역시 몹시 춥고 겨울이 길며

그림 31.30 주요 육상생태계.

a. 온도와 습도에 따른 전 세계 생물군계의 패턴. 점선은 토양 유형에 따라 풀이나 목본 식물이 해당 지역에서 우점할 수 있는 광범위한 환경을 나타낸다. **b.** 툰드라는 최북단의 육상생태계로 모든 육상생태계 중 평균 기온이 가장 낮으며 강우량이 적거나 중간 정도이다. 침엽수림인 타이가 역시 평균 기온은 낮지만 강수량은 중간 정도이다. 온대림은 기온이 적당하고 강우량이 적당하면서도 나무들이 자라기에 충분한 곳에서 형성된다. 일반적으로 적도 부근에서 형성되는 열대우림은 평균 기온이 높고 강우량이 모든 육상생태계 중 가장 많다.

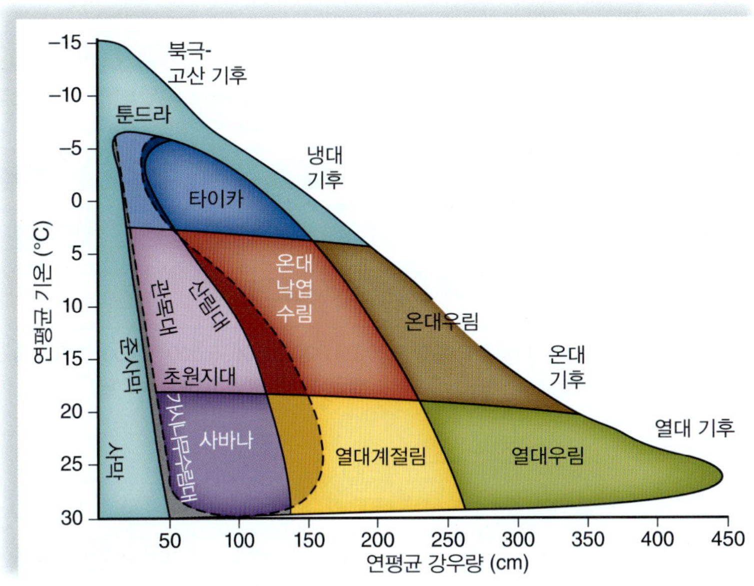

a. **온도와 강수량에 따른 생물군계 패턴**

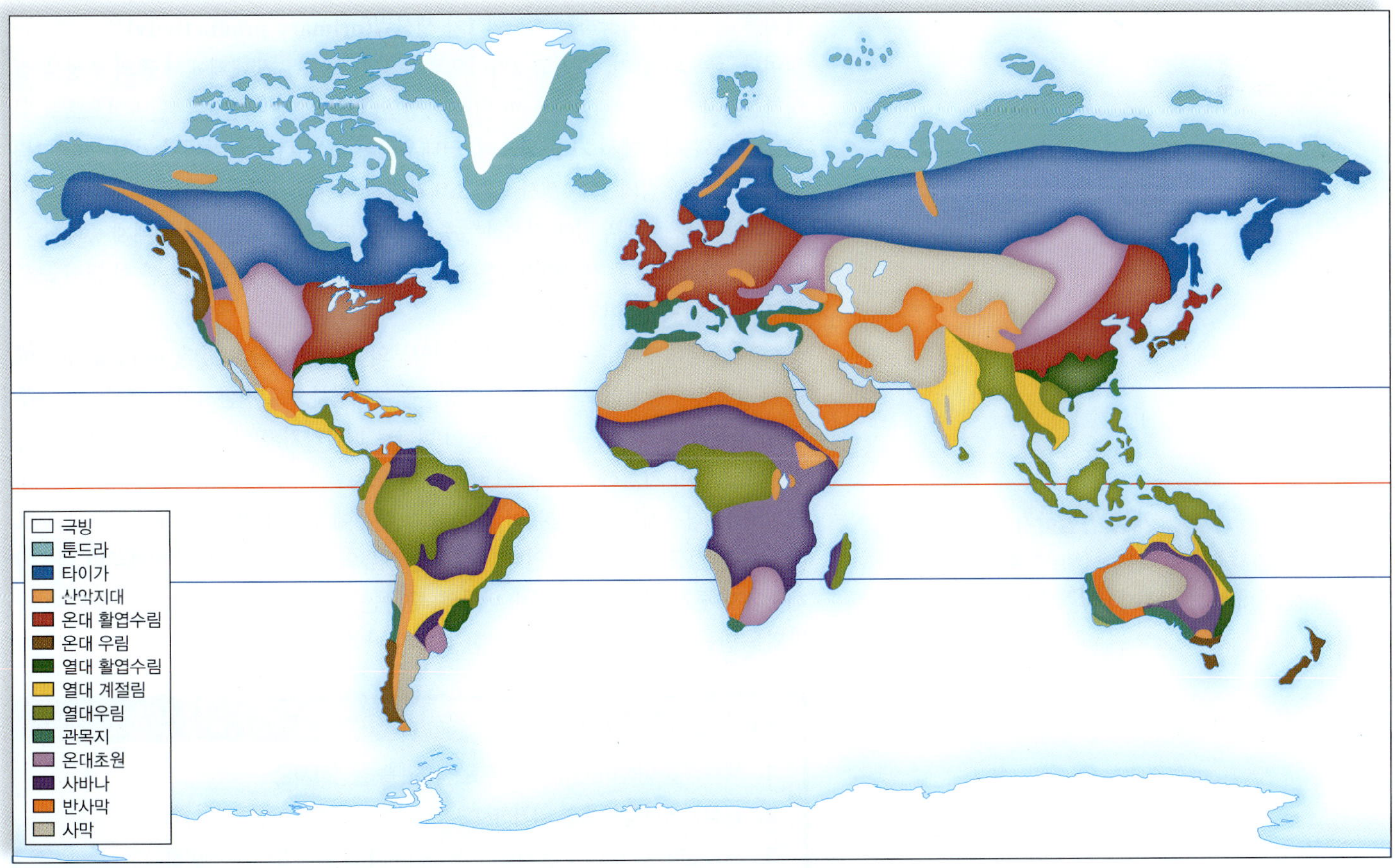

- 극빙
- 툰드라
- 타이가
- 산악지대
- 온대 활엽수림
- 온대 우림
- 열대 활엽수림
- 열대 계절림
- 열대우림
- 관목지
- 온대초원
- 사바나
- 반사막
- 사막

b. **생물군계의 분포**

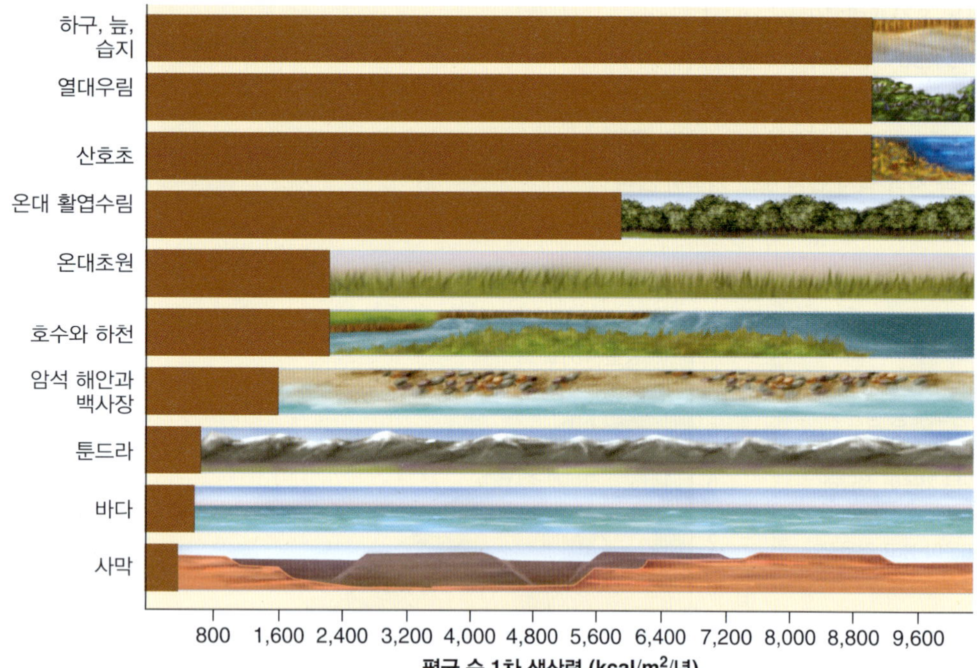

그림 31.31 1차 생산력. 생태학자들은 생산자들이 태양에너지를 화학에너지로 전환하고 저장하는 속도인 1차 생산력을 기준으로 생태계를 비교할 수 있다.

생장기간이 짧다. 온대초원은 온대 낙엽수림(겨울에 잎이 떨어지는 나무)보다 강수량이 적고 나무가 없는 사막지역보다 물이 더 많다. 사바나는 기온이 높고 건기와 우기가 반복되는 열대 초원지역이다. 적도 부근에 있는 열대우림은 평균 기온이 높고 강우량이 모든 생물군계 중 가장 많다. 열대우림은 큰 상록 활엽수가 주를 이룬다. 열대우림은 적도지역으로서 평균 기온이 높고 생물군계 중 강수량이 가장 많다. 열대우림 지역에는 크고 넓은 잎을 가진 상록수가 우점하여 서식한다.

1차 생산력

생태계를 비교하는 한 가지 방법은 생산자들이 일정 시간 동안 유기양분으로서 에너지를 포획하고 저장하는 속도인 **1차 생산력(primary productivity)**을 살펴보는 것이다. 온도와 습기, 그리고 2차적으로 토양의 특성은 생태계에서 종의 조성을 결정하는 1차 생산력에 영향을 미친다. 육상생태계의 1차 생산력은 일반적으로 고위도 툰드라와 사막에서 가장 낮으며, 열대우림이 있는 적도 근처에서 가장 높다(그림 31.31). 열대우림의 높은 생산력은 소비자에게 다양한 생물학적 지위와 풍부한 먹이를 제공해준다. 열대우림에 서식하는 종의 수와 다양성은 모든 육상생태계 중에서 가장 높다. 따라서 보존 생물학자들은 열대우림지역의 생물군계를 가능한 한 많이 보존하고자 관심을 기울이고 있다.

수중생태계의 주요 생산성은 무기양분의 가용성에 달려 있다. 하구, 늪, 습지에는 유기양분이 풍부하고 이러한 유기양분을 무기양분으로 전환시키는 분해자가 풍부하다. 하구와 늪, 습지는 특히 생물들이 바다로 떠나가기 전인 생육 초기 단계의 다양한 생물종들이 서식하고 있다. 그러므로 이 모든 해안지역의 보존은 매우 필요하다. 먼 바다의 경우에는 무기양분이 많지 않기 때문에 먼 바다의 생산력은 사막과 툰드라의 중간 정도 생산성을 보인다. 산호초는 해류와 파도가 양분을 운반해주며 햇빛이 해저까지 투과하는 따뜻한 열대 바다의 해안 근처에 서식한다. 산호초는 열대우림과 맞먹을 만큼 현저한 생물학적 풍부함을 가진 지역이다.

개념 연결하기

육상생태계는 기온과 강수 패턴에 따라 다양한 생물군으로 나누어진다.

진도 점검하기 31.3

1. 생물권을 형성하는 두 가지 주요 생태계를 설명하시오.
2. 육상생태계의 종류를 열거하시오.
3. 해양보다 습지의 1차 생산력이 먼 바다보다 더 높은 이유를 설명하시오.

요 약 SUMMARIZE

일정지역에 있는 모든 종들은 군집을 구성한다. 에너지 흐름과 화학적 순환은 수중생태계와 육상생태계의 안정성을 위해 필수적이다.

생물체 군집은 종종 복잡하고 역동적인 상호작용을 한다.

생태계는 에너지와 양분의 순환으로 정의된다. 양분 순환의 세계적인 교란은 생태계 기능에 문제를 일으키고 있다.

육상생태계는 기온과 강수 패턴에 따라 다양한 생물군으로 나누어진다.

31.1 군집 생태학

군집과 생태계 생태학에 대한 지식은 인간 활동이 환경에 미치는 영향을 이해하기 위하여 중요하다.

- **군집(community)**은 일정 지역에서 상호작용하는 서로 다른 종들로 구성된 개체군들의 집합이다. **공진화(coevolution)**는 많은 종들의 상호작용에 영향을 미쳐왔다. 군집은 **종의 풍요도(species richness)**와 **다양성(diversity)**으로 종종 특정 지어진다.
- **생태계(ecosystem)**는 서로 상호작용하는 생물종과 이 생물종들과 상호작용하는 물리적 환경으로 구성되어 있다.

생태천이

생태천이(ecological succession)에는 두 가지 유형에는 **1차 천이(primary succession**, 노출된 암석에서 시작)와 **2차 천이(secondary succession**, 교란 후; 토양이 이미 형성되어 있는 장소에서 시작)가 있다. 생태천이는 안정된 **극상군집(climax community)**으로 이어진다.

군집에서의 상호작용

군집에서 종들은 다음과 같은 방식으로 상호작용을 한다:

- **경쟁(competition).** 생물종들은 햇빛, 공간 및 양분과 같은 자원을 위해 서로 경쟁을 한다. 경쟁 양상은 **경쟁적 배제원칙(competitive exclusion principle)**, **자원분배(resource partitioning)**, **형질대치(character displacement)**가 있다.
- **포식(predation).** 한 종(포식자)이 다른 종(피식자)을 잡아먹는다.
- **기생(parasitism).** 한 종(기생충)이 다른 종(숙주)으로부터 양분을 얻지만 숙주 종을 죽이지는 않는다.
- **편리공생(commensalism).** 한 종은 상호관계에서 이익을 얻는 반면, 다른 종은 해를 입거나 이익을 얻지 않는다.
- **상리공생(mutualism).** 두 종은 서로에게 이익이 되는 방식으로 상호작용한다.

생태적 지위

한 종의 **생태적 지위(ecological niche)**는 군집 내에서 해당 종이 하는 역할과 **서식지(habitat)**, 그리고 다른 종과의 상호작용에 의해 결정된다.

지표종

군집 내에서 **지표종(keystone species)** 사이의 상호작용은 군집과 종을 함께 유지한다. 하나의 지표종이 제거되면 다른 종이 멸종하게 되며 이로 인해 생물다양성이 감소된다. 회색곰은 지표종의 한 예이다.

토착종과 외래종

토착종(native species)은 특정 지역의 고유종으로서 도움 없이 번성한다. **외래종(exotic species)**은 다른 곳으로부터 도입된 종들로 해당 지역 토착종들 간의 균형 및 상호작용을 파괴할 것이다.

31.2 생태계 생태학

생태계내 먹이사슬에서 일부 개체군들은 독립영양생물이고 일부는 종속영양생물이다.

독립영양생물

독립영양생물(autotroph)은 **생산자(producer)**이다. 이들은 무기양분(예: CO_2와 무기질)과 외부 에너지원만 있으면 자신과 군집내 다른 생물들이 사용할 유기양분을 생산할 수 있다. 독립영양생물의 예로는 조류, 남조류, 식물 등이 있다.

종속영양생물

종속영양생물(heterotroph)은 **소비자(consumer)**이다. 이 소비자들은 미리 형성된 유기양분이 필요하고 CO_2를 방출한다. 이 종속영양생물의 예로는 **초식동물(herbivores**, 식물을 먹고 사는 것), **육식동물(carnivores**, 동물을 먹고 사는 것), **잡식동물(omnivores**, 식물과 동물을 모두 먹고 사는 것)이 있다. 다른 종속영양생물로는 **분해자[decomposers**, **쓰레기(detritus)**를 분해하여 부패를 돕는 박테리아와 곰팡이]가 있다.

에너지 흐름과 화학물질의 순환

에너지는 생태계를 통해 흐르고, 화학물질은 생태계 내에서 순환한다.

- 생태계 내에서 에너지는 **먹이그물(food web)**, **퇴적먹이그물(detrital food web)**, 그리고 **초식먹이그물(grazing food web)**을 통해 흐른다.
- **영양단계(tropical level)**는 먹이사슬이나 그물의 영양단계이다.
- **생태피라미드(ecological pyramid)** 영양단계에서 유실되는 에너지의 양을 도표로 보여준다.
- 한 영양단계가 가진 에너지 중 약 10%만 다음 영양단계에서 사용될 수 있다. 최상위 육식동물은 가장 상위에 있고 가장 작은 영양단계를 차지한다. 영양단계의 **생체량(biomass)**은 해당 단계에 있는 생물체의 총 무게이다.

생물지화학 순환

화학물질은 인의 순환, 질소 순환, 탄소 순환과 같은 **생물지화학 순환(biogeochemical cycle)**을 통해 생태계 내에서 순환한다. **이동률(transfer**

rate)은 특정 기간 내에 환경의 한 구성요소에서 다른 구성요소로 이동하는 양분의 양을 의미한다.

인간의 활동은 생물지화학 순환에서 이동률을 현저하게 변화시킨다.

- 인과 질소 순환 과정에서, 과도한 영양소가 환경으로 방출되어 **부영양화(eutrophication)**를 야기한다.
- 탄소 순환 과정에서 **화석연료(fossil fuel)**의 연소는 대기 중 온실가스 수준을 증가시켜 지구 온난화와 **기후 변화(climate change)**를 초래한다.

31.3 주요 생태계의 생태학

생물권(biosphere)은 지구상의 모든 생태계를 포괄한다.

수중생태계

수중생태계(aquatic ecosystem)는 담수생태계(강, 개울, 호수, 연못)와 해양생태계(바다, 산호초, 염습지)로 분류된다.

육상생태계

육상생태계(terrestrial ecosystem)는 생물군계라고 한다. 주요 생물군계는 툰드라, 타이가, 온대낙엽수림, 열대초원(사바나), 온대초원(대초원), 사막, 열대우림이 있다.

1차 생산력

1차 생산력(primary productivity)은 생산자가 에너지를 획득 및 저장하고 일정 기간 동안 이를 유기양분으로 전환하는 속도를 일컫는다. 생태계에 있는 종의 수는 1차 생산력과 정비례한다.

평 가 ASSESS

혼자 풀어보기

가장 적절한 답을 고르시오

31.1 군집 생태학

1. 다양성이 증가하면
   - **a.** 종 풍요도가 증가하고 종 분포는 더 균등하게 된다.
   - **b.** 종 풍요도가 감소하고 종 분포는 더 균등하게 된다.
   - **c.** 종 풍요도가 증가하고 종 분포는 덜 균등하게 된다.
   - **d.** 종 풍요도가 감소하고 종 분포는 덜 균등하게 된다.

2~6번 문제의 경우, 주어진 상황과 맞는 상호관계의 유형을 보기에서 고르시오.

보기:

a. 경쟁	**d.** 편리공생
b. 포식	**e.** 상리공생
c. 기생	

2. 알팔파는 뿌리에서 서식하는 뿌리혹박테리아인 *Rhizobium*에서 고정된 질소를 얻는 반면, *Rhizobium*은 식물에서 탄수화물을 얻는다.
3. 한 지역에 사는 여우와 코요테 주로 한정된 공급량의 토끼를 먹고 산다.
4. 선형동물은 고양이의 소화관 안에서 살면서 번식한다.
5. 곰팡이가 선충을 먹이로 포획한다.
6. 난초는 나무 꼭대기에 서식함으로써 햇빛을 잘 받을 수 있고 수분매개체에도 접근이 용이하지만 나무에는 해를 주지 않는다.
7. 경쟁배제원칙에 의하면,
   - **a.** 한 종은 특정한 식량원을 위해 다른 종보다 항상 더 경쟁력이 있다.
   - **b.** 경쟁은 동일 먹이를 사용하는 다양한 종들을 배제한다.
   - **c.** 두 개의 서로 다른 종이 동시에 동일한 생태적 지위를 공유할 수 없다.
   - **d.** 경쟁은 종의 생식능력을 제한한다.

31.2 생태계 생태학

8. 화학적 순환과 영양흐름에 대한 구성요소를 다음 그림의 빈칸에 채우시오.

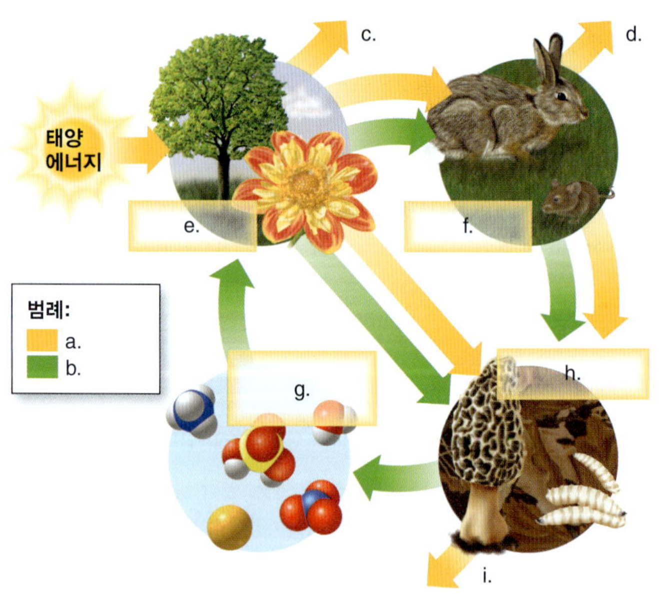

9. 생태피라미드는 다양한 영양 수준의 _____ 양을 묘사한다.
   - **a.** 먹이
   - **b.** 개체
   - **c.** 에너지
   - **d.** 쓰레기
10. 다음 중 초식먹이사슬을 나타내는 것은?
    - **a.** 잎 → 퇴적물섭식자 → 사슴 → 올빼미
    - **b.** 새 → 쥐 → 뱀
    - **c.** 견과 → 잎을 먹는 곤충 → 다람쥐 → 매
    - **d.** 잎 → 잎을 먹는 곤충 → 쥐 → 뱀

11. 다음 그림에서 해당하는 생태피라미드의 구성요소를 적으시오.

12. 생태계는 군집이 포함하지 않는 어떤 요인을 포함하는가?
   a. 구성원들 간의 에너지 이동
   b. 물리적 환경과의 상호관계
   c. 복잡한 먹이그물
   d. 초식과 육식동물

31.3 주요 생태계의 생태학

13. 다음 중 평균 기온이 낮고 강수량이 보통이며, 침엽수림이 특징인 생물군계는?
   a. 타이가
   b. 사바나
   c. 튜드라
   d. 온대낙엽수림
   e. 열대우림

14. 다음 생물군계 중 1차 생산력이 가장 낮은 곳은?
   a. 툰드라
   b. 호수
   c. 모래사장
   d. 대초원
   e. 온대낙엽수림

관계맺기 ENGAGE

과학적으로 생각하기

1. 공진화의 가장 놀라운 사례 중 하나는 곤충과 꽃의 공진화이다. 초기 속씨식물은 풍매수분을 하는 꽃에 많은 양의 꽃가루를 생산하였다. 밑씨는 부분적으로 노출되었고 지나쳐가는 꽃가루를 잡기 위해 당이 함유된 작은 수액방울들을 분비하였다. 오늘날 우리가 꽃과 꽃의 수분 매개체 간의 관계에서 볼 수 있는 공진화가 일어날 수 있었던 사건들을 개략적으로 설명하시오.

2. 바다수달은 태평양 연안의 다시마 숲을 유지하는 데 중요한 역할을 한다. 수달은 성게 개체 수를 유지함으로써 성게가 다시마 숲을 과도하게 뜯어먹는 것을 못하게 한다. 만약 다시마 숲이 과도하게 뜯어 먹히면 그 결과 다른 많은 종들이 감소할 것이다. 태평양 연안을 따라 바다수달 개체 수가 감소할 경우 발생할 수 있는 일련의 사건을 제시하시오.

3. 얼룩홍합과 칠성장어와 같은 대다수 외래종은 매우 명백하게 많은 문제점을 가지고 있기 때문에 대부분의 사람들은 개체 수 조절을 목표로 하는 프로그램에 반대하지 않는다. 그러나 일부 외래종의 경우는 박멸프로그램은 많은 저항에 부딪치기도 한다. 예를 들어, 날 수 있는 새 중 세계에서 가장 큰 새의 하나인 혹고니(mute swan)는 아름답고 우아하며 인상적인 존재감을 지니고 있다. 그러나 혹고니는 매우 공격적이고 영역심이 강하다. 혹고니는 19세기에 관상용으로 아시아와 유럽에서 미국으로 도입되었지만 이후 대규모 야생 개체군으로 확실하게 정착했다.

혹고니는 많은 양의 수생 식물을 섭취하고 먹이 및 둥지 지역에서 토종 새를 쫓아내고 있다. 미국 어류 및 야생동식물보호국(U.S. Fish and Wildlife Service)은 토종 조류 개체군을 보호하기 위해 메릴랜드주에서 혹고니 개체 수를 줄이는 프로그램을 운영하고 있다. 메릴랜드주와 다른 주에서 혹고니 개체 수를 제한하기 위한 시도는 혹고니가 아름답다고 생각하는 시민의 반대에 부딪치고 있는 상태이다. 당신은 외래종이라도 인간의 목적에 적합하다면 토종 개체군을 보호할 필요가 없다고 생각하는가? 아니면 어떠한 일이 있어도 토종은 보호해야 한다고 생각하는가?

CHAPTER

32

생태계에 대한 인간의 영향

Human Impact on the Biosphere

©leungchopan/Getty Images

개요

시작하기 전에

이 장을 시작하기 전에 다음의 내용을 다시 살펴보자.

12.2절 형질전환 생명체는 무엇인가?

30.2절 선진국(MDC)과 후진국(LDC)의 환경 영향을 비교하면 어떻게 되는가?

31.2절 생태 피라미드의 한 단계에서 다음 단계로 얼마나 많은 에너지가 전달되는가?

보존의 성공 사례들

최근 몇 년 동안, 보존 노력은 다양한 성공 사례들을 강조할 수 있었다. 유럽들소는 20세기 초에 멸종된 이후 러시아의 야생으로 돌아왔다. 위성 기술은 브라질에서 강돌고래 개체 수를 추적하는 데 사용되고 있으며, 부탄 왕립 마나스 국립공원의 호랑이 개체 수는 지난 6년 동안 두 배로 증가했다.

자이언트 판다(*Ailuropoda melanoleuca*) 개체 수는 지난 10년 동안 거의 17% 증가하여 1,860마리 이상으로 늘었다. 이 증가로 판다는 국제자연보전연맹(IUCN)에 따라 멸종 위기종에서 취약종으로 옮겨지게 된다.

자이언트 판다는 중국 남서부의 온대 활엽수림 지역과 혼합림에서 서식하는데, 이곳에서 대나무의 씨앗을 분산시키는 중요한 역할을 한다. 가장 큰 문제는 판다의 서식지가 중국의 지리적, 경제적 중심지에 있다는 것이다. 경제 발전으로 인한 서식지 파괴와 밀렵은 자이언트 판다가 역사적으로 멸종 위기종으로 분류되었던 주요한 이유였다.

세계야생생물기금(WWF)의 상징적인 로고이자 중국의 국보로서, 자이언트 판다는 세계적인 판다 보존에 대한 글로벌 지원을 받을 수 있었다. 중국 정부는 380만 에이커의 숲을 덮고 있으며 판다 개체 수의 약 61%가 살고 있는 50개 이상의 판다 보호 구역을 지정했다. 엄격한 법률과 더 큰 대중의 인식으로 인해 밀렵이 감소함에 따라 그 보전 상태에도 영향을 미쳤다. 지속적인 국제적, 국내적 노력을 통해 자이언트 판다는 중국 남서부의 숲에서 중요한 역할을 계속할 수 있을 것이다.

이 장에서는 보전생물학의 과학을 탐구하고 과학자들이 행하는 일부 실천 방법을 통해 행성의 생물다양성을 보전하려는 노력을 조사할 것이다. 또한 자이언트 판다를 현재 위협하고 있는 일부 생물다양성의 위협도 조사할 것이다.

이 장을 공부하는 동안 다음 질문에 대해 생각해보자.

1. 자이언트 판다가 멸종된다면 어떤 생태학적 결과가 발생하겠는가?
2. 자이언트 판다의 보전에서 직접적인 가치와 간접적인 가치 중 어떤 것이 더 중요한가?

32.1 보전생물학

학습 목표

이 절을 학습한 후에는 다음 과제를 수행할 수 있어야 한다.

1. 생물다양성을 유지하는 데 관련된 생물 보전의 역할을 식별하기.
2. 보전생물학을 지원하는 생물학의 하위 분야를 인식하기.

지구상의 생명다양성을 이해하기 위해서는, 그들의 총수 이외의 종에 대해 더 많이 알아야 한다. **보전생물학(conservation biology)**은 현 세대와 미래 세대를 위해 천연자원을 보존하는 데 초점을 맞춘 생물학 분야이다. 이는 인간이 사용할 수 있도록 지구의 생물다양성을 지속 가능하게 관리하고 새로운 과학적 개념을 개발하고 적용하는 것과 관련이 있다. 여러 생물학의 하위 분야가 결합하여 보존생물학의 개념을 형성한다.

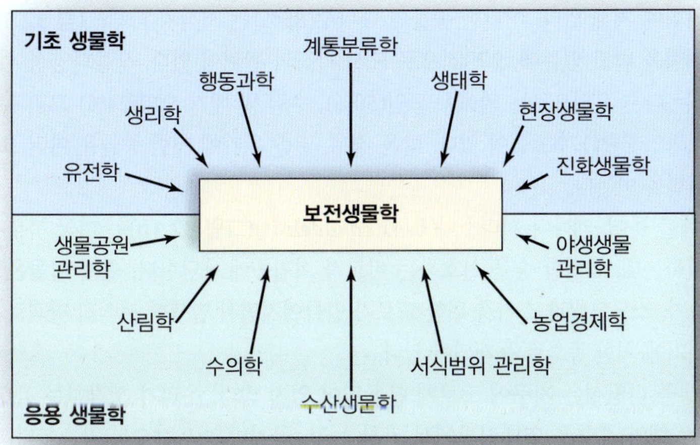

보존생물학은 생명과학 분야 중 독특한 위치에 있다. 왜냐하면 다음과 같은 다양한 윤리 원칙을 지원하기 때문이다: (1) 생물다양성은 지구와 인간에게 좋다. (2) 멸종은 원치 않는 일이다. (3) 생태계 내 상호작용은 생물다양성을 지원하고 인간에게 이로움을 준다. (4) 생물다양성은 진화적 변화의 결과이며 인간에게 큰 가치가 있다.

보존생물학은 종합적 대처를 요하는 분야로 종종 언급된다. 앞으로 20~50년 동안 지구상의 생물다양성의 약 10~20%가 종의 멸종으로 인해 사라질 것으로 예상된다. 우리가 직면한 멸종 위기에 대한 중요성과 가치, 그리고 인간의 행동이 어떻게 멸종 위기에 기여하는지를 인식하는 것이 매우 중요하다.

개념 연결하기

보존생물학은 지구상의 다른 종들의 필요와 인간의 필요를 균형 있게 조화시키려고 노력한다.

진도 점검하기 32.1

1. 보존생물학이 다양한 학문 분야에 의해 지원되는 방식을 설명하시오.
2. 보존생물학이 지지하는 원칙들을 나열하시오.

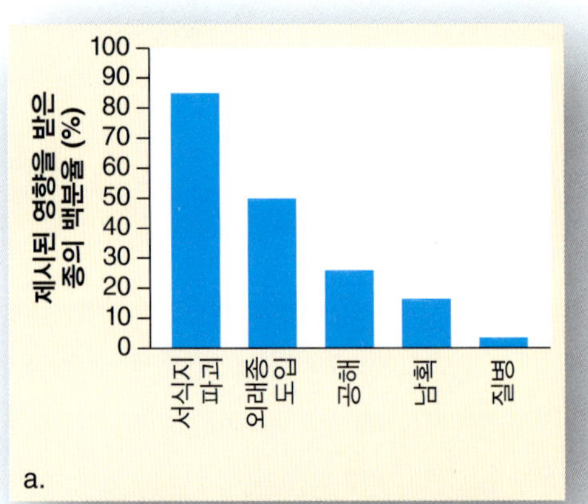

그림 32.1 서식지 파괴.

a. 미국의 위기에 처한 식물과 동물 기록을 조사한 연구에서, 서식지 상실이 야생동물에게 가장 큰 위협으로 나타났다. **b.** 캐나다스라소니는 서식지 파괴와 목재 생산을 위한 과다한 산림 개발로 인해 위협을 받고 있다.

(b): ©Don Johnston/All Canada Photos/Getty Images Images

32.2 생물다양성

학습 목표

이 절을 학습한 후에는 다음 과제를 수행할 수 있어야 한다.

1. *생물다양성*을 정의하고, 그에 대한 몇 가지 위협을 간단히 나열하기.
2. 생물다양성의 직접적 가치를 나열하고, 인류에게 어떻게 유익한지 설명하기.
3. 생물다양성의 간접적 가치를 나열하고, 경제적 이점을 간단히 설명하기.

생물다양성(biodiversity)은 지구상의 생명체의 다양성으로 정의할 수 있으며, 지구상에 서식하는 다양한 종의 수로 설명된다. 우리는 현재 생물다양성 위기에 처해 있으며, 가까운 미래에 발생할 것으로 예상되는 멸종(종의 손실)의 수는 처음으로 인간 활동의 영향으로 인해 발생하게 될 것이다. 미국 어류 및 야생동물 보호국(FWS)에 따르면, 2019년 기준으로 미국에는 719종의 동물과 944종의 식물이 멸종 위기 또는 멸종 위험에 처해 있다. 이러한 종들의 대다수(85%)는 서식지 파괴(**그림 32.1*a***)로 인해 위협을 받고 있는데, 일반적으로 도시 확장과 관련이 있다. 생물다양성 위기에 기여하는 다른 요인으로는 외래종 도입(50%), 수질 및 대기 오염(24%) 그리고 천연자원의 과잉개발(17%) 등이 있다. 많은 경우, 멸종 위기에 처한 종들은 여러 요인에 의해 위협을 받는다.

예를 들어, 캐나다 시라소니(*Lynx canadensis*)(**그림 32.1*b***)는 미국 북부 숲에서 서식하는데, 빽빽한 숲을 선호하는 비교적 희귀종에 해당한다. 현재 이들은 목재 수확 증가, 스노모빌과 스키를 위한 도로가 만들어지면서 발생한 서식지 파괴로 인해 멸종 위기에 처한 종으로 등재되어 있다.

생물 다양성은 지구에 고르게 분포되어 있지 않다. 우리가 생각하는 육상, 담수, 또는 해양 종들은 열대지방에서 가장 높고, 극지방으로 갈수록 감소한다. 세계에서 가장 많은 종이 밀집되어 있는 지역은 **생물다양성 고밀도지역(biodiversity hotspots)**(**그림 32.2**)으로 알려져 있다. 이러한 고밀도지역에는 세계의 모든 육지

그림 32.2 생물다양성 고밀도지역.

핫스팟은 지구 전체 면적의 2.4%만을 차지하지만, 세계 식물종의 50% 이상과 육상 척추동물의 42%를 포함하고 있다.

척추동물 종의 42%와 모든 식물종의 50% 이상을 포함하지만, 지구의 육지 면적은 약 2.4%에 불과하다. 따라서 가장 많은 종을 보호하려는 경우 고밀도지역을 우선시해야 한다.

보전생물학은 수천 종의 식물과 동물이 멸종의 경향을 바꾸도록 노력하고 있다. 이를 위해서는 생물다양성이 직접 및 간접적으로 엄청난 가치를 지닌 자원임을 모든 사람들이 인식할 필요가 있다.

생물다양성의 직접적 가치

생물다양성의 직접적 가치에는 인간에게 이익을 주는 약물, 음식물 및 기타 제품들이 포함된다.

약용 가치

미국에서 사용되는 대부분의 처방 의약품은 원래 생물에서 유래되었다. 마다가스카르의 로지 페리윙클은 유용한 약물을 제공하는 열대 식물의 훌륭한 예이다(**그림 32.3*a***). 이 식물에서 추출한 강력한 화합물은 두 가지 종류의 암인 백혈병과 호지킨 림프종 치료에 사용된다. 이러한 약물 덕분에 어린이 백혈병의 생존율은 10%에서 90%로 증가했으며, 호지킨 림프종은 지금은 일반적으로 치료 가능하다. 생명을 구하는 가치는 측정할 수 없지만, 종종 자원의 가치를 이해하기 쉬운 금전적 측면에서 설명되면 더욱 감사할 수 있다. 따라서 연구자들은 과거의 성공을 고려하면 열대우림에서 아직 발견되지 않은 수백 가지의 새로운 가치 있는 약물이 존재하며, 이 자원의 사회적 이익은 몇 천억 달러를 초과할 가능성이 높다고 말한다.

a. 로지 페리윙클

b. 원뿔 달팽이

그림 32.3 생물다양성의 약용 가치.
(a) 로지 페리윙클과 **(b)** 원뿔 달팽이와 같은 일부 야생동물 종은 인간에게 이로운 의약품 성분의 원천이 된다.
(a): ©Steven P. Lynch; (b): ©Tammy616/Getty Images

인기 있는 항생제인 페니실린은 *Penicillium* 균류에서 유래되었으며 일부 박테리아 종은 테트라사이클린과 스트렙토마이신 항생제를 생산한다. 산호초에서 발견되는 *Conus* 속 달팽이는 강력한 진통제를 생산하는 것으로 알려져 있다(**그림 32.3*b***).

한센병은 아직 치료 방법이 없는 질병 중 하나이다. 한센병을 일으키는 박테리아는 실험실 환경에서는 자라지 않지만, 연구자들은 아홉띠 아르마딜로에서 자연적으로 자라는 것을 발견했다. 이러한 박테리아 공급원이 있으면 한센병 치료법을 찾는 것이 가능할 수도 있다. 투구게의 혈액에는 리물루스 아메보사이트 라이세이트(limulus amoebocyte lysate)라는 물질을 포함하고 있으며, 이 물질은 심장박동기, 수술용 임플란트 및 보철물과 같은 의료 기기에 박테리아가 없는지 확인하는 데 사용된다. 해마다 250,000마리의 투구게에서 혈액을 채취한 후, 건강한 상태로 바다로 돌려보낸다.

농업적 가치

밀, 옥수수, 쌀과 같은 작물들은 원래 야생 식물에서 유래되었으며 생산성을 높이기 위해 개량되었다. 동일한 고수율 유전적으로 유사한 종류의 작물이 전 세계적으로 재배되는 경향이 있다. 아프리카에서 재배되는 벼가 바이러스로 인해 황폐화되었을 때, 연구자들은 수천 개의 종자 샘플에서 야생 벼를 재배하여 바이러스에 저항하는 유전자를 함유한 것을 발견했다. 이 야생 식물들은 그 후 번식 프로그램에서 다수확 벼 식물로 유전자를 전달하는 데 사용되었다. 이 저항성을 발견하기 전에 야생 벼 품종이 멸종되었다면, 아프리카에서의 벼 재배는 붕괴될 수도 있었을 것이다.

생물학적 해충 방제—구체적으로 천적과 기생충—는 종종 화학적 살충제보다 선호된다(그림 32.4). 벼 해충인 갈색멸구가 살충제에 저항성을 가질 때, 농부들은 갈색멸구의 천적을 사용하기 시작했다. 경제적인 절감 효과는 10억 달러 이상으로 계산되었다. 마찬가지로 페루의 카뉴에테 계곡의 목화 재배자들은 저항성으로 인해 살충제가 더 이상 목화 진딧물에 효과가 없다는 것을 발견했다. 연구 결과에 따르면 천적이 해결책으로 밝혀졌으며, 이에 따라 목화 재배자들은 이를 더 많이 활용하고 있다.

대부분의 개화 식물은 벌, 말벌, 나비, 딱정벌레, 새, 박쥐와 같은 동물에 의해 수분화된다. 꿀벌은 길들여져 있으며, 미국에서 매년 거의 100억 달러 가치의 식량작물에 수분화를 시킨다. 단일 종에 대한 의존성의 위험은 진드기로 인해 미국 상업용 꿀벌 개체 수의 30% 이상이 멸절된 사례로 나타난다. 저항성 꿀벌은 어디서 구할 수 있을까? 물론, 야생에서이다. 미국 농업 경제에 대한 야생 수분매개자의 가치는 연간 2,350억 달러 이상으로 추산된다.

소비적 사용 가치

우리는 작물을 재배하고, 가축을 기르고, 농장에서 나무를 키우는 등 많은 성공을 거두었다. 그러나 환경은 야생 과일과 야채, 껍질, 섬유, 밀랍, 해조 등 세계 시장에서 판매되는 다양한 다른 제품을 제공한다. 또한 일부 사람들은 고기를 직접 환경에서 얻는다. 한 연구에서는 말레이시아 동부 사라왁의 원주민 사냥꾼의 식단에서 야생 돼지의 경제적 가치가 연간 4,000만 달러 이상임을 계산했다.

마찬가지로, 많은 나무가 여전히 목재를 얻기 위해 자연 환경에서 벌채되고 있다. 연구자들은 페루 아마존의 다양한 종을 가진 숲이 목재 생산보다 과일과 고무 생산에 사용될 때 훨씬 더 가치가 있다고 계산했다. 고무 생산에 필요한 과일과 라텍스는 무제한으로 시장에 공급될 수 있지만, 나무가 없어지면 더 이상 임산물을 수확할 수 없다.

무당벌레는 해충을 잡아먹는 생물학적 살충제이다.

꿀벌과 다른 동물들은 많은 작물의 수분 매개자이다.

많은 종류의 물고기가 우리에게 음식을 제공한다.

고무나무는 우리에게 지속 가능한 제품을 제공한다.

그림 32.4 농업과 야생동물의 소비적 가치.
많은 야생동물 종은 우리의 풍부한 수확에 기여하며, 세계의 식량원으로서의 역할을 한다.

생물다양성의 간접적 가치

모든 야생종은 그들이 속한 생태계에서 중요한 역할을 한다. 그들을 보존하려면 개별 종보다는 전체 생태계를 보존하는 것이 더 유익하다. 생태계는 경제적으로 항상 측정할 수 없는 많은 간접적 서비스를 수행한다. 이러한 서비스는 광범위하고 쉽게 인지할 수 없기 때문에 간접적 가치라고 한다(그림 32.5).

그림 32.5 생태계의 간접 가치.
숲과 산호초는 생태계의 간접 가치로 나열된 많은 기능을 수행한다.
(deciduous forest): ©konradlew/Getty Images; (coral reef): ©Vlad61/Shutterstock

생물지구화학순환

우리는 31.2절에서 생태계가 에너지 흐름과 화학순환으로 특징지어진다는 것을 관찰했다. 생태계 내 생물다양성은 물, 탄소, 질소, 인 등의 생물지구화학순환의 작동에 기여한다. 우리는 이러한 순환을 통해 신선한 물을 얻고 대기 중의 이산화탄소를 제거하며 과도한 토양 질소를 흡수하고 인을 공급받는다. 인간 활동이 생물지구화학순환의 한 측면을 교란시킬 때 순환 내의 다른 부분도 영향을 받는다. 기술은 생물지구화학순환의 어떤 부분에도 인공적으로 기여하거나 복제할 수 없다.

폐기물 처리

분해자들은 죽은 유기물과 다른 종류의 폐기물을 무기 영양분으로 분해하여 생태계 내 생산자들이 사용할 수 있도록 한다. 이 기능은 우리가 매년 천만 톤의 폐기물을 자연 생태계에 버릴 때 인간에게 큰 도움을 준다. 분해가 없었다면, 폐기물은 곧 지구 전체 표면을 덮을 것이다. 하수처리장을 지을 수 있지만, 비용이 많이 들고, 고형 폐기물을 무기 영양분으로 완전히 분해하는 시설은 거의 없다. 부분적으로 처리된 폐수를 식물과 나무에 물을 주고 토양 박테리아가 완전히 정화하도록 하는 것이 더 저렴하고 효율적이다.

생물 군집체는 인간이 환경에 방출하는 중금속과 농약과 같은 오염물질을 분해하고 고정시키는 능력도 있다. 캐나다의 습지 기능 검토에서는 천연지역이 물을 정화하고 오염물질을 흡수하는 능력에 1헥타르당 50,000달러의 가치를 부여했다(1헥타르는 약 2.471에이커 또는 10,000제곱미터이다).

신선한 물 공급

적은 수의 육지 생물은 염분이 포함된 환경에서 생활하는 데 적응되어 있으며, 그들은 신선한 물(담수)이 필요하다. 물 순환은 지속적으로 육상 생태계에 신선한 물을 공급한다. 인간은 이를 음용하거나 농작물에 관개하는 등 수많은 방법으로 신선한 물을 사용한다. 강이나 호수와 같은 담수 생태계는 또한 우리가 소비할 수 있는 어류와 기타 유형의 유기체를 공급한다.

다른 상품과 달리 신선한 물을 대체할 수 있는 방법은 없다. 우리는 해수에서 염분을 제거하여 신선한 물을 얻을 수 있지만, 담수화 비용은 물 순환을 통해 얻은 평균 담수 비용의 약 4~8배이다.

숲과 기타 자연 생태계는 "스펀지 효과"를 발휘한다. 그들은 물을 흡수한 다음 조절된 속도로 방출한다. 자연 지역에 비가 내리면 식물의 잎과 죽은 잎들이 그 영향을 줄이고, 토양이 유기체에 의해 환기된 경우 흡수가 천천히 이루어진다. 숲의 물 보유 능력은 홍수의 가능성과 정도를 줄여준다. 실제로 매사추세츠주 보스턴 외곽의 습지지역의 가치는 홍수 감소 능력만으로 매년 헥타르당 10만 달러로 추정되고 있다.

그림 32.6 생태관광.
고래 관찰자들은 고래가 수면에 나타나는 재미를 경험한다.
©Chase Dekker Wildlife Images/Getty Images

숲은 비가 그친 후에도 며칠 또는 몇 주 동안 천천히 물을 방출한다. 서아프리카 커피 농장을 통과하는 강을 비교하면: 숲을 통과하는 강은 건기 중간에 물을 2배 더 방출하며, 건기가 끝날 쯤에는 3배에서 5배 더 많은 물을 방출한다. 이 데이터는 숲의 물 보유 능력을 보여준다.

토양 침식 방지

원활한 육상 생태계는 자연스럽게 토양을 보존하고 토양 침식을 방지한다. 이런 생태계 특성의 중요성은 특히 삼림 벌채 이후에 특히 두드러진다. 파키스탄에서는 세계 최대의 댐인 타르벨라 댐이 상류지역의 삼림 벌채로 인해 댐 뒤에 쌓이는 흙에 의해 예상보다 빠르게 120억 평방미터의 저장용량을 잃고 있다. 한때 필리핀은 연간 1억 달러 상당의 굴, 홍합, 조개 및 새조개를 수출했다. 그러나 삼림 벌채로 인해 하류를 따라 내려오는 흙이 맹그로브 생태계를 덮어씌우고 많은 해양 생물의 보육지로 사용되는 갯벌 생태계를 파괴하고 있다. 대부분의 해안 생태계는 상류지역의 삼림 벌채로 인해 예전만큼 풍부하지 않다.

기후 규제

지역적으로는, 나무는 그늘을 제공하고 건조한 바람을 막으며, 여름에 선풍기와 에어컨 사용을 줄여준다. 전 세계적으로, 숲은 온실가스인 이산화탄소를 흡수하기 때문에 기후를 규제한다. 나무의 잎이 광합성을 할 때, 이산화탄소가 사용되고, 이는 나무의 목재로 저장된다. 나무가 베어지고 태워질 때, 이산화탄소는 더 이상 천연 분해로 토양에 방출되지 않고, 대신 대기 중에 방출된다. 결과적으로, 전 세계적인 삼림의 감소는 대기로부터 제거되는 이산화탄소의 양을 줄여, 이러한 온실가스의 증가를 촉진한다. 삼림 벌채는 종종 미래의 나무 세대가 필요로 하는 토양 영양소를 제거하여, 다시 삼림화를 제한한다.

생태관광

거의 모든 사람들은 생태계의 자연적 아름다움에서 휴가를 즐기는 것을 선호한다(그림 32.6). 미국에서는 매년 약 1억 명의 사람들이 자연환경에서 휴가를 즐긴다. 이를 위해 미국의 휴가객들은 수수료, 교통, 숙박 및 식사에 연간 약 50억 달러를 소비한다. 많은 관광객들은 스포츠 낚시, 고래 관찰, 보트 타기, 하이킹, 조류 관찰 등을 원한다.

일부 사람들은 단지 자연 환경의 아름다움에 빠져들고 싶어한다. 이로 인해 일부 개발도상국은 생태관광 산업을 개발함으로써 상당한 경제적 잠재력이 있다는 것을 깨닫고 있다.

개념 연결하기
지구의 생물다양성은 인간에게 엄청난 가치가 있지만, 스트레스를 받고 있다.

진도 점검하기 32.2

1. 생물다양성의 직접적 가치와 간접적 가치를 요약하시오.
2. 현대 의학과 농업이 생물다양성에 의존하는 방식을 설명하시오.
3. 생물다양성의 보존이 물, 땅, 식품 또는 에너지 자원의 과잉개발로 인한 문제를 줄이는 데 도움이 될 수 있는 방법을 설명하시오.

32.3 자원과 환경 영향

학습 목표

이 절을 학습한 후에는 다음 과제를 수행할 수 있어야 한다.

1. 인구의 영향이 땅과 물 자원에 미치는 효과를 설명하기.
2. 현대 농업 방법이 환경에 미치는 영향을 설명하고, "녹색 혁명"이 이러한 문제를 완화하는 데 도움이 될 수 있는 방법을 설명하기.
3. 화석연료의 사용과 그로 인한 오염이 환경에 미치는 영향을 설명하기.

인간은 기본적인 필요를 충족하기 위해 자원을 사용한다. 땅, 물, 식량, 에너지, 광물은 최대로 사용되는 자원이다(그림 32.7).

일부 자원은 재생이 불가능하며, 일부는 재생이 가능하다. **재생이 불가능한 자원(nonrenewable resource)**은 공급이 제한되어 있다. 예를 들어, 땅, 화석연료, 광물의 양은 유한하며 고갈될 수 있다. 더 나은 추출 방법과 효율적인 사용으로 공급 기간을 연장할 수 있지만, 결국 이러한 자원은 고갈될 것이다. **재생 가능한 자원(renewable resource)**은 공급이 무한하다. 우리는 물과 특정 형태의 에너지(예: 태양에너지)를 사용하거나 식품을 위해 식물과 동물을 수확할 수 있으며, 더 많은 자원이 항상 생산된다. 그러나 이러한 자원이 재생 가능하더라도, 과소소비하지 않도록 주의해야 한다. 대부분의 종은 인구 수가 일정 이하로 떨어지면 인구가 회복되거나 유지될 수 없다는 한계가 있다. 서부 미국에서 한때 방대한 무리를 이루던 버팔로가 과잉개발로 인해 사라진 것과 같이 말이다.

불행하게도, 자원 소비의 부작용 중 하나는 오염이다. **오염(pollution)**은 환경이 원하지 않는 방식으로 변화하는 것을 의미한다. 오염은 주로 인간의 활동으로 인해 발생한다. 환경에 대한 인간의 영향은 인구 규모와 환경 자원의 소비량에 비례한다. 인구가 증가함에 따라 자원의 필요성과 이를 사용하여 발생하는 오염의 양도 증가한다. 예를 들어, 바다에 쓰레기를 버리는 일곱 명의 사람은 놀라운 일이 아닐 수 있지만, 70억 명의 사람들이 그렇게 한다면 그 청결도에 확실히 영향을 미칠 것이다. 현대에는 광물 및 에너지 자원의 소비가 인구 규모보다 빠르게 증가하고 있다. 선진국의 사람들은 이러한 자원을 불균형적으로 사용한다.

그림 32.7 자원.
인간들은 살 곳, 먹을 음식, 그리고 삶을 편리하게 하는 제품을 포함하여 자신들의 필요를 충족시키기 위해 땅, 물, 식량, 에너지, 그리고 광물을 사용한다.

(population): ©Jan Hanus/Alamy Stock Photo; (land): ©Steven Schleuning; (water): ©Evelyn Jo Johnson; (food): ©McGraw-Hill Education, John Thoeming, photographer; (energy): ©geniusksy/Shutterstock; (minerals): ©abutyrin/Shutterstock

땅

인간은 살 곳이 필요하다. 전 세계적으로, 남극 대륙, 산맥, 정글 및 사막을 포함한 사용 가능한 땅 1제곱킬로미터당 47명 이상이 살고 있다. 물론 주택 외에도 농업, 발전소, 제조 공장, 고속도로, 병원 및 학교와 같은 다양한 용도로 땅이 필요하다.

해변과 인간 거주

전 세계 인구의 적어도 40%가 해안으로부터 100 km(60마일) 이내에 거주하며, 이 숫자는 매년 증가하고 있다. 미국에서는 인구의 절반 이상이 해안(그레이트호를 포함하여)에서 80 km(50마일) 이내에 살고 있다. 해안에 바로 거주하는 것은 자연적인

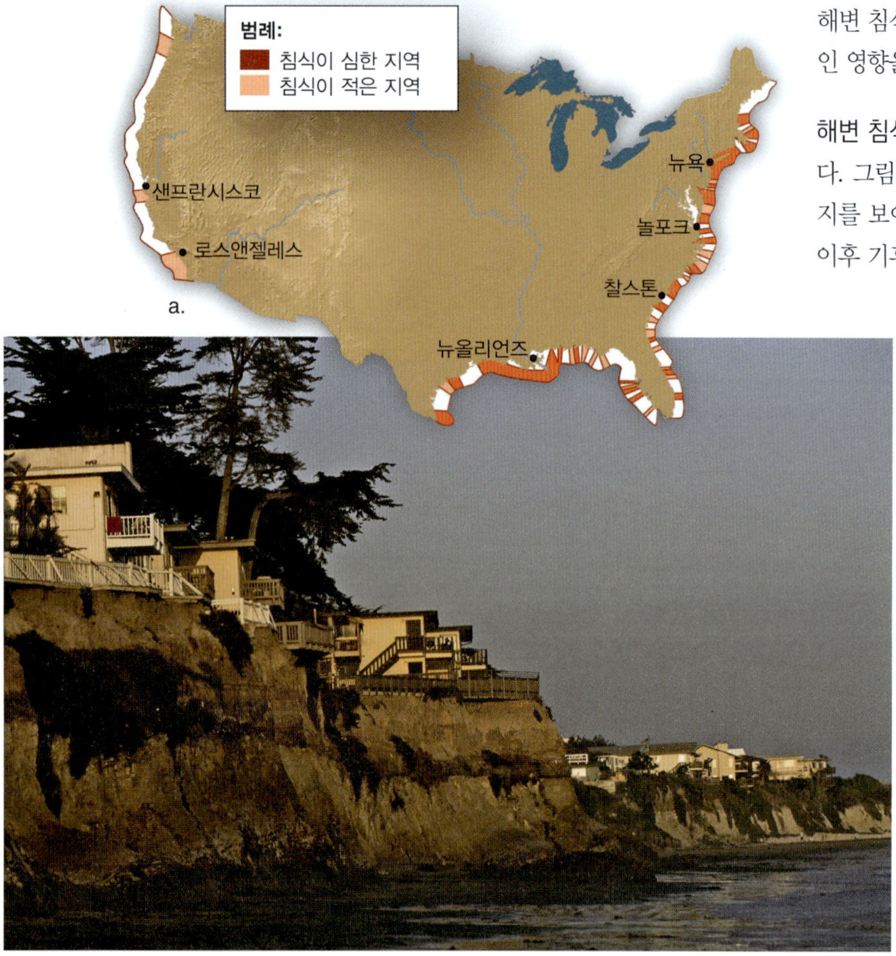

그림 32.8 해변 침식.

a. 미국 해안의 대부분은 해변 침식에 영향을 받는다.

b. 따라서, 해안 근처에 거주하는 사람들은 결국 자신의 주택을 잃을 수도 있다.

(b): ©Tyrone Turner/Getty Images Images

해변 침식과 해양 생물의 서식지 파괴를 가속화시키는 부정적인 영향을 미친다.

해변 침식 세계 해변의 약 70%가 침식되고 있다고 추정된다. 그림 32.8a는 미국 해안을 따라 이 문제가 얼마나 심각한지를 보여준다. 지난 12,000년 동안 해수면은 마지막 빙하기 이후 기후가 더 따뜻해진 이후로 계속 상승하고 있으며, 이에 따라 파도, 조수 및 바람과 관련된 힘이 증폭되었다.

인간들은 종종 해양으로 물을 더 방류하는 활동에 참여하여 해수면 상승과 해변 침식에 기여한다. 예를 들어, 인간은 미국 남부의 맹그로브 습지와 미국 북부의 염분 습지와 같은 해안 습지를 채웠다. 이전에는 "폐지지역"으로 여겨졌던 곳들이다. 습지가 제공하는 서비스에 대한 인식이 증가함에 따라 미국에서는 지난 40년 동안 습지 보전 및 복원이 증가해왔다. 해안 습지를 보호하는 다양한 이유가 있다. 이곳은 어류와 다른 해양 생물의 번식지로 작용하며, 허리케인 폭풍 해일에 대한 방어 역할을 하며, 해안 침식을 줄여준다. 또한 다양한 종류의 새를 포함한 일부 육상 생물의 서식지로도 사용된다.

인간들은 종종 해변을 안정시키기 위해 해변에서 물로 연장되는 구조물인 방파제와 해안벽을 건설한다. 방파제는 한쪽에서 모래를 가두어 해변을 형성하고, 해안평행류를 감속시키지만 다른 한쪽에서 침식이 증가한다. 결국 해안벽도 해안 파동이 벽 앞과 벽 옆의 모래를 제거하기 때문에 침식을 증가시킨다. 모래를 수입하는 것이 더 나은 해결책이지만 매우 비용이 많이 들며, 식물과 동물의 개체 수를 방해할 수 있다. 댐 건설로 인해 퇴적물이 연안에 도달하지 못하므로 미국 연안은 받는 퇴적물보다 40% 더 많은 퇴적물을 잃고 있다고 추정된다.

해안 오염 해안은 담수, 호수, 강 및 하천에서 배출된 유독 물질이 결국 해안으로 흘러들어오기 때문에 특히 오염에 취약하다. 해상에서의 기름 유출도 지역적으로 유해한 영향을 일으킨다.

준사막 지대와 인간 거주

지구의 40%는 이미 사막이며, 사막에 인접한 어떤 땅도 인간이 적절하게 관리하지 않으면 사막이 되는 위험에 놓여 있다. **사막화(desertification)**는 준사막 땅을 사막과 같은 조건으로 변화시키는 것이다(그림 32.9).

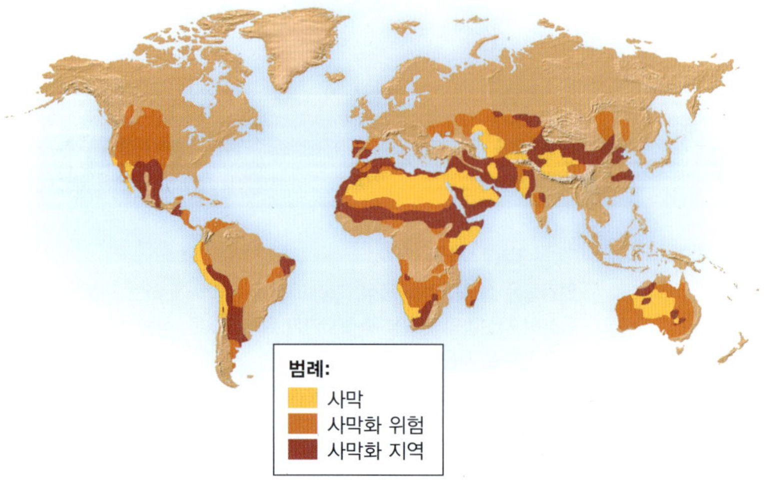

그림 32.9 사막화.

사막화는 인간 거주에 적합한 토지의 양을 줄이는 전 세계적인 현상이다.

Source: Data from Goudie, A., and Wilkinson, I., The Warm Desert Environment. New York, NY: Cambridge University Press, 1977.

그림 32.10 **삼림 벌채.**
a. 전 세계의 산림 지역의 거의 절반은 농업, 목재 채취 및 도시화를 위해 벌채되었다. **b.** 열대우림의 토양은 장기적인 농업에 적합하지 않다.
(b): ©Eco Images/Universal Images Group/Getty Images Images

많은 경우, 사막화는 인간이 동물이 땅을 과도하게 방목할 수 있도록 허용할 때 시작된다. 토양은 이제 더 이상 우물을 충전하거나 남아있는 식물들을 살려두기 위한 빗물을 담을 수 없으며 대신 빗물은 유실된다. 그런 다음 인간은 연료 또는 가축의 사료로 사용할 수 있는 식물을 찾아 제거한다. 최종 결과는 더 이상 농업을 지원할 수 없는 사막이 되며, 이후 인간은 다른 곳에서 이를 계속하면서 지역을 버리게 된다. 어떤 사람들은 전 세계 거의 4분의 3의 초원지대가 사막화 위험에 처해 있다고 추정한다. 2002~2003년 에티오피아 기근은 땅의 황폐화로 인해 인간과 가축을 더 이상 지원할 수 없을 정도로 나타났다.

열대우림과 인간 거주

숲의 범위를 줄이는 나무 제거(그림 32.10)인 **삼림 벌채(deforestation)** 를 통해 인간은 한때 숲이 땅을 덮고 있던 지역에서 오랫동안 살 수 있었다. 최근에는 도로 건설로 인해 아마존과 같은 열대우림에 사람들이 정착하고 있다는 우려가 커지고 있다. 이 땅 또한 사막화의 영향을 받는다. 열대 지역의 토양은 모든 영양분이 나무와 다른 식물에 묶여 있기 때문에 얇고 영양분이 부족한 경우가 많다. 나무가 베어지고 제거되며 농업이나 방목을 위해 토지가 사용되면, 그 토지는 빠르게 비옥성을 잃고 사막화되기 쉽다.

삼림 벌채의 다른 결과로는 생물다양성의 감소와 대기 중 이산화탄소의 증가가 있다. 한때 이산화탄소를 흡수하고 저장했던 나무들이 제거되었다. 열대우림의 파괴는 인간에게 가치 있는 수많은 종의 멸종을 초래한다.

물

깨끗한 식수에 대한 접근은 인간의 권리로 간주되지만, 대부분의 담수는 실제로 농업과 산업에서 사용된다(그림 32.11*a*, *b*). 미국에서는 모든 담수의 약 39%가 농작물 관개에 사용된다! 최근 물 수요 급증의 대부분은 산업 활동 증가와 관개 집약적인 농업에서 비롯된다. 이러한 종류의 농업은 현재 세계 식량작물의 약 40%를 공급하고 있다. 국내적으로 선진국(MDCs)에서는 식수와 조리보다 목욕, 화장실 사용 및 잔디 관리에 더 많은 물을 사용하는 경향이 있다(그림 32.11*c*). 세계의 물 부족 지역에서는 사람들이 식수를 쉽게 구할 수 없으며, 마실 경우 물이 깨끗하지 않을 수 있다.

a. 농업에서는 소비되는 담수의 대부분을 사용한다.

b. 산업의 물 사용량은 농업의 약 절반이다.

c. 가정에서의 물 사용량은 산업의 약 절반이다.

그림 32.11 **전 세계의 물 사용.**
a. 농업에서는 주로 관개를 위해 물을 사용한다. **b.** 산업은 다양한 방식으로 물을 사용한다. **c.** 사람들은 식수, 목욕, 화장실 사용 및 잔디 관리를 위해 물을 사용한다.
(a): ©Pgiam/E+/Getty Images; (b): ©Jeremy Samuelson/Photolibrary/Getty Images Images; (c): ©Stockbyte/PunchStock

연관

음식을 생산하기 위해 얼마나 많은 물이 필요한가?

1인분의 상추를 재배하는 데에는 약 6갤런의 물이 필요하다. 8온스 유리 한 잔의 우유를 생산하기 위해서는 49갤런이 필요하다. 이에는 소가 마시는 물의 양, 소의 먹이를 재배하는 데 사용되는 물, 그리고 우유를 가공하는 데 필요한 물이 포함된다. 1인분의 스테이크를 생산하는 데는 2,600갤런 이상의 물이 소비된다.

©PhotoSpin, Inc/ Alamy Stock Photo

물 공급 증가

인류의 필요량이 전체 재생 가능한 공급량을 초과하지는 않지만, 세계의 특정 지역에서는 문제가 발생한다. 그림 32.9에 나와 있듯이, 전 세계 땅의 약 40%는 사막이며, 사막은 반건조 지역과 접해 있다. 인구 증가를 지원하기 위해 강을 댐으로 막고 대수층에서 물을 끌어와 담수의 공급을 늘린다.

댐 세계에는 45,000개의 대형 댐이 있으며, 이들은 모든 강수량의 14%를 잡아내며, 경작지의 약 40%에 물을 공급하며, 약 65개국에 전력의 절반이 넘는 양을 제공한다. 어떤 강의 댐은 너무 광범위해서 더 이상 예전과 같이 흐르지 않는다. 중국의 황하강은 대부분의 해에 바다에 도달하지 못하며, 콜로라도강은 겨우 캘리포니아만에 이르기도 하며, 심지어 리오그란데강도 멕시코만과 합류하기 전에 마르기도 한다. 지구상에서 가장 긴 첫 번째와 세 번째 강인 각각 이집트의 나일강과 인도의 갠지스강도 지나치게 개발되어, 일 년 중 일부 시기에는 거의 바다에 도달하지 못한다.

댐은 추가적인 단점도 가지고 있다: (1) 댐 뒤의 저수지는 증발과 밑에 있는 암석층으로 인해 물을 잃는다. 잃어버리는 물의 양은 때로는 사용 가능한 물의 양과 동일할 수도 있다! (2) 증발과 농업 유출수로 남겨진 염분은 하류로 갈수록 강물을 사용할 수 없게 만들 수 있다. (3) 퇴적물의 축적으로 인해 댐은 물을 더 이상 가두지 못할 정도로 약해질 수 있다. 시간이 지남에 따라 댐은 물을 저장하기에 무용지물이 될 수 있다. (4) 댐 아래쪽의 감소된 물의 양은 토착 야생동물에 부정적인 영향을 미친다.

a. 가뭄에 강한 식물

b. 물을 절약하는 데 기여하는 방법 중 하나인 물방울 관개

그림 32.12 물 절약을 위한 보존 조치.
a. 공원과 정원에 가뭄 저항성 식물을 심거나 밭에 가뭄 저항성 작물을 재배하면 관개의 필요성을 줄일 수 있다. **b.** 물방울 관개는 물을 직접 뿌려 뿌리에 물을 공급한다.

(a): ©Bruno Barbier/Getty Images Images; (b): ©Milan Stojanovic/Getty Images

대수층 담수 수요를 충족시키기 위해 사람들은 지구 표면 아래에 있는 자연 저수지인 **대수층(지하수층, aquifers)**에서 방대한 양의 물을 끌어올리고 있다. 지하수층은 매년 육지에 내린 강수량의 약 1,000배에 해당하는 물을 보유하고 있다. 이 물은 오랜 기간에 걸쳐 내린 비로부터 축적된다. 지난 50년 동안 지하수 고갈은 세계 여러 지역에서 문제가 되고 있다. 미국 중부의 사우스다코타부터 텍사스 팬핸들까지 이어지는 고원 대수층의 상당 부분에서는 농업용 또는 가정용으로 많은 양의 물이 끌어올려진다. 1950년대에는 인도에서 100,000대의 모터식 펌프가 가동되었지만, 오늘날 인도에서는 지하수 채수량이 크게 증가한 2,000만 대의 펌프가 가동되고 있다.

환경적 영향 물의 제거는 토양의 건조로 인해 토기로의 **침하(subsidence)**, 표면의 하강을 일으킨다. 캘리포니아의 샌호아킨 밸리(San Joaquin Valley)에서는 면적이 13,000 km^2 이상인 지역이 침하되어, 가장 심한 지점에서는 표면이 9미터 이상 낮아졌다! 인도의 구자라트(Gujarat) 일부 지역에서는 지하수위가 7미터까지 하강한 곳도 있다. 침하로 인해 운하, 건물 및 지하 파이프가 손상될 수 있다. 지하수가 빠져나오면 싱크홀이 발생할 수도 있다. 이는 물이 더 이상 동굴의 지붕을 지지하지 않기 때문이다.

지하수 고갈의 또 다른 결과로는 **해수 침투(saltwater intrusion)**가 있다. 일반적으로 하천과 대수층에서 나오는 물의 흐름은 해수가 상당히 없는 상태를 유지한다. 그러나 물이 빠져나가면 지하수면이 하강하여 해수가 하천과 지하수층으로 역류할 수 있다. 해수 침투는 해안을 따라 담수 공급을 감소시킨다.

물 절약

2025년에는 전 세계 인구의 2/3가 심각한 물 부족에 직면한 국가에서 살고 있을 수 있다. 물 공급을 확대하기 위한 다양한 해결책이 있다(그림 32.12). 물방울 관개를 사용하면 물을 더욱 효율적으로 공급할 수 있다. 전통적인 방법보다 대략 50% 더 많은 물을 절약하면서 수확량을 늘릴 수 있다. 물방울 관개 시스템은 1960년에 처음 개발되었지만, 관개지의 1% 미만에서만 사용된다. 대부분의 정부는 관개 시설에 대한 보조금을 너무 많이 지급하기 때문에 농민들은 물방울 관개 시스템이나 기타 절수 방법에 투자할 동기가 거의 없다. 가뭄과 염분에 강한 작물을 심는다면 농업용 물 사용량을 줄일 수 있다. 물 재활용과 보존 조치를 채택함으로써 세계의 산업은 물 수요를 절반 이상 줄일 수 있다.

식량

1950년에는 전 세계 인구가 25억 명이었고, 개인당 하루에 2,000칼로리 미만의 음식을 제공할만큼 충분한 식량이 없었다. 하지만 현재 지구상에는 77억 명이 넘는 인구가 살고 있으며, 세계 식량 공급은 개인당 하루에 2,500칼로리 이상을 제공한다. 일반적으로 식량은 작물 재배, 가축 사육 및 해양 어업 세 가지 활동에서 얻어진다. 불행하게도 식량 공급을 증가시킨 현대 농업 방법은 종종 다음과 같은 유해한 관행을 포함하고 있다.

- **몇몇 유전 품종의 재배.** 대다수의 농부들은 단일 유형(품종)을 전체 밭에서 재배하는 단일 재배를 실천한다. 불행하게도 유전적 다양성의 결여로 인해 단일 유형의 기생충이나 질병이 전체 작물을 감염시킬 수 있다. 이러한 시나리오에서는 질병 저항성을 나타낼 수 있는 유전적 변이를 고려하지 않는다.
- **비료, 살충제 및 제초제의 과도한 사용.** 비료 생산은 에너지 집약적이며, 비료 유출은 수질 오염의 원인이 된다. 살충제는 해충뿐만 아니라 유익한 토양 유기체를 죽이기 때문에 토양의 비옥도를 감소시키며, 일부 살충제와 제초제는 암 발병과 관련이 있다.
- **대량의 관개.** 때때로 물은 대수층에서 채취되는데, 그 대수층의 수분 함량은 미래에 너무 낮아져서 더 이상 펌핑하기에는 비용이 너무 많이 들 수 있다.
- **과도한 연료 소비.** 관개 펌프는 대수층에서 물을 제거하고, 대형 농기계는 비료, 살충제 및 제초제를 살포하고 작물을 심고 수확하는 데 사용된다. 실제로, 현대 농업 방식은 화석연료 에너지를 식량 에너지로 전환한다.

그림 32.13은 현대 농업 관행의 해로운 영향을 최소화하는 방법을 보여준다.

토양 유실과 황폐화

농업 및 가축용으로 적합한 토지가 전 세계적으로 황폐화되고 있다. 토양의 최상부인 표토는 유기물이 가장 풍부하며 풀과 작물을 가장 효과적으로 지원할 수 있다. 벌거벗은 토양이 물과 바람의 영향을 받으면 토양 침식이 일어나고 표토가 유실된다. 결과적으로, 주변 초지는 사막이 되고, 농지는 생산성을 잃게 된다.

대형 농기계의 사용을 용이하게 하는 일직선으로 작물을 심는 관습은 미국과 캐나다가 세계에서 가장 높은 토양 침식률을 가지게 한 원인이다. 현재 손실되고 있는 영양분을 보존한다면 농부들은 연간 200억 달러의 비료 비용을 절감할 수 있다. 침식된 퇴적물의 많은 부분은 호수와 하천으로 흘러들어가 수생 생물의 생존 능력을 감소시킨다.

거의 모든 물에는 용해된 염분이 포함되어 있으며, 이 염분은 식물이 물을 흡수하거나 물이 증발할 때 남게 된다. 물의 증발이나 식물의 물 흡수로 인해 발생하는 광물 염분의 축적인 인공적인 염화로, 물의 25%에서 35%는 염화되었다고 알려져

a. 다작법

b. 경사로와 비경작 농업

c. 생물적 해충 통제

그림 32.13 보존 방법.
a. 다작법은 한 종류의 해충이 전체 작물을 파괴하는 능력을 줄이고 제초제를 사용하는 필요성을 줄인다. 이 농부는 옥수수 줄기 사이에 알팔파를 심어 토양의 질소 함량을 보충한다(비료를 추가하지 않고). **b.** 경사로와 비경작 농업은 물이 덜 흘러가기 때문에 토양을 보존한다. **c.** 농약 대신 자연적인 피식자를 사용하는 것이 가능하다. 여기 무당벌레가 재배된 작물에서 진딧물 먹고 있다.

(a): Source: USDA-NRCS photo by Tim McCabe; (b): Source: USDA-ARS photo by David Nance; (c): ©Jolanda Aalbers/Shutterstock

있다. **염화(salinization)**는 농작물 재배에 적합하지 않은 토지로 만든다.

녹색 혁명

약 50년 전, 연구 과학자들은 주로 후진국(LDCs)의 농부들을 위해 열대 지방에서의 밀과 쌀 품종을 교배하기 시작했다. 이러한 새로운 품종의 도입으로 인해 전 세계적으로 수확량이 급증한 것을 "녹색 혁명"이라고 부르게 되었다. 이러한 식물들은 세계 인구의 급격한 증가에 발맞춰 세계 식량 공급에 도움을 주었다. 그러나 이러한 식물은 대량의 비료, 물 및 살충제가 필요한 "높은 반응성"이라고 불리는 특징을 가지고 있다. 즉, 현대 농업 방식과 마찬가지로 동일한 보조금이 필요하며 동일한 생태학적 문제를 야기한다.

유전공학 유전공학은 새롭고 다양한 특성을 지닌 유전자 조작 식물을 생산할 수 있다. 그 중에서도 곤충 및 제초제에 대한 저항력을 가지는 유전자 변형 작물을 생산할 수 있다(12.2절 참조). 제초제 내성 작물을 심으면 잡초를 쉽게 통제할 수 있으며, 경작량을 줄일 수 있고 토양 침식을 최소화할 수 있다. 연구자들은 염분, 가뭄 및 추위에 대처할 수 있는 작물도 생산하고자 한다. 또한 작물의 식품 품질을 향상시키는 데 일부 진전이 있었으며, 이로써 사람들이 필요로 하는 단백질, 비타민 및 미네랄을 더 많이 공급할 수 있게 되었다. 유전 공학 작물은 또 다른 녹색 혁명을 가져오고 있다. 그러나 일부 사람들은 유전 조작 작물의 사용에 반대하며, 환경 파괴와 인체 건강 문제에 이어질 것을 우려한다.

국내 가축

밀, 쌀 또는 옥수수와 같은 곡물만으로 이루어진 저단백, 고탄수화물 식이는 영양실조를 유발할 수 있다. 후진국에서는 신생아 및 1~3세 어린이에게 심한 단백질 결핍으로 인한 고위축증인 콰시오르코르가 나타난다. 이 결핍은 새로운 아기가 가족에 태어나고 기존 어린이들이 더 이상 모유 수유를 하지 않게 되면 발생한다. 이러한 어린이들은 무기력하고 짜증을 잘 내며, 배가 부풀어 있다. 이 상태는 종종 지적 장애를 일으킨다.

선진국(MDCs)에서는 대부분의 사람들이 식단에서 충분한 단백질을 섭취하고 있다. 미국 농경지의 거의 2/3는 가축 사료 생산을 위해 사용된다. 이는 화석연료, 비료, 물, 제초제 및 살충제의 상당한 부분이 가축 사육에 사용된다는 것을 의미한다. 일반적으로, 소는 약 4개월 동안 방목 사육된 후 혼잡한 사육장으로 옮겨져 곡물을 먹으면서 성장 호르몬과 항생제를 투여받는다. 많은 경우 돼지, 닭 및 소는 협소한 사육장과 우리에서 평생을 보낸다(그림 32.14).

그림 32.14 가축의 밀집.
사육장에 있는 소들.
©Dave Hughes/Getty Images

미국에서 가축이 농작물의 많은 부분을 먹는 것처럼, 가축 사육은 농업과 관련된 오염의 상당 부분을 차지한다. 뿐만 아니라, 제초제와 살충제를 생산하고 식량을 생산하는 데에 화석연료 에너지가 필요하다는 것도 고려해야 한다. 선진국에서는 가축 사육이 에너지 소비가 매우 많다. 게다가, 가축 배설물을 인근 수역으로 씻어내기 위해 물이 사용되며, 이로 인해 수질 오염이 크게 증가한다. 불행하게도, 원시 동물 배설물은 인간 배설물과 동일한 방식으로 규제되지는 않는다.

이러한 이유로 생태 피라미드(그림 31.20)를 상기하는 것이 현명하다. 이는 먹이사슬을 따라 올라갈수록 에너지가 손실된다는 것을 보여준다. 일반적으로, 식물로부터 얻은 10칼로리의 에너지 중 초식동물의 조직 생성을 위해 사용 가능한 칼로리는 단 1칼로리에 불과하다. 즉, 곡물을 기반으로 한 식단으로는 고기를 기반으로 한 식단의 10배나 많은 인구를 먹일 수 있다는 의미이다.

어업

2000년 이후로 세계 어획량은 감소 추세이다. 전 세계적으로 1970년부터 1990년 사이에 어로 전용 대형 어선의 수가 120만 척으로 두 배가 증가했다 미국 어선도 연방 대출이 가능하여 어선 건조에 참여하였다. 새로운 어선은 음파 탐지기와 수심 기록 장치를 갖추고 있으며, 컴퓨터는 이전 어획지의 위치를 기억하여 다시 그곳으로 돌아가서 물고기를 잡을 수 있게 도와준다. 헬리콥터, 비행기, 심지어 위성 데이터까지 사용하여 물고기를 찾을 수 있다. 이로 인해 일부 지역에서는 과잉 어획이 발생하였다. 예를 들어, 미국에서 북대서양 검은돔 어획량은 1980년부터 1990년까지 70% 감소하였으며, 평균 무게는 115파운드에서 60파운드로 감소했다. 실제로 북대서양 대표적인 참다랑어는 지나치게 남획되어 회복하기 어려울 뿐만 아니라 멸종의 위기에 처해 있다.

현대 어업 방식은 생물다양성에 부정적인 영향을 미친다. 왜냐하면 일부 어선이 사용하는 거대한 그물에는 우연히 많은 해양 생물들이 포획되기 때문이다(그림 32.15*a*). 이러한 동물들은 버려진다. 세계 새우 어업은 연간 350만 톤의 어획량을 가지고 있지만, 이 과정에서 잡혀서 버려지는 다른 동물들은 950만 톤에 달한다. 통제된 환경에서 참치, 새우 및 기타 수생생물을 사육하는 양식(수산 양식)은 야생 개체군에 대한 어획 압력을 줄였다(그림 32.15*b*). 실제로 미국에서 제공되는 새우의 90% 이상은 수산 양식을 통해 생산된다.

a. 저인망을 이용한 어업

b. 수산 양식

그림 32.15 어업.

최근 몇 년간 세계 어획량은 감소했고 **(a)** 현대 어업 방식이 어업 자원을 과다 이용하기 때문이다. **b.** 수산 양식은 통제된 환경에서 수생 생물을 양식함으로써 해양에 대한 수요를 감소시키고 있다.

(a): ©StrahilDimitrov/Getty Images; (b): ©Violetastock/iStock/Getty Images

에너지

전 세계 에너지 공급의 약 6%는 원자력 발전소에서 생산되며, 81%는 화석연료 등 한정된 재생 불가능한 에너지원에서 생산된다. 한때 원자력 발전 산업이 전 세계 에너지 수요의 상당 부분을 충족시키겠다고 예측되었지만, 이는 다음 두 가지 이유로 인해 일어나지 않았다: (1) 사람들은 체르노빌(1986)과 후쿠시마(2011)와 같은 원자력 발전소에서의 재해가 발생할 가능성에 대해 매우 우려한다. (2) 원자력 발전소에서 발생하는 방사성 폐기물은 수천 년 동안 환경에 위협이 되고 있으며, 이를 안전하게 보관하는 최선의 방법을 아직 결정하지 못했다.

31.2절에서 배운 대로, 석유, 천연가스 및 석탄은 수백만 년 전에 죽은 생물체의 압축된 잔해인 **화석연료(fossil fuel)**이다. 선진국(MDCs)은 현재 후진국(LDCs)보다 2배 이상의 화석연료를 소비하지만, LDCs에는 MDCs보다 훨씬 더 많은 인구가 있다. 추산에 따르면, MDCs의 각 개인은 하루 동안 LDCs의 한 사람이 1년 동안 사용하는 정도의 에너지를 사용한다고 알려져 있다.

화석연료 중에서 석탄에는 상당한 양의 황이 포함될 수 있기 때문에, 석유는 석탄보다 더 깨끗하게 연소된다. 따라서 미국은 석탄 공급이 충분하더라도 수입 석유를 우리가 선호하는 화석연료로 사용한다. 그럼에도 불구하고, 어떤 화석연료를 연소하는 것은 대기로 오염물질이 배출되기 때문에 환경 문제를 야기한다.

31.2절에서 논의된 바와 같이, 화석연료의 연소는 대기 중 온실가스 농도를 상

그림 32.16 화석연료 사용의 영향.
온실가스의 대기 중 도입으로 인해 지구 평균 온도가 상승하고 있다. 온도가 몇 도만 상승해도 산호초가 "백화"되어 생명을 잃게 된다. 대부분의 그레이트 배리어 리프(Great Barrier Reef)가 이미 산호 백화로 인해 사라졌다.
©Len Zell/Getty Images Images

승시키고 있다. 수많은 과학적 연구에 따르면 이산화탄소의 증가가 지구 온난화와 기후 변화에 영향을 미친다는 사실이 밝혀졌다. 바다가 많은 양의 이산화탄소를 흡수한다는 것은 대기 중 초과 이산화탄소 양으로 인해, 대양은 온난화와 산성화에 취약해진다(그림 32.16).

재생 가능한 에너지원

재생 가능한 에너지원에는 풍력, 수력, 지열에너지 및 태양에너지가 포함된다(그림 32.17).

풍력 풍력은 앞으로 우리의 에너지 수요의 상당한 부분을 차지할 것으로 예상된다. 풍력을 이용하여 자체적으로 전기를 생산하는 지역 사회는 과잉 전력이 있는 경우 지역 공공 시설에 전기를 판매하고, 풍력이 부족한 경우에는 같은 시설에서 전기를 구매함으로써 불균일한 에너지 생산 문제를 해결할 수 있다.

수력 수력 발전소는 떨어지는 물의 에너지를 전기로 변환한다. 수력은 미국에서 생산된 전기의 약 6.5%와 총 재생 가능 에너지의 거의 31%를 차지한다. 최근 몇 년 동안의 수력 발전 개발은 엄청난 댐 건설 때문에 이루어져 왔으며, 이는 해로운 환경 영향을 가지고 있다. 대안으로는 각각의 댐당 생산되는 전력이 적지만 같은 환경적 영향을 가지지 않는 소규모 댐이 있을 수 있다.

지열에너지 지열에너지는 우라늄, 토륨, 라듐, 플루토늄과 같은 원소들이 지구 표면 아래에서 방사성 붕괴를 겪고 주변의 암석을 수백도 섭씨까지 가열한다. 암석이 지하수나 호수와 접촉하면 거대한 양의 증기와 뜨거운 물이 생성된다. 이 증기는 지상으로 파이프를 통해 올려져 가정 난방용 뜨거운 물을 공급하거나 증기 추진 터보 발전기를 작동시키기 위해 사용될 수 있다. 캘리포니아의 간헐천 프로젝트는 세계 최대 규모의 지열 발전 단지이다.

에너지와 태양-수소 혁명 태양에너지는 다른 유형의 에너지와 경쟁하기 위해서는 (1) 수집되어야 하고, (2) 다른 형태로 변환되어야 하며, (3) 저장되어야 한다. 집의 수동 태양열 난방은 창문이 태양을 향하고 건물이 잘 단열되며, 열이 물탱크, 암석, 벽돌 또는 다른 적절한 재료에 저장될 수 있는 경우에 성공적이다.

태양(태양광)전지[photovoltaic(solar) cell]에서는 전자를 방출하는 금속 웨이퍼가 전자

a.

c.

b.

그림 32.17 재생 가능 에너지원.
a. 풍력 발전은 충분한 풍차를 설치할 수 있는 땅이 필요하다. **b.** 수력 발전 댐은 청정한 에너지 형태를 제공하지만, 다른 면에서는 생태학적으로 재앙이 될 수 있다. **c.** 지붕 위의 태양전지는 과거보다 더 저렴하게 확산된 태양에너지를 수집할 수 있다.
(a): ©Glen Allison/Getty Images; (b): ©Maxim Burkovskiy/Shutterstock; (c): ©Danita Delimont/Getty Images Images

를 수집하고 안정적인 전류로 와이어를 통해 전달하는 다른 금속과 접촉되어 있다. 지붕에 설치된 태양전지는 예를 들어 건물 내부에서 사용하거나 전력 회사에 판매할 수 있는 전기를 생산한다.

과학자들은 태양에너지를 전기 분해를 통해 물에서 수소를 추출할 수 있는 기술을 개선하고 있다. 그러면 추출된 수소는 깨끗한 연소 연료로 사용될 수 있으며 연소하면 물이 생성된다. 현재 대부분의 자동차는 휘발유로 작동하는 내연기관을 갖고 있다. 자동차 제조업체들은 수소를 사용하여 전기를 생산하는 연료전지로 구동되는 차량을 만드는 노력을 하고 있다(그림 32.18). 생산 중인 가솔린-연료전지 하이브리드 차량의 다양한 종류도 있다. 밴쿠버와 시카고와 같은 지역에서는 연료전지가 버스를 구동하고 있으며, 더 많은 발전이 예상된다.

태양-수소 혁명의 이점은 최소한 두 가지이다: (1) 세계는 더 이상 석유에 의존하지 않을 것이며, (2) 산성비와 스모그와 같은 환경 문제는 줄어들 것이다.

a.

b.

그림 32.18 태양-수소 혁명.
a. 이 버스는 수소 연료로 작동된다. **b.** 이러한 프로토타입과 같은 가솔린-연료전지 하이브리드 차량의 사용은 대기 오염과 화석연료에 대한 의존도를 줄일 것이다.

(a): ©LusoEnvironment/Alamy Stock Photo; (b): ©Zoran Karapancev/Shutterstock

광물

광물(minerals)은 지구의 지각에 있는 재생 불가능한 원자재로, 인간이 사용하기 위해 채굴(추출)될 수 있다. 재생 불가능한 광물에는 화석연료, 모래, 자갈, 인산염과 같은 비금속 원료, 그리고 알루미늄, 구리, 철, 납, 금과 같은 금속이 포함된다.

재생 불가능한 자원은 고갈될 수 있으며, 그 결과 공급은 결국 고갈될 것이다. 우리는 에너지를 절약하고 금속을 재활용하며 새로운 매장량을 찾으면서 화석연료의 공급을 연장할 수 있다.

미국에서는 거대한 기계가 실제로 산을 깎아내려 광물에 접근할 수 있다(그림 32.19). 이러한 상황에서는 토지가 식생이 없어져 비가 내리면 독성 폐기물이 인근의 하천과 강으로 유출될 수 있다. 현재 법률은 "지표면 채굴자"라고 불리는 사람들이 채굴 후 토지를 원래의 상태로 복원하도록 요구하며, 이는 완료까지 몇 년이 걸릴 수 있는 과정이다.

기타 오염원

합성 유기 화합물과 폐기물도 우려되는 오염물질이다.

합성 유기 화합물

합성 유기 화합물은 생물의 건강에 해로운 영향을 미치기 때문에 상당한 생태학적 우려를 불러일으킨다. 이러한 화합물은 플라스틱, 살충제, 제초제, 화장품, 코팅재, 용매, 나무 보존제 및 수백 가지의 다른 제품이 생산에 관여한다.

합성 유기 화합물에는 할로겐화 유기 화합물이 포함된다. 이는 할로겐(염소, 브로민, 플루오린)이 일부 수소 원자를 대체한 화합물이다. **클로로플루오로카본(chlorofluorocarbons, CFCs)**은 염소와 플루오린 원자가 일부 수소 원자를 대체한 할로겐화 유기 화합물의 한 종류이다. CFCs는 지구의 오존층을 얇게 만들어 지구상의 생명을 자외선의 위험한 영향으로부터 보호하는 역할을 하는 오존 보호막을 약화시켰다. 대부분의 선진국에서는 CFCs의 생산을 방지하기 위한 법률이 제정되었다. 염소를 포함하지 않는 히드로플루오로카본은 냉매 및 기타 제품에서 CFCs의 자

그림 32.19 현대 채굴 능력.
거대한 채굴 기계 — 20층짜리 빌딩만큼 높은 몇 개의 기계 — 는 한 스쿠프로 엄청난 양의 지각을 제거하여 석탄 또는 금속 광석을 채굴할 수 있다.

©DuxX/Shutterstock

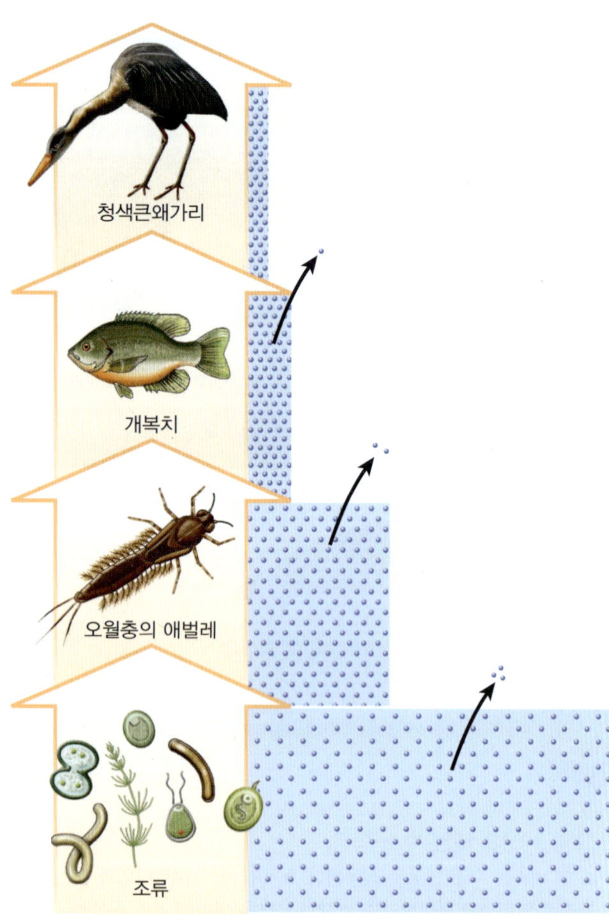

그림 32.20 생물학적 농축.
독극물인 DDTs와 같은 물질은 비교적 적은 양으로 배설되며(화살표), 영양 단계의 크기가 줄어들어 먹이사슬을 따라 이동함에 따라 최대로 농축된다.

리를 대체할 것으로 예상된다. 현재의 모델은 오존 보호막이 2050년까지 대부분 회복될 것으로 예측하고 있다. 그러나 그 사이에 피부 암의 증가가 더 많이 예상된다.

다른 합성 유기 화합물은 모든 생물의 건강에 직접적이고 심각한 위협을 가한다. 레이첼 카슨의 1962년 출간된 책인 '침묵의 봄'은 농약의 유해한 영향에 대해 대중들에게 알려주었다.

폐기물

세계 각국은 매년 수천만 톤의 고형 폐기물을 육지와 담수 및 해양에 버립니다. 고체 폐기물은 우리 건강에 위험한 것도 있으며, 시각적으로 확인할 수 있는 폐기물이다.

산업 폐기물 산업 폐기물은 제품의 채굴과 생산 과정에서 발생한다. 1970년대 초 미국에서는 깨끗한 물과 깨끗한 공기에 관한 법률이 마련되어 산업 폐기물을 대기로 배출하거나 수로로 흘려보내는 것을 금지했다. 그 결과 산업은 비규제였던 땅에 폐기물을 매립하기 시작했다. 심층 우물 주입, 플라스틱 라이너가 있는 구덩이, 그리고 매립지는 많은 수질 오염과 인간 질병, 암을 초래했다. 1950년부터 1975년까지 약 50억 미터톤의 매우 유독한 화학물질이 미국에서 부적절하게 처리되었다고 추정된다. 대중의 우려가 커져서 환경보호국(EPA)이 설립되었다. EPA는 "슈퍼펀드"라고 불리는 자금 배정을 통해 미국 내의 위험 폐기물 처리지를 정화하는 역할을 맡고 있다.

산업 폐기물 중 가장 흔히 발견되는 오염물질에는 중금속[납, 비소, 카드뮴, 크롬)과 유기 화합물[트리클로로에틸렌, 톨루엔, 벤젠, 폴리염화바이페닐(PCBs), 클로로포름]이 있다. 살충제, 제초제, 플라스틱, 식품 첨가제, 개인 위생용품에 사용되는 일부 화학물질은 내분비 교란을 방해하는 물질로 분류된다. 이러한 제품들은 내분비계에 영향을 주며 생식을 방해할 수 있다. 환경에서는 인체의 혈액 내 호르몬 수준보다 1,000배 높은 수준으로 발생한다.

분해자들은 이러한 폐기물을 분해할 수 없다. 이들은 배설되지 않기 때문에 생물체의 몸속으로 흡수되어 남아 있다. 그래서 먹이사슬을 따라 이동하면서 농축되는데, 이 과정을 **생물학적 증폭(biological magnification)**이라고 한다(그림 32.20). 이 현상은 육상의 먹이사슬보다 수생 생태계에서 더 자주 발생한다. 인간은 양쪽 유형인 먹이사슬의 최종 소비자 중 하나이며, 일부 지역에서는 인간의 모유에 DDTs 및 PCBs와 같은 폴리염화탄화수소가 감지된다.

때로는 고도로 오염된 강의 삼각주나 강입구의 진흙에 산업 폐기물이 축적되어 환경 문제를 일으킬 수 있다. 산업 오염은 많은 선진 개발국에서 대응하고 있지만, 후진 개발국에서는 보통 우선순위가 낮다.

하수 하수는 호수와 강에서 산소 공급 부족에 기여할 수 있다. 하수는 식물에 비료로 작용하여 부영양화를 초래할 수 있다. 먼저 조류가 생기고, 이후 조류가 모든 영양분을 소모하면 죽는다. 죽은 조류의 분해로 인해 물에서 산소가 부족해져 대량의 어류가 죽을 수 있다. 또한 인체 배설물은 병원성 미생물을 포함할 수 있다. 콜레라, 장티푸스 및 이질을 일으키는 미생물이 포함된 배설물은 하수 처리가 거의 없는 후진

연관

메틸수은은 무엇이며 왜 위험한가?

©Franco Banfi/WaterFrame/ Getty Images Images

메틸수은은 수은 원소가 메틸(CH_3)기로 결합된 분자이다. 이 메틸기로 인해 메틸수은은 생물학적 확대 또는 먹이사슬에서 화학물질의 농축을 통해 먹이사슬에 쉽게 축적된다. 메틸수은은 석탄 연소, 특정 금속의 채굴 및 의료 폐기물 소각 등을 통해 환경으로 방출된다. 이는 강력한 신경 독소이며 우리의 면역 체계 과정을 억제하기도 한다. 이에 따라 FDA와 EPA는 임산부와 영유아가 상어, 황새치, 옥돔 또는 왕고등어를 섭취하지 않도록 권장하며, 흰날개 다랑어는 주당 6온스 이하로 섭취하도록 제한하는 것을 권장한다. 대부분의 주에서는 수은 오염된 물에서 잡힌 지역 생선을 섭취하는 데 대한 경고를 게시하고 있다. 자세한 정보는 EPA 웹사이트인 www.epa.gov/waterscience/fish를 참조하라.

개발도상국 지역에서 매년 많은 어린이들이 이러한 질병으로 사망한다. 하수 처리 시설은 미생물을 사용하여 유기물을 무기질 영양분(질산염 및 인산염과 같은)으로 분해하고 이러한 영양분이 지표수에 유입된다.

개념 연결하기 32.3 사람의 자원 수요는 세계 생태계에 문제를 일으키고 있다.

진도 점검하기 32.3

1. 재생 가능 자원과 비재생 가능 자원을 구별하시오.
2. 삼림 벌채와 사막화의 원인과 각각 관련된 환경 문제를 설명하시오.
3. 현대 농업 관행의 해로운 영향을 나열하시오.
4. '녹색 혁명'의 영향을 요약하시오.
5. 재생 가능한 에너지원 네 가지를 나열하고 각각의 단점을 식별하시오.

32.4 지속 가능한 사회

학습 목표

이 절을 학습한 후에는 다음 과제를 수행할 수 있어야 한다.

1. 현재의 형태로 인간 사회가 지속 불가능한 이유를 설명하기.
2. 시골 사회를 더 지속 가능하게 만드는 데 도움이 되는 몇 가지 활동을 나열하기.
3. 도시 사회를 보다 지속 가능하게 만드는 데 도움이 되는 몇 가지 활동을 나열하기.

지속 가능한 사회(sustainable society)는 생물다양성을 보존하면서 미래 세대에게 현재와 동일한 상품과 서비스를 제공할 수 있다.

현재 사회

다음의 증거는 현재 인간 사회가 지속 가능하지 않음을 나타낸다(그림 32.21*a*).

- 상당한 부분의 땅과 자연 생태계가 인간의 목적을 위해 사용되고 있다(주택, 농업, 공장 등).
- 농업은 비재생 가능한 화석연료 에너지, 비료 및 농약의 대량 투입을 요구하여 오염을 초래한다. 농업에서는 가정에서 사용되는 물보다 더 많은 양의 담수가 사용된다.
- 미국에서는 최소한 반 이상의 작물 생산량이 농물 사료로 사용된다. 10:1의 법칙에 따르면, 1파운드의 고기를 생산하기 위해 10파운드의 곡물이 필요하다. 따라서 개발된 국가의 시민들이 현재처럼 많은 양의 고기를 소비하는 것은 비효율적이다. 또한 동물의 분변은 물을 오염시킨다.
- 물은 재생 가능한 자원이지만, 사용 가능한 공급량이 고갈되고 있다.
- 우리 사회는 주로 비재생 가능한 화석연료 에너지를 사용하고 있으며, 이는 산성비, 스모그 등 다양한 다른 오염물질이 생태계로 퍼지는 원인이 된다.
- 광물은 재생 불가능한 자원이며, 광업, 가공 및 광물 사용으로 인해 많은 환경 오염이 발생한다.

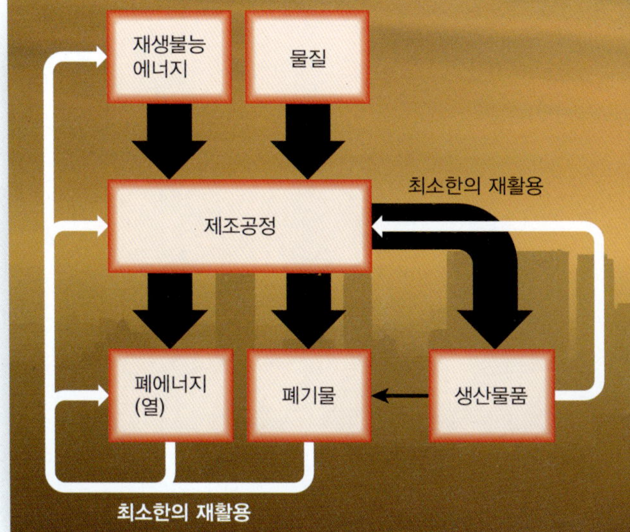

a. 현재의 인간 사회

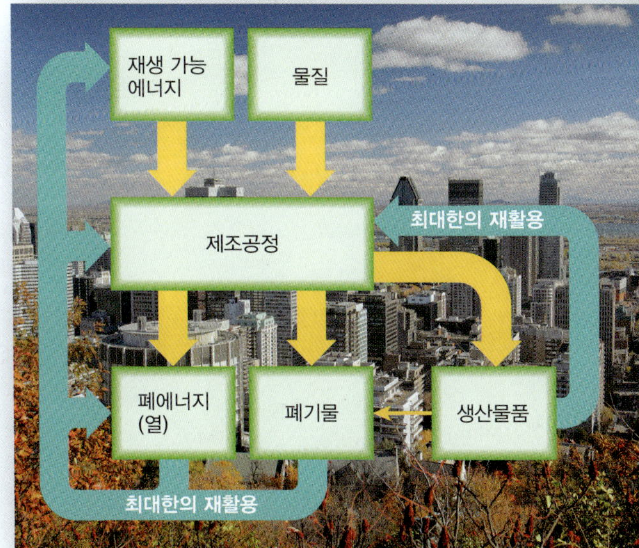

b. 지속 가능한 사회

그림 32.21 현재의 인간 사회 대 지속 가능한 사회.
a. 우리의 "일회용" 사회는 에너지와 원자재의 높은 투입, 열의 형태로 발생하는 폐기물 및 에너지의 대량 배출, 최소한의 재활용(흰색 화살표)로 특징지어진다. **b.** 지속 가능한 사회는 재생 가능한 에너지원의 사용, 열과 폐기물의 재사용, 제품의 최대한의 재활용(파란색 화살표)으로 특징지어진다.

(a): ©trekkerimages/Alamy Stock Photo; (b): ©Tony Tremblay/Getty Images

지속 가능한 사회의 특징

자연 생태계는 지속 가능한 인간 사회가 어떤 모습일지에 대한 단서를 제공한다. 자연 생태계는 재생 가능한 태양에너지의 사용, 다양한 인구를 통한 물질의 순환, 영양분과 에너지의 생산자로의 반환으로 특징지어진다. 따라서 우리가 지속 가능한 사회를 원한다면, 물질을 재활용하고 재생 가능한 에너지원을 사용해야 한다(**그림 32.21*b***). 이러한 원칙은 농촌 및 도시 지역에 모두 적용될 수 있다.

농촌의 지속 가능성

농촌 지역에서는 보존에 중점을 두어야 한다: 숲과 초원과 같은 육상 생태계, 담수종과 기수종 모두을 포함하는 수생 생태계를 포함한 생태계를 보존해야 한다. 또한 재생 가능한 자원을 제공하는 농지, 과수원 등을 보존해야 한다.

우리는 가능한 모든 조치를 취하여 남아 있는 토양을 보존하고 필요한 경우 토종 풀을 재식재하는 것이 필수적이다. 토종 풀은 토양을 안정화시키고 토양 영양분을 재생하면서 재생 가능한 바이오 연료의 원천 역할을 한다. 나무는 바람을 막아 토양 침식을 방지하는 동시에 농작물을 제공하기 위해 방풍림으로 심을 수 있다. 이러한 창의적인 해결책과 기타 다른 해결책은 오늘날의 생태학적 문제를 해결하기 위해 매우 필요하다.

다음은 농촌 지역을 더욱 지속 가능하게 만들기 위한 몇 가지 방법이다:

- 현금 작물 간이나 계절별 작물 심는 곳 사이에 흔히 콩과식물과 풀이 혼합된 **피복 작물**(*cover crops*)을 심어 토양을 안정화시킨다.
- 다양한 작물을 심고 다양한 농업 기술을 사용하여 토양의 유기물 함량을 증가시키는 **다용도** 또는 **다중 재배 농업**(그림 32.13*a*)을 실천한다.
- 퇴비화, 유기농 정원 가꾸기 또는 기타 자가 재생 방법을 통해 토양 영양분을 보충한다.
- 저류식 또는 물방울 관개, 저류지 연못 및 등고선 농업(그림 32.13*b*)을 사용하여 물을 절약한다.
- 마름병, 녹병, 해충 피해, 염분, 가뭄, 유해 잡초의 침입에 저항성이 있는 **품종**(영양적으로 번식하는 식물)을 더 많이 심는다.
- 작물 수확량을 향상시키면서 서식지 파괴를 줄이기 위해 축적된 지식에 의존하는 **정밀 농업**(*precision farming, PF*) 기술을 사용한다.
- 경쟁력 있는 유익 곤충의 성장을 촉진하고 해충 종의 풍부도를 줄이기 위해 생물학적 통제를 사용하는 **통합해충관리**(*integrated pest management, IPM*)를 사용한다(그림 32.13*c*).
- 전통적인 작물에 대한 의존도를 줄이기 위해 원산지 식물을 포함한 다양한 종을 심는다.
- **다기능 나무를 심어라**— 수많은 제품을 제공하고 다양한 기능을 수행하며, 추가로 방풍 역할도 하는 나무이다(그림 32.22). 성숙한 나무는 다양한 종류의 제품을 생성할 수 있다. 예를 들어, 다 자란 고무나무는 고무를 제공하며, 타구아 너트는 상아 대체재로 우수하다.
- 특히 허리케인이나 쓰나미 위험이 있는 지역에서는 습지를 유지하고 복원하라. 삼각주를 폭풍 피해로부터 보호하라. 습지를 보호함으로써, 우리는 귀중한 어종들의 번식지를 보존한다.
- 풍력, 수력 및 태양에너지와 같은 재생 가능한 에너지 형태를 사용하라.

그림 32.22 농촌의 지속 가능성.
토양 침식을 방지하기 위해 농부들에 의해 심어진 바람막이로 사용되는 나무는 과일과 견과류와 같은 제품을 생성하는 다목적으로 사용될 수 있다.

Source: USDA Natural Resources Conservation Service/Erwin Cole, photographer

• 지역 농부, 어부 및 사료 점포를 지원하기 위해 현지에서 생산된 식품을 구매하라.

도시의 지속 가능성

점점 더 많은 사람들이 도시로 이주함에 따라, 도시의 자원을 과도하게 사용하지 않으면서 이러한 새로운 이주민들의 요구를 충족할 수 있는 방법을 고려해야 한다. 다음은 도시를 보다 지속 가능하게 만드는 몇 가지 방법이다:

- 에너지 효율적인 교통 시스템을 구축한다.
- 태양열이나 지열에너지를 활용하여 건물을 난방하고, 해수를 이용한 에어 컨디셔닝 시스템으로 냉방한다. 일반적으로 보존 기술을 사용하여 건물의 온도를 조절한다.
- 건물의 지붕에 잔디, 허브, 채소 등으로 이루어진 야생 정원인 녹색 지붕(*green roof*)를 이용하여 온도 조절을 도와주고, 식량을 공급하며, 비의 유출량을 줄이고 시각적 매력을 제공한다(**그림 32.23**).
- 빗물 배수구, 인공 습지, 저류지 등에 퇴적물 트랩을 사용하여 빗물 관리를 개선한다. 보행로, 주차장, 도로에 다공성 표면을 적극적으로 사용한다. 이러한 표면은 덜 열을 반사하면서 비의 유출을 흡수한다.
- 기존의 풀 대신 꿀벌과 나비를 유인하고 물과 비료를 적게 필요로 하는 토착종을 심는다.
- 특정 도시 환경에 맞는 그린벨트를 조성한다. 많은 보행로와 자전거 도로를 포함시킨다.
- 신규 개발 전에 도시의 오래된 지역을 재생한다.
- 벽이나 지면에 붙는 조명 장치를 사용하여 빛 오염을 최소화하는 방향으로 광원을 설치한다.
- 조용한 모터를 설계하여 소음 수준을 조절한다.
- 업무용 장비의 재활용을 장려함으로써 지속 가능성을 촉진한다.
- 목재 대신 유지관리가 용이한 건축 자재를 사용한다.

그림 32.23 도시의 지속 가능성.
녹색 지붕은 생태적으로 안정적이며 시각적으로 아름다울 수 있다.
©Diane Cook and Len Jenshel/Getty Images Images

개념 연결하기

지구의 제한된 자원을 고려할 때, 현재의 인간 사회는 지속 가능하지 않는다. 그러나 지속 가능성을 높이기 위한 진전이 이루어지고 있다.

연관

에너지와/또는 물을 절약하고 기후 변화와 같은 환경 문제를 해결하는 데 도움이 되는 몇 가지 간단한 방법은 무엇인가?

다음은 개인적으로 할 수 있는 몇 가지 방법이다:

- 집의 전구를 소형 형광등으로 교체하시오. 이것들은 일반 전구보다 75~80% 적은 전기를 사용한다.
- 걷거나 자전거를 타거나 카풀을 하거나 대중교통을 이용하시오. 이렇게 하면 돈도 많이 절약된다!
- 식료품과 기타 구매를 위해 천 또는 망사 가방을 사용하시오. 비닐봉지는 10~20년이 걸려 분해된다. 또한 식량으로 오인되어 야생동물에게 위험할 수 있다.
- 양치를 하는 동안 물을 잠그시오. 물 한 병을 다 마시지 못했다면, 식물에 물을 주는 데 사용하시오. 건조한 기후에서는 물을 자주 주지 않아도 되는 자생 식물을 심어라.

©Mike Kemp/Getty Images

진도 점검하기 32.4

1. 지속 가능한 사회의 특징을 나열하시오.
2. 시골의 지속 가능성을 높일 수 있는 단계를 요약하시오.
3. 도시의 지속 가능성을 높일 수 있는 단계를 요약하시오.

요 약 SUMMARIZE

오늘날 인간의 행동으로 인해 지구의 천연자원에 엄청난 압력이 가해지고 있으며, 인간의 기후 변화는 동시에 지구의 생물다양성을 감소시킬 것으로 예상된다. 이러한 문제에 대처하기 위해 지속 가능한 사회를 위한 옵션들이 제공되고 있지만, 사람들이 필요한 변화를 할 의지가 있다면 가능하다.

보존생물학은 지구상의 다른 종들의 필요와 인간의 필요를 균형있게 조화시키려고 노력한다.

지구의 생물다양성은 인간에게 엄청난 가치가 있지만, 스트레스를 받고 있다.

사람의 자원 수요는 세계 생태계에 문제를 일으키고 있다.

지구의 제한된 자원을 고려할 때, 현재의 인간 사회는 지속 가능하지 않는다. 그러나 지속 가능성을 높이기 위한 진전이 이루어지고 있다.

32.1 보전생물학

보전생물학은 현재와 미래 세대를 위해 지구의 천연자원을 보존하는 데 관심을 가지는 생물학의 한 분야이다.

32.2 생물다양성

생물다양성은 지구상의 생명의 다양성을 의미한다. 대부분의 종은 상대적으로 적은 수의 **생물다양성 핫스팟(biodiversity hotspot)**에 위치해 있다. 생물다양성은 직접적인 가치와 간접적인 가치를 모두 갖고 있다.

생물다양성의 직접적 가치

생물다양성의 직접적인 가치는 다음과 같다:

- 약용 가치(생물로부터 유래된 약물)
- 농업적 가치(야생 식물로부터 유래된 작물)
- 생물학적 해충 방제 및 동물 수분매개자
- 소비용 사용 가치(식품 생산)

생물다양성의 간접적 가치

생태계의 생물다양성은 다음에 기여한다:

- 생물지구화학순환의 기능(물, 탄소, 질소, 인 등)
- 폐기물 처리(부패자의 작용과 자연 생태계가 물을 정화하고 오염물질을 흡수하는 능력을 통해)
- 물의 생물지구화학순환을 통한 신선한 물 공급
- 손상되지 않은 생태계에서 자연적으로 발생하는 토양 침식 방지
- 기후 조절(식물이 이산화탄소를 흡수)
- 생태관광(아름다운 생태계를 즐기는 인간의 즐거움)

32.3 자원과 환경 영향

인간에 의해 극대화된 다섯 가지 자원은:

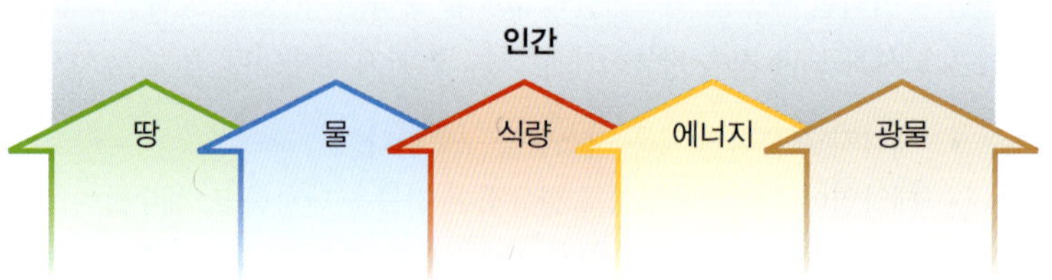

재생 불가능한 자원과 재생 가능한 자원으로 나눌 수 있다. 화석연료와 광물과 같은 **재생 불가능한 자원(nonrenewable resource)**은 공급이 제한적이다. 태양에너지와 수력 발전과 같은 **재생 가능한 자원(renewable resource)**은 공급이 제한되지 않는다.

땅

주거, 농업 및 광업과 같은 인간 활동은 침식, **오염(pollution)**, **사막화(desertification)**, **삼림 벌채(deforestation)** 및 생물다양성 감소에 기여한다.

물

산업과 농업은 대부분의 담수 공급을 사용한다. 강을 댐으로 막고 **대수층(aquifer)**에서 끌어옴으로써 물 공급량을 늘릴 수 있다. 대수층이 고갈되면 **침하(subsidence)**, 싱크홀 형성 및 **염수 침입(saltwater intrusion)**이 발생할 수 있다. 농지의 관개는 많은 양의 물을 소비하며 **염분화(salinization)**를 초래할 수 있다. 산업계에서 물 절약 방법을 사용하면 세계 물 소비량을 절반으로 줄일 수 있다.

식량

식량은 작물을 재배하고 동물을 기르며 어업을 통해 얻는다.

- 현대 농업 방식은 식량 공급을 증가시키지만 일부 방식은 토지를 손상시키고 물을 오염시키며 화석연료를 과도하게 소비한다.
- 유전자변형 식물은 식량 공급을 증가시키고 화학물질의 필요성을 줄일 수 있다.
- 가축 사육은 수질 오염을 유발하고 화석연료 에너지를 사용한다.
- 어선의 증가와 높은 효율성으로 인해 세계 어획량은 감소하고 있다.

에너지

세계 대부분의 에너지는 **화석연료(fossil fuel)**의 연소로 공급된다. 이는 재생 불가능한 자원으로서 오염물질과 온실가스가 대기로 배출되게 한다. 재생 가능한 에너지원으로는 풍력, 수력 및 지열에너지가 있다. **태양전지[photovoltaic(solar) cell]**는 태양에너지 접근을 위해 사용되고 있다.

광물

광물은 채굴할 수 있는 재생 불가능한 자원이다. 이러한 원료에는 모래, 자갈, 인산염 및 금속이 포함된다. 채굴 작업은 토양 침식, 식생의 감소 및 수역에 대한 독성 배출로 인해 토지 파괴를 유발한다. 채굴에 의해 파괴된 땅은 수십 년이 걸려 회복되기도 한다.

합성 유기 화합물

클로로플루오로카본(chlorofluorocarbons, CFCs)과 같은 화합물은 오존층에 유해하며 사람을 비롯한 생물의 건강에도 해를 입힌다.

폐기물

미처리 하수 및 산업 폐기물은 땅과 수역을 모두 오염시킨다. 일부 산업 폐기물은 **생물학적 증폭(biological magnification)**을 일으킬 수 있다. 이는 독소가 먹이사슬에서 위쪽으로 전달될 때 독소가 더 농축되는 과정이다.

32.4 지속 가능한 사회

지속 가능한 사회(sustainable society)는 재생 가능한 에너지원만 사용하며 열과 폐기물을 재활용하고 거의 모든 것을 재활용한다. 또한 현재 제공되는 상품 및 서비스를 생성하며 생물다양성을 보존할 것이다.

평가 ASSESS

혼자 풀어보기

가장 적절한 답을 고르시오.

32.1 보전생물학

1. 어떤 생물학 하위 분야가 보전생물학을 지원하는 데 도움이 되는가?
   a. 생태학
   b. 산림학
   c. 유전학
   d. 진화 생물학
   e. 이 모든 것이 맞다.

2. 보전생물학의 주요 목표는 무엇인가?
   a. 현재와 미래 세대를 위해 천연자원을 보전하는 것
   b. 농작물 생산량 증가
   c. 인간 사망률 감소
   d. 인간에게 경제적 가치를 제공하는 종 식별
   e. 이 모든 것이 맞다.

32.2 생물다양성

3. 다음 중 생물다양성의 간접적 가치는 무엇인가?
   a. 생물지구화학순환에 참여
   b. 폐기물 처리에 참여
   c. 신선한 물 제공
   d. 토양 침식 방지
   e. 이 모든 것이 맞다.

4. 생태계 보진은 간접적으로 신선한 물을 제공하는 이유는 다음과 같다.
   a. 나무는 광합성 결과로 물을 생산한다.
   b. 동물은 수성 제품을 배설한다.
   c. 숲은 물을 흡수하고 천천히 방출한다.
   d. 생태계는 물을 환경으로 방출하는 박테리아의 성장을 촉진한다.
   e. 식물은 잎으로 수분을 가두어 물을 유지한다.

32.3 자원과 환경 영향

5. 사막화는 일반적으로 다음과 같다.
   a. 사막은 자연적으로 크기가 커진다.
   b. 인간은 과도한 방목을 허용한다.
   c. 사막 동물이 먹이를 얻기 위해 인접 지역으로 돌아다닌다.
   d. 인간은 인근 사막에서 필요한 물을 얻기 위해 제한된 물 공급원을 활용한다.

6. 열대우림의 토양은 일반적으로 영양분이 부족하다.
   a. 다른 생태계보다 더 많은 물을 받는다.
   b. 모래이다.
   c. 질소고정 박테리아가 없다
   d. 영양분이 식물에 묶여 있다.

7. 세계 대부분의 담수는 다음 목적으로 사용된다.
   a. 음용수
   b. 산업 지원
   c. 농작물 관개
   d. 요리
   e. 목욕

8. 호수와 강에 미처리 하수를 버리는 데 따른 가장 큰 부정적 영향은 다음과 같다.
   a. 산소 고갈
   b. 탄소의 축적
   c. 물에 대한 광선 투과력 감소
   d. 작은 물고기의 개체 수 증가

9. 다음 중 어떤 것이 담수 보존에 도움이 될까?
   a. 해수 침투
   b. 가뭄에 강한 작물
   c. 관개 증가
   d. 대수층에 포함된 물 사용

10. "녹색 혁명"은 다음과 같은 것의 발전에서 나왔다.
   a. 반응성이 높은 밀과 쌀 품종
   b. 효과적인 관개 시스템
   c. 형질전환 농작물
   d. 동물 사료용으로 설계된 작물

32.4 지속 가능한 사회

11. 다음의 다이어그램이 지속 가능한 사회를 개발하기 위해 어떻게 변경되어야 하는지 보여라.

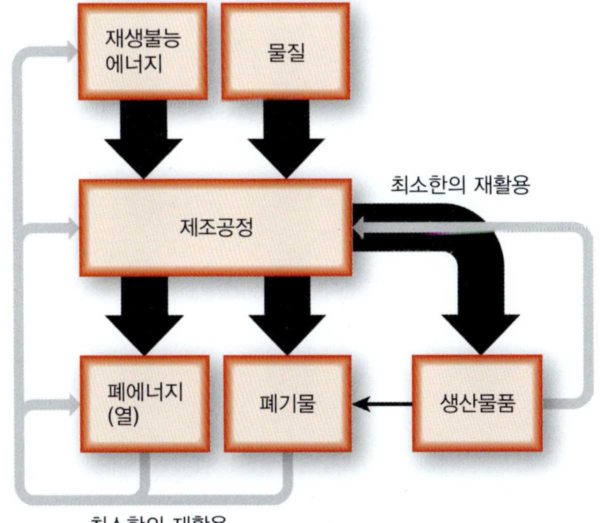

12. 다음 중 어떤 것이 도시 및 농촌 지역을 모두 지속 가능하게 만들어 줄까?
   a. 다목적으로 사용되는 나무 식물 심기
   b. 물 보전을 위해 저류량 관개 사용
   c. 태양에너지를 더 많이 사용
   d. 피복작물 심기
   e. 그린루프 사용

관계맺기 ENGAGE

과학적으로 생각하기

1. 1993년 미국 어류 및 야생 동물 서비스는 습지 서식지를 복원하고 보호하기 위해 에미콘 국립 야생 동물 보호구역을 설립했다 일리노이와 스푼 강의 합류지는 원래의 홍수평야로 복원되었다. 이를 위해 수백 에이커의 농지가 침수되었다. 이 두 강의 합류지를 침수시키는 것의 긍정적인 및 부정적인 환경 영향은 무엇일까? 이와 같은 프로젝트가 중부 일리노이주 거주자들에게 어떠한 직접적인 및 간접적인 혜택을 제공할 수 있을까?

2. 한 종이 멸종될 때마다, 우리는 인간 질병에 대한 잠재적인 약물의 원천을 잃게 된다. 어떤 종이 유용한 약물을 제공할 수 있는지 알 수 없기 때문에, 보전 노력을 어디에 집중해야 하는지 알기가 어렵다. 한 나라에서 식물의 약용 가치를 식별하는 목표로 종 보전의 우선순위를 결정하는 책임이 있다면, 어떤 요소들을 고려하여 결정을 내리겠는가?

3. 생물들은 그들의 환경에 밀접하게 적응되어 있기 때문에, 왜 세계적인 기후 변화가 열대 지방에 사는 포유류의 멸종을 초래할 수 있는지에 대해 설명하시오.

4. footprint.wwf.org.uk를 방문하여 생태적 발자국의 크기를 확인한 후, 그 값을 줄일 수 있는 방법에 대해 논의하시오.

부록 A 원소의 주기율표와 미터법

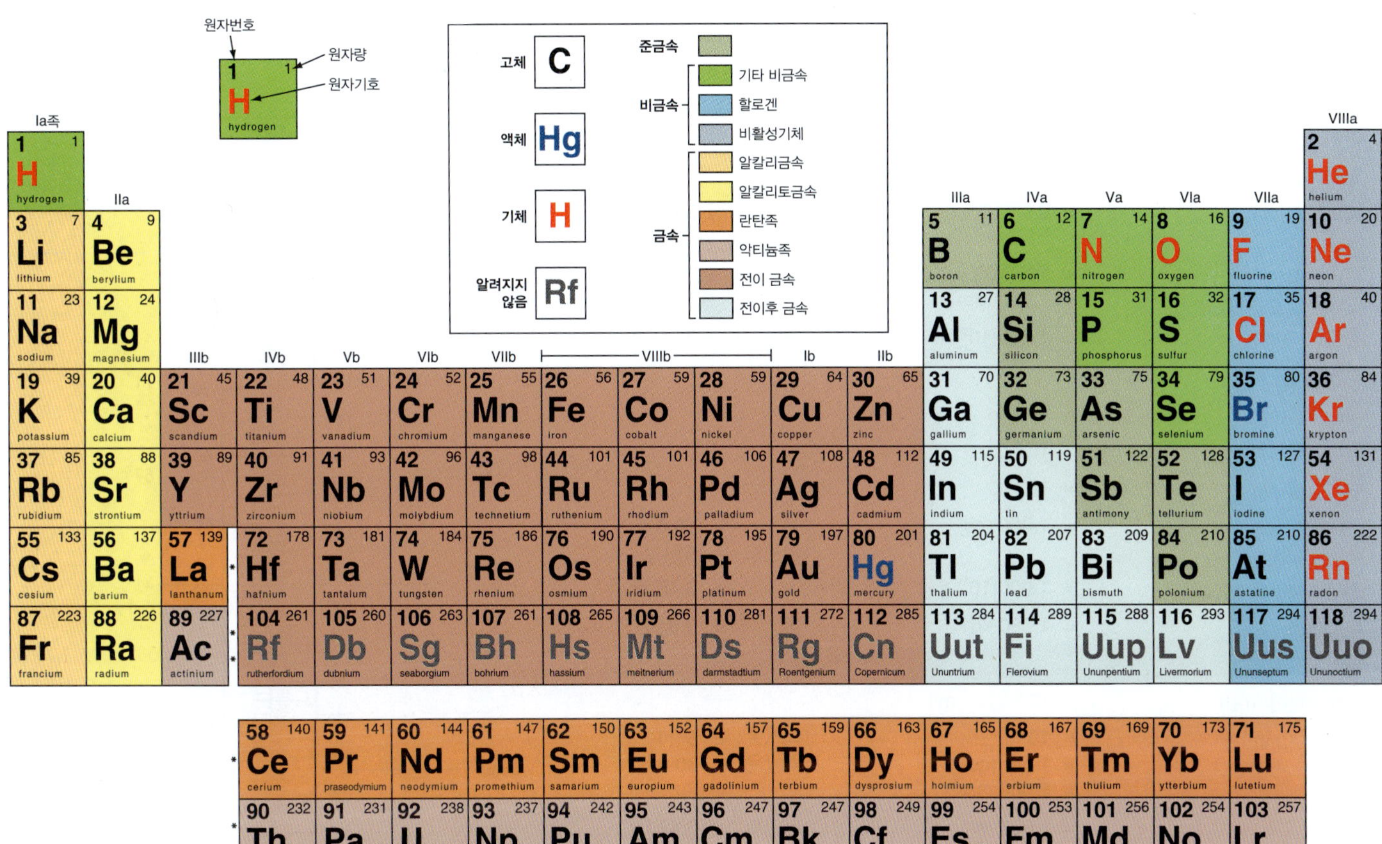

Ia족	IIa	IIIb	IVb	Vb	VIb	VIIb	VIIIb			Ib	IIb	IIIa	IVa	Va	VIa	VIIa	VIIIa
1 H 1 hydrogen																	2 He 4 helium
3 Li 7 lithium	4 Be 9 berylium											5 B 11 boron	6 C 12 carbon	7 N 14 nitrogen	8 O 16 oxygen	9 F 19 fluorine	10 Ne 20 neon
11 Na 23 sodium	12 Mg 24 magnesium											13 Al 27 aluminum	14 Si 28 silicon	15 P 31 phosphorus	16 S 32 sulfur	17 Cl 35 chlorine	18 Ar 40 argon
19 K 39 potassium	20 Ca 40 calcium	21 Sc 45 scandium	22 Ti 48 titanium	23 V 51 vanadium	24 Cr 52 chromium	25 Mn 55 manganese	26 Fe 56 iron	27 Co 59 cobalt	28 Ni 59 nickel	29 Cu 64 copper	30 Zn 65 zinc	31 Ga 70 gallium	32 Ge 73 germanium	33 As 75 arsenic	34 Se 79 selenium	35 Br 80 bromine	36 Kr 84 krypton
37 Rb 85 rubidium	38 Sr 88 strontium	39 Y 89 yttrium	40 Zr 91 zirconium	41 Nb 93 niobium	42 Mo 96 molybdium	43 Tc 98 technetium	44 Ru 101 ruthenium	45 Rh 101 rhodium	46 Pd 106 palladium	47 Ag 108 silver	48 Cd 112 cadmium	49 In 115 indium	50 Sn 119 tin	51 Sb 122 antimony	52 Te 128 tellurium	53 I 127 iodine	54 Xe 131 xenon
55 Cs 133 cesium	56 Ba 137 barium	57 La 139 lanthanum	72 Hf 178 hafnium	73 Ta 181 tantalum	74 W 184 tungsten	75 Re 186 rhenium	76 Os 190 osmium	77 Ir 192 iridium	78 Pt 195 platinum	79 Au 197 gold	80 Hg 201 mercury	81 Tl 204 thalium	82 Pb 207 lead	83 Bi 209 bismuth	84 Po 210 polonium	85 At 210 astatine	86 Rn 222 radon
87 Fr 223 francium	88 Ra 226 radium	89 Ac 227 actinium	104 Rf 261 rutherfordium	105 Db 260 dubnium	106 Sg 263 seaborgium	107 Bh 261 bohrium	108 Hs 265 hassium	109 Mt 266 meitnerium	110 Ds 281 darmstadtium	111 Rg 272 Roentgenium	112 Cn 285 Copernicum	113 Uut 284 Ununtrium	114 Fl 289 Flerovium	115 Uup 288 Ununpentium	116 Lv 293 Livermorium	117 Uus 294 Ununseptum	118 Uuo 294 Ununoctium

58 Ce 140 cerium	59 Pr 141 praseodymium	60 Nd 144 neodymium	61 Pm 147 promethium	62 Sm 150 samarium	63 Eu 152 europium	64 Gd 157 gadolinium	65 Tb 159 terbium	66 Dy 163 dysprosium	67 Ho 165 holmium	68 Er 167 erbium	69 Tm 169 thulium	70 Yb 173 ytterbium	71 Lu 175 lutetium
90 Th 232 thorium	91 Pa 231 protactinium	92 U 238 uranium	93 Np 237 neptunium	94 Pu 242 plutonium	95 Am 243 americium	96 Cm 247 curium	97 Bk 247 berkelium	98 Cf 249 californium	99 Es 254 einsteinium	100 Fm 253 fermium	101 Md 256 mendelevium	102 No 254 nobelium	103 Lr 257 lawrencium

미터법

단위와 약어	미터법 표기	영미식 단위와 미터법의 환산
길이		
나노미터(nm)	= 10^{-9} m(10^{-3} μm)	
마이크로미터(μm)	= 10^{-6} m(10^{-3} mm)	
밀리미터(mm)	= 0.001(10^{-3}) m	
센티미터(cm)	= 0.01(10^{-2}) m	1인치 = 2.54 cm 1피트 = 30.5 cm
미터(m)	= 100(10^{2}) cm = 1,000 mm	1피트 = 0.30 m 1야드 = 0.91 m
킬로미터(km)	= 1,000(10^{3}) m	1마일 = 1.6 km
무게(질량)		
나노그램(ng)	= 10^{-9} g	
마이크로그램(μg)	= 10^{-6} g	
밀리그램(mg)	= 10^{-3} g	
그램(g)	= 1,000 mg	1온스 = 28.3 g 1파운드 = 454 g
킬로그램(kg)	= 1,000(10^{3}) g	= 0.45 kg
미터톤(t)	= 1,000 kg	1톤 = 0.91 t
부피		
마이크로리터(μl)	= 10^{-6} l(10^{-3} ml)	
밀리리터(ml)	= 10^{-3} l = 1 cm^3(cc) = 1,000 mm^3	1티스푼 = 5 ml 1액량온스 = 30 ml
리터(L)	= 1,000 ml	1파인트 = 0.47 l 1쿼트 = 0.95 l 1갤런 = 3.79 l
킬로리터(kl)	= 1,000 l	

°C	°F	
100	212	표준 온도와 압력 조건에서 물이 끓는 온도
71	160	우유의 순간 살균에 사용하는 온도
57	134	미국 Death Valley에서 1913년 7월 10일에 기록된 최고 온도
41	105.8	여름철 마라톤 선수의 평균 체온
37	98.6	사람의 체온
13.7	56.66	이 온도에서도 사람이 생존 가능하다.
0	32.0	표준 온도와 압력 조건에서 물이 어는 온도

온도 단위

°F °C

212° — 100°, 160° — 71°, 134° — 57°, 105.8° — 41°, 98.6° — 37°, 56.66° — 13.7°, 32° — 0°

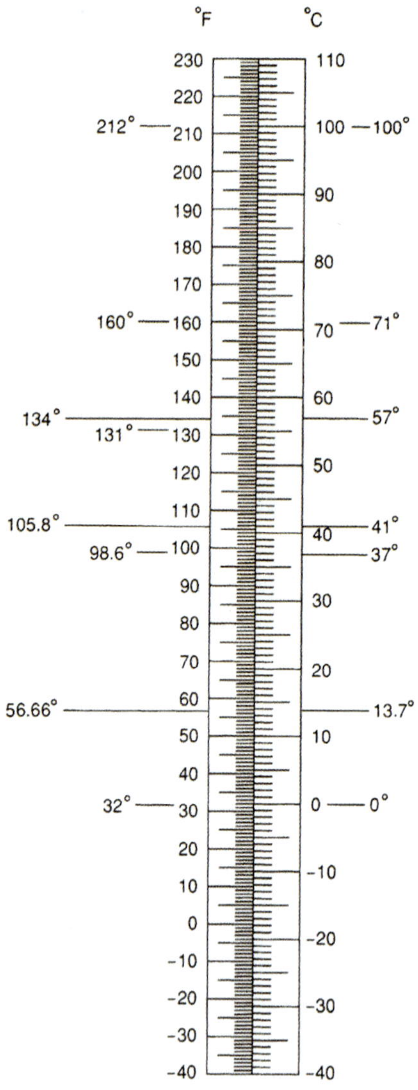

온도 환산 공식:

$$°C = \frac{(°F-32)}{1.8}$$

$$°F = 1.8(°C) + 32$$

부록 B 해답

1장

진도 점검하기

(1.1) 1. 생명의 기본 특성은 다음과 같다: 생명체는 조직화되어 있고, 물질과 에너지를 필요로 하며, 내부 환경 조건을 유지하고, 자극에 반응하며, 생식과 발생을 할 수 있고, 자신의 환경에 적응할 수 있다. **2.** 생물학적 조직수준을 낮은 수준부터 순서대로 나열하면 다음과 같다: 원자, 분자, 세포, 조직, 기관, 기관계, 개체, 종, 개체군, 군집, 생태계, 생물권이다. **3.** 에너지 흐름과 화학순환은 생명체 내부와 생태계 내에서 이루어진다. 각각의 세포 또는 개체는 에너지와 영양분이 포함된 물질을 섭취하여야 한다. 생산자는 광합성에 의해 에너지를 흡수하고 식품을 생산한다. 이들 식품의 화학물질은 먹이사슬을 따라 순환하며, 생명체가 죽으면 퇴적되거나 방출되어 다시 생산자가 이용할 수 있게 된다. 에너지 흐름은 태양에서 시작되어 식물과 동물을 통해 흐르며, 마지막으로 열의 형태로 대기에 흩어진다. **(1.2) 1.** 종, 속, 과, 목, 강, 문, 계, 영역. **2.** 자연선택은 개체군이 자신의 환경에 주어지는 선택압력에 적응하는 과정이다. 시간이 흐름에 따라 자신의 환경에 잘 적응할 수 있는 적응력을 갖춘 개체들은 살아남아 더 많은 자손을 낳는다. 자연선택은 항생제 저항성 세균에서 볼 수 있는 것과 같은 개체군 변화를 설명하는 중요한 생물학적 개념이다. **3.** 변형 후손은 공통조상에게서 각각 특정 환경에 적응한 서로 다른 종으로의 후손이 나타나는 것을 의미한다. 공통조상과 다양성은 모두 진화 연구에 중요한 개념이다. **(1.3) 1.** 환경을 관찰하는 것이 과학적 방법의 첫 단계이다. 관찰한 사실에 대해 기존의 지식을 바탕으로 가설을 제시하는 것이 그 다음이다. 다음으로는 가설을 기초로 한 실험을 통해 검증할 수 있는 예측을 제시하는 것이다. 실험을 통해 얻은 결과는 가설에 부합하거나 그렇지 않을 수 있다. 추가로 실험하거나 자료를 분석하여 결론을 맺는다. 궁극적으로 실험을 통해 반복하여 확인되면 과학 이론이 될 수 있다. **2.** 실험 설계에 대조군을 포함해야 실험 변인으로 가설을 설명할 수 있는지 판단할 수 있다. **3.** 실험 결과를 출판하면 다른 연구자에게서 가설, 예측, 실험 설계, 그리고 자료에 대해 비판적인 검증을 받을 수 있다. **(1.4) 1.** 과학은 지식을 얻는 체계적인 방식이다. 기술은 과학적 지식을 사람에게 유용하도록 적용하는 것이다. **2.** 이러한 문제는 자연 생태계를 파괴하고 전 세계적으로 인간의 건강과 사회에 영향을 미칠 가능성이 있다.

혼자 풀어보기

1. c; **2.** b; **3.** a; **4.** c; **5.** c; **6.** c; **7.** b; **8.** b; **9.** c; **10.** b; **11.** d; **12.** d

과학적으로 생각하기

1. 고세균영역에서 진핵생물영역이 갈라져 나왔다. 원생생물계에서 식물, 동물, 균류가 갈라져 나왔다. **2.** 연구 중인 암을 나타내는 모델 생명체, 아마도, 생쥐를 확인한다. 그 약물이 암에 효과적이라는 가설을 세우고, 생쥐에게 약물을 투여하면 암이 제거될 것이라고 예측한다. 생쥐는 위약을 투여할 대조군과 새 약물을 투여할 실험군으로 나누고, 약물이나 위약을 투여한 후 암이 사라지는 것을 모니터링한다. 수집된 데이터를 분석하고 암에 대한 약물의 효과에 대한 결론을 내린다. 수정된 가설을 테스트하기 위해 필요에 따라 실험을 반복하고, 다른 사람들이 검토할 수 있도록 결과를 게시한다. **3.** 가설은 잠재적 생명체가 살아 있다는 것이다. 예측은 그 잠재적 생명체가 살아 있는 생명체에서 발견되는 행동 특성과 적응을 보이는 것이다. 그 생명체가 물질이나 영양분을 획득하거나 환경에 반응하거나, 생식과 발생을 통해 여러 세대에 걸쳐 환경에 적응하는가를 관찰하거나 테스트할 수 있는 실험을 구상한다.

2장

진도 점검하기

(2.1) 1. 양성자(+)와 중성자(중성)로 이루어진 핵 주위를 전자(−)껍질이 둘러싸고 있다. **2.** 동위원소는 중성자의 수효가 다른 동일한 원소이다. 이들은 양성자의 수효는 같지만 질량은 서로 다르다. 방사성 동위원소는 불안정하여 방사선을 방출한다. PET 검사나 암세포를 죽이는 용도로 사용할 수 있다. **3.** 모두 화학결합의 유형이다. 공유결합은 전자쌍을 공유하고, 이온결합은 하나의 원자가 다른 원자에게 전자 1개를 넘겨준다. **4.** 어떤 원자가 2개 이상의 껍질을 가지고 있다면, 가장 바깥 껍질(원자가 껍질)은 전자 8개가 있을 때 가장 안정하게 된다. 원자가 껍질이 완전하지 않으면 반응성이 나타난다. **5.** 반응물은 반응에 참여하는 분자이다. 생성물은 반응에서 형성된 분자이다. **(2.2) 1.** 물 분자는 극성이다. 한 분자의 양성 수소 원자가 다른 분자의 음성 산소 원자에 이끌린다. 이로 인해 수소결합이 형성된다. 물의 성질은 극성으로 인한 수소결합 형성과 관련되어 있다. **2.** 물은 독특한 성질을 지닌다. 물은 용매이며, 응집성과 부착성을 지닌다. 표면장력이 높고 열용량도 크다. 또한 얼음보다 밀도가 낮다. **3.** 물은 극성 분자이며 물의 특별한 성질은 수소 결합을 형성하는 것에서 비롯된다. **(2.3) 1.** 용액에서 산은 수소 이온을 내놓아 용액의 수소 이온 농도를 높인다. 염기는 수소 이온을 흡수하거나 수산화 이온을 내놓는다. 염기성 용액은 수소 이온 농도가 낮다. **2.** pH 척도는 어떤 용액의 수소 이온의 수를 나타낸다. pH 값이 7보다 낮으면 산성이고, 7보다 높으면 염기성이다. **3.** 체액에 있는 완충액은 과도한 수소 이온이나 수산화 이온을 흡수하여 pH 변화를 막는다.

혼자 풀어보기

1. a; **2.** c; **3.** b; **4.** a; **5.** b; **6.** a; **7.** b; **8.** c; **9.** b; **10.** a; **11.** c; **12.** a

과학적으로 생각하기

1. 수소결합에 의한 표면장력에 의해 물의 표면이 매끄럽게 유지된다. 당신 피부에 묻어 있는 물방울은 물의 부착성에 기인한 것이다. 물은 열용량이 크기 때문에 이 물방울이 증발하면 피부가 시원해진다. 물의 증발에 의해 상당한 체열을 잃는다. **2.** 실리콘은 껍질을 추가로 하나 더 가지고 있다. 따라서 탄소에 비해 크기 때문에 다양한 분자를 구성하기 어렵다. **3.** 제산제의 화학성분은 위액의 과도한 수소 이온을 흡수하는 완충제로 작용한다. **4.** 산성비에 있는 여러 가지 산에 의해 생태계가 완충할 수 있는 용량을 넘어서면 생태계 물 환경의 pH가 변화될 수 있다. 변화된 pH는 환경의 항상성 과정과 그 안에 있는 생물체에 영향을 주어 손상을 일으킬 수 있다.

3장

진도 점검하기

(3.1) 1. 유기분자는 탄소와 수소를 가진다. 이들은 세포와 개체를 구성하는 분자이다. 물과 염 같은 무기분자는 탄소와 수소의 결합을 포함하지 않는다. **2.** 탄소는 크기가 작고 네 가지의 결합을 이룰 수 있다. C—C 결합은 안정하다. **3.** 유기분자의 기능기에 의해 분자의 반응성과 화학적 성질이 결정된다. **(3.2) 1.** 단당류—포도당; 이당류—말토오스; 다당류—글리코겐. 녹말은 에너지 저장에 이용되는 다당류이다. 셀룰로오스는 세포의 구조를 이루는 다당류이다. **2.** 지방과 기름—에너지원인 올리브 기름; 인지질—원형질막의 주요 성분; 스테로이드—원형질막의 성분이며 성호르몬의 전구체인 콜레스테롤.

3. 구조단백질은 세포를 지지하며, 효소는 대사과정의 촉매 역할을 한다. 원형질막에는 통로단백질과 수송단백질이 있다. 항체는 방어 기능을 하는 단백질이다. 일부 호르몬은 조절 기능을 한다. 4. 1차구조—아미노산 서열; 2차구조—알파 나선과 병풍 구조; 3차구조—구형 형태; 4차구조—1개 이상의 폴리펩티드. 5. 핵산은 뉴클레오티드의 중합체이다. 뉴클레오티드는 인산기, 5-탄소당, 질소-함유 염기로 이루어진다.

혼자 풀어보기

1. c; 2. d; 3. b; 4. b; 5. a; 6. a; 7. a; 8. a; 9. c; 10. b; 11. d; 12. b; 13. d; 14. c; 15. a; 16. a; 17. c; 18. d

과학적으로 생각하기

1. HDL을 "좋다", LDL을 "나쁘다"라고 생각하는 것이 지질단백질의 서로 다른 기능에 대한 이해를 도울 수 있다. HDL은 콜레스테롤을 조직에서 간으로 이동시키는 데 도움이 되어 좋은 역할을 한다. LDL은 콜레스테롤을 조직으로 이동시켜 거기서 죽종(粥腫)이 형성될 수 있는 나쁜 역할을 한다. 그러나 어느 정도의 콜레스테롤은 적절한 대사를 위해 조직과 간에 있어야 한다. 따라서 HDL과 LDL의 기능의 상반된 특성이 콜레스테롤 수준을 조직과 간에서 균형 있게 유지한다. 2. 단백질의 올바른 기능은 그 모양에 의존한다. 이 경우 극성 *R* 그룹을 가진 아미노산은 단백질 내에서 다른 극성 *R* 그룹과 상호 작용하여 효소의 모양과 기능을 변경할 수 있다. 3. 아미노산 서열을 변경하는 DNA 변이는 시간이 지남에 따라 발생한다. 두 종이 분화된 이후로 경과한 시간이 길수록 변이가 발생할 가능성이 높아진다. 두 종의 단백질 아미노산 서열의 차이를 측정하면 그들이 얼마나 오랜 시간 전에 분화했는지를 판단하는 데 사용될 수 있다.

4장

진도 점검하기

(4.1) 1. 대부분의 세포는 너무 작아서 육안으로 볼 수 없고, 현미경을 통해 볼 수 있다. 2. 개구리 알—빛; 동물 세포—빛 또는 전자; 아미노산—전자; 엽록체—빛 또는 전자; 식물 세포—빛 또는 전자. 3. 세포는 가스, 영양소 및 폐기물의 효율적인 교환을 위한 충분한 표면적이 필요하다. (4.2) 1. 콜레스테롤 분자 및 임베디드 단백질(embedded proteins)을 포함하는 인지질 이중층. 2. 이중층 내부에 임베디드 단백질은 모자이크 패턴을 가지며, 전체 이중층은 반유체(semifluid)로 구조 내에서 분자 이동이 가능하다. 3. 채널—특정 분자의 통과를 허용함; 트랜스포트(transport)—에너지를 필요로 하는 이온 및 분자의 통로; 세포 인식(cell recognition)—외부 세포와 자신을 구별하는 데 도움을 주는 당단백질(glycoproteins); 수용체—신호 분자와 결합; 효소(enzymatic)—대사 반응에 참여; 접합부—세포 간 세포 접합부를 형성함. (4.3) 1. 원형질막, 반유체 내부인 세포질, 유전물질(DNA). 2. 원핵세포는 핵양체라고 불리는 세포질의 한 부분에 DNA를 저장한다. 진핵세포는 DNA를 두는 막결합핵(membrane-bound nucleus)을 가진다. 3. 핵양체—원핵세포에 DNA를 저장하는 세포질의 영역; 세포벽—힘을 제공하며 세포의 모양을 유지함; 리보솜—단백질 합성부위; 편모(flagella)—세포를 밀어주는 회전 필라멘트. (4.4) 1. 핵: 핵 외피(nuclear envelope)—세포질에서 핵을 분리하는 이중막 인지질; 핵공(nuclear pore)—핵 외피의 개구, 세포핵이 세포질과 소통하게 함; 염색질(chromatin)—유전정보로 연결된 DNA와 단백질의 네트워크; 리보솜 : 단백질 합성을 위해 핵에서 나온 RNA의 정보를 함께 사용하도록 구성된 크고 작은 소단위체(subunit). 2. 핵 외피—DNA를 보유; 조면소포체—리보솜을 포함하며, 세포의 다른 부분으로 단백질을 운반하는 소포체를 형성; 활면소포체—특이지질(specific lipids) 같은 감각 조직(sense tissue)을 합성; 골지 장치—소포체로부터 수송 소포(또는 소낭)을 받는 환승역 역할, 소포 내의 분자를 변형하고 포장하여 수송 소포체(outgoing transport vesicles)에서 내보냄; 분자를 소화하는 리소자임과 같은 소포체. 3. 수축성 액포(contractile vacuoles)는 세포에서 과도한 수분을 제거; 소화성 액포(digestive vacuoles)는 영양소를 분해; 식물은 액포를 저장하여 당, 염분, 색소 또는 독성 화학물질을 보유; 동물은 지방(adipocytes)으로 지질을 저장. 액포가 없다면, 세포는 물과 이온 함량을 조절하거나 특정 영양소를 분해하거나 화합물을 저장할 수 없다. 4. 엽록체는 태양에너지를 포착하는 색소를 함유하고 있는데, 이것은 탄수화물을 합성하는 데 사용된다. 미토콘드리아는 탄수화물을 분해하여 ATP를 생성한다. 엽록체는 크고 식물과 조류에서 발견되며, 미토콘드리아는 작고 모든 진핵 세포에 존재한다. 둘 다 이중막에 의해 결합되어 있다. 5. 세포골격 단백질은 세포의 모양을 유지하고 운동 단백질과 협력하여 움직임을 만든다. 세포골격에는 미세소관, 중간 필라멘트 및 액틴 필라멘트가 포함되어 있다. 운동 단백질, 미오신은 액틴 필라멘트와 상호 작용하여 아메바 움직임과 근육 수축을 만든다. 운동 단백질, 키네신(kinesin)과 다인(dynein)은 미세소관을 따라 소포를 운반한다. (4.5) 1. 세포벽은 세포의 형태를 결정할 뿐만 아니라 세포의 구조에 힘을 제공한다. 2. 세포 외 기질은 세포가 만들어내는 섬유상 단백질(fibrous proteins)과 다당류(polysaccharides)의 세포 밖 네트워크이다. 콜라겐과 엘라스틴(elastin)은 기질에 공통적으로 존재하는 단백질이며 그 구성과 강도가 매우 다양하다. 3. 접착점은 내부 세포질 플라크가 세포 간 필라멘트와 결합할 때 형성된다. 이들은 단단하거나 유연한 구조로 세포를 함께 고정한다. 밀착연접은 원형질막 단백질이 다른 세포의 것과 결합할 때 세포 사이에 장벽을 형성하면서 만들어진다. 간극연접은 두 세포 사이에 동일한 막 채널이 결합하면서 형성된다. 이 채널을 통해 작은 분자들은 세포들 사이를 지나며 세포에 힘을 준다.

혼자 풀어보기

1. a; 2. a; 3. b; 4. d; 5. d; 6. c; 7. a; 8. a. vesicle; b. 중심소체(centrioles); c. 미토콘드리아; d. 조면소포체; e. 활면소포체; f. 라이소좀; g. 골지 장치; h. 핵; 9. a; 10. c; 11. b; 12. a; 13. c; 14. d; 15. b

과학적으로 생각하기

1. 표면적 대 부피비가 큰 별세 알이 작을수록 대사율이 높을 것으로 예상된다. 2. 미토콘드리아가 없다면 세포는 호기성 영양소로부터 ATP를 생산할 수 없고, 대신 덜 효율적인 해당과정에만 의존해야 할 것이다. 편모충(*Giardia*)은 해당과정을 이용하여 영양분을 대사하는 능력이 증가했거나 더 낮은 대사율에 적응했을 수 있다. 3. 단백질 분비에 이미 관여하고 있는 세포주를 선택해야 한다. 이것은 소포 안에 담긴 단백질을 효율적으로 생산하는 세포주일 것이다. 소포는 원형질막과 결합하여 그안의 내용물을 외부로 방출한다. 원하는 단백질생산에 관련 유전자를 세포 유전체에 삽입하고, 이러한 유전자를 활성화해야 한다.

5장

진도 점검하기

(5.1) 1. 위치 에너지는 저장된 에너지이고 운동 에너지는 움직임의 에너지이다. 활에서 화살을 뒤로 당기는 것은 위치 에너지이다. 활에서 화살을 쏘면 화살은 운동 에너지로 바뀐다. 2. 제1법칙—에너지는 창조되거나 파괴될 수 없지만, 한 형태에서 다른 형태로 변경될 수 있다. 제2법칙—에너지는 사용 가능한 에너지의 손실 없이 한 형태에서 다른 형태로 변경될 수 없다. 3. 세포는 우주의 엔트로피가 증가하는 동안 조직을 유지하기 위해 많은 에너지가 필요한 과정과 반응을 수행한다. (5.2) 1. ATP는 세포 호흡을 통해 생성되고, 불안정하기 때문에 저장할 수는 없다. 2. ATP는 세포호흡 과정에서 생성된다. ATP는 불안정하므로 저장할 수 없다. 3. 미토콘드리아에서 세포가 호흡하는 동안 탄수화물이 분해되어 ATP 형성에 사용되는 에너지가 방출된다. 산소가 사용되며 이산화탄소와 물이 방출된다. 엽록체에서 광합성을 하는 동안 태양에너지를 포집하여 이산화탄소와 물에서 탄수화물을 합성하는 데 사용하고 산소가 방출된다. (5.3) 1. 경로의 반응은 각각 하나 이상의 다른 방식으로 사용할 수 있는 제품을 생성한다. 대사 경로의 반응은 에너지를 조직적인 방식으로 점진적으로 사용하거나 생성할 수 있게 하여준다. 2. 효소에 대한 기질의 결합은 분자-기질 복합체의 형태에 약간의 변화를 가져오며, 생성물(들)을 생성하기 위한 반응을 용이하게 한다. 3. 이는 생성물의 양이 적어 더 많은 생성물이 필요할 때만 효소가 활성화되도록 한다. (5.4) 1. 확산, 촉진 확산 및 삼투 물질은 농도가 높은 영역에서 농도가 낮은 영역으로 이동하며 에너지가 필요하지 않다. 통로단백질은 촉진 확산에서 기능한다. 삼투 과정에서 물은 반투과

성 막을 가로질러 확산된다. **2.** 저장성 환경에서는 세포가 수분을 얻고, 등장성 환경에서는 수분의 순 증가 또는 손실이 없으며, 고장성 환경에서는 세포가 수분을 잃는다. **3.** 능동 수송은 원형질막을 가로질러 분자 또는 이온을 이동시켜 농도 구배에 역행하여 분자를 모으거나 흡수한다. 이것은 막의 한쪽면에 분자를 모으는 메커니즘이다. **4.** 외포작용은 물질을 세포 밖으로 운반하며, 내포작용은 물질을 세포 내로 운반한다. 식세포 작용은 음식과 같은 큰 물질을 세포 내로 운반한다. 음세포작용은 액체와 작은 입자를 세포 내로 운반한다. 수용체-매개 내포작용은 분자와 그 수용체 주위에 소포를 형성한다.

혼자 풀어보기

1. d; **2.** a; **3.** a; **4.** a; **5.** d; **6.** c; **7.** c; **8.** b; **9.** a; **10.** d; **11.** c; **12.** b, d; **13.** a; **14.** d; **15.** c

과학적으로 생각하기

1. 효소의 활성 부위의 모양을 알면 활성 부위에 덜 잘 맞거나 더 잘 맞는 기질(이 경우 약물)을 설계할 수 있다. 잘 맞을수록 대사 경로가 더 효율적이고, 적합도가 떨어질수록 대사 경로의 속도가 느려진다. 약물이 효소에 결합할 때 일반적인 기질과 경쟁할 수 있다면, 경로에서 반응 속도를 조절할 수 있는 메커니즘을 갖게 된다. **2.** 정상적인 통로단백질은 염화물이 세포 밖으로 나가도록 한다. 염화물이 빠져나가면 삼투압에 의해 수분이 뒤따르면서 외부 표면이 촉촉하게 유지된다. 낭포성 섬유증에 결합이 있는 염화물 채널은 염화물이 세포 밖으로 나가는 것을 허용하지 않기 때문에 물이 세포 내부에 남아 있고 세포 표면은 두꺼운 점액으로 덮이게 된다. **3.** 고세균 원형질막의 구성은 박테리아 및 진핵 생물의 원형질막과 다르며 열에 의한 파괴에 더 강하다. 또한 고세균 효소는 높은 온도에서 변성되지 않고 기능하도록 진화하였다.

6장

진도 점검하기

(6.1) 1. 엽록체의 스트로마는 이중막으로 둘러싸인 액체로 채워진 공간이다. 스트로마 내부에 있는 막으로 감싸인 납작한 주머니를 틸라코이드라고 한다. 틸라코이드가 겹쳐 쌓인 것을 그라나라고 한다. **2.** 햇빛에너지 + H_2O + CO_2 → (CH_2O) + O_2. **3.** 환원—어떤 분자가 전자(e^-)와 수소 이온(H^+)을 얻은 경우; 산화—어떤 분자가 전자(e^-)와 수소 이온(H^+)을 잃은 경우. **(6.2) 1.** 식물의 색소복합체 안에는 엽록소 *a*와 *b* 이외에 보조색소도 있기 때문에, 더욱 넓은 파장 범위의 햇빛에너지를 모을 수 있다. **2.** 광계 II와 광계 I의 색소 복합체는 태양에너지를 얻은 후 이 에너지를 한 색소에서 다른 색소의 반응 중심으로 전달한다. 광계 II에서 태양에너지를 흡수하면 전자가 활성화되고 전자 수송 사슬의 전자 수용체로 전달된다. 대부분의 전자는 물이 분해되면서 공급된다. 광계 I에서, 전자는 태양에너지의 흡수로 활성화되고 전자 수송 사슬을 통해 $NADP^+$ 분자로 전달되어 NADPH를 생성한다. **3.** 물이 광계 II로부터 분리될 때 물에서 전자가 제거된다. 전자는 전자 수송 사슬을 통해 광계 II에서 광계 I로 이동한다. 광계 I의 전자는 $NADP^+$가 NADPH로 될 때 $NADP^+$에 전달된다. **4.** 물의 분열은 광계 II의 반응 중심에 대체 전자를 제공한다. **(6.3) 1.** 캘빈회로는 명반응에서 온 에너지를 사용하여 CO_2를 환원시켜 고정하고 RuBP를 재생성한다. 이때 글리세르알데히드-3-인산이 만들어지며, 이것을 이용하여 식물체가 포도당과 다른 생체 분자를 만든다. **2.** 캘빈회로에서 사용되는 ATP와 NADPH는 명반응에서 만들어진다. **3.** 식물체는 G3P를 이용하여 지질, 포도당, 수크로오스, 녹말과 셀룰로오스 등 필요한 모든 분자를 만들어낼 수 있다. **(6.4) 1.** C_3 식물은 이산화탄소를 엽육세포에서 직접 캘빈회로로 받아들이며, 처음으로 만들어지는 분자는 C_3 분자이다. 옥수수 등의 C_4 식물은 엽육세포에서 이산화탄소가 고정되어 C_4 분자로 된다. 이 C_4 분자는 유관속초세포로 이동한 후 이산화탄소를 내놓아 캘빈회로에서 고정되도록 한다. **2.** C_4 식물에서는 엽육세포는 이산화탄소에 노출되지만, 캘빈회로가 수행되는 유관속초세포는 이산화탄소에 노출되지 않는다. **3.** CAM 식물은 물을 더욱 잘 보존할 수 있으며, 덥고 건조한 지역에서 서식한다.

혼자 풀어보기

1. c; **2.** b; **3.** d; **4.** a; **5.** a; **6.** d; **7.** b; **8.** d; **9.** c; **10.** b; **11.** c

과학적으로 생각하기

1. 조류(alga)는 엽록소가 광합성에 사용할 수 있는 햇빛에너지를 흡수할 수 있는 곳이면 어디든 산소를 생성한다. 박테리아는 산소가 생성되어 세포호흡에 이용할 수 있는 곳이면 어디든 모여 있게 된다. **2.** 인공 잎은 태양에너지를 흡수하기 위해 넓은 표면적을 가져야 할 것이고, 효과적인 가스교환을 위해 얇아야 할 것이다. 그들은 물과 영양분을 수송하기 위해 관다발계가 필요할 것이다. 잎 내부에 색소를 수용할 수 있는 공간이 있어야 하고, 이 색소로 인해 ATP 생산에 사용되는 수소 이온 기울기가 만들어져야 한다. **3.** 넓은 잎은 빛에너지를 흡수하는 표면적이 크고, 얇은 잎은 효과적인 가스 교환을 촉진해 광합성을 유발한다. **4.** 북미 지역의 기온이 높아지면 C_3 식물은 살아가기 어려워지고, C_4 식물이 유리해진다. **5.** 지구온난화의 영향으로 인해 C_4 식물인 잡초가 번성하고 있다. 셀룰로오스를 분해하는 기술을 개선할 수 있다면 이러한 잡초의 셀룰로오스, 목재 폐기물, 농작물 찌꺼기 등과 함께 이들 잡초의 셀룰로오스를 탄수화물 공급원으로 사용하여 에탄올을 생산할 수 있을 것이다.

7장

진도 점검하기

(7.1) 1. 세포호흡은 세포의 활동에 필요한 ATP 형태의 에너지를 공급한다. **2.** 세포호흡 과정에서 포도당은 CO_2로 산화되고, O_2는 환원되어 H_2O로 되며, 에너지가 생성된다. 이것은 광합성 과정의 역방향 반응이다. **3.** 해당과정—세포질에서 포도당을 2분자의 피루브산으로 분해한다. 예비반응—미토콘드리아 기질에서 피루브산이 2-탄소 아세틸기로 분해되며, 이것을 CoA가 운반한다. CO_2와 NADH가 생성된다. 시트르산 회로—미토콘드리아 기질에서 분자들이 산화된다. NADH와 $FADH_2$가 생성되고 CO_2가 방출된다. 전자전달사슬—미토콘드리아 크리스타에서 전자가 일련의 운반분자에 의해 수송된다. NADH와 $FADH_2$가 전자를 내놓고 에너지가 ATP 형태로 저장된다. O_2는 전자를 받아 H_2O로 된다. **(7.2) 1.** 해당과정은 세포호흡의 첫 단계이며 세포질에서 수행되고 산소를 필요로 하지 않는다. 시트르산 회로와 전자전달사슬은 미토콘드리아에서 수행된다. 해당과정에서 생성된 피루브산은 시트르산 회로로 들어간다. 전자전달사슬은 산소를 필요로 한다. **2.** 에너지-투자 단계에서는 ATP가 분해되어 기질을 활성화시키는 인산기를 제공한다. 에너지-수확 단계에서는 NADH와 ATP가 생성된다. **3.** 포도당 분자마다 2 ATP를 얻는다. **(7.3) 1.** 발효과정은 산소를 필요로 하지 않으며, 미토콘드리아 외부에서 수행된다. 해당과정에 뒤이어 피루브산이 NADH에 의해 환원되어 젖산염 또는 에탄올과 CO_2로 된다. 세포호흡은 산소를 필요로 하며, 미토콘드리아 내부에서 수행된다. ATP를 훨씬 많이 얻을 수 있다. **2.** 젖산 발효과정에서 피루브산은 NADH에 의해 환원되며, 이때 생성된 NAD^+가 해당과정으로 되돌아가 H^+를 추가로 받아올 수 있다. 따라서 해당과정을 계속 수행하면서 약간의 ATP를 얻을 수 있게 된다. **3.** 사람에서는 젖산이, 효모에서는 에탄올과 이산화탄소가 만들어진다. **(7.4) 1.** 예비반응에서는 시트르산 회로로 들어갈 수 있는 기질 분자가 생산된다. 시트르산 회로에서는 CO_2, NADH, $FADH_2$, ATP가 기질 수준에서 생성된다. 전자전달사슬에서는 일련의 운반자를 따라 이동하는 전자에서 포획한 에너지로 ATP를 생성한다. **2.** 산소는 전자전달사슬의 최종 전자수용체이다. 전자를 받아 환원되어 물을 형성한다. **3.** 예비반응—피루브산이 산화되고 CO_2가 방출된다. NAD^+가 H^+를 받아들여 NADH로 된다. C_2인 아세틸기가 만들어져 CoA와 결합한다. 시트르산 회로—아세틸기가 산화되고 CO_2가 방출된다. NAD^+와 FAD가 H^+를 받아들여 NADH와 $FADH_2$로 된다. ATP가 기질 수준에서 생성된다. 전자전달사슬—전자가 일련의 운반자를 따라 이동한다. NADH와 $FADH_2$가 전자를 제공하며, 에너지를 포획하여 ATP를 생성한다. O_2가 환원되어 물이 만들어진다. **(7.5) 1.** 포도당 1분자마다 해당과정에서 2 ATP, 시트르산 회로에서 2 ATP, 전자전달사슬에서 최대 34 ATP 등, 총 38 ATP가 생성된다. 어떤 세포는 대사과정의 차이로 인해 이보다 적은 ATP를 만든다. **2.** 지방 또는 기름 분자는 3개의 긴-사슬 지방산과 1개의 글리세롤로 이루어진다.

3개의 지방산을 분해하면 포도당 분자에 비해 더 많은 아세틸-CoA를 얻을 수 있다. 따라서 포도당보다 지방에서 더 많은 ATP를 얻게 된다. **3.** 아미노산에서 아미노기를 제거하여 요소로 전환시켜 배출한다. 나머지 탄수화물 뼈대는 피루브산이나 아세틸-CoA로 전환되거나, 또는 시트르산 회로를 통해 세포호흡 경로에 들어갈 수 있다.

혼자 풀어보기

1. a; **2.** c; **3.** a; **4.** c; **5.** b; **6.** b; **7.** a; **8.** b; **9.** c; **10.** b; **11.** c; **12.** c; **13.** c; **14.** c; **15.** d

과학적으로 생각하기

1. 말론산은 시트르산 회로의 한 효소반응에서 생성되어 그 다음 효소의 기질이 된다. 되먹임 기작으로 인해 말론산이 지나치게 많으면 자신을 생성하는 효소를 억제하고 따라서 시트르산 회로가 멈추게 된다. **2.** 나이가 들면 미토콘드리아의 기능이 낮아져 지방을 빠르게 분해하지 못하게 된다. 이로 인해 지방이 세포에 축적된다. 지방과 기름은 아세틸-CoA로 되어 세포호흡 경로에서 이용되기 때문에 에너지를 생성하는 시트르산 회로는 기질이 풍부하게 되어 포도당을 필요하지 않게 된다. 세포가 이미 충분한 에너지를 지니고 있기 때문에 인슐린 신호를 무시하여 포도당을 흡수하지 않게 된다. 이처럼 지방산이 축적되면 인슐린 저항성이 나타나게 된다. **3.** 초기반응에 사용된 당의 양. **4.** 사람은 전자전달사슬이 수행되지 않으면 살 수 없다. 우리가 대사적으로 필요로 하는 ATP 양은 해당과정과 시트르산 회로만으로는 충족시킬 수 없다.

8장

진도 점검하기

(8.1) 1. 단세포 생물에서 세포분열은 번식 수단이기도 하다. 다세포 생물은 단일 세포에서 다세포로 발생하기 위해 세포 증식이 필요하다. 성숙한 개체는 소모된 세포를 보충하고 손상을 회복시키기 위해서 지속적으로 세포를 증식하고 재생한다. **2.** 세포는 분열하기 전에 염색체를 배가시켜 두 개의 자매염색분체를 형성한다. 각각의 자매염색분체는 동원체에서 서로 붙어 있으며, 이렇게 서로 부착되어 있는 염색분체는 서로 동일하다. **3.** 염색질은 히스톤을 감싸면서 뉴클레오솜을 이룬다. 히스톤과 뉴클레오솜은 염색질을 응축시켜 핵 안에 들어갈 수 있도록 한다. **(8.2) 1.** 세포주기는 세포가 둘로 분열되는 과정에 순차대로 나타나는 일련의 단계를 말한다. 세포주기의 각 단계에는 검문지점이 존재하여 전 과정이 정확하게 이루어질 수 있도록 조절한다. **2.** 간기의 세포는 세포의 정상 기능을 수행한다. G_1기에서는 세포소기관이 증식된다. S기에서는 DNA가 복제되고 G_2기에 이르면 세포가 성장하고 세포 분열에 필요한 단백질이 합성된다. **3.** 전기—염색체가 응축되면서 두 개의 자매염색분체가 형성된다. 중기—염색체가 적도면에 배열된다. 후기—자매염색분체가 서로 떨어져 양극으로 이동하여 딸 염색체가 형성된다. 말기—방추사가 사라지고 핵막이 딸 염색체 주위를 둘러싸며 형성된다. **4.** 동물세포에서는 두 개의 딸세포가 분리될 때까지 딸세포의 핵 사이에 분열구가 형성된다. 식물세포에서는 단단한 세포벽으로 인해 이와 같은 형태의 세포질 분열이 불가능하다. 그 대신 두 개의 딸세포 사이에 새로운 원형질막과 세포벽을 형성하는 방식으로 식물세포의 세포질분열이 진행된다. **(8.3) 1.** 검문지점은 세포주기가 다음 단계로 넘어가기 전에 완전하게 각 단계가 정확하게 완료될 수 있도록 조절한다. **2.** 내외부의 신호는 세포주기의 검문지점을 조절하는 분자를 말한다. 내부 신호는 G_1에서 S기 및 G_2에서 M기로의 전이를 조절한다. 외부 신호는 세포를 자극해서 세포 주기가 진행하도록 한다. **3.** 세포자살을 통해 세포 사멸의 균형이 제대로 조절되지 않으면 세포주기가 정상적으로 진행되지 않는다. 그렇게 되면 정상적인 세포 수준이 유지되지 않는다. **(8.4) 1.** 원발암유전자는 세포주기를 촉진하고 세포자살을 억제하는 단백질을 부호화한다. 종양 억제 유전자는 세포주기를 억제하고 세포사멸을 촉진하는 단백질을 부호화한다. 이들 유전자에 돌연변이가 발생하면 세포가 비정상적으로 성장한다. **2.** 텔로미어 길이가 짧아지면 세포가 분열할 수 있는 횟수가 줄어든다. 텔로미어가 짧아지지 않는다면 세포는 무한정 복제될 수도 있다. 전좌 등으로 염색체의 일부가 재배열되면 세포주기를 조절하는 유전자가 파괴될 수 있다. 이와 같은 과정을 통해 암이 발생하기도 한다. **3.** *RB* 유전자는 종양 억제유전자로 이 유전자에 돌연변이가 망막세포종이라는 암 발생을 유도한다. 두 개의 대립유전자에 모두 돌연변이가 일어나면 암이 생성된다. *RET* 유전자는 원발암유전자로 이 유전자에 돌연변이가 일어나면 갑상샘암이 발생된다. 이는 상염색체성 우성으로 단 하나의 대립유전자에 돌연변이가 일어나도 암발생률이 높아진다. **(8.5) 1.** 암세포는 분화하지 않고, 비정상적인 핵을 지니며, 세포자살이 일어나지 않고 종양을 형성하고, 전이되며, 혈관신생을 촉진한다. **2.** 암을 치료하는 방법으로는 외과 수술에 의한 종양의 제거, 방사선 요법, 화학요법, 호르몬 요법, 혈관신생의 억제 등이 이용된다. **3.** 금연, 햇빛 노출 피하기, 음주 절제, 건강한 체중을 유지하고 적절한 영양 섭취를 가능하게 하는 식습관 등의 생활 방식으로 암 발생의 위험을 낮출 수 있다.

혼자 풀어보기

1. b; **2.** a; **3.** d; **4.** a; **5.** c; **6.** b; **7. a.** G_1; **b.** S; **c.** G_2; **d.** 전기; **e.** 중기; **f.** 후기; **g.** 말기; **h.** 세포질분열; **8.** a; **9.** d; **10.** c; **11.** b; **12.** a; **13.** b; **14.** c; **15.** a; **16.** a; **17.** d

과학적으로 생각하기

1.a. 암은 평생 동안 세포에서 축적되는 일련의 변이로 인해 발생한다. 서로 다른 시기에 다양한 종류의 암이 나타나는 것은 어떤 암들은 발전하기 전에 더 많은 수의 변이가 필요하기 때문일 수 있다. 더 많은 변이가 필요한 종류의 암은 더 긴 기간이 지난 후에 더 자주 발생할 가능성이 있다. **1.b.** 후쿠시마의 방사선에 노출된 인구와 방사선에 노출되지 않은 유사한 인구에서 시간이 지남에 따라 나타난 암 종류를 문서화하는 것이 이 아이디어를 테스트할 것이다. 연구 기간 동안 두 인구를 다른 암 위험으로부터 제한하는 데 주의가 필요하다. **2.** 코끼리가 암에 대한 적응으로 종양 억제 유전자의 다중 복사본을 가지고 있는 것일 수 있다. 다중 복사본을 가진 코끼리는 더 오래 살아남고 번식하여 그 유전자를 자손에게 전달한다. **3.a.** BPA와 유사한 호르몬은 세포를 분열시키는 외부 신호로 작용할 수 있다. **3.b.** BPA가 호르몬처럼 작용하기 때문에 매우 적은 양의 BPA 분자가 경로를 시작하는 데 필요하다. 또한, 이 신호 경로는 실행될 때 증폭된다.

9장

진도 점검하기

(9.1) 1. 감수분열은 핵분열의 일종으로, 염색체 수는 절반으로 감소하고 염색체가 재배열되어 유전적으로 서로 다른 배우자를 형성하게 된다. 감수분열을 통해 고유한 유전적 조성을 갖는 다양한 배우자를 형성할 수 있게 되어 유전적 다양성이 높아진다. **2.** 성인이 되면 감수분열을 통해 배우자를 생성한다. 반수체의 정자가 반수체의 난자와 수정하여 이배체 접합자를 형성하고, 이배체 접합자가 분열을 해서 성체로 발전하게 된다. **3.** 염색체는 상동염색체라 일컫는 염색체 쌍으로 존재한다. 상동염색체의 한 쪽은 아버지로부터, 다른 한 쪽은 어머니에게서 물려받는다. 상동염색체 각각은 같은 종류의 유전자를 갖지만, 형질은 서로 다르게 나타날 수 있다. 세포주기 동안 각 상동염색체는 복제되어서 동일한 두 개의 자매염색분체를 형성한다. **4.** 상동염색체의 비자매염색분체 간에 교차가 일어나면 염색체 상에 존재하는 대립유전자들이 뒤섞인다. 제1감수분열 과정에서 각 부모 세포에서 물려받은 염색체의 대립유전자들이 뒤섞여 고유한 조성을 갖는 염색체들이 딸세포에게로 전해진다. 이 과정에서 진화의 기초가 되는 유전적 변이가 생성된다. **(9.2) 1.** 제1감수분열 전기에 비자매염색분체 사이에서 교차가 발생한다. 제1감수분열 중기에 4분염색체는 적도면에 나란히 정렬하며, 이때 각 상동염색체는 서로 다른 양극을 향한다. 적도면에 상동염색체가 배열될 때 각 상동염색체가 아버지로부터 왔는지, 어머니로부터 왔는지는 상관없다. 이 과정에서도 딸세포의 유전적 다양성이 증가한다. **2.** 제1감수분열 중기에 4분염색체(각 2개의 자매염색분체를 갖는 2개의 상동염색체)가 적도면에 배열하지만, 제2감수분열 중기에는 2분염색체(2개의 자매염색체로 이루어진 염색체)가 적도면에 정렬한다. **3.** 제1감수분열 과정에서 염색체 수가 절반이 되고 유전정보는 뒤섞인다. 제2감수분열 과정에서는 염색체 수가 반

수체로 감소한 것을 제외하고는 유사분열과 동일하게 복제된다. **(9.3) 1.** 유사분열은 2개의 딸세포를 생성하지만 감수분열은 4개의 딸세포를 생성한다. **2.** 유사분열은 이배체 딸세포를 생성하는 반면, 감수분열은 반수체 딸세포를 생성한다. **3.** 제1감수분열 과정 중 시냅시스가 형성되는 동안에 교차가 일어나서 상동염색체가 아버지에게서 온 것인지 어머니에게서 온 것인지 상관없이 각각의 딸핵으로 분리된다. 그 결과, 유전적으로 다른 딸핵이 생성되고, 염색체 수는 절반이 된다. 제2감수분열은 세포는 유사분열처럼 복제되지만 염색체는 반수체이다. 유사분열로 생성된 딸세포는 모세포와 동일하다. **(9.4) 1.** 제1감수분열 혹은 제2감수분열 과정에서 상동염색체가 분리되지 않으면, 배우자, 그리고 그 접합자는 비정상적인 염색체 수를 갖는다. **2.** 염색체 하나가 누락된 경우 일염색체성이 된다. 하나의 염색체가 추가된 경우에는 삼염색체성이 된다. **3.** X 또는 Y 염색체에 이상이 있을 때 성염색체 이상이라고 한다. 상염색체 이상은 성염색체를 제외한 22쌍의 염색체 중 어디에서든지 발생할 수 있다. 성 염색체 수의 이상을 갖는 신생아가 상염색체 수의 이상을 갖는 신생아보다 생존할 가능성이 더 높다.

혼자 풀어보기

1. d; **2.** a; **3.** d; **4.** a; **5.** f; **6.** h; **7.** c; **8.** g; **9.** b; **10.** e; **11.** c; **12.** b; **13.** b; **14.** c; **15.** d; **16.** c

과학적으로 생각하기

1. (46, XY/47, XXY)와 같은 모자이크형은 특히 발생 매우 초기 단계에 유사분열 과정에서 비분리현상이 발생하면 나타날 수 있다. 모자이크형 클라인펠터 증후군에서는 정상(46, XY) 배아 세포가 정소를 형성할 수 있어서 정상 정자를 생성하고 생식능력을 가질 수 있다.

2. 고령 출산과 다운 증후군 발생 간의 관계를 설명하는 가설은 다음과 같다: (1) 여성이 나이가 들수록 난모세포가 감수분열 상태에서 멈춰 있는 기간이 더 길어지며, 이로 인해 비분리현상을 유발할 수 있는 돌연변이원에 노출될 가능성이 높아진다. (2) 비분리현상이 나타난 난모세포는 성숙하는데 오랜 시간이 소요되므로 나이가 든 여성에게서 더 많이 나타난다. (3) 여성이 나이가 들수록 에스트로겐 농도(난모세포의 발생 과정에서 감수분열 속도를 조절한다)가 낮아져서 감수분열의 속도가 느려질 수 있다. 이로 인해 나이든 여성에서는 비분리현상이 더 많이 나타날 수 있다. **3.** 집단 내에서 유전적 변이가 많아지면 빌생하면 환경 변화에 더 빨리 적응할 수 있다. 예를 들어, 갑자기 새로운 병원체에 노출되면 그 집단에서 적어도 몇 명은 그 병원체에 의한 감염에서 살아남을 수 있을 것이며, 그 집단은 계속 존속될 수 있을 것이다.

10장

진도 점검하기

(10.1) 1. 멘델의 실험은 가족에서 나타나는 형질의 유전양상과 한 세대에서 나타나는 변이가 다음 세대에 어떻게 전달되는지 설명해준다. **2.** 한 가지 형질에 대해 이형접합(*Tt*)인 두 개체 사이에서 태어나는 자손에게서는 세 종류의 서로 다른 유전형, *TT*, *Tt*, *tt*가 1:2:1의 비율로 나타날 것이다. 우성동형접합자(*TT*)와 이형접합자(*Tt*)의 표현형이 같다면 표현형의 비율은 3:1이 될 것이다. **3.** 자손 가운데 키가 작고 녹색 콩깍지를 나타낼 확률은 3/16이다. **4.** 개체의 형질은 상동염색체에 의해 전달된다. 상동염색체의 하나는 모계, 다른 하나는 부계의 형질을 지닌다. 두 가지 형질을 고려하면 두 개의 서로 다른 상동염색체를 살펴봐야 한다. 감수분열이 일어날 때 각각의 상동염색체들에서 상동의 쌍은 서로 독립적으로 양극으로 분리되어 부계와 모계 염색체의 구분 없이 무작위로 배우자의 핵에 포함된다. 배우자에는 염색체의 모든 조합이 들어갈 수 있다. 이는 멘델이 완두의 양성잡종 교배에서 관찰했던 사실과 일치한다. **(10.2) 1.** 상염색체 열성 가계도(그림 10.9)를 보면 질병을 가진 아이가 건강한 부모에게서 태어날 수 있다. 이형접합자는 정상적인 표현형을 나타내며 남녀 모두에게서 같은 빈도로 나타난다. III-1 여성은 아이에게 영향을 주었기 때문에 이형접합자이다. 상염색체성 우성 가계도(그림 10.10)에서는 증상을 가진 아이 부모는 적어도 한 명이 같은 증상을 보인다. 이형접합자에게서 증상이 나타나고 남녀 모두에게서 같은 빈도로 나타난다. II-2 남성은 영향을 받지 않은 자녀가 한 명 있었기 때문에 이형접합성이다. 영향을 받지 않은 어린이가 없기 때문에 II-3의 유전자형은 결정할 수 없다. **2.** 낭포성 섬유증과 같은 상염색체성 열성 질환에서는 정상 표현형을 가진 사람이 이형접합(우성 대립인자 하나와 열성 대립인자 하나를 지님)일 수 있다. 부모는 각각 열성 대립유전자를 지니는 배우자를 생성할 수 있고 이들이 서로 합쳐지면 질병을 가진 자손이 태어나게 된다. **3.** 낫꼴적혈구 빈혈증(낫모양 세포질환)은 상염색체 열성 질환이다. 동형접합체는 어렸을 때 낫 모양의 적혈구를 가지고 있지만, 이형접합체는 낮은 산소 수치로 인해 스트레스를 받지 않는 한 정상이다. 헌팅턴병은 상염색체 우성이다. 그러나 형질이 이미 자녀에게 전달됐더라도 중년까지는 질병이 나타나지 않는다. **(10.3) 1.** 불완전 우성은 이형접합자가 양쪽 동형접합자 사이의 중간 표현형을 나타낸다. 분홍색 분꽃이 여기 속한다. 공우성은 이형접합체에 존재하는 두 대립형질이 모두 발현될 때 나타난다. **2.** O형 아이는 양쪽 부모로부터 열성 *i* 대립유전자를 물려받아야 한다. AB형 부모에게는 *i* 대립유전자가 없다. **3.** 다유전자성 형질은 서로 다른 염색체 상에 존재하는 여러 종류의 대립유전자 쌍에 의해 영향을 받는다. 우성 대립유전자들은 서로 부가적인 영향을 미쳐 표현형이 종모양의 분포곡선을 이룬다. 다인자성 형질은 다양한 환경 영향을 받는 여러 유전자에 의해 조절된다. **4.** 유전자들이 동일한 염색체 상에 위치하면 함께 유전된다. 양성교배의 대전제는 서로 다른 염색체 상에 존재하는 대립유전자는 서로 독립적으로 유전된다는 것이다. 한 유전자의 발현이 다른 유전자의 발현 보다 우월할 수 있다. 이러한 유형의 유전자 상호작용은 우성 형질과 열성 형질을 포함하는 멘델 유전법칙의 변형으로 나타난다. **(10.4) 1.** 남성은 XY이기 때문에 일부 정자에는 X 염색체가 포함되어 있고 다른 정자에는 Y 염색체가 포함되어 있다. **2.** X-연관 열성유전(그림 10.25)은 여성보다 남성에서 증상이 더 많이 나타난다. 정상 표현형을 지닌 부모에게서 증상을 가진 아들이 태어날 수 있는 반면, 증상을 지닌 딸은 아버지가 증상을 갖고 어머니가 증상을 갖거나 보인자인 경우에만 태어난다. 상염색체 열성 유전의 경우 남녀 모두 동일한 빈도로 증상을 보이며, 이형접합자는 정상 표현형을 가지며 정상 표현형을 지닌 부모에게서 증상을 가진 자녀가 태어날 수 있다. **3.** 색맹과 듀센 근위축증은 성 연관 질환이다.

혼자 풀어보기

1. a; **2.** d; **3.** d; **4. a.** *TG*; **b.** *tg*; **c.** *TtGg*; **d.** *TTGG*; **e.** *TtGg*; **f.** *TTgg*; **g.** *Ttgg*; **h.** *TtGG*; **i.** *ttGG*; **j.** *TtGg*; **k.** *ttGg*; **l.** *ttgg*; **5.** a; **6.** b; **7.** a; **8.** b; **9.** a; **10.** a; **11.** a; **12.** e; **13.** e; **14.** d; **15.** c

과학적으로 생각하기

1. a. 교배(*CcPp* × *CcPp*)를 통해서는 9/16 보라색(*C_P_*) 및 7/16 흰색 자손(*C_pp*, *ccP_*, *ccpp*)이 태어난다. **2. a.** 순종을 확보한 다음, 해당 형질을 나타내는 순종과 대립형질을 나타내는 순종을 교배한다. 이 교배에서 해당 형질을 나타내는 자손이 태어나지 않으면 그 형질은 열성이다. 만일 이 교배에서 모든 자손이 해당 형질을 나타내면 그 형질은 우성이다. **b.** 초파리는 자손을 많이 낳고, 세대시간이 짧으며, 비교적 저렴한 비용으로 배양할 수 있고, 인간을 대상으로 하는 연구에 비해 윤리적인 문제가 덜 야기된다. **3. a.** 이 기술을 사용하여 딸을 선택하여 낳는 것이 가능하기 때문에 X-연관 열성 유전 질환이 나타날 확률을 낮출 수 있다. **b.** 부모가 문화적 선호도에 따라 자녀의 성을 선별적으로 선택할 수 있어 집단의 남녀 균형이 깨질 수 있다.

11장

진도 점검하기

(11.1) 1. DNA는 데옥시리보스 당, 인산염 및 질소 함유 염기인 시토신, 티민, 아데닌 또는 구아닌으로 구성된 일련의 뉴클레오티드를 포함한다. 뉴클레오티드의 두 가닥은 서로 역평행으로 배열되어 있고 시토신 수소가 구아닌에 결합되고 아데닌이 티민에 결합된 나선형으로 꼬여 있다. **2.** 먼저, 헬리카제는 뉴클레오티드 사이의 수소 결합을 끊음으로써 이중 나선 구조를 풀고 DNA 중합효소는 5′−3′ 방향으로 상보적인 새 가닥에 뉴클레오티드를 추가한다. 그런 다음 DNA 리가아제는 딸 가닥의 디옥시리보스-포스페이트 백본의 파손을 밀봉한다. **3.** DNA에는 당 데옥시리보스가 포함되어 있

다. RNA에는 당 리보스가 있다. DNA에는 기본 티민 있다. RNA는 염기 우라실을 가지고 있다. DNA는 이중 가닥이며, RNA는 단일 가닥이다. **4.** mRNA는 핵에 있는 DNA의 유전정보를 세포질에 있는 리보솜으로 운반한다. rRNA는 세포질에서 단백질과 결합하여 단백질이 합성되는 리보솜을 형성한다. tRNA는 아미노산을 리보솜에서 성장하는 폴리펩티드로 전달한다. **(11.2) 1.** 유전정보는 DNA에서 RNA를 거쳐 단백질로 흐른다. DNA는 세포질의 핵에서 리보솜으로 이동하는 mRNA로 전사되고 단백질로 번역되기 전에 처리 과정을 거친다. **2.** DNA의 유전자 코드는 세포가 만드는 단백질의 아미노산 순서를 정의한다. 이 저장된 정보는 DNA에서 RNA로 번역되어 결국 리보솜에서 합성된 특정 폴리펩티드가 되는 것이다. 유전정보가 DNA에서 RNA를 거쳐 단백질로 흐르는 이러한 단백질 합성 과정은 분자 생물학의 중심 원리로 알려져 있다. **3.** mRNA 분자는 단백질 합성에서 적절하게 기능하기 위해 캡핑, 폴리 A 꼬리 추가 및 스플라이싱에 의해 처리되어야 한다. **4.** 리보솜은 리보솜 RNA와 크고 작은 소단위로 배열된 단백질로 구성된다. 번역 초기에 큰 리보솜 소단위가 작은 단위와 결합하고 안티코돈을 포함하는 tRNA-아미노산 복합체가 mRNA의 코돈에 결합한다. 그런 다음 아미노산이 성장하는 폴리펩티드에 추가된다. **(11.3) 1.** 원핵생물에서는 단일 프로모터가 여러 유전자 단위로 전사를 조절한다. 진핵생물에는 각 유전자에 대한 프로모터가 있다. 원핵생물은 주로 전사를 조절함으로써 유전자 발현을 조절한다. 진핵생물은 유전자를 켜거나 끄고, 유전자가 발현되는 속도를 조절하고, 발현되는 시간을 조절하는 것과 같이 유전자 발현을 조절하는 많은 메커니즘을 가지고 있다. **2.** 진핵생물은 염색질 응축, DNA 전사 제어 및 mRNA 처리를 통해 핵에서 유전자 발현을 조절할 수 있다. 세포질에서 mRNA의 번역은 허용되거나 지연될 수 있으며, mRNA 수명은 다양할 수 있으며 단백질이 존재하는 기간을 제어할 수 있다. **3.** 진핵생물에는 DNA 가닥을 분리하고 RNA 중합효소의 위치를 정하는 것을 돕기 위해 DNA에 결합하는 복합체를 형성하는 많은 전사 인자가 있다. 함께 작용하는 많은 전사 인자가 있기 때문에 전사에 대한 더 높은 수준의 제어가 가능하다.

혼자 풀어보기

1. a. 당-인산 백본; **b.** 퓨린 염기; **c.** 수소결합; **d.** 디옥시리보스 당; **e.** 뉴클레오티드; **2.** a; **3.** d; **4.** a; **5.** d; **6.** b; **7.** b; **8.** a; **9.** c; **10.** c; **11.** b; **12.** b; **13.** b; **14.** d; **15.** b

과학적으로 생각하기

1. 열로 죽인 악성 균주의 DNA에는 독성을 생성하는 유전자가 포함되어 있다. 어쨌든 살아 있는 비독성 박테리아는 DNA의 일부를 획득하여 악성 변종으로 전환했다. **2.** 유전자 조절에 대한 효과가 유전되는 의약품을 개발할 수 있으며, 이러한 약은 한 번만 투여하면 그 효과가 다음 세대에 전달된다. **3. a.** 기본적인 요구 사항은 유전 가능한 유전정보를 저장할 수 있고, 저장된 정보를 표현할 수 있으며, 진화를 허용하는 변이를 포함하고, 세포 내부에 포장할 수 있을 정도로 작다는 것이다. **b.** 유전정보가 우리 자신과 매우 유사한 것으로 판명된다면 이는 DNA가 보편적인 고유한 특성을 가지고 있음을 의미한다. 유전정보가 매우 다르면 다른 저장 분자가 가능하다.

12장

진도 점검하기

(12.1) 1. 세균 플라스미드는 세균 자체 DNA와는 별개로 세포질에 독립적으로 존재하는 환형 DNA로서 재조합 DNA를 만드는 과정 중에 도입할 DNA를 운반하는 벡터로 이용된다. **2.** 보통 수백 염기쌍 정도로 이루어진 특정 DNA 부분을 복제하여 수많은 복사본을 얻기 위해서 PCR을 수행한다. **3.** DNA 지문감식은 다음과 같은 경우에 널리 활용될 수 있다: 감염성 질병의 원인이 되는 세균이나 바이러스 탐지, 범죄 용의자 , 또는 범인을 특정, 친자확인, 신원미확인 시체 식별 그리고 질환을 야기 시키는 유전자 돌연변이 검출 등. **4.** 유전자 편집은 DNA의 특정염기들만을 인식하는 가이드 RNA 덕분에 매우 효율적이며 유전자 기능을 비활성화시키거나 새로운 DNA 절편을 유전체에 삽입시킬 수도 있다. 뿐만 아니라 거의 모든 생물체에 적용될 수 있기 때문에 다양한 유전자 연구에 유용한 도구로 사용이 가능하다. 이에 반해 재조합 DNA 기술은 관심 있는 유전자를 제공할 생물과 유전자 DNA 운반자인 벡터(플라스미드)를 받아들일 수 있는 생물이 필요하고 재조합 DNA를 만들기 위해 제한효소와 DNA 연결효소가 있어야만하기 때문에 유전자 편집기술과 비교했을 때 갖추어야 할 것이 많고 이로 인해 효율성이 떨어질 수 있다. **(12.2) 1.** 생식복제의 목적은 한 생물 개체와 동일한 복제생물을 만드는 것이다. 치료용 복제의 목적은 세포분화를 연구하거나 질병치료를 위한 세포나 조직을 만드는 것이다. **2.** 배아 줄기세포는 배아세포로부터 얻을 수 있고 성체 줄기세포는 몸체의 다양한 기관들로부터 얻어낼 수 있다. **3.** 배아 줄기세포는 몸체를 이루고 있는 모든 유형의 세포들로 분화가 가능하므로 전체형성능을 가지고 있다고 한다. 이에 반해 성체 줄기세포는 만들어 낼 수 있는 세포의 유형이 극히 제한적이며 이러한 능력을 다분화능이라 부른다. **(12.3) 1.** 형질전환생명체는 외래 유전자가 자신의 유전체에 도입되어 있다. 유전자변형생물은 재조합 DNA 기술을 이용하여 자신의 유전체가 변형되어 있다. **2.** 인슐린, 혈액응고인자 VIII, 인간 성장호르몬, 조직 플라스미노겐 활성인자(혈전 용해제), B형 간염백신을 생산하기 위해 형질전환세균이 개발되어 사용되어 왔다. 딸기의 서리피해를 줄이기 위한 유전자변형 세균이 개발되었다. 자연계에 존재하는 기름분해 세균은 유전자 변형을 통해 기름분해 능력이 훨씬 개선되었다. **3.** 제초제 저항성을 갖는 형질전환 식물로 인해 제초제 사용이 줄고 수확량은 증가하였다. 높은 영양물질과 인체건강에 좋은 지방을 함유한 형질전환 식용작물들도 개발되었다. 소의 성장 호르몬 유전자를 도입하여 만든 형질전환 동물들은 정상보다도 더 크게 자라고 더 많은 고기를 제공해 줌으로써 식량 생산을 증대시킬 수가 있다. CO_2는 더 많이 흡수할 수 있고 수분소실은 최소화 할 수있는 잎을 갖는 유전자변형 식물이 개발되었다. 이러한 식물들은 다양한 기후대 환경에서 재배가 가능하다. **(12.4) 1.** 유전체 연구의 목적은 유전체에 어떤 유전자들이 존재하고 유전자산물과 이들의 기능은 무엇이며 유전자간 부위의 기능 등을 이해하는 것이다. **2.** 생물체들 간의 유전체를 비교함으로써 이들의 차이점과 유사점을 구별해 봄으로써 생물 진화역사를 연구할 수 있다. 인간 유전체와 다른 근연종들의 유전체를 비교함으로써 인류가 어떻게 진화해 왔는지 알 수 있다. **3.** 단백질체학은 신약개발에 중요하다. 단백질의 구조와 기능을 알고 그들이 어떻게 상호작용을 하는지를 연구하는 것은 약물분자가 그것들에 대해 어떻게 반응할지에 대한 정보를 제공할 수 있기 때문이다.

혼자 풀어보기

1. d; **2.** d; **3.** c; **4.** d; **5.** b; **6.** b; **7.** c; **8.** c; **9.** c; **10.** c

과학적으로 생각하기

1. 장점으로는 바이러스는 유전자를 빠르게 체내 세포에 전달할 수 있기 때문에 전체적으로 치료의 효율성이 높을 것이다. 그리고 전체 과정이 특별한 의료용 도구들을 신체에 적용하는 것들이 필요 없기 때문에 인체에 가해지는 부수적인 피해가 없을 것이다. 단점으로는 유전자가 삽입되어야 할 목표부위에 정확히 삽입되지 못하고 인접 유전자들에 삽입되어 유전자의 기능을 비활성화 시키거나 전혀 예상 못한 해로운 단백질을 만들어 낼 수 있다. 뿐만 아니라 바이러스가 세포분열을 자극시켜 암세포를 만들어 낼 수도 있다. **2.** 인간 재조합 인슐린은 인간의 천연 인슐린과 완전히 동일하다. 소나 돼지의 인슐린은 인간 인슐린과는 약간 다르다. 인간 재조합 인슐린을 사용하면 재조합 분자에 대한 항체반응을 피할 수 있을 것이다. **3.** 모든 생물들에 있어 기본적인 생명유지를 위해 공통적으로 필요로 하는 대사과정—해당 작용, 시트르산 회로 그리고 전자전달계 등—을 조절하는 단백질 합성 유전자들이 비슷할 가능성이 높다.

13장

진도 점검하기

(13.1) 1. 돌연변이는 유전자의 DNA에 있는 염기서열을 변화시킨다. 대립유전자(alleles)는 하나의 유전자에 돌연변이가 일어나 만들어지는 변이들이다. **2.** 전이인자가 이동하여 유전자의 DNA 염기서열 사이에 삽입되면서 유전자의 염기서열이 변형되는 돌연변이가 생길 수

있다. 그 결과 유전자의 원래 기능은 상실될 수 있다. **3.** 점 돌연변이에서 일어나는 단일 염기변화는 암호화된 아미노산을 바꿀 수도 바꾸지 않을 수도 있다. 아미노산이 바뀌지 않는 경우는 궁극적으로 단백질의 기능은 변화되지 않는다. 틀 이동 돌연변이는 돌연변이가 일어난 DNA 지점부터는 모든 유전암호의 배열이 바뀌기 때문에 단백질 기능이 바뀐다. **(13.2) 1.** 염색체는 결실을 통해 어떤 유전자를 잃을 수 있는데 이것이 다양한 증후군들의 원인이 된다. 중복을 통해 동일한 염색체 일부가 반복적으로 더 만들어질 수 있다. 결과적으로 염색체상의 어떤 유전자들은 여분의 복사본을 가지게 된다. 중복에 의해 유전자가 소실되는 것은 아니지만 정상 유전자 기능이 파괴될 수 있다. **2.** 전좌가 일어난 염색체가 후대에게 전달되면 자손은 특정 유전자 한 개와 다른 종류의 유전자 세 개를 가질 수 있다. DNA 가닥의 한 부분이 역위가 일어나면 후대에 중복과 결실이 일어나서 정상적인 유전자 발현이 일어나지 않을 수 있다. **3.** 고양이울음증후군은 5번 염색체 말단이 결실되면서 일어난다. 알라질증후군은 2번과 20번 염색체 사이의 전좌 때문에 발생한다. **(13.3) 1.** 핵형분석은 염색체의 수와 모양 그리고 띠(밴드)패턴을 검사하여 염색체 돌연변이 유무를 탐지할 수 있는 기술이다. **2.** 혈액 내에 있는 특정 단백질의 존재유무로 유전질환을 알 수 있다. 특정 단백질을 합성하는 유전자가 변형되었거나 발현을 하지 않는다면 그 단백질은 만들어지지 않는다. 오히려 정상 상태에서는 없어야 하는 단백질이 감지될 수 있다. DNA 검사는 DNA의 염기서열결정을 통해 염기서열에 변화 여부를 판단하는 기술이다. 만약 변화가 있다면 이것은 다양한 질환의 원인이 될 수 있다. **3.** 조음파 영상분석은 태아의 외부적 기형여부를 알아보는 데 매우 도움이 된다. 그러나 이 방법으로는 태아의 유전자 변이 유무를 탐지할 수는 없다. 양수천자는 긴 바늘을 이용하여 태아세포를 포함하고 있는 양수를 채취하는 방법으로서 자연유산 위험도가 0.6% 정도로 낮은 편이다. 융모막 융모 검사에서는 흡입관을 사용하여 태반형성부위에 있는 융모막에서 세포를 채취한다. 이 방법은 임신 5주차 정도에 수행할 수 있으며 자연유산 위험도는 0.7%이다. **4.** 유전자 DNA의 염기서열 변이들을 찾아내어 이것들을 질환을 진단하는 유전적 표지로 사용할 수 있다. 유전적 표지는 유전자 프로필과 DNA 미세배열을 이용하거나 제한효소를 사용하여 절단된 DNA를 겔 전기영동하여 찾아낼 수 있다. **(13.4) 1.** 체외 유전자 치료에서는 일단 세포나 조직을 몸에서 채취하여 정상 유전자를 탑재한 바이러스로 감염시킨 후 체내로 재도입시킨다. 체내 유전자 치료에서는 정상 유전자를 체내로 직접 전달한다. **2.** 유전자를 코에 분사하거나 특정기관에 직접 주입하여 전달할 수 있다. 세포나 기관에 유전자를 전달하기 위해 리포솜이나 아데노바이러스를 사용하기도 한다. **3.** 체외 유전자 치료: 줄기세포에 아데노신탈아미노효소(ADA) 합성 유전자를 삽입하여 중증복합면역부전증(SCID)을 치료, 정상 콜레스테롤 수용체 단백질 합성 유전자를 탑재한 바이러스로 간세포를 감염시켜서 유전성 고콜레스테롤혈증을 치료, 면역계를 자극하기 위해 종양항원 단백질이 발현되도록 암환자 세포를 처리. 체내 유전자 치료: 정상 염소 이온 운반 단백질 합성 유전자를 코 속으로 분무하거나 리포솜에 포장하여 폐로 전달시켜 낭포성섬유증을 치료, 혈관내피성장인자(VEGF)를 심장에 주입하여 관상혈관이 자라도록 자극하여 관상순환장애를 치료, 항염증 유전자를 포함하고 있는 아데노바이러스를 아픈 관절에 주입하여 류마티스 관절염 통증 완화 치료.

혼자 풀어보기

1. c; **2.** b; **3.** a; **4.** b; **5.** c; **6.** a; **7.** c; **8.** b; **9.** c; **10.** b

과학적으로 생각하기

1. 유전 상담사는 의뢰인의 유전자 검사를 통해 알아낸 사실들 중 일부는 의뢰인에게 알리는 것이 매우 부담스럽고 불편할 수 있는 경우들이 있을 수 있다. 이러한 견지에서 상담사는 검사가 진행되기 전에 미리 의뢰인에게 DNA 염기서열결정법이 무엇이며 이것으로부터 도출될 수 있는 정보들에 대해 충분한 설명을 해줄 필요가 있다. 검사를 통해 부가적으로 발견될 수 있는 질환들과 그것들의 위험성 그리고 혹시라도 그러한 질환을 가진 아이를 임신하거나 출산했을 때 직면하게 될 심리적 문제와 감당해야할 비용적인 문제 등등을 미리 충분하게 환자와 상담을 해야 하며 그러한 사안들과 관련된 상호간의 동의가 필요하다면 이러한 것들도 미리 완료가 되어 있어야 한다. **2.** 아데노바이러스가 원발암유전자(proto-oncogene)나 종양억제유전자(tumor suppressor gene) 같은 세포주기 조절 유전자의 내부나 바로 인접한 부위에 삽입되었을 가능성이 크다. 이러한 경우에는 세포주기 조절 유전자의 기능은 불활성화되어 기능이 상실된다. 실제로 X 염색체 연관-중증복합면역부전증(X-SCID)을 갖고 있는 유아들에서 *LMO-2*라는 원발암유전자 인접부위에 바이러스가 삽입된 것이 보고되었다. **3.** 질환 유전자가 열성이고 개체집단의 일부에서 항상 열성질환 유전자가 유지되고 있다면 한 개체(개인)가 질환 유전자에 대해 동형접합 상태일 때 질환은 발현된다. 이형접합형태를 갖는 보인자(carrier)에서는 자손에서 질환이 발현될 것이다. 때로는 열성형질이 진화에 유리할 수도 있다. 예를 들어 겸상적혈구빈혈증 보인자는 말라리아에 더 강하다.

14장

진도 점검하기

(14.1) 1. 퀴비에는 고생물학의 기초를 세웠다. 그는 종은 시간이 지나도 변하지 않는다고 생각했다. 대신에 대재앙에 의해 대규모의 멸종이 일어난다고 생각했다. 재앙 이후, 그 지역에 새로운 개체군이 생겼고, 이것이 새로운 지층에서 새로운 화석의 출현을 설명하였다. 라마르크는 동물이 환경에 적응하고 이러한 변화가 자손에게 전달된다고 제안했다. 이는 획득형질의 유전을 의미하며 시간의 흐름에 따른 변화를 설명하였다. **2.** 획득형질의 유전이라는 이론에 따르면, 한 개체는 환경에 반응하여 변하고 다음 세대로 유전 가능한 새로운 특성을 획득한다. 자연선택 과정에 따라 환경에 잘 적응한 개체는 살아남고 그렇지 못한 개체는 사라진다. **3.** 가장 잘 적응한 개체는 살아남아서 생식활동을 하기 때문에, 어떤 환경에서 살아남도록 하는 형질에 대한 자연선택은 적응으로 이끈다. **(14.2) 1.** 핀치는 공통조상이 독특한 환경에 적응하는 과정에서 다른 종으로 분화됨을 보여준다. 이 경우 환경이 다른 섬에 도착한 핀치에게 서로 다른 적응이 필요했을 것이다. **2.** 흔적기관은 현존하는 생명체들이 과거부터 공통조상을 가지고 있었음을 보여준다. 오늘날 이 기관들은 쓸모없지만 과거에는 유용했다. **3.** 상동구조는 공통조상을 나타내는 해부학적인 유사성을 가진다. 상사구조는 공통 기능을 가지지만 공통조상의 증거로 작용하지는 못한다.

혼자 풀어보기

1. b; **2.** d; **3.** b; **4.** b; **5.** a; **6.** e; **7.** e; **8.** a; **9.** c; **10.** b; **11.** a; **12.** c; **13.** b; **14.** c

과학적으로 생각하기

1. 사람과 다른 동물들이 어떤 구조를 가진 공통조상을 공유하면 공통된 구조를 가지기도 한다. 이러한 구조는 사람의 식생활에 관한 역사에 대한 정보를 제공한다. 과거에 사람은 지금보다 식물을 더 많이 먹었음을 시사한다. **2.** 유전자들은 개체의 생존을 위한 중요성과 기능에 따라 진화적 제약과 압력 정도가 다르다. **3.** 섬은 고립되어 있고 그곳에 사는 생물체에게 독특한 환경을 제공한다. 환경의 특별 조건은 이러한 생물의 진화가 특정한 방향으로 진행되도록 영향을 받게 한다.

15장

진도 점검하기

(15.1) 1. 방향성 선택은 한 쪽 끝의 극단적인 표현형이 선호될 때 일어난다. 안정성 선택은 중간 형질의 표현형이 선호될 때 일어난다. 분단성 선택은 중간 표현형 보다 두 개 이상의 극단적인 표현형의 생존을 유리하게 한다. **2.** 암컷의 성적 선택은 가장 적합한 수컷, 즉 번식 능력을 향상시키는 특성을 가진 적합한 수컷을 선호하게 된다. 가장 적합한 수컷을 선택함으로써 자신의 특성이 자손에게 전달될 가능성을 높이고 있다. **3.** 돌연변이, 재조합, 독립 유전, 유전자 흐름, 분단성 선택과 이배성. **(15.2) 1.** 모든 구성원이 가지고 있는 유전자 자리에서의 다양한 대립유전자들이 한 개체군의 유전자 풀을 구성한다. 집단의 유전자 풀은 대립유전자 빈도로 설명된다. **2.** 하디-바인베르크 원리는 다섯 가지 조건이 충족된다면 한 유전자 풀에서 유전자형 빈도의 평형이 유성생식을 하는 개체군의 다음 세대에서도 여전히 적용

한다는 것을 말한다. 소진화는 개체군의 유전자 풀에서 유전자형 빈도가 하디-바인베르크 평형으로부터 벗어난 정도를 이해함으로써 알 수 있다. **3.** 집단의 소진화를 방지하려면 돌연변이가 발생해서는 안 되고, 유전자 흐름이 없어야 하며, 무작위 교배만 일어나야 하고, 유전적 부동이 없어야 하며 자연선택 기능도 없어야 한다. **4.**돌연변이는 진화의 기반이 되는 모든 유전적 다양성의 궁극적인 원인이다. **5.** 유전자 흐름은 개체군 간의 대립유전자의 이동으로 이로 인해 빈도가 바뀌고 소진화가 일어나는 것이다. 작위적 교배는 표현형과 궁극적으로 이들의 유전자형에 따른 개체들의 교배이다. 근친교배는 개체군 내에서 동형접합 비율을 증가시키고, 다양한 교배로 인해 개체군은 표현형으로 세분화된다. 따라서 작위적 교배는 소진화를 초래할 수 있다. **6.** 유전적 부동을 통해 우연한 기회에 시간이 흐름에 따라 유전자 풀 안의 대립유전자의 빈도가 변한다. 개체군이 작으면 드문 유전자형이 다음 세대에 전달될 가능성은 더욱 크다. 결과적으로 이러한 유전자형은 감소하기도 하고 증가하기도 한다.

혼자 풀어보기

1. d; **2.** a; **3.** c; **4.** b; **5.** c; **6.** c; **7.** d; **8.** c; **9.** c; **10.** b; **11.** a

과학적으로 생각하기

1. a. 두 번째 농부는 많은 양의 살충제를 세 차례 사용함으로써 살충제에 저항성을 나타내는 곤충을 발생시켰고 이 곤충들이 5년에 걸쳐 선택되었다. **b.** 저항성을 나타내는 곤충은 극단적인 표현형을 나타낸다. 이는 방향성 선택의 한 예이다. **c.** 첫 번째 농부의 밭에 있는 곤충 집단은 평형상태이다. 손실률이 일정하게 유지되는 것은 동일한 수의 저항성 곤충이 존재함을 나타내기 때문이다. **2. a.** 암컷은 밝은색 깃털을 가진 수컷이 보다 적합하다고 여기기 때문에 선택한다. 이는 성 선택의 한 예이다. **b.** 밝은 깃털의 수컷을 선택함으로써 암컷은 생식성공도가 높은 밝은 깃털의 자손을 갖게 된다. 이는 작위적 교배이다. **c.** 자연적인 환경에서 어두운 깃털의 암컷과 밝은 깃털의 수컷을 교배시키고 자손의 생식적 성공을 측정한다. 이를 어두운 깃털의 암컷과 어두운 깃털의 수컷을 교배시킨 뒤 자손의 생식적 성공과 비교한다.

16장

진도 점검하기

(16.1) 1. 생물학적 종은 서로 교배할 수 있고 공통의 유전자 풀을 가지며 생식적으로 다른 종들과 격리된 개체들의 모임을 말한다. 이는 외형에 의존하지 않은 검증 가능한 개념이다. **2.** 생물학적 종 개념은 무성생식을 하는 개체에는 적용되지 못한다. 게다가 생식적 격리가 불완전하여 종들 간에 교배가 일어나기도 한다. **3.** 접합전 격리 기작은 접합자 형성을 막는다. 서식지 격리, 시간적 격리, 행동적 격리, 기계적 격리, 배우자 격리가 그 예이다. 접합후 격리 기작은 접합자의 형성은 허락하지만 접합자가 죽거나 불임 자손을 생산하다. 접합자 사멸, 잡종 불임, 잡종 제2세대의 적합성이 그 예이다. **4.** 이소 종분화는 지리적 격리에 의해 유전자 흐름이 차단될 때 일어난다. 캘리포니아의 *Ensatina* 도롱뇽은 센트럴밸리에 의해 격리되고 동쪽 집단과 서쪽 집단 사이에 유전자 흐름이 제한된다. 남부 캘리포니아에서는 극히 드물게만 교배하는 상이한 두 유형이 존재한다. 동소 종분화는 지리적 격리가 일어나지 않은 채 생식적으로 격리된 그룹을 만든다. 밀의 다배수성으로 인해 빵밀의 생식적 격리가 일어났다. **5.** 갈라파고스제도에서 서식하는 많은 종의 피리새들은 본토의 한 종류의 조상 피리새의 후손일 것으로 추정된다. 각각의 새로운 종은 서식하는 독특한 환경에 따라 진화했다. **(16.2) 1.** 화석기록은 단단하고 내구성이 있는 비교적 완전한 증거로 시기를 추정할 수 있다. 화석기록은 오랜 시간에 걸친 진화적 변화를 보여준다. **2.** 단속평형 모델은 진화에서 어떤 변화도 없던 시기 중간에 매우 급작스러운 빠른 종분화가 일어난다고 이야기한다. **3.** 대륙 이동, 서식지 파괴, 운석의 지구 충돌, 기후 변화 등이 대멸종의 원인이다. **(16.3) 1.** 종, 속, 과, 목, 강, 문, 계, 영역. **2.** 상동구조는 공통조상에서부터 유래하기 때문에 해부학적으로 유사하다. 상사구조는 공통조상이 다른 그룹에 속하지만 같은 기능을 수행한다. **3.** 분류학은 생물을 식별하고 명명하고 분류하는 분야이다. 과학적 명명 규칙을 사용하여 범주의 계층 구조를 설정한다. 계통학은 화석, 비교해부학 및 발달, 분자생물학적 자료들을 통하여 진화 역사를 정의하려고 한다. **4.** 3영역 분류체계는 계(kingdom) 수준 이상의 분류 카테고리를 가진다. 이것은 rRNA 유전자의 염기서열을 기반으로 하고 원핵생물들을 포함하는 세균역과 고세균역, 원생동물, 동물, 곰팡이, 식물 등 진핵생물을 포함하는 진핵생물역으로 이루어져 있다.

혼자 풀어보기

1. c; **2.** c; **3.** b; **4.** f; **5.** a; **6.** g; **7.** e; **8.** d; **9.** h; **10.** b; **11.** c; **12.** d; **13.** a; **14.** c; **15. a.** 3가지(보라색, 주황색, 노란색 음영); **b.** 척추, 양막란 그리고 체내수정; **c.** 뱀과 도마뱀, 대부분의 파생형질을 공유하기 때문이다.

과학적으로 생각하기

1. a. 양치식물; **b.** 종자 생산; **c.** 겉씨; **d.** 솔방울, 침엽; **e.** 은행나무, 활엽; **f.** 속씨; **g.** 하나의 떡잎; **h.** 두 개의 떡잎. **2.** 하와이제도에 있는 종들은 본토와 멀고 섬들 사이에도 거리가 멀어 격리된다. 수 세대를 지나면서 본토와는 다른 환경에 적응하게 된다. 플로리다 키스제도는 본토와 또 섬들과도 거리가 가까워 이동이 가능하다. 따라서 격리되지 않기 때문에 종분화가 일어나지 않는다. **3. a.** 사람은 상당 부분의 유전체를 다른 생명체와 공유하기 때문에 모든 단계의 계통분류학에 대한 기본적인 연구는 세상을 구성하는 인간과 다른 생명체들에 대한 유용한 정보를 제공해 줄 수 있다. **b.** 만일 어떤 나라가 구성원의 요구를 만족시키면서도 기본적인 계통분류학 연구를 지원하기에 충분한 재정 능력을 가지고 있다면, 그러한 연구는 잠재적인 이득을 가지고 있으므로 우선권을 가져야 한다.

17장

진도 점검하기

(17.1) 1. 바이러스는 단백질 소단위체의 외부 캡시드와 DNA 또는 RNA를 함유하는 내부 핵심으로 구성된다. **2.** 용균 회로에서 바이러스는 숙주세포에 들어가 복제하여 자신과 동일한 많은 사본을 생산한다. 또 다른 방식으로, 용원 회로에서 바이러스는 세포를 감염한 후 바이러스는 휴면 상태를 유지하면서 향후에 복제할 준비를 하는 잠복기에 들어간다. **3.** 세포에 들어가기 위해 바이러스는 세포 표면에 있는 특정한 수용체 단백질에 결합하는 특정한 캡시드 단백질을 가지고 있어야 한다. **(17.2) 1.** 바이로이드는 캡시드 단백질을 가지고 있지 않은 노출된 RNA로 구성되어 있다. 바이러스는 DNA 또는 RNA의 내부 핵심과 단백질 소단위의 캡시드를 가지고 있다. **2.** 프리온은 모양이 변한 단백질로 정상 단백질과 상호 작용하여 정상 단백질의 모양을 바꿀 수 있다. 프리온은 치명적인 감염과 신경장애를 유발한다. 바이로이드는 노출된 RNA 가닥이다. **3.** 프리온은 쿠루(Kuru), 광우병, 양을 공격하는 스크래피병, 크로이츠펠트–야코프병을 포함한다. **(17.3) 1.** 지구가 냉각되면서 무기 화학물질로부터 작은 유기분자가 형성되었다. 작은 유기분자로부터 자가 조립되어 형성된 거대분자는 세포와 같은 구조의 내부와 외부를 정의하는 장벽으로 둘러싸였다. 세포와 유사한 구조(원시세포) 내에서 세포 대사의 반응이 진화했다. **2.** 구균(구형), 간균(막대형), 그리고 나선균 또는 스피로헤타(나선형)가 있다. **3.** 접합—세포에서 세포로 DNA가 전달; 형질전환—환경에서 세포로 DNA가 전달; 형질도입—박테리오파지에 의한 세포와 세포간 DNA가 전달. **4.** 고세균의 원형질막에는 특이한 지질이 있어 고열 조건과 같은 극한 환경에서도 생존할 수 있다. 고세균은 다양한 유형의 세포벽을 가지고 있으며, 때로는 펩티도글리칸이 아닌 단백질 또는 다당류를 가지고 있다. 또한 고세균은 메탄을 생성하거나 염분이 높은 환경에서 살 수 있는 능력과 같은 특이한 대사 특성을 가지고 있다. 이러한 특성으로 인해 박테리아와 경쟁하지 않는다. **(17.4) 1.** 미토콘드리아와 엽록체는 모두 이중막과 특별한 유전체를 가지고 있다. 리보솜 유전자는 박테리아에서 유래했으며, 미토콘드리아는 특정 박테리아와 관련이 있고 엽록체는 시아노박테리아와 관련이 있다. **2.** 원생생물은 하나의 핵과 다양한 세포소기관을 갖는 진핵생물이다. 대부분 단세포로 되어 있다. 이들은 다양한 다세포 생물체의 공통조상을 대표하는 다양한 그룹이다. 3. 원시색소생물(archaeplastids)은 내생 남조류에서 유래한 엽록체를 가지고 있으며, 녹조류가 그 예시이다. SAR 거대그룹은 광합성

을 하지만 녹조류나 홍조류와는 다르게 진화한 부등편모조류(stramenopiles), 일련의 내부 공동이 있는 피하낭류(alveolates), 그리고 외부 껍질을 가진 아메바와 유사한 생물체인 근족사상류(rhizarians)로 구성된다. 섭식구굴착류(Excavates)는 미토콘드리아가 없고 뚜렷한 편모 및/또는 구강 홈이 있으며, 유글레니드가 그 예이다. 아메바류는 위족을 이용하여 이동하며, 점균류(slime molds)가 그 예이다. 후편모생물(opisthokonta)은 편모 세포를 가진 화학종속영양생물이고 깃편모충류(choanoflagellates)를 예로 들 수 있다.

혼자 풀어보기

1. c; **2.** d; **3.** a; **4.** c; **5.** c; **6.** c; **7.** a; **8.** b; **9.** a; **10.** d; **11.** c; **12.** c; **13.** b; **14.** a; **15.** d

과학적으로 생각하기

1. 원생생물은 진핵생물역에 속하며, 세균보다 고세균과 더 밀접한 관련이 있다. 고세균과 진핵생물은 세균이 갖고 있지 않은 특정 리보솜 단백질들을 공통적으로 갖고 있다. 고세균과 진핵생물은 동일한 방식으로 전사를 시작하고, 유사한 t-RNA를 갖고 있다. 바이러스는 비세포성이고 생명체의 세 역 어디에도 속하지 않는다고 여겨지기 때문에 바이러스는 계통수에 표시 되지 않았다. **2.** 박테리오파지는 환자의 몸 안에 있는 세균을 감염해서 세균을 죽일 수 있는 용균성 회로를 시작할 수 있다. 가장 중요한 이점은 항생제가 작용하지 않는 항생제 내성 세균의 감염을 치료할 수 있는 능력이다. 중요한 단점은 박테리오파지 감염에 대해 세균이 저항하도록 진화한다는 것이다. **3. a.** 항생제가 바이러스에 효과가 없다고 표시하면 소비자 교육에 도움이 될 것이다. 모든 사람이 표시를 읽거나 포함된 정보에 반응하지는 않지만 일부 사람들은 메시지에 반응하고 그들의 행동을 바꿀 것이다. **b.** 항생제 사용 보류에 대한 책임을 언급하는 법률은 변경되어야 한다. 그러면 의사들이 항생제 처방에 대한 책임감을 갖게 되고, 항생제 미처방에 대한 소송으로부터 보호받을 수 있다면 처방전을 더 보수적으로 작성할 것이다.

18장

진도 점검하기

(18.1) 1. 녹조류와 육상식물은 엽록소 *a*, *b*와 보조색소를 함유하고 있고, 탄수화물을 전분으로 저장하며, 세포벽에 셀룰로오스를 함유하고 있으며, 접합자(zygote)를 보호하는 구조를 형성한다. **2.** (1) 배의 보호; (2) 관다발 조직의 진화; (3) 잎(대형엽과 소형엽)의 진화; (4) 종자의 진화; (5) 꽃의 진화. **3.** 감수분열은 유사분열을 수행하여 배우자를 형성하는 이배체 포자낭에서 반수체 포자를 생성한다. 수정 후, 유사분열에 의해 포자체(sporophyte)로 발달하는 이배체 접합체가 형성된다. **(18.2) 1.** 비관다발식물은 관다발식물과 같은 진정한 뿌리, 줄기, 혹은 잎을 가지고 있지 않다. **2.** 이끼의 우세한 세대는 배우체 식물이다; 양치류의 경우, 배우자 단계가 짧고 포자식물 세대가 우세하다. 이끼는 관다발이 없으며 진정한 뿌리, 줄기 및 잎이 없다. 이들은 키가 작고, 생활하고 번식하기 위해 습한 환경을 필요로 한다. 양치류는 진정한 뿌리, 줄기 및 잎에 관다발을 가지고 있으며 더 건조한 환경에서 생활할 수 있고 키가 더 자랄 수 있다. **3.** 수분이 일어난 후, 화분립이 발아하고 비편모성 정자는 화분관을 따라 암배우체가 생산한 난자로 이동한다. 수정이 일어난 후, 접합자는 포자체 배가 되고, 배주 내에 있는 조직은 저장 영양분이 되며, 배주는 종피가 된다. **4.** 번식을 위해, 속씨식물은 꽃가루를 꽃에서 꽃으로 분산시켜야 한다. 바람과 곤충, 새, 박쥐 및 파리와 같은 수분매개자는 꽃가루를 분산시키는 데에 도움이 된다. **(18.3) 1.** 진균은 균사체를 형성하기 위해 함께 뭉쳐진 균사로 이루어져 있다. 세포벽은 키틴으로 구성되어 있다. 세포는 한 세포에서 다른 세포로 세포질이 이동할 수 있도록 하는 구멍을 가진 격막으로 나뉘어져 있다. **2.** 담자균류—이핵 균사는 줄기와 뚜껑으로 구성된 버섯 형성; 자낭균류—컵 모양의 자낭과(ascocarp); 취균류(Glomeromycota)—육상식물의 뿌리와 함께 수지상균근(arbuscular mycorrhizae, AMs)을 형성함; 접합균류—다양한 기능을 위한 특화된 균사 보유; 호상균류-편모를 가지고 있고 이동 가능; 미포자충류—절대기생균류. **3.** 지의류는 진균과 시아노박테리아 또는 녹조류로 구성되어 있다. 진균은 신체를 보호해주고, 수분과 미네랄을 공급해주며, 광합성파트너는 유기 영양분을 제공해준다. **4.** 구강 칸디다증—칸디다 알비칸스(*Candida albicans*)는 구강과 혀에 감염되어 고통스러운 물집을 만든다. 이 질병은 항생제를 사용한 후에 또는 면역억제 상태에서 발생한다. 흰코증후군—지오마이세스 디스트럭탄스(*Geomyces destructans*)에 의한 동면 박쥐의 감염증. 이 질병은 동면을 방해하여 박쥐를 깨어나게 하고 저장된 지방을 모두 사용하게 함으로써 굶어죽게 한다.

혼자 풀어보기

1. a; **2.** e; **3.** c; **4.** a; **5.** b; **6.** e; **7.** d; **8.** c; **9. a.** 꽃밥; **b.** 수술대; **c.** 암술머리; **d.** 암술대; **e.** 씨방; **f.** 배주; **g.** 꽃받침(악부); **h.** 꽃잎(화관); **10.** b; **11.** b; **12.** a; **13.** c; **14.** b; **15.** e

과학적으로 생각하기

1. 본래 토양에는 균근균이 포함되어 있으며, 이들은 식물뿌리와 공생관계에 있고 식물이 생장을 촉진한다. **2.** 원생생물, 식물, 및 진균은 모두 진핵생물 영역에 속한다. 식물의 원생생물 조상은 특정 녹조류와 비슷하며, 광합성을 수행하기 위하여 엽록소 *a*, *b* 및 보조색소를 가지고 있고, 탄수화물을 전분으로 저장하며, 세포벽에 셀룰로오스를 함유하고, 세대교번 생활주기를 사용한다. 진균의 원생생물 조상은 아마도 이후 다른 균류 그룹의 진화에서 사라진 특징인 편모가 있는 배우자와 포자를 가지고 있다는 점에서 현대의 호상균류와 유사했을 것이다. 진균 조상의 세포벽에는 키틴이 포함되어 있을 수 있으며, 이는 호상균류를 포함한 모든 현대 균류가 공유하는 특징이다. 균류 조상은 일부 호상균류와 마찬가지로 세대교번 생활주기를 가졌을 수 있다. **3.** 인간의 피부는 건조하고 피부를 구성하는 세포는 계속해서 떨어져 나온다. 인간은 피부를 비교적 깨끗하게 유지하여 균류의 생장을 억제한다. 그러나, 폐는 혈관이 잘 형성되어 있고 균류의 생장을 도와주는 습하고 보호받는 환경을 제공한다.

19장

진도 점검하기

(19.1) 1. 대칭의 차이점—좌우대칭과 방사대칭; 두화—뇌의 위치와 특수화된 감각기관; 체절화—몸의 길이로 신체 부위가 반복. **2.** 선구동물은 배아가 처음 형성될 때 나선할을 하고, 원구가 입이 되는 것이 특징이다. 체강이 있을 경우 중배엽이 갈라져서 생긴다. 후구동물은 배아가 처음 형성될 때 방사할을 하며 원구는 항문이 된다. 원시장의 돌출부는 체강을 형성한다. **3.** 동물은 소화계를 이용하여 음식을 소화시키는 화학타가영양체이다. 동물은 이배체성 수정란을 생산하기 위하여 유성생식을 하며 수정란은 복잡한 발생단계의 순서를 밟는다. 근육과 신경과 같은 특수화된 조직은 이동할 수 있는 능력을 제공한다. 대신에 식물은 광합성을 할 수 있지만 이동할 수 없고 진균류는 먹이를 체외에서 소화시켜 영양분을 흡수한다. **(19.2) 1.** 해면동물과 자포동물은 모두 다세포동물이다. 해면동물은 진정한 조직이 없는 세포 수준의 구성을 하고 있으며 몸의 대칭성도 없다. 자포동물은 두 개의 배아층(외배엽과 내배엽)을 가진 조직 수준의 몸 구성을 하고 있으며 방사대칭이다. **2.** 둘 다 무척추동물이다. 해면동물은 많은 구멍으로 된 주머니 모양의 체형을 갖는다. 물이 소공을 통해 들어와 대공으로 가기 전까지 깃세포를 통과한다. 자포동물은 방사대칭 무척추동물이며 폴립이나 해파리 체형 시기에서 자세포를 보유한 촉수를 갖는다. **3.** 해면동물은 조직화된 조직이 없으며 세포수준의 체구성을 갖는다. 이들은 동물 진화수의 맨 아래에 있는 측생동물이다. 자포동물은 방사대칭이며 두 개의 배아층을 가지며 조직 수준의 체구성을 가지고 있다. 이들은 최초의 진정후생동물이다. **(19.3) 1.** 이들 이름의 *lopho* 부분은 촉수관(lophophore)이라고 부르는 촉수 모양의 섭취구조에서 유래되었나. 이름의 *tropho* 부분은 독특한 섬모띠가 특징인 담륜자(trochophore)라고 하는 유생기에서 따온 것이다. 편형동물, 연체동물 및 환형동물은 이러한 구조를 가진 공통의 진화적인 조상을 갖는다. **2.** 편형동물은 좌우대칭이며 무체강동물이다. 환형동물은 체절화되어 있고 체강을 갖는다. **3.** 복족류에 있어서 발은 배쪽으로 편평하며, 두족류에서는 발이 두부 주위의 촉수로 진화되었고, 이매패류에서는 근육성 발이 두 개의 조개껍질로부터 배쪽으로 돌출되었다. **(19.4) 1.** 선형동물

은 무생물성 큐티클을 분비하며 탈피를 한다. **2.** (1) 관절을 가진 부속지; (2) 외골격; (3) 체절화; (4) 잘 발달된 신경계; (5) 다양한 호흡기관; (6) 변태를 통하여 줄어든 경쟁. **3.** 곤충은 대단히 다른 서식처에서 살아갈 수 있도록 형태적 및 행동적으로 놀랄만한 적응을 보이기 때문에 지구상에서 매우 다양하다. **(19.5) 1.** 극피동물은 성체기에 방사대칭을 하며 이동을 위한 관족을 가진 수관계를 가지고 있다. 그들은 두뇌와 머리가 분화되지 않아 없다. **2.** 척삭동물은 등쪽 지지대, 등쪽 관상 신경삭, 인두낭, 그리고 항문뒤쪽 꼬리를 가지고 있다. 포유동물은 양막류이며 파충류와 조상을 공유한다. **3.** 피낭류—유충 시기에 척삭동물의 4가지 특징; 창고기류-성체로써 4가지 척삭동물의 특징과 분화; 무악어류—척추동물; 연골어류—턱뼈; 경골어류-골격; 총기어류—폐; 양서류—사지(다리); 파충류와 조류—양막의 알; 포유류—유선. **4.** 양막란은 발생과정에서 물 환경에 대한 필요성을 제거하여 육지에서 발생이 가능하게 하였다. 양막은 기체교환, 영양분, 질소 폐기물을 제거하고 건조 및 물리적 손상으로부터 보호를 제공한다. **5.** 포유류는 매우 다양한 환경에서 생존이 가능하도록 하는 여러 가지의 적응을 보여준다. **(19.6) 1.** 진원류는 원숭이, 유인원 및 인류를 포함하는 반면, 호미닌은 오직 *Homo sapiens* 한 종과 인간과 매우 유사한 조상종을 의미한다. **2.** 영장류에서 진화 경향은 뇌가 보다 커지고 복잡해지는 방향을 보인다. 일어서고 두발보행의 발전은 호미닌의 분류 근거가 된다. **3.** 대체모델은 현대 인류가 아프리카에서 구인류로부터 진화되었다는 것을 제시한다. 그 후에 이 현대 인류는 아시아와 유럽으로 이주해갔고 여기서 기존에 존재하던 구인류 종을 대체하였다.

혼자 풀어보기

1. b; **2.** a; **3.** d; **4.** b; **5.** a; **6.** a; **7.** a; **8.** a; **9.** b; **10.** d; **11.** c; **12.** a; **13.** b; **14.** d; **15.** b; **16.** c

과학적으로 생각하기

1. 최근 밝혀진 사실은 아프리카에서 원시인에서 현대인까지 진화하는 계통이 존재하며, 이 계통의 분지가 아프리카 이외의 지역에서도 이어졌음을 나타낸다. 아시아와 유럽에서의 새로운 *Homo* 속의 화석의 발견은 인류진화 과정에 대한 더 많은 정보를 제공한다. 아시아, 유럽, 오세아니아뿐만 아니라 아프리카에서, 특히 1백만 년 전 고대에서부터 최근까지의 화석기록까지 확장하는 노력이 필요하다. **2.** 고착성 동물은 이들의 먹이가 모든 방향으로부터 오기 때문에 방사대칭 경향을 보인다. 몸 앞과 뒷부분을 가질 필요가 없다. 주변 환경으로 이동하는 동물들은 앞 부위에 감각기관을 갖고 있으며 좌우 대칭이다. 이것은 동물이 주변 환경에서 이동할 때 환경을 감지하고 반응하는 것을 가능하게 해준다. **3.** DNA 서열 분석을 통한 유전정보는 유전적 표현의 다양한 변이에 영향을 받는 신체적 외모나 특성보다 동물종 간의 유연관계를 더 구체적으로 구분할 수 있다.

20장

진도 점검하기

(20.1) 1. 표피 조직 또는 표피는 식물의 외부 보호 덮개를 제공하는 밀집된 세포층이다. 뿌리털, 보호 세포 및 코르크 세포는 특화된 표피 세포이다. 지상 조직에는 세 가지 유형의 세포가 있다. 유세포는 식물의 모든 기관에서 발견된다. 그들은 엽록체를 포함하고 광합성을 수행하거나 광합성 생성물을 저장하는 데 사용되는 액포를 가지고 있다. 특정 기관의 기능을 수행하는 데 도움을 준다. 후각조직 세포는 불규칙한 모서리와 두꺼운 세포벽을 가지고 있다. 잎, 줄기 및 뿌리의 내부를 벌크로 형성하고 식물의 미성숙 영역에 대한 유연한 지원을 제공한다. 후벽세포는 두꺼운 2차 벽을 가지고 있으며, 살아있지 않으며, 리그닌을 포함한다. 이들은 식물의 성숙한 부분을 지지하는 것이다. 유관속 조직은 물관 또는 체관을 말한다. 물관부는 물관 요소와 헛물관 요소를 포함하고 체관은 체관요소와 반세포로 구성된다. 두 가지 유형의 유관속 조직은 물과 영양분을 운반할 뿐만 아니라 식물을 지원한다. **2.** 물관은 물과 미네랄을 뿌리에서 잎으로 운반하며, 체관은 식물 전체에 유기 화합물을 운반한다. **3.** 뿌리에서 표피 세포는 뿌리털을 형성할 수 있으며, 이는 물과 미네랄의 흡수를 증가시키기 위해 뿌리의 표면적을 증가시킨다. 잎에서 표피 세포는 변형되어 기공을 둘러싸는 보호 세포를 형성할 수 있다. 이러한 공변세포는 수분 손실과 가스 교환을 조절한다. 트리콤 (trichomes)은 곤충 초식 동물로부터 방어하는 표피 세포에 의해 형성된 가시 돌기이다. 나무 줄기의 표피는 수피의 일부인 코르크로 대체될 수 있다. **(20.2) 1.** 뿌리 조직은 식물을 안정시키고 물과 미네랄을 흡수하는 장소인 뿌리로 구성된다. 근단에는 기본 성장을 아래쪽으로 생성하는 정단 분열 조직이 포함되어 있다. 슈트 시스템은 줄기, 잎, 꽃 및 과일로 구성된다. 줄기는 잎을 지지하고, 뿌리와 잎 사이에 물질을 운반하며, 말단눈에서 정단 분열 조직을 통해 새로운 조직을 생성한다. 잎은 광합성의 주요 장소이며 꽃과 열매는 번식에 관여하는 기관이다. **2.** 자엽은 꽃 피는 식물의 씨앗에 존재하는 배아 잎이다. 자엽이 하나인 외떡잎식물에서 자엽은 일부 영양분을 저장하고 다른 곳에 저장된 영양분의 전달 조직 역할을 한다. 2개의 자엽을 가진 쌍자엽 식물에서 자엽은 유묘 발육을 위한 영양분을 공급합니다. **3.** 외떡잎식물 뿌리에서 관다발 조직은 중심 주위에 고리 모양으로 배열되어 있다. 쌍떡잎 식물 뿌리에서 관다발 조직은 중앙에 있다. 물관은 별 모양을 형성하고 체관부는 별의 점 사이에 위치한다. 단자엽 줄기에서는 관다발 조직의 다발이 전체에 흩어져 있지만 쌍자엽 줄기에서는 다발이 가장자리에 가까운 고리 모양으로 배열된다. 잎맥은 외떡잎식물에서는 평행하고 쌍떡잎식물에서는 그물 모양의 패턴을 형성한다. **(20.3) 1.** 광합성의 장소인 엽육세포는 가스 교환과 수분 손실을 위한 넓은 표면적을 가지고 있다. 잎에는 가스 교환을 위한 기공과 잎으로 영양분을 운반하는 잎맥이 있다. 일부 잎은 넓고 얇아서 광 흡수 및 가스 교환을 위한 넓은 표면적을 제공한다. 잎의 밀랍 큐티클은 수분 손실을 방지한다. **2.** 목재는 관다발 형성층에 의해 만들어진 2차 목질부이다. 수피는 코르크, 코르크 형성층, 피질, 체관부로 구성되어 있다. **3.** 쌍떡잎식물 뿌리의 관다발은 중앙에 별 모양으로 배열되어 물과 미네랄을 운반하는 물관부와 별의 팔 사이에 배열되어 영양분을 운반하는 체관부를 포함한다. 내피는 물과 미네랄이 내배엽 세포를 통과하도록 하는 층을 형성한다. 내초는 내피 내부의 세포층으로, 계속해서 분열하여 측근을 형성한다. 뿌리의 피질에는 전분 과립이 포함되어 있으며 양분 저장 기능을 할 수 있다. 표피는 뿌리의 외층을 형성하고 성숙 영역에서 세포에 뿌리털이 있다. **(20.4) 1.** 식물의 필수 영양소는 식물 조직의 상대 농도에 따라 다량영양소와 미량영양소로 나뉜다. 식물은 미량영양소보다 더 많은 양의 다량영양소가 필요하다. **2.** 다량영양소는 C, H, O, P, K, N, S, Ca, Fe(일부 식물에서) 및 Mg이다. **3.** 뿌리혹 내의 박테리아는 대기 중의 질소를 고정하여 식물이 사용할 수 있는 질산염이나 암모늄으로 바꾼다. 식물은 박테리아에 탄수화물을 제공한다. 균근균의 균사는 수분 흡수 위한 넓은 표면적을 가지며 유기물을 분해한다. 식물의 뿌리는 곰팡이에 당과 아미노산을 제공한다. 이러한 상호 관계는 식물과 박테리아 또는 균류 모두에게 유익하다. **(20.5) 1.** 증산, 잎에서 물의 증발은 물이 뿌리에서 위쪽으로 식물 전체에 걸쳐 목부에서 이동하게 한다. **2.** 물의 응집력과 접착력 때문에 물관부에는 연속적인 물기둥이 존재한다. 연속적인 물기둥이 없으면 증산 작용으로 뿌리에서 잎으로 물을 끌어올릴 수 없다. **3.** 당은 소스에서 체관부로 능동적으로 운반된다. 물이 삼투압에 의해 뒤따를 때, 압력이 형성되어 체관부 내용물이 싱크대로 흐르게 하고, 그곳에서 당은 체관부 밖으로 운반된다.

혼자 풀어보기

1. b; **2.** c; **3.** d; **4.** **a.** 끝눈; **b.** 잎몸(잎); **c.** 옆눈; **d.** 마디; **e.** 슈트 시스템; **f.** 유관속 조직; **g.** 루트 시스템; **5.** b; **6.** d; **7.** b; **8.** c; **9.** c; **10.** c; **11.** c. **12.** d

과학적으로 생각하기

1. 식물이 인식하는 질소 고정 박테리아의 표면에는 독특한 단백질이 있다. **2.** 밤에 기공이 열리면 CO_2와 안개에 존재하는 물이 모두 잎으로 이동하여 식물이 생존하기에 충분한 수분을 얻을 수 있습니다. 밤에 기공이 열리는 것은 습한 안개가 밤에만 존재하는 건조한 환경에 대한 적응이다.

21장

진도 점검하기

(21.1) 1. 옥신, 지베렐린, 사이토키닌, 아브시스산 및 에틸렌. **2.** 옥신—정단 우세를 유지하고 굴광성 및 중력

성에 관여하며 뿌리 형성 및 열매 성장을 촉진한다. 지베렐린—세포의 신장, 파종 종자 및 눈 휴면 타파; 사이토키닌—세포 분열 촉진, 노화 방지, 옥신과 함께 세포 분화 촉진; 아브시스산—종자 및 새싹 휴면을 유지하고 기공을 닫는다. 에틸렌—과일의 숙성과 탈락을 촉진한다. **3.** 호르몬은 식물에서 조직적으로 성장을 촉진하는 데 가장 효과적인 부위에서 발견된다. **(21.2) 1.** 향지성(positive tropism)인 굴광성(phototropism)은 빛의 근원을 향한 식물의 단방향 성장이다. 굴촉성은 동물, 바람, 바위 또는 다른 식물로부터 식물이 만지는 성장 반응이다. 긍정적일 수도 있고 부정적일 수도 있다. 굴중성은 중력에 대한 성장 반응입니다. 줄기는 중력에 반하여 위쪽으로 자라 음의 중력성을 나타내고, 뿌리는 중력과 함께 아래쪽으로 자라서 양의 중력성을 나타낸다. **2.** 짧은 낮 식물은 밤이 임계 길이보다 길어지면 꽃을 피운다. 장일 식물은 밤이 임계 길이보다 짧아지면 꽃을 피운다. **3.** 낮에는 원적외선보다 적색광이 더 많이 나타난다. 적색광에 노출된 비활성 피토크롬은 활성 형태로 전환된다. 원적외선이 더 많이 들어오는 저녁에는 활성 피토크롬이 비활성 형태로 전환된다. 이것은 식물이 밤의 길이를 감지할 수 있는 메커니즘이다. **(21.3) 1.** 꽃받침은 꽃이 자라면서 꽃봉오리를 보호한다. 꽃잎은 수분 매개자를 유인한다. 수술은 꽃밥과 필라멘트로 구성되며 "남성" 부위이다. 심피는 암술머리, 암술대, 밑씨 및 씨방이 있으며 "여성" 부위이다. **2.** 반수체 난자와 정자가 수정된 후 종자의 이배체 배아는 유사분열을 거쳐 포자체로 발달한다. 포자체는 감수 분열에 의해 반수체 소포자와 대포자를 생성한다. 유사분열을 통해 대포자는 배를 생산하는 배낭인 자성 배우체로 발달하고, 소포자는 성숙한 꽃가루인 웅성배우체로 발달한다. **3.** 종자는 배아에 영양분을 공급하고 외피는 배아가 건조되는 것을 방지한다. 종종 열매로 둘러싸여 있다. 이러한 특성은 종자가 생존할 수 있도록 돕고 분산을 돕는다. 종자의 분산은 식물이 환경에서 생존에 성공하는 데 도움이 된다. **(21.4) 1.** 구근, 뿌리줄기, 구경, 덩이줄기의 새싹, 가지. **2.** 무균배양으로 상업작물의 번식 일반적으로 야생에서 수확되는 식물의 보존; 야생으로 돌려보낼 희귀종 식물의 번식. **3.** 장점—GM 식물은 염분, 가뭄 및 추위에 더 잘 견딘다. 질병 및 해충에 더 강할 수 있다. 수확량과 영양 품질이 향상될 수 있다. 또한 인간에게 의학적으로 중요한 제품을 만들 수도 있다. 단점—사람들은 GM 식물에 알레르기가 있을 수 있으며 예기치 않은 반응을 보일 수 있다. 또한 GM 식물은 종의 상호 작용을 뒤엎고 환경에 해를 끼칠 수 있다.

혼자 풀어보기

1. d; **2.** a; **3.** e; **4.** a; **5.** a; **6.** e; **7.** b; **8.** c; **9.** a; **10.** b; **11.** d; **12.** b; **13.** e; **14.** d; **15.** b; **16.** d; **17.** e

과학적으로 생각하기

1. 식물을 장거리 운송할 때 스트레스로 인해 에틸렌이 생성된다. 에틸렌은 선적 컨테이너와 공장 근처의 플라스틱 슬리브 내에 축적되어 이탈 반응을 증폭시킨다. **2.** 줄기에서 꽃을 잘라내고 줄기가 여전히 태양 추적을 나타내는지 확인하여 꽃이나 줄기에 책임이 있는지 확인할 수 있다. 만약 그렇다면, 꽃보다 줄기가 책임이 있다. 줄기의 다른 부분을 음영 처리하고 어떤 처리가 반응을 차단하는지 결정함으로써 줄기의 어느 부분이 태양 추적을 담당하는지 결정할 수 있다. **3.** 존슨그라스의 제초제 저항성 획득 문제가 해결될 때까지 제초제 저항성 수수의 생산을 금지해야 한다. 그러나 당분간 아프리카 농부들은 그들의 복지를 보장하기 위해 농업 관행에서 독각금을 관리하는 새로운 방법으로 지원되어야 한다.

22장

진도 점검하기

(22.1) 1. 조직은 동일한 구조와 기능을 가진 세포들로 이루어진다. 하나의 기관은 여러 종류의 조직으로 구성되는데 전체적인 기관의 작용을 위해 서로 협력한다. **2.** 상피조직은 장기를 덮고 감싸며 신체 표면을 덮고 있으며 많은 양의 마모를 견딜 수 있는 장벽을 형성한다. 그리고 세포가 재생할 수 있도록 자주 분열한다. **3.** 결합조직은 장기와 신체 부위를 서로 결합하여 신체 구조, 지지 및 물리적 손상으로부터 보호한다. **4.** 골격근은 줄무늬가 있고 골격에 부착되어 있으며 움직임을 생성하고, 원통형 및 다핵으로 이루어진 섬유로 되어 있으며, 자발적으로 통제한다. 심장근육은 심장벽에서 발견되고, 심장근육의 섬유는 줄무늬가 있고 가지가 있으며 핵이 없고 비자발적으로 조절된다. 평활근은 소화기 벽과 기타 내부 장기에서 발견되며, 섬유는 줄무늬는 없고 원추형 모양이며 비핵화되어 있고, 비자발적 통제하에 있다. **5.** 신경은 감각수용체로부터 척수와 뇌로 정보를 전달하고, 척수와 뇌에서 정보가 통합된다. 신경은 근육과 분비샘으로 신경자극을 전도하여 수축과 분비를 일으킨다. 외부와 내부 환경에 대한 정보가 신경조직에 의해 통합된다. **(22.2) 1.** 기관계는 기관으로 구성되며 기관계의 기능은 그것을 구성하는 기관에 달려 있다. **2.** 신경계와 내분비계는 함께 작용하여 다른 기관계의 기능을 조절한다. **3.** 심혈관계—양분과 기체 수송 및 노폐물 제거; 림프계와 면역계—과다 체액 수집과 질병으로부터 보호; 호흡계—혈액을 통한 기체 교환; 배설계—혈액으로부터 노폐물 제거; 소화계—음식물을 혈액내로 유입 가능한 양분 분자로 소화; 신경계—자극 수용과 신경자극 전도; 내분비계—호르몬 분비; 근육계—움직임; 생식계—생식세포 생산. **(22.3) 1.** 항상성은 다양한 외부 환경 변화에도 불구하고 내부 환경을 일정하게 유지하기 위해 필요하다. **2.** 감응기는 내부 환경의 변화를 감지하고 조절중추와 정보에 대해 소통하고, 조절중추는 상태를 다시 정상으로 복귀시키는 일을 개시한다. 그러면 감응기는 더 이상 작동하지 않는다. **3.** 체온이 내려가면 조절중추는 피부혈관을 수축시킨다. 만일 체온이 더 내려가면 몸을 떨어 열을 발생시킨다. 체온이 상승하면 피부혈관이 확장되고 땀샘이 활성화된다.

혼자 풀어보기

1. a. 세포; **b.** 조직; **c.** 기관; **d.** 기관계; **e.** 개체; **2.** b; **3.** a, b; **4.** a; **5.** c, d; **6.** c; **7. a.** 수상돌기; **b.** 세포체; **c.** 핵; **d.** 슈반세포의 핵; **e.** 축삭; **8.** d; **9.** d; **10.** d; **11.** c; **12.** a; **13.** b; **14.** e; **15.** a

과학적으로 생각하기

1. 비록 심장이 골격근이 아니라 심근으로 이루어져 있지만, 이 두 근육조직은 연관성을 가지고 있기 때문에 두 근육조직 모두 유사한 방식으로 기능이 저하된다. **2.** 생명체는 성장과 생식을 위한 에너지와 양분을 얻기 위해 외부 환경과 상호작용을 해야만 한다. 배우자를 찾는 과정에서 내부 환경이 악화될 것을 두려워하여 외부 환경과 상호작용을 하지 않는다면 생명체라고 규정지을 수 있는 기능의 대부분을 상실할 것이다. 식물은 광합성을 위한 태양에너지를 받을 수 없다. 우리는 음식물을 통해 양분을 얻을 수 없으며 포식자로부터의 위험을 감지할 수 없을 것이다. **3.** 특정 조직, 기관, 기관계를 가짐으로써 기능이 분리되어 보다 전문적이고 효율적이라는 이점이 있다. 더 큰 적응도를 가진 생명체가 선택되어 왔다. 큰 회사가 기능을 수행하기 위해 전문화된 부서를 이용하는 것처럼 큰 동물은 하나의 기관계 내에서 협업하는 특화된 기관들을 이용하여 다른 기관계를 보완한다. **4.** 죽으면 세포, 조직, 기관 및 기관계는 더 이상 작동하지 않는다. 기관계가 작동하지 않으면 생명에 필수적인 항상성을 유지할 수 없다.

23장

진도 점검하기

(23.1) 1. 모든 세포가 물에 노출된 동물은 적절하게 가스를 교환하고, 양분을 얻고, 세포막을 가로질러 확산시켜 노폐물을 제거할 수 있기 때문에 순환 체계가 필요하지 않다. **2.** 두 가지 유형의 순환 체계 모두 액체를 순환시키기 위해 심장을 사용한다. 개방순환계는 혈림프액을 체강으로 개방되어 열려진 관과 통로로 펌프질한다. 혈림프액은 다시 심장으로 되돌아온다. 폐쇄순환계는 닫힌 관으로 혈액을 펌프질한다. 혈액은 심장 밖으로 나갔다가 다시 들어온다. **3.** 폐순환회로는 폐로 혈액을 순환시키고 체순환회로는 조직으로 혈액을 순환시킨다. **4.** 어류에서 혈액은 하나의 심방과 하나의 심실을 가지고 있는 심장을 통한 단일순환경로로 이동한다. 이 순환에서 혈액은 기체교환이 일어나는 아가미의 모세혈관으로 이동한다. 포유류의 경우 체순환회로와 폐순환회로가 완전히 분리되어 있다. 심장은 두 회로가 조화롭게 펌프질할 수 있도록 기능한다. **(23.2) 1.** 1단계(심방 수축): 심방이 수축하고 심실로 혈액을 보낸다. 2단계(심실 수축): 심실이 수축하고 혈액이 연결된 동맥으로 이동한다. 3단계(심방과 심실 이완): 심방과 심실이 모두 이완되고 심

장에 혈액이 들어와 가득 찬다. **2.** 동맥은 평활근과 탄력성 섬유로 구성된 잘 발달된 중간층을 가진 두꺼운 벽을 가지고 있어 심장이 수축할 때 생기는 박동 압력에 반응하여 수축과 팽창이 가능하다. 모세혈관은 단 하나의 세포만큼의 두께를 가진 상피로 이루어져 있기 때문에 혈액 안과 밖으로 가스, 양분, 노폐물을 확산시킬 수 있다. 정맥은 동맥보다 더욱 얇고 덜 탄력적인 벽을 가지고 있으며 상대적으로 낮은 압력 하에서 심장으로 혈액을 되돌려 보낸다. **3.** 혈액은 우심방에서 우심실로 흐르고 폐순환회로를 따라 폐로 들어간다. 혈액은 폐모세혈관에서 산소를 얻고 폐정맥을 따라 심장의 좌심방으로 들어간다. 좌심방이 수축하면 혈액은 좌심실로 이동하고 대동맥을 통해 뇌와 몸 전체로 이동하며 모세혈관을 흐르면서 조직으로 산소를 실어 나른다. 정맥은 모세혈관으로부터 혈액을 받고 대정맥을 통해 우심방으로 혈액을 돌려보낸다. **4.** 림프계는 장에서 지방을 흡수하고, 면역계와 함께 작동하며, 과도한 조직액을 흡수해 쇄골하정맥을 통하여 심혈관계 정맥으로 돌려보낸다. **5.** 모세혈관의 동맥 말단에서, 더 높은 혈압은 혈액에서 물이 나오게 한다. 모세혈관의 중간 부분에서 산소와 이산화탄소는 농도 구배에 따라 벽을 가로질러 확산된다. 모세혈관의 정맥 말단에서 모세혈관 내부의 삼투압이 혈압보다 커 물이 다시 혈액으로 이동한다. **(23.3) 1.** 혈액의 액체 성분인 혈장은 염분과 단백질을 함유하여 혈액의 완충역할을 하고 혈액의 삼투압을 유지시킨다. 몇몇 혈장 단백질은 혈액이동과 유기분자 수송에 관여한다. 양분은 혈장으로 유입된다. 적혈구는 조직으로 산소를 운반한다. 백혈구는 감염으로부터 신체를 방어하는 기능을 하는 세포이다. 혈소판은 혈액응고에 관여한다. **2.** 모든 백혈구는 면역반응에 관여한다. 과립형 백혈구: 호중구는 병원체와 세포 찌꺼기에 대한 식세포작용을 한다. 호산구는 과립의 내용물을 이용하여 벌레같은 큰 병원체를 소화시키고 염증반응을 완화시킨다. 호염기성백혈구는 염증반응 동안 손상된 조직으로 혈액이 이동하도록 한다. 비과립형 백혈구: 림프구는 특이적 면역을 담당한다. B 세포는 항체를 생산한다. T 세포는 암세포와 바이러스에 감염된 세포를 파괴한다. 단핵구는 대식세포가 되어 병원체와 세포 찌꺼기에 대한 식세포작용을 한다. **3.** 혈관이 손상되면 혈소판이 포함된 혈액이 새어 나온다. 혈소판은 손상 부위에 플러그를 형성하기 위해 뭉치고, 혈소판과 손상된 조직은 프로트롬빈 활성화제를 방출해 프로트롬빈을 트롬빈으로 변환한다. 트롬빈은 피브리노겐을 피브린으로 전환시키는 역할을 하는데, 피브린은 적혈구를 가둬 혈액 응고를 일으키는 실을 형성하며 혈전 수축이 뒤따른다. **4.** 고혈압은 명상이나 식이조절 또는 운동으로 치료가 가능하다. 죽상동맥경화증은 동맥 내층 아래에 부드러운 지방질 덩어리가 축적된 것이다. 명상, 수술, 식이조절, 운동으로 치료할 수 있다.

혼자 풀어보기

1. c; **2.** a; **3.** d; **4. a.** 폐정맥; **b.** 대동맥; **c.** 콩팥동맥; **d.** 림프관; **e.** 폐동맥; **f.** 상대정맥; **g.** 하대정맥; **h.** 간정맥; **i.** 간문맥; **j.** 콩팥정맥; **5.** a; **6. a.** 상대정맥; **b.** 대동맥 반월판막; **c.** 폐 반월판막; **d.** 우심방; **e.** 삼첨판; **f.** 우심실; **g.** 하대정맥; **h.** 대동맥; **i.** 폐동맥간; **j.** 폐동맥; **k.** 폐정맥; **l.** 좌심방; **m.** 이첨판; **n.** 격막; **o.** 좌심실 **7.** c; **8.** d; **9.** a; **10.** c; **11.** b; **12.** c; **13.** b; **14.** b; **15.** b

과학적으로 생각하기

1. 20번째의 생일까지(20년 × 365일/년 × 24시간/하루 × 60분/시간) 1.05 × 10^7분 동안 살면서 심장은 7.4 × 10^8번 박동하였다. 그동안 5.5 × 10^7리터의 혈액을 펌프작용을 통해 내보낸 것이다. **2.** 네 개의 방을 가진 심장은 O_2가 부족한 혈액과 O_2가 풍부한 혈액을 분리시킨다. 이로 인해 다량의 산소가 세포로 전달되고 최대 에너지가 생산된다. 네 개의 방을 가진 심장 덕분에 온혈동물은 신진대사를 활발하게 수행할 수 있다. **3.** 높은 고도에서 산소가 부족하면 적혈구와 헤모글로빈 생성을 촉진한다. 운동선수가 이러한 효과를 가져올 만큼 오랫동안 높은 고도에서 훈련하면 혈액의 산소 운반능이 상승한다. 높은 고도에서 훈련하는 것을 멈춘 후 몇 달 동안 이 효과는 고도가 낮은 곳에서도 지속된다. 산소가 더 많아지면 근수축 동안 유산소 호흡을 통해 더 많은 에너지를 생산할 수 있다. **4. a.** 오랜 기간의 고혈압은 동맥을 손상시키고 플라크 형성 가능성을 증가시킨다. 심장은 혈액을 운반하기 위해 더 강하게 작동해야 한다. 혈압이 높아지면 콩팥과 망막에 분포한 모세혈관이 유독 쉽게 손상을 받는다. **b.** 죽상동맥경화증으로 생긴 플라크는 혈류의 흐름을 막고 고혈압과 함께 심장을 더욱 압박한다. 플라크는 동맥을 좁고 단단하게 만들어 동맥을 통해 혈액, 산소, 양분의 이동을 감소시킨다. 만일 관상동맥이 좁아져 막히면 심근은 더 이상 기능을 수행하지 못하고 심장마비로 죽게 된다.

24장

진도 점검하기

(24.1) 1. 숨쉬기는 폐로 공기가 들어오고(흡기) 나가는(호기) 공기의 움직임이다. 기체의 외부교환은 폐 안에 있는 공기와 혈액 사이에서 일어난다. 기체의 내부교환은 혈액과 간질액 사이 그리고 체세포와 간질액 사이에서 일어난다. **2.** 상기도에서는 공기가 코로 들어가 비강에서 인두를 지나 후두로 들어간다. 이곳에서 공기는 하기도로 이동하는데, 기관에서 시작하여 기관지, 기관세지를 지나 폐포에 도달한다. **3.** 산소는 농도 경사에 의해 농도가 높은 폐에서 농도가 낮은 혈액으로 이동한다. 조직에서 나온 이산화탄소가 혈액으로 들어가 물과 결합하여 탄산을 형성한 뒤, 중탄산 이온과 H^+으로 해리된다. H^+이 헤모글로빈의 글로빈 부위에 결합하고 중탄산 이온은 혈장에 의해 운반된다. **(24.2) 1.** 신장의 기능은 질소노폐물의 배설, 혈액의 물-염 균형 유지, 그리고 혈액의 산-염기 균형 유지이다. **2.** 네프론은 여과 기능을 하는 사구체 주머니와 기부감긴세뇨관(근위세뇨관), 재흡수 기능을 하는 헨레고리, 그리고 분비기능을 하는 말부감긴세뇨관(원위세뇨관)으로 구성된다. **3.** 여과 중에 물, 영양소, 염 및 요소 등의 작은 분자는 혈압차에 의해 혈액에서 사구체 주머니로 이동한다. 재흡수 중에 포도당, 아미노산 및 기타 영양소는 기부감긴세뇨관(근위세뇨관)에서 모세혈관으로 능동수송에 의해 이동한다. 염과 물은 능동수송, 삼투, 단백질 채널의 조합으로 재흡수된다. 분비 중에는 요산, 수소 이온, 암모니아, 페니실린 등의 물질이 모세혈관에서 말부감긴세뇨관(원위세뇨관)으로 여과가 아닌 다른 방법으로 이동된다. **4.** 물-염의 균형과 pH 균형은 항상성에 중요하다. 왜냐하면 혈액량과 혈액의 조성을 유지시켜 순환, 적절한 기체-, 영양소-, 노폐물-교환을 안정화시키기 때문이다.

혼자 풀어보기

1. a. 콧구멍; **b.** 비강; **c.** 인두; **d.** 후두개; **e.** 성문; **f.** 후두; **g.** 기도; **h.** 기관지; **i.** 기관세지; **j.** 폐포; **k.** 폐; **l.** 횡격막; **2.** a; **3.** d; **4.** a; **5. a.** 신장; **b.** 수뇨관; **c.** 방광; **d.** 요도; **6.** c; **7.** d; **8.** b; **9.** a; **10.** d

과학적으로 생각하기

1. 일산화탄소(CO)가 헤모글로빈에 결합하여 조직에 많은 산소가 공급되지 않으면 사망 원인은 질식이다. 조직은 세포 호흡을 수행하기에 충분한 산소를 받지 못할 것이다. **2.** 저염식이 요법이 고혈압을 낮추었다면 이는 고혈압이 신장 손상을 야기했을 것으로 보인다. 저염식이 요법이 혈압을 낮추지 못하면 신장 손상이 고혈압을 유발했을 것으로 보인다. **3.** 메뚜기는 가스 교환을 수행하기 위해 공기관으로 구성된 기관 시스템을 가지고 있다. 메뚜기의 외골격은 기밀성과 방수성을 모두 갖추고 있다. 그들은 물을 거의 필요로 하지 않는 요산을 배설하고 말피기세관은 대부분의 물을 다시 몸으로 흡수하여 육지의 건조한 환경에서 몸이 건조되는 것을 방지한다.

25장

진도 점검하기

(25.1) 1. 식품 섭취, 식품을 운반할 수 있는 분자로 분해, 영양소 분자를 흡수, 소화되지 않는 물질 제거. **2.** 소장은 대장보다 길고 좁다. 그것의 접힌 안감은 미세융모가 포함된 융모에 의해 덮여 있다. 췌장, 간 그리고 담낭은 도관에 의해 소장에 연결된다. 소장에서 단백질과 탄수화물은 더 작은 분자로 분해되고, 지방은 유화된다. 그러고 나서 더 작은 분자는 미세융모에 흡수된다. 대장은 충수가 붙어 있는 맹장에서 시작한다. 대장은 물, 소금 그리고 약간의 비타민을 흡수한다. 그것은 음식을 분해하고 비타민을 생산하는 것을 돕는 박테리아를 수용한다. 소화가 안 되는 물질을 저장하고 항문에서 제거된다. **3.** 십이지장은 소장의 첫 번째 부분으로 췌장과 간으로 연결되어 있으며, 간에서 담즙이 생성되어 담낭에 저

장되어 소장으로 분비되고, 췌장에서 중탄산나트륨과 소화효소가 함유된 췌장즙이 생성되어 소장으로 분비된다. **4.** 침샘은 소화효소가 포함된 침을 도관을 통해 입으로 분비한다. 이것은 음식의 화학적 소화를 시작한다. 간에서 생성되어 담낭에 저장된 담즙은 소장으로 들어가 지방을 유화시킨다. 췌액은 십이지장에서 소장으로 들어간다. 중탄산염은 유미즙을 중화시키고 효소는 음식 분자를 분해한다. **5.** 아밀라아제는 녹말을 말토스로 분해하고, 펩신은 위에서 펩티드로 단백질을 가수분해하고, 트립신은 소장에서 펩티드로 단백질을 가수분해하고, 펩티다아제는 펩티드를 아미노산으로 분해하고, 리파아제는 지방 방울을 글리세롤과 지방산으로 분해한다. **(25.2) 1.** 다량영양소는 에너지를 공급하기 위해 다량으로 필요한다. 그것들은 탄수화물, 지질, 그리고 단백질을 포함한다. 미량영양소는 소량으로 필요하고 에너지를 공급하지 않는다. 그것들은 비타민 D와 칼슘과 같은 미네랄을 포함한다. **2.** 정크푸드는 영양소를 함유하고 있다. 그러나 설탕과 지방 함량이 비타민과 미네랄 함량에 비례하지 않을 수도 있다. 그것들은 단지 빈 칼로리를 제공할지도 모른다. **3.** 필수영양소는 신체가 그것들을 합성할 수 없거나 필요한 양을 공급할 수 없기 때문에 식단에서 얻어져야 한다. **(25.3) 1.** 탄수화물, 당류 및 녹말, 지질, 기름, 단백질, 육류 또는 생선, 미네랄, 야채, 비타민, 과일 또는 채소, 물, 음료. **2.** 너무 많은 탄수화물을 섭취하는 것은 제2형 당뇨병과 심혈관 질환과 관련된 비만을 초래할 수 있다. 너무 많은 지질은 비만뿐만 아니라 지질 수준을 상승시키고 심혈관질환의 위험을 증가시킬 수 있다. 너무 많은 단백질은 소변의 칼슘 손실 증가, 신장 결석의 형성, 그리고 비만을 초래할 수 있다. **3.** 비타민과 미네랄이 없으면 적절한 장기발달은 물론 적절한 단백질 합성과 기능이 이루어지지 않는다. 수분이 충분하지 않으면 체내 화학반응, 관절윤활, 영양전달, 온도 조절 등이 저하된다. **(25.4) 1.** 2015년에 발표된 가이드라인은 특정한 양의 영양소를 추천하기보다는 사람들을 위한 건강한 식습관 형성에 초점을 맞추고 있다. 목표는 건강을 증진하고, 만성적인 장기적인 질병을 예방하며, 사람들이 건강한 체중을 달성하고 유지할 수 있도록 돕는 것이다. **2.** 마이플레이트 그래픽은 과일, 채소, 곡물, 단백질, 유세품 등 5개 식품군의 일일 섭취 희망 비율을 나타내고 있으며, 관련 웹사이트인 ChooseMyPlate.gov에서는 각 식품군에 대한 자세한 정보와 권장사항을 준수하기 위한 지침을 제공하고 있다. **3.** "영양학적 사실(Nutrition Facts)" 라벨에는 섭취량 크기, 용기당 1인분, 1인분당 칼로리, 지방(현재 라벨) 칼로리, 1인분당 일일 가치 % 및 지방, 콜레스테롤, 나트륨 및 탄수화물의 양, 단백질의 양, 일부 비타민 및 미네랄의 일일 가치 %(및 제안된 라벨의 양)가 명시되어 있다. 현재 라벨에는 지방, 콜레스테롤, 나트륨 및 탄수화물의 섭취량과 각 유형의 다량영양소에 대한 칼로리/그램이 권장된다. 제안된 라벨에는 일일 가치 및 칼로리 가치에 대한 각주가 표시된다. **(25.5) 1.** 체질량지수 = 26.1 **2.** 제2형 당뇨병은 비만이고 인슐린 생산과 인슐린 저항성이 손상된 사람들에게 자주 발생한다. 인슐린 저항성으로, 세포는 효과적으로 포도당을 흡수하고 대사할 수 없다. 포도당은 혈액에 축적되어 소변에서 나타난다. 비만은 심혈관 질환으로 이어질 수 있는데, 심혈관 질환은 동맥에 플라크가 축적되어 고혈압, 심장마비, 뇌졸중으로 이어진다. **3.** 사람마다 신진대사, 활동량, 에너지 수요가 다양하기 때문에 하루 에너지 소비와 음식 섭취의 균형을 맞추는 것이 중요하다.

혼자 풀어보기

1. a. 침샘; **b.** 입; **c.** 간; **d.** 담낭; **e.** 십이지장; **f.** 맹장; **g.** 충수; **h.** 항문; **i.** 인두; **j.** 식도; **k.** 횡경막; **l.** 위; **m.** 췌장; **n.** 대장; **o.** 소장; **p.** 직장; **2.** b; **3.** b; **4.** a; **5.** d; **6.** b; **7.** c; **8.** a; **9.** a; **10.** f; **11.** e; **12.** b; **13.** b; **14.** c; **15.** c; **16.** b; **17.** a; **18.** d

과학적으로 생각하기

1. 비만치료 수술은 신체적 구조를 바꾸고 따라서 위와 소장의 기능을 변화시킨다. 그것은 불완전한 소화와 영양소의 흡수 장애를 초래할 수 있다. 위에서 시작하여 소장에서 끝나는 단백질 소화는 소장에서 아미노산의 흡수뿐만 아니라 영향을 받을 수 있다. 철분, 비타민 B_{12}, 엽산, 칼슘의 이용 가능성, 그리고 따라서 그 흡수는 비만치료 수술에 의해 종종 변경된다. **2.** 담배 제품과 술의 광고가 특정 규제를 따라야 하는 것과 유사하게 어린이에게 건강에 좋지 않은 음식을 판매하는 것에 초점을 맞춘 마케팅 전략은 규제되어야 한다. 그러나 단순히 제거하는 것이 아니라 음식을 소비해야 하기 때문에, 사람들이 음식에 막대한 생리적, 정신적 투자를 하기 때문에, 그리고 마케팅 전략이 미묘하고 만연하기 때문에 음식 광고의 규제에 수많은 장애물이 존재한다. 광고는 소비자에게 제품이 무엇을 함유하고 얼마나 소비되어야 하는지를 알려주는 교육적인 요소를 포함하도록 요구되어야 한다. 어린이들이 특히 마케팅 전략에 민감하기 때문에 어린이 시장에 대한 접근은 제한되어야 한다.

26장

신도 점검하기

(26.1) 1. 면역 시스템은 감염과 싸우고 암 세포를 파괴하여 건강을 유지하는 기능을 수행한다. **2.** 적색 골수—모든 혈액 세포를 생산; 흉샘—T 림프구의 성숙을 돕고, 스스로와 타인의 세포를 인식하는 능력을 테스트; 비장—혈액에서 병원체와 잔해를 여과하며 림프구를 포함; 림프절—림프구와 병원균 및 항원을 제거하는 과대 식반을 가진 곳이다. **3.** 항원은 면역 시스템이 외부 물질, 병원체 및 암 세포에 반응하도록 자극하는 단백질 또는 탄수화물 분자이다. 이러한 유형의 반응이 면역을 구성한다. **(26.2) 1.** 신체적 장벽에는 피부와 그 안에 있는 땀과 기름샘, 그리고 호흡기, 소화기, 생식기, 비뇨기관의 점막이 포함된다. 위산은 유해한 박테리아를 비활성화하거나 살균한다. 대장과 질에 거주하는 박테리아는 병원성 미생물이 거주하는 것을 방지한다. **2.** 손상된 세포와 유세포는 혈관을 확장시키고 투과성을 높이는 화학물질을 방출한다. 그 결과 혈액이 해당 부위로 이동하고 더 많은 액체가 조직으로 이동한다. 중성구와 거식세포는 손상 부위로 이동하여 병원체를 포식한다. **3.** 보충 단백질은 유세포에 결합하여 히스타민 분비를 유발하고, 병원체가 이미 항체로 코팅되어 있는 경우 포식되도록 미리 결합한다. 또한 면역 반응에 보충을 하며, 병원체 표면에 구멍이 생기도록 막을 형성한다. 이러한 기능들은 특정한 병원체에 특이적이지 않으며, 특정 면역 반응을 보완한다. NK 세포는 바이러스 감염 세포와 암 세포를 파괴하며, 특이적이지 않는다. 자신의 단백질 생성 기능을 잃은 세포에 결합한다. 그 수는 증가하지 않으며, 이전에 노출된 항원을 인식하지 않는다. **(26.3) 1.** 혈청세포가 생성하는 항체는 특정 항원에 결합한다. 이러한 항원-항체 복합체는 항원을 파괴하기 위해 표시된다. 사람의 면역 체계는 특정 항원을 인식할 수 있도록 적응되어 그에 대해 면역을 획득한다. **2.** B 세포는 골수에서 생성되고 성숙한다. 이들은 항체를 생성하는 혈청세포로 발전한다. 항원-항체 복합체는 중성구나 거식세포에 의해 흡수되거나, 보충 시스템을 활성화시킬 수도 있다. T 세포는 골수에서 생성되고 흉선에서 성숙한다. 세포독성 T 세포는 바이러스 감염 세포나 암 세포를 파괴하며, 도움 T 세포는 면역 기능을 조절한다. **3.** 항체 반응은 B 세포가 생성하는 항체 단백질을 사용하여 병원체와 싸우는 것이다. 세포 반응은 T 세포라는 전체 세포를 사용하여 병원체와 싸우는 것이다. **4.** MHC 표지자는 동일한 쌍둥이를 제외한 각 개인마다 고유한다. 이것은 면역 체계가 자기 세포와 비자기 세포를 식별할 수 있게 한다. MHC 표지자가 비자기인 경우 조직 거부가 발생할 수 있다. **(26.4) 1.** 백신은 병원체 또는 그 제품으로부터 준비된 물질로, 개인에게 투여될 때 면역 체계를 자극하여 해당 병원체에 대한 지속적인 면역을 생성한다. **2.** 부스터 또는 백신의 두 번째 투여는 때때로 면역 반응을 자극하여 혈장 항체 농도를 향상시켜 병원체와의 전투에 효과적인 수준으로 높이다. **3.** 능동 면역은 면역 체계가 병원체 또는 백신에 노출되고, 혈장 세포와 항체를 생성함으로써 그에 대응한다. 기억 세포도 생성되어 장기적인 면역을 보장한다. 수동 면역은 개인이 생성하지 않은 병원체에 대한 준비된 항체를 체내로 투여하는 것이다. 수동 면역은 일시적이다. **(26.5) 1.** 알레르기는 반응을 유발하는 알레르겐이라고 불리는 항원에 대한 개인의 과민한 반응이다. **2.** 즉각적인 알레르기 반응은 알레르겐에 노출된 후 몇 초 내에 발생하며, 비만세포가 방출하는 히스타민을 포함한 화학물질에 의해 유발되다. 지연된 알레르기 반응은 더 오랜 시간이 걸리며 기억 T 세포에 의해 개시될 가능성이 높다. **3.** 에이즈 환자는 HIV 바이러스가 생활하고 있는 돕는 T 세포

를 파괴하여 모든 다른 면역 체계 세포의 활동에 필수적인 면역 체계의 기능이 손상된 상태이다.

혼자 풀어보기

1. a; **2.** c; **3.** a; **4.** b; **5.** e; **6.** e; **7.** c; **8.** e; **9.** b; **10.** a; **11.** a; **12.** e; **13.** d; **14.** b; **15.** e; **16.** b; **17.** b; **18.** c

과학적으로 생각하기

1. 편도는 림프 조직으로 구성되어 있으며, 소화기 및 호흡기로 진입하는 병원체를 포획하는 데 도움을 준다. 그들의 위치와 기능 때문에 종종 세균이나 바이러스가 포함되어 있어 림프 조직을 압도하고 감염을 일으킬 수 있다. 일반적인 면역 방어 체계나 약물의 도움을 통해 개인은 일반적으로 이러한 감염에서 회복할 수 있다. 편도는 한 번 건강해지면 다시 감염과의 싸움에서 몸을 돕게 된다. 기능을 수행하지 못하고 기도를 막는 만큼 만성 감염이 되어야만 제거해야 한다. **2.** 면역 억제 약물은 이식된 조직뿐만 아니라 다른 외부와 감염된 세포에 대한 몸의 반응을 약화시킨다. 따라서 감염에 대항할 수 있는 몸의 능력이 약화되고 이식 환자는 모든 종류의 감염에 더 취약해진다. **3. a.** 의약품 회사는 소비자의 착취를 피하기 위해 제품을 공정하게 가격 책정해야 한다. 그러나 그들은 자사의 운영을 지원하고 새로운 약제의 연구 및 개발도 수행해야 한다. 그러나 주주들에게 과도한 이익을 추구하거나 임원들에게 과도한 보상을 지급해서는 안 된다. **b.** 제품 개발을 위한 동기를 제공하기 때문에, 특허법을 존중하는 것이 모두에게 가장 좋다. 그러나 엄청난 기업 정책으로 인해 인명이 손실되는 경우, 정부는 의약품 회사를 규제해야 한다.

27장

진도 점검하기

(27.1) 1. 감각신경은 감각수용기로부터 받은 신경신호를 중추신경계로 전달하며, 연합뉴런은 중추신경계의 여러 부위들 간에 신경신호를 전달한다. 운동뉴런은 중추신경계로부터 받은 신경신호를 근육이나 샘으로 전달한다. **2.** 세포체에는 핵과 세포소기관이 있다. 수상돌기는 감각기와 다른 뉴런으로부터 신호를 받는다. 축삭은 하나의 긴 돌출부로서 신경신호를 전달한다. **3.** 먼저, Na^+ 통로가 열려 Na^+이 축삭 바깥쪽에서 안쪽으로 이동하므로 축삭 내부가 양전하를 띠게 된다. 둘째, K^+이 축삭 안에서 밖으로 이동하여 축삭 내부가 다시 음전하를 띠게 된다. **4.** 신경신호가 축삭말단에 도달하면 시냅스소포가 시냅스틈으로 신경전달물질을 방출한다. 신경전달물질은 시냅스틈을 지나 시냅스후 세포의 막에 있는 수용체 단백질과 결합한다. **5.** 중추신경계는 뇌(대뇌, 간뇌, 소뇌, 뇌줄기)와 척수로 되어 있다. 뇌는 감각 정보를 받아 통합한 후 샘과 근육으로 운동 지침을 보낸다. 척수는 뇌와 척수신경 사이에서 신경신호를 전달한다. **6.** 감각 자극이 신경신호를 발생하면 이 신호가 감각뉴런의 축삭을 따라 척수로 이동한다. 신호는 많은 연합뉴런으로 전달되며, 연합뉴런 중 일부는 운동뉴런과 시냅스를 이룬다. 신경신호가 운동뉴런의 축삭을 따라 주어진 자극에 대해 반응을 하는 효과기로 전달된다. 그 외 다른 연합뉴런은 신경신호를 뇌로 보내 자극을 감지하게 된다. **7.** 부교감신경은 동공수축, 소화촉진, 느린 심장박동과 같은 편안한 상태의 내부반응을 유지시킴으로써 신체 내부의 질서를 바로잡는다. **(27.2) 1.** 스테로이드 호르몬은 세포로 들어간 뒤 핵으로 이동해 세포의 활성을 변화시키는 단백질을 생성하는 유전자를 자극한다. 펩티드호르몬은 원형질막에 있는 수용체 단백질에 결합하며, 이 결합은 세포의 물질대사에 영향을 주는 이차전달자가 발생하도록 하는 신호전달경로를 유도한다. **2.** 뇌의 일부분인 시상하부는 신체의 내부 환경에 관한 감각정보를 받아들이며 항상성 유지를 위해 자율신경계와 상호 소통한다. 또한 시상하부에는 뇌하수체의 호르몬 분비를 조절하는 호르몬분비 뉴런도 있다. **3.** 음성되먹임 기작은 호르몬을 통해 생성물의 수치를 조절한다. 생성물의 수치가 정상에서 벗어날 경우 호르몬의 수치는 호르몬의 양이 과도하게 많든지 적든지 간에 상관없이 생성물의 수치가 정상으로 되돌아갈 때까지 변한다. **4.** 시상하부는 뇌하수체의 호르몬 방출과 억제를 조절한다. 뇌하수체 전엽은 생식샘자극호르몬, 갑상샘자극호르몬(TSH), 부신피질자극호르몬(ACTH), 프로락틴, 성장호르몬(GH)을 분비한다. 뇌하수체 후엽은 항이뇨호르몬(ADH)과 옥시토신을 분비한다. 갑상샘은 트리요오드티로닌(T_3)과 티록신(T_4), 칼시토닌 그리고 부갑상샘은 부갑상샘호르몬(PTH)을 분비한다. 부신수질은 에피네프린과 노르에피네프린을 분비하고, 부신피질은 알도스테론과 코르티솔을 분비한다. 이자에서는 인슐린과 글루카곤이 분비된다. **5.** 호르몬들은 샘에서 분비는 화학전령 물질들이며 다른 기관, 조직 및 샘의 활성을 조절한다. 종종 서로 다른 두 호르몬들이 일정한 내부 환경을 유지하기 위하여 함께 작용한다. 한 호르몬은 반응 수준을 올리고 다른 호르몬은 그 반응 수준을 낮춤으로써 안정한 균형을 만들어낸다.

혼자 풀어보기

1. d; **2.** a; **3.** c; **4.** d; **5.** c; **6.** d; **7.** a; **8.** d; **9.** b; **10.** b; **11.** b; **12.** b

과학적으로 생각하기

1. 파킨슨 환자는 혈관이 정상적으로 수축되지 않으므로 혈압이 천천히 감소한다. 교감신경계의 기능이 상실되면 혈압이 잘 조절되지 않으므로 일어설 때 혈압이 급격히 변화하여 기립성 저혈압이 나타나게 된다. **2.** 제1형 당뇨는 바이러스와 같은 환경 요인으로 인해 T 세포가 췌장도를 파괴함으로써 나타난다고 믿어진다. 아마도 예방접종 백신이 이러한 요인으로 작용하여 자가면역 반응을 일으킬 가능성이 있을 것으로 생각된다. **3.** 뇌는 에너지를 많이 소모하는 기관으로 하루 섭취 열량의 상당 부분을 사용한다. 보르네오처럼 식량이 부족한 환경에서는 에너지를 보존하기 위해 뇌의 크기를 줄이는 방향으로 선택적 압력이 작용했을 것이다. 반면 식량이 충분한 수마트라와 같은 환경에 사는 오랑우탄은 신경조직이 사용할 에너지를 충분히 얻을 수 있기 때문에 큰 뇌를 갖게 되었을 것이다. **4.** 키가 심각하게 작은 사람은 여러 면에서 일을 수행하는데 제한을 받는다. 따라서 이런 사람에게는 사람성장호르몬(hGH)을 투여할 수 있다고 본다. 그러나 '작은 키'에 대한 명확한 한계가 정해져야 한다. 미국식품의약국(FDA)은 키에 대해 어느 정도가 정상적인 범주에 속하며, 어떤 경우 사람성장호르몬을 투여하도록 허용할지 결정해야 할 것이다. 이러한 규정이 없으면 성장호르몬이 잘못 사용될 가능성이 있다고 생각된다. **5.** 사람은 누구나 죽음을 피하고 수행능력을 향상시키고 싶은 마음을 갖고 있다. 그러나 hGH를 사용하면 부작용이 너무 많고 비용이 많이 든다. 또한 운동선수에게는 반도핑 규정에 해당하는 약물로 간주되어야 한다. 사람은 자신의 운명을 통제하고픈 유혹을 받기는 하지만, 자연스레 겪어야 할 것을 피하려고 hGH를 사용하는 것보다는 노화를 자연스러운 삶의 일부로 받아들이는 것이 좋다고 생각된다.

28장

진도 점검하기

(28.1) 1. 화학수용체는 맛과 냄새로 해석하여 환경에서 화학물질을 감지한다. 기계수용체는 청각 및 평형에 관련된 기계적 신호를 감지한다. 광수용체는 시각과 관련된 빛을 감지한다. 피부수용체는 접촉, 통증, 온도 및 압력을 감지한다. 통각수용체는 극심한 온도와 압력, 손상된 조직에서 방출되는 화학물질을 감지하는 통증 수용체이다. 자기수용체는 관절, 근육, 뼈의 위치 변화를 감지한다. **2.** 피부의 센서들은 감각입력을 대뇌피질의 1차 감각영역에 전달한다. 진피에는 파치니 소체(pacinian corpuscle)와 뿌리털망(root hair plexus)을 포함하여 압력 및 촉각에 대한 감각수용체가 있다. **3.** 눈은 빛에 매우 민감한 감각수용체가 있다. 이들 광수용체는 빛이 들어오는 빛의 양과 방향 그리고 색으로 해석된 파장을 감지한다. 사람의 귀는 음압파, 중력에 대한 머리의 위치, 머리의 회전 운동을 감지한다. **(28.2) 1.** 뼈와 근육은 몸을 지지하며, 몸의 일부를 움직이게 하고, 내부 장기를 보호하며, 호흡기와 같은 다른 기관계가 기능을 하도록 도와준다. 골격근의 수축은 혈관을 통해 혈액과 림프를 이동시키는 데 돕는다. 골격근 수축은 열을 발생시켜 체온 유지에 도움을 준다. 골격은 지방과 칼슘을 저장한다. **2.** 몸통골격(axial skeleton)은 두개골, 척주, 늑골, 흉골로 구성되며 신체의 정중선을 따라 있다. 사지골격(appendicular skeleton)은 측면에 위치하며, 어깨이음뼈(shoulder girdle), 골반대(pelvic girdle, 엉덩이), 그리고 이에 부착된 부속지로 구성되어 있다. **3.** 긴뼈의 중심 부분은 치밀골로 감싸인 빈 공간이 있다. 이 구조는 신체를 지탱하기 위한 유연성뿐 아니라 강도를 제공

하고, 근육수축으로 인해 뼈에 전달되는 스트레스를 견디게 한다. 긴 뼈의 말단에 위치한 해면골 속에 있는 적골수는 혈구세포를 만들어 내는 곳이다. 긴뼈의 끝 표면에 위치한 관절연골은 이러한 뼈가 관절의 다른 뼈 위로 미끄러지듯 움직이도록 한다. **4.** 미오신 분자의 둥근 머리는 액틴 필라멘트에 붙어서 액틴 필라멘트를 근절의 중심으로 끌어당긴다. 그런 다음 ATP는 미오신 머리가 떨어지도록 하고, 액틴 필라멘트를 따라 새로운 위치에 다시 부착하여 근육의 수축 또는 단축을 이끈다.

혼자 풀어보기

1. b; **2.** b; **3.** d; **4.** e; **5.** c; **6.** b; **7.** a; **8. a.** 달팽이관 신경; **b.** 달팽이관; **c.** 고막; **d.** 귀인두관(이관); **e.** 외이도; **f.** 이소골; **g.** 반고리관; **h.** 외이; **i.** 중이; **j.** 내이; **9. a.** 공막; **b.** 망막; **c.** 정맥; **d.** 동맥; **e.** 시신경; **f.** 망막중심오목; **g.** 섬모체근(모양체근); **h.** 홍체; **i.** 동공; **j.** 수정체; **k.** 각막; **10.** c; **11.** a; **12.** a; **13.** c; **14.** c; **15.** a

과학적으로 생각하기

1. 혈관은 망막 뒤쪽으로의 빛 전달을 방해하여 결과적으로 뇌로 보내지는 신호를 손상 시킨다. 암과 이 안과 질환 모두 새로운 현관의 제어되지 않는 생장과 관련이 있다. 암의 치료를 위해 개발된 항혈관신생제는 현재 이러한 안질환의 치료를 위해 연구 중이다. **2.** 우리의 후각계는 서로 다른 많은 냄새를 인식하고 구별할 수 있다. 따라서 우리는 연기 같은 위험한 냄새와 꽃향기 같은 해롭지 않은 냄새의 차이를 감지할 수 있다. 반면에 모든 천연 독소는 쓴맛이 나기 때문에 쓴맛을 구별하는 것보다 쓴맛을 감지할 수 있는 능력이 더 중요하다. 따라서 사람은 쓴맛을 내는 성분의 차이를 식별할 수는 없어도 미각에 의해 쓴맛이 나는 것은 확인할 수 있도록 진화하였다.

29장

진도 점검하기

(29.1) 무성생식에는 양친 부모 중 하나가 자신과 유전적으로 완전히 동일한 자손을 생산하는 경우가 포함된다. 유성생식에서는 자손 생산에 양친 부모가 모두 관여하며 부모 유전자들의 다양한 조합을 갖는 자손들을 생산한다. **2.** 물속에서 번식을 하는 동물은 알과 배아가 건조될 위험은 없으나 이것들을 포식자들로부터 보호해야 할 전략을 가지고 있어야 한다. 육지에서 번식하는 동물은 배아의 발달을 위한 안정적인 환경을 제공하면서 동시에 이들이 건조되지 않도록 보호해야만 한다. **3.** 알을 낳는 동물을 난생이라고 한다. 알이 부화할 때까지 체내에 품고 있는 동물은 난태생이라고 한다. 살아 있는 어린 새끼를 낳는 포유류는 태생이라고 한다. **(29.2) 1.** 정자는 정소의 세정관에서 생산되고 부정소에서 성숙되며 정관으로 이동된 후 음경을 통해서 배출된다. **2.** 테스토스테론은 남성의 주요 성호르몬이며 남성 생식기관들의 발달과 기능에 필수적이다. 이 호르몬은 정자의 성숙과 남성의 제2차 성징을 유지하는 데 필요하다. **3.** 난소주기의 여포기 동안에 뇌하수체 전엽에서 분비되는 FSH는 난소에서 여포의 성숙을 촉진한다. 여포에서 많은 양의 에스트로겐이 분비되면 되먹임 기작으로 인해 FSH 분비가 조절되면서 배란이 일어난다. **4.** 배란 후와 난소주기의 황체기 동안에 LH는 한 개의 황체 발달을 촉진한다. 성숙한 황체는 많은 양의 프로게스테론을 생산하는데 이 호르몬에 의해 자궁내막이 분비물을 만들어낼 수 있게 변한다. 프로게스테론 생산이 아주 적어지면 월경이 시작된다. 여포기 동안에 FSH는 난소의 여포 발달을 촉진하고 성숙한 여포로 부터 에스트로겐이 분비된다. 이로 인해 자궁내막이 두꺼워진다. **5.** 기증자에 의한 인공수정—의사가 기증자의 정자를 여성의 질 속에 넣어준다. 시험관 수정—난소로부터 미성숙 난자를 채취해 배양하고 성숙시킨다. 성숙한 난자가 있는 시험관에 농축된 다수의 정자들을 넣어준다. 시험관 내에서 정자와 난자의 수정이 이뤄지고 배아가 형성되면 이것을 자궁으로 옮겨준다. 세포질 내 정자주입—몸 밖에서 한 개의 정자를 한 개의 난자에 강제로 주입한다. 수정이후 만들어진 배아를 배양한 후 자궁으로 옮겨준다. 배우자 난관 내 이식—난자와 정자를 섞은 후 즉시 자궁에 넣어준다. **6.** 세균성 성병으로는 클라미디아, 임질, 매독 등이 있다. 바이러스성 성병으로는 에이즈, 생식기 사마귀, 생식기 포진, 간염 등이 있다. 질편모충증은 기생성 원생동물이 원인이다. **(29.3) 1.** 포유류는 배아를 보호하고 양분을 공급하기 위해 배외막을 만든다. 배외막의 한 가지 예로서 태반의 일부가 되는 융모막이 있다. **2.** 낭배형성 동안 외배엽, 내배엽, 그리고 중배엽이라는 3개의 배엽층이 만들어진다. **3.** 낭배형성 동안 세포들이 이동하여 외배엽, 내배엽, 중배엽을 만든다. 신경배는 척삭이 만들어진 후 형성된다. 신경판이 두꺼워지고 주름 잡히듯 접히면서 신경관이 형성된다. 신경관 전방은 뇌가 되고 후방은 척수가 된다. **4.** 배아의 발달은 수정 후 2개월 사이에 일어나며 이때 다양한 기관들의 형성이 시작된다. 태아의 발달은 수정 후 3개월 때부터 시작하여 9개월 정도까지 연속해서 진행되며 이 시기 동안에 기관형성이 완전히 이루어지고 태아의 크기가 커진다. **5.** 태반은 태아 쪽 부위(면)와 모체 쪽 부위(면)로 구성되어 있으며 태아 발달과정 동안 이 부위 사이에서 물질교환이 이루어진다. 이산화탄소와 노폐물은 태아 쪽에서 모체 쪽으로 이동하고 영양분과 산소는 모체 쪽에서 태아 쪽으로 이동한다. 모체의 혈액과 태아의 혈액은 서로 섞이지 않는다.

혼자 풀어보기

1. d; **2.** b; **3. a.** 수뇨관; **b.** 방광; **c.** 정관; **d.** 정낭; **e.** 사정관; **f.** 전립선; **g.** 요도구선; **h.** 요도; **i.** 부정소; **j.** 음경; **k.** 포피; **l.** 정소; **m.** 음낭; **4. a.** 난관; **b.** 난소; **c.** 직장; **d.** 자궁경부; **e.** 방광; **f.** 질; **g.** 요도; **5.** d; **6.** d; **7.** b; **8.** a; **9.** a; **10.** c; **11.** a; **12.** b; **13.** d

과학적으로 생각하기

1. 태아와 갓 태어난 아기는 산모로부터 필요한 영양분을 취한다. 체지방이 적은 산모는 임신기간이나 오랜 수유기간 동안 영양분 부족으로 쇠약해질 수 있다. 이런 산모는 건강한 아기를 출산하기가 어려울 뿐더러 본인 스스로도 생존하기 어렵다. 체지방이 너무 적을 때에는 생식주기를 멈추면 정상적인 생식활동을 할 수 있는 몸 상태가 될 때까지 생존할 가능성이 높아진다. **2.** 하나의 가설은 여성의 폐경은 인간의 진화과정에서 보았을 때 진화초기에 일찌감치 시작되었다는 것이다. 폐경을 통해 번식기능이 없어져 버린 여성은 기존에 존재하는 자식과 자손들을 돌보는 것에만 전념하게 됨으로써 후세대의 생존 가능성을 높일 수 있었다. 살아남은 후손을 통해 여성 자신의 유전자를 안전하게 후대에게 전달함으로써 자신의 진화적 적합성(fitness)을 높일 수 있게 되었을 것이다. 그러나 남성은 여성에 비해 자식을 돌보는 일이 거의 없기 때문에 말년에 정자형성과정이 멈추도록 진화한다 하여도 적응도는 여성에 비해 높아지지 않을 것이다. **3.** 융모막의 융모는 그 수가 매우 많으며 발달하는 태반에 널리 퍼져 있다. 태아세포 분석을 위해 일부 융모를 제거하여도 태아에게는 해로운 영향을 주지 않는다고 알려져 있다. **4.** hCG 호르몬은 태반에서 분비되기 때문에 태반이 형성되지 않은 상태에서는 여성의 체내에서 만들어지지 않는다. 태반에서 에스트로겐과 프로게스테론이 충분하게 만들어질 때까지 계속 분비되면서 자궁내막을 유지시켜 준다. 이 호르몬은 혈액으로 수송되며 신장에 의해 제거되어 소변으로 배출된다. **5.** 검증 가능한 가설을 만들기 위해서는 정자 숫자 외에 나이, 주거지, 식습관, 음주습관, 흡연습관, 수면패턴, 의복, 그리고 주위 환경조건 등에 대한 정보가 있어야 유용할 것이다.

30장

진도 점검하기

(30.1) 1. 개체, 개체군, 군집, 생태계, 생물권. **2.** 군집은 특정 지역에 있는 다양한 개체군들로 구성된다. 생태계는 살아 있는 개체들의 군집과 그들 주변의 물리적 환경(물, 공기 등)으로 이루어져 있다. **3.** 생태학은 생명체와 생명체간의 상호작용 및 주변의 물리적 환경에 대한 과학적 연구이다. **(30.2) 1.** $(18.5 - 9.8)/1{,}000 \times 100 = 0.87\%$; **2.** 유럽, 북미를 비롯한 선진국은 인구 증가율이 적절하고 생활수준이 높다. 라틴 아메리카와 아시아, 아프리카 지역과 같은 후진국은 인구 증가율이 빠르며 대부분의 사람들이 빈곤 속에 살고 있다. **3.** 생식에 의해 개체군의 수가 증가하지 않으면 개체군내에서 대체생식이 일어난다. 대체생식률이 한 쌍의 부부당 두 명의 자식보다 약간 더 클 때에도 사망률로 인해 대체생식이 일어난다. **4.** 선진국은 높은 자원 소비로 인해 가용 자원을 남용하며, 이로 인해 많은 유해 폐기물이 생성된다. 후진국에서는 높은 인구증가율로 가용 자원이 많이 소모

된다. **(30.3) 1.** 연령구조 그림은 각 연령대에 있는 사람들의 수를 연속적으로 쌓아 놓은 것이다. 생식연령 이후의 개체 수에 비해 생식연령과 생식연령 이전의 개체 수가 더 많으면 개체 수가 증가한다. 생식을 하게 될 또는 할 수 있는 개체 수가 적으면 개체 수가 안정화되거나 감소하게 된다. **2.** 생존곡선 유형 I 개체군은 적은 수의 자손을 낳고 자손의 대부분이 생식 가능한 시기까지 산다. 유형 III 개체군은 자손을 많이 낳으며 자손의 대부분은 생식 이전에 죽는다. 유형 II 개체군은 모든 연령대의 사망률이 동일하다. **3.** 기하급수적 성장곡선과 로지스틱 성장곡선 둘 다 시간에 대한 개체 수를 나타낸 것이다. 기하급수적 성장곡선은 J자 모양의 곡선을 만들고 자원이 무제한일 때 발생한다. 로지스틱 성장은 S자 모양의 곡선을 보이며, 자원이 한정적일 때 발생하며 기하급수적 성장 이후에 일어난다. **4.** 밀도-비의존성 요인에는 부상과 사망을 초래할 수 있는 홍수, 토네이도, 산불 등 날씨와 자연재해가 포함된다. **5.** 개체군의 밀도가 증가함에 따라 제한된 자원에 대한 경쟁 수준이 높아지고 포식 수준이 높아진다. 각 개체는 자원의 일부를 얻기 위해 경쟁한다. **(30.4) 1.** 기회종은 크기가 작고, 수명이 짧으며, 빠르게 성숙하고, 자손이 많으며, 자손을 거의 또는 전혀 돌보지 않는다. 그들은 기하급수적인 개체군 증가를 보이며 밀도와 무관한 효과에 의해 규제된다. 평형 종은 크고 수명이 길며 성숙이 느리고 자손이 적으며 자손을 돌본다. 그들은 로지스틱 개체군 성장을 하며 밀도 의존적 요인에 의해 규제되고 개체군은 수용한계에 가깝게 유지된다. **2.** 멸종은 종 또는 그 상위 분류군이 완전히 사라지는 현상이다. **3.** 성숙하는데 오랜 시간이 걸림; 소수의 자손이 생산됨; 제한된 지리적 범위; 좁은 서식지 내성; 적은 수의 개체군.

혼자 풀어보기

1. d; **2.** b; **3.** a; **4.** c; **5.** d; **6.** b; **7.** b; **8. a.** 증가; **b.** 감소; **c.** 안정; **9.** a; **10.** a; **11.** d; **12.** b; **13.** c; **14.** a; **15.** c

과학적으로 생각하기

1. 인구 증가율 = 1.1%; 배가시간 = 62.7년; 출생률이 감소할 경우 172.5년. **2.** 토끼와 꿩의 수가 줄어들면서 붉은꼬리매의 포식 영향도 줄어든다. 이는 밀도에 따른 효과이다. 매를 죽여도 토끼와 꿩의 개체 수는 다시 돌아오지 않는다. **3.** 생존하고 있는 개체의 수와 변수. 그림 15.2에서의 변수는 위기의 크기이다. **4. a.** 멸종 위험 가능성이 가장 많은 종들은 진화가 일어나는 과정을 잘 이겨내지 못하는 종이므로 특별히 더 보호해야 할 필요까지는 없다고 주장할 수 있다. 그러나 보호 입장을 주장하는 사람들은 특정 종의 존재에 더 가치를 둘 수도 있다고 생각한다. 종종 귀여운 얼굴을 가진 커다란 동물들이 그런 종에 해당한다. **b.** 어떤 종이 진화의 성공적인 결과물인지 결정하는 것은 주관적이므로 부정확할 수밖에 없다. 좀 더 조심스러운 접근 방법은 멸종 위험에 처한 종들을 동등하게 취급하고, 그 종들에게 제한된 자원을 분배하는 것이다.

31장

진도 점검하기

(31.1) 1. 꽃과 수분 매개동물은 서로에게 적합하도록 공진화하였다. 벌새는 자신들이 볼 수 있는 빨간색의 꽃을 수분시키고, 꽃잎이 구부러져 있어 수술이 새의 머리에 잘 닿을 수 있도록 굽어져 있는 꽃을 수분한다. 꽃잎들은 수술이 새들의 머리에 꽃가루를 묻힐 수 있도록 휘어져 있어 꽃가루가 퍼지는 결과를 가져온다. **2.** 종 풍요도는 군집(종 구성)을 이루고 있는 종들의 목록인 반면에 종 다양성은 종 풍요도와 종의 분포 및 상대적 풍요도를 포함한다. **3.** 1차 천이는 토양층이 아직 형성되지 않은 곳에서 일어나며, 2차 천이는 토양층이 존재하는 곳에서 일어난다. **4.** 경쟁, 포식, 기생, 편리공생, 상리공생. **(31.2) 1.** 독립영양생물은 무기양분만을 섭취하고 외부로부터 에너지를 얻는데. 외부 에너지원은 주로 태양이다. 종속영양생물은 미리 만들어진 유기양분을 소비함으로써 에너지를 얻는다. **2.** 에너지는 태양에서 지구로 유입된 다음 열로 손실될 때까지 살아 있는 유기체를 통해 흐른다. 화학물질은 생물 및 무생물 구성요소를 통해 환경 전반에 걸쳐 순환한다. **3.** 먹이사슬은 먹이 관계를 표시함으로써 생태계 내 에너지 흐름의 단일 경로를 묘사한다. 생태피라미드는 연속적인 영양단계 사이의 에너지 흐름을 묘사한다. **4.** 인—채광, 시비, 동물 사료 보충제, 세제, 동물성 폐기물 및 하수 배출로 부영양화와 녹조현상을 유발하는 유실이 일어난다. 질소—유출로 이어는 비료 제조; 지하수로 질소 손실로 이어지는 삼림 벌채; 건강 문제를 야기시키는 질산염에 의한 지하수 오염. 탄소—화석연료의 연소로 인해 과도한 양의 CO_2가 대기로 방출되며, 산림파괴는 탄소고정을 감소시킨다. **(31.3) 1.** 생물권은 수중생태계와 육상생태계로 나누어진다. 수중생태계는 담수와 해양생태계를 포함한다. 육상생태계는 온도와 강수량에 따라 여러 가지 주요 유형으로 나눌 수 있다. **2.** 열대우림, 사바나, 사막, 온대 낙엽수림, 온대초원(대초원), 타이가, 툰드라. **3.** 습지는 먼 바다보다 유기 영양분이 더 집중적으로 공급되고 분해자가 더 많기 때문에 1차 생산력이 더 높다.

혼자 풀어보기

1. a; **2.** e; **3.** a; **4.** c; **5.** b; **6.** d; **7.** c; **8. a.** 에너지; **b.** 영양분; **c.** 열; **d.** 열; **e.** 생산자; **f.** 소비자; **g.** 무기양분; **h.** 분해자; **i.** 열; **9.** c; **10.** d; **11. a.** 최상위 육식동물; **b.** 육식동물; **c.** 초식동물; **d.** 생산자; **12.** b; **13.** a; **14.** a

과학적으로 생각하기

1. 쉽게 접근할 수 있는 꽃에서 가장 많은 먹이를 얻을 수 있도록 적응한 곤충이 더 많이 번식한다. 수분매개곤충을 유인하는데 가장 잘 적응한 꽃이 다음 세대에 더 많은 자손을 생산하며, 마찬가지로 가장 많은 먹이를 얻는 곤충이 그렇지 못한 곤충보다 더 많은 자손을 생산한다. 이 과정은 여러 세대에 걸쳐 계속되며 특정 적응의 공진화로 이어진다. **2.** 수달 개체 수가 감소한다; 성게 개체 수가 증가한다; 다시마 식물은 감소한다; 서식지 파괴로 인해 다시마 숲에 서식하는 종이 감소하거나 제거된다; 생산자와 소비자의 수가 적기 때문에 다시마 숲의 생산력이 감소한다; 적은 양의 먹이가 생산되고 먹이사슬이 약화된다; 화학물질순환이 감소된다. **3.** 생태계의 종 풍요도와 생물다양성을 보존하기 위해 토착 개체군을 보호해야 한다. 흑고니(mute swan)가 토종 조류를 대체하도록 허용해야 한다는 주장은 군집 또는 생태계의 건강보다는 아름다움에 대한 인간의 인식에 근거한 잘못된 것이다.

32장

진도 점검하기

(32.1) 1. 보전생물학은 생물다양성을 유지하며 자연 자원을 보전하는 넓은 관점을 갖고 있기 때문에 유전학, 생리학, 행동학, 분류학, 생태학, 현장 생물학 및 진화 생물학을 포함한 기본 생물학의 여러 하위 분야를 활용한다. 바이오파크 관리, 산림학, 수의학, 어류 생물학, 분포관리, 작물학 및 야생동물 관리와 같은 응용 생물학 하위 분야도 보전생물학에 사용된다. **2.** 생물다양성은 지구에 좋으며, 따라서 인간에게도 좋다. 멸종은 바람직하지 않다. 생태계 내 상호작용은 생물다양성을 지원하고 인간에게 이로움을 줍니다. 생물다양성은 진화적 변화의 결과이며 인간에게 큰 가치가 있다. **(32.2) 1.** 직접적 가치는 약물 개발, 농업 관리, 인간이 소비하는 제품들을 포함한다. 간접적 가치로는 생물지구화학순환, 폐기물 처리 메커니즘, 신선한 물 공급, 토양 침식 방지, 기후 조절, 생태관광 등이 있다. **2.** 대부분의 현대 약물은 유기체로부터 유래되므로, 더 많은 생물다양성은 더 많은 약물 개발의 잠재력을 증가시킨다. 농업에서는 생물다양성이 다양한 기후에서 생존할 수 있는 작물 품종 개발에 이바지할 수 있으며, 더 적은 비료와 물을 필요로 하고, 초식동물에 더 효과적으로 저항할 수 있는 작물 품종의 개발에도 도움이 된다. **3.** 생물다양성은 우리에게 유연성을 제공하여 물, 땅, 식량, 에너지 등의 자원이 제한될 경우 대체 가능한 다른 종을 대신 사용할 수 있는 옵션을 제공한다. 생물다양성이 많다면 변화된 환경에 적응한 다른 종을 대체할 수 있을 수도 있다. **(32.3) 1.** 태양에너지, 풍력, 수력 및 지열에너지와 같은 재생 가능한 자원은 공급이 무제한이다. 사용될수록 더 많은 자원이 확보되다. 그에 반해 토지, 화석연료 및 광물과 같은 불가연 자원은 공급이 제한되며 고갈될 수 있다. **2.** 산림벌채는 인간이 목재를 수확하거나 농지를 만들기 위해 숲을 베거나 숲에 정착할 때 발생한다. 얇고 가난한 토양은 농업에 적합하지 않으며 빨리 포기된다. 이로 인해 침식과 농축이 증가한다. 사막화는 인간이 준 사막

지역을 사막으로 변환할 때 발생하며, 대개 과목 방목으로 인해 발생한다. 식물의 손실로 인해 농수분이 증가하고 지하수가 고갈되며 결국 인구가 이동해야 하는 사막 조건이 형성된다. **3.** 관개는 물원을 고갈시킨다. 단일 작물 재배는 생물다양성을 감소시킨다. 비료, 제초제 및 살충제의 사용은 물원으로의 유출을 초래하다. 과도한 양의 화석연료가 사용된다. 토지를 밭으로 전환하면 서식지 파괴가 발생한다. **4.** "녹색 혁명"은 새로운 작물 품종을 도입하여 작물 수량을 증가시켜 전 세계 식량 공급량이 증가하는 데 도움을 주었다. 식량 공급량을 증가시키는 것은 기하급수적으로 증가하는 인구에 발맞추기 위해 필요하다. 그러나 새로운 품종은 비료, 살충제 및 물의 양이 증가되어 환경에 부정적인 영향을 미친다. **5.** 풍력 발전: 풍력 발전기의 건설을 위해 토지를 투입해야 한다. 수력 발전: 강의 생태계를 파괴하는 댐을 건설해야 한다. 지열에너지: 지열에너지 수집, 저장 및 배포에는 큰 자본 지출이 필요하다. 태양에너지: 태양에너지를 수집하고 효과적으로 저장하여 배포하는 태양열 수집 시스템은 비용이 많이 든다. **(32.4) 1.** 지속 가능한 사회의 특징은 재생 가능 에너지원의 사용, 열과 폐기물 재활용, 그리고 재료의 최대한 재활용이 포함된다. **2.** 작물 덮개를 심고, 다용도 농업을 실천하며, 토양 영양분을 보충하고, 물을 절약하며, 작물 품종을 심고, 정밀 농업을 실천하며, 통합적 해충 관리를 사용하며, 다양한 종류의 식물을 심으며, 다용도 나무를 심으며, 습지를 유지하고 복원하며, 재생 가능한 에너지를 사용하며 지역적으로 구매한다. **3.** 에너지 효율적인 교통 체계를 구축하고, 녹지 지붕을 이용하며, 녹지대를 조성하고, 건물 난방을 위해 태양광이나 지열에너지를 활용하며, 폭우 관리를 개선하고, 원산지 종을 심으며, 도시의 오래된 지역을 개발하기 전에 복원하며, 조명을 변경하고, 소음 수준을 줄이며, 지속 가능한 건축 관행을 촉진한다.

혼자 풀어보기

1. e; **2.** a; **3.** e; **4.** c; **5.** b; **6.** d; **7.** c; **8.** a; **9.** b; **10.** a; **11.** 재생 가능한 자원을 비재생 가능한 자원보다 더 많이 사용하고, 재활용을 증가시키며, 더 적은 재료를 사용하기 위해 가공을 개선하고, 폐기물과 열 생산을 줄인다. **12.** c

과학적으로 생각하기

1. 긍정적인 환경적 영향은 계절성 홍수와 영양물 침전을 증가시켜 동물과 식물의 다양성을 높이는 것이다. 부정적인 환경적 영향은 경제적 영향을 잘못 계산하고 침입종 도입의 위험성을 포함한다. 주민들에게 직접적인 혜택은 홍수플레인 거주로부터 경제적, 개인적인 위협을 제거하는 것이다. 주민들에게 간접적인 혜택을 제공할 수 있는 다양성에 의해 제공된다. **2.** 희귀한 종의 경우 보존이 어려울 수 있으며, 보존 비용, 인간에게 잠재적인 의약품 이익 등을 고려해야 하다. **3.** 포유류의 내부 온도는 좁은 정상 범위 내에 유지되어야 하다. 세계적인 변화로 인해 열대지방에서 기후가 온난화되면 포유류의 외부 온도가 내부 온도를 조절하는 항상성 기전에 너무 높아질 수 있다. 포유류의 핵심 온도가 정상보다 높아지면 그들은 멸종될 것이다. **4.** 생태학적 발자취를 줄일 수 있는 방법으로는 지역 식품으로 구성된 식물 기반 식단을 채택하고, 음식 폐기물을 줄이고, 더 작고 연료 효율적인 자동차를 운전하고, 기차와 버스를 이용하고, 비행을 줄이고, 더 작고 에너지 효율적인 거주지에 살고, 구매하는 물품 수를 줄이고, 모든 종류의 재료를 재활용하고, 퇴비화하는 것이 포함된다.

용어해설

가

가계도 pedigree 특정 형질을 갖고 있는 개인과 친척 사이의 관계를 보여주는 도표.

가설 hypothesis 증거들을 살펴본 후 세운 합리적인 추정. 실험을 통해 더 많은 자료를 얻어 검증할 수 있다.

가수분해반응 hydrolysis reaction 물이 첨가되어 화합물이 쪼개지는 반응. 한 분자에는 H^+이, 다른 분자에는 OH^-이 추가된다.

가슴샘(흉선) thymus 면역계의 발달과 기능에 관여하는 림프 기관. T세포가 성숙된다.

간 liver 크고 검붉은 내장기관. 요소와 담즙 생산, 혈액 해독, 글리코겐 저장, 혈장단백질 생산 등의 기능을 한다.

간극연접 gap junction 이웃한 두 원형질막이 결합하여 형성된 세포 사이의 연접. 강도를 높여주고 이온, 당, 작은 분자가 세포 사이에서 통과할 수 있도록 한다.

간기 interphase 세포주기의 시기(G_1, S, G_2). 핵분열이 일어나지 않으며, 세포가 성장하고 DNA가 합성된다.

간염 hepatitis 간에 감염된 바이러스 질병. 성적 접촉을 통해 전염될 수 있으며, 간 기능저하나 간암으로 이어질 수 있다.

감각뉴런 sensory neuron 감각수용기가 자극을 받은 후 신경자극을 중추신경계로 전도하는 신경세포.

감각적응 sensory adaptation 감각자극에 대한 반응이 감소하는 현상. 대개 자극에 지나치게 노출되면 나타난다.

감수분열, 제1감수분열, 제2감수분열 meiosis, meiosis I, meiosis II 유성생식 과정의 핵분열 유형. 딸세포가 다양한 조합의 반수체수를 지니게 되는 과정.

갑각류 crustacean 절지동물의 한 무리. 새우, 게, 가재, 바닷가재 등이 있다.

갑상샘 thyroid gland 목에 있는 큰 분비샘. 티록신, 트리요오도티로닌, 칼시토닌 등의 중요한 호르몬을 생성한다.

강 class 분류학자가 종을 분류할 때 사용하는 범주 중 하나. 목의 바로 상위 단계이다.

개방형 순환계 open circulatory system 메뚜기 등의 순환계. 튜브 형태의 심장이 혈림프를 채널과 체강으로 보낸다.

개체군 population 같은 시기에 같은 지역에서 살아가는 같은 종의 집단.

개체군 밀도 population density 특정 서식지에서 단위 면적(또는 단위 부피)당 서식하는 개체 수.

개체군통계 demographics 개체군의 특성과 시간 경과에 따른 특성의 변화에 대한 연구.

거미류 arachnid 거미, 전갈, 진드기류, 장님거미, 참진드기류를 포함하는 절지동물군.

검문지점 checkpoint 세포주기에서 내부 신호에 따라 세포주기가 중지되거나 진행될 수 있는 몇 가지 지점. 다음 단계로 진행되기 전에 세포주기의 각 단계가 완료되었는지 여부를 확인한다.

검정교배 testcross 우성 표현형 개체와 열성 표현형 개체 사이의 교배. 자손의 표현형 비율을 통해 우성 표현형 개체의 유전자형을 판별할 수 있다.

겉씨식물 gymnosperm 목본 종자식물의 한 유형. 종자가 열매에 감싸여 있지 않으며, 소나무류처럼 솔방울에서 맺힌다.

결론 conclusion 결과가 가정을 지지하는지 여부를 실험을 통해 확인한 후 정리한 진술.

결실 deletion 염색체의 말단이 잘려 나가거나 동시에 두 곳이 잘려 내부 조각이 결실되는 염색체 구조의 변화. 종종 고양이울음증후군 등의 비정상적인 증후군을 초래한다.

결합조직 connective tissue 구조를 한데 묶고, 지지하고 보호하며, 공간을 채우고, 지방을 저장하며, 혈구세포를 형성하는 동물의 조직.

경골어류 bony fishes 연골성 골격이 아닌 경골을 갖는 어류.

경동맥 소체 carotid body 경동맥 분지에 있는 구조. 혈액 내 수소 이온과 이산화 탄소 농도에 민감한 화학수용기가 있다.

경쟁 competition 제한된 동일한 자원을 필요로 하는 생명체들 사이의 상호작용. 서로에게 해롭다.

경쟁배타원리 competitive exclusion principle 두 종이 동시에 동일한 생태적 지위를 차지할 수 없는 이론.

경첩관절 hinge joint 오직 한 방향으로만 움직일 수 있는 활막관절(팔꿉관절, 무릎관절).

계 kingdom 분류학자가 종들을 구분할 때 이용하는 분류범주의 하나. 문의 상위 단계.

계통 phylogeny 어떤 생명체 집단의 진화적 역사.

계통수 phylogenetic tree 여러 생명체 집단 사이의 공통조상과 계통을 표시한 도표.

계통학 systematics 생명체를 분류하기 위한 다양성에 관한 연구 분야. 진화 상관관계를 분석한다.

고사리 fern 큰 엽상체를 가진 식물군. 유성생식주기에서 독립적인 배우체는 편모를 지닌 정자를 생성하고 관다발 포자체는 바람에 날리는 포자를 생성한다.

고생물학 paleontology 화석에 대한 연구로 종의 역사와 지구에 있는 생명에 대한 지식을 제공하는 학문.

고세균 archaea 고세균영역에 속한 원핵생물. 늪지, 고염환경, 해수열수구 등의 독특한 서식처에서 살아간다.

고세균영역 domain Archaea 생명의 세 영역 중 하나. 흔히 극한환경에서 서식하며 고유의 유전학, 생화학, 생리학 특성을 지닌 원핵세포가 포함된다. 고세균(archaea)이라고 부르기도 한다.

고온호산성세균 thermoacidophile 온천이나 열수구 근처 등 고온의 산성 수생 서식처에서 살고 있는 고세균.

고장액 hypertonic solution 세포의 원형질보다 용질 농도가 높은 (물이 적은) 용액. 삼투현상에 의해 세포에서 물이 빠져나간다.

고혈압 hypertension 상승된 혈압. 특히 이완압이 높다.

곤충 insect 절지동물의 한 종류. 머리에 안테나, 겹눈, 홑눈이 있다. 가슴에 3쌍의 다리가 있으며, 흔히 날개가 있다. 배에는 내부 장기가 있다.

골격계 skeletal system 뼈로 구성되고 신체를 보호하며 지탱하기 위한 근육계로 구성된 기관계.

골격근 skeletal muscle 가로무늬의 수의근 조직. 횡문근이라고도 부른다.

골다공증 osteoporosis 뼈에서 칼슘이 대체되는 속도보다 빠르게 방출되어 뼈가 쉽게 부러지는 상태.

골반염증질환 pelvic inflammatory disease(PID) 정관이나 자궁관 내에 클라미디아나 임질의 잠복 감염.

골세포 osteocyte 칼슘을 포함한 세포외기질에 묻혀있는 가지를 친 뼈세포.

골지장치 Golgi apparatus 소낭과 소포로 이루어진 소기관. 분자를 가공하고 포장하여 세포 내에 배치하거나 세포 밖으로 내보낸다.

골지힘줄 Golgi tendon 골격근이 힘줄에 삽입된 부위에 있는 자기수용기. 힘줄의 장력 변화에 민감하다.

공생관계 symbiotic 두 종이 동일한 방법으로 함께 살아가는 관계. 상대에 대해 이익을 줄 수도, 중립일 수도, 해가 될 수도 있다.

공우성 codominance 이형접합자에서 두 대립유전자가 모두 동등하게 발현되는 유전 양상.

공유결합 covalent bond 원자들이 한 쌍 이상의 전자를 공유하는 화학결합.

공진화 coevolution 하나의 종이 다른 종에게 선택압력을 주는 공동 진화.

공통조상 common ancestor 최소 두 가지의 혈통을 공유하는 조상.

공해 pollution 생명체의 생명과 건강에 나쁜 영향을 미치는 모든 환경 변화.

과 family 분류학자들이 종을 나눌 때 사용하는 분류단계의 하나. 속 단계의 바로 상위 분류군.

과학적 이론 scientific theory 광범위한 관찰과 실험, 자료에 의해 지지되는 개념.

관다발 vascular bundle 식물에서 유관속초로 둘러싸인 1차 체관부와 1차 물관부.

관다발식물 vascular plant 관다발조직(물관부와 체관부)이 있는 식물. 비종자 관다발식물(고사리류)과 종자식물(겉씨식물과 속씨식물)을 포함한다.

관다발조직 vascular tissue 식물에서 운반과 지지를 하는 조직; 물관부와 체관부가 있다.

관찰 observation 과학적 사고방법의 한 단계. 결론을 내리기 전에 필요한 자료를 수집한다.

광계 photosystem 햇빛에너지를 흡수하고 고에너지 전자를 내놓는 광합성 단위. 색소체 복합체와 전자수용체로 구성된다. 광계 I과 광계 II가 있다.

광수용기 photoreceptor 빛의 자극에 반응하는 감각수용기.

광주기 photopcriod 24시간 동안의 낮과 밤의 길이에 대한 비율. 생물체의 생리와 행동에 영향을 미친다.

광합성 photosynthesis 엽록체 안에서 일어나는 과정. 엽록소를 이용하여 햇빛에너지를 포획하고, 이산화 탄소를 탄수화물로 환원시킨다.

광합성독립영양생물 photoautotroph 이산화 탄소를 탄소원으로 사용하고 햇빛을 에너지원으로 이용하여 유기분자를 합성할 수 있는 생명체.

교감신경계 sympathetic division 자율신경계의 한 영역. 스트레스 상황에서 활성을 가진다. 신경전달물질은 노르에피네프린이다.

교미 copulation 암컷과 수컷의 성교.

교차 crossing-over 감수분열 동안 4분염색체의 비자매염색분체 일부가 교환되는 현상.

구아닌 guanine(G) DNA와 RNA를 구성하는 뉴클레오티드의 질소-함유 염기 중 하나. 시토신과 쌍을 이룬다.

구와관절(절구공이 관절) ball-and socket joint 모든 방향으로 움직일 수 있는 활액 관절 (엉덩이 혹은 어깨에 있는).

군집 community 특정 지역에 있는 모든 개체군.

굴광성 phototropism 식물 줄기가 빛에 반응하여 보이는 생장. 줄기는 양성 굴광성을 보인다.

굴성 tropism 식물에서 방향이 있는 자극을 향하거나 멀어지는 생장 반응.

굴중성 gravitropism 지구의 중력에 대한 뿌리와 줄기의 생장 반응. 뿌리는 양성 굴중성 반응을, 줄기는 음성 굴중성 반응을 보인다.

굴촉성 thigmotropism 접촉에 대한 식물의 생장 반응.

귀납적 사고 inductive reasoning 가설을 세우기 위한 특별한 관찰과 논리적 추론 과정.

균근 진균 mycorrhizal fungi 유관속식물의 뿌리와 상리공생 관계를 이루는 진균.

균류(진균) fungus(복수, fungi) 부식분해자. 몸체는 균사라고 부르는 필라멘트로 구성되어 있고 균사체라고 하는 덩어리를 이룬다.

균사 hyphae(단수, hypha) 진균 영양몸체의 필라멘트.

균사체 mycelium 진균의 영양몸체를 구성하는 균사 필라멘트가 엉켜 있는 덩어리.

극상군집 climax community 천이가 끝난 후 형성된 군집.

극성 polar 전자가 불균등하게 공유된 원자 사이의 결합.

극피동물 echinoderm 불가사리, 성게, 연잎성게 등의 해양 무척추동물. 방사대칭과 수관계가 특징이다.

근육계 muscular system 신체 내의 움직임과 팔다리의 움직임을 만들어내는 근육으로 구성된 기관계. 주요 구성 요소는 골격근, 평활근, 심장근이다.

근육조직 muscular tissue 짧아지고 길어져서 움직임을 만들어내는 섬유로 구성된 동물조직의 한 종류.

근육추형 muscle dysmorphia 사신의 육체가 덜 발달되었다고 생각하여 육체미와 식이요법에 몰두하는 정신상태. 여성보다 남성에게 더 많이 나타난다.

근절 sarcomere 근원섬유 속에 선으로 배열된 수많은 동일한 단위 중 하나. 근절이 수축하면 근육이 수축된다.

글루카곤 glucagon 췌장에서 분비되는 호르몬. 간에서 글리코겐을 분해하여 혈당을 높여준다.

글리세롤 glycerol 수산기(—OH) 3개가 결합한 3-탄소 탄수화물. 지방과 기름의 구성성분.

글리코겐 glycogen 동물의 저장 다당류. 포도당 분자가 사슬처럼 이어져 있으며 많은 가지가 있다.

금욕 abstinence 성적 교접을 하지 않는 피임방법.

기계적 감각수용기 mechanoreceptor 기계적 변화(움직임과 같은)를 감지하는 수용체 종류.

기공 stoma(복수, stomata) 잎의 표피에서 기체가 통과하는 두 공변 세포 사이의 작은 구멍. 수분 손실을 최소한다.

기관 organ 같은 기능을 수행하는 두 가지 이상 다른 조직의 조합.

기관계 organ system 함께 일하는 관련된 기관들 무리.

기관세지 bronchiole 육상척추동물의 기관지에서 폐포로 공기를 보내는 작은 관.

기관지 bronchus(복수, bronchi) 육상척추동물에서 폐로 들어가는 기관의 가지.

기능기 functional group 유기분자의 탄소골격에 결합한 특수한 원자단. 반응에 참여하고 예측할 수 있는 방식으로 행동한다.

기도 trachea(복수, tracheae) 네발 척추동물의 후두와 기관지 사이에 있는 공기 통로.

기름 oil 대개 식물에서 유래한 트리글리세리드. 글리세롤과 지방산 3개로 이루어진다. 지방산의 탄화수소 사슬에 불포화 결합이 많이 있어서 액체 상태이다.

기본조직 ground tissue 식물의 대부분을 차지하는 조직. 저장, 기초대사, 지지 기능을 하는 유조직, 후각조직, 후벽조직으로 구성된다.

기부감긴세뇨관 proximal convoluted tubule 근위세뇨관. 네프론 주머니에 연결된 부위. 여과액의 재흡수가 일어난다.

기생 parasitism 한 종(기생충)이 다른 종(숙주)으로부터 영양분을 얻지만 보통 숙주를 죽이지 않는 상호작용.

기술 technology 과학 지식을 실용적 목적으로 적용하는 것.

기억 memory 과거의 감각과 인식에 대한 정보를 저장하고 되살리는 뇌의 능력. 학습에 필수적이다.

기억 B 세포 memory B cells 초기 적응 반응에는 사용되지 않지만 항원에 대한 장기 면역력을 제공하기 위해 유시되는 B 세포.

기질 matrix 결합 조직의 세포와 소기관 내부 사이의 공간을 채우는 비세포 물질.

기질 substrate 효소에 의해 조절되는 반응의 반응물질.

기하급수적 성장(지수성장) exponential growth 어떤 개체군이 은행의 복리이자와 같은 방식으로 증가하는 성장 패턴.

기회종 opportunistic species 기하급수적인 생장

을 하는 개체군. 구성원은 크기가 작고, 빠르게 성숙하며, 수명이 짧다. 자손 수가 많으며, 거의 돌보지 않는다(예: 민들레).

기후변화 climate change 사람과 관련된 여러 사건으로 유발된 지구 기후 패턴의 전반적인 변화.

꽃 flower 현화식물(속씨식물)의 생식기관. 여러 종류의 변이된 잎이 동심원으로 배열되어 화탁이라는 변이된 줄기에 붙어 있다.

꽃받침 sepal 꽃의 가장 바깥 부위에 있는 잎과 같은 덮개 조직. 대개 초록색이다.

꽃밥 anther 현화식물의 수술에서 화분을 지니고 있는 부분.

꽃잎 petal 꽃받침 바로 안의 꽃 부위. 흔히 화려한 색으로 수분매개자를 유인한다.

나

나이테 annual ring 한 생육기 동안에 생성되는 목본층(2차 물관부).

난소/씨방 ovary 난자를 생성하고 여성 성호르몬을 생성하는 여성 생식샘. 현화식물에서 열매로 발달하는 암술의 배주가 있는 부풀은 부분.

난자형성과정 oogenesis 감수분열과 성숙과정을 거치면서 난자가 형성되는 과정.

난할 cleavage 세포질 양이 늘어나거나 확장되지 않은 채 일어나는 세포 분열. 동물 발생 첫 단계에서 일어난다.

남세균 cyanobacteria 남조류. 엽록소를 가지고 있고 산소를 방출하는 광합성 세균.

낭배 형성 gastrulation 포배로부터 낭배가 형성되는 과정. 세포층들이 함입되어 모자 모양의 구조를 형성한다.

내골격 endoskeleton 척추동물의 경우와 같은 보호성 내부 골격.

내막계 endomembrane system 세포에서 수송에 관여하는 막성 구조의 총합.

내배엽 endoderm 동물 배아의 가장 안쪽에 있는 1차 배엽으로 소화관과 호흡기 및 이들과 관련된 구조의 내벽을 형성한다.

내분비계 endocrine system 호르몬 분비샘으로 구성되고, 신체 활동의 조정에 관여하는 기관계; 화학적 전달자인 호르몬을 분비한다.

내분비샘 endocrine gland 여러 호르몬을 혈액으로 분비하는 관이 없는 기관.

내생포자 endospore 불리한 환경 조건에 대응하여 박테리아에 의해 형성된 포자.

내온성 endothermic 내부에서 열을 발생시켜 체온을 일정하게 유지하는 것.

내초 pericycle 뿌리의 관다발조직을 둘러싸고 있는 세포층. 측근을 형성한다.

내포작용 endocytosis 식세포작용이나 음세포작용에 의해 환경에서 세포로 물질이 들어오는 과정. 수용체-매개 내포작용도 있다.

내피 endodermis 피층과 관다발 사이의 경계를 형성하는 뿌리의 내부 조직.

네안데르탈인 Neandertal 마지막 빙하기 동안 유럽과 중동에서 살았던 튼튼한 체격을 가진 후기 호모 종 (호모 네안데르탈렌시스). 큰 동물을 사냥하고 문화가 발달한 증거를 남겼다.

네프론 nephron 여과, 재흡수, 분비를 통해 혈액 조성을 조절하는 신장의 미세세관. 소변 생성 부위이다.

노화 senescence 식물 또는 식물의 부위가 나이가 들며 쇠퇴하고 결국 죽는 일련의 모든 과정.

녹말 starch 식물의 저장 다당류. 포도당 분자들이 일렬로 결합하며, 곁가지는 거의 없다.

뇌 brain 중추신경계의 주요 기관. 신호통합이 주로 일어나는 곳.

뇌교 pons 중뇌와 연수 사이에 있는 뇌줄기 부위. 호흡을 조절한다.

뇌신경 cranial nerve 뇌에서 나오는 신경.

뇌졸중 stroke 뇌의 소동맥이 터지거나 색전으로 막힐 때 생기는 뇌혈관 장애.

뇌줄기 brain stem 포유류에서 연수, 뇌교, 중뇌로 구성되며, 뇌의 나머지 부분이 척수에 연결된 뇌의 한 부분.

뇌하수체 pituitary gland 시상하부 바로 아래에 있는 작은 분비샘. 전엽과 후엽으로 구성되며 모두 호르몬을 생성한다.

뇌하수체 전엽 anterior pituitary 시상하부에 의해 조절되는 뇌하수체의 한 부분. 여섯 종류의 호르몬을 생성하며, 일부는 다른 내분비샘을 조절한다.

뇌하수체 후엽 posterior pituitary 뇌하수체의 한 부위. 시상하부에서 생성된 옥시토신과 항이뇨호르몬을 저장하고 분비한다.

뉴런 neuron 수상돌기, 신경세포체, 축삭돌기의 세 부분으로 이루어진 신경세포.

뉴클레오솜 nucleosome 진핵세포 핵에서 DNA가 8개의 히스톤 단백질을 휘감은 구조적 단위이며, 구슬 목걸이와 같은 모양을 이룬다.

뉴클레오티드 nucleotide DNA와 RNA의 단량체. 5-탄소 당에 결합한 질소 염기와 인산기로 이루어진다.

능동면역 active immunity 미생물이나 백신에 대한 면역계의 반응으로 이루어지는 질병에 대한 저항성.

능동수송 active transport 원형질막 수송단백질을 이용하여 분자나 이온을 저농도 지역에서 고농도 지역으로 이동시킨다. 평형을 거스르며 에너지를 필요로 한다.

다

다당류 polysaccharide 당 단량체로 이루어진 중합체. 다당류인 녹말과 글리코겐은 포도당 단량체의 중합체이다.

다량 미네랄 major mineral 대사활성을 조절하고 건강을 유지하기 위해 매일 섭취해야 하는 필수 무기 영양물질. 칼슘, 포타슘, 인산, 소듐, 염소, 마그네슘, 황 등이다.

다면발현 pleiotropy 하나의 유전자에 의해 개체의 여러 표현형 특성이 영향을 받는 유전 양상.

다분화능 multipotent 제한된 세포 유형으로 발달할 수 있는 잠재력을 갖춘 줄기세포의 특성.

다운증후군 Down syndrome 21번 삼염색체성. 21번 염색체를 3개 지닌 사람은 다양한 정도의 정신지체, 작은 키, 눈꺼풀 접힘, 짧고 굵은 손가락, 독특한 손금 등의 증상을 보인다.

다유전자성 polygenic 하나의 표현형 발현에 2개 이상의 유전자가 기여하는 현상.

다인자성 형질 multifactorial trait 환경의 영향을 받아 여러 유전자에 의해 조절되는 형질. 각 우성 대립유전자는 부가적인 방식으로 표현형에 기여한다.

단계통군 clade 하나의 공통조상과 그 모든 자손을 포함한 생명체의 무리. 자신만의 특정한 파생형질을 지닌다.

단공류 monotreme 알을 낳는 포유류 — 예를 들면 오리너구리, 가시개미핥기가 있다.

단당류 monosaccharide 단순당. 가수분해로 분해할 수 없는 탄수화물. 예: 포도당.

단량체 monomer 중합체의 소단위체인 작은 분자. 포도당은 녹말의 단량체이다.

단백질 protein 하나 이상의 폴리펩티드로 구성된 분자. 아미노산으로 소화되어 세포내 단백질 합성에 이용되는 식품의 대량영양소.

단백질체 proteome 생물체의 유전체에 있는 모든 유전자의 번역으로 생성된 단백질 집합체.

단백질체학 proteomics 단백질의 구조와 기능과 상호작용에 관해 연구하는 학문 분야.

단성잡종교배 monohybrid cross 단일 형질(예: *Aa*)에 대해 두 가지 다른 대립 유전자를 가진 개체의 교배.

단위생식 parthenogenesis 한 개의 난자가 수정과정 없이 스스로 완전한 생명체로 발달하는 현상.

단자엽식물 monocot 1개의 자엽(떡잎), 평행한 잎맥, 분산된 관다발, 3배수의 꽃 부위를 가지고 있는 현화 식물.

단핵구 monocyte 과립백혈구의 한 종류. 특히 대식세포로 변한 후 식세포로 작용한다.

당뇨병 diabetes mellitus 인슐린을 생성하지 못하고 세포가 포도당을 흡수하지 못해 발생한다. 혈당 수준이 높고 오줌에 당이 섞여 나오는 특성이 있다.

대뇌피질 cerebral cortex 대뇌를 덮고 있는 회색질의 외부 층; 감각 정보를 해석하고, 자발적 운동을 시작하고, 더 높은 사고 과정을 수행한다.

대동맥 aorta 인체의 심장에서 조직으로 혈액을 수송하는 주요 체동맥.

대동맥소체 aortic body 대동맥 벽에 있는 구조. 혈액의 수소 이온과 이산화 탄소 농도를 측정하는 화학수용기가 있다.

대량멸종 mass extinction 비교적 짧은 기간에 많은 종이 사라지는 대규모 멸종 사건.

대량영양소 macronutrient 식물이나 인간이 대량으로 필요로 하는 필수 원소 또는 기타 물질. 식물에서 질소, 칼슘, 황은 식물 생장을 위해 필요하다. 탄수화물, 지질, 단백질이 신체에 에너지를 공급한다.

대립유전자 allele 한 유전자의 대체 유형. 상동염색체의 동일한 좌위에 있다.

대사 metabolism 성장과 수선하는 과정에서 일어나는 세포의 모든 화학적 반응.

대수층 aquifer 지하수를 담고 있는 암석층. 상당한 양의 물을 흘려보내 우물이나 샘을 이룬다.

대식세포 macrophage 척추동물의 큰 식세포. 단핵구에서 유래하며, 미생물과 찌꺼기를 처리한다.

대장 large intestine 척추동물에서 소장 다음에 이어진 소화관 부위. 사람의 경우 맹장, 직장, 항문으로 구성된다.

대정맥 vena cava(pl, venae cavae) 심장의 우심방으로 혈액을 되돌려보내는 큰 체순환 정맥. 상대정맥과 하대정맥이 있다.

대조군 control group 실험의 모든 단계를 수행하지만, 시험하고자 하는 실험 변인은 제외된 샘플. 실험의 결과를 확인하는 기준.

대진화 macroevolution 새로운 종의 탄생 등 대규모로 일어나는 진화적 변화.

대체모델 replacement model 현대인류는 오직 아프리카에서 기원하였으며, 약 10만 년 전에 아시아와 유럽으로 이주하여 그곳의 *Homo*를 대체하였다는 주장. 아프리카 기원설이라고도 한다.

대체생식 replacement reproduction 한 개인이 다음 세대의 자손 단 1명만으로 대체되는 개체군의 변화 양상.

대형엽 megaphyll 복잡한 그물망을 이룬 잎맥이 있는 큰 잎.

다양성 diversity 군집에서 종 풍요도와 종 분포에 대한 척도.

데니소바인 Denisovans 최근에 발견된 초기 *Homo* 속의 한 무리. 약 100만 년 전 현재의 시베리아 지역에서 살았다.

독립영양생물 autotroph 에너지를 포획하여 무기영양에서 유기분자를 합성할 수 있는 생명체.

독립의 법칙 law of independent assortment 감수분열 과정에서 연관되어 있지 않은 유전자의 대립유전자들이 서로 독립적으로 나누어진다. 따라서 가능한 모든 대립유전자 조합이 배우자에서 나타날 수 있게 된다.

돌연변이 mutation DNA 염기 서열의 변화. 이러한 변화는 복제 오류 또는 돌연변이 유발원이라고 하는 외부 요인의 영향 때문이다. 돌연변이는 집단 유전자 풀에 변화를 일으킨다.

돌연변이유발원 mutagen 방사선이나 화학물질 등과 같이 DNA에 돌연변이를 유발하는 요인.

동 sinus 개방 순환계에서 혈림프가 흐르고 조직을 적셔주는 빈 공간. 또한 비강에서 공기로 채워진 공간.

동맥 artery 심장에서 혈액을 내보내는 혈관.

동물 animal 동물계에 속하는 다세포 종속영양 생물.

동방결절 SA(sinoatrial) node 박동원. 신경근 조직의 작은 부위. 박동을 개시한다.

동소적 종분화 sympatric speciation 지리적으로 겹쳐진 개체군에서 새로운 종이 출현하는 현상.

동원체 centromere 두 자매염색분체가 연결된 염색체의 잘록한 부위.

동위원소 isotope 원자번호는 같지만 중성자 수가 다르기 때문에 질량수가 다른 원자.

동형접합 homozygous 특정 형질에 대한 두 대립유전자가 동일한 접합체.

되먹임 억제 feedback inhibition 기질이 효소의 활성 부위에 결합하여 경로의 활성을 억제시킬 때까지 생성물의 농도가 일정 범위 내에서 유지되는 대사 경로를 조절하는 조절 기작.

두발보행 bipedalism 두 발로 서서 걷는 것.

두족류 cephalopod 머리 부위에 변형된 발이 발생된 연체동물의 한 유형. 오징어, 문어, 앵무조개가 포함된다.

두화 cephalization 몸의 앞쪽에 뇌와 감각 수용체를 가진 뚜렷한 머리를 가지는 것.

등장액 isotonic solution 원형질과 용질 농도가 동일한 용액. 삼투현상에 의해 세포가 물을 얻지도 잃지도 않는다.

디옥시리보오스 deoxyribose DNA에 있는 5탄당 단당류. 리보오스에 비해 수산기(—OH)가 하나 적다.

라

랑비에결절 node of Ranvier 말초신경계에서 긴 축삭을 싸고 있는 미엘린 수초에 있는 틈새.

레트로바이러스 retrovirus 유전물질로 RNA를 사용하고 RNA에서 DNA로 전사를 수행하는 역전사 효소를 포함하고 있는 바이러스.

로지스트형 생장 logistic growth 집단이 증가하여 S자 곡선이 된다. 처음에는 생장이 느리지만, 점차 빨라지다가 환경 저항으로 인해 수평을 이룬다.

리보솜 ribosome rRNA와 단백질로 된 2개의 소단위체로 구성된 구조. 세포질에서 단백질 합성이 일어나는 부위이다.

리보솜 RNA ribosomal RNA(rRNA) 전령 RNA를 번역하여 단백질을 생산하는 리보솜에 있는 RNA.

리보오스 ribose RNA에 있는 5-탄당.

리소좀 lysosome 거대분자를 소화하는 가수분해효소를 지닌 소포.

림프 lymph 림프관을 통해 운반되는 조직액에서 유래한 액체.

림프구 lymphocyte 특이적 방어를 담당하는 특수화된 백혈구. T 세포와 B 세포가 있다.

림프기관 lymphatic system 림프관, 림프절 및 기타 림프기관으로 구성된 기관계. 소화계에서 지방을 흡수하고, 과도한 간질액(림프)을 모으고, 면역계를 돕는다.

림프절 lymph node 림프관을 따라 위치한 림프조직의 작은 덩어리. 순환계로 돌아가기 전에 과도한 간질액(림프)을 여과한다.

마

말기 telophase 유사분열에서 딸 염색체가 양극으로 이동하는 시기.

말단소체 telomere 염색체의 말단부에 있는 반복되는 긴 DNA 서열. 마개와 같이 염색체 말단을 보호하고 다른 염색체와 융합되지 않도록 한다.

말부감긴세뇨관 distal convoluted tubule 원위세뇨관이라고도 한다. 집합관과 연결된 네프론의 마지막 부위. 세뇨관의 분비에 관여한다.

말초신경계 peripheral nervous system(PNS) 중추신경계 외부에 있는 신경.

말피기관 Malpighian tubule 곤충 후장의 앞쪽 끝부근에 있는 실 모양의 배설관.

매독 syphilis 세균성 성병. 세 단계로 발전하며, 사이에 잠복기가 있다. 시력을 잃을 수 있으며, 태아의 기형이나 유산을 초래한다. 심혈관계와 신경계에 영향을 준다.

맥박 pulse 심실 수축 후 대동맥의 팽창에 따른 동맥벽의 진동.

먹이그물 food web 생태계에서 얽히고설킨 먹이사슬의 복잡한 양상으로 생태계의 구성 요소 사이의 에너지 흐름을 보여준다.

먹이사슬 food chain 생태계에서 한 개체군이 다른 개체군을 섭식하는 순서. 이를 통해 퇴적물 섭식자(퇴적물 먹이사슬)나 생산자(초식 먹이사슬)로부터 최종 소비자로 이어지는 에너지 흐름을 알 수 있다.

메탄생성세균 methanogen 고세균의 한 종류. 늪처럼 산소가 없는 서식처에서 생존하면서 메탄가스를 방출한다.

면역 immunity 병원체를 비롯한 외래 물질과 세포에 맞서 신체가 자신을 보호하는 능력.

면역계 immune system 외래 생명체와 물질은 물론 종양세포에 맞서 신체를 보호하는 세포와 기관.

멸종 extinction 어떤 종이나 그 상위 분류군이 완전히 사라지는 현상.

명반응 light reaction 햇빛에너지를 포획하는 광합성의 한 부분. 엽록체의 틸라코이드막에서 일어나며, ATP와 NADPH를 생성한다.

모델 시스템 model system 직접 연구하기 전에 미리 개념적인 이해를 돕는 시뮬레이션 과정. 특정 과정이 어떻게 일어날 수 있는지를 설명하는 가설.

모세혈관 capillary 매우 미세한 혈관. 기체와 물질들이 모세혈관 벽을 통과하여 혈액과 조직액 사이에서 교환된다.

목 order 분류학자가 종을 분류할 때 사용하는 분류범주의 하나. 과의 상위 단계.

목재 wood 목본식물에서 1년 단위로 만들어지는 2차 물관부. 나이테가 된다.

무성생식 asexual reproduction 두 개체를 필요로 하지 않는 번식 방식. 예: 세균의 이분법.

무악어류 jawless fishes 턱이 없는 물고기 군으로 먹장어와 칠성장어가 있다.

무척추동물 invertebrates 연골이나 뼈로 만들어진 내부 골격이 없는 동물.

무체강동물 acoelomate 편형동물처럼 체강이 없는 동물.

문 phylum 분류학자가 종을 분류할 때 사용하는 분류범주의 하나. 강의 상위 단계.

문맥계 portal system 모세혈관에서 시작해서 모세혈관에서 끝나는 혈류의 경로. 예: 소장과 간 사이의 문맥.

문화 culture 인간 행동의 총체적인 양상. 기술과 예술을 포함하며 말하기와 지식전달의 능력에 좌우된다.

물관부 xylem 식물체의 위쪽으로 물과 미네랄을 수송하는 관다발조직. 물관요소와 헛물관을 포함한다.

물관요소 vessel element 서로 연결되어 물관부의 주요 수송관을 형성하는 세포.

물질 matter 공간을 차지하고 질량을 가지는 모든 것.

미네랄 mineral 다양한 생리적 기능을 위해 필요한 원소. 인간이 채굴하고 사용할 수 있는 지구 지각의 재생 불가능한 자원이다.

미량미네랄 trace mineral 인간의 일상 식단에서 대사 활성을 조절하고 건강을 유지하기 위해 적은 양이 필요한 필수 무기 영양소(아연, 철, 구리, 요오더, 셀레늄 등).

미세소관 microtubule 비어 있는 중심부를 둘러싸는 튜불린 단백질로 이루어진 작은 원통형 소기관. 원형질, 중심립, 섬모와 편모에 존재한다.

미세융모 microvillus(복수, microvilli) 융모의 상피세포에서 돌출된 원통형 돌기. 세포 표면적을 증가시킨다.

미엘린 수초 myelin sheath 단단하게 꼬인 세포의 막에서 유래한 흰색의 지방성 물질. 신경섬유를 감싼다.

미오신 myosin 근절에서 굵은 필라멘트를 구성하는 근육 단백질. 액틴을 당겨서 근절이 짧아지게 하여 근 수축을 일으킨다.

미토콘드리아 mitochondrion(복수, mitochondria) 세포호흡 과정을 통해 ATP를 생성하는 막으로 감싸인 소기관.

밀도-비의존성 요인 density-independent factor 산불이나 홍수 등의 비생물적 요인. 개체군 밀도와 무관하게 개체군 크기에 영향을 준다.

밀도-의존성 요인 density-dependent factor 개체군의 밀도에 따라 개체군의 크기에 영향을 미치는 질병, 경쟁, 또는 포식과 같은 생물적 요인.

밀착연접 tight junction 세포 사이의 연접. 이웃한 원형질막의 단백질이 결합해 불투과성 장벽을 형성한다.

바

바이로이드 viroid 캡시드가 없으며, 바이러스보다 훨씬 작은 감염성 RNA 가닥.

박테리오파지 bacteriophage 세균 내부에서 증식하는 바이러스. 파지라고도 한다.

반보존적 semiconservative 각각 부모가닥 1개와 새로운 가닥 1개로 이루어진 2개의 이중나선 DNA 분자가 만들어지는 DNA 복제.

반사 reflex 자극에 대해 자동으로 일어나는 비자발적인 반응.

반세포 companion cell 식물의 체관부에서 양분 수송을 돕는 세포 유형.

반수체수 haploid(n) number 상동염색체를 하나씩만 지니는 세포의 염색체 수.

반월판 semilunar valve 심실과 심실에 연결된 혈관들 사이에 있는 반달 형태의 판막.

반응 변수 responding variable 실험에서 실험 변수의 변경으로 얻은 값.

반응물 reactant 반응에 참여하는 물질.

발생/발달 development 수정에서 시작되어 성체를 형성하는 과정.

발아 germinate 특히 휴면기가 끝난 후 종자, 포자, 접합체의 생장 개시.

발암성 carcinogenesis 암이 발생되는 과정.

발암유전자 oncogene 암을 유발하는 유전자.

발효 fermentation 포도당을 혐기적으로 분해하여 2 ATP를 만들어내며, 최종산물은 알코올과 젖산이다.

방광 urinary bladder 오줌이 저장되는 기관.

방사대칭 radial symmetry 바퀴의 살처럼 중심 축 둘레에 비슷한 구조가 배열된 체형.

방실결절 AV(atrioventricular) node 동방결절(SA node)에서 받은 신호를 심실 벽으로 전달하는 신경근육 조직의 작은 부위.

방실판 atrioventricular valve 심방과 심실 사이에 있는 심장 판막.

방추체 spindle 핵이 분열하는 동안 염색체를 이동시키는 미세소관 구조.

방출인자 release factor 리보솜 A 자리에서 mRNA의 정지 코돈에 결합하여 전사의 종료를 유도하는 단백질 복합체.

방향성 선택 directional selection 개체군 분포에서 한 쪽의 극단적 표현형이 선호되는 자연선택의 결과. 한 가지 유형만 뚜렷이 존재한다.

배낭 blastocyst 동물 배 발생의 초기 단계. 액체로 채워진 공 모양의 세포 덩어리로 이루어진다.

배낭 embryo sac 현화식물의 암배우체.

배란 ovulation 난소에서 성숙한 여포의 파열로 2차 난모세포가 방출되는 것. 수정이 되면 2차 난모세포는 난자가 된다.

배발생 embryonic development 수정에서 개체가 완전히 형성될때까지 모든 사건을 포함하는 동물의 발달 기간.

배아줄기세포 embryonic stem cell 배에서 얻은 미분화 세포. 근육, 신경, 또는 적혈구 등의 특정 세포 유형으로 발달시킬 수 있다.

배엽층 germ layer 척추동물 배의 주 조직층. 외배엽, 중배엽, 내배엽이 있다.

배우체 gametophyte 식물 생활사의 반수체 세대; 이형 접합체를 형성하는 배우자를 생산한다.

배유 endosperm 현화식물의 배낭에서 정자의 핵과 극핵이 융합하여 유래된 영양분 저장 조직.

배주 ovule 종자식물에서 암배우체를 포함한 구조. 종자로 발달할 수 있다.

백신 vaccine 질병을 유발하지 않고 능동 면역력을 촉진하도록 병원체나 병원체 생성물로 제조된 물질.

백혈구 white blood cell 외래 물질이나 외래 생명체의 침입에 대해 신체를 보호한다. 몇 가지 종류가 있으며 각각 기능이 다르다.

번역 translation 리보솜에서 mRNA의 코돈 서열에 따라 특정 아미노산 서열로 구성된 폴리펩티드를 만드는 과정.

벌채 deforestation 숲에서 나무를 베어 숲의 크기를 줄이는 일.

법칙 law 자연세계의 기본 기능을 설명하는 보편적 원리.

벡터 vector 외래 DNA와 결합하는 DNA. 가장 일반적인 벡터는 플라스미드이다.

변성 denatured 효소의 정상 형태를 잃어 기능을 나타내지 못하는 상태. 적정 pH와 온도 범위를 벗어나면 일어난다.

변연계 limbic system 인간의 경우, 편도체와 해마를 비롯하여 간뇌와 대뇌 영역을 포함하는 복잡한 네트워크. 학습과 기억, 즐거움, 두려움, 행복과 같은 다양한 감정을 지배한다.

병목효과 bottleneck effect 한 개체군이 대부분 번식하지 못하게 되어 다양성이 감소하게 되는 진화적 사건. 이로 인해 유전적 부동(genetic drift)의 영향력이 증가된다.

병원체 pathogen 바이러스, 기생성 세균, 진균, 동물 등의 질병을 유발하는 인자.

보조T세포 helper T cell 시토카인을 분비하며, 모든 종류의 면역세포를 자극한다.

보존생물학 conservation biology 천연자원과 생물다양성을 보존하는데 중점을 둔 생물학의 한 분야.

보체계 complement system 병원체의 침입에 맞서 비특이적 방어 기작을 형성하는 혈장 내의 여러 단백질. 특정 면역 반응을 보완한다.

복족류 gastropod 넓고 편평한 발로 기어다니는 연체동물. 예: 달팽이와 민달팽이.

부갑상샘 parathyroid gland 갑상샘의 뒤 표면에 묻혀 있는 분비샘. 부갑상샘호르몬을 생성한다.

부갑상샘호르몬 parathyroid hormone(PTH) 네 개의 부갑상샘에서 분비되는 호르몬. 혈액내 칼슘 농도를 높이고 인산 농도를 낮춘다.

부교감신경계 parasympathetic division 자율신경계의 한 부분. 정상 조건에서 활성을 보이며, 아세틸콜린을 신경전달물질로 이용한다.

부생영양생물 saprotroph 소화효소를 분비한 후 분해된 영양분을 원형질막을 통해 흡수하는 생명체. 토양에 있는 식물, 동물, 미생물의 잔존물을 분해하는 진균과 세균.

부신 adrenal gland 신장의 위에 있는 분비샘. 부신수질은 에피네프린과 노르에피네프린 호르몬을, 부신피질은 당질코르티코이드와 미네랄코르티코이드 호르몬을 생산한다.

부신수질 adrenal medulla 부신의 내부 부위. 에피네프린과 노르에피네프린 호르몬을 분비한다.

부신피질 adrenal cortex 부신에 있으며 당질코르티코이드와 미네랄코르티코이드 호르몬을 생성한다.

부영양화 eutrophication 식물성 플라크톤이 사용하는 무기 영양물질이 수역에서 과영양화 되는 현상. 종종 인간 활동에 의한 과영양화는 과도한 세균 성장과 산소 고갈로 이어진다.

부종 edema 조직의 세포와 세포 사이 공간에 액체가 축적되어 부은 것.

부착 adhesion 물관(모세관)의 내부와 같은 극성 표면에 물 분자가 달라붙는 것.

분기도 cladogram 생명체들의 진화역사를 표시한 계통수.

분기학 cladistics 공통조상에서 파생된 형질을 이용하여 집단의 진화 역사를 추적하고 분기도를 작성하는 계통학의 한 분야.

분단성 선택 disruptive selection 집단의 양극단에 있는 표현형이 평균 표현형보다 선호되는 자연선택의 결과로 2개 이상의 고유한 형태가 나타난다.

분류군 taxon(복수, taxa) 특정 분류 범주에 속하는 생명체 무리.

분류학 taxonomy 생명체를 식별하고, 묘사하고, 이름을 짓는 생명과학의 한 분야.

분리의 법칙 law of segregation 감수분열 과정에서 대립유전자들이 서로 분리되어 배우자에 하나씩 들어간다. 배우자가 각각의 대립유전자를 물려받을 확률은 동일하다.

분비 secretion 분비샘이거나 분비샘의 일부인 세포가 외포작용으로 물질을 방출하는 것. 비뇨계에서 특정 분자가 혈액에서 네프론의 말부세뇨관으로 이동하여 오줌의 성분이 된다.

분열간기 interkinesis 제1감수분열과 제2감수분열 사이의 시기. DNA가 복제되지 않는다.

분열조직 meristem tissue 식물에서 활발하게 생장하는 지역에 있는 미분화 배 조직.

분자 molecule 동일 원소의 원자가 2개 이상 결합한 화합물. 또한 화합물의 특성을 유지하는 최소한의 부분.

분해자 decomposer 대개 세균이나 균류가 해당되며, 유기물질을 무기물질로 분해하여 환경에서 재순환될 수 있도록 한다.

불완전우성 incomplete dominance 자손이 중간 표현형을 보이는 유전양상. 붉은꽃 식물과 흰꽃 식물을 교배하여 얻은 식물의 꽃은 분홍색이 된다.

불임 infertility 부부가 1년 동안 피임을 하지 않아도 임신이 되지 않는 것.

불임 sterility 자손을 얻는 능력이 없음.

불포화지방산 unsaturated fatty acid 탄화수소 사슬의 탄소 사이에 하나 이상의 이중결합이 있는 지방산 분자. 가질 수 있는 최대의 수보다 적은 수소를 가진다.

비강 nasal cavity 콧속에 있는 두 개의 통로. 격막으로 분리되어 있다.

비관다발식물 nonvascular plant 관다발 조직이 없고, 습지나 건조한 지역에서 생존할 수 있도록 적응한 선태식물. 예로는 이끼가 있다.

비뇨계 urinary system 소변을 운반하는 다른 구조와 함께 신장과 방광으로 구성된 기관계. 신체의 노폐물을 제거하고 혈액의 양과 화학적 함량을 조절한다.

비만 obesity 지방조직이 과도한 상태. 바람직한 체중보다 20% 이상 초과한 상태.

비만세포 mast cell 염증 반응에서 히스타민을 방출하는 백혈구의 유형.

비분리 nondisjunction 제1감수분열에서는 상동염색체가, 제2감수분열에서는 딸 염색체가 분리되지 못하는 현상.

비자매염색분체 nonsister chromatid 네 개의 염색분체로 구성된 4분염색체. 상동인 염색분체만 자매염색분체이고, 그 밖의 것은 비자매염색분체이다.

비장 spleen 복부의 왼쪽 윗부분에 있는 큰 분비샘 림프기관. 혈액을 저장하고 정화한다.

비타민 vitamin 사람이 먹는 식품에 필수적인 유기화합물. 종종 조효소의 일부이다.

뼈 bone 콜라겐 섬유와 매우 단단한 무기 염류, 특히 칼슘염으로 이루어진 결합조직.

뿌리 roots 토양에서 영양분과 물을 흡수하고 식물을 고정하는 역할을 하는 식물계.

뿌리계 root system 주근과 모든 측근을 포함한 흡수 조직.

뿌리털 root hair 물과 미네랄의 흡수를 위해 표면적을 증가시키는 뿌리 표피의 길고 가는 돌기.

뿌리혹 root nodule 질소고정 박테리아가 들어 있는 뿌리 구조.

사

사구체주머니 glomerular capsule 네프론이 시작되는 부위인 컵 모양의 구조.

사막화 desertification 반건조지역이 사막과 같은 환경으로 전환되는 것. 종종 과도한 방목으로 시작된다.

사이클린 cyclin 세포주기가 수행될 때 주기적으로 양이 달라지는 단백질. 세포주기를 촉진하는 인산화효소들과 결합하여 활성화시킨다.

사지골격 appendicular skeleton 흉대, 요대, 부속팔다리의 뼈를 구성하는 척추동물 골격의 한 부위.

사춘기 puberty 2차 성징이 나타나는 시기. 여성은 월경이 시작되고 남성은 정자가 만들어진다.

산 acid 용액의 수소 이온 농도를 높이고 pH를 낮추는 분자.

산화 oxidation 원자나 분자가 1개 이상의 전자를 잃은 상태. 일반적으로 수소 원자를 잃은 상태를 통칭한다.

산화환원반응 redox reaction 한 분자는 전자를 잃고(산화), 다른 분자는 전자를 얻는(환원) 반응.

삼투현상 osmosis 선택적 투과막을 통한 물의 확산.

상동기관 homologous structure 하나의 공통조상에서 유래하였기 때문에 서로 다른 생명체에서 나타나는 유사한 해부구조.

상동염색체 homologous chromosome(homologue) 제1감수분열 전기 동안 형성되는 접합에서 서로 붙어 있는 비슷한 형태의 염색체 쌍.

상리공생 mutualism 두 종 모두 생장과 생식에서 이익을 얻는 상호 관계.

상보 염기쌍 형성 complementary base pairing DNA에서 특정 퓨린(A, G)과 특정 피리미딘(T, C) 사이에 형성되는 수소결합.

상사 analogy 수렴진화의 결과로 유사해진 특성.

상사기관 analogous structure 조상과 해부구조가 다르지만 유사한 기능을 지닌 구조.

상실배 morula 동물 발생과정의 포배 전 단계에서 난할에 의해 만들어진 세포덩어리.

상염색체 autosome 성염색체(X 혹은 Y)를 제외한 모든 염색체.

상위성 상호작용 epistatic interaction 어느 유전자가 다른 유전자의 지시를 제한하거나 취소하는 유전 양상.

상피조직 epithelial tissue 많은 기관의 외부와 내벽을 형성하고 신체의 전체 표면을 덮는 조직; 상피라고도 한다.

샘 gland 어떤 물질을 생산하도록 특수화된 상피 세포의 무리.

생명공학 biotechnology 자연적인 생명계를 이용하여 인류에게 유용한 결과를 얻는 유전공학 및 관련 기술.

생명과학 biology 생명에 관한 과학적인 학문.

생명체 organism 식물, 균류, 동물, 원핵 생물 개체.

생물 농축 biological magnification 먹이그물의 상위 단계로 갈수록 생명체 체내에 더 많은 물질이 축적되는 과정.

생물권 biosphere 생물체가 존재하는 지구 표면의 대기, 육지, 물의 영역. 지구상의 모든 생태계를 포함한다.

생물다양성 biodiversity 지구상에 살고 있는 서로 다른 종의 총 수.

생물다양성 고밀도지역 biodiversity hotspots 평균 이상의 종의 수가 있는 지구상의 지역: 예로는 산호초와 열대우림이 있다.

생물번성능력 biotic potential 이상적인 조건에서 나타나는 개체군의 최대 성장률.

생물정보학 bioinformatics 컴퓨터 기술을 응용하여 유전체와 분자생물학 데이터를 연구하는 학문.

생물정화 bioremediation 미생물을 이용하여 유출된 기름 등의 오염물질을 분해하여 환경을 정화하는 것.

생물지리학 biogeography 지구에 있는 생물의 지리학적 분포에 대한 연구.

생물지화학 순환 biogeochemical cycle 생태계 내에서 탄소나 질소 등의 원소가 순환하는 경로. 교환풀, 저장 영역, 생물군집이 포함된다.

생물체량 biomass 특정 유형의 생물체의 수에 무게를 곱한 값.

생물학적 분자 biological molecule 세포 내의 유기분자. 탄수화물, 지질, 단백질, 핵산이 있다.

생물학적 종 개념 biological species concept 종간 교배를 하며 유전자 풀을 공유하고 다른 종과 생식적으로 격리되어 있다고 설명하는 종의 정의.

생산물 product 화학반응 결과 형성된 물질.

생산자 producer 스스로 먹이를 만들어(독립 영양 생물) 먹이사슬의 맨 아래에 있는 생물체.

생식 reproduce 같은 종의 새로운 개체를 생성하는 것.

생식계 reproductive system 자손 번식을 위해 서로 다르고 특수화된 남성과 여성의 기관계.

생식기 포진 genital herpes 생식기에 통증이 있고 물집이 잡히는 바이러스성 성병.

생식복제 reproductive cloning 원래의 개체와 유전적으로 동일한 개체를 복제하는 과정.

생식소 gonads 배우자를 만드는 기관. 난소는 난자를, 정소는 정자를 만든다.

생존율 survivorship 집단의 신생아가 특정 연령까지 생존할 확률과 집단 크기에 미치는 영향을 설명하는 데 사용되는 용어.

생태계 ecosystem 물리적 환경과 더불어 살아가는 생물체 군집; 에너지 흐름과 무기영양소가 순환하는 특징이 있다.

생태적 지위 ecological niche 한 생명체가 서식처, 다른 생명체와 상호작용 등 자신의 군집에서 수행하는 역할.

생태천이 ecological succession 어떤 지역에서 교란 이후에 나타나는 점진적인 군집의 변화(2차천이), 또는 새로운 토양의 형성(1차천이).

생태피라미드 ecological pyramid 먹이사슬의 다양한 영양 단계에서 영양분과 에너지의 이동을 나타내는 도표.

생태학 ecology 생물체 간의 상호 작용과 생물체와 물리적인 환경에 대한 과학적 연구.

생활사 life history 자손의 수, 생존 여부, 생식 성숙도를 결정하는 요소(나이와 크기와 같은)와 같은 개체군 또는 종의 특징의 특정한 혼합.

생활주기 life cycle 개체가 성장하고, 발달하고, 살아가며, 생식하는 유전적으로 프로그래밍된 사건의 반복적인 패턴.

서식범위 range 어떤 종이 발견되는 장소.

서식지 habitat 어떤 생명체가 생존하고 생식하면서 살아가는 장소.

석송 lycophyte 소형엽이 있으며, 뿌리와 줄기, 잎에 잘 발달된 관다발조직이 있는 무종자 식물.

선구동물 protostome 배아의 처음 개구부(원구)가 입으로 되는 진체강동물의 무리.

선진국 more-developed country(MDC) 산업화된 나라. 인구 성장이 느리며, 상당히 높은 생활수준을 누린다.

선천면역 innate immunity 면역계의 기능. 비특이적 방식으로 병원체에 맞서 신체를 보호한다.

선태식물 bryophytes 이끼류, 우산이끼, 뿔이끼 등의 비관다발식물. 관다발이 없으며 습지에서 서식한다.

선택적 mRNA 가공 alternative mRNA processing 엑손을 연결하는 방식을 달리 하여 동일한 유전자로부터 여러 단백질을 만들어낸다.

선택적 교배 nonrandom mating 무작위로 일어나지 않는 교배. 예로는 근친 교배와 성선택이 있다.

선형동물 roundworm 원통형 신체의 무척추동물. 큐티클로 덮여 있으며, 탈피한다. 또한 완전한 소화관과 의체강을 갖는다. 일부는 물과 토양에서 자유생활을 하며, 대개 기생생활을 한다.

섬모 cilia(단수, cilium) 원형질막에서 돌출된 짧은 털 모양의 돌기. 일반적으로 그 수가 많다.

섬유소 fiber 실과 같은 구조. 또한 소화되지 않는 탄수화물성 식물 물질.

성 염색체 sex chromosome 성별을 결정하는 염색체. 여자는 2개의 X 염색체를, 남자는 X와 Y 염색체를 각각 1개씩 지닌다.

성대 vocal cord 인간의 후두 안에서 진동을 하면 소리를 내는 유연한 결합 조직.

성문 glottis 후두에 있는 공기가 들어가는 구멍.

성선택 sexual selection 수컷의 경쟁과 암컷의 선택 때문에 체력을 증가시키는 것과 같이 수컷과 암컷에서 일어나는 적응적 변화.

성장인자 growth factor 자신의 수용체를 가지며, 유사분열과 세포의 분화를 조절하는 화학신호. 태아 발생, 조직의 유지와 수선, 조혈과정에 매우 중요하다. 때로는 암의 기여인자이다.

성체줄기세포 adult stem cell 성체에서 발견되는 세포이며, 다른 세포유형으로 분화될 수 있다.

세균 bacteria 세균영역에 속한 원핵생물. 지구에서 가장 다양하며 널리 분포한다.

세균영역 domain Bacteria 생명의 세 영역 중 하나. 고세균과는 특성이 다른 원핵세포가 포함된다.

세대교번 alternation of generation 전형적인 식물의 생활사. 이배체인 포자체와 반수체인 배우체가 교대로 나타난다.

세정맥 venule 모세혈관에서 정맥으로 혈액을 운반하는 혈관.

세포 cell 생명의 기본 단위. 생명체의 특성을 모두 갖춘 가장 낮은 수준의 생물학적 구조.

세포골격 cytoskeleton 세포의 내부 골조. 미세소관, 액틴 필라멘트, 중간 필라멘트로 이루어진다.

세포내 공생설 endosymbiotic theory 진핵세포의 내부 소기관 형성을 박테리아 간의 공생 관계로 진핵 세포소기관으로 진화하였다고 설명하는 것.

세포독성T세포 cytotoxic T cell 외부항원을 지닌 세포를 공격하고 죽이는 T세포.

세포벽 cell wall 식물, 원생생물, 진균, 또는 세균 세포를 감싸고 세포의 형태와 견고성을 유지하는 구조.

세포설 cell theory 모든 생명체는 세포로 이루어져 있다는 생명과학의 중요한 이론. 세포는 스스로 생식할 수 있으며, 오직 이미 존재하는 세포로부터만 생길 수 있다.

세포성 요소 formed element 혈액의 성분. 세포(적혈구와 백혈구 세포)이거나 최소한 세포에서 유래한 것(혈소판)이다.

세포소기관 organelle 원형질에 있으며 작고 막으로 구분되고 특수한 구조와 기능을 가진다.

세포신호전달 cell-signaling 세포가 다른 세포와 소통하고 주변 환경의 변화를 감지하는 과정.

세포외기질 extracellular matrix(ECM) 다당류와 단백질의 그물조직. 동물세포를 지지하고 행동에 영향을 준다.

세포주기 cell cycle 진핵세포에서 세포의 성장과 핵분열이 진행되는 반복적인 과정. G_1, S, G_2, M기로 이루어진다.

세포질분열 cytokinesis 유사분열과 감수분열 이후에 이루어지는 세포질의 분열.

세포체 cell body 뉴런의 한 부분. 핵이 있으며, 여기에서 수상돌기와 축삭이 뻗어 나온다.

세포판 cell plate 식물세포가 분열할 때 새로운 세포막과 세포벽이 생성되는 위치에 나타나는 구조.

세포호흡 cellular respiration ATP를 생산하기 위해 탄수화물(주로 포도당), 지방산, 아미노산을 분해하여 에너지를 사용하는 대사 반응.

셀룰로오스 cellulose 식물의 세포벽에 있는 주요 복합 탄수화물인 다당류.

소나무류 conifer 소나무, 히말라야삼나무, 전나무 등의 솔방울이 있는 겉씨식물의 한 종류.

소뇌 cerebellum 육상척추동물에서 자세와 평형을 유지하고 부드러운 움직임을 하도록 골격근을 조절하는 뇌의 일부.

소동맥 arteriole 동맥에서 모세혈관으로 혈액을 운반하는 혈관.

소듐-포타슘 펌프 sodium-potassium pump 원형질막에 있는 운반 단백질. 동물세포에서 소듐 이온은 밖으로, 포타슘 이온은 안으로 이동시킨다. 신경과 근육세포에서 중요하다.

소량영양소 micronutrient 식물이나 인간이 미량으로 필요로 하는 필수 원소 또는 기타 물질. 식물에서는 붕소, 구리, 아연이 식물 생장을 위해 필요하다. 비타민과 미네랄이 인간의 신진 대사와 생리적 발달을 조절하는 데 도움을 준다.

소비자 consumer 먹이사슬에서 다른 생명체를 먹고사는 생명체. 1차 소비자는 식물을 먹고, 2차 소비자는 동물을 먹는다.

소수성 hydrophobic 물과 반응하지 않는 분자. 비극성이다.

소장 small intestine 척추동물에서 대장으로 이어지는 소화관 부위. 십이지장, 공장, 회장으로 구성되며, 대부분의 소화와 흡수가 이루어진다.

소진화 microevolution 세대가 지남에 따라 이루어지는 소규모의 진화적 변화. 한 개체군 내의 대립유전자 빈도의 변화.

소포 vesicle 막으로 감싸인 작은 주머니. 세포 안에서 물질을 저장한다.

소포체 endoplasmic reticulum(ER) 원형질에 있는 막성 소낭과 채널로 이루어진 소기관. 흔히 리보솜이 붙어 있다.

소형엽 microphylls 작고 좁은 잎. 잎맥은 하나이며 갈라져 있지 않다.

소화계 digestive system 입, 식도, 위, 소장, 대장으로 이루어진 기관계. 음식물을 영양분자로 소화시킨다. 치아, 혀, 침샘, 간, 쓸개, 췌장 등이 연관되어 있다.

속 genus 분류학자가 종을 분류할 때 사용하는 분류범주의 하나. 진화과정에서 가장 가까운 종들을 포함한다.

속 pith 줄기와 뿌리의 중앙에 있는 유조직.

속씨식물 angiosperm 현화식물. 종자가 열매 안에 있다.

수뇨관 ureter 신장에서 방광으로 오줌을 전달하는 관상구조.

수동면역 passive immunity 질병에 민감한 개체에게 항체를 주입하여 얻은 면역.

수렴진화 convergent evolution 계통적으로 먼 혈통에서 동일하거나 유사한 특징을 획득하는 것.

수분 pollination 겉씨식물에서는 화분솔방울에서 종자솔방울로 화분이 전달되는 것. 속씨식물에서는 화분이 꽃밥에서 암술머리로 전달되는 것.

수상돌기 dendrite 신호를 세포체 쪽으로 보내는 뉴런의 부위.

수성골격 hydrostatic skeleton 액체가 차 있는 신체의 부위. 근육 수축을 지지하여 움직이도록 한다. 자포동물, 편형동물, 환형동물, 절지동물에서 볼 수 있다.

수소결합 hydrogen bond 한 분자의 약한 양성 수소 원자와 다른 분자의 약한 음성 원자 사이에서 이루어진 약한 화학결합.

수술 stamen 현화식물에서 수술대와 꽃밥으로 이루어진 꽃의 한 부위. 꽃밥에는 화분낭이 있으며, 이곳에서 화분을 생산한다.

수술대 filament 식물에서 수술의 신장된 긴 자루.

수용체-매개 내포작용 receptor-mediated endocytosis 원형질막에 있는 특수한 수용체 단백질에 결합한 분자를 액포를 형성하여 세포 안으로 들여오는 선택적 흡수.

수용한계 carrying capacity 주어진 환경조건에서 지속적으로 유지될 수 있는 특정 종의 최대 개체 수.

수정 fertilization 정자의 핵과 난자의 핵의 결합. 이 접합자가 새로운 개체로 발달한다.

수중생태계 aquatic ecosystem 민물생태계(강, 시내, 호수, 연못) 또는 바닷물(해양) 생태계(바다, 산호초, 염습지).

수축기 systole 심장주기 동안에 심장이 수축하는 시기.

수피 bark 코르크, 코르크 형성층, 체관부로 구성된 목본 줄기의 겉 부분.

순환계 circulatory system 동물에서 산소와 영양분을 공급하고 이산화 탄소와 노폐물을 제거하는 기관계.

스테로이드 steroid 탄소고리 네 개로 이루어진 복합체인 지질 분자의 한 종류. 콜레스테롤, 에스트로겐, 프로게스테론, 그리고 테스토스테론이 있다.

스테로이드 호르몬 steroid hormone 지질이며 세포의 원형질막을 통과할 수 있는 호르몬 유형.

스트로마 stroma 엽록체에 있는 액체 성분. 광합성 과정에서 탄수화물을 합성하는 효소가 있다.

시냅스 synapse 뉴런의 축삭 말단과 다른 뉴런의 수상돌기 혹은 세포체 사이에 근접한 영역.

시냅스 틈 synapse cleft 시냅스 막 사이의 작은 틈.

시냅시스 synapsis 제1감수분열 전기에 상동염색체가 쌍을 이루는 과정.

시상 thalamus 척추동물에서 후각을 제외한 모든 감각 입력을 받아 대뇌로 전달하는 간뇌의 일부분.

시상하부 hypothalamus 척추동물 뇌의 한 부위. 심장 박동률과 체온, 수분균형 등의 신체 내부 환경을 조절한다.

시토신 cytosine(C) DNA와 RNA를 구성하는 뉴클레오티드에 있는 네 종류의 질소-함유 염기 중 하나. 구아닌과 쌍을 형성한다.

시토키닌 cytokinin 세포분열을 촉진하는 식물호르몬. 식물 배에서 기관이 발달하는 동안 흔히 옥신과 함께 작용한다.

식괴 bolus 씹은 후 침과 섞인 음식 덩어리.

식단 diet 어떤 사람의 선호하는 식품들. 균형 잡힌 식단은 건강한 몸을 유지하기에 적절한 비율로 모든 영양소를 포함한다.

식도 esophagus 삼킨 음식물을 인두에서 위로 이동시키는 근육질의 관.

식물 plant 식물계에 속하며 광합성을 하는 다세포 생물.

식물계 plants 뚜렷한 이배체와 반수체 단계의 생활주기를 가진 다세포성 광합성 진핵 생물.

식품보조제 dietary supplement 건강을 증진시키는 영양소나 식물성 제품(허브차, 단백질 보충제).

안전성과 유효성에 대한 검사가 처방 약과 동일한 수준으로 시행되지 않는다.

신경 nerve 중추신경계의 외부에 있는 긴 축삭돌기들의 다발.

신경계 nervous system 신체의 기관계를 조절하는 뇌, 척수, 연관된 신경들로 이루어진 기관계.

신경배 형성 neurulation 동물의 배에서 중추신경계의 발달과정.

신경성 거식증 anorexia nervosa 체중증가에 대한 병적인 두려움으로 인한 섭식 장애.

신경성 과식증 bulimia nervosa 폭식 후에 구토나 약제를 이용하여 소화관을 비우는 행동을 동반하는 섭식장애.

신경아교세포 neuroglia 신경 조직에서 뉴런을 지지하고 영양을 공급하는 비전도성 세포.

신경전달물질 neurotransmitter 축삭 말단에 저장된 화학물질. 시냅스를 통해 신경 자극을 전달한다.

신경절 ganglion 말초신경계 내에서 발견된 뉴런 세포체의 집합체.

신경조직 nervous tissue 자극을 전달하는 신경세포(뉴런)와 뉴런을 지지하고 보호하며 영양분을 공급하는 신경아교세포를 포함하는 조직. 신경 조직은 신체 부위의 기능과 외부 및 내부 환경에 대한 신체의 반응을 조정한다.

신경충격 nerve impulse 축삭막을 가로지르는 전기화학적 변화; 활동전위.

신장 kidney 척추동물 비뇨계의 기관. 혈액의 화학 조성을 조절하고 노폐물인 오줌을 생성한다.

신종질병 emerging disease 이전에 인간에게서 발견되지 않았던 전염병.

신호전달경로 signal transduction pathway 성장인자가 결합한 후 세포내 목표물을 활성 또는 억제하는 일련의 반응.

실 ventricle 장기 속의 빈 공간. 예를 들어 심실과 뇌실이 있다.

실험 experiment 어떤 가설을 검증하기 위한 자료를 얻는 일련의 과정.

실험 설계 experimental design 어떤 가설을 검증하기 위해 고안한 인위적인 상황.

실험변인 experimental variable 과학적 실험에서, 신중하게 변화시킨 실험조건.

심근 cardiac muscle 심장에서만 발견되는 줄무늬가 있는 불수의 근육조직.

심방 atrium(복수, atria) 심실 위에 있는 심장의 위쪽 방.

심장 heart 수축을 통해 혈액이나 체액이 동물의 몸에서 순환하도록 하는 근육 기관.

심장마비 heart attack 심근경색. 관상동맥의 혈액 순환이 이루어지지 않아서 심근에 생긴 손상.

심장주기 cardiac cycle 심장의 모든 방에 대한 수축기와 이완기의 완전한 한 주기.

심전도 electrocardiogram(ECG) 심장박동과 관련된 전기적 활동의 기록.

심피(암술) carpel 배주가 있는 암술 부위.

심혈관계 cardiovascular system 심장의 펌프작용에 의해 혈관으로 혈액을 전달하는 기관계.

쓸개 gallbladder 간에 붙어 있으며 쓸개즙을 저장하고 농축하는 기관.

쓸개즙 bile 간에서 생성되어 쓸개에 저장된 후, 소장에 분비되어 지방을 유화시킨다.

아

아데노신-3인산 adenosine triphosphate(ATP) 인산기 3개를 지닌 뉴클레오티드. ATP가 ADP와 P_i로 분해되면 세포의 에너지-요구 과정에서 사용할 수 있는 에너지가 생성된다.

아데닌 adenine(A) DNA와 RNA를 구성하는 뉴클레오티드의 네 가지 질소-함유 염기 중 하나.

아미노산 amino acid 아미노기와 산으로 이루어진 유기분자; 공유결합을 통해 펩티드 분자를 만든다.

아세틸-CoA acetyl-CoA 조효소 A에 2-탄소 아세틸기가 결합한 분자. 세포호흡 과정에서 아세틸기는 크렙스회로로 들어가 더욱 분해된다.

아폽토시스 apoptosis 세포의 죽음과 파괴로 이어지는 특별한 일련의 세포 사건을 포함하는 예정세포사.

악부 calyx 꽃받침의 집합적 명칭. 꽃에서 가장 바깥에 있는 윤생체.

악성종양 malignant tumor 전이될 수도 있는 침윤성 종양.

안정화 선택 stabilizing selection 극단적인 표현형이 배제되고 중간 형질의 표현형이 보존되는 자연 선택의 결과.

알레르기 allergy 보통은 외래 물질로 인식되지 않는 물질에 대한 면역반응.

알레르기항원 allergen 과민반응을 일으킬 수 있는 외래 물질.

알츠하이머병 Alzheimer disease 기억력, 특히 최근 기억의 점진적인 상실이 일어나는 뇌 질환.

암 cancer 악성종양. 접촉성 생장억제 기능을 잃고 통제를 벗어난 성장을 하며, 다른 조직을 침범하여 전이될 수 있는 미분화세포.

암술대 style 자방과 암술머리 사이에 있는 신장된 중앙 부위.

암술머리 stigma 현화식물에서 화분립이 부착되어 발아하는 암술의 부위. 이후에 수정이 일어날 수 있다.

압류모델 pressure-flow model 체관부 수송에 대한 설명. 체관부로 당이 능동 수송된 후 삼투 현상에 의해 수액이 공급부에서 수용부로 이동한다.

애디슨병 Addison disease 부신피질호르몬 결핍에 의한 질병. 저혈당, 체중감소, 무력증 등이 나타난다.

액틴 actin 근절에서 얇은 섬유로 구성된 근육단백질. 액틴이 이동하면 근절이 짧아지고 근육이 수축된다.

액틴 필라멘트 actin filament 진핵세포의 액틴으로 구성된 세포골격 필라멘트. 근육세포의 얇은 필라멘트를 이르기도 한다. 액틴 필라멘트는 세포나 세포소기관의 움직임에서 중요한 역할을 한다.

액포 vacuole 막으로 감싸인 주머니로 소포보다 크다. 대개 저장기능을 하며 다양한 물질을 간직할 수 있다. 식물에서는 중앙액포가 세포 내부의 대부분을 차지한다.

앱시스산 abscisic acid 기공이 닫히게 하고 휴면을 개시하거나 유지하는 식물호르몬.

양서류 amphibian 척추동물 중 하나의 강이며, 개구리, 두꺼비, 도롱뇽이 포함된다. 번식은 수중에서 이루어진다.

양성자 proton 핵에 있는 양전하를 띠는 아원자 입자. 1 원자량 단위의 질량을 가진다.

양성잡종 교배 dihybrid cross *AaBb* × *AaBb*와 같이 두 가지 형질을 가진 이형접합 개체의 유전적 교차.

양성종양 benign tumor 이웃세포로 침윤되지 않으며, 원래 발생한 곳에 머무는 암세포.

양수천자 amniocentesis 양수를 추출하여 내부의 태아를 검사하는 방법.

억제인자 repressor 오페론에서 작동유전자와 결합하여 구조유전자의 전사를 억제하는 단백질 분자.

에너지 energy 일을 하고 변화를 일으킬 수 있는 능력. 다양한 형태로 존재한다.

에스트로겐 estrogen 여성의 생식기관과 2차 성징에 관여하는 여성 성호르몬.

에틸렌 ethylene 열매의 숙성과 탈리에 관여하는 식물호르몬.

엔트로피 entropy 계의 무질서, 무작위성, 분열의 척도.

여과 filtration 혈압의 작용에 의해 작은 분자들이 모세혈관에서 네프론 주머니로 이동하는 것.

여포 follicle 동물의 난소에서 난자를 지니고 있는 구조. 난자를 생산하는 곳.

역위 inversion 염색체의 일부가 180도 회전한 염색체 구조의 변이. 이로 인해 유전자 활동에 이상이 초래될 수 있다.

역코돈 anticodon tRNA에 있는 3개의 염기서열. 상보적인 mRNA의 코돈과 결합한다.

연골 cartilage 유연한 기질로 분리된 골소강에 안에 세포가 존재하는 결합조직.

연골어류 cartilaginous fishes 경골성 골격이 아닌 연골을 지닌 척추동물. 예: 상어, 가오리, 홍어.

연관군 linkage group 동일한 염색체에 있으며 함께 유전되는 유전자 무리.

연동운동 peristalsis 식도와 같은 관상 구조를 따라 물질을 밀어내는 리듬감 있는 수축 운동.

연령구조 age structure 인구통계학에서 어떤 개체군의 연령군을 표시한 것. 성장하는 개체군의 도표는 피라미드 형태가 된다.

연수 medulla oblongata 척추동물에서 척수와 연결되는 뇌줄기의 부위. 심장박동, 혈압, 호흡 등 중요한 기능을 조절한다.

연체동물 molluscs 체강, 완전한 소화관, 근육성 발, 외투막의 특성을 가진 동물. 연체동물문에 속한다.

연합뉴런 interneuron 중추신경계 부위 사이에서 신호를 전달하는 뉴런.

열 heat 운동에너지의 한 유형. 포획한 태양에너지는 결국 열의 형태로서 환경으로 흩어진다.

열매 fruit 현화식물의 자방과 부속 조직에서 형성된 종자를 감싼 구조.

열성 대립유전자 recessive allele 동형접합 상태에서만 표현형이 나타나는 대립유전자. 우성 대립유전자에 의해 열성 표현형이 드러나지 않는다.

염 salt 이온결합에 의해 형성된 고형물질. 대개 물 속에서 각각의 이온으로 해리된다.

염기 base 용액의 수소 이온 농도를 낮추고 pH 값을 높이는 분자.

염색분체 chromatid 어떤 염색체의 단일 DNA. 염색체는 자매염색분체의 쌍을 이룰 수도 있다.

염색질 chromatin 분열 중이지 않은 핵에 있는 DNA와 단백질로 이루어진 섬유성 그물조직.

염색체 chromosome DNA와 단백질이 복합체를 이룬 구조. 유전물질을 다음 세대로 전달한다.

염증반응 inflammatory response 홍조, 발열, 붓기, 통증이 있는 상처 또는 병원체에 대한 조직 반응.

염화 salinization 미네랄 염분이 토양에 축적되어 식물이 죽는 현상. 건조한 기후일 때에 토양에서 물이 빠져나가 발생한다.

염화불화탄소 chlorofluorocarbons(CFCs) 탄소, 염소, 불소 원자로 이루어진 유기화합물. 프레온가스 등의 CFCs는 대기 상층에 염소 원자를 내놓아 오존층을 파괴한다.

엽록소 chlorophyll 햇빛에너지를 흡수하는 녹색 색소. 조류와 식물의 광합성에서 중요하다. 엽록소 *a*와 엽록소 *b*가 있다.

엽록체 chloroplast 엽록소-함유 틸라코이드를 가지는 조류와 식물에 있는 막으로 둘러싸인 소기관. 여기에서 광합성이 일어난다.

엽육조직 mesophyll 주로 광합성이 일어나는 식물 조직.

영양단계 trophic level 먹이사슬에 있는 영양 단계.

영양소 nutrient 신체에서 생리적 기능을 수행하여 건강에 기여하는 식품 속의 물질.

영역 domain 분류학자들이 사용하는 가장 큰 분류 범주. 고세균, 세균, 진핵생물의 세 영역이 있다.

예비반응 preparatory(prep) reaction 피루브산을 산화하고 이산화 탄소를 내놓는 반응. 아세틸-CoA를 생성하며 해당과정과 크렙스회로를 이어준다.

예측 prediction 과학적 사고방식에서 가설을 설정한 이후의 단계. 실험설계의 바탕이다.

오스트랄로피테신 australopithecine 최초의 일반적 인류로 인식되는 *Australopithecus*속의 몇 가지 종의 하나.

오줌 urine 척추동물 신장의 네프론에서 여과, 재흡수, 분비과정을 거쳐 만들어진 액체 노폐물.

오페론 operon 하나의 단위로 작동하는 구조 및 조절유전자 집단.

옥신 auxin 생장, 특히 세포신장을 조절하는 식물 호르몬. 인돌초산(IAA)이라고도 한다.

온실효과 greenhouse effect 대기에 있는 이산화 탄소, 메탄, 수증기, 아산화질소 등의 기체에 의해 지구로 태양열이 재방사되는 것.

완충액 buffer 용액의 pH 변화를 줄이는 물질 또는 물질들의 집단. 산성도와 염기성도를 안정시킨다.

외골격 exoskeleton 절지동물의 경우와 같은 보호성 외부 골격.

외래종 exotic species 어떤 군집에 새로 도입된 종(비토착종).

외배엽 ectoderm 동물 배에서 1차 조직층의 가장 바깥층. 신경계와 피부 바깥층이 만들어진다.

외분비샘 exocrine gland 분비물을 한 개 이상의 관으로 분비하는 분비샘. 췌장(이자)은 췌장액을 십이지장으로 분비할 때 외분비샘이다.

외온성 ectothermic 외부 환경의 온도에 따라 체온이 변한다.

외포작용 exocytosis 세포내 소포가 원형질막과 융합하여 소포의 내용물을 세포 밖으로 방출하는 과정.

요도 urethra 방광에서 오줌을 받아 체외로 내보내는 관상구조,

용균성 회로 lytic cycle 박테리오파지 생활주기의 하나. 바이러스가 세균에 침입하자마자 세균을 장악하여 결국 세균을 파괴한다.

용매 solvent 용질을 녹이는 용액의 액체 성분.

용액 solution 녹아 있는 고체(용질)를 지닌 액체(용매).

용원성 회로 lysogenic cycle 박테리오파지 생활주기의 하나. 바이러스가 자신의 DNA를 세균의 DNA에 삽입한다. 용균성 회로 이전에 일어난다.

용질 solute 용액에서 용매에 녹은 물질.

우라실 uracil(U) RNA에서 티민을 대체하는 피리미딘 염기. 아데닌과 쌍을 형성한다.

우성 대립유전자 dominant allele 이형접합자에서 표현형으로 나타나는 대립유전자. 열성 대립유전자의 형질을 감추어 드러나지 않도록 한다.

운동뉴런 motor neuron 신경자극을 중추신경계로부터 내보내는 신경세포. 효과기(근육과 분비샘)를 자극하여 활성화시킨다.

운동에너지 kinetic energy 움직임과 연계된 에너지.

운반 RNA transfer RNA(tRNA) 단백질 합성과정 중 리보솜으로 특정 아미노산을 운반하는 RNA의 한 종류. 한쪽 끝은 아미노산과 결합하며, 다른 쪽 끝에는 mRNA 코돈과 결합하는 역코돈이 있다.

원리 principle 법칙이라고도 함. 대다수의 과학자가 일반적으로 받아들이는 이론.

원발암유전자 proto-oncogene 돌연변이에 의해 발암유전자로 될 수 있는 정상 유전자.

원뿔세포 cone 척추동물의 눈에서 밝은 빛에 반응하여 색채를 인식할 수 있는 광수용체 세포. 침엽수에서 화분(수배우체)이나 종자(암배우체)를 포함하는 구조. 무종자 관다발식물의 포자낭을 가진 구조도 의미한다.

원생생물 protist 단일 세포이며 원생생물계에 속하는 진핵 생물.

원소 element 다른 성질을 가지는 물질로 쪼개질 수 없는 물질. 단 한 유형의 원자로만 구성된다.

원시세포 protocell 외막을 지닌 세포-유사 구조. 진정 세포의 선행 구조로 보인다.

원원류 prosimian 여우원숭이, 늘보원숭이, 안경원숭이가 속한 영장류 무리. 진화한 최초의 영장류와 유사하다.

원자 atom 어떤 원소의 특성을 보이는 그 원소의 가장 작은 입자.

원자가껍질 valence shell 원자의 가장 바깥쪽 에너지 껍질.

원자기호 atomic symbol 어떤 원소의 이름을 1~2개의 글자로 나타낸 것. 예: H는 수소 원자를, Na는 소듐 원자를 나타낸다.

원자량 atomic mass 한 원소에 속한 모든 동위원소의 평균 질량 값.

원자번호 atomic number 한 원자의 핵에 있는 양성자의 수.

원핵생물 prokaryote 진핵생물의 전형적인 막으로 둘러싸인 핵과 막성 세포소기관이 없는 생물체.

원핵세포 prokaryotic cell 막으로 감싸인 핵과 소기관이 없는 세포. 세균영역과 고세균영역에 속하는 세포 유형.

원형질 cytoplasm 핵(또는 세균의 핵양체)과 원형질막 사이에 있는 세포 내용물.

원형질막 plasma membrane 원형질을 감싼 막. 단백질이 묻혀 있는 인지질 이중층으로 이루어진다. 분자가 세포 안과 밖으로 드나드는 것을 조절

한다.

원형질연락사 **plasmodesmata(단수, plasmodesma)** 식물 세포벽의 구멍을 통해 이웃한 두 세포의 원형질이 연결된 통로.

월경 **menstruation** 영장류의 자궁 내막에서 조직과 혈액이 정기적으로 배출되는 것.

월경분비물 **menses** 월경기간에 배출되는 분비물.

위 **stomach** 척추동물에서 위액과 음식물이 섞여서 유미즙을 형성하는 소화관의 두꺼운 기관. 이 유미즙은 소장으로 들어간다.

위약 **placebo** 통제된 연구에서 실험군에 적용한 것과 동일해 보이지만 실제로는 약물이 포함되지 않은 처치.

위팔두갈래근 **biceps** 팔 상박 앞쪽의 근육으로 두 갈래의 근육이 작은 봉우리가 2개 겹쳐 있는 형태로 이루어져 있다. 주로 팔을 돌리고, 팔꿈치를 굽히는 역할을 한다.

위팔세갈래근 **triceps** 팔 상박의 뒤쪽에 있는 근육으로 세 개의 봉우리로 이루어져 있다. 팔을 펴는 역할을 한다.

유기물 **organic** 항상 탄소와 수소를 가지며, 때로는 산소도 가지는 분자. 유기분자는 생명체와 연계되어 있다.

유대류 **marsupial** 포유류의 한 무리. 캥거루, 주머니쥐 등이 있으며, 미성숙 새끼를 낳아 육아낭에서 양육한다.

유도 **induction** 다른 조직이나 기관의 발달에 영향을 주는 조직이나 기관의 능력.

유도적합 모델 **induced fit model** 효소의 활성부위 형태가 변화하여 활성부위와 기질이 잘 결합하게 된다.

유미관 **lacteal** 소장의 융모에 있는 림프관. 지방 흡수를 돕는다.

유미즙 **chyme** 위에서 소장으로 이동되는 진한 반유동성 액체 상태의 음식물.

유사분열 **mitosis** 어버이 핵에서 두 개의 딸핵이 만들어지는 과정. 딸핵은 어버이 핵과 동일한 종류와 수의 염색체를 가진다.

유성생식 **sexual reproduction** 두 개체의 유전물질에 의해 이루어지는 생식 유형. 자손의 유전적 다양성이 증가된다.

유인원 **anthropoid** 원숭이, 큰원숭이, 인간이 속한 영장류의 한 무리.

유전공학 **genetic engineering** 의료나 산업 목적으로 이용하기 위해 유전체를 변형하는 방법.

유전상담 **genetic counseling** 예비 부모와 상담자가 태아에게서 유전적 질병이 나타날 가능성에 대하여 상담하는 것.

유전자 **gene** 염색체에 대립유전자로서 존재하는 유전 단위. 이배체 생명체는 2개의 대립유전자를 부모에게서 하나씩 물려받는다.

유전자 편집 **genome editing** 새로운 뉴클레오티드의 불활성화 또는 삽입을 위해 유전체에 특정 염기서열을 표적할 수 있는 핵산가수분해효소를 사용하는 DNA 기술.

유전자 풀 **gene pool** 한 개체군의 모든 개체가 가지고 있는 유전자의 총합.

유전자 흐름 **gene flow** 개체 이주에 의한 집단(개체군) 간 대립유전자의 이동.

유전자간 부위 DNA **intergenic DNA** 염색체의 유전자 사이에 있는 뉴클레오티드 서열.

유전자변형생물 **genetically modified organism (GMO)** 일반적으로 재조합 DNA 기술과 같은 유전공학 기술을 사용하여 유전물질이 바뀐 생명체.

유전자치료 **gene therapy** 질병을 치료하기 위하여 인간의 세포에 유전물질을 삽입하는 것.

유전자형 **genotype** 특정 형질을 나타내는 개체의 대립유전자 조성. 흔히 *BB* 또는 *Aa*처럼 알파벳 약자로 표기한다.

유전적 부동 **genetic drift** 한 개체군의 대립유전자 빈도가 우연히 변화하여 비롯되는 진화기작. 개체군 크기가 작거나 큰 개체군이라 하더라도 적은 수의 개체만 생식하는 경우에 잘 일어난다.

유전적 표지 **genetic marker** 질병을 의미하는 염색체의 특정 위치에 있는 염기서열의 이상.

유전체 **genome** 세포 또는 생명체에 있는 모든 유전물질의 총합.

유전체학 **genomics** 유전체에 대한 연구분야.

유화작용 **emulsification** 담즙 등의 유화제에 의하여 지방구를 작은 입자로 분해하는 작용.

육상생태계 **terrestrial ecosystem** 툰드라, 타이가, 온대림, 열대초원(사바나), 온대초원(프레리), 사막, 또는 열대우림과 같은 생물군계.

육식동물 **carnivore** 동물을 잡아먹는 먹이사슬의 소비자.

융모 **villus(복수, villi)** 소장 내벽에 있는 작은 손가락 모양의 돌출부위.

융모막 융모 검사 **chorionic villus sampling(CVS)** 융모막 융모 세포를 채취하여 시행하는 산전 검사.

음경 **penis** 수컷의 교미 기관. 남성의 성교 기관.

음성되먹임 **negative feedback** 신체의 내부 환경을 안정적으로 유지하는 항상성 메커니즘.

응고 **agglutination** 적혈구세포 원형질막의 항원과 혈장의 항체 사이의 반응에 의해 적혈구세포가 덩어리지어 응집되는 것.

응급피임 **emergency contraception** 성교 이후에 임신을 막을 목적으로 사용하는 피임법.

응집 **cohesion** 수소결합으로 물 분자가 서로 달라붙는 능력.

응집-장력 모델 **cohesion-tension model** 물관부에서 물이 위로 이동하는 것은 증산에 의한 장력과 물 분자의 응집력 때문이라고 설명하는 것.

의체강동물 **pseudocoelomate** 중배엽으로 불완전하게 둘러싸인 체강이 있는 동물. 예: 회충.

이당류 **disaccharide** 단당류 두 개로 이루어진 당. 예로는 말토오스가 있다.

이동률 **transfer rate** 일정 시간 동안 환경의 한 구성요소에서 다른 구성요소로 이동하는 물질의 양.

이매패류 **bivalve** 두 개의 패각을 갖는 연체동물의 한 종류. 조개, 굴, 홍합, 가리비 등이 포함된다.

이명법 **binomial name** 생명체의 과학적 이름. 앞부분은 속을, 뒷부분은 종소명을 의미한다.

이배체 수 **diploid(2n) number** 각 염색체가 상동의 쌍을 지니는 세포의 염색체 수.

이분법 **binary fission** 모세포가 분열하여 두 딸세포로 되는 세균의 무성생식 방식.

이성질체 **isomer** 분자식은 같지만 구조가 다른 분자. 따라서 형태도 다르다.

이소 종분화 **allopatric speciation** 지리적으로 격리된 개체군 사이에서 새로운 종이 나타남.

이온 **ion** 전하를 띤 입자. 음전하 또는 양전하를 운반한다.

이온결합 **ionic bond** 이온들이 상반되는 전하에 이끌려 형성된 화학결합.

이완기 **diastole** 심장주기에서 심방이 이완하는 기간.

이자 **pancreas** 췌장. 소화효소, 호르몬인 인슐린과 글루카곤을 만들어내는 내장기관.

이자 아밀레이스 **pancreatic amylase** 녹말을 말토오스로 소화하는 효소.

이질염색질 **heterochromatin** 매우 치밀하게 포장된 염색질. 전사가 일어날 수 없다.

이형접합 **heterozygous** 특정 형질에 대한 두 대립유전자가 서로 다른 접합체.

인 **nucleolus** 핵의 어둡게 염색되는 구체. 리보솜 단위체를 생성한다.

인간면역결핍바이러스 **Human Immunodeficiency Virus(HIV)** AIDS를 일으키는 바이러스.

인대 **ligament** 관절에서 뼈와 뼈를 연결하는 치밀한 섬유성 조직의 다발.

인두 **pharynx** 척추동물에서 섭취한 음식과 공기가 이동하는 통로. 입과 식도 사이에 있다.

인산화효소 **kinase** 다른 효소에 인산기를 첨가하여 그 효소를 활성화하는 효소.

인슐린 **insulin** 췌장에서 분비되는 호르몬. 세포가 포도당을 흡수하도록 촉진하고 간과 골격근에서 포도당을 글리코겐으로 전환하도록 촉진하여 혈당을 낮춘다.

인위선택 **artificial selection** 형질이 없는 개체보다 특정 형질 혹은 형질의 조합을 가진 개체의 선택.

인유두종바이러스 **human papillomavirus(HPV)** 생식기사마귀와 자궁경부암을 일으키는 바이러스.

인지질 phospholipid 원형질막의 인지질 이중층을 이루는 분자. 극성인 친수성 머리에 2개의 비극성인 소수성 꼬리가 결합하고 있다.

임질 gonorrhea 세균성 성병. 생식불능과 불임을 초래할 수 있다.

입 mouth 음식물을 씹어 침과 섞는 소화관의 한 기관.

잎 leaf 식물 줄기의 측면 부속지. 구조가 다양하고 흔히 광합성 세포를 지니고 있다.

자

자가면역질병 autoimmune disease 면역계가 실수로 자기 신체의 조직을 공격하여 생기는 질병.

자궁 uterus 포유동물 암컷의 생식기관. 이 기관을 통해서 난자가 외부 환경으로 나갈 수 있고, 또는 출생 전까지 배가 영양분을 공급받으며 발달한다.

자궁경부 cervix 질로 이어지는 자궁의 좁은 끝 부분.

자궁내 피임기구 intrauterine device(IUD) 자궁에 삽입하는 플라스틱 피임기구. 자궁 내의 환경을 바꿔 수정이 일어나지 못하게 한다.

자기수용기 proprioceptor 관절, 근육, 뼈의 위치 변화를 감지하여 신체의 평형 유지와 자세 유지를 돕는 감각 수용기.

자료 data(단수, datum) 관찰이나 실험을 통해 수집한 사실 또는 정보.

자매염색분체 sister chromatid DNA 복제 결과 만들어진 유전적으로 동일한 염색분체. 두 개가 동원체에서 결합되어 있다.

자연살생세포(NK 세포) natural killer cell(NK cell) 바이러스에 감염된 세포나 암세포를 파괴하는 큰 림프구.

자연선택 natural selection 생식에 가장 적합한 개체가 자연환경에서 선택되는 진화방식. 환경에 적응하게 된다.

자엽(떡잎) cotyledon 현화식물의 배에 있는 종자잎. 발달하는 식물이 광합성을 시작할 때까지 영양분을 공급한다.

자웅동체 hermaphrodite 암수 생식기관을 모두 지닌 동물.

자원 resource 생물체를 유지하는 환경 요소. 먹이, 물, 주거지, 공간이 포함된다.

자원분배 resource partitioning 종 사이의 먹이와 생활공간 등의 자원 공급을 할당함으로써 생태적 지위의 수를 늘리는 기작.

자율신경계 autonomic system 분비샘, 심근, 평활근을 무의식적으로 조절하는 말초신경계의 일부. 부교감신경계와 교감신경계로 나뉜다.

자포 nematocyst 자포동물에서 실 같은 섬유를 갖는 캡슐. 이 섬유를 쏘아서 먹이를 포획한다.

자포동물 cnidarian 두 개의 조직층이 있으며 방사대칭인 폴립형이나 메두사형으로 존재하는 무척추동물.

잡식성 omnivore 식물과 동물을 모두 먹는 개체.

재생가능자원 renewable resources 자연적 과정으로 대체되거나 보충되며 일반적인 사용으로 고갈되지 않는 자원. 예를 들면, 태양에너지, 생물 자원(산림, 수산), 생물체, 일부 생물지화학 순환 등이 있다.

재생불능자원 nonrenewable resources (인류의 시간단위에서) 미네랄, 화석연료 등 한정된 양으로만 존재하는 물질.

재조합 DNA recombinant DNA(rDNA) 둘 이상의 생명체에서 유래한 유전자를 포함하고 있는 DNA.

재흡수 reabsorption 근위세뇨관에서 네프론 내용물 중 주로 영양분과 수분이 혈액으로 이동되는 현상.

저장고 reservoir 화학순환에서 생명체가 일반적으로 사용할 수 없는 자원(화석연료, 광석의 미네랄, 해양침전물 등).

저장액 hypotonic solution 세포의 원형질보다 용질 농도가 낮은 (물이 많은) 용액. 삼투현상에 의해 세포로 물이 들어간다.

적응 adaptation 주변 환경에 적합하도록 생명체의 구조, 기능, 또는 행동이 변화되는 현상.

적응도 fitness 한 개체군에서 다른 구성원과 비교한 한 개체의 생식적 성공 정도.

적응면역 adaptive immunity 체내의 특정 항원을 B림프구와 T림프구가 표적화하여 이루어지는 면역. 획득면역 또는 후천면역(acquired immunity)이라고도 한다.

적응방사 adaptive radiation 하나의 공통조상에서 유래한 여러 종이 새로운 생태계나 지리적 환경에서 빠르게 진화하는 과정.

적혈구 red blood cell 헤모글로빈이 있어서 폐나 아가미로부터 산소를 조직에 운반하는 세포.

전기 prophase 유사분열에서 염색질이 응축하여 염색체가 나타나는 단계. 응축된 염색체가 흩어져 있다.

전기음성도 electronegativity 화학결합 내에서 전자를 자신에게로 끌어당기는 원자의 능력.

전령 RNA messenger RNA(mRNA) DNA 주형에서 만들어지는 RNA의 한 종류. 폴리펩티드의 아미노산 서열에 대한 암호정보를 갖고 있다.

전사 transcription DNA 가닥을 주형으로 사용하여 mRNA를 만드는 과정.

전사인자 transcription factor 진핵생물에서 RNA 중합효소의 전사 개시에 필요한 단백질.

전이 metastasis 암세포가 처음 발생한 곳에서 신체의 다른 부위로 퍼지는 현상. 암세포가 이동하여 다른 조직으로 침입하는 성질로 인해 가능하다.

전이인자 transposon 유전체 내의 한 곳에서 다른 곳으로 무작위로 이동할 수 있는 DNA 서열.

전자 electron 음전기를 띠는 아원자 입자. 원자 핵 주위의 에너지 준위를 따라 이동한다.

전자껍질 electron shell 원자 내 전자의 평균 위치 또는 평균 에너지 수준. 종종 원자 핵 주위에 동심원으로 나타낸다. 궤도함수(orbital)라고도 한다.

전자전달사슬 electron transport chain 에너지 준위가 높은 곳에서 낮은 쪽으로 일련의 전자 운반자에 의한 전자의 이동. 이때 방출되는 에너지로 ATP를 합성한다.

전전두엽 prefrontal area 전두엽의 연합영역. 다른 연합영역에서 정보를 받아 추론하고 행동을 계획한다.

전좌 translocation 한 염색체에서 다른 비상동 염색체로 염색체 분절의 이동 혹은 비상동 염색체 사이의 분절 교환. 다운 증후군과 같은 기형이 발생한다.

전형성능 totipotent 완전한 개체로 발달할 수 있는 잠재력을 포함하여 생명체의 완전한 유전적 잠재력을 지닌 세포.

절지동물 arthropod 외골격과 관절화된 부속지를 갖는 갑각류와 곤충류 등의 무척추동물.

점돌연변이 point mutation 뉴클레오티드 1개가 바뀐 유전자 변이. 이 변이의 결과는 다양하다.

접착점 adhesion junction 이웃한 두 세포의 원형질막이 세포간 섬유에 의해 접촉하지는 않은 채 단추 모양으로 비후된 곳에서 연결되어 있는 세포 사이의 연접.

접합 conjugation 하나의 세포에서 다른 세포로 유전물질을 운반하는 방식.

접합자 zygote 두 개의 배우자가 수정하여 형성된 이배체 세포.

접합전 격리기작 prezygotic isolating mechanism 두 종 사이의 교배가 이루어지지 않도록 하는 해부구조나 행동의 차이.

접합후 격리기작 postzygotic isolating mechanism 두 종 사이의 교배가 이루어진 이후에 생식이 성공하지 못하도록 하는 해부구조나 생리현상의 차이.

정단분열조직 apical meristem 관다발식물에서 1차 생장이 일어나면서 분열과 신장을 하는 뿌리와 줄기에 있는 세포 집단.

정단우세 apical dominance 정아(끝눈)의 영향에 의해 측아(곁눈)의 생장이 억제되는 현상.

정맥 vein 세정맥에서 온 혈액을 심장으로 보내는 혈관.

정소 testis(복수, testes) 정자와 남성 성호르몬을 생산하는 남성 생식소.

정액 semen(seminal fluid) 남성 생식관의 몇 개의 분비샘에서 분비되는 분비물과 정자로 이루어진 하얀색의 걸쭉한 액체.

정자형성과정 spermatogenesis 감수분열과 성숙 과정에 의해 정자가 형성되는 과정.

제한효소 restriction enzyme 바이러스 DNA를 절단하여 바이러스 복제를 막는 세균의 효소. 재조합 DNA를 만들 때 DNA의 특정 위치를 절단하기 위하여 사용한다.

조기어류 ray-finned fishes 경골어류의 한 무리. 지느러미가 얇은 조직망에 연결된 평행하게 배열된 경골성 가시에 의해 지지된다.

조류 algae(단수, alga) 광합성을 수행하는 원생생물의 한 종류. 식물성 플랑크톤은 단세포성이며, 다세포성인 경우는 해초류(seaweed)라고 한다.

조류 bird 깃털과 날개가 있는 내온성 파충류. 비행에 적응되어 있고 단단한 껍질의 알을 낳는다.

조면소포체 rough endoplasmic reticulum(rER) 작은 관과 소포, 소낭으로 이루어진 세포의 막성 복합체. 리보솜이 붙어 있다.

조절유전자 regulatory gene 오페론 외부에 있는 유전자. 다른 유전자의 발현을 조절하는 단백질을 암호화한다.

조직 tissue 공통 기능을 수행하는 비슷한 종류의 세포 무리.

조직배양 tissue culture 실험실에서 액체배지를 이용하여 조직을 인공적으로 자라게 하는 과정.

조효소 coenzyme 효소의 활성을 돕는 단백질이 아닌 유기분자.

종 species 체 구성이 유사하며, 서로 교배하여 번식 능력이 있는 자손을 낳을 수 있는 생명체들. 같은 유전자 풀을 공유하는 생명체들. 분류의 가장 낮은 단계.

종 풍요도 species richness 한 군집에 있는 서로 다른 종의 목록.

종분화 speciation 자손이 변화되는 진화 과정으로 새로운 종이 형성되는 것.

종속영양생물 heterotroph 무기물질에서 유기 화합물을 합성할 수 없어 유기 영양분을 섭취해야 하는 생명체.

종양 tumor 1개의 돌연변이 세포에서 반복된 세포 분열을 통해 유래한 세포 덩어리. 양성종양은 원래 위치에 그대로 있지만, 악성종양은 전이된다.

종양억제유전자 tumor suppressor gene 세포분열을 억제하는 단백질을 암호화하는 유전자. 불활성화되면 종양을 유발할 수 있다.

종자 seed 보호하는 껍질 속에 배와 저장 양분을 가지고 있는 성숙한 배주.

좌우대칭 bilateral symmetry 두 개의 상응하거나 상보적인 반쪽으로 이루어진 체형.

좌위 locus 상동염색체에서 특정 유전자가 있는 위치.

주조직적합성복합체 major histocompatability complex(MHC) 세포 표면에 있는 단백질. "자기"를 인식하고 항원과 결합하여 T세포에게 제시한다.

주형 template DNA 복제과정 중 상보적인 딸 가닥이 만들어지는 부모 DNA 가닥.

죽상동맥경화증 atherosclerosis 콜레스테롤과 지방산 플라크가 혈관에 쌓여 발생한 심혈관 질환.

줄기 stem 일반적으로 곧게 서 있으며, 잎에서 또는 잎으로 물질을 수송하는 부분.

중기 metaphase 유사분열에서 염색체가 적도판에 배열되는 시기.

중뇌 midbrain 간뇌와 뇌교 사이에 있는 뇌줄기의 부위. 시각과 청각의 반사 중심을 포함하고 있다.

중력평형 gravitational equilibrium 중력에 대해 머리의 위치를 감지하는 균형 유지로서 내이의 둥근 주머니와 타원주머니가 관여한다.

중배엽 mesoderm 몇몇 내부 기관계와 피부를 발생시키는 동물 배아의 중간 1차 배엽층.

중복 duplication 동일한 염색체에 특정 부위가 여러 번 존재하는 염색체 구조의 변화.

중복수정 double fertilization 현화식물에서 정자핵 1개는 난자의 핵과 결합하고 또 다른 정자핵은 배낭의 극핵과 결합하는 것.

중성자 neutron 중성 아원자 입자. 핵에 있으며, 1 원자량 단위의 질량을 가진다.

중심립 centriole 중심체에 쌍으로 있으며 동물세포 분열 시 염색체 이동을 위한 유사 분열방추사를 형성하는 세포소기관.

중심체 centrosome 세포에서 미세소관 조성센터. 동물세포에는 2개의 중심립이 있다.

중추신경계 central nervous system(CNS) 뇌와 척수로 구성된 신경계의 한 부분.

중축골격 axial skeleton 수직 축을 지지하는 척추 골격의 일부. 두개골, 흉곽, 척주 등이 포함된다.

중합체 polymer 공유결합을 이룬 단량체들로 이루어진 거대분자. 예: 폴리펩티드는 아미노산이라는 단량체의 중합체이다.

중합효소연쇄반응 polymerase chain reaction(PCR) DNA 중합효소를 이용하여 특정 DNA 조각을 대량으로 복제하는 기술.

증산 transpiration 잎의 기공에서 증발을 통하여 식물체의 물이 대기로 소실되는 것.

증폭자 enhancer 근처에 있는 유전자의 전사를 촉진하는 DNA의 영역. 전사인자의 결합부위로 작용한다.

지구온난화 global warming 온실가스를 대량으로 만들어내는 인간활동에 의해 지구 기온이 상승하는 현상.

지반침하 subsidence 지표면 일부가 점진적으로 내려앉는 현상.

지방 fat 글리세롤과 지방산으로 이루어진 유기분자. 척추동물의 지방조직에 있다.

지방산 fatty acid 탄화수소 사슬을 가지고 있으며 끝 부분에는 카르복실기(—COOH)가 있는 분자.

지베렐린 gibberellin 줄기 생장을 촉진하는 식물 호르몬. 개화와 종자 발아에도 관여한다.

지상계 shoot system 줄기, 잎, 꽃, 열매로 구성된 식물의 지상부위.

지속가능한 사회 sustainable society 생물다양성을 보존하면서 미래 세대를 위해 동일한 재화와 서비스를 계속 제공할 수 있는 사회.

지의류 lichen 특정 균류와 남세균 또는 녹조 사이의 공생 관계이며, 균류가 미네랄과 물을 제공하고 남세균 또는 조류는 수크로오스와 같은 유기분자를 제공한다.

지질 lipid 비극성 용매에 녹는 유기화합물의 한 종류. 지방과 기름이 있다.

지질가수분해효소 lipase 췌장에서 분비되는 효소로 지방을 글리세롤과 지방산으로 분해한다.

지표종 keystone species 어떤 군집의 구조에 큰 영향을 주는 종.

진정쌍자엽식물 eudicot(eudicotyledon) 현화식물이며 자엽이 2장이고, 잎맥은 그물형이며, 관다발은 고리형이다. 꽃 부위는 4 또는 5의 배수로 이루어진다.

진정염색질 euchromatin 느슨하여 전사가 일어날 수 있는 염색질.

진체강동물 coelomates 신체 내부 공간이 진정한 체강으로 발달한 동물.

진핵생물영역 domain Eukarya 생명의 세 영역 중 하나. 진핵세포를 지닌 생명체로 이루어지며, 원생생물계, 균계, 식물계, 동물계로 더욱 나눈다.

진핵세포 eukaryotic cell 막으로 감싸인 핵과 막성 소기관을 가지고 있는 세포 유형. 진핵생물영역의 생명체에서 볼 수 있다.

진화 evolution 시간 흐름에 따라 개체군이 환경에 더 잘 적응하도록 하는 유전이 가능한 변화.

진화계통수 evolutionary tree 생명체 군들의 진화적 역사를 나타낸 도형.

질 vagina 여성의 성 기관. 출산할 때 산도 역할을 한다.

질량수 mass number 원자의 핵에 있는 양성자와 중성자 수를 합한 원자의 질량.

질편모충증 trichomoniasis 기생성 원생생물인 *Trichomonas vaginalis*에 의해 생기는 성병.

집단유전학 population genetics 한 개체군 내의 유전자 빈도와 그 변화를 연구하는 분야.

집합관 collecting duct 여러 개의 네프론으로부터 액체를 받아들이는 신장내부 구조. 수분의 재흡수가 일어나는 곳.

짧은 연속 반복 순서 자료 수집 short tandem repeat(STR) profiling 개인마다 고유한 밴딩

패턴을 알아보기 위해 PCR과 젤 전기 영동을 사용하는 DNA 분석 과정. DNA 바코딩에 사용되는 과정이다.

차

차축조 charophytes 육상식물과 가장 가까운 연관 종으로 보이는 담수 녹조류.

창고기 lancelet 작은 창을 닮은 무척추 척삭동물. 성체기에 척삭동물의 네 가지 특징을 보인다.

창시자효과 founder effect 원래 개체군의 유전적 변이 중 일부만을 지닌 소수의 개체에 의해 새로운 개체군이 만들어져 나타난 효과. 창시자들이 우연에 의해 지닌 대립형질은 원래 개체군과 다른 빈도로 나타난다. 유전적 부동이 하나의 예이다.

척삭 notochord 모든 척삭동물 생활사의 어느 시기에 나타나는 연골처럼 생긴 막대기 모양의 지지 구조. 척추동물에서는 척추로 대체된다.

척삭동물 chordate 생활사 중의 어떤 시기에 등쪽 관상신경삭, 척삭, 인두낭 및 항문후꼬리가 나타나는 동물.

척수 spinal cord 척추동물에서 뇌 기저부와 이어져 있고 척주 안에 들어 있는 신경삭.

척수신경 spinal nerve 척수에서 나온 신경.

척추동물 vertebrate 척삭이 척주로 대체된 척삭동물.

체강 coelom 소화관과 체벽 사이에 있는 몸의 공간. 중배엽으로 완전히 둘러싸여 있다.

체관부 phloem 식물에서 유기 용질을 수송하는 관다발 조직. 체관요소와 반세포를 포함한다.

체관요소 sieve-tube member 유기 용질을 수송하는 체관부에서 서로 연결된 세포.

체내 유전자치료 in vivo gene therapy 정상 유전자를 생명체에게 직접 주입하는 유전자 치료법.

체성신경계 somatic system 감각 수용체에서 중추신경계로 외부 자극에 대한 정보를 가져오는 신경과 운동 명령을 중추신경계에서 골격근으로 포함하는 말초신경계의 한 부분.

체순환 systemic circuit 소식과 심상 사이에 이루어지는 혈액의 순환 경로.

체외 유전자치료 ex vivo gene therapy 신체에서 감염된 조직을 제거하고 정상 유전자를 주입한 후 신체로 되돌려주는 유전자치료. 정상 유전자가 분열하여 감염된 유전자를 대체한다.

체절화 segmentation 지렁이에서 볼 수 있듯이 몸의 단위가 반복됨.

체질량지수 body mass index(BMI) 과체중 또는 비만 여부를 판단하는 측정값.

초상위범주 supergroup 역 수준 바로 아래에 있는 분류 그룹. 진핵생물의 분류에 사용한다.

초식동물 herbivore 초식 먹이사슬의 1차 소비자. 식물을 먹는다.

초식먹이그물 grazing food web 생산자 역할을 하는 광합성 생산자 개체군에서 시작되는 얽히고설킨 먹이사슬의 복잡한 양상.

촉진유전자 promoter 유전자 발현 조절에 관여하는 DNA 서열. 전사 전에 RNA 중합효소가 결합하는 곳에 위치한다.

총기어류 lobe-finned fishes 팔다리 모양의 지느러미를 갖는 경골어류.

축삭 axon 뉴런의 신장된 부위. 신경충격을 세포체에서 시냅스 쪽으로 전도한다.

출현하는 바이러스 emerging virus AIDS, SARS, 또는 조류독감을 유발하는 바이러스와 같이 새롭거나 또는 갑자기 창궐하는 질병 유발인자.

충수돌기 appendix 사람에서 대장의 맹장에서 돌출된 림프 조직을 포함하는 작은 관모양의 부속지. 감염과 싸우는 역할을 할 수도 있다.

췌장도 pancreatic islets 췌장의 내분비 부분을 구성하는 세포 덩어리. 랑게르한스섬이라고도 한다.

치료용 복제 therapeutic cloning 다양한 유형의 성숙 세포를 만들어내는 복제. 세포 분화를 연구하거나 또는 질병 치료에 필요한 세포와 조직을 공급하는 목적으로 이용한다.

치밀뼈 compact bone 뼈의 밀도가 더 높은 형태; 골세포를 둘러싸고 있는 동심원이 있는 골단위를 포함한다.

친수성 hydrophilic 물과 반응하는 분자. 물에 녹거나 물 분자와 수소결합을 형성한다.

침 아밀레이스 salivary amylase 사람의 침 속에 들어 있는 효소. 녹말을 말토오스로 소화한다.

침샘 salivary gland 입과 연계되어 있는 분비샘. 침을 분비한다.

카

카로티노이드 carotenoid 광합성에서 엽록소의 보조색소 역할을 하는 노랑 또는 주황 색소.

칼로리 calorie 물 1 g의 온도를 1°C 높이는 데 필요한 열에너지의 양.

칼시토닌 calcitonin 갑상샘에서 분비되며 혈액내 칼슘 수준을 조절하는 호르몬.

캘빈회로 Calvin cycle 엽록체의 스트로마에서 일어나는 광합성 반응. 명반응의 산물을 이용하여 이산화 탄소를 탄수화물로 환원시킨다.

캡슐 capsule 녹조류와 일부 세균을 감싸고 있는 젤라틴 층.

캡시드 capsid 바이러스의 유전물질을 둘러싸서 보호하는 단백질 껍질.

코돈 codon mRNA의 3-염기 서열. 단백질에 특정 아미노산을 추가하거나 번역과정이 종결되도록 한다.

콘돔 condom 정자와 난자의 수정을 막는 피임도구. 남성용과 여성용이 있다.

콜레스테롤 cholesterol 동물 원형질막에 있는 주요 지질의 하나. 많은 분자의 막 투과성을 낮춘다.

쿠싱증후군 Cushing syndrome 당질 코르티코이드가 과도하게 분비되어 나타나는 질환. 여성의 남성화, 여성과 남성 모두 "달과 같이 둥근 얼굴", 혈중 포도당과 소듐 수준이 높아지는 특징이 있다.

큐티클 cuticle 식물의 표피를 덮고 있는 왁스층. 수분 손실과 병원체로부터 보호한다.

크렙스회로(시트르산회로) Krebs cycle(citric acid cycle) 미토콘드리아에서 일어나는 회로반응. 시트르산에서 시작된다. 아세틸기를 분해하여 CO_2, ATP, NADH와 $FADH_2$를 생성한다.

크로마뇽인 Cro-Magnons *Homo sapiens*로 인정하는 최초 화석의 일반명.

클라미디아 chlamydia 하부 생식관에 세균이 감염된 성병. 골반감염증을 일으킬 수 있다.

클라인펠터증후군 Klinefelter syndrome XXY 핵형을 지닌 사람의 증상.

클론 clone 어떤 세포나 개체의 복제물. 동일한 유전체를 지닌다.

클론선택모델 clonal selection model 항원이 어떤 B 림프구가 클론 확장을 수행하고 동일한 유형의 수용체를 가진 림프구를 더 많이 생성할지 선택하는 항체 반응 메커니즘.

키틴 chitin 절지동물의 외골격에 있는 강하지만 유연한 질소-함유 다당류.

킬로칼로리 kilocalorie(Calorie) 음식의 칼로리 값을 측정한 것으로 1,000칼로리와 같다.

타

탄수화물 carbohydrate 유기화합물의 한 종류. 단당류, 이당류, 다당류를 포함한다. 식품에 당, 녹말, 섬유소 형태로 들어 있다.

탈리 abscission 식물에서 잎, 열매, 또는 꽃이 떨어지는 현상.

탈수합성반응 dehydration synthesis reaction 물 분자가 빠져나가면서 공유결합이 형성되는 화학반응.

태반 placenta 태반포유류의 발생 과정에서 장막 및 자궁벽에서 만들어지는 기관. 배(또는 태아)가 영양분을 얻고 노폐물을 제거하도록 한다. 임신상태를 유지하는 호르몬을 분비한다.

태반포유류 placental mammal 새끼가 발생하는 동안에 태반이 존재하는 특징을 지닌 포유류.

태양전지 photovoltaic(solar) cell 햇빛에너지를 포획하여 직접 전류로 바꾸는 에너지 전환장치.

탯줄 umbilical cord 발달 중인 배아와 연결된 후 태반과 연결하여 혈관을 통과시키는 관.

터너증후군 Turner syndrome X 염색체를 1개만 물려받았을 때 나타나는 여러 증상.

테스토스테론 testosterone 남성의 성-관련 기관과 2차 성징에 관여하는 성호르몬.

토착종 native species 인간의 도움 없이 집단 서식을 하는 토착종.

통각수용기 nociceptor 온도나 압력에 민감하고 손상된 조직에서 나오는 화학 신호를 감지하는 통증 수용체 종류.

통합 integration 뉴런 또는 뇌의 일부에서 이루어지는 흥분성 신호와 억제성 신호의 종합.

퇴적먹이그물 detrital food web 분해자의 개체군으로 시작되는 복잡한 먹이사슬.

퇴적물 detritus 조직과 동물 노폐물 등이 분해되어 만들어진 유기물질.

투석 dialysis 용해된 물질이 확산에 의해 반투과막을 통과하는 이동. 신장환자의 혈액에서 화합물을 제거하는 용도로 이용한다.

트랜스지방 trans fat 불포화지방의 한 유형. 탄소 사슬의 이중결합에서 수소 원자가 반대쪽에 놓이므로 일반 불포화지방과 다른 형태를 지닌다.

트리글리세리드 triglyceride 글리세롤과 지방과 기름의 주성분인 3개의 지방산으로 구성된 분자.

트립신 trypsin 췌장에서 분비되며 단백질을 펩티드로 분해하는 효소.

틀이동돌연변이 frameshift mutation 뉴클레오티드의 추가 또는 삭제로 인한 DNA 서열의 변화로 "틀"이 이동된다. 이 유형의 돌연변이는 기능이 없는 단백질을 만든다.

티민 thymine(T) DNA를 구성하는 뉴클레오티드의 네 가지 질소함유 염기 중 하나. 아데닌과 쌍을 이룬다.

틸라코이드 thylakoid 그라나를 이루는 납작한 소낭. 막에 엽록소가 있어 광합성 명반응이 일어난다.

파

파충류 reptile 체내 수정, 비늘로 된 피부, 껍질이 있는 알의 특성을 지닌 육상 무척추동물의 한 무리. 예: 뱀, 도마뱀, 거북, 악어, 새도 포함된다.

퍼텐셜에너지 potential energy 위치 또는 공간 배열의 결과로 저장된 에너지.

펩신 pepsin 위샘에서 분비되는 효소. 단백질을 펩티드로 소화시킨다.

펩티도글리칸 peptidoglycan 세균 세포벽에서만 발견되는 독특한 분자.

펩티드 peptide 공유결합으로 연결된 2개 이상의 아미노산.

펩티드결합 peptide bond 두 아미노산을 결합하는 공유결합의 종류.

펩티드호르몬 peptide hormone 단백질과 펩티드, 또는 아미노산에서 유래된 호르몬의 종류.

편도선 tonsils 인두에 있는 림프절. 부분적으로 캡슐에 싸여 있다.

편리공생 commensalism 한 종은 이익을 얻지만 다른 종은 이익도 손해도 없는 상호 작용.

편모 flagella(복수, flagellum) 일부 세균과 원생동물, 정자가 이동할 때 이용하는 길고 가는 돌출물.

편형동물 flatworm 플라나리아 등의 무척추동물. 몸이 얇고 세 갈래인 위수강, 좌우 대칭, 사다리형 신경계가 있다.

평형종 equilibrium species 로지스틱 성장을 하며 수용한계에 근접한 개체군 크기를 유지하는 특성의 생활사를 보이는 종. 개체의 체구는 크고 더디게 성숙하며, 수명이 길고, 적은 수의 자손을 양육한다. 곰, 사자 등이 있다.

폐 lung 기체를 교환하는 습한 표면이 있는 내부의 호흡기관.

폐경 menopause 여성이 나이가 들어 난소주기 및 월경주기가 끝나는 것.

폐동맥 pulmonary artery 심장에서 폐로 혈액을 운반하는 혈관.

폐쇄순환계 closed circulatory system 모든 척추동물과 일부 무척추동물의 심혈관계. 근육성 심장과 혈관으로 구성된다.

폐순환 pulmonary circuit 폐와 심장 사이의 순환 경로.

폐정맥 pulmonary vein 폐에서 심장으로 혈액을 운반하는 혈관.

폐포 alveoli(단수, alveolus) 사람 폐의 말단에 있는 아주 작은 포도처럼 생긴 공기주머니.

포도당 glucose 세포호흡 동안 분해되어 에너지원으로 이용되는 6-탄소 당.

포식 predation 한 생명체(포식자)가 다른 생명체(피식자)를 먹이원으로 삼는 상호관계.

포유류 mammal 털과 젖샘의 특징을 지닌 내온성 척추동물.

포자체 sporophyte 식물의 생활주기 중 이배체 세대. 반수체 세대로 발달하는 반수체 포자를 생성한다.

포화지방산 saturated fatty acid 탄화수소 사슬의 탄소 사이에 이중결합이 없는 지방산 분자. 가능한 최대의 수소가 결합해 있다.

폭식장애 binge-eating disorder 과식에 대한 통제력이 상실된 상태. 구토나 약제를 이용한 소화관 비우기 등의 부적절한 보상행동은 동반하지 않는다.

폴리리보솜 polyribosome 단백질을 합성하는 동안 동일한 mRNA가 동시에 번역되는 곳에 있는 리보솜의 사슬.

폴리펩티드 polypeptide 많은 아미노산이 펩티드 결합으로 이어진 중합체.

표면적-부피 비율 surface-area-to-volume ratio 세포의 내부 부피에 대한 외부 표면적의 비율.

표피조직(표피) epidermal tissue(epidermis) 식물에서 외부 보호층을 형성하는 조직.

표현형 phenotype 겉으로 드러난 유전자형. 예: 갈색 눈, 부착형 귓불.

푸네트 정방형 Punnett square 단순한 유전 교배의 예측치를 계산할 때 사용하는 격자.

프라이온 prion 핵산 없이 단백질로만 이루어진 감염성 입자.

프로게스테론 progesterone 여성 성호르몬. 성 기관과 2차 성징을 유지하도록 한다.

플라나리아 planarian 사다리꼴 신경계를 갖는 자유생활을 하는 편형동물.

플라스미드 plasmid 박테리아의 세포질에 있으며, 스스로 복제하는 여분의 고리형 DNA.

피낭류 tunicate 원시적인 무척추 척삭동물의 한 종류.

피부계 integumentary system 피부와 그 부속물로 구성된 기관계.

피부수용기 cutaneous receptor 압력, 통증, 접촉, 온도에 대한 감각 수용체. 피부의 진피층에 있다.

피임 백신 contraceptive vaccine 개발 중인 피임 예방백신. 자궁내막에서 배의 착상을 유지하는 hCG 호르몬을 면역반응으로 억제한다.

피임약 birth control pill 에스트로겐과 프로게스테론 성분의 먹는 약.

피임용 임플란트 contraceptive implant 합성 프로게스테론을 이용한 피임방법. 난소주기를 방해하여 난자의 배란을 막는다.

피임용 주사제 contraceptive injection 프로게스테론, 또는 에스트로겐과 프로게스테론을 이용한 피임방법. 난소주기를 방해하여 난자의 배란을 막는다.

피층 cortex 식물의 줄기와 뿌리에서 유조직 세포로 구성되며 표피와 관다발 조직의 경계를 이루는 기본조직. 동물에서 신장이나 부신 피질과 같은 기관의 바깥 층.

피토크롬 phytochrome 광주기와 황백화 등의 식물 반응에 관여하는 광가역성 식물 색소.

필수영양소 essential nutrient 건강에 도움이 되는 물질로서 인체가 합성할 수 없거나 양이 부족하여 식품으로 공급되어야 하는 물질.

하

항문 anus 항문관 끝에 있는 소화관 출구.

항산화제 antioxidant 비타민 C나 E와 같이 자유라디칼로부터 신체를 보호하는 물질.

항상성 homeostasis 생리적 경계 사이에서 일정하게 유지되는 생명체의 내부 환경.

항원 antigen 면역계를 자극하여 항체를 생성하도록 하는 외부 물질. 대개 단백질이나 다당류이다.

항원표출세포 Antigen Presenting Cell(APC) 면역세포들에게 항원을 제시하여 그 항원에 맞서 신체를 보호하도록 하는 세포.

항체 antibody 항원에 대응하여 만들어지는 단백질. 각 항체는 특정 항원과 결합한다.

해당과정 glycolysis 포도당을 호기적으로 분해하여 2 ATP를 얻으며, 최종산물은 피루브산이다.

해면골 spongy bone 뼈의 얇은 판이 불규칙하고 그물망처럼 배열된 뼈의 유형.

해면동물 sponge 해면동물문에 속한 무척추동물. 구멍을 가진 여과섭식자로 내부 체벽은 깃세포로 덮여 있다.

해수침투 saltwater intrusion 연안지역에서 지하수가 유입되는 것보다 빠르게 빠져나간 민물 대수층에 바닷물이 침투하는 현상.

핵 nucleus 진핵세포의 막으로 감싸인 소기관. 염색체가 있으며 세포의 구조와 기능을 조절한다.

핵막 nuclear envelope 진핵세포에서 핵을 감싼 이중막. 소포체와 연계되어 있다. 핵과 원형질 사이에서 물질이 드나들 수 있는 구멍이 있다.

핵산 nucleic acid 뉴클레오티드의 중합체. DNA와 RNA 모두 핵산이다.

핵산가수분해효소 nuclease 핵산이 뉴클레오타이드로 분해되는 것을 촉매하는 효소.

핵양체 nucleoid 원핵세포에서 DNA가 있는 지역. 핵막으로 감싸여 있지 않다.

핵형 karyotype 크기, 모양, 띠 패턴에 따라 쌍으로 배열된 염색체 이미지.

헛물관 tracheid 관다발식물에서 물관부에 있는 세포 유형. 끝이 가늘고, 벽공을 통해 물과 미네랄이 이동할 수 있다.

헤모글로빈 hemoglobin 철-함유 호흡색소. 척추동물의 적혈구와 일부 무척추동물의 혈장에 있다.

헨레고리 Henle's loop(nephron loop) 기부세뇨관과 말부세뇨관 사이에 있는 네프론의 부위. 물을 재흡수한다.

헬리케이스 helicase DNA 복제과정에서 DNA 가닥 사이의 수소결합을 끊는 효소.

헴 heme 헤모글로빈에서 있는 철-함유 분자.

혈관신생과정 angiogenesis 새로운 혈관이 형성되는 과정.

혈소판 platelet 혈액에서 혈액 응고에 필수적인 요소. 혈소판이라고도 한다.

혈압 blood pressure 혈액이 혈관의 내벽을 밀어내는 힘.

혈액 blood 혈장에 여러 유형의 세포가 있고, 폐쇄혈관계를 통하여 심장에 의해 순환하는 유체결합조직.

혈액낭 hemocoel 절지동물의 체강. 혈림프와 조직 사이에서 교환이 일어난다.

혈장 plasma 척추동물에서 적은 양의 영양소, 노폐물, 염이 있는 물과 단백질로 구성된 혈액의 액체 부분.

혈통 lineage 후손에게 이어지는 진화적인 계열.

형질대치 character displacement 유사한 종들이 서로 고립되어 있을 때보다 같은 군집에 속해 있을 때 더욱 다양한 형질이 나타나게 되는 경향성.

형질도입 transduction 박테리오파지가 세균 세포 사이의 DNA를 운반하는 것.

형질세포 plasma cells 특정 항원에 대한 항체를 생성하기 위해 활성화된 B 림프구.

형질전환 transformation 세균 세포가 환경에서 외부 유전물질을 획득하는 것.

형질전환생명체 transgenic organism 다른 종의 유전자를 자신의 유전체에 삽입한 생물체.

호기(날숨) expiration 양압에 의해 공기가 폐에서 밖으로 이동하는 과정.

호르몬 hormone 샘에서 생성되어 신체의 다른 조직, 기관 세포를 조절하는 화학 전달자.

호모 에렉투스 *Homo erectus* 불을 이용하고 아프리카를 벗어나 유럽과 아시아로 이주한 *Homo* 속의 초기 종.

호모 하빌리스 *Homo habilis* 240만~140만 년 전의 초기 *Homo* 속. 도구를 최초로 사용한 것으로 추정된다.

호미니드 hominid 인류와 유인원류(아프리칸, 아시안)가 속한 과의 명칭.

호미닌 hominin 인류, 그리고 멸종된 인류와 매우 가까운 종을 지칭하는 용어.

호염성생물 halophile 염분농도가 매우 높은 서식지에서 살아가는 고세균의 한 종류.

호중구 neutrophil 백혈구 중에서 가장 풍부한 식세포성 과립 백혈구. 감염되면 가장 먼저 반응한다.

호흡 respiration 체세포와 환경 사이에서 기체교환을 하는 일련의 과정.

호흡계 respiratory system 폐, 기관 등으로 구성된 기관계. 산소를 흡입하고 이산화 탄소를 배출한다.

화관 corolla 집합적 의미의 꽃잎. 일반적으로 눈에 잘 띄는 색채를 지닌 꽃의 윤생체.

화분관 pollen tube 종자식물에서 화분립이 암술머리에 닿은 후 발아하여 형성된 관. 관이 자라면서 암술과 암술대 사이를 지나 배주에 있는 난자에 도달하고, 수정된다.

화분립 pollen grain 미소포자에서 유래하고 웅성배우체로 발달하는 종자식물의 구조.

화석 fossil 지구의 지각에 보존되어 있는 한때 살았던 생명체의 잔해.

화석기록 fossil record 암반층에서 발견된 과거의 잔해에 기록된 생명의 역사.

화석연료 fossil fuel 기름, 석탄, 천연가스 등 식물과 동물이 몇 백만 년 동안 열과 압력에 의해 분해되어 만들어진 연료.

화학독립영양생물 chemoautotroph 탄소원으로서 이산화 탄소를 이용하고 에너지원으로서 황화수소 등의 무기물질을 산화시켜 유기물질을 합성할 수 있는 생명체.

화학수용기 chemoreceptors 주위 환경에서 화학물질을 감지하는 신경계의 수용기.

화학종속영양생물 chemoheterotroph 필요한 유기물질을 스스로 합성할 수 없기 때문에 유기영양분을 먹이에서 얻는 생명체.

화합물 compound 두 가지 이상의 원소들이 일정한 비율로 화학적으로 결합한 물질.

확산 diffusion 고농도 지역에서 저농도 지역으로 이동하는 분자나 이온의 수동수송.

환원 reduction 원자나 분자가 전자를 얻고 동시에 에너지를 저장한 상태. 전자는 수소 이온을 수반한다.

환형동물 annelid 지렁이와 갯지렁이 등의 체절화된 동물.

활동전위 action potential 축삭 막을 가로질러 일어나는 전기화학적 변화. 신경충격.

활막관절 synovial joint 인대로 연결된 두 개의 뼈가 액체로 채워진 공간에서 자유롭게 움직이는 관절.

활면소포체 smooth endoplasmic reticulum(sER) 진핵세포의 작은 관과 소포, 소낭으로 이루어진 복합체. 리보솜이 붙어 있지 않다.

활성부위 active site 효소 분자 중에서 기질이 결합하고 반응이 일어나는 부위.

활성화 에너지 energy of activation(E_a) 분자를 서로 반응시키기 위해 반드시 투입해야 하는 에너지.

활주필라멘트 모델 sliding filament model 근육수축을 미오신 필라멘트에 대한 액틴 필라멘트의 이동으로 설명하는 모델.

회전평형 rotational equilibrium 머리와 몸이 갑자기 움직이거나 돌 때 균형을 유지하는 것.

횡격막 diaphragm 포유류에서 복강과 흉강을 분리하는 돔 형태의 근육성 막. 자궁경부에 끼우는 부드러운 라텍스 재질의 컵 모양 피임도구(페서리).

효소 enzyme 유기 촉매제. 대개 단백질이며, 특정한 형태로 인해 세포내 반응 속도를 빠르게 한다.

후구동물 deuterostome 배아의 두번째 개구부가 입으로 되는 진체강동물의 한 무리. 첫번째 개구부인 원구는 항문으로 된다.

후기 anaphase 세포분열에서 딸 염색체가 방추체 극으로 이동하는 단계.

후두 larynx 소리상자. 인두와 기도 사이에 있는 연골성 기관. 사람의 경우 성대가 포함된다.

후두개 epiglottis 음식을 삼킬 때에 성문을 닫고 기도를 막는 구조.

후성유전 epigenetic inheritance 유전자의 암호화 서열과 무관한 수단에 의해 유전정보가 전달되는 유전현상.

후진국 less-developed country(LDC) 급속한 인구 증가와 대다수의 사람들이 가난하게 살고 있는 산업화가 진행되고 있는 나라.

후천성면역결핍증 acquired immunodeficiency syndrome(AIDS) 레트로바이러스에 의해 발생하는 질병이며 체액을 통해 전염된다. 면역계 기능이 손상되는 특성을 보인다.

흔적구조 vestigial structure 한 생물 집단에서 완전히 발달했지만, 유사한 다른 집단에서 기능이 저하되거나 작동하지 않는 해부학적 특징.

흡기(들숨) inspiration 음압에 의해 공기가 폐로 이동하는 과정.

히스타민 histamine 혈액의 호염구와 결합조직의 비만세포가 생성하는 물질. 모세혈관을 확장한다.

히스톤 histone 염색체를 포장하는 용도로 사용되는 단백질.

힘줄 tendon 골격근을 뼈에 연결하는 섬유성 결합조직으로 된 끈.

기타

1차 감각영역 primary sensory area 대뇌의 두정엽에서 피부, 골격근, 관절에서 감각정보를 받아들이는 영역.

1차 생산력 primary productivity 생태계에서 생산자들이 일정 기간 동안 에너지와 유기 영양소를 포획하고 저장하는 비율.

1차운동영역 primary motor area 전두엽에서 자발적 명령이 시작되는 부위. 부위마다 신체의 한 부위를 조절한다.

1차천이 primary succession 생태 천이의 한 단계. 새로운 토양이 만들어진다.

2차천이 secondary succession 생태 천이에서 교란이 일어난 지역에서 군집이 점진적으로 대체되는 단계.

3-영역 체계 three-domain system 생명체를 세 가지 영역(세균영역, 고세균영역, 진핵생물영역)으로 나누는 분류체계.

5계 체계 five-kingdom system 분류체계의 하나. 모네라계, 원생생물계, 식물계, 동물계, 균계로 이루어진다.

8전자규칙 octet rule 수소를 제외한 원자는 최외각 껍질에 전자 8개가 찰 때까지 결합을 이루려는 경향을 지닌다는 규칙. 최외각 껍질에 이미 전자 8개를 가지는 원자는 반응하지 않으며 활성이 없다.

ATP 합성효소 ATP synthase ATP 합성효소 복합체의 한 부분인 효소. 엽록체와 미토콘드리아에서 ATP를 생성한다.

B 림프구(B세포) B lymphocyte(B cell) 골수에서 성숙되는 림프구. 특정 항원이 자극하면 항체를 생산하는 형질세포로 된다.

C_3 광합성 C_3 photosynthesis 광합성의 첫 번째 안정적인 생성물이 3탄소 화합물인 광합성 과정.

C_4 광합성 C_4 photosynthesis 이산화 탄소를 고정하여 4탄소 분자를 생성하고, 이 분자가 캘빈회로에 이산화 탄소를 내놓는 방식의 광합성 과정.

CAM 광합성 CAM photosynthesis 다육식물유기산대사를 하는 광합성의 형태. 이 식물은 밤에 이산화 탄소를 고정하여 4탄소 분자를 생산하며, 이 4탄소 분자는 낮에 캘빈회로로 이산화 탄소를 제공한다.

DNA 복제 DNA replication 진핵세포에서 유사분열 또는 감수분열 전에, 원핵세포에서 원핵분열 중에 새로운 DNA 이중나선이 합성되는 과정.

DNA 연결효소 DNA ligase DNA 단편을 연결하는 효소. 벡터 DNA와 외부 유전자를 연결하여 재조합 DNA를 만들 때 사용한다.

DNA 중합효소 DNA polymerase DNA 복제과정 중 DNA 주형에 상보적인 뉴클레오티드를 결합하는 효소.

DNA 지문감식 DNA fingerprinting 제한효소로 절단된 서로 다른 크기의 DNA 단편을 이용하여 특정 개인을 식별한다.

DNA(디옥시리보핵산) DNA(deoxyribonucleic acid) 디옥시리보오스가 있는 뉴클레오티드 단량체가 공유결합을 하여 형성된 핵산 중합체. 거의 모든 생명체의 유전물질이다.

mRNA 전사물 mRNA transcript DNA 주형에 있는 염기서열의 상보적 복사물.

pH pH 수소 이온 농도에 대한 10의 지수 값.

pH 척도 pH scale 용액에 있는 수소 이온 농도의 로그 값을 0~14 범위로 표시한 값.

RNA 중합효소 RNA polymerase 전사과정 중 DNA 주형에 상보적인 RNA 뉴클레오티드를 연결하는 효소.

RNA(리보핵산) RNA(ribonucleic acid) 리보오스를 지닌 뉴클레오티드 단량체가 공유결합을 통해 생성한 핵산. 전령 RNA와 리보솜 RNA, 운반 RNA의 세 가지 형태가 있다.

RuBP 카르복실화효소(rubisco) RuBP carboxylase (rubisco) 캘빈회로에서 이산화 탄소를 고정(대기의 CO_2를 RuBP에 결합)하는 효소.

T세포 T lymphocyte(T cell) 가슴샘에서 성숙되는 림프구. 네 가지 유형이 있으며, 그중 하나는 항원을 지닌 세포를 완전히 죽인다.

T세포 수용체 T-cell receptor(TCR) T세포 표면에 있는 두 개의 항원결합 펩티드로 구성된 수용체. 많은 당단백질과 연계되어 있다. 항원은 TCR에 대개 MHC와 함께 결합하며, T세포를 활성화시킨다.

X 불활성화 X inactivation 암컷에서 2개의 X 염색체 중에서 1개가 바소체라고 하는 불활성화 형태로 응축되는 과정. 후생유전학의 한 예이다.

X 연관 X-linked X 염색체에 있는 대립 유전자. 성적 특성과 무관한 형질과 관련이 있다.

찾아보기

ㅈ

T

U

V

W

X~Z

기타